チャート式® 基礎からの 数学Ⅲ＋C

チャート研究所　編著

JN096443

はじめに

CHART（チャート）とは 何？

C.O.D.(*The Concise Oxford Dictionary*) には，CHART——Navigator's sea map, with coast outlines, rocks, shoals, *etc.* と説明してある。

海図——浪風荒き問題の海に船出する若き船人に捧げられた海図——問題海の全面をことごとく一眸の中に収め，もっとも安らかな航路を示し，あわせて乗り上げやすい暗礁や浅瀬を一目瞭然たらしめるCHART！　——昭和初年チャート式代数学巻頭言

本書では，このCHARTの意義に則り，下に示したチャート式編集方針で

問題の急所がどこにあるか，その解法をいかにして思いつくか

をわかりやすく示すことを主眼としています。

チャート式編集方針

1
基本となる事項を，定義や公式・定理という形で覚えるだけではなく，問題を解くうえで直接に役に立つ形でとらえるようにする。

▶

2
問題と基本となる事項の間につながりをつけることを考える——問題の条件を分析して既知の基本事項と結びつけて結論を導き出す。

▶

3
問題と基本となる事項を端的にわかりやすく示したものが CHART である。
CHART によって基本となる事項を問題に活かす。

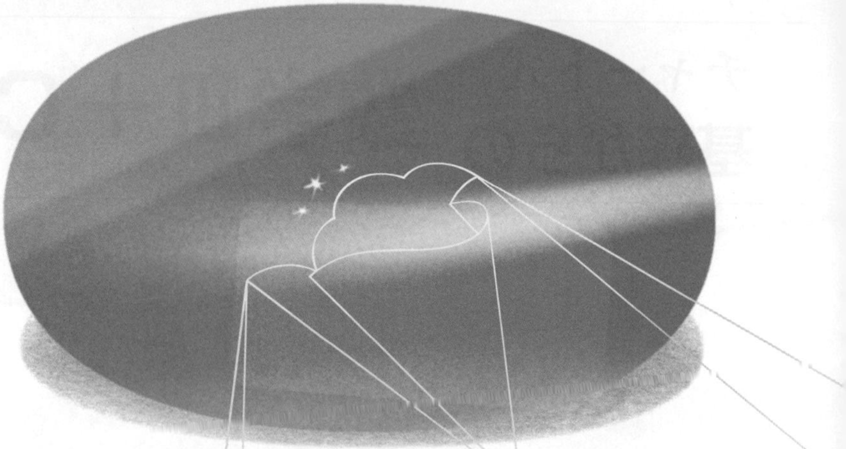

問.

「なりたい自分」から、逆算しよう。

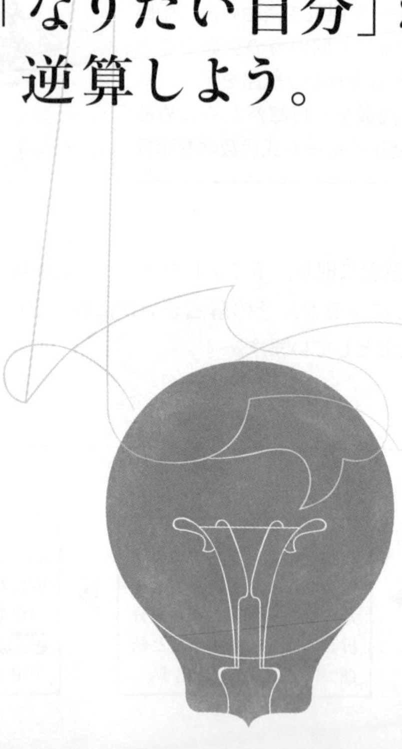

数字で表せない成長がある。

チャート式との学びの旅も、いよいよ最終章です。
これまでの旅路を振り返ってみよう。
大きな難題につまづいたり、思い通りの結果が出なかったり、
出口がなかなか見えず焦ることも、たくさんあったはず。
そんな長い学びの旅路の中で、君が得たものは何だろう。
それはきっと、たくさんの公式や正しい解法だけじゃない。
納得いくまで、自分の頭で考え抜く力。
自分の考えを、言葉と数字で表現する力。
難題を恐れず、挑み続ける力。
いまの君には、数学を通して大きな力が身についているはず。

磨いているのは「未来の問題」を解く力。

数年後、君はどんな大人になっていたいのだろう?
そのためには、どんな力が必要だろう?
チャート式との学びの先に待っているのは、君が主役の人生。
この先、知識や公式だけでは解けない問題にも直面するだろう。
だからいま、数学を一生懸命学んでほしい。
チャート式と身につけた君の力。
その力こそ、これから訪れる身の回りの小さな問題も、
社会に訪れる大きな難題も乗り越えて、
君が目指すゴールに向かって進み続ける助けになるから。

その答えが、
君の未来を前進させる解になる。

本書の構成

章トビラ　各章のはじめに，SELECT STUDY とその章で扱う例題の一覧を設けました。SELECT STUDY は，目的に応じ例題を精選して学習する際に活用できます。例題一覧は，各章で掲載している例題の全体像をつかむのに役立ちます。

基本事項のページ

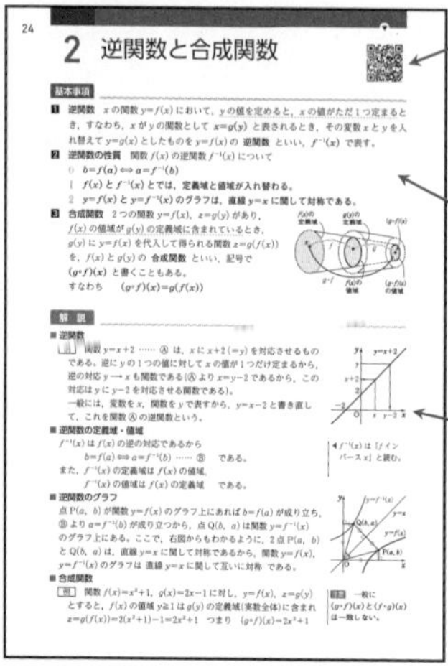

デジタルコンテンツ

各節の例題解説動画や，学習を補助するコンテンツにアクセスできます（詳細は，$p.8$ を参照）。

基本事項

定理や公式など，問題を解く上で基本となるものをまとめています。

解説

用語の説明や，定理・公式の証明なども示してあり，教科書に扱いのないような事柄でも無理なく理解できるようになっています。

例題のページ

基本事項などで得た知識を，具体的な問題を通して身につけます。

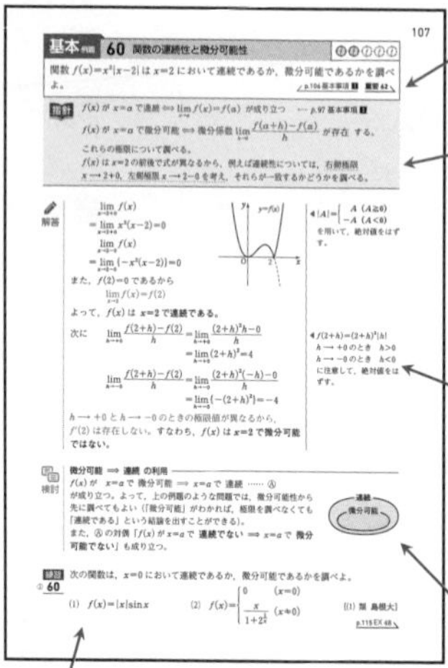

フィードバック・フォワード

関連する例題の番号や基本事項のページを示しました。

指針

問題のポイントや急所がどこにあるか，問題解法の方針をいかにして立てるかを中心に示しました。この指針が本書の特色であるチャート式の真価を最も発揮しているところです。

解答

例題の模範解答例を示しました。側注には適宜解答を補足しています。特に重要な箇所には ★ を付け，指針の対応する部分にも ★ を付けています。解答の流れや考え方がつかみづらい場合には指針を振り返ってみてください。

検討

例題に関連する内容などを取り上げました。特に，発展的な内容を扱う検討には，PLUS ONE をつけています。学習の取捨選択の目安として使用できます。

POINT

重要な公式やポイントとなる式などを取り上げました。

練習

例題の反復問題を1問取り上げました。関連する EXERCISES の番号を示した箇所もあります。

基本例題 …… 基本事項で得た知識をもとに，基礎力をつけるための問題です。教科書で扱われているレベルの問題が中心です。（印は 1 個～3 個）

重要例題 …… 基本例題を更に発展させた問題が中心です。入試対策に向けた，応用力の定着に適した問題がそろっています。（印は 3 個～5 個）

演習例題 …… 他の単元の内容が絡んだ問題や，応用度がかなり高い問題を扱う例題です。「関連発展問題」としてまとめて掲載しています。（印は 3 個～5 個）

コラム

まとめ …… いろいろな場所で学んできた事柄をみやすくまとめています。知識の確認・整理に有効です。

参考事項，補足事項 …… 学んだ事項を発展させた内容を紹介したり，わかりにくい事柄を掘り下げて説明したりしています。

ズーム UP …… 考える力を特に必要とする例題について，更に詳しく解説しています。重要な内容の理解を深めるとともに，**思考力**，**判断力**，**表現力**を高めるのに効果的です。

振り返り …… 複数の例題で学んだ解法の特徴を横断的に解説しています。解法を判断するときのポイントについて，理解を深めることができます。

EXERCISES

各単元末に，例題に関連する問題を取り上げました。

各問題には対応する例題番号を → で示してあり，適宜 HINT もついています（複数の単元に対して EXERCISES を 1 つのみ掲載，という構成になっている場合もあります）。

総合演習

巻末に，学習の総仕上げのための問題を，2 部構成で掲載しています。

第 1 部 …… 例題で学んだことを振り返りながら，思考力を鍛えることができる問題，解説を掲載しています。数学 C の問題は，大学入学共通テスト対策にも役立ちます。

第 2 部 …… 過去の大学入試問題の中から，入試実践力を高められる問題を掲載しています。

索　引

初めて習う数学の用語を五十音順に並べたもので，巻末にあります。

※本書の数学Ⅲの内容では，数学 C の内容を既習とした箇所もある。

●難易度数について

例題，練習・EXERCISES の全問に，全 5 段階の難易度数がついています。

，① …… 教科書の例レベル

，② …… 教科書の例題レベル

，③ …… 教科書の節末，章末レベル

，④ …… 入試の基本～標準レベル

，⑤ …… 入試の標準～やや難レベル

目次

コラムの一覧

まとめ …まとめ，参 … 参考事項，補 … 補足事項，ズ … ズームUP，振 … 振り返り　を表す。

デジタルコンテンツの活用方法

本書では，QR コード*からアクセスできるデジタルコンテンツを豊富に用意しています。これらを活用することで，わかりにくいところの理解を補ったり，学習したことを更に深めたりすることができます。

■ 解説動画

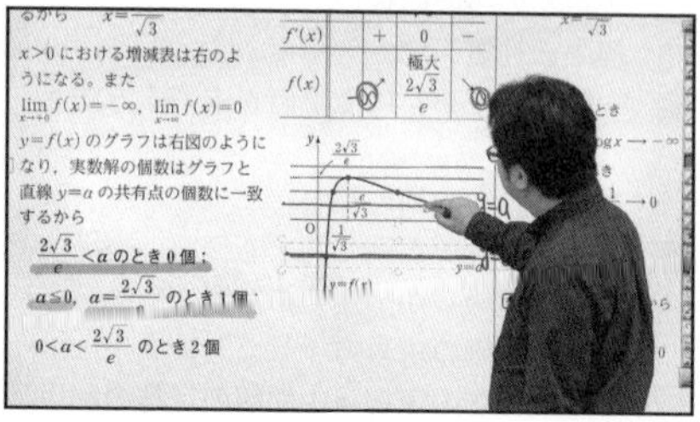

本書に掲載している例題の解説動画を配信しています。
数学講師が丁寧に解説しているので，本書と解説動画をあわせて学習することで，例題のポイントを確実に理解することができます。
例えば，

- 例題を解いたあとに，その例題の理解を確認したいとき
- 例題が解けなかったときや，解説を読んでも理解できなかったとき

といった場面で活用できます。
数学講師による解説を **いつでも，どこでも，何度でも** 視聴することができます。
解説動画も活用しながら，チャート式とともに数学力を高めていってください。

■ サポートコンテンツ

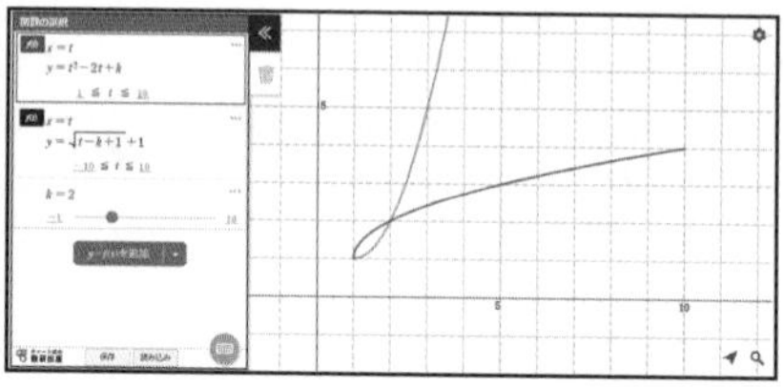

本書に掲載した問題や解説の理解を深めるための補助的なコンテンツも用意しています。
例えば，関数のグラフや図形の動きを考察する例題において，画面上で実際にグラフや図形を動かしてみることで，視覚的なイメージと数式を結びつけて学習できるなど，より深い理解につなげることができます。

<デジタルコンテンツのご利用について>

デジタルコンテンツはインターネットに接続できるコンピュータやスマートフォン等でご利用いただけます。下記の URL，右の QR コード，もしくは「基本事項」のページにある QR コードからアクセスできます。

数学Ⅲ：https://cds.chart.co.jp/books/z7ibx0uxmk
数学C：https://cds.chart.co.jp/books/bajggkd3ve

数学Ⅲ　数学C

※追加費用なしにご利用いただけますが，通信料はお客様のご負担となります。Wi-Fi 環境でのご利用をおすすめいたします。学校や公共の場では，マナーを守ってスマートフォンなどをご利用ください。

*　QR コードは，(株)デンソーウェーブの登録商標です。
※　上記コンテンツは，順次配信予定です。また，画像は制作中のものです。

本書の活用方法

■ 方法 1 「自学自習のため」の活用例

週末・長期休暇などの時間のあるときや受験勉強などで，本書の各ページに順々に取り組む場合は，次のようにして学習を進めるとよいでしょう。

第１ステップ …… **基本事項のページを読み，重要事項を確認。**
問題を解くうえでは，知識を整理しておくことが大切。

⇩

第２ステップ …… **例題に取り組み解法を習得，練習を解いて理解の確認。**

① まず，**例題を自分で解いてみよう。**

➡何もわからなかったら，指針を読んで糸口をつかもう。

⇩

② 指針を読んで，**解法やポイントを確認** し，自分の解答と見比べよう。
〈$+\alpha$〉**検討** を読んで応用力を身につけよう。

➡ポイントを見抜く力をつけるために，指針は必ず読もう。また，解答の右の◀も理解の助けになる。

⇩

③ **練習** に取り組んで，そのページで学習したことを **再確認** しよう。

➡わからなかったら，指針をもう一度読み返そう。

⇩

第３ステップ …… **EXERCISES のページで腕試し。**
例題のページの勉強がひと通り終わったら取り組もう。

■ 方法 2 「解法を調べるため」の活用例 （解法の辞書としての使い方）

どうやって解いたらいいかわからない問題が出てきたときは，同じ(似た)タイプの例題があるページを本書で探し，**解法をまねる** ことを考えてみましょう。

同じ(似た)タイプの例題があるページを見つけるには

目次 (p.6) や 例題一覧 (各章の始め) を利用するとよいでしょう。

大切なこと 解法を調べる際，解答を読むだけでは実力は定着しません。

指針もしっかり読んで，その問題の急所やポイントをつかんでおく ことを意識すると，実力の定着につながります。

■ 方法 3 「目的に応じた学習のため」の活用例

短期間で取り組みたいときや，順々に取り組む時間がとれないときは，**目的に応じた例題を選んで学習する** ことも１つの方法です。例題の種類（基本，重要，演習）や章トビラの SELECT STUDY を参考に，目的に応じた問題に取り組むとよいでしょう。

問題数（数学Ⅲ）
1. 例題 215
（基本 140，重要 60，演習 15）
2. 練習 215　　3. EXERCISES 176
4. 総合演習 第１部 3，第２部 40
［1.～4. の合計 649］

問題数（数学 C）
1. 例題 179
（基本 127，重要 36，演習 16）
2. 練習 179　　3. EXERCISES 121
4. 総合演習 第１部 3，第２部 30
［1.～4. の合計 512］

まとめ　三角関数のいろいろな公式（数学Ⅱ）

数学Ⅱの「三角関数」で学んださまざまな公式は，数学Ⅲ，C を学ぶうえでよく利用されるため，ここに掲載しておく。公式の再確認のためのページとして活用して欲しい。（符号が紛らわしいものも多いので注意！）

1　半径が r，中心角が θ（ラジアン）である扇形の

弧の長さは　$l=r\theta$，面積は　$S=\dfrac{1}{2}r^2\theta=\dfrac{1}{2}rl$

2　**相互関係**　$\tan\theta=\dfrac{\sin\theta}{\cos\theta}$　$\sin^2\theta+\cos^2\theta=1$　$1+\tan^2\theta=\dfrac{1}{\cos^2\theta}$

$-1\leqq\sin\theta\leqq1$　$-1\leqq\cos\theta\leqq1$

3　**三角関数の性質**　複号同順とする。

$\sin(-\theta)=-\sin\theta$　$\cos(-\theta)=\cos\theta$　$\tan(-\theta)=-\tan\theta$

$\sin(\pi\pm\theta)=\mp\sin\theta$　$\cos(\pi\pm\theta)=-\cos\theta$　$\tan(\pi\pm\theta)=\pm\tan\theta$

$\sin\left(\dfrac{\pi}{2}\pm\theta\right)=\cos\theta$　$\cos\left(\dfrac{\pi}{2}\pm\theta\right)=\mp\sin\theta$　$\tan\left(\dfrac{\pi}{2}\pm\theta\right)=\mp\dfrac{1}{\tan\theta}$

4　**加法定理**　複号同順とする。

$\sin(\alpha\pm\beta)=\sin\alpha\cos\beta\pm\cos\alpha\sin\beta$

$\cos(\alpha\pm\beta)=\cos\alpha\cos\beta\mp\sin\alpha\sin\beta$

$\tan(\alpha\pm\beta)=\dfrac{\tan\alpha\pm\tan\beta}{1\mp\tan\alpha\tan\beta}$

5　**2 倍角の公式**　導き方　加法定理の式で，$\beta=\alpha$ とおく。

$\sin2\alpha=2\sin\alpha\cos\alpha$

$\cos2\alpha=\cos^2\alpha-\sin^2\alpha=1-2\sin^2\alpha=2\cos^2\alpha-1$

$\tan2\alpha=\dfrac{2\tan\alpha}{1-\tan^2\alpha}$

6　**半角の公式**　導き方　cos の 2 倍角の公式を変形して，α を $\dfrac{\alpha}{2}$ とおく。

$\sin^2\dfrac{\alpha}{2}=\dfrac{1-\cos\alpha}{2}$　$\cos^2\dfrac{\alpha}{2}=\dfrac{1+\cos\alpha}{2}$　$\tan^2\dfrac{\alpha}{2}=\dfrac{1-\cos\alpha}{1+\cos\alpha}$

7　**3 倍角の公式**　導き方　$3\alpha=2\alpha+\alpha$ として，加法定理と 2 倍角の公式を利用。

$\sin3\alpha=3\sin\alpha-4\sin^3\alpha$　$\cos3\alpha=-3\cos\alpha+4\cos^3\alpha$

8　**積 ⟶ 和の公式**

$\sin\alpha\cos\beta=\dfrac{1}{2}\{\sin(\alpha+\beta)+\sin(\alpha-\beta)\}$

$\cos\alpha\sin\beta=\dfrac{1}{2}\{\sin(\alpha+\beta)-\sin(\alpha-\beta)\}$

$\cos\alpha\cos\beta=\dfrac{1}{2}\{\cos(\alpha+\beta)+\cos(\alpha-\beta)\}$

$\sin\alpha\sin\beta=-\dfrac{1}{2}\{\cos(\alpha+\beta)-\cos(\alpha-\beta)\}$

9　**和 ⟶ 積の公式**

$\sin A+\sin B=2\sin\dfrac{A+B}{2}\cos\dfrac{A-B}{2}$

$\sin A-\sin B=2\cos\dfrac{A+B}{2}\sin\dfrac{A-B}{2}$

$\cos A+\cos B=2\cos\dfrac{A+B}{2}\cos\dfrac{A-B}{2}$

$\cos A-\cos B=-2\sin\dfrac{A+B}{2}\sin\dfrac{A-B}{2}$

10　**三角関数の合成**

$a\sin\theta+b\cos\theta=\sqrt{a^2+b^2}\sin(\theta+\alpha)$　ただし　$\sin\alpha=\dfrac{b}{\sqrt{a^2+b^2}}$，$\cos\alpha=\dfrac{a}{\sqrt{a^2+b^2}}$

数学Ⅲ 第1章

関　　数

1

1 分数関数・無理関数

2 逆関数と合成関数

SELECT STUDY

- 基本定着コース……教科書の基本事項を確認したいきみに
- 精選速習コース……入試の基礎を短期間で身につけたいきみに
- 実力練成コース……入試に向け実力を高めたいきみに

START	1	2	3	4	5	6	7	8	9	10	11	12	13	14	15	16
基本定着コース	●		●	●		●	●	●		●	●			●		
精選速習コース		●		●				●			●	●	●		●	
実力練成コース		●		●	●			●	●		●		●		●	●

例題一覧

			難易度
1	基本 1	分数関数のグラフと漸近線，値域	①
	基本 2	分数関数の平行移動・決定	③
	基本 3	分数関数のグラフと直線の共有点，分数不等式	②
	基本 4	分数方程式・分数不等式の代数的な解法	②
	基本 5	分数方程式の実数解の個数	③
	基本 6	無理関数のグラフと値域	②
	基本 7	無理関数のグラフと直線の共有点，無理不等式	②
	基本 8	無理方程式・無理不等式の代数的な解法	③
	基本 9	無理方程式の実数解の個数	③
2	基本 10	逆関数の求め方とそのグラフ	②
	基本 11	逆関数がもとの関数と一致する条件	③
	基本 12	関数とその逆関数のグラフの共有点 (1)	③
	重要 13	関数とその逆関数のグラフの共有点 (2)	④
	基本 14	合成関数の求め方など	②
	重要 15	合成関数が一致する条件	③
	重要 16	分数関数を n 回合成した関数	④

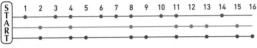

1 分数関数・無理関数

基本事項

1 分数関数 $y=\dfrac{k}{x}$ のグラフ

[1] x 軸，y 軸を漸近線とする直角双曲線

[2] $k>0$ ならば　第 1，3 象限
　$k<0$ ならば　第 2，4 象限
に，それぞれ存在する。

[3] 原点に関して対称

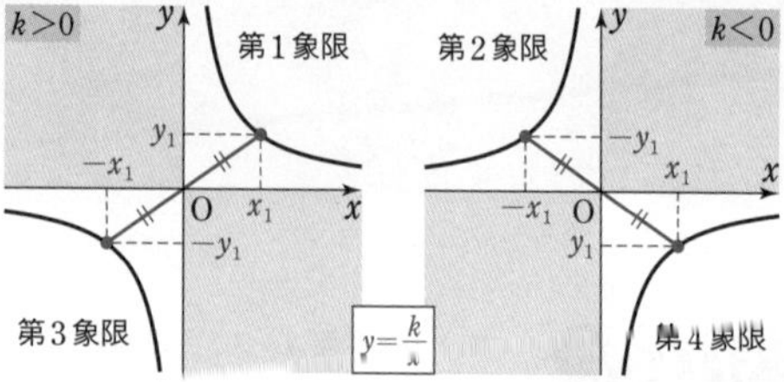

2 分数関数 $y=\dfrac{k}{x-p}+q$ のグラフ

[1] $y=\dfrac{k}{x}$ のグラフを
x 軸方向に p，y 軸方向に q だけ平行移動した直角双曲線

[2] 漸近線は 2 直線 $x=p$，$y=q$

[3] 定義域は $x\neq p$，値域は $y\neq q$

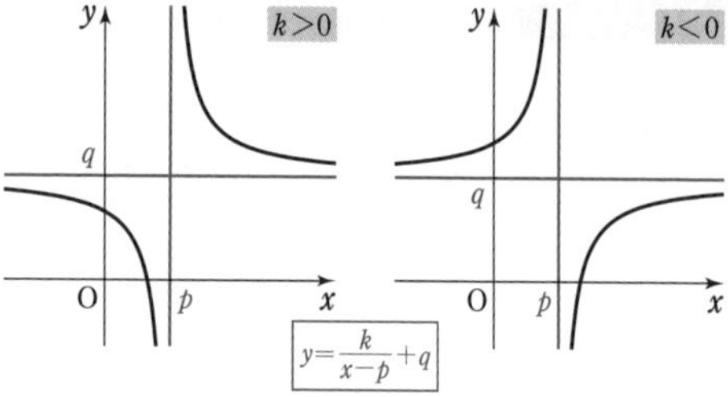

解　説

■ **分数関数**

$y=\dfrac{3}{x}$，$y=\dfrac{5x+2}{x-1}$ のように，x についての分数式で表された関数を **分数関数** という。特に断りがない限り，分数関数の定義域は，分母を 0 とする x の値を除く実数全体である。

◀分数式 $\dfrac{A}{B}$ ……A，B は整式で B は文字を含む。

■ **$y=\dfrac{k}{x}$ のグラフ**

漸近線は x 軸，y 軸である。なお，このように 2 つの漸近線が直交している双曲線を **直角双曲線** という。

◀漸近線……曲線が一定の直線に近づくときのその直線のこと。

■ **$y=\dfrac{k}{x-p}+q$ のグラフ**

$y=\dfrac{k}{x}$ のグラフを x 軸方向に p，y 軸方向に q だけ平行移動したもの で，その漸近線は 2 直線 **$x=p$，$y=q$** である。よって，**$y=\dfrac{k}{x-p}+q$ のグラフは，点 $(p,\ q)$ を原点とみて，$y=\dfrac{k}{x}$ のグラフをかけばよい。**

一般に，分数関数 $y=\dfrac{ax+b}{cx+d}$ は $y=\dfrac{k}{x-p}+q$ の形に変形して，そのグラフをかく。

問　関数 (1) $y=\dfrac{1}{2x}$　(2) $y=\dfrac{3}{x}-1$　(3) $y=\dfrac{-2}{x-1}$ のグラフをかけ。

(＊) 問 の解答は $p.708$ にある。

基本例題 1 分数関数のグラフと漸近線，値域

(1) 関数 $y=\dfrac{3x}{x-2}$ のグラフをかけ。また，漸近線を求めよ。

(2) (1)において，定義域が $4 \leqq x \leqq 8$ のとき，値域を求めよ。 p.12 基本事項 2

指針 分数関数のグラフのかき方

1. $y=\dfrac{k}{x-(p)}+\boxed{q}$ の形（**基本形** とよぶことにする）に変形する。
2. 漸近線 $x=(p)$，$y=\boxed{q}$ を引く。
3. 点 $((p),\ \boxed{q})$ を原点とみて，$y=\dfrac{k}{x}$ のグラフをかく。

(2) 定義域の端 ($x=4$，8) に対応した y の値を求め，グラフから読みとる。

$y=\dfrac{k}{x}$

↓ 平行移動 (x 軸方向に p，y 軸方向に q)

$y=\dfrac{k}{x-p}+q$

解答

(1) $y=\dfrac{3x}{x-2}=\dfrac{3(x-2)+6}{x-2}$

$=\dfrac{6}{x-2}+3$

よって，グラフは $y=\dfrac{6}{x}$ のグラフを x 軸方向に 2，y 軸方向に 3 だけ平行移動したもので，**右の図** のようになる。

漸近線は　**2 直線 $x=2$，$y=3$**

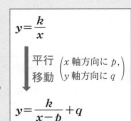

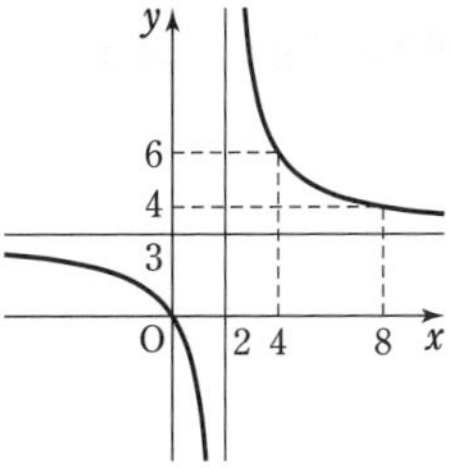

(2) $x=4$ のとき　$y=6$，　$x=8$ のとき　$y=4$

(1)のグラフから，値域は　$4 \leqq y \leqq 6$

◀分子を分母で割った商と余りを利用。

$$\begin{array}{r} 3 \\ x-2\,\overline{)\,3x} \\ \underline{3x-6} \\ 6 \end{array}$$

よって　$3x=(x-2)\cdot 3+6$

◀定義域は　$x \neq 2$，値域は　$y \neq 3$

◀$4 \leqq x \leqq 8$ のとき，グラフは右下がり。

検討 分数関数の式を基本形に直す方法

$\dfrac{ax+b}{cx+d}$ $(ad-bc \neq 0,\ c \neq 0)$ を $\dfrac{k}{x-p}+q$ の形に変形するには，

分子 $ax+b$ を変形して，分母 $cx+d$ と同じものを作る　ことがポイントである。

それには，上の解答の 1，2 行目のように，**$ax+b$ を $cx+d$ で割った商と余りを利用する**とよい。

…… 数学Ⅱで学んだ，多項式の割り算の等式 $A=BQ+R$ を利用して変形。

(割られる式)＝(割る式)×(商)＋(余り)

練習 1 ①

(1) 次の関数のグラフをかけ。また，漸近線を求めよ。

(ア) $y=\dfrac{3x+5}{x+1}$　　(イ) $y=\dfrac{-2x+5}{x-3}$　　(ウ) $y=\dfrac{x-2}{2x+1}$

(2) (1)の(ア)，(イ)の各関数において，$2 \leqq x \leqq 4$ のとき y のとりうる値の範囲を求めよ。

基本例題 2 分数関数の平行移動・決定

(1) 関数 $y=\dfrac{3x+17}{x+4}$ のグラフは，関数 $y=\dfrac{x+8}{x+3}$ のグラフをどのように平行移動したものか。

(2) 関数 $y=\dfrac{ax+b}{x+c}$ のグラフが，2 直線 $x=3$ と $y=1$ を漸近線とし，更に点 $(2,\ 2)$ を通るとき，定数 $a,\ b,\ c$ の値を求めよ。 [(2) 類 防衛大]

p.12 基本事項 2，基本 1

指針 (1) 双曲線の平行移動は，漸近線の平行移動に着目 するとよい。
まず，2 つの関数の式を $\boldsymbol{y=\dfrac{k}{x-p}+q}$ の形に変形する。
(2) 漸近線の条件から，この関数は $y=\dfrac{k}{x-3}+1$ と表すことができる。
まず，通る点の条件から k の値を求める。

CHART 分数関数の問題 基本形 $y=\dfrac{k}{x-p}+q$ の利用

解答

(1) $y=\dfrac{3x+17}{x+4}=\dfrac{3(x+4)+5}{x+4}=\dfrac{5}{x+4}+3$ …… ①

$y=\dfrac{x+8}{x+3}=\dfrac{(x+3)+5}{x+3}=\dfrac{5}{x+3}+1$ …… ②

② のグラフを x 軸方向に p，y 軸方向に q だけ平行移動したときに ① のグラフに重なるとすると，漸近線に着目して $-3+p=-4,\ 1+q=3$

ゆえに $p=-1,\ q=2$

したがって

x 軸方向に -1，y 軸方向に 2 だけ平行移動したもの

(2) 2 直線 $x=3,\ y=1$ が漸近線であるから，この関数は $y=\dfrac{k}{x-3}+1$ と表される。このグラフが点 $(2,\ 2)$ を通るから $2=\dfrac{k}{2-3}+1$ ゆえに $k=-1$

よって $y=\dfrac{-1}{x-3}+1$ すなわち $y=\dfrac{x-4}{x-3}$

したがって **$a=1,\ b=-4,\ c=-3$**

◀① の漸近線は，2 直線 $x=-4,\ y=3$
② の漸近線は，2 直線 $x=-3,\ y=1$

◀直線 $x=$● を x 軸方向に p だけ平行移動した直線の方程式は $x=$●$+p$，直線 $y=$■ を y 軸方向に q だけ平行移動した直線の方程式は $y=$■$+q$

◀$y=\dfrac{k}{x-p}+q$ の漸近線は，2 直線 $x=p,\ y=q$

◀$y=\dfrac{ax+b}{x+c}$ と比較するために，**右辺を通分**。

練習 ③ 2

(1) 関数 $y=\dfrac{-6x+21}{2x-5}$ のグラフは，関数 $y=\dfrac{8x+2}{2x-1}$ のグラフをどのように平行移動したものか。

(2) 関数 $y=\dfrac{2x+c}{ax+b}$ のグラフが点 $\left(-2,\ \dfrac{9}{5}\right)$ を通り，2 直線 $x=-\dfrac{1}{3},\ y=\dfrac{2}{3}$ を漸近線にもつとき，定数 $a,\ b,\ c$ の値を求めよ。

p.23 EX 1

基本 例題 3 分数関数のグラフと直線の共有点，分数不等式

(1) 関数 $y=\dfrac{2}{x+3}$ のグラフと直線 $y=x+4$ の共有点の座標を求めよ。

(2) 不等式 $\dfrac{2}{x+3}<x+4$ を解け。

↗基本 1

指針 (1) **共有点 ⟺ 実数解** すなわち，分数関数の式と直線の式から y を消去した方程式 $\dfrac{2}{x+3}=x+4$ の実数解が共有点の x 座標である。

(2) **不等式 $f(x)<g(x)$ の解**
⟺ **$y=f(x)$ のグラフが $y=g(x)$ のグラフより下側にあるような x の値の範囲**

グラフを利用 して解を求める。

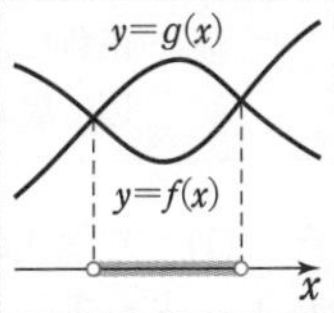

なお，分数式を含む方程式・不等式を **分数方程式・分数不等式** という。分数方程式・分数不等式では，(分母)≠0 というかくれた条件にも注意が必要である。

CHART 分数不等式の解 グラフの上下関係から判断

解答

$y=\dfrac{2}{x+3}$ …… ①，$y=x+4$ …… ② とする。

(1) ①，② から $\dfrac{2}{x+3}=x+4$

両辺に $x+3$ を掛けて
$2=(x+4)(x+3)$
整理して $x^2+7x+10=0$
ゆえに $(x+2)(x+5)=0$
よって $x=-2,\ -5$
② から $x=-2$ のとき $y=2$，
$x=-5$ のとき $y=-1$
したがって，共有点の座標は **$(-2,\ 2)$，$(-5,\ -1)$**

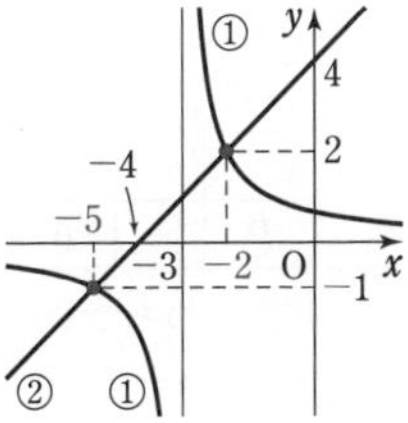

◀ y を消去。

◀ 2 次方程式に帰着される [ただし，(分母)≠0 すなわち $x\neq-3$ という条件がかくれている]。

◀ $x=-2,\ -5$ は $\dfrac{2}{x+3}$ の分母を 0 としないから，方程式 $\dfrac{2}{x+3}=x+4$ の解である。

(2) 関数 ① のグラフが直線 ② の下側にあるような x の値の範囲は，右の図から

$-5<x<-3,\ -2<x$

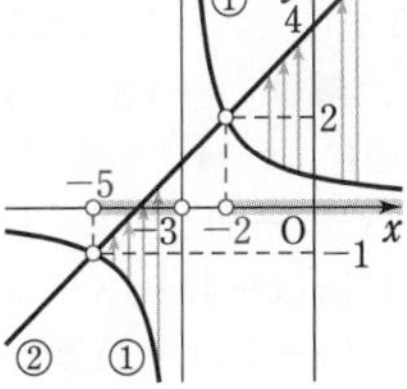

◀(1) のグラフを利用。

◀ **$x\neq-3$ に要注意！**
$x=-3$ は，関数 ① の定義域に含まれない（つまり，グラフが存在しない）。

注意 グラフを利用しないで，代数的に解くこともできる。この方法は次ページで学習する。

練習 ② **3**

(1) 関数 $y=\dfrac{4x-3}{x-2}$ のグラフと直線 $y=5x-6$ の共有点の座標を求めよ。

(2) 不等式 $\dfrac{4x-3}{x-2}\geqq5x-6$ を解け。

基本例題 4 分数方程式・分数不等式の代数的な解法

①①①①①

次の方程式，不等式を解け。

(1) $\frac{2}{x(x+2)}-\frac{x}{2(x+2)}=0$　　(2) $\frac{3-2x}{x-4}\leqq x$

基本 3

指針 ここでは，分数方程式・分数不等式をグラフを利用せずに，代数的に解いてみよう。

(1) 分母を払って，多項式の方程式に直して解く。(分母)$\neq 0$ に注意。

(2) (1)と同様に，両辺に $x-4$ を掛けて分母を払うという解法で進める場合，$x-4$ の正負により **場合分け** が必要になり少し煩わしい(別解 1.)。そこでまずは，一方の辺に集めて通分し，符号を調べる方法で考えてみる。

解答

(1) 方程式の両辺に $2x(x+2)$ を掛けて　$4-x^2=0$

よって　$x=\pm 2$

$x=-2$ は，もとの方程式の分母を 0 にするから解ではない。したがって　$\boldsymbol{x=2}$

(2) 不等式から　$x-\frac{3-2x}{x-4}\geqq 0$　ゆえに　$\frac{x^2-2x-3}{x-4}\geqq 0$

よって　$\frac{(x+1)(x-3)}{x-4}\geqq 0$

左辺を P とし，P の符号を調べると，右の表のようになる。ゆえに，解は

$\boldsymbol{-1\leqq x\leqq 3,\ 4<x}$

x	…	-1	…	3	…	4	…
$x+1$	−	0	+	+	+	+	+
$x-3$	−	−	−	0	+	+	+
$x-4$	−	−	−	−	−	0	+
P	−	0	+	0	−	／	+

別解 1. [1] $x-4>0$ すなわち $x>4$ のとき

$3-2x\leqq x(x-4)$

整理して，$x^2-2x-3\geqq 0$ から　$(x+1)(x-3)\geqq 0$

ゆえに　$x\leqq -1,\ 3\leqq x$　　$x>4$ であるから　$x>4$

[2] $x-4<0$ すなわち $x<4$ のとき　$3-2x\geqq x(x-4)$

これを解いて　$-1\leqq x\leqq 3$

$x<4$ であるから　$-1\leqq x\leqq 3$

[1]，[2] から，解は　$\boldsymbol{-1\leqq x\leqq 3,\ 4<x}$

2. 不等式の両辺に $(x-4)^2$ を掛けて

$(3-2x)(x-4)\leqq x(x-4)^2$

よって　$(x-4)\{x(x-4)-(3-2x)\}\geqq 0$

ゆえに　$(x+1)(x-3)(x-4)\geqq 0$

よって　$-1\leqq x\leqq 3,\ 4\leqq x$

$x\neq 4$ であるから，求める解は

$\boldsymbol{-1\leqq x\leqq 3,\ 4<x}$

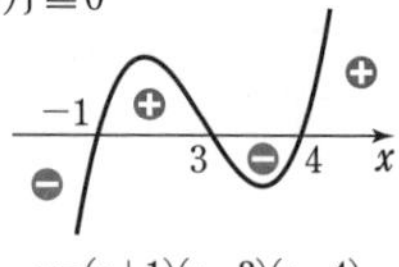

$y=(x+1)(x-3)(x-4)$

◀この確認も忘れないように！

◀$\frac{x(x-4)-(3-2x)}{x-4}\geqq 0$

◀〰〰の分母・分子の因数 $x+1$，$x-3$，$x-4$ の符号をもとに，P の符号を判断する。

◀$x=4$ のとき，(分母)$=0$ となるから $x\neq 4$

◀不等号の向きは不変。

◀2 次不等式を解く。

◀$x>4$ との共通範囲。

◀**負の数を掛ける ⟶ 不等号の向きが変わる。**

◀[1]，[2] の解を合わせた範囲。

◀$(x-4)^2\geqq 0$ であるから，不等号の向きは不変。

◀x^3 の係数が正で，x 軸と異なる 3 点で交わる **3 次関数のグラフをイメージ** して解を判断。なお，左上のような **表をかいて** 解を判断してもよい。

練習 ② 4 次の方程式，不等式を解け。

(1) $2-\frac{6}{x^2-9}=\frac{1}{x+3}$　　(2) $\frac{4x-7}{x-1}\leqq -2x+1$

p.23 EX 2, 3

基本例題 5 分数方程式の実数解の個数

k は定数とする。方程式 $\frac{x-5}{x-2}=3x+k$ の実数解の個数を調べよ。

基本 3

指針 方程式 $f(x)=g(x)$ の実数解の個数 ⟺ $y=f(x)$ と $y=g(x)$ の共有点の個数

ここでは，双曲線 $y=\frac{x-5}{x-2}$ と直線 $y=3x+k$ の共有点の個数を調べる。

それには，**直線 $y=3x+k$ を** y 切片 k の値に応じて **平行移動** し，双曲線との共有点の個数を調べる。……★ 特に，両者が接するときの k の値がポイント。

解答

$y=\frac{x-5}{x-2}=-\frac{3}{x-2}+1$ …… ①

$y=3x+k$ …… ②

とすると，双曲線 ① と直線 ② の共有点の個数が，与えられた方程式の実数解の個数に一致する。

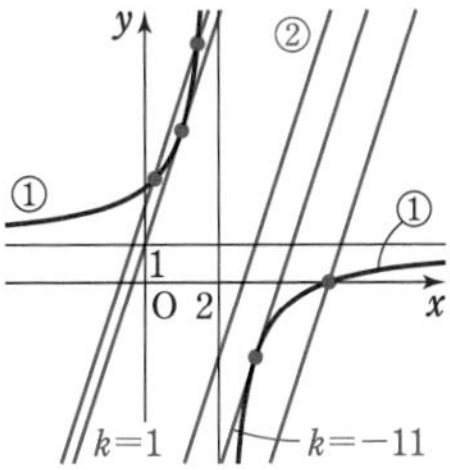

$\frac{x-5}{x-2}=3x+k$ から

$$x-5=(3x+k)(x-2)$$

整理して　$3x^2+(k-7)x-2k+5=0$

判別式を D とすると

$$D=(k-7)^2-4\cdot3\cdot(-2k+5)$$
$$=k^2+10k-11=(k+11)(k-1)$$

$D=0$ とすると　$k=-11,\ 1$

このとき，双曲線 ① と直線 ② は接する。

よって，求める実数解の個数は，図から

$k<-11,\ 1<k$ のとき　2個；
$k=-11,\ 1$ のとき　1個；
$-11<k<1$ のとき　0個

◀ $\frac{x-5}{x-2}=\frac{(x-2)-3}{x-2}=1-\frac{3}{x-2}$

◀ $y=-\frac{3}{x-2}+1$ のグラフは $y=-\frac{3}{x}$ のグラフを x 軸方向に 2，y 軸方向に 1 だけ平行移動したもの。

◀ 両辺に $x-2$ を掛ける。

◀ 双曲線 ① と直線 ② が接するときの k の値を調べる。

◀ $(k+11)(k-1)=0$

接する ⟺ 重解

◀ 指針____……★ の方針。y 切片 k の値に応じて，直線 ② を平行移動。

検討 **上の例題の別解**

上の基本例題 **5** については，定数 k を分離する，つまり $\frac{x-5}{x-2}-3x=k$ と変形して，$y=\frac{x-5}{x-2}-3x$ …… Ⓐ のグラフと直線 $y=k$ の共有点の個数を調べる方法もある。現段階では，Ⓐ のグラフをかくための知識が十分でないが，$p.202$ で学習するので，試してみるとよい。

練習 5 ③ k は定数とする。方程式 $\frac{2x+9}{x+2}=-\frac{x}{5}+k$ の実数解の個数を調べよ。

基本事項

1 無理関数 $y=\sqrt{ax}$ のグラフ $(a\neq 0)$

[1] 頂点が原点，軸が x 軸の放物線

$x=\dfrac{y^2}{a}$ の上半分（$y\geqq 0$ の部分）

[2] $a>0$ ならば　原点と第1象限

$a<0$ ならば　原点と第2象限

に，それぞれ存在する。

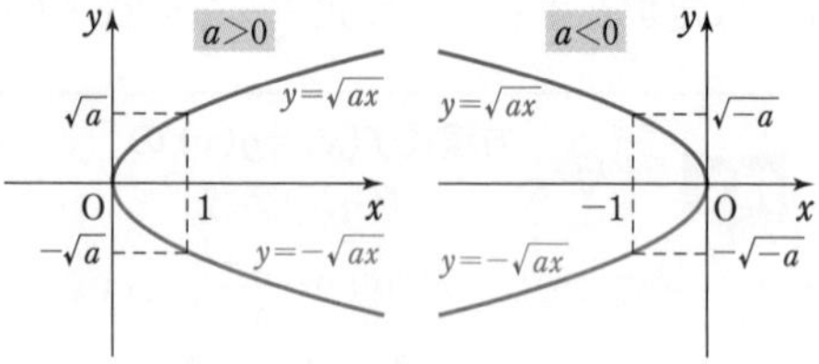

$y=-\sqrt{ax}$ のグラフ は，$y=\sqrt{ax}$ のグラフと x 軸に関して対称

2 無理関数 $y=\sqrt{ax+b}$ のグラフ $(a\neq 0)$

$y=\sqrt{a(x-p)}$ のグラフ は，$y=\sqrt{ax}$ のグラフを x 軸方向に p だけ平行移動したもの

$y=\sqrt{ax+b}$ のグラフ は，**$y=\sqrt{ax}$ のグラフを x 軸方向に $-\dfrac{b}{a}$ だけ平行移動** したもの

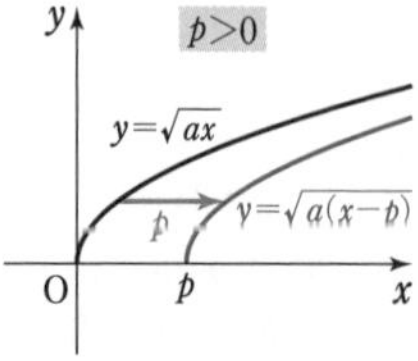

解説

■ **無理関数**

$\sqrt{x}$，$\sqrt{2x+1}$ のように，根号の中に文字を含む式を **無理式** といい，変数 x に関する無理式で表される関数を，x の **無理関数** という。特に断りがない限り，無理関数の定義域は，根号の中を正または0にする実数全体である。

■ **$y=\sqrt{x}$ のグラフ**

$y=\sqrt{x}$ を満たす点 $(0,\ 0)$，$(1,\ 1)$，$(2,\ \sqrt{2})$，$(3,\ \sqrt{3})$，$(4,\ 2)$，$(9,\ 3)$ をとってグラフをかくと，右の図のようになる。

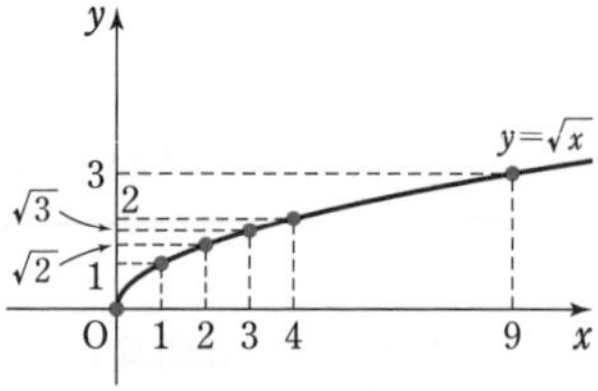

定義域は，**($\sqrt{}$ の中)$\geqq 0$** により　　$x\geqq 0$

また，値域は　　$y\geqq 0$

$\sqrt{●}$ に対し
●$\geqq 0$，$\sqrt{●}\geqq 0$

■ **$y=\sqrt{ax}$ のグラフ** $(a\neq 0)$

$y=\sqrt{ax}$ の両辺を平方して得られる放物線 $y^2=ax$，すなわち，放物線 $x=\dfrac{y^2}{a}$（頂点が原点，軸が x 軸）の上半分（原点を含む）を表す。**$y=-\sqrt{ax}$ のグラフと $y=\sqrt{ax}$ のグラフは x 軸に関して対称** である。

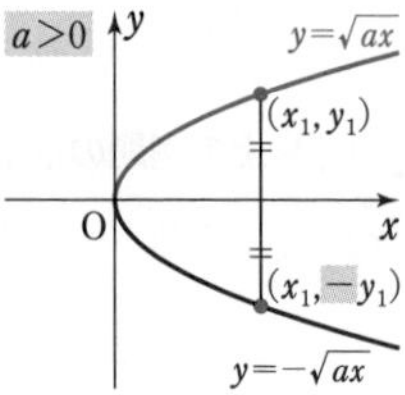

■ **$y=\sqrt{a(x-p)}$ のグラフ** $(a\neq 0)$

$y=\sqrt{ax}$ のグラフを x 軸方向に p だけ平行移動 したものである。

■ **$y=\sqrt{ax+b}$ のグラフ** $(a\neq 0)$

$\sqrt{ax+b}=\sqrt{a\left(x+\dfrac{b}{a}\right)}$ から **$y=\sqrt{ax}$ のグラフを x 軸方向に $-\dfrac{b}{a}$ だけ平行移動** したものである。定義域は　$a>0$ のとき $x\geqq -\dfrac{b}{a}$，$a<0$ のとき $x\leqq -\dfrac{b}{a}$，　値域は $y\geqq 0$ である。

基本例題 6 無理関数のグラフと値域

(1) 関数 $y=\sqrt{2x+3}$ のグラフをかけ。また，この関数の定義域が $0\leqq x\leqq 3$ であるとき，値域を求めよ。

(2) 関数 $y=\sqrt{4-x}$ の定義域が $a\leqq x\leqq b$ であるとき，値域が $1\leqq y\leqq 2$ となるように定数 a，b の値を定めよ。

p.18 基本事項 2

指針 (1) 無理関数 $y=\sqrt{ax+b}$ のグラフをかくには，まず $\sqrt{ax+b}$ を $\sqrt{a(x-p)}$ の形に変形。
なお，無理関数の **定義域は（$\sqrt{}$ の中）$\geqq 0$ となる x の値全体** である。
また，値域は **グラフから判断** する。その際，**定義域の端における y の値に注意** する。

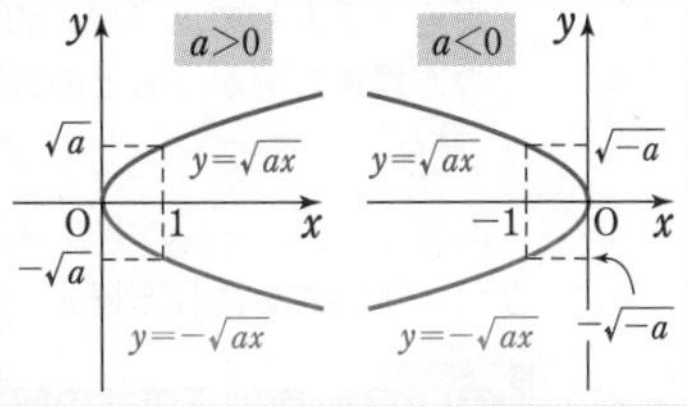

(2) 関数 $y=\sqrt{4-x}=\sqrt{-(x-4)}$ は単調に減少するから，左端 $x=a$ で最大，右端 $x=b$ で最小となる。関数の定義域に注意する。

CHART 関数の値域　グラフ利用　定義域の端に注意

解答

(1) $\sqrt{2x+3}=\sqrt{2\left(x+\dfrac{3}{2}\right)}$ であるから，$y=\sqrt{2x+3}$ のグラフは，$y=\sqrt{2x}$ のグラフを x 軸方向に $-\dfrac{3}{2}$ だけ平行移動したもので，**右の図** のようになる。

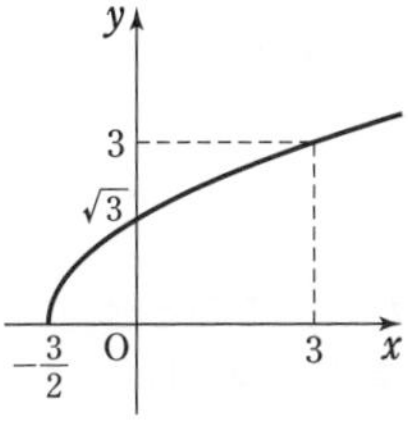

また　　$x=0$ のとき　$y=\sqrt{3}$
　　　　$x=3$ のとき　$y=3$
よって，求める値域は，図から　　$\boldsymbol{\sqrt{3}\leqq y\leqq 3}$

(2) 関数 $y=\sqrt{4-x}=\sqrt{-(x-4)}$ は $a\leqq x\leqq b$ の範囲において単調に減少するから，その値域は　$\sqrt{4-b}\leqq y\leqq\sqrt{4-a}$
よって，$1\leqq y\leqq 2$ であるための条件は　$\sqrt{4-a}=2$，$\sqrt{4-b}=1$
両辺を平方して
　　　$4-a=4$，$4-b=1$
したがって　　$\boldsymbol{a=0,\ b=3}$(＊)

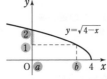

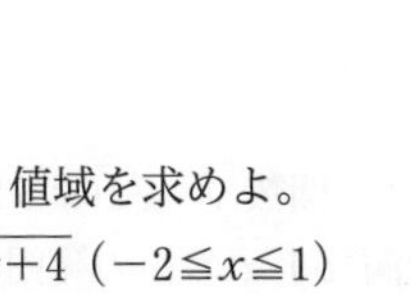

◀ $\sqrt{a(x-p)}$ の形に変形。**$y=\sqrt{a(x-p)}$ のグラフは，$y=\sqrt{ax}$ のグラフを x 軸方向に p だけ平行移動したもの。**

◀関数 $y=\sqrt{2x+3}$ は単調に増加するから，$0\leqq x\leqq 3$ の範囲において $x=3$ で最大，$x=0$ で最小となる。

◀ $y=\sqrt{a(x-p)}$ の形に変形。

(＊) $y=\sqrt{4-x}$ の定義域は $4-x\geqq 0$ から　$x\leqq 4$
範囲 $0\leqq x\leqq 3$ は範囲 $x\leqq 4$ 内にある。

練習 6 ②
(1) 次の関数のグラフをかけ。また，値域を求めよ。
　(ア) $y=\sqrt{3x-4}$　　(イ) $y=\sqrt{-2x+4}$ $(-2\leqq x\leqq 1)$　　(ウ) $y=\sqrt{2-x}-1$
(2) 関数 $y=\sqrt{2x+4}$ $(a\leqq x\leqq b)$ の値域が $1\leqq y\leqq 3$ であるとき，定数 a，b の値を求めよ。

p.23 EX4

基本例題 7 無理関数のグラフと直線の共有点，無理不等式 ①①①①①

$y=\sqrt{2x-3}$ …… ① と $y=x-3$ …… ② について

(1) 2つの関数のグラフの共有点の座標を求めよ。

(2) 不等式 $\sqrt{2x-3}>x-3$ を満たす x の値の範囲を求めよ。

基本 3，6

指針 (1) **共有点 ⟺ 実数解**　y を消去した方程式 $\sqrt{2x-3}=x-3$ を解く。

両辺を平方して，多項式の方程式に直すとよい。ただし，平方して得られる多項式の方程式の解が，**もとの方程式を満たすかどうか** を必ず確認する。

(2) **不等式 ⟺ 上下関係**

関数 $y=\sqrt{2x-3}$ のグラフと直線 $y=x-3$ の上下関係に着目する。

なお，無理式を含む方程式・不等式を，**無理方程式・無理不等式** という。

CHART 無理不等式の解　グラフの上下関係から判断

解答

(1) $\sqrt{2x-3}=x-3$ …… ③

とし，両辺を平方すると

$2x-3=(x-3)^2$ …… (＊)

整理して　$x^2-8x+12=0$

ゆえに　$(x-2)(x-6)=0$

よって　$x=2,\ 6$

$x=2$ は ③ を満たさないから，③ の解ではない。

$x=6$ は ③ を満たし，このとき　$y=3$

したがって，共有点の座標は

(6, 3)

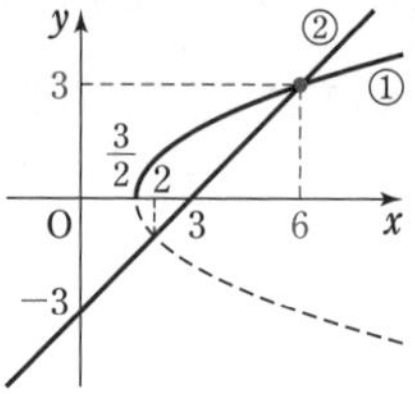

(2) ① のグラフが直線 ② の上側にあるような x の値の範囲は，

右の図から　$\boldsymbol{\frac{3}{2}\leqq x<6}$

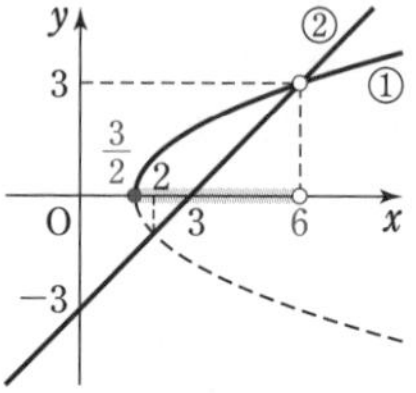

注意 関数 $y=\sqrt{2x-3}$ の定義域は，$2x-3\geqq0$ を解いて

$x\geqq\frac{3}{2}$

このことを忘れないように。

検討

$A=B \Longrightarrow A^2=B^2$ は成り立つが，$A^2=B^2 \Longrightarrow A=B$ は成り立たない。

なぜなら，$A^2=B^2$ からは

$(A+B)(A-B)=0$

で，$A=B$ 以外に $A=-B$ の解も含まれるからである。

左の解答では，(＊) ⟹ ③ が成り立つとは限らないから，(＊)から得られる解が，③ の解であるとは限らない。

参考 (1)について，次ページの 検討 [1]

$\boldsymbol{\sqrt{A}=B \Longleftrightarrow A=B^2,\ B\geqq0}$

を用いてもよい。つまり，方程式(＊)の解のうち，$x-3\geqq0$ を満たすものを，解として採用してもよい。

練習 7 (1) 直線 $y=8x-2$ と関数 $y=\sqrt{16x-1}$ のグラフの共有点の座標を求めよ。

(2) 次の不等式を満たす x の値の範囲を求めよ。

(ア) $\sqrt{3-x}>x-1$　(イ) $x+2\leqq\sqrt{4x+9}$　(ウ) $\sqrt{x}+x<6$

［(1) 類 関東学院大］

基本例題 8 無理方程式・無理不等式の代数的な解法

次の方程式，不等式を解け。

(1) $\sqrt{x^2-1}=x+3$　　(2) $\sqrt{25-x^2}>3x-5$

↗基本 7

指針 ここでは，グラフを用いずに代数的な方法で解く。平方して $\sqrt{\ }$ をはずす 方針となるが，$\sqrt{A}$ に対し　$\sqrt{A}\geqq 0$，$A\geqq 0$　であることに注意する。

(1) 前ページの基本例題 **7** (1) と同様。両辺を平方した方程式の解が最初の方程式を満たすかどうかを確認するようにする。

(2) まず，($\sqrt{\ }$ 内の式)$\geqq 0$ から，x の値の範囲を絞る。次に，$3x-5<0$，$3x-5\geqq 0$ で場合分け。$A\geqq 0$，$B\geqq 0$ のとき $A>B \iff A^2>B^2$ が成り立つ。

解答

(1) 方程式の両辺を平方して　$x^2-1=(x+3)^2$

これを解くと　$x=-\dfrac{5}{3}$

これは与えられた方程式を満たすから，解である。

(2) $25-x^2\geqq 0$ であるから　$(x+5)(x-5)\leqq 0$

よって　$-5\leqq x\leqq 5$ …… ①

[1] $3x-5<0$ すなわち ① から $-5\leqq x<\dfrac{5}{3}$ …… ② のとき

$\sqrt{25-x^2}\geqq 0$ であるから，与えられた不等式は成り立つ。

[2] $3x-5\geqq 0$ すなわち ① から $\dfrac{5}{3}\leqq x\leqq 5$ …… ③ のとき

不等式の両辺は負ではないから，平方して

$25-x^2>(3x-5)^2$

整理して　$x^2-3x<0$　　ゆえに　$0<x<3$

よって，③ から　$\dfrac{5}{3}\leqq x<3$ …… ④

求める解は，②，④ を合わせた範囲で　$-5\leqq x<3$

参考 グラフの利用。

(1) $y=\sqrt{x^2-1}$ … Ⓐ とすると，$y\geqq 0$ で，$y^2=x^2-1$ から　$x^2-y^2=1$　よって，Ⓐ は双曲線 $x^2-y^2=1$ の $y\geqq 0$ の部分を表す。

(2) 同様に考えると，$y=\sqrt{25-x^2}$ … Ⓑ は円 $x^2+y^2=25$ の $y\geqq 0$ の部分を表す。

これらのことを利用すると，グラフを用いて解を求めることもできる。例えば，(2) では，次の図でグラフの上下関係に注目する。

(2)

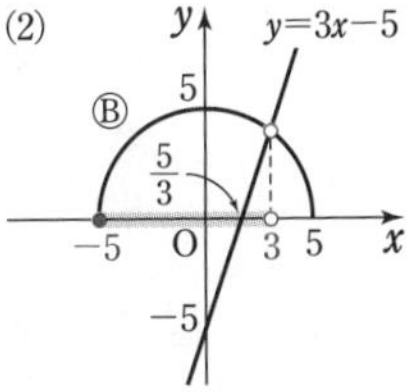

検討

無理方程式・無理不等式に関する同値関係

一般に，次の同値関係が成り立つ。

[1] $\sqrt{A}=B \iff A=B^2,\ B\geqq 0$　　◀ $A=B^2$ が成り立てば　$A\geqq 0$

[2] $\sqrt{A}<B \iff A<B^2,\ A\geqq 0,\ B>0$

[3] $\sqrt{A}>B \iff (B\geqq 0,\ A>B^2)$ または $(B<0,\ A\geqq 0)$

(1) は [1]，(2) は [3] を利用して解くこともできる。例えば，(1) は，$x^2-1=(x+3)^2$ から求めた x の値が $x+3\geqq 0$ を満たすかどうかを調べるだけでもよい。

練習 ③ 8 次の方程式，不等式を解け。　〔(1) 千葉工大，(3) 学習院大〕

(1) $\sqrt{x+3}=|2x|$　　(2) $\sqrt{4-x^2}\leqq 2(x-1)$　　(3) $\sqrt{4x-x^2}>3-x$

p.23 EX5

基本例題 9 無理方程式の実数解の個数

方程式 $2\sqrt{x-1}=\frac{1}{2}x+k$ の実数解の個数を，定数 k の値によって調べよ。

〔類 広島修道大〕

基本 5，7

指針 $p.17$ 基本例題 **5** と方針は同じ。 **実数解の個数 ⟺ 共有点の個数** に注目し，

$y=2\sqrt{x-1}$ …… ① のグラフと直線 $y=\frac{1}{2}x+k$ …… ② の共有点の個数を調べる。

それには，**直線 ② を y 切片 k の値に応じて 平行移動** し，① のグラフとの共有点の個数を調べるとよい。特に，直線 ② が ① のグラフに接するときや，① のグラフの端点を通るときの k の値に注目。

解答

$y=2\sqrt{x-1}$ …… ①，

$y=\frac{1}{2}x+k$ …… ②

とすると，① のグラフと直線 ② の共有点の個数が，与えられた方程式の実数解の個数に一致する。

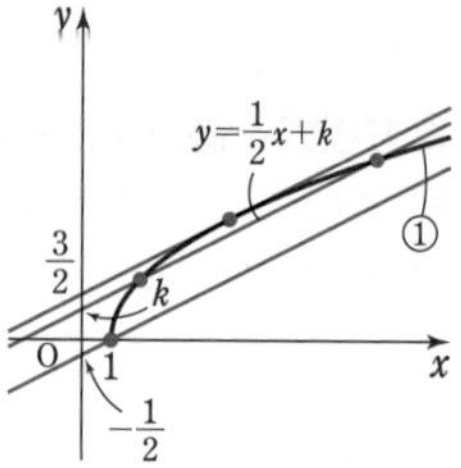

方程式から　$4\sqrt{x-1}=x+2k$

両辺を平方して

$$16(x-1)=(x+2k)^2$$

整理すると　$x^2+2(2k-8)x+4k^2+16=0$

判別式を D とすると

$$\frac{D}{4}=(2k-8)^2-(4k^2+16)=-32k+48=-16(2k-3)$$

$D=0$ とすると　$2k-3=0$　ゆえに　$k=\frac{3}{2}$

このとき，① のグラフと直線 ② は接する。

また，直線 ② が ① のグラフの端の点 $(1,\ 0)$ を通るとき

$$0=\frac{1}{2}+k \quad すなわち \quad k=-\frac{1}{2}$$

したがって，求める実数解の個数は

$-\frac{1}{2}\leqq k<\frac{3}{2}$ のとき **2 個**；

$k<-\frac{1}{2}$，$k=\frac{3}{2}$ のとき **1 個**；

$\frac{3}{2}<k$ のとき **0 個**

◀ $y=2\sqrt{x-1}$ の定義域は $x-1\geqq 0$ から　$x\geqq 1$
また，値域は　$y\geqq 0$

◀ ① のグラフは $y=2\sqrt{x}$ のグラフを x 軸方向に 1 だけ平行移動したもの。

◀ 方程式の両辺に 2 を掛けた。

◀ ① のグラフと直線 ② が接するときの k の値を調べる。

接する ⟺ 重解

注意 判別式 D の符号だけから，直ちに実数解の個数を判断してはいけない。グラフをかいて，k の値の変化に伴う直線の移動のようすを正確につかむこと。

練習 ③ 9 方程式 $\sqrt{2x+1}=x+k$ の実数解の個数を，定数 k の値によって調べよ。

〔類 九州共立大〕 p.23 EX6

EXERCISES

②1　座標平面上において，直線 $y=x$ に関して，曲線 $y=\dfrac{2}{x+1}$ と対称な曲線を C_1 とし，直線 $y=-1$ に関して，曲線 $y=\dfrac{2}{x+1}$ と対称な曲線を C_2 とする。曲線 C_2 の漸近線と曲線 C_1 との交点の座標をすべて求めよ。　〔関西大〕

→2

③2　関数 $y=\dfrac{ax+b}{2x+1}$ …… ① のグラフは点 $(1,\ 0)$ を通り，直線 $y=1$ を漸近線にもつ。

(1)　定数 a，b の値を求めよ。

(2)　a，b が (1) で求めた値をとるとき，不等式 $\dfrac{ax+b}{2x+1}>x-2$ を解け。　〔成蹊大〕

→2～4

③3　(1)　方程式 $\dfrac{1}{x}+\dfrac{1}{x-1}+\dfrac{1}{x-2}+\dfrac{1}{x-3}=0$ を解け。　〔昭和女子大〕

(2)　不等式 $\log_2 256x>3\log_{2x}x$ を，$\log_2 x=a$ とおくことにより解け。　〔類　法政大〕

→3，4

②4　$-4\leqq x\leqq a$ のとき，$y=\sqrt{9-4x}+b$ の最大値が 6，最小値が 4 であるとする。このとき，$a=$ ア□，$b=$ イ□ である。

→6

③5　次の方程式，不等式を解け。　〔(1) 福島大，(2) 芝浦工大〕

(1)　$x=\sqrt{2+\sqrt{x^2-2}}$　　(2)　$\sqrt{9x-18}\leqq\sqrt{-x^2+6x}$

→8

③6　(1)　直線 $y=ax+1$ が曲線 $y=\sqrt{2x-5}-1$ に接するように，定数 a の値を定めよ。

(2)　方程式 $\sqrt{2x-5}-1=ax+1$ の実数解の個数を求めよ。ただし，重解は 1 個とみなす。　〔広島文教女子大〕

→9

HINT

1　曲線 $f(x,\ y)=0$ を直線 $y=x$ に関して対称移動した曲線の方程式は　$f(y,\ x)=0$
また，曲線 C_2 については，曲線 $y=\dfrac{2}{x+1}+1$ の x 軸に関する対称移動を考える。

2　(1)　通る点の条件から，a，b 一方の文字を消去する。

3　(1)　与式を通分。　(2)　まず，右辺の底を 2 に統一する。**真数は正** という条件にも注意。

4　$y=\sqrt{9-4x}+b$ は減少関数であることに着目する。

5　(根号内の式)$\geqq 0$ に注意。

6　(2)　グラフで考える。直線 $y=ax+1$ は，常に点 $(0,\ 1)$ を通ることに着目。

2 逆関数と合成関数

基本事項

1 **逆関数**　x の関数 $y=f(x)$ において，y の値を定めると，x の値がただ1つ定まるとき，すなわち，x が y の関数として $\boldsymbol{x=g(y)}$ と表されるとき，その変数 x と y を入れ替えて $y=g(x)$ としたものを $y=f(x)$ の **逆関数** といい，$\boldsymbol{f^{-1}(x)}$ で表す。

2 **逆関数の性質**　関数 $f(x)$ の逆関数 $f^{-1}(x)$ について

0　$\boldsymbol{b=f(a) \Leftrightarrow a=f^{-1}(b)}$

1　**$f(x)$ と $f^{-1}(x)$ とでは，定義域と値域が入れ替わる。**

2　**$y=f(x)$ と $y=f^{-1}(x)$ のグラフは，直線 $y=x$ に関して対称である。**

3 **合成関数**　2つの関数 $y=f(x)$，$z=g(y)$ があり，$f(x)$ の値域が $g(y)$ の定義域に含まれているとき，$g(y)$ に $y=f(x)$ を代入して得られる関数 $z=g(f(x))$ を，$f(x)$ と $g(y)$ の **合成関数** といい，記号で $\boldsymbol{(g\circ f)(x)}$ と書くこともある。

すなわち　　$\boldsymbol{(g\circ f)(x)=g(f(x))}$

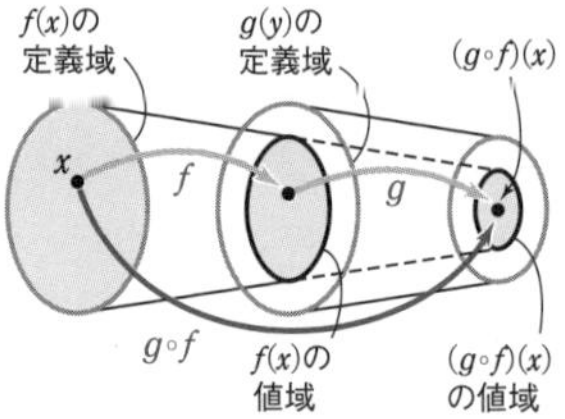

解　説

■ 逆関数

例　関数 $y=x+2$ …… Ⓐ は，x に $x+2\ (=y)$ を対応させるものである。逆に y の1つの値に対して x の値が1つだけ定まるから，逆の対応 $y \longrightarrow x$ も関数である（Ⓐ より $x=y-2$ であるから，この対応は y に $y-2$ を対応させる関数である）。

一般には，変数を x，関数を y で表すから，$y=x-2$ と書き直して，これを関数 Ⓐ の逆関数という。

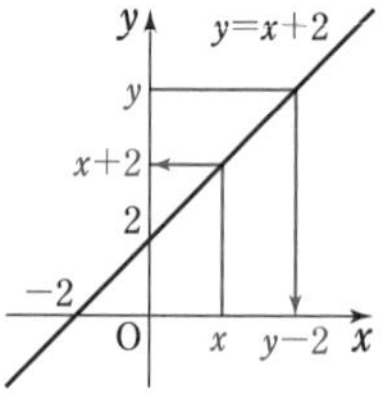

■ 逆関数の定義域・値域

$f^{-1}(x)$ は $f(x)$ の逆の対応であるから

$b=f(a) \Leftrightarrow a=f^{-1}(b)$ …… Ⓑ　　である。

また，**$f^{-1}(x)$ の定義域は $f(x)$ の値域，**

$f^{-1}(x)$ の値域は $f(x)$ の定義域　　である。

◀ $f^{-1}(x)$ は「f インバース x」と読む。

■ 逆関数のグラフ

点 $\mathrm{P}(a,\ b)$ が関数 $y=f(x)$ のグラフ上にあれば $b=f(a)$ が成り立ち，Ⓑ より $a=f^{-1}(b)$ が成り立つから，点 $\mathrm{Q}(b,\ a)$ は関数 $y=f^{-1}(x)$ のグラフ上にある。ここで，右図からもわかるように，2点 $\mathrm{P}(a,\ b)$ と $\mathrm{Q}(b,\ a)$ は，直線 $y=x$ に関して対称であるから，関数 $y=f(x)$，$y=f^{-1}(x)$ のグラフは **直線 $y=x$ に関して互いに対称** である。

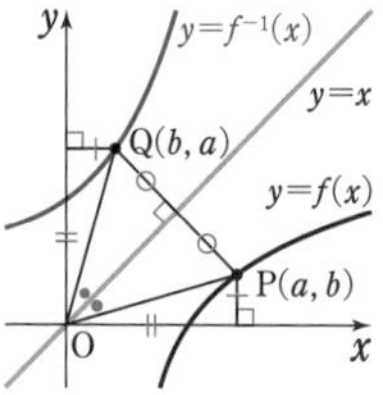

■ 合成関数

例　関数 $f(x)=x^2+1$，$g(x)=2x-1$ に対し，$y=f(x)$，$z=g(y)$ とすると，$f(x)$ の値域 $y\geqq 1$ は $g(y)$ の定義域（実数全体）に含まれ

$z=g(f(x))=2(x^2+1)-1=2x^2+1$　つまり　$(g\circ f)(x)=2x^2+1$

注意　一般に $\boldsymbol{(g\circ f)(x)}$ と $\boldsymbol{(f\circ g)(x)}$ は一致しない。

基本 例題 10 逆関数の求め方とそのグラフ

次の関数の逆関数を求めよ。また，そのグラフをかけ。

(1) $y=\dfrac{3}{x}+2\ (x>0)$　　(2) $y=\sqrt{-2x+4}$　　(3) $y=2^x+1$

p.24 基本事項 1，2　重要 13

指針　**逆関数の求め方**　関数 $y=f(x)$ の逆関数を求める。

$y=f(x)$ ⟹ （x について解く） $x=g(y)$ ⟹ （x と y を交換） $y=g(x)$

$x=g(y)$：この形を導く。　$y=g(x)$：これが求めるもの。

また　**(f^{-1} の定義域)=(f の値域)，(f^{-1} の値域)=(f の定義域)**　に注意。

解答

(1) $y=\dfrac{3}{x}+2\ (x>0)$ …… ① の値域は　$y>2$

① を x について解くと，$y>2$ であるから　$x=\dfrac{3}{y-2}$

求める逆関数は，x と y を入れ替えて　$\boldsymbol{y=\dfrac{3}{x-2}\ (x>2)}$

グラフは，**図 (1) の実線部分。**

(2) $y=\sqrt{-2x+4}$ …… ① の値域は　$y\geqq 0$

① を x について解くと，$y^2=-2x+4$ から

$$x=-\frac{1}{2}y^2+2$$

求める逆関数は，x と y を入れ替えて

$$\boldsymbol{y=-\frac{1}{2}x^2+2\ (x\geqq 0)}$$

グラフは，**図 (2) の実線部分。**

(3) $y=2^x+1$ …… ① の値域は　$y>1$

① を x について解くと，$2^x=y-1$ から　$x=\log_2(y-1)$

求める逆関数は，x と y を入れ替えて　$\boldsymbol{y=\log_2(x-1)}$

グラフは，**図 (3) の実線部分。**

◀まず，与えられた関数 ① の値域を調べる。

◀$xy=3+2x$ から $(y-2)x=3$
$y>2$ であるから，両辺を $y-2$ で割ってよい。
また，逆関数の定義域はもとの関数 ① の値域である。

$f(x)$		$f^{-1}(x)$
定義域	=	値域
値域	=	定義域

◀$x\geqq 0$ を忘れないように！

◀$\log_2 2^x=x$

◀定義域は　$x>1$

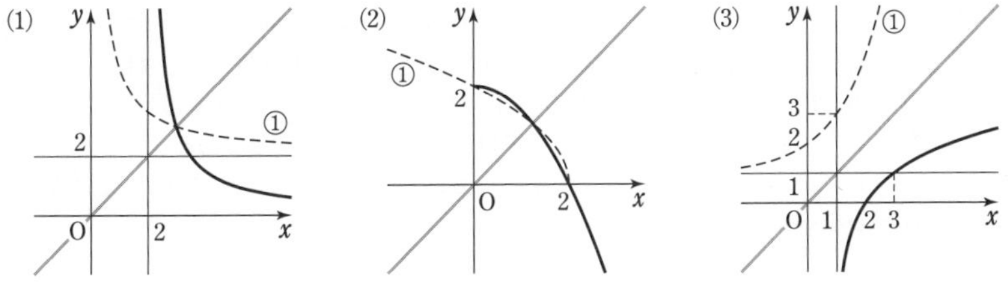

練習 ② 10　次の関数の逆関数を求めよ。また，そのグラフをかけ。　[(2) 類 中部大]

(1) $y=-2x+1$　　(2) $y=\dfrac{x-2}{x-3}$　　(3) $y=-\dfrac{1}{2}(x^2-1)\ (x\geqq 0)$

(4) $y=-\sqrt{2x-5}$　　(5) $y=\log_3(x+2)\ (1\leqq x\leqq 7)$

p.32 EX 7

基本例題 11 逆関数がもとの関数と一致する条件 ③③③③③

a, b は定数で, $ab \neq 1$ とする。関数 $y=\dfrac{bx+1}{x+a}$ …… ① の逆関数が, もとの関数と一致するための条件を求めよ。 〔奈良大〕

基本 10

指針 2つの x の関数 $f(x)$, $g(x)$ が一致する(等しい)とは

[1] **定義域が一致する**

[2] **定義域のすべての x の値に対して　$f(x)=g(x)$**

が成り立つことである。この問題では, $f^{-1}(x)=f(x)$ が **定義域で恒等式** となるための必要十分条件を求める。

解答

$$\frac{bx+1}{x+a}=\frac{b(x+a)+1-ab}{x+a}=\frac{1-ab}{x+a}+b$$

したがって, ① の値域は　$y \neq b$

① から　$y(x+a)=bx+1$　ゆえに　$x(y-b)=-ay+1$

$y \neq b$ であるから　$x=\dfrac{-ay+1}{y-b}$

よって, ① の逆関数は　$y=\dfrac{-ax+1}{x-b}$ $(x \neq b)$ …… ②

① と ② が一致するための条件は,

$\dfrac{bx+1}{x+a}=\dfrac{-ax+1}{x-b}$ … ③ が x の恒等式となることである。

③ の分母を払って　$(bx+1)(x-b)=(-ax+1)(x+a)$

x について整理すると　$(a+b)\{x^2+(a-b)x-1\}=0$

これが x の恒等式であるから

$$\boldsymbol{a+b=0}\ (すなわち\ b=-a)$$

このとき, ① と ② の定義域はともに $x \neq -a$ となり一致する。

別解　**定義域が一致することに着目した解法。**

$f(x)=\dfrac{bx+1}{x+a}$ とする。

$f(x)$ の値域は $y \neq b$ であるから, 逆関数 $f^{-1}(x)$ の定義域は

$x \neq b$

$f^{-1}(x)=f(x)$ であるとき, $f(x)$ の定義域 $x \neq -a$ が $x \neq b$ に一致するから

$-a=b$ (必要条件)

このとき,

$f(x)=\dfrac{-ax+1}{x+a}$ の逆関数は $f(x)$ に一致する (十分条件)。

◀この確認を忘れずに!

検討

「1対1の関数」という表現について

関数 $y=f(x)$ において, 異なる x の値に対し, 異なる y の値が対応しているとき [すなわち $\boldsymbol{x_1 \neq x_2}$ **ならば** $\boldsymbol{f(x_1) \neq f(x_2)}$ のとき], 関数 $f(x)$ は **1対1** であるという。

$f(x)$ が1対1の関数であるとき, $f(x)$ の逆関数が存在する。

なお, 上の例題の $ab \neq 1$ という条件は, 関数 ① が1対1であるためのものである。もし, $ab=1$ とすると $y=b$ (定数関数) となり, ① は1対1の関数ではなくなるから, 逆関数は存在しないことになる。

練習 ③ 11

(1) $a \neq 0$ とする。関数 $f(x)=2ax-5a^2$ について, $f^{-1}(x)$ と $f(x)$ が一致するような定数 a の値を求めよ。

(2) 関数 $y=\dfrac{ax+b}{x+2}$ $(b \neq 2a)$ のグラフは点 $(1,\ 1)$ を通り, また, この関数の逆関数はもとの関数と一致する。定数 a, b の値を求めよ。 〔(2) 文化女子大〕

p.32 EX 8, 9

基本例題 12 関数とその逆関数のグラフの共有点 (1)

$f(x)=\sqrt{x+1}-1$ の逆関数を $f^{-1}(x)$ とするとき，$y=f(x)$ のグラフと $y=f^{-1}(x)$ のグラフの共有点の座標を求めよ。

基本 10

指針 共有点 ⟺ 実数解　逆関数 $f^{-1}(x)$ を求め，方程式 $f(x)=f^{-1}(x)$ を解いて共有点の x 座標を求める方法が思いつくが，これは計算が大変になることも多い。
そこで，**$y=f(x)$ のグラフと $y=f^{-1}(x)$ のグラフは直線 $y=x$ に関して対称である** ことを利用するとよい。つまり，**$y=f(x)$，$y=f^{-1}(x)$ のグラフの図をかいて**，共有点が直線 $y=x$ 上のみにあることを確認し，方程式 $f(x)=x$ を解く。

解答

$y=\sqrt{x+1}-1$ …… ① とすると　$x\geqq -1$，$y\geqq -1$

◀ $f(x)$ の定義域，値域を調べておく。

① から　$\sqrt{x+1}=y+1$

よって，$x+1=(y+1)^2$ から　$x=(y+1)^2-1$

x と y を入れ替えて　$y=(x+1)^2-1$，$x\geqq -1$

すなわち　$f^{-1}(x)=(x+1)^2-1$，$x\geqq -1$

$y=f(x)$ のグラフと $y=f^{-1}(x)$ のグラフは直線 $y=x$ に関して対称であり，図から，これらのグラフの共有点は直線 $y=x$ 上のみにある。

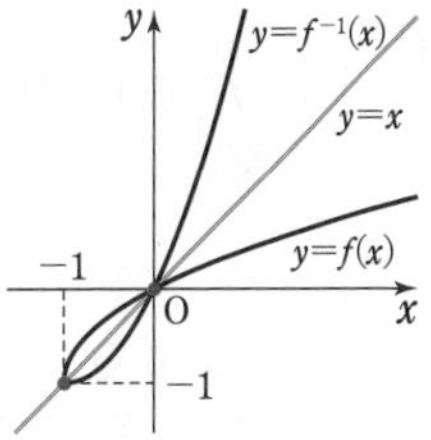

よって，$f(x)=x$ とすると　$\sqrt{x+1}-1=x$

◀ $f^{-1}(x)=x$ を解いてもよい。

ゆえに　$\sqrt{x+1}=x+1$

両辺を平方して　$x+1=(x+1)^2$

◀ $(x+1)\{(x+1)-1\}=0$ から　$x(x+1)=0$

これを解くと　$x=0,\ -1$

これらの x の値は $x\geqq -1$ を満たす。

したがって，求める共有点の座標は　**$(0,\ 0)$，$(-1,\ -1)$**

別解　$f(x)=f^{-1}(x)$ とすると　$\sqrt{x+1}-1=(x+1)^2-1$

◀ 方程式 $f(x)=f^{-1}(x)$ を解く方針。

ゆえに　$\sqrt{x+1}=(x+1)^2$

両辺を平方すると　$x+1=(x+1)^4$

よって　$(x+1)\{(x+1)^3-1\}=0$　ゆえに　$x(x+1)(x^2+3x+3)=0$

$x\geqq -1$ であることと，$x^2+3x+3=\left(x+\dfrac{3}{2}\right)^2+\dfrac{3}{4}>0$ から　$x=0,\ -1$

$x=0$ のとき　$y=0$，　$x=-1$ のとき　$y=-1$

したがって，求める共有点の座標は　**$(0,\ 0)$，$(-1,\ -1)$**

注意 **$y=f(x)$ のグラフと $y=f^{-1}(x)$ のグラフの共有点は，直線 $y=x$ 上だけにあるとは限らない。**

例えば，$p.25$ 基本例題 **10** (2) の結果から，$y=\sqrt{-2x+4}$ と $y=-\dfrac{1}{2}x^2+2\ (x\geqq 0)$ は互いに逆関数であるが，この 2 つの関数のグラフの共有点には，直線 $y=x$ 上の点以外に，点 $(2,\ 0)$，点 $(0,\ 2)$ がある。

練習 ③ 12　$f(x)=-\dfrac{1}{2}x^2+2\ (x\leqq 0)$ の逆関数を $f^{-1}(x)$ とするとき，$y=f(x)$ のグラフと $y=f^{-1}(x)$ のグラフの共有点の座標を求めよ。

重要例題 13 関数とその逆関数のグラフの共有点 (2)

$f(x)=x^2-2x+k\ (x\geqq 1)$ の逆関数を $f^{-1}(x)$ とする。$y=f(x)$ のグラフと $y=f^{-1}(x)$ のグラフが異なる 2 点を共有するとき，定数 k の値の範囲を求めよ。

基本 10

指針 逆関数 $f^{-1}(x)$ を求め，方程式 $f(x)=f^{-1}(x)$ が異なる 2 つの実数解をもつ条件を考えてもよいが，無理式が出てくるので処理が煩雑になる。ここでは，逆関数の性質を利用して，次のように考えてみよう。

共有点の座標を $(x,\ y)$ とすると， $y=f(x)$ かつ $y=f^{-1}(x)$ である。
ここで，性質 $y=f^{-1}(x) \Longleftrightarrow x=f(y)$ に着目し，連立方程式 $y=f(x)$，$x=f(y)$ が異なる 2 つの実数解(の組)をもつ条件を考える。x，y の範囲にも注意。

解答

共有点の座標を $(x,\ y)$ とすると

$$y=f(x) \text{ かつ } y=f^{-1}(x)$$

$y=f^{-1}(x)$ より $x=f(y)$ であるから，次の連立方程式を考える。

$$y=x^2-2x+k\ (x\geqq 1) \quad \cdots\cdots ①,$$
$$x=y^2-2y+k\ (y\geqq 1)\text{Ⓐ} \quad \cdots\cdots ②$$

①−② から　$y-x=(x+y)(x-y)-2(x-y)$
したがって　$(x-y)(x+y-1)=0$
$x\geqq 1$，$y\geqq 1$ であるから　$x+y-1\geqq 1$　ゆえに　$x=y$
よって，求める条件は，$x=x^2-2x+k$ すなわち $x^2-3x+k=0$ が $x\geqq 1$ の異なる 2 つの実数解をもつことである。Ⓑ
すなわち，$g(x)=x^2-3x+k$ とし，$g(x)=0$ の判別式を D とすると，次のことが同時に成り立つ。

[1]　$D>0$
[2]　$y=g(x)$ の軸が $x>1$ の範囲にある
[3]　$g(1)\geqq 0$

[1]　$D=(-3)^2-4\cdot 1\cdot k=9-4k$
よって　$9-4k>0$　ゆえに　$k<\dfrac{9}{4}$ …… ③

[2]　軸は直線 $x=\dfrac{3}{2}$ で，$\dfrac{3}{2}>1$ である。

[3]　$g(1)\geqq 0$ から　$1^2-3\cdot 1+k\geqq 0$
よって　$k\geqq 2$ …… ④

③，④ の共通範囲をとって　$\boldsymbol{2\leqq k<\dfrac{9}{4}}$

参考 $y=x^2-2x+k$ とすると
$x^2-2x+k-y=0$
よって
$x=1\pm\sqrt{1^2-(k-y)}$
$x\geqq 1$ から
$x=\sqrt{y-k+1}+1$
x と y を入れ替えて，逆関数は
$f^{-1}(x)=\sqrt{x-k+1}+1$

Ⓐ 逆関数 $f^{-1}(x)$ の値域は，関数 $f(x)$ の定義域と一致するから　$y\geqq 1$

Ⓑ 放物線と x 軸が $x\geqq 1$ の範囲の異なる 2 点で交わる条件と同じ。

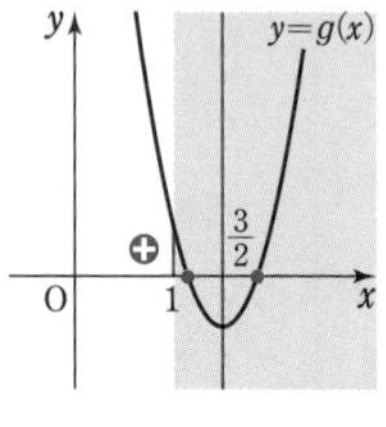

練習 ④ 13 $a>0$ とし，$f(x)=\sqrt{ax-2}-1\left(x\geqq \dfrac{2}{a}\right)$ とする。関数 $y=f(x)$ のグラフとその逆関数 $y=f^{-1}(x)$ のグラフが異なる 2 点を共有するとき，a の値の範囲を求めよ。

p.32 EX 10

基本 例題 14 合成関数の求め方など ②②②②②

(1) $f(x)=x+2$, $g(x)=2x-1$, $h(x)=-x^2$ とするとき

(ア) $(g\circ f)(x)$, $(f\circ g)(x)$ を求めよ。

(イ) $(h\circ(g\circ f))(x)=((h\circ g)\circ f)(x)$ を示せ。

(2) 2つの関数 $f(x)=x^2-2x+3$, $g(x)=\dfrac{1}{x}$ について，合成関数 $(g\circ f)(x)$ の値域を求めよ。

p.24 基本事項 3　重要 15, 16

指針 (1) (ア) $\boldsymbol{(g\circ f)(x)=g(f(x))}$, $\boldsymbol{(f\circ g)(x)=f(g(x))}$ として計算。

(イ) $h\circ(g\circ f)$ は，$g\circ f$ を k とすると $h\circ k$ である。(ア)の結果を利用する。

(2) $(g\circ f)(x)=g(f(x))=\dfrac{1}{f(x)}$　まず，$f(x)$ の値域を調べる。

解答

(1) (ア) $\boldsymbol{(g\circ f)(x)}=g(f(x))=2f(x)-1=2(x+2)-1$
$\boldsymbol{=2x+3}$

$\boldsymbol{(f\circ g)(x)}=f(g(x))=g(x)+2=(2x-1)+2\boldsymbol{=2x+1}$

(イ) $(g\circ f)(x)=2x+3$ から　$(h\circ(g\circ f))(x)=-(2x+3)^2$

また　$(h\circ g)(x)=-(2x-1)^2$

よって　$((h\circ g)\circ f)(x)=-\{2(x+2)-1\}^2=-(2x+3)^2$

したがって　$(h\circ(g\circ f))(x)=((h\circ g)\circ f)(x)$

(2) $(g\circ f)(x)=g(f(x))=\dfrac{1}{x^2-2x+3}=\dfrac{1}{(x-1)^2+2}$

$y=(g\circ f)(x)$ の定義域は実数全体であるから

$(x-1)^2+2\geqq 2$　ゆえに　$0<\dfrac{1}{(x-1)^2+2}\leqq\dfrac{1}{2}$

よって，$y=(g\circ f)(x)$ の値域は　$\boldsymbol{0<y\leqq\dfrac{1}{2}}$

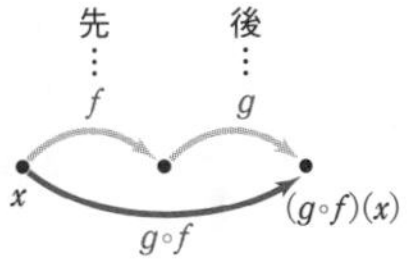

$\boldsymbol{(g\circ f)(x)=g(f(x))}$
└ この順序に注意！

◀(分母)$=0$ となる x はない。

◀$A\geqq B>0$ のとき
$0<\dfrac{1}{A}\leqq\dfrac{1}{B}$

検討

合成関数に関する交換法則と結合法則，恒等関数

一般に，関数の合成に関しては，上の解答(1)のように

$(g\circ f)(x)\neq(f\circ g)(x)$,　$(h\circ(g\circ f))(x)=((h\circ g)\circ f)(x)$　である。

つまり，**交換法則は成り立たないが，結合法則は成り立つ**。なお，結合法則が成り立つから，$h\circ(g\circ f)$ を単に $h\circ g\circ f$ と書くこともある。

また，関数 $f(x)$ が逆関数をもつとき，$y=f(x) \iff x=f^{-1}(y)$ であるから

$(f^{-1}\circ f)(x)=f^{-1}(f(x))=f^{-1}(y)=x$

同様にして，$(f\circ f^{-1})(y)=y$ が成り立つ。

つまり　$\boldsymbol{(f^{-1}\circ f)(x)=(f\circ f^{-1})(x)=x}$　である。

◀変数 x に x 自身を対応させる関数を **恒等関数** という。

練習 ② 14

(1) $f(x)=x-1$, $g(x)=-2x+3$, $h(x)=2x^2+1$ について，次のものを求めよ。

(ア) $(f\circ g)(x)$　(イ) $(g\circ f)(x)$　(ウ) $(g\circ g)(x)$

(エ) $((h\circ g)\circ f)(x)$　(オ) $(f\circ(g\circ h))(x)$

(2) 関数 $f(x)=x^2-2x$, $g(x)=-x^2+4x$ について，合成関数 $(g\circ f)(x)$ の定義域と値域を求めよ。

p.32 EX 11, 12

重要例題 15 合成関数が一致する条件 ④④④④④

a, b, c, k は実数の定数で，$a \neq 0$，$k \neq 0$ とする。2 つの関数 $f(x)=ax^3+bx+c$，$g(x)=2x^2+k$ に対して，合成関数に関する等式 $g(f(x))=f(g(x))$ がすべての x について成り立つとする。このとき，a, b, c, k の値を求めよ。

〔類 東京理科大〕

基本 14

指針 等式 ● はすべての x について成り立つ ⟶ ● は x の **恒等式**。
$g(f(x))$，$f(g(x))$ をそれぞれ求め，等式 $g(f(x))=f(g(x))$ の左辺と右辺の **係数を比較** する。

CHART 恒等式　展開して係数を比較

解答

$g(f(x))=f(g(x))$ が成り立つから

$$2(ax^3+bx+c)^2+k=a(2x^2+k)^3+b(2x^2+k)+c$$

ゆえに　$2(a^2x^6+b^2x^2+c^2+2abx^4+2bcx+2cax^3)+k$
$=a(8x^6+12kx^4+6k^2x^2+k^3)+2bx^2+bk+c$

よって　$2a^2x^6+4abx^4+4cax^3+2b^2x^2+4bcx+2c^2+k$
$=8ax^6+12akx^4+(6ak^2+2b)x^2+ak^3+bk+c$　…… Ⓐ

◀両辺を x について整理。

これが x の恒等式であるから，両辺の係数を比較して

◀係数比較法。

$2a^2=8a$ …… ①，$4ab=12ak$ …… ②，
$4ca=0$ …… ③，$2b^2=6ak^2+2b$ …… ④，
$4bc=0$ …… ⑤，$2c^2+k=ak^3+bk+c$ …… ⑥

① において，$a \neq 0$ であるから　$a=4$
ゆえに，③ から　$c=0$
このとき，⑤ は成り立つ。
$a=4$ と ② から　$b=3k$
よって，④ から　$18k^2=24k^2+6k$
$k \neq 0$ であるから　$k=-1$　ゆえに　$b=-3$
このとき，⑥ は成り立つ。
以上から　$\boldsymbol{a=4,\ b=-3,\ c=0,\ k=-1}$

◀文字 4 つに方程式 6 つで，方程式の数の方が多い。
①〜④ を解いて，a, b, c, k の値を求めることができるが，求めた値が ⑤，⑥ を満たすことを忘れずに確認すること。

参考 求めた a, b, c, k の値を Ⓐ の左辺または右辺に代入すると　$g(f(x))=f(g(x))=32x^6-48x^4+18x^2-1$

練習 ③ 15 3 次関数 $f(x)=x^3+bx+c$ に対し，$g(f(x))=f(g(x))$ を満たすような 1 次関数 $g(x)$ をすべて求めよ。

〔城西大〕

重要例題 16 分数関数を n 回合成した関数

$x \neq 1$，$x \neq 2$ のとき，関数 $f(x)=\dfrac{2x-3}{x-1}$ について，

$f_2(x)=f(f(x))$，$f_3(x)=f(f_2(x))$，……，$f_n(x)=f(f_{n-1}(x))$ $[n \geqq 3]$ とする。

このとき，$f_2(x)$，$f_3(x)$ を計算し，$f_n(x)$ $[n \geqq 2]$ を求めよ。

基本 14

指針 $f_n(x)$ を求めるには，$f_2(x)$，$f_3(x)$，…… と順に求めて，その **規則性をつかむ**。
この問題では，$(f \circ f_k)(x)=x$，つまり $f_{k+1}(x)=x$ [恒等関数] となるものが出てくるから，$f_n(x)$ は x，$f(x)$，$f_2(x)$，……，$f_k(x)$ の繰り返しとなる。
なお，$f_2(x)$，$f_3(x)$，…… と順に求めた結果，$f_n(x)$ の式が具体的に **予想** できる場合は，予想したものを **数学的帰納法**（数学B）**で証明** する，という方針で進めるとよい（⟶ 下の **練習 16**）。

解答

$$\boldsymbol{f_2(x)}=f(f(x))=\frac{2f(x)-3}{f(x)-1}=\frac{2\cdot\dfrac{2x-3}{x-1}-3}{\dfrac{2x-3}{x-1}-1}$$

◀分母・分子に $x-1$ を掛ける。

$$=\frac{2(2x-3)-3(x-1)}{2x-3-(x-1)}=\boldsymbol{\frac{x-3}{x-2}}$$

$$\boldsymbol{f_3(x)}=f(f_2(x))=\frac{2\cdot\dfrac{x-3}{x-2}-3}{\dfrac{x-3}{x-2}-1}$$

◀分母・分子に $x-2$ を掛ける。

$$=\frac{2(x-3)-3(x-2)}{x-3-(x-2)}=\boldsymbol{x}$$

◀恒等関数。

よって　$f_4(x)=f(f_3(x))=f(x)$，
$f_5(x)=f(f_4(x))=f(f(x))=f_2(x)$，
$f_6(x)=f(f_5(x))=f(f_2(x))=f_3(x)$，
……

◀$f_7(x)=f(x)$，
$f_8(x)=f_2(x)$，
$f_9(x)=f_3(x)$，
……

ゆえに，$f_n(x)=f_{n-3}(x)$ $[n \geqq 5]$ が成り立つ。
すなわち，m を自然数とすると

$n=3m$ のとき　$f_n(x)=x$；

$n=3m+1$ のとき　$f_n(x)=\dfrac{2x-3}{x-1}$；

$n=2$，$3m+2$ のとき　$f_n(x)=\dfrac{x-3}{x-2}$

練習 16 ④ x の関数 $f(x)=ax+1$ $(0<a<1)$ に対し，$f_1(x)=f(x)$，$f_2(x)=f(f_1(x))$，$f_3(x)=f(f_2(x))$，……，$f_n(x)=f(f_{n-1}(x))$ $[n \geqq 2]$ とするとき，$f_n(x)$ を求めよ。

②7　x の関数 $f(x)=a-\dfrac{3}{2^x+1}$ を考える。ただし，a は実数の定数である。

(1)　$a=\boxed{}$ のとき，$f(-x)=-f(x)$ が常に成り立つ。

(2)　a が(1)の値のとき，$f(x)$ の逆関数は $f^{-1}(x)=\log_2\boxed{}$ である。

〔東京理科大〕 →10

②8　(1)　関数 $f(x)=\dfrac{3x+a}{x+b}$ について，$f^{-1}(1)=3$，$f^{-1}(-7)=-1$ のとき，定数 a，b の値を求めよ。

(2)　関数 $y=\sqrt{ax+b}$ の逆関数が $y=\dfrac{1}{6}x^2-\dfrac{1}{2}$ $(x\geqq 0)$ となるとき，定数 a，b の値を求めよ。

〔(2) 国士舘大〕 →11

③9　関数 $f(x)=\dfrac{ax+b}{cx+d}$ (a，b，c，d は実数，$c\neq 0$) がある。

(1)　$f(x)$ の逆関数 $f^{-1}(x)$ が存在するための条件を求めよ。

(2)　(1)の条件が満たされるとき，常に $f^{-1}(x)=f(x)$ が成り立つための条件を求めよ。

→11

③10　関数 $f(x)=\dfrac{1}{6}x^3+\dfrac{1}{2}x+\dfrac{1}{3}$ の逆関数を $f^{-1}(x)$ とする。$y=f(x)$ のグラフと $y=f^{-1}(x)$ のグラフの共有点の座標を求めよ。

〔類 関東学院大〕 →12，13

③11　(1)　$f(x)=x^2+x+2$ および $g(x)=x-1$ のとき，合成関数 $f(g(x))$ を求めよ。

(2)　a を実数とするとき，x の方程式 $f(g(x))+f(x)-|f(g(x))-f(x)|=a$ の実数解の個数を求めよ。

〔中央大〕 →14

④12　$f(x)=\dfrac{1}{1-x}$ $(x\neq 0)$ とする。

(1)　$f(f(x))$ を求めよ。また，$y=f(f(x))$ のグラフの概形をかけ。

(2)　直線 $y=bx+a$ と曲線 $y=f(f(x))$ が共有点をもたないとき，点 $(a,\ b)$ の存在範囲を図示せよ。

〔類 中央大〕 →14

HINT

8　(1)　$f^{-1}(x)$ を求めるのではなく，逆関数の性質 $b=f(a)\Longleftrightarrow a=f^{-1}(b)$ であることを利用。

(2)　$y=\sqrt{ax+b}$ の逆関数を求め，係数を比較。

9　(1)　$f(x)$ が1対1の関数 ($p.26$ の 検討 参照) になること，ここでは，$f(x)$ が定数関数にならずに分数関数になることが条件である。

10　$f^{-1}(x)$ は求めにくいから，求める共有点の座標を $(x,\ y)$ として，重要例題 **13** の方法で進めるとよい。

11　(2)　絶対値の扱い方に注意。$x^2=|x|^2$ であることに着目。

12　(2)　(1)のグラフから，直線と曲線が共有点をもたないとき，直線が点 $(1,\ 0)$ を通る場合も含まれることに注意。

数学Ⅲ 第2章

極　　限

2

SELECT STUDY

- **基本定着コース**……教科書の基本事項を確認したいきみに
- **精選速習コース**……入試の基礎を短期間で身につけたいきみに
- **実力練成コース**……入試に向け実力を高めたいきみに

コース	例題
基本定着コース	17, 18, 21, 24, 25, 26, 27, 33, 34, 35, 36, 37, 38, 42, 47, 48, 49, 50, 51, 52, 53, 54, 56, 59
精選速習コース	18, 19, 20, 22, 25, 27, 28, 30, 32, 36, 38, 40, 43, 44, 45, 48, 51, 52, 54, 55, 57, 58, 59
実力練成コース	19, 20, 22, 23, 28, 30, 31, 32, 36, 39, 40, 43, 44, 45, 46, 52, 55, 57, 58, 59

例題一覧

			難易度
③	基本 17	数列の極限 (1)	②
	基本 18	数列の極限 (2)	②
	基本 19	数列の極限 (3)	③
	基本 20	極限の条件から数列の係数決定など	③
	基本 21	数列の極限 (4)	③
	基本 22	数列の極限 (5)	③
	基本 23	数列の極限 (6)	③
	基本 24	数列の極限 (7)	②
	基本 25	無限等比数列の収束条件	②
	基本 26	漸化式と極限 (1)	②
	基本 27	漸化式と極限 (2)	②
	基本 28	漸化式と極限 (3)	③
	基本 29	漸化式と極限 (4)	③
	重要 30	漸化式と極限 (5)	③
	重要 31	図形に関する漸化式と極限	③
	重要 32	確率に関する漸化式と極限	③
④	基本 33	無限級数の収束，発散	②
	基本 34	無限級数が発散することの証明	②
	基本 35	無限等比級数の収束，発散	②
	基本 36	無限等比級数が収束する条件	②
	基本 37	無限等比級数の応用 (1)	①
	基本 38	無限等比級数の応用 (2)	②
	基本 39	無限等比級数の応用 (3)	③
	基本 40	無限等比級数の応用 (4)	③
	基本 41	無限等比級数の和の条件から公比の決定	③
	基本 42	2 つの無限等比級数の和	②
	基本 43	2 通りの部分和 S_{2n-1}, S_{2n} の利用	③
	重要 44	無限級数 Σnx^{n-1}	③
	重要 45	無限級数 $\Sigma 1/n$ が発散することの証明	④
	重要 46	複素数の累乗に関する無限級数	④
⑤	基本 47	関数の極限 (1)	②
	基本 48	極限値の条件から関数の係数決定	②
	基本 49	関数の片側からの極限	②
	基本 50	関数の極限 (2)	②
	基本 51	関数の極限 (3)	②
	基本 52	関数の極限 (4)	③
	基本 53	三角関数の極限 (1)	②
	基本 54	三角関数の極限 (2)	②
	基本 55	三角関数の極限の図形への応用	③
⑥	基本 56	関数の連続・不連続について調べる	②
	重要 57	級数で表された関数のグラフの連続性	③
	重要 58	連続関数になるように関数の係数決定	④
	基本 59	中間値の定理の利用	③

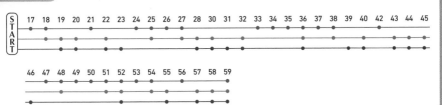

3 数列の極限

基本事項

1 数列の極限　数列 $\{a_n\}$ $(n=1,\ 2,\ \cdots\cdots)$ は無限数列とする。

① **収束**　$\displaystyle\lim_{n\to\infty} a_n=\alpha$（**極限値**）

② **発散**
- $\displaystyle\lim_{n\to\infty} a_n=\infty$
- $\displaystyle\lim_{n\to\infty} a_n=-\infty$
- **数列は振動する**　…　**極限がない**

（①と②の $\displaystyle\lim_{n\to\infty} a_n=\infty$，$\displaystyle\lim_{n\to\infty} a_n=-\infty$ …　**極限がある**）

注意　$\displaystyle\lim_{n\to\infty} a_n=\infty$，$-\infty$ のときは，これらを極限値とはいわない。

2 数列の極限の性質　数列 $\{a_n\}$，$\{b_n\}$ が収束して，$\displaystyle\lim_{n\to\infty} a_n=\alpha$，$\displaystyle\lim_{n\to\infty} b_n=\beta$ とする。

1　**定数倍**　$\displaystyle\lim_{n\to\infty} ka_n=k\alpha$　　ただし k は定数

2　**和**　$\displaystyle\lim_{n\to\infty}(a_n+b_n)=\alpha+\beta$　　**差**　$\displaystyle\lim_{n\to\infty}(a_n-b_n)=\alpha-\beta$

3　$\displaystyle\lim_{n\to\infty}(ka_n+lb_n)=k\alpha+l\beta$　　ただし k，l は定数

4　**積**　$\displaystyle\lim_{n\to\infty} a_nb_n=\alpha\beta$　　5　**商**　$\displaystyle\lim_{n\to\infty}\frac{a_n}{b_n}=\frac{\alpha}{\beta}$　　ただし $\beta\neq 0$

3 数列の大小関係と極限

① すべての n について $a_n\leqq b_n$ のとき　$\displaystyle\lim_{n\to\infty} a_n=\alpha$，$\displaystyle\lim_{n\to\infty} b_n=\beta$ ならば $\alpha\leqq\beta$

② すべての n について $a_n\leqq b_n$ のとき　$\displaystyle\lim_{n\to\infty} a_n=\infty$ ならば $\displaystyle\lim_{n\to\infty} b_n=\infty$

③ すべての n について $a_n\leqq c_n\leqq b_n$ のとき　$\displaystyle\lim_{n\to\infty} a_n=\lim_{n\to\infty} b_n=\alpha$ ならば $\displaystyle\lim_{n\to\infty} c_n=\alpha$

注意　条件の不等式がすべての n でなくても，n がある自然数 n_0 以上で成り立てば，上のことは成り立つ。

4 数列 $\{n^k\}$ の極限　$k>0$ のとき　$\displaystyle\lim_{n\to\infty} n^k=\infty$　　$\displaystyle\lim_{n\to\infty}\frac{1}{n^k}=0$

解説

項が限りなく続く数列 a_1，a_2，a_3，……，a_n，…… を **無限数列** といい，記号 $\{a_n\}$ で表す。ここでは，無限数列において，n が増すに従って第 n 項 a_n がどうなっていくかを考える。以後，特に断らない限り，扱う数列は無限数列とする。

■収束

数列 $\left\{\dfrac{1}{n}\right\}$ で n を限りなく大きくすると第 n 項 $\dfrac{1}{n}$ は 0 に限りなく近づく。一般に，数列 $\{a_n\}$ において，n を限りなく大きくするとき，a_n が一定の値 α に限りなく近づく場合 $\displaystyle\lim_{n\to\infty} a_n=\alpha$ または **$n\longrightarrow\infty$ のとき $a_n\longrightarrow\alpha$** と書き，α を数列 $\{a_n\}$ の **極限値**（または **極限**）といい，数列 $\{a_n\}$ は **α に収束する** という。なお，記号 ∞ は「無限大」と読む。∞ はある値を表すものではない。

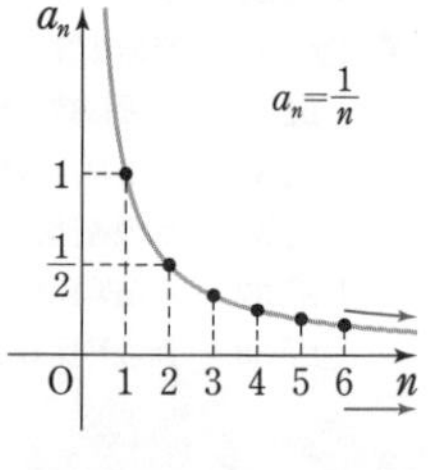

■ **発散**

数列 $\{a_n\}$ が収束しないとき，$\{a_n\}$ は **発散** するという。

数列 $\{a_n\}$ において，n を限りなく大きくするとき，a_n が限りなく大きくなる場合，$\{a_n\}$ は **正の無限大に発散** する，または $\{a_n\}$ の **極限は正の無限大** であるといい $\boldsymbol{\lim_{n\to\infty} a_n=\infty}$ または $\boldsymbol{n \longrightarrow \infty}$ **のとき** $\boldsymbol{a_n \longrightarrow \infty}$ と書く。また，a_n が負でその絶対値が限りなく大きくなる場合，$\{a_n\}$ は **負の無限大に発散** する，または $\{a_n\}$ の **極限は負の無限大** であるといい $\boldsymbol{\lim_{n\to\infty} a_n=-\infty}$ または $\boldsymbol{n \longrightarrow \infty}$ **のとき** $\boldsymbol{a_n \longrightarrow -\infty}$ と書く。なお，数列 $\{(-1)^n\}$ のように，正の無限大にも負の無限大にも発散しない場合，その数列は **振動** するという。

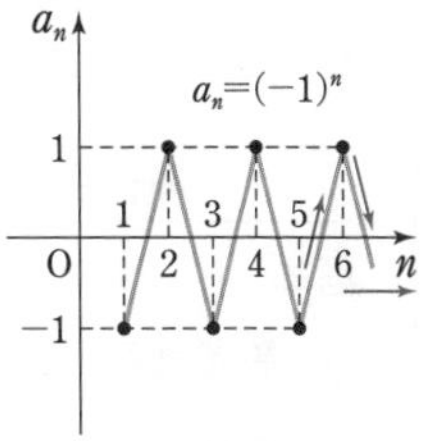

■ **数列の極限の性質**

数列の極限については，性質 **2** 1 ～ 5 が成り立つが，ここで注意しなければならないのは，数列 $\{a_n\}$，$\{b_n\}$ が収束するという条件がないと性質 1 ～ 5 が成り立たない場合があることである。形式的に $\infty-\infty$，$0\times\infty$，$\dfrac{\infty}{\infty}$，$\dfrac{0}{0}$ の形になる極限を **不定形の極限** といい，このままでは極限はわからない。なお，

> $\boldsymbol{a_n \longrightarrow A}$ **(一定)，** $\boldsymbol{b_n \longrightarrow \infty}$ **のときは** $\boldsymbol{a_n+b_n \longrightarrow \infty}$**，** $\boldsymbol{a_n-b_n \longrightarrow -\infty}$ である。
> 更に，$\boldsymbol{A>0}$ **なら** $\boldsymbol{a_nb_n \longrightarrow \infty}$**，** $\boldsymbol{A<0}$ **なら** $\boldsymbol{a_nb_n \longrightarrow -\infty}$ などが成り立つ。

■ **数列の大小関係と極限**

3 ① すべての n について $a_n<b_n$ であっても，$\alpha<\beta$ であるとは限らない。$\alpha=\beta$ の場合もある。例えば，$a_n=\dfrac{1}{n}$，$b_n=\dfrac{2}{n}$ とすると，$a_n<b_n$ であるが $\lim_{n\to\infty} a_n=\lim_{n\to\infty} b_n=0$(すなわち $\alpha=\beta=0$) である。

一般に，すべての n について $\boldsymbol{a_n<b_n}$ **ならば** $\boldsymbol{\alpha \leqq \beta}$ である。

3 ② ①で，α を ∞ と考えたときである。このとき，明らかに $\lim_{n\to\infty} b_n=\infty$ となる。

3 ③ $a_n \leqq c_n \leqq b_n$ が成り立ち，$n \longrightarrow \infty$ のとき $a_n \longrightarrow \alpha$，$b_n \longrightarrow \alpha$ ならば，間に挟まれた c_n も $c_n \longrightarrow \alpha$ となる。これを **はさみうちの原理** といい，直接求めにくい極限を求める場合に有効である。また，$\boldsymbol{a_n<c_n \leqq b_n}$，$\boldsymbol{a_n \leqq c_n<b_n}$，$\boldsymbol{a_n<c_n<b_n}$ であっても，$n \longrightarrow \infty$ のとき $a_n \longrightarrow \alpha$，$b_n \longrightarrow \alpha$ ならば $c_n \longrightarrow \alpha$ である。

例　極限 $\lim_{n\to\infty}\dfrac{1}{n}\sin\dfrac{n\pi}{4}$ を求めると　$-\dfrac{1}{n} \leqq \dfrac{1}{n}\sin\dfrac{n\pi}{4} \leqq \dfrac{1}{n}$　　← $-1 \leqq \sin\theta \leqq 1$

$\lim_{n\to\infty}\left(-\dfrac{1}{n}\right)=0$，$\lim_{n\to\infty}\dfrac{1}{n}=0$ であるから　$\lim_{n\to\infty}\dfrac{1}{n}\sin\dfrac{n\pi}{4}=0$

■ **数列 $\boldsymbol{\{n^k\}}$ の極限**

k が正の整数のとき，明らかに　$\lim_{n\to\infty} n^k=\infty$

k が正の有理数のとき，$k=\dfrac{q}{p}$ (p，q は正の整数) とすると　$n^k=n^{\frac{q}{p}}=\sqrt[p]{n^q}$

$\lim_{n\to\infty} n^q=\infty$ であるから　$\lim_{n\to\infty}\sqrt[p]{n^q}=\infty$　すなわち　$\lim_{n\to\infty} n^k=\infty$

k が正の無理数のとき，適当な有理数 k_1 を選んで，$k>k_1$ とすると　$n^k>n^{k_1}$

$\lim_{n\to\infty} n^{k_1}=\infty$ であるから　$\lim_{n\to\infty} n^k=\infty$　　← **3** ② を利用。

以上から，$k>0$ のとき　$\lim_{n\to\infty} n^k=\infty$　　したがって　$\lim_{n\to\infty}\dfrac{1}{n^k}=0$

まとめ　漸化式から一般項を求める方法

この項目では，漸化式に関する問題も扱う（$p.49$ 以降）。数学 B で学んだ，漸化式から一般項を求める方法について，代表的なものをここで整理しておこう。

漸化式のタイプ	一般項の求め方
基本 … このタイプに帰着させる。	数学 B 例題 33
① 等差数列　$a_{n+1}=a_n+d$	→ $a_n=a_1+(n-1)d$（d は公差）
② 等比数列　$a_{n+1}=ra_n$	→ $a_n=a_1r^{n-1}$（r は公比）
③ 階差数列　$a_{n+1}=a_n+f(n)$	→ $a_n=a_1+\sum_{k=1}^{n-1}f(k)$（$n\geqq 2$ のとき）
④ **隣接 2 項間の漸化式** $a_{n+1}=pa_n+q$（$p\neq 1$，$q\neq 0$） ➡基本例題 **26** で扱う。	数学 B 例題 34 **特性方程式** $\alpha=p\alpha+q$ **の解** α を利用。 $a_{n+1}-\alpha=p(a_n-\alpha)$ と変形し，② のタイプに。
⑤ **隣接 3 項間の漸化式** $pa_{n+2}+qa_{n+1}+ra_n=0$ （$pqr\neq 0$） ➡基本例題 **27** で扱う。	数学 B 例題 41, 42 **特性方程式** $px^2+qx+r=0$ **の解** α，β を利用。 $a_{n+2}-\alpha a_{n+1}=\beta(a_{n+1}-\alpha a_n)$， $a_{n+2}-\beta a_{n+1}=\alpha(a_{n+1}-\beta a_n)$　と変形する。 └② のタイプ。
⑥ **分数形の漸化式** $a_{n+1}=\dfrac{ra_n+s}{pa_n+q}$ （$p\neq 0$，$ps\neq qr$） ➡基本例題 **28** で扱う。	数学 B 例題 37, 46, 47 **特性方程式** $x=\dfrac{rx+s}{px+q}$ **の解** α，β を利用。 $\alpha=\beta$ のとき　$b_n=a_n-\alpha$ または $b_n=\dfrac{1}{a_n-\alpha}$ $\alpha\neq\beta$ のとき　$b_n=\dfrac{a_n-\beta}{a_n-\alpha}$ のおき換えが有効。 **注意**　$s=0$ のときは，逆数をとり，④ に。
⑦ **連立漸化式** $\begin{cases} a_{n+1}=pa_n+qb_n \\ b_{n+1}=ra_n+sb_n \end{cases}$（$pqrs\neq 0$） ➡基本例題 **29** で扱う。	数学 B 例題 44, 45 **方法 1.** $a_{n+1}+\alpha b_{n+1}=\beta(a_n+\alpha b_n)$ として α，β の値を定め，等比数列 $\{a_n+\alpha b_n\}$ を利用。 **方法 2.** a_n，b_n **の一方を消去** して，1 つの数列の隣接 3 項間の漸化式（⑤）に。 **注意**　2 つの漸化式の和や差をとるとうまくいく場合もある。

基本例題 17 数列の極限 (1) … 基本，分数式など

(1) 次の数列の極限を調べよ。

(ア) $\sqrt{2}$, $\sqrt{5}$, $\sqrt{8}$, $\sqrt{11}$, …… (イ) -1, $\frac{1}{4}$, $-\frac{1}{9}$, $\frac{1}{16}$, ……

(2) 第 n 項が次の式で表される数列の極限を求めよ。

(ア) $1-\frac{1}{2n^3}$ (イ) $3n-n^3$ (ウ) $\frac{2n^2-3n}{n^2+1}$

p.34 基本事項 1，2，4 p.42 補足事項

指針 (1) まず，数列の一般項を n で表す。

$k>0$ のとき $n\longrightarrow\infty$ ならば $n^k\longrightarrow\infty$, $\frac{1}{n^k}\longrightarrow 0$ であることに注目。

(2) (ア) 数列の極限の性質 (p.34 基本事項 2) を利用する。

(イ), (ウ) 極限をそのまま求めると，$\infty-\infty$, $\frac{\infty}{\infty}$ の形 (不定形) になってしまう。

そこで，次のように **極限が求められる形に式を変形する** ことが必要。

(イ) n の多項式 …… n の **最高次の項** n^3 **でくくり出す。**

(ウ) n の分数式 …… **分母の最高次の項** n^2 **で分母・分子を割る。**

解答

(1) (ア) 一般項は $\sqrt{3n-1}$ で

$\lim_{n\to\infty}\sqrt{3n-1}=\infty$ つまり，**∞ に発散。**

(イ) 一般項は $\frac{(-1)^n}{n^2}$ で

$\lim_{n\to\infty}\frac{(-1)^n}{n^2}=0$ つまり，**0 に収束。**

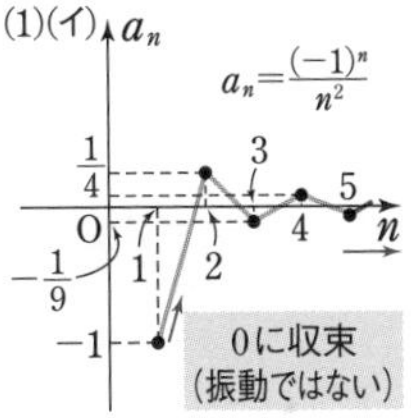

(2) (ア) $\lim_{n\to\infty}\left(1-\frac{1}{2n^3}\right)=1-\frac{1}{2}\cdot 0=\mathbf{1}$

(イ) $\lim_{n\to\infty}(3n-n^3)=\lim_{n\to\infty}n^3\left(\frac{3}{n^2}-1\right)=-\infty$

(ウ) $\lim_{n\to\infty}\frac{2n^2-3n}{n^2+1}=\lim_{n\to\infty}\frac{2-\frac{3}{n}}{1+\frac{1}{n^2}}=\mathbf{2}$

(1)(ア) 数列 2，5，8，…… は初項 2，公差 3 の等差数列で，一般項は $2+(n-1)\cdot 3=3n-1$

◀ $\lim_{n\to\infty}1-\frac{1}{2}\lim_{n\to\infty}\frac{1}{n^3}$

◀ n^3 でくくり出す。$\longrightarrow\infty\times(0-1)$ の形。

◀ n^2 で分母・分子を割る。$\longrightarrow\frac{2-0}{1+0}$ の形。

検討

不定形の極限の扱い方

極限が形式的に $\infty+\infty$, $\infty\times\infty$ となる場合は ∞ になるが，(2)(イ) からわかるように，$\infty-\infty$ であるからといって 0 とは限らない。**不定形の極限** は，不定形でない形に式変形してから極限を判断する必要がある。なお，∞ どうしの，あるいは ∞ と他の数の和・差・積・商 ($\infty+\infty$, $\infty-\infty$, $\infty\times 0$ など) は定義されていないので，答案にはこのような式を書いてはいけない。

練習 17 ②

(1) 数列 $\frac{1}{2}$, $\frac{2}{3}$, $\frac{3}{4}$, $\frac{4}{5}$, …… の極限を調べよ。

(2) 第 n 項が次の式で表される数列の極限を求めよ。

(ア) $\sqrt{4n-2}$ (イ) $\frac{n}{1-n^2}$ (ウ) $n^4+(-n)^3$ (エ) $\frac{3n^2+n+1}{n+1}-3n$

基本例題 18 数列の極限(2) … 無理式など ①①①①①

第 n 項が次の式で表される数列の極限を求めよ。

(1) $\dfrac{4n}{\sqrt{n^2+2n}+n}$　(2) $\dfrac{1}{\sqrt{2n+1}-\sqrt{2n}}$　(3) $\sqrt{n^2+2n}-n$

(4) $\log_2\sqrt[n]{3}$　(5) $\cos n\pi$

基本 17

指針 (1)～(3) そのまま求めると $\dfrac{\infty}{\infty}$ [(1)] や $\dfrac{1}{\infty-\infty}$ [(2)] などの形になってしまう, **不定形の極限** である。よって, **極限を求められる形に変形** する工夫が必要である。

(1) 前ページの基本例題 17 (2)(ウ) と同様に, 分母・分子を n で割る。

(2), (3) **有理化** を利用する。(2) では分母を有理化, (3) では分子の $\sqrt{n^2+2n}-n$ を有理化する。

(4) $\log_a M^k=k\log_a M$ を利用 ($a>0$, $a\neq1$, $M>0$)。

(5) $n=1$, 2, 3, … と順に代入し, 数列の規則性に注目。

有理化
$(\sqrt{a}-\sqrt{b})(\sqrt{a}+\sqrt{b})=a-b$ を利用

CHART 無理式の極限 $\infty-\infty$ は有理化

解答

(1) $\displaystyle\lim_{n\to\infty}\frac{4n}{\sqrt{n^2+2n}+n}=\lim_{n\to\infty}\frac{4}{\sqrt{1+\frac{2}{n}}+1}=\frac{4}{2}=\mathbf{2}$

◀分母・分子を n で割る。$n>0$ であるから, $\sqrt{n^2}=n$ となる。

(2) $\displaystyle\lim_{n\to\infty}\frac{1}{\sqrt{2n+1}-\sqrt{2n}}=\lim_{n\to\infty}\frac{\sqrt{2n+1}+\sqrt{2n}}{(2n+1)-2n}$
$\displaystyle=\lim_{n\to\infty}(\sqrt{2n+1}+\sqrt{2n})=\boldsymbol{\infty}$

◀分母・分子に $\sqrt{2n+1}+\sqrt{2n}$ を掛ける。

(3) $\displaystyle\lim_{n\to\infty}(\sqrt{n^2+2n}-n)=\lim_{n\to\infty}\frac{n^2+2n-n^2}{\sqrt{n^2+2n}+n}$
$\displaystyle=\lim_{n\to\infty}\frac{2n}{\sqrt{n^2+2n}+n}=\lim_{n\to\infty}\frac{2}{\sqrt{1+\frac{2}{n}}+1}$
$=\mathbf{1}$

◀$\dfrac{\sqrt{n^2+2n}-n}{1}$ と考えて, 分母・分子に $\sqrt{n^2+2n}+n$ を掛ける。
◀分母・分子を n で割る。

(4) $\displaystyle\lim_{n\to\infty}\log_2\sqrt[n]{3}=\lim_{n\to\infty}\frac{1}{n}\log_2 3=\mathbf{0}$

◀$\log_2 3$ は定数。

(5) 数列 $\{\cos n\pi\}$ は　-1, 1, -1, 1, ……
一定の値に収束せず, 正の無限大にも負の無限大にも発散しない。よって, **振動する(極限はない)**。

◀$\cos n\pi=(-1)^n$

練習 ② 18 第 n 項が次の式で表される数列の極限を求めよ。 [(2) 京都産大]

(1) $\dfrac{2n+3}{\sqrt{3n^2+n}+n}$　(2) $\dfrac{1}{\sqrt{n^2+n}-n}$　(3) $n(\sqrt{n^2+2}-\sqrt{n^2+1})$

(4) $\dfrac{\sqrt{n+1}-\sqrt{n-1}}{\sqrt{n+3}-\sqrt{n}}$　(5) $\log_3\dfrac{\sqrt[n]{7}}{5^n}$　(6) $\sin\dfrac{n\pi}{2}$　(7) $\tan n\pi$

p.59 EX13

ズームUP 不定形の極限の扱い方

例題 **17**, **18** で学んだ，不定形でない形を導く方法は，技巧的に感じられるかもしれないが，極限を求めるうえで基本となるものである。まず，これらの方法について確認しておこう。

● 不定形でない形を導く方法のまとめ

$\infty+\infty$	は	∞
$\infty-\infty$	は	不定形
$\infty\times\infty$	は	∞
$\dfrac{\infty}{\infty}$	は	不定形

多項式や分数式で表される数列（例題 **17**）の場合は

① $\dfrac{\infty}{\infty}$ なら …… **分母の最高次の項で分母・分子を割る**

② $\infty-\infty$ なら …… **最高次の項でくくり出す**

これらの方法で不定形でない場合にもち込んでいく。

また，**無理式を含む数列**（例題 **18**）の場合は，次の方針が基本となる。

③ $\dfrac{\infty}{\infty}$ なら …… **分母の最高次の項で分母・分子を割る**（① と同じ）

④ $\infty-\infty$ **を含むなら** …… ●−■ の形に注目し，**分母や分子の有理化**をして $\dfrac{\infty}{\infty}$ の形を導き出す。⟶ 以後は ③ のパターンとなる。

例題 **18** (1) $\left(\dfrac{\infty}{\infty}\text{ の形}\right)$ 分子は $4n$ で 1 次。分母に関し，n は 1 次，$\sqrt{n^2+2n}$ も 1 次と考えると，分母全体は 1 次。よって，分子・分母を n（1 次）で割ることでうまくいく。

◀ $\sqrt{an^2+bn+c}$ の次数は 1，$\sqrt{an+b}$ の次数は 0.5 などとみる。

例題 **18** (2), (3)（$\infty-\infty$ を含む） (2) は分母に $\sqrt{●}-\sqrt{■}$ の形の式があるから分母の有理化が，(3) は分子に $\sqrt{●}-■$ の形の式があるから分子の有理化が有効となる。

有理化の基本
$(\sqrt{a}-\sqrt{b})(\sqrt{a}+\sqrt{b})$
$=a-b$

● ∞ に発散する速さの違いについて

$n\longrightarrow\infty$ のとき，$\sqrt{n}$，n，n^2，n^3 はどれも正の無限大に発散する。しかし，無限大に発散していく速さには違いがあり，右の図からわかるように，$\sqrt{n}$ より n の方が速く，n より n^2 の方が速く，n^2 より n^3 の方が速く，正の無限大に発散していく。

$\left(\text{このことは，}\lim\limits_{n\to\infty}\dfrac{n}{\sqrt{n}}=\lim\limits_{n\to\infty}\dfrac{n^2}{n}=\lim\limits_{n\to\infty}\dfrac{n^3}{n^2}=\infty\text{ からもわかる。}\right)$

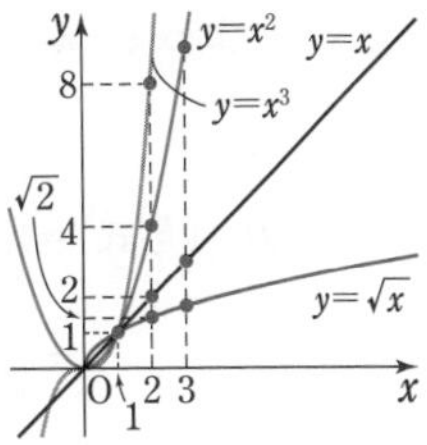

一般に，正の無限大に発散する $n^●$ は，次数 ● が大きいほど速く正の無限大に発散していく。

このことを背景に，式の形から極限を事前に予想してみるのもよい。

例題 **17** (2) (イ) $3n-n^3$（遅 速） n^3 の方が $3n$ より速く正の無限大に発散するから，全体としては，負の無限大に発散する，と予想できる。

例題 **17** (2) (ウ) $\dfrac{2n^2-3n}{n^2+1}$ 分母・分子とも 2 次の項が最も速く正の無限大に発散する。

そこで，1 次，定数の項は無視すると $\dfrac{2n^2}{n^2}=2$ …… 極限の予想は 2

基本例題 19 数列の極限 (3) … 数列の和などを含む ①①①①①

次の極限を求めよ。

(1) $\displaystyle\lim_{n\to\infty}\frac{3+7+11+\cdots\cdots+(4n-1)}{3+5+7+\cdots\cdots+(2n+1)}$

(2) $\displaystyle\lim_{n\to\infty}\{\log_3(1^2+2^2+\cdots\cdots+n^2)-\log_3 n^3\}$　［(2) 東京電機大］

基本 17, 18

指針 (1) このままでは極限を求めにくいから，分母・分子をそれぞれ n の式でまとめる。その際，$\displaystyle\sum_{k=1}^{n}k^{\bullet}$ の公式（数学 B）を利用。

$$\sum_{k=1}^{n}1=n \qquad \sum_{k=1}^{n}k=\frac{1}{2}n(n+1)$$

$$\sum_{k=1}^{n}k^2=\frac{1}{6}n(n+1)(2n+1) \qquad \sum_{k=1}^{n}k^3=\left\{\frac{1}{2}n(n+1)\right\}^2$$

(2) まず，$\log_a M-\log_a N=\log_a\dfrac{M}{N}$ を利用し（$a>0$, $a\neq1$, $M>0$, $N>0$），与式を $\displaystyle\lim_{n\to\infty}\log_a f(n)$ の形に直す。そして，$f(n)$ の極限を調べてみる。

解答

(1) $3+7+11+\cdots\cdots+(4n-1)=\displaystyle\sum_{k=1}^{n}(4k-1)$

$=4\cdot\dfrac{1}{2}n(n+1)-n=n(2n+1)$

◀ $\displaystyle\sum_{k=1}^{n}k=\frac{1}{2}n(n+1)$　$\displaystyle\sum_{k=1}^{n}1=n$

$3+5+7+\cdots\cdots+(2n+1)=\displaystyle\sum_{k=1}^{n}(2k+1)$

$=2\cdot\dfrac{1}{2}n(n+1)+n=n(n+2)$

◀ $\displaystyle\sum_{k=1}^{n}k=\frac{1}{2}n(n+1)$

よって　$(\text{与式})=\displaystyle\lim_{n\to\infty}\frac{n(2n+1)}{n(n+2)}=\lim_{n\to\infty}\frac{2n+1}{n+2}=\lim_{n\to\infty}\frac{2+\frac{1}{n}}{1+\frac{2}{n}}$

$=2$

◀分母・分子を n で割る。

(2) $(\text{与式})=\displaystyle\lim_{n\to\infty}\left\{\log_3\frac{1}{6}n(n+1)(2n+1)-\log_3 n^3\right\}$

$=\displaystyle\lim_{n\to\infty}\log_3\frac{n(n+1)(2n+1)}{6n^3}$

$=\displaystyle\lim_{n\to\infty}\log_3\frac{1}{6}\left(1+\frac{1}{n}\right)\left(2+\frac{1}{n}\right)=\log_3\frac{1}{3}$

$=-1$

◀ $\displaystyle\sum_{k=1}^{n}k^2=\frac{1}{6}n(n+1)(2n+1)$

◀ $\log_a M-\log_a N=\log_a\dfrac{M}{N}$

◀ 〰〰 $=\dfrac{1}{6}\cdot\dfrac{n+1}{n}\cdot\dfrac{2n+1}{n}$

練習 ③ 19 次の極限を求めよ。

(1) $\displaystyle\lim_{n\to\infty}\frac{(n+1)^2+(n+2)^2+\cdots\cdots+(2n)^2}{1^2+2^2+\cdots\cdots+n^2}$

(2) $\displaystyle\lim_{n\to\infty}\{\log_2(1^3+2^3+\cdots\cdots+n^3)-\log_2(n^4+1)\}$

p.59 EX 13～15

基本例題 20 極限の条件から数列の係数決定など

(1) 数列 $\{a_n\}$ $(n=1,\ 2,\ 3,\ \cdots\cdots)$ が $\lim_{n\to\infty}(3n-1)a_n=-6$ を満たすとき，$\lim_{n\to\infty}na_n=\boxed{}$ である。 〔類　千葉工大〕

(2) $\lim_{n\to\infty}(\sqrt{n^2+an+2}-\sqrt{n^2-n})=5$ であるとき，定数 a の値を求めよ。

p.34 基本事項 2，基本 18

指針 (1) 条件 $\lim_{n\to\infty}(3n-1)a_n=-6$ を活かすために，$na_n=\boxed{(3n-1)}a_n\times\dfrac{n}{\boxed{3n-1}}$ と変形。

数列 $\left\{\dfrac{n}{3n-1}\right\}$ は収束するから，次の極限値の性質が利用できる。

$$\lim_{n\to\infty}a_n=\alpha,\ \lim_{n\to\infty}b_n=\beta \Longrightarrow \lim_{n\to\infty}a_nb_n=\alpha\beta \quad (\alpha,\ \beta \text{ は定数})$$

(2) まず，左辺の極限を a で表す。その際の方針は $p.38$ 基本例題 **18** (3) と同様。

解答

(1) $na_n=(3n-1)a_n\times\dfrac{n}{3n-1}$ であり

$$\lim_{n\to\infty}(3n-1)a_n=-6,\qquad \lim_{n\to\infty}\frac{n}{3n-1}=\lim_{n\to\infty}\frac{1}{3-\frac{1}{n}}=\frac{1}{3}$$

よって $$\lim_{n\to\infty}na_n=\lim_{n\to\infty}(3n-1)a_n\times\lim_{n\to\infty}\frac{n}{3n-1}$$
$$=(-6)\cdot\frac{1}{3}=\mathbf{-2}$$

◀ na_n を，収束することがわかっている数列の積で表す。

◀ 極限値の性質を利用。

(2) $$\lim_{n\to\infty}(\sqrt{n^2+an+2}-\sqrt{n^2-n})$$
$$=\lim_{n\to\infty}\frac{(n^2+an+2)-(n^2-n)}{\sqrt{n^2+an+2}+\sqrt{n^2-n}}$$
$$=\lim_{n\to\infty}\frac{(a+1)n+2}{\sqrt{n^2+an+2}+\sqrt{n^2-n}}$$
$$=\lim_{n\to\infty}\frac{(a+1)+\frac{2}{n}}{\sqrt{1+\frac{a}{n}+\frac{2}{n^2}}+\sqrt{1-\frac{1}{n}}}=\frac{a+1}{2}$$

よって，条件から $\dfrac{a+1}{2}=5$

したがって $\boldsymbol{a=9}$

◀ 分母・分子に $\sqrt{n^2+an+2}+\sqrt{n^2-n}$ を掛け，分子を有理化。

◀ 分母・分子を n で割る。$\left(n>0 \text{ であるから } n=\sqrt{n^2}\right)$

◀ a の方程式を解く。

練習 ③ 20 (1) 次の関係を満たす数列 $\{a_n\}$ について，$\lim_{n\to\infty}a_n$ と $\lim_{n\to\infty}na_n$ を求めよ。

(ア) $\lim_{n\to\infty}(2n-1)a_n=1$　　(イ) $\lim_{n\to\infty}\dfrac{a_n-3}{2a_n+1}=2$

(2) $\lim_{n\to\infty}(\sqrt{n^2+an+2}-\sqrt{n^2+2n+3})=3$ が成り立つとき，定数 a の値を求めよ。

〔(2) 摂南大〕

2章 ③ 数列の極限

補足事項 極限の性質

● 数列の極限の性質に関するいろいろな考察

収束する数列の極限に関しては，$p.34$ 基本事項 **2** の性質が成り立つ。また，発散する数列については，例えば，$n \longrightarrow \infty$ のとき

$a_n \longrightarrow \infty$，$b_n \longrightarrow \infty$ ならば　$a_n+b_n \longrightarrow \infty$，$a_nb_n \longrightarrow \infty$

$a_n \longrightarrow -\infty$，$b_n \longrightarrow -\infty$ ならば　$a_n+b_n \longrightarrow -\infty$，$a_nb_n \longrightarrow \infty$　が成り立つ。

しかし，$a_n \longrightarrow \infty$，$b_n \longrightarrow -\infty$ ならば　$a_nb_n \longrightarrow -\infty$　であるが，a_n+b_n の極限は不定形 $\infty-\infty$ であり，結果はさまざまである。

極限に関する次の命題は，成り立つかどうか紛らわしいが，実はすべて偽である。どのようなときに成り立たないか，反例を確認してみよう。

① $\lim_{n\to\infty} a_n=\infty$，$\lim_{n\to\infty} b_n=\infty$ ならば　$\lim_{n\to\infty}(a_n-b_n)=0$　…… 偽

（反例）　$a_n=n^2$，$b_n=n$ のとき　$a_n-b_n=n(n-1) \longrightarrow \infty$

② $\lim_{n\to\infty} a_n=\infty$，$\lim_{n\to\infty} b_n=0$ ならば　$\lim_{n\to\infty} a_nb_n=0$　…… 偽

（反例）　$a_n=n+1$，$b_n=\dfrac{1}{n}$ のとき　$a_nb_n=1+\dfrac{1}{n} \longrightarrow 1$

③ $b_n \neq 0$ のとき，$\lim_{n\to\infty} a_n=\alpha$，$\lim_{n\to\infty} b_n=\beta$（$\alpha$，$\beta$ は定数）ならば　$\lim_{n\to\infty}\dfrac{a_n}{b_n}=\dfrac{\alpha}{\beta}$　…… 偽

（反例）　$a_n=\dfrac{1}{n}$，$b_n=\dfrac{1}{n^2}$ のとき，$a_n \longrightarrow 0$，$b_n \longrightarrow 0$ であるが　$\dfrac{a_n}{b_n}=n \longrightarrow \infty$

注意　③ は，$\beta \neq 0$ という条件が加われば真となる。

④ $\lim_{n\to\infty}(a_n-b_n)=0$ ならば　$\lim_{n\to\infty} a_n=\lim_{n\to\infty} b_n=\alpha$（$\alpha$ は定数）　…… 偽

（反例）　$a_n=n+\dfrac{1}{n}$，$b_n=n$ のとき　$\lim_{n\to\infty} a_n=\lim_{n\to\infty} b_n=\infty$（定数ではない）

参考　数列の極限の厳密な定義

$p.34$ では，数列の極限を「限りなく大きくする」，「限りなく近づく」という言葉を使って表現してきた。この表現は直観的でわかりやすいが，厳密なものではない。大学で学ぶ内容であるが，数列の極限は，厳密には次のように定義される。

> $a_n \longrightarrow \alpha$ とは，どんな正の数 ε（イプシロン）が与えられても，適当な番号 n_0 を定めると，$n>n_0$ であるすべての n について，$|a_n-\alpha|<\varepsilon$ が成り立つこと。

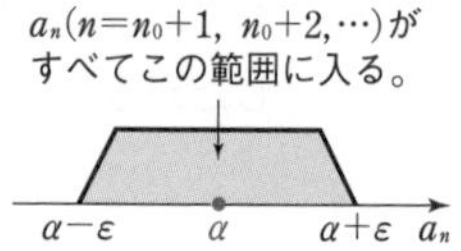

例　$\dfrac{n+1}{n} \longrightarrow 1$ について，上の定義を満たしていることを確認してみる。

$\left|\dfrac{n+1}{n}-1\right|=\dfrac{1}{n}$ であるから，任意の正の数 ε に対して，$\dfrac{1}{n_0}<\varepsilon$ すなわち $n_0>\dfrac{1}{\varepsilon}$ となるようにn n_0 をとると，$n>n_0$ のすべての n について $\left|\dfrac{n+1}{n}-1\right|<\varepsilon$ となる。

基本例題 21 数列の極限 (4) … はさみうちの原理 1

(1) 極限 $\lim_{n\to\infty}\frac{\cos n\pi}{n}$ を求めよ。

(2) $a_n=\frac{1}{n^2+1}+\frac{1}{n^2+2}+\cdots\cdots+\frac{1}{n^2+n}$ とするとき，$\lim_{n\to\infty}a_n$ を求めよ。

p.34 基本事項 3

指針 極限が直接求めにくい場合は，**はさみうちの原理** の利用を考える。

はさみうちの原理 すべての n について $a_n\leqq c_n\leqq b_n$ のとき
$\lim_{n\to\infty}a_n=\lim_{n\to\infty}b_n=\alpha$ ならば $\lim_{n\to\infty}c_n=\alpha$ （不等式の等号がなくても成立）

(1) $a_n\leqq\frac{\cos n\pi}{n}\leqq b_n$ の形を作る。それには，**かくれた条件 $-1\leqq\cos\theta\leqq1$** を利用。

(2) $\frac{1}{n^2+k}<\frac{1}{n^2}$ $(k=1,\ 2,\ \cdots\cdots,\ n)$ に着目して，a_n の各項を $\frac{1}{n^2}$ におき換えてみる。

CHART 求めにくい極限 不等式利用で はさみうち

解答

(1) $-1\leqq\cos n\pi\leqq1$ であるから $-\frac{1}{n}\leqq\frac{\cos n\pi}{n}\leqq\frac{1}{n}$ ◀各辺を n で割る。

$\lim_{n\to\infty}\left(-\frac{1}{n}\right)=0$，$\lim_{n\to\infty}\frac{1}{n}=0$ であるから $\lim_{n\to\infty}\frac{\cos n\pi}{n}=\mathbf{0}$ ◀はさみうちの原理。

(2) $\frac{1}{n^2+k}<\frac{1}{n^2}$ $(k=1,\ 2,\ \cdots\cdots,\ n)$ であるから ◀$n^2+k>n^2>0$

$$a_n=\frac{1}{n^2+1}+\frac{1}{n^2+2}+\cdots\cdots+\frac{1}{n^2+n}$$
$$<\frac{1}{n^2}+\frac{1}{n^2}+\cdots\cdots+\frac{1}{n^2}=\frac{1}{n^2}\cdot n=\frac{1}{n}$$
◀各項を $\frac{1}{n^2}$ でおき換える。

よって $0<a_n<\frac{1}{n}$ $\lim_{n\to\infty}\frac{1}{n}=0$ であるから $\lim_{n\to\infty}a_n=\mathbf{0}$ ◀$0\leqq\lim_{n\to\infty}a_n\leqq0$

検討 **はさみうちの原理を利用するときのポイント**

はさみうちの原理を用いて数列 $\{c_n\}$ の極限を求める場合，次の ①，② の 2 点がポイントとなる。

① **$a_n\leqq c_n\leqq b_n$ を満たす 2 つの数列 $\{a_n\}$，$\{b_n\}$ を見つける。**
② **2 つの数列 $\{a_n\}$，$\{b_n\}$ の極限は同じ**（これを α とする）。
$\Longrightarrow$ ①，② が満たされたとき $\lim_{n\to\infty}c_n=\alpha$

なお，① に関して，数列 $\{a_n\}$，$\{b_n\}$ は定数の数列でもよい。

練習 ③ 21 次の極限を求めよ。

(1) $\lim_{n\to\infty}\frac{1}{n+1}\sin\frac{n\pi}{2}$

(2) $\lim_{n\to\infty}\left\{\frac{1}{(n+1)^2}+\frac{1}{(n+2)^2}+\cdots\cdots+\frac{1}{(2n)^2}\right\}$

(3) $\lim_{n\to\infty}\left(\frac{1}{\sqrt{n^2+1}}+\frac{1}{\sqrt{n^2+2}}+\cdots\cdots+\frac{1}{\sqrt{n^2+n}}\right)$

p.59 EX16

基本例題 22 数列の極限 (5) … はさみうちの原理 2

n は $n \geqq 3$ の整数とする。

(1) 不等式 $2^n > \dfrac{1}{6}n^3$ が成り立つことを，二項定理を用いて示せ。

(2) $\displaystyle\lim_{n\to\infty}\frac{n^2}{2^n}$ の値を求めよ。

基本 21

指針 (1) $2^n=(1+1)^n$ とみて，**二項定理** を用いる。

$$(a+b)^n=a^n+{}_nC_1a^{n-1}b+{}_nC_2a^{n-2}b^2+\cdots\cdots+{}_nC_{n-1}ab^{n-1}+b^n$$

(2) 直接は求めにくいから，前ページの基本例題 21 同様，**はさみうちの原理** を用いる。(1) で示した不等式も利用。なお，はさみうちの原理を利用する解答の書き方について，次ページの **注意** も参照。

CHART 求めにくい極限　不等式利用で　はさみうち

解答

(1) $n \geqq 3$ のとき

$$2^n=(1+1)^n=1+{}_nC_1+{}_nC_2+\cdots\cdots+{}_nC_{n-1}+1$$
$$\geqq 1+n+\frac{1}{2}n(n-1)+\frac{1}{6}n(n-1)(n-2)$$
$$=\frac{1}{6}n^3+\frac{5}{6}n+1>\frac{1}{6}n^3$$

◀ $n=1,\ 2$ の場合も不等式は成り立つ。

◀ $2^n \geqq 1+{}_nC_1+{}_nC_2+{}_nC_3$（等号成立は $n=3$ のとき。）

よって　$2^n>\dfrac{1}{6}n^3$

(2) (1) の結果から　$0<\dfrac{1}{2^n}<\dfrac{6}{n^3}$

◀各辺の逆数をとる。

よって　$0<\dfrac{n^2}{2^n}<\dfrac{6}{n}$ …… Ⓐ

◀各辺に $n^2\ (>0)$ を掛ける。

$\displaystyle\lim_{n\to\infty}\frac{6}{n}=0$ であるから　$\displaystyle\lim_{n\to\infty}\frac{n^2}{2^n}=\mathbf{0}$ …… Ⓑ

◀**はさみうちの原理。**

検討

はさみうちの原理と二項定理

はさみうちの原理を適用するための不等式を作る手段として，上の例題のように，**二項定理** が用いられることも多い。なお，二項定理から次の不等式が導かれることを覚えておくとよい。

$x \geqq 0$ のとき　$(1+x)^n \geqq 1+nx,\quad (1+x)^n \geqq 1+nx+\dfrac{1}{2}n(n-1)x^2$ …… (＊)

練習 ③ **22** n を正の整数とする。

(1) 上の 検討 の不等式 (＊) を用いて，$\left(1+\sqrt{\dfrac{2}{n}}\right)^n>n$ が成り立つことを示せ。

(2) (1) で示した不等式を用いて，$\displaystyle\lim_{n\to\infty}n^{\frac{1}{n}}$ の値を求めよ。　〔類 京都産大〕

基本例題 23 数列の極限 (6) … はさみうちの原理 3

(1) 実数 x に対して $[x]$ を $m\leqq x<m+1$ を満たす整数 m とする。このとき，

$\lim_{n\to\infty}\frac{[10^{2n}\pi]}{10^{2n}}$ を求めよ。〔山梨大〕

(2) 数列 $\{a_n\}$ の第 n 項 a_n は n 桁の正の整数とする。このとき，極限

$\lim_{n\to\infty}\frac{\log_{10}a_n}{n}$ を求めよ。〔広島市大〕

基本 21

指針 この問題も，極限が直接求めにくいので，**はさみうちの原理** を利用する。

(1) $[x]$ をはさむ形を作る。$[x]$ は **ガウス記号** であり（「チャート式基礎からの数学 I＋A」$p.121$ 参照），$\boldsymbol{[x]\leqq x<[x]+1}$ が成り立つ。これから $\boldsymbol{x-1<[x]\leqq x}$

(2) a_n は n 桁の正の整数 $\iff$ $10^{n-1}\leqq a_n<10^n$（数学Ⅱ）

解答

(1) 任意の自然数 n に対して，$[10^{2n}\pi]\leqq 10^{2n}\pi<[10^{2n}\pi]+1$

から $10^{2n}\pi-1<[10^{2n}\pi]\leqq 10^{2n}\pi$

よって $\pi-\frac{1}{10^{2n}}<\frac{[10^{2n}\pi]}{10^{2n}}\leqq\pi$

$\lim_{n\to\infty}\left(\pi-\frac{1}{10^{2n}}\right)=\pi$ であるから $\lim_{n\to\infty}\frac{[10^{2n}\pi]}{10^{2n}}=\boldsymbol{\pi}$

(2) a_n は n 桁の正の整数であるから $10^{n-1}\leqq a_n<10^n$

各辺の常用対数をとると $n-1\leqq\log_{10}a_n<n$

よって $1-\frac{1}{n}\leqq\frac{\log_{10}a_n}{n}<1$

$\lim_{n\to\infty}\left(1-\frac{1}{n}\right)=1$ であるから $\lim_{n\to\infty}\frac{\log_{10}a_n}{n}=\boldsymbol{1}$

◀ $[x]\leqq x<[x]+1$

◀ $[10^{2n}\pi]$ をはさむ形。

◀ はさみうちの原理。

◀ $\log_{10}10^n=n$

◀ はさみうちの原理。

注意 はさみうちの原理を誤って使用した記述例

例えば，前ページの例題 **22** の解答で，Ⓐ 以降を次のように書くと正しくない答案となる。

$0<\frac{n^2}{2^n}<\frac{6}{n}$ …… Ⓐ から $0<\lim_{n\to\infty}\frac{n^2}{2^n}<\lim_{n\to\infty}\frac{6}{n}=0$ よって $\lim_{n\to\infty}\frac{n^2}{2^n}=0$

説明 はさみうちの原理は $\boldsymbol{a_n\leqq c_n\leqq b_n}$ **のとき** $\boldsymbol{\lim_{n\to\infty}a_n=\lim_{n\to\infty}b_n=\alpha}$ **ならば** $\boldsymbol{\lim_{n\to\infty}c_n=\alpha}$

これは，「$a_n\leqq c_n\leqq b_n$ が成り立つとき，極限 $\lim_{n\to\infty}a_n$，$\lim_{n\to\infty}b_n$ が存在し，それらが α で一致するならば，$\{c_n\}$ についても極限 $\lim_{n\to\infty}c_n$ が存在し，それは α に一致する」という意味である。

上の答案では，〰〰において，存在がまだ確認できていない極限 $\lim_{n\to\infty}\frac{n^2}{2^n}$ を有限な値として存在するように書いてしまっているところが正しくない。正しくは，前ページの解答の Ⓐ，Ⓑ のような流れで書く必要がある。

練習 ③ **23** 実数 α に対して α を超えない最大の整数を $[\alpha]$ と書く。[ ] をガウス記号という。

(1) 自然数 m の桁数 k をガウス記号を用いて表すと，$k=[\square]$ である。

(2) 自然数 n に対して 3^n の桁数を k_n で表すと，$\lim_{n\to\infty}\frac{k_n}{n}=\square$ である。〔慶応大〕

基本事項

無限等比数列 $\{r^n\}$ の極限

$$\{r^n\} \text{の極限} \begin{cases} r>1 \text{のとき} & \lim_{n\to\infty} r^n=\infty \\ r=1 \text{のとき} & \lim_{n\to\infty} r^n=1 \\ |r|<1 \text{のとき} & \lim_{n\to\infty} r^n=0 \\ r\leqq -1 \text{のとき} & \text{振動する(極限はない)} \end{cases}$$

（$r=1$ のときと $|r|<1$ のとき）$-1<r\leqq 1$ のとき収束

解　説

数列 a, ar, ar^2, ……, ar^{n-1}, …… を，初項 a，公比 r の **無限等比数列** という。
初項 r，公比 r の無限等比数列 $\{r^n\}$ の極限について調べてみよう。

■ 数列 $\{r^n\}$ の極限

[1]　**$r>1$ の場合**　$r=1+h$ とおくと　$h>0$
二項定理により

$$(1+h)^n=1+nh+\frac{n(n-1)}{2}h^2+\cdots\cdots+h^n\geqq 1+nh$$

$h>0$ より，$\lim_{n\to\infty} nh=\infty$ であるから

$$\lim_{n\to\infty} r^n=\lim_{n\to\infty}(1+h)^n=\infty$$

[2]　**$r=1$ の場合**　常に $r^n=1$ であるから　$\lim_{n\to\infty} r^n=1$

[3]　**$-1<r<1$ の場合**　$r=0$ のとき　常に $r^n=0$ であるから
$\lim_{n\to\infty} r^n=0$

$r\neq 0$ のとき　$|r|=\dfrac{1}{b}$ とおくと，$b>1$ であるから　$\lim_{n\to\infty} b^n=\infty$

よって，$\lim_{n\to\infty}|r^n|=\lim_{n\to\infty}|r|^n=\lim_{n\to\infty}\dfrac{1}{b^n}=0$ となるから　$\lim_{n\to\infty} r^n=0$

[4]　**$r=-1$ の場合**　数列 $\{r^n\}$ は -1, 1, -1, 1, …… となり，**振動する**。

[5]　**$r<-1$ の場合**　$|r|>1$ であるから

$$\lim_{n\to\infty}|r^n|=\lim_{n\to\infty}|r|^n=\infty$$

であるが，r^n の符号は交互に正負となる。
したがって，数列 $\{r^n\}$ は **振動する**。

注意　一般に，数列 $\{a_n\}$ について，$-|a_n|\leqq a_n\leqq |a_n|$ であるから
$\lim_{n\to\infty}|a_n|=0$　ならば　$\lim_{n\to\infty} a_n=0$　が成り立つ。

◀ $(1+h)^n$ $={}_nC_0+{}_nC_1h+{}_nC_2h^2+\cdots\cdots+{}_nC_nh^n$

◀ [3] の $r\neq 0$ の場合については，まず $0<r<1$ のとき，$\dfrac{1}{r}=s$ とおいて [1] の結果利用により $\lim_{n\to\infty} r^n=0$ を示す。次に，$-1<r<0$ のとき，$-r=s$ とおいて $0<r<1$ のときの結果利用により $\lim_{n\to\infty} r^n=0$ を示す，という方法も考えられる。

◀ はさみうちの原理。このことを [3] で利用している。

■ 数列 $\{r^n\}$ の収束条件

$\{r^n\}$ の極限の性質から，次のことがわかる。

数列 $\{r^n\}$ が収束するための必要十分条件は　$-1<r\leqq 1$

右側の不等号に等号が含まれる（$<$ ではなく $\leqq$）ことに注意する。

◀ *p*.64 で学ぶ無限等比級数の収束条件との違いに注意。

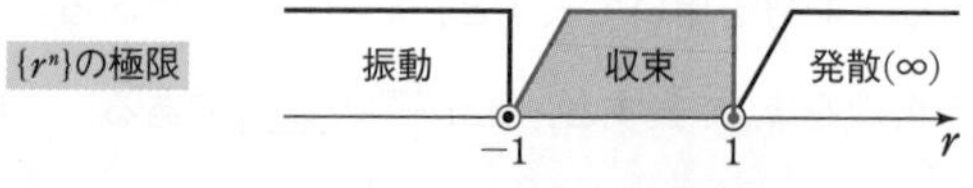

基本例題 24 数列の極限 (7) … $\{r^n\}$ を含むもの

第 n 項が次の式で表される数列の極限を求めよ。

(1) $2\left(-\dfrac{3}{4}\right)^{n-1}$　　(2) $5^n-(-4)^n$

(3) $\dfrac{3^{n+1}-2^n}{3^n+2^n}$　　(4) $\dfrac{r^n}{2+r^{n+1}}$ $(r>-1)$

p.46 基本事項　重要 58

指針

$\{r^n\}$ の極限

$r>1$ のとき　$r^n \longrightarrow \infty$,　$r=1$ のとき　$r^n \longrightarrow 1$,

$|r|<1$ のとき　$r^n \longrightarrow 0$,　$r\leqq -1$ のとき　振動（極限はない）

(2) 多項式の形 …… 底が最も大きい項で **くくり出す。**

(3) 分数の形 …… 分母の底が最も大きい項で **分母・分子を割る。**

(4) r^n を含む式の極限では，**$r=\pm1$ で区切って考える** とよい。
この問題では，$r>-1$ の条件があるから，$-1<r<1$，$r=1$，$1<r$ で **場合分け** して極限を調べる。

●^{n} ← 底は●

CHART r^n を含む式の極限　$r=\pm1$ で場合に分ける

解答

(1) $\left|-\dfrac{3}{4}\right|<1$ であるから　$\displaystyle\lim_{n\to\infty}2\left(-\frac{3}{4}\right)^{n-1}=\mathbf{0}$

◀ $|r|<1$ の場合。

(2) $\displaystyle\lim_{n\to\infty}\{5^n-(-4)^n\}=\lim_{n\to\infty}5^n\left\{1-\left(-\frac{4}{5}\right)^n\right\}=\boldsymbol{\infty}$

◀ 5^n でくくり出す。
$\longrightarrow \infty\times(1-0)$ の形。

(3) $\displaystyle\lim_{n\to\infty}\frac{3^{n+1}-2^n}{3^n+2^n}=\lim_{n\to\infty}\frac{3-\left(\frac{2}{3}\right)^n}{1+\left(\frac{2}{3}\right)^n}=\mathbf{3}$

◀ 分母・分子を 3^n で割る。
$\longrightarrow \dfrac{3-0}{1+0}$ の形。

(4) **$-1<r<1$ のとき**　$\displaystyle\lim_{n\to\infty}\frac{r^n}{2+r^{n+1}}=\frac{0}{2+0}=\mathbf{0}$

◀ $|r|<1$ のとき　$r^n \longrightarrow 0$

$r=1$ のとき　$\displaystyle\lim_{n\to\infty}\frac{r^n}{2+r^{n+1}}=\frac{1}{2+1}=\mathbf{\frac{1}{3}}$

◀ $r=1$ のとき　$r^n \longrightarrow 1$

$r>1$ のとき

$$\lim_{n\to\infty}\frac{r^n}{2+r^{n+1}}=\lim_{n\to\infty}\frac{\frac{1}{r}}{\frac{2}{r^{n+1}}+1}=\frac{\frac{1}{r}}{0+1}=\mathbf{\frac{1}{r}}$$

◀ 分母の最高次の項 r^{n+1} で分母・分子を割る。

練習 ② 24 第 n 項が次の式で表される数列の極限を求めよ。

(1) $\left(\dfrac{3}{2}\right)^n$　(2) 3^n-2^n　(3) $\dfrac{3^n-1}{2^n+1}$

(4) $\dfrac{2^n+1}{(-3)^n-2^n}$　(5) $\dfrac{r^{2n+1}-1}{r^{2n}+1}$（$r$ は実数）

p.59 EX 14, 18

基本例題 25 無限等比数列の収束条件 ②②②②②

数列 $\left\{\left(\dfrac{5x}{x^2+6}\right)^n\right\}$ が収束するように，実数 x の値の範囲を定めよ。また，そのときの数列の極限値を求めよ。

p.46 基本事項

指針

数列 $\{r^n\}$ の収束条件は $\underline{-1<r\leqq 1}$ $\begin{cases} -1<r<1 \text{ のとき} & r^n \longrightarrow 0 \\ r=1 \text{ のとき} & r^n \longrightarrow 1 \end{cases}$

数列の公比は $\dfrac{5x}{x^2+6}$ であるから，求める条件は　$-1<\dfrac{5x}{x^2+6}\leqq 1$

この分数不等式を解くには，常に $x^2+6>0$ であるから，各辺に x^2+6 を掛けて分母を払うとよい。

CHART 数列 $\{r^n\}$ の収束条件は　$-1<r\leqq 1$

解答

与えられた数列が収束するための条件は

$$-1<\frac{5x}{x^2+6}\leqq 1 \quad \cdots\cdots \text{Ⓐ}$$

$x^2+6>0$ であるから，各辺に x^2+6 を掛けて

$$-(x^2+6)<5x\leqq x^2+6$$

$-(x^2+6)<5x$ から　　$x^2+5x+6>0$

ゆえに　　$(x+2)(x+3)>0$

よって　　$x<-3,\ -2<x$　…… ①

$5x\leqq x^2+6$ から　　$x^2-5x+6\geqq 0$

ゆえに　　$(x-2)(x-3)\geqq 0$

よって　　$x\leqq 2,\ 3\leqq x$　…… ②

ゆえに，収束するときの実数 x の値の範囲は，① かつ ② から　　$\boldsymbol{x<-3,\ -2<x\leqq 2,\ 3\leqq x}$

また，Ⓐ で $\dfrac{5x}{x^2+6}=1$ となるのは $x=2,\ 3$ のときである。

したがって，数列の **極限値は**

$\dfrac{5x}{x^2+6}=1$　すなわち　$\boldsymbol{x=2,\ 3}$ **のとき　1**

$-1<\dfrac{5x}{x^2+6}<1$　すなわち

$\boldsymbol{x<-3,\ -2<x<2,\ 3<x}$ **のとき　0**

◀公比は $\dfrac{5x}{x^2+6}$

◀$-1<$(公比)$\leqq 1$
右の不等号には，等号が含まれることに注意。

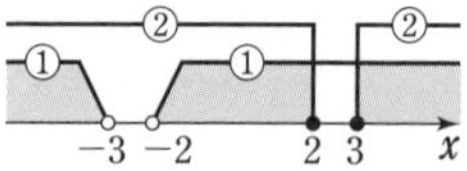

◀$\dfrac{5x}{x^2+6}=1$ から
$5x=x^2+6$

◀**数列 $\{r^n\}$ の極限値は**
$r=1$ のとき　1
$-1<r<1$ のとき　0

◀$x=2,\ 3$ の場合を除く。

練習 ② 25　次の数列が収束するように，実数 x の値の範囲を定めよ。また，そのときの数列の極限値を求めよ。

(1) $\left\{\left(\dfrac{2}{3}x\right)^n\right\}$　　(2) $\{(x^2-4x)^n\}$　　(3) $\left\{\left(\dfrac{x^2+2x-5}{x^2-x+2}\right)^n\right\}$

p.59 EX17

基本例題 26 漸化式と極限 (1) … 隣接 2 項間

次の条件によって定められる数列 $\{a_n\}$ の極限を求めよ。

(1) $a_1=1,\ a_{n+1}=\dfrac{1}{2}a_n+1$　　(2) $a_1=5,\ a_{n+1}=2a_n-4$

p.36 まとめ，p.46 基本事項　重要 31，32

指針 漸化式からまず **一般項 a_n を n で表し**，次にその極限を求める。
隣接 2 項間の漸化式 $a_{n+1}=pa_n+q$ $(p\neq1,\ q\neq0)$ から一般項 a_n を求めるには，数学B で学んだように，a_{n+1}，a_n を α とおいた **特性方程式 $\alpha=p\alpha+q$** の解を利用して，漸化式を **$a_{n+1}-\alpha=p(a_n-\alpha)$** と変形するとよい。 $\longrightarrow$ $\{a_n-\alpha\}$ は公比 p の等比数列。

CHART 漸化式 $a_{n+1}=pa_n+q$　$a_{n+1}-\alpha=p(a_n-\alpha)$ と変形

解答

(1) 与えられた漸化式を変形すると

$$a_{n+1}-2=\frac{1}{2}(a_n-2)\qquad \text{また}\quad a_1-2=1-2=-1$$

◀ $\alpha=\dfrac{1}{2}\alpha+1$ の解は $\alpha=2$

よって，数列 $\{a_n-2\}$ は初項 -1，公比 $\dfrac{1}{2}$ の等比数列で

$$a_n-2=-\left(\frac{1}{2}\right)^{n-1}\qquad \text{ゆえに}\qquad a_n=2-\left(\frac{1}{2}\right)^{n-1}$$

したがって　$\displaystyle\lim_{n\to\infty}a_n=\lim_{n\to\infty}\left\{2-\left(\frac{1}{2}\right)^{n-1}\right\}=\mathbf{2}$

◀ $\left(\dfrac{1}{2}\right)^{n-1}\longrightarrow 0$

(2) 与えられた漸化式を変形すると

$$a_{n+1}-4=2(a_n-4)\qquad \text{また}\quad a_1-4=5-4=1$$

◀ $\alpha=2\alpha-4$ の解は　$\alpha=4$

よって，数列 $\{a_n-4\}$ は初項 1，公比 2 の等比数列で

$$a_n-4=2^{n-1}\qquad \text{ゆえに}\qquad a_n=2^{n-1}+4$$

したがって　$\displaystyle\lim_{n\to\infty}a_n=\lim_{n\to\infty}(2^{n-1}+4)=\infty$

◀ $2^{n-1}\longrightarrow\infty$

検討 **極限の図示**

上の例題 (1) で，点 $(a_n,\ a_{n+1})$ は直線 $y=\dfrac{1}{2}x+1$ …… ① 上にある。更に，直線 $y=x$ …… ② を考えると，点 $(a_1,\ a_1)$ から図の矢印に従って
$(a_1,\ a_2)\longrightarrow(a_2,\ a_2)\longrightarrow(a_2,\ a_3)\longrightarrow(a_3,\ a_3)$
$\longrightarrow(a_3,\ a_4)\longrightarrow$ ……　のように進み，2 直線 ①，② の交点 **(2, 2)** に限りなく近づく。これは，数列 $\{a_n\}$ の極限値が **2** であることを示している。

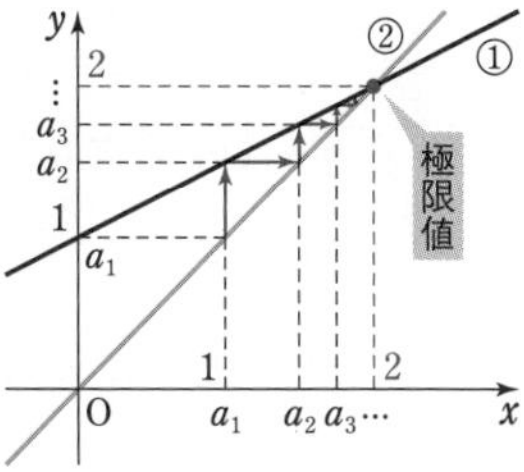

なお，(1) で数列 $\{a_n\}$ の極限値 α が存在するならば，
$n\longrightarrow\infty$ のとき $a_{n+1}\longrightarrow\alpha$，$a_n\longrightarrow\alpha$ であるから，$\alpha=\dfrac{1}{2}\alpha+1$ が成り立つ。このことが，直線 ①，② の交点に注目すると極限値が調べられることの背景にある。

練習 ② 26 次の条件によって定められる数列 $\{a_n\}$ の極限を求めよ。

(1) $a_1=2,\ a_{n+1}=3a_n+2$　　(2) $a_1=1,\ 2a_{n+1}=6-a_n$

p.60 EX19

基本例題 27 漸化式と極限 (2) … 隣接 3 項間

次の条件によって定められる数列 $\{a_n\}$ の極限値を求めよ。

$$a_1=0,\ a_2=1,\ a_{n+2}=\frac{1}{4}(a_{n+1}+3a_n)$$

p.36 まとめ，基本 26

指針 方針は基本例題 **26** と同じく，一般項 a_n を n で表してから極限を求める。
隣接 3 項間の漸化式では，まず，a_{n+2} を x^2，a_{n+1} を x，a_n を 1 とおいた x の 2 次方程式(特性方程式)を解く。その 2 解を α，β とすると，$\alpha \neq \beta$ のとき

$$a_{n+2}-\alpha a_{n+1}=\beta(a_{n+1}-\alpha a_n),\ a_{n+2}-\beta a_{n+1}=\alpha(a_{n+1}-\beta a_n)$$

の 2 通りに変形できる。この変形を利用して解決する。
なお，特性方程式の解に **1 を含むときは，階差数列** が利用できる。

解答 与えられた漸化式を変形すると

$$a_{n+2}-a_{n+1}=-\frac{3}{4}(a_{n+1}-a_n) \quad また \quad a_2-a_1=1-0=1$$

ゆえに，数列 $\{a_{n+1}-a_n\}$ は初項 1，公比 $-\frac{3}{4}$ の等比数列で

$$a_{n+1}-a_n=\left(-\frac{3}{4}\right)^{n-1}$$

よって，$n \geqq 2$ のとき

$$a_n=a_1+\sum_{k=1}^{n-1}\left(-\frac{3}{4}\right)^{k-1}$$

$$=0+\frac{1-\left(-\frac{3}{4}\right)^{n-1}}{1-\left(-\frac{3}{4}\right)}=\frac{4}{7}\left\{1-\left(-\frac{3}{4}\right)^{n-1}\right\}$$

したがって $\displaystyle\lim_{n\to\infty}a_n=\lim_{n\to\infty}\frac{4}{7}\left\{1-\left(-\frac{3}{4}\right)^{n-1}\right\}=\boldsymbol{\frac{4}{7}}$

注意 この問題のように，単に数列 $\{a_n\}$ の極限を求めるときは，$n \geqq 2$ のときだけを考えてかまわない。つまり，$n=1$ のときの確認は必要ない。

別解 [a_n **の求め方**] 与えられた漸化式を変形すると

$$a_{n+2}-a_{n+1}=-\frac{3}{4}(a_{n+1}-a_n),\ a_{n+2}+\frac{3}{4}a_{n+1}=a_{n+1}+\frac{3}{4}a_n$$

ゆえに $a_{n+1}-a_n=\left(-\frac{3}{4}\right)^{n-1}$，$a_{n+1}+\frac{3}{4}a_n=a_2+\frac{3}{4}a_1=1$

辺々引いて $-\frac{7}{4}a_n=\left(-\frac{3}{4}\right)^{n-1}-1$

よって $a_n=\frac{4}{7}\left\{1-\left(-\frac{3}{4}\right)^{n-1}\right\}$

◀ $x^2=\frac{1}{4}(x+3)$ を解くと
$4x^2=x+3$
$4x^2-x-3=0$
$(x-1)(4x+3)=0$
よって $x=1,\ -\frac{3}{4}$

◀ $\{a_n\}$ の階差数列 $\{b_n\}$ がわかれば，$n \geqq 2$ のとき
$\displaystyle a_n=a_1+\sum_{k=1}^{n-1}b_k$

◀ **極限を求めるとは，$n \longrightarrow \infty$ の場合を考える。**

◀ $\alpha=1$，$\beta=-\frac{3}{4}$ とした場合と $\alpha=-\frac{3}{4}$，$\beta=1$ とした場合の 2 通りで表す。

◀ a_{n+1} を消去。

練習 ② 27 次の条件によって定められる数列 $\{a_n\}$ の極限値を求めよ。

$$a_1=1,\ a_2=3,\ 4a_{n+2}=5a_{n+1}-a_n$$

p.60 EX 20

基本例題 28 漸化式と極限(3) … 分数形 ③③③③③

数列 $\{a_n\}$ が $a_1=3$, $a_{n+1}=\dfrac{3a_n-4}{a_n-1}$ によって定められるとき 〔類 東京女子大〕

(1) $b_n=\dfrac{1}{a_n-2}$ とおくとき, b_{n+1}, b_n の関係式を求めよ。

(2) 数列 $\{a_n\}$ の一般項を求めよ。 (3) $\lim_{n\to\infty}a_n$ を求めよ。

p.36 まとめ, 基本 26

指針 (1) おき換えの式 $b_n=\dfrac{1}{\boxed{a_n-2}}$ …… ① の $\boxed{a_n-2}$ に注目。漸化式から $b_{n+1}\left(=\dfrac{1}{\boxed{a_{n+1}-2}}\right)$ の形を作り出すために, 漸化式の両辺から 2 を引いてみる。

なお, ① のおき換えが与えられているから, $a_n\neq2$ としてよい。

(2) まず (1) の結果から一般項 b_n を n で表す。

解答

(1) 漸化式から $a_{n+1}-2=\dfrac{3a_n-4}{a_n-1}-2$

ゆえに $a_{n+1}-2=\dfrac{a_n-2}{a_n-1}$

両辺の逆数をとって $\dfrac{1}{a_{n+1}-2}=\dfrac{a_n-1}{a_n-2}$

よって $\dfrac{1}{a_{n+1}-2}=\dfrac{1}{a_n-2}+1$

したがって $\boldsymbol{b_{n+1}=b_n+1}$

(2) (1) より, 数列 $\{b_n\}$ は初項 $b_1=1$, 公差 1 の等差数列であるから $b_n=1+(n-1)\cdot1=n$

よって $\boldsymbol{a_n}=\dfrac{1}{b_n}+2=\boldsymbol{\dfrac{1}{n}+2}$

(3) $\lim_{n\to\infty}a_n=\lim_{n\to\infty}\left(\dfrac{1}{n}+2\right)=\boldsymbol{2}$

検討

分数形の漸化式について一般項を求める方法は, $p.36$ の ⑥ 参照。

$a_{n+1}=\dfrac{ra_n+s}{pa_n+q}$ のとき, 特性方程式 $x=\dfrac{rx+s}{px+q}$ の解が $x=\alpha$ (重解) ならば, $b_n=\dfrac{1}{a_n-\alpha}$ (または $b_n=a_n-\alpha$) とおくと, 一般項 a_n が求められる。

◀ $b_n=\dfrac{1}{a_n-2}$ から $a_n-2=\dfrac{1}{b_n}$

参考 漸化式の特性方程式の解と極限値

上の例題に関して, 特性方程式 $x=\dfrac{3x-4}{x-1}$ の解は $x=2$

曲線 $y=\dfrac{3x-4}{x-1}$ …… ① と直線 $y=x$ …… ② をかくと右図のようになり, 曲線 ① と直線 ② は 1 つの共有点 (2, 2) をもつ (接している)。点 (a_1, a_1) をとり, $p.49$ の 検討 と同じようにして点の対応を考えると, 点 (2, 2) に限りなく近づく。すなわち, **数列 $\{a_n\}$ の極限値は特性方程式の解に一致している。**

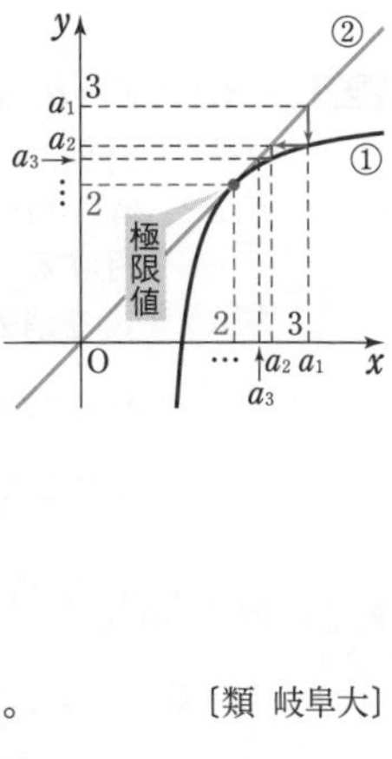

練習 28 ③ $a_1=5$, $a_{n+1}=\dfrac{5a_n-16}{a_n-3}$ で定められる数列 $\{a_n\}$ について

(1) $b_n=a_n-4$ とおくとき, b_{n+1} を b_n で表せ。

(2) 数列 $\{a_n\}$ の一般項を求めよ。 (3) $\lim_{n\to\infty}a_n$ を求めよ。 〔類 岐阜大〕

基本例題 29 漸化式と極限 (4) … 連立形

③③③③③ (difficulty marks)

$P_1(1,\ 1)$，$x_{n+1}=\dfrac{1}{4}x_n+\dfrac{4}{5}y_n$，$y_{n+1}=\dfrac{3}{4}x_n+\dfrac{1}{5}y_n$ $(n=1,\ 2,\ \cdots\cdots)$ を満たす平面上の点列 $P_n(x_n,\ y_n)$ がある。点列 P_1，P_2，…… はある定点に限りなく近づくことを証明せよ。

〔類 信州大〕 p.36まとめ，基本26

指針 点列 P_1，P_2，…… がある定点に限りなく近づくことを示すには，$\displaystyle\lim_{n\to\infty}x_n$，$\displaystyle\lim_{n\to\infty}y_n$ がともに収束することをいえばよい。そのためには，2つの数列 $\{x_n\}$，$\{y_n\}$ の漸化式から，x_n，y_n を求める。ここでは，まず，2つの漸化式の和をとってみるとよい。
(一般項を求める一般的な方法については，解答の後の **注意** のようになる。)

解答

$x_{n+1}=\dfrac{1}{4}x_n+\dfrac{4}{5}y_n$ …… ①，$y_{n+1}=\dfrac{3}{4}x_n+\dfrac{1}{5}y_n$ …… ②

①+② から　$x_{n+1}+y_{n+1}=x_n+y_n$

$P_1(1,\ 1)$ から　$x_1+y_1=2$　◀ $x_1=1$，$y_1=1$

よって　$x_n+y_n=x_{n-1}+y_{n-1}=\cdots\cdots=x_1+y_1=2$

ゆえに　$y_n=2-x_n$

これを ① に代入して整理すると　$x_{n+1}=-\dfrac{11}{20}x_n+\dfrac{8}{5}$　◀ $x_{n+1}=\dfrac{1}{4}x_n+\dfrac{4}{5}(2-x_n)$

変形すると　$x_{n+1}-\dfrac{32}{31}=-\dfrac{11}{20}\left(x_n-\dfrac{32}{31}\right)$　◀ 特性方程式 $\alpha=-\dfrac{11}{20}\alpha+\dfrac{8}{5}$ の解は $\alpha=\dfrac{32}{31}$

また　$x_1-\dfrac{32}{31}=-\dfrac{1}{31}$

ゆえに　$x_n-\dfrac{32}{31}=-\dfrac{1}{31}\left(-\dfrac{11}{20}\right)^{n-1}$　◀ 数列 $\left\{x_n-\dfrac{32}{31}\right\}$ は初項 $-\dfrac{1}{31}$，公比 $-\dfrac{11}{20}$ の等比数列。

よって　$\displaystyle\lim_{n\to\infty}x_n=\lim_{n\to\infty}\left\{\frac{32}{31}-\frac{1}{31}\left(-\frac{11}{20}\right)^{n-1}\right\}=\frac{32}{31}$

また　$\displaystyle\lim_{n\to\infty}y_n=\lim_{n\to\infty}(2-x_n)=2-\frac{32}{31}=\frac{30}{31}$　◀ $y_n=2-x_n$ から。

したがって，点列 P_1，P_2，…… は定点 $\left(\dfrac{32}{31},\ \dfrac{30}{31}\right)$ に限りなく近づく。

注意 一般に，$\boldsymbol{x_1=a}$，$\boldsymbol{y_1=b}$，$\boldsymbol{x_{n+1}=px_n+qy_n}$，$\boldsymbol{y_{n+1}=rx_n+sy_n}$ $(pqrs\neq0)$ で定められる数列 $\{x_n\}$，$\{y_n\}$ の一般項を求めるには，次の方法がある。

方法1　$x_{n+1}+\alpha y_{n+1}=\beta(x_n+\alpha y_n)$ として α，β の値を定め，**等比数列 $\{x_n+●y_n\}$ を利用** する。

方法2　**y_n を消去** して，数列 $\{x_n\}$ の隣接3項間の漸化式に帰着させる。すなわち，
$x_{n+1}=px_n+qy_n$ から　$y_n=\dfrac{1}{q}x_{n+1}-\dfrac{p}{q}x_n$　　よって　$y_{n+1}=\dfrac{1}{q}x_{n+2}-\dfrac{p}{q}x_{n+1}$
これらを $y_{n+1}=rx_n+sy_n$ に代入する。

練習 ③ 29 数列 $\{a_n\}$，$\{b_n\}$ を $a_1=b_1=1$，$a_{n+1}=a_n+8b_n$，$b_{n+1}=2a_n+b_n$ で定めるとき
(1) 数列 $\{a_n\}$，$\{b_n\}$ の一般項を求めよ。　(2) $\displaystyle\lim_{n\to\infty}\frac{a_n}{2b_n}$ を求めよ。

p.60 EX21

重要例題 30 漸化式と極限(5) … はさみうちの原理 ④④④④④

数列 $\{a_n\}$ が $0<a_1<3$, $a_{n+1}=1+\sqrt{1+a_n}$ $(n=1, 2, 3, \cdots\cdots)$ を満たすとき

(1) $0<a_n<3$ を証明せよ。 (2) $3-a_{n+1}<\dfrac{1}{3}(3-a_n)$ を証明せよ。

(3) 数列 $\{a_n\}$ の極限値を求めよ。 〔類 神戸大〕

p.34 基本事項 3, 基本 21

指針 (1) すべての自然数 n についての成立を示す ⟶ **数学的帰納法** の利用。

(2) (1)の結果，すなわち $a_n>0$, $3-a_n>0$ であることを利用。

(3) 漸化式を変形して，一般項 a_n を n の式で表すのは難しい。そこで，(2)で示した不等式を利用し，**はさみうちの原理** を使って数列 $\{3-a_n\}$ の極限を求める。

はさみうちの原理 すべての n について $p_n \leqq a_n \leqq q_n$ のとき

$$\lim_{n\to\infty} p_n=\lim_{n\to\infty} q_n=\alpha \text{ ならば } \lim_{n\to\infty} a_n=\alpha$$

なお，$p.54$, 55 の補足事項も参照。

CHART 求めにくい極限 不等式利用で はさみうち

解答

(1) $0<a_n<3$ …… ① とする。

[1] $n=1$ のとき，与えられた条件から ① は成り立つ。 ◀$0<a_1<3$

[2] $n=k$ のとき，① が成り立つと仮定すると

$$0<a_k<3$$

$n=k+1$ のときを考えると，$0<a_k<3$ であるから

$$a_{k+1}=1+\sqrt{1+a_k}>2>0$$

◀$0<a_k$ から $\sqrt{1+a_k}>1$

$$a_{k+1}=1+\sqrt{1+a_k}<1+\sqrt{1+3}=3$$

◀$a_k<3$ から $\sqrt{1+a_k}<2$

したがって $0<a_{k+1}<3$

よって，$n=k+1$ のときにも ① は成り立つ。

[1], [2] から，すべての自然数 n について ① は成り立つ。

◀数学的帰納法による。

(2) $3-a_{n+1}=2-\sqrt{1+a_n}=\dfrac{3-a_n}{2+\sqrt{1+a_n}}<\dfrac{1}{3}(3-a_n)$

◀$3-a_n>0$ であり，$a_n>0$ から $2+\sqrt{1+a_n}>3$

(3) (1), (2) から，$n\geqq 2$ のとき

$$0<3-a_n\leqq\left(\frac{1}{3}\right)^{n-1}(3-a_1)$$

$\displaystyle\lim_{n\to\infty}\left(\frac{1}{3}\right)^{n-1}(3-a_1)=0$ であるから

$$\lim_{n\to\infty}(3-a_n)=0$$

したがって $\displaystyle\lim_{n\to\infty} a_n=\mathbf{3}$

◀$n\geqq 2$ のとき，(2) から

$3-a_n<\dfrac{1}{3}(3-a_{n-1})$

$<\left(\dfrac{1}{3}\right)^2(3-a_{n-2})\cdots\cdots$

$\cdots\cdots<\left(\dfrac{1}{3}\right)^{n-1}(3-a_1)$

練習 ③ 30 $a_1=2$, $n\geqq 2$ のとき $a_n=\dfrac{3}{2}\sqrt{a_{n-1}}-\dfrac{1}{2}$ を満たす数列 $\{a_n\}$ について

(1) すべての自然数 n に対して $a_n>1$ であることを証明せよ。

(2) 数列 $\{a_n\}$ の極限値を求めよ。 〔類 関西大〕

補足事項　一般項を求めずに極限値を求める方法

重要例題 **30** のような，漸化式から一般項を求めることが容易ではない数列の極限値を求める場合は，(1)，(2) のように，不等式を導き，はさみうちの原理を利用する 方針で進めるとよい。その一般的な手順は，次のようになる。

> 漸化式 $a_{n+1}=f(a_n)$ に対して
>
> [1]　極限値を $\boldsymbol{\lim_{n\to\infty} a_n=\alpha}$ とし（このとき $\lim_{n\to\infty} a_{n+1}=\alpha$），
> $\lim_{n\to\infty} a_{n+1}=\lim_{n\to\infty} f(a_n)$ から α を求める。この α が極限値の予想となる。
>
> [2]　$\boldsymbol{|a_{n+1}-\alpha|<k|a_n-\alpha|}$ を満たす $k\ (0<k<1)$ を見つける。
>
> [3]　[2] から，$0<|a_n-\alpha|<k|a_{n-1}-\alpha|<k^2|a_{n-2}-\alpha|<\cdots\cdots<k^{n-1}|a_1-\alpha|$　となり，
> $\lim_{n\to\infty} k^{n-1}=0$ であるから，**はさみうちの原理** により　　$\lim_{n\to\infty}|a_n-\alpha|=0$
> したがって，極限値は $\lim_{n\to\infty} a_n=\alpha$ となる。 ← [1] の α が実際の極限値となる。

例えば，重要例題 **30** で (1)，(2) の誘導がない場合は，次のようにして極限値を求める方法が考えられる。

[1]　極限値を $\lim_{n\to\infty} a_n=\alpha$ とすると，$\lim_{n\to\infty} a_{n+1}=\lim_{n\to\infty}(1+\sqrt{1+a_n})$ から　$\alpha=1+\sqrt{1+\alpha}$

$\alpha-1=\sqrt{\alpha+1}$ とし，両辺を平方して整理すると　$\alpha(\alpha-3)=0$　　よって　$\alpha=0,\ 3$

漸化式の形より，$a_n>1$ であるから，$\alpha=3$ が極限値の予想となる。

[2]　$\dfrac{|a_{n+1}-3|}{|a_n-3|}<k$ を満たす $k\ (0<k<1)$ を見つける。

$$\frac{|a_{n+1}-3|}{|a_n-3|}=\left|\frac{a_{n+1}-3}{a_n-3}\right|=\left|\frac{\sqrt{a_n+1}-2}{a_n-3}\right|=\left|\frac{(a_n+1)-2^2}{(a_n-3)(\sqrt{a_n+1}+2)}\right|=\frac{1}{\sqrt{a_n+1}+2}<\frac{1}{3}$$

（〰〰 については，$a_n>0$ より $\sqrt{a_n+1}+2>3$ であることから導いている。）

ゆえに，$|a_{n+1}-3|<\dfrac{1}{3}|a_n-3|$ が成り立つ。

[3]　$0<|a_n-3|<\left(\dfrac{1}{3}\right)^{n-1}|a_1-3|$ が成り立ち，$\lim_{n\to\infty}\left(\dfrac{1}{3}\right)^{n-1}=0$ から　　$\lim_{n\to\infty}|a_n-3|=0$

したがって　　$\lim_{n\to\infty} a_n=\mathbf{3}$

注意　[1] で，極限値を予想するのには，曲線 $y=f(x)$ と直線 $y=x$ の交点に注目する方法も考えられる。
例えば，重要例題 **30** では，曲線 $y=1+\sqrt{1+x}$ と直線 $y=x$ の交点の座標は (3，3) であることから，$\lim_{n\to\infty} a_n=3$ と予想できる。なお，図のように点 P_1，P_2，P_3，…… をとっていくと，点 (3，3) に限りなく近づいていくことからも，予想した極限値 3 は確かに実際の極限値となるであろう，ということがわかる。

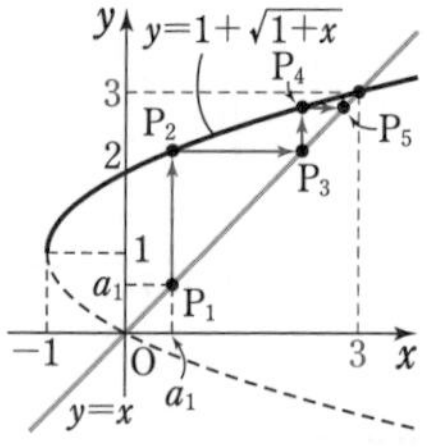

補足事項 単調有界な数列の極限

一般に，数列 $\{a_n\}$ について，M，m は定数で

[1] $a_1<a_2<a_3<\cdots\cdots<a_n<a_{n+1}<\cdots\cdots<M$ ◀単調に増加

または [2] $a_1>a_2>a_3>\cdots\cdots>a_n>a_{n+1}>\cdots\cdots>m$ ◀単調に減少

であるとき，$\{a_n\}$ は単調に **有界である** という。そして，**単調に有界な数列は収束** し，上の [1] の場合は $\lim_{n\to\infty}a_n \leqq M$，[2] の場合は $\lim_{n\to\infty}a_n \geqq m$ が成り立つことが知られている。

([1]，[2] の $<$，$>$ の代わりに $\leqq$，$\geqq$ でも結論___は成り立つ。)

$p.53$ 重要例題 **30** の数列 $\{a_n\}$ は，単調に有界である。

実際，$a_{n+1}-a_n=1+\sqrt{1+a_n}-a_n=\sqrt{1+a_n}-(a_n-1)$ であり，重要例題 **30** (1) の結果から

$a_n\leqq 1$ のとき，$a_n-1\leqq 0$ で $\sqrt{1+a_n}-(a_n-1)>0$

$a_n>1$ のとき，$a_n-1>0$ で $(\sqrt{1+a_n})^2-(a_n-1)^2=a_n(3-a_n)>0$

よって $\sqrt{1+a_n}-(a_n-1)>0$

したがって，$0<a_1<a_2<\cdots\cdots<a_n<a_{n+1}<\cdots\cdots<3$ が成り立つから，数列 $\{a_n\}$ は単調に有界であり，極限値をもつ。これが前ページの 1～3 の進め方が有効な根拠となっている。

● 極限値 $\lim_{n\to\infty}\left(1+\frac{1}{n}\right)^n$ の存在について

数列 $a_n=\left(1+\frac{1}{n}\right)^n$ について，極限値 $\lim_{n\to\infty}a_n$ が存在する。このことを確かめてみよう。

① **単調性** 「チャート式基礎からの数学Ⅱ」$p.63$ で，次の関係式について説明した。

正の数 a_1，a_2，……，a_N について $\dfrac{a_1+a_2+\cdots\cdots+a_N}{N}\geqq\sqrt[N]{a_1a_2\cdots\cdots a_N}$ ……（$*$）

n 個の $\dfrac{n+1}{n}$ と 1 個の 1 に対して，不等式（$*$）を適用すると

$$\frac{n\cdot\frac{n+1}{n}+1}{n+1}>\sqrt[n+1]{\left(\frac{n+1}{n}\right)^n\cdot 1} \quad \text{すなわち} \quad 1+\frac{1}{n+1}>\left(1+\frac{1}{n}\right)^{\frac{n}{n+1}}$$

両辺を $n+1$ 乗して $\left(1+\dfrac{1}{n+1}\right)^{n+1}>\left(1+\dfrac{1}{n}\right)^n$ すなわち，$a_n<a_{n+1}$ が成り立つ。

② **有界性**

$$a_n=\sum_{k=0}^{n}{}_n\mathrm{C}_k\cdot 1^{n-k}\cdot\left(\frac{1}{n}\right)^k=\sum_{k=0}^{n}\frac{n(n-1)\cdot\cdots\cdots\cdot\{n-(k-1)\}}{k!}\cdot\left(\frac{1}{n}\right)^k$$ ◀二項定理

$$=\sum_{k=0}^{n}\left\{\frac{1}{k!}\left(1-\frac{1}{n}\right)\left(1-\frac{2}{n}\right)\cdot\cdots\cdots\cdot\left(1-\frac{k-1}{n}\right)\right\}$$

$$\leqq\sum_{k=0}^{n}\frac{1}{k!}\leqq 1+1+\frac{1}{2}+\cdots\cdots+\frac{1}{2^{n-1}}=1+\frac{1-\left(\frac{1}{2}\right)^n}{1-\frac{1}{2}}=3-\left(\frac{1}{2}\right)^{n-1}<3$$

①，② より，数列 $\{a_n\}$ は単調に有界であるから，収束し $\lim_{n\to\infty}a_n\leqq 3$

実際，極限値 $\lim_{n\to\infty}a_n$ は，2.71828…… となる。詳しくは，第 3 章の $p.116$，121 を参照。

この極限値は数学の世界において，重要な役割を果たしている。

重要例題 31 図形に関する漸化式と極限

図のような1辺の長さ a の正三角形ABCにおいて，頂点Aから辺BCに下ろした垂線の足を P_1 とする。P_1 から辺ABに下ろした垂線の足を Q_1，Q_1 から辺CAへの垂線の足を R_1，R_1 から辺BCへの垂線の足を P_2 とする。このような操作を繰り返すと，辺BC上に点 P_1，P_2，……，P_n，……が定まる。このとき，点 P_n の極限の位置を求めよ。

基本 26

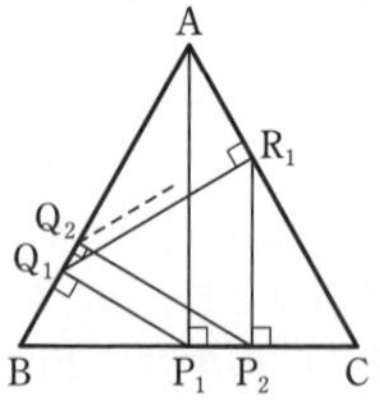

指針 図形と極限の問題では，まず n 番目と $n+1$ 番目の関係を調べて漸化式を作る。
ここでは，線分 BP_n の長さを x_n とし，3辺の長さの比が $1:\sqrt{3}:2$ の直角三角形に注目することで，長さ BP_{n+1}（すなわち x_{n+1}）を x_n で表す。

解答

$BP_n=x_n$ とすると，

$BP_n:BQ_n=AQ_n:AR_n=CR_n:CP_{n+1}=2:1$ から

$$BQ_n=\frac{1}{2}BP_n=\frac{1}{2}x_n,\quad AR_n=\frac{1}{2}AQ_n=\frac{1}{2}\left(a-\frac{1}{2}x_n\right),$$

$$CR_n=CA-AR_n=a-\frac{1}{2}\left(a-\frac{1}{2}x_n\right)=\frac{1}{2}a+\frac{1}{4}x_n,$$

$$CP_{n+1}=\frac{1}{2}CR_n=\frac{1}{2}\left(\frac{1}{2}a+\frac{1}{4}x_n\right)=\frac{1}{4}a+\frac{1}{8}x_n,$$

$$BP_{n+1}=BC-CP_{n+1}=a-\left(\frac{1}{4}a+\frac{1}{8}x_n\right)=\frac{3}{4}a-\frac{1}{8}x_n$$

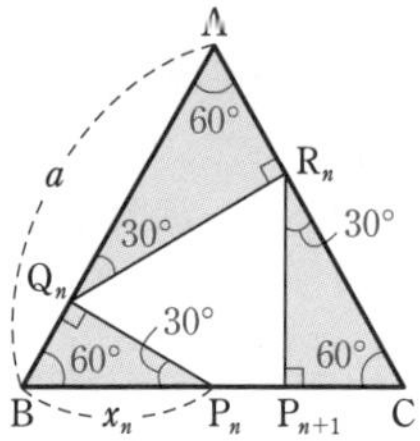

ゆえに　$x_{n+1}=-\frac{1}{8}x_n+\frac{3}{4}a$

変形すると　$x_{n+1}-\frac{2}{3}a=-\frac{1}{8}\left(x_n-\frac{2}{3}a\right)$

◀ $\alpha=-\frac{1}{8}\alpha+\frac{3}{4}a$ の解は $\alpha=\frac{2}{3}a$

よって，数列 $\left\{x_n-\frac{2}{3}a\right\}$ は初項 $x_1-\frac{2}{3}a$，公比 $-\frac{1}{8}$ の等比数列であり　$x_n-\frac{2}{3}a=\left(-\frac{1}{8}\right)^{n-1}\left(x_1-\frac{2}{3}a\right)$

ゆえに　$x_n=\left(-\frac{1}{8}\right)^{n-1}\left(x_1-\frac{2}{3}a\right)+\frac{2}{3}a$　　よって　$\lim_{n\to\infty}x_n=\frac{2}{3}a$

したがって，点 P_n の極限の位置は **辺BCを2：1に内分する点** である。

練習 ③ 31 1辺の長さが1の正方形ABCDの辺AB上に点B以外の点 P_1 をとり，辺AB上に点列 P_2，P_3，…… を次のように定める。

$0^\circ<\theta<45^\circ$ とし，$n=1$，2，3，…… に対し，点 P_n から出発して，辺BC上に点 Q_n を $\angle BP_nQ_n=\theta$ となるようにとり，辺CD上に点 R_n を $\angle CQ_nR_n=\theta$ となるようにとり，辺DA上に点 S_n を $\angle DR_nS_n=\theta$ となるようにとり，辺AB上に点 P_{n+1} を $\angle AS_nP_{n+1}=\theta$ となるようにとる。また，$x_n=AP_n$，$a=\tan\theta$ とする。

(1) x_{n+1} を x_n，a で表せ。　　(2) x_n を n，x_1，a で表せ。

(3) $\lim_{n\to\infty}x_n$ を求めよ。　〔類 和歌山県医大〕

p.60 EX 22

重要例題 32 確率に関する漸化式と極限

赤玉と白玉が $p:q$ の割合で入れてある袋がある。ただし，$p+q=1$，$0<p<1$ とする。この袋から玉を1個取り出してもとに戻す試行を n 回繰り返すとき，赤玉が奇数回取り出される確率を P_n とする。

(1) P_{n+1} を P_n，p で表せ。　(2) P_n を p，n で表せ。　(3) $\lim_{n\to\infty} P_n$ を求めよ。

基本 26，重要 31

指針 (1) **確率 P_n の問題　n 回後と $(n+1)$ 回後の状態に注目**

n 回後に赤玉が取り出された回数が奇数か偶数かで場合分けをし(右図参照)，確率の **加法定理**（数学A）を利用して P_{n+1} と P_n の漸化式を作る。なお，n 回後において，赤玉が奇数回の確率は P_n であるから，赤玉が偶数回の確率は $1-P_n$

(赤玉が)	n 回後		$(n+1)$ 回後
奇数回	P_n	白 (q) →	P_{n+1}
偶数回	$1-P_n$	赤 (p) →	P_{n+1}

(2), (3) $p.49$ 基本例題 **26** と同様。(1) で求めた数列 $\{P_n\}$ に関する隣接2項間の漸化式から一般項 P_n を求め，その極限を計算する。

解答

(1) $(n+1)$ 回取り出したとき，赤玉が奇数回取り出されるのは

[1] n 回後に赤玉が奇数回取り出されていて，$(n+1)$ 回目に白玉が出る

[2] n 回後に赤玉が偶数回取り出されていて，$(n+1)$ 回目に赤玉が出る

のいずれかであり，[1]，[2] は互いに排反であるから

$$\boldsymbol{P_{n+1}}=P_n\cdot q+(1-P_n)\cdot p=(q-p)P_n+p$$
$$\boldsymbol{=(1-2p)P_n+p} \cdots\cdots ①$$

◀ $p+q=1$ から　$q=1-p$

(2) ① から　$P_{n+1}-\dfrac{1}{2}=(1-2p)\left(P_n-\dfrac{1}{2}\right)$

◀ $\alpha=(1-2p)\alpha+p$ を解くと，$p\neq 0$ から　$\alpha=\dfrac{1}{2}$

よって，数列 $\left\{P_n-\dfrac{1}{2}\right\}$ は初項 $P_1-\dfrac{1}{2}=p-\dfrac{1}{2}$，公比 $1-2p$ の等比数列であるから

◀ P_1 は1回の試行で赤玉が取り出される確率。

$$P_n-\frac{1}{2}=\left(p-\frac{1}{2}\right)\cdot(1-2p)^{n-1}$$

ゆえに　$\boldsymbol{P_n=\dfrac{1}{2}\{1-(1-2p)^n\}}$

◀ $p-\dfrac{1}{2}=-\dfrac{1}{2}(1-2p)$

(3) $0<p<1$ から　$-2<-2p<0$　$\therefore$　$-1<1-2p<1$

◀ $●^n$ の ● の部分，$1-2p$ の値の範囲を調べる。

ゆえに　$\lim_{n\to\infty} P_n=\lim_{n\to\infty}\dfrac{1}{2}\{1-(1-2p)^n\}=\dfrac{1}{2}(1-0)=\boldsymbol{\dfrac{1}{2}}$

◀ $-1<r<1$ のとき $\lim_{n\to\infty} r^n=0$

練習 32 ③ ある1面だけに印のついた立方体が水平な平面に置かれている。立方体の底面の4辺のうち1辺を等しい確率で選んで，この辺を軸にしてこの立方体を横に倒す操作を n 回続けて行ったとき，印のついた面が立方体の側面にくる確率を a_n，底面にくる確率を b_n とする。ただし，印のついた面は最初に上面にあるとする。

(1) a_2 を求めよ。　(2) a_{n+1} を a_n で表せ。

(3) $\lim_{n\to\infty} a_n$ を求めよ。　〔類 東北大〕

p.60 EX 23

参考事項　フィボナッチ数列に関する極限

「チャート式基礎からの数学B」の数列の章で，フィボナッチ数列を紹介した。

> **フィボナッチ数列**　漸化式 $a_1=1$，$a_2=1$，$a_{n+2}=a_{n+1}+a_n$ $(n=1,\ 2,\ \cdots\cdots)$ によって定まる数列で　1，1，2，3，5，8，13，21，34，55，89，144，233，……
>
> 一般項は　$a_n=\dfrac{1}{\sqrt{5}}\left\{\left(\dfrac{1+\sqrt{5}}{2}\right)^n-\left(\dfrac{1-\sqrt{5}}{2}\right)^n\right\}$　となる。

ここで，フィボナッチ数列の隣り合う2項の比を考えてみると

$\dfrac{1}{1}=1$，$\dfrac{2}{1}=2$，$\dfrac{3}{2}=1.5$，$\dfrac{5}{3}=1.66\cdots$，$\dfrac{8}{5}=1.6$，$\dfrac{13}{8}=1.625$，$\dfrac{21}{13}=1.6153\cdots$，

$\dfrac{34}{21}=1.6190\cdots$，$\dfrac{55}{34}=1.6176\cdots$，$\dfrac{89}{55}=1.6181\cdots$，$\dfrac{144}{89}=1.6179\cdots$，$\dfrac{233}{144}=1.6180\cdots$

となり，ある値に収束することが予想できる。実際

$$\frac{a_{n+1}}{a_n}=\frac{\dfrac{1}{\sqrt{5}}\left\{\left(\dfrac{1+\sqrt{5}}{2}\right)^{n+1}-\left(\dfrac{1-\sqrt{5}}{2}\right)^{n+1}\right\}}{\dfrac{1}{\sqrt{5}}\left\{\left(\dfrac{1+\sqrt{5}}{2}\right)^{n}-\left(\dfrac{1-\sqrt{5}}{2}\right)^{n}\right\}}=\frac{\dfrac{1+\sqrt{5}}{2}-\dfrac{1-\sqrt{5}}{2}\cdot\left(\dfrac{1-\sqrt{5}}{1+\sqrt{5}}\right)^n}{1-\left(\dfrac{1-\sqrt{5}}{1+\sqrt{5}}\right)^n}$$

分母・分子を $\left(\dfrac{1+\sqrt{5}}{2}\right)^n$ で割る。

$\left|\dfrac{1-\sqrt{5}}{1+\sqrt{5}}\right|<1$ であるから　$\displaystyle\lim_{n\to\infty}\left(\frac{1-\sqrt{5}}{1+\sqrt{5}}\right)^n=0$　　よって　$\displaystyle\lim_{n\to\infty}\frac{a_{n+1}}{a_n}=\frac{1+\sqrt{5}}{2}$ $(=1.6180\cdots)$

すなわち，隣り合う2項の比 $a_n:a_{n+1}$ は，n の値が大きくなると

$1:\dfrac{1+\sqrt{5}}{2}$（この比を **黄金比** という）に近づくことがわかる。……（＊）

ここで，黄金比は次のような比のことである。

長方形から，短い方の辺の長さを1辺とする正方形を切り取ったとき，残った長方形がもとの長方形と相似となる場合の，長方形の辺の長さの比。

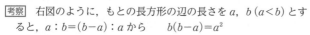

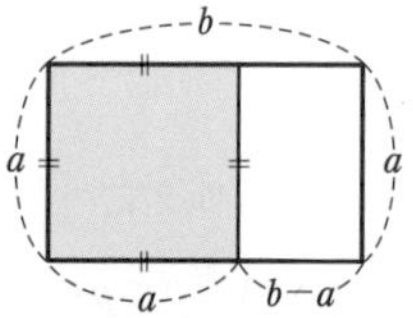

考察　右図のように，もとの長方形の辺の長さを a，b $(a<b)$ とすると，$a:b=(b-a):a$ から　　$b(b-a)=a^2$

よって　$b^2-ab-a^2=0$　　$b>a>0$ から　$b=\dfrac{1+\sqrt{5}}{2}a$　すなわち　$a:b=1:\dfrac{1+\sqrt{5}}{2}$

黄金比は，古代ギリシャの時代から，最も美しい比であると考えられてきており，パルテノン神殿などの建造物に見い出されるとされている。また，バランスのよさから，黄金比を意識して創作した芸術家も数多い。更に，縦・横の長さの比が黄金比である長方形を **黄金長方形** という。名刺やパスポートなど，黄金長方形は身の回りによく見られる。フィボナッチ数列についても，黄金比とは一見関係はなさそうに思えるが，上の（＊）のような性質があることは興味深いものがある。

②13 次の極限を求めよ。〔(1) 福島大, (2) 東京電機大, (3) 類 芝浦工大〕

(1) $\lim_{n\to\infty}\{\sqrt{(n+1)(n+3)}-\sqrt{n(n+2)}\}$　(2) $\lim_{n\to\infty}\frac{1}{\sqrt[3]{n^2}(\sqrt[3]{n+1}-\sqrt[3]{n})}$

(3) $\lim_{n\to\infty}\frac{1}{n}\left\{\frac{1^2}{n^2+1}+\frac{2^2}{n^2+1}+\frac{3^2}{n^2+1}+\cdots\cdots+\frac{(2n)^2}{n^2+1}\right\}$ →18,19

③14 次の各数列 $\{a_n\}$ について，極限 $\lim_{n\to\infty}\frac{a_2+a_4+\cdots\cdots+a_{2n}}{a_1+a_2+\cdots\cdots+a_n}$ を調べよ。〔類 信州大〕

(1) $a_n=\frac{1}{n^2+2n}$　(2) $a_n=cr^n$ $(c>0,\ r>0)$ →19,24

③15 1個のさいころを n 回投げるとき，出る目の最大値が3となる確率を P_n とおく。このとき，P_n は n を用いた式で $P_n=$ア☐ と表される。更に，極限 $\lim_{n\to\infty}\frac{1}{n}\log_3 P_n$ の値は イ☐ である。〔類 関西大〕 →18,19

④16 $0<a<b$ である定数 a，b がある。$x_n=\left(\frac{a^n}{b}+\frac{b^n}{a}\right)^{\frac{1}{n}}$ とおくとき

(1) 不等式 $b^n<a(x_n)^n<2b^n$ を証明せよ。

(2) $\lim_{n\to\infty}x_n$ を求めよ。〔立命館大〕 →21

②17 (1) 次の極限値を求めよ。〔(ア) 類 公立はこだて未来大, (イ) 弘前大〕

(ア) $\lim_{n\to\infty}\frac{\sin^n\theta-\cos^n\theta}{\sin^n\theta+\cos^n\theta}$ $\left(0<\theta<\frac{\pi}{4}\right)$　(イ) $\lim_{n\to\infty}\frac{r^{n-1}-3^{n+1}}{r^n+3^{n-1}}$ (r は正の定数)

(2) $0\leqq\theta\leqq\pi$ とする。$a_n=(4\sin^2\theta+2\cos\theta-3)^n$ とするとき，数列 $\{a_n\}$ が収束するような θ の値の範囲を求めよ。〔関西大〕 →24,25

③18 数列 $\{a_n(x)\}$ は $a_n(x)=\frac{\sin^{2n+1}x}{\sin^{2n}x+\cos^{2n}x}$ $(0\leqq x\leqq\pi)$ で定められたものとする。

(1) この数列の極限値 $\lim_{n\to\infty}a_n(x)$ を求めよ。

(2) $\lim_{n\to\infty}a_n(x)$ を $A(x)$ とするとき，関数 $y=A(x)$ のグラフをかけ。〔名城大〕

→24

HINT

13 (2) $(a-b)(a^2+ab+b^2)=a^3-b^3$ を利用して，不定形でない形に変形。

14 (1) $a_n=\frac{1}{2}\left(\frac{1}{n}-\frac{1}{n+2}\right)$ と変形。　(2) $r=1$，$r\neq 1$ で場合分け。

15 (ア) 最大値が3以下となる目の出方と最大値が2以下となる目の出方を利用。

16 (2) (1)の不等式の各辺の常用対数をとり，まず，$\lim_{n\to\infty}\log_{10}x_n$ を求める。

17 (1) (ア) 分母・分子を $\cos^n\theta$ で割り，$\tan\theta$ の式に直すとよい。

(イ) 分母・分子を r や3の累乗で割るのが基本。r と3の大小関係で場合を分ける。

18 (1) $\tan^2x=1$ $(0\leqq x\leqq\pi)$ となる x の値 $x=\frac{\pi}{4}$，$\frac{3}{4}\pi$ で区切って考える。

②**19** 数列 $\{a_n\}$ を $a_1=\sqrt[3]{3}$，$a_2=\sqrt[3]{3\sqrt[3]{3}}$，$a_3=\sqrt[3]{3\sqrt[3]{3\sqrt[3]{3}}}$，$a_4=\sqrt[3]{3\sqrt[3]{3\sqrt[3]{3\sqrt[3]{3}}}}$，…… で定めると，$a_n=3^{\frac{1}{2}(^{ア}\square)}$，$\lim_{n\to\infty}a_n=^{イ}\square$ である。〔関西大〕

→26

③**20** 数列 $\{a_n\}$ とその初項から第 n 項までの和 S_n について

$$a_1=1,\ 4S_n=3a_n+9a_{n-1}+1\ (n=2,\ 3,\ 4,\ \cdots\cdots)$$

が成り立つとする。

(1) 一般項 a_n を求めよ。　(2) $\lim_{n\to\infty}\dfrac{S_n}{a_n}$ を求めよ。〔福井大〕

→27

③**21** $z_1=1+i$，$z_{n+1}=\dfrac{i}{2}z_n+1\ (n=1,\ 2,\ 3,\ \cdots\cdots)$ で定義される複素数の数列 $\{z_n\}$ を考える。z_n は実数 x_n，y_n を用いて $z_n=x_n+y_ni$ で表される。このとき，x_{n+2} を x_n で表すと $x_{n+2}=^{ア}\square$ であり，$\lim_{n\to\infty}y_n=^{イ}\square$ である。〔南山大〕

→29

④**22** $f(x)=x(x^2+1)$ とする。数列 $\{a_n\}$ を次のように定める。
$a_1=1$ とする。また，$n\geqq 2$ のとき，曲線 $y=f(x)$ 上の点 $(a_{n-1},\ f(a_{n-1}))$ における接線と x 軸との交点の x 座標を a_n とする。

(1) a_n を a_{n-1} を用いて表せ。　(2) $\lim_{n\to\infty}a_n=0$ を示せ。〔類 千葉大〕

→30，31

④**23** 投げたときに表と裏の出る確率がそれぞれ $\dfrac{1}{2}$ の硬貨が 3 枚ある。その硬貨 3 枚を同時に投げる試行を繰り返す。持ち点 0 から始めて，1 回の試行で表が 3 枚出れば持ち点に 1 が加えられ，裏が 3 枚出れば持ち点から 1 が引かれ，それ以外は持ち点が変わらないとする。n 回の試行後に持ち点が 3 の倍数である確率を p_n とする。

(1) p_{n+1} を p_n で表せ。　(2) $\lim_{n\to\infty}p_n$ を求めよ。〔類 芝浦工大〕

→32

HINT

19　数列 $\{a_n\}$ の漸化式を作る。対数をとることがカギ。

20　(1) $a_{n+1}=S_{n+1}-S_n$ を用いて，隣接 3 項間の漸化式を導く。

21　(イ) (ア)の結果を用いて，y_{n+2} を y_n で表す。そして，$n=2k$，$n=2k-1$（k は自然数）の場合に分けて，一般項 y_n を考える。

22　(1) まず，点 $(a_{n-1},\ f(a_{n-1}))$ における接線の方程式を求める。そして，その接線が点 $(a_n,\ 0)$ を通るとして，a_n を a_{n-1} で表す。
(2) (1)の結果の式から，$a_n<ka_{n-1}$ $(0<k<1)$ の不等式を作る。はさみうちの原理を利用。

23　(1) n 回の試行後の持ち点を 3 で割った余りが 0，1，2 の場合に分けて考え，p_{n+1} を p_n で表す。

4 無限級数

基本事項

1 無限級数

$$\sum_{n=1}^{\infty} a_n = a_1 + a_2 + \cdots\cdots + a_n + \cdots\cdots \qquad \cdots\cdots \text{Ⓐ}$$

について，**部分和 $S_n = a_1 + a_2 + \cdots\cdots + a_n$** の数列 $\{S_n\}$：S_1，S_2，……，S_n，…… が収束して，**$\lim_{n \to \infty} S_n = S$ のとき，無限級数 Ⓐ は収束して，和は S** である。

また，**数列 $\{S_n\}$ が発散するとき，無限級数 Ⓐ は発散する。**

2 無限級数の収束・発散条件

① **無限級数 $\sum_{n=1}^{\infty} a_n$ が収束する $\Longrightarrow \lim_{n \to \infty} a_n = 0$**

② **数列 $\{a_n\}$ が 0 に収束しない $\Longrightarrow$ 無限級数 $\sum_{n=1}^{\infty} a_n$ は発散する。**

注意 ② は ① の対偶である。また，①，② とも逆は成立しない。

解 説

■ 無限級数

無限数列 $\{a_n\}$ において，各項を前から順に記号 + で結んで得られる式 [Ⓐ の右辺] を **無限級数** といい，$\sum_{n=1}^{\infty} a_n$ とも書く。また，a_1 をその **初項**，a_n を **第 n 項** といい，数列 $\{a_n\}$ の初項から第 n 項までの和 S_n を，第 n 項までの **部分和** という。
そして，無限級数の収束・発散を上の **1** のように定義する。

無限級数
$\overbrace{a_1 + a_2 + \cdots\cdots + a_n}^{} + \cdots\cdots$
第 n 項までの部分和

例 $\displaystyle\sum_{n=1}^{\infty} \frac{1}{n(n+1)} = \frac{1}{1\cdot 2} + \frac{1}{2\cdot 3} + \frac{1}{3\cdot 4} + \cdots\cdots + \frac{1}{n(n+1)} + \cdots\cdots$

第 n 項までの部分和を S_n とする。$\dfrac{1}{k(k+1)} = \dfrac{1}{k} - \dfrac{1}{k+1}$ から

$$S_n = \sum_{k=1}^{n} \frac{1}{k(k+1)} = \left(1 - \frac{1}{2}\right) + \left(\frac{1}{2} - \frac{1}{3}\right) + \cdots + \left(\frac{1}{n} - \frac{1}{n+1}\right) = 1 - \frac{1}{n+1}$$

よって $\displaystyle\lim_{n \to \infty} S_n = \lim_{n \to \infty}\left(1 - \frac{1}{n+1}\right) = 1$ ゆえに，この無限級数は **収束して，和は 1**

> **無限級数 $\sum_{n=1}^{\infty} a_n$ の和**
> ‖
> **部分和 $S_n = \sum_{k=1}^{n} a_k$ の極限値**

例 $\displaystyle\sum_{n=1}^{\infty} n = 1 + 2 + 3 + \cdots\cdots + n + \cdots\cdots$ 第 n 項までの部分和を S_n とすると，

$S_n = \dfrac{1}{2} n(n+1)$ であるから $\displaystyle\lim_{n \to \infty} S_n = \infty$ よって，この無限級数は **発散する。**

■ 無限級数の収束・発散条件

2 ① の証明 $a_n = S_n - S_{n-1}$ $(n \geqq 2)$ であり，$\sum_{n=1}^{\infty} a_n = S$ とすると

$$\lim_{n \to \infty} a_n = \lim_{n \to \infty}(S_n - S_{n-1}) = \lim_{n \to \infty} S_n - \lim_{n \to \infty} S_{n-1} = S - S = 0$$

② は ① の対偶(*)であるから成り立つ。なお，①，② ともに逆は成立しない。例えば，数列 $\left\{\dfrac{1}{n}\right\}$ は $\displaystyle\lim_{n \to \infty} \frac{1}{n} = 0$ であるが $\displaystyle\sum_{n=1}^{\infty} \frac{1}{n} = \infty$ である。

(*) 命題「$p \Longrightarrow q$」の対偶は「$\overline{q} \Longrightarrow \overline{p}$」で，対偶ともとの命題の真偽は一致する(数学 I)。

◀ p.77 例題 **45** 参照。

基本例題 33 無限級数の収束，発散 … 部分和の利用

次の無限級数の収束，発散について調べ，収束すればその和を求めよ。

(1) $\displaystyle\sum_{n=1}^{\infty}\frac{1}{(2n+1)(2n+3)}$　　(2) $\dfrac{1}{\sqrt{1}+\sqrt{3}}+\dfrac{1}{\sqrt{2}+\sqrt{4}}+\dfrac{1}{\sqrt{3}+\sqrt{5}}+\cdots\cdots$

p.61 基本事項 1

指針 **無限級数の収束，発散** は **部分和 S_n の収束，発散を調べる** ことが基本。

$$\sum_{n=1}^{\infty}a_n \text{ が収束} \Longleftrightarrow \{S_n\} \text{ が収束}\qquad \sum_{n=1}^{\infty}a_n \text{ が発散} \Longleftrightarrow \{S_n\} \text{ が発散}$$

(1) 各項の分子は一定で，分母は積の形 ⟶ 各項を **差の形に変形（部分分数分解）** することで，部分和 S_n を求められる。

(2) 各項は $\dfrac{1}{\sqrt{n}+\sqrt{n+2}}$ の形 ⟶ 分母の **有理化** によって各項を **差の形** に変形する。

CHART 無限級数の収束，発散　**まずは部分和 S_n の収束・発散を調べる**

解答

第 n 項 a_n までの部分和を S_n とする。

(1) $a_n=\dfrac{1}{(2n+1)(2n+3)}=\dfrac{1}{2}\left(\dfrac{1}{2n+1}-\dfrac{1}{2n+3}\right)$ から

$$S_n=\frac{1}{2}\left\{\left(\frac{1}{3}-\frac{1}{5}\right)+\left(\frac{1}{5}-\frac{1}{7}\right)+\cdots+\left(\frac{1}{2n+1}-\frac{1}{2n+3}\right)\right\}$$

$$=\frac{1}{2}\left(\frac{1}{3}-\frac{1}{2n+3}\right)$$

よって　$\displaystyle\lim_{n\to\infty}S_n=\frac{1}{2}\cdot\left(\frac{1}{3}-0\right)=\frac{1}{6}$

ゆえに，この無限級数は **収束して，その和は $\dfrac{1}{6}$** である。

◀ Σ（分数式）のときは，部分分数分解によって部分和を求めることが有効。なお，$a\neq b$ のとき
$\dfrac{1}{(n+a)(n+b)}=\dfrac{1}{b-a}\left(\dfrac{1}{n+a}-\dfrac{1}{n+b}\right)$

(2) $a_n=\dfrac{1}{\sqrt{n}+\sqrt{n+2}}=\dfrac{\sqrt{n+2}-\sqrt{n}}{(n+2)-n}=\dfrac{1}{2}(\sqrt{n+2}-\sqrt{n})$

◀分母・分子に $\sqrt{n+2}-\sqrt{n}$ を掛ける。

ゆえに　$S_n=\dfrac{1}{2}\{(\sqrt{3}-\sqrt{1})+(\sqrt{4}-\sqrt{2})+\cdots\cdots$
$+(\sqrt{n+1}-\sqrt{n-1})+(\sqrt{n+2}-\sqrt{n})\}$

◀消し合う項・残る項に注意。

$=\dfrac{1}{2}(\sqrt{n+1}+\sqrt{n+2}-1-\sqrt{2})$

よって　$\displaystyle\lim_{n\to\infty}S_n=\infty$

◀ $\displaystyle\lim_{n\to\infty}\sqrt{n+1}=\infty$，$\displaystyle\lim_{n\to\infty}\sqrt{n+2}=\infty$

ゆえに，この無限級数は **発散する**。

練習 ② 33 次の無限級数の収束，発散について調べ，収束すればその和を求めよ。

(1) $\dfrac{1}{1\cdot4}+\dfrac{1}{4\cdot7}+\dfrac{1}{7\cdot10}+\dfrac{1}{10\cdot13}+\cdots\cdots$　　(2) $\displaystyle\sum_{n=2}^{\infty}\frac{1}{n^2-1}$

(3) $\displaystyle\sum_{n=1}^{\infty}\frac{1}{\sqrt{2n-1}+\sqrt{2n+1}}$　　(4) $\displaystyle\sum_{n=1}^{\infty}\frac{\sqrt{n+1}-\sqrt{n}}{\sqrt{n^2+n}}$

基本例題 34 無限級数が発散することの証明 ②②②②②

次の無限級数は発散することを示せ。

(1) $\dfrac{1}{2}+\dfrac{5}{3}+\dfrac{9}{4}+\dfrac{13}{5}+\cdots\cdots$

(2) $\cos\pi+\cos2\pi+\cos3\pi+\cdots\cdots$

p.61 基本事項 2　重要 45

指針 前ページの基本例題 **33** のように，部分和 S_n を求めて $\{S_n\}$ が発散することを示す，という方法が考えられるが，この例題では部分和 S_n が求めにくい。そこで，p.61 基本事項 **2** ②

数列 $\{a_n\}$ が 0 に収束しない $\Longrightarrow$ 無限級数 $\sum_{n=1}^{\infty}a_n$ は発散する

を利用する。すなわち，数列 $\{a_n\}$ が 0 以外の値に収束するか，発散（∞，$-\infty$，振動）することを示す。

CHART 無限級数の発散の証明　$a_n \not\to 0 \Longrightarrow$ 発散 が有効

解答

(1) 第 n 項 a_n は　$a_n=\dfrac{4n-3}{n+1}$

ゆえに　$\displaystyle\lim_{n\to\infty}a_n=\lim_{n\to\infty}\frac{4n-3}{n+1}=\lim_{n\to\infty}\frac{4-\frac{3}{n}}{1+\frac{1}{n}}=4\neq0$

よって，この無限級数は発散する。

(2) 第 n 項 a_n は　$a_n=\cos n\pi$

k を自然数とすると

$n=2k-1$ のとき　$\cos n\pi=\cos(2k-1)\pi$
$=\cos(-\pi)$
$=-1$

$n=2k$ のとき　$\cos n\pi=\cos2k\pi=1$

ゆえに，数列 $\{a_n\}$ は振動する。

よって，数列 $\{a_n\}$ は 0 に収束しないから，この無限級数は発散する。

◀分子：初項 1，公差 4
分母：初項 2，公差 1
の等差数列。

◀**数列 $\{a_n\}$ が 0 に収束しない $\Longrightarrow$ $\sum_{n=1}^{\infty}a_n$ は発散**
（ただし，逆は不成立）

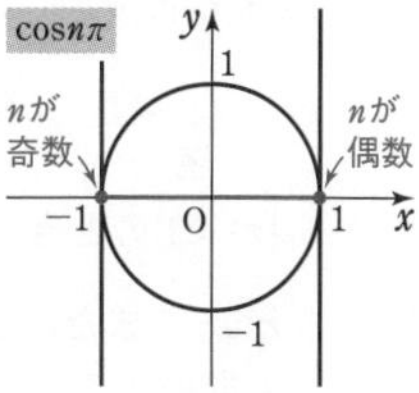

◀$a_n=(-1)^n$

練習 ② 34 次の無限級数は発散することを示せ。

(1) $1-2+3-4+5-\cdots\cdots$

(2) $1+\dfrac{2}{3}+\dfrac{3}{5}+\dfrac{4}{7}+\cdots\cdots$

(3) $\sin^2\dfrac{\pi}{2}+\sin^2\pi+\sin^2\dfrac{3}{2}\pi+\sin^2 2\pi+\cdots\cdots$

基本事項

1 無限等比級数の収束・発散

無限等比級数 $a+ar+ar^2+\cdots\cdots+ar^{n-1}+\cdots\cdots$ ……① は

[1] $\boldsymbol{a \neq 0}$ のとき $|\boldsymbol{r}|<\mathbf{1}$ ならば **収束** し，その和は $\dfrac{\boldsymbol{a}}{\mathbf{1}-\boldsymbol{r}}$

$|\boldsymbol{r}| \geqq \mathbf{1}$ ならば **発散** する。

[2] $\boldsymbol{a=0}$ のとき **収束** し，その和は $\mathbf{0}$

収束条件
$\boldsymbol{a=0}$ または
$|\boldsymbol{r}|<1\ (-1<\boldsymbol{r}<1)$

2 循環小数と無限等比級数

循環小数は無限等比級数の和として，分数に直すことができる。
逆に分数は整数，有限小数または循環小数で表される。

3 無限級数の性質 $\sum_{n=1}^{\infty} a_n$，$\sum_{n=1}^{\infty} b_n$ が収束する無限級数で，$\sum_{n=1}^{\infty} a_n=S$，$\sum_{n=1}^{\infty} b_n=T$ とすると き，無限級数 $\sum_{n=1}^{\infty}(ka_n+lb_n)$ は収束して

$$\sum_{n=1}^{\infty}(\boldsymbol{ka_n+lb_n})=\boldsymbol{kS+lT} \qquad (k,\ l \text{ は定数})$$

解説

■ 無限等比級数の収束・発散

まず，部分和 $S_n=a+ar+ar^2+\cdots\cdots+ar^{n-1}$ を考える。

◀ $p.62$ 基本例題 **33** と同じ方針で考えていく。

$a=0$ の場合

$S_n=0$ であるから，無限等比級数 ① は収束して，その和は 0

$a \neq 0$ の場合

$r=1$ ならば $S_n=na$ よって，数列 $\{S_n\}$ は発散する。

◀ $a>0$ なら ∞ に発散，$a<0$ なら $-\infty$ に発散。

$r \neq 1$ ならば $S_n=\dfrac{a(1-r^n)}{1-r}=\dfrac{a}{1-r}-\dfrac{ar^n}{1-r}$

◀初項 a，公比 r $(r \neq 1)$ の等比数列の初項から第 n 項までの和は $\dfrac{a(1-r^n)}{1-r}$ (数学 B)

$|r|<1$ のとき $\lim_{n\to\infty} S_n=\dfrac{a}{1-r}-\dfrac{a\cdot 0}{1-r}=\dfrac{a}{1-r}$

$r \leqq -1$ または $1<r$ のとき，数列 $\{r^n\}$ は発散するから，数列 $\{S_n\}$ も発散する。

これらをまとめると，上の **1** のようになる。

■ 循環小数を無限等比級数の考えにより分数に表す

詳しくは $p.67$ 基本例題 **37** で学ぶ。

◀数学 I でも学んだが，数学 III では無限等比級数を利用する。

■ 無限級数の性質

無限級数 $\sum_{n=1}^{\infty} a_n$ …… Ⓐ，$\sum_{n=1}^{\infty} b_n$ …… Ⓑ はともに収束し，その和がそれぞれ S，T であるとき，Ⓐ，Ⓑ の初項から第 n 項までの部分和をそれぞれ A_n，B_n とすると $\lim_{n\to\infty} A_n=S$，$\lim_{n\to\infty} B_n=T$

このとき，無限級数 $\sum_{n=1}^{\infty}(ka_n+lb_n)$ $(k,\ l$ は定数) の部分和

$\sum_{i=1}^{n}(ka_i+lb_i)=kA_n+lB_n$ は，$n \longrightarrow \infty$ のとき $kS+lT$ に収束する。

◀ $p.34$ 基本事項 **2** 3 (数列の極限の性質) を利用。

したがって $\sum_{n=1}^{\infty}(ka_n+lb_n)=kS+lT$

基本例題 35 無限等比級数の収束，発散 … 基本

(1) 次の無限等比級数の収束，発散を調べ，収束すればその和を求めよ。

(ア) $\sqrt{3}+3+3\sqrt{3}+\cdots\cdots$　　(イ) $4-2\sqrt{3}+3-\cdots\cdots$

(2) 無限級数 $\displaystyle\sum_{n=1}^{\infty}\left(\frac{1}{3}\right)^n\sin\frac{n\pi}{2}$ の和を求めよ。　〔(2) 愛知工大〕

p.64 基本事項 1

指針 無限等比級数 $\displaystyle\sum_{n=1}^{\infty}ar^{n-1}=a+ar+ar^2+\cdots\cdots$ の **収束条件** は　$a=0$ または $|r|<1$

[1] $a\neq0$，$|r|<1$ のとき　収束して，和は $\dfrac{a}{1-r}$

[2] $a=0$ のとき　収束して，和は 0

(1) 公比 r が $|r|<1$，$|r|\geqq1$ のどちらであるか を，まず確かめる。

CHART 無限等比級数の収束，発散　公比 ±1 が分かれ目

解答

(1) (ア) 初項は $\sqrt{3}$，公比は $r=\sqrt{3}$ で，$|r|>1$ であるから，**発散する。**

(イ) 初項は 4，公比は $r=-\dfrac{2\sqrt{3}}{4}=-\dfrac{\sqrt{3}}{2}$ で，$|r|<1$ であるから，**収束する。**

和は $\dfrac{4}{1-\left(-\dfrac{\sqrt{3}}{2}\right)}=\dfrac{8}{2+\sqrt{3}}=\dfrac{8(2-\sqrt{3})}{(2+\sqrt{3})(2-\sqrt{3})}=\mathbf{8(2-\sqrt{3})}$

◀ $\dfrac{(初項)}{1-(公比)}$

(2) k を自然数とすると

$n=2k-1$ のとき

$$\sin\frac{n\pi}{2}=\sin\left(k\pi-\frac{\pi}{2}\right)=-\cos k\pi=(-1)^{k+1}$$

$n=2k$ のとき　$\sin\dfrac{n\pi}{2}=\sin k\pi=0$

よって，数列 $\left\{\left(\dfrac{1}{3}\right)^n\sin\dfrac{n\pi}{2}\right\}$ は

$$\frac{1}{3},\ 0,\ -\frac{1}{3^3},\ 0,\ \frac{1}{3^5},\ 0,\ -\frac{1}{3^7},\ \cdots\cdots$$

となる。ゆえに，$\displaystyle\sum_{n=1}^{\infty}\left(\frac{1}{3}\right)^n\sin\frac{n\pi}{2}$ は初項 $\dfrac{1}{3}$，公比 $-\dfrac{1}{3^2}$ の無限等比級数であり，公比 r は $|r|<1$ であるから収束する。その和は　$\dfrac{1}{3}\cdot\dfrac{1}{1-\left(-\dfrac{1}{3^2}\right)}=\mathbf{\dfrac{3}{10}}$

◀ まず $\sin\dfrac{n\pi}{2}$ がどのような値をとるかを，n が奇数・偶数の場合に分けて調べる。
k が整数のとき
$\cos k\pi=\begin{cases}1 & (k\text{ が偶数})\\-1 & (k\text{ が奇数})\end{cases}$
$=(-1)^k$

◀ 無限等比数列 $\dfrac{1}{3}$，$-\dfrac{1}{3^3}$，$\dfrac{1}{3^5}$，…… の和とみる。

◀ $\dfrac{(初項)}{1-(公比)}$

練習 ② **35**

(1) 次の無限等比級数の収束，発散を調べ，収束すればその和を求めよ。

(ア) $1-\dfrac{1}{3}+\dfrac{1}{9}-\cdots\cdots$　　(イ) $2+2\sqrt{2}+4+\cdots\cdots$

(ウ) $(3+\sqrt{2})+(1-2\sqrt{2})+(5-3\sqrt{2})+\cdots\cdots$

(2) 無限級数 $\displaystyle\sum_{n=0}^{\infty}\frac{1}{7^n}\cos\frac{n\pi}{2}$ の和を求めよ。

p.80 EX 24

基本例題 36 無限等比級数が収束する条件 ②②②②②

無限級数 $(x-4)+\dfrac{x(x-4)}{2x-4}+\dfrac{x^2(x-4)}{(2x-4)^2}+\cdots\cdots$ $(x\neq 2)$ について

(1) 無限級数が収束するときの実数 x の値の範囲を求めよ。

(2) 無限級数の和 S を求めよ。

基本 35　重要 46, 57

指針 無限等比級数 $\sum_{n=1}^{\infty} ar^{n-1}$ の **収束条件は　$a=0$ または $|r|<1$** …… Ⓐ

収束するとき　**$a=0$ なら和は 0**　**$|r|<1$ $(a\neq 0)$ なら和は $\dfrac{a}{1-r}$**

(1) 初項，公比を調べ，Ⓐ に当てはめて x の方程式・不等式を解く。

(2) 初項が $=0$，$\neq 0$ の場合に分けて和を求める。

CHART 無限等比級数の収束条件　(初項)$=0$ または $|$公比$|<1$

解答

(1) 与えられた無限級数は，初項 $x-4$，公比 $\dfrac{x}{2x-4}$ の無限等比級数であるから，収束するための条件は

$$x-4=0 \quad \text{または} \quad \left|\frac{x}{2x-4}\right|<1$$

◀(初項)$=0$ または $|$公比$|<1$

$x-4=0$ から　$x=4$ …… ①

また，$\left|\dfrac{x}{2x-4}\right|<1$ から　$|x|<|2x-4|$ …… $(*)$

◀$\left|\dfrac{A}{B}\right|=\dfrac{|A|}{|B|}$

よって　$|x|^2<|2x-4|^2$

整理して　$3x^2-16x+16>0$

ゆえに　$(3x-4)(x-4)>0$

◀両辺を平方しても不等号の向きは不変。なお，$(*)$ から　$(2x-4)^2-x^2>0$　$(2x-4+x)(2x-4-x)>0$ と変形してもよい。

これを解いて　$x<\dfrac{4}{3}$，$4<x$ …… ②

したがって，①，② から　$\boldsymbol{x<\dfrac{4}{3},\ 4\leqq x}$

◀① と ② を合わせた範囲。

(2) **$x=4$ のとき**　$S=0$

◀初項 0 のとき，和は 0

$x<\dfrac{4}{3}$，$4<x$ のとき　$S=\dfrac{x-4}{1-\dfrac{x}{2x-4}}=\boldsymbol{2x-4}$

◀$|$公比$|<1$ のとき，和は $\dfrac{(\text{初項})}{1-(\text{公比})}$

注意 次の収束条件の違いをはっきり理解しておこう。

無限等比数列 $\{ar^{n-1}\}$ の収束条件は　**$a=0$ または $-1<r\leqq 1$**　（$=$ がつく！）

無限等比級数 $\sum_{n=1}^{\infty} ar^{n-1}$ の収束条件は　**$a=0$ または $-1<r<1$**

練習 ② 36 無限等比級数 $x+x(x^2-x+1)+x(x^2-x+1)^2+\cdots\cdots$ が収束するとき，実数 x の値の範囲を求めよ。また，この無限級数の和 S を求めよ。

p.80 EX25

基本例題 37 無限等比級数の応用 (1) … 循環小数 → 分数 ①①①①①

次の循環小数を分数に直せ。

(1) $1.\dot{3}\dot{5}$ (2) $0.5\dot{2}4\dot{3}$

p.64 基本事項 1, 2

指針 例えば，循環小数 $1.\dot{3}\dot{5}$ とは $1.353535\cdots\cdots$ ← 35 が繰り返される。

のこと。循環小数を分数に直す方法について，数学 I では次のように学んだ。

$0.\dot{4}$ については，$x=0.\dot{4}$ とすると $10x=4.\dot{4}$

よって $10x-x=4$

したがって $x=\dfrac{4}{9}$

$$\begin{array}{rl} 10x=&4.444\cdots\cdots \\ -)\quad x=&0.444\cdots\cdots \\ \hline 9x=&4 \end{array}$$

ここでは，この単元で学んだ **無限等比級数** の考えを用いる。

例えば，上の循環小数 $0.\dot{4}$ は，以下のようにして分数に直す。

例 $0.\dot{4}=\underline{0.4+0.04+0.004+\cdots\cdots}$

とみると，＿＿は初項 0.4，公比 $0.1\left(=\dfrac{1}{10}\right)$ の無限 ← |公比|<1 であるから収束。

等比級数であるから $0.\dot{4}=\dfrac{0.4}{1-\dfrac{1}{10}}=\dfrac{4}{10-1}=\dfrac{4}{9}$ ← $\dfrac{\text{(初項)}}{1-\text{(公比)}}$

この例題でも同じように考えるが，(1) は $1.\dot{3}\dot{5}=1+0.\dot{3}\dot{5}$

(2) は $0.5\dot{2}4\dot{3}=0.5+0.0\dot{2}4\dot{3}$ として進める。

解答

(1) $1.\dot{3}\dot{5}=1+\underline{0.35+0.0035+0.000035+\cdots\cdots}$ ❶

$=1+0.35+\dfrac{0.35}{10^2}+\dfrac{0.35}{10^4}+\cdots\cdots$

$=1+\dfrac{0.35}{1-\dfrac{1}{10^2}}=1+\dfrac{35}{100-1}=1+\dfrac{35}{99}$

$=\mathbf{\dfrac{134}{99}}$

◀❶ の＿＿は初項 0.35，公比 $\dfrac{1}{10^2}$ の無限等比級数。

なお，$0.1=\dfrac{1}{10}$，$0.01=\dfrac{1}{10^2}$，……，$0.\underbrace{00\cdots0}_{0\text{ が }k\text{ 個}}1=\dfrac{1}{10^{k+1}}$

(2) $0.5\dot{2}4\dot{3}=0.5+\underline{0.0243+0.0000243+0.0000000243+\cdots\cdots}$ ❷

$=0.5+\dfrac{243}{10^4}+\dfrac{243}{10^7}+\dfrac{243}{10^{10}}+\cdots\cdots$

$=\dfrac{1}{2}+\dfrac{243}{10^4}\cdot\dfrac{1}{1-\dfrac{1}{10^3}}=\dfrac{1}{2}+\dfrac{243}{9990}$

$=\mathbf{\dfrac{97}{185}}$

◀❷ の＿＿は初項 0.0243，公比 $\dfrac{1}{10^3}$ の無限等比級数。

◀ $\dfrac{243}{9990}=\dfrac{9}{370}$
(既約分数で表す。)

練習 ① **37** 次の循環小数を分数に直せ。

(1) $0.\dot{6}\dot{3}$ (2) $0.0\dot{5}1\dot{8}$ (3) $3.2\dot{1}\dot{8}$

基本例題 38 無限等比級数の応用 (2) … 点の極限の位置

右の図のように，$OP_1=1$，$P_1P_2=\frac{1}{2}OP_1$，$P_2P_3=\frac{1}{2}P_1P_2$，…… と限りなく進むとき，点 P_1，P_2，P_3，…… はどんな点に限りなく近づくか。

基本 35

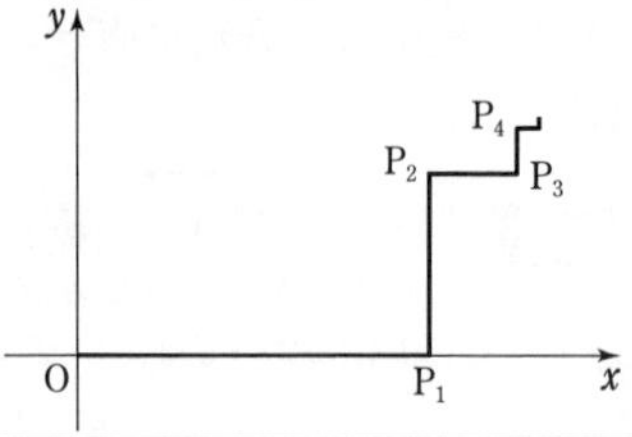

指針 点 $(a,\ b)$ に近づくとすると，a は x 軸方向（横方向）の移動距離の総和，b は y 軸方向（縦方向）の移動距離の総和である。
a，b をそれぞれ和の形で表すと，a，b は無限等比級数となるから，公式を使って和を求める。

無限等比級数 $\sum_{n=1}^{\infty} ar^{n-1}$ $(a\neq 0,\ |r|<1)$ の和は $\dfrac{a}{1-r}$

解答 求める座標を $(a,\ b)$ とすると

$a=OP_1+P_2P_3+P_4P_5+\cdots$
$=1+\frac{1}{2^2}+\frac{1}{2^4}+\cdots$

$b=P_1P_2+P_3P_4+P_5P_6+\cdots$
$=\frac{1}{2}+\frac{1}{2^3}+\frac{1}{2^5}+\cdots$

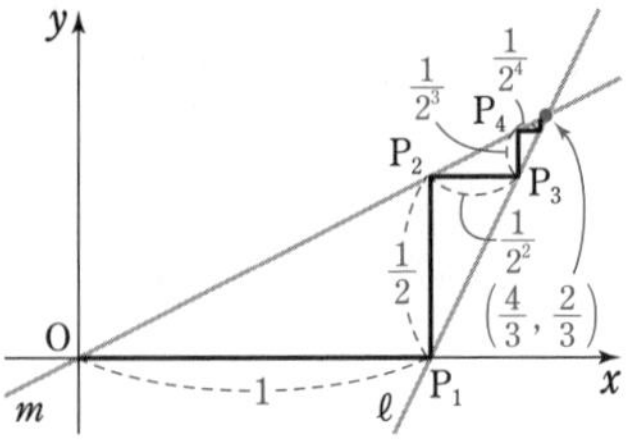

a，b はともに公比 $r=\frac{1}{2^2}=\frac{1}{4}$ の無限等比級数で表される。
$|r|<1$ であるから，これらの無限等比級数は収束して

$$a=\frac{1}{1-\frac{1}{4}}=\frac{4}{3},\quad b=\frac{1}{2}\cdot\frac{1}{1-\frac{1}{4}}=\frac{2}{3}$$

◀ $\dfrac{(初項)}{1-(公比)}$

よって，点 P_1，P_2，P_3，…… は，**点 $\left(\frac{4}{3},\ \frac{2}{3}\right)$** に限りなく近づく。

検討

$OP_1+P_1P_2+P_2P_3+\cdots\cdots$ を考えると，これは長さ 2 のひもの半分，その残り半分，またその残り半分，…… を加えたものであるから　$a+b=2$
更に，$a:b=2:1$ から

$a=\frac{4}{3}$，$b=\frac{2}{3}$

とすることができる。
（これは直観的な考え方であり，答案としてはいけない。）

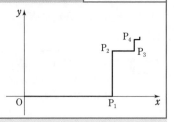

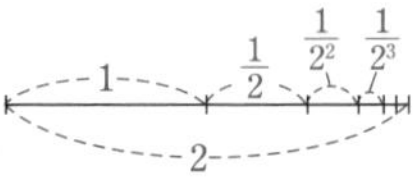

参考 $P_n(x_n,\ y_n)$ とすると，n が奇数のとき　$x_{n+2}=x_n+\frac{1}{2^{n+1}}$，$y_{n+2}=y_n+\frac{1}{2^n}$
よって　$\frac{y_{n+2}-y_n}{x_{n+2}-x_n}=2$　　ゆえに，点 P_1，P_3，P_5，…… は点 P_1 を通る傾き 2 の直線 $\ell : y=2x-2$ 上にある。同様にして，点 P_2，P_4，P_6，…… は直線 $m : y=\frac{1}{2}x$ 上にある。
そして，2 直線 ℓ，m の交点 $\left(\frac{4}{3},\ \frac{2}{3}\right)$ は，上の答と一致している。

練習 ② 38 あるボールを床に落とすと，ボールは常に落ちる高さの $\frac{3}{5}$ まではね返るという。このボールを 3 m の高さから落としたとき，静止するまでにボールが上下する距離の総和を求めよ。

p.80 EX 26

基本例題 39 無限等比級数の応用 (3) … 図形関連 1 ③

$\angle XOY\ [=60^\circ]$ の 2 辺 OX, OY に接する半径 1 の円の中心を O_1 とする。線分 OO_1 と円 O_1 との交点を中心とし，2 辺 OX, OY に接する円を O_2 とする。以下，同じようにして，順に円 O_3, ……, O_n, …… を作る。このとき，円 O_1, O_2, …… の面積の総和を求めよ。

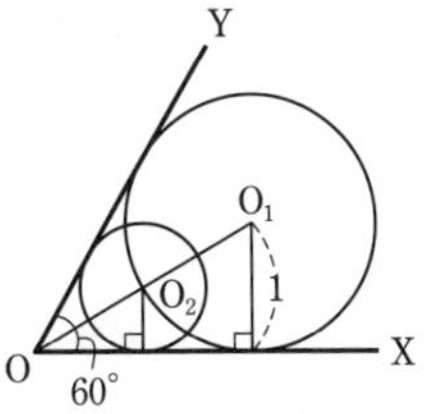

重要 31，基本 38

指針 円 O_n, O_{n+1} の半径をそれぞれ r_n, r_{n+1} として，**r_n と r_{n+1} の関係式(漸化式)を導く**。……★

（ここでは，r_1 と r_2 の関係に注目して r_n と r_{n+1} の関係を類推してもよい。）

そして，数列 $\{r_n\}$ の一般項を求め，面積の総和を無限等比級数の和として求める。

CHART 繰り返しの操作　n 番目と $n+1$ 番目の関係を調べる

解答

円 O_n の半径，面積を，それぞれ r_n, S_n とする。

$\angle XOO_n=60^\circ\div 2=30^\circ$ Ⓐ である

から　　$OO_n=2r_n$

よって　　$OO_{n+1}=2r_{n+1}$

$OO_n=OO_{n+1}+O_nO_{n+1}$ から

$2r_n=2r_{n+1}+r_n$ Ⓑ

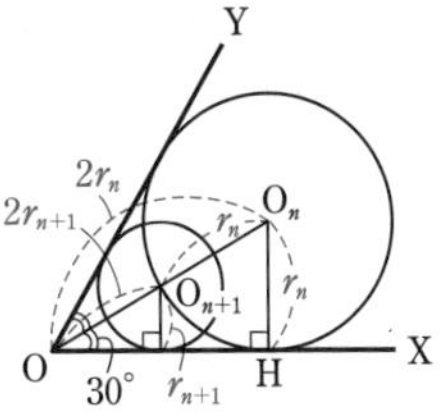

ゆえに　$r_{n+1}=\dfrac{1}{2}r_n$　　また　$r_1=1$

よって　$r_n=\left(\dfrac{1}{2}\right)^{n-1}$

したがって　　$S_n=\pi r_n{}^2=\pi\left(\dfrac{1}{4}\right)^{n-1}$

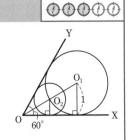

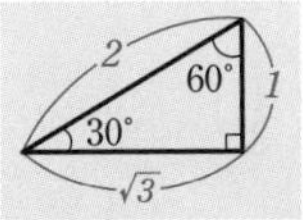

ゆえに，円 O_1, O_2, …… の面積の総和 $\sum_{n=1}^{\infty}S_n$ は，初項 π, 公比 $\dfrac{1}{4}$ の無限等比級数であり，$\left|\dfrac{1}{4}\right|<1$ であるから，収束する。

よって，その和は　　$\dfrac{\pi}{1-\dfrac{1}{4}}=\dfrac{4}{3}\pi$

◀ r_n と r_{n+1} の関係を $\triangle O_nOH$（ただし $O_nH\perp OX$）に注目して調べる。

Ⓐ 円 O_n が 2 辺 OX, OY に接する。
→ 円 O_n の中心 O_n は，2 辺 OX, OY から等距離にある。
→ 点 O_n は $\angle XOY$ の二等分線上にある。

Ⓑ 指針____……★ の方針。
n 番目のものを n の式で表すには，n 番目と $n+1$ 番目に注目して，関係式を作る。

◀ $\dfrac{(\text{初項})}{1-(\text{公比})}$

練習 39 ③ 正方形 S_n, 円 C_n ($n=1$, 2, ……) を次のように定める。C_n は S_n に内接し，S_{n+1} は C_n に内接する。S_1 の 1 辺の長さを a とするとき，円周の総和を求めよ。

〔工学院大〕

p.80 EX27

基本例題 40 無限等比級数の応用 (4) … 図形関連 2

面積1の正三角形 A_0 から始めて，図のように図形 A_1，A_2，…… を作る。ここで，A_{n+1} は A_n の各辺の三等分点を頂点にもつ正三角形を A_n の外側に付け加えてできる図形である。

(1) 図形 A_n の辺の数 a_n を求めよ。

(2) 図形 A_n の周の長さを l_n とするとき，$\lim_{n\to\infty} l_n$ を求めよ。

(3) 図形 A_n の面積を S_n とするとき，$\lim_{n\to\infty} S_n$ を求めよ。

〔類 香川大〕 基本 39

指針 基本例題 **39** 同様，方針は **n 番目と $n+1$ 番目に注目して関係式を作る** である。

(1) 図形 A_{n+1} は，図形 A_n の辺の数がどれだけ増えたものかを考え，a_{n+1} を a_n で表す。

(2) 図形 A_n の1辺の長さを b_n とすると $l_n=a_nb_n$

(3) 図形 A_n の外側に付け加える正三角形の個数は，図形 A_n の辺の数 a_n に等しい。付け加える正三角形1個あたりの面積を **(面積比)=(相似比)^2** を利用して求め，S_n と S_{n+1} についての関係式を作る。

解答

(1) 図形 A_n のそれぞれの辺が4つの辺に分かれて図形 A_{n+1} ができるから $a_{n+1}=4a_n\ (n\geqq 0)$

$a_0=3$ であるから $\boldsymbol{a_n=3\cdot 4^n}$ …… ①

(2) 図形 A_n の1辺の長さを b_n とすると $b_{n+1}=\dfrac{1}{3}b_n$

よって $b_n=b_0\left(\dfrac{1}{3}\right)^n\ (n\geqq 0)$

ゆえに $l_n=a_nb_n=3b_0\left(\dfrac{4}{3}\right)^n\ (n\geqq 0)$

$\dfrac{4}{3}>1$，$b_0>0$ であるから $\lim_{n\to\infty} l_n=\lim_{n\to\infty} 3b_0\left(\dfrac{4}{3}\right)^n=\infty$

(3) 図形 A_n の外側に付け加える正三角形の1つを B_n とし，B_n の面積を T_n とする。

図形 A_{n+1} は図形 A_n に正三角形 B_n を a_n 個付け加えてできるから，面積について

$$S_{n+1}=S_n+a_n\cdot T_n \quad \cdots\cdots ②$$

ここで，B_{n+1} の1辺の長さは B_n の1辺の長さの $\dfrac{1}{3}$ に等しい。

よって，面積比は $T_n : T_{n+1}=1 : \left(\dfrac{1}{3}\right)^2$

ゆえに $T_{n+1}=\dfrac{1}{9}T_n\ (n\geqq 0)$

◀ 図形 A_n の1辺 ➡ 図形 A_{n+1} 4辺に増加

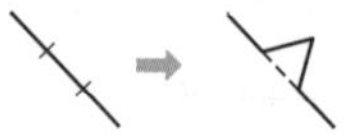

①：a_n は，第0項 a_0 に4を n 回掛けると得られることから。
なお，第0項から始まる数列の一般項について，次ページの **注意** 参照。

◀

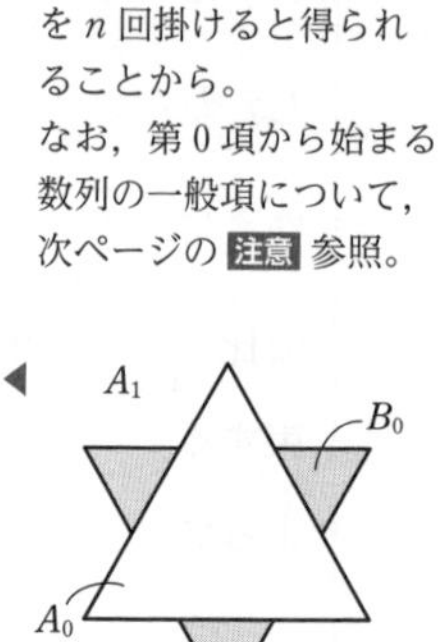

$S_1=S_0+a_0\cdot T_0$

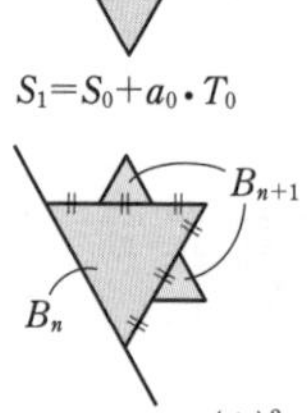

$T_n : T_{n+1}=1 : \left(\dfrac{1}{3}\right)^2$

また，$T_0=\left(\frac{1}{3}\right)^2 S_0=\frac{1}{9}$ であるから

◀ $S_0=1$

$$T_n=\frac{1}{9}\cdot\left(\frac{1}{9}\right)^n=\left(\frac{1}{9}\right)^{n+1} \quad \cdots\cdots ③$$

② に ①，③ を代入して

$$S_{n+1}=S_n+3\cdot 4^n\cdot\left(\frac{1}{9}\right)^{n+1}=S_n+\frac{1}{3}\left(\frac{4}{9}\right)^n$$

◀ $S_{n+1}-S_n=\frac{1}{3}\left(\frac{4}{9}\right)^n$

よって，$n \geqq 1$ のとき

$$S_n=S_0+\sum_{k=0}^{n-1}(S_{k+1}-S_k)=1+\sum_{k=0}^{n-1}\frac{1}{3}\left(\frac{4}{9}\right)^k$$

◀ $S_n=S_0+(S_1-S_0)+\cdots\cdots+(S_n-S_{n-1})$

$$=1+\frac{1}{3}\cdot\frac{1-\left(\frac{4}{9}\right)^n}{1-\frac{4}{9}}$$

$$=1+\frac{1}{3}\cdot\frac{9}{5}\left\{1-\left(\frac{4}{9}\right)^n\right\}=\frac{8}{5}-\frac{3}{5}\left(\frac{4}{9}\right)^n$$

したがって

$$\lim_{n\to\infty}S_n=\lim_{n\to\infty}\left\{\frac{8}{5}-\frac{3}{5}\left(\frac{4}{9}\right)^n\right\}=\boldsymbol{\frac{8}{5}}$$

◀ $\lim_{n\to\infty}\left(\frac{4}{9}\right)^n=0$

参考 **フラクタル図形**

基本例題 **40** の図形のように，図形の一部として，図形全体と相似な形を含む図形を **フラクタル図形** という。特に，基本例題 **40** の図形 A_n で，$n \longrightarrow \infty$ としたときの図形を，**コッホ雪片** という。コッホ雪片は，(2)，(3) の結果から，周の長さは正の無限大に発散するが，面積は収束するという，不思議な性質をもつことがわかる。

注意 基本例題 **40** では，**第 0 項から始まる数列** を扱っている。

一般に，数列 $\{a_n\}$：a_0，a_1，a_2，a_3，……，a_n，…… について

[1] 公差 d の等差数列ならば　$a_n=a_0+nd\ (n \geqq 0)$

　a_0 に公差 d を n 回加えると a_n

[2] 公比 r の等比数列ならば　$a_n=a_0\cdot r^n\ (n \geqq 0)$

　a_0 に公比 r を n 回掛けると a_n

[3] 階差数列　$a_{n+1}-a_n=b_n$ とおくと，$n \geqq 1$ のとき

$$a_n=a_0+(a_1-a_0)+(a_2-a_1)+\cdots\cdots+(a_n-a_{n-1})$$

$$=a_0+\sum_{k=0}^{n-1}(a_{k+1}-a_k)=a_0+\sum_{k=0}^{n-1}b_k$$

[1] a_0，a_1，a_2，……，a_n
$+d$　$+d$　$+d$　$+d$

[2] a_0，a_1，a_2，……，a_n
$\times r$　$\times r$　$\times r$　$\times r$

練習 ③ **40**

右図のような正六角形 $A_1B_1C_1D_1E_1F_1$ において，$\triangle A_1C_1E_1$ と $\triangle D_1F_1B_1$ の共通部分としてできる正六角形 $A_2B_2C_2D_2E_2F_2$ を考える。$A_1B_1=1$ とし，正六角形 $A_1B_1C_1D_1E_1F_1$ の面積を S_1，正六角形 $A_2B_2C_2D_2E_2F_2$ の面積を S_2 とする。同様の操作で順に正六角形を作り，それらの面積を S_3，S_4，……，S_n，…… とする。面積の総和 $\sum_{n=1}^{\infty}S_n$ を求めよ。　〔類　大阪工大〕

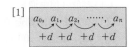

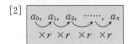

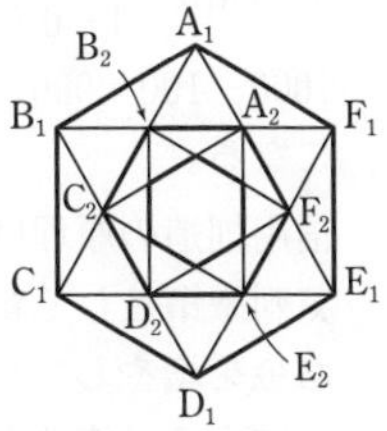

参考事項　無限等比級数が関連する話題

無限等比級数が用いられる事例をここで2つ紹介しておこう。

1　正方形の3等分

面積が1の正方形の折り紙を田の字に4等分して，そのうち3枚をA，B，Cに1枚ずつ配る。残りの1枚を同様に4等分して，3枚をA，B，Cに1枚ずつ配る。この作業を限りなく繰り返していくと，A，B，Cそれぞれが受け取る折り紙の面積の総和は

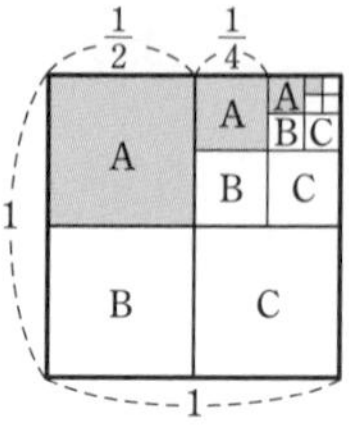

$$\left(\frac{1}{2}\right)^2+\left(\frac{1}{2^2}\right)^2+\left(\frac{1}{2^3}\right)^2+\cdots\cdots=\sum_{n=1}^{\infty}\left(\frac{1}{2^n}\right)^2=\sum_{n=1}^{\infty}\left(\frac{1}{4}\right)^n=\frac{\frac{1}{4}}{1-\frac{1}{4}}=\frac{1}{3}$$

この面積は，3人が1枚目，2枚目，…… と受け取る折り紙はすべて同じ大きさであることに注目して，最初の折り紙の面積1を3等分した面積と考えた $\frac{1}{3}$ と確かに一致している。

実際には，このような無限回の操作を行うことはできないが，数学的な理論としては，このような3等分の仕方も考えられる，というのは面白いところである。

2　信用創造の原理

銀行は預金という形でお金を預かり，その一部の金額を預金者への払い戻し等のための準備金として手元に置き，残りのお金を企業への貸し出しに用いる。お金を借りた企業はそのお金を取引先など別の企業への支払いに当て，支払われた企業はそのお金をすぐに使う予定がなければ銀行に預金する。このようなことが繰り返されることにより，新しいお金（預金通貨という）が生み出され，銀行の預金額はどんどん増えて行く。このプロセスを **信用創造** という。

例えば，元金を100万円，準備金の割合を10％とした場合の，信用創造により生まれる金額を計算してみよう。

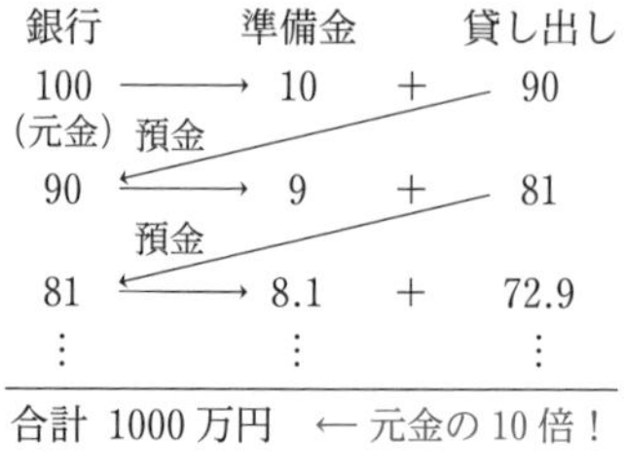

$$(\text{預金総額})=100+100\times(1-0.1)+100\times(1-0.1)^2+\cdots\cdots$$

これは，初項100，公比0.9の無限等比級数である。

その和は $\frac{100}{1-0.9}=1000$（万円）となり，銀行は $1000-100=900$（万円）の預金通貨を生み出すことになる。

信用創造の原理は，景気刺激策の効果を考えるうえで重要な役割を果たす。例えば，景気刺激策として新たにお金を発行すれば，銀行はそれを企業などに貸し出し，連鎖的にお金を増やしていくことになる。上の計算例のように，当初のお金がその10倍のお金に増える可能性もあるのである。

基本例題 41 無限等比級数の和の条件から公比の決定

初項，公比ともに実数の無限等比級数があり，その和は 3 で，各項の 3 乗からなる無限等比級数の和は 6 である。初めの無限等比級数の公比を求めよ。

p.64 基本事項 1，基本 36

指針 初めの無限等比級数の初項を a，公比を r として，和の条件から a，r の連立方程式を導き，これを解く。
ここで注意すべきことは，無限等比級数の和があることから，$|r|<1$ であり，しかもその和が 0 でないから，$a \neq 0$ である。
なお，x，y が実数のとき　$x<y \iff x^3<y^3$ であるから

$$|r|<1 \iff |r|^3<1 \iff |r^3|<1$$

CHART 無限等比級数の収束条件　(初項)$=0$ または $|公比|<1$

解答

初めの無限等比級数の初項を a，公比を r とする。
無限等比級数の和が 3 であるから，$a \neq 0$ であり，このとき

$$\frac{a}{1-r}=3 \cdots\cdots ① \quad かつ \quad |r|<1 \cdots\cdots ②$$

各項の 3 乗からなる無限等比級数の初項は a^3，公比は r^3，和が 6 であるから(＊)

$$\frac{a^3}{1-r^3}=6 \cdots\cdots ③ \quad かつ \quad |r^3|<1 \cdots\cdots ④$$

① から　$a=3(1-r)$ ……①′

③ から　$a^3=6(1-r^3)$ ……③′

①′ を ③′ に代入して

$$9(1-r)^3=2(1-r^3)$$

すなわち　$9(1-r)^3=2(1-r)(1+r+r^2)$

両辺を $1-r$ で割って

$$9(1-r)^2=2(1+r+r^2)$$

整理すると　$7r^2-20r+7=0$

これを解いて　$r=\dfrac{10\pm\sqrt{51}}{7}$

このうち，②，④ を満たすものは

$$r=\frac{10-\sqrt{51}}{7}$$

◀無限等比級数 $\sum_{n=1}^{\infty} ar^{n-1}$ $(a\neq 0)$ の **収束条件は** $|r|<1$，**和は** $\dfrac{a}{1-r}$

(＊)初めの無限等比級数の第 n 項は　ar^{n-1}
$(ar^{n-1})^3=a^3(r^3)^{n-1}$

◀$\{3(1-r)\}^3=6(1-r^3)$

◀$r\neq 1$ である。

◀$7<\sqrt{51}<8$ であるから $\dfrac{2}{7}<\dfrac{10-\sqrt{51}}{7}<\dfrac{3}{7}$

◀② と ④ は同値。

練習 ③ 41 無限等比数列 $\{a_n\}$ が $\sum_{n=1}^{\infty} a_n=\sum_{n=1}^{\infty} {a_n}^3=2$ を満たすとき

(1) 数列 $\{a_n\}$ の初項と公比を求めよ。

(2) $\sum_{n=1}^{\infty} {a_n}^2$ を求めよ。　〔(1) 学習院大〕

p.80 EX 28

基本例題 42　2 つの無限等比級数の和　①①①①①

次の無限級数の収束，発散を調べ，収束すればその和を求めよ。

$$\left(2-\frac{1}{2}\right)+\left(\frac{2}{3}+\frac{1}{2^2}\right)+\left(\frac{2}{3^2}-\frac{1}{2^3}\right)+\cdots\cdots+\left\{\frac{2}{3^{n-1}}+\frac{(-1)^n}{2^n}\right\}+\cdots\cdots$$

p.64 基本事項 3，基本 35

指針　無限級数　まず **部分和**　(　)内を 1 つの項として，部分和 S_n を求める。
ここで，部分和 S_n は **有限** であるから，**項の順序を変えて和を求めてよい**。

注意　**無限** の場合は，**無条件で項の順序を変えてはいけない**（次ページ参照）。

別解　無限級数 $\sum_{n=1}^{\infty}a_n$，$\sum_{n=1}^{\infty}b_n$ がともに **収束するとき**，k，l を定数として

$\sum_{n=1}^{\infty}(ka_n+lb_n)=k\sum_{n=1}^{\infty}a_n+l\sum_{n=1}^{\infty}b_n$ が成り立つことを利用（$p.64$ 基本事項 3）。

解答

初項から第 n 項までの部分和を S_n とすると

$$S_n=\left(2+\frac{2}{3}+\frac{2}{3^2}+\cdots+\frac{2}{3^{n-1}}\right)-\left\{\frac{1}{2}-\frac{1}{2^2}+\frac{1}{2^3}-\cdots+\frac{(-1)^{n-1}}{2^n}\right\}$$

$$=\frac{2\left\{1-\left(\frac{1}{3}\right)^n\right\}}{1-\frac{1}{3}}-\frac{\frac{1}{2}\left\{1-\left(-\frac{1}{2}\right)^n\right\}}{1-\left(-\frac{1}{2}\right)}$$

$$=3\left\{1-\left(\frac{1}{3}\right)^n\right\}-\frac{1}{3}\left\{1-\left(-\frac{1}{2}\right)^n\right\}$$

よって　$\lim_{n\to\infty}S_n=3\cdot1-\frac{1}{3}\cdot1=\frac{8}{3}$

ゆえに，この無限級数は **収束して，その和は $\frac{8}{3}$**

別解　$(与式)=\sum_{n=1}^{\infty}\left\{\frac{2}{3^{n-1}}+\frac{(-1)^n}{2^n}\right\}=\sum_{n=1}^{\infty}\left\{2\left(\frac{1}{3}\right)^{n-1}+\left(-\frac{1}{2}\right)^n\right\}$

$\sum_{n=1}^{\infty}2\left(\frac{1}{3}\right)^{n-1}$ は初項 2，公比 $\frac{1}{3}$ の無限等比級数

$\sum_{n=1}^{\infty}\left(-\frac{1}{2}\right)^n$ は初項 $-\frac{1}{2}$，公比 $-\frac{1}{2}$ の無限等比級数

で，公比の絶対値が 1 より小さいから，この無限等比級数はともに収束する。
ゆえに，与えられた無限級数は **収束して，その和は**

$$(与式)=\sum_{n=1}^{\infty}2\left(\frac{1}{3}\right)^{n-1}+\sum_{n=1}^{\infty}\left(-\frac{1}{2}\right)^n$$

$$=\frac{2}{1-\frac{1}{3}}+\left(-\frac{1}{2}\right)\cdot\frac{1}{1-\left(-\frac{1}{2}\right)}=\frac{8}{3}$$

◀ S_n は有限個の項の和なので，左のように順序を変えて計算してよい。

◀ 初項 a，公比 r の等比数列の初項から第 n 項までの和は，$r\neq1$ のとき $\frac{a(1-r^n)}{1-r}$

◀ 無限等比級数 $\sum_{n=1}^{\infty}ar^{n-1}$ の **収束条件** は $a=0$ または $|r|<1$

◀ 収束を確認してから $\sum_{n=1}^{\infty}$ を分ける。

練習 42 ②　次の無限級数の収束，発散を調べ，収束すればその和を求めよ。　p.81 EX 29

(1) $\sum_{n=1}^{\infty}\left\{2\left(-\frac{2}{3}\right)^{n-1}+3\left(\frac{1}{4}\right)^{n-1}\right\}$　(2) $(1-2)+\left(\frac{1}{2}+\frac{2}{3}\right)+\left(\frac{1}{2^2}-\frac{2}{3^2}\right)+\cdots\cdots$

基本例題 43 2通りの部分和 S_{2n-1}, S_{2n} の利用 ①①①①①

無限級数 $1-\frac{1}{2}+\frac{1}{2}-\frac{1}{3}+\frac{1}{3}-\frac{1}{4}+\frac{1}{4}-\cdots\cdots$ …… ① について

(1) 級数 ① の初項から第 n 項までの部分和を S_n とするとき，S_{2n-1}, S_{2n} をそれぞれ求めよ。

(2) 級数 ① の収束，発散を調べ，収束すればその和を求めよ。

基本 42

指針 (1) S_{2n-1} が求めやすい。S_{2n} は $S_{2n}=S_{2n-1}+$(第 $2n$ 項) として求める。

(2) 前ページの基本例題 42 と異なり，ここでは(　)がついていないことに注意。
このようなタイプのものでは，S_n を1通りに表すことが困難で，(1) のように，S_{2n-1}, S_{2n} の場合に分けて調べる。
そして，次のことを利用する。

[1] $\lim_{n\to\infty} S_{2n-1}=\lim_{n\to\infty} S_{2n}=S$ ならば　$\lim_{n\to\infty} S_n=S$

[2] $\lim_{n\to\infty} S_{2n-1}\neq\lim_{n\to\infty} S_{2n}$ ならば　$\{S_n\}$ は発散

解答

(1) $S_{2n-1}=1-\frac{1}{2}+\frac{1}{2}-\frac{1}{3}+\frac{1}{3}-\frac{1}{4}+\frac{1}{4}-\cdots\cdots-\frac{1}{n}+\frac{1}{n}$

$=1-\left(\frac{1}{2}-\frac{1}{2}\right)-\left(\frac{1}{3}-\frac{1}{3}\right)-\cdots\cdots-\left(\frac{1}{n}-\frac{1}{n}\right)$

$=\mathbf{1}$

$S_{2n}=S_{2n-1}-\frac{1}{n+1}=\mathbf{1-\frac{1}{n+1}}$

◀部分和(有限個の和)なら(　)でくくってよい。

(2) (1) から　$\lim_{n\to\infty} S_{2n-1}=1$, $\lim_{n\to\infty} S_{2n}=\lim_{n\to\infty}\left(1-\frac{1}{n+1}\right)=1$

よって　$\lim_{n\to\infty} S_n=1$

したがって，無限級数 ① は **収束して，その和は 1**

参考 無限級数が収束すれば，その級数を，順序を変えずに任意に(　)でくくった無限級数は，もとの級数と同じ和に収束することが知られている。

検討 **無限級数の扱いに関する注意点**

上の例題の無限級数の第 n 項を $\frac{1}{n}-\frac{1}{n+1}$ と考えてはいけない。(　)が付いている場合は，n 番目の(　)を第 n 項としてよいが，(　)が付いていない場合は，n 番目の数が第 n 項となる。

注意 無限級数では，勝手に(　)でくくったり，項の順序を変えてはならない！

[例えば，$S=1-1+1-1+1-1+\cdots\cdots=(1-1)+(1-1)+(1-1)+\cdots\cdots$ とみて，$S=0$ などとしたら **大間違い！**　(S は公比 -1 の無限等比級数のため，発散する。)]

ただし，有限個の和については，このような制限はない。

練習 ③ **43** 次の無限級数の収束，発散を調べ，収束すればその和を求めよ。

(1) $\frac{1}{2}+\frac{1}{3}+\frac{1}{2^2}+\frac{1}{3^2}+\frac{1}{2^3}+\frac{1}{3^3}+\cdots\cdots$

(2) $2-\frac{3}{2}+\frac{3}{2}-\frac{4}{3}+\frac{4}{3}-\cdots\cdots-\frac{n+1}{n}+\frac{n+1}{n}-\frac{n+2}{n+1}+\cdots\cdots$

p.81 EX30

重要例題 44 無限級数 $\sum nx^{n-1}$

(1) すべての自然数 n に対して，$2^n>n$ であることを示せ。

(2) 数列の和 $S_n=\sum_{k=1}^{n} k\left(\frac{1}{4}\right)^{k-1}$ を求めよ。　(3) $\lim_{n\to\infty} S_n$ を求めよ。

基本 22

指針

(1) 二項定理を利用。

(2) $k\left(\frac{1}{4}\right)^{k-1}$ は **(等差数列)×(等比数列) の形** であるから，$S_n-\frac{1}{4}S_n$ を計算すると，等比数列の和が現れる。（$\frac{1}{4}$ は等比数列部分の公比）

(3) S_n の最後の項の極限は，(1) の不等式 $2^n>n$ を利用して不等式を作り，**はさみうちの原理** を使って求める（$p.43$，44 参照）。

CHART (等差)×(等比) 型の和　$S-rS$ の利用（r は等比数列部分の公比）

解答

(1) 二項定理により

$$(1+1)^n={}_n\mathrm{C}_0+{}_n\mathrm{C}_1+{}_n\mathrm{C}_2+\cdots\cdots+{}_n\mathrm{C}_n>{}_n\mathrm{C}_1$$

よって　$2^n>n$

ゆえに，すべての自然数 n に対して，$2^n>n$ が成り立つ。

(2) $S_n=1+2\cdot\frac{1}{4}+3\cdot\left(\frac{1}{4}\right)^2+\cdots\cdots+n\left(\frac{1}{4}\right)^{n-1}$

$\frac{1}{4}S_n=\qquad\frac{1}{4}+2\cdot\left(\frac{1}{4}\right)^2+\cdots\cdots+(n-1)\left(\frac{1}{4}\right)^{n-1}+n\left(\frac{1}{4}\right)^n$

よって

$$S_n-\frac{1}{4}S_n=1+\frac{1}{4}+\left(\frac{1}{4}\right)^2+\cdots\cdots+\left(\frac{1}{4}\right)^{n-1}-n\left(\frac{1}{4}\right)^n$$

ゆえに　$\frac{3}{4}S_n=\dfrac{1-\left(\frac{1}{4}\right)^n}{1-\frac{1}{4}}-n\left(\frac{1}{4}\right)^n$

したがって　$\boldsymbol{S_n=\frac{16}{9}\left\{1-\left(\frac{1}{4}\right)^n\right\}-\frac{n}{3\cdot4^{n-1}}}$

(3) (1) により　$0<\frac{n}{4^{n-1}}<\frac{2^n}{4^{n-1}}=\frac{1}{2^{n-2}}$

$\lim_{n\to\infty}\frac{1}{2^{n-2}}=0$ であるから　$\lim_{n\to\infty}\frac{n}{4^{n-1}}=0$

よって，(2) により　$\lim_{n\to\infty}S_n=\frac{16}{9}(1-0)-\frac{1}{3}\cdot0=\boldsymbol{\frac{16}{9}}$

◀二項定理（数学Ⅱ）
$\boldsymbol{(a+b)^n=\sum_{r=0}^{n}{}_n\mathrm{C}_r a^{n-r}b^r}$
で $a=b=1$ とする。
また，数学的帰納法を利用する証明も考えられる。

◀**和 $S=\sum_{k=1}^{n}kx^{k-1}$ の計算**
$x\neq1$ のとき
$S-xS=\frac{1-x^n}{1-x}-nx^n$
ゆえに　$(1-x)S=\frac{1-x^n-nx^n(1-x)}{1-x}$
よって
$S=\frac{1-(n+1)x^n+nx^{n+1}}{(1-x)^2}$
$x=1$ のとき
$S=\sum_{k=1}^{n}k=\frac{n(n+1)}{2}$

◀**はさみうちの原理**
$a_n\leqq c_n\leqq b_n$ のとき，$\lim_{n\to\infty}a_n=\lim_{n\to\infty}b_n=\alpha$ ならば　$\lim_{n\to\infty}c_n=\alpha$

練習 ③ 44　n を 2 以上の自然数，x を $0<x<1$ である実数とし，$\frac{1}{x}=1+h$ とおく。

(1) $\frac{1}{x^n}>\frac{n(n-1)}{2}h^2$ が成り立つことを示し，$\lim_{n\to\infty}nx^n$ を求めよ。

(2) $S_n=1+2x+\cdots\cdots+nx^{n-1}$ とするとき，$\lim_{n\to\infty}S_n$ を求めよ。　〔類 芝浦工大〕

p.81 EX31

重要例題 45 無限級数 $\Sigma 1/n$ が発散することの証明 ④④④④④

(1) すべての自然数 n に対して，$\displaystyle\sum_{k=1}^{2^n}\frac{1}{k} \geqq \frac{n}{2}+1$ が成り立つことを証明せよ。

(2) 無限級数 $1+\dfrac{1}{2}+\dfrac{1}{3}+\cdots\cdots+\dfrac{1}{n}+\cdots\cdots$ は発散することを証明せよ。

基本 34，重要 44

指針 (1) 数学的帰納法によって証明する。

(2) 数列 $\left\{\dfrac{1}{n}\right\}$ は 0 に収束するから，$p.63$ 基本例題 **34** のように，$p.61$ 基本事項 **2** ② を利用する方法は使えない。そこで，(1) で示した不等式の利用を考える。

$n \geqq 2^m$ とすると $\displaystyle\sum_{k=1}^{n}\frac{1}{k} \geqq \sum_{k=1}^{2^m}\frac{1}{k}$ ここで，$m \longrightarrow \infty$ のとき $n \longrightarrow \infty$ となる。

解答

(1) $\displaystyle\sum_{k=1}^{2^n}\frac{1}{k} \geqq \frac{n}{2}+1$ …… ① とする。

[1] $n=1$ のとき $\displaystyle\sum_{k=1}^{2}\frac{1}{k}=1+\frac{1}{2}=\frac{1}{2}+1$ よって，① は成り立つ。

[2] $n=m$ (m は自然数) のとき，① が成り立つと仮定すると $\displaystyle\sum_{k=1}^{2^m}\frac{1}{k} \geqq \frac{m}{2}+1$

このとき

$$\sum_{k=1}^{2^{m+1}}\frac{1}{k}=\sum_{k=1}^{2^m}\frac{1}{k}+\sum_{k=2^m+1}^{2^{m+1}}\frac{1}{k}$$

$$\geqq\left(\frac{m}{2}+1\right)+\frac{1}{2^m+1}+\frac{1}{2^m+2}+\cdots\cdots+\frac{1}{2^{m+1}}$$

$$=\frac{m}{2}+1+\frac{1}{2^m+1}+\frac{1}{2^m+2}+\cdots\cdots+\frac{1}{2^m+2^m}$$

◀ $2^{m+1}=2^m\cdot 2=2^m+2^m$

$$>\frac{m}{2}+1+\frac{1}{2^{m+1}}\cdot 2^m=\frac{m+1}{2}+1$$

◀ $\dfrac{1}{2^m+k}>\dfrac{1}{2^m+2^m}\left(=\dfrac{1}{2^{m+1}}\right)$ ($k=1,\ 2,\ \cdots\cdots,\ 2^m-1$)

よって，$n=m+1$ のときにも ① は成り立つ。

[1]，[2] から，すべての自然数 n について ① は成り立つ。

(2) $S_n=\displaystyle\sum_{k=1}^{n}\frac{1}{k}$ とおく。$n \geqq 2^m$ とすると，(1) から $S_n \geqq \displaystyle\sum_{k=1}^{2^m}\frac{1}{k} \geqq \frac{m}{2}+1$

ここで，$m \longrightarrow \infty$ のとき $n \longrightarrow \infty$ で $\displaystyle\lim_{m\to\infty}\left(\frac{m}{2}+1\right)=\infty$ $\therefore$ $\displaystyle\lim_{n\to\infty}S_n=\infty$

したがって，$\displaystyle\sum_{n=1}^{\infty}\frac{1}{n}$ は発散する。

◀ $a_n \leqq b_n$ で $\displaystyle\lim_{n\to\infty}a_n=\infty \Longrightarrow \lim_{n\to\infty}b_n=\infty$ ($p.34$ **3** ②)

検討 **無限級数 $\Sigma 1/n^p$ の収束・発散について**

数列 $\{a_n\}$ が 0 に収束しなければ，無限級数 $\displaystyle\sum_{n=1}^{\infty}a_n$ は発散するが ($p.61$ 基本事項 **2** ②)，**この逆は成立しない**。上の (2) において $\displaystyle\lim_{n\to\infty}\frac{1}{n}=0$ であることから，このことが確認できる。

なお，$\displaystyle\sum_{n=1}^{\infty}\frac{1}{n^p}$ **は $p>1$ のとき収束，$p \leqq 1$ のとき発散する** ことが知られている。

練習 ④ 45 上の例題の結果を用いて，無限級数 $\displaystyle\sum_{n=1}^{\infty}\frac{1}{\sqrt{n}}$ は発散することを示せ。 p.81 EX 32

重要例題 46 複素数の累乗に関する無限級数

z を複素数とする。自然数 n に対し，z^n の実部と虚部をそれぞれ x_n と y_n として，2 つの数列 $\{x_n\}$，$\{y_n\}$ を考える。つまり，$z^n=x_n+iy_n$（i は虚数単位）を満たしている。　〔類 慶応大〕

(1) 複素数 z が正の実数 r と実数 θ を用いて $z=r(\cos\theta+i\sin\theta)$ の形で与えられたとき，数列 $\{x_n\}$，$\{y_n\}$ がともに 0 に収束するための必要十分条件を求めよ。

(2) $z=\dfrac{1+\sqrt{3}\,i}{10}$ のとき，無限級数 $\displaystyle\sum_{n=1}^{\infty}x_n$ と $\displaystyle\sum_{n=1}^{\infty}y_n$ はともに収束し，それぞれの和は $\displaystyle\sum_{n=1}^{\infty}x_n=$ ア□，$\displaystyle\sum_{n=1}^{\infty}y_n=$ イ□ である。

基本 35，36

指針

(1) まず，$z=r(\cos\theta+i\sin\theta)$ の両辺を n 乗した式に注目して，x_n，y_n をそれぞれ n，r，θ で表す。そして，$x_n^2+y_n^2$ を計算すると [illegible] の形になるから，数列 $\{x_n\}$，$\{y_n\}$ がともに 0 に収束するとき，数列 $\{x_n^2+y_n^2\}$ が 0 に収束するための条件を求める。
↑ 必要条件

(2) 無限級数　部分和の収束・発散を調べる

まず，初項 z，公比 z の等比数列 $\{z^n\}$ の部分和 $\displaystyle\sum_{k=1}^{n}z^k$ を求める。そして，$\displaystyle\sum_{k=1}^{n}z^k=\sum_{k=1}^{n}x_k+i\sum_{k=1}^{n}y_k$ が成り立つことから，部分和 $\displaystyle\sum_{k=1}^{n}x_k$，$\displaystyle\sum_{k=1}^{n}y_k$ が求められる。
部分和の極限を調べる際は，(1) の結果も利用する。

解答

(1) $z=r(\cos\theta+i\sin\theta)$ $[r>0]$ のとき

$$z^n=r^n(\cos n\theta+i\sin n\theta)=r^n\cos n\theta+ir^n\sin n\theta$$
◀ド・モアブルの定理。

よって　$x_n=r^n\cos n\theta$，$y_n=r^n\sin n\theta$
◀$z^n=x_n+iy_n$

ゆえに　$x_n^2+y_n^2=(r^n)^2(\cos^2 n\theta+\sin^2 n\theta)=(r^2)^n$

$\displaystyle\lim_{n\to\infty}x_n=\lim_{n\to\infty}y_n=0$ のとき　$\displaystyle\lim_{n\to\infty}(x_n^2+y_n^2)=0$

よって　$0\leqq r^2<1$　$r>0$ であるから　$0<r<1$
◀無限等比数列が 0 に収束する条件は $-1<(\text{公比})<1$

(*)逆に，$0<r<1$ のとき，$-1\leqq\cos n\theta\leqq1$ であるから

$$-r^n\leqq r^n\cos n\theta\leqq r^n$$
(*) ここから，十分条件であることの確認。

$0<r<1$ であるから　$\displaystyle\lim_{n\to\infty}r^n=0$，$\displaystyle\lim_{n\to\infty}(-r^n)=0$

よって　$\displaystyle\lim_{n\to\infty}r^n\cos n\theta=0$
◀はさみうちの原理。

$-1\leqq\sin n\theta\leqq1$ から，同様にして　$\displaystyle\lim_{n\to\infty}r^n\sin n\theta=0$
◀$-r^n\leqq r^n\sin n\theta\leqq r^n$

ゆえに，$0<r<1$ のとき，数列 $\{x_n\}$，$\{y_n\}$ はともに 0 に収束する。
◀$\displaystyle\lim_{n\to\infty}x_n=0$，$\displaystyle\lim_{n\to\infty}y_n=0$

以上から，求める必要十分条件は　**$0<r<1$**

(2) $z=\dfrac{1+\sqrt{3}\,i}{10}$ のとき

$$\sum_{k=1}^{n}z^k=\frac{z(1-z^n)}{1-z}=\frac{z}{1-z}\{1-(x_n+iy_n)\}$$
◀初項 z，公比 z の等比数列の初項から第 n 項までの和。

ここで

$$\frac{z}{1-z}=\frac{\frac{1+\sqrt{3}i}{10}}{1-\frac{1+\sqrt{3}i}{10}}=\frac{1+\sqrt{3}i}{9-\sqrt{3}i}=\frac{(1+\sqrt{3}i)(9+\sqrt{3}i)}{(9-\sqrt{3}i)(9+\sqrt{3}i)}$$

◀分母の実数化。

$$=\frac{6+10\sqrt{3}i}{84}=\frac{3+5\sqrt{3}i}{42}$$

よって $\displaystyle\sum_{k=1}^{n} z^k=\frac{3+5\sqrt{3}i}{42}(1-x_n-iy_n)$

$$=\frac{1}{42}[3(1-x_n)+5\sqrt{3}y_n+\{5\sqrt{3}(1-x_n)-3y_n\}i]$$

また，$\displaystyle\sum_{k=1}^{n} z^k=\sum_{k=1}^{n}(x_k+iy_k)=\sum_{k=1}^{n}x_k+i\sum_{k=1}^{n}y_k$ であるから

◀$\displaystyle\sum_{k=1}^{n} z^k$ のもう1つの表現。

$$\sum_{k=1}^{n}x_k=\frac{3(1-x_n)+5\sqrt{3}y_n}{42},\ \sum_{k=1}^{n}y_k=\frac{5\sqrt{3}(1-x_n)-3y_n}{42}$$

◀実部，虚部をそれぞれ比較。

ここで $z=\dfrac{1}{5}\left(\dfrac{1}{2}+\dfrac{\sqrt{3}}{2}i\right)=\dfrac{1}{5}\left(\cos\dfrac{\pi}{3}+i\sin\dfrac{\pi}{3}\right)$

$0<\dfrac{1}{5}<1$ であるから，(1) の結果より $\displaystyle\lim_{n\to\infty}x_n=\lim_{n\to\infty}y_n=0$

◀ (1)，(2) の問題
(1) の結果を利用

よって $\displaystyle\sum_{n=1}^{\infty}x_n=\lim_{n\to\infty}\frac{3(1-x_n)+5\sqrt{3}y_n}{42}=\frac{3}{42}=$ ア $\mathbf{\dfrac{1}{14}}$

$\displaystyle\sum_{n=1}^{\infty}y_n=\lim_{n\to\infty}\frac{5\sqrt{3}(1-x_n)-3y_n}{42}=$ イ $\mathbf{\dfrac{5\sqrt{3}}{42}}$

◀$\displaystyle\sum_{n=1}^{\infty}x_n=\lim_{n\to\infty}\sum_{k=1}^{n}x_k$，
$\displaystyle\sum_{n=1}^{\infty}y_n=\lim_{n\to\infty}\sum_{k=1}^{n}y_k$

検討 (2) $z^n=\left\{\dfrac{1}{5}\left(\cos\dfrac{\pi}{3}+i\sin\dfrac{\pi}{3}\right)\right\}^n=\dfrac{1}{5^n}\left(\cos\dfrac{n}{3}\pi+i\sin\dfrac{n}{3}\pi\right)$ であるから

$$x_n=\frac{1}{5^n}\cos\frac{n}{3}\pi,\quad y_n=\frac{1}{5^n}\sin\frac{n}{3}\pi$$

◀$\displaystyle\lim_{n\to\infty}x_n=\lim_{n\to\infty}y_n=0$ である。

$a_n=x_{6n-5}+x_{6n-4}+x_{6n-3}+x_{6n-2}+x_{6n-1}+x_{6n}$ とすると，$\cos(2n\pi+\theta)=\cos\theta$ から

$$a_n=\frac{1}{5^{6n-5}}\cdot\frac{1}{2}+\frac{1}{5^{6n-4}}\cdot\left(-\frac{1}{2}\right)+\frac{1}{5^{6n-3}}\cdot(-1)+\frac{1}{5^{6n-2}}\cdot\left(-\frac{1}{2}\right)+\frac{1}{5^{6n-1}}\cdot\frac{1}{2}+\frac{1}{5^{6n}}\cdot 1$$

$$=\frac{1}{2\cdot 5^{6n}}(5^5-5^4-2\cdot 5^3-5^2+5+2)=\frac{2232}{2\cdot 5^{6n}}=\frac{1116}{5^{6n}}=\frac{1116}{5^6}\cdot\left(\frac{1}{5^6}\right)^{n-1}$$

これを利用して，$S_n=\displaystyle\sum_{k=1}^{n}x_k$ としたときの $S_{6n}\left(=\displaystyle\sum_{k=1}^{n}a_k\right)$，$S_{6n-1}$，$S_{6n-2}$，$S_{6n-3}$，$S_{6n-4}$，$S_{6n-5}$ を求め，$n\longrightarrow\infty$ のときこれらがすべて $\dfrac{1}{14}$ に収束することを導く。

また，$b_n=y_{6n-5}+y_{6n-4}+y_{6n-3}+y_{6n-2}+y_{6n-1}+y_{6n}$ とすると，$b_n=\dfrac{372\sqrt{3}}{5^5}\cdot\left(\dfrac{1}{5^6}\right)^{n-1}$ となるから，$\displaystyle\sum_{n=1}^{\infty}y_n$ についても6つの部分和の極限を調べることで求められる。

練習 ④ 46 実数列 $\{a_n\}$，$\{b_n\}$ を，$\left(\dfrac{1+i}{2}\right)^n=a_n+ib_n$ $(n=1,\ 2,\ \cdots\cdots)$ により定める。

(1) 数列 $\{a_n{}^2+b_n{}^2\}$ の一般項を求めよ。また，$\displaystyle\lim_{n\to\infty}(a_n{}^2+b_n{}^2)$ を求めよ。

(2) $\displaystyle\lim_{n\to\infty}a_n=\lim_{n\to\infty}b_n=0$ であることを示せ。また，$\displaystyle\sum_{n=1}^{\infty}a_n$，$\displaystyle\sum_{n=1}^{\infty}b_n$ を求めよ。

〔類 中央大〕 p.81 EX33

EXERCISES

②**24** 次の無限級数の和を求めよ。

(1) 数列 $\{a_n\}$ が初項 2，公比 2 の等比数列であるとき $\displaystyle\sum_{n=1}^{\infty}\frac{1}{a_na_{n+1}}$ 〔類 愛知工大〕

(2) π を円周率とするとき $1+\dfrac{2}{\pi}+\dfrac{3}{\pi^2}+\dfrac{4}{\pi^3}+\cdots\cdots+\dfrac{n+1}{\pi^n}+\cdots\cdots$

ただし，$\displaystyle\lim_{n\to\infty}nx^n=0\ (|x|<1)$ を用いてもよい。 〔類 慶応大〕 →33,35

②**25** $0\leqq x\leqq 2\pi$ を満たす実数 x と自然数 n に対して，$S_n=\displaystyle\sum_{k=1}^{n}(\cos x-\sin x)^k$ と定める。数列 $\{S_n\}$ が収束する x の値の範囲を求め，x がその範囲にあるときの極限値 $\displaystyle\lim_{n\to\infty}S_n$ を求めよ。 〔名古屋工大〕 →36

③**26** 座標平面上の原点を $P_0(0,\ 0)$ と書く。点 P_1，P_2，P_3，…… を

$$\overrightarrow{P_nP_{n+1}}=\left(\frac{1}{2^n}\cos\frac{(-1)^n\pi}{3},\ \frac{1}{2^n}\sin\frac{(-1)^n\pi}{3}\right)\quad(n=0,\ 1,\ 2,\ \cdots\cdots)$$

を満たすように定め，点 P_n の座標を $(x_n,\ y_n)\ (n=0,\ 1,\ 2,\ \cdots\cdots)$ とする。

(1) x_n，y_n をそれぞれ n を用いて表せ。

(2) ベクトル $\overrightarrow{P_{2n-1}P_{2n+1}}$ の大きさを $l_n\ (n=1,\ 2,\ 3,\ \cdots\cdots)$ とするとき，l_n を n を用いて表せ。

(3) (2)の l_n について，無限級数 $\displaystyle\sum_{n=1}^{\infty}l_n$ の和 S を求めよ。 〔類 立教大〕 →38

④**27** $\triangle A_0B_0C_0$ の内心を I_0 とし，その内接円と線分 A_0I_0，B_0I_0，C_0I_0 との交点をそれぞれ A_1，B_1，C_1 とする。次に，$\triangle A_1B_1C_1$ の内心を I_1 とし，その内接円と線分 A_1I_1，B_1I_1，C_1I_1 との交点をそれぞれ A_2，B_2，C_2 とする。これを繰り返して $\triangle A_nB_nC_n$ を作り，その内心を I_n，$\angle B_nA_nC_n=\theta_n\ (n=0,\ 1,\ 2,\ \cdots\cdots)$ とする。

(1) θ_{n+1} を θ_n で表せ。 (2) θ_n を n，θ_0 で表せ。

(3) $\theta_0=\dfrac{2}{3}\pi$ のとき，$\displaystyle\sum_{n=0}^{\infty}\left(\theta_n-\frac{\pi}{3}\right)$ を求めよ。 〔南山大〕 →39

③**28** 2 次方程式 $x^2+8x+c=0$ の 2 つの解を α，β とする。$\displaystyle\sum_{k=1}^{\infty}(\alpha-\beta)^{2k}=3$ のとき，定数 c の値を求めよ。 〔九州歯大〕 →41

HINT

24 (2) 第 n 項までの部分和を S_n として，$S_n-\dfrac{1}{\pi}S_n$ を計算。

25 公比 r について $-1<r<1$ が条件。三角関数の合成を利用。

26 (1) $\overrightarrow{OP_n}=\overrightarrow{P_0P_1}+\overrightarrow{P_1P_2}+\overrightarrow{P_2P_3}+\cdots\cdots+\overrightarrow{P_{n-1}P_n}$ (O は原点)

(2) $\overrightarrow{P_{2n-1}P_{2n+1}}=(x_{2n+1}-x_{2n-1},\ y_{2n+1}-y_{2n-1})$ (1)の結果を利用する。

27 (1) $\angle B_nI_nC_n=\angle B_{n+1}I_nC_{n+1}=2\angle B_{n+1}A_{n+1}C_{n+1}$，また $\angle B_nI_nC_n=\pi-(\angle I_nB_nC_n+\angle I_nC_nB_n)$ など。

28 解と係数の関係を利用して，無限級数を $\displaystyle\sum_{k=1}^{\infty}$ (c の式) に変形。

EXERCISES

②29 無限級数 $\sum_{n=0}^{\infty}\left(\frac{1}{5^n}\cos n\pi+\frac{1}{3^{\frac{n}{2}}}\right)$ の和を求めよ。 →35, 42

④30 (1) 無限級数 $\frac{1}{2}-\frac{1}{3}+\frac{1}{2^2}-\frac{1}{3^2}+\frac{1}{2^3}-\frac{1}{3^3}+\cdots\cdots$ の和を求めよ。

(2) $b_n=(-1)^{n-1}\log_2\frac{n+2}{n}$ $(n=1,\ 2,\ 3,\ \cdots\cdots)$ で定められる数列 $\{b_n\}$ に対して，$S_n=b_1+b_2+\cdots\cdots+b_n$ とする。このとき，$\lim_{n\to\infty}S_n$ を求めよ。 〔(2) 類 岡山大〕

→43

④31 0 でない実数 r が $|r|<1$ を満たすとき，次のものを求めよ。ただし，自然数 n に対して $\lim_{n\to\infty}nr^n=0$，$\lim_{n\to\infty}n(n-1)r^n=0$ である。 〔大分大〕

(1) $R_n=\sum_{k=0}^{n}r^k$ と $S_n=\sum_{k=0}^{n}kr^{k-1}$ (2) $T_n=\sum_{k=0}^{n}k(k-1)r^{k-2}$ (3) $\sum_{k=0}^{\infty}k^2r^k$ →44

④32 $\cos\frac{\pi}{\sqrt{x}}=-1$ の解を $x_1,\ x_2,\ \cdots\cdots,\ x_n,\ \cdots\cdots$ とする。ただし，$x_1>x_2>\cdots\cdots>x_n>\cdots\cdots$ である。 〔名城大〕

(1) x_n を n を用いて表せ。

(2) $a_n=\sqrt{x_nx_{n+1}}$ $(n=1,\ 2,\ 3,\ \cdots\cdots)$ とおくとき，$\sum_{n=1}^{\infty}a_n$ を求めよ。

(3) 不等式 $\frac{7}{6}\leqq\sum_{n=1}^{\infty}x_n\leqq\frac{3}{2}$ を証明せよ。ただし，$\sum_{n=1}^{\infty}x_n$ は収束するとしてよい。

→45

④33 n を自然数とし，a，b，r は実数で $b>0$，$r>0$ とする。複素数 $w=a+bi$ は $w^2=-2\overline{w}$ を満たすとする。$\alpha_n=r^{n+1}w^{2-3n}$ $(n=1,\ 2,\ 3,\ \cdots\cdots)$ とするとき

(1) a と b の値を求めよ。

(2) α_n の実部を c_n $(n=1,\ 2,\ 3,\ \cdots\cdots)$ とする。c_n を n と r を用いて表せ。

(3) (2) で求めた c_n を第 n 項とする数列 $\{c_n\}$ について，無限級数 $\sum_{n=1}^{\infty}c_n$ が収束し，その和が $\frac{8}{3}$ となるような r の値を求めよ。 〔類 東京農工大〕

→46

HINT

29 無限級数 $\sum a_n$，$\sum b_n$ がそれぞれ収束すれば，$\sum(a_n+b_n)$ も収束。

30 (1) $\lim_{n\to\infty}S_{2n}$，$\lim_{n\to\infty}S_{2n-1}$ をそれぞれ求めて比較。(2) も同様の方針。

31 (2) T_n-rT_n を計算。その際，$(k+1)k-k(k-1)=2k$ に注意。 (3) (1), (2) の結果を利用。

32 (1) $\frac{\pi}{\sqrt{x}}>0$ に注意。 (2) a_n を差の形に変形。

(3) (1), (2) の結果から，$k\geqq2$ のとき $a_k<x_k<a_{k-1}$ が成り立つことを示し，この不等式を利用する。

33 (2) (1) で求めた w を極形式で表し，ド・モアブルの定理を利用して α_n を計算。

5 関数の極限

基本事項

1 関数の極限

① 1つの有限な値 α に収束 $\lim_{x\to a} f(x)=\alpha$ …… 極限値 α ｝極限がある

② 正の無限大に発散 $\lim_{x\to a} f(x)=\infty$ ｝極限値はない／極限がある

③ 負の無限大に発散 $\lim_{x\to a} f(x)=-\infty$ ｝極限値はない／極限がある

④ 極限はない（①～③以外）……………………… 極限がない

2 関数の極限の性質

$\lim_{x\to a} f(x)=\alpha$, $\lim_{x\to a} g(x)=\beta$（α, β は有限な値）のとき

1 $\lim_{x\to a}\{kf(x)+lg(x)\}=k\alpha+l\beta$　ただし k, l は定数

2 積 $\lim_{x\to a} f(x)g(x)=\alpha\beta$　　3 商 $\lim_{x\to a}\dfrac{f(x)}{g(x)}=\dfrac{\alpha}{\beta}$　ただし $\beta\neq 0$

注意 以上の性質は，$x\longrightarrow a$ を，$x\longrightarrow\infty$，$x\longrightarrow-\infty$ としても成り立つ。

3 関数の片側からの極限

右側極限 $\lim_{x\to a+0} f(x)$　$x>a$ で，$x\longrightarrow a$ のときの $f(x)$ の極限

左側極限 $\lim_{x\to a-0} f(x)$　$x<a$ で，$x\longrightarrow a$ のときの $f(x)$ の極限

$x\longrightarrow a$ のとき，関数 $f(x)$ の極限が存在するのは，右側極限と左側極限が存在して一致する場合である。

すなわち　$\lim_{x\to a+0} f(x)=\lim_{x\to a-0} f(x)=\alpha \Longleftrightarrow \lim_{x\to a} f(x)=\alpha$

4 指数関数，対数関数の極限

指数関数 $y=a^x$ について

$a>1$ のとき
$\lim_{x\to\infty} a^x=\infty$
$\lim_{x\to-\infty} a^x=0$

$0<a<1$ のとき
$\lim_{x\to\infty} a^x=0$
$\lim_{x\to-\infty} a^x=\infty$

対数関数 $y=\log_a x$ について

$a>1$ のとき
$\lim_{x\to\infty}\log_a x=\infty$
$\lim_{x\to+0}\log_a x=-\infty$

$0<a<1$ のとき
$\lim_{x\to\infty}\log_a x=-\infty$
$\lim_{x\to+0}\log_a x=\infty$

5 関数の極限値の大小関係

① $\lim_{x\to a} f(x)=\alpha$, $\lim_{x\to a} g(x)=\beta$ とする。

1 x が a に近いとき，常に $f(x)\leqq g(x)$ ならば $\alpha\leqq\beta$

2 x が a に近いとき，常に $f(x)\leqq h(x)\leqq g(x)$ かつ $\alpha=\beta$ ならば

$\lim_{x\to a} h(x)=\alpha$（はさみうちの原理）

② 十分大きい x で常に $f(x)\leqq g(x)$ かつ $\lim_{x\to\infty} f(x)=\infty$ ならば

$\lim_{x\to\infty} g(x)=\infty$

解 説

■ 関数の極限

関数 $f(x)$ において，変数 x が a と異なる値をとりながら a に限りなく近づくとき，それに応じて $f(x)$ の値が一定の値 α に限りなく近づく場合

$$\lim_{x\to a} f(x)=\alpha \quad \text{または} \quad x \longrightarrow a \text{ のとき } f(x) \longrightarrow \alpha$$

と書き，この値 α を $x \longrightarrow a$ のときの関数 $f(x)$ の **極限値** または **極限** という。また，このとき $f(x)$ は α に **収束** するという。

なお，$f(x)$ が多項式の関数や分数・無理関数，三角・指数・対数関数であるとき，関数の定義域に属する a に対して，$\lim_{x\to a} f(x)=f(a)$ が成り立つ。

◀数学Ⅱでも学習。

◀$x \neq a$ に注意！

注意 $f(a)$ は，$f(x)$ に $x=a$ を代入して定まる値である。$f(a)$ と $\lim_{x\to a} f(x)$ の違いをはっきりさせておこう。
［$\lim_{x\to a} f(x)$ は，∞，$-\infty$ となることもある。］

■ $x \longrightarrow \pm\infty$ のときの関数の極限

$x \longrightarrow \infty$（または $x \longrightarrow -\infty$）のとき，関数 $f(x)$ がある一定の値 α に限りなく近づく場合，この α を $x \longrightarrow \infty$（または $x \longrightarrow -\infty$）のときの関数 $f(x)$ の **極限値** または **極限** といい，記号で $\lim_{x\to\infty} f(x)=\alpha$ $\left(\lim_{x\to-\infty} f(x)=\alpha\right)$ と書き表す。

なお，関数の極限については，数列の場合と同様に前ページの **2** の性質が成り立つ。

◀変数 x が限りなく大きくなることを $x \longrightarrow \infty$ で表す。
また，x が負でその絶対値が限りなく大きくなることを $x \longrightarrow -\infty$ で表す。

■ 関数の片側からの極限

$x>a$ で x が a に限りなく近づくとき，$x \longrightarrow a+0$，$x<a$ で x が a に限りなく近づくとき，$x \longrightarrow a-0$ と書き，特に，$a=0$ のときは単に，$x \longrightarrow +0$，$x \longrightarrow -0$ と書く。次のことに注意。

$\lim_{x\to a+0} f(x)=\lim_{x\to a-0} f(x)=\alpha$ のとき，$\lim_{x\to a} f(x)=\alpha$ である。

$\lim_{x\to a+0} f(x)\neq\lim_{x\to a-0} f(x)$ のとき，$x \longrightarrow a$ のときの関数 $f(x)$ の極限は存在しない。

■ 指数関数，対数関数の極限

前ページの **4** は，指数関数 $y=a^x$，対数関数 $y=\log_a x$ のグラフ（数学Ⅱ）から明らかである。

① $y=a^x$ のグラフ

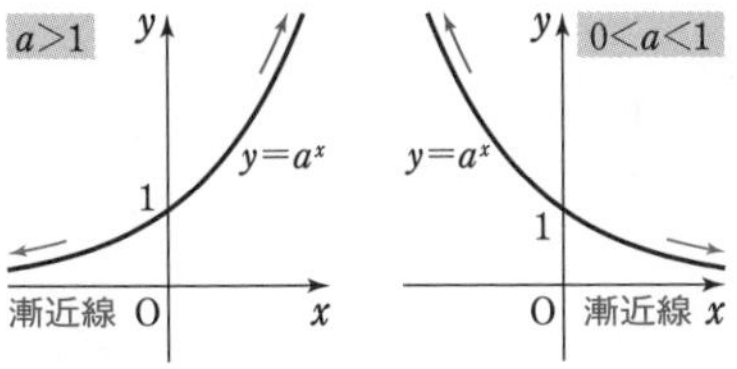

② $y=\log_a x$ のグラフ

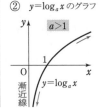

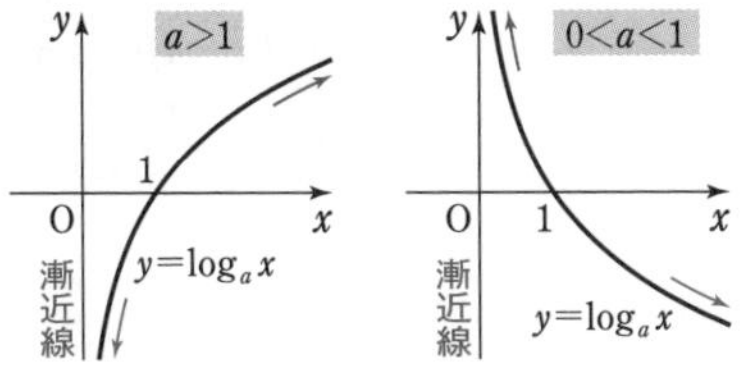

■ 関数の極限値の大小関係

前ページの **5** ① について，「x が a に近いとき」を「x の絶対値が十分大きいとき」と書き変えると，$x \longrightarrow \infty$，$x \longrightarrow -\infty$ の場合にも成り立つ。

1 で x が十分大きいとき，常に $f(x) \leqq g(x)$ であるならば

$$\lim_{x\to\infty} f(x)=\infty \text{ のとき } \lim_{x\to\infty} g(x)=\infty$$

また，1 で $f(x)<g(x)$，2 で $f(x)<h(x)<g(x)$，$f(x) \leqq h(x)<g(x)$ などとおき換えても，結論の式は変わらない。

基本例題 47 関数の極限 (1) … $x \longrightarrow a$ の極限

次の極限値を求めよ。 [(3) 京都産大]

(1) $\displaystyle\lim_{x\to 2}\frac{x^3-3x-2}{x^2-3x+2}$ (2) $\displaystyle\lim_{x\to 0}\frac{1}{x}\left(\frac{3}{x+3}-1\right)$ (3) $\displaystyle\lim_{x\to 4}\frac{\sqrt{x+5}-3}{x-4}$

p.82 基本事項 1, 2 基本 50

指針 (1)~(3) すべて $\dfrac{0}{0}$ の形の極限 (数列の場合と同じように **不定形の極限** という)。

不定形の極限を求めるには, **極限が求められる形に変形** する。

…… 不定形の数列の極限を求める場合と要領は同じ ($p.37$~39 参照)。

(1) 分母・分子の式は $x=2$ のとき 0 となるから, ともに因数 $x-2$ をもつ(因数定理)。よって, $x-2$ で **約分** すると, 極限が求められる形になる。

(2) ( )内を通分すると分子に x が出てきて, x で **約分** できる。

(3) 分子の無理式を **有理化** すると, 分子にも $x-4$ が現れる。よって, $x-4$ で **約分** できる。

CHART 関数の極限 **極限が求められる形に変形**
くくり出し 約分 有理化

解答

(1) $\displaystyle\lim_{x\to 2}\frac{x^3-3x-2}{x^2-3x+2}=\lim_{x\to 2}\frac{(x-2)(x^2+2x+1)}{(x-1)(x-2)}$

$\displaystyle=\lim_{x\to 2}\frac{(x+1)^2}{x-1}=\frac{(2+1)^2}{2-1}=\mathbf{9}$

(2) $\displaystyle\lim_{x\to 0}\frac{1}{x}\left(\frac{3}{x+3}-1\right)=\lim_{x\to 0}\left\{\frac{1}{x}\cdot\frac{3-(x+3)}{x+3}\right\}=\lim_{x\to 0}\frac{-x}{x(x+3)}$

$\displaystyle=\lim_{x\to 0}\left(-\frac{1}{x+3}\right)=-\frac{1}{0+3}=-\frac{\mathbf{1}}{\mathbf{3}}$

(3) $\displaystyle\lim_{x\to 4}\frac{\sqrt{x+5}-3}{x-4}=\lim_{x\to 4}\frac{(x+5)-9}{(x-4)(\sqrt{x+5}+3)}$

$\displaystyle=\lim_{x\to 4}\frac{x-4}{(x-4)(\sqrt{x+5}+3)}$

$\displaystyle=\lim_{x\to 4}\frac{1}{\sqrt{x+5}+3}=\frac{1}{3+3}=\frac{\mathbf{1}}{\mathbf{6}}$

◀ $x \longrightarrow 2$ は, x が 2 と異なる値をとりながら 2 に近づくことであるから, $x \neq 2$ (すなわち $x-2 \neq 0$) として変形してよい。

◀ 分母・分子に $\sqrt{x+5}+3$ を掛ける。

練習 ② **47** 次の極限値を求めよ。 [(1) 芝浦工大, (4) 北見工大, (6) 創価大]

(1) $\displaystyle\lim_{x\to 1}\frac{x^2-3x+2}{x^2-5x+4}$ (2) $\displaystyle\lim_{x\to -2}\frac{x^3+3x^2-4}{x^3+8}$ (3) $\displaystyle\lim_{x\to 1}\frac{1}{x-1}\left(x+1+\frac{2}{x-2}\right)$

(4) $\displaystyle\lim_{x\to 0}\frac{\sqrt{1+x}-\sqrt{1-x}}{x}$ (5) $\displaystyle\lim_{x\to 2}\frac{\sqrt{2x+5}-\sqrt{4x+1}}{\sqrt{2x}-\sqrt{x+2}}$

(6) $\displaystyle\lim_{x\to 3}\frac{\sqrt{(2x-3)^2-1}-\sqrt{x^2-1}}{x-3}$

p.95 EX 34

基本例題 48 極限値の条件から関数の係数決定 ②②②②②

次の等式が成り立つように，定数 a，b の値を定めよ。

$$\lim_{x\to1}\frac{a\sqrt{x+1}-b}{x-1}=\sqrt{2}$$

基本 47

指針 $x\longrightarrow1$ のとき，**分母** $(x-1)\longrightarrow0$ であるから

$$\lim_{x\to1}(a\sqrt{x+1}-b)=\lim_{x\to1}\left\{\frac{a\sqrt{x+1}-b}{x-1}\times(x-1)\right\}=\sqrt{2}\times0=0$$

よって，極限値が $\sqrt{2}$ であるためには，**分子** $(a\sqrt{x+1}-b)\longrightarrow0$ **であることが必要条件** である。

一般に $\displaystyle\lim_{x\to c}\frac{f(x)}{g(x)}=\alpha$ かつ $\displaystyle\lim_{x\to c}g(x)=0$ ならば $\displaystyle\lim_{x\to c}f(x)=0$ ← 必要条件 …★

そして，求めた必要条件 $(b=\sqrt{2}a)$ を使って，実際に極限を計算して $=\sqrt{2}$ となるように，a，b の値を定める。こうして求めた a，b の値は **与えられた等式が成り立つための必要十分条件** である。

解答

$\displaystyle\lim_{x\to1}\frac{a\sqrt{x+1}-b}{x-1}=\sqrt{2}$ …… ① が成り立つとする。

$\displaystyle\lim_{x\to1}(x-1)=0$ であるから　$\displaystyle\lim_{x\to1}(a\sqrt{x+1}-b)=0$

ゆえに　$\sqrt{2}a-b=0$　　よって　$b=\sqrt{2}a$ …… ②

このとき

$$\lim_{x\to1}\frac{a\sqrt{x+1}-b}{x-1}=\lim_{x\to1}\frac{a(\sqrt{x+1}-\sqrt{2})}{x-1}$$
$$=a\cdot\lim_{x\to1}\frac{(x+1)-2}{(x-1)(\sqrt{x+1}+\sqrt{2})}$$
$$=a\cdot\lim_{x\to1}\frac{x-1}{(x-1)(\sqrt{x+1}+\sqrt{2})}$$
$$=a\cdot\lim_{x\to1}\frac{1}{\sqrt{x+1}+\sqrt{2}}$$
$$=\frac{a}{2\sqrt{2}}$$

ゆえに，$\dfrac{a}{2\sqrt{2}}=\sqrt{2}$ のとき ① が成り立つ。

よって　$a=4$　　② から　$b=4\sqrt{2}$

したがって　$\boldsymbol{a=4,\ b=4\sqrt{2}}$

◀指針＿＿……★ の方針。★ を使って得られる ② は **必要条件** であることに注意。

◀分母・分子に $\sqrt{x+1}+\sqrt{2}$ を掛ける。

◀$x-1\ (\neq0)$ で約分。

◀$a=4$，$b=4\sqrt{2}$ は **必要十分条件**。

練習 ② 48 次の等式が成り立つように，定数 a，b の値を定めよ。

(1) $\displaystyle\lim_{x\to4}\frac{a\sqrt{x}+b}{x-4}=2$　(2) $\displaystyle\lim_{x\to2}\frac{x^3+ax+b}{x-2}=17$　(3) $\displaystyle\lim_{x\to8}\frac{ax^2+bx+8}{\sqrt[3]{x}-2}=84$

［(2) 近畿大，(3) 東北学院大］ p.95 EX35

基本例題 49 関数の片側からの極限 ②

(1) $\displaystyle\lim_{x\to1+0}\frac{x-2}{x-1}$，$\displaystyle\lim_{x\to1-0}\frac{x-2}{x-1}$ を求めよ。

(2) $x\longrightarrow0$ のとき，関数 $\dfrac{x^4-x}{|x|}$ の極限は存在するかどうかを調べよ。

p.82 基本事項 3

指針 (1) $x\longrightarrow1+0$，$x\longrightarrow1-0$ のどちらの場合も $x-1\longrightarrow0$ となるが，その符号は近づき方によって異なることに着目。

(2) $a\geqq0$ のとき $|a|=a$，$a<0$ のとき $|a|=-a$ に注意。

右側極限 $(x\longrightarrow+0)$，左側極限 $(x\longrightarrow-0)$ を調べて

一致すればそれが極限，一致しなければ極限はない とする。

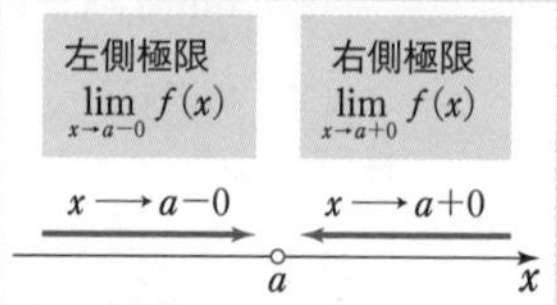

解答

(1) $x\longrightarrow1+0$ のとき

$$x-1\longrightarrow+0,\ x-2\longrightarrow-1+0$$

よって $\displaystyle\lim_{x\to1+0}\frac{x-2}{x-1}=-\infty$

また，$x\longrightarrow1-0$ のとき

$$x-1\longrightarrow-0,\ x-2\longrightarrow-1-0$$

よって $\displaystyle\lim_{x\to1-0}\frac{x-2}{x-1}=\infty$

(2) $x>0$ のとき

$$\lim_{x\to+0}\frac{x^4-x}{|x|}=\lim_{x\to+0}\frac{x(x^3-1)}{x}=\lim_{x\to+0}(x^3-1)=-1$$

$x<0$ のとき

$$\lim_{x\to-0}\frac{x^4-x}{|x|}=\lim_{x\to-0}\frac{x(x^3-1)}{-x}=\lim_{x\to-0}(-x^3+1)=1$$

$\displaystyle\lim_{x\to+0}\frac{x^4-x}{|x|}\neq\lim_{x\to-0}\frac{x^4-x}{|x|}$ であるから，**極限は存在しない。**

注意 (1)により，$x\longrightarrow1$ のときの関数 $\dfrac{x-2}{x-1}$ の極限は存在しないことがわかる。

検討

グラフ をかいて考えてもよい。

(1) $y=\dfrac{x-2}{x-1}=-\dfrac{1}{x-1}+1$ のグラフは下図。

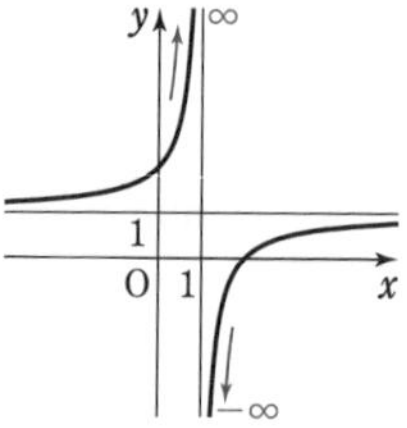

(2) $y=\dfrac{x^4-x}{|x|}$ のグラフは下図。

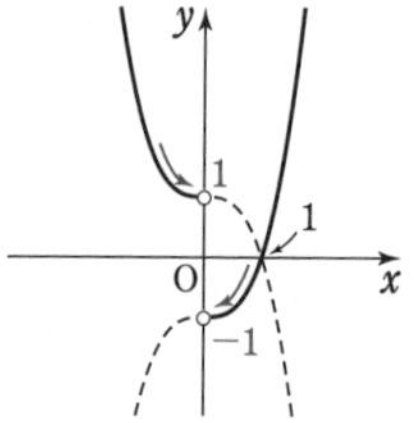

練習 ② 49 次の関数について，x が 1 に近づくときの右側極限，左側極限を求めよ。そして，$x\longrightarrow1$ のときの極限が存在するかどうかを調べよ。ただし，(4)の $[x]$ は x を超えない最大の整数を表す。

(1) $\dfrac{1}{(x-1)^2}$　(2) $\dfrac{1}{(x-1)^3}$　(3) $\dfrac{(x+1)^2}{|x^2-1|}$　(4) $x-[x]$

p.96 EX 36, 37

基本例題 50 関数の極限(2) … $x \longrightarrow \pm\infty$ の極限 1 ②

次の極限を求めよ。

(1) $\displaystyle\lim_{x\to\infty}(x^3-3x^2+5)$　(2) $\displaystyle\lim_{x\to-\infty}\frac{3x^2+4x-1}{2x^2-3}$

(3) $\displaystyle\lim_{x\to\infty}(\sqrt{x^2-x}-x)$　(4) $\displaystyle\lim_{x\to-\infty}\frac{4^x}{3^x+2^x}$

p.82 基本事項 1, 2, 4, 基本 47

指針 $\infty-\infty$, $\dfrac{\infty}{\infty}$ や $\dfrac{0}{0}$ の形の極限（**不定形の極限**）であるから，**くくり出し** や **有理化** によって，**極限が求められる形に変形** する。

(1) 最高次の項 x^3 で **くくり出す**。

(2) 分母・分子のそれぞれにおいて，分母の最高次の項 x^2 で **くくり出す**。なお，くくり出した x^2 は約分できるから，結局，x^2 で **分母・分子を割る** ことと同じである。

(3) $\dfrac{\sqrt{x^2-x}-x}{1}$ と考えて，分子を **有理化** する。

(4) $x \longrightarrow -\infty$ のとき　$a>1$ なら $a^x \longrightarrow 0$,　$0<a<1$ なら $a^x \longrightarrow \infty$　に注意。

CHART 関数の極限　**極限が求められる形に変形**　**くくり出し　有理化**

解答

(1) $\displaystyle\lim_{x\to\infty}(x^3-3x^2+5)=\lim_{x\to\infty}x^3\left(1-\frac{3}{x}+\frac{5}{x^3}\right)=\infty$

◀最高次の項 x^3 でくくり出す。

(2) $\displaystyle\lim_{x\to-\infty}\frac{3x^2+4x-1}{2x^2-3}=\lim_{x\to-\infty}\frac{3+\dfrac{4}{x}-\dfrac{1}{x^2}}{2-\dfrac{3}{x^2}}=\frac{3+0-0}{2-0}=\mathbf{\frac{3}{2}}$

◀分母の最高次の項の x^2 で分母・分子を割る。

(3) $\displaystyle\lim_{x\to\infty}(\sqrt{x^2-x}-x)=\lim_{x\to\infty}\frac{(x^2-x)-x^2}{\sqrt{x^2-x}+x}=\lim_{x\to\infty}\frac{-x}{\sqrt{x^2-x}+x}$

$\displaystyle=\lim_{x\to\infty}\frac{-1}{\sqrt{1-\dfrac{1}{x}}+1}=\frac{-1}{\sqrt{1-0}+1}$

$=\mathbf{-\dfrac{1}{2}}$

◀無理式には有理化が有効。なお，$x \longrightarrow \infty$ であるから，x で分母・分子を割る際は $x>0$ と考え，$\sqrt{x^2}=x$ とする。

(4) $\displaystyle\lim_{x\to-\infty}\frac{4^x}{3^x+2^x}=\lim_{x\to-\infty}\frac{2^x}{\left(\dfrac{3}{2}\right)^x+1}=\frac{0}{0+1}=\mathbf{0}$

◀分母・分子を 2^x で割る。

練習 ② 50 次の極限を求めよ。

(1) $\displaystyle\lim_{x\to-\infty}(x^3-2x^2)$　(2) $\displaystyle\lim_{x\to\infty}\frac{2x^2+3}{x^3-2x}$　(3) $\displaystyle\lim_{x\to\infty}\frac{3x^3+1}{x+1}$

(4) $\displaystyle\lim_{x\to\infty}(\sqrt{x^2+2x}-x)$　(5) $\displaystyle\lim_{x\to\infty}\sqrt{x}(\sqrt{x+1}-\sqrt{x-1})$

(6) $\displaystyle\lim_{x\to\infty}\frac{2^{x-1}}{1+2^x}$　(7) $\displaystyle\lim_{x\to-\infty}\frac{7^x-5^x}{7^x+5^x}$

基本例題 51 関数の極限 (3) … $x \longrightarrow \pm\infty$ の極限 2 ②

次の極限値を求めよ。 〔(2) 中部大，関西大〕

(1) $\displaystyle\lim_{x\to\infty}\left\{\frac{1}{2}\log_3 x+\log_3(\sqrt{3x+1}-\sqrt{3x-1})\right\}$ (2) $\displaystyle\lim_{x\to-\infty}(\sqrt{x^2+3x}+x)$

p.82 基本事項 4，基本 50

指針 (1) **対数の性質** $k\log_a M=\log_a M^k$，$\log_a M+\log_a N=\log_a MN$ を利用して，まず { } 内を **$\log_3 f(x)$ の形にまとめる**。そして，$f(x)$ の極限を考える。

(2) $\infty-\infty$ の形（**不定形**）で **無理式** であるから，まず **有理化** を行い，分母・分子を x で **くくり出す**。このとき，$x \longrightarrow -\infty$ であるから，**$x<0$ として変形** することに注意。…… $x<0$ のとき，$\sqrt{x^2}=x$ ではなくて，$\sqrt{x^2}=-x$ である。

なお，別解 のように，$x=-t$ の **おき換え** で，$t \longrightarrow \infty$ の問題にもち込むのもよい。

解答

(1) $\displaystyle\frac{1}{2}\log_3 x+\log_3(\sqrt{3x+1}-\sqrt{3x-1})$

$\displaystyle=\log_3\sqrt{x}+\log_3\frac{(3x+1)-(3x-1)}{\sqrt{3x+1}+\sqrt{3x-1}}$

$\displaystyle=\log_3\frac{2\sqrt{x}}{\sqrt{3x+1}+\sqrt{3x-1}}$ であるから

(与式)$\displaystyle=\lim_{x\to\infty}\log_3\frac{2\sqrt{x}}{\sqrt{3x+1}+\sqrt{3x-1}}$

$\displaystyle=\lim_{x\to\infty}\log_3\frac{2}{\sqrt{3+\frac{1}{x}}+\sqrt{3-\frac{1}{x}}}$

$\displaystyle=\log_3\frac{2}{2\sqrt{3}}=-\frac{1}{2}$

◀ $\frac{1}{2}\log_3 x=\log_3 x^{\frac{1}{2}}=\log_3\sqrt{x}$

◀ ___ は $\dfrac{\sqrt{3x+1}-\sqrt{3x-1}}{1}$ と考えて，分母・分子に $\sqrt{3x+1}+\sqrt{3x-1}$ を掛ける。

◀ 分母・分子を $\sqrt{x}$ で割る。

(2) $\displaystyle\lim_{x\to-\infty}(\sqrt{x^2+3x}+x)$

$\displaystyle=\lim_{x\to-\infty}\frac{(x^2+3x)-x^2}{\sqrt{x^2+3x}-x}=\lim_{x\to-\infty}\frac{3x}{\sqrt{x^2+3x}-x}$

$\displaystyle=\lim_{x\to-\infty}\frac{3x}{\sqrt{x^2\left(1+\frac{3}{x}\right)}-x}=\lim_{x\to-\infty}\frac{3}{-\sqrt{1+\frac{3}{x}}-1}=-\frac{3}{2}$

◀ 分子の有理化。

◀ **$x<0$ のとき $\sqrt{x^2}=-x$** に注意。

別解 $x=-t$ とおくと，$x \longrightarrow -\infty$ のとき $t \longrightarrow \infty$ であるから $\displaystyle\lim_{x\to-\infty}(\sqrt{x^2+3x}+x)=\lim_{t\to\infty}(\sqrt{t^2-3t}-t)$

$\displaystyle=\lim_{t\to\infty}\frac{(t^2-3t)-t^2}{\sqrt{t^2-3t}+t}=\lim_{t\to\infty}\frac{-3t}{\sqrt{t^2-3t}+t}$

$\displaystyle=\lim_{t\to\infty}\frac{-3}{\sqrt{1-\frac{3}{t}}+1}=-\frac{3}{2}$

◀ $t \longrightarrow \infty$ であるから，$t>0$ として変形する。よって $\sqrt{t^2}=t$

練習 ② 51 次の極限値を求めよ。

(1) $\displaystyle\lim_{x\to\infty}\{\log_2(8x^2+2)-2\log_2(5x+3)\}$ 〔近畿大〕

(2) $\displaystyle\lim_{x\to-\infty}(\sqrt{x^2+x+1}+x)$ (3) $\displaystyle\lim_{x\to-\infty}(3x+1+\sqrt{9x^2+1})$

p.95 EX 34

基本例題 52 関数の極限(4) … はさみうちの原理 ③

次の極限値を求めよ。ただし，$[x]$ は x を超えない最大の整数を表す。

(1) $\displaystyle\lim_{x\to\infty}\frac{[3x]}{x}$　　(2) $\displaystyle\lim_{x\to\infty}(3^x+5^x)^{\frac{1}{x}}$

p.82 基本事項 5，基本 21

指針 極限が直接求めにくい場合は，**はさみうちの原理**（$p.82$ 5 ① の 2）の利用を考える。

(1) $n\leqq x<n+1$（n は整数）のとき　$[x]=n$　すなわち　$[x]\leqq x<[x]+1$

よって　$[3x]\leqq 3x<[3x]+1$　　この式を利用して $f(x)\leqq\dfrac{[3x]}{x}\leqq g(x)$

$\left(\text{ただし}\displaystyle\lim_{x\to\infty}f(x)=\lim_{x\to\infty}g(x)\right)$ となる $f(x)$, $g(x)$ を作り出す。なお，記号 [　] は **ガウス記号** である。

(2) 底が最大の項 5^x でくくり出すと　$(3^x+5^x)^{\frac{1}{x}}=\left[5^x\left\{\left(\dfrac{3}{5}\right)^x+1\right\}\right]^{\frac{1}{x}}=5\left\{\left(\dfrac{3}{5}\right)^x+1\right\}^{\frac{1}{x}}$

$\left(\dfrac{3}{5}\right)^x$ の極限と $\left\{\left(\dfrac{3}{5}\right)^x+1\right\}^{\frac{1}{x}}$ の極限を同時に考えていくのは複雑である。そこで，はさみうちの原理を利用する。$x\longrightarrow\infty$ であるから，$x>1$ すなわち $0<\dfrac{1}{x}<1$ と考えてよい。

CHART 求めにくい極限　不等式利用で　はさみうち

解答

(1) 不等式 $[3x]\leqq 3x<[3x]+1$ が成り立つ。

$x>0$ のとき，各辺を x で割ると　$\dfrac{[3x]}{x}\leqq 3<\dfrac{[3x]}{x}+\dfrac{1}{x}$

ここで，$3<\dfrac{[3x]}{x}+\dfrac{1}{x}$ から　$3-\dfrac{1}{x}<\dfrac{[3x]}{x}$

よって　$3-\dfrac{1}{x}<\dfrac{[3x]}{x}\leqq 3$

$\displaystyle\lim_{x\to\infty}\left(3-\frac{1}{x}\right)=3$ であるから　$\displaystyle\lim_{x\to\infty}\frac{[3x]}{x}=\mathbf{3}$

(2) $(3^x+5^x)^{\frac{1}{x}}=\left[5^x\left\{\left(\dfrac{3}{5}\right)^x+1\right\}\right]^{\frac{1}{x}}=5\left\{\left(\dfrac{3}{5}\right)^x+1\right\}^{\frac{1}{x}}$

$x\longrightarrow\infty$ であるから，$x>1$，$0<\dfrac{1}{x}<1$ と考えてよい。

このとき　$\left\{\left(\dfrac{3}{5}\right)^x+1\right\}^0<\left\{\left(\dfrac{3}{5}\right)^x+1\right\}^{\frac{1}{x}}<\left\{\left(\dfrac{3}{5}\right)^x+1\right\}^1$ …（∗）

すなわち　$1<\left\{\left(\dfrac{3}{5}\right)^x+1\right\}^{\frac{1}{x}}<\left(\dfrac{3}{5}\right)^x+1$

$\displaystyle\lim_{x\to\infty}\left\{\left(\frac{3}{5}\right)^x+1\right\}=1$ であるから　$\displaystyle\lim_{x\to\infty}\left\{\left(\frac{3}{5}\right)^x+1\right\}^{\frac{1}{x}}=1$

よって　$\displaystyle\lim_{x\to\infty}(3^x+5^x)^{\frac{1}{x}}=\lim_{x\to\infty}5\left\{\left(\frac{3}{5}\right)^x+1\right\}^{\frac{1}{x}}=5\cdot 1=\mathbf{5}$

はさみうちの原理
$f(x)\leqq h(x)\leqq g(x)$ で
$\displaystyle\lim_{x\to\infty}f(x)=\lim_{x\to\infty}g(x)=\alpha$
ならば　$\displaystyle\lim_{x\to\infty}h(x)=\alpha$

◀底が最大の項 5^x でくくり出す。

◀$A>1$ のとき，$a<b$ ならば　$A^a<A^b$
$\left(\dfrac{3}{5}\right)^x+1>1$ であるから，（∗）が成り立つ。

練習 ③ 52 次の極限値を求めよ。ただし，[　] はガウス記号を表す。

(1) $\displaystyle\lim_{x\to\infty}\frac{x+[2x]}{x+1}$　　(2) $\displaystyle\lim_{x\to\infty}\left\{\left(\frac{2}{3}\right)^x+\left(\frac{3}{2}\right)^x\right\}^{\frac{1}{x}}$

p.95 EX 37

基本事項

三角関数の極限

角の単位が弧度法のとき　$\displaystyle\lim_{x\to0}\frac{\sin x}{x}=1,\ \lim_{x\to0}\frac{x}{\sin x}=1$

解　説

■三角関数の極限

$x\longrightarrow0$ であるから，$0<|x|<\dfrac{\pi}{2}$ としてよい。

以下，x は **弧度法** によるものとする。

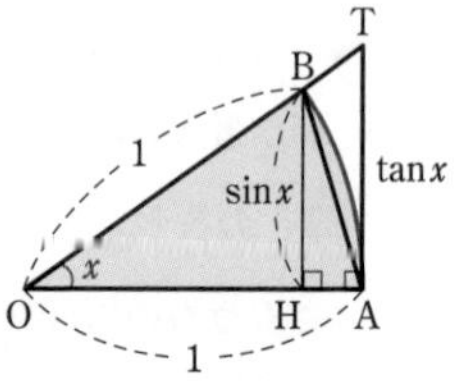

[1]　$0<x<\dfrac{\pi}{2}$ のとき，右の図で，面積について

$\triangle OAB<$扇形 $OAB<\triangle OAT$

ここで　$BH=\sin x$，$AT=\tan x$

また　扇形 $OAB=\dfrac{1}{2}\cdot1^2\cdot x$　（数学Ⅱ）

ゆえに　$\dfrac{1}{2}\cdot1\cdot\sin x<\dfrac{1}{2}\cdot1^2\cdot x<\dfrac{1}{2}\cdot1\cdot\tan x$　すなわち　$\sin x<x<\tan x$

よって　$1<\dfrac{x}{\sin x}<\dfrac{1}{\cos x}$

したがって　$1>\dfrac{\sin x}{x}>\cos x$

$\displaystyle\lim_{x\to+0}\cos x=1$ であるから　$\displaystyle\lim_{x\to+0}\frac{\sin x}{x}=1$

[2]　$-\dfrac{\pi}{2}<x<0$ のとき，$x=-t$ とおくと　$0<t<\dfrac{\pi}{2}$

ゆえに，[1] により　$\displaystyle\lim_{x\to-0}\frac{\sin x}{x}=\lim_{t\to+0}\frac{\sin(-t)}{-t}=\lim_{t\to+0}\frac{\sin t}{t}=1$

[1]，[2] から　$\displaystyle\lim_{x\to0}\frac{\sin x}{x}=1$

更に　$\displaystyle\lim_{x\to0}\frac{x}{\sin x}=\lim_{x\to0}\frac{1}{\frac{\sin x}{x}}=1$

また　$\displaystyle\lim_{x\to0}\frac{\tan x}{x}=\lim_{x\to0}\frac{\sin x}{x}\cdot\frac{1}{\cos x}=1\cdot1=1$

◀各辺の逆数をとると，不等号の向きが変わる。

◀はさみうちの原理。

◀$\sin(-t)=-\sin t$

◀$\dfrac{\sin x}{x}$ の右側極限，左側極限がともに1

◀$\displaystyle\lim_{x\to0}\frac{x}{\tan x}=1$ でもある。

参考　$y=x$，$y=\sin x$，$y=\tan x$ のグラフは，右図のようになる。

$0<x<\dfrac{\pi}{2}$ のとき，グラフの上下関係から，$\sin x<x<\tan x$ であることがわかる。

また，x が0に近いところでは，$\sin x\fallingdotseq x\fallingdotseq\tan x$ であることから，$\displaystyle\lim_{x\to0}\frac{\sin x}{x}=\lim_{x\to0}\frac{\tan x}{x}=1$ であることがイメージできる。

なお，$x\fallingdotseq0$ のとき $\sin x\fallingdotseq x$ の近似は，物理学（例えば単振動）でよく用いられる。

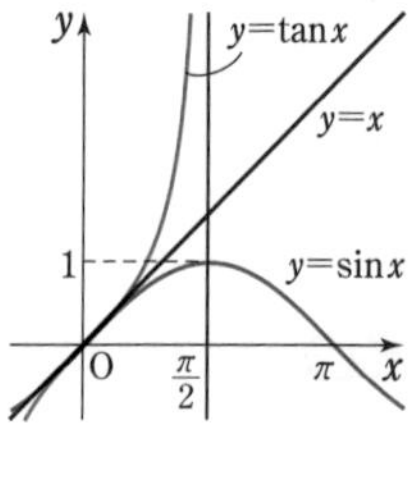

基本例題 53 三角関数の極限 (1) … lim(sin x/x)=1 の利用 ①①①①①

次の極限値を求めよ。

(1) $\lim_{x\to0}\dfrac{\sin3x}{x}$　(2) $\lim_{x\to0}\dfrac{\tan x^\circ}{x}$　(3) $\lim_{x\to0}\dfrac{x^2}{1-\cos x}$

p.90 基本事項

指針 いずれも $\dfrac{0}{0}$ の不定形。ここでは，公式 $\lim_{x\to0}\dfrac{\sin x}{x}=1,\ \lim_{x\to0}\dfrac{x}{\sin x}=1$ を使って極限を求めるが，それにはまずこの **公式を適用できる形に式を変形** する。

(2) 上の公式の x は弧度法によるものであるから，x° をラジアンに直す。

(3) 分母・分子に $1+\cos x$ を掛ける。⟶ 分母に $1-\cos^2x$ が現れるから，$\sin^2x+\cos^2x=1$ を利用することで $\sin x$ を含む式に変形できる。

CHART 三角関数の極限 $\lim_{●\to0}\dfrac{\sin■}{■}=1$（■ は同じ式）の形を作る
（● ⟶ 0 のとき ■ ⟶ 0）

解答

(1) $\lim_{x\to0}\dfrac{\sin3x}{x}=\lim_{x\to0}\dfrac{\sin3x}{3x}\cdot3$
$=1\cdot3=\mathbf{3}$

◀ $x\longrightarrow0$ のとき $3x\longrightarrow0$ であるが，$\dfrac{\sin3x}{x}\longrightarrow1$ としては誤り！
［$\dfrac{\sin\boxed{3x}}{\boxed{3x}}\longrightarrow1$ が正しい。（$\boxed{\ }$ は 同じ式 にする。）］

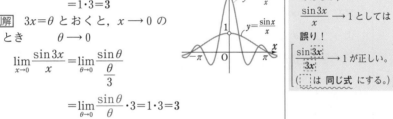

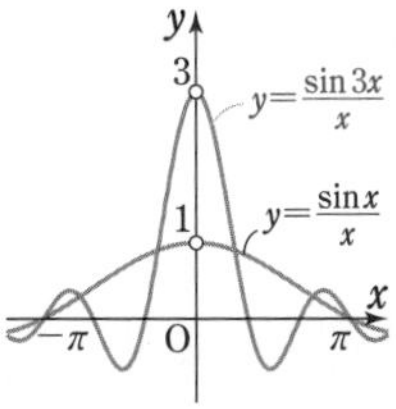

別解 $3x=\theta$ とおくと，$x\longrightarrow0$ のとき　$\theta\longrightarrow0$

$\lim_{x\to0}\dfrac{\sin3x}{x}=\lim_{\theta\to0}\dfrac{\sin\theta}{\frac{\theta}{3}}$

$=\lim_{\theta\to0}\dfrac{\sin\theta}{\theta}\cdot3=1\cdot3=\mathbf{3}$

(2) $\lim_{x\to0}\dfrac{\tan x^\circ}{x}=\lim_{x\to0}\dfrac{\tan\frac{\pi}{180}x}{x}$

$=\lim_{x\to0}\dfrac{\sin\frac{\pi}{180}x}{\frac{\pi}{180}x}\cdot\dfrac{\pi}{180}\cdot\dfrac{1}{\cos\frac{\pi}{180}x}=1\cdot\dfrac{\pi}{180}\cdot\dfrac{1}{1}=\boldsymbol{\dfrac{\pi}{180}}$

◀ $1^\circ=\dfrac{\pi}{180}$ であるから $x^\circ=\dfrac{\pi}{180}x$

◀ $\dfrac{\sin■}{■}$ の形を作る。（$x\longrightarrow0$ のとき ■ ⟶ 0）

(3) $\lim_{x\to0}\dfrac{x^2}{1-\cos x}=\lim_{x\to0}\dfrac{x^2(1+\cos x)}{1-\cos^2x}$

$=\lim_{x\to0}\left(\dfrac{x}{\sin x}\right)^2(1+\cos x)=1^2\cdot(1+1)=\mathbf{2}$

◀ $1-\cos^2x=\sin^2x$

◀ $\lim_{x\to0}\dfrac{x}{\sin x}=1$

練習 ② 53 次の極限値を求めよ。

(1) $\lim_{x\to\infty}\sin\dfrac{1}{x}$　(2) $\lim_{x\to0}\dfrac{\sin4x}{3x}$　(3) $\lim_{x\to0}\dfrac{\sin2x}{\sin5x}$　(4) $\lim_{x\to0}\dfrac{\tan2x}{x}$

(5) $\lim_{x\to0}\dfrac{x\sin x}{1-\cos x}$　(6) $\lim_{x\to0}\dfrac{1-\cos2x}{x^2}$　(7) $\lim_{x\to0}\dfrac{x-\sin2x}{\sin3x}$　［(6) 法政大］

p.95 EX38，p.96 EX39

基本例題 54 三角関数の極限 (2) … おき換えなど

次の極限値を求めよ。

(1) $\displaystyle\lim_{x\to\frac{\pi}{2}}\frac{\cos x}{2x-\pi}$　　(2) $\displaystyle\lim_{x\to\infty}x\sin\frac{1}{x}$　　(3) $\displaystyle\lim_{x\to 0}x^2\sin\frac{1}{x}$

基本 53

指針

(1) $\displaystyle\lim_{x\to 0}\frac{\sin x}{x}=1$ が使える形に変形する。そのために，

$x\longrightarrow\frac{\pi}{2}$ は $x-\frac{\pi}{2}\longrightarrow 0$ と考え，$\boldsymbol{x-\frac{\pi}{2}=t}$ と **おき換える**。

(2) $\boldsymbol{\frac{1}{x}=t}$ と **おき換える**。$x\longrightarrow\infty$ のとき，$t\longrightarrow +0$ となる。

(3) (1), (2) や前ページの例題のようなわけにはいかない。そこで，

求めにくい極限　はさみうち

による。つまり，$-1\leqq\sin\frac{1}{x}\leqq 1$ を利用して，不等式を作る。

解答

(1) $x-\frac{\pi}{2}=t$ とおくと　$x\longrightarrow\frac{\pi}{2}$ のとき　$t\longrightarrow 0$

また　$\cos x=\cos\left(\frac{\pi}{2}+t\right)=-\sin t$，$2x-\pi=2t$

よって，求める極限値は

$$\lim_{t\to 0}\frac{-\sin t}{2t}=\lim_{t\to 0}\left(-\frac{1}{2}\right)\cdot\frac{\sin t}{t}=\boldsymbol{-\frac{1}{2}}$$

(2) $\frac{1}{x}=t$ とおくと　$x\longrightarrow\infty$ のとき　$t\longrightarrow +0$

よって　$\displaystyle\lim_{x\to\infty}x\sin\frac{1}{x}=\lim_{t\to +0}\frac{\sin t}{t}=\boldsymbol{1}$

(3) $-1\leqq\sin\frac{1}{x}\leqq 1$，$x\neq 0$ であるから

$$-x^2\leqq x^2\sin\frac{1}{x}\leqq x^2$$

$\displaystyle\lim_{x\to 0}(-x^2)=0$，$\displaystyle\lim_{x\to 0}x^2=0$ であるから

$$\lim_{x\to 0}x^2\sin\frac{1}{x}=\boldsymbol{0}$$

◀ $x\longrightarrow\frac{\pi}{2}$ のとき $t\longrightarrow 0$ となるように，おき換える式 (t) を決める。

◀ $x=\frac{\pi}{2}+t$

◀ $\displaystyle\lim_{●\to 0}\frac{\sin ●}{●}=1$

◀ $x=\frac{1}{t}$

◀ 関数 $y=\sin\theta$ の値域は $-1\leqq y\leqq 1$

◀ 各辺に $x^2(>0)$ を掛ける。

◀ **はさみうちの原理。**

練習 ② 54 次の極限値を求めよ。

(1) $\displaystyle\lim_{x\to\pi}\frac{(x-\pi)^2}{1+\cos x}$　　(2) $\displaystyle\lim_{x\to 1}\frac{\sin\pi x}{x-1}$　　(3) $\displaystyle\lim_{x\to\infty}x^2\left(1-\cos\frac{1}{x}\right)$

(4) $\displaystyle\lim_{x\to 0}\frac{\sin(2\sin x)}{3x(1+2x)}$　　(5) $\displaystyle\lim_{x\to\infty}\frac{\cos x}{x}$　　(6) $\displaystyle\lim_{x\to 0}x\sin^2\frac{1}{x}$

p.95 EX 38

まとめ　関数の極限の求め方

これまで，さまざまな不定形の極限の求め方を学んできた。その求め方のポイントを，ここで整理しておこう。

1　式変形の工夫

① **約分**　分母・分子を因数分解して，共通因数を約分する。 …… $\frac{0}{0}$ の場合。

例　$\lim_{x\to 2}\frac{x^2-4}{x-2}=\lim_{x\to 2}\frac{(x+2)(x-2)}{x-2}=\lim_{x\to 2}(x+2)=4$　➡例題 47 (1)，(2)

② **くくり出し**　最高次の項をくくり出す。 …… $\infty-\infty$ や $\frac{\infty}{\infty}$ の場合。

例　$\lim_{x\to\infty}(x^3-2x)=\lim_{x\to\infty}x^3\left(1-\frac{2}{x^2}\right)=\infty$　➡例題 50 (1)

例　$\lim_{x\to\infty}\frac{4x^2-3x+2}{3x^2+1}=\lim_{x\to\infty}\frac{4-\frac{3}{x}+\frac{2}{x^2}}{3+\frac{1}{x^2}}=\frac{4}{3}$　➡例題 50 (2)

③ **有理化**　分母または分子を有理化する。 …… 無理関数で $\infty-\infty$ や $\frac{0}{0}$ の場合。

例　$\lim_{x\to 1}\frac{\sqrt{x+3}-2}{x-1}=\lim_{x\to 1}\frac{(x+3)-4}{(x-1)(\sqrt{x+3}+2)}=\lim_{x\to 1}\frac{1}{\sqrt{x+3}+2}=\frac{1}{4}$　➡例題 47 (3)

例　$\lim_{x\to\infty}(\sqrt{x^2+2x}-x)=\lim_{x\to\infty}\frac{x^2+2x-x^2}{\sqrt{x^2+2x}+x}=\lim_{x\to\infty}\frac{2}{\sqrt{1+\frac{2}{x}}+1}=1$　➡例題 50 (3)

④ **$\lim_{●\to 0}\frac{\sin■}{■}=1$（● ⟶ 0 のとき ■ ⟶ 0）を適用** …… 三角関数で $\frac{0}{0}$ の場合。

例　$\lim_{x\to 0}\frac{\sin 5x}{x}=\lim_{x\to 0}\frac{\sin 5x}{5x}\cdot 5=5$　➡例題 53

⑤ **おき換え**　● ⟶ 0 となるようにおき換えて，④ の公式を利用。

例　$\lim_{x\to-\frac{\pi}{2}}\frac{\cos x}{2x+\pi}$ において，$x+\frac{\pi}{2}=t$ とおくと　$\lim_{t\to 0}\frac{\sin t}{2t}=\frac{1}{2}$　➡例題 54 (1)，(2)

2　はさみうちの原理の利用

不等式を作り，極限値が等しい関数ではさむ。

例　$\lim_{x\to\infty}\frac{\sin x}{x^2}$ において，$-1\leqq\sin x\leqq 1$ から　$-\frac{1}{x^2}\leqq\frac{\sin x}{x^2}\leqq\frac{1}{x^2}$

$\lim_{x\to\infty}\left(-\frac{1}{x^2}\right)=\lim_{x\to\infty}\frac{1}{x^2}=0$ であるから　$\lim_{x\to\infty}\frac{\sin x}{x^2}=0$　➡例題 54 (3)

3　参考　微分係数の定義 $f'(a)=\lim_{x\to a}\frac{f(x)-f(a)}{x-a}$ の利用（第 3 章で学習）

例　$\lim_{x\to 1}\frac{\sin\pi x}{x-1}$ において，$f(x)=\sin\pi x$ とすると　$f'(x)=\pi\cos\pi x$　であるから

$\lim_{x\to 1}\frac{\sin\pi x}{x-1}=\lim_{x\to 1}\frac{\sin\pi x-\sin\pi}{x-1}=\lim_{x\to 1}\frac{f(x)-f(1)}{x-1}=f'(1)=\pi\cos\pi=-\pi$　➡例題 70

基本例題 55 三角関数の極限の図形への応用

◎◎◎◎◎

O を原点とする座標平面上に 2 点 A(2, 0), B(0, 1) がある。点 P を辺 AB 上に，AP$=t$AB $(0<t<1)$ を満たすようにとる。∠AOP$=\theta$，線分 AP の長さを l とするとき

(1) $\dfrac{l}{\sin\theta}$ を t で表せ。　(2) 極限値 $\displaystyle\lim_{t\to 0}\frac{l}{\theta}$ を求めよ。

基本 53, 54

指針 (1) まず，**図をかく**。△OAP において，辺 AP の長さ l と対角 θ について，**正弦定理** により，l, θ および sin∠PAO についての等式を導く。点 P は辺 AB を $t:(1-t)$ に内分することから，その座標は具体的に求められる。

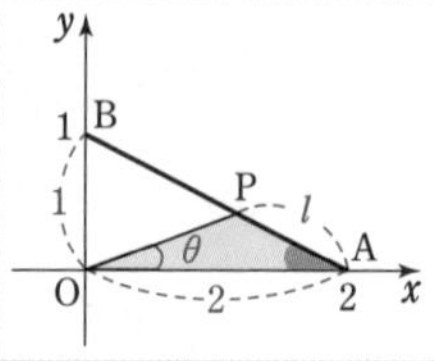

(2) $\displaystyle\lim_{\theta\to 0}\frac{\sin\theta}{\theta}=1$ が利用できるように，(1) で求めた式を変形する。

解答

(1) △OAP において，正弦定理により

$$\frac{l}{\sin\theta}=\frac{\text{OP}}{\sin\angle\text{PAO}}$$

ここで，AP : PB$=t:(1-t)$ であるから

$$\text{P}\left(\frac{2(1-t)}{t+(1-t)},\ \frac{1\cdot t}{t+(1-t)}\right)$$

すなわち　P$(2(1-t),\ t)$

よって　$\text{OP}=\sqrt{\{2(1-t)\}^2+t^2}$
$=\sqrt{5t^2-8t+4}$

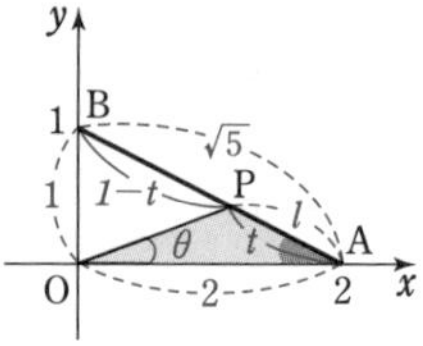

また，$\sin\angle\text{PAO}=\sin\angle\text{BAO}=\dfrac{\text{OB}}{\text{AB}}=\dfrac{1}{\sqrt{5}}$ であるから

◀ $\text{AB}=\sqrt{2^2+1^2}=\sqrt{5}$

$$\frac{l}{\sin\theta}=\sqrt{5t^2-8t+4}\cdot\sqrt{5}=\boldsymbol{\sqrt{5(5t^2-8t+4)}}$$

(2) (1) から　$\dfrac{l}{\theta}=\sqrt{5(5t^2-8t+4)}\cdot\dfrac{\sin\theta}{\theta}$

$t\longrightarrow 0$ のとき P$\longrightarrow$A すなわち $\theta\longrightarrow 0$ であるから

◀ $0<t<1$

$$\lim_{t\to 0}\frac{l}{\theta}=\lim_{t\to 0}\sqrt{5(5t^2-8t+4)}\times\lim_{\theta\to 0}\frac{\sin\theta}{\theta}$$
$$=\sqrt{5\cdot 4}\times 1=\boldsymbol{2\sqrt{5}}$$

正弦定理

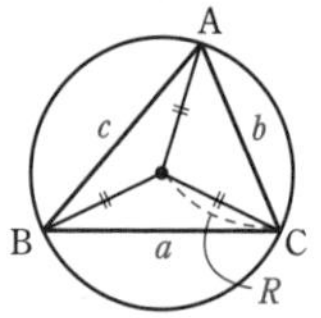

$\dfrac{a}{\sin A}=\dfrac{b}{\sin B}=\dfrac{c}{\sin C}$
$=2R$

練習 ③ **55** 座標平面上に点 A(0, 3), B(b, 0), C(c, 0), O(0, 0) がある。ただし，$b<0$，$c>0$，∠BAO$=2$∠CAO である。∠BAC$=\theta$，△ABC の面積を S とするとき，$\displaystyle\lim_{\theta\to 0}\frac{S}{\theta}$ を求めよ。

〔防衛医大〕

p.96 EX 40, 41

②**34** (1) $\lim_{x\to 0}\frac{1}{x^3}\left\{\sqrt{1+2x}-\left(1+x-\frac{x^2}{2}\right)\right\}$ を求めよ。　〔摂南大〕

(2) 等式 $\lim_{x\to\infty}\{\sqrt{4x^2+5x+6}-(ax+b)\}=0$ が成り立つとき，定数 a，b の値を求めよ。　〔関西大〕

(3) 等式 $\lim_{x\to\infty}\frac{2^xa-2^{-x}}{2^{x+1}-2^{-x-1}}=1$ が成り立つとき，定数 a の値は $a=$ ア［　］である。
また，このとき，$\lim_{x\to\infty}\{\log_a x-\log_a(2x+3)\}$ の値は イ［　］である。　→47,50,51

②**35** 3 次関数 $f(x)$ が $\lim_{x\to\infty}\frac{f(x)-2x^3+3}{x^2}=4$，$\lim_{x\to 0}\frac{f(x)-5}{x}=3$ を満たすとき，$f(x)$ を求めよ。　〔愛知工大〕　→48

③**36** 関数 $f(x)=x^{2n}$ (n は正の整数) を考える。$t>0$ に対して，曲線 $y=f(x)$ 上の 3 点 $\mathrm{A}(-t,\ f(-t))$，$\mathrm{O}(0,\ 0)$，$\mathrm{B}(t,\ f(t))$ を通る円の中心の座標を $(p(t),\ q(t))$，半径を $r(t)$ とする。極限 $\lim_{t\to+0}p(t)$，$\lim_{t\to+0}q(t)$，$\lim_{t\to+0}r(t)$ がすべて収束するとき，$n=1$ であることを示せ。また，このとき $a=\lim_{t\to+0}p(t)$，$b=\lim_{t\to+0}q(t)$，$c=\lim_{t\to+0}r(t)$ の値を求めよ。　〔類 岡山大〕　→49

②**37** 次の極限値を求めよ。ただし，$[x]$ は x を超えない最大の整数を表すとする。

(1) $\lim_{x\to k-0}([2x]-2[x])$　(k は整数)　　(2) $\lim_{x\to\infty}\frac{[\sqrt{2x^2+x}]-2\sqrt{x}}{x}$

〔(1) 類 摂南大〕　→49,52

③**38** 次の極限値を求めよ。ただし，a，b は正の実数とする。

(1) $\lim_{x\to 0}\frac{x\tan x}{\sqrt{\cos 2x}-\cos x}$　　(2) $\lim_{x\to\frac{\pi}{2}}\frac{\sin(2\cos x)}{x-\frac{\pi}{2}}$

(3) $\lim_{x\to\infty}x\sin(\sqrt{a^2x^2+b}-ax)$　〔(1) 類 岩手大，(2) 関西大，(3) 学習院大〕

→53,54

HINT

34　(2) まず，a の符号に注意し，左辺の式を有理化。　(3) 分母・分子を 2^x で割る。

35　極限値 $\lim_{x\to\infty}\frac{f(x)-2x^3+3}{x^2}$ が存在するから，$f(x)-2x^3$ は 2 次以下の多項式。

36　円の中心の座標は，線分 AB の垂直二等分線と線分 OB の垂直二等分線の交点とみて求める。

37　(2) はさみうちの原理を利用。

38　(1) まず，分母を有理化。　(2) $x-\frac{\pi}{2}=t$ とおく。

(3) $\sqrt{a^2x^2+b}-ax=t$ とおき，x を t で表す。

③39 θ を $0<\theta<\dfrac{\pi}{4}$ を満たす定数とし，自然数 n に対して $a_n=\tan\dfrac{\theta}{2^n}$ とおく。

(1) $n\geqq 2$ のとき，$\dfrac{1}{a_n}-\dfrac{2}{a_{n-1}}=a_n$ が成り立つことを示せ。

(2) $S_n=\displaystyle\sum_{k=1}^{n}\dfrac{a_k}{2^k}$ とおく。$n\geqq 2$ のとき，S_n を a_1 と a_n で表せ。

(3) 無限級数 $\displaystyle\sum_{n=1}^{\infty}\dfrac{a_n}{2^n}$ の和を求めよ。〔類 名古屋工大〕

→53

③40 点 O を中心とし，長さ $2r$ の線分 AB を直径とする円の周上を動く点 P がある。△ABP の面積を S_1，扇形 OPB の面積を S_2 とする。点 P が点 B に限りなく近づくとき，$\dfrac{S_1}{S_2}$ の極限値を求めよ。〔類 日本女子大〕

→55

③41 xy 平面上の原点を中心として半径 1 の円 C を考える。$0\leqq\theta<\dfrac{\pi}{2}$ とし，C 上の点 $(\cos\theta,\ \sin\theta)$ を P とする。点 P で C に接し，更に，y 軸と接する円でその中心が円 C の内部にあるものを S とし，その中心 Q の座標を $(u,\ v)$ とする。

(1) u と v をそれぞれ $\cos\theta$ と $\sin\theta$ を用いて表せ。

(2) 円 S の面積を $D(\theta)$ とするとき，$\displaystyle\lim_{\theta\to\frac{\pi}{2}-0}\dfrac{D(\theta)}{\left(\dfrac{\pi}{2}-\theta\right)^2}$ を求めよ。〔類 高知大〕

→54, 55

③42 xy 平面の第 1 象限内において，直線 ℓ：$y=mx\ (m>0)$ と x 軸の両方に接している半径 a の円を C とし，円 C の中心を通る直線 $y=tx\ (t>0)$ を考える。また，直線 ℓ と x 軸，および，円 C のすべてにそれぞれ 1 点で接する円の半径を b とする。ただし，$b>a$ とする。

(1) t を m を用いて表せ。　(2) $\dfrac{b}{a}$ を t を用いて表せ。

(3) 極限値 $\displaystyle\lim_{m\to+0}\dfrac{1}{m}\left(\dfrac{b}{a}-1\right)$ を求めよ。〔東北大〕

→49

HINT

39 (1) $a_{n-1}=\tan\dfrac{\theta}{2^{n-1}}=\tan 2\cdot\dfrac{\theta}{2^n}$ として，2 倍角の公式を利用。　(2) (1) の結果を利用。

40 $\angle\mathrm{PAB}=\theta$ として，S_1，S_2 を θ で表す。

41 (1) 3 点 O，Q，P は一直線上にあることに注目。

(2) $\theta\longrightarrow\dfrac{\pi}{2}-0$ のとき　$\dfrac{\pi}{2}-\theta\longrightarrow+0$

42 (1) 直線 $y=tx$ は直線 ℓ と x 軸のなす角の二等分線であることに注目。直線 $y=tx$ と x 軸の正の向きがなす角を θ として，$\tan 2\theta$ を t で表す。

(2) $\sin\theta$ を，t を用いた式，a，b を用いた式の 2 通りで表す。

6 関数の連続性

基本事項

1 関数の連続性

① **$x=a$ で連続** 関数 $f(x)$ において，その定義域の x の値 a に対して極限値 $\lim_{x\to a} f(x)$ が存在し，かつ，$\lim_{x\to a} f(x)=f(a)$ であるとき，$f(x)$ は $x=a$ で **連続** であるという [$y=f(x)$ のグラフは $x=a$ でつながっている]。

② **不連続** 関数 $f(x)$ がその定義域の x の値 a で **連続でない** とき，$f(x)$ は $x=a$ で **不連続** であるという。

③ **$f(x)$，$g(x)$ が $x=a$ で連続ならば，次の関数も $x=a$ で連続である。**

$$kf(x)+lg(x)\ (k,\ l \text{ は定数}),\ f(x)g(x),\ g(a)\neq 0 \text{ のとき } \frac{f(x)}{g(x)}$$

2 連続関数の性質

←― 2 の ①～③ は，高校では証明なしで用いてよい。

① **最大値・最小値の定理** **閉区間で連続な関数は，その閉区間で，最大値および最小値をもつ。**

② **中間値の定理** **関数 $f(x)$ が閉区間 $[a,\ b]$ で連続で，$f(a)\neq f(b)$ ならば，$f(a)$ と $f(b)$ の間の任意の値 k に対して $f(c)=k$ を満たす c が，a と b の間に少なくとも 1 つある。**

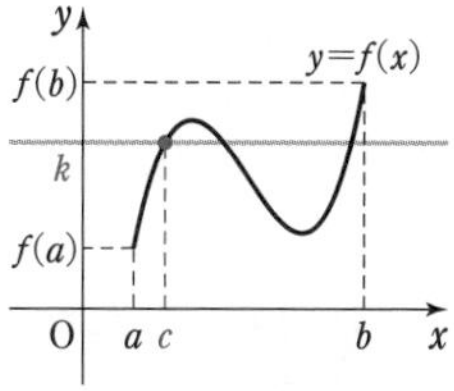

③ **関数 $f(x)$ が閉区間 $[a,\ b]$ で連続で，$f(a)$ と $f(b)$ が異符号ならば，方程式 $f(x)=0$ は $a<x<b$ の範囲に少なくとも 1 つの実数解をもつ。**

解説

■ 関数の連続性

例 関数 $f(x)=\begin{cases} x^2 & (x\neq 0) \\ 1 & (x=0) \end{cases}$ の連続性について考えてみよう。

定義域は実数全体であり，$a\neq 0$ のとき，$f(x)$ は $x=a$ で連続である。

◀ $x=a\ (a\neq 0)$ のとき $\lim_{x\to a} f(x)=f(a)$ このとき，グラフは $x=a$ でつながっている。

$x=0$ のときについては

$$\lim_{x\to 0} f(x)=\lim_{x\to 0} x^2=0,\quad f(0)=1$$

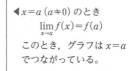

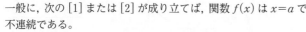

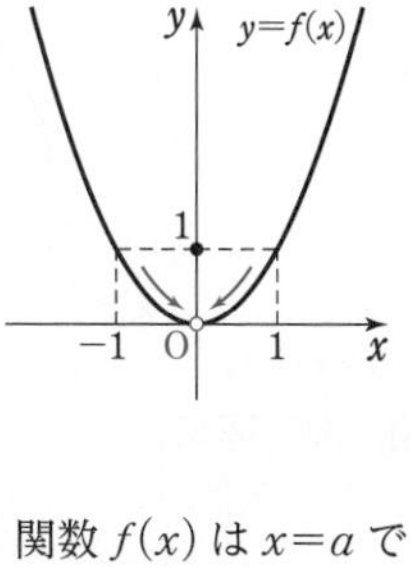

よって $\lim_{x\to 0} f(x)\neq f(0)$

ゆえに，関数 $f(x)$ は $x=0$ で連続でない(不連続である)。

◀ グラフは $x=0$ で切れている。

一般に，次の [1] または [2] が成り立てば，関数 $f(x)$ は $x=a$ で不連続である。

[1] **$x\longrightarrow a$ のとき，関数 $f(x)$ が極限値をもたない**

[2] **極限値 $\lim_{x\to a} f(x)$ が存在するが $\lim_{x\to a} f(x)\neq f(a)$**

不連続 ⟷ グラフがつながっていない

■ **連続関数**

関数 $f(x)$ が定義域のすべての x の値で連続であるとき，$f(x)$ を **連続関数** という。多項式で表される関数や分数・無理関数，三角・指数・対数関数などは連続関数である。

◀連続関数は，定義域内でグラフがつながっている。

■ **区間で連続**

$f(x)$ がある **区間で連続** であるとは，その区間を $f(x)$ の定義域と考えたとき，$f(x)$ がその定義域の各 x の値で連続なことである。

なお，区間 $a \leqq x \leqq b$ を **閉区間**，区間 $a<x<b$ を **開区間** といい，それぞれ $[a,\ b]$，$(a,\ b)$ で表す。また，区間 $a \leqq x<b$，$a<x \leqq b$ や $a<x$，$x \leqq b$ を，それぞれ $[a,\ b)$，$(a,\ b]$，$(a,\ \infty)$，$(-\infty,\ b]$ で表す。

a が $f(x)$ の定義域に属し，定義域の左端または右端である場合には，それぞれ $\displaystyle\lim_{x \to a+0} f(x)=f(a)$ または $\displaystyle\lim_{x \to a-0} f(x)=f(a)$ が成り立つとき，$f(x)$ は $x=a$ で連続であるという。

なお，$f(x)$ が閉区間 $[a,\ b]$ で連続とは，開区間 $(a,\ b)$ で連続，$\displaystyle\lim_{x \to a+0} f(x)=f(a)$，$\displaystyle\lim_{x \to b-0} f(x)=f(b)$ が成り立つことである。

◀区間の端が
［ や ］⟶ 端点を含む。
（ や ）⟶ 端点を含まない。

◀実数全体を $(-\infty,\ \infty)$ と表すこともある。

例　関数 $f(x)=\sqrt{x}$ について

定義域は $x \geqq 0$ であり

$\displaystyle\lim_{x \to +0} f(x)=f(0)$　$(=0)$

よって，$f(x)$ は $x=0$ で連続であり，区間 $x \geqq 0$ で連続である。

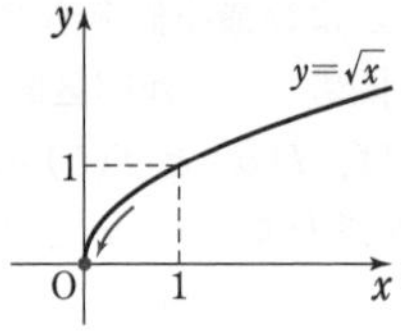

◀区間 $x>0$ で連続。

◀$\displaystyle\lim_{x \to +0} f(x)=\lim_{x \to +0} \sqrt{x}=0$

■ **最大値・最小値の定理**（前ページの **2** ①）

閉区間で連続な関数は，区間の両端を含むすべての x の値に対し y の値が存在するから，y の値の最大のものが最大値，最小のものが最小値となる。　⟵ これは厳密な証明ではない（直観的な証明）。

なお，この定理については，前提条件「**閉区間で連続**」が重要である。閉区間，連続のどちらの条件が欠けても，定理は成り立たない。 ⟶ 次の [1] や [2] のような場合が起こりうる。

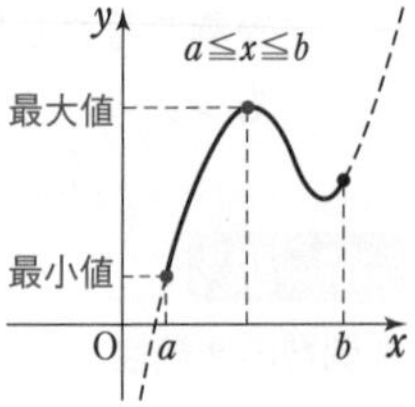

[1]　区間 $(a,\ b]$ で連続

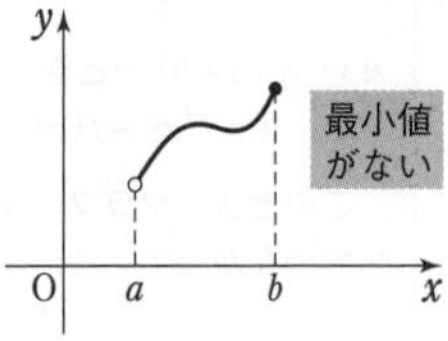

[2]　不連続な点がある

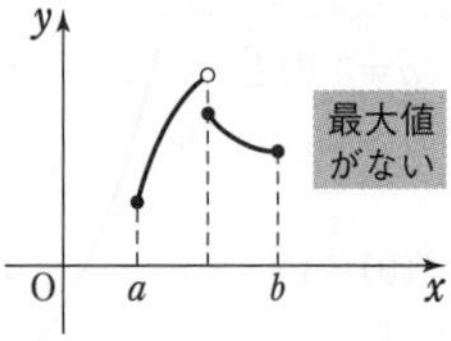

■ **中間値の定理**（前ページの **2** ②）

この定理についても，「**閉区間で連続**」という条件が大切である。この条件が満たされないと，右の [3]，[4] のような場合が起こりうるので，$f(c)=k$ となる c $(a<c<b)$ が存在しないことがある。

[3]　区間 $(a,\ b]$ で連続

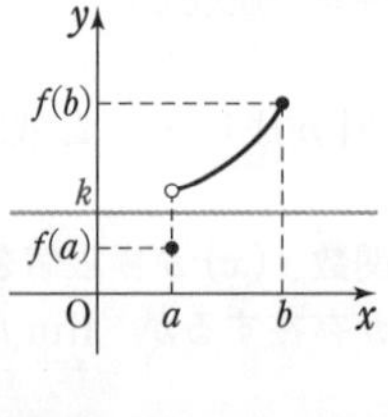

[4]　不連続な点がある

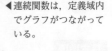

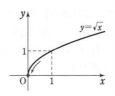

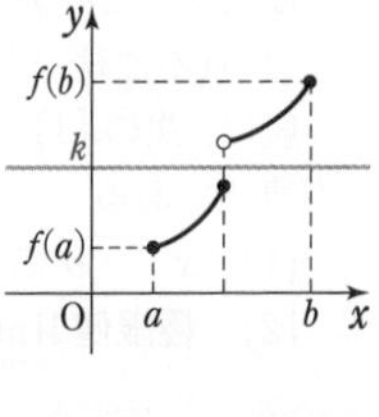

基本 例題 **56** 関数の連続・不連続について調べる ●●●●●●

$-1\leqq x\leqq2$ とする。次の関数の連続性について調べよ。

(1) $f(x)=x|x|$　　　(2) $g(x)=\dfrac{1}{(x-1)^2}$ $(x\neq1)$, $g(1)=0$

(3) $h(x)=[x]$　ただし，$[\ ]$ はガウス記号。　　　/p.97 基本事項 **1**　重要 **57, 58**

指針 関数 $f(x)$ が $x=a$ で連続 $\iff$ $\displaystyle\lim_{x\to a}f(x)=f(a)$ が成り立つ。

また，$f(x)$ が **$x=a$ で不連続** とは
[1] 極限値 $\displaystyle\lim_{x\to a}f(x)$ が存在しない
[2] 極限値 $\displaystyle\lim_{x\to a}f(x)$ が存在するが　$\displaystyle\lim_{x\to a}f(x)\neq f(a)$
のいずれかが成り立つこと。
関数のグラフをかくと考えやすい。

2章

6 関数の連続性

解答

(1) $x>0$ のとき $f(x)=x^2$　　$x<0$ のとき $f(x)=-x^2$
よって　$\displaystyle\lim_{x\to+0}f(x)=\lim_{x\to+0}x^2=0$,
$\displaystyle\lim_{x\to-0}f(x)=\lim_{x\to-0}(-x^2)=0$
また　$f(0)=0$　　ゆえに　$\displaystyle\lim_{x\to0}f(x)=f(0)$
よって，$x=0$ で連続であり　**$-1\leqq x\leqq2$ で連続**。

(2) $\displaystyle\lim_{x\to1}g(x)=\lim_{x\to1}\dfrac{1}{(x-1)^2}=\infty$
極限値 $\displaystyle\lim_{x\to1}g(x)$ は存在しないから
　$-1\leqq x<1$, $1<x\leqq2$ で連続；$x=1$ で不連続。

(3) $-1\leqq x<0$ のとき $h(x)=-1$,
$0\leqq x<1$ のとき $h(x)=0$,
$1\leqq x<2$ のとき $h(x)=1$, $h(2)=2$
よって $\displaystyle\lim_{x\to-0}h(x)=-1$, $\displaystyle\lim_{x\to+0}h(x)=0$ ゆえに，極限値 $\displaystyle\lim_{x\to0}h(x)$ は存在しない。
$\displaystyle\lim_{x\to1-0}h(x)=0$, $\displaystyle\lim_{x\to1+0}h(x)=1$ ゆえに，極限値 $\displaystyle\lim_{x\to1}h(x)$ は存在しない。
$\displaystyle\lim_{x\to2-0}h(x)=1$, $h(2)=2$ ゆえに $\displaystyle\lim_{x\to2-0}h(x)\neq h(2)$
よって **$-1\leqq x<0$, $0<x<1$, $1<x<2$ で連続；$x=0$, 1, 2 で不連続**。

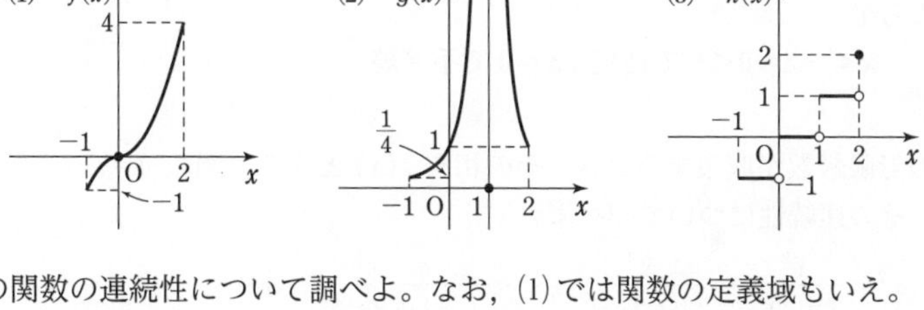

(1), (2) 多項式で表された関数は連続関数であることと p.97 基本事項 **1** ③ に注意。関数の式が変わる点 [(1) では $x=0$, (2) では $x=1$] における連続性を調べる。なお，(3) では区間の端点での連続性も調べる。

◀ $[x]$ は x を超えない最大の整数。

練習 次の関数の連続性について調べよ。なお，(1) では関数の定義域もいえ。
② **56**
(1) $f(x)=\dfrac{x+1}{x^2-1}$　　(2) $-1\leqq x\leqq2$ で $f(x)=\log_{10}\dfrac{1}{|x|}$ $(x\neq0)$, $f(0)=0$
(3) $0\leqq x\leqq2\pi$ で $f(x)=[\cos x]$　ただし，$[\ ]$ はガウス記号。

重要例題 57 級数で表された関数のグラフの連続性

無限級数 $x+\dfrac{x}{1+x}+\dfrac{x}{(1+x)^2}+\cdots\cdots+\dfrac{x}{(1+x)^{n-1}}+\cdots\cdots$ について

(1) この無限級数が収束するような x の値の範囲を求めよ。

(2) x が(1)の範囲にあるとき，この無限級数の和を $f(x)$ とする。関数 $y=f(x)$ のグラフをかき，その連続性について調べよ。

基本 36，56

指針 無限等比級数 $a+ar+ar^2+\cdots\cdots$ の **収束条件** は　$a=0$ または $|r|<1$

収束するとき，**和** は　$a=0$ なら 0，$a\neq 0$ なら $\dfrac{a}{1-r}$

(2) まず，和 $f(x)$ を求める。次に，グラフをかいて，連続性を調べる。
なお，関数 $y=f(x)$ の定義域は，この無限級数が収束するような x の値の範囲［(1)で求めた範囲］である。

解答

(1) この無限級数は，初項 x，公比 $\dfrac{1}{1+x}$ の無限等比級数である。

収束するための条件は　$x=0$

または　$-1<\dfrac{1}{1+x}<1$ … ①

不等式①の解は，右の図から

$x<-2,\ 0<x$

よって，求める x の値の範囲は

$\boldsymbol{x<-2,\ 0\leqq x}$

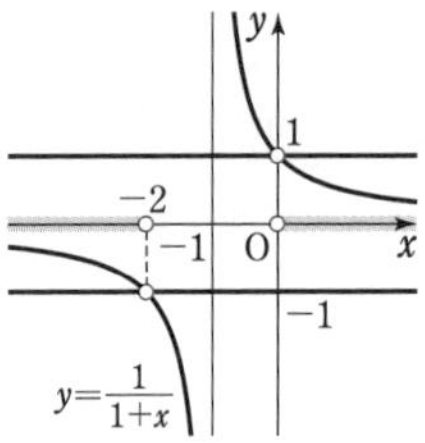

◀(初項)=0

◀−1<(公比)<1　≦ ではない！

◀$y=\dfrac{1}{1+x}$ のグラフと直線 $y=1$，$y=-1$ の上下関係に注目して解く。
なお，①の各辺に $(1+x)^2\ (>0)$ を掛けた $-(1+x)^2<1+x<(1+x)^2$ を解いてもよい。

(2) 和について　$x=0$ のとき

$f(x)=0$

$x<-2,\ 0<x$ のとき

$$f(x)=\frac{x}{1-\frac{1}{1+x}}=1+x$$

関数 $y=f(x)$ の定義域は $x<-2,\ 0\leqq x$ で，グラフは **右の図** のようになる。

よって

$\boldsymbol{x<-2,\ 0<x}$ **で連続；$\boldsymbol{x=0}$ で不連続**

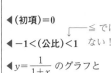

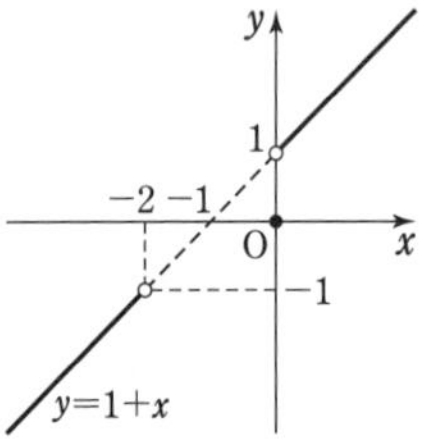

◀$\dfrac{(初項)}{1-(公比)}$

◀**連続性は定義域で考える**ことに注意。$-2\leqq x<0$ で $f(x)$ は定義されないから，この範囲で連続性を調べても無意味である。

練習 57 ③ 次の無限級数が収束するとき，その和を $f(x)$ とする。関数 $y=f(x)$ のグラフをかき，その連続性について調べよ。

(1) $x^2+\dfrac{x^2}{1+2x^2}+\dfrac{x^2}{(1+2x^2)^2}+\cdots\cdots+\dfrac{x^2}{(1+2x^2)^{n-1}}+\cdots\cdots$

(2) $x+x\cdot\dfrac{1-3x}{1-2x}+x\left(\dfrac{1-3x}{1-2x}\right)^2+\cdots\cdots+x\left(\dfrac{1-3x}{1-2x}\right)^{n-1}+\cdots\cdots$　［(2) 類 金沢工大］

p.104 EX 44

重要例題 58 連続関数になるように関数の係数決定

(1) $f(x)=\lim_{n\to\infty}\dfrac{x^{2n}-x^{2n-1}+ax^2+bx}{x^{2n}+1}$ を求めよ。

(2) (1)で定めた関数 $f(x)$ がすべての x について連続であるように，定数 a，b の値を定めよ。　〔公立はこだて未来大〕

基本 24，56

指針 (1) $\{x^n\}$ の極限　$x=\pm1$ で場合に分ける（$p.47$ 参照）に従う。数列 $\{x^{2n}\}$，$\{x^{2n-1}\}$ などの極限を考えるから，$(x^{2n})=(x^2)^n$ に注目し，
$x^2>1 \iff (x<-1,\ 1<x)$，$x^2=1\ (\iff x=\pm1)$，$x^2<1\ (\iff -1<x<1)$ で場合分けをして極限を調べる。

(2) 連続かどうかが不明な $x=-1$，$x=1$ で連続になるようにする。

$$x=c \text{ で連続} \iff \lim_{x\to c-0}f(x)=\lim_{x\to c+0}f(x)=f(c)$$

解答

(1) $x<-1,\ 1<x$ のとき

$$f(x)=\lim_{n\to\infty}\frac{1-\dfrac{1}{x}+\dfrac{a}{x^{2n-2}}+\dfrac{b}{x^{2n-1}}}{1+\dfrac{1}{x^{2n}}}=1-\frac{1}{x}$$

$x=-1$ のとき　$f(x)=f(-1)=\dfrac{a-b+2}{2}$

$x=1$ のとき　$f(x)=f(1)=\dfrac{a+b}{2}$

$-1<x<1$ のとき　$\lim_{n\to\infty}x^n=0$　であるから

$$f(x)=ax^2+bx$$

(2) $f(x)$ は $x<-1$，$-1<x<1$，$1<x$ において，それぞれ連続である。
したがって，$f(x)$ がすべての x について連続であるための条件は，$x=-1$ および $x=1$ で連続であることである。

よって　$\lim_{x\to-1-0}f(x)=\lim_{x\to-1+0}f(x)=f(-1)$

かつ　$\lim_{x\to1-0}f(x)=\lim_{x\to1+0}f(x)=f(1)$

ゆえに　$2=a-b=\dfrac{a-b+2}{2}$　かつ　$a+b=0=\dfrac{a+b}{2}$

これを解いて　$a=1$，$b=-1$

◀このとき $|x|>1$

◀分母の最高次の項 x^{2n} で分母・分子を割る。
なお，$|x|>1$ のとき
$\lim_{n\to\infty}\dfrac{1}{x^{2n}}=0$，
$\lim_{n\to\infty}\dfrac{1}{x^{2n-2}}=0$，
$\lim_{n\to\infty}\dfrac{1}{x^{2n-1}}=0$

検討

$a=1$，$b=-1$ のとき $y=f(x)$ のグラフは下図のようになる。

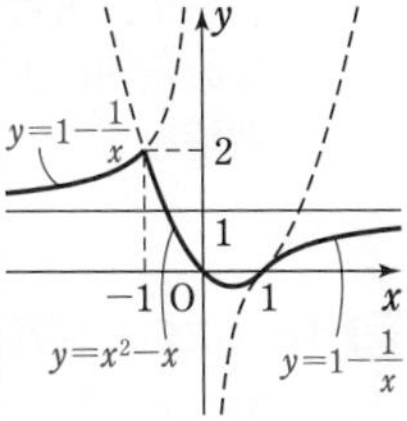

練習 58 ④ a は 0 でない定数とする。関数 $f(x)=\lim_{n\to\infty}\dfrac{x^{2n+1}+(a-1)x^n-1}{x^{2n}-ax^n-1}$ が $x\geqq0$ において連続になるように a の値を定め，$y=f(x)$ のグラフをかけ。　〔類　東北工大〕

p.104 EX43，45

基本例題 59 中間値の定理の利用

(1) 方程式 $3^x=2(x+1)$ は，$1<x<2$ の範囲に少なくとも 1 つの実数解をもつことを示せ。

(2) $f(x)$，$g(x)$ は区間 $[a,\ b]$ で連続な関数とする。
$f(a)>g(a)$ かつ $f(b)<g(b)$ であるとき，方程式 $f(x)=g(x)$ は $a<x<b$ の範囲に少なくとも 1 つの実数解をもつことを示せ。

p.97 基本事項 2

指針 **中間値の定理** つまり，次のことを用いて証明する。

関数 $f(x)$ が閉区間 $[a,\ b]$ で連続で，$f(a)$ と $f(b)$ が異符号ならば，方程式 $f(x)=0$ は $a<x<b$ の範囲に少なくとも 1 つの実数解をもつ。

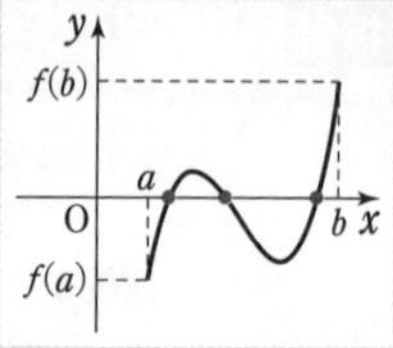

(1) $f(x)=3^x-2(x+1)$ は区間 $[1,\ 2]$ で連続であるから，$f(1)$，$f(2)$ が異符号であることを示す。

(2) $h(x)=f(x)-g(x)$ とすると，連続関数の差は連続関数であるから，$h(x)$ は区間 $[a,\ b]$ で連続となる。よって，$h(a)$，$h(b)$ が異符号であることを示す。

CHART 解をもつことの証明 中間値の定理が有効

解答

(1) $f(x)=3^x-2(x+1)$ とすると，関数 $f(x)$ は区間 $[1,\ 2]$ で連続であり，かつ

$$f(1)=-1<0,\ f(2)=3>0$$

よって，中間値の定理により，方程式 $f(x)=0$ は $1<x<2$ の範囲に少なくとも 1 つの実数解をもつ。

(2) $h(x)=f(x)-g(x)$ とする。
関数 $f(x)$，$g(x)$ はともに区間 $[a,\ b]$ で連続であるから，関数 $h(x)=f(x)-g(x)$ も区間 $[a,\ b]$ で連続である。
$f(a)>g(a)$ であるから　$h(a)=f(a)-g(a)>0$
$f(b)<g(b)$ であるから　$h(b)=f(b)-g(b)<0$
よって，方程式 $h(x)=0$ すなわち $f(x)=g(x)$ は，中間値の定理により，$a<x<b$ の範囲に少なくとも 1 つの実数解をもつ。

◀2 つの連続関数 3^x，$2(x+1)$ の差は連続関数。

◀$f(1)<0$，$f(2)>0$ をそれぞれ示す代わりに，$f(1)f(2)<0$（積が負）を示してもよい。

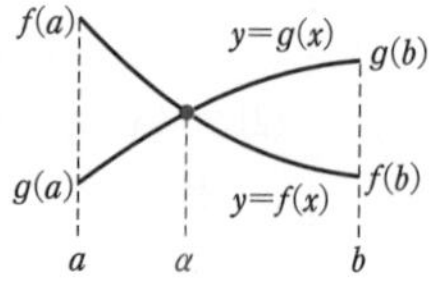

練習 ③ 59 (1) 次の方程式は，与えられた範囲に少なくとも 1 つの実数解をもつことを示せ。

(ア) $x^3-2x^2-3x+1=0$ $(-2<x<-1,\ 0<x<1,\ 2<x<3)$

(イ) $\cos x=x$ $\left(0<x<\dfrac{\pi}{2}\right)$　(ウ) $\dfrac{1}{2^x}=x$ $(0<x<1)$

(2) 関数 $f(x)$，$g(x)$ は区間 $[a,\ b]$ で連続で，$f(x)$ の最大値は $g(x)$ の最大値より大きく，$f(x)$ の最小値は $g(x)$ の最小値より小さい。このとき，方程式 $f(x)=g(x)$ は，$a\leqq x\leqq b$ の範囲に解をもつことを示せ。

p.104 EX 46, 47

参考事項　パンケーキの定理（中間値の定理の利用）

パンケーキが 2 枚ある。1 回のナイフカットでパンケーキを 2 枚とも同時に 2 等分することは可能だろうか？

―― 実は常に可能である。このことを数学的に表したのが，次のパンケーキの定理である。

パンケーキの定理

2 つの図形 A，B に対して，各図形の面積を同時に 2 等分するような直線が存在する。

この定理は，中間値の定理を利用して，次のように証明することができる。

証明　図形 A, B の両方が内部にあるような円をとり，これを単位円と考える（図 1）。図形 A について，直線 $x=a$ の左側の部分の面積を $f(a)$，右側の部分の面積を $g(a)$ とし，$h(a)=f(a)-g(a)$ とすると，関数 $h(a)$ は $-1\leqq a\leqq 1$ において連続と考えられ $h(-1)=-g(-1)<0$，$h(1)=f(1)>0$

よって，中間値の定理により，$h(a(0))=0$ を満たす $a=a(0)$，$-1<a(0)<1$ が存在する。このとき，直線 $x=a(0)$ によって，図形 A の面積が 2 等分されている。

同様に，図形 B の面積を 2 等分する直線 $x=b(0)$ が存在する。

次に，図形 A, B を原点を中心として θ だけ回転する（図 2）。このときも，図形 A の面積を 2 等分する直線 $x=a(\theta)$，図形 B を 2 等分する直線 $x=b(\theta)$ が存在し，θ を $0\leqq\theta\leqq\pi$ の範囲で動かすとき，関数 $a(\theta)$，$b(\theta)$ は $0\leqq\theta\leqq\pi$ においてそれぞれ連続と考えられる。

ゆえに，$c(\theta)=a(\theta)-b(\theta)$ とすると，関数 $c(\theta)$ は $0\leqq\theta\leqq\pi$ において連続で，$a(\pi)=-a(0)$，$b(\pi)=-b(0)$ であるから

$$c(0)c(\pi)=\{a(0)-b(0)\}\{a(\pi)-b(\pi)\}=-\{a(0)-b(0)\}^2$$

$a(0)=b(0)$ のときは，定理が成り立つことは明らかであり，

$a(0)\neq b(0)$ のときは　$c(0)c(\pi)<0$

よって，中間値の定理により，$c(\theta_1)=0$ を満たす θ_1 $(0<\theta_1<\pi)$ が存在する。このとき，図 3 のように直線 $x=a(\theta_1)$ と直線 $x=b(\theta_1)$ は一致し，この直線が図形 A，B の面積を同時に 2 等分する。

以上により，定理は証明された。

図 1

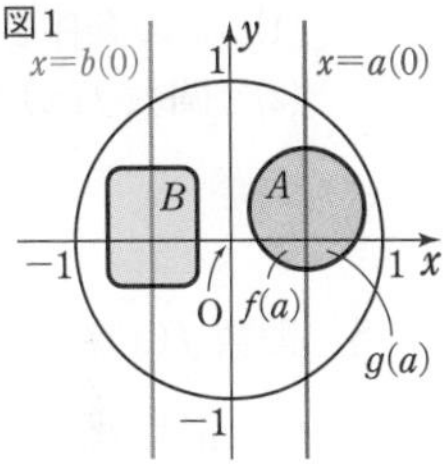

図 2

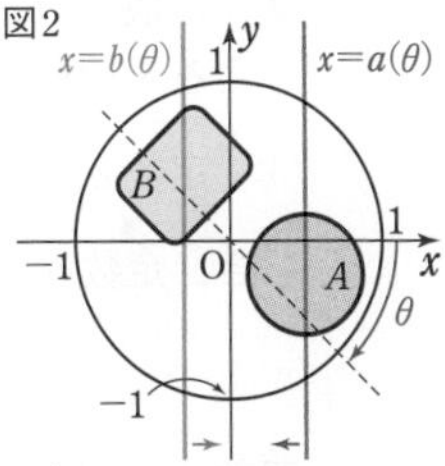

図 3

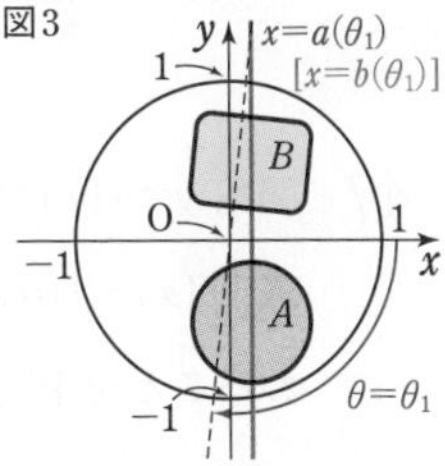

また，次のこと（**ハム・サンドイッチの定理**）が成り立つことも知られている。これは，パンケーキの定理の空間版にあたる。

ハム 1 枚とそれをはさむ 2 枚のパンでできたサンドイッチについて，ハム，パン 2 枚それぞれの体積を同時に 2 等分するように，必ずナイフカットすることができる。

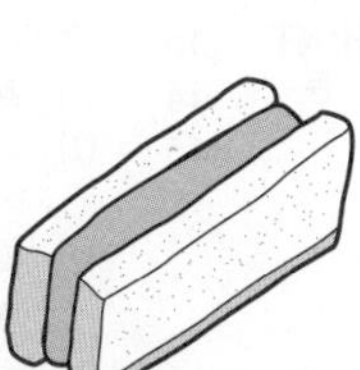

EXERCISES

②43 実数 x に対して $[x]$ は $n \leqq x < n+1$ を満たす整数 n を表すとき，関数 $f(x)=([x]+a)(bx-[x])$ が $x=1$ と $x=2$ で連続となるように定数 a, b の値を定めよ。　〔類 神戸商船大〕 →56,58

④44 k を自然数とする。級数 $\sum_{n=1}^{\infty}\{(\cos x)^{n-1}-(\cos x)^{n+k-1}\}$ が $\cos x \neq 0$ を満たすすべての実数 x に対して収束するとき，級数の和を $f(x)$ とする。

(1) k の条件を求めよ。

(2) 関数 $f(x)$ は $x=0$ で連続でないことを示せ。　〔東京学芸大〕 →57

④45 関数 $f(x)=\lim_{n\to\infty}\dfrac{ax^{2n-1}-x^2+bx+c}{x^{2n}+1}$ について，次の問いに答えよ。ただし，a, b, c は定数で，$a>0$ とする。

(1) 関数 $f(x)$ が x の連続関数となるための定数 a, b, c の条件を求めよ。

(2) 定数 a, b, c が (1) で求めた条件を満たすとき，関数 $f(x)$ の最大値とそれを与える x の値を a を用いて表せ。

(3) 定数 a, b, c が (1) で求めた条件を満たし，関数 $f(x)$ の最大値が $\dfrac{5}{4}$ であるとき，定数 a, b, c の値を求めよ。　〔鳥取大〕 →58

②46 関数 $f(x)$ が連続で $f(0)=-1$, $f(1)=2$, $f(2)=3$ のとき，方程式 $f(x)=x^2$ は $0<x<2$ の範囲に少なくとも 2 つの実数解をもつことを示せ。 →59

④47 関数 $y=f(x)$ は連続とし，a を実数の定数とする。すべての実数 x に対して，不等式 $|f(x)-f(a)| \leqq \dfrac{2}{3}|x-a|$ が成り立つなら，曲線 $y=f(x)$ は直線 $y=x$ と必ず交わることを中間値の定理を用いて証明せよ。 →59

HINT

43 まず，区間 $0 \leqq x < 1$, $1 \leqq x < 2$, $2 \leqq x < 3$ における $f(x)$ をそれぞれ求める。

44 (1) 無限等比級数の収束条件は （初項）$=0$ または $|$公比$|<1$

45 (1) $x=\pm 1$ の前後で場合分けして，$f(x)$ を求める。そして，連続かどうかが不明な $x=-1$, $x=1$ で連続になるようにする。

(2) 関数 $y=f(x)$ のグラフをかき，グラフから最大値を読みとる。⟶ $f(x)$ は区間によって異なる式で表される。放物線となる部分の軸の位置に注意。

46 $0 \leqq x \leqq 1$, $1 \leqq x \leqq 2$ において中間値の定理をそれぞれ利用。

47 $g(x)=f(x)-x$ とおいて，$\lim_{x\to-\infty} g(x)=\infty$, $\lim_{x\to\infty} g(x)=-\infty$ を示す。

数学Ⅲ 第3章

微 分 法

3

SELECT STUDY

―●― **基本定着コース**……教科書の基本事項を確認したいきみに
―●― **精選速習コース**……入試の基礎を短期間で身につけたいきみに
―●― **実力練成コース**……入試に向け実力を高めたいきみに

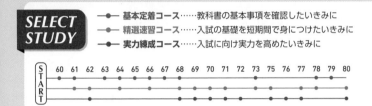

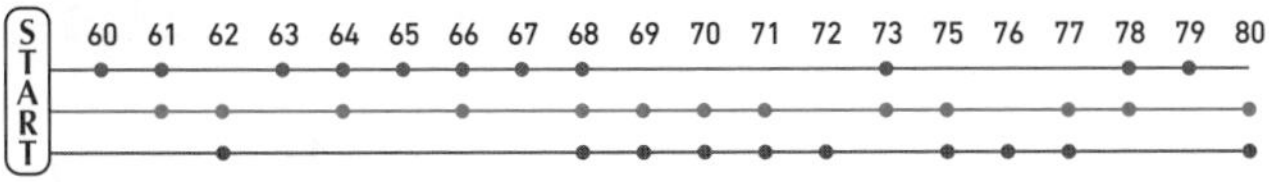

例題一覧

			難易度
7	基本 60	関数の連続性と微分可能性	②
	基本 61	定義による導関数の計算	②
	重要 62	微分可能であるための条件	④
8	基本 63	積・商の導関数	②
	基本 64	合成関数の微分法	①
	基本 65	逆関数の微分法，x^p（p は有理数）の導関数	②
9	基本 66	三角関数の導関数	②
	基本 67	対数関数・指数関数の導関数	②
	基本 68	対数微分法	②
	基本 69	e の定義を利用した極限	③
10	演習 70	微分係数の定義を利用した極限 (1)	③
	演習 71	微分係数の定義を利用した極限 (2)	③
	演習 72	関数方程式の条件から導関数を求める	④
11	基本 73	第 2 次導関数，第 3 次導関数の計算	③
	基本 74	第 2 次導関数と等式	③
	基本 75	第 n 次導関数を求める (1)	③
	重要 76	第 n 次導関数と等式の証明	④
	重要 77	第 n 次導関数を求める (2)	③
	基本 78	陰関数の導関数を求める	②
	基本 79	媒介変数表示された関数の導関数	①
	重要 80	陰関数，媒介変数と導関数	③

7 微分係数と導関数

基本事項

1 微分係数

① **定義**　関数 $f(x)$ の $x=a$ における微分係数

$$f'(a)=\lim_{h\to 0}\frac{f(a+h)-f(a)}{h}=\lim_{x\to a}\frac{f(x)-f(a)}{x-a}$$

② **微分可能と連続**　**関数 $f(x)$ が $x=a$ で微分可能ならば，$f(x)$ は $x=a$ で連続である。ただし，逆は成り立たない。**

2 導関数

定義　関数 $f(x)$ の導関数　$f'(x)=\lim_{h\to 0}\frac{f(x+h)-f(x)}{h}$

解　説

■微分係数

1 ① の定義は数学IIで学んだこととまったく同じである。
なお，関数 $f(x)$ について，$x=a$ における微分係数 $f'(a)$ が存在するとき，$f(x)$ は $x=a$ で **微分可能** であるという。
関数 $y=f(x)$ が $x=a$ で微分可能であるとき，曲線 $y=f(x)$ 上の点 A $(a,\ f(a))$ における接線が存在し，**微分係数 $f'(a)$ は曲線 $y=f(x)$ の点 A における接線 AT**（右図参照）**の傾きを表している。**

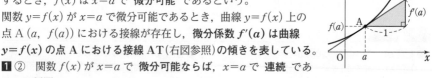

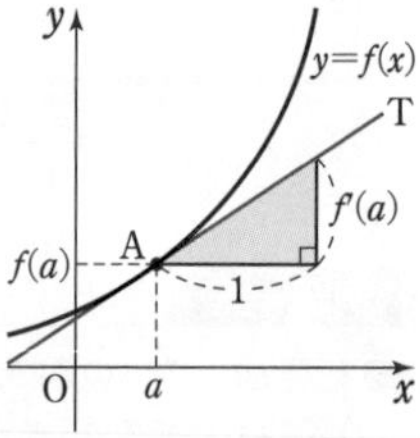

1 ②　関数 $f(x)$ が $x=a$ で **微分可能ならば**，$x=a$ で **連続** である　の証明

$$\lim_{x\to a}\{f(x)-f(a)\}=\lim_{x\to a}\left\{\frac{f(x)-f(a)}{x-a}\cdot(x-a)\right\}=f'(a)\cdot 0=0$$

↑ *p.*82 の **2** 2

よって　$\lim_{x\to a}f(x)=f(a)$

ゆえに，$f(x)$ は $x=a$ で連続である。
なお，関数 $f(x)$ が $x=a$ で連続であっても，$f(x)$ は $x=a$ で微分可能とは限らない（次ページの基本例題 **60** 参照）ので，注意。

関数 $f(x)$ が $x=a$ で
正 微分可能 ⟹ 連続
~~連続 ⟹ 微分可能~~

■導関数

関数 $f(x)$ が，ある区間のすべての x の値で微分可能であるとき，$f(x)$ はその **区間で微分可能** であるという。関数 $f(x)$ がある区間で微分可能であるとき，その区間における x のおのおのの値 a に対して微分係数 $f'(a)$ を対応させると，1つの新しい関数が得られる。

この新しい関数をもとの関数 $f(x)$ の **導関数** といい，記号 $f'(x)$，y'，$\frac{dy}{dx}$，$\frac{d}{dx}f(x)$ などで表す。
関数 $y=f(x)$ からその導関数 $f'(x)$ を求めることを，$f(x)$ を **微分する** という。
また，x の増分 Δx に対する $y=f(x)$ の増分 $f(x+\Delta x)-f(x)$ を Δy で表すとき，関数 $f(x)$ の導関数 $f'(x)$ の定義の式は次のように表される。

$$f'(x)=\lim_{\Delta x\to 0}\frac{\Delta y}{\Delta x}=\lim_{\Delta x\to 0}\frac{f(x+\Delta x)-f(x)}{\Delta x}$$

基本例題 60 関数の連続性と微分可能性

関数 $f(x)=x^2|x-2|$ は $x=2$ において連続であるか，微分可能であるかを調べよ。

p.106 基本事項 1　重要 62

指針 $f(x)$ が $x=a$ で連続 $\Longleftrightarrow \displaystyle\lim_{x\to a}f(x)=f(a)$ が成り立つ　← $p.97$ 基本事項 1

$f(x)$ が $x=a$ で微分可能 $\Longleftrightarrow$ 微分係数 $\displaystyle\lim_{h\to 0}\frac{f(a+h)-f(a)}{h}$ が存在 する。

これらの極限について調べる。

$f(x)$ は $x=2$ の前後で式が異なるから，例えば連続性については，右側極限 $x\longrightarrow 2+0$，左側極限 $x\longrightarrow 2-0$ を考え，それらが一致するかどうかを調べる。

解答

$$\lim_{x\to 2+0}f(x)=\lim_{x\to 2+0}x^2(x-2)=0$$

$$\lim_{x\to 2-0}f(x)=\lim_{x\to 2-0}\{-x^2(x-2)\}=0$$

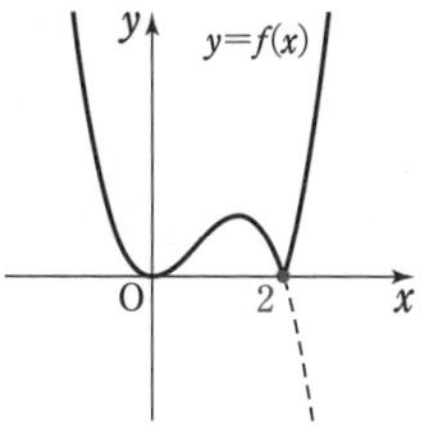

また，$f(2)=0$ であるから

$$\lim_{x\to 2}f(x)=f(2)$$

よって，$f(x)$ は **$x=2$ で連続である。**

次に
$$\lim_{h\to +0}\frac{f(2+h)-f(2)}{h}=\lim_{h\to +0}\frac{(2+h)^2h-0}{h}=\lim_{h\to +0}(2+h)^2=4$$

$$\lim_{h\to -0}\frac{f(2+h)-f(2)}{h}=\lim_{h\to -0}\frac{(2+h)^2(-h)-0}{h}=\lim_{h\to -0}\{-(2+h)^2\}=-4$$

$h\longrightarrow +0$ と $h\longrightarrow -0$ のときの極限値が異なるから，$f'(2)$ は存在しない。すなわち，$f(x)$ は **$x=2$ で微分可能ではない。**

◀ $|A|=\begin{cases}A & (A\geqq 0)\\ -A & (A<0)\end{cases}$ を用いて，絶対値をはずす。

◀ $f(2+h)=(2+h)^2|h|$
$h\longrightarrow +0$ のとき　$h>0$
$h\longrightarrow -0$ のとき　$h<0$
に注意して，絶対値をはずす。

検討

微分可能 ⟹ 連続 の利用

$f(x)$ が　$x=a$ で **微分可能** ⟹ $x=a$ で **連続** …… Ⓐ

が成り立つ。よって，上の例題のような問題では，微分可能性から先に調べてもよい（「微分可能」がわかれば，極限を調べなくても「連続である」という結論を出すことができる）。

また，Ⓐ の対偶「$f(x)$ が $x=a$ で **連続でない** ⟹ $x=a$ で **微分可能でない**」も成り立つ。

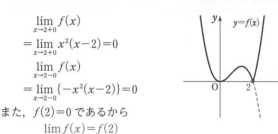

練習 ② 60 次の関数は，$x=0$ において連続であるか，微分可能であるかを調べよ。

(1)　$f(x)=|x|\sin x$　　(2)　$f(x)=\begin{cases}0 & (x=0)\\ \dfrac{x}{1+2^{\frac{1}{x}}} & (x\neq 0)\end{cases}$

[(1) 類 島根大]

p.115 EX48

基本例題 61 定義による導関数の計算 ②②②②②

次の関数を，導関数の定義に従って微分せよ。

(1) $y=\dfrac{x}{2x-1}$ (2) $y=\sqrt[3]{x^2}$

p.106 基本事項 2 演習 70，71

指針 関数 $f(x)$ の導関数の定義 $f'(x)=\lim_{h\to 0}\dfrac{f(x+h)-f(x)}{h}$ …… (＊)

この定義に従って忠実に計算する。 ⟶ 不定形の極限が現れるから，
(1) **通分** する (2) 分子を **有理化** する … $(a-b)(a^2+ab+b^2)=a^3-b^3$ を利用。
ことによって，不定形でない形を導く。

解答

(1) $y'=\lim_{h\to 0}\dfrac{1}{h}\left\{\dfrac{x+h}{2(x+h)-1}-\dfrac{x}{2x-1}\right\}$ ◀定義の式で表す。

$=\lim_{h\to 0}\dfrac{(x+h)(2x-1)-x(2x+2h-1)}{h(2x+2h-1)(2x-1)}$ ◀通分する。

$=\lim_{h\to 0}\dfrac{(2x^2-x+2hx-h)-(2x^2+2hx-x)}{h(2x+2h-1)(2x-1)}$

$=\lim_{h\to 0}\dfrac{-h}{h(2x+2h-1)(2x-1)}$ ◀h で約分する。

$=\lim_{h\to 0}\dfrac{-1}{(2x+2h-1)(2x-1)}=-\dfrac{\mathbf{1}}{\mathbf{(2x-1)^2}}$ ◀x は固定して，$h\longrightarrow 0$ とする。

(2) $y'=\lim_{h\to 0}\dfrac{\sqrt[3]{(x+h)^2}-\sqrt[3]{x^2}}{h}$ ◀$\sqrt[3]{(x+h)^2}=a$，$\sqrt[3]{x^2}=b$ とみて，分母・分子に a^2+ab+b^2 を掛ける。$(\sqrt[3]{●})^3=●$

$=\lim_{h\to 0}\dfrac{(x+h)^2-x^2}{h\left[\left\{\sqrt[3]{(x+h)^2}\right\}^2+\sqrt[3]{(x+h)^2}\sqrt[3]{x^2}+\left(\sqrt[3]{x^2}\right)^2\right]}$

$=\lim_{h\to 0}\dfrac{h(2x+h)}{h\left\{\sqrt[3]{(x+h)^4}+\sqrt[3]{(x+h)^2x^2}+\sqrt[3]{x^4}\right\}}$ ◀h で約分する。$(\sqrt[3]{●})^2=\sqrt[3]{●^2}$，$\sqrt[3]{●}\sqrt[3]{▲}=\sqrt[3]{●\times▲}$

$=\lim_{h\to 0}\dfrac{2x+h}{\sqrt[3]{(x+h)^4}+\sqrt[3]{(x+h)^2x^2}+\sqrt[3]{x^4}}$

$=\dfrac{2x}{\sqrt[3]{x^4}+\sqrt[3]{x^2x^2}+\sqrt[3]{x^4}}=\dfrac{2x}{3\sqrt[3]{x^4}}=\dfrac{\mathbf{2}}{\mathbf{3\sqrt[3]{x}}}$ ◀$\sqrt[3]{x^4}=\sqrt[3]{x^3\cdot x}=x\sqrt[3]{x}$

検討 **導関数の定義による計算も重要**

実際に関数を微分するときは，後で学ぶ公式を利用して計算するのが普通である。しかし，導関数の定義（＊）による計算も重要である。同様の計算は，例えば $p.123$，124 の演習例題 **70**，**71** のように，極限値を求める問題で利用されることがある。公式による導関数の計算に慣れることも大切であるが，定義による導関数の計算もしっかり習得しておくようにしよう。

練習 ② 61 次の関数を，導関数の定義に従って微分せよ。

(1) $y=\dfrac{1}{x^2}$ (2) $y=\sqrt{4x+3}$ (3) $y=\sqrt[4]{x}$

重要例題 62 微分可能であるための条件 ④④④④④

関数 $f(x)$ を次のように定める。

$$f(x)=\begin{cases} ax^2+bx-2 & (x\geqq 1) \\ x^3+(1-a)x^2 & (x<1) \end{cases}$$

$f(x)$ が $x=1$ で微分可能となるように，定数 a，b の値を定めよ。〔芝浦工大〕

基本 60

指針 $x=1$ で 微分可能 $\Longleftrightarrow$ 微分係数 $f'(1)=\lim_{h\to 0}\frac{f(1+h)-f(1)}{h}$ が存在

$$\Longleftrightarrow \lim_{h\to +0}\frac{f(1+h)-f(1)}{h}=\lim_{h\to -0}\frac{f(1+h)-f(1)}{h}\ (=\text{有限値})$$

（右側微分係数）　＝　（左側微分係数）

この等式が成り立つことが条件である。
また，関数 $f(x)$ が $x=1$ で **微分可能 $\Longrightarrow$ 連続** であるから，連続である条件より，まず a と b の関係式が導かれる。

解答 関数 $f(x)$ が $x=1$ で微分可能であるとき，$f(x)$ は $x=1$ で連続であるから　$\lim_{x\to 1}f(x)=f(1)$

すなわち　$\lim_{x\to 1-0}f(x)=\lim_{x\to 1+0}f(x)=f(1)$

◀ $x\longrightarrow 1-0$ のときは，$x<1$ として考え，$x\longrightarrow 1+0$ のときは，$x>1$ として考える。

よって　$1^3+(1-a)\cdot 1^2=a\cdot 1^2+b\cdot 1-2$

ゆえに　$2a+b=4$ ……①

したがって，① から

$$\lim_{h\to +0}\frac{f(1+h)-f(1)}{h}=\lim_{h\to +0}\frac{a(1+h)^2+b(1+h)-2-(a+b-2)}{h}$$
$$=\lim_{h\to +0}(ah+2a+b)$$
$$=2a+b=4$$

◀ $x\geqq 1$ のとき $f(x)=ax^2+bx-2$ であるから $f(1)=a+b-2$

$$\lim_{h\to -0}\frac{f(1+h)-f(1)}{h}=\lim_{h\to -0}\frac{(1+h)^3+(1-a)(1+h)^2-(a+b-2)}{h}$$
$$=\lim_{h\to -0}\left\{h^2+(4-a)h+5-2a-\frac{2a+b-4}{h}\right\}$$
$$=\lim_{h\to -0}\{h^2+(4-a)h+5-2a\}$$
$$=5-2a$$

◀ ① から $2a+b-4=4-4=0$

よって，$f'(1)$ が存在するための条件は　$4=5-2a$

ゆえに　$\boldsymbol{a=\frac{1}{2}}$　このとき，① から　$\boldsymbol{b=3}$

◀ ① から　$b=4-2a$

練習 ④ 62 $f(x)=\begin{cases} \sqrt{x^2-2}+3 & (x\geqq 2) \\ ax^2+bx & (x<2) \end{cases}$ で定義される関数 $f(x)$ が $x=2$ で微分可能となるように，定数 a，b の値を定めよ。〔類 関西大〕

8 導関数の計算

基本事項

関数 $f(x)$, $g(x)$ は微分可能であるとする。

1 導関数の性質 k, l を定数とする。

1 定数倍 $\{kf(x)\}'=kf'(x)$　　2 和 $\{f(x)+g(x)\}'=f'(x)+g'(x)$

3 $\{kf(x)+lg(x)\}'=kf'(x)+lg'(x)$　　特に $\{f(x)-g(x)\}'=f'(x)-g'(x)$

2 積の導関数 $\{f(x)g(x)\}'=f'(x)g(x)+f(x)g'(x)$

3 商の導関数 $\left\{\dfrac{f(x)}{g(x)}\right\}'=\dfrac{f'(x)g(x)-f(x)g'(x)}{\{g(x)\}^2}$　　特に $\left\{\dfrac{1}{g(x)}\right\}'=-\dfrac{g'(x)}{\{g(x)\}^2}$

4 合成関数の微分法 $y=f(u)$ が u の関数として微分可能，$u=g(x)$ が x の関数として微分可能であるとき，合成関数 $y=f(g(x))$ も x の関数として微分可能で

$$\frac{dy}{dx}=\frac{dy}{du}\cdot\frac{du}{dx}\quad \text{すなわち}\quad \{f(g(x))\}'=f'(g(x))g'(x)$$

5 逆関数の微分法 微分可能な関数 $y=f(x)$ の逆関数 $y=f^{-1}(x)$ が存在するとき

$$\frac{dy}{dx}=\frac{1}{\dfrac{dx}{dy}}$$

6 x^p の導関数 p が有理数のとき　$(x^p)'=px^{p-1}$

解説

■ 導関数の性質

1 1 の証明

$$\{kf(x)\}'=\lim_{h\to0}\frac{kf(x+h)-kf(x)}{h}=k\lim_{h\to0}\frac{f(x+h)-f(x)}{h}=kf'(x)$$

1 2 の証明 $\{f(x)+g(x)\}'=\lim_{h\to0}\dfrac{\{f(x+h)+g(x+h)\}-\{f(x)+g(x)\}}{h}$

$$=\lim_{h\to0}\left\{\frac{f(x+h)-f(x)}{h}+\frac{g(x+h)-g(x)}{h}\right\}$$

$$=f'(x)+g'(x)$$

1 1, 2 から，1 3 が成り立つ。また，1 3 で $k=1$, $l=-1$ とすると，$\{f(x)-g(x)\}'=f'(x)-g'(x)$ が成り立つ。

◀左の証明では，関数の極限値の性質(p.82 2 参照)を利用している。
$\lim_{x\to a}f(x)=\alpha$, $\lim_{x\to a}g(x)=\beta$ (α, β は有限な値)のとき
$\lim_{x\to a}\{kf(x)+lg(x)\}=k\alpha+l\beta$ (k, l は定数)
$\lim_{x\to a}f(x)g(x)=\alpha\beta$

■ 積の導関数

2 の証明 $\{f(x)g(x)\}'$

$$=\lim_{h\to0}\frac{f(x+h)g(x+h)-f(x)g(x)}{h}$$

$$=\lim_{h\to0}\frac{f(x+h)g(x+h)-f(x)g(x+h)+f(x)g(x+h)-f(x)g(x)}{h}$$

$$=\lim_{h\to0}\left\{\frac{f(x+h)-f(x)}{h}\cdot g(x+h)+f(x)\cdot\frac{g(x+h)-g(x)}{h}\right\}$$

ここで，$g(x)$ は微分可能であるから連続で　$\lim_{h\to0}g(x+h)=g(x)$

よって　$\{f(x)g(x)\}'=f'(x)g(x)+f(x)g'(x)$

◀ $\dfrac{f(x+h)-f(x)}{h}$, $\dfrac{g(x+h)-g(x)}{h}$ の形を作り出すために，工夫して変形。

■商の導関数

3 の証明　まず，$\left\{\dfrac{1}{g(x)}\right\}'=-\dfrac{g'(x)}{\{g(x)\}^2}$ …… ① を証明する。

$$\left\{\frac{1}{g(x)}\right\}'=\lim_{h\to0}\frac{1}{h}\left\{\frac{1}{g(x+h)}-\frac{1}{g(x)}\right\}=\lim_{h\to0}\frac{g(x)-g(x+h)}{hg(x+h)g(x)}$$

$$=\lim_{h\to0}\left\{-\frac{g(x+h)-g(x)}{h}\cdot\frac{1}{g(x+h)g(x)}\right\}$$

$$=-g'(x)\cdot\frac{1}{g(x)g(x)}=-\frac{g'(x)}{\{g(x)\}^2}$$

ゆえに　$\left\{\dfrac{f(x)}{g(x)}\right\}'=\left\{f(x)\cdot\dfrac{1}{g(x)}\right\}'=f'(x)\cdot\dfrac{1}{g(x)}+f(x)\cdot\left\{\dfrac{1}{g(x)}\right\}'$

$$=\frac{f'(x)}{g(x)}+f(x)\cdot\frac{-g'(x)}{\{g(x)\}^2}=\frac{f'(x)g(x)-f(x)g'(x)}{\{g(x)\}^2}$$

◀{　}の中の式を通分。

◀$\dfrac{g(x+h)-g(x)}{h}$ の形を作る。

◀$\displaystyle\lim_{h\to0}g(x+h)=g(x)$

◀**2** の公式を利用。

◀先に示した ① を利用。

■合成関数の微分法

4 の証明　x の増分 $\varDelta x$ に対する $u=g(x)$ の増分を $\varDelta u$，u の増分 $\varDelta u$ に対する $y=f(u)$ の増分を $\varDelta y$ とすると，$u=g(x)$ は連続であるから，$\varDelta x\longrightarrow0$ のとき $\varDelta u\longrightarrow0$ となる。よって

$$\frac{dy}{dx}=\lim_{\varDelta x\to0}\frac{\varDelta y}{\varDelta x}=\lim_{\varDelta x\to0}\left(\frac{\varDelta y}{\varDelta u}\cdot\frac{\varDelta u}{\varDelta x}\right)=\left(\lim_{\varDelta u\to0}\frac{\varDelta y}{\varDelta u}\right)\left(\lim_{\varDelta x\to0}\frac{\varDelta u}{\varDelta x}\right)=\frac{dy}{du}\cdot\frac{du}{dx}$$

一般に　$\{f(g(x))\}'=f'(g(x))g'(x)$，　$\dfrac{d}{dx}f(y)=f'(y)\cdot\dfrac{dy}{dx}$

◀$\varDelta u=g(x+\varDelta x)-g(x)$，$\varDelta y=f(u+\varDelta u)-f(u)$

公式の覚え方

$\dfrac{dy}{dx}$ は1つの記号であるが，分数のようにみると

$\dfrac{dy}{dx}=\dfrac{dy}{du}\cdot\dfrac{du}{dx}$

（約分のイメージ）

$\dfrac{dy}{dx}=1\div\dfrac{dx}{dy}=\dfrac{1}{\dfrac{dx}{dy}}$

（逆数のイメージ）

■逆関数の微分法

5 の証明　$y=f^{-1}(x)$ から　$x=f(y)$　　両辺を x で微分すると

$$(\text{左辺})=\frac{d}{dx}x=1,\ (\text{右辺})=\frac{d}{dx}f(y)=\frac{d}{dy}f(y)\cdot\frac{dy}{dx}=\frac{dx}{dy}\cdot\frac{dy}{dx}$$

ゆえに　$1=\dfrac{dx}{dy}\cdot\dfrac{dy}{dx}$　　よって　$\dfrac{dy}{dx}=\dfrac{1}{\dfrac{dx}{dy}}$

■x^p の導関数

$(x^n)'=nx^{n-1}$ …… ② とすると，n が 0 のときは明らかに ② は成り立つ。n が自然数のとき，② が成り立つことを示す。

二項定理により　$(x+h)^n=x^n+{}_n\mathrm{C}_1x^{n-1}h+{}_n\mathrm{C}_2x^{n-2}h^2+\cdots\cdots+{}_n\mathrm{C}_nh^n$

ゆえに　$(x+h)^n-x^n={}_n\mathrm{C}_1x^{n-1}h+({}_n\mathrm{C}_2x^{n-2}+\cdots\cdots+{}_n\mathrm{C}_nh^{n-2})h^2$

$\therefore$　$(x^n)'=\displaystyle\lim_{h\to0}\frac{(x+h)^n-x^n}{h}=\lim_{h\to0}\{{}_n\mathrm{C}_1x^{n-1}+(\cdots\cdots)h\}={}_n\mathrm{C}_1x^{n-1}=nx^{n-1}$

次に，n が負の整数のときは，$n=-m$ とおくと m は自然数であるから

$$(x^n)'=(x^{-m})'=\left(\frac{1}{x^m}\right)'=-\frac{(x^m)'}{(x^m)^2}=-\frac{mx^{m-1}}{x^{2m}}=-mx^{-m-1}=nx^{n-1}$$

ゆえに，② はすべての整数 n について成り立つ。

最後に，p が有理数のとき $(x^p)'=px^{p-1}$ が成り立つことを示す。

$p=\dfrac{m}{n}$（n は自然数，m は整数）と表され　$x^p=x^{\frac{m}{n}}=(x^{\frac{1}{n}})^m$

$y=x^{\frac{1}{n}}$ とおくと　$x=y^n$　　ゆえに　$\dfrac{dx}{dy}=ny^{n-1}$

$\therefore$　$(x^p)'=\dfrac{d}{dx}y^m=\dfrac{d}{dy}y^m\cdot\dfrac{dy}{dx}=my^{m-1}\cdot\dfrac{dy}{dx}=my^{m-1}\cdot\dfrac{1}{\dfrac{dx}{dy}}$

$$=my^{m-1}\cdot\frac{1}{ny^{n-1}}=\frac{m}{n}y^{m-n}=\frac{m}{n}(x^{\frac{1}{n}})^{m-n}=\frac{m}{n}x^{\frac{m}{n}-1}=px^{p-1}$$

◀$(1)'=0$

◀数学的帰納法でも証明できる。
二項定理（数学Ⅱ）
$(a+b)^n=\displaystyle\sum_{k=0}^{n}{}_n\mathrm{C}_ka^{n-k}b^k$

◀① を利用。

参考　$(x^p)'=px^{p-1}$ は p が無理数のときも成り立つ（p.116 基本事項 3）。

◀合成関数の微分法，逆関数の微分法の公式を利用。

基本例題 63 積・商の導関数

(1) 次の関数を微分せよ。

(ア) $y=x^4+2x^3-3x$　　(イ) $y=(2x-1)(x^2-x+3)$

(ウ) $y=\dfrac{2x-3}{x^2+1}$　　(エ) $y=\dfrac{2x^3+x-1}{x^2}$

(2) (ア) 関数 $f(x)$, $g(x)$, $h(x)$ が微分可能であるとき，次の公式を証明せよ。

$$\{f(x)g(x)h(x)\}'=f'(x)g(x)h(x)+f(x)g'(x)h(x)+f(x)g(x)h'(x)$$

(イ) 関数 $y=(x+1)(x-2)(x^2+3)$ を微分せよ。

p.110 基本事項 1～3

指針 n が整数のとき　$(x^n)'=nx^{n-1}$，性質 $\{kf(x)+lg(x)\}'=kf'(x)+lg'(x)$

[k, l は定数] および，**積，商の導関数の公式** を利用して計算。

積　$\{f(x)g(x)\}'=f'(x)g(x)+f(x)g'(x)$

符号に注意

商　$\left\{\dfrac{f(x)}{g(x)}\right\}'=\dfrac{f'(x)g(x)-f(x)g'(x)}{\{g(x)\}^2}$　特に　$\left\{\dfrac{1}{g(x)}\right\}'=-\dfrac{g'(x)}{\{g(x)\}^2}$

解答

(1) (ア) $y'=4x^3+2\cdot3x^2-3\cdot1=\boldsymbol{4x^3+6x^2-3}$

◀ $(x^n)'=nx^{n-1}$

(イ) $y'=2(x^2-x+3)+(2x-1)(2x-1)$

$=2x^2-2x+6+4x^2-4x+1=\boldsymbol{6x^2-6x+7}$

◀ $(uv)'=u'v+uv'$
● の符号は ＋

(ウ) $y'=\dfrac{2(x^2+1)-(2x-3)\cdot2x}{(x^2+1)^2}=\dfrac{2x^2+2-4x^2+6x}{(x^2+1)^2}$

$=\boldsymbol{\dfrac{-2x^2+6x+2}{(x^2+1)^2}}$

◀ $\left(\dfrac{u}{v}\right)'=\dfrac{u'v-uv'}{v^2}$
● の符号は －

(エ) $y'=\left(2x+\dfrac{1}{x}-\dfrac{1}{x^2}\right)'=2-\dfrac{1}{x^2}+\dfrac{2}{x^3}=\boldsymbol{\dfrac{2x^3-x+2}{x^3}}$

◀ $\left(\dfrac{1}{v}\right)'=-\dfrac{v'}{v^2}$
あるいは，与式のまま $\left(\dfrac{u}{v}\right)'=\dfrac{u'v-uv'}{v^2}$ を利用して，(ウ) のように求めてもよい。

(2) (ア) $y=f(x)g(x)h(x)$ とすると

$y'=[f(x)\{g(x)h(x)\}]'$

$=f'(x)\{g(x)h(x)\}+f(x)\{g(x)h(x)\}'$

$=f'(x)g(x)h(x)+f(x)\{g'(x)h(x)+g(x)h'(x)\}$

$=f'(x)g(x)h(x)+f(x)g'(x)h(x)+f(x)g(x)h'(x)$

(イ) $y'=1\cdot(x-2)(x^2+3)+(x+1)\cdot1\cdot(x^2+3)$

$+(x+1)(x-2)\cdot2x$

$=(2x-1)(x^2+3)+2x(x^2-x-2)$

$=\boldsymbol{4x^3-3x^2+2x-3}$

◀(ア) の結果を利用。

◀ $=2x^3+6x-x^2-3$
$+2x^3-2x^2-4x$

練習 63 ② 次の関数を微分せよ。　［(6) 宮崎大］

(1) $y=3x^5-2x^4+4x^3-2$　　(2) $y=(x^2+2x)(x^2-x+1)$

(3) $y=(x^3+3x)(x^2-2)$　　(4) $y=(x+3)(x^2-1)(-x+2)$

(5) $y=\dfrac{1}{x^2+x+1}$　　(6) $y=\dfrac{1-x^2}{1+x^2}$

(7) $y=\dfrac{x^3-3x^2+x}{x^2}$　　(8) $y=\dfrac{(x-1)(x^2+2)}{x^2+3}$

p.115 EX49, 51

基本例題 64 合成関数の微分法 ①①①①①

次の関数を微分せよ。

(1) $y=(x^2+1)^3$　　(2) $y=\dfrac{1}{(2x-3)^2}$

(3) $y=(3x+1)^2(x-2)^3$　　(4) $y=\dfrac{x-1}{(x^2+1)^2}$

p.110 基本事項 4

指針 **合成関数の微分法の公式** を利用して計算する。

(1) $u=x^2+1$ とおくと，$y=u^3$ で

$$\frac{dy}{dx}=\frac{dy}{du}\cdot\frac{du}{dx}=3u^2\cdot(x^2+1)'=3(x^2+1)^2\cdot 2x$$

← おき換えた式の導関数を掛ける。 ← u を x の式に戻す。

(2) $u=2x-3$ とおき，$y=u^{-2}$ とみるとよい。

(3) $t=3x+1$，$u=x-2$ とおくと　$y=t^2\cdot u^3$ ⟶ 積の導関数の公式も利用。

(4) $u=x^2+1$ とおくと　$y=\dfrac{x-1}{u^2}$ ⟶ 商の導関数の公式も利用。

CHART 合成関数の微分　[1] $f(u)$ なら $f'(u)u'$　[2] $\dfrac{dy}{dx}=\dfrac{dy}{du}\cdot\dfrac{du}{dx}$

解答

(1) $y'=3(x^2+1)^2\cdot(x^2+1)'=3(x^2+1)^2\cdot 2x=\boldsymbol{6x(x^2+1)^2}$

◀ $y=u^3$ とみたから，$y'=3u^2\cdot u'$ となる。

(2) $y=(2x-3)^{-2}$ であるから

$y'=-2(2x-3)^{-3}\cdot(2x-3)'$

$=-2(2x-3)^{-3}\cdot 2=\boldsymbol{-\dfrac{4}{(2x-3)^3}}$

◀ $y=u^{-2}$ とみたから，$y'=-2u^{-3}\cdot u'$ となる。

(3) $y'=\{(3x+1)^2\}'(x-2)^3+(3x+1)^2\{(x-2)^3\}'$

$=2(3x+1)\cdot 3\cdot(x-2)^3+(3x+1)^2\cdot 3(x-2)^2\cdot 1$

$=3(3x+1)(x-2)^2\{2(x-2)+(3x+1)\}$

$=\boldsymbol{3(5x-3)(3x+1)(x-2)^2}$

◀ $3(3x+1)(x-2)^2$ でくくり出す。

(4) $y'=\dfrac{(x-1)'(x^2+1)^2-(x-1)\{(x^2+1)^2\}'}{(x^2+1)^4}$

$=\dfrac{1\cdot(x^2+1)^2-(x-1)\cdot 2(x^2+1)\cdot 2x}{(x^2+1)^4}$

$=\dfrac{(x^2+1)\{(x^2+1)-4x(x-1)\}}{(x^2+1)^4}=\boldsymbol{-\dfrac{3x^2-4x-1}{(x^2+1)^3}}$

◀ $\{(x^2+1)^2\}'=2(x^2+1)\cdot(x^2+1)'$

参考 ① $\{f(ax+b)\}'=af'(ax+b)$　　a，b は定数

② $[\{f(x)\}^n]'=n\{f(x)\}^{n-1}f'(x)$　　n は整数

が成り立つ。①，② は合成関数の微分法の公式を利用して導くことができる。

練習 次の関数を微分せよ。

① **64** (1) $y=(x-3)^3$　(2) $y=(x^2-2)^2$　(3) $y=(x^2+1)^2(x-3)^3$

(4) $y=\dfrac{1}{(x^2-2)^3}$　(5) $y=\left(\dfrac{x-2}{x+1}\right)^2$　(6) $y=\dfrac{(2x-1)^3}{(x^2+1)^2}$

3章 ⑧ 導関数の計算

基本例題 65 逆関数の微分法，x^p（p は有理数）の導関数 ①①①①①

(1) $y=x^3$ の逆関数の導関数を求めよ。

(2) $y=x^3+3x$ の逆関数を $g(x)$ とするとき，微分係数 $g'(0)$ を求めよ。

(3) 次の関数を微分せよ。

(ア) $y=\sqrt[4]{x^3}$　　(イ) $y=\sqrt{x^2+3}$

p.110 基本事項 5，6

指針 (1)，(2) **逆関数の微分法の公式** $\dfrac{dy}{dx}=\dfrac{1}{\frac{dx}{dy}}$ を利用して計算する。

(1) $y=x^3$ の逆関数は　$x=y^3$（すなわち $y=x^{\frac{1}{3}}$）
x を y の関数とみて y で微分し，最後に y を x の関数で表す。

(2) $y=g(x)$ として，(1) と同様に $g'(x)$ を計算すると，$g'(x)$ は y で表される。
⟶ $x=0$ のときの y の値 $[=g(0)]$ を求め，それを利用して $g'(0)$ を求める。

(3) **p が有理数のとき　$(x^p)'=px^{p-1}$**　を利用。

解答

(1) $y=x^3$ の逆関数は，$x=y^3$ を満たす。

よって　$\dfrac{dx}{dy}=3y^2$

ゆえに，$x\neq0$ のとき

$$\frac{dy}{dx}=\frac{1}{\frac{dx}{dy}}=\frac{1}{3y^2}=\frac{1}{3(y^3)^{\frac{2}{3}}}=\frac{1}{3x^{\frac{2}{3}}}=\boldsymbol{\frac{1}{3}x^{-\frac{2}{3}}}$$

(2) $y=g(x)$ とすると，条件から $x=y^3+3y$ …… ① が満たされる。

① から　$g'(x)=\dfrac{dy}{dx}=\dfrac{1}{\frac{dx}{dy}}=\dfrac{1}{3y^2+3}$

$x=0$ のとき　$y^3+3y=0$　すなわち　$y(y^2+3)=0$

$y^2+3>0$ であるから　$y=0$

したがって　$g'(0)=\dfrac{1}{3\cdot0^2+3}=\boldsymbol{\dfrac{1}{3}}$

(3) (ア) $y'=(x^{\frac{3}{4}})'=\dfrac{3}{4}x^{-\frac{1}{4}}=\boldsymbol{\dfrac{3}{4\sqrt[4]{x}}}$

(イ) $y'=\{(x^2+3)^{\frac{1}{2}}\}'=\dfrac{1}{2}(x^2+3)^{-\frac{1}{2}}\cdot(x^2+3)'=\boldsymbol{\dfrac{x}{\sqrt{x^2+3}}}$

別解 (1) $y=x^3$ の逆関数は $y=x^{\frac{1}{3}}$ で
$\dfrac{dy}{dx}=(x^{\frac{1}{3}})'=\boldsymbol{\dfrac{1}{3}x^{-\frac{2}{3}}}$

◀関数 $f(x)$ とその逆関数 $f^{-1}(x)$ について
$y=f(x) \Longleftrightarrow x=f^{-1}(y)$
の関係があること（p.24 基本事項 2 ①）に注意。

◀合成関数の微分。

練習 ② 65

(1) $y=\dfrac{1}{x^3}$ の逆関数の導関数を求めよ。

(2) $f(x)=\dfrac{1}{x^3+1}$ の逆関数 $f^{-1}(x)$ の $x=\dfrac{1}{65}$ における微分係数を求めよ。

(3) 次の関数を微分せよ。　〔(イ) 広島市大〕

(ア) $y=\dfrac{1}{\sqrt[3]{x^2}}$　(イ) $y=\sqrt{2-x^3}$　(ウ) $y=\sqrt[3]{\dfrac{x-1}{x+1}}$

p.115 EX 50，52

②48 (1) 関数 $f(x)$ が $x=a$ で微分可能であることの定義を述べよ。
(2) 関数 $f(x)=|x^2-1|\cdot 3^{-x}$ は $x=1$ で微分可能でないことを示せ。〔類 神戸大〕

→60

②49 $f(x)=x^{\frac{1}{3}}\ (x>0)$ とする。次の(1)，(2)それぞれの方法で，導関数 $f'(x)$ を求めよ。
(1) 導関数の定義に従って求める。
(2) $f(x)\cdot f(x)\cdot f(x)=x$ となっている。これに積の導関数の公式を適用する。
〔類 関西大〕

→61，63

②50 (1) 関数 $y=\dfrac{x}{\sqrt{4+3x^2}}$ の導関数を求めよ。〔宮崎大〕
(2) 関数 $f(x)=\sqrt{x+\sqrt{x^2-9}}$ の $x=5$ における微分係数を求めよ。〔藤田医大〕

→63～65

③51 (1) $f(x)=(x-1)^2Q(x)$ ($Q(x)$ は多項式) のとき，$f'(x)$ は $x-1$ で割り切れることを示せ。
(2) $g(x)=ax^{n+1}+bx^n+1$ (n は2以上の自然数) が $(x-1)^2$ で割り切れるとき，a，b を n で表せ。ただし，a，b は x に無関係とする。〔岡山理科大〕

→63

②52 関数 $f(x)$ は微分可能で，その逆関数を $g(x)$ とする。$f(1)=2$，$f'(1)=2$ のとき，$g(2)$，$g'(2)$ の値をそれぞれ求めよ。

→65

④53 (1) 和 $1+x+x^2+\cdots\cdots+x^n$ を求めよ。
(2) (1)で求めた結果を x で微分することにより，和 $1+2x+3x^2+\cdots\cdots+nx^{n-1}$ を求めよ。
(3) (2)の結果を用いて，無限級数の和 $\displaystyle\sum_{n=1}^{\infty}\frac{n}{2^n}$ を求めよ。ただし，$\displaystyle\lim_{n\to\infty}\frac{n}{2^n}=0$ であることを用いてよい。〔類 東北学院大〕

HINT

48 (2) $x=1$ における右側微分係数と左側微分係数が一致しないことを示す。
49 (2) $f(x)\cdot f(x)\cdot f(x)=x$ の両辺を x で微分する。
50 (2) 導関数 $f'(x)$ を求め，$x=5$ を代入。
51 (1) $f(x)=(x-1)^2Q(x)$ の両辺を x で微分する。 (2) (1)の結果を利用。
52 $y=g(x)$ とすると，$f(x)$ は $g(x)$ の逆関数であるから $x=f(y)$
53 (1) $x\neq 1$ と $x=1$ で場合分け。等比数列の和の公式 (数学B) を利用。
(3) (2)の結果において，$x=\dfrac{1}{2}$ とする。

9 いろいろな関数の導関数

基本事項

1 三角関数の導関数 $(\sin x)'=\cos x$ $(\cos x)'=-\sin x$ $(\tan x)'=\dfrac{1}{\cos^2 x}$

2 対数関数の導関数

① **自然対数の底 e の定義** $e=\lim_{h\to 0}(1+h)^{\frac{1}{h}}$

② **対数関数の導関数** $a>0$, $a\neq 1$ とする。

$$(\log x)'=\frac{1}{x} \quad (\log_a x)'=\frac{1}{x\log a} \quad (\log|x|)'=\frac{1}{x} \quad (\log_a|x|)'=\frac{1}{x\log a}$$

注意 自然対数 $\log_e x$ は底 e を省略して，単に $\log x$ と書く。

3 x^α の導関数 α が実数のとき $(x^\alpha)'=\alpha x^{\alpha-1}$

4 指数関数の導関数 $(e^x)'=e^x$ $(a^x)'=a^x\log a$ （$a>0$, $a\neq 1$ とする。）

解説

■ 三角関数の導関数

三角関数の極限に関する公式 $\lim_{x\to 0}\dfrac{\sin x}{x}=1$ （$p.90$ 参照）を用いて

$$(\sin x)'=\lim_{h\to 0}\frac{\sin(x+h)-\sin x}{h}$$

$\sin A-\sin B=2\cos\dfrac{A+B}{2}\sin\dfrac{A-B}{2}$ （$p.10$ 参照。）

$$=\lim_{h\to 0}\frac{2\cos\left(x+\frac{h}{2}\right)\sin\frac{h}{2}}{h}=\lim_{h\to 0}\cos\left(x+\frac{h}{2}\right)\cdot\frac{\sin\frac{h}{2}}{\frac{h}{2}}=\cos x\cdot 1=\cos x$$

$$(\cos x)'=\left\{\sin\left(x+\frac{\pi}{2}\right)\right\}'=\cos\left(x+\frac{\pi}{2}\right)\cdot\left(x+\frac{\pi}{2}\right)'=-\sin x$$

$$(\tan x)'=\left(\frac{\sin x}{\cos x}\right)'=\frac{(\sin x)'\cos x-\sin x(\cos x)'}{\cos^2 x}=\frac{\cos^2 x+\sin^2 x}{\cos^2 x}=\frac{1}{\cos^2 x}$$

■ 自然対数の底 e

$h\longrightarrow 0$ のとき $(1+h)^{\frac{1}{h}}$ **の極限値**（2.71828……）を e で表し，$\log_e x$ を **自然対数** という（詳しくは $p.121$ も参照）。一般に，$\log_e x$ は底 e を省略して $\log x$ と書く。

■ 対数関数の導関数 （$a>0$, $a\neq 1$）

$$(\log_a x)'=\lim_{\Delta x\to 0}\frac{\log_a(x+\Delta x)-\log_a x}{\Delta x}=\lim_{\Delta x\to 0}\frac{1}{\Delta x}\log_a\left(1+\frac{\Delta x}{x}\right)$$

$h=\dfrac{\Delta x}{x}$ とおくと　$(\log_a x)'=\dfrac{1}{x}\lim_{h\to 0}\log_a(1+h)^{\frac{1}{h}}=\dfrac{1}{x}\log_a e=\dfrac{1}{x\log a}$

特に $a=e$ のとき　$(\log x)'=\dfrac{1}{x}$

■ x^α の導関数 （α は実数）

$y=x^\alpha$ の両辺の自然対数をとると　$\log y=\alpha\log x$

両辺を x で微分して　$\dfrac{y'}{y}=\alpha\cdot\dfrac{1}{x}$　よって　$y'=\alpha\cdot\dfrac{1}{x}\cdot x^\alpha=\alpha x^{\alpha-1}$

なお，2 ② の後半 2 つの公式と 4 の公式の証明は，$p.118$ の 検討 で扱った。

基本例題 66 三角関数の導関数

次の関数を微分せよ。

(1) $y=\cos(2x+3)$　(2) $y=\dfrac{1}{\tan x}$　(3) $y=\dfrac{\cos x}{3+\sin x}$

p.116 基本事項 1

指針 **三角関数の導関数** $(\sin x)'=\cos x$, $(\cos x)'=-\sin x$, $(\tan x)'=\dfrac{1}{\cos^2 x}$ の利用。 (1) **合成関数の微分法** $\{f(ax+b)\}'=af'(ax+b)$ も用いる。

(2) $u=\tan x$ とおくと $y=\dfrac{1}{u}$ よって，$y'=-\dfrac{u'}{u^2}$ として計算。

(3) $y=\dfrac{u}{v}$ のとき $y'=\dfrac{u'v-uv'}{v^2}$ を利用して計算。

なお，結果の式は関係式 $\sin^2 x+\cos^2 x=1$ などを用いて整理する。

解答

(1) $y'=-\sin(2x+3)\cdot(2x+3)'=\mathbf{-2\sin(2x+3)}$

(2) $y'=-\dfrac{(\tan x)'}{\tan^2 x}=-\dfrac{\cos^2 x}{\sin^2 x}\cdot\dfrac{1}{\cos^2 x}=-\dfrac{\mathbf{1}}{\mathbf{\sin^2 x}}$

(3) $y'=\dfrac{(\cos x)'\cdot(3+\sin x)-\cos x\cdot(3+\sin x)'}{(3+\sin x)^2}$

$=\dfrac{-\sin x\cdot(3+\sin x)-\cos x\cdot\cos x}{(3+\sin x)^2}$

$=\dfrac{-3\sin x-(\sin^2 x+\cos^2 x)}{(3+\sin x)^2}=-\dfrac{\mathbf{3\sin x+1}}{\mathbf{(3+\sin x)^2}}$

(2) $\left(\dfrac{\cos x}{\sin x}\right)'$ とみて，商の導関数の公式を用いてもよい。

◀ $\left(\dfrac{u}{v}\right)'=\dfrac{u'v-uv'}{v^2}$

検討 **三角関数を微分した結果の式に関する注意**

例えば $y=\sin x\cos^2 x$ は，そのまま微分するのと，式を変形してから微分するのとでは，結果の形が異なって表される。

[1] 式を変形しないでそのまま微分すると

$y'=\cos x\cos^2 x+\sin x\cdot 2\cos x(-\sin x)=\mathbf{\cos^3 x-2\sin^2 x\cos x}$ …… ①

[2] $\cos^2 x=1-\sin^2 x$ を用いて，式を変形してから微分すると

$y=\sin x(1-\sin^2 x)=\sin x-\sin^3 x$ から $\mathbf{y'=\cos x-3\sin^2 x\cos x}$ …… ②

…… ①，② は，$\sin^2 x=1-\cos^2 x$ を用いて変形すると，ともに $3\cos^3 x-2\cos x$ となる。このように，三角関数を微分すると，導関数がいろいろな形で表されることがある。上の例では，①，② のどちらを答えとしてもよい。ただし，$\sin^2 x+\cos^2 x=1$ が現れているなど，更に簡単にできる場合は変形しておくようにする。

練習 ② 66 次の関数を微分せよ。 〔(4) 宮崎大，(6) 会津大，(8) 東京理科大〕

(1) $y=\sin 2x$　(2) $y=\cos x^2$　(3) $y=\tan^2 x$

(4) $y=\sin^3(2x+1)$　(5) $y=\cos x\sin^2 x$　(6) $y=\tan(\sin x)$

(7) $y=\dfrac{\tan x}{x}$　(8) $y=\dfrac{\cos x}{\sqrt{x}}$

p.126, 127 EX 56, 63

基本例題 67 対数関数・指数関数の導関数 ②②②②②

次の関数を微分せよ。

(1) $y=\log(x^2+1)$ (2) $y=\log_2|2x|$ (3) $y=\log|\tan x|$

(4) $y=e^{2x}$ (5) $y=2^{-3x}$ (6) $y=e^x\sin x$

p.116 基本事項 2, 4

指針 対数関数の導関数 $(\log|x|)'=\dfrac{1}{x}$, $(\log_a|x|)'=\dfrac{1}{x\log a}$

指数関数の導関数 $(e^x)'=e^x$, $(a^x)'=a^x\log a$

更に，合成関数の微分 $\{f(u)\}'=f'(u)u'$ 特に $\{f(ax+b)\}'=af'(ax+b)$ も利用。

解答

(1) $y'=\dfrac{(x^2+1)'}{x^2+1}=\dfrac{\mathbf{2x}}{\mathbf{x^2+1}}$

(2) $y'=\dfrac{(2x)'}{2x\log 2}=\dfrac{2}{2x\log 2}=\dfrac{\mathbf{1}}{\mathbf{x\log 2}}$

(3) $y'=\dfrac{(\tan x)'}{\tan x}=\dfrac{1}{\tan x\cos^2 x}=\dfrac{\mathbf{1}}{\mathbf{\sin x\cos x}}$

(4) $y'=e^{2x}(2x)'=\mathbf{2e^{2x}}$

(5) $y'=(2^{-3x}\log 2)(-3x)'=\mathbf{(-3\log 2)\cdot 2^{-3x}}$

(6) $y'=(e^x)'\sin x+e^x(\sin x)'=e^x\sin x+e^x\cos x$
$=\mathbf{e^x(\sin x+\cos x)}$

◀ $\{\log f(x)\}'=\dfrac{f'(x)}{f(x)}$

◀ $u=2x$ とおくと $y=\log_2|u|$ であるから $y'=\dfrac{1}{u\log 2}\cdot u'$

◀ $\{f(2x)\}'=2f'(2x)$

◀ $u=-3x$ とおくと $y=2^u$ であるから $y'=(2^u\log 2)u'$

検討 *p.*116 基本事項 2 ② の後半の 2 つの公式と 4 の公式の証明

[1] $(\log|x|)'=\dfrac{1}{x}$，$(\log_a|x|)'=\dfrac{1}{x\log a}$ $(a>0,\ a\neq 1)$ の証明

$x>0$ のとき $(\log|x|)'=(\log x)'=\dfrac{1}{x}$,

$x<0$ のとき $(\log|x|)'=\{\log(-x)\}'=\dfrac{1}{-x}\cdot(-1)=\dfrac{1}{x}$

ゆえに $(\log|x|)'=\dfrac{1}{x}$ また $(\log_a|x|)'=\left(\dfrac{\log|x|}{\log a}\right)'=\dfrac{1}{\log a}\cdot\dfrac{1}{x}=\dfrac{1}{x\log a}$

[2] $(e^x)'=e^x$，$(a^x)'=a^x\log a$ $(a>0,\ a\neq 1)$ の証明 （次ページの対数微分法を利用）

$y=a^x$ の両辺の自然対数をとると $\log y=x\log a$ 両辺を x で微分して $\dfrac{y'}{y}=\log a$

よって $y'=y\log a$ ゆえに $(a^x)'=a^x\log a$ 特に，$a=e$ のとき $(e^x)'=e^x\log e=e^x$

練習 ② 67 次の関数を微分せよ。ただし，$a>0$，$a\neq 1$ とする。 [(7), (9) 宮崎大]

(1) $y=\log 3x$ (2) $y=\log_{10}(-4x)$ (3) $y=\log|x^2-1|$

(4) $y=(\log x)^3$ (5) $y=\log_2|\cos x|$ (6) $y=\log(\log x)$

(7) $y=\log\dfrac{2+\sin x}{2-\sin x}$ (8) $y=e^{6x}$ (9) $y=\dfrac{e^x-e^{-x}}{e^x+e^{-x}}$

(10) $y=a^{-2x+1}$ (11) $y=e^x\cos x$

p.126 EX 54, 55, 57

基本例題 68 対数微分法 ①①①①①

次の関数を微分せよ。 ［(2) 岡山理科大］

(1) $y=\sqrt[3]{\dfrac{(x+2)^4}{x^2(x^2+1)}}$　　(2) $y=x^x$ $(x>0)$

基本 67

指針 (1) 右辺を指数の形で表し，$y=(x+2)^{\frac{4}{3}}x^{-\frac{2}{3}}(x^2+1)^{-\frac{1}{3}}$ として微分することもできるが計算が大変。このような複雑な積・商・累乗の形の関数の微分では，まず，両辺(の絶対値)の自然対数をとってから微分 するとよい。

⟶ **積は和，商は差，p 乗は p 倍** となり，微分の計算がらくになる。

(2) $(x^n)'=nx^{n-1}$ や $(a^x)'=a^x\log a$ を思い出して，$y'=x\cdot x^{x-1}=x^x$ または $y'=x^x\log x$ とするのは **誤り！** (1)と同様に，まず両辺の自然対数をとる。

CHART 累乗の積と商で表された関数の微分　**両辺の対数をとって微分する**

解答

(1) 両辺の絶対値の自然対数をとって

$$\log|y|=\frac{1}{3}\{4\log|x+2|-2\log|x|-\log(x^2+1)\}$$

両辺を x で微分して　$\dfrac{y'}{y}=\dfrac{1}{3}\left(\dfrac{4}{x+2}-\dfrac{2}{x}-\dfrac{2x}{x^2+1}\right)$

よって

$$y'=\frac{1}{3}\cdot\frac{4x(x^2+1)-2(x+2)(x^2+1)-2x^2(x+2)}{(x+2)x(x^2+1)}\cdot y$$

$$=\frac{1}{3}\cdot\frac{-2(4x^2-x+2)}{(x+2)x(x^2+1)}\cdot\sqrt[3]{\frac{(x+2)^4}{x^2(x^2+1)}}$$

$$=-\frac{\mathbf{2(4x^2-x+2)}}{\mathbf{3x(x^2+1)}}\sqrt[3]{\frac{\mathbf{x+2}}{\mathbf{x^2(x^2+1)}}}$$

(2) $x>0$ であるから，$y>0$ である。

両辺の自然対数をとって　$\log y=x\log x$

両辺を x で微分して　$\dfrac{y'}{y}=1\cdot\log x+x\cdot\dfrac{1}{x}$

よって　$y'=(\log x+1)y=\mathbf{(\log x+1)x^x}$

◀ $|y|=\sqrt[3]{\dfrac{|x+2|^4}{|x|^2(x^2+1)}}$ として両辺の自然対数をとる(対数の真数は正)。なお，常に $x^2+1>0$

対数の性質

$\log_a MN=\log_a M+\log_a N$

$\log_a \dfrac{M}{N}=\log_a M-\log_a N$

$\log_a M^k=k\log_a M$

$(a>0,\ a\neq1,\ M>0,\ N>0)$

◀両辺 >0 を確認。

◀ $\log y$ を x で微分すると $(\log y)'=\dfrac{1}{y}\cdot y'$

検討

対数微分法

上の例題のように，両辺の対数をとり，対数の性質を利用して微分する方法を **対数微分法** という。また，$\log|y|$ は次のように x で微分している。

$\log|y|$ の y は x の関数であるから　$(\log|y|)'=\dfrac{d}{dx}\log|y|=\dfrac{d}{dy}\log|y|\cdot\dfrac{dy}{dx}=\dfrac{1}{y}\dfrac{dy}{dx}=\dfrac{y'}{y}$

練習 ② 68 次の関数を微分せよ。 ［(2) 関西大］

(1) $y=x^{2x}$ $(x>0)$　(2) $y=x^{\log x}$　(3) $y=(x+2)^2(x+3)^3(x+4)^4$

(4) $y=\dfrac{(x+1)^3}{(x^2+1)(x-1)}$　(5) $y=\sqrt[3]{x^2(x+1)}$　(6) $y=(x+2)\sqrt{\dfrac{(x+3)^3}{x^2+1}}$

p.126 EX58

基本例題 69 e の定義を利用した極限

$\lim_{h\to 0}(1+h)^{\frac{1}{h}}=e$ を用いて，次の極限値を求めよ。

(1) $\lim_{x\to 0}(1+2x)^{\frac{1}{x}}$　(2) $\lim_{x\to\infty}\left(1+\frac{3}{x}\right)^x$　(3) $\lim_{x\to\infty}\left(1-\frac{4}{x}\right)^x$

p.116 基本事項 2

指針 $\lim_{●\to 0}(1+●)^{\frac{1}{●}}=e$ **を適用できる形を作り出す** ことがポイントである。

(1) $x\longrightarrow 0$ のとき $2x\longrightarrow 0$ であるからといって，(与式)$=e$ としては **誤り！**

$(1+●)^{\frac{1}{●}}$ ($●\longrightarrow 0$) の ● は同じものでなければならない から，指数部分に $\frac{1}{2x}$ が現れるように変形する必要がある。そこで，$2x=h$ **とおく** と

$x\longrightarrow 0$ のとき $h\longrightarrow 0$ で　$(1+2x)^{\frac{1}{x}}=(1+h)^{\frac{2}{h}}=\{(1+h)^{\frac{1}{h}}\}^2$

(2), (3) $x\longrightarrow\infty$ と $h\longrightarrow 0$ を関連づけるために，**0 に収束する部分を h とおく。**

CHART e に関する極限　おき換えて　$\lim_{h\to 0}(1+h)^{\frac{1}{h}}$ の形を作る

解答

(1) $2x=h$ とおくと，$x\longrightarrow 0$ のとき　$h\longrightarrow 0$

よって　$\lim_{x\to 0}(1+2x)^{\frac{1}{x}}=\lim_{h\to 0}(1+h)^{\frac{2}{h}}=\lim_{h\to 0}\{(1+h)^{\frac{1}{h}}\}^2=\boldsymbol{e^2}$

◀ $2x=h$ から　$\frac{1}{x}=\frac{2}{h}$

(2) $\frac{3}{x}=h$ とおくと，$x\longrightarrow\infty$ のとき　$h\longrightarrow +0$

よって

$$\lim_{x\to\infty}\left(1+\frac{3}{x}\right)^x=\lim_{h\to +0}(1+h)^{\frac{3}{h}}=\lim_{h\to +0}\{(1+h)^{\frac{1}{h}}\}^3=\boldsymbol{e^3}$$

◀ $x\longrightarrow\infty$ のとき $\frac{3}{x}\longrightarrow +0$

◀ $\frac{3}{x}=h$ から　$x=\frac{3}{h}$

(3) $-\frac{4}{x}=h$ とおくと，$x\longrightarrow\infty$ のとき　$h\longrightarrow -0$

よって

$$\lim_{x\to\infty}\left(1-\frac{4}{x}\right)^x=\lim_{h\to -0}(1+h)^{-\frac{4}{h}}=\lim_{h\to -0}\{(1+h)^{\frac{1}{h}}\}^{-4}=\boldsymbol{e^{-4}}\left(=\frac{1}{e^4}\right)$$

◀ $x\longrightarrow\infty$ のとき $-\frac{4}{x}\longrightarrow -0$

◀ $-\frac{4}{x}=h$ から　$x=-\frac{4}{h}$

検討 **自然対数の底 e の定義式の別の表現**

$h=\frac{1}{x}$ とおくと，$h\longrightarrow +0 \Longleftrightarrow x\longrightarrow\infty$，$h\longrightarrow -0 \Longleftrightarrow x\longrightarrow -\infty$ であるから

$$\lim_{x\to\infty}\left(1+\frac{1}{x}\right)^x=\lim_{h\to +0}(1+h)^{\frac{1}{h}}=e,\quad \lim_{x\to -\infty}\left(1+\frac{1}{x}\right)^x=\lim_{h\to -0}(1+h)^{\frac{1}{h}}=e$$

である。すなわち，$\lim_{x\to\pm\infty}\left(1+\frac{1}{x}\right)^x=e$ が成り立つ。

$\lim_{■\to\pm\infty}\left(1+\frac{1}{■}\right)^{■}=e$

練習 ③ 69 $\lim_{h\to 0}(1+h)^{\frac{1}{h}}=e$ を用いて，次の極限値を求めよ。〔(3) 防衛大〕

(1) $\lim_{x\to 0}(1-x)^{\frac{1}{x}}$　(2) $\lim_{x\to\infty}\left(1-\frac{1}{x}\right)^{2x}$　(3) $\lim_{x\to\infty}\left(\frac{x}{x+1}\right)^x$

p.127 EX 59

参考事項　e の定義について

$p.116$ において，次のように e（自然対数の底）を導入した。

「$h \longrightarrow 0$ のとき，$(1+h)^{\frac{1}{h}}$ はある無理数 (2.71828……) に収束し，その極限値を e で表す。 すなわち $\displaystyle\lim_{h\to0}(1+h)^{\frac{1}{h}}=e$ …… ①」

e を含む関数の微分については　$(e^x)'=e^x$，$(\log x)'=\dfrac{1}{x}$ という，簡単な(覚えやすい)結果になる。

└── $\log x$ は $\log_e x$（自然対数）のこと。

注意　$\displaystyle\lim_{h\to0}(1+h)^{\frac{1}{h}}$ が収束することを高校の数学の範囲で示すことはできない。しかし，$y=(1+h)^{\frac{1}{h}}$ のグラフをコンピュータを用いてかくと右図のようになり，極限値 $\displaystyle\lim_{h\to0}(1+h)^{\frac{1}{h}}$ が存在することが予想できる。e についてはその近似値 $e \fallingdotseq 2.72$ を覚えておくとよい。

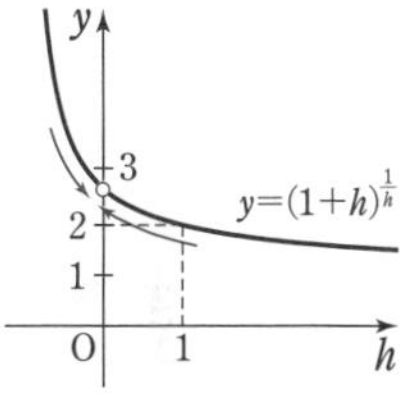

参考　自然対数の底 e を，**ネイピアの数** ともいう。

一方，e については，次のような接線の傾きを利用した導入の仕方もある。

「曲線 $y=a^x$ $(a>1)$ 上の点 $(0,\ 1)$ における接線の傾きが 1 となるときの a の値を e と定める。 すなわち $\displaystyle\lim_{h\to0}\frac{e^h-1}{h}=1$ …… ②」

解説　曲線 $y=a^x$ $(a>1)$ 上の点 $(0,\ 1)$ における接線の傾きは，

$y=f(x)$ とおくと　$\displaystyle f'(0)=\lim_{h\to0}\frac{f(h)-f(0)}{h-0}=\lim_{h\to0}\frac{a^h-1}{h}$

ここで，右図からわかるように，この傾きは a の値が大きくなると大きくなり，a の値が小さくなって 1 に近づくと 0 に近づく。よって，この傾きがちょうど 1 になる a の値が 1 つあり，それを e と定めるのである。つまり　$\displaystyle\lim_{h\to0}\frac{e^h-1}{h}=1$

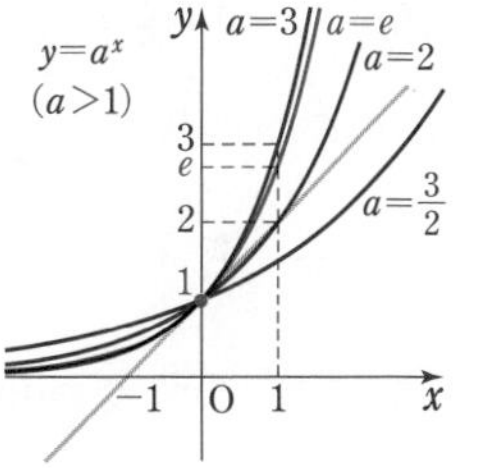

なお，$y=e^x$ と $y=\log x$ が互いに逆関数の関係にあることに注目すると，次のようにして **① と ② が同値である** ことが確かめられる。

② ［曲線 $y=e^x$ 上の点 $(0,\ 1)$ における接線 ℓ の傾きが 1］

$\Longleftrightarrow$ 曲線 $y=\log x$ 上の点 $(1,\ 0)$ における接線 ℓ' の傾きが 1

$\displaystyle\Longleftrightarrow \lim_{h\to0}\frac{\log(1+h)-\log 1}{(1+h)-1}=1$　← $y=\log x$ の $x=1$ における微分係数が 1

$\displaystyle\Longleftrightarrow \lim_{h\to0}\log(1+h)^{\frac{1}{h}}=\log e$　← $\dfrac{1}{h}\log(1+h)=\log(1+h)^{\frac{1}{h}}$

$\displaystyle\Longleftrightarrow \lim_{h\to0}(1+h)^{\frac{1}{h}}=e$ ［①］

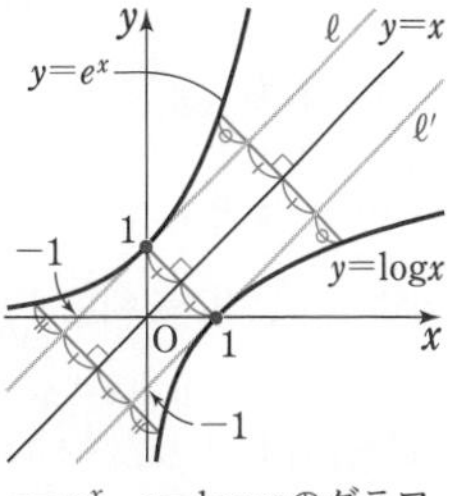

$y=e^x$，$y=\log x$ のグラフは，直線 $y=x$ に関して互いに対称であるから，接線 ℓ，ℓ' も直線 $y=x$ に関して互いに対称。

参考事項 ∞ に発散する関数の「増加の度合い」の比較

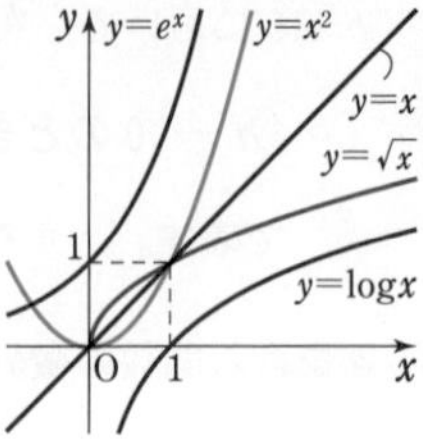

関数 $\log x$, $\sqrt{x}$, x, x^2, e^x は，どれも x の値が大きくなるとその値も大きくなり，$x \longrightarrow \infty$ のとき ∞ に発散する。しかし，図からわかるように，値の増加の仕方は関数によってずいぶん違う。例えば，x の値を大きくしていったとき，$\log x$ より $\sqrt{x}$，x より x^2，x^2 より e^x の方が，それぞれ速く無限大に発散するように感じられる。

そこで，本書では，$\displaystyle\lim_{x\to\infty} f(x)=\infty$，$\displaystyle\lim_{x\to\infty} g(x)=\infty$ である 2 つの関数 $f(x)$，$g(x)$ に関し

$\displaystyle\lim_{x\to\infty}\frac{f(x)}{g(x)}=\infty$ であるとき　$\boldsymbol{g(x) \ll f(x)}$　[$f(x)$ は $g(x)$ より増加の仕方が急激である]

と表現することにする。この表現を用いると，p，q を $0<p<q$ である定数とすれば

$$\boldsymbol{\log x \ll x^p \ll x^q \ll e^x} \quad \cdots\cdots (*)$$

である。このことが成り立つ理由について考えてみよう。

[1]　x^p と x^q $(0<p<q)$ の増加の度合いについて比べてみる。

$p<q$ より $q-p>0$ であるから　$\displaystyle\lim_{x\to\infty}\frac{x^q}{x^p}=\lim_{x\to\infty} x^{q-p}=\infty$　◀$p.34$ 基本事項 **4** 参照。

すなわち　$x^p \ll x^q$　[x^q は x^p より増加の仕方が急激である]

[2]　x^q $(q>0)$ と e^x の増加の度合いについて比べてみる。

まず，$x>0$ のとき $e^x>1+x+\dfrac{x^2}{2}$ が成り立つ（証明は $p.196$ 例題 **113** と同様にしてできる）。

このことを用いると，$x>0$ のとき，$e^x>\dfrac{x^2}{2}$ すなわち $\dfrac{e^x}{x}>\dfrac{x}{2}$ が成り立つ。

ここで，$\displaystyle\lim_{x\to\infty}\frac{x}{2}=\infty$ であるから　$\displaystyle\lim_{x\to\infty}\frac{e^x}{x}=\infty$ …… ①　◀$p.82$ 基本事項 **5** ② 参照。

よって　$\displaystyle\lim_{x\to\infty}\frac{e^x}{x^q}=\lim_{x\to\infty}\left(\frac{e^{\frac{x}{q}}}{x}\right)^q=\lim_{x\to\infty}\left(\frac{e^{\frac{x}{q}}}{\frac{x}{q}\cdot q}\right)^q=\lim_{x\to\infty}\left(\frac{e^{\frac{x}{q}}}{\frac{x}{q}}\right)^q\cdot\frac{1}{q^q}$

$\dfrac{x}{q}=s$ とおくと $x \longrightarrow \infty$ のとき $s \longrightarrow \infty$ で，① により　$\displaystyle\lim_{x\to\infty}\frac{e^x}{x^q}=\frac{1}{q^q}\cdot\lim_{s\to\infty}\left(\frac{e^s}{s}\right)^q=\infty$

すなわち　$x^q \ll e^x$　[e^x は x^q より増加の仕方が急激である]

[3]　$\log x$ と x^p $(p>0)$ の増加の度合いについて比べてみる。

$\log x=t$ とおくと $x=e^t$ で，$x \longrightarrow \infty$ のとき　$t \longrightarrow \infty$，$pt \longrightarrow \infty$

よって，① を利用すると　$\displaystyle\lim_{x\to\infty}\frac{x^p}{\log x}=\lim_{t\to\infty}\frac{(e^t)^p}{t}=\lim_{t\to\infty}\frac{e^{pt}}{pt}\cdot p=\infty$

すなわち　$\log x \ll x^p$　[x^p は $\log x$ より増加の仕方が急激である]

[1]～[3] により，$(*)$ が示された。

なお，一般に $x \longrightarrow \infty$ のとき ∞ に発散する関数については

対数関数≪多項式関数（多項式で表される関数）**≪指数関数**

であり，**多項式関数は次数が高いほど増加の仕方が急激** であることが知られている。

10 関連発展問題

演習 例題 70 微分係数の定義を利用した極限 (1)

関数 $f(x)$ は微分可能で，$f'(0)=\alpha$ とする。次の極限値を求めよ。

(1) $\displaystyle\lim_{h\to 0}\frac{f(a+h^2)-f(a)}{h}$　　(2) $\displaystyle\lim_{x\to 0}\frac{f(3x)-f(\sin x)}{x}$

基本 61

指針 **微分係数の定義**

$$f'(a)=\lim_{h\to 0}\frac{f(a+h)-f(a)}{h} \cdots\cdots ①,\quad f'(a)=\lim_{x\to a}\frac{f(x)-f(a)}{x-a} \cdots\cdots ②$$

を利用できる形に式を変形して，極限値を求める。

(1) ① の定義式を利用する。なお，$h\longrightarrow 0$ のとき $h^2\longrightarrow 0$ だからといって (与式)$=f'(a)$ としたら **誤り！** $\displaystyle\lim_{h\to 0}\frac{f(a+●)-f(a)}{●}$ の ● は同じ式にする。

(2) ② の定義式を利用する。式変形のポイントは，② が使える形，つまり $\displaystyle\lim_{x\to 0}\frac{f(■)-f(0)}{■-0}$ の ■ が 同じ式 で，$x\longrightarrow 0$ のとき ■ $\longrightarrow 0$ となるようにすることである。

解答

(1) $\displaystyle\lim_{h\to 0}\frac{f(a+h^2)-f(a)}{h}=\lim_{h\to 0}\frac{f(a+h^2)-f(a)}{h^2}\cdot h$

$=f'(a)\cdot 0=\mathbf{0}$

◀ $\dfrac{f(a+●)-f(a)}{●}$ の形を作る（● は 同じ式）。

(2) $\displaystyle\lim_{x\to 0}\frac{f(3x)-f(\sin x)}{x}$

$\displaystyle=\lim_{x\to 0}\frac{f(3x)-f(0)-\{f(\sin x)-f(0)\}}{x}$

$\displaystyle=\lim_{x\to 0}\left\{\frac{f(3x)-f(0)}{3x-0}\cdot 3-\frac{f(\sin x)-f(0)}{\sin x-0}\cdot\frac{\sin x}{x}\right\}$

$\displaystyle=3\lim_{x\to 0}\frac{f(3x)-f(0)}{3x-0}-\lim_{x\to 0}\frac{f(\sin x)-f(0)}{\sin x-0}\cdot\lim_{x\to 0}\frac{\sin x}{x}$

$=3f'(0)-f'(0)\cdot 1=2f'(0)$

$=\mathbf{2\alpha}$

◀ $f'(0)$ の定義式を利用できる式を作り出すため，$f(0)$ を引いて加えるという工夫をしている。

◀ $x\longrightarrow 0$ のとき $3x\longrightarrow 0$，$\sin x\longrightarrow 0$

また $\displaystyle\lim_{x\to 0}\frac{\sin x}{x}=1$

POINT $\displaystyle\lim_{h\to 0}\frac{f(a+●)-f(a)}{●}=f'(a)$，　$\displaystyle\lim_{x\to a}\frac{f(■)-f(a)}{■-a}=f'(a)$

（2つの ● は同じ式，$h\longrightarrow 0$ のとき ● $\longrightarrow 0$）　（2つの ■ は同じ式，$x\longrightarrow a$ のとき ■ $\longrightarrow a$）

練習 ③ **70** 関数 $f(x)$ は微分可能であるとする。

(1) 極限値 $\displaystyle\lim_{h\to 0}\frac{f(x+2h)-f(x)}{\sin h}$ を $f'(x)$ を用いて表せ。〔東京電機大〕

(2) $f'(0)=2$ であるとき，極限値 $\displaystyle\lim_{x\to 0}\frac{f(2x)-f(-x)}{x}$ を求めよ。

演習 例題 71 微分係数の定義を利用した極限(2)

(1) 次の極限値を求めよ。ただし，α は定数とする。

(ア) $\displaystyle\lim_{x\to0}\frac{2^x-1}{x}$　　(イ) $\displaystyle\lim_{x\to\alpha}\frac{x\sin x-\alpha\sin\alpha}{\sin(x-\alpha)}$

(2) $\displaystyle\lim_{x\to0}\frac{e^x-1}{x}=1$ (p.121 参照) であることを用いて，極限値 $\displaystyle\lim_{h\to0}\frac{e^{(h+1)^2}-e^{h^2+1}}{h}$ を求めよ。

[(2) 法政大] 演習 70

指針 (1) **微分係数の定義** $\displaystyle f'(a)=\lim_{x\to a}\frac{f(x)-f(a)}{x-a}$ を利用して変形するため，(ア)では $f(x)=2^x$，(イ)では $f(x)=x\sin x$ として進める。
極限値は $f'(■)$ を含む式になるから，$f'(x)$ を具体的に計算してそれを利用。

(2) $\dfrac{e^{●}-1}{●}$ (ただし，$h\longrightarrow0$ のとき ● $\longrightarrow0$) の形を作り出す。

解答

(1) (ア) $f(x)=2^x$ とすると

$$\lim_{x\to0}\frac{2^x-1}{x}=\lim_{x\to0}\frac{2^x-2^0}{x-0}=f'(0)$$

$f'(x)=2^x\log2$ であるから　$f'(0)=2^0\log2=\log2$

したがって　$\displaystyle\lim_{x\to0}\frac{2^x-1}{x}=\mathbf{\log 2}$

(イ) $f(x)=x\sin x$ とすると

$$\lim_{x\to\alpha}\frac{x\sin x-\alpha\sin\alpha}{\sin(x-\alpha)}=\lim_{x\to\alpha}\frac{x\sin x-\alpha\sin\alpha}{x-\alpha}\cdot\frac{x-\alpha}{\sin(x-\alpha)}$$

$$=f'(\alpha)\cdot1=f'(\alpha)$$

$f'(x)=\sin x+x\cos x$ から　(与式)$=\boldsymbol{\sin\alpha+\alpha\cos\alpha}$

(2) $$\lim_{h\to0}\frac{e^{(h+1)^2}-e^{h^2+1}}{h}=\lim_{h\to0}\left(e^{h^2+1}\cdot\frac{e^{2h}-1}{h}\right)$$

$$=\lim_{h\to0}\left(2e^{h^2+1}\cdot\frac{e^{2h}-1}{2h}\right)$$

$$=2\lim_{h\to0}e^{h^2+1}\cdot\lim_{h\to0}\frac{e^{2h}-1}{2h}=2e\cdot1=\mathbf{2e}$$

◀ 〰 $\displaystyle=\lim_{x\to0}\frac{f(x)-f(0)}{x-0}$

◀ ---- $\displaystyle=\lim_{x\to\alpha}\frac{f(x)-f(\alpha)}{x-\alpha}$
また $\displaystyle\lim_{●\to0}\frac{\sin●}{●}=1$

◀ $(uv)'=u'v+uv'$

◀ $e^{h^2+2h+1}-e^{h^2+1}=e^{h^2+1}(e^{2h}-1)$

◀ $\displaystyle\lim_{●\to0}\frac{e^{●}-1}{●}=1$

注意 $\displaystyle\lim_{x\to0}\frac{e^x-1}{x}=1$ は，特に断りがなくても公式として利用してよい。

[$\displaystyle\lim_{x\to0}\frac{\sin x}{x}=1$，$\displaystyle\lim_{x\to0}(1+x)^{\frac{1}{x}}=e$，$\displaystyle\lim_{x\to\pm\infty}\left(1+\frac{1}{x}\right)^x=e$，$\displaystyle\lim_{x\to0}\frac{e^x-1}{x}=1$
これらの極限の式はしっかり覚えておきたい。]

練習 ③ 71 次の極限値を求めよ。ただし，a は定数とする。 [(2) 類 東京理科大]

(1) $\displaystyle\lim_{x\to0}\frac{3^{2x}-1}{x}$　(2) $\displaystyle\lim_{x\to1}\frac{\log x}{x-1}$　(3) $\displaystyle\lim_{x\to a}\frac{1}{x-a}\log\frac{x^x}{a^a}$ $(a>0)$

(4) $\displaystyle\lim_{x\to0}\frac{e^x-e^{-x}}{x}$　(5) $\displaystyle\lim_{x\to0}\frac{e^{a+x}-e^a}{x}$

p.127 EX 60, 61

演習 例題 72 関数方程式の条件から導関数を求める

関数 $f(x)$ は微分可能で，$f'(0)=a$ とする。

(1) 任意の実数 x，y に対して，等式 $f(x+y)=f(x)+f(y)$ が成り立つとき，$f(0)$，$f'(x)$ を求めよ。

(2) 任意の実数 x，y に対して，等式 $f(x+y)=f(x)f(y)$，$f(x)>0$ が成り立つとき，$f(0)$ を求めよ。また，$f'(x)$ を a，$f(x)$ で表せ。

演習 70

指針 このようなタイプの問題では，等式に適当な数値や文字式を代入する ことがカギとなる。$f(0)$ を求めるには，$x=0$ や $y=0$ の代入を考えてみる。

また，$f'(x)$ は **定義** $\displaystyle f'(x)=\lim_{h\to 0}\frac{f(x+h)-f(x)}{h}$ に従って求める。等式に $y=h$ を代入して得られる式を利用して，$f(x+h)-f(x)$ の部分を変形していく。

解答

(1) $f(x+y)=f(x)+f(y)$ …… ① とする。

① に $x=0$ を代入すると $f(y)=f(0)+f(y)$ …… ㋐

よって $\boldsymbol{f(0)=0}$

また，① に $y=h$ を代入すると $f(x+h)=f(x)+f(h)$

ゆえに $\displaystyle f'(x)=\lim_{h\to 0}\frac{f(x+h)-f(x)}{h}=\lim_{h\to 0}\frac{f(h)}{h}$

$\displaystyle =\lim_{h\to 0}\frac{f(0+h)-f(0)}{h}^{(*)}=f'(0)=\boldsymbol{a}$

◀ $x=y=0$ を代入してもよい。

◀ ㋐ の両辺から $f(y)$ を引く。

◀ $f(x+h)=f(x)+f(h)$ から $f(x+h)-f(x)=f(h)$

$\displaystyle \lim_{h\to 0}\frac{f(■+h)-f(■)}{h}=f'(■)$

(＊) $f(0)=0$

(2) $f(x+y)=f(x)f(y)$ …… ② とする。

② に $x=y=0$ を代入すると $f(0)=f(0)f(0)$

よって $f(0)\{f(0)-1\}=0$

$f(0)>0$ であるから $\boldsymbol{f(0)=1}$

また，② に $y=h$ を代入すると $f(x+h)=f(x)f(h)$

ゆえに

$\displaystyle f'(x)=\lim_{h\to 0}\frac{f(x+h)-f(x)}{h}=\lim_{h\to 0}\frac{f(x)\{f(h)-1\}}{h}$

$\displaystyle =f(x)\cdot\lim_{h\to 0}\frac{f(0+h)-f(0)}{h}$

$=f(x)\cdot f'(0)=\boldsymbol{af(x)}$

◀ $f(0)$ の 2 次方程式とみる。

◀ 条件 $f(x)>0$ に注意。

◀ $\displaystyle \lim_{h\to 0}\frac{f(x)f(h)-f(x)}{h}$

◀ $f(0)=1$，$f'(0)=a$

検討 **上の例題 (1) の結果から導かれること**

上の例題の (1) については，求めた $f'(x)=a$ を利用して，$f(x)$ を求めることができる。

$f'(x)=a$ から $f(x)=\int a\,dx=ax+C$ （C は積分定数）

$f(0)=0$ から $0=a\cdot 0+C$ ゆえに $C=0$ よって $f(x)=ax$

← 数学Ⅱで学んだ積分法の考えを利用。

なお，上の例題で与えられた等式（解答の ①，②）のような，未知の関数を含む等式を **関数方程式** という。参考として，(2) については，$f(x)=e^{ax}$ である。

練習 ④ **72** 関数 $f(x)$ は微分可能で，$f'(0)=a$ とする。任意の実数 x，y，p ($p\neq 0$) に対して，等式 $f(x+py)=f(x)+pf(y)$ が成り立つとき $f'(x)$，$f(x)$ を順に求めよ。

p.127 EX 62

②54 次の関数を微分せよ。

(1) $y=\dfrac{\sin x}{\sin x+\cos x}$　(2) $y=e^{\sin 2x}\tan x$　(3) $y=\dfrac{\log(1+x^2)}{1+x^2}$

(4) $y=\log(\sin^2 x)$　(5) $y=\log\dfrac{\cos x}{1-\sin x}$

〔(1) 広島市大，(2) 岡山理科大，(3) 青山学院大，(4) 類 横浜市大，(5) 弘前大〕

→66,67

③55 関数 $y=\log(x+\sqrt{x^2+1})$ について，次の問いに答えよ。

(1) この関数を微分せよ。

(2) x を y で表して $\dfrac{dx}{dy}$ を求め，それを利用して $\dfrac{dy}{dx}$ を求めよ。

→65,67

③56 関数 $f(x)$ は微分可能な関数 $g(x)$ を用いて $f(x)=2-x\cos x+g(x)$ と表され，$\displaystyle\lim_{x\to 0}\frac{g(x)}{x^2}=1$ であるとする。このとき，$f(0)=$ア□，$f'(0)=$イ□ である。

〔愛知工大〕

→66

③57 実数全体で定義された 2 つの微分可能な関数 $f(x)$，$g(x)$ は次の条件を満たす。

(A) $f'(x)=g(x)$，$g'(x)=f(x)$

(B) $f(0)=1$，$g(0)=0$

(1) すべての実数 x に対し，$\{f(x)\}^2-\{g(x)\}^2=1$ が成り立つことを示せ。

(2) $F(x)=e^{-x}\{f(x)+g(x)\}$，$G(x)=e^{x}\{f(x)-g(x)\}$ とするとき，$F(x)$，$G(x)$ を求めよ。

(3) $f(x)$，$g(x)$ を求めよ。

〔鳥取大〕

→67

②58 次の関数を微分せよ。ただし，$x>0$ とする。

(1) $y=\left(\dfrac{2}{x}\right)^x$　(2) $y=x^{\sin x}$　(3) $y=x^{1+\frac{1}{x}}$

〔(1) 産業医大，(2) 信州大，(3) 広島市大〕

→68

HINT

55 (2) $y=\log(x+\sqrt{x^2+1})$ から　$e^y=x+\sqrt{x^2+1}$　よって　$e^{-y}=-x+\sqrt{x^2+1}$
この 2 式から x を y で表すことができる。

56 $x\longrightarrow 0$ のとき　$g(x)\longrightarrow 0$　また，$g(x)$ は連続であるから　$\displaystyle\lim_{x\to 0}g(x)=g(0)$

57 (1) $H(x)=\{f(x)\}^2-\{g(x)\}^2$ として，$H'(x)=0$ を示す。
(2) $F'(x)$，$G'(x)$ を調べる。

58 対数微分法を利用する。

EXERCISES　9 いろいろな関数の導関数, 10 関連発展問題

③59 次の極限値を求めよ。ただし，a は 0 でない定数とする。

(1) $\displaystyle\lim_{x\to0}\frac{\log(1+ax)}{x}$　(2) $\displaystyle\lim_{x\to0}\frac{1-\cos 2x}{x\log(1+x)}$　(3) $\displaystyle\lim_{x\to0}(\cos^2 x)^{\frac{1}{x^2}}$　→69

④60 a を実数とする。すべての実数 x で定義された関数 $f(x)=|x|(e^{2x}+a)$ は $x=0$ で微分可能であるとする。

(1) a および $f'(0)$ の値を求めよ。

(2) 右側極限 $\displaystyle\lim_{x\to+0}\frac{f'(x)}{x}$ を求めよ。更に，$f'(x)$ は $x=0$ で微分可能でないことを示せ。　〔類 京都工繊大〕　→62,71

③61 次の極限値を求めよ。ただし，a は正の定数とする。

(1) $\displaystyle\lim_{x\to\frac{1}{4}}\frac{\tan(\pi x)-1}{4x-1}$　(2) $\displaystyle\lim_{h\to0}\frac{e^{a+h}-e^a}{\log(a-h)-\log a}$

(3) $\displaystyle\lim_{x\to a}\frac{a^2\sin^2 x-x^2\sin^2 a}{x-a}$　〔(1), (3) 立教大〕　→71

④62 $-1<x<1$ の範囲で定義された関数 $f(x)$ で，次の 2 つの条件を満たすものを考える。

$$f(x)+f(y)=f\left(\frac{x+y}{1+xy}\right)\quad(-1<x<1,\ -1<y<1)$$

$f(x)$ は $x=0$ で微分可能で，そこでの微分係数は 1 である

(1) $-1<x<1$ に対し $f(x)=-f(-x)$ が成り立つことを示せ。

(2) $f(x)$ は $-1<x<1$ の範囲で微分可能であることを示し，導関数 $f'(x)$ を求めよ。　〔類 東北大〕　→60,72

④63 △ABC において，AB=2，AC=1，∠A$=x$ とし，$f(x)=$BC とする。

(1) $f(x)$ を x の式として表せ。

(2) △ABC の外接円の半径を R とするとき，$\dfrac{d}{dx}f(x)$ を R で表せ。

(3) $\dfrac{d}{dx}f(x)$ の最大値を求めよ。　〔長岡技科大〕　→66

HINT

59　$\displaystyle\lim_{h\to0}(1+h)^{\frac{1}{h}}=e$ を利用する。(3) は，$\cos^2 x=1-\sin^2 x$ を利用。

60　(1) $\displaystyle\lim_{h\to+0}\frac{f(0+h)-f(0)}{h}=\lim_{h\to-0}\frac{f(0+h)-f(0)}{h}$ から，a の値を求める。

(2) $\displaystyle\lim_{x\to0}\frac{e^x-1}{x}=1$ を利用。

61　**微分係数の定義式** $\displaystyle f'(a)=\lim_{h\to0}\frac{f(a+h)-f(a)}{h}=\lim_{x\to a}\frac{f(x)-f(a)}{x-a}$ が利用できるように変形する。

62　(1) $y=-x$ とすると，条件式の左辺は $f(x)+f(-x)$ となる。

(2) 条件から　$f'(0)=1$ すなわち $\displaystyle\lim_{h\to0}\frac{f(0+h)-f(0)}{h}=1$　(1) の結果も利用する。

63　(1) 余弦定理を利用。　(2) (1) の結果の式を x で微分する。正弦定理も利用。

(3) $0<$(三角形の内角)$<\pi$ であることに注意。

参考事項 双曲線関数

$p.118$ の練習 **67** (9) では，関数 $y=\dfrac{e^x-e^{-x}}{e^x+e^{-x}}$ の導関数を求めた。この関数を含めて，次の 3 つを **双曲線関数** といい，グラフはそれぞれ右下のようになる。

① $\sinh x=\dfrac{e^x-e^{-x}}{2}$

② $\cosh x=\dfrac{e^x+e^{-x}}{2}$

③ $\tanh x=\dfrac{e^x-e^{-x}}{e^x+e^{-x}}$

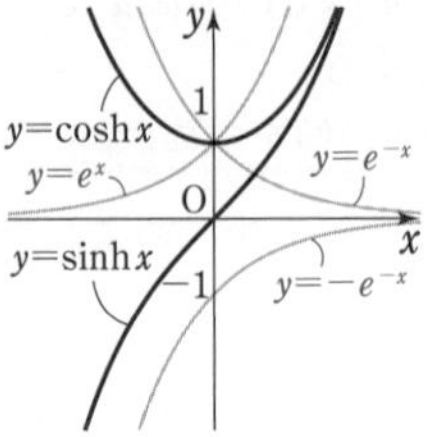

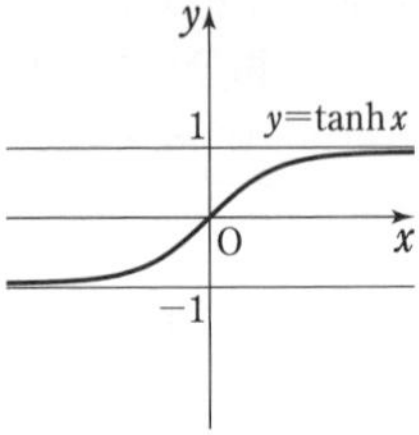

なお，$\sinh x$ をハイパボリック・サイン，$\cosh x$ をハイパボリック・コサイン，$\tanh x$ をハイパボリック・タンジェントとよぶ。

高校数学において，これらの記号を直接使う場面はないが，双曲線関数を背景とした入試問題はよく出題されるので，その性質を知っておくと便利である。一部を紹介しよう。

> [1] $\cosh^2 x-\sinh^2 x=1$　[2] $\tanh x=\dfrac{\sinh x}{\cosh x}$
>
> [3] $(\sinh x)'=\cosh x$　[4] $(\cosh x)'=\sinh x$　[5] $(\tanh x)'=\dfrac{1}{\cosh^2 x}$

それぞれ三角関数に似た関係式であることに注目したい。例えば，[1] は次のようにして証明できる（[2]～[5] もそれぞれ確認してみよう）。

[1] の証明　(左辺)$=\dfrac{(e^x+e^{-x})^2}{4}-\dfrac{(e^x-e^{-x})^2}{4}=\dfrac{e^{2x}+2+e^{-2x}-(e^{2x}-2+e^{-2x})}{4}=1=$(右辺)

$x^2-y^2=1$ は双曲線を表す（$p.136$ 参照）。このことと [1] が，①～③ が“双曲線関数”とよばれる理由に関係している。まず，三角関数は円関数ともよばれており，$\cos x$，$\sin x$ は単位円上の点の座標として定義されている。これに対し，$\cosh x$，$\sinh x$ は，直角双曲線 $x^2-y^2=1$ 上の点の座標として定義されているのである。

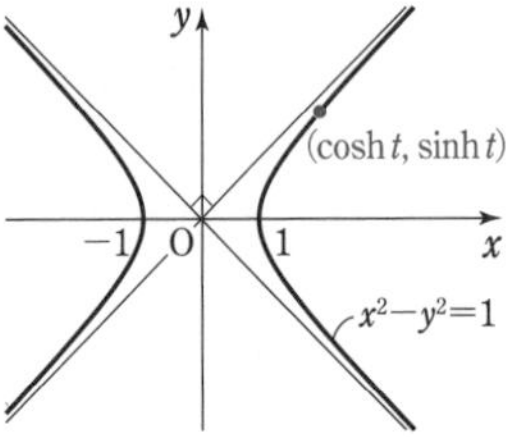

また，$x=\dfrac{t^2+1}{2t}$，$y=\dfrac{t^2-1}{2t}$ は双曲線 $x^2-y^2=1$ の媒介変数表示であるが（$p.636$ 数学 C 基本例題 **168** (1)），この t を e^t とおき換えると $x=\cosh t$，$y=\sinh t$ となる。

● 双曲線関数の逆関数

$p.126$ の EXERCISES 55 (2) では，導関数を求める際に，関数 $y=\log(x+\sqrt{x^2+1})$ から $x=\dfrac{e^y-e^{-y}}{2}$ $(=\sinh y)$ を導いた。このことから，$y=\log(x+\sqrt{x^2+1})$ と $y=\sinh x$ は逆関数の関係になっていることがわかる。

11 高次導関数，関数のいろいろな表し方と導関数

基本事項

1 高次導関数

① $f'(x)$ の導関数が **第2次導関数 $f''(x)$**，$f''(x)$ の導関数が **第3次導関数 $f'''(x)$**

② $f(x)$ を n 回微分して得られる関数が，$f(x)$ の **第 n 次導関数 $f^{(n)}(x)$**

2 方程式 $F(x,\ y)=0$ で表された関数の導関数

[1] y が x の関数のとき　$\dfrac{d}{dx}f(y)=\dfrac{d}{dy}f(y)\cdot\dfrac{dy}{dx}$

[2] $F(x,\ y)=0$ で表された x の関数 y の導関数を求めるには **$F(x,\ y)=0$ の両辺を x で微分する**。このとき，[1] の公式を利用する。

3 媒介変数で表された関数の導関数

$$\begin{cases} x=f(t) \\ y=g(t) \end{cases} \text{のとき}\quad \frac{dy}{dx}=\frac{\dfrac{dy}{dt}}{\dfrac{dx}{dt}}=\frac{g'(t)}{f'(t)}$$

解　説

■ 高次導関数

$y=f(x)$ の導関数 $f'(x)$ は x の関数であるから，$f'(x)$ が微分可能であるとき $f'(x)$ の導関数を，**第2次導関数** といい，y''，$f''(x)$，$\dfrac{d^2y}{dx^2}$，$\dfrac{d^2}{dx^2}f(x)$ で表す。更に，$y=f(x)$ の第2次導関数 $f''(x)$ の導関数を，**第3次導関数** といい，y'''，$f'''(x)$，$\dfrac{d^3y}{dx^3}$，$\dfrac{d^3}{dx^3}f(x)$ で表す。

一般に，関数 $y=f(x)$ を n 回微分して得られる関数を，$f(x)$ の **第 n 次導関数** といい，$y^{(n)}$，$f^{(n)}(x)$，$\dfrac{d^ny}{dx^n}$，$\dfrac{d^n}{dx^n}f(x)$ で表す。なお，$y^{(1)}$，$y^{(2)}$，$y^{(3)}$ は，それぞれ y'，y''，y''' を表す。

◀y'，$f'(x)$ を第1次導関数ということがある。

◀第2次以上の導関数をまとめて，**高次導関数** という。

■ $F(x,\ y)=0$ の導関数

$p.136$ の基本例題 **78** 参照。

注意　x の関数 y が $F(x,\ y)=0$ の形で与えられるとき，y は x の **陰関数** であるという。これに対し，$y=f(x)$ の形に表された関数を **陽関数** という。

■ 媒介変数表示と導関数

平面上の曲線が媒介変数 t により $x=f(t)$，$y=g(t)$ の形に表されるとき，これをその曲線の **媒介変数表示** といい，t を **媒介変数** という。$x=f(t)$ から $t=h(x)$ と表されるならば，これを $y=g(t)$ に代入すると $y=g(h(x))$，すなわち y は x の関数 $y=(g\circ h)(x)$ となる。

◀$h(x)$ は $f(x)$ の逆関数。

合成関数の微分法により　$\dfrac{dy}{dx}=\dfrac{dy}{dt}\cdot\dfrac{dt}{dx}$

逆関数の微分法により　$\dfrac{dt}{dx}=\dfrac{1}{\dfrac{dx}{dt}}$

よって　$\dfrac{dy}{dx}=\dfrac{\dfrac{dy}{dt}}{\dfrac{dx}{dt}}=\dfrac{g'(t)}{f'(t)}$

基本例題 73 第2次導関数，第3次導関数の計算

(1) 次の関数の第2次導関数，第3次導関数を求めよ。

(ア) $y=x^4-2x^3+3x-1$ (イ) $y=\sin 2x$ (ウ) $y=a^x\ (a>0,\ a\neq 1)$

(2) $y=\tan x\left(-\dfrac{\pi}{2}<x<\dfrac{\pi}{2}\right)$ の逆関数を $y=g(x)$ とする。$g''(1)$ の値を求めよ。

p.129 基本事項 1，基本 65

指針 (1) $y \xrightarrow{\text{微分}} y' \xrightarrow{\text{微分}} y'' \xrightarrow{\text{微分}} y'''$

（第1次）導関数　第2次導関数　第3次導関数

$y=f(x)$ の高次導関数には，次のような表し方がある。

第2次導関数 …… y'', $f''(x)$, $f^{(2)}(x)$, $\dfrac{d^2y}{dx^2}$ ← $\dfrac{d^2y}{dx^2}=\dfrac{d}{dx}\left(\dfrac{dy}{dx}\right)$

第3次導関数 …… y''', $f'''(x)$, $f^{(3)}(x)$, $\dfrac{d^3y}{dx^3}$ ← $\dfrac{d^3y}{dx^3}=\dfrac{d}{dx}\left(\dfrac{d^2y}{dx^2}\right)$

(2) 高校の数学では，$y=\tan x$ の逆関数を具体的に求めることはできない。ここでは $y=f^{-1}(x) \Leftrightarrow x=f(y)$ と $\dfrac{dy}{dx}=\dfrac{1}{\frac{dx}{dy}}$ を利用し，まず $g'(x)$ を x で表す。

解答

(1) (ア) $y'=4x^3-6x^2+3$ であるから

$\boldsymbol{y''=12x^2-12x}$, $\boldsymbol{y'''=24x-12}$

(イ) $y'=\cos 2x\cdot 2=2\cos 2x$ であるから

$y''=2(-\sin 2x)\cdot 2=\boldsymbol{-4\sin 2x}$,

$y'''=-4\cos 2x\cdot 2=\boldsymbol{-8\cos 2x}$

(ウ) $y'=a^x\log a$ であるから

$\boldsymbol{y''=a^x(\log a)^2}$, $\boldsymbol{y'''=a^x(\log a)^3}$

(2) 逆関数 $y=g(x)$ に対し　$x=g^{-1}(y)$

すなわち　$x=\tan y$

ゆえに

$$g'(x)=\frac{dy}{dx}=\frac{1}{\frac{dx}{dy}}=\frac{1}{\frac{1}{\cos^2 y}}=\cos^2 y=\frac{1}{1+\tan^2 y}=\frac{1}{1+x^2}$$

よって　$g''(x)=\dfrac{d^2y}{dx^2}=\dfrac{d}{dx}\left(\dfrac{1}{1+x^2}\right)=-\dfrac{2x}{(1+x^2)^2}$

ゆえに　$g''(1)=-\dfrac{2\cdot 1}{(1+1^2)^2}=\boldsymbol{-\dfrac{1}{2}}$

◀ $y''=(4x^3-6x^2+3)'$, $y'''=(12x^2-12x)'$

◀ $y''=(2\cos 2x)'$, $y'''=(-4\sin 2x)'$

◀ $y''=(a^x\log a)'$, $y'''=\{a^x(\log a)^2\}'$

◀ $g^{-1}(x)=\tan x$

◀ $\dfrac{d}{dy}\tan y=\dfrac{1}{\cos^2 y}$

◀ $g''(x)$ は $g'(x)$ を x で微分したもの。$\left(\dfrac{1}{v}\right)'=-\dfrac{v'}{v^2}$

練習 ③ 73

(1) 次の関数の第2次導関数，第3次導関数を求めよ。

(ア) $y=x^3-3x^2+2x-1$ (イ) $y=\sqrt[3]{x}$ (ウ) $y=\log(x^2+1)$

(エ) $y=xe^{2x}$ (オ) $y=e^x\cos x$

(2) $y=\cos x\ (\pi<x<2\pi)$ の逆関数を $y=g(x)$ とするとき，$g'(x)$，$g''(x)$ をそれぞれ x の式で表せ。

p.139 EX 64～66

基本例題 74 第2次導関数と等式

(1) $y=\log(1+\cos x)^2$ のとき，等式 $y''+2e^{-\frac{y}{2}}=0$ を証明せよ。

(2) $y=e^{2x}\sin x$ に対して，$y''=ay+by'$ となるような実数の定数 a，b の値を求めよ。

［(1) 信州大，(2) 駒澤大］ 基本 73

指針 第2次導関数 y'' を求めるには，まず導関数 y' を求める。また，(1)，(2) の等式はともに **x の恒等式** である。

(1) y'' を求めて証明したい式の左辺に代入する。
また，$e^{-\frac{y}{2}}$ を x で表すには，等式 $e^{\log p}=p$ を利用する。

(2) y'，y'' を求めて与式に代入し，数値代入法を用いる。なお，係数比較法を利用することもできる。⟶ 解答編 $p.94$ の **検討** 参照。

解答

(1) $y=2\log(1+\cos x)$ であるから

$$y'=2\cdot\frac{(1+\cos x)'}{1+\cos x}=-\frac{2\sin x}{1+\cos x}$$

よって $$y''=-\frac{2\{\cos x(1+\cos x)-\sin x(-\sin x)\}}{(1+\cos x)^2}$$

$$=-\frac{2(1+\cos x)}{(1+\cos x)^2}=-\frac{2}{1+\cos x}$$

また，$\dfrac{y}{2}=\log(1+\cos x)$ であるから　$e^{\frac{y}{2}}=1+\cos x$

ゆえに　$2e^{-\frac{y}{2}}=\dfrac{2}{e^{\frac{y}{2}}}=\dfrac{2}{1+\cos x}$

よって　$y''+2e^{-\frac{y}{2}}=-\dfrac{2}{1+\cos x}+\dfrac{2}{1+\cos x}=0$

(2) $y'=2e^{2x}\sin x+e^{2x}\cos x=e^{2x}(2\sin x+\cos x)$

$y''=2e^{2x}(2\sin x+\cos x)+e^{2x}(2\cos x-\sin x)$
$=e^{2x}(3\sin x+4\cos x)$ …… ①

ゆえに　$ay+by'=ae^{2x}\sin x+be^{2x}(2\sin x+\cos x)$
$=e^{2x}\{(a+2b)\sin x+b\cos x\}$ …… ②

$y''=ay+by'$ に ①，② を代入して

$e^{2x}(3\sin x+4\cos x)=e^{2x}\{(a+2b)\sin x+b\cos x\}$ … ③

③ は x の恒等式であるから，$x=0$ を代入して　$4=b$

また，$x=\dfrac{\pi}{2}$ を代入して　$3e^{\pi}=e^{\pi}(a+2b)$

これを解いて　$a=-5$，$b=4$

このとき　(③ の右辺)
$=e^{2x}\{(-5+2\cdot4)\sin x+4\cos x\}=$(③ の左辺)

したがって　$\boldsymbol{a=-5}$，$\boldsymbol{b=4}$

◀ $\log M^k=k\log M$
なお，$-1\leqq\cos x\leqq1$ と **(真数)>0** から
$1+\cos x>0$

◀ $\sin^2x+\cos^2x=1$

◀ $e^{\log p}=p$ を利用すると
$e^{\log(1+\cos x)}=1+\cos x$

◀ $(e^{2x})'(2\sin x+\cos x)$
$+e^{2x}(2\sin x+\cos x)'$

参考 (2) の $y''=ay+by'$ のように，未知の関数の導関数を含む等式を **微分方程式** という（詳しくは $p.353$ 参照）。

◀ ③ が恒等式 ⟹ ③ に $x=0$，$\dfrac{\pi}{2}$ を代入しても成り立つ。

◀ 逆の確認。

練習 ③ 74
(1) $y=\log(x+\sqrt{x^2+1})$ のとき，等式 $(x^2+1)y''+xy'=0$ を証明せよ。
(2) $y=e^{2x}+e^x$ が $y''+ay'+by=0$ を満たすとき，定数 a，b の値を求めよ。

［(1) 首都大東京，(2) 大阪工大］ p.139 EX 67～69

基本例題 75 第 n 次導関数を求める (1)

n を自然数とする。

(1) $y=\sin 2x$ のとき，$y^{(n)}=2^n\sin\left(2x+\dfrac{n\pi}{2}\right)$ であることを証明せよ。

(2) $y=x^n$ の第 n 次導関数を求めよ。

p.129 基本事項 1　重要 76，p.135 参考事項

指針 $y^{(n)}$ は，y の **第 n 次導関数** のことである。そして，自然数 n についての問題であるから，**自然数 n の問題　数学的帰納法で証明** の方針で進める。

(2) では，**$n=1$，2，3 の場合を調べて** $y^{(n)}$ を **推測** し，数学的帰納法で証明する。

注意 **数学的帰納法による証明の要領**（数学 B）

[1] $n=1$ のとき成り立つことを示す。

[2] $n=k$ のとき成り立つと仮定し，$n=k+1$ のときも成り立つことを示す。

解答

(1) $y^{(n)}=2^n\sin\left(2x+\dfrac{n\pi}{2}\right)$ …… ① とする。

[1] $n=1$ のとき　$y'=2\cos 2x=2\sin\left(2x+\dfrac{\pi}{2}\right)$ であるから，① は成り立つ。

[2] $n=k$ のとき，① が成り立つと仮定すると　$y^{(k)}=2^k\sin\left(2x+\dfrac{k\pi}{2}\right)$ …… ②

$n=k+1$ のときを考えると，② の両辺を x で微分して

$$\frac{d}{dx}y^{(k)}=2^{k+1}\cos\left(2x+\frac{k\pi}{2}\right)$$

ゆえに　$y^{(k+1)}=2^{k+1}\sin\left(2x+\dfrac{k\pi}{2}+\dfrac{\pi}{2}\right)=2^{k+1}\sin\left\{2x+\dfrac{(k+1)\pi}{2}\right\}$

よって，$n=k+1$ のときも ① は成り立つ。

[1]，[2] から，すべての自然数 n について ① は成り立つ。

(2) $n=1$，2，3 のとき，順に

$$y'=x'=1,\ y''=(x^2)''=(2x)'=2\cdot 1,\ y'''=(x^3)'''=3(x^2)''=3\cdot 2\cdot 1$$

したがって，$y^{(n)}=n!$ …… ① と推測できる。

[1] $n=1$ のとき　$y'=1!$ であるから，① は成り立つ。

[2] $n=k$ のとき，① が成り立つと仮定すると

$$y^{(k)}=k! \qquad \text{すなわち} \qquad \frac{d^k}{dx^k}x^k=k!$$

$n=k+1$ のときを考えると，$y=x^{k+1}$ で，$(x^{k+1})'=(k+1)x^k$ であるから

$$y^{(k+1)}=\frac{d^k}{dx^k}\left(\frac{d}{dx}x^{k+1}\right)=\frac{d^k}{dx^k}\{(k+1)x^k\}$$

$$=(k+1)\frac{d^k}{dx^k}x^k=(k+1)k!=(k+1)!$$

よって，$n=k+1$ のときも ① は成り立つ。

[1]，[2] から，すべての自然数 n について ① は成り立ち　$\boldsymbol{y^{(n)}=n!}$

練習 ③ **75** n を自然数とする。次の関数の第 n 次導関数を求めよ。

(1) $y=\log x$　　(2) $y=\cos x$

重要例題 76 第 n 次導関数と等式の証明 ④

関数 $f(x)=\dfrac{1}{\sqrt{1-x^2}}$ $(-1<x<1)$ について，等式

$$(1-x^2)f^{(n+1)}(x)-(2n+1)xf^{(n)}(x)-n^2f^{(n-1)}(x)=0 \quad (n \text{ は自然数})$$

が成り立つことを証明せよ。ただし，$f^{(0)}(x)=f(x)$ とする。〔類 静岡大〕

基本 75

指針 自然数 n についての問題であるから，**数学的帰納法** による証明が有効である。
$n=k+1$ のとき，等式は

$$(1-x^2)f^{(k+2)}(x)-(2k+3)xf^{(k+1)}(x)-(k+1)^2f^{(k)}(x)=0$$

これを $n=k$ のときの等式を仮定して証明する。具体的には，$f^{(k+2)}(x)$ を作るために，$n=k$ のときの等式の両辺を x で微分し，それを変形する。

CHART 自然数 n の問題　数学的帰納法で証明

解答

証明したい等式を ① とする。このとき

$$f(x)=(1-x^2)^{-\frac{1}{2}},\quad f'(x)=x(1-x^2)^{-\frac{3}{2}},$$

$$f''(x)=(1-x^2)^{-\frac{3}{2}}+x\left\{-\frac{3}{2}(1-x^2)^{-\frac{5}{2}}\right\}\cdot(-2x)$$

$$=\{(1-x^2)+3x^2\}(1-x^2)^{-\frac{5}{2}}$$

$$=(2x^2+1)(1-x^2)^{-\frac{5}{2}}$$

[1] $n=1$ のとき

$$(1-x^2)f''(x)-3xf'(x)-f(x)$$

$$=(2x^2+1)(1-x^2)^{-\frac{3}{2}}-3x^2(1-x^2)^{-\frac{3}{2}}-(1-x^2)^{-\frac{1}{2}}$$

$$=(1-x^2)(1-x^2)^{-\frac{3}{2}}-(1-x^2)^{-\frac{1}{2}}=0$$

よって，① は成り立つ。

[2] $n=k$ のとき，① が成り立つと仮定すると

$$(1-x^2)f^{(k+1)}(x)-(2k+1)xf^{(k)}(x)-k^2f^{(k-1)}(x)=0$$

$n=k+1$ のときを考えると，この両辺を x で微分して

$$-2xf^{(k+1)}(x)+(1-x^2)f^{(k+2)}(x)-(2k+1)f^{(k)}(x)$$
$$-(2k+1)xf^{(k+1)}(x)-k^2f^{(k)}(x)=0$$

これを変形すると

$$(1-x^2)f^{(k+2)}(x)-(2k+3)xf^{(k+1)}(x)-(k+1)^2f^{(k)}(x)=0$$

よって，$n=k+1$ のときも ① は成り立つ。

[1]，[2] から，すべての自然数 n について ① は成り立つ。

[1] $f'(x)=x(1-x^2)^{-\frac{3}{2}}$
$=x\{f(x)\}^3$
$f''(x)=\{f(x)\}^3+3x\{f(x)\}^2f'(x)$
したがって
$\dfrac{f''(x)}{\{f(x)\}^2}=f(x)+3xf'(x)$
$\dfrac{1}{\{f(x)\}^2}=1-x^2$ から
$(1-x^2)f''(x)$
$=f(x)+3xf'(x)$
としてもよい。

◀ $\{f^{(k+1)}(x)\}'=f^{(k+2)}(x)$
$\{f^{(k)}(x)\}'=f^{(k+1)}(x)$
$\{f^{(k-1)}(x)\}'=f^{(k)}(x)$

練習 ④ 76 関数 $f(x)=\dfrac{1}{1+x^2}$ について，等式

$$(1+x^2)f^{(n)}(x)+2nxf^{(n-1)}(x)+n(n-1)f^{(n-2)}(x)=0 \quad (n\geqq 2)$$

が成り立つことを証明せよ。ただし，$f^{(0)}(x)=f(x)$ とする。〔類 横浜市大〕

p.140 EX 70

重要例題 77 第 n 次導関数を求める(2)

$f(x)=x^2e^x$ とする。

(1) $f'(x)$ を求めよ。

(2) 定数 a_n, b_n を用いて，$f^{(n)}(x)=(x^2+a_nx+b_n)e^x$ $(n=1, 2, 3, \cdots\cdots)$ と表すとき，a_{n+1}, b_{n+1} をそれぞれ a_n, b_n を用いて表せ。

(3) $f^{(n)}(x)$ を求めよ。 〔類 横浜市大〕

重要 76

指針 (2) $f^{(n)}(x)=(x^2+a_nx+b_n)e^x$ の両辺を x で微分する。得られた式と，$f^{(n+1)}(x)=(x^2+a_{n+1}x+b_{n+1})e^x$ の係数をそれぞれ比較する。

(3) (2)で得られた漸化式から a_n, b_n の一般項を求め，$f^{(n)}(x)$ の式に代入する。まず，一般項 a_n から求める。

解答

(1) $\boldsymbol{f'(x)=2xe^x+x^2e^x=(x^2+2x)e^x}$

◀ $f'(x)=x(x+2)e^x$ を答えとしてもよいが，(2)を見据えてこの形とした。

(2) $f^{(n)}(x)=(x^2+a_nx+b_n)e^x$ …… ① とする。

①の両辺を x で微分すると

$$f^{(n+1)}(x)=(2x+a_n)e^x+(x^2+a_nx+b_n)e^x$$
$$=\{x^2+(a_n+2)x+a_n+b_n\}e^x \quad \cdots\cdots ②$$

◀ $\{f^{(n)}(x)\}'=(x^2+a_nx+b_n)'e^x+(x^2+a_nx+b_n)(e^x)'$

また，①から

$$f^{(n+1)}(x)=(x^2+a_{n+1}x+b_{n+1})e^x \quad \cdots\cdots ③$$

◀①の n を $n+1$ におき換える。

②，③の右辺の係数をそれぞれ比較して

$$\boldsymbol{a_{n+1}=a_n+2, \quad b_{n+1}=a_n+b_n}$$

(3) (1)から $a_1=2$, $b_1=0$

◀ $f^{(1)}(x)=(x^2+2x+0)e^x$

$a_{n+1}-a_n=2$ より，数列 $\{a_n\}$ は初項 $a_1=2$，公差 2 の等差数列であるから

◀初項を a，公差を d とすると $a_n=a+(n-1)d$

$$a_n=2+(n-1)\cdot 2=2n$$

よって $b_{n+1}=b_n+2n$

◀ $b_{n+1}=b_n+a_n$

$b_{n+1}-b_n=2n$ より，数列 $\{b_n\}$ は初項 $b_1=0$，階差数列 $\{2n\}$ の数列であるから，$n\geqq 2$ のとき

◀数列 $\{a_n\}$ は，数列 $\{b_n\}$ の階差数列。

$$b_n=0+\sum_{k=1}^{n-1}2k=2\cdot\frac{1}{2}n(n-1)=n^2-n$$

◀ $b_n=b_1+\sum_{k=1}^{n-1}a_k$ $(n\geqq 2)$

$b_1=0$ であるから，これは $n=1$ のときも成り立つ。

◀ $1^2-1=0$

ゆえに $b_n=n^2-n$

◀すべての自然数 n について成り立つ。

したがって $\boldsymbol{f^{(n)}(x)=(x^2+2nx+n^2-n)e^x}$

練習 ③ 77 $f(x)=(3x+5)e^{2x}$ とする。

(1) $f'(x)$ を求めよ。

(2) 定数 a_n, b_n を用いて，$f^{(n)}(x)=(a_nx+b_n)e^{2x}$ $(n=1, 2, 3, \cdots\cdots)$ と表すとき，a_{n+1}, b_{n+1} をそれぞれ a_n, b_n を用いて表せ。

(3) $f^{(n)}(x)$ を求めよ。 〔類 金沢工大〕

p.140 EX 71

参考事項 ライプニッツの定理

関数 $f(x)$, $g(x)$ がそれぞれ $f^{(n)}(x)$, $g^{(n)}(x)$ (n は自然数) をもつとき，積 $f(x)g(x)$ の第 n 次導関数は次のように表される。これを **ライプニッツの定理** という。

$$\{f(x)g(x)\}^{(n)}=\sum_{k=0}^{n} {}_n\mathrm{C}_k f^{(n-k)}(x)g^{(k)}(x)$$ ← $f^{(0)}(x)=f(x)$, $g^{(0)}(x)=g(x)$ とする。

$$=f^{(n)}(x)g(x)+nf^{(n-1)}(x)g'(x)+\cdots+{}_n\mathrm{C}_k f^{(n-k)}(x)g^{(k)}(x)+\cdots+f(x)g^{(n)}(x)$$

証明　数学的帰納法による。示すべき上の定理 (等式) を ① とする。

[1]　$n=1$ のとき，① は積の導関数の公式 ($p.110$ **2**) そのものであり，成り立つ。

[2]　$n=l$ のとき，① が成り立つと仮定すると　$\{f(x)g(x)\}^{(l)}=\sum_{k=0}^{l} {}_l\mathrm{C}_k f^{(l-k)}(x)g^{(k)}(x)$

よって　$\{f(x)g(x)\}^{(l+1)}=\left\{\sum_{k=0}^{l} {}_l\mathrm{C}_k f^{(l-k)}(x)g^{(k)}(x)\right\}'$

$$=\sum_{k=0}^{l}\{{}_l\mathrm{C}_k f^{(l-k+1)}(x)g^{(k)}(x)+{}_l\mathrm{C}_k f^{(l-k)}(x)g^{(k+1)}(x)\}$$ ← 積の導関数の公式。

$$=\sum_{k=0}^{l} {}_l\mathrm{C}_k f^{(l-k+1)}(x)g^{(k)}(x)+\sum_{k=0}^{l} {}_l\mathrm{C}_k f^{(l-k)}(x)g^{(k+1)}(x)$$ ← Σ を 2 つに分ける。

ここで　$\sum_{k=0}^{l} {}_l\mathrm{C}_k f^{(l-k+1)}(x)g^{(k)}(x)={}_l\mathrm{C}_0 f^{(l+1)}(x)g^{(0)}(x)+\sum_{k=1}^{l} {}_l\mathrm{C}_k f^{(l-k+1)}(x)g^{(k)}(x)$

$$\sum_{k=0}^{l} {}_l\mathrm{C}_k f^{(l-k)}(x)g^{(k+1)}(x)=\underline{\sum_{k=0}^{l-1} {}_l\mathrm{C}_k f^{(l-k)}(x)g^{(k+1)}(x)}+{}_l\mathrm{C}_l f^{(0)}(x)g^{(l+1)}(x)$$

$$=\sum_{k=1}^{l} {}_l\mathrm{C}_{k-1} f^{(l-k+1)}(x)g^{(k)}(x)+{}_l\mathrm{C}_l f^{(0)}(x)g^{(l+1)}(x)$$

↑ ＿＿ で，k を $k-1$ とおいた。

ゆえに　$\{f(x)g(x)\}^{(l+1)}$

$$={}_l\mathrm{C}_0 f^{(l+1)}(x)g^{(0)}(x)+\sum_{k=1}^{l}({}_l\mathrm{C}_k+{}_l\mathrm{C}_{k-1})f^{(l-k+1)}(x)g^{(k)}(x)+{}_l\mathrm{C}_l f^{(0)}(x)g^{(l+1)}(x)$$

$$={}_{l+1}\mathrm{C}_0 f^{(l+1)}(x)g^{(0)}(x)+\sum_{k=1}^{l} {}_{l+1}\mathrm{C}_k f^{(l-k+1)}(x)g^{(k)}(x)+{}_{l+1}\mathrm{C}_{l+1} f^{(0)}(x)g^{(l+1)}(x)$$

↑ ${}_l\mathrm{C}_0={}_{l+1}\mathrm{C}_0$, ${}_l\mathrm{C}_k+{}_l\mathrm{C}_{k-1}={}_{l+1}\mathrm{C}_k$, ${}_l\mathrm{C}_l={}_{l+1}\mathrm{C}_{l+1}$

$$=\sum_{k=0}^{l+1} {}_{l+1}\mathrm{C}_k f^{(l+1-k)}(x)g^{(k)}(x)$$

よって，① は $n=l+1$ のときにも成り立つ。

[1]，[2] から，① はすべての自然数 n について成り立つ。

参考　主な関数の **第 n 次導関数** は，次のようになる (これらの証明は数学的帰納法による)。

・$y=x^{\alpha}$ (α は実数) のとき　$\boldsymbol{y^{(n)}=\alpha(\alpha-1)(\alpha-2)\cdots\cdots(\alpha-n+1)x^{\alpha-n}}$

特に，$\alpha=n$ (自然数) のとき　$\boldsymbol{y^{(n)}=n!}$　　$\alpha=m$ ($m<n$, m は自然数) のとき　$y^{(n)}=0$

・$y=e^x$ のとき　$\boldsymbol{y^{(n)}=e^x}$　← 常に e^x　　・$y=\log x$ のとき　$\boldsymbol{y^{(n)}=(-1)^{(n-1)}\cdot\dfrac{(n-1)!}{x^n}}$

・$y=\sin x$ のとき　$\boldsymbol{y^{(n)}=\sin\left(x+\dfrac{n\pi}{2}\right)}$

・$y=\cos x$ のとき　$\boldsymbol{y^{(n)}=\cos\left(x+\dfrac{n\pi}{2}\right)}$

$\sin x$ —微分→ $\cos x$ —微分→ $-\sin x$ —微分→ $-\cos x$ —微分→ $\sin x$

問　ライプニッツの定理を用いて，関数 x^2e^x の第 n 次導関数を求めよ。

(＊) 問 の解答は，$p.708$ にある。

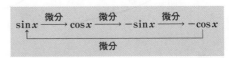

基本 例題 78 陰関数の導関数を求める

方程式 $\frac{x^2}{4}-\frac{y^2}{9}=1$ ……① で定められる x の関数 y について，$\frac{dy}{dx}$ と $\frac{d^2y}{dx^2}$ をそれぞれ x と y を用いて表せ。

p.129 基本事項 2，基本 64 重要 80

指針 方程式①を y について解くと $y=\pm\frac{3}{2}\sqrt{x^2-4}$ …②

これを x で微分してもよい。しかし，一般に計算が面倒であり，y について解くのが困難なこともあるから，有効な方法とはいえない。そこで，①の 両辺を x で微分する ことによって求める。このとき，y は定数ではなく，x の関数として扱うことに注意する。

方程式①の表す曲線（双曲線）

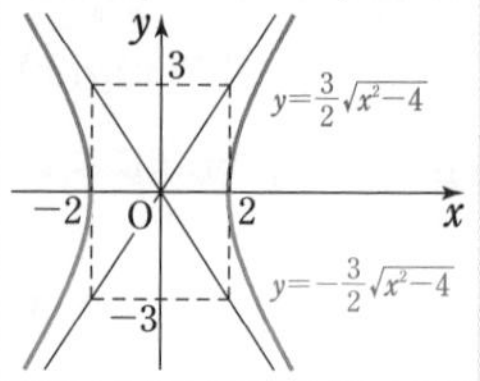

解答

①の両辺を x で微分すると $\frac{2x}{4}-\frac{2y}{9}\cdot\frac{dy}{dx}=0$

よって，$y\neq0$ のとき $\boldsymbol{\frac{dy}{dx}=\frac{9x}{4y}}$ ……(＊)

また，この両辺を x で微分すると

$$\frac{d^2y}{dx^2}=\frac{9}{4}\cdot\frac{1\cdot y-xy'}{y^2}=\frac{9}{4}\cdot\frac{y-x\cdot\frac{9x}{4y}}{y^2}$$

$$=\frac{9(4y^2-9x^2)}{16y^3}=\frac{9\cdot(-36)}{16y^3}=-\frac{81}{4y^3}$$

注意 (＊)に②を代入すると $\frac{dy}{dx}=\pm\frac{3x}{2\sqrt{x^2-4}}$

これは②を x で微分した式に一致している。

◀ $\frac{d}{dx}\left(\frac{x^2}{4}\right)-\frac{d}{dx}\left(\frac{y^2}{9}\right)=\frac{d}{dx}(1)$

ここで $\frac{d}{dx}\left(\frac{y^2}{9}\right)=\frac{d}{dy}\left(\frac{y^2}{9}\right)\cdot\frac{dy}{dx}$

$=\frac{2y}{9}\cdot\frac{dy}{dx}$

合成関数の微分法

◀ $y'=\frac{dy}{dx}=\frac{9x}{4y}$ を代入。

◀与えられた方程式から

$9x^2-4y^2=36$

検討 **2次曲線の紹介**

2次曲線は数学Cで学習する内容であるが，簡単に紹介しておく。

放物線 $y^2=4px\ (p>0)$

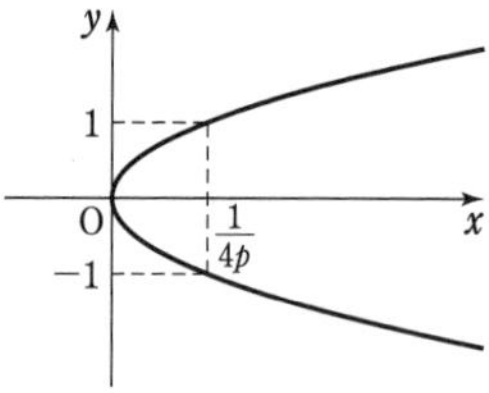

楕　円 $\frac{x^2}{a^2}+\frac{y^2}{b^2}=1\ (a>b>0)$

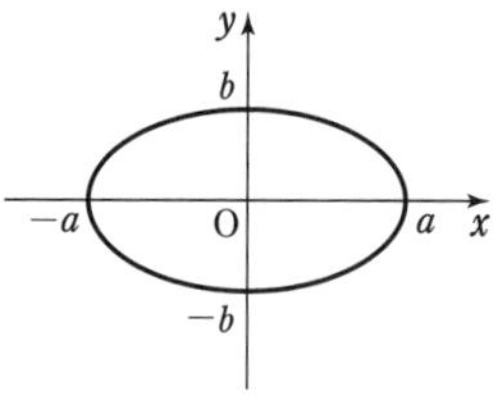

双曲線 $\frac{x^2}{a^2}-\frac{y^2}{b^2}=1\ (a>0,\ b>0)$

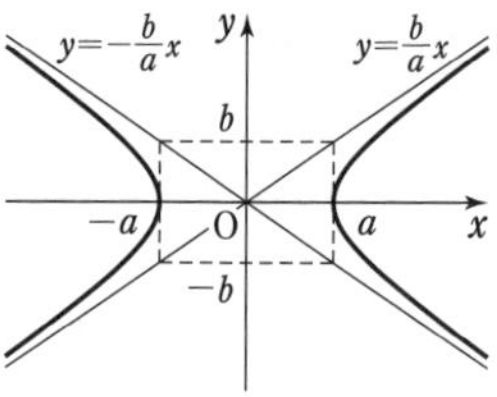

練習 ② 78 次の方程式で定められる x の関数 y について，$\frac{dy}{dx}$ と $\frac{d^2y}{dx^2}$ をそれぞれ x と y を用いて表せ。

(1) $y^2=x$　(2) $x^2-y^2=4$　(3) $(x+1)^2+y^2=9$　(4) $3xy-2x+5y=0$

p.140 EX 73

基本例題 79 媒介変数表示された関数の導関数

①①①①①

x の関数 y が，t，θ を媒介変数として，次の式で表されるとき，導関数 $\dfrac{dy}{dx}$ を t，θ の関数として表せ。ただし，(2) の a は正の定数とする。

(1) $\begin{cases} x=t^3+2 \\ y=t^2-1 \end{cases}$　　(2) $\begin{cases} x=a(\theta-\sin\theta) \\ y=a(1-\cos\theta) \end{cases}$

p.129 基本事項 3　重要 80

指針 **媒介変数表示された関数の導関数** は，次の公式を利用して計算するとよい。

$$x=f(t),\ y=g(t) \text{ のとき}\quad \frac{dy}{dx}=\frac{dy}{dt}\cdot\frac{dt}{dx}=\frac{\frac{dy}{dt}}{\frac{dx}{dt}}=\frac{g'(t)}{f'(t)}$$

解答

(1) $\dfrac{dx}{dt}=3t^2$，$\dfrac{dy}{dt}=2t$

よって，$t\neq0$ のとき　$\dfrac{dy}{dx}=\dfrac{2t}{3t^2}=\boldsymbol{\dfrac{2}{3t}}$

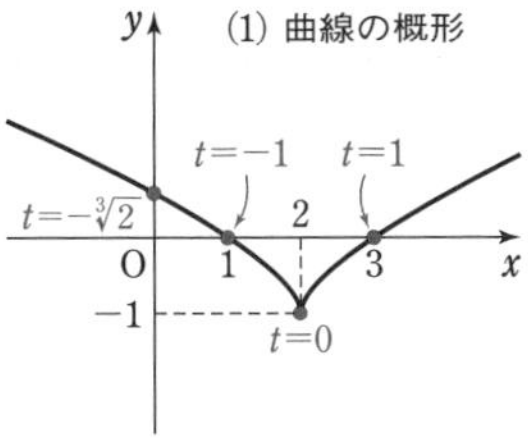

(2) $\dfrac{dx}{d\theta}=a(1-\cos\theta)$，$\dfrac{dy}{d\theta}=a\sin\theta$

よって，$\cos\theta\neq1$ のとき

$$\frac{dy}{dx}=\frac{a\sin\theta}{a(1-\cos\theta)}=\boldsymbol{\frac{\sin\theta}{1-\cos\theta}}$$

検討 **上の (2) の式が表す曲線について（サイクロイド）**

(2) の式が表す曲線は，$0\leqq x\leqq 2\pi a$，$2\pi a\leqq x\leqq 4\pi a$，…… で同じ形が繰り返される（右図）。
この曲線を **サイクロイド** という。

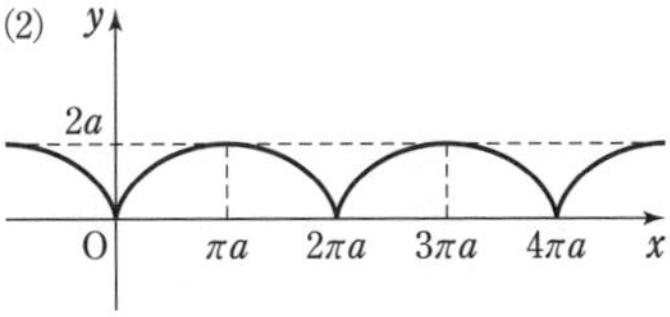

ここで，$\dfrac{dx}{d\theta}=a(1-\cos\theta)\geqq0$ であるから，x は単調に増加する。また，$\dfrac{dy}{d\theta}=a\sin\theta$ であるから，
例えば，$0\leqq\theta\leqq\pi$ のとき　$\sin\theta\geqq0$，　$\pi\leqq\theta\leqq2\pi$ のとき　$\sin\theta\leqq0$
ゆえに，$0\leqq x\leqq\pi a$ で y は単調に増加し，$\pi a\leqq x\leqq 2\pi a$ で y は単調に減少する。

注意 上の考察では，$p.162$ 基本事項 1 の内容を利用している。
サイクロイドは，x，y だけの方程式で表すことはできないが，微分法を利用することによって，増減やグラフの概形をつかむことができる。

練習 ① 79 x の関数 y が，t，θ を媒介変数として，次の式で表されるとき，導関数 $\dfrac{dy}{dx}$ を t，θ の関数として表せ。

(1) $\begin{cases} x=2t^3+1 \\ y=t^2+t \end{cases}$　(2) $\begin{cases} x=\sqrt{1-t^2} \\ y=t^2+2 \end{cases}$　(3) $\begin{cases} x=2\cos\theta \\ y=3\sin\theta \end{cases}$　(4) $\begin{cases} x=3\cos^3\theta \\ y=2\sin^3\theta \end{cases}$

p.140 EX 72

重要例題 80 陰関数，媒介変数と導関数 ③③③③③

(1) $\cos x=k\cos y$ ($0<x<\pi$, $0<y<\pi$, k は $k>1$ の定数) が成り立つとき，$\dfrac{dy}{dx}$ を x の式で表せ。 〔類 信州大〕

(2) サイクロイド $x=t-\sin t$, $y=1-\cos t$ について，$\dfrac{d^2y}{dx^2}$ を t の関数として表せ。 〔類 東京理科大〕

基本 78，79

指針 (1) $p.136$ の基本例題 **78** 同様，**両辺を x で微分する。**
また，このとき $\sin y$ が含まれるから，それを x で表すことを考える。

(2) $\dfrac{dy}{dx}$ は t の関数になるから，合成関数の微分法を利用して

$$\frac{d^2y}{dx^2}=\frac{d}{dx}\left(\frac{dy}{dx}\right)=\frac{d}{dt}\left(\frac{dy}{dx}\right)\cdot\frac{dt}{dx}\quad\cdots\cdots★$$

として計算する。なお，$\dfrac{d^2y}{dx^2}$ を $\dfrac{d^2y}{dt^2}\Big/\dfrac{d^2x}{dt^2}$ と計算しては **ダメ！**

解答

(1) $\cos x=k\cos y$ の両辺を x で微分すると

$$-\sin x=(-k\sin y)\frac{dy}{dx}$$

◀ $\dfrac{d}{dx}\cos y=\dfrac{d}{dy}\cos y\cdot\dfrac{dy}{dx}$

条件から　$\sin y>0$, $k>1$

ゆえに　$k\sin y=k\sqrt{1-\cos^2 y}=\sqrt{k^2-\cos^2 x}$

◀ $k^2\cos^2 y=\cos^2 x$

よって　$\dfrac{dy}{dx}=\dfrac{\sin x}{k\sin y}=\boldsymbol{\dfrac{\sin x}{\sqrt{k^2-\cos^2 x}}}$

(2) $\dfrac{dx}{dt}=1-\cos t$, $\dfrac{dy}{dt}=\sin t$

◀ $p.137$ 例題 **79** (2) と同様。

よって，$\cos t\neq 1$ のとき　$\dfrac{dy}{dx}=\dfrac{\sin t}{1-\cos t}$

◀ $\dfrac{dy}{dx}=\dfrac{dy}{dt}\Big/\dfrac{dx}{dt}$

ゆえに

$$\frac{d^2y}{dx^2}=\frac{d}{dx}\left(\frac{dy}{dx}\right)=\frac{d}{dt}\left(\frac{\sin t}{1-\cos t}\right)\cdot\frac{dt}{dx}$$

$$=\frac{\cos t(1-\cos t)-\sin t\cdot\sin t}{(1-\cos t)^2}\cdot\frac{1}{1-\cos t}$$

$$=\frac{\cos t-1}{(1-\cos t)^2}\cdot\frac{1}{1-\cos t}=-\boldsymbol{\frac{1}{(1-\cos t)^2}}$$

◀ 合成関数の微分法。

◀ 指針＿＿……★ の方針。どの文字の関数か，どの文字で微分するかを正確につかむ。

練習 ③ 80

(1) $x\tan y=1$ $\left(x>0,\ 0<y<\dfrac{\pi}{2}\right)$ が成り立つとき，$\dfrac{dy}{dx}$ を x の式で表せ。

(2) $x=a\cos\theta$, $y=b\sin\theta$ ($a>0$, $b>0$) のとき，$\dfrac{d^2y}{dx^2}$ を θ の式で表せ。

(3) $x=3-(3+t)e^{-t}$, $y=\dfrac{2-t}{2+t}e^{2t}$ ($t>-2$) について，$\dfrac{d^2y}{dx^2}$ を t の式で表せ。

〔(1) 広島市大〕 p.140 EX 74, 75

②**64**　$f(x)=\cos x+1$，$g(x)=\dfrac{a}{bx^2+cx+1}$ とする。$f(0)=g(0)$，$f'(0)=g'(0)$，$f''(0)=g''(0)$ であるとき，定数 a，b，c の値を求めよ。 →73

③**65**　2 回微分可能な関数 $f(x)$ の逆関数を $g(x)$ とする。$f(1)=2$，$f'(1)=2$，$f''(1)=3$ のとき，$g''(2)$ の値を求めよ。　〔防衛医大〕 →73

③**66**　$f(x)$ が 2 回微分可能な関数のとき，$\dfrac{d^2}{dx^2}f(\tan x)$ を $f'(\tan x)$，$f''(\tan x)$ を用いて表せ。　〔富山大〕 →73

③**67**　どのような実数 c_1，c_2 に対しても関数 $f(x)=c_1e^{2x}+c_2e^{5x}$ は関係式 $f''(x)-$ ア□ $f'(x)+$ イ□ $f(x)=0$ を満たす。　〔慶応大〕 →74

③**68**　x の多項式 $f(x)$ が $xf''(x)+(1-x)f'(x)+3f(x)=0$，$f(0)=1$ を満たすとき，$f(x)$ を求めよ。　〔類　神戸大〕 →74

④**69**　実数全体で定義された関数 $y=f(x)$ が 2 回微分可能で，常に $f''(x)=-2f'(x)-2f(x)$ を満たすとき，次の問いに答えよ。

(1)　関数 $F(x)$ を $F(x)=e^xf(x)$ と定めるとき，$F(x)$ は $F''(x)=-F(x)$ を満たすことを示せ。

(2)　$F''(x)=-F(x)$ を満たす関数 $F(x)$ は，$\{F'(x)\}^2+\{F(x)\}^2$ が定数になることを示し，$\displaystyle\lim_{x\to\infty}f(x)$ を求めよ。　〔高知女子大〕 →74

HINT

64　前の 2 つの条件から，定数がいくつか求められる。そうしてから $g''(x)$ を求める方が，計算がらく。

65　$y=g(x) \Longleftrightarrow x=f(y)$ である。$g''(x)$ を $f'(y)$，$f''(y)$ で表す。

66　$\tan x=u$ とおくと　$\dfrac{du}{dx}=\dfrac{1}{\cos^2 x}$

67　まず，a，b を実数の定数として，$f''(x)+af'(x)+bf(x)$ を a，b，c_1，c_2 で表す。c_1，c_2 についての恒等式の問題と考える。

68　$f(x)$ の最高次の項に着目して，まず $f(x)$ の次数を求める。

69　(2)　極限は，はさみうちの原理を利用して求める。

EXERCISES　

④**70**　n を自然数とする。関数 $f_n(x)$ $(n=1,\ 2,\ \cdots\cdots)$ を漸化式 $f_1(x)=x^2$，$f_{n+1}(x)=f_n(x)+x^3f_n''(x)$ により定めるとき，$f_n(x)$ は $(n+1)$ 次多項式であることを示し，x^{n+1} の係数を求めよ。　〔類 東京工大〕 →**74,76**

③**71**　関数 $y=\tan x$ の第 n 次導関数を $y^{(n)}$ とすると，$y^{(1)}=$ ア□ $+$ イ□ y^2，$y^{(2)}=$ ウ□ $y+$ エ□ y^3，$y^{(3)}=$ オ□ $+$ カ□ y^2+ キ□ y^4 である。同様に，各 $y^{(n)}$ を y に着目して多項式とみなしたとき，最も次数の高い項の係数を a_n，定数項を b_n とすると，$a_5=$ ク□，$a_7=$ ケ□，$b_6=$ コ□，$b_7=$ サ□ である。
〔類 東京理科大〕 →**77**

②**72**　曲線 C：$x=\dfrac{e^t+3e^{-t}}{2}$，$y=e^t-3e^{-t}$ について　〔類 慶応大〕

(1)　曲線 C の方程式は ア□ x^2+ イ□ $xy-$ ウ□ $y^2=25$ である。

(2)　$\dfrac{dy}{dx}$ を x，y を用いて表せ。

(3)　曲線 C 上の $t=$ □ に対応する点において，$\dfrac{dy}{dx}=-2$ となる。 →**78,79**

③**73**　関数 $y(x)$ が第 2 次導関数 $y''(x)$ をもち，$x^3+(x+1)\{y(x)\}^3=1$ を満たすとき，$y''(0)$ を求めよ。　〔立教大〕 →**78**

③**74**　条件 $x=\tan^2 y$ を満たす，実数 x について微分可能な x の関数 y を考える。ただし，$\dfrac{\pi}{2}<y<\pi$ とする。

(1)　$x=3$ のとき，y の値を求めよ。

(2)　$\dfrac{dy}{dx}$ および $\dfrac{d^2y}{dx^2}$ を x の式で表せ。　〔東京理科大〕 →**73,80**

⑤**75**　原点を通る曲線 C 上の任意の点 $(x,\ y)$ は，直線 $x\cos\theta+y\sin\theta+p=0$ (p，θ は定数，$\sin\theta\neq 0$) および点 $\mathrm{A}(s,\ t)$ から等距離にあるものとする。また，$f(x)=e^{-x}\sin x+2x^2-x$ とする。曲線 C の方程式で定められる x の関数 y について，導関数 $\dfrac{dy}{dx}$ と第 2 次導関数 $\dfrac{d^2y}{dx^2}$ の原点における値がそれぞれ，$f'(0)$，$f''(0)$ に等しいとき，s，t を θ で表せ。　〔類 島根医大〕 →**80**

HINT

70　数学的帰納法で証明。

71　(後半)　$y^{(n)}$ の最高次の項は a_ny^{n+1} と表されるから，これを微分して a_{n+1} と a_n の関係式を作る。

72　(1)　$e^t\cdot e^{-t}=1$ を利用して，t を消去する。

73　まず，$y(0)$ を求める。次に，$x^3+(x+1)\{y(x)\}^3=1$ の両辺を x で微分して $x=0$ を代入し，$y'(0)$ を求める。

74　$\dfrac{\pi}{2}<y<\pi$ から $\tan y<0$ に注意。

75　曲線 C の方程式の両辺を x で2回微分し，各等式で $x=y=0$ とおく。

数学Ⅲ 第4章

微分法の応用

4

SELECT STUDY

- 基本定着コース……教科書の基本事項を確認したいきみに
- 精選速習コース……入試の基礎を短期間で身につけたいきみに
- 実力練成コース……入試に向け実力を高めたいきみに

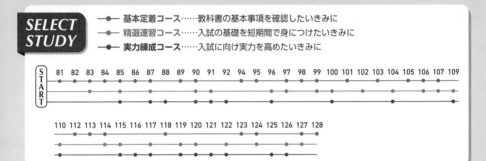

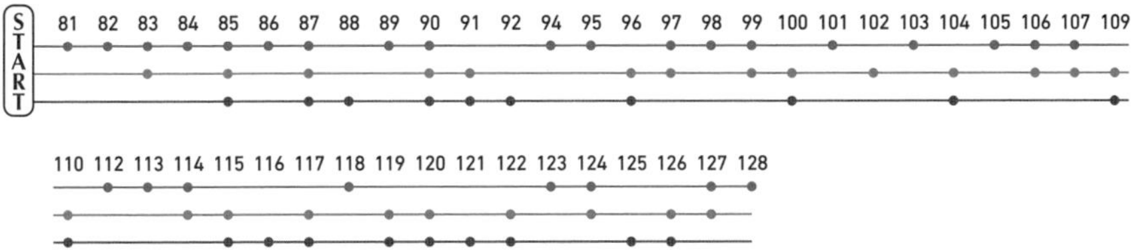

例題一覧

				難易度
⑫	基本	81	接線と法線の方程式	②
	基本	82	曲線外の点から引いた接線の方程式	②
	基本	83	$F(x, y)=0$ や媒介変数表示の曲線の接線	②
	基本	84	共通接線 (1)	③
	基本	85	共通接線 (2)	③
	基本	86	共有点で直交する接線をもつ 2 曲線	②
	基本	87	曲線に接線が引けるための条件	③
	基本	88	曲線の接線の長さに関する証明問題	③
⑬	基本	89	平均値の定理の利用	②
	基本	90	平均値の定理を利用した不等式の証明	②
	重要	91	平均値の定理を利用した極限	④
	演習	92	ロピタルの定理を利用した極限	④
⑭	基本	93	関数の増減	②
	基本	94	関数の極値 (1)	②
	基本	95	関数が極値をもつための条件	②
	重要	96	関数が極値をもたない条件	③
	基本	97	極値の条件から関数の係数決定	②
	基本	98	関数の最大・最小 (1)	②
	基本	99	関数の最大・最小 (2)	②
	重要	100	関数の最大・最小 (3)	③
	基本	101	最大値・最小値から関数の係数決定 (1)	③
	基本	102	最大値・最小値から関数の係数決定 (2)	③
	基本	103	最大・最小の応用問題 (1)	②
	重要	104	最大・最小の応用問題 (2)	③
⑮	基本	105	曲線の凹凸と変曲点	①
	基本	106	曲線の漸近線	②
	基本	107	関数のグラフの概形 (1)	②
	基本	108	関数のグラフの概形 (2)	③
	重要	109	関数のグラフの概形 (3)	④
	重要	110	関数のグラフの概形 (4)	④
	基本	111	変曲点に関する対称性の証明	③
	基本	112	関数の極値 (2)	①
⑯	基本	113	不等式の証明 (1)	②
	基本	114	不等式の証明 (2)	③
	重要	115	2 変数の不等式の証明 (1)	③
	重要	116	2 変数の不等式の証明 (2)	④
	重要	117	不等式が常に成り立つ条件	③
	基本	118	方程式の実数解の個数	②
	重要	119	y 軸上の点から曲線に引ける接線の本数	③
⑰	演習	120	曲線の接線に関する極限	③
	演習	121	極値をとる値に関する無限級数の和	④
	演習	122	不等式の証明と極限	③
⑱	基本	123	運動する点の速度・加速度 (1)	①
	基本	124	等速円運動に関する証明問題	②
	重要	125	運動する点の速度・加速度 (2)	③
	基本	126	一般の量の時間的変化率	②
	基本	127	近似値と近似式	②
	基本	128	微小変化に応じる変化	②

12 接線と法線

基本事項

1 曲線 $y=f(x)$ 上の接線と法線

曲線 $y=f(x)$ 上の点 $\mathrm{A}(a,\ f(a))$ における

1 **接線の方程式**　$y-f(a)=f'(a)(x-a)$

2 **法線の方程式**　$y-f(a)=-\dfrac{1}{f'(a)}(x-a)$

ただし　$f'(a)\neq 0$

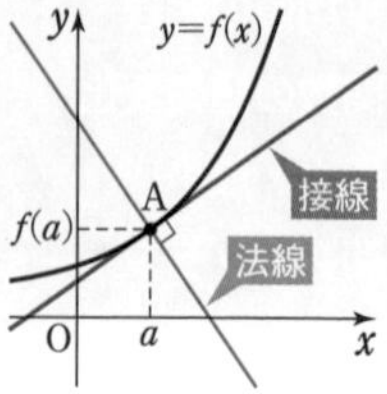

2 $F(x,\ y)=0$ や媒介変数で表される曲線の接線

曲線の方程式が，$F(x,\ y)=0$ や t を媒介変数として $x=f(t)$，$y=g(t)$ で表されるとき，曲線上の点 $(x_1,\ y_1)$ における接線の方程式は　$y-y_1=m(x-x_1)$

ただし，m は導関数 $\dfrac{dy}{dx}$ に $x=x_1$，$y=y_1$ を代入して得られる値である。

解　説

■ **曲線 $y=f(x)$ 上の接線と法線**

曲線上の点 A を通り，A における接線に垂直な直線を，その曲線の点 A における **法線** という。曲線 $y=f(x)$ 上の点 $\mathrm{A}(a,\ f(a))$ における接線，法線の傾きはそれぞれ $f'(a)$，$-\dfrac{1}{f'(a)}$ $[f'(a)\neq 0]$ であるから，A における接線，法線の方程式は上の **1** の 1，2 のようになる。

◀法線の傾きは 2 直線が垂直 $\Longleftrightarrow$ 傾きの積が -1 からわかる。

■ **曲線 $F(x,\ y)=0$ 上の接線**

例　曲線 $Ax^2+By^2=1$ $(A\neq 0,\ B\neq 0)$ …… ① 上の点 $(x_1,\ y_1)$ における接線の方程式を求める。

① の両辺を x で微分すると　$2Ax+2By\cdot y'=0$

◀ *p*.136 基本例題 **78** と同様。

$y_1\neq 0$ のとき　$B\neq 0$ であるから，接線の傾き m は

$y'=-\dfrac{Ax}{By}$ より　$m=-\dfrac{Ax_1}{By_1}$　ゆえに　$y-y_1=-\dfrac{Ax_1}{By_1}(x-x_1)$

よって　$Ax_1x+By_1y=Ax_1{}^2+By_1{}^2$　また　$Ax_1{}^2+By_1{}^2=1$

◀点 $(x_1,\ y_1)$ は曲線 ① 上にある。

ゆえに，接線の方程式は　$Ax_1x+By_1y=1$

（これは $y_1=0$ のときも成り立つ）

■ **媒介変数表示 $x=f(t)$，$y=g(t)$ の曲線上の接線**

例　$x=a\cos\theta$, $y=b\sin\theta$ $(a>0,\ b>0)$ で表される曲線上の $\theta=\theta_1$ に対応する点における接線の方程式を求める。

$\dfrac{dx}{d\theta}=-a\sin\theta$，$\dfrac{dy}{d\theta}=b\cos\theta$ から　$\dfrac{dy}{dx}=\dfrac{\frac{dy}{d\theta}}{\frac{dx}{d\theta}}=-\dfrac{b\cos\theta}{a\sin\theta}$

◀ *p*.137 基本例題 **79** と同様。

ゆえに，接線の方程式は　$y-b\sin\theta_1=-\dfrac{b\cos\theta_1}{a\sin\theta_1}(x-a\cos\theta_1)$

整理すると　$(b\cos\theta_1)x+(a\sin\theta_1)y=ab$

◀ $\sin^2\theta_1+\cos^2\theta_1=1$

基本例題 81 接線と法線の方程式 … 基本

(1) 曲線 $y=\dfrac{3}{x}$ 上の点 (1, 3) における接線と法線の方程式を求めよ。

(2) 曲線 $y=\sqrt{25-x^2}$ に接し，傾きが $-\dfrac{3}{4}$ である直線の方程式を求めよ。

p.142 基本事項 1　演習 120

指針 接線の傾き ＝ 微分係数

(1) 曲線 $y=f(x)$ 上の点 $(a,\ f(a))$ における

接線 の方程式は $\boldsymbol{y-f(a)=f'(a)(x-a)}$ ← 傾きは $f'(a)$

法線 の方程式は $\boldsymbol{y-f(a)=-\dfrac{1}{f'(a)}(x-a)}$ ただし $f'(a)\neq 0$

まず，$y=f(x)$ として導関数 $f'(x)$ を求めることから始める。

(2) 接点の座標が与えられていない。よって，まずこれを求めるために，接点の x 座標を a として，$f'(a)=$(接線の傾き) の方程式を解く。

なお，$y=\sqrt{25-x^2}$ …… Ⓐ の両辺を平方して整理すると $x^2+y^2=5^2$

よって，Ⓐ は原点中心，半径 5 の半円（上半分）を表す。

解答

(1) $f(x)=\dfrac{3}{x}$ とすると $f'(x)=3\cdot\left(-\dfrac{1}{x^2}\right)=-\dfrac{3}{x^2}$

よって $f'(1)=-\dfrac{3}{1^2}=-3$, $-\dfrac{1}{f'(1)}=\dfrac{1}{3}$

接線の方程式は，$y-3=-3(x-1)$ から $\boldsymbol{y=-3x+6}$

法線の方程式は，$y-3=\dfrac{1}{3}(x-1)$ から $\boldsymbol{y=\dfrac{1}{3}x+\dfrac{8}{3}}$

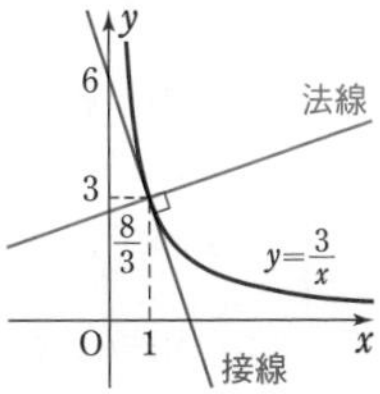

(2) $f(x)=\sqrt{25-x^2}$ とすると $f'(x)=-\dfrac{x}{\sqrt{25-x^2}}$

点 $(a,\ f(a))$ における接線の方程式は

$$y-\sqrt{25-a^2}=-\frac{a}{\sqrt{25-a^2}}(x-a) \quad \cdots\cdots ①$$

この直線の傾きが $-\dfrac{3}{4}$ であるとすると

$$-\frac{a}{\sqrt{25-a^2}}=-\frac{3}{4}$$

ゆえに $4a=3\sqrt{25-a^2}$ …… ②

よって $16a^2=9(25-a^2)$

ゆえに $a^2=9$ 　② より，$a>0$ であるから $a=3$

$a=3$ を ① に代入して整理すると $\boldsymbol{y=-\dfrac{3}{4}x+\dfrac{25}{4}}$

◀定義域は $25-x^2\geqq 0$ から $-5\leqq x\leqq 5$

また $f'(x)$
$=\left\{(25-x^2)^{\frac{1}{2}}\right\}'$
$=\dfrac{1}{2}\cdot\dfrac{-2x}{\sqrt{25-x^2}}$
$=-\dfrac{x}{\sqrt{25-x^2}}$

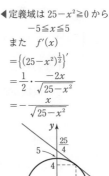

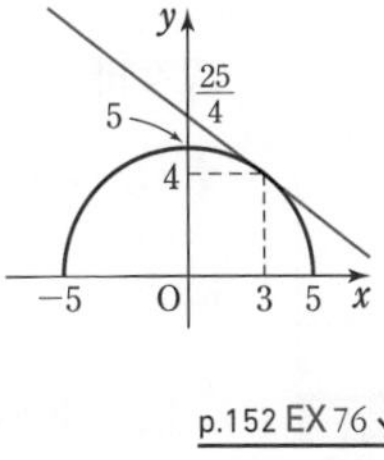

練習 ② 81 (1) 次の曲線上の点 A における接線と法線の方程式を求めよ。 p.152 EX 76

(ア) $y=-\sqrt{2x}$, A(2, −2)　(イ) $y=e^{-x}-1$, A(−1, $e-1$)

(ウ) $y=\tan 2x$, A$\left(\dfrac{\pi}{8},\ 1\right)$

(2) 曲線 $y=x+\sqrt{x}$ に接し，傾きが $\dfrac{3}{2}$ である直線の方程式を求めよ。

基本 例題 82 曲線外の点から引いた接線の方程式 ①①①①①

(1) 原点から曲線 $y=\log x-1$ に引いた接線の方程式を求めよ。

(2) $k>0$ とする。曲線 $y=k\sqrt{x}$ 上にない点 $(0,\ 2)$ からこの曲線に引いた接線の方程式が $y=8x+2$ であるとき，定数 k の値と接点の座標を求めよ。

基本 81

指針 (1)，(2) とも接点の座標がわからないから，次の手順で進める。

1 曲線の方程式 $y=f(x)$ について，導関数 $f'(x)$ を求める。

2 接点の座標を $(a,\ f(a))$ として，接線の方程式を求める。

$$\boldsymbol{y-f(a)=f'(a)(x-a)}$$

3 接線が (1) 原点を通る，(2) $y=8x+2$ である という条件から，a の値を求める。

解答

(1) $y=\log x-1$ から $y'=\dfrac{1}{x}$

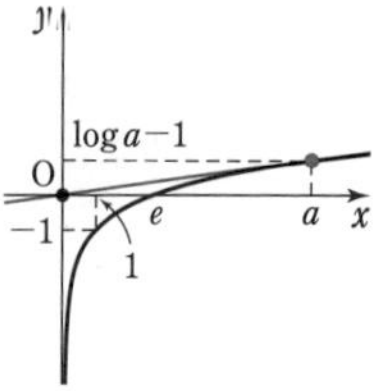

接点の座標を $(a,\ \log a-1)$ $(a>0)$ とすると，接線の方程式は $y-(\log a-1)=\dfrac{1}{a}(x-a)$

すなわち $y=\dfrac{x}{a}+\log a-2$ …… ①

この直線が原点を通るから $0=\log a-2$

ゆえに $\log a=2$ したがって $a=e^2$

よって，求める接線の方程式は，① から $\boldsymbol{y=\dfrac{x}{e^2}}$

◀ $\log e^2=2$

(2) $y=k\sqrt{x}$ から $y'=\dfrac{k}{2\sqrt{x}}$

◀ $(\sqrt{x})'=(x^{\frac{1}{2}})'=\dfrac{1}{2}x^{-\frac{1}{2}}$

接点の座標を $(a,\ k\sqrt{a})$ $(a>0)$ とすると，接線の方程式は $y-k\sqrt{a}=\dfrac{k}{2\sqrt{a}}(x-a)$

◀ 関数 $y=k\sqrt{x}$ の定義域は $x\geqq 0$ である。また，**曲線の端点** ($x=0$ のとき) **での接線は考えない** から $a>0$

すなわち $y=\dfrac{k}{2\sqrt{a}}x+\dfrac{k}{2}\sqrt{a}$

この直線が直線 $y=8x+2$ と一致するための条件は

$$\frac{k}{2\sqrt{a}}=8 \quad \text{かつ} \quad \frac{k}{2}\sqrt{a}=2$$

◀ **傾きと y 切片がそれぞれ一致。**

辺々掛けて整理すると $k^2=64$ $k>0$ から $\boldsymbol{k=8}$

また，$\sqrt{a}=\dfrac{4}{k}$ に $k=8$ を代入して $\sqrt{a}=\dfrac{1}{2}$

◀ $\dfrac{k}{2\sqrt{a}}=8$ に代入してもよい。

ゆえに $a=\dfrac{1}{4}$ よって，求める **接点の座標は** $\boldsymbol{\left(\dfrac{1}{4},\ 4\right)}$

練習 ② 82 (1) 次の曲線に，与えられた点 P から引いた接線の方程式と，そのときの接点の座標を求めよ。

(ア) $y=x\log x$，P$(0,\ -2)$ (イ) $y=\dfrac{1}{x}+1$，P$(1,\ -2)$

(2) 直線 $y=x$ が曲線 $y=a^x$ の接線となるとき，a の値と接点の座標を求めよ。ただし，$a>0$，$a\neq 1$ とする。 〔(2) 類 東京理科大〕 p.152 EX 78

基本例題 83 $F(x,\ y)=0$ や媒介変数表示の曲線の接線

次の曲線上の点 P，Q における接線の方程式をそれぞれ求めよ。

(1) 楕円 $\dfrac{x^2}{a^2}+\dfrac{y^2}{b^2}=1$ 上の点 $\mathrm{P}(x_1,\ y_1)$　　ただし，$a>0$，$b>0$

(2) 曲線 $x=e^t$，$y=e^{-t^2}$ の $t=1$ に対応する点 Q　　［(2) 類 東京理科大］

p.142 基本事項 2，基本 81

指針 接線の傾き＝微分係数　まず，接線の傾きを求める。

(1) **両辺を x で微分** し，y' を求める。　(2) $\dfrac{dy}{dx}=\dfrac{\frac{dy}{dt}}{\frac{dx}{dt}}$ を利用。

解答

(1) $\dfrac{x^2}{a^2}+\dfrac{y^2}{b^2}=1$ の両辺を x について微分すると

$\dfrac{2x}{a^2}+\dfrac{2y}{b^2}\cdot y'=0$　　ゆえに，$y\neq 0$ のとき　$y'=-\dfrac{b^2x}{a^2y}$

◀陰関数の導関数については，$p.136$ を参照。

よって，点 P における接線の方程式は，$y_1\neq 0$ のとき

$y-y_1=-\dfrac{b^2x_1}{a^2y_1}(x-x_1)$ すなわち $\dfrac{x_1x}{a^2}+\dfrac{y_1y}{b^2}=\dfrac{x_1{}^2}{a^2}+\dfrac{y_1{}^2}{b^2}$

◀両辺に $\dfrac{y_1}{b^2}$ を掛ける。

点 P は楕円上の点であるから　$\dfrac{x_1{}^2}{a^2}+\dfrac{y_1{}^2}{b^2}=1$

$y_1\neq 0$ のとき，接線の方程式は　$\dfrac{x_1x}{a^2}+\dfrac{y_1y}{b^2}=1$ …… ①

$y_1=0$ のとき，$x_1=\pm a$ であり，接線の方程式は　$x=\pm a$

これは ① で $x_1=\pm a$，$y_1=0$ とすると得られる。

したがって，求める接線の方程式は　$\boldsymbol{\dfrac{x_1x}{a^2}+\dfrac{y_1y}{b^2}=1}$

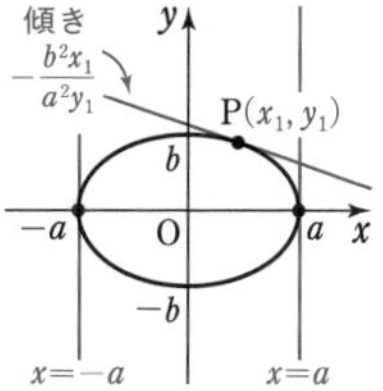

(2) $\dfrac{dx}{dt}=e^t$，$\dfrac{dy}{dt}=e^{-t^2}(-2t)=-2te^{-t^2}$

◀$p.137$ 参照。

よって　$\dfrac{dy}{dx}=\dfrac{\frac{dy}{dt}}{\frac{dx}{dt}}=\dfrac{-2te^{-t^2}}{e^t}=-2te^{-t^2-t}$

$t=1$ のとき　$\mathrm{Q}\left(e,\ \dfrac{1}{e}\right)$，$\dfrac{dy}{dx}=-\dfrac{2}{e^2}$

したがって，求める接線の方程式は

$y-\dfrac{1}{e}=-\dfrac{2}{e^2}(x-e)$　すなわち　$\boldsymbol{y=-\dfrac{2}{e^2}x+\dfrac{3}{e}}$

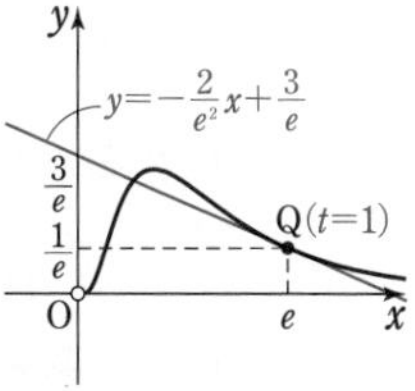

練習 ② **83** 次の曲線上の点 P，Q における接線の方程式をそれぞれ求めよ。

(1) 双曲線 $x^2-y^2=a^2$ 上の点 $\mathrm{P}(x_1,\ y_1)$　　ただし，$a>0$

(2) 曲線 $x=1-\cos 2t$，$y=\sin t+2$ 上の $t=\dfrac{5}{6}\pi$ に対応する点 Q

p.152 EX79

基本例題 84 共通接線 (1) … 2 接線が一致

2 つの曲線 $y=-x^2$, $y=\dfrac{1}{x}$ に同時に接する直線の方程式を求めよ。

基本 82

指針 2 つの曲線 $y=f(x)$, $y=g(x)$ に同時に接する直線の求め方。

1 曲線 $y=f(x)$ 上の点 $(s,\ f(s))$ における接線の方程式と，曲線 $y=g(x)$ 上の点 $(t,\ g(t))$ における接線の方程式を求める。

2 1 で求めた接線が一致する条件から s, t の関係式を作り，それらを解いて s または t の値を求める。

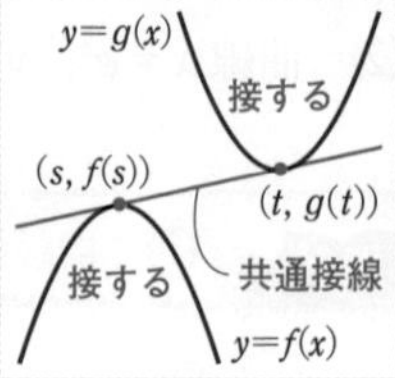

あるいは，下の 別解 のように **接する ⟺ 重解** の方針が有効なこともある。なお，1 つの直線が 2 つの曲線に同時に接するとき，この直線を 2 つの曲線の **共通接線** という。

解答

$y=-x^2$ …… ① から $y'=-2x$

よって，曲線 ① 上の点 $(s,\ -s^2)$ における接線の方程式は

$$y-(-s^2)=-2s(x-s)$$

すなわち $y=-2sx+s^2$ …… ③

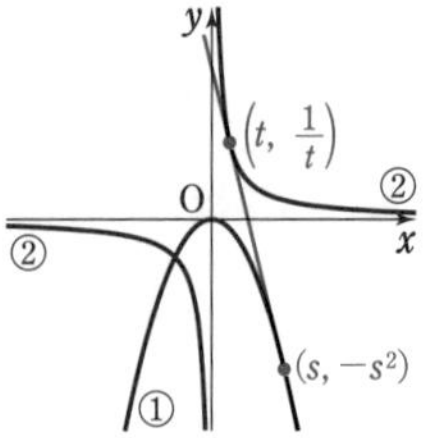

$y=\dfrac{1}{x}$ …… ② から $y'=-\dfrac{1}{x^2}$

よって，曲線 ② 上の点 $\left(t,\ \dfrac{1}{t}\right)$ における接線の方程式は

$$y-\frac{1}{t}=-\frac{1}{t^2}(x-t) \quad \text{すなわち} \quad y=-\frac{1}{t^2}x+\frac{2}{t} \ \cdots ④$$

2 接線 ③, ④ が一致するための条件は

$$-2s=-\frac{1}{t^2} \ \cdots\cdots ⑤ \quad \text{かつ} \quad s^2=\frac{2}{t} \ \cdots\cdots ⑥$$

⑤ から $s=\dfrac{1}{2t^2}$ 　これを ⑥ に代入して $\dfrac{1}{4t^4}=\dfrac{2}{t}$ 　ゆえに $8t^3-1=0$

よって $(2t-1)(4t^2+2t+1)=0$ 　t は実数であるから $t=\dfrac{1}{2}$

これを ④ に代入して，求める直線の方程式は $\boldsymbol{y=-4x+4}$

◀曲線 $y=f(x)$ 上の点 $(\alpha,\ f(\alpha))$ における接線の方程式は $\boldsymbol{y-f(\alpha)=f'(\alpha)(x-\alpha)}$

③, ④：接線の方程式を $y=●x+■$ の形にしておく（傾きと y 切片に注目するため）。

◀③, ④ の傾きと y 切片がそれぞれ一致。

別解 **接する ⟺ 重解** を利用する。まず，曲線 ② の接線 ④ を先に求める。

① と ④ から y を消去して $x^2-\dfrac{1}{t^2}x+\dfrac{2}{t}=0$

この 2 次方程式の判別式を D とすると $D=\left(-\dfrac{1}{t^2}\right)^2-4\cdot\dfrac{2}{t}=\dfrac{1}{t^4}-\dfrac{8}{t}$

直線 ④ が曲線 ① に接するための条件は $D=0$

よって，$\dfrac{1}{t^4}-\dfrac{8}{t}=0$ から $t=\dfrac{1}{2}$ が導かれる。以後は同様。

練習 ③ 84 2 つの曲線 $y=e^x$, $y=\log(x+2)$ の共通接線の方程式を求めよ。

基本例題 85 共通接線 (2) … 2曲線が接する ①①①①①

$0<x<\pi$ のとき，曲線 C_1：$y=2\sin x$ と曲線 C_2：$y=k-\cos 2x$ が共有点 P で共通の接線をもつ。定数 k の値と点 P の座標を求めよ。

基本 84

指針 2曲線 $y=f(x)$ と $y=g(x)$ が共有点で共通の接線をもつ（**2曲線がその共有点で接する** ともいう）ための条件は，共有点の x 座標を t とすると，次の [1]，[2] を満たすことである。

[1] $f(t)=g(t)$ …… y 座標が一致する

[2] $f'(t)=g'(t)$ …… 微分係数が一致する

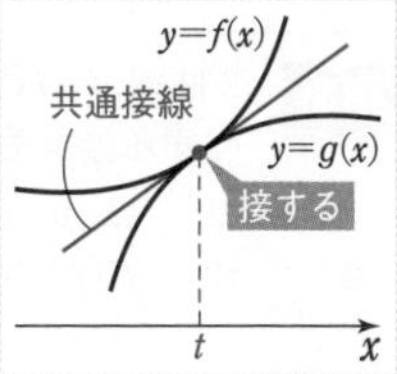

解答

$y=2\sin x$ から　　$y'=2\cos x$

$y=k-\cos 2x$ から　　$y'=2\sin 2x$

共有点 P の x 座標を $t\ (0<t<\pi)$ とすると，点 P で共通の接線をもつための条件は

$2\sin t=k-\cos 2t$ …… ①

かつ　$2\cos t=2\sin 2t$ …… ②

② から　$\cos t=2\sin t\cos t$

ゆえに　$\cos t(2\sin t-1)=0$

よって　$\cos t=0,\ \sin t=\dfrac{1}{2}$

$0<t<\pi$ であるから

$\cos t=0$ より　$t=\dfrac{\pi}{2}$，　$\sin t=\dfrac{1}{2}$ より　$t=\dfrac{\pi}{6},\ \dfrac{5}{6}\pi$

$t=\dfrac{\pi}{2}$ のとき，① から　$2=k+1$　　よって　$k=1$

$t=\dfrac{\pi}{6}$ のとき，① から　$1=k-\dfrac{1}{2}$　　よって　$k=\dfrac{3}{2}$

$t=\dfrac{5}{6}\pi$ のとき，① から　$1=k-\dfrac{1}{2}$　　よって　$k=\dfrac{3}{2}$

ゆえに，点 P の座標は

$\boldsymbol{k=1}\left(t=\dfrac{\pi}{2}\right)$ のとき

$\mathbf{P}\left(\dfrac{\pi}{2},\ 2\right)$

$\boldsymbol{k=\dfrac{3}{2}}\left(t=\dfrac{\pi}{6},\ \dfrac{5}{6}\pi\right)$ のとき

$\mathbf{P}\left(\dfrac{\pi}{6},\ 1\right)$，$\mathbf{P}\left(\dfrac{5}{6}\pi,\ 1\right)$

◀まず，導関数を求める。

◀$y'=-(-\sin 2x)\cdot 2$

◀y 座標が一致。

◀微分係数が一致。

◀2倍角の公式を利用。

◀k の値を求める。

左下は $k=1$，右下は $k=\dfrac{3}{2}$ のときのグラフ。

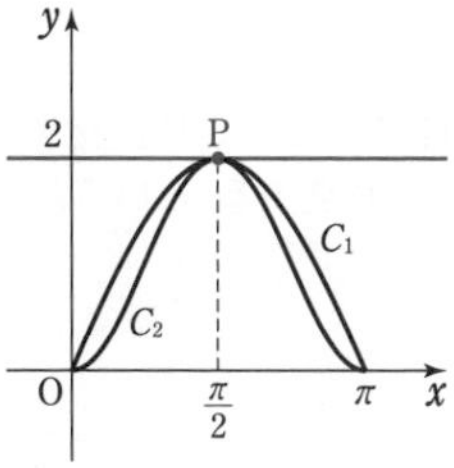

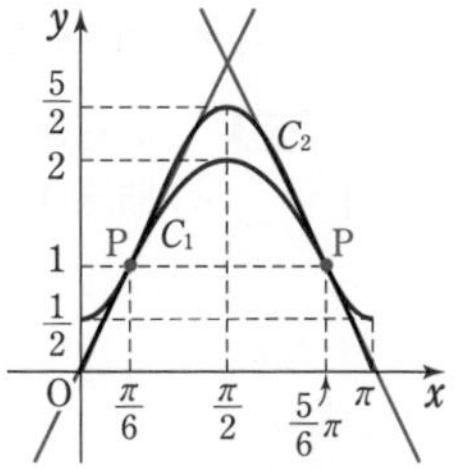

練習 ③ 85 2つの曲線 $y=ax^2$，$y=\log x$ が接するとき，定数 a の値を求めよ。このとき，接点での接線の方程式を求めよ。　〔類 東京電機大〕

p.152, 153 EX80, 82

基本例題 86 共有点で直交する接線をもつ2曲線 ①①①①①

2つの曲線 $y=x^2+ax+b$, $y=\dfrac{c}{x}+2$ は，点 $(2,\ 3)$ で交わり，この点における接線は互いに直交するという。定数 a, b, c の値を求めよ。

基本 85

指針 2曲線 $y=f(x)$ と $y=g(x)$ が，共有点 $(p,\ q)$ で互いに直交する接線をもつとき，次の [1], [2] が成り立つ。

[1] 点 $(p,\ q)$ で交わる $\Longleftrightarrow$ $q=f(p)$, $q=g(p)$

[2] $f'(p)g'(p)=-1$

…… 接線が直交 $\Longleftrightarrow$ 傾きの積が -1

[1], [2] から，a, b, c についての連立方程式が導かれる。

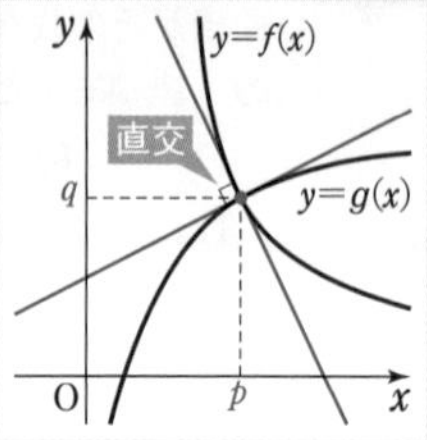

解答

$f(x)=x^2+ax+b$, $g(x)=\dfrac{c}{x}+2$ とする。

2曲線 $y=f(x)$, $y=g(x)$ は点 $(2,\ 3)$ を通るから

$$f(2)=3,\ g(2)=3$$

$f(2)=3$ から　$2^2+a\cdot2+b=3$

よって　$2a+b=-1$ …… ①

$g(2)=3$ から　$\dfrac{c}{2}+2=3$

これを解いて　$\boldsymbol{c=2}$

また　$f'(x)=2x+a$, $g'(x)=-\dfrac{c}{x^2}$

点 $(2,\ 3)$ において，2曲線 $y=f(x)$, $y=g(x)$ の接線は座標軸に平行でなく(*)，互いに直交するから

$$f'(2)g'(2)=-1$$

ゆえに　$(2\cdot2+a)\left(-\dfrac{c}{2^2}\right)=-1$

$c=2$ を代入してこれを解くと

$$\boldsymbol{a=-2}$$

よって，① から　$\boldsymbol{b=3}$

注意 2曲線が，共有点Pで互いに直交する接線をもつとき，2曲線は **点Pで直交する** という。

◀2曲線は点 $(2,\ 3)$ で交わるから，ともに点 $(2,\ 3)$ を通る。

(*) 座標軸に平行な接線の場合，指針の [2] の条件は利用できない。そのため，このような断りを書いている。

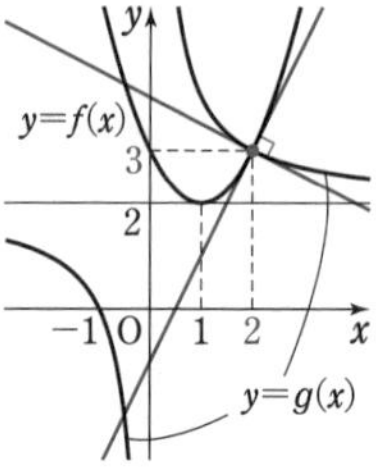

練習 ② 86 $k>0$ とする。$f(x)=-(x-a)^2$, $g(x)=\log kx$ のとき，曲線 $y=f(x)$ と曲線 $y=g(x)$ の共有点をPとする。この点Pにおいて曲線 $y=f(x)$ の接線と曲線 $y=g(x)$ の接線が直交するとき，a と k の関係式を求めよ。〔弘前大〕

p.152, 153 EX 77, 81

基本例題 87 曲線に接線が引けるための条件 ③③③③③

曲線 $y=e^{-x^2}$ に，点 $(a,\ 0)$ から接線が引けるような定数 a の値の範囲を求めよ。

基本 82　重要 119

指針　$e^{-x^2}>0$ であるから，点 $(a,\ 0)$ は曲線 $y=e^{-x^2}$ 上にない。そこで，$p.144$ 基本例題 **82** と同様に，次の方針で進める。

1. 接点の座標を $(t,\ f(t))$ として，接線の方程式を求める。
   $$\boldsymbol{y-f(t)=f'(t)(x-t)}$$
2. 接線が点 $(a,\ 0)$ を通る条件から，t の 2 次方程式を導く。
3. 2 の 2 次方程式が実数解をもつ条件（判別式 $\boldsymbol{D \geqq 0}$）を利用。
   …… 接線が引ける ⟺ 接点が存在する

CHART　共有点 ⟺ 実数解

解答

$y=e^{-x^2}$ から　　$y'=-2xe^{-x^2}$

接点の座標を $(t,\ e^{-t^2})$ とすると，接線の方程式は

$$y-e^{-t^2}=-2te^{-t^2}(x-t)\ \cdots\cdots\ (*)$$

この直線が点 $(a,\ 0)$ を通るとすると

$$-e^{-t^2}=-2te^{-t^2}(a-t)$$

両辺を e^{-t^2} $(\neq 0)$ で割って　　$-1=-2t(a-t)$

整理して　　$2t^2-2at+1=0$ …… ①

接線が引けるための条件は，t についての 2 次方程式 ① が実数解をもつことである。

ゆえに，① の判別式を D とすると　　$D \geqq 0$

$$\frac{D}{4}=(-a)^2-2\cdot 1=(a+\sqrt{2})(a-\sqrt{2})$$

よって　　$(a+\sqrt{2})(a-\sqrt{2}) \geqq 0$

したがって　　$\boldsymbol{a \leqq -\sqrt{2},\ \sqrt{2} \leqq a}$

◀ $(*)$ を $y=●x+■$ の形に直してから $x=a$，$y=0$ を代入するよりも，$(*)$ に直接代入する方が早い。

2 次方程式 $px^2+qx+r=0$ が実数解をもつ ⟺ $\boldsymbol{q^2-4pr \geqq 0}$

◀ 接点の x 座標 t は，① の解で　$t=\dfrac{a \pm \sqrt{a^2-2}}{2}$

参考　上の例題の曲線 $y=e^{-x^2}$ の接線については，**接点が異なれば接線も異なる**（接点を 2 個以上もつ接線は存在しない）。つまり，2 次方程式 ① の実数解の個数は，曲線 $y=e^{-x^2}$ の点 $(a,\ 0)$ を通る接線の本数（接点の個数）と一致する。
なお，___ の理由については，$y=e^{-x^2}$ のグラフの概形（右図）からも確認することができるが，グラフの概形を図示する方法は後で学ぶ内容（$p.182$ 基本例題 **107**）のため，ここでは省略する。

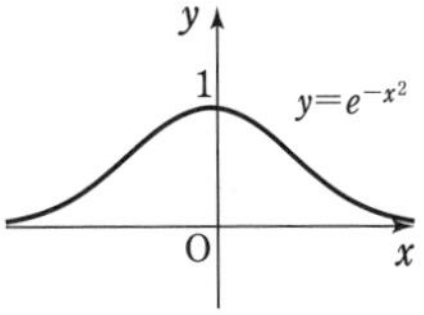

練習 87 ③　曲線 $y=xe^x$ に，点 $(a,\ 0)$ から接線が引けるような定数 a の値の範囲を求めよ。

p.153 EX 83, 84

基本例題 88 曲線の接線の長さに関する証明問題

曲線 $\sqrt[3]{x^2}+\sqrt[3]{y^2}=\sqrt[3]{a^2}$ $(a>0)$ 上の点Pにおける接線が x 軸，y 軸と交わる点をそれぞれA，Bとするとき，線分ABの長さはPの位置に関係なく一定であることを示せ。ただし，Pは座標軸上にないものとする。　〔類 岐阜大〕

基本 83

指針 まず，曲線の **対称性に注目** すると（p.178参照），点Pは第1象限にある，つまりP$(s,\ t)$ $(s>0,\ t>0)$ としてよい。p.145 基本例題 **83** (1) と同様にして点Pにおける接線の方程式を求め，点A，Bの座標を求める。線分ABの長さがPの位置に関係なく一定であることを示すには，AB^2 が定数（s，t に無関係な式）で表されることを示す。

解答

$\sqrt[3]{x^2}+\sqrt[3]{y^2}=\sqrt[3]{a^2}$ $(a>0)$ …… ① とする。

①は x を $-x$ に，y を $-y$ におき換えても成り立つから，曲線①は x 軸，y 軸，原点に関して対称である。

よって，点Pは第1象限の点としてよいから，P$(s,\ t)$ $(s>0,\ t>0)$ とする。

また，$\sqrt[3]{s}=p$，$\sqrt[3]{t}=q$ $(p>0,\ q>0)$ とおく。……（＊）

$x>0$，$y>0$ のとき，①の両辺を x について微分すると

$$\frac{2}{3\sqrt[3]{x}}+\frac{2y'}{3\sqrt[3]{y}}=0 \qquad \text{ゆえに} \qquad y'=-\sqrt[3]{\frac{y}{x}}$$

よって，点Pにおける接線の方程式は

$$y-t=-\sqrt[3]{\frac{t}{s}}(x-s)$$

ゆえに　$y=-\dfrac{q}{p}(x-p^3)+q^3$ …… ②

②で $y=0$ とすると　$x=p^3+pq^2$　∴ A$(p(p^2+q^2),\ 0)$

$x=0$ とすると　$y=p^2q+q^3$　∴ B$(0,\ q(p^2+q^2))$

よって

$$\begin{aligned}AB^2&=\{p(p^2+q^2)\}^2+\{q(p^2+q^2)\}^2\\&=(p^2+q^2)(p^2+q^2)^2=(p^2+q^2)^3\\&=(\sqrt[3]{s^2}+\sqrt[3]{t^2})^3=(\sqrt[3]{a^2})^3=a^2\end{aligned}$$

したがって，線分ABの長さは a であり，一定である。

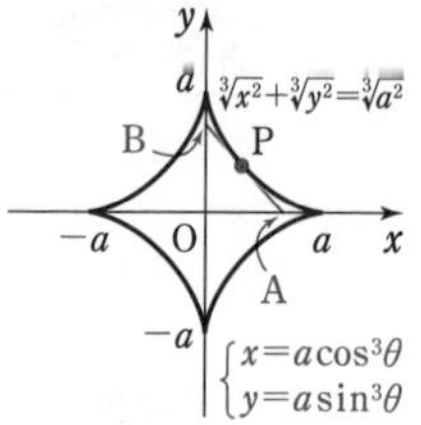

（＊）累乗根の形では表記が紛れやすくなるので，文字をおき換えるとよい。

◀ $(\sqrt[3]{x^2})'=(x^{\frac{2}{3}})'=\dfrac{2}{3}x^{-\frac{1}{3}}$

◀ $s=p^3$，$t=q^3$

◀ $0=-\dfrac{q}{p}(x-p^3)+q^3$
両辺に p を掛けて
$0=-qx+qp^3+pq^3$
ゆえに　$x=p^3+pq^2$

◀ $a>0$

参考 曲線 $\sqrt[3]{x^2}+\sqrt[3]{y^2}=\sqrt[3]{a^2}$ $(a>0)$ … ① は媒介変数 θ を用いて $\begin{cases}\boldsymbol{x=a\cos^3\theta}\\\boldsymbol{y=a\sin^3\theta}\end{cases}$ … ② と表される。この曲線を **アステロイド** という。アステロイドは x 軸，y 軸，原点に関して対称である。なお，アステロイドは，サイクロイド（p.137の 検討）に関連した曲線である。その他のサイクロイドに関する曲線について，p.638 で扱っている。

練習 ③ 88 曲線 $\sqrt{x}+\sqrt{y}=\sqrt{a}$ $(a>0)$ 上の点P（座標軸上にはない）における接線が，x 軸，y 軸と交わる点をそれぞれA，Bとするとき，原点Oからの距離の和 OA＋OB は一定であることを示せ。

p.153 EX 85

参考事項　包 絡 線

単位円周上の 2 点 $\mathrm{P}(\cos\theta,\ \sin\theta)$，$\mathrm{Q}(\cos 2\theta,\ \sin 2\theta)$ に対し，線分 PQ を $0 \leqq \theta \leqq 2\pi$ の範囲で動かすと，右図の青線のような，**カージオイド** と呼ばれる曲線が現れる。この現象を説明しよう。

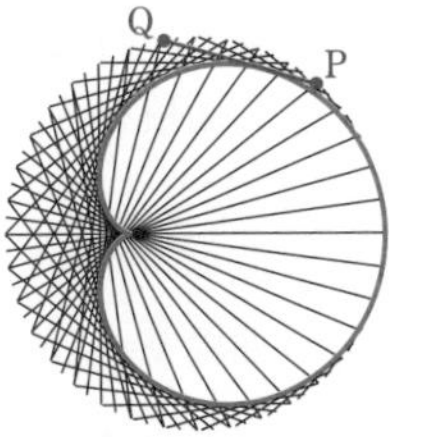

この曲線は，半径 $\dfrac{1}{3}$ の円 C が原点中心の同じ半径の定円に外接しながら滑ることなく回転したときの，C 上の定点 T が描く曲線で，右下の図のとき，点 T の座標は

$$x=\frac{2}{3}\cos\theta+\frac{1}{3}\cos 2\theta,\ y=\frac{2}{3}\sin\theta+\frac{1}{3}\sin 2\theta$$

と表される。　◀T は，線分 PQ を 1：2 に内分する点。

（$p.637$，638 参照。）

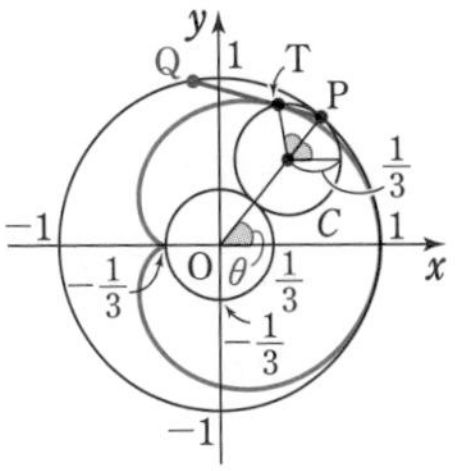

ここで，直線 PQ の傾きは $\dfrac{\sin 2\theta-\sin\theta}{\cos 2\theta-\cos\theta}$，点 T での接線の傾きは $\dfrac{dy}{dx}=\dfrac{dy}{d\theta}\Big/\dfrac{dx}{d\theta}=-\dfrac{\cos 2\theta+\cos\theta}{\sin 2\theta+\sin\theta}$ となり，どちらも和 ⟶ 積の公式を用いることで $-\left(\tan\dfrac{3}{2}\theta\right)^{-1}$ となる。つまり，直線 PQ は，点 T で常にカージオイド（図の青色の曲線）に接することがわかる。

このように，直線（曲線）群が常に接する曲線を **包絡線** という。

ところで，「チャート式基礎からの数学Ⅱ」では，次の例題を学んだ。

> 直線 $y=2tx-t^2+1$ …… ① について，t が $0 \leqq t \leqq 1$ の範囲の値をとって変化するとき，直線 ① が通過する領域を図示せよ。　**（本冊 $p.204$ 重要例題 128）**

解答は右図の斜線部分のような領域（境界線を含む）となるが，この結果は，放物線 G：$y=x^2+1$ が，① が表す直線群の包絡線であると考えると理解しやすい。① を t について平方完成すると

$$y=-(t-x)^2+x^2+1 \quad \text{すなわち} \quad (x^2+1)-y=(x-t)^2$$

よって，直線 ① は $x=t$ の点で常に放物線 G に接することがわかる。したがって，$0 \leqq t \leqq 1$ の範囲で t を動かすと，右下の図のようになり，直線 ① の通過領域が見てとれる。

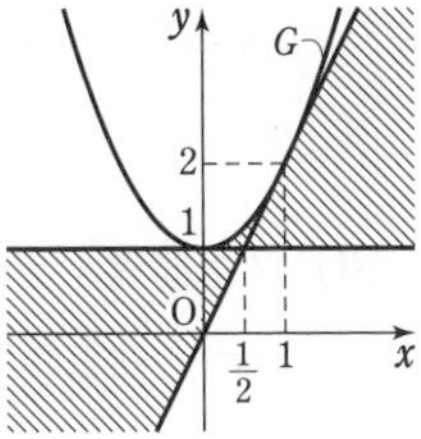

このように **直線（曲線）群の通過領域の問題では，境界線として包絡線が現れることが多い。**

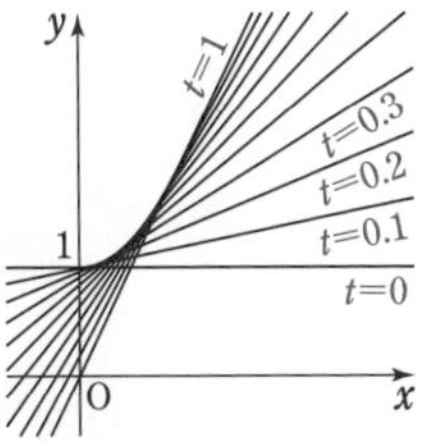

一般に，媒介変数 t を含む方程式 $F(x,\ y,\ t)=0$ で表される直線（曲線）群の包絡線は，連立方程式 $F(x,\ y,\ t)=0$，$\dfrac{d}{dt}F(x,\ y,\ t)=0$ で表されることが知られている。

上の例題では，① の両辺を t で微分すると $t=x$ となり，これを ① に代入すると，包絡線の式 $y=x^2+1$ が得られる。

②**76** 関数 $y=\log x$ $(x>0)$ 上の点 $\mathrm{P}(t,\ \log t)$ における接線を ℓ とする。また，点 P を通り，ℓ に垂直な直線を m とする。2 本の直線 ℓ，m および y 軸とで囲まれる図形の面積を S とする。$S=5$ となるとき，点 P の座標を求めよ。〔長崎大〕

→81

②**77** 曲線 $y=\sin x$ 上の点 $\mathrm{P}\left(\dfrac{\pi}{4},\ \dfrac{1}{\sqrt{2}}\right)$ における接線と，曲線 $y=\sin 2x$ $(0\leqq x\leqq\pi)$ 上の点 Q における接線が垂直であるとき，点 Q の x 座標を求めよ。〔愛知工大〕

→81，86

③**78** 曲線 $C：y=\dfrac{1}{x}$ $(x>0)$ と点 $\mathrm{P}(s,\ t)$ $(s>0,\ t>0,\ st<1)$ を考える。点 P を通る曲線 C の 2 本の接線を ℓ_1，ℓ_2 とし，これらの接線と曲線 C との接点をそれぞれ $\mathrm{A}\left(a,\ \dfrac{1}{a}\right)$，$\mathrm{B}\left(b,\ \dfrac{1}{b}\right)$ とする。ただし，$a<b$ とする。

(1) a，b をそれぞれ s，t を用いて表せ。

(2) $u=st$ とする。△PAB の面積を u を用いて表せ。〔類 九州工大〕

→82

③**79** n を 3 以上の自然数とする。曲線 C が媒介変数 θ を用いて

$$x=\cos^n\theta,\ y=\sin^n\theta\quad\left(0<\theta<\frac{\pi}{2}\right)$$

で表されている。原点を O とし，曲線 C 上の点 P における接線が x 軸，y 軸と交わる点をそれぞれ A，B とする。点 P が曲線 C 上を動くとき，△OAB の面積の最大値を求めよ。〔類 信州大〕

→83

③**80** 2 次曲線 $x^2+\dfrac{y^2}{4}=1$ と $xy=a$ $(a>0)$ が第 1 象限に共有点をもち，その点における 2 つの曲線の接線が一致するとき，定数 a の値を求めよ。

→83，85

HINT

77　点 Q の x 座標を t $(0\leqq t\leqq\pi)$ として，両接線の傾きの積が -1 となるような t の値を求める。

78　(1) 点 $\left(k,\ \dfrac{1}{k}\right)$ における接線が点 P を通る，と考える。

(2) 大小の台形を見つけて，大きい台形から小さい台形を引く，と考える。

別解 点 P が原点にくるように平行移動したとき，$\mathrm{A}'(x_1,\ y_1)$，$\mathrm{B}'(x_2,\ y_2)$ とすると，求める面積は $\dfrac{1}{2}|x_1y_2-x_2y_1|$

79　$\mathrm{P}(\cos^n\theta,\ \sin^n\theta)$ として点 P における接線の方程式を求め，2 点 A，B の座標を調べる。

80　$x^2+\dfrac{y^2}{4}=1$ を $x=\cos\theta$，$y=2\sin\theta$ と媒介変数表示して，共有点 $(\cos\theta_1,\ 2\sin\theta_1)$ における 2 曲線の接線の傾きが等しくなるような θ_1 の値を求めるとよい。

④**81** xy 平面上の第 1 象限内の 2 つの曲線 C_1：$y=\sqrt{x}$ $(x>0)$ と C_2：$y=\dfrac{1}{x}$ $(x>0)$ を考える。ただし，a は正の実数とする。

(1) $x=a$ における C_1 の接線 L_1 の方程式を求めよ。

(2) C_2 の接線 L_2 が (1) で求めた L_1 と直交するとき，接線 L_2 の方程式を求めよ。

(3) (2) で求めた L_2 が x 軸，y 軸と交わる点をそれぞれ A，B とする。折れ線 AOB の長さ l を a の関数として求め，l の最小値を求めよ。ここで，O は原点である。

〔鳥取大〕

→86

④**82** 座標平面上の円 C は，点 $(0,\ 0)$ を通り，中心が直線 $x+y=0$ 上にあり，更に双曲線 $xy=1$ と接する。このとき，円 C の方程式を求めよ。ただし，円と双曲線がある点で接するとは，その点における円の接線と双曲線の接線が一致することをいう。

〔類 千葉大〕

→85

④**83** x 軸上の点 $(a,\ 0)$ から，関数 $y=\dfrac{x+3}{\sqrt{x+1}}$ のグラフに接線が引けるとき，定数 a の値の範囲を求めよ。

→87

④**84** 放物線 $y^2=4x$ を C とする。

(1) 放物線 C の傾き m の法線の方程式を求めよ。

(2) x 軸上の点 $(a,\ 0)$ から放物線 C に法線が何本引けるか。ただし，$a\neq 0$ とする。

→87

④**85** 曲線 $\sqrt[3]{x}+\sqrt[3]{y}=1$ 上の，第 1 象限にある点 P における接線が x 軸，y 軸と交わる点をそれぞれ A，B とする。原点を O とするとき，OA＋OB の最小値を求めよ。

〔類 筑波大〕

→88

HINT

81　(3) (相加平均)≧(相乗平均) を利用。

82　双曲線上の点を A，円 C の中心を B とすると　AB⊥(点 A における双曲線の接線)

83　関数の定義域に注意。

84　(2) 放物線 C の形状から，C 上の異なる点に対する法線は明らかに異なる。a の値の範囲により場合分けして答える。

85　P$(s,\ t)$ として OA＋OB を s で表すことを考える。このとき，$s^{\frac{1}{3}}=p$ などとおくと計算がしやすくなる。そして 2 次関数の最小問題へ。

13 平均値の定理

基本事項

1 ロル(Rolle)の定理

関数 $f(x)$ が閉区間 $[a,\ b]$ で連続，開区間 $(a,\ b)$ で微分可能で $f(a)=f(b)$ ならば

$$f'(c)=0,\ a<c<b$$

を満たす実数 c が存在する。

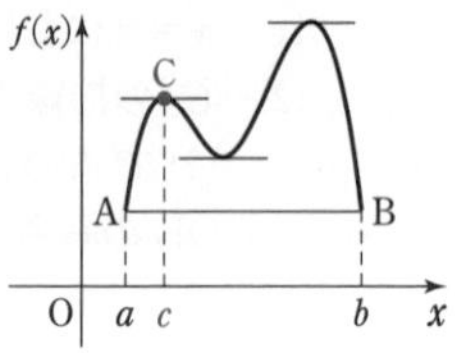

解　説

■ロルの定理

この定理は，図形的に説明すると，「区間 $a \leqq x \leqq b$ で，関数 $y=f(x)$ のグラフがひとつながりの滑らかな曲線（関数 $f(x)$ が連続かつ微分可能）であって，$f(a)=f(b)$ であれば，点 $(c,\ f(c))$ $[a<c<b]$ における接線が x 軸と平行になるような実数 c が少なくとも 1 つ存在する」ということである。

右上の図のように，条件を満たす接点が何個あるかわからないが，少なくとも 1 個は存在することを保証する定理である。中間値の定理（$p.97$ 基本事項 2 ②）もそうであり，数学では「方程式の解がある」とか「……を満たす a がある」などのように，存在を証明しなければならないことが多い。

■ロルの定理の証明

[1]　$f(x)$ が定数のとき

常に $f'(x)=0$ であるから，明らかに定理は成り立つ。

[2]　$f(x)$ が定数でないとき

$f(x)$ は閉区間 $[a,\ b]$ で連続であるから，最大値・最小値の定理（$p.97$ 基本事項 2 ①）により，この区間で最大値と最小値をもつ。

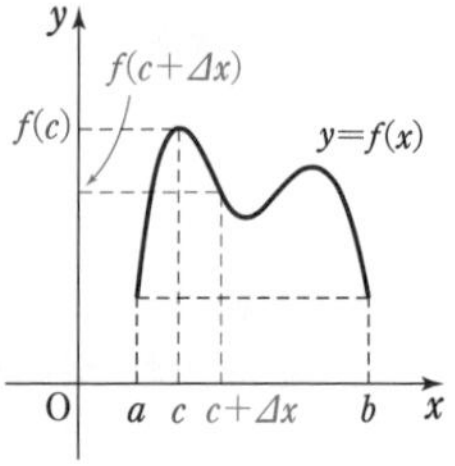

(ア)　$f(a)\ [=f(b)]$ が最大値でないとき，最大値をとる点の x 座標を c とすると，$a<c<b$ であるから，$a<c+\varDelta x<b$ を満たす $\varDelta x$ に対して $f(c+\varDelta x) \leqq f(c)$ となる。ゆえに

$$\varDelta x>0 \text{ のとき}\quad \frac{f(c+\varDelta x)-f(c)}{\varDelta x} \leqq 0 \quad \cdots\cdots ①$$

$$\varDelta x<0 \text{ のとき}\quad \frac{f(c+\varDelta x)-f(c)}{\varDelta x} \geqq 0 \quad \cdots\cdots ②$$

$f(x)$ は $x=c$ で微分可能であるから　$\displaystyle\lim_{\varDelta x \to 0} \frac{f(c+\varDelta x)-f(c)}{\varDelta x}=f'(c)$

① より　$f'(c) \leqq 0$　　② より　$f'(c) \geqq 0$

したがって　$f'(c)=0$

(イ)　$f(a)\ [=f(b)]$ が最大値であるとき，最小値をとる点の x 座標を c とすると，$a<c<b$ であるから，(ア) と同様に $f'(c)=0$ となる。

[1]，[2] から，ロルの定理が成り立つ。

基本事項

2 平均値の定理

[1] 関数 $f(x)$ が閉区間 $[a,\ b]$ で連続，開区間 $(a,\ b)$ で微分可能ならば

$$\boldsymbol{\frac{f(b)-f(a)}{b-a}=f'(c),\ \ a<c<b}\ \cdots\cdots\ Ⓐ$$

を満たす実数 c が存在する。

[2] 関数 $f(x)$ が閉区間 $[a,\ a+h]$ で連続，開区間 $(a,\ a+h)$ で微分可能ならば

$$\boldsymbol{f(a+h)=f(a)+hf'(a+\theta h),\ \ 0<\theta<1}$$

を満たす実数 θ が存在する。

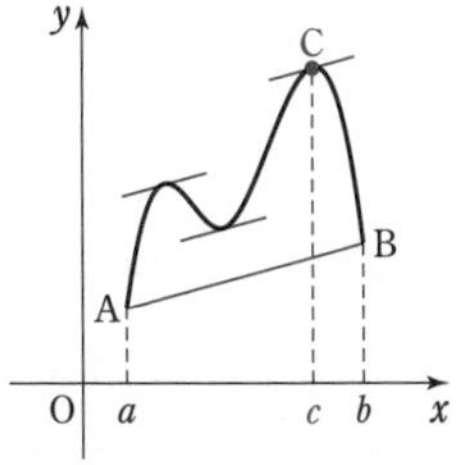

[曲線 $y=f(x)$ 上で，接線の傾きが直線 AB の傾きと等しい点 (C) が存在する。]

解　説

■ 平均値の定理

前ページのロルの定理で，条件 $f(a)=f(b)$ がない場合についての定理である。すなわち，ロルの定理は平均値の定理の特別な場合である。

■ 平均値の定理 [1] の証明

$k=\dfrac{f(b)-f(a)}{b-a}$ ……①，$F(x)=f(x)-k(x-a)$ とする。

◀ロルの定理の前提条件 $[F(a)=F(b)]$ を満たす関数を作り出す。

閉区間 $[a,\ b]$ で，$f(x)$ が連続のとき，$F(x)$ も連続であり，開区間 $(a,\ b)$ で，$f(x)$ が微分可能であるとき，$F(x)$ も微分可能である。

$$F(a)=f(a),$$

$$F(b)=f(b)-\frac{f(b)-f(a)}{b-a}(b-a)=f(a)$$

であるから　$F(a)=F(b)$　　また　$F'(x)=f'(x)-k$

ここで，関数 $F(x)$ について，ロルの定理により

$$F'(c)=0,\ a<c<b$$

を満たす実数 c が存在する。

$F'(c)=0$ から　　$f'(c)-k=0$　すなわち　$f'(c)=k$

よって，① から　$\boldsymbol{f'(c)=\dfrac{f(b)-f(a)}{b-a}}$，$\boldsymbol{a<c<b}$ を満たす実数 $\boldsymbol{c}$ が存在する。

$F(x)$ と $f(x)$ の関係

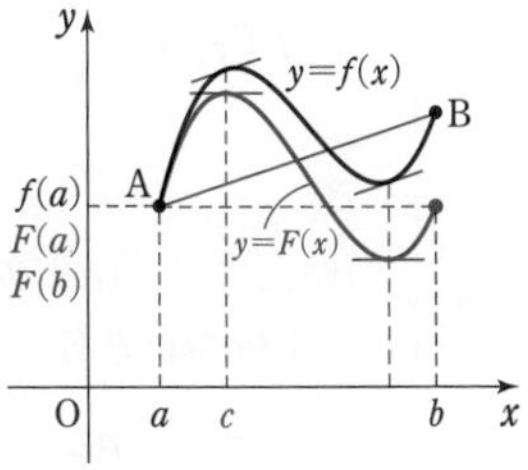

■ 平均値の定理 [2] の証明

[1] の Ⓐ は，$f(b)=f(a)+(b-a)f'(c)$ …… Ⓑ　といい換えてもよい。

[1] で $b-a=h$，$\dfrac{c-a}{b-a}=\theta$ とおくと

$$b=a+h,\ c=a+(b-a)\theta=a+\theta h$$

また，$a<c<b$ であるから　　$0<c-a<b-a$

ゆえに　　$0<\dfrac{c-a}{b-a}<1$　すなわち　$0<\theta<1$

よって，[1] の $f(x)$ について，Ⓑ から

$$\boldsymbol{f(a+h)=f(a)+hf'(a+\theta h),\ \ 0<\theta<1}$$

を満たす実数 $\boldsymbol{\theta}$ が存在する。

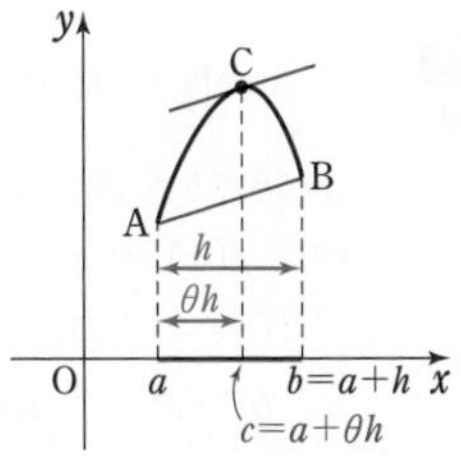

基本例題 89 平均値の定理の利用 … 基本

(1) $f(x)=2\sqrt{x}$ と区間 [1, 4] について，平均値の定理の式 $\dfrac{f(b)-f(a)}{b-a}=f'(c)$, $a<c<b$ を満たす c の値を求めよ。

(2) $f(x)=\dfrac{1}{x}$ $(x>0)$ のとき，$f(a+h)-f(a)=hf'(a+\theta h)$，$0<\theta<1$ を満たす θ を正の数 a，h で表し，$\displaystyle\lim_{h\to+0}\theta$ を求めよ。

p.155 基本事項 2　重要 91

指針 いずれも平均値の定理を満たす c や θ の値を求める問題である。

(1) **平均値の定理** 関数 $f(x)$ が，$[a, b]$ で連続，(a, b) で微分可能ならば

$$\frac{f(b)-f(a)}{b-a}=f'(c),\ a<c<b$$

を満たす実数 c が存在する。

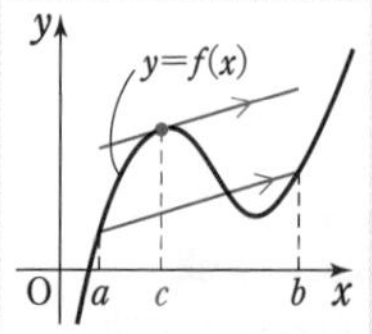

解答

(1) $f(x)$ は $x>0$ で微分可能で　$f'(x)=\dfrac{1}{\sqrt{x}}$

平均値の定理の式 $\dfrac{f(4)-f(1)}{4-1}=f'(c)$ を満たす c の値は，$\dfrac{4-2}{3}=\dfrac{1}{\sqrt{c}}$ から　$\sqrt{c}=\dfrac{3}{2}$　ゆえに　$\boldsymbol{c=\dfrac{9}{4}}$

これは $1<c<4$ を満たすから，求める c の値である。

(2) $f'(x)=-\dfrac{1}{x^2}$ で，等式から

$$\frac{1}{a+h}-\frac{1}{a}=-\frac{h}{(a+\theta h)^2}$$

ゆえに　$(a+\theta h)^2=a(a+h)$

$a+\theta h>0$ であるから　$a+\theta h=\sqrt{a^2+ah}$

よって　$\boldsymbol{\theta=\dfrac{\sqrt{a^2+ah}-a}{h}}$　また，$a>0$ から

$$\lim_{h\to+0}\theta=\lim_{h\to+0}\frac{\sqrt{a^2+ah}-a}{h}=\lim_{h\to+0}\frac{(a^2+ah)-a^2}{h(\sqrt{a^2+ah}+a)}$$

$$=\lim_{h\to+0}\frac{a}{\sqrt{a^2+ah}+a}=\frac{a}{\sqrt{a^2}+a}=\frac{a}{2a}=\boldsymbol{\frac{1}{2}}$$

◀これで平均値の定理を適用できる条件「[1, 4] で連続，(1, 4) で微分可能」は満たされるから，c の値は存在する。

(2) 問題文の等式は，平均値の定理（p.155 2 [2]）である。

注意 平均値の定理により，$\dfrac{f(b)-f(a)}{b-a}=f'(c)$ $(a<c<b)$ を満たす c の値の存在は保証されている。
よって，(1) で得られた $c=\dfrac{9}{4}$ は $1<c<4$ を満たしている。
このように，c の値がただ1つ得られる場合は，$a<c<b$ を改めて確認しなくてもよい。

練習 ② 89
(1) 次の関数 $f(x)$ と区間について，平均値の定理の式 $\dfrac{f(b)-f(a)}{b-a}=f'(c)$, $a<c<b$ を満たす c の値を求めよ。

(ア) $f(x)=\log x$　[1, e]　　(イ) $f(x)=e^{-x}$　[0, 1]

(2) $f(x)=x^3$ のとき，$f(a+h)-f(a)=hf'(a+\theta h)$，$0<\theta<1$ を満たす θ を正の数 a，h で表し，$\displaystyle\lim_{h\to+0}\theta$ を求めよ。

p.161 EX 86

基本 例題 90 平均値の定理を利用した不等式の証明 ①①①①①

平均値の定理を用いて，次のことを証明せよ。

$\dfrac{1}{e^2}<a<b<1$ のとき　$a-b<b\log b-a\log a<b-a$

基本 89　重要 91

指針　平均値の定理の式は　$\dfrac{f(b)-f(a)}{b-a}=f'(c)\quad(a<c<b)$ …… ①

一方，証明すべき不等式の各辺を $b-a\ (>0)$ で割ると

$$-1<\frac{b\log b-a\log a}{b-a}<1 \quad\cdots\cdots ②$$

①, ② を比較すると，$f(x)=x\log x\ (a\leqq x\leqq b)$ において，$-1<f'(c)<1$ を示せばよいことがわかる。このように，差 $f(b)-f(a)$ を含む不等式の証明には，平均値の定理を活用する とよい。……★

CHART 差 $f(b)-f(a)$ を含む不等式　平均値の定理も有効

解答

関数 $f(x)=x\log x$ は，$x>0$ で微分可能で

$$f'(x)=\log x+1$$

よって，区間 $[a,\ b]$ において，平均値の定理を用いると

$$\frac{b\log b-a\log a}{b-a}=\log c+1,\ a<c<b$$

を満たす c が存在する。

$\dfrac{1}{e^2}<a<b<1$ と $a<c<b$ から　$\dfrac{1}{e^2}<c<1$

各辺の自然対数をとって　$\log\dfrac{1}{e^2}<\log c<\log 1$

すなわち　$-2<\log c<0$

この不等式の各辺に 1 を加えて

$$-1<\log c+1<1$$

よって　$-1<\dfrac{b\log b-a\log a}{b-a}<1$

この不等式の各辺に $b-a\ (>0)$ を掛けて

$$a-b<b\log b-a\log a<b-a$$

◀ $x>0$ で微分可能であるから，$x>0$ で連続。

◀ 指針＿＿……★ の方針。差 $f(b)-f(a)$ を含む不等式については，平均値の定理を意識しよう。なお，2 変数の不等式の扱いについて，$p.200$ でまとめている。

◀ $\log\dfrac{1}{e^2}=\log e^{-2}=-2$, $\log 1=0$

◀ $a<b$ であるから $b-a>0$

練習 ② 90　平均値の定理を利用して，次のことを証明せよ。

(1) $a<b$ のとき　$e^a<\dfrac{e^b-e^a}{b-a}<e^b$

(2) $t>0$ のとき　$0<\log\dfrac{e^t-1}{t}<t$

(3) $0<a<b$ のとき　$1-\dfrac{a}{b}<\log b-\log a<\dfrac{b}{a}-1$

p.161 EX 87

重要例題 91 平均値の定理を利用した極限

平均値の定理を利用して，極限値 $\lim_{x \to 0} \frac{\cos x - \cos x^2}{x - x^2}$ を求めよ。

基本 89，90

指針 $f(x)=\cos x$ と考えたとき，分子は 差 $f(x)-f(x^2)$ の形になっている。よって，前ページの基本例題 **90** 同様，

差 $f(b)-f(a)$ には　平均値の定理の利用

の方針で進める。それには，平均値の定理により，$\frac{\cos x - \cos x^2}{x - x^2}$ を微分係数の形 $[f'(c)]$ に表して極限値を求める。なお，平均値の定理を適用する区間は $x \longrightarrow -0$ と $x \longrightarrow +0$ のときで異なるから注意が必要である。

解答

$f(x)=\cos x$ とすると，$f(x)$ はすべての実数 x について微分可能であり　$f'(x)=-\sin x$

◀平均値の定理が適用できる条件を述べている。

[1]　$x<0$ のとき

$x<x^2$ であるから，区間 $[x,\ x^2]$ において，平均値の定理を用いると

◀$x<0<x^2$

$$\frac{\cos x^2 - \cos x}{x^2 - x} = -\sin\theta_1,\quad x<\theta_1<x^2$$

◀$\frac{f(b)-f(a)}{b-a}=f'(c)$，$a<c<b$

を満たす θ_1 が存在する。

$\lim_{x \to -0} x=0$，$\lim_{x \to -0} x^2=0$ であるから　$\lim_{x \to -0} \theta_1=0$

◀はさみうちの原理。

よって　$\lim_{x \to -0} \frac{\cos x^2 - \cos x}{x^2 - x} = \lim_{x \to -0}(-\sin\theta_1)$

$= -\sin 0 = 0$

[2]　$x>0$ のとき，$x \longrightarrow +0$ であるから，$0<x<1$ としてよい。

◀$x \longrightarrow +0$ であるから，$x=0$ の近くで考える。

このとき，$x^2<x$ であるから，区間 $[x^2,\ x]$ において，平均値の定理を用いると

$$\frac{\cos x - \cos x^2}{x - x^2} = -\sin\theta_2,\quad x^2<\theta_2<x$$

◀$\frac{f(b)-f(a)}{b-a}=f'(c)$，$a<c<b$

を満たす θ_2 が存在する。

$\lim_{x \to +0} x^2=0$，$\lim_{x \to +0} x=0$ であるから　$\lim_{x \to +0} \theta_2=0$

◀はさみうちの原理。

よって　$\lim_{x \to +0} \frac{\cos x - \cos x^2}{x - x^2} = \lim_{x \to +0}(-\sin\theta_2)$

$= -\sin 0 = 0$

以上から　$\lim_{x \to 0} \frac{\cos x - \cos x^2}{x - x^2} = \mathbf{0}$ (*)

(*) 左側極限と右側極限が 0 で一致したから，極限値は 0 となる。

練習 ④ **91** 平均値の定理を利用して，次の極限値を求めよ。

(1)　$\lim_{x \to 0} \log \frac{e^x - 1}{x}$　〔類 富山医薬大〕　(2)　$\lim_{x \to 1} \frac{\sin \pi x}{x - 1}$

p.161 EX88, 89

参考事項　ロピタルの定理

$\lim_{x \to a} \frac{f(x)}{g(x)}$ が $\frac{0}{0}$ の形になるとき，この極限を求める方法として，**約分・くくり出し・有理化** などを学んだ。大部分はこれらの方法で処理できるが，中には式変形が難しく，やっかいなものもある。そのようなときの有効な方法として，**ロピタルの定理** がある。

ロピタルの定理　関数 $f(x)$，$g(x)$ が $x=a$ を含む区間で連続，$x=a$ 以外の区間で微分可能で，$\lim_{x \to a} f(x)=0$，$\lim_{x \to a} g(x)=0$，$g'(x) \neq 0$ のとき

$$\lim_{x \to a} \frac{f'(x)}{g'(x)}=l \ (\text{有限確定値}) \text{ ならば } \lim_{x \to a} \frac{f(x)}{g(x)}=l$$

これは，平均値の定理の拡張であるコーシーの平均値の定理を利用して証明される。

(コーシーの平均値の定理)
関数 $f(x)$，$g(x)$ が閉区間 $[\alpha, \beta]$ で連続，開区間 (α, β) で微分可能ならば

$$\frac{f(\beta)-f(\alpha)}{g(\beta)-g(\alpha)}=\frac{f'(c)}{g'(c)},\ \alpha<c<\beta$$

を満たす実数 c が存在する。ただし，$g(\beta) \neq g(\alpha)$，$g'(x) \neq 0$ $(\alpha<x<\beta)$ である。

(証明)　$\frac{f(\beta)-f(\alpha)}{g(\beta)-g(\alpha)}=k$ とし，$F(x)=f(x)-f(\alpha)-k\{g(x)-g(\alpha)\}$ とする。

このとき，$F(x)$ は閉区間 $[\alpha, \beta]$ で連続，開区間 (α, β) で微分可能で

$$F(\alpha)=0,\ F(\beta)=f(\beta)-f(\alpha)-k\{g(\beta)-g(\alpha)\}=0$$

が成り立つから，ロルの定理により $F'(c)=0$，$\alpha<c<\beta$ となる実数 c が存在する。

$F'(c)=f'(c)-kg'(c)$ であるから　$f'(c)-kg'(c)=0$　　$g'(c) \neq 0$ であるから

$$k=\frac{f'(c)}{g'(c)} \quad \text{すなわち} \quad \frac{f(\beta)-f(\alpha)}{g(\beta)-g(\alpha)}=\frac{f'(c)}{g'(c)},\ \alpha<c<\beta$$

証明　コーシーの平均値の定理を用いると，$\lim_{x \to a} f(x)=\lim_{x \to a} g(x)=0$ のとき　$f(a)=g(a)=0$
[$f(x)$，$g(x)$ は $x=a$ で連続] であるから

$$\frac{f(x)}{g(x)}=\frac{f(x)-f(a)}{g(x)-g(a)}=\frac{f'(c)}{g'(c)},\ a<c<x \text{ または } x<c<a$$

となる c が存在する。$x \longrightarrow a$ のとき $c \longrightarrow a$ となるから　$\lim_{x \to a} \frac{f(x)}{g(x)}=\lim_{c \to a} \frac{f'(c)}{g'(c)}$

よって　$\lim_{x \to a} \frac{f(x)}{g(x)}=\lim_{x \to a} \frac{f'(x)}{g'(x)}$　すなわち　$\lim_{x \to a} \frac{f'(x)}{g'(x)}=l$ ならば　$\lim_{x \to a} \frac{f(x)}{g(x)}=l$

ロピタルの定理は，条件 $\lim_{x \to a} f(x)=0$，$\lim_{x \to a} g(x)=0$ の代わりに，次のような条件の場合にも成り立つ。

① $\lim_{x \to a} |f(x)|=\infty$，$\lim_{x \to a} |g(x)|=\infty$　　② $\lim_{x \to \pm\infty} f(x)=0$，$\lim_{x \to \pm\infty} g(x)=0$ (複号同順)

また，$\lim_{x \to a} \frac{f'(x)}{g'(x)}$ が不定形である場合，同様な条件で　$\lim_{x \to a} \frac{f''(x)}{g''(x)}=l$ **(有限確定値)**

ならば　$\lim_{x \to a} \frac{f(x)}{g(x)}=\lim_{x \to a} \frac{f'(x)}{g'(x)}=\lim_{x \to a} \frac{f''(x)}{g''(x)}=l$　が成り立つ。

演習 例題 92 ロピタルの定理を利用した極限 ④

ロピタルの定理を用いて，次の極限値を求めよ。 p.159 参考事項

(1) $\displaystyle\lim_{x\to0}\frac{x-\log(1+x)}{x^2}$　　(2) $\displaystyle\lim_{x\to\infty}\frac{x^2}{e^{2x}}$　　(3) $\displaystyle\lim_{x\to+0}x\log x$

指針 **ロピタルの定理**（以下）は，まず前提条件を確かめてから適用する。

$$\lim_{x\to a}\frac{f(x)}{g(x)} \text{ が不定形}\left(\frac{0}{0}\text{ や }\frac{\infty}{\infty}\right)\text{のとき}$$

$$\lim_{x\to a}\frac{f'(x)}{g'(x)}=l\ \text{（有限確定値）ならば}\quad \lim_{x\to a}\frac{f(x)}{g(x)}=l$$

(1) は $\dfrac{0}{0}$，(2) は $\dfrac{\infty}{\infty}$ の不定形で，(3) の $0\times(-\infty)$ は変形すると $\dfrac{-\infty}{\infty}$ の不定形になる。

(2) 分母・分子を微分した式の極限 $\displaystyle\lim_{x\to\infty}\frac{(x^2)'}{(e^{2x})'}$ もまた $\dfrac{\infty}{\infty}$ の不定形になる。このような場合は，更に分母・分子を微分した式の極限を考える。

解答

(1) $f(x)=x-\log(1+x)$，$g(x)=x^2$ とすると

$$f'(x)=1-\frac{1}{1+x}=\frac{x}{1+x},\quad g'(x)=2x$$

◀ $\displaystyle\lim_{x\to0}\{x-\log(1+x)\}=0$，$\displaystyle\lim_{x\to0}x^2=0$

また　$\displaystyle\lim_{x\to0}\frac{f'(x)}{g'(x)}=\lim_{x\to0}\frac{\frac{x}{1+x}}{2x}=\lim_{x\to0}\frac{1}{2(1+x)}=\frac{1}{2}$

◀ $x\longrightarrow0$ であるから，$x=0$ の近くで考える。

したがって　$\displaystyle\lim_{x\to0}\frac{x-\log(1+x)}{x^2}=\boldsymbol{\frac{1}{2}}$

(2) $f(x)=x^2$，$g(x)=e^{2x}$ とすると

$$f'(x)=2x,\quad g'(x)=2e^{2x},\quad f''(x)=2,\quad g''(x)=4e^{2x}$$

◀ $\displaystyle\lim_{x\to\infty}x^2=\infty$，$\displaystyle\lim_{x\to\infty}e^{2x}=\infty$，$\displaystyle\lim_{x\to\infty}2x=\infty$，$\displaystyle\lim_{x\to\infty}2e^{2x}=\infty$

また　$\displaystyle\lim_{x\to\infty}\frac{f''(x)}{g''(x)}=\lim_{x\to\infty}\frac{2}{4e^{2x}}=0$

◀ $\displaystyle\lim_{x\to a}\frac{f''(x)}{g''(x)}=l\Longrightarrow\lim_{x\to a}\frac{f'(x)}{g'(x)}=\lim_{x\to a}\frac{f(x)}{g(x)}=l$

したがって　$\displaystyle\lim_{x\to\infty}\frac{x^2}{e^{2x}}=\boldsymbol{0}$

(3) $x\log x=\dfrac{\log x}{\frac{1}{x}}$ であるから，$f(x)=\log x$，$g(x)=\dfrac{1}{x}$

◀ $\displaystyle\lim_{x\to+0}\log x=-\infty$，$\displaystyle\lim_{x\to+0}\frac{1}{x}=\infty$

とすると　$f'(x)=\dfrac{1}{x}$，$g'(x)=-\dfrac{1}{x^2}$

また　$\displaystyle\lim_{x\to+0}\frac{f'(x)}{g'(x)}=\lim_{x\to+0}\frac{\frac{1}{x}}{-\frac{1}{x^2}}=\lim_{x\to+0}(-x)=0$

したがって　$\displaystyle\lim_{x\to+0}x\log x=\boldsymbol{0}$

注意 ロピタルの定理は，利用価値が高い定理であるが，高校数学の範囲外の内容なので，試験の答案としてではなく，**検算** として使う方がよい。

練習 ④ 92 ロピタルの定理を用いて，次の極限値を求めよ。

(1) $\displaystyle\lim_{x\to0}\frac{e^x-e^{-x}}{x}$　　(2) $\displaystyle\lim_{x\to0}\frac{x-\sin x}{x^2}$　　(3) $\displaystyle\lim_{x\to\infty}x\log\frac{x-1}{x+1}$

EXERCISES

②**86** $f(x)=\sqrt{x^2-1}$ について，次の問いに答えよ。ただし，$x>1$ とする。

(1) $\dfrac{f(x)-f(1)}{x-1}=f'(c)$，$1<c<x$ を満たす c を x の式で表せ。

(2) (1)のとき，$\displaystyle\lim_{x\to1+0}\frac{c-1}{x-1}$ および $\displaystyle\lim_{x\to\infty}\frac{c-1}{x-1}$ を求めよ。 〔類 信州大〕

→89

③**87** 平均値の定理を用いて，次の不等式が成り立つことを示せ。 〔(2) 一橋大〕

(1) $|\sin\alpha-\sin\beta|\leqq|\alpha-\beta|$

(2) a，b を異なる正の実数とするとき $\left(\dfrac{1+a}{1+b}\right)^{\frac{1}{a-b}}<e$

→90

④**88** 関数 $f(x)=\log\dfrac{e^x}{x}$ を用いて，$a_1=2$，$a_{n+1}=f(a_n)$ によって数列 $\{a_n\}$ が与えられている。ただし，対数は自然対数である。

(1) $1\leqq x\leqq2$ のとき，$0\leqq f(x)-1\leqq\dfrac{1}{2}(x-1)$ が成立することを示せ。

(2) $\displaystyle\lim_{n\to\infty}a_n$ を求めよ。

(3) $b_1=a_1$，$b_{n+1}=a_{n+1}b_n$ によって与えられる数列 $\{b_n\}$ について，$\displaystyle\lim_{n\to\infty}b_n$ を求めよ。
〔大分大〕

→91

④**89** (1) すべての実数で微分可能な関数 $f(x)$ が常に $f'(x)=0$ を満たすとする。このとき，$f(x)$ は定数であることを示せ。

(2) 実数全体で定義された関数 $g(x)$ が次の条件(＊)を満たすならば，$g(x)$ は定数であることを示せ。

(＊) 正の定数 C が存在して，すべての実数 x，y に対して
$|g(x)-g(y)|\leqq C|x-y|^{\frac{3}{2}}$ が成り立つ。 〔富山大〕

→91

HINT

86 (1) $f(x)$ の連続性，微分可能性から平均値の定理が成り立つ。

87 (1) $\alpha=\beta$，$\alpha\neq\beta$ で場合分け。$\alpha\neq\beta$ のとき，平均値の定理を利用。
(2) 証明したい不等式は，両辺の自然対数をとると，平均値の定理が使える形となる。

88 (1) 区間 $[1,\ x]$ において，$f(x)$ に平均値の定理を利用。
(2) はさみうちの原理を利用。(3) $\displaystyle\lim_{n\to\infty}\log b_n$ を考える。

89 (1) 任意の実数 x_1，x_2 $(x_1<x_2)$ をとり，区間 $[x_1,\ x_2]$ において平均値の定理を利用。
(2) 条件式から $\dfrac{g(x)-g(y)}{x-y}$ の形を導き出し，$\displaystyle\lim_{x\to y}\left|\frac{g(x)-g(y)}{x-y}\right|$ を考えてみる。

14 関数の値の変化，最大・最小

基本事項

1 関数の増加と減少

関数 $f(x)$ が閉区間 $[a,\ b]$ で連続で，開区間 $(a,\ b)$ で微分可能であるとする。

1 **開区間 $(a,\ b)$ で常に $f'(x)>0$ ならば，$f(x)$ は $[a,\ b]$ で単調に増加する**

2 **開区間 $(a,\ b)$ で常に $f'(x)<0$ ならば，$f(x)$ は $[a,\ b]$ で単調に減少する**

3 **開区間 $(a,\ b)$ で常に $f'(x)=0$ ならば，$f(x)$ は $[a,\ b]$ で定数である**

2 関数の極大と極小

① **定義** $f(x)$ は連続な関数とする。

$x=a$ を含む十分小さい開区間において

「$x \neq a$ ならば $f(x)<f(a)$」であるとき $f(x)$ は $x=a$ で極大，$f(a)$ を極大値

「$x \neq a$ ならば $f(x)>f(a)$」であるとき $f(x)$ は $x=a$ で極小，$f(a)$ を極小値

という。また，極大値と極小値を，まとめて **極値** という。

② **関数 $f(x)$ が $x=a$ で微分可能であるとき，$f(x)$ が $x=a$ で極値をとるならば $f'(a)=0$ が成り立つ。ただし，この逆は成り立たない。**

解　説

■ 関数の増加と減少

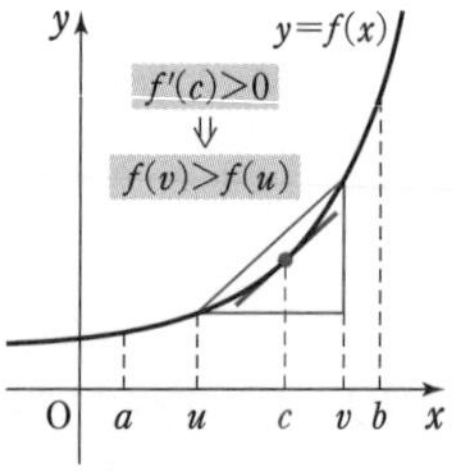

1 の証明 関数 $f(x)$ が $[a,\ b]$ で連続で，$(a,\ b)$ で常に $f'(x)>0$ とする。$a \leqq u<v \leqq b$ である任意の 2 つの値 u，v をとると，平均値の定理により $f(v)-f(u)=(v-u)f'(c)$，$u<c<v$ を満たす c が存在する。仮定により，$f'(c)>0$，$v-u>0$ であるから

$f(v)-f(u)>0$ すなわち $f(u)<f(v)$

ゆえに，$f(x)$ は $[a,\ b]$ で単調に増加する。

2 の $f'(x)<0$（単調に減少）についても同様に証明できる。

3 の証明 1 の証明と同様に考えると，$f'(c)=0$ であるから $f(v)-f(u)=0$

よって $f(u)=f(v)$ ゆえに，$f(x)$ は $[a,\ b]$ で定数である。

[この 3 の証明は，前ページの EXERCISES 89 (1) の解答と同様である。]

また，3 から関数 $f(x)$，$g(x)$ が $[a,\ b]$ で連続，$(a,\ b)$ で常に $g'(x)=f'(x)$ ならば $h(x)=g(x)-f(x)$ とすると，常に $h'(x)=g'(x)-f'(x)=0$ である。

よって，3 により $h(x)$ すなわち $g(x)-f(x)$ は $[a,\ b]$ で定数である。

■ 関数の極大と極小

② の証明 $f(x)$ が $x=a$ で極大値をとるとする。このとき $|\Delta x|$ が十分小さければ

$f(a)>f(a+\Delta x)$ ゆえに $\Delta y=f(a+\Delta x)-f(a)<0$

$\Delta x>0$ なら $\dfrac{\Delta y}{\Delta x}<0$ から $\displaystyle\lim_{\Delta x \to +0}\frac{\Delta y}{\Delta x} \leqq 0$，　$\Delta x<0$ なら $\dfrac{\Delta y}{\Delta x}>0$ から $\displaystyle\lim_{\Delta x \to -0}\frac{\Delta y}{\Delta x} \geqq 0$

$f(x)$ は $x=a$ で微分可能であるから $\displaystyle\lim_{\Delta x \to 0}\frac{\Delta y}{\Delta x}=0$ すなわち $f'(a)=0$

$f(x)$ が $x=a$ で極小値をとる場合も，同様に $f'(a)=0$

なお，② の逆が成り立たないことは，次ページの 注意 1. 参照。

基本事項

3 極値の求め方

$f(x)$ は微分可能な関数とする。$x=a$ を含む開区間において

$x=a$ の前後で $f'(x)$ が正から負に変われば

$f(x)$ は $x=a$ で極大値 $f(a)$ をとる。

$x=a$ の前後で $f'(x)$ が負から正に変われば

$f(x)$ は $x=a$ で極小値 $f(a)$ をとる。

$f(x)$ が微分可能であるときの $f'(a)=0$ を満たす a の値，または $f'(a)$ が存在しないときの a の値を境目として，**増減表**（数学Ⅱで学習）を作り，$f'(x)$ の正・負を調べて極値を求める。

注意　$f'(x)$ と第 2 次導関数 $f''(x)$ を利用した極値の求め方については，$p.177$ 基本事項 3 を参照。

4 関数の最大と最小

関数 $f(x)$ が閉区間 $[a,\ b]$ で連続であるとき，$f(x)$ の極大，極小を調べ，極値と区間の両端の値 $f(a)$，$f(b)$ を比較して $f(x)$ の最大値，最小値を求める。

解説

■極値の求め方

極大値・極小値はその点を含む小さい区間での最大値・最小値で

極値 { 極大 …… 関数が増加から減少へ移る境目
　　　 極小 …… 関数が減少から増加へ移る境目

であるから関数の増減，すなわち，導関数の符号を調べればよい。

それには **増減表** を利用するとよい。

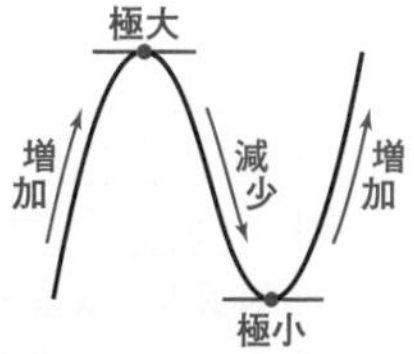

注意 **1. 関数 $f(x)$ が $x=a$ で微分可能であるとき，$f(x)$ が $x=a$ で極値をとるならば，$f'(a)=0$ である** が，逆に，$f'(a)=0$ であっても，$f(a)$ が極値であるとは限らない。

すなわち，**$f'(a)=0$** であることは $f(x)$ が $x=a$ で極値をとるための **必要条件** であるが，十分条件ではない。

例えば，$f(x)=x^3$ については $f'(0)=0$ であるが，$x=0$ の前後で $f'(x)=3x^2>0$ であるから $x=0$ で極値をとらない。

注意 **2. $f(x)$ が $x=a$ で微分可能でなくても，$f(a)$ が極値となる場合もある。**

例えば，$f(x)=|x|$ は $x=0$ で微分可能でないが，$x=0$ で極小で，極小値は $f(0)=0$ である（右図参照）。

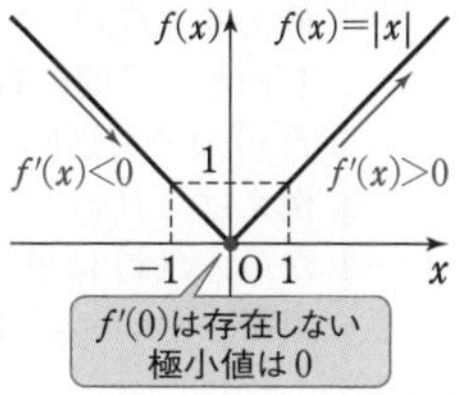

以上のことから，関数 $f(x)$ の極値を求めるためには，

[1]　$f(x)$ が存在しない x の値（定義域の確認）

[2]　$f(x)$ が微分可能な区間では $f'(x)=0$ を満たす x の値

[3]　$f'(x)$ が存在しない x の値　　　[4]　$f(x)$ が不連続である点の x 座標

などを境目として増減表を作ることが必要である。

■関数の最大と最小

閉区間で連続な関数は，その区間で常に最大値・最小値をもつ。関数の最大値，最小値は，増減表を利用して，極値と区間の端点における関数の値の大小を比較して判断する。

基本例題 93 関数の増減

関数 $y=\dfrac{x^2+3x+9}{x+3}$ の増減を調べよ。 〔類 中部大〕

p.162 基本事項 1

指針 関数の **増加・減少** は **導関数 y' の符号** を利用して調べる。
それには，関数の定義域や $y'=0$ の実数解を求め，**増減表** をかくとよい。
また，区間 $(a,\ b)$ で $y'>0 \Longrightarrow y$ は区間 $[a,\ b]$ で 単調に増加
区間 $(a,\ b)$ で $y'<0 \Longrightarrow y$ は区間 $[a,\ b]$ で 単調に減少
このように，増加・減少の区間には，端の点が含まれることに注意（$p.162$ 参照）。

CHART 関数の増減 y' の符号を調べる 増減表の作成

解答
定義域は $x \neq -3$ である。

$y=\dfrac{x^2+3x+9}{x+3}=x+\dfrac{9}{x+3}$ であるから

$$y'=1-\frac{9}{(x+3)^2}=\frac{(x+3)^2-9}{(x+3)^2}=\frac{x(x+6)}{(x+3)^2}$$

$y'=0$ とすると $x=-6,\ 0$

よって，y の増減表は次のようになる。

x	$\cdots$	-6	$\cdots$	-3	$\cdots$	0	$\cdots$
y'	$+$	0	$-$	／	$-$	0	$+$
y	↗	-9	↘	／	↘	3	↗

ゆえに，**$x \leqq -6$，$0 \leqq x$ で単調に増加し，**
$-6 \leqq x < -3$，$-3 < x \leqq 0$ で単調に減少する。

◀まず，**定義域を確認**。
定義域は （分母）$\neq 0$
◀分子の次数を下げて，y' の計算をらくにする。
◀分母は $(x+3)^2>0$

◀ $\displaystyle\lim_{x\to-3\pm0} y=\pm\infty$，$\displaystyle\lim_{x\to\pm\infty} y=\pm\infty$ （それぞれ複号同順）

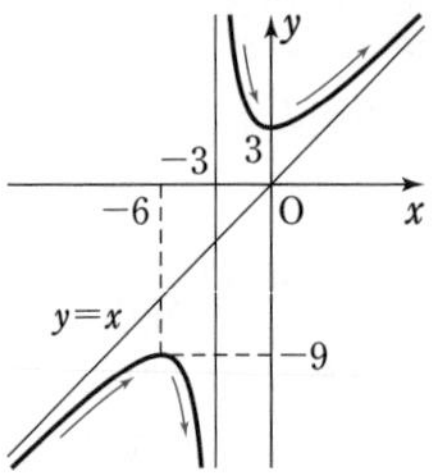

検討 **$p.162$ 基本事項 1 1，2 に関する注意**

一般に，**「ある区間で $f'(x) \geqq 0$ であるなら $f(x)$ は単調に増加する」とはいえない。**
例えば，$f(x)=1$ は $f'(x)=0$ より $f'(x) \geqq 0$ を満たすが，$f(x)$ は増加関数ではない。
しかし，区間の有限個の点だけで $f'(x)=0$ で，その他の点では常に $f'(x)>0$ であれば，$f(x)$ はその区間で単調に増加する。
例えば，$f(x)=x^3$ は $f'(x)=3x^2$ より $x=0$ で $f'(x)=0$ であるが $x \neq 0$ で $f'(x)>0$ であるから，$f(x)$ は単調に増加する関数である。
実際，$f(x)=x^3$ は，任意の $u,\ v\ (u<v)$ について $f(u)<f(v)$ が成り立つ。

練習 ② 93 次の関数の増減を調べよ。

(1) $y=x-2\sqrt{x}$ (2) $y=\dfrac{x^3}{x-2}$ (3) $y=2x-\log x$

基本例題 94 関数の極値 (1) … 基本

次の関数の極値を求めよ。

(1) $y=(x^2-3)e^{-x}$　　(2) $y=2\cos x-\cos 2x\ (0\leqq x\leqq 2\pi)$

(3) $y=|x|\sqrt{x+3}$

p.162, 163 基本事項 **2**, **3**, 基本 93

指針 関数の 極値 を求めるには，次の手順で 増減表 をかいて判断する。

1 定義域，微分可能性を確認する。…… 明らかな場合は省略してよい。

2 導関数 y' を求め，方程式 $y'=0$ の実数解を求める。

3 **$y'=0$ となる x の値や y' が存在しない x の値** の前後で y' の符号の変化を調べ，増減表を作り，極値を求める。

CHART 関数の極値　y' の符号を調べる　増減表の作成

解答

(1) $y'=2xe^{-x}+(x^2-3)(-e^{-x})=-(x+1)(x-3)e^{-x}$

$y'=0$ とすると

$x=-1,\ 3$

増減表は右のようになる。よって

$x=3$ で極大値 $\dfrac{6}{e^3}$，

$x=-1$ で極小値 $-2e$

x	$\cdots$	-1	$\cdots$	3	$\cdots$
y'	$-$	0	$+$	0	$-$
y	↘	極小 $-2e$	↗	極大 $\dfrac{6}{e^3}$	↘

(1) 定義域は実数全体であり，定義域全体で微分可能。

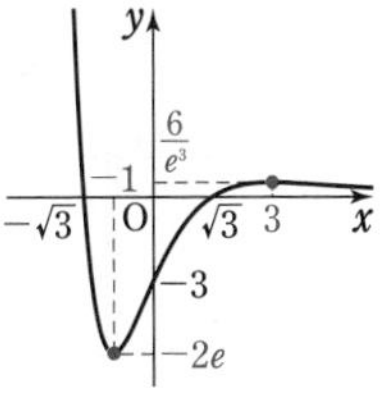

(2) $y'=-2\sin x+2\sin 2x=-2\sin x+4\sin x\cos x$

$=2\sin x(2\cos x-1)$

◀2 倍角の公式 $\sin 2x=2\sin x\cos x$

$0\leqq x\leqq 2\pi$ の範囲で $y'=0$ を解くと

$\sin x=0$ から　$x=0,\ \pi,\ 2\pi,$

$2\cos x-1=0$ から　$x=\dfrac{\pi}{3},\ \dfrac{5}{3}\pi$

よって，増減表は次のようになる。

x	0	$\cdots$	$\dfrac{\pi}{3}$	$\cdots$	π	$\cdots$	$\dfrac{5}{3}\pi$	$\cdots$	2π
y'		$+$	0	$-$	0	$+$	0	$-$	
y	1	↗	極大 $\dfrac{3}{2}$	↘	極小 -3	↗	極大 $\dfrac{3}{2}$	↘	1

◀y' の符号の決め方については，次ページ 検討 を参照。

ゆえに　**$x=\dfrac{\pi}{3},\ \dfrac{5}{3}\pi$ で極大値 $\dfrac{3}{2}$；$x=\pi$ で極小値 -3**

(3) 定義域は $x\geqq -3$ である。

$x\geqq 0$ のとき，$y=x\sqrt{x+3}$ であるから，$x>0$ では

$$y'=\sqrt{x+3}+\frac{x}{2\sqrt{x+3}}=\frac{3(x+2)}{2\sqrt{x+3}}$$

ゆえに，$x>0$ では常に

$y'>0$

(3) $f(x)=|x|\sqrt{x+3}$ とすると

$\displaystyle\lim_{x\to\pm 0}\frac{f(x)-f(0)}{x-0}=\pm\sqrt{3}$

(複号同順)

$\displaystyle\lim_{x\to -3+0}\frac{f(x)-f(-3)}{x-(-3)}=\infty$

よって，$f(x)$ は $x=0$，$x=-3$ で微分可能でないが，$x=0$ では極小となる。

4章 14 関数の値の変化、最大・最小

$-3 \leqq x < 0$ のとき，$y = -x\sqrt{x+3}$ であるから，
$-3 < x < 0$ では

$$y' = -\frac{3(x+2)}{2\sqrt{x+3}}$$

$y'=0$ とすると
$x=-2$
増減表は右のようになる。

x	-3	$\cdots$	-2	$\cdots$	0	$\cdots$
y'	／	$+$	0	$-$	／	$+$
y	0	↗	極大 2	↘	極小 0	↗

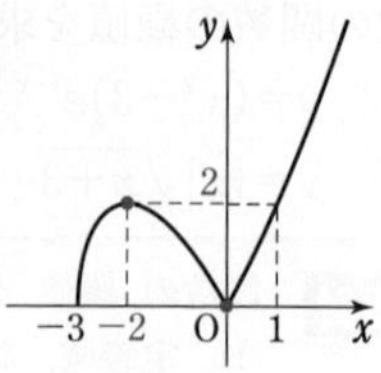

よって　　**$x=-2$ で極大値 2，$x=0$ で極小値 0**

検討

(2) の導関数 y' の符号の決め方

(2) の導関数の符号は，次のようにして考えるとよい。
$y' = 2\sin x(2\cos x - 1)$ であるから，$y'>0$ となるのは

$$\begin{cases} \sin x > 0 & \cdots\cdots ① \\ \cos x > \dfrac{1}{2} & \cdots\cdots ② \end{cases} \quad \text{または} \quad \begin{cases} \sin x < 0 & \cdots\cdots ③ \\ \cos x < \dfrac{1}{2} & \cdots\cdots ④ \end{cases}$$ のとき。

①～④ を図に示すと，次のようになる。

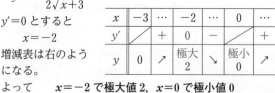

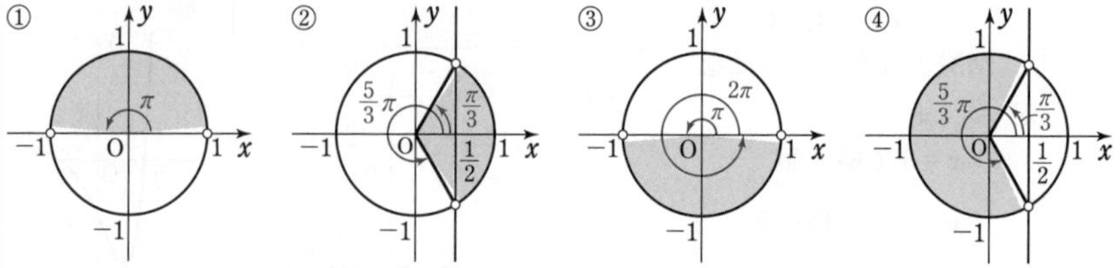

① かつ ② から　$0 < x < \dfrac{\pi}{3}$，　③ かつ ④ から　$\pi < x < \dfrac{5}{3}\pi$　　が得られる。
また，$y'<0$ となるのは　① かつ ④　または　② かつ ③　であるから，同様にして
① かつ ④ から　$\dfrac{\pi}{3} < x < \pi$，　② かつ ③ から　$\dfrac{5}{3}\pi < x < 2\pi$　が得られる。

以上から　　$0 < x < \dfrac{\pi}{3}$，$\pi < x < \dfrac{5}{3}\pi$ のとき　　$y'>0$

$\dfrac{\pi}{3} < x < \pi$，$\dfrac{5}{3}\pi < x < 2\pi$ のとき　$y'<0$

└ $y' \geqq 0$ となる範囲の補集合と考えてもよい。

検討

微分可能でない点での極値

(3) において，$x=0$ のとき y' の値が存在しない。しかし，極値の定義

$x=a$ を含む十分小さい開区間において
$x \neq a$　ならば　$f(x) < f(a)$　　[または　$f(x) > f(a)$]

に従うと，y' の値が存在しない x の値であっても，その前後で y' の符号が変われば，そこで極値となる。このように，**微分可能でない点でも極値をとることがある** ので注意しよう。

練習 ② 94　次の関数の極値を求めよ。

(1)　$y = xe^{-x}$　　(2)　$y = \dfrac{3x-1}{x^3+1}$　　(3)　$y = \dfrac{x+1}{x^2+x+1}$

(4)　$y = (1-\sin x)\cos x$　$(0 \leqq x \leqq 2\pi)$　　(5)　$y = |x|\sqrt{4-x}$

(6)　$y = (x+2)\cdot\sqrt[3]{x^2}$

p.191 EX 90 (1), 91

基本 例題 95 関数が極値をもつための条件

a は定数とする。関数 $f(x)=\dfrac{x+1}{x^2+2x+a}$ について，次の条件を満たす a の値または範囲をそれぞれ求めよ。

(1) $f(x)$ が $x=1$ で極値をとる。　　(2) $f(x)$ が極値をもつ。

p.162 基本事項 2，基本 94　重要 96

指針 $f(x)$ は微分可能であるから

$f(x)$ が極値をもつ $\Longleftrightarrow$

[1] $f'(\alpha)=0$ となる実数 α が存在する。
[2] $x=\alpha$ の前後で $f'(x)$ の符号が変わる。

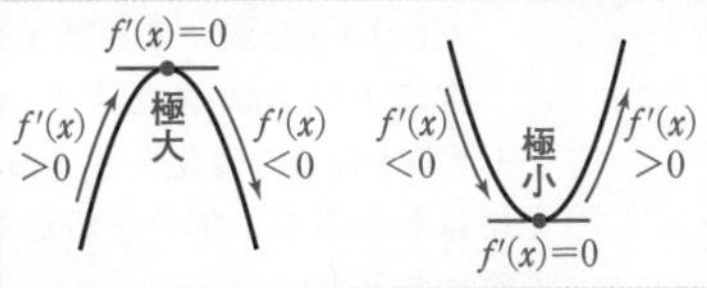

まず，**必要条件** [1] を求め，それが **十分条件** ([2] も満たす) かどうかを調べる。

(1) $f'(1)=0$ を満たす a の値 (**必要条件**) を求めて $f(x)$ に代入し，$x=1$ の前後で $f'(x)$ の符号が変わる (**十分条件**) ことを調べる。

(2) $f'(x)=0$ が実数解をもつための a の条件 (**必要条件**) を求め，その条件のもとで，$f'(x)$ の符号が変わる (**十分条件**) ことを調べる。

なお，極値をとる x の値が分母を 0 としないことを確認すること。

解答

定義域は，$x^2+2x+a \neq 0$ を満たす x の値である。　◀ $f(x)$ の (分母) $\neq 0$

$$f'(x)=\frac{1\cdot(x^2+2x+a)-(x+1)(2x+2)}{(x^2+2x+a)^2}=-\frac{x^2+2x-a+2}{(x^2+2x+a)^2}$$

◀ $\left(\dfrac{u}{v}\right)'=\dfrac{u'v-uv'}{v^2}$

(1) $f(x)$ は $x=1$ で微分可能であり，$x=1$ で極値をとるとき　$f'(1)=0$　◀必要条件。

(分子)$=1+2-a+2=0$，(分母)$=(1+2+a)^2 \neq 0$

よって　$a=5$　　このとき　$f'(x)=-\dfrac{(x+3)(x-1)}{(x^2+2x+5)^2}$　◀ $a=5$ は ＿＿ の解。

ゆえに，$f'(x)$ の符号は $x=1$ の前後で正から負に変わり，$f(x)$ は極大値 $f(1)$ をとる。したがって　$\boldsymbol{a=5}$

◀十分条件であることを示す。
(この確認を忘れずに！)

(2) $f(x)$ が極値をもつとき，$f'(x)=0$ となる x の値 c があり，$x=c$ の前後で $f'(x)$ の符号が変わる。

よって，2 次方程式 $x^2+2x-a+2=0$ の判別式 D について　$D>0$　すなわち　$1^2-1\cdot(-a+2)>0$

これを解いて　$a>1$

このとき，$f'(x)$ の分母について $\{(x+1)^2+a-1\}^2 \neq 0$ であり，$f'(x)$ の符号は $x=c$ の前後で変わるから $f(x)$ は極値をもつ。したがって　$\boldsymbol{a>1}$

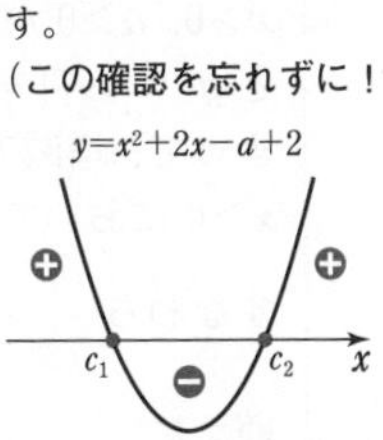

$x=c$ (c_1 と c_2 の 2 つ) の前後で $f'(x)$ の符号が変わる。

練習 ② 95 関数 $f(x)=\dfrac{e^{kx}}{x^2+1}$ (k は定数) について　〔類 名城大〕

(1) $f(x)$ が $x=-2$ で極値をとるとき，k の値を求めよ。

(2) $f(x)$ が極値をもつとき，k のとりうる値の範囲を求めよ。

p.191 EX90 (2)

重要例題 96 関数が極値をもたない条件

a を正の定数とする。関数 $f(x)=e^{-ax}+a\log x$ $(x>0)$ に対して，$f(x)$ が極値をもたないような a の値の範囲を求めよ。〔類 東京電機大〕

基本 94，95

指針 微分可能な関数 $f(x)$ が極値をもつための条件は，前ページで学んだように

$f'(x)=0$ を満たす実数 x が存在する　かつ　その前後で $f'(x)$ の符号が変わる

であった。よって，$f(x)$ が極値をもたないための条件は，上の否定を考えて

$f'(x)=0$ を満たす実数 x が存在しない　　あるいは

常に $f'(x)\geqq 0$ または $f'(x)\leqq 0$ が成り立つ　　である。

⟶ $f'(x)$ の値の変化を調べる必要がある。この問題では，$f'(x)$ の式の中の符号がすぐにはわからない部分を新たな関数 $g(x)$ として，$f'(x)$ の代わりに $g(x)$ の値の変化を調べるとよい。

CHART 極値をもたない条件　$f'(x)$ の値の変化に注目

解答

$f(x)=e^{-ax}+a\log x$ から

$$f'(x)=-ae^{-ax}+a\cdot\frac{1}{x}=\frac{a(-xe^{-ax}+1)}{x}$$

$g(x)=-xe^{-ax}+1$ とすると

$$g'(x)=-1\cdot e^{-ax}-x\cdot(-ae^{-ax})=(ax-1)e^{-ax}$$

$g'(x)=0$ $(x>0)$ とすると，

$a>0$ から　　$x=\frac{1}{a}$

$x\geqq 0$ における $g(x)$ の増減表は，右のようになる。

x	0	$\cdots$	$\frac{1}{a}$	$\cdots$
$g'(x)$		$-$	0	$+$
$g(x)$	1	↘	極小 $1-\frac{1}{ae}$	↗

$f'(x)=\frac{a}{x}\cdot g(x)$ であり，

$x>0$，$a>0$ から，$x>0$ における各 x に対し，$f'(x)$ の符号と $g(x)$ の符号は一致する。

よって，増減表から，$f(x)$ が極値をもたないための条件は，$x>0$ において常に $g(x)\geqq 0$ が成り立つことである。

すなわち　　$g\left(\frac{1}{a}\right)=1-\frac{1}{ae}\geqq 0$ ……（＊）

ゆえに　　$a-\frac{1}{e}\geqq 0$

したがって，求める a の範囲は　　$\boldsymbol{a\geqq\frac{1}{e}}$

◀$x>0$，$a>0$ であるから，分子の（　）内の式を $g(x)=-xe^{-ax}+1$ として，$g(x)$ の値の変化を調べる。

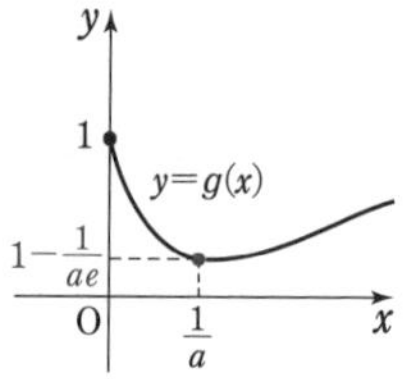

◀増減表から，常に $g(x)\leqq 0$ は起こり得ない。なお，（＊）では $g\left(\frac{1}{a}\right)>0$ としないように。

◀$1-\frac{1}{ae}\geqq 0$ の両辺に a (>0) を掛ける。

練習 ③ 96 関数 $y=\log(x+\sqrt{x^2+1})-ax$ が極値をもたないように，定数 a の値の範囲を定めよ。

基本例題 97 極値の条件から関数の係数決定

①①①①①

関数 $f(x)=\dfrac{ax^2+bx+c}{x-6}$ は $x=5$ で極大値 3，$x=7$ で極小値 7 をとる。このとき，定数 a，b，c の値を求めよ。

基本 95

指針 $f(x)$ が $x=\alpha$ で極値をとる $\Longrightarrow f'(\alpha)=0$ であるが，この逆は成り立たない。
よって，題意が成り立つための必要十分条件は

(A) $x=5$ で極大値 3 $\longrightarrow f(5)=3$，$f'(5)=0$
　　$x=7$ で極小値 7 $\longrightarrow f(7)=7$，$f'(7)=0$

(B) $x=5$ の前後で $f'(x)$ が正から負に，$x=7$ の前後で $f'(x)$ が負から正に変わる。

を同時に満たすことである。
ここでは，**必要条件** (A) から，まず a，b，c の値を求め，逆に，これらの値をもとの関数に代入し，増減表から題意の条件を満たす（**十分条件**）ことを確かめる。……★

解答

$f(x)$ は定義域 $x\neq 6$ で微分可能である。

◀定義域の確認。

$$f'(x)=\frac{(2ax+b)(x-6)-(ax^2+bx+c)}{(x-6)^2}$$
$$=\frac{ax^2-12ax-(6b+c)}{(x-6)^2} \quad \cdots\cdots (*)$$

◀$\left(\dfrac{u}{v}\right)'=\dfrac{u'v-uv'}{v^2}$

$x=5$ で極大値 3 をとるから　$f(5)=3$，$f'(5)=0$
$x=7$ で極小値 7 をとるから　$f(7)=7$，$f'(7)=0$
よって　$-25a-5b-c=3$，$-35a-6b-c=0$，
　　　　$49a+7b+c=7$，　$-35a-6b-c=0$

◀第 2 式と第 4 式は同じ式。第 1 式～第 3 式を連立させて解く。

これを解いて　$a=1$，$b=-7$，$c=7$
逆に，$a=1$，$b=-7$，$c=7$ のとき

◀指針＿＿……★の方針。求めた a，b，c の値は必要条件であるから，十分条件でもあることを確認する。

$$f(x)=\frac{x^2-7x+7}{x-6} \quad \cdots\cdots ①$$
$$f'(x)=\frac{x^2-12x+35}{(x-6)^2}=\frac{(x-5)(x-7)}{(x-6)^2}$$

◀$f'(x)$ は，(＊) に $a=1$，$b=-7$，$c=7$ を代入して求めるとよい。

$f'(x)=0$ とすると
　$x=5$，7
関数 ① の増減表は右のようになり，条件を満たす。

x	…	5	…	6	…	7	…
$f'(x)$	＋	0	－	／	－	0	＋
$f(x)$	↗	極大 3	↘	／	↘	極小 7	↗

よって　$\boldsymbol{a=1}$，$\boldsymbol{b=-7}$，$\boldsymbol{c=7}$

参考 $\displaystyle\lim_{x\to 6+0}f(x)=\infty$，$\displaystyle\lim_{x\to 6-0}f(x)=-\infty$ であり，$y=f(x)$ のグラフの概形は右のようになる（詳しくは $p.177$ 以降で学習する）。

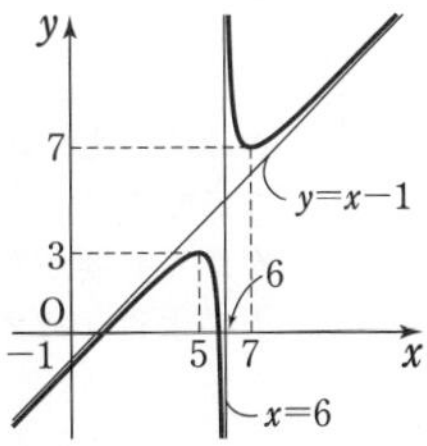

練習 ② 97 関数 $f(x)=\dfrac{ax^2+bx+c}{x^2+2}$ は $x=-2$ で極小値 $\dfrac{1}{2}$，$x=1$ で極大値 2 をとる。このとき，定数 a，b，c の値を求めよ。〔横浜市大〕

基本例題 98 関数の最大・最小 (1)

①①①①①

関数 $y=\sqrt{4-x^2}-x$ の最大値と最小値を求めよ。

p.163 基本事項 4，基本 93，94 重要 100

指針 区間における **最大値・最小値** は，極大値・極小値・端の値の大小を比較して求める。それには，**増減表** を作ると考えやすい。

CHART 閉区間での最大・最小　**極値と端の値をチェック**

解答

定義域は，$4-x^2 \geqq 0$ から　$-2 \leqq x \leqq 2$

◀まず，定義域を調べる。

$-2<x<2$ のとき

$$y'=\frac{-2x}{2\sqrt{4-x^2}}-1=\frac{-x-\sqrt{4-x^2}}{\sqrt{4-x^2}}$$

◀通分する。

$y'=0$ とすると　$-x=\sqrt{4-x^2}$ ...... ①

① の両辺を平方すると　$x^2=4-x^2$

よって　$x^2=2$

① より，$x \leqq 0$ であるから(*)　$x=-\sqrt{2}$

(*) (① の右辺)$\geqq 0$ から $-x \geqq 0$　ゆえに　$x \leqq 0$

よって，$-2 \leqq x \leqq 2$ における y の増減表は次のようになる。

x	-2	$\cdots$	$-\sqrt{2}$	$\cdots$	2
y'		$+$	0	$-$	
y	2	↗	極大 $2\sqrt{2}$	↘	-2

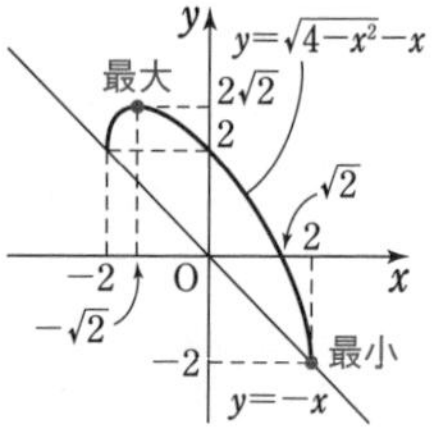

したがって　**$x=-\sqrt{2}$ で最大値 $2\sqrt{2}$，$x=2$ で最小値 -2**

◀$f(2)<f(-2)$

検討

上の例題に関する参考事項

1. 一般に **閉区間で連続な関数は，その区間で常に最大値と最小値をもつ** ことが知られている（$p.97$ 参照。証明は高校数学の範囲を超える）。
ただし，閉区間で連続な関数以外では，最大値または最小値が存在しないこともある。
また，端の値として極限に注目することもある（次ページ参照）。

2. 関数のグラフの概形のかき方については，$p.177$ 以降で詳しく学ぶが，上の例題の関数については，式を
$y=\sqrt{4-x^2}+(-x)$ ⟵ 関数 $y=\sqrt{4-x^2}$（半円）と $y=-x$（線分）の和
とみることにより，グラフの概形は右図の赤い実線のようになるであろうと予想できる。正確には増減表を作ってグラフをかく必要があるが，関数の式によっては増減表を作る前に，上のような考えでグラフの概形を予想してみるのも面白い。

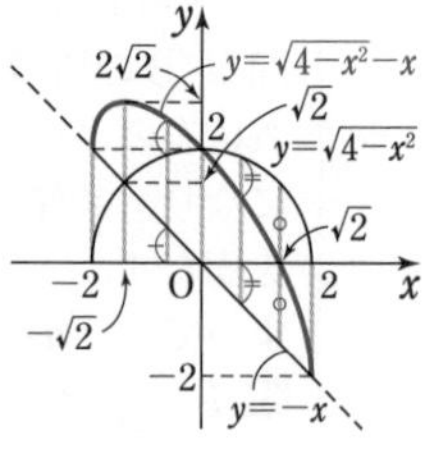

練習 ② 98 次の関数の最大値，最小値を求めよ。(1)，(2) では $0 \leqq x \leqq 2\pi$ とする。

(1) $y=\sin 2x+2\sin x$　　(2) $y=\sin x+(1-x)\cos x$

(3) $y=x+\sqrt{1-4x^2}$　　(4) $y=(x^2-1)e^x$ $(-1 \leqq x \leqq 2)$

p.191 EX92

基本例題 99 関数の最大・最小 (2)

①①①①①

次の関数に最大値，最小値があれば，それを求めよ。ただし，(2) では必要ならば $\lim_{x\to\infty} xe^{-x}=\lim_{x\to\infty} x^2e^{-x}=0$ を用いてもよい。

(1) $y=\dfrac{2x}{x^2+4}$　　(2) $y=(3x-2x^2)e^{-x}$　〔(2) 類 日本女子大〕

基本 98

指針 **最大値・最小値** を求めることの基本は **y' の符号** を調べ，**増減表** を作って判断。この問題では，(1), (2) とも定義域は実数全体 $(-\infty<x<\infty)$ であるから，端の値としては，$\lim_{x\to\infty} y$, $\lim_{x\to-\infty} y$ を考え，これと極値を比較する。

CHART 最大・最小　極値，端の値，極限をチェック

解答

(1) $y'=2\cdot\dfrac{1\cdot(x^2+4)-x\cdot2x}{(x^2+4)^2}$

$=-\dfrac{2(x+2)(x-2)}{(x^2+4)^2}$

◀(分母)>0 から，定義域は実数全体。

$y'=0$ とすると　$x=\pm2$

よって，増減表は右のようになる。

x	$\cdots$	-2	$\cdots$	2	$\cdots$
y'	$-$	0	$+$	0	$-$
y	↘	極小 $-\frac{1}{2}$	↗	極大 $\frac{1}{2}$	↘

また

$\lim_{x\to\infty} y=0$, $\lim_{x\to-\infty} y=0$ Ⓐ

ゆえに

$x=2$ で最大値 $\dfrac{1}{2}$，$x=-2$ で最小値 $-\dfrac{1}{2}$

Ⓐ $\lim_{x\to\pm\infty}\dfrac{2}{x+\frac{4}{x}}=0$

(1)

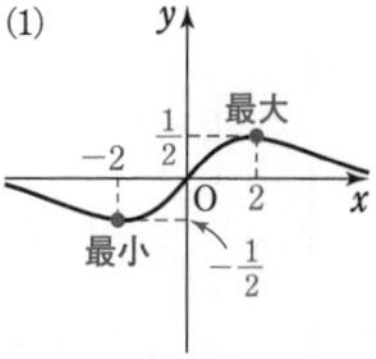

(2) $y'=(3-4x)e^{-x}+(3x-2x^2)(-e^{-x})$

$=(2x^2-7x+3)e^{-x}$

$=(2x-1)(x-3)e^{-x}$

$y'=0$ とすると

$x=\dfrac{1}{2}$, 3

よって，増減表は右のようになる。

x	$\cdots$	$\frac{1}{2}$	$\cdots$	3	$\cdots$
y'	$+$	0	$-$	0	$+$
y	↗	極大 $e^{-\frac{1}{2}}$	↘	極小 $-9e^{-3}$	↗

また

$\lim_{x\to\infty}(3x-2x^2)e^{-x}=0$, $\lim_{x\to-\infty}(3x-2x^2)e^{-x}=-\infty$ Ⓑ

ゆえに　**$x=\dfrac{1}{2}$ で最大値 $e^{-\frac{1}{2}}$，最小値はない**

Ⓑ $x=-t$ とおくと

$=\lim_{t\to\infty}(-3t-2t^2)e^t$

$=-\infty$

参考 一般に，$k>0$ のとき

$\lim_{x\to\infty}\dfrac{x^k}{e^x}=0$

(2)

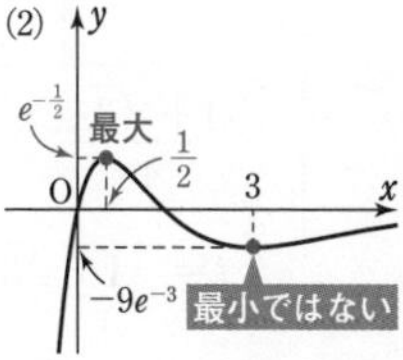

練習 ② **99** 次の関数に最大値，最小値があれば，それを求めよ。

(1) $y=\dfrac{x^2-3x}{x^2+3}$　〔類 関西大〕　(2) $y=e^{-x}+x-1$　〔類 名古屋市大〕

重要例題 100 関数の最大・最小 (3) … おき換え利用

関数 $y=\dfrac{4\sin x+3\cos x+1}{7\sin^2 x+12\sin 2x+11}$ について，次の問いに答えよ。

(1) $t=4\sin x+3\cos x$ とおくとき，t のとりうる値の範囲を求めよ。また，y を t で表せ。

(2) y の最大値と最小値を求めよ。 〔類 日本女子大〕 基本 98

指針 (1) 三角関数の合成を利用。また，$t^2=(4\sin x+3\cos x)^2$ を考えると，y の式の分母の式が現れる。

(2) (1)の結果を利用して，y を **t の分数関数** で表す（簡単な式に直して扱う）。⟶ y を t で微分。また，t のとりうる値の範囲に注意 して最大値と最小値を求める。

CHART 変数のおき換え　変域が変わることに注意

解答

(1) $t=\sqrt{4^2+3^2}\sin(x+\alpha)=5\sin(x+\alpha)$

ただし　$\sin\alpha=\dfrac{3}{5}$，$\cos\alpha=\dfrac{4}{5}$

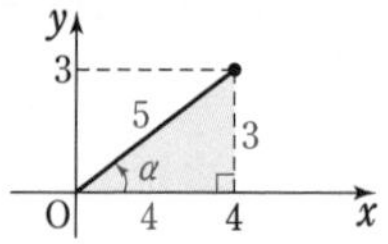

$-1\leqq\sin(x+\alpha)\leqq 1$ であるから　$\boldsymbol{-5\leqq t\leqq 5}$

また　$t^2=(4\sin x+3\cos x)^2$

$=16\sin^2 x+24\sin x\cos x+9\cos^2 x$

$=7\sin^2 x+12\sin 2x+9$

◀ $t^2=9(\sin^2 x+\cos^2 x)+7\sin^2 x+12\cdot 2\sin x\cos x$

よって　$\boldsymbol{y}=\dfrac{(4\sin x+3\cos x)+1}{(7\sin^2 x+12\sin 2x+9)+2}=\boldsymbol{\dfrac{t+1}{t^2+2}}$

(2) $y'=\dfrac{1\cdot(t^2+2)-(t+1)\cdot 2t}{(t^2+2)^2}=-\dfrac{t^2+2t-2}{(t^2+2)^2}$

◀ $\left(\dfrac{u}{v}\right)'=\dfrac{u'v-uv'}{v^2}$

$y'=0$ とすると　$t^2+2t-2=0$

これを解くと　$t=-1\pm\sqrt{3}$

$-5\leqq t\leqq 5$ における y の増減表は次のようになる。

t	-5	…	$-1-\sqrt{3}$	…	$-1+\sqrt{3}$	…	5
y'		$-$	0	$+$	0	$-$	
y	$-\dfrac{4}{27}$	↘	極小 $\dfrac{1-\sqrt{3}}{4}$	↗	極大 $\dfrac{1+\sqrt{3}}{4}$	↘	$\dfrac{2}{9}$

◀ $t=-1\pm\sqrt{3}$ のとき

$y=\dfrac{\pm\sqrt{3}}{6\mp 2\sqrt{3}}=\dfrac{\pm 1}{2(\sqrt{3}\mp 1)}=\dfrac{\pm(\sqrt{3}\pm 1)}{2(3-1)}=\dfrac{1\pm\sqrt{3}}{4}$（複号同順）

$\dfrac{1+\sqrt{3}}{4}>-\dfrac{4}{27}$，$\dfrac{1-\sqrt{3}}{4}<\dfrac{2}{9}$ であるから，y は

$t=-1+\sqrt{3}$ で **最大値** $\boldsymbol{\dfrac{1+\sqrt{3}}{4}}$，$t=-1-\sqrt{3}$ で **最小値** $\boldsymbol{\dfrac{1-\sqrt{3}}{4}}$ をとる。

練習 ③100 $0<x<\dfrac{\pi}{6}$ を満たす実数 x に対して，$t=\tan x$ とおく。

(1) $\tan 3x$ を t で表せ。

(2) x が $0<x<\dfrac{\pi}{6}$ の範囲を動くとき，$\dfrac{\tan^3 x}{\tan 3x}$ の最大値を求めよ。 〔学習院大〕

基本例題 101 最大値・最小値から関数の係数決定 (1)

関数 $y=e^x\{2x^2-(p+4)x+p+4\}$ $(-1\leqq x\leqq 1)$ の最大値が 7 であるとき，正の定数 p の値を求めよ。

基本 98

指針 最大値を p で表して，(最大値)$=7$ とした p の方程式を解く要領で進める。
ここでは，定義域が $-1\leqq x\leqq 1$ であるから，$p.170$ の基本例題 **98** 同様，**極値と区間の端点における関数の値の大小を比較** して最大値を求める。
なお，$y'=0$ の解には p の式になるものがあるから，**場合分けして増減表をかく。**

CHART 閉区間での最大・最小　**極値と端の値をチェック**

解答

$y'=e^x\{2x^2-(p+4)x+p+4\}+e^x\{4x-(p+4)\}$
$=(2x^2-px)e^x$
$=x(2x-p)e^x$

◀ $(uv)'=u'v+uv'$

$y'=0$ とすると　$x=0,\ \dfrac{p}{2}$

◀ $x=0$ は定義域内にある。
$x=\dfrac{p}{2}\ (>0)$ が $0<x<1$ または $x\geqq 1$ のどちらの範囲に含まれるかで場合分け して増減表を作る。

[1] $\dfrac{p}{2}\geqq 1$ すなわち $p\geqq 2$ のとき

$-1\leqq x\leqq 1$ における y の増減表は右のようになり，$x=0$ で最大となる。

x	-1	$\cdots$	0	$\cdots$	1
y'		$+$	0	$-$	
y		↗	極大 $p+4$	↘	

よって　$p+4=7$
ゆえに　$p=3$
これは $p\geqq 2$ を満たす。

◀ (最大値)$=7$

◀ 場合分けの条件を満たすかどうかの確認を忘れずに。

[2] $0<\dfrac{p}{2}<1$ すなわち $0<p<2$ のとき

$-1\leqq x\leqq 1$ における y の増減表は右のようになる。

x	-1	$\cdots$	0	$\cdots$	$\dfrac{p}{2}$	$\cdots$	1
y'		$+$	0	$-$	0	$+$	
y		↗	極大 $p+4$	↘	極小	↗	$2e$

$x=0$ のとき
　$y=p+4$
$0<p<2$ であるから　$p+4<6$
また，$x=1$ のとき
　$y=2e<6$
よって，最大値が 7 になることはない。

◀ 最大になりうるのは $x=0$ (極大) または $x=1$ (端点) のとき。
$e=2.718\cdots\cdots$

[1]，[2] から　$\boldsymbol{p=3}$

練習 ③101　関数 $f(x)=\dfrac{a\sin x}{\cos x+2}$ $(0\leqq x\leqq \pi)$ の最大値が $\sqrt{3}$ となるように定数 a の値を定めよ。　［信州大］

基本例題 102 最大値・最小値から関数の係数決定 (2)

a, b は定数で, $a>0$ とする。関数 $f(x)=\dfrac{x-b}{x^2+a}$ の最大値が $\dfrac{1}{6}$, 最小値が $-\dfrac{1}{2}$ であるとき, a, b の値を求めよ。〔弘前大〕

基本 99, 101

指針 増減表を作って, 最大値と最小値を求めたいところであるが, $f'(x)=0$ となる x の値が複雑なため, 極値の計算が大変。

そこで, **複雑な計算はなるべく後で** に従って, $f'(x)=0$ の解を α, β とし, 2次方程式の 解と係数の関係 を利用して, $\alpha+\beta$, $\alpha\beta$ の形で極値を計算する。

また, 関数 $f(x)$ の定義域は実数全体であるから, 増減表から最大値・最小値を求めるときは, 例題 **99** 同様, 端の値として **$x\longrightarrow\pm\infty$ のときの極限** を調べ, 極値と比較。

解答

$a>0$ であるから, 定義域は実数全体。

$$f'(x)=\frac{x^2+a-(x-b)\cdot 2x}{(x^2+a)^2}=-\frac{x^2-2bx-a}{(x^2+a)^2}$$

◀ $\left(\dfrac{u}{v}\right)'=\dfrac{u'v-uv'}{v^2}$

$f'(x)=0$ とすると　$x^2-2bx-a=0$ …… ①

① の判別式を D とすると　$\dfrac{D}{4}=(-b)^2-1\cdot(-a)=b^2+a$

$a>0$ であるから　$b^2+a>0$　ゆえに　$D>0$

よって, 方程式 ① は異なる2つの実数解 α, β $(\alpha<\beta)$ をもち, 解と係数の関係から

$$\alpha+\beta=2b,\ \alpha\beta=-a \quad \cdots\cdots ②$$

解と係数の関係
2次方程式 $ax^2+bx+c=0$ の2つの解を α, β とすると
$\alpha+\beta=-\dfrac{b}{a}$, $\alpha\beta=\dfrac{c}{a}$

増減表は右のようになり

$$\lim_{x\to\infty}f(x)=0,\quad \lim_{x\to-\infty}f(x)=0$$

x	…	α	…	β	…
$f'(x)$	$-$	0	$+$	0	$-$
$f(x)$	↘	極小	↗	極大	↘

ゆえに, $f(x)$ は　$x=\alpha$ で最小値 $f(\alpha)$,
　　　　　　　　$x=\beta$ で最大値 $f(\beta)$　をとる。

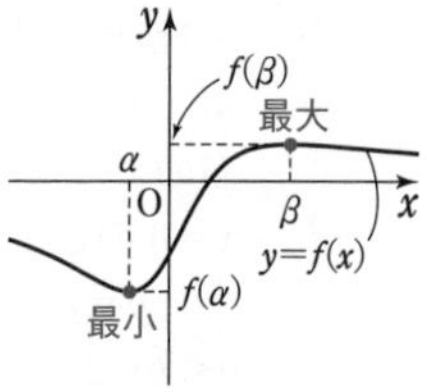

$\alpha\beta=-a<0$ から
$\alpha<0<\beta$

条件から　$f(\alpha)=\dfrac{\alpha-b}{\alpha^2+a}=-\dfrac{1}{2}$, $f(\beta)=\dfrac{\beta-b}{\beta^2+a}=\dfrac{1}{6}$

したがって　$2\alpha-2b=-\alpha^2-a$, $6\beta-6b=\beta^2+a$

② により, a, b を消去すると

$$2\alpha-(\alpha+\beta)=-\alpha^2+\alpha\beta,\ 6\beta-3(\alpha+\beta)=\beta^2-\alpha\beta$$

整理すると　$\alpha^2+(1-\beta)\alpha-\beta=0$, $\beta^2-(3+\alpha)\beta+3\alpha=0$

よって　$(\alpha-\beta)(\alpha+1)=0$,　$(\beta-\alpha)(\beta-3)=0$

$\alpha\neq\beta$ であるから　$\alpha=-1$, $\beta=3$

ゆえに, ② から　$2=2b$, $-3=-a$

すなわち　$\boldsymbol{a=3,\ b=1}$

練習 ③102 関数 $f(x)=\dfrac{x+a}{x^2+1}$ $(a>0)$ について, 次のものを求めよ。

(1) $f'(x)=0$ となる x の値

(2) (1) で求めた x の値を α, β $(\alpha<\beta)$ とするとき, β と 1 の大小関係

(3) $0\leqq x\leqq 1$ における $f(x)$ の最大値が 1 であるとき, a の値〔大阪電通大〕

基本例題 103 最大・最小の応用問題(1) … 題材は平面上の図形 ①①①①①

a を正の定数とする。台形 ABCD が AD∥BC, AB=AD=CD=a, BC>a を満たしているとき，台形 ABCD の面積 S の最大値を求めよ。 〔類 日本女子大〕

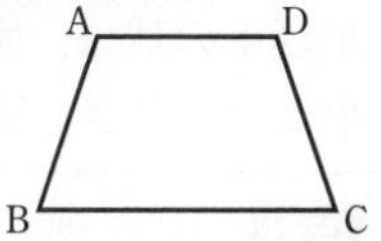

基本 98 重要 104

指針 文章題では，最大値・最小値を求めたい量を式で表す ことがカギ。次の手順で進める。

1. 変数を決め，その変域を定める。
2. 最大値を求める量（ここでは面積 S）を，1 で決めた変数の式で表す。
3. 2 の関数の最大値を求める。この問題では，最大値を求めるのに導関数を用いて増減を調べる。

この問題では，AB=DC の等脚台形であるから，∠ABC=∠DCB=θ として，面積 S を θ（と定数 a）で表すとよい。

解答

∠ABC=∠DCB=θ とすると，

$0<\theta<\dfrac{\pi}{2}$ で，右の図から

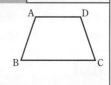

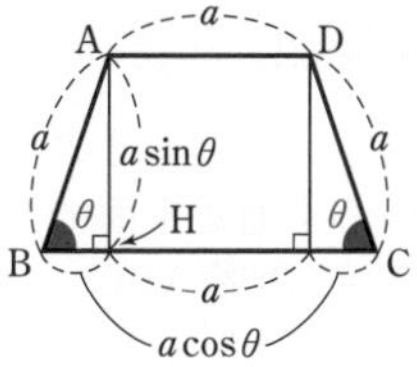

$$S=\frac{1}{2}\{a+(2a\cos\theta+a)\}\cdot a\sin\theta$$
$$=a^2\sin\theta(\cos\theta+1)$$

よって
$$\frac{dS}{d\theta}=a^2\{\cos\theta(\cos\theta+1)+\sin\theta(-\sin\theta)\}$$
$$=a^2\{\cos\theta(\cos\theta+1)-(1-\cos^2\theta)\}$$
$$=a^2(\cos\theta+1)(2\cos\theta-1)$$

$\dfrac{dS}{d\theta}=0$ とすると

$\cos\theta=-1,\ \dfrac{1}{2}$

$0<\theta<\dfrac{\pi}{2}$ から

$\theta=\dfrac{\pi}{3}$

θ	0	…	$\dfrac{\pi}{3}$	…	$\dfrac{\pi}{2}$
$\dfrac{dS}{d\theta}$		+	0	−	
S		↗	極大 $\dfrac{3\sqrt{3}}{4}a^2$	↘	

$0<\theta<\dfrac{\pi}{2}$ における S の増減表は右上のようになるから，S は $\theta=\dfrac{\pi}{3}$ で最大値

$\boldsymbol{\dfrac{3\sqrt{3}}{4}a^2}$ をとる。

◀BC>AB=AD=CD から $0<\theta<\dfrac{\pi}{2}$

◀$\dfrac{1}{2}$×(上底+下底)×高さ

◀S を θ で微分。

別解 頂点 A から辺 BC に垂線 AH を下ろして，BH=x とすると

$S=\dfrac{1}{2}\{a+(2x+a)\}\times\sqrt{a^2-x^2}$

$=(x+a)\sqrt{a^2-x^2}$

これを x の関数と考え，$0<x<a$ の範囲で増減を調べる。

練習 ② 103 3 点 O(0, 0), A$\left(\dfrac{1}{2},\ 0\right)$, P($\cos\theta$, $\sin\theta$) と点 Q が，条件 OQ=AQ=PQ を満たす。ただし，$0<\theta<\pi$ とする。 〔類 北海道大〕

(1) 点 Q の座標を求めよ。

(2) 点 Q の y 座標の最小値とそのときの θ の値を求めよ。

p.191 EX 93, 94

重要例題 104 最大・最小の応用問題 (2) … 題材は空間の図形

半径1の球に，側面と底面で外接する直円錐を考える。この直円錐の体積が最小となるとき，底面の半径と高さの比を求めよ。

基本 103

指針 立体の問題は，断面で考える。⟶ ここでは，直円錐の頂点と底面の円の中心を通る平面で切った **断面図** をかく。問題解決の手順は前ページ同様

1. **変数と変域を決める。**
2. **量**（ここでは体積）**を** 1 で決めた **変数で表す。**
3. 体積が **最小となる場合を調べる**（導関数を利用）。

であるが，この問題では体積を直ちに1つの文字で表すことは難しい。そこで，わからないものはとにかく文字を使って表し，条件から文字を減らしていく方針で進める。

解答

直円錐の高さを x，底面の半径を r，体積を V とすると，$x>2$ であり

◀(高さ)>(球の半径)×2 から。

$$V=\frac{1}{3}\pi r^2x \quad \cdots\cdots ①$$

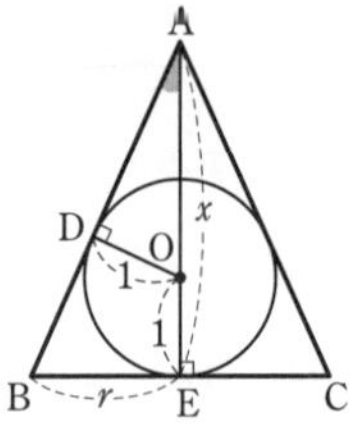

球の中心を O として，直円錐をその頂点と底面の円の中心を通る平面で切ったとき，切り口の三角形 ABC，および球と △ABC との接点 D，E を右の図のように定める。

(＊) △ABE と △AOD で ∠AEB＝∠ADO＝90°，∠BAE＝∠OAD（共通）

△ABE∽△AOD(＊) であるから　AE：AD＝BE：OD

◀対応する辺の比は等しい。

すなわち　$x:\sqrt{(x-1)^2-1^2}=r:1$

◀AD は，**三平方の定理**を利用して求める。

よって　$r=\dfrac{x}{\sqrt{x^2-2x}}$ …… ②

② を ① に代入して

$$V=\frac{\pi}{3}\cdot\left(\frac{x}{\sqrt{x^2-2x}}\right)^2\cdot x=\frac{\pi}{3}\cdot\frac{x^2}{x-2}$$

◀**V を x（1変数）の式に直す。**

よって　$\dfrac{dV}{dx}=\dfrac{\pi}{3}\cdot\dfrac{2x(x-2)-x^2\cdot 1}{(x-2)^2}=\dfrac{\pi}{3}\cdot\dfrac{x(x-4)}{(x-2)^2}$

◀$\left(\dfrac{u}{v}\right)'=\dfrac{u'v-uv'}{v^2}$

$\dfrac{dV}{dx}=0$ とすると，$x>2$ であるから　$x=4$

$x>2$ のとき V の増減表は右のようになり，体積 V は $x=4$ のとき最小となる。

x	2	…	4	…
$\dfrac{dV}{dx}$		−	0	＋
V		↘	極小	↗

このとき，② から　$r=\sqrt{2}$

ゆえに，求める底面の半径と高さの比は

$$r:x=\sqrt{2}:4$$

練習 ③104 体積が $\dfrac{\sqrt{2}}{3}\pi$ の直円錐において，直円錐の側面積の最小値を求めよ。また，最小となるときの直円錐の底面の円の半径と高さを求めよ。〔類 札幌医大〕

15 関数のグラフ

基本事項

1 曲線の凹凸・変曲点

[1] **曲線の凹凸** 関数 $f(x)$ は第 2 次導関数 $f''(x)$ をもつとする。

$f''(x)>0$ である区間では，曲線 $y=f(x)$ は **下に凸**，

$f''(x)<0$ である区間では，曲線 $y=f(x)$ は **上に凸**

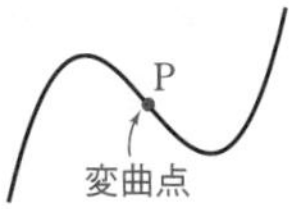

[2] **変曲点**

1 **凹凸が変わる曲線上の点のこと。$f''(a)=0$ であって，$x=a$ の前後で $f''(x)$ の符号が変わるならば，点 $P(a,\ f(a))$ は曲線 $y=f(x)$ の変曲点である。**

2 **点 $(a,\ f(a))$ が曲線 $y=f(x)$ の変曲点ならば　$f''(a)=0$**

2 関数のグラフの概形 次の ① ～ ⑥ に注意してかく。

① **定義域** x，y の変域に注意して，グラフの存在範囲を調べる。

② **対称性** x 軸対称，y 軸対称，原点対称などの対称性を調べる。

③ **増減と極値** y' の符号の変化を調べる。

④ **凹凸と変曲点** y'' の符号の変化を調べる。

⑤ **座標軸との共有点** $x=0$ のときの y の値，$y=0$ のときの x の値を求める。

⑥ **漸近線** $x \longrightarrow \pm\infty$ のときの y の極限や，$y \longrightarrow \pm\infty$ となる x の値を調べる。

3 第 2 次導関数と極値 $x=a$ を含むある区間で $f''(x)$ は連続であるとする。

1 **$f'(a)=0$ かつ $f''(a)<0$ ならば，$f(a)$ は極大値である。**

2 **$f'(a)=0$ かつ $f''(a)>0$ ならば，$f(a)$ は極小値である。**

解　説

■曲線の凹凸

関数 $y=f(x)$ は微分可能な関数とする。

ある区間で，x の値が増加するにつれて接線の傾きが **増加**（または **減少**）するとき，曲線 $y=f(x)$ はその区間で **下に凸**（または **上に凸**）であるという Ⓐ。このとき，接線の方向は正の（または負の）向きに回転していき，接線は常に曲線 $y=f(x)$ の下側に（または上側に）ある。

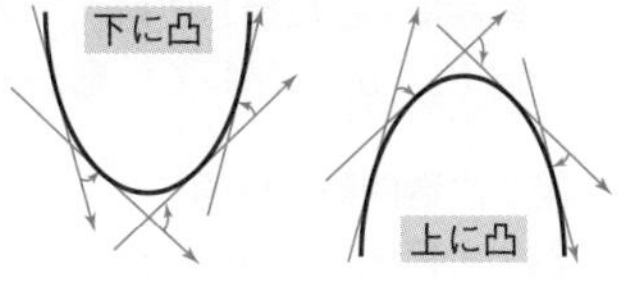

上の **1** [1] については，次のことからわかる。

ある区間で　$f''(x)>0 \Longrightarrow f'(x)$ が単調に増加

$\Longrightarrow$ 接線の傾きが増加

$\Longrightarrow$ 曲線 $y=f(x)$ は下に凸

（$f''(x)<0$ の場合についても同様である。）

参考 曲線の凹凸のいろいろな表現

曲線 $y=f(x)$ がある区間で下に凸[上に凸]であるとき，

区間の任意の異なる 2 数 x_1，x_2 に対して 2 点 $P(x_1,\ f(x_1))$，$Q(x_2,\ f(x_2))$ をとると，線分 PQ は曲線 $y=f(x)$ よりも上側[下側]にある。 Ⓑ

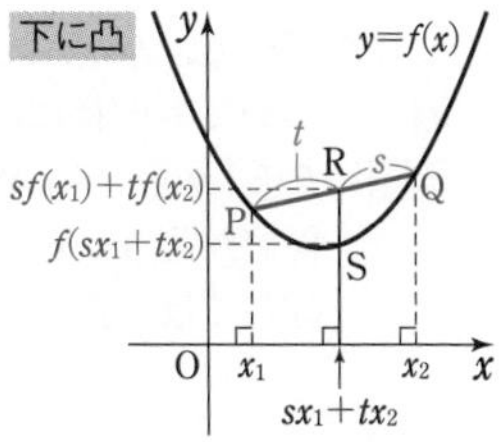

ここで，❸は次のようにも書き換えられる。

$s+t=1$，$s>0$，$t>0$ である任意の実数 s，t に対して，不等式
$f(sx_1+tx_2)<sf(x_1)+tf(x_2)\,[f(sx_1+tx_2)>sf(x_1)+tf(x_2)]$ …… (∗)
が常に成り立つ。 } ❹ ◀前ページの図を参照。

(不等式(∗)は，❸の線分 PQ を $t:s$ に内分する点 R から x 軸に下ろした垂線と曲線 $y=f(x)$ との交点を S とするとき，点 S と点 R の上下関係を表したものである。)

曲線の凹凸の定義については，前ページの❶の代わりに，❸や❹で与えられることもある。特に，❸の定義については，$f(x)$ の微分可能性についての条件が満たされていなくてもよい，という特徴がある。

■ 変曲点

変曲点の定義は，❶ [2] 1 の通りであるが，2 について逆は成り立たない。すなわち，$f''(a)=0$ であっても，点 $\mathrm{P}(a,\ f(a))$ が曲線 $y=f(x)$ の変曲点であるとは限らない。

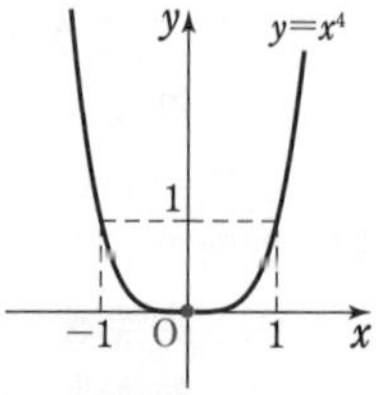

例　$f(x)=x^4$ のとき，$f''(x)=12x^2$ であるから　$f''(0)=0$
しかし，$x=0$ の前後で $f''(x)>0$ であるから，曲線 $y=f(x)$ の凹凸は変わらない。よって，原点 O は変曲点ではない。

問　曲線 $y=x^3+3x^2-24x+1$ の変曲点を求めよ。

(∗)　問 の解答は，p.708 にある。

■ 関数のグラフの概形

詳しくは，p.182 からの例題を通して学習するが，グラフの対称性については，関数について，次の等式が成り立つかどうかを考えて判断するとよい。

●曲線 $y=f(x)$，$F(x,\ y)=0$ の対称性

x 軸に関して対称 ⟶ $F(x,\ -y)=F(x,\ y)$
y 軸に関して対称 ⟶ $f(-x)=f(x)$，$F(-x,\ y)=F(x,\ y)$
原点に関して対称 ⟶ $f(-x)=-f(x)$，$F(-x,\ -y)=F(x,\ y)$
直線 $y=x$ に関して対称 ⟶ $F(y,\ x)=F(x,\ y)$
直線 $x=a$ に関して対称 ⟶ $f(a-x)=f(a+x)$
点 $(a,\ b)$ に関して対称 ⟶ $f(a-x)+f(a+x)=2b$

■ 第 2 次導関数と極値

❸ 1 の証明　$f''(a)<0$ のとき，$x=a$ の十分近くで $f''(x)$ は連続であるから　　$f''(x)<0$
よって，$f'(x)$ は単調に減少する。
$f'(a)=0$ から，右のような増減表が得られる。
したがって，$f(a)$ は極大値である。

x	…	a	…
$f'(x)$	+	0	−
$f(x)$	↗	極大	↘

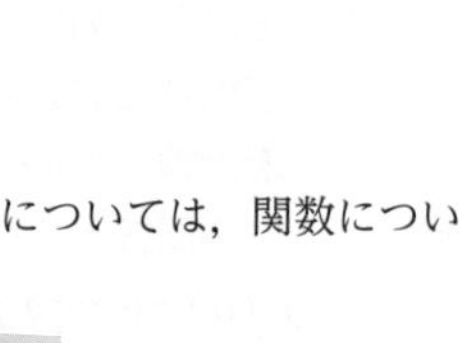

❸ 2 についても同様に証明できる。

注意　$f'(a)=0$，$f''(a)=0$ のときは，これだけでは $f(a)$ が極値かどうかわからない。
詳しくは，p.190 の 検討 参照。

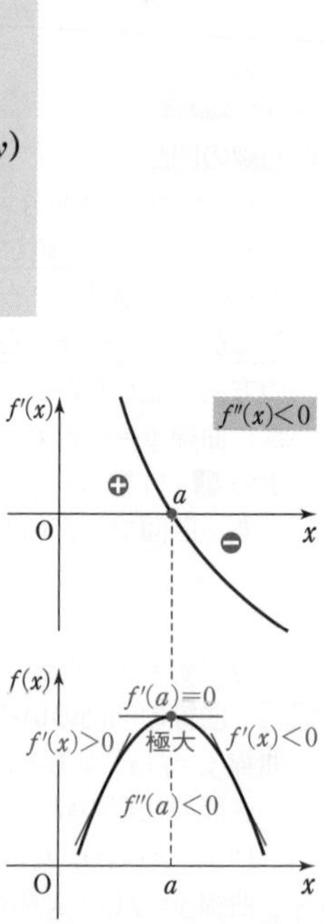

基本例題 105 曲線の凹凸と変曲点

曲線 $y=\dfrac{x}{x^2+1}$ の凹凸を調べ，変曲点を求めよ。

p.177 基本事項 1

指針 曲線の **凹凸・変曲点** を調べるには，**第2次導関数の符号** を調べればよい。
まず $y''=0$ を満たす x の値を求め，これらの x の値の前後の y'' の符号を調べる。

$y''>0$ である区間で曲線は 下に凸，$y''<0$ である区間で曲線は 上に凸

$y''=0$ を満たす x の値の前後で y'' の符号が変われば，その点は 変曲点

なお，この問題では，y'' の分母 $(x^2+1)^3$ は常に正であるから，y'' の分子の符号を調べればよい。

CHART 曲線の凹凸・変曲点　y'' の符号に注目

解答

$$y'=\frac{x^2+1-x\cdot 2x}{(x^2+1)^2}=-\frac{x^2-1}{(x^2+1)^2}$$

$$y''=-\frac{2x(x^2+1)^2-(x^2-1)\cdot 2(x^2+1)\cdot 2x}{(x^2+1)^4}$$

$$=-\frac{2x(x^2+1)\{(x^2+1)-2(x^2-1)\}}{(x^2+1)^4}$$

$$=\frac{2x(x^2-3)}{(x^2+1)^3}=\frac{2x(x+\sqrt{3})(x-\sqrt{3})}{(x^2+1)^3}$$

$y''=0$ とすると　　$x=0,\ \pm\sqrt{3}$

y'' の符号を調べると，常に $(x^2+1)^3>0$ であるから，この曲線の凹凸は次の表のようになる（表の ∪ は下に凸，∩ は上に凸を表す）。

x	$\cdots$	$-\sqrt{3}$	$\cdots$	0	$\cdots$	$\sqrt{3}$	$\cdots$
y''	−	0	+	0	−	0	+
y	∩	変曲点	∪	変曲点	∩	変曲点	∪

よって　**$-\sqrt{3}<x<0$，$\sqrt{3}<x$ で下に凸**

$x<-\sqrt{3}$，$0<x<\sqrt{3}$ で上に凸

変曲点は 点 $\left(-\sqrt{3},\ -\dfrac{\sqrt{3}}{4}\right)$，$(0,\ 0)$，$\left(\sqrt{3},\ \dfrac{\sqrt{3}}{4}\right)$

参考 $f(x)=\dfrac{x}{x^2+1}$ とすると，$f(-x)=-f(x)$ であるから，曲線 $y=f(x)$ は **原点に関して対称** である。
また，$x\geqq 0$ での増減表は

x	0	$\cdots$	1	$\cdots$
y'		+	0	−
y	0	↗	極大	↘

これらのことと左の解答の表から，曲線の概形は下図のようになる（凹凸がわかるよう，やや極端に表している）。

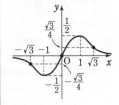

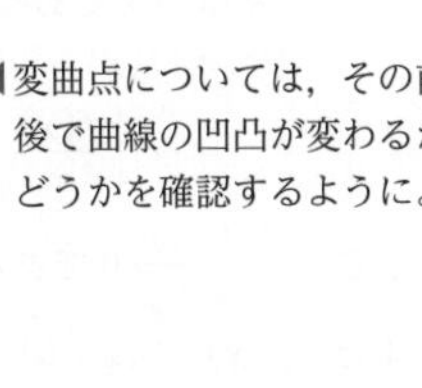

◀変曲点については，その前後で曲線の凹凸が変わるかどうかを確認するように。

練習 ①105 次の曲線の凹凸を調べ，変曲点を求めよ。

(1) $y=x^4+2x^3+2$　　(2) $y=x+\cos 2x\ (0\leqq x\leqq \pi)$

(3) $y=xe^x$　　(4) $y=x^2+\dfrac{1}{x}$

参考事項　漸近線の求め方

数学Ⅲで扱う関数のグラフは，漸近線をもつものも多い。ここで，漸近線をどのようにして求めればよいかについて説明しておく。

例　曲線 $y=x+1+\dfrac{1}{x-1}$ について

$x \longrightarrow \pm\infty$ のとき $\dfrac{1}{x-1} \longrightarrow 0$ であるから，曲線は

直線 $y=x+1$

に近づいていく。これが漸近線の 1 つである。

また，$x \longrightarrow 1\pm 0$ のとき　$y \longrightarrow \pm\infty$（複号同順）

したがって，直線 $x=1$ も漸近線である。

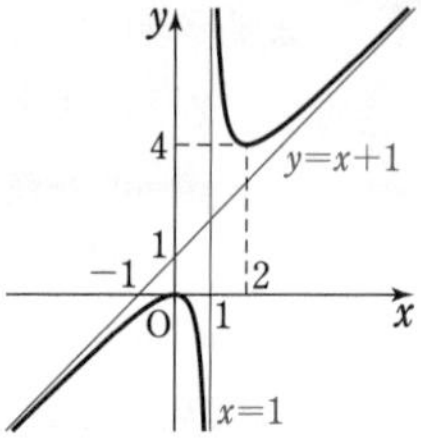

一般に，関数 $y=f(x)$ のグラフに関して，次のことが成り立つ。

① **x 軸に平行な漸近線**

$\lim_{x\to\infty} f(x)=a$ または $\lim_{x\to-\infty} f(x)=a$ $\Longrightarrow$ 直線 $y=a$ は漸近線。

② **x 軸に垂直な漸近線**

$\lim_{x\to b+0} f(x)=\infty$ または $\lim_{x\to b+0} f(x)=-\infty$ または $\lim_{x\to b-0} f(x)=\infty$ または

$\lim_{x\to b-0} f(x)=-\infty$ $\Longrightarrow$ 直線 $x=b$ は漸近線。

③ **x 軸に平行でも垂直でもない漸近線**

$\lim_{x\to\infty}\{f(x)-(ax+b)\}=0$ または $\lim_{x\to-\infty}\{f(x)-(ax+b)\}=0$

$\Longrightarrow$ 直線 $y=ax+b$ は漸近線。

ここで，③ に関し，a，b は　$\boldsymbol{a=\lim_{x\to\pm\infty}\dfrac{f(x)}{x}}$，$\boldsymbol{b=\lim_{x\to\pm\infty}\{f(x)-ax\}}$　を計算することにより求められる。

説明　漸近線は，曲線上の点 P$(x,\ f(x))$ が原点から無限に遠ざかるとき，P からその直線に至る距離 PH が限りなく小さくなる直線である。

直線 $y=ax+b$ が曲線 $y=f(x)$ の漸近線で，点 P から x 軸に下ろした垂線と，この直線との交点を N$(x,\ y_1)$ とする。

PH：PN は一定であるから，PH $\longrightarrow 0$ のとき

$$\mathrm{PN}=|f(x)-y_1|=|f(x)-(ax+b)|$$

$$=|x|\left|\frac{f(x)}{x}-a-\frac{b}{x}\right| \longrightarrow 0 \quad (x \longrightarrow \infty \text{ または } -\infty)$$

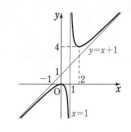

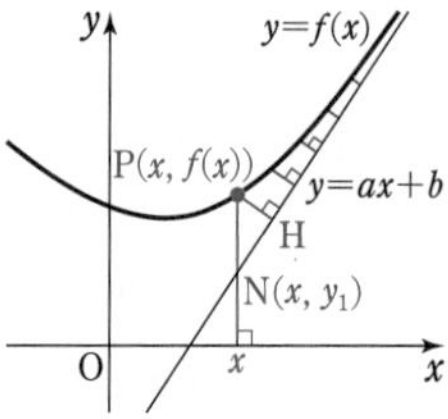

ここで，$\dfrac{b}{x} \longrightarrow 0$ であるから　$\dfrac{f(x)}{x}-a \longrightarrow 0$　すなわち　$\dfrac{f(x)}{x} \longrightarrow a$

また，$f(x)-(ax+b) \longrightarrow 0$ であるから　$f(x)-ax \longrightarrow b$

なお，上の 例 の曲線では，$x \longrightarrow \pm\infty$ のとき　$\dfrac{y}{x}=1+\dfrac{1}{x}+\dfrac{1}{x(x-1)} \longrightarrow 1$，

$y-x=1+\dfrac{1}{x-1} \longrightarrow 1$　であることからも，直線 $y=x+1$ が漸近線であることがわかる。

基本例題 106 曲線の漸近線

曲線 (1) $y=\dfrac{x^3}{x^2-4}$ (2) $y=2x+\sqrt{x^2-1}$ の漸近線の方程式を求めよ。

p.180 参考事項 ①～③

指針 前ページの参考事項 ①～③ を参照。次の 3 パターンに大別される。

① **x 軸に平行な漸近線** …… $\lim\limits_{x\to\infty} y$ または $\lim\limits_{x\to-\infty} y$ が有限確定値かどうかに注目。

② **x 軸に垂直な漸近線** …… $y\longrightarrow\infty$ または $y\longrightarrow-\infty$ となる x の値に注目。

③ **x 軸に平行でも垂直でもない漸近線** …… $\lim\limits_{x\to\infty}\dfrac{y}{x}=a$（有限確定値）で $\lim\limits_{x\to\infty}(y-ax)=b$（有限確定値）なら，直線 $y=ax+b$ が漸近線。

（$x\longrightarrow\infty$ を $x\longrightarrow-\infty$ とした場合についても同様に調べる。）

(1) ② のタイプの漸近線は，**分母＝0 となる x** に注目して判断。また，**分母の次数＞分子の次数** となるように式を変形すると，③ のタイプの漸近線が見えてくる。

(2) 式の形に注目しても，①，② のタイプの漸近線はなさそう。しかし，③ のタイプの漸近線が潜んでいることもあるから，③ の，極限を調べる方法で漸近線を求める。

解答

(1) $y=\dfrac{x^3}{x^2-4}=x+\dfrac{4x}{x^2-4}$

定義域は，$x^2-4\neq0$ から　$x\neq\pm2$

$\lim\limits_{x\to2\pm0} y=\pm\infty$，$\lim\limits_{x\to-2\pm0} y=\pm\infty$（複号同順）

また　$\lim\limits_{x\to\pm\infty}(y-x)=\lim\limits_{x\to\pm\infty}\dfrac{4x}{x^2-4}=\lim\limits_{x\to\pm\infty}\dfrac{\frac{4}{x}}{1-\frac{4}{x^2}}=0$

以上から，漸近線の方程式は　**$x=\pm2$，$y=x$**

◀漸近線（つまり極限）を調べやすくするために，分母の次数＞分子の次数の形に変形。

(1)

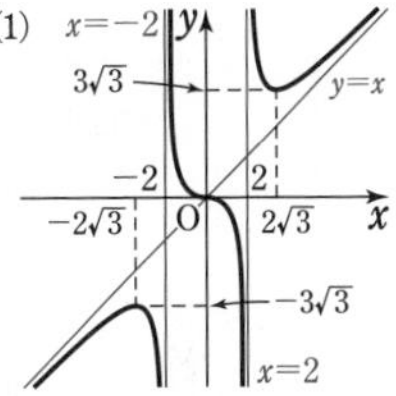

(2) 定義域は，$x^2-1\geqq0$ から　$x\leqq-1$，$1\leqq x$

$\lim\limits_{x\to p} y=\pm\infty$ となる定数 p の値はないから，x 軸に垂直な漸近線はない。

$\lim\limits_{x\to\infty}\dfrac{y}{x}=\lim\limits_{x\to\infty}\left(2+\dfrac{\sqrt{x^2-1}}{x}\right)=\lim\limits_{x\to\infty}\left(2+\sqrt{1-\dfrac{1}{x^2}}\right)=3$ から

$\lim\limits_{x\to\infty}(y-3x)=\lim\limits_{x\to\infty}(\sqrt{x^2-1}-x)=\lim\limits_{x\to\infty}\dfrac{-1}{\sqrt{x^2-1}+x}=0$

よって，直線 $y=3x$ は漸近線である。

$\lim\limits_{x\to-\infty}\dfrac{y}{x}=\lim\limits_{x\to-\infty}\left(2+\dfrac{\sqrt{x^2-1}}{x}\right)=\lim\limits_{x\to-\infty}\left(2-\sqrt{1-\dfrac{1}{x^2}}\right)=1^{(*)}$

から

$\lim\limits_{x\to-\infty}(y-x)=\lim\limits_{x\to-\infty}(x+\sqrt{x^2-1})=\lim\limits_{x\to-\infty}\dfrac{1}{x-\sqrt{x^2-1}}=0$

よって，直線 $y=x$ は漸近線である。

以上から，漸近線の方程式は　**$y=3x$，$y=x$**

(＊) $x\longrightarrow-\infty$ であるから，$x<0$ として考えることに注意する。つまり $\sqrt{x^2}=-x$

(2)

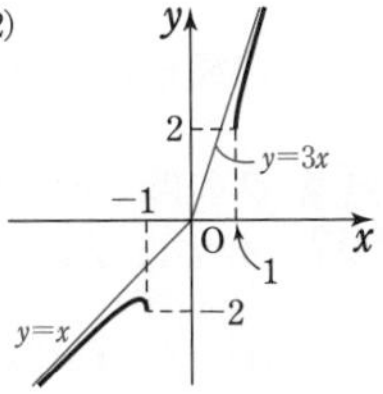

練習 ② 106 曲線 (1) $y=\dfrac{2x^2+3}{x-1}$ (2) $y=x-\sqrt{x^2-9}$ の漸近線の方程式を求めよ。

基本例題 107 関数のグラフの概形 (1) … 基本 ②②②②②

関数 $y=\dfrac{1-\log x}{x^2}$ のグラフの概形をかけ。ただし，$\displaystyle\lim_{x\to\infty}\frac{\log x}{x^2}=0$ である。

p.177 基本事項 2，基本 105，106　重要 109，110

指針 曲線(関数のグラフ)の概形をかくには

❶ 定義域，❷ 対称性 $f(-x)$，❸ 増減と極値 y' の符号，❹ 凹凸と変曲点 y'' の符号，❺ 座標軸との共有点 $=0$ とおく，❻ 漸近線 lim

などを調べてかく。**増減(極値)，凹凸(変曲点)** については，$y'=0$ や $y''=0$ の解などをもとに，解答のような **表にまとめる** とよい。

解答

定義域は $x>0$ である。

$$y'=\frac{-\dfrac{1}{x}\cdot x^2-(1-\log x)\cdot 2x}{x^4}=\frac{2\log x-3}{x^3}$$

$$y''=\frac{\dfrac{2}{x}\cdot x^3-(2\log x-3)\cdot 3x^2}{x^6}=\frac{11-6\log x}{x^4}$$

$y'=0$ とすると　$x=e^{\frac{3}{2}}$　　$y''=0$ とすると　$x=e^{\frac{11}{6}}$

よって，y の増減，凹凸は次の表のようになる。

x	0	…	$e^{\frac{3}{2}}$	…	$e^{\frac{11}{6}}$	…
y'	／	−	0	+	+	+
y''	／	+	+	+	0	−
y	／	↘(下に凸)	極小 $-\dfrac{1}{2e^3}$	↗(下に凸)	変曲点 $-\dfrac{5}{6e^{\frac{11}{3}}}$	↗(上に凸)

また　$\displaystyle\lim_{x\to+0}\frac{1-\log x}{x^2}=\infty$，

$\displaystyle\lim_{x\to\infty}\frac{1-\log x}{x^2}=0$

ゆえに，x 軸，y 軸が漸近線である。

以上から，$y=\dfrac{1-\log x}{x^2}$ のグラフの概形は，**右の図** のようになる。

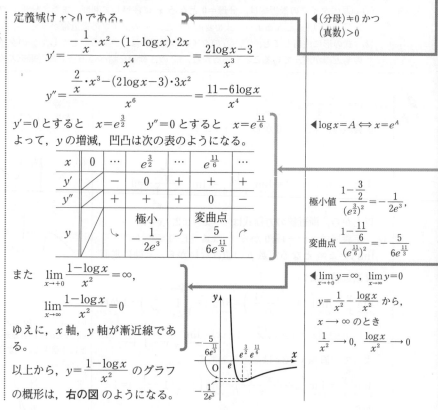

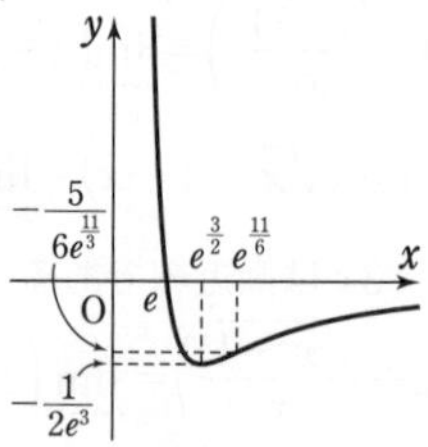

◀(分母)≠0 かつ(真数)>0

◀$\log x=A \iff x=e^A$

極小値 $\dfrac{1-\frac{3}{2}}{(e^{\frac{3}{2}})^2}=-\dfrac{1}{2e^3}$，

変曲点 $\dfrac{1-\frac{11}{6}}{(e^{\frac{11}{6}})^2}=-\dfrac{5}{6e^{\frac{11}{3}}}$

◀$\displaystyle\lim_{x\to+0}y=\infty$，$\displaystyle\lim_{x\to\infty}y=0$

$y=\dfrac{1}{x^2}-\dfrac{\log x}{x^2}$ から，$x\longrightarrow\infty$ のとき

$\dfrac{1}{x^2}\longrightarrow 0$，$\dfrac{\log x}{x^2}\longrightarrow 0$

練習 ② 107 次の関数のグラフの概形をかけ。また，変曲点があればそれを求めよ。ただし，(3)，(5) では $0\leqq x\leqq 2\pi$ とする。また，(2) では $\displaystyle\lim_{x\to-\infty}x^2e^x=0$ を用いてよい。

(1) $y=x-2\sqrt{x}$　(2) $y=(x^2-1)e^x$　(3) $y=x+2\cos x$

(4) $y=\dfrac{x-1}{x^2}$　(5) $y=e^{-x}\cos x$　(6) $y=\dfrac{x^2-x+2}{x+1}$

p.192 EX 95, 96

ズームUP 関数のグラフの調べ方

● まず定義域を調べる（❶）

関数の定義域は，次の [1]～[3] に注目するとよい。

[1]　(分母)≠0　　[2]　($\sqrt{\quad}$ の中)≧0　　[3]　(対数の真数)>0

左の例題では，[1] と [3] から定義域を求めている。

● 増減，凹凸，極値などを調べ，表にまとめる（❸，❹）

次の 1～3 の手順で進める（数学Ⅱで学習した手順とほぼ同じである）。

1　導関数 y' や第 2 次導関数 y'' を求め，$y'=0$，$y''=0$ を解く。

2　1 で求めた値の前後で y'，y'' の符号を調べる。

3　その結果をもとに，増減と凹凸をまとめた表を作る。

……y の行には，増減と凹凸がわかりやすいように，「↘」，「↗」，「↗」，「↘」を用いている。

◀y' の符号から増減，y'' の符号から凹凸がわかる。

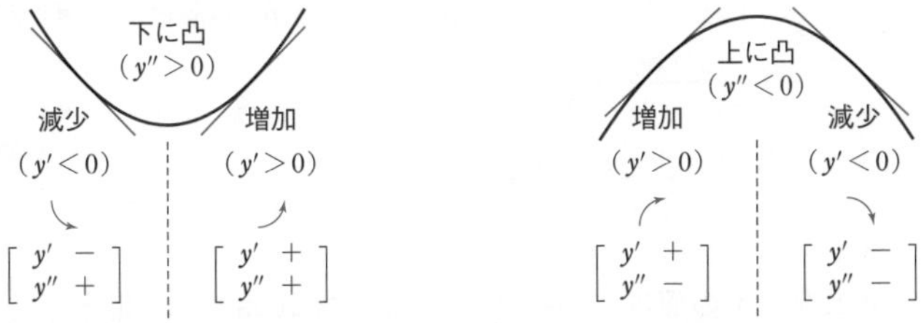

● 漸近線を求める（❻）

漸近線の求め方（$p.180$）に従って調べる。例えば，左の例題では次のようになる。

(i)　$\lim_{x\to\infty}\dfrac{\log x}{x^2}=0$ から　$\lim_{x\to\infty}y=0$　…… **直線 $y=0$ が漸近線。**

(ii)　$x=0$ のとき，(分母)$=0$ であるから　$\lim_{x\to+0}y=\infty$　…… **直線 $x=0$ が漸近線。**

(iii)　$\lim_{x\to\infty}\{y-(ax+b)\}=0$ の形をしていない。　…… **他に漸近線はない。**

また，問題文に極限の情報が与えられている場合$\left(\text{左の例題の場合，}\lim_{x\to\infty}\dfrac{\log x}{x^2}=0\right)$は，漸近線の判断に役立つことも多く，これらを利用して，漸近線を予想しておくと，グラフがかきやすくなる。

[補 1]　対称性を調べる（❷）

左の例題では現れないが，$f(x)=f(-x)$ など $p.178$ で示した対称性がある場合は，それを利用してグラフをかくとよい。

◀対称性の利用は，例題 **108**，**109** 参照。

[補 2]　座標軸との共有点（❺）

$y=0$ や $x=0$ とした方程式が比較的容易に解ける場合は，座標軸との共有点の座標を求めておく（左の例題の場合，x 軸との共有点について，$\dfrac{1-\log x}{x^2}=0$ から　$x=e$）。

これによって，グラフがかきやすくなったり，表のミスに気づいたりすることがある。問題で問われていなくても，座標軸との共有点を調べる習慣をつけておこう。

基本例題 108 関数のグラフの概形 (2) … 対称性に注目

関数 $y=4\cos x+\cos 2x$ $(-2\pi \leqq x \leqq 2\pi)$ のグラフの概形をかけ。

基本 107 重要 109，110

指針 関数のグラフをかく問題では，前ページの基本例題 107 同様 **定義域，増減と極値，凹凸と変曲点，座標軸との共有点，漸近線** などを調べる必要があるが，特に，**対称性** に注目すると，増減や凹凸を調べる範囲を絞ることもできる。

$f(-x)=f(x)$ が成り立つ（偶関数）⟺ グラフは **y 軸対称**
$f(-x)=-f(x)$ が成り立つ（奇関数）⟺ グラフは **原点対称**　（数学Ⅱ）

この問題の関数は偶関数であり，$y'=0$，$y''=0$ の解の数がやや多くなるから，$0\leqq x\leqq 2\pi$ の範囲で増減・凹凸を調べて表にまとめ，$0\leqq x\leqq 2\pi$ におけるグラフを y 軸に関して対称に折り返したものを利用する。

解答 $y=f(x)$ とすると，$f(-x)=f(x)$ であるから，グラフは y 軸に関して対称である。　◀ $\cos(-●)=\cos ●$

$$y'=-4\sin x-2\sin 2x=-4\sin x-2\cdot 2\sin x\cos x$$
$$=\underline{-4\sin x(\cos x+1)}$$
◀ 2 倍角の公式。

$$y''=-4\cos x-4\cos 2x=-4\{\cos x+(2\cos^2 x-1)\}$$
$$=\underline{-4(\cos x+1)(2\cos x-1)}$$
◀ $y'=-4\sin x-2\sin 2x$ を微分。

$0<x<2\pi$ において，$y'=0$ となる x の値は，$\sin x=0$ または $\cos x+1=0$ から　$x=\pi$

$y''=0$ となる x の値は，$\cos x+1=0$ または $2\cos x-1=0$ から　$x=\dfrac{\pi}{3},\ \pi,\ \dfrac{5}{3}\pi$

よって，$0\leqq x\leqq 2\pi$ における y の増減，凹凸は，次の表のようになる。(＊)

（＊）＿の式で，$\cos x+1\geqq 0$ に注意。$\sin x$，$2\cos x-1$ の符号に注目。

x	0	…	$\frac{\pi}{3}$	…	π	…	$\frac{5}{3}\pi$	…	2π
y'		−	−	−	0	+	+	+	
y''		−	0	+	0	+	0	−	
y	5	↘	$\frac{3}{2}$	↘	−3	↗	$\frac{3}{2}$	↗	5

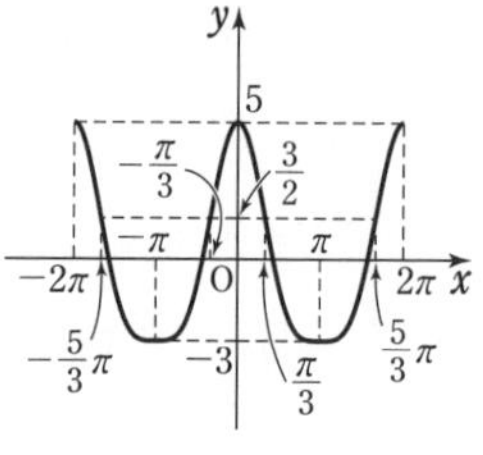

ゆえに，グラフの対称性により，求めるグラフは **右図**。

参考 上の例題の関数について，$y=f(x)$ とすると　$f(x+2\pi)=f(x)$

よって，$f(x)$ は 2π を周期とする周期関数である。　⟵ 数学Ⅱ参照。

この **周期性に注目** し，増減や凹凸を調べる区間を $0\leqq x\leqq 2\pi$ に絞っていく考え方でもよい。

練習 ③108 次の関数のグラフの概形をかけ。ただし，(2) ではグラフの凹凸は調べなくてよい。

(1) $y=e^{\frac{1}{x^2-1}}$ $(-1<x<1)$　　(2) $y=\dfrac{1}{3}\sin 3x-2\sin 2x+\sin x$ $(-\pi\leqq x\leqq\pi)$

〔(1) 横浜国大〕 p.192 EX 97

重要例題 109 関数のグラフの概形 (3) … 陰関数

方程式 $y^2=x^2(8-x^2)$ が定める x の関数 y のグラフの概形をかけ。

基本 107, 108

指針 陰関数の形のままではグラフがかけないから，まず $y=f(x)$ の形にする。そして，これまで学習したように，次の点に注意してグラフをかく。

定義域，対称性，増減と極値，凹凸と変曲点，座標軸との共有点，漸近線

中でも，この問題では **対称性** がカギをにぎる。

$y^2=x^2(8-x^2)$ において

x を $-x$ とおいても同じ ⟶ y 軸に関して対称
y を $-y$ とおいても同じ ⟶ x 軸に関して対称
⟶ 原点に関して対称

解答 方程式で x を $-x$ に，y を $-y$ におき換えても $y^2=x^2(8-x^2)$ は成り立つから，グラフは x 軸，y 軸，原点に関して対称である。よって，$x\geqq 0$，$y\geqq 0$ の範囲で考えると

$$y=x\sqrt{8-x^2} \quad \cdots\cdots ①$$

$8-x^2\geqq 0$ であるから　$0\leqq x\leqq 2\sqrt{2}$

$0<x<2\sqrt{2}$ のとき

$$y'=\sqrt{8-x^2}+x\cdot\frac{-2x}{2\sqrt{8-x^2}}=\frac{2(4-x^2)}{\sqrt{8-x^2}}$$

$$y''=2\cdot\frac{-2x\sqrt{8-x^2}-(4-x^2)\cdot\dfrac{-2x}{2\sqrt{8-x^2}}}{8-x^2}=\frac{2x(x^2-12)}{(8-x^2)\sqrt{8-x^2}}$$

$y'=0$ とすると，$0<x<2\sqrt{2}$ では　$x=2$

また，$0<x<2\sqrt{2}$ のとき　$y''<0$

$0\leqq x\leqq 2\sqrt{2}$ における関数 ① の増減，凹凸は左下の表のようになる。

更に　$\displaystyle\lim_{x\to 2\sqrt{2}-0} y'=-\infty$，$\displaystyle\lim_{x\to +0} y'=2\sqrt{2}$

x	0	$\cdots$	2	$\cdots$	$2\sqrt{2}$
y'		+	0	−	
y''		−	−	−	
y	0	↗	4	↘	0

〔図 1〕

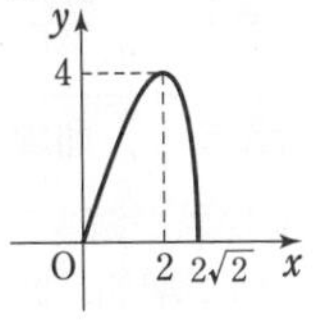

〔図 2〕

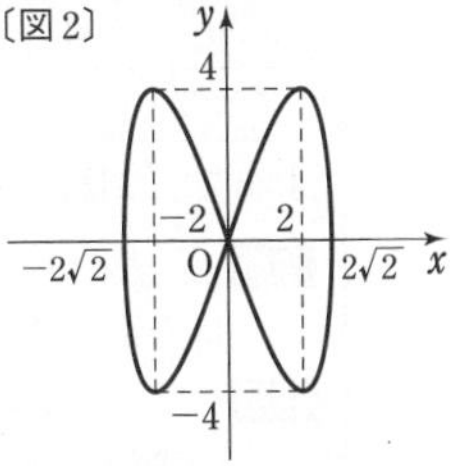

よって，$0\leqq x\leqq 2\sqrt{2}$ における関数 ① のグラフは〔図 1〕のようになる。

ゆえに，対称性により，求めるグラフは〔**図 2**〕のようになる。

◀対称性の確認。これにより，グラフをかく労力を減らす。

◀$y=f(x)$ の形に変形。

◀$x\geqq 0$

検討

求めるグラフは，$y=x\sqrt{8-x^2}$ のグラフと $y=-x\sqrt{8-x^2}$ のグラフを合わせたものとも考えられる（この 2 つのグラフは，x 軸に関して互いに対称）。

参考 〔図 2〕は，リサージュ曲線 ($p.653$) $\begin{cases} x=\sin\theta \\ y=\sin 2\theta \end{cases}$ を x 軸方向に $2\sqrt{2}$ 倍，y 軸方向に 4 倍した $\begin{cases} x=2\sqrt{2}\sin\theta \\ y=4\sin 2\theta \end{cases}$ である。θ を消去すると，$y^2=x^2(8-x^2)$ となる。

練習 ④ **109** 次の方程式が定める x の関数 y のグラフの概形をかけ。

(1) $y^2=x^2(x+1)$　　(2) $x^2y^2=x^2-y^2$

重要例題 110 関数のグラフの概形 (4) … 媒介変数表示

曲線 $\begin{cases} x=\cos\theta \\ y=\sin 2\theta \end{cases}$ $(-\pi \leqq \theta \leqq \pi)$ の概形をかけ (凹凸は調べなくてよい)。

基本 107, 108

指針 基本は **θ の消去**。$y^2=\sin^2 2\theta=4\sin^2\theta\cos^2\theta=4(1-\cos^2\theta)\cos^2\theta$ から，$y^2=4x^2(1-x^2)$ となり，前ページのようにして概形をかくことができる。
しかし，媒介変数が簡単に消去できないときもあるので，ここでは，
媒介変数 θ の変化に伴う x, y それぞれの増減を調べ，点 (x, y) の動きを追う 方針で考えてみる。まず，曲線の **対称性** を調べる。

解答

$\cos\theta$, $\sin 2\theta$ の周期はそれぞれ 2π, π である。
$x=f(\theta)$, $y=g(\theta)$ とすると，$f(-\theta)=f(\theta)$, $g(-\theta)=-g(\theta)$ であるから，曲線は x 軸に関して対称である。…… (＊)
したがって，$0 \leqq \theta \leqq \pi$ …… ① の範囲で考える。

$$f'(\theta)=-\sin\theta,\quad g'(\theta)=2\cos 2\theta$$

① の範囲で $f'(\theta)=0$ を満たす θ の値は　$\theta=0, \pi$

$g'(\theta)=0$ を満たす θ の値は　$\theta=\dfrac{\pi}{4}, \dfrac{3}{4}\pi$

① の範囲における θ の値の変化に対応した x, y の値の変化は，次の表のようになる。

θ	0	$\cdots$	$\frac{\pi}{4}$	$\cdots$	$\frac{\pi}{2}$	$\cdots$	$\frac{3}{4}\pi$	$\cdots$	π
$f'(\theta)$	0	$-$	$-$	$-$	$-$	$-$	$-$	$-$	0
x	1	←	$\frac{1}{\sqrt{2}}$	←	0	←	$-\frac{1}{\sqrt{2}}$	←	-1
$g'(\theta)$	$+$	$+$	0	$-$	$-$	$-$	0	$+$	$+$
y	0	↑	1	↓	0	↓	-1	↑	0
(グラフ)		(↖)		(↙)		(↙)		(↖)	

よって，対称性を考えると，曲線の概形は，**右の図**。

注意 1. 表の ← は x の値が減少することを表し，↑，↓ はそれぞれ y の値が増加，減少することを表す。

注意 2. グラフの形状を示す矢印 ↗，↘，↖，↙ は x, y の増減に応じて，下の表のようになる。

x	→	→	←	←
y	↑	↓	↑	↓
グラフ	↗	↘	↖	↙

(＊) $\theta=\alpha$ に対応した点を (x, y) とすると，$\theta=-\alpha$ に対応した点は $(x, -y)$
よって，曲線は x 軸に関して対称である。
ゆえに，$0 \leqq \theta \leqq \pi$ に対応した部分と $-\pi \leqq \theta \leqq 0$ に対応した部分は，x 軸に関して対称。

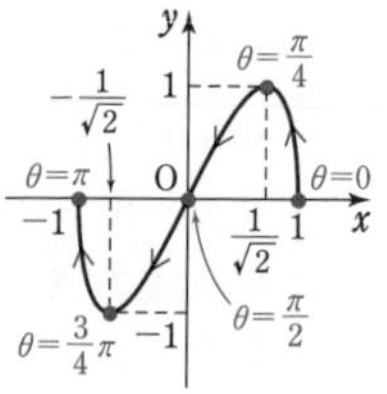

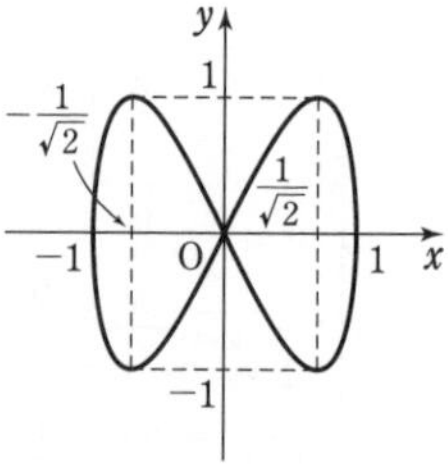

練習 ④ **110** $-\pi \leqq \theta \leqq \pi$ とする。次の式で表された曲線の概形をかけ (凹凸は調べなくてよい)。
(1)　$x=\sin\theta$, $y=\cos 3\theta$　　(2)　$x=(1+\cos\theta)\cos\theta$, $y=(1+\cos\theta)\sin\theta$

p.192 EX98

振り返り グラフのかき方

微分法を利用してグラフをかく問題における関数の式は，次の 3 パターンであった。

1 $y=f(x)$ の形［陽関数表示］ …… 基本例題 **107**，**108**
2 $F(x,\ y)=0$ の形［陰関数表示］ …… 重要例題 **109**
3 $x=f(\theta)$，$y=g(\theta)$ の形［媒介変数表示］ …… 重要例題 **110**

パターンごとに，グラフをかく際の方法や注意点について，振り返っておこう。

1 $y=f(x)$ の形の関数のグラフ

→ $p.180$～184 の内容を再確認。

主に次のことを調べる。❸，❹ については表にまとめる。❷，❻ は関数の式の形に注目して存在を調べる。❺ についても，わかる範囲でグラフに記入しておく。

❶ 定義域　❷ 対称性や周期性　❸ 増減と極値　❹ 凹凸と変曲点
❺ 座標軸との共有点　❻ 漸近線

注意 対称性については，$p.178$ の ● の箇所でまとめた内容を確認しておこう。

2 $F(x,\ y)=0$ の形の関数のグラフ

→ $p.185$ の内容を再確認。

$y=f(x)$ の形に変形し，1 のタイプに帰着させてグラフをかく。その際，$f(x)$ が複数の式となる場合は **対称性** に注目し，効率よくグラフをかくことができないか考える。

例 1. $y^2=x^2(8-x^2)$（重要例題 **109**）

→ $y=\pm x\sqrt{8-x^2}$ であるが，グラフは x 軸，y 軸，原点に関して対称であることに注目。$x\geqq 0$，$y\geqq 0$ における $y=x\sqrt{8-x^2}$ のグラフをかき，それを利用する。

例 2. $2x^2+2xy+y^2=4$（基本例題 **98** が関連問題）

→ y の 2 次方程式として解くと　$y=-x\pm\sqrt{4-x^2}$

また，$2(-x)^2+2(-x)(-y)+(-y)^2=2x^2+2xy+y^2$ から，グラフは原点に関して対称。→ $y=-x+\sqrt{4-x^2}$ のグラフをかき，原点に関する対称性を利用（右の図）。

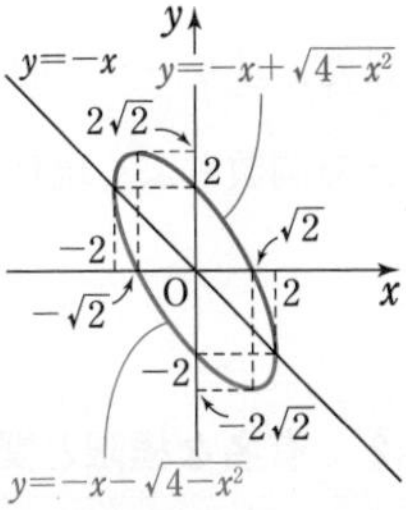

3 $x=f(\theta)$，$y=g(\theta)$ の形の関数のグラフ

→ $p.186$ の内容を再確認。

θ を消去して，1 や 2 の形に帰着させることが有効な場合もあるが，θ を消去できないこともあるから，媒介変数表示のままグラフをかく方法(*) に慣れておきたい。

(*)：θ の値の変化に伴う $x=f(\theta)$，$y=g(\theta)$ の増減を調べ，点 $(x,\ y)$ の動きを追う。

例　$x=e^{\theta}-e^{-\theta}$，$y=e^{3\theta}+e^{-3\theta}$

→ $\dfrac{dx}{d\theta}=e^{\theta}+e^{-\theta}>0$，

$\dfrac{dy}{d\theta}=3e^{3\theta}-3e^{-3\theta}=3e^{-3\theta}(e^{6\theta}-1)$

$\dfrac{dy}{d\theta}=0$ とすると　$\theta=0$

右のような表とグラフを得る。

θ	…	0	…
$\dfrac{dx}{d\theta}$	+	+	+
x	→	0	→
$\dfrac{dy}{d\theta}$	−	0	+
y	↓	2	↑
グラフ	↘		↗

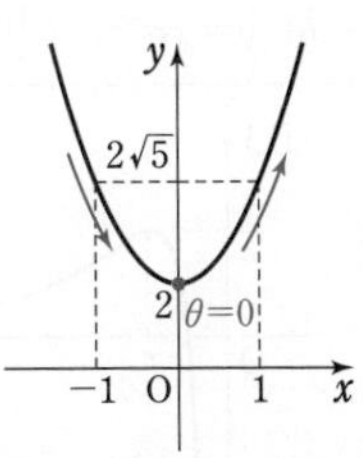

まとめ　代表的な関数のグラフ

1　媒介変数で表示される有名な曲線

曲線名	媒介変数表示	その他の表し方	関連例題
①アステロイド	$\begin{cases} x=a\cos^3\theta \\ y=a\sin^3\theta \end{cases}$	$\sqrt[3]{x^2}+\sqrt[3]{y^2}=\sqrt[3]{a^2}$ または $(a^2-x^2-y^2)^3=27a^2x^2y^2$	例題 **88**, **208**
②サイクロイド	$\begin{cases} x=a(\theta-\sin\theta) \\ y=a(1-\cos\theta) \end{cases}$		例題 **79**, **80**
③カージオイド	$\begin{cases} x=a(2\cos\theta-\cos 2\theta) \\ y=a(2\sin\theta-\sin 2\theta) \end{cases}$	極方程式 $r=a(1+\cos\theta)$	例題 **183**, **191**

①
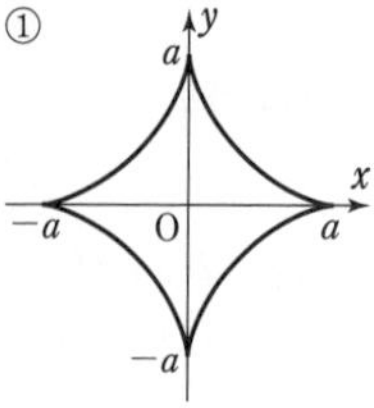

②
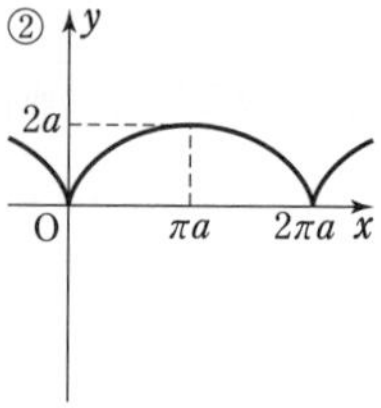

③
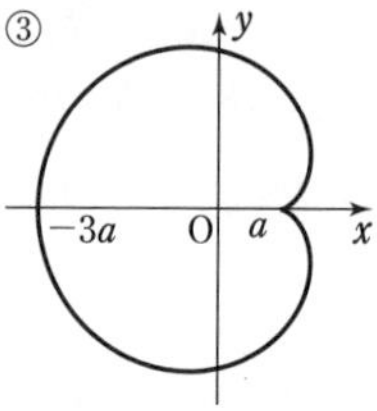

③′
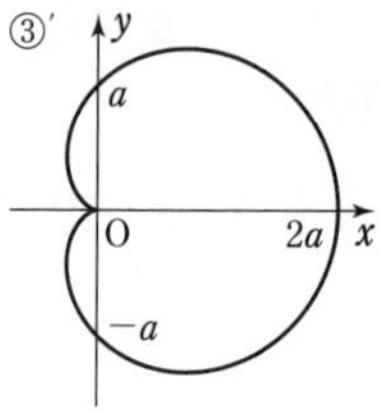

注意 ③ のカージオイドは，媒介変数表示（図 ③）と極方程式（図 ③′）で，曲線の向きや位置が異なる。

また，リサージュ曲線の $a=1$，$b=2$ の場合 $\begin{cases} x=\sin\theta \\ y=\sin 2\theta \end{cases}$ が背景にある関数もよく現れるので，覚えておくとよい。

↑重要例題 **109**，**110** など。

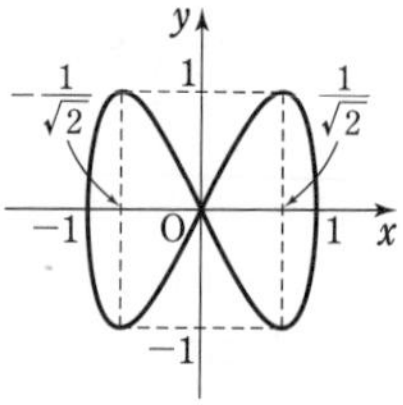

2　有名な極限と関連した曲線

← $p.122$ も参照。

関数	有名な極限	関連する関数の増加の度合い	関連例題
④ $y=\dfrac{\log x}{x}$	$\displaystyle\lim_{x\to\infty}\frac{\log x}{x}=0$	x は $\log x$ よりも増加の仕方が急激	例題 **107**, **118**
⑤ $y=xe^x$	$\displaystyle\lim_{x\to-\infty} xe^x=0$	e^x は x よりも増加の仕方が急激	例題 **119**
⑥ $y=xe^{-x}$	$\displaystyle\lim_{x\to\infty} xe^{-x}=0$	e^x は x よりも増加の仕方が急激	例題 **99**, **172**

④
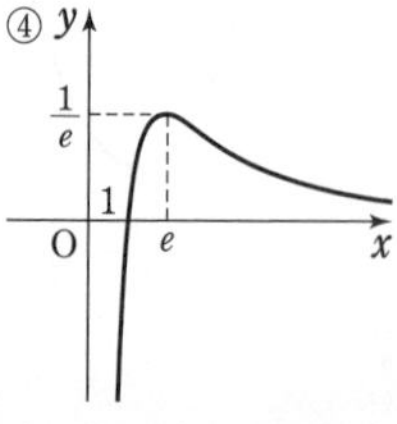

⑤
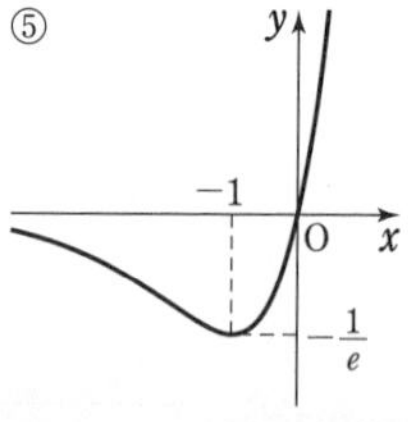

⑥
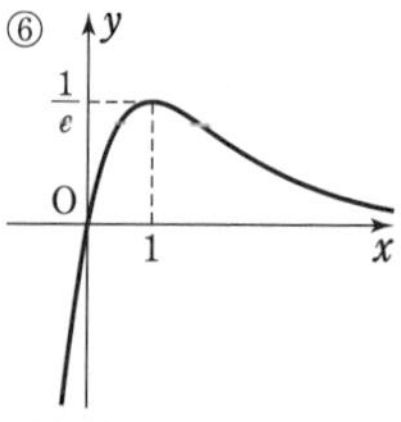

基本 例題 111 変曲点に関する対称性の証明

e は自然対数の底とし，$f(x)=e^{x+a}-e^{-x+b}+c$ （a，b，c は定数）とするとき，曲線 $y=f(x)$ はその変曲点に関して対称であることを示せ。 基本 105

指針 まず，変曲点 $(p,\ q)$ を求める。次に証明であるが，点 $(p,\ q)$ のままでは計算が面倒なので，曲線 $y=f(x)$ が点 $(p,\ q)$ に関して対称であることを，曲線 $y=f(x)$ を x 軸方向に $-p$，y 軸方向に $-q$ だけ平行移動した曲線 $y=f(x+p)-q$ が原点に関して対称であることで示す。

曲線 $y=g(x)$ が原点に関して対称 $\Longleftrightarrow$ $g(-x)=-g(x)$
$g(x)$ は奇関数

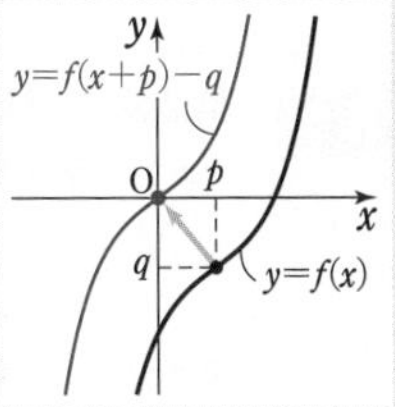

解答

$y'=e^{x+a}+e^{-x+b}$，　$y''=e^{x+a}-e^{-x+b}$

$y''=0$ とすると　$e^{x+a}=e^{-x+b}$

ゆえに　$x+a=-x+b$　　よって　$x=\dfrac{b-a}{2}$ 　◀$e^{\alpha}=e^{\beta} \Longleftrightarrow \alpha=\beta$

ここで，$p=\dfrac{b-a}{2}$ とする。

$x>p$ のとき，$2x>2p=b-a$ から　$x+a>-x+b$ 　◀このとき　$y''>0$

$x<p$ のとき，$2x<2p=b-a$ から　$x+a<-x+b$ 　◀このとき　$y''<0$

y'' の符号の変化は，右の表のようになり，

x	$\cdots$	p	$\cdots$
y''	$-$	0	$+$
y	∩	変曲点	∪

（∩ は上に凸，∪ は下に凸）

$f(p)=e^{p+a}-e^{-p+b}+c=c$ であるから，変曲点は　点 $(p,\ c)$

◀$x=p$ は $e^{x+a}-e^{-x+b}=0$ の解であるから $e^{p+a}-e^{-p+b}=0$

曲線 $y=f(x)$ を x 軸方向に $-p$，y 軸方向に $-c$ だけ平行移動すると

$$y=f(x+p)-c=e^{x+p+a}-e^{-(x+p)+b}+c-c$$
$$=e^{x+\frac{a+b}{2}}-e^{-x+\frac{a+b}{2}}$$

◀曲線 $y=f(x)$ を x 軸方向に s，y 軸方向に t だけ平行移動した曲線の方程式は
$y-t=f(x-s)$

この曲線の方程式を $y=g(x)$ とすると

$$g(-x)=e^{-x+\frac{a+b}{2}}-e^{x+\frac{a+b}{2}}=-\left(e^{x+\frac{a+b}{2}}-e^{-x+\frac{a+b}{2}}\right)$$

よって，$g(-x)=-g(x)$ が成り立つから，曲線 $y=g(x)$ は原点に関して対称である。

ゆえに，曲線 $y=f(x)$ はその変曲点 $(p,\ c)$ に関して対称である。

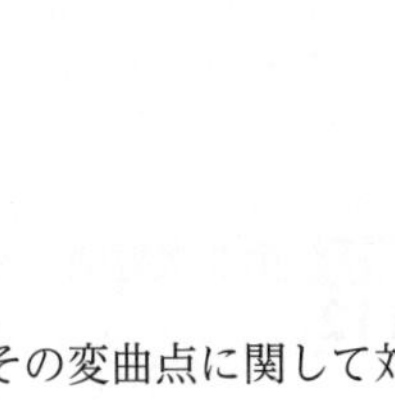

参考 $f(p-x)+f(p+x)=2c$ が成り立つことからも，例題の曲線が変曲点に関して対称であることがわかる（$p.178$ 参照）。なお，**3 次関数のグラフは変曲点に関して対称**である。

練習 ③111 $a>0$，$b>0$ とし，$f(x)=\log\dfrac{x+a}{b-x}$ とする。曲線 $y=f(x)$ はその変曲点に関して対称であることを示せ。

基本例題 112 関数の極値 (2) … 第2次導関数の利用 ①①①①①

第2次導関数を利用して，次の関数の極値を求めよ。

(1) $f(x)=x^4-4x^3+4x^2+1$　　(2) $f(x)=2\sin x-\sqrt{3}\,x\ (0\leqq x\leqq 2\pi)$

p.177 基本事項 3　演習 121

指針 **第2次導関数を利用した極値の判定法**（次の定理を使う。）

$x=a$ を含むある区間で $f''(x)$ が連続であるとき

1 $f'(a)=0$ かつ $f''(a)<0 \Longrightarrow f(a)$ は極大値
2 $f'(a)=0$ かつ $f''(a)>0 \Longrightarrow f(a)$ は極小値
（$p.177$ 基本事項 3）

まず $f'(x)=0$ を満たす x の値を求め，その x の値に対する $f''(x)$ の符号を調べる。

CHART 関数の極値　$f'(x)=0$ の解を求め，$f''(x)$ の符号を調べる

解答

(1) $f'(x)=4x^3-12x^2+8x=4x(x-1)(x-2)$
$f''(x)=12x^2-24x+8=4(3x^2-6x+2)$
$f'(x)=0$ とすると　$x=0,\ 1,\ 2$
$f''(0)=8>0,\ f''(1)=-4<0,\ f''(2)=8>0$ であるから，
$f(x)$ は　**$x=0$ で極小値 1,**
$x=1$ で極大値 2,
$x=2$ で極小値 1　をとる。

(2) $f'(x)=2\cos x-\sqrt{3},\ f''(x)=-2\sin x$
$f'(x)=0$ とすると　$\cos x=\dfrac{\sqrt{3}}{2}$
$0\leqq x\leqq 2\pi$ であるから　$x=\dfrac{\pi}{6},\ \dfrac{11}{6}\pi$
$f''\left(\dfrac{\pi}{6}\right)=-1<0,\ f''\left(\dfrac{11}{6}\pi\right)=1>0$ であるから，
$f(x)$ は　**$x=\dfrac{\pi}{6}$ で極大値 $1-\dfrac{\sqrt{3}}{6}\pi$,**
$x=\dfrac{11}{6}\pi$ で極小値 $-1-\dfrac{11\sqrt{3}}{6}\pi$　をとる。

(1), (2) の $f''(x)$ は連続関数である。

(1)
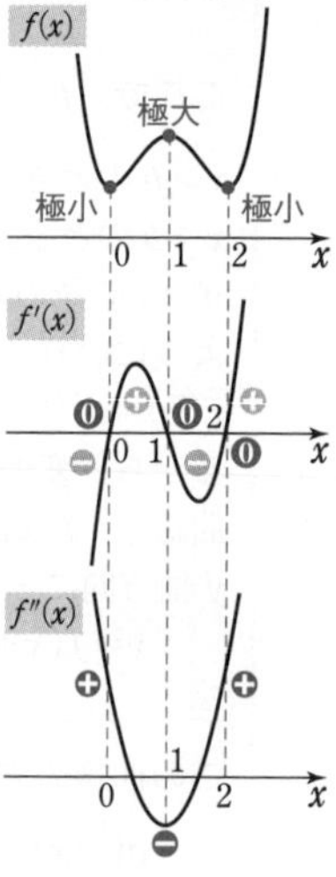

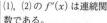

検討 **第2次導関数を利用した極値の判定**

$p.177$ の基本事項 3 を利用すると，$f''(a)$ の符号を調べるという計算だけで極値がわかる。（増減表をかく必要はないので，早く処理できる。）

ただし，$f'(a)=0,\ f''(a)=0$ のときは，$f(a)$ が極値である場合もあれば［例：$f(x)=x^4$，$f(0)$ は極小値］，極値でない場合もある［例：$f(x)=x^3$］。そのため，注意が必要である。

練習 ① 112 第2次導関数を利用して，次の関数の極値を求めよ。

(1) $y=\dfrac{x^4}{4}-\dfrac{2}{3}x^3-\dfrac{x^2}{2}+2x-1$　　(2) $y=e^x\cos x\ (0\leqq x\leqq 2\pi)$

p.192 EX99

EXERCISES　14 関数の値の変化，最大・最小，15 関数のグラフ

③**90** (1) 関数 $y=\dfrac{4|x-2|}{x^2-4x+8}$ の増減を調べ，極値があればそれを求めよ。〔類 国士舘大〕

(2) a を実数とする。関数 $f(x)=ax+\cos x+\dfrac{1}{2}\sin 2x\left(-\dfrac{\pi}{2}<x<\dfrac{\pi}{2}\right)$ が極値をもつように，a の値の範囲を定めよ。 →94,95

③**91** t を $0<t<1$ を満たす実数とする。0，$\dfrac{1}{t}$ 以外のすべての実数 x で定義された関数 $f(x)=\dfrac{x+t}{x(1-tx)}$ を考える。

(1) $f(x)$ は極大値と極小値を1つずつもつことを示せ。

(2) $f(x)$ の極大値を与える x の値を α，極小値を与える x の値を β とし，座標平面上に2点 $\mathrm{P}(\alpha,\ f(\alpha))$，$\mathrm{Q}(\beta,\ f(\beta))$ をとる。t が $0<t<1$ を満たしながら変化するとき，線分PQの中点Mの軌跡を求めよ。 〔北海道大〕 →94,102

②**92** 関数 $f(x)=(x+1)^{\frac{1}{x+1}}$ $(x\geqq 0)$ について

(1) $f'(x)$ を求めよ。　(2) $f(x)$ の最大値を求めよ。 →98

③**93** 原点をOとする座標平面上において，円 $C:(x-2)^2+y^2=1$ 上に点P（点Pの y 座標は正の実数），直線 $\ell:x=0$ 上に点 $\mathrm{Q}(0,\ t)$（t は正の実数）を，$\overrightarrow{\mathrm{OP}}\cdot\overrightarrow{\mathrm{QP}}=0$ を満たすようにとる。$|\overrightarrow{\mathrm{OQ}}|$ が最小となるときの $\dfrac{5}{3}|\overrightarrow{\mathrm{OP}}||\overrightarrow{\mathrm{QP}}|$ の値を求めよ。

〔自治医大〕 →103

④**94** 1辺の長さが1の正方形の折り紙ABCDが机の上に置かれている。Pを辺AB上の点とし，AP$=x$ とする。頂点Dを持ち上げてPと一致するように折り紙を1回折ったとき，右の図のようになった。点C′，E，F，G，Qを図のようにとり，もとの正方形ABCDからはみ出る部分の面積を S とする。

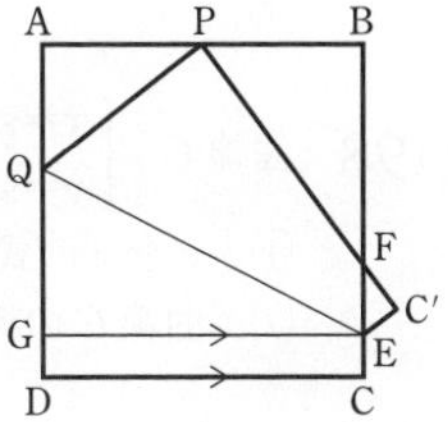

(1) S を x で表せ。

(2) 点Pが点Aから点Bまで動くとき，S を最大にするような x の値を求めよ。

〔類 東京工大〕 →103

HINT

90 (2) $f'(x)$ を $\sin x$ の2次式で表す。そして，$\sin x=t$ とおき，t の2次方程式となる $f'(x)=0$ の $-1<t<1$ の範囲の解に注目。

91 (2) $\mathrm{M}(x,\ y)$ とし，x，y の関係式を求める。解と係数の関係を利用。

92 (1) 対数微分法を利用。

93 点Pの座標は $(\cos\theta+2,\ \sin\theta)$ $(0<\theta<\pi)$ と表される。まず，$\overrightarrow{\mathrm{OP}}\cdot\overrightarrow{\mathrm{QP}}=0$ から t，$\sin\theta$，$\cos\theta$ の関係式を作る。

94 (1) $\triangle\mathrm{APQ}\backsim\triangle\mathrm{C'FE}$ に着目する。$S=\triangle\mathrm{APQ}\times\left(\dfrac{\mathrm{C'E}}{\mathrm{AQ}}\right)^2$

これを利用するために，まず，AQ，PQを x を用いて表す。

③**95**　$a>0$ を定数とし，$f(x)=x^a\log x$ とする。

(1)　$\lim_{x\to+0}f(x)$ を求めよ。必要ならば，$\lim_{s\to\infty}se^{-s}=0$ が成り立つことは証明なしに用いてよい。

(2)　曲線 $y=f(x)$ の変曲点が x 軸上に存在するときの a の値を求めよ。更に，そのときの $y=f(x)$ のグラフの概形をかけ。〔類　早稲田大〕

→105, 107

③**96**　$f(x)=x^3+x^2+7x+3$，$g(x)=\dfrac{x^3-3x+2}{x^2+1}$ とする。

(1)　方程式 $f(x)=0$ はただ1つの実数解をもち，その実数解 α は $-2<\alpha<0$ を満たすことを示せ。

(2)　曲線 $y=g(x)$ の漸近線を求めよ。

(3)　α を用いて関数 $y=g(x)$ の増減を調べ，そのグラフをかけ。ただし，グラフの凹凸を調べる必要はない。〔富山大〕

→105, 107

③**97**　$f(x)=\sin(\pi\cos x)$ とする。

(1)　$f(\pi+x)-f(\pi-x)$ の値を求めよ。

(2)　$f\left(\dfrac{\pi}{2}+x\right)+f\left(\dfrac{\pi}{2}-x\right)$ の値を求めよ。

(3)　$0\leqq x\leqq 2\pi$ の範囲で $y=f(x)$ のグラフをかけ（凹凸は調べなくてよい）。

〔類　東京理科大〕　→107, 108

④**98**　曲線 C : $\begin{cases} x=\sin\theta\cos\theta \\ y=\sin^3\theta+\cos^3\theta \end{cases}$ $\left(-\dfrac{\pi}{4}\leqq\theta\leqq\dfrac{\pi}{4}\right)$ を考える。

(1)　y を x の式で表せ。

(2)　曲線 C の概形をかけ（凹凸も調べよ）。

→110

②**99**　関数 $f(x)=ax+x\cos x-2\sin x$ は $\dfrac{\pi}{2}$ と π との間で極値をただ1つもつことを示せ。ただし，$-1<a<1$ とする。〔類　前橋工科大〕

→112

HINT

95　(1)　$\log x=-s$ とおいてみる。
(2)　変曲点が存在するための条件は，$y''=0$ を満たす x の値が存在し，その前後で y'' の符号が変わることである。

96　(1)　$f(x)$ の増減と，$f(-2)$，$f(0)$ の値に注目。　(3)　$g'(x)=A(x)f(x)$ の形になる。

97　(3)　(1)，(2)の結果から，$y=f(x)$ のグラフの対称性に注目する。

98　(1)　y は $\sin\theta$ と $\cos\theta$ の対称式 ⟶ 和 $\sin\theta+\cos\theta$，積 $\sin\theta\cos\theta$ で表す。

99　$f'(x)$，$f''(x)$ を求め，まず $f'(x)$ の増減に注目。

参考事項 凸関数とイェンセンの不等式

● 曲線の凹凸と凸関数

ある区間で微分可能な関数 $y=f(x)$ について，x の値が増加するにつれて

接線の傾きが増加するとき，その区間で曲線 $y=f(x)$ は **下に凸**，

接線の傾きが減少するとき，その区間で曲線 $y=f(x)$ は **上に凸**

であると定義したが，本来の定義は次のようになる。

> 関数 $f(x)$ が，ある区間に含まれる任意の異なる実数 x_1，x_2 と，$s+t=1$，$s\geqq 0$，$t\geqq 0$ である任意の実数 s，t に対して
>
> $f(sx_1+tx_2)\leqq sf(x_1)+tf(x_2)$ …… ①
>
> が成り立つとき，$f(x)$ は **下に凸**，
>
> $f(sx_1+tx_2)\geqq sf(x_1)+tf(x_2)$
>
> が成り立つとき，$f(x)$ は **上に凸** であるという。

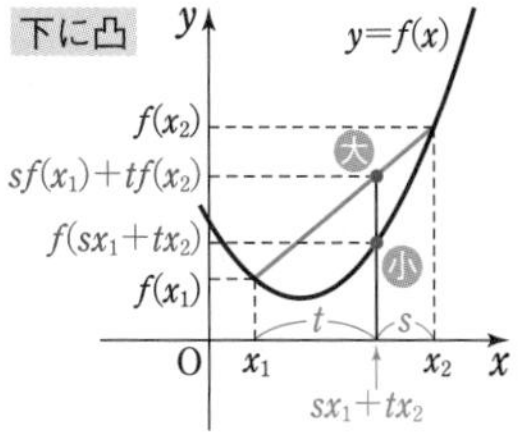

そして，定義域において下に凸である関数を **凸関数**，上に凸である関数を **凹関数** という。

● イェンセンの不等式

凸関数に関して，次の不等式が成り立つ。

> **イェンセンの不等式**
>
> 凸関数 $f(x)$，任意の実数 x_i $(i=1,\ 2,\ \cdots\cdots,\ n)$，0 以上の実数 s_i $(i=1,\ 2,\ \cdots\cdots,\ n)$，$\sum_{i=1}^{n}s_i=1$ について
>
> $$f\left(\sum_{i=1}^{n}s_ix_i\right)\leqq\sum_{i=1}^{n}s_if(x_i)\quad\cdots\cdots ②$$

◀ $f(x)$ が下に凸。なお，$f(x)$ が凹関数（上に凸）の場合，② の不等号の向きが逆になる。

証明　数学的帰納法により示す。

[1]　$n=1$ のとき，明らかに成り立つ。$n=2$ のとき，① から成り立つ。

[2]　$n=k$ のとき，② が成り立つと仮定すると　$f\left(\sum_{i=1}^{k}s_ix_i\right)\leqq\sum_{i=1}^{k}s_if(x_i)$，$\sum_{i=1}^{k}s_i=1$ …… ③

$n=k+1$ のときについて。$s_{k+1}=1$ とすると $s_1=s_2=\cdots\cdots=s_k=0$ であり，② は明らかに成り立つ。$s_{k+1}\neq 1$ のとき，$S=\sum_{i=1}^{k}s_i$ とすると　$S\neq 0$

このとき　$f\left(\sum_{i=1}^{k+1}s_ix_i\right)=f\left(S\left(\sum_{i=1}^{k}\frac{s_i}{S}x_i\right)+s_{k+1}x_{k+1}\right)$

$\leqq Sf\left(\sum_{i=1}^{k}\frac{s_i}{S}x_i\right)+s_{k+1}f(x_{k+1})$　◀ $S+s_{k+1}=1$ から ① を利用。

$\leqq S\left\{\sum_{i=1}^{k}\frac{s_i}{S}f(x_i)\right\}+s_{k+1}f(x_{k+1})$　◀ $\sum_{i=1}^{k}\frac{s_i}{S}=1$ から ③ を利用。

$\leqq\sum_{i=1}^{k}s_if(x_i)+s_{k+1}f(x_{k+1})=\sum_{i=1}^{k+1}s_if(x_i)$

よって，$n=k+1$ のときも ② は成り立つ。

[1]，[2] から，すべての自然数 n について ② は成り立つ。

前ページで示した不等式を利用して，次の有名な不等式を証明してみよう。

> **1.** n 個の正の数 x_i $(i=1,\ 2,\ \cdots\cdots,\ n)$ に対して
>
> $$\frac{\boldsymbol{x_1+x_2+\cdots\cdots+x_n}}{\boldsymbol{n}} \geqq \sqrt[n]{\boldsymbol{x_1x_2\cdots\cdots x_n}}$$ **（相加平均と相乗平均の大小関係）**
>
> **2.** $p>1,\ q>1,\ \dfrac{1}{p}+\dfrac{1}{q}=1$ のとき，任意の正の数 $a,\ b$ について
>
> $$\frac{\boldsymbol{a^p}}{\boldsymbol{p}}+\frac{\boldsymbol{b^q}}{\boldsymbol{q}} \geqq \boldsymbol{ab}$$ **（ヤングの不等式）**

証明　**1.** $f(x)=-\log x$ とすると，$f'(x)=-\dfrac{1}{x}$ から　　$f''(x)=\dfrac{1}{x^2}>0$

よって，$f(x)$ は凸関数である。

$s_i=\dfrac{1}{n}$ $(i=1,\ 2,\ \cdots\cdots,\ n)$ とすると，$\displaystyle\sum_{i=1}^{n} s_i=1$ であるから，② より

$$-\log\left(\frac{x_1}{n}+\frac{x_2}{n}+\cdots\cdots+\frac{x_n}{n}\right) \leqq -\frac{1}{n}(\log x_1+\log x_2+\cdots\cdots+\log x_n)$$

よって　　$\log\dfrac{x_1+x_2+\cdots\cdots+x_n}{n} \geqq \dfrac{1}{n}\log(x_1x_2\cdots\cdots x_n)=\log\sqrt[n]{x_1x_2\cdots\cdots x_n}$

したがって　　$\dfrac{x_1+x_2+\cdots\cdots+x_n}{n} \geqq \sqrt[n]{x_1x_2\cdots\cdots x_n}$　　◀底 $e>1$

参考　等号が成り立つのは $x_1=x_2=\cdots\cdots=x_n$ のときである。

2. $f(x)=e^x$ とすると　　$f'(x)=f''(x)=e^x>0$

よって，$f(x)$ は凸関数である。$\dfrac{1}{p}+\dfrac{1}{q}=1$ であるから，① より

$$e^{\frac{1}{p}x_1+\frac{1}{q}x_2} \leqq \frac{1}{p}e^{x_1}+\frac{1}{q}e^{x_2}$$　◀$f\left(\dfrac{1}{p}x_1+\dfrac{1}{q}x_2\right) \leqq \dfrac{1}{p}f(x_1)+\dfrac{1}{q}f(x_2)$

$x_1=p\log a,\ x_2=q\log b$ とすると

$$e^{\frac{1}{p}x_1+\frac{1}{q}x_2}=e^{\log a+\log b}=e^{\log ab}=ab$$
$$e^{x_1}=e^{p\log a}=(e^{\log a})^p=a^p,\ e^{x_2}=e^{q\log b}=(e^{\log b})^q=b^q$$

したがって　　$\dfrac{a^p}{p}+\dfrac{b^q}{q} \geqq ab$

16 方程式・不等式への応用

基本事項

1 不等式 $f(x)>g(x)$ の証明

$F(x)=f(x)-g(x)$ として，関数 $F(x)$ の増減を調べて証明する。

① $F(x)$ の最小値を求め，
[$F(x)$ の (最小値)>0] を示す。

② **$F(x)$ が単調に増加** [$F'(x)>0$] **して**
$F(a)\geqq 0$ ならば，$x>a$ のとき $f(x)>g(x)$
であることを利用する。

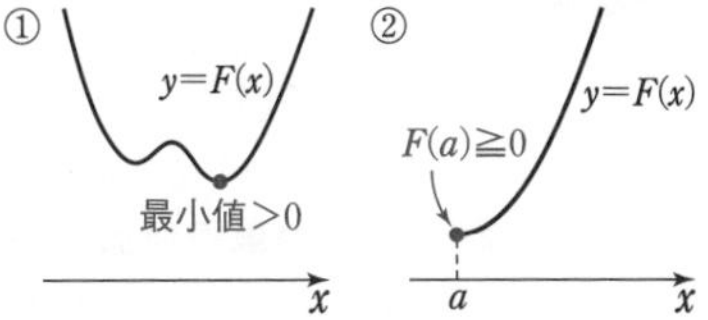

2 方程式の実数解の個数

方程式 $f(x)=g(x)$ の実数解の個数を調べるには，関数 $F(x)=f(x)-g(x)$ の増減を調べればよい。また，$f(x)=g(x)$ を同値な方程式 **$h(x)=a$ (a は定数)** などに変形して考えてもよい。

3 方程式 $f(x)=g(x)$ の実数解の存在

関数 $F(x)=f(x)-g(x)$ の値の変化を調べて，中間値の定理を利用する。

① **$F(x)$ が閉区間 $[a,\ b]$ で連続であって，$F(a)F(b)<0$** [$F(a)$ と $F(b)$ が異符号] **ならば，開区間 $(a,\ b)$ に $F(x)=0$ の実数解が少なくとも 1 つある。**

② **① において，特に $F(x)$ が単調に増加する** [$F'(x)>0$] **か，または単調に減少する** [$F'(x)<0$] **ならば，実数解はただ 1 つである。**

解　説

■ 不等式の証明

式の変形だけでは証明できない不等式については，関数の最大値・最小値や，関数の増加・減少を調べることにより証明できる場合がある。

例　$x>0$ のとき，不等式 $x>\sin x$ が成り立つことの証明

$F(x)=x-\sin x$ とすると　　$F'(x)=1-\cos x$

$x>0$ のとき　　$F'(x)\geqq 0$　　　ゆえに，$F(x)$ は $x\geqq 0$ で単調に増加する。

このことと $F(0)=0$ から，$x>0$ のとき　$F(x)>0$　すなわち　$x>\sin x$

なお，$F'(x)>0$ などを示すのに，$F''(x)$ [第 2 次導関数] を用いることもある。

■ 方程式の実数解の個数

方程式 $f(x)=g(x)$ の実数解の個数 $\Longleftrightarrow$ $\begin{cases} y=f(x) \\ y=g(x) \end{cases}$ **の 2 つのグラフの共有点の個数** が基本。

実際には，方程式 $f(x)=g(x)$ が $h(x)=a$ (a は定数) の形に変形できるならば，$y=h(x)$ のグラフを固定し，$y=a$ のグラフ (x 軸に平行な直線) を上下に平行移動させて，共有点の個数を調べるとよい。

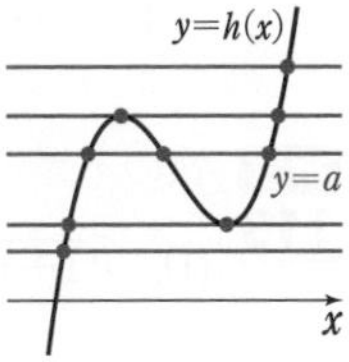

■ 方程式の実数解の存在

中間値の定理において，特に $f(x)$ が区間 $[a,\ b]$ で連続であって，$f(a)$ と $f(b)$ が異符号であり，$f(x)$ が単調に増加または減少するならば，$f(x)=0$ の解で区間 $(a,\ b)$ に含まれるものはただ 1 つである。

基本例題 113 不等式の証明(1) … 微分利用(基本)

$x>0$ のとき，次の不等式が成り立つことを証明せよ。

(1) $\log(1+x)<\dfrac{1+x}{2}$ (2) $x^2+2e^{-x}>e^{-2x}+1$

p.195 基本事項 1 重要 115, 117, 演習 122

指針 不等式 $f(x)>g(x)$ の証明は **大小比較は差を作る** に従い，
$F(x)=f(x)-g(x)$ として，$F(x)$ の増減を調べ，次の ①，② どちらかの方法で $F(x)>0$ を示す。

① $F(x)$ の最小値を求め，**最小値>0** となることを示す。 …… これが基本。

② **$F(x)$ が単調増加 $[F'(x)>0]$ で $F(a)\geqq 0 \Longrightarrow x>a$ のとき $F(x)>0$** とする。

(1) では ①，(2) では ② の方法による。なお，$F'(x)$ の符号がわかりにくいときは，更に $F''(x)$ を利用する。

解答

(1) $F(x)=\dfrac{1+x}{2}-\log(1+x)$ とすると

$$F'(x)=\frac{1}{2}-\frac{1}{1+x}=\frac{x-1}{2(1+x)}$$

$F'(x)=0$ とすると $x=1$

$x>0$ における $F(x)$ の増減表は右のようになる。$e>2$ であるから

$\log e-\log 2>0$

すなわち

$1-\log 2>0$

x	0	$\cdots$	1	$\cdots$
$F'(x)$		$-$	0	$+$
$F(x)$	$\dfrac{1}{2}$	↘	極小 $1-\log 2$	↗

ゆえに，$x>0$ のとき $F(x)\geqq F(1)>0$

よって，$x>0$ のとき $\log(1+x)<\dfrac{1+x}{2}$

(2) $F(x)=x^2+2e^{-x}-(e^{-2x}+1)$ とすると

$F'(x)=2x-2e^{-x}+2e^{-2x}$ …… (＊)

$F''(x)=2+2e^{-x}-4e^{-2x}=2(1-e^{-x})(1+2e^{-x})$

$x>0$ のとき，$0<e^{-x}<1$ であるから $F''(x)>0$

ゆえに，$F'(x)$ は $x\geqq 0$ で単調に増加する。

このことと，$F'(0)=0$ から，$x>0$ のとき $F'(x)>0$

よって，$F(x)$ は $x\geqq 0$ で単調に増加する。

このことと，$F(0)=0$ から，$x>0$ のとき $F(x)>0$

したがって，$x>0$ のとき $x^2+2e^{-x}>e^{-2x}+1$

大小比較は差を作る

$y=\log(1+x)$ と $y=\dfrac{1+x}{2}$ のグラフの位置関係は，下の図のようになっている。

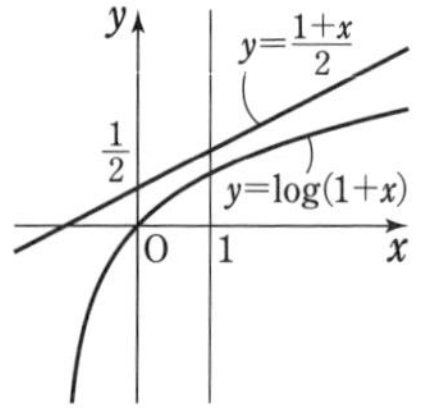

(＊) このままでは，$F'(x)>0$ が示しにくいから，$F''(x)$ を利用する。

別解 (2)
$F(x)=x^2-(1-e^{-x})^2$
$=(x+1-e^{-x})(x-1+e^{-x})$
$x>0$ のとき，
$x+(1-e^{-x})>0$ であるから，$x>0$ で
$x-1+e^{-x}>0$ を示す。
[方法は (1) の解答と同様。]

練習 ②113 次の不等式が成り立つことを証明せよ。

(1) $\sqrt{1+x}<1+\dfrac{x}{2}$ $(x>0)$ (2) $e^x<1+x+\dfrac{e}{2}x^2$ $(0<x<1)$

(3) $e^x>x^2$ $(x>0)$ (4) $\sin x>x-\dfrac{x^3}{6}$ $(x>0)$

基本例題 114 不等式の証明 (2) … 証明した不等式を利用

(1) 不等式 $e^x>1+x$ が成り立つことを示せ。ただし，$x \neq 0$ とする。

(2) 0 でない実数 x に対して，$|x|<n$ となる自然数 n をとると，不等式

$\left(1+\dfrac{x}{n}\right)^n<e^x<\left(1-\dfrac{x}{n}\right)^{-n}$ …… Ⓐ が成り立つことを示せ。〔類 高知女子大〕

基本 113　重要 115，演習 122

指針 (1) 大小比較は差を作る　$f(x)=e^x-(1+x)$ として $f(x)$ の増減を調べる。

(2) 条件 $|x|<n$ から　$-1<\dfrac{x}{n}<1$　これより，$1+\dfrac{x}{n}>0$，$1-\dfrac{x}{n}>0$ であるから

Ⓐ $\iff$ $1+\dfrac{x}{n}<e^{\frac{x}{n}}<\left(1-\dfrac{x}{n}\right)^{-1}$　更に　$e^{\frac{x}{n}}<\left(1-\dfrac{x}{n}\right)^{-1} \iff e^{-\frac{x}{n}}>1-\dfrac{x}{n}$

よって，(1) で示した不等式 で x に $\dfrac{x}{n}$，$-\dfrac{x}{n}$ を 代入 することを考える。……★

CHART (1)，(2) の問題　結果の利用，(1) は (2) のヒント

解答

(1) $f(x)=e^x-(1+x)$ とすると　$f'(x)=e^x-1$

$f'(x)=0$ とすると　$x=0$

$f(x)$ の増減表は右のようになる。

x	$\cdots$	0	$\cdots$
$f'(x)$	$-$	0	$+$
$f(x)$	↘	0	↗

よって，$x \neq 0$ のとき　$f(x)>0$

ゆえに，$x \neq 0$ のとき

$e^x>1+x$ …… ①

(2) $\dfrac{x}{n} \neq 0$，$-\dfrac{x}{n} \neq 0$ であるから，① で x に $\dfrac{x}{n}$，$-\dfrac{x}{n}$ をそれぞれ代入して

$e^{\frac{x}{n}}>1+\dfrac{x}{n}$ …… ②，$e^{-\frac{x}{n}}>1-\dfrac{x}{n}$ …… ③

ここで，$|x|<n$ から　$-1<\dfrac{x}{n}<1$

ゆえに　$1+\dfrac{x}{n}>0$，$1-\dfrac{x}{n}>0$

よって，②，③ の各辺を n 乗して

$e^x>\left(1+\dfrac{x}{n}\right)^n$ …… ④，$e^{-x}>\left(1-\dfrac{x}{n}\right)^n$ …… ⑤

⑤ から　$e^x<\left(1-\dfrac{x}{n}\right)^{-n}$ …… ⑥

④，⑥ から　$\left(1+\dfrac{x}{n}\right)^n<e^x<\left(1-\dfrac{x}{n}\right)^{-n}$

◀ $e^x=1$

◀ $x \neq 0$ のとき $f(x)>f(0)=0$

◀ 指針＿＿……★ の方針。不等式の証明問題では，先に示した不等式を利用することも多い。その際，先に示した不等式が成り立つ条件を確認するようにしよう（左の - - -）。

◀ $\left|\dfrac{x}{n}\right|<1$

◀ $0<a<b$ のとき $a<b \iff a^n<b^n$（n は自然数）

◀ $0<a<b$ のとき $\dfrac{1}{b}<\dfrac{1}{a}$

練習 ③114 (1) $x \geqq 1$ において，$x>2\log x$ が成り立つことを示せ。ただし，自然対数の底 e について，$2.7<e<2.8$ であることを用いてよい。

(2) 自然数 n に対して，$(2n\log n)^n<e^{2n\log n}$ が成り立つことを示せ。〔神戸大〕

p.205 EX100

重要例題 115 2変数の不等式の証明 (1)

①①①①①

$0<a<b<2\pi$ のとき，不等式 $b\sin\dfrac{a}{2}>a\sin\dfrac{b}{2}$ が成り立つことを証明せよ。

基本 113, 114

指針 2変数 a，b の不等式の証明問題であるが，この問題では不等式の両辺を $ab\ (>0)$ で割ると

$$b\sin\frac{a}{2}>a\sin\frac{b}{2} \xrightarrow{\text{変形}} \frac{1}{a}\sin\frac{a}{2}>\frac{1}{b}\sin\frac{b}{2}$$

$F(a,\ b)>F(b,\ a)$ の形　　　$f(a)>f(b)$ の形

よって，$f(x)=\dfrac{1}{x}\sin\dfrac{x}{2}$ とすると，示すべき不等式は　$f(a)>f(b)$ $(0<a<b<2\pi)$

つまり，$0<x<2\pi$ のとき $f(x)$ が単調減少となることを示せばよい。

なお，2変数の不等式の扱い方については，p.200 の参考事項でまとめているので，参考にしてほしい。

解答

$0<a<b<2\pi$ のとき，不等式の両辺を $ab\ (>0)$ で割って

$$\frac{1}{a}\sin\frac{a}{2}>\frac{1}{b}\sin\frac{b}{2}$$

ここで，$f(x)=\dfrac{1}{x}\sin\dfrac{x}{2}$ とすると

$$f'(x)=-\frac{1}{x^2}\sin\frac{x}{2}+\frac{1}{2x}\cos\frac{x}{2}$$

◀ $(uv)'=u'v+uv'$

$$=\frac{1}{2x^2}\underline{\left(x\cos\frac{x}{2}-2\sin\frac{x}{2}\right)}$$

$g(x)=x\cos\dfrac{x}{2}-2\sin\dfrac{x}{2}$ とすると

◀ $f'(x)$ の式の＿＿は符号が調べにくいから，$g(x)=$＿＿として $g'(x)$ の符号を調べる。

$$g'(x)=\cos\frac{x}{2}-\frac{x}{2}\sin\frac{x}{2}-\cos\frac{x}{2}=-\frac{x}{2}\sin\frac{x}{2}$$

$0<x<2\pi$ のとき，$0<\dfrac{x}{2}<\pi$ であるから　　$g'(x)<0$

よって，$g(x)$ は $0\leqq x\leqq 2\pi$ で単調に減少する。

また，$g(0)=0$ であるから，$0<x<2\pi$ において

$g(x)<0$　すなわち　$f'(x)<0$

よって，$f(x)$ は $0<x<2\pi$ で単調に減少する。

ゆえに，$0<a<b<2\pi$ のとき

$$\frac{1}{a}\sin\frac{a}{2}>\frac{1}{b}\sin\frac{b}{2}$$

すなわち　　$b\sin\dfrac{a}{2}>a\sin\dfrac{b}{2}$

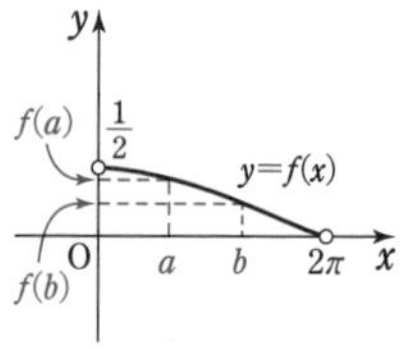

練習 ③115 $e<a<b$ のとき，不等式 $a^b>b^a$ が成り立つことを証明せよ。〔類 長崎大〕

p.205 EX101

重要例題 116　2変数の不等式の証明(2)

$0<a<b$ のとき，不等式 $\sqrt{ab}<\dfrac{b-a}{\log b-\log a}<\dfrac{a+b}{2}$ が成り立つことを示せ。

〔岐阜大〕　重要 115

指針　前ページの重要例題 115 に続いて，2変数の不等式の証明問題である。

この問題では，$\log b-\log a=\log\dfrac{b}{a}$ に注目し，$\dfrac{b}{a}=t$ のおき換え の方針で進める。

不等式の各辺を $a\ (>0)$ で割って　$\sqrt{\dfrac{b}{a}}<\dfrac{\dfrac{b}{a}-1}{\log\dfrac{b}{a}}<\dfrac{1+\dfrac{b}{a}}{2}$

よって，$t>1$ のとき，$\sqrt{t}<\dfrac{t-1}{\log t}<\dfrac{1+t}{2}$ が成り立つことを示す。

解答

不等式の各辺を $a\ (>0)$ で割って　$\sqrt{\dfrac{b}{a}}<\dfrac{\dfrac{b}{a}-1}{\log\dfrac{b}{a}}<\dfrac{1+\dfrac{b}{a}}{2}$ …… ①

$\dfrac{b}{a}=t$ とおくと，$0<a<b$ から $t>1$ で，不等式 ① は $\sqrt{t}<\dfrac{t-1}{\log t}<\dfrac{1+t}{2}$ と同値。

$t>1$ のとき $\log t>0$ であるから，各辺は正である。

ゆえに，各辺の逆数をとって　$\dfrac{2}{t+1}<\dfrac{\log t}{t-1}<\dfrac{1}{\sqrt{t}}$

◀ $p,\ q,\ r,\ s$ が正のとき $0<\dfrac{q}{p}<\dfrac{s}{r} \iff \dfrac{r}{s}<\dfrac{p}{q}$

各辺に $t-1\ (>0)$ を掛けて　$\dfrac{2(t-1)}{t+1}<\log t<\dfrac{t-1}{\sqrt{t}}$ …… Ⓐ

$f(t)=\dfrac{t-1}{\sqrt{t}}-\log t$ とすると　$f(t)=\sqrt{t}-\dfrac{1}{\sqrt{t}}-\log t$

$t>1$ のとき

$$f'(t)=\frac{1}{2\sqrt{t}}+\frac{1}{2t\sqrt{t}}-\frac{1}{t}=\frac{t+1-2\sqrt{t}}{2t\sqrt{t}}=\frac{(\sqrt{t}-1)^2}{2t\sqrt{t}}>0$$

◀ $f(t)$ は単調増加。

$f(1)=0$ であるから，$t>1$ のとき　$f(t)>0$　すなわち　$\log t<\dfrac{t-1}{\sqrt{t}}$ …… ②

$g(t)=\log t-\dfrac{2(t-1)}{t+1}$ とすると　$g(t)=\log t-2+\dfrac{4}{t+1}$

◀ $\dfrac{2(t-1)}{t+1}=\dfrac{2(t+1)-4}{t+1}$

$t>1$ のとき

$$g'(t)=\frac{1}{t}-\frac{4}{(t+1)^2}=\frac{(t+1)^2-4t}{t(t+1)^2}=\frac{t^2-2t+1}{t(t+1)^2}=\frac{(t-1)^2}{t(t+1)^2}>0$$

◀ $g(t)$ は単調増加。

$g(1)=0$ であるから，$t>1$ のとき　$g(t)>0$　すなわち　$\dfrac{2(t-1)}{t+1}<\log t$ …… ③

よって，②，③ により，不等式 Ⓐ が成り立つから，与えられた不等式は成り立つ。

練習 ④116　$a>0,\ b>0$ のとき，不等式 $b\log\dfrac{a}{b}\leqq a-b\leqq a\log\dfrac{a}{b}$ が成り立つことを証明せよ。

〔類 北見工大〕

参考事項　2変数関数の式の扱い方

2変数 a, b の不等式を扱うには，次のような方法が考えられる。

[1]　$f(a)>f(b)$ の形に変形	[2]　おき換え $\dfrac{b}{a}=t$ の利用
[3]　一方の文字を定数とみる	[4]　差に注目して平均値の定理の利用
[5]　(相加平均)≧(相乗平均) の利用	[6]　点 $(a,\ b)$ の領域利用

重要例題 **115** では方法 [1] を，重要例題 **116** では方法 [2] をそれぞれ利用した。
ここでは，方法 [3]，[4] を利用した解答例を示しておきたい。

問題　n は自然数とする。$0<b\leqq a$ のとき，不等式 $a^n-b^n\leqq n(a-b)a^{n-1}$ …… ① を示せ。

<方法 [3]（一方の文字を定数とみる）による証明>

b を定数とみて，a を x におき換えると，$x\geqq b$ で，不等式 ① は

$$x^n-b^n\leqq n(x-b)x^{n-1}$$

$f(x)=n(x-b)x^{n-1}-(x^n-b^n)$ とすると

$$f'(x)=n\{1\cdot x^{n-1}+(x-b)\cdot(n-1)x^{n-2}\}-nx^{n-1}=n(n-1)(x-b)x^{n-2}$$

$x>0$，$x-b\geqq 0$ から　$f'(x)\geqq 0$　　また，$f(b)=0$ であるから，$x\geqq b$ のとき　$f(x)\geqq 0$

ゆえに　　$x^n-b^n\leqq n(x-b)x^{n-1}$

したがって，$x=a$ とすると　　$0<b\leqq a$ のとき　$a^n-b^n\leqq n(a-b)a^{n-1}$

<方法 [4]（平均値の定理の利用）による証明>

（不等式 ① は $\dfrac{a^n-b^n}{a-b}\leqq na^{n-1}$ と同値。左辺は **平均変化率 $\dfrac{f(a)-f(b)}{a-b}$ の形** である ことに注目し，平均値の定理が利用できないかと考える。）

$f(x)=x^n$ とすると　　$f'(x)=nx^{n-1}$

[i]　$a\neq b$ のとき，$f(x)$ は $x>0$ で微分可能であるから，
　平均値の定理により

$$\frac{a^n-b^n}{a-b}=nc^{n-1},\quad b<c<a$$

　を満たす実数 c が存在する。

　$n\geqq 1$，$0<c<a$ であるから　　$nc^{n-1}\leqq na^{n-1}$

　よって　　$\dfrac{a^n-b^n}{a-b}\leqq na^{n-1}$

　ゆえに　　$a^n-b^n\leqq n(a-b)a^{n-1}$

[ii]　$a=b$ のとき，$a^n=b^n$ であるから　　$a^n-b^n=n(a-b)a^{n-1}(=0)$

[i]，[ii] から，$0<b\leqq a$ のとき　　$a^n-b^n\leqq n(a-b)a^{n-1}$

◀**平均値の定理**
関数 $f(x)$ が閉区間 $[a,\ b]$ で連続，開区間 $(a,\ b)$ で微分可能ならば
$$\frac{f(b)-f(a)}{b-a}=f'(c),$$
$a<c<b$
を満たす実数 c が存在する。

方法 [5]（(相加平均)≧(相乗平均) の利用） は，数学Ⅱの不等式の証明で学習した。
例えば，$\dfrac{a}{b}+\dfrac{b}{a}$ $(a>0,\ b>0)$ のような，正の数の ●＋■ に対して積 ●×■ が一定となるものを考えるときに有効な場合がある。

重要例題 117 不等式が常に成り立つ条件 … 定数 k を分離 ⊘⊘⊘⊘⊘

すべての正の数 x に対して不等式 $kx^2 \geqq \log x$ が成り立つような定数 k のうちで最小のものを求めよ。 〔岡山理科大〕

基本 113

指針 ⊘ **大小比較は差を作る** の方針で，$f(x)=kx^2-\log x$ の **(最小値)≧0** の条件を求めてもよいが，x^2 の係数が文字 k のため扱いにくい。そこで，$x^2>0$ に注目し，不等式を $\dfrac{\log x}{x^2} \leqq k$ と変形（k を分離）すると扱いやすくなる。

なお，グラフを利用し，放物線 $y=kx^2$（$k=0$ なら x 軸）が曲線 $y=\log x$ の上側（=を含む）にある条件としても求められる（別解）。

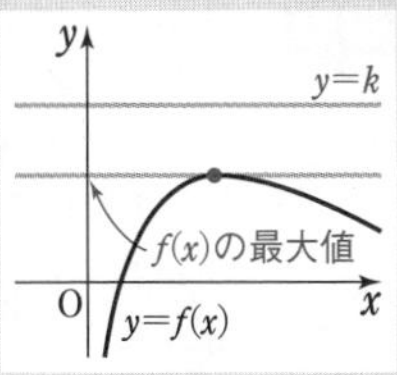

CHART 定数 k を含む不等式の扱い
1 **大小比較　差を作る**
2 **定数 k との大小関係にもち込む**

解答

真数条件より，$x>0$ であるから　　$x^2>0$

ゆえに，与えられた不等式は　$\dfrac{\log x}{x^2} \leqq k$　と同値である。

$f(x)=\dfrac{\log x}{x^2}$ とすると　　$f'(x)=\dfrac{1-2\log x}{x^3}$

$f'(x)=0$ とすると

$1-2\log x=0$

$\log x=\dfrac{1}{2}$ から　　$x=\sqrt{e}$

よって，$x>0$ における増減表は右のようになる。

x	0	$\cdots$	$\sqrt{e}$	$\cdots$
$f'(x)$		$+$	0	$-$
$f(x)$		↗	極大	↘

ゆえに，$f(x)$ は $x=\sqrt{e}$ で極大かつ最大となり，最大値は

$$f(\sqrt{e})=\frac{\log\sqrt{e}}{e}=\frac{1}{2e}$$

よって，すべての正の数 x に対して不等式が成り立つための条件は　$\dfrac{1}{2e} \leqq k$

したがって，k の最小値は　$\boldsymbol{\dfrac{1}{2e}}$

参考 1 **大小比較 差を作る** による解法については，解答編 $p.150$ を参照。

別解 2 曲線 $y=kx^2$，$y=\log x$ が接するための条件は，接点の x 座標を α $(\alpha>0)$ とすると，y 座標について

$k\alpha^2=\log\alpha$ …… ①

微分係数について

$2k\alpha=\dfrac{1}{\alpha}$ …… ②

①，② を連立して解くと

$\alpha=\sqrt{e}$，$k=\dfrac{1}{2e}$

ゆえに，曲線 $y=kx^2$ が曲線 $y=\log x$ の上側にある，または接するための条件は

$k \geqq \dfrac{1}{2e}$

求める最小値は　$\boldsymbol{\dfrac{1}{2e}}$

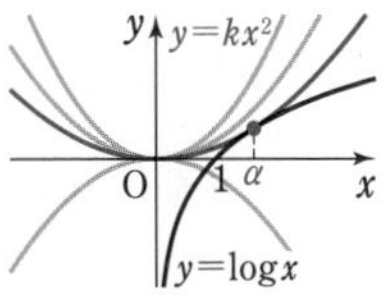

練習 ③**117** a を正の定数とする。不等式 $a^x \geqq x$ が任意の正の実数 x に対して成り立つような a の値の範囲を求めよ。 〔神戸大〕 p.205 EX102

基本例題 118 方程式の実数解の個数 … $f(x)=$(定数) に変形 ②②②②②

a は定数とする。方程式 $ax=2\log x+\log 3$ の実数解の個数について調べよ。
ただし，$\displaystyle\lim_{x\to\infty}\frac{\log x}{x}=0$ を用いてもよい。

p.195 基本事項 **2**，重要 117　重要 119

指針 直線 $y=ax$ と $y=2\log x+\log 3$ のグラフの共有点の個数を調べればよいわけであるが，特に，文字係数 a を含むときは，**a を分離して $f(x)=a$ の形に変形** して考えるとよい。
このように考えると，**$y=f(x)$** [固定した曲線] **と $y=a$** [x 軸に平行に動く直線] **の共有点の個数** を調べることになる。

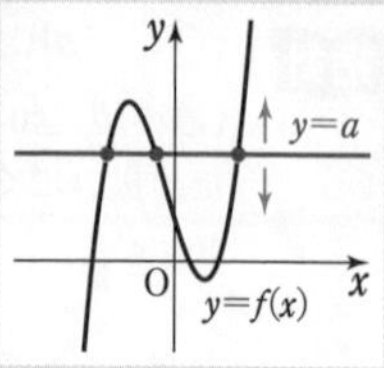

CHART 実数解の個数 ⟺ グラフの共有点の個数
定数 a の入った方程式　定数 a を分離する

解答

真数条件より，$x>0$ であるから，与えられた方程式は

$\dfrac{2\log x+\log 3}{x}=a$ と同値。$f(x)=\dfrac{2\log x+\log 3}{x}$ とすると　◀この断りを忘れずに。 ◀定数 a を分離。

$$f'(x)=\frac{2-(2\log x+\log 3)}{x^2}=\frac{2-(\log x^2+\log 3)}{x^2}$$
$$=\frac{2-\log 3x^2}{x^2}$$

◀$\log 3x^2=2$ から $3x^2=e^2$　$x>0$ であるから $x=\dfrac{e}{\sqrt{3}}$

$f'(x)=0$ とすると，$x>0$ であるから　$x=\dfrac{e}{\sqrt{3}}$

$x>0$ における増減表は右のようになる。

x	0	$\cdots$	$\dfrac{e}{\sqrt{3}}$	$\cdots$
$f'(x)$		$+$	0	$-$
$f(x)$		↗	極大 $\dfrac{2\sqrt{3}}{e}$	↘

また　$\displaystyle\lim_{x\to+0}f(x)=-\infty$，$\displaystyle\lim_{x\to\infty}f(x)=0$

◀$x\longrightarrow+0$ のとき $\dfrac{1}{x}\longrightarrow\infty$，$\log x\longrightarrow-\infty$
$x\longrightarrow\infty$ のとき $\dfrac{\log x}{x}\longrightarrow 0$，$\dfrac{1}{x}\longrightarrow 0$

$y=f(x)$ のグラフは右図のようになり，実数解の個数はグラフと直線 $y=a$ の共有点の個数に一致するから

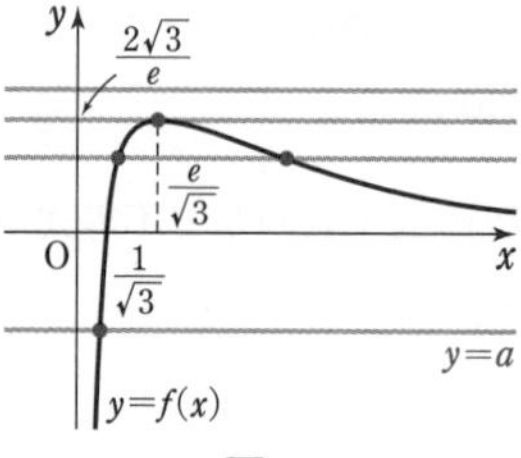

$\dfrac{2\sqrt{3}}{e}<a$ のとき 0 個；

$a\leqq 0$，$a=\dfrac{2\sqrt{3}}{e}$ のとき 1 個；$0<a<\dfrac{2\sqrt{3}}{e}$ のとき 2 個

参考 ロピタルの定理から
$$\lim_{x\to\infty}\frac{\log x}{x}=\lim_{x\to\infty}\frac{\frac{1}{x}}{1}=0$$

練習 ② 118 (1) k を定数とするとき，$0<x<2\pi$ における方程式 $\log(\sin x+2)-k=0$ の実数解の個数を調べよ。　〔類 関西大〕

(2) 方程式 $e^x=ax$（a は定数）の実数解の個数を調べよ。ただし，$\displaystyle\lim_{x\to\infty}\frac{e^x}{x}=\infty$ を用いてもよい。

p.205 EX 103, 104

重要例題 119 y 軸上の点から曲線に引ける接線の本数 ③

$f(x)=-e^x$ とする。実数 b に対して，点 $(0,\ b)$ を通る，曲線 $y=f(x)$ の接線の本数を求めよ。ただし，$\lim_{x\to-\infty} xe^x=0$ を用いてもよい。〔類 東京電機大〕

基本 87，118

指針 点 $(0,\ b)$ を通る，曲線 $y=f(x)$ の接線 ⟹ **曲線 $y=f(x)$ 上の点 $(t,\ f(t))$ における接線が点 $(0,\ b)$ を通る** と考えて，t の方程式を導く。
この問題の場合，$f'(x)=-e^x$ であり，$p\neq q$ のとき $f'(p)\neq f'(q)$ であるから，曲線 $y=f(x)$ の接線については，接点が異なれば接線も異なる。よって，t の方程式の実数解の個数が接線の本数に一致する。
実数解の個数は，t の方程式を $g(t)=b$ の形にして（b を分離），$y=g(t)$ のグラフを利用して求める。

解答

$f(x)=-e^x$ から　　$f'(x)=-e^x$

よって，曲線 $y=f(x)$ 上の点 $(t,\ f(t))$ における接線 ℓ の方程式は

$y-(-e^t)=-e^t(x-t)$　すなわち　$y=-e^t(x-t)-e^t$

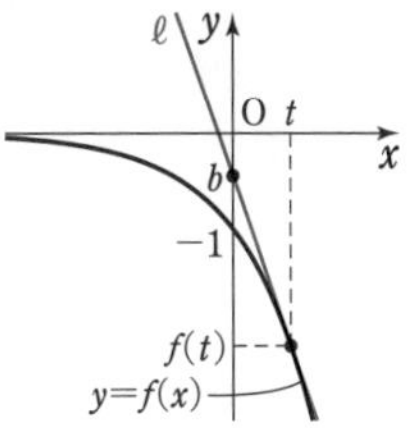

この接線 ℓ が点 $(0,\ b)$ を通るとき　　$b=-e^t(-t)-e^t$

したがって　　$b=(t-1)e^t$

ここで，$g(t)=(t-1)e^t$ とすると

$g'(t)=e^t+(t-1)e^t=te^t$

$g'(t)=0$ とすると　　$t=0$

$g(t)$ の増減表は右のようになる。

t	$\cdots$	0	$\cdots$
$g'(t)$	$-$	0	$+$
$g(t)$	↘	極小 -1	↗

また　$\lim_{t\to\infty} g(t)=\infty$，

$\lim_{t\to-\infty} g(t)=\lim_{t\to-\infty}(te^t-e^t)=0$

◀ $\lim_{t\to-\infty} te^t=0$，$\lim_{t\to-\infty} e^t=0$

ゆえに，$y=g(t)$ のグラフの概形は，右図のようになる。

◀ t 軸が漸近線。

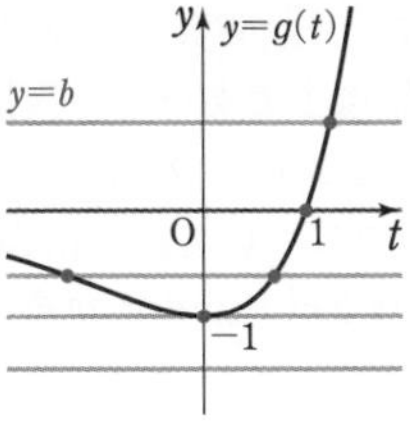

t は接点の x 座標であり，接点が異なれば接線も異なる。

よって，$b=g(t)$ を満たす実数 t の個数が，接線の本数に一致する。

したがって，求める接線の本数は，グラフから

◀ 直線 $y=b$ を上下に平行移動させ，$y=g(t)$ のグラフとの共有点の個数を調べる。

$b<-1$ のとき 0 本；
$b=-1,\ 0\leqq b$ のとき 1 本；
$-1<b<0$ のとき 2 本

練習 ③119 $f(x)=\dfrac{1}{3}x^3+2\log|x|$ とする。実数 a に対して，曲線 $y=f(x)$ の接線のうちで傾きが a と等しくなるようなものの本数を求めよ。

p.205 EX105

参考事項　複接線

ある曲線に2点以上で接する直線を，この曲線の **複接線** という。例えば，数学IIで出てくる曲線では，次のことがいえる。

3次関数のグラフは複接線をもたない

4次関数のグラフは複接線をもつことがある

ところで，曲線が複接線をもつかもたないかは，右の図から，変曲点の個数が関係しているように推測できるかもしれない。

一般に，変曲点の個数と複接線について，次のことが成り立つ。

(3次関数のグラフ)

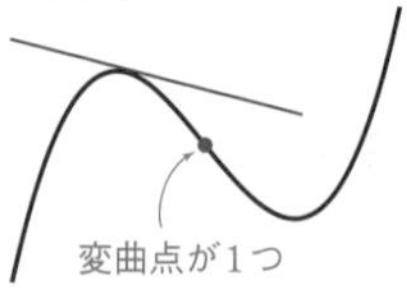

(4次関数のグラフ)

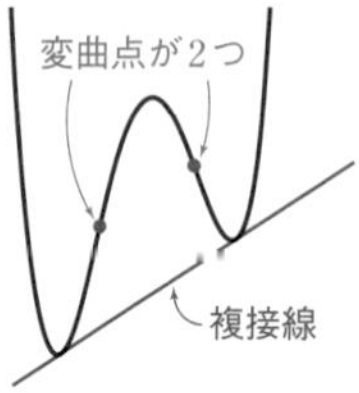

関数 $f(x)$ が2回微分可能で $f''(x)$ が連続，かつ曲線 $y=f(x)$ が直線になる区間をもたないとき，曲線 $y=f(x)$ の変曲点が1個以下ならば，この曲線は複接線をもたない。

証明　(概略)　対偶「複接線をもつならば，変曲点が2個以上存在する」を示す。曲線 $y=f(x)$ 上の異なる2点 $\mathrm{A}(a,\ f(a))$，$\mathrm{B}(b,\ f(b))$ $[a<b]$ において，この曲線と接する直線が存在するとき

$\dfrac{f(b)-f(a)}{b-a}=f'(a)=f'(b)$　が成り立つ。

◀直線ABの傾きが $x=a$，b における接線の傾きに等しい。

平均値の定理により　$\dfrac{f(b)-f(a)}{b-a}=f'(c)$，$a<c<b$

を満たす c が存在するから　$f'(a)=f'(b)=f'(c)$

$f'(x)$ は微分可能であるから，ロルの定理により

◀$p.154$ の基本事項および解説参照。

$f''(\alpha)=f''(\beta)=0$，$a<\alpha<c$，$c<\beta<b$

を満たす α，β が存在し，$f'(x)$ は $x=\alpha$，$x=\beta$ それぞれの十分近くで最大または最小となる。ゆえに，$x=\alpha$，β の十分近くの前後で $f'(x)$ の増加・減少が変わる。すなわち $f''(x)$ の符号が変わるから，変曲点は2個以上存在する。終

この性質によって，3次関数のグラフは変曲点が1個であるから，複接線をもたないことがわかる。したがって，3次関数のグラフの接点の個数と接線の本数は一致する。

しかし，変曲点が2個以上であっても複接線をもつとは限らない。例えば，例題**87**の曲線 $y=e^{-x^2}$ は，変曲点を2個もつが，複接線をもたない。

なお，4次関数のグラフについては，次のことが成り立つ。

曲線 $y=x^4+ax^3+bx^2+cx+d$ が複接線をもつ　$\Longleftrightarrow$　$3a^2-8b>0$

証明　(概略)　$x^4+ax^3+bx^2+cx+d-(mx+n)=(x-\alpha)^2(x-\beta)^2$

を満たす異なる実数 α，β が存在することが，曲線が複接線をもつ条件である。

両辺を2回微分して整理すると　$6x^2+3ax+b=6x^2-6(\alpha+\beta)x+\alpha^2+\beta^2+4\alpha\beta$

よって　$a=-2(\alpha+\beta)$，$b=(\alpha+\beta)^2+2\alpha\beta$　ゆえに　$\alpha+\beta=-\dfrac{a}{2}$，$\alpha\beta=-\dfrac{a^2}{8}+\dfrac{b}{2}$

よって，α，β は2次方程式 $t^2+\dfrac{a}{2}t-\dfrac{a^2}{8}+\dfrac{b}{2}=0$ の解で，判別式を D とすると，条件は

$D>0$　すなわち　$\left(\dfrac{a}{2}\right)^2-4\left(-\dfrac{a^2}{8}+\dfrac{b}{2}\right)>0$　整理すると　$3a^2-8b>0$　終

一般的に，その曲線に複接線が存在するかどうかの判定は簡単ではない。したがって，例題**119**のような問題では，グラフから「接点が異なれば接線も異なる」としてよい。

EXERCISES

②**100** (1) $e^x-1-xe^{\frac{x}{2}}>0$ を満たす x の値の範囲を求めよ。

(2) $x \neq 0$ のとき，$\dfrac{e^x-1}{x}$ と $e^{\frac{x}{2}}$ の大小関係を求めよ。〔類 山形大〕

→113,114

③**101** $(\sqrt{5})^{\sqrt{7}}$ と $(\sqrt{7})^{\sqrt{5}}$ の大小を比較せよ。必要ならば $2.7<e$ を用いてもよい。

〔類 京都府医大〕 →115

④**102** x，y は実数とする。すべての実数 t に対して $y \leqq e^t-xt$ が成立するような点 $(x,\ y)$ 全体の集合を座標平面上に図示せよ。必要ならば，$\displaystyle\lim_{x\to+0} x\log x=0$ を使ってよい。〔類 九州大〕

→117

③**103** a，θ を $a>0$，$0<\theta<2\pi$ を満たす定数とする。このとき，方程式 $\dfrac{\sqrt{x^2-2x\cos\theta+1}}{x^2-1}=a$ の区間 $x>1$ における実数解の個数は1個であることを証明せよ。〔山口大〕

→118

④**104** (1) 関数 $f(x)=x^{-2}2^x\ (x \neq 0)$ について，$f'(x)>0$ となるための x に関する条件を求めよ。

(2) 方程式 $2^x=x^2$ は相異なる3個の実数解をもつことを示せ。

(3) 方程式 $2^x=x^2$ の解で有理数であるものをすべて求めよ。〔名古屋大〕

→118

③**105** (1) $a>0$，b を定数とする。実数 t に関する方程式

$$(a-t+1)e^t+(a-t-1)e^{-t}=b$$

の実数解の個数を調べよ。ただし，$\displaystyle\lim_{t\to\infty} te^{-t}=\lim_{t\to-\infty} te^t=0$ は既知としてよい。

(2) 点 $(a,\ b)$ から曲線 $y=e^x-e^{-x}$ へ接線が何本引けるか調べよ。ただし，$a>0$ とする。〔琉球大〕

→118,119

HINT

100 (1) $f(x)=e^x-1-xe^{\frac{x}{2}}$ とすると，$f'(x)=e^{\frac{x}{2}}g(x)$ の形 ⟶ $g(x)$ の増減を調べる。

101 このままでは比較できないから，2つの数を $\dfrac{1}{\sqrt{5}\sqrt{7}}$ 乗し，更に自然対数をとって比較する。

102 $f(t)=e^t-xt-y$ とする。$x<0$，$x=0$，$x>0$ で場合分けをして，常に $f(t) \geqq 0$ となる条件を求める。

103 まず，$f(x)=\dfrac{\sqrt{x^2-2x\cos\theta+1}}{x^2-1}$ として両辺の自然対数をとり，両辺を x で微分。$\dfrac{f'(x)}{f(x)}$ の式を利用し，$f'(x)$ の符号を調べる。

104 (2) $x^2 \neq 0$ から，方程式は $x^{-2}2^x=1$ と同値で，(1) の結果が利用できる。

105 (2) 曲線 $y=e^x-e^{-x}$ 上の接線は，接点が異なれば接線も異なるから，(1) の方程式の実数解 t の個数が接線の本数に一致する。

17 関連発展問題（極限が関連する問題）

演習 例題 120 曲線の接線に関する極限

関数 $f(x)=x^2\sin\dfrac{\pi}{x^2}$ $(x>0)$ について，n を自然数とし，点 $\left(\dfrac{1}{\sqrt{n}},\ 0\right)$ における曲線 $y=f(x)$ の接線を ℓ_n とする。放物線 $y=\dfrac{(-1)^n\pi}{2}x^2$ と直線 ℓ_n の交点の座標を $(a_n,\ b_n)$（ただし，$a_n>0$）とするとき

(1) a_n を n を用いて表せ。　　(2) 極限値 $\displaystyle\lim_{n\to\infty}n|b_n|$ を求めよ。

基本 81

指針 (1) 曲線 $y=f(x)$ 上の点 $(a,\ f(a))$ における接線の方程式は

$$y-f(a)=f'(a)(x-a)$$

この問題では，接線 ℓ_n の傾きを求めるときに，$n\pi$ の三角関数の値(特に，$\cos n\pi$)に注意する。放物線と直線 ℓ_n の交点の x 座標は，2 つの方程式を連立して求める。

(2) まず b_n を求め，$n|b_n|$ を 極限値が求められる形に変形。b_n を求める際は，直線 ℓ_n の式でなく放物線の式を利用すると極限値の計算がしやすい。

解答

(1) $f(x)=x^2\sin\dfrac{\pi}{x^2}$ から　$f'(x)=2x\sin\dfrac{\pi}{x^2}-\dfrac{2\pi}{x}\cos\dfrac{\pi}{x^2}$

$$f'\left(\frac{1}{\sqrt{n}}\right)=\frac{2}{\sqrt{n}}\sin n\pi-2\pi\sqrt{n}\cos n\pi=(-1)^{n+1}\cdot 2\pi\sqrt{n}\ ^{(*)}$$

接線 ℓ_n の方程式は $y=f'\left(\dfrac{1}{\sqrt{n}}\right)\left(x-\dfrac{1}{\sqrt{n}}\right)$ から　$y=(-1)^{n+1}\cdot 2\pi(\sqrt{n}\,x-1)$

この直線と放物線 $y=\dfrac{(-1)^n\pi}{2}x^2$ の交点の x 座標が a_n であるから

$\dfrac{(-1)^n\pi}{2}(a_n)^2=(-1)^{n+1}\cdot 2\pi(\sqrt{n}\,a_n-1)$　　整理して　$(a_n)^2+4\sqrt{n}\,a_n-4=0$

これを解いて　　$a_n=-2\sqrt{n}\pm\sqrt{4n-1\cdot(-4)}=-2\sqrt{n}\pm 2\sqrt{n+1}$

$a_n>0$ であるから　　$\boldsymbol{a_n=-2\sqrt{n}+2\sqrt{n+1}=2(\sqrt{n+1}-\sqrt{n})}$

(2) (1) から　　$b_n=\dfrac{(-1)^n\pi}{2}(a_n)^2=(-1)^n\cdot 2\pi(\sqrt{n+1}-\sqrt{n})^2$

よって　　$\displaystyle\lim_{n\to\infty}n|b_n|=\lim_{n\to\infty}2\pi n(\sqrt{n+1}-\sqrt{n})^2$

$$=\lim_{n\to\infty}\frac{2\pi n}{(\sqrt{n+1}+\sqrt{n})^2}=\lim_{n\to\infty}\frac{2\pi}{\left(\sqrt{1+\frac{1}{n}}+1\right)^2}=\boldsymbol{\frac{\pi}{2}}$$

(＊) $\sin n\pi=0$，$\cos n\pi=(-1)^n$（n は自然数）

◀ $\dfrac{(\sqrt{n+1}-\sqrt{n})^2}{1}$ とみて，分母・分子に $(\sqrt{n+1}+\sqrt{n})^2$ を掛ける。

練習 ③120 関数 $f(x)=e^{-x}\sin\pi x$ $(x>0)$ について，曲線 $y=f(x)$ と x 軸の交点の x 座標を，小さい方から順に x_1，x_2，x_3，…… とし，$x=x_n$ における曲線 $y=f(x)$ の接線の y 切片を y_n とする。

(1) y_n を n を用いて表せ。　　(2) $\displaystyle\lim_{n\to\infty}\sum_{k=1}^{n}\frac{y_k}{k}$ の値を求めよ。　　〔類 芝浦工大〕

演習 例題 121 極値をとる値に関する無限級数の和

関数 $f(x)=e^{-x}\sin x$ $(x>0)$ について，$f(x)$ が極大値をとる x の値を小さい方から順に x_1，x_2，…… とすると，数列 $\{f(x_n)\}$ は等比数列であることを示せ。また，$\sum_{n=1}^{\infty} f(x_n)$ を求めよ。

基本 112

指針 極大値をとる x の値は，次のことを利用して求めるとよい。

$$f'(a)=0,\ f''(a)<0 \Longrightarrow f(a) \text{ は極大値}$$ （$p.177$ 基本事項 3）

つまり，$f'(x)=0$ の解を求め，その解のうち $f''(x)<0$ を満たすものを x_k とする。

また，無限等比級数 $\sum_{n=1}^{\infty} ar^{n-1}$ $(a\neq 0)$ は $|r|<1$ のとき収束し，和は $\dfrac{a}{1-r}$

解答

$f'(x)=-e^{-x}\sin x+e^{-x}\cos x=-e^{-x}(\sin x-\cos x)$

$=-\sqrt{2}\,e^{-x}\sin\left(x-\dfrac{\pi}{4}\right)$

$f''(x)=e^{-x}(\sin x-\cos x)-e^{-x}(\cos x+\sin x)$

$=-2e^{-x}\cos x$

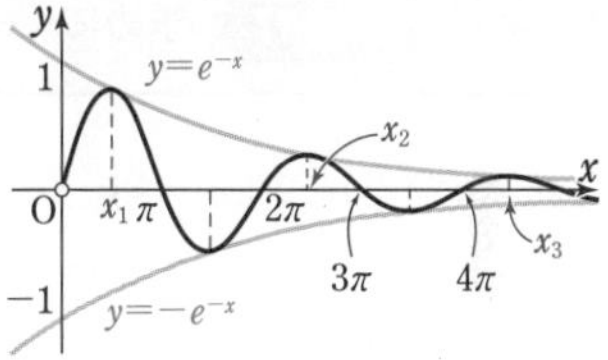

$f'(x)=0$ とすると　$\sin\left(x-\dfrac{\pi}{4}\right)=0$ ……（＊）

$x>0$ であるから　$x=\dfrac{\pi}{4}+k\pi$ $(k=0,\ 1,\ \cdots\cdots)$

◀（＊）から $x-\dfrac{\pi}{4}=k\pi$（k は整数）

以下では，n は自然数とする。

$k=2n-1$ のとき　$\cos\left(\dfrac{\pi}{4}+k\pi\right)<0$　∴ $f''\left(\dfrac{\pi}{4}+k\pi\right)>0$ ◀

$k=2(n-1)$ のとき　$\cos\left(\dfrac{\pi}{4}+k\pi\right)>0$　∴ $f''\left(\dfrac{\pi}{4}+k\pi\right)<0$

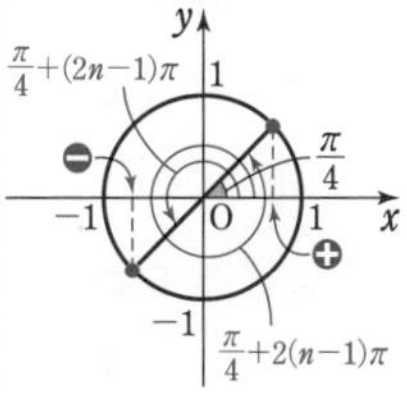

ゆえに，$k=2(n-1)$ のとき極大値をとるから

$x_n=\dfrac{\pi}{4}+2(n-1)\pi$　このとき

$f(x_n)=e^{-\left\{\frac{\pi}{4}+2(n-1)\pi\right\}}\sin\left\{\dfrac{\pi}{4}+2(n-1)\pi\right\}=\dfrac{1}{\sqrt{2}}e^{-\frac{\pi}{4}}(e^{-2\pi})^{n-1}$

よって，$\{f(x_n)\}$ は初項 $\dfrac{1}{\sqrt{2}}e^{-\frac{\pi}{4}}$，公比 $e^{-2\pi}$ の等比数列である。公比 $e^{-2\pi}$ は $0<e^{-2\pi}<1$ であるから，無限等比級数 $\sum_{n=1}^{\infty} f(x_n)$ は収束し，その和は

◀ $a_n=ar^{n-1}$ $\Longleftrightarrow$ $\{a_n\}$ は初項 a，公比 r の等比数列。

$$\sum_{n=1}^{\infty} f(x_n)=\frac{1}{\sqrt{2}}e^{-\frac{\pi}{4}}\cdot\frac{1}{1-e^{-2\pi}}=\frac{e^{\frac{7}{4}\pi}}{\sqrt{2}\,(e^{2\pi}-1)}$$

練習 ④121 関数 $f(x)=e^{-x}\cos x$ $(x>0)$ について，$f(x)$ が極小値をとる x の値を小さい方から順に x_1，x_2，…… とすると，数列 $\{f(x_n)\}$ は等比数列であることを示せ。また，$\sum_{n=1}^{\infty} f(x_n)$ を求めよ。

演習 例題 122 不等式の証明と極限

⊘⊘⊘⊘⊘

$0<x<\pi$ のとき，不等式 $x\cos x<\sin x$ が成り立つことを示せ。そして，これを用いて，$\displaystyle\lim_{x\to+0}\frac{x-\sin x}{x^2}$ を求めよ。

〔類 岐阜薬大〕 基本 113，114，54

指針 例えば $\displaystyle\lim_{\theta\to+0}\frac{\sin\theta}{\theta}=1$ は，不等式 $\cos\theta<\dfrac{\sin\theta}{\theta}<1\ \left(0<\theta<\dfrac{\pi}{2}\right)$ を導き，それを用いて証明した（$p.90$ 参照）。この例題では，利用する **不等式** が与えられており，まずそれを証明する。→ ⊘ **大小関係は差を作る** 方針で $F(x)=\sin x-x\cos x$ とし，$F'(x)$ の符号を調べる。そして，極限値は不等式を利用して **はさみうちの原理** を用いる。

CHART 求めにくい極限　不等式利用で　はさみうち

解答

（前半）　$F(x)=\sin x-x\cos x$ とすると

$F'(x)=\cos x-(\cos x-x\sin x)=x\sin x$

ゆえに，$0<x<\pi$ のとき　$F'(x)>0$

よって，$F(x)$ は $0\leqq x\leqq\pi$ で単調に増加する。

このことと，$F(0)=0$ から，$0<x<\pi$ のとき　$F(x)>0$

ゆえに，$0<x<\pi$ のとき　$x\cos x<\sin x$ …… ①

（後半）　$x\longrightarrow+0$ であるから，$0<x<\dfrac{\pi}{2}$ とする。

$G(x)=x-\sin x$ とすると　$G'(x)=1-\cos x>0$

よって，$G(x)$ は $0\leqq x\leqq\dfrac{\pi}{2}$ で単調に増加する。

このことと，$G(0)=0$ から，$0<x<\dfrac{\pi}{2}$ のとき　$G(x)>0$

すなわち　$x-\sin x>0$ …… ②

①，② から　$0<\dfrac{x-\sin x}{x^2}<\dfrac{x-x\cos x}{x^2}$

$$\frac{x-x\cos x}{x^2}=\frac{1-\cos x}{x}=\frac{1-\cos^2 x}{x(1+\cos x)}=\frac{\sin x}{x}\cdot\frac{\sin x}{1+\cos x}$$

であり，$\displaystyle\lim_{x\to+0}\frac{\sin x}{x}=1,\ \lim_{x\to+0}\frac{\sin x}{1+\cos x}=0$ であるから

$\displaystyle\lim_{x\to+0}\frac{x-x\cos x}{x^2}=0$　ゆえに　$\displaystyle\lim_{x\to+0}\frac{x-\sin x}{x^2}=\mathbf{0}$

参考 ロピタルの定理から
$\displaystyle\lim_{x\to+0}\frac{x-\sin x}{x^2}=\lim_{x\to+0}\frac{1-\cos x}{2x}=\lim_{x\to+0}\frac{\sin x}{2}=0$ となるが，これは検算としてのみ利用すること。

◀「$0<x<\dfrac{\pi}{2}$ のとき $\sin x<x$」は $p.90$ や $p.195$ の 例 も参照。

◀ $x\cos x<\sin x$ $\Longrightarrow x-\sin x<x-x\cos x$ また $x^2>0$

◀ $\displaystyle\lim_{●\to0}\frac{\sin ●}{●}=1$

◀ **はさみうちの原理。**

練習 ③122 (1) $x\geqq3$ のとき，不等式 $x^3e^{-x}\leqq27e^{-3}$ が成り立つことを示せ。更に，$\displaystyle\lim_{x\to\infty}x^2e^{-x}$ を求めよ。〔類 九州大〕

(2) (ア) $x>0$ に対し，$\sqrt{x}\log x>-1$ であることを示せ。

(イ) (ア)の結果を用いて，$\displaystyle\lim_{x\to+0}x\log x=0$ を示せ。〔慶応大〕 p.220 EX106

18 速度と加速度，近似式

基本事項

1 直線上の点の運動　数直線上を運動する点Pの時刻 t における座標を x とすると，x は t の関数である。この関数を $x=f(t)$ とすると

① **速度** $v=\dfrac{dx}{dt}=f'(t)$　　**加速度** $\alpha=\dfrac{dv}{dt}=\dfrac{d^2x}{dt^2}=f''(t)$

② **速さ** $|v|$　　**加速度の大きさ** $|\alpha|$

2 平面上の点の運動　座標平面上を運動する点Pの時刻 t における座標 $(x,\ y)$ が t の関数であるとき

① **速度** $\vec{v}=\left(\dfrac{dx}{dt},\ \dfrac{dy}{dt}\right)$，**加速度** $\vec{\alpha}=\left(\dfrac{d^2x}{dt^2},\ \dfrac{d^2y}{dt^2}\right)$

② **速さ** $|\vec{v}|=\sqrt{\left(\dfrac{dx}{dt}\right)^2+\left(\dfrac{dy}{dt}\right)^2}$，

加速度の大きさ $|\vec{\alpha}|=\sqrt{\left(\dfrac{d^2x}{dt^2}\right)^2+\left(\dfrac{d^2y}{dt^2}\right)^2}$

（図の点Q，Rについては，次ページの解説を参照。）

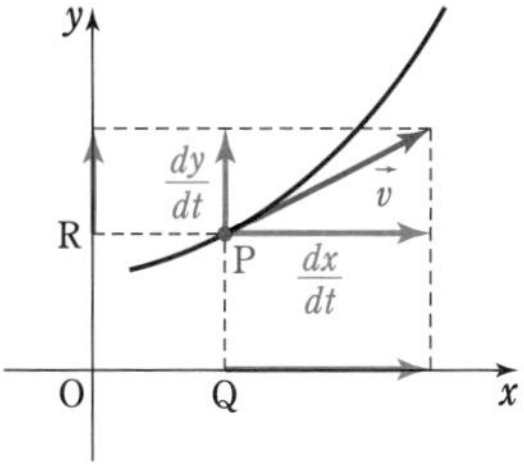

3 等速円運動　円周上を運動する点Pの速さが一定であるとき，点Pの運動を，**等速円運動** という。このとき，動径OPの回転角の速さは一定で，これを **角速度** という。
いま，点Pが，原点Oを中心とする半径 r の円周上を，定点 P_0 を出発して，OPが角速度 ω で回転する等速円運動をするとき，t 秒後の点 $P(x,\ y)$ に対して $\angle POx=\theta$，$\angle P_0Ox=\beta$ とすると，$\theta=\omega t+\beta$ であるから

$$x=r\cos(\omega t+\beta),\quad y=r\sin(\omega t+\beta)$$

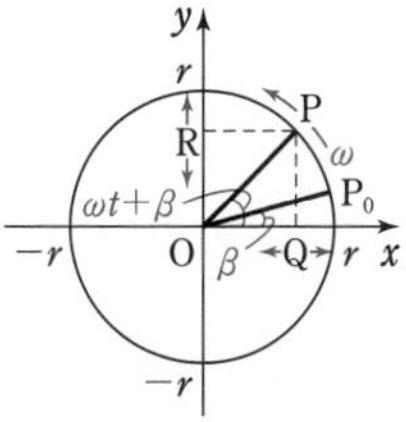

点Pから x 軸，y 軸へ下ろした垂線の足をそれぞれQ，Rとするとき，点Q，Rはそれぞれ x 軸，y 軸上を往復運動する。このような運動を **単振動** といい，$\dfrac{2\pi}{|\omega|}$ をこの単振動の **周期** という。

4 変化量の変化率
時間とともに変化する量 $f(t)$（膨張する立体の体積など）についても，その量の時刻 t における変化率は，**1** の速度と同様 $f'(t)$ である。

解　説

■直線上の点の運動

① 数直線上を運動する点Pの，時刻 t における座標 x は t の関数であり，これを $x=f(t)$ とすると，t の増分 Δt に対する x の平均変化率　$\dfrac{\Delta x}{\Delta t}=\dfrac{f(t+\Delta t)-f(t)}{\Delta t}$
は，時刻が t から $t+\Delta t$ に変わる間の点Pの平均速度を表す。

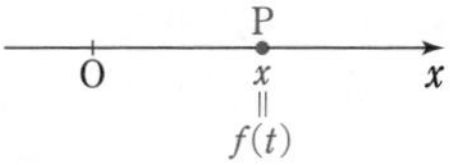

解　説

このとき　$v=\dfrac{dx}{dt}=\lim_{\Delta t\to 0}\dfrac{\Delta x}{\Delta t}=\lim_{\Delta t\to 0}\dfrac{f(t+\Delta t)-f(t)}{\Delta t}=f'(t)$　を，時刻 t における点Pの **速度** という。

また，$\alpha=\dfrac{dv}{dt}=\dfrac{d^2x}{dt^2}=f''(t)$ を，時刻 t における点Pの **加速度** という。

② 速度 v，加速度 α に対し，$|v|$，$|\alpha|$ を，それぞれ時刻 t における点Pの **速さ**（速度の大きさ），**加速度の大きさ** という。

■ 平面上の点の運動

座標平面上を運動する点Pの時刻 t における座標 $(x,\ y)$ で $x=f(t)$，$y=g(t)$ とすると，これは t を媒介変数とする点Pの軌跡の方程式である。点Pから x 軸，y 軸に引いた垂線を，それぞれPQ，PRとすると，点Pの運動とともに，点Qは x 軸上，点Rは y 軸上を運動する。

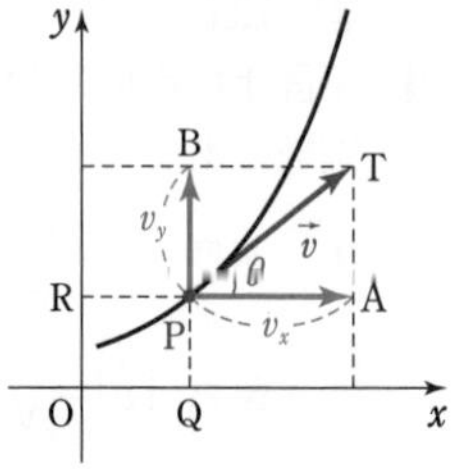

時刻 t における

点Qの速度は　$\dfrac{dx}{dt}=f'(t)$　　点Rの速度は　$\dfrac{dy}{dt}=g'(t)$

このとき $\vec{v}=\left(\dfrac{dx}{dt},\ \dfrac{dy}{dt}\right)$ を時刻 t における点Pの **速度** または **速度ベクトル** という。

$\vec{v}=\overrightarrow{PT}$，$\vec{v}$ と x 軸の正の向きとのなす角を θ とし，$\vec{v}$ の x 成分，y 成分をそれぞれ v_x，v_y とすると，$\tan\theta=\dfrac{v_y}{v_x}=\dfrac{dy}{dx}$ であるから，直線PTは，点Pの描く曲線の接線である。

また，$|\vec{v}|=\sqrt{\left(\dfrac{dx}{dt}\right)^2+\left(\dfrac{dy}{dt}\right)^2}=\sqrt{v_x{}^2+v_y{}^2}$ を **速さ** または **速度の大きさ** という。

次に，時刻 t における点Q，Rの加速度は，それぞれ

$$\frac{dv_x}{dt}=\frac{d^2x}{dt^2}=f''(t)\qquad \frac{dv_y}{dt}=\frac{d^2y}{dt^2}=g''(t)$$

$\vec{\alpha}=\left(\dfrac{d^2x}{dt^2},\ \dfrac{d^2y}{dt^2}\right)$ を，点Pの **加速度** または **加速度ベクトル** という。

また，$|\vec{\alpha}|=\sqrt{\left(\dfrac{d^2x}{dt^2}\right)^2+\left(\dfrac{d^2y}{dt^2}\right)^2}$ を **加速度の大きさ** という。

■ 等速円運動

点Pの時刻 t における座標 $(x,\ y)$ が

$$x=r\cos(\omega t+\beta),\quad y=r\sin(\omega t+\beta)$$

で表されるとき，点Pの時刻 t における速度ベクトル $\vec{v}$，加速度ベクトル $\vec{\alpha}$ は

$$\vec{v}=\left(\frac{dx}{dt},\ \frac{dy}{dt}\right)=(-r\omega\sin(\omega t+\beta),\ r\omega\cos(\omega t+\beta))$$

$$\vec{\alpha}=\left(\frac{d^2x}{dt^2},\ \frac{d^2y}{dt^2}\right)=(-r\omega^2\cos(\omega t+\beta),\ -r\omega^2\sin(\omega t+\beta))$$

■ 変化量の変化率

例　1辺の長さが a の立方体の各辺が1秒間に b の割合で増加するとき，t 秒後の立方体の体積を V とすると $V=(a+bt)^3$ であり，増加し始めてから t 秒後の立方体の体積の変化率は $\dfrac{dV}{dt}=3b(a+bt)^2$ である。

基本例題 123 運動する点の速度・加速度(1)

(1) 数直線上を運動する点Pの座標 x が，時刻 t の関数として，

$x=2\cos\left(\pi t+\dfrac{\pi}{6}\right)$ と表されるとき，$t=\dfrac{2}{3}$ における速度 v と加速度 α を求めよ。

(2) 座標平面上を運動する点Pの，時刻 t における座標が次の式で表されるとき，点Pの速さと加速度の大きさを求めよ。

$$x=3\sin t+4\cos t,\quad y=4\sin t-3\cos t$$

p.209 基本事項 1，2 重要 125

指針 動点Pの位置(座標)が，時刻 t の関数として表されているとき

位置 $\xrightarrow[t\text{ で微分}]{}$ **速度** $\xrightarrow[t\text{ で微分}]{}$ **加速度**

$p.209$ 基本事項 1，2 の公式に当てはめて求める。

(2) 求めるのは **速さ**，**加速度の大きさ** であるから，絶対値をとる。

解答

(1) $v=\dfrac{dx}{dt}=2\left\{-\sin\left(\pi t+\dfrac{\pi}{6}\right)\cdot\pi\right\}=-2\pi\sin\left(\pi t+\dfrac{\pi}{6}\right)$

$\alpha=\dfrac{dv}{dt}=-2\pi\cos\left(\pi t+\dfrac{\pi}{6}\right)\cdot\pi=-2\pi^2\cos\left(\pi t+\dfrac{\pi}{6}\right)$

$t=\dfrac{2}{3}$ を代入して　　$\boldsymbol{v=-\pi}$，$\boldsymbol{\alpha=\sqrt{3}\,\pi^2}$

(2) 点Pの時刻 t における速度ベクトルを $\vec{v}$，加速度ベクトルを $\vec{\alpha}$ とすると

$\vec{v}=\left(\dfrac{dx}{dt},\ \dfrac{dy}{dt}\right)=(3\cos t-4\sin t,\ 4\cos t+3\sin t)$

$\vec{\alpha}=\left(\dfrac{d^2x}{dt^2},\ \dfrac{d^2y}{dt^2}\right)=(-3\sin t-4\cos t,\ -4\sin t+3\cos t)$

よって　$|\vec{v}|=\sqrt{(3\cos t-4\sin t)^2+(4\cos t+3\sin t)^2}$

$=\sqrt{25(\cos^2 t+\sin^2 t)}$

$=\sqrt{25\cdot1}=5$

$|\vec{\alpha}|=\sqrt{(-3\sin t-4\cos t)^2+(-4\sin t+3\cos t)^2}$

$=\sqrt{25(\sin^2 t+\cos^2 t)}$

$=\sqrt{25\cdot1}=5$

したがって　　**速さ 5，加速度の大きさ 5**

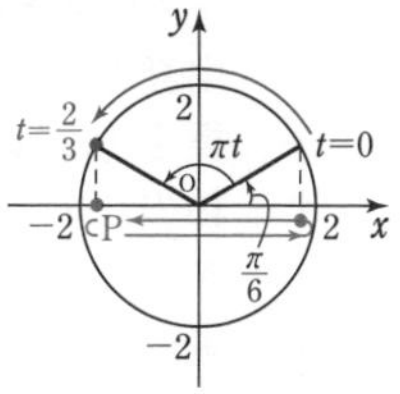

参考 [(1)の運動] 図のような円周上を，等速円運動する点から x 軸に下ろした垂線の足をPとすると，点Pの座標は，$2\cos\left(\pi t+\dfrac{\pi}{6}\right)$ で表され，点Pは x 軸上で往復運動をしている。つまり，点Pの運動は単振動である。

練習 ① 123 (1) 原点を出発して数直線上を動く点Pの座標が，時刻 t の関数として，$x=t^3-10t^2+24t\ (t>0)$ で表されるという。点Pが原点に戻ったときの速度 v と加速度 α を求めよ。

(2) 座標平面上を運動する点Pの，時刻 t における座標が $x=4\cos t$，$y=\sin 2t$ で表されるとき，$t=\dfrac{\pi}{3}$ における点Pの速さと加速度の大きさを求めよ。

p.220 EX107

基本例題 124 等速円運動に関する証明問題 ①①①①①

動点Pが，原点Oを中心とする半径 r の円周上を，定点 P_0 から出発して，OPが1秒間に角 ω の割合で回転するように等速円運動をしている。

(1) Pの速度の大きさ v を求めよ。

(2) Pの速度ベクトルと加速度ベクトルは垂直であることを示せ。

p.209 基本事項 3

指針 線分 OP_0 と x 軸の正の向きとのなす角を β とするとき（解答の図参照），角速度 ω で等速円運動する点 $P(x,\ y)$ の t 秒後の座標は，次のように表される。

$$x=r\cos(\omega t+\beta),\quad y=r\sin(\omega t+\beta)$$

(1) 速度の大きさ v は　$v=\sqrt{\left(\dfrac{dx}{dt}\right)^2+\left(\dfrac{dy}{dt}\right)^2}$

(2) ① **垂直　内積利用**　$\vec{v}\perp\vec{\alpha} \iff \vec{v}\neq\vec{0},\ \vec{\alpha}\neq\vec{0}$ のとき $\vec{v}\cdot\vec{\alpha}=0$

解答

(1) 右の図で，線分 OP_0 と x 軸の正の向きとのなす角を β とする。出発してから t 秒後の点Pの座標を $(x,\ y)$ とし，線分OPと x 軸の正の向きとのなす角を θ とすると　$\theta=\omega t+\beta$

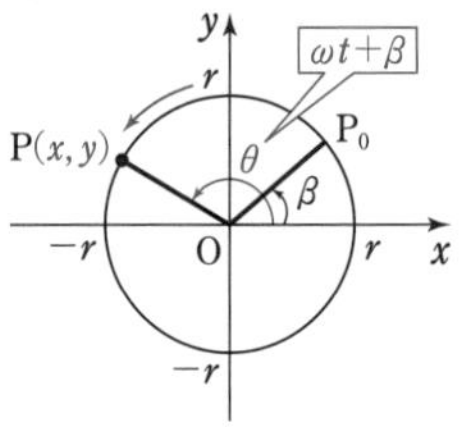

◀図の点Pは $\omega>0$ なら反時計回り，$\omega<0$ なら時計回り。

よって　$x=r\cos(\omega t+\beta)$，$y=r\sin(\omega t+\beta)$

ゆえに，Pの速度ベクトル $\vec{v}$ は

$$\vec{v}=(-r\omega\sin(\omega t+\beta),\ r\omega\cos(\omega t+\beta))$$

◀$\vec{v}=\left(\dfrac{dx}{dt},\ \dfrac{dy}{dt}\right)$

よって　$\boldsymbol{v}=|\vec{v}|=\sqrt{r^2\omega^2\sin^2(\omega t+\beta)+r^2\omega^2\cos^2(\omega t+\beta)}$

$=\sqrt{r^2\omega^2}=\boldsymbol{r|\omega|}$　（$r>0$ であるから）

◀$\sin^2\theta+\cos^2\theta=1$

(2) Pの加速度ベクトルを $\vec{\alpha}$ とすると

$$\vec{\alpha}=(-r\omega^2\cos(\omega t+\beta),\ -r\omega^2\sin(\omega t+\beta))$$

◀$\vec{\alpha}=\left(\dfrac{d^2x}{dt^2},\ \dfrac{d^2y}{dt^2}\right)$

であるから

$\vec{v}\cdot\vec{\alpha}=r^2\omega^3\sin(\omega t+\beta)\cos(\omega t+\beta)-r^2\omega^3\cos(\omega t+\beta)\sin(\omega t+\beta)$

$=0$

◀$\vec{a}=(a_1,\ a_2)$，$\vec{b}=(b_1,\ b_2)$ のとき $\vec{a}\cdot\vec{b}=a_1b_1+a_2b_2$

$\cos(\omega t+\beta)$ と $\sin(\omega t+\beta)$ は同時に0にはならないから

$\vec{v}\cdot\vec{\alpha}=0$　かつ　$\vec{v}\neq\vec{0}$，$\vec{\alpha}\neq\vec{0}$

したがって　$\vec{v}\perp\vec{\alpha}$

参考 $\vec{\alpha}=-\omega^2\overrightarrow{OP}$ であるから，$\vec{\alpha}$ の向きは円の中心に向かっている。上の(2)で示したように，$\vec{v}\perp\vec{\alpha}$ であるから，$\vec{v}$ の向きが円の接線方向であることが確認できる。

練習 ②124

(1) 上の例題において，Pの加速度の大きさを求めよ。

(2) $a>0$，$\omega>0$ とする。座標平面上を運動する点Pの，時刻 t における座標が $x=a(\omega t-\sin\omega t)$，$y=a(1-\cos\omega t)$ で表されるとき，加速度の大きさは一定であることを示せ。

重要例題 125 運動する点の速度・加速度 (2)

曲線 $xy=4$ 上の動点 P から y 軸に垂線 PQ を引くと，点 Q が y 軸上を正の向きに毎秒 2 の速度で動くように点 P が動くという。点 P が点 (2, 2) を通過するときの速度と加速度を求めよ。

基本 123

指針 x, y は時刻 t の関数である。$(x,\ y)=(2,\ 2)$ のときの $\dfrac{dx}{dt}$, $\dfrac{dy}{dt}$, $\dfrac{d^2x}{dt^2}$, $\dfrac{d^2y}{dt^2}$ の値に対して，点 P の **速度** は $\vec{v}=\left(\dfrac{dx}{dt},\ \dfrac{dy}{dt}\right)$，**加速度** は $\vec{\alpha}=\left(\dfrac{d^2x}{dt^2},\ \dfrac{d^2y}{dt^2}\right)$

まず，陰関数の微分（p.136 参照）の要領で $xy=4$ の **両辺を t について微分** する。

解答

x, y は時刻 t の関数であるから，$xy=4$ の両辺を t について微分すると　$\dfrac{dx}{dt}\cdot y+x\cdot\dfrac{dy}{dt}=0$ ……（＊）

条件から　$\dfrac{dy}{dt}=2$ …… ①

よって　$\dfrac{dx}{dt}\cdot y+2x=0$ …… ②

$x=2$, $y=2$ とすると　$\dfrac{dx}{dt}=-2$ …… ③

ゆえに，点 P の **速度** は　$\left(\dfrac{dx}{dt},\ \dfrac{dy}{dt}\right)=\mathbf{(-2,\ 2)}$

また，①，② の両辺を t について微分すると，それぞれ

$$\frac{d^2y}{dt^2}=0,\quad \frac{d^2x}{dt^2}\cdot y+\frac{dx}{dt}\cdot\frac{dy}{dt}+2\frac{dx}{dt}=0$$

$y=2$ と ①，③ を代入すると　$\dfrac{d^2x}{dt^2}=4$

よって，点 P の **加速度** は　$\left(\dfrac{d^2x}{dt^2},\ \dfrac{d^2y}{dt^2}\right)=\mathbf{(4,\ 0)}$

①：毎秒 2 の速度とあるから，t の値に関係なく $\dfrac{dy}{dt}=2$（一定）

◀ $(xy)'=x'y+xy'$

◀ $\dfrac{dx}{dt}\cdot 2+2\cdot 2=0$

◀ 平面上の動点の速度はベクトルで表される。

◀ $(x'y)'=(x')'y+x'y'$
$=x''y+x'y'$

◀ 平面上の動点の加速度もベクトルで表される。

検討 **曲線 $xy=4$ 上の点の速度ベクトルと，接線についての考察**

曲線 $xy=4$ 上の点 $P_0(x_0,\ y_0)$ における接線 ℓ の方向ベクトル $\vec{a}$ は，$\dfrac{dy}{dx}=-\dfrac{y}{x}$ から　$\vec{a}=(-x_0,\ y_0)$

また，接線 ℓ の法線ベクトル $\vec{n}$ は　$\vec{n}=(y_0,\ x_0)$ である。

上の解答の（＊）の式で，$x=x_0$, $y=y_0$ とすると

$\dfrac{dx}{dt}\cdot y_0+x_0\cdot\dfrac{dy}{dt}=0$　ゆえに　$\vec{v}\cdot\vec{n}=0$　すなわち　$\vec{v}\perp\vec{n}$

よって，速度ベクトル $\vec{v}$ は，ベクトル $\vec{n}$ に垂直で，ベクトル $\vec{a}$ に平行である。

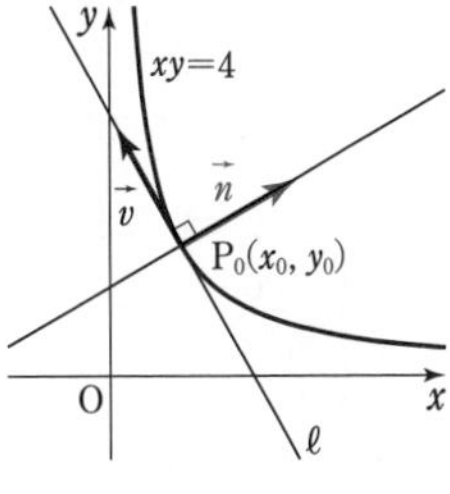

練習 ③125 楕円 $\dfrac{x^2}{9}+\dfrac{y^2}{4}=1\ (x>0,\ y>0)$ 上の動点 P が一定の速さ 2 で x 座標が増加する向きに移動している。$x=\sqrt{3}$ における速度と加速度を求めよ。

p.220 EX108

基本例題 126 一般の量の時間的変化率

底面の半径が 5 cm，高さが 10 cm の直円錐状の容器を逆さまに置く。この容器に 2 cm^3/s の割合で静かに水を注ぐ。水の深さが 4 cm になる瞬間において，次のものを求めよ。

(1) 水面の上昇する速さ　　(2) 水面の面積の増加する割合

p.209 基本事項 4，重要 125

指針 t 秒後の水の体積 V，水面の半径 r，水の深さ h，水面の面積 S はすべて時間によって変化する量である。この問題では，水の体積の増加する割合（速さ）が $\dfrac{dV}{dt}=2$ で与えられている。求めたいものは，$h=4$ のときの (1) $\dfrac{dh}{dt}$，(2) $\dfrac{dS}{dt}$ の値であるが，この問題では h，S をそれぞれ t で表すよりも各量の間の **関係式を作り**，**それを t で微分する（合成関数の微分）**方法が有効である。

解答

t 秒後の水の体積を V cm^3 とすると

$$\frac{dV}{dt}=2\ (cm^3/s)\ \cdots\cdots ①$$

(1) t 秒後の水面の半径を r cm，水の深さを h cm とすると

条件から　$r:h=5:10$　　よって　$r=\dfrac{h}{2}$

これを $V=\dfrac{1}{3}\pi r^2h$ に代入して　$V=\dfrac{1}{3}\pi\left(\dfrac{h}{2}\right)^2h=\dfrac{1}{12}\pi h^3$

両辺を t で微分して　$\dfrac{dV}{dt}=\dfrac{1}{4}\pi h^2\dfrac{dh}{dt}$

① から　$2=\dfrac{1}{4}\pi h^2\dfrac{dh}{dt}$　　ゆえに　$\dfrac{dh}{dt}=\dfrac{8}{\pi h^2}$

よって，$h=4$ のとき　$\dfrac{dh}{dt}=\dfrac{8}{\pi\cdot 4^2}=\boldsymbol{\dfrac{1}{2\pi}}$ **(cm/s)**

(2) t 秒後の水面の面積を S cm^2 とすると　$S=\pi r^2$

$r=\dfrac{h}{2}$ を代入して　$S=\dfrac{1}{4}\pi h^2$

両辺を t で微分して　$\dfrac{dS}{dt}=\dfrac{1}{2}\pi h\dfrac{dh}{dt}$

$h=4$ のときの水面の面積の増加する割合は，(1) の結果から

$$\frac{dS}{dt}=\frac{1}{2}\pi\cdot 4\cdot\frac{1}{2\pi}=\mathbf{1\ (cm^2/s)}$$

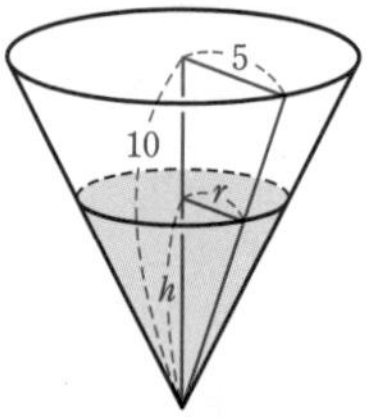

(1) は，次のように考えてもよい。

$V=2t$ と $V=\dfrac{1}{12}\pi h^3$

から　$t=\dfrac{1}{24}\pi h^3$

両辺を t で微分して

$1=\dfrac{1}{8}\pi h^2\dfrac{dh}{dt}$

ゆえに　$\dfrac{dh}{dt}=\dfrac{8}{\pi h^2}$

よって，$h=4$ のとき

$\dfrac{dh}{dt}=\boldsymbol{\dfrac{1}{2\pi}}$ **(cm/s)**

練習 ② 126 表面積が 4π cm^2/s の一定の割合で増加している球がある。半径が 10 cm になる瞬間において，以下のものを求めよ。〔工学院大〕

(1) 半径の増加する速度

(2) 体積の増加する速度

p.220 EX 109

基本事項

1 **1 次の近似式**

1　$|h|$ が十分小さいとき　$\boldsymbol{f(a+h) \fallingdotseq f(a)+f'(a)h}$

2　$|x|$ が十分小さいとき　$\boldsymbol{f(x) \fallingdotseq f(0)+f'(0)x}$

3　$y=f(x)$ の x の増分 $\varDelta x$ に対する y の増分を $\varDelta y$ とすると
$|\varDelta x|$ が十分小さいとき　$\boldsymbol{\varDelta y \fallingdotseq y'\varDelta x}$

2 **2 次の近似式**

4　$|h|$ が十分小さいとき　$\boldsymbol{f(a+h) \fallingdotseq f(a)+f'(a)h+\dfrac{f''(a)}{2}h^2}$

5　$|x|$ が十分小さいとき　$\boldsymbol{f(x) \fallingdotseq f(0)+f'(0)x+\dfrac{f''(0)}{2}x^2}$

解　説

■ 1 次の近似式

関数 $y=f(x)$ が $x=a$ で微分可能であるとき，微分係数 $f'(a)$ は　$\displaystyle\lim_{h\to 0}\frac{f(a+h)-f(a)}{h}=f'(a)$

よって，$|h|$ が十分小さいとき　$\dfrac{f(a+h)-f(a)}{h} \fallingdotseq f'(a)$

すなわち　$\boldsymbol{f(a+h) \fallingdotseq f(a)+f'(a)h}$ …… ①

が成り立つ。特に，① で $a=0$，$h=x$ とおくと，

$|x|$ が十分小さいとき　$\boldsymbol{f(x) \fallingdotseq f(0)+f'(0)x}$ …… ②

また，① で $h=x-a$ とおくと

$\boldsymbol{x \fallingdotseq a}$ **のとき**　$\boldsymbol{f(x) \fallingdotseq f(a)+f'(a)(x-a)}$ …… ③

① や ② や ③ は，**1 次の近似式** といわれる。

注意　曲線 $y=f(x)$ 上の点 $(a,\ f(a))$ における接線 ℓ の方程式を $y=g(x)$ とすると　$g(x)=f(a)+f'(a)(x-a)$
① は $f(a+h) \fallingdotseq g(a+h)$ と書けるから，① は曲線 $y=f(x)$ の $x=a$ の近くを接線 ℓ で近似したものである。

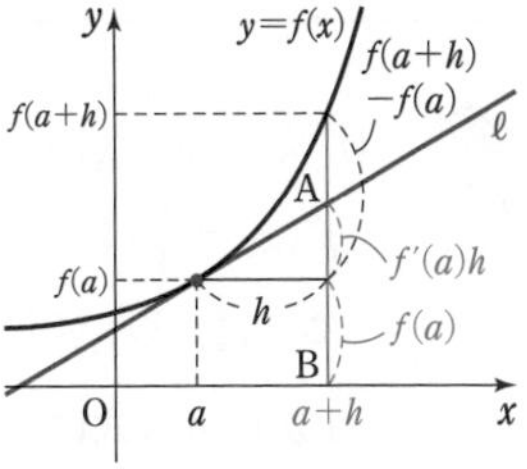

上の図で，$|h|$ が十分小さいとき
$f(a+h) \fallingdotseq \mathrm{AB}$
これが近似式 ① の図形的意味である。

◀ $f(a)=g(a)$ かつ $f'(a)=g'(a)$ が成り立つ（$p.147$ 参照）。

■ 微小変化の公式

関数 $y=f(x)$ において，x の増分 $\varDelta x$ に対する y の増分を $\varDelta y$ とすると，$\varDelta y=f(x+\varDelta x)-f(x)$ であるから，① より

$f(x+\varDelta x) \fallingdotseq f(x)+f'(x)\varDelta x$

よって　$f(x+\varDelta x)-f(x) \fallingdotseq f'(x)\varDelta x$

したがって，$|\varDelta x|$ が十分小さいとき　$\boldsymbol{\varDelta y \fallingdotseq y'\varDelta x}$

◀ $\varDelta x=h$ と考える。

◀ $|\varDelta x|$ が十分小さいとき　$\dfrac{dy}{dx} \fallingdotseq \dfrac{\varDelta y}{\varDelta x}$

■ 2 次の近似式

関数 $f(x)$ が $x=a$ で 2 回微分可能であるとき，曲線 $y=f(x)$ の $x=a$ の近くを，2 次関数で近似することを考えてみよう。
$f(a)=g(a)$，$f'(a)=g'(a)$，$f''(a)=g''(a)$ を満たす 2 次関数 $g(x)$ を求めると（解答編 $p.157$ 参照）

$$g(x)=f(a)+f'(a)(x-a)+\frac{f''(a)}{2}(x-a)^2$$

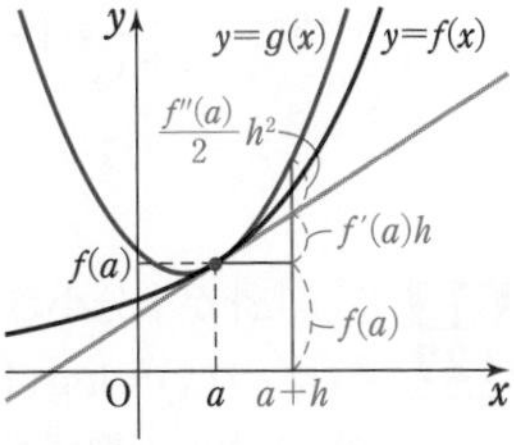

$|h|$ が十分小さいとき，$f(a+h) \fallingdotseq g(a+h)$ から，基本事項の 4 が得られる。また，4 で $a=0$，$h=x$ とおくと，基本事項の 5 が得られる。4 や 5 は，**2 次の近似式** といわれる。

なお，近似式に関連する内容として，$p.218$ の **参考事項** も参照。

基本例題 127 近似値と近似式 ①①①①①

(1) $|x|$ が十分小さいとき，$f(x)=\sqrt[4]{1+x}$ の1次の近似式，2次の近似式を作れ。

(2) $\sin(a+h)$ の1次の近似式を用いて，$\sin 59^\circ$ の近似値を求めよ。ただし，$\pi=3.14$，$\sqrt{3}=1.73$ として小数第2位まで求めよ。

p.215 基本事項

指針 近似式 $|h|$ が十分小さいとき ／ $|x|$ が十分小さいとき

1次 ① $f(a+h)\fallingdotseq f(a)+f'(a)h$ ② $f(x)\fallingdotseq f(0)+f'(0)x$

2次 ③ $f(a+h)\fallingdotseq f(a)+f'(a)h+\dfrac{f''(a)}{2}h^2$ ④ $f(x)\fallingdotseq f(0)+f'(0)x+\dfrac{f''(0)}{2}x^2$

(1) $f(x)=\sqrt[4]{1+x}$ として ②，④ を利用。

(2) $59^\circ=60^\circ-1^\circ$ として，これを弧度法で表す。近似式は ① を利用。

解答

(1) $\sqrt[4]{1+x}=(1+x)^{\frac{1}{4}}$ であるから

$$f'(x)=\frac{1}{4}(1+x)^{-\frac{3}{4}},\quad f''(x)=\frac{1}{4}\cdot\left(-\frac{3}{4}\right)(1+x)^{-\frac{7}{4}}=-\frac{3}{16}(1+x)^{-\frac{7}{4}}$$

ゆえに，$|x|$ が十分小さいとき

1次の近似式は $f(x)\fallingdotseq 1+\dfrac{1}{4}x$

◀ $f(x)\fallingdotseq f(0)+f'(0)x$

2次の近似式は $f(x)\fallingdotseq 1+\dfrac{1}{4}x-\dfrac{3}{32}x^2$

◀ $f(x)\fallingdotseq f(0)+f'(0)x+\dfrac{f''(0)}{2}x^2$

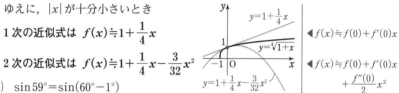

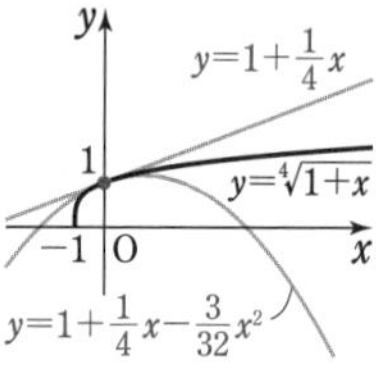

(2) $\sin 59^\circ=\sin(60^\circ-1^\circ)$

$$=\sin\left(\frac{\pi}{3}-\frac{\pi}{180}\right)$$

$(\sin x)'=\cos x$ であるから，$|h|$ が十分小さいとき

$$\sin(a+h)\fallingdotseq\sin a+h\cos a$$

◀ $f(a+h)\fallingdotseq f(a)+f'(a)h$

よって $\sin\left(\dfrac{\pi}{3}-\dfrac{\pi}{180}\right)\fallingdotseq\sin\dfrac{\pi}{3}+\left(-\dfrac{\pi}{180}\right)\cos\dfrac{\pi}{3}$

◀ 上の近似式で $a=\dfrac{\pi}{3}$，$h=-\dfrac{\pi}{180}$ とする。

$$=\frac{\sqrt{3}}{2}-\frac{\pi}{180}\cdot\frac{1}{2}=\frac{180\sqrt{3}-\pi}{360}$$

$$=\frac{180\times1.73-3.14}{360}=0.856\cdots\cdots\fallingdotseq\mathbf{0.86}$$

参考 $\sin 59^\circ=0.85716\cdots\cdots$

参考 $x\fallingdotseq 0$ のとき $(1+x)^p\fallingdotseq 1+px$

◀ 1次の近似式。

特に $\dfrac{1}{1+x}\fallingdotseq 1-x$，$\sqrt{1+x}\fallingdotseq 1+\dfrac{1}{2}x$，$\sqrt[3]{1+x}\fallingdotseq 1+\dfrac{1}{3}x$

練習 ②127 (1) $|x|$ が十分小さいとき，次の関数の1次の近似式，2次の近似式を作れ。

(ア) $f(x)=\log(1+x)$ (イ) $f(x)=\sqrt{1+\sin x}$

(2) 1次の近似式を用いて，次の数の近似値を求めよ。ただし，$\pi=3.14$，$\sqrt{3}=1.73$ として小数第2位まで求めよ。

(ア) $\cos 61^\circ$ (イ) $\sqrt[3]{340}$ (ウ) $\sqrt{1+\pi}$

p.220 EX 110

基本例題 128 微小変化に応じる変化

△ABC で，AB＝2 cm，BC＝$\sqrt{3}$ cm，∠B＝30° とする。∠B が 1° だけ増えたとき，次のものは，ほぼどれだけ増えるか。ただし，$\pi=3.14$，$\sqrt{3}=1.73$ とする。

(1) △ABC の面積 S　(2) 辺 CA の長さ y

p.215 基本事項 3

指針 $y=f(x)$ の x の増分 Δx に対する y の増分を Δy とすると

$|\Delta x|$ が十分小さいとき　$\Delta y \fallingdotseq y'\Delta x$

30° に対し 1° を微小変化 Δx とみて，上の公式を利用する。また，微分法で角は **弧度法** で扱うことに注意する。

なお，問題では $\pi=3.14$ など小数第 2 位(有効数字 3 桁)の数が与えられているから，答えでは，小数第 3 位を四捨五入して小数第 2 位までの数とする。

解答

∠B＝x (ラジアン) とすると　$x=30°=\dfrac{\pi}{6}$，$\Delta x=1°=\dfrac{\pi}{180}$

◀30° に対して 1° すなわち $\dfrac{1}{30}\fallingdotseq 0.03$ は十分小さいと考えてよい。

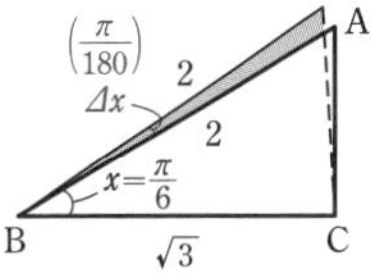

(1) $S=\dfrac{1}{2}\cdot 2\cdot\sqrt{3}\sin x=\sqrt{3}\sin x$

よって　$S'=\sqrt{3}\cos x$

x の増分 Δx に対する S の増分を ΔS とすると，$|\Delta x|$ が十分小さいとき，$\Delta S\fallingdotseq S'\Delta x=(\sqrt{3}\cos x)\Delta x$ が成り立つ。

よって　$\Delta S\fallingdotseq\sqrt{3}\cos\dfrac{\pi}{6}\cdot\dfrac{\pi}{180}=\dfrac{\pi}{120}\fallingdotseq\dfrac{3.14}{120}=0.026\cdots\cdots$

したがって，**約 0.03 cm² 増える。**

(2) 余弦定理により

$y=\sqrt{2^2+(\sqrt{3})^2-2\cdot 2\cdot\sqrt{3}\cos x}=\sqrt{7-4\sqrt{3}\cos x}$

◀$y=(7-4\sqrt{3}\cos x)^{\frac{1}{2}}$

$y'=\dfrac{1}{2}(7-4\sqrt{3}\cos x)^{-\frac{1}{2}}\cdot(7-4\sqrt{3}\cos x)'=\dfrac{2\sqrt{3}\sin x}{\sqrt{7-4\sqrt{3}\cos x}}$

◀$(7-4\sqrt{3}\cos x)'=4\sqrt{3}\sin x$

x の増分 Δx に対する y の増分を Δy とすると，$|\Delta x|$ が十分小さいとき，$\Delta y\fallingdotseq y'\Delta x$ が成り立つ。

よって

$$\Delta y=\frac{2\sqrt{3}\sin\frac{\pi}{6}}{\sqrt{7-4\sqrt{3}\cos\frac{\pi}{6}}}\cdot\frac{\pi}{180}=\frac{2\sqrt{3}\cdot\frac{1}{2}}{\sqrt{7-4\sqrt{3}\cdot\frac{\sqrt{3}}{2}}}\cdot\frac{\pi}{180}$$

$$=\frac{\sqrt{3}\pi}{180}\fallingdotseq\frac{1.73\times 3.14}{180}=0.030\cdots\cdots\fallingdotseq 0.03$$

したがって，**約 0.03 cm 増える。**

練習 ② 128 (1) 球の体積 V が 1 % 増加するとき，球の半径 r と球の表面積 S は，それぞれ約何 % 増加するか。

(2) AD∥BC の等脚台形 ABCD において，AB＝2 cm，BC＝4 cm，∠B＝60° とする。∠B が 1° だけ増えたとき，台形 ABCD の面積 S は，ほぼどれだけ増えるか。ただし，$\pi=3.14$ とする。

参考事項　関数の無限級数展開

関数 $f(x)$ を次のような無限級数の形に表すことを考えよう。

$$f(x)=c_0+c_1x+c_2x^2+\cdots\cdots+c_kx^k+\cdots\cdots \qquad \cdots\cdots ①$$

このように表すことができるとき　$f(0)=c_0$

また，① の両辺を k 回 ($k=1,\ 2,\ \cdots\cdots$) 微分したものにおいて，$x=0$ とすると

$$f^{(k)}(0)=k!c_k \qquad \text{よって} \qquad c_k=\frac{f^{(k)}(0)}{k!}\ (k=1,\ 2,\ \cdots\cdots)$$

したがって　$f(x)=f(0)+\dfrac{f'(0)}{1!}x+\dfrac{f''(0)}{2!}x^2+\cdots\cdots+\dfrac{f^{(k)}(0)}{k!}x^k+\cdots\cdots$　$\cdots\cdots$ (＊)

例　(1) $f(x)=e^x$　(2) $f(x)=\sin x$　について，上の ① の形で表す。

(1) $f^{(k)}(x)=e^x$ であるから　$f^{(k)}(0)=1$　また　$f(0)=1$　◀e^x は何回微分しても同じ式。

よって　$e^x=1+\dfrac{1}{1!}x+\dfrac{1}{2!}x^2+\dfrac{1}{3!}x^3+\dfrac{1}{4!}x^4+\dfrac{1}{5!}x^5+\cdots\cdots$　◀(＊) に当てはめる。

ゆえに　$\boldsymbol{e^x=1+x+\dfrac{x^2}{2}+\dfrac{x^3}{6}+\dfrac{x^4}{24}+\dfrac{x^5}{120}+\cdots\cdots}$　◀$e^x=\displaystyle\sum_{n=0}^{\infty}\frac{x^n}{n!}$ $(0!=1)$

(2) $f'(x)=\cos x$, $f''(x)=-\sin x$, $f'''(x)=-\cos x$,
$f^{(4)}(x)=\sin x$, $f^{(5)}(x)=\cos x$ であるから
$f'(0)=1$, $f''(0)=0$, $f'''(0)=-1$, $f^{(4)}(0)=0$, $f^{(5)}(0)=1$

よって　$\sin x=0+\dfrac{1}{1!}x+\dfrac{0}{2!}x^2+\dfrac{-1}{3!}x^3+\dfrac{0}{4!}x^4+\dfrac{1}{5!}x^5+\cdots\cdots$

ゆえに　$\boldsymbol{\sin x=x-\dfrac{x^3}{6}+\dfrac{x^5}{120}-\cdots\cdots}$

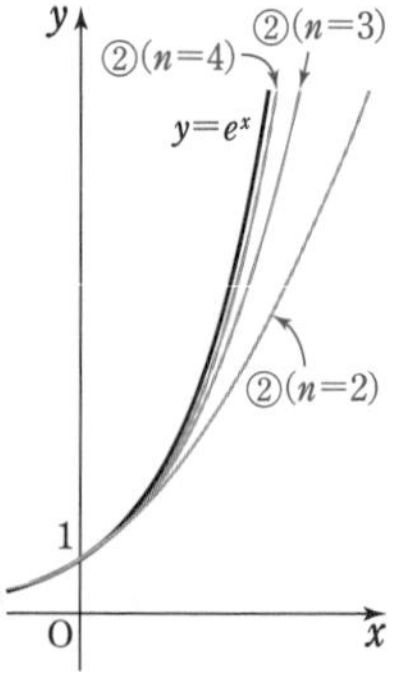

参考　(1) に関して，$y=\displaystyle\sum_{k=0}^{n}\frac{x^k}{k!}$ $(n=2,\ 3,\ 4\ ;\ 0!=1)$ $\cdots\cdots$ ②
および $y=e^x$ のグラフは右の図のようになり，n の値が大きくなると ② のグラフは $y=e^x$ のグラフに近づいていくことがわかる。

上で述べた事柄は，本当はもっと厳密な考察が必要である。詳しく知りたい人は，大学生向けの微分積分学の教科書を参照してほしい。
なお，一般には次のことが成り立つ(大学で学ぶ内容)。

$f(x)$ が 0 を含むある区間 I で何回でも微分可能であれば，I に属する任意の x に対して次の式が成り立つ (**マクローリンの定理**)。

$$f(x)=f(0)+\frac{f'(0)}{1!}x+\frac{f''(0)}{2!}x^2+\cdots\cdots+\frac{f^{(n)}(0)}{n!}x^n+\frac{f^{(n+1)}(\theta x)}{(n+1)!}x^{n+1},\ 0<\theta<1$$

注意　上のマクローリンの定理の式で，第 2 項までをとったものが 1 次の近似式に，第 3 項までをとったものが 2 次の近似式になっている。
(同じようにして，n 次の近似式を考えることができる。)

問　次の関数を，上の 例 と同じようにして無限級数の形に表せ。
(1) $f(x)=\cos x$　(2) $f(x)=\log(1+x)$　(＊) 問 の解答は $p.708$ にある。

参考事項 オイラーの公式

前ページの内容から，関数 e^x，$\sin x$，$\cos x$ は次のように表されることがわかった。

$$e^x=1+\frac{x}{1!}+\frac{x^2}{2!}+\frac{x^3}{3!}+\frac{x^4}{4!}+\frac{x^5}{5!}+\cdots\cdots \quad \cdots\cdots ①$$

$$\sin x=x-\frac{x^3}{3!}+\frac{x^5}{5!}-\cdots\cdots \qquad \cos x=1-\frac{x^2}{2!}+\frac{x^4}{4!}-\cdots\cdots \quad \cdots\cdots ②$$

ここで，試しに ① の x に $i\theta$（θ は実数）を代入してみると

$$e^{i\theta}=1+\frac{i\theta}{1!}+\frac{(i\theta)^2}{2!}+\frac{(i\theta)^3}{3!}+\frac{(i\theta)^4}{4!}+\frac{(i\theta)^5}{5!}+\cdots\cdots$$

$$=1+\frac{i\theta}{1!}-\frac{\theta^2}{2!}-\frac{i\theta^3}{3!}+\frac{\theta^4}{4!}+\frac{i\theta^5}{5!}-\cdots\cdots$$

◀ $i^2=-1$

これが $e^{i\theta}=\left(1-\frac{\theta^2}{2!}+\frac{\theta^4}{4!}-\cdots\cdots\right)+i\left(\theta-\frac{\theta^3}{3!}+\frac{\theta^5}{5!}-\cdots\cdots\right)$ と変形できるとすると，

② により　　$\boldsymbol{e^{i\theta}=\cos\theta+i\sin\theta}$ ……（＊）　となる。

上の議論は厳密ではないが，数学の世界で（＊）は実際に成り立つことが知られており，**オイラーの公式** といわれる。オイラーの公式は，数学のみならず電気工学や物理学など，多くの分野で利用されている（$p.359$ 参照）。

参考　複素数 z に対する関数 e^z については，大学で学ぶ「複素数関数」の中で扱われている。興味のある人は，「複素数関数」に関する書籍を参照してほしい（例えば，① の形で e^z を定義する場合もある）。

次に，オイラーの公式の使用例をいくつか示しておこう。

● 三角関数を指数関数で表す

（＊）で θ に $-\theta$ を代入すると

$$e^{-i\theta}=\cos\theta-i\sin\theta \quad \cdots\cdots ③$$

◀ $e^{i(-\theta)}=\cos(-\theta)+i\sin(-\theta)$

（＊）と ③ から　$\sin\theta=\frac{e^{i\theta}-e^{-i\theta}}{2i}$，$\cos\theta=\frac{e^{i\theta}+e^{-i\theta}}{2}$ ……④

④ の 2 つの式は，複素数の世界では三角関数が指数関数で表されることを示している。

● 三角関数の加法定理を導く　（α，β は実数とする。）

（＊）から　$e^{i(\alpha+\beta)}=\cos(\alpha+\beta)+i\sin(\alpha+\beta)$ ……⑤

また　$e^{i(\alpha+\beta)}=(e^{i\alpha}e^{i\beta})$ Ⓐ $=(\cos\alpha+i\sin\alpha)(\cos\beta+i\sin\beta)$

$=(\cos\alpha\cos\beta-\sin\alpha\sin\beta)+i(\sin\alpha\cos\beta+\cos\alpha\sin\beta)$ ……⑥

［Ⓐ z，w が複素数のときも $e^{z+w}=e^ze^w$ が成り立つことが知られている。］

⑤ と ⑥ の実部，虚部をそれぞれ比較することにより，加法定理を導くことができる。
なお，三角関数に関係のある公式については，④ の各式の両辺を微分することにより，導関数の公式 $(\sin\theta)'=\cos\theta$，$(\cos\theta)'=-\sin\theta$ を導くこともできる。
［その証明には，複素数関数における導関数の公式 $(e^{az})'=ae^{az}$（z は複素数，a は実数）を利用する。］

● オイラーの等式

（＊）で $\theta=\pi$ とすると　$\boldsymbol{e^{i\pi}+1=0}$　が得られる。　◀ $e^{i\pi}=\cos\pi+i\sin\pi$

この等式は，円周率 π，自然対数の底 e，そして虚数単位 i という，一見無関係に思われる 3 つの数が簡単な式で結ばれていることを表した，大変興味深い式である。

④106 n を自然数とし，実数 x に対して $f_n(x)=(-1)^n\left\{e^{-x}-1-\sum_{k=1}^{n}\frac{(-1)^k}{k!}x^k\right\}$ とする。

(1) $f_{n+1}(x)$ の導関数 $f_{n+1}'(x)$ について，$f_{n+1}'(x)=f_n(x)$ が成り立つことを示せ。

(2) すべての自然数 n について，$x>0$ のとき $f_n(x)<0$ であることを示せ。

(3) $a_n=1+\sum_{k=1}^{n}\frac{(-1)^k}{k!}$ とする。$\lim_{n\to\infty}a_{2n}$ を求めよ。〔神戸大〕 →113,122

②107 座標平面上の動点 P の時刻 t における座標 $(x,\ y)$ が $\begin{cases} x=\sin t \\ y=\dfrac{1}{2}\cos 2t \end{cases}$ で表されるとき，点 P の速度の大きさの最大値を求めよ。〔類 立命館大〕 →123

③108 楕円 $Ax^2+By^2=1\ (A>0,\ B>0)$ の周上を速さ 1 で運動する点 $\mathrm{P}(x,\ y)$ について，次のことが成り立つことを示せ。

(1) 点 P の速度ベクトルと加速度ベクトルは垂直である。

(2) 点 P の速度ベクトルとベクトル $(Ax,\ By)$ は垂直である。 →125

④109 原点 O を中心とし，半径 5 の円周上を点 Q が回転し，更に点 Q を中心とする半径 1 の円周上を点 P が回転する。時刻 t のとき，x 軸の正方向に対し OQ，QP のなす角はそれぞれ t，$15t$ とする。OP が x 軸の正方向となす角 ω について，$\dfrac{d\omega}{dt}$ を求めよ。〔類 学習院大〕 →124,126

②110 (1) $|x|$ が十分小さいとき，関数 $\tan\left(\dfrac{x}{2}-\dfrac{\pi}{4}\right)$ の近似式(1 次)を作れ。〔信州大〕

(2) (ア) $\lim_{x\to 0}\dfrac{1+ax-\sqrt{1+x}}{x^2}=\dfrac{1}{8}$ が成り立つように定数 a の値を定めよ。

(イ) (ア)の結果を用いて，$|x|$ が十分小さいとき，$\sqrt{1+x}$ の近似式を作れ。また，その近似式を利用して $\sqrt{102}$ の近似値を求めよ。 →127

HINT

106 (2) 数学的帰納法を利用。
(3) $f_{2n}(1)$ と $f_{2n+1}(1)$ を考えて a_{2n} に関する不等式を作り，はさみうちの原理を利用。

107 $|\vec{v}|^2=\left(\dfrac{dx}{dt}\right)^2+\left(\dfrac{dy}{dt}\right)^2$ を $\sin^2 t=X$ の 2 次関数で表す。X の変域に注意。

108 (1) 条件から　$(x')^2+(y')^2=1$　この両辺を t で微分する。

109 まず，$\mathrm{P}(x,\ y)$ として，$\overrightarrow{\mathrm{OP}}=\overrightarrow{\mathrm{OQ}}+\overrightarrow{\mathrm{QP}}$ から x，y を t で表す。$x=\mathrm{OP}\cos\omega$，$y=\mathrm{OP}\sin\omega$ であることにも注目。

110 (1) $|x|$ が十分小さいとき　$f(x)\fallingdotseq f(0)+f'(0)x$
(2) (ア) $\dfrac{1+ax-\sqrt{1+x}}{x^2}$ の分子を有理化する。
(イ) (後半)　$\sqrt{102}$ を近似式が使えるように $a\sqrt{1+b}$ の形にする。

数学Ⅲ 第5章

積 分 法

5

SELECT STUDY

—●— **基本定着コース**……教科書の基本事項を確認したいきみに
—●— **精選速習コース**……入試の基礎を短期間で身につけたいきみに
—●— **実力練成コース**……入試に向け実力を高めたいきみに

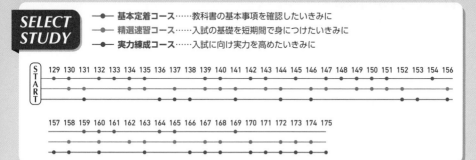

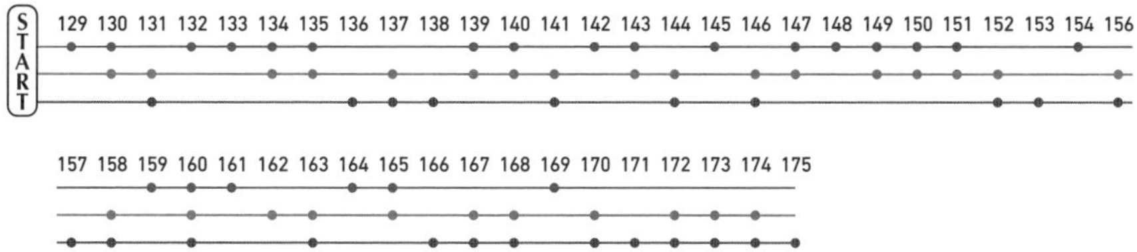

例題一覧

19 不定積分とその基本性質

基本事項

1 不定積分

関数 $f(x)$ に対して，微分すると $f(x)$ になる関数を，$f(x)$ の **不定積分** または **原始関数** といい，記号 $\displaystyle\int f(x)dx$ で表す。また，$f(x)$ の不定積分の1つを $F(x)$ とすると，$f(x)$ の不定積分は $\displaystyle\int f(x)dx=F(x)+C$ （**C は積分定数**） と表される。

2 不定積分の基本性質

k，l を定数とする。

1 $\displaystyle\int kf(x)dx=k\int f(x)dx$

2 $\displaystyle\int\{f(x)+g(x)\}dx=\int f(x)dx+\int g(x)dx$

3 $\displaystyle\int\{kf(x)+lg(x)\}dx=k\int f(x)dx+l\int g(x)dx$

解説

■ **不定積分**

数学Ⅱで学んだように，定数項を微分すると0になることから，微分すると $f(x)$ になる関数は無数にある。
したがって，関数 $f(x)$ の不定積分の1つを $F(x)$ とするとき，$f(x)$ の任意の不定積分 $\displaystyle\int f(x)dx$ は定数 C を用いて，$F(x)+C$ の形に表される。
このとき，$f(x)$ を **被積分関数**，x を **積分変数**，定数 C を **積分定数** という。また，関数 $f(x)$ からその不定積分を求めることを，$f(x)$ を **積分する** という。

微分と積分は互いに逆の演算

積 分

$$\int \boxed{f(x)}\,dx=\boxed{F(x)+C}$$

微 分

■ **不定積分の基本性質**

$f(x)$，$g(x)$ の不定積分の1つをそれぞれ $F(x)$，$G(x)$ とすると

$$\{kF(x)+lG(x)\}'=kF'(x)+lG'(x)=kf(x)+lg(x)$$

であるから

$$\int\{kf(x)+lg(x)\}dx=kF(x)+lG(x)=k\int f(x)dx+l\int g(x)dx$$

したがって，上の 2 3 が成り立ち，$l=0$ とおくと上の 2 1，$k=l=1$ とおくと上の 2 2 が導かれる。

◀数学Ⅱでも学習。

注意 2 1～3 のような不定積分についての等式では，各辺の積分定数を適当に定めると，その等式が成り立つことを意味している。

例 $\displaystyle\int(4x^3+6x^2-1)dx=4\int x^3dx+6\int x^2dx-\int dx$ ← $\displaystyle\int 1dx$ は1を省略して $\displaystyle\int dx$ と書く。

$\displaystyle=4\cdot\frac{x^4}{4}+6\cdot\frac{x^3}{3}-x+C$ ← 積分定数は，まとめて1つだけ C と最後に書く。

$=x^4+2x^3-x+C$ （C は積分定数）

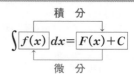

基本事項

3 基本的な関数の不定積分

C はいずれも積分定数とする。

[1] x^α の関数　$\alpha \neq -1$ のとき　$\displaystyle\int x^\alpha dx = \frac{x^{\alpha+1}}{\alpha+1} + C$

$\alpha = -1$ のとき　$\displaystyle\int \frac{dx}{x} = \log|x| + C$

[2] 三角関数　$\displaystyle\int \sin x\, dx = -\cos x + C$　　$\displaystyle\int \cos x\, dx = \sin x + C$

$\displaystyle\int \frac{dx}{\cos^2 x} = \tan x + C$　　$\displaystyle\int \frac{dx}{\sin^2 x} = -\frac{1}{\tan x} + C$

[3] 指数関数　$\displaystyle\int e^x dx = e^x + C$　　$\displaystyle\int a^x dx = \frac{a^x}{\log a} + C$ $(a>0,\ a \neq 1)$

解　説

■ **基本的な関数の不定積分**

不定積分は，導関数の公式の逆を利用 して求めることができる。第 3 章で学習した導関数の公式を用いて，基本的な関数の不定積分を求めてみよう。なお，C はいずれも積分定数とする。

[1] α が実数のとき

$(x^{\alpha+1})' = (\alpha+1)x^\alpha$ であるから，$\alpha \neq -1$ のとき　$\displaystyle\left(\frac{x^{\alpha+1}}{\alpha+1}\right)' = x^\alpha$

ゆえに　$\displaystyle\int x^\alpha dx = \frac{x^{\alpha+1}}{\alpha+1} + C$ $(\alpha \neq -1)$

また，$(\log|x|)' = \dfrac{1}{x}$ から　$\displaystyle\int \frac{dx}{x} = \log|x| + C$

[2] $(-\cos x)' = \sin x$ から　$\displaystyle\int \sin x\, dx = -\cos x + C$

$(\sin x)' = \cos x$ から　$\displaystyle\int \cos x\, dx = \sin x + C$

また，$(\tan x)' = \dfrac{1}{\cos^2 x}$ から　$\displaystyle\int \frac{dx}{\cos^2 x} = \tan x + C$

$\displaystyle\left(\frac{1}{\tan x}\right)' = -\frac{1}{\sin^2 x}$ から　$\displaystyle\int \frac{dx}{\sin^2 x} = -\frac{1}{\tan x} + C$

[3] $(e^x)' = e^x$ から　$\displaystyle\int e^x dx = e^x + C$

$(a^x)' = a^x \log a$ $(a>0,\ a \neq 1)$ から　$\displaystyle\left(\frac{a^x}{\log a}\right)' = a^x$

よって　$\displaystyle\int a^x dx = \frac{a^x}{\log a} + C$ $(a>0,\ a \neq 1)$

注意　3 の不定積分の公式は，導関数の公式とペアで覚えておくようにしよう。

◀ x^α の積分では，$x^{-1}\left(=\dfrac{1}{x}\right)$ は別扱い。なお，$\displaystyle\int \frac{1}{f(x)}dx$ を $\displaystyle\int \frac{dx}{f(x)}$ と書くことがある。

◀ $p.116$ 参照。

◀ $p.117$ 参照。

◀ $p.118$ 参照。

注意　微分法では積・商の公式もあったが，積分法では積 $\displaystyle\int f(x)g(x)dx$，商 $\displaystyle\int \frac{f(x)}{g(x)}dx$ のすべての場合に使えるような一般的な方法がないから，**積分法に積・商の公式はない。**
また，すべての関数が積分できるとは限らない(不定積分が存在しないということではなく，x^α，分数関数，$\sin x$，$\cos x$，a^x，$\log x$ を使って表せないという意味)。
したがって，それぞれの関数の特徴を利用して積分することになる。

基本例題 129 不定積分の計算 … 基本

次の不定積分を求めよ。

(1) $\displaystyle\int\frac{(\sqrt{x}-2)^2}{\sqrt{x}}dx$　　(2) $\displaystyle\int\frac{x-\cos^2 x}{x\cos^2 x}dx$

(3) $\displaystyle\int\frac{1}{\tan^2 x}dx$　　(4) $\displaystyle\int(2e^t-3\cdot 2^t)dt$

p.222, p.223 基本事項 2, 3

指針 まず，被積分関数を 変形して，公式が使える形にする。

(1) $\sqrt[m]{x^n}=x^{\frac{n}{m}}$, $\dfrac{1}{x^p}=x^{-p}$　なお，$\dfrac{1}{x}$ $(p=1)$ の積分は別扱い。

(3) 三角関数の相互関係　$\tan\theta=\dfrac{\sin\theta}{\cos\theta}$, $\sin^2\theta+\cos^2\theta=1$　を利用して変形。

(4) 積分変数は t であることに注意 ((1)~(3) の積分変数は x)。

解答

(1) $\displaystyle\int\frac{(\sqrt{x}-2)^2}{\sqrt{x}}dx=\int\frac{x-4\sqrt{x}+4}{\sqrt{x}}dx=\int\left(\sqrt{x}-4+\frac{4}{\sqrt{x}}\right)dx$

$\displaystyle=\int(x^{\frac{1}{2}}-4+4x^{-\frac{1}{2}})dx=\frac{2}{3}x^{\frac{3}{2}}-4x+4\cdot 2x^{\frac{1}{2}}+C$

$\displaystyle=\frac{2}{3}x\sqrt{x}-4x+8\sqrt{x}+C$ （C は積分定数）

◀ $\displaystyle\int x^\alpha dx=\frac{x^{\alpha+1}}{\alpha+1}+C$ （ただし　$\alpha\neq-1$）（C は積分定数。以下同じ。）

(2) $\displaystyle\int\frac{x-\cos^2 x}{x\cos^2 x}dx=\int\left(\frac{1}{\cos^2 x}-\frac{1}{x}\right)dx$

$=\tan x-\log|x|+C$ （C は積分定数）

◀ $\displaystyle\int\frac{dx}{\cos^2 x}=\tan x+C$

$\displaystyle\int\frac{1}{x}dx=\log|x|+C$

(3) $\displaystyle\int\frac{1}{\tan^2 x}dx=\int\frac{\cos^2 x}{\sin^2 x}dx=\int\frac{1-\sin^2 x}{\sin^2 x}dx$

$\displaystyle=\int\left(\frac{1}{\sin^2 x}-1\right)dx=-\frac{1}{\tan x}-x+C$

（C は積分定数）

◀ $\sin^2 x+\cos^2 x=1$

◀ $\displaystyle\int\frac{dx}{\sin^2 x}=-\frac{1}{\tan x}+C$

(4) $\displaystyle\int(2e^t-3\cdot 2^t)dt=2e^t-\frac{3\cdot 2^t}{\log 2}+C$ （C は積分定数）

$\displaystyle\int e^t dt=e^t+C$

$\displaystyle\int a^t dt=\frac{a^t}{\log a}+C$

検討

求めた不定積分は微分して検算

積分は微分の逆の計算であるから，求めた不定積分を微分して検算 するとよい。
なお，次のページ以後，本書では「（C は積分定数）」の断り書きを省略するが，実際の答案では必ず書くようにしよう。

練習 ① 129 次の不定積分を求めよ。

(1) $\displaystyle\int\frac{x^3-2x+1}{x^2}dx$　　(2) $\displaystyle\int\frac{(\sqrt[3]{x}-1)^3}{x}dx$　　(3) $\displaystyle\int(\tan x+2)\cos x\,dx$

(4) $\displaystyle\int\frac{3-2\cos^2 x}{\cos^2 x}dx$　　(5) $\displaystyle\int\sin\frac{x}{2}\cos\frac{x}{2}dx$　　(6) $\displaystyle\int(3e^t-10^t)dt$

基本 例題 130 導関数から関数決定 (1)

(1) 次の条件を満たす関数 $F(x)$ を求めよ。

$$F'(x)=\tan^2 x,\ F(\pi)=0$$

(2) 点 $(1,\ 0)$ を通る曲線 $y=f(x)$ 上の点 $(x,\ y)$ における接線の傾きが $x\sqrt{x}$ であるとき，微分可能な関数 $f(x)$ を求めよ。

p.222 基本事項 1，基本 129　重要 131

指針 (1) **導関数がわかっているとき，もとの関数を求めるのが積分である。**よって

$$F(x)=\int F'(x)dx$$

ここで，積分定数 C は条件 $F(\pi)=0$（これを **初期条件** という）から決定する。

(2) **接線の傾き＝微分係数** により，$f'(x)=x\sqrt{x}$ である。曲線が点 $(1,\ 0)$ を通るから，$f(1)=0$ であり，これが初期条件となる。

注意 **本書では，以後断りのない限り，C は積分定数を表すものとする。**

解答

(1) $F(x)=\int F'(x)dx=\int \tan^2 x\,dx=\int\left(\dfrac{1}{\cos^2 x}-1\right)dx$

$=\tan x-x+C$

$F(\pi)=0$ であるから　　$\tan\pi-\pi+C=0$

これを解いて　　$C=\pi$

したがって　　$\boldsymbol{F(x)=\tan x-x+\pi}$

(2) 曲線 $y=f(x)$ 上の点 $(x,\ y)$ における接線の傾きは $f'(x)$ であるから　　$f'(x)=x\sqrt{x}$　$(x\geqq 0)$

ゆえに　　$f(x)=\int x\sqrt{x}\,dx=\int x^{\frac{3}{2}}dx$

$=\dfrac{2}{5}x^2\sqrt{x}+C$

$f(1)=0$ から　　$0=\dfrac{2}{5}+C$

よって　　$C=-\dfrac{2}{5}$

したがって　　$\boldsymbol{f(x)=\dfrac{2}{5}(x^2\sqrt{x}-1)}$

◀ $\tan^2\theta+1=\dfrac{1}{\cos^2\theta}$

◀ $\displaystyle\int\frac{dx}{\cos^2 x}=\tan x+C$

◀ $\tan\pi=0$

◀ 求めた C の値を $F(x)$ の式に代入。

◀ $\displaystyle\int x^{\frac{3}{2}}dx=\frac{x^{\frac{5}{2}}}{\frac{5}{2}}+C$

$=\dfrac{2}{5}x^2\cdot x^{\frac{1}{2}}+C$

検討

一般に，$F'(x)$ の不定積分は無数にあるが，(1) の $F(\pi)=0$ のような初期条件が与えられると，積分定数 C の値が定まる。

練習 ② 130 (1) 次の条件を満たす関数 $F(x)$ を求めよ。

$$F'(x)=e^x-\frac{1}{\sin^2 x},\ F\left(\frac{\pi}{4}\right)=0$$

(2) 曲線 $y=f(x)$ 上の点 $(x,\ y)$ における法線の傾きが 3^x であり，かつ，この曲線が原点を通るとき，微分可能な関数 $f(x)$ を求めよ。

p.246 EX 111, 112

重要例題 131 導関数から関数決定 (2)

微分可能な関数 $f(x)$ が $f'(x)=|e^x-1|$ を満たし，$f(1)=e$ であるとき，$f(x)$ を求めよ。

基本 130

指針 条件 $f'(x)=|e^x-1|$ から，$f(x)=\int|e^x-1|dx$ とすることはできない。まず，**絶対値　場合に分ける**　から

$x>0$ のとき　$f'(x)=e^x-1$　…… Ⓐ

$x<0$ のとき　$f'(x)=-(e^x-1)=-e^x+1$

$x>0$ のときは，Ⓐ と条件 $f(1)=e$ から $f(x)$ が決まる。

しかし，$x<0$ のときは，条件 $f(1)=e$ が利用できない。

そこで，関数 $f(x)$ は **$x=0$ で微分可能 ⟹ $x=0$ で連続**

($p.106$ 基本事項 **1** ②) に着目。

$\lim_{x\to+0}f(x)=\lim_{x\to-0}f(x)=f(0)$ を利用して，$f(x)$ を求める。

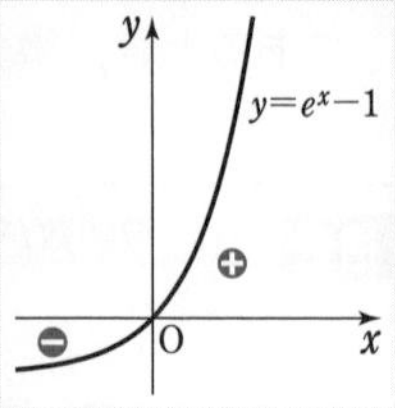

解答

$x>0$ のとき，$e^x-1>0$ であるから　$f'(x)=e^x-1$

よって　$f(x)=\int(e^x-1)dx=e^x-x+C$ (C は積分定数)

$f(1)=e$ であるから　$e=e-1+C$　ゆえに　$C=1$

したがって　$f(x)=e^x-x+1$ …… ①

$x<0$ のとき，$e^x-1<0$ であるから　$f'(x)=-e^x+1$

よって　$f(x)=\int(-e^x+1)dx$

$=-e^x+x+D$ (D は積分定数) …… ②

$f(x)$ は $x=0$ で微分可能であるから，$x=0$ で連続である。

ゆえに　$\lim_{x\to+0}f(x)=\lim_{x\to-0}f(x)=f(0)$

① から　$\lim_{x\to+0}f(x)=\lim_{x\to+0}(e^x-x+1)=2$

② から　$\lim_{x\to-0}f(x)=\lim_{x\to-0}(-e^x+x+D)=-1+D$

よって　$2=-1+D=f(0)$　ゆえに　$D=3$

したがって　$f(x)=-e^x+x+3$

このとき，$\lim_{x\to0}\frac{e^x-1}{x}=1$ から

$$\lim_{h\to+0}\frac{f(h)-f(0)}{h}=\lim_{h\to+0}\frac{e^h-h-1}{h}=0,$$

$$\lim_{h\to-0}\frac{f(h)-f(0)}{h}=\lim_{h\to-0}\frac{-e^h+h+1}{h}=0$$

よって，$f'(0)$ が存在し，$f(x)$ は $x=0$ で微分可能である。

以上から　$\boldsymbol{f(x)=\begin{cases}e^x-x+1 & (x\geqq0)\\ -e^x+x+3 & (x<0)\end{cases}}$

◀導関数 $f'(x)$ はその定義から，x を含む開区間で扱う。したがって，$x>0$，$x<0$ の区間で場合分けして考える。

◀$f(x)$ は微分可能な関数。

◀必要条件。

◀逆の確認。$p.121$ も参照。

◀$\lim_{h\to+0}\left(\frac{e^h-1}{h}-1\right)$

◀$\lim_{h\to-0}\left\{\frac{-(e^h-1)}{h}+1\right\}$

練習 ④131 $x>0$ とする。微分可能な関数 $f(x)$ が $f'(x)=\left|\frac{1}{x}-1\right|$ を満たし，$f(2)=-\log2$ であるとき，$f(x)$ を求めよ。

20 不定積分の置換積分法・部分積分法

基本事項

1 $f(ax+b)$ の不定積分

$F'(x)=f(x)$, $a \neq 0$ とするとき　$\displaystyle\int f(ax+b)dx=\frac{1}{a}F(ax+b)+C$

2 置換積分法

1　$\displaystyle\int f(x)dx=\int f(g(t))g'(t)dt$　　ただし　$x=g(t)$

2　$\displaystyle\int f(g(x))g'(x)dx=\int f(u)du$　　ただし　$g(x)=u$

2′　$\displaystyle\int \{g(x)\}^{\alpha}g'(x)dx=\frac{\{g(x)\}^{\alpha+1}}{\alpha+1}+C$　　ただし　$\alpha \neq -1$

3　$\displaystyle\int \frac{g'(x)}{g(x)}dx=\log|g(x)|+C$

3 部分積分法

$\displaystyle\int f(x)g'(x)dx=f(x)g(x)-\int f'(x)g(x)dx$　特に　$\displaystyle\int f(x)dx=xf(x)-\int xf'(x)dx$

解説

■ $f(ax+b)$ の不定積分

合成関数の微分法 $\{F(ax+b)\}'=aF'(ax+b)=af(ax+b)$ から **1** が得られる。

■置換積分法

$f(x)$ の不定積分 $y=\displaystyle\int f(x)dx$ において，x が微分可能な t の関数 $g(t)$ で $x=g(t)$ と表されるとき，y は t の関数で　$\displaystyle\frac{dy}{dt}=\frac{dy}{dx}\cdot\frac{dx}{dt}=f(x)g'(t)=f(g(t))g'(t)$　から 1 が得られる。

また，1 において，左辺と右辺を入れ替えて，積分変数 t を x に，x を u におき換えると 2 が得られる。

2 において，$f(u)=u^{\alpha}$ とすると　$\displaystyle\int \{g(x)\}^{\alpha}g'(x)dx=\int u^{\alpha}du=\frac{u^{\alpha+1}}{\alpha+1}+C$，$g(x)=u$

から 2′ が得られる。また，2 において，$f(u)=\dfrac{1}{u}$ とすると

$\displaystyle\int \frac{g'(x)}{g(x)}dx=\int \frac{1}{u}du=\log|u|+C$，$g(x)=u$　から 3 が得られる。

なお，**$\dfrac{dx}{dt}=g'(t)$ を形式的に $dx=g'(t)dt$ と書く** ことがある。この表現を用いると，1 は，$\displaystyle\int f(x)dx$ において形式的に x を $g(t)$ に，dx を $g'(t)dt$ におき換えたもの，2 は，被積分関数が $f(g(x))g'(x)$ の形をしているとき，$g(x)$ を u でおき換え，形式的に $g'(x)dx$ を du におき換えたもの，と考えることができる。

■部分積分法　積の導関数の公式 $\{f(x)g(x)\}'=f'(x)g(x)+f(x)g'(x)$ から

$f(x)g'(x)=\{f(x)g(x)\}'-f'(x)g(x)$

両辺の不定積分を考えると　$\displaystyle\int f(x)g'(x)dx=f(x)g(x)-\int f'(x)g(x)dx$　…… ①

① で，特に $g(x)=x$ とすると，$g'(x)=1$ であるから　$\displaystyle\int f(x)dx=xf(x)-\int xf'(x)dx$

基本例題 132 $f(ax+b)$ の不定積分

次の不定積分を求めよ。

(1) $\int\sqrt{2x-3}\,dx$ (2) $\int\cos\left(\frac{2}{3}x-1\right)dx$ (3) $\int\frac{dx}{4x+5}$ (4) $\int 2^{-3x+1}dx$

p.227 基本事項 1

指針 次の公式を用いる。$F'(x)=f(x)$，$a\neq 0$ とするとき

$$\int f(ax+b)dx=\frac{1}{a}F(ax+b)+C \quad \cdots (*)$$

↑ $\frac{1}{a}$ を忘れずに！

← $ax+b$ を1つのもの ● とみて，$f(●)$ の不定積分を求める要領。

(1) で $f(x)=\sqrt{x}$ とすると，$f(2x-3)=\sqrt{2x-3}$ となるから，$\sqrt{x}$ の不定積分を考えるとよい。(2)～(4) についても同様に，$f(x)$ を次のようにとって考える。

(2) $f(x)=\cos x$ (3) $f(x)=\frac{1}{x}$ (4) $f(x)=2^x$

解答

(1) $\int\sqrt{2x-3}\,dx=\int(2x-3)^{\frac{1}{2}}dx=\frac{1}{2}\cdot\frac{2}{3}(2x-3)^{\frac{3}{2}}+C$

$=\boldsymbol{\frac{1}{3}(2x-3)\sqrt{2x-3}+C}$

◀ $\int\sqrt{x}\,dx=\frac{2}{3}x^{\frac{3}{2}}+C$
$2x-3$ の x の係数 2 の逆数 $\frac{1}{2}$ を忘れずに掛ける。

(2) $\int\cos\left(\frac{2}{3}x-1\right)dx=\boldsymbol{\frac{3}{2}\sin\left(\frac{2}{3}x-1\right)+C}$

◀ $\int\cos x\,dx=\sin x+C$

(3) $\int\frac{dx}{4x+5}=\boldsymbol{\frac{1}{4}\log|4x+5|+C}$

◀ $\int\frac{1}{x}dx=\log|x|+C$

(4) $\int 2^{-3x+1}dx=-\frac{1}{3}\cdot\frac{2^{-3x+1}}{\log 2}+C=\boldsymbol{-\frac{2^{-3x+1}}{3\log 2}+C}$

◀ $\int 2^x dx=\frac{2^x}{\log 2}+C$

検討 **指針の公式 (*) の証明など**

上の指針の (*) の公式は，前ページの基本事項 **2** 1 の特別な場合である。

実際に，$F'(x)=f(x)$，$a\neq 0$ のとき，$ax+b=t$ とおくと $x=\frac{t-b}{a}$，$\frac{dx}{dt}=\frac{1}{a}$

よって $\int f(ax+b)dx=\int f(t)\cdot\frac{1}{a}dt=\frac{1}{a}\int f(t)dt=\frac{1}{a}F(t)+C=\frac{1}{a}F(ax+b)+C$ となる。

なお，$p.224$ の 検討 でも述べたが，不定積分を求めた後は **微分して検算** するとよい。
例えば

(1) $\left\{\frac{1}{3}(2x-3)^{\frac{3}{2}}+C\right\}'=\frac{1}{3}\cdot\frac{3}{2}(2x-3)^{\frac{1}{2}}\cdot 2=\sqrt{2x-3}$ ← 被積分関数に一致し，OK。

練習 ①132 次の不定積分を求めよ。

(1) $\int\frac{1}{4x^2-12x+9}dx$ (2) $\int\sqrt[3]{3x+2}\,dx$ (3) $\int e^{-2x+1}dx$

(4) $\int\frac{1}{\sqrt[3]{(1-3x)^2}}dx$ (5) $\int\sin(3x-2)dx$ (6) $\int 7^{2x-3}dx$

基本例題 133 置換積分法 (1) … 丸ごと置換

次の不定積分を求めよ。

(1) $\int(2x+1)\sqrt{x+2}\,dx$　　(2) $\int\frac{e^{2x}}{(e^x+1)^2}dx$

p.227 基本事項 2

指針 置換積分法 の公式 1 $\int f(x)dx=\int f(g(t))g'(t)dt$ $[x=g(t)]$ を利用。

このとき，$f(x)$ の式に注目して，$=t$ とおく (x の) 式を，後の t の不定積分の計算がなるべくらくになるようにとることがポイント。

(1) $x+2=t$ とおくと，$\sqrt{}$ が残る。一方，$\sqrt{x+2}=t$ (丸ごと置換) **とおく** と，$x=t^2-2$ となり，$\sqrt{}$ が消えて扱いやすくなる。

(2) $e^x=t$ とおいてもよいが(別解)，$e^x+1=t$ **とおく** 方が計算はらく。

解答

(1) $\sqrt{x+2}=t$ とおくと，$x=t^2-2$ から　$dx=2t\,dt$

よって　$\int(2x+1)\sqrt{x+2}\,dx=\int(2t^2-3)\cdot t\cdot 2t\,dt$

$=\int(4t^4-6t^2)dt=\frac{4}{5}t^5-2t^3+C$

$=\frac{2}{5}(2t^2-5)t^3+C$

$=\boldsymbol{\frac{2}{5}(2x-1)(x+2)\sqrt{x+2}+C}$

(2) $e^x+1=t$ とおくと　$e^x=t-1$，$e^x dx=dt$

よって　$\int\frac{e^{2x}}{(e^x+1)^2}dx=\int\frac{e^x}{(e^x+1)^2}e^x dx=\int\frac{t-1}{t^2}dt$

$=\int\left(\frac{1}{t}-\frac{1}{t^2}\right)dt=\log t+\frac{1}{t}+C$

$=\boldsymbol{\log(e^x+1)+\frac{1}{e^x+1}+C}$

別解　$e^x=t$ とおくと　$e^x dx=dt$

よって　$\int\frac{e^{2x}}{(e^x+1)^2}dx=\int\frac{e^x}{(e^x+1)^2}e^x dx=\int\frac{t}{(t+1)^2}dt$

$=\int\left\{\frac{1}{t+1}-\frac{1}{(t+1)^2}\right\}dt=\log(t+1)+\frac{1}{t+1}+C$

$=\boldsymbol{\log(e^x+1)+\frac{1}{e^x+1}+C}$

◀$x=t^2-2$ から　$\frac{dx}{dt}=2t$
これを形式的に $dx=2t\,dt$ と書く。

◀**t について積分。**

◀$2t^2-5=2(x+2)-5$
$=2x-1$

◀**最後に x の式に戻す。**

◀$e^x=\frac{dt}{dx}$ から
$e^x dx=dt$

◀$t=e^x+1>0$ であるから，$\log|t|$ ではなく $\log t$ と書いている。

検討

(1) 一般には，$(\square)^\alpha$ の形は $\square=t$ とおいて積分することが多いが，特に $\sqrt[n]{\triangle}$ **の形は丸ごと $\sqrt[n]{\triangle}=t$ とおく** 方が計算がらくになることが多い。

練習 ② 133 次の不定積分を求めよ。

(1) $\int(x+2)\sqrt{1-x}\,dx$　(2) $\int\frac{x}{(x+3)^2}dx$　(3) $\int(2x+1)\sqrt{x^2+x+1}\,dx$

(4) $\int\frac{e^{2x}}{e^x+2}dx$　(5) $\int\left(\tan x+\frac{1}{\tan x}\right)dx$　(6) $\int\frac{x}{1+x^2}\log(1+x^2)dx$

基本例題 134 置換積分法(2) … f(■)■′ の積分

次の不定積分を求めよ。

(1) $\int xe^{-\frac{x^2}{2}}dx$　(2) $\int \sin^3 x\cos x\,dx$　(3) $\int \frac{x+1}{x^2+2x-1}dx$

p.227 基本事項 2

指針 置換積分法 の公式 2 $\int f(g(x))g'(x)dx=\int f(u)du$　$[g(x)=u]$ …… (＊)
を用いる。

(1) $f(x)=e^{-x}$，$g(x)=\frac{x^2}{2}$ とすると　$xe^{-\frac{x^2}{2}}=f(g(x))g'(x)$ の形 ⟶ $\frac{x^2}{2}=u$ とおく。

(2)，(3) も同じように，$f(g(x))g'(x)$ の形を発見して，$g(x)=u$ とおく解答でもよいが，公式 (＊) の特殊な形

2′　$\int \{g(x)\}^\alpha g'(x)dx=\frac{\{g(x)\}^{\alpha+1}}{\alpha+1}+C$　$(\alpha\neq -1)$

3　$\int \frac{g'(x)}{g(x)}dx=\log|g(x)|+C$　⟵ $\frac{(分母)'}{(分母)}$ の形の式の積分。

を使うと早い。(2) は 2′，(3) は 3 を使う。

f(■)■′ なら ■=u とおく

解答

(1) $\left(\frac{x^2}{2}\right)'=x$ であるから，$\frac{x^2}{2}=u$ とおくと

$$\int xe^{-\frac{x^2}{2}}dx=\int e^{-\frac{x^2}{2}}\cdot x\,dx=\int e^{-u}du$$
$$=-e^{-u}+C=\boldsymbol{-e^{-\frac{x^2}{2}}+C}$$

◀ $x\,dx=du$ と考える。
◀ $\int e^{-\frac{x^2}{2}}\left(\frac{x^2}{2}\right)'dx$
◀ x の式に戻す。

別解　$\left(-\frac{x^2}{2}\right)'=-x$ であるから，$-\frac{x^2}{2}=u$ とおくと

$$\int xe^{-\frac{x^2}{2}}dx=-\int e^{-\frac{x^2}{2}}(-x)dx=-\int e^u du$$
$$=-e^u+C=\boldsymbol{-e^{-\frac{x^2}{2}}+C}$$

◀ $(-x)dx=du$
◀ $x=-(-x)$

(2) $(\sin x)'=\cos x$ であるから

$$\int \sin^3 x\cos x\,dx=\int \sin^3 x\cdot(\sin x)'dx$$
$$=\boldsymbol{\frac{1}{4}\sin^4 x+C}$$

◀ $\sin x=u$ とおいて，$\cos x\,dx=du$ から
$(与式)=\int u^3du$
$=\frac{1}{4}u^4+C$
としてもよい。

(3) $(x^2+2x-1)'=2x+2$ であるから

$$\int \frac{x+1}{x^2+2x-1}dx=\int \frac{1}{2}\cdot\frac{(x^2+2x-1)'}{x^2+2x-1}dx$$
$$=\boldsymbol{\frac{1}{2}\log|x^2+2x-1|+C}$$

◀ $\frac{g'(x)}{g(x)}$ の形にして，公式 3 を使った。
$x^2+2x-1=u$ とおいてもよい。

練習 ② 134 次の不定積分を求めよ。　〔(1) 芝浦工大〕

(1) $\int \frac{2x+1}{\sqrt{x^2+x}}dx$　(2) $\int \sin x\cos^2 x\,dx$　(3) $\int \frac{1}{x\log x}dx$

基本例題 135 部分積分法 (1) … 基本

次の不定積分を求めよ。

(1) $\int xe^{2x}dx$　　(2) $\int \log(x+1)dx$　　(3) $\int x\cos 2x\,dx$

p.227 基本事項 3

指針 式の変形や置換積分法で計算できない積の形の積分では，**部分積分法**

$$\int f(x)g'(x)dx = f(x)g(x) - \int f'(x)g(x)dx$$

（$f(x)$：そのまま，$g'(x)$：積分，$f'(x)$：微分，$g(x)$：そのまま）を利用してみる。このとき，

微分して簡単になるものを $f(x)$，積分しやすいものを $g'(x)$ とするのがコツ。

(1) x, e^{2x} のうち，微分して簡単になるのは x ⟶ $f(x)=x$, $g'(x)=e^{2x}$ とする。

(2) 積の形ではないが，$\log(x+1)$ は，$1\cdot\log(x+1)$ とみて，$1=(x+1)'$ と考える。

CHART 部分積分法　**積を fg' とみる，$f'g$ が積分できる形に**

解答

(1) $\int xe^{2x}dx = \int x\cdot\left(\frac{e^{2x}}{2}\right)'dx = x\cdot\frac{e^{2x}}{2} - \int 1\cdot\frac{e^{2x}}{2}dx$

$= \frac{xe^{2x}}{2} - \frac{e^{2x}}{4} + C = \mathbf{\frac{1}{4}(2x-1)e^{2x}+C}$

◀ $f=x$, $g'=e^{2x}$ とすると $f'=1$, $g=\frac{e^{2x}}{2}$

(2) $\int \log(x+1)dx = \int 1\cdot\log(x+1)dx = \int (x+1)'\cdot\log(x+1)dx$

$= (x+1)\cdot\log(x+1) - \int (x+1)\cdot\frac{1}{x+1}dx$

$= \mathbf{(x+1)\log(x+1)-x+C}$

◀ $f=\log(x+1)$, $g'=1$ とすると $f'=\frac{1}{x+1}$, $g=x+1$

重要 $\int \log x\,dx = x\log x - x + C$

◀公式として覚えておく。

(3) $\int x\cos 2x\,dx = \int x\left(\frac{\sin 2x}{2}\right)'dx$

$= x\cdot\frac{\sin 2x}{2} - \int 1\cdot\frac{\sin 2x}{2}dx$

$= \mathbf{\frac{1}{2}x\sin 2x + \frac{1}{4}\cos 2x + C}$

◀ $f=x$, $g'=\cos 2x$ とすると $f'=1$, $g=\frac{\sin 2x}{2}$

注意 部分積分法では，**$f(x)$，$g'(x)$ の定め方** がポイントとなる。一般には，

(多項式)×(三角・指数関数) の場合 …… 微分して次数が下がる多項式を $f(x)$

(多項式)×(対数関数) の場合 …… 微分して分数関数になる対数関数を $f(x)$

とするとよい。

練習 ②135 次の不定積分を求めよ。　［(5) 会津大］

(1) $\int xe^{-x}dx$　　(2) $\int x\sin x\,dx$　　(3) $\int x^2\log x\,dx$

(4) $\int x\cdot 3^x dx$　　(5) $\int \frac{\log(\log x)}{x}dx$

p.246 EX113～115

基本例題 136 部分積分法 (2) … 2 回の部分積分

次の不定積分を求めよ。

(1) $\int x^2\sin x\,dx$　　(2) $\int(\log x)^2 dx$　　(3) $\int x^2e^{2x}dx$

基本 135　重要 137

指針 例えば，(1) で部分積分法を用いると

$$\int x^2\sin x\,dx=\int x^2(-\cos x)'dx=-x^2\cos x+2\int x\cos x\,dx$$

となるから，更に続いて $\int x\cos x\,dx$ を部分積分法で計算する。

ここでは，このように **部分積分法を 2 回利用する** 不定積分を扱う。この場合，1 回の計算の結果，残った不定積分が計算できる形になるようにする。……★

解答

(1) $\int x^2\sin x\,dx=\int x^2(-\cos x)'dx$

$=-x^2\cos x+2\int x\cos x\,dx$

$=-x^2\cos x+2\int x(\sin x)'dx$

$=-x^2\cos x+2\left(x\sin x-\int\sin x\,dx\right)$

$=\boldsymbol{-x^2\cos x+2x\sin x+2\cos x+C}$

◀ $f=x^2$，$g'=\sin x$

◀ 指針 ……★ の方針。$f=x$，$g'=\cos x$ として部分積分法を再度利用し，多項式の **次数を下げる**。

(2) $\int(\log x)^2dx=\int 1\cdot(\log x)^2dx=\int(x)'(\log x)^2dx$

$=x(\log x)^2-\int x\cdot 2\log x\cdot\frac{1}{x}dx$

$=x(\log x)^2-2\int\log x\,dx$

$=x(\log x)^2-2\int(x)'(\log x)dx$

$=x(\log x)^2-2\left(x\log x-\int dx\right)$

$=\boldsymbol{x(\log x)^2-2x\log x+2x+C}$

◀ $f=(\log x)^2$，$g'=1$
(2) では，$\log x$ を微分するように部分積分法を適用する。

◀ $f=\log x$，$g'=1$　なお，
$\boldsymbol{\int\log x\,dx=x\log x-x+C}$
を公式として使ってもよい。

◀ $\int x(\log x)'dx=\int x\cdot\frac{1}{x}dx=\int dx$

(3) $\int x^2e^{2x}dx=\int x^2\left(\frac{e^{2x}}{2}\right)'dx=\frac{x^2e^{2x}}{2}-\int xe^{2x}dx$

$=\frac{x^2e^{2x}}{2}-\int x\left(\frac{e^{2x}}{2}\right)'dx=\frac{x^2e^{2x}}{2}-\left(\frac{xe^{2x}}{2}-\frac{1}{2}\int e^{2x}dx\right)$

$=\frac{x^2e^{2x}}{2}-\frac{xe^{2x}}{2}+\frac{e^{2x}}{4}+C$

$=\boldsymbol{\frac{1}{4}(2x^2-2x+1)e^{2x}+C}$

◀ $f=x^2$，$g'=e^{2x}$

◀ $f=x$，$g'=e^{2x}$
また $\int e^{2x}dx=\frac{1}{2}e^{2x}+C$

◀ **途中に出てくる積分定数は省略して，最後にまとめて C としてよい。**

練習 ③136 次の不定積分を求めよ。

(1) $\int x^2\cos x\,dx$　　(2) $\int x^2e^{-x}dx$　　(3) $\int x\tan^2x\,dx$

重要例題 137 部分積分法(3) … 同形出現

不定積分 $\int e^x \sin x\,dx$ を求めよ。

基本 136　重要 138，155

指針 部分積分法により　$\int e^x \sin x\,dx=\int (e^x)'\sin x\,dx=e^x\sin x-\int e^x\cos x\,dx$ …… Ⓐ

ここで，前ページの基本例題 136 同様，部分積分法を再度用いて Ⓐ の中の $\int e^x\cos x\,dx$ を計算すると，もとの積分 $\int e^x\sin x\,dx$ $(=I$ とする) が現れるから，I の方程式を導いて I を求める。または

$\int e^x\cos x\,dx=\int (e^x)'\cos x\,dx=e^x\cos x+\int e^x\sin x\,dx$ …… Ⓑ　であるから，

$J=\int e^x\cos x\,dx$ とすると，Ⓐ，Ⓑ より I，J の連立方程式が得られ，これを解いて I，J を求めるという方針で進めてもよい（ここで，I は J で，J は I で表されているから，I，J を **同形出現のペア** ということができる）。

なお，別解 では，$e^x\sin x$，$e^x\cos x$ を微分した式に注目する方針で進めている。

CHART 積の積分　$e^x\sin x$，$e^x\cos x$ なら同形出現のペアで考える

解答

$I=\int e^x\sin x\,dx$ とする。

$I=\int (e^x)'\sin x\,dx=e^x\sin x-\int e^x\cos x\,dx$

$=e^x\sin x-\int (e^x)'\cos x\,dx$

$=e^x\sin x-\left(e^x\cos x+\int e^x\sin x\,dx\right)$

$=e^x\sin x-e^x\cos x-I$

よって，積分定数を考えて

$$I=\frac{1}{2}e^x(\sin x-\cos x)+C$$

別解　$I=\int e^x\sin x\,dx$，$J=\int e^x\cos x\,dx$ とする。

$(e^x\sin x)'=e^x\sin x+e^x\cos x$,

$(e^x\cos x)'=e^x\cos x-e^x\sin x$

であるから，2 つの式の両辺を積分して

$e^x\sin x=I+J$ …… ①，$e^x\cos x=J-I$ …… ②

(①−②)÷2 から　$I=\frac{1}{2}e^x(\sin x-\cos x)+C$

◀ $\int e^x(-\cos x)'dx$ と考えてもよい（結果は同じ）。

◀ 同形出現。

◀ $2I=e^x\sin x-e^x\cos x$

◀「不定」の意味で積分定数 C をつける。C はまとめて最後につけるとよい。

◀ I，J の連立方程式。

◀ **積分定数 C を落とさないように。**

練習 ③137 次の不定積分を求めよ。

(1) $\int e^{-x}\cos x\,dx$　　(2) $\int \sin(\log x)dx$

p.246 EX116

重要例題 138 不定積分に関する漸化式の証明 ④④④④④

n は 0 以上の整数とし，$I_n=\int\sin^n x\,dx$ とする。このとき，次の等式が成り立つことを証明せよ。ただし，$\sin^0 x=1$ である。

$$n\geqq 2 \text{ のとき } \quad I_n=\frac{1}{n}\{-\sin^{n-1}x\cos x+(n-1)I_{n-2}\}$$

重要 137

指針 前ページの重要例題 **137** と同様に，**部分積分法** を利用して変形すると

$$I_n=\int\sin^n x\,dx=\int\sin x\sin^{n-1}x\,dx=\int(-\cos x)'\sin^{n-1}x\,dx$$
$$=(-\cos x)\sin^{n-1}x+(n-1)\underline{\int\sin^{n-2}x\cos^2 x\,dx}=\cdots\cdots$$

ここで，___ に $\cos^2 x=1-\sin^2 x$ を代入して変形すると，I_n と I_{n-2} が現れる。

解答

$n\geqq 2$ のとき

$$I_n=\int\sin^n x\,dx=\int\sin x\sin^{n-1}x\,dx$$
$$=\int(-\cos x)'\sin^{n-1}x\,dx$$
◀部分積分法を利用。
$$=(-\cos x)\sin^{n-1}x-\int(-\cos x)(n-1)\sin^{n-2}x\cos x\,dx$$
$$=-\sin^{n-1}x\cos x+(n-1)\int\sin^{n-2}x\cos^2 x\,dx$$
◀$\cos^2 x=1-\sin^2 x$
$$=-\sin^{n-1}x\cos x+(n-1)\int\sin^{n-2}x(1-\sin^2 x)dx$$
$$=-\sin^{n-1}x\cos x+(n-1)\left(\int\sin^{n-2}x\,dx-\int\sin^n x\,dx\right)$$
◀I_n と I_{n-2} が現れる。
$$=-\sin^{n-1}x\cos x+(n-1)I_{n-2}-(n-1)I_n$$

よって　$I_n+(n-1)I_n=-\sin^{n-1}x\cos x+(n-1)I_{n-2}$

◀$n\geqq 2$ から　$n-2\geqq 0$

すなわち　$nI_n=-\sin^{n-1}x\cos x+(n-1)I_{n-2}$

したがって　$I_n=\dfrac{1}{n}\{-\sin^{n-1}x\cos x+(n-1)I_{n-2}\}$

練習 ④138 n は整数とする。次の等式が成り立つことを証明せよ。ただし，$\cos^0 x=1$，$(\log x)^0=1$ である。

(1) $\displaystyle\int\cos^n x\,dx=\frac{1}{n}\left\{\sin x\cos^{n-1}x+(n-1)\int\cos^{n-2}x\,dx\right\}$ $(n\geqq 2)$

(2) $\displaystyle\int(\log x)^n dx=x(\log x)^n-n\int(\log x)^{n-1}dx$ $(n\geqq 1)$

(3) $\displaystyle\int x^n\sin x\,dx=-x^n\cos x+n\int x^{n-1}\cos x\,dx$ $(n\geqq 1)$

p.247 EX117, 120

21 いろいろな関数の不定積分

基本事項

1 分数関数の不定積分

[1] 分子の次数を下げる　[2] 部分分数に分解する

2 無理関数の不定積分

[1] 分母を有理化する

[2] $\sqrt{ax+b}$ を含む関数は $ax+b=t$ または $\sqrt{ax+b}=t$ とおく

3 三角関数の不定積分

[1] 次数を下げて1次の三角関数へ（2倍角，3倍角，積 ⟶ 和の公式の利用）

[2] $f(\sin x)\cos x$，$g(\cos x)\sin x$ の形に　←p.10 参照。

その他，三角関数のいろいろな公式を活用して，積分しやすい形に変形する。

解説

■ **分数関数の不定積分**　被積分関数を次のように変形して積分する。

例 ① $\dfrac{x^2+1}{x-1}=\dfrac{x^2-1+2}{x-1}=x+1+\dfrac{2}{x-1}$　（分子の次数を下げる）　➡例題 139(1)

② $\dfrac{x-1}{x^2(x+1)}=-\dfrac{1}{x^2}+\dfrac{2}{x}-\dfrac{2}{x+1}$　（部分分数に分解する）　➡例題 139(2)

■ **無理関数の不定積分**

例 ① $\dfrac{1}{\sqrt{x+1}+\sqrt{x}}=\dfrac{\sqrt{x+1}-\sqrt{x}}{(\sqrt{x+1})^2-(\sqrt{x})^2}=\sqrt{x+1}-\sqrt{x}$　（分母の有理化）

と変形して積分する。　➡例題 140(1)

② $I=\displaystyle\int\frac{x}{\sqrt{x+1}}dx$　$\sqrt{x+1}=t$ とおくと，$x=t^2-1$，$dx=2t\,dt$ であるから

$I=\displaystyle\int\frac{(t^2-1)2t}{t}dt=2\int(t^2-1)dt=\cdots\cdots$　➡例題 140(2)，(3)

■ **三角関数の不定積分**

例 [1] 被積分関数を次のように変形して（次数を下げてから），積分する。

① $\displaystyle\int\cos^2 2x\,dx=\int\frac{1+\cos 4x}{2}dx$　（2倍角の公式）　➡例題 142(1)

② $\displaystyle\int\sin^3 x\,dx=\int\frac{3\sin x-\sin 3x}{4}dx$　（3倍角の公式）　➡例題 142(2)

③ $\displaystyle\int\sin 3x\sin 2x\,dx=-\frac{1}{2}\int(\cos 5x-\cos x)dx$　（積 ⟶ 和の公式）　➡例題 142(3)

例 [2] 被積分関数を $f(\sin x)\cos x$，$g(\cos x)\sin x$ の形に変形してから積分する。

① $I=\displaystyle\int\cos^3 x\,dx=\int\cos^2 x\cos x\,dx=\int(1-\sin^2 x)\cos x\,dx$

$\sin x=t$ とおくと，$\cos x\,dx=dt$ であるから　$I=\displaystyle\int(1-t^2)dt=\cdots\cdots$　➡例題 142(2)

② $I=\displaystyle\int\frac{\sin x}{1+\cos x}dx$　$\cos x=t$ とおくと，$\sin x\,dx=-dt$ であるから

$I=\displaystyle\int\frac{-dt}{1+t}=-\log(1+t)+C=-\log(1+\cos x)+C$　← $1+\cos x>0$　➡例題 143

基本例題 139 分数関数の不定積分

次の不定積分を求めよ。

(1) $\displaystyle\int\frac{x^3+x}{x^2-1}dx$　(2) $\displaystyle\int\frac{x+5}{x^2+x-2}dx$　(3) $\displaystyle\int\frac{x}{(2x-1)^4}dx$

p.235 基本事項 1

指針 被積分関数が $\dfrac{(分母)'}{(分母)}$ の形 [p.230 基本例題 **134**(3)] ではないことに注意。(1), (2) では，被積分関数を 不定積分が求められる関数の和(差)の形に変形する。……★

(1) 被積分関数は (分子の次数)≧(分母の次数) であるから 分子の次数を下げる。

つまり $\dfrac{x^3+x}{x^2-1}=\dfrac{x(x^2-1)+2x}{x^2-1}=x+\dfrac{2x}{x^2-1}$ のように変形する。

そして，＿の式は $\dfrac{(分母)'}{(分母)}$ の形 であることに着目。

(2) 被積分関数は分母が $x^2+x-2=(x-1)(x+2)$ と因数分解できるから，部分分数に分解 することを考える。

$\dfrac{x+5}{x^2+x-2}=\dfrac{a}{x-1}+\dfrac{b}{x+2}$ とおき，これを x の恒等式とみて，a，b の値を決める。

なお，部分分数分解については，「チャート式基礎からの数学Ⅱ」の p.30, 38 を参照。

(3) 分母が $(ax+b)^n$ の形 であるから，$2x-1=t$ とおく。

CHART 分数関数の不定積分

1 分子の次数を下げる　2 部分分数に分解する

3 分母が $(ax+b)^n$ の形なら $ax+b=t$ とおく

解答

(1) $\displaystyle\int\frac{x^3+x}{x^2-1}dx=\int\left(x+\frac{2x}{x^2-1}\right)dx=\int\left\{x+\frac{(x^2-1)'}{x^2-1}\right\}dx$

$\displaystyle=\boldsymbol{\frac{x^2}{2}+\log|x^2-1|+C}$

◀指針＿……★の方針。分子 x^3+x を分母 x^2-1 で割ると　商 x，余り $2x$

(2) $\displaystyle\int\frac{x+5}{x^2+x-2}dx=\int\frac{x+5}{(x-1)(x+2)}dx$

$\displaystyle=\int\left(\frac{2}{x-1}-\frac{1}{x+2}\right)dx$

$=2\log|x-1|-\log|x+2|+C$

$\displaystyle=\boldsymbol{\log\frac{(x-1)^2}{|x+2|}+C}$

◀指針の (2) の分数式から $x+5=a(x+2)+b(x-1)$ これを x の恒等式とみて　$a+b=1$，$2a-b=5$ よって　$a=2$，$b=-1$ もしくは，$x=1$，-2 を代入して a，b の値を求めてもよい。

(3) $2x-1=t$ とおくと　$x=\dfrac{t+1}{2}$，$dx=\dfrac{1}{2}dt$

$\displaystyle\int\frac{x}{(2x-1)^4}dx=\int\frac{t+1}{2}\cdot\frac{1}{t^4}\cdot\frac{1}{2}dt=\frac{1}{4}\int\left(\frac{1}{t^3}+\frac{1}{t^4}\right)dt$

$\displaystyle=\frac{1}{4}\int(t^{-3}+t^{-4})dt=\frac{1}{4}\left(-\frac{t^{-2}}{2}-\frac{t^{-3}}{3}\right)+C$

$\displaystyle=-\frac{1}{24t^3}(3t+2)+C=\boldsymbol{-\frac{6x-1}{24(2x-1)^3}+C}$

◀$\displaystyle\int x^{\alpha}dx=\frac{x^{\alpha+1}}{\alpha+1}+C$ (ただし　$\alpha\neq-1$)

別解 $\displaystyle\int\frac{x}{(2x-1)^4}dx=\int\frac{1}{2}\cdot\frac{(2x-1)+1}{(2x-1)^4}dx$

$\displaystyle=\frac{1}{2}\int\left\{\frac{1}{(2x-1)^3}+\frac{1}{(2x-1)^4}\right\}dx$

$\displaystyle=\frac{1}{2}\int\{(2x-1)^{-3}+(2x-1)^{-4}\}dx$

$\displaystyle=\frac{1}{2}\left\{\frac{1}{2}\cdot\frac{1}{-2}(2x-1)^{-2}+\frac{1}{2}\cdot\frac{1}{-3}(2x-1)^{-3}\right\}+C$

$\displaystyle=-\frac{1}{24(2x-1)^3}\{3(2x-1)+2\}+C$

$\displaystyle=-\frac{\boldsymbol{6x-1}}{\boldsymbol{24(2x-1)^3}}+\boldsymbol{C}$

◀分子に $2x-1$ を作ることで，分母と約分できる。

◀$f(ax+b)$ の不定積分を利用。被積分関数の分母が $(ax+b)^n$ の形のときは，このような式変形をすることで，置換積分法を利用せずに求めることもできる。

検討

分数関数の不定積分

分数関数の不定積分についてまとめておこう。

- **(分子の次数)≧(分母の次数)** のときは，割り算 [(分子)÷(分母)] により商と余りを求め，分子の次数を下げる。
- **(分子の次数)<(分母の次数)** のときは，式の形によって次のように計算する。

① $\dfrac{(\text{定数})}{(1\text{ 次式})}$ **の不定積分** …… $f(ax+b)$ の不定積分 を利用。

例 例題 **132** (3) $\displaystyle\int\frac{dx}{4x+5}=\frac{\boldsymbol{1}}{\boldsymbol{4}}\boldsymbol{\log|4x+5|+C}$ ◀$\displaystyle\int\frac{dx}{x}=\log|x|+C$

② $\dfrac{(1\text{ 次式})}{(2\text{ 次式})}$ **の不定積分** …… $\dfrac{(\text{分母})'}{(\text{分母})}$ の不定積分 を利用，または 部分分数に分解する。

例 例題 **134** (3) $\displaystyle\int\frac{x+1}{x^2+2x-1}dx=\int\frac{1}{2}\cdot\frac{(x^2+2x-1)'}{x^2+2x-1}dx=\frac{\boldsymbol{1}}{\boldsymbol{2}}\boldsymbol{\log|x^2+2x-1|+C}$

例 例題 **139** (2) $\displaystyle\int\frac{x+5}{x^2+x-2}dx=\int\left(\frac{2}{x-1}-\frac{1}{x+2}\right)dx=\cdots\cdots=\boldsymbol{\log\frac{(x-1)^2}{|x+2|}+C}$

③ $\dfrac{(\text{定数})}{(2\text{ 次式})}$ **の不定積分** …… 分母を $ax^2+bx+c\ (a\neq0)$ とし，$D=b^2-4ac$ とすると

[1] $D>0$ のとき (分母)$=a(x-p)(x-q)$ の形 ⟶ 部分分数に分解する。
[2] $D=0$ のとき (分母)$=a(x-p)^2$ の形 ⟶ $f(ax+b)$ の不定積分を利用。
[3] $D<0$ のとき (分母)$=a\{(x-p)^2+q^2\}$ の形
⟶ 不定積分は高校数学の範囲外。
なお，この形の定積分は，$x-p=q\tan\theta$ とおいて置換積分法を利用する方法がある ($p.256$ 例題 **150** 参照)。

練習 ②**139** 次の不定積分を求めよ。 [(2) 茨城大，(3) 芝浦工大]

(1) $\displaystyle\int\frac{x^3+2x}{x^2+1}dx$ (2) $\displaystyle\int\frac{x^2}{x^2-1}dx$ (3) $\displaystyle\int\frac{4x^2+x+1}{x^3-1}dx$ (4) $\displaystyle\int\frac{3x+2}{x(x+1)^2}dx$

p.247 EX118

基本例題 140 無理関数の不定積分 (1)

①①①①①

次の不定積分を求めよ。

(1) $\displaystyle\int\frac{x}{\sqrt{x+9}+3}dx$　　(2) $\displaystyle\int x\sqrt[3]{x+3}\,dx$　　(3) $\displaystyle\int\frac{dx}{x\sqrt{x+1}}$

p.235 基本事項 2

指針 **無理関数の積分**　分母に無理式を含むなら，まず 有理化 を考える。
有理化してもうまくいかないときは，無理式を丸ごとおき換える。例えば，(2), (3) では (2) $\sqrt[3]{x+3}=t$, (3) $\sqrt{x+1}=t$ とおく (**丸ごと置換**)。
一般に，根号内が 1 次式の無理式 $\sqrt[n]{ax+b}$ しか含まない関数の不定積分では $\sqrt[n]{ax+b}=t$ とおく。

CHART $\sqrt[n]{ax+b}$ を含む積分　$\sqrt[n]{ax+b}=t$ とおく

解答

(1) $\displaystyle\frac{x}{\sqrt{x+9}+3}=\frac{x(\sqrt{x+9}-3)}{(\sqrt{x+9})^2-9}=\sqrt{x+9}-3$　　◀**分母の有理化。**

よって

$$\int\frac{x}{\sqrt{x+9}+3}dx=\int(\sqrt{x+9}-3)dx$$

$$=\frac{2}{3}(x+9)^{\frac{3}{2}}-3x+C=\boldsymbol{\frac{2}{3}(x+9)\sqrt{x+9}-3x+C}$$

◀$\displaystyle\int\sqrt{x+9}\,dx=\int(x+9)^{\frac{1}{2}}dx=\frac{2}{3}(x+9)^{\frac{3}{2}}+C$

(2) $\sqrt[3]{x+3}=t$ とおくと　$x=t^3-3$, $dx=3t^2dt$　　◀**丸ごと置換。**

よって

$$\int x\sqrt[3]{x+3}\,dx=\int(t^3-3)t\cdot3t^2dt=3\int(t^6-3t^3)dt$$

$$=3\left(\frac{t^7}{7}-\frac{3}{4}t^4\right)+C=\frac{3}{28}t^4(4t^3-21)+C$$

$$=\frac{3}{28}(x+3)\sqrt[3]{x+3}\{4(x+3)-21\}+C$$

$$=\boldsymbol{\frac{3}{28}(x+3)(4x-9)\sqrt[3]{x+3}+C}$$

◀x の式に戻しやすいように変形している。$t^3=x+3$ をうまく使うとよい。

(3) $\sqrt{x+1}=t$ とおくと　$x=t^2-1$, $dx=2t\,dt$　　◀**丸ごと置換。**

よって　$\displaystyle\int\frac{dx}{x\sqrt{x+1}}=\int\frac{2t}{(t^2-1)t}dt=\int\frac{2}{t^2-1}dt$

$$=\int\left(\frac{1}{t-1}-\frac{1}{t+1}\right)dt=\log|t-1|-\log|t+1|+C$$

$$=\log\left|\frac{t-1}{t+1}\right|+C=\boldsymbol{\log\frac{|\sqrt{x+1}-1|}{\sqrt{x+1}+1}+C}$$

◀$\displaystyle\frac{2}{t^2-1}=\frac{2}{(t+1)(t-1)}=\frac{(t+1)-(t-1)}{(t+1)(t-1)}=\frac{1}{t-1}-\frac{1}{t+1}$

◀$\sqrt{x+1}+1>0$

練習 ③140 次の不定積分を求めよ。

(1) $\displaystyle\int\frac{x}{\sqrt{2x+1}-1}dx$　　(2) $\displaystyle\int(x+1)\sqrt[4]{2x-3}\,dx$　　(3) $\displaystyle\int\frac{x+1}{x\sqrt{2x+1}}dx$

重要例題 141 無理関数の不定積分 (2)

$x+\sqrt{x^2+1}=t$ のおき換えを利用して，次の不定積分を求めよ。

(1) $\displaystyle\int\frac{1}{\sqrt{x^2+1}}dx$　　(2) $\displaystyle\int\sqrt{x^2+1}\,dx$

基本 140

指針 根号内が 2 次式の無理関数について，$\sqrt{a^2-x^2}$ や $\sqrt{x^2+a^2}$ を含むものはそれぞれ $x=a\sin\theta$，$x=a\tan\theta$ とおき換える方法があるが，後者の場合，計算が面倒になることがある（次ページ参照）。そこで，$\sqrt{x^2+A}$（A は定数）を含む積分には，$x+\sqrt{x^2+A}=t$ とおく と，比較的簡単に計算できることが多い。

(2) $\sqrt{x^2+1}=(x)'\sqrt{x^2+1}$ として部分積分法で進め，(1) の結果を利用する。

CHART $\sqrt{x^2+A}$ を含む積分　$x+\sqrt{x^2+A}=t$ とおく

解答

(1) $x+\sqrt{x^2+1}=t$ から　$\displaystyle\left(1+\frac{x}{\sqrt{x^2+1}}\right)dx=dt$

ゆえに　$\displaystyle\frac{\sqrt{x^2+1}+x}{\sqrt{x^2+1}}dx=dt$　∴　$\displaystyle\frac{t}{\sqrt{x^2+1}}dx=dt$

よって　$\displaystyle\frac{1}{\sqrt{x^2+1}}dx=\frac{1}{t}dt$

したがって　$\displaystyle\int\frac{1}{\sqrt{x^2+1}}dx=\int\frac{1}{t}dt=\log|t|+C$

$\displaystyle=\mathbf{\log(x+\sqrt{x^2+1})+C}$

(2) $\displaystyle\int\sqrt{x^2+1}\,dx=\int(x)'\sqrt{x^2+1}\,dx$

$\displaystyle=x\sqrt{x^2+1}-\int\frac{x^2}{\sqrt{x^2+1}}dx=x\sqrt{x^2+1}-\int\frac{x^2+1-1}{\sqrt{x^2+1}}dx$

$\displaystyle=x\sqrt{x^2+1}-\int\left(\sqrt{x^2+1}-\frac{1}{\sqrt{x^2+1}}\right)dx$

$\displaystyle=x\sqrt{x^2+1}-\int\sqrt{x^2+1}\,dx+\int\frac{1}{\sqrt{x^2+1}}dx$

ゆえに　$\displaystyle2\int\sqrt{x^2+1}\,dx=x\sqrt{x^2+1}+\int\frac{1}{\sqrt{x^2+1}}dx$

よって　$\displaystyle\int\sqrt{x^2+1}\,dx=\frac{1}{2}\left(x\sqrt{x^2+1}+\int\frac{1}{\sqrt{x^2+1}}dx\right)$

(1) の結果から

$\displaystyle\int\sqrt{x^2+1}\,dx=\mathbf{\frac{1}{2}\{x\sqrt{x^2+1}+\log(x+\sqrt{x^2+1})\}+C}$

◀ $(\sqrt{x^2+1})'$
$=\{(x^2+1)^{\frac{1}{2}}\}'$
$=\frac{1}{2}(x^2+1)^{-\frac{1}{2}}\cdot(x^2+1)'$
$=\frac{2x}{2\sqrt{x^2+1}}=\frac{x}{\sqrt{x^2+1}}$

◀ $\sqrt{x^2+1}>\sqrt{x^2}=|x|$ から　$x+\sqrt{x^2+1}>0$
よって，真数は正である。

◀ $x^2+1=(\sqrt{x^2+1})^2$ に着目して，分子の次数を下げる。

◀ 同形出現。
⟶ $p.233$ の解答で I を求めるのと同様の考え方。

◀ 〰〰 に (1) の結果を利用。

練習 ④141 $x+\sqrt{x^2+A}=t$（A は定数）のおき換えを利用して，次の不定積分を求めよ。ただし，(1)，(2) では $a\neq0$ とする。

(1) $\displaystyle\int\frac{1}{\sqrt{x^2+a^2}}dx$　　(2) $\displaystyle\int\sqrt{x^2+a^2}\,dx$　　(3) $\displaystyle\int\frac{dx}{x+\sqrt{x^2-1}}$

参考事項 $\displaystyle\int\frac{1}{\sqrt{x^2+1}}dx$ のいろいろな求め方

重要例題 **141** (1) では，$x+\sqrt{x^2+1}=t$ とおいて求めたが，他にもいろいろな方法がある。まず，前ページの **指針** で示した，$x=\tan\theta$ とおき換える方法を見てみよう。

$x=\tan\theta\left(-\dfrac{\pi}{2}<\theta<\dfrac{\pi}{2}\right)$ とおくと　$dx=\dfrac{1}{\cos^2\theta}d\theta$

よって　$\displaystyle\int\frac{1}{\sqrt{x^2+1}}dx=\int\frac{1}{\sqrt{\tan^2\theta+1}}\cdot\frac{1}{\cos^2\theta}d\theta$

$\displaystyle=\int\cos\theta\cdot\frac{1}{\cos^2\theta}d\theta=\int\frac{1}{\cos\theta}d\theta$

$=\dfrac{1}{2}\log\dfrac{1+\sin\theta}{1-\sin\theta}+C=\dfrac{1}{2}\log\dfrac{(1+\sin\theta)^2}{\cos^2\theta}+C$

$=\log\dfrac{1+\sin\theta}{\cos\theta}+C=\log\left(\dfrac{1}{\cos\theta}+\tan\theta\right)+C$

$=\boldsymbol{\log(x+\sqrt{x^2+1})+C}$

◀$1+\tan^2\theta=\dfrac{1}{\cos^2\theta}$，$\cos\theta>0$ から $\dfrac{1}{\sqrt{\tan^2\theta+1}}=\cos\theta$

◀真数の分母・分子に $1+\sin\theta$ を掛ける。なお，$\displaystyle\int\frac{1}{\cos\theta}d\theta$ の計算について，詳しくは練習 **143** を参照。

ところで，$y=\sqrt{x^2+1}$ とおくと，これは双曲線 $x^2-y^2=-1$ の $y>0$ の部分を表す。双曲線 $x^2-y^2=-1$ の媒介変数表示には，次のような形がある。

[1]　$x=\tan\theta$，$y=\dfrac{1}{\cos\theta}$

[2]　$x=\dfrac{t^2-1}{2t}\left[=\dfrac{1}{2}\left(t-\dfrac{1}{t}\right)\right]$，$y=\dfrac{t^2+1}{2t}\left[=\dfrac{1}{2}\left(t+\dfrac{1}{t}\right)\right]$

双曲線とその媒介変数表示については，数学 C 第 4 章を参照。

ここで，[1] の $x=\tan\theta$ は，上のおき換えに一致していることがわかるだろう。

次に，[2] の $x=\dfrac{t^2-1}{2t}$ は，$t>0$ として t について解くと

$t^2-2xt-1=0$ から　　$t=x+\sqrt{x^2+1}$　…（＊）

これは，重要例題 **141** (1) のおき換えに一致する。

◀$|x|=\sqrt{x^2}<\sqrt{x^2+1}$ から $t=x-\sqrt{x^2+1}<0$

更に，[2] の t を e^t におき換えると　[3]　$x=\dfrac{e^t-e^{-t}}{2}$，$y=\dfrac{e^t+e^{-t}}{2}$

これは **双曲線関数**（$p.128$ 参照）を用いた媒介変数表示である。

◀$x=\sinh t$，$y=\cosh t$

$\displaystyle\int\frac{1}{\sqrt{x^2+1}}dx$ について，$x=\dfrac{e^t-e^{-t}}{2}$ とおくと

$\sqrt{x^2+1}=\dfrac{e^t+e^{-t}}{2}$，$dx=\dfrac{e^t+e^{-t}}{2}dt$

よって　$\displaystyle\int\frac{1}{\sqrt{x^2+1}}dx=\int\frac{2}{e^t+e^{-t}}\cdot\frac{e^t+e^{-t}}{2}dt$

$\displaystyle=\int dt=t+C$

$=\boldsymbol{\log(x+\sqrt{x^2+1})+C}$

◀$\cosh^2x-\sinh^2x=1$，$\cosh t>0$ から $\sqrt{\sinh^2t+1}=\cosh t$
また　$(\sinh t)'=\cosh t$

◀（＊）で，t を e^t におき換えると $e^t=x+\sqrt{x^2+1}$　$(e^t>0)$
ゆえに　$t=\log(x+\sqrt{x^2+1})$ … ①
これにより，① とおく方法も考えられる（解答編 $p.201$ 参照）。

以上から，**置換積分は媒介変数表示と関係** し，それによりいろいろな求め方が存在することがわかる。

基本例題 142 三角関数の不定積分 (1)

次の不定積分を求めよ。

(1) $\int\cos^2 x\,dx$　(2) $\int\cos^3 x\,dx$　(3) $\int\sin 2x\cos 3x\,dx$

p.10 まとめ，p.235 基本事項 3

指針 **三角関数の不定積分** は，式の **次数を下げて 1 次の形にする** ことがポイント。

(1) **2 倍角の公式** を利用。… $\cos^2 x=\dfrac{1+\cos 2x}{2}$

(2) **3 倍角の公式** を利用。… $\cos 3x=-3\cos x+4\cos^3 x$ から $\cos^3 x=\dfrac{\cos 3x+3\cos x}{4}$

または，$\cos^3 x=\cos^2 x\cdot\cos x=(1-\sin^2 x)\cos x=(1-\sin^2 x)(\sin x)'$ と考えて，置換積分法を利用する解法もある(別解)。

(3) **積 ⟶ 和の公式** を利用。… $\sin\alpha\cos\beta=\dfrac{1}{2}\{\sin(\alpha+\beta)+\sin(\alpha-\beta)\}$

なお，2 倍角・3 倍角の公式，積 ⟶ 和の公式は，$p.10$ にまとめてある。

CHART 三角関数の不定積分　積分できる形に変形　1 次数を下げる　2 $f(■)■'$ 型に

解答

(1) $\int\cos^2 x\,dx=\int\dfrac{1+\cos 2x}{2}dx=\dfrac{1}{2}\int(1+\cos 2x)dx$

$=\dfrac{1}{2}\left(x+\dfrac{1}{2}\sin 2x\right)+C=\boldsymbol{\dfrac{x}{2}+\dfrac{1}{4}\sin 2x+C}$

◀ $\cos 2x=2\cos^2 x-1$ から $\cos^2 x=\dfrac{1+\cos 2x}{2}$

(2) $\cos 3x=-3\cos x+4\cos^3 x$ から

$\cos^3 x=\dfrac{\cos 3x+3\cos x}{4}$

よって　$\int\cos^3 x\,dx=\dfrac{1}{4}\int(\cos 3x+3\cos x)dx$

$=\boldsymbol{\dfrac{1}{12}\sin 3x+\dfrac{3}{4}\sin x+C}$

◀ 3 倍角の公式を忘れていたら，$\cos(2x+x)$ として，加法定理と 2 倍角の公式から導く。

参考 (1)，(2) については，$p.234$ 練習 **138** (1) の等式に $n=2$, 3 を代入して求めることもできる。

別解　$\cos^3 x=\cos^2 x\cdot\cos x=(1-\sin^2 x)\cos x$ であるから

$\int\cos^3 x\,dx=\int(1-\sin^2 x)\cos x\,dx$

$=\int(1-\sin^2 x)(\sin x)'dx$

$=\boldsymbol{\sin x-\dfrac{1}{3}\sin^3 x+C}$

◀ $\sin x=t$ とおくと $\cos x\,dx=dt$ (与式)$=\int(1-t^2)dt$

◀ 左の答えは，上の答えと異なるように見えるが，3 倍角の公式を用いて変形すると一致する。

(3) $\int\sin 2x\cos 3x\,dx=\dfrac{1}{2}\int(\sin 5x-\sin x)dx$

$=\boldsymbol{-\dfrac{1}{10}\cos 5x+\dfrac{1}{2}\cos x+C}$

練習 ② 142 次の不定積分を求めよ。

(1) $\int\sin^2 x\,dx$　(2) $\int\sin^3 x\,dx$　(3) $\int\cos 3x\cos 5x\,dx$

基本例題 143 三角関数の不定積分 (2)

①①①①①

次の不定積分を求めよ。

(1) $\displaystyle\int\frac{\sin x-\sin^3 x}{1+\cos x}dx$　　(2) $\displaystyle\int\frac{dx}{\sin x}$

p.235 基本事項 3

指針　被積分関数が $f(\cos x)\sin x$, $f(\sin x)\cos x$ の形 に変形できるときは，それぞれ $\cos x=t$, $\sin x=t$ とおく ことにより，不定積分を計算することができる。……★

(1) $\displaystyle\frac{\sin x-\sin^3 x}{1+\cos x}=\frac{(1-\sin^2 x)\sin x}{1+\cos x}=\frac{\cos^2 x}{1+\cos x}\cdot\sin x$　← $f(\cos x)\sin x$ の形

(2) $\displaystyle\frac{1}{\sin x}=\frac{\sin x}{\sin^2 x}=\frac{1}{1-\cos^2 x}\cdot\sin x$　← $f(\cos x)\sin x$ の形

解答

(1) $\cos x=t$ とおくと，$-\sin x\,dx=dt$ であるから

$$\int\frac{\sin x-\sin^3 x}{1+\cos x}dx=\int\frac{\cos^2 x}{1+\cos x}\cdot\sin x\,dx=-\int\frac{t^2}{1+t}dt$$

$$=-\int\left(t-1+\frac{1}{1+t}\right)dt \text{Ⓐ}=-\frac{t^2}{2}+t-\log|1+t|+C$$

$$=\boldsymbol{-\frac{1}{2}\cos^2 x+\cos x-\log(1+\cos x)+C}\text{Ⓑ}$$

(2) $\cos x=t$ とおくと，$-\sin x\,dx=dt$ であるから

$$\int\frac{dx}{\sin x}=\int\frac{\sin x}{\sin^2 x}dx=\int\frac{\sin x}{1-\cos^2 x}dx$$

$$=-\int\frac{dt}{1-t^2}=-\frac{1}{2}\int\left(\frac{1}{1+t}+\frac{1}{1-t}\right)dt$$

$$=-\frac{1}{2}(\log|1+t|-\log|1-t|)+C$$

$$=\frac{1}{2}\log\left|\frac{1-t}{1+t}\right|+C=\boldsymbol{\frac{1}{2}\log\frac{1-\cos x}{1+\cos x}+C}\quad\cdots\cdots(*)$$

別解　$\displaystyle\frac{1}{\sin x}=\frac{1}{2\tan\frac{x}{2}\cos^2\frac{x}{2}}\text{Ⓒ}=\frac{\left(\tan\frac{x}{2}\right)'}{\tan\frac{x}{2}}$ であるから

$$\int\frac{dx}{\sin x}=\int\frac{\left(\tan\frac{x}{2}\right)'}{\tan\frac{x}{2}}dx=\boldsymbol{\log\left|\tan\frac{x}{2}\right|+C}$$

なお，$\tan\frac{x}{2}=t$ とおく方法もある。詳しくは次ページ参照。

◀指針　……★の方針。$\sin^2 x+\cos^2 x=1$ を利用して，被積分関数を $f(\cos x)\sin x$ や $f(\sin x)\cos x$ の形に変形する。

Ⓐ $\displaystyle\frac{t^2}{1+t}=\frac{(t^2-1)+1}{t+1}=t-1+\frac{1}{t+1}$

Ⓑ $|\cos x|\leqq 1$ であるが，(分母)$\neq 0$ から $\cos x\neq -1$
よって，真数 $1+\cos x$ は正である。

◀$|\cos x|\leqq 1$ で (分母)$\neq 0$ から　$\cos x\neq\pm 1$
よって，真数は正。

Ⓒ $\sin 2\theta=2\sin\theta\cos\theta$
$=2(\tan\theta\cos\theta)\cos\theta$
$=2\tan\theta\cos^2\theta$　を利用。

◀$\displaystyle\tan^2\frac{\theta}{2}=\frac{1-\cos\theta}{1+\cos\theta}$ から，これは$(*)$と一致する。

練習 ② 143　次の不定積分を求めよ。

(1) $\displaystyle\int\frac{dx}{\cos x}$　(2) $\displaystyle\int\frac{\cos x+\sin 2x}{\sin^2 x}dx$　(3) $\displaystyle\int\sin^2 x\tan x\,dx$

p.246 EX 113

重要例題 144 三角関数の不定積分 (3)

$\tan\frac{x}{2}=t$ とおき，不定積分 $\int\frac{dx}{5\sin x+3}$ を求めよ。

基本 143

指針 基本例題 **143** のようなタイプの積分について，$\sin x=t$，$\cos x=t$ のおき換えでうまくいかないときは，**$\tan\frac{x}{2}=t$ のおき換え** が有効なことがある。

$\tan\frac{x}{2}=t$ とおくと　$\boldsymbol{\sin x=\frac{2t}{1+t^2}}$，$\boldsymbol{\cos x=\frac{1-t^2}{1+t^2}}$

（「チャート式基礎からの数学Ⅱ」$p.248$ 基本例題 **154** 参照）

また，$\frac{1}{\cos^2\frac{x}{2}}\cdot\frac{1}{2}dx=dt$ から　$dx=\frac{2}{1+t^2}dt$　◀ $\frac{1}{\cos^2\frac{x}{2}}=1+\tan^2\frac{x}{2}=1+t^2$ から。

よって，三角関数の不定積分は，t の **分数関数の不定積分** におき換えられる。

解答

$\tan\frac{x}{2}=t$ とおくと

$$\sin x=2\sin\frac{x}{2}\cos\frac{x}{2}=2\tan\frac{x}{2}\cos^2\frac{x}{2}$$

$$=2\tan\frac{x}{2}\cdot\frac{1}{1+\tan^2\frac{x}{2}}=\frac{2t}{1+t^2}$$

◀ 2 倍角の公式と，$\sin\theta=\tan\theta\cos\theta$ を利用。

また，$\frac{1}{\cos^2\frac{x}{2}}\cdot\frac{1}{2}dx=dt$ から

◀ $\left(\tan\frac{x}{2}\right)'=\frac{1}{\cos^2\frac{x}{2}}\cdot\left(\frac{x}{2}\right)'$

$$dx=2\cos^2\frac{x}{2}dt=\frac{2}{1+\tan^2\frac{x}{2}}dt=\frac{2}{1+t^2}dt$$

ゆえに

$$\int\frac{dx}{5\sin x+3}=\int\frac{1}{\underline{5\cdot\frac{2t}{1+t^2}+3}}\cdot\frac{2}{\underline{1+t^2}}dt$$

◀ 下線部の分母どうし，分子どうしを掛けると $\int\frac{2}{10t+3(1+t^2)}dt$

$$=\int\frac{2}{3t^2+10t+3}dt=2\int\frac{1}{(t+3)(3t+1)}dt$$

$$=\frac{1}{4}\int\left(\frac{3}{3t+1}-\frac{1}{t+3}\right)dt$$

$$=\frac{1}{4}(\log|3t+1|-\log|t+3|)+C$$

$$=\frac{1}{4}\log\left|\frac{3t+1}{t+3}\right|+C=\boldsymbol{\frac{1}{4}\log\left|\frac{3\tan\frac{x}{2}+1}{\tan\frac{x}{2}+3}\right|+C}$$

◀ $\frac{1}{(t+3)(3t+1)}=\frac{a}{3t+1}+\frac{b}{t+3}$ として，分母を払うと
　$1=(a+3b)t+3a+b$
よって
　$a+3b=0$，$3a+b=1$
ゆえに　$a=\frac{3}{8}$，$b=-\frac{1}{8}$

練習 ④**144** 次の不定積分を（　）内のおき換えによって求めよ。　［(2) 類 東京電機大］

(1) $\int\frac{dx}{\sin x-1}$ $\left(\tan\frac{x}{2}=t\right)$　　(2) $\int\frac{dx}{\sin^4 x}$ $(\tan x=t)$

p.247 EX 119, 120

振り返り　不定積分の求め方

微分の計算では，積・商や合成関数の微分の公式があったが，不定積分の計算には，いつでも使用できる一般的な公式はない。そのため，これまで学習した不定積分の公式を基本として，関数の特徴をとらえて不定積分を計算する必要がある。ここでは，考え方に着目して振り返ってみよう。

❶ 不定積分の基本性質(和・差・定数倍)を利用する

まず，公式として $p.222$ 基本事項 **2** の

3　$\int\{kf(x)+lg(x)\}dx=k\int f(x)dx+l\int g(x)dx$　(k，l は定数)

がある。この公式から，関数の積・商の形を，(不定積分が求められる)和・差の形に変形する，ということが目標となる。

● **部分分数分解** を行うことで，分数式の和・差の形に変形する。　⇐ $p.236$ 例題 **139**
(分数関数の不定積分については，$p.237$ の 検討 も参照。)

● **三角関数の積 ⟶ 和の公式** を利用することで，三角関数の積の形を和の形にする。また，**半角の公式** を利用することで，三角関数の次数を下げる。
⟶ $\sin ax$，$\cos bx$ の形に変形する（三角関数の次数を 1 次にする）ことで，不定積分を求められる。　⇐ $p.241$ 例題 **142**

❷ 置換積分法，部分積分法を利用する

積・商の形であっても，次の形であれば不定積分を求められる。

[1]　**置換積分法** を利用　……　被積分関数が $f(■)■'$ の形の場合

$p.230$ 例題 **134** のように，$\dfrac{(分母)'}{(分母)}$ の形の式や，(sin$x$ の式)×cos$x$，(cos$x$ の式)×sin$x$ の形の式などはこのタイプである。もちろん，「$■=t$」と置換して計算してもよい。

$\int(1-\sin^2 x)\cos x\,dx$　sin$x$ の式　cos$x$　微分

[2]　**部分積分法** を利用　……　微分すると簡単になる関数を含む場合

$p.231$ 例題 **135** などで扱った部分積分法では，

・微分することで簡単になる関数　……　多項式，対数関数
・積分を繰り返しても形が変わらない関数　……　e^x，$\sin x$，$\cos x$

であることを認識した上で，どの関数を微分するか，どの関数を積分するかを定めることがポイントになる。
(*p*.231 例題 **135** の 注意 も参照してほしい。)

$\int x\cos 2x\,dx$　x：微分すると定数になる　$\cos 2x$：繰り返し積分できる
x を微分，$\cos 2x$ を積分 する関数として **部分積分法** を利用。

このほかにも，$p.239$ 例題 **141** のように，被積分関数の式に応じたおき換えをすることで，不定積分を計算できる場合もある。本書の例題で取り上げている定石を身につけた上で，どの解法を利用すると不定積分が求められるかを考えよう。

このページでは，これまでに学習した不定積分の求め方を整理しておく。どの例題，練習で扱ったかも示してあるから，復習に役立ててほしい。
なお，以下では，a，b，A は定数，n は自然数，C は積分定数とする。

0　不定積分の定義　$\int f(x)dx=F(x)+C \Longleftrightarrow f(x)=F'(x)$

1　基本的な関数の不定積分　…… これらはしっかり覚えておくように！

$\alpha \neq -1$ のとき　$\int x^{\alpha}dx=\dfrac{x^{\alpha+1}}{\alpha+1}+C$,　$\int \dfrac{1}{x}dx=\log|x|+C$

$\int \sin x\,dx=-\cos x+C$,　$\int \cos x\,dx=\sin x+C$,　$\int \dfrac{dx}{\cos^2 x}=\tan x+C$

$\int e^x dx=e^x+C$,　$\int a^x dx=\dfrac{a^x}{\log a}+C$　$(a>0,\ a\neq 1)$

2　分数関数

① $\dfrac{g'(x)}{g(x)}$ の形　……　$\int \dfrac{g'(x)}{g(x)}dx=\log|g(x)|+C$　← p.230 例題 **134**(3)
② 分子の次数を下げる　← p.236 例題 **139**(1)
③ 部分分数に分解する　← p.236 例題 **139**(2)
④ $(ax+b)^n$ を含む　⟶ $ax+b=t$ とおく。　← p.236 例題 **139**(3)

3　無理関数

① 分母の有理化　← p.238 例題 **140**(1)
② $\sqrt[n]{ax+b}$ を含む ⟶ $\sqrt[n]{ax+b}=t$ とおく。　← p.238 例題 **140**(2)
③ $g'(x)\sqrt{g(x)}$ の形 ⟶ $g(x)=t$ または $\sqrt{g(x)}=t$ とおく。　← p.229 練習 **133**(3)
④ $\sqrt{x^2+A}$ の形　⟶ $x+\sqrt{x^2+A}=t$ とおく。　← p.239 例題 **141**

4　三角関数

① $f(■)■'$ の形（■ は三角関数）に注目　← p.230 例題 **134**(2)，p.242 例題 **143**
② 部分積分法の利用　← p.231 例題 **135**(3)
③ 次数を下げる（2 倍角，3 倍角，積 ⟶ 和の公式）　← p.241 例題 **142**
④ 漸化式の利用　← p.234 例題 **138**
⑤ $\tan\dfrac{x}{2}=t$ のおき換えの利用　← p.243 例題 **144**

5　指数関数・対数関数

① $f(■)■'$ の形に注目　← p.230 例題 **134**(1)
② 部分積分法の利用　← p.231 例題 **135**(1)，(2)，p.232 例題 **136**(2)，(3)
…… $\int \log x\,dx=x\log x-x+C$ は公式として覚えておく。
③ 漸化式の利用　← p.234 練習 **138**(2)

6　指数関数×三角関数

① 部分積分法の利用 …… 同形出現（ペアを作る）　← p.233 例題 **137**

②**111** 関数 $f(x)$ の原始関数を $F(x)$ とするとき，次の条件 [1]，[2] が成り立つ。このとき，$f'(x)$，$f(x)$ を求めよ。ただし，$x>0$ とする。

[1] $F(x)=xf(x)-\dfrac{1}{x}$　　[2] $F\left(\dfrac{1}{\sqrt{2}}\right)=\sqrt{2}$

→130

④**112** 次の条件(A)，(B)を同時に満たす 5 次式 $f(x)$ を求めよ。

(A) $f(x)+8$ は $(x+1)^3$ で割り切れる。

(B) $f(x)-8$ は $(x-1)^3$ で割り切れる。　〔埼玉大〕

→130

②**113** 次の不定積分を求めよ。　〔(1)，(2) 広島市大，(3) 信州大〕

(1) $\displaystyle\int\sqrt{1+\sqrt{x}}\,dx$　(2) $\displaystyle\int\frac{\cos x}{\cos^2 x+2\sin x-2}dx$　(3) $\displaystyle\int x^3e^{x^2}dx$

→133〜135，143

②**114** 関数 $f(x)$ が $f(0)=0$，$f'(x)=x\cos x$ を満たすとき，次の問いに答えよ。

(1) $f(x)$ を求めよ。

(2) $f(x)$ の $0\leqq x\leqq\pi$ における最大値を求めよ。　〔工学院大〕

→130，135

③**115** 不定積分 $\displaystyle\int(\sin x+x\cos x)dx$ を求めよ。また，この結果を用いて，不定積分 $\displaystyle\int(\sin x+x\cos x)\log x\,dx$ を求めよ。　〔立教大〕

→135

③**116** 関数 $f(x)=Ae^x\cos x+Be^x\sin x$ (A，B は定数) について，次の問いに答えよ。

(1) $f'(x)$ を求めよ。

(2) $f''(x)$ を $f(x)$ および $f'(x)$ を用いて表せ。

(3) $\displaystyle\int f(x)dx$ を求めよ。　〔東北学院大〕

→137

HINT

111 [1] の両辺を x で微分する。$F'(x)=f(x)$ に注意。

112 条件から，$f'(x)$ は $(x+1)^2$，$(x-1)^2$ で割り切れる 4 次式。

113 (1) $\sqrt{1+\sqrt{x}}=t$，(2) $\sin x-1=t$，(3) $x^2=t$ とおく。

114 (2) $f'(x)=0$ の解に注目し，増減表をかく。

115 (前半) $\displaystyle\int\sin x\,dx+\int x\cos x\,dx$ として計算する。

116 (2) $f''(x)$ を求め，$f''(x)=●e^x\cos x+■e^x\sin x$ の形に変形してみる。

EXERCISES
19 不定積分とその基本性質　**20** 不定積分の置換積分法・部分積分法
21 いろいろな関数の不定積分

④**117** n を 0 以上の整数とする。次の不定積分を求めよ。

$$\int\left\{-\frac{(\log x)^n}{x^2}\right\}dx=\sum_{k=0}^{n}\boxed{}$$

ただし，積分定数は書かなくてよい。　〔横浜市大〕

→138

③**118** $f(x)=x^4-4x^3+5x^2-2x$ とする。

(1) 次の等式が x についての恒等式となるような定数 a，b，c，d の値を求めよ。

$$\frac{1}{f(x)}=\frac{a}{x}+\frac{b}{x-2}+\frac{c}{x-1}+\frac{d}{(x-1)^2}$$

(2) 不定積分 $\int\frac{1}{f(x)}dx$ を求めよ。　〔類 高知大〕

→139

③**119** $\tan\frac{x}{2}=t$ とおくことにより，不定積分 $\int\frac{5}{3\sin x+4\cos x}dx$ を求めよ。

〔類 埼玉大〕 →144

④**120** n を自然数とする。

(1) $t=\tan x$ と置換することで，不定積分 $\int\frac{dx}{\sin x\cos x}$ を求めよ。

(2) 関数 $\frac{1}{\sin x\cos^{n+1}x}$ の導関数を求めよ。

(3) 部分積分法を用いて

$$\int\frac{dx}{\sin x\cos^n x}=-\frac{1}{(n+1)\cos^{n+1}x}+\int\frac{dx}{\sin x\cos^{n+2}x}$$

が成り立つことを証明せよ。　〔類 横浜市大〕

→138, 144

④**121** $f(x)$ は $x>0$ で定義された関数で，$x=1$ で微分可能で $f'(1)=2$ かつ任意の $x>0$，$y>0$ に対して $f(xy)=f(x)+f(y)$ を満たすものとする。

(1) $f(1)$ の値を求めよ。これを利用して，$f\left(\frac{1}{x}\right)$ を $f(x)$ で表せ。

(2) $f\left(\frac{x}{y}\right)$ を $f(x)$ と $f(y)$ で表せ。

(3) $f(1)$，$f'(1)$ の値に注意することにより，$\lim_{h\to 0}\frac{f(x+h)-f(x)}{h}$ を x で表せ。

(4) $f(x)$ を求めよ。　〔東京電機大〕

HINT

117　$I_n=\int\left\{-\frac{(\log x)^n}{x^2}\right\}dx$ とおき，$n\geqq 1$ のときの I_n と I_{n-1} の関係式を導く。

118　(1) 両辺の分母をそろえてから分母を払い，各項の係数を比較。

119　$\sin x$，$\cos x$ を t の式で表す。

120　(3) (2)の結果を利用し，右辺の $\int\frac{dx}{\sin x\cos^{n+2}x}$ を部分積分法で計算する。

121　(1) $f(1)=f\left(x\cdot\frac{1}{x}\right)$ である。　(2) $f\left(\frac{x}{y}\right)=f(x)+f\left(\frac{1}{y}\right)$ として，(1)を利用。

22 定積分とその基本性質

基本事項

1 定積分 ある区間で連続な関数 $f(x)$ の不定積分の1つを $F(x)$ とするとき，区間に属する2つの実数 a，b に対して

$$\int_a^b f(x)dx=\Big[F(x)\Big]_a^b=F(b)-F(a)$$

2 定積分の性質 k，l を定数とする。

0 $\int_a^b f(x)dx=\int_a^b f(t)dt$ ← 定積分の値は積分変数の文字に無関係

1 $\int_a^b kf(x)dx=k\int_a^b f(x)dx$ 2 $\int_a^b \{f(x)+g(x)\}dx=\int_a^b f(x)dx+\int_a^b g(x)dx$

3 $\int_a^b \{kf(x)+lg(x)\}dx=k\int_a^b f(x)dx+l\int_a^b g(x)dx$

4 $\int_a^a f(x)dx=0$ 5 $\int_b^a f(x)dx=-\int_a^b f(x)dx$

6 $\int_a^b f(x)dx=\int_a^c f(x)dx+\int_c^b f(x)dx$

3 絶対値のついた関数の定積分

$a\leqq x\leqq c$ のとき $f(x)\geqq 0$，$c\leqq x\leqq b$ のとき $f(x)\leqq 0$

ならば $\int_a^b |f(x)|dx=\int_a^c f(x)dx+\int_c^b \{-f(x)\}dx$

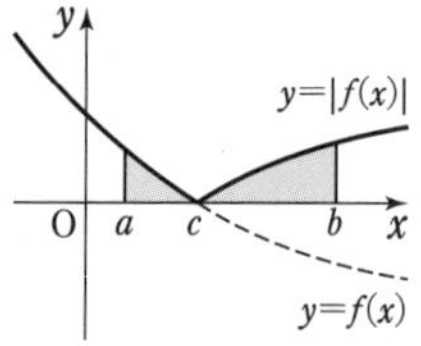

解説

■定積分

連続な関数 $f(x)$ の不定積分の1つを $F(x)$ とすると，2つの実数 a，b に対して，上の **1** のように定義したものを，$f(x)$ の a から b までの **定積分** といい，a を定積分の **下端**，b を **上端** という。下端 a と上端 b の大小関係は $a<b$，$a=b$，$a>b$ のいずれであってもよい。

また，区間 $[a,\ b]$ で $f(x)\geqq 0$ のとき，**1** の定積分は，右の図のような図形(赤く塗った部分)の面積を表す。

なお，定積分の計算では，どの不定積分を用いても結果は同じであるから，普通，積分定数を省いて行う。

$f(x)\geqq 0$ のとき

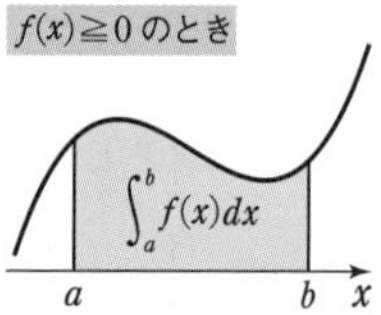

◀定積分の値は，不定積分の積分定数 C とは無関係。

■定積分の性質

数学Ⅱでは，**有理整関数**（多項式で表された関数）の定積分について学んだが，一般に連続な関数についても同じような公式が成り立つ。

■絶対値のついた関数の定積分

数学Ⅱで学習したように，定積分を，x 軸とグラフで囲まれる図形の面積として便宜的に定義すると，絶対値を含む関数の定積分が計算できる。方針としては，絶対値をはずすために，積分区間をいくつかの区間に分けて計算すればよい。

例 $\int_{-1}^2 |x|dx$

$-\int_{-1}^0 (-x)dx+\int_0^2 x\,dx$

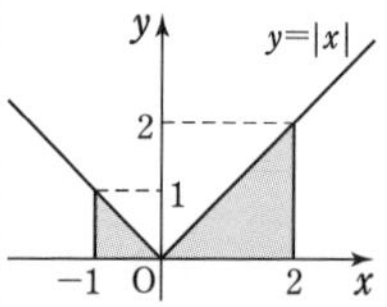

基本例題 145 定積分の計算 (1) … 基本

難易度 ①①①①①

次の定積分を求めよ。 〔(2) 類 愛知工大, (4) 職能開発大〕

(1) $\displaystyle\int_1^2 \frac{x-1}{\sqrt[3]{x}}dx$　(2) $\displaystyle\int_1^3 \frac{1}{x^2+3x}dx$　(3) $\displaystyle\int_0^{\frac{\pi}{8}} \sin^2 2x\,dx$　(4) $\displaystyle\int_1^e \frac{\log x}{x}dx$

p.248 基本事項 1, 2, 基本 129, 134, 139, 142　重要 146

指針

定積分 $\displaystyle\int_a^b f(x)dx$ **の計算**　$\displaystyle\int_a^b f(x)dx=\Big[F(x)\Big]_a^b=F(b)-F(a)$　に従う。

つまり　$f(x)$ の不定積分 $F(x)$ を求めて, $F(b)-F(a)$ を計算。

被積分関数について　(2) 部分分数に分解, (3) 2倍角の公式利用。

(4) $g(x)g'(x)$ の形については, $[\{g(x)\}^2]'=2g(x)g'(x)$ に注目すると, 不定積分は

$$\int g(x)g'(x)dx=\frac{1}{2}\{g(x)\}^2+C \quad (C\text{ は積分定数})$$ ←p.230 指針の 2′

解答

(1) $\displaystyle\int_1^2 \frac{x-1}{\sqrt[3]{x}}dx=\int_1^2\left(x^{\frac{2}{3}}-x^{-\frac{1}{3}}\right)dx=\left[\frac{3}{5}x^{\frac{5}{3}}-\frac{3}{2}x^{\frac{2}{3}}\right]_1^2$

$\displaystyle=\left(\frac{6}{5}\sqrt[3]{4}-\frac{3}{2}\sqrt[3]{4}\right)-\left(\frac{3}{5}-\frac{3}{2}\right)$

$\displaystyle=\boldsymbol{\frac{9-3\sqrt[3]{4}}{10}}$

◀ $\displaystyle\frac{x}{\sqrt[3]{x}}=x^{1-\frac{1}{3}}=x^{\frac{2}{3}}$

$\displaystyle\int x^\alpha dx=\frac{x^{\alpha+1}}{\alpha+1}+C$ $(\alpha\neq-1)$

(2) $\displaystyle\int_1^3 \frac{1}{x^2+3x}dx=\int_1^3\frac{1}{x(x+3)}dx=\frac{1}{3}\int_1^3\left(\frac{1}{x}-\frac{1}{x+3}\right)dx$

$\displaystyle=\frac{1}{3}\Big[\log x-\log(x+3)\Big]_1^3$ ……（＊）

$\displaystyle=\frac{1}{3}\left[\log\frac{x}{x+3}\right]_1^3=\frac{1}{3}\left(\log\frac{1}{2}-\log\frac{1}{4}\right)$

$\displaystyle=\boldsymbol{\frac{1}{3}\log 2}$

◀ $\displaystyle\frac{1}{(x+a)(x+b)}=\frac{1}{b-a}\left(\frac{1}{x+a}-\frac{1}{x+b}\right)$

（＊）積分区間が $1\leqq x\leqq 3$ であるから, $\log|x|$, $\log|x+3|$ のように絶対値記号をつける必要はない。

(3) $\displaystyle\int_0^{\frac{\pi}{8}}\sin^2 2x\,dx=\int_0^{\frac{\pi}{8}}\frac{1-\cos 4x}{2}dx=\frac{1}{2}\left[x-\frac{\sin 4x}{4}\right]_0^{\frac{\pi}{8}}$

$\displaystyle=\frac{1}{2}\left(\frac{\pi}{8}-\frac{1}{4}\right)-0=\boldsymbol{\frac{\pi}{16}-\frac{1}{8}}$

◀ $\displaystyle\sin^2●=\frac{1-\cos 2●}{2}$

(4) $\displaystyle\frac{\log x}{x}=(\log x)(\log x)'$ であるから

$\displaystyle\int_1^e\frac{\log x}{x}dx=\left[\frac{1}{2}(\log x)^2\right]_1^e=\frac{1}{2}(1^2-0^2)=\boldsymbol{\frac{1}{2}}$

◀ $g(x)g'(x)$ の形。

練習 ②145 次の定積分を求めよ。

(1) $\displaystyle\int_1^3\frac{(x^2-1)^2}{x^4}dx$　(2) $\displaystyle\int_0^1(x+1-\sqrt{x})^2dx$　(3) $\displaystyle\int_0^1\frac{4x-1}{2x^2+5x+2}dx$

(4) $\displaystyle\int_0^\pi(2\sin x+\cos x)^2dx$　(5) $\displaystyle\int_{\frac{\pi}{4}}^{\frac{\pi}{2}}\frac{\sin 3x}{\sin x}dx$　(6) $\displaystyle\int_0^{\log 7}\frac{e^x}{1+e^x}dx$

p.271 EX122

重要例題 146 定積分の計算 (2)

定積分 $\int_0^{\pi}\sin mx\cos nx\,dx$ の値を求めよ。ただし，m，n は自然数とする。

p.10 まとめ，基本 142，145

指針 不定積分を求めるには，次数を下げる 方針で進める。　← $p.241$ 基本例題 **142** 参照。

この問題では，**積 ⟶ 和の公式**（$p.10$ 参照）を利用すると

$$\sin mx\cos nx=\frac{1}{2}\{\sin(\underline{m+n})x+\sin(\underline{m-n})x\}$$

ここで，＿の部分に文字が含まれていることに注意！
m，n は自然数より，$m+n\neq0$ となるから，$m-n$ について $m-n\neq0$，$m-n=0$ **の場合に分けて計算** する必要がある。

← 単純に $\int\sin(m-n)x\,dx=-\dfrac{\cos(m-n)x}{m-n}+C$ としてはダメ！

CHART 三角関数の積分　**次数を下げて，1 次の形に**

解答

$I=\int_0^{\pi}\sin mx\cos nx\,dx$ とする。

$$\sin mx\cos nx=\frac{1}{2}\{\sin(m+n)x+\sin(m-n)x\}$$

◀積 ⟶ 和の公式。

であるから

[1] $m-n\neq0$ すなわち $m\neq n$ のとき

$$I=-\frac{1}{2}\left[\frac{\cos(m+n)x}{m+n}+\frac{\cos(m-n)x}{m-n}\right]_0^{\pi}$$
$$=-\frac{1}{2}\left\{\frac{\cos(m+n)\pi}{m+n}+\frac{\cos(m-n)\pi}{m-n}-\frac{2m}{m^2-n^2}\right\}$$

◀$\cos k\pi=\begin{cases}1\ (k \text{ が偶数})\\-1\ (k \text{ が奇数})\end{cases}$

$m+n$ が偶数のとき，$m-n$ も偶数で

$$I=-\frac{1}{2}\left(\frac{1}{m+n}+\frac{1}{m-n}-\frac{2m}{m^2-n^2}\right)=0$$

◀$m+n$ が偶数
⟺ m，n はともに偶数またはともに奇数
⟺ $m-n$ が偶数

$m+n$ が奇数のとき，$m-n$ も奇数で

$$I=-\frac{1}{2}\left(-\frac{1}{m+n}-\frac{1}{m-n}-\frac{2m}{m^2-n^2}\right)=\frac{2m}{m^2-n^2}$$

◀$m+n$ が奇数
⟺ m と n の一方が偶数でもう一方が奇数
⟺ $m-n$ が奇数

[2] $m-n=0$ すなわち $m=n$ のとき

$$I=\frac{1}{2}\int_0^{\pi}\sin 2nx\,dx=\left[-\frac{\cos 2nx}{4n}\right]_0^{\pi}=0$$

◀$\cos 2n\pi=1$，$\cos 0=1$ から　$-\dfrac{1}{4n}-\left(-\dfrac{1}{4n}\right)=0$

このとき，$m+n$ は偶数である。

以上により　**$m+n$ が偶数のとき　$I=0$，**

$m+n$ が奇数のとき　$I=\dfrac{2m}{m^2-n^2}$

練習 ③146 次の定積分を求めよ。　[(1) 大阪医大，(2) 類 愛媛大]

(1) $\int_0^{\pi}\sin mx\sin nx\,dx$（$m$，$n$ は自然数）　(2) $\int_0^{\pi}\cos mx\cos 2x\,dx$（$m$ は整数）

p.271 EX123

基本 例題 147 定積分の計算 (3) … 絶対値つき

定積分 $I=\displaystyle\int_0^\pi |\sin x+\sqrt{3}\cos x|\,dx$ を求めよ。

p.248 基本事項 **3**, 基本 145

指針 絶対値 場合に分ける

場合の分かれ目は，| |内の式 =0 から

$\sin x+\sqrt{3}\cos x=0$ すなわち $2\sin\left(x+\dfrac{\pi}{3}\right)=0$

を満たす x の値である。 ← 左辺を合成。

| |をはずしたら，| |内の式の正・負の境目で
積分区間を分割 して，定積分を計算する。

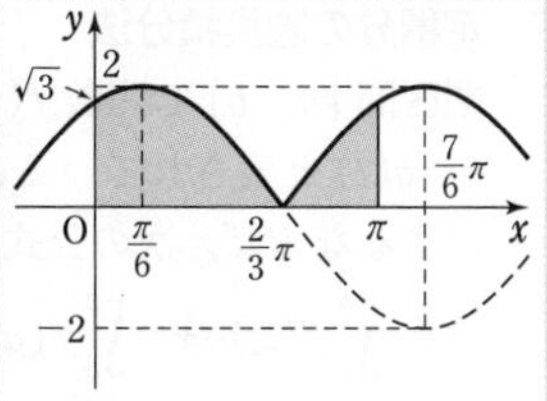

解答

$$|\sin x+\sqrt{3}\cos x|=\left|2\sin\left(x+\frac{\pi}{3}\right)\right|=\begin{cases}2\sin\left(x+\dfrac{\pi}{3}\right) & \left(0\le x\le\dfrac{2}{3}\pi\right)\\[2mm]-2\sin\left(x+\dfrac{\pi}{3}\right) & \left(\dfrac{2}{3}\pi\le x\le\pi\right)\end{cases}$$

よって

$$I=\int_0^{\frac{2}{3}\pi}2\sin\left(x+\frac{\pi}{3}\right)dx+\int_{\frac{2}{3}\pi}^\pi\left\{-2\sin\left(x+\frac{\pi}{3}\right)\right\}dx$$

◀$\displaystyle\int_a^b|f(x)|dx$
$=\displaystyle\int_a^c f(x)dx+\int_c^b\{-f(x)\}dx$
$f(x)\ge0$ の区間 ↑ $f(x)\le0$ の区間

$$=2\int_0^{\frac{2}{3}\pi}\sin\left(x+\frac{\pi}{3}\right)dx-2\int_{\frac{2}{3}\pi}^\pi\sin\left(x+\frac{\pi}{3}\right)dx$$

$$=2\left[-\cos\left(x+\frac{\pi}{3}\right)\right]_0^{\frac{2}{3}\pi}-2\left[-\cos\left(x+\frac{\pi}{3}\right)\right]_{\frac{2}{3}\pi}^\pi$$

$F(x)=-\cos\left(x+\dfrac{\pi}{3}\right)$ とすると ◀$\Big[F(x)\Big]_a^b-\Big[F(x)\Big]_b^c=2F(b)-F(a)-F(c)$ として計算。

$$I=2\left\{F\left(\frac{2}{3}\pi\right)-F(0)\right\}-2\left\{F(\pi)-F\left(\frac{2}{3}\pi\right)\right\}=4F\left(\frac{2}{3}\pi\right)-2F(0)-2F(\pi)$$

$$=4(-\cos\pi)-2\left(-\cos\frac{\pi}{3}\right)-2\left(-\cos\frac{4}{3}\pi\right)=4\cdot1-2\left(-\frac{1}{2}\right)-2\cdot\frac{1}{2}=4$$

検討 周期性を利用した計算の工夫

$y=|\sin(x+\alpha)|$ のグラフは，$y=|\sin x|$ の
グラフを平行移動したものであり，その周
期が π であるから，面積を考えると

$$\int_0^\pi|\sin(x+\alpha)|dx=\int_0^\pi|\sin x|dx$$
$$=\int_0^\pi\sin x\,dx=2$$

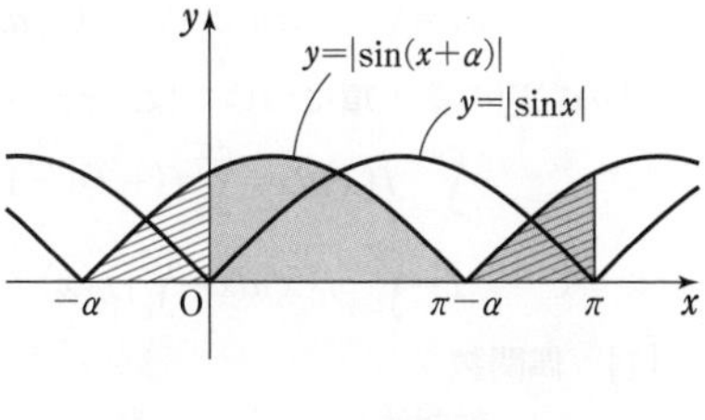

練習 147 次の定積分を求めよ。 [(2) 琉球大, (3) 埼玉大]

(1) $\displaystyle\int_0^5\sqrt{|x-4|}\,dx$ (2) $\displaystyle\int_0^{\frac{\pi}{2}}\left|\cos x-\frac{1}{2}\right|dx$ (3) $\displaystyle\int_0^\pi|\sqrt{3}\sin x-\cos x-1|\,dx$

p.271 EX124

23 定積分の置換積分法・部分積分法

基本事項

1 定積分の置換積分法

閉区間 $[a,\ b]$ で関数 $f(x)$ が連続であるとし，x が微分可能な関数 $g(t)$ を用いて $x=g(t)$ と表されているとする。t が α から β まで変化するとき x が a から b まで変化するならば，次の公式が成り立つ。

[1] $\displaystyle\int_a^b f(x)dx=\int_\alpha^\beta f(g(t))g'(t)dt$ 　ただし　$x=g(t)$，$a=g(\alpha)$，$b=g(\beta)$

[2] $\displaystyle\int_a^b f(g(x))g'(x)dx=\int_\alpha^\beta f(t)dt$ 　ただし　$g(x)=t$，$g(a)=\alpha$，$g(b)=\beta$

2 偶関数，奇関数の定積分

1 偶関数　$f(-x)=f(x)$　のとき　$\displaystyle\int_{-a}^a f(x)dx=2\int_0^a f(x)dx$

2 奇関数　$f(-x)=-f(x)$ のとき　$\displaystyle\int_{-a}^a f(x)dx=0$

解説

■定積分の置換積分法

1 [1] の証明　$f(x)$ の不定積分の 1 つを $F(x)$ とすると，不定積分の置換積分法により，$F(g(t))=\int f(g(t))g'(t)dt$ であるから

x	$a \longrightarrow b$
t	$\alpha \longrightarrow \beta$

$$\int_\alpha^\beta f(g(t))g'(t)dt=\Big[F(g(t))\Big]_\alpha^\beta=F(g(\beta))-F(g(\alpha))=F(b)-F(a)=\int_a^b f(x)dx$$

また，**1** [1] の公式で x と t を入れ替えると [2] の公式が成り立つ。

例　$\displaystyle\int_0^2 xe^{x^2}dx$　　$x^2=t$ とおくと　$2x\,dx=dt$　で，x と t の対応は右のようになる。ゆえに　$\displaystyle\int_0^2 xe^{x^2}dx=\int_0^4 \frac{1}{2}e^t dt=\frac{1}{2}\Big[e^t\Big]_0^4=\frac{1}{2}(e^4-1)$

x	$0 \longrightarrow 2$
t	$0 \longrightarrow 4$

■偶関数，奇関数の積分

$$I=\int_{-a}^a f(x)dx=\int_{-a}^0 f(x)dx+\int_0^a f(x)dx \quad \cdots\cdots \text{Ⓐ}$$

Ⓐ の右辺の第 1 項については，$x=-t$ とおくと，$dx=(-1)dt$ であるから

$$\int_{-a}^0 f(x)dx=\int_a^0 f(-t)(-1)dt=\int_0^a f(-x)dx$$

x	$-a \longrightarrow 0$
t	$a \longrightarrow 0$

よって　$\displaystyle I=\int_{-a}^a f(x)dx=\int_0^a\{f(x)+f(-x)\}dx$　$\cdots\cdots$ Ⓑ

[1]　偶関数

（**y 軸対称**）

$\boldsymbol{f(-x)=f(x)}$ のとき

Ⓑ から，**2** 1 が成り立つ。

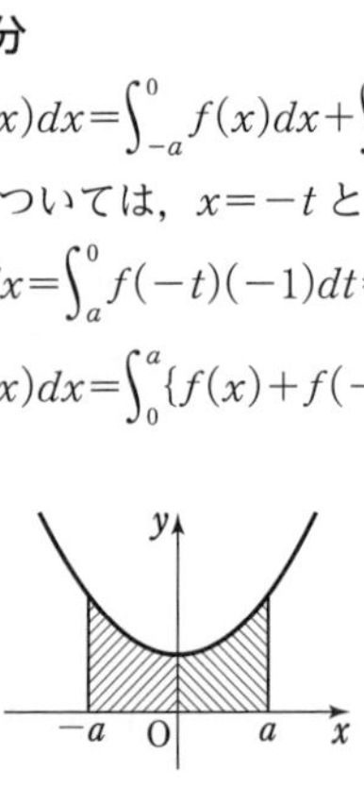

[2]　奇関数

（**原点対称**）

$\boldsymbol{f(-x)=-f(x)}$ のとき

Ⓑ から，**2** 2 が成り立つ。

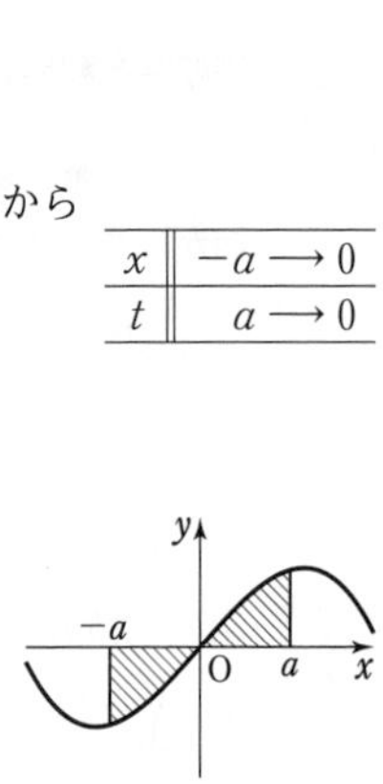

基本例題 148 定積分の置換積分法 (1) … 丸ごと置換 ①①①①①

次の定積分を求めよ。

(1) $\displaystyle\int_1^4 \frac{x}{\sqrt{5-x}}dx$　　(2) $\displaystyle\int_0^{\frac{\pi}{2}} \frac{\sin x\cos x}{1+\sin^2 x}dx$

p.252 基本事項 1，基本 133　重要 152，153

指針 **定積分の置換積分法　おき換えたまま計算　積分区間の対応に注意**

1 **x の式の一部を t とおき，** $\dfrac{dx}{dt}$ を求める（または $dx=●dt$ の形に書き表す）。
……(1) $\sqrt{5-x}=t$，(2) $1+\sin^2 x=t$ とおく（**丸ごと置換**）。
[これは置換積分法を用いて不定積分を求めるとき($p.229$)とまったく同様。]

2 x の積分区間に対応した **t の積分区間** を求める。
……(1)なら，x が 1 から 4 まで変化するとき，t は 2 から 1 まで変化する。この対応は，右のように表すとよい。

x	$1 \longrightarrow 4$
t	$2 \longrightarrow 1$

3 **t の定積分として計算** する。

解答

(1) $\sqrt{5-x}=t$ とおくと，$x=5-t^2$ から
$dx=-2t\,dt$
x と t の対応は右のようになる。

x	$1 \longrightarrow 4$
t	$2 \longrightarrow 1$

よって　$\displaystyle\int_1^4 \frac{x}{\sqrt{5-x}}dx=\int_2^1 \frac{5-t^2}{t}\cdot(-2t)dt$ Ⓐ

$\displaystyle=2\int_1^2 (5-t^2)dt$ Ⓑ $\displaystyle=2\left[5t-\frac{t^3}{3}\right]_1^2$

$\displaystyle=2\left\{\left(10-\frac{8}{3}\right)-\left(5-\frac{1}{3}\right)\right\}=\boldsymbol{\frac{16}{3}}$

(2) $1+\sin^2 x=t$ とおくと
$2\sin x\cos x\,dx=dt$
x と t の対応は右のようになる。Ⓒ

x	$0 \longrightarrow \frac{\pi}{2}$
t	$1 \longrightarrow 2$

よって　$\displaystyle\int_0^{\frac{\pi}{2}} \frac{\sin x\cos x}{1+\sin^2 x}dx=\int_1^2 \frac{1}{t}\cdot\frac{1}{2}dt$

$\displaystyle=\frac{1}{2}\Big[\log t\Big]_1^2=\frac{1}{2}(\log 2-0)=\boldsymbol{\frac{1}{2}\log 2}$

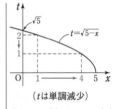

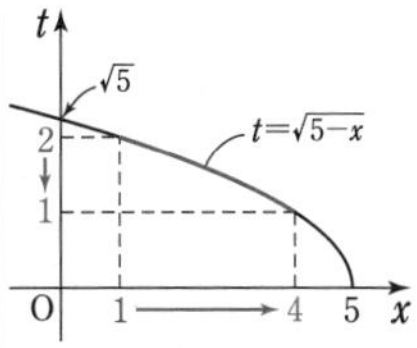

（tは単調減少）

Ⓐ $x=g(t)$ で，$a=g(\alpha)$，$b=g(\beta)$ のとき
$\displaystyle\int_a^b f(x)dx=\int_\alpha^\beta f(g(t))g'(t)dt$

Ⓑ $\displaystyle-\int_2^1=\int_1^2$

Ⓒ $0\leqq x\leqq\dfrac{\pi}{2}$ のとき，$\sin x$ ($\geqq 0$) は単調増加。
$\longrightarrow t=1+\sin^2 x$ も単調増加。

別解　(与式)$\displaystyle=\int_0^{\frac{\pi}{2}} \frac{1}{2}\cdot\frac{(1+\sin^2 x)'}{1+\sin^2 x}dx=\frac{1}{2}\Big[\log(1+\sin^2 x)\Big]_0^{\frac{\pi}{2}}=\boldsymbol{\frac{1}{2}\log 2}$

◀ $\dfrac{(分母)'}{(分母)}$ の形。

練習 ②148 次の定積分を求めよ。　[(5) 宮崎大]

(1) $\displaystyle\int_0^2 x\sqrt{2-x}\,dx$　(2) $\displaystyle\int_0^1 \frac{x-1}{(2-x)^2}dx$　(3) $\displaystyle\int_0^{\frac{2}{3}\pi} \sin^3\theta\,d\theta$

(4) $\displaystyle\int_0^{\frac{\pi}{2}} \frac{\cos\theta}{2-\sin^2\theta}d\theta$　(5) $\displaystyle\int_{\log\pi}^{\log 2\pi} e^x\sin e^x\,dx$　(6) $\displaystyle\int_{\frac{\pi}{6}}^{\frac{\pi}{4}} \tan x\,dx$

p.271 EX125

基本例題 149 定積分の置換積分法 (2) … $x=a\sin\theta$ ◎◎◎◎◎

次の定積分を求めよ。(1) では a は正の定数とする。

(1) $\displaystyle\int_0^{\frac{a}{2}}\sqrt{a^2-x^2}\,dx$　　(2) $\displaystyle\int_0^{\sqrt{2}}\frac{dx}{\sqrt{4-x^2}}$

基本 148

指針　これらの被積分関数の不定積分は，高校の数学で出てくる関数だけで表すことはできない。しかし，特定の積分区間をもつ定積分については，**置換積分法** でその値を求めることができる。
この問題では，(1) $x=a\sin\theta$，(2) $x=2\sin\theta$ とおき換えると解決できる。

CHART $\sqrt{a^2-x^2}$ **の定積分　$x=a\sin\theta$ とおく**

解答

(1) $x=a\sin\theta$ とおくと
$dx=a\cos\theta\,d\theta$
x と θ の対応は右のようになる。

x	$0 \longrightarrow \frac{a}{2}$
θ	$0 \longrightarrow \frac{\pi}{6}$

$a>0$ で，$0\leqq\theta\leqq\frac{\pi}{6}$ のとき　$\cos\theta>0$

よって　$\sqrt{a^2-x^2}=\sqrt{a^2(1-\sin^2\theta)}$
$=\sqrt{a^2\cos^2\theta}=a\cos\theta$

ゆえに　$\displaystyle\int_0^{\frac{a}{2}}\sqrt{a^2-x^2}\,dx=\int_0^{\frac{\pi}{6}}(a\cos\theta)a\cos\theta\,d\theta$

$\displaystyle=a^2\int_0^{\frac{\pi}{6}}\cos^2\theta\,d\theta=a^2\int_0^{\frac{\pi}{6}}\frac{1+\cos2\theta}{2}\,d\theta$

$\displaystyle=\frac{a^2}{2}\left[\theta+\frac{\sin2\theta}{2}\right]_0^{\frac{\pi}{6}}=\frac{a^2}{2}\left(\frac{\pi}{6}+\frac{1}{2}\cdot\frac{\sqrt{3}}{2}\right)$

$\displaystyle=\boldsymbol{\frac{a^2}{4}\left(\frac{\pi}{3}+\frac{\sqrt{3}}{2}\right)}$

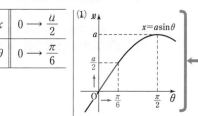

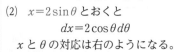

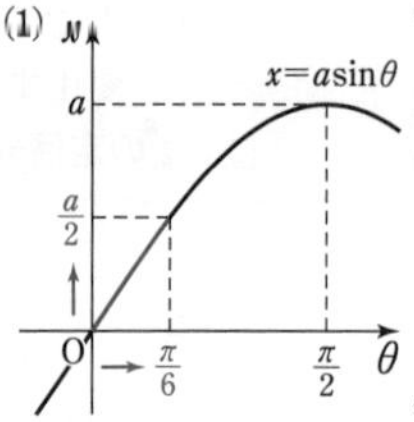

(2) $x=2\sin\theta$ とおくと
$dx=2\cos\theta\,d\theta$
x と θ の対応は右のようになる。

x	$0 \longrightarrow \sqrt{2}$
θ	$0 \longrightarrow \frac{\pi}{4}$

$0\leqq\theta\leqq\frac{\pi}{4}$ のとき，$\cos\theta>0$ であるから

$\sqrt{4-x^2}=\sqrt{4(1-\sin^2\theta)}=\sqrt{4\cos^2\theta}=2\cos\theta$

よって　$\displaystyle\int_0^{\sqrt{2}}\frac{dx}{\sqrt{4-x^2}}=\int_0^{\frac{\pi}{4}}\frac{2\cos\theta}{2\cos\theta}\,d\theta=\int_0^{\frac{\pi}{4}}d\theta$

$\displaystyle=\Big[\theta\Big]_0^{\frac{\pi}{4}}=\boldsymbol{\frac{\pi}{4}}$

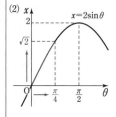

練習 ② **149**　次の定積分を求めよ。

(1) $\displaystyle\int_0^3\sqrt{9-x^2}\,dx$　　(2) $\displaystyle\int_0^2\frac{dx}{\sqrt{16-x^2}}$　　(3) $\displaystyle\int_0^{\sqrt{3}}\frac{x^2}{\sqrt{4-x^2}}\,dx$

p.271 EX126

ズームUP 定積分の置換積分法におけるポイント

● 積分区間のとり方

(1) で x と θ の対応を考えると，$x=\dfrac{a}{2}$ のとき，θ は $\theta=\dfrac{\pi}{6}$，$\dfrac{5}{6}\pi$，$\dfrac{13}{6}\pi$，…… と無数に考えられる（$x=0$ のときも同様）。左の解答では $\theta=\dfrac{\pi}{6}$ としたが，例えば $\theta=\dfrac{5}{6}\pi$ すなわち，右のように x と θ を対応させたとすると，次のようになる。

x	$0 \longrightarrow \dfrac{a}{2}$
θ	$0 \longrightarrow \dfrac{5}{6}\pi$

$0\leqq\theta\leqq\dfrac{\pi}{2}$ のとき　$\cos\theta\geqq0$，$\dfrac{\pi}{2}\leqq\theta\leqq\dfrac{5}{6}\pi$ のとき　$\cos\theta\leqq0$

ゆえに　$\sqrt{a^2-x^2}=a\cos\theta\left(0\leqq\theta\leqq\dfrac{\pi}{2}\right)$，$\sqrt{a^2-x^2}=-a\cos\theta\left(\dfrac{\pi}{2}\leqq\theta\leqq\dfrac{5}{6}\pi\right)$

よって　$(\text{与式})=\displaystyle\int_0^{\frac{\pi}{2}}a\cos\theta\cdot a\cos\theta\,d\theta+\int_{\frac{\pi}{2}}^{\frac{5}{6}\pi}(-a\cos\theta)a\cos\theta\,d\theta$

$=\cdots\cdots=\dfrac{a^2}{4}\left(\dfrac{\pi}{3}+\dfrac{\sqrt{3}}{2}\right)$ ◀実際に計算して一致することを確認しよう。

得られる結果は左の解答と一致するが，積分区間が 2 つに分かれて計算が面倒になる。よって，**積分区間は，その計算がらくになるようにとる** とよい。

● 円の一部の面積と考える

$y=\sqrt{a^2-x^2}$ とすると，$x^2+y^2=a^2$ と $y\geqq0$ から，このグラフは，**$0\leqq x\leqq a$ で半径 a の四分円** を表す。

よって，$\displaystyle\int_0^{\frac{a}{2}}\sqrt{a^2-x^2}\,dx$ の値は，右図の色を塗った部分の面積で，この部分の面積を扇形と三角形に分けて求めると

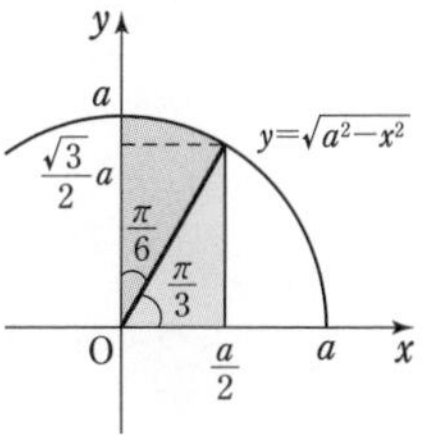

$\displaystyle\int_0^{\frac{a}{2}}\sqrt{a^2-x^2}\,dx=\underline{\frac{1}{2}a^2\cdot\frac{\pi}{6}}+\underline{\frac{1}{2}\cdot\frac{a}{2}\cdot\frac{\sqrt{3}}{2}a}=\frac{a^2}{4}\left(\frac{\pi}{3}+\frac{\sqrt{3}}{2}\right)$

このように，積分区間によっては，定積分を **円の一部の面積** と考えることにより，積分計算をしないでその値を求めることができる。

● $x=a\cos\theta$ とおいた場合

$x=a\cos\theta$ とおくと，$dx=-a\sin\theta\,d\theta$ であり，(1) では x と θ の対応は右のようになる。よって，(1) は

x	$0 \longrightarrow \dfrac{a}{2}$
θ	$\dfrac{\pi}{2} \longrightarrow \dfrac{\pi}{3}$

$\displaystyle\int_0^{\frac{a}{2}}\sqrt{a^2-x^2}\,dx=\int_{\frac{\pi}{2}}^{\frac{\pi}{3}}\sqrt{a^2-(a\cos\theta)^2}\,(-a\sin\theta)d\theta$

$\displaystyle=a^2\int_{\frac{\pi}{3}}^{\frac{\pi}{2}}\sin^2\theta\,d\theta=a^2\int_{\frac{\pi}{3}}^{\frac{\pi}{2}}\frac{1-\cos2\theta}{2}d\theta=\cdots\cdots$ ◀$\dfrac{\pi}{3}\leqq\theta\leqq\dfrac{\pi}{2}$ のとき $\sin\theta>0$

このようにしても求めることはできるが，今回の場合，積分区間に 0 が現れないため，左の解答に比べて若干計算が面倒になる。

基本例題 150 定積分の置換積分法 (3) … $x=a\tan\theta$ ②②②②②

次の定積分を求めよ。

(1) $\displaystyle\int_1^{\sqrt{3}}\frac{dx}{x^2+3}$　　(2) $\displaystyle\int_{-1}^{1}\frac{dx}{x^2+2x+5}$

基本 149，p.240 参考事項

指針 基本例題 **149** と同様に，置換積分法により定積分の値のみが求められる問題である。

(1) $x=\sqrt{3}\tan\theta$ とおくと　$x^2+(\sqrt{3})^2=(\sqrt{3})^2(\tan^2\theta+1)=\dfrac{3}{\cos^2\theta}$

(2) 分母を平方完成すると　$x^2+2x+5=(x+1)^2+4$　　よって，$x+1=2\tan\theta$ とおく。

CHART $\dfrac{1}{x^2+a^2}$ **の定積分　$x=a\tan\theta$ とおく**

解答

(1) $x=\sqrt{3}\tan\theta$ とおくと

$$dx=\frac{\sqrt{3}}{\cos^2\theta}d\theta$$

x	$1\longrightarrow\sqrt{3}$
θ	$\frac{\pi}{6}\longrightarrow\frac{\pi}{4}$

x と θ の対応は右のようになる。

よって　$\displaystyle\int_1^{\sqrt{3}}\frac{dx}{x^2+3}=\int_{\frac{\pi}{6}}^{\frac{\pi}{4}}\frac{1}{3(\tan^2\theta+1)}\cdot\frac{\sqrt{3}}{\cos^2\theta}d\theta$

$$=\frac{\sqrt{3}}{3}\int_{\frac{\pi}{6}}^{\frac{\pi}{4}}d\theta=\frac{\sqrt{3}}{3}\Big[\theta\Big]_{\frac{\pi}{6}}^{\frac{\pi}{4}}=\frac{\sqrt{3}}{3}\left(\frac{\pi}{4}-\frac{\pi}{6}\right)=\boldsymbol{\frac{\sqrt{3}}{36}\pi}$$

(2) $x^2+2x+5=(x+1)^2+4$

$x+1=2\tan\theta$ とおくと

$$dx=\frac{2}{\cos^2\theta}d\theta$$

x	$-1\longrightarrow 1$
θ	$0\longrightarrow\frac{\pi}{4}$

x と θ の対応は右のようになる。

よって　$\displaystyle\int_{-1}^{1}\frac{dx}{x^2+2x+5}=\int_{-1}^{1}\frac{dx}{(x+1)^2+4}$

$$=\int_0^{\frac{\pi}{4}}\frac{1}{4(\tan^2\theta+1)}\cdot\frac{2}{\cos^2\theta}d\theta=\frac{1}{2}\int_0^{\frac{\pi}{4}}d\theta=\frac{1}{2}\Big[\theta\Big]_0^{\frac{\pi}{4}}=\boldsymbol{\frac{\pi}{8}}$$

(1)
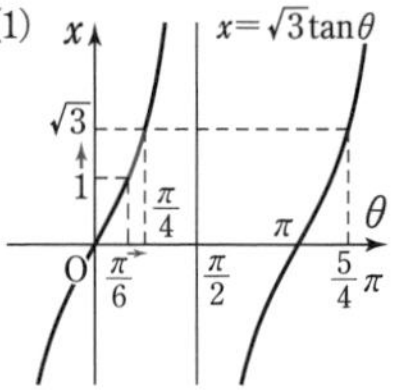

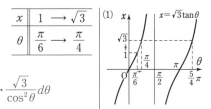

参考 $\dfrac{1}{ax^2+bx+c}$ $(a\neq 0)$ の積分については，$p.237$ の 検討 も参照。

検討

$\tan\theta$ の置換積分法は積分区間の取り方に注意！

(1) において，$1\leqq x\leqq\sqrt{3}$ に $\dfrac{\pi}{6}\leqq\theta\leqq\dfrac{5}{4}\pi$ を対応させると，異なる結果になるが，$\tan\theta$ は $\theta=\dfrac{\pi}{2}$ で定義されないからで，このような対応は **誤り** である。

$x=a\tan\theta$ については普通 $-\dfrac{\pi}{2}<\theta<\dfrac{\pi}{2}$ で考える。

練習 ② 150 次の定積分を求めよ。

(1) $\displaystyle\int_0^{\sqrt{3}}\frac{dx}{1+x^2}$　　(2) $\displaystyle\int_1^4\frac{dx}{x^2-2x+4}$　　(3) $\displaystyle\int_0^{\sqrt{2}}\frac{dx}{(x^2+2)\sqrt{x^2+2}}$

p.271 EX127

基本 例題 151 偶関数，奇関数の定積分

①①①①①

次の定積分を求めよ。(1) では a は定数とする。

(1) $\displaystyle\int_{-a}^{a}\frac{x^3}{\sqrt{a^2+x^2}}dx$　　(2) $\displaystyle\int_{-\frac{\pi}{2}}^{\frac{\pi}{2}}(2\sin x+\cos x)^3dx$

p.252 基本事項 2

指針 定積分 $\displaystyle\int_{-a}^{a}$ ● の計算は，偶関数・奇関数に分けて考える。

偶関数　$f(-x)=f(x)$　(y 軸対称)　$\displaystyle\int_{-a}^{a}f(x)dx=2\int_{0}^{a}f(x)dx$　← 積分区間が半分。

奇関数　$f(-x)=-f(x)$（原点対称）　$\displaystyle\int_{-a}^{a}f(x)dx=0$　← 計算不要。

CHART $\displaystyle\int_{-a}^{a}$ の扱い　偶関数は $\displaystyle 2\int_{0}^{a}$，奇関数は 0

解答

(1) $f(x)=\dfrac{x^3}{\sqrt{a^2+x^2}}$ とすると

$$f(-x)=\frac{(-x)^3}{\sqrt{a^2+(-x)^2}}=-\frac{x^3}{\sqrt{a^2+x^2}}=-f(x)$$

よって，$f(x)$ は奇関数であるから

$$\int_{-a}^{a}\frac{x^3}{\sqrt{a^2+x^2}}dx=0$$

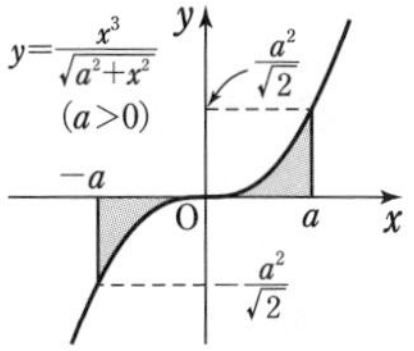

◀被積分関数が奇関数であることがわかれば，積分を計算する必要はない。

(2) $(2\sin x+\cos x)^3$

$=8\sin^3x+12\sin^2x\cos x+6\sin x\cos^2x+\cos^3x$

$\sin x$ は奇関数，$\cos x$ は偶関数であるから，$\sin^3x$ は奇関数，$\sin^2x\cos x$ は偶関数，$\sin x\cos^2x$ は奇関数，$\cos^3x$ は偶関数。

◀奇関数×奇関数＝偶関数
奇関数×偶関数＝奇関数
偶関数×偶関数＝偶関数

したがって　(与式)$\displaystyle=2\int_{0}^{\frac{\pi}{2}}(12\sin^2x\cos x+\cos^3x)dx$

◀公式を用いて次数を下げてもよいが，この問題では f(■)■′ の発見 の方針で進めた方が早い。

ここで　$12\sin^2x\cos x+\cos^3x$

$=(12\sin^2x+\cos^2x)\cos x$

$=(12\sin^2x+1-\sin^2x)\cos x$

$=(11\sin^2x+1)\cos x$

よって　(与式)$\displaystyle=2\int_{0}^{\frac{\pi}{2}}(11\sin^2x+1)(\sin x)'dx$

$\displaystyle=2\left[\frac{11}{3}\sin^3x+\sin x\right]_0^{\frac{\pi}{2}}=\frac{28}{3}$

◀$\sin x=u$ とおくと $\cos x\,dx=du$
左の定積分は
$\displaystyle 2\int_0^1(11u^2+1)du$

練習 ② **151** 次の定積分を求めよ。(2) では a は定数とする。

(1) $\displaystyle\int_{-\pi}^{\pi}(2\sin t+3\cos t)^2dt$　　(2) $\displaystyle\int_{-a}^{a}x\sqrt{a^2-x^2}\,dx$

(3) $\displaystyle\int_{-\frac{\pi}{3}}^{\frac{\pi}{3}}(\cos x+x^2\sin x)dx$

参考事項 逆三角関数

定積分$\int_0^{\sqrt{2}}\frac{dx}{x^2+2}$や$\int_0^{\frac{a}{2}}\sqrt{a^2-x^2}\,dx$の計算で，$x=\sqrt{2}\tan\theta$や$x=a\sin\theta$とおくことにより，うまく計算できるのはなぜだろうか。

まずは，不定積分$\int\frac{dx}{x^2+2}$を計算してみよう。

$x=\sqrt{2}\tan\theta$とおくと，$dx=\frac{\sqrt{2}}{\cos^2\theta}d\theta$であるから

$$\int\frac{dx}{x^2+2}=\int\frac{1}{2(1+\tan^2\theta)}\cdot\frac{\sqrt{2}}{\cos^2\theta}d\theta=\frac{1}{\sqrt{2}}\int d\theta=\frac{1}{\sqrt{2}}\theta+C\quad(C\text{ は積分定数})$$

ただ，これでは不定積分がxで表現できていない。$x=\sqrt{2}\tan\theta$から，逆にθをxで表現するには，逆三角関数という関数が必要になる。

● 逆三角関数

$y=2^x$の逆関数を$y=\log_2 x$で表したように，$y=\tan x$や$y=\sin x$の逆関数を考える。一般に，関数$y=f(x)$の値域に含まれる任意のyに対して対応するxの値がただ1つ定まるとき，逆関数$y=f^{-1}(x)$を考えることができる。したがって，$y=\sin x$のままでは，逆関数を考えることができない。
そこで，次のように三角関数の主値（xとyが1対1に対応するxの値の範囲）を定めてから逆関数を定義する。

$y=\sin x\left(-\frac{\pi}{2}\leqq x\leqq\frac{\pi}{2}\right)$ の逆関数は　$y=\boldsymbol{\sin^{-1}x}\ (-1\leqq x\leqq 1)$

$y=\cos x\ (0\leqq x\leqq\pi)$ の逆関数は　$y=\boldsymbol{\cos^{-1}x}\ (-1\leqq x\leqq 1)$

$y=\tan x\left(-\frac{\pi}{2}<x<\frac{\pi}{2}\right)$ の逆関数は　$y=\boldsymbol{\tan^{-1}x}$

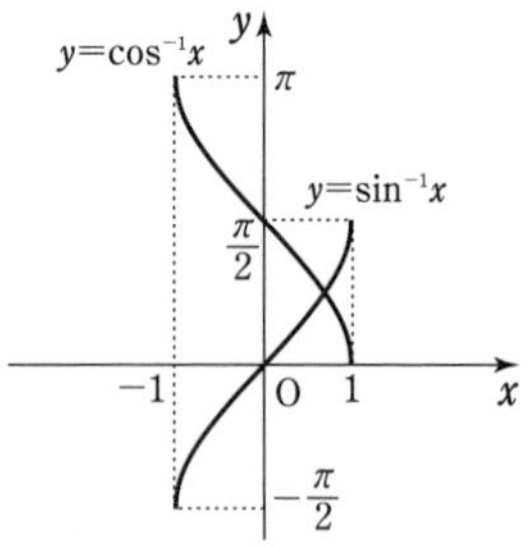

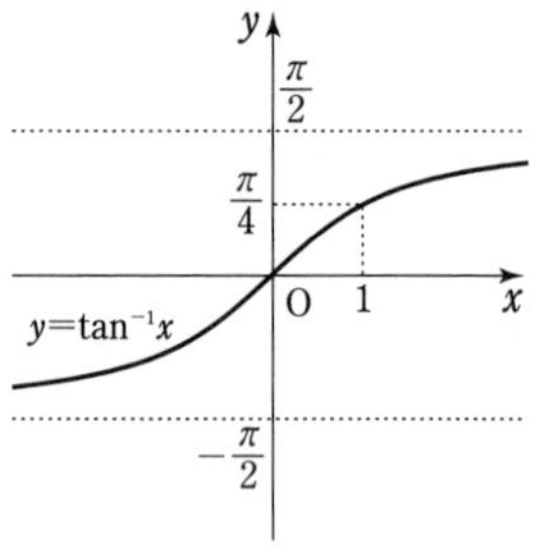

参考　$y=\sin^{-1}x$, $y=\cos^{-1}x$, $y=\tan^{-1}x$を$y=\mathrm{Arc}\sin x$, $y=\mathrm{Arc}\cos x$, $y=\mathrm{Arc}\tan x$と書くこともある。arc は弧のこと。$y=\mathrm{Arc}\sin x$は「xを正弦にもつ弧長はy」の意で，アークサインと読む（他も同様）。

例　$\sin^{-1}\frac{1}{2}=\frac{\pi}{6}$，$\cos^{-1}0=\frac{\pi}{2}$，$\cos^{-1}\left(-\frac{1}{2}\right)=\frac{2}{3}\pi$，$\tan^{-1}1=\frac{\pi}{4}$

● 逆三角関数の微分

[1]　$(\sin^{-1}x)'=\dfrac{1}{\sqrt{1-x^2}}\ (-1<x<1)$

[2]　$(\cos^{-1}x)'=-\dfrac{1}{\sqrt{1-x^2}}\ (-1<x<1)$

[3]　$(\tan^{-1}x)'=\dfrac{1}{1+x^2}$

証明　[3]　$y=\tan^{-1}x$ とおくと，$x=\tan y\left(-\dfrac{\pi}{2}<y<\dfrac{\pi}{2}\right)$ であるから

$$\frac{dx}{dy}=\frac{1}{\cos^2 y}=1+\tan^2 y=1+x^2 \qquad \text{よって} \qquad \frac{dy}{dx}=\frac{1}{1+x^2}$$

● 逆三角関数と不定積分

高校数学の範囲外の内容であるが，不定積分には次のような公式がある。

[4]　$\displaystyle\int\frac{dx}{\sqrt{a^2-x^2}}=\sin^{-1}\frac{x}{|a|}+C$　　ただし，$a\neq 0$，$|x|<|a|$

[5]　$\displaystyle\int\frac{dx}{a^2+x^2}=\frac{1}{a}\tan^{-1}\frac{x}{a}+C$　　ただし，$a\neq 0$

[6]　$\displaystyle\int\sqrt{a^2-x^2}\,dx=\frac{1}{2}\left(x\sqrt{a^2-x^2}+a^2\sin^{-1}\frac{x}{|a|}\right)+C$　　ただし，$a\neq 0$，$|x|<|a|$

証明　[4]　$x=|a|t$ とおくと，$dx=|a|dt$ であるから

$$\int\frac{dx}{\sqrt{a^2-x^2}}=\int\frac{|a|}{|a|\sqrt{1-t^2}}dt=\int\frac{dt}{\sqrt{1-t^2}}$$

$(\sin^{-1}t)'=\dfrac{1}{\sqrt{1-t^2}}$ より，$\displaystyle\int\frac{dt}{\sqrt{1-t^2}}=\sin^{-1}t+C$ であるから

$$\int\frac{dx}{\sqrt{a^2-x^2}}=\sin^{-1}\frac{x}{|a|}+C$$

[5]　$x=at$ とおくと，$dx=a\,dt$ であるから

$$\int\frac{dx}{a^2+x^2}=\int\frac{a}{a^2(1+t^2)}dt=\frac{1}{a}\int\frac{dt}{1+t^2}$$

$(\tan^{-1}t)'=\dfrac{1}{1+t^2}$ より，$\displaystyle\int\frac{dt}{1+t^2}=\tan^{-1}t+C$ であるから

$$\int\frac{dx}{a^2+x^2}=\frac{1}{a}\tan^{-1}\frac{x}{a}+C$$

● 逆三角関数と定積分

上の [4]～[6] の公式を用いて，次の定積分を求めてみよう。

例　$\displaystyle\int_0^{\sqrt{2}}\frac{dx}{\sqrt{4-x^2}}=\left[\sin^{-1}\frac{x}{2}\right]_0^{\sqrt{2}}=\boldsymbol{\frac{\pi}{4}}$　　[基本例題 **149** (2)]

$\left[\text{例えば}\sin^{-1}\dfrac{\sqrt{2}}{2}=\theta\text{ の値は，}\sin\theta=\dfrac{\sqrt{2}}{2}\left(-\dfrac{\pi}{2}\leqq\theta\leqq\dfrac{\pi}{2}\right)\text{から求められる。}\right]$

例　$\displaystyle\int_1^{\sqrt{3}}\frac{dx}{x^2+3}=\left[\frac{1}{\sqrt{3}}\tan^{-1}\frac{x}{\sqrt{3}}\right]_1^{\sqrt{3}}=\frac{1}{\sqrt{3}}\left(\frac{\pi}{4}-\frac{\pi}{6}\right)=\boldsymbol{\frac{\sqrt{3}}{36}\pi}$　　[基本例題 **150** (1)]

$\left[\text{例えば}\tan^{-1}\dfrac{1}{\sqrt{3}}=\theta\text{ の値は，}\tan\theta=\dfrac{1}{\sqrt{3}}\left(-\dfrac{\pi}{2}<\theta<\dfrac{\pi}{2}\right)\text{から求められる。}\right]$

重要例題 152 置換積分法を利用した定積分の等式の証明 (1)

$f(x)$ は連続な関数，a は正の定数とする。

(1) 等式 $\int_0^a f(x)dx=\int_0^a f(a-x)dx$ を証明せよ。

(2) (1) の等式を利用して，定積分 $\int_0^a \frac{e^x}{e^x+e^{a-x}}dx$ を求めよ。

基本 148　重要 153

指針 (1) $a-x=t$ とおくと，**置換積分法** により証明できる。なお，定積分の値は積分変数の文字に無関係 である。すなわち $\int_\alpha^\beta f(x)dx=\int_\alpha^\beta f(t)dt$ に注意。

(2) $f(x)=\frac{e^x}{e^x+e^{a-x}}$ とすると，$f(a-x)=\frac{e^{a-x}}{e^{a-x}+e^x}$ であり　$f(x)+f(a-x)=1$

このことと (1) の等式を利用して方程式を作る。

解答

(1) $a-x=t$ とおくと　$x=a-t$

ゆえに　$dx=-dt$

x と t の対応は右のようになる。

x	$0 \longrightarrow a$
t	$a \longrightarrow 0$

よって　(右辺) $=\int_0^a f(a-x)dx=\int_a^0 f(t)(-dt)\underset{A}{=}\int_0^a f(t)dt$

$\underset{B}{=}\int_0^a f(x)dx=$ (左辺)

(2) $I=\int_0^a \frac{e^x}{e^x+e^{a-x}}dx$ とし，$f(x)=\frac{e^x}{e^x+e^{a-x}}$ とする。(1) の等式 $\int_0^a f(x)dx=\int_0^a f(a-x)dx$ から　$I=\int_0^a f(a-x)dx$

また　$f(x)+f(a-x)=\frac{e^x}{e^x+e^{a-x}}+\frac{e^{a-x}}{e^{a-x}+e^x}$

ゆえに　$f(x)+f(a-x)=1$

よって　$\int_0^a f(x)dx+\int_0^a f(a-x)dx=\int_0^a dx$

ゆえに　$I+I=a$　　したがって　$I=\boldsymbol{\frac{a}{2}}$

A　$-\int_\alpha^\beta f(x)dx=\int_\beta^\alpha f(x)dx$

B　定積分の値は積分変数の文字に無関係。

(1)，(2) の問題結果の利用

◀ $\frac{e^x+e^{a-x}}{e^x+e^{a-x}}=1$

◀ $\int 1\,dx$ は $\int dx$ と書く。

◀ $\int_0^a dx=\Big[x\Big]_0^a=a$

検討 ペアを考えて利用する

(2) の解答では，(1) で示した等式 $\int_0^a \underline{f(x)}dx=\int_0^a \underline{f(a-x)}dx$ と関係式 $\underline{f(x)}+\underline{f(a-x)}=1$ の力を借りて，求めにくい $f(x)=\frac{e^x}{e^x+e^{a-x}}$ の定積分を求めた。このように，$f(x)$ だけでは扱いにくくても，**$f(x)$ と $f(a-x)$ のペアを作る** と扱いやすくなる場合があることを覚えておくとよい。

練習 ③152 (1) 連続な関数 $f(x)$ について，等式 $\int_0^{\frac{\pi}{2}} f(\sin x)dx=\int_0^{\frac{\pi}{2}} f(\cos x)dx$ を証明せよ。

(2) 定積分 $I=\int_0^{\frac{\pi}{2}} \frac{\sin x}{\sin x+\cos x}dx$ を求めよ。　〔類 愛媛大〕 p.272 EX 128

重要例題 153 置換積分法を利用した定積分の等式の証明 (2) ④

(1) 連続な関数 $f(x)$ について，等式 $\int_0^{\pi} xf(\sin x)dx=\frac{\pi}{2}\int_0^{\pi} f(\sin x)dx$ を示せ。

(2) (1)の等式を利用して，定積分 $\int_0^{\pi}\frac{x\sin x}{3+\sin^2 x}dx$ を求めよ。 〔(1) 類 横浜国大〕

基本 148，重要 152

指針 (1) $\sin(\pi-x)=\sin x$ であることに着目。$\pi-x=t$ ($x=\pi-t$) とおいて，左辺を変形。
⟶ 計算を進めると左辺と同じ式が現れるから（同形出現），$p.233$ 重要例題 **137** と同じように処理する。

(2) (1)から $\int_0^{\pi}\frac{x\sin x}{3+\sin^2 x}dx=\frac{\pi}{2}\int_0^{\pi}\frac{\sin x}{3+\sin^2 x}dx$ である。
$3+\sin^2 x=3+(1-\cos^2 x)=4-\cos^2 x$ であるから，$\cos x=u$ とおけばよい。

解答

(1) $x=\pi-t$ とおくと $dx=-dt$
x と t の対応は右のようになる。

x	$0\longrightarrow\pi$
t	$\pi\longrightarrow 0$

証明する等式の左辺を I とすると

$$I=\int_0^{\pi} xf(\sin x)dx=\int_{\pi}^{0}(\pi-t)f(\sin(\pi-t))\cdot(-1)dt$$
$$=\int_0^{\pi}(\pi-t)f(\sin t)dt=\pi\int_0^{\pi}f(\sin t)dt-\int_0^{\pi}tf(\sin t)dt$$
$$=\pi\int_0^{\pi}f(\sin x)dx-\int_0^{\pi}xf(\sin x)dx$$
$$=\pi\int_0^{\pi}f(\sin x)dx-I$$

よって $I=\frac{\pi}{2}\int_0^{\pi}f(\sin x)dx$

◀ $\int_a^0\{-f(x)\}dx=\int_0^a f(x)dx$
$\sin(\pi-t)=\sin t$
◀ **定積分の値は積分変数の文字に無関係。**
◀ $2I=\pi\int_0^{\pi}f(\sin x)dx$

(2) $J=\int_0^{\pi}\frac{x\sin x}{3+\sin^2 x}dx$ とすると，(1)から

$$J=\frac{\pi}{2}\int_0^{\pi}\frac{\sin x}{3+\sin^2 x}dx=\frac{\pi}{2}\int_0^{\pi}\frac{\sin x}{4-\cos^2 x}dx$$

◀ $f(t)=\frac{t}{3+t^2}$ は連続な関数。
◀ $f(\cos x)\sin x$ の形。

$\cos x=u$ とおくと $-\sin x\,dx=du$
x と u の対応は右のようになる。

x	$0\longrightarrow\pi$
u	$1\longrightarrow -1$

よって $J=\frac{\pi}{2}\int_1^{-1}\frac{-1}{4-u^2}du=\frac{\pi}{2}\int_{-1}^{1}\frac{1}{4-u^2}du$

$$=\pi\int_0^1\frac{1}{4-u^2}du=\frac{\pi}{4}\int_0^1\left(\frac{1}{2+u}+\frac{1}{2-u}\right)du$$
$$=\frac{\pi}{4}\Big[\log(2+u)-\log(2-u)\Big]_0^1=\boldsymbol{\frac{\pi}{4}\log 3}$$

◀ 偶関数は 2 倍。
次に，部分分数に分解。

練習 ④153 (1) 連続関数 $f(x)$ が，すべての実数 x について $f(\pi-x)=f(x)$ を満たすとき，$\int_0^{\pi}\left(x-\frac{\pi}{2}\right)f(x)dx=0$ が成り立つことを証明せよ。

(2) 定積分 $\int_0^{\pi}\frac{x\sin^3 x}{4-\cos^2 x}dx$ を求めよ。 〔名古屋大〕

基本事項

1 定積分の部分積分法

$$\int_a^b f(x)g'(x)dx=\Big[f(x)g(x)\Big]_a^b-\int_a^b f'(x)g(x)dx$$

特に $\displaystyle\int_a^b f(x)dx=\Big[xf(x)\Big]_a^b-\int_a^b xf'(x)dx$

2 定積分と漸化式

整数 n を含む関数の定積分を求めるには，部分積分法を用いて漸化式を導くことが有効な場合もある（下の 例 参照）。

解説

■ 定積分の部分積分法

1 の証明 $\{f(x)g(x)\}'=f'(x)g(x)+f(x)g'(x)$ であるから

$$\int_a^b\{f'(x)g(x)+f(x)g'(x)\}dx=\int_a^b f'(x)g(x)dx+\int_a^b f(x)g'(x)dx$$
$$=\Big[f(x)g(x)\Big]_a^b$$

ゆえに $\displaystyle\int_a^b f(x)g'(x)dx=\Big[f(x)g(x)\Big]_a^b-\int_a^b f'(x)g(x)dx$

特に，$g(x)=x$ とすると，$g'(x)=1$ であるから

$$\int_a^b f(x)dx=\Big[xf(x)\Big]_a^b-\int_a^b xf'(x)dx$$

補足 定積分の部分積分法の公式は，不定積分の部分積分法の公式に，積分区間の下端 a，上端 b を付ければよい。ただし，不定積分の場合の $f(x)g(x)$ の項は $\Big[f(x)g(x)\Big]_a^b$ になることに注意。

■ 定積分と漸化式

例 $I_n=\displaystyle\int_0^1 x^n e^{-x}dx$（$n$ は 0 以上の整数）について，$n\geqq 1$ のとき **部分積分法** により

$$I_n=\int_0^1 x^n(-e^{-x})'dx=\Big[x^n(-e^{-x})\Big]_0^1-\int_0^1 nx^{n-1}(-e^{-x})dx$$
$$=-e^{-1}+n\int_0^1 x^{n-1}e^{-x}dx$$

よって，漸化式 $I_n=nI_{n-1}-\dfrac{1}{e}$ が導かれる。

ここで，$I_0=\displaystyle\int_0^1 e^{-x}dx=\Big[-e^{-x}\Big]_0^1=1-\frac{1}{e}$ であるから，漸化式を用いると

$$I_1=1\cdot I_0-\frac{1}{e}=\left(1-\frac{1}{e}\right)-\frac{1}{e}=1-\frac{2}{e}$$
$$I_2=2I_1-\frac{1}{e}=2\left(1-\frac{2}{e}\right)-\frac{1}{e}=2-\frac{5}{e}$$
$$I_3=3I_2-\frac{1}{e}=3\left(2-\frac{5}{e}\right)-\frac{1}{e}=6-\frac{16}{e}$$

……

として，I_n（$n\geqq 1$）を順に求めることができる。

基本例題 154 定積分の部分積分法 (1) … 基本

次の定積分を求めよ。 [(1) 東京電機大, (2) 横浜国大]

(1) $\displaystyle\int_1^2 \frac{\log x}{x^2}dx$　　(2) $\displaystyle\int_0^{2\pi} x^2|\sin x|dx$

p.262 基本事項 1

指針 **定積分の部分積分法** $\displaystyle\int_a^b f(x)g'(x)dx=\Big[f(x)g(x)\Big]_a^b-\int_a^b f'(x)g(x)dx$

を使う。また，不定積分を求めてから上端・下端の値を代入するのではなく，計算の途中でどんどん代入して式を簡単にしていくとよい。

(1) $\dfrac{1}{x^2}=\left(-\dfrac{1}{x}\right)'$ と考える。

(2) **絶対値　場合に分ける**　$\sin x$ の符号が変わる $x=\pi$ で積分区間を分割して計算する。なお，$\displaystyle\int x^2\sin x\,dx$ は **部分積分法を 2 回用いる。**

解答

(1) $\displaystyle\int_1^2 \frac{\log x}{x^2}dx=\int_1^2\left(-\frac{1}{x}\right)'\log x\,dx$

$\displaystyle=\left[-\frac{1}{x}\log x\right]_1^2-\int_1^2\left(-\frac{1}{x}\right)\cdot(\log x)'dx$

$\displaystyle=-\frac{\log 2}{2}+\int_1^2\frac{1}{x^2}dx=-\frac{\log 2}{2}+\left[-\frac{1}{x}\right]_1^2$

$\displaystyle=-\frac{\log 2}{2}+\left\{-\frac{1}{2}-(-1)\right\}=-\boldsymbol{\frac{\log 2}{2}+\frac{1}{2}}$

(2) $0\leqq x\leqq\pi$ のとき　$|\sin x|=\sin x$

$\pi\leqq x\leqq 2\pi$ のとき　$|\sin x|=-\sin x$　であるから

$\displaystyle\int_0^{2\pi}x^2|\sin x|dx=\underline{\int_0^{\pi}x^2\sin x\,dx}-\underline{\int_{\pi}^{2\pi}x^2\sin x\,dx}^{(*)}$

ここで，

$\displaystyle\int x^2\sin x\,dx=-x^2\cos x+2\int x\cos x\,dx$

$=-x^2\cos x+2x\sin x+2\cos x+C$　から

$\displaystyle\int_0^{2\pi}x^2|\sin x|dx$

$=\Big[-x^2\cos x+2x\sin x+2\cos x\Big]_0^{\pi}$

$\quad-\Big[-x^2\cos x+2x\sin x+2\cos x\Big]_{\pi}^{2\pi}$

$=(\pi^2-2-2)-(-4\pi^2+2-\pi^2+2)$

$=\boldsymbol{6\pi^2-8}$

◀ $(\log x)'=\dfrac{1}{x}$

◀ $\log 1=0$
上端・下端の値を代入して簡単にする。

◀ *p.*251 例題 **147** と同様。

(*) ＿は，被積分関数がともに $x^2\sin x$ であるから，その不定積分を求めてから上端・下端の値を代入する方針で定積分を求める。

◀ $\displaystyle\int x^2\sin x\,dx$
$\displaystyle=\int x^2(-\cos x)'dx$,
$\displaystyle\int x\cos x\,dx=\int x(\sin x)'dx$
$\displaystyle=x\sin x-\int\sin x\,dx$
$=x\sin x+\cos x+C$

練習 ② 154 次の定積分を求めよ。(4) では a，b は定数とする。 [(1) 宮崎大, (5) 愛媛大]

(1) $\displaystyle\int_0^{\frac{1}{3}}xe^{3x}dx$　　(2) $\displaystyle\int_1^e x^2\log x\,dx$　　(3) $\displaystyle\int_1^e(\log x)^2dx$

(4) $\displaystyle\int_a^b(x-a)^2(x-b)dx$　　(5) $\displaystyle\int_0^{2\pi}\left|x\cos\frac{x}{3}\right|dx$

p.272 EX 128～130

重要例題 155 定積分の部分積分法 (2) … 同形出現 ⓪⓪⓪⓪⓪

a は 0 でない定数とし，$A=\int_0^{\pi} e^{-ax}\sin 2x\,dx$，$B=\int_0^{\pi} e^{-ax}\cos 2x\,dx$ とする。このとき，A，B の値をそれぞれ求めよ。 〔類 札幌医大〕

重要 137，基本 154

指針 $p.233$ 重要例題 **137** と同様，部分積分法により A，B の連立方程式を作る。

[1] $A=\int_0^{\pi}\left(\frac{e^{-ax}}{-a}\right)'\sin 2x\,dx$，$B=\int_0^{\pi}\left(\frac{e^{-ax}}{-a}\right)'\cos 2x\,dx$ とする。

[2] $A=\int_0^{\pi}e^{-ax}\left(-\frac{\cos 2x}{2}\right)'dx$，$B=\int_0^{\pi}e^{-ax}\left(\frac{\sin 2x}{2}\right)'dx$ とする。

いずれの方針でもよいが，ここでは [1] の方針で解答する。

別解 **積の積分 $e^x\sin x$，$e^x\cos x$ なら同形出現のペアで考える**

$(e^{-ax}\sin 2x)'$，$(e^{-ax}\cos 2x)'$ を利用して，A，B の連立方程式を作る。

解答

$$A=\int_0^{\pi}\left(\frac{e^{-ax}}{-a}\right)'\sin 2x\,dx$$

$$=\left[\frac{e^{-ax}}{-a}\sin 2x\right]_0^{\pi}-\int_0^{\pi}\frac{e^{-ax}}{-a}\cdot 2\cos 2x\,dx=\frac{2}{a}B \quad\cdots\cdots ①$$

$$B=\int_0^{\pi}\left(\frac{e^{-ax}}{-a}\right)'\cos 2x\,dx$$

$$=\left[\frac{e^{-ax}}{-a}\cos 2x\right]_0^{\pi}-\int_0^{\pi}\frac{e^{-ax}}{-a}(-2\sin 2x)dx$$

$$=\frac{1}{a}(1-e^{-a\pi})-\frac{2}{a}A \quad\cdots\cdots ②$$

① から　$B=\frac{a}{2}A$

これを ② に代入して　$\frac{a}{2}A=\frac{1}{a}(1-e^{-a\pi})-\frac{2}{a}A$

したがって　$\boldsymbol{A=\frac{2}{a^2+4}(1-e^{-a\pi})}$，$\boldsymbol{B=\frac{a}{a^2+4}(1-e^{-a\pi})}$

別解 $(e^{-ax}\sin 2x)'=-ae^{-ax}\sin 2x+2e^{-ax}\cos 2x$

$(e^{-ax}\cos 2x)'=-ae^{-ax}\cos 2x-2e^{-ax}\sin 2x$

であるから

$\left[e^{-ax}\sin 2x\right]_0^{\pi}=-aA+2B$，$\left[e^{-ax}\cos 2x\right]_0^{\pi}=-aB-2A$

よって　$-aA+2B=0$，$-aB-2A=e^{-a\pi}-1$

この 2 式を連立して解くと，上と同じ結果が得られる。

（上の指針の方針 [2] による解法）

$A=\left[e^{-ax}\left(-\frac{\cos 2x}{2}\right)\right]_0^{\pi}-\frac{a}{2}\int_0^{\pi}e^{-ax}\cos 2x\,dx$

$=\frac{1}{2}(1-e^{-a\pi})-\frac{a}{2}B$，

$B=\left[e^{-ax}\frac{\sin 2x}{2}\right]_0^{\pi}+\frac{a}{2}\int_0^{\pi}e^{-ax}\sin 2x\,dx$

$=\frac{a}{2}A$

から A，B を求める。

◀ $\left(\frac{a}{2}+\frac{2}{a}\right)A=\frac{1}{a}(1-e^{-a\pi})$

◀ 積の導関数 $(uv)'=u'v+uv'$

◀ 両辺を積分する。

練習 ③155
(1) $\int_0^{\pi}e^{-x}\sin x\,dx$ を求めよ。
(2) (1) の結果を用いて，$\int_0^{\pi}xe^{-x}\sin x\,dx$ を求めよ。

参考事項　π は無理数

背理法や部分積分法などを用いると，**π が無理数である** ことを，高校数学の範囲で証明できる。ここでは，1947 年に発表されたニーベンの証明を紹介しよう。

証明　π が有理数であると仮定し，$\pi=\dfrac{b}{a}$（a，b は自然数）とおく。

$f(x)=\dfrac{1}{n!}x^n(b-ax)^n=\dfrac{a^n}{n!}x^n(\pi-x)^n$ として，定積分 $I=\displaystyle\int_0^{\pi}f(x)\sin x\,dx$ を考える。

まず，I が整数であることを示す。

I について，部分積分法を繰り返し用いると，$f(x)$ は $2n$ 次式であるから

$$\begin{aligned}I&=\Big[-f(x)\cos x\Big]_0^{\pi}+\int_0^{\pi}f'(x)\cos x\,dx\\&=\Big[-f(x)\cos x\Big]_0^{\pi}+\Big[f'(x)\sin x\Big]_0^{\pi}-\int_0^{\pi}f''(x)\sin x\,dx\\&=\Big[-f(x)\cos x\Big]_0^{\pi}+\quad 0\quad+\Big[f''(x)\cos x\Big]_0^{\pi}-\int_0^{\pi}f'''(x)\cos x\,dx\\&=\cdots\cdots\\&=\Big[\sum_{k=0}^{n}(-1)^{k+1}f^{(2k)}(x)\cos x\Big]_0^{\pi}\end{aligned}$$

◀ $\sin 0=0$，$\sin\pi=0$

となる。これが整数であることを示す。

二項定理から　$f(x)=\dfrac{1}{n!}x^n\{b^n-{}_n\mathrm{C}_1b^{n-1}ax+\cdots\cdots+(-1)^na^nx^n\}$

$$=\frac{1}{n!}\{b^nx^n-{}_n\mathrm{C}_1b^{n-1}ax^{n+1}+\cdots\cdots+(-1)^na^nx^{2n}\}$$

整数 k に対し　$0\leqq k<n$ で　$f^{(k)}(0)=0$，

$n\leqq k\leqq 2n$ で　$f^{(k)}(0)=\dfrac{1}{n!}\{(-1)^{k-n}{}_n\mathrm{C}_{k-n}b^{2n-k}a^{k-n}k!\}$

◀ $n\leqq k$ から，$\dfrac{k!}{n!}$ は整数。

となり，いずれも整数である。

更に，$f(\pi-x)=\dfrac{a^n}{n!}(\pi-x)^nx^n=\dfrac{a^n}{n!}x^n(\pi-x)^n=f(x)$ であるから，$0\leqq k\leqq 2n$ の整数 k について，$f^{(k)}(\pi)=(-1)^kf^{(k)}(\pi-\pi)=(-1)^kf^{(k)}(0)$ も整数である。

よって，すべての自然数 n に対して I は整数となる。 ……（*）

次に，$x(\pi-x)=-\left(x-\dfrac{\pi}{2}\right)^2+\left(\dfrac{\pi}{2}\right)^2\leqq\left(\dfrac{\pi}{2}\right)^2$ から，区間 $[0,\ \pi]$ において

$$0\leqq f(x)\sin x\leqq\frac{1}{n!}\left(\frac{\pi^2a}{4}\right)^n\quad\text{が成り立つ。}$$

ここで，正の実数 r に対して $\displaystyle\lim_{n\to\infty}\frac{r^n}{n!}=0$ であり（証明は解答編 $p.214$ 参照），これを用いると，n が十分大きいとき，区間 $[0,\ \pi]$ において $0\leqq f(x)\sin x<\dfrac{1}{\pi}$ とすることができるから

$$0<\int_0^{\pi}f(x)\sin x\,dx<\int_0^{\pi}\frac{1}{\pi}dx$$

（$0\leqq f(x)$ の等号は常には成り立たない［$p.280$ 基本事項 **2** 参照］。）

すなわち $0<I<1$ となるが，これは（*）に矛盾する。

したがって，π は無理数である。

重要例題 156 定積分と漸化式 (1)

⓵⓵⓵⓵⓵

$I_n=\int_0^{\frac{\pi}{2}}\sin^n x\,dx$ (n は 0 以上の整数) とするとき，関係式 $I_n=\dfrac{n-1}{n}I_{n-2}$ $(n\geqq 2)$ と，次の [1], [2] が成り立つことを証明せよ。ただし，$\sin^0 x=\cos^0 x=1$ である。

[1] $I_0=\dfrac{\pi}{2}$, $n\geqq 1$ のとき $I_{2n}=\dfrac{\pi}{2}\cdot\dfrac{1}{2}\cdot\dfrac{3}{4}\cdot\cdots\cdots\cdot\dfrac{2n-1}{2n}$

[2] $I_1=1$, $n\geqq 2$ のとき $I_{2n-1}=1\cdot\dfrac{2}{3}\cdot\dfrac{4}{5}\cdot\cdots\cdots\cdot\dfrac{2n-2}{2n-1}$　〔類 日本女子大〕

p.262 基本事項 2，重要 138　演習 171

指針 (関係式を導く) $\sin^n x=\sin^{n-1}x\cdot\sin x=\sin^{n-1}x(-\cos x)'$ として **部分積分法** を用いる (p.234 重要例題 **138** 参照)。

([1], [2] の証明) 先に示した関係式において，n を $2n$, $2n-1$ とおいたものを利用。
…… 先に示した関係式は I_n と I_{n-2}，つまり 1 つ項を飛ばした 2 項の間の関係を表しているから，I_{2n} (偶数)，I_{2n-1} (奇数) のような場合分けが必要。

解答

$n\geqq 2$ のとき

$$I_n=\int_0^{\frac{\pi}{2}}\sin^{n-1}x\cdot\sin x\,dx=\int_0^{\frac{\pi}{2}}\sin^{n-1}x(-\cos x)'dx$$

$$=\Big[-\sin^{n-1}x\cdot\cos x\Big]_0^{\frac{\pi}{2}}+\int_0^{\frac{\pi}{2}}(n-1)\sin^{n-2}x\cdot\cos x\cdot\cos x\,dx$$

◀部分積分法。

$$=(n-1)\int_0^{\frac{\pi}{2}}\sin^{n-2}x(1-\sin^2 x)dx=(n-1)\int_0^{\frac{\pi}{2}}(\sin^{n-2}x-\sin^n x)dx$$

◀$\sin^2 x+\cos^2 x=1$

よって　$I_n=(n-1)(I_{n-2}-I_n)$

ゆえに　$I_n=\dfrac{n-1}{n}I_{n-2}$ …… ①

◀I_n について解く。

[1], [2]　$I_0=\int_0^{\frac{\pi}{2}}dx=\Big[x\Big]_0^{\frac{\pi}{2}}=\dfrac{\pi}{2}$, $I_1=\int_0^{\frac{\pi}{2}}\sin x\,dx=\Big[-\cos x\Big]_0^{\frac{\pi}{2}}=1$

◀$\sin^0 x=1$

① で n を $2n$ におき換えて　$I_{2n}=\dfrac{2n-1}{2n}I_{2n-2}$ $(n\geqq 1)$

よって　$I_{2n}=\dfrac{2n-1}{2n}I_{2n-2}=\dfrac{2n-1}{2n}\cdot\dfrac{2n-3}{2n-2}I_{2n-4}=\cdots\cdots$

$$=\frac{2n-1}{2n}\cdot\frac{2n-3}{2n-2}\cdot\cdots\cdots\cdot\frac{3}{4}\cdot\frac{1}{2}\cdot I_0 \quad\cdots\cdots ②$$

◀〰のように関係式を繰り返し用いる。

① で n を $2n-1$ におき換えて　$I_{2n-1}=\dfrac{2n-2}{2n-1}I_{2n-3}$ $(n\geqq 2)$

ゆえに　$I_{2n-1}=\dfrac{2n-2}{2n-1}I_{2n-3}=\dfrac{2n-2}{2n-1}\cdot\dfrac{2n-4}{2n-3}I_{2n-5}=\cdots\cdots$

$$=\frac{2n-2}{2n-1}\cdot\frac{2n-4}{2n-3}\cdot\cdots\cdots\cdot\frac{4}{5}\cdot\frac{2}{3}\cdot I_1 \quad\cdots\cdots ③$$

◀I_{2n} の場合とまったく同様。規則性をつかむことがポイント。

②，③ に $I_0=\dfrac{\pi}{2}$, $I_1=1$ を代入すると，[1], [2] それぞれ後半の等式が成り立つことが導かれる。

参考 前ページの結果を利用すると，円周率 π の近似値を計算するのに役立つ公式（ウォリスの公式）を導くことができる。

$0<x<\frac{\pi}{2}$ のとき，$0<\sin x<1$ であるから，n を 2 以上の整数とすると

$\sin^{2n}x<\sin^{2n-1}x<\sin^{2n-2}x$　　が成り立つ。

よって　$\int_0^{\frac{\pi}{2}}\sin^{2n}x\,dx<\int_0^{\frac{\pi}{2}}\sin^{2n-1}x\,dx<\int_0^{\frac{\pi}{2}}\sin^{2n-2}x\,dx$　◀ $p.280$ 基本事項 **2** ② を利用。

ゆえに，重要例題 **156** で示した等式から

$$\frac{\pi}{2}\cdot\underbrace{\frac{1}{2}\cdot\frac{3}{4}\cdot\cdots\cdots\frac{2n-3}{2n-2}\cdot\frac{2n-1}{2n}}<1\cdot\frac{2}{3}\cdot\frac{4}{5}\cdot\cdots\cdots\frac{2n-2}{2n-1}<\frac{\pi}{2}\cdot\frac{1}{2}\cdot\frac{3}{4}\cdot\cdots\cdots\frac{2n-3}{2n-2}$$　◀ $I_{2n}<I_{2n-1}<I_{2n-2}$

よって　$\frac{\pi}{2}<1\cdot\frac{2^2}{3^2}\cdot\frac{4^2}{5^2}\cdot\cdots\cdots\frac{(2n-2)^2}{(2n-1)^2}\cdot 2n<\frac{\pi}{2}\cdot\frac{2n}{2n-1}$　◀ 〰〰 で割った。

$\lim_{n\to\infty}\frac{\pi}{2}\cdot\frac{2n}{2n-1}=\lim_{n\to\infty}\frac{\pi}{2}\cdot\frac{2}{2-\frac{1}{n}}=\frac{\pi}{2}$ であるから，はさみうちの原理により

$\lim_{n\to\infty}\left\{1\cdot\frac{2^2}{3^2}\cdot\frac{4^2}{5^2}\cdot\cdots\cdots\frac{(2n-2)^2}{(2n-1)^2}\cdot\underline{\underline{2n}}\right\}=\frac{\pi}{2}$ ……④　　④ は，次のように変形できる。

$\pi=\lim_{n\to\infty}\left\{\frac{2^2}{3^2}\cdot\frac{4^2}{5^2}\cdot\cdots\cdots\frac{(2n-2)^2}{(2n-1)^2}\cdot\frac{(2n)^2}{n}\right\}$　◀ $\underline{\underline{2n}}=\frac{2n^2}{n}$ とし，両辺に 2 を掛けた。

$=\lim_{n\to\infty}\frac{2^4\cdot4^4\cdot\cdots\cdots(2n-2)^4(2n)^4}{1^2\cdot2^2\cdot3^2\cdot4^2\cdot5^2\cdot\cdots\cdots(2n-1)^2(2n)^2\cdot n}$　◀ 分母・分子に $2^2\cdot4^2\cdot\cdots\cdot(2n)^2$ を掛けた。

$=\lim_{n\to\infty}\frac{2^{4n}\{1\cdot2\cdot\cdots\cdots(n-1)\cdot n\}^4}{\{1\cdot2\cdot3\cdot4\cdot5\cdot\cdots\cdots(2n-1)2n\}^2\cdot n}$　　ゆえに　$\pi=\lim_{n\to\infty}\frac{(2^{2n})^2(n!)^4}{\{(2n)!\}^2n}$

両辺の正の平方根をとると　$\boldsymbol{\sqrt{\pi}=\lim_{n\to\infty}\frac{2^{2n}(n!)^2}{(2n)!\sqrt{n}}}$ ……⑤

また，$\lim_{n\to\infty}\frac{2n}{2n+1}=1$ であるから，④ より次のように変形することもできる。

$$\frac{\pi}{2}=\lim_{n\to\infty}\left\{1\cdot\frac{2^2}{3^2}\cdot\frac{4^2}{5^2}\cdot\cdots\cdots\frac{(2n-2)^2}{(2n-1)^2}\cdot2n\cdot\frac{2n}{2n+1}\right\}$$

よって　$\frac{\pi}{2}=\lim_{n\to\infty}\left\{\frac{2^2}{1\cdot3}\cdot\frac{4^2}{3\cdot5}\cdot\cdots\cdots\frac{(2n-2)^2}{(2n-3)(2n-1)}\cdot\frac{(2n)^2}{(2n-1)(2n+1)}\right\}$

これを　$\frac{\pi}{2}=\prod_{n=1}^{\infty}\frac{(2n)^2}{(2n-1)(2n+1)}$　すなわち　$\boldsymbol{\frac{\pi}{2}=\prod_{n=1}^{\infty}\frac{4n^2}{4n^2-1}}$ ……⑥　と書く。(*)

⑤ や ⑥ を **ウォリスの公式** という。ウォリスの公式 ⑥ の右辺は，自然数からなる規則正しい分数であるが，その極限値に円周率 π が現れるのは不思議である。

(*)　一般に，$\prod_{k=1}^{n}a_k$ は，積 $a_1\times a_2\times\cdots\cdots\times a_n$ を意味する（$\prod$ は π の大文字である）。

練習 ④**156**　(1)　重要例題 **156** において，$J_n=\int_0^{\frac{\pi}{2}}\cos^n x\,dx$（$n$ は 0 以上の整数）とすると

[3]　$I_n=J_n$ $(n\geqq0)$　　が成り立つことを示せ。　〔類　日本女子大〕

(2)　$I_n=\int_0^{\frac{\pi}{4}}\tan^n x\,dx$（$n$ は自然数）とする。$n\geqq3$ のときの I_n を，n，I_{n-2} を用いて表せ。また，I_3，I_4 を求めよ。　〔類　横浜国大〕

重要例題 157 定積分と漸化式 (2)

$B(m, n)=\int_0^1 x^{m-1}(1-x)^{n-1}dx$ [m, n は自然数] とする。次のことを証明せよ。

(1) $B(m, n)=B(n, m)$ (2) $B(m, n)=\dfrac{n-1}{m}B(m+1, n-1)$ $[n\geqq 2]$

(3) $B(m, n)=\dfrac{(m-1)!(n-1)!}{(m+n-1)!}$

p.262 基本事項 2, 重要 138, 156

指針 (1) $B(n, m)=\int_0^1 x^{n-1}(1-x)^{m-1}dx$ は，$B(m, n)$ の x を $1-x$ におき換えたものである。そこで，$1-x=t$ とおき，**置換積分法** を用いる。

(2) $x^{m-1}(1-x)^{n-1}=\left(\dfrac{x^m}{m}\right)'(1-x)^{n-1}$ とみて **部分積分法** を用いる。

解答

(1) $1-x=t$ とおくと，$x=1-t$ から $dx=-dt$

x と t の対応は右のようになる。

x	$0\longrightarrow 1$
t	$1\longrightarrow 0$

$$B(m, n)=\int_1^0 (1-t)^{m-1}t^{n-1}\cdot(-1)dt=\int_0^1 t^{n-1}(1-t)^{m-1}dt$$

$$=\int_0^1 x^{n-1}(1-x)^{m-1}dx=B(n, m)$$

◀定積分は積分変数に無関係。

(2) $$B(m, n)=\int_0^1\left(\frac{x^m}{m}\right)'(1-x)^{n-1}dx$$

$$=\left[\frac{x^m}{m}(1-x)^{n-1}\right]_0^1-\int_0^1\frac{x^m}{m}\cdot(n-1)(1-x)^{n-2}\cdot(-1)dx$$

$$=\frac{n-1}{m}\int_0^1 x^{(m+1)-1}(1-x)^{(n-1)-1}dx=\frac{n-1}{m}B(m+1, n-1)$$

(3) $n\geqq 2$ のとき，(2) の結果を繰り返し用いて

$$B(m, n)=\frac{n-1}{m}B(m+1, n-1)=\frac{n-1}{m}\cdot\frac{n-2}{m+1}B(m+2, n-2)=\cdots\cdots$$

$$=\frac{(n-1)(n-2)\cdots\cdots 2\cdot 1}{m(m+1)\cdots\cdots(m+n-2)}B(m+n-1, 1)$$

◀$(n-1)$ 回繰り返して，●$B(■, 1)$ の形にする。

$$=\frac{(m-1)!(n-1)!}{(m+n-2)!}\int_0^1 x^{m+n-2}dx$$

$$=\frac{(m-1)!(n-1)!}{(m+n-2)!}\left[\frac{x^{m+n-1}}{m+n-1}\right]_0^1=\frac{(m-1)!(n-1)!}{(m+n-1)!}\quad\cdots\cdots ①$$

$n=1$ のとき，$B(m, 1)=\int_0^1 x^{m-1}dx=\left[\dfrac{x^m}{m}\right]_0^1=\dfrac{1}{m}$ であるから，① は $n=1$ のときも成り立つ。

練習 ④ 157 m, n を 0 以上の整数として，$I_{m,n}=\int_0^{\frac{\pi}{2}}\sin^m x\cos^n x\,dx$ とする。ただし，$\sin^0 x=\cos^0 x=1$ である。

(1) $I_{m,n}=I_{n,m}$ および $I_{m,n}=\dfrac{n-1}{m+n}I_{m,n-2}$ $(n\geqq 2)$ を示せ。

(2) (1) の等式を利用して，次の定積分を求めよ。

(ア) $\int_0^{\frac{\pi}{2}}\sin^6 x\cos^3 x\,dx$ (イ) $\int_0^{\frac{\pi}{2}}\sin^5 x\cos^7 x\,dx$

p.272 EX 131

参考事項 ベータ関数

$p.268$ の重要例題 **157** で求めた $B(m,\ n)$ は，2つの自然数 $m,\ n$ の関数になっている。一般に，正の数 $x,\ y$ に対して定義される2変数関数

$$B(x,\ y)=\int_0^1 t^{x-1}(1-t)^{y-1}dt \quad \cdots\cdots ①$$

を **ベータ関数** といい，$p.293$ で紹介するガンマ関数とともに，いろいろな分野で利用される。

注意 ① の被積分関数は，$0<x<1$ のときは $t=0$ で，$0<y<1$ のときは $t=1$ で定義されないため，すべての正の数 $x,\ y$ について ① の定積分を考えるためには，$p.292$ で紹介する **広義の定積分** が必要となる。

ここでは，ベータ関数の性質をいくつか証明してみよう。

> (I) $B(x,\ y)=B(y,\ x)$
> (II) $xB(x,\ y+1)=yB(x+1,\ y)$
> (III) $B(x+1,\ y)+B(x,\ y+1)=B(x,\ y)$
> (IV) $B(x,\ y+1)=\dfrac{y}{x+y}B(x,\ y)$

証明 (I) $p.268$ 例題 **157** と同様に，$1-t=u$ とおいて置換積分法を利用すれば証明できる。

(II) $xB(x,\ y+1)=\int_0^1 xt^{x-1}(1-t)^{(y+1)-1}dt=\int_0^1 (t^x)'(1-t)^y dt$

$$=\Big[t^x(1-t)^y\Big]_0^1-\int_0^1 t^x\cdot y(1-t)^{y-1}\cdot(-1)\,dt$$

$$=y\int_0^1 t^{(x+1)-1}(1-t)^{y-1}dt=yB(x+1,\ y)$$

(III) $B(x+1,\ y)+B(x,\ y+1)=\int_0^1 t^x(1-t)^{y-1}dt+\int_0^1 t^{x-1}(1-t)^y dt$

$$=\int_0^1 t^{x-1}(1-t)^{y-1}\{t+(1-t)\}dt=B(x,\ y)$$

(IV) (II) より　$B(x+1,\ y)=\dfrac{x}{y}B(x,\ y+1)$

これを (III) に代入して　$\dfrac{x}{y}B(x,\ y+1)+B(x,\ y+1)=B(x,\ y)$

ゆえに　$B(x,\ y+1)=\dfrac{y}{x+y}B(x,\ y)$

また，① において $0\leqq t\leqq 1$ であるから，$t=\sin^2\theta$ とおくと

$$dt=2\sin\theta\cos\theta\,d\theta,\qquad 1-t=\cos^2\theta$$

t と θ の対応は右のようになる。

t	$0\longrightarrow 1$
θ	$0\longrightarrow \dfrac{\pi}{2}$

よって　$B(x,\ y)=\int_0^{\frac{\pi}{2}}(\sin^2\theta)^{x-1}(\cos^2\theta)^{y-1}\cdot 2\sin\theta\cos\theta\,d\theta$

$$=2\int_0^{\frac{\pi}{2}}\sin^{2x-1}\theta\cos^{2y-1}\theta\,d\theta$$

と，三角関数の積分で表すこともできる。

重要例題 158 逆関数と積分の等式 ④④④④④

(1) $f(x)=\dfrac{e^x}{e^x+1}$ のとき，$y=f(x)$ の逆関数 $y=g(x)$ を求めよ。

(2) (1) の $f(x)$，$g(x)$ に対し，次の等式が成り立つことを示せ。

$$\int_a^b f(x)dx+\int_{f(a)}^{f(b)} g(x)dx=bf(b)-af(a)$$

〔東北大〕

p.262 基本事項 1，基本 10

指針 (1) 関数 $y=f(x)$ の逆関数を求めるには，$y=f(x)$ を x について解き，x と y を交換する。（$p.25$ 基本例題 **10** 参照。）

(2) (1) の結果を直接左辺に代入してもよいが，逆関数の性質 $\boldsymbol{y=g(x) \iff x=g^{-1}(y)}$ を利用。すなわち $y=g(x) \iff x=f(y)$ に注目して，**置換積分法** により，左辺の第 2 項 $\int_{f(a)}^{f(b)} g(x)dx$ を変形することを考える。

解答

(1) $y=\dfrac{e^x}{e^x+1}$ …… ① の値域は $0<y<1$ …… ②

◀まず，値域を調べておく。

① から $(e^x+1)y=e^x$ ゆえに $(1-y)e^x=y$

◀x について解く。

② から $e^x=\dfrac{y}{1-y}$ よって $x=\log\dfrac{y}{1-y}$

◀$e^x=A \iff x=\log A$

求める逆関数は，x と y を入れ替えて $\boldsymbol{g(x)=\log\dfrac{x}{1-x}}$

◀定義域は $0<x<1$

(2) $I=\int_{f(a)}^{f(b)} g(x)dx$ とする。

$f(x)$ は $g(x)$ の逆関数であるから，$y=g(x)$ より

$x=f(y)$

ゆえに $dx=f'(y)dy$

また

$g(f(a))=a$，$g(f(b))=b$

x と y の対応は右のようになる。

x	$f(a) \longrightarrow f(b)$
y	$a \longrightarrow b$

よって $I=\int_a^b yf'(y)dy=\Big[yf(y)\Big]_a^b-\int_a^b f(y)dy$

$=bf(b)-af(a)-\int_a^b f(x)dx$

ゆえに $\int_a^b f(x)dx+\int_{f(a)}^{f(b)} g(x)dx=bf(b)-af(a)$

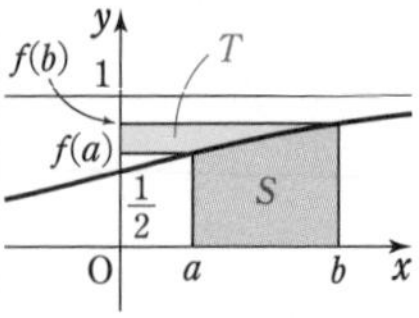

$S=\int_a^b f(x)dx$，

$T=\int_{f(a)}^{f(b)} g(x)dx$

(2) の等式の左辺の積分は，上の図のように表される。（$0<a<b$ のとき）

参考 (2) の結果は，$f(x)=\dfrac{e^x}{e^x+1}$ でなくても，一般に，関数 $f(x)$ の逆関数が存在して（すなわち $f(x)$ は単調増加または単調減少），微分可能であれば成り立つ。

練習 ④158 a を正の定数とする。任意の実数 x に対して，$x=a\tan y$ を満たす y $\left(-\dfrac{\pi}{2}<y<\dfrac{\pi}{2}\right)$ を対応させる関数を $y=f(x)$ とするとき，$\int_0^a f(x)dx$ を求めよ。

〔信州大〕 p.272 EX 132

EXERCISES

②122 (1) 定積分 $\displaystyle\int_0^{\frac{\pi}{4}}(\cos x-\sin x)(\sin x+\cos x)^5dx$ を求めよ。

(2) $\displaystyle n<\int_{10}^{100}\log_{10}x\,dx$ を満たす最大の自然数 n の値を求めよ。ただし，$0.434<\log_{10}e<0.435$（e は自然対数の底）である。　〔(2) 京都大〕

→145

④123 N を 2 以上の自然数とし，関数 $f(x)$ を $\displaystyle f(x)=\sum_{k=1}^{N}\cos(2k\pi x)$ と定める。

(1) m，n を整数とするとき，$\displaystyle\int_0^{2\pi}\cos(mx)\cos(nx)dx$ を求めよ。

(2) $\displaystyle\int_0^1\cos(4\pi x)f(x)dx$ を求めよ。　〔類 滋賀大〕

→146

③124 関数 $f(x)=3\cos 2x+7\cos x$ について，$\displaystyle\int_0^{\pi}|f(x)|dx$ を求めよ。 →147

③125 $\displaystyle t=\frac{1}{1+\sin x}$ とおくことにより，定積分 $\displaystyle I=\int_0^{\frac{\pi}{2}}\frac{1-\sin x}{(1+\sin x)^2}dx$ を求めよ。

〔類 福岡大〕

→148

③126 次の定積分を求めよ。　〔(1) 京都大，(2) 富山大〕

(1) $\displaystyle\int_0^2\frac{2x+1}{\sqrt{x^2+4}}dx$　　(2) $\displaystyle\int_{\frac{1}{2}a}^{\frac{\sqrt{3}}{2}a}\frac{\sqrt{a^2-x^2}}{x}dx$　$(a>0)$ →148，149

③127 定積分 $\displaystyle\int_0^1\frac{1}{x^3+1}dx$ を求めよ。 →148，150

HINT

122 (2) $\log_{10}x$ の底を e に変換してから定積分を計算する。

123 (1) 積 ⟶ 和の公式を利用。　(2) (1)の結果を利用。

124 2 倍角の公式を用いて角を x に統一し，$f(x)=0$ となる $\cos x$ の値を求める。なお，x の値は具体的に求めることはできないから，それを α とおいて処理する。

125 I の被積分関数の分子・分母に $1+\sin x$ を掛ける。

126 (1) $\displaystyle\int_0^2\frac{2x+1}{\sqrt{x^2+4}}dx=\int_0^2\frac{2x}{\sqrt{x^2+4}}dx+\int_0^2\frac{1}{\sqrt{x^2+4}}dx$ のように分けて積分する。

127 簡単そうであるが，意外に面倒。まず $x^3+1=(x+1)(x^2-x+1)$ により，$\displaystyle\frac{1}{x^3+1}$ を部分分数に分解する。

EXERCISES

④**128** 連続な関数 $f(x)$ は常に $f(x)=f(-x)$ を満たすものとする。

(1) 等式 $\int_{-a}^{a}\frac{f(x)}{1+e^{-x}}dx=\int_{0}^{a}f(x)dx$ を証明せよ。

(2) 定積分 $\int_{-\frac{\pi}{2}}^{\frac{\pi}{2}}\frac{x\sin x}{1+e^{-x}}dx$ を求めよ。 →152, 154

③**129** (1) $X=\cos\left(\frac{x}{2}-\frac{\pi}{4}\right)$ とおくとき，$1+\sin x$ を X を用いて表せ。

(2) 不定積分 $\int\frac{dx}{1+\sin x}$ を求めよ。 (3) 定積分 $\int_{0}^{\frac{\pi}{2}}\frac{x}{1+\sin x}dx$ を求めよ。

〔類 横浜市大〕 →154

③**130** 関数 $f(x)=2\log(1+e^{x})-x-\log 2$ について

(1) 等式 $\log f''(x)=-f(x)$ が成り立つことを示せ。ただし，$f''(x)$ は関数 $f(x)$ の第 2 次導関数である。

(2) 定積分 $\int_{0}^{\log 2}(x-\log 2)e^{-f(x)}dx$ を求めよ。 〔大阪大 改題〕 →154

④**131** a，b は定数，m，n は 0 以上の整数とし，$I(m,\ n)=\int_{a}^{b}(x-a)^{m}(x-b)^{n}dx$ とする。

(1) $I(m,\ 0)$，$I(1,\ 1)$ の値を求めよ。

(2) $I(m,\ n)$ を $I(m+1,\ n-1)$，m，n で表せ。ただし，n は自然数とする。

(3) $I(5,\ 5)$ の値を求めよ。 〔群馬大〕 →157

⑤**132** $x>0$ を定義域とする関数 $f(x)=\frac{12(e^{3x}-3e^{x})}{e^{2x}-1}$ について

(1) 関数 $y=f(x)$ $(x>0)$ は，実数全体を定義域とする逆関数をもつことを示せ。すなわち，任意の実数 a に対して，$f(x)=a$ となる $x>0$ がただ 1 つ存在することを示せ。

(2) (1) で定められた逆関数を $y=g(x)$ $(-\infty<x<\infty)$ とする。このとき，定積分 $\int_{8}^{27}g(x)dx$ を求めよ。 〔東京大〕 →158

HINT

128 (1) $x=-t$ とおいて，置換積分法を利用。
(2) $f(x)=x\sin x$ とすると，常に $f(x)=f(-x)$ を満たす。

129 (1) $\cos^2●=\frac{1+\cos 2●}{2}$ を利用して，X^2 を計算。
(3) (2) の結果を利用。$\frac{x}{1+\sin x}=x\cdot\frac{1}{1+\sin x}$ とみて，部分積分法を利用。

130 (2) (1) の結果から $e^{-f(x)}=f''(x)$ 部分積分法を利用して計算。

131 (2) $(x-a)^{m}=\left\{\frac{(x-a)^{m+1}}{m+1}\right\}'$ とみて，部分積分法を利用。 (3) (1)，(2) の結果を利用。

132 (1) まず，$f(x)$ が単調に増加することを示す。
(2) $y=g(x)$ とおいて，置換積分法を利用。$y=f(x)$ の逆関数が $y=g(x)$ であるから，このとき $x=f(y)$

24 定積分で表された関数

基本事項

1 定積分で表された関数

a，b は定数，x は t に無関係な変数とする。

① $\int_a^b f(t)dt$ は **定数** である。

② $\int_a^x f(t)dt$，$\int_a^b f(x,\ t)dt$ などは **積分変数 t に無関係で，x の関数** である。

2 定積分で表された関数の微分

① $\displaystyle \frac{d}{dx}\int_a^x f(t)dt=f(x)$ 　　a は定数

② $\displaystyle \frac{d}{dx}\int_{h(x)}^{g(x)} f(t)dt=f(g(x))g'(x)-f(h(x))h'(x)$ 　　x は t に無関係な変数

解　説

■定積分で表された関数

$f(x)$ の不定積分の1つを $F(x)$ とすると

$$\int_a^b f(t)dt=\Big[F(t)\Big]_a^b=F(b)-F(a)$$

すなわち，$\int_a^b f(t)dt$ は t の値に無関係な定数である。

同様に，$\int_a^x f(t)dt=F(x)-F(a)$ であるから，

$\int_a^x f(t)dt$ は t に無関係で，x の関数である。

また，積分変数 t に無関係な変数 x は t に関する積分の計算においては定数として扱われるから，定積分 $\int_a^b f(x,\ t)dt$ は x の関数である。

◀$F'(x)=f(x)$

◀$\int_a^x f(t)dt=\Big[F(t)\Big]_a^x$

■定積分で表された関数の微分

2 ①，② の証明

$f(t)$ の不定積分の1つを $F(t)$ とすると

① $\displaystyle \frac{d}{dx}\int_a^x f(t)dt=\{F(x)-F(a)\}'=F'(x)=f(x)$

② $\displaystyle \frac{d}{dx}\int_{h(x)}^{g(x)} f(t)dt=\frac{d}{dx}\{F(g(x))-F(h(x))\}$

$=F'(g(x))g'(x)-F'(h(x))h'(x)$

$=f(g(x))g'(x)-f(h(x))h'(x)$

◀$F'(x)=f(x)$，(定数)$'=0$

◀合成関数の導関数。

問　次の関数を x について微分せよ。

(1) $\displaystyle \int_2^3 \frac{\log t}{e^t+1}dt$　　(2) $\displaystyle \int_0^x e^{t^2}\cos 3t\,dt$　　(3) $\displaystyle \int_x^2 (t+1)\log t\,dt$ $(x>0)$

(＊) 問 の解答は $p.708$ にある。

基本例題 159 定積分で表された関数の微分 ①①①①①

次の関数を微分せよ。

(1) $f(x)=\int_0^x (t-x)\sin t\,dt$　　(2) $f(x)=\int_{x^2}^{x^3} \frac{1}{\log t}dt$ $(x>0)$

p.273 基本事項 2

指針 (1) $p.273$ 基本事項 2 ① $\frac{d}{dx}\int_a^x f(t)dt=f(x)$ （a は定数） を利用。

ここで，積分変数は t であるから，積分の計算で x は定数として扱う。

$\int_0^x (t-x)\sin t\,dt=\int_0^x t\sin t\,dt-x\int_0^x \sin t\,dt$ と変形するとわかりやすくなる。

└ 積分変数 t と関係のない文字 x を定積分の前に出す。

(2) $p.273$ 基本事項 2 ② を利用してもよいが，下の解答では，その公式を導いたときと同じように，$f(t)$ の原始関数を $F(t)$ として考えてみよう。

解答

(1) $f(x)=\int_0^x (t-x)\sin t\,dt=\int_0^x t\sin t\,dt-x\int_0^x \sin t\,dt$

よって

$$f'(x)=\frac{d}{dx}\int_0^x t\sin t\,dt-\left\{(x)'\int_0^x \sin t\,dt+x\left(\frac{d}{dx}\int_0^x \sin t\,dt\right)\right\}$$

$$=x\sin x-\left(\int_0^x \sin t\,dt+x\sin x\right)=\Big[\cos t\Big]_0^x$$

$$=\boldsymbol{\cos x-1}$$

◀ x は定数とみて，定積分の前に出す。

◀ $x\int_0^x \sin t\,dt$ の微分は，積の導関数の公式を利用。$(uv)'=u'v+uv'$

(2) $\frac{1}{\log t}$ の原始関数を $F(t)$ とすると

$$\int_{x^2}^{x^3} \frac{1}{\log t}dt=F(x^3)-F(x^2),\qquad F'(t)=\frac{1}{\log t}$$

◀定積分の定義。

よって　$f'(x)=\frac{d}{dx}\int_{x^2}^{x^3} \frac{1}{\log t}dt=F'(x^3)(x^3)'-F'(x^2)(x^2)'$

◀合成関数の導関数。

$$=\frac{3x^2}{\log x^3}-\frac{2x}{\log x^2}=\frac{x^2}{\log x}-\frac{x}{\log x}=\boldsymbol{\frac{x^2-x}{\log x}}$$

◀ $\log x^n=n\log x$

別解 $\frac{d}{dx}\int_{h(x)}^{g(x)} f(t)dt=f(g(x))g'(x)-f(h(x))h'(x)$ を用いると　$f'(x)=\frac{1}{\log x^3}\cdot(x^3)'-\frac{1}{\log x^2}\cdot(x^2)'$

$$=\frac{3x^2}{3\log x}-\frac{2x}{2\log x}=\boldsymbol{\frac{x^2-x}{\log x}}$$

◀ $\int\frac{dt}{\log t}$ は既知の関数で表すことはできないことが知られている。

練習 ② **159** 次の関数を微分せよ。ただし，(3) では $x>0$ とする。

(1) $y=\int_0^x (x-t)^2 e^t\,dt$　　(2) $y=\int_x^{x+1} \sin \pi t\,dt$　　(3) $y=\int_x^{x^2} \log t\,dt$

p.279 EX 133

基本 例題 160 定積分の等式から関数決定 ①①①①①

次の等式を満たす関数 $f(x)$ を求めよ。(2) では，定数 a，b の値も求めよ。

(1) $f(x)=3x+\int_0^{\pi}f(t)\sin t\,dt$　　(2) $\int_a^x(x-t)f(t)dt=xe^{-x}+b$

p.273 基本事項 1，2，基本 159

指針 (1) $\int_0^{\pi}f(t)\sin t\,dt$ は 定数 であるから，これを k とおく と　$f(x)=3x+\boldsymbol{k}$

(2) $\dfrac{d}{dx}\int_a^x f(t)dt=f(x)$ を利用する。また，この問題での積分変数は t であるから，**x は定数として扱う。**

CHART a，b が定数のとき $\int_a^b f(t)dt$ は定数　$\int_a^x$，$\int_x^a$ を含むなら x で微分

解答

(1) $\int_0^{\pi}f(t)\sin t\,dt=k$ とおくと　$f(x)=3x+k$　　よって

$\int_0^{\pi}f(t)\sin t\,dt=\int_0^{\pi}(3t+k)\sin t\,dt=\int_0^{\pi}(3t+k)(-\cos t)'dt$

$=\Big[(3t+k)(-\cos t)\Big]_0^{\pi}-\int_0^{\pi}(3t+k)'(-\cos t)dt$

$=3\pi+k-(-k)+3\int_0^{\pi}\cos t\,dt=3\pi+2k+3\Big[\sin t\Big]_0^{\pi}=3\pi+2k$

ゆえに　$k=3\pi+2k$　　よって　$k=-3\pi$

したがって　$\boldsymbol{f(x)=3x-3\pi}$

(2) 等式から　$x\int_a^x f(t)dt-\int_a^x tf(t)dt=xe^{-x}+b$

両辺を x で微分すると

$1\cdot\int_a^x f(t)dt+xf(x)-xf(x)=1\cdot e^{-x}-xe^{-x}$

ゆえに　$\int_a^x f(t)dt=(1-x)e^{-x}$ …… ①

① の両辺を x で微分すると　$f(x)=(x-2)e^{-x}$

① の両辺に $x=a$ を代入して　$0=(1-a)e^{-a}$ …… ②

もとの等式の両辺に $x=a$ を代入して　$0=ae^{-a}+b$ … ③

②，③ を解くと　$a=1$，$b=-\dfrac{1}{e}$

よって　$\boldsymbol{f(x)=(x-2)e^{-x}}$，$\boldsymbol{a=1}$，$\boldsymbol{b=-\dfrac{1}{e}}$

◀ $f(x)$ は 1 次関数。

◀ 部分積分法。なお，$(3t+k)'=3$ であるから，このまままとめた形で扱った方が処理しやすい。

◀ k の 1 次方程式を解く。

◀ $\dfrac{d}{dx}\int_a^x f(t)dt=f(x)$，$\dfrac{d}{dx}\int_a^x tf(t)dt=xf(x)$

参考 一般に $\int_a^x(x-t)f(t)dt=F(x)$ については，$f(x)=F''(x)$ である（a は定数）。

練習 ② 160 次の等式を満たす関数 $f(x)$ を求めよ。　〔(1) 東京電機大，(2) 京都工繊大〕

(1) $f(x)=\cos x+\int_0^{\frac{\pi}{2}}f(t)dt$　　(2) $f(x)=e^x\int_0^1\dfrac{1}{e^t+1}dt+\int_0^1\dfrac{f(t)}{e^t+1}dt$

(3) $f(x)=\dfrac{1}{2}x+\int_0^x(t-x)\sin t\,dt$

p.279 EX 134, 135

基本例題 161 定積分で表された関数の最大・最小 (1) ①①①①①

$-2 \leqq x \leqq 2$ のとき，関数 $f(x)=\int_0^x (1-t^2)e^t\,dt$ の最大値・最小値と，そのときの x の値を求めよ。

基本 159，160　重要 163

指針　$\dfrac{d}{dx}\int_a^x g(t)\,dt=g(x)$ を利用すると，導関数 $f'(x)$ はすぐに求められる。
よって，$f'(x)$ の符号を調べ，増減表をかいて 最大値・最小値を求める。なお，極値や定義域の端での $f(x)$ の値を求めるには，部分積分法により定積分 $\int_0^x (1-t^2)e^t\,dt$ を計算して，$f(x)$ を積分記号を含まない式に直したものを利用するとよい。

解答

$f'(x)=\dfrac{d}{dx}\int_0^x (1-t^2)e^t\,dt=(1-x^2)e^x$

$f'(x)=0$ とすると　　$x=\pm 1$

よって，$f(x)$ の増減表は次のようになる。

x	-2	$\cdots$	-1	$\cdots$	1	$\cdots$	2
$f'(x)$		$-$	0	$+$	0	$-$	
$f(x)$		↘	極小	↗	極大	↘	

また　　$f(x)=\int_0^x (1-t^2)(e^t)'\,dt$

$=\Big[(1-t^2)e^t\Big]_0^x+2\int_0^x te^t\,dt$

$=(1-x^2)e^x-1+2\left(\Big[te^t\Big]_0^x-\int_0^x e^t\,dt\right)$

$=(1-x^2)e^x-1+2xe^x-2(e^x-1)$

$=(-x^2+2x-1)e^x+1$

$=1-(x-1)^2e^x$

よって　　$f(-2)=1-\dfrac{9}{e^2}$，$f(-1)=1-\dfrac{4}{e}$，

$f(1)=1$，$f(2)=1-e^2$

ここで，$f(-2)<f(1)$ であり，

$f(-1)$ と $f(2)$ の値を比較すると

$f(-1)-f(2)=\dfrac{e^3-4}{e}>0$

ゆえに　　$f(-1)>f(2)$

したがって

$x=1$ で最大値 1，

$x=2$ で最小値 $1-e^2$

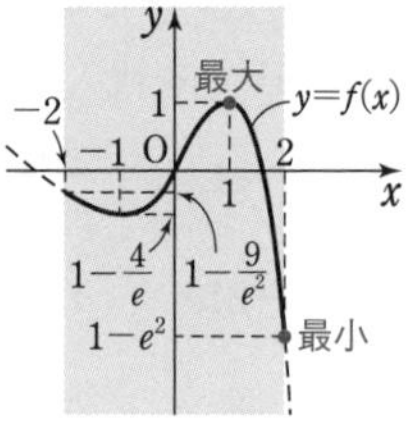

◀$e^x>0$ から，$f'(x)$ の符号は $1-x^2$ の符号と一致。

◀$1-x^2=0$ から　$x=\pm 1$

◀部分積分法（1 回目）。

◀部分積分法（2 回目）。

◀$\int_0^x e^t\,dt=\Big[e^t\Big]_0^x=e^x-1$

① **最大・最小**
極値と端の値をチェック

◀増減表から，最大値の候補は $f(-2)$，$f(1)$，最小値の候補は $f(-1)$，$f(2)$

◀$e>2$ から　$e^3>2^3\ (=8)$

練習 ② 161　$f(x)=\int_0^x e^t\cos t\,dt\ (0 \leqq x \leqq 2\pi)$ の最大値とそのときの x の値を求めよ。

〔北海道大〕

p.279 EX 136

基本 例題 162 定積分で表された関数の最大・最小 (2)

(1) 定積分 $I(a)=\int_0^1\left(\sin\frac{\pi}{2}x-ax\right)^2dx$ を求めよ。

(2) $I(a)$ の値を最小にする a の値を求め，そのときの積分の値 I を求めよ。

〔大阪府大〕 基本 154

指針 (1) $\left(\sin\frac{\pi}{2}x-ax\right)^2$ を展開して計算する。積分変数は x であるから，a は定数として扱う。

(2) $I(a)$ は a の 2 次関数 となる。⟶ 基本形 $r(a-p)^2+q$ に変形 して，最小値を調べる。

解答

(1) $I(a)=\int_0^1\left(\sin\frac{\pi}{2}x-ax\right)^2dx$

$=a^2\int_0^1x^2dx-2a\int_0^1x\sin\frac{\pi}{2}x\,dx+\int_0^1\sin^2\frac{\pi}{2}x\,dx\cdots(*)$

ここで $\int_0^1x^2dx=\left[\frac{x^3}{3}\right]_0^1=\frac{1}{3}$,

$\int_0^1x\sin\frac{\pi}{2}x\,dx=\int_0^1x\left(-\frac{2}{\pi}\cos\frac{\pi}{2}x\right)'dx$

$=\left[-\frac{2}{\pi}x\cos\frac{\pi}{2}x\right]_0^1+\frac{2}{\pi}\int_0^1\cos\frac{\pi}{2}x\,dx$

$=\frac{2}{\pi}\left[\frac{2}{\pi}\sin\frac{\pi}{2}x\right]_0^1=\frac{4}{\pi^2}$,

$\int_0^1\sin^2\frac{\pi}{2}x\,dx=\frac{1}{2}\int_0^1(1-\cos\pi x)dx=\frac{1}{2}\left[x-\frac{1}{\pi}\sin\pi x\right]_0^1=\frac{1}{2}$

したがって $I(a)=\boldsymbol{\frac{1}{3}a^2-\frac{8}{\pi^2}a+\frac{1}{2}}$

(2) (1) から $I(a)=\frac{1}{3}\left(a-\frac{12}{\pi^2}\right)^2+\frac{1}{2}-\frac{48}{\pi^4}$

ゆえに，$I(a)$ は $\boldsymbol{a=\frac{12}{\pi^2}}$ のとき最小となり

$\boldsymbol{I}=I\left(\frac{12}{\pi^2}\right)=\boldsymbol{\frac{1}{2}-\frac{48}{\pi^4}}$

◀( )^2 を展開。

◀a を $\int$ の前に出す。

◀(＊) の各定積分を計算。

◀部分積分法。

◀$\sin^2\frac{●}{2}=\frac{1}{2}(1-\cos●)$

◀$I'(a)=\frac{2}{3}a-\frac{8}{\pi^2}$ から $\frac{2}{3}a-\frac{8}{\pi^2}=0$ ⟺ $a=\frac{12}{\pi^2}$ として最小値を求めてもよい。

検討 定積分の最大値・最小値の調べ方

上の例題では，定積分の値が a の 2 次式 になるから，基本形に直す という方針が有効であるが，定積分の値が 2 次式以外の形 になる場合は，前ページの例題 **161** や次ページの例題 **163** 同様，微分して増減を調べる ことになる（2 次式で平方完成が面倒な場合も微分は有効）。

練習 ③162 $I=\int_0^\pi(x+a\cos x)^2dx$ について，次の問いに答えよ。

(1) I を a の関数で表せ。

(2) I の最小値とそのときの a の値を求めよ。 〔岡山理科大〕 p.279 EX 137

重要例題 163 定積分で表された関数の最大・最小 (3)

③③③③③

実数 t が $1 \leqq t \leqq e$ の範囲を動くとき，$S(t)=\int_0^1 |e^x-t|dx$ の最大値と最小値を求めよ。　〔長岡技科大〕

基本 147，161

指針 絶対値　場合に分ける

場合分けの境目は $e^x-t=0$ の解で　$x=\log t$

ここで，条件 $1 \leqq t \leqq e$ より $0 \leqq \log t \leqq 1$ であるから，$\log t$ は積分区間 $0 \leqq x \leqq 1$ の内部にある。よって，**積分区間 $0 \leqq x \leqq 1$ を $0 \leqq x \leqq \log t$ と $\log t \leqq x \leqq 1$ に分割** して定積分 $\int_0^1 |e^x-t|dx$ を計算する。

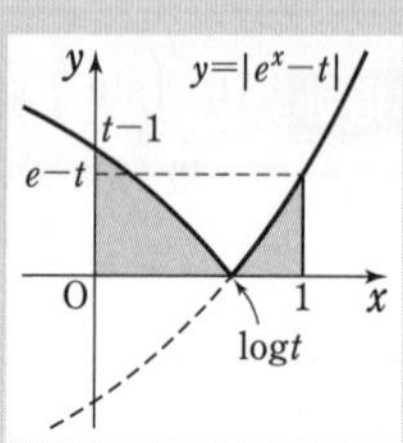

解答

$e^x-t=0$ とすると　$x=\log t$

$1 \leqq t \leqq e$ であるから　$0 \leqq \log t \leqq 1$

ゆえに　$0 \leqq x \leqq \log t$ のとき　$|e^x-t|=-(e^x-t)$,

$\log t \leqq x \leqq 1$ のとき　$|e^x-t|=e^x-t$

よって　$S(t)=\int_0^{\log t}\{-(e^x-t)\}dx+\int_{\log t}^1 (e^x-t)dx$

$=-\Big[e^x-tx\Big]_0^{\log t}+\Big[e^x-tx\Big]_{\log t}^1$

$=-2(e^{\log t}-t\log t)+1+e-t$

$=-2t+2t\log t+1+e-t$

$=2t\log t-3t+e+1$

ゆえに　$S'(t)=2\log t+2t\cdot\frac{1}{t}-3=2\log t-1$

$S'(t)=0$ とすると　$\log t=\frac{1}{2}$

よって　$t=e^{\frac{1}{2}}=\sqrt{e}$

$1 \leqq t \leqq e$ における $S(t)$ の増減表は右のようになる。

t	1	…	$\sqrt{e}$	…	e
$S'(t)$		$-$	0	$+$	
$S(t)$	$e-2$	↘	極小	↗	1

ここで　$e-2<1$,

$S(\sqrt{e})=2\sqrt{e}\log\sqrt{e}-3\sqrt{e}+e+1$

$=e-2\sqrt{e}+1$

したがって，$S(t)$ は

$t=e$ のとき最大値 1,

$t=\sqrt{e}$ のとき最小値 $e-2\sqrt{e}+1$　をとる。

◀$\log t$ は単調増加。

◀$|A|=\begin{cases}-A & (A \leqq 0)\\ A & (A \geqq 0)\end{cases}$

◀積分変数は x であるから，t は定数として扱う。

◀$-\Big[F(x)\Big]_a^c+\Big[F(x)\Big]_c^b$
$=-2F(c)+F(a)+F(b)$

◀$e^{\log t}=t$

◀微分法 を利用して最大値・最小値を求める。

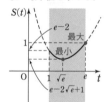

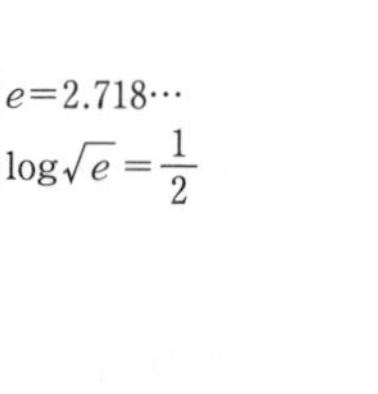

◀$e=2.718\cdots$

◀$\log\sqrt{e}=\frac{1}{2}$

練習 ③163　$x>0$ のとき，関数 $f(x)=\int_0^1 \left|\log\frac{t+1}{x}\right|dt$ の最小値を求めよ。　〔東京学芸大〕

p.279 EX138

EXERCISES

②133 関係式 $f(x)+\int_0^x f(t)e^{x-t}dt=\sin x$ を満たす微分可能な関数 $f(x)$ を考える。
$f(x)$ の導関数 $f'(x)$ を求めると，$f'(x)=$ ア□ である。また，$f(0)=$ イ□ であるから，$f(x)=$ ウ□ である。〔横浜市大〕

→159

②134 $a>0$ に対し，関数 $f(x)$ が $f(x)=\int_{-a}^{a}\left\{\dfrac{e^{-x}}{2a}+f(t)\sin t\right\}dt$ を満たすとする。
$f(x)$ を求めよ。〔類 北海道大〕

→160

③135 $f(x)=\int_0^{\frac{\pi}{2}} g(t)\sin(x-t)dt$，$g(x)=x+\int_0^{\frac{\pi}{2}} f(t)dt$ を満たす関数 $f(x)$，$g(x)$ を求めよ。〔工学院大〕

→160

③136 正の実数 a に対して，$F(a)=\int_0^a\left(x+\dfrac{1-a}{2}\right)\sqrt[3]{a-x}\,dx$ とする。
(1) $F(a)$ を求めよ。
(2) a が正の実数全体を動くとき，$F(a)$ の最大値と，最大値を与える a の値を求めよ。〔学習院大〕

→161

③137 n を自然数とする。x，y がすべての実数を動くとき，定積分
$\int_0^1\{\sin(2n\pi t)-xt-y\}^2dt$ の最小値を I_n とおく。極限 $\lim_{n\to\infty} I_n$ を求めよ。〔九州大〕

→162

④138 (1) $0<x<\pi$ のとき，$\sin x-x\cos x>0$ を示せ。
(2) 定積分 $I=\int_0^{\pi}|\sin x-ax|dx$ $(0<a<1)$ を最小にする a の値を求めよ。〔横浜国大〕

→163

HINT

133 e^x を定積分の前に出してから微分。
134 $\int_{-a}^{a} f(t)\sin t\,dt$ は定数であるから，これを k とおく。
135 $\sin(x-t)=\sin x\cos t-\cos x\sin t$ $\sin x$，$\cos x$ は定数として扱う。また，$g(t)\cos t$，$g(t)\sin t$ の定積分をそれぞれ定数 a，b とおく。
136 (1) $\sqrt[3]{a-x}=t$ とおいて，置換積分法を利用。
137 まず，$\{\sin(2n\pi t)-xt-y\}^2$ を展開してから積分を計算。
138 (1) $f(x)=\sin x-x\cos x$ として，$f(x)$ の増減を調べる。
(2) $0<a<1$ のとき，$y=\sin x$ のグラフと直線 $y=ax$ は $0<x<\pi$ でただ1つの共有点をもつ。その共有点の x 座標を t $(0<t<\pi)$ として考えていく。

25 定積分と和の極限，不等式

基本事項

1 定積分と和の極限（区分求積法）

関数 $f(x)$ が閉区間 $[a,\ b]$ で連続であるとき，この区間を n 等分して両端と分点を順に $a=x_0,\ x_1,\ x_2,\ \cdots\cdots,\ x_n=b$ とし，$\dfrac{b-a}{n}=\Delta x$ とおくと，$x_k=a+k\Delta x$ で

$$\int_a^b f(x)dx=\lim_{n\to\infty}\sum_{k=0}^{n-1}f(x_k)\Delta x=\lim_{n\to\infty}\sum_{k=1}^{n}f(x_k)\Delta x$$

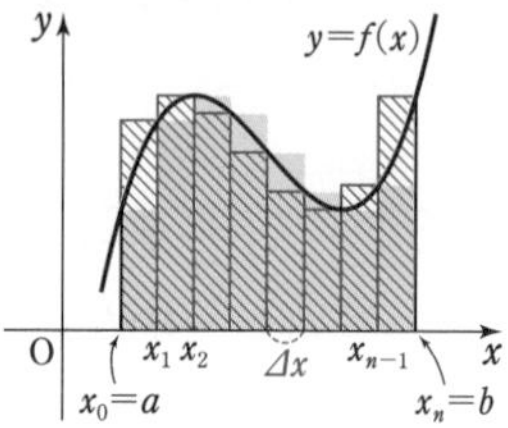

特に，$a=0,\ b=1$ のとき $\Delta x=\dfrac{1}{n},\ x_k=\dfrac{k}{n}$ で

$$\int_0^1 f(x)dx=\lim_{n\to\infty}\frac{1}{n}\sum_{k=0}^{n-1}f\left(\frac{k}{n}\right)=\lim_{n\to\infty}\frac{1}{n}\sum_{k=1}^{n}f\left(\frac{k}{n}\right)$$

2 定積分と不等式

① 区間 $[a,\ b]$ で $f(x)\geqq 0$ ならば　$\displaystyle\int_a^b f(x)dx\geqq 0$

等号は，常に $f(x)=0$ であるときに限り成り立つ。

② 区間 $[a,\ b]$ で $f(x)\geqq g(x)$ ならば

$$\int_a^b f(x)dx\geqq\int_a^b g(x)dx$$

等号は，常に $f(x)=g(x)$ であるときに限り成り立つ。

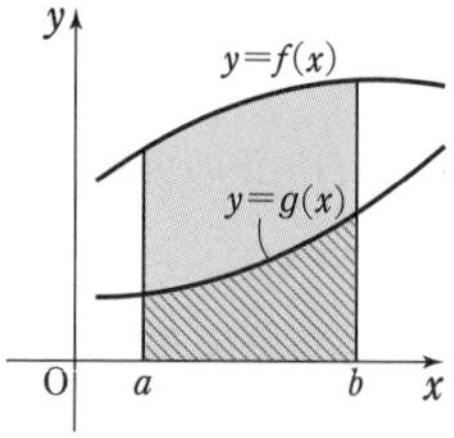

解　説

■ 定積分と和の極限（区分求積法）

例　定積分 $\displaystyle\int_0^1 x^2dx$ について。右の上側の図のように，区間 $[0,\ 1]$ を n 等分すると，青い影をつけた各長方形の面積は $\left(\dfrac{1}{n}\right)\cdot\left(\dfrac{k}{n}\right)^2$ $(k=0,\ 1,\ \cdots\cdots,\ n-1)$ で表され，その和は

$$S_n=\sum_{k=0}^{n-1}\frac{1}{n}\cdot\left(\frac{k}{n}\right)^2=\frac{1}{n^3}\sum_{k=1}^{n-1}k^2=\frac{1}{6}\left(1-\frac{1}{n}\right)\left(2-\frac{1}{n}\right)\ \cdots\cdots\ Ⓐ$$

また，右の上側の図で，赤い斜線をつけた各長方形の面積は $\left(\dfrac{1}{n}\right)\cdot\left(\dfrac{k}{n}\right)^2$ $(k=1,\ 2,\ \cdots\cdots,\ n)$ で表されるから，その和は

$$T_n=\sum_{k=1}^{n}\frac{1}{n}\cdot\left(\frac{k}{n}\right)^2=\frac{1}{n^3}\sum_{k=1}^{n}k^2=\frac{1}{6}\left(1+\frac{1}{n}\right)\left(2+\frac{1}{n}\right)\ \cdots\cdots\ Ⓑ$$

ここで，$\displaystyle\int_0^1 x^2dx$ は曲線 $y=x^2$ と x 軸，直線 $x=1$ で囲まれた部分の面積を表し　$\displaystyle\int_0^1 x^2dx=\left[\frac{x^3}{3}\right]_0^1=\frac{1}{3}$

よって，Ⓐ，Ⓑ から　$\displaystyle\int_0^1 x^2dx=\lim_{n\to\infty}S_n=\lim_{n\to\infty}T_n=\frac{1}{3}$

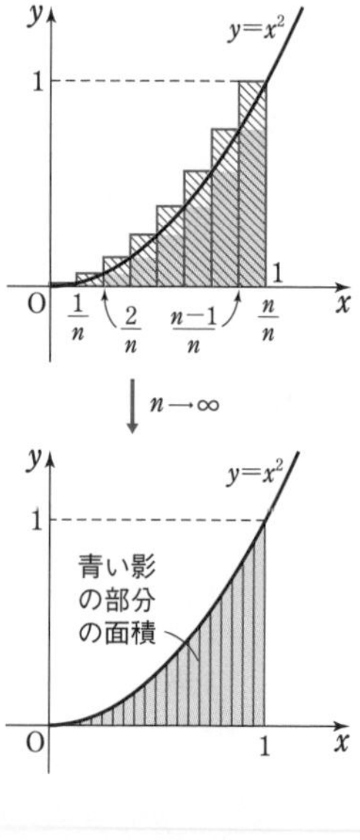

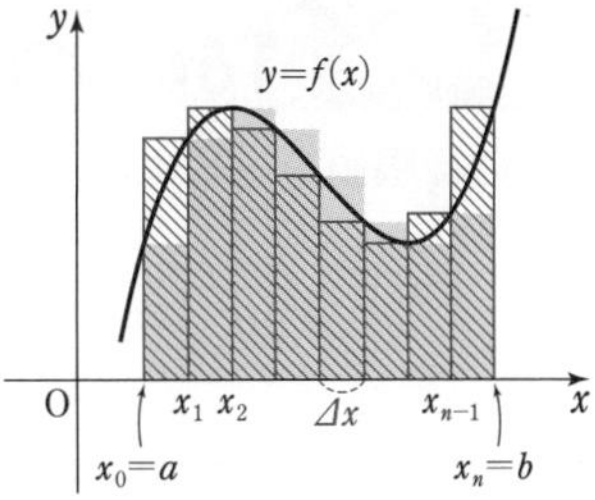

一般に，関数 $f(x)$ が閉区間 $[a,\ b]$ で連続で，常に $f(x)\geqq 0$ であるとき，関数 $y=f(x)$ のグラフと x 軸，および 2 直線 $x=a$，$x=b$ で囲まれた部分の面積を S とする。区間 $[a,\ b]$ を n 等分して，その両端と分点を順に $a=x_0$，x_1，x_2，……，$x_n=b$ とし，$\dfrac{b-a}{n}=\varDelta x$ とおくと $x_k=a+k\varDelta x$ であり，右の図で，青い影をつけた各長方形の面積は $f(x_k)\varDelta x$ $(k=0,\ 1,\ \cdots\cdots,\ n-1)$ で表され，その和は

$S_n=\sum_{k=0}^{n-1} f(x_k)\varDelta x$　　ここで，$n\longrightarrow\infty$ とすると　$S_n\longrightarrow S$

一方，$S=\int_a^b f(x)dx$ であるから　　$\lim_{n\to\infty}S_n=\lim_{n\to\infty}\sum_{k=0}^{n-1} f(x_k)\varDelta x=\int_a^b f(x)dx$

また，右上の図において，赤い斜線をつけた各長方形の面積は $f(x_k)\varDelta x$ $(k=1,\ 2,\ \cdots\cdots,\ n)$ であり，その和は $T_n=\sum_{k=1}^{n} f(x_k)\varDelta x$ で表され，上と同様に

$$\lim_{n\to\infty}T_n=\lim_{n\to\infty}\sum_{k=1}^{n} f(x_k)\varDelta x=\int_a^b f(x)dx$$

一般に，関数 $f(x)$ が閉区間 $[a,\ b]$ で連続ならば，常に $f(x)\geqq 0$ でなくても等式

$$\boldsymbol{\int_a^b f(x)dx=\lim_{n\to\infty}\sum_{k=0}^{n-1} f(x_k)\varDelta x=\lim_{n\to\infty}\sum_{k=1}^{n} f(x_k)\varDelta x}\quad\left(\boldsymbol{\varDelta x=\frac{b-a}{n},\ x_k=a+k\varDelta x}\right)$$

が成り立つ。定積分を，このような和の極限として求める方法を **区分求積法** という。

特に，$a=0$，$b=1$ とすると $\varDelta x=\dfrac{1}{n}$，$x_k=\dfrac{k}{n}$ となり，次の等式が成り立つ。

$$\boldsymbol{\int_0^1 f(x)dx=\lim_{n\to\infty}\frac{1}{n}\sum_{k=0}^{n-1} f\left(\frac{k}{n}\right)=\lim_{n\to\infty}\frac{1}{n}\sum_{k=1}^{n} f\left(\frac{k}{n}\right)}$$

■ 定積分と不等式

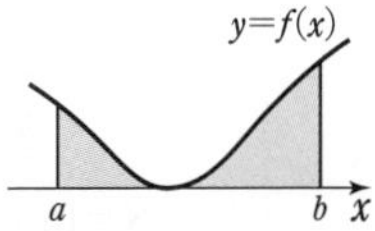

① $f(x)$ は区間 $[a,\ b]$ で連続な関数で，常に $f(x)\geqq 0$ であるとき，曲線 $y=f(x)$ と x 軸，および 2 直線 $x=a$，$x=b$ で囲まれた部分の面積を考えると　　**$a\leqq x\leqq b$ で，常には $f(x)=0$ でないとき**

$f(x)\geqq 0$ ならば　　$\boldsymbol{\int_a^b f(x)dx>0}$　$(a<b)$

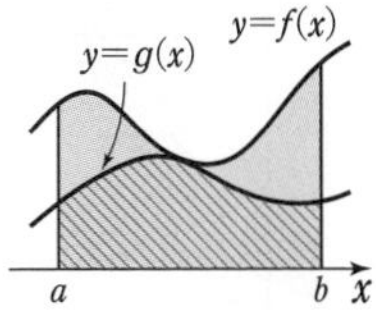

② 更に，区間 $[a,\ b]$ で $f(x)\geqq g(x)$ で，常には $f(x)=g(x)$ でないとき，$h(x)=f(x)-g(x)$ とすると，この区間で $h(x)\geqq 0$ で，常には $h(x)=0$ でないから，上と同様にして　　$\int_a^b h(x)dx>0$

よって　$\int_a^b\{f(x)-g(x)\}dx>0$　すなわち　$\int_a^b f(x)dx>\int_a^b g(x)dx$

このことを，不等式の証明に利用することができる。

例　$1\leqq x\leqq 2$ のとき，$\sqrt{2}\leqq\sqrt{1+x^3}\leqq 3$ から

$$\frac{1}{3}\leqq\frac{1}{\sqrt{1+x^3}}\leqq\frac{1}{\sqrt{2}}\ \cdots\cdots\ ㋐$$

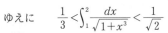

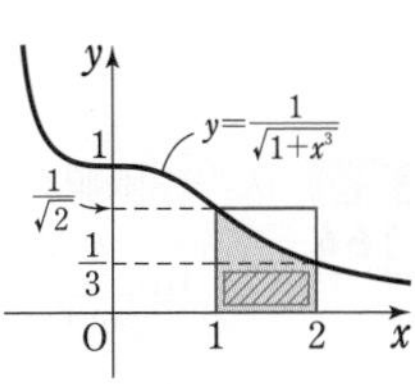

㋐ で等号が成り立つのは，左側では $x=2$，右側では $x=1$ のときだけである。よって　$\int_1^2\frac{1}{3}dx<\int_1^2\frac{dx}{\sqrt{1+x^3}}<\int_1^2\frac{1}{\sqrt{2}}dx$

ゆえに　　$\dfrac{1}{3}<\int_1^2\dfrac{dx}{\sqrt{1+x^3}}<\dfrac{1}{\sqrt{2}}$

基本 例題 164 定積分と和の極限 (1) … 基本 ①①①①①

次の極限値を求めよ。 〔(1) 琉球大, (2) 岐阜大〕

(1) $\displaystyle\lim_{n\to\infty}\sum_{k=1}^{n}\left(\frac{n+k}{n^4}\right)^{\frac{1}{3}}$ (2) $\displaystyle\lim_{n\to\infty}\sum_{k=1}^{n}\frac{n^2}{(k+n)^2(k+2n)}$

p.280 基本事項 1 重要 166

指針 $\displaystyle\lim_{n\to\infty}\frac{1}{n}\sum_{k=1}^{n}f\left(\frac{k}{n}\right)=\int_0^1 f(x)dx$ または $\displaystyle\lim_{n\to\infty}\frac{1}{n}\sum_{k=0}^{n-1}f\left(\frac{k}{n}\right)=\int_0^1 f(x)dx$

のように，和の極限を定積分で表す。その手順は次の通り。

1. 与えられた和 S_n において，$\dfrac{1}{n}$ をくくり出し，$S_n=\dfrac{1}{n}T_n$ の形に変形する。
2. T_n の第 k 項が $f\left(\dfrac{k}{n}\right)$ の形になるような関数 $f(x)$ を見つける。
3. 定積分の形で表す。それには
$\displaystyle\sum_{k=1}^{n}\left(\text{または}\sum_{k=0}^{n-1}\right)\longrightarrow\int_0^1,\ f\left(\frac{k}{n}\right)\longrightarrow f(x),\ \frac{1}{n}\longrightarrow dx$
と対応させる。

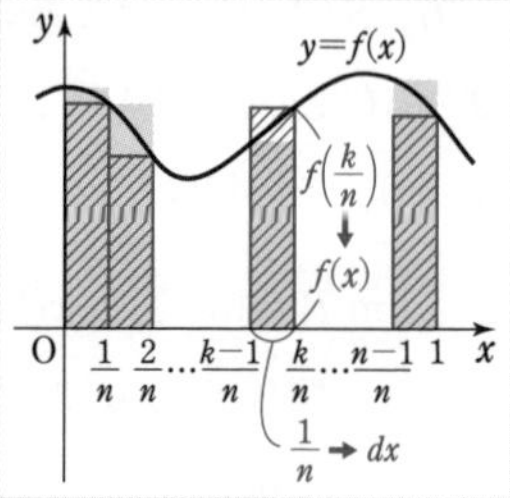

解答 求める極限値を S とする。

(1) $\displaystyle\left(\frac{n+k}{n^4}\right)^{\frac{1}{3}}=\left(\frac{n+k}{n^3\cdot n}\right)^{\frac{1}{3}}=\frac{1}{n}\left(\frac{n+k}{n}\right)^{\frac{1}{3}}=\frac{1}{n}\left(1+\frac{k}{n}\right)^{\frac{1}{3}}$

よって $\displaystyle S=\lim_{n\to\infty}\sum_{k=1}^{n}\left(\frac{n+k}{n^4}\right)^{\frac{1}{3}}=\lim_{n\to\infty}\frac{1}{n}\sum_{k=1}^{n}\left(1+\frac{k}{n}\right)^{\frac{1}{3}}$

$\displaystyle=\int_0^1(1+x)^{\frac{1}{3}}dx=\left[\frac{3}{4}(1+x)^{\frac{4}{3}}\right]_0^1=\boldsymbol{\frac{3\sqrt[3]{2}}{2}-\frac{3}{4}}$

(2) $\displaystyle S=\lim_{n\to\infty}\frac{1}{n}\sum_{k=1}^{n}\frac{1}{\left(\frac{k}{n}+1\right)^2\left(\frac{k}{n}+2\right)}=\int_0^1\frac{1}{(x+1)^2(x+2)}dx$

ここで，$\dfrac{1}{(x+1)^2(x+2)}=\dfrac{a}{x+1}+\dfrac{b}{(x+1)^2}+\dfrac{c}{x+2}$ とすると $a=-1,\ b=1,\ c=1$

よって $\displaystyle S=\int_0^1\left\{-\frac{1}{x+1}+\frac{1}{(x+1)^2}+\frac{1}{x+2}\right\}dx$

$\displaystyle=\left[-\log(x+1)-\frac{1}{x+1}+\log(x+2)\right]_0^1$

$\displaystyle=\boldsymbol{\frac{1}{2}+\log\frac{3}{4}}$

参考 積分区間は，$\displaystyle\lim_{n\to\infty}\sum_{k=1}^{n}$○ の形なら，すべて $0\leqq x\leqq 1$ で考えられる。

◀ $f(x)=(1+x)^{\frac{1}{3}}$

◀ $f(x)=\dfrac{1}{(x+1)^2(x+2)}$
右辺の分数式は，左のようにして，**部分分数に分解** する。分母を払った
$1=a(x+1)(x+2)+b(x+2)+c(x+1)^2$
の両辺の係数が等しいとして得られる連立方程式を解く。もしくは，$x=-1,\ -2,\ 0$ など適当な値を代入してもよい。

練習 ②164 次の極限値を求めよ。 〔(2) 岩手大〕

(1) $\displaystyle\lim_{n\to\infty}\sum_{k=1}^{n}\frac{\pi}{n}\sin^2\frac{k\pi}{n}$ (2) $\displaystyle\lim_{n\to\infty}\frac{1}{n^2}\left(e^{\frac{1}{n}}+2e^{\frac{2}{n}}+3e^{\frac{3}{n}}+\cdots\cdots+ne^{\frac{n}{n}}\right)$

p.289 EX139

基本例題 165 定積分と和の極限 (2) … 積分区間に注意 ①①①①①

次の極限値を求めよ。

(1) $\displaystyle\lim_{n\to\infty}\sum_{k=1}^{2n}\frac{1}{3n+k}$　　(2) $\displaystyle\lim_{n\to\infty}\frac{1}{\sqrt{n}}\sum_{k=n+1}^{2n}\frac{1}{\sqrt{k}}$

基本 164　重要 170

指針 まず，$\frac{1}{n}$ をくくり出して，$\frac{1}{n}\sum_{k=l}^{m}f\left(\frac{k}{n}\right)$ の形になるように $f(x)$ を決める。積分区間は，$y=f(x)$ のグラフをかき，$\frac{1}{n}\sum_{k=l}^{m}f\left(\frac{k}{n}\right)$ がどのような長方形の面積の和として表されるか，ということを考えて定めるとよい。

解答

求める極限値を S とする。

(1) $S_n=\displaystyle\sum_{k=1}^{2n}\frac{1}{3n+k}$ とすると

$$S_n=\sum_{k=1}^{2n}\frac{1}{3+\frac{k}{n}}\cdot\frac{1}{n}$$

S_n は図の長方形の面積の和を表すから　$S=\displaystyle\lim_{n\to\infty}S_n=\int_0^2\frac{1}{3+x}dx$

$$=\Big[\log(3+x)\Big]_0^2=\log5-\log3=\boldsymbol{\log\frac{5}{3}}$$

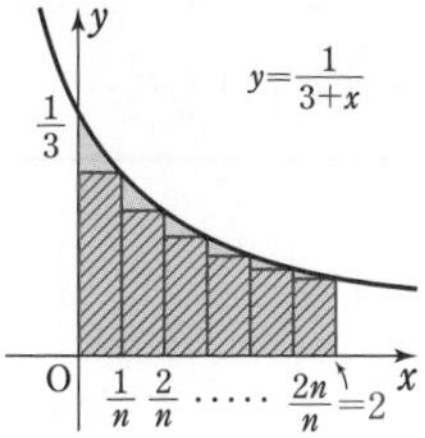

(1) $f(x)=\frac{1}{3+x}$ とすると，S_n は，縦 $f\left(\frac{k}{n}\right)$ $(k=1,\ 2,\ \cdots\cdots,\ 2n)$，横 $\frac{1}{n}$ の長方形の面積の和を表す。

(2) $S_n=\displaystyle\frac{1}{\sqrt{n}}\sum_{k=n+1}^{2n}\frac{1}{\sqrt{k}}$ とすると

$$S_n=\sum_{k=n+1}^{2n}\frac{1}{\sqrt{\frac{k}{n}}}\cdot\frac{1}{n}$$

S_n は図の長方形の面積の和を表すから　$S=\displaystyle\lim_{n\to\infty}S_n=\int_1^2\frac{dx}{\sqrt{x}}$

$$=\Big[2\sqrt{x}\Big]_1^2=\boldsymbol{2(\sqrt{2}-1)}$$

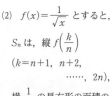

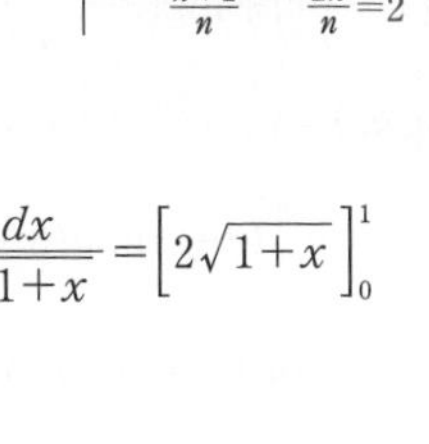

(2) $f(x)=\frac{1}{\sqrt{x}}$ とすると，S_n は，縦 $f\left(\frac{k}{n}\right)$ $(k=n+1,\ n+2,\ \cdots\cdots,\ 2n)$，横 $\frac{1}{n}$ の長方形の面積の和を表す。なお，$\displaystyle\sum_{k=n+1}^{2n}\frac{1}{\sqrt{k}}=\sum_{k=1}^{n}\frac{1}{\sqrt{n+k}}$ と変形し，前ページと同じように考えてもよい（別解 参照）。

別解 $S=\displaystyle\lim_{n\to\infty}\frac{1}{n}\sum_{k=1}^{n}\frac{1}{\sqrt{1+\frac{k}{n}}}=\int_0^1\frac{dx}{\sqrt{1+x}}=\Big[2\sqrt{1+x}\Big]_0^1$

$=\boldsymbol{2(\sqrt{2}-1)}$

練習 ③165 次の極限値を求めよ。(2) では $p>0$ とする。　〔(1) 摂南大，(2) 日本女子大〕

(1) $\displaystyle\lim_{n\to\infty}\frac{1}{n}\left\{\left(\frac{1}{n}\right)^2+\left(\frac{2}{n}\right)^2+\left(\frac{3}{n}\right)^2+\cdots\cdots+\left(\frac{3n}{n}\right)^2\right\}$

(2) $\displaystyle\lim_{n\to\infty}\frac{(n+1)^p+(n+2)^p+\cdots\cdots+(n+2n)^p}{1^p+2^p+\cdots\cdots+(2n)^p}$

p.289 EX140

重要例題 166 定積分と和の極限 (3) … 対数の利用 ④

極限値 $\lim_{n\to\infty}\frac{1}{n}\sqrt[n]{\frac{(4n)!}{(3n)!}}$ を求めよ。 〔防衛医大〕

基本 164

指針 まず，$\frac{1}{n}\sqrt[n]{\frac{(4n)!}{(3n)!}}$ を簡単にすることを考える。$a_n=\frac{1}{n}\sqrt[n]{\frac{(4n)!}{(3n)!}}$ とすると

$$a_n=\frac{1}{n}\left\{\frac{4n(4n-1)\cdots\cdots(3n+2)(3n+1)\cdot 3n(3n-1)\cdots\cdots 2\cdot 1}{3n(3n-1)\cdots\cdots 2\cdot 1}\right\}^{\frac{1}{n}}$$

$$=\frac{1}{n}\{(3n+1)(3n+2)\cdots\cdots(3n+n-1)(3n+n)\}^{\frac{1}{n}}$$ ⟵ $4n=3n+n$ と考える。

更に，両辺の対数をとると，積の形を 和の形 で表すことができるから，

$\lim_{n\to\infty}\frac{1}{n}\sum_{k=1}^{n}f\left(\frac{k}{n}\right)=\int_0^1 f(x)dx$ を利用して，極限値を求める。

なお，関数 $\log x$ は $x>0$ で連続であるから $\lim_{x\to\alpha}(\log x)=\log\alpha$

よって，$\lim_{n\to\infty}a_n=\alpha$ が存在するなら $\lim_{n\to\infty}(\log a_n)=\log\left(\lim_{n\to\infty}a_n\right)$

log と lim は交換可能

解答

$a_n=\frac{1}{n}\sqrt[n]{\frac{(4n)!}{(3n)!}}$ とすると

$$a_n=\frac{1}{n}\{(3n+1)(3n+2)\cdots\cdots(3n+n)\}^{\frac{1}{n}}$$ ◀ $=n\left(3+\frac{1}{n}\right)\cdot n\left(3+\frac{2}{n}\right)\cdots\cdots n\left(3+\frac{n}{n}\right)$

$$=\frac{1}{n}\left\{n^n\left(3+\frac{1}{n}\right)\left(3+\frac{2}{n}\right)\cdots\cdots\left(3+\frac{n}{n}\right)\right\}^{\frac{1}{n}}$$

$$=\frac{1}{n}\cdot(n^n)^{\frac{1}{n}}\left\{\left(3+\frac{1}{n}\right)\left(3+\frac{2}{n}\right)\cdots\cdots\left(3+\frac{n}{n}\right)\right\}^{\frac{1}{n}}$$

$$=\left\{\left(3+\frac{1}{n}\right)\left(3+\frac{2}{n}\right)\cdots\cdots\left(3+\frac{n}{n}\right)\right\}^{\frac{1}{n}}$$ ◀ $(n^n)^{\frac{1}{n}}=n$

よって，両辺の自然対数をとると

$$\log a_n=\frac{1}{n}\left\{\log\left(3+\frac{1}{n}\right)+\log\left(3+\frac{2}{n}\right)+\cdots\cdots+\log\left(3+\frac{n}{n}\right)\right\}=\frac{1}{n}\sum_{k=1}^{n}\log\left(3+\frac{k}{n}\right)$$

ゆえに $$\lim_{n\to\infty}(\log a_n)=\int_0^1\log(3+x)dx=\int_0^1(3+x)'\log(3+x)dx$$

$$=\Big[(3+x)\log(3+x)\Big]_0^1-\int_0^1(3+x)\cdot\frac{1}{3+x}dx$$ ◀部分積分法。

$$=4\log 4-3\log 3-1=\log\frac{4^4}{3^3e}=\log\frac{256}{27e}$$

関数 $\log x$ は $x>0$ で連続であるから $\lim_{n\to\infty}a_n=\boldsymbol{\frac{256}{27e}}$ ◀ $\lim_{n\to\infty}(\log a_n)=\log\left(\lim_{n\to\infty}a_n\right)$

練習 ④166 数列 $a_n=\frac{1}{n^2}\sqrt[n]{{}_{4n}\mathrm{P}_{2n}}$ $(n=1,\ 2,\ 3,\ \cdots\cdots)$ の極限値 $\lim_{n\to\infty}a_n$ を求めよ。

〔東京理科大〕

重要例題 167 図形と区分求積法 ①①①①①

長さ 2 の線分 AB を直径とする半円周を点 $A=P_0$, P_1, ……, P_{n-1}, $P_n=B$ で n 等分する。

(1) $\triangle AP_kB$ の 3 辺の長さの和 AP_k+P_kB+BA を $l_n(k)$ とおく。$l_n(k)$ を求めよ。

(2) 極限値 $\alpha=\lim_{n\to\infty}\dfrac{l_n(1)+l_n(2)+\cdots\cdots+l_n(n)}{n}$ を求めよ。ただし, $l_n(n)=4$ とする。

〔首都大東京〕 基本 164

指針 (1) 線分 AB は半円の直径であるから $\angle AP_kB$ は直角である。
よって, 直角三角形 AP_kB に注目して, AP_k, P_kB を n, k で表す。

(2) 求める極限値は, $\displaystyle\lim_{n\to\infty}\sum_{k=1}^{n}f(x_k)\Delta x\left(\Delta x=\frac{1}{n}\right)$ の形に表されるから, 定積分 $\displaystyle\int_0^1 f(x)dx$ と結びつけて求められる。

解答

(1) 線分 AB の中点を O とすると $\angle AOP_k=\dfrac{k}{n}\pi$

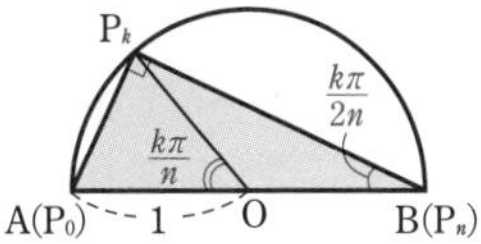

よって $\angle ABP_k=\dfrac{1}{2}\angle AOP_k{}^{(*)}=\dfrac{k\pi}{2n}$

(＊) 円周角の定理。

ゆえに $AP_k=AB\sin\angle ABP_k=2\sin\dfrac{k\pi}{2n}$,

$P_kB=AB\cos\angle ABP_k=2\cos\dfrac{k\pi}{2n}$

したがって $\boldsymbol{l_n(k)=2\left(\sin\dfrac{k\pi}{2n}+\cos\dfrac{k\pi}{2n}+1\right)}$

◀ $AB=2$

(2) $\displaystyle\alpha=\lim_{n\to\infty}\frac{1}{n}\sum_{k=1}^{n}l_n(k)=\lim_{n\to\infty}\frac{1}{n}\sum_{k=1}^{n}2\left(\sin\frac{k\pi}{2n}+\cos\frac{k\pi}{2n}+1\right)$

◀ 上の $l_n(k)$ の式は, $k=n$ でも成り立つ。

$\displaystyle=2\lim_{n\to\infty}\frac{1}{n}\sum_{k=1}^{n}\left\{\sin\left(\frac{\pi}{2}\cdot\frac{k}{n}\right)+\cos\left(\frac{\pi}{2}\cdot\frac{k}{n}\right)+1\right\}$

$\displaystyle=2\int_0^1\left(\sin\frac{\pi x}{2}+\cos\frac{\pi x}{2}+1\right)dx$

$\displaystyle=2\left[-\frac{2}{\pi}\cos\frac{\pi x}{2}+\frac{2}{\pi}\sin\frac{\pi x}{2}+x\right]_0^1$

$\displaystyle=2\left\{\left(\frac{2}{\pi}+1\right)-\left(-\frac{2}{\pi}\right)\right\}=\boldsymbol{2\left(\frac{4}{\pi}+1\right)}$

◀ $\displaystyle\lim_{n\to\infty}\frac{1}{n}\sum_{k=1}^{n}f\left(\frac{k}{n}\right)=\int_0^1 f(x)dx$
ここでは, $f(x)=\sin\dfrac{\pi x}{2}+\cos\dfrac{\pi x}{2}+1$ とする。

練習 ③167 曲線 $y=\sqrt{4-x}$ を C とする。t $(2\leqq t\leqq 3)$ に対して, 曲線 C 上の点 $(t,\ \sqrt{4-t})$ と原点, 点 $(t,\ 0)$ の 3 点を頂点とする三角形の面積を $S(t)$ とする。区間 $[2,\ 3]$ を n 等分し, その端点と分点を小さい方から順に $t_0=2$, t_1, t_2, ……, t_{n-1}, $t_n=3$ とするとき, 極限値 $\displaystyle\lim_{n\to\infty}\frac{1}{n}\sum_{k=1}^{n}S(t_k)$ を求めよ。

〔類 茨城大〕 p.289 EX 141

重要例題 168 確率と区分求積法 ①①①①①

n 個のボールを $2n$ 個の箱へ投げ入れる。各ボールはいずれかの箱に入るものとし，どの箱に入る確率も等しいとする。どの箱にも 1 個以下のボールしか入っていない確率を p_n とする。このとき，極限値 $\lim_{n\to\infty}\frac{\log p_n}{n}$ を求めよ。〔京都大〕

基本 164，重要 166

指針 ① 確率の基本 N（すべての数）と a（起こる数）を求めて $\frac{a}{N}$

どの箱にも 1 個以下のボールしか入らない場合の数は，異なる $2n$ 個のものから n 個を取り出して並べる順列の総数に等しい。

求める極限値の $\log p_n$ の部分は，重要例題 **166** と同様に，対数の性質を用いて 和の形にし，$\lim_{n\to\infty}\frac{1}{n}\sum_{k=1}^{n}f\left(\frac{k}{n}\right)=\int_0^1 f(x)dx$ を利用する。

解答

1 個のボールに対し，箱に入れる方法は $2n$ 通りあるから，n 個のボールを $2n$ 個の箱に入れる方法は　$(2n)^n$ 通り

どの箱にも 1 個以下のボールしか入らない場合の数は，異なる $2n$ 個のものから n 個を取り出して並べる順列の総数に等しいから　${}_{2n}\mathrm{P}_n$ 通り

よって
$$p_n=\frac{{}_{2n}\mathrm{P}_n}{(2n)^n}=\frac{2n(2n-1)\cdot\cdots\cdots\cdot(n+1)}{2^n n^n}$$
$$=\frac{(n+1)(n+2)\cdot\cdots\cdots\cdot(n+n)}{2^n n^n}$$
$$=\frac{\left(1+\frac{1}{n}\right)\left(1+\frac{2}{n}\right)\cdot\cdots\cdots\cdot\left(1+\frac{n}{n}\right)}{2^n}$$

ゆえに
$$\log p_n=\log\left\{\left(1+\frac{1}{n}\right)\left(1+\frac{2}{n}\right)\cdot\cdots\cdots\cdot\left(1+\frac{n}{n}\right)\right\}-\log 2^n$$
$$=\sum_{k=1}^{n}\log\left(1+\frac{k}{n}\right)-n\log 2$$

よって
$$\lim_{n\to\infty}\frac{\log p_n}{n}=\lim_{n\to\infty}\left\{\frac{1}{n}\sum_{k=1}^{n}\log\left(1+\frac{k}{n}\right)-\log 2\right\}$$
$$=\int_0^1\log(1+x)dx-\log 2$$
$$=\Big[(1+x)\log(1+x)\Big]_0^1-\int_0^1 dx-\log 2$$
$$=2\log 2-\log 1-1-\log 2=\mathbf{\log 2-1}$$

◀重複順列の考え方。

◀分子は n 個の（　）の積。分母の n^n は n 個の n の積であるから，それぞれ約分する。

◀$\log MN=\log M+\log N$

◀$\log 2$ は n に無関係。

◀$\log(1+x)=(1+x)'\log(1+x)$ とみて，部分積分法。

練習 ④168 n を 5 以上の自然数とする。1 から n までの異なる番号をつけた n 個の袋があり，番号 k の袋には黒玉 k 個と白玉 $n-k$ 個が入っている。まず，n 個の袋から無作為に 1 つ袋を選ぶ。次に，その選んだ袋から玉を 1 つ取り出してもとに戻すという試行を 5 回繰り返す。このとき，黒玉をちょうど 3 回取り出す確率を p_n とする。極限値 $\lim_{n\to\infty}p_n$ を求めよ。

基本例題 169 定積分の不等式の証明 ①①①①①

(1) 次の不等式を証明せよ。

(ア) $0<x<\frac{1}{2}$ のとき $1<\frac{1}{\sqrt{1-x^3}}<\frac{1}{\sqrt{1-x^2}}$ (イ) $\frac{1}{2}<\int_0^{\frac{1}{2}}\frac{dx}{\sqrt{1-x^3}}<\frac{\pi}{6}$

(2) 不等式 $\int_0^a e^{-t^2}dt\geqq a-\frac{a^3}{3}$ を証明せよ。ただし，$a\geqq 0$ とする。

p.280 基本事項 2 演習 171

指針 (1) (ア) $0<x<1$ のとき，$0<x^3<x^2<1$ であることを利用。

(イ) 積分は計算できない。そこで，(ア)の結果に注目し，次のことを利用してみる。

区間 $[a,\ b]$ で $f(x)<g(x)$ ならば $\int_a^b f(x)dx<\int_a^b g(x)dx$

(2) 左辺の積分は計算できないため，(左辺)−(右辺) を a の関数と考えて微分し，増減を調べる。このとき，$\frac{d}{da}\int_0^a g(t)dt=g(a)$ を用いる。

解答

(1) (ア) $0<x<\frac{1}{2}$ のとき，$0<x^3<x^2<1$ であるから

$$1>1-x^3>1-x^2>0$$

ゆえに $1>\sqrt{1-x^3}>\sqrt{1-x^2}>0$

よって $1<\frac{1}{\sqrt{1-x^3}}<\frac{1}{\sqrt{1-x^2}}$

(イ) (ア)の結果から $\int_0^{\frac{1}{2}}dx<\int_0^{\frac{1}{2}}\frac{dx}{\sqrt{1-x^3}}<\int_0^{\frac{1}{2}}\frac{dx}{\sqrt{1-x^2}}$

$x=\sin\theta$ とおくと $dx=\cos\theta\,d\theta$

x	$0\longrightarrow\frac{1}{2}$
θ	$0\longrightarrow\frac{\pi}{6}$

$0\leqq\theta\leqq\frac{\pi}{6}$ のとき，$\cos\theta>0$ であるから

$$\int_0^{\frac{1}{2}}\frac{dx}{\sqrt{1-x^2}}=\int_0^{\frac{\pi}{6}}\frac{\cos\theta}{\cos\theta}d\theta=\int_0^{\frac{\pi}{6}}d\theta=\frac{\pi}{6}$$

したがって $\frac{1}{2}<\int_0^{\frac{1}{2}}\frac{dx}{\sqrt{1-x^3}}<\frac{\pi}{6}$

(2) $f(a)=\int_0^a e^{-t^2}dt-\left(a-\frac{a^3}{3}\right)$ とすると

$$f'(a)=e^{-a^2}-(1-a^2)$$

$a\geqq 0$ のとき $f''(a)=2a(1-e^{-a^2})\geqq 0$ また $f'(0)=0$

よって $f'(a)\geqq 0$ また，$f(0)=0$ であるから $f(a)\geqq 0$

ゆえに，与えられた不等式が成り立つ。

◀ $x^2-x^3=x^2(1-x)>0$

◀ $\sqrt{x}$ は単調に増加する。

◀ $\frac{1}{x}$ $(x>0)$ は単調に減少する。

◀ $\cos\theta>0$ であるから $\sqrt{1-x^2}=\sqrt{1-\sin^2\theta}=\sqrt{\cos^2\theta}=\cos\theta$

◀ $\int_0^{\frac{1}{2}}dx=\frac{1}{2}$

◀ $\frac{d}{da}\int_0^a e^{-t^2}dt=e^{-a^2}$

◀ $a\geqq 0$ のとき，$-a^2\leqq 0$ であるから $e^{-a^2}\leqq 1$

練習 ② 169 (1) 次の不等式を証明せよ。

(ア) $0<x<\frac{\pi}{4}$ のとき $1<\frac{1}{\sqrt{1-\sin x}}<\frac{1}{\sqrt{1-x}}$ (イ) $\frac{\pi}{4}<\int_0^{\frac{\pi}{4}}\frac{dx}{\sqrt{1-\sin x}}<2-\sqrt{4-\pi}$

(2) $x>0$ のとき，不等式 $\int_0^x e^{-t^2}dt<x-\frac{x^3}{3}+\frac{x^5}{10}$ を証明せよ。

p.289 EX 142, 144

重要例題 170 数列の和の不等式の証明(定積分の利用) ⊘⊘⊘⊘⊘

n は 2 以上の自然数とする。次の不等式を証明せよ。

$$\log(n+1)<1+\frac{1}{2}+\frac{1}{3}+\cdots\cdots+\frac{1}{n}<\log n+1$$

基本 165, 169　演習 175

指針 数列の和 $1+\frac{1}{2}+\frac{1}{3}+\cdots\cdots+\frac{1}{n}$ は簡単な式で表されない。そこで，積分の助けを借りる。
すなわち，**曲線 $y=\frac{1}{x}$ の下側の面積 と 階段状の図形の面積 を比較** して，不等式を証明する。

解答

自然数 k に対して，$k\leqq x\leqq k+1$ のとき　$\frac{1}{k+1}\leqq\frac{1}{x}\leqq\frac{1}{k}$

常に $\frac{1}{k+1}=\frac{1}{x}$ または $\frac{1}{x}=\frac{1}{k}$ ではないから

$$\int_k^{k+1}\frac{dx}{k+1}<\int_k^{k+1}\frac{dx}{x}<\int_k^{k+1}\frac{dx}{k}$$

よって　$\frac{1}{k+1}<\int_k^{k+1}\frac{dx}{x}<\frac{1}{k}$

$\int_k^{k+1}\frac{dx}{x}<\frac{1}{k}$ …… Ⓐ から

$$\sum_{k=1}^{n}\int_k^{k+1}\frac{dx}{x}<\sum_{k=1}^{n}\frac{1}{k} \quad \cdots\cdots ㋐$$

$$\sum_{k=1}^{n}\int_k^{k+1}\frac{dx}{x}=\int_1^{n+1}\frac{dx}{x}^{Ⓑ}=\Big[\log x\Big]_1^{n+1}=\log(n+1)$$

であるから

$$\log(n+1)<1+\frac{1}{2}+\frac{1}{3}+\cdots\cdots+\frac{1}{n} \quad \cdots\cdots ①$$

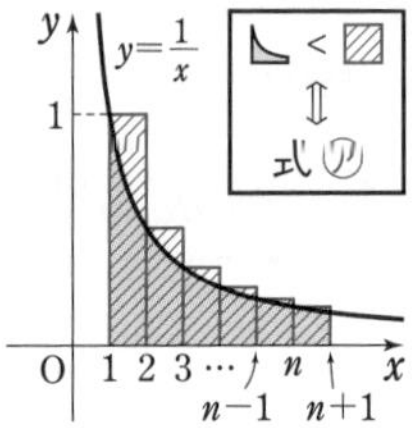

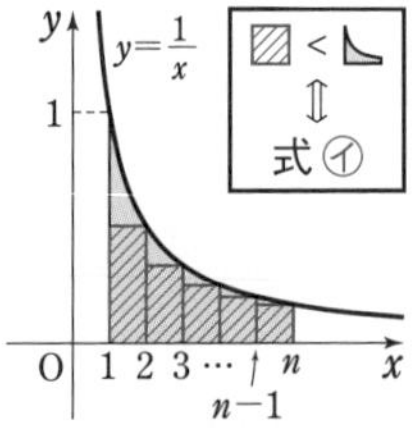

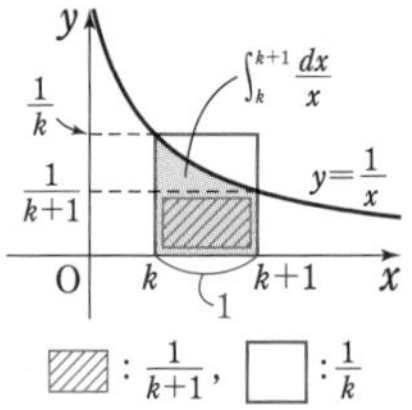

◀Ⓐ で $k=1,\ 2,\ \cdots\cdots,\ n$ として辺々を加える。

Ⓑ $\int_1^2●+\int_2^3●+\cdots+\int_n^{n+1}●=\int_1^{n+1}●$

$\frac{1}{k+1}<\int_k^{k+1}\frac{dx}{x}$ … Ⓒ から　$\sum_{k=1}^{n-1}\frac{1}{k+1}<\sum_{k=1}^{n-1}\int_k^{k+1}\frac{dx}{x}$ … ㋑

◀Ⓒ で $k=1,\ 2,\ \cdots,\ n-1$ として辺々を加える。

$\sum_{k=1}^{n-1}\int_k^{k+1}\frac{dx}{x}=\int_1^n\frac{dx}{x}=\Big[\log x\Big]_1^n=\log n$ であるから　$\frac{1}{2}+\frac{1}{3}+\cdots\cdots+\frac{1}{n}<\log n$

この不等式の両辺に 1 を加えて　$1+\frac{1}{2}+\frac{1}{3}+\cdots\cdots+\frac{1}{n}<\log n+1$ …… ②

よって，①，② から，$n\geqq2$ のとき　$\log(n+1)<1+\frac{1}{2}+\frac{1}{3}+\cdots\cdots+\frac{1}{n}<\log n+1$

練習 ③170 次の不等式を証明せよ。ただし，n は自然数とする。　[(2) お茶の水大]

(1) $\frac{1}{1^2}+\frac{1}{2^2}+\frac{1}{3^2}+\cdots\cdots+\frac{1}{n^2}<2-\frac{1}{n}$　$(n\geqq2)$

(2) $2\sqrt{n+1}-2<1+\frac{1}{\sqrt{2}}+\frac{1}{\sqrt{3}}+\cdots\cdots+\frac{1}{\sqrt{n}}\leqq2\sqrt{n}-1$

p.289 EX 143

EXERCISES

②139 次の極限値を求めよ。 〔(1) 立教大，長崎大，(2) 静岡大〕

(1) $\displaystyle\lim_{n\to\infty}\left(\frac{n}{n^2+1^2}+\frac{n}{n^2+2^2}+\cdots\cdots+\frac{n}{n^2+n^2}\right)$

(2) $\displaystyle\lim_{n\to\infty}\left\{\frac{1}{n}\sum_{k=1}^{n}\log(k+\sqrt{k^2+n^2})-\log n\right\}$ (3) $\displaystyle\lim_{n\to\infty}\sqrt{n}\left(\sin\frac{1}{n}\right)\sum_{k=1}^{n}\frac{1}{\sqrt{n+k}}$

→164

③140 次の極限値を求めよ。

(1) $\displaystyle\lim_{n\to\infty}\frac{1}{n^2}\{\sqrt{(2n)^2-1^2}+\sqrt{(2n)^2-2^2}+\sqrt{(2n)^2-3^2}+\cdots\cdots+\sqrt{(2n)^2-(2n-1)^2}\}$

(2) $\displaystyle\lim_{n\to\infty}\sum_{k=n+1}^{2n}\frac{n}{k^2+3kn+2n^2}$ 〔(1) 山口大，(2) 電通大〕 →165

④141 O を原点とする xyz 空間に点 $\mathrm{P}_k\left(\dfrac{k}{n},\ 1-\dfrac{k}{n},\ 0\right)$，$k=0,\ 1,\ \cdots\cdots,\ n$ をとる。また，z 軸上の $z\geqq0$ の部分に，点 Q_k を線分 $\mathrm{P}_k\mathrm{Q}_k$ の長さが 1 になるようにとる。三角錐 $\mathrm{OP}_k\mathrm{P}_{k+1}\mathrm{Q}_k$ の体積を V_k とするとき，極限 $\displaystyle\lim_{n\to\infty}\sum_{k=0}^{n-1}V_k$ を求めよ。〔東京大〕

→167

④142 (1) $a>1$ とする。不等式 $(1+t)^a\leqq K(1+t^a)$ がすべての $t\geqq0$ に対して成り立つような実数 K の最小値を求めよ。

(2) $\displaystyle\int_0^{\pi}(1+\sqrt[5]{1+\sin x})^{10}dx<6080$ を示せ。ただし，$\pi<3.15$ であることを用いてよい。 〔信州大〕 →169

④143 次の不等式を証明せよ。ただし，n は自然数とする。

(1) $\displaystyle\frac{1}{n+1}<\int_n^{n+1}\frac{1}{x}dx<\frac{1}{2}\left(\frac{1}{n}+\frac{1}{n+1}\right)$ (2) $\displaystyle 1+\frac{1}{2}+\frac{1}{3}+\cdots\cdots+\frac{1}{n}-\log n>\frac{1}{2}$

〔東北大〕 →170

③144 関数 $f(x)$ が区間 $a\leqq x\leqq b\ (a<b)$ で連続であるとき

$$\int_a^b f(x)dx=(b-a)f(c),\quad a<c<b$$

となる c が存在することを示せ。**(積分における平均値の定理)** →169

HINT

139 $\displaystyle\lim_{n\to\infty}\frac{1}{n}\sum_{k=1}^{n}f\left(\frac{k}{n}\right)=\int_0^1 f(x)dx$ の形に表す。

140 前問と同様に表す。ただし，積分区間に注意。

141 $\mathrm{Q}_k(0,\ 0,\ q_k)$ として q_k を $\dfrac{k}{n}$ で表し，$V_k=\dfrac{1}{3}\triangle\mathrm{OP}_k\mathrm{P}_{k+1}\cdot q_k$ を n，$\dfrac{k}{n}$ で表す。

142 (1) $f(t)=\dfrac{(1+t)^a}{1+t^a}\ (t\geqq0)$ として，$f(t)$ の最大値を考える。

143 (1) 曲線 $y=\dfrac{1}{x}$ と x 軸の間の面積と四角形の図形の面積を比較して不等式を証明。

(2) (1) は (2) のヒント

144 $a\leqq x\leqq b$ で $f(x)$ が定数のとき，定数でないときで場合分け。中間値の定理を利用。

26 関連発展問題

演習 例題 171 定積分の漸化式と極限

自然数 n に対して，$a_n=\int_0^{\frac{\pi}{4}}\tan^{2n}x\,dx$ とする。

(1) a_1 を求めよ。 (2) a_{n+1} を a_n で表せ。 (3) $\lim_{n\to\infty}a_n$ を求めよ。 〔北海道大〕

重要 156，基本 169

指針 (2) a_{n+1} の積分に a_n が現れるようにする。それには，$\tan^{2n+2}x=\tan^{2n}x\tan^2x$，および(1)同様，相互関係 $\tan^2x=\dfrac{1}{\cos^2x}-1$ に着目。

(3) **求めにくい極限 はさみうちの原理** を利用の方針で。

$0\leqq x\leqq\dfrac{\pi}{4}$ のとき，$0\leqq\tan x\leqq1$ であるから $0\leqq\tan^{2n+2}x\leqq\tan^{2n}x$ …… ①

① を利用して，まず a_n と a_{n+1} の大小関係を導く。(2)の結果も利用。

解答

(1) $a_1=\int_0^{\frac{\pi}{4}}\tan^2x\,dx=\int_0^{\frac{\pi}{4}}\left(\dfrac{1}{\cos^2x}-1\right)dx=\Big[\tan x-x\Big]_0^{\frac{\pi}{4}}=\mathbf{1-\dfrac{\pi}{4}}$ ◀$\int\dfrac{dx}{\cos^2x}=\tan x+C$

(2) $\boldsymbol{a_{n+1}}=\int_0^{\frac{\pi}{4}}\tan^{2n+2}x\,dx=\int_0^{\frac{\pi}{4}}\tan^{2n}x\tan^2x\,dx=\int_0^{\frac{\pi}{4}}\tan^{2n}x\left(\dfrac{1}{\cos^2x}-1\right)dx$

$=\int_0^{\frac{\pi}{4}}\tan^{2n}x\cdot\dfrac{1}{\cos^2x}dx-\int_0^{\frac{\pi}{4}}\tan^{2n}x\,dx$

$=\left[\dfrac{1}{2n+1}\tan^{2n+1}x\right]_0^{\frac{\pi}{4}}-a_n=\boldsymbol{-a_n+\dfrac{1}{2n+1}}$ ◀$f(■)■'$ の積分。

(3) $0\leqq x\leqq\dfrac{\pi}{4}$ のとき $0\leqq\tan x\leqq1$ よって $0\leqq\tan^{2n+2}x\leqq\tan^{2n}x$

ゆえに $0\leqq\int_0^{\frac{\pi}{4}}\tan^{2n+2}x\,dx\leqq\int_0^{\frac{\pi}{4}}\tan^{2n}x\,dx$ ◀$p.280$ 基本事項 **2** ②。

よって $0\leqq a_{n+1}\leqq a_n$ ゆえに，(2)の結果から

$-a_n+\dfrac{1}{2n+1}\geqq0$ よって $0\leqq a_n\leqq\dfrac{1}{2n+1}$ ◀$a_{n+1}\geqq0$ に(2)の結果を代入。

ここで，$\lim_{n\to\infty}\dfrac{1}{2n+1}=0$ であるから $\boldsymbol{\lim_{n\to\infty}a_n=0}$ ◀はさみうちの原理。

練習 ④171 自然数 n に対して，$I_n=\int_0^1\dfrac{x^n}{1+x}dx$ とする。

(1) I_1 を求めよ。また，I_n+I_{n+1} を n で表せ。

(2) 不等式 $\dfrac{1}{2(n+1)}\leqq I_n\leqq\dfrac{1}{n+1}$ が成り立つことを示せ。

(3) $\lim_{n\to\infty}\sum_{k=1}^{n}\dfrac{(-1)^{k-1}}{k}=\log2$ が成り立つことを示せ。 〔類 琉球大〕

演習 例題 172 定積分で表された関数の極限

次の極限値を求めよ。

(1) $\displaystyle\lim_{x\to\infty}\int_1^x te^{-t}dt$　　(2) $\displaystyle\lim_{x\to 0}\frac{1}{x}\int_0^x\sqrt{1+3\cos^2 t}\,dt$

演習 70，122　p.292 参考事項

指針 (1) $\displaystyle\int_1^x te^{-t}dt=-\frac{x}{e^x}-\frac{1}{e^x}+\frac{2}{e}$ で，$\displaystyle\lim_{x\to\infty}\frac{1}{e^x}=0$ であるから，$\displaystyle\lim_{x\to\infty}\frac{x}{e^x}$ [$=0$ と予想される] を求める。$e^x>x^2$ から $\dfrac{x}{e^x}<\dfrac{1}{x}$ を示し，**はさみうちの原理** を利用。

(2) $\displaystyle\int\sqrt{1+3\cos^2 t}\,dt=F(t)+C$ とすると　$\displaystyle\frac{1}{x}\int_0^x\sqrt{1+3\cos^2 t}\,dt=\frac{F(x)-F(0)}{x-0}$

よって，**微分係数の定義** $\displaystyle\lim_{x\to a}\frac{f(x)-f(a)}{x-a}=f'(a)$ の利用を考える。

解答

(1) $\displaystyle\int_1^x te^{-t}dt=\int_1^x t(-e^{-t})'dt=\Big[-te^{-t}\Big]_1^x+\int_1^x e^{-t}dt$

$\displaystyle=-xe^{-x}+e^{-1}-\Big[e^{-t}\Big]_1^x=-\frac{x}{e^x}-\frac{1}{e^x}+\frac{2}{e}$　◀定積分は x の関数。

ここで，$f(x)=e^x-x^2$ $(x\geqq 1)$ とおくと　◀$x\longrightarrow\infty$ であるから，$x\geqq 1$ としてよい。

$f'(x)=e^x-2x$，　$f''(x)=e^x-2$

$f''(x)$ は単調に増加し，$x\geqq 1$ のとき　$f''(x)\geqq e-2>0$　◀$f''(x)\geqq f''(1)=e-2$　$e>2$ であるから　$e-2>0$

ゆえに，$f'(x)$ は $x\geqq 1$ で単調に増加する。このことと

$f'(1)=e-2>0$ から，$x\geqq 1$ のとき　$f'(x)>0$

よって，$f(x)$ は $x\geqq 1$ で単調に増加する。このことと

$f(1)=e-1>0$ から，$x\geqq 1$ のとき　$f(x)>0$

したがって，$x\geqq 1$ のとき　$e^x-x^2>0$

すなわち　$e^x>x^2$　ゆえに　$0<\dfrac{x}{e^x}<\dfrac{1}{x}$

$\displaystyle\lim_{x\to\infty}\frac{1}{x}=0$ であるから　$\displaystyle\lim_{x\to\infty}\frac{x}{e^x}=0$　◀ 求めにくい極限　不等式利用で はさみうち

以上から　$\displaystyle\lim_{x\to\infty}\int_1^x te^{-t}dt=\lim_{x\to\infty}\left(-\frac{x}{e^x}-\frac{1}{e^x}+\frac{2}{e}\right)=\boldsymbol{\frac{2}{e}}$　◀$\displaystyle\lim_{x\to\infty}\frac{1}{e^x}=0$

(2) $\displaystyle\int\sqrt{1+3\cos^2 t}\,dt=F(t)+C$ とすると

$F'(t)=\sqrt{1+3\cos^2 t}$

したがって

$\displaystyle\lim_{x\to 0}\frac{1}{x}\int_0^x\sqrt{1+3\cos^2 t}\,dt=\lim_{x\to 0}\frac{F(x)-F(0)}{x-0}=F'(0)=\mathbf{2}$　◀$\displaystyle\lim_{x\to a}\frac{f(x)-f(a)}{x-a}=f'(a)$

練習 ④172

(1) (ア) $1\leqq x\leqq e$ において，不等式 $\log x\leqq\dfrac{x}{e}$ が成り立つことを示せ。

(イ) 自然数 n に対し，$\displaystyle\lim_{n\to\infty}\int_1^e x^2(\log x)^n dx$ を求めよ。　〔類 東京電機大〕

(2) $\displaystyle\lim_{x\to 0}\frac{1}{2x}\int_0^x te^{t^2}dt$ を求めよ。

p.298 EX 146

参考事項 広義の定積分

定積分は，(閉)区間において連続な関数について定義された(p.248 参照)。しかし，区間の端点で関数が定義されない場合や，定積分の上端が ∞ であったり，下端が $-\infty$ であったりするような場合も定積分を考えることがある。これらを **広義の定積分**（**広義積分**）という。

❶ 区間の端点で関数が定義されない場合の定積分の例

関数 $f(x)$ が区間 $(a,\ b]$〔または $[a,\ b)$〕で連続であるとき，$\displaystyle\lim_{p\to+0}\int_{a+p}^{b} f(x)dx$ $\left[\text{または}\ \displaystyle\lim_{p\to+0}\int_{a}^{b-p} f(x)dx\right]$ が存在する場合，その極限値を $\displaystyle\int_a^b \boldsymbol{f(x)dx}$ と定義する。

例 1. $\displaystyle\int_0^1 \frac{1}{\sqrt{x}}dx$ について　← $\displaystyle\lim_{x\to+0}\frac{1}{\sqrt{x}}=\infty$ となる。

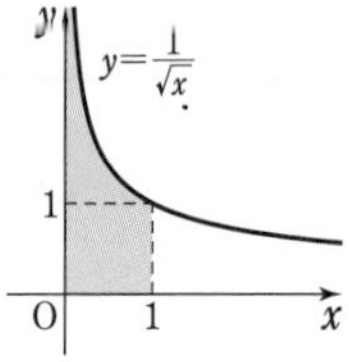

$p>0$ のとき　$\displaystyle\int_p^1 \frac{1}{\sqrt{x}}dx=\Big[2\sqrt{x}\Big]_p^1=2(1-\sqrt{p})$

よって　$\displaystyle\int_0^1 \frac{1}{\sqrt{x}}dx=\lim_{p\to+0}\int_p^1 \frac{1}{\sqrt{x}}dx=\lim_{p\to+0}2(1-\sqrt{p})=2$

例 2. $\displaystyle\int_0^1 \frac{1}{x}dx$ について　← $\displaystyle\lim_{x\to+0}\frac{1}{x}=\infty$ となる。

$p>0$ のとき　$\displaystyle\int_p^1 \frac{1}{x}dx=\Big[\log x\Big]_p^1=-\log p$

$\displaystyle\lim_{p\to+0}\int_p^1 \frac{1}{x}dx=\lim_{p\to+0}(-\log p)=\infty$ であるから，$\displaystyle\int_0^1 \frac{1}{x}dx$ は存在しない。

参考　同様に考えると，$\displaystyle\int_0^1 \frac{1}{x^{\alpha}}dx$ $(\alpha>0)$ は，$0<\alpha<1$ のとき存在して $\dfrac{1}{1-\alpha}$ となり，$\alpha\geqq 1$ のとき存在しないことがわかる(自分で調べてみよう)。

❷ 上端が ∞ であったり，下端が $-\infty$ であったりするような場合の定積分の例

関数 $f(x)$ が区間 $[a,\ \infty)$ で連続であるとき，$\displaystyle\lim_{p\to\infty}\int_a^p f(x)dx$ が存在する場合，その極限値を $\displaystyle\int_a^{\infty} \boldsymbol{f(x)dx}$ と定義する。

$\left(\text{同様に，}\displaystyle\int_{-\infty}^{b} \boldsymbol{f(x)dx}=\lim_{p\to-\infty}\int_p^b f(x)dx\ \text{と定義する。}\right)$

例 3. 前ページの演習例題 **172** (1) の結果から

$\displaystyle\int_1^{\infty} xe^{-x}dx=\lim_{p\to\infty}\int_1^p xe^{-x}dx=\frac{2}{e}$

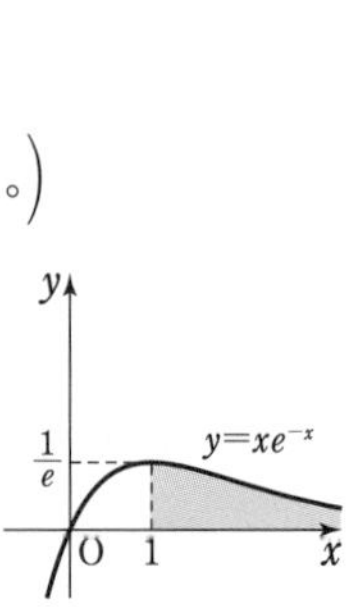

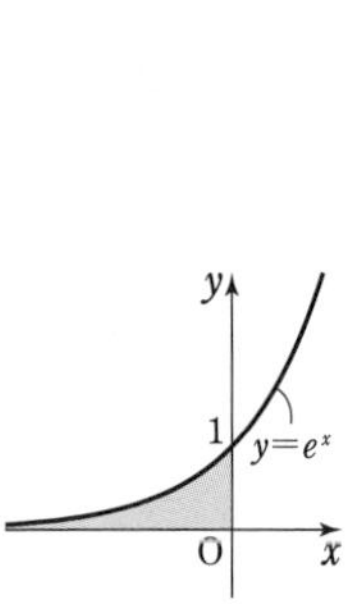

例 4. $\displaystyle\int_{-\infty}^0 e^x dx$ について

$p<0$ のとき　$\displaystyle\int_p^0 e^x dx=\Big[e^x\Big]_p^0=1-e^p$

よって　$\displaystyle\int_{-\infty}^0 e^x dx=\lim_{p\to-\infty}\int_p^0 e^x dx=\lim_{p\to-\infty}(1-e^p)=1$

参考事項　ガンマ関数（階乗！の概念の拡張）

自然数 n について定義された階乗 $n!$ を，正の実数にまで拡張することができる。それが

$$\Gamma(x)=\int_0^{\infty} e^{-t}t^{x-1}dt \quad (x>0)$$

で定義される **ガンマ関数** である $\left(\int_0^{\infty}\right.$ は $p.292$ 参照$\left.\right)$。

$p.269$ の参考事項で紹介したベータ関数と同様，$\Gamma(x)$ を定義する積分は計算できない。

まずは，ガンマ関数が階乗の拡張とみなされる理由を考えてみよう。

ガンマ関数の性質　$\boldsymbol{\Gamma(1)=1,\quad \Gamma(x+1)=x\Gamma(x)}$

証明　$\displaystyle\int_0^p e^{-t}dt=\Big[-e^{-t}\Big]_0^p=-e^{-p}+1$ であるから

$$\Gamma(1)=\int_0^{\infty} e^{-t}dt=\lim_{p\to\infty}\int_0^p e^{-t}dt=\lim_{p\to\infty}(-e^{-p}+1)=1$$

次に，$\displaystyle\Gamma(x+1)=\int_0^{\infty} e^{-t}t^x dt$ について

$$\int_0^p e^{-t}t^x dt=\Big[-e^{-t}t^x\Big]_0^p+\int_0^p e^{-t}\cdot xt^{x-1}dt$$

◀部分積分法を適用。

$$=-p^xe^{-p}+x\int_0^p e^{-t}t^{x-1}dt$$

任意の正の数 x に対して，$\displaystyle\lim_{p\to\infty}p^xe^{-p}=0$（$p.122$ 参照）であるから

$$\Gamma(x+1)=\lim_{p\to\infty}\int_0^p e^{-t}t^x dt=\lim_{p\to\infty}\left(-p^xe^{-p}+x\int_0^p e^{-t}t^{x-1}dt\right)$$

$$=x\int_0^{\infty} e^{-t}t^{x-1}dt=x\Gamma(x)$$

この性質により，$x=n$（自然数）のときは

$$\Gamma(n)=(n-1)\Gamma(n-1)=(n-1)\cdot(n-2)\Gamma(n-2)=\cdots\cdots$$

$$=(n-1)(n-2)\cdots\cdots2\cdot1\cdot\Gamma(1)=(n-1)!$$

◀$\Gamma(1)=1$

となる（階乗と 1 だけずれるから，注意が必要）ため，**$\boldsymbol{\Gamma(x)}$ は階乗の概念を拡張したもの**と考えることができる。

さて，$p.269$ のベータ関数 $\displaystyle B(x,\ y)=\int_0^1 t^{x-1}(1-t)^{y-1}dt$ が

$$m,\ n \text{ が自然数のとき}\qquad B(m,\ n)=\frac{(m-1)!(n-1)!}{(m+n-1)!}$$

を満たすことを，$p.268$ の重要例題 **157** (3) で証明した。

実は，正の数 x，y に対して，一般に $\displaystyle B(x,\ y)=\frac{\Gamma(x)\Gamma(y)}{\Gamma(x+y)}$ が成り立つことが証明できるのである（大学で学習する）。

大学ではガンマ関数 $\Gamma(x)$，ベータ関数 $B(x,\ y)$ の定義域を，実部が正である複素数全体へ，更に一般の複素数全体へと拡張していくことになる。

演習 例題 173 シュワルツの不等式の証明 ④④④④④

$f(x)$, $g(x)$ はともに区間 $a \leqq x \leqq b\ (a<b)$ で定義された連続な関数とする。このとき，不等式 $\left\{\int_a^b f(x)g(x)dx\right\}^2 \leqq \left(\int_a^b \{f(x)\}^2 dx\right)\left(\int_a^b \{g(x)\}^2 dx\right)$ …… Ⓐ が成立することを示せ。また，等号はどのようなときに成立するかを述べよ。

p.280 基本事項 2

指針 区間 $[a,\ b]$ で $f(x) \geqq 0$ ならば $\int_a^b f(x)\,dx \geqq 0$ また，**等号は常に $f(x)=0$ であるときに限り成り立つ**（$p.280$ 基本事項 2 ① 参照）。これを利用する。
$\int_a^b \{f(x)+tg(x)\}^2 dx \geqq 0$ が任意の実数 t に対して成り立つことから，t の 2 次式が常に 0 以上となる条件（**判別式 $D \leqq 0$**）を用いる。
なお，Ⓐ の不等式を **シュワルツの不等式** という。

解答

$p=\int_a^b \{g(x)\}^2 dx$, $q=\int_a^b f(x)g(x)dx$, $r=\int_a^b \{f(x)\}^2 dx$ とおく。

区間 $[a,\ b]$ において

[1] 常に $f(x)=0$ または $g(x)=0$ のとき

不等式 Ⓐ の両辺はともに 0 となり，Ⓐ が成り立つ。

[2] [1] の場合以外のとき

t を任意の実数とすると

$$\int_a^b \{f(x)+tg(x)\}^2 dx = \int_a^b [\{f(x)\}^2 + 2tf(x)g(x) + t^2\{g(x)\}^2]dx = pt^2+2qt+r$$

$\{f(x)+tg(x)\}^2 \geqq 0$ であるから $\int_a^b \{f(x)+tg(x)\}^2 dx \geqq 0$

すなわち，任意の実数 t に対して $pt^2+2qt+r \geqq 0$ が成り立つ。

ここで $p>0$ であるから，t の 2 次方程式 $pt^2+2qt+r=0$ の判別式を D とすると

$\dfrac{D}{4}=q^2-pr$ $D \leqq 0$ であるから $q^2-pr \leqq 0$

ゆえに $q^2 \leqq pr$

[1]，[2] から $q^2 \leqq pr$ すなわち，不等式 Ⓐ が成り立つ。

また，[2] において，不等式 Ⓐ で等号が成り立つとすると，$D=0$ であるから，2 次方程式 $pt^2+2qt+r=0$ は重解 α をもつ。よって，$p\alpha^2+2q\alpha+r=0$ であるから

$$\int_a^b \{f(x)+\alpha g(x)\}^2 dx = 0 \quad \cdots\cdots \text{Ⓑ}$$

ここで，区間 $[a,\ b]$ で常に $\{f(x)+\alpha g(x)\}^2 \geqq 0$ であり，Ⓑ から常に

$f(x)+\alpha g(x)=0$ すなわち $f(x)=-\alpha g(x)$

以上から，Ⓐ で等号が成り立つのは区間 $[a,\ b]$ で

常に $f(x)=0$ または $g(x)=0$ または $f(x)=kg(x)$ となる定数 k が存在するときに限る。

練習 ④173 関数 $f(x)$ が区間 $[0,\ 1]$ で連続で常に正であるとき，次の不等式を証明せよ。

(1) $\left\{\int_0^1 f(x)dx\right\}\left\{\int_0^1 \dfrac{1}{f(x)}dx\right\} \geqq 1$　　(2) $\int_0^1 \dfrac{1}{1+x^2e^x}dx \geqq \dfrac{1}{e-1}$

演習 例題 174 無限級数の和と定積分

$a_n=1-\dfrac{1}{2}+\dfrac{1}{3}-\cdots\cdots+(-1)^{n-1}\dfrac{1}{n}$，$\alpha=\displaystyle\int_0^1\frac{1}{1+x}dx$ とする。

$|a_n-\alpha|\leqq\displaystyle\int_0^1 x^n dx$ であることを示し，$\displaystyle\lim_{n\to\infty}a_n$ を求めよ。　〔類　愛知工大〕　演習 171

指針 証明すべき不等式は $\left|a_n-\displaystyle\int_0^1\frac{1}{1+x}dx\right|\leqq\displaystyle\int_0^1 x^n dx$ であるから，a_n をある関数の 0 から 1 までの定積分で表すことを考える。

$\boldsymbol{a_n=\displaystyle\sum_{k=1}^{n}(-1)^{k-1}\frac{1}{k}}$ と表されることと，$\boldsymbol{\displaystyle\int_0^1 x^{k-1}dx=\left[\frac{x^k}{k}\right]_0^1=\frac{1}{k}}$ **($k=1$, 2, ……, n)**

に注目し，この 2 つの等式をうまく結びつける。更に，次の等比数列の和を利用する。

$x\neq-1$ のとき　$\boldsymbol{1-x+x^2-\cdots\cdots+(-1)^{n-1}x^{n-1}=\dfrac{1-(-x)^n}{1-(-x)}}$

解答

$k=1$, 2, ……, n に対して　$\displaystyle\int_0^1 x^{k-1}dx=\left[\frac{x^k}{k}\right]_0^1=\frac{1}{k}$

◀つまり，$\dfrac{1}{k}$ と $\displaystyle\int_0^1 x^{k-1}dx$ が結びつく。

また，$0\leqq x\leqq 1$ では $-x\neq 1$，$1\leqq 1+x\leqq 2$ であり

$$a_n=\sum_{k=1}^{n}(-1)^{k-1}\frac{1}{k}=\sum_{k=1}^{n}(-1)^{k-1}\int_0^1 x^{k-1}dx$$

$$=\int_0^1\sum_{k=1}^{n}(-x)^{k-1}dx=\int_0^1\frac{1-(-x)^n}{1+x}dx$$

◀$\displaystyle\sum_{k=1}^{n}(-x)^{k-1}=\frac{1-(-x)^n}{1-(-x)}$

よって　$|a_n-\alpha|=\left|\displaystyle\int_0^1\left\{\frac{1-(-x)^n}{1+x}-\frac{1}{1+x}\right\}dx\right|$

$$=\left|\int_0^1\frac{-(-x)^n}{1+x}dx\right|\leqq\int_0^1\left|\frac{-(-x)^n}{1+x}\right|dx$$

$$=\int_0^1\frac{x^n}{1+x}dx\leqq\int_0^1 x^n dx$$

◀ **$a<b$ のとき $\left|\displaystyle\int_a^b f(x)dx\right|\leqq\int_a^b|f(x)|dx$**

$1\leqq 1+x\leqq 2$ であるから $\dfrac{x^n}{1+x}\leqq x^n$

$\displaystyle\int_0^1 x^n dx=\left[\frac{x^{n+1}}{n+1}\right]_0^1=\frac{1}{n+1}$ であるから

$$0\leqq|a_n-\alpha|\leqq\frac{1}{n+1}$$

$\displaystyle\lim_{n\to\infty}\frac{1}{n+1}=0$ であるから　$\displaystyle\lim_{n\to\infty}|a_n-\alpha|=0$

◀**はさみうちの原理。**

したがって　$\displaystyle\lim_{n\to\infty}a_n=\alpha=\int_0^1\frac{dx}{1+x}=\Big[\log(1+x)\Big]_0^1=\boldsymbol{\log 2}$

参考 例題の $\displaystyle\sum_{n=1}^{\infty}\frac{(-1)^{n-1}}{n}=1-\frac{1}{2}+\frac{1}{3}-\cdots\cdots$ を **メルカトル級数**，練習 **174** (2) の無限級数を **ライプニッツ級数** という。

練習 ④174 自然数 n に対して，$R_n(x)=\dfrac{1}{1+x}-\{1-x+x^2-\cdots\cdots+(-1)^n x^n\}$ とする。

(1) $\displaystyle\lim_{n\to\infty}\int_0^1 R_n(x^2)dx$ を求めよ。

(2) 無限級数 $1-\dfrac{1}{3}+\dfrac{1}{5}-\dfrac{1}{7}+\cdots\cdots$ の和を求めよ。　〔札幌医大〕　p.298 EX145, 147

演習 例題 175 数列の和の不等式の証明と極限(定積分などの利用) ⓘⓘⓘⓘⓘ

(1) 2 以上の自然数 n に対して，次の不等式を証明せよ。

$$n\log n-n+1<\log(n!)<(n+1)\log(n+1)-n$$

(2) 極限値 $\displaystyle\lim_{n\to\infty}\frac{\log(n!)}{n\log n-n}$ を求めよ。 〔類 首都大東京〕 ⟋重要 170

指針 (1) 方針は $p.288$ 重要例題 **170** と同様。
$\log(n!)=\log1+\log2+\cdots\cdots+\log n$ に注目すると，
曲線 $y=\log x$ の下側の面積 と 階段状の図形の面積を比較 する方針が思いつく。

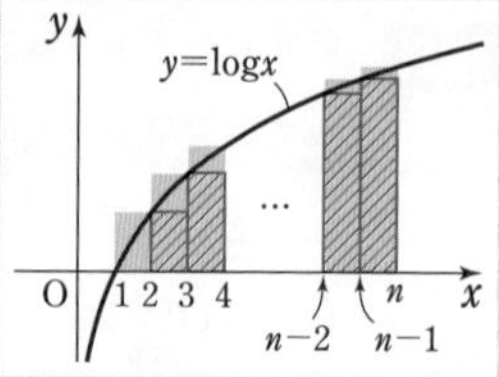

(2) ⓘ (1)，(2) の問題　結果を利用
(1) で証明した不等式の両辺を $n\log n-n$ で割り，
はさみうちの原理 を利用。

解答 (1) 自然数 k に対して，$k\leqq x\leqq k+1$ のとき　$\log k\leqq\log x\leqq\log(k+1)$
常に $\log k=\log x$ または $\log x=\log(k+1)$ ではないから，

$$\int_k^{k+1}\log k\,dx<\int_k^{k+1}\log x\,dx<\int_k^{k+1}\log(k+1)dx$$

より

$$\log k<\int_k^{k+1}\log x\,dx<\log(k+1) \quad\cdots\cdots ①$$

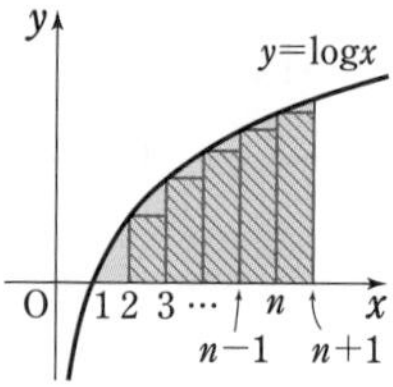

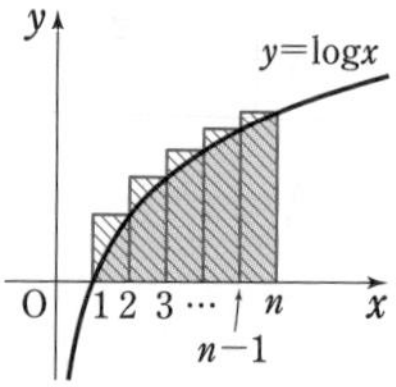

◀関数 $y=\log x$ は単調に増加する。

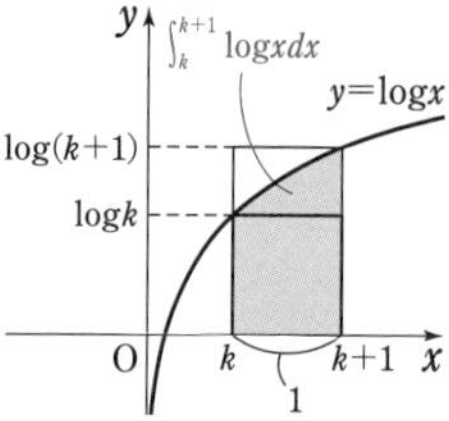

① の左側の不等式で，$k=1,\ 2,\ \cdots\cdots,\ n$ として辺々を加えると

$$\sum_{k=1}^{n}\log k<\int_1^{n+1}\log x\,dx$$

◀$\displaystyle\int_1^2●+\int_2^3●+\cdots+\int_n^{n+1}●=\int_1^{n+1}●$

ここで　$\displaystyle\sum_{k=1}^{n}\log k=\log(1\cdot2\cdot\cdots\cdots\cdot n)=\log(n!)$

◀$\log A+\log B=\log AB$

$$\int_1^{n+1}\log x\,dx=\Big[x\log x-x\Big]_1^{n+1}=(n+1)\log(n+1)-(n+1)+1=(n+1)\log(n+1)-n$$

◀$\displaystyle\int\log x\,dx=x\log x-x+C$
(公式として利用する。)

よって　$\log(n!)<(n+1)\log(n+1)-n$ $\cdots\cdots$ ②

① の右側の不等式で，$k=1,\ 2,\ 3,\ \cdots\cdots,\ n-1$ として辺々を加えると

$$\int_1^n\log x\,dx<\sum_{k=1}^{n-1}\log(k+1)$$

ここで　$\displaystyle\int_1^n\log x\,dx=n\log n-n+1,\ \sum_{k=1}^{n-1}\log(k+1)=\log(2\cdot3\cdot4\cdot\cdots\cdot n)=\log(n!)$

よって　$n\log n-n+1<\log(n!)$ $\cdots\cdots$ ③

②，③ から，$n\geqq2$ のとき

$$n\log n-n+1<\log(n!)<(n+1)\log(n+1)-n \quad\cdots\cdots ④$$

(2) n が十分大きいとき，$n\log n-n=n(\log n-1)>0$ であるから，④ より

$$1+\frac{1}{n\log n-n}<\frac{\log(n!)}{n\log n-n}<\frac{(n+1)\log(n+1)-n}{n\log n-n}$$

ここで

$$\lim_{n\to\infty}\left(1+\frac{1}{n\log n-n}\right)=\lim_{n\to\infty}\left\{1+\frac{1}{n(\log n-1)}\right\}=1+0=1$$

また，$a_n=\dfrac{(n+1)\log(n+1)-n}{n\log n-n}$ とすると

$$a_n=\frac{\left(1+\frac{1}{n}\right)\cdot\dfrac{\log n+\log\left(1+\frac{1}{n}\right)}{\log n}-\dfrac{1}{\log n}}{1-\dfrac{1}{\log n}}$$

$$=\frac{\left(1+\frac{1}{n}\right)\left\{1+\dfrac{1}{\log n}\cdot\log\left(1+\frac{1}{n}\right)\right\}-\dfrac{1}{\log n}}{1-\dfrac{1}{\log n}}$$

$\therefore\ \displaystyle\lim_{n\to\infty}a_n=\frac{(1+0)(1+0)-0}{1-0}=1$ よって $\displaystyle\lim_{n\to\infty}\frac{\log(n!)}{n\log n-n}=\mathbf{1}$

◀この断りは大切。

◀不等号の向きは不変。

◀$n\longrightarrow\infty$ のとき $\log n\longrightarrow\infty$

◀分母・分子を $n\log n$ で割る。
$\log(n+1)$
$=\log\left\{n\left(1+\frac{1}{n}\right)\right\}$
$=\log n+\log\left(1+\frac{1}{n}\right)$

◀**はさみうちの原理。**

検討

代表的な無限級数の収束・発散，和について

① $\displaystyle\sum_{n=1}^{\infty}\frac{1}{n}=1+\frac{1}{2}+\frac{1}{3}+\frac{1}{4}+\cdots\cdots$ は，正の無限大に発散。 ➡ **p.77 重要例題 45**
└── 自然数の逆数の和

② $\displaystyle\sum_{n=1}^{\infty}\frac{1}{n^p}=1+\frac{1}{2^p}+\frac{1}{3^p}+\frac{1}{4^p}+\cdots\cdots$ （リーマンのゼータ関数） ➡ **p.77** 検討

は，$p>1$ のとき収束，$p\leqq 1$ のとき発散することが知られている。

[$p=1$ のときが上の ① の場合である。また，$p=2$ のときについては，p.288 練習 **170** (1) で示した不等式を利用すると，$\displaystyle\sum_{n=1}^{\infty}\frac{1}{n^2}<2$ であることがわかる。]

③ $\displaystyle\sum_{n=1}^{\infty}\frac{(-1)^{n-1}}{n}=1-\frac{1}{2}+\frac{1}{3}-\frac{1}{4}+\cdots\cdots=\log 2$ （メルカトル級数）
➡ **p.290 練習 171，p.295 演習例題 174**

④ $\displaystyle\sum_{n=1}^{\infty}\frac{(-1)^{n-1}}{2n-1}=1-\frac{1}{3}+\frac{1}{5}-\frac{1}{7}+\cdots\cdots=\frac{\pi}{4}$ （ライプニッツ級数） ➡ **p.295 練習 174**

⑤ $\displaystyle\sum_{n=0}^{\infty}\frac{1}{n!}=1+\frac{1}{1!}+\frac{1}{2!}+\frac{1}{3!}+\cdots\cdots=e$ （$0!=1$ とする。） ➡ **p.218 参考事項，p.298** EX145

[p.218 の 例 (1) の結果の式で，$x=1$ とすると得られる。]

練習 ⑤175 n を 2 以上の自然数とする。

(1) 定積分 $\displaystyle\int_1^n x\log x\,dx$ を求めよ。

(2) 次の不等式を証明せよ。

$$\frac{1}{2}n^2\log n-\frac{1}{4}(n^2-1)<\sum_{k=1}^{n}k\log k<\frac{1}{2}n^2\log n-\frac{1}{4}(n^2-1)+n\log n$$

(3) $\displaystyle\lim_{n\to\infty}\frac{\log(1^1\cdot2^2\cdot3^3\cdot\cdots\cdots\cdot n^n)}{n^2\log n}$ を求めよ。 〔類 琉球大〕 p.298 EX148

EXERCISES

④**145** 数列 $\{I_n\}$ を関係式 $I_0=\int_0^1 e^{-x}dx$, $I_n=\frac{1}{n!}\int_0^1 x^n e^{-x}dx$ $(n=1, 2, 3, \cdots\cdots)$ で定めるとき，次の問いに答えよ。

(1) I_0, I_1 を求めよ。　(2) $n\geqq 2$ のとき，I_n-I_{n-1} を n の式で表せ。

(3) $\lim_{n\to\infty} I_n$ を求めよ。　(4) $S_n=\sum_{k=0}^{n}\frac{1}{k!}$ とするとき，$\lim_{n\to\infty} S_n$ を求めよ。

〔類　岡山理科大〕

→171, 174

④**146** $a>0$ に対し，$f(a)=\lim_{t\to+0}\int_t^1 |ax+x\log x|dx$ とおくとき，次の問いに答えよ。必要ならば，$\lim_{t\to+0} t^n \log t=0$ $(n=1, 2, \cdots\cdots)$ を用いてよい。

(1) $f(a)$ を求めよ。

(2) a が正の実数全体を動くとき，$f(a)$ の最小値とそのときの a の値を求めよ。

〔埼玉大〕 →172

④**147** 実数 x に対して，x を超えない最大の整数を $[x]$ で表す。n を正の整数とし $a_n=\sum_{k=1}^{n}\frac{[\sqrt{2n^2-k^2}]}{n^2}$ とする。このとき，$\lim_{n\to\infty} a_n$ を求めよ。〔大阪大 改題〕 →174

⑤**148** xy 平面において，x, y がともに整数であるとき，点 (x, y) を格子点という。2 以上の整数 n に対し，$0<x<n$, $1<2^y<\left(1+\frac{x}{n}\right)^n$ を満たす格子点 (x, y) の個数を $P(n)$ で表すとき

(1) 不等式 $\sum_{k=1}^{n-1}\left\{n\log_2\left(1+\frac{k}{n}\right)-1\right\}\leqq P(n)<\sum_{k=1}^{n-1} n\log_2\left(1+\frac{k}{n}\right)$ を示せ。

(2) 極限値 $\lim_{n\to\infty}\frac{P(n)}{n^2}$ を求めよ。

(3) (2) で求めた極限値を L とするとき，不等式 $L-\frac{P(n)}{n^2}>\frac{1}{2n}$ を示せ。

〔熊本大〕 →175

HINT

145 (2) 部分積分法を利用。

(3) $0\leqq x\leqq 1$ のとき，$0\leqq x^n\leqq 1$ から $0\leqq x^n e^{-x}\leqq e^{-x}$　これと，はさみうちの原理を利用。

(4) S_n を I_n の式で表して，(3) の結果を用いる。

146 (1) $|\ \ |$ の中の式が $=0$ となるのは，$x=e^{-a}$ のとき。$a>0$ のとき，$0<e^{-a}<1$ であるから，$x=e^{-a}$ の前後で積分区間を分けて定積分を求める。

147 $\sqrt{2n^2-k^2}-1<[\sqrt{2n^2-k^2}]\leqq\sqrt{2n^2-k^2}$ を変形して定積分に結びつける。

148 (1) まず，$1<2^y<\left(1+\frac{x}{n}\right)^n$ について，各辺の 2 を底とする対数をとり，y の値の範囲を求める。

(2) はさみうちの原理を利用。

数学Ⅲ 第6章

積分法の応用

6

SELECT STUDY

- 基本定着コース……教科書の基本事項を確認したいきみに
- 精選速習コース……入試の基礎を短期間で身につけたいきみに
- 実力練成コース……入試に向け実力を高めたいきみに

START

- 基本定着コース：177, 178, 180, 182, 185, 192, 193, 194, 195, 197, 198, 201, 208, 210, 211
- 精選速習コース：179, 181, 182, 183, 186, 188, 190, 193, 196, 197, 199, 201, 202, 203, 204, 205, 208, 209, 211, 212
- 実力練成コース：181, 183, 184, 187, 188, 189, 190, 193, 196, 199, 202, 203, 204, 205, 206, 207, 209, 212

例題一覧

		番号	例題	難易度
27	基本	176	曲線 $y=f(x)$ と x 軸の間の面積	①
	基本	177	2 曲線間の面積	②
	基本	178	曲線 $x=g(y)$ と y 軸の間の面積	③
	基本	179	接する 2 曲線と面積	③
	基本	180	陰関数で表された曲線と面積 (1)	③
	基本	181	陰関数で表された曲線と面積 (2)	③
	基本	182	媒介変数表示の曲線と面積 (1)	②
	重要	183	媒介変数表示の曲線と面積 (2)	④
	重要	184	回転移動を利用して面積を求める	④
	基本	185	面積から関数の係数決定	③
	重要	186	面積の 2 等分	③
	重要	187	面積に関する極限	③
	重要	188	面積の最小値（微分法利用）	③
	重要	189	面積に関する無限級数	⑤
	重要	190	逆関数と面積	④
	重要	191	極方程式で表された曲線と面積	④
28	基本	192	断面積と立体の体積 (1)	②
	基本	193	断面積と立体の体積 (2)	②
	基本	194	x 軸の周りの回転体の体積 (1)	②
	基本	195	x 軸の周りの回転体の体積 (2)	②
	基本	196	x 軸の周りの回転体の体積 (3)	③
	基本	197	半球形の容器を傾けたときの水の流出量	②
	基本	198	y 軸の周りの回転体の体積 (1)	②
	重要	199	y 軸の周りの回転体の体積 (2)	④
	基本	200	曲線の接線と回転体の体積	③
	基本	201	媒介変数表示の曲線と回転体の体積	②
	重要	202	直線 $y=x$ の周りの回転体の体積	④
	重要	203	連立不等式で表される立体の体積	④
	重要	204	共通部分の体積	④
	重要	205	座標空間における回転体の体積 (1)	④
	重要	206	座標空間における回転体の体積 (2)	⑤
	重要	207	立体の通過領域の体積	④
29	基本	208	曲線の長さ (1)	②
	重要	209	曲線の長さ (2)	④
	基本	210	速度・加速度・位置と道のり（直線運動）	②
	基本	211	位置と道のり（平面運動）	②
	重要	212	量と積分…水の排出など	③
30	演習	213	微分方程式の解法の基本	③
	演習	214	微分方程式の解法（おき換えの利用）	④
	演習	215	微分方程式を導いて曲線決定	③

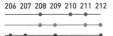

27 面積

基本事項

1 曲線 $y=f(x)$ と x 軸の間の面積

曲線 $y=f(x)$ と x 軸と 2 直線 $x=a$, $x=b$ $(a<b)$ で囲まれた部分の面積 S は

$$S=\int_a^b |f(x)|dx$$

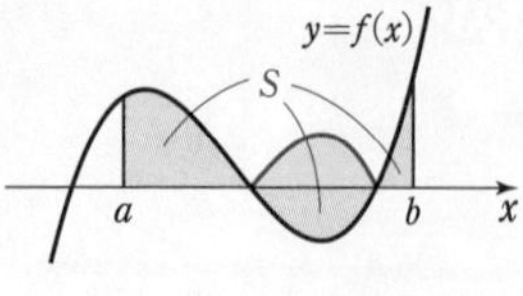

2 2 曲線間の面積

2 つの曲線 $y=f(x)$, $y=g(x)$ と 2 直線 $x=a$, $x=b$ $(a<b)$ で囲まれた部分の面積 S は

$$S=\int_a^b |f(x)-g(x)|dx$$

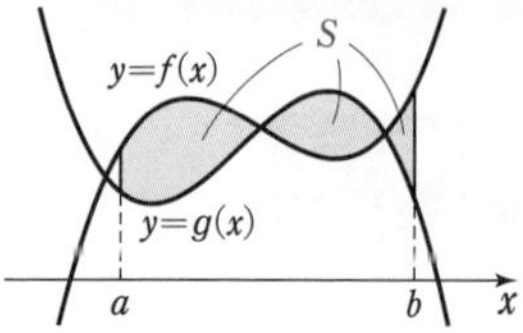

3 曲線 $x=g(y)$ と y 軸の間の面積

曲線 $x=g(y)$ と y 軸と 2 直線 $y=c$, $y=d$ $(c<d)$ で囲まれた部分の面積 S は

$$S=\int_c^d |g(y)|dy$$

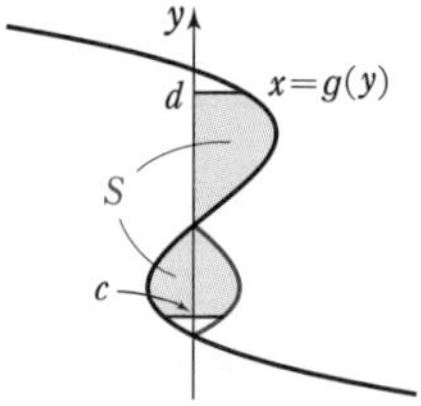

解説

■ x 軸との間の面積

$a\leqq x\leqq b$ で，曲線 $y=f(x)$ と x 軸と 2 直線 $x=a$, $x=b$ で囲まれた部分の面積 S は

常に $f(x)\geqq 0$ のとき $S=\int_a^b f(x)dx$ 　 **常に $f(x)\leqq 0$ のとき** $S=-\int_a^b f(x)dx$

■ 2 曲線間の面積

常に $f(x)\geqq g(x)\geqq 0$ のとき

$$S=\int_a^b f(x)dx-\int_a^b g(x)dx=\int_a^b \{f(x)-g(x)\}dx$$

$f(x)\geqq g(x)$ であるが，$g(x)$ が負の値をとることがある場合は，適当な正の数 c を選び $f(x)+c\geqq g(x)+c\geqq 0$ とする。平行移動しても面積は変わらないから

$$S=\int_a^b [\{f(x)+c\}-\{g(x)+c\}]dx=\int_a^b \{f(x)-g(x)\}dx$$

一般に，上の基本事項の **2** が成り立つ。

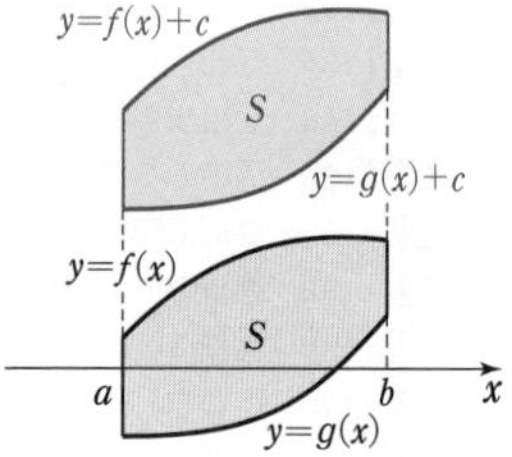

■ y 軸との間の面積

y 軸についても上の **1**, **2** と同様の公式が成り立つ。

曲線 $x=g(y)$ と y 軸と 2 直線 $y=c$, $y=d$ で囲まれた部分の面積 S は

$$S=\int_c^d |g(y)|dy \quad (c<d)$$

2 曲線 $x=f(y)$, $x=g(y)$ の場合は 　 $S=\int_c^d |f(y)-g(y)|dy \quad (c<d)$

基本例題 176 曲線 $y=f(x)$ と x 軸の間の面積

次の曲線と直線で囲まれた部分の面積 S を求めよ。

(1) $y=-\cos^2 x\ \left(0 \leqq x \leqq \dfrac{\pi}{2}\right)$, x 軸, y 軸

(2) $y=(3-x)e^x$, $x=0$, $x=2$, x 軸

p.300 基本事項 1　重要 189

指針

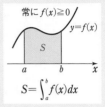

1 求める部分がどのような図形かを知るために，グラフをかく。

2 曲線と x 軸の共有点の x 座標を求め，**積分区間** を決める。

3 2 の区間における曲線と x 軸の **上下関係** を調べる。

4 定積分を計算して面積を求める。

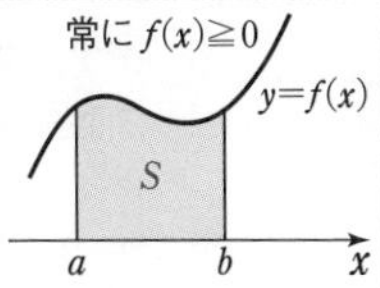

$S=\int_a^b f(x)dx$

CHART 面積の計算　まず　グラフをかく

解答

(1) $0 \leqq x \leqq \dfrac{\pi}{2}$ で $y \leqq 0$ であるから

$$S=-\int_0^{\frac{\pi}{2}}(-\cos^2 x)dx$$
$$=\int_0^{\frac{\pi}{2}}\frac{\cos 2x+1}{2}dx$$
$$=\frac{1}{2}\left[\frac{\sin 2x}{2}+x\right]_0^{\frac{\pi}{2}}$$
$$=\boldsymbol{\frac{\pi}{4}}$$

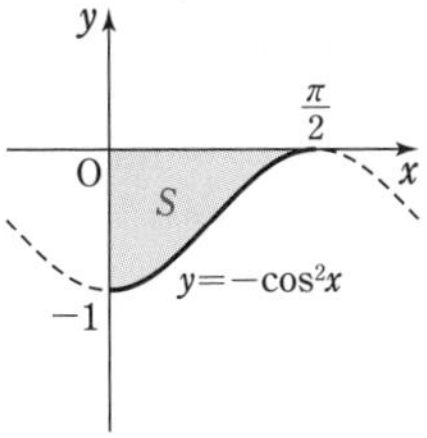

◀区間 $[a,\ b]$ で常に $f(x)\leqq 0$ のとき
$S=-\int_a^b f(x)dx$
マイナスがつく。

(2) $y'=-e^x+(3-x)e^x=(2-x)e^x$

$y'=0$ とすると　$x=2$

増減表は右のようになる。

x	$\cdots$	2	$\cdots$
y'	$+$	0	$-$
y	↗	e^2	↘

曲線と x 軸の交点の x 座標は，

$(3-x)e^x=0$ を解いて

$x=3$

◀$e^x>0$

$0 \leqq x \leqq 2$ で $y>0$ であるから

$$S=\int_0^2(3-x)e^x dx$$
$$=\Big[(3-x)e^x\Big]_0^2+\int_0^2 e^x dx$$
$$=e^2-3+\Big[e^x\Big]_0^2$$
$$=\boldsymbol{2e^2-4}$$

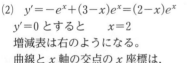

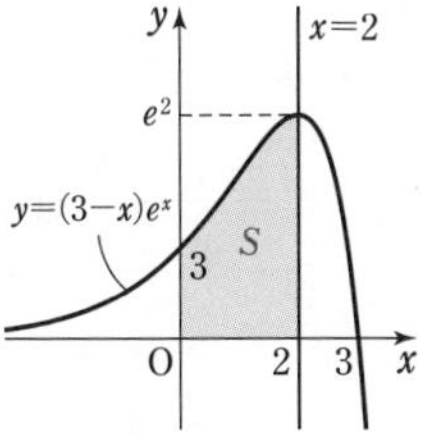

◀$\int(3-x)e^x dx$
$=\int(3-x)(e^x)'dx$
$=(3-x)e^x+\int e^x dx$
(部分積分法)

注意 左の解答(2)では，微分してグラフをかいているが，面積を求めるためにかくグラフは，曲線と座標軸の交点や y の符号がわかる程度の簡単なものでよい。

練習 176 次の曲線と x 軸で囲まれた部分の面積 S を求めよ。

(1) $y=-x^4+2x^3$　(2) $y=x+\dfrac{4}{x}-5$　(3) $y=10-9e^{-x}-e^x$

基本例題 177 2曲線間の面積

区間 $0 \leqq x \leqq 2\pi$ において，2つの曲線 $y=\sin x$, $y=\sin 2x$ で囲まれた図形の面積 S を求めよ。

p.300 基本事項 2，基本 176　重要 186〜188

指針 2曲線が囲む図形の面積を求める場合，**2曲線の上下関係と共有点** が重要な役割を果たす。

1. まず，**グラフをかく。**
2. 2曲線の共有点の x 座標を求め，**積分区間** を決める。
   ↑ 連立した方程式の実数解。
3. 2 の区間における，2曲線の **上下関係** を調べる。
4. $\int_a^b \{(\text{上の曲線の式})-(\text{下の曲線の式})\}dx$ を計算して，面積を求める。

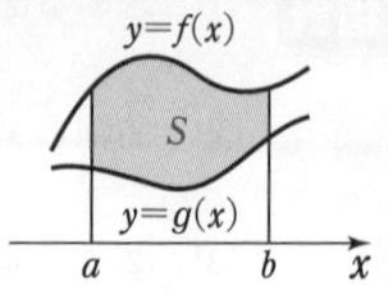

$S=\int_a^b \{f(x)-g(x)\}dx$

なお，図形の **対称性** を利用すると定積分の計算がらくになることがある。

CHART 面積 計算はらくに 対称性を利用

解答

2曲線の共有点の x 座標は，$\sin x=\sin 2x$ とすると　$\sin x=2\sin x\cos x$

よって　$\sin x(1-2\cos x)=0$

ゆえに　$\sin x=0$ または $\cos x=\dfrac{1}{2}$

$0 \leqq x \leqq 2\pi$ であるから

$$x=0,\ \frac{\pi}{3},\ \pi,\ \frac{5}{3}\pi,\ 2\pi$$

また，2曲線の位置関係は，右の図のようになり，面積を求める図形は点 $(\pi,\ 0)$ に関して対称。

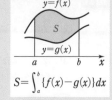

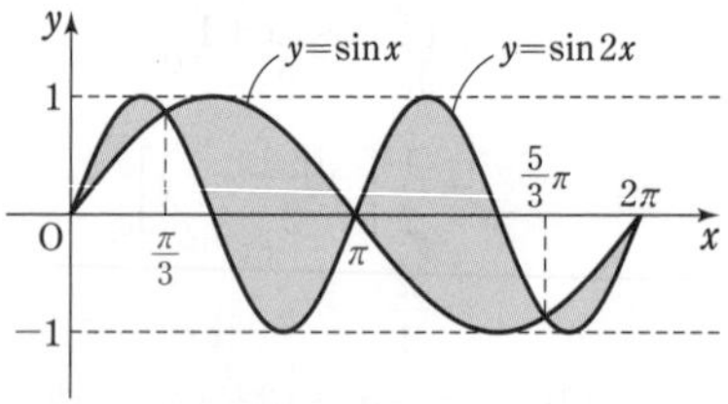

よって，$0 \leqq x \leqq \pi$ の範囲で考えると

$$\frac{1}{2}S=\int_0^{\frac{\pi}{3}}(\sin 2x-\sin x)dx+\int_{\frac{\pi}{3}}^{\pi}(\sin x-\sin 2x)dx$$

$$=\int_0^{\frac{\pi}{3}}(\sin 2x-\sin x)dx-\int_{\frac{\pi}{3}}^{\pi}(\sin 2x-\sin x)dx$$

$$=\left[-\frac{1}{2}\cos 2x+\cos x\right]_0^{\frac{\pi}{3}}-\left[-\frac{1}{2}\cos 2x+\cos x\right]_{\frac{\pi}{3}}^{\pi}$$

$$=2\left(\frac{1}{4}+\frac{1}{2}\right)-\left(-\frac{1}{2}+1\right)-\left(-\frac{1}{2}-1\right)=\frac{5}{2}$$

したがって　$S=\mathbf{5}$

◀2曲線の上下関係は，$\sin x-\sin 2x$ $=\sin x(1-2\cos x)$ の符号から判断するのもよい。
$0 \leqq x \leqq \dfrac{\pi}{3}$ では $\sin 2x \geqq \sin x$
$\dfrac{\pi}{3} \leqq x \leqq \pi$ では $\sin 2x \leqq \sin x$

練習 ②177 次の曲線または直線で囲まれた部分の面積 S を求めよ。

(1) $y=xe^x$, $y=e^x$ $(0 \leqq x \leqq 1)$, $x=0$　(2) $y=\log\dfrac{3}{4-x}$, $y=\log x$

(3) $y=\sqrt{3}\cos x$, $y=\sin 2x$ $(0 \leqq x \leqq \pi)$　(4) $y=(\log x)^2$, $y=\log x^2$ $(x>0)$

［(2) 東京電機大，(3) 類 大阪産大］

基本 例題 178 曲線 $x=g(y)$ と y 軸の間の面積 ③

次の曲線と直線で囲まれた部分の面積 S を求めよ。

(1) $y=e\log x$, $y=-1$, $y=2e$, y 軸

(2) $y=-\cos x$ $(0\leqq x\leqq \pi)$, $y=\dfrac{1}{2}$, $y=-\dfrac{1}{2}$, y 軸

p.300 基本事項 3 重要 184

指針 まず，曲線の概形をかき，**曲線と直線や座標軸との共有点** を調べる。

(1) $y=e\log x$ を x について解き，**y で積分する** とよい。
……x についての積分で面積を求めるよりも，計算がらくになる。

(2) (1)と同じように考えても，高校数学の範囲では $y=-\cos x$ を $x=g(y)$ の形にはできない。そこで置換積分法を利用する。

なお，(1), (2) ともに 別解 のような，**長方形の面積から引く** 方法でもよい。

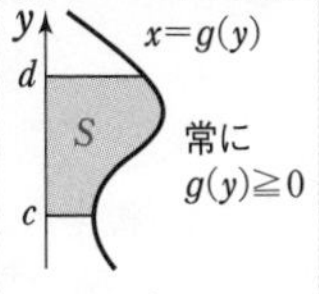

$$S=\int_c^d g(y)dy$$

解答

(1) $y=e\log x$ から $\quad x=e^{\frac{y}{e}}$

$-1\leqq y\leqq 2e$ で常に $\quad x>0$

よって

$$S=\int_{-1}^{2e} e^{\frac{y}{e}}dy=\left[e\cdot e^{\frac{y}{e}}\right]_{-1}^{2e}$$
$$=e\cdot e^2-e\cdot e^{-\frac{1}{e}}$$
$$=\boldsymbol{e^3-e^{1-\frac{1}{e}}}$$

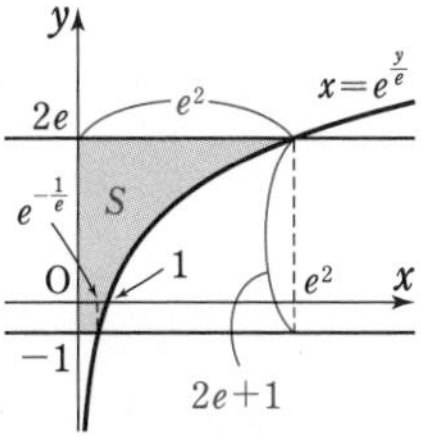

(2) $y=-\cos x$ から $\quad dy=\sin x\,dx$

よって

y	$-\dfrac{1}{2}\longrightarrow\dfrac{1}{2}$
x	$\dfrac{\pi}{3}\longrightarrow\dfrac{2}{3}\pi$

$$S=\int_{-\frac{1}{2}}^{\frac{1}{2}} x\,dy=\int_{\frac{\pi}{3}}^{\frac{2}{3}\pi} x\sin x\,dx$$
$$=\Big[-x\cos x\Big]_{\frac{\pi}{3}}^{\frac{2}{3}\pi}+\int_{\frac{\pi}{3}}^{\frac{2}{3}\pi}\cos x\,dx$$
$$=-\frac{2}{3}\pi\cdot\left(-\frac{1}{2}\right)+\frac{\pi}{3}\cdot\frac{1}{2}+\Big[\sin x\Big]_{\frac{\pi}{3}}^{\frac{2}{3}\pi}$$
$$=\frac{\pi}{3}+\frac{\pi}{6}+0=\boldsymbol{\frac{\pi}{2}}$$

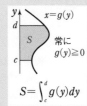

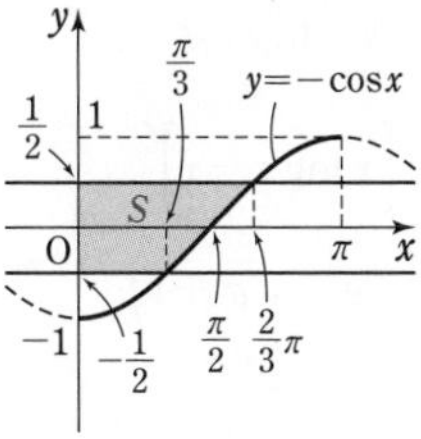

(1)の 別解 (長方形の面積から引く方法)

$S=e^2(2e+1)$
$\quad -\int_{e^{-\frac{1}{e}}}^{e^2}(e\log x+1)dx$
$=2e^3+e^2$
$\quad -\Big[e(x\log x-x)+x\Big]_{e^{-\frac{1}{e}}}^{e^2}$
$=\boldsymbol{e^3-e^{1-\frac{1}{e}}}$

(2)の 別解 (上と同じ方法)

$S=\dfrac{2}{3}\pi\cdot\left(\dfrac{1}{2}+\dfrac{1}{2}\right)$
$\quad -\int_{\frac{\pi}{3}}^{\frac{2}{3}\pi}\left(-\cos x+\dfrac{1}{2}\right)dx$
$=\dfrac{2}{3}\pi+\left[\sin x-\dfrac{1}{2}x\right]_{\frac{\pi}{3}}^{\frac{2}{3}\pi}$
$=\boldsymbol{\dfrac{\pi}{2}}$

練習 ③178 次の曲線と直線で囲まれた部分の面積 S を求めよ。

(1) $x=y^2-2y-3$, $y=-x-1$

(2) $y=\dfrac{1}{\sqrt{x}}$, $y=1$, $y=\dfrac{1}{2}$, y 軸

(3) $y=\tan x$ $\left(0\leqq x<\dfrac{\pi}{2}\right)$, $y=\sqrt{3}$, $y=1$, y 軸

p.318 EX149

基本例題 179 接する2曲線と面積 ③③③③③

曲線 $y=\log x$ が曲線 $y=ax^2$ と接するように正の定数 a の値を定めよ。また，そのとき，これらの曲線と x 軸で囲まれる図形の面積を求めよ。〔信州大〕

基本 85，176，177

指針　（前半）　2曲線 $y=f(x)$，$y=g(x)$ が点 $(p,\ q)$ で接する条件は

$$\begin{cases} f(p)=g(p) & \cdots\cdots\ y\text{ 座標が一致} \\ f'(p)=g'(p) & \cdots\cdots\ \text{傾きが等しい} \end{cases}$$

（p.147 基本例題 **85** 参照。）

（後半）　（前半）の結果から2曲線の **接点の座標** がわかるから，グラフをもとに2曲線の **上下関係** をつかみ，面積を計算。

なお，面積の計算には　[1] x 軸方向の定積分　[2] y 軸方向の定積分　の2通りが考えられるが，ここでは [1] の方針で解答してみよう。

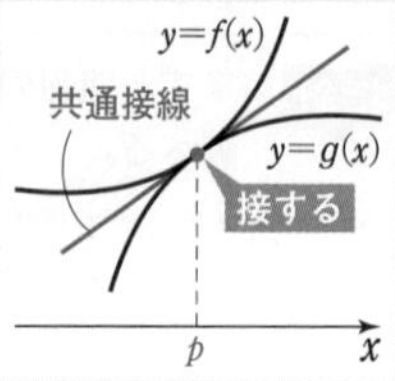

解答

$f(x)=\log x$，$g(x)=ax^2$ とすると　$f'(x)=\dfrac{1}{x}$，$g'(x)=2ax$

2曲線 $y=f(x)$，$y=g(x)$ が $x=c$ の点で接するための条件は　$\log c=ac^2$ …… ①　かつ　$\dfrac{1}{c}=2ac$ …… ②

◀①：$f(c)=g(c)$
②：$f'(c)=g'(c)$

② から　$a=\dfrac{1}{2c^2}$ …… ③

③ を ① に代入して　$\log c=\dfrac{1}{2}$

ゆえに　$c=\sqrt{e}$　したがって　$\boldsymbol{a=\dfrac{1}{2c^2}=\dfrac{1}{2e}}$

このとき，接点の座標は　$\left(\sqrt{e},\ \dfrac{1}{2}\right)$

よって，求める面積 S は

$$S=\int_0^{\sqrt{e}}\frac{1}{2e}x^2dx-\int_1^{\sqrt{e}}\log x\,dx$$

$$=\frac{1}{2e}\left[\frac{x^3}{3}\right]_0^{\sqrt{e}}-\Big[x\log x-x\Big]_1^{\sqrt{e}}$$

$$=\frac{1}{6}\sqrt{e}-\left(\frac{1}{2}\sqrt{e}-\sqrt{e}+1\right)$$

$$=\boldsymbol{\frac{2}{3}\sqrt{e}-1}$$

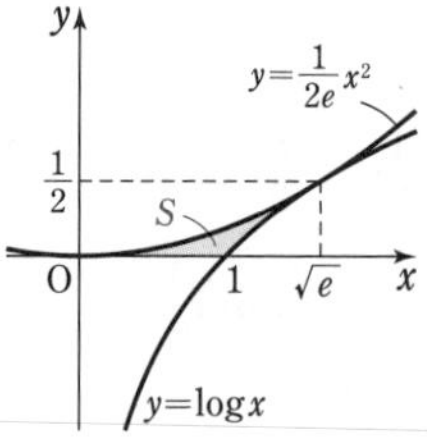

（後半）の 別解
（指針の [2] による）

$y=\dfrac{1}{2e}x^2\ (x\geqq 0)$
$\Longleftrightarrow x=\sqrt{2ey}$

$y=\log x \Longleftrightarrow x=e^y$ から

$$S=\int_0^{\frac{1}{2}}(e^y-\sqrt{2ey})dy$$

$$=\left[e^y-\frac{2\sqrt{2e}}{3}y\sqrt{y}\right]_0^{\frac{1}{2}}$$

$$=\sqrt{e}-\frac{2\sqrt{2e}}{3}\cdot\frac{1}{2}\cdot\frac{1}{\sqrt{2}}-1$$

$$=\boldsymbol{\frac{2}{3}\sqrt{e}-1}$$

練習 ③179　e は自然対数の底，a，b，c は実数である。放物線 $y=ax^2+b$ を C_1 とし，曲線 $y=c\log x$ を C_2 とする。C_1 と C_2 が点 $\mathrm{P}(e,\ e)$ で接しているとき

(1)　a，b，c の値を求めよ。

(2)　C_1，C_2 および x 軸，y 軸で囲まれた図形の面積を求めよ。〔佐賀大〕

p.318 EX150

基本 例題 180 陰関数で表された曲線と面積 (1)

2つの楕円 $x^2+3y^2=4$ …… ①，$3x^2+y^2=4$ …… ② がある。

(1) 2つの楕円の4つの交点の座標を求めよ。

(2) 2つの楕円の内部の重なった部分の面積を求めよ。

基本 177

指針 (1) **共有点 ⟺ 実数解**　楕円 ①，② の方程式を連立して解く。

(2) 陰関数で表された曲線の問題では，曲線の **対称性** に注目するとよい。
この問題では，まず楕円 ①，② の概形をかいてみると，これらは x 軸，y 軸に関して対称であることがわかる（解答の〔図1〕参照）。更に，楕円 ①，② は直線 $y=x$ に関して互いに対称であるから，楕円の重なった部分のうち，$x\geqq 0$，$y\geqq 0$，$y\geqq x$ を満たす部分（〔図1〕の斜線部分）の面積を求め，それを **8倍** する。

解答

(1) ② から　$y^2=4-3x^2$ …… ③

③ を ① に代入して　$x^2+3(4-3x^2)=4$

整理すると　$x^2=1$　　よって　$x=\pm 1$

$x=\pm 1$ を ③ に代入して　$y^2=1$　ゆえに　$y=\pm 1$

よって，求める4つの交点の座標は

$$\boldsymbol{(1,\ 1),\ (1,\ -1),\ (-1,\ 1),\ (-1,\ -1)}$$

(2) 楕円の内部が重なった部分の図形を D とすると，図形 D は x 軸，y 軸，および直線 $y=x$ に関して対称である。Ⓐ よって，〔図1〕の斜線部分の面積を S とすると，求める面積は $8S$ である。

〔図1〕

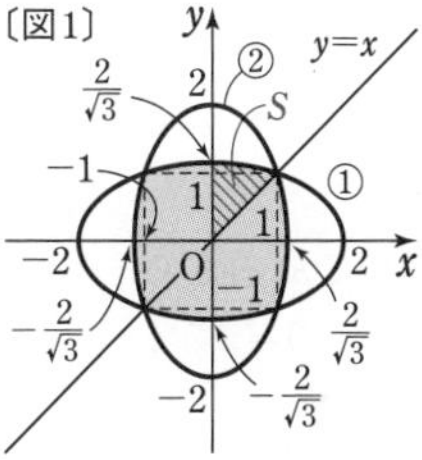

① より，$y=\pm\dfrac{1}{\sqrt{3}}\sqrt{4-x^2}$ である

から　$S=\dfrac{1}{\sqrt{3}}\displaystyle\int_0^1\sqrt{4-x^2}\,dx-\dfrac{1}{2}\cdot 1^2$

Ⓑ $\displaystyle\int_0^1\sqrt{4-x^2}\,dx$ は〔図2〕の赤い部分の面積に等しいから，これを求めると

〔図2〕

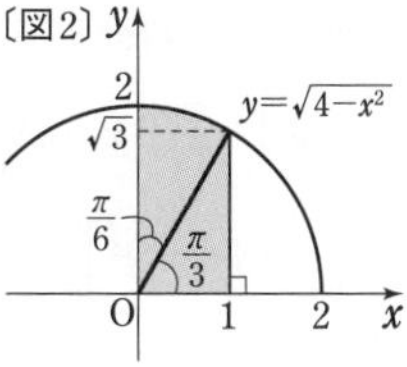

Ⓒ $\dfrac{1}{2}\cdot 2^2\cdot\dfrac{\pi}{6}+\dfrac{1}{2}\cdot 1\cdot\sqrt{3}=\dfrac{\pi}{3}+\dfrac{\sqrt{3}}{2}$

$\therefore\quad S=\dfrac{1}{\sqrt{3}}\left(\dfrac{\pi}{3}+\dfrac{\sqrt{3}}{2}\right)-\dfrac{1}{2}=\dfrac{\sqrt{3}}{9}\pi$

よって，求める面積は　$8S=8\cdot\dfrac{\sqrt{3}}{9}\pi=\boldsymbol{\dfrac{8\sqrt{3}}{9}\pi}$

Ⓐ この問題（楕円）では，これらの対称性を図から直観的に認めてよい。なお，対称性を厳密に確認するには，次ページの基本例題 **181** の解答（1～3行目）と同様の考察と，①（②）で x を y，y を x におき換えると ②（①）に一致することの確認が必要になる。

面　積
計算はらくに
対称性の利用

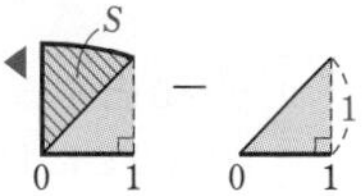

Ⓑ $x=2\sin\theta$ とおいて定積分を計算してもよいが，図を利用する方が早い（$p.255$ 参照）。

Ⓒ 半径 r，中心角 θ ラジアンの扇形の面積は $\dfrac{1}{2}r^2\theta$（$p.10$ 参照。）

練習 ③180 次の面積を求めよ。　〔(2) 新潟大〕

(1) 連立不等式 $x^2+y^2\leqq 4$，$xy\geqq\sqrt{3}$，$x>0$，$y>0$ で表される領域の面積

(2) 2つの楕円 $x^2+\dfrac{y^2}{3}=1$，$\dfrac{x^2}{3}+y^2=1$ の内部の重なった部分の面積

基本例題 181 陰関数で表された曲線と面積 (2)

曲線 $(x^2-2)^2+y^2=4$ で囲まれる部分の面積 S を求めよ。

重要 109，基本 180

指針 この例題も陰関数で表された曲線の問題であるが，曲線の概形はすぐにイメージできない。そこで，まず，曲線の **対称性** に注目してみる（$p.185$ 重要例題 **109** 参照）。

$(x,\ y)$ を $(x,\ -y)$，$(-x,\ y)$，$(-x,\ -y)$ におき換えても与式は成り立つから，曲線は x 軸，y 軸，原点に関して対称であることがわかる。ゆえに，$x \geqq 0$，$y \geqq 0$ の範囲で考える。

このとき，$y^2=x^2(4-x^2) \geqq 0$ から　$y=x\sqrt{4-x^2}$ …… ①

よって，曲線 ① と x 軸で囲まれる部分の面積を求め，それを **4倍** する。

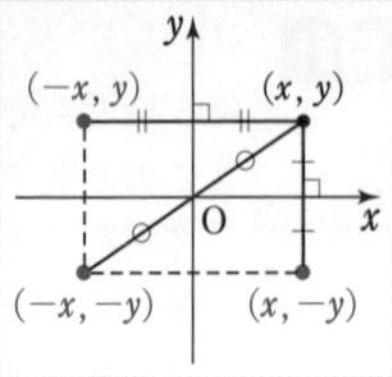

CHART 面積　計算はらくに　対称性の利用

解答

曲線の式で $(x,\ y)$ を $(x,\ -y)$，$(-x,\ y)$，$(-x,\ -y)$ におき換えても $(x^2-2)^2+y^2=4$ は成り立つから，この曲線は x 軸，y 軸，原点に関して対称である。

したがって，求める面積 S は，図の斜線部分の面積の 4 倍である。

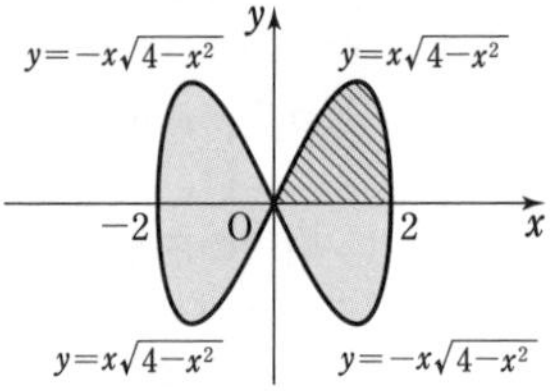

$(x^2-2)^2+y^2=4$ から　$y^2=x^2(4-x^2)$

$x \geqq 0$，$y \geqq 0$ のとき　$y=x\sqrt{4-x^2}$

ここで，$4-x^2 \geqq 0$ であるから　$-2 \leqq x \leqq 2$

$x \geqq 0$ と合わせて　$0 \leqq x \leqq 2$

$0<x<2$ のとき

$$y'=\sqrt{4-x^2}+x\cdot\frac{-2x}{2\sqrt{4-x^2}}=\frac{4-2x^2}{\sqrt{4-x^2}}$$

$y'=0$ とすると，$0<x<2$ では　$x=\sqrt{2}$

$0 \leqq x \leqq 2$ における増減表は右のようになる。

x	0	…	$\sqrt{2}$	…	2
y'		+	0	−	
y	0	↗	2	↘	0

よって　$$S=4\int_0^2 x\sqrt{4-x^2}\,dx=4\int_0^2 (4-x^2)^{\frac{1}{2}}\cdot\frac{(4-x^2)'}{-2}dx$$

$$=-2\left[\frac{2}{3}(4-x^2)^{\frac{3}{2}}\right]_0^2=-\frac{4}{3}\left(0-4^{\frac{3}{2}}\right)$$

$$=\boldsymbol{\frac{32}{3}}$$

◀ $4-x^2=t$ とおくと $-2x\,dx=dt$
$S=4\int_4^0 \sqrt{t}\left(-\frac{1}{2}\right)dt$

◀ $4^{\frac{3}{2}}=(2^2)^{\frac{3}{2}}=2^3=8$

参考　この曲線は，リサージュ曲線 $\begin{cases} x=2\sin\theta \\ y=2\sin 2\theta \end{cases}$ である（$p.188$）。

練習 ③**181** 次の図形の面積 S を求めよ。

(1) 曲線 $\sqrt{x}+\sqrt{y}=2$ と x 軸および y 軸で囲まれた図形

(2) 曲線 $y^2=(x+3)x^2$ で囲まれた図形

(3) 曲線 $2x^2-2xy+y^2=4$ で囲まれた図形

p.318 EX 151, 152

基本例題 182 媒介変数表示の曲線と面積 (1)

媒介変数 t によって，$x=4\cos t$，$y=\sin 2t$ $\left(0\leqq t\leqq\dfrac{\pi}{2}\right)$ と表される曲線と x 軸で囲まれた部分の面積 S を求めよ。

重要 110　重要 183

指針 媒介変数 t を消去して $y=F(x)$ の形に表すこともできるが，計算は面倒になる。
そこで $x=f(t)$，$y=g(t)$ のまま，面積 S を 置換積分法で求める。

1. 曲線と x 軸の交点の x 座標($y=0$ となる t の値)を求める。
2. t の変化に伴う，x の値の変化や y の符号を調べる。
3. 面積を定積分で表す。計算の際は，次の置換積分法を用いる。

$$S=\int_a^b y\,dx=\int_\alpha^\beta g(t)f'(t)dt \quad a=f(\alpha),\ b=f(\beta)$$

解答

$0\leqq t\leqq\dfrac{\pi}{2}$ …… ① の範囲で $y=0$ となる t の値は

$t=0,\ \dfrac{\pi}{2}$

また，① の範囲においては，常に $y\geqq0$ である。

$x=4\cos t$ から　$\dfrac{dx}{dt}=-4\sin t$

よって　$dx=-4\sin t\,dt$

$y=\sin 2t$ から

$\dfrac{dy}{dt}=2\cos 2t$ であり，

$\dfrac{dy}{dt}=0$ とすると

$t=\dfrac{\pi}{4}$

ゆえに，右のような表が得られる(↘ は減少，↗ は増加を表す)(*)。

t	0	…	$\frac{\pi}{4}$	…	$\frac{\pi}{2}$
$\frac{dx}{dt}$	0	−	−	−	−
x	4	↘	$2\sqrt{2}$	↘	0
$\frac{dy}{dt}$	+	+	0	−	−
y	0	↗	1	↘	0

よって　$S=\displaystyle\int_0^4 y\,dx$

$=\displaystyle\int_{\frac{\pi}{2}}^0 \sin 2t\cdot(-4\sin t)dt$

$=4\displaystyle\int_0^{\frac{\pi}{2}} \sin 2t\sin t\,dt$

$=8\displaystyle\int_0^{\frac{\pi}{2}} \sin^2 t\cos t\,dt$

$=8\left[\dfrac{1}{3}\sin^3 t\right]_0^{\frac{\pi}{2}}=\dfrac{8}{3}$

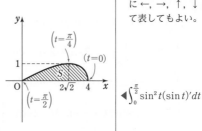

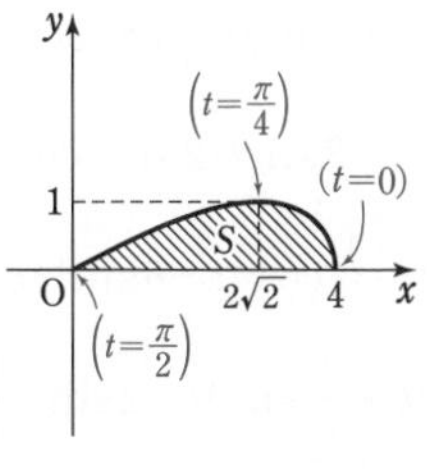

検討

x と t の対応は次の通り。

t	$0\longrightarrow\frac{\pi}{2}$
x	$4\longrightarrow0$

また，$0\leqq t\leqq\dfrac{\pi}{2}$ では $y\geqq0$ であるから，曲線は x 軸の上側の部分にある。
面積の計算では，積分区間・上下関係がわかればよいから，増減表や概形をかかなくても面積を求めることはできる。しかし，概形を調べないと面積が求められない問題もあるので，そのときは左のようにして調べる。

(*) 重要例題 110 のように ←，→，↑，↓ を用いて表してもよい。

◀$\displaystyle\int_0^{\frac{\pi}{2}}\sin^2 t(\sin t)'dt$

6章 27 面積

練習 ②182 曲線 $\begin{cases}x=t-\sin t\\ y=1-\cos t\end{cases}$ $(0\leqq t\leqq\pi)$ と x 軸および直線 $x=\pi$ で囲まれる部分の面積 S を求めよ。　〔筑波大〕

p.318 EX153

重要例題 183 媒介変数表示の曲線と面積(2) ④

媒介変数 t によって，$x=2\cos t-\cos 2t$，$y=2\sin t-\sin 2t$ $(0\leqq t\leqq\pi)$ と表される右図の曲線と，x 軸で囲まれた図形の面積 S を求めよ。

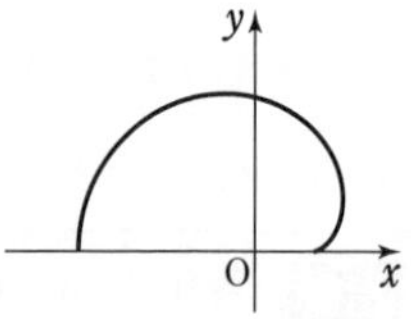

基本 182

指針 曲線の概形をみると，x の1つの値に対して y の値が2つ定まる部分がある（解答の図の $1\leqq x<\frac{3}{2}$ の部分）。これは，前ページの基本例題 **182** のように，t の変化につれて x が常に増加（または常に減少）というわけではないためである。
→ x の値の変化を調べて，**x の増加・減少が変わる t の値 t_0 を求め，$0\leqq t\leqq t_0$ における y を y_1，$t_0\leqq t\leqq\pi$ における y を y_2 として進める** とよい。

解答

図から，$0\leqq t\leqq\pi$ では常に　$y\geqq 0$
また，$y=2\sin t(1-\cos t)$ であるから，$y=0$ とすると　$\sin t=0$　または　$\cos t=1$
$0\leqq t\leqq\pi$ から　$t=0,\ \pi$　更に

$$\frac{dx}{dt}=-2\sin t+2\sin 2t=2\sin t(2\cos t-1)$$

$0<t<\pi$ で $\frac{dx}{dt}=0$ とすると，$\cos t=\frac{1}{2}$ から　$t=\frac{\pi}{3}$

t	0	$\cdots$	$\frac{\pi}{3}$	$\cdots$	π
$\frac{dx}{dt}$		$+$	0	$-$	
x	1	↗	$\frac{3}{2}$	↘	-3

よって，x の値の増減は右上の表のようになる。
ゆえに，$0\leqq t\leqq\frac{\pi}{3}$ における y を y_1，$\frac{\pi}{3}\leqq t\leqq\pi$ における y を y_2 とすると

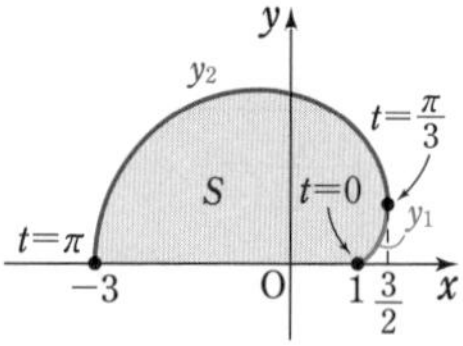

$$S=\int_{-3}^{\frac{3}{2}}y_2\,dx-\int_{1}^{\frac{3}{2}}y_1\,dx=\int_{\pi}^{\frac{\pi}{3}}y\frac{dx}{dt}dt-\int_{0}^{\frac{\pi}{3}}y\frac{dx}{dt}dt$$

$$=\int_{\pi}^{0}y\frac{dx}{dt}dt \text{ (A)}=\int_{\pi}^{0}(2\sin t-\sin 2t)\underset{\sim\sim\sim}{(-2\sin t+2\sin 2t)}dt$$

$$=2\int_{0}^{\pi}(2\sin t-\sin 2t)(\sin t-\sin 2t)dt \text{ (B)}$$

$$=2\int_{0}^{\pi}(2\sin^2 t-3\sin t\sin 2t+\sin^2 2t)dt$$

$$=2\int_{0}^{\pi}\left(2\cdot\frac{1-\cos 2t}{2}-3\sin t\cdot 2\sin t\cos t+\frac{1-\cos 4t}{2}\right)dt$$

$$=2\int_{0}^{\pi}\left(\frac{3}{2}-\cos 2t-\frac{1}{2}\cos 4t-6\sin^2 t\cos t\right)dt$$

$$=2\left[\frac{3}{2}t-\frac{1}{2}\sin 2t-\frac{1}{8}\sin 4t-2\sin^3 t\right]_{0}^{\pi}$$

$$=3\pi$$

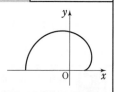

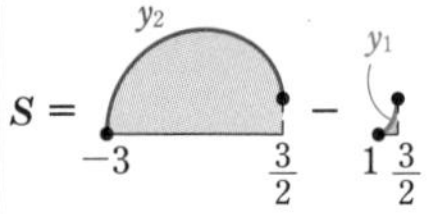

(A) $\int_{\pi}^{\frac{\pi}{3}}-\int_{0}^{\frac{\pi}{3}}=\int_{\pi}^{\frac{\pi}{3}}+\int_{\frac{\pi}{3}}^{0}=\int_{\pi}^{0}$

(B) $\sim\sim=-2(\sin t-\sin 2t)$
また　$-\int_{\pi}^{0}=\int_{0}^{\pi}$

練習 ④183 媒介変数 t によって，$x=2t+t^2$，$y=t+2t^2$ $(-2\leqq t\leqq 0)$ と表される曲線と，y 軸で囲まれた図形の面積 S を求めよ。

重要例題 184 回転移動を利用して面積を求める ④

方程式 $\sqrt{2}(x-y)=(x+y)^2$ で表される曲線 A について，次のものを求めよ。

(1) 曲線 A を原点Oを中心として $\frac{\pi}{4}$ だけ回転させてできる曲線の方程式

(2) 曲線 A と直線 $x=\sqrt{2}$ で囲まれる図形の面積

基本 178，数学C 重要 148

指針 (1) 曲線 A 上の点 $(X,\ Y)$ を原点を中心として $\frac{\pi}{4}$ だけ回転した点 $(x,\ y)$ に対し，X，Y **をそれぞれ** x，y **で表す**。それには，複素数平面上の点の回転を利用するとよい（p.600 数学C 重要例題 **148** 参照）。

$$(X,\ Y)\ \underset{-\frac{\pi}{4}\text{回転}}{\overset{\frac{\pi}{4}\text{回転}}{\rightleftarrows}}\ (x,\ y)$$

(2) **図形の回転で図形の面積は変わらない** ことに注目。

曲線 A，直線 $x=\sqrt{2}$ ともに原点を中心として $\frac{\pi}{4}$ 回転した図形の面積を考える。

解答

(1) 曲線 A 上の点 $(X,\ Y)$ を原点を中心として $\frac{\pi}{4}$ だけ回転した点の座標を $(x,\ y)$ とする。
複素数平面上で，$\mathrm{P}(X+Yi)$，$\mathrm{Q}(x+yi)$ とすると，点Qを原点を中心として $-\frac{\pi}{4}$ だけ回転した点がPであるから

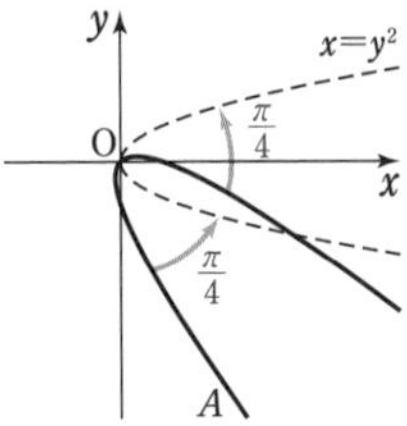

$$X+Yi=\left\{\cos\left(-\frac{\pi}{4}\right)+i\sin\left(-\frac{\pi}{4}\right)\right\}(x+yi)$$

$$=\frac{1}{\sqrt{2}}(1-i)(x+yi)=\frac{1}{\sqrt{2}}(x+y)+\frac{1}{\sqrt{2}}(-x+y)i$$

よって　$X=\frac{1}{\sqrt{2}}(x+y)$ ……①，$Y=\frac{1}{\sqrt{2}}(-x+y)$

これらを $\sqrt{2}(X-Y)=(X+Y)^2$ に代入すると　$2x=(\sqrt{2}\,y)^2$

すなわち　$\boldsymbol{x=y^2}$　これが求める曲線の方程式である。

◀ $X-Y=\sqrt{2}\,x$，$X+Y=\sqrt{2}\,y$

(2) ①を $X=\sqrt{2}$ に代入して整理すると　$x=-y+2$

これは，直線 $x=\sqrt{2}$ を原点を中心として $\frac{\pi}{4}$ だけ回転した直線の方程式である。

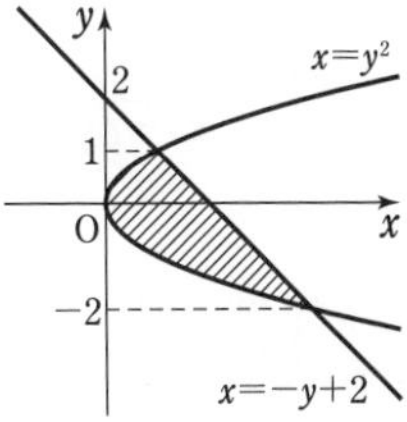

直線 $x=-y+2$ と曲線 $x=y^2$ の交点の y 座標は，
$-y+2=y^2$ から　$(y+2)(y-1)=0$
ゆえに　$y=-2,\ 1$
よって，求める面積は

$$\int_{-2}^{1}(-y+2-y^2)dy=-\int_{-2}^{1}(y+2)(y-1)dy$$

$$=-\left(-\frac{1}{6}\right)\{1-(-2)\}^3=\boldsymbol{\frac{9}{2}}$$

◀ $\displaystyle\int_{\alpha}^{\beta}(y-\alpha)(y-\beta)dy=-\frac{(\beta-\alpha)^3}{6}$

練習 ④ **184** a は1より大きい定数とする。曲線 $x^2-y^2=2$ と直線 $x=\sqrt{2}\,a$ で囲まれた図形の面積 S を，原点を中心とする $\frac{\pi}{4}$ の回転移動を考えることにより求めよ。

〔類 早稲田大〕

基本例題 185 面積から関数の係数決定 ①①①①①

曲線 C_1：$y=k\sin x$ $(0<x<2\pi)$ と，曲線 C_2：$y=\cos x$ $(0<x<2\pi)$ について，次の問いに答えよ。ただし，$k>0$ とする。

(1) C_1，C_2 の2交点の x 座標を α，β $(\alpha<\beta)$ とするとき，$\sin\alpha$，$\sin\beta$ を k を用いて表せ。

(2) C_1，C_2 で囲まれた図形の面積が10であるとき，k の値を求めよ。〔工学院大〕

基本 177

指針 (1) ① **共有点 ⟺ 実数解**　曲線 C_1，C_2 の方程式を連立して $\sin x$ を k で表す。

(2) 2曲線 C_1，C_2 で囲まれた図形の面積 S を k で表して，k についての方程式 $S=10$ を解く。ただし，S は α と β を用いて表されるが，α，β は直接 $\alpha=(k$ の式$)$，$\beta=(k$ の式$)$ の形に表すことはできない。そこで，(1)の結果である $\sin\alpha$，$\sin\beta$ を k の式で表したものを利用する。⟵ ① **(1)は(2)のヒント**

解答

(1) C_1，C_2 の2交点の x 座標は，方程式 $k\sin x=\cos x$ …… ① の解である。

①から　$k^2\sin^2 x=\cos^2 x$　　よって　$k^2\sin^2 x=1-\sin^2 x$

ゆえに　$\sin^2 x=\dfrac{1}{k^2+1}$　　したがって　$\sin x=\pm\dfrac{1}{\sqrt{k^2+1}}$

右の図から明らかに　$\sin\alpha>0$，$\sin\beta<0$

したがって

$$\boldsymbol{\sin\alpha=\frac{1}{\sqrt{k^2+1}},\ \sin\beta=-\frac{1}{\sqrt{k^2+1}}}$$

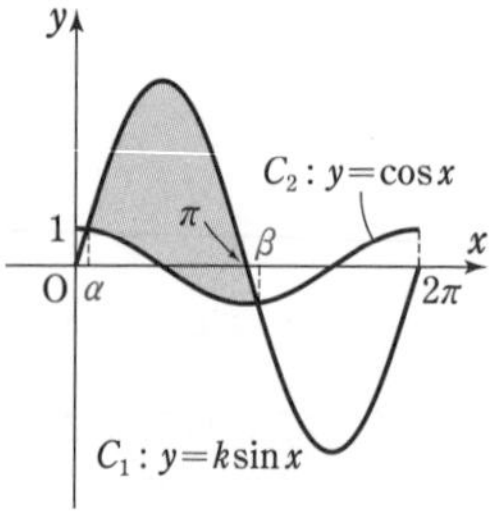

(2) C_1，C_2 で囲まれた図形の面積を S とすると

$$S=\int_\alpha^\beta(k\sin x-\cos x)dx$$
$$=\Big[-k\cos x-\sin x\Big]_\alpha^\beta$$
$$=k(\cos\alpha-\cos\beta)+\sin\alpha-\sin\beta$$

α，β は①の解であるから

$$\cos\alpha=k\sin\alpha,\ \cos\beta=k\sin\beta$$

よって　$S=k(k\sin\alpha-k\sin\beta)+(\sin\alpha-\sin\beta)$

$$=(k^2+1)(\sin\alpha-\sin\beta)$$
$$=(k^2+1)\left(\frac{1}{\sqrt{k^2+1}}+\frac{1}{\sqrt{k^2+1}}\right)$$
$$=2\sqrt{k^2+1}$$

◀ S を k の式で表す。

$S=10$ から　$\sqrt{k^2+1}=5$　　ゆえに　$k^2=24$

◀ $\sqrt{k^2+1}=5$ の両辺を平方。

$k>0$ であるから　$\boldsymbol{k=2\sqrt{6}}$

練習 ③185 $0\leqq x\leqq\dfrac{\pi}{2}$ の範囲で，2曲線 $y=\tan x$，$y=a\sin 2x$ と x 軸で囲まれた図形の面積が1となるように，正の実数 a の値を定めよ。〔群馬大〕

重要例題 186 面積の 2 等分

曲線 $y=\cos x$ $\left(-\dfrac{\pi}{2}\leqq x\leqq\dfrac{\pi}{2}\right)$ と x 軸で囲まれる図形を E とする。曲線上の点 $(t,\ \cos t)$ を通る傾きが 1 の直線 ℓ で E を分割する。こうして得られた 2 つの図形の面積が等しくなるとき，$\cos t$ の値を求めよ。 〔電通大〕 基本 177

指針 図形 E のうち直線 ℓ より上の部分の面積を S_1，下の部分の面積を S_2 とすると，問題の条件は $S_1=S_2$ である(解答の図参照)。しかし，ここでは計算をらくにするために，図形 E の面積を $S\ (=S_1+S_2)$ として，条件 $S_1=S_2$ を，$2S_1=S$ または $2S_2=S$ と考えるとよい。

CHART 面積の等分　$S_1=S_2$ か $S=2S_1=2S_2$　計算はらくに

解答

直線 ℓ が図形 E を分割するから　$-\dfrac{\pi}{2}<t<\dfrac{\pi}{2}$

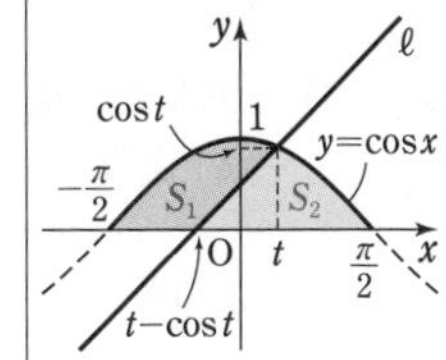

図形 E の面積 S は　$S=\displaystyle\int_{-\frac{\pi}{2}}^{\frac{\pi}{2}}\cos x\,dx=2\int_0^{\frac{\pi}{2}}\cos x\,dx=2$

直線 ℓ の方程式は　$y-\cos t=1\cdot(x-t)$

すなわち　$y=x-t+\cos t$ …… ①

直線 ℓ が図形 E を分割するとき，直線 ℓ より上の部分の面積を S_1，下の部分の面積を S_2 とする。

直線 ℓ と x 軸の交点の x 座標は，① で $y=0$ とすると，$x=t-\cos t$ であるから

$$S_2=\frac{1}{2}\{t-(t-\cos t)\}\cos t+\int_t^{\frac{\pi}{2}}\cos x\,dx$$

$$=\frac{1}{2}\cos^2 t+\Big[\sin x\Big]_t^{\frac{\pi}{2}}=\frac{1}{2}\cos^2 t+1-\sin t$$

◀ $2S_2=S$ として考える。$2S_1=S$ とするときは，$S_1=\displaystyle\int_{-\frac{\pi}{2}}^{t}\cos x\,dx-\frac{1}{2}\{t-(t-\cos t)\}\cos t$ を用いる。

求める条件は　$2S_2=S$

ゆえに　$\cos^2 t+2-2\sin t=2$

すなわち　$\cos^2 t=2\sin t$ …… ②

$\cos^2 t=1-\sin^2 t$ を用いて整理すると

$\sin^2 t+2\sin t-1=0$

これを解いて　$\sin t=-1\pm\sqrt{2}$

$|\sin t|<1$ であるから　$\sin t=-1+\sqrt{2}$　◀ $-\dfrac{\pi}{2}<t<\dfrac{\pi}{2}$

このとき，② から　$\cos^2 t=2(-1+\sqrt{2})$

$\cos t>0$ であるから　$\boldsymbol{\cos t=\sqrt{2(-1+\sqrt{2})}}$　◀ 2 重根号ははずせない。

練習 ③186 xy 平面上に 2 曲線 $C_1: y=e^x-2$ と $C_2: y=3e^{-x}$ がある。

(1) C_1 と C_2 の共有点 P の座標を求めよ。

(2) 点 P を通る直線 ℓ が，C_1，C_2 および y 軸によって囲まれた部分の面積を 2 等分するとき，ℓ の方程式を求めよ。 〔関西学院大〕 p.319 EX154

重要例題 187 面積に関する極限 ③③③④④

曲線 $C: y=e^x$ 上の点 $P(t,\ e^t)$ $(t>1)$ における接線を ℓ とする。C と y 軸の共有点を A，ℓ と x 軸の交点を Q とする。原点を O とし，△AOQ の面積を $S(t)$ とする。Q を通り y 軸に平行な直線，y 軸，C および ℓ で囲まれた図形の面積を $T(t)$ とする。

(1) $S(t)$，$T(t)$ を t で表せ。　　(2) $\displaystyle\lim_{t\to1+0}\frac{T(t)}{S(t)}$ を求めよ。　〔類　東京電機大〕

基本 81，177

指針 まず，**グラフをかいて**，**積分区間** や C と ℓ の **位置関係** を確認する。$t>1$ に注意。

(1) A(0, 1) である。また，ℓ の方程式は　$y-e^t=e^t(x-t)$　← $(e^x)'=e^x$
この方程式において，$y=0$ とすれば，点 Q の x 座標がわかる。

(2) まず，$\dfrac{T(t)}{S(t)}$ を求める。そして，極限値を求める際は $\displaystyle\lim_{x\to0}\frac{e^x-1}{x}=1$（$p.121$ 参照）を利用する。

解答

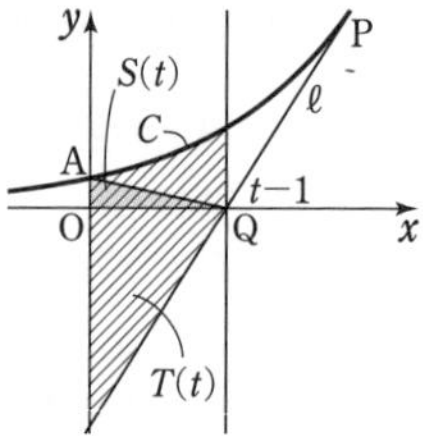

(1) 点 A の座標は　(0, 1)

$y=e^x$ より $y'=e^x$ であるから，接線 ℓ の方程式は

$$y-e^t=e^t(x-t)$$

すなわち　$y=e^tx+(1-t)e^t$ …… ①

① において，$y=0$ とすると　　$0=\{x+(1-t)\}e^t$

よって　　$x=t-1$

ゆえに，点 Q の座標は　　$(t-1,\ 0)$　◀ $t-1>0$

したがって　　$\boldsymbol{S(t)}=\dfrac{1}{2}\cdot(t-1)\cdot1=\boldsymbol{\dfrac{t-1}{2}}$

また　$\displaystyle\boldsymbol{T(t)}=\int_0^{t-1}[e^x-\{e^tx+(1-t)e^t\}]dx$

$$=\left[e^x-\frac{e^t}{2}x^2+(t-1)e^tx\right]_0^{t-1}=\boldsymbol{\frac{e^t}{2}(t-1)^2+e^{t-1}-1}$$

◀ 積分区間において C は常に ℓ より上にある。

(2) $\dfrac{T(t)}{S(t)}=\dfrac{2}{t-1}\left\{\dfrac{e^t}{2}(t-1)^2+e^{t-1}-1\right\}=e^t(t-1)+\dfrac{2(e^{t-1}-1)}{t-1}$

ここで，$t-1=s$ とおくと，$t\longrightarrow1+0$ のとき　$s\longrightarrow+0$

よって　　$\displaystyle\lim_{t\to1+0}\frac{e^{t-1}-1}{t-1}=\lim_{s\to+0}\frac{e^s-1}{s}=1$　◀ $\displaystyle\lim_{x\to0}\frac{e^x-1}{x}=1$

ゆえに　　$\displaystyle\lim_{t\to1+0}\frac{T(t)}{S(t)}=0+2\cdot1=\boldsymbol{2}$　◀ $\displaystyle\lim_{t\to1}e^t(t-1)=e\cdot0=0$

練習 ③187 $g(x)=\sin^3x$ とし，$0<\theta<\pi$ とする。x の 2 次関数 $y=h(x)$ のグラフは原点を頂点とし，$h(\theta)=g(\theta)$ を満たすとする。このとき，曲線 $y=g(x)$ $(0\leqq x\leqq\theta)$ と直線 $x=\theta$ および x 軸で囲まれた図形の面積を $G(\theta)$ とする。また，曲線 $y=h(x)$ と直線 $x=\theta$ および x 軸で囲まれた図形の面積を $H(\theta)$ とする。〔類　大阪府大〕

(1) $G(\theta)$，$H(\theta)$ を求めよ。　　(2) $\displaystyle\lim_{\theta\to+0}\frac{G(\theta)}{H(\theta)}$ を求めよ。

p.319 EX 155

重要例題 188 面積の最小値(微分法利用)

$y=\sin x$ $(0 \leqq x \leqq \pi)$ で表される曲線を C とする。

(1) 曲線 C 上の点 $\mathrm{P}(a,\ b)$ における接線 ℓ の方程式を求めよ。

(2) $0<a<\pi$ とするとき，曲線 C と接線 ℓ および直線 $x=\pi$ と y 軸で囲まれる部分の面積 $S(a)$ (2 部分の和)を求めよ。

(3) 面積 $S(a)$ の最小値とそのときの a の値を求めよ。〔島根大〕

基本 81，103，177

指針 (1) **接線の傾き＝微分係数**　$b=\sin a$ であるから，接線 ℓ の方程式を a だけの式で表す。

(2) 接線 ℓ の方程式を $y=f(x)$ とすると，区間 $0 \leqq x \leqq \pi$ で常に $f(x) \geqq \sin x$ であるから

$$S(a)=\int_0^\pi \{f(x)-\sin x\}dx$$

(3) **微分法を利用** して $S(a)$ の増減を調べ，最小値を求める。

解答

(1) $y'=\cos x$ であるから，接線 ℓ の方程式は

$$y-b=(\cos a)(x-a)$$

すなわち　$y=x\cos a+b-a\cos a$

$b=\sin a$ であるから　　$\boldsymbol{y=x\cos a+\sin a-a\cos a}$

◀曲線 $y=f(x)$ 上の点 $(a,\ f(a))$ における接線の方程式は
$\boldsymbol{y-f(a)=f'(a)(x-a)}$

(2) $y=\sin x$ から　　$y''=-\sin x$

$0<x<\pi$ では $y''<0$ であるから，曲線 C はこの範囲で上に凸であり，接線 ℓ は曲線 C の上側にある。

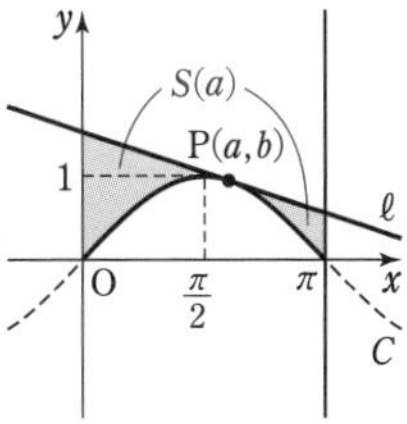

よって　$S(a)=\int_0^\pi (x\cos a+\sin a-a\cos a-\sin x)dx$

$$=\left[\frac{x^2}{2}\cos a+(\sin a-a\cos a)x+\cos x\right]_0^\pi$$

$$=\frac{\pi^2}{2}\cos a+(\sin a-a\cos a)\pi-1-1$$

$$=\boldsymbol{\pi\sin a+\left(\frac{\pi^2}{2}-\pi a\right)\cos a-2}$$

(3) $S'(a)=\pi\cos a-\pi\cos a+\left(\frac{\pi^2}{2}-\pi a\right)(-\sin a)=\pi\left(a-\frac{\pi}{2}\right)\sin a$

$0<a<\pi$ のとき，$\sin a>0$ であるから，この範囲で $S'(a)=0$ となるのは，$a=\frac{\pi}{2}$ のときである。ゆえに，$0<a<\pi$ における増減表は右のようになる。

a	0	…	$\frac{\pi}{2}$	…	π
$S'(a)$		−	0	+	
$S(a)$		↘	極小	↗	

よって，$S(a)$ は $\boldsymbol{a=\frac{\pi}{2}}$ **のとき最小値** $S\left(\frac{\pi}{2}\right)=\boldsymbol{\pi-2}$ をとる。

練習 ③188 $f(x)=e^x-x$ について，次の問いに答えよ。〔神戸大〕

(1) t は実数とする。このとき，曲線 $y=f(x)$ と 2 直線 $x=t$，$x=t-1$ および x 軸で囲まれた図形の面積 $S(t)$ を求めよ。

(2) $S(t)$ を最小にする t の値とその最小値を求めよ。

p.319 EX 156, 157

重要例題 189 面積に関する無限級数

曲線 $y=e^{-x}\sin x$ $(x \geqq 0)$ と x 軸で囲まれた図形で，x 軸の上側にある部分の面積を y 軸に近い方から順に S_0，S_1，……，S_n，…… とするとき，$\lim_{n\to\infty}\sum_{k=0}^{n} S_k$ を求めよ。

重要 155，基本 176

指針 **曲線と x 軸の交点や上下関係** に注目する。$e^{-x}>0$ であるから，曲線 $y=e^{-x}\sin x$ が x 軸の上側にあるかどうかは $\sin x$ の符号で決まる。

⟶ $\sin x \geqq 0$ となるのは $2n\pi \leqq x \leqq (2n+1)\pi$ $(n=0, 1, 2, \cdots\cdots)$ のとき。

なお，曲線 $y=e^{-x}\sin x$ の概形は解答中の図のようになるが，かき方としては

[1] 2 曲線 $y=-e^{-x}$，$y=e^{-x}$ に挟まれるようにかく。 ⟵ $-e^{-x} \leqq e^{-x}\sin x \leqq e^{-x}$ から。

[2] x の値が大きくなるに従って x 軸に近づくようにかく。 ⟵ $\lim_{x\to\infty} e^{-x}\sin x=0$ から。

解答

曲線 $y=e^{-x}\sin x$ $(x \geqq 0)$ と x 軸の交点の x 座標は，$e^{-x}\sin x=0$ から $\sin x=0$

ゆえに $x=n\pi$ $(n=0, 1, 2, \cdots\cdots)$

また，$y \geqq 0$ となるのは，$e^{-x}>0$ であるから，$\sin x \geqq 0$ のときである。

よって $2n\pi \leqq x \leqq (2n+1)\pi$

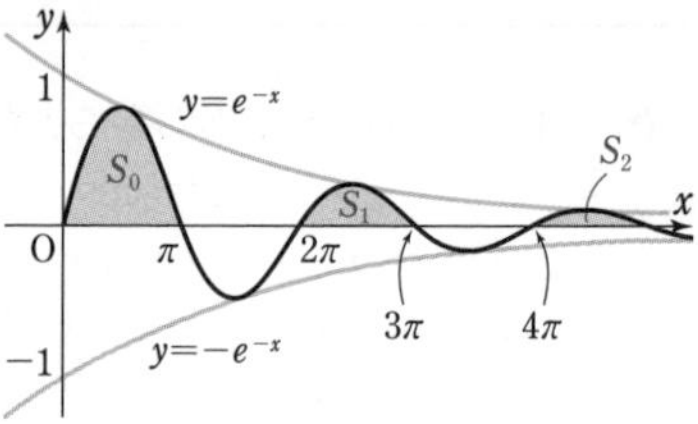

ゆえに $S_k=\int_{2k\pi}^{(2k+1)\pi} e^{-x}\sin x\,dx$

$$=\left[-e^{-x}\cos x\right]_{2k\pi}^{(2k+1)\pi}-\int_{2k\pi}^{(2k+1)\pi} e^{-x}\cos x\,dx$$

◀部分積分法。（$p.264$ の指針[2]の方針。）

$$=\left[-e^{-x}\cos x\right]_{2k\pi}^{(2k+1)\pi}-\left\{\left[e^{-x}\sin x\right]_{2k\pi}^{(2k+1)\pi}+\int_{2k\pi}^{(2k+1)\pi} e^{-x}\sin x\,dx\right\}$$

◀同形出現。

すなわち $S_k=e^{-(2k+1)\pi}+e^{-2k\pi}-S_k$

◀$\cos(2k+1)\pi=-1$，$\cos 2k\pi=1$，$\sin(2k+1)\pi=0$，$\sin 2k\pi=0$

したがって $S_k=\dfrac{1}{2}\{e^{-(2k+1)\pi}+e^{-2k\pi}\}$

よって $\displaystyle\sum_{k=0}^{n} S_k=\frac{1}{2}\left\{\sum_{k=0}^{n} e^{-(2k+1)\pi}+\sum_{k=0}^{n} e^{-2k\pi}\right\}$

$$=\frac{1}{2}\left\{\frac{e^{-\pi}\{1-e^{-2(n+1)\pi}\}}{1-e^{-2\pi}}+\frac{1-e^{-2(n+1)\pi}}{1-e^{-2\pi}}\right\}$$

◀初項 $e^{-\pi}$，公比 $e^{-2\pi}$ の等比数列と，初項 1，公比 $e^{-2\pi}$ の等比数列の和（両方とも項数は $n+1$）。

ゆえに $\displaystyle\lim_{n\to\infty}\sum_{k=0}^{n} S_k=\frac{1}{2}\cdot\frac{e^{-\pi}+1}{1-e^{-2\pi}}=\frac{1+e^{-\pi}}{2(1+e^{-\pi})(1-e^{-\pi})}$

◀$\lim_{n\to\infty} e^{-2(n+1)\pi}=0$

$$=\boldsymbol{\frac{1}{2(1-e^{-\pi})}}\quad\left[\frac{e^{\pi}}{2(e^{\pi}-1)}\text{ でもよい}\right]$$

練習 ⑤189 曲線 $y=e^{-x}$ と $y=e^{-x}|\cos x|$ で囲まれた図形のうち，$(n-1)\pi \leqq x \leqq n\pi$ を満たす部分の面積を a_n とする $(n=1, 2, 3, \cdots\cdots)$。

(1) a_1，a_n の値を求めよ。

(2) $\lim_{n\to\infty}(a_1+a_2+\cdots\cdots+a_n)$ を求めよ。 〔類 早稲田大〕

重要例題 190 逆関数と面積

$f(x)=\dfrac{e^x-1}{e-1}$ とする。

(1) 方程式 $f(x)=x$ の解は，$x=0$，1 のみであることを示せ。

(2) 関数 $y=f(x)$ のグラフとその逆関数のグラフで囲まれた部分の面積を求めよ。

［類 大阪府大］ 基本 10，177

指針 (1) $g(x)=f(x)-x$ とおいて $g'(x)$ を計算し，$g(x)$ の増減を調べる。

(2) 逆関数 $f^{-1}(x)$ を求めて面積を計算してもよいが，次の性質を利用するとよい。

関数 $f(x)$ とその逆関数 $f^{-1}(x)$ について，$y=f(x)$ のグラフと $y=f^{-1}(x)$ のグラフは直線 $y=x$ に関して互いに対称である

⟶ 解答の (2) の図を参照。**対称性を利用して，$y=f(x)$ のグラフと直線 $y=x$ で囲まれた部分の面積の 2 倍として求める** と，計算がらくになる。

解答

(1) $g(x)=f(x)-x$ とすると

$$g'(x)=\frac{e^x}{e-1}-1=\frac{e^x-(e-1)}{e-1}$$

◀ $g(x)=\dfrac{e^x-1}{e-1}-x$

$g'(x)=0$ とすると，$e^x=e-1$ から　$x=\log(e-1)$

$g(x)$ の増減表は右のようになる。

x	$\cdots$	$\log(e-1)$	$\cdots$
$g'(x)$	$-$	0	$+$
$g(x)$	↘	極小	↗

ここで　$g(0)=g(1)=0$

また，$1<e-1<e$ から

$0<\log(e-1)<1$

よって，方程式 $g(x)=0$ すなわち $f(x)=x$ の解は $x=0$，1 のみである。

◀極小値 $g(\log(e-1))<0$

(2) $y=f(x)$ のグラフと $y=f^{-1}(x)$ のグラフは，直線 $y=x$ に関して対称であるから，(1) の結果も考慮すると，これらのグラフの概形は右の図のようになる。

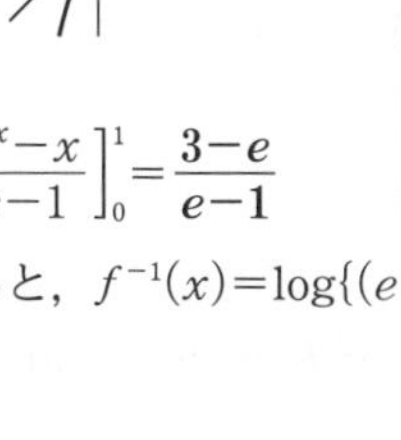

ゆえに，求める面積は

$$2\int_0^1\{x-f(x)\}dx$$

$$=2\int_0^1\left(x-\frac{e^x-1}{e-1}\right)dx=2\left[\frac{1}{2}x^2-\frac{e^x-x}{e-1}\right]_0^1=\boldsymbol{\frac{3-e}{e-1}}$$

◀ $y=f(x)$ のグラフは下に凸で，(1) から，2 点 (0，0)，(1，1) を通る。また，$x\leqq0$，$1\leqq x$ では $f(x)\geqq x$，$0\leqq x\leqq1$ では $f(x)\leqq x$ である。これらと対称性を利用して，$y=f^{-1}(x)$ のグラフの概形をつかむ。

注意 逆関数 $f^{-1}(x)$ を具体的に求めると，$f^{-1}(x)=\log\{(e-1)x+1\}$ となる。

練習 ④190 $f(x)=\sqrt{2+x}\ (x\geqq-2)$ とする。また，$f(x)$ の逆関数を $f^{-1}(x)$ とする。

(1) 2 つの曲線 $y=f(x)$，$y=f^{-1}(x)$ および直線 $y=\sqrt{2}-x$ で囲まれた図形を図示せよ。

(2) (1) で図示した図形の面積を求めよ。

重要例題 191 極方程式で表された曲線と面積 ④④④④④

極方程式 $r=2(1+\cos\theta)\left(0\leqq\theta\leqq\dfrac{\pi}{2}\right)$ で表される曲線上の点と極Oを結んだ線分が通過する領域の面積を求めよ。

基本 182，数学C p.303 参考事項

指針 極方程式 $r=f(\theta)$ を直交座標の方程式に変換して考える。
極座標 $(r,\ \theta)$ と直交座標 $(x,\ y)$ の変換には，関係式

$$x=r\cos\theta=f(\theta)\cos\theta,\quad y=r\sin\theta=f(\theta)\sin\theta$$

を用いて，$x,\ y$ を θ で表す。
→ $x,\ y$ が媒介変数 θ で表されるから，基本例題 182 と同様に **置換積分法** を用いて計算する。

解答

曲線上の点をPとし，点Pの直交座標を $(x,\ y)$ とすると

$$x=r\cos\theta=2(1+\cos\theta)\cos\theta$$
$$y=r\sin\theta=2(1+\cos\theta)\sin\theta$$

◀$x,\ y$ を θ で表し，まずは曲線の概形を調べる。

$\theta=0$ のとき　$(x,\ y)=(4,\ 0)$，

$\theta=\dfrac{\pi}{2}$ のとき　$(x,\ y)=(0,\ 2)$

$0\leqq\theta\leqq\dfrac{\pi}{2}$ において　$y\geqq0$

また　$\dfrac{dx}{d\theta}=2(-\sin\theta)\cdot\cos\theta+2(1+\cos\theta)\cdot(-\sin\theta)$

$$=-2\sin\theta(1+2\cos\theta)$$

$0<\theta<\dfrac{\pi}{2}$ のとき，$\dfrac{dx}{d\theta}<0$ であるから，θ に対して x は単調に減少する。

よって，求める図形の面積は，右の図の赤く塗った部分である。

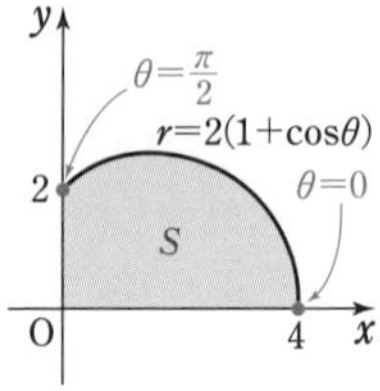

注意 y は $\theta=\dfrac{\pi}{3}$ において極大となるが，解答では，面積を求めるために必要な，図形の概形がわかる程度に調べればよい。

x と θ の対応は右のようになるから，求める面積を S とすると

x	$0\longrightarrow4$
θ	$\dfrac{\pi}{2}\longrightarrow0$

$$S=\int_0^4 y\,dx$$
$$=\int_{\frac{\pi}{2}}^0 y\frac{dx}{d\theta}d\theta$$
$$=\int_{\frac{\pi}{2}}^0 2(1+\cos\theta)\sin\theta\cdot(-2\sin\theta)(1+2\cos\theta)d\theta$$
$$=4\int_0^{\frac{\pi}{2}}(\sin^2\theta+3\sin^2\theta\cos\theta+2\sin^2\theta\cos^2\theta)d\theta$$

◀置換積分法。
y も $\dfrac{dx}{d\theta}$ も θ の式で表されるから，θ での定積分にもち込む。

ここで　$\displaystyle\int_0^{\frac{\pi}{2}}\sin^2\theta\,d\theta=\int_0^{\frac{\pi}{2}}\frac{1-\cos2\theta}{2}d\theta$

$$=\frac{1}{2}\left[\theta-\frac{1}{2}\sin2\theta\right]_0^{\frac{\pi}{2}}=\frac{\pi}{4}$$

◀半角の公式。

$$\int_0^{\frac{\pi}{2}} 3\sin^2\theta\cos\theta\, d\theta=\int_0^{\frac{\pi}{2}} 3\sin^2\theta(\sin\theta)'\, d\theta$$
$$=\Big[\sin^3\theta\Big]_0^{\frac{\pi}{2}}=1$$

◀$f(\sin\theta)\cos\theta$ の形。

$$\int_0^{\frac{\pi}{2}} 2\sin^2\theta\cos^2\theta\, d\theta=\frac{1}{2}\int_0^{\frac{\pi}{2}} \sin^2 2\theta\, d\theta$$
$$=\frac{1}{2}\int_0^{\frac{\pi}{2}} \frac{1-\cos 4\theta}{2}\, d\theta$$
$$=\frac{1}{4}\Big[\theta-\frac{1}{4}\sin 4\theta\Big]_0^{\frac{\pi}{2}}=\frac{\pi}{8}$$

◀$2\sin\alpha\cos\alpha=\sin 2\alpha$

◀$\sin^2\alpha=\dfrac{1-\cos 2\alpha}{2}$

ゆえに　　$S=4\left(\dfrac{\pi}{4}+1+\dfrac{\pi}{8}\right)=\boldsymbol{\dfrac{3}{2}\pi+4}$

参考　極方程式 $\boldsymbol{r=a+b\cos\theta}$ で表される曲線を **リマソン** という。
特に，$a=b$ のとき，**カージオイド** という。(数学 C 第 4 章を参照。)

検討 PLUS ONE

極方程式で表された図形の面積

極方程式 $r=f(\theta)$ で表された曲線と，半直線 $\theta=\alpha$，$\theta=\beta$ $(0<\beta-\alpha\leqq 2\pi)$ で囲まれた図形の面積を S とする。

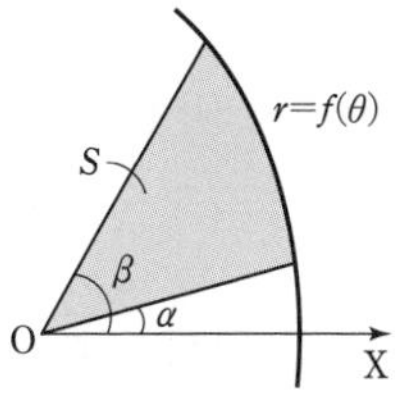

区間 $\alpha\leqq\theta\leqq\beta$ を n 等分して $\dfrac{\beta-\alpha}{n}=\Delta\theta$ とし，

$\theta_k=\alpha+k\Delta\theta$，$r_k=f(\theta_k)$，$P_k(r_k,\ \theta_k)$ $(k=0,\ 1,\ 2,\ \cdots\cdots,\ n)$

とすると，曲線 $r=f(\theta)$ と線分 OP_k，OP_{k+1} で囲まれた図形の面積は，半径 r_k，中心角 $\Delta\theta$ の扇形で近似できる。

求める面積 S は，それらの和を考えて $n\longrightarrow\infty$ とすればよい。

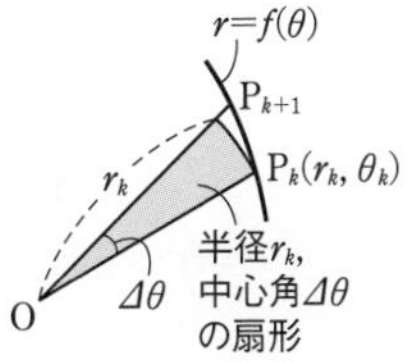

よって　　$S=\displaystyle\lim_{n\to\infty}\sum_{k=0}^{n-1}\frac{1}{2}{r_k}^2\Delta\theta=\frac{1}{2}\lim_{n\to\infty}\sum_{k=0}^{n-1}\{f(\theta_k)\}^2\Delta\theta$

ゆえに　　$\boldsymbol{S=\dfrac{1}{2}\displaystyle\int_\alpha^\beta r^2\, d\theta=\dfrac{1}{2}\int_\alpha^\beta \{f(\theta)\}^2\, d\theta}$

これを用いて例題 **191** の面積 S を計算すると，次のようになる。

$$S=\frac{1}{2}\int_0^{\frac{\pi}{2}}\{2(1+\cos\theta)\}^2\, d\theta$$
$$=\frac{1}{2}\int_0^{\frac{\pi}{2}}4(1+2\cos\theta+\cos^2\theta)\, d\theta$$
$$=\int_0^{\frac{\pi}{2}}(2+4\cos\theta+2\cos^2\theta)\, d\theta$$
$$=\int_0^{\frac{\pi}{2}}(2+4\cos\theta+1+\cos 2\theta)\, d\theta$$
$$=\Big[3\theta+4\sin\theta+\frac{1}{2}\sin 2\theta\Big]_0^{\frac{\pi}{2}}=\boldsymbol{\frac{3}{2}\pi+4}$$

◀$\cos^2\theta=\dfrac{1+\cos 2\theta}{2}$

練習 ④**191**　極方程式 $r=1+2\cos\theta$ $\left(0\leqq\theta\leqq\dfrac{\pi}{2}\right)$ で表される曲線上の点と極 O を結んだ線分が通過する領域の面積を求めよ。

②149 次の曲線または直線で囲まれた部分の面積 S を求めよ。ただし，(2) の a は $0<a<1$ を満たす定数とする。

(1) $y=\sqrt[3]{x^2}$，$y=|x|$　　(2) $y=\left|\dfrac{x}{x+1}\right|$，$y=a$　〔(2) 早稲田大〕

→177，178

③150 (1) 関数 $f(x)=xe^{-2x}$ の極値と曲線 $y=f(x)$ の変曲点の座標を求めよ。

(2) 曲線 $y=f(x)$ 上の変曲点における接線，曲線 $y=f(x)$ および直線 $x=3$ で囲まれた部分の面積を求めよ。〔日本女子大〕

→179

③151 方程式 $y^2=x^6(1-x^2)$ が表す図形で囲まれた部分の面積を求めよ。〔大分大〕

→181

③152 方程式 $x^2-xy+y^2=3$ の表す座標平面上の曲線で囲まれた図形を D とする。

(1) この方程式を y について解くと，$y=\dfrac{1}{2}\{x\pm\sqrt{3(4-x^2)}\}$ となることを示せ。

(2) $\sqrt{3}\leqq x\leqq 2$ を満たす実数 x に対し，$f(x)=\dfrac{1}{2}\{x-\sqrt{3(4-x^2)}\}$ とする。$f(x)$ の最大値と最小値を求めよ。また，そのときの x の値を求めよ。

(3) $0\leqq x\leqq 2$ を満たす実数 x に対し，$g(x)=\dfrac{1}{2}\{x+\sqrt{3(4-x^2)}\}$ とする。$g(x)$ の最大値と最小値を求めよ。また，そのときの x の値を求めよ。

(4) 図形 D の $x\geqq 0$，$y\geqq 0$ の部分の面積を求めよ。〔類 東京都立大〕

→181

③153 サイクロイド $x=\theta-\sin\theta$，$y=1-\cos\theta$ $(0\leqq\theta\leqq 2\pi)$ を C とするとき

(1) C 上の点 $\left(\dfrac{\pi}{2}-1,\ 1\right)$ における接線 ℓ の方程式を求めよ。

(2) 接線 ℓ と y 軸および C で囲まれた部分の面積を求めよ。

→182

HINT

149 グラフをかいて，上下関係や積分区間をつかむ。
(1) 対称性が利用できる。 (2) y について積分した方がらく。

150 (2) グラフをかいて曲線 $y=f(x)$ と接線の上下関係をつかむとよい。

151 対称性を利用する。求める面積は，曲線 $y=x^3\sqrt{1-x^2}$ $(x\geqq 0,\ y\geqq 0)$ と x 軸で囲まれた部分の面積の 4 倍。

152 (2)，(3) 微分法を利用して，$f(x)$，$g(x)$ の増減を調べる。
(4) 定積分の計算は，四分円や扇形の面積を利用するとよい。

153 (2) 置換積分法を利用。2 つの図形の面積の差として求める。

EXERCISES

③**154** k を正の数とする。2 つの曲線 $C_1: y=k\cos x$，$C_2: y=\sin x$ を考える。C_1 と C_2 は $0\leqq x\leqq 2\pi$ の範囲に交点が 2 つあり，それらの x 座標をそれぞれ α，β $(\alpha<\beta)$ とする。区間 $\alpha\leqq x\leqq\beta$ において，2 つの曲線 C_1，C_2 で囲まれた図形を D とし，その面積を S とする。更に D のうち，$y\geqq 0$ の部分の面積を S_1，$y\leqq 0$ の部分の面積を S_2 とする。

(1) $\cos\alpha$，$\sin\alpha$，$\cos\beta$，$\sin\beta$ をそれぞれ k を用いて表せ。

(2) S を k を用いて表せ。

(3) $3S_1=S_2$ となるように k の値を定めよ。〔類 茨城大〕

→185, 186

③**155** t を正の実数とする。xy 平面において，連立不等式

$$x\geqq 0,\ y\geqq 0,\ xy\leqq 1,\ x+y\leqq t$$

の表す領域の面積を $S(t)$ とする。極限 $\lim_{t\to\infty}\{S(t)-2\log t\}$ を求めよ。

〔大阪大 改題〕 →187

③**156** 2 曲線 $C_1: y=ae^x$，$C_2: y=e^{-x}$ を考える。定数 a が $1\leqq a\leqq 4$ の範囲で変化するとき，C_1, C_2 および y 軸で囲まれる部分を D_1 とし，C_1, C_2 および直線 $x=\log\dfrac{1}{2}$ で囲まれる部分を D_2 とする。

(1) D_1 の面積が 1 となるとき，a の値を求めよ。

(2) D_1 の面積と D_2 の面積の和の最小値とそのときの a の値を求めよ。

→185, 188

③**157** t を正の実数とする。$f(x)$ を x の 2 次関数とする。xy 平面上の曲線 $C_1: y=e^{|x|}$ と曲線 $C_2: y=f(x)$ が，点 $\mathrm{P}_1(-t,\ e^t)$ で直交し，かつ点 $\mathrm{P}_2(t,\ e^t)$ でも直交している。ただし，2 曲線 C_1 と C_2 が点 P で直交するとは，P が C_1 と C_2 の共有点であり，C_1 と C_2 は P においてそれぞれ接線をもち，C_1 の P における接線と C_2 の P における接線が垂直であることである。

(1) $f(x)$ を求めよ。

(2) 線分 $\mathrm{P}_1\mathrm{P}_2$ と曲線 C_2 とで囲まれた図形の面積を S とする。S を t を用いて表せ。また，t が $t>0$ の範囲を動くときの S の最大値を求めよ。〔京都工繊大〕

→188

HINT

154 (1) C_1 と C_2 の交点の x 座標 α，β は，方程式 $k\cos x=\sin x$ の解であり，これを三角関数の合成を利用して解く。

155 曲線 $xy=1$ と直線 $x+y=t$ の共有点の x 座標を α，β $(\alpha<\beta)$ として $S(t)$ を求めるとよい。

156 (2) 面積の和は $\sqrt{a}$ の **2 次式 ⟶ 基本形に直す**。

157 (1) 曲線 C_2 は y 軸に関して対称な 2 点 P_1，P_2 を通るから，$f(x)=ax^2+b$ (a，b は実数，$a\neq 0$) と表される。

28 体　積

基本事項

1 定積分と体積　x 軸に垂直で，x 軸との交点の座標が a，b である平面をそれぞれ α，β とし，ある立体の平面 α，β の間に挟まれた部分の体積を V とする。x 軸に垂直で，x 軸との交点の座標が x である平面 γ による立体の切り口の面積を $S(x)$ とすると

$$V=\int_a^b S(x)dx \quad (a<b) \quad \cdots\cdots (*)$$

2 回転体の体積（x 軸の周り）　曲線 $y=f(x)$ と x 軸と 2 直線 $x=a$，$x=b$ で囲まれた部分を x 軸の周りに 1 回転してできる回転体の体積 V は

$$V=\pi\int_a^b \{f(x)\}^2dx=\pi\int_a^b y^2dx \quad (a<b)$$

3 回転体の体積（2 曲線間）　2 つの曲線 $y=f(x)$，$y=g(x)$ [$f(x)$ と $g(x)$ は同符号，すなわち $f(x)g(x)\geqq 0$] と 2 直線 $x=a$，$x=b$ で囲まれた部分を x 軸の周りに 1 回転してできる回転体の体積 V は

$$V=\pi\int_a^b |\{f(x)\}^2-\{g(x)\}^2|dx \quad (a<b,\ f(x)g(x)\geqq 0)$$

解　説

■ **定積分と体積**　2 平面 α，γ に挟まれる立体の部分の体積を $V(x)$ とする。

$\Delta x>0$ のとき $\Delta V=V(x+\Delta x)-V(x)$ とすると，

Δx が十分に小さいときは　$\Delta V \fallingdotseq S(x)\Delta x$

ゆえに　$\dfrac{\Delta V}{\Delta x}\fallingdotseq S(x)$ …… ①　（$\Delta x<0$ のときも ① は成立。）

$\Delta x \longrightarrow 0$ のとき，① の両辺の差は 0 に近づくから

$$V'(x)=\lim_{\Delta x\to 0}\frac{\Delta V}{\Delta x}=S(x)$$

よって　$\displaystyle\int_a^b S(x)dx=\Big[V(x)\Big]_a^b=V(b)-V(a)=V-0=V$

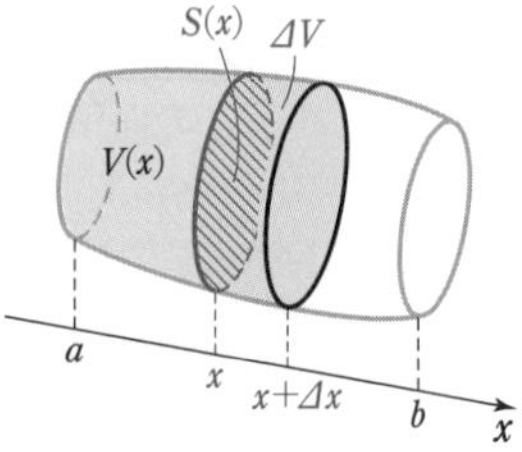

参考　（$*$）を導くのに，区分求積法を利用する方法もある。詳しくは，解答編 $p.276$ 検討参照。

■ **回転体の体積**

曲線 $y=f(x)$ を **x 軸の周りに 1 回転してできる回転体** の体積については，平面 γ による立体の切り口の面積 $S(x)$ が $S(x)=\pi y^2=\pi\{f(x)\}^2$ であるから

$$V=\pi\int_a^b y^2dx=\pi\int_a^b \{f(x)\}^2dx$$

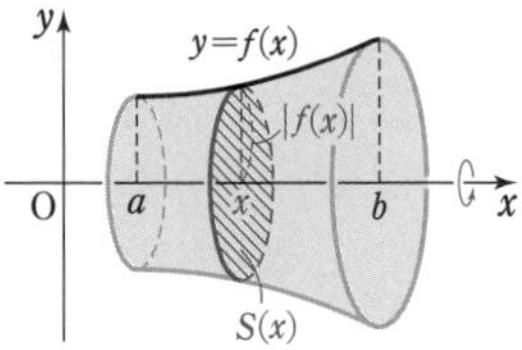

2 曲線 $y=f(x)$，$y=g(x)$ で囲まれた部分を x 軸の周りに 1 回転してできる立体 については，

$S(x)=|\pi\{f(x)\}^2-\pi\{g(x)\}^2|$ であるから

$$V=\pi\int_a^b |\{f(x)\}^2-\{g(x)\}^2|dx$$

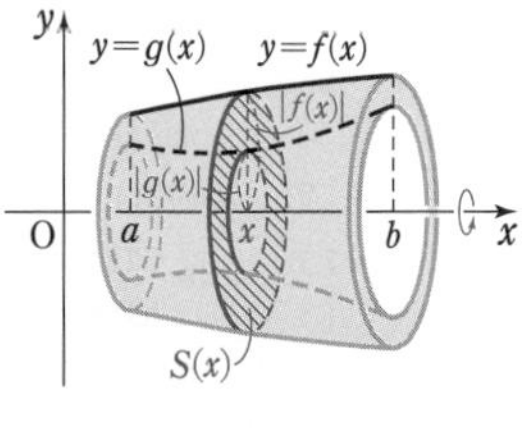

基本例題 192 断面積と立体の体積 (1)

2 点 P(x, 0), Q(x, $\sin x$) を結ぶ線分を 1 辺とする正三角形を，x 軸に垂直な平面上に作る。P が x 軸上を原点 O から点 (π, 0) まで動くとき，この正三角形が描く立体の体積を求めよ。

p.320 基本事項 1

指針 立体の体積を積分で求めるときは，以下のようにする。

1. 簡単な図をかいて，立体のようすをつかむ。
2. 立体の **断面積 $S(x)$** を求める。…… この問題の断面は正三角形。
3. **積分区間** を定め，$V=\int_a^b S(x)dx$ により，体積を求める。

CHART 立体の体積 断面積をつかむ

解答

線分 PQ を 1 辺とする正三角形の面積を $S(x)$ とすると

$$S(x)=\frac{\sqrt{3}}{4}\sin^2 x$$

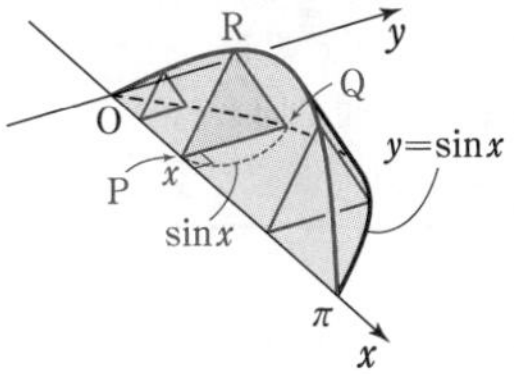

◀1 辺の長さが a の正三角形の面積は $\frac{1}{2}a^2\sin 60°=\frac{\sqrt{3}}{4}a^2$

よって，求める立体の体積 V は

$$V=\int_0^\pi S(x)dx$$
$$=\int_0^\pi \frac{\sqrt{3}}{4}\sin^2 x\,dx$$
$$=\frac{\sqrt{3}}{8}\int_0^\pi (1-\cos 2x)dx$$
$$=\frac{\sqrt{3}}{8}\left[x-\frac{1}{2}\sin 2x\right]_0^\pi=\frac{\sqrt{3}}{8}\pi$$

◀$\sin^2 x=\frac{1}{2}(1-\cos 2x)$

検討 **積分とその記号 ∫ の意味**

積分は英語で integral といい，その動詞である integrate は「積み上げる・集める」という意味である。上の例題で $S(x)dx$ は，右の図のような薄い正三角柱の体積を表し，これを $x=0$ の部分から $x=\pi$ の部分まで積み上げる［積分記号 $\int$ は和(sum)を表している］と考えるとよい。

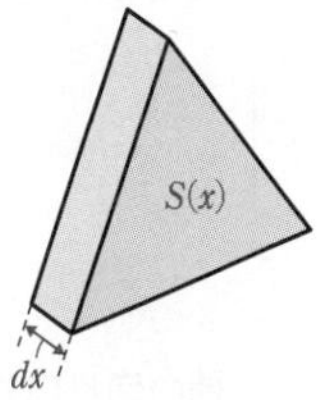

練習 ② 192 半径 a の半円の直径を AB，中心を O とする。半円周上の点 P から AB に垂線 PQ を下ろし，線分 PQ を底辺とし，高さが線分 OQ の長さに等しい二等辺三角形 PQR を半円と垂直な平面上に作り，P を $\overset{\frown}{AB}$ 上で動かす。この △PQR が描く立体の体積を求めよ。

基本例題 193 断面積と立体の体積 (2)

底面の半径 a，高さ b の直円柱をその軸を含む平面で切って得られる半円柱がある。底面の半円の直径を AB，上面の半円の弧の中点を C として，3 点 A，B，C を通る平面でこの半円柱を 2 つに分けるとき，その下側の立体の体積 V を求めよ。

基本 192　重要 203，204，207

指針 基本例題 192 と同様 **立体の体積　断面積をつかむ**
の方針で進める。
図のように座標軸をとったとき，題意の立体は図の青い部分であるが，この断面積を考えるとき，**切り方によってその切り口の図形が変わってくる。**

[1]　x 軸に垂直な平面で切る　…… 切り口は **直角三角形**
[2]　y 軸に垂直な平面で切る　…… 切り口は **長方形**
[3]　z 軸に垂直な平面で切る
　(底面に平行な平面で切る)　…… 切り口は **円の一部**

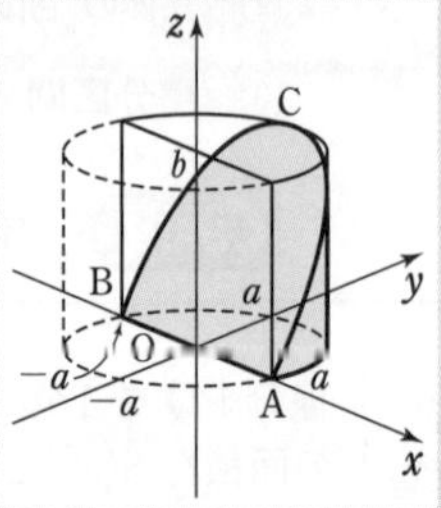

ここでは，[1] の方針で進める ([2]，[3] の方針は 検討 参照)。

解答

図のように座標軸をとり，各点を定める。x 軸上の点 D$(x,\ 0)$ を通り，x 軸に垂直な平面による切り口は直角三角形 DEF である。

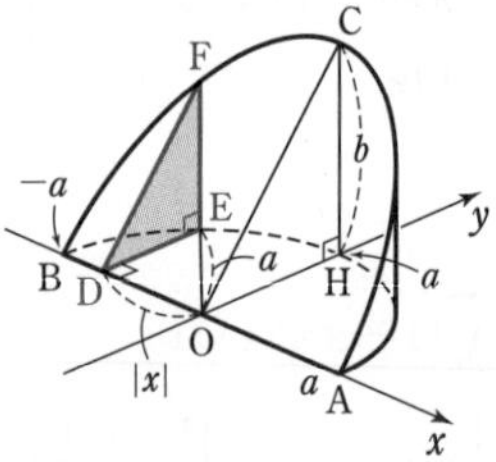

このとき，△DEF∽△OHC であり

$$\text{DE}:\text{OH}=\sqrt{a^2-x^2}:a$$

◀ $\angle\text{DEF}=\angle\text{OHC}=\dfrac{\pi}{2}$，$\angle\text{FDE}=\angle\text{COH}$

ゆえに，切り口の面積を $S(x)$ とすると

$$S(x):\triangle\text{OHC}=\left(\sqrt{a^2-x^2}\right)^2:a^2$$

よって　$S(x)=\dfrac{a^2-x^2}{a^2}\cdot\dfrac{ab}{2}=\dfrac{b}{2a}(a^2-x^2)$

◀線分比が $a:b$
⟹ 面積比は $a^2:b^2$
$\triangle\text{OHC}=\dfrac{1}{2}ab$

対称性から，求める立体の体積 V は

$$V=2\int_0^a S(x)dx=2\int_0^a \frac{b}{2a}(a^2-x^2)dx$$

$$=\frac{b}{a}\left[a^2x-\frac{x^3}{3}\right]_0^a=\boldsymbol{\frac{2}{3}a^2b}$$

◀ $V=\displaystyle\int_{-a}^a S(x)dx=2\int_0^a S(x)dx$

検討　**他の切り口で考えた場合**

[別解 1：**y 軸に垂直な平面で切った場合**]
各点を図のように定める。y 軸上の点 D$(0,\ y)$ を通り，y 軸に垂直な平面による切り口は長方形である。
このとき　$\text{DE}=\sqrt{a^2-y^2}$
また，OD：OH＝DF：HC から

$y:a=\text{DF}:b$　　ゆえに　$\text{DF}=\dfrac{b}{a}y$

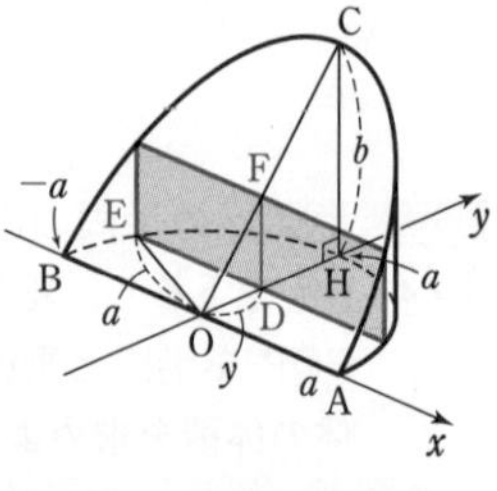

したがって，切り口の面積 $S(y)$ は

$$S(y)=2\mathrm{DE}\cdot\mathrm{DF}=\frac{2b}{a}y\sqrt{a^2-y^2}$$

よって　$V=\int_0^a S(y)dy=\int_0^a \frac{2b}{a}y\sqrt{a^2-y^2}\,dy$　　◀積分区間は　$0\leqq y\leqq a$

$\sqrt{a^2-y^2}=t$ とおくと　$a^2-y^2=t^2$

ゆえに，$-2ydy=2tdt$ から　$ydy=-tdt$

y と t の対応は右のようになるから

y	$0\longrightarrow a$
t	$a\longrightarrow 0$

$$V=\frac{2b}{a}\int_a^0 t\cdot(-t)dt=\frac{2b}{a}\left[\frac{t^3}{3}\right]_0^a=\boldsymbol{\frac{2}{3}a^2b}$$

[別解 2：底面に平行な平面で切った場合]

xy 平面と垂直に z 軸をとり，各点を図のように定める。

平面 $z=t$ における切り口の面積を $S(t)$ とすると，この切り口は図のような円の一部である。

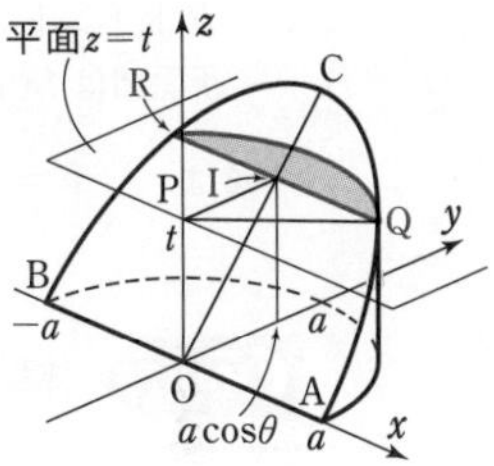

図において，$\angle\mathrm{IPQ}=\theta$ とすると

$$S(t)=(\text{扇形 PQR})-\triangle\mathrm{PQR}$$
$$=\frac{1}{2}a^2\cdot2\theta-\frac{1}{2}a^2\sin2\theta$$
$$=a^2(\theta-\sin\theta\cos\theta)$$

また，$a\cos\theta:t=a:b$ から　$t=b\cos\theta$

よって　$dt=-b\sin\theta d\theta$

t と θ の対応は右のようになるから，求める体積は

t	$0\longrightarrow b$
θ	$\frac{\pi}{2}\longrightarrow 0$

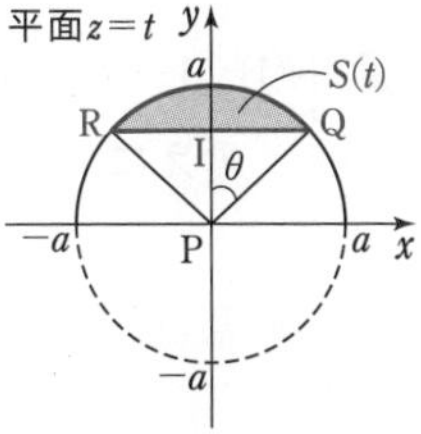

$$V=\int_0^b S(t)dt$$
$$=\int_{\frac{\pi}{2}}^0 a^2(\theta-\sin\theta\cos\theta)(-b\sin\theta)d\theta$$
$$=a^2b\int_0^{\frac{\pi}{2}}(\theta\sin\theta-\sin^2\theta\cos\theta)d\theta$$

ここで　$\int_0^{\frac{\pi}{2}}\theta\sin\theta d\theta=\left[-\theta\cos\theta\right]_0^{\frac{\pi}{2}}+\int_0^{\frac{\pi}{2}}\cos\theta d\theta$　　◀部分積分法。

$$=\left[\sin\theta\right]_0^{\frac{\pi}{2}}=1$$

$\int_0^{\frac{\pi}{2}}\sin^2\theta\cos\theta d\theta=\left[\frac{1}{3}\sin^3\theta\right]_0^{\frac{\pi}{2}}=\frac{1}{3}$　　◀$\int_0^{\frac{\pi}{2}}\sin^2\theta(\sin\theta)'d\theta$

ゆえに　$V=a^2b\left(1-\frac{1}{3}\right)=\boldsymbol{\frac{2}{3}a^2b}$

他にも平面 ABC と平行な平面で切る，z 軸を含む平面で切る（放射状に切る）など，いろいろな切り方があり，その切り方によって計算方法が違ってくる。本問の場合は，断面積の求めやすさ・積分計算の手間の両方において，解答のように x 軸と垂直な平面で切るのが得策である。

このように，どのような切り方をするとらくに計算できるか，見極めることが大事である。

練習 ②193　xy 平面上の楕円 $\frac{x^2}{a^2}+\frac{y^2}{b^2}=1$ $(a>0,\ b>0)$ を底面とし，高さが十分にある直楕円柱を，y 軸を含み xy 平面と 45° の角をなす平面で 2 つの立体に切り分けるとき，小さい方の立体の体積を求めよ。

p.343 EX158

基本例題 194 x 軸の周りの回転体の体積 (1)

①①①①①

次の曲線や座標軸で囲まれた部分を x 軸の周りに1回転させてできる立体の体積 V を求めよ。

(1) $y=1-\sqrt{x}$, x 軸, y 軸　　(2) $y=1+\cos x$ $(-\pi\leqq x\leqq\pi)$, x 軸

p.320 基本事項 2, 基本 192

指針 まず，グラフをかき，積分区間を決定する。
回転体の体積 も，基本は **断面積の積分** であるが，回転体を x 軸に垂直な平面で切ったときの **断面は円** になることがポイント。
⟶ 断面積は $S(x)=\pi\{f(x)\}^2$ の形となり，

体積は　$$V=\pi\int_a^b\{f(x)\}^2dx=\pi\int_a^b y^2dx$$

π を忘れずに！　$(a<b)$

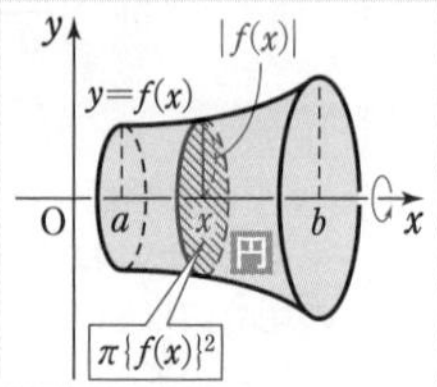

CHART 体積　断面積をつかむ　回転体なら 断面は円

解答

(1) $1-\sqrt{x}=0$ とすると　$\sqrt{x}=1$　　よって　$x=1$

ゆえに　$V=\pi\int_0^1(1-\sqrt{x})^2dx=\pi\int_0^1(1-2\sqrt{x}+x)dx$

$=\pi\left[x-\frac{4}{3}x\sqrt{x}+\frac{x^2}{2}\right]_0^1$

$=\pi\left(1-\frac{4}{3}+\frac{1}{2}\right)=\boldsymbol{\frac{\pi}{6}}$

(2) $1+\cos x=0$ とすると，$-\pi\leqq x\leqq\pi$ では　$x=\pm\pi$

よって

$V=\pi\int_{-\pi}^{\pi}(1+\cos x)^2dx=2\pi\int_0^{\pi}(1+\cos x)^2dx^{(*)}$

$=2\pi\int_0^{\pi}(1+2\cos x+\cos^2 x)dx$

$=2\pi\int_0^{\pi}\left(1+2\cos x+\frac{1+\cos 2x}{2}\right)dx$

$=2\pi\int_0^{\pi}\left(\frac{3}{2}+2\cos x+\frac{1}{2}\cos 2x\right)dx$

$=2\pi\left[\frac{3}{2}x+2\sin x+\frac{1}{4}\sin 2x\right]_0^{\pi}$

$=2\pi\cdot\frac{3}{2}\pi=\boldsymbol{3\pi^2}$

(1)

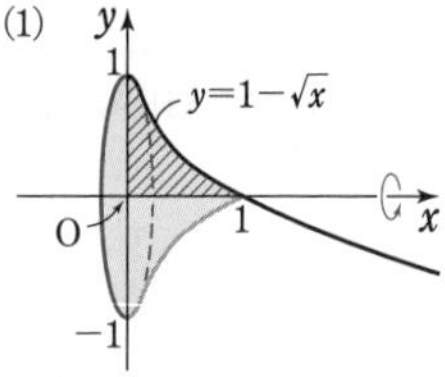

(2)

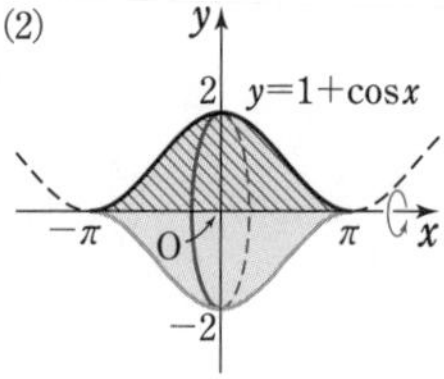

(＊) $f(-x)=f(x)$ [偶関数] のとき
$\int_{-a}^{a}f(x)dx=2\int_0^a f(x)dx$

練習 ② 194 次の曲線や直線で囲まれた部分を x 軸の周りに1回転させてできる立体の体積 V を求めよ。

(1) $y=e^x$, $x=0$, $x=1$, x 軸　　(2) $y=\tan x$, $x=\frac{\pi}{4}$, x 軸

(3) $y=x+\frac{1}{\sqrt{x}}$, $x=1$, $x=4$, x 軸

p.343 EX159

基本例題 195 x 軸の周りの回転体の体積 (2)

次の図形を x 軸の周りに 1 回転させてできる立体の体積 V を求めよ。

(1) 放物線 $y=-x^2+4x$ と直線 $y=x$ で囲まれた図形

(2) 円 $x^2+(y-2)^2=4$ の周および内部

p.320 基本事項 3，基本 194

指針 まず，**グラフをかき**，積分区間を決定する［(1) では放物線と直線の共有点の座標を調べる］。断面積の積分 の方針で体積を求めるが，この問題では **断面積が**

$S(x)=$(外側の円の面積)−(内側の円の面積) となることに注意。

(2) 円の方程式を y について解くと　$y=2\pm\sqrt{4-x^2}$

ここで，$y=2+\sqrt{4-x^2}$ は円の上半分，$y=2-\sqrt{4-x^2}$ は円の下半分を表す。

解答

(1) $-x^2+4x=x$ とすると，

$x(x-3)=0$ から　$x=0,\ 3$

$0\leqq x\leqq 3$ では $-x^2+4x\geqq x\geqq 0$

であるから

$$V=\pi\int_0^3\{(-x^2+4x)^2-x^2\}dx$$

$$=\pi\int_0^3(x^4-8x^3+15x^2)dx$$

$$=\pi\left[\frac{x^5}{5}-2x^4+5x^3\right]_0^3$$

$$=\pi\left(\frac{243}{5}-162+135\right)=\boldsymbol{\frac{108}{5}\pi}$$

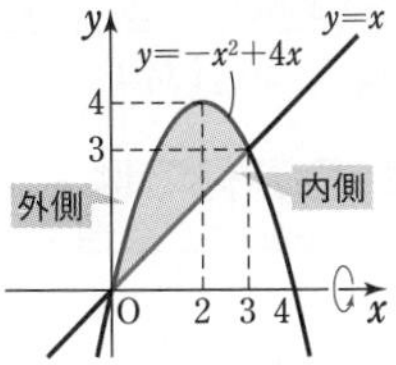

(1)

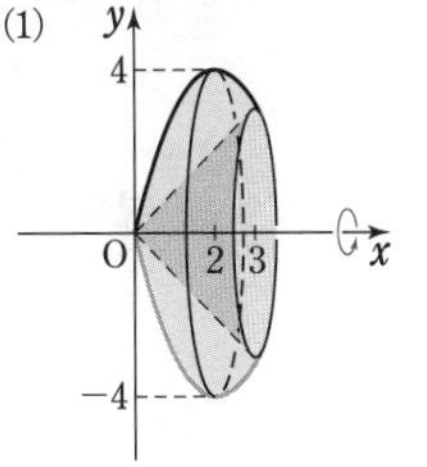

$V=\pi\int_0^3\{(-x^2+4x)-x\}^2dx$

としないように！

(2) $x^2+(y-2)^2=4$ から

$y=2\pm\sqrt{4-x^2}$

$4-x^2\geqq 0$ であるから

$-2\leqq x\leqq 2$

また，

$2+\sqrt{4-x^2}\geqq 2-\sqrt{4-x^2}\geqq 0$

であるから

$$V=\pi\int_{-2}^2\{(2+\sqrt{4-x^2})^2-(2-\sqrt{4-x^2})^2\}dx$$

$$=8\pi\int_{-2}^2\sqrt{4-x^2}\,dx$$

$\int_{-2}^2\sqrt{4-x^2}\,dx$ は半径が 2 の半円の面積を表すから

$$V=8\pi\cdot\frac{\pi\cdot 2^2}{2}=\boldsymbol{16\pi^2}$$

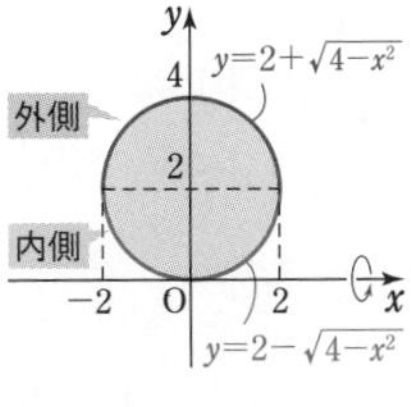

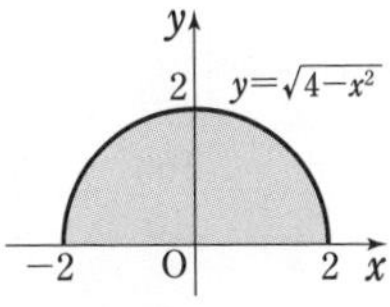

(2)

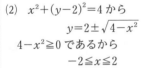

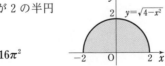

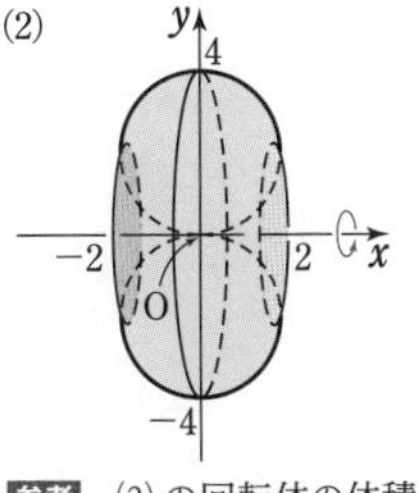

参考 (2) の回転体の体積は，$p.331$ で紹介する **パップス-ギュルダンの定理** を用いても求められる（$p.331$ の〔**応用例**〕1. と同様）。

練習 ②195 次の 2 曲線で囲まれた部分を x 軸の周りに 1 回転させてできる立体の体積 V を求めよ。

(1) $y=x^2-2,\ y=2x^2-3$　　(2) $y=\sqrt{3}x^2,\ y=\sqrt{4-x^2}$

p.343 EX160

基本例題 196 x 軸の周りの回転体の体積 (3)

放物線 $y=x^2-2x$ と直線 $y=-x+2$ で囲まれた部分を x 軸の周りに1回転させてできる立体の体積 V を求めよ。

基本 195

指針 まず，放物線 $y=x^2-2x$ と直線 $y=-x+2$ をかくと〔図1〕のようになる。ここで，放物線と直線で囲まれた部分は **x 軸をまたいでおり**，これを x 軸の周りに1回転してできる立体は，〔図2〕の赤色または青色の部分を x 軸の周りに1回転してできる立体と同じものになる。

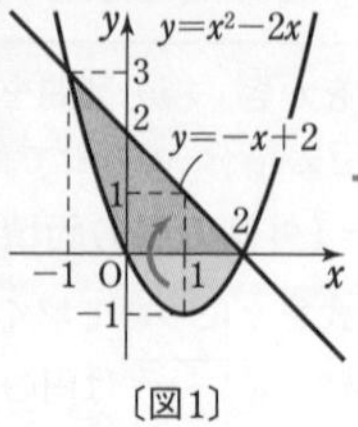

〔図1〕

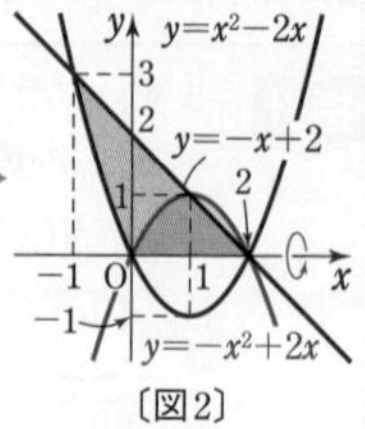

〔図2〕

基本例題 **195** と異なり，この場合は x 軸の下側(または上側)の部分を x 軸に関して対称に折り返した図形を合わせて考える 必要があることに注意！ ……★

CHART 体積　回転体では，図形を回転軸の一方の側に集める

解答

$x^2-2x=-x+2$ とすると，$x^2-x-2=0$ から　$x=-1,\ 2$

放物線 $y=x^2-2x$ の x 軸より下側の部分を，x 軸に関して対称に折り返すと右図のようになり，題意の回転体の体積は，図の赤い部分を x 軸の周りに1回転すると得られる。

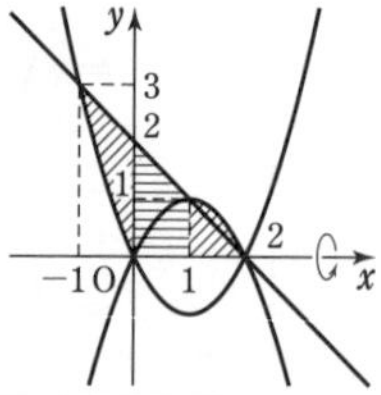

このとき，折り返してできる放物線 $y=-x^2+2x$ と直線 $y=-x+2$ の交点の x 座標は，$-x^2+2x=-x+2$ を解いて

$x=1,\ 2$

よって，求める立体の体積 V は

$$V=\pi\int_{-1}^{0}\{(-x+2)^2-(x^2-2x)^2\}dx+\pi\int_{0}^{1}(-x+2)^2dx+\pi\int_{1}^{2}(-x^2+2x)^2dx$$

$$=\pi\int_{-1}^{0}(-x^4+4x^3-3x^2-4x+4)dx+\pi\int_{0}^{1}(x-2)^2dx+\pi\int_{1}^{2}(x^4-4x^3+4x^2)dx$$

$$=\pi\left[-\frac{x^5}{5}+x^4-x^3-2x^2+4x\right]_{-1}^{0}+\pi\left[\frac{(x-2)^3}{3}\right]_{0}^{1}+\pi\left[\frac{x^5}{5}-x^4+\frac{4}{3}x^3\right]_{1}^{2}$$

$$=\frac{19}{5}\pi+\frac{7}{3}\pi+\frac{8}{15}\pi=\frac{100}{15}\pi=\mathbf{\frac{20}{3}\pi}$$

◀指針___……★ の方針。
上の図も参考にしながら，次の3つの図形に分けて体積を計算する。

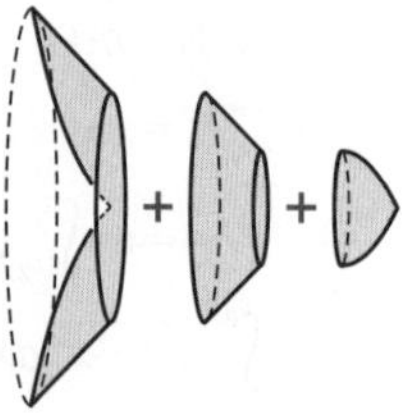

練習 ③196 2曲線 $y=\cos\dfrac{x}{2}\ (0\leqq x\leqq\pi)$ と $y=\cos x\ (0\leqq x\leqq\pi)$ を考える。

(1) 上の2曲線と直線 $x=\pi$ を描き，これらで囲まれる領域を斜線で図示せよ。

(2) (1)で示した斜線部分の領域を x 軸の周りに1回転して得られる回転体の体積 V を求めよ。

〔岐阜大〕 p.343 EX161

基本 例題 197 半球形の容器を傾けたときの水の流出量

水を満たした半径 r の半球形の容器がある。これを静かに角 α だけ傾けたとき，こぼれ出た水の量を r，α で表せ。
（α は弧度法で表された角とする。）

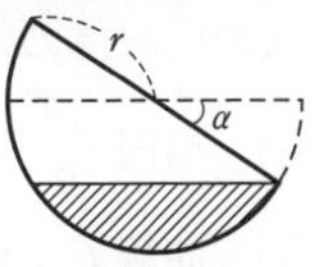

基本 194

指針 球やその一部の体積を求めるには，**円の回転体の体積を利用** するのもよい。

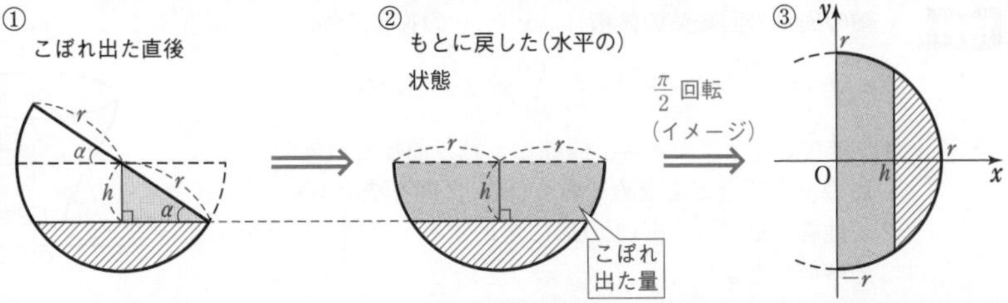

③ の図のようにして，**座標を利用する** と，求める水の量を定積分で計算できる。
↑計算がしやすいように x 軸，y 軸を定める。

また，① の図に注目すると，水面の下がった量 h は r，α で表される（三角関数を利用）。

解答
図のように座標軸をとる。
水がこぼれ出た後，水面が h だけ下がったとすると　$h=r\sin\alpha$
流れ出た水の量は，右の図の赤い部分を x 軸の周りに1回転させてできる回転体の体積に等しい。
その体積は

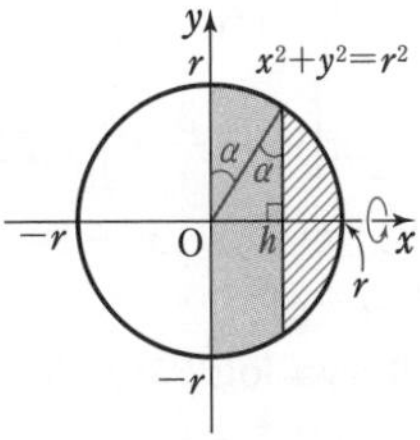

$$\pi\int_0^h y^2\,dx=\pi\int_0^h (r^2-x^2)\,dx$$
$$=\pi\left[r^2x-\frac{x^3}{3}\right]_0^h=\pi\left(r^2h-\frac{h^3}{3}\right)=\frac{\pi}{3}h(3r^2-h^2)$$
$$=\frac{\pi}{3}r\sin\alpha(3r^2-r^2\sin^2\alpha)=\boldsymbol{\frac{\pi}{3}r^3\sin\alpha(3-\sin^2\alpha)}$$

◀指針の ① の図で，黒く塗った直角三角形に注目。

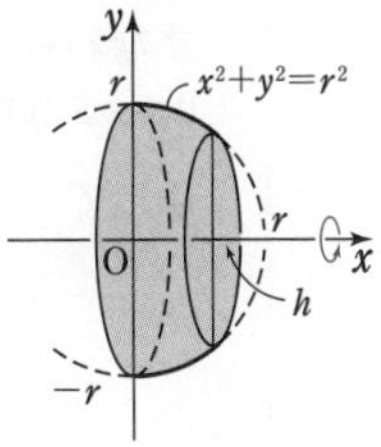

◀$h=r\sin\alpha$ を代入。

参考 上の例題で，残った水の量は，$\pi\int_h^r (r^2-x^2)\,dx$ を計算するか，半球の体積 $\frac{1}{2}\cdot\frac{4}{3}\pi r^3$ からこぼれ出た水の量（上で求めた）を引くと求められる。
…… $\frac{\pi}{3}r^3(\sin\alpha-1)^2(\sin\alpha+2)$ となる。

練習 ②197 水を満たした半径2の半球形の容器がある。これを静かに角 α 傾けたとき，水面が h だけ下がり，こぼれ出た水の量と容器に残った水の量の比が $11:5$ になった。h と α の値を求めよ。ただし，α は弧度法で答えよ。　〔類　筑波大〕

6章 28 体積

基本 例題 198 y 軸の周りの回転体の体積 (1)

次の回転体の体積 V を求めよ。

(1) 楕円 $\dfrac{x^2}{9}+\dfrac{y^2}{4}=1$ を y 軸の周りに1回転させてできる回転体

(2) 曲線 C：$y=\log(x^2+1)$ $(0\leqq x\leqq 1)$ と直線 $y=\log 2$，および y 軸で囲まれた部分を y 軸の周りに1回転させてできる回転体

基本 194　重要 199

指針 **y 軸の周りの回転体の体積** は x と y の役割交替

$$V=\pi\int_c^d \{g(y)\}^2 dy=\pi\int_c^d x^2 dy \quad (c<d)$$

1 まず，グラフをかき，曲線と y 軸，曲線と直線の共有点の y 座標などを求めておく（積分区間を決める）。

2 曲線の式を $x=g(y)$ の形に変形する。直接 x^2 について解いてもよい。

3 定積分を計算して体積を求める。

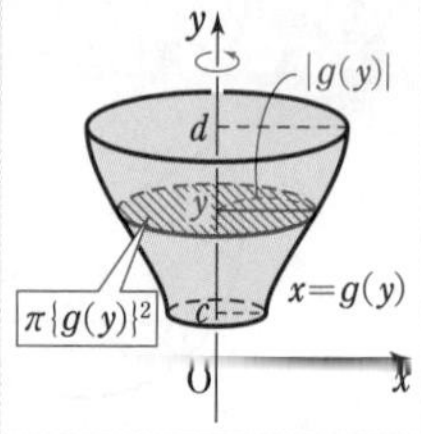

解答

(1) $x=0$ とすると　$y=\pm 2$

$\dfrac{x^2}{9}+\dfrac{y^2}{4}=1$ から　$x^2=9-\dfrac{9}{4}y^2$

よって　$V=\pi\displaystyle\int_{-2}^{2} x^2 dy=2\pi\int_0^2\left(9-\frac{9}{4}y^2\right)dy$

$=2\pi\left[9y-\dfrac{3}{4}y^3\right]_0^2=\mathbf{24\pi}$

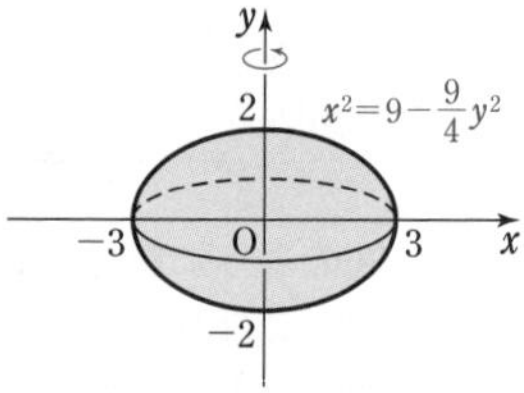

(2) $y=\log(x^2+1)$ から　$x^2+1=e^y$

すなわち　$x^2=e^y-1$

$0\leqq x\leqq 1$ では $0\leqq y\leqq \log 2$ である。

よって　$V=\pi\displaystyle\int_0^{\log 2} x^2 dy=\pi\int_0^{\log 2}(e^y-1)dy$

$=\pi\Big[e^y-y\Big]_0^{\log 2}=\pi(2-\log 2-1)$

$=\mathbf{(1-\log 2)\pi}$

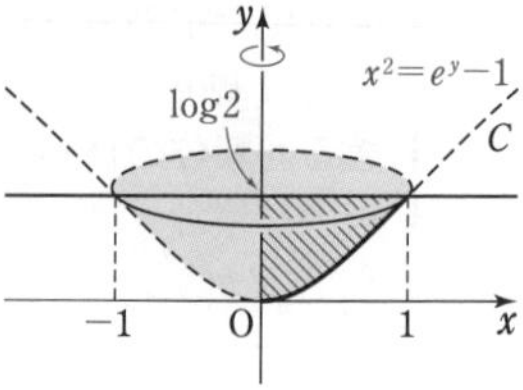

別解　$y=\log(x^2+1)$ から　$dy=\dfrac{2x}{x^2+1}dx$

y と x の対応は右のようになる。

y	$0 \longrightarrow \log 2$
x	$0 \longrightarrow 1$

よって　$V=\pi\displaystyle\int_0^{\log 2} x^2 dy=\pi\int_0^1 x^2\cdot\frac{2x}{x^2+1}dx$

$=\pi\displaystyle\int_0^1\left(2x-\frac{2x}{x^2+1}\right)dx=\pi\Big[x^2-\log(x^2+1)\Big]_0^1$

$=\mathbf{(1-\log 2)\pi}$

練習 ②198 次の曲線や直線で囲まれた部分を y 軸の周りに1回転させてできる回転体の体積 V を求めよ。

(1) $y=x^2$，$y=\sqrt{x}$　　(2) $y=-x^4+2x^2$ $(x\geqq 0)$，x 軸

(3) $y=\cos x$ $(0\leqq x\leqq \pi)$，$y=-1$，y 軸

p.343 EX162

重要例題 199 y 軸の周りの回転体の体積 (2)

関数 $f(x)=\sin x$ $(0\leqq x\leqq \pi)$ について，関数 $y=f(x)$ のグラフと x 軸で囲まれた部分を y 軸の周りに 1 回転させてできる立体の体積 V は，$V=2\pi\int_0^{\pi} xf(x)dx$ で与えられることを示せ。また，この体積を求めよ。

基本 198

指針 高校数学の範囲では，$y=\sin x$ を x について解くことができない。
そこで，立体の **断面積** をつかみ，**置換積分法** を利用して解く。
この立体を y 軸に垂直な平面で切ったときの断面は，曲線 $y=\sin x$ の
$\left(\frac{\pi}{2}\leqq x\leqq \pi \text{ の部分を回転させた円}\right)-\left(0\leqq x\leqq \frac{\pi}{2} \text{ の部分を回転させた円}\right)$

解答

$y=\sin x$ $(0\leqq x\leqq \pi)$ のグラフの $0\leqq x\leqq \frac{\pi}{2}$ の部分の x 座標を x_1 とし，$\frac{\pi}{2}\leqq x\leqq \pi$ の部分の x 座標を x_2 とする。

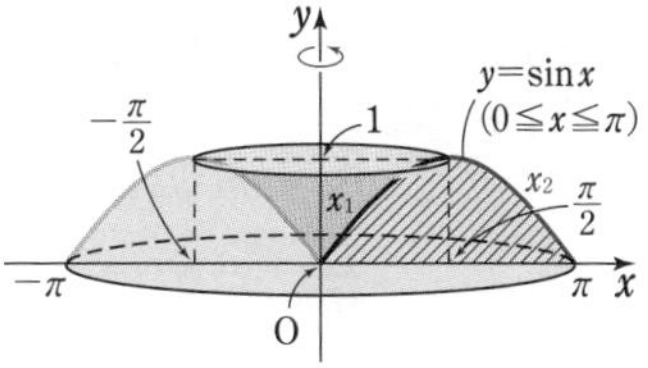

このとき，体積 V は

$$V=\pi\int_0^1 x_2{}^2\,dy-\pi\int_0^1 x_1{}^2\,dy$$

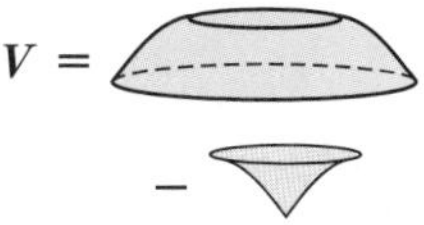

ここで，$y=\sin x$ から　　$dy=\cos x\,dx$

積分区間の対応は
　x_1 については [1]，
　x_2 については [2]
のようになる。

[1]

y	$0 \longrightarrow 1$
x	$0 \longrightarrow \frac{\pi}{2}$

[2]

y	$0 \longrightarrow 1$
x	$\pi \longrightarrow \frac{\pi}{2}$

よって

$$V=\pi\int_{\pi}^{\frac{\pi}{2}} x^2\cos x\,dx-\pi\int_0^{\frac{\pi}{2}} x^2\cos x\,dx=-\pi\int_0^{\pi} x^2\cos x\,dx$$

$$=-\pi\left(\left[x^2\sin x\right]_0^{\pi}-2\int_0^{\pi} x\sin x\,dx\right)=2\pi\int_0^{\pi} xf(x)dx$$

また　$$V=2\pi\int_0^{\pi} x\sin x\,dx=2\pi\left(\left[-x\cos x\right]_0^{\pi}+\int_0^{\pi}\cos x\,dx\right)$$

$$=2\pi\left(\pi+\left[\sin x\right]_0^{\pi}\right)=\boldsymbol{2\pi^2}$$

◀ $\int_{\pi}^{\frac{\pi}{2}}-\int_0^{\frac{\pi}{2}}$
$=-\left(\int_{\frac{\pi}{2}}^{\pi}+\int_0^{\frac{\pi}{2}}\right)$
$=-\int_0^{\pi}$

検討 **上の例題で示した関係式は，一般的に成り立つ**

一般に，区間 $[a,\ b]$ $(0\leqq a<b)$ において $f(x)\geqq 0$ であるとき，曲線 $y=f(x)$ $(a\leqq x\leqq b)$ と x 軸，および直線 $x=a$，$x=b$ で囲まれた部分を，y 軸の周りに 1 回転させてできる立体の体積は，
$\boldsymbol{V=2\pi\int_a^b xf(x)dx}$ で与えられる(詳しくは，次ページ参照)。
これは右図のような，半径 x，高さ $f(x)$，幅 dx の円筒の体積 $2\pi xf(x)dx$ を，$x=a$ から $x=b$ まで集めると考えるとよい。

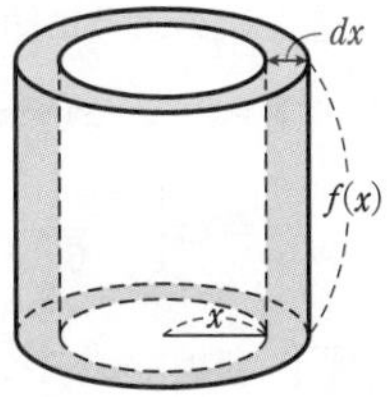

練習 ④199 放物線 $y=2x-x^2$ と x 軸で囲まれた部分を y 軸の周りに 1 回転させてできる立体の体積を求めよ。　〔東京理科大〕

参考事項 バウムクーヘン分割による体積の計算

y 軸の周りの回転体の体積に関して，一般に次のことが成り立つ。

区間 $[a,\ b]$ $(0 \leqq a < b)$ において $f(x) \geqq 0$ であるとき，曲線 $y=f(x)$，x 軸，直線 $x=a$，$x=b$ で囲まれた部分を，y 軸の周りに1回転させてできる立体の体積 V は

$$V=2\pi\int_a^b xf(x)dx \quad \cdots\cdots \text{Ⓐ}$$

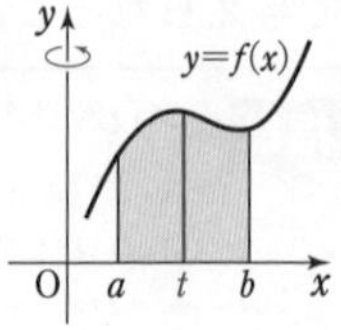

(証明) $a \leqq t \leqq b$ とし，曲線 $y=f(x)$ と2直線 $x=a$，$x=t$，x 軸で囲まれた部分を，y 軸の周りに1回転させてできる立体の体積を $V(t)$ とする。$\Delta t>0$ のとき，$\Delta V=V(t+\Delta t)-V(t)$ とすると，Δt が十分小さいときは

$$\Delta V \fallingdotseq 2\pi t \cdot f(t) \cdot \Delta t$$ ◀右下の板状の直方体の体積。

よって $\dfrac{\Delta V}{\Delta t} \fallingdotseq 2\pi tf(t)$ …… ① （$\Delta t<0$ のときも ① は成立。）

$\Delta t \longrightarrow 0$ のとき，① の両辺の差は 0 に近づくから

$$V'(t)=\lim_{\Delta t \to 0}\frac{\Delta V}{\Delta t}=2\pi tf(t)$$

よって $\displaystyle\int_a^b 2\pi tf(t)dt=\Big[V(t)\Big]_a^b=V(b)-V(a)=V-0=V$

↑円筒の側面積を積分。

ゆえに，Ⓐ が成り立つ。

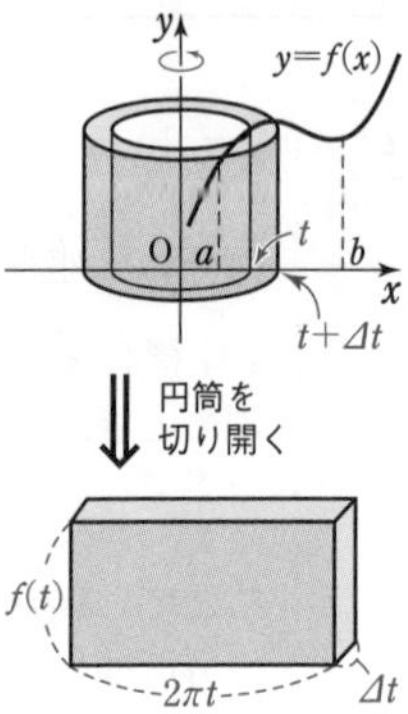

注意 $p.328$ 基本例題 **198** で扱った公式 $\pi\int_{●}^{■} x^2 dy$ は，回転体を y 軸に垂直な平面による円板で分割して積分にもち込むことで導かれる（[図1]参照）。これに対して，上の**(証明)**では，回転体を（幅 Δt の）円筒で分割して積分にもち込む，という考え方で公式 Ⓐ を導いている（[図2]参照）。

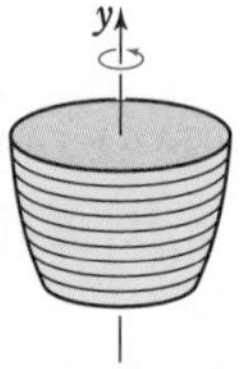

〔図1〕

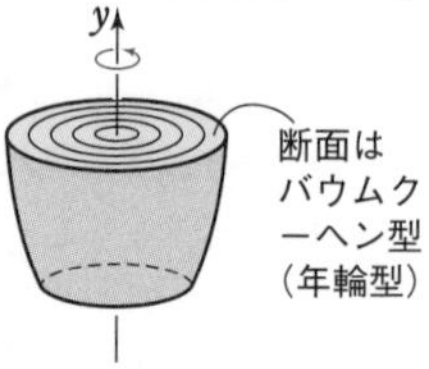

〔図2〕

例 $p.328$ 練習 **198** (2) の体積 V については，公式 Ⓐ を利用すると，次のように簡単に求められる。

$$V=2\pi\int_0^{\sqrt{2}} x(-x^4+2x^2)dx=2\pi\int_0^{\sqrt{2}}(-x^5+2x^3)dx$$

$$=2\pi\left[-\frac{x^6}{6}+\frac{x^4}{2}\right]_0^{\sqrt{2}}=2\pi\left(-\frac{4}{3}+2\right)=\boldsymbol{\frac{4}{3}\pi}$$

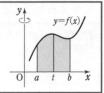

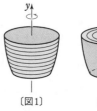

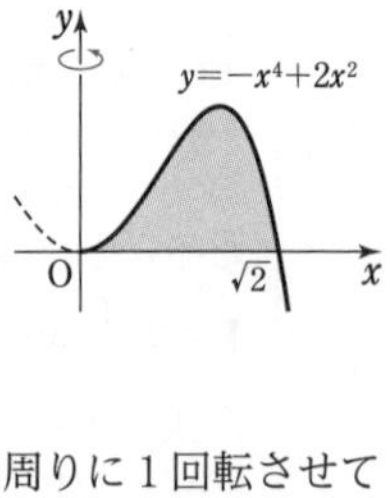

問 曲線 $y=e^x$，直線 $x=1$，x 軸，y 軸によって囲まれた部分を y 軸の周りに1回転させてできる立体の体積を，公式 Ⓐ を利用して求めよ。 〔類 慶応大〕

（＊） 問 の解答は $p.708$ にある。

参考事項 パップス-ギュルダンの定理

次のパップス-ギュルダンの定理を使うと，回転体の体積が簡単に求められる場合がある(証明は省略する)。答案には使えないが，覚えておくと **検算** に役立つことがある。

パップス-ギュルダンの定理

平面上に曲線で囲まれた図形 A と，A と交わらない直線 ℓ があるとき，直線 ℓ の周りに A を 1 回転してできる回転体の体積 V について，次の関係が成り立つ。

V＝(A の重心が描く円周の長さ)×(A の面積)

〔応用例〕**1.** 円 $x^2+(y-2)^2=1$ を x 軸の周りに 1 回転してできる回転体(円環体)の体積 V は，定理から

$V=(2\pi\cdot 2)\times(\pi\cdot 1^2)$　◀円の中心が重心。

$=\boldsymbol{4\pi^2}$

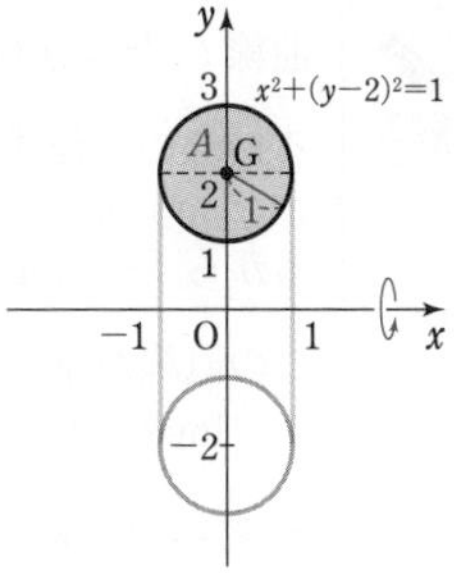

別解　定理を使わないで，体積を計算すると
[p.325 基本例題 **195** (2) と同様]

$V=2\pi\int_0^1\{(2+\sqrt{1-x^2})^2-(2-\sqrt{1-x^2})^2\}dx$

$=16\pi\int_0^1\sqrt{1-x^2}\,dx$　◀$\int_0^1\sqrt{1-x^2}\,dx$ は半径 1 の四分円の面積を表す。

$=16\pi\cdot\frac{1}{4}\pi\cdot 1^2=\boldsymbol{4\pi^2}$

〔応用例〕**2.** $p.329$ 重要例題 **199** について。

曲線 $y=\sin x$ $(0\leqq x\leqq\pi)$ と x 軸で囲まれる図形 A を y 軸の周りに 1 回転してできる回転体の体積を V とする。

図形 A の面積 S は

$S=\int_0^\pi \sin x\,dx=\Big[-\cos x\Big]_0^\pi$

$=2$

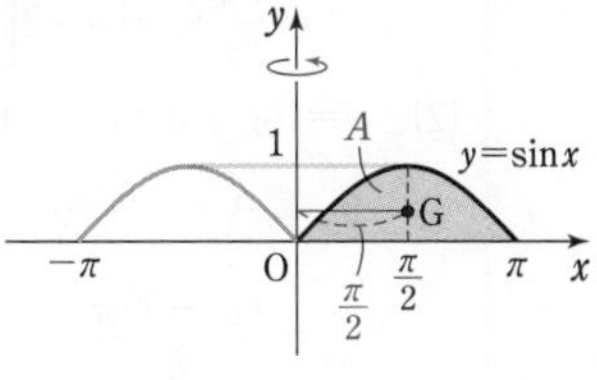

A の重心 G の x 座標は $x=\frac{\pi}{2}$ であるから

$V=\left(2\pi\cdot\frac{\pi}{2}\right)\times 2$

$=\boldsymbol{2\pi^2}$

問　曲線 $y^2-2y+x=0$ と y 軸で囲まれる図形を x 軸の周りに 1 回転してできる立体の体積を求めよ。

(＊) 問 の解答は $p.708$ にある。

基本例題 200 曲線の接線と回転体の体積

曲線 C：$y=\log x$ に原点から接線 ℓ を引く。曲線 C と接線 ℓ および x 軸で囲まれた図形を D とするとき，次の回転体の体積を求めよ。〔類 東京商船大〕

(1) D を x 軸の周りに1回転させてできる回転体の体積 V_x

(2) D を y 軸の周りに1回転させてできる回転体の体積 V_y

基本 82, 194, 198

指針 まず，接線 ℓ の方程式を求める必要があるが，接点の座標が不明なので，「$x=a$ における曲線 C の接線が原点を通る」と考える。 ← $p.144$ 基本例題 **82** 参照。
そして，2曲線で囲まれた部分の回転体の体積については，次の要領で求める。

(外側の曲線でできる体積)－(内側の曲線でできる体積)

なお，体積の計算では，回転体が円錐になる部分に注目するとらくになる。

解答

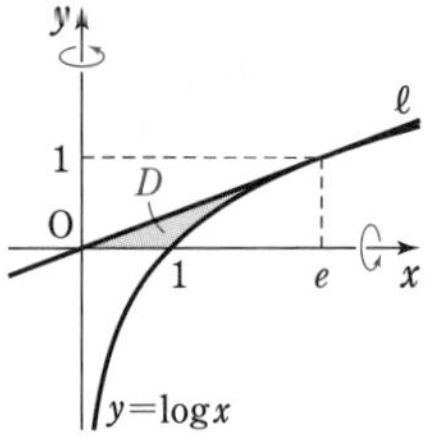

曲線 C 上の点 $(a,\ \log a)$ における接線の方程式は，$y'=\dfrac{1}{x}$ であるから $y-\log a=\dfrac{1}{a}(x-a)$

この直線が原点を通るから

$\log a=1$　ゆえに　$a=e$

よって，接線 ℓ の方程式は　$y=\dfrac{x}{e}$

また，接点の座標は　$(e,\ 1)$

(1) $V_x=\dfrac{1}{3}\pi\cdot1^2\cdot e-\pi\displaystyle\int_1^e(\log x)^2dx$

$=\dfrac{e\pi}{3}-\pi\displaystyle\int_1^e(x)'(\log x)^2dx$

$=\dfrac{e\pi}{3}-\pi\left\{\Big[x(\log x)^2\Big]_1^e-2\displaystyle\int_1^e\log x\,dx\right\}$

$=\dfrac{e\pi}{3}-\pi\left(e-2\Big[x\log x-x\Big]_1^e\right)=\boldsymbol{\dfrac{2(3-e)}{3}\pi}$

(2) $y=\log x$ から　$x=e^y$

$V_y=\pi\displaystyle\int_0^1(e^y)^2dy-\dfrac{1}{3}\pi\cdot e^2\cdot1^{(*)}=\pi\left[\dfrac{e^{2y}}{2}\right]_0^1-\dfrac{e^2\pi}{3}$

$=\boldsymbol{\dfrac{(e^2-3)\pi}{6}}$

(＊) $x=e^y$，$y=1$，x 軸，y 軸で囲まれた部分の回転体から，半径 e，高さ1の円錐をくり抜く。

◀曲線 $y=f(x)$ 上の点 $(\alpha,\ f(\alpha))$ における接線の方程式は
$\boldsymbol{y-f(\alpha)=f'(\alpha)(x-\alpha)}$

(1)

$V_x=$ 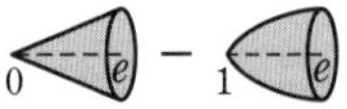

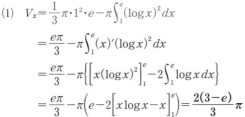

$V_x=\pi\displaystyle\int_0^1\left(\dfrac{x}{e}\right)^2dx$
$+\pi\displaystyle\int_1^e\left\{\left(\dfrac{x}{e}\right)^2-(\log x)^2\right\}dx$

として求めてもよいが，直線 ℓ，$x=e$，x 軸で囲まれた部分の回転体は，半径1，高さ e の円錐である。
よって，この円錐から $1\leqq x\leqq e$ の範囲で C と x 軸で囲まれた部分の回転体をくり抜くと考えた方がらく。

練習 ③200 a を正の定数とする。曲線 C_1：$y=\log x$ と曲線 C_2：$y=ax^2$ が共有点Tで共通の接線 ℓ をもつとする。また，C_1 と ℓ と x 軸によって囲まれる部分を S_1 とし，C_2 と ℓ と x 軸によって囲まれる部分を S_2 とする。次のものを求めよ。〔類 電通大〕

(1) a の値，および直線 ℓ の方程式

(2) S_1 を x 軸の周りに1回転させて得られる回転体の体積

(3) S_2 を y 軸の周りに1回転させて得られる回転体の体積

p.344 EX 163

基本例題 201 媒介変数表示の曲線と回転体の体積

①①①①①

曲線 $x=\tan\theta$，$y=\cos 2\theta$ $\left(-\dfrac{\pi}{2}<\theta<\dfrac{\pi}{2}\right)$ と x 軸で囲まれた部分を x 軸の周りに1回転させてできる回転体の体積 V を求めよ。 〔類 東京都立大〕

基本 182，194

指針 曲線が $x=f(\theta)$，$y=g(\theta)$ のように媒介変数で表されている場合，次の手順で体積を求める。

1. 曲線と x 軸の共有点の座標（$y=0$ となる θ の値）を求める。
2. θ の値の変化に伴う，x，y の値の変化を調べる。
3. 体積を定積分で表して計算する。y を x の式で表してもよいが，置換積分法を利用すると，媒介変数 θ のままで計算できる。

$$V=\pi\int_a^b y^2\,dx=\pi\int_\alpha^\beta \{g(\theta)\}^2 f'(\theta)\,d\theta \qquad a=f(\alpha),\ b=f(\beta)$$

解答

$y=0$ とすると　$\cos 2\theta=0$

$-\pi<2\theta<\pi$ であるから　$2\theta=\pm\dfrac{\pi}{2}$　すなわち　$\theta=\pm\dfrac{\pi}{4}$

このとき　$x=\pm1$（複号同順）

θ の値に対応した x，y の値の変化は表のようになり，曲線と x 軸で囲まれるのは $-\dfrac{\pi}{4}\leqq\theta\leqq\dfrac{\pi}{4}$ のときである。

θ	$-\frac{\pi}{2}$	$\cdots$	$-\frac{\pi}{4}$	$\cdots$	0	$\cdots$	$\frac{\pi}{4}$	$\cdots$	$\frac{\pi}{2}$
x		↗	-1	↗	0	↗	1	↗	
y		↗	0	↗	1	↘	0	↘	

◀ $x=\tan\theta$ は $-\dfrac{\pi}{2}<\theta<\dfrac{\pi}{2}$ で常に増加する。$y=\cos 2\theta$ は $-\dfrac{\pi}{2}<\theta\leqq0$ で増加し，$0\leqq\theta<\dfrac{\pi}{2}$ で減少する。

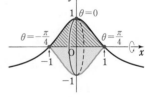

$x=\tan\theta$ から

$$dx=\frac{1}{\cos^2\theta}d\theta$$

x	$-1 \longrightarrow 1$
θ	$-\frac{\pi}{4} \longrightarrow \frac{\pi}{4}$

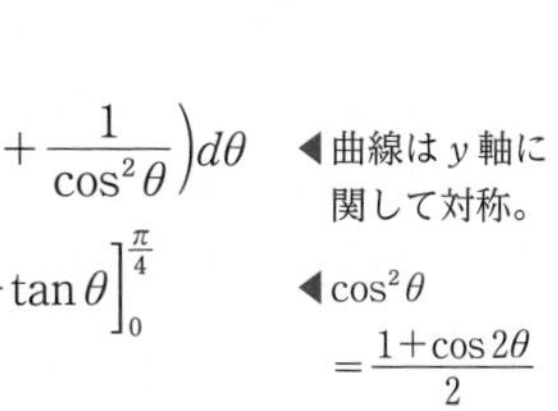

よって，求める体積は

$$V=\pi\int_{-1}^{1}y^2\,dx=\pi\int_{-\frac{\pi}{4}}^{\frac{\pi}{4}}\cos^2 2\theta\cdot\frac{1}{\cos^2\theta}d\theta$$

$$=2\pi\int_0^{\frac{\pi}{4}}(2\cos^2\theta-1)^2\cdot\frac{1}{\cos^2\theta}d\theta=2\pi\int_0^{\frac{\pi}{4}}\left(4\cos^2\theta-4+\frac{1}{\cos^2\theta}\right)d\theta$$

◀ 曲線は y 軸に関して対称。

$$=2\pi\int_0^{\frac{\pi}{4}}\left(2\cos 2\theta-2+\frac{1}{\cos^2\theta}\right)d\theta=2\pi\Big[\sin 2\theta-2\theta+\tan\theta\Big]_0^{\frac{\pi}{4}}$$

◀ $\cos^2\theta=\dfrac{1+\cos 2\theta}{2}$

$$=2\pi\left(1-\frac{\pi}{2}+1\right)=\boldsymbol{\pi(4-\pi)}$$

練習 ②201 曲線 C：$x=\cos t$，$y=2\sin^3 t$ $\left(0\leqq t\leqq\dfrac{\pi}{2}\right)$ がある。

(1) 曲線 C と x 軸および y 軸で囲まれる図形の面積を求めよ。

(2) (1) で考えた図形を y 軸の周りに1回転させて得られる回転体の体積を求めよ。

〔大阪工大〕 p.344 EX164

重要例題 202 直線 $y=x$ の周りの回転体の体積

不等式 $x^2-x \leqq y \leqq x$ で表される座標平面上の領域を，直線 $y=x$ の周りに1回転して得られる回転体の体積 V を求めよ。 〔学習院大〕

基本 194

指針 これまでは x 軸または y 軸の周りの回転体の体積を扱ってきたが，この例題では直線 $y=x$ の周りの回転体である。
したがって，回転体の断面積や積分変数は **回転軸（直線 $y=x$）に対応して考える** ことになる。…… **体積　断面積をつかむ** の方針。
そこで，解答の上側の図のように **放物線上の点 P から直線 $y=x$ に垂線 PQ** を引いて，**PQ$=h$，OQ$=t$ とし，積分変数を t $(0 \leqq t \leqq 2\sqrt{2})$ とした定積分** を考える。
このとき，断面は線分 PQ を半径とする円になるから，その面積は　πh^2

解答

$x^2-x=x$ を解くと　$x=0,\ 2$
よって，放物線 $y=x^2-x$ と直線 $y=x$ の共有点の座標は
$(0,\ 0),\ (2,\ 2)$
題意の領域は，右図の赤く塗った部分である。放物線 $y=x^2-x$ 上の点 $\mathrm{P}(x,\ x^2-x)$ $(0 \leqq x \leqq 2)$ から直線 $y=x$ に垂線 PQ を引き，
$\mathrm{PQ}=h,\ \mathrm{OQ}=t\ (0 \leqq t \leqq 2\sqrt{2})$
とする。

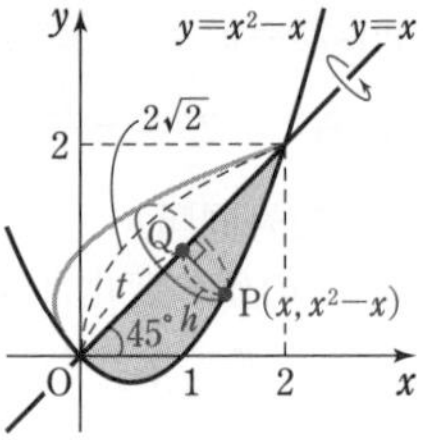

このとき

$$h=\frac{x-(x^2-x)}{\sqrt{2}}=\frac{2x-x^2}{\sqrt{2}} \quad \cdots\cdots (*)$$

$$t=\sqrt{2}x-h=\sqrt{2}x-\frac{2x-x^2}{\sqrt{2}}$$

$$=\frac{x^2}{\sqrt{2}}$$

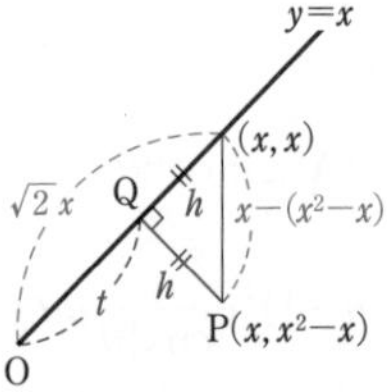

ゆえに　$dt=\sqrt{2}x\,dx$
t と x の対応は表のようになるから

t	$0 \longrightarrow 2\sqrt{2}$
x	$0 \longrightarrow 2$

$$V=\pi\int_0^{2\sqrt{2}} h^2\,dt$$

$$=\pi\int_0^2 \frac{(2x-x^2)^2}{2}\cdot\sqrt{2}x\,dx$$

$$=\frac{\pi}{\sqrt{2}}\int_0^2 (4x^3-4x^4+x^5)\,dx$$

$$=\frac{\pi}{\sqrt{2}}\left[x^4-\frac{4}{5}x^5+\frac{x^6}{6}\right]_0^2$$

$$=\frac{\pi}{\sqrt{2}}\cdot\frac{16}{15}=\boldsymbol{\frac{8\sqrt{2}}{15}\pi}$$

注意 解答の$(*)$の h は，直線 $y=x$ と x 軸の正の向きとのなす角が 45° であることに注目して求めた。なお，次の点と直線の距離の公式を利用してもよい。

点 $(x_0,\ y_0)$ から直線 $ax+by+c=0$ に引いた垂線の長さは
$$\frac{|ax_0+by_0+c|}{\sqrt{a^2+b^2}}$$

◀左の図を参照。

◀断面積 πh^2 を，t について区間 $[0,\ 2\sqrt{2}]$ で積分する。

◀h，t は x の式になるから，体積 V の計算（t での定積分）を，置換積分法により x での定積分にもち込む。

検討

回転させる領域と回転軸の位置関係

放物線 $y=x^2-x$ について，$y'=2x-1$ から，$x=0$ のとき $y'=-1$ である。よって，原点における接線 ℓ の傾きは -1 であり，接線 ℓ と直線 $y=x$ は垂直である。
したがって，重要例題 **202** の回転させる領域は $y>-x$ の部分にある。

では，次の問題を考えてみよう。

> **問題** 不等式 $2x^2-3x \leqq y \leqq x$ で表される座標平面上の領域を，直線 $y=x$ の周りに1回転して得られる回転体の体積 V を求めよ。

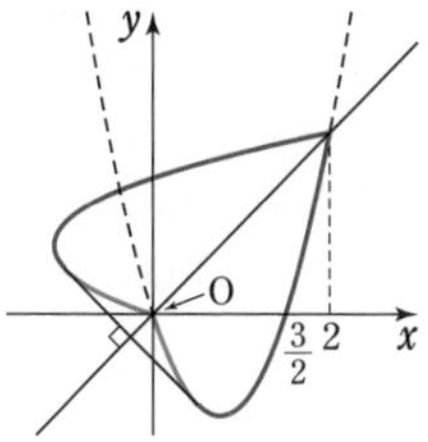

重要例題 **202** と同様に考えることができるが，この問題の放物線は右の図のようになり，青色の部分は立体の内側にくい込む形になる。
この場合の体積を，基本例題 **195** のように，外側（赤色）部分の体積から内側（青色）部分の体積を引いて求めてみよう。
$2x^2-3x=x$ を解くと　$x=0,\ 2$
よって，放物線 $y=2x^2-3x$ と直線 $y=x$ の共有点の座標は
$(0,\ 0),\ (2,\ 2)$
放物線 $y=2x^2-3x$ 上の点 $\mathrm{P}(x,\ 2x^2-3x)\ (0\leqq x\leqq 2)$ から直線 $y=x$ に垂線 PQ を引き，$\mathrm{PQ}=h$，$\mathrm{OQ}=t$（ただし，点 Q が点 O から見て点 $(2,\ 2)$ と反対側にあるときは $t<0$）とすると

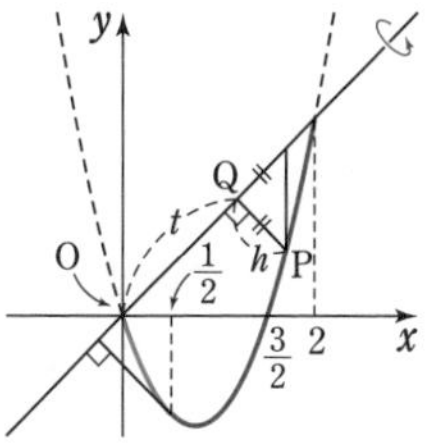

$$h=\frac{x-(2x^2-3x)}{\sqrt{2}}=\frac{4x-2x^2}{\sqrt{2}}$$

$$t=\sqrt{2}\,x-h=\frac{2x^2-2x}{\sqrt{2}} \qquad ゆえに \qquad dt=\frac{4x-2}{\sqrt{2}}dx$$

$y=2x^2-3x$ から　$y'=4x-3$

$y'=-1$ のとき　$x=\dfrac{1}{2}$　　このとき　$t=-\dfrac{1}{2\sqrt{2}}$

$0\leqq x\leqq \dfrac{1}{2}$ のときの h を h_1，$\dfrac{1}{2}\leqq x\leqq 2$ のときの h を h_2 とし，求める体積を V とすると

$$V=\pi\int_{-\frac{1}{2\sqrt{2}}}^{2\sqrt{2}} {h_2}^2\,dt-\pi\int_{-\frac{1}{2\sqrt{2}}}^{0} {h_1}^2\,dt$$

$$=\pi\left\{\int_{\frac{1}{2}}^{2}\frac{(4x-2x^2)^2}{2}\cdot\frac{4x-2}{\sqrt{2}}dx-\int_{\frac{1}{2}}^{0}\frac{(4x-2x^2)^2}{2}\cdot\frac{4x-2}{\sqrt{2}}dx\right\}$$

$$=\pi\int_0^2\frac{4x^2(x-2)^2(2x-1)}{\sqrt{2}}dx$$

$$=2\sqrt{2}\,\pi\int_0^2(2x^5-9x^4+12x^3-4x^2)\,dx$$

$$=2\sqrt{2}\,\pi\left[\frac{x^6}{3}-\frac{9}{5}x^5+3x^4-\frac{4}{3}x^3\right]_0^2=\boldsymbol{\frac{32\sqrt{2}}{15}\pi}$$

h_1：

t	$-\frac{1}{2\sqrt{2}}$	$\longrightarrow$	0
x	$\frac{1}{2}$	$\longrightarrow$	0

h_2：

t	$-\frac{1}{2\sqrt{2}}$	$\longrightarrow$	$2\sqrt{2}$
x	$\frac{1}{2}$	$\longrightarrow$	2

6章 28 体積

練習 ④**202** 次の図形を直線 $y=x$ の周りに1回転させてできる回転体の体積 V を求めよ。
(1) 放物線 $y=x^2$ と直線 $y=x$ で囲まれた図形　〔類 名古屋市大〕
(2) 曲線 $y=\sin x\ (0\leqq x\leqq \pi)$ と2直線 $y=x$，$x+y=\pi$ で囲まれた図形

p.344 EX165

参考事項　一般の直線の周りの回転体の体積

$p.334$ の重要例題 **202** に関しては，次のようにして回転体の体積を求めることもできる。

別解 **1.** x 軸に垂直な断面に注目して定積分にもち込む。
（傘型分割による体積計算）

$0 \leqq t \leqq 2$ とする。連立不等式 $0 \leqq x \leqq t$，$x^2-x \leqq y \leqq x$ で表される領域を，直線 $y=x$ の周りに1回転させてできる回転体の体積を $V(t)$，$\Delta V=V(t+\Delta t)-V(t)$ とする。右の図のように点P，Q，Hをとると　$PQ=t-(t^2-t)=2t-t^2$，

$$PH=\frac{PQ}{\sqrt{2}}=\frac{2t-t^2}{\sqrt{2}}$$

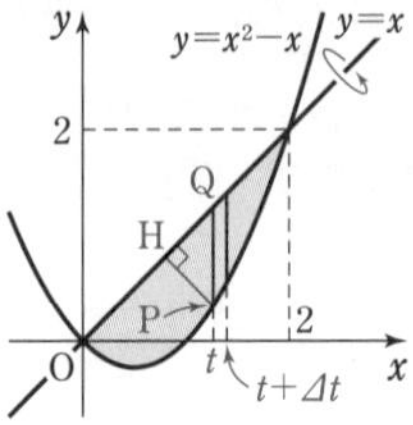

左図の青い部分の回転体

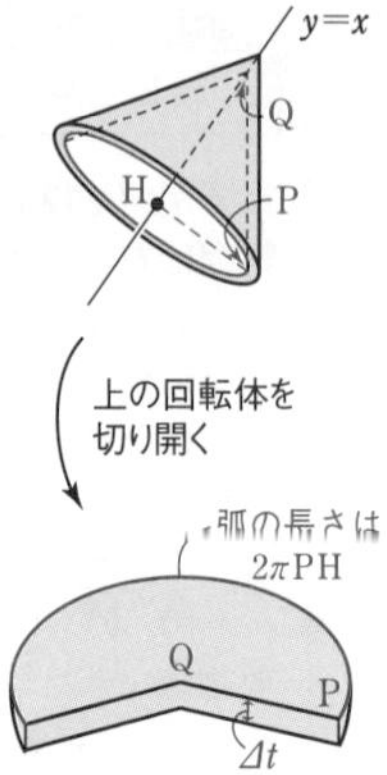

$\Delta t>0$ のとき，Δt が十分小さいとすると

$$\Delta V \fallingdotseq \frac{1}{2}\cdot PQ\cdot 2\pi PH\cdot \Delta t^{(*)}$$　◀右の図に注目。

ゆえに　$\dfrac{\Delta V}{\Delta t} \fallingdotseq \dfrac{\pi}{\sqrt{2}}(2t-t^2)^2$ … ①（$\Delta t<0$ のときも成り立つ。）

（＊）半径 r，弧の長さ l の扇形の面積は　$\dfrac{1}{2}rl$
（$p.10$ 参照。）

$\Delta t \longrightarrow 0$ のとき，① の両辺の差は 0 に近づくから

$$V'(t)=\lim_{\Delta t\to 0}\frac{\Delta V}{\Delta t}=\frac{\pi}{\sqrt{2}}(2t-t^2)^2$$

よって　$V=V(2)=\displaystyle\int_0^2 \frac{\pi}{\sqrt{2}}(2t-t^2)^2\,dt$　（以後の計算は省略。）

別解 **2.** 原点の周りの回転移動を利用する。つまり，放物線 $y=x^2-x$ を原点の周りに $-\dfrac{\pi}{4}$ だけ回転させ，x 軸の周りの回転体の体積に帰着させる。

放物線 $y=x^2-x$ 上の点 $P(t,\ t^2-t)$ $(0 \leqq t \leqq 2)$ を原点の周りに $-\dfrac{\pi}{4}$ だけ回転させた点の座標を $P'(x,\ y)$ とすると，

$$x+yi=\left\{\cos\left(-\frac{\pi}{4}\right)+i\sin\left(-\frac{\pi}{4}\right)\right\}\{t+(t^2-t)i\}$$　← 数学C 第3章 参照。

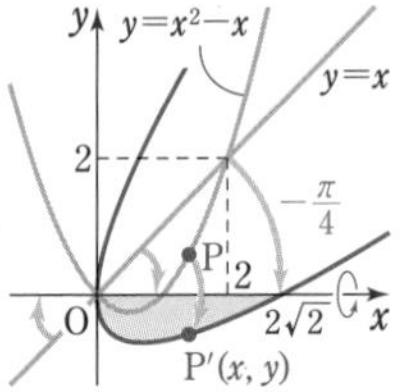

が成り立つから　$x=\dfrac{t^2}{\sqrt{2}}$，$y=\dfrac{t^2-2t}{\sqrt{2}}$

ゆえに　$V=\pi\displaystyle\int_0^{2\sqrt{2}} y^2\,dx=\pi\int_0^2\left(\frac{t^2-2t}{\sqrt{2}}\right)^2\sqrt{2}\,t\,dt$　◀$dx=\sqrt{2}\,t\,dt$

x	$0 \longrightarrow 2\sqrt{2}$
t	$0 \longrightarrow 2$

（以後の計算は前ページの解答と同様。）

一般に，直線 $y=mx+n$ を回転軸とする回転体の体積について，以下のことが成り立つ。
（証明は上の 別解 1. と同様にしてできる。詳しくは，解答編 $p.286$ 参照。）

$a \leqq x \leqq b$ のとき，$f(x) \geqq mx+n$，$\tan\theta=m$ とする。曲線 $y=f(x)$ と直線 $y=mx+n$，$x=a$，$x=b$ で囲まれた部分を直線 $y=mx+n$ の周りに1回転させてできる立体の体積は

$$\boldsymbol{V=\pi\cos\theta\int_a^b\{f(x)-(mx+n)\}^2dx}\quad\left(0<\theta<\frac{\pi}{2}\right)$$

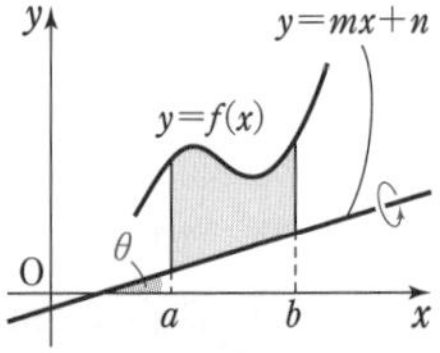

重要例題 203 連立不等式で表される立体の体積 ④

xyz 空間において，次の連立不等式が表す立体を考える。

$$0 \leqq x \leqq 1,\ 0 \leqq y \leqq 1,\ 0 \leqq z \leqq 1,\ x^2+y^2+z^2-2xy-1 \geqq 0$$

(1) この立体を平面 $z=t$ で切ったときの断面を xy 平面に図示し，この断面の面積 $S(t)$ を求めよ。

(2) この立体の体積 V を求めよ。

〔北海道大〕 基本 192，193

指針 この問題では，連立不等式から立体のようすがイメージできない。
しかし，立体のようすがわからなくても，断面積が求められれば 積分の計算により，立体の体積を求めることができる。

立体の体積　断面積をつかむ

今回は，(1) で指定されているように z 軸に垂直な平面 $z=t$ で切ったときの断面を考える。

解答

(1) $0 \leqq z \leqq 1$ であるから　$0 \leqq t \leqq 1$

$x^2+y^2+z^2-2xy-1 \geqq 0$ において，$z=t$ とすると

$$x^2+y^2+t^2-2xy-1 \geqq 0$$

よって　$(y-x)^2 \geqq 1-t^2$

すなわち　$y-x \leqq -\sqrt{1-t^2}$ または $\sqrt{1-t^2} \leqq y-x$

ゆえに　$y \leqq x-\sqrt{1-t^2}$ または $y \geqq x+\sqrt{1-t^2}$

よって，平面 $z=t$ で切ったときの断面は，**右の図の斜線部分**である。ただし，**境界線を含む**。

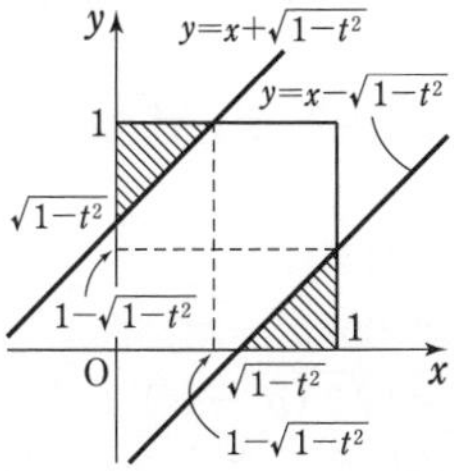

また　$S(t)=2\cdot\frac{1}{2}(1-\sqrt{1-t^2})^2$

$$=\boldsymbol{(1-\sqrt{1-t^2})^2}$$

(2) $V=\int_0^1 S(t)dt$

$$=\int_0^1 (1-\sqrt{1-t^2})^2 dt$$

$$=\int_0^1 (2-t^2-2\sqrt{1-t^2})dt$$

$$=\left[2t-\frac{t^3}{3}\right]_0^1-2\int_0^1\sqrt{1-t^2}\,dt$$

$\int_0^1\sqrt{1-t^2}\,dt$ は半径が 1 の四分円の面積を表すから

$$V=2-\frac{1}{3}-2\cdot\frac{1}{4}\cdot\pi\cdot 1^2=\boldsymbol{\frac{5}{3}-\frac{\pi}{2}}$$

◀$z=t$ を代入すれば，断面の関係式（xy 平面に平行な平面上）がわかる。

◀$X^2 \geqq A^2$　$(A \geqq 0)$
$\Leftrightarrow (X+A)(X-A) \geqq 0$
$\Leftrightarrow X \leqq -A,\ A \leqq X$

◀2 つの合同な直角二等辺三角形の面積の合計。

◀積分区間は　$0 \leqq t \leqq 1$

◀$t=\sin\theta$ の置換積分法より，図形的意味を考えた方が早い。

練習 ④203 r を正の実数とする。xyz 空間において，連立不等式

$$x^2+y^2 \leqq r^2,\ y^2+z^2 \geqq r^2,\ z^2+x^2 \leqq r^2$$

を満たす点全体からなる立体の体積を，平面 $x=t$ $(0 \leqq t \leqq r)$ による切り口を考えることにより求めよ。〔類 東京大〕

重要例題 204 共通部分の体積

両側に無限に伸びた直円柱で，切り口が半径 a の円になっているものが 2 つある。いま，これらの直円柱は中心軸が $\frac{\pi}{4}$ の角をなすように交わっているとする。交わっている部分(共通部分)の体積を求めよ。〔類 日本女子大〕

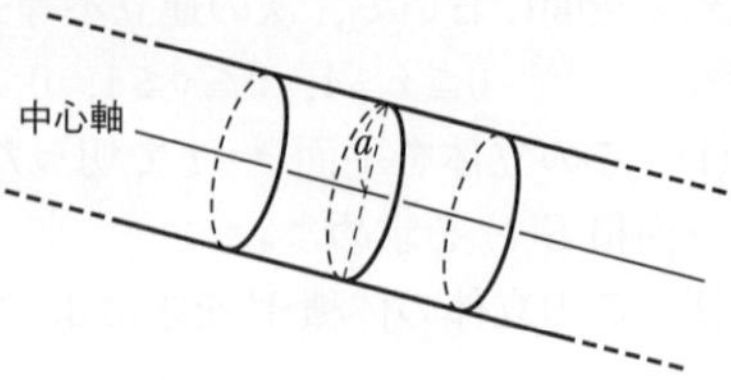

基本 192，193

指針 重要例題 203 と同様に立体のようすはイメージしにくいので，断面を考える。

立体の体積　断面積をつかむ

ここでは，中心軸が作る平面からの距離が x である平面で切った断面を考える。直円柱は，その中心線と平行な平面で切ったとき，断面は幅が一定の帯になる。したがって，帯が重なっている部分の断面積を考える。

解答

2 つの中心軸が作る平面からの距離が x である平面で切った断面を考える。

幅 $2\sqrt{a^2-x^2}$ の帯が角 $\frac{\pi}{4}$ で交わっているから，その共通部分は 1 辺の長さが

$$2\sqrt{a^2-x^2}\cdot\sqrt{2}=2\sqrt{2}\sqrt{a^2-x^2}$$

のひし形である。

切断面のひし形の面積は

$$2\sqrt{2}\sqrt{a^2-x^2}\cdot 2\sqrt{a^2-x^2}=4\sqrt{2}(a^2-x^2)$$

よって，求める体積を V とすると，対称性から

$$V=2\int_0^a 4\sqrt{2}(a^2-x^2)dx=8\sqrt{2}\left[a^2x-\frac{x^3}{3}\right]_0^a=\boldsymbol{\frac{16\sqrt{2}}{3}a^3}$$

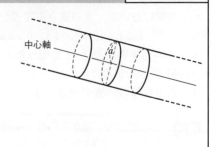

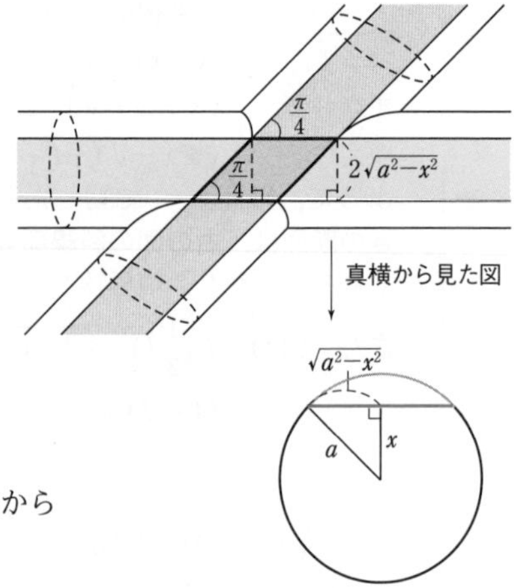

練習 ④204 4 点 (0, 0, 0), (1, 0, 0), (0, 1, 0), (0, 0, 1) を頂点とする三角錐を C，4 点 (0, 0, 0), (−1, 0, 0), (0, 1, 0), (0, 0, 1) を頂点とする三角錐を x 軸の正の方向に a $(0<a<1)$ だけ平行移動したものを D とする。

このとき，C と D の共通部分の体積 $V(a)$ を求めよ。また，$V(a)$ が最大になるときの a の値を求めよ。〔類 千葉大〕

重要例題 205 座標空間における回転体の体積(1) ④④④④④

a，b を正の実数とする。座標空間内の 2 点 A$(0,\ a,\ 0)$，B$(1,\ 0,\ b)$ を通る直線を ℓ とし，直線 ℓ を x 軸の周りに 1 回転して得られる図形を M とする。

(1)　x 座標の値が t であるような直線 ℓ 上の点 P の座標を求めよ。

(2)　図形 M と 2 つの平面 $x=0$ と $x=1$ で囲まれた立体の体積を求めよ。

〔類　北海道大〕　基本 192，193

指針　体積を求める問題では，常に **軸とその軸に垂直な平面で切ったときの断面** が重要なポイントとなる。この問題では x 軸が回転軸であるから，図形 M の体積を求めるには，図形 M を x 軸に垂直な平面 $x=t$ で切ったときの **断面積** を調べ，**定積分** にもち込む。

(1)　**ベクトル** を利用。2 点 A，B を通る直線 ℓ 上の点は，s を実数として $(1-s)\overrightarrow{\mathrm{OA}}+s\overrightarrow{\mathrm{OB}}=\overrightarrow{\mathrm{OA}}+s\overrightarrow{\mathrm{AB}}$ と表される（数学 C の第 11 節 空間における直線のベクトル方程式を参照）。

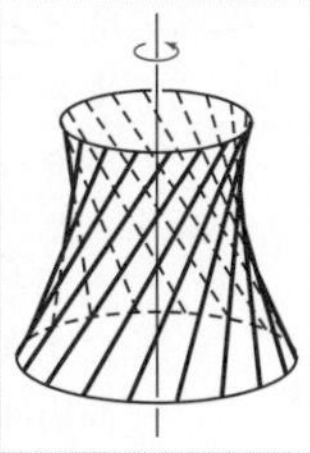

解答

(1)　直線 ℓ 上の点 C は，O を原点，s を実数として，

$\overrightarrow{\mathrm{OC}}=\overrightarrow{\mathrm{OA}}+s\overrightarrow{\mathrm{AB}}$ と表され

$$\overrightarrow{\mathrm{OC}}=(0,\ a,\ 0)+s(1,\ -a,\ b)$$
$$=(s,\ a(1-s),\ bs)$$

よって，x 座標が t である点 P の座標は，$s=t$ として

$$\mathbf{P}(\boldsymbol{t},\ \boldsymbol{a(1-t)},\ \boldsymbol{bt})$$

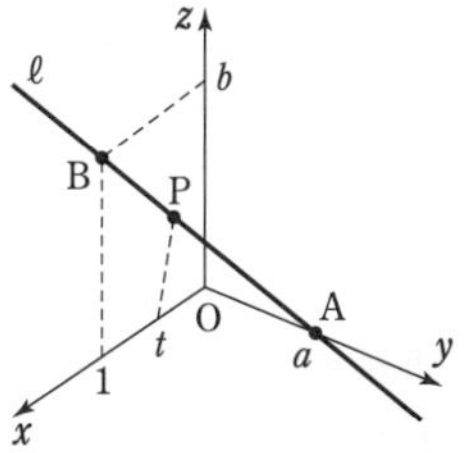

(1)　左では丁寧に示したが，
$\overrightarrow{\mathrm{OA}}=(0,\ a,\ 0)$
$\overrightarrow{\mathrm{AB}}=(1,\ -a,\ b)$
から，$\overrightarrow{\mathrm{OA}}+t\overrightarrow{\mathrm{AB}}$ の x 成分が t となることに着目し，最初から
$\overrightarrow{\mathrm{OP}}=\overrightarrow{\mathrm{OA}}+t\overrightarrow{\mathrm{AB}}$
としてもよい。

(2)　図形 M を平面 $x=t$ で切ったときの断面は，中心が点 $(t,\ 0,\ 0)$，半径 $\sqrt{a^2(1-t)^2+b^2t^2}$ の円である。

ゆえに，その断面積を $S(t)$ とすると

$$S(t)=\pi\{a^2(1-t)^2+b^2t^2\}$$

よって，求める体積 V は

$$V=\int_0^1 S(t)dt$$
$$=\pi\int_0^1\{a^2(1-t)^2+b^2t^2\}dt \quad \cdots\cdots (*)$$
$$=\pi\int_0^1\{(a^2+b^2)t^2-2a^2t+a^2\}dt$$
$$=\pi\left[\frac{a^2+b^2}{3}t^3-a^2t^2+a^2t\right]_0^1=\boldsymbol{\frac{\pi}{3}(a^2+b^2)}$$

◀平面 $x=t$ で切ったときの断面

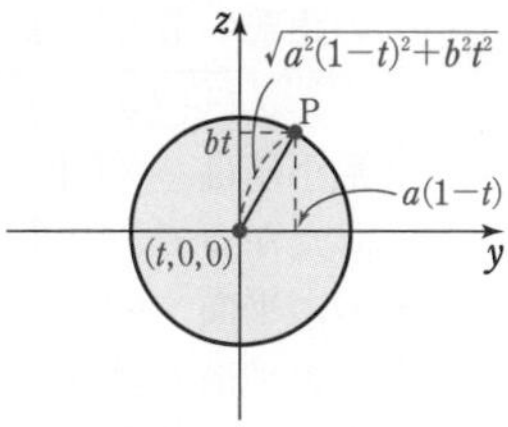

$(*)$ $\int(1-t)^2dt$
$=-\dfrac{(1-t)^3}{3}+C$
を用いてもよい。

練習 ④205　xyz 空間において，2 点 P$(1,\ 0,\ 1)$，Q$(-1,\ 1,\ 0)$ を考える。線分 PQ を x 軸の周りに 1 回転して得られる立体を S とする。立体 S と，2 つの平面 $x=1$ および $x=-1$ で囲まれる立体の体積を求めよ。　〔類　早稲田大〕

重要例題 206 座標空間における回転体の体積 (2)

xyz 空間内の 3 点 O(0, 0, 0), A(1, 0, 0), B(1, 1, 0) を頂点とする三角形 OAB を x 軸の周りに 1 回転させてできる円錐を V とする。円錐 V を y 軸の周りに 1 回転させてできる立体の体積を求めよ。 〔大阪大 改題〕 重要 205

指針 立体のようすがイメージしにくいので，**断面積** を考える。

1. V の側面上の点を P(x, y, z) とし，Q$(x, 0, 0)$ とすると，△OPQ は OQ=PQ の直角二等辺三角形であるから，関係式を x, y, z で表して V の側面の方程式を求める。
2. V の平面 $y=t$ による切り口は，右図のような曲線の一部と直線 $x=1$ で囲まれた図形で，これを y 軸の周りに 1 回転させるから，題意の立体の平面 $y=t$ による切断面はドーナツ状の図形になる（解答の図参照）。
この図形の面積は **(外側の円の面積) − (内側の円の面積)**

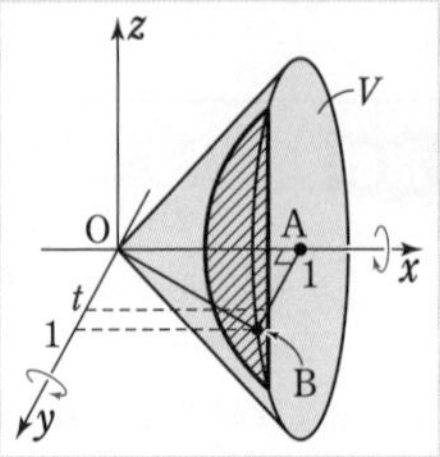

解答 円錐 V の側面上の点を P(x, y, z) $(0 \leqq x \leqq 1,\ |y| \leqq 1)$ とする。
円錐 V 上の点 P と点 Q$(x, 0, 0)$ の距離は x であるから Ⓐ

$$(x-x)^2+y^2+z^2=x^2$$

よって $x^2-z^2=y^2$ $(0 \leqq x \leqq 1)$

円錐 V の平面 $y=t$ $(-1 \leqq t \leqq 1)$ による切り口は，曲線 C : $x^2-z^2=t^2$ $(0 \leqq x \leqq 1)$ と直線 $x=1$ で囲まれた図形となる。Ⓑ

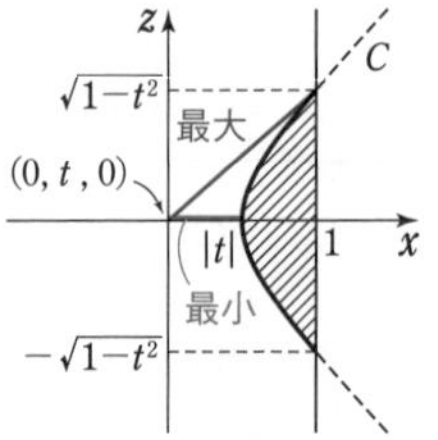

点 (0, t, 0) と，この図形内の点との距離の最大値は

$$\sqrt{1^2+(\sqrt{1-t^2})^2}=\sqrt{2-t^2}$$

最小値は $|t|$

したがって，円錐 V を y 軸の周りに 1 回転させてできた立体の，平面 $y=t$ による切断面は右の図のようになる。

この図形の面積は $\pi(\sqrt{2-t^2})^2-\pi|t|^2=2(1-t^2)\pi$

よって，求める立体の体積は

$$\int_{-1}^{1} 2(1-t^2)\pi\,dt=-2\pi\int_{-1}^{1}(t+1)(t-1)\,dt$$

$$=-2\pi\cdot\left(-\frac{1}{6}\right)\cdot\{1-(-1)\}^3=\boldsymbol{\frac{8}{3}\pi}$$

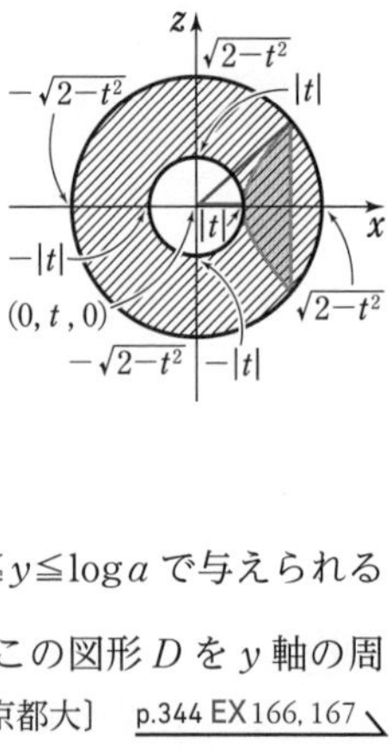

参考 対称性を利用して，$2\int_0^1 2(1-t^2)\pi\,dt$ を計算してもよい。

Ⓐ

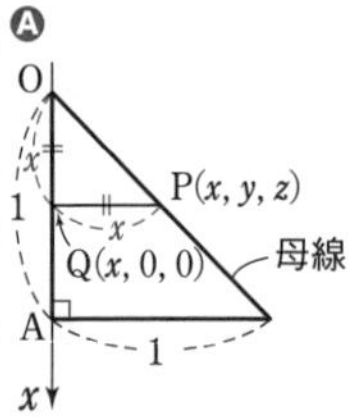

Ⓑ

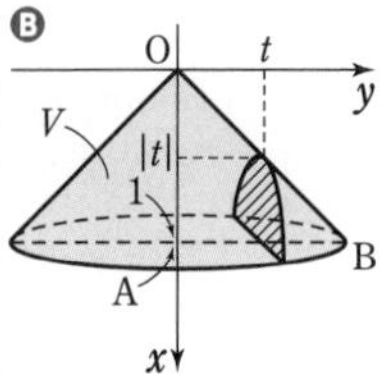

練習 ⑤206 xyz 空間において，平面 $y=z$ の中で $|x| \leqq \dfrac{e^y+e^{-y}}{2}-1$, $0 \leqq y \leqq \log a$ で与えられる図形 D を考える。ただし，a は 1 より大きい定数とする。この図形 D を y 軸の周りに 1 回転させてできる立体の体積を求めよ。 〔京都大〕 p.344 EX 166, 167

重要例題 207 立体の通過領域の体積

(1) 平面で，半径 r ($r \leqq 1$) の円の中心が，辺の長さが 4 の正方形の辺上を 1 周するとき，この円が通過する部分の面積 $S(r)$ を求めよ。

(2) 空間で，半径 1 の球の中心が，辺の長さが 4 の正方形の辺上を 1 周するとき，この球が通過する部分の体積 V を求めよ。

〔類 滋賀医大〕 基本 192，193

指針 (1) では半径 r ($r \leqq 1$) の円が動く。(2) では半径 1 の球が動く。

(1) は (2) のヒント

(1) 面積が求めやすい図形に分割して考える。

(2) 正方形を xy 平面上に置いて，立体を平面 $z=t$ ($-1 \leqq t \leqq 1$) で切ったときの断面積を t の式で表す。切断面は，球を切断した **円が通過してできる図形** である。

⟶ (1) の結果が利用できる。

解答

(1) 円が通過する部分は右図のようになる。

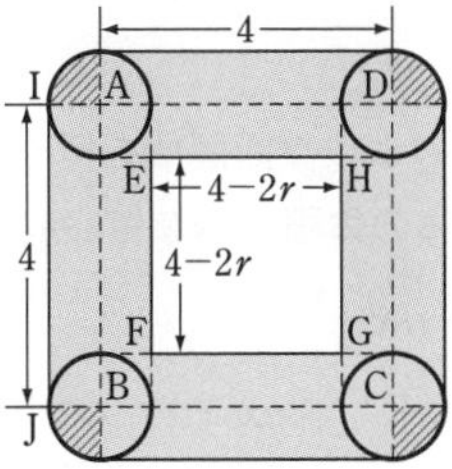

4 つの角の四分円は合わせて 1 つの円になるから

$S(r)$

$=4^2-(4-2r)^2+4\cdot 4r+\pi r^2$

$=\boldsymbol{32r+(\pi-4)r^2}$

◀ (正方形 ABCD) −(正方形 EFGH) +4・(長方形 ABJI) +(四分円を合わせた円)

(2) 正方形を xy 平面上に置いて，球が通過する部分を平面 $z=t$ ($-1 \leqq t \leqq 1$) で切ったときの断面積を $f(t)$ とする。

角の球の切断面の半径を r とすると，$t^2+r^2=1$ であるから，$f(t)$ は (1) の結果の式において

$r=\sqrt{1-t^2}$ $(-1 \leqq t \leqq 1)$

としたものである。

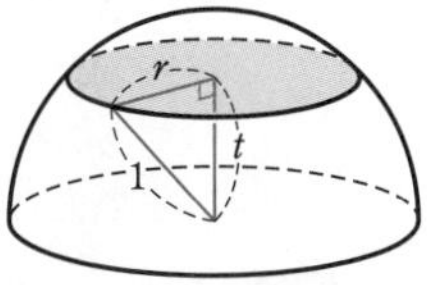

対称性から，求める体積 V は

$$V=2\int_0^1 f(t)dt$$

$$=2\int_0^1\{32\sqrt{1-t^2}+(\pi-4)(1-t^2)\}dt$$

$$=64\int_0^1\sqrt{1-t^2}\,dt+2(\pi-4)\int_0^1(1-t^2)dt$$

$$=64\cdot\frac{\pi}{4}+2(\pi-4)\left[t-\frac{t^3}{3}\right]_0^1=\boldsymbol{\frac{52\pi-16}{3}}$$

◀ $\int_0^1\sqrt{1-t^2}\,dt$ は半径 1 の四分円の面積に等しい。

練習 ④207 xy 平面上の原点を中心とする単位円を底面とし，点 P$(t,\ 0,\ 1)$ を頂点とする円錐を K とする。t が $-1 \leqq t \leqq 1$ の範囲を動くとき，円錐 K の表面および内部が通過する部分の体積を求めよ。 〔早稲田大〕

6章 28 体積

まとめ　体積の求め方

これまで，立体の体積の求め方を学んできた。ここでは，いくつかの解法を整理しながら，体積を求める基本的な考え方を確認しよう。

● 体積の求め方の基本

x 軸に垂直で，x 軸との交点の座標が x である平面による切り口の面積が $S(x)$ であるとき，2 平面 $x=a$，$x=b$ $(a<b)$ の間にある立体の体積 V は　$$V=\int_a^b S(x)dx$$

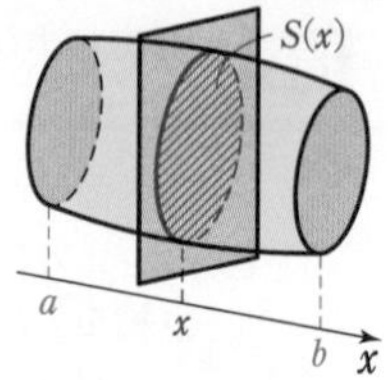

このように，立体の体積は x 軸に垂直な平面で切ったときの断面積 $S(x)$ を積分することで求めることができるが，これは，面積 $S(x)$，幅 dx の立体の微小体積を，$x=a$ から $x=b$ まで集める，というイメージである。

● 回転体の体積公式のまとめ

それぞれの公式で，どのような断面積を積分しているのかを意識しながら確認しよう。

1 **x 軸の周りの回転体の体積**　（◀例題 194）

$$V=\pi\int_a^b \{f(x)\}^2 dx$$

⟶ 断面積 $\pi\{f(x)\}^2$，幅 dx である微小体積を，$x=a$ から $x=b$ まで集めるイメージ。

断面は半径 $|f(x)|$ の円

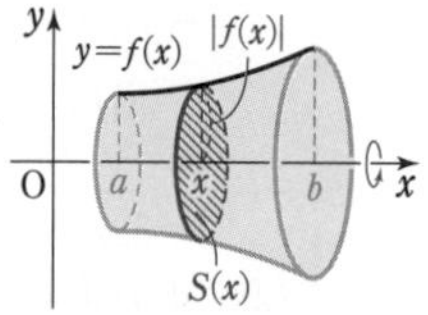

2 **2 曲線間の図形の回転体の体積**　（◀例題 195）

$$V=\pi\int_a^b [\{f(x)\}^2-\{g(x)\}^2]dx \quad [f(x)\geqq g(x)\geqq 0]$$

⟶ 断面積 $\pi\{f(x)\}^2-\pi\{g(x)\}^2$，幅 dx である微小体積を，$x=a$ から $x=b$ まで集めるイメージ。

注意　$V=\pi\int_a^b \{f(x)-g(x)\}^2 dx$ **は誤り！**

断面は 2 つの円の間の領域（円環）

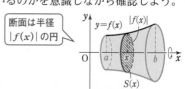

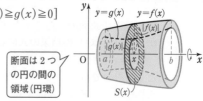

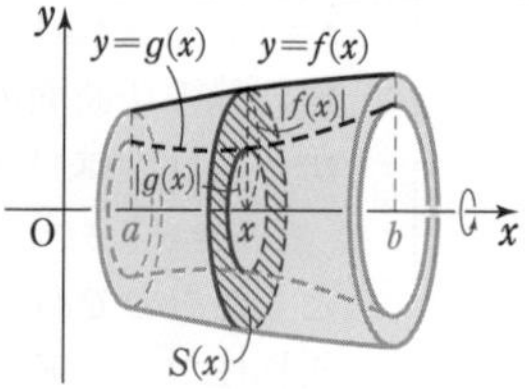

● 非回転体の体積は断面積のとり方を工夫する

回転体でない立体（非回転体）の場合は，断面積を求めてから積分することになるから，断面積のとり方がポイントとなる。例えば，次のような方法を学習した。

- 定積分が計算しやすいような平面で立体を切り，断面積を求める。
  ⟶ 切り方によって，断面積の求めやすさや積分計算の手間が変わってくる。　◀例題 193
- 不等式で表された立体に対し，特定の平面における断面を考える。
  ⟶ 平面での断面は，座標平面に図示することができる。　◀例題 203

これまで扱ってきた例題のうち，特に重要例題は難しい問題が多かっただろう。しかし，**断面積を求めて 積分する** という部分は各問題に共通する考え方である。復習するときや更なる演習を積むときには，このような考え方を意識して取り組むとよい。

EXERCISES

④158 半径1の円を底面とする高さ $\frac{1}{\sqrt{2}}$ の直円柱がある。底面の円の中心をOとし，直径を1つとりABとおく。ABを含み底面と45°の角度をなす平面でこの直円柱を2つの部分に分けるとき，体積の小さい方の部分を V とする。

(1) 直径ABと直交し，Oとの距離が $t\,(0\leqq t\leqq 1)$ であるような平面で V を切ったときの断面積 $S(t)$ を求めよ。

(2) V の体積を求めよ。〔東北大〕

→193

②159 a, b を実数とする。曲線 $y=|x-a-b\sin x|$ と直線 $x=\pi$, $x=-\pi$ および x 軸で囲まれる部分を x 軸の周りに1回転して得られる回転体の体積を V とする。

(1) V を求めよ。

(2) a, b を動かしたとき，V の値が最小となるような a, b の値を求めよ。

〔東京都立大〕 →194

③160 $a>0$ に対し，区間 $0\leqq x\leqq \pi$ において曲線 $y=a^2x+\frac{1}{a}\sin x$ と直線 $y=a^2x$ によって囲まれる部分を x 軸の周りに回転してできる立体の体積を $V(a)$ とする。

(1) $V(a)$ を a で表せ。

(2) $V(a)$ が最小になるように a の値を定めよ。〔奈良県医大〕

→195

③161 不等式 $-\sin x\leqq y\leqq \cos 2x$, $0\leqq x\leqq \frac{\pi}{2}$ で定義される領域を K とする。

(1) K の面積を求めよ。

(2) K を x 軸の周りに回転して得られる回転体の体積を求めよ。〔神戸大〕

→196

④162 xy 平面上において，極方程式 $r=\frac{4\cos\theta}{4-3\cos^2\theta}\left(-\frac{\pi}{2}\leqq\theta\leqq\frac{\pi}{2}\right)$ で表される曲線を C とする。

(1) 曲線 C を直交座標に関する方程式で表せ。

(2) 曲線 C で囲まれた部分を x 軸の周りに1回転してできる立体の体積を求めよ。

(3) 曲線 C で囲まれた部分を y 軸の周りに1回転してできる立体の体積を求めよ。〔鳥取大〕

→194, 198

158 (1) 断面の形は，台形と直角二等辺三角形の2つの場合がある。

159 (1) 偶関数・奇関数の定積分を活用。 (2) b について平方完成。

160 (1) $0\leqq x\leqq\pi$ のとき $\sin x\geqq 0$ であることに注意。 (2) 微分法を利用。

161 (2) x 軸の下側にある部分を x 軸に関して対称に折り返して考える。

162 (1) $r^2=x^2+y^2$, $r\cos\theta=x$, $r\sin\theta=y$ を利用。

③163 正の実数 a に対し，曲線 $y=e^{ax}$ を C とする。原点を通る直線 ℓ が曲線 C に点P で接している。C，ℓ および y 軸で囲まれた図形を D とする。
(1) 点Pの座標を a を用いて表せ。
(2) D を y 軸の周りに1回転してできる回転体の体積が 2π のとき，a の値を求めよ。〔類 東京電機大〕 →200

③164 座標平面上の曲線 C を，媒介変数 $0\leqq t\leqq 1$ を用いて $\begin{cases} x=1-t^2 \\ y=t-t^3 \end{cases}$ と定める。
(1) 曲線 C の概形をかけ。
(2) 曲線 C と x 軸で囲まれた部分が，y 軸の周りに1回転してできる回転体の体積を求めよ。〔神戸大〕 →199,201

④165 xy 平面上の $x\geqq 0$ の範囲で，直線 $y=x$ と曲線 $y=x^n$ $(n=2,\ 3,\ 4,\ \cdots\cdots)$ により囲まれる部分を D とする。D を直線 $y=x$ の周りに回転してできる回転体の体積を V_n とするとき
(1) V_n を求めよ。　(2) $\lim_{n\to\infty} V_n$ を求めよ。〔横浜国大〕 →202

⑤166 座標空間において，中心 $(0,\ 2,\ 0)$，半径1で xy 平面内にある円を D とする。D を底面とし，$z\geqq 0$ の部分にある高さ3の直円柱（内部を含む）を E とする。点 $(0,\ 2,\ 2)$ と x 軸を含む平面で E を2つの立体に分け，D を含む方を T とする。
(1) $-1\leqq t\leqq 1$ とする。平面 $x=t$ で T を切ったときの断面積 $S(t)$ を求めよ。また，T の体積を求めよ。
(2) T を x 軸の周りに1回転させてできる立体の体積を求めよ。〔九州大〕 →206

⑤167 点Oを原点とする座標空間内で，1辺の長さが1の正三角形OPQを動かす。また，点 $A(1,\ 0,\ 0)$ に対して，$\angle AOP$ を θ とおく。ただし，$0\leqq\theta\leqq\pi$ とする。
(1) 点Qが $(0,\ 0,\ 1)$ にあるとき，点Pの x 座標がとりうる値の範囲と，θ がとりうる値の範囲を求めよ。
(2) 点Qが平面 $x=0$ 上を動くとき，辺OPが通過しうる範囲を K とする。K の体積を求めよ。〔類 東京大〕 →206

HINT
164 (1) $\dfrac{dx}{dt}$，$\dfrac{dy}{dt}$ を求め，t の値に対する x，y それぞれの増減を調べる。
165 回転体の断面積や積分変数は，回転軸(直線 $y=x$)に対応して考える。
点 $P(x,\ x^n)$ から直線 $y=x$ に垂線PHを引き，$PH=h$，$OH=t$ $(0\leqq t\leqq\sqrt{2})$ とする（Oは原点）。
166 (1) 点 $(0,\ 2,\ 2)$ と x 軸を含む平面の方程式は　$z=y$　また，直円柱 E は $x^2+(y-2)^2\leqq 1$，$0\leqq z\leqq 3$ で表される。体積を求める立体を平面 $x=t$ で切ったときの断面積を考える。
167 (1) （後半）$\overrightarrow{OP}$ と $\overrightarrow{OA}$ の内積を利用する。
(2) K は，円錐の側面を x 軸の周りに1回転させた立体である。

29 曲線の長さ，速度と道のり

基本事項

曲線の長さ

① **媒介変数**　曲線 $x=f(t)$，$y=g(t)$ $(\alpha \leqq t \leqq \beta)$ の長さ L は

$$L=\int_\alpha^\beta \sqrt{\left(\frac{dx}{dt}\right)^2+\left(\frac{dy}{dt}\right)^2}\,dt=\int_\alpha^\beta \sqrt{\{f'(t)\}^2+\{g'(t)\}^2}\,dt$$

② **直交座標**　曲線 $y=f(x)$ $(a \leqq x \leqq b)$ の長さ L は

$$L=\int_a^b \sqrt{1+\left(\frac{dy}{dx}\right)^2}\,dx=\int_a^b \sqrt{1+\{f'(x)\}^2}\,dx$$

解　説

■ 曲線の長さ

面積や体積は，それを表す量の導関数を考え，その定積分として求めた。曲線の長さについても同じように考える。

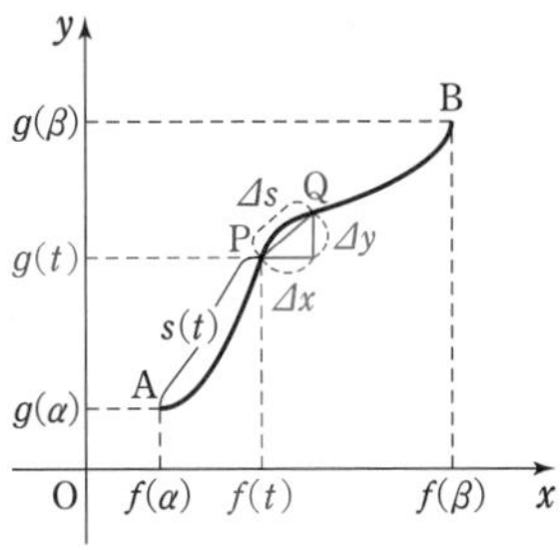

① 曲線の方程式が媒介変数 t を用いて $x=f(t)$，$y=g(t)$ $(\alpha \leqq t \leqq \beta)$ で表され，$f(t)$，$g(t)$ はともに微分可能で $f'(t)$，$g'(t)$ はいずれも連続であるとする。

曲線上の 2 点 $\mathrm{A}(f(\alpha),\ g(\alpha))$，$\mathrm{P}(f(t),\ g(t))$ 間の弧 AP の長さを，t の関数とみて $s(t)$ で表す。

t の増分を Δt とすると

$\Delta x=f(t+\Delta t)-f(t)$，$\Delta y=g(t+\Delta t)-g(t)$，

$\Delta s=s(t+\Delta t)-s(t)$

で，$s(t)$ の定義により，Δs は Δt と同符号である。

曲線上に点 $\mathrm{Q}(f(t+\Delta t),\ g(t+\Delta t))$ をとると，$|\Delta t|$ が十分小さいとき，弧 PQ の長さ $|\Delta s|$ は $|\Delta s| \fallingdotseq \sqrt{(\Delta x)^2+(\Delta y)^2}$ であり，Δs と Δt は同符号であるから

$$\frac{\Delta s}{\Delta t}=\frac{|\Delta s|}{|\Delta t|} \fallingdotseq \sqrt{\left(\frac{\Delta x}{\Delta t}\right)^2+\left(\frac{\Delta y}{\Delta t}\right)^2}$$

$\Delta t \longrightarrow 0$ のとき，この $\fallingdotseq$ の両辺の差は 0 に近づくから　$\dfrac{ds}{dt}=\sqrt{\{f'(t)\}^2+\{g'(t)\}^2}$

よって，$s(t)$ は t の関数 $\sqrt{\{f'(t)\}^2+\{g'(t)\}^2}$ の不定積分の 1 つで

$$\int_\alpha^\beta \sqrt{\{f'(t)\}^2+\{g'(t)\}^2}\,dt=\Big[s(t)\Big]_\alpha^\beta=s(\beta)-s(\alpha)$$

$s(\alpha)=0$，$s(\beta)=L$ であるから，上の ① が成り立つ。

② 曲線の方程式が $y=f(x)$ $(a \leqq x \leqq b)$ で与えられる場合には

$x=t$，$y=f(t)$ $(a \leqq t \leqq b)$

と考えると，このとき $\dfrac{dx}{dt}=1$　　また $\dfrac{dy}{dt}=\dfrac{dy}{dx}\cdot\dfrac{dx}{dt}=\dfrac{dy}{dx}=f'(x)$，$dx=dt$

よって，これらを ① に代入して　$L=\displaystyle\int_a^b \sqrt{1+\left(\frac{dy}{dx}\right)^2}\,dx=\int_a^b \sqrt{1+\{f'(x)\}^2}\,dx$

したがって，上の ② が成り立つ。

基本例題 208 曲線の長さ (1) … 基本

次の曲線の長さを求めよ。(1) では $a>0$ とする。

(1) アステロイド　$x=a\cos^3 t,\ y=a\sin^3 t\ (0\leqq t\leqq 2\pi)$

(2) $y=\log(x+\sqrt{x^2-1})\ (\sqrt{2}\leqq x\leqq 4)$

p.345 基本事項

指針 前ページの基本事項 ①, ② の公式を利用して求める。

(1) は公式 ① $\displaystyle\int_\alpha^\beta\sqrt{\left(\frac{dx}{dt}\right)^2+\left(\frac{dy}{dt}\right)^2}\,dt$, (2) は公式 ② $\displaystyle\int_a^b\sqrt{1+\left(\frac{dy}{dx}\right)^2}\,dx$

(1) アステロイドについては $p.150$ 基本例題 **88** 参照。**対称性** に注目して，計算をらくにすることも考える。

解答

(1) $\dfrac{dx}{dt}=3a\cos^2 t(-\sin t)$,

$\dfrac{dy}{dt}=3a\sin^2 t\cos t$

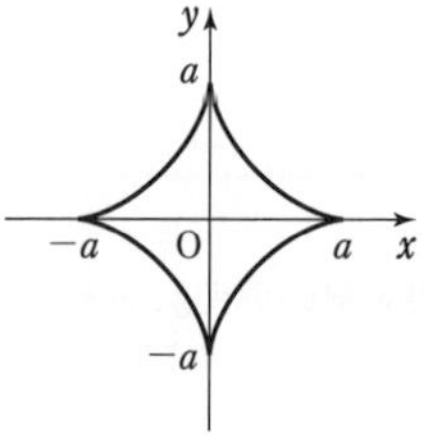

ゆえに

$$\left(\frac{dx}{dt}\right)^2+\left(\frac{dy}{dt}\right)^2=9a^2\cos^2 t\sin^2 t$$

よって，曲線の長さは

$$\int_0^{2\pi}\sqrt{9a^2\cos^2 t\sin^2 t}\,dt$$

$$=\frac{3}{2}a\int_0^{2\pi}|\sin 2t|\,dt$$

$$=4\cdot\frac{3}{2}a\int_0^{\frac{\pi}{2}}\sin 2t\,dt$$

$$=3a\Big[-\cos 2t\Big]_0^{\frac{\pi}{2}}=\boldsymbol{6a}$$

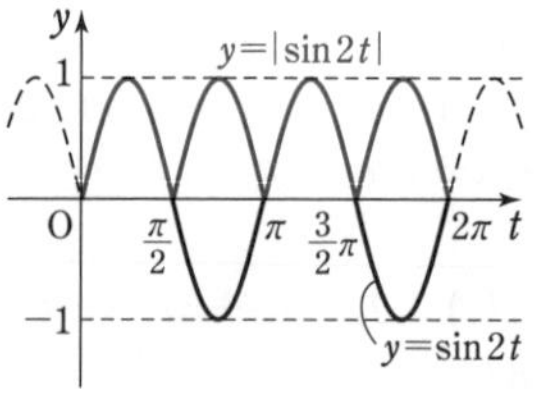

(2) $\dfrac{dy}{dx}=\dfrac{1}{x+\sqrt{x^2-1}}\left(1+\dfrac{x}{\sqrt{x^2-1}}\right)=\dfrac{1}{\sqrt{x^2-1}}$

よって，曲線の長さ s は

$$s=\int_{\sqrt{2}}^4\sqrt{1+\left(\frac{1}{\sqrt{x^2-1}}\right)^2}\,dx$$

$$=\int_{\sqrt{2}}^4\frac{x}{\sqrt{x^2-1}}\,dx$$

$$=\Big[\sqrt{x^2-1}\Big]_{\sqrt{2}}^4=\boldsymbol{\sqrt{15}-1}$$

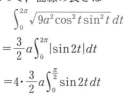

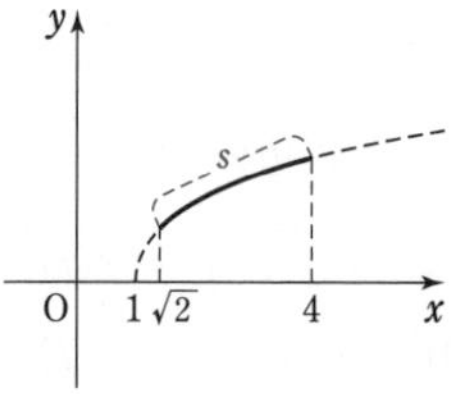

◀まず，$\dfrac{dx}{dt}$, $\dfrac{dy}{dt}$ を計算し，$\left(\dfrac{dx}{dt}\right)^2+\left(\dfrac{dy}{dt}\right)^2$ を t で表す。

◀$9a^2\cos^2 t\sin^2 t$
$=\left(\dfrac{3}{2}a\sin 2t\right)^2$

◀$y=\sin 2t\ \left(0\leqq t\leqq\dfrac{\pi}{2}\right)$ と t 軸で囲まれた図形の面積の 4 倍。

参考
(1) で曲線は x 軸，y 軸に関して対称であるから，曲線の長さは

$$4\int_0^{\frac{\pi}{2}}\sqrt{\left(\frac{dx}{dt}\right)^2+\left(\frac{dy}{dt}\right)^2}\,dt$$

としてもよい。

練習 次の曲線の長さを求めよ。
②**208**

(1) $x=2t-1,\ y=e^t+e^{-t}\ (0\leqq t\leqq 1)$

(2) $x=t-\sin t,\ y=1-\cos t\ (0\leqq t\leqq\pi)$

(3) $y=\dfrac{x^3}{3}+\dfrac{1}{4x}\ (1\leqq x\leqq 2)$　　(4) $y=\log(\sin x)\ \left(\dfrac{\pi}{3}\leqq x\leqq\dfrac{\pi}{2}\right)$

[(4) 類 信州大]　p.352 EX168～170

重要例題 209 曲線の長さ (2)

円 $C: x^2+y^2=9$ の内側を半径1の円 D が滑らずに転がる。時刻 t において D は点 $(3\cos t,\ 3\sin t)$ で C に接している。

(1) 時刻 $t=0$ において点 $(3,\ 0)$ にあった D 上の点Pの時刻 t における座標 $(x(t),\ y(t))$ を求めよ。ただし，$0 \leqq t \leqq \dfrac{2}{3}\pi$ とする。

(2) (1)の範囲で点Pの描く曲線の長さを求めよ。〔類 早稲田大〕 基本 208

指針 (1) **ベクトル** を利用。点Pは D の円周上にあり，D の中心Qとともに動く。そこで $\overrightarrow{\mathrm{OP}}=\overrightarrow{\mathrm{OQ}}+\overrightarrow{\mathrm{QP}}$ (Oは原点) として，$\overrightarrow{\mathrm{OQ}}$，$\overrightarrow{\mathrm{QP}}$ を t の式で表す。

円 $x^2+y^2=r^2\ (r>0)$ の周上の点Pの座標は $(r\cos t,\ r\sin t)$ で表され，このとき，OPが x 軸の正の方向となす角は t である。

(2) $p.345$ 基本事項① $\displaystyle\int_\alpha^\beta \sqrt{\left(\frac{dx}{dt}\right)^2+\left(\frac{dy}{dt}\right)^2}\,dt$ の公式を利用。

解答

(1) A(3, 0)，T$(3\cos t,\ 3\sin t)$ とする。

D と C がTで接しているとき，D の中心Qの座標は $(2\cos t,\ 2\sin t)$ である。また，$\overset{\frown}{\mathrm{TP}}=\overset{\frown}{\mathrm{TA}}=3t$ であるから，x 軸の正の方向から半直線QPへの角は

$$t-3t=-2t$$

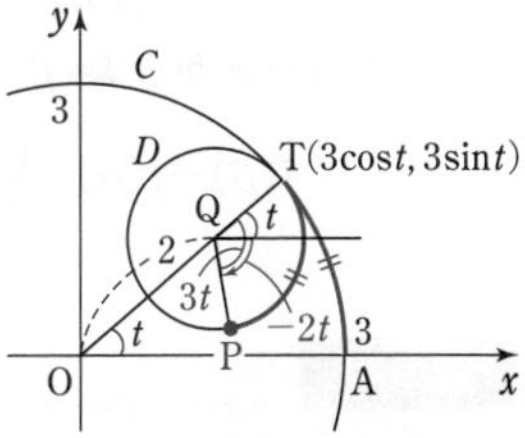

よって，Oを原点とすると

$$\begin{aligned}\overrightarrow{\mathrm{OP}}&=\overrightarrow{\mathrm{OQ}}+\overrightarrow{\mathrm{QP}}\\&=(2\cos t,\ 2\sin t)+(\cos(-2t),\ \sin(-2t))\\&=\boldsymbol{(2\cos t+\cos 2t,\ 2\sin t-\sin 2t)}\end{aligned}$$

◀点Pの描く曲線は **ハイポサイクロイド** である。

(2) $x'(t)=-2\sin t-2\sin 2t,\ y'(t)=2\cos t-2\cos 2t$ から

$$\begin{aligned}\{x'(t)\}^2+\{y'(t)\}^2&=4(\sin^2 t+2\sin t\sin 2t+\sin^2 2t)\\&\quad+4(\cos^2 t-2\cos t\cos 2t+\cos^2 2t)\\&=4(2-2\cos 3t)=8(1-\cos 3t)\\&=16\sin^2\frac{3}{2}t\end{aligned}$$

◀$\sin^2\theta+\cos^2\theta=1$，$\cos t\cos 2t-\sin t\sin 2t=\cos(t+2t)$

◀半角の公式により $\dfrac{1-\cos 3t}{2}=\sin^2\dfrac{3}{2}t$

$0 \leqq t \leqq \dfrac{2}{3}\pi$ であるから　$\sin\dfrac{3}{2}t \geqq 0$

よって，求める曲線の長さは

$$\int_0^{\frac{2}{3}\pi}\sqrt{16\sin^2\frac{3}{2}t}\,dt=\int_0^{\frac{2}{3}\pi}4\sin\frac{3}{2}t\,dt$$

$$=4\cdot\frac{2}{3}\left[-\cos\frac{3}{2}t\right]_0^{\frac{2}{3}\pi}=\boldsymbol{\frac{16}{3}}$$

◀$\displaystyle\int_0^{\frac{2}{3}\pi}\sqrt{\{x'(t)\}^2+\{y'(t)\}^2}\,dt$

練習 ④209 $a>0$ とする。長さ $2\pi a$ のひもが一方の端を半径 a の円周上の点Aに固定して，その円に巻きつけてある。このひもを引っ張りながら円からはずしていくとき，ひもの他方の端Pが描く曲線の長さを求めよ。

基本事項

速度と道のり

① **直線運動**　数直線上を運動する点Pの速度 v を時刻 t の関数とみて $v=f(t)$ とする。また，$t=a$ のときの点Pの座標を k とする。

[1] **時刻 b における点Pの座標 x は**　$x=k+\int_a^b f(t)dt$

[2] **$t=a$ から $t=b$ までの点Pの位置の変化量 s は**　$s=\int_a^b f(t)dt$

[3] **$t=a$ から $t=b$ までの点Pの道のり l は**　$l=\int_a^b |f(t)|dt$

② **平面運動**　点Pが平面上の曲線

$x=f(t)$，$y=g(t)$（t は時刻）

上を動くとき，時刻 α から時刻 t までに通過する道のりを $l(t)$ とすると

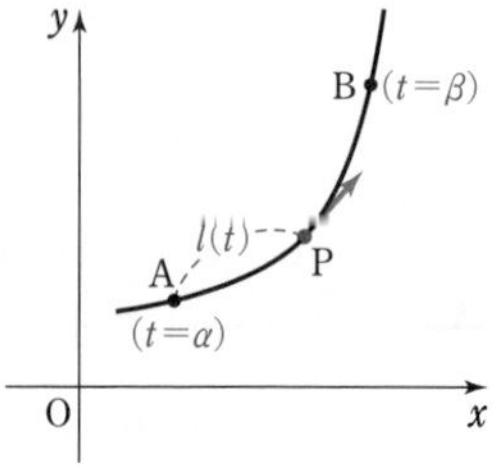

[1] **時刻 t における速度 $\vec{v}$ の大きさは**

$$|\vec{v}|=\sqrt{\left(\frac{dx}{dt}\right)^2+\left(\frac{dy}{dt}\right)^2}$$

[2] **$t=\alpha$ から $t=\beta$ までの点Pの道のりは**

$$l(\beta)-l(\alpha)=\int_\alpha^\beta |\vec{v}|dt=\int_\alpha^\beta \sqrt{\left(\frac{dx}{dt}\right)^2+\left(\frac{dy}{dt}\right)^2}\,dt$$

解　説

■ 直線運動

点Pが数直線上を運動するとき，点Pの位置が時刻 t の関数 $s(t)$ で与えられるなら，速度 $v=f(t)$ は，p.209 基本事項 **1** で学んだように

$$f(t)=s'(t)$$

逆に，$f(t)$ が既知のとき，$t=a$ から $t=b$ $(a<b)$ までの点Pの位置の変化量 $s=s(b)-s(a)$ は，$f(t)=s'(t)$ であるから，定積分の定義によって

$$s=\int_a^b f(t)dt$$

で与えられる。また，実際に点Pが動いた道のりは，絶対値 $|f(t)|$ の定積分になる。

■ 平面運動

直線運動のように，速度ベクトル　$\vec{v}=\left(\frac{dx}{dt},\ \frac{dy}{dt}\right)$

から道のりをすぐに求めるわけにはいかないが，道のりは曲線上の弧の長さに等しいと考えると求められる。

p.209 基本事項 **2** で学んだように，速度 $\vec{v}$ の大きさ $|\vec{v}|$ は

$$|\vec{v}|=\sqrt{\left(\frac{dx}{dt}\right)^2+\left(\frac{dy}{dt}\right)^2}$$

であるから，点Pが $t=\alpha$ から $t=\beta$ までに進む道のり $l(\beta)-l(\alpha)$ は

$$l(\beta)-l(\alpha)=\int_\alpha^\beta |\vec{v}|dt=\int_\alpha^\beta \sqrt{\left(\frac{dx}{dt}\right)^2+\left(\frac{dy}{dt}\right)^2}\,dt$$

これは，曲線 $x=f(t)$，$y=g(t)$ $(\alpha\leqq t\leqq\beta)$ の長さ L に等しい。

基本例題 210 速度・加速度・位置と道のり（直線運動）

(1) 数直線上を点 1 から出発して t 秒後の速度 v が $v=t(t-1)(t-2)$ で運動する点 P がある。出発してから 3 秒後の P の位置は ア［　］であり，P が動いた道のりは イ［　］である。

(2) x 軸上を，原点から出発して t 秒後の加速度が $\frac{1}{1+t}$ であるように動く物体がある。物体の初速度が v_0 のとき，出発してから t 秒後の物体の速度と位置を求めよ。

p.348 基本事項 ①

指針 位置 x ⇄(微分／積分) 速度 v ⇄(微分／積分) 加速度 α の関係に注意。

$p.348$ 基本事項 ① の公式を利用し，積分によって位置や道のりを求める。

$x_1=x_0+\int_{t_0}^{t_1} v\,dt$，道のり $l=\int_{t_0}^{t_1}|v|\,dt$，$v_1=v_0+\int_{t_0}^{t_1}\alpha\,dt$

解答

(1) $1+\int_0^3 t(t-1)(t-2)dt=1+\int_0^3(t^3-3t^2+2t)dt$

$=1+\left[\frac{t^4}{4}-t^3+t^2\right]_0^3=$ ア $\boldsymbol{\frac{13}{4}}$

$l=\int_0^3|t(t-1)(t-2)|dt$

$=\int_0^1 t(t-1)(t-2)dt-\int_1^2 t(t-1)(t-2)dt$

$+\int_2^3 t(t-1)(t-2)dt$

$F(t)=\int_0^t t(t-1)(t-2)dt=\frac{t^4}{4}-t^3+t^2$ とすると

$l=F(1)-F(0)-\{F(2)-F(1)\}+F(3)-F(2)$

$=-0+2\cdot\frac{1}{4}-2\cdot 0+\frac{9}{4}$

$=$ イ $\boldsymbol{\frac{11}{4}}$

(2) **速度** $v=v_0+\int_0^t\frac{1}{1+t}dt=v_0+\Big[\log(1+t)\Big]_0^t$

$\boldsymbol{=\log(1+t)+v_0}$

位置 $\int_0^t\{\log(1+t)+v_0\}dt$

$=\Big[(1+t)\log(1+t)-t+v_0t\Big]_0^t$

$\boldsymbol{=(1+t)\log(1+t)+(v_0-1)t}$

◀(位置)＝(初めの位置)＋(速度 v の定積分)
＝位置の変化量

◀道のり は |速度| の定積分

◀まとめて $-F(0)+2F(1)-2F(2)+F(3)$

◀(速度)＝(初速度)＋(加速度の定積分)
＝速度の変化量

◀$\int\log(1+t)dt$
$=\int(1+t)'\log(1+t)dt$
$=(1+t)\log(1+t)-\int(1+t)\cdot\frac{1}{1+t}dt$
$=(1+t)\log(1+t)-t+C$

注意 上の基本例題 **210** に対する練習（練習 **210**）は次のページで扱う。

基本例題 211 位置と道のり(平面運動)

時刻 t における動点 P の座標が $x=e^{-t}\cos t$, $y=e^{-t}\sin t$ で与えられている。$t=1$ から $t=2$ までに P が動いた道のりを求めよ。

p.348 基本事項②

指針 P$(x(t),\ y(t))$ のとき $t=t_0$ から $t=t_1$ までに P が動いた道のりは

$$\int_{t_0}^{t_1}\sqrt{\left(\frac{dx}{dt}\right)^2+\left(\frac{dy}{dt}\right)^2}\,dt \quad \longleftarrow \text{速度}\left(\frac{dx}{dt},\ \frac{dy}{dt}\right)\text{の大きさの定積分}$$

これは動点 P が描く曲線の $t=t_0$ から $t=t_1$ までの **弧の長さ** に等しい。

CHART 道のりは |速度| の定積分

解答

$$\frac{dx}{dt}=-e^{-t}\cos t+e^{-t}(-\sin t)=-e^{-t}(\cos t+\sin t)$$

$$\frac{dy}{dt}=-e^{-t}\sin t+e^{-t}\cos t=e^{-t}(\cos t-\sin t)$$

よって

$$\left(\frac{dx}{dt}\right)^2+\left(\frac{dy}{dt}\right)^2$$
$$=e^{-2t}(1+2\cos t\sin t)+e^{-2t}(1-2\cos t\sin t)$$
$$=2e^{-2t}=(\sqrt{2}\,e^{-t})^2$$

求める道のりは

$$\int_1^2\sqrt{2}\,e^{-t}dt=-\sqrt{2}\Big[e^{-t}\Big]_1^2$$
$$=\sqrt{2}\left(\frac{1}{e}-\frac{1}{e^2}\right)$$

点 P$(e^{-t}\cos t,\ e^{-t}\sin t)$ の描く曲線は，極方程式を用いて $r=e^{-t}$ と表されるから，曲線の概形は下の図のようになる。
この曲線は **対数螺旋**(らせん) とよばれている。

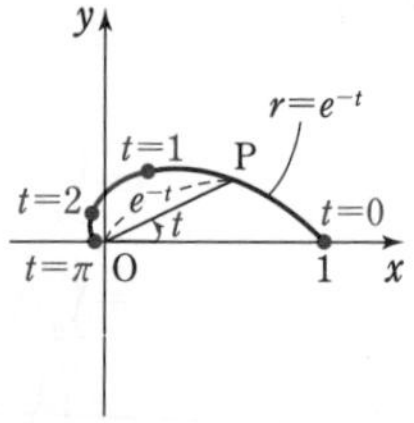

注意 下の練習 **210**，**211** は，それぞれ基本例題 **210**，**211** に対する練習である。

練習 ②210 (1) x 軸上を動く 2 点 P，Q が同時に原点を出発して，t 秒後の速度はそれぞれ $\sin\pi t$，$2\sin\pi t$ (/s) である。

(ア) $t=3$ における P の座標を求めよ。

(イ) $t=0$ から $t=3$ までに P が動いた道のりを求めよ。

(ウ) 出発後初めて 2 点 P，Q が重なるのは何秒後か。また，このときまでの Q の道のりを求めよ。

(2) x 軸上を動く点の加速度が時刻 t の関数 $6(2t^2-2t+1)$ であり，$t=0$ のとき点 1，速度 -1 である。$t=1$ のときの点の位置を求めよ。

練習 ②211 時刻 t における座標が次の式で与えられる点が動く道のりを求めよ。

(1) $x=t^2$，$y=t^3$ $(0\leqq t\leqq 1)$

(2) $x=t^2-\sin t^2$，$y=1-\cos t^2$ $(0\leqq t\leqq\sqrt{2\pi})$ 〔類 山形大〕

p.352 EX 171

重要例題 212 量と積分 … 水の排出など ④④④④④

曲線 $y=x^2$ $(0 \leqq x \leqq 1)$ を y 軸の周りに 1 回転してできる形の容器に水を満たす。この容器の底に排水口がある。時刻 $t=0$ に排水口を開けて排水を開始する。時刻 t において容器に残っている水の深さを h，体積を V とする。V の変化率 $\dfrac{dV}{dt}$ は $\dfrac{dV}{dt}=-\sqrt{h}$ で与えられる。〔北海道大〕

(1) 水深 h の変化率 $\dfrac{dh}{dt}$ を h を用いて表せ。

(2) 容器内の水を完全に排水するのにかかる時間 T を求めよ。

基本 126

指針 (1) h を t で表すのは難しそう。そこで，$\dfrac{dV}{dt}=\dfrac{dV}{dh}\cdot\dfrac{dh}{dt}$ に注目。

$\dfrac{dV}{dt}$ は条件で与えられているから，$\dfrac{dV}{dh}$ が h で表されればよい。これは V を h の関数と考えたものだから，水の深さが h のときの体積を定積分で表すことから始める。

(2) 求める時間 T は $h=1$ から $h=0$ までの時刻 t の変化量と考える。

解答

(1) 水の深さが h であるときの水の体積を $V(h)$ とすると

$$V(h)=\pi\int_0^h x^2\,dy=\pi\int_0^h y\,dy$$

ゆえに $\dfrac{dV}{dh}=\pi h$ …… (*)

よって $\dfrac{dV}{dt}=\dfrac{dV}{dh}\cdot\dfrac{dh}{dt}=\pi h\dfrac{dh}{dt}$

題意から $\pi h\dfrac{dh}{dt}=-\sqrt{h}$

したがって $\dfrac{dh}{dt}=-\dfrac{\mathbf{1}}{\boldsymbol{\pi\sqrt{h}}}$

(2) (1) より $\dfrac{dt}{dh}=-\pi\sqrt{h}$ であるから

$$T=\int_1^0(-\pi\sqrt{h})\,dh=\pi\int_0^1\sqrt{h}\,dh$$

$$=\pi\left[\frac{2}{3}h\sqrt{h}\right]_0^1=\frac{\mathbf{2}}{\mathbf{3}}\boldsymbol{\pi}$$

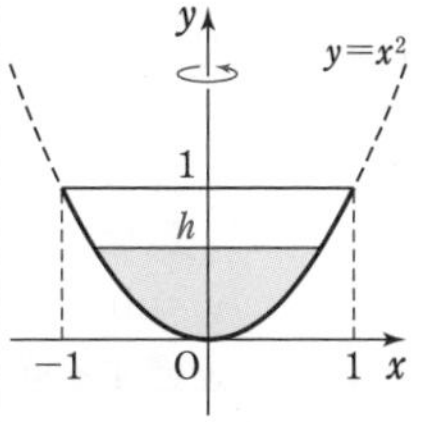

(*) $\dfrac{d}{dh}\displaystyle\int_0^h y\,dy=h$

◀ $\dfrac{dt}{dh}=\dfrac{1}{\dfrac{dh}{dt}}$

練習 ③212 曲線 $y=x(1-x)$ $\left(0 \leqq x \leqq \dfrac{1}{2}\right)$ を y 軸の周りに回転してできる容器に，単位時間あたり一定の割合 V で水を注ぐ。〔類 筑波大〕

(1) 水面の高さが h $\left(0 \leqq h \leqq \dfrac{1}{4}\right)$ であるときの水の体積を $v(h)$ とすると，

$v(h)=\dfrac{\pi}{2}\displaystyle\int_0^h(\boxed{})\,dy$ と表される。ただし，$\boxed{}$ には y の関数を入れよ。

(2) 水面の上昇する速度 u を水面の高さ h の関数として表せ。

(3) 空の容器に水がいっぱいになるまでの時間を求めよ。

p.352 EX 172

EXERCISES

③**168** $a>0$ とする。**カテナリー** $y=\frac{a}{2}\left(e^{\frac{x}{a}}+e^{-\frac{x}{a}}\right)$ 上の定点 $\mathrm{A}(0,\ a)$ から点 $\mathrm{P}(p,\ q)$ までの弧の長さを l とし，この曲線と x 軸，y 軸および直線 $x=p$ で囲まれる部分の面積を S とする。このとき，$S=al$ であることを示せ。 →208

③**169** 極方程式 $r=1+\cos\theta\ (0\leqq\theta\leqq\pi)$ で表される曲線の長さを求めよ。 〔京都大〕
→208

③**170** 次の条件 [1]，[2] を満たす曲線 C の方程式 $y=f(x)\ (x\geqq0)$ を求めよ。
[1] 点 $(0,\ 1)$ を通る。
[2] 点 $(0,\ 1)$ から曲線 C 上の任意の点 $(x,\ y)$ までの曲線の長さ L が $L=e^{2x}+y-2$ で与えられる。 〔北海道大〕
→208

④**171** $f(t)=\pi t(9-t^2)$ とするとき，次の問いに答えよ。
(1) $x=\cos f(t)$，$y=\sin f(t)$ とするとき，$\left(\frac{dx}{dt}\right)^2+\left(\frac{dy}{dt}\right)^2$ を計算せよ。
(2) 座標平面上を運動する点 P の時刻 t における座標 $(x,\ y)$ が，$x=\cos f(t)$，$y=\sin f(t)$ で表されているとき，$t=0$ から $t=3$ までに点 P が点 $(-1,\ 0)$ を通過する回数 N を求めよ。
(3) (2) における点 P が，$t=0$ から $t=3$ までに動く道のり s を求めよ。
〔類 大阪工大〕
→211

③**172** 曲線 $y=-\cos x\ (0\leqq x\leqq\pi)$ を y 軸の周りに 1 回転させてできる形をした容器がある。ただし，単位は cm とする。この容器に毎秒 $1\,\mathrm{cm}^3$ ずつ水を入れたとき，t 秒後の水面の半径を r cm とし，水の体積を $V\,\mathrm{cm}^3$ とする。水を入れ始めてからあふれるまでの時間内で考えるとき
(1) 水の体積 V を r の式で表せ。
(2) 水を入れ始めて t 秒後の r の増加する速度 $\frac{dr}{dt}$ を r の式で表せ。 →212

HINT
168 $p>0$ と $p<0$ の場合に分かれる。
169 曲線上の点の直交座標を $(x,\ y)$ とすると $x=r\cos\theta$，$y=r\sin\theta$
170 条件 [2] から $f'(x)$ を求めて積分。[1] $f(0)=1$ から定数を決定。
171 (2) $\cos f(t)=-1$，$\sin f(t)=0$ から，$f(t)$ を整数 n を用いて表す。$0\leqq t\leqq3$ における $f(t)$ の増減にも注目。
(3) (1) を利用。
172 (1) $V=\int_{\bullet}^{\blacksquare}\pi x^2dy$ …… ① の形となる。$y=-\cos x$ から置換積分法を利用して，① を x に関する積分に直す。

30 発展 微分方程式

基本事項

1 微分方程式

x の関数である未知の関数 y について，x，y および $\dfrac{dy}{dx}$，$\dfrac{d^2y}{dx^2}$ などの導関数を含む等式を **微分方程式** という。また，微分方程式に含まれる導関数の次数で，微分方程式を 1 階，2 階，…… というように区別する。

2 微分方程式の解

微分方程式を満たす関数をその微分方程式の **解** といい，解を求めることを微分方程式を **解く** という。また，解には次の種類がある。

一般解：微分方程式の階数と同数個の任意定数を含んだ解

特別解：一般解の任意定数に，特別の値を与えたもの

3 微分方程式の作成

任意定数を含む関数 y について y'，y''，…… を求めて，任意定数を消去することにより微分方程式を作ることができる。

また，曲線や接線についての性質や条件，速度・加速度，力のつり合い，量の変化率などの関係を微分方程式で表すことができる（⟶ $p.357$ 演習例題 **215** など）。

解説

■ 微分方程式

例えば，$\dfrac{dy}{dx}=x^2$，$\dfrac{dy}{dx}=y$，$\dfrac{dy}{dx}=x+y$，$\dfrac{d^2y}{dx^2}=-k^2y$ のような等式で，x の関数 y の形が未知の場合に，これを微分方程式という。ここで，上記の第 1 から第 3 までの微分方程式は 1 階微分方程式，第 4 のものは 2 階微分方程式である。

例　関数 $y=Ae^{-x^2}$ …… ①（A は任意の定数）が満たす微分方程式を作成してみよう。

① から　$y'=-2xAe^{-x^2}$　　$Ae^{-x^2}=y$ であるから，求める微分方程式は

$y'=-2xy$　　⟵ 1 階微分方程式

■ 一般解と特別解

微分方程式 $\dfrac{dy}{dx}=x^2$ の解は $y=\dfrac{x^3}{3}+C$（C は任意定数），$\dfrac{dy}{dx}=y$ の解は $y=Ce^x$（C は任意定数），$\dfrac{d^2y}{dx^2}=-k^2y$ の解は $y=C_1\cos kx+C_2\sin kx$（C_1，C_2 は任意定数）のように，ちょうど **階数に等しいだけの任意定数を含む**。このような形の解は一般解である。ここで，例えば，$\dfrac{dy}{dx}=y$ で，「$x=0$ のとき $y=1$」という条件があると，解 $y=Ce^x$ に $x=0$，$y=1$ を代入することにより $C=1$ と値が決まり，解は $y=e^x$ となる。これは特別解である。～～のような，微分方程式の解に含まれる定数の値を定めるための条件を，**初期条件** という。

なお，不定積分に用いた積分定数に対して，微分方程式の解（一般解）に用いる定数は **任意定数** という。

基本事項

4 微分方程式の解法

$\dfrac{dy}{dx}=F(x,\ y)$ の形で表された1階微分方程式の解法を考えてみよう。

以下において，C は任意定数とする。

[1] 変数分離形 $\boldsymbol{f(y)\dfrac{dy}{dx}=g(x)}$ …… ① の解法

①の両辺を x について積分して

$$\int f(y)\frac{dy}{dx}dx=\int g(x)dx$$

置換積分法 ($p.227$ 基本事項 2 2) により，$\displaystyle\int f(y)\frac{dy}{dx}dx=\int f(y)dy$ であるから

$$\int f(y)dy=\int g(x)dx$$

この式の左辺・右辺それぞれの不定積分を求めることで，$F(y)=G(x)+C$ の形の一般解が得られる。

[2] 同次形 $\boldsymbol{\dfrac{dy}{dx}=f\left(\dfrac{y}{x}\right)}$ …… ② の解法

$\dfrac{y}{x}=z$ すなわち $y=xz$ とおくと $\dfrac{dy}{dx}=z+x\dfrac{dz}{dx}$

これを②に代入して $z+x\dfrac{dz}{dx}=f(z)$ から $\dfrac{dz}{f(z)-z}=\dfrac{dx}{x}$ となり，[1] の変数分離形に帰着できる。

$\displaystyle\int\frac{dz}{f(z)-z}=\int\frac{dx}{x}$ から $F(z)=\log|x|+C$ の形の一般解が得られる。

[3] $\boldsymbol{\dfrac{dy}{dx}=f(ax+by+c)}$ …… ③ の解法

$ax+by+c=z$ とおいて，両辺を x について微分すると $a+b\dfrac{dy}{dx}=\dfrac{dz}{dx}$

③を代入して $\dfrac{dz}{dx}=a+bf(z)$ から $\dfrac{dz}{a+bf(z)}=dx$ となり，変数分離形となる ([1] に帰着)。

[4] $\boldsymbol{\dfrac{dy}{dx}=\dfrac{ax+by+c}{px+qy+r}\ (aq-bp\neq 0)}$ の解法

連立方程式 $\begin{cases}ax+by+c=0\\px+qy+r=0\end{cases}$ の解を $(x,\ y)=(\alpha,\ \beta)$ とすると

$x=X+\alpha$，$y=Y+\beta$ とおいて $\dfrac{dy}{dx}=\dfrac{dY}{dX}$ から

$$\frac{dY}{dX}=\frac{aX+bY}{pX+qY}$$

これは上の [2] と同じタイプの式。$aq-bp=0$ のときは上の [3] と同じタイプの式。

[5] 連立形 関数 $f(x)$，$g(x)$，$f'(x)$，$g'(x)$ の連立方程式で表された関数 $f(x)$，$g(x)$ を求めるには，適当なおき換えで1つの微分方程式に直して解く。

演習 例題 213 微分方程式の解法の基本

y は x の関数とする。次の微分方程式を解け。ただし，(1) は [　] 内の初期条件のもとで解け。

(1) $2yy'=1$ [$x=1$ のとき $y=1$]　　(2) $y=xy'+1$

p.354 基本事項 4 [1]

指針 $f(y)\dfrac{dy}{dx}=g(x)$ の形（**変数分離形**）にして，両辺を x で積分する。

(1) 一般解を求めたら，$x=1$，$y=1$ を代入し，任意定数 (C) の値を定める。

(2) まず，定数関数 $y=1$ が解であるかどうかを調べる。

CHART 変数分離形の微分方程式　x と y を離す $\longrightarrow f(y)\dfrac{dy}{dx}=g(x)$

解答

(1) $2y\dfrac{dy}{dx}=1$ の両辺を x で積分して　$\displaystyle\int 2y\frac{dy}{dx}dx=\int dx$

◀ $y'=\dfrac{dy}{dx}$ と書き表す。
$\left(2y\dfrac{dy}{dx}=1\right.$ は変数分離形。$\left.\right)$

左辺に置換積分法の公式を用いて　$\displaystyle\int 2y\,dy=\int dx$

◀ $\displaystyle\int f(y)\frac{dy}{dx}dx=\int f(y)dy$

よって　$y^2=x+C$，C は任意定数

$x=1$ のとき $y=1$ であるから　$1=1+C$　$\therefore$　$C=0$

◀ 初期条件を代入。

したがって　$y^2=x$　　よって　$y=\pm\sqrt{x}$

このうち，初期条件を満たすのは　$\boldsymbol{y=\sqrt{x}}$

(2) 微分方程式を変形すると　$xy'=y-1$

[1] 定数関数 $y=1$ は明らかに解である。

◀ $y=1$ のとき　$y'=0$

[2] $y\neq 1$ のとき　$\dfrac{1}{y-1}\cdot\dfrac{dy}{dx}=\dfrac{1}{x}$

◀ $\dfrac{y'}{y-1}=\dfrac{1}{x}$（変数分離形）に直す。

ゆえに　$\displaystyle\int\frac{1}{y-1}\cdot\frac{dy}{dx}dx=\int\frac{1}{x}dx$

よって　$\displaystyle\int\frac{dy}{y-1}=\int\frac{dx}{x}$

ゆえに　$\log|y-1|=\log|x|+C$（C は任意定数）

◀ 絶対値記号を落とさないように。

よって　$|y-1|=e^C|x|$　すなわち　$y-1=\pm e^Cx$

$\pm e^C=A$ とおくと，A は 0 以外の任意の値をとる。

したがって，解は　$y=Ax+1$，$A\neq 0$

[1] における解 $y=1$ は，[2] における解 $y=Ax+1$ において，$A=0$ とおくと得られるから，求める解は

◀ 解は 1 つにまとめることができる。

$\boldsymbol{y=Ax+1}$，**$\boldsymbol{A}$ は任意定数**

練習 ③213 (1) A，B を任意の定数とする方程式 $y=A\sin x+B\cos x-1$ から A，B を消去して微分方程式を作れ。

(2) y は x の関数とする。次の微分方程式を解け。ただし，(イ) は [　] 内の初期条件のもとで解け。

(ア) $y'=ay^2$（a は定数）

(イ) $xy'+y=y'+1$ [$x=2$ のとき $y=2$]

p.358 EX 173, 174

演習 例題 214 微分方程式の解法（おき換えの利用）

y は x の関数とする。

(1) a, b, c は定数とする。$\dfrac{dy}{dx}=f(ax+by+c)$ を $ax+by+c=z$ とおき換えることにより，z に関する微分方程式として表せ。

(2) (1) を利用して，微分方程式 $\dfrac{dy}{dx}=x+y+1$ を解け。

p.354 基本事項 4 [3]，演習 213

指針 (1) $ax+by+c=z$ の両辺を x で微分する。

(2) **$x+y+1=z$ とおく** と，(1) の結果から $\dfrac{dz}{dx}$ と z を含む微分方程式が得られる。これを解いて x, y の関数に直す。

解答

(1) $ax+by+c=z$ の両辺を x で微分して

$$a+b\frac{dy}{dx}=\frac{dz}{dx}$$

◀ z も x の関数である。

$\dfrac{dy}{dx}=f(z)$ を代入して　$\boldsymbol{\dfrac{dz}{dx}=a+bf(z)}$

(2) $x+y+1=z$ とおくと，(1) から　$\dfrac{dz}{dx}=1+z$ …… ①

◀ (1) において，$a=b=c=1$ の場合であり　$f(z)=z$

[1] $1+z=0$ は明らかに ① の解である。

[2] $1+z\neq0$ のとき　$\dfrac{1}{1+z}\cdot\dfrac{dz}{dx}=1$

◀ ① の両辺 $\div(1+z)$

よって　$\displaystyle\int\frac{1}{1+z}\cdot\frac{dz}{dx}dx=\int dx$

ゆえに　$\displaystyle\int\frac{dz}{1+z}=\int dx$

◀ 置換積分法を利用。

したがって　$\log|1+z|=x+C$（C は任意定数）

◀ $\displaystyle\int\frac{dz}{1+z}=\log|1+z|+C_1$（$C_1$ は積分定数）

ゆえに　$|1+z|=e^C\cdot e^x$　すなわち　$1+z=\pm e^C\cdot e^x$

$\pm e^C=A$ とおくと，A は 0 以外の任意の値をとる。

したがって，解は　$1+z=Ae^x$, $A\neq0$

[1] における解 $1+z=0$ は，[2] における解 $1+z=Ae^x$ で $A=0$ とおくと得られる。

◀ 解は 1 つにまとめることができる。

$x+y+1=z$ より $1+z=x+y+2$ であるから，求める解は

$$\boldsymbol{x+y+2=Ae^x,\ A\ は任意定数}$$

◀ 左辺を x, y で表す。

練習 ④214 y は x の関数とする。(　) 内のおき換えを利用して，次の微分方程式を解け。

(1) $\dfrac{dy}{dx}=\dfrac{1-x-y}{x+y}$　$(x+y=z)$

(2) $\dfrac{dy}{dx}=(x-y)^2$　$(x-y=z)$

演習 例題 215 微分方程式を導いて曲線決定

第1象限にある曲線 C 上の任意の点における接線は常に x 軸，y 軸の正の部分と交わり，その交点をそれぞれQ，Rとすると，接点Pは線分QRを2：1に内分するという。この曲線 C が点 $(1,\ 1)$ を通るとき，C の方程式を求めよ。

演習 213

指針 接点Pの座標を $(x,\ y)$ として，Pにおける曲線 C の接線の方程式を求め，Qの x 座標 X を $x,\ y,\ y'$ で表す。また，条件 QP：PR＝2：1 からわかる $x,\ X$ の関係式を利用して，$x,\ y,\ y'$ の関係式（**微分方程式**）を導く。
なお，条件から $y'\neq0,\ x>0,\ y>0$ であることに注意。

解答

接点Pの座標を $(x,\ y)$ とし，接線上の任意の点を $(X,\ Y)$ とすると，接線の方程式は　$Y-y=y'(X-x)$

◀点Pの座標 $x,\ y$ と紛れないように $X,\ Y$ としている。

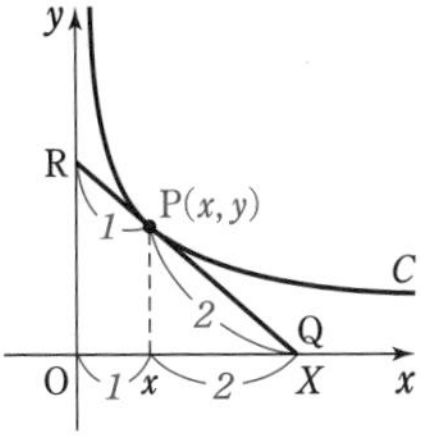

接線と x 軸の交点Qの x 座標 X は，$Y=0$ として　$-y=y'(X-x)$

$y'\neq0$ であるから　$X=\dfrac{xy'-y}{y'}$

◀接線は常に x 軸，y 軸と交わるから $y'\neq0$

また，QP：PR＝2：1 であるから

$$x=\frac{X}{3}\quad すなわち\quad x=\frac{xy'-y}{3y'}$$

◀上の図参照。

したがって　$2xy'=-y$

◀曲線が満たす条件。

曲線 C は第1象限にあるから　$x>0,\ y>0$ …… ①

ゆえに，$2x\dfrac{dy}{dx}=-y$ から　$\dfrac{dy}{y}=-\dfrac{dx}{2x}$

◀$\dfrac{1}{y}\cdot\dfrac{dy}{dx}=-\dfrac{1}{2x}$ として両辺を x について積分する代わりに $\dfrac{dy}{y}=-\dfrac{dx}{2x}$ として両辺をそれぞれの変数で積分している。

両辺を積分して　$\displaystyle\int\frac{dy}{y}=-\frac{1}{2}\int\frac{dx}{x}$

よって，①から　$\log y=-\dfrac{1}{2}\log x+C_1$ (*)，C_1 は任意定数

(*) ①より，$x>0,\ y>0$ であるから，絶対値記号は付けなくてよい。

したがって　$y=\dfrac{e^{C_1}}{\sqrt{x}}$

$e^{C_1}=A$ とおくと，A は正の値をとる。

ゆえに　$y=\dfrac{A}{\sqrt{x}},\ A>0$

曲線 C は点 $(1,\ 1)$ を通るから，$x=y=1$ を代入して
$A=1$

◀初期条件。

よって，求める曲線 C の方程式は　$\boldsymbol{y=\dfrac{1}{\sqrt{x}}}$

練習 ③215 点 $(1,\ 1)$ を通る曲線上の点Pにおける接線が x 軸，y 軸と交わる点をそれぞれQ，Rとし，Oを原点とする。この曲線は第1象限にあるとして，常に $\triangle ORP=2\triangle OPQ$ であるとき，曲線の方程式を求めよ。

p.358 EX175

③173 $f(x)$ は実数全体で定義された連続関数であり，すべての実数 x に対して次の関係式を満たすとする。このとき，関数 $f(x)$ を求めよ。

$$\int_0^x e^t f(x-t)dt=f(x)-e^x$$

〔奈良県医大〕

→213

③174 実数全体で微分可能な関数 $f(x)$ が次の条件 (A)，(B) をともに満たす。

(A)：すべての実数 x，y について，$f(x+y)=f(x)f(y)$ が成り立つ。

(B)：すべての実数 x について，$f(x)\neq 0$ である。

(1) すべての実数 x について $f(x)>0$ であることを，背理法によって証明せよ。

(2) すべての実数 x について，$f'(x)=f(x)f'(0)$ であることを示せ。

(3) $f'(0)=k$ とするとき，$f(x)$ を k を用いて表せ。〔類 東京慈恵医大〕

→213

④175 ラジウムなどの放射性物質は，各瞬間の質量に比例する速度で，質量が減少していく。その比例定数を k $(k>0)$，最初の質量を A として，質量 x を時間 t の関数で表せ。また，ラジウムでは，質量が半減するのに 1600 年かかるという。800 年では初めの量のおよそ何 % になるか。小数点以下を四捨五入せよ。

→215

④176 関数 $f(x)$ は，$x>-2$ で連続な第 2 次導関数 $f''(x)$ をもつ。また，$x>0$ において $f(x)>0$，$f'(x)>0$ を満たし，任意の正の数 t に対して点 $(t,\ f(t))$ における曲線 $y=f(x)$ の接線と x 軸との交点 P の x 座標が $-\int_0^t f(x)dx$ に等しい。

(1) $t>0$ のとき，点 $(t,\ f(t))$ における接線の方程式を求めよ。

(2) $t>0$ のとき，$f''(t)=-\{f'(t)\}^2$ を示せ。

(3) $f'(0)=\dfrac{1}{2}$，$f(0)=0$ のとき，$f'(x)$，$f(x)$ を求めよ。〔類 鳥取大〕

HINT

173 $x-t=s$ とおいて，左辺を変形する。次に，両辺を x で微分することで，$f(x)$ に関する微分方程式を導く。

174 (1) 中間値の定理を利用。

(2) 定義の式 $f'(x)=\lim_{h\to 0}\dfrac{f(x+h)-f(x)}{h}$ に，条件 (A) の式を利用。

175 質量の減少速度は $-\dfrac{dx}{dt}$ であるから　$-\dfrac{dx}{dt}=kx$

176 (2) (1) で求めた接線の方程式において $y=0$ として，点 P の x 座標を求める。

(3) (2) で示した等式において，$f'(t)=u$ とおく。

参考事項　電気回路と複素数，微分方程式

我々の日常生活では，交流の電気が広く利用されている。この交流の回路の計算において，複素数や微分方程式を利用することがあるので，その一部を見てみよう。なお，以下の内容は大学の範囲も含むため，概要を大まかに押さえてもらえれば十分である。

電圧 $V=V_0\sin\omega t$ (V) [V は t の関数] の交流電源に，抵抗値 R (Ω) の抵抗，自己インダクタンス L (H) のコイル，電気容量 C (F) のコンデンサーを直列につないだ回路を考える。このときの抵抗，コイル，コンデンサーにかかる電圧を，それぞれ V_R, V_L, V_C とする。時刻 t (秒) における，この回路を流れる電流 I (A) [I は t の関数] を求めてみよう。

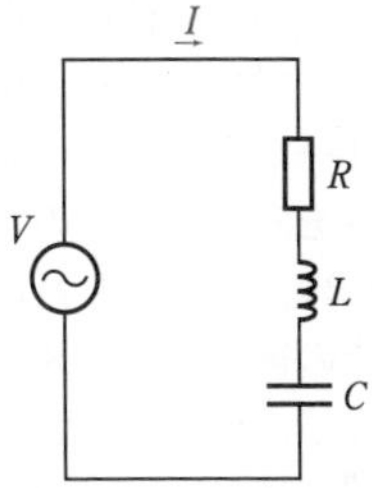

オームの法則により　$V_R=RI$

時刻 t (秒) から時刻 $t+\Delta t$ (秒) の間に電流が ΔI (A) 増加したとすると，$V_L=L\dfrac{\Delta I}{\Delta t}$ から，$\Delta t\longrightarrow 0$ として　$V_L=L\dfrac{dI}{dt}$

また，この間にコンデンサーの電気量が Δq (C) 増加したとすると，

$I=\dfrac{\Delta q}{\Delta t}$ から，$\Delta t\longrightarrow 0$ として　$I=\dfrac{dq}{dt}$　　$q=CV_C$ であるから　$I=C\dfrac{dV_C}{dt}$

よって，$V_R+V_L+V_C=V$ から　$RI+L\dfrac{dI}{dt}+V_C=V_0\sin\omega t$　←キルヒホッフの法則。

両辺を t で微分すると　$R\dfrac{dI}{dt}+L\dfrac{d^2I}{dt^2}+\dfrac{I}{C}=V_0\omega\cos\omega t$ ……①

この微分方程式の解が求める I である。ここで，オイラーの公式 $e^{i\theta}=\cos\theta+i\sin\theta$ ($p.219$) を利用して，① の右辺を $V_0\omega e^{i\omega t}$ とおき換え，I を複素数とみなすことにする。

すなわち　$R\dfrac{dI}{dt}+L\dfrac{d^2I}{dt^2}+\dfrac{I}{C}=V_0\omega e^{i\omega t}$ ……①′　を考える。

$I=Ae^{i\omega t}$ (A は複素数の定数)(*) として，i を定数とみなすと

$$\frac{dI}{dt}=Ai\omega e^{i\omega t},\quad \frac{d^2I}{dt^2}=-A\omega^2e^{i\omega t}$$

← i を定数とみなしてよい理由は，大学で学習する。

となるから，①′ の式は　$A\omega\left(Ri-\omega L+\dfrac{1}{\omega C}\right)e^{i\omega t}=V_0\omega e^{i\omega t}$

よって　$A=\dfrac{V_0}{\left(Ri-\omega L+\dfrac{1}{\omega C}\right)}$　← 分母は複素数 $\left(-\omega L+\dfrac{1}{\omega C}\right)+Ri$

$\left|Ri-\omega L+\dfrac{1}{\omega C}\right|=\sqrt{R^2+\left(\omega L-\dfrac{1}{\omega C}\right)^2}=Z$，$\alpha=\arg\left(Ri-\omega L+\dfrac{1}{\omega C}\right)$ とすると，

$A=\dfrac{V_0}{Ze^{i\alpha}}$ となるから　$I=Ae^{i\omega t}=\dfrac{V_0}{Z}e^{i(\omega t-\alpha)}$　← この Z をインピーダンスという。

① を満たす電流は，この実数部分を考えて　$\boldsymbol{I=\dfrac{V_0}{Z}\cos(\omega t-\alpha)}$

このように，複素数を利用することで複雑な三角関数の計算を回避することができる。

(*)　大学範囲の物理では，①′ を満たす関数は $Ae^{i\omega t}$ の形だけであることが示される。

参考事項　積分法の歴史の概観

積分の考え方の発祥は，古代ギリシアのユードクソス（紀元前約 408-355）によると言われる。彼は現在の積分法にあたる積尽法（取り尽くしの方法）とよばれる方法を確立し，円の面積の公式や，角錐や円錐の体積の公式（底面の面積×高さ÷3）を求めることに成功した（角錐の体積の現代的な求め方では，規則的に積み上げた角柱で角錐を近似し，その体積を求めてから，角柱の数を増やして，その極限として体積を計算する）。

ユードクソスはほかにも，それまで自然数の比（有理数）のみを考えていたのを改め，もっと一般の比（無理数比を含む）の理論を確立したことでも知られる。

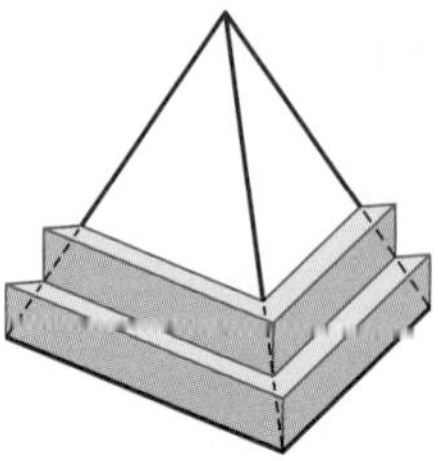

その後，アルキメデス（紀元前 287?-212）は，球の体積や表面積，放物線と直線で囲まれた図形の面積の計算などを行い，積尽法の適用範囲を広げた。また特殊な図形に限られていたとはいえ，その方法は統一的な考えのもとで行われており，積分の発見の一歩手前まで達していたと言っても過言ではない。

その後，カヴァリエリ（1598-1647）やパスカル（1623-1662）などの研究を経て，17 世紀にニュートン（1642-1727）とライプニッツ（1646-1716）による，一般の関数の積分理論に結実したのである。我が国でも，関孝和（せきたかかず）（1642-1708）や建部賢弘（たけべかたひろ）（1664-1739）らの研究は，微分積分学の一歩手前まで達したことを強調しておきたい。建部は，$y=\sin x$ の逆関数の級数展開などを求め，円弧の長さについての公式を発見している。

微分積分学の中でも最も重要な定理が次の公式である。

$$\frac{d}{dx}\int_a^x f(x)dx=f(x) \quad \text{（微分積分学の基本定理）}$$

この公式により，全く由来の異なる 2 つのもの，すなわち微分（接線）という局所的な性質を扱うものと，積分（面積）という大域的な概念が結びついたのである。

さて，現在使われている微分や積分の記号 $\dfrac{dy}{dx}$，$\int f(x)dx$ はライプニッツによるものである。これらの記号の自然さは，合成関数の微分や積分の公式

$$\frac{dz}{dx}=\frac{dz}{dy}\cdot\frac{dy}{dx} \qquad \int f(x)dx=\int f(x)\frac{dx}{dt}dt$$

などに現れている。

ヨーロッパの大陸部では，この記号の適切さもあって，微分積分学は大いに発展した。中でも，オイラー（1707-1783）の業績は偉大なものである。オイラーは，多くの級数の和を求めたり，微分方程式を解いたりした。イギリスでは，ニュートンの記号（例えば，微分は $\dot{x}$ 等）にこだわり，ヨーロッパの他の国に一歩後れをとったことが知られている。記号の善し悪しは，決して侮れないことなのである。

数学C 第1章

平面上のベクトル

1

1 ベクトルの演算
2 ベクトルの成分
3 ベクトルの内積
4 位置ベクトル，ベクトルと図形
5 ベクトル方程式

SELECT STUDY

—●— **基本定着コース**……教科書の基本事項を確認したいきみに
—●— **精選速習コース**……入試の基礎を短期間で身につけたいきみに
—●— **実力練成コース**……入試に向け実力を高めたいきみに

START	1	3	4	6	7	8	10	11	12	13	14	15	16	17	18	19	20	21	22	23	24	25	26	27	28	29	30
基本定着	●	●		●	●	●		●	●	●	●				●				●	●	●	●	●				●
精選速習			●		●		●	●				●	●		●	●		●		●		●	●	●	●		
実力練成							●					●		●		●	●	●		●					●	●	

	31	32	33	34	35	37	38	39	40	41	42	43
基本定着				●	●		●			●	●	
精選速習	●	●		●	●			●	●	●		
実力練成		●	●			●		●	●			●

例題一覧

	例題		難易度
1	基本 1	ベクトルの基本	①
	基本 2	ベクトルの和・差・実数倍と図示	①
	基本 3	ベクトルの等式の証明，ベクトルの演算	②
	基本 4	ベクトルの平行，単位ベクトル	②
	基本 5	ベクトルの分解	②
2	基本 6	ベクトルの演算（成分）	①
	基本 7	ベクトルの分解（成分）	②
	基本 8	ベクトルの平行と成分	②
	基本 9	平行四辺形とベクトル	②
	基本 10	ベクトルの大きさの最小値	③
3	基本 11	内積の計算（定義利用）	①
	基本 12	内積の計算（成分）	②
	基本 13	ベクトルのなす角	②
	基本 14	ベクトルの垂直と成分	②
	基本 15	内積の演算，垂直条件となす角	③
	基本 16	ベクトルの大きさと最小値（内積利用）	③
	重要 17	ベクトルの大きさの条件と絶対不等式	③
	基本 18	内積と三角形の面積	②
	重要 19	ベクトルの不等式の証明 (1)	③
	重要 20	ベクトルの不等式の証明 (2)	④
	重要 21	内積を利用した $ux+vy$ の最大・最小問題	④
4	基本 22	分点・重心の位置ベクトル	①
	基本 23	分点に関するベクトルの等式と三角形の面積比	③
	基本 24	点の一致	②
	基本 25	共線条件	②
	基本 26	交点の位置ベクトル (1)	②
	基本 27	垂心の位置ベクトル	③
	基本 28	内心，傍心の位置ベクトル	③
	重要 29	外心の位置ベクトル	③
	基本 30	線分の平方に関する証明	②
	基本 31	線分の垂直に関する証明	③
	基本 32	三角形 ABC の外心 O に関するベクトルの問題	③
	重要 33	内積と三角形の形状	③
5	基本 34	直線のベクトル方程式，媒介変数表示	②
	基本 35	内積と直線のベクトル方程式，2直線のなす角	②
	基本 36	垂線の長さ（法線ベクトル利用）	②
	基本 37	交点の位置ベクトル (2)	③
	基本 38	ベクトルの終点の存在範囲 (1)	③
	基本 39	ベクトルの終点の存在範囲 (2)	③
	基本 40	ベクトルの終点の存在範囲 (3)	③
	基本 41	円のベクトル方程式	③
	基本 42	円の接線のベクトル方程式	②
	重要 43	ベクトルと軌跡 …… 円	④

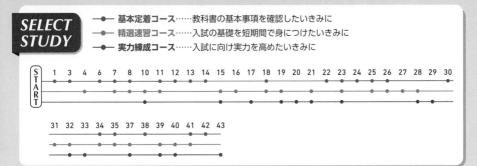

1 ベクトルの演算

基本事項

1 有向線分とベクトル

有向線分 AB　始点 A から終点 B に向かう向きを指定した線分

ベクトル　向きと大きさだけで定まる量

$\vec{a}=\overrightarrow{\mathrm{AB}}$　$\vec{a}$ は有向線分 AB の表すベクトル

$\vec{a}$ **の大きさ** $|\vec{a}|$　$\vec{a}$ を表す有向線分の長さ

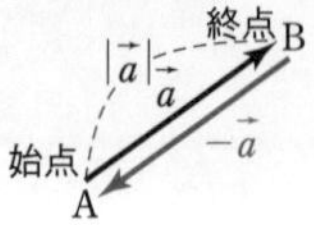

単位ベクトル　大きさが1であるベクトル

ベクトルの相等 $\vec{a}=\vec{b}$　$\vec{a}$ と $\vec{b}$ の向きが同じで，大きさが等しい。

逆ベクトル $-\vec{a}$　$\vec{a}$ と大きさが等しく，向きが反対のベクトル　$-\overrightarrow{\mathrm{AB}}=\overrightarrow{\mathrm{BA}}$

零ベクトル $\vec{0}$　有向線分の始点と終点が一致　$\overrightarrow{\mathrm{AA}}=\vec{0}$，$|\vec{0}|=0$，向きは考えない。

2 ベクトルの加法，減法，実数倍

① **和**　$\vec{a}+\vec{b}$　$\overrightarrow{\mathrm{OA}}+\overrightarrow{\mathrm{AC}}=\overrightarrow{\mathrm{OC}}$　　② **差**　$\vec{a}-\vec{b}=\vec{a}+(-\vec{b})$　$\overrightarrow{\mathrm{OA}}-\overrightarrow{\mathrm{OB}}=\overrightarrow{\mathrm{BA}}$

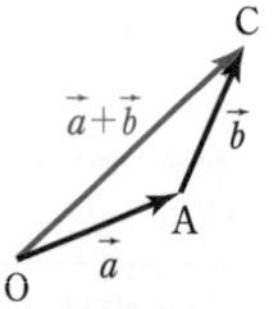

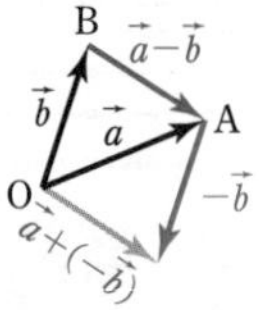

③ **実数倍**　$k\vec{a}$　**大きさが** $|\vec{a}|$ **の** $|k|$ **倍** で，**向きは**

$k>0$ **のとき** $\vec{a}$ **と同じ向き，** $k<0$ **のとき** $\vec{a}$ **と反対の向き**

特に　$1\vec{a}=\vec{a}$，$(-1)\vec{a}=-\vec{a}$，$0\vec{a}=\vec{0}$

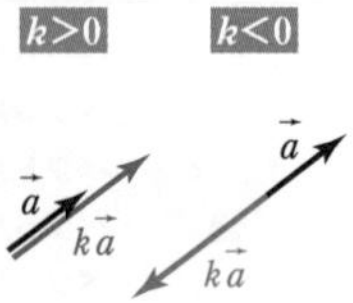

3 ベクトルの演算法則　k，l を実数とする。

1　**交換法則**　$\vec{a}+\vec{b}=\vec{b}+\vec{a}$　　2　**結合法則**　$(\vec{a}+\vec{b})+\vec{c}=\vec{a}+(\vec{b}+\vec{c})$

3　**逆ベクトル**　$\vec{a}+(-\vec{a})=\vec{0}$　　4　$\vec{0}$ **の性質**　$\vec{a}+\vec{0}=\vec{0}+\vec{a}=\vec{a}$

5　$k(l\vec{a})=(kl)\vec{a}$　　6　$(k+l)\vec{a}=k\vec{a}+l\vec{a}$　　7　$k(\vec{a}+\vec{b})=k\vec{a}+k\vec{b}$

4 ベクトルの平行

$\vec{a}\neq\vec{0}$，$\vec{b}\neq\vec{0}$ のとき

$\vec{a}\parallel\vec{b} \iff \vec{b}=k\vec{a}$ **となる実数** k **がある**

5 ベクトルの分解

s，t，s'，t' は実数とする。$\vec{a}$，$\vec{b}$ **は** $\vec{0}$ **でなく，また平行でない** とき，任意のベクトル $\vec{p}$ は，次の形にただ **1通り** に表すことができる。

$$\vec{p}=s\vec{a}+t\vec{b}$$

また　$s\vec{a}+t\vec{b}=s'\vec{a}+t'\vec{b} \iff s=s',\ t=t'$

特に　$s\vec{a}+t\vec{b}=\vec{0} \iff s=0,\ t=0$

解説

■ 有向線分とベクトル

線分 AB に点 A から点 B への向きをつけて考えるとき，これを **有向線分 AB** といい，A をその **始点**，B を **終点** という。

有向線分は位置と，向きおよび大きさで定まるのに対して，その位置を問題にしないで，向きと大きさだけで定まる量を **ベクトル** という。有向線分 AB で表されるベクトルを $\overrightarrow{\mathbf{AB}}$ と書き表す。また，ベクトルは 1 つの文字と矢印を用いて，$\vec{\boldsymbol{a}}$，$\vec{\boldsymbol{b}}$ のように表すこともある。

◀ベクトルを表す有向線分は，始点をどこにとってもよい。

■ ベクトルの差〔$p.362$ **2** ② の図を参照〕

$\vec{b}+\overrightarrow{\mathrm{BA}}=\vec{a}$ であるから，$\overrightarrow{\mathrm{BA}}$ を $\vec{a}$ から $\vec{b}$ を引いた **差** といい，$\vec{a}-\vec{b}$ で表す。
図から，$\vec{\boldsymbol{a}}-\vec{\boldsymbol{b}}=\vec{\boldsymbol{a}}+(-\vec{\boldsymbol{b}})$ が成り立つことがわかる。

■ ベクトルの演算法則

それぞれ，次のような図をかいて確かめることができる。

1 $\vec{a}+\vec{b}=\vec{b}+\vec{a}$　　2 $(\vec{a}+\vec{b})+\vec{c}=\vec{a}+(\vec{b}+\vec{c})$　　7 $k(\vec{a}+\vec{b})=k\vec{a}+k\vec{b}$

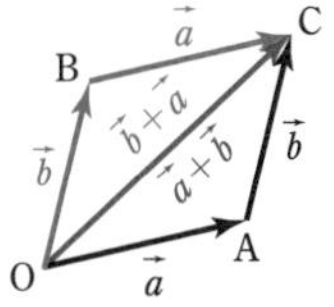
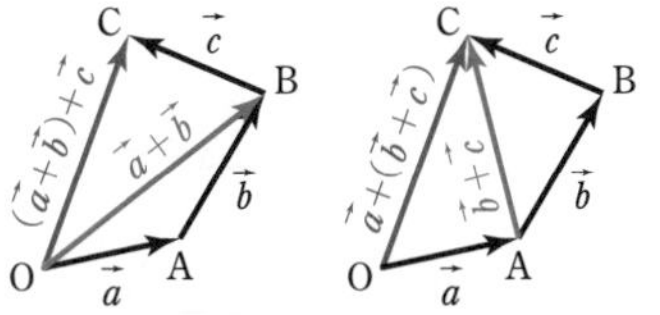
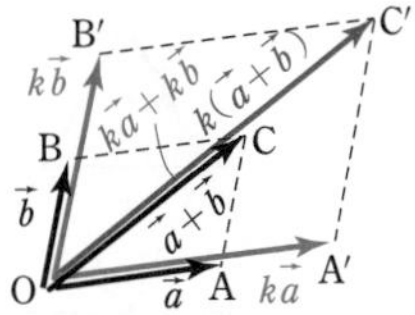

また，2 のベクトルを単に $\vec{\boldsymbol{a}}+\vec{\boldsymbol{b}}+\vec{\boldsymbol{c}}$，5 のベクトルを単に $\boldsymbol{kl}\vec{\boldsymbol{a}}$ と書く。

■ ベクトルの平行

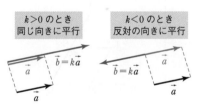

$\vec{0}$ でない 2 つのベクトル $\vec{a}$，$\vec{b}$ の向きが同じであるか，または反対であるとき，$\vec{a}$ と $\vec{b}$ は **平行** であるといい $\vec{\boldsymbol{a}} /\!/ \vec{\boldsymbol{b}}$ と書く。
ベクトルの平行条件は，ベクトルの実数倍の定義（$p.362$ **2** ③）から，明らかである。
なお，$\vec{a}\neq\vec{0}$，$\vec{b}\neq\vec{0}$ から，$\boldsymbol{k}\neq\boldsymbol{0}$ である。

注意 $\vec{a}$ と $\vec{b}$ が平行でないことを $\vec{\boldsymbol{a}} \not\parallel \vec{\boldsymbol{b}}$ で表す。

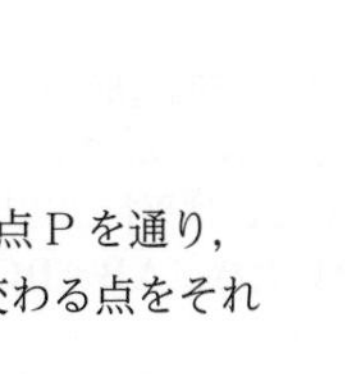

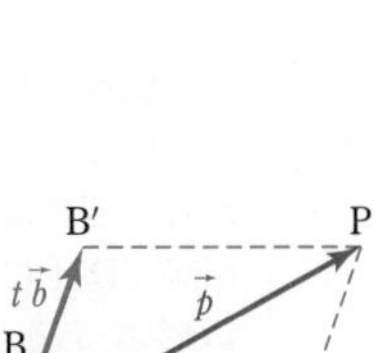

■ ベクトルの分解

右の図のように，$\vec{a}=\overrightarrow{\mathrm{OA}}$，$\vec{b}=\overrightarrow{\mathrm{OB}}$，$\vec{p}=\overrightarrow{\mathrm{OP}}$ とし，点 P を通り，直線 OB，OA に平行な直線が，直線 OA，OB と交わる点をそれぞれ A′，B′ とする。

$$\overrightarrow{\mathrm{OP}}=\overrightarrow{\mathrm{OA'}}+\overrightarrow{\mathrm{OB'}}$$

であり，$\overrightarrow{\mathrm{OA'}}=s\vec{a}$，$\overrightarrow{\mathrm{OB'}}=t\vec{b}$ となる実数 s，t があるから
$\vec{p}=s\vec{a}+t\vec{b}$ …… ① と表される。

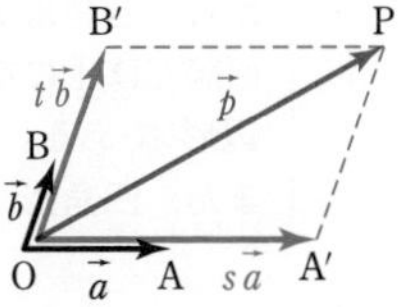

また，点 A′ は直線 OA 上に，点 B′ は直線 OB 上にあるから，実数 s，t はただ 1 通りに定まり，① の表し方はただ 1 通りである。
① のような表し方を，$\vec{p}$ の $\vec{a}$，$\vec{b}$ 2 方向への **分解** という。

◀$p.372$ 基本例題 **7** の検討 も参照。

基本例題 1 ベクトルの基本

①①①①①（難易度）

1 辺の長さが 2 である正三角形 ABC において，辺 AB，BC，CA それぞれの中点を L，M，N とする。6 点 A，B，C，L，M，N を使って表されるベクトルのうち，次のものをすべて求めよ。

(1) $\overrightarrow{AL}$ と等しいベクトル

(2) $\overrightarrow{AB}$ と向きが同じベクトル　　(3) $\overrightarrow{MN}$ の逆ベクトル

(4) $\overrightarrow{BC}$ に平行で大きさが 1 のベクトル

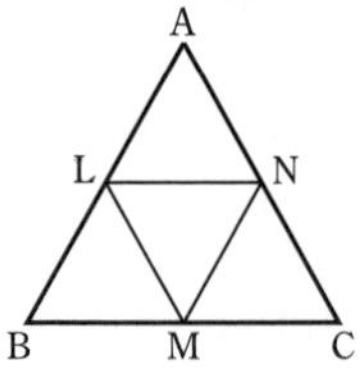

p.362 基本事項 1

指針

(1) **等しいベクトル …… 向きが同じで，大きさが等しい**

(3) **逆ベクトル** とは，**向きが反対で，大きさが等しいベクトル** のことである。

なお，△ALN，△LBM などは正三角形であり，四角形 ALMN，四角形 LBMN などはひし形（平行四辺形）であることに注意する。

解答

(1) $\overrightarrow{\mathbf{LB}}$，$\overrightarrow{\mathbf{NM}}$

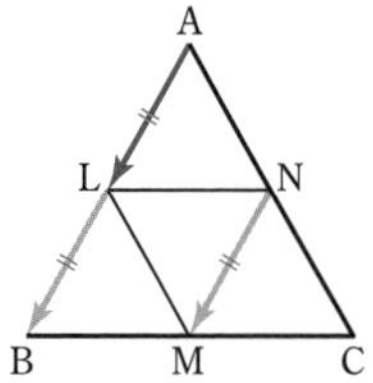

(2) $\overrightarrow{\mathbf{AL}}$，$\overrightarrow{\mathbf{LB}}$，$\overrightarrow{\mathbf{NM}}$

◀$\overrightarrow{AB} /\!/ \overrightarrow{NM}$ に注意。

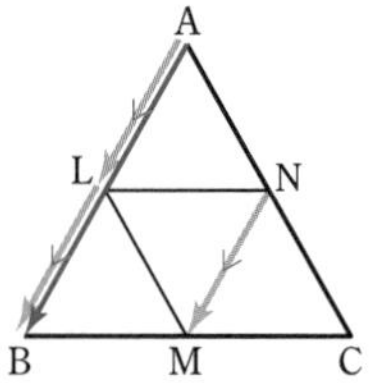

(3) $\overrightarrow{\mathbf{NM}}$，$\overrightarrow{\mathbf{LB}}$，$\overrightarrow{\mathbf{AL}}$

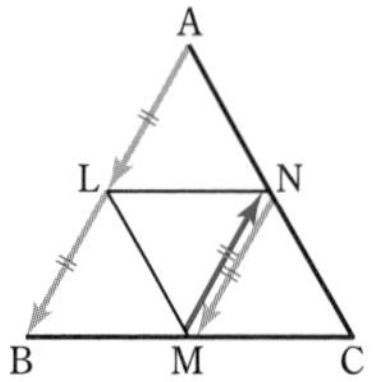

(4) $\overrightarrow{\mathbf{LN}}$，$\overrightarrow{\mathbf{BM}}$，$\overrightarrow{\mathbf{MC}}$，$\overrightarrow{\mathbf{NL}}$，$\overrightarrow{\mathbf{MB}}$，$\overrightarrow{\mathbf{CM}}$

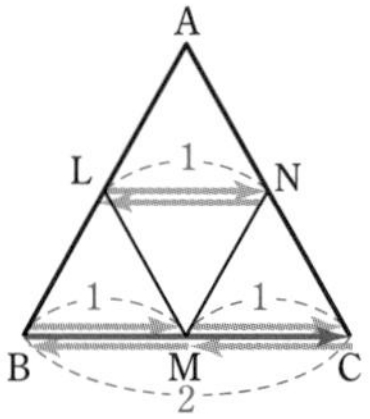

(3) 逆ベクトルは，向きが反対で，大きさが等しいベクトル。$\overrightarrow{NM}$ を忘れずに。

(4) 辺 BC の長さは 2
$\overrightarrow{BC}$ と同じ向き，逆向き両方の場合がある。

検討

等しいベクトルと平行四辺形

右の図において，$\overrightarrow{AB}=\overrightarrow{DC}$ であるとき，AB∥DC，AB＝DC であるから，四角形 ABCD は平行四辺形である。このように，直線 AB が直線 CD 上にないとき，$\overrightarrow{\mathbf{AB}}=\overrightarrow{\mathbf{DC}}$ **ならば，四角形 ABCD は平行四辺形** である。

また，**四角形 ABCD が平行四辺形** ⟹ $\overrightarrow{\mathbf{AB}}=\overrightarrow{\mathbf{DC}}$ がいえる。

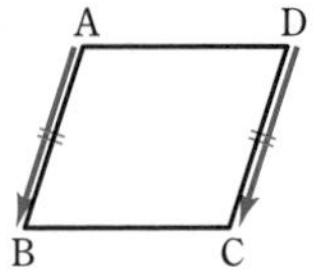

練習 ① 1　1 辺の長さが 1 である正六角形 ABCDEF の 6 頂点と，対角線 AD，BE の交点 O を使って表されるベクトルのうち，次のものをすべて求めよ。

(1) $\overrightarrow{AB}$ と等しいベクトル　　(2) $\overrightarrow{OA}$ と向きが同じベクトル

(3) $\overrightarrow{AC}$ の逆ベクトル　　(4) $\overrightarrow{AF}$ に平行で大きさが 2 のベクトル

基本例題 2 ベクトルの和・差・実数倍と図示

①①①①①

右の図で与えられた 3 つのベクトル $\vec{a}$, $\vec{b}$, $\vec{c}$ について，次のベクトルを図示せよ。

(1) $\vec{a}+\vec{b}$　　(2) $\vec{b}-\vec{a}$

(3) $2\vec{a}$　　(4) $-3\vec{b}$　　(5) $\vec{a}+3\vec{b}-2\vec{c}$

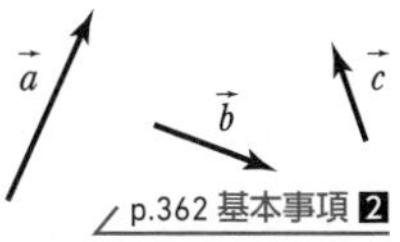

p.362 基本事項 2

指針 (1) **和 $\vec{a}+\vec{b}$ の図示**　$\vec{b}$ を平行移動して，$\vec{a}$ の終点と $\vec{b}$ の始点を重ねて三角形を作り，$\vec{a}$ の始点と $\vec{b}$ の終点を結んだベクトルを考える。

(2) **差 $\vec{b}-\vec{a}$ の図示**　$\vec{a}$ を平行移動して，$\vec{b}$ と $\vec{a}$ の始点を重ねて三角形を作り，$\vec{a}$ と $\vec{b}$ の終点を結んだベクトルを考える。

(3), (4) **ベクトルの実数倍 $k\vec{a}$ の図示**　大きさは $|\vec{a}|$ の $|k|$ 倍。向きは k の符号で判断。⟶ $k>0$ なら $\vec{a}$ と同じ向き，$k<0$ なら $\vec{a}$ と反対の向き。

(5) $\vec{a}+3\vec{b}+(-2\vec{c})$ とみて，ベクトル $\vec{a}$, $3\vec{b}$, $-2\vec{c}$ の和として図示する。

CHART　ベクトルの和　終点と始点を重ねる
　　　　ベクトルの差　始点どうしを重ねる

解答 求めるベクトルは，次の **図の赤色のベクトル** である。

(1)

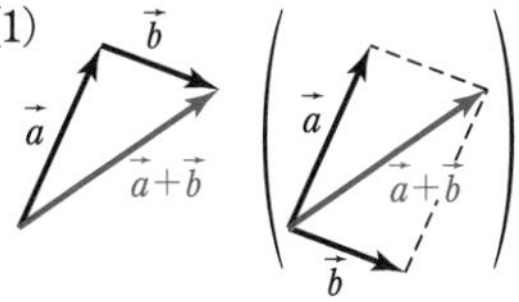

(2)

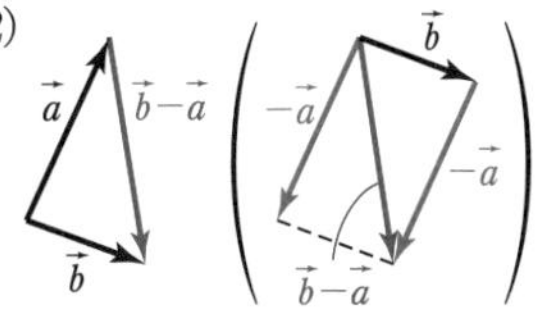

(3)

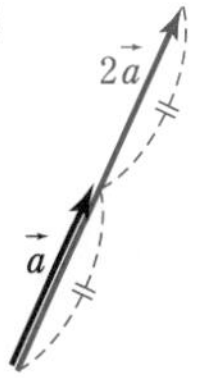

(4)

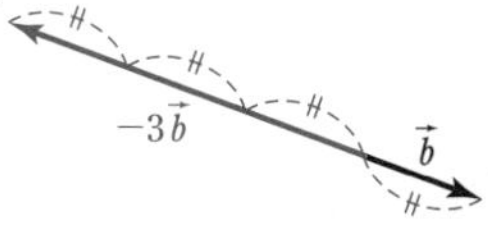

(5)

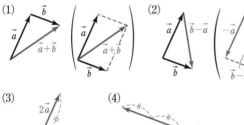

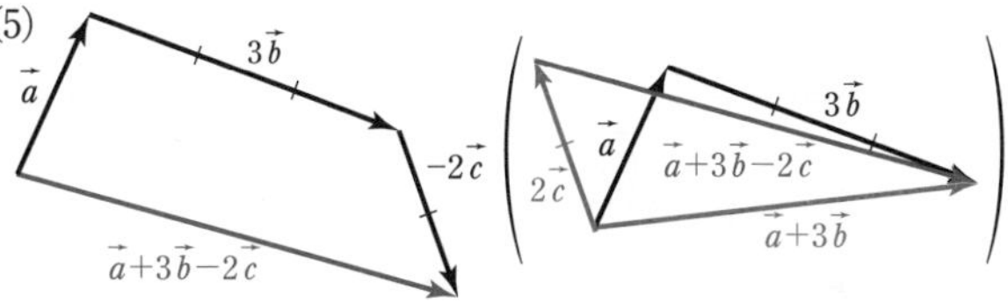

検討　(　) 内の図

(1) $\vec{a}$, $\vec{b}$ の始点を重ねて，平行四辺形を作り，その対角線を考える。

(2) $\vec{b}+(-\vec{a})$ とみて，和 $\vec{b}+(-\vec{a})$ を図示。

(5) $(\vec{a}+3\vec{b})-2\vec{c}$ とみて，差 $(\vec{a}+3\vec{b})-2\vec{c}$ を図示。

(3) 向きは $\vec{a}$ と同じ，大きさは $|\vec{a}|$ の 2 倍。

(4) 向きは $\vec{b}$ と反対，大きさは $|\vec{b}|$ の 3 倍。

注意 本書では，有向線分の始点・終点を，便宜上ベクトルの始点・終点と呼んでいる。

練習 上の例題の $\vec{a}$, $\vec{b}$, $\vec{c}$ について，ベクトル $\vec{a}+2\vec{b}$, $2\vec{a}-\vec{b}$, $2\vec{a}+\vec{b}-\vec{c}$ を図示せよ。

① **2**

基本例題 3　ベクトルの等式の証明，ベクトルの演算　①①①①①

(1)　次の等式が成り立つことを証明せよ。

$$\overrightarrow{AB}+\overrightarrow{EC}+\overrightarrow{FD}=\overrightarrow{EB}+\overrightarrow{FC}+\overrightarrow{AD}$$

(2)　(ア)　$\vec{x}=2\vec{a}-3\vec{b}-\vec{c}$，$\vec{y}=-4\vec{a}+5\vec{b}-3\vec{c}$ のとき，$\vec{x}-\vec{y}$ を $\vec{a}$，$\vec{b}$，$\vec{c}$ で表せ。

(イ)　$4\vec{x}-3\vec{a}=\vec{x}+6\vec{b}$ を満たす $\vec{x}$ を $\vec{a}$，$\vec{b}$ で表せ。

(ウ)　$3\vec{x}+\vec{y}=\vec{a}$，$5\vec{x}+2\vec{y}=\vec{b}$ を満たす $\vec{x}$，$\vec{y}$ を $\vec{a}$，$\vec{b}$ で表せ。

p.362 基本事項 2，3

指針　(1)　ベクトルの等式の証明は，通常の等式の証明と同じ要領で行う。ここでは，(左辺)−(右辺)を変形して $=\vec{0}$ となることを示す。
ベクトルの計算では，右の変形がポイントとなる。

(2)　ベクトルの加法，減法，実数倍については，**数式と同じような計算法則が成り立つ。**

(ア)　$x=2a-3b-c$，$y=-4a+5b-3c$ のとき，$x-y$ を a，b，c で表す要領で。

(イ)　方程式 $4x-3a=x+6b$　(ウ)　連立方程式 $3x+y=a$，$5x+2y=b$　を解く要領で。

合成　$\overrightarrow{P\square}+\overrightarrow{\square Q}=\overrightarrow{PQ}$，$\overrightarrow{\square Q}-\overrightarrow{\square P}=\overrightarrow{PQ}$
分割　$\overrightarrow{PQ}=\overrightarrow{P\square}+\overrightarrow{\square Q}$，$\overrightarrow{PQ}=\overrightarrow{\square Q}-\overrightarrow{\square P}$
向き変え　$\overrightarrow{PQ}=-\overrightarrow{QP}$
$\overrightarrow{PP}=\vec{0}$ … **同じ文字が並ぶと** $\vec{0}$

解答

(1)　$\overrightarrow{AB}+\overrightarrow{EC}+\overrightarrow{FD}-(\overrightarrow{EB}+\overrightarrow{FC}+\overrightarrow{AD})$　◀(左辺)−(右辺)

$=\overrightarrow{AB}+\overrightarrow{EC}+\overrightarrow{FD}-\overrightarrow{EB}-\overrightarrow{FC}-\overrightarrow{AD}$

$=(\overrightarrow{AB}+\overrightarrow{BE})+(\overrightarrow{EC}+\overrightarrow{CF})+(\overrightarrow{FD}+\overrightarrow{DA})$　◀向き変え $-\overrightarrow{EB}=\overrightarrow{BE}$ など。

$=\overrightarrow{AE}+\overrightarrow{EF}+\overrightarrow{FA}=\overrightarrow{AF}+\overrightarrow{FA}$　◀合成 $\overrightarrow{AB}+\overrightarrow{BE}=\overrightarrow{AE}$ など。

$=\overrightarrow{AA}=\vec{0}$　◀0 でなく $\vec{0}$

ゆえに　$\overrightarrow{AB}+\overrightarrow{EC}+\overrightarrow{FD}=\overrightarrow{EB}+\overrightarrow{FC}+\overrightarrow{AD}$

(2)　(ア)　$\boldsymbol{\vec{x}-\vec{y}}=(2\vec{a}-3\vec{b}-\vec{c})-(-4\vec{a}+5\vec{b}-3\vec{c})$

$=2\vec{a}-3\vec{b}-\vec{c}+4\vec{a}-5\vec{b}+3\vec{c}$

$\boldsymbol{=6\vec{a}-8\vec{b}+2\vec{c}}$

(イ)　$4\vec{x}-3\vec{a}=\vec{x}+6\vec{b}$ から　$4\vec{x}-\vec{x}=3\vec{a}+6\vec{b}$

よって　$3\vec{x}=3\vec{a}+6\vec{b}$　◀両辺を 3 で割る。

ゆえに　$\boldsymbol{\vec{x}=\vec{a}+2\vec{b}}$

(ウ)　$3\vec{x}+\vec{y}=\vec{a}$ …… ①，$5\vec{x}+2\vec{y}=\vec{b}$ …… ② とする。

①×2−② から　$\boldsymbol{\vec{x}=2\vec{a}-\vec{b}}$

◀ $\begin{array}{rr} & 6\vec{x}+2\vec{y}=2\vec{a} \\ -) & 5\vec{x}+2\vec{y}=\vec{b} \\ \hline & \vec{x}\qquad =2\vec{a}-\vec{b} \end{array}$

これを ① に代入して　$6\vec{a}-3\vec{b}+\vec{y}=\vec{a}$

よって　$\boldsymbol{\vec{y}=-5\vec{a}+3\vec{b}}$

注意　$\overrightarrow{A\square}+\overrightarrow{\square\triangle}+\overrightarrow{\triangle A}=\vec{0}$ **(しりとりで戻れば** $\vec{0}$**)**
この変形も役立つ。ただし，□，△ はそれぞれ同じ点である。

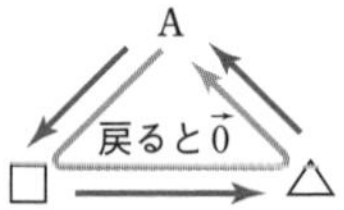

練習 3 ②

(1)　次の等式が成り立つことを証明せよ。

$$\overrightarrow{AC}+\overrightarrow{BP}+\overrightarrow{CQ}+\overrightarrow{RA}=\overrightarrow{BC}+\overrightarrow{CP}+\overrightarrow{DQ}+\overrightarrow{RD}$$

(2)　$3\vec{x}+\vec{a}-2\vec{b}=5(\vec{x}+\vec{b})$ を満たす $\vec{x}$ を $\vec{a}$，$\vec{b}$ で表せ。

(3)　$5\vec{x}+3\vec{y}=\vec{a}$，$3\vec{x}-5\vec{y}=\vec{b}$ を満たす $\vec{x}$，$\vec{y}$ を $\vec{a}$，$\vec{b}$ で表せ。

基本例題 4 ベクトルの平行，単位ベクトル

(1) 平面上に異なる4点A，B，C，Dと直線AB上にない点Oがある。$\overrightarrow{OA}=\vec{a}$，$\overrightarrow{OB}=\vec{b}$ とするとき，$\overrightarrow{OC}=3\vec{a}-2\vec{b}$，$\overrightarrow{OD}=-3\vec{a}+4\vec{b}$ であれば $\overrightarrow{AB}/\!/\overrightarrow{CD}$ である。このことを証明せよ。

(2) $|\vec{a}|=3$ のとき，$\vec{a}$ と平行な単位ベクトルを求めよ。

(3) AB=3，AD=4の長方形ABCDがある。$\overrightarrow{AB}=\vec{b}$，$\overrightarrow{AD}=\vec{d}$ とするとき，ベクトル $\overrightarrow{BD}$ と平行な単位ベクトルを $\vec{b}$，$\vec{d}$ で表せ。

p.362 基本事項 4

指針 (1) $\overrightarrow{AB}$，$\overrightarrow{CD}$ をそれぞれ $\vec{a}$，$\vec{b}$ で表し，**$\overrightarrow{CD}=k\overrightarrow{AB}$ となる実数 k がある** ことを示す。$\overrightarrow{AB}\neq\vec{0}$，$\overrightarrow{CD}\neq\vec{0}$ の確認も忘れずに。

(2) $\vec{a}$ と平行なベクトルは $k\vec{a}$ と表され，**単位ベクトルは大きさが1のベクトル**である。また，$\vec{a}$ と平行なベクトルは，「$\vec{a}$ と同じ向きのもの」と「$\vec{a}$ と反対の向きのもの」があることに注意。

CHART ベクトルの平行　ベクトルが k（実数）倍

解答

(1) $\overrightarrow{AB}=\overrightarrow{OB}-\overrightarrow{OA}=\vec{b}-\vec{a}$

$\overrightarrow{CD}=\overrightarrow{OD}-\overrightarrow{OC}$
$=(-3\vec{a}+4\vec{b})-(3\vec{a}-2\vec{b})$
$=-6\vec{a}+6\vec{b}$
$=6(\vec{b}-\vec{a})$

よって　$\overrightarrow{CD}=6\overrightarrow{AB}$

また　$\overrightarrow{AB}\neq\vec{0}$，$\overrightarrow{CD}\neq\vec{0}$ (*)

ゆえに　$\overrightarrow{AB}/\!/\overrightarrow{CD}$

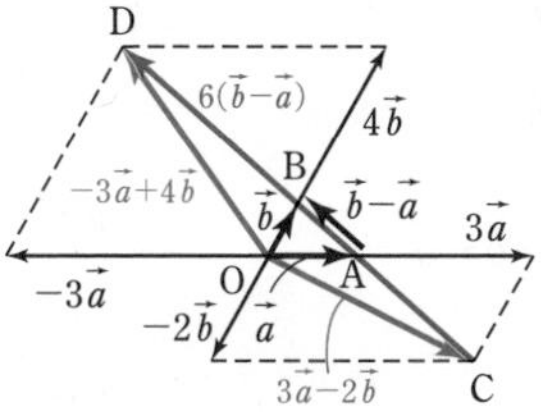

分割 $\overrightarrow{PQ}=\overrightarrow{\square Q}-\overrightarrow{\square P}$ は，後から前を引くととらえるとイメージしやすい。

(*) 4点A，B，C，Dは異なる点であるから，$\overrightarrow{AB}\neq\vec{0}$，$\overrightarrow{CD}\neq\vec{0}$ である。この確認も忘れずに。

(2) $|\vec{a}|=3$ から，$\vec{a}$ と平行な単位ベクトルは　$\dfrac{\vec{a}}{3}$ と $-\dfrac{\vec{a}}{3}$

◀ $\dfrac{\vec{a}}{3}$，$-\dfrac{\vec{a}}{3}$ の大きさはともに1である。

(3) $\overrightarrow{BD}=\overrightarrow{AD}-\overrightarrow{AB}=\vec{d}-\vec{b}$

$|\overrightarrow{BD}|=BD=\sqrt{AB^2+AD^2}$
$=\sqrt{3^2+4^2}=5$

よって，$\overrightarrow{BD}$ と平行な単位ベクトルは　$\dfrac{\vec{d}-\vec{b}}{5}$ と $-\dfrac{\vec{d}-\vec{b}}{5}$

すなわち

$$-\frac{\vec{b}}{5}+\frac{\vec{d}}{5} \text{ と } \frac{\vec{b}}{5}-\frac{\vec{d}}{5}$$

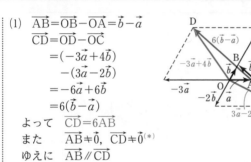

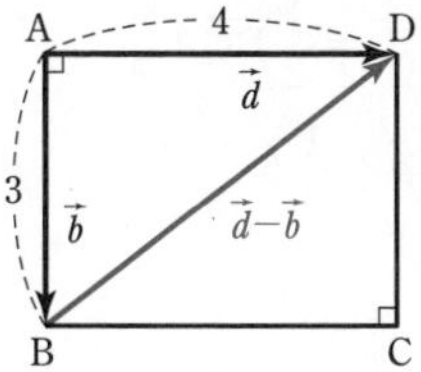

◀△ABDにおいて，**三平方の定理**。

$\vec{p}$ と平行な単位ベクトルは次の2つある。

$\dfrac{\vec{p}}{|\vec{p}|}$ … $\vec{p}$ と同じ向き

$-\dfrac{\vec{p}}{|\vec{p}|}$ … $\vec{p}$ と反対向き

練習 ② 4

(1) $\vec{a}\neq\vec{0}$，$\vec{b}\neq\vec{0}$，$\vec{a}\not\parallel\vec{b}$ のとき，$3\vec{p}=4\vec{a}-\vec{b}$，$5\vec{q}=-4\vec{a}+3\vec{b}$ とする。このとき，$(2\vec{a}+\vec{b})/\!/(\vec{p}+\vec{q})$ であることを示せ。

(2) 上の例題(3)において，ベクトル $\overrightarrow{AB}+\overrightarrow{AC}$ と平行な単位ベクトルを $\vec{b}$，$\vec{d}$ で表せ。

p.369 EX 2, 3

基本例題 5 ベクトルの分解

正六角形 ABCDEF において，中心を O，辺 CD を 2：1 に内分する点を P，辺 EF の中点を Q とする。$\overrightarrow{AB}=\vec{a}$，$\overrightarrow{AF}=\vec{b}$ とするとき，ベクトル $\overrightarrow{BC}$，$\overrightarrow{EF}$，$\overrightarrow{CE}$，$\overrightarrow{AC}$，$\overrightarrow{BD}$，$\overrightarrow{QP}$ をそれぞれ $\vec{a}$，$\vec{b}$ で表せ。

p.362 基本事項 2

指針 ベクトルの変形においては，右のことが基本。
分割 を利用することにより
$\overrightarrow{BC}=\overrightarrow{BO}+\overrightarrow{OC}$ ←しりとりのように変形。
ここで，平行な辺(線分)に注目することにより，$\overrightarrow{BO}=\overrightarrow{AF}=\vec{b}$，$\overrightarrow{OC}=\overrightarrow{AB}=\vec{a}$ であるから，$\overrightarrow{BC}$ は $\vec{a}$，$\vec{b}$ で表される。
このように $\vec{a}$ または $\vec{b}$ に平行なベクトルの和の形に変形することがポイント。

合成 $\overrightarrow{P\square}+\overrightarrow{\square Q}=\overrightarrow{PQ}$，$\overrightarrow{\square Q}-\overrightarrow{\square P}=\overrightarrow{PQ}$
分割 $\overrightarrow{PQ}=\overrightarrow{P\square}+\overrightarrow{\square Q}$，$\overrightarrow{PQ}=\overrightarrow{\square Q}-\overrightarrow{\square P}$
向き変え $\overrightarrow{PQ}=-\overrightarrow{QP}$
$\overrightarrow{PP}=\vec{0}$ … 同じ文字が並ぶと $\vec{0}$

注意 正 n 角形の外接円の中心を **正 n 角形の中心** という。

CHART ベクトルの変形　合成・分割を利用

解答

$\overrightarrow{BC}=\overrightarrow{BO}+\overrightarrow{OC}=\vec{b}+\vec{a}$
$=\vec{a}+\vec{b}$

$\overrightarrow{EF}=\overrightarrow{EO}+\overrightarrow{OF}=-\vec{b}-\vec{a}$
$=-\vec{a}-\vec{b}$

$\overrightarrow{CE}=\overrightarrow{CO}+\overrightarrow{OE}$
$=-\vec{a}+\vec{b}$

$\overrightarrow{AC}=\overrightarrow{AB}+\overrightarrow{BC}=\vec{a}+(\vec{a}+\vec{b})$
$=2\vec{a}+\vec{b}$

$\overrightarrow{BD}=\overrightarrow{BC}+\overrightarrow{CD}=(\vec{a}+\vec{b})+\vec{b}$
$=\vec{a}+2\vec{b}$

$\overrightarrow{QP}=\overrightarrow{QE}+\overrightarrow{ED}+\overrightarrow{DP}=\frac{1}{2}\overrightarrow{BC}+\vec{a}-\frac{1}{3}\vec{b}$
$=\frac{1}{2}(\vec{a}+\vec{b})+\vec{a}-\frac{1}{3}\vec{b}$
$=\frac{3}{2}\vec{a}+\frac{1}{6}\vec{b}$

参考 $\overrightarrow{CE}=\overrightarrow{BF}=\overrightarrow{AF}-\overrightarrow{AB}=\vec{b}-\vec{a}$ として求めてもよい。

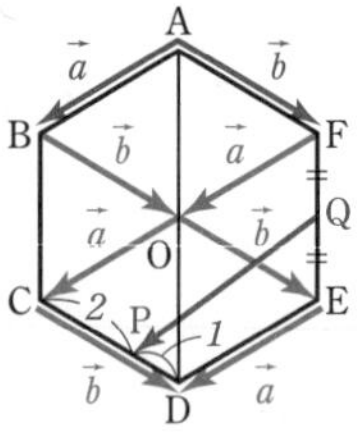

別解 四角形 ABCO，ABOF は平行四辺形であるから
$\overrightarrow{BC}=\overrightarrow{AO}=\vec{a}+\vec{b}$
$\overrightarrow{EF}=\overrightarrow{CB}=-\overrightarrow{BC}=-\vec{a}-\vec{b}$

◀既に求めた $\overrightarrow{BC}$ を利用。

◀既に求めた $\overrightarrow{BC}$ を利用。

◀$DP=\frac{1}{3}DC$，$DC \parallel AF$ で，$\overrightarrow{DP}$ は $\vec{b}$ と反対の向きであるから
$\overrightarrow{DP}=-\frac{1}{3}\vec{b}$

練習 ② 5
(1) 上の例題の正六角形において，ベクトル $\overrightarrow{DF}$，$\overrightarrow{OP}$，$\overrightarrow{BQ}$ をそれぞれ $\vec{a}$，$\vec{b}$ で表せ。
(2) 平行四辺形 ABCD において，辺 BC の中点を L，線分 DL を 2：3 に内分する点を M とする。$\overrightarrow{AB}=\vec{b}$，$\overrightarrow{AD}=\vec{d}$ とするとき，$\overrightarrow{AM}$ を $\vec{b}$，$\vec{d}$ で表せ。

p.369 EX4～6

EXERCISES

①1　$\vec{a}\neq\vec{0}$，$\vec{b}\neq\vec{0}$，$\vec{a}\not\parallel\vec{b}$ のとき，等式

$$3s\vec{a}+2(t+1)\vec{b}=(5t-1)\vec{a}-(s+1)\vec{b}$$

を満たす実数 s，t の値を求めよ。　→$p.362$ 基本事項 5

②2　$(2\vec{a}+3\vec{b})\parallel(\vec{a}-4\vec{b})$，$\vec{a}\neq\vec{0}$，$\vec{b}\neq\vec{0}$ のとき，$\vec{a}\parallel\vec{b}$ であることを示せ。　→4

③3　1 辺の長さが 1 の正方形 OACB において，辺 CB を 2：1 に内分する点を D とする。また，∠AOD の二等分線に関して点 A と対称な点を P とする。このとき，$\overrightarrow{OP}$ は $\overrightarrow{OA}$，$\overrightarrow{OB}$ を用いて $\overrightarrow{OP}=$ ア［　］$\overrightarrow{OA}+$ イ［　］$\overrightarrow{OB}$ と表される。　〔関西大〕

→4

②4　平行四辺形 ABCD において，対角線の交点を P，辺 BC を 2：1 に内分する点を Q とする。このとき，$\overrightarrow{AB}=\vec{b}$，$\overrightarrow{AD}=\vec{d}$ をそれぞれ $\overrightarrow{AP}=\vec{p}$，$\overrightarrow{AQ}=\vec{q}$ を用いて表せ。

→3，5

②5　△ABC において，$2\overrightarrow{BP}=\overrightarrow{BC}$，$2\overrightarrow{AQ}+\overrightarrow{AB}=\overrightarrow{AC}$ であるとき，四角形 ABPQ はどのような形か。　→4，5

③6　1 辺の長さが 1 の正五角形 ABCDE において，対角線 AC と BE の交点を F，AD と BE の交点を G とする。また，AC$=x$ とする。　〔類　中央大〕

(1)　FG$=2-x$ であることを示せ。

(2)　x の値を求めよ。

(3)　$\overrightarrow{AC}$ を $\overrightarrow{AB}$ と $\overrightarrow{AE}$ を用いて表せ。　→5

HINT

1　$\vec{a}\neq\vec{0}$，$\vec{b}\neq\vec{0}$，$\vec{a}\not\parallel\vec{b}$ のとき　$s\vec{a}+t\vec{b}=s'\vec{a}+t'\vec{b}\iff s=s'$，$t=t'$

2　$\vec{a}=l\vec{b}$ となる実数 l が存在することを示せばよい。

3　まず，$\overrightarrow{OD}$ を $\overrightarrow{OA}$，$\overrightarrow{OB}$ で表す。OP$=$OA にも注意。

4　まず，$\overrightarrow{AP}$，$\overrightarrow{AQ}$ をそれぞれ $\overrightarrow{AB}$，$\overrightarrow{AD}$ で表す。

5　条件式を変形して，$\overrightarrow{BP}$ と $\overrightarrow{AQ}$ の関係式を導く。

6　(1)　正五角形の 1 つの内角の大きさは 108° であることから

$$\angle BAF=\angle ABF=\angle EAG=\angle AEG=36^\circ$$

(2)　△ACD∽△AFG であることを示し，これを利用。

(3)　$\overrightarrow{AC}=\overrightarrow{AE}+\overrightarrow{EC}$

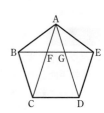

2 ベクトルの成分

基本事項

1 ベクトルの成分

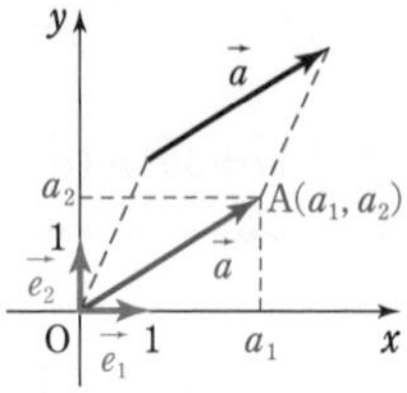

① **成分表示**　基本ベクトル $\vec{e_1}$, $\vec{e_2}$ を用いて

$\vec{a}=a_1\vec{e_1}+a_2\vec{e_2}$ で表されるとき　$\vec{a}=(a_1,\ a_2)$

a_1, a_2 は $\vec{a}$ の **成分**。a_1 は **x 成分**, a_2 は **y 成分**。

$\vec{a}=\overrightarrow{\mathrm{OA}}$ (O は原点) とすると $\mathbf{A(a_1,\ a_2)}$ である。

② **相等**　$\vec{a}=(a_1,\ a_2)$, $\vec{b}=(b_1,\ b_2)$ について

$$\vec{a}=\vec{b} \iff a_1=b_1,\ a_2=b_2$$

③ **大きさ**　$\vec{a}=(a_1,\ a_2)$ のとき　$|\vec{a}|=\sqrt{a_1^2+a_2^2}$

2 成分によるベクトルの演算

① **和**　$(a_1,\ a_2)+(b_1,\ b_2)=(a_1+b_1,\ a_2+b_2)$

② **差**　$(a_1,\ a_2)-(b_1,\ b_2)=(a_1-b_1,\ a_2-b_2)$

③ **実数倍**　$k(a_1,\ a_2)=(ka_1,\ ka_2)$　　k は実数

一般に, k, l を実数とするとき　$k(a_1,\ a_2)+l(b_1,\ b_2)=(ka_1+lb_1,\ ka_2+lb_2)$

3 ベクトルの平行条件

$\vec{0}$ でない 2 つのベクトル $\vec{a}=(a_1,\ a_2)$, $\vec{b}=(b_1,\ b_2)$ について

$$\vec{a} /\!/ \vec{b} \iff \vec{b}=k\vec{a} \text{ となる実数 } k \text{ がある} \iff a_1b_2-a_2b_1=0$$

4 座標平面上の点とベクトル

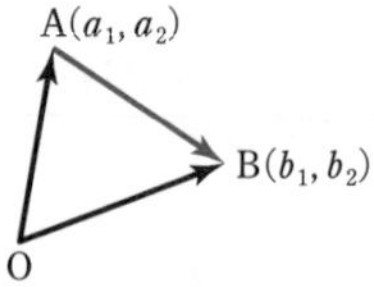

2 点 $\mathrm{A}(a_1,\ a_2)$, $\mathrm{B}(b_1,\ b_2)$ について

$$\overrightarrow{\mathrm{AB}}=(b_1-a_1,\ b_2-a_2)$$

$$|\overrightarrow{\mathrm{AB}}|=\sqrt{(b_1-a_1)^2+(b_2-a_2)^2}$$

解説

■ベクトルの成分

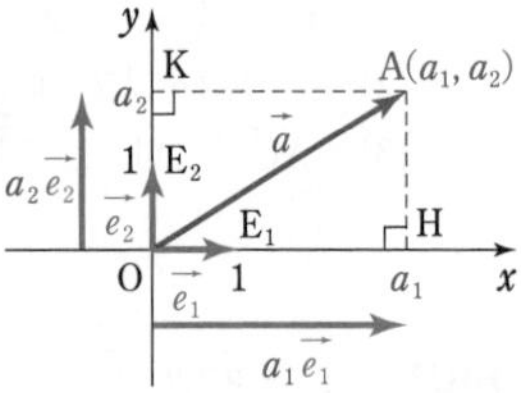

座標平面上の原点を O, $\mathrm{A}(a_1,\ a_2)$ とする。

A から x 軸, y 軸にそれぞれ垂線 AH, AK を下ろすと

$$\overrightarrow{\mathrm{OA}}=\overrightarrow{\mathrm{OH}}+\overrightarrow{\mathrm{OK}}$$

ここで, 点 $\mathrm{E_1}(1,\ 0)$, $\mathrm{E_2}(0,\ 1)$ をとり, $\vec{e_1}=\overrightarrow{\mathrm{OE_1}}$, $\vec{e_2}=\overrightarrow{\mathrm{OE_2}}$ とする。$\vec{e_1}$, $\vec{e_2}$ を **基本ベクトル** という。

$\overrightarrow{\mathrm{OH}}=a_1\overrightarrow{\mathrm{OE_1}}=a_1\vec{e_1}$, $\overrightarrow{\mathrm{OK}}=a_2\overrightarrow{\mathrm{OE_2}}=a_2\vec{e_2}$ から, $\vec{a}=\overrightarrow{\mathrm{OA}}$ とすると, $\vec{a}=a_1\vec{e_1}+a_2\vec{e_2}$ と表される。

■成分によるベクトルの和, 差, 実数倍

$$(a_1,\ a_2)+(b_1,\ b_2)=(a_1\vec{e_1}+a_2\vec{e_2})+(b_1\vec{e_1}+b_2\vec{e_2})$$
$$=(a_1+b_1)\vec{e_1}+(a_2+b_2)\vec{e_2}=(a_1+b_1,\ a_2+b_2)$$

他の等式も同様にして成り立つ。

■ベクトルの平行条件

$p.373$ 基本例題 **8** の 検討 を参照。

基本 例題 6 ベクトルの演算（成分）

(1) $\vec{a}=(3,\ 2)$，$\vec{b}=(2,\ -1)$ のとき，次のベクトルの成分を求めよ。また，その大きさを求めよ。

(ア) $\vec{a}+\vec{b}$　　(イ) $3\vec{a}-4\vec{b}$

(2) 2つのベクトル $\vec{a}$，$\vec{b}$ において，$2\vec{a}-\vec{b}=(4,\ 1)$，$3\vec{a}-2\vec{b}=(7,\ 0)$ のとき，$\vec{a}$ と $\vec{b}$ を求めよ。

(3) $\vec{p}=(-7,\ 2)$，$\vec{x}=(1,\ a)$，$\vec{y}=(b,\ 2)$ とする。等式 $\vec{p}=2\vec{x}-3\vec{y}$ が成り立つとき，a，b の値を求めよ。

p.370 基本事項 1，2，基本 3

指針 成分については，次のことが基本である。

成分の計算　$k(a_1,\ a_2)+l(b_1,\ b_2)=(ka_1+lb_1,\ ka_2+lb_2)$ を利用。

大きさ　$\vec{a}=(a_1,\ a_2)$ の大きさは $|\vec{a}|=\sqrt{a_1^2+a_2^2}$

相　等　$(a_1,\ a_2)=(b_1,\ b_2) \iff a_1=b_1,\ a_2=b_2$

解答

(1) (ア) $\vec{a}+\vec{b}=(3,\ 2)+(2,\ -1)$
$=(3+2,\ 2+(-1))=\mathbf{(5,\ 1)}$

よって　$|\vec{a}+\vec{b}|=\sqrt{5^2+1^2}=\sqrt{\mathbf{26}}$

(イ) $3\vec{a}-4\vec{b}=3(3,\ 2)-4(2,\ -1)$
$=(3\cdot3-4\cdot2,\ 3\cdot2-4\cdot(-1))=\mathbf{(1,\ 10)}$

よって　$|3\vec{a}-4\vec{b}|=\sqrt{1^2+10^2}=\sqrt{\mathbf{101}}$

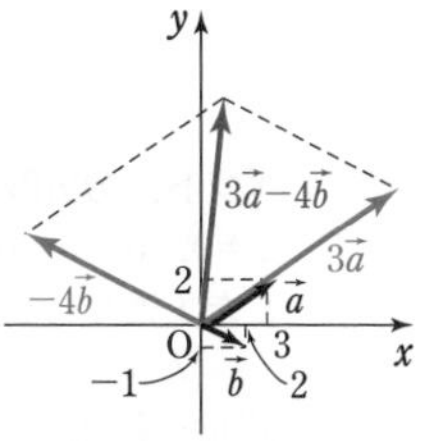

(2) $2\vec{a}-\vec{b}=(4,\ 1)$ …… ①，
$3\vec{a}-2\vec{b}=(7,\ 0)$ …… ② とする。

◀ p.366 基本例題 3 (2)(ウ) と同様。

①×2−② から　$\vec{a}=2(4,\ 1)-(7,\ 0)$
$=(2\cdot4-7,\ 2\cdot1-0)=\mathbf{(1,\ 2)}$

◀ ①×2　$4\vec{a}-2\vec{b}=2(4,\ 1)$
②　$-)\ 3\vec{a}-2\vec{b}=(7,\ 0)$
$\vec{a}\quad=2(4,\ 1)-(7,\ 0)$

これと①から　$\vec{b}=2\vec{a}-(4,\ 1)=2(1,\ 2)-(4,\ 1)$
$=(2\cdot1-4,\ 2\cdot2-1)=\mathbf{(-2,\ 3)}$

(3) $\vec{p}=2\vec{x}-3\vec{y}$ から　$(-7,\ 2)=2(1,\ a)-3(b,\ 2)$

◀ (右辺)$=(2,\ 2a)-(3b,\ 6)$

よって　$(-7,\ 2)=(2-3b,\ 2a-6)$

ゆえに　$-7=2-3b$，$2=2a-6$　　よって　$\mathbf{a=4,\ b=3}$

検討　**ベクトルの大きさの計算の際の工夫**

$\vec{a}=k(a_1,\ a_2)$（k は実数）と表されるとき

$$|\vec{a}|=\sqrt{(ka_1)^2+(ka_2)^2}=\sqrt{k^2(a_1^2+a_2^2)}=|k|\sqrt{a_1^2+a_2^2}$$

例　$\vec{a}=(2,\ 4)$ のときは，$\vec{a}=2(1,\ 2)$ から $|\vec{a}|=|2|\sqrt{1^2+2^2}=2\sqrt{5}$ とすると，計算もらく。

練習 6 ①

(1) $\vec{a}=(-3,\ 4)$，$\vec{b}=(1,\ -5)$ のとき，$2\vec{a}+\vec{b}$ の成分と大きさを求めよ。

(2) 2つのベクトル $\vec{a}$，$\vec{b}$ において，$\vec{a}+2\vec{b}=(-2,\ -4)$，$2\vec{a}+\vec{b}=(5,\ -2)$ のとき，$\vec{a}$ と $\vec{b}$ を求めよ。

(3) $\vec{x}=(a,\ 2)$，$\vec{y}=(3,\ b)$，$\vec{p}=(b+1,\ a-2)$ とする。等式 $\vec{p}=3\vec{x}-2\vec{y}$ が成り立つとき，a，b の値を求めよ。

p.377 EX 7, 8

基本 例題 7 ベクトルの分解（成分） ◯◯◯◯◯◯

$\vec{a}=(1,\ 2)$, $\vec{b}=(2,\ 1)$ であるとき，$\vec{c}=(11,\ 10)$ を $s\vec{a}+t\vec{b}$ の形に表せ。

[類 東北学院大] ／ p.370 基本事項 **1**, **2**, 基本 6

指針 $\vec{c}=s\vec{a}+t\vec{b}$ とおいて，両辺の x 成分，y 成分がそれぞれ等しいとおく。
相等 $(a_1,\ a_2)=(b_1,\ b_2) \iff a_1=b_1,\ a_2=b_2$
により，$s,\ t$ の連立方程式が得られるから，それを解く。

解答
$\vec{c}=s\vec{a}+t\vec{b}$ とおくと
$$(11,\ 10)=s(1,\ 2)+t(2,\ 1)$$
すなわち $(11,\ 10)=(s+2t,\ 2s+t)$
ゆえに $s+2t=11,\ 2s+t=10$
よって $s=3,\ t=4$
ゆえに $\vec{c}=3\vec{a}+4\vec{b}$

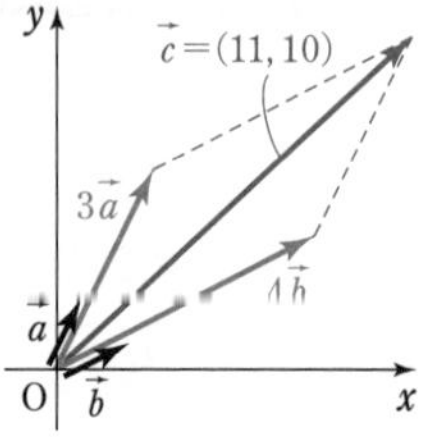

検討 **ベクトルの分解**
$\vec{a}\neq\vec{0}$, $\vec{b}\neq\vec{0}$, $\vec{a}\nparallel\vec{b}$ ($\vec{a}$, $\vec{b}$ は1次独立) ならば，任意のベクトル $\vec{p}$ は $\vec{p}=s\vec{a}+t\vec{b}$ の形に，ただ1通りに表される。……（＊）
（＊）が成り立つことを，成分を用いて証明してみよう。

証明 $\vec{a}=(a_1,\ a_2)$, $\vec{b}=(b_1,\ b_2)$, $\vec{a}\neq\vec{0}$, $\vec{b}\neq\vec{0}$ とするとき
$\vec{a}/\!/\vec{b} \iff a_1b_2-a_2b_1=0$ （次ページの基本例題 **8** の 検討 参照）
よって $\vec{a}\nparallel\vec{b} \iff a_1b_2-a_2b_1\neq0$ …… ①
ここで，$\vec{p}=(p_1,\ p_2)$ に対し，$\vec{p}=s\vec{a}+t\vec{b}$ ($s,\ t$ は実数) とすると，
$s\vec{a}+t\vec{b}=s(a_1,\ a_2)+t(b_1,\ b_2)=(sa_1+tb_1,\ sa_2+tb_2)$ であるから
$p_1=sa_1+tb_1$ …… ②, $p_2=sa_2+tb_2$ …… ③
②$\times b_2-$③$\times b_1$, ②$\times a_2-$③$\times a_1$ から
$(a_1b_2-a_2b_1)s=b_2p_1-b_1p_2,\ (a_2b_1-a_1b_2)t=a_2p_1-a_1p_2$
① により，$a_1b_2-a_2b_1\neq0$ であるから $s=\dfrac{b_2p_1-b_1p_2}{a_1b_2-a_2b_1},\ t=\dfrac{a_2p_1-a_1p_2}{a_2b_1-a_1b_2}$
よって，$s,\ t$ はただ1通りに定まるから，（＊）は成り立つ。

注意 $\vec{a}$, $\vec{b}$ の一方が $\vec{0}$ のときや，$\vec{a}/\!/\vec{b}$ のときに $s\vec{a}+t\vec{b}$ の形に表すことができないベクトル $\vec{p}$ が存在することは，右の例からわかる。

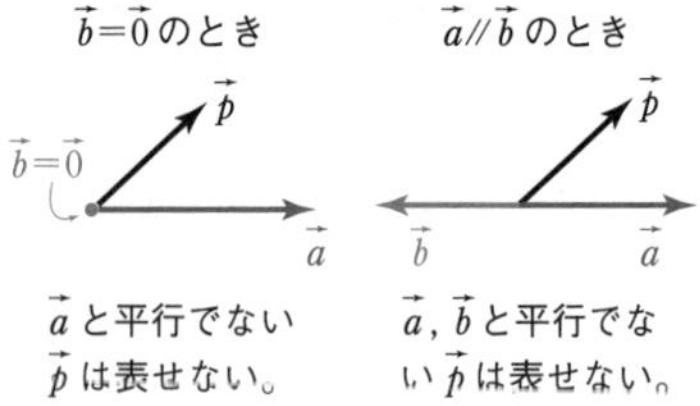

$\vec{b}=\vec{0}$ のとき

$\vec{a}/\!/\vec{b}$ のとき

$\vec{a}$ と平行でない $\vec{p}$ は表せない。

$\vec{a}$, $\vec{b}$ と平行でない $\vec{p}$ は表せない。

練習 $\vec{a}=(3,\ 2)$, $\vec{b}=(0,\ -1)$ のとき，$\vec{p}=(6,\ 1)$ を $s\vec{a}+t\vec{b}$ の形に表せ。
② **7**

[類 湘南工科大] p.377 EX 9

基本例題 8 ベクトルの平行と成分

2つのベクトル $\vec{a}=(3,\ -1)$, $\vec{b}=(7-2t,\ -5+t)$ が平行になるように，t の値を定めよ。　〔類 千葉工大〕

p.370 基本事項 3

指針 2つのベクトル $\vec{a}=(a_1,\ a_2)$, $\vec{b}=(b_1,\ b_2)$ $(\vec{a}\neq\vec{0},\ \vec{b}\neq\vec{0})$ について

$\vec{a}\parallel\vec{b} \iff \vec{b}=k\vec{a}$ **となる実数 k がある** …… Ⓐ

$\iff a_1b_2-a_2b_1=0$ …… Ⓑ （証明は，下の 検討 を参照。）

が成り立つ。Ⓐ, Ⓑ のいずれかの平行条件を利用して，方程式の問題に帰着させる。

解答

$\vec{a}\neq\vec{0}$, $\vec{b}\neq\vec{0}$ であるから，$\vec{a}$ と $\vec{b}$ が平行になるための必要十分条件は，$\vec{b}=k\vec{a}$ を満たす実数 k が存在することである。

よって　$(7-2t,\ -5+t)=k(3,\ -1)$

すなわち　$(7-2t,\ -5+t)=(3k,\ -k)$

ゆえに　$7-2t=3k$ …… ①, $-5+t=-k$ …… ②

①+②×3 から　$-8+t=0$

したがって　$\boldsymbol{t=8}$　このとき　$k=-3$

別解　$\vec{a}\neq\vec{0}$, $\vec{b}\neq\vec{0}$ であるから，$\vec{a}$ と $\vec{b}$ が平行になるための必要十分条件は

$3\cdot(-5+t)-(-1)\cdot(7-2t)=0$

よって　$-15+3t+7-2t=0$

したがって　$\boldsymbol{t=8}$

◀$7-2t=0$ かつ $-5+t=0$ となる t はない。

◀x 成分，y 成分がそれぞれ等しい。

◀平行条件 Ⓑ を利用。

検討　成分で表された平行条件 $\vec{a}\parallel\vec{b} \iff a_1b_2-a_2b_1=0$ の証明

$\vec{a}\neq\vec{0}$, $\vec{b}\neq\vec{0}$ のとき　$\vec{a}\parallel\vec{b} \iff \vec{b}=k\vec{a}$ となる実数 k がある（p.362 基本事項 4）

$\iff (b_1,\ b_2)=k(a_1,\ a_2)$

よって，$\vec{a}\parallel\vec{b}$ ならば $b_1=ka_1$, $b_2=ka_2$ となる実数 k があるから

$a_1b_2-a_2b_1=a_1(ka_2)-a_2(ka_1)=0$

逆に，$a_1b_2-a_2b_1=0$ …… Ⓐ ならば，$\vec{a}\neq\vec{0}$ より，a_1 と a_2 の少なくとも一方は 0 でない。

$a_1\neq0$ のとき，Ⓐ から　$b_2=\dfrac{b_1}{a_1}\cdot a_2$

$\dfrac{b_1}{a_1}=k$ とおくと，$b_1=ka_1$, $b_2=ka_2$ となり　$\vec{b}=k\vec{a}$ （k は実数）

ゆえに　$\vec{a}\parallel\vec{b}$　$a_2\neq0$ のときも同様である。

以上により　$\vec{a}\parallel\vec{b} \iff a_1b_2-a_2b_1=0$

練習 ② 8

(1) 2つのベクトル $\vec{a}=(14,\ -2)$, $\vec{b}=(3t+1,\ -4t+7)$ が平行になるように，t の値を定めよ。　〔広島国際大〕

(2) 2つのベクトル $\vec{m}=(1,\ p)$, $\vec{n}=(p+3,\ 4)$ が平行になるように，p の値を定めよ。　〔類 京都産大〕

p.377 EX10

参考事項　1次独立と1次従属

n 個のベクトル $\vec{a_1}$, $\vec{a_2}$, ……, $\vec{a_n}$ を用いて，$x_1\vec{a_1}+x_2\vec{a_2}+\cdots\cdots+x_n\vec{a_n}$ (x_1, x_2, ……, x_n は実数）の形に表されたベクトルを，$\vec{a_1}$, $\vec{a_2}$, ……, $\vec{a_n}$ の **1次結合** という。そして

$$\boldsymbol{x_1\vec{a_1}+x_2\vec{a_2}+\cdots\cdots+x_n\vec{a_n}=\vec{0}} \text{ ならば } \quad \boldsymbol{x_1=x_2=\cdots\cdots=x_n=0}$$

が成り立つとき，これら n 個のベクトル $\vec{a_1}$, $\vec{a_2}$, ……, $\vec{a_n}$ は **1次独立** であるという。
また，1次独立でないベクトルは，**1次従属** であるという。

平面上のベクトルの1次独立と1次従属

平面上の $\vec{0}$ でない2つのベクトル $\vec{a}$, $\vec{b}$ について，s, t を実数として

$$s\vec{a}+t\vec{b}=\vec{0} \quad \text{ならば} \quad s=t=0$$

が成り立つとき，$\vec{a}$ と $\vec{b}$ は **1次独立** であるという。また，1次独立でないベクトルは **1次従属** であるという。

例えば，$\vec{a}=(2,\ 1)$, $\vec{b}=(1,\ -1)$, $\vec{c}=(4,\ 2)$ のとき

$s\vec{a}+t\vec{b}=\vec{0} \Longrightarrow (2s+t,\ s-t)=(0,\ 0)$　◀$\vec{a}\not\parallel\vec{b}$

$\Longrightarrow 2s+t=0,\ s-t=0 \Longrightarrow s=t=0$

よって，$\vec{a}$ と $\vec{b}$ は1次独立である。

$s\vec{a}+t\vec{c}=\vec{0} \Longrightarrow (2s+4t,\ s+2t)=(0,\ 0)$　◀$\vec{a}\parallel\vec{c}$

$\Longrightarrow 2s+4t=0,\ s+2t=0$

$\Longrightarrow s=-2k,\ t=k$　（k は任意の実数）

よって，$\vec{a}$ と $\vec{c}$ は1次従属である。

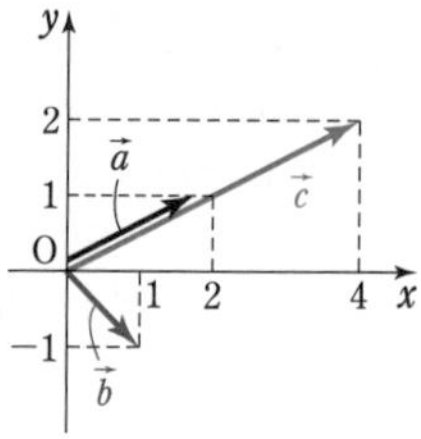

この例からもわかるように，2つのベクトル $\vec{a}$, $\vec{b}$ について，次のことが成り立つ。

$$\boldsymbol{\vec{a} \text{ と } \vec{b} \text{ が1次独立} \iff \vec{a}\neq\vec{0},\ \vec{b}\neq\vec{0},\ \vec{a}\not\parallel\vec{b}}$$

証明　($\Longrightarrow$)　$\vec{a}$, $\vec{b}$ の少なくとも1つが $\vec{0}$ のとき，$\vec{a}$ と $\vec{b}$ は1次従属である。　◀0でない実数 k について $k\vec{0}=\vec{0}$

$\vec{a}\neq\vec{0}$, $\vec{b}\neq\vec{0}$, $\vec{a}\parallel\vec{b}$ のとき，$\vec{b}=k\vec{a}$ となる0でない実数 k が存在する。このとき，$k\vec{a}-\vec{b}=\vec{0}$ となり，$\vec{a}$ と $\vec{b}$ は1次従属である。

よって　$\vec{a}$ と $\vec{b}$ が1次独立 $\Longrightarrow \vec{a}\neq\vec{0}$, $\vec{b}\neq\vec{0}$, $\vec{a}\not\parallel\vec{b}$

($\Longleftarrow$)　$\vec{a}\neq\vec{0}$, $\vec{b}\neq\vec{0}$, $\vec{a}\not\parallel\vec{b}$ とし，実数 s, t に対して $s\vec{a}+t\vec{b}=\vec{0}$ とする。

$s\neq0$ と仮定すると，$\vec{a}=-\dfrac{t}{s}\vec{b}$ となり　$\vec{a}\parallel\vec{b}$　これは $\vec{a}\not\parallel\vec{b}$ と矛盾する。

ゆえに　$s=0$　同様にして $t=0$ であることも示すことができる。

よって　$\vec{a}\neq\vec{0}$, $\vec{b}\neq\vec{0}$, $\vec{a}\not\parallel\vec{b} \Longrightarrow \vec{a}$ と $\vec{b}$ は1次独立

以上から　$\vec{a}$ と $\vec{b}$ が1次独立 $\iff \vec{a}\neq\vec{0}$, $\vec{b}\neq\vec{0}$, $\vec{a}\not\parallel\vec{b}$

$p.362$, 363, 372 で学んだことと合わせ，次のことは重要であるから，ここにまとめておく。

$\vec{a}$, $\vec{b}$ が1次独立であるとき，すなわち，$\boldsymbol{\vec{a}\neq\vec{0}}$, $\boldsymbol{\vec{b}\neq\vec{0}}$, $\boldsymbol{\vec{a}\not\parallel\vec{b}}$ であるとき

① 任意のベクトル $\vec{p}$ は，$\vec{p}=s\vec{a}+t\vec{b}$ の形（$\vec{a}$ と $\vec{b}$ の1次結合）で，ただ1通りに表される。

② $s\vec{a}+t\vec{b}=\vec{0} \iff s=t=0$

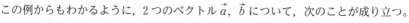

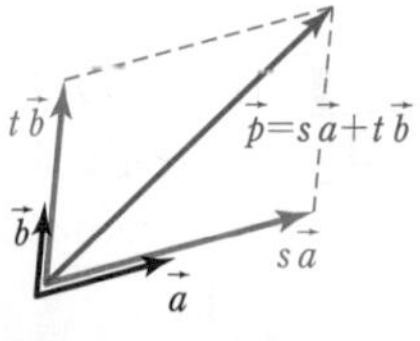

基本 例題 9 平行四辺形とベクトル

①①①①①

3点 A(1, 3), B(3, −2), C(4, 1) がある。
(1) $\overrightarrow{AB}$, $\overrightarrow{CA}$ の成分と大きさをそれぞれ求めよ。
(2) 四角形 ABCD が平行四辺形であるとき，点 D の座標を求めよ。
(3) (2) の平行四辺形について，2本の対角線の長さを求めよ。

p.370 基本事項 4　基本 50

指針 (1) O を原点とする。$A(a_1,\ a_2)$, $B(b_1,\ b_2)$ のとき
$\overrightarrow{\mathbf{OA}}=(\boldsymbol{a_1},\ \boldsymbol{a_2})$, $\overrightarrow{\mathbf{OB}}=(\boldsymbol{b_1},\ \boldsymbol{b_2})$ であり

$\overrightarrow{\mathbf{AB}}=\overrightarrow{\mathrm{OB}}-\overrightarrow{\mathrm{OA}}$　←後−前 ととらえるとイメージしやすい。

$=(\boldsymbol{b_1}-\boldsymbol{a_1},\ \boldsymbol{b_2}-\boldsymbol{a_2})$

$|\overrightarrow{\mathbf{AB}}|=\sqrt{(\boldsymbol{b_1}-\boldsymbol{a_1})^2+(\boldsymbol{b_2}-\boldsymbol{a_2})^2}$

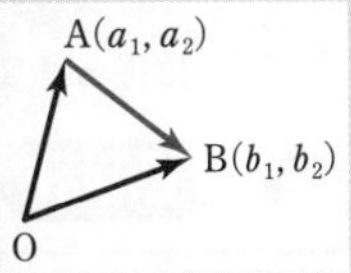

(2) 四角形 ABCD が **平行四辺形** であるための条件は

$\overrightarrow{\mathbf{AB}}=\overrightarrow{\mathbf{DC}}$　←$\overrightarrow{\mathrm{AB}}=\overrightarrow{\mathrm{CD}}$ ではない！

(p.364 の 検討 参照。)

これを成分で表す。

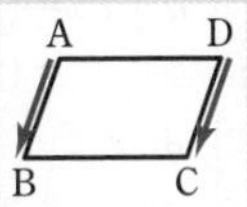

(3) 対角線の長さは $|\overrightarrow{\mathrm{AC}}|$, $|\overrightarrow{\mathrm{BD}}|$ である。(1), (2) の結果を利用。

解答

(1) $\overrightarrow{\mathbf{AB}}=(3-1,\ -2-3)=\mathbf{(2,\ -5)}$

よって　$|\overrightarrow{\mathbf{AB}}|=\sqrt{2^2+(-5)^2}=\sqrt{\mathbf{29}}$

$\overrightarrow{\mathbf{CA}}=(1-4,\ 3-1)=\mathbf{(-3,\ 2)}$

よって　$|\overrightarrow{\mathbf{CA}}|=\sqrt{(-3)^2+2^2}=\sqrt{\mathbf{13}}$

(2) 点 D の座標を $(a,\ b)$ とする。

四角形 ABCD は平行四辺形であるから　$\overrightarrow{\mathrm{AB}}=\overrightarrow{\mathrm{DC}}$

よって　$(2,\ -5)=(4-a,\ 1-b)$

ゆえに　$2=4-a$, $-5=1-b$

これを解いて　$a=2$, $b=6$　よって　**D(2, 6)**

(3) 2本の対角線の長さは $|\overrightarrow{\mathrm{AC}}|$, $|\overrightarrow{\mathrm{BD}}|$ である。

よって，(1) から　$|\overrightarrow{\mathrm{AC}}|=\sqrt{\mathbf{13}}$

また，(2) から　$|\overrightarrow{\mathrm{BD}}|=\sqrt{(2-3)^2+\{6-(-2)\}^2}=\sqrt{\mathbf{65}}$

(2) $\overrightarrow{\mathrm{AB}}=\overrightarrow{\mathrm{DC}}$ の代わりに $\overrightarrow{\mathrm{AD}}=\overrightarrow{\mathrm{BC}}$ などを考えてもよい。

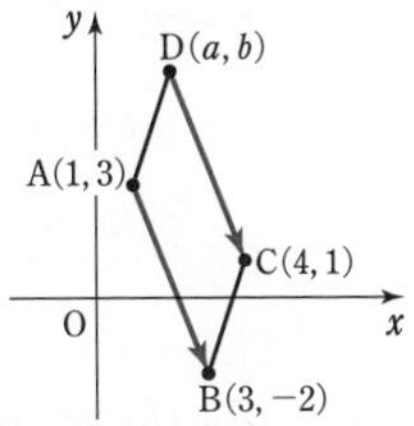

注意 上の例題 (2) のように，「平行四辺形 ABCD」というと1通りに決まるが，「4点 A, B, C, D を頂点とする平行四辺形」というと「平行四辺形 ABCD」，「平行四辺形 ABDC」，「平行四辺形 ADBC」の3通りあるので，注意が必要である。

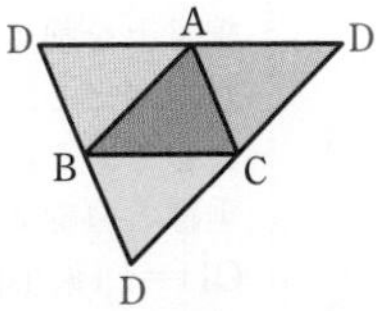

練習 ② **9** (1) 4点 A(2, 4), B(−3, 2), C(−1, −7), D(4, −5) を頂点とする四角形 ABCD は平行四辺形であることを証明せよ。
(2) 3点 A(0, 2), B(−1, −1), C(3, 0) と，もう1つの点 D を結んで平行四辺形を作る。第4の頂点 D の座標を求めよ。

基本例題 10 ベクトルの大きさの最小値

t は実数とする。$\vec{a}=(2,\ 1)$, $\vec{b}=(3,\ 4)$ に対して, $|\vec{a}+t\vec{b}|$ は $t=$ ア[　] のとき最小値 イ[　] をとる。

基本6 基本16, 51

指針 $|\vec{a}+t\vec{b}|\geqq 0$ であるから, $|\vec{a}+t\vec{b}|^2$ **が最小となるとき**, $|\vec{a}+t\vec{b}|$ **も最小となる。**
このことを利用して, まず, $|\vec{a}+t\vec{b}|^2$ の最小値を求める。
$\vec{a}+t\vec{b}$ の成分を求めて $|\vec{a}+t\vec{b}|^2$ を計算すると, **t の 2 次式** になるから

2 次式は基本形 $a(t-p)^2+q$ に直す

に従って変形する。

CHART $|\vec{p}|$ は $|\vec{p}|^2$ として扱う

解答

$\vec{a}+t\vec{b}=(2,\ 1)+t(3,\ 4)$
$=(2+3t,\ 1+4t)$

よって

$$|\vec{a}+t\vec{b}|^2=(2+3t)^2+(1+4t)^2$$
$$=25t^2+20t+5$$
$$=25\left(t+\frac{2}{5}\right)^2+1$$

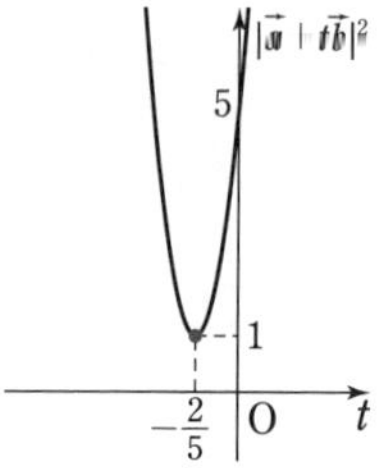

◀ $25t^2+20t+5$
$=25\left(t^2+\frac{4}{5}t\right)+5$
$=25\left\{\left(t+\frac{2}{5}\right)^2-\left(\frac{2}{5}\right)^2\right\}+5$
$=25\left(t+\frac{2}{5}\right)^2+1$

ゆえに, $|\vec{a}+t\vec{b}|^2$ は

$t=-\dfrac{2}{5}$ のとき最小値 1 をとる。

$|\vec{a}+t\vec{b}|\geqq 0$ であるから, このとき $|\vec{a}+t\vec{b}|$ も最小となる。 ◀ **この断りは重要。**

よって, $|\vec{a}+t\vec{b}|$ は

$t=$ ア $-\dfrac{2}{5}$ のとき最小値 $\sqrt{1}=$ イ1 をとる。

検討 **$|\vec{a}+t\vec{b}|$ の最小値の図形的な意味**

上の例題において, O を原点とし, $\vec{a}=\overrightarrow{OA}$, $\vec{b}=\overrightarrow{OB}$, $\vec{p}=\vec{a}+t\vec{b}=\overrightarrow{OP}$ とする。
実数 t の値が変化するとき, 点 P は, 点 A を通り $\vec{b}$ に平行な直線 ℓ 上を動く。 ← $p.415$ 基本事項 1 ① 参照。
したがって, $|\vec{p}|=|\vec{a}+t\vec{b}|=|\overrightarrow{OP}|$ が最小になるのは, $\overrightarrow{OP}\perp\ell$ のときである。すなわち, 点 P が, 原点 O から直線 ℓ に下ろした垂線と直線 ℓ の交点 H に一致するときであり, このとき, OH$=1$ (最小値) となる。

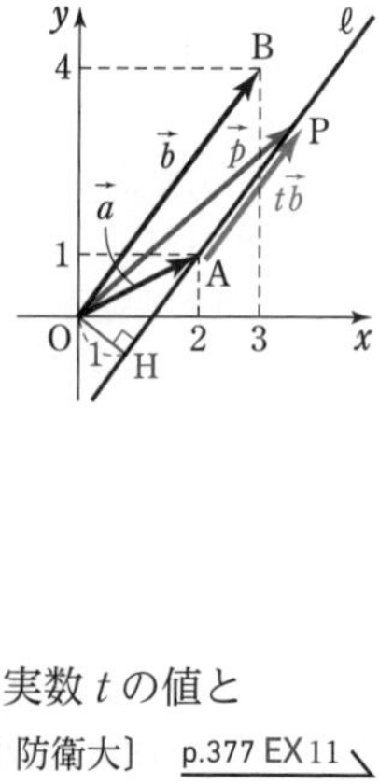

練習 ③ 10 $\vec{a}=(11,\ 23)$, $\vec{b}=(-2,\ -3)$ に対して, $|\vec{a}+t\vec{b}|$ を最小にする実数 t の値と $|\vec{a}+t\vec{b}|$ の最小値を求めよ。 〔類 防衛大〕 p.377 EX11

EXERCISES

②7 2つのベクトル $\vec{a}=(2,\ 1)$, $\vec{b}=(4,\ -3)$ に対して，$\vec{x}+2\vec{y}=\vec{a}$, $2\vec{x}-\vec{y}=\vec{b}$ を満たすベクトル $\vec{x}$, $\vec{y}$ の成分を求めよ。 〔高知工科大〕

→3, 6

②8 (1) $\vec{a}=(-3,\ 4)$, $\vec{b}=(1,\ -2)$ のとき，$\vec{a}+\vec{b}$ と同じ向きの単位ベクトルを求めよ。

(2) ベクトル $\vec{a}=(1,\ 2)$, $\vec{b}=(1,\ 1)$ に対し，ベクトル $t\vec{a}+\vec{b}$ の大きさが1となる t の値を求めよ。

(3) $\vec{a}=(-5,\ 4)$, $\vec{b}=(7,\ -5)$, $\vec{c}=(1,\ t)$ に対して $|\vec{a}-\vec{c}|=2|\vec{b}-\vec{c}|$ が成り立つとき，t の値を求めよ。 〔(1) 湘南工科大 (2) 京都産大 (3) 千葉工大〕

→4, 6

③9 座標平面上で，始点が原点であるベクトル $\vec{a}=\left(\dfrac{2}{\sqrt{5}},\ \dfrac{1}{\sqrt{5}}\right)$ を，原点を中心として反時計回りに90°回転したベクトルを $\vec{b}$ とする。このとき，ベクトル $\left(\dfrac{7}{\sqrt{5}},\ -\dfrac{4}{\sqrt{5}}\right)$ を $s\vec{a}+t\vec{b}$ の形に表せ。 〔関西大〕

→7

③10 (1) $s\neq 0$ とする。相異なる3点 O$(0,\ 0)$, P$(s,\ t)$, Q$(s+6t,\ s+2t)$ について，点P, Qが同じ象限にあり，$\overrightarrow{\mathrm{OP}}\parallel\overrightarrow{\mathrm{OQ}}$ であるとき，直線OPと x 軸の正の向きとのなす角を α とする。このとき，$\tan\alpha$ の値を求めよ。 〔類 職能開発大〕

(2) ベクトル $\vec{a}=(1,\ 3)$, $\vec{b}=(2,\ 8)$, $\vec{c}=(x,\ y)$ がある。$\vec{c}$ は $2\vec{a}+\vec{b}$ に平行で，$|\vec{c}|=\sqrt{53}$ である。このとき，x, y の値を求めよ。 〔岩手大〕

→8

③11 (1) $\vec{a}=(2,\ 3)$, $\vec{b}=(1,\ -1)$, $\vec{t}=\vec{a}+k\vec{b}$ とする。$-2\leqq k\leqq 2$ のとき，$|\vec{t}|$ の最大値および最小値を求めよ。 〔東京電機大〕

(2) 2定点 A$(5,\ 2)$, B$(-1,\ 5)$ と x 軸上の動点Pについて，$2\overrightarrow{\mathrm{PA}}+\overrightarrow{\mathrm{PB}}$ の大きさの最小値とそのときの点Pの座標を求めよ。 →10

HINT

7 まず，$\vec{x}$, $\vec{y}$ をそれぞれ $\vec{a}$, $\vec{b}$ で表す。

8 (1) $\vec{p}$ と同じ向きの単位ベクトルは $\dfrac{\vec{p}}{|\vec{p}|}$

(2), (3) ❶ **$|\vec{p}|$ は $|\vec{p}|^2$ として扱う**

9 まず，$\vec{b}$ の成分を求める。図をかいてみるとよい。

10 $\vec{a}\neq\vec{0}$, $\vec{b}\neq\vec{0}$ のとき **$\vec{a}\parallel\vec{b}\iff\vec{b}=k\vec{a}$ となる実数 k がある。**

11 (1) $|\vec{t}|^2$ を k で表すと，k の2次式になる。これを基本形に直す。

(2) P$(t,\ 0)$ として，$|2\overrightarrow{\mathrm{PA}}+\overrightarrow{\mathrm{PB}}|^2$ を t で表す。

3 ベクトルの内積

基本事項

1 ベクトルの内積

$\vec{0}$ でない 2 つのベクトル $\vec{a}$, $\vec{b}$ のなす角を θ とすると，$\vec{a}$ と $\vec{b}$ の内積 $\vec{a}\cdot\vec{b}$ は

$$\boldsymbol{\vec{a}\cdot\vec{b}=|\vec{a}||\vec{b}|\cos\theta}$$

で定義される **実数** である。$\vec{a}=\vec{0}$ または $\vec{b}=\vec{0}$ のときは $\vec{a}\cdot\vec{b}=0$ と定める。

2 ベクトルの平行と内積 $\vec{a}\neq\vec{0}$, $\vec{b}\neq\vec{0}$ のとき

$$\boldsymbol{\vec{a}\,/\!/\,\vec{b} \iff \text{「}\vec{a}\cdot\vec{b}=|\vec{a}||\vec{b}| \text{ または } \vec{a}\cdot\vec{b}=-|\vec{a}||\vec{b}|\text{」}}$$

3 ベクトルの垂直と内積 $\vec{a}\neq\vec{0}$, $\vec{b}\neq\vec{0}$ のとき

$$\boldsymbol{\vec{a}\perp\vec{b} \iff \vec{a}\cdot\vec{b}=0}$$

解説

■ベクトルの内積

$\vec{0}$ でない 2 つのベクトルを $\vec{a}$, $\vec{b}$ とする。
$\vec{a}=\overrightarrow{\mathrm{OA}}$, $\vec{b}=\overrightarrow{\mathrm{OB}}$ とするとき，$\angle\mathrm{AOB}=\theta$ $(0°\leqq\theta\leqq180°)$ を，ベクトル **$\vec{a}$ と $\vec{b}$ のなす角** という。このとき，積 $|\vec{a}||\vec{b}|\cos\theta$ を $\vec{a}$ と $\vec{b}$ の **内積** といい，記号 $\boldsymbol{\vec{a}\cdot\vec{b}}$ で表す。

注意 $\vec{a}\cdot\vec{b}$ を $\vec{a}\vec{b}$ と書いてはいけない。「・」を省略しないこと。
また，$\vec{a}\times\vec{b}$ と書いてもいけない。

0°≦θ<90°のとき

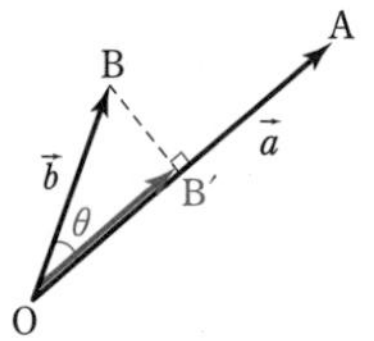

90°≦θ≦180°のとき

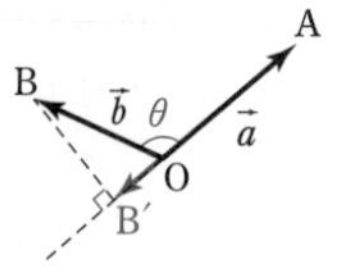

ここで，点 B から直線 OA に垂線 BB′ を下ろしたとき，$\overrightarrow{\mathrm{OA}}$ の向きを正として符号をつけた長さ ($\overrightarrow{\mathrm{OA}}$ と同じ向きの長さは正の数，反対の向きは負の数) を考えると，$\mathrm{OB'}=|\vec{b}|\cos\theta$ と表されるから

$$\vec{a}\cdot\vec{b}=|\vec{a}||\vec{b}|\cos\theta=\mathrm{OA}\times\mathrm{OB'}$$

ベクトル $\overrightarrow{\mathrm{OB'}}$ を **$\overrightarrow{\mathrm{OB}}$ の直線 OA 上への正射影** という。
(正射影について，詳しくは p.407 参照)

■ベクトルの平行と内積

$\vec{a}\,/\!/\,\vec{b} \iff$「$\theta=0°$ または $\theta=180°$」

$\theta=0°$ のとき　$\vec{a}\cdot\vec{b}=|\vec{a}||\vec{b}|\cos0°=|\vec{a}||\vec{b}|$

$\theta=180°$ のとき　$\vec{a}\cdot\vec{b}=|\vec{a}||\vec{b}|\cos180°=-|\vec{a}||\vec{b}|$

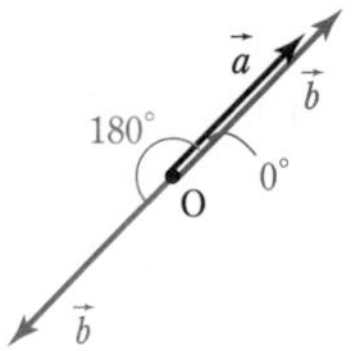

したがって　$\boldsymbol{\vec{a}\,/\!/\,\vec{b} \iff \text{「}\vec{a}\cdot\vec{b}=|\vec{a}||\vec{b}| \text{ または } \vec{a}\cdot\vec{b}=-|\vec{a}||\vec{b}|\text{」}}$

更に　$0°\leqq\theta<90° \iff \cos\theta>0 \iff \vec{a}\cdot\vec{b}>0$

$\theta=90° \iff \cos\theta=0 \iff \vec{a}\cdot\vec{b}=0$

$90°<\theta\leqq180° \iff \cos\theta<0 \iff \vec{a}\cdot\vec{b}<0$

■ベクトルの垂直と内積

$\vec{0}$ でない 2 つのベクトル $\vec{a}$, $\vec{b}$ のなす角 θ が $\theta=90°$ のとき，$\vec{a}$ と $\vec{b}$ は **垂直** であるといい，$\boldsymbol{\vec{a}\perp\vec{b}}$ と表す。

したがって　$\boldsymbol{\vec{a}\perp\vec{b} \iff \vec{a}\cdot\vec{b}}=|\vec{a}||\vec{b}|\cos90°\boldsymbol{=0}$

なお，$\vec{a}\neq\vec{0}$, $\vec{b}\neq\vec{0}$ の条件がついていない場合は，$\vec{a}\cdot\vec{b}=0$ から直ちに $\vec{a}\perp\vec{b}$ としてはいけない。$\vec{a}=\vec{0}$ または $\vec{b}=\vec{0}$ の場合も考える必要があることに注意する。

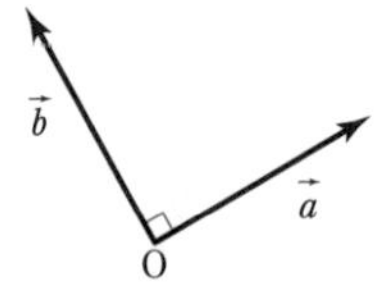

基本事項

4 内積と成分

$\vec{a}=(a_1,\ a_2)$, $\vec{b}=(b_1,\ b_2)$ とする。

1 $\boldsymbol{\vec{a}\cdot\vec{b}=a_1b_1+a_2b_2}$

2 $\vec{a}\neq\vec{0}$, $\vec{b}\neq\vec{0}$ のとき，$\vec{a}$ と $\vec{b}$ のなす角を θ とすると

$$\boldsymbol{\cos\theta=\frac{\vec{a}\cdot\vec{b}}{|\vec{a}||\vec{b}|}=\frac{a_1b_1+a_2b_2}{\sqrt{a_1^2+a_2^2}\sqrt{b_1^2+b_2^2}}}\qquad \text{ただし}\quad 0^\circ\leqq\theta\leqq180^\circ$$

5 内積と平行・垂直条件

$\vec{a}\neq\vec{0}$, $\vec{b}\neq\vec{0}$, $\vec{a}=(a_1,\ a_2)$, $\vec{b}=(b_1,\ b_2)$ とする。

1 **平行条件** $\boldsymbol{\vec{a}/\!/\vec{b}}\iff\vec{a}\cdot\vec{b}=\pm|\vec{a}||\vec{b}|\iff\boldsymbol{a_1b_2-a_2b_1=0}$

2 **垂直条件** $\boldsymbol{\vec{a}\perp\vec{b}\iff\vec{a}\cdot\vec{b}=0\iff a_1b_1+a_2b_2=0}$

6 内積の性質

k は実数とする。

1 $\boldsymbol{\vec{a}\cdot\vec{b}=\vec{b}\cdot\vec{a}}$ ⟵ **交換法則**

2 $\boldsymbol{(\vec{a}+\vec{b})\cdot\vec{c}=\vec{a}\cdot\vec{c}+\vec{b}\cdot\vec{c},\ \vec{a}\cdot(\vec{b}+\vec{c})=\vec{a}\cdot\vec{b}+\vec{a}\cdot\vec{c}}$ ⟵ **分配法則**

3 $\boldsymbol{(k\vec{a})\cdot\vec{b}=\vec{a}\cdot(k\vec{b})=k(\vec{a}\cdot\vec{b})}$ ⟵ $\boldsymbol{k\vec{a}\cdot\vec{b}}$ と書いてよい。

4 $\boldsymbol{\vec{a}\cdot\vec{a}=|\vec{a}|^2}$

5 $\boldsymbol{|\vec{a}|=\sqrt{\vec{a}\cdot\vec{a}}}$

解　説

■ 内積と成分

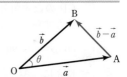

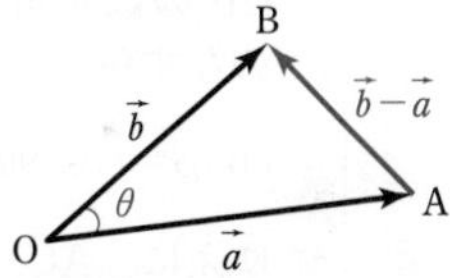

1 $\vec{0}$ でないベクトル $\vec{a}=\overrightarrow{OA}$, $\vec{b}=\overrightarrow{OB}$ のなす角を θ とすると，$\theta=\angle AOB$ である。

$0^\circ<\theta<180^\circ$ のとき，余弦定理から

$$AB^2=OA^2+OB^2-2OA\times OB\cos\theta \quad\cdots\cdots \text{Ⓐ}$$

Ⓐ をベクトルで表すと

$$|\vec{b}-\vec{a}|^2=|\vec{a}|^2+|\vec{b}|^2-2|\vec{a}||\vec{b}|\cos\theta$$

◀Ⓐ は $\theta=0^\circ$, 180° のときも成り立つ。

$\vec{a}=(a_1,\ a_2)$, $\vec{b}=(b_1,\ b_2)$ とすると

$$(b_1-a_1)^2+(b_2-a_2)^2=a_1^2+a_2^2+b_1^2+b_2^2-2|\vec{a}||\vec{b}|\cos\theta$$

整理して　$|\vec{a}||\vec{b}|\cos\theta=a_1b_1+a_2b_2$

したがって，内積の定義から　$\boldsymbol{\vec{a}\cdot\vec{b}=a_1b_1+a_2b_2}$

◀$\vec{a}=\vec{0}$ または $\vec{b}=\vec{0}$ のときも成り立つ。

2 内積の定義 $\vec{a}\cdot\vec{b}=|\vec{a}||\vec{b}|\cos\theta$ と 1 から導かれる。

■ 内積と平行・垂直条件

1 **平行条件** $(\vec{a}\cdot\vec{b})^2=|\vec{a}|^2|\vec{b}|^2$ を成分で表して証明する。

2 **垂直条件** $\vec{a}\perp\vec{b}\iff\vec{a}$ と $\vec{b}$ のなす角 θ が 90°

$$\iff\cos\theta=0\iff\vec{a}\cdot\vec{b}=0$$

◀前ページの基本事項 **2** から。$p.373$ 検討も参照。

■ 内積の性質

1～3 ベクトルを成分表示することにより証明できる。

4, 5 $\vec{a}\cdot\vec{b}=|\vec{a}||\vec{b}|\cos\theta$ で $\vec{b}=\vec{a}$ とすると $\theta=0^\circ$ であるから

$\vec{a}\cdot\vec{a}=|\vec{a}|^2$　　また，$|\vec{a}|\geqq0$ であるから　$|\vec{a}|=\sqrt{\vec{a}\cdot\vec{a}}$

◀$\cos\theta=1$

基本例題 11 内積の計算（定義利用）

$\angle A=90^\circ$，AB=5，AC=4 の三角形において，次の内積を求めよ。

(1) $\overrightarrow{BA}\cdot\overrightarrow{BC}$　　(2) $\overrightarrow{AC}\cdot\overrightarrow{CB}$　　(3) $\overrightarrow{AB}\cdot\overrightarrow{BA}$

p.378 基本事項 1　重要 21

指針　内積の定義 $\vec{a}\cdot\vec{b}=|\vec{a}||\vec{b}|\cos\theta$

に当てはめて計算する。その際，なす角の測り方に注意する。

(1) で $\overrightarrow{BA}$，$\overrightarrow{BC}$ は始点が一致しているから，それらのなす角は右の図の α であるが，(2) の $\overrightarrow{AC}$，$\overrightarrow{CB}$ のなす角を図の β であるとすると **誤り！**

この場合，例えば，$\overrightarrow{CB}$ を平行移動して **始点を A にそろえた** ベクトルを $\overrightarrow{AD}$ とすると，$\overrightarrow{AC}$，$\overrightarrow{AD}$ のなす角 $\angle CAD$ が $\overrightarrow{AC}$，$\overrightarrow{CB}$ のなす角となる。

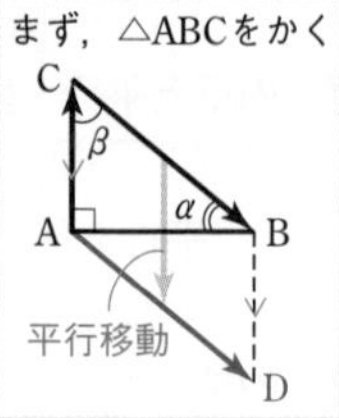

CHART 2ベクトルのなす角　始点をそろえて測る

解答

(1) $\overrightarrow{BA}$，$\overrightarrow{BC}$ のなす角 α は右の図の $\angle ABC$ で，$BC=\sqrt{5^2+4^2}=\sqrt{41}$ であるから　$\overrightarrow{BA}\cdot\overrightarrow{BC}=|\overrightarrow{BA}||\overrightarrow{BC}|\cos\alpha$

$$=5\times\sqrt{41}\times\frac{5}{\sqrt{41}}=\mathbf{25}$$

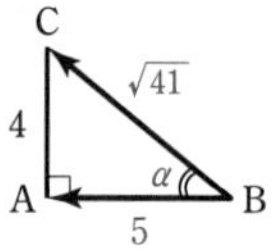

◀2つのベクトル $\overrightarrow{BA}$，$\overrightarrow{BC}$ の始点は一致。

◀$\vec{a}\cdot\vec{b}=|\vec{a}||\vec{b}|\cos\theta$

◀$\cos\alpha=\dfrac{AB}{BC}$

(2) $\overrightarrow{CB}$ を $\overrightarrow{AD}$ に平行移動すると，$\overrightarrow{AC}$，$\overrightarrow{CB}$ のなす角 β は，右の図で $\overrightarrow{AC}$，$\overrightarrow{AD}$ のなす角 $\angle CAD=90^\circ+\alpha$ に等しく

$\cos\beta=\cos(90^\circ+\alpha)=-\sin\alpha=-\dfrac{4}{\sqrt{41}}$

ゆえに　$\overrightarrow{AC}\cdot\overrightarrow{CB}=|\overrightarrow{AC}||\overrightarrow{CB}|\cos\beta$

$$=4\times\sqrt{41}\times\left(-\frac{4}{\sqrt{41}}\right)$$

$$=\mathbf{-16}$$

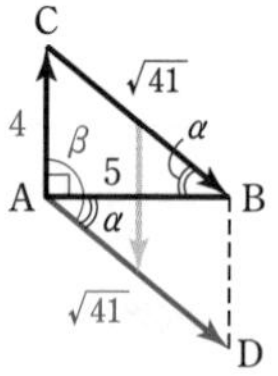

◀**始点を A にそろえる。**

◀$CB /\!/ AD$ から $\angle BAD=\angle ABC$

◀$\cos(\theta+90^\circ)=-\sin\theta$

◀$\vec{a}\cdot\vec{b}=|\vec{a}||\vec{b}|\cos\theta$

(3) $\overrightarrow{BA}$ を $\overrightarrow{AE}$ に平行移動すると，$\overrightarrow{AB}$，$\overrightarrow{BA}$ のなす角は，右の図で $\overrightarrow{AB}$，$\overrightarrow{AE}$ のなす角であるから　180°

ゆえに　$\overrightarrow{AB}\cdot\overrightarrow{BA}=|\overrightarrow{AB}||\overrightarrow{BA}|\cos180^\circ$

$$=5\times5\times(-1)$$

$$=\mathbf{-25}$$

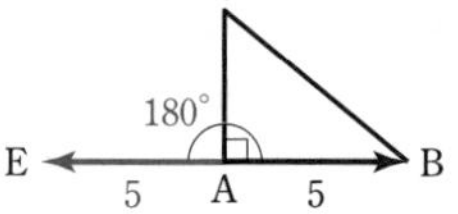

◀**始点を A にそろえる。**

◀0° ではない！

別解 (3) $\overrightarrow{AB}\cdot\overrightarrow{BA}=\overrightarrow{AB}\cdot(-\overrightarrow{AB})=-|\overrightarrow{AB}|^2=\mathbf{-25}$

練習 ① 11　△ABC において，$AB=\sqrt{2}$，CA=2，$\angle B=45^\circ$，$\angle C=30^\circ$ であるとき，次の内積を求めよ。

(1) $\overrightarrow{BA}\cdot\overrightarrow{BC}$　　(2) $\overrightarrow{CA}\cdot\overrightarrow{CB}$　　(3) $\overrightarrow{AB}\cdot\overrightarrow{BC}$　　(4) $\overrightarrow{BC}\cdot\overrightarrow{CA}$

p.393 EX12

基本例題 12 内積の計算（成分）

次のベクトル $\vec{a}$, $\vec{b}$ の内積と，そのなす角 θ を求めよ。

(1) $\vec{a}=(-1,\ 1)$, $\vec{b}=(\sqrt{3}-1,\ \sqrt{3}+1)$　　(2) $\vec{a}=(1,\ 2)$, $\vec{b}=(1,\ -3)$

p.379 基本事項 4

指針　**内積の成分による表現**　$\vec{a}=(a_1,\ a_2)$, $\vec{b}=(b_1,\ b_2)$ のとき，$\vec{a}$, $\vec{b}$ のなす角を θ とすると

$$\vec{a}\cdot\vec{b}=a_1b_1+a_2b_2 \ \cdots\cdots \text{Ⓐ} \qquad \cos\theta=\frac{\vec{a}\cdot\vec{b}}{|\vec{a}||\vec{b}|} \ \cdots\cdots \text{Ⓑ}$$

成分が与えられたベクトルの内積は Ⓐ を利用して計算。

また，ベクトルのなす角 θ は Ⓑ を利用して，三角方程式 $\cos\theta=\alpha\ (-1\leqq\alpha\leqq1)$ を解く問題に帰着させる。かくれた条件 $0°\leqq\theta\leqq180°$ に注意。

解答

(1)　$\vec{a}\cdot\vec{b}=(-1)\times(\sqrt{3}-1)+1\times(\sqrt{3}+1)=\mathbf{2}$

◀(x 成分の積)+(y 成分の積)

また　$|\vec{a}|=\sqrt{(-1)^2+1^2}=\sqrt{2}$,

$|\vec{b}|=\sqrt{(\sqrt{3}-1)^2+(\sqrt{3}+1)^2}=\sqrt{8}=2\sqrt{2}$

よって　$\cos\theta=\dfrac{\vec{a}\cdot\vec{b}}{|\vec{a}||\vec{b}|}=\dfrac{2}{\sqrt{2}\times2\sqrt{2}}=\dfrac{1}{2}$

$0°\leqq\theta\leqq180°$ であるから　$\boldsymbol{\theta=60°}$

(1)

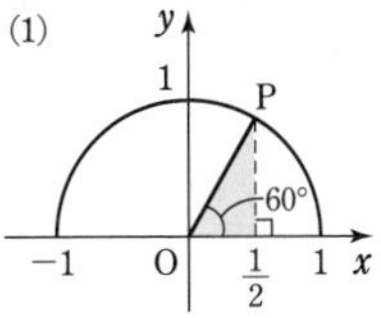

(2)　$\vec{a}\cdot\vec{b}=1\times1+2\times(-3)=\mathbf{-5}$

また　$|\vec{a}|=\sqrt{1^2+2^2}=\sqrt{5}$,

$|\vec{b}|=\sqrt{1^2+(-3)^2}=\sqrt{10}$

よって　$\cos\theta=\dfrac{\vec{a}\cdot\vec{b}}{|\vec{a}||\vec{b}|}=\dfrac{-5}{\sqrt{5}\sqrt{10}}=-\dfrac{1}{\sqrt{2}}$

$0°\leqq\theta\leqq180°$ であるから　$\boldsymbol{\theta=135°}$

(2)

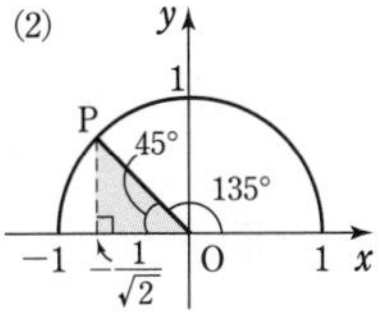

検討　**余弦定理を利用してベクトルのなす角を求める**

上の例題 (1) において，$\vec{a}$, $\vec{b}$ のなす角 θ は，次のように余弦定理を利用して求めることもできる。

$\vec{a}=\overrightarrow{\mathrm{OA}}$, $\vec{b}=\overrightarrow{\mathrm{OB}}$ とする。

$\mathrm{A}(-1,\ 1)$, $\mathrm{B}(\sqrt{3}-1,\ \sqrt{3}+1)$, $\theta=\angle\mathrm{AOB}$ であるから

$\mathrm{OA}^2=(-1)^2+1^2=2$,

$\mathrm{OB}^2=(\sqrt{3}-1)^2+(\sqrt{3}+1)^2=8$,

$\mathrm{AB}^2=\{\sqrt{3}-1-(-1)\}^2+(\sqrt{3}+1-1)^2=6$

よって　$\cos\theta=\dfrac{\mathrm{OA}^2+\mathrm{OB}^2-\mathrm{AB}^2}{2\mathrm{OA}\cdot\mathrm{OB}}=\dfrac{2+8-6}{2\sqrt{2}\cdot2\sqrt{2}}=\dfrac{1}{2}$

$0°\leqq\theta\leqq180°$ であるから　$\boldsymbol{\theta=60°}$

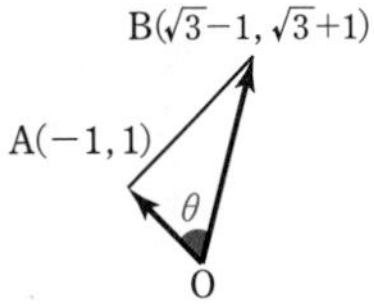

練習 ② 12　(1) 2つのベクトル $\vec{a}=(\sqrt{3},\ 1)$, $\vec{b}=(-1,\ -\sqrt{3})$ に対して，その内積と，なす角 θ を求めよ。

(2) $\vec{a}$, $\vec{b}$ のなす角が 135°, $|\vec{a}|=\sqrt{6}$, $\vec{b}=(-1,\ \sqrt{2})$ のとき，内積 $\vec{a}\cdot\vec{b}$ を求めよ。

基本例題 13 ベクトルのなす角 ①①①①①

(1) p を正の数とし，ベクトル $\vec{a}=(1,\ 1)$ と $\vec{b}=(1,\ -p)$ があるとする。いま，$\vec{a}$ と $\vec{b}$ のなす角が $60°$ のとき，p の値を求めよ。〔立教大〕

(2) $\vec{a}=(-1,\ 3)$，$\vec{b}=(m,\ n)$ (m と n は正の数)，$|\vec{b}|=\sqrt{5}$ のとき，$\vec{a}$ と $\vec{b}$ のなす角は $45°$ である。このとき，m，n の値を求めよ。

p.379 基本事項 4，基本 12

指針 内積 $\vec{a}\cdot\vec{b}$ について，

$$\vec{a}\cdot\vec{b}=|\vec{a}||\vec{b}|\cos\theta,\quad \vec{a}\cdot\vec{b}=a_1b_1+a_2b_2$$

の **2通りで表し**，これらを等しいとおいた方程式を利用する。
(1) では p，(2) では m，n の値がいずれも正の数であることに注意。

解答

(1) $\vec{a}\cdot\vec{b}=1\cdot1+1\cdot(-p)=1-p$ ◀成分による表現。

$|\vec{a}|=\sqrt{1^2+1^2}=\sqrt{2}$，$|\vec{b}|=\sqrt{1^2+(-p)^2}=\sqrt{1+p^2}$

$\vec{a}\cdot\vec{b}=|\vec{a}||\vec{b}|\cos 60°$ から ◀定義による表現。

$$1-p=\sqrt{2}\sqrt{1+p^2}\times\frac{1}{2}\ \cdots\cdots\ ①$$

① の両辺を 2 乗して整理すると $p^2-4p+1=0$

よって $p=2\pm\sqrt{3}$

ここで，① より，$1-p>0$ であるから

$0<p<1$

ゆえに $\boldsymbol{p=2-\sqrt{3}}$

◀$\sqrt{1+p^2}>0$ であるから，① の右辺は正。よって，① の左辺は $1-p>0$

(2) $|\vec{b}|=\sqrt{5}$ から $|\vec{b}|^2=5$

よって $m^2+n^2=5\ \cdots\cdots\ ①$

$|\vec{a}|=\sqrt{(-1)^2+3^2}=\sqrt{10}$ であるから

$$\vec{a}\cdot\vec{b}=|\vec{a}||\vec{b}|\cos 45°=\sqrt{10}\cdot\sqrt{5}\cdot\frac{1}{\sqrt{2}}=5$$ ◀定義による表現。

また，$\vec{a}\cdot\vec{b}=-1\cdot m+3\cdot n=-m+3n$ であるから ◀成分による表現。

$-m+3n=5$

ゆえに $m=3n-5\ \cdots\cdots\ ②$

② を ① に代入して $(3n-5)^2+n^2=5$

よって $n^2-3n+2=0$

ゆえに $(n-1)(n-2)=0$

これを解いて $n=1,\ 2$ ($n>0$ を満たす)

② から $n=1$ のとき $m=-2$，

$n=2$ のとき $m=1$

m も正の数であるから，求める m，n の値は

$\boldsymbol{m=1,\ n=2}$

注意 $\sqrt{●}$ が出てきたときは，**かくれた条件** $●\geqq0$，$\sqrt{●}\geqq0$ に注意。

練習 ② 13 (1) $\vec{p}=(-3,\ -4)$ と $\vec{q}=(a,\ -1)$ のなす角が $45°$ のとき，定数 a の値を求めよ。

(2) $\vec{a}=(1,\ -\sqrt{3})$ とのなす角が $120°$，大きさが $2\sqrt{10}$ であるベクトル $\vec{b}$ を求めよ。

基本例題 14 ベクトルの垂直と成分

(1) 2つのベクトル $\vec{a}=(x-1,\ 3)$, $\vec{b}=(1,\ x+1)$ が垂直になるような x の値を求めよ。

(2) ベクトル $\vec{a}=(2,\ 1)$ に垂直で，大きさ $\sqrt{10}$ のベクトル $\vec{u}$ を求めよ。

p.379 基本事項 5　基本 55

指針 (1) ベクトルの垂直条件から x の方程式を作る。

$$\vec{a}\neq\vec{0},\ \vec{b}\neq\vec{0} \text{ のとき }\quad \vec{a}\perp\vec{b} \iff \vec{a}\cdot\vec{b}=0$$

注意 $\vec{0}$ でない2つのベクトルのなす角が 90° のとき，2つのベクトルは **垂直** であるという。よって，「(内積)$=0 \Longrightarrow$ 垂直」は，2つのベクトルがともに $\vec{0}$ でないときに限り成り立つ。

(2) $\vec{u}=(x,\ y)$ として，①：垂直条件から $\vec{a}\cdot\vec{u}=0$　②：$|\vec{u}|=\sqrt{10}$　により，x, y の連立方程式を導く。

CHART なす角・垂直　内積を利用

解答

(1) $\vec{a}\neq\vec{0}$, $\vec{b}\neq\vec{0}$ から，$\vec{a}\perp\vec{b}$ であるための条件は

$\vec{a}\cdot\vec{b}=0$

ここで　$\vec{a}\cdot\vec{b}=(x-1)\times1+3\times(x+1)=4x+2$

ゆえに　$4x+2=0$　　よって　$x=-\dfrac{1}{2}$

(2) $\vec{u}=(x,\ y)$ とする。

$\vec{a}\perp\vec{u}$ であるから　$\vec{a}\cdot\vec{u}=0$

よって　$2x+y=0$ ……①

また，$|\vec{u}|=\sqrt{10}$ であるから　$x^2+y^2=10$ ……②

①から　$y=-2x$ ……③

②に代入して　$x^2+(-2x)^2=10$

ゆえに　$x=\pm\sqrt{2}$

③から　$\vec{u}=(\sqrt{2},\ -2\sqrt{2}),\ (-\sqrt{2},\ 2\sqrt{2})$

(1) $(x-1,\ 3)\neq\vec{0}$, $(1,\ x+1)\neq\vec{0}$ である。

(2)
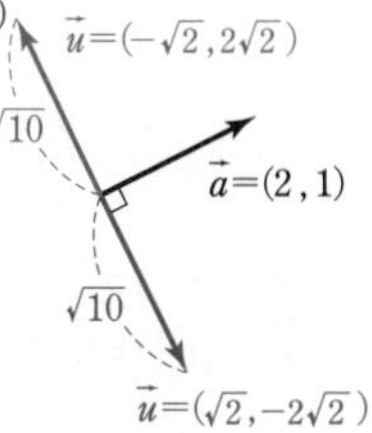

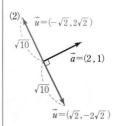

検討 $\vec{a}$ と平行なベクトル

上の例題(2)において，「$\vec{a}$ と平行で，大きさ $\sqrt{10}$ のベクトル $\vec{v}$」を求める場合は，平行条件 $\vec{v}=k\vec{a}$ $(k\neq0)$ を用いて次のように解ける。

$\vec{a}\parallel\vec{v}$ から，$\vec{v}=k\vec{a}=(2k,\ k)$ とおくと　$|\vec{v}|^2=(2k)^2+k^2=5k^2$

$|\vec{v}|=\sqrt{10}$ のとき，$5k^2=(\sqrt{10})^2$ から　$k=\pm\sqrt{2}$

ゆえに　$\vec{v}=(2\sqrt{2},\ \sqrt{2}),\ (-2\sqrt{2},\ -\sqrt{2})$

練習 ② **14** (1) 2つのベクトル $\vec{a}=(x+1,\ x)$, $\vec{b}=(x,\ x-2)$ が垂直になるような x の値を求めよ。

(2) ベクトル $\vec{a}=(1,\ -3)$ に垂直である単位ベクトルを求めよ。

基本例題 15 内積の演算，垂直条件となす角

(1) 等式 $|\vec{a}+\vec{b}|^2+|\vec{a}-\vec{b}|^2=2(|\vec{a}|^2+|\vec{b}|^2)$ を証明せよ。

(2) $|\vec{a}|=2$，$|\vec{b}|=1$ で，$\vec{a}-\vec{b}$ と $2\vec{a}+5\vec{b}$ が垂直であるとき，$\vec{a}$ と $\vec{b}$ のなす角 θ を求めよ。

p.379 基本事項 6　基本 30

指針 (1) 等式の証明（数学Ⅱ）で学んだように，**左辺（複雑な式）を変形して右辺（簡単な式）を導く** 方針で示す。
その際，$|\vec{p}|^2=\vec{p}\cdot\vec{p}$ を用いて内積の性質（$p.379$ 基本事項 6）を適用すると，$|\vec{a}+\vec{b}|^2$，$|\vec{a}-\vec{b}|^2$ の変形は，それぞれ $(a+b)^2$，$(a-b)^2$ を展開する要領で計算できる。

(2) $\vec{a}$ と $\vec{b}$ のなす角 θ は $\cos\theta=\dfrac{\vec{a}\cdot\vec{b}}{|\vec{a}||\vec{b}|}$ の値から求められる。

$(\vec{a}-\vec{b})\perp(2\vec{a}+5\vec{b})$ から　$(\vec{a}-\vec{b})\cdot(2\vec{a}+5\vec{b})=0$

よって，この等式の左辺を(1)の要領で変形して $|\vec{a}|=2$，$|\vec{b}|=1$ を代入すると，まず $\vec{a}\cdot\vec{b}$ の値がわかる。

CHART なす角・垂直　内積を利用

解答

(1) $|\vec{a}+\vec{b}|^2+|\vec{a}-\vec{b}|^2=(\vec{a}+\vec{b})\cdot(\vec{a}+\vec{b})+(\vec{a}-\vec{b})\cdot(\vec{a}-\vec{b})$

$=(\vec{a}\cdot\vec{a}+\vec{a}\cdot\vec{b}+\vec{b}\cdot\vec{a}+\vec{b}\cdot\vec{b})$
$\quad+(\vec{a}\cdot\vec{a}-\vec{a}\cdot\vec{b}-\vec{b}\cdot\vec{a}+\vec{b}\cdot\vec{b})$

$=|\vec{a}|^2+2\vec{a}\cdot\vec{b}+|\vec{b}|^2$
$\quad+|\vec{a}|^2-2\vec{a}\cdot\vec{b}+|\vec{b}|^2$

$=2(|\vec{a}|^2+|\vec{b}|^2)$

◀ $(a+b)^2+(a-b)^2$ の計算と同じ要領。

(2) $(\vec{a}-\vec{b})\perp(2\vec{a}+5\vec{b})$ から

$(\vec{a}-\vec{b})\cdot(2\vec{a}+5\vec{b})=0$

よって　$2|\vec{a}|^2+3\vec{a}\cdot\vec{b}-5|\vec{b}|^2=0$

$|\vec{a}|=2$，$|\vec{b}|=1$ を代入して

$2\times4+3\vec{a}\cdot\vec{b}-5\times1=0$

ゆえに　$\vec{a}\cdot\vec{b}=-1$

したがって　$\cos\theta=\dfrac{\vec{a}\cdot\vec{b}}{|\vec{a}||\vec{b}|}=\dfrac{-1}{2\times1}=-\dfrac{1}{2}$

$0°\leqq\theta\leqq180°$ であるから　$\boldsymbol{\theta=120°}$

◎ 垂直 ⟶（内積）$=0$

◀ $(a-b)(2a+5b)$ $=2a^2+3ab-5b^2$ と同じ要領。

◀ $p.381$ 基本例題 **12** と同じ要領。

練習 ③ 15 (1) 次の等式を証明せよ。

(ア) $(\vec{p}-\vec{a})\cdot(\vec{p}+2\vec{b})=|\vec{p}|^2-(\vec{a}-2\vec{b})\cdot\vec{p}-2\vec{a}\cdot\vec{b}$

(イ) $|\vec{a}+\vec{b}+\vec{c}|^2+|\vec{a}|^2+|\vec{b}|^2+|\vec{c}|^2=|\vec{a}+\vec{b}|^2+|\vec{b}+\vec{c}|^2+|\vec{c}+\vec{a}|^2$

(2) $\vec{0}$ でない 2 つのベクトル $\vec{a}$，$\vec{b}$ がある。$2\vec{a}+\vec{b}$ と $2\vec{a}-\vec{b}$ が垂直で，かつ $\vec{a}$ と $\vec{a}-\vec{b}$ が垂直であるとき，$\vec{a}$ と $\vec{b}$ のなす角を求めよ。

p.393 EX13

基本例題 16 ベクトルの大きさと最小値（内積利用）

ベクトル $\vec{a}$, $\vec{b}$ について $|\vec{a}|=\sqrt{3}$, $|\vec{b}|=2$, $|\vec{a}-\vec{b}|=\sqrt{5}$ であるとき

(1) 内積 $\vec{a}\cdot\vec{b}$ の値を求めよ。

(2) ベクトル $2\vec{a}-3\vec{b}$ の大きさを求めよ。

(3) ベクトル $\vec{a}+t\vec{b}$ の大きさが最小となるように実数 t の値を定め，そのときの最小値を求めよ。 〔類 西南学院大〕

基本 10　重要 17，基本 32

指針

(1) $|\vec{a}-\vec{b}|^2=(\sqrt{5})^2$ を変形すると，$\vec{a}\cdot\vec{b}$ が現れる。……★

(2) $|2\vec{a}-3\vec{b}|^2$ を変形して $|\vec{a}|$, $|\vec{b}|$, $\vec{a}\cdot\vec{b}$ の値を代入。

(3) $|\vec{a}+t\vec{b}|^2$ を変形すると t の 2 次式になるから

2 次式は基本形 $a(t-p)^2+q$ に直す

大きさの問題は 2 乗して扱う

CHART $|\vec{p}|$ は $|\vec{p}|^2$ として扱う

解答

(1) $|\vec{a}-\vec{b}|=\sqrt{5}$ から　$|\vec{a}-\vec{b}|^2=5$

よって　$(\vec{a}-\vec{b})\cdot(\vec{a}-\vec{b})=5$

ゆえに　$|\vec{a}|^2-2\vec{a}\cdot\vec{b}+|\vec{b}|^2=5$

$|\vec{a}|=\sqrt{3}$, $|\vec{b}|=2$ であるから　$3-2\vec{a}\cdot\vec{b}+4=5$

したがって　$\vec{a}\cdot\vec{b}=\mathbf{1}$

(2) $|2\vec{a}-3\vec{b}|^2=(2\vec{a}-3\vec{b})\cdot(2\vec{a}-3\vec{b})$

$=4|\vec{a}|^2-12\vec{a}\cdot\vec{b}+9|\vec{b}|^2$

$=4\times(\sqrt{3})^2-12\times1+9\times2^2$

$=36$

$|2\vec{a}-3\vec{b}|\geqq0$ であるから　$|2\vec{a}-3\vec{b}|=\mathbf{6}$

(3) $|\vec{a}+t\vec{b}|^2=(\vec{a}+t\vec{b})\cdot(\vec{a}+t\vec{b})=|\vec{a}|^2+2t\vec{a}\cdot\vec{b}+t^2|\vec{b}|^2$

$=4t^2+2t+3=4\left(t+\dfrac{1}{4}\right)^2+\dfrac{11}{4}$

よって，$|\vec{a}+t\vec{b}|^2$ は $t=-\dfrac{1}{4}$ のとき最小値 $\dfrac{11}{4}$ をとる。

$|\vec{a}+t\vec{b}|\geqq0$ であるから，このとき $|\vec{a}+t\vec{b}|$ も最小となる。

したがって，$|\vec{a}+t\vec{b}|$ は $\boldsymbol{t=-\dfrac{1}{4}}$ **のとき最小値** $\boldsymbol{\dfrac{\sqrt{11}}{2}}$ をとる。

◀指針___……★の方針。ベクトルの大きさの式 $|k\vec{a}+l\vec{b}|$ について，2 乗して内積 $\vec{a}\cdot\vec{b}$ を作り出すことは，ベクトルにおける重要な手法である。

◀$(2a-3b)^2$
$=4a^2-12ab+9b^2$
と同じ要領。

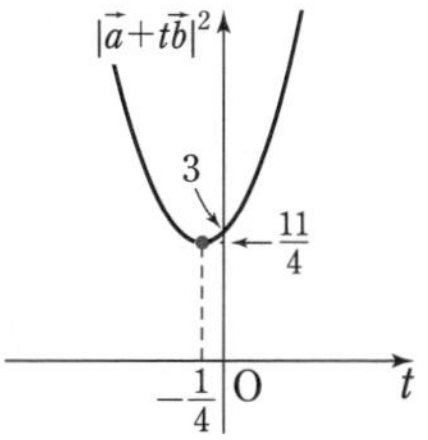

練習 ③ 16

(1) 2 つのベクトル $\vec{a}$, $\vec{b}$ が，$|\vec{a}|=1$, $|\vec{b}|=2$, $|\vec{a}+2\vec{b}|=3$ を満たすとき，$\vec{a}$ と $\vec{b}$ のなす角 θ および $|\vec{a}-2\vec{b}|$ の値を求めよ。 〔類 神奈川大〕

(2) ベクトル $\vec{a}$, $\vec{b}$ について，$|\vec{a}|=2$, $|\vec{b}|=1$, $|\vec{a}+3\vec{b}|=3$ とする。t が実数全体を動くとき，$|\vec{a}+t\vec{b}|$ の最小値は ☐ である。 〔類 慶応大〕

p.393 EX 14, 15

重要例題 17 ベクトルの大きさの条件と絶対不等式

①①①①①

k は実数の定数とする。$|\vec{a}|=2$, $|\vec{b}|=3$, $|\vec{a}-\vec{b}|=\sqrt{7}$ とするとき，$|k\vec{a}+t\vec{b}|>\sqrt{3}$ がすべての実数 t に対して成り立つような k の値の範囲を求めよ。

基本 16

指針 ① $|\vec{p}|$ は $|\vec{p}|^2$ として扱う の考え方が基本となる。

まず，$|\vec{a}-\vec{b}|^2=(\sqrt{7})^2$ を考えることで，$\vec{a}\cdot\vec{b}$ の値を求めておく。

また，$|k\vec{a}+t\vec{b}|>\sqrt{3}$ は $|k\vec{a}+t\vec{b}|^2>(\sqrt{3})^2$ …… ① と同値である。

① を変形して整理すると $pt^2+qt+r>0$ $(p>0)$ の形になるから，数学 I で学習した，次のことを利用して解決する。

2 次不等式 $at^2+bt+c>0$ が常に成り立つ …… (＊) ための必要十分条件は

$D=b^2-4ac$ とすると　　$a>0$ かつ $D<0$

CHART $|\vec{p}|$ は $|\vec{p}|^2$ として扱う

解答

$|\vec{a}-\vec{b}|=\sqrt{7}$ から　　$|\vec{a}-\vec{b}|^2=(\sqrt{7})^2$

よって　　$(\vec{a}-\vec{b})\cdot(\vec{a}-\vec{b})=7$

ゆえに　　$|\vec{a}|^2-2\vec{a}\cdot\vec{b}+|\vec{b}|^2=7$

$|\vec{a}|=2$, $|\vec{b}|=3$ であるから　　$4-2\vec{a}\cdot\vec{b}+9=7$

したがって　　$\vec{a}\cdot\vec{b}=3$

また，$|k\vec{a}+t\vec{b}|>\sqrt{3}$ は $|k\vec{a}+t\vec{b}|^2>3$ …… ① と同値である。

① を変形すると　　$k^2|\vec{a}|^2+2kt\vec{a}\cdot\vec{b}+t^2|\vec{b}|^2>3$

すなわち　　$9t^2+6kt+4k^2-3>0$ …… ②

② がすべての実数 t について成り立つための必要十分条件は，t の 2 次方程式 $9t^2+6kt+4k^2-3=0$ の判別式を D とすると，t^2 の係数が正であるから　　$D<0$

ここで　　$\dfrac{D}{4}=(3k)^2-9(4k^2-3)$

$=-27k^2+27=-27(k^2-1)$

$=-27(k+1)(k-1)$

$D<0$ から　　$(k+1)(k-1)>0$

よって　　$\boldsymbol{k<-1,\ 1<k}$

◀前ページの基本例題 16 (1) と同じ要領。

◀$A>0$, $B>0$ のとき $A>B \Leftrightarrow A^2>B^2$

参考 指針の (＊) のように，すべての実数に対して成り立つ不等式を **絶対不等式** という。

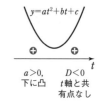

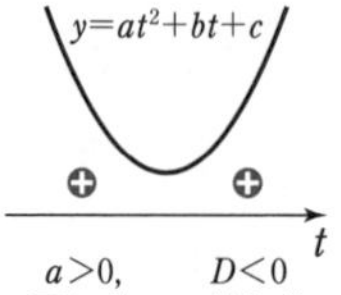

$a>0$, 下に凸　　$D<0$ t 軸と共有点なし

練習 ③ 17 ベクトル $\vec{p}=\vec{a}+\vec{b}$, $\vec{q}=\vec{a}-\vec{b}$ は，$|\vec{p}|=4$, $|\vec{q}|=2$ を満たし，$\vec{p}$ と $\vec{q}$ のなす角は 60° である。

(1) 2 つのベクトルの大きさ $|\vec{a}|$, $|\vec{b}|$, および内積 $\vec{a}\cdot\vec{b}$ を求めよ。

(2) k は実数の定数とする。すべての実数 t に対して $|t\vec{a}+k\vec{b}|\geqq|\vec{b}|$ が成り立つような k の値の範囲を求めよ。

p.393 EX 16

基本 例題 18 内積と三角形の面積

(1) △OAB において，$\overrightarrow{OA}=\vec{a}$，$\overrightarrow{OB}=\vec{b}$ のとき，△OAB の面積 S を $\vec{a}$，$\vec{b}$ で表せ。

(2) (1)を利用して，3 点 O(0, 0)，A(a_1, a_2)，B(b_1, b_2) を頂点とする △OAB の面積 S を a_1，a_2，b_1，b_2 を用いて表せ。

p.379 基本事項 4

指針 (1) △OAB の面積 S は，∠AOB$=\theta$ とすると　$S=\frac{1}{2}\mathrm{OA}\times\mathrm{OB}\sin\theta$　(数学 I)

$\sin\theta$ は，$\vec{a}\cdot\vec{b}=|\vec{a}||\vec{b}|\cos\theta$ と **かくれた条件** $\sin^2\theta+\cos^2\theta=1$ から求める。

(2) $\overrightarrow{OA}=(a_1, a_2)$，$\overrightarrow{OB}=(b_1, b_2)$ であるから，(1)の結果を成分で表す。

解答

(1) ∠AOB$=\theta$ $(0°<\theta<180°)$ とすると

$$\cos\theta=\frac{\vec{a}\cdot\vec{b}}{|\vec{a}||\vec{b}|}$$

また，$\sin\theta>0$ であるから

$$S=\frac{1}{2}|\vec{a}||\vec{b}|\sin\theta=\frac{1}{2}|\vec{a}||\vec{b}|\sqrt{1-\cos^2\theta}$$

$$=\frac{1}{2}|\vec{a}||\vec{b}|\sqrt{1-\left(\frac{\vec{a}\cdot\vec{b}}{|\vec{a}||\vec{b}|}\right)^2}$$

$$=\frac{1}{2}|\vec{a}||\vec{b}|\times\frac{\sqrt{|\vec{a}|^2|\vec{b}|^2-(\vec{a}\cdot\vec{b})^2}}{|\vec{a}||\vec{b}|}=\boldsymbol{\frac{1}{2}\sqrt{|\vec{a}|^2|\vec{b}|^2-(\vec{a}\cdot\vec{b})^2}}$$

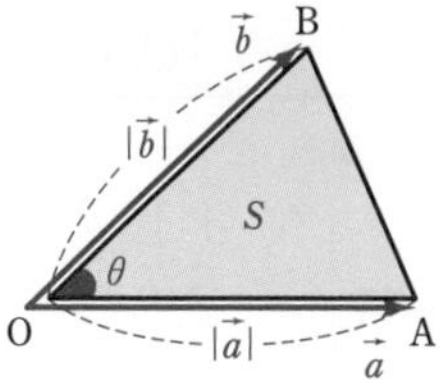

(2) $\overrightarrow{OA}=\vec{a}$，$\overrightarrow{OB}=\vec{b}$ とすると　$\vec{a}=(a_1, a_2)$，$\vec{b}=(b_1, b_2)$

(1)から，△OAB の面積 S は $S=\frac{1}{2}\sqrt{|\vec{a}|^2|\vec{b}|^2-(\vec{a}\cdot\vec{b})^2}$ と表され，$|\vec{a}|^2=a_1^2+a_2^2$，$|\vec{b}|^2=b_1^2+b_2^2$，$(\vec{a}\cdot\vec{b})^2=(a_1b_1+a_2b_2)^2$ であるから

◀ $|\vec{a}|^2$，$|\vec{b}|^2$，$\vec{a}\cdot\vec{b}$ をそれぞれ成分で表す。

$$|\vec{a}|^2|\vec{b}|^2-(\vec{a}\cdot\vec{b})^2=(a_1^2+a_2^2)(b_1^2+b_2^2)-(a_1b_1+a_2b_2)^2$$
$$=a_1^2b_2^2+a_2^2b_1^2-2a_1b_1a_2b_2$$
$$=(a_1b_2-a_2b_1)^2$$

ゆえに　$S=\frac{1}{2}\sqrt{(a_1b_2-a_2b_1)^2}=\boldsymbol{\frac{1}{2}|a_1b_2-a_2b_1|}$

◀ $\sqrt{A^2}=|A|$ に注意。

POINT △OAB で $\overrightarrow{OA}=\vec{a}=(a_1, a_2)$，$\overrightarrow{OB}=\vec{b}=(b_1, b_2)$ とすると，面積 S は

$$\boldsymbol{S=\frac{1}{2}\sqrt{|\vec{a}|^2|\vec{b}|^2-(\vec{a}\cdot\vec{b})^2}=\frac{1}{2}|a_1b_2-a_2b_1|}$$

検討 **頂点がいずれも原点でない場合**

頂点がいずれも原点ではない三角形の面積を，(2) の結果を用いて求める場合，まず，**頂点が原点にくるような平行移動** について考える。下の練習 (2) の解答参照。

練習 ② 18 次の 3 点を頂点とする △ABC の面積 S を求めよ。

(1) A(0, 0)，B(3, 1)，C(2, 4)　　(2) A(−2, 1)，B(3, 0)，C(2, 4)

重要例題 19 ベクトルの不等式の証明 (1)

次の不等式を証明せよ。

(1) $-|\vec{a}||\vec{b}| \leqq \vec{a}\cdot\vec{b} \leqq |\vec{a}||\vec{b}|$　　(2) $|\vec{a}|-|\vec{b}| \leqq |\vec{a}+\vec{b}| \leqq |\vec{a}|+|\vec{b}|$

p.378 基本事項 1

指針 (1) **内積の定義 $\vec{a}\cdot\vec{b}=|\vec{a}||\vec{b}|\cos\theta$** ($\theta$ は $\vec{a}$, $\vec{b}$ のなす角) において, $-1 \leqq \cos\theta \leqq 1$ であることを利用。ベクトルの大きさ $|\vec{p}|$ について $|\vec{p}| \geqq 0$ であることにも注意する。

(2) まず, $|\vec{a}+\vec{b}| \leqq |\vec{a}|+|\vec{b}|$ を示す。左辺, 右辺とも 0 以上であるから,

$$A \geqq 0,\ B \geqq 0 \text{ のとき } A \leqq B \Longleftrightarrow A^2 \leqq B^2$$

であることを利用し, $|\vec{a}+\vec{b}|^2 \leqq (|\vec{a}|+|\vec{b}|)^2$ を示す。(右辺)−(左辺)≧0 を示す過程では, (1)の **結果も利用** する。
次に, $|\vec{a}|-|\vec{b}| \leqq |\vec{a}+\vec{b}|$ の証明については, 先に示した不等式 $|\vec{a}+\vec{b}| \leqq |\vec{a}|+|\vec{b}|$ を利用する。

解答

(1) [1] $\vec{a}=\vec{0}$ または $\vec{b}=\vec{0}$ のとき
$\vec{a}\cdot\vec{b}=0$, $|\vec{a}||\vec{b}|=0$ であるから
$$-|\vec{a}||\vec{b}|=\vec{a}\cdot\vec{b}=|\vec{a}||\vec{b}|=0$$
[2] $\vec{a}\neq\vec{0}$ かつ $\vec{b}\neq\vec{0}$ のとき
$\vec{a}$, $\vec{b}$ のなす角を θ とすると
$$\vec{a}\cdot\vec{b}=|\vec{a}||\vec{b}|\cos\theta \quad \cdots\cdots ①$$
$0^\circ \leqq \theta \leqq 180^\circ$ より, $-1 \leqq \cos\theta \leqq 1$ であるから
$$-|\vec{a}||\vec{b}| \leqq |\vec{a}||\vec{b}|\cos\theta \leqq |\vec{a}||\vec{b}|$$
① から　$-|\vec{a}||\vec{b}| \leqq \vec{a}\cdot\vec{b} \leqq |\vec{a}||\vec{b}|$
[1], [2] から　$-|\vec{a}||\vec{b}| \leqq \vec{a}\cdot\vec{b} \leqq |\vec{a}||\vec{b}|$

(2) $(|\vec{a}|+|\vec{b}|)^2-|\vec{a}+\vec{b}|^2$
$=|\vec{a}|^2+2|\vec{a}||\vec{b}|+|\vec{b}|^2-(|\vec{a}|^2+2\vec{a}\cdot\vec{b}+|\vec{b}|^2)$
$=2(|\vec{a}||\vec{b}|-\vec{a}\cdot\vec{b}) \geqq 0$
ゆえに　$|\vec{a}+\vec{b}|^2 \leqq (|\vec{a}|+|\vec{b}|)^2$
$|\vec{a}|+|\vec{b}| \geqq 0$, $|\vec{a}+\vec{b}| \geqq 0$ から
$$|\vec{a}+\vec{b}| \leqq |\vec{a}|+|\vec{b}| \quad \cdots\cdots ②$$
② において, $\vec{a}$ を $\vec{a}+\vec{b}$, $\vec{b}$ を $-\vec{b}$ におき換えると
$$|\vec{a}+\vec{b}-\vec{b}| \leqq |\vec{a}+\vec{b}|+|-\vec{b}|$$
よって　$|\vec{a}| \leqq |\vec{a}+\vec{b}|+|\vec{b}|$ …… (*)
ゆえに　$|\vec{a}|-|\vec{b}| \leqq |\vec{a}+\vec{b}|$ …… ③
②, ③ から　$|\vec{a}|-|\vec{b}| \leqq |\vec{a}+\vec{b}| \leqq |\vec{a}|+|\vec{b}|$

◀[1] のときは, $\vec{a}$, $\vec{b}$ のなす角 θ が定義できない。

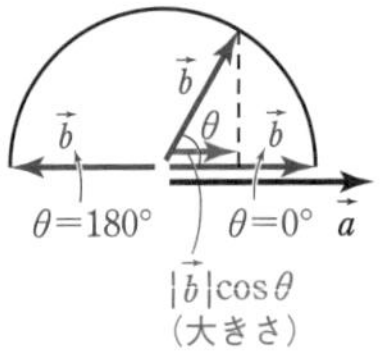

$\vec{a}\cdot\vec{b}=|\vec{a}|\times|\vec{b}|\cos\theta$
一定
$|\vec{b}|\cos\theta$ は
$\theta=0^\circ$ のとき最大,
$\theta=180^\circ$ のとき最小。

◀(1)で示した $\vec{a}\cdot\vec{b} \leqq |\vec{a}||\vec{b}|$ を利用。

◀$|-\vec{b}|=|\vec{b}|$
(*)の $|\vec{b}|$ を左辺に移項する。

練習 19 ③ 次の不等式を証明せよ。
(1) $|\vec{a}|^2+|\vec{b}|^2+|\vec{c}|^2 \geqq \vec{a}\cdot\vec{b}+\vec{b}\cdot\vec{c}+\vec{c}\cdot\vec{a}$　　等号は $\vec{a}=\vec{b}=\vec{c}$ のときのみ成立。
(2) $|\vec{a}+\vec{b}+\vec{c}|^2 \geqq 3(\vec{a}\cdot\vec{b}+\vec{b}\cdot\vec{c}+\vec{c}\cdot\vec{a})$　　等号は $\vec{a}=\vec{b}=\vec{c}$ のときのみ成立。

補足事項 ベクトルの内積や大きさに関する不等式

● 不等式 $|\vec{a}\cdot\vec{b}|\leqq|\vec{a}||\vec{b}|$ …… ① について

◀例題 19(1) $|A|\leqq B \iff -B\leqq A\leqq B$

絶対値については等式 $|ab|=|a||b|$ が成り立つが，これをベクトルへ発展させたものが①と考えることができる（等号が不等号に替わる）。

前ページの 解答 (1) から，次のことがわかる。

$|\vec{a}\cdot\vec{b}|=|\vec{a}||\vec{b}|$

$\iff$「$\vec{a}$，$\vec{b}$ のうち少なくとも一方が零ベクトル」または「$\vec{a}$ と $\vec{b}$ は平行」…… Ⓐ

[___ は前ページの 解答 (1) [1] から，___ は 解答 (1) [2] で $\cos\theta=\pm1$ すなわち $\theta=0°$ または $\theta=180°$ であることから。]

Ⓐ の否定は 「$\vec{a}\neq\vec{0}$ かつ $\vec{b}\neq\vec{0}$」かつ「$\vec{a}\not\parallel\vec{b}$」であり，これは $\vec{a}$ と $\vec{b}$ が1次独立であることと同値である。したがって，次のことが成り立つ。

$|\vec{a}\cdot\vec{b}|<|\vec{a}||\vec{b}| \iff$ **$\vec{a}$，$\vec{b}$ は1次独立**

$|\vec{a}\cdot\vec{b}|=|\vec{a}||\vec{b}| \iff$ **$\vec{a}$，$\vec{b}$ は1次従属**

（1次独立，1次従属については p.374 を参照。）

なお，不等式①については，次のような 別証 もある。

$\vec{a}=\vec{0}$ のとき　明らかに成り立つ。

$\vec{a}\neq\vec{0}$ のとき　$|t\vec{a}+\vec{b}|^2\geqq0$　すなわち　$t^2|\vec{a}|^2+2t(\vec{a}\cdot\vec{b})+|\vec{b}|^2\geqq0$ …… ㋐

はすべての実数 t について成り立つ。

㋐ の t^2 の係数は $|\vec{a}|^2>0$ であるから，t の2次方程式

$|\vec{a}|^2t^2+2\vec{a}\cdot\vec{b}t+|\vec{b}|^2=0$ の判別式を D とすると

$\dfrac{D}{4}=(\vec{a}\cdot\vec{b})^2-|\vec{a}|^2|\vec{b}|^2\leqq0$　すなわち　$(\vec{a}\cdot\vec{b})^2\leqq|\vec{a}|^2|\vec{b}|^2$

したがって，$|\vec{a}\cdot\vec{b}|\leqq|\vec{a}||\vec{b}|$ が成り立つ。（証明終）

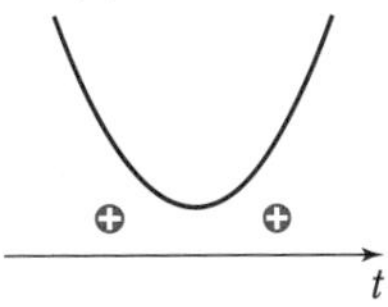

また，不等式 $|\vec{a}|^2|\vec{b}|^2\geqq(\vec{a}\cdot\vec{b})^2$ を，成分を用いて

[1]　$\vec{a}=(a,\ b)$，$\vec{b}=(x,\ y)$　　[2]　$\vec{a}=(a,\ b,\ c)$，$\vec{b}=(x,\ y,\ z)$

として表すと，次の重要な不等式（**シュワルツの不等式**）が導かれる。[2] は次章で学ぶ空間ベクトルの成分を用いた場合である。

[1]　$\boldsymbol{(a^2+b^2)(x^2+y^2)\geqq(ax+by)^2}$

等号成立は，ベクトル $(a,\ b)$ と $(x,\ y)$ が1次従属のとき。

[2]　$\boldsymbol{(a^2+b^2+c^2)(x^2+y^2+z^2)\geqq(ax+by+cz)^2}$

等号成立は，ベクトル $(a,\ b,\ c)$ と $(x,\ y,\ z)$ が1次従属のとき。

● 不等式 $|\vec{a}|-|\vec{b}|\leqq|\vec{a}+\vec{b}|\leqq|\vec{a}|+|\vec{b}|$ …… ② について

◀例題 19(2)

絶対値について，不等式 $|a|-|b|\leqq|a+b|\leqq|a|+|b|$ が成り立つ（数学Ⅱで学習）。② は，この不等式のベクトル版といえる（絶対値の場合と同様の形である）。

特に，$|\vec{a}+\vec{b}|\leqq|\vec{a}|+|\vec{b}|$ は **三角不等式** とも呼ばれ，$\vec{a}$，$\vec{b}$ が1次独立のときは，三角形における性質「2辺の長さの和は，他の1辺の長さより大きい」（数学A）をベクトルで表現したものである。

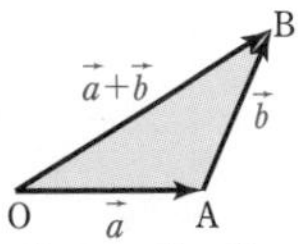

$|\vec{a}+\vec{b}|<|\vec{a}|+|\vec{b}|$
OB<OA+AB

重要例題 20 ベクトルの不等式の証明 (2)

平面上のベクトル $\vec{a}$, $\vec{b}$ が $|2\vec{a}+\vec{b}|=1$, $|\vec{a}-3\vec{b}|=1$ を満たすように動くとき, $\dfrac{3}{7}\leqq|\vec{a}+\vec{b}|\leqq\dfrac{5}{7}$ となることを証明せよ。

重要 19

指針 条件を扱いやすくするために $2\vec{a}+\vec{b}=\vec{p}$, $\vec{a}-3\vec{b}=\vec{q}$ とおくと, 与えられた条件は $|\vec{p}|=1$, $|\vec{q}|=1$ となる。そこで, $\vec{a}+\vec{b}$ を $\vec{p}$, $\vec{q}$ で表して, まず $|\vec{a}+\vec{b}|^2$ のとりうる値の範囲について考える。
$|\vec{a}+\vec{b}|^2$ は $\vec{p}\cdot\vec{q}$ を含む式になるから, $p.388$ 重要例題 **19** (1) で示した不等式
$$-|\vec{p}||\vec{q}|\leqq\vec{p}\cdot\vec{q}\leqq|\vec{p}||\vec{q}|$$
を利用する。

CHART $|\vec{p}|$ は $|\vec{p}|^2$ として扱う

解答

$2\vec{a}+\vec{b}=\vec{p}$ …… ①, $\vec{a}-3\vec{b}=\vec{q}$ …… ② とおく。
(①×3+②)÷7, (①−②×2)÷7 から

$$\vec{a}=\frac{3}{7}\vec{p}+\frac{1}{7}\vec{q},\quad \vec{b}=\frac{1}{7}\vec{p}-\frac{2}{7}\vec{q}$$

◀ a, b の連立方程式 $\begin{cases}2a+b=p\\a-3b=q\end{cases}$ を解く要領。

よって, $\vec{a}+\vec{b}=\dfrac{4}{7}\vec{p}-\dfrac{1}{7}\vec{q}$ で, $|\vec{p}|=|\vec{q}|=1$ であるから

$$|\vec{a}+\vec{b}|^2=\left|\frac{4}{7}\vec{p}-\frac{1}{7}\vec{q}\right|^2=\frac{1}{49}(16|\vec{p}|^2-8\vec{p}\cdot\vec{q}+|\vec{q}|^2)$$
$$=\frac{17}{49}-\frac{8}{49}\vec{p}\cdot\vec{q}$$

◀ $\dfrac{1}{7^2}(4\vec{p}-\vec{q})\cdot(4\vec{p}-\vec{q})$

ここで, $-|\vec{p}||\vec{q}|\leqq\vec{p}\cdot\vec{q}\leqq|\vec{p}||\vec{q}|$, $|\vec{p}|=|\vec{q}|=1$ であるから
$$-1\leqq\vec{p}\cdot\vec{q}\leqq1$$

◀ 左の等号は $\vec{p}$ と $\vec{q}$ が反対の向きのとき, 右の等号は $\vec{p}$ と $\vec{q}$ が同じ向きのとき, それぞれ成立。

ゆえに, $\dfrac{17}{49}-\dfrac{8}{49}\leqq|\vec{a}+\vec{b}|^2\leqq\dfrac{17}{49}+\dfrac{8}{49}$ から
$$\frac{9}{49}\leqq|\vec{a}+\vec{b}|^2\leqq\frac{25}{49}$$

したがって $\quad\dfrac{3}{7}\leqq|\vec{a}+\vec{b}|\leqq\dfrac{5}{7}$

別解 (上の解答3行目までは同じ)

$\vec{a}+\vec{b}=\dfrac{4}{7}\vec{p}-\dfrac{1}{7}\vec{q}$ より, $7(\vec{a}+\vec{b})=4\vec{p}-\vec{q}$ であるから,

不等式 $|\vec{a}|-|\vec{b}|\leqq|\vec{a}+\vec{b}|\leqq|\vec{a}|+|\vec{b}|$ を利用すると
$$|4\vec{p}|-|-\vec{q}|\leqq|4\vec{p}+(-\vec{q})|\leqq|4\vec{p}|+|-\vec{q}|$$

◀ $p.388$ 重要例題 **19** (2) で示した不等式。$\vec{a}$ の代わりに $4\vec{p}$ を, $\vec{b}$ の代わりに $-\vec{q}$ を代入。

よって $\quad 4|\vec{p}|-|\vec{q}|\leqq|4\vec{p}-\vec{q}|\leqq4|\vec{p}|+|\vec{q}|$

$|\vec{p}|=|\vec{q}|=1$ であるから $\quad 3\leqq|4\vec{p}-\vec{q}|\leqq5$

ゆえに, $3\leqq|7(\vec{a}+\vec{b})|\leqq5$ から $\quad\dfrac{3}{7}\leqq|\vec{a}+\vec{b}|\leqq\dfrac{5}{7}$

練習 ④ 20 $\vec{a}$, $\vec{b}$ を平面上のベクトルとする。$3\vec{a}+2\vec{b}$ と $2\vec{a}-3\vec{b}$ がともに単位ベクトルであるとき, ベクトルの大きさ $|\vec{a}+\vec{b}|$ の最大値を求めよ。 〔横浜市大〕

重要例題 21 内積を利用した $ux+vy$ の最大・最小問題 ④

(1) xy 平面上に点 A(2, 3) をとり，更に単位円 $x^2+y^2=1$ 上に点 P(x, y) をとる。また，原点を O とする。2 つのベクトル $\overrightarrow{OA}$, $\overrightarrow{OP}$ のなす角を θ とするとき，内積 $\overrightarrow{OA}\cdot\overrightarrow{OP}$ を θ のみで表せ。

(2) 実数 x, y が条件 $x^2+y^2=1$ を満たすとき，$2x+3y$ の最大値，最小値を求めよ。

〔愛知教育大〕 基本 11

指針 (1) P は原点 O を中心とする半径 1 の円(単位円)上の点であるから $|\overrightarrow{OP}|=1$

(2) **(1) は (2) のヒント**

A(2, 3), P(x, y) に注目すると $2x+3y=\overrightarrow{OA}\cdot\overrightarrow{OP}$

かくれた条件 $-1\leqq\cos\theta\leqq1$ を利用して，$\overrightarrow{OA}\cdot\overrightarrow{OP}$ の最大・最小を考える。

解答

(1) $|\overrightarrow{OA}|=\sqrt{2^2+3^2}=\sqrt{13}$, $|\overrightarrow{OP}|=1$ から

$\overrightarrow{OA}\cdot\overrightarrow{OP}=|\overrightarrow{OA}||\overrightarrow{OP}|\cos\theta$

$=\boldsymbol{\sqrt{13}\cos\theta}$

◀内積の定義に従って計算。

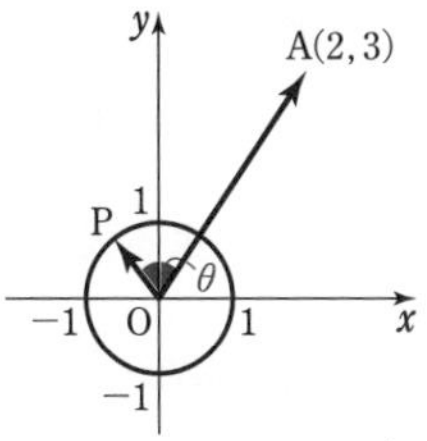

(2) $x^2+y^2=1$ を満たす x, y に対し，$\overrightarrow{OP}=(x, y)$,

$\overrightarrow{OA}=(2, 3)$ として，2 つのベクトル $\overrightarrow{OA}$, $\overrightarrow{OP}$ のなす角を θ とすると，(1) から

$2x+3y=\overrightarrow{OA}\cdot\overrightarrow{OP}=\sqrt{13}\cos\theta$

$0^\circ\leqq\theta\leqq180^\circ$ より，$-1\leqq\cos\theta\leqq1$ であるから，$2x+3y$ の

最大値は $\sqrt{13}$，最小値は $-\sqrt{13}$

◀$\theta=0^\circ$ のとき最大，$\theta=180^\circ$ のとき最小。
$-|\overrightarrow{OA}||\overrightarrow{OP}|\leqq\overrightarrow{OA}\cdot\overrightarrow{OP}\leqq|\overrightarrow{OA}||\overrightarrow{OP}|$ から求めてもよい($p.388$ 重要例題 **19** (1) 参照)。

別解 1. $2x+3y=k$ とおくと $y=\dfrac{k}{3}-\dfrac{2}{3}x$

これを $x^2+y^2=1$ に代入し，整理すると

$13x^2-4kx+k^2-9=0$ …… ①

x は実数であるから，x の 2 次方程式 ① の判別式を D とすると $D\geqq0$

$\dfrac{D}{4}=(-2k)^2-13(k^2-9)=-9(k^2-13)$ であるから

$k^2\leqq13$ よって $-\sqrt{13}\leqq k\leqq\sqrt{13}$

◀x は実数であるから，x の 2 次方程式が実数解をもつ。
実数解 $\Longleftrightarrow$ $D\geqq0$
(数学 I)

別解 2. $(x, y)=(\cos\theta_1, \sin\theta_1)$ と表されるから

◀**三角関数の合成**(数学 II)

$2x+3y=2\cos\theta_1+3\sin\theta_1=\sqrt{2^2+3^2}\sin(\theta_1+\alpha)=\sqrt{13}\sin(\theta_1+\alpha)$

ただし $\cos\alpha=\dfrac{3}{\sqrt{13}}$, $\sin\alpha=\dfrac{2}{\sqrt{13}}$

$-1\leqq\sin(\theta_1+\alpha)\leqq1$ であるから $-\sqrt{13}\leqq2x+3y\leqq\sqrt{13}$

◀$0^\circ\leqq\theta_1<360^\circ$

練習 ④ **21**

(1) 実数 x, y, a, b が条件 $x^2+y^2=1$ および $a^2+b^2=2$ を満たすとき，$ax+by$ の最大値，最小値を求めよ。

(2) 実数 x, y, a, b が条件 $x^2+y^2=1$ および $(a-2)^2+(b-2\sqrt{3})^2=1$ を満たすとき，$ax+by$ の最大値，最小値を求めよ。

〔愛知教育大〕

参考事項　ベクトルの内積としてとらえる

ここでは，ベクトルの内積についてのいろいろなとらえ方があることを紹介する。まずは，ベクトル以外の内容を，ベクトルの内積としてとらえることができる例として，三角関数の加法定理，合成（説明において角度は弧度法とする）を取り上げる。

三角関数の加法定理　$\cos\alpha\cos\beta+\sin\alpha\sin\beta=\cos(\alpha-\beta)$ …… ①

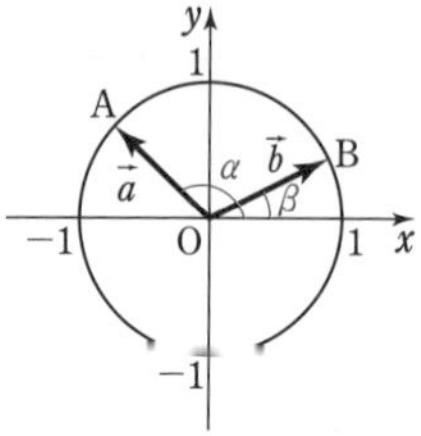

原点をOとし，A$(\cos\alpha,\ \sin\alpha)$，B$(\cos\beta,\ \sin\beta)$とする。
$0\leqq\beta\leqq\alpha\leqq\pi$のとき，$\overrightarrow{\mathrm{OA}}=\vec{a}$，$\overrightarrow{\mathrm{OB}}=\vec{b}$とし，$\vec{a}\cdot\vec{b}$を成分で表すと

$$\vec{a}\cdot\vec{b}=\cos\alpha\cos\beta+\sin\alpha\sin\beta$$

↑ ①の左辺

$|\vec{a}|=1$，$|\vec{b}|=1$であり，$\vec{a}$と$\vec{b}$のなす角は$\alpha-\beta$であるから，$\vec{a}\cdot\vec{b}$を定義による表現で表すと

$$\vec{a}\cdot\vec{b}=1\times1\times\cos(\alpha-\beta)=\cos(\alpha-\beta)$$

↑ ①の右辺

よって，①は内積$\vec{a}\cdot\vec{b}$の成分による表現と定義による表現が等しいことを表している。

三角関数の合成　$a\sin\theta+b\cos\theta=\sqrt{a^2+b^2}\sin(\theta+\alpha)$ …… ②

ただし　$\cos\alpha=\dfrac{a}{\sqrt{a^2+b^2}}$，$\sin\alpha=\dfrac{b}{\sqrt{a^2+b^2}}$

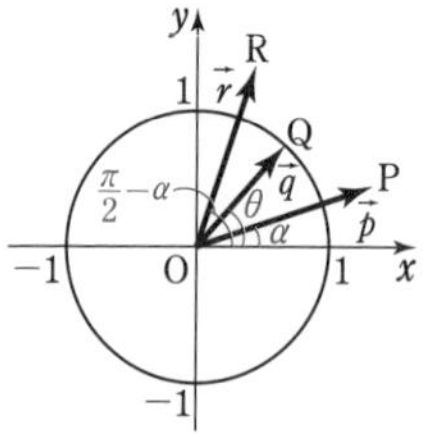

◀2点P，Rは直線$y=x$に関して対称。

原点をOとし，P$(a,\ b)$，Q$(\cos\theta,\ \sin\theta)$とする。
また，直線OPとx軸の正の向きとのなす角をαとする。

$\left(このとき\quad \sin\alpha=\dfrac{b}{\sqrt{a^2+b^2}},\ \cos\alpha=\dfrac{a}{\sqrt{a^2+b^2}}\right)$

$0\leqq\alpha\leqq\dfrac{\pi}{2}$，$0\leqq\theta\leqq\dfrac{\pi}{2}$のとき，R$(b,\ a)$とすると，直線ORと$x$軸の正の向きとのなす角は　$\dfrac{\pi}{2}-\alpha$

$\overrightarrow{\mathrm{OP}}=\vec{p}$，$\overrightarrow{\mathrm{OQ}}=\vec{q}$，$\overrightarrow{\mathrm{OR}}=\vec{r}$とし，$\vec{r}\cdot\vec{q}$を成分で表すと

$$\vec{r}\cdot\vec{q}=b\cos\theta+a\sin\theta=a\sin\theta+b\cos\theta$$

↑ ②の左辺

$|\vec{r}|=\sqrt{a^2+b^2}$，$|\vec{q}|=1$であり，$\vec{r}$と$\vec{q}$のなす角は$\left|\dfrac{\pi}{2}-\alpha-\theta\right|$であるから，$\vec{r}\cdot\vec{q}$を定義による表現で表すと

$$\vec{r}\cdot\vec{q}=|\vec{r}||\vec{q}|\cos\left|\frac{\pi}{2}-\alpha-\theta\right|$$

$$=\sqrt{a^2+b^2}\times1\times\cos\left\{\frac{\pi}{2}-(\theta+\alpha)\right\}$$

◀$\cos|\theta|=\cos\theta$

$$=\sqrt{a^2+b^2}\sin(\theta+\alpha)$$

◀$\cos\left(\dfrac{\pi}{2}-\alpha\right)=\sin\alpha$

↑ ②の右辺

ゆえに，②は内積$\vec{r}\cdot\vec{q}$の成分による表現と定義による表現が等しいことを表している。

EXERCISES

②12 AD∥BC である等脚台形 ABCD において，辺 AB，CD，DA の長さは 1，辺 BC の長さは 2 である。このとき，ベクトル $\overrightarrow{\mathrm{AC}}$，$\overrightarrow{\mathrm{DB}}$ の内積の値を求めよ。〔防衛大〕

→11

③13 平行四辺形 OABC において，OA=3，OC=2，∠AOC=60° とし，また，辺 OA を 2：1 に内分する点を D，辺 OC の中点を E とする。$\overrightarrow{\mathrm{OA}}=\vec{a}$，$\overrightarrow{\mathrm{OC}}=\vec{c}$ とするとき，次の問いに答えよ。

(1) $\overrightarrow{\mathrm{DE}}$ を $\vec{a}$ と $\vec{c}$ を用いて表せ。

(2) $\overrightarrow{\mathrm{AB}}$ と $\overrightarrow{\mathrm{DE}}$ のなす角 θ を求めよ。

(3) 辺 AB 上の任意の点 P に対し，内積 $\overrightarrow{\mathrm{DE}}\cdot\overrightarrow{\mathrm{DP}}$ の値は常に $-\dfrac{3}{2}$ であることを示せ。〔富山県大〕

→15

③14 ベクトル $\vec{a}$，$\vec{b}$ が $|\vec{a}|=5$，$|\vec{b}|=3$，$|\vec{a}-2\vec{b}|=7$ を満たしている。$\vec{a}-2\vec{b}$ と $2\vec{a}+\vec{b}$ のなす角を θ とするとき，$\cos\theta$ の値を求めよ。〔類 関西学院大〕

→13，16

③15 $\vec{0}$ でない 2 つのベクトル $\vec{a}$ と $\vec{b}$ について，$\vec{a}+2\vec{b}$ と $\vec{a}-2\vec{b}$ が垂直で，$|\vec{a}+2\vec{b}|=2|\vec{b}|$ とする。

(1) $\vec{a}$ と $\vec{b}$ のなす角 θ を求めよ。

(2) $|\vec{a}|=1$ のとき，$\left|t\vec{a}+\dfrac{1}{t}\vec{b}\right|$ $(t>0)$ の最小値を求めよ。〔群馬大〕

→16

③16 零ベクトルでない 2 つのベクトル $\vec{a}$，$\vec{b}$ に対して，$\vec{a}+t\vec{b}$ と $\vec{a}+3t\vec{b}$ が垂直であるような実数 t がただ 1 つ存在するとき，$\vec{a}$ と $\vec{b}$ のなす角 θ を求めよ。〔関西大〕

→17

HINT

12 ∠B=∠C である。点 A，D から辺 BC にそれぞれ垂線 AE，DF を下ろす。

13 (2) $\overrightarrow{\mathrm{AB}}\cdot\overrightarrow{\mathrm{DE}}$ を計算してみる。

(3) 点 P は辺 AB 上にあるから，$\overrightarrow{\mathrm{AP}}=k\overrightarrow{\mathrm{AB}}$ となる実数 k がある。

14 まず，$|\vec{a}-2\vec{b}|^2=49$ から $\vec{a}\cdot\vec{b}$ の値を求める。

15 (2) $\left|t\vec{a}+\dfrac{1}{t}\vec{b}\right|^2$ を t の式で表し，**(相加平均)≧(相乗平均)**（数学Ⅱ）を利用。

16 $at^2+bt+c=0$ $(a\neq0)$ を満たす t がただ 1 つ ⟺ $D=b^2-4ac=0$

4 位置ベクトル，ベクトルと図形

基本事項

1 位置ベクトル

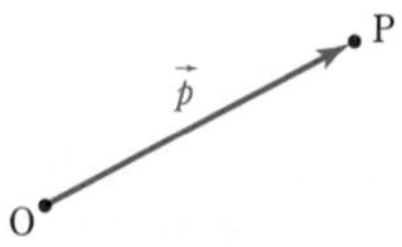

平面上で1点Oを固定して考えると，任意の点Pの位置は，ベクトル $\vec{p}=\overrightarrow{\mathrm{OP}}$ によって定まる。このとき，$\vec{p}$ を点Oに関する点Pの **位置ベクトル** といい，$\mathrm{P}(\vec{p})$ と表す。

したがって，1点Oを固定すると，点Pと点Pの位置ベクトル $\vec{p}$ を対応させることにより，平面上の各点と平面のベクトルとが1対1に対応する。特に，1点Oを座標平面の原点にとると，点Pの座標と，$\vec{p}$ の成分とは一致する。

また，2点 $\mathrm{A}(\vec{a})$，$\mathrm{B}(\vec{b})$ に対し，$\overrightarrow{\mathrm{AB}}=\vec{b}-\vec{a}$ と表され，$\vec{a}=\vec{b}$ のとき，点Aと点Bは一致する。

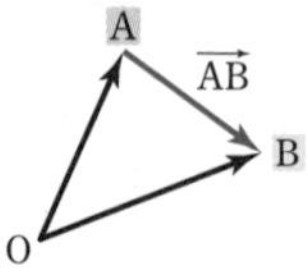

$\overrightarrow{\mathrm{AB}}=\overrightarrow{\mathrm{OB}}-\overrightarrow{\mathrm{OA}}$
（ベクトルの分割）

注意 以後，特に断らない限り，点Oに関する位置ベクトルを考える。

2 線分の内分点・外分点の位置ベクトル

2点 $\mathrm{A}(\vec{a})$，$\mathrm{B}(\vec{b})$ を結ぶ線分ABを $m:n$ に内分する点P，外分する点Qの位置ベクトルをそれぞれ $\vec{p}$，$\vec{q}$ とすると

$$\vec{p}=\frac{n\vec{a}+m\vec{b}}{m+n},\qquad \vec{q}=\frac{-n\vec{a}+m\vec{b}}{m-n}$$

特に，線分ABの中点Mの位置ベクトルを $\vec{m}$ とすると　　$\vec{m}=\dfrac{\vec{a}+\vec{b}}{2}$

解　説

■線分の内分点・外分点の位置ベクトル

$\mathrm{A}(\vec{a})$，$\mathrm{B}(\vec{b})$，$\mathrm{P}(\vec{p})$，$\mathrm{Q}(\vec{q})$ とする。

［1］ **内分点**　線分ABを $m:n$ に内分する点をPとすると

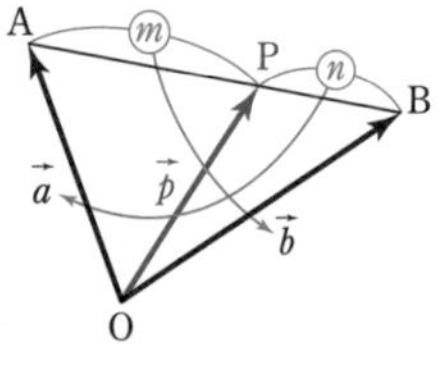

$$\overrightarrow{\mathrm{AP}}=\frac{m}{m+n}\overrightarrow{\mathrm{AB}}$$

よって　　$\vec{p}-\vec{a}=\dfrac{m}{m+n}(\vec{b}-\vec{a})$

ゆえに　　$\vec{p}=\dfrac{m}{m+n}(\vec{b}-\vec{a})+\vec{a}=\dfrac{n\vec{a}+m\vec{b}}{m+n}$

［2］ **外分点**　線分ABを $m:n$ に外分する点をQとすると

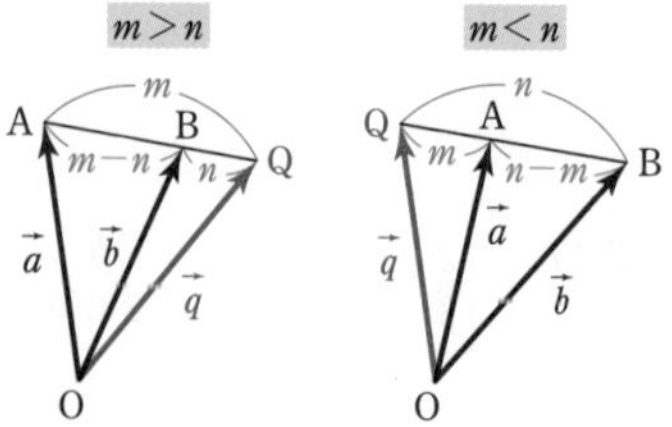

$m>n$ のとき，$\overrightarrow{\mathrm{AQ}}=\dfrac{m}{m-n}\overrightarrow{\mathrm{AB}}$ から

$$\vec{q}=\frac{m}{m-n}(\vec{b}-\vec{a})+\vec{a}=\frac{-n\vec{a}+m\vec{b}}{m-n}$$

$m<n$ のとき　　$\overrightarrow{\mathrm{AQ}}=\dfrac{m}{n-m}\overrightarrow{\mathrm{BA}}=\dfrac{m}{m-n}\overrightarrow{\mathrm{AB}}$

ゆえに，$m>n$ のときと同様に示される。したがって　　$\vec{q}=\dfrac{-n\vec{a}+m\vec{b}}{m-n}$

内分点，外分点をまとめて **分点** ということがある。

基本事項

3 三角形の重心の位置ベクトル

3 点 A$(\vec{a})$, B$(\vec{b})$, C$(\vec{c})$ を頂点とする △ABC の重心 G の位置ベクトルを $\vec{g}$ とすると

$$\vec{g}=\frac{\vec{a}+\vec{b}+\vec{c}}{3}$$

4 共線, 共点であるための条件

① **共線条件**

2 点 A, B が異なるとき

点 P が直線 AB 上にある ⟺ $\overrightarrow{AP}=k\overrightarrow{AB}$ となる実数 k がある

② **共点条件**

3 直線 ℓ, m, n が 1 点で交わる ⟺ ℓ と m, m と n の交点が一致する

解 説

■ 三角形の重心の位置ベクトル

△ABC の重心 G は中線 AM を 2：1 に内分する。

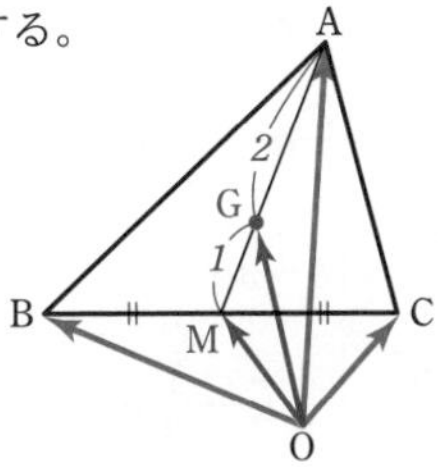

ゆえに　$\overrightarrow{OG}=\dfrac{\overrightarrow{OA}+2\overrightarrow{OM}}{2+1}$

◀$\vec{p}=\dfrac{n\vec{a}+m\vec{b}}{m+n}$ において, $\vec{p}=\overrightarrow{OG}$, $\vec{a}=\overrightarrow{OA}$, $\vec{b}=\overrightarrow{OM}$, $m=2$, $n=1$ としたもの。

また　$\overrightarrow{OM}=\dfrac{\overrightarrow{OB}+\overrightarrow{OC}}{2}$

よって　$\overrightarrow{OG}=\dfrac{1}{3}(\overrightarrow{OA}+\overrightarrow{OB}+\overrightarrow{OC})$

ゆえに　$\vec{g}=\dfrac{\vec{a}+\vec{b}+\vec{c}}{3}$

■ 共線であるための条件

異なる 3 個以上の点が同じ直線上にあるとき, これらの点は **共線** であるという。

$\overrightarrow{AP}=\vec{0}$ のとき, 点 P は点 A と一致する。

◀$\overrightarrow{AP}=k\overrightarrow{AB}$ において $k=0$ のとき。なお, $k=1$ のとき点 P は点 B と一致する。

$\overrightarrow{AP}\neq\vec{0}$ のとき

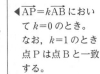

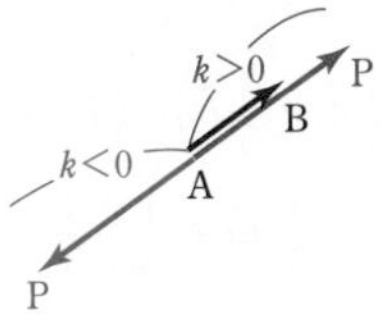

点 P が直線 AB 上にある

⟺ $\overrightarrow{AP}\parallel\overrightarrow{AB}$

⟺ $\overrightarrow{AP}=k\overrightarrow{AB}$ $(k\neq0)$ となる実数 k がある

なお, A$(\vec{a})$, B$(\vec{b})$, P$(\vec{p})$ とすると

$\overrightarrow{AP}=k\overrightarrow{AB}$ ⟺ $\vec{p}=(1-k)\vec{a}+k\vec{b}$

◀$\overrightarrow{AP}=\vec{p}-\vec{a}$, $\overrightarrow{AB}=\vec{b}-\vec{a}$ から。

そこで, $1-k=s$, $k=t$ とおくと

点 P が直線 AB 上にある ⟺ $\vec{p}=s\vec{a}+t\vec{b}$ かつ $s+t=1$

◀$p.415$ 基本事項 1 も参照。

■ 共点であるための条件

異なる 3 本以上の直線が 1 点で交わるとき, これらの直線は **共点** であるという。

◀点の一致は, 位置ベクトルが等しいことから示す。

基本例題 22 分点・重心の位置ベクトル ①①①①①

3点 A($\vec{a}$), B($\vec{b}$), C($\vec{c}$) を頂点とする △ABC において，辺 AB を 3：2 に内分する点を P，辺 BC を 3：4 に外分する点を Q，辺 CA を 4：1 に外分する点を R とし，△PQR の重心を G とする。次のベクトルを $\vec{a}$，$\vec{b}$，$\vec{c}$ で表せ。

(1) 点 P，Q，R の位置ベクトル　(2) $\overrightarrow{PQ}$　(3) 点 G の位置ベクトル

p.394 基本事項 2，p.395 基本事項 3

指針 (1) 位置ベクトルを考える問題では，点 O をどこにとってもよい。例えば，$\overrightarrow{AB}$ は図 [1] のように点 O をとったときも，図 [2] のように点 O をとったときも，$\overrightarrow{AB}=\vec{b}-\vec{a}$ となる。
よって，点 O をどこにするのか，ということは気にせずに，p.394 基本事項 2 の **公式を適用** すればよい。

(2) **ベクトルの分解** $\overrightarrow{PQ}=\overrightarrow{OQ}-\overrightarrow{OP}$

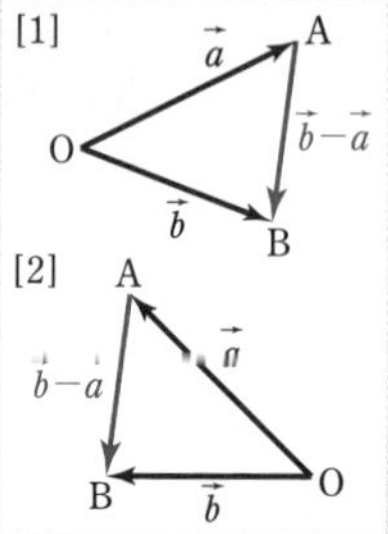

解答 P($\vec{p}$)，Q($\vec{q}$)，R($\vec{r}$)，G($\vec{g}$) とする。

(1) $\vec{p}=\dfrac{2\vec{a}+3\vec{b}}{3+2}=\boldsymbol{\dfrac{2}{5}\vec{a}+\dfrac{3}{5}\vec{b}}$

$\vec{q}=\dfrac{4\vec{b}-3\vec{c}}{-3+4}=\boldsymbol{4\vec{b}-3\vec{c}}$

$\vec{r}=\dfrac{-\vec{c}+4\vec{a}}{4-1}=\boldsymbol{\dfrac{4}{3}\vec{a}-\dfrac{1}{3}\vec{c}}$

(2) $\overrightarrow{PQ}=\overrightarrow{OQ}-\overrightarrow{OP}=\vec{q}-\vec{p}$

$=(4\vec{b}-3\vec{c})-\left(\dfrac{2}{5}\vec{a}+\dfrac{3}{5}\vec{b}\right)$

$=\boldsymbol{-\dfrac{2}{5}\vec{a}+\dfrac{17}{5}\vec{b}-3\vec{c}}$

(3) $\vec{g}=\dfrac{\vec{p}+\vec{q}+\vec{r}}{3}$

$=\dfrac{1}{3}\left\{\left(\dfrac{2}{5}\vec{a}+\dfrac{3}{5}\vec{b}\right)+(4\vec{b}-3\vec{c})+\left(\dfrac{4}{3}\vec{a}-\dfrac{1}{3}\vec{c}\right)\right\}$

$=\dfrac{1}{3}\left(\dfrac{2}{5}+\dfrac{4}{3}\right)\vec{a}+\dfrac{1}{3}\left(\dfrac{3}{5}+4\right)\vec{b}+\dfrac{1}{3}\left(-3-\dfrac{1}{3}\right)\vec{c}$

$=\boldsymbol{\dfrac{26}{45}\vec{a}+\dfrac{23}{15}\vec{b}-\dfrac{10}{9}\vec{c}}$

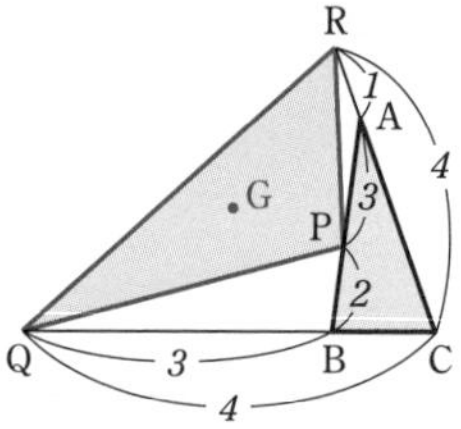

検討
外分点の位置ベクトルは
[1] $m>n$ ならば $\vec{q}=\dfrac{(-n)\vec{a}+m\vec{b}}{m+(-n)}$
[2] $m<n$ ならば $\vec{q}=\dfrac{n\vec{a}+(-m)\vec{b}}{(-m)+n}$
として，(分母)>0 となるように計算するとよい。これは $m:n$ に外分することを「$m:(-n)$ または $(-m):n$ に内分する」と考えて，内分点の位置ベクトルの公式を適用することと同じである。

練習 ① 22 3点 A($\vec{a}$), B($\vec{b}$), C($\vec{c}$) を頂点とする △ABC において，辺 BC を 2：3 に内分する点を D，辺 BC を 1：2 に外分する点を E，△ABC の重心を G，△AED の重心を G′ とする。次のベクトルを $\vec{a}$，$\vec{b}$，$\vec{c}$ で表せ。

(1) 点 D，E，G′ の位置ベクトル　(2) $\overrightarrow{GG'}$

p.414 EX 17

基本例題 23 分点に関するベクトルの等式と三角形の面積比 ②②②②②

△ABC の内部に点 P があり，$6\overrightarrow{PA}+3\overrightarrow{PB}+2\overrightarrow{PC}=\vec{0}$ を満たしている。

(1) 点 P はどのような位置にあるか。

(2) △PAB，△PBC，△PCA の面積の比を求めよ。 〔類 名古屋市大〕

p.394 基本事項 2 基本 61

指針 (1) $a\overrightarrow{PA}+b\overrightarrow{PB}+c\overrightarrow{PC}=\vec{0}$ の問題 ⟶ 点 A に関する位置ベクトル $\overrightarrow{AP}$，$\overrightarrow{AB}$，$\overrightarrow{AC}$ の式に直し，$\overrightarrow{AP}=k\cdot\dfrac{n\overrightarrow{AB}+m\overrightarrow{AC}}{m+n}$ の形を導く。……★

(2) 三角形の面積比 1 等高なら底辺の比 2 等底なら高さの比 を利用して，各三角形と △ABC との面積比を求める。その際，(1)の結果も利用。

解答

(1) 等式を変形すると

$$-6\overrightarrow{AP}+3(\overrightarrow{AB}-\overrightarrow{AP})+2(\overrightarrow{AC}-\overrightarrow{AP})=\vec{0}$$

◀差の形に **分割**。

よって $11\overrightarrow{AP}=3\overrightarrow{AB}+2\overrightarrow{AC}$

ゆえに $\overrightarrow{AP}=\dfrac{5}{11}\cdot\dfrac{3\overrightarrow{AB}+2\overrightarrow{AC}}{5}$

◀指針___……★ の方針。$\overrightarrow{AB}$，$\overrightarrow{AC}$ の係数に注目すると，線分 BC の内分点の位置ベクトル $\dfrac{3\overrightarrow{AB}+2\overrightarrow{AC}}{2+3}$ の形に変形することを思いつく。

辺 BC を 2：3 に内分する点を D とすると $\overrightarrow{AP}=\dfrac{5}{11}\overrightarrow{AD}$

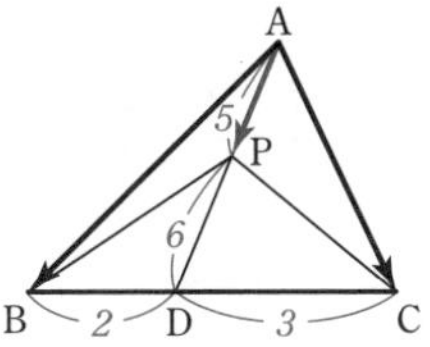

したがって，**辺 BC を 2：3 に内分する点を D とすると，点 P は線分 AD を 5：6 に内分する位置** にある。

(2) △ABC の面積を S とすると

$$\triangle PAB=\frac{5}{11}\cdot\triangle ABD=\frac{5}{11}\cdot\frac{2}{5}\cdot\triangle ABC=\frac{2}{11}S$$

$$\triangle PBC=\frac{6}{11}\cdot\triangle ABC=\frac{6}{11}S$$

$$\triangle PCA=\frac{5}{11}\cdot\triangle ACD=\frac{5}{11}\cdot\frac{3}{5}\cdot\triangle ABC=\frac{3}{11}S$$

ゆえに $\triangle PAB:\triangle PBC:\triangle PCA=\dfrac{2}{11}S:\dfrac{6}{11}S:\dfrac{3}{11}S$

$=\mathbf{2:6:3}$

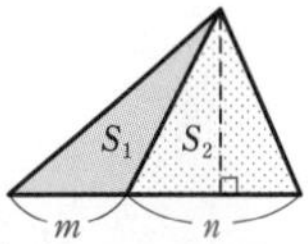

等高 → $S_1:S_2=m:n$

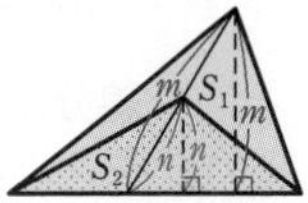

等底 → $S_1:S_2=m:n$

参考 一般に，△ABC と点 P に対し，$l\overrightarrow{PA}+m\overrightarrow{PB}+n\overrightarrow{PC}=\vec{0}$ を満たす正の数 l，m，n が存在するとき，次のことが成り立つ。

(1) 点 P は △ABC の内部にある。 (2) $\triangle\mathbf{PBC}:\triangle\mathbf{PCA}:\triangle\mathbf{PAB}=\boldsymbol{l:m:n}$

練習 ③ 23 △ABC の内部に点 P があり，$4\overrightarrow{PA}+5\overrightarrow{PB}+3\overrightarrow{PC}=\vec{0}$ を満たしている。

(1) 点 P はどのような位置にあるか。

(2) 面積比 △PAB：△PBC：△PCA を求めよ。 〔類 神戸薬大〕

基本例題 24 点の一致 ②②②②②

四角形 ABCD の辺 AB，BC，CD，DA の中点を，それぞれ K，L，M，N とし，対角線 AC，BD の中点を，それぞれ S，T とする。

(1) 頂点 A，B，C，D の位置ベクトルを，それぞれ $\vec{a}$，$\vec{b}$，$\vec{c}$，$\vec{d}$ とするとき，線分 KM の中点の位置ベクトルを $\vec{a}$，$\vec{b}$，$\vec{c}$，$\vec{d}$ を用いて表せ。

(2) 線分 LN，ST の中点の位置ベクトルをそれぞれ $\vec{a}$，$\vec{b}$，$\vec{c}$，$\vec{d}$ を用いて表すことにより，3 つの線分 KM，LN，ST は 1 点で交わることを示せ。

p.395 基本事項 4

指針 (2) **点が一致 ⟺ 位置ベクトルが等しい**

ここでは，3 つの線分のそれぞれの中点が一致することを示す。

点 P($\vec{p}$)，Q($\vec{q}$)，R($\vec{r}$) が一致 ⟺ $\vec{p}=\vec{q}=\vec{r}$

解答

(1) 線分 KM の中点を P とし，点 K，M，P の位置ベクトルを，それぞれ $\vec{k}$，$\vec{m}$，$\vec{p}$ とすると

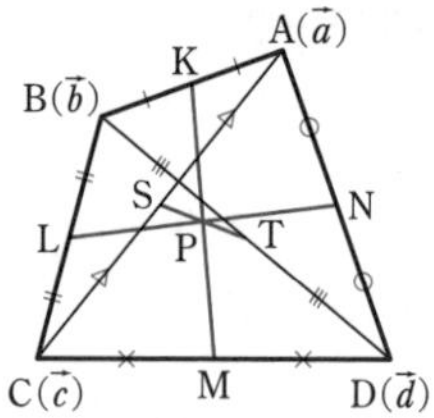

$$\vec{k}=\frac{\vec{a}+\vec{b}}{2},\quad \vec{m}=\frac{\vec{c}+\vec{d}}{2},$$

$$\vec{p}=\frac{\vec{k}+\vec{m}}{2}$$

◀2 点 A($\vec{a}$)，B($\vec{b}$) を結ぶ線分 AB の中点の位置ベクトルは $\dfrac{\vec{a}+\vec{b}}{2}$

よって

$$\vec{p}=\frac{1}{2}\left(\frac{\vec{a}+\vec{b}}{2}+\frac{\vec{c}+\vec{d}}{2}\right)=\boldsymbol{\frac{\vec{a}+\vec{b}+\vec{c}+\vec{d}}{4}} \quad \cdots\cdots ①$$

(2) 線分 LN の中点を Q とし，点 L，N，Q の位置ベクトルを，それぞれ $\vec{l}$，$\vec{n}$，$\vec{q}$ とすると

$$\vec{q}=\frac{\vec{l}+\vec{n}}{2}=\frac{1}{2}\left(\frac{\vec{b}+\vec{c}}{2}+\frac{\vec{d}+\vec{a}}{2}\right)=\frac{\vec{a}+\vec{b}+\vec{c}+\vec{d}}{4} \quad \cdots ②$$

◀$\vec{l}=\dfrac{\vec{b}+\vec{c}}{2}$，$\vec{n}=\dfrac{\vec{d}+\vec{a}}{2}$

線分 ST の中点を R とし，点 S，T，R の位置ベクトルを，それぞれ $\vec{s}$，$\vec{t}$，$\vec{r}$ とすると

$$\vec{r}=\frac{\vec{s}+\vec{t}}{2}=\frac{1}{2}\left(\frac{\vec{a}+\vec{c}}{2}+\frac{\vec{b}+\vec{d}}{2}\right)=\frac{\vec{a}+\vec{b}+\vec{c}+\vec{d}}{4} \quad \cdots ③$$

◀$\vec{s}=\dfrac{\vec{a}+\vec{c}}{2}$，$\vec{t}=\dfrac{\vec{b}+\vec{d}}{2}$

①～③ より，3 つの線分 KM，LN，ST の中点の位置ベクトルが等しいから，3 つの線分は 1 点で交わる。

◀3 つの線分のそれぞれの中点で交わる。

練習 ② 24 △ABC の辺 BC，CA，AB をそれぞれ $m:n$ $(m>0,\ n>0)$ に内分する点を P，Q，R とするとき，△ABC と △PQR の重心は一致することを示せ。

基本例題 25 共線条件

平行四辺形 ABCD において，対角線 AC を 3：1 に内分する点を P，辺 BC を 2：1 に内分する点を Q とする。このとき，3 点 D，P，Q は一直線上にあることを証明せよ。

p.395 基本事項 4

指針 **3 点 D，P，Q が一直線上にある $\iff$ $\overrightarrow{DQ}=k\overrightarrow{DP}$ となる実数 k がある**

ここで，ベクトルの取り扱いには次の方針がある。

1. 頂点を始点とする 2 つのベクトルで表す。
2. 頂点以外の点を始点とする位置ベクトルで考える。

ここでは 1 の方針でいく。すなわち，$\overrightarrow{AB}=\vec{b}$，$\overrightarrow{AD}=\vec{d}$ として，$\overrightarrow{DP}$，$\overrightarrow{DQ}$ をそれぞれ $\vec{b}$，$\vec{d}$ で表してみる。

解答

$\overrightarrow{AB}=\vec{b}$，$\overrightarrow{AD}=\vec{d}$ とすると

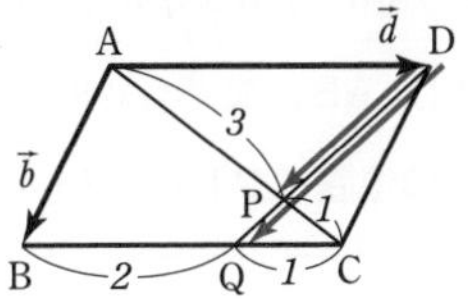

$$\overrightarrow{AP}=\frac{3}{4}\overrightarrow{AC}=\frac{3}{4}(\vec{b}+\vec{d}),$$

$$\overrightarrow{AQ}=\overrightarrow{AB}+\overrightarrow{BQ}=\vec{b}+\frac{2}{3}\vec{d}$$

◀ $\overrightarrow{AC}=\overrightarrow{AB}+\overrightarrow{BC}=\vec{b}+\vec{d}$

よって　$\overrightarrow{DP}=\overrightarrow{AP}-\overrightarrow{AD}$

$$=\frac{3}{4}(\vec{b}+\vec{d})-\vec{d}$$

$$=\frac{3\vec{b}-\vec{d}}{4} \quad \cdots\cdots ①$$

$$\overrightarrow{DQ}=\overrightarrow{AQ}-\overrightarrow{AD}=\vec{b}+\frac{2}{3}\vec{d}-\vec{d}=\frac{3\vec{b}-\vec{d}}{3} \quad \cdots\cdots ②$$

◀ $\overrightarrow{DQ}=\frac{4}{3}\cdot\frac{3\vec{b}-\vec{d}}{4}$

①，② から　$\overrightarrow{DQ}=\frac{4}{3}\overrightarrow{DP}$ ……（＊）

◀ $\overrightarrow{DQ}=k\overrightarrow{DP}$ の形。$\left(\overrightarrow{DP}=\frac{3}{4}\overrightarrow{DQ}\text{ でもよい。}\right)$

したがって，3 点 D，P，Q は一直線上にある。

別解 点 D を始点とするベクトルで考えると，ベクトルの計算がらくになる。

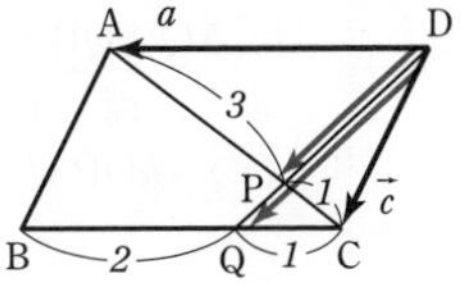

$\overrightarrow{DA}=\vec{a}$，$\overrightarrow{DC}=\vec{c}$ とすると

$$\overrightarrow{DP}=\frac{1\cdot\vec{a}+3\vec{c}}{3+1}=\frac{\vec{a}+3\vec{c}}{4} \quad \cdots\cdots ③$$

$$\overrightarrow{DQ}=\overrightarrow{DC}+\overrightarrow{CQ}=\vec{c}+\frac{1}{3}\vec{a}=\frac{\vec{a}+3\vec{c}}{3} \quad \cdots\cdots ④$$

③，④ から　$\overrightarrow{DQ}=\frac{4}{3}\overrightarrow{DP}$

◀（＊）と同じ式。

したがって，3 点 D，P，Q は一直線上にある。

注意（＊）から，DP：PQ=3：1 という線分の比もわかる。

練習 ② 25 平行四辺形 ABCD において，辺 AB を 3：2 に内分する点を P，対角線 BD を 2：5 に内分する点を Q とするとき，3 点 P，Q，C は一直線上にあることを証明せよ。また，PQ：QC を求めよ。

基本例題 26 交点の位置ベクトル (1)

①①①①①

$\triangle$OAB において，$\overrightarrow{OA}=\vec{a}$，$\overrightarrow{OB}=\vec{b}$ とする。辺 OA を 3：2 に内分する点を C，辺 OB を 3：4 に内分する点を D，線分 AD と BC との交点を P とし，直線 OP と辺 AB との交点を Q とする。次のベクトルを $\vec{a}$，$\vec{b}$ を用いて表せ。

(1) $\overrightarrow{OP}$　　　(2) $\overrightarrow{OQ}$　　　〔類 早稲田大〕

基本 28, 37, 66

指針 (1) 線分 AD と線分 BC の交点 P は AD 上にも BC 上にもあると考える。そこで，AP：PD$=s:(1-s)$，BP：PC$=t:(1-t)$ として，$\overrightarrow{OP}$ を 2 つのベクトル $\vec{a}$，$\vec{b}$ を用いて **2 通りに表す** と，*p*.362 基本事項 5 から

> $\vec{a}\neq\vec{0}$，$\vec{b}\neq\vec{0}$，$\vec{a}\not\parallel\vec{b}$（$\vec{a}$ と $\vec{b}$ が 1 次独立）のとき
> $p\vec{a}+q\vec{b}=p'\vec{a}+q'\vec{b} \iff p=p',\ q=q'$

(2) 直線 OP と線分 AB の交点 Q は OP 上にも AB 上にもあると考える。

CHART 交点の位置ベクトル　2 通りに表し　係数比較

解答

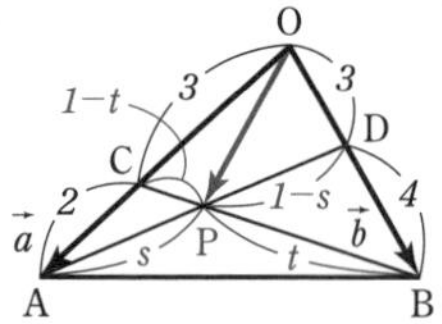

(1) AP：PD$=s:(1-s)$，BP：PC$=t:(1-t)$ とすると

$$\overrightarrow{OP}=(1-s)\overrightarrow{OA}+s\overrightarrow{OD}=(1-s)\vec{a}+\frac{3}{7}s\vec{b},$$

$$\overrightarrow{OP}=t\overrightarrow{OC}+(1-t)\overrightarrow{OB}=\frac{3}{5}t\vec{a}+(1-t)\vec{b}$$

よって　$(1-s)\vec{a}+\frac{3}{7}s\vec{b}=\frac{3}{5}t\vec{a}+(1-t)\vec{b}$

$\vec{a}\neq\vec{0}$，$\vec{b}\neq\vec{0}$，$\vec{a}\not\parallel\vec{b}$ であるから　$1-s=\frac{3}{5}t$，$\frac{3}{7}s=1-t$　◀ ＿ の断りは重要。

これを解いて　$s=\frac{7}{13}$，$t=\frac{10}{13}$　　したがって　$\boldsymbol{\overrightarrow{OP}=\frac{6}{13}\vec{a}+\frac{3}{13}\vec{b}}$

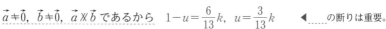

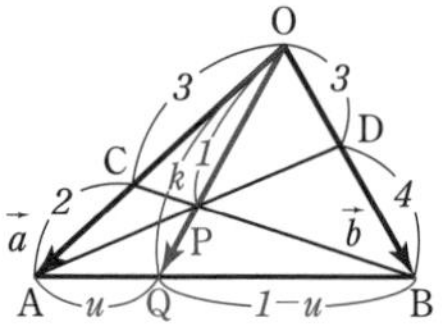

(2) AQ：QB$=u:(1-u)$ とすると　$\overrightarrow{OQ}=(1-u)\vec{a}+u\vec{b}$

また，点 Q は直線 OP 上にあるから，
$\overrightarrow{OQ}=k\overrightarrow{OP}$（$k$ は実数）とすると，(1) の結果から

$$\overrightarrow{OQ}=k\left(\frac{6}{13}\vec{a}+\frac{3}{13}\vec{b}\right)=\frac{6}{13}k\vec{a}+\frac{3}{13}k\vec{b}$$

よって　$(1-u)\vec{a}+u\vec{b}=\frac{6}{13}k\vec{a}+\frac{3}{13}k\vec{b}$

$\vec{a}\neq\vec{0}$，$\vec{b}\neq\vec{0}$，$\vec{a}\not\parallel\vec{b}$ であるから　$1-u=\frac{6}{13}k$，$u=\frac{3}{13}k$　◀ ＿ の断りは重要。

これを解いて　$k=\frac{13}{9}$，$u=\frac{1}{3}$　　したがって　$\boldsymbol{\overrightarrow{OQ}=\frac{2}{3}\vec{a}+\frac{1}{3}\vec{b}}$

練習 ② 26 $\triangle$OAB において，辺 OA を 2：1 に内分する点を L，辺 OB の中点を M，BL と AM の交点を P とし，直線 OP と辺 AB の交点を N とする。$\overrightarrow{OP}$，$\overrightarrow{ON}$ をそれぞれ $\overrightarrow{OA}$ と $\overrightarrow{OB}$ を用いて表せ。　〔類 神戸大〕 p.414 EX18

ズームUP 交点の位置ベクトルの考え方

● なぜ，$s:(1-s)$ とするのか

AP : PD$=m:n$（点 P は線分 AD を $m:n$ に内分する）として，$\overrightarrow{\mathrm{OP}}$ を $\overrightarrow{\mathrm{OA}}$，$\overrightarrow{\mathrm{OD}}$ で表すと，$\overrightarrow{\mathrm{OP}}=\dfrac{n\overrightarrow{\mathrm{OA}}+m\overrightarrow{\mathrm{OD}}}{m+n}\left(=\dfrac{n}{m+n}\overrightarrow{\mathrm{OA}}+\dfrac{m}{m+n}\overrightarrow{\mathrm{OD}}\right)$ となるが，$\overrightarrow{\mathrm{OA}}$，$\overrightarrow{\mathrm{OD}}$ の係数について $\boldsymbol{\dfrac{n}{m+n}+\dfrac{m}{m+n}=1}$ **［係数の和が 1］** ……（＊）である。

さて，$\overrightarrow{\mathrm{OP}}$ **を 2 通りに表し 係数比較** に従って進めるにあたり，**文字は少ない方が計算しやすい**。そこで，（＊）に着目して $\dfrac{m}{m+n}=s$ とすると，$\dfrac{n}{m+n}=1-s$ であるから，$\overrightarrow{\mathrm{OP}}=(1-s)\overrightarrow{\mathrm{OA}}+s\overrightarrow{\mathrm{OD}}$ となる。

ここで，右辺を $\dfrac{(1-s)\overrightarrow{\mathrm{OA}}+s\overrightarrow{\mathrm{OD}}}{1}$ とみると，$\overrightarrow{\mathrm{OP}}=\dfrac{(1-s)\overrightarrow{\mathrm{OA}}+s\overrightarrow{\mathrm{OD}}}{s+(1-s)}$ と表される。

これは，AP : PD$=s:(1-s)$［点 P は線分 AD を $s:(1-s)$ に内分する］として，$\overrightarrow{\mathrm{OP}}$ を $\overrightarrow{\mathrm{OA}}$，$\overrightarrow{\mathrm{OD}}$ で表したものである。

このようになることを見越して，
AP : PD$=m:n$ ではなく，
AP : PD$=s:(1-s)$ としているのである。

なお，$\overrightarrow{\mathrm{OP}}$ を，s と $\vec{a}$，$\vec{b}$ で表す場面，t と $\vec{a}$，$\vec{b}$ で表す場面については，右の図を参照してほしい。

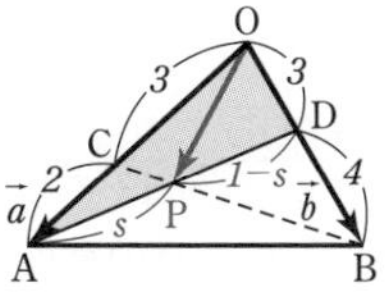

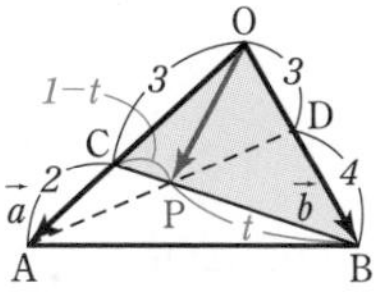

補足　上で述べていることと本質的には同じであるが，次のように考えてもよい。
点 P が直線 AD 上にあるための条件「$\overrightarrow{\mathrm{AP}}=s\overrightarrow{\mathrm{AD}}$（$s$ は実数）」に着目すると

$$\overrightarrow{\mathrm{OP}}-\overrightarrow{\mathrm{OA}}=s(\overrightarrow{\mathrm{OD}}-\overrightarrow{\mathrm{OA}})$$

よって　$\overrightarrow{\mathrm{OP}}=(1-s)\overrightarrow{\mathrm{OA}}+s\overrightarrow{\mathrm{OD}}$　すなわち　$\overrightarrow{\mathrm{OP}}=\dfrac{(1-s)\overrightarrow{\mathrm{OA}}+s\overrightarrow{\mathrm{OD}}}{s+(1-s)}$

つまり，AP : PD$=s:(1-s)$ としたときと同じ形が導かれる。

● なぜ，$\vec{a}\neq\vec{0}$，$\vec{b}\neq\vec{0}$，$\vec{a}\not\parallel\vec{b}$ である，という断りが重要なのか

例えば，$\vec{a}=2\vec{b}$（$\vec{a}$ と $\vec{b}$ が平行）であるとき，$3\vec{a}+2\vec{b}=6\vec{a}+(-4\vec{b})$［$=4\vec{a}$］となり，両辺の $\vec{a}$，$\vec{b}$ の係数が等しくなくても等式が成り立つ場合がある。

また，$\vec{a}=\vec{0}$ であるときも，$2\vec{a}+2\vec{b}=-3\vec{a}+2\vec{b}$［$=2\vec{b}$］となり，両辺の $\vec{a}$，$\vec{b}$ の係数が等しくなくても成り立つ場合がある。

このようなことが起こるため，「$\boldsymbol{\vec{a}\neq\vec{0}}$，$\boldsymbol{\vec{b}\neq\vec{0}}$，$\boldsymbol{\vec{a}\not\parallel\vec{b}}$ **である**」という断りは **重要** である。

補足　$\vec{a}\neq\vec{0}$，$\vec{b}\neq\vec{0}$，$\vec{a}\not\parallel\vec{b}$ であるとき，任意のベクトル $\vec{p}$ が $\vec{p}=s\vec{a}+t\vec{b}$ の形にただ 1 通りに表されることは例題 **7** の 検討 で証明している。

参考事項 交点の位置ベクトルのいろいろな解法

交点の位置ベクトルの求め方には，「**2 通りに表し 係数比較**」以外の解法もある。例題 **26** について，その解法で考えると次のようになる。

1 チェバ・メネラウスの定理の利用

① チェバの定理

△ABC の 3 頂点 A，B，C と，三角形の辺上またはその延長上にない点 O とを結ぶ直線が，対辺 BC，CA，AB またはその延長と交わる点をそれぞれ P，Q，R とすると

$$\frac{\mathrm{BP}}{\mathrm{PC}}\cdot\frac{\mathrm{CQ}}{\mathrm{QA}}\cdot\frac{\mathrm{AR}}{\mathrm{RB}}=1$$

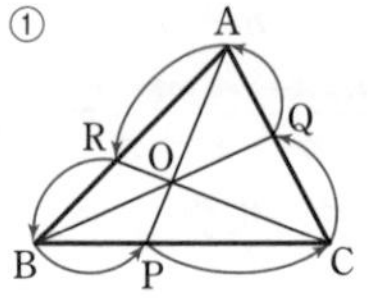

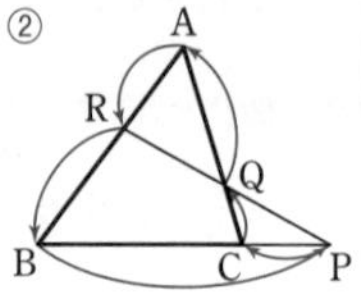

② メネラウスの定理

△ABC の辺 BC，CA，AB またはその延長が，三角形の頂点を通らない 1 直線とそれぞれ点 P，Q，R で交わるとき　$\dfrac{\mathrm{BP}}{\mathrm{PC}}\cdot\dfrac{\mathrm{CQ}}{\mathrm{QA}}\cdot\dfrac{\mathrm{AR}}{\mathrm{RB}}=1$

(1)　△OAD と直線 BC について，**メネラウスの定理** により

$$\frac{\mathrm{OC}}{\mathrm{CA}}\cdot\frac{\mathrm{AP}}{\mathrm{PD}}\cdot\frac{\mathrm{DB}}{\mathrm{BO}}=1 \qquad よって \qquad \frac{3}{2}\cdot\frac{\mathrm{AP}}{\mathrm{PD}}\cdot\frac{4}{7}=1$$

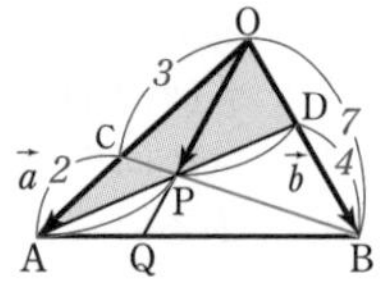

ゆえに，AP：PD=7：6 であるから

$$\overrightarrow{\mathrm{OP}}=\frac{6\overrightarrow{\mathrm{OA}}+7\overrightarrow{\mathrm{OD}}}{7+6}=\frac{1}{13}\left(6\vec{a}+7\cdot\frac{3}{7}\vec{b}\right)=\frac{6}{13}\vec{a}+\frac{3}{13}\vec{b}$$

(2)　△OAB において，**チェバの定理** により

$$\frac{\mathrm{OC}}{\mathrm{CA}}\cdot\frac{\mathrm{AQ}}{\mathrm{QB}}\cdot\frac{\mathrm{BD}}{\mathrm{DO}}=1 \qquad よって \qquad \frac{3}{2}\cdot\frac{\mathrm{AQ}}{\mathrm{QB}}\cdot\frac{4}{3}=1$$

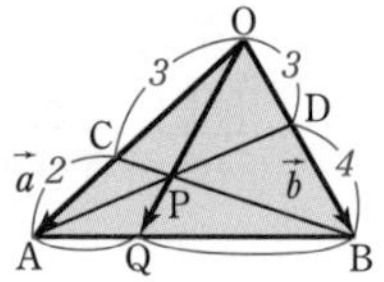

ゆえに，AQ：QB=1：2 であるから

$$\overrightarrow{\mathrm{OQ}}=\frac{2\overrightarrow{\mathrm{OA}}+\overrightarrow{\mathrm{OB}}}{1+2}=\frac{2}{3}\vec{a}+\frac{1}{3}\vec{b}$$

2 直線のベクトル方程式の利用　($p.415$ 基本事項 **1**)

異なる 2 点 $\mathrm{A}(\vec{a})$，$\mathrm{B}(\vec{b})$ を通る直線のベクトル方程式は
$\vec{p}=s\vec{a}+t\vec{b}$　ただし　$s+t=1$

◀$\overrightarrow{\mathrm{OP}}=s\overrightarrow{\mathrm{OA}}+t\overrightarrow{\mathrm{OB}}$，(係数 s と t の和)=1

(2)　$\overrightarrow{\mathrm{OQ}}=k\overrightarrow{\mathrm{OP}}=\dfrac{6}{13}k\vec{a}+\dfrac{3}{13}k\vec{b}$ (k は実数) とおくと，点 Q は直線 AB 上にあるから

$$\frac{6}{13}k+\frac{3}{13}k=1 \qquad よって \qquad k=\frac{13}{9}$$

ゆえに　$\overrightarrow{\mathrm{OQ}}=\dfrac{2}{3}\vec{a}+\dfrac{1}{3}\vec{b}$

基本例題 27 垂心の位置ベクトル

平面上に △OAB があり，OA=5，OB=6，AB=7 とする。また，△OAB の垂心を H とする。

(1) cos∠AOB を求めよ。

(2) $\overrightarrow{OA}=\vec{a}$，$\overrightarrow{OB}=\vec{b}$ とするとき，$\overrightarrow{OH}$ を $\vec{a}$，$\vec{b}$ を用いて表せ。

p.379 基本事項 5　重要 29

指針 三角形の垂心とは，三角形の各頂点から対辺またはその延長に下ろした垂線の交点であり，△OAB の垂心 H に対して，OA⊥BH，OB⊥AH，AB⊥OH が成り立つ。

そこで，OA⊥BH といった **図形の条件をベクトルの条件に直して解く**。(2) では $\overrightarrow{OH}=s\vec{a}+t\vec{b}$ とし，$\overrightarrow{OA}\cdot\overrightarrow{BH}=0$，$\overrightarrow{OB}\cdot\overrightarrow{AH}=0$ の 2 つの条件から，s，t の値を求める。……★

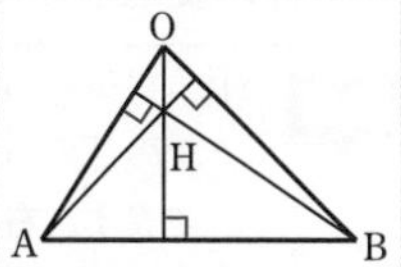

解答

(1) 余弦定理から

$$\cos\angle AOB=\frac{5^2+6^2-7^2}{2\cdot5\cdot6}=\frac{12}{60}=\frac{1}{5}$$

(2) (1) から

$$\vec{a}\cdot\vec{b}=|\vec{a}||\vec{b}|\cos\angle AOB=5\cdot6\cdot\frac{1}{5}=6$$

△OAB は直角三角形でないから，垂心 H は 2 点 A，B と一致することはない。

H は垂心であるから　　OA⊥BH，OB⊥AH

$\overrightarrow{OH}=s\vec{a}+t\vec{b}$ (s，t は実数) とする。

OA⊥BH より $\overrightarrow{OA}\cdot\overrightarrow{BH}=0$ であるから　$\vec{a}\cdot\{s\vec{a}+(t-1)\vec{b}\}=0$

よって　$s|\vec{a}|^2+(t-1)\vec{a}\cdot\vec{b}=0$

ゆえに　$25s+6(t-1)=0$

すなわち　$25s+6t=6$ …… ①

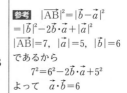

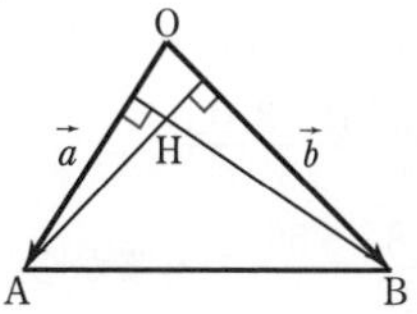

また，OB⊥AH より $\overrightarrow{OB}\cdot\overrightarrow{AH}=0$ であるから

$\vec{b}\cdot\{(s-1)\vec{a}+t\vec{b}\}=0$

よって　$(s-1)\vec{a}\cdot\vec{b}+t|\vec{b}|^2=0$

ゆえに　$6(s-1)+36t=0$　すなわち　$s+6t=1$ … ②

①，② から　　$s=\frac{5}{24}$，$t=\frac{19}{144}$

したがって　　$\overrightarrow{OH}=\frac{5}{24}\vec{a}+\frac{19}{144}\vec{b}$

参考 $|\overrightarrow{AB}|^2=|\vec{b}-\vec{a}|^2=|\vec{b}|^2-2\vec{b}\cdot\vec{a}+|\vec{a}|^2$
$|\overrightarrow{AB}|=7$，$|\vec{a}|=5$，$|\vec{b}|=6$ であるから
$7^2=6^2-2\vec{b}\cdot\vec{a}+5^2$
よって　$\vec{a}\cdot\vec{b}=6$

◀指針___……★ の方針。**垂直** の条件を **(内積)=0** の計算に結びつけて解決する。

◀$|\vec{a}|=5$，$\vec{a}\cdot\vec{b}=6$

垂直 ⟶ (内積)=0

◀$\overrightarrow{AH}=\overrightarrow{OH}-\overrightarrow{OA}$

◀$\vec{a}\cdot\vec{b}=6$，$|\vec{b}|=6$

◀①−② から $24s=5$

練習 ③ 27 平面上に △OAB があり，OA=1，OB=2，∠AOB=45° とする。また，△OAB の垂心を H とする。$\overrightarrow{OA}=\vec{a}$，$\overrightarrow{OB}=\vec{b}$ とするとき，$\overrightarrow{OH}$ を $\vec{a}$，$\vec{b}$ を用いて表せ。

基本例題 28 内心，傍心の位置ベクトル

(1) AB=8, BC=7, CA=5 である △ABC において，内心を I とするとき，$\overrightarrow{AI}$ を $\overrightarrow{AB}$, $\overrightarrow{AC}$ で表せ。

(2) △OAB において，$\overrightarrow{OA}=\vec{a}$, $\overrightarrow{OB}=\vec{b}$ とする。

(ア) ∠O を 2 等分するベクトルは，$k\left(\dfrac{\vec{a}}{|\vec{a}|}+\dfrac{\vec{b}}{|\vec{b}|}\right)$（$k$ は実数，$k\neq0$）と表されることを示せ。

(イ) OA=2, OB=3, AB=4 のとき，∠O の二等分線と ∠A の外角の二等分線の交点を P とする。このとき，$\overrightarrow{OP}$ を $\vec{a}$, $\vec{b}$ で表せ。

基本 26

指針 (1) 三角形の内心は，3 つの内角の二等分線の交点である。
次の「角の二等分線の定理」を利用し，まず $\overrightarrow{AD}$ を $\overrightarrow{AB}$, $\overrightarrow{AC}$ で表す。右図で **AD が △ABC の ∠A の二等分線**

⟹ BD : DC=AB : AC

次に，△ABD と ∠B の二等分線 BI に注目。

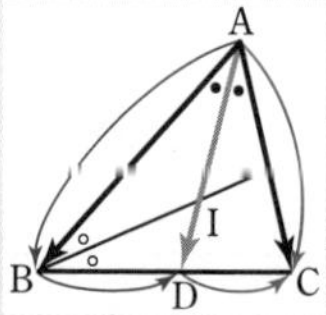

(2) (ア) ∠O の二等分線と辺 AB の交点を D として，まず $\overrightarrow{OD}$ を $\vec{a}$, $\vec{b}$ で表す。

別解 ひし形の対角線が内角を 2 等分することを利用する解法も考えられる。つまり，OA′=1, OB′=1 となる点 A′, B′ をそれぞれ半直線 OA, OB 上にとってひし形 OA′CB′ を作ると，点 C は ∠O の二等分線上にあることに注目する。

(イ) (ア)の結果を利用して，「$\overrightarrow{OP}$ を $\vec{a}$, $\vec{b}$ で **2 通りに表し，係数比較**」の方針で。
点 P は ∠A の外角の二等分線上にある ⟶ $\overrightarrow{AC}=\overrightarrow{OA}$ となる点 C をとり，(ア)の結果を使うと $\overrightarrow{AP}$ は $\vec{a}$, $\vec{b}$ で表される。$\overrightarrow{OP}=\overrightarrow{OA}+\overrightarrow{AP}$ に注目。

解答

(1) △ABC の ∠A の二等分線と辺 BC の交点を D とすると

BD : DC=AB : AC=8 : 5

よって $\overrightarrow{AD}=\dfrac{5\overrightarrow{AB}+8\overrightarrow{AC}}{13}$

また，$BD=7\cdot\dfrac{8}{13}=\dfrac{56}{13}$ であるから

$AI : ID=BA : BD=8 : \dfrac{56}{13}=13 : 7$

ゆえに $\overrightarrow{AI}=\dfrac{13}{20}\overrightarrow{AD}=\dfrac{13}{20}\cdot\dfrac{5\overrightarrow{AB}+8\overrightarrow{AC}}{13}=\boldsymbol{\dfrac{1}{4}\overrightarrow{AB}+\dfrac{2}{5}\overrightarrow{AC}}$

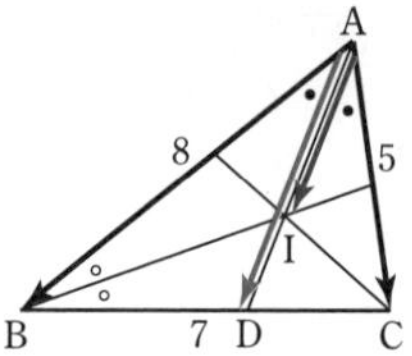

◀∠C の二等分線と辺 AB の交点を E とし，AE : EB=5 : 7，
$EI : IC=\dfrac{10}{3} : 5$
$=2 : 3$
このことを利用してもよい。

◀角の二等分線の定理を 2 回用いると求められる。

(2) (ア) ∠O の二等分線と辺 AB の交点を D とすると

$AD : DB=OA : OB=|\vec{a}| : |\vec{b}|$

ゆえに $\overrightarrow{OD}=\dfrac{|\vec{b}|\overrightarrow{OA}+|\vec{a}|\overrightarrow{OB}}{|\vec{a}|+|\vec{b}|}=\dfrac{|\vec{a}||\vec{b}|}{|\vec{a}|+|\vec{b}|}\left(\dfrac{\vec{a}}{|\vec{a}|}+\dfrac{\vec{b}}{|\vec{b}|}\right)$

求めるベクトルは，t を $t\neq0$ である実数として $t\overrightarrow{OD}$ と表される。$\dfrac{|\vec{a}||\vec{b}|}{|\vec{a}|+|\vec{b}|}t=k$ とおくと，求めるベクトルは

$k\left(\dfrac{\vec{a}}{|\vec{a}|}+\dfrac{\vec{b}}{|\vec{b}|}\right)$（$k$ は実数，$k\neq0$）

◀角の二等分線の定理を利用する解法。

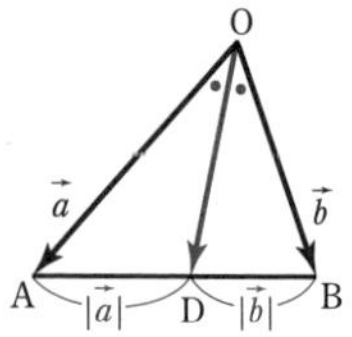

◀$t\overrightarrow{OD}=\dfrac{|\vec{a}||\vec{b}|}{|\vec{a}|+|\vec{b}|}t\left(\dfrac{\vec{a}}{|\vec{a}|}+\dfrac{\vec{b}}{|\vec{b}|}\right)$

別解 (ア) $\vec{a}$, $\vec{b}$ と同じ向きの単位ベクトルをそれぞれ $\overrightarrow{OA'}$, $\overrightarrow{OB'}$ とすると $\overrightarrow{OA'}=\dfrac{\vec{a}}{|\vec{a}|}$, $\overrightarrow{OB'}=\dfrac{\vec{b}}{|\vec{b}|}$

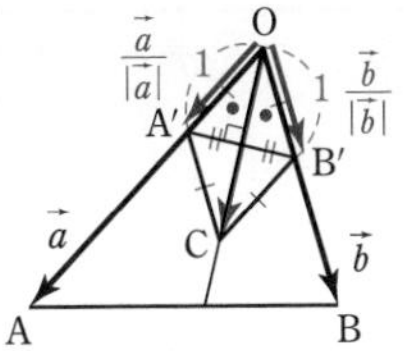

$\overrightarrow{OA'}+\overrightarrow{OB'}=\overrightarrow{OC}$ とすると，四角形 OA′CB′ はひし形であるから，点 C は ∠O の二等分線上にある。

◀ $OA'=OB'=A'C=B'C=1$

◀ $\triangle OA'C\equiv\triangle OB'C$ から。

よって，求めるベクトルは，k を $k\neq0$ である実数として

$$k\overrightarrow{OC}=k(\overrightarrow{OA'}+\overrightarrow{OB'})=k\left(\frac{\vec{a}}{|\vec{a}|}+\frac{\vec{b}}{|\vec{b}|}\right)$$ と表される。

◀ $k=0$ のときは，$k\overrightarrow{OC}=\vec{0}$ となり，不合理。

(イ) 点 P は △OAB において ∠O の二等分線上にあるから，(ア) より

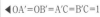

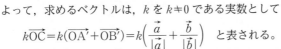

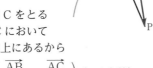

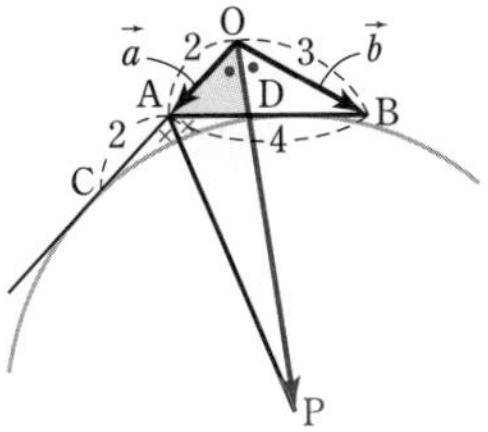

◀ 注意 点 P は，△OAB の傍心（∠O 内の傍心）である（数学 A）。

$\overrightarrow{OP}=s\left(\dfrac{\vec{a}}{2}+\dfrac{\vec{b}}{3}\right)$ （s は実数）

◀(ア) の結果を利用。

$\overrightarrow{AC}=\overrightarrow{OA}$ となる点 C をとると，点 P は △ABC において ∠BAC の二等分線上にあるから

◀三角形の内角の二等分線を作り出すための工夫。

$$\overrightarrow{AP}=t\left(\frac{\overrightarrow{AB}}{|\overrightarrow{AB}|}+\frac{\overrightarrow{AC}}{|\overrightarrow{AC}|}\right)$$ （t は実数）

◀(ア) の結果を利用。

よって　$\overrightarrow{OP}=\overrightarrow{OA}+\overrightarrow{AP}$

◀ $\overrightarrow{OP}$ を t の式に直す。

$$=\vec{a}+t\left(\frac{\vec{b}-\vec{a}}{4}+\frac{\vec{a}}{2}\right)=\left(1+\frac{t}{4}\right)\vec{a}+\frac{t}{4}\vec{b}$$

◀ $\overrightarrow{AB}=\overrightarrow{OB}-\overrightarrow{OA}$, $|\overrightarrow{AB}|=4$, $\overrightarrow{AC}=\overrightarrow{OA}$, $|\overrightarrow{AC}|=|\overrightarrow{OA}|=2$

$\vec{a}\neq\vec{0}$, $\vec{b}\neq\vec{0}$, $\vec{a}\not\parallel\vec{b}$ であるから　$\dfrac{s}{2}=1+\dfrac{t}{4}$, $\dfrac{s}{3}=\dfrac{t}{4}$

これを解いて　$s=6$, $t=8$　ゆえに　$\boldsymbol{\overrightarrow{OP}=3\vec{a}+2\vec{b}}$

別解 (イ) AB と OP の交点を D とすると

$$AD:DB=OA:OB=2:3$$

AP は △OAD の ∠A の外角の二等分線であるから

◀「外角の二等分線の定理」（数学 A）を利用する解答。

$$OP:PD=AO:AD=2:\left(4\times\frac{2}{5}\right)=5:4$$

◀ $AD:DB=2:3$ から $AD:AB=2:5$

よって　$\boldsymbol{\overrightarrow{OP}}=5\overrightarrow{OD}=5\cdot\dfrac{3\vec{a}+2\vec{b}}{2+3}=\boldsymbol{3\vec{a}+2\vec{b}}$

検討

(2)(ア) の結果は，三角形の内心や角の二等分線が関係する問題で有効な場合もあるので，覚えておくとよい。

△OAB の ∠O を 2 等分するベクトルは　$\boldsymbol{k\left(\dfrac{\overrightarrow{OA}}{|\overrightarrow{OA}|}+\dfrac{\overrightarrow{OB}}{|\overrightarrow{OB}|}\right)}$ （k は実数，$k\neq0$）

練習 ③ 28

(1) △ABC の 3 辺の長さを AB=8, BC=7, CA=9 とする。$\overrightarrow{AB}=\vec{b}$, $\overrightarrow{AC}=\vec{c}$ とし，△ABC の内心を P とするとき，$\overrightarrow{AP}$ を $\vec{b}$, $\vec{c}$ で表せ。

(2) △OAB において，$|\overrightarrow{OA}|=3$, $|\overrightarrow{OB}|=2$, $\overrightarrow{OA}\cdot\overrightarrow{OB}=4$ とする。点 A で直線 OA に接する円の中心 C が ∠AOB の二等分線 g 上にある。このとき，$\overrightarrow{OC}$ を $\overrightarrow{OA}=\vec{a}$, $\overrightarrow{OB}=\vec{b}$ で表せ。

［(2) 類 神戸商大］ p.414 EX19, 20

重要例題 29 外心の位置ベクトル

△ABC において，AB=4，AC=5，BC=6 とし，外心を O とする。$\overrightarrow{AO}$ を $\overrightarrow{AB}$，$\overrightarrow{AC}$ を用いて表せ。

〔類 早稲田大〕 基本 27

指針 三角形の外心は，各辺の垂直二等分線の交点であるから，右図の △ABC の外心 O に対して　AB⊥MO，AC⊥NO

これをベクトルの条件に直すと　$\overrightarrow{AB}\perp\overrightarrow{MO}$，$\overrightarrow{AC}\perp\overrightarrow{NO}$

よって，$\overrightarrow{AO}=s\overrightarrow{AB}+t\overrightarrow{AC}$ として $\overrightarrow{AB}\cdot\overrightarrow{MO}=0$，$\overrightarrow{AC}\cdot\overrightarrow{NO}=0$ から，s，t の値を求める。

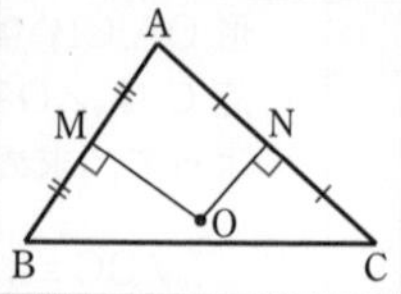

解答

辺 AB，辺 AC の中点をそれぞれ M，N とする。

ただし，△ABC は直角三角形ではないから，2 点 M，N はともに点 O とは一致しない。 …… (＊)

点 O は △ABC の外心であるから

AB⊥MO，AC⊥NO

ゆえに　$\overrightarrow{AB}\cdot\overrightarrow{MO}=0$，$\overrightarrow{AC}\cdot\overrightarrow{NO}=0$

$\overrightarrow{AO}=s\overrightarrow{AB}+t\overrightarrow{AC}$ (s，t は実数) とすると，$\overrightarrow{AB}\cdot\overrightarrow{MO}=0$ から　$\overrightarrow{AB}\cdot(\overrightarrow{AO}-\overrightarrow{AM})=0$

よって　$\overrightarrow{AB}\cdot\left\{\left(s-\frac{1}{2}\right)\overrightarrow{AB}+t\overrightarrow{AC}\right\}=0$ …… ①

また，$\overrightarrow{AC}\cdot\overrightarrow{NO}=0$ から　$\overrightarrow{AC}\cdot(\overrightarrow{AO}-\overrightarrow{AN})=0$

ゆえに　$\overrightarrow{AC}\cdot\left\{s\overrightarrow{AB}+\left(t-\frac{1}{2}\right)\overrightarrow{AC}\right\}=0$ …… ②

ここで　$|\overrightarrow{BC}|^2=|\overrightarrow{AC}-\overrightarrow{AB}|^2$

$=|\overrightarrow{AC}|^2-2\overrightarrow{AB}\cdot\overrightarrow{AC}+|\overrightarrow{AB}|^2$

よって　$6^2=5^2-2\overrightarrow{AB}\cdot\overrightarrow{AC}+4^2$

ゆえに　$\overrightarrow{AB}\cdot\overrightarrow{AC}=\frac{5}{2}$

よって，① から　$\left(s-\frac{1}{2}\right)\times4^2+t\times\frac{5}{2}=0$

すなわち　$32s+5t=16$ …… ③

また，② から　$s\times\frac{5}{2}+\left(t-\frac{1}{2}\right)\times5^2=0$

すなわち　$s+10t=5$ …… ④

③，④ から　$s=\frac{3}{7}$，$t=\frac{16}{35}$

したがって　$\boldsymbol{\overrightarrow{AO}=\frac{3}{7}\overrightarrow{AB}+\frac{16}{35}\overrightarrow{AC}}$

◀最大辺は BC であり $BC^2\neq AB^2+AC^2$

(＊) 直角三角形の外心 O(外接円の中心)は，斜辺の中点と一致する。

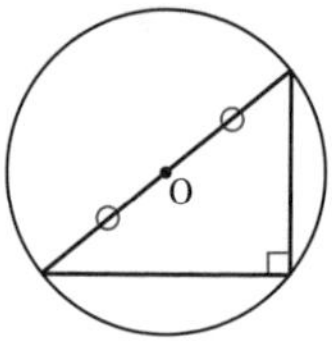

◀$\left(s-\frac{1}{2}\right)|\overrightarrow{AB}|^2+t\overrightarrow{AB}\cdot\overrightarrow{AC}=0$

◀$s\overrightarrow{AB}\cdot\overrightarrow{AC}+\left(t-\frac{1}{2}\right)|\overrightarrow{AC}|^2=0$

練習 ③ 29 △ABC において，AB=3，AC=4，BC=$\sqrt{13}$ とし，外心を O とする。$\overrightarrow{AO}$ を $\overrightarrow{AB}$，$\overrightarrow{AC}$ を用いて表せ。

p.414 EX21

参考事項 正射影ベクトル

第3節で扱ったベクトルの内積と関係性がある，「**正射影ベクトル**」を紹介しよう。
後半で説明するが，この正射影ベクトルは，垂線に関する問題などで利用できる。

● ベクトルの正射影

$\overrightarrow{OA}=\vec{a}$，$\overrightarrow{OB}=\vec{b}$ とし，$\vec{a}$ と $\vec{b}$ のなす角を θ とする。点Bから直線OAに垂線BB′を下ろしたとき，$\overrightarrow{OB'}$ を $\overrightarrow{OB}$ の直線OA上への **正射影** という。

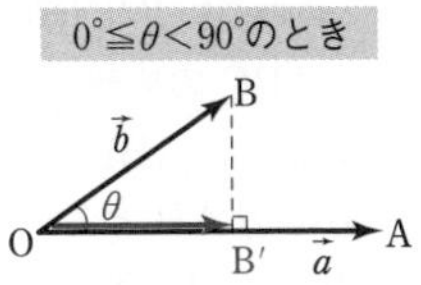

OA上で $\overrightarrow{OA}$ の向きを正として，符号を含んだ長さを考えると $OB'=|\vec{b}|\cos\theta$ であって　◀90°≦θ≦180° のとき　OB′≦0

$$\vec{a}\cdot\vec{b}=\mathrm{OA}\times\mathrm{OB'}\ \cdots\cdots\ (*)$$

と書ける。

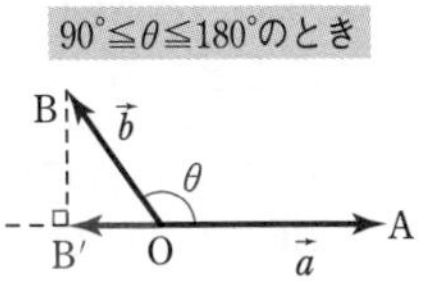

よって，内積 $\overrightarrow{OA}\cdot\overrightarrow{OB}$ の図形的意味は，線分OAの長さと線分OB′の長さの積である，といえる。

また，$\overrightarrow{OB'}$ は，$\vec{a}$ と同じ向きの単位ベクトル $\dfrac{\vec{a}}{|\vec{a}|}$ を $|\vec{b}|\cos\theta$ 倍（OB′倍）したベクトルであるから　↖90°≦θ≦180° のとき0以下。

$$\overrightarrow{OB'}=|\vec{b}|\cos\theta\left(\frac{\vec{a}}{|\vec{a}|}\right)=\frac{|\vec{b}|\cos\theta}{|\vec{a}|}\vec{a}=\frac{\vec{a}\cdot\vec{b}}{|\vec{a}|^2}\vec{a}$$

これを本書では，$\vec{b}$ の $\vec{a}$ 上への **正射影ベクトル** ということにする。

● 例題29を（＊）を利用して解く

$\angle OAM<90^\circ$，$\angle OAN<90^\circ$ である。（＊）から

$$\overrightarrow{AM}\cdot\overrightarrow{AO}=AM^2=2^2,\quad \overrightarrow{AN}\cdot\overrightarrow{AO}=AN^2=\left(\frac{5}{2}\right)^2$$

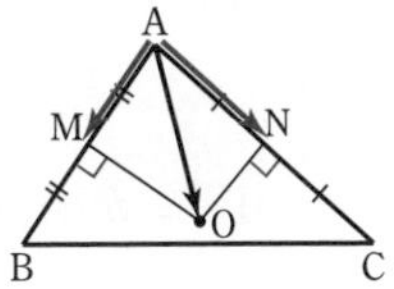

$\overrightarrow{AO}=s\overrightarrow{AB}+t\overrightarrow{AC}$（$s$，$t$ は実数）とすると，

$\dfrac{1}{2}\overrightarrow{AB}\cdot(s\overrightarrow{AB}+t\overrightarrow{AC})=4$ から　◀$\overrightarrow{AM}\cdot\overrightarrow{AO}=4$

$$s|\overrightarrow{AB}|^2+t\overrightarrow{AB}\cdot\overrightarrow{AC}=8\ \cdots\cdots\ ①$$

また，$\dfrac{1}{2}\overrightarrow{AC}\cdot(s\overrightarrow{AB}+t\overrightarrow{AC})=\dfrac{25}{4}$ から　◀$\overrightarrow{AN}\cdot\overrightarrow{AO}=\dfrac{25}{4}$

$$2s\overrightarrow{AB}\cdot\overrightarrow{AC}+2t|\overrightarrow{AC}|^2=25\ \cdots\cdots\ ②$$

$|\overrightarrow{AB}|=4$，$|\overrightarrow{AC}|=5$，$\overrightarrow{AB}\cdot\overrightarrow{AC}=\dfrac{5}{2}$ を①，②に代入して整理すると

$$32s+5t=16\ \cdots\cdots\ ③,\qquad s+10t=5\ \cdots\cdots\ ④$$

③，④から　$s=\dfrac{3}{7}$，$t=\dfrac{16}{35}$

したがって　$\overrightarrow{AO}=\dfrac{3}{7}\overrightarrow{AB}+\dfrac{16}{35}\overrightarrow{AC}$

参考事項　三角形の五心の位置ベクトル

これまでに三角形の垂心，内心，外心，傍心に関するベクトルについて考えてきた。ここでは，これらの点の位置ベクトルが，$A(\vec{a})$，$B(\vec{b})$，$C(\vec{c})$ であるとき，$\vec{a}$，$\vec{b}$，$\vec{c}$ でどのように表されるかを，三角形の面積比を利用して調べてみよう。

● △ABC の内部の点 P の位置ベクトル

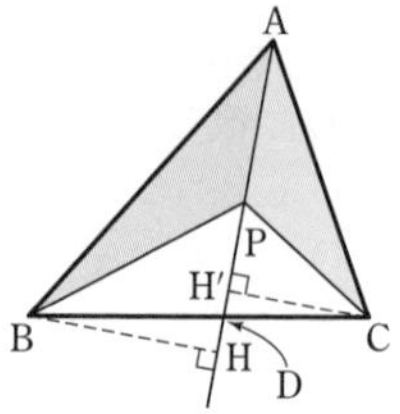

△ABC の内部の点 P をとり，直線 AP と辺 BC の交点を D とする。△ABP と △CAP の面積について，右の図で底辺をともに辺 AP とみると，面積の比は高さの比 BH：CH′ となる。
BH∥CH′ であるから　　BH：CH′＝BD：CD
よって，△ABP：△CAP＝BD：CD ……（＊）が成り立つ。
このことから，△ABC の内部の点 P の位置ベクトルについて，次のことが成り立つ。

> △ABC の内部に点 P をとり，$A(\vec{a})$，$B(\vec{b})$，$C(\vec{c})$，$P(\vec{p})$ とする。
> **△BCP：△CAP：△ABP＝$\alpha:\beta:\gamma$（$\alpha>0$，$\beta>0$，$\gamma>0$）……（★）とするとき**
> $$\vec{p}=\frac{\alpha\vec{a}+\beta\vec{b}+\gamma\vec{c}}{\alpha+\beta+\gamma}$$ **……（＊＊）が成り立つ。**

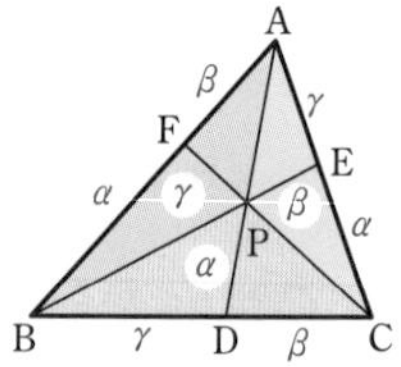

証明　右図のように 3 点 D，E，F をとると，（＊）から

$BD:DC=\gamma:\beta$，$CE:EA=\alpha:\gamma$，$AF:FB=\beta:\alpha$

$BP:PE=s:(1-s)$，$CP:PF=t:(1-t)$ とすると

$$\overrightarrow{AP}=(1-s)\overrightarrow{AB}+s\overrightarrow{AE}=(1-s)\overrightarrow{AB}+\frac{s\gamma}{\alpha+\gamma}\overrightarrow{AC}$$

$$\overrightarrow{AP}=t\overrightarrow{AF}+(1-t)\overrightarrow{AC}=\frac{t\beta}{\alpha+\beta}\overrightarrow{AB}+(1-t)\overrightarrow{AC}$$

$\overrightarrow{AB}\neq\vec{0}$，$\overrightarrow{AC}\neq\vec{0}$，$\overrightarrow{AB}\not\parallel\overrightarrow{AC}$ であるから

$$1-s=\frac{t\beta}{\alpha+\beta}\ \cdots\cdots\ ①,\quad \frac{s\gamma}{\alpha+\gamma}=1-t\ \cdots\cdots\ ②$$

①，② から　$s=\dfrac{\alpha+\gamma}{\alpha+\beta+\gamma}$　ゆえに　$\overrightarrow{AP}=\dfrac{\beta\overrightarrow{AB}}{\alpha+\beta+\gamma}+\dfrac{\gamma\overrightarrow{AC}}{\alpha+\beta+\gamma}$

$\overrightarrow{AP}=\vec{p}-\vec{a}$，$\overrightarrow{AB}=\vec{b}-\vec{a}$，$\overrightarrow{AC}=\vec{c}-\vec{a}$ から　　$\vec{p}=\dfrac{\alpha\vec{a}+\beta\vec{b}+\gamma\vec{c}}{\alpha+\beta+\gamma}$

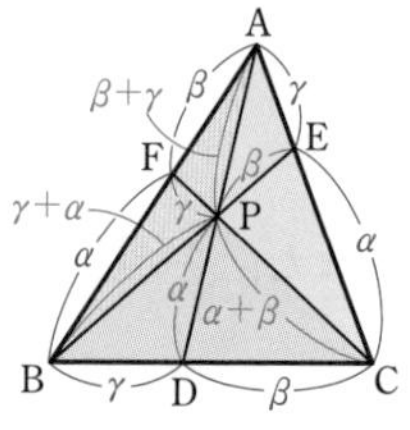

参考　（★）が成り立つとき，右図のような長さの比の関係がある。
また，（＊＊）は $\boldsymbol{\alpha\overrightarrow{AP}+\beta\overrightarrow{BP}+\gamma\overrightarrow{CP}=\vec{0}}$ と同値である。

● 三角形の五心の位置ベクトル

以下，△ABC に対し，$A(\vec{a})$，$B(\vec{b})$，$C(\vec{c})$，$BC=a$，$CA=b$，$AB=c$ とする。

(1)　**重心 …… 3 つの中線の交点 $G(\vec{g})$**

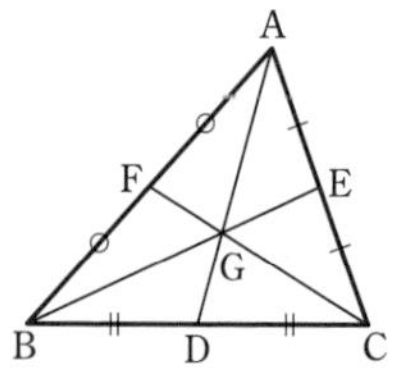

直線 AG と辺 BC の交点，直線 BG と辺 CA の交点，
直線 CG と辺 AB の交点をそれぞれ D，E，F とすると

BD＝DC，CE＝EA，AF＝FB

よって，（＊）から　　△BCG：△CAG：△ABG＝1：1：1

ゆえに，(＊＊)から　$\vec{g}=\dfrac{1\cdot\vec{a}+1\cdot\vec{b}+1\cdot\vec{c}}{1+1+1}=\dfrac{\vec{a}+\vec{b}+\vec{c}}{3}$

(2) **内心** …… **3 つの内角の二等分線の交点 $\mathrm{I}(\vec{i})$**

点 I から辺 BC，CA，AB に垂線 ID，IE，IF を下ろすと，ID＝IE＝IF であるから

$\triangle\mathrm{BCI}:\triangle\mathrm{CAI}:\triangle\mathrm{ABI}=\mathrm{BC}:\mathrm{CA}:\mathrm{AB}$

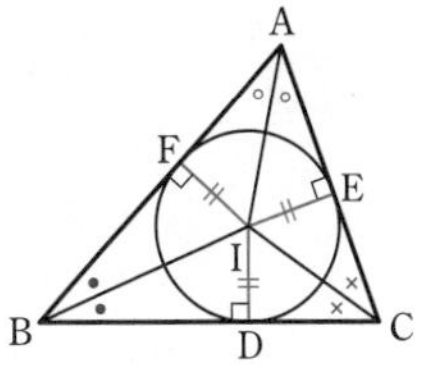

よって，(＊＊)から　$\vec{i}=\dfrac{a\vec{a}+b\vec{b}+c\vec{c}}{a+b+c}$ …… ㋐

また，正弦定理より　$\dfrac{a}{\sin A}=\dfrac{b}{\sin B}=\dfrac{c}{\sin C}$

すなわち　$a:b:c=\sin A:\sin B:\sin C$

ゆえに，$\vec{i}=\dfrac{(\sin A)\vec{a}+(\sin B)\vec{b}+(\sin C)\vec{c}}{\sin A+\sin B+\sin C}$ と表すこともできる。

参考 ㋐ の式を，点 A を始点とする位置ベクトルの式に直してみると

$$\overrightarrow{\mathrm{AI}}=\vec{i}-\vec{a}=\frac{a\vec{a}+b\vec{b}+c\vec{c}}{a+b+c}-\frac{(a+b+c)\vec{a}}{a+b+c}=\frac{b(\vec{b}-\vec{a})+c(\vec{c}-\vec{a})}{a+b+c}$$

$$=\frac{b}{a+b+c}\overrightarrow{\mathrm{AB}}+\frac{c}{a+b+c}\overrightarrow{\mathrm{AC}}$$

◀例題 **28** (1) で検算してみよ。

(3) **外心**（△ABC が鋭角三角形の場合）

…… **3 辺の垂直二等分線の交点 $\mathrm{O}(\vec{o})$**

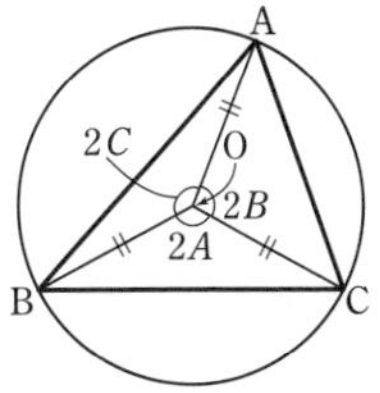

点 O は △ABC の外接円の中心であるから

OA＝OB＝OC,

$\angle\mathrm{BOC}=2A$，$\angle\mathrm{COA}=2B$，$\angle\mathrm{AOB}=2C$

よって　$\triangle\mathrm{BCO}:\triangle\mathrm{CAO}:\triangle\mathrm{ABO}$

$=\dfrac{1}{2}\mathrm{OB}\cdot\mathrm{OC}\sin 2A:\dfrac{1}{2}\mathrm{OC}\cdot\mathrm{OA}\sin 2B:\dfrac{1}{2}\mathrm{OA}\cdot\mathrm{OB}\sin 2C$

$=\sin 2A:\sin 2B:\sin 2C$

ゆえに，(＊＊)から　$\vec{o}=\dfrac{(\sin 2A)\vec{a}+(\sin 2B)\vec{b}+(\sin 2C)\vec{c}}{\sin 2A+\sin 2B+\sin 2C}$

(4) **垂心**（△ABC が鋭角三角形の場合）

…… **3 つの垂線の交点 $\mathrm{H}(\vec{h})$**

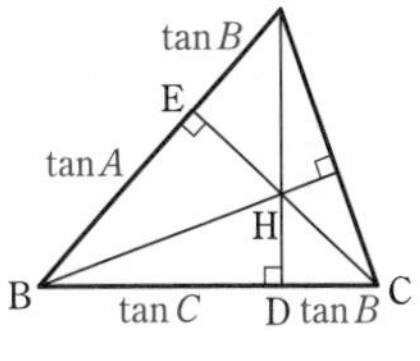

直線 AH と辺 BC の交点，直線 CH と辺 AB の交点をそれぞれ D，E とすると，$\mathrm{BD}=\dfrac{\mathrm{AD}}{\tan B}$，$\mathrm{DC}=\dfrac{\mathrm{AD}}{\tan C}$ から

$\mathrm{BD}:\mathrm{DC}=\tan C:\tan B$

同様に　$\mathrm{AE}:\mathrm{EB}=\tan B:\tan A$

よって，(＊)から　$\triangle\mathrm{BCH}:\triangle\mathrm{CAH}:\triangle\mathrm{ABH}=\tan A:\tan B:\tan C$

ゆえに，(＊＊)から　$\vec{h}=\dfrac{(\tan A)\vec{a}+(\tan B)\vec{b}+(\tan C)\vec{c}}{\tan A+\tan B+\tan C}$

三角形の傍心の位置ベクトルについては，p.414 の EXERCISES 19 で問題として取り上げたので，取り組んでみてほしい。

基本例題 30 線分の平方に関する証明

①①①①①

△ABC の重心を G とするとき，次の等式を証明せよ。

(1) $\overrightarrow{GA}+\overrightarrow{GB}+\overrightarrow{GC}=\vec{0}$　　(2) $AB^2+AC^2=BG^2+CG^2+4AG^2$

基本 15　重要 33，基本 71

指針 (1) 点 O を始点とすると，重心 G の位置ベクトルは　$\overrightarrow{OG}=\frac{1}{3}(\overrightarrow{OA}+\overrightarrow{OB}+\overrightarrow{OC})$
O は任意の点でよいから，G を始点としてみる。

(2) **図形の問題 ⟶ ベクトル化** も有効。すなわち，AB^2 など **(線分)^2** には
$AB^2=|\overrightarrow{AB}|^2=|\vec{b}-\vec{a}|^2$ として，**内積を利用** するとよい。
なお，この問題では BG^2, CG^2, AG^2 のように，G を端点とする線分が多く出てくるから，**G を始点** とする位置ベクトルを使って証明するとよい。すなわち，$\overrightarrow{GA}=\vec{a}$, $\overrightarrow{GB}=\vec{b}$, $\overrightarrow{GC}=\vec{c}$ として進める。(1) の **結果も利用**。

CHART (線分)^2 の問題　内積を利用

解答

(1) 重心 G の位置ベクトルを，点 O に関する位置ベクトルで表すと

$\overrightarrow{OG}=\frac{1}{3}(\overrightarrow{OA}+\overrightarrow{OB}+\overrightarrow{OC})$ であるから，点 G に関する位置ベクトルで表すと

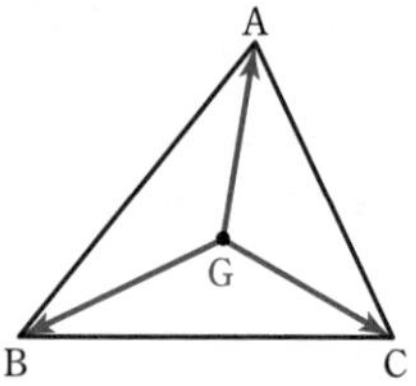

$$\overrightarrow{GG}=\frac{1}{3}(\overrightarrow{GA}+\overrightarrow{GB}+\overrightarrow{GC})$$

ゆえに　$\overrightarrow{GA}+\overrightarrow{GB}+\overrightarrow{GC}=\vec{0}$

(2) $\overrightarrow{GA}=\vec{a}$, $\overrightarrow{GB}=\vec{b}$, $\overrightarrow{GC}=\vec{c}$ とすると，(1) の結果から

$\vec{a}+\vec{b}+\vec{c}=\vec{0}$　　ゆえに　$\vec{c}=-\vec{a}-\vec{b}$

また　$\overrightarrow{AB}=\vec{b}-\vec{a}$, $\overrightarrow{AC}=\vec{c}-\vec{a}=-2\vec{a}-\vec{b}$

よって　$AB^2+AC^2-(BG^2+CG^2+4AG^2)$

$=|\overrightarrow{AB}|^2+|\overrightarrow{AC}|^2-(|\overrightarrow{BG}|^2+|\overrightarrow{CG}|^2+4|\overrightarrow{AG}|^2)$

$=|\vec{b}-\vec{a}|^2+|-2\vec{a}-\vec{b}|^2$
$\quad-|-\vec{b}|^2-|\vec{a}+\vec{b}|^2-4|-\vec{a}|^2$

$=(|\vec{b}|^2-2\vec{b}\cdot\vec{a}+|\vec{a}|^2)+(4|\vec{a}|^2+4\vec{a}\cdot\vec{b}+|\vec{b}|^2)$
$\quad-|\vec{b}|^2-(|\vec{a}|^2+2\vec{a}\cdot\vec{b}+|\vec{b}|^2)-4|\vec{a}|^2$

$=0$

ゆえに　$AB^2+AC^2=BG^2+CG^2+4AG^2$

別解 (1) $\overrightarrow{GA}+\overrightarrow{GB}+\overrightarrow{GC}$
$=(\overrightarrow{OA}-\overrightarrow{OG})+(\overrightarrow{OB}-\overrightarrow{OG})$
$\quad+(\overrightarrow{OC}-\overrightarrow{OG})$
$=\overrightarrow{OA}+\overrightarrow{OB}+\overrightarrow{OC}-3\overrightarrow{OG}$
$=\vec{0}$

◀$\overrightarrow{GG}=\vec{0}$

① **条件式**
文字を減らす方針で

◀$A=B \Longleftrightarrow A-B=0$

◀$AB^2=|\overrightarrow{AB}|^2$

練習 次の等式が成り立つことを証明せよ。
② **30** (1) △ABC において，辺 BC の中点を M とするとき

$$AB^2+AC^2=2(AM^2+BM^2)\quad(\text{中線定理})$$

(2) △ABC の重心を G，O を任意の点とするとき

$$AG^2+BG^2+CG^2=OA^2+OB^2+OC^2-3OG^2$$

基本例題 31 線分の垂直に関する証明

△ABC の重心を G，外接円の中心を O とするとき，次のことを示せ。

(1) $\overrightarrow{OA}+\overrightarrow{OB}+\overrightarrow{OC}=\overrightarrow{OH}$ である点 H をとると，H は △ABC の垂心である。

(2) (1)の点 H に対して，3 点 O，G，H は一直線上にあり　GH=2OG

〔類　山梨大〕　基本 25　基本 71

指針　(1)　三角形の垂心とは，三角形の各頂点から対辺またはその延長に下ろした垂線の交点である。

$\overrightarrow{AH}\neq\vec{0}$，$\overrightarrow{BC}\neq\vec{0}$，$\overrightarrow{BH}\neq\vec{0}$，$\overrightarrow{CA}\neq\vec{0}$ のとき

$\overrightarrow{AH}\perp\overrightarrow{BC}$，$\overrightarrow{BH}\perp\overrightarrow{CA} \Longleftrightarrow \overrightarrow{AH}\cdot\overrightarrow{BC}=0$，$\overrightarrow{BH}\cdot\overrightarrow{CA}=0$ …… Ⓐ

であるから，**内積を利用** して，Ⓐ〔**(内積)=0**〕を計算により示す。

O は △ABC の外心であるから，$|\overrightarrow{OA}|=|\overrightarrow{OB}|=|\overrightarrow{OC}|$ も利用。

CHART　線分の垂直　(内積)=0 を利用

解答

(1)　∠A≠90°，∠B≠90° としてよい。このとき，外心 O は辺 BC，CA 上にはない。…… ①

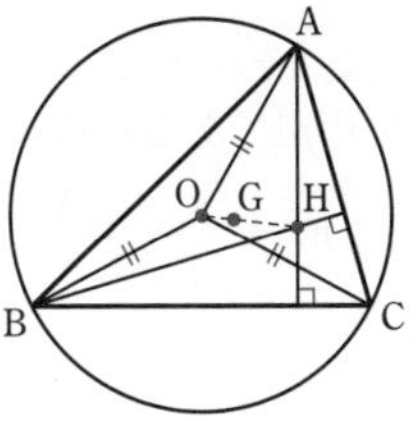

$\overrightarrow{OH}=\overrightarrow{OA}+\overrightarrow{OB}+\overrightarrow{OC}$ から

$\overrightarrow{AH}=\overrightarrow{OH}-\overrightarrow{OA}=\overrightarrow{OB}+\overrightarrow{OC}$

ゆえに　$\overrightarrow{AH}\cdot\overrightarrow{BC}$

$=(\overrightarrow{OB}+\overrightarrow{OC})\cdot(\overrightarrow{OC}-\overrightarrow{OB})$

$=|\overrightarrow{OC}|^2-|\overrightarrow{OB}|^2=0$

同様にして

$\overrightarrow{BH}\cdot\overrightarrow{CA}=(\overrightarrow{OA}+\overrightarrow{OC})\cdot(\overrightarrow{OA}-\overrightarrow{OC})$

$=|\overrightarrow{OA}|^2-|\overrightarrow{OC}|^2=0$

また，① から　$\overrightarrow{AH}=\overrightarrow{OB}+\overrightarrow{OC}\neq\vec{0}$，$\overrightarrow{BH}=\overrightarrow{OA}+\overrightarrow{OC}\neq\vec{0}$

よって，$\overrightarrow{AH}\neq\vec{0}$，$\overrightarrow{BC}\neq\vec{0}$，$\overrightarrow{BH}\neq\vec{0}$，$\overrightarrow{CA}\neq\vec{0}$ であるから

$\overrightarrow{AH}\perp\overrightarrow{BC}$，$\overrightarrow{BH}\perp\overrightarrow{CA}$

すなわち　AH⊥BC，BH⊥CA

したがって，点 H は △ABC の垂心である。

(2)　$\overrightarrow{OG}=\dfrac{\overrightarrow{OA}+\overrightarrow{OB}+\overrightarrow{OC}}{3}=\dfrac{1}{3}\overrightarrow{OH}$ から　$\overrightarrow{OH}=3\overrightarrow{OG}$

ゆえに　$\overrightarrow{GH}=\overrightarrow{OH}-\overrightarrow{OG}=2\overrightarrow{OG}$

よって，3 点 O，G，H は一直線上にあり　GH=2OG

◀直角三角形のときは ∠C=90° とする。このとき，外心は辺 AB 上にある（辺 AB の中点）。

◀$\overrightarrow{BC}=\overrightarrow{OC}-\overrightarrow{OB}$（**分割**）

◀**△ABC の外心 O ⟶ OA=OB=OC**（数学 A）

検討

外心，重心，垂心を通る直線（この例題の直線 OGH）を **オイラー線** という。ただし，正三角形は除く。

◀(1) から
$\overrightarrow{OA}+\overrightarrow{OB}+\overrightarrow{OC}=\overrightarrow{OH}$

練習 31 ③　右の図のように，△ABC の外側に

AP=AB，AQ=AC，∠PAB=∠QAC=90°

となるように，2 点 P，Q をとる。

更に，四角形 AQRP が平行四辺形になるように点 R をとると，AR⊥BC であることを証明せよ。

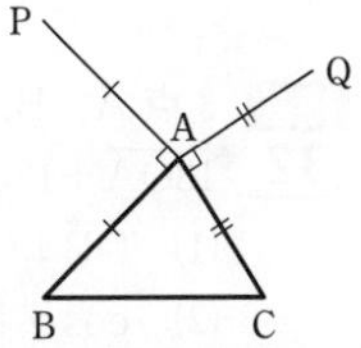

基本例題 32 三角形 ABC の外心 O に関するベクトルの問題

鋭角三角形 ABC の外心 O から直線 BC, CA, AB に下ろした垂線の足を，それぞれ P, Q, R とするとき，$\overrightarrow{OP}+2\overrightarrow{OQ}+3\overrightarrow{OR}=\vec{0}$ が成立しているとする。

(1) $5\overrightarrow{OA}+4\overrightarrow{OB}+3\overrightarrow{OC}=\vec{0}$ が成り立つことを示せ。

(2) 内積 $\overrightarrow{OB}\cdot\overrightarrow{OC}$ を求めよ。

(3) ∠A の大きさを求めよ。

基本 16

指針 点 O から直線に下ろした **垂線の足** とは，下ろした垂線と直線との交点のこと。

(1) まず，$\overrightarrow{OP}$，$\overrightarrow{OQ}$，$\overrightarrow{OR}$ を $\overrightarrow{OA}$，$\overrightarrow{OB}$，$\overrightarrow{OC}$ で表すことを考える。
ここで，**円の中心から弦に引いた垂線は，弦を 2 等分する**。よって，3 点 P, Q, R は，それぞれ辺 BC，CA，AB の中点である。

(2) (1) の等式から $|5\overrightarrow{OA}|=|4\overrightarrow{OB}+3\overrightarrow{OC}|$ として，両辺を 2 乗すると，$\overrightarrow{OB}\cdot\overrightarrow{OC}$ が出てくる。ここで，**△ABC の外心 O ⟶ OA＝OB＝OC** を利用。

(3) ∠A は弧 BC に対する円周角 ⟶ **2×(円周角)＝(中心角)**＝∠BOC から。

解答

(1) 3 点 P，Q，R は，それぞれ辺 BC，CA，AB の中点であるから

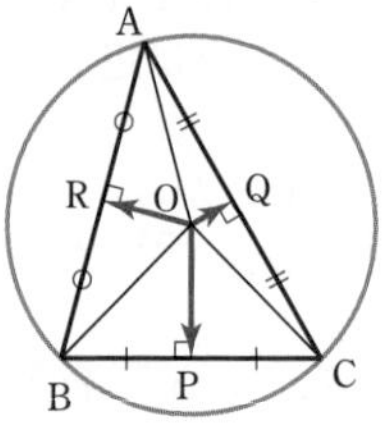

$\overrightarrow{OP}=\dfrac{\overrightarrow{OB}+\overrightarrow{OC}}{2}$，$\overrightarrow{OQ}=\dfrac{\overrightarrow{OC}+\overrightarrow{OA}}{2}$，

$\overrightarrow{OR}=\dfrac{\overrightarrow{OA}+\overrightarrow{OB}}{2}$

◀三角形の外心 ⟶ 3 辺の垂直二等分線の交点。

これらを $\overrightarrow{OP}+2\overrightarrow{OQ}+3\overrightarrow{OR}=\vec{0}$ に代入して $\dfrac{\overrightarrow{OB}+\overrightarrow{OC}}{2}+2\left(\dfrac{\overrightarrow{OC}+\overrightarrow{OA}}{2}\right)+3\left(\dfrac{\overrightarrow{OA}+\overrightarrow{OB}}{2}\right)=\vec{0}$

◀両辺に 2 を掛けて整理する。

ゆえに $5\overrightarrow{OA}+4\overrightarrow{OB}+3\overrightarrow{OC}=\vec{0}$

(2) (1) の結果から $5\overrightarrow{OA}=-(4\overrightarrow{OB}+3\overrightarrow{OC})$

よって $5|\overrightarrow{OA}|=|4\overrightarrow{OB}+3\overrightarrow{OC}|$

◀$|k\vec{a}|=|k||\vec{a}|$ (k は実数)

両辺を 2 乗して

$25|\overrightarrow{OA}|^2=16|\overrightarrow{OB}|^2+24\overrightarrow{OB}\cdot\overrightarrow{OC}+9|\overrightarrow{OC}|^2$

◀両辺の ---- が消し合う。

$|\overrightarrow{OA}|=|\overrightarrow{OB}|=|\overrightarrow{OC}|$ であるから $\overrightarrow{OB}\cdot\overrightarrow{OC}=\mathbf{0}$

(3) (2) から ∠BOC＝90°

∠A と ∠BOC は弧 BC に対する円周角と中心角の関係にあり，△ABC は鋭角三角形であるから，弦 BC から見て点 A と点 O は同じ側にある。

◀(3) 鋭角三角形の外心と頂点は，その頂点の対辺に関して同じ側にあるから，鋭角三角形の外心はその内部にある。

よって $\angle A=\dfrac{1}{2}\angle BOC=\dfrac{1}{2}\times 90°=\mathbf{45°}$

練習 ③ 32 3 点 A，B，C が点 O を中心とする半径 1 の円周上にあり，$13\overrightarrow{OA}+12\overrightarrow{OB}+5\overrightarrow{OC}=\vec{0}$ を満たす。∠AOB＝α，∠AOC＝β とするとき

(1) $\overrightarrow{OB}\perp\overrightarrow{OC}$ であることを示せ。

(2) $\cos\alpha$ および $\cos\beta$ を求めよ。 〔長崎大〕

重要例題 33 内積と三角形の形状

△ABC が次の等式を満たすとき，△ABC はどのような形か。

(1) $\overrightarrow{AB}\cdot\overrightarrow{AC}=|\overrightarrow{AC}|^2$　　(2) $\overrightarrow{AB}\cdot\overrightarrow{BC}=\overrightarrow{BC}\cdot\overrightarrow{CA}=\overrightarrow{CA}\cdot\overrightarrow{AB}$

基本 30

指針 **三角形の形状問題**　2 辺ずつの長さの関係(2 辺の長さが等しい，3 辺の長さが等しいなど)，2 辺のなす角 (30°，45°，60°，90° になるかなど) を調べる。
線分の長さ，角の大きさを調べるには，**内積** を利用する。
(1) $|\overrightarrow{AC}|^2=\overrightarrow{AC}\cdot\overrightarrow{AC}$ から $(\overrightarrow{AB}-\overrightarrow{AC})\cdot\overrightarrow{AC}=0$　(内積)$=0 \Longleftrightarrow$ 垂直か $\vec{0}$
(2) 2 組ずつ，すなわち $\overrightarrow{AB}\cdot\overrightarrow{BC}=\overrightarrow{BC}\cdot\overrightarrow{CA}$，$\overrightarrow{BC}\cdot\overrightarrow{CA}=\overrightarrow{CA}\cdot\overrightarrow{AB}$ について調べる。1 つ目の等式で $\overrightarrow{BC}\cdot(\overrightarrow{AB}-\overrightarrow{CA})=0$　ここで，$\overrightarrow{BC}$ を $\overrightarrow{AC}-\overrightarrow{AB}$ に分割する。

CHART **線分のなす角，長さの平方　内積を利用**

解答

(1) $\overrightarrow{AB}\cdot\overrightarrow{AC}=|\overrightarrow{AC}|^2$ から
$\overrightarrow{AB}\cdot\overrightarrow{AC}-\overrightarrow{AC}\cdot\overrightarrow{AC}=0$
ゆえに　$(\overrightarrow{AB}-\overrightarrow{AC})\cdot\overrightarrow{AC}=0$
$\overrightarrow{AB}-\overrightarrow{AC}=\overrightarrow{CB}$ であるから　$\overrightarrow{CB}\cdot\overrightarrow{AC}=0$
$\overrightarrow{CB}\neq\vec{0}$，$\overrightarrow{AC}\neq\vec{0}$ であるから　$\overrightarrow{CB}\perp\overrightarrow{AC}$
すなわち　CB⊥AC
したがって，△ABC は **∠C=90° の直角三角形** である。

(2) $\overrightarrow{AB}\cdot\overrightarrow{BC}=\overrightarrow{BC}\cdot\overrightarrow{CA}$ から
$\overrightarrow{BC}\cdot(\overrightarrow{AB}-\overrightarrow{CA})=0$
よって　$(\overrightarrow{AC}-\overrightarrow{AB})\cdot(\overrightarrow{AB}+\overrightarrow{AC})=0$
ゆえに　$|\overrightarrow{AC}|^2-|\overrightarrow{AB}|^2=0$
よって　$|\overrightarrow{AC}|^2=|\overrightarrow{AB}|^2$　すなわち　AC=AB …… ①
$\overrightarrow{BC}\cdot\overrightarrow{CA}=\overrightarrow{CA}\cdot\overrightarrow{AB}$ から，上と同様にして
BC=AB …… ②
①，② から　AB=BC=CA
したがって，△ABC は **正三角形** である。

◀ $|\overrightarrow{AC}|^2=\overrightarrow{AC}\cdot\overrightarrow{AC}$

◀ どの角が直角になるかも明記しておく。

◀ $\overrightarrow{BC}=\overrightarrow{AC}-\overrightarrow{AB}$，$\overrightarrow{CA}=-\overrightarrow{AC}$

◀ $\overrightarrow{CA}\cdot(\overrightarrow{BC}-\overrightarrow{AB})=0$
$(\overrightarrow{BA}-\overrightarrow{BC})\cdot(\overrightarrow{BC}+\overrightarrow{BA})=0$
$|\overrightarrow{BA}|^2=|\overrightarrow{BC}|^2$
よって　BA=BC

検討 **中点の位置ベクトルを利用する別解**

(2) $\overrightarrow{AB}\cdot\overrightarrow{BC}=\overrightarrow{BC}\cdot\overrightarrow{CA}$ から　$\overrightarrow{BC}\cdot(\overrightarrow{AB}-\overrightarrow{CA})=0$
ゆえに　$\overrightarrow{BC}\cdot(\overrightarrow{AB}+\overrightarrow{AC})=0$
ここで，辺 BC の中点を M とすると　$\overrightarrow{AB}+\overrightarrow{AC}=2\overrightarrow{AM}$
よって　$\overrightarrow{BC}\cdot\overrightarrow{AM}=0 \Longrightarrow$ BC⊥AM
$\Longrightarrow$ AM は辺 BC の垂直二等分線 $\Longrightarrow$ **AB=AC**
同様に，$\overrightarrow{BC}\cdot\overrightarrow{CA}=\overrightarrow{CA}\cdot\overrightarrow{AB}$ から　**BA=BC**
よって，△ABC は **正三角形** である。

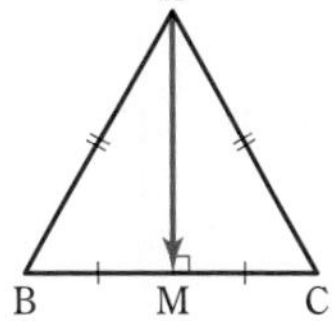

練習 ③ **33**　次の等式を満たす △ABC は，どのような形の三角形か。
$\overrightarrow{AB}\cdot\overrightarrow{AB}=\overrightarrow{AB}\cdot\overrightarrow{AC}+\overrightarrow{BA}\cdot\overrightarrow{BC}+\overrightarrow{CA}\cdot\overrightarrow{CB}$

EXERCISES

②17 m, n を正の定数とし，AB=AC である二等辺三角形 ABC の辺 AB, BC, CA をそれぞれ $m:n\ (m \neq n)$ に内分する点を D, E, F とする。〔類 北海道教育大〕

(1) $\overrightarrow{AB}=\vec{b}$, $\overrightarrow{AC}=\vec{c}$ として，$\overrightarrow{AE}$, $\overrightarrow{DF}$ をそれぞれ $\vec{b}$, $\vec{c}$ で表せ。

(2) $\overrightarrow{AE} \perp \overrightarrow{DF}$ となるとき，$\overrightarrow{AB} \perp \overrightarrow{AC}$ であることを示せ。 →22

④18 $0<s<1$, $0<t<1$ とする。平行四辺形 OABC において，$\overrightarrow{OA}=\vec{a}$, $\overrightarrow{OC}=\vec{c}$ とし，辺 OC を $s:(1-s)$ に内分する点を E，辺 CB を $t:(1-t)$ に内分する点を F，OF と AE との交点を G とする。〔類 岐阜大〕

(1) $\overrightarrow{AF}$, $\overrightarrow{OG}$ をそれぞれ $\vec{a}$, $\vec{c}$, s, t で表せ。

(2) △OGE と △ABF の面積をそれぞれ S, S' とするとき，$\dfrac{S'}{S}$ を s, t で表せ。

(3) s, t が $0<s<1$, $0<t<1$, $st=\dfrac{1}{3}$ を満たしながら動くとき，(2) で求めた $\dfrac{S'}{S}$ の最大値を求めよ。 →23, 26

③19 鋭角三角形 ABC において，$A(\vec{a})$, $B(\vec{b})$, $C(\vec{c})$, $BC=a$, $CA=b$, $AB=c$ とする。頂角 A 内の傍心を $I_A(\vec{i_A})$ とするとき，ベクトル $\vec{i_A}$ を $\vec{a}$, $\vec{b}$, $\vec{c}$ を用いて表せ。 →28

④20 △OAB において，$\vec{a}=\overrightarrow{OA}$, $\vec{b}=\overrightarrow{OB}$ とし，$|\vec{a}|=3$, $|\vec{b}|=5$, $\cos\angle AOB=\dfrac{3}{5}$ とする。このとき，∠AOB の二等分線と点 B を中心とする半径 $\sqrt{10}$ の円との交点の，O を原点とする位置ベクトルを，$\vec{a}$, $\vec{b}$ を用いて表せ。〔京都大〕 →28

③21 △ABC について，$|\overrightarrow{AB}|=1$, $|\overrightarrow{AC}|=2$, $|\overrightarrow{BC}|=\sqrt{6}$ が成立しているとする。△ABC の外接円の中心を O とし，直線 AO と外接円との A 以外の交点を P とする。〔北海道大〕

(1) $\overrightarrow{AB}$ と $\overrightarrow{AC}$ の内積を求めよ。

(2) $\overrightarrow{AP}=s\overrightarrow{AB}+t\overrightarrow{AC}$ が成り立つような実数 s, t の値を求めよ。

(3) 直線 AP と直線 BC の交点を D とするとき，線分 AD の長さを求めよ。 →29

HINT

17 (2) $\overrightarrow{AE}\cdot\overrightarrow{DF}=0$ から m, n, $\vec{b}$, $\vec{c}$ の等式を導く。

18 (1) [$\overrightarrow{OG}$] $\overrightarrow{OG}=k\overrightarrow{OF}$ となる実数 k がある。また，$AG:GE=m:(1-m)$ とする。
(2) S, S' がそれぞれ △OAC の面積の何倍になるかを調べる。

19 AI_A と辺 BC の交点を D として，まず $\overrightarrow{AD}$ を $\overrightarrow{AB}$, $\overrightarrow{AC}$ で表す。

20 ∠AOB の二等分線と B を中心とする半径 $\sqrt{10}$ の円との交点を P とすると

$$\overrightarrow{OP}=k\left(\frac{\vec{a}}{|\vec{a}|}+\frac{\vec{b}}{|\vec{b}|}\right)\ (k\text{ は実数}),\ |\overrightarrow{BP}|=\sqrt{10}$$

21 $\overrightarrow{AB}=\vec{b}$, $\overrightarrow{AC}=\vec{c}$ とする。(1) $|\overrightarrow{BC}|=\sqrt{6}$ から $|\vec{c}-\vec{b}|^2=6$
(2) 線分 AP は △ABC の外接円の直径であるから $\overrightarrow{BA}\perp\overrightarrow{BP}$, $\overrightarrow{CA}\perp\overrightarrow{CP}$

5 ベクトル方程式

基本事項

1 直線のベクトル方程式

直線上の任意の点 P の位置ベクトルを $\vec{p}$ とし，s と t を実数の変数とする。

① **定点 A$(\vec{a})$ を通り，$\vec{0}$ でないベクトル $\vec{d}$ に平行な直線**

$\vec{p}=\vec{a}+t\vec{d}$　　$\vec{d}$ は直線の方向ベクトル

② **異なる 2 点 A$(\vec{a})$，B$(\vec{b})$ を通る直線**

$\vec{p}=(1-t)\vec{a}+t\vec{b}$　または　$\vec{p}=s\vec{a}+t\vec{b}$，$s+t=1$

③ **定点 A$(\vec{a})$ を通り，$\vec{0}$ でないベクトル $\vec{n}$ に垂直な直線**

$\vec{n}\cdot(\vec{p}-\vec{a})=0$　　$\vec{n}$ は直線の法線ベクトル

解 説

曲線上の点の位置ベクトル $\vec{p}$ の満たす関係式を，その曲線の **ベクトル方程式** という。

■ **直線のベクトル方程式**

① 右の図において

$(\overrightarrow{AP}\,/\!/\,\overrightarrow{OD}$ または $\overrightarrow{AP}=\vec{0}) \iff \overrightarrow{AP}=t\overrightarrow{OD}$

$\iff \overrightarrow{OP}-\overrightarrow{OA}=t\overrightarrow{OD} \iff \vec{p}-\vec{a}=t\vec{d}$

から，この直線のベクトル方程式は　$\vec{p}=\vec{a}+t\vec{d}$ …… Ⓐ

このとき，$\vec{d}$ を直線 Ⓐ の **方向ベクトル**，t を **媒介変数** という。

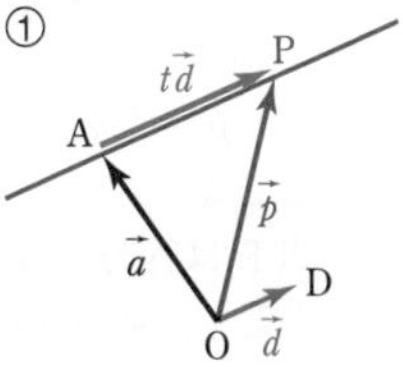

更に，原点を O，点 A$(x_1,\ y_1)$，直線 Ⓐ 上の任意の点を P$(x,\ y)$ とし，$\vec{d}=(l,\ m)$ とすると

Ⓐ から　$(x,\ y)=(x_1,\ y_1)+t(l,\ m)=(x_1+tl,\ y_1+tm)$

すなわち　$\begin{cases} x=x_1+tl \\ y=y_1+tm \end{cases}$ …… Ⓑ

連立方程式 Ⓑ を，この直線の **媒介変数表示** という。

② ① で $\vec{d}=\overrightarrow{AB}$ の場合を考えて，直線 AB のベクトル方程式は，$\overrightarrow{AB}=\vec{b}-\vec{a}$ から

$\vec{p}=\vec{a}+t(\vec{b}-\vec{a})$　　すなわち　$\vec{p}=(1-t)\vec{a}+t\vec{b}$

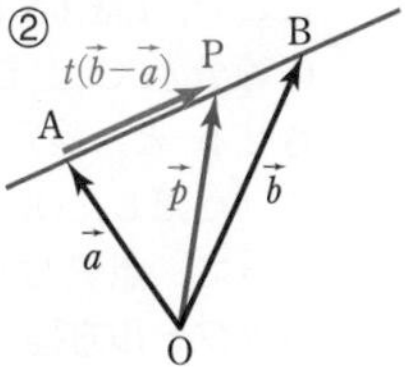

③ 右の図において

$(\overrightarrow{AP}\perp\vec{n}$ または $\overrightarrow{AP}=\vec{0}) \iff \vec{n}\cdot\overrightarrow{AP}=0$

から，この直線のベクトル方程式は　$\vec{n}\cdot(\vec{p}-\vec{a})=0$ …… Ⓒ

このとき，$\vec{n}$ を直線 Ⓒ の **法線ベクトル** という。

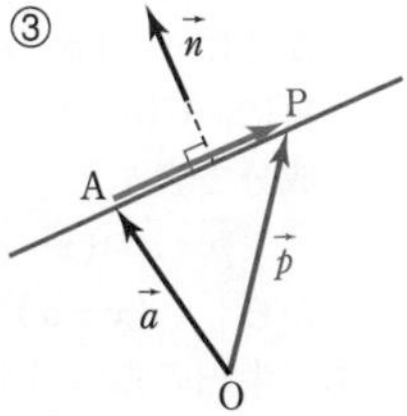

更に，A$(x_1,\ y_1)$，P$(x,\ y)$，$\vec{n}=(a,\ b)$ とすると

$\vec{p}-\vec{a}=(x-x_1,\ y-y_1)$ であるから，Ⓒ は

$a(x-x_1)+b(y-y_1)=0$

$c=-ax_1-by_1$ とすると　$ax+by+c=0$

よって，直線 $ax+by+c=0$ はベクトル $\vec{n}=(a,\ b)$ を法線ベクトルにもつ。

基本事項

2 ベクトルの終点の存在範囲

$\overrightarrow{OA}=\vec{a}$, $\overrightarrow{OB}=\vec{b}$, $\overrightarrow{OP}=\vec{p}$ とし, $\vec{a}\neq\vec{0}$, $\vec{b}\neq\vec{0}$, $\vec{a}\not\parallel\vec{b}$, $\vec{p}=s\vec{a}+t\vec{b}$ とする(s, t は実数の変数)。s, t に条件があると, 次のような図形を表す。

① **直線 AB　$s+t=1$**　　特に　**線分 AB　$s+t=1$, $s\geqq0$, $t\geqq0$**

② **三角形 OAB の周および内部　　$0\leqq s+t\leqq1$, $s\geqq0$, $t\geqq0$**

③ **平行四辺形 OACB の周および内部　　$0\leqq s\leqq1$, $0\leqq t\leqq1$**
(ただし, $\overrightarrow{OC}=\overrightarrow{OA}+\overrightarrow{OB}$)

3 円のベクトル方程式

3つの定点を $A(\vec{a})$, $B(\vec{b})$, $C(\vec{c})$ とし, 円周上の任意の点を $P(\vec{p})$ とすると

① **中心 C, 半径 r の円　$|\vec{p}-\vec{c}|=r$ または $(\vec{p}-\vec{c})\cdot(\vec{p}-\vec{c})=r^2$**

② **線分 AB を直径とする円　$(\vec{p}-\vec{a})\cdot(\vec{p}-\vec{b})=0$**

解　説

■ベクトルの終点の存在範囲

① (後半)　$s=1-t\geqq0$ から　　$t\leqq1$
よって　　$0\leqq t\leqq1$　　　このとき, $\vec{p}=\vec{a}+t(\vec{b}-\vec{a})$ であるから, 点 P は線分 AB 上を動く。

② $s+t=k$, $0<k\leqq1$ とし, $s=s'k$, $t=t'k$ とすると
$\vec{p}=s'(k\vec{a})+t'(k\vec{b})$　$s'+t'=1$, $s'\geqq0$, $t'\geqq0$
ここで, $A'(k\vec{a})$, $B'(k\vec{b})$ とし, k を定数 $(k>0)$ とすると,
点 P は線分 AB と平行な線分 A'B' 上を動く。

②

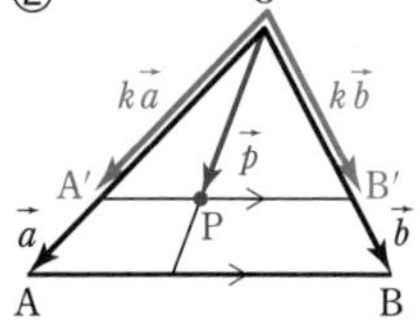

そして, k が $0<k\leqq1$ で動くと, 点 A' は線分 OA 上を, 点 B' は線分 OB 上を動く。
$k=0$ のとき, 点 P は点 O に一致する。
よって, $0\leqq k\leqq1$ のとき点 P は △OAB の周および内部を動く。

③ **s を固定** して, $\overrightarrow{OA'}=s\overrightarrow{OA}$ とすると　　$\overrightarrow{OP}=\overrightarrow{OA'}+t\overrightarrow{OB}$
ここで, **t を $0\leqq t\leqq1$ の範囲で変化させる** と, 点 P は右の図の線分 A'C' 上を動く。そして, **s を $0\leqq s\leqq1$ の範囲で変化させる** と, 線分 A'C' は線分 OB から線分 AC まで平行に動く (ただし, $\overrightarrow{OC}=\overrightarrow{OA}+\overrightarrow{OB}$)。
よって, 点 P は平行四辺形 OACB の周および内部を動く。

③

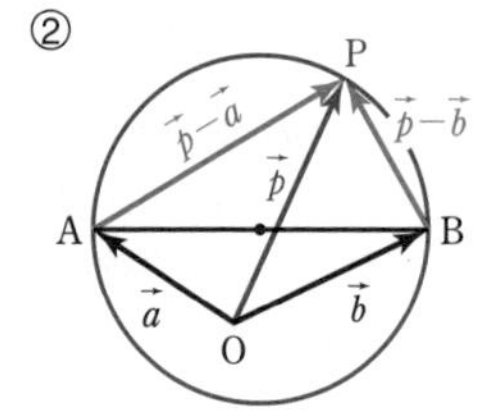

■円のベクトル方程式

① $|\overrightarrow{CP}|=r$ から　　$|\vec{p}-\vec{c}|=r$
よって　　$|\vec{p}-\vec{c}|^2=r^2$
ゆえに　　$(\vec{p}-\vec{c})\cdot(\vec{p}-\vec{c})=r^2$
更に, $C(a,\ b)$, $P(x,\ y)$ として成分で表すと
$\vec{p}-\vec{c}=(x-a,\ y-b)$
から　　$(x-a)^2+(y-b)^2=r^2$　　◀数学Ⅱで学ぶ円の方程式と同じ形。

①

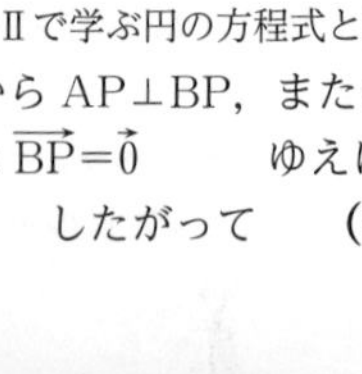

②

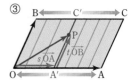

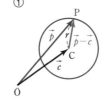

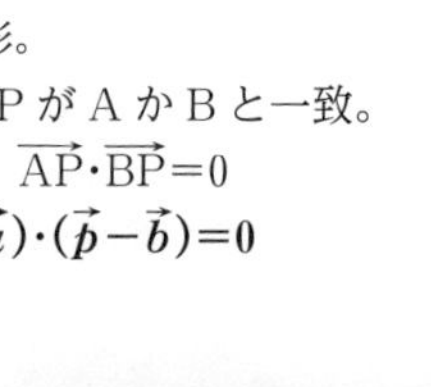

② 半円の弧に対する円周角は直角であるから AP⊥BP, または点 P が A か B と一致。
よって　　$\overrightarrow{AP}\perp\overrightarrow{BP}$ または $\overrightarrow{AP}=\vec{0}$ または $\overrightarrow{BP}=\vec{0}$　　ゆえに　　$\overrightarrow{AP}\cdot\overrightarrow{BP}=0$
よって　　$(\overrightarrow{OP}-\overrightarrow{OA})\cdot(\overrightarrow{OP}-\overrightarrow{OB})=0$　　したがって　　$(\vec{p}-\vec{a})\cdot(\vec{p}-\vec{b})=0$

基本例題 34 直線のベクトル方程式，媒介変数表示

(1) 3 点 $A(\vec{a})$，$B(\vec{b})$，$C(\vec{c})$ を頂点とする △ABC がある。辺 AB を 2：3 に内分する点 M を通り，辺 AC に平行な直線のベクトル方程式を求めよ。

(2) (ア) 2 点 $(-3,\ 2)$，$(2,\ -4)$ を通る直線の方程式を媒介変数 t を用いて表せ。

(イ) (ア)で求めた直線の方程式を，t を消去した形で表せ。

p.415 基本事項 1

指針 (1) 定点 $A(\vec{a})$ を通り，方向ベクトル $\vec{d}$ の直線のベクトル方程式は

$$\vec{p}=\vec{a}+t\vec{d}$$

ここでは，M を定点，$\overrightarrow{AC}$ を方向ベクトルとみて，この式にあてはめる(結果は $\vec{a}$，$\vec{b}$，$\vec{c}$ および媒介変数 t を含む式となる)。

(2) (ア) 2 点 $A(\vec{a})$，$B(\vec{b})$ を通る直線のベクトル方程式は

$$\vec{p}=(1-t)\vec{a}+t\vec{b}$$

$\vec{p}=(x,\ y)$，$\vec{a}=(-3,\ 2)$，$\vec{b}=(2,\ -4)$ とみて，これを成分で表す。

解答

(1) 直線上の任意の点を $P(\vec{p})$ とし，t を媒介変数とする。

$M(\vec{m})$ とすると　$\vec{m}=\dfrac{3\vec{a}+2\vec{b}}{5}$

辺 AC に平行な直線の方向ベクトルは $\overrightarrow{AC}$ であるから

$$\vec{p}=\vec{m}+t\overrightarrow{AC}=\frac{3\vec{a}+2\vec{b}}{5}+t(\vec{c}-\vec{a})$$

整理して　$\vec{p}=\left(\dfrac{3}{5}-t\right)\vec{a}+\dfrac{2}{5}\vec{b}+t\vec{c}$ **(t は媒介変数)**

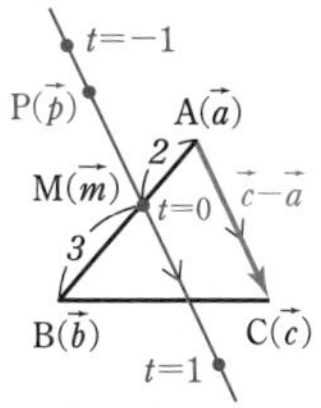

◀ $\vec{p}=\dfrac{3\vec{a}+2\vec{b}}{5}+t(\vec{c}-\vec{a})$ でもよい。

(2) (ア) 2 点 $(-3,\ 2)$，$(2,\ -4)$ を通る直線上の任意の点の座標を $(x,\ y)$ とすると

$$\begin{aligned}(x,\ y)&=(1-t)(-3,\ 2)+t(2,\ -4)\\&=(-3(1-t)+2t,\ 2(1-t)-4t)\\&=(5t-3,\ -6t+2)\end{aligned}$$

◀ $P(x,\ y)$，$A(-3,\ 2)$，$B(2,\ -4)$ とすると，$\overrightarrow{OP}=(1-t)\overrightarrow{OA}+t\overrightarrow{OB}$ と同じこと(O は原点)。

よって　$\begin{cases}x=5t-3\\y=-6t+2\end{cases}$ **(t は媒介変数)**

◀各成分を比較。

(イ) $x=5t-3$ …… ①，$y=-6t+2$ …… ② とする。

①×6＋②×5 から　$\boldsymbol{6x+5y+8=0}$

◀ t を消去。

参考 数学Ⅱの問題として，(2) を解くと，2 点 $(-3,\ 2)$，$(2,\ -4)$ を通る直線の方程式は，

$y-2=\dfrac{-4-2}{2+3}(x+3)$ から　$\boldsymbol{6x+5y+8=0}$

練習 ② 34 (1) △ABC において，$A(\vec{a})$，$B(\vec{b})$，$C(\vec{c})$ とする。M を辺 BC の中点とするとき，直線 AM のベクトル方程式を求めよ。

(2) 次の直線の方程式を求めよ。ただし，媒介変数 t で表された式，t を消去した式の両方を答えよ。

(ア) 点 $A(-4,\ 2)$ を通り，ベクトル $\vec{d}=(3,\ -1)$ に平行な直線

(イ) 2 点 $A(-3,\ 5)$，$B(-2,\ 1)$ を通る直線

基本 例題 35 内積と直線のベクトル方程式，2 直線のなす角 ①①①①①

(1) 点 A(3, −4) を通り，直線 ℓ：$2x-3y+6=0$ に平行な直線を g とする。直線 g の方程式を求めよ。

(2) 2 直線 $2x+y-6=0$，$x+3y-5=0$ のなす鋭角を求めよ。

p.415 基本事項 1

指針 **直線 ⓐx＋ⓑ$y+c=0$ において，$\vec{n}$=(ⓐ, ⓑ) はその法線ベクトル**（直線に垂直なベクトル）である。

(1) 直線 ℓ の法線ベクトル $\vec{n}$ はすぐにわかるから，これを利用すると

$\ell\perp\vec{n}$，$\ell /\!/ g \Longrightarrow g\perp\vec{n}$

すなわち，$\vec{n}$ は直線 g の法線ベクトルでもある。

(2) 2 直線のなす鋭角 ⟶ **2 直線の法線ベクトルのなす角** を考える。

直線 $2x+y-6=0$ の法線ベクトル　$\vec{n}=(2,\ 1)$，

直線 $x+3y-5=0$ の法線ベクトル　$\vec{m}=(1,\ 3)$

を利用して，$\vec{n}$，$\vec{m}$ のなす角 θ ($0^\circ\leqq\theta\leqq180^\circ$) を考える。

解答

(1) 直線 ℓ：$2x-3y+6=0$ の法線ベクトルである

$\vec{n}=(2,\ -3)$ は，直線 g の法線ベクトルでもある。

よって，直線 g 上の点を P$(x,\ y)$ とすると

$\vec{n}\cdot\overrightarrow{\mathrm{AP}}=0$

$\overrightarrow{\mathrm{AP}}=(x-3,\ y+4)$ であるから　$2(x-3)-3(y+4)=0$

すなわち　　$\boldsymbol{2x-3y-18=0}$

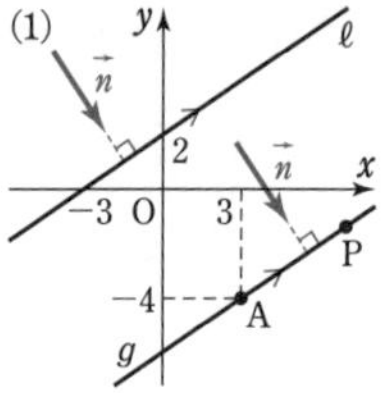

◀直線の方程式における x，y の係数に注目。

(2) 2 直線 $2x+y-6=0$，

$x+3y-5=0$

の法線ベクトルは，それぞれ

$\vec{n}=(2,\ 1)$，$\vec{m}=(1,\ 3)$

とおける。

$\vec{n}$ と $\vec{m}$ のなす角を θ

($0^\circ\leqq\theta\leqq180^\circ$) とすると

$|\vec{n}|=\sqrt{2^2+1^2}=\sqrt{5}$，

$|\vec{m}|=\sqrt{1^2+3^2}=\sqrt{10}$，

$\vec{n}\cdot\vec{m}=2\times1+1\times3=5$

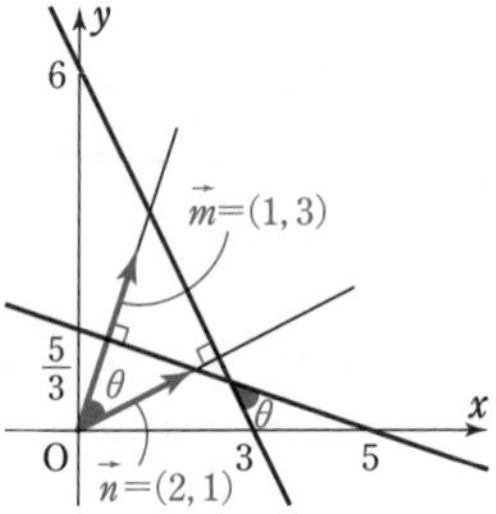

よって　　$\cos\theta=\dfrac{\vec{n}\cdot\vec{m}}{|\vec{n}||\vec{m}|}=\dfrac{5}{\sqrt{5}\sqrt{10}}=\dfrac{1}{\sqrt{2}}$

ゆえに　　$\theta=45^\circ$

したがって，2 直線のなす鋭角も　**45°**

◀$\vec{a}$ と $\vec{b}$ のなす角 θ

$\cos\theta=\dfrac{\vec{a}\cdot\vec{b}}{|\vec{a}||\vec{b}|}$

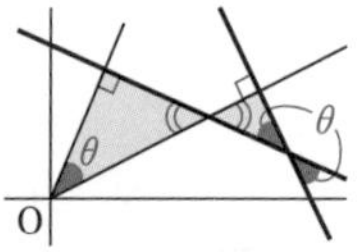

検討

法線ベクトルのなす角 θ が鈍角のときは，2 直線のなす鋭角は　$180^\circ-\theta$

練習 ② 35 (1) 点 A(−2, 1) を通り，直線 $3x-5y+4=0$ に平行な直線，垂直な直線の方程式をそれぞれ求めよ。

(2) 2 直線 $x-3y+5=0$，$2x+4y+3=0$ のなす鋭角を求めよ。

p.429 EX 22

基本例題 36 垂線の長さ（法線ベクトル利用）

①①①①①

点 A(4, 5) から直線 ℓ：$x+2y-6=0$ に垂線を引き，ℓ との交点を H とする。

(1) 点 H の座標を，ベクトルを用いて求めよ。

(2) 線分 AH の長さを求めよ。

↗基本 35

指針 **直線 ⓐx＋ⓑ$y+c=0$ において，$\vec{n}=$(ⓐ, ⓑ) はその法線ベクトルである。**

(1) 法線ベクトル $\vec{n}=(1,\ 2)$ を利用する。$\vec{n}\parallel\overrightarrow{\mathrm{AH}}$ であるから，$\overrightarrow{\mathrm{AH}}=k\vec{n}$（$k$ は実数）とおける。H$(s,\ t)$ とし，k, s, t の連立方程式に帰着させる。

(2) (1)の **結果を利用。** $\mathrm{AH}=|\overrightarrow{\mathrm{AH}}|=|k||\vec{n}|$

解答

(1) $\vec{n}=(1,\ 2)$ とすると，$\vec{n}$ は直線 ℓ の法線ベクトルであるから $\vec{n}\parallel\overrightarrow{\mathrm{AH}}$

よって，$\overrightarrow{\mathrm{AH}}=k\vec{n}$（$k$ は実数）とおけるから，H$(s,\ t)$ とすると $(s-4,\ t-5)=k(1,\ 2)$

ゆえに $s-4=k$ …… ①，$t-5=2k$ …… ②

また，$s+2t-6=0$ であるから，①，② より

$4+k+2(5+2k)-6=0$

したがって $k=-\dfrac{8}{5}$

よって，①，② から $s=\dfrac{12}{5}$，$t=\dfrac{9}{5}$

したがって $\mathbf{H}\left(\dfrac{12}{5},\ \dfrac{9}{5}\right)$

(2) $\overrightarrow{\mathrm{AH}}=-\dfrac{8}{5}\vec{n}$ から $\mathrm{AH}=|\overrightarrow{\mathrm{AH}}|=\dfrac{8}{5}\sqrt{1^2+2^2}=\dfrac{8\sqrt{5}}{5}$

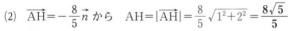

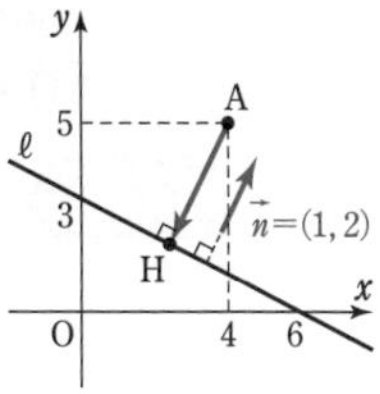

別解 (1) H$(6-2t,\ t)$，$\vec{n}=(1,\ 2)$ とすると，$\vec{n}\parallel\overrightarrow{\mathrm{AH}}$ であるから

$1\cdot(t-5)-2(2-2t)=0$

よって $t=\dfrac{9}{5}$

ゆえに $\mathbf{H}\left(\dfrac{12}{5},\ \dfrac{9}{5}\right)$

検討 **点と直線の距離**

上の例題(2)において，線分 AH の長さを点 A と直線 ℓ の **距離** という。

一般に，A$(x_1,\ y_1)$，H$(x_2,\ y_2)$，ℓ：$ax+by+c=0$，$\vec{n}=(a,\ b)$ とすると

$\vec{n}\parallel\overrightarrow{\mathrm{AH}}$ から $\vec{n}\cdot\overrightarrow{\mathrm{AH}}=\pm|\vec{n}||\overrightarrow{\mathrm{AH}}|$ ← $\vec{n}$ と $\overrightarrow{\mathrm{AH}}$ のなす角は 0° または 180°

ゆえに $|\vec{n}\cdot\overrightarrow{\mathrm{AH}}|=|\vec{n}||\overrightarrow{\mathrm{AH}}|$ よって $|\overrightarrow{\mathrm{AH}}|=\dfrac{|\vec{n}\cdot\overrightarrow{\mathrm{AH}}|}{|\vec{n}|}$

ここで $|\vec{n}\cdot\overrightarrow{\mathrm{AH}}|=|a(x_2-x_1)+b(y_2-y_1)|$

$=|-ax_1-by_1+(ax_2+by_2)|$

$=|ax_1+by_1+c|$ ← $ax_2+by_2+c=0$ から。

ゆえに，**点 A$(x_1,\ y_1)$ と直線 $ax+by+c=0$ の距離 d**（＝AH）は

$$d=\frac{|ax_1+by_1+c|}{\sqrt{a^2+b^2}}$$ ← この公式は数学Ⅱでも学習する。

練習 ② 36 点 A(2, −3) から直線 ℓ：$3x-2y+4=0$ に下ろした垂線の足の座標を，ベクトルを用いて求めよ。また，点 A と直線 ℓ の距離を求めよ。

基本例題 37 交点の位置ベクトル (2)

平行四辺形 ABCD において，辺 AB の中点を M，辺 BC を 1：2 に内分する点を E，辺 CD を 3：1 に内分する点を F とする。$\overrightarrow{AB}=\vec{b}$，$\overrightarrow{AD}=\vec{d}$ とするとき

(1) 線分 CM と FE の交点を P とするとき，$\overrightarrow{AP}$ を $\vec{b}$，$\vec{d}$ で表せ。

(2) 直線 AP と対角線 BD の交点を Q とするとき，$\overrightarrow{AQ}$ を $\vec{b}$，$\vec{d}$ で表せ。

基本 26，p.416 基本事項 2

指針 (1) CP：PM$=s$：$(1-s)$，EP：PF$=t$：$(1-t)$ として，p.400 基本例題 **26** (1) と同じ要領で進める。$\overrightarrow{AP}$ を **2 通りに表して，係数比較。**

(2) 点 Q は直線 AP 上にあるから，$\overrightarrow{AQ}=k\overrightarrow{AP}$ (k は実数) とおける。
点 Q が直線 BD 上にあるための条件は
$\overrightarrow{AQ}=s\overrightarrow{AB}+t\overrightarrow{AD}$ **と表したとき** $s+t=1$ (係数の和が 1)

CHART 交点　2 通りに表して係数比較か，1 通りで (係数の和)=1

解答

(1) CP：PM$=s$：$(1-s)$，EP：PF$=t$：$(1-t)$ とすると

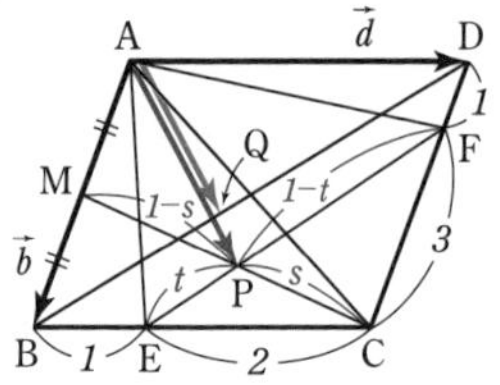

$$\overrightarrow{AP}=(1-s)\overrightarrow{AC}+s\overrightarrow{AM}=(1-s)(\vec{b}+\vec{d})+\frac{s}{2}\vec{b}$$
$$=\left(1-\frac{s}{2}\right)\vec{b}+(1-s)\vec{d}$$
$$\overrightarrow{AP}=(1-t)\overrightarrow{AE}+t\overrightarrow{AF}=(1-t)\left(\vec{b}+\frac{1}{3}\vec{d}\right)+t\left(\vec{d}+\frac{1}{4}\vec{b}\right)$$
$$=\left(1-\frac{3}{4}t\right)\vec{b}+\frac{1+2t}{3}\vec{d}$$

$\vec{b}\neq\vec{0}$，$\vec{d}\neq\vec{0}$，$\vec{b}\not\parallel\vec{d}$ であるから

◀$\vec{b}$ と $\vec{d}$ は 1 次独立。

$$1-\frac{s}{2}=1-\frac{3}{4}t,\quad 1-s=\frac{1+2t}{3}$$

◀$\vec{b}$，$\vec{d}$ **の係数を比較。**

よって　$s=\frac{6}{13}$，$t=\frac{4}{13}$　　ゆえに　$\boldsymbol{\overrightarrow{AP}=\frac{10}{13}\vec{b}+\frac{7}{13}\vec{d}}$

(2) 点 Q は直線 AP 上にあるから，$\overrightarrow{AQ}=k\overrightarrow{AP}$ (k は実数) とおける。

よって　$\overrightarrow{AQ}=k\left(\frac{10}{13}\vec{b}+\frac{7}{13}\vec{d}\right)=\frac{10}{13}k\vec{b}+\frac{7}{13}k\vec{d}$

◀$\overrightarrow{AQ}=\frac{10}{13}k\overrightarrow{AB}+\frac{7}{13}k\overrightarrow{AD}$

点 Q は直線 BD 上にあるから　$\frac{10}{13}k+\frac{7}{13}k=1$

◀**(係数の和)=1**

ゆえに　$k=\frac{13}{17}$　　よって　$\boldsymbol{\overrightarrow{AQ}=\frac{10}{17}\vec{b}+\frac{7}{17}\vec{d}}$

練習 ③ 37 平行四辺形 ABCD において，辺 AB を 3：2 に内分する点を E，辺 BC を 1：2 に内分する点を F，辺 CD の中点を M とし，$\overrightarrow{AB}=\vec{b}$，$\overrightarrow{AD}=\vec{d}$ とする。

(1) 線分 CE と FM の交点を P とするとき，$\overrightarrow{AP}$ を $\vec{b}$，$\vec{d}$ で表せ。

(2) 直線 AP と対角線 BD の交点を Q とするとき，$\overrightarrow{AQ}$ を $\vec{b}$，$\vec{d}$ で表せ。

p.429 EX 23，24

まとめ　共線条件（一直線上にあるための条件）

$p.395$ 基本事項，$p.399$ 基本例題 **25** では，共線条件について，2 点 A，B が異なるとき

点 P が直線 AB 上にある $\iff \overrightarrow{\mathrm{AP}}=k\overrightarrow{\mathrm{AB}}$（$k$ は実数）

であることを学習した。

共線条件は，$\overrightarrow{\mathrm{AP}}=k\overrightarrow{\mathrm{AB}}$（$k$ は実数）…… ① と簡潔な形で表されるが，次の ②～⑤［直線のベクトル方程式など］のように，別の形で表すこともできる。つまり，① と ②～⑤ はすべて同じ意味である。

> k，m，n，s，t は実数とする。
>
> ② $\overrightarrow{\mathrm{OP}}=\overrightarrow{\mathrm{OA}}+k\overrightarrow{\mathrm{AB}}$
> ［点 A を通り，方向ベクトルが $\overrightarrow{\mathrm{AB}}$ である直線のベクトル方程式］
>
> ③ $\overrightarrow{\mathrm{OP}}=(1-t)\overrightarrow{\mathrm{OA}}+t\overrightarrow{\mathrm{OB}}$　［2 点 A，B を通る直線のベクトル方程式］
>
> ④ $\overrightarrow{\mathrm{OP}}=s\overrightarrow{\mathrm{OA}}+t\overrightarrow{\mathrm{OB}}$，$s+t=1$　［2 点 A，B を通る直線のベクトル方程式］
>
> ⑤ $\overrightarrow{\mathrm{OP}}=\dfrac{n\overrightarrow{\mathrm{OA}}+m\overrightarrow{\mathrm{OB}}}{m+n}$　［線分 AB における分点の位置ベクトル］

解説　① $\overrightarrow{\mathrm{AP}}=k\overrightarrow{\mathrm{AB}} \iff \overrightarrow{\mathrm{OP}}-\overrightarrow{\mathrm{OA}}=k\overrightarrow{\mathrm{AB}}$

$\iff \overrightarrow{\mathrm{OP}}=\overrightarrow{\mathrm{OA}}+k\overrightarrow{\mathrm{AB}}$ …… ②

① $\overrightarrow{\mathrm{AP}}=k\overrightarrow{\mathrm{AB}} \iff \overrightarrow{\mathrm{OP}}-\overrightarrow{\mathrm{OA}}=k(\overrightarrow{\mathrm{OB}}-\overrightarrow{\mathrm{OA}})$

$\iff \overrightarrow{\mathrm{OP}}=(1-k)\overrightarrow{\mathrm{OA}}+k\overrightarrow{\mathrm{OB}}$

k を t におき換えて

$\iff \overrightarrow{\mathrm{OP}}=(1-t)\overrightarrow{\mathrm{OA}}+t\overrightarrow{\mathrm{OB}}$ …… ③

$1-t=s$ とおくと

$\iff \overrightarrow{\mathrm{OP}}=s\overrightarrow{\mathrm{OA}}+t\overrightarrow{\mathrm{OB}}$，$s+t=1$ …… ④

$t=\dfrac{m}{m+n}$ とおくと

③ $\overrightarrow{\mathrm{OP}}=(1-t)\overrightarrow{\mathrm{OA}}+t\overrightarrow{\mathrm{OB}} \iff \overrightarrow{\mathrm{OP}}=\left(1-\dfrac{m}{m+n}\right)\overrightarrow{\mathrm{OA}}+\dfrac{m}{m+n}\overrightarrow{\mathrm{OB}}$

$\iff \overrightarrow{\mathrm{OP}}=\dfrac{n\overrightarrow{\mathrm{OA}}+m\overrightarrow{\mathrm{OB}}}{m+n}$ …… ⑤

第 5 節で初めて「直線のベクトル方程式」というものが出てきたが，必要以上に難しく考えなくてよい。

例　例えば，2 点 A，B を通る直線は，次のように，第 4 節で学んだ ① や ⑤ ととらえればよい。
① において，$k=0$，1，2，…… となる点 P などが集まってできている。
⑤ において，$(m,\ n)=(4,\ 1)$，$(2,\ -1)$，$(1,\ -3)$，…… となる点 P などが集まってできている。

①

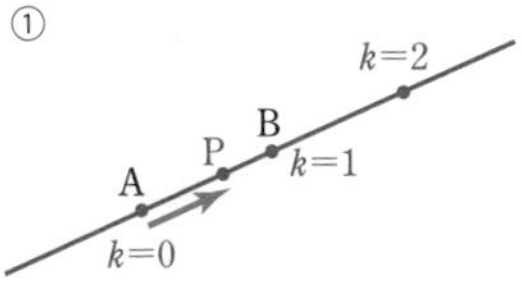

⑤

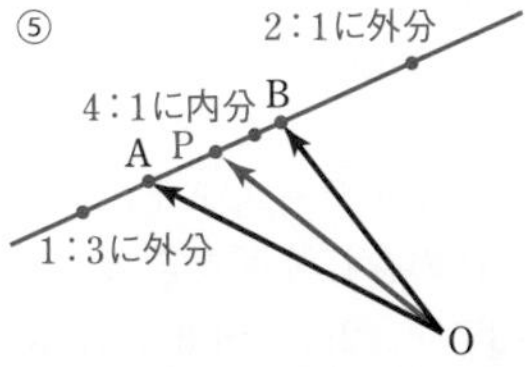

基本例題 38 ベクトルの終点の存在範囲(1)

△OAB に対し，$\overrightarrow{OP}=s\overrightarrow{OA}+t\overrightarrow{OB}$ とする。実数 s，t が次の条件を満たしながら動くとき，点 P の存在範囲を求めよ。

(1) $s+2t=3$　　(2) $3s+t\leqq 1$，$s\geqq 0$，$t\geqq 0$

p.416 基本事項 2

指針 $\overrightarrow{OP}=●\overrightarrow{OM}+▲\overrightarrow{ON}$ で表された点 P の存在範囲は

●＋▲＝1 なら直線 MN　　●＋▲＝1，●≧0，▲≧0 なら線分 MN

そこで，「係数の和が 1」の形を導く。

(1) 条件から $\frac{1}{3}s+\frac{2}{3}t=1$ ⟶ $\overrightarrow{OP}=\frac{1}{3}s(3\overrightarrow{OA})+\frac{2}{3}t\left(\frac{3}{2}\overrightarrow{OB}\right)$ として考える。

(2) $3s+t=k$ …… ① とおき，まず $k\ (0\leqq k\leqq 1)$ を固定 して考える。

① から $\frac{3s}{k}+\frac{t}{k}=1$　また，$\overrightarrow{OP}=\frac{3s}{k}\overrightarrow{OQ}+\frac{t}{k}\overrightarrow{OR}\ \left(\frac{3s}{k}\geqq 0,\ \frac{t}{k}\geqq 0\right)$ と変形すると，点 P は線分 QR 上にあることがわかる。次に，k を動かして，線分 QR の動きを見る。

解答

(1) $s+2t=3$ から　$\frac{1}{3}s+\frac{2}{3}t=1$

また
$$\overrightarrow{OP}=\frac{1}{3}s(3\overrightarrow{OA})+\frac{2}{3}t\left(\frac{3}{2}\overrightarrow{OB}\right)$$

ゆえに，点 P の存在範囲は，

$3\overrightarrow{OA}=\overrightarrow{OA'}$，$\frac{3}{2}\overrightarrow{OB}=\overrightarrow{OB'}$ **とすると，直線 A′B′** である。

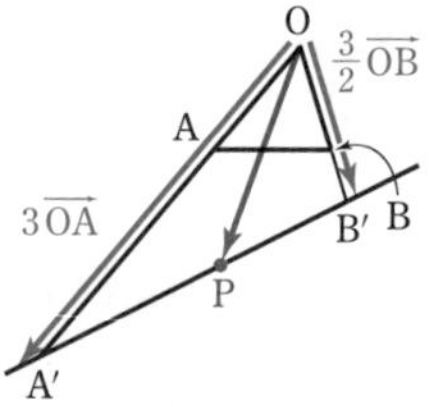

◀ =1 の形を導く。

◀ $\frac{1}{3}s=s'$，$\frac{2}{3}t=t'$ とおくと $s'+t'=1$ で $\overrightarrow{OP}=s'\overrightarrow{OA'}+t'\overrightarrow{OB'}$

(2) $3s+t=k$ とおくと　$0\leqq k\leqq 1$

$k=0$ のとき，$s=t=0$ であるから，点 P は点 O に一致する。

$0<k\leqq 1$ のとき　$\frac{3s}{k}+\frac{t}{k}=1$，$\frac{3s}{k}\geqq 0$，$\frac{t}{k}\geqq 0$

また　$\overrightarrow{OP}=\frac{3s}{k}\left(\frac{k}{3}\overrightarrow{OA}\right)+\frac{t}{k}(k\overrightarrow{OB})$

$\frac{k}{3}\overrightarrow{OA}=\overrightarrow{OA'}$，$k\overrightarrow{OB}=\overrightarrow{OB'}$ とすると，k が一定のとき点 P は線分 A′B′ 上を動く。

ここで，**$\frac{1}{3}\overrightarrow{OA}=\overrightarrow{OC}$ とすると，**

$0\leqq k\leqq 1$ の範囲で k が変わるとき点 P の存在範囲は **△OCB の周および内部** である。

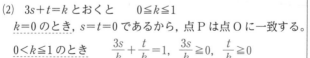

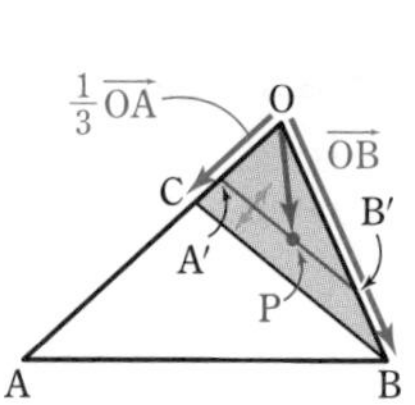

◀ $0\leqq 3s+t\leqq 1$

◀ $\overrightarrow{OP}=\vec{0}$

◀ $3s+t=k$ の両辺を k で割る。

◀ $\frac{3s}{k}=s'$，$\frac{t}{k}=t'$ とおくと，$s'+t'=1$，$s'\geqq 0$，$t'\geqq 0$ で $\overrightarrow{OP}=s'\overrightarrow{OA'}+t'\overrightarrow{OB'}$

◀ 線分 A′B′ は線分 CB と平行に動く。

練習 ③ 38 △OAB に対し，$\overrightarrow{OP}=s\overrightarrow{OA}+t\overrightarrow{OB}$ とする。実数 s，t が次の条件を満たしながら動くとき，点 P の存在範囲を求めよ。

(1) $s+t=3$　(2) $2s+3t=1$，$s\geqq 0$，$t\geqq 0$　(3) $2s+3t\leqq 6$，$s\geqq 0$，$t\geqq 0$

p.429, 430 EX 25, 26

基本 例題 39 ベクトルの終点の存在範囲 (2)

△OAB に対し，$\overrightarrow{OP}=s\overrightarrow{OA}+t\overrightarrow{OB}$ とする。実数 s，t が次の条件を満たしながら動くとき，点 P の存在範囲を求めよ。

(1) $1\leqq s+t\leqq 2$，$s\geqq 0$，$t\geqq 0$　　(2) $1\leqq s\leqq 2$，$0\leqq t\leqq 1$

p.416 基本事項 2，基本 38

指針 (1) 基本例題 38 (2) 同様，$s+t=k$ とおいて k を固定し，

$\overrightarrow{OP}=$●$\overrightarrow{OQ}+$▲$\overrightarrow{OR}$，●+▲=1，●≧0，▲≧0　(線分 QR) …… Ⓐ

の形を導く。次に，k を動かして線分 QR の動きを見る。

(2) Ⓐ のような形を導くことはできない。そこで，まず s を固定 させて t を動かしたときの点 P の描く図形を考える。

解答

(1) $s+t=k$ $(1\leqq k\leqq 2)$ とおくと $\dfrac{s}{k}+\dfrac{t}{k}=1$，$\dfrac{s}{k}\geqq 0$，$\dfrac{t}{k}\geqq 0$

また　$\overrightarrow{OP}=\dfrac{s}{k}(k\overrightarrow{OA})+\dfrac{t}{k}(k\overrightarrow{OB})$

よって，$k\overrightarrow{OA}=\overrightarrow{OA'}$，$k\overrightarrow{OB}=\overrightarrow{OB'}$ とすると，k が一定のとき点 P は AB に平行な線分 A′B′ 上を動く。

ここで，$2\overrightarrow{OA}=\overrightarrow{OC}$，$2\overrightarrow{OB}=\overrightarrow{OD}$ とすると， $1\leqq k\leqq 2$ の範囲で k が変わるとき，点 P の存在範囲は

台形 ACDB の周および内部

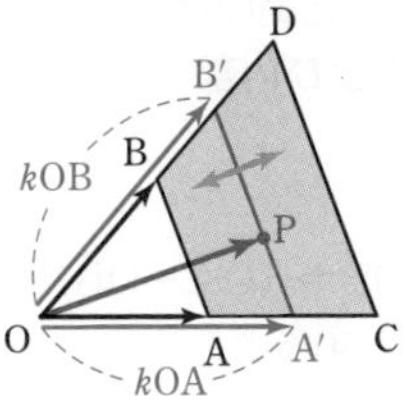

(2) s を固定して，$\overrightarrow{OA'}=s\overrightarrow{OA}$ とすると　$\overrightarrow{OP}=\overrightarrow{OA'}+t\overrightarrow{OB}$

ここで，t を $0\leqq t\leqq 1$ の範囲で変化させると，点 P は右の図の線分 A′C′ 上を動く。

ただし　$\overrightarrow{OC'}=\overrightarrow{OA'}+\overrightarrow{OB}$

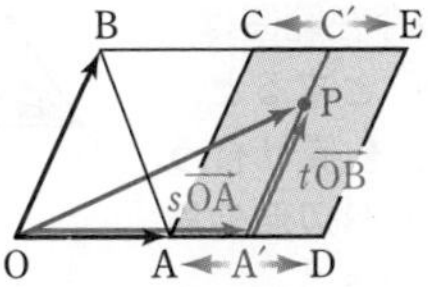

次に，s を $1\leqq s\leqq 2$ の範囲で変化させると，線分 A′C′ は図の線分 AC から DE まで平行に動く。

ただし　$\overrightarrow{OC}=\overrightarrow{OA}+\overrightarrow{OB}$，$\overrightarrow{OD}=2\overrightarrow{OA}$，$\overrightarrow{OE}=\overrightarrow{OD}+\overrightarrow{OB}$

よって，点 P の存在範囲は

$\overrightarrow{OA}+\overrightarrow{OB}=\overrightarrow{OC}$，$2\overrightarrow{OA}=\overrightarrow{OD}$，$2\overrightarrow{OA}+\overrightarrow{OB}=\overrightarrow{OE}$ とすると，平行四辺形 ADEC の周および内部

◀$s+t=k$ の両辺を k で割る。

◀$\dfrac{s}{k}=s'$，$\dfrac{t}{k}=t'$ とおくと **$s'+t'=1$，$s'\geqq 0$，$t'\geqq 0$** で $\overrightarrow{OP}=s'\overrightarrow{OA'}+t'\overrightarrow{OB'}$ よって　線分 A′B′

◀線分 A′B′ は AB に平行に，AB から CD まで動く。

◀s，t を同時に変化させると考えにくい。一方を固定して考える（t を先に固定してもよい）。

◀$s=1$ のとき $\overrightarrow{OP}=\overrightarrow{OA}+t\overrightarrow{OB}$ ⟶ 点 P は線分 AC 上。
$s=2$ のとき $\overrightarrow{OP}=2\overrightarrow{OA}+t\overrightarrow{OB}$ ⟶ 点 P は線分 DE 上。

別解 (2) $0\leqq s-1\leqq 1$ から $s-1=s'$ とすると　$\overrightarrow{OP}=(s'+1)\overrightarrow{OA}+t\overrightarrow{OB}=(s'\overrightarrow{OA}+t\overrightarrow{OB})+\overrightarrow{OA}$

そこで，$\overrightarrow{OQ}=s'\overrightarrow{OA}+t\overrightarrow{OB}$ とおくと，$0\leqq s'\leqq 1$，$0\leqq t\leqq 1$ から，点 Q は平行四辺形 OACB の周および内部にある。$\overrightarrow{OP}=\overrightarrow{OQ}+\overrightarrow{OA}$ から，点 P の存在範囲は，平行四辺形 OACB を $\overrightarrow{OA}$ だけ平行移動したものである。

練習 ③ 39 △OAB に対し，$\overrightarrow{OP}=s\overrightarrow{OA}+t\overrightarrow{OB}$ とする。実数 s，t が次の条件を満たしながら動くとき，点 P の存在範囲を求めよ。

(1) $1\leqq s+2t\leqq 2$，$s\geqq 0$，$t\geqq 0$　　(2) $-1\leqq s\leqq 0$，$0\leqq 2t\leqq 1$　　(3) $-1<s+t<2$

p.430 EX 27

基本例題 40 ベクトルの終点の存在範囲 (3)

③

△OAB において，次の条件を満たす点 P の存在範囲を求めよ。

(1) $\overrightarrow{OP}=s\overrightarrow{OA}+t(\overrightarrow{OA}+\overrightarrow{OB})$，$0\leqq s+t\leqq 1$，$s\geqq 0$，$t\geqq 0$

(2) $\overrightarrow{OP}=s\overrightarrow{OA}+(s+t)\overrightarrow{OB}$，$0\leqq s\leqq 1$，$0\leqq t\leqq 1$

p.416 基本事項 2，基本 38, 39

指針 $\overrightarrow{OP}=s\overrightarrow{OA}+t\overrightarrow{OB}$ の形で与えられていない。そのため，s，t についての不等式の条件を活かせるように，まず **$\overrightarrow{OP}=s\overrightarrow{O●}+t\overrightarrow{O■}$ …… Ⓐ の形に変形** する。

(1) $\overrightarrow{OA}+\overrightarrow{OB}=\overrightarrow{OC}$ とすると Ⓐ の形。⟶ s，t の不等式から，$p.416$ **2** ② のタイプ。

(2) s，t それぞれについて整理し，Ⓐ の形へ。⟶ s，t の不等式から，$p.416$ **2** ③ のタイプ。

解答

(1) **$\overrightarrow{OA}+\overrightarrow{OB}=\overrightarrow{OC}$ とすると**

$\overrightarrow{OP}=s\overrightarrow{OA}+t\overrightarrow{OC}$，

$0\leqq s+t\leqq 1$，$s\geqq 0$，$t\geqq 0$

よって，点 P の存在範囲は

△OAC の周および内部

である。

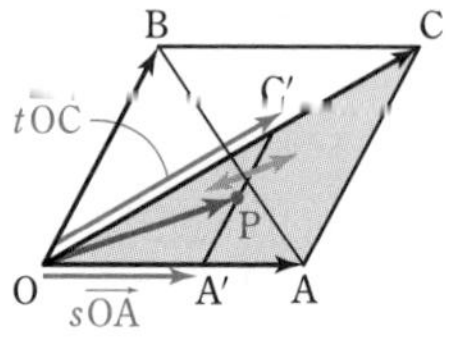

(2) $s\overrightarrow{OA}+(s+t)\overrightarrow{OB}=s(\overrightarrow{OA}+\overrightarrow{OB})+t\overrightarrow{OB}$ であるから，

$\overrightarrow{OA}+\overrightarrow{OB}=\overrightarrow{OC}$ とすると

$\overrightarrow{OP}=s\overrightarrow{OC}+t\overrightarrow{OB}$，

$0\leqq s\leqq 1$，$0\leqq t\leqq 1$

よって，点 P の存在範囲は

$\overrightarrow{OA}+\overrightarrow{OB}=\overrightarrow{OC}$ とすると，線分 OB，OC を隣り合う 2 辺とする平行四辺形の周および内部 である。

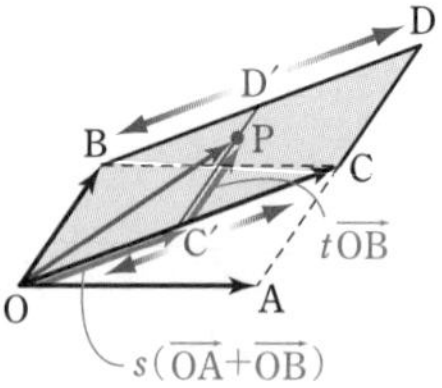

(1) $s+t=k$ $(0\leqq k\leqq 1)$ とおくと，$k\neq 0$ のとき

$\dfrac{s}{k}+\dfrac{t}{k}=1$

$\overrightarrow{OP}=\dfrac{s}{k}(k\overrightarrow{OA})+\dfrac{t}{k}(k\overrightarrow{OC})$

$k\overrightarrow{OA}=\overrightarrow{OA'}$，$k\overrightarrow{OC}=\overrightarrow{OC'}$ とおいて k を固定すると，点 P は線分 A′C′ 上を動く。次に k を動かす。

(2) $s(\overrightarrow{OA}+\overrightarrow{OB})=\overrightarrow{OC'}$ とおいて s を固定すると

$\overrightarrow{OP}=\overrightarrow{OC'}+t\overrightarrow{OB}$

ここで t を $0\leqq t\leqq 1$ で動かすと，点 P は図の線分 C′D′ 上を動く。次に，s を $0\leqq s\leqq 1$ で動かすと，線分 C′D′ は，線分 OB から CD まで平行に動く。

検討

ベクトルの終点 P の存在範囲の基本 4 パターン

△OAB に対して，$\overrightarrow{OP}=s\overrightarrow{OA}+t\overrightarrow{OB}$ とする。

[1] $s+t=1$ ならば 直線 AB

[2] $s+t=1$，$s\geqq 0$，$t\geqq 0$ ならば 線分 AB

[3] $s+t\leqq 1$，$s\geqq 0$，$t\geqq 0$ ならば △OAB の周および内部

[4] $0\leqq s\leqq 1$，$0\leqq t\leqq 1$ ならば 平行四辺形 OACB の周および内部 $(\overrightarrow{OA}+\overrightarrow{OB}=\overrightarrow{OC})$

これらを用いた，上の解答のような簡潔な答案でも構わない。

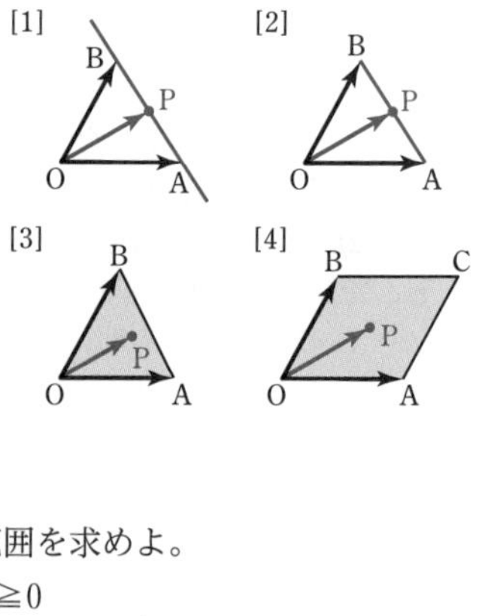

練習 40 ③ △OAB において，次の条件を満たす点 P の存在範囲を求めよ。

(1) $\overrightarrow{OP}=(2s+t)\overrightarrow{OA}+t\overrightarrow{OB}$，$0\leqq s+t\leqq 1$，$s\geqq 0$，$t\geqq 0$

(2) $\overrightarrow{OP}=(s-t)\overrightarrow{OA}+(s+t)\overrightarrow{OB}$，$0\leqq s\leqq 1$，$0\leqq t\leqq 1$

参考事項　斜交座標と点の存在範囲

平面上で1次独立なベクトル $\overrightarrow{OA}$, $\overrightarrow{OB}$ を定めると，任意の点Pは

$\overrightarrow{OP}=s\overrightarrow{OA}+t\overrightarrow{OB}$　(s, t は実数) …… Ⓐ

の形にただ1通りに表される（p.362 基本事項 **5**）。

このとき，実数の組 $(s,\ t)$ を **斜交座標** といい，Ⓐ によって定まる点Pを P$(s,\ t)$ で表す（図1）。

特に，$\overrightarrow{OA}\perp\overrightarrow{OB}$，$|\overrightarrow{OA}|=|\overrightarrow{OB}|=1$ のときの斜交座標は，$\overrightarrow{OA}$ の延長を x 軸，$\overrightarrow{OB}$ の延長を y 軸にとった xy 座標になる（図2）。

この意味で，xy 座標を **直交座標** と呼ぶこともある。

斜交座標が定められた平面は，「直交座標平面(xy 平面)を斜めから見たもの」というイメージでとらえることができる。そこで

ある条件を満たして動く点 P$(s,\ t)$ が，直交座標平面上で直線を描くならば，斜交座標平面上でも直線を描く

ことになる。これを，p.422 基本例題 **38** (1) で確かめてみよう。

［図1］斜交座標

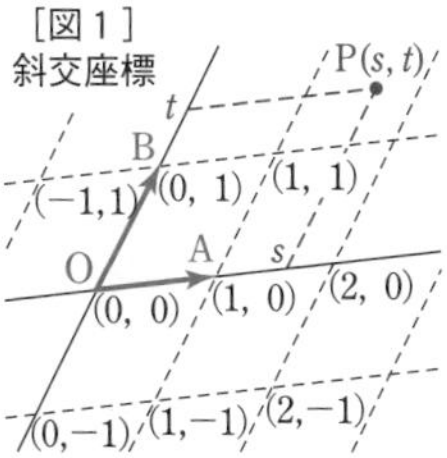

［図2］直交座標

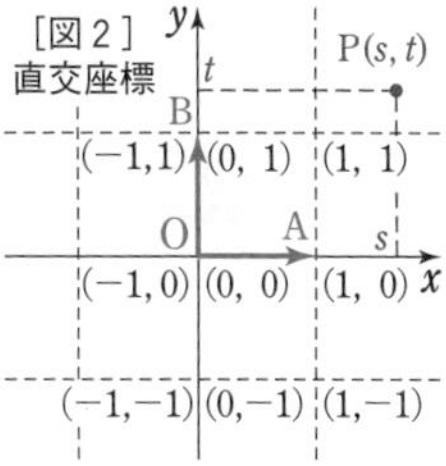

【基本例題 38 (1)】

$\overrightarrow{OP}=s\overrightarrow{OA}+t\overrightarrow{OB}$，$s+2t=3$ …… (＊) すなわち P$(s,\ t)$，$s+2t=3$ を満たす点Pは，直交座標平面上では直線 $x+2y=3$ 上にある。

この直線と座標軸との交点を C$(3,\ 0)$，D$\left(0,\ \dfrac{3}{2}\right)$ とする。

これに対して，斜交座標平面上で同じ座標をもつ点C，Dを考えると

$$\overrightarrow{OA}=\frac{1}{3}\overrightarrow{OC},\quad \overrightarrow{OB}=\frac{2}{3}\overrightarrow{OD}$$

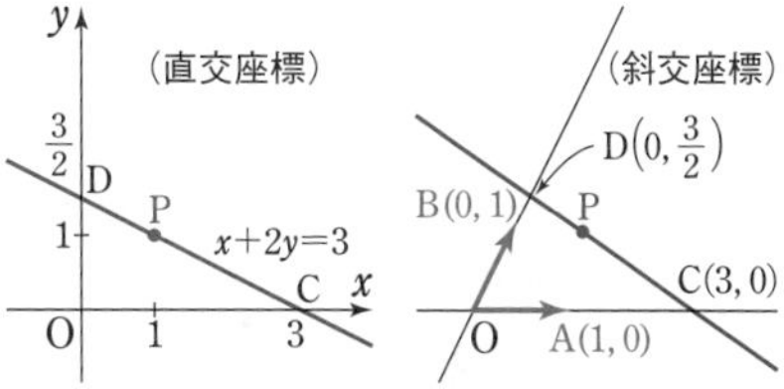

よって，点Pの条件式(＊)は $\overrightarrow{OP}=\dfrac{s}{3}\overrightarrow{OC}+\dfrac{2}{3}t\overrightarrow{OD}$，$\dfrac{s}{3}+\dfrac{2}{3}t=1$ となり，点Pの存在範囲は直線CDである。

点 P$(s,\ t)$ の条件が s と t の1次方程式または1次不等式で与えられたとき，上と同様に

1. **s を x，t を y におき換えた方程式(不等式)の表す図形を直交座標平面上で考える。**
2. **1 の図形をそのまま斜交座標平面の直線，線分，領域に読み替える。**

という手順で点Pの存在範囲を求めることができる(数学Ⅱ「図形と方程式」も参照)。

例　**【基本例題 39 (2)】**

$\overrightarrow{OP}=s\overrightarrow{OA}+t\overrightarrow{OB}$，$1\leqq s\leqq 2$，$0\leqq t\leqq 1$ を満たす点Pの存在範囲は，直交座標平面上の領域 $1\leqq x\leqq 2$，$0\leqq y\leqq 1$ を斜交座標平面に読み替えた領域，すなわち右の図の平行四辺形 ADEC の周および内部である。

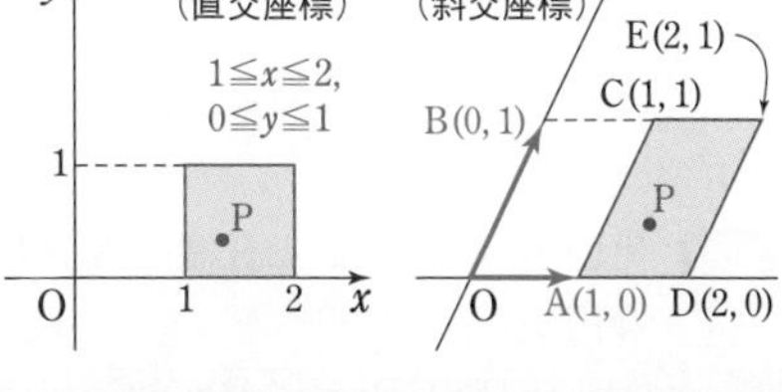

1章　5 ベクトル方程式

基本例題 41 円のベクトル方程式 ①①①①①

平面上の △OAB と任意の点 P に対し，次のベクトル方程式は円を表す。どのような円か。

(1) $|3\overrightarrow{OA}+2\overrightarrow{OB}-5\overrightarrow{OP}|=5$ (2) $\overrightarrow{OP}\cdot(\overrightarrow{OP}-\overrightarrow{AB})=\overrightarrow{OA}\cdot\overrightarrow{OB}$

p.416 基本事項 3 重要 43, 79

指針 円のベクトル方程式は

$|\vec{p}-\vec{c}|=r$ …… 中心 $C(\vec{c})$，半径 r

$(\vec{p}-\vec{a})\cdot(\vec{p}-\vec{b})=0$ …… $A(\vec{a})$，$B(\vec{b})$ が直径の両端

そこで，与えられたベクトル方程式を変形して，いずれかの形を導く。
点 O に関する位置ベクトルを考えるとよい。

CHART ベクトルと軌跡 始点をうまく選び 差に分割

解答

$\overrightarrow{OA}=\vec{a}$，$\overrightarrow{OB}=\vec{b}$，$\overrightarrow{OP}=\vec{p}$ とする。

◀点 O に関する位置ベクトルを考える。

(1) $|3\overrightarrow{OA}+2\overrightarrow{OB}-5\overrightarrow{OP}|=\left|-5\left(\vec{p}-\dfrac{3\vec{a}+2\vec{b}}{5}\right)\right|$

であるから，ベクトル方程式は

$$5\left|\vec{p}-\frac{3\vec{a}+2\vec{b}}{5}\right|=5$$

◀$|k\vec{a}|=|k||\vec{a}|$

すなわち $\left|\vec{p}-\dfrac{3\vec{a}+2\vec{b}}{2+3}\right|=1$

◀$C\left(\dfrac{3\vec{a}+2\vec{b}}{2+3}\right)$ とすると点 C は辺 AB を 2：3 に内分する。

よって，**辺 AB を 2：3 に内分する点を中心とし，半径 1 の円。**

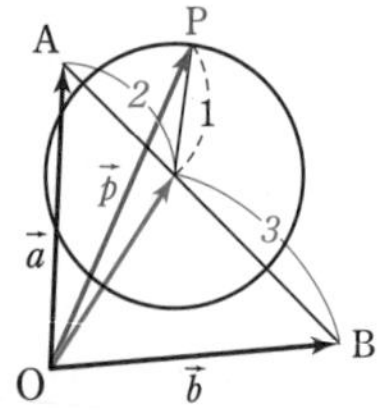

(2) ベクトル方程式は

$$\vec{p}\cdot\{\vec{p}-(\vec{b}-\vec{a})\}=\vec{a}\cdot\vec{b}$$

◀$\overrightarrow{AB}=\vec{b}-\vec{a}$

よって $|\vec{p}|^2+(\vec{a}-\vec{b})\cdot\vec{p}-\vec{a}\cdot\vec{b}=0$ …… (*)

◀$x^2+(a-b)x-ab=(x+a)(x-b)$ と同じ要領。

ゆえに $(\vec{p}+\vec{a})\cdot(\vec{p}-\vec{b})=0$

すなわち

$$\{\vec{p}-(-\vec{a})\}\cdot(\vec{p}-\vec{b})=0$$

◀$\overrightarrow{OA'}=-\vec{a}$ とすると，点 A′ は点 O に関して点 A と対称。

よって，**点 O に関して点 A と対称な点と点 B を直径の両端とする円。**

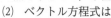

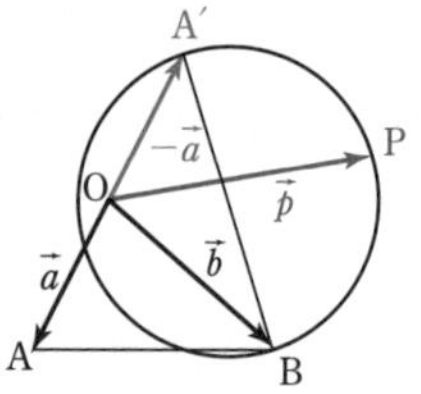

参考 (*)から，$\left|\vec{p}-\dfrac{\vec{b}-\vec{a}}{2}\right|=\left|\dfrac{\vec{b}+\vec{a}}{2}\right|^2$ を導いて考えることもできる。

◀$\dfrac{\vec{b}-\vec{a}}{2}=\dfrac{\vec{b}+(-\vec{a})}{2}$
$\left|\dfrac{\vec{b}+\vec{a}}{2}\right|=\left|\dfrac{\vec{b}-(-\vec{a})}{2}\right|$

練習 ③ 41 平面上の △ABC と任意の点 P に対し，次のベクトル方程式は円を表す。どのような円か。

(1) $|\overrightarrow{BP}+\overrightarrow{CP}|=|\overrightarrow{AB}+\overrightarrow{AC}|$ (2) $2\overrightarrow{PA}\cdot\overrightarrow{PB}=3\overrightarrow{PA}\cdot\overrightarrow{PC}$

p.430 EX 28

基本例題 42 円の接線のベクトル方程式

(1) 中心 $C(\vec{c})$, 半径 r の円 C 上の点 $P_0(\vec{p_0})$ における円の接線のベクトル方程式は $(\vec{p_0}-\vec{c})\cdot(\vec{p}-\vec{c})=r^2$ であることを示せ。

(2) 円 $x^2+y^2=r^2$ $(r>0)$ 上の点 $(x_0,\ y_0)$ における接線の方程式は

$$x_0x+y_0y=r^2$$

であることを,ベクトルを用いて証明せよ。

基本 35

指針 (1) **円 C の接線 ℓ は,接点 P_0 を通り,半径 CP_0 に垂直**

すなわち,$\overrightarrow{CP_0}$ は接線 ℓ の法線ベクトルである。このことから直線 ℓ のベクトル方程式を求め,与えられた形に式を変形する。

(2) 中心が原点 $O(\vec{0})$, 半径が r の円上の点 $P_0(\vec{p_0})$ における接線のベクトル方程式は,(1) において $\vec{c}=\vec{0}$ とおくと得られる。それを成分で表す。

CHART 円の接線 半径⊥接線 に注目

解答

(1) 中心 C, 半径 r の円の接線上に点 $P(\vec{p})$ があることは,

$\overrightarrow{CP_0}\perp\overrightarrow{P_0P}$ または $\overrightarrow{P_0P}=\vec{0}$ が成り立つことと同値である。

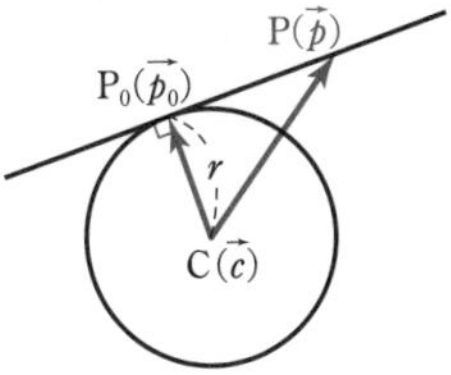

よって,接線のベクトル方程式は

$$\overrightarrow{CP_0}\cdot(\vec{p}-\vec{p_0})=0$$

$\overrightarrow{CP_0}=\vec{p_0}-\vec{c}$ であるから

$$(\vec{p_0}-\vec{c})\cdot\{(\vec{p}-\vec{c})-(\vec{p_0}-\vec{c})\}=0$$

したがって

$$(\vec{p_0}-\vec{c})\cdot(\vec{p}-\vec{c})-|\vec{p_0}-\vec{c}|^2=0$$

$|\vec{p_0}-\vec{c}|^2=CP_0{}^2=r^2$ であるから

$$(\vec{p_0}-\vec{c})\cdot(\vec{p}-\vec{c})=r^2 \quad \cdots\cdots ①$$

(2) 中心が原点 $O(\vec{0})$, 半径 r の円上の点 $P_0(\vec{p_0})$ における接線のベクトル方程式は,① において,$\vec{c}=\vec{0}$ とおくと得られるから $\vec{p_0}\cdot\vec{p}=r^2$ …… ②

$\vec{p_0}=(x_0,\ y_0)$, $\vec{p}=(x,\ y)$ とおくと

$$\vec{p_0}\cdot\vec{p}=x_0x+y_0y$$

これを ② に代入して,接線の方程式は

$$x_0x+y_0y=r^2$$

◀点 $A(\vec{a})$ を通り,ベクトル $\vec{n}$ に垂直な直線のベクトル方程式は
$\vec{n}\cdot(\vec{p}-\vec{a})=0$

検討

(1) $\angle PCP_0=\theta$ $(0°\leqq\theta<90°)$ とおくと

$(\vec{p_0}-\vec{c})\cdot(\vec{p}-\vec{c})$
$=\overrightarrow{CP_0}\cdot\overrightarrow{CP}$
$=CP_0\times CP\cos\theta$
$=r\times r=r^2$

$\left(\begin{array}{l}PP_0\perp CP_0 \text{ であるから}\\ CP\cos\theta=CP_0=r\end{array}\right)$

練習 ② 42 円 $(x-a)^2+(y-b)^2=r^2$ $(r>0)$ 上の点 $(x_0,\ y_0)$ における接線の方程式は

$$(x_0-a)(x-a)+(y_0-b)(y-b)=r^2$$

であることを,ベクトルを用いて証明せよ。

重要例題 43 ベクトルと軌跡 …… 円

座標平面において，△ABC は $\overrightarrow{BA}\cdot\overrightarrow{CA}=0$ を満たしている。この平面上の点 P が条件 $\overrightarrow{AP}\cdot\overrightarrow{BP}+\overrightarrow{BP}\cdot\overrightarrow{CP}+\overrightarrow{CP}\cdot\overrightarrow{AP}=0$ を満たすとき，P はどのような図形上の点であるか。

〔類 岡山理科大〕 基本 41

指針 $p.426$ 基本例題 41 と同様の方針。ここでは各ベクトルを，点 A に関する位置ベクトルの **差に分割** して整理。
その際に，条件 $\overrightarrow{BA}\cdot\overrightarrow{CA}=0$ を利用する。

CHART ベクトルと軌跡　始点をうまく選び 差に分割

解答

$\overrightarrow{AB}=\vec{b}$，$\overrightarrow{AC}=\vec{c}$，$\overrightarrow{AP}=\vec{p}$ とすると，条件式は

$$\vec{p}\cdot(\vec{p}-\vec{b})+(\vec{p}-\vec{b})\cdot(\vec{p}-\vec{c})+(\vec{p}-\vec{c})\cdot\vec{p}=0 \quad \cdots\cdots ①$$

◀点 A に関する位置ベクトルを考える。

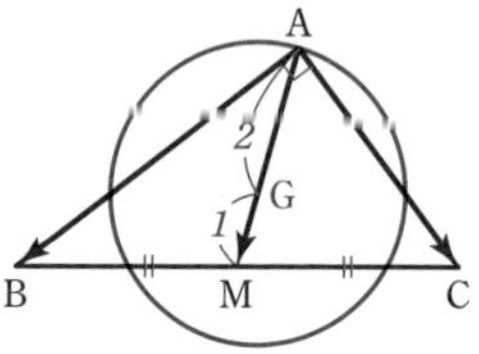

$\overrightarrow{BA}\cdot\overrightarrow{CA}=0$ より $\vec{b}\cdot\vec{c}=0$ であるから，① を整理して

◀$\overrightarrow{BA}\cdot\overrightarrow{CA}=(-\vec{b})\cdot(-\vec{c})=\vec{b}\cdot\vec{c}$

$$3|\vec{p}|^2-2(\vec{b}+\vec{c})\cdot\vec{p}=0$$

よって　$|\vec{p}|^2-\dfrac{2}{3}(\vec{b}+\vec{c})\cdot\vec{p}=0$

ゆえに　$|\vec{p}|^2-\dfrac{2}{3}(\vec{b}+\vec{c})\cdot\vec{p}+\dfrac{1}{9}|\vec{b}+\vec{c}|^2=\dfrac{1}{9}|\vec{b}+\vec{c}|^2$

◀平方完成の要領。

よって　$\left|\vec{p}-\dfrac{2}{3}\left(\dfrac{\vec{b}+\vec{c}}{2}\right)\right|^2=\left|\dfrac{2}{3}\left(\dfrac{\vec{b}+\vec{c}}{2}\right)\right|^2$

ゆえに　$\left|\vec{p}-\dfrac{2}{3}\left(\dfrac{\vec{b}+\vec{c}}{2}\right)\right|=\left|\dfrac{2}{3}\left(\dfrac{\vec{b}+\vec{c}}{2}\right)\right|$

◀$\dfrac{\vec{b}+\vec{c}}{2}$ は辺 BC の中点の位置ベクトル。

辺 BC の中点を M とすると

$$\frac{2}{3}\left(\frac{\vec{b}+\vec{c}}{2}\right)=\frac{2}{3}\overrightarrow{AM}$$

$\dfrac{2}{3}\overrightarrow{AM}=\overrightarrow{AG}$ とすると，点 G は △ABC の重心となる。

◀点 G は線分 AM を 2：1 に内分する。

したがって，**点 P は △ABC の重心 G を中心とし，半径が AG の円周上の点** である。

◀円は頂点 A を通る。

練習 ④ 43 平面上に，異なる 2 定点 O，A と，線分 OA を直径とする円 C を考える。円 C 上に点 O，A とは異なる点 B をとり，$\vec{a}=\overrightarrow{OA}$，$\vec{b}=\overrightarrow{OB}$ とする。

(1) △OAB の重心を G とする。位置ベクトル $\overrightarrow{OG}$ を $\vec{a}$ と $\vec{b}$ で表せ。

(2) この平面上で，$\overrightarrow{OP}\cdot\overrightarrow{AP}+\overrightarrow{AP}\cdot\overrightarrow{BP}+\overrightarrow{BP}\cdot\overrightarrow{OP}=0$ を満たす点 P の全体からなる円の中心を D，半径を r とする。位置ベクトル $\overrightarrow{OD}$ および r を，$\vec{a}$ と $\vec{b}$ を用いて表せ。

〔類 岡山大〕 p.430 EX 29

EXERCISES

②**22** △ABC において，A($\vec{a}$)，B($\vec{b}$)，C($\vec{c}$) とする。次の直線のベクトル方程式を求めよ。

(1) 辺 AB の中点と辺 AC の中点を通る直線

(2) 辺 BC の垂直二等分線

→34，35

③**23** 座標平面上の $\vec{0}$ でないベクトル $\vec{a}$，$\vec{b}$ は平行でないとする。$\vec{a}$ と $\vec{b}$ を位置ベクトルとする点をそれぞれ A，B とする。また，正の実数 x，y に対して，$x\vec{a}$ と $y\vec{b}$ を位置ベクトルとする点をそれぞれ P，Q とする。線分 PQ が線分 AB を 2：1 に内分する点を通るとき，xy の最小値を求めよ。ただし，位置ベクトルはすべて原点 O を基準に考える。〔信州大〕

→37

④**24** 平面上に 1 辺の長さが 1 の正三角形 OAB と，辺 AB 上の点 C があり，AC<BC とする。点 A を通り直線 AB に直交する直線 k と，直線 OC との交点を D とする。△OCA と △ACD の面積の比が 1：2 であるとき，次の問いに答えよ。

(1) $\overrightarrow{OD}=m\overrightarrow{OA}+n\overrightarrow{OB}$ となる m，n の値を求めよ。

(2) 点 D を通り，直線 OD と直交する直線を ℓ とする。ℓ と直線 OA，OB との交点をそれぞれ E，F とするとき，$\overrightarrow{EF}=s\overrightarrow{OA}+t\overrightarrow{OB}$ となる s，t の値を求めよ。

〔島根大〕

→37

③**25** 平面上に △ABC がある。実数 x，y に対して，点 P が
$3\overrightarrow{PA}+4\overrightarrow{PB}+5\overrightarrow{PC}=x\overrightarrow{AB}+y\overrightarrow{AC}$ を満たすものとする。

(1) 点 P が △ABC の周または内部にあるとき，△PAB，△PBC，△PCA の面積比が 1：2：3 となる点 $(x,\ y)$ を求めよ。

(2) 線分 BC を 2：1 に外分する点を D とする。点 P が線分 CD 上（両端を含む）にあるとき，点 $(x,\ y)$ が存在する範囲を xy 平面上に図示せよ。〔類 静岡大〕

→38

HINT

22 (1) 辺 AB の中点を通り，$\overrightarrow{BC}$ に平行な直線。
(2) 辺 BC の中点を通り，$\overrightarrow{BC}$ に垂直な直線。

23 点 C が線分 PQ 上にあるとき $\overrightarrow{OC}=s\overrightarrow{OP}+t\overrightarrow{OQ}$，$s+t=1$，$s\geqq0$，$t\geqq0$
この $\overrightarrow{OC}$ が，線分 AB を 2：1 に内分する点と一致する条件を求める。

24 (2) $\overrightarrow{OE}=\alpha\overrightarrow{OA}$，$\overrightarrow{OF}=\beta\overrightarrow{OB}$ とおき，$\overrightarrow{EF}\cdot\overrightarrow{OD}=0$ を利用。

25 まず，与えられた等式から，$\overrightarrow{AP}$ を $\overrightarrow{AB}$，$\overrightarrow{AC}$ で表す。
(1) 面積比の条件から線分の比を調べ，$\overrightarrow{AP}$ を $\overrightarrow{AB}$，$\overrightarrow{AC}$ で表す。
(2) 点 P が線分 CD 上（両端を含む）にあるとき $\overrightarrow{AP}=(1-t)\overrightarrow{AC}+t\overrightarrow{AD}$ $(0\leqq t\leqq1)$

③**26**　△OAB において，ベクトル $\overrightarrow{OA}$，$\overrightarrow{OB}$ は $|\overrightarrow{OA}|=3$，$|\overrightarrow{OB}|=2$，$\overrightarrow{OA}\cdot\overrightarrow{OB}=2$ を満たすとする。実数 s，t が次の条件を満たすとき，$\overrightarrow{OP}=s\overrightarrow{OA}+t\overrightarrow{OB}$ と表されるような点 P の存在する範囲の面積を求めよ。

(1)　$s\geqq 0$，$t\geqq 0$，$2s+t\leqq 1$　　(2)　$s\geqq 0$，$t\geqq 0$，$s+2t\leqq 2$，$2s+t\leqq 2$

〔(1) 立教大〕

→18, 38

⑤**27**　平面上で原点 O と 3 点 A(3, 1)，B(1, 2)，C(−1, 1) を考える。実数 s，t に対し，点 P を $\overrightarrow{OP}=s\overrightarrow{OA}+t\overrightarrow{OB}$ により定める。

(1)　s，t が条件 $-1\leqq s\leqq 1$，$-1\leqq t\leqq 1$ を満たすとき，点 P$(x,\ y)$ が存在する範囲 D_1 を図示せよ。

(2)　s，t が条件 $-1\leqq s\leqq 1$，$-1\leqq t\leqq 1$，$-1\leqq s+t\leqq 1$ を満たすとき，点 P$(x,\ y)$ が存在する範囲 D_2 を図示せよ。

(3)　点 P が (2) で求めた範囲 D_2 を動くとき，内積 $\overrightarrow{OP}\cdot\overrightarrow{OC}$ の最大値を求め，そのときの点 P の座標を求めよ。〔類 東北大〕

→38, 39

③**28**　(1)　平面上に 4 点 O，A，B，C があり，$\overrightarrow{CA}+2\overrightarrow{CB}+3\overrightarrow{CO}=\vec{0}$ を満たす。点 A が点 O を中心とする半径 12 の円上を動くとき，点 C はどのような図形を描くか。ただし，点 O，B は定点とする。〔類 中央大〕

(2)　xy 平面上の点 A(0, 0)，B$(b,\ 0)$ に対して，$(\overrightarrow{AP}+\overrightarrow{BP})\cdot(\overrightarrow{AP}-2\overrightarrow{BP})=0$ を満たす xy 平面上の点 P$(x,\ y)$ の描く図形の方程式を求めよ。〔東北学院大〕

→41

⑤**29**　平面上の異なる 3 点 O，A，B は同一直線上にないものとする。
この平面上の点 P が $2|\overrightarrow{OP}|^2-\overrightarrow{OA}\cdot\overrightarrow{OP}+2\overrightarrow{OB}\cdot\overrightarrow{OP}-\overrightarrow{OA}\cdot\overrightarrow{OB}=0$ を満たすとき，次の問いに答えよ。

(1)　点 P の軌跡は円となることを示せ。

(2)　(1) の円の中心を C とするとき，$\overrightarrow{OC}$ を $\overrightarrow{OA}$ と $\overrightarrow{OB}$ で表せ。

(3)　点 O との距離が最小となる (1) の円周上の点を P_0 とする。2 点 A，B が条件

$$|\overrightarrow{OA}|^2+5\overrightarrow{OA}\cdot\overrightarrow{OB}+4|\overrightarrow{OB}|^2=0$$

を満たすとき，$\overrightarrow{OP_0}=s\overrightarrow{OA}+t\overrightarrow{OB}$ となる s，t の値を求めよ。〔岡山大〕

→43

HINT

26　(2)「$s\geqq 0$，$t\geqq 0$，$s+2t\leqq 2$」を満たす場合の点 P の存在範囲と，「$s\geqq 0$，$t\geqq 0$，$2s+t\leqq 2$」を満たす場合の点 P の存在範囲の共通部分と考える。

27　(1)　まず s を固定して，$\overrightarrow{OA'}=s\overrightarrow{OA}$ とする。そして，$\overrightarrow{OP}=\overrightarrow{OA'}+t\overrightarrow{OB}$，$-1\leqq t\leqq 1$ を満たす点 P の存在範囲を考える。

28　(1)　A$(\vec{a})$，B$(\vec{b})$，C$(\vec{c})$ として，$|\overrightarrow{OA}|=12$ から $|\vec{c}-\square|=k$ の形を導く。

29　(1)　与えられた式を平方完成の要領で変形する。

数学C 第2章

空間のベクトル

2

6 空間の座標
7 空間のベクトル, ベクトルの成分
8 空間のベクトルの内積
9 位置ベクトル, ベクトルと図形
10 座標空間の図形
11 発展 平面の方程式, 直線の方程式

SELECT STUDY

コース	例題
基本定着コース	45, 46, 47, 48, 49, 50, 51, 53, 54, 55, 59, 60, 61, 63, 64, 66, 67, 68, 69, 72, 74, 75, 76, 77, 78
精選速習コース	46, 47, 50, 51, 54, 55, 56, 57, 61, 64, 65, 66, 68, 69, 71, 73, 75, 77, 78, 79, 80, 81, 83, 84, 88
実力練成コース	50, 52, 54, 57, 58, 61, 62, 65, 71, 73, 79, 81, 82, 84, 85, 87, 88, 89

例題一覧

			難易度
6	基本 44	空間の点の座標	①
	基本 45	2点間の距離，三角形の形状	①
	基本 46	定点から等距離にある点の座標	②
7	基本 47	空間のベクトルの表示	①
	基本 48	空間のベクトルの分解（成分表示）	②
	基本 49	空間のベクトルの平行	②
	基本 50	平行四辺形の頂点	②
	基本 51	ベクトルの大きさの最小値 (1)，最短経路	③
	基本 52	ベクトルの大きさの最小値 (2)	③
8	基本 53	空間のベクトルの内積	②
	基本 54	空間のベクトルのなす角，三角形の面積	②
	基本 55	2つのベクトルに垂直な単位ベクトル	②
	基本 56	ベクトルの大きさに関する等式の証明など	③
	重要 57	ベクトルと座標軸のなす角	③
	重要 58	ベクトルの大きさの大小関係	④
9	基本 59	分点と位置ベクトル	①
	基本 60	点の一致	②
	基本 61	等式から点の位置の決定	③
	重要 62	位置ベクトルと内積，なす角	③
	基本 63	平行四辺形であることの証明，共線条件 (1)	②
	基本 64	共線条件 (2)	②
	基本 65	垂線の足，線対称な点の座標	③
	基本 66	2直線の交点の位置ベクトル	②
	基本 67	共面条件	②
	基本 68	同じ平面上にあることの証明	③
	基本 69	直線と平面の交点の位置ベクトル (1)	②
	基本 70	直線と平面の交点の位置ベクトル (2)	③
	基本 71	垂直，線分の長さの平方に関する証明問題	③
	基本 72	平面に下ろした垂線 (1)	③
	重要 73	平面に下ろした垂線 (2)	③
10	基本 74	分点の座標	①
	基本 75	座標軸に垂直な平面の方程式	①
	基本 76	球面の方程式 (1)	②
	基本 77	球面の方程式 (2)	②
	基本 78	球面と平面が交わってできる円	②
	重要 79	球面のベクトル方程式	③
11	演習 80	平面の方程式	③
	演習 81	平面の方程式の利用	④
	演習 82	2平面のなす角	③
	演習 83	直線の方程式	③
	演習 84	直線の方程式の利用	④
	演習 85	直線と平面の交点，直線と球面が接する条件	④
	演習 86	球面と平面の交わり	③
	演習 87	2つの球面の交わり	④
	演習 88	直線と平面のなす角，直線に垂直な平面	③
	演習 89	2平面の交線，それを含む平面の方程式	④

6 空間の座標

基本事項

1 空間の点の座標

① **座標軸**　x 軸，y 軸，z 軸は原点Oで互いに直交。**直交座標軸** ともいう。
座標の定められた空間を **座標空間** という。

② **座標平面**
xy 平面（x 軸と y 軸が定める平面。他も同様），
yz 平面，**zx 平面**

③ **点の座標**
空間の点P ⟺ 実数の組 $(a,\ b,\ c)$ が決まる。
$P(a,\ b,\ c)$ …（x 座標，y 座標，z 座標）

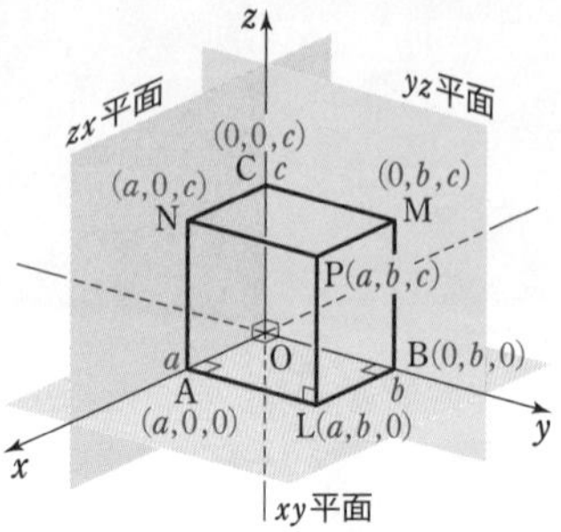

2 2点間の距離

$A(x_1,\ y_1,\ z_1)$，$B(x_2,\ y_2,\ z_2)$，$O(0,\ 0,\ 0)$ とする。

$$\mathbf{AB}=\sqrt{(x_2-x_1)^2+(y_2-y_1)^2+(z_2-z_1)^2}\qquad \text{特に}\quad \mathbf{OA}=\sqrt{x_1^2+y_1^2+z_1^2}$$

解　説

■ 空間の点の座標

点Pを通り，各座標平面に平行な3つの平面と x 軸，y 軸，z 軸との交点を，それぞれA，B，Cとする。
3点A，B，Cの x 軸，y 軸，z 軸に関する座標を，それぞれ a，b，c とするとき，3つの実数の組 $(a,\ b,\ c)$ を点Pの **座標** といい，$\mathbf{P(a,\ b,\ c)}$ と書く。また，実数 a，b，c を，それぞれ点Pの **x 座標**，**y 座標**，**z 座標** という。

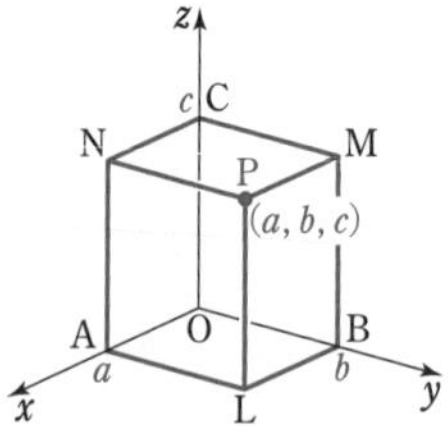

このとき，$A(a,\ 0,\ 0)$，$B(0,\ b,\ 0)$，$C(0,\ 0,\ c)$ である。また，点Pから xy 平面，yz 平面，zx 平面に下ろした垂線を，それぞれPL，PM，PNとすると，$L(a,\ b,\ 0)$，$M(0,\ b,\ c)$，$N(a,\ 0,\ c)$ となる。
座標の定められた空間を **座標空間** といい，点 $O(0,\ 0,\ 0)$ を座標空間の **原点** という。

◀各点の座標は
x 軸上 ⟶ $y=z=0$
xy 平面上 ⟶ $z=0$
などで表される。

■ 2点間の距離

座標空間において2点を $A(x_1,\ y_1,\ z_1)$，$B(x_2,\ y_2,\ z_2)$ とする。
点Aを通り各座標平面に平行な3つの平面と，点Bを通り各座標平面に平行な3つの平面でできる直方体ACDE-FGBHにおいて

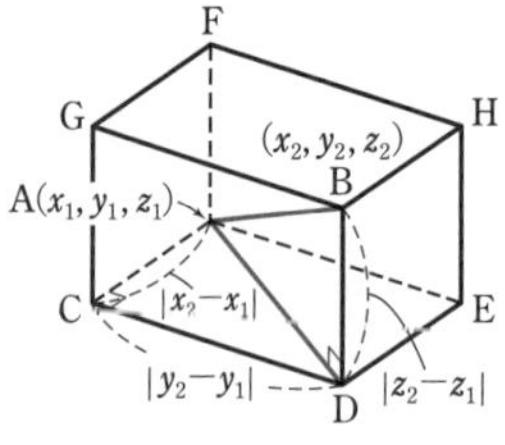

$$AC=|x_2-x_1|,\ \ CD=|y_2-y_1|,\ \ DB=|z_2-z_1|$$

よって
$$\begin{aligned}AB^2&=AD^2+DB^2=(AC^2+CD^2)+DB^2\\&=(x_2-x_1)^2+(y_2-y_1)^2+(z_2-z_1)^2\end{aligned}$$

$AB>0$ であるから，2点A，B間の距離は

$$\mathbf{AB}=\sqrt{(x_2-x_1)^2+(y_2-y_1)^2+(z_2-z_1)^2}$$

基本例題 44 空間の点の座標

点 P(6, 4, 8) に対して，次の点の座標を求めよ。

(1) 点 P から x 軸に下ろした垂線の足 A

(2) 点 P と yz 平面に関して対称な点 B

(3) 点 P と z 軸に関して対称な点 C

(4) 点 P と原点に関して対称な点 D

p.432 基本事項 1

指針 解答のような図をかいて考えるとよい。

(1) 点 A は x 軸上にあって，点 P と x 座標が同じ。

(2)～(4) 座標平面や座標軸，原点に関して対称な点は，符号の変化する座標に要注意。なお，x 座標，y 座標，z 座標の絶対値は変わらない（⟶ 検討 参照）。

解答

(1) **(6, 0, 0)**

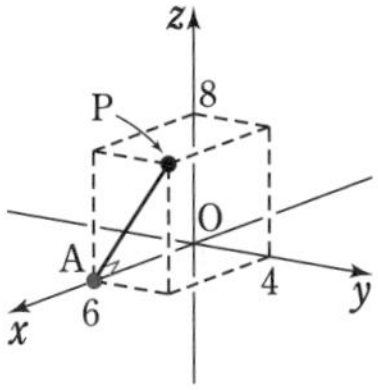

(2) **(−6, 4, 8)**

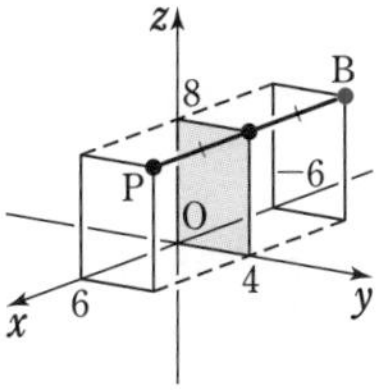

(3) **(−6, −4, 8)**

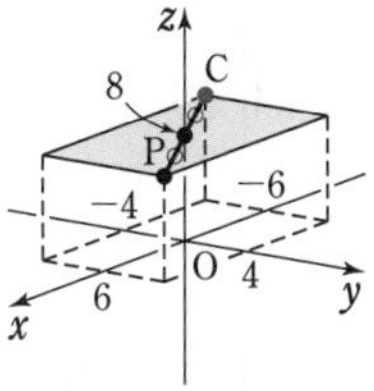

(4) **(−6, −4, −8)**

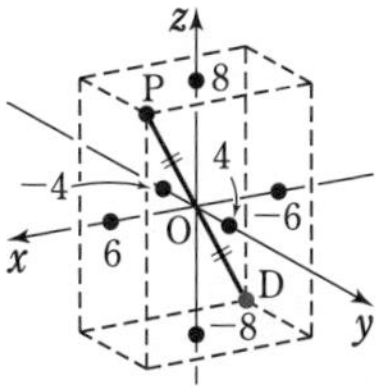

垂線の足

直線 ℓ 上にない点 A から直線 ℓ に下ろした垂線と，直線 ℓ の交点 H を，点 A から直線 ℓ に下ろした **垂線の足** という（図 [1] 参照）。

また，平面 α 上にない点 A を通る α の垂線が，平面 α と交わる点 H を，点 A から平面 α に下ろした **垂線の足** という（図 [2] 参照）。なお，図 [2] で $AH\perp\ell$，$AH\perp m$ となる。

[1]

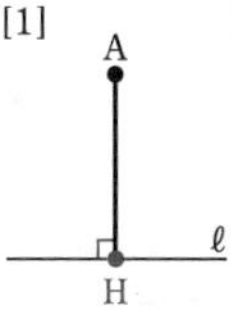

[2]

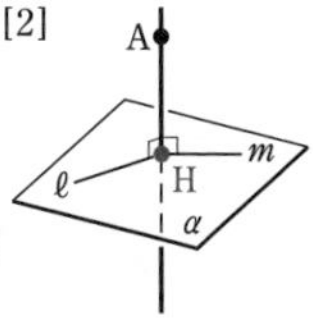

検討 **座標軸，座標平面に関して対称な点**

点 $(a,\ b,\ c)$ と，座標軸，座標平面に関して対称な点の座標は，次のようになる。

x 軸 …… $(a,\ -b,\ -c)$　　xy 平面 …… $(a,\ b,\ -c)$

y 軸 …… $(-a,\ b,\ -c)$　　yz 平面 …… $(-a,\ b,\ c)$

z 軸 …… $(-a,\ -b,\ c)$　　zx 平面 …… $(a,\ -b,\ c)$

また，原点に関して対称な点の座標は　$(-a,\ -b,\ -c)$

練習 ① 44 点 P(3, −2, 1) に対して，次の点の座標を求めよ。

(1) 点 P から x 軸に下ろした垂線と x 軸の交点 Q

(2) xy 平面に関して対称な点 R

(3) 原点 O に関して対称な点 S

基本例題 45 2点間の距離，三角形の形状

①①①①①

(1) 2点 A$(-1,\ 0,\ 1)$，B$(1,\ -1,\ 3)$ 間の距離を求めよ。

(2) 3点 A$(2,\ 3,\ 4)$，B$(4,\ 0,\ 3)$，C$(5,\ 3,\ 1)$ を頂点とする △ABC はどのような形か。

p.432 基本事項 2

指針 (1) 2点 P$(x_1,\ y_1,\ z_1)$，Q$(x_2,\ y_2,\ z_2)$ 間の距離 PQ は

$$\mathbf{PQ}=\sqrt{(x_2-x_1)^2+(y_2-y_1)^2+(z_2-z_1)^2}$$

(2) **空間において，同じ直線上にない異なる3点を通る平面はただ1通りに決まる。**
したがって，空間における三角形の形状は，平面の場合と同様に，2頂点間の距離を調べて，辺の長さの関係に注目して考えるとよい。

結果は，例えば

二等辺三角形 … AB=AC など
正三角形 … AB=BC=CA
直角三角形 … $AB^2+BC^2=CA^2$ なら ∠B=90° など

を導く。解答では，等しい辺，直角である角についても記しておく。

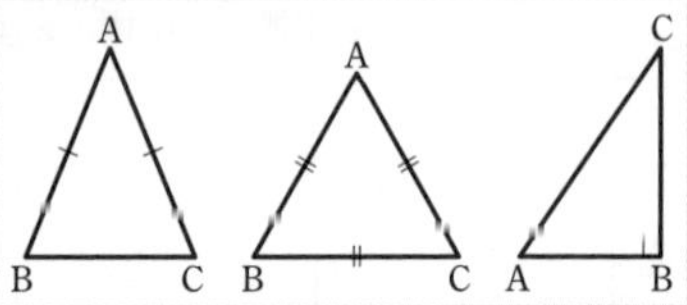

CHART 空間における三角形の形状　3辺の長さに着目

解答

(1) $AB=\sqrt{\{1-(-1)\}^2+(-1-0)^2+(3-1)^2}$
$=\mathbf{3}$　　◀ $=\sqrt{4+1+4}=\sqrt{9}=3$

(2) $AB^2=(4-2)^2+(0-3)^2+(3-4)^2$
$=4+9+1=14$　　◀ $AB=\sqrt{14}$

$BC^2=(5-4)^2+(3-0)^2+(1-3)^2$
$=1+9+4=14$　　◀ $BC=\sqrt{14}$

$CA^2=(2-5)^2+(3-3)^2+(4-1)^2$
$=9+0+9=18$　　◀ $CA=3\sqrt{2}$

よって　$AB^2=BC^2$

ゆえに　AB=BC　　◀辺の長さの関係を調べる。

したがって，△ABC は **AB=BC の二等辺三角形** である。　◀どの辺が等しいかも記す。

練習 ① 45

(1) 次の2点間の距離を求めよ。

(ア) O$(0,\ 0,\ 0)$，A$(2,\ 7,\ -4)$　　(イ) A$(1,\ 2,\ 3)$，B$(2,\ 4,\ 5)$

(ウ) A$(3,\ -\sqrt{3},\ 2)$，B$(\sqrt{3},\ 1,\ -\sqrt{3})$

(2) 3点 A$(-1,\ 0,\ 1)$，B$(1,\ 1,\ 3)$，C$(0,\ 2,\ -1)$ を頂点とする △ABC はどのような形か。

(3) a は定数とする。3点 A$(2,\ 2,\ 2)$，B$(3,\ -1,\ 6)$，C$(6,\ a,\ 5)$ を頂点とする三角形が正三角形であるとき，a の値を求めよ。

p.444 EX30

基本例題 46 定点から等距離にある点の座標 ①①①①①

(1) 2点 A(−1, 2, −4), B(5, −3, 1) から等距離にある x 軸上の点 P, y 軸上の点 Q の座標をそれぞれ求めよ。

(2) 原点 O と 3点 A(2, 2, 4), B(−1, 1, 2), C(4, 1, 1) から等距離にある点 M の座標を求めよ。

［(2) 鳥取大］ ↗基本 45

指針 x 軸上の点 ⟶ $y=z=0$　　y 軸上の点 ⟶ $x=z=0$

よって，(1) P(x, 0, 0), Q(0, y, 0)　(2) M(x, y, z)　として

距離の条件を式に表し，方程式を解く。なお，例えば(1)では条件 AP=BP のままでは扱いにくいから，これと同値な条件 $AP^2=BP^2$ を利用する。

CHART 距離の条件　2乗した形で扱う

解答

(1) P(x, 0, 0) とすると，AP=BP から

$$AP^2=BP^2$$

よって　$(x+1)^2+(0-2)^2+(0+4)^2$
$=(x-5)^2+(0+3)^2+(0-1)^2$

これを解いて　$x=\frac{7}{6}$　ゆえに　$\mathbf{P}\left(\frac{7}{6},\ 0,\ 0\right)$

また，Q(0, y, 0) とすると，AQ=BQ から

$$AQ^2=BQ^2$$

よって　$(0+1)^2+(y-2)^2+(0+4)^2$
$=(0-5)^2+(y+3)^2+(0-1)^2$

これを解いて　$y=-\frac{7}{5}$　ゆえに　$\mathbf{Q}\left(0,\ -\frac{7}{5},\ 0\right)$

(2) M(x, y, z) とすると，OM=AM=BM=CM から

$$OM^2=AM^2=BM^2=CM^2$$

$OM^2=AM^2$ から　$x^2+y^2+z^2=(x-2)^2+(y-2)^2+(z-4)^2$
$OM^2=BM^2$ から　$x^2+y^2+z^2=(x+1)^2+(y-1)^2+(z-2)^2$
$OM^2=CM^2$ から　$x^2+y^2+z^2=(x-4)^2+(y-1)^2+(z-1)^2$

よって　$x+y+2z=6$, $-x+y+2z=3$, $4x+y+z=9$

これを解くと　$x=\frac{3}{2}$, $y=\frac{3}{2}$, $z=\frac{3}{2}$

したがって　$\mathbf{M}\left(\frac{3}{2},\ \frac{3}{2},\ \frac{3}{2}\right)$

◀AP>0, BP>0 から AP=BP ⟺ $AP^2=BP^2$

◀x^2 の項は両辺に出てきて消し合うから，x の1次方程式になる。

◀AQ>0, BQ>0 から AQ=BQ ⟺ $AQ^2=BQ^2$

◀x, y, z の1次の項が出てこない OM^2 を有効利用する。

◀(第1式)−(第2式) から　$x=\frac{3}{2}$
次に，y, z の連立方程式を解く。

練習 ② **46** (1) 3点 A(2, 1, −2), B(−2, 0, 1), C(3, −1, −3) から等距離にある xy 平面上の点 P, zx 平面上の点 Q の座標をそれぞれ求めよ。〔類 武蔵大〕

(2) 4点 O(0, 0, 0), A(0, 2, 0), B(−1, 1, 2), C(0, 1, 3) から等距離にある点 M の座標を求めよ。〔関西学院大〕

p.444 EX 31↘

7 空間のベクトル，ベクトルの成分

基本事項

1 空間のベクトル

① **空間のベクトルの基本**

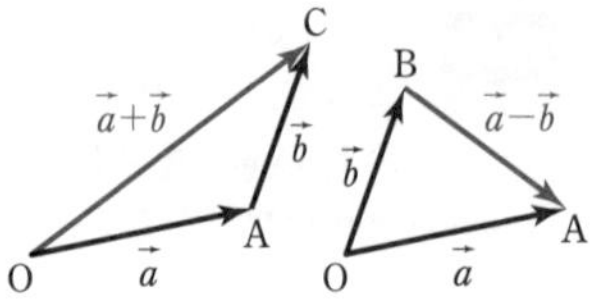

相等 $\vec{a}=\vec{b}$ 向きが同じで大きさが等しい

加法 $\vec{a}+\vec{b}$ $\overrightarrow{OA}+\overrightarrow{AC}=\overrightarrow{OC}$

減法 $\vec{a}-\vec{b}$ $\overrightarrow{OA}-\overrightarrow{OB}=\overrightarrow{BA}$

逆ベクトル $-\vec{a}$ $-\overrightarrow{AB}=\overrightarrow{BA}$

零ベクトル $\vec{0}$ $\vec{0}=\overrightarrow{AA}$ $\vec{0}$ の大きさは 0

実数倍 $k\vec{a}$ 大きさは $|\vec{a}|$ の $|k|$ 倍 で，

向きは **$k>0$ なら $\vec{a}$ と同じ $k<0$ なら $\vec{a}$ と反対** なお $k=0$ なら $k\vec{a}=\vec{0}$

② **空間のベクトルの演算法則** (k, l は実数)

[1] **加法** $\vec{a}+\vec{b}=\vec{b}+\vec{a}$ (交換法則) $(\vec{a}+\vec{b})+\vec{c}=\vec{a}+(\vec{b}+\vec{c})$ (結合法則)

[2] **実数倍** $k(l\vec{a})=(kl)\vec{a}$, $(k+l)\vec{a}=k\vec{a}+l\vec{a}$, $k(\vec{a}+\vec{b})=k\vec{a}+k\vec{b}$

[3] **零ベクトル $\vec{0}$ の演算** $\vec{a}+\vec{0}=\vec{a}$, $\vec{a}+(-\vec{a})=\vec{a}-\vec{a}=\vec{0}$, $0\vec{a}=\vec{0}$, $k\vec{0}=\vec{0}$

2 平行条件

$\vec{a}\neq\vec{0}$, $\vec{b}\neq\vec{0}$ のとき **$\vec{a}\parallel\vec{b} \iff \vec{b}=k\vec{a}$ となる実数 k がある**

3 空間のベクトルの分解 (s, t, u, s', t', u' は実数)

同じ平面上にない 4 点 O, A, B, C に対し，$\overrightarrow{OA}=\vec{a}$, $\overrightarrow{OB}=\vec{b}$, $\overrightarrow{OC}=\vec{c}$ とするとき

① 任意のベクトル $\vec{p}$ は **$\vec{p}=s\vec{a}+t\vec{b}+u\vec{c}$** の形に，ただ 1 通りに表される。

② **$s\vec{a}+t\vec{b}+u\vec{c}=s'\vec{a}+t'\vec{b}+u'\vec{c} \iff s=s'$, $t=t'$, $u=u'$**

特に **$s\vec{a}+t\vec{b}+u\vec{c}=\vec{0} \iff s=t=u=0$**

解説

■ **空間のベクトルの分解** [基本事項 3 ① の証明]

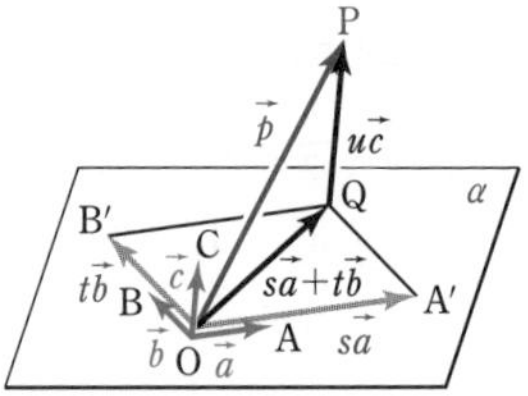

3 点 O, A, B の定める平面を α とし，$\vec{p}=\overrightarrow{OP}$ となる点 P をとる。

点 P を通り $\vec{c}$ と平行な直線と平面 α は 1 点で交わるから，その交点を Q とすると，$\overrightarrow{QP}=\vec{0}$ または $\overrightarrow{QP}\parallel\vec{c}$ であるから

$\overrightarrow{QP}=u\vec{c}$ (u は実数) …… ①

とただ 1 通りに表される。

また，点 Q は平面 α 上にあり，$\vec{a}\neq\vec{0}$, $\vec{b}\neq\vec{0}$, $\vec{a}\not\parallel\vec{b}$ であるから

$\overrightarrow{OQ}=s\vec{a}+t\vec{b}$ (s, t は実数) …… ②

とただ 1 通りに表される($p.362$ 基本事項 5)。

①, ② から，任意の $\vec{p}$ は

$\vec{p}=\overrightarrow{OP}=\overrightarrow{OQ}+\overrightarrow{QP}=s\vec{a}+t\vec{b}+u\vec{c}$ (s, t, u は実数)

の形に表され，その表し方はただ 1 通りである。

◀ α を「**平面 OAB**」ともいう。

◀ O, A, B, C が同じ平面上にないから。

参考 4 点 O, A, B, C が同じ平面上にないとき，「**$\vec{a}$, $\vec{b}$, $\vec{c}$ は同じ平面上にない**」ともいう。この $\vec{a}$, $\vec{b}$, $\vec{c}$ は **1 次独立** である。

◀ 3 ② は「表し方がただ 1 通り」であることの言い換え。

基本事項

4 空間のベクトルの成分

① **成分表示** 基本ベクトル $\vec{e_1}$, $\vec{e_2}$, $\vec{e_3}$ を用いて, $\vec{a}=a_1\vec{e_1}+a_2\vec{e_2}+a_3\vec{e_3}$ で表されるとき $\vec{\boldsymbol{a}}=(\boldsymbol{a}_1,\ \boldsymbol{a}_2,\ \boldsymbol{a}_3)$ (これを $\vec{\boldsymbol{a}}$ の**成分表示** という。)

a_1, a_2, a_3 はベクトル $\vec{a}$ の成分。a_1 は x 成分, a_2 は y 成分, a_3 は z 成分。

② O を原点とする座標空間で $\vec{a}=\overrightarrow{\mathrm{OA}}$ とすると $\mathbf{A}(\boldsymbol{a}_1,\ \boldsymbol{a}_2,\ \boldsymbol{a}_3)$ である。

③ **相 等** $\vec{a}=(a_1,\ a_2,\ a_3)$, $\vec{b}=(b_1,\ b_2,\ b_3)$ について

$\vec{\boldsymbol{a}}=\vec{\boldsymbol{b}} \iff \boldsymbol{a}_1=\boldsymbol{b}_1,\ \boldsymbol{a}_2=\boldsymbol{b}_2,\ \boldsymbol{a}_3=\boldsymbol{b}_3$

④ **大きさ** $\vec{a}=(a_1,\ a_2,\ a_3)$ のとき $|\vec{\boldsymbol{a}}|=\sqrt{\boldsymbol{a}_1^2+\boldsymbol{a}_2^2+\boldsymbol{a}_3^2}$

5 成分によるベクトルの演算 (k, l は実数)

① **和** $(\boldsymbol{a}_1,\ \boldsymbol{a}_2,\ \boldsymbol{a}_3)+(\boldsymbol{b}_1,\ \boldsymbol{b}_2,\ \boldsymbol{b}_3)=(\boldsymbol{a}_1+\boldsymbol{b}_1,\ \boldsymbol{a}_2+\boldsymbol{b}_2,\ \boldsymbol{a}_3+\boldsymbol{b}_3)$

② **差** $(\boldsymbol{a}_1,\ \boldsymbol{a}_2,\ \boldsymbol{a}_3)-(\boldsymbol{b}_1,\ \boldsymbol{b}_2,\ \boldsymbol{b}_3)=(\boldsymbol{a}_1-\boldsymbol{b}_1,\ \boldsymbol{a}_2-\boldsymbol{b}_2,\ \boldsymbol{a}_3-\boldsymbol{b}_3)$

③ **実数倍** $\boldsymbol{k}(\boldsymbol{a}_1,\ \boldsymbol{a}_2,\ \boldsymbol{a}_3)=(\boldsymbol{ka}_1,\ \boldsymbol{ka}_2,\ \boldsymbol{ka}_3)$

一般に $\boldsymbol{k}(\boldsymbol{a}_1,\ \boldsymbol{a}_2,\ \boldsymbol{a}_3)+\boldsymbol{l}(\boldsymbol{b}_1,\ \boldsymbol{b}_2,\ \boldsymbol{b}_3)=(\boldsymbol{ka}_1+\boldsymbol{lb}_1,\ \boldsymbol{ka}_2+\boldsymbol{lb}_2,\ \boldsymbol{ka}_3+\boldsymbol{lb}_3)$

6 点の座標とベクトルの成分

2 点 $\mathrm{A}(a_1,\ a_2,\ a_3)$, $\mathrm{B}(b_1,\ b_2,\ b_3)$ について

$$\overrightarrow{\mathbf{AB}}=(\boldsymbol{b}_1-\boldsymbol{a}_1,\ \boldsymbol{b}_2-\boldsymbol{a}_2,\ \boldsymbol{b}_3-\boldsymbol{a}_3)$$

$$|\overrightarrow{\mathbf{AB}}|=\sqrt{(\boldsymbol{b}_1-\boldsymbol{a}_1)^2+(\boldsymbol{b}_2-\boldsymbol{a}_2)^2+(\boldsymbol{b}_3-\boldsymbol{a}_3)^2}$$

解 説

■ 空間のベクトルの成分

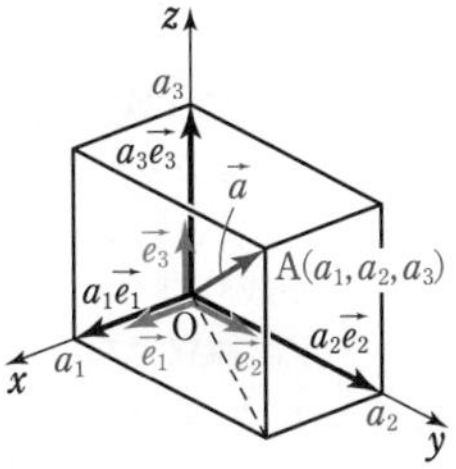

座標空間において, x 軸, y 軸, z 軸の正の向きと同じ向きの単位ベクトルを, 順に $\vec{e_1}$, $\vec{e_2}$, $\vec{e_3}$ とするとき, この 3 つのベクトルを**基本ベクトル** という。3 つの基本ベクトルは同じ平面上にない (1 次独立である) から, 任意のベクトル $\vec{a}$ は

$\vec{\boldsymbol{a}}=\boldsymbol{a}_1\vec{\boldsymbol{e}_1}+\boldsymbol{a}_2\vec{\boldsymbol{e}_2}+\boldsymbol{a}_3\vec{\boldsymbol{e}_3}$ の形にただ 1 通りに表される(基本事項 **3**)。

ベクトルの成分について, 右の図から

$$\overrightarrow{\mathrm{OA}}=(a_1,\ a_2,\ a_3) \iff \mathrm{A}(a_1,\ a_2,\ a_3)$$

また, $\vec{e_1}=(1,\ 0,\ 0)$, $\vec{e_2}=(0,\ 1,\ 0)$, $\vec{e_3}=(0,\ 0,\ 1)$ である。

■ 成分によるベクトルの演算

例えば, **5** ① については

$$\begin{aligned}(a_1,\ a_2,\ a_3)+(b_1,\ b_2,\ b_3)&=(a_1\vec{e_1}+a_2\vec{e_2}+a_3\vec{e_3})+(b_1\vec{e_1}+b_2\vec{e_2}+b_3\vec{e_3})\\&=(a_1+b_1)\vec{e_1}+(a_2+b_2)\vec{e_2}+(a_3+b_3)\vec{e_3}\\&=(a_1+b_1,\ a_2+b_2,\ a_3+b_3)\end{aligned}$$

5 ②, ③ も同様に導かれる。

■ 点の座標とベクトルの成分

$\mathrm{O}(0,\ 0,\ 0)$, $\mathrm{A}(a_1,\ a_2,\ a_3)$, $\mathrm{B}(b_1,\ b_2,\ b_3)$ について

$$\overrightarrow{\mathrm{AB}}=\overrightarrow{\mathrm{OB}}-\overrightarrow{\mathrm{OA}}=(b_1,\ b_2,\ b_3)-(a_1,\ a_2,\ a_3)=(b_1-a_1,\ b_2-a_2,\ b_3-a_3)$$

ゆえに $|\overrightarrow{\mathrm{AB}}|=\sqrt{(b_1-a_1)^2+(b_2-a_2)^2+(b_3-a_3)^2}$

注意 このページで学んだことは, 平面上のベクトルで学んだこと ($p.370$) に **z 成分が加わった形** になっている。

基本例題 47 空間のベクトルの表示 ①①①①①

平行六面体 ABCD-EFGH において，対角線 AG の中点を P とし，$\overrightarrow{AB}=\vec{a}$，$\overrightarrow{AD}=\vec{b}$，$\overrightarrow{AE}=\vec{c}$ とする。$\overrightarrow{AC}$，$\overrightarrow{AG}$，$\overrightarrow{BH}$，$\overrightarrow{CP}$ をそれぞれ $\vec{a}$，$\vec{b}$，$\vec{c}$ で表せ。

p.436 基本事項 1

指針 **平行六面体** とは，向かい合った 3 組の面がそれぞれ平行な六面体で，平行六面体の **各面は平行四辺形** である。よって，解答の図からわかるように，

$\overrightarrow{AB}=\overrightarrow{DC}$，$\overrightarrow{AD}=\overrightarrow{BC}$，$\overrightarrow{AE}=\overrightarrow{DH}$　　などが成り立つ。

平面の場合（p.368 基本例題 **5**）と同様に，AB, AD, AE に平行な線分に注目して，**ベクトルの合成・分割** などを利用する。

解答

$\overrightarrow{AC}=\overrightarrow{AB}+\overrightarrow{BC}$
$=\overrightarrow{AB}+\overrightarrow{AD}=\vec{a}+\vec{b}$

$\overrightarrow{AG}=\overrightarrow{AC}+\overrightarrow{CG}$
$=\overrightarrow{AC}+\overrightarrow{AE}=\vec{a}+\vec{b}+\vec{c}$

$\overrightarrow{BH}=\overrightarrow{BA}+\overrightarrow{AD}+\overrightarrow{DH}$
$=-\overrightarrow{AB}+\overrightarrow{AD}+\overrightarrow{AE}$
$=-\vec{a}+\vec{b}+\vec{c}$

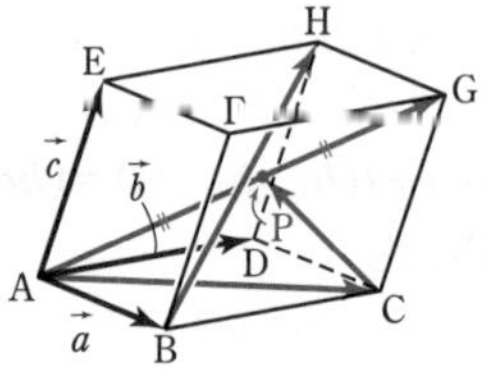

$\overrightarrow{CP}=\overrightarrow{AP}-\overrightarrow{AC}=\dfrac{1}{2}\overrightarrow{AG}-\overrightarrow{AC}=\dfrac{1}{2}(\vec{a}+\vec{b}+\vec{c})-(\vec{a}+\vec{b})$

$=-\dfrac{1}{2}\vec{a}-\dfrac{1}{2}\vec{b}+\dfrac{1}{2}\vec{c}$

合成　$\overrightarrow{P\square}+\overrightarrow{\square Q}=\overrightarrow{PQ}$，
$\overrightarrow{\square Q}-\overrightarrow{\square P}=\overrightarrow{PQ}$
分割　$\overrightarrow{PQ}=\overrightarrow{P\square}+\overrightarrow{\square Q}$，
$\overrightarrow{PQ}=\overrightarrow{\square Q}-\overrightarrow{\square P}$
向き変え　$\overrightarrow{PQ}=-\overrightarrow{QP}$
$\overrightarrow{PP}=\vec{0}$

◀分割。$\overrightarrow{CP}=\overrightarrow{CA}+\overrightarrow{AP}$ としてもよい。

検討

空間の1次独立なベクトル

s，t，u を実数とする。空間の 3 つのベクトル $\vec{a}$，$\vec{b}$，$\vec{c}$ について

$s\vec{a}+t\vec{b}+u\vec{c}=\vec{0}$　ならば　$s=t=u=0$

が成り立つとき，$\vec{a}$，$\vec{b}$，$\vec{c}$ は **1次独立** であるという。
1次独立でないベクトルは **1次従属** であるという。
$\vec{a}$，$\vec{b}$，$\vec{c}$ が1次独立であるとき，$\vec{a}=\overrightarrow{OA}$，$\vec{b}=\overrightarrow{OB}$，$\vec{c}=\overrightarrow{OC}$ とすると，4 点 O，A，B，C は同じ平面上にない。このとき，4 点 O，A，B，C を頂点とする立体は四面体になる。
また，$\vec{a}$，$\vec{b}$，$\vec{c}$ はどれも $\vec{0}$ でなく，どの 2 つのベクトルも平行でない。

1次独立

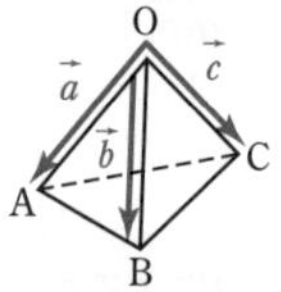

　特に重要なのは，1次独立な 3 つのベクトルによって，空間の任意のベクトル $\vec{p}$ は　$\vec{p}=s\vec{a}+t\vec{b}+u\vec{c}$ ……（∗）
の形にただ1通りに表されるということである。　◀p.436 3

1次従属

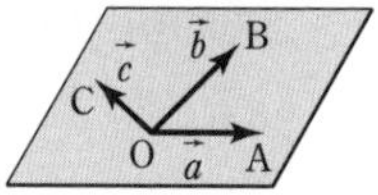

　なお，$\vec{0}$ でないベクトル $\vec{a}$，$\vec{b}$，$\vec{c}$ が1次従属であるとき，$\vec{a}=\overrightarrow{OA}$，$\vec{b}=\overrightarrow{OB}$，$\vec{c}=\overrightarrow{OC}$ とすると，4 点 O，A，B，C は1つの平面上にある。よって，この平面上にない点 P を（∗）の形に表すことはできない。

練習 ① 47 四面体 ABCD において，$\overrightarrow{AB}=\vec{a}$，$\overrightarrow{AC}=\vec{b}$，$\overrightarrow{AD}=\vec{c}$ とし，辺 BC，AD の中点をそれぞれ L，M とする。

(1) $\overrightarrow{AL}$，$\overrightarrow{DL}$，$\overrightarrow{LM}$ をそれぞれ $\vec{a}$，$\vec{b}$，$\vec{c}$ で表せ。

(2) 線分 AL の中点を N とすると，$\overrightarrow{DL}=2\overrightarrow{MN}$ であることを示せ。　p.444 EX 32, 33

基本例題 48 空間のベクトルの分解(成分表示)

$\vec{a}=(-2,\ 0,\ 1)$, $\vec{b}=(0,\ 2,\ 0)$, $\vec{c}=(2,\ 1,\ 1)$ とし, s, t, u は実数とする。

(1) $3\vec{a}+4\vec{b}-\vec{c}$ を成分で表せ。また, その大きさを求めよ。

(2) $s\vec{a}+t\vec{b}+u\vec{c}=\vec{0}$ ならば $s=t=u=0$ であることを示せ。

(3) $\vec{p}=(2,\ -7,\ 5)$ を $s\vec{a}+t\vec{b}+u\vec{c}$ の形に表せ。

p.436 基本事項 3, p.437 基本事項 4, 5

指針 (1) p.437 基本事項 5, 4 ④ を利用して計算する。

(2), (3) はベクトル $s\vec{a}+t\vec{b}+u\vec{c}$ を成分で表し,

ベクトルの相等　対応する成分がそれぞれ等しい

を利用して解決する。すなわち

(2) $s\vec{a}+t\vec{b}+u\vec{c}=\vec{0}$　(3) $\vec{p}=s\vec{a}+t\vec{b}+u\vec{c}$ として, 両辺の各成分を等しいとおき, s, t, u の連立方程式を解く。

解答

(1) $3\vec{a}+4\vec{b}-\vec{c}=3(-2,\ 0,\ 1)+4(0,\ 2,\ 0)-(2,\ 1,\ 1)$

$=(-6-2,\ 8-1,\ 3-1)$

$=\mathbf{(-8,\ 7,\ 2)}$

よって　$|3\vec{a}+4\vec{b}-\vec{c}|=\sqrt{(-8)^2+7^2+2^2}=\sqrt{117}$

$=\mathbf{3\sqrt{13}}$

(2) $s\vec{a}+t\vec{b}+u\vec{c}=s(-2,\ 0,\ 1)+t(0,\ 2,\ 0)+u(2,\ 1,\ 1)$

$=(-2s+2u,\ 2t+u,\ s+u)$

$s\vec{a}+t\vec{b}+u\vec{c}=\vec{0}$ ならば

$-2s+2u=0$ …… ①, $2t+u=0$ …… ②,

$s+u=0$ …… ③

①, ③ から　$s=u=0$　② から　$t=0$

したがって　$s=t=u=0$

(3) $\vec{p}=s\vec{a}+t\vec{b}+u\vec{c}$ とすると

$-2s+2u=2$ …… ④, $2t+u=-7$ …… ⑤,

$s+u=5$ …… ⑥

④, ⑥ から　$s=2$, $u=3$　⑤ から　$t=-5$

したがって　$\mathbf{\vec{p}=2\vec{a}-5\vec{b}+3\vec{c}}$

◀平面の場合の計算に, z 成分が加わる。

◀$\vec{p}=(x_1,\ y_1,\ z_1)$ のとき $|\vec{p}|=\sqrt{x_1^2+y_1^2+z_1^2}$

◀ベクトルの相等

検討

(2) の結果から, $\vec{a}$, $\vec{b}$, $\vec{c}$ は **1次独立** であることがわかる。したがって, p.436 基本事項 3 により, 任意のベクトル $\vec{p}$ は $s\vec{a}+t\vec{b}+u\vec{c}$ の形にただ1通りに表される [(3) はその一例]。

練習 ② 48 $\vec{a}=(1,\ 0,\ 1)$, $\vec{b}=(2,\ -1,\ -2)$, $\vec{c}=(-1,\ 2,\ 0)$ とし, s, t, u は実数とする。

(1) $2\vec{a}-3\vec{b}+\vec{c}$ を成分で表せ。また, その大きさを求めよ。

(2) $\vec{d}=(6,\ -5,\ 0)$ を $s\vec{a}+t\vec{b}+u\vec{c}$ の形に表せ。

(3) l, m, n は実数とする。$\vec{d}=(l,\ m,\ n)$ を $s\vec{a}+t\vec{b}+u\vec{c}$ の形に表すとき, s, t, u をそれぞれ l, m, n で表せ。

基本例題 49 空間のベクトルの平行 ②②②②②

4点 A(1, 0, −3), B(−1, 2, 2), D(2, 3, −1), E(6, a, b) がある。
(1) AB∥DE であるとき, a, b の値を求めよ。また, このとき AB：DE=□
(2) 四角形 ABCD が平行四辺形であるとき, 点 C の座標を求めよ。 基本 8, 9

指針 空間においても, 1つの平面上で考えるときは, 平面図形とベクトルの関係をそのまま用いることができる。
(1) **AB∥DE ⟺ $\overrightarrow{\mathrm{DE}}=k\overrightarrow{\mathrm{AB}}$ となる実数 k がある** ($\overrightarrow{\mathrm{AB}}\neq\vec{0}$, $\overrightarrow{\mathrm{DE}}\neq\vec{0}$)
(2) **四角形 ABCD が平行四辺形**であるための条件は
$\overrightarrow{\mathrm{AB}}=\overrightarrow{\mathrm{DC}}$ ($\overrightarrow{\mathrm{AB}}\neq\vec{0}$, $\overrightarrow{\mathrm{DC}}\neq\vec{0}$) ⟵ $\overrightarrow{\mathrm{AB}}=\overrightarrow{\mathrm{CD}}$ ではない!
計算の際, 次のことを利用する。[平面の場合と同様。空間の場合, z 成分が加わる]
2点 A(a_1, a_2, a_3), B(b_1, b_2, b_3) について $\overrightarrow{\mathrm{AB}}=(b_1-a_1,\ b_2-a_2,\ b_3-a_3)$

解答
(1) AB∥DE から, $\overrightarrow{\mathrm{DE}}=k\overrightarrow{\mathrm{AB}}$ となる実数 k がある。
$\overrightarrow{\mathrm{AB}}=(-2,\ 2,\ 5)$, $\overrightarrow{\mathrm{DE}}=(4,\ a-3,\ b+1)$ であるから
$(4,\ a-3,\ b+1)=k(-2,\ 2,\ 5)$ …… (∗)
よって $4=-2k$, $a-3=2k$, $b+1=5k$
ゆえに $k=-2$, $\boldsymbol{a=-1}$, $\boldsymbol{b=-11}$
また, $|\overrightarrow{\mathrm{DE}}|=|-2\overrightarrow{\mathrm{AB}}|=2|\overrightarrow{\mathrm{AB}}|$ から AB：DE=**1：2**

(2) 点 C の座標を $(x,\ y,\ z)$ とする。
四角形 ABCD は平行四辺形であるから $\overrightarrow{\mathrm{AB}}=\overrightarrow{\mathrm{DC}}$
$\overrightarrow{\mathrm{DC}}=(x-2,\ y-3,\ z+1)$ であるから
$(-2,\ 2,\ 5)=(x-2,\ y-3,\ z+1)$
よって $-2=x-2$, $2=y-3$, $5=z+1$
ゆえに $x=0$, $y=5$, $z=4$
よって **C(0, 5, 4)**

別解 四角形 ABCD は平行四辺形であるから
$\overrightarrow{\mathrm{AC}}=\overrightarrow{\mathrm{AB}}+\overrightarrow{\mathrm{AD}}$
よって $\overrightarrow{\mathrm{AC}}=(-2,\ 2,\ 5)+(1,\ 3,\ 2)=(-1,\ 5,\ 7)$
ゆえに, 原点を O とすると
$\overrightarrow{\mathrm{OC}}=\overrightarrow{\mathrm{OA}}+\overrightarrow{\mathrm{AC}}=(1,\ 0,\ -3)+(-1,\ 5,\ 7)=(0,\ 5,\ 4)$
よって **C(0, 5, 4)**

◀ $\overrightarrow{\mathrm{AB}}=k\overrightarrow{\mathrm{DE}}$ として考えてもよいが, その場合, $k\overrightarrow{\mathrm{DE}}$ は
$(4k,\ ka-3k,\ kb+k)$
となり, 左の解答よりも計算が面倒になる。

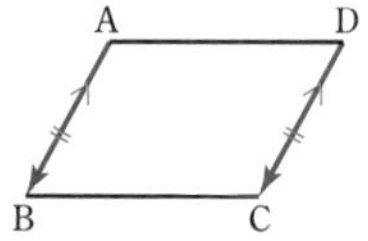

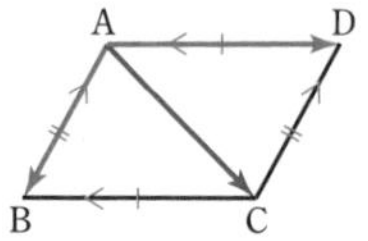

参考 ベクトルについて, 例えば, (∗) を $\begin{pmatrix}4\\a-3\\b+1\end{pmatrix}=k\begin{pmatrix}-2\\2\\5\end{pmatrix}$ のように成分を縦に書く記述法もある。
縦に書くと, x, y, z の各成分が同じ高さになり見やすい, という利点がある。

練習 ② 49
(1) $\vec{a}=(2,\ -3x,\ 8)$, $\vec{b}=(3x,\ -6,\ 4y-2)$ とする。$\vec{a}$ と $\vec{b}$ が平行であるとき, x, y の値を求めよ。 〔岩手大〕
(2) 4点 A(3, 3, 2), B(0, 4, 0), C, D(5, 1, −2) がある。四角形 ABCD が平行四辺形であるとき, 点 C の座標を求めよ。

基本例題 50 平行四辺形の頂点 … 3 通りの場合分け

平行四辺形の 3 頂点が A(1, 1, −2), B(−2, 1, 2), C(3, −1, −3) であるとき，第 4 の頂点 D の座標を求めよ。

基本 9, 49

指針 平行四辺形は平面図形であるから，平面上の場合と同様に考えればよいのだが，「第 4 の頂点 D」から「平行四辺形 ABCD」と早合点してはならない。**頂点 D には，右の図の D_1, D_2, D_3 のように 3 通り**（平行四辺形 ABCD, ABDC, ADBC）**の場合がある。**

例えば，点 D が D_1 の位置にある条件は　$\overrightarrow{AB}=\overrightarrow{DC}$

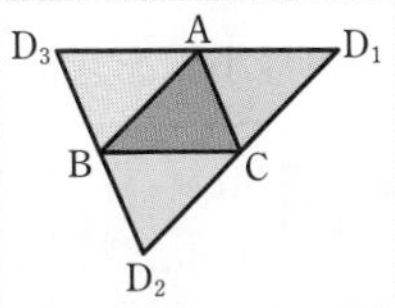

解答

D(x, y, z) とする。

[1] 四角形 ABCD が平行四辺形の場合　$\overrightarrow{AB}=\overrightarrow{DC}$

$\overrightarrow{AB}=(-3,\ 0,\ 4)$, $\overrightarrow{DC}=(3-x,\ -1-y,\ -3-z)$ であるから　$-3=3-x$, $0=-1-y$, $4=-3-z$

これを解くと　$x=6$, $y=-1$, $z=-7$

[2] 四角形 ABDC が平行四辺形の場合　$\overrightarrow{AB}=\overrightarrow{CD}$

$\overrightarrow{AB}=(-3,\ 0,\ 4)$, $\overrightarrow{CD}=(x-3,\ y+1,\ z+3)$ であるから　$-3=x-3$, $0=y+1$, $4=z+3$

これを解くと　$x=0$, $y=-1$, $z=1$

[3] 四角形 ADBC が平行四辺形の場合　$\overrightarrow{AC}=\overrightarrow{DB}$

$\overrightarrow{AC}=(2,\ -2,\ -1)$, $\overrightarrow{DB}=(-2-x,\ 1-y,\ 2-z)$ であるから　$2=-2-x$, $-2=1-y$, $-1=2-z$

これを解くと　$x=-4$, $y=3$, $z=3$

以上から，点 D の座標は

(6, −1, −7), (0, −1, 1), (−4, 3, 3)

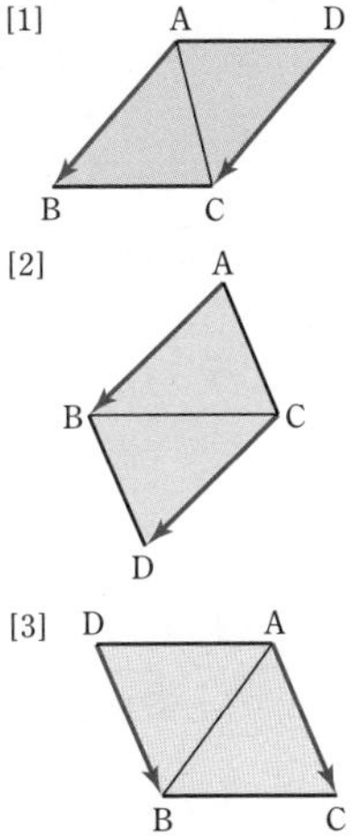

別解 **平行四辺形は，2 本の対角線がそれぞれの中点で交わる** ことを利用する。

[1] 四角形 ABCD が平行四辺形の場合

対角線 AC の中点の座標は　$\left(2,\ 0,\ -\frac{5}{2}\right)$

対角線 BD の中点の座標は　$\left(\frac{x-2}{2},\ \frac{y+1}{2},\ \frac{z+2}{2}\right)$

これらが一致するから

$$\frac{x-2}{2}=2,\quad \frac{y+1}{2}=0,\quad \frac{z+2}{2}=-\frac{5}{2}$$

よって　$x=6$, $y=-1$, $z=-7$

[2] 対角線が AD, BC, [3] 対角線が AB, CD の場合も同様（解答は省略）。

◀ p.477 参照。$\left(\frac{1+3}{2},\ \frac{1-1}{2},\ \frac{-2-3}{2}\right)$ として求める（平面の場合と同様）。

練習 ② 50 平行四辺形の 3 頂点が A(1, 0, −1), B(2, −1, 1), C(−1, 3, 2) であるとき，第 4 の頂点 D の座標を求めよ。

p.444 EX34

基本例題 51 ベクトルの大きさの最小値(1)，最短経路

(1) $\vec{a}=(2,\ 1,\ 1)$，$\vec{b}=(1,\ 2,\ -1)$ とする。ベクトル $\vec{a}+t\vec{b}$ の大きさが最小になるときの実数 t の値と，そのときの大きさを求めよ。

(2) 定点 $A(2,\ 0,\ 3)$，$B(1,\ 2,\ 1)$ と，xy 平面上を動く点 P に対し，AP+PB の最小値を求めよ。

基本 10，数学Ⅱ重要 89

指針 (1) $|\vec{p}|$ は $|\vec{p}|^2$ として扱う に従い，$|\vec{a}+t\vec{b}|^2$ の最小値を調べる。
$|\vec{a}+t\vec{b}|^2$ は t の **2 次式** になるから，**基本形** $a(t-p)^2+q$ に変形。

(2) 平面上では，折れ線の最小 対称点をとって 1 本の線分にのばす ……★
に従い，右の図のようにして

$$\mathrm{AP+PB=AP+PB'} \geqq \mathrm{AP_0+P_0B'=AB'}$$

から，**折れ線** AP+PB の最小値は AB′ であるとして求めた。空間においても同様の考え方で求められる。

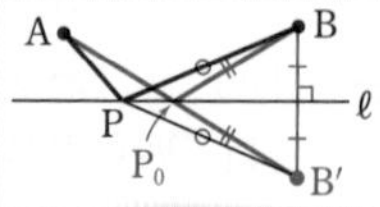

解答

(1) $\vec{a}+t\vec{b}=(2,\ 1,\ 1)+t(1,\ 2,\ -1)$
$=(2+t,\ 1+2t,\ 1-t)$

ゆえに $|\vec{a}+t\vec{b}|^2=(2+t)^2+(1+2t)^2+(1-t)^2$
$=6t^2+6t+6$
$=6\left(t+\dfrac{1}{2}\right)^2+\dfrac{9}{2}$

よって，$|\vec{a}+t\vec{b}|^2$ は $t=-\dfrac{1}{2}$ のとき最小となり，
$|\vec{a}+t\vec{b}| \geqq 0$ であるから $|\vec{a}+t\vec{b}|$ もこのとき最小になる。

したがって **$t=-\dfrac{1}{2}$ のとき最小値 $\sqrt{\dfrac{9}{2}}=\dfrac{3}{\sqrt{2}}$**

(2) xy 平面に関して A と B は同じ側にある。
そこで，xy 平面に関して点 B と対称な点を B′ とすると
$B'(1,\ 2,\ -1)$ であり，
PB=PB′ であるから
$\mathrm{AP+PB=AP+PB'} \geqq \mathrm{AB'}$

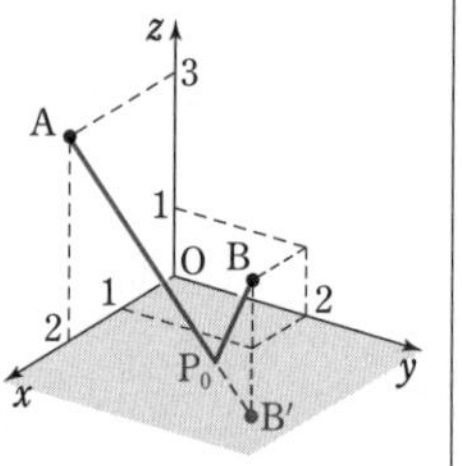

よって，P として直線 AB′ と xy 平面の交点 P_0 をとると AP+PB は最小となり，最小値は

$$\mathrm{AB'}=\sqrt{(1-2)^2+(2-0)^2+(-1-3)^2}=\boldsymbol{\sqrt{21}}$$

◀*p*.376 基本例題 **10** と同じ要領の解答。

◀$6t^2+6t+6$
$=6(t^2+t)+6$
$=6\left\{\left(t+\dfrac{1}{2}\right)^2-\left(\dfrac{1}{2}\right)^2\right\}+6$

参考 $|\vec{a}+t\vec{b}|$ が最小になるのは，$(\vec{a}+t\vec{b})\perp\vec{b}$ のときである。*p*.376 参照。

◀z 座標がともに正であるから。この断りは必要。

◀**指針**＿＿……★ **の方針。**
「2 点間の最短経路は，2 点を結ぶ線分である」ことを利用する。

◀$P_0\left(\dfrac{5}{4},\ \dfrac{3}{2},\ 0\right)$ となる。

練習 51 ③ (1) 原点 O と 2 点 $A(-1,\ 2,\ -3)$，$B(-3,\ 2,\ 1)$ に対して，
$\vec{p}=(1-t)\overrightarrow{OA}+t\overrightarrow{OB}$ とする。$|\vec{p}|$ の最小値とそのときの実数 t の値を求めよ。

(2) 定点 $A(-1,\ -2,\ 1)$，$B(5,\ -1,\ 3)$ と，zx 平面上の動点 P に対し，AP+PB の最小値を求めよ。

p.444 EX 35

基本 例題 52 ベクトルの大きさの最小値 (2)

座標空間に原点 O と点 A(1, −2, 3), B(2, 0, 4), C(3, −1, 5) がある。このとき，ベクトル $\overrightarrow{OA}+x\overrightarrow{AB}+y\overrightarrow{AC}$ の大きさの最小値と，そのときの実数 x, y の値を求めよ。

基本 51

指針 **$|\vec{p}|$ は $|\vec{p}|^2$ として扱う** に従い，$|\overrightarrow{OA}+x\overrightarrow{AB}+y\overrightarrow{AC}|^2$ の最小値を調べる。
$|\overrightarrow{OA}+x\overrightarrow{AB}+y\overrightarrow{AC}|^2$ は x, y の 2 次式となるから，まずは一方の文字について平方完成し，次に残りの文字について平方完成を行う。

解答

$\overrightarrow{OA}+x\overrightarrow{AB}+y\overrightarrow{AC}$
$=(1,\ -2,\ 3)+x(1,\ 2,\ 1)+y(2,\ 1,\ 2)$
$=(1+x+2y,\ -2+2x+y,\ 3+x+2y)$

よって　$|\overrightarrow{OA}+x\overrightarrow{AB}+y\overrightarrow{AC}|^2$
$=(1+x+2y)^2+(-2+2x+y)^2+(3+x+2y)^2$
$=6x^2+12xy+9y^2+12y+14$
$=6(x+y)^2+3y^2+12y+14$
$=6(x+y)^2+3(y+2)^2+2$

ゆえに，$|\overrightarrow{OA}+x\overrightarrow{AB}+y\overrightarrow{AC}|^2$ は　$x+y=0$ かつ $y+2=0$
すなわち，$x=2$, $y=-2$ のとき最小値 2 をとる。
$|\overrightarrow{OA}+x\overrightarrow{AB}+y\overrightarrow{AC}|\geqq 0$ であるから，$|\overrightarrow{OA}+x\overrightarrow{AB}+y\overrightarrow{AC}|^2$ が最小のとき $|\overrightarrow{OA}+x\overrightarrow{AB}+y\overrightarrow{AC}|$ も最小となる。
したがって，$|\overrightarrow{OA}+x\overrightarrow{AB}+y\overrightarrow{AC}|$ は
　　$x=2$, $y=-2$ のとき最小値 $\sqrt{2}$　をとる。

◀まず，成分で表す。
◀$\vec{p}=(x,\ y,\ z)$ のとき $|\vec{p}|^2=x^2+y^2+z^2$
◀$6x^2+12xy=6(x^2+2xy)$ に注目し，$6x^2+12xy+9y^2$ $=(6x^2+12xy+6y^2)+3y^2$ と変形。
◀$(実数)^2\geqq 0$

検討 **図形的に考える**

$\overrightarrow{OP}=\overrightarrow{OA}+(x\overrightarrow{AB}+y\overrightarrow{AC})$ とすると，点 P は 3 点 A, B, C を通る平面 α 上の任意の点を表す ($p.454$ 基本事項 3 ③ 参照)。
よって，$|\overrightarrow{OP}|$ が最小になるのは，OP と平面 α が垂直のときである。
このとき　OP⊥AB かつ OP⊥AC ($p.471$ **補足事項** 参照。)
すなわち　$\overrightarrow{OP}\cdot\overrightarrow{AB}=0$ かつ $\overrightarrow{OP}\cdot\overrightarrow{AC}=0$
ゆえに　$1\cdot(1+x+2y)+2(-2+2x+y)+1\cdot(3+x+2y)=0$,
　　　　$2(1+x+2y)+1\cdot(-2+2x+y)+2(3+x+2y)=0$
(内積の計算は平面の場合と同様。$p.445$ 基本事項 1 ② 参照。)
整理して　$x+y=0$, $2x+3y+2=0$
これを解いて　**$x=2$, $y=-2$**
このとき，$\overrightarrow{OP}=(-1,\ 0,\ 1)$ となるから，$|\overrightarrow{OP}|$ の **最小値は**
　$\sqrt{(-1)^2+0^2+1^2}=\sqrt{2}$

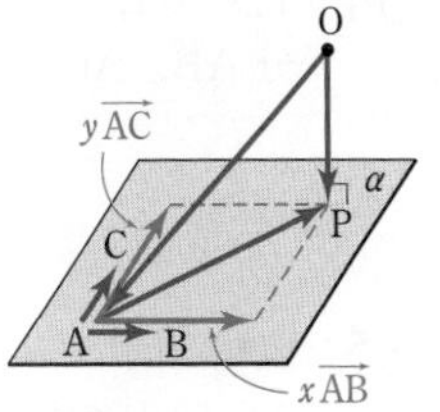

(点 P が点 O から平面 α に下ろした垂線の足と一致するとき最小。)

練習 ③ **52**　$\vec{a}=(1,\ -1,\ 1)$, $\vec{b}=(1,\ 0,\ 1)$, $\vec{c}=(2,\ 1,\ 0)$ とする。このとき，$|\vec{a}+x\vec{b}+y\vec{c}|$ は実数の組 $(x,\ y)=$ ア［　］に対して，最小値 イ［　］をとる。　〔成蹊大〕

EXERCISES　6　空間の座標，7　空間のベクトル，ベクトルの成分

③**30**　p，q を正の実数とする。O を原点とする座標空間内の 3 点 P$(p,\ 0,\ 0)$，Q$(0,\ q,\ 0)$，R$(0,\ 0,\ 1)$ が $\angle \mathrm{PRQ}=\dfrac{\pi}{6}$ を満たすとき

(1)　線分 PQ，QR，RP の長さをそれぞれ p，q を用いて表せ。

(2)　$p^2q^2+p^2+q^2$ の値を求めよ。

(3)　四面体 OPQR の体積 V の最大値を求めよ。　〔類　一橋大〕

→45

④**31**　空間内の 4 点 A，B，C，D が AB=1，AC=2，AD=3，∠BAC=∠CAD=60°，∠DAB=90° を満たしている。この 4 点から等距離にある点を E とするとき，線分 AE の長さを求めよ。　〔大阪大　改題〕

→46

②**32**　立方体 OAPB-CRSQ において，$\vec{p}=\overrightarrow{\mathrm{OP}}$，$\vec{q}=\overrightarrow{\mathrm{OQ}}$，$\vec{r}=\overrightarrow{\mathrm{OR}}$ とする。$\vec{p}$，$\vec{q}$，$\vec{r}$ を用いて $\overrightarrow{\mathrm{OA}}$ を表せ。　〔類　立教大〕

→47

②**33**　空間における長方形 ABCD について，点 A の座標は $(5,\ 0,\ 0)$，点 D の座標は $(-5,\ 0,\ 0)$ であり，辺 AB の長さは 5 であるとする。更に，点 B の y 座標と z 座標はいずれも正であり，点 B から xy 平面に下ろした垂線の長さは 3 であるとする。このとき，点 B および点 C の座標を求めよ。　〔類　法政大〕

→47

②**34**　4 点 A$(1,\ -2,\ -3)$，B$(2,\ 1,\ 1)$，C$(-1,\ -3,\ 2)$，D$(3,\ -4,\ -1)$ がある。線分 AB，AC，AD を 3 辺とする平行六面体の他の頂点の座標を求めよ。　〔類　防衛大〕

→50

④**35**　座標空間において，点 A$(1,\ 0,\ 2)$，B$(0,\ 1,\ 1)$ とする。点 P が x 軸上を動くとき，AP+PB の最小値を求めよ。　〔早稲田大〕

→51

HINT

30　(2)　△PQR に余弦定理を適用する。
　　(3)　(相加平均)≧(相乗平均) から　$p^2+q^2 \geqq 2\sqrt{p^2q^2}$　これと (2) の結果を利用。

31　AB=1，AD=3，∠DAB=90° から，A$(0,\ 0,\ 0)$，B$(1,\ 0,\ 0)$，D$(0,\ 3,\ 0)$ とおいて考える。まず，点 C の座標を求める。

32　まず，$\vec{p}$，$\vec{q}$，$\vec{r}$ をそれぞれ $\overrightarrow{\mathrm{OA}}$，$\overrightarrow{\mathrm{OB}}$，$\overrightarrow{\mathrm{OC}}$ で表す。

33　点 B の座標は $(5,\ a,\ 3)$ $(a>0)$ と表される。

34　平行六面体の各面は平行四辺形である。

35　2 点 A，P が zx 平面上にあることに着目。PB=PC となる zx 平面上の点 C を考える。

8 空間のベクトルの内積

基本事項

1 空間のベクトルの内積

① **定義** $\vec{a}\neq\vec{0}$，$\vec{b}\neq\vec{0}$ のとき，$\vec{a}$，$\vec{b}$ のなす角を θ とすると

$$\vec{a}\cdot\vec{b}=|\vec{a}||\vec{b}|\cos\theta$$

$\vec{a}=\vec{0}$ または $\vec{b}=\vec{0}$ のとき　$\vec{a}\cdot\vec{b}=0$

② **成分表示** $\vec{a}=(a_1,\ a_2,\ a_3)$，$\vec{b}=(b_1,\ b_2,\ b_3)$ のとき

$$\vec{a}\cdot\vec{b}=a_1b_1+a_2b_2+a_3b_3$$

2 空間のベクトルの内積の性質 k，p，q，r，s は実数とする。

① **交換法則** $\vec{a}\cdot\vec{b}=\vec{b}\cdot\vec{a}$

② **ベクトルの大きさと内積** $|\vec{a}|^2=\vec{a}\cdot\vec{a}$

③ **分配法則** $\vec{a}\cdot(\vec{b}+\vec{c})=\vec{a}\cdot\vec{b}+\vec{a}\cdot\vec{c}$　　$(\vec{a}+\vec{b})\cdot\vec{c}=\vec{a}\cdot\vec{c}+\vec{b}\cdot\vec{c}$

④ $(k\vec{a})\cdot\vec{b}=\vec{a}\cdot(k\vec{b})=k(\vec{a}\cdot\vec{b})$　　←$k\vec{a}\cdot\vec{b}$ と書いてよい。

一般に　$(p\vec{a}+q\vec{b})\cdot(r\vec{c}+s\vec{d})=pr\vec{a}\cdot\vec{c}+ps\vec{a}\cdot\vec{d}+qr\vec{b}\cdot\vec{c}+qs\vec{b}\cdot\vec{d}$

⑤ **不等式** $-|\vec{a}||\vec{b}|\leqq\vec{a}\cdot\vec{b}\leqq|\vec{a}||\vec{b}| \iff |\vec{a}\cdot\vec{b}|\leqq|\vec{a}||\vec{b}|$

3 ベクトルのなす角

$\vec{a}\neq\vec{0}$，$\vec{b}\neq\vec{0}$，$\vec{a}$，$\vec{b}$ のなす角を θ とし，$\vec{a}=(a_1,\ a_2,\ a_3)$，$\vec{b}=(b_1,\ b_2,\ b_3)$ とする。

① $\cos\theta=\dfrac{\vec{a}\cdot\vec{b}}{|\vec{a}||\vec{b}|}=\dfrac{a_1b_1+a_2b_2+a_3b_3}{\sqrt{a_1^2+a_2^2+a_3^2}\sqrt{b_1^2+b_2^2+b_3^2}}$　　ただし　$0^\circ\leqq\theta\leqq180^\circ$

② **垂直** $\vec{a}\perp\vec{b} \iff \vec{a}\cdot\vec{b}=0 \iff a_1b_1+a_2b_2+a_3b_3=0$

解 説

空間における $\vec{0}$ でない 2 つのベクトル $\vec{a}$，$\vec{b}$ のなす角 θ を平面の場合 ($p.378$) と同様に定義すると，ベクトルの内積 $\vec{a}\cdot\vec{b}$ は，**1** ① のように平面の場合とまったく同じ式で定義され，内積についての性質，法則も平面の場合と同様に成り立つ。なお，2 つのベクトルのなす角 θ は $0^\circ\leqq\theta\leqq180^\circ$ である。

◀特に，成分が関係するものは，平面の場合に z 成分が加わった形になる。

■ **空間のベクトルの内積の性質**

例えば，**2** ③ 分配法則については

$\vec{a}=(a_1,\ a_2,\ a_3)$，$\vec{b}=(b_1,\ b_2,\ b_3)$，$\vec{c}=(c_1,\ c_2,\ c_3)$ のとき

$$\begin{aligned}\vec{a}\cdot(\vec{b}+\vec{c})&=a_1(b_1+c_1)+a_2(b_2+c_2)+a_3(b_3+c_3)\\&=(a_1b_1+a_2b_2+a_3b_3)+(a_1c_1+a_2c_2+a_3c_3)\\&=\vec{a}\cdot\vec{b}+\vec{a}\cdot\vec{c}\end{aligned}$$

◀$\vec{b}+\vec{c}=(b_1+c_1,\ b_2+c_2,\ b_3+c_3)$

その他についても，ベクトルの成分表示を用いて同様に証明できる。

したがって，平面の場合と同様，$(p\vec{a}+q\vec{b})\cdot(r\vec{c}+s\vec{d})$ は，式 $(pa+qb)(rc+sd)$ を展開するのと同じように変形できる。

なお，**2** ⑤ 不等式については，$p.388$ 重要例題 **19** を参照。

基本例題 53 空間のベクトルの内積

1辺の長さが1の正四面体OABCにおいて，$\overrightarrow{OA}=\vec{a}$，$\overrightarrow{OB}=\vec{b}$，$\overrightarrow{OC}=\vec{c}$ とする。

(1) 内積 $\vec{a}\cdot\vec{b}$ を求めよ。

(2) 辺BC上に $BD=\dfrac{1}{3}$ となるように点Dをとる。このとき，内積 $\overrightarrow{OA}\cdot\overrightarrow{OD}$ を求めよ。

p.445 基本事項 1，2　重要 62

指針　(1) 内積の定義 $\vec{a}\cdot\vec{b}=|\vec{a}||\vec{b}|\cos\theta$ に当てはめて計算。すなわち，$\vec{a}$，$\vec{b}$ の大きさと，なす角 θ を調べる（始点が異なる場合は，始点をそろえてなす角 θ を測る）。
なお，この結果は $\vec{b}\cdot\vec{c}$，$\vec{c}\cdot\vec{a}$ についても同じである。

(2) $\overrightarrow{OA}$ と $\overrightarrow{OD}$ のなす角は簡単にわからないから，(1)と同様にはできない。
そこで，$\overrightarrow{OD}$ が $\vec{b}$，$\vec{c}$ で表されることに着目し，**分配法則** を利用する。

解答

(1) $\vec{a}\cdot\vec{b}=|\vec{a}||\vec{b}|\cos\angle AOB$

$=1\times1\times\cos60°=\mathbf{\dfrac{1}{2}}$

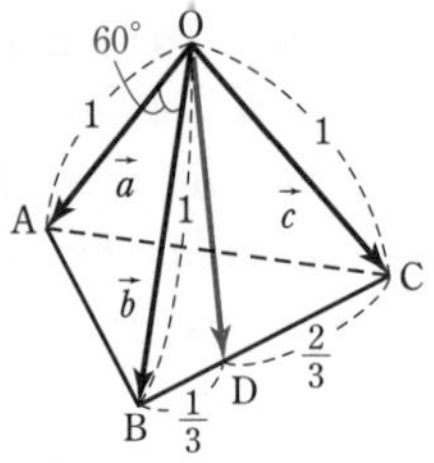

◀正四面体とは，4つの面が合同な正三角形でできている四面体。

(2) $\overrightarrow{OD}=\overrightarrow{OB}+\dfrac{1}{3}\overrightarrow{BC}$

$=\vec{b}+\dfrac{1}{3}(\vec{c}-\vec{b})$

$=\dfrac{2}{3}\vec{b}+\dfrac{1}{3}\vec{c}$

◀$BC=1$，$BD=\dfrac{1}{3}$ であるから　$\overrightarrow{BD}=\dfrac{1}{3}\overrightarrow{BC}$

よって

$\overrightarrow{OA}\cdot\overrightarrow{OD}=\vec{a}\cdot\left(\dfrac{2}{3}\vec{b}+\dfrac{1}{3}\vec{c}\right)=\dfrac{1}{3}(2\vec{a}\cdot\vec{b}+\vec{a}\cdot\vec{c})$

◀$a\left(\dfrac{2}{3}b+\dfrac{1}{3}c\right)$ と同様の計算。

$\vec{a}\cdot\vec{c}=1\times1\times\cos60°=\dfrac{1}{2}$ であるから

◀$\vec{a}\cdot\vec{c}=|\vec{a}||\vec{c}|\cos\angle AOC$

$\overrightarrow{OA}\cdot\overrightarrow{OD}=\dfrac{1}{3}\left(2\times\dfrac{1}{2}+\dfrac{1}{2}\right)=\mathbf{\dfrac{1}{2}}$

検討　**点Dの位置にかかわらず $\overrightarrow{OA}\cdot\overrightarrow{OD}$ の値は一定**

上の例題において，点Dが辺BC上にあれば，AB＝OB，BD共通，
$\angle ABD=\angle OBD=60°$ であるから　　$\triangle ABD\equiv\triangle OBD$
ゆえに，△DOAはDA＝DOの二等辺三角形である。
よって　　$\overrightarrow{OA}\cdot\overrightarrow{OD}=|\overrightarrow{OA}||\overrightarrow{OD}|\cos\angle DOA$

$=|\overrightarrow{OA}|\cdot\dfrac{1}{2}|\overrightarrow{OA}|=\dfrac{1}{2}|\overrightarrow{OA}|^2=\dfrac{1}{2}$

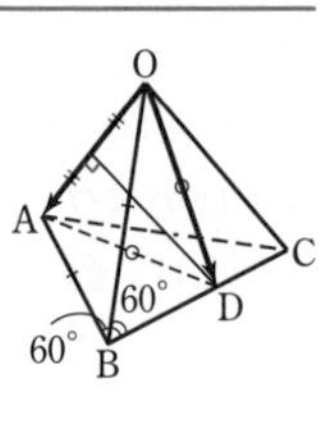

したがって，点Dの位置にかかわらず $\overrightarrow{OA}\cdot\overrightarrow{OD}$ の値は一定である。

練習 ② 53　どの辺の長さも1である正四角錐OABCDにおいて，$\overrightarrow{OA}=\vec{a}$，$\overrightarrow{OB}=\vec{b}$，$\overrightarrow{OC}=\vec{c}$ とする。辺OAの中点をMとするとき

(1) $\overrightarrow{MB}$，$\overrightarrow{MC}$ をそれぞれ $\vec{a}$，$\vec{b}$，$\vec{c}$ で表せ。

(2) 内積 $\vec{b}\cdot\vec{c}$，$\overrightarrow{MB}\cdot\overrightarrow{MC}$ をそれぞれ求めよ。　　〔類　宮崎大〕

基本例題 54 空間のベクトルのなす角，三角形の面積 ①①①①①

(1) $\vec{a}=(0,\ 0,\ 2)$，$\vec{b}=(1,\ \sqrt{2},\ 3)$ の内積とそのなす角 θ を求めよ。

(2) A$(-2,\ 1,\ 3)$，B$(-3,\ 1,\ 4)$，C$(-3,\ 3,\ 5)$ とする。　〔類 宮城教育大〕

(ア) 2つのベクトル $\overrightarrow{AB}$，$\overrightarrow{AC}$ のなす角を求めよ。

(イ) 3点A，B，Cで定まる△ABCの面積 S を求めよ。

p.445 基本事項 3　重要 57

指針 $\vec{a}=(a_1,\ a_2,\ a_3)$，$\vec{b}=(b_1,\ b_2,\ b_3)$ のとき，$\vec{a}$，$\vec{b}$ のなす角を θ とすると

$$\vec{a}\cdot\vec{b}=a_1b_1+a_2b_2+a_3b_3,\qquad \cos\theta=\frac{\vec{a}\cdot\vec{b}}{|\vec{a}||\vec{b}|}\quad ただし\ 0^\circ\leqq\theta\leqq180^\circ$$

解答

(1) $\vec{a}\cdot\vec{b}=0\times1+0\times\sqrt{2}+2\times3=\mathbf{6}$

また，$|\vec{a}|=2$，$|\vec{b}|=\sqrt{1+2+9}=2\sqrt{3}$ であるから

$$\cos\theta=\frac{\vec{a}\cdot\vec{b}}{|\vec{a}||\vec{b}|}=\frac{6}{2\times2\sqrt{3}}=\frac{\sqrt{3}}{2}$$

$0^\circ\leqq\theta\leqq180^\circ$ であるから　$\boldsymbol{\theta=30^\circ}$

(2) (ア) $\overrightarrow{AB}=(-1,\ 0,\ 1)$，$\overrightarrow{AC}=(-1,\ 2,\ 2)$ であるから

$\overrightarrow{AB}\cdot\overrightarrow{AC}=(-1)\times(-1)+0\times2+1\times2=3$，

$|\overrightarrow{AB}|=\sqrt{1+0+1}=\sqrt{2}$，

$|\overrightarrow{AC}|=\sqrt{1+4+4}=3$

$\overrightarrow{AB}$，$\overrightarrow{AC}$ のなす角を θ とすると

$$\cos\theta=\frac{\overrightarrow{AB}\cdot\overrightarrow{AC}}{|\overrightarrow{AB}||\overrightarrow{AC}|}=\frac{3}{\sqrt{2}\times3}=\frac{1}{\sqrt{2}}$$

$0^\circ\leqq\theta\leqq180^\circ$ であるから　$\theta=\mathbf{45^\circ}$

(イ) $S=\dfrac{1}{2}|\overrightarrow{AB}||\overrightarrow{AC}|\sin\theta=\dfrac{1}{2}\times\sqrt{2}\times3\times\dfrac{1}{\sqrt{2}}$

$=\boldsymbol{\dfrac{3}{2}}$

◀p.381 基本例題 12 の場合と同様。z 成分が加わる。

◀A$(a_1,\ a_2,\ a_3)$，B$(b_1,\ b_2,\ b_3)$ のとき $\overrightarrow{AB}=(b_1-a_1,\ b_2-a_2,\ b_3-a_3)$

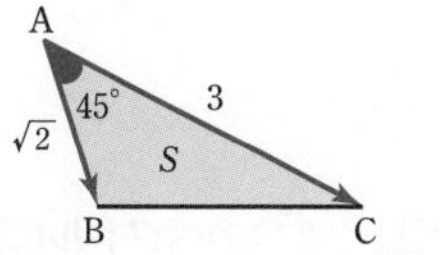

検討 三角形の面積

平面の場合と同様に，空間の場合も次のことが成り立つ。

△ABCにおいて $\overrightarrow{AB}=\vec{x}$，$\overrightarrow{AC}=\vec{y}$ とすると，△ABCの面積 S は

$$S=\frac{1}{2}|\vec{x}||\vec{y}|\sin A=\frac{1}{2}\sqrt{|\vec{x}|^2|\vec{y}|^2-(\vec{x}\cdot\vec{y})^2}\quad (p.387\ 参照)$$

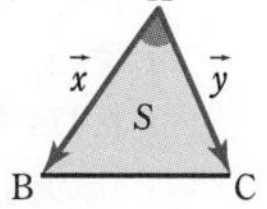

練習 ② **54** (1) 次の2つのベクトル $\vec{a}$，$\vec{b}$ の内積とそのなす角 θ を，それぞれ求めよ。

(ア) $\vec{a}=(-2,\ 1,\ 2)$，$\vec{b}=(-1,\ 1,\ 0)$

(イ) $\vec{a}=(1,\ -1,\ 1)$，$\vec{b}=(1,\ \sqrt{6},\ -1)$

(2) 3点A$(1,\ 0,\ 0)$，B$(0,\ 3,\ 0)$，C$(0,\ 0,\ 2)$ で定まる△ABCの面積 S を求めよ。

〔(2) 類 湘南工科大〕　p.452 EX37

基本 例題 55 2つのベクトルに垂直な単位ベクトル ⟅⟅⟅⟅⟅

2つのベクトル $\vec{a}=(2,\ 1,\ 3)$ と $\vec{b}=(1,\ -1,\ 0)$ の両方に垂直な単位ベクトルを求めよ。

〔信州大〕 p.445 基本事項 **3**, 基本 14

指針 求める単位ベクトルを $\vec{e}=(x,\ y,\ z)$ とすると
[1] $|\vec{e}|=1$ から $|\vec{e}|^2=1$ ← ⟅ $|\vec{p}|$ は $|\vec{p}|^2$ として扱う
[2] $\vec{a}\perp\vec{e},\ \vec{b}\perp\vec{e}$ から $\vec{a}\cdot\vec{e}=0,\ \vec{b}\cdot\vec{e}=0$
これらから，$x,\ y,\ z$ の連立方程式が得られ，それを解く。
なお，この問題は p.383 基本例題 **14**(2) を空間の場合に拡張したものである。

CHART なす角・垂直 内積を利用

解答 求める単位ベクトルを $\vec{e}=(x,\ y,\ z)$ とする。
$\vec{a}\perp\vec{e},\ \vec{b}\perp\vec{e}$ であるから $\vec{a}\cdot\vec{e}=0,\ \vec{b}\cdot\vec{e}=0$
よって $2x+y+3z=0$ …… ①，$x-y=0$ …… ②
また，$|\vec{e}|=1$ であるから $x^2+y^2+z^2=1$ …… ③
②から $y=x$ 更に ① から $z=-x$
これらを ③ に代入して $x^2+x^2+(-x)^2=1$
ゆえに $3x^2=1$ よって $x=\pm\dfrac{1}{\sqrt{3}}$
このとき $y=\pm\dfrac{1}{\sqrt{3}}$，$z=\mp\dfrac{1}{\sqrt{3}}$（複号同順）
したがって，求める単位ベクトルは
$$\vec{e}=\left(\frac{1}{\sqrt{3}},\ \frac{1}{\sqrt{3}},\ -\frac{1}{\sqrt{3}}\right),\ \left(-\frac{1}{\sqrt{3}},\ -\frac{1}{\sqrt{3}},\ \frac{1}{\sqrt{3}}\right)$$

◀ $|\vec{e}|^2=x^2+y^2+z^2$

◀ $\vec{e}=\pm\left(\dfrac{1}{\sqrt{3}},\ \dfrac{1}{\sqrt{3}},\ -\dfrac{1}{\sqrt{3}}\right)$ でもよい。

検討 2つのベクトルに垂直なベクトル ―――
$\vec{a}=(a_1,\ a_2,\ a_3),\ \vec{b}=(b_1,\ b_2,\ b_3)$ に対し
$$\vec{u}=(a_2 b_3-a_3 b_2,\ a_3 b_1-a_1 b_3,\ a_1 b_2-a_2 b_1)$$
は $\vec{a}$ と $\vec{b}$ の両方に垂直なベクトルになる。各自，
$\vec{a}\cdot\vec{u}=0,\ \vec{b}\cdot\vec{u}=0$ となることを確かめてみよう。
また，$\vec{u}$ を $\vec{a}$ と $\vec{b}$ の **外積** という。詳しくは
p.474 参照。
上の例題では，$\vec{u}=(3,\ 3,\ -3),\ |\vec{u}|=3\sqrt{3}$ から
$\ \ \ \ \ \ \ \ $└$\vec{a},\ \vec{b}$ に垂直なベクトルの1つ
$$\vec{e}=\pm\frac{\vec{u}}{|\vec{u}|}=\pm\frac{1}{\sqrt{3}}(1,\ 1,\ -1)$$

$\vec{u}$の計算法

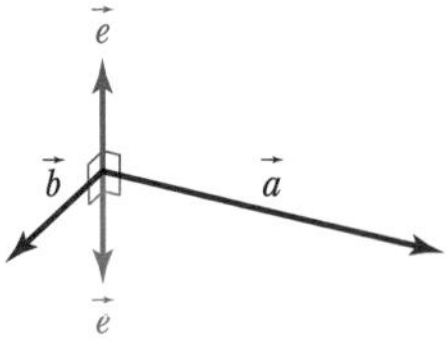

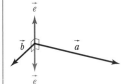

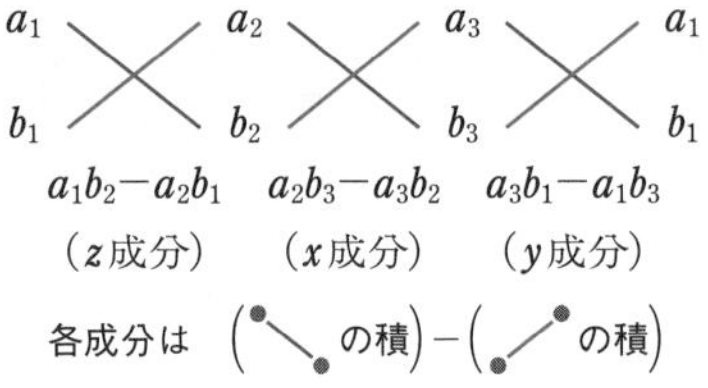

$$
\begin{array}{ccc}
a_1 \times a_2 & a_2 \times a_3 & a_3 \times a_1 \\
b_1 b_2 & b_2 b_3 & b_3 b_1 \\
a_1 b_2-a_2 b_1 & a_2 b_3-a_3 b_2 & a_3 b_1-a_1 b_3 \\
(z成分) & (x成分) & (y成分)
\end{array}
$$

各成分は $\left(\diagdown\ \text{の積}\right)-\left(\diagup\ \text{の積}\right)$

練習 4点 A(4, 1, 3)，B(3, 0, 2)，C(-3, 0, 14)，D(7, -5, -6) について，$\overrightarrow{AB}$，
② **55** $\overrightarrow{CD}$ のいずれにも垂直な大きさ $\sqrt{6}$ のベクトルを求めよ。 〔名古屋市大〕

基本例題 56 ベクトルの大きさに関する等式の証明など ①①①①①

(1) 四面体 OABC において，ベクトル $\overrightarrow{OA}$ と $\overrightarrow{BC}$ が垂直ならば

$$|\overrightarrow{AB}|^2+|\overrightarrow{OC}|^2=|\overrightarrow{AC}|^2+|\overrightarrow{OB}|^2$$

であることを証明せよ。 〔類 新潟大〕

(2) $\vec{a}=(3,\ -4,\ 12)$，$\vec{b}=(-3,\ 0,\ 4)$，$\vec{c}=\vec{a}+t\vec{b}$ について，$\vec{c}$ と $\vec{a}$，$\vec{c}$ と $\vec{b}$ のなす角が等しくなるような実数 t の値を求めよ。

p.445 基本事項 2，3 重要 58

指針 (1) $\overrightarrow{OA}\perp\overrightarrow{BC}$ から $\overrightarrow{OA}\cdot\overrightarrow{BC}=0$ これを用いて，(左辺)−(右辺)=0 を示す。

(2) $\vec{c}$ と $\vec{a}$，$\vec{c}$ と $\vec{b}$ のなす角をそれぞれ α，β とすると

$\cos\alpha=\dfrac{\vec{c}\cdot\vec{a}}{|\vec{c}||\vec{a}|}$，$\cos\beta=\dfrac{\vec{c}\cdot\vec{b}}{|\vec{c}||\vec{b}|}$ が等しいことから，**t の方程式に帰着** させる。

なお，式の変形では成分で表さずにベクトルのまま計算するとよい。

CHART なす角・垂直 内積を利用

解答

(1) $\overrightarrow{OA}\perp\overrightarrow{BC}$ であるから $\overrightarrow{OA}\cdot\overrightarrow{BC}=0$

このとき $(|\overrightarrow{AB}|^2+|\overrightarrow{OC}|^2)-(|\overrightarrow{AC}|^2+|\overrightarrow{OB}|^2)$ ◀条件式の(左辺)−(右辺)

$=|\overrightarrow{OB}-\overrightarrow{OA}|^2+|\overrightarrow{OC}|^2-|\overrightarrow{OC}-\overrightarrow{OA}|^2-|\overrightarrow{OB}|^2$ ◀O を始点とするベクトルの差に分割。

$=|\overrightarrow{OB}|^2-2\overrightarrow{OA}\cdot\overrightarrow{OB}+|\overrightarrow{OA}|^2+|\overrightarrow{OC}|^2$
$\quad-|\overrightarrow{OC}|^2+2\overrightarrow{OA}\cdot\overrightarrow{OC}-|\overrightarrow{OA}|^2-|\overrightarrow{OB}|^2$

$=2\overrightarrow{OA}\cdot\overrightarrow{OC}-2\overrightarrow{OA}\cdot\overrightarrow{OB}=2\overrightarrow{OA}\cdot(\overrightarrow{OC}-\overrightarrow{OB})$

$=2\overrightarrow{OA}\cdot\overrightarrow{BC}=0$ ◀$\overrightarrow{OA}\cdot\overrightarrow{BC}=0$ を利用。

ゆえに $|\overrightarrow{AB}|^2+|\overrightarrow{OC}|^2=|\overrightarrow{AC}|^2+|\overrightarrow{OB}|^2$

(2) $\vec{a}$，$\vec{b}$，$\vec{c}$ は $\vec{0}$ ではないから，$\vec{c}$ と $\vec{a}$，$\vec{c}$ と $\vec{b}$ のなす角が等しくなるための条件は ◀$\vec{c}$ の y 成分が 0 でないから $\vec{c}\neq\vec{0}$

$$\frac{\vec{c}\cdot\vec{a}}{|\vec{c}||\vec{a}|}=\frac{\vec{c}\cdot\vec{b}}{|\vec{c}||\vec{b}|}$$ ◀分母を払って $|\vec{b}|\vec{c}\cdot\vec{a}=|\vec{a}|\vec{c}\cdot\vec{b}$

よって $|\vec{b}|(\vec{a}+t\vec{b})\cdot\vec{a}=|\vec{a}|(\vec{a}+t\vec{b})\cdot\vec{b}$ ◀$\vec{c}=\vec{a}+t\vec{b}$ を代入。

ゆえに $|\vec{a}|^2|\vec{b}|+t|\vec{b}|\vec{a}\cdot\vec{b}=|\vec{a}|\vec{a}\cdot\vec{b}+t|\vec{a}||\vec{b}|^2$ ◀$t|\vec{b}|\vec{a}\cdot\vec{b}-t|\vec{a}||\vec{b}|^2=|\vec{a}|\vec{a}\cdot\vec{b}-|\vec{a}|^2|\vec{b}|$

よって $t|\vec{b}|(\vec{a}\cdot\vec{b}-|\vec{a}||\vec{b}|)=|\vec{a}|(\vec{a}\cdot\vec{b}-|\vec{a}||\vec{b}|)$

$\vec{a}\cdot\vec{b}-|\vec{a}||\vec{b}|\neq0$ であるから ◀$\vec{a}$ と $\vec{b}$ のなす角は明らかに 0° ではない。

$$t=\frac{|\vec{a}|}{|\vec{b}|}=\frac{\sqrt{9+16+144}}{\sqrt{9+0+16}}=\frac{\sqrt{169}}{\sqrt{25}}=\mathbf{\frac{13}{5}}$$ ◀**最後に成分の計算** をする。

参考 (2)は，角の二等分線とベクトルの関係（p.404，405 基本例題 **28**）を利用することもできる。詳しくは，解答編 p.423 を参照。

練習 ③ 56 (1) 四面体 OABC において，$|\overrightarrow{OA}|=|\overrightarrow{OB}|$，$\overrightarrow{OC}\perp\overrightarrow{AB}$ とする。このとき，$|\overrightarrow{AC}|=|\overrightarrow{BC}|$ であることを証明せよ。

(2) 3 点 A(2, 3, 1)，B(1, 5, −2)，C(4, 4, 0) がある。$\overrightarrow{AB}=\vec{b}$，$\overrightarrow{AC}=\vec{c}$ のとき，$\vec{b}+t\vec{c}$ と $\vec{c}$ のなす角が 60° となるような t の値を求めよ。 〔(2) 愛知教育大〕

p.452 EX39

重要例題 57 ベクトルと座標軸のなす角

空間において，大きさが 4 で，x 軸の正の向きとなす角が 60°，z 軸の正の向きとなす角が 45° であるようなベクトル $\vec{p}$ を求めよ。また，$\vec{p}$ が y 軸の正の向きとなす角 θ を求めよ。

基本 54

指針 （●軸の正の向きとなす角）＝（●軸の向きの基本ベクトルとなす角）と考えるとよい。
すなわち，$\vec{e_1}=(1,\ 0,\ 0)$，$\vec{e_2}=(0,\ 1,\ 0)$，$\vec{e_3}=(0,\ 0,\ 1)$，$\vec{p}=(x,\ y,\ z)$ として，まず内積 $\vec{p}\cdot\vec{e_1}$，$\vec{p}\cdot\vec{e_3}$ を考え，x，z の値を求める。

解答

$\vec{e_1}=(1,\ 0,\ 0)$，$\vec{e_2}=(0,\ 1,\ 0)$，$\vec{e_3}=(0,\ 0,\ 1)$，
$\vec{p}=(x,\ y,\ z)$ とすると

$\vec{p}\cdot\vec{e_1}=x$，$\vec{p}\cdot\vec{e_3}=z$

また　$\vec{p}\cdot\vec{e_1}=|\vec{p}||\vec{e_1}|\cos 60°=4\times1\times\dfrac{1}{2}=2$

$\vec{p}\cdot\vec{e_3}=|\vec{p}||\vec{e_3}|\cos 45°=4\times1\times\dfrac{1}{\sqrt{2}}=2\sqrt{2}$

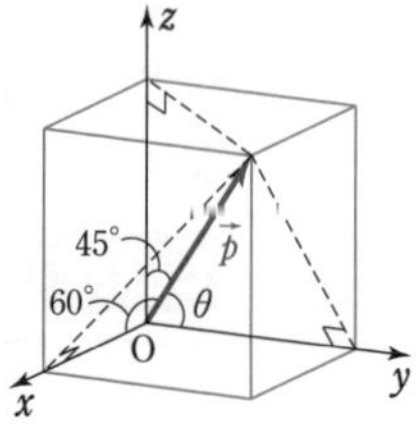

よって　$x=2$，$z=2\sqrt{2}$

このとき　$|\vec{p}|^2=2^2+y^2+(2\sqrt{2})^2=y^2+12$

$|\vec{p}|^2=16$ であるから　$y^2=4$　ゆえに　$y=\pm2$

ここで　$\cos\theta=\dfrac{\vec{p}\cdot\vec{e_2}}{|\vec{p}||\vec{e_2}|}=\dfrac{y}{4\times1}=\dfrac{y}{4}$

ゆえに，$y=2$ のとき，$\cos\theta=\dfrac{1}{2}$ であるから　$\theta=60°$

$y=-2$ のとき，$\cos\theta=-\dfrac{1}{2}$ であるから

$\theta=120°$

したがって　$\boldsymbol{\vec{p}=(2,\ 2,\ 2\sqrt{2})}$，$\boldsymbol{\theta=60°}$　**または**
$\boldsymbol{\vec{p}=(2,\ -2,\ 2\sqrt{2})}$，$\boldsymbol{\theta=120°}$

別解 $\vec{p}=(4\cos 60°,\ 4\cos\theta,\ 4\cos 45°)$，$|\vec{p}|=4$ であるから
$2^2+16\cos^2\theta+(2\sqrt{2})^2=4^2$
よって，$\cos^2\theta=\dfrac{1}{4}$ から
$\cos\theta=\pm\dfrac{1}{2}$
これから，θ，$\vec{p}$ を求める。

参考 $\vec{a}=(a_1,\ a_2,\ a_3)$ に対して，$\vec{a}$ が x 軸，y 軸，z 軸の正の向きとそれぞれなす角を α，β，γ とすると，斜辺の長さが $|\vec{a}|$ である 3 つの直角三角形から $\cos\alpha=\dfrac{a_1}{|\vec{a}|}$，$\cos\beta=\dfrac{a_2}{|\vec{a}|}$，$\cos\gamma=\dfrac{a_3}{|\vec{a}|}$ である。このとき，$\cos\alpha$，$\cos\beta$，$\cos\gamma$ を $\vec{a}$ の **方向余弦** という。
また，$|\vec{a}|^2={a_1}^2+{a_2}^2+{a_3}^2$ であるから，$\boldsymbol{\cos^2\alpha+\cos^2\beta+\cos^2\gamma=1}$ が成り立つ。

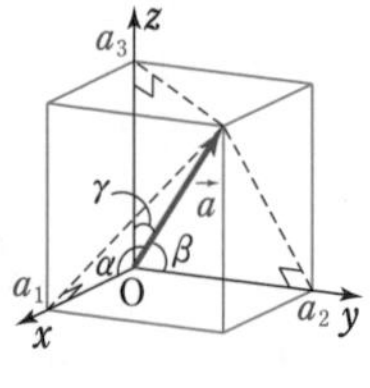

練習 ③ **57**
(1) 空間において，x 軸と直交し，z 軸の正の向きとのなす角が 45° であり，y 成分が正である単位ベクトル $\vec{t}$ を求めよ。
(2) (1)の空間内に点 A(1, 2, 3) がある。O を原点とし，$\vec{t}=\overrightarrow{\mathrm{OT}}$ となるように点 T を定め，直線 OT 上に O と異なる点 P をとる。$\overrightarrow{\mathrm{OP}}\perp\overrightarrow{\mathrm{AP}}$ であるとき，点 P の座標を求めよ。
［類 東北学院大］

重要例題 58 ベクトルの大きさの大小関係 ④④④④④

空間の 2 つのベクトル $\vec{a}=\overrightarrow{OA}\neq\vec{0}$ と $\vec{b}=\overrightarrow{OB}\neq\vec{0}$ が垂直であるとする。

$\vec{p}=\overrightarrow{OP}$ に対して，$\vec{q}=\overrightarrow{OQ}=\dfrac{\vec{p}\cdot\vec{a}}{\vec{a}\cdot\vec{a}}\vec{a}+\dfrac{\vec{p}\cdot\vec{b}}{\vec{b}\cdot\vec{b}}\vec{b}$ のとき，次のことを示せ。

(1) $(\vec{p}-\vec{q})\cdot\vec{a}=0$，$(\vec{p}-\vec{q})\cdot\vec{b}=0$

(2) $|\vec{q}|\leqq|\vec{p}|$

〔類　名古屋市大〕　基本 56

指針 (2) $\dfrac{\vec{p}\cdot\vec{a}}{\vec{a}\cdot\vec{a}}$，$\dfrac{\vec{p}\cdot\vec{b}}{\vec{b}\cdot\vec{b}}$ をそのまま使うのは面倒であるから，s，t（実数）などとおいて，$|\vec{p}|^2-|\vec{q}|^2\geqq0$ を示す。(1) の結果を利用。

解答

(1) $\vec{a}\perp\vec{b}$ であるから　$\vec{a}\cdot\vec{b}=0$

よって　$(\vec{p}-\vec{q})\cdot\vec{a}=\vec{p}\cdot\vec{a}-\vec{q}\cdot\vec{a}$

$=\vec{p}\cdot\vec{a}-(\vec{p}\cdot\vec{a}+0)=0$

$(\vec{p}-\vec{q})\cdot\vec{b}=\vec{p}\cdot\vec{b}-\vec{q}\cdot\vec{b}$

$=\vec{p}\cdot\vec{b}-(0+\vec{p}\cdot\vec{b})=0$

(2) $\dfrac{\vec{p}\cdot\vec{a}}{\vec{a}\cdot\vec{a}}=s$，$\dfrac{\vec{p}\cdot\vec{b}}{\vec{b}\cdot\vec{b}}=t$ とおくと　$\vec{q}=s\vec{a}+t\vec{b}$

(1) から　$(\vec{p}-\vec{q})\cdot\vec{q}=s(\vec{p}-\vec{q})\cdot\vec{a}+t(\vec{p}-\vec{q})\cdot\vec{b}=0$

よって　$\vec{p}\cdot\vec{q}-|\vec{q}|^2=0$　すなわち　$\vec{p}\cdot\vec{q}=|\vec{q}|^2$

このとき　$|\vec{p}-\vec{q}|^2=|\vec{p}|^2-2\vec{p}\cdot\vec{q}+|\vec{q}|^2=|\vec{p}|^2-|\vec{q}|^2$

$|\vec{p}-\vec{q}|^2\geqq0$ であるから　$|\vec{q}|^2\leqq|\vec{p}|^2$

$|\vec{q}|\geqq0$，$|\vec{p}|\geqq0$ であるから　$|\vec{q}|\leqq|\vec{p}|$

◀ $\vec{a}\perp\vec{b}\iff\vec{a}\cdot\vec{b}=0$

◀ $\vec{q}\cdot\vec{a}=\dfrac{\vec{p}\cdot\vec{a}}{\vec{a}\cdot\vec{a}}\vec{a}\cdot\vec{a}+\dfrac{\vec{p}\cdot\vec{b}}{\vec{b}\cdot\vec{b}}\vec{b}\cdot\vec{a}=\vec{p}\cdot\vec{a}+0$

◀ (1) から　$(\vec{p}-\vec{q})\cdot\vec{a}=0$，$(\vec{p}-\vec{q})\cdot\vec{b}=0$

◀ 等号は $|\vec{p}-\vec{q}|^2=0$ すなわち $\vec{p}=\vec{q}$ のとき成立。

検討

図形的に考える

(1) から，$\vec{p}\neq\vec{q}$ のとき　$\overrightarrow{QP}\perp\overrightarrow{OA}$，$\overrightarrow{QP}\perp\overrightarrow{OB}$

よって，線分 PQ は 3 点 O, A, B を通る平面 α に垂直であり，点 Q は平面 α 上にあるから，点 Q は点 P から平面 α に下ろした垂線の足となる。

ゆえに，$\overrightarrow{OP}$，$\overrightarrow{OQ}$ は右の図のような位置関係になり，(2) の $|\overrightarrow{OP}|\geqq|\overrightarrow{OQ}|$ が成り立つことが図形的にわかるだろう。

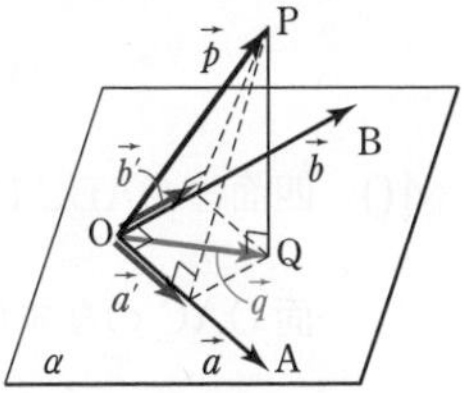

なお，本問の $\dfrac{\vec{p}\cdot\vec{a}}{\vec{a}\cdot\vec{a}}\vec{a}=\vec{a'}$，$\dfrac{\vec{p}\cdot\vec{b}}{\vec{b}\cdot\vec{b}}\vec{b}=\vec{b'}$ はそれぞれ $\vec{p}$ の $\vec{a}$，$\vec{b}$ への **正射影ベクトル**（$p.407$ 参照）である。

練習 ④ 58　$\vec{a}$，$\vec{b}$ を零ベクトルでない空間ベクトル，s，t を負でない実数とし，$\vec{c}=s\vec{a}+t\vec{b}$ とおく。このとき，次のことを示せ。

(1) $s(\vec{c}\cdot\vec{a})+t(\vec{c}\cdot\vec{b})\geqq0$　　(2) $\vec{c}\cdot\vec{a}\geqq0$ または $\vec{c}\cdot\vec{b}\geqq0$

(3) $|\vec{c}|\geqq|\vec{a}|$ かつ $|\vec{c}|\geqq|\vec{b}|$ ならば $s+t\geqq1$　〔神戸大〕

②**36**　O(0, 0, 0), A(1, 2, −3), B(3, 1, 0), $\overrightarrow{OA}=\vec{a}$, $\overrightarrow{AB}=\vec{d}$ とするとき，$\vec{a}+t\vec{d}$ と $\vec{d}$ が垂直になるような t の値を求めよ。　〔東京電機大〕

→p.445 基本事項 **3**，51

③**37**　O を原点とする座標空間内において，定点 A(1, 1, −1)，動点 P($-2t+2$, $2t-1$, -2) がある。∠AOP の大きさが最小となるときの t の値を求めよ。

→54

④**38**　図のような1辺の長さが $a>0$ の立方体がある。この立方体を AG を軸として回転させる。静止(0° の回転)以外でもとの立方体に重なるときの正で最小の回転の角度を求めよう。この正で最小の角度の回転により，点 D, E, B がそれぞれ点 E, B, D の位置にきたとする。ここで，点 E と点 D から AG に垂線を引くと，その足は一致する。その足を M とすると，線分 EM の長さは ア□ である。また，$\overrightarrow{EM}\cdot\overrightarrow{DM}=$ イ□ であるから，$\overrightarrow{EM}$ と $\overrightarrow{DM}$ のなす角度を α とすると，$\cos\alpha=$ ウ□ となり，求める角度は エ□° であることがわかる。　〔類 金沢医大〕

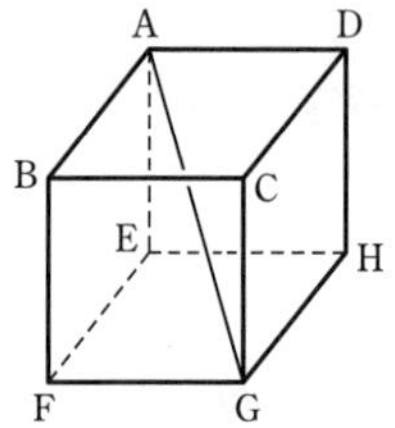

→53, 54

③**39**　s, t を実数とする。2つのベクトル $\vec{u}=(s, t, 3)$, $\vec{v}=(t, t, 2)$ のなす角が，どのような t に対しても鋭角となるための必要十分条件を s を用いて表せ。　〔愛媛大〕

→56

③**40**　四面体 OABC において，$\cos\angle AOB=\frac{1}{5}$, $\cos\angle AOC=-\frac{1}{3}$ であり，面 OAB と面 OAC のなす角は $\frac{\pi}{2}$ である。このとき，$\cos\angle BOC$ の値を求めよ。　〔早稲田大〕

→54

HINT

36　$\vec{a}\neq\vec{0}$, $\vec{b}\neq\vec{0}$ のとき　$\vec{a}\perp\vec{b}\iff\vec{a}\cdot\vec{b}=0$

37　$0°\leqq\theta\leqq180°$ において　θ が最小 $\iff\cos\theta$ が最大

38　(ア)　△AEG で考える。

　　(イ)　$\overrightarrow{EA}=\overrightarrow{EM}+\overrightarrow{MA}$, $\overrightarrow{DA}=\overrightarrow{DM}+\overrightarrow{MA}$ として，$\overrightarrow{EA}\cdot\overrightarrow{DA}=0$ を利用。

39　$\vec{u}$ と $\vec{v}$ のなす角を θ とすると　$0°<\theta<90°\iff\cos\theta>0$

40　O(0, 0, 0), A(1, 0, 0) とすると，条件から点 B は xy 平面上，点 C は zx 平面上にあると考えることができる。

9 位置ベクトル，ベクトルと図形

基本事項

1 位置ベクトル

① **位置ベクトル** 空間で1点Oを固定して考えると，任意の点Pの位置は，ベクトル $\vec{p}=\overrightarrow{\mathrm{OP}}$ によって定まる。このとき，$\vec{p}$ を点Oに関する点Pの **位置ベクトル** という。

② **表現** 位置ベクトルが $\vec{p}$ である点Pを $\mathbf{P}(\vec{p})$ と表す。
A$(\vec{a})$，B$(\vec{b})$ とすると $\overrightarrow{\mathbf{AB}}=\vec{b}-\vec{a}$
$\overrightarrow{\mathrm{OP}}=\overrightarrow{\mathrm{OP'}}$ ならば点Pと点P′は一致する。

2 線分の分点と位置ベクトル

① **分点** 2点A$(\vec{a})$，B$(\vec{b})$ を結ぶ線分ABについて

[1] **内分点** $m:n$ に内分する点をP$(\vec{p})$ とすると $\vec{p}=\dfrac{n\vec{a}+m\vec{b}}{m+n}$

[2] **外分点** $m:n$ に外分する点をQ$(\vec{q})$ とすると $\vec{q}=\dfrac{-n\vec{a}+m\vec{b}}{m-n}$

特に，**中点** をM$(\vec{m})$ とすると $\vec{m}=\dfrac{\vec{a}+\vec{b}}{2}$

② **三角形の重心** 3点A$(\vec{a})$，B$(\vec{b})$，C$(\vec{c})$ を頂点とする△ABCの重心をG$(\vec{g})$ とすると $\vec{g}=\dfrac{\vec{a}+\vec{b}+\vec{c}}{3}$

解　説

■位置ベクトル

空間で，1点Oを固定すると，空間の任意の **点P** と **ベクトル $\vec{p}=\overrightarrow{\mathrm{OP}}$** が **1対1に対応** する。

◀点P ⟺ $\vec{p}$ $[=\overrightarrow{\mathrm{OP}}]$

また，3点O$(\vec{0})$，A$(\vec{a})$，B$(\vec{b})$ は同じ平面上にあるから，平面上のベクトルの場合と同様に

$$\overrightarrow{\mathbf{AB}}=\overrightarrow{\mathrm{OB}}-\overrightarrow{\mathrm{OA}}=\vec{b}-\vec{a}$$

◀分割(減法)

■線分の分点と位置ベクトル

2点A$(\vec{a})$，B$(\vec{b})$ を結ぶ線分ABを **$m:n$ に内分する点を $\mathbf{P}(\vec{p})$** とする。

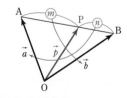

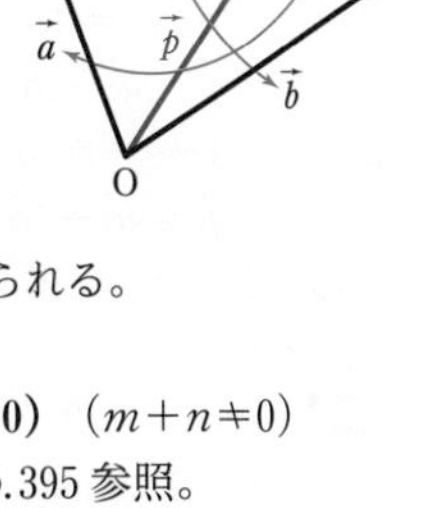

点O，A，B，Pは同じ平面上にあるから，平面上のベクトルの場合と同様に $\vec{p}=\dfrac{n\vec{a}+m\vec{b}}{m+n}$

外分点についても，平面上の場合と同様である。

なお，内分点，外分点の位置ベクトルは，次のように1つにまとめられる。

$\vec{p}=\dfrac{n\vec{a}+m\vec{b}}{m+n}$ **内分なら $m>0$，$n>0$**
外分なら $(m>0,\ n<0)$ または $(m<0,\ n>0)$ $(m+n\neq 0)$

中点，**重心** についても，平面上の場合と同様に導かれる。$p.394$，$p.395$ 参照。

基本事項

3 共線・共点・共面であるための条件

① **共線条件**

2点A，Bが異なるとき

点Pが直線AB上にある

$\Leftrightarrow \overrightarrow{AP}=k\overrightarrow{AB}$ となる実数 k がある

$\Leftrightarrow \overrightarrow{OP}=(1-t)\overrightarrow{OA}+t\overrightarrow{OB}$ となる実数 t がある

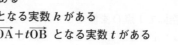

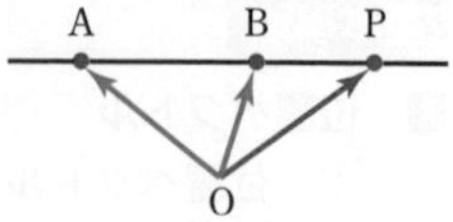

② **共点条件**

3直線 ℓ，m，n が1点で交わる $\Leftrightarrow$ ℓ と m，m と n の交点が一致する

③ **共面条件**

3点 $A(\vec{a})$，$B(\vec{b})$，$C(\vec{c})$ が一直線上にないとき

点 $P(\vec{p})$ が平面ABC上にある

$\Leftrightarrow \overrightarrow{CP}=s\overrightarrow{CA}+t\overrightarrow{CB}$ となる実数 s，t がある

$\Leftrightarrow \vec{p}=s\vec{a}+t\vec{b}+u\vec{c}$，$s+t+u=1$ となる実数 s，t，u がある

補足 $\overrightarrow{CP}=s\overrightarrow{CA}+t\overrightarrow{CB}$ …… (＊) を，Cを基準にした式ととらえると，次のようにして，点Aを基準にした式を導くことができる。

$\overrightarrow{AP}-\overrightarrow{AC}=-s\overrightarrow{AC}+t(\overrightarrow{AB}-\overrightarrow{AC})$ であるから

$\overrightarrow{AP}=t\overrightarrow{AB}+(1-s-t)\overrightarrow{AC}$ ←$1-s-t$ は実数

同じようにして，点Bを基準にした式も導くことができるから，**(＊)の式は3点A，B，Cどれを基準にしてもよい。**

解　説

■ **共線・共点条件**

3 ① 共線条件は，点O，A，B，Pが同じ平面上にあるから，平面上の場合と同様に成り立つ。

◀ *p*.395 参照。

また，**3** ② 共点条件も，平面上と同様に考えればよい。

■ **共面条件**

異なる4個以上の点が同じ平面上にあるとき，これらの点は **共面** であるという。

◀3個以下の点は必ず同じ平面上にある。

一直線上にない3点A，B，Cの定める平面を α とすると，右の図から

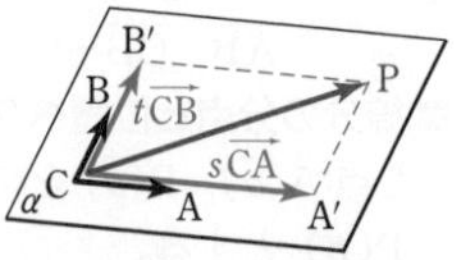

点Pが平面 α 上にある

$\Leftrightarrow \overrightarrow{CP}=s\overrightarrow{CA}+t\overrightarrow{CB}$ となる実数 s，t がある

このとき，$A(\vec{a})$，$B(\vec{b})$，$C(\vec{c})$，$P(\vec{p})$ とすると

$\vec{p}-\vec{c}=s(\vec{a}-\vec{c})+t(\vec{b}-\vec{c})$

よって　$\vec{p}=s\vec{a}+t\vec{b}+(1-s-t)\vec{c}$

ここで，$1-s-t=u$ とおくと

$\vec{p}=s\vec{a}+t\vec{b}+u\vec{c}$，$s+t+u=1$ …… Ⓐ

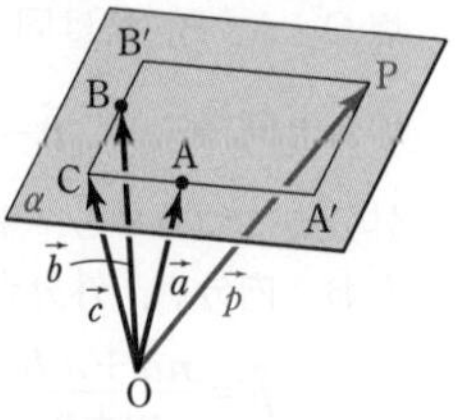

なお，これは *p*.416 の **2** ①（前半）を空間の場合に発展させたものと考えられる。

参考 Ⓐを，3点A，B，Cを通る **平面のベクトル方程式** という（詳しくは，*p*.485 参照）。

基本例題 59 分点と位置ベクトル

四面体OABCがある。線分ABを2：3に内分する点をP，線分OPを10：1に外分する点をQとし，△QBCの重心をGとするとき，$\overrightarrow{OG}$ を $\overrightarrow{OA}=\vec{a}$，$\overrightarrow{OB}=\vec{b}$，$\overrightarrow{OC}=\vec{c}$ で表せ。

p.453 基本事項 2

指針 線分ABを $m:n$ に内分する点をPとすると

$$\overrightarrow{\square P}=\frac{n\overrightarrow{\square A}+m\overrightarrow{\square B}}{m+n}$$ ← 平面でも空間でも同じ公式。

$\overrightarrow{OQ}$ については，3点O，P，Qが一直線上にあることに注目し，線分比を考えて，$\overrightarrow{OQ}=●\overrightarrow{OP}$ と表されることを利用。

また，△QBCの重心Gについて $\overrightarrow{\square G}=\dfrac{\overrightarrow{\square Q}+\overrightarrow{\square B}+\overrightarrow{\square C}}{3}$

CHART 空間での位置ベクトル　平面を取り出して考える

解答

点Pは線分ABを2：3に内分するから

$$\overrightarrow{OP}=\frac{3\vec{a}+2\vec{b}}{2+3}=\frac{3}{5}\vec{a}+\frac{2}{5}\vec{b}$$

◀3点O，A，Bを通る平面上で考える。

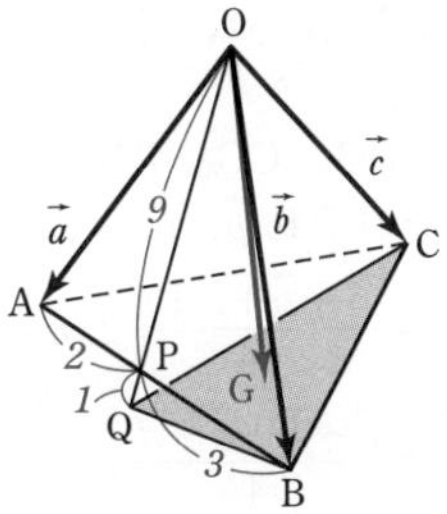

点Qは線分OPを10：1に外分するから

$$\overrightarrow{OQ}=\frac{10}{9}\overrightarrow{OP}=\frac{10}{9}\left(\frac{3}{5}\vec{a}+\frac{2}{5}\vec{b}\right)$$
$$=\frac{2}{3}\vec{a}+\frac{4}{9}\vec{b}$$

◀OP：OQ＝9：10

◀$\overrightarrow{OQ}=\dfrac{-\overrightarrow{OO}+10\overrightarrow{OP}}{10-1}$ として考えてもよい。

点Gは△QBCの重心であるから

$$\overrightarrow{OG}=\frac{\overrightarrow{OQ}+\overrightarrow{OB}+\overrightarrow{OC}}{3}=\frac{1}{3}\left(\frac{2}{3}\vec{a}+\frac{4}{9}\vec{b}\right)+\frac{1}{3}\vec{b}+\frac{1}{3}\vec{c}$$
$$=\boldsymbol{\frac{2}{9}\vec{a}+\frac{13}{27}\vec{b}+\frac{1}{3}\vec{c}}$$

注意 $\overrightarrow{OQ}=k\overrightarrow{OP}$ のとき，点Qは直線OP上にあるが
① $0\leqq k\leqq 1$ なら　点Qは線分OP上
② $k<0$ なら　点Qは線分OPのOを越える延長上
③ $1<k$ なら　点Qは線分OPのPを越える延長上
にある。

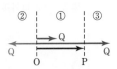

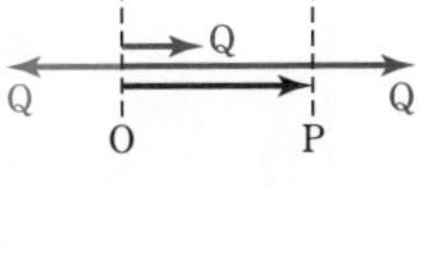

練習 ① 59 1辺の長さが1の正四面体OABCを考える。辺OA，OBの中点をそれぞれP，Qとし，辺OCを2：3に内分する点をRとする。また，△PQRの重心をGとする。
(1) $\overrightarrow{OA}=\vec{a}$，$\overrightarrow{OB}=\vec{b}$，$\overrightarrow{OC}=\vec{c}$ とするとき，$\overrightarrow{OG}$ を $\vec{a}$，$\vec{b}$，$\vec{c}$ を用いて表せ。
(2) $\overrightarrow{OG}$ の大きさ $|\overrightarrow{OG}|$ を求めよ。

p.475 EX41

基本例題 60 点の一致 ②②②②②

四面体ABCDにおいて，△BCD，△ACD，△ABD，△ABCの重心をそれぞれG_A，G_B，G_C，G_Dとする。線分AG_A，BG_B，CG_C，DG_Dをそれぞれ3：1に内分する点は一致することを示せ。

p.453 基本事項 1，2

指針 **点が一致することを示す** には，**位置ベクトルが等しいことを示す。**
すなわち，線分AG_A，BG_B，CG_C，DG_Dを3：1に内分する点の位置ベクトル(4つ)を，それぞれ点A，B，C，Dの位置ベクトル$\vec{a}$，$\vec{b}$，$\vec{c}$，$\vec{d}$で表し，それらが等しいことを示す。

CHART 分点の活用　**点が一致 ⟺ 位置ベクトルが等しい**

解答

点A，B，C，D，G_A，G_B，G_C，G_Dの位置ベクトルをそれぞれ$\vec{a}$，$\vec{b}$，$\vec{c}$，$\vec{d}$，$\vec{g_A}$，$\vec{g_B}$，$\vec{g_C}$，$\vec{g_D}$とすると

$$\vec{g_A}=\frac{\vec{b}+\vec{c}+\vec{d}}{3},\quad \vec{g_B}=\frac{\vec{a}+\vec{c}+\vec{d}}{3},$$

$$\vec{g_C}=\frac{\vec{a}+\vec{b}+\vec{d}}{3},\quad \vec{g_D}=\frac{\vec{a}+\vec{b}+\vec{c}}{3}$$

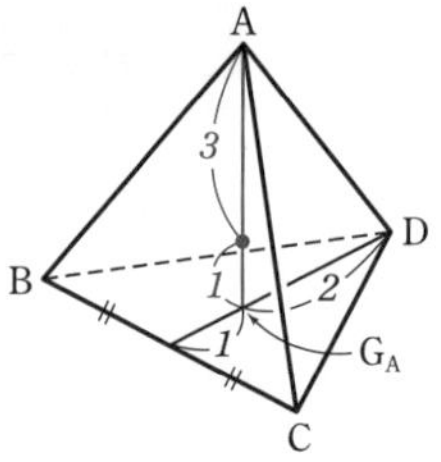

よって，線分AG_A，BG_B，CG_C，DG_Dを3：1に内分する点の位置ベクトルをそれぞれ$\vec{p}$，$\vec{q}$，$\vec{r}$，$\vec{s}$とすると

$$\vec{p}=\frac{1\cdot\vec{a}+3\vec{g_A}}{3+1}=\frac{\vec{a}+\vec{b}+\vec{c}+\vec{d}}{4},\quad \vec{q}=\frac{1\cdot\vec{b}+3\vec{g_B}}{3+1}=\frac{\vec{a}+\vec{b}+\vec{c}+\vec{d}}{4},$$

$$\vec{r}=\frac{1\cdot\vec{c}+3\vec{g_C}}{3+1}=\frac{\vec{a}+\vec{b}+\vec{c}+\vec{d}}{4},\quad \vec{s}=\frac{1\cdot\vec{d}+3\vec{g_D}}{3+1}=\frac{\vec{a}+\vec{b}+\vec{c}+\vec{d}}{4}$$

ゆえに　$\vec{p}=\vec{q}=\vec{r}=\vec{s}$

よって，線分AG_A，BG_B，CG_C，DG_Dをそれぞれ3：1に内分する点は一致する。

検討

四面体の重心

上の例題における一致する点は，四面体ABCDの **重心** と呼ばれている。重心は各頂点とその対面の三角形の重心を結ぶ線分上にあり，その線分を3：1に内分している。なお，正四面体の場合，重心は外接する球・内接する球の中心となる。

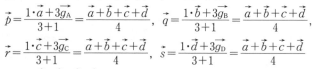

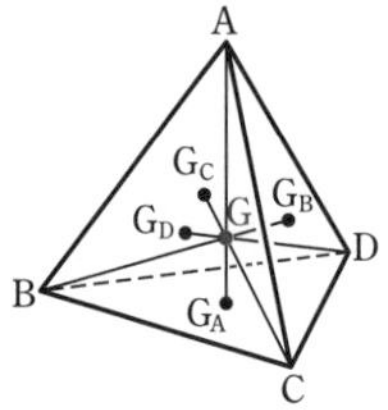

練習 ② 60 四面体ABCDの重心をGとするとき，次のことを示せ。

(1) 四面体ABCDの辺AB，BC，CD，DA，AC，BDの中点をそれぞれP，Q，R，S，T，Uとすると，3つの線分PR，QS，TUの中点は1点Gで交わる。

(2) △BCD，△ACD，△ABD，△ABCの重心をそれぞれG_A，G_B，G_C，G_Dとすると，四面体$G_AG_BG_CG_D$の重心は点Gと一致する。

基本例題 61 等式から点の位置の決定 ③③③○○

四面体 ABCD と点 P について，$\overrightarrow{AP}+3\overrightarrow{BP}+2\overrightarrow{CP}+6\overrightarrow{DP}=\vec{0}$ が成り立つ。
(1) 点 P はどのような位置にあるか。
(2) 四面体 ABCD と四面体 PBCD の体積をそれぞれ V_1，V_2 とするとき，$V_1:V_2$ を求めよ。

〔類 信州大〕 基本 23

指針 (1) 平面の場合でも似た問題を扱った（p.397 基本例題 23 (1) 参照）。
点 A に関する位置ベクトル を B($\vec{b}$)，C($\vec{c}$)，D($\vec{d}$)，P($\vec{p}$) として，与えられた等式を $\vec{b}$，$\vec{c}$，$\vec{d}$，$\vec{p}$ で表し，適当なベクトルを組み合わせて，**内分点の公式** にあてはめることを考える。
(2) 底面 △BCD が共通であるから，高さの比を考える。

解答 (1) 点 A に関する位置ベクトルを B($\vec{b}$)，C($\vec{c}$)，D($\vec{d}$)，P($\vec{p}$) とすると，等式から

$$\vec{p}+3(\vec{p}-\vec{b})+2(\vec{p}-\vec{c})+6(\vec{p}-\vec{d})=\vec{0}$$

◀ $12\vec{p}=3\vec{b}+2\vec{c}+6\vec{d}$

よって $\vec{p}=\dfrac{3\vec{b}+2\vec{c}+6\vec{d}}{12}=\dfrac{1}{12}\left(5\cdot\dfrac{3\vec{b}+2\vec{c}}{5}+6\vec{d}\right)$

ここで，$\dfrac{3\vec{b}+2\vec{c}}{5}=\vec{e}$ とすると

◀点 E($\vec{e}$) は線分 BC を 2：3 に内分する。

$\vec{p}=\dfrac{1}{12}(5\vec{e}+6\vec{d})=\dfrac{11}{12}\cdot\dfrac{5\vec{e}+6\vec{d}}{11}$

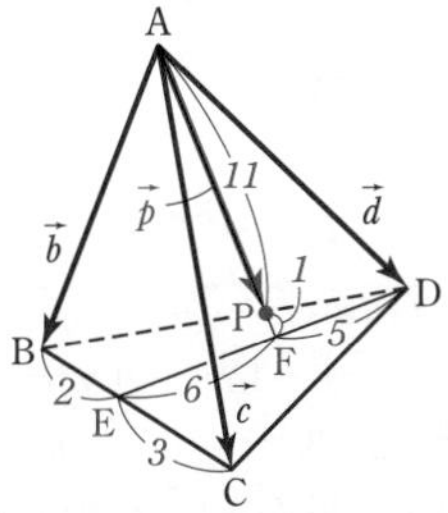

更に，$\dfrac{5\vec{e}+6\vec{d}}{11}=\vec{f}$ とすると

◀点 F($\vec{f}$) は線分 ED を 6：5 に内分する。

$\vec{p}=\dfrac{11}{12}\vec{f}$

◀点 P($\vec{p}$) は線分 AF を 11：1 に内分する。

したがって，**線分 BC を 2：3 に内分する点を E，線分 ED を 6：5 に内分する点を F とすると，点 P は線分 AF を 11：1 に内分する位置** にある。

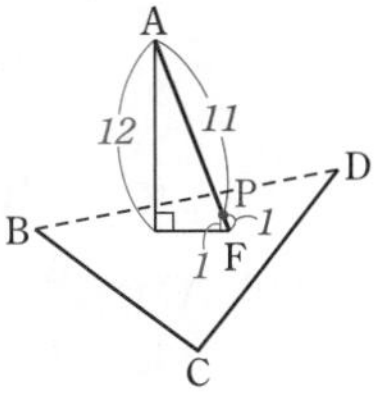

(2) $V_1:V_2=\mathrm{AF}:\mathrm{PF}$
$=\mathbf{12:1}$

検討

$\vec{p}=\dfrac{3\vec{b}+2\vec{c}+6\vec{d}}{12}=\dfrac{1}{12}\left(3\vec{b}+8\cdot\dfrac{\vec{c}+3\vec{d}}{4}\right)=\dfrac{11}{12}\cdot\dfrac{1}{11}\left(3\vec{b}+8\cdot\dfrac{\vec{c}+3\vec{d}}{4}\right)$ と変形し，$\dfrac{\vec{c}+3\vec{d}}{4}=\vec{l}$，

$\dfrac{3\vec{b}+8\vec{l}}{11}=\vec{m}$ とすると $\vec{p}=\dfrac{11}{12}\vec{m}$

したがって，**線分 CD を 3：1 に内分する点を L，線分 BL を 8：3 に内分する点を M とすると，点 P は線分 AM を 11：1 に内分する位置** にあるとしても正解。

練習 ③ 61 四面体 ABCD に関し，次の等式を満たす点 P はどのような位置にある点か。

$$\overrightarrow{AP}+2\overrightarrow{BP}-7\overrightarrow{CP}-3\overrightarrow{DP}=\vec{0}$$

p.475 EX 42

重要例題 62 位置ベクトルと内積，なす角 ③③③③③

1辺の長さが a の正四面体ABCDにおいて，$\overrightarrow{AB}=\vec{b}$，$\overrightarrow{AC}=\vec{c}$，$\overrightarrow{AD}=\vec{d}$ とする。辺AB，CDの中点をそれぞれM，Nとし，線分MNの中点をG，$\angle AGB=\theta$ とする。

(1) $\overrightarrow{AN}$，$\overrightarrow{AG}$，$\overrightarrow{BG}$ をそれぞれ $\vec{b}$，$\vec{c}$，$\vec{d}$ で表せ。

(2) $|\overrightarrow{GA}|^2$，$\overrightarrow{GA}\cdot\overrightarrow{GB}$ をそれぞれ a を用いて表せ。

(3) $\cos\theta$ の値を求めよ。

〔類 熊本大〕 基本 53

指針 (1) 中点の位置ベクトルの利用。

(2) $|\overrightarrow{GA}|^2=|\overrightarrow{AG}|^2=\overrightarrow{AG}\cdot\overrightarrow{AG}$，$\overrightarrow{GA}\cdot\overrightarrow{GB}=\overrightarrow{AG}\cdot\overrightarrow{BG}$ **(1)の結果を利用** して計算。

(3) $\overrightarrow{GA}\cdot\overrightarrow{GB}=|\overrightarrow{GA}||\overrightarrow{GB}|\cos\theta$ …… ① ここで，△ABNはAN＝BNの二等辺三角形であることに注目すると $|\overrightarrow{GA}|=|\overrightarrow{GB}|$

よって，①は $\overrightarrow{GA}\cdot\overrightarrow{GB}=|\overrightarrow{GA}|^2\cos\theta$ となるから，**(2)の結果が利用** できる。

解答

(1) $\overrightarrow{AN}=\dfrac{1}{2}(\vec{c}+\vec{d})$

$\overrightarrow{AG}=\dfrac{1}{2}(\overrightarrow{AM}+\overrightarrow{AN})=\dfrac{1}{2}\left\{\dfrac{1}{2}\vec{b}+\dfrac{1}{2}(\vec{c}+\vec{d})\right\}$

$=\dfrac{1}{4}(\vec{b}+\vec{c}+\vec{d})$

$\overrightarrow{BG}=\overrightarrow{AG}-\overrightarrow{AB}=\dfrac{1}{4}(-3\vec{b}+\vec{c}+\vec{d})$

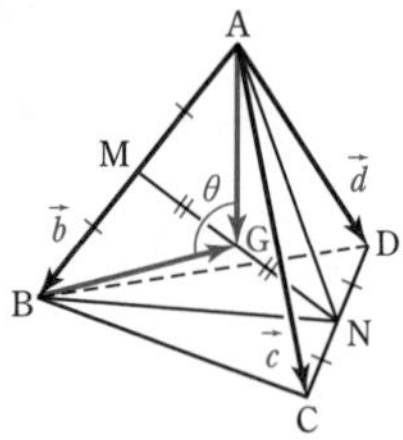

(2) $16|\overrightarrow{GA}|^2=|4\overrightarrow{AG}|^2=(\vec{b}+\vec{c}+\vec{d})\cdot(\vec{b}+\vec{c}+\vec{d})$

$=|\vec{b}|^2+|\vec{c}|^2+|\vec{d}|^2+2(\vec{b}\cdot\vec{c}+\vec{c}\cdot\vec{d}+\vec{d}\cdot\vec{b})$

$=3a^2+2\times3a^2\cos60°=6a^2$

$16\overrightarrow{GA}\cdot\overrightarrow{GB}=4\overrightarrow{AG}\cdot4\overrightarrow{BG}=(\vec{b}+\vec{c}+\vec{d})\cdot(-3\vec{b}+\vec{c}+\vec{d})$

$=-3|\vec{b}|^2+|\vec{c}|^2+|\vec{d}|^2-2\vec{b}\cdot\vec{c}-2\vec{b}\cdot\vec{d}+2\vec{c}\cdot\vec{d}$

$=-a^2-2a^2\cos60°=-2a^2$

よって $|\overrightarrow{GA}|^2=\dfrac{3}{8}a^2$，$\overrightarrow{GA}\cdot\overrightarrow{GB}=-\dfrac{a^2}{8}$

◀ $|\vec{b}|=|\vec{c}|=|\vec{d}|=a$ から $\vec{b}\cdot\vec{c}=\vec{c}\cdot\vec{d}=\vec{d}\cdot\vec{b}=a^2\cos60°$

◀ 分数の計算を避けるため，$4\overrightarrow{AG}=\vec{b}+\vec{c}+\vec{d}$，$4\overrightarrow{BG}=-3\vec{b}+\vec{c}+\vec{d}$ として計算。

(3) AM＝BM，AN＝BN であるから AB⊥MN

ゆえに，$|\overrightarrow{GA}|=|\overrightarrow{GB}|$ であるから

$\overrightarrow{GA}\cdot\overrightarrow{GB}=|\overrightarrow{GA}||\overrightarrow{GB}|\cos\theta=|\overrightarrow{GA}|^2\cos\theta$

(2)から $-\dfrac{a^2}{8}=\dfrac{3}{8}a^2\cos\theta$ ゆえに $\cos\theta=-\dfrac{1}{3}$

◀ $|\overrightarrow{AN}|=|\overrightarrow{BN}|=\dfrac{\sqrt{3}}{2}a$

◀ $\overrightarrow{GA}\cdot\overrightarrow{GB}=-\dfrac{a^2}{8}$，$|\overrightarrow{GA}|^2=\dfrac{3}{8}a^2$ を代入。

練習 ③ 62 1辺の長さが1の立方体ABCD-A′B′C′D′ において，辺AB，CC′，D′A′ を $a:(1-a)$ に内分する点をそれぞれP，Q，Rとし，$\overrightarrow{AB}=\vec{x}$，$\overrightarrow{AD}=\vec{y}$，$\overrightarrow{AA'}=\vec{z}$ とする。ただし，$0<a<1$ とする。

(1) $\overrightarrow{PQ}$，$\overrightarrow{PR}$ をそれぞれ $\vec{x}$，$\vec{y}$，$\vec{z}$ を用いて表せ。

(2) $|\overrightarrow{PQ}|:|\overrightarrow{PR}|$ を求めよ。

(3) $\overrightarrow{PQ}$ と $\overrightarrow{PR}$ のなす角を求めよ。

p.475 EX43

基本例題 63 平行四辺形であることの証明，共線条件 (1)

(1) 四面体OABCがある。$0<t<1$ を満たす t に対し，辺OB，OC，AB，ACを $t:(1-t)$ に内分する点をそれぞれK，L，M，Nとする。このとき，四角形KLNMは平行四辺形であることを示せ。 〔静岡大〕

(2) 座標空間において，3点 $(-1,\ 10,\ -3)$，$(2,\ ^{ア}\square,\ 3)$，$(3,\ 6,\ ^{イ}\square)$ は一直線上にある。 〔千葉工大〕

p.454 基本事項 3

指針 (1) **四角形KLNMが平行四辺形 ⟺ $\overrightarrow{\mathrm{KL}}=\overrightarrow{\mathrm{MN}}$** これを示す。

(2) まず，$\mathrm{A}(-1,\ 10,\ -3)$，$\mathrm{B}(2,\ y,\ 3)$，$\mathrm{C}(3,\ 6,\ z)$ とする。

3点A，B，Cが一直線上 ⟺ $\overrightarrow{\mathrm{AC}}=k\overrightarrow{\mathrm{AB}}$ となる実数 k がある （共線条件）

これを成分で表し，k，y，z の連立方程式を導く。

解答

(1) $\overrightarrow{\mathrm{OA}}=\vec{a}$，$\overrightarrow{\mathrm{OB}}=\vec{b}$，$\overrightarrow{\mathrm{OC}}=\vec{c}$ とすると

$\overrightarrow{\mathrm{KL}}=\overrightarrow{\mathrm{OL}}-\overrightarrow{\mathrm{OK}}=t\vec{c}-t\vec{b}$
$=t(\vec{c}-\vec{b})$

$\overrightarrow{\mathrm{MN}}=\overrightarrow{\mathrm{ON}}-\overrightarrow{\mathrm{OM}}$
$=(1-t)\vec{a}+t\vec{c}$
$\quad-\{(1-t)\vec{a}+t\vec{b}\}$
$=t(\vec{c}-\vec{b})$

よって $\overrightarrow{\mathrm{KL}}=\overrightarrow{\mathrm{MN}}$

ゆえに，四角形KLNMは平行四辺形である。

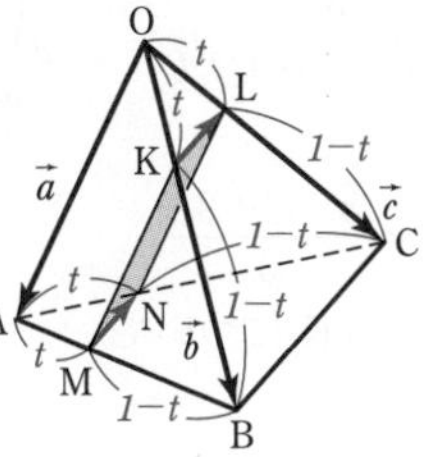

◀点Oに関する位置ベクトル。

◀OC：OL＝1：t から $\overrightarrow{\mathrm{OL}}=t\overrightarrow{\mathrm{OC}}$

◀点Nは辺ACを $t:(1-t)$ に内分する点であるから
$\overrightarrow{\mathrm{ON}}=\dfrac{(1-t)\vec{a}+t\vec{c}}{t+(1-t)}$

◀すなわち KL∥MN かつ KL＝MN

(2) $\mathrm{A}(-1,\ 10,\ -3)$，$\mathrm{B}(2,\ y,\ 3)$，$\mathrm{C}(3,\ 6,\ z)$ とする。

3点A，B，Cが一直線上にあるための条件は，$\overrightarrow{\mathrm{AC}}=k\overrightarrow{\mathrm{AB}}$ となる実数 k があることである。

$\overrightarrow{\mathrm{AC}}=(3+1,\ 6-10,\ z+3)=(4,\ -4,\ z+3)$，
$\overrightarrow{\mathrm{AB}}=(2+1,\ y-10,\ 3+3)=(3,\ y-10,\ 6)$

よって $(4,\ -4,\ z+3)=k(3,\ y-10,\ 6)$

ゆえに $4=3k$ …… ①，$-4=(y-10)k$ …… ②，
$z+3=6k$ …… ③

① から $k=\dfrac{4}{3}$

②，③ から $y={}^{ア}7$，$z={}^{イ}5$

◀$\overrightarrow{\mathrm{AB}}=k\overrightarrow{\mathrm{AC}}$ とし，$(3,\ y-10,\ 6)=(4k,\ -4k,\ k(z+3))$ から，$3=4k$，$y-10=-4k$，$6=k(z+3)$ として，y，z を求めてもよい。

◀ベクトルの相等

練習 ② 63 (1) 四面体ABCDにおいて，△ABCの重心をE，△ABDの重心をFとするとき，EF∥CDであることを証明せよ。

(2) 3点 $\mathrm{A}(-1,\ -1,\ -1)$，$\mathrm{B}(1,\ 2,\ 3)$，$\mathrm{C}(x,\ y,\ 1)$ が一直線上にあるとき，x，y の値を求めよ。 〔(2) 立教大〕

p.475 EX44

基本例題 64 共線条件(2)

平行六面体 ABCD-EFGH において，辺 AB，AD を 2：1 に内分する点をそれぞれ P，Q とし，平行四辺形 EFGH の対角線 EG を 1：2 に内分する点を R とするとき，平行六面体の対角線 AG は △PQR の重心 K を通ることを証明せよ。

基本 63

指針 **AG は K を通る ⟺ 3 点 A，G，K が一直線上にある**
⟺ $\overrightarrow{AG}=k\overrightarrow{AK}$ となる実数 k がある
まず，点 A に関する位置ベクトル $\overrightarrow{AB}$，$\overrightarrow{AD}$，$\overrightarrow{AE}$ をそれぞれ $\vec{b}$，$\vec{d}$，$\vec{e}$ として（表現を簡単に），$\overrightarrow{AG}$，$\overrightarrow{AK}$ を $\vec{b}$，$\vec{d}$，$\vec{e}$ で表す。

解答
$\overrightarrow{AB}=\vec{b}$，$\overrightarrow{AD}=\vec{d}$，$\overrightarrow{AE}=\vec{e}$ とする。 ◀$\vec{b}$，$\vec{d}$，$\vec{e}$ は 1 次独立。

$\overrightarrow{AP}=\frac{2}{3}\vec{b}$，$\overrightarrow{AQ}=\frac{2}{3}\vec{d}$ ◀AP：PB＝2：1　AQ：QD＝2：1

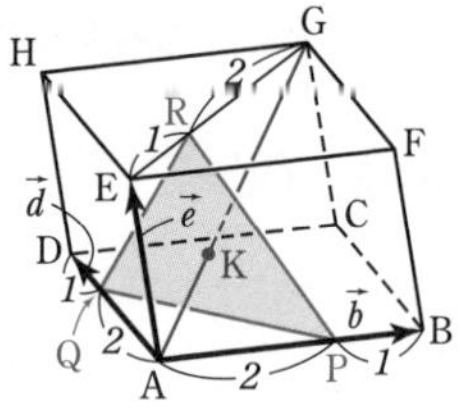

また，$\overrightarrow{AG}=\vec{b}+\vec{d}+\vec{e}$ …… ① から

$$\overrightarrow{AR}=\frac{2\overrightarrow{AE}+\overrightarrow{AG}}{3}=\frac{\vec{b}+\vec{d}+3\vec{e}}{3}$$ ◀ER：RG＝1：2

ゆえに，△PQR の重心 K について

$$\overrightarrow{AK}=\frac{1}{3}(\overrightarrow{AP}+\overrightarrow{AQ}+\overrightarrow{AR})$$

$$=\frac{1}{3}\left(\frac{2}{3}\vec{b}+\frac{2}{3}\vec{d}+\frac{\vec{b}+\vec{d}+3\vec{e}}{3}\right)=\frac{\vec{b}+\vec{d}+\vec{e}}{3} \quad \cdots\cdots ②$$ ◀結局，点 K は △BDE の重心である。

①，② から　　$\overrightarrow{AG}=3\overrightarrow{AK}$

したがって，対角線 AG は △PQR の重心 K を通る。

検討 **基本例題 64 の一般化**

上の例題において，辺 AB，AD，線分 GE を $t:(1-t)$ $(0<t<1)$ に内分する点をそれぞれ P，Q，R とすると

$\overrightarrow{AP}=t\vec{b}$，$\overrightarrow{AQ}=t\vec{d}$

また，$\overrightarrow{AG}=\vec{b}+\vec{d}+\vec{e}$ から

$\overrightarrow{AR}=t\overrightarrow{AE}+(1-t)\overrightarrow{AG}=t\vec{e}+(1-t)(\vec{b}+\vec{d}+\vec{e})$
$=(1-t)(\vec{b}+\vec{d})+\vec{e}$

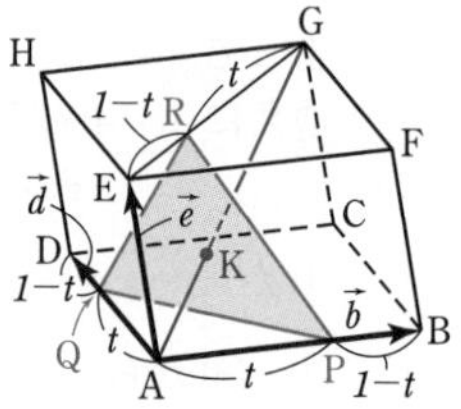

ゆえに

$$\overrightarrow{AK}=\frac{1}{3}\{t\vec{b}+t\vec{d}+(1-t)(\vec{b}+\vec{d})+\vec{e}\}=\frac{1}{3}(\vec{b}+\vec{d}+\vec{e})$$

よって　　$\overrightarrow{AG}=3\overrightarrow{AK}$

したがって，t の値に関係なく AG は △PQR の重心 K を通る。

練習 ② 64 平行六面体 ABCD-EFGH で △BDE，△CHF の重心をそれぞれ P，Q とするとき，4 点 A，P，Q，G は一直線上にあることを証明せよ。

基本例題 65 垂線の足，線対称な点の座標 ①①①①①

2 点 A(−3, −1, 1)，B(−1, 0, 0) を通る直線を ℓ とする。
(1) 点 C(2, 3, 3) から直線 ℓ に下ろした垂線の足 H の座標を求めよ。
(2) 直線 ℓ に関して，点 C と対称な点 D の座標を求めよ。 基本 63

指針 点□は直線 AB 上 ⟺ $\overrightarrow{\text{A□}}=k\overrightarrow{\text{AB}}$ となる実数 k がある。

(1) $\overrightarrow{\text{AH}}=k\overrightarrow{\text{AB}}$（$k$ は実数）から $\overrightarrow{\text{CH}}$ を成分で表し，$\overrightarrow{\text{AB}}\perp\overrightarrow{\text{CH}}$ を利用する。…… 垂直 ⟹ (内積)=0

注意 点 C から直線 ℓ に下ろした **垂線の足** とは，下ろした垂線と直線 ℓ との交点のこと。

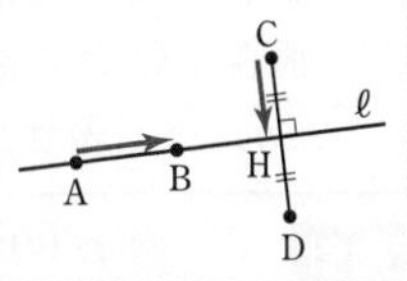

(2) 線分 CD の中点が点 H であることに注目し，(1) の結果を利用する。

解答

(1) 点 H は直線 AB 上にあるから，$\overrightarrow{\text{AH}}=k\overrightarrow{\text{AB}}$ となる実数 k がある。

よって $\overrightarrow{\text{CH}}=\overrightarrow{\text{CA}}+\overrightarrow{\text{AH}}=\overrightarrow{\text{CA}}+k\overrightarrow{\text{AB}}$
$=(-5,\ -4,\ -2)+k(2,\ 1,\ -1)$
$=(2k-5,\ k-4,\ -k-2)$ …… (＊)

◀ $\overrightarrow{\text{CA}}=(-5,\ -4,\ -2)$，$\overrightarrow{\text{AB}}=(2,\ 1,\ -1)$

$\overrightarrow{\text{AB}}\perp\overrightarrow{\text{CH}}$ より $\overrightarrow{\text{AB}}\cdot\overrightarrow{\text{CH}}=0$ であるから

$$2(2k-5)+(k-4)-(-k-2)=0$$

◀ $6k-12=0$

ゆえに $k=2$ このとき，O を原点とすると

$\overrightarrow{\text{OH}}=\overrightarrow{\text{OC}}+\overrightarrow{\text{CH}}=(2,\ 3,\ 3)+(-1,\ -2,\ -4)$
$=(1,\ 1,\ -1)$

◀ $k=2$ を (＊) に代入して $\overrightarrow{\text{CH}}$ を求める。

したがって，点 H の座標は **(1, 1, −1)**

(2) $\overrightarrow{\text{OD}}=\overrightarrow{\text{OC}}+\overrightarrow{\text{CD}}=\overrightarrow{\text{OC}}+2\overrightarrow{\text{CH}}$
$=(2,\ 3,\ 3)+2(-1,\ -2,\ -4)=(0,\ -1,\ -5)$

◀ $\overrightarrow{\text{OD}}=\overrightarrow{\text{OH}}+\overrightarrow{\text{HD}}=\overrightarrow{\text{OH}}+\overrightarrow{\text{CH}}$ から求めてもよい。

したがって，点 D の座標は **(0, −1, −5)**

検討 **正射影ベクトルの利用**

(1) は，**正射影ベクトル**（p.407 参照）を用いて，次のように解くこともできる。

$\overrightarrow{\text{AB}}=(2,\ 1,\ -1)$，$\overrightarrow{\text{AC}}=(5,\ 4,\ 2)$ であるから

$$\overrightarrow{\text{AH}}=\frac{\overrightarrow{\text{AC}}\cdot\overrightarrow{\text{AB}}}{|\overrightarrow{\text{AB}}|^2}\overrightarrow{\text{AB}}=\frac{12}{6}\overrightarrow{\text{AB}}=2\overrightarrow{\text{AB}}$$

◀ $\overrightarrow{\text{AC}}\cdot\overrightarrow{\text{AB}}=5\times2+4\times1+2\times(-1)=12$，$|\overrightarrow{\text{AB}}|^2=2^2+1^2+(-1)^2=6$

ゆえに $\overrightarrow{\text{OH}}=\overrightarrow{\text{OA}}+\overrightarrow{\text{AH}}=\overrightarrow{\text{OA}}+2\overrightarrow{\text{AB}}$
$=(-3,\ -1,\ 1)+2(2,\ 1,\ -1)=(1,\ 1,\ -1)$

よって，点 H の座標は **(1, 1, −1)**

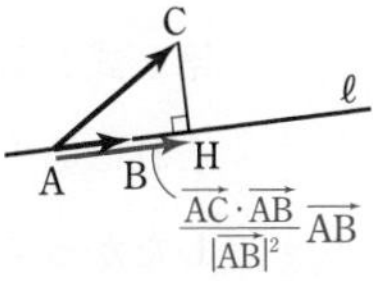

練習 ③ 65 2 点 A(1, 3, 0)，B(0, 4, −1) を通る直線を ℓ とする。
(1) 点 C(1, 5, −4) から直線 ℓ に下ろした垂線の足 H の座標を求めよ。
(2) 直線 ℓ に関して，点 C と対称な点 D の座標を求めよ。

基本例題 66 2直線の交点の位置ベクトル ①①①①①

四面体OABCの辺OAの中点をP，辺BCを2：1に内分する点をQ，辺OCを1：3に内分する点をR，辺ABを1：6に内分する点をSとする。$\overrightarrow{OA}=\vec{a}$，$\overrightarrow{OB}=\vec{b}$，$\overrightarrow{OC}=\vec{c}$とするとき

(1) $\overrightarrow{OQ}$，$\overrightarrow{OS}$をそれぞれ$\vec{a}$，$\vec{b}$，$\vec{c}$で表せ。

(2) 直線PQと直線RSが交わるとき，その交点をTとする。このとき，$\overrightarrow{OT}$を$\vec{a}$，$\vec{b}$，$\vec{c}$で表せ。

基本 26

指針 (1) 内分点の位置ベクトルから求める。

(2) 平面の場合（p.400 基本例題 **26**）と同様に，PT：TQ=s：$(1-s)$，ST：TR=t：$(1-t)$として，点Tを線分PQ，線分SRのそれぞれの内分点ととらえ，$\overrightarrow{OT}$を$\vec{a}$，$\vec{b}$，$\vec{c}$で **2通りに表す**。そして，**係数比較** にもち込む。

CHART 交点の位置ベクトル　2通りに表し，係数比較

解答

(1) $\overrightarrow{OQ}=\dfrac{1\cdot\overrightarrow{OB}+2\overrightarrow{OC}}{2+1}=\dfrac{1}{3}\vec{b}+\dfrac{2}{3}\vec{c}$

$\overrightarrow{OS}=\dfrac{6\overrightarrow{OA}+1\cdot\overrightarrow{OB}}{1+6}=\dfrac{6}{7}\vec{a}+\dfrac{1}{7}\vec{b}$

(2) PT：TQ=s：$(1-s)$とすると

$\overrightarrow{OT}=(1-s)\overrightarrow{OP}+s\overrightarrow{OQ}$

$=(1-s)\cdot\dfrac{1}{2}\vec{a}+s\left(\dfrac{1}{3}\vec{b}+\dfrac{2}{3}\vec{c}\right)$

$=\dfrac{1}{2}(1-s)\vec{a}+\dfrac{1}{3}s\vec{b}+\dfrac{2}{3}s\vec{c}$ …… ①

ST：TR=t：$(1-t)$とすると

$\overrightarrow{OT}=(1-t)\overrightarrow{OS}+t\overrightarrow{OR}$

$=(1-t)\left(\dfrac{6}{7}\vec{a}+\dfrac{1}{7}\vec{b}\right)+t\cdot\dfrac{1}{4}\vec{c}$

$=\dfrac{6}{7}(1-t)\vec{a}+\dfrac{1}{7}(1-t)\vec{b}+\dfrac{1}{4}t\vec{c}$ …… ②

4点O，A，B，Cは同じ平面上にないから，①，②より

$\dfrac{1}{2}(1-s)=\dfrac{6}{7}(1-t)$，$\dfrac{1}{3}s=\dfrac{1}{7}(1-t)$，$\dfrac{2}{3}s=\dfrac{1}{4}t$

第2式と第3式から　$s=\dfrac{1}{5}$，$t=\dfrac{8}{15}$

これは第1式を満たす。

したがって，①から　$\overrightarrow{OT}=\dfrac{2}{5}\vec{a}+\dfrac{1}{15}\vec{b}+\dfrac{2}{15}\vec{c}$

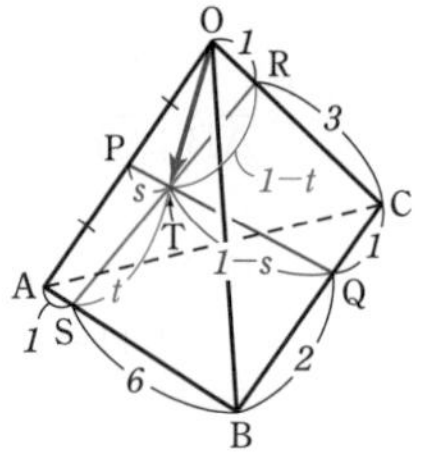

◀同じ平面上にない4点O，A($\vec{a}$)，B($\vec{b}$)，C($\vec{c}$)に対し，次のことが成り立つ。

$s\vec{a}+t\vec{b}+u\vec{c}=s'\vec{a}+t'\vec{b}+u'\vec{c}$
$\iff s=s',\ t=t',\ u=u'$
（s, t, u, s', t', u'は実数）

練習 ② **66** 四面体OABCにおいて，辺ABを1：3に内分する点をL，辺OCを3：1に内分する点をM，線分CLを3：2に内分する点をN，線分LM，ONの交点をPとし，$\overrightarrow{OA}=\vec{a}$，$\overrightarrow{OB}=\vec{b}$，$\overrightarrow{OC}=\vec{c}$とするとき，$\overrightarrow{ON}$，$\overrightarrow{OP}$をそれぞれ$\vec{a}$，$\vec{b}$，$\vec{c}$で表せ。

p.475 EX45

ズームUP 空間における交点の位置ベクトルの考え方

これまで，平面上のベクトル，空間のベクトルについての問題を学んできたが，これらの類似点，相違点について考えてみよう。

● ベクトルを2通りに表す

第1章の例題**26**で学んだように，ベクトルを2通りに表して，**係数比較**で求める解法は，空間の位置ベクトルを求める問題でも有効である。
この問題では，点Tが線分PQ上にもRS上にもあると考えて，$\overrightarrow{OT}$ を2通りに表す。内分比を $PT:TQ=s:(1-s)$，$ST:TR=t:(1-t)$ とするのも，例題**26**などと同様である。なお，空間の問題であるから，$\overrightarrow{OT}$ は3つのベクトル $\vec{a}$，$\vec{b}$，$\vec{c}$ で表される。これは平面上の場合と異なる点であるから注意しよう。

● 空間の場合も1次独立の断り書きは重要！

上で述べた「2通りに表し係数比較」による解法は，ベクトルが1次独立であることがポイントで，その断り書きが重要である。
ここで，平面上の場合と空間の場合の1次独立について，まとめておく。表現が似ているものもある。平面と空間でその違いをつかんでおこう。

	平面 $\vec{a}$，$\vec{b}$ が1次独立	空間 $\vec{a}$，$\vec{b}$，$\vec{c}$ が1次独立
定義	$s\vec{a}+t\vec{b}=\vec{0}$ ならば $s=t=0$	$s\vec{a}+t\vec{b}+u\vec{c}=\vec{0}$ ならば $s=t=u=0$
別の表現	$\vec{a}=\overrightarrow{OA}$，$\vec{b}=\overrightarrow{OB}$ とする。 ① $\vec{a}\neq\vec{0}$，$\vec{b}\neq\vec{0}$，$\vec{a}\not\parallel\vec{b}$ ② $\vec{a}$，$\vec{b}$ は $\vec{0}$ でなく，同じ直線上にない。 ③ 3点O，A，Bを結ぶと三角形。 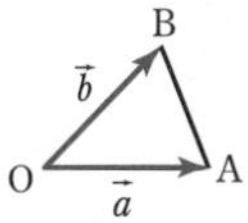 このとき，平面上の任意のベクトル $\vec{p}$ は $\vec{p}=s\vec{a}+t\vec{b}$（$s$，$t$ は実数）の形にただ1通りに表される。	$\vec{a}=\overrightarrow{OA}$，$\vec{b}=\overrightarrow{OB}$，$\vec{c}=\overrightarrow{OC}$ とする。 ① 4点O, A, B, Cは同じ平面上にない。 ② $\vec{a}$，$\vec{b}$，$\vec{c}$ は $\vec{0}$ でなく，同じ平面上にない。 ③ 4点O，A，B，Cを結ぶと四面体。 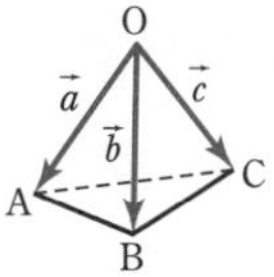 このとき，空間の任意のベクトル $\vec{p}$ は $\vec{p}=s\vec{a}+t\vec{b}+u\vec{c}$（$s$，$t$，$u$ は実数）の形にただ1通りに表される。

注意 空間の場合の1次独立の断り書きを
「$\vec{a}\neq\vec{0}$，$\vec{b}\neq\vec{0}$，$\vec{c}\neq\vec{0}$，$\vec{a}\not\parallel\vec{b}$，$\vec{b}\not\parallel\vec{c}$，$\vec{c}\not\parallel\vec{a}$」
としたら，間違いである。なぜなら，右の図のように，4点O，A，B，Cを同じ平面上にとることができるからである。

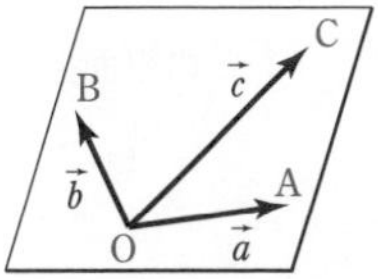

2章 9 位置ベクトル、ベクトルと図形

基本例題 67 共面条件

②②②②②

次の 4 点が同じ平面上にあるように，x の値を定めよ。

$\mathrm{A}(1,\ 1,\ 0)$，$\mathrm{B}(3,\ 4,\ 5)$，$\mathrm{C}(1,\ 3,\ 6)$，$\mathrm{P}(4,\ 5,\ x)$

p.454 基本事項 3

指針 一直線上にない 3 点 A，B，C に対して，点 P が平面 ABC 上にある(共面条件)とは，次のいずれかが成り立つことである。ただし，O は原点とする。

[1] $\overrightarrow{\mathrm{AP}}=s\overrightarrow{\mathrm{AB}}+t\overrightarrow{\mathrm{AC}}$ **となる実数** s，t **がある。**

[2] $\overrightarrow{\mathrm{OP}}=s\overrightarrow{\mathrm{OA}}+t\overrightarrow{\mathrm{OB}}+u\overrightarrow{\mathrm{OC}}$，$s+t+u=1$ **となる実数** s，t，u **がある。**

これを成分で表し，方程式の問題に帰着させる。

解答

解答 1. $\overrightarrow{\mathrm{AP}}=(3,\ 4,\ x)$，$\overrightarrow{\mathrm{AB}}=(2,\ 3,\ 5)$，$\overrightarrow{\mathrm{AC}}=(0,\ 2,\ 6)$

3 点 A，B，C は一直線上にないから(*)，点 P が平面 ABC 上にあるための条件は，$\overrightarrow{\mathrm{AP}}=s\overrightarrow{\mathrm{AB}}+t\overrightarrow{\mathrm{AC}}$ となる実数 s，t があることである。

よって　$(3,\ 4,\ x)=s(2,\ 3,\ 5)+t(0,\ 2,\ 6)$

すなわち　$(3,\ 4,\ x)=(2s,\ 3s+2t,\ 5s+6t)$

ゆえに　$2s=3$，$3s+2t=4$，$5s+6t=x$

よって　$s=\dfrac{3}{2}$，$t=-\dfrac{1}{4}$　　したがって　$\boldsymbol{x=6}$

◀[1] を用いる解法。
$\overrightarrow{\mathrm{AP}}=(4-1,\ 5-1,\ x)$
$\overrightarrow{\mathrm{AB}}=(3-1,\ 4-1,\ 5-0)$
$\overrightarrow{\mathrm{AC}}=(1-1,\ 3-1,\ 6)$
(*)　$\overrightarrow{\mathrm{AB}}=k\overrightarrow{\mathrm{AC}}$ を満たす実数 k は存在しない。

◀まず，第 1 式と第 2 式から s，t の値を求める。

解答 2. 3 点 A，B，C は一直線上にないから，原点を O とすると，点 P が平面 ABC 上にあるための条件は，

$\overrightarrow{\mathrm{OP}}=s\overrightarrow{\mathrm{OA}}+t\overrightarrow{\mathrm{OB}}+u\overrightarrow{\mathrm{OC}}$，$s+t+u=1$

となる実数 s，t，u があることである。よって

$(4,\ 5,\ x)=s(1,\ 1,\ 0)+t(3,\ 4,\ 5)+u(1,\ 3,\ 6)$

すなわち　$(4,\ 5,\ x)=(s+3t+u,\ s+4t+3u,\ 5t+6u)$

ゆえに　$s+3t+u=4$，$s+4t+3u=5$，$5t+6u=x$

また　$s+t+u=1$

これらを解くと　$s=-\dfrac{1}{4}$，$t=\dfrac{3}{2}$，$u=-\dfrac{1}{4}$

したがって　$\boldsymbol{x}=5\cdot\dfrac{3}{2}+6\cdot\left(-\dfrac{1}{4}\right)=\mathbf{6}$

◀[2] を用いる解法。

◀解答 2. では 4 変数 $(s,\ t,\ u,\ x)$ の連立方程式を解くことになるが，解答 1. の $\overrightarrow{\mathrm{AP}}$，$\overrightarrow{\mathrm{AB}}$，$\overrightarrow{\mathrm{AC}}$ の計算は不要になる。

◀第 1 式，第 2 式，第 4 式 $(s+t+u=1)$ から s，t，u の値を求める。まず，(第 1 式)−(第 4 式) から　$t=\dfrac{3}{2}$

検討

上の例題を，後で学ぶ「平面の方程式」を用いて解く

3 点 A，B，C を通る平面の方程式を，$p.487$ の演習例題 **80** と同様にして求めると

$2x-3y+z+1=0$　　←通る点の座標を代入。

この平面上に点 P があるための条件は　$2\cdot4-3\cdot5+x+1=0$　　よって　$\boldsymbol{x=6}$

練習 ② 67 4 点 $\mathrm{A}(0,\ 0,\ 2)$，$\mathrm{B}(2,\ -2,\ 3)$，$\mathrm{C}(a,\ -1,\ 4)$，$\mathrm{D}(1,\ a,\ 1)$ が同じ平面上にあるように，定数 a の値を定めよ。　〔弘前大〕

基本例題 68 同じ平面上にあることの証明 ②②②②②

四面体 OABC の辺 OA, AB, BC を 1：2 に内分する点をそれぞれ P, Q, R とし，辺 OC を 1：8 に内分する点を S とする。このとき，4 点 P, Q, R, S は同じ平面上にあることを示せ。

p.454 基本事項 3，基本 67

指針 4 点 P, Q, R, S が同じ平面上にあることを示すには，次の[1]，[2]のいずれかが成り立つことを示す。

[1] $\overrightarrow{PS}=s\overrightarrow{PQ}+t\overrightarrow{PR}$ となる実数 s, t がある。

[2] $\overrightarrow{OS}=s\overrightarrow{OP}+t\overrightarrow{OQ}+u\overrightarrow{OR}$, $s+t+u=1$ となる実数 s, t, u がある。

解答

解答 1. $\overrightarrow{OA}=\vec{a}$, $\overrightarrow{OB}=\vec{b}$, $\overrightarrow{OC}=\vec{c}$ とすると

◀[1] を用いる解法。

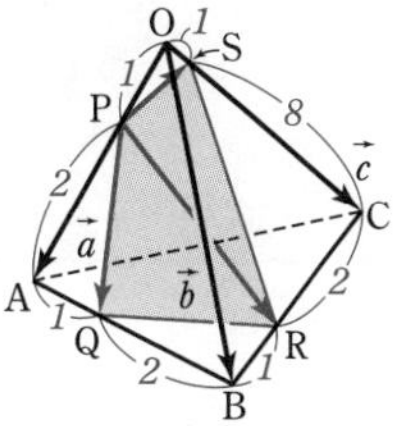

$$\overrightarrow{PQ}=\overrightarrow{OQ}-\overrightarrow{OP}=\frac{2\vec{a}+1\cdot\vec{b}}{1+2}-\frac{1}{3}\vec{a}=\frac{1}{3}\vec{a}+\frac{1}{3}\vec{b}$$

$$\overrightarrow{PR}=\overrightarrow{OR}-\overrightarrow{OP}=\frac{2\vec{b}+1\cdot\vec{c}}{1+2}-\frac{1}{3}\vec{a}=-\frac{1}{3}\vec{a}+\frac{2}{3}\vec{b}+\frac{1}{3}\vec{c}$$

$$\overrightarrow{PS}=\overrightarrow{OS}-\overrightarrow{OP}=\frac{1}{9}\vec{c}-\frac{1}{3}\vec{a}=-\frac{1}{3}\vec{a}+\frac{1}{9}\vec{c}$$

$\overrightarrow{PS}=s\overrightarrow{PQ}+t\overrightarrow{PR}$ とすると

$$-\frac{1}{3}\vec{a}+\frac{1}{9}\vec{c}=s\left(\frac{1}{3}\vec{a}+\frac{1}{3}\vec{b}\right)+t\left(-\frac{1}{3}\vec{a}+\frac{2}{3}\vec{b}+\frac{1}{3}\vec{c}\right)$$

よって $-\frac{1}{3}\vec{a}+\frac{1}{9}\vec{c}=\left(\frac{1}{3}s-\frac{1}{3}t\right)\vec{a}+\left(\frac{1}{3}s+\frac{2}{3}t\right)\vec{b}+\frac{1}{3}t\vec{c}$

◀右辺を ●$\vec{a}$＋■$\vec{b}$＋▲$\vec{c}$ の形に。

4 点 O, A, B, C は同じ平面上にないから

$\frac{1}{3}s-\frac{1}{3}t=-\frac{1}{3}$ …… ①，$\frac{1}{3}s+\frac{2}{3}t=0$ …… ②，$\frac{1}{3}t=\frac{1}{9}$ …… ③

◀係数を比較。

②，③ から　$s=-\frac{2}{3}$，$t=\frac{1}{3}$　　これは ① を満たす。

◀$\overrightarrow{PS}=s\overrightarrow{PQ}+t\overrightarrow{PR}$ を満たす実数 s, t がある。

したがって，4 点 P, Q, R, S は同じ平面上にある。

解答 2. $\overrightarrow{OS}=s\overrightarrow{OP}+t\overrightarrow{OQ}+u\overrightarrow{OR}$ とすると

◀[2] を用いる解法。

$$\frac{1}{9}\vec{c}=s\cdot\frac{1}{3}\vec{a}+t\cdot\frac{2\vec{a}+\vec{b}}{3}+u\cdot\frac{2\vec{b}+\vec{c}}{3}$$

よって　$\frac{1}{9}\vec{c}=\left(\frac{1}{3}s+\frac{2}{3}t\right)\vec{a}+\left(\frac{1}{3}t+\frac{2}{3}u\right)\vec{b}+\frac{u}{3}\vec{c}$

4 点 O, A, B, C は同じ平面上にないから　$\frac{1}{3}s+\frac{2}{3}t=0$，$\frac{1}{3}t+\frac{2}{3}u=0$，$\frac{u}{3}=\frac{1}{9}$

ゆえに　$s=\frac{4}{3}$，$t=-\frac{2}{3}$，$u=\frac{1}{3}$　　これは $s+t+u=1$ を満たす。

したがって，4 点 P, Q, R, S は同じ平面上にある。

練習 ③ 68 平行六面体 ABCD-EFGH において，辺 BF を 2：1 に内分する点を P，辺 FG を 2：1 に内分する点を Q，辺 DH の中点を R とする。4 点 A，P，Q，R は同じ平面上にあることを示せ。

基本例題 69 直線と平面の交点の位置ベクトル (1)

四面体 OABC を考える。辺 OA の中点を P とする。また辺 OB を 2：1 に内分する点を Q として，辺 OC を 3：1 に内分する点を R とする。更に三角形 ABC の重心を G とする。
3 点 P，Q，R を通る平面と直線 OG の交点を K とするとき，$\overrightarrow{OK}$ を $\overrightarrow{OA}$，$\overrightarrow{OB}$，$\overrightarrow{OC}$ を用いて表せ。

〔類 鹿児島大〕 基本 67

指針 点 K は「3 点 P，Q，R を通る平面上」にも「直線 OG 上」にもあると考え，$\overrightarrow{OK}$ を $\overrightarrow{OA}$，$\overrightarrow{OB}$，$\overrightarrow{OC}$ を用いて，**2 通りに表して係数比較** をする。
その際，

点 K が 3 点 P，Q，R を通る平面上にある
⟺ $\overrightarrow{OK}=s\overrightarrow{OP}+t\overrightarrow{OQ}+u\overrightarrow{OR}$，$s+t+u=1$ となる実数 s，t，u がある ……★

を利用する。

解答

点 K は 3 点 P，Q，R を通る平面上にあるから，実数 s，t，u を用いて

$$\overrightarrow{OK}=s\overrightarrow{OP}+t\overrightarrow{OQ}+u\overrightarrow{OR},\ s+t+u=1$$

と表される。

ここで，$\overrightarrow{OP}=\frac{1}{2}\overrightarrow{OA}$，$\overrightarrow{OQ}=\frac{2}{3}\overrightarrow{OB}$，$\overrightarrow{OR}=\frac{3}{4}\overrightarrow{OC}$ であるから

$$\overrightarrow{OK}=\frac{s}{2}\overrightarrow{OA}+\frac{2}{3}t\overrightarrow{OB}+\frac{3}{4}u\overrightarrow{OC}\ \cdots\cdots\ ①$$

また，点 K は直線 OG 上にあるから，$\overrightarrow{OK}=k\overrightarrow{OG}$
(k は実数) と表される。

よって
$$\overrightarrow{OK}=k\left(\frac{\overrightarrow{OA}+\overrightarrow{OB}+\overrightarrow{OC}}{3}\right)$$
$$=\frac{k}{3}\overrightarrow{OA}+\frac{k}{3}\overrightarrow{OB}+\frac{k}{3}\overrightarrow{OC}\ \cdots\cdots\ ②$$

4 点 O，A，B，C は同じ平面上にないから，①，② より

$$\frac{s}{2}=\frac{k}{3},\ \frac{2}{3}t=\frac{k}{3},\ \frac{3}{4}u=\frac{k}{3}$$

ゆえに $s=\frac{2}{3}k$，$t=\frac{k}{2}$，$u=\frac{4}{9}k$

これらを $s+t+u=1$ に代入して $\frac{2}{3}k+\frac{k}{2}+\frac{4}{9}k=1$

よって $k=\frac{18}{29}$

これを ② に代入して

$$\overrightarrow{OK}=\frac{6}{29}\overrightarrow{OA}+\frac{6}{29}\overrightarrow{OB}+\frac{6}{29}\overrightarrow{OC}$$

◀指針＿＿……★ の方針。同じ平面上にあるための条件。この ★ の形と前ページの [1] の形 $\overrightarrow{PK}=s\overrightarrow{PQ}+t\overrightarrow{PR}$ のどちらも使いこなせるようにしておきたい。

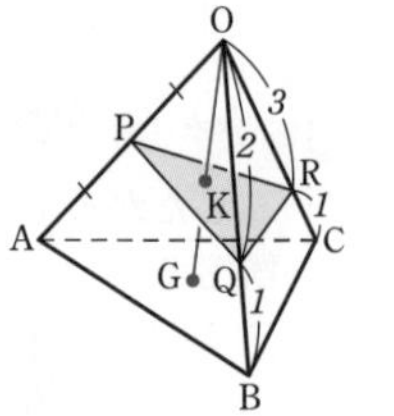

◀空間の位置ベクトルを 2 通りに表して係数比較をするとき，この断り書きは重要である。$p.463$ も参照。

◀s，t，u の値を求め，その値を ① に代入してもよいが，② に代入する方が計算がらく。

別解　点 K は直線 OG 上にあるから，$\overrightarrow{OK}=k\overrightarrow{OG}$ (k は実数) と表される。

よって　$\overrightarrow{OK}=k\left(\dfrac{\overrightarrow{OA}+\overrightarrow{OB}+\overrightarrow{OC}}{3}\right)$

$=\dfrac{k}{3}\overrightarrow{OA}+\dfrac{k}{3}\overrightarrow{OB}+\dfrac{k}{3}\overrightarrow{OC}$ …… (＊)

ここで，$\overrightarrow{OP}=\dfrac{1}{2}\overrightarrow{OA}$，$\overrightarrow{OQ}=\dfrac{2}{3}\overrightarrow{OB}$，$\overrightarrow{OR}=\dfrac{3}{4}\overrightarrow{OC}$ であるから

$\overrightarrow{OA}=2\overrightarrow{OP}$，$\overrightarrow{OB}=\dfrac{3}{2}\overrightarrow{OQ}$，$\overrightarrow{OC}=\dfrac{4}{3}\overrightarrow{OR}$

ゆえに　$\overrightarrow{OK}=\dfrac{2}{3}k\overrightarrow{OP}+\dfrac{k}{2}\overrightarrow{OQ}+\dfrac{4}{9}k\overrightarrow{OR}$

◀$\overrightarrow{OP}$，$\overrightarrow{OQ}$，$\overrightarrow{OR}$ の条件に直す。

点 K は 3 点 P，Q，R を通る平面上にあるから

$\dfrac{2}{3}k+\dfrac{k}{2}+\dfrac{4}{9}k=1$　　よって　$k=\dfrac{18}{29}$

ゆえに，(＊) から　$\boldsymbol{\overrightarrow{OK}=\dfrac{6}{29}\overrightarrow{OA}+\dfrac{6}{29}\overrightarrow{OB}+\dfrac{6}{29}\overrightarrow{OC}}$

検討

同じ平面上にある条件

・左ページの解答では，点 K が 3 点 P，Q，R を通る平面上にある条件として

$\boldsymbol{\overrightarrow{OK}=s\overrightarrow{OP}+t\overrightarrow{OQ}+u\overrightarrow{OR},\ s+t+u=1}$ (s，t，u は実数)

を利用したが，

$\boldsymbol{\overrightarrow{PK}=s\overrightarrow{PQ}+t\overrightarrow{PR}}$ (s，t は実数)

を利用してもよい。なぜなら，この 2 つの条件は実質的に同じだからである (*p.*454 解説参照)。

・また，左ページの解答では，点 K が「3 点 P，Q，R を通る平面上」にも「直線 OG 上」にもあると考え，それぞれの条件を利用して，$\overrightarrow{OK}$ を 2 通りに表している。この方針の場合，2 通りに表す際に文字が多くなるので，やや手間な面もある。
そこで，上の 別解 では，まず，点 K が直線 OG 上にある条件から，$\overrightarrow{OK}$ を $\overrightarrow{OA}$，$\overrightarrow{OB}$，$\overrightarrow{OC}$ を用いて表し，それを $\overrightarrow{OP}$，$\overrightarrow{OQ}$，$\overrightarrow{OR}$ の条件に直す，すなわち

$\overrightarrow{OK}$＝●$\overrightarrow{OP}$＋▲$\overrightarrow{OQ}$＋■$\overrightarrow{OR}$　[●，▲，■ は k の式]　…… (＊＊)

を導いている。そして，**●＋▲＋■＝1** となることを利用している。
位置ベクトルが (＊＊) のように表されるとき，別解 の解法が有効である。

練習 ② 69　四面体 OABC において，$\vec{a}=\overrightarrow{OA}$，$\vec{b}=\overrightarrow{OB}$，$\vec{c}=\overrightarrow{OC}$ とする。

(1)　線分 AB を 1：2 に内分する点を P とし，線分 PC を 2：3 に内分する点を Q とする。$\overrightarrow{OQ}$ を $\vec{a}$，$\vec{b}$，$\vec{c}$ を用いて表せ。

(2)　D，E，F はそれぞれ線分 OA，OB，OC 上の点で，$OD=\dfrac{1}{2}OA$，$OE=\dfrac{2}{3}OB$，$OF=\dfrac{1}{3}OC$ とする。3 点 D，E，F を含む平面と直線 OQ の交点を R とするとき，$\overrightarrow{OR}$ を $\vec{a}$，$\vec{b}$，$\vec{c}$ を用いて表せ。

〔大阪電通大〕　p.476 EX46

基本例題 70 直線と平面の交点の位置ベクトル (2)

四面体 OABC において，P を辺 OA の中点，Q を辺 OB を 2：1 に内分する点，R を辺 BC の中点とする。P，Q，R を通る平面と辺 AC の交点を S とする。$\overrightarrow{OA}=\vec{a}$，$\overrightarrow{OB}=\vec{b}$，$\overrightarrow{OC}=\vec{c}$ とおく。

(1) $\overrightarrow{PQ}$，$\overrightarrow{PR}$ をそれぞれ $\vec{a}$，$\vec{b}$，$\vec{c}$ を用いて表せ。

(2) 比 $|\overrightarrow{AS}|:|\overrightarrow{SC}|$ を求めよ。

〔類 神戸大〕 基本 69

指針 (2) 基本例題 69 と同様に，点 S は「3 点 P，Q，R を通る平面上」にも「辺 AC 上」にもあると考え，$\overrightarrow{OS}$ を $\vec{a}$，$\vec{b}$，$\vec{c}$ を用いて，**2 通りに表して係数比較** をする。
その際，「3 点 P，Q，R を通る平面上」にある条件については，(1) の結果（$\overrightarrow{PQ}$，$\overrightarrow{PR}$ をそれぞれ $\vec{a}$，$\vec{b}$，$\vec{c}$ で表している）が使えるから，次を利用する。

点 S は 3 点 P，Q，R を通る平面上にある
⟺ $\overrightarrow{PS}=s\overrightarrow{PQ}+t\overrightarrow{PR}$ となる実数 s，t がある

解答

(1) $\overrightarrow{PQ}=\overrightarrow{OQ}-\overrightarrow{OP}=-\dfrac{1}{2}\vec{a}+\dfrac{2}{3}\vec{b}$

$\overrightarrow{PR}=\overrightarrow{OR}-\overrightarrow{OP}=\dfrac{\vec{b}+\vec{c}}{2}-\dfrac{1}{2}\vec{a}=-\dfrac{1}{2}\vec{a}+\dfrac{1}{2}\vec{b}+\dfrac{1}{2}\vec{c}$

(2) 点 S は 3 点 P，Q，R を通る平面上にあるから

$\overrightarrow{PS}=s\overrightarrow{PQ}+t\overrightarrow{PR}$ （s，t は実数）

と表される。(1) の結果から

$$\overrightarrow{OS}=\overrightarrow{OP}+\overrightarrow{PS}$$
$$=\frac{1}{2}\vec{a}+s\left(-\frac{1}{2}\vec{a}+\frac{2}{3}\vec{b}\right)+t\left(-\frac{1}{2}\vec{a}+\frac{1}{2}\vec{b}+\frac{1}{2}\vec{c}\right)$$
$$=\frac{1-s-t}{2}\vec{a}+\left(\frac{2}{3}s+\frac{t}{2}\right)\vec{b}+\frac{t}{2}\vec{c} \quad \cdots\cdots ①$$

また，点 S は辺 AC 上にあるから，
AS：SC$=u:(1-u)$ とすると

$$\overrightarrow{OS}=(1-u)\vec{a}+u\vec{c} \quad \cdots\cdots ②$$

4 点 O，A，B，C は同じ平面上にないから，①，② より

$$\frac{1-s-t}{2}=1-u,\quad \frac{2}{3}s+\frac{t}{2}=0,\quad \frac{t}{2}=u$$

これを解いて　$s=-1$，$t=\dfrac{4}{3}$，$u=\dfrac{2}{3}$

よって　$|\overrightarrow{AS}|:|\overrightarrow{SC}|=\dfrac{2}{3}:\dfrac{1}{3}=\mathbf{2:1}$

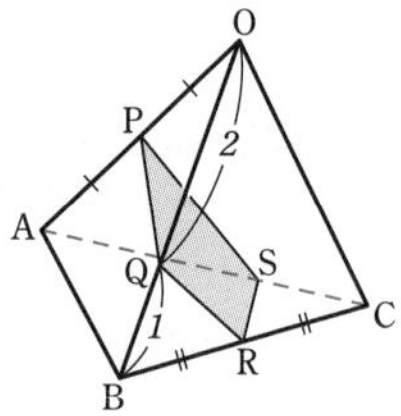

◀① を導いた段階で，「点 S は線分 AC 上にあるから
$\dfrac{1-s-t}{2}+\dfrac{t}{2}=1$，
$\dfrac{2}{3}s+\dfrac{t}{2}=0$」
として考えてもよい。

練習 ③ **70** 四面体 OABC において，線分 OA を 2：1 に内分する点を P，線分 OB を 3：1 に内分する点を Q，線分 BC を 4：1 に内分する点を R とする。この四面体を 3 点 P，Q，R を通る平面で切り，この平面が線分 AC と交わる点を S とするとき，線分の長さの比 AS：SC を求めよ。

〔類 早稲田大〕

基本例題 71 垂直，線分の長さの平方に関する証明問題

四面体 OABC において，OA=AB，BC=OC，OA⊥BC とするとき，次のことを証明せよ。 〔浜松医大〕

(1) OB⊥AC　　(2) $OA^2+BC^2=OB^2+AC^2$

基本 30，31

指針 **直線(線分)の垂直 ⟶ (内積)=0** ［基本例題 31 参照］，
線分の長さの平方 ⟶ $AB^2=|\overrightarrow{AB}|^2$ ［基本例題 30 参照］

このように，**内積を利用** してベクトル化することが有効である。

(1) $\overrightarrow{OA}=\vec{a}$，$\overrightarrow{OB}=\vec{b}$，$\overrightarrow{OC}=\vec{c}$ とする。**結論からお迎え** すると
$OB\perp AC \iff \overrightarrow{OB}\cdot\overrightarrow{AC}=0 \iff \vec{b}\cdot(\vec{c}-\vec{a})=0 \iff \vec{b}\cdot\vec{c}=\vec{a}\cdot\vec{b}$
よって，OA=AB，BC=OC から $\vec{b}\cdot\vec{c}=\vec{a}\cdot\vec{b}$ を導く。

(2) **等式の証明** ここでは (左辺)−(右辺)=0 を示す。

CHART 垂直・$(線分)^2$ 内積を利用

解答

$\overrightarrow{OA}=\vec{a}$，$\overrightarrow{OB}=\vec{b}$，$\overrightarrow{OC}=\vec{c}$ とする。

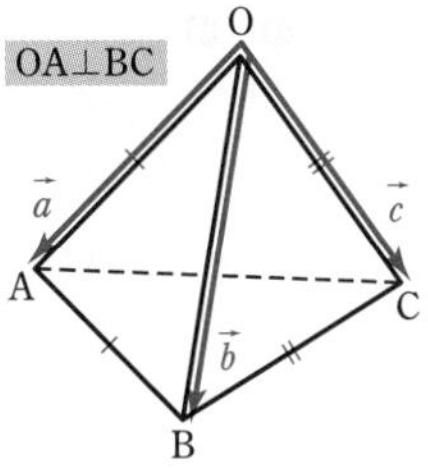

(1) OA=AB から $|\overrightarrow{OA}|^2=|\overrightarrow{AB}|^2$
よって $|\vec{a}|^2=|\vec{b}-\vec{a}|^2$
ゆえに $|\vec{a}|^2=|\vec{b}|^2-2\vec{a}\cdot\vec{b}+|\vec{a}|^2$
よって $|\vec{b}|^2=2\vec{a}\cdot\vec{b}$ …… ①
同様に，BC=OC から
$|\overrightarrow{BC}|^2=|\overrightarrow{OC}|^2$
よって $|\vec{c}-\vec{b}|^2=|\vec{c}|^2$
ゆえに $|\vec{b}|^2=2\vec{b}\cdot\vec{c}$ …… ②
①，② から $\vec{a}\cdot\vec{b}=\vec{b}\cdot\vec{c}$ …… ③
よって $\vec{b}\cdot(\vec{c}-\vec{a})=0$ すなわち $\overrightarrow{OB}\cdot\overrightarrow{AC}=0$
$\overrightarrow{OB}\neq\vec{0}$，$\overrightarrow{AC}\neq\vec{0}$ であるから $\overrightarrow{OB}\perp\overrightarrow{AC}$
したがって OB⊥AC

(2) OA⊥BC から $\overrightarrow{OA}\cdot\overrightarrow{BC}=0$
よって $\vec{a}\cdot(\vec{c}-\vec{b})=0$ ゆえに $\vec{a}\cdot\vec{c}=\vec{a}\cdot\vec{b}$
これと ③ より $\vec{a}\cdot\vec{c}=\vec{b}\cdot\vec{c}$ であるから
$OA^2+BC^2-(OB^2+AC^2)$
$=|\overrightarrow{OA}|^2+|\overrightarrow{BC}|^2-|\overrightarrow{OB}|^2-|\overrightarrow{AC}|^2$
$=|\vec{a}|^2+|\vec{c}-\vec{b}|^2-|\vec{b}|^2-|\vec{c}-\vec{a}|^2$
$=|\vec{a}|^2+|\vec{c}|^2-2\vec{b}\cdot\vec{c}+|\vec{b}|^2-|\vec{b}|^2-|\vec{c}|^2+2\vec{a}\cdot\vec{c}-|\vec{a}|^2=0$
したがって $OA^2+BC^2=OB^2+AC^2$

(1) 別解 (p.471 補足事項の 例 参照)

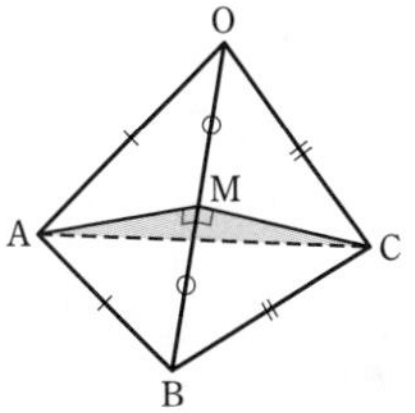

辺 OB の中点を M とすると
OA=AB から AM⊥OB
OC=BC から CM⊥OB
よって OB⊥(平面 ACM)
AC は平面 ACM 上にあるから OB⊥AC

◀(左辺)−(右辺)

◀$|\vec{c}-\vec{b}|^2$
$=|\vec{c}|^2-2\vec{b}\cdot\vec{c}+|\vec{b}|^2$

練習 ③ **71** 四面体 ABCD を考える。△ABC と △ABD は正三角形であり，AC と BD とは垂直である。 〔岩手大〕
(1) BC と AD も垂直であることを示せ。
(2) 四面体 ABCD は正四面体であることを示せ。

p.476 EX47

振り返り　平面と空間の類似点と相違点 1

これまでに学んだ平面上のベクトルと空間のベクトルの性質を，比較しながらまとめよう。なお，**1 次独立の条件** については，*p*.463 **ズーム UP** でまとめているので，そこを確認してほしい。以下，k，s，t，u は実数とする。

	平面上のベクトル	空間のベクトル	補　足
大きさ・内積	$\vec{a}=(a_1,\ a_2)$，$\vec{b}=(b_1,\ b_2)$， $\vec{a}$，$\vec{b}$ のなす角を θ とすると $\vec{a}$ の大きさは $\lvert\vec{a}\rvert=\sqrt{a_1^2+a_2^2}$ $\vec{a}$ と $\vec{b}$ の内積は $\vec{a}\cdot\vec{b}=\lvert\vec{a}\rvert\lvert\vec{b}\rvert\cos\theta$ $=a_1b_1+a_2b_2$ ➡ *p*.370 基本事項 **1**， *p*.378，379 基本事項 **1**，**4**	$\vec{a}=(a_1,\ a_2,\ a_3)$，$\vec{b}=(b_1,\ b_2,\ b_3)$， $\vec{a}$，$\vec{b}$ のなす角を θ とすると $\vec{a}$ の大きさは $\lvert\vec{a}\rvert=\sqrt{a_1^2+a_2^2+a_3^2}$ $\vec{a}$ と $\vec{b}$ の内積は $\vec{a}\cdot\vec{b}=\lvert\vec{a}\rvert\lvert\vec{b}\rvert\cos\theta$ $=a_1b_1+a_2b_2+a_3b_3$ ➡ *p*.437 基本事項 **4**， *p*.445 基本事項 **1**	内積の定義の式は平面，空間で同じ。 また，成分表示は，空間では z 成分が加わる。
三角形の面積	平面上にある △OAB で， $\overrightarrow{OA}=\vec{a}=(a_1,\ a_2)$， $\overrightarrow{OB}=\vec{b}=(b_1,\ b_2)$ とすると △OAB の面積 S は $S=\dfrac{1}{2}\sqrt{\lvert\vec{a}\rvert^2\lvert\vec{b}\rvert^2-(\vec{a}\cdot\vec{b})^2}$ $=\dfrac{1}{2}\lvert a_1b_2-a_2b_1\rvert$ ➡ *p*.387 基本例題 **18**	空間内にある △OAB で， $\overrightarrow{OA}=\vec{a}$，$\overrightarrow{OB}=\vec{b}$ とすると △OAB の面積 S は $S=\dfrac{1}{2}\sqrt{\lvert\vec{a}\rvert^2\lvert\vec{b}\rvert^2-(\vec{a}\cdot\vec{b})^2}$ ➡ *p*.447 検討	ベクトルによる式は，平面・空間で同じ形である。
共線・共面条件	(平面における **共線条件**) 点 P が直線 AB 上にある $\iff \overrightarrow{AP}=k\overrightarrow{AB}$ …… ① $\iff \overrightarrow{OP}=s\overrightarrow{OA}+t\overrightarrow{OB}$， $s+t=1$ …… ② ①  ② 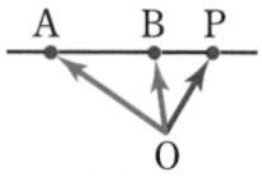 ➡ *p*.395 基本事項 **4**，*p*.416 基本事項 **2**	(空間における **共面条件**) 点 P が平面 ABC 上にある $\iff \overrightarrow{CP}=s\overrightarrow{CA}+t\overrightarrow{CB}$ …… ③ $\iff \overrightarrow{OP}=s\overrightarrow{OA}+t\overrightarrow{OB}+u\overrightarrow{OC}$， $s+t+u=1$ …… ④ ③ 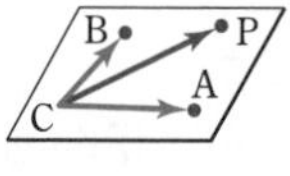 ④ 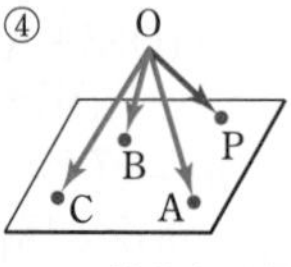 ➡ *p*.454 基本事項 **3**	②，④ の表し方は，ともに **(係数の和)=1** である。下の **注意** も参照。

注意　平面における共線条件 ① と ②，空間における共面条件 ③ と ④ について

・① は ② より，③ は ④ より，それぞれ文字が少なくてすむ

・② は ① より，④ は ③ より，それぞれ文字が多くなるが，O として原点をとると，点の座標とベクトルの成分を等しくできる

というのがそれぞれのメリットである。

補足事項 直線と平面の垂直

直線と平面の垂直については，数学 A の内容であるが，次ページ以降の例題で利用するから，ここで確認しておこう。

直線と平面の垂直

直線 h が，平面 α 上のすべての直線に垂直であるとき，直線 h は平面 α に **垂直** である，または平面 α に **直交** するといい，$\boldsymbol{h \perp \alpha}$ と書く。また，このとき，直線 h を平面 α の **垂線** という。

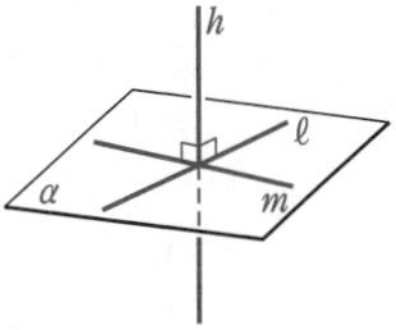

［定理］ **直線 h が，平面 α 上の交わる 2 直線 ℓ，m に垂直ならば，直線 h は平面 α に垂直である。**

証明 直線 h と平面 α の交点を O とし，O を通り α 上にある ℓ，m 以外の任意の直線を n とする。O を通らない直線と ℓ，m，n がそれぞれ A，B，C で交わるとき，直線 h 上に，α に関して互いに反対側にある点 P，P′ をとり，OP=OP′ とする。

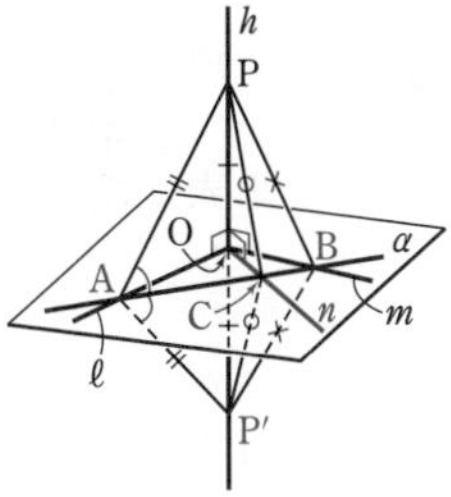

$OA \perp h$，$OB \perp h$ のとき

$PA = P'A$，$PB = P'B$，AB は共通

よって　$\triangle PAB \equiv \triangle P'AB$

ゆえに　$\angle PAC = \angle P'AC$

$\triangle PAC$ と $\triangle P'AC$ において，$PA = P'A$，AC は共通であるから

$\triangle PAC \equiv \triangle P'AC$

よって　$PC = P'C$

また　$OP = OP'$　ゆえに　$OC \perp h$

したがって，h は α 上の任意の直線と垂直となるから，$h \perp \alpha$ が成り立つ。

また，直線 h が平面 α に垂直ならば，平面 α 上の交わる 2 直線 ℓ，m と直線 h は垂直であることは明らかに成り立つ。(定理の逆も明らかに成り立つ。)
したがって，平面 ABC 上の点を H とすると，次のことが成り立つ。

$$\mathbf{OH} \perp (\textbf{平面 ABC}) \iff \overrightarrow{\mathbf{OH}} \perp \overrightarrow{\mathbf{AB}},\ \overrightarrow{\mathbf{OH}} \perp \overrightarrow{\mathbf{AC}}$$

例 正四面体 ABCD において，辺 AB の中点を M とすると，CM，DM は，それぞれ正三角形 ABC，ABD の中線であるから

$CM \perp AB$，$DM \perp AB$

したがって，AB は平面 CDM に垂直である。
ゆえに，辺 AB はその対辺 CD と垂直である。

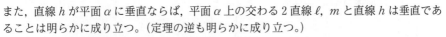

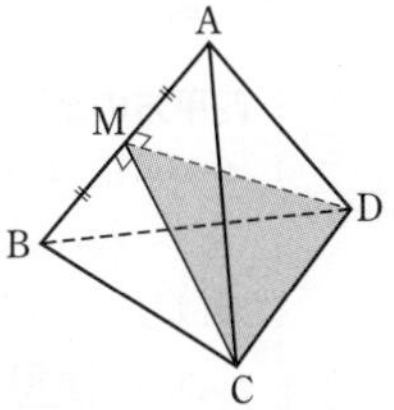

基本例題 72 平面に下ろした垂線(1)

3点 A(1, 0, 0), B(0, 2, 0), C(0, 0, 3) を通る平面を α とし，原点Oから平面 α に下ろした垂線の足をHとする。 〔類 岐阜大，早稲田大〕

(1) 点Hの座標を求めよ。 (2) △ABCの面積 S を求めよ。

基本 67, 71

指針 (1) **点Hは平面 α（平面ABC）上にある**

$\Longleftrightarrow$ $\overrightarrow{OH}=s\overrightarrow{OA}+t\overrightarrow{OB}+u\overrightarrow{OC}$, $s+t+u=1$ となる実数 s, t, u がある。

これと，OH⊥(平面ABC) $\Longleftrightarrow$ $\overrightarrow{OH}\perp\overrightarrow{AB}$, $\overrightarrow{OH}\perp\overrightarrow{AC}$（前ページの補足事項）を活かし，$s$, t, u の値を求める。

(2) 三角形の面積の公式（$p.447$ 検討）を用いる方法もあるが，ここでは四面体OABCの体積 V を次のように **2通りに表す** ことを考えるとよい。

$$V=\frac{1}{3}\triangle OAB\times OC=\frac{1}{3}\triangle ABC\times OH$$

◀OHは(1)を利用して求める。

解答

(1) 点Hは平面 α 上にあるから，s, t, u を実数として

$\overrightarrow{OH}=s\overrightarrow{OA}+t\overrightarrow{OB}+u\overrightarrow{OC}$, $s+t+u=1$

と表される。よって

$\overrightarrow{OH}=s(1, 0, 0)+t(0, 2, 0)+u(0, 0, 3)$
$=(s, 2t, 3u)$

また $\overrightarrow{AB}=(-1, 2, 0)$, $\overrightarrow{AC}=(-1, 0, 3)$

OH⊥(平面 α) であるから $\overrightarrow{OH}\perp\overrightarrow{AB}$, $\overrightarrow{OH}\perp\overrightarrow{AC}$

ゆえに $\overrightarrow{OH}\cdot\overrightarrow{AB}=-s+4t=0$, $\overrightarrow{OH}\cdot\overrightarrow{AC}=-s+9u=0$

よって，$t=\frac{1}{4}s$, $u=\frac{1}{9}s$ で $s+t+u=1$ から $s=\frac{36}{49}$

したがって，点Hの座標は $\left(\frac{36}{49}, \frac{18}{49}, \frac{12}{49}\right)$

(2) 四面体OABCの体積を V とすると

$$V=\frac{1}{3}\triangle OAB\times OC=\frac{1}{3}\times\frac{1}{2}\times1\times2\times3=1$$

また $OH=|\overrightarrow{OH}|=\frac{6}{49}\sqrt{6^2+3^2+2^2}=\frac{6}{7}$

よって，$V=\frac{1}{3}S\times OH$ から $S=\frac{3V}{OH}=3\times1\times\frac{7}{6}=\frac{7}{2}$

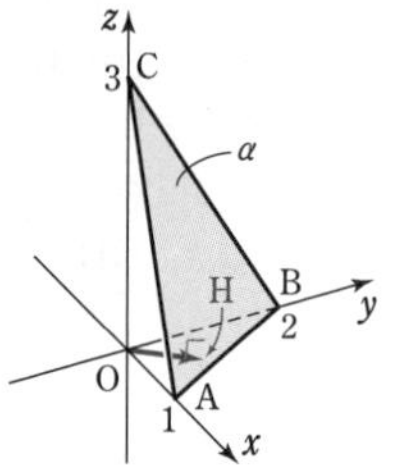

◀$t=\frac{9}{49}$, $u=\frac{4}{49}$ から
$\overrightarrow{OH}=\left(\frac{36}{49}, \frac{18}{49}, \frac{12}{49}\right)$
$=\frac{6}{49}(6, 3, 2)$

◀∠AOB=90°

◀$\vec{a}=k(a_1, a_2, a_3)$（k は実数）のとき
$|\vec{a}|=|k|\sqrt{a_1^2+a_2^2+a_3^2}$

検討 **四平方の定理**

∠AOB, ∠BOC, ∠COA がすべて直角である四面体OABCにおいて

$$(\triangle OAB)^2+(\triangle OBC)^2+(\triangle OCA)^2=(\triangle ABC)^2$$

◀面積についての等式

が成り立つ。このことは，三平方の定理を繰り返し用いることにより証明できる（解答編 $p.435$ の 参考 参照）。△ABCの面積を S とし，これを利用すると，(2)は

$$S^2=\left(\frac{1}{2}\times1\times2\right)^2+\left(\frac{1}{2}\times2\times3\right)^2+\left(\frac{1}{2}\times3\times1\right)^2=\frac{49}{4}$$ よって $S=\frac{7}{2}$

練習 ③ 72 原点をOとし，3点 A(2, 0, 0), B(0, 4, 0), C(0, 0, 3) をとる。原点Oから3点A, B, Cを含む平面に下ろした垂線の足をHとするとき

(1) 点Hの座標を求めよ。 (2) △ABCの面積を求めよ。 〔類 宮城大〕

重要例題 73 平面に下ろした垂線 (2)

①①①①①

四面体OABCの4つの面はすべて合同で，$OA=\sqrt{10}$，$OB=2$，$OC=3$ であるとする。このとき，$\overrightarrow{AB}\cdot\overrightarrow{AC}=$ ア□ であり，三角形ABCの面積は イ□ である。また，3点A，B，Cを通る平面を α とし，点Oから平面 α に垂線OHを下ろすと，$\overrightarrow{AH}$ は $\overrightarrow{AB}$ と $\overrightarrow{AC}$ を用いて $\overrightarrow{AH}=$ ウ□ と表される。

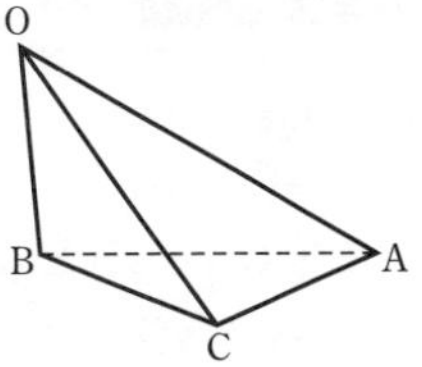

［類 慶応大］ 基本 72

指針 (ウ) 考え方は基本例題 **72** と同じで，s，t を実数として，次の条件を利用する。

$\overrightarrow{AH}=s\overrightarrow{AB}+t\overrightarrow{AC}$ ［点Hは平面ABC上にある］

$\overrightarrow{OH}\cdot\overrightarrow{AB}=0$，$\overrightarrow{OH}\cdot\overrightarrow{AC}=0$ ［直線OHは平面ABCに垂直である］

内積の計算では，(ア)，$\overrightarrow{AB}\cdot\overrightarrow{AO}$，$\overrightarrow{AC}\cdot\overrightarrow{AO}$ の値が必要となるが，その値は $|\overrightarrow{BC}|^2=|\overrightarrow{AC}-\overrightarrow{AB}|^2=|\overrightarrow{AB}|^2-2\overrightarrow{AB}\cdot\overrightarrow{AC}+|\overrightarrow{AC}|^2$ などを利用して求める。

解答

四面体OABCの4つの面は合同で，$OA=\sqrt{10}$，$OB=2$，$OC=3$ であるから　$AB=3$，$BC=\sqrt{10}$，$CA=2$

このとき

$$|\overrightarrow{BC}|^2=|\overrightarrow{AC}-\overrightarrow{AB}|^2=|\overrightarrow{AB}|^2-2\overrightarrow{AB}\cdot\overrightarrow{AC}+|\overrightarrow{AC}|^2$$

よって　$\overrightarrow{AB}\cdot\overrightarrow{AC}=\dfrac{|\overrightarrow{AB}|^2+|\overrightarrow{AC}|^2-|\overrightarrow{BC}|^2}{2}=$ ア $\boldsymbol{\dfrac{3}{2}}$

同様に　$\overrightarrow{AB}\cdot\overrightarrow{AO}=\dfrac{15}{2}$，$\overrightarrow{AC}\cdot\overrightarrow{AO}=\dfrac{5}{2}$ ……（＊）

（＊） $|\overrightarrow{OB}|^2=|\overrightarrow{AB}-\overrightarrow{AO}|^2=|\overrightarrow{AB}|^2-2\overrightarrow{AB}\cdot\overrightarrow{AO}+|\overrightarrow{AO}|^2$，$|\overrightarrow{OC}|^2=|\overrightarrow{AC}-\overrightarrow{AO}|^2=|\overrightarrow{AC}|^2-2\overrightarrow{AC}\cdot\overrightarrow{AO}+|\overrightarrow{AO}|^2$ から導くことができる。

三角形ABCの面積は

$$\frac{1}{2}\sqrt{|\overrightarrow{AB}|^2|\overrightarrow{AC}|^2-(\overrightarrow{AB}\cdot\overrightarrow{AC})^2}=\frac{1}{2}\sqrt{36-\frac{9}{4}}=\text{イ}\ \boldsymbol{\frac{3\sqrt{15}}{4}}$$

Hは平面ABC上にあるから，$\overrightarrow{AH}=s\overrightarrow{AB}+t\overrightarrow{AC}$ を満たす実数 s，t が存在する。

ゆえに　$\overrightarrow{OH}=\overrightarrow{OA}+\overrightarrow{AH}=-\overrightarrow{AO}+s\overrightarrow{AB}+t\overrightarrow{AC}$

直線OHは平面 α と垂直であるから　$\overrightarrow{OH}\perp\overrightarrow{AB}$，$\overrightarrow{OH}\perp\overrightarrow{AC}$

よって　$\overrightarrow{OH}\cdot\overrightarrow{AB}=0$，$\overrightarrow{OH}\cdot\overrightarrow{AC}=0$

ここで　$\overrightarrow{OH}\cdot\overrightarrow{AB}=(-\overrightarrow{AO}+s\overrightarrow{AB}+t\overrightarrow{AC})\cdot\overrightarrow{AB}=-\dfrac{15}{2}+9s+\dfrac{3}{2}t$

$\overrightarrow{OH}\cdot\overrightarrow{AC}=(-\overrightarrow{AO}+s\overrightarrow{AB}+t\overrightarrow{AC})\cdot\overrightarrow{AC}=-\dfrac{5}{2}+\dfrac{3}{2}s+4t$

ゆえに　$9s+\dfrac{3}{2}t-\dfrac{15}{2}=0$，$\dfrac{3}{2}s+4t-\dfrac{5}{2}=0$

これを解くと　$s=\dfrac{7}{9}$，$t=\dfrac{1}{3}$　　したがって　$\overrightarrow{AH}=$ ウ $\boldsymbol{\dfrac{7}{9}\overrightarrow{AB}+\dfrac{1}{3}\overrightarrow{AC}}$

練習 ③ 73 各辺の長さが1の正四面体PABCにおいて，点Aから平面PBCに下ろした垂線の足をHとし，$\overrightarrow{PA}=\vec{a}$，$\overrightarrow{PB}=\vec{b}$，$\overrightarrow{PC}=\vec{c}$ とする。［佐賀大］

(1) 内積 $\vec{a}\cdot\vec{b}$，$\vec{a}\cdot\vec{c}$，$\vec{b}\cdot\vec{c}$ を求めよ。　(2) $\overrightarrow{PH}$ を $\vec{b}$ と $\vec{c}$ を用いて表せ。

(3) 正四面体PABCの体積を求めよ。

p.476 EX 48, 49

参考事項 外　積

1　外積の定義

$\overrightarrow{OA}=\vec{a}$，$\overrightarrow{OB}=\vec{b}$ とする。$\vec{a}$ と $\vec{b}$ について，$\vec{a}$，$\vec{b}$ が作る（線分 OA，OB を隣り合う 2 辺とする）平行四辺形の面積 S を大きさとし，$\vec{a}$ と $\vec{b}$ の両方に垂直なベクトルを $\vec{a}$ と $\vec{b}$ の **外積** という。

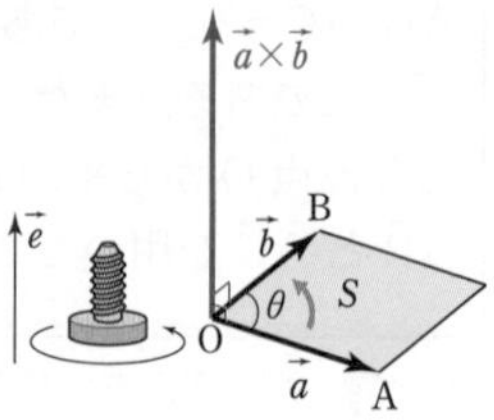

外積は「$\vec{a}\times\vec{b}$」で表し，次のように定義する。

$$\vec{a}\times\vec{b}=(|\vec{a}||\vec{b}|\sin\theta)\vec{e} \quad \cdots\cdots \text{Ⓐ}$$

ただし，θ は，$\vec{a}$ と $\vec{b}$ のなす角とする。また，$\vec{e}$ は，A から B に向かって右ねじを回すときのねじの進む方向を向きとする単位ベクトルとする。

この定義から，外積 $\vec{a}\times\vec{b}$ について，次のことがわかる。

外積の性質

① $\vec{a}\times\vec{b}$ はベクトルで，$\vec{a}$，$\vec{b}$ の両方に垂直
② $\vec{a}\times\vec{b}$ の向きは A から B に右ねじを回すときに進む向き
③ $|\vec{a}\times\vec{b}|$ は $\vec{a}$，$\vec{b}$ が作る平行四辺形の面積に等しい

内積との比較

◀$\vec{a}\cdot\vec{b}$ は値（スカラー）で，向きはない。

◀$|\vec{a}|$ は線分 OA の長さ

補足　・右上の図の青い平行四辺形の面積は　$2\triangle OAB=2\times\frac{1}{2}|\vec{a}||\vec{b}|\sin\theta=|\vec{a}||\vec{b}|\sin\theta$

・Ⓐ から，外積の成分表示（$p.448$ 検討）を導くことができる。解答編 $p.436$，437 参照。

2　外積と立体の体積

外積を用いると，四面体や平行六面体の体積を簡単な式で表すことができる。

右図のような，線分 OA，OB，OC を 3 辺とする平行六面体があるとき，まず四面体 OABC の体積 V_1 を求めてみよう。

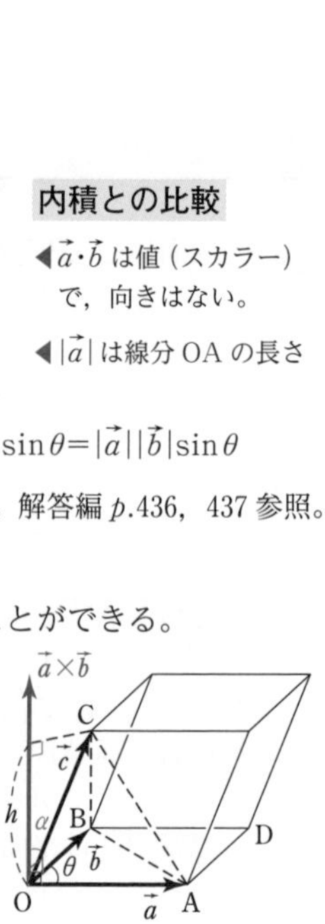

$\overrightarrow{OA}=\vec{a}$，$\overrightarrow{OB}=\vec{b}$，$\overrightarrow{OC}=\vec{c}$ とし，$\vec{a}$ と $\vec{b}$ のなす角を θ とする。

$\triangle OAB$ を底面とみたときの高さを h とすると

$$h=||\vec{c}|\cos\alpha|=|\vec{c}||\cos\alpha| \quad (\alpha \text{ は } \vec{c} \text{ と } \vec{a}\times\vec{b} \text{ のなす角})$$

よって　$V_1=\frac{1}{3}\triangle OAB\cdot h=\frac{1}{3}\cdot\frac{1}{2}|\vec{a}\times\vec{b}|\cdot|\vec{c}||\cos\alpha|$
　　　　└ 外積の性質 ③

$$=\frac{1}{6}||\vec{a}\times\vec{b}||\vec{c}|\cos\alpha|$$

$$=\frac{1}{6}|(\vec{a}\times\vec{b})\cdot\vec{c}| \quad \cdots\cdots (*)$$

◀・は内積を表すものであり，〰〰は値（スカラー）である。

また，図の平行六面体の体積 V_2 は

$$V_2=(\text{平行四辺形 OADB})\cdot h=|\vec{a}\times\vec{b}|\cdot|\vec{c}||\cos\alpha|=|(\vec{a}\times\vec{b})\cdot\vec{c}|$$

参考　原点 O，A$(a_1,\ a_2,\ a_3)$，B$(b_1,\ b_2,\ b_3)$，C$(c_1,\ c_2,\ c_3)$ を頂点とする四面体 OABC の体積 V は，$\overrightarrow{OA}\times\overrightarrow{OB}=(a_2b_3-a_3b_2,\ a_3b_1-a_1b_3,\ a_1b_2-a_2b_1)$ から

$$V=\frac{1}{6}|(\overrightarrow{OA}\times\overrightarrow{OB})\cdot\overrightarrow{OC}|=\frac{1}{6}|(a_2b_3-a_3b_2)\times c_1+(a_3b_1-a_1b_3)\times c_2+(a_1b_2-a_2b_1)\times c_3|$$

$$=\frac{1}{6}|a_1b_2c_3+a_2b_3c_1+a_3b_1c_2-a_1b_3c_2-a_2b_1c_3-a_3b_2c_1|$$ と表される。

①41 4点 $A(\vec{a})$, $B(\vec{b})$, $C(\vec{c})$, $D(\vec{d})$ を頂点とする四面体ABCDにおいて，辺AC，BDの中点をそれぞれM，Nとするとき，次の等式を証明せよ。

$$\overrightarrow{AB}-\overrightarrow{DA}-\overrightarrow{BC}+\overrightarrow{CD}=4\overrightarrow{MN}$$

→59

③42 空間の3点A，B，Cは同一直線上にはないものとし，原点をOとする。空間の点Pの位置ベクトル $\overrightarrow{OP}$ が，$x+y+z=1$ を満たす正の実数 x, y, z を用いて，$\overrightarrow{OP}=x\overrightarrow{OA}+y\overrightarrow{OB}+z\overrightarrow{OC}$ と表されているとする。

(1) 直線APと直線BCは交わり，その交点をDとすれば，点Dは線分BCを $z:y$ に内分し，点Pは線分ADを $(1-x):x$ に内分することを示せ。

(2) △PAB，△PBCの面積をそれぞれ S_1, S_2 とすれば，$\dfrac{S_1}{z}=\dfrac{S_2}{x}$ が成り立つことを示せ。 〔大阪府大〕 →61

④43 辺の長さが1である正四面体ABCDがある。線分ABを $t:(1-t)$ に内分する点をEとし，線分ACを $(1-t):t$ に内分する点をFとする $(0\leqq t\leqq 1$，ただし $t=0$ のとき $E=A$, $F=C$, $t=1$ のとき $E=B$, $F=A$ とする)。$\angle EDF$ を θ とするとき

(1) $\cos\theta$ を t で表せ。

(2) $\cos\theta$ の最大値と最小値を求めよ。 〔名古屋市大〕 →62

③44 空間内に四面体ABCDがある。辺ABの中点をM，辺CDの中点をNとする。t を0でない実数とし，点Gを $\overrightarrow{GA}+\overrightarrow{GB}+(t-2)\overrightarrow{GC}+t\overrightarrow{GD}=\vec{0}$ を満たす点とする。

(1) $\overrightarrow{DG}$ を $\overrightarrow{DA}$, $\overrightarrow{DB}$, $\overrightarrow{DC}$ で表せ。

(2) 点Gは点Nと一致しないことを示せ。

(3) 直線NGと直線MCは平行であることを示せ。 〔東北大〕 →63

③45 1辺の長さが1である正四面体OABCにおいて，OAを3：1に内分する点をP，ABを2：1に内分する点をQ，BCを1：2に内分する点をR，OCを2：1に内分する点をSとする。$\overrightarrow{OA}=\vec{a}$, $\overrightarrow{OB}=\vec{b}$, $\overrightarrow{OC}=\vec{c}$ とおくとき，次の問いに答えよ。

(1) 内積 $\vec{a}\cdot\vec{b}$, $\vec{b}\cdot\vec{c}$, $\vec{c}\cdot\vec{a}$ をそれぞれ求めよ。

(2) $\overrightarrow{PR}$ および $\overrightarrow{QS}$ を $\vec{a}$, $\vec{b}$, $\vec{c}$ を用いて表せ。

(3) $\overrightarrow{PR}$ と $\overrightarrow{QS}$ のなす角を θ とするとき，θ は鋭角，直角，鈍角のいずれであるかを調べよ。

(4) 線分PRと線分QSは交点をもつかどうかを調べよ。 〔広島市大〕 →66

HINT

42 (1) 内分点の公式にあてはまるように変形する。

43 (1) $\overrightarrow{DE}$ と $\overrightarrow{DF}$ の内積を利用。

(2) $\cos\theta=\dfrac{1}{f(t)}+$(定数)，$f(t)$ は2次式で常に正の形になり

$f(t)$ が最大 $\Longleftrightarrow$ $\cos\theta$ が最小，　$f(t)$ が最小 $\Longleftrightarrow$ $\cos\theta$ が最大

44 (1) 点Dを始点とするベクトルで表す。

45 (4) 交点Tがあると仮定して，$\overrightarrow{OT}$ を $\vec{a}$, $\vec{b}$, $\vec{c}$ を用いて2通りに表す。

③46 四角形 ABCD を底面とする四角錐 OABCD は $\overrightarrow{OA}+\overrightarrow{OC}=\overrightarrow{OB}+\overrightarrow{OD}$ を満たしており，0 と異なる 4 つの実数 p，q，r，s に対して 4 点 P，Q，R，S を $\overrightarrow{OP}=p\overrightarrow{OA}$，$\overrightarrow{OQ}=q\overrightarrow{OB}$，$\overrightarrow{OR}=r\overrightarrow{OC}$，$\overrightarrow{OS}=s\overrightarrow{OD}$ によって定める。このとき，4 点 P，Q，R，S が同じ平面上にあれば，$\dfrac{1}{p}+\dfrac{1}{r}=\dfrac{1}{q}+\dfrac{1}{s}$ が成り立つことを示せ。〔京都大〕

→69

③47 四面体 ABCD において，$AB^2+CD^2=BC^2+AD^2=AC^2+BD^2$，$\angle ADB=90°$ が成り立っている。三角形 ABC の重心を G とする。

(1) $\angle BDC$ を求めよ。

(2) $\dfrac{\sqrt{AB^2+CD^2}}{DG}$ の値を求めよ。〔千葉大〕

→71

③48 四面体 OABC は，OA=4，OB=5，OC=3，$\angle AOB=90°$，$\angle AOC=\angle BOC=60°$ を満たしている。

(1) 点 C から △OAB に下ろした垂線と △OAB との交点を H とする。ベクトル $\overrightarrow{CH}$ を $\overrightarrow{OA}$，$\overrightarrow{OB}$，$\overrightarrow{OC}$ を用いて表せ。

(2) 四面体 OABC の体積を求めよ。〔類 東京理科大〕

→73

③49 O を原点とする座標空間において，3 点 A$(-2,\ 0,\ 0)$，B$(0,\ 1,\ 0)$，C$(0,\ 0,\ 1)$ を通る平面を α とする。2 点 P$(0,\ 5,\ 5)$，Q$(1,\ 1,\ 1)$ をとる。点 P を通り $\overrightarrow{OQ}$ に平行な直線を ℓ とする。直線 ℓ 上の点 R から平面 α に下ろした垂線と α の交点を S とする。$\overrightarrow{OR}=\overrightarrow{OP}+k\overrightarrow{OQ}$（ただし，$k$ は実数）とおくとき，次の問いに答えよ。

(1) k を用いて，$\overrightarrow{AS}$ を成分で表せ。

(2) 点 S が △ABC の内部または周にあるような k の値の範囲を求めよ。〔筑波大〕

→73

HINT

46　$\overrightarrow{OS}$ を $\overrightarrow{OP}$，$\overrightarrow{OQ}$，$\overrightarrow{OR}$ で表す。4 点 P，Q，R，S が同じ平面上 ⟺ **係数の和が 1** を利用。

47　(1) $\overrightarrow{DA}=\vec{a}$，$\overrightarrow{DB}=\vec{b}$，$\overrightarrow{DC}=\vec{c}$ として，条件式を $\vec{a}$，$\vec{b}$，$\vec{c}$ で表してみる。

48　(1) CH⊥(平面 OAB) であるから　$\overrightarrow{CH}\perp\overrightarrow{OA}$，$\overrightarrow{CH}\perp\overrightarrow{OB}$

(2) 四面体 OABC の体積は　$\dfrac{1}{3}\cdot$△OAB$\cdot$CH

49　(2) $\overrightarrow{AS}=s\overrightarrow{AB}+t\overrightarrow{AC}$ のとき，点 S が △ABC の内部または周にある
⟺ $s\geqq0$，$t\geqq0$，$s+t\leqq1$

10 座標空間の図形

基本事項

1 線分の分点の座標

$A(x_1,\ y_1,\ z_1)$, $B(x_2,\ y_2,\ z_2)$, $C(x_3,\ y_3,\ z_3)$ とする。

① **分点** 線分 AB を $m:n$ に

[1] **内分** する点の座標は $\left(\dfrac{nx_1+mx_2}{m+n},\ \dfrac{ny_1+my_2}{m+n},\ \dfrac{nz_1+mz_2}{m+n}\right)$

[2] **外分** する点の座標は $\left(\dfrac{-nx_1+mx_2}{m-n},\ \dfrac{-ny_1+my_2}{m-n},\ \dfrac{-nz_1+mz_2}{m-n}\right)$

② **△ABC の重心の座標** $\left(\dfrac{x_1+x_2+x_3}{3},\ \dfrac{y_1+y_2+y_3}{3},\ \dfrac{z_1+z_2+z_3}{3}\right)$

2 座標軸に垂直な平面の方程式

点 $P(a,\ b,\ c)$ を通り，各座標軸に垂直な平面の方程式は

x 軸に垂直 …… $\boldsymbol{x=a}$， y 軸に垂直 …… $\boldsymbol{y=b}$， z 軸に垂直 …… $\boldsymbol{z=c}$

3 球面の方程式

[1] **中心が点 $(a,\ b,\ c)$，半径が r のとき** $\boldsymbol{(x-a)^2+(y-b)^2+(z-c)^2=r^2}$

特に，**中心が原点 $O(0,\ 0,\ 0)$ ならば** $\boldsymbol{x^2+y^2+z^2=r^2}$

[2] **一般形** $\boldsymbol{x^2+y^2+z^2+Ax+By+Cz+D=0}$ ただし $A^2+B^2+C^2-4D>0$

解説

■線分の分点の座標

線分 AB を $m:n$ に内分する点を P，外分する点を Q とし，O を原点とすると

$$\overrightarrow{OP}=\frac{n\overrightarrow{OA}+m\overrightarrow{OB}}{m+n},\quad \overrightarrow{OQ}=\frac{-n\overrightarrow{OA}+m\overrightarrow{OB}}{m-n}$$

また，△ABC の重心を G とすると $\overrightarrow{OG}=\dfrac{\overrightarrow{OA}+\overrightarrow{OB}+\overrightarrow{OC}}{3}$

よって，これらを成分で表すことによりわかる。

■座標軸に垂直な平面の方程式

2 については，$p.480$ 検討 を参照。

特に，xy，yz，zx 平面の方程式は，それぞれ $z=0$，$x=0$，$y=0$ である。

■球面の方程式

[1] 中心が $C(a,\ b,\ c)$，半径が r の球面上の点 $P(x,\ y,\ z)$ に対して

$$|\overrightarrow{CP}|=r \Leftrightarrow |\overrightarrow{CP}|^2=r^2 \Leftrightarrow \boldsymbol{(x-a)^2+(y-b)^2+(z-c)^2=r^2} \quad \longleftarrow \text{標準形}$$

[2] [1] で導いた方程式を展開して整理すると

$$x^2+y^2+z^2-2ax-2by-2cz+a^2+b^2+c^2-r^2=0$$

よって，$-2a=A$，$-2b=B$，$-2c=C$，$a^2+b^2+c^2-r^2=D$ とおくと

$$\boldsymbol{x^2+y^2+z^2+Ax+By+Cz+D=0} \quad \longleftarrow \text{一般形}$$

ただし，$a^2+b^2+c^2-D=\dfrac{A^2}{4}+\dfrac{B^2}{4}+\dfrac{C^2}{4}-D=r^2>0$ から $\boldsymbol{A^2+B^2+C^2-4D>0}$

基本事項

4 球面のベクトル方程式

3 つの定点を A$(\vec{a})$, B$(\vec{b})$, C$(\vec{c})$ とし，球面上の任意の点を P$(\vec{p})$ とする。

[1] **中心 C，半径 r の球面**

$|\vec{p}-\vec{c}|=r$ または $(\vec{p}-\vec{c})\cdot(\vec{p}-\vec{c})=r^2$

[2] **線分 AB を直径とする球面**

$(\vec{p}-\vec{a})\cdot(\vec{p}-\vec{b})=0$

解　説

■ **球面のベクトル方程式**

[1] 球面上の点を P$(\vec{p})$ とすると，中心 C$(\vec{c})$ との距離が r であるから　$|\overrightarrow{\mathrm{CP}}|=r$

すなわち　$|\vec{p}-\vec{c}|=r$

ゆえに　$|\vec{p}-\vec{c}|^2=r^2$

よって　$(\vec{p}-\vec{c})\cdot(\vec{p}-\vec{c})=r^2$ …… ①

これは平面における円のベクトル方程式 (p.416 参照) とまったく同じ形である。

ここで，$\vec{p}=(x,\ y,\ z)$，$\vec{c}=(a,\ b,\ c)$ として ① を成分で表すと

$$(x-a)^2+(y-b)^2+(z-c)^2=r^2$$

となり，p.477 で学んだ球面の方程式(標準形)が導かれる。

[1]

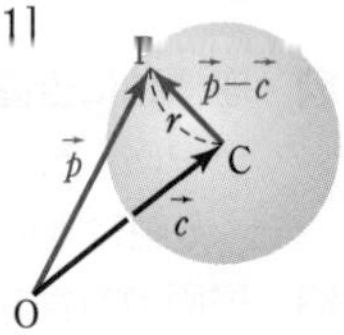

[2]

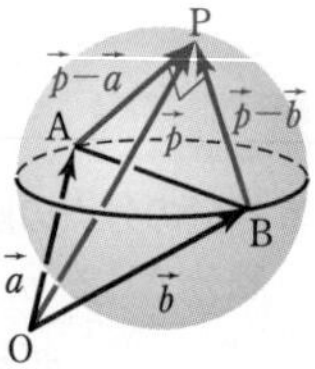

[2] 球面上の点 P$(\vec{p})$ (ただし，点 A，B を除く) に対し，AP⊥BP であるから　$\overrightarrow{\mathrm{AP}}\cdot\overrightarrow{\mathrm{BP}}=0$

よって　$(\vec{p}-\vec{a})\cdot(\vec{p}-\vec{b})=0$ …… ②

点 P が点 A または点 B と一致するときも ② は成り立つから，線分 AB を直径とする球面のベクトル方程式は ② で表される。

補足　点 P が点 A または点 B と一致するとき，AP⊥BP が定義されない。そのため，[2] の証明では「ただし，点 A，B は除く」として，② を導いている。

[球面の中心と半径から [2] を証明する]

球面上の点を P$(\vec{p})$，中心を C$(\vec{c})$，半径を r とすると

$$\vec{c}=\frac{\vec{a}+\vec{b}}{2},$$

$$r=\frac{\mathrm{AB}}{2}=\frac{|\overrightarrow{\mathrm{AB}}|}{2}=\frac{|\vec{b}-\vec{a}|}{2}$$

[1] から，この球面のベクトル方程式は

$$\left(\vec{p}-\frac{\vec{a}+\vec{b}}{2}\right)\cdot\left(\vec{p}-\frac{\vec{a}+\vec{b}}{2}\right)=\frac{|\vec{b}-\vec{a}|^2}{4}$$

よって　$|\vec{p}|^2-2\vec{p}\cdot\dfrac{\vec{a}+\vec{b}}{2}+\dfrac{|\vec{a}+\vec{b}|^2}{4}=\dfrac{|\vec{b}-\vec{a}|^2}{4}$

ゆえに　$|\vec{p}|^2-\vec{p}\cdot(\vec{a}+\vec{b})+\vec{a}\cdot\vec{b}=0$

したがって　$(\vec{p}-\vec{a})\cdot(\vec{p}-\vec{b})=0$

◀[1] の形にもちこむ。

◀C は直径 AB の中点。

◀r は直径 AB の長さの半分。

◀$(\vec{p}-\vec{c})\cdot(\vec{p}-\vec{c})=r^2$ に代入。

◀$|\vec{a}+\vec{b}|^2-|\vec{b}-\vec{a}|^2=4\vec{a}\cdot\vec{b}$

基本例題 74 分点の座標

(1) A(−1, 2, 3), B(2, −1, 6) のとき，線分 AB を 1：2 に内分する点 P，外分する点 Q の座標をそれぞれ求めよ。

(2) 3 点 A(−1, 4, a), B(−2, b, −3), C(−4, 2, −1) があり，B は線分 AC 上にあるとき，a, b の値を求めよ。

p.477 基本事項 1

指針 (1) p.477 基本事項 1 ① の公式に当てはめて座標を求める。外分点については $m:n$ に外分のとき

[1] $m>n$ ならば $\left(\dfrac{-nx_1+mx_2}{m-n},\ \dfrac{-ny_1+my_2}{m-n},\ \dfrac{-nz_1+mz_2}{m-n}\right)$ ⟵ $m-n>0$

[2] $m<n$ ならば $\left(\dfrac{nx_1-mx_2}{-m+n},\ \dfrac{ny_1-my_2}{-m+n},\ \dfrac{nz_1-mz_2}{-m+n}\right)$ ⟵ $-m+n>0$

として，**(分母)>0** となるように計算するとよい。

(2) B は「**線分**」AC 上の点 ⟺ A, B, C の順に一直線上にある
下の解答では，線分 AC を $t:(1-t)$ に内分する点が点 B に一致する，として考えている。

解答

(1) $\left(\dfrac{2\cdot(-1)+1\cdot2}{1+2},\ \dfrac{2\cdot2+1\cdot(-1)}{1+2},\ \dfrac{2\cdot3+1\cdot6}{1+2}\right)$

よって　**P(0, 1, 4)**

$\left(\dfrac{2\cdot(-1)-1\cdot2}{-1+2},\ \dfrac{2\cdot2-1\cdot(-1)}{-1+2},\ \dfrac{2\cdot3-1\cdot6}{-1+2}\right)$

よって　**Q(−4, 5, 0)**

(2) 線分 AC を $t:(1-t)$ に内分する点の座標は

$((1-t)\cdot(-1)+t\cdot(-4),\ (1-t)\cdot4+t\cdot2,\ (1-t)a+t\cdot(-1))$

すなわち　$(-1-3t,\ 4-2t,\ a-(a+1)t)$

これが点 B(−2, b, −3) に一致するとき

$$\begin{cases} -1-3t=-2 & \cdots\cdots ① \\ 4-2t=b & \cdots\cdots ② \\ a-(a+1)t=-3 & \cdots\cdots ③ \end{cases}$$

① から　$t=\dfrac{1}{3}$

②, ③ から　$\boldsymbol{a=-4},\ \boldsymbol{b=\dfrac{10}{3}}$

◀z 座標を忘れないように。

◀$1<2$ であるから，分母は $-1+2\ (>0)$ とする。

(2) 別解 $\overrightarrow{AB}=k\overrightarrow{AC}$ となる実数 $k\ (0\leqq k\leqq1)$ があるから
$(-1,\ b-4,\ -3-a)=k(-3,\ -2,\ -1-a)$
ゆえに　$1=3k$,
$b-4=-2k$,
$3+a=(1+a)k$
これを解いて
$k=\dfrac{1}{3}$, $\boldsymbol{a=-4}$,
$\boldsymbol{b=\dfrac{10}{3}}$

練習 ① **74**

(1) 3 点 A(3, 7, 0), B(−3, 1, 3), G(−7, −4, 6) について

(ア) 線分 AB を 2：1 に内分する点 P の座標を求めよ。

(イ) 線分 AB を 2：3 に外分する点 Q の座標を求めよ。

(ウ) △PQR の重心が点 G となるような点 R の座標を求めよ。

(2) 点 A(0, 1, 2) と点 B(−1, 1, 6) を結ぶ線分 AB 上に点 C(a, b, 3) がある。このとき，a, b の値を求めよ。

基本例題 75 座標軸に垂直な平面の方程式 ①①①①①

(1) 点 A(2, −1, 3) を通る，次のような平面の方程式を，それぞれ求めよ。

(ア) x 軸に垂直　(イ) y 軸に垂直　(ウ) z 軸に垂直

(2) 点 B(1, 3, −2) を通る，次のような平面の方程式を，それぞれ求めよ。

(ア) xy 平面に平行　(イ) yz 平面に平行　(ウ) zx 平面に平行

p.477 基本事項 2

指針　(1) **点 P(a, b, c) を通り，座標軸に垂直な平面の方程式**（下の 検討 参照）

x 軸に垂直 …… $x=a$,　y 軸に垂直 …… $y=b$,　z 軸に垂直 …… $z=c$

(2) **xy 平面** に平行 ⟹ **z 軸** に垂直

yz 平面 に平行 ⟹ **x 軸** に垂直

zx 平面 に平行 ⟹ **y 軸** に垂直

解答

(1) (ア) $\boldsymbol{x=2}$　(イ) $\boldsymbol{y=-1}$　(ウ) $\boldsymbol{z=3}$

参考 求める平面を図示すると，次のようになる。

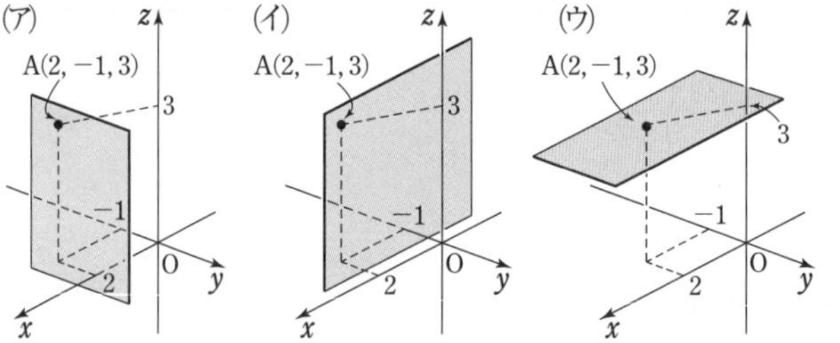

(2) 求める平面は点 B(1, 3, −2) を通り，(ア) z 軸，(イ) x 軸，(ウ) y 軸 にそれぞれ垂直な平面であるから，その方程式は

(ア) $\boldsymbol{z=-2}$　(イ) $\boldsymbol{x=1}$　(ウ) $\boldsymbol{y=3}$

注意 方程式 $x=2$ は，座標空間では平面を表すが，座標平面では直線を表す。
このように，**同じ方程式であっても座標空間で表される図形と座標平面で表される図形は異なる** ので，注意が必要である。

検討

座標軸に垂直な平面の方程式

点 P(a, b, c) を通り，x 軸に垂直な平面を α とする。
α と x 軸との交点の座標は (a, 0, 0) で，α は x 座標が常に a (y, z 座標は任意) である点全体の集合であるから，**平面 α の方程式は $x=a$** である。
同様に考えて，点 P を通り y 軸に垂直な **平面 β の方程式は $y=b$** であり，点 P を通り z 軸に垂直な **平面 γ の方程式は $z=c$** である。

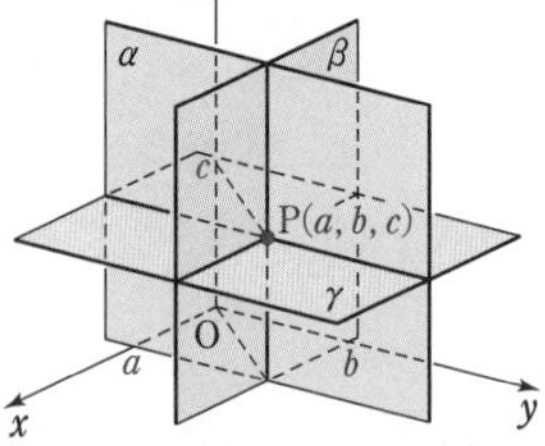

練習 ① 75

(1) A(−1, 2, 3) を通り，x 軸に垂直な平面の方程式を求めよ。

(2) B(3, −2, 4) を通り，y 軸に垂直な平面の方程式を求めよ。

(3) C(0, 2, −3) を通り，xy 平面に平行な平面の方程式を求めよ。

基本例題 76 球面の方程式(1)

次の条件を満たす球面の方程式を求めよ。

(1) 2点 A(1, 2, 4), B(−5, 8, −2) を直径の両端とする。

(2) 点 (5, 1, 4) を通り，3つの座標平面に接する。

p.477 基本事項 3

指針 **球面の方程式** には，次の2通りの表し方がある。

1 **標準形** $(x-a)^2+(y-b)^2+(z-c)^2=r^2$ ← 中心と半径が見える形。

2 **一般形** $x^2+y^2+z^2+Ax+By+Cz+D=0$

球の中心や半径のいずれかがわかる場合は，1 **標準形** を用いて考える。

(1)「線分 AB が直径」から，中心 C は線分 AB の中点。また (半径)=AC=BC

(2)「3つの座標平面に接する」から，中心から各座標平面に下ろした垂線が半径。また，$x>0$, $y>0$, $z>0$ である点を通ることから，中心の座標は半径 r を用いて表すことができる。

解答

(1) この球面の中心 C は直径 AB の中点であるから

$$C\left(\frac{1-5}{2},\ \frac{2+8}{2},\ \frac{4-2}{2}\right) \quad すなわち \quad C(-2,\ 5,\ 1)$$

また，球面の半径を r とすると

$$r^2=AC^2=(-2-1)^2+(5-2)^2+(1-4)^2=27$$

よって $\boldsymbol{(x+2)^2+(y-5)^2+(z-1)^2=27}$

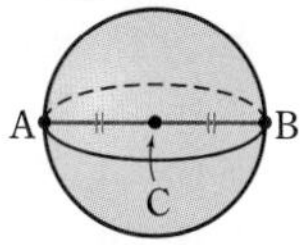

◀半径は $r=3\sqrt{3}$

◀1 **標準形** で表す。

(2) 球面が各座標平面に接し，かつ点 (5, 1, 4) を通ることから，半径を r とすると，中心の座標は $(r,\ r,\ r)$ と表される。ゆえに，球面の方程式は

$$(x-r)^2+(y-r)^2+(z-r)^2=r^2$$

◀$x>0$, $y>0$, $z>0$ の部分にある点を通ることから，中心も $x>0$, $y>0$, $z>0$ の部分にある。

点 (5, 1, 4) を通るから

$$(5-r)^2+(1-r)^2+(4-r)^2=r^2$$

よって $r^2-10r+21=0$

ゆえに $(r-3)(r-7)=0$

したがって $r=3,\ 7$

よって $\boldsymbol{(x-3)^2+(y-3)^2+(z-3)^2=9}$ **または**

$\boldsymbol{(x-7)^2+(y-7)^2+(z-7)^2=49}$

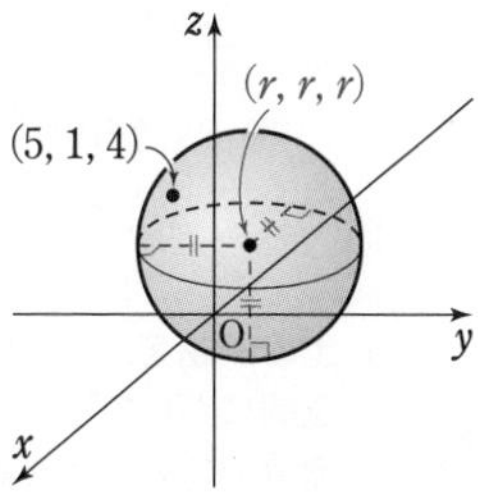

検討 **直径の両端が与えられた球面の方程式**

2点 $A(x_1,\ y_1,\ z_1)$, $B(x_2,\ y_2,\ z_2)$ を直径の両端とする球面の方程式は

$$(x-x_1)(x-x_2)+(y-y_1)(y-y_2)+(z-z_1)(z-z_2)=0$$

である(p.478 基本事項 4 [2] のベクトル方程式を成分で表すと得られる)。
上の例題(1)は，これを用いて求めてもよい。

練習 ② **76** 次の条件を満たす球面の方程式を求めよ。

(1) 直径の両端が2点 (1, −4, 3), (3, 0, 1) である。

(2) 点 (1, −2, 5) を通り，3つの座標平面に接する。

p.501 EX 50

基本例題 77 球面の方程式 (2)

①①①①①

4 点 $(0,\ 0,\ 0)$，$(6,\ 0,\ 0)$，$(0,\ 4,\ 0)$，$(0,\ 0,\ -8)$ を通る球面の方程式を求めよ。また，その中心の座標と半径を求めよ。

基本 76

指針 球面の方程式

① **標準形** $(x-a)^2+(y-b)^2+(z-c)^2=r^2$

② **一般形** $x^2+y^2+z^2+Ax+By+Cz+D=0$

球面の中心も半径もわからない場合は，② **一般形** を用いて考えるとよい。

② の方程式に与えられた 4 点の座標を代入すると，4 つの係数 A，B，C，D に関する連立方程式が得られる。

一般形で得られた球面の中心の座標と半径を求めるには，x，y，z のそれぞれについて平方完成し，標準形 $(x-a)^2+(y-b)^2+(z-c)^2=r^2$ の形を導く。

解答

求める方程式を $x^2+y^2+z^2+Ax+By+Cz+D=0$ とすると，点 $(0,\ 0,\ 0)$ を通るから　$D=0$

点 $(6,\ 0,\ 0)$ を通るから　$36+6A+D=0$

点 $(0,\ 4,\ 0)$ を通るから　$16+4B+D=0$

点 $(0,\ 0,\ -8)$ を通るから　$64-8C+D=0$

これらを解いて　$A=-6$，$B=-4$，$C=8$，$D=0$

よって，求める方程式は　$\boldsymbol{x^2+y^2+z^2-6x-4y+8z=0}$

これを変形すると

$$(x^2-6x+9)-9+(y^2-4y+4)-4+(z^2+8z+16)-16=0$$

ゆえに　$(x-3)^2+(y-2)^2+(z+4)^2=29$

よって，この球面の

中心の座標は $(3,\ 2,\ -4)$，半径は $\sqrt{29}$

◀4 つの座標を方程式に代入する。

◀$D=0$ を他の 3 式に代入する。

◀$x^2+ax=x^2+ax+\left(\dfrac{a}{2}\right)^2-\left(\dfrac{a}{2}\right)^2=\left(x+\dfrac{a}{2}\right)^2-\dfrac{a^2}{4}$

検討 **上の例題を，空間図形の性質を利用して解く**

空間において，異なる 2 点 P，Q から等距離にある点は，線分 PQ の中点を通り直線 PQ と垂直な平面 α 上にある。

O(0, 0, 0)，A(6, 0, 0)，B(0, 4, 0)，C(0, 0, −8) とし，求める球の中心を D とすると　OD=AD=BD=CD

OD=AD から，点 D は平面 $x=3$ 上にある。

OD=BD から，点 D は平面 $y=2$ 上にある。

OD=CD から，点 D は平面 $z=-4$ 上にある。

よって，中心は D$(\mathbf{3},\ \mathbf{2},\ \mathbf{-4})$，

半径は $\mathrm{OD}=\sqrt{3^2+2^2+(-4)^2}=\boldsymbol{\sqrt{29}}$

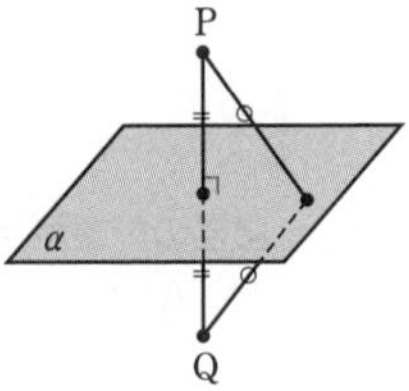

練習 ② 77 4 点 $(1,\ 1,\ 1)$，$(-1,\ 1,\ -1)$，$(-1,\ -1,\ 0)$，$(2,\ 1,\ 0)$ を通る球面の方程式を求めよ。また，その中心の座標と半径を求めよ。

基本例題 78 球面と平面が交わってできる円

①①①①①

中心が点 $(1,\ -3,\ 2)$ で，原点を通る球面を S とする。
(1) S と yz 平面の交わりは円になる。この円の中心と半径を求めよ。
(2) S と平面 $z=k$ の交わりが半径 $\sqrt{5}$ の円になるという。k の値を求めよ。

基本 76

指針 原点を通る球面 S の半径は，中心と原点との距離に等しい。このことを利用して，まず S の方程式を求める。
(1) 切り口は yz 平面，すなわち方程式 $x=0$ で表される平面との共通部分であるから，**球面 S の方程式に $x=0$ を代入する** と，切り口の図形の方程式が得られる。
(2) 平面 $z=k$ との交わりであるから，**球面 S の方程式に $z=k$ を代入する。**
交わりの図形(円)の方程式に注目して半径を k で表し，k の方程式に帰着。

注意 図形の方程式に，(1) $x=0$，(2) $z=k$ を書き忘れないように。

CHART 球面と平面 □$=k$ の交わりは，□$=k$ とおいた円

解答
(1) 球面 S の半径 r は，中心 $(1,\ -3,\ 2)$ と原点との距離に等しいから
$$r^2=1^2+(-3)^2+2^2=14$$
したがって，球面 S の方程式は
$$(x-1)^2+(y+3)^2+(z-2)^2=14$$
球面 S が yz 平面と交わってできる図形の方程式は
$$(0-1)^2+(y+3)^2+(z-2)^2=14,\ x=0$$
よって $(y+3)^2+(z-2)^2=13,\ x=0$
これは yz 平面上で **中心 $(0,\ -3,\ 2)$，半径 $\sqrt{13}$** の円を表す。
(2) 球面 S と平面 $z=k$ が交わってできる図形の方程式は
$$(x-1)^2+(y+3)^2+(k-2)^2=14,\ z=k$$
よって $(x-1)^2+(y+3)^2=14-(k-2)^2,\ z=k$
これは平面 $z=k$ 上で，中心 $(1,\ -3,\ k)$，半径 $\sqrt{14-(k-2)^2}$ の円を表す。
よって，条件から $14-(k-2)^2=(\sqrt{5})^2$
ゆえに $(k-2)^2=9$ よって $k-2=\pm3$
したがって **$k=-1,\ 5$**

検討
球面 S と平面 α の任意の共有点(接点を除く)を P とする。S の中心 O から α に垂線 OH を引くと，OH，OP は一定で，OH⊥PH から，PH は一定(三平方の定理)。
よって，共有点 P 全体の集合は，定点 H が中心，半径が PH の円になる。

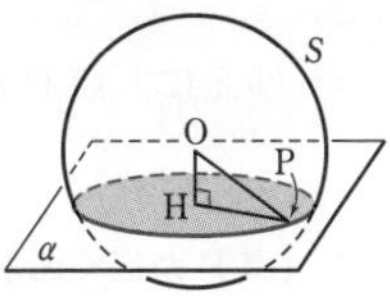

練習 ② 78
(1) 球面 $x^2+y^2+z^2-4x-6y+2z+5=0$ と xy 平面の交わりは，中心が点 ア□，半径が イ□ の円である。
(2) 中心が点 $(-2,\ 4,\ -2)$ で，2 つの座標平面に接する球面 S の方程式は ウ□ である。また，S と平面 $x=k$ の交わりが半径 $\sqrt{3}$ の円であるとき，$k=$ エ□ である。

p.501 EX 52

重要例題 79 球面のベクトル方程式 ④④④④④

空間において，点 A(0, 6, 0) を中心とする半径 3 の球面上を動く点 Q を考える。更に，原点を O，線分 OQ の中点を P とし，点 A, Q, P の位置ベクトルをそれぞれ $\vec{a}$, $\vec{q}$, $\vec{p}$ とする。
このとき，点 P が満たすベクトル方程式を求めよ。また，点 P$(x,\ y,\ z)$ が描く図形の方程式を x, y, z を用いて表せ。 〔類 立命館大〕 基本 41，p.478 基本事項 4

指針 球面のベクトル方程式

[1] $|\vec{p}-\vec{c}|=r$
…… 中心 C$(\vec{c})$，半径 r

[2] $(\vec{p}-\vec{a})\cdot(\vec{p}-\vec{b})=0$
…… 2 点 A$(\vec{a})$，B$(\vec{b})$ が直径の両端

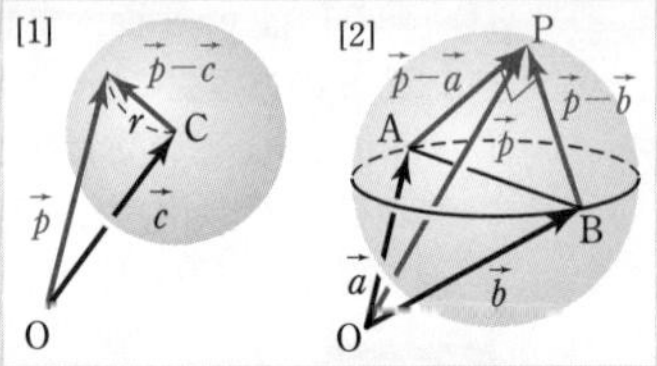

これは，平面で円を表すベクトル方程式と同じ形である。そこで，p.426 基本例題 **41** と同じ要領で，[1]，[2] いずれかの形を導く。

解答

点 Q は，点 A を中心とする半径 3 の球面上の点であるから，$|\vec{q}-\vec{a}|=3$ を満たす。

また，線分 OQ の中点が P であるから，$\vec{p}=\dfrac{1}{2}\vec{q}$ すなわち $\vec{q}=2\vec{p}$ である。

よって $|2\vec{p}-\vec{a}|=3$

ゆえに，点 P が満たすベクトル方程式は $\left|\vec{p}-\dfrac{\vec{a}}{2}\right|=\dfrac{3}{2}$

よって，点 P は，中心 (0, 3, 0)，半径 $\dfrac{3}{2}$ の球面上にある。 ◀[1] の形。

ゆえに，点 P が描く図形の方程式は $\boldsymbol{x^2+(y-3)^2+z^2=\dfrac{9}{4}}$

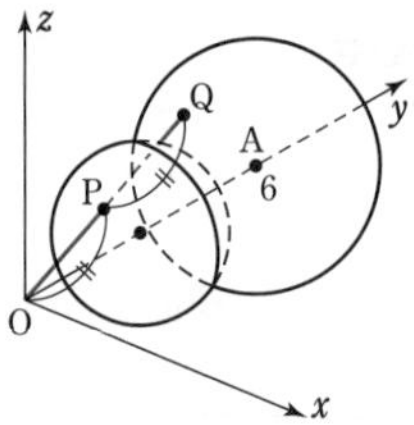

参考 [点 P が描く図形の方程式を，数学Ⅱの軌跡の考え方で求める (数学Ⅱ例題 **110** 参照)]

点 Q の座標を $(s,\ t,\ u)$ とする。 ◀s, t, u はつなぎの文字。

点 Q は，点 A を中心とする半径 3 の球面上の点であるから $s^2+(t-6)^2+u^2=3^2$ …… ①

線分 OQ の中点 $\left(\dfrac{s}{2},\ \dfrac{t}{2},\ \dfrac{u}{2}\right)$ が点 P と一致するから $\dfrac{s}{2}=x$, $\dfrac{t}{2}=y$, $\dfrac{u}{2}=z$

よって $s=2x$, $t=2y$, $u=2z$

これらを ① に代入して $(2x)^2+(2y-6)^2+(2z)^2=3^2$ ◀つなぎの文字 s, t, u を消去する。

ゆえに $\boldsymbol{x^2+(y-3)^2+z^2=\dfrac{9}{4}}$

練習 ③ **79** 点 O を原点とする座標空間において，A(5, 4, −2) とする。
$|\overrightarrow{\mathrm{OP}}|^2-2\overrightarrow{\mathrm{OA}}\cdot\overrightarrow{\mathrm{OP}}+36=0$ を満たす点 P$(x,\ y,\ z)$ の集合はどのような図形を表すか。また，その方程式を x, y, z を用いて表せ。 〔類 静岡大〕

11 発展 平面の方程式，直線の方程式

基本事項

1 平面のベクトル方程式

平面上の任意の点を $\mathrm{P}(\vec{p})$，s，t，u を実数とする。

[1] 同じ直線上にない 3 点 $\mathrm{A}(\vec{a})$，$\mathrm{B}(\vec{b})$，$\mathrm{C}(\vec{c})$ を通る平面

$\boldsymbol{\vec{p}=s\vec{a}+t\vec{b}+u\vec{c},\ s+t+u=1}$；または $\boldsymbol{\vec{p}=s\vec{a}+t\vec{b}+(1-s-t)\vec{c}}$

[2] 点 $\mathrm{A}(\vec{a})$ を通り，$\vec{0}$ でないベクトル $\vec{n}$ に垂直な平面 α

$\boldsymbol{\vec{n}\cdot(\vec{p}-\vec{a})=0}$

2 平面の方程式

点 $\mathrm{A}(x_1,\ y_1,\ z_1)$ を通り，$\vec{n}=(a,\ b,\ c)\neq\vec{0}$ に垂直な平面 α の方程式は

$\boldsymbol{a(x-x_1)+b(y-y_1)+c(z-z_1)=0}$

ここで，$ax_1+by_1+cz_1=-d$ とおくと

$\boldsymbol{ax+by+cz+d=0}$ （平面の方程式の一般形）

解　説

■ 平面のベクトル方程式

1 [1] は，$p.454$ で学んだ共面条件と同様である。

1 [2] は，次のようにして導くことができる。

点 P が平面 α 上

$\iff \overrightarrow{\mathrm{AP}}\perp\vec{n}$ $(\vec{n}\neq\vec{0})$ または $\overrightarrow{\mathrm{AP}}=\vec{0}$

$\iff \overrightarrow{\mathrm{AP}}\cdot\vec{n}=0$

$\iff (\vec{p}-\vec{a})\cdot\vec{n}=0$

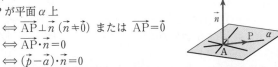

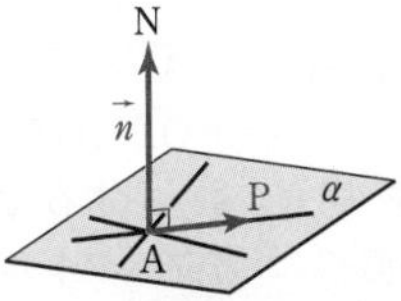

◀ P が A と一致しないときは $\overrightarrow{\mathrm{AP}}\perp\vec{n}$
P が A と一致するときは $\overrightarrow{\mathrm{AP}}=\vec{0}$

これが平面 α のベクトル方程式である。

また，これは $p.415$ 基本事項 1 で紹介したベクトル方程式と同じ形である。

■ 平面の方程式

1 [2] で，$\vec{n}=(a,\ b,\ c)$，$\mathrm{P}(x,\ y,\ z)$，$\mathrm{A}(x_1,\ y_1,\ z_1)$ とすると

$\boldsymbol{a(x-x_1)+b(y-y_1)+c(z-z_1)=0}$ …… ①

◀ $\vec{p}-\vec{a}=(x-x_1,\ y-y_1,\ z-z_1)$

が得られる。ここで，平面 α に垂直な直線（例えば，図の直線 AN）を，α の **法線**，平面 α に垂直なベクトル（例えば $\vec{n}$）を **法線ベクトル** という。

① を展開し，$ax_1+by_1+cz_1=-d$ とおくと

$\boldsymbol{ax+by+cz+d=0}$

すなわち，平面上で x，y の 1 次方程式が直線を表したように，空間では，x，y，z の 1 次方程式は平面を表す。

一般に，$\boldsymbol{\vec{n}=(a,\ b,\ c)}$ **は平面** $\boldsymbol{ax+by+cz+d=0}$ **の法線ベクトル**である。

基本事項

3 空間における直線のベクトル方程式 直線上の任意の点を $P(\vec{p})$ とし，s，t を実数の変数とする。

[1] **点 $A(\vec{a})$ を通り，$\vec{0}$ でないベクトル $\vec{d}$ に平行な直線**

$$\vec{p}=\vec{a}+t\vec{d}$$

[2] **異なる 2 点 $A(\vec{a})$，$B(\vec{b})$ を通る直線**

$$\vec{p}=(1-t)\vec{a}+t\vec{b} \quad \text{または} \quad \vec{p}=s\vec{a}+t\vec{b},\ s+t=1$$

4 空間における直線の方程式 $A(x_1,\ y_1,\ z_1)$，$B(x_2,\ y_2,\ z_2)$ を定点，$P(x,\ y,\ z)$ を直線上の任意の点とし，t を実数の変数とする。

[1] **点 A を通り，$\vec{d}=(l,\ m,\ n)\neq\vec{0}$ に平行な直線**

① $x=x_1+lt,\ y=y_1+mt,\ z=z_1+nt$ （変数 t 形）

② $\dfrac{x-x_1}{l}=\dfrac{y-y_1}{m}=\dfrac{z-z_1}{n}$ 　ただし $lmn\neq0$ （消去形）

[2] **異なる 2 点 A，B を通る直線**

① $x=(1-t)x_1+tx_2,\ y=(1-t)y_1+ty_2,\ z=(1-t)z_1+tz_2$ （変数 t 形）

② $\dfrac{x-x_1}{x_2-x_1}=\dfrac{y-y_1}{y_2-y_1}=\dfrac{z-z_1}{z_2-z_1}$ $(x_2\neq x_1,\ y_2\neq y_1,\ z_2\neq z_1)$ （消去形）

解 説

■ **空間における直線のベクトル方程式**

平面における直線のベクトル方程式 ($p.415$ 基本事項 1) と同様である。

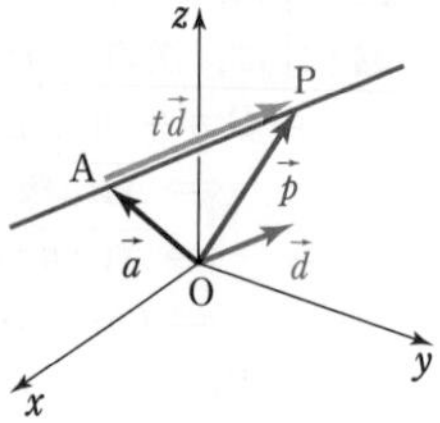

[1] 右の図から

$(\overrightarrow{AP}\parallel\vec{d}$ または $\overrightarrow{AP}=\vec{0}) \Leftrightarrow \overrightarrow{AP}=t\vec{d}$

$\Leftrightarrow \overrightarrow{OP}-\overrightarrow{OA}=t\vec{d} \Leftrightarrow \vec{p}=\vec{a}+t\vec{d}$

$\vec{p}=\vec{a}+t\vec{d}$ を，t を **媒介変数** とする **直線のベクトル方程式** といい，$\vec{d}$ をこの直線の **方向ベクトル** という。

[2] 異なる 2 点 A，B を通る直線は，点 $A(\vec{a})$ を通り，方向ベクトルが $\overrightarrow{AB}=\vec{b}-\vec{a}$ の直線であるから，そのベクトル方程式は

$\vec{p}=\vec{a}+t(\vec{b}-\vec{a})$ 　すなわち 　$\vec{p}=(1-t)\vec{a}+t\vec{b}$

または，$1-t=s$ とおくと 　$\vec{p}=s\vec{a}+t\vec{b},\ s+t=1$

■ **空間における直線の方程式**

[1] **3** [1] において，$\vec{p}=(x,\ y,\ z)$，$\vec{a}=(x_1,\ y_1,\ z_1)$ として成分で表すと 　$(x,\ y,\ z)=(x_1,\ y_1,\ z_1)+t(l,\ m,\ n)$

$=(x_1+lt,\ y_1+mt,\ z_1+nt)$

よって 　$x=x_1+lt,\ y=y_1+mt,\ z=z_1+nt$

更に，$lmn\neq0$ すなわち $l\neq0,\ m\neq0,\ n\neq0$ のとき

$$t=\frac{x-x_1}{l},\ t=\frac{y-y_1}{m},\ t=\frac{z-z_1}{n}$$

ゆえに 　$\dfrac{x-x_1}{l}=\dfrac{y-y_1}{m}=\dfrac{z-z_1}{n}$

[2] [1] において，$\vec{d}=\overrightarrow{AB}=(x_2-x_1,\ y_2-y_1,\ z_2-z_1)$ と考えると，$l=x_2-x_1,\ m=y_2-y_1,\ n=z_2-z_1$ から得られる。

$lmn=0$ のとき，t を消去した方程式は次のようになる。
$l=0,\ mn\neq0$ ならば
$x=x_1,\ \dfrac{y-y_1}{m}=\dfrac{z-z_1}{n}$
（x 軸と垂直な直線）
$l=m=0,\ n\neq0$ ならば
$x=x_1,\ y=y_1$
（z 軸に平行な直線）

演習 例題 80 平面の方程式

3 点 A(0, 1, 1), B(6, −1, −1), C(−3, −1, 1) を通る平面の方程式を求めよ。

［関西学院大］ p.485 基本事項 2

指針 平面の方程式を求めるには，次の 2 通りの方法がある。

方針 1. p.485 で学んだように，平面の方程式は **通る 1 点** と **法線ベクトル** が決まると定まる。法線ベクトルを $\vec{n}=(a,\ b,\ c)$ として，$\vec{n}\perp\overrightarrow{AB}$, $\vec{n}\perp\overrightarrow{AC}$ から $\vec{n}$ を具体的に 1 つ定め，ベクトル方程式 $\vec{n}\cdot(\vec{p}-\vec{a})=0$ にあてはめる。……★

方針 2. 求める平面の方程式を $ax+by+cz+d=0$ として（一般形を利用），通る 3 点の座標を代入。

CHART 平面の方程式 通る 1 点 と 法線ベクトル で決定

解答

解答 1. 平面の法線ベクトルを $\vec{n}=(a,\ b,\ c)$ $(\vec{n}\neq\vec{0})$ とする。$\overrightarrow{AB}=(6,\ -2,\ -2)$, $\overrightarrow{AC}=(-3,\ -2,\ 0)$ であるから，$\vec{n}\perp\overrightarrow{AB}$ より　$\vec{n}\cdot\overrightarrow{AB}=0$

よって　$6a-2b-2c=0$ …… ①

$\vec{n}\perp\overrightarrow{AC}$ より　$\vec{n}\cdot\overrightarrow{AC}=0$

よって　$-3a-2b=0$ …… ②

①, ② から　$b=-\frac{3}{2}a,\ c=\frac{9}{2}a$

ゆえに　$\vec{n}=\frac{a}{2}(2,\ -3,\ 9)$

$\vec{n}\neq\vec{0}$ より，$a\neq0$ であるから，$\vec{n}=(2,\ -3,\ 9)$ とする。

よって，求める平面は，点 A(0, 1, 1) を通り $\vec{n}=(2,\ -3,\ 9)$ に垂直であるから，その方程式は

$$2x-3(y-1)+9(z-1)=0$$

すなわち　$\boldsymbol{2x-3y+9z-6=0}$

解答 2. 求める平面の方程式を $ax+by+cz+d=0$ とすると

A(0, 1, 1) を通るから　$b+c+d=0$ … ①

B(6, −1, −1) を通るから　$6a-b-c+d=0$ … ②

C(−3, −1, 1) を通るから　$-3a-b+c+d=0$ … ③

①〜③ から　$b=-\frac{3}{2}a,\ c=\frac{9}{2}a,\ d=-3a$

よって，求める平面の方程式は

$$ax-\frac{3}{2}ay+\frac{9}{2}az-3a=0$$

$a\neq0$ であるから　$\boldsymbol{2x-3y+9z-6=0}$

◀指針＿＿……★ の方針。平面上の直線は「通る 1 点と法線ベクトル」を求めることで定まったが，これと同様の考え方である（p.418 基本例題 **35** 参照）。

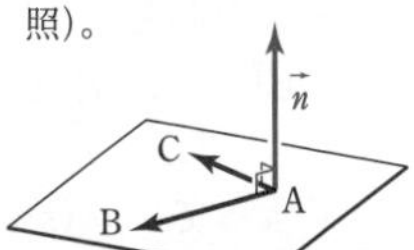

◀分数を避けるために，$a=2$ として $\vec{n}$ を定めた。一般に，**1 つの平面の法線ベクトルは無数にある。**

◀①−③ から b, ②−③ から c, ①+② から d をそれぞれ a で表す。

◀$a=0$ のときは平面の方程式にならない。

練習 ③ **80** 次の 3 点を通る平面の方程式を求めよ。

(1) A(1, 0, 2), B(0, 1, 0), C(2, 1, −3)

(2) A(2, 0, 0), B(0, 3, 0), C(0, 0, 1)

2章 ⑪ 発展 平面の方程式、直線の方程式

演習 例題 81 平面の方程式の利用 ★★★★☆

座標空間に 4 点 A(2, 1, 0), B(1, 0, 1), C(0, 1, 2), D(1, 3, 7) がある。3 点 A, B, C を通る平面に関して点 D と対称な点を E とするとき, 点 E の座標を求めよ。

〔京都大〕 演習 80

指針 ここでは, 平面の方程式を利用して解いてみよう。
まず, 前ページと同様に, 平面 ABC の方程式を求める。
次に, 2 点 D, E が平面 ABC に関して対称となるための条件
　[1] DE⊥(平面 ABC)
　[2] 線分 DE の中点が平面 ABC 上にある
を利用して点 E の座標を求める。

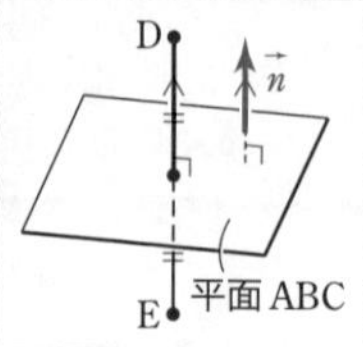

解答
平面 ABC の法線ベクトルを $\vec{n}=(a, b, c)$ とする。
$\overrightarrow{AB}=(-1, -1, 1)$, $\overrightarrow{AC}=(-2, 0, 2)$ であるから,
$\vec{n}\cdot\overrightarrow{AB}=0$, $\vec{n}\cdot\overrightarrow{AC}=0$ より　$-a-b+c=0$, $-2a+2c=0$
よって　$b=0$, $c=a$　ゆえに　$\vec{n}=a(1, 0, 1)$
$a\neq0$ から $\vec{n}=(1, 0, 1)$ とすると, 平面 ABC の方程式は
$$1\times(x-2)+0\times(y-1)+1\times(z-0)=0$$
すなわち　$x+z-2=0$ ……①
E(s, t, u) とする。$\overrightarrow{DE}\perp$(平面 ABC) であるから
　$\overrightarrow{DE}/\!/\vec{n}$　ゆえに, $\overrightarrow{DE}=k\vec{n}$ (k は実数) とおける。
よって　$(s-1, t-3, u-7)=k(1, 0, 1)$
ゆえに　$s=k+1$, $t=3$, $u=k+7$ ……②
線分 DE の中点 $\left(\dfrac{s+1}{2}, \dfrac{t+3}{2}, \dfrac{u+7}{2}\right)$ が平面 ABC 上にあるから, ① に代入して　$\dfrac{s+1}{2}+\dfrac{u+7}{2}-2=0$
よって　$s+u+4=0$ ……③
②, ③ から　$k=-6$, $s=-5$, $t=3$, $u=1$
したがって　**E(−5, 3, 1)**

◀平面 ABC の方程式を $ax+by+cz+d=0$ として求めると, $2a+b+d=0$, $a+c+d=0$, $b+2c+d=0$ から $b=0$, $c=a$, $d=-2a$ ゆえに　$x+z-2=0$

◀$\vec{n}\perp$(平面 ABC)

◀$\overrightarrow{DE}=\overrightarrow{OE}-\overrightarrow{OD}$

◀中点の座標を平面 ABC の方程式 ① に代入。

◀② を ③ に代入して $(k+1)+(k+7)+4=0$

別解 上の例題を, 平面の方程式を用いないで解く場合, 方針は次のようになる。
点 D から平面 ABC に垂線 DH を下ろすと, s, t, u を実数として
$$\overrightarrow{DH}=s\overrightarrow{DA}+t\overrightarrow{DB}+u\overrightarrow{DC},\ s+t+u=1$$ と表される。
成分表示すると　$\overrightarrow{DH}=(s-u, -2s-3t-2u, -7s-6t-5u)$
$\overrightarrow{DH}\perp\overrightarrow{AB}$, $\overrightarrow{DH}\perp\overrightarrow{AC}$ より, $\overrightarrow{DH}\cdot\overrightarrow{AB}=0$, $\overrightarrow{DH}\cdot\overrightarrow{AC}=0$ であるから
$$6s+3t+2u=0,\ 4s+3t+2u=0$$　ゆえに　$s=0$, $t=-2$, $u=3$
よって　$\overrightarrow{DH}=(-3, 0, -3)$　O を原点とすると　$\overrightarrow{OE}=\overrightarrow{OD}+2\overrightarrow{DH}=$**(−5, 3, 1)**

練習 81 ④ O を原点とする座標空間に, 4 点 A(4, 0, 0), B(0, 8, 0), C(0, 0, 4), D(0, 0, 2) がある。
(1) △ABC の重心 G の座標を求めよ。
(2) 直線 OG と平面 ABD との交点 P の座標を求めよ。

p.501, 502 EX 53, 54

参考事項 点と平面の距離の公式，2 平面の関係

● 点と平面の距離の公式

点 A と平面 α の距離 とは，点 A から平面 α に下ろした垂線を AH としたときの線分 AH の長さのことであり，次のことが成り立つ。

> 点 $\mathrm{A}(x_1,\ y_1,\ z_1)$ と平面 α：$ax+by+cz+d=0$ の距離は $\dfrac{|ax_1+by_1+cz_1+d|}{\sqrt{a^2+b^2+c^2}}$

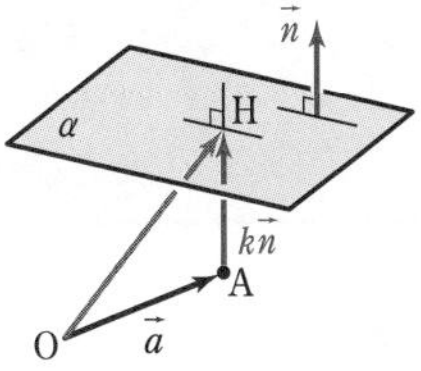

証明　点 A を通り平面 α に垂直な直線と平面 α との交点を H とし，
$\vec{n}=(a,\ b,\ c)$ とすると，$\vec{n}\perp$(平面 α) であるから
$\overrightarrow{\mathrm{AH}}\parallel\vec{n}$ または $\overrightarrow{\mathrm{AH}}=\vec{0}$
よって，$\overrightarrow{\mathrm{AH}}=k\vec{n}$ (k は実数) とおける。
O を原点とすると，$\overrightarrow{\mathrm{OH}}=\overrightarrow{\mathrm{OA}}+\overrightarrow{\mathrm{AH}}$ であり，点 H は平面 α 上にあるから　$a(x_1+ka)+b(y_1+kb)+c(z_1+kc)+d=0$
変形して　$(a^2+b^2+c^2)k=-(ax_1+by_1+cz_1+d)$
$a^2+b^2+c^2\neq0$ であるから　$k=-\dfrac{ax_1+by_1+cz_1+d}{a^2+b^2+c^2}$　ゆえに，点 A と平面 α の距離は

$$\mathrm{AH}=|k\vec{n}|=|k||\vec{n}|=\frac{|ax_1+by_1+cz_1+d|}{a^2+b^2+c^2}\cdot\sqrt{a^2+b^2+c^2}=\frac{|ax_1+by_1+cz_1+d|}{\sqrt{a^2+b^2+c^2}}$$

例　点 (3，4，5) と平面 $2x-y+z+1=0$ の距離は　$\dfrac{|2\cdot3-4+5+1|}{\sqrt{2^2+(-1)^2+1^2}}=\dfrac{8}{\sqrt{6}}=\dfrac{4\sqrt{6}}{3}$

● 2 平面の関係

平面は通る 1 点と法線ベクトル（平面に垂直なベクトル）で決まるから，2 平面の平行，垂直，なす角は法線ベクトルを利用して考えることができる。

> 異なる 2 平面 α，β の法線ベクトルをそれぞれ $\vec{m}$，$\vec{n}$ とすると
> ① **平行条件 $\alpha\parallel\beta$** …… $\vec{m}\parallel\vec{n}$　すなわち　**$\vec{m}=k\vec{n}$ となる実数 k がある**
> ② **垂直条件 $\alpha\perp\beta$** …… $\vec{m}\perp\vec{n}$　すなわち　**$\vec{m}\cdot\vec{n}=0$**
> ③ α，β のなす角を θ ($0^\circ\leqq\theta\leqq90^\circ$) とすると　**$\cos\theta=\dfrac{|\vec{m}\cdot\vec{n}|}{|\vec{m}||\vec{n}|}$**

① 平行

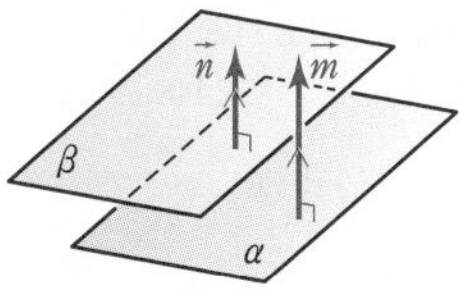

② 垂直

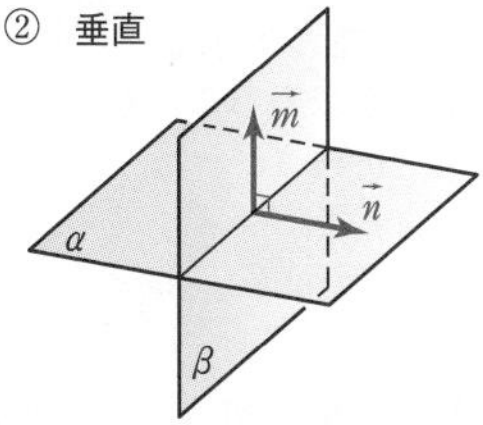

③

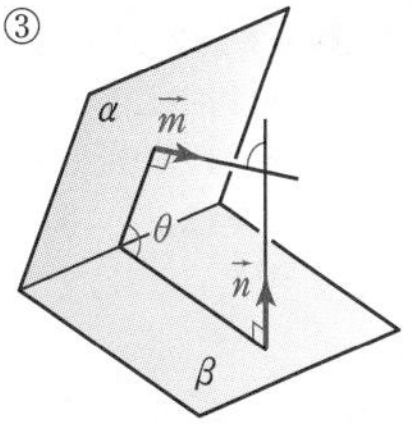

補足　交わる 2 平面の共有点全体を 2 平面の **交線** といい，交線上の点から，2 平面に垂直に引いた 2 直線のなす角 θ を，2 平面の **なす角** という。また，$\theta=90^\circ$ のとき，2 平面は **垂直** であるという。なお，2 平面が共有点をもたないとき，2 平面は **平行** であるという。

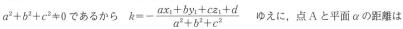

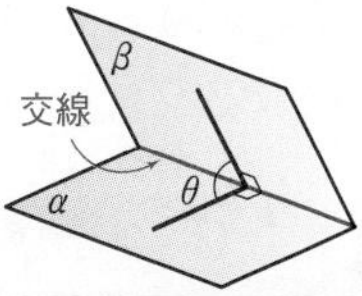

演習 例題 82 2平面のなす角

2平面 $\alpha: x-2y+z=7$, $\beta: x+y-2z=14$ について

(1) 2平面 α, β のなす角 θ を求めよ。ただし，$0° \leqq \theta \leqq 90°$ とする。

(2) 点 $A(3, -4, 2)$ を通り，2平面 α, β のどちらにも垂直である平面 γ の方程式を求めよ。

p.489 参考事項

指針 (1) 2平面のなす角 θ は，その法線ベクトルのなす角 θ_1 を利用して求める。その際，**2平面のなす角 θ は普通 $0° \leqq \theta \leqq 90°$ の範囲である** のに対し，2つのベクトルのなす角 θ_1 は $0° \leqq \theta_1 \leqq 180°$ の範囲であることに注意する。

平面 $ax+by+cz+d=0$ の法線ベクトルの1つは (a, b, c)

(2) 平面 γ の法線ベクトルを $\vec{l}=(a, b, c)$ $(\vec{l} \neq \vec{0})$ として，$\vec{l}$ が α, β 両方の法線ベクトルと垂直であることから $\vec{l}$ を1つ定める。

解答 2平面 α, β の法線ベクトルをそれぞれ $\vec{m}=(1, -2, 1)$, $\vec{n}=(1, 1, -2)$ とする。

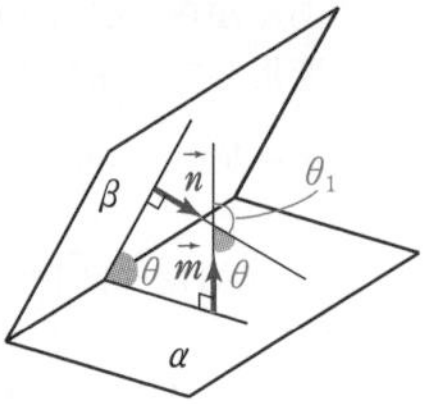

(1) $\vec{m}$, $\vec{n}$ のなす角を θ_1 $(0° \leqq \theta_1 \leqq 180°)$ とすると

$$\cos\theta_1 = \frac{\vec{m}\cdot\vec{n}}{|\vec{m}||\vec{n}|} = \frac{1\times1+(-2)\times1+1\times(-2)}{\sqrt{1^2+(-2)^2+1^2}\sqrt{1^2+1^2+(-2)^2}}$$

$$= \frac{-3}{\sqrt{6}\sqrt{6}} = -\frac{1}{2}$$

$0° \leqq \theta_1 \leqq 180°$ であるから　$\theta_1=120°$

よって，2平面 α, β のなす角 θ は　$\boldsymbol{\theta=180°-120°=60°}$

◀法線ベクトルのなす角 θ_1 が　$90° < \theta_1 \leqq 180°$ ⟶ 平面のなす角は $180°-\theta_1$

(2) 平面 γ の法線ベクトルを $\vec{l}=(a, b, c)$ $(\vec{l} \neq \vec{0})$ とする。

$\vec{l} \perp \vec{m}$, $\vec{l} \perp \vec{n}$ から　$\vec{l}\cdot\vec{m}=0$, $\vec{l}\cdot\vec{n}=0$

よって　$a-2b+c=0$ …… ①, $a+b-2c=0$ …… ②

①, ② から　$b=a$, $c=a$　ゆえに　$\vec{l}=a(1, 1, 1)$

平面 γ は点 A を通るから，その方程式は　$1\times(x-3)+1\times(y+4)+1\times(z-2)=0$

すなわち　$\boldsymbol{x+y+z-1=0}$

検討 **外積の利用**

演習例題 **80** や **82**(2) では，$p.448$ の 検討 で示したように，**外積**（2つのベクトルに垂直なベクトル）を利用して法線ベクトルを求めることもできる。演習例題 **82**(2) では

$$\vec{m}\times\vec{n}=((-2)\cdot(-2)-1\cdot1,\ 1\cdot1-1\cdot(-2),\ 1\cdot1-(-2)\cdot1)$$

$$=(3, 3, 3)=3(1, 1, 1)$$

◀$p.448$ の 検討 参照。

よって，$\vec{l}=(1, 1, 1)$ とする。

練習 ③ 82 (1) 平面 α, β が次のようなとき，2平面 α, β のなす角 θ を求めよ。ただし，$0° \leqq \theta \leqq 90°$ とする。

(ア) $\alpha: 4x-3y+z=2$, $\beta: x+3y+5z=0$

(イ) $\alpha: -2x+y+2z=3$, $\beta: x-y=5$

(2) (1)(イ) の2平面 α, β のどちらにも垂直で，点 $(4, 2, -1)$ を通る平面 γ の方程式を求めよ。

演習例題 83 直線の方程式 ③

(1) 次の直線のベクトル方程式を求めよ。

　(ア) 点 A(1, 2, 3) を通り，$\vec{d}=(2,\ 3,\ -4)$ に平行。

　(イ) 2 点 A(2, −1, 1), B(−1, 3, 1) を通る。

(2) 点 (1, 2, −3) を通り，ベクトル $\vec{d}=(3,\ -1,\ 2)$ に平行な直線の方程式を求めよ。

(3) 点 A(−3, 5, 2) を通り，$\vec{d}=(0,\ 0,\ 1)$ に平行な直線の方程式を求めよ。

p.486 基本事項 3，4

指針 直線のベクトル方程式

[1] $\vec{p}=\vec{a}+t\vec{d}$ …… 点 A を通り $\vec{d}$ に平行

[2] $\vec{p}=(1-t)\vec{a}+t\vec{b}$ …… 2 点 A, B を通る

(2) 点 $A(x_1,\ y_1,\ z_1)$ を通り，ベクトル $\vec{d}=(l,\ m,\ n)$ に平行な直線の方程式は

$$\frac{x-x_1}{l}=\frac{y-y_1}{m}=\frac{z-z_1}{n} \quad ただし，lmn\neq 0$$

CHART 直線の方程式　通る 1 点 と 方向ベクトル で決定

解答

O を原点，P(x, y, z) を直線上の点とする。

(1) (ア) $\overrightarrow{OP}=\overrightarrow{OA}+t\vec{d}$ であるから

$$\boldsymbol{(x,\ y,\ z)=(1,\ 2,\ 3)+t(2,\ 3,\ -4)}\quad (\boldsymbol{t}\ \text{は実数})$$

(イ) $\overrightarrow{OP}=(1-t)\overrightarrow{OA}+t\overrightarrow{OB}$ であるから

$$\boldsymbol{(x,\ y,\ z)}=(1-t)(2,\ -1,\ 1)+t(-1,\ 3,\ 1)$$

◀これでも正解。

$$=\boldsymbol{(2,\ -1,\ 1)+t(-3,\ 4,\ 0)}^{(*)}$$

(**t は実数**)

(2) 求める直線の方程式は　$\boldsymbol{\dfrac{x-1}{3}=\dfrac{y-2}{-1}=\dfrac{z+3}{2}}$

◀$3\cdot(-1)\cdot 2\neq 0$

(3) $\overrightarrow{OP}=\overrightarrow{OA}+t\vec{d}$ であるから

$$(x,\ y,\ z)=(-3,\ 5,\ 2)+t(0,\ 0,\ 1)\quad (t\ \text{は実数})$$

よって，$x=-3,\ y=5,\ z=2+t$ から　$\boldsymbol{x=-3,\ y=5}$

(3) $0\cdot 0\cdot 1=0$ であるから，(2)のように求めることはできない。

◀z は任意の値をとるから，z=● の部分は不要。

検討 **空間における直線の方程式の表し方は，1 通りではない**

例えば，上の例題 (1)(イ) で，**通る 1 点** を B とし，**方向ベクトル** を $\overrightarrow{BA}=(3,\ -4,\ 0)$ とすると，$\overrightarrow{OP}=\overrightarrow{OB}+t\overrightarrow{BA}$ から

$$(x,\ y,\ z)=(-1,\ 3,\ 1)+t(3,\ -4,\ 0)\ \cdots\cdots\ ①$$

解答の (＊) と異なるが，① のように答えても正解である。

練習 ③ 83

(1) 次の直線のベクトル方程式を求めよ。

　(ア) 点 A(2, −1, 3) を通り，$\vec{d}=(5,\ 2,\ -2)$ に平行。

　(イ) 2 点 A(1, 2, 1), B(−1, 2, 4) を通る。

(2) 点 (4, −3, 1) を通り，$\vec{d}=(3,\ 7,\ -2)$ に平行な直線の方程式を求めよ。

(3) 点 A(3, −1, 1) を通り，y 軸に平行な直線の方程式を求めよ。

演習 例題 84 直線の方程式の利用

2 点 A(1, 3, 0), B(0, 4, −1) を通る直線を ℓ とし，点 C(−1, 3, 2) を通り，$\vec{d}=(-1,\ 2,\ 0)$ に平行な直線を m とする。
ℓ 上に点 P, m 上に点 Q をとる。距離 PQ の最小値と，そのときの 2 点 P, Q の座標を求めよ。

演習 83

指針 直線上の点の座標に関する問題では，**媒介変数で表す** と考えやすい。
PQ^2 は，媒介変数 s, t の 2 次式で表される。よって，まず，**一方の文字を定数とみて平方完成** する。

CHART 直線上の点の座標に関する問題　媒介変数表示利用

解答

ℓ の方程式は

$$(x,\ y,\ z)=(1-s)(1,\ 3,\ 0)+s(0,\ 4,\ -1)$$

ゆえに　$x=1-s$, $y=3+s$, $z=-s$　(s は実数) …… Ⓐ

m の方程式は $(x,\ y,\ z)=(-1,\ 3,\ 2)+t(-1,\ 2,\ 0)$ から　$x=-1-t$, $y=3+2t$, $z=2$　(t は実数) …… Ⓑ

よって，$P(1-s,\ 3+s,\ -s)$, $Q(-1-t,\ 3+2t,\ 2)$ とすると

$$\begin{aligned}PQ^2&=(-2-t+s)^2+(2t-s)^2+(2+s)^2\\&=3s^2-6st+5t^2+4t+8\\&=3(s-t)^2+2(t+1)^2+6\end{aligned}$$

ゆえに，PQ^2 は $s=t$ かつ $t=-1$ すなわち $s=t=-1$ から，**P(2, 2, 1), Q(0, 1, 2) のとき** 最小値 6 をとる。
PQ>0 であるから，このとき PQ は **最小値 $\sqrt{6}$** をとる。

◀ $\vec{p}=(1-s)\overrightarrow{OA}+s\overrightarrow{OB}$ [O は原点]

◀ $\vec{q}=\overrightarrow{OC}+t\vec{d}$ [O は原点]

距離の条件
2 乗した形で扱う

◀ $s \longrightarrow t$ の順に平方完成。

◀ P(1+1, 3−1, 1), Q(−1+1, 3−2, 2)

検討

2 直線の共通垂線と，2 直線の最短距離

上の例題において，Ⓐ, Ⓑ から，

$1-s=-1-t$ …… Ⓒ, $3+s=3+2t$ …… Ⓓ, $-s=2$ …… Ⓔ

とすると，Ⓓ, Ⓔ より　$s=-2$, $t=-1$

これは Ⓒ を満たさない。すなわち，Ⓒ～Ⓔ を同時に満たす実数の組 $(s,\ t)$ は存在しないから，直線 ℓ と m は交わらないことがわかる。
($\ell \not\parallel m$ でもあるから，直線 ℓ と m はねじれの位置にある。)

なお，上の例題で，距離 PQ が最小となるときの直線 PQ は，2 直線 ℓ, m にともに垂直な直線(共通垂線)である。
一般に，空間における 2 直線の最短距離は，各直線とその共通垂線との交点間の距離に等しい。

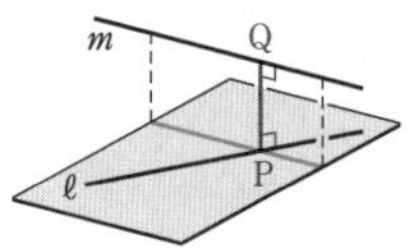

練習 84 ④ 2 点 A(1, 1, −1), B(0, 2, 1) を通る直線を ℓ，2 点 C(2, 1, 1), D(3, 0, 2) を通る直線を m とし，ℓ 上に点 P, m 上に点 Q をとる。距離 PQ の最小値と，そのときの 2 点 P, Q の座標を求めよ。　〔類 東京理科大〕

p.502 EX 55

演習 例題 85 直線と平面の交点，直線と球面が接する条件

(1) 点 $(2,\ 4,\ -1)$ を通り，ベクトル $(3,\ -1,\ 2)$ に平行な直線 ℓ と，平面 α：$2x+3y-z=16$ との交点の座標を求めよ。

(2) $k>0$ とする。点 $(-3,\ -1,\ 0)$ を通り，ベクトル $(1,\ 1,\ k)$ に平行な直線 m が，点 $(0,\ 2,\ 3)$ を中心とする半径 3 の球面に接するように，定数 k の値を定め，接点の座標を求めよ。

演習 83

指針 前ページと同様に，**直線上の点の座標に関する問題　媒介変数表示利用** に従って考える。媒介変数 t で表した後は，それを (1) 平面の方程式 (2) 球面の方程式 に代入して，媒介変数 t の方程式の問題にもち込む。
(2) では，**接する ⟺ 重解（判別式 $D=0$）** も利用。

解答

(1) ℓ の方程式は $(x,\ y,\ z)=(2,\ 4,\ -1)+t(3,\ -1,\ 2)$
から　$x=2+3t,\ y=4-t,\ z=-1+2t$　(t は実数)
これらを $2x+3y-z=16$ に代入して
$$2(2+3t)+3(4-t)-(-1+2t)=16$$
よって　$t=-1$
ゆえに，求める交点の座標は　$\boldsymbol{(-1,\ 5,\ -3)}$

(2) m の方程式は $(x,\ y,\ z)=(-3,\ -1,\ 0)+t(1,\ 1,\ k)$
から
$$x=-3+t,\ y=-1+t,\ z=kt\quad (t \text{ は実数})\ \cdots\cdots ①$$
また，球面の方程式は　$x^2+(y-2)^2+(z-3)^2=9$
① を代入すると
$$(-3+t)^2+(-3+t)^2+(kt-3)^2=9$$
よって　$(k^2+2)t^2-6(k+2)t+18=0$ …… ②
直線 m が球面に接する条件は，2 次方程式 ② の判別式 D について　$D=0$
ここで　$\dfrac{D}{4}=\{-3(k+2)\}^2-18(k^2+2)$
$=-9k^2+36k=-9k(k-4)$
$D=0$ から　$k=0,\ 4$　$k>0$ であるから　$\boldsymbol{k=4}$
このとき，② から　$t=-\dfrac{-3(4+2)}{4^2+2}=1$
ゆえに，接点の座標は，① から　$\boldsymbol{(-2,\ 0,\ 4)}$

◀直線 ℓ 上の点を媒介変数 t を用いて表す。

◀$x=2+3\cdot(-1)$，$y=4-(-1)$，$z=-1+2\cdot(-1)$

◀直線 m 上の点を媒介変数 t を用いて表す。

◀$k^2+2\neq0$

◀2 次方程式 $ax^2+2b'x+c=0$ の重解は　$x=-\dfrac{2b'}{2a}=-\dfrac{b'}{a}$

練習 ④ 85
(1) 点 $(1,\ 1,\ -4)$ を通り，ベクトル $(2,\ 1,\ 3)$ に平行な直線 ℓ と，平面 α：$x+y+2z=3$ との交点の座標を求めよ。
(2) 2 点 $\mathrm{A}(1,\ 0,\ 0)$，$\mathrm{B}(-1,\ b,\ b)$ に対し，直線 AB が球面 $x^2+(y-1)^2+z^2=1$ と共有点をもつような定数 b の値の範囲を求めよ。　[(2) 類 鹿児島大]

p.502 EX 56, 57

演習 例題 86 球面と平面の交わり

⑪⑪⑪⑪⑪

(1) 球面 $x^2+y^2+z^2+2x-4y+4z=16$ の平面 $\alpha：6x-2y+3z=5$ による切り口である円を C とする。この円の中心の座標と半径を求めよ。

(2) 平面 $ax+(9-a)y-18z+45=0$ が，点 $(3,\ 2,\ 1)$ を中心とする半径 $\sqrt{5}$ の球面に接する。このとき，定数 a の値を求めよ。

演習 81，p.489 参考事項

指針 球面と平面の交わりの図形は，球面と平面の位置関係によって決まる。その位置関係は，平面における円と直線の関係に似ていて，次のようになる。

球面 S（半径 r）と平面 α の交わり

球面 S の中心と平面 α の距離を d とすると

$d<r \iff$ 交わりは **円周**（半径 R） $d^2+R^2=r^2$

$d=r \iff$ 交わりは **点**（接点）

$r<d \iff$ **共有点はない**

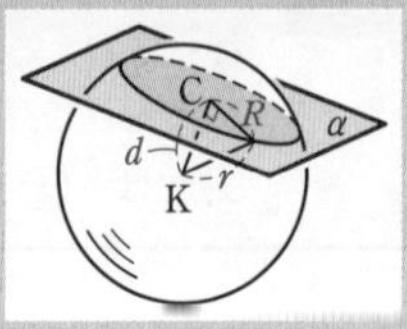

解答

(1) 球面の方程式を変形すると

$$(x+1)^2+(y-2)^2+(z+2)^2=25$$

◀ $(x^2+2x+1)-1+(y^2-4y+4)-4+(z^2+4z+4)-4=16$

よって，球面の中心を K，半径を r とすると

$$\mathrm{K}(-1,\ 2,\ -2),\ r=5$$

円 C の中心を $\mathrm{C}(x,\ y,\ z)$ とすると　$\mathrm{KC}\perp\alpha$

ゆえに，$\overrightarrow{\mathrm{KC}}$ は平面 α の法線ベクトル $\vec{n}=(6,\ -2,\ 3)$ に平行であるから　$\overrightarrow{\mathrm{KC}}=t\vec{n}$（$t$ は実数）

◀指針の図参照。

よって　$(x+1,\ y-2,\ z+2)=(6t,\ -2t,\ 3t)$

◀ $x+1=6t$, $y-2=-2t$, $z+2=3t$

ゆえに　$x=6t-1,\ y=-2t+2,\ z=3t-2$

点 C は平面 α 上にあるから

$$6(6t-1)-2(-2t+2)+3(3t-2)=5$$

◀ α の方程式に代入。

よって　$t=\dfrac{3}{7}$　このとき　$\mathrm{C}\left(\dfrac{11}{7},\ \dfrac{8}{7},\ -\dfrac{5}{7}\right)$

また，$|\overrightarrow{\mathrm{KC}}|=|t||\vec{n}|=3$ であるから，円 C の半径 R は

◀ $|\vec{n}|=\sqrt{6^2+(-2)^2+3^2}=7$

$$R=\sqrt{r^2-|\overrightarrow{\mathrm{KC}}|^2}=4$$

◀三平方の定理。

(2) 球面と平面が接する条件は，球面の中心と平面との距離が球面の半径に等しいことであるから

$$\frac{|a\cdot3+(9-a)\cdot2-18\cdot1+45|}{\sqrt{a^2+(9-a)^2+(-18)^2}}=\sqrt{5}$$

◀**点と平面の距離の公式**（$p.489$）を利用。

ゆえに　$|a+45|=\sqrt{5}\cdot\sqrt{2a^2-18a+405}$

両辺を 2 乗すると　$a^2+90a+2025=10a^2-90a+2025$

◀左辺と右辺の 2025 は消し合う。

よって　$9a(a-20)=0$　ゆえに　$\boldsymbol{a=0,\ 20}$

練習 ③ 86

(1) 球面 $S：x^2+y^2+z^2-2y-4z-40=0$ と平面 $\alpha：x+2y+2z=a$ がある。球面 S と平面 α が共有点をもつとき，定数 a の値の範囲を求めよ。

(2) 点 $\mathrm{A}(2\sqrt{3},\ 2\sqrt{3},\ 6)$ を中心とする球面 S が平面 $x+y+z-6=0$ と交わってできる円の面積が 9π であるとき，S の方程式を求めよ。

振り返り 平面と空間の類似点と相違点 2

平面上のベクトルと空間のベクトルの性質を学んできたが，p.470 の「振り返り」以外のことについて，比較しながらまとめよう。

	平面上のベクトル	空間のベクトル	補　足
円・球面の方程式	点 $(a,\ b)$ を中心とする半径 r の円の方程式は $(\boldsymbol{x}-\boldsymbol{a})^2+(\boldsymbol{y}-\boldsymbol{b})^2=\boldsymbol{r}^2$ 中心が $\mathrm{C}(\vec{c})$，半径 r の円のベクトル方程式は $\lvert\vec{\boldsymbol{p}}-\vec{\boldsymbol{c}}\rvert=\boldsymbol{r}$ ➡ p.416 基本事項 3	点 $(a,\ b,\ c)$ を中心とする半径 r の球面の方程式は $(\boldsymbol{x}-\boldsymbol{a})^2+(\boldsymbol{y}-\boldsymbol{b})^2+(\boldsymbol{z}-\boldsymbol{c})^2=\boldsymbol{r}^2$ 中心が $\mathrm{C}(\vec{c})$，半径 r の球面のベクトル方程式は $\lvert\vec{\boldsymbol{p}}-\vec{\boldsymbol{c}}\rvert=\boldsymbol{r}$ ➡ p.477，478 基本事項 3，4	空間の場合は z 座標が追加される。 ベクトル方程式の形は同じである。
ベクトル方程式	点 $\mathrm{A}(\vec{a})$ を通り，$\vec{d}\,(\neq\vec{0})$ に平行な直線のベクトル方程式は $\vec{\boldsymbol{p}}=\vec{\boldsymbol{a}}+t\vec{\boldsymbol{d}}$ ……① 点 $\mathrm{A}(\vec{a})$ を通り，$\vec{n}\,(\neq\vec{0})$ に垂直な直線のベクトル方程式は $\vec{\boldsymbol{n}}\cdot(\vec{\boldsymbol{p}}-\vec{\boldsymbol{a}})=0$ ……② ➡ p.415 基本事項 1	点 $\mathrm{A}(\vec{a})$ を通り，$\vec{d}\,(\neq\vec{0})$ に平行な直線のベクトル方程式は $\vec{\boldsymbol{p}}=\vec{\boldsymbol{a}}+t\vec{\boldsymbol{d}}$ ……① 点 $\mathrm{A}(\vec{a})$ を通り，$\vec{n}\,(\neq\vec{0})$ に垂直な平面のベクトル方程式は $\vec{\boldsymbol{n}}\cdot(\vec{\boldsymbol{p}}-\vec{\boldsymbol{a}})=0$ ……② ➡ p.485，486 基本事項 1，3	① は平面，空間どちらも直線を表す。 ② は平面では直線，空間では平面を表す。
点と直線・平面の距離など	点 $\mathrm{A}(x_1,\ y_1)$ と直線 $ax+by+c=0$ の距離は $\dfrac{\lvert\boldsymbol{ax_1+by_1+c}\rvert}{\sqrt{\boldsymbol{a^2+b^2}}}$ 直線 $ax+by+c=0$ に垂直なベクトル $\vec{n}$ は $\vec{\boldsymbol{n}}=(\boldsymbol{a},\ \boldsymbol{b})$ ➡ p.415 基本事項	点 $\mathrm{A}(x_1,\ y_1,\ z_1)$ と平面 $ax+by+cz+d=0$ の距離は $\dfrac{\lvert\boldsymbol{ax_1+by_1+cz_1+d}\rvert}{\sqrt{\boldsymbol{a^2+b^2+c^2}}}$ 平面 $ax+by+cz+d=0$ に垂直なベクトル $\vec{n}$ は $\vec{\boldsymbol{n}}=(\boldsymbol{a},\ \boldsymbol{b},\ \boldsymbol{c})$ ➡ p.485 基本事項 2，p.489 参考事項	点と直線の距離，点と平面の距離の公式は形がよく似ている。 また，垂直なベクトルの成分は，ともに係数を並べたものである。

このページや，p.470「振り返り」で紹介したもの以外にも，平面と空間で比較できるものもある。
例えば，内分点や外分点の式では，それぞれの成分は平面と空間で同じ形をしている。
よく似ているもの，似ているが少し異なるものは，関連付けることで理解が深まる。
これは，定理や公式だけでなく，これまでの例題で学習した問題解法にもあてはまる。
学習を振り返るときには，このようなことを意識するとよいだろう。

演習 例題 87 2つの球面の交わり

2つの球面 $S_1:(x-1)^2+(y-2)^2+(z+3)^2=5$, $S_2:(x-2)^2+y^2+(z+1)^2=8$ がある。球面 S_1, S_2 の交わりの円を C とするとき，次のものを求めよ。

(1) 円 C の中心Pの座標と半径 r　(2) 円 C を含む平面 α の方程式 演習80

指針 (1) 球面 S_1, S_2 の中心をそれぞれ O_1, O_2 とする。円 C 上の点Aをとり，平面 AO_1O_2 による **切断面** を考える（解答の図参照）。
$\triangle O_1PA$, $\triangle O_2PA$ は **直角三角形** ⟶ **三平方の定理** を利用して半径 r を求める。
点Pの座標については，点Pが線分 O_1O_2 をどのような比に内分するかに注目。

(2) ベクトル $\overrightarrow{O_1O_2}$ は，円 C を含む平面 α に垂直であること，つまり平面 α の法線ベクトルであることを利用する。

なお，次ページの 別解 のように，2つの球面 $f(x, y, z)=0$, $g(x, y, z)=0$ の共通部分を含む図形の方程式は，次の形で表されることを利用する方法もある。

$$\boldsymbol{f(x,\ y,\ z)+kg(x,\ y,\ z)=0}$$ （k は定数）⟶ $p.498$ 補足事項 参照。

解答

(1) S_1 の中心を $O_1(1, 2, -3)$，半径を $r_1=\sqrt{5}$，
S_2 の中心を $O_2(2, 0, -1)$，半径を $r_2=2\sqrt{2}$
とすると，中心間の距離は

$$O_1O_2=\sqrt{(2-1)^2+(0-2)^2+\{-1-(-3)\}^2}=3$$

$2\sqrt{2}-\sqrt{5}<3<2\sqrt{2}+\sqrt{5}$ すなわち $|r_2-r_1|<O_1O_2<r_2+r_1$
が成り立つから，2つの球面 S_1, S_2 の交わりは円である。

◀2つの球面の半径を r, R とし，中心間の距離を d とすると
2つの球面の交わりが円
$\Longleftrightarrow |r-R|<d<r+R$

点Pは円 C を含む平面 α と直線 O_1O_2 の交点に一致し，円 C 上の点をAとすると，半径 r について　$r=AP$

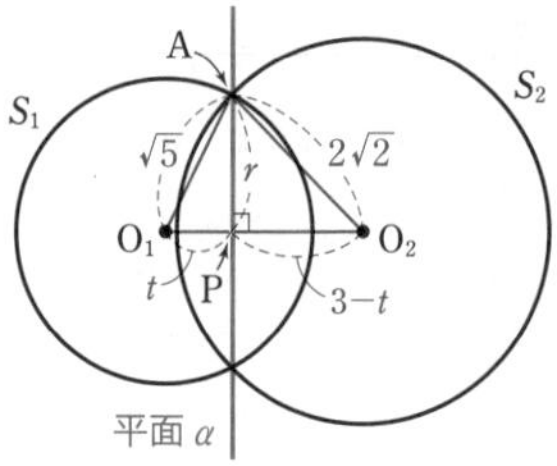

$O_1P=t$ とおくと　$O_2P=O_1O_2-O_1P=3-t$
$\triangle O_1PA$, $\triangle O_2PA$ について，三平方の定理より

$$AP^2=O_1A^2-O_1P^2=(\sqrt{5})^2-t^2$$
$$AP^2=O_2A^2-O_2P^2=(2\sqrt{2})^2-(3-t)^2$$

よって　$5-t^2=-t^2+6t-1$
ゆえに　$t=1$

したがって，円 C の半径 r は　$\boldsymbol{r}=AP=\sqrt{5-1^2}=\boldsymbol{2}$

◀$AP^2=5-t^2$

また，$t=1$ より $O_1P:PO_2=1:2$ であるから，中心 **P** の座標は

$$\left(\frac{2\cdot1+1\cdot2}{1+2},\ \frac{2\cdot2+1\cdot0}{1+2},\ \frac{2\cdot(-3)+1\cdot(-1)}{1+2}\right)$$

すなわち　$\boldsymbol{\left(\frac{4}{3},\ \frac{4}{3},\ -\frac{7}{3}\right)}$

◀点Pは線分 O_1O_2 を $1:2$ に内分する。

(2) 平面 α の法線ベクトルは

$$\overrightarrow{O_1O_2}=(2-1,\ 0-2,\ -1-(-3))=(1,\ -2,\ 2)$$

平面 α は点Pを通るから，平面 α の方程式は

$$1\cdot\left(x-\frac{4}{3}\right)-2\left(y-\frac{4}{3}\right)+2\left(z+\frac{7}{3}\right)=0$$

すなわち　$\boldsymbol{x-2y+2z+6=0}$

◀平面 α 上の点を $Q(x, y, z)$ とすると
$\overrightarrow{PQ}=\left(x-\frac{4}{3},\ y-\frac{4}{3},\ z+\frac{7}{3}\right)$
$\overrightarrow{PQ}\perp\overrightarrow{O_1O_2}$ または $\overrightarrow{PQ}=\vec{0}$
から　$\overrightarrow{O_1O_2}\cdot\overrightarrow{PQ}=0$

別解　2つの球面 S_1, S_2 の共通部分が円になることを確認することまでは同じ。

(2)　球面 S_1, S_2 の共有点は，k を定数として次の方程式を満たす。

$$(x-1)^2+(y-2)^2+(z+3)^2-5$$
$$+k\{(x-2)^2+y^2+(z+1)^2-8\}=0 \quad \cdots\cdots ①$$

この方程式の表す図形が平面となるのは，$k=-1$ のときである。

$k=-1$ を ① に代入して

$$(x-1)^2+(y-2)^2+(z+3)^2-5$$
$$-\{(x-2)^2+y^2+(z+1)^2-8\}=0$$

整理して　　$\boldsymbol{x-2y+2z+6=0}$

これが求める平面 α の方程式である。

(1)　円 C の中心 P は，直線 O_1O_2 と平面 α の交点である。

$\overrightarrow{O_1O_2}=(1,\ -2,\ 2)$ から，直線 O_1O_2 上の点 $(x,\ y,\ z)$ は，t を実数として

$$(x,\ y,\ z)=(1,\ 2,\ -3)+t(1,\ -2,\ 2)$$
$$=(t+1,\ -2t+2,\ 2t-3)$$

を満たす。この点は平面 α 上にあるから，平面 α の方程式に代入して

$$(t+1)-2(-2t+2)+2(2t-3)+6=0$$

これを解いて　　$t=\dfrac{1}{3}$　　よって　　$\mathbf{P}\left(\dfrac{\mathbf{4}}{\mathbf{3}},\ \dfrac{\mathbf{4}}{\mathbf{3}},\ -\dfrac{\mathbf{7}}{\mathbf{3}}\right)$

円 C 上の点を A とすると，$PA\perp O_1O_2$ であるから

$$r^2=O_1A^2-O_1P^2$$
$$=(\sqrt{5})^2-\left\{\left(\frac{4}{3}-1\right)^2+\left(\frac{4}{3}-2\right)^2+\left(-\frac{7}{3}+3\right)^2\right\}$$
$$=5-1=4$$

したがって　　$\boldsymbol{r=2}$

◀(2)→(1) の順に解く。

◀$k=-1$ のとき，① は2次の項がなくなり，平面を表す。

◀直線 O_1O_2 の方程式を媒介変数 t を用いて表し，$x=(t$ の式$)$, $y=(t$ の式$)$, $z=(t$ の式$)$ を (2) で求めた平面 α の方程式に代入する方針。

◀$x=t+1$, $y=-2t+2$, $z=2t-3$ で　$t=\dfrac{1}{3}$

◀前ページの解答の図における直角三角形 O_1PA に注目し，**三平方の定理**。

注意　2つの球面 $f(x,\ y,\ z)=0$, $g(x,\ y,\ z)=0$ の共通部分がないこともある。その場合，$f(x,\ y,\ z)+kg(x,\ y,\ z)=0$ (k は定数) …… Ⓐ の表す図形は存在しない。

例　球面 $x^2+y^2+z^2-1=0$ …… Ⓑ と $x^2+y^2+(z-4)^2-1=0$ …… Ⓒ について，

$4>1+1$, すなわち (中心間の距離)>(2球面の半径の和) であるから，共通部分は存在しない。

一方，Ⓑ−Ⓒ を計算すると $z=2$ となり，共通部分が平面 $z=2$ に含まれるように思われる。

しかし，$z=2$ を Ⓑ に代入すると　$x^2+y^2=-3$

これを満たす実数 x, y は存在せず，不合理が生じる。

一般に，Ⓐ の式を使う場合は，2つの球面に共通部分があることを確認しておくと確実である。

練習 ④ **87**　2つの球面 $S_1:(x-1)^2+(y-1)^2+(z-1)^2=7$, $S_2:(x-2)^2+(y-3)^2+(z-3)^2=1$ がある。球面 S_1, S_2 の交わりの円を C とするとき，次のものを求めよ。

(1)　円 C の中心 P の座標と半径 r　　　(2)　円 C を含む平面 α の方程式

補足事項　平面や球面の共通部分を含む図形など

● 平面や球面の共通部分を含む図形

平面や球面の方程式を簡易的に $f=0$, $g=0$ と書くことにすると，図形 $f=0$ と $g=0$ が共有点をもつ場合，方程式 $\boldsymbol{f+kg=0}$（k は定数）の表す図形は次のようになる。

$f=0$, $g=0$	[1]　**2平面** の場合	[2]　**平面と球面** の場合 （$f=0$：平面，$g=0$：球面）	[3]　**2球面** の場合
$f+kg=0$ の表す図形	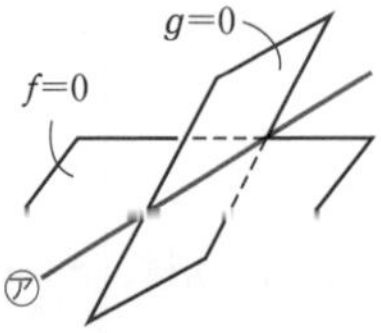 **交線 ㋐ を含む平面**	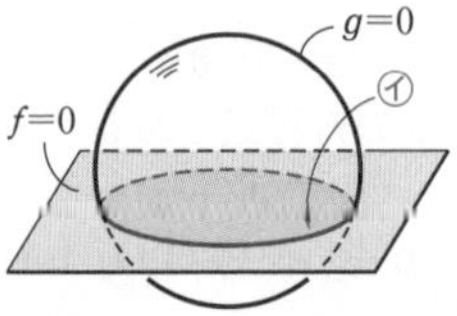 **共通部分 ㋑ を含む球面** （$k=0$ のときは 平面 $f=0$）	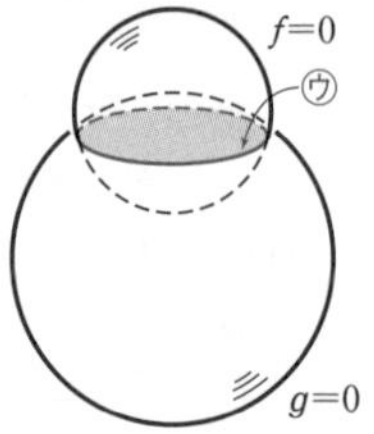 **共通部分 ㋒ を含む球面** （$k=-1$ のときは ㋒ を 含む平面）

説明　[3] の場合については，$f=0$, $g=0$ を同時に満たす x, y, z は $\boldsymbol{f+kg=0}$ ……（＊）も満たし，（＊）の左辺は　$k \neq -1$ のとき2次式，$k=-1$ のとき1次式　である。
よって，（＊）は，2球面 $f=0$, $g=0$ の共通部分を含む球面（$k=-1$ のときは平面）を表す。[1]，[2] についても同様である。
[1]：（＊）の左辺は1次式　[2]：（＊）の左辺は　$k \neq 0$ のとき2次式，$k=0$ のとき $f=0$

● 直線の方程式についての考察

直線の方程式　点 $\mathrm{A}(x_1, y_1, z_1)$ を通り，$\vec{d}=(l, m, n) \neq \vec{0}$ に平行な直線は

①　$\boldsymbol{x=x_1+lt,\ y=y_1+mt,\ z=z_1+nt}$　　（変数 t 形）

②　$\dfrac{\boldsymbol{x-x_1}}{\boldsymbol{l}}=\dfrac{\boldsymbol{y-y_1}}{\boldsymbol{m}}=\dfrac{\boldsymbol{z-z_1}}{\boldsymbol{n}}$　ただし　$lmn \neq 0$　　（消去形）

② の消去形について考察してみると

$$② \iff \frac{x-x_1}{l}=\frac{y-y_1}{m} \ \cdots\cdots \text{Ⓐ} \quad かつ \quad \frac{y-y_1}{m}=\frac{z-z_1}{n} \ \cdots\cdots \text{Ⓑ}$$

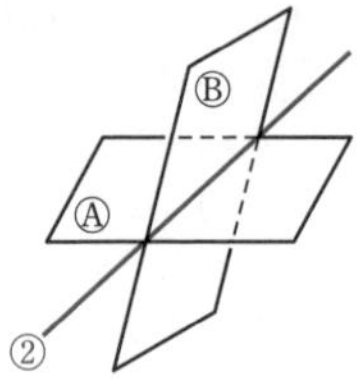

ここで Ⓐ は $mx-ly-mx_1+ly_1=0$，Ⓑ は $ny-mz-ny_1+mz_1=0$ で，どちらも平面を表す。
すなわち，直線 ② は2平面 Ⓐ，Ⓑ の交線として定義されている，とも考えられる。

なお，② の消去形は，式の形から通る点や方向ベクトルがすぐにわかるという利点があるが，そのままでは扱いにくく，$=t$ などとおいて変数 t 形（①）に戻して使うことが多い。
また，$lmn \neq 0$ の条件からわかるように，l, m, n の中に1つでも0が含まれる場合は ② の形に表せない。その場合は，最初から ① の変数 t 形で考えていくのが効率的であろう。

演習 例題 88 直線と平面のなす角，直線に垂直な平面

(1) 直線 ℓ：$\dfrac{x-2}{4}=\dfrac{y+1}{-1}=z-3$ と平面 α：$x-4y+z=0$ のなす角を求めよ。

(2) 点 A$(1,\ 1,\ 0)$ を通り，直線 $\dfrac{x-6}{3}=y-2=\dfrac{1-z}{2}$ に垂直な平面の方程式を求めよ。

演習 80，83

指針 (1) 直線 ℓ と平面 α のなす角は，ℓ の α 上への正射影(*) を ℓ' とすると，右図のように ℓ と ℓ' のなす角 θ である。
したがって，平面 α の法線ベクトルを $\vec{n}$，直線 ℓ の方向ベクトルを $\vec{d}$，$\vec{n}$ と $\vec{d}$ のなす角を θ_1 とすると，
$\theta=90^\circ-\theta_1$ または $\theta=\theta_1-90^\circ$ である。……★

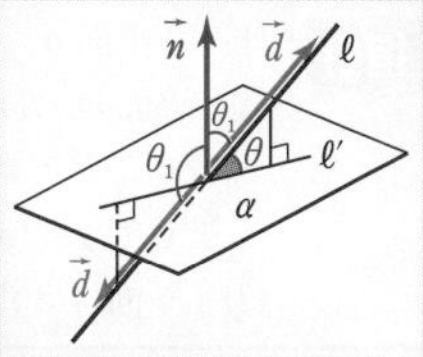

注意 (*) 直線 ℓ 上の各点から平面 α に下ろした垂線の足の集合を，直線 ℓ の α 上への **正射影** という。

(2) 直線に垂直な平面 ⟶ 直線の方向ベクトルが平面の法線ベクトルである。

解答

(1) 直線 ℓ の方向ベクトル $\vec{d}$ を $\vec{d}=(4,\ -1,\ 1)$ とし，平面 α の法線ベクトル $\vec{n}$ を $\vec{n}=(1,\ -4,\ 1)$ とする。
$\vec{d}$ と $\vec{n}$ のなす角を θ_1 $(0^\circ\leqq\theta_1\leqq180^\circ)$ とすると

$$\cos\theta_1=\frac{\vec{d}\cdot\vec{n}}{|\vec{d}||\vec{n}|}=\frac{4\cdot1+(-1)\cdot(-4)+1\cdot1}{\sqrt{4^2+(-1)^2+1^2}\sqrt{1^2+(-4)^2+1^2}}=\frac{1}{2}$$

$0^\circ\leqq\theta_1\leqq180^\circ$ であるから　$\theta_1=60^\circ$
よって，直線 ℓ と平面 α のなす角は

$$90^\circ-60^\circ=\mathbf{30^\circ}$$

(2) 直線 $\dfrac{x-6}{3}=y-2=\dfrac{z-1}{-2}$ の方向ベクトル $\vec{d}$ を $\vec{d}=(3,\ 1,\ -2)$ とする。
求める平面は点 A$(1,\ 1,\ 0)$ を通り，$\vec{d}$ を法線ベクトルとする平面であるから，その方程式は

$$3\cdot(x-1)+1\cdot(y-1)+(-2)(z-0)=0$$

ゆえに　$\mathbf{3x+y-2z-4=0}$

◀ $\dfrac{x-a}{l}=\dfrac{y-b}{m}=\dfrac{z-c}{n}$ の方向ベクトルは $(l,\ m,\ n)$

◀ **指針**＿＿……★ **の方針。**
答えとする角に注意！
θ_1 や求める角がどの角であるかを，簡単でよいから，指針のような図をかいて判断する。

◀ $\dfrac{x-a}{l}=\dfrac{y-b}{m}=\dfrac{z-c}{n}$ の形にしてから，方向ベクトルを考える。

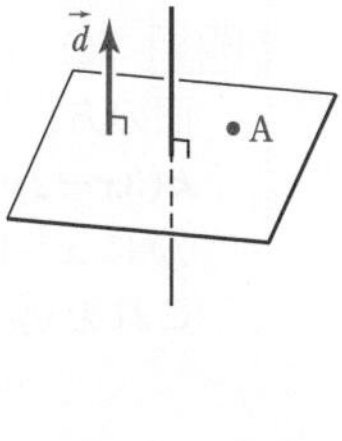

練習 ③ 88
(1) 直線 ℓ：$x+1=\dfrac{y+2}{4}=z-3$ と平面 α：$2x+2y-z-5=0$ のなす角を求めよ。
(2) 点 $(1,\ 2,\ 3)$ を通り，直線 $\dfrac{x-1}{2}=\dfrac{y+2}{-2}=z+3$ に垂直な平面の方程式を求めよ。

演習例題 89　2平面の交線，それを含む平面の方程式

2 平面 α：$3x-2y+6z-6=0$ …… ①，β：$3x+4y-3z+12=0$ …… ② の交線を ℓ とする。

(1) 交線 ℓ の方程式を $\dfrac{x-x_1}{l}=\dfrac{y-y_1}{m}=\dfrac{z-z_1}{n}$ の形で表せ。

(2) 交線 ℓ を含み，点 P(1, −9, 2) を通る平面 γ の方程式を求めよ。

演習 81

指針 (1) 2 平面 α, β が交わるとき，α と β の共有点全体は 1 つの直線になる。この直線を 2 平面 α, β の **交線** といい，その方程式は x, y, z のうち 2 つを残り 1 つの文字で表すことで導かれる。この例題では，①，② から x を消去して $z=$(y の式)，y を消去して $z=$(x の式) が得られ，(x の式)$=$(y の式)$=z$ を導いている。

(2) 平面は 3 点で定まる。平面 γ は，交線 ℓ 上の 2 点と点 P を通る。

解答

(1) ②−① から　$6y-9z+18=0$　よって　$z=\dfrac{2(y+3)}{3}$

①×2+② から　$9x+9z=0$　ゆえに　$z=-x$

よって，$-x=\dfrac{2(y+3)}{3}=z$ から　$\boldsymbol{\dfrac{x}{-2}=\dfrac{y+3}{3}=\dfrac{z}{2}}$

(1)
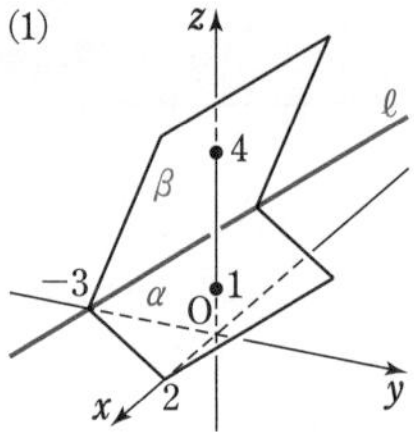

(2) 交線 ℓ 上に 2 点 A(0, −3, 0), B(−2, 0, 2) があるから，γ は 3 点 A, B, P を通る平面である。

平面 γ の法線ベクトルを $\vec{n}=(a,\ b,\ c)$ $(\vec{n}\neq\vec{0})$ とする。

$\overrightarrow{AB}=(-2,\ 3,\ 2)$，$\overrightarrow{AP}=(1,\ -6,\ 2)$ であるから，

$\vec{n}\perp\overrightarrow{AB}$ より　$\vec{n}\cdot\overrightarrow{AB}=0$

よって　$-2a+3b+2c=0$ …… ③

$\vec{n}\perp\overrightarrow{AP}$ より　$\vec{n}\cdot\overrightarrow{AP}=0$

よって　$a-6b+2c=0$ …… ④

③，④ から　$a=3b$，$c=\dfrac{3}{2}b$　ゆえに　$\vec{n}=\dfrac{b}{2}(6,\ 2,\ 3)$

$\vec{n}\neq\vec{0}$ より，$b\neq0$ であるから，$\vec{n}=(6,\ 2,\ 3)$ とする。

よって，平面 γ は点 A(0, −3, 0) を通り，$\vec{n}=(6,\ 2,\ 3)$ に垂直であるから，その方程式は　$6x+2(y+3)+3z=0$　すなわち　$\boldsymbol{6x+2y+3z+6=0}$

(2)
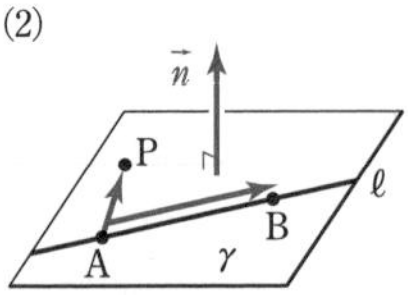

別解 (2) 2 平面 α：$3x-2y+6z-6=0$，β：$3x+4y-3z+12=0$ の交線を含む平面の方程式(ただし，平面 α を除く)は，k を定数として，

$\boldsymbol{k(3x-2y+6z-6)+3x+4y-3z+12=0}$ …… Ⓐ で表される。

Ⓐ に $x=1$, $y=-9$, $z=2$ を代入すると　$27k-27=0$　よって　$k=1$

これを Ⓐ に代入して　$\boldsymbol{6x+2y+3z+6=0}$

練習 ④ 89 2 平面 α：$x-2y+z+1=0$ … ①，β：$3x-2y+7z-1=0$ … ② の交線を ℓ とする。

(1) 交線 ℓ の方程式を $\dfrac{x-x_1}{l}=\dfrac{y-y_1}{m}=\dfrac{z-z_1}{n}$ の形で表せ。

(2) 交線 ℓ を含み，点 P(1, 2, −1) を通る平面 γ の方程式を求めよ。

EXERCISES　10　座標空間の図形，11　発展　平面の方程式，直線の方程式

②50　座標空間に点 O(0, 0, 0)，A(2, 0, 0)，B(0, 1, 2) がある。t を実数とし，動点 P が $\overrightarrow{AP}\cdot\overrightarrow{BP}=t$ を満たしながら動くとき，t のとりうる値の範囲は $t\geqq$ ア□ である。特に，$t>$ ア□ のとき，点 P の軌跡は中心の座標が イ□，半径が ウ□ の球面となる。　〔類　立命館大〕

→76

④51　原点 O を中心とする半径 1 の球面を Q とする。Q 上の点 P$(l,\ m,\ n)$ を通り $\overrightarrow{OP}$ に垂直な平面が，x 軸，y 軸，z 軸と交わる点を順に A$(a,\ 0,\ 0)$，B$(0,\ b,\ 0)$，C$(0,\ 0,\ c)$ とおく。ただし，$l>0$，$m>0$，$n>0$ とする。

(1)　△ABC の面積 S を l，m，n を用いて表せ。

(2)　点 P が $l>0$，$m>0$，$n=\dfrac{1}{2}$ の条件を満たしながら Q 上を動くとき，S の最小値を求めよ。　〔名古屋市大〕

→76

③52　座標空間内に xy 平面と交わる半径 5 の球がある。その球の中心の z 座標が正であり，その球と xy 平面の交わりが作る円の方程式が

$$x^2+y^2-4x+6y+4=0,\ z=0$$

であるとき，その球の中心の座標を求めよ。　〔早稲田大〕

→78

③53　点 O を原点とする座標空間に，2 点 A(2, 3, 1)，B(−2, 1, 3) をとる。また，x 座標が正の点 C を，$\overrightarrow{OC}$ が $\overrightarrow{OA}$ と $\overrightarrow{OB}$ に垂直で，$|\overrightarrow{OC}|=8\sqrt{3}$ となるように定める。

(1)　点 C の座標を求めよ。

(2)　四面体 OABC の体積を求めよ。

(3)　平面 ABC の方程式を求めよ。

(4)　原点 O から平面 ABC に垂線 OH を下ろす。このとき，点 H の座標を求めよ。　〔類　慶応大〕

→80, 81

HINT

50　方程式 $(x-a)^2+(y-b)^2+(z-c)^2=r$ が球面を表すのは $r>0$ のとき。

51　(1)　四面体 OABC の体積に注目。$\overrightarrow{OP}\perp\overrightarrow{AP}$，$\overrightarrow{OP}\perp\overrightarrow{BP}$，$\overrightarrow{OP}\perp\overrightarrow{CP}$ から，a，b，c をそれぞれ l，m，n で表す。

52　まず，交わりの円の中心の座標を求める。

53　(1)　C$(a,\ b,\ c)$ $(a>0)$ とする。

(4)　(3) から平面 ABC の法線ベクトルを求め，それを利用。

EXERCISES　10 座標空間の図形，11 発展 平面の方程式，直線の方程式

⑤54　座標空間内の 8 点 O(0, 0, 0), A(1, 0, 0), B(0, 1, 0), C(0, 0, 1), D(0, 1, 1), E(1, 0, 1), F(1, 1, 0), G(1, 1, 1) を頂点とする立方体を考える。辺 OA を 3：1 に内分する点を P，辺 CE を 1：2 に内分する点を Q，辺 BF を 1：3 に内分する点を R とする。3 点 P，Q，R を通る平面を α とする。

(1) 平面 α が直線 DG，CD，BD と交わる点を，それぞれ S，T，U とする。点 S，T，U の座標を求めよ。

(2) 四面体 SDTU の体積を求めよ。

(3) 立方体を平面 α で切ってできる立体のうち，点 A を含む側の体積を求めよ。

〔日本女子大〕

→81

④55　空間に 4 個の点 A(0, 1, 1), B(0, 2, 3), C(1, 3, 0), D(0, 1, 2) をとる。点 A と点 B を通る直線を ℓ とし，点 C と点 D を通る直線を m とする。

(1) 直線 ℓ と直線 m は交わらないことを証明せよ。

(2) 直線 ℓ と直線 m のどちらに対しても直交する直線を n とし，直線 ℓ と直線 n の交点を P とし，直線 m と直線 n の交点を Q とする。このとき，点 P と点 Q の座標を求め，線分 PQ の長さを求めよ。

〔埼玉大〕

→83,84

④56　座標空間において，原点 O を中心とし半径が $\sqrt{5}$ の球面を S とする。点 A(1, 1, 1) からベクトル $\vec{u}=(0,\ 1,\ -1)$ と同じ向きに出た光線が球面 S に点 B で当たり，反射して球面 S の点 C に到達したとする。ただし，反射光は点 O，A，B が定める平面上を，直線 OB が ∠ABC を二等分するように進むものとする。点 C の座標を求めよ。

〔早稲田大〕

→65,85

⑤57　空間に球面 $S：x^2+y^2+z^2-4z=0$ と定点 A(0, 1, 4) がある。

(1) 球面 S の中心 C の座標と半径を求めよ。

(2) 直線 AC と xy 平面との交点 P の座標を求めよ。

(3) xy 平面上に点 B(4, −1, 0) をとるとき，直線 AB と球面 S の共有点の座標を求めよ。

(4) 直線 AQ と球面 S が共有点をもつように点 Q が xy 平面上を動く。このとき，点 Q の動く範囲を求めて，それを xy 平面上に図示せよ。

〔立命館大〕

→85

HINT

54　(1) 平面 α の方程式を求め，それを利用。
(3) (立方体の体積)−(点 A を含まない側の立体の体積) で計算。

55　(1) 直線 ℓ 上の点，直線 m 上の点をそれぞれ媒介変数を用いて表す。
(2) 直線 ℓ，m の方向ベクトルがともに $\overrightarrow{PQ}$ と垂直であることを利用。

56　まず，$\overrightarrow{OB}=\overrightarrow{OA}+k\vec{u}$（$k$ は正の実数）とおいて，点 B の座標を求める。次に，BC 上に OB に関して点 A と対称な点 D をとり，$\overrightarrow{BD}$ を成分表示する。

57　(3) 直線 AB 上の点を R とし，l を実数とすると　$\overrightarrow{OR}=(1-l)\overrightarrow{OA}+l\overrightarrow{OB}$
これから，点 R の座標を求め，球面 S の方程式に代入する。

数学C 第3章

複素数平面

3

SELECT STUDY

START	90	91	92	93	94	95	96	97	98	99	100	101	102	103	104	105
基本定着コース	●	●	●			●		●	●		●	●		●		●
精選速習コース		●		●			●		●	●			●		●	
実力練成コース					●		●			●			●			

	106	107	109	110	111	112	113	114	115	116	117	118	119	120	121	122	123	124	125	126	127	128	130	131	132	133	134	135
基本定着コース	●		●	●	●		●							●	●		●	●			●							
精選速習コース	●	●			●	●		●	●		●		●			●	●		●		●	●	●		●		●	
実力練成コース	●	●				●		●	●	●	●	●	●			●	●		●	●		●	●	●	●	●	●	●

例題一覧

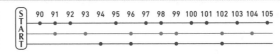

12 複素数平面

基本事項

注意 以後，$a+bi$，$c+di$ などでは，文字 a，b，c，d は実数を表す。

1 複素数平面

複素数 $\alpha=a+bi$ を座標平面上の点 $\mathrm{A}(a,\ b)$ で表すとき，この平面を **複素数平面** という。また，複素数平面上で $\alpha=a+bi$ を表す点Aを $\mathbf{A(\alpha)}$，$\mathbf{A(a+bi)}$ または単に **点 α** と表す。

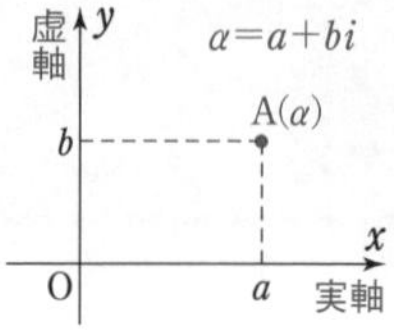

2 複素数の実数倍

$\alpha\neq0$ のとき，**3点 0，α，β が一直線上にある $\Longleftrightarrow$ $\beta=k\alpha$ となる実数 k がある**

3 複素数の加法，減法

3点 $\mathrm{O}(0)$，$\mathrm{A}(\alpha)$，$\mathrm{B}(\beta)$ が一直線上にないとき

① **加法** $\mathrm{C}(\alpha+\beta)$ は，原点Oを点Bに移す平行移動によって，点Aが移る点。

② **減法** $\mathrm{D}(\alpha-\beta)$ は，点Bを原点Oに移す平行移動によって点Aが移る点。

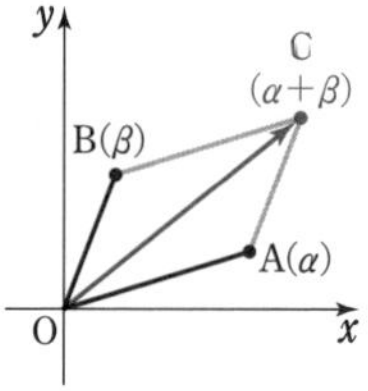

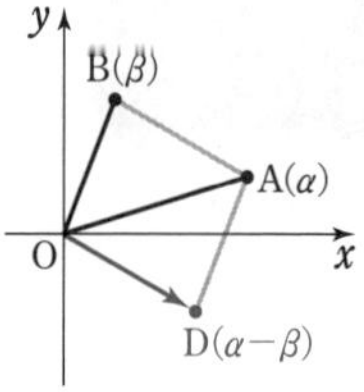

4 共役な複素数の性質 α，β は複素数とする。

① **α が実数 $\Longleftrightarrow$ $\overline{\alpha}=\alpha$，　α が純虚数 $\Longleftrightarrow$ $\overline{\alpha}=-\alpha$，$\alpha\neq0$**

② [1] **$\alpha+\overline{\alpha}$ は実数**　[2] $\overline{\alpha+\beta}=\overline{\alpha}+\overline{\beta}$　[3] $\overline{\alpha-\beta}=\overline{\alpha}-\overline{\beta}$

[4] $\overline{\alpha\beta}=\overline{\alpha}\,\overline{\beta}$　[5] $\overline{\left(\dfrac{\alpha}{\beta}\right)}=\dfrac{\overline{\alpha}}{\overline{\beta}}$　$(\beta\neq0)$　[6] $\overline{\overline{\alpha}}=\alpha$

5 絶対値と2点間の距離

① 複素数 $\alpha=a+bi$ に対し，$\sqrt{a^2+b^2}$ を α の **絶対値** といい，$|\alpha|$ で表す。

すなわち　$|\boldsymbol{\alpha}|=|\boldsymbol{a}+\boldsymbol{bi}|=\sqrt{\boldsymbol{a}^2+\boldsymbol{b}^2}$　← $|\alpha|$ は原点と点 α の距離に等しい。

② **複素数の絶対値の性質**

[1] $|z|=0 \Longleftrightarrow z=0$　[2] $|z|=|-z|=|\overline{z}|$　$z\overline{z}=|z|^2$

[3] $|\alpha\beta|=|\alpha||\beta|$　[4] $\left|\dfrac{\alpha}{\beta}\right|=\dfrac{|\alpha|}{|\beta|}$　$(\beta\neq0)$

③ 2点 α，β 間の距離は　$|\boldsymbol{\beta}-\boldsymbol{\alpha}|$

解　説

■複素数平面

実数 a，b と虚数単位 i を用いて，$a+bi$ の形で表される数を **複素数** といい，a をその実部，b をその虚部という。複素数と座標平面上の点は1つずつ，もれなく対応する。

なお，複素数平面上では，x 軸を **実軸**，y 軸を **虚軸** という。実軸上の点は実数を表し，虚軸上の点は原点Oを除いて純虚数(*)を表す。

◀複素平面，ガウス平面ということもある。

◀ $p.506$ 補足事項参照。

(*) 純虚数 …… bi $(b\neq0)$ の形の複素数。

問 点 $\mathrm{A}(2+i)$，$\mathrm{B}(-1-2i)$，$\mathrm{C}(3)$，$\mathrm{D}(-2i)$ を複素数平面上に図示せよ。

(*) **問** の解答は $p.721$ にある。

■ **複素数の実数倍**

実数 k と複素数 $\alpha=a+bi$ について　　$k\alpha=ka+(kb)i$
よって，$\alpha\neq0$ のとき，点 $k\alpha$ は 2 点 0，α を通る直線 ℓ 上にある。
逆に，この直線 ℓ 上の点は，α の実数倍の複素数を表す。
したがって，前ページの基本事項 **2** が成り立つ。
このとき，右の図からわかるように，点 $k\alpha$ は直線 ℓ 上で
　$k>0$ ならば，原点に関して点 α と同じ側にあり，
　$k=0$ ならば，原点と一致し，
　$k<0$ ならば，原点に関して点 α と反対側にある。
また，O(0)，A(α)，B($k\alpha$) とすると　OB$=|k|$OA　である。

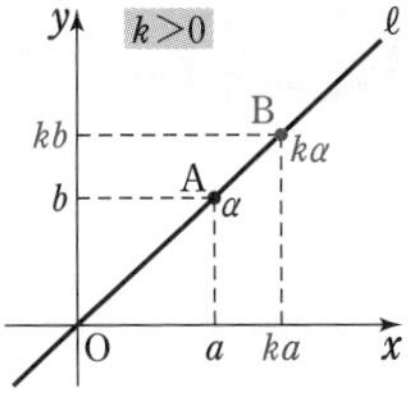

◀特に，点 $-\alpha$ は原点に関して点αと対称。

■ **複素数の加法，減法**

$\alpha=a+bi$，$\beta=c+di$ について
　$\alpha+\beta=(a+c)+(b+d)i$，$\alpha-\beta=(a-c)+(b-d)i$
よって，点 $\alpha+\beta$ は点 α を，実軸方向に c，虚軸方向に d だけ平行移動した点である。
また，点 $\alpha-\beta$ は点 α を，実軸方向に $-c$，虚軸方向に $-d$ だけ平行移動した点である。
複素数の和，差を表す点を図示する問題では，基本事項 **3** の図のように，**平行四辺形と関連づけて考える** とよい。
(ベクトルの和・差の図示と同様の考え方。)

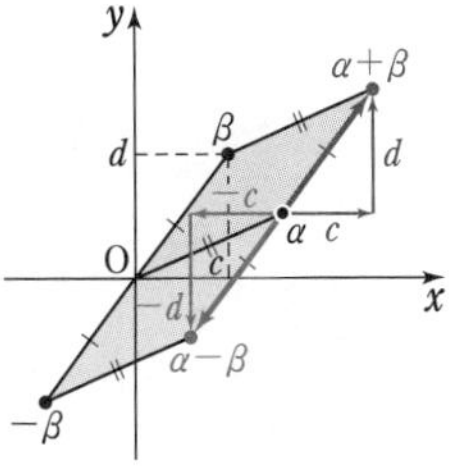

■ **共役な複素数**

複素数 $\alpha=a+bi$ に対し，$\overline{\alpha}=a-bi$ を α に **共役な複素数**，
または α の **共役複素数** という。
右の図から，次のことが成り立つ。
　　点 $\overline{\alpha}$ は点 α と実軸に関して対称
　　点 $-\alpha$ は点 α と原点に関して対称
　　点 $-\overline{\alpha}$ は点 α と虚軸に関して対称
このことから，基本事項 **4** ①，② [1] が示される。

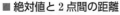

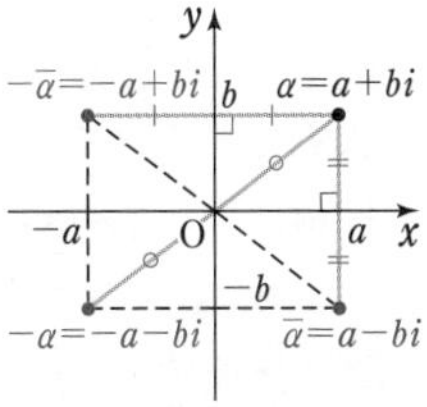

基本事項 **4** ② の [2]～[4]，[6] については，$\alpha=a+bi$，$\beta=c+di$ とおいて，計算により証明できる。また，**4** ② [5] は，$\beta\cdot\dfrac{\alpha}{\beta}=\alpha$ に注目し，[4] を利用することで導かれる。
なお，**4** ② [4] から，自然数 n について $\overline{\alpha^n}=(\overline{\alpha})^n$ が成り立つことがわかる。

■ **絶対値と 2 点間の距離**

基本事項 **5** ② の [1]，[2] は，$z=a+bi$ とおいて，計算により証明できる。
5 ② の [3]，[4] の証明
　[3]　$|\alpha\beta|^2=\alpha\beta\overline{\alpha\beta}=\alpha\overline{\alpha}\beta\overline{\beta}=|\alpha|^2|\beta|^2=(|\alpha||\beta|)^2$
　　$|\alpha\beta|\geqq0$，$|\alpha||\beta|\geqq0$ であるから　　$|\alpha\beta|=|\alpha||\beta|$
　[4]　$\beta\neq0$ のとき　$\beta\cdot\dfrac{\alpha}{\beta}=\alpha$　　よって，[3] から　$|\beta|\left|\dfrac{\alpha}{\beta}\right|=|\alpha|$
　　$|\beta|\neq0$ であるから　　$\left|\dfrac{\alpha}{\beta}\right|=\dfrac{|\alpha|}{|\beta|}$
5 ③ については，3 点 O(0)，A(α)，B(β) に対して，点 C($\beta-\alpha$) を考えると，AB$=$OC$=|\beta-\alpha|$ であることからわかる。

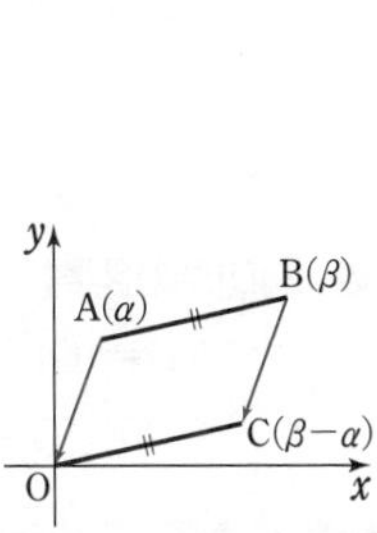

補足事項　複素数とベクトルの関係

数学IIの範囲における複素数の扱いは，複素数の相等と計算法則，共役な複素数の性質などのように，計算が主体であった。数学Cでは，複素数平面を導入することで，前ページで説明したように，図形的にとらえることができる。実は，複素数はベクトルとも関係があるので，ここで説明しておく。

● 複素数をベクトルのように考える

複素数平面上で，複素数 $\alpha=a+bi$ を表す点を $\mathrm{A}(\alpha)$ とする。
いま，この平面上で，原点Oに関する点Aの位置ベクトルを $\vec{p}$ とすると，複素数 α と位置ベクトル $\vec{p}$ は互いに対応している。

$\alpha=a+bi \iff \vec{p}=\overrightarrow{\mathrm{OA}}=(a,\ b)$　［1対1に対応］

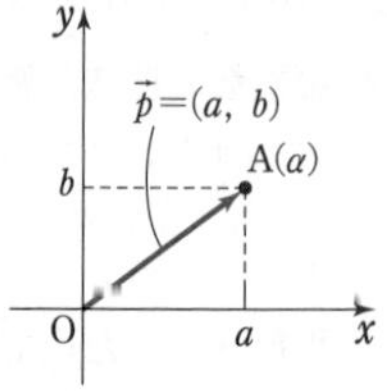

したがって，複素数 α を，複素数平面上の「点を表す」ととらえるだけではなく，ベクトルのように「向き」と「大きさ」を表すもの，ととらえることも，複素数平面の問題を考えていくうえでは大切である。

● 加法・減法

複素数 $\alpha=a+bi$, $\beta=c+di$ に対し，$\mathrm{A}(\alpha)$, $\mathrm{B}(\beta)$ とすると

$\alpha+\beta=a+bi+c+di=(a+c)+(b+d)i$

$\overrightarrow{\mathrm{OA}}+\overrightarrow{\mathrm{OB}}=(a,\ b)+(c,\ d)=(a+c,\ b+d)$

よって，$\mathrm{C}(\alpha+\beta)$ とすると　$\overrightarrow{\mathrm{OC}}=\overrightarrow{\mathrm{OA}}+\overrightarrow{\mathrm{OB}}$

同様に　$\alpha-\beta=a+bi-(c+di)=(a-c)+(b-d)i$

$\overrightarrow{\mathrm{OA}}-\overrightarrow{\mathrm{OB}}=(a,\ b)-(c,\ d)=(a-c,\ b-d)$

ゆえに，$\mathrm{D}(\alpha-\beta)$ とすると　$\overrightarrow{\mathrm{OD}}=\overrightarrow{\mathrm{OA}}-\overrightarrow{\mathrm{OB}}$

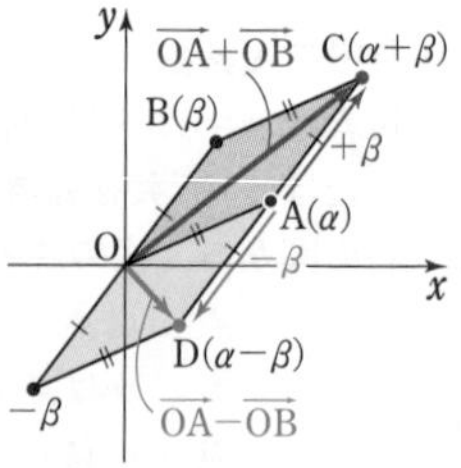

したがって，点 $\alpha+\beta$ や点 $\alpha-\beta$ を図示するときは，ベクトルの和・差の図示と同じように，平行四辺形を用いて考えればよい。

また，次の性質も，ベクトルとの対応が考えられる。

● 実数倍　（k は0でない実数）

3点O，A，Bが一直線上にある

$\iff$　$\overrightarrow{\mathrm{OB}}=k\overrightarrow{\mathrm{OA}}$　$\iff$　$\beta=k\alpha$

$(c,\ d)=k(a,\ b)$　　$c+di=k(a+bi)$

…… ベクトル，複素数どちらの表現からも $c=ka$, $d=kb$ が得られる。

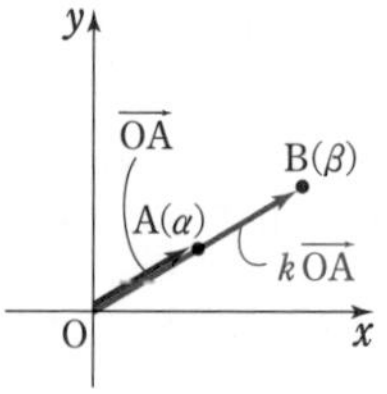

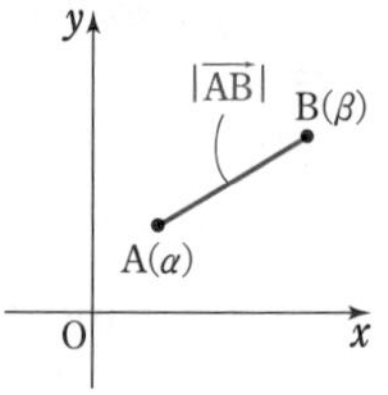

● 2点間の距離

$\mathrm{AB}=|\overrightarrow{\mathrm{OB}}-\overrightarrow{\mathrm{OA}}|=|\beta-\alpha|$　（差の絶対値）

$=\sqrt{(c-a)^2+(d-b)^2}$

基本 例題 90 複素数の実数倍，加法，減法

①①①①①

(1) $\alpha=a+2i$, $\beta=-2-4i$, $\gamma=3+bi$ とする。4 点 0，α，β，γ が一直線上にあるとき，実数 a，b の値を求めよ。

(2) 右図の複素数平面上の点 α，β について，次の点を図に示せ。

(ア) $\alpha+\beta$ (イ) $\alpha-\beta$ (ウ) $\alpha+2\beta$ (エ) $-(\alpha+2\beta)$

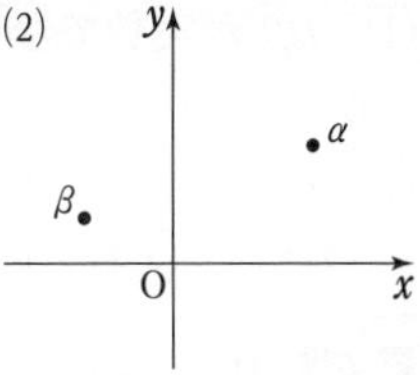

p.504 基本事項 2，3

指針 (1) $\alpha\neq0$ のとき 3 点 0，α，β が一直線上にある

$\iff$ **$\beta=k\alpha$ となる実数 k がある**

(2) 3 点 O(0)，A(α)，B(β) が一直線上にないとき

C($\alpha+\beta$) は線分 OA，OB を 2 辺とする 平行四辺形 の第 4 の頂点である。

また，B′($-\beta$) とすると，D($\alpha-\beta$) は線分 OA，OB′ を 2 辺とする 平行四辺形 の第 4 の頂点である。

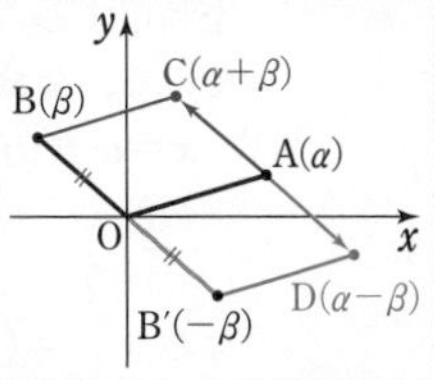

CHART **複素数の和・差は平行四辺形を作る**

解答

(1) $\alpha\neq0$ であるから，条件より

$\beta=k\alpha$ …… ①，$\gamma=l\alpha$ …… ②

となる実数 k，l がある。

① から $-2-4i=ka+2ki$

よって $-2=ka$，$-4=2k$

これを解いて $k=-2$，$\boldsymbol{a=1}$

② から $3+bi=l+2li$

ゆえに $3=l$，$b=2l$

これを解いて $l=3$，$\boldsymbol{b=6}$

(2) 右の図で，線分で囲まれた四角形はすべて平行四辺形である。このとき，(ア)～(エ) の各点は，図のようになる。

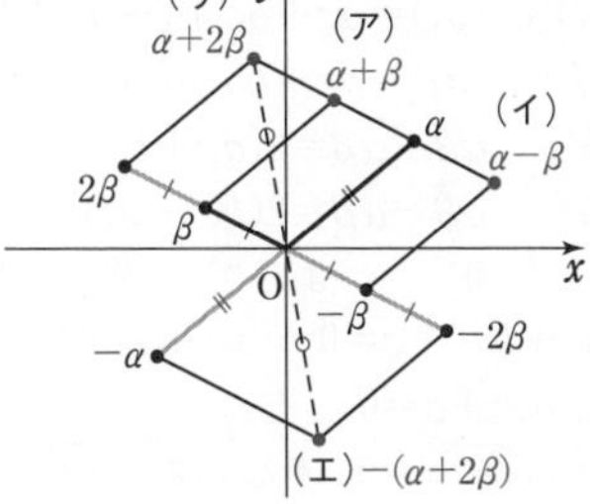

(1) ①：3 点 0，α，β；②：3 点 0，α，γ がそれぞれ一直線上。

◀**複素数の相等**
$\boldsymbol{A+Bi=C+Di}$
$\boldsymbol{\iff A=C,\ B=D}$
(A，B，C，D は実数)

(2) ベクトルの図示と同じように考えればよい。
(イ) $\alpha-\beta=\alpha+(-\beta)$
(エ) $-(\alpha+2\beta)=-\alpha+(-2\beta)$
なお，2 点 $\alpha+2\beta$，$-(\alpha+2\beta)$ は原点に関して互いに対称である。

練習 ① 90

(1) $\alpha=a+3i$, $\beta=2+bi$, $\gamma=3a+(b+3)i$ とする。4 点 0，α，β，γ が一直線上にあるとき，実数 a，b の値を求めよ。

(2) 右図の複素数平面上の点 α，β について，点 $\alpha+\beta$，$\alpha-\beta$，$3\alpha+2\beta$，$\dfrac{1}{2}(\alpha-4\beta)$ を図に示せ。

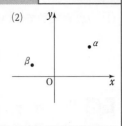

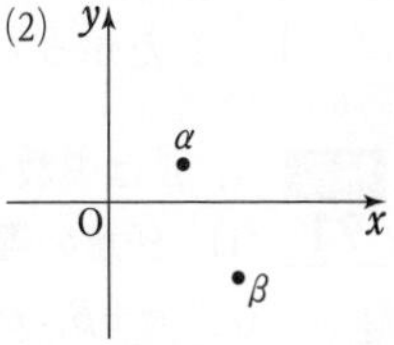

p.512 EX59

基本例題 91 共役な複素数（実数か純虚数かの判定など） ①①①①①

(1) $\alpha\overline{\beta}$ が実数でないとき，次の複素数は実数，純虚数のどちらであるか。

(ア) $\alpha\overline{\beta}+\overline{\alpha}\beta$ (イ) $\alpha\overline{\beta}-\overline{\alpha}\beta$

(2) a, b, c $(a\neq 0)$ は実数とする。5 次方程式 $ax^5+bx^2+c=0$ が虚数解 α をもつとき，$\overline{\alpha}$ もこの方程式の解であることを示せ。

p.504 基本事項 4　重要 94

指針 (1)

複素数 α が実数 $\Longleftrightarrow \overline{\alpha}=\alpha$

複素数 α が純虚数 $\Longleftrightarrow \overline{\alpha}=-\alpha$ かつ $\alpha\neq 0$

を利用する。(ア) では $z=\alpha\overline{\beta}+\overline{\alpha}\beta$, (イ) では $z=\alpha\overline{\beta}-\overline{\alpha}\beta$ として，$\overline{z}$ をそれぞれ変形してみる。なお，z が純虚数である場合については，**$z\neq 0$ の確認** を忘れずに。

(2) **$x=\alpha$ が方程式 $f(x)=0$ の解 $\Longleftrightarrow f(\alpha)=0$** …… 代入すると成り立つ。

虚数解 $x=\alpha$ を方程式に代入して成り立つ等式 $F(\alpha)=0$ について，$\overline{F(\alpha)}=\overline{0}$ を考えてみる。 ← $A=B$ ならば，当然 $\overline{A}=\overline{B}$ である。

なお，$\overline{\alpha^n}=(\overline{\alpha})^n$ (n は自然数) が成り立つことも利用。

解答

(1) (ア) $z=\alpha\overline{\beta}+\overline{\alpha}\beta$ とすると

$$\overline{z}=\overline{\alpha\overline{\beta}+\overline{\alpha}\beta}=\overline{\alpha\overline{\beta}}+\overline{\overline{\alpha}\beta}=\overline{\alpha}\,\overline{\overline{\beta}}+\overline{\overline{\alpha}}\,\overline{\beta}=\overline{\alpha}\beta+\alpha\overline{\beta}=z$$

したがって，z は **実数** である。

(イ) $z=\alpha\overline{\beta}-\overline{\alpha}\beta$ とすると

$$\overline{z}=\overline{\alpha\overline{\beta}-\overline{\alpha}\beta}=\overline{\alpha}\,\overline{\overline{\beta}}-\overline{\overline{\alpha}}\,\overline{\beta}$$
$$=\overline{\alpha}\beta-\alpha\overline{\beta}=-(\alpha\overline{\beta}-\overline{\alpha}\beta)=-z$$

また，$\alpha\overline{\beta}$ は実数でないから　$\overline{\alpha\overline{\beta}}\neq\alpha\overline{\beta}$

すなわち　$\overline{\alpha}\beta\neq\alpha\overline{\beta}$

よって　$\alpha\overline{\beta}-\overline{\alpha}\beta\neq 0$　すなわち　$z\neq 0$

したがって，z は **純虚数** である。

◀共役な複素数の性質 $\overline{\alpha+\beta}=\overline{\alpha}+\overline{\beta}$, $\overline{\alpha\beta}=\overline{\alpha}\,\overline{\beta}$, $\overline{\overline{\alpha}}=\alpha$

◀$\overline{z}=z\Longleftrightarrow z$ が実数　の対偶を考えることにより z が実数でない $\Longleftrightarrow \overline{z}\neq z$

別解　$\alpha=a+bi$, $\beta=c+di$ (a, b, c, d は実数) とすると

$\alpha\overline{\beta}=(a+bi)(c-di)=ac+bd+(-ad+bc)i$ …… ①

$\overline{\alpha}\beta=(a-bi)(c+di)=ac+bd+(ad-bc)i$ …… ②

(ア) ①＋② から　$\alpha\overline{\beta}+\overline{\alpha}\beta=2(ac+bd)$　よって，$\alpha\overline{\beta}+\overline{\alpha}\beta$ は **実数** である。

(イ) ①－② から　$\alpha\overline{\beta}-\overline{\alpha}\beta=2(bc-ad)i$　$\alpha\overline{\beta}$ は実数ではないから，① より

$bc-ad\neq 0$　よって，$\alpha\overline{\beta}-\overline{\alpha}\beta$ は **純虚数** である。

(2) 5 次方程式 $ax^5+bx^2+c=0$ が $x=\alpha$ を解にもつから

$$a\alpha^5+b\alpha^2+c=0$$

ゆえに　$\overline{a\alpha^5+b\alpha^2+c}=\overline{0}$　すなわち　$\overline{a\alpha^5}+\overline{b\alpha^2}+\overline{c}=0$

ここで，$\overline{a\alpha^5}=\overline{a}\,\overline{\alpha^5}=a(\overline{\alpha})^5$, $\overline{b\alpha^2}=\overline{b}\,\overline{\alpha^2}=b(\overline{\alpha})^2$ であるから　$a(\overline{\alpha})^5+b(\overline{\alpha})^2+c=0$

したがって，与えられた方程式は $x=\overline{\alpha}$ を解にもつ。

◀**$x=\alpha$ が解 $\Longleftrightarrow$ α を代入すると成り立つ。**

◀a, b, c は実数であるから　$\overline{a}=a$, $\overline{b}=b$, $\overline{c}=c$　また　$\overline{\alpha^n}=(\overline{\alpha})^n$

練習 ② **91**　α, β は虚数とする。 〔(1) 類　岡山大〕

(1) 任意の複素数 z に対して，$z\overline{z}+\alpha\overline{z}+\overline{\alpha}z$ は実数であることを示せ。

(2) $\alpha+\beta$, $\alpha\beta$ がともに実数ならば，$\alpha=\overline{\beta}$ であることを示せ。

p.512 EX60

基本例題 92 複素数の絶対値(1)，2点間の距離 ①①①①①

(1) $z=1+i$ のとき，$\left|z+\dfrac{1}{z}\right|$ の値を求めよ。

(2) 2点 $A(-1+5i)$，$B(3+2i)$ 間の距離は ア□ である。また，この2点から等距離にある虚軸上の点Cを表す複素数は イ□ である。

p.504 基本事項 5

指針 (1) $z=1+i$，$\overline{z}=1-i$ を代入して計算してもよいが，ここでは絶対値の性質 $|\alpha|^2=\alpha\overline{\alpha}$ を利用して計算してみる。

(2) (ア) 2点 $A(\alpha)$，$B(\beta)$ 間の距離は　$|\beta-\alpha|$

(イ) 求める虚軸上の点を $C(\alpha)$ とすると　$\alpha=bi$（b は実数）　← α の実部は0

① **距離の条件　平方して扱う**　条件 $AC=BC$ を $AC^2=BC^2$ として，b の方程式を解く。

CHART 複素数の絶対値　$|\alpha|$ は $|\alpha|^2$ として扱う　$|\alpha|^2=\alpha\overline{\alpha}$

解答

(1) $\left|z+\dfrac{1}{z}\right|^2=\left(z+\dfrac{1}{z}\right)\overline{\left(z+\dfrac{1}{z}\right)}=\left(z+\dfrac{1}{z}\right)\left(\overline{z}+\dfrac{1}{\overline{z}}\right)$

$=z\overline{z}+\dfrac{1}{z\overline{z}}+2=|z|^2+\dfrac{1}{|z|^2}+2$

ここで，$|z|^2=|1+i|^2=1^2+1^2=2$ であるから

$\left|z+\dfrac{1}{z}\right|^2=2+\dfrac{1}{2}+2=\dfrac{9}{2}$　　よって　$\left|z+\dfrac{1}{z}\right|=\dfrac{3}{\sqrt{2}}$

(2) $AB^2=|(3+2i)-(-1+5i)|^2=|4-3i|^2=4^2+(-3)^2=25$

$AB>0$ であるから　　$AB=$ ア $\mathbf{5}$

また，求める虚軸上の点を $C(\alpha)$ とすると，$\alpha=bi$（b は実数）とおける。

$AC=BC$ であるから　　$AC^2=BC^2$

$AC^2=|1+(b-5)i|^2=1^2+(b-5)^2=b^2-10b+26$

$BC^2=|-3+(b-2)i|^2=(-3)^2+(b-2)^2=b^2-4b+13$

よって　　$b^2-10b+26=b^2-4b+13$

これを解いて　　$b=\dfrac{13}{6}$

ゆえに，点Cを表す複素数は　　イ $\dfrac{\mathbf{13}}{\mathbf{6}}\boldsymbol{i}$

◀ $\overline{z+\dfrac{1}{z}}=\overline{z}+\overline{\left(\dfrac{1}{z}\right)}$
$=\overline{z}+\dfrac{\overline{1}}{\overline{z}}=\overline{z}+\dfrac{1}{\overline{z}}$

◀ $\alpha=a+bi$ に対し
$|\alpha|=|a+bi|=\sqrt{a^2+b^2}$

別解 (1) $|z|^2=2$ であるから　$z\overline{z}=2$

よって　$\dfrac{1}{z}=\dfrac{\overline{z}}{2}$

ゆえに

$\left|z+\dfrac{1}{z}\right|=\left|z+\dfrac{\overline{z}}{2}\right|$

$=\dfrac{3}{2}|z|=\dfrac{3\sqrt{2}}{2}$

(2)(イ)

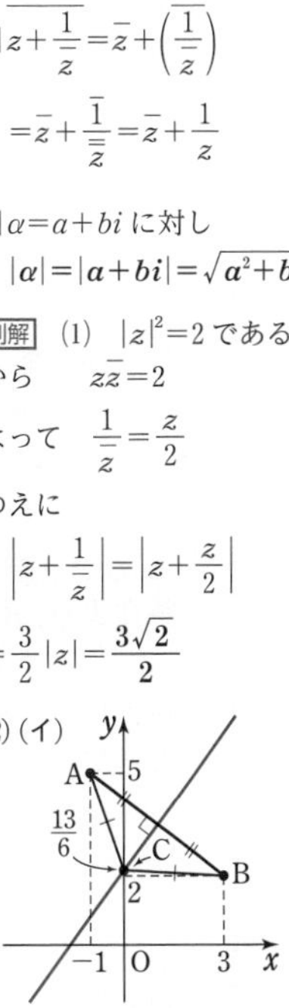

参考 (イ) 右図から，2点 $A(-1,\ 5)$，$B(3,\ 2)$ を結ぶ線分ABの垂直二等分線 $\left(\text{具体的に方程式を求めると } y=\dfrac{4}{3}x+\dfrac{13}{6}\right)$ と y 軸（虚軸）の交点に注目して求めることもできる。

練習 ① 92

(1) $z=1-i$ のとき，$\left|\overline{z}-\dfrac{1}{z}\right|$ の値を求めよ。

(2) 2点 $A(3-4i)$，$B(4-3i)$ 間の距離を求めよ。また，この2点から等距離にある実軸上の点Cを表す複素数を求めよ。

p.512 EX 61

基本例題 93 複素数の絶対値 (2)

z, α, β を複素数とする。

(1) $|z-3|=|z+3i|$ のとき，等式 $z+i\overline{z}=0$ が成り立つことを示せ。

(2) $|\alpha|=|\beta|=|\alpha-\beta|=2$ のとき，$|\alpha+\beta|$ の値を求めよ。 〔(2) 類 東北学院大〕

基本 92

指針 前ページの基本例題 92 同様，$|\alpha|^2=\alpha\overline{\alpha}$ の利用がポイント。つまり，(1) では条件を $|z-3|^2=|z+3i|^2$，(2) では，条件を $|\alpha|^2=|\beta|^2=|\alpha-\beta|^2=2^2$ として利用。

(2) まず $|\alpha-\beta|^2=2^2$ として計算し，$\alpha\overline{\beta}+\overline{\alpha}\beta$ の値を求める。

CHART 複素数の絶対値 $|\alpha|$ は $|\alpha|^2$ として扱う $|\alpha|^2=\alpha\overline{\alpha}$

解答

(1) $|z-3|=|z+3i|$ から

$$|z-3|^2=|z+3i|^2$$

ゆえに $(z-3)(\overline{z-3})=(z+3i)(\overline{z+3i})$ ◀ $|\alpha|^2=\alpha\overline{\alpha}$

よって $(z-3)(\overline{z}-3)=(z+3i)(\overline{z}-3i)$ ◀ $\overline{z-3}=\overline{z}-\overline{3}=\overline{z}-3$, $\overline{z+3i}=\overline{z}+\overline{3i}=\overline{z}-3i$

展開すると $z\overline{z}-3z-3\overline{z}+9=z\overline{z}-3iz+3i\overline{z}+9$

整理すると $(1-i)z=-(1+i)\overline{z}$ …… $(*)$ ◀ $z\overline{z}$ が消える。

ゆえに $z=-\dfrac{1+i}{1-i}\overline{z}=-\dfrac{(1+i)^2}{(1-i)(1+i)}\overline{z}$

$$=-\frac{1+2i+i^2}{1-i^2}\overline{z}=-\frac{2i}{2}\overline{z}=-i\overline{z}$$

◀ 分母の実数化。なお，$(*)$ の両辺に $(1+i)$ を掛けて実数化するのもよい。

したがって $z+i\overline{z}=0$

(2) $|\alpha-\beta|^2=(\alpha-\beta)(\overline{\alpha-\beta})$

$=(\alpha-\beta)(\overline{\alpha}-\overline{\beta})$ ◀ $\overline{\alpha-\beta}=\overline{\alpha}-\overline{\beta}$

$=\alpha\overline{\alpha}-\alpha\overline{\beta}-\overline{\alpha}\beta+\beta\overline{\beta}$

$=|\alpha|^2-\alpha\overline{\beta}-\overline{\alpha}\beta+|\beta|^2$

条件より，$|\alpha|^2=|\beta|^2=|\alpha-\beta|^2=4$ であるから

$$4=4-\alpha\overline{\beta}-\overline{\alpha}\beta+4$$

ゆえに $\underline{\alpha\overline{\beta}+\overline{\alpha}\beta}=4$

よって $|\alpha+\beta|^2=(\alpha+\beta)(\overline{\alpha+\beta})$

$=(\alpha+\beta)(\overline{\alpha}+\overline{\beta})$

$=\alpha\overline{\alpha}+\alpha\overline{\beta}+\overline{\alpha}\beta+\beta\overline{\beta}$

$=|\alpha|^2+\underline{\alpha\overline{\beta}+\overline{\alpha}\beta}+|\beta|^2$

$=4+4+4=12$

したがって $|\alpha+\beta|=\mathbf{2\sqrt{3}}$

参考 $|\alpha|=|\beta|=|\alpha-\beta|=2$ から，複素数平面上の 3 点 0，α，β は 1 辺の長さが 2 の正三角形をなす。

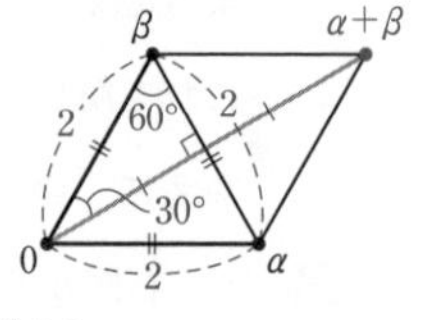

図から

$|\alpha+\beta|=2\times\sqrt{3}=2\sqrt{3}$

練習 ③ **93** z, α, β を複素数とする。 〔(1) 類 東北学院大〕

(1) $|z-2i|=|1+2iz|$ のとき，$|z|=1$ であることを示せ。

(2) $|\alpha|=|\beta|=|\alpha+\beta|=2$ のとき，$\alpha^2+\alpha\beta+\beta^2$ の値を求めよ。

p.512 EX 62

重要例題 94 複素数の実数条件 ④④④④④

絶対値が1で，$\dfrac{z+1}{z^2}$ が実数であるような複素数 z を求めよ。

基本 91

指針 複素数 α が実数 $\Longleftrightarrow$ $\overline{\alpha}=\alpha$ を利用する。

$\overline{\left(\dfrac{z+1}{z^2}\right)}=\dfrac{z+1}{z^2}$ から得られる z，$\overline{z}$ の式を，$|z|=1$ すなわち $z\overline{z}=1$ を代入することで簡単にする。なお，$z\overline{z}=1$ から得られる $z=\dfrac{1}{\overline{z}}$ または $\overline{z}=\dfrac{1}{z}$ を利用し，z のみまたは $\overline{z}$ のみの式にして扱う方法も考えられる。⟶ 別解

解答

$\dfrac{z+1}{z^2}$ が実数であるための条件は $\overline{\left(\dfrac{z+1}{z^2}\right)}=\dfrac{z+1}{z^2}$

◀ α が実数 $\Longleftrightarrow$ $\overline{\alpha}=\alpha$

すなわち $\dfrac{\overline{z}+1}{(\overline{z})^2}=\dfrac{z+1}{z^2}$ …… Ⓐ

◀ $\overline{\left(\dfrac{\beta}{\alpha}\right)}=\dfrac{\overline{\beta}}{\overline{\alpha}}$，$\overline{\alpha^2}=(\overline{\alpha})^2$

両辺に $z^2(\overline{z})^2$ を掛けて $z^2(\overline{z}+1)=(\overline{z})^2(z+1)$

よって $z\cdot z\overline{z}+z^2=\overline{z}\cdot z\overline{z}+(\overline{z})^2$

$|z|=1$ より $z\overline{z}=1$ であるから $z+z^2=\overline{z}+(\overline{z})^2$

ゆえに $z-\overline{z}+z^2-(\overline{z})^2=0$

◀ $z-\overline{z}+(z+\overline{z})(z-\overline{z})=0$

よって $(z-\overline{z})(1+z+\overline{z})=0$

ゆえに $z-\overline{z}=0$ または $1+z+\overline{z}=0$

◀ α，β が複素数のときも $\alpha\beta=0 \Longleftrightarrow \alpha=0$ または $\beta=0$ が成り立つ。

[1] $z-\overline{z}=0$ のとき $\overline{z}=z$

よって，z は実数であるから，$|z|=1$ より $z=\pm1$

[2] $1+z+\overline{z}=0$ のとき $z+\overline{z}=-1$

また，$z\overline{z}=1$ から，和が -1，積が1である2数を，2次方程式 $x^2+x+1=0$ を解いて求めると

◀ $x^2-(和)x+(積)=0$

$$x=\frac{-1\pm\sqrt{1^2-4\cdot1\cdot1}}{2\cdot1}=\frac{-1\pm\sqrt{3}\,i}{2}$$

◀解の公式を利用。

この2数は互いに共役であるから，適する。

◀2数は z と $\overline{z}$ であるから，求めた2数が互いに共役かどうか確認する。

[1]，[2] から $\boldsymbol{z=\pm1,\ \dfrac{-1\pm\sqrt{3}\,i}{2}}$

別解 $z\overline{z}=1$ から $\dfrac{1}{\overline{z}}=z$ よって $\dfrac{\overline{z}+1}{(\overline{z})^2}=\dfrac{1}{\overline{z}}+\left(\dfrac{1}{\overline{z}}\right)^2=z+z^2$

ゆえに，Ⓐ は $z+z^2=\dfrac{z+1}{z^2}$ 両辺に z^2 を掛けて $z^2\cdot z(z+1)=z+1$

よって $(z+1)(z-1)(z^2+z+1)=0$

◀ $z^3-1=(z-1)(z^2+z+1)$

これを解いて $\boldsymbol{z=\pm1,\ \dfrac{-1\pm\sqrt{3}\,i}{2}}$ これらの z は $|z|=1$ を満たす。

練習 ④ 94 絶対値が1で，z^3-z が実数であるような複素数 z を求めよ。 〔類 関西大〕

p.512 EX 63

EXERCISES

②**58** $z=a+bi$（a, b は実数）とするとき，次の式を z と $\overline{z}$ を用いて表せ。

(1) a　　(2) b　　(3) $a-b$　　(4) a^2-b^2

→p.505

③**59** (1) 複素数平面上に 4 点 A$(2+4i)$, B(z), C$(\overline{z})$, D$(2z)$ がある。四角形 ABCD が平行四辺形であるとき，複素数 z の値を求めよ。

(2) 複素数平面上の平行四辺形の 4 つの頂点を O(0), A(z), B$(\overline{z})$, C(w) とするとき，w は実数または純虚数であることを示せ。

→90

②**60** a, b を実数，3 次方程式 $x^3+ax^2+bx+1=0$ が虚数解 α をもつとする。このとき，α の共役複素数 $\overline{\alpha}$ もこの方程式の解になることを示せ。また，3 つ目の解 β, および係数 a, b を α, $\overline{\alpha}$ を用いて表せ。〔類　防衛医大〕

→91

③**61** α, z は複素数で，$|\alpha|>1$ であるとする。このとき，$|z-\alpha|$ と $|\overline{\alpha}z-1|$ の大小を比較せよ。

→92

③**62** z, w を $|z|=2$, $|w|=5$ を満たす複素数とする。$z\overline{w}$ の実部が 3 であるとき，$|z-w|$ の値を求めよ。〔愛媛大〕 →93

③**63** 次の条件 (A), (B) をともに満たす複素数 z について考える。

(A) $z+\dfrac{i}{z}$ は実数である　　(B) z の虚部は正である

(1) $|z|=r$ とおくとき，z を r を用いて表せ。

(2) z の虚部が最大となるときの z を求めよ。〔富山大〕

→94

HINT

58　(1), (2) $z+\overline{z}$, $z-\overline{z}$ を計算してみる。

59　(1) A(α), B(β), C(γ), D(δ) のとき，四角形 ABCD が平行四辺形 $\Longrightarrow$ $\beta-\alpha=\gamma-\delta$

(2) O(0), P(α), Q(β), R(γ) のとき，四角形 OPQR が平行四辺形 $\Longrightarrow$ $\beta=\alpha+\gamma$

60　（後半） 3 次方程式の解と係数の関係を利用。

61　$|z-\alpha|^2-|\overline{\alpha}z-1|^2$ の符号を調べる。

62　まず，$|z-w|^2=(z-w)\overline{(z-w)}$ として展開する。 ① **$|\alpha|$ は $|\alpha|^2$ として扱う** $|\alpha|^2=\alpha\overline{\alpha}$

63　(1) 条件 (A) については **$\bullet$ が実数 $\Longleftrightarrow$ $\overline{\bullet}=\bullet$** を利用。$|z|=r$ すなわち $z\overline{z}=r^2$ から得られる $\overline{z}=\dfrac{r^2}{z}$ も利用する。

(2) （相加平均）≧（相乗平均）を利用。

13 複素数の極形式と乗法，除法

基本事項

1 極形式

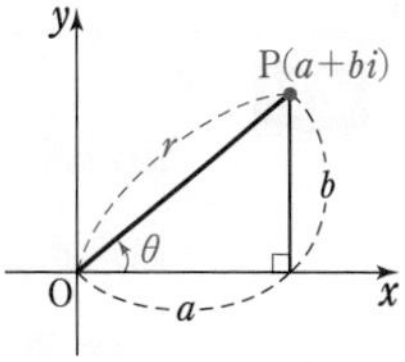

複素数平面上で，0 でない複素数 $z=a+bi$ を表す点を P とする。OP$=r$，半直線 OP を動径と考えて，動径 OP の表す角を θ とすると，$a=r\cos\theta$，$b=r\sin\theta$ であるから

$$\boldsymbol{z=r(\cos\theta+i\sin\theta)}\quad[r>0]\quad\cdots\cdots ①$$

① を，複素数 z の **極形式** という。このとき　$\boldsymbol{r=|z|}$

また，θ を z の **偏角** といい $\boldsymbol{\arg z}$ で表す。

特に，$|z|=1$ のとき　　$\boldsymbol{z=\cos\theta+i\sin\theta}$

注意　$z=0$ のとき，偏角が定まらないから，その極形式は考えない。

2 複素数の乗法，除法

$z_1=r_1(\cos\theta_1+i\sin\theta_1)$，$z_2=r_2(\cos\theta_2+i\sin\theta_2)$ $[r_1>0,\ r_2>0]$　とする。

① 複素数 z_1，z_2 の **積の極形式**　$\boldsymbol{z_1z_2=r_1r_2\{\cos(\theta_1+\theta_2)+i\sin(\theta_1+\theta_2)\}}$

$\boldsymbol{|z_1z_2|=|z_1||z_2|}$，　$\boldsymbol{\arg(z_1z_2)=\arg z_1+\arg z_2}$

② 複素数 z_1，z_2 の **商の極形式**　$\boldsymbol{\dfrac{z_1}{z_2}=\dfrac{r_1}{r_2}\{\cos(\theta_1-\theta_2)+i\sin(\theta_1-\theta_2)\}}$

$\boldsymbol{\left|\dfrac{z_1}{z_2}\right|=\dfrac{|z_1|}{|z_2|}}$，　$\boldsymbol{\arg\dfrac{z_1}{z_2}=\arg z_1-\arg z_2}$　　$(z_2\neq 0)$

偏角についての等式は，両辺の角が 2π の整数倍の差を除いて一致することを意味する。

3 複素数の乗法と回転（複素数の乗法の図形的意味）

複素数平面上で，P(z) とするとき，**点 $r(\cos\theta+i\sin\theta)\cdot z$ は，点 P を原点を中心として角 θ だけ回転し，原点からの距離を r 倍した点** である。

解　説

■偏角

◀偏角を表す角は，弧度法とする。

記号 arg は偏角を表す argument の略である。

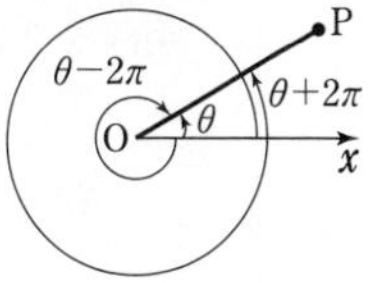

極形式で，絶対値は 1 通りに定まるが，偏角は 1 通りには定まらない。θ の代わりに $\theta+2\pi\times n$（n は整数）としても，動径が同じ位置にくるからである（右の図参照）。偏角を求めるときは，$0\leqq\theta<2\pi$ または $-\pi\leqq\theta<\pi$ の範囲で考えるのが一般的である。

■複素数の乗法，除法　$p.516$ の 検討 参照。

■複素数の乗法と回転

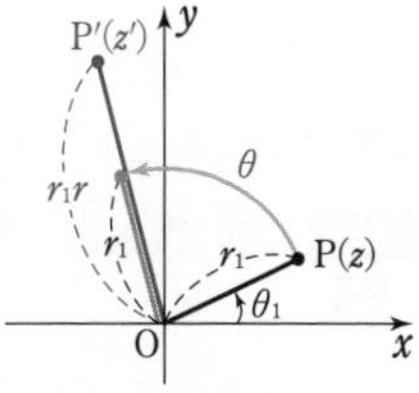

$z=r_1(\cos\theta_1+i\sin\theta_1)$，$z'=r(\cos\theta+i\sin\theta)\cdot z$ とし，P(z)，P$'(z')$ とする。上の基本事項 2 から　$|z'|=r_1r$，$\arg z'=\theta_1+\theta$

よって，点 P$'(z')$ は，点 P を **原点を中心として角 θ だけ回転** し，更に **原点からの距離を r 倍した点** である。

特に，**iz は，点 z を原点を中心として $\dfrac{\pi}{2}$ だけ回転した点** である。

基本例題 95 複素数の極形式(1) …… 基本 ①①①①①

次の複素数を極形式で表せ。ただし，偏角 θ は $0 \leqq \theta < 2\pi$ とする。

(1) $-1+\sqrt{3}i$　　(2) $-2i$　　(3) $z=\cos\dfrac{\pi}{5}+i\sin\dfrac{\pi}{5}$ のとき $2\overline{z}$

p.513 基本事項 1　重要 96, 99

指針 複素数 $z=a+bi\ (z \neq 0)$ について

絶対値 r は　$r=\sqrt{a^2+b^2}$　　（右図参照）

偏角 θ は　$\cos\theta=\dfrac{a}{r}$，$\sin\theta=\dfrac{b}{r}$

⟹ **極形式** は　$z=r(\cos\theta+i\sin\theta)$

(3) 複素数平面上に点 $2\overline{z}$ を図示すると考えやすい。

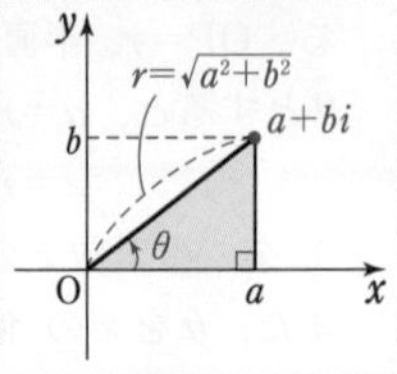

CHART $a+bi$ の極形式表示　点 $a+bi$ を図示して考える

解答

(1) 絶対値は　$\sqrt{(-1)^2+(\sqrt{3})^2}=2$

偏角 θ は　$\cos\theta=-\dfrac{1}{2}$，$\sin\theta=\dfrac{\sqrt{3}}{2}$

$0 \leqq \theta < 2\pi$ であるから　$\theta=\dfrac{2}{3}\pi$

したがって　$-1+\sqrt{3}i=2\left(\cos\dfrac{2}{3}\pi+i\sin\dfrac{2}{3}\pi\right)$

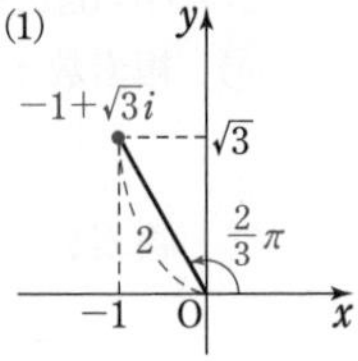

(2) 絶対値は　$\sqrt{(-2)^2}=2$

偏角 θ は　$\cos\theta=0$，$\sin\theta=-1$

$0 \leqq \theta < 2\pi$ であるから　$\theta=\dfrac{3}{2}\pi$

したがって　$-2i=2\left(\cos\dfrac{3}{2}\pi+i\sin\dfrac{3}{2}\pi\right)$

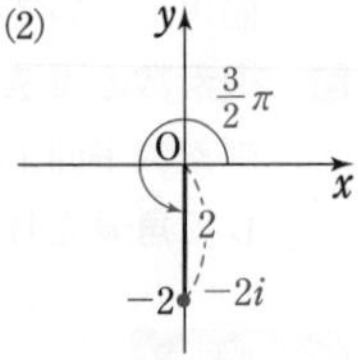

(3) z の絶対値は　$\sqrt{\cos^2\dfrac{\pi}{5}+\sin^2\dfrac{\pi}{5}}=1$，　偏角は $\dfrac{\pi}{5}$

点 $2\overline{z}$ は，点 z を実軸に関して対称移動し，原点からの距離を 2 倍した点である。

よって，$2\overline{z}$ の絶対値は 2，偏角は

$2\pi-\dfrac{\pi}{5}=\dfrac{9}{5}\pi$　⟵「偏角 θ は $0 \leqq \theta < 2\pi$」の条件があるため，このように考えている。

したがって　$2\overline{z}=2\left(\cos\dfrac{9}{5}\pi+i\sin\dfrac{9}{5}\pi\right)$

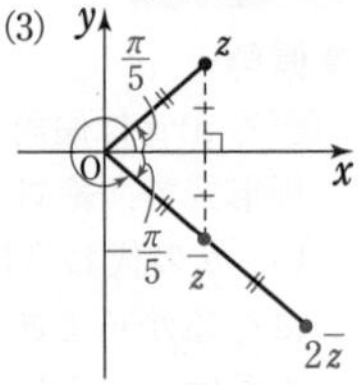

練習 ① 95 次の複素数を極形式で表せ。ただし，偏角 θ は $0 \leqq \theta < 2\pi$ とする。

(1) $2-2i$　　(2) -3　　(3) $\cos\dfrac{2}{3}\pi-i\sin\dfrac{2}{3}\pi$

p.524 EX 64

重要例題 96 複素数の極形式 (2) …… 偏角の範囲を考える ⊘⊘⊘⊘⊘

次の複素数を極形式で表せ。ただし，偏角 θ は $0\leqq\theta<2\pi$ とする。

(1) $-\cos\alpha+i\sin\alpha$ $(0<\alpha<\pi)$　(2) $\sin\alpha+i\cos\alpha$ $(0\leqq\alpha<2\pi)$

基本 95

指針 既に極形式で表されているように見えるが，$r(\cos●+i\sin●)$ の形ではないから極形式ではない。式の形に応じて **三角関数の公式** を利用し，極形式の形にする。

(1) 実部の符号 − を ＋ にする必要があるから，$\boldsymbol{\cos(\pi-\theta)=-\cos\theta}$ を利用。更に虚部の偏角を実部の偏角に合わせるために，$\boldsymbol{\sin(\pi-\theta)=\sin\theta}$ を利用する。

(2) 実部の sin を cos に，虚部の cos を sin にする必要があるから，

$\boldsymbol{\cos\left(\frac{\pi}{2}-\theta\right)=\sin\theta,\ \sin\left(\frac{\pi}{2}-\theta\right)=\cos\theta}$ を利用する。

また，本問では偏角 θ の範囲に指定があり，$0\leqq\theta<2\pi$ を満たさなければならないことに注意。特に (2) では，α の値によって場合分けが必要となる。

CHART 極形式 $r(\cos●+i\sin●)$ の形　三角関数の公式を利用

解答

(1) 絶対値は　$\sqrt{(-\cos\alpha)^2+(\sin\alpha)^2}=1$

また　$-\cos\alpha+i\sin\alpha=\boldsymbol{\cos(\pi-\alpha)+i\sin(\pi-\alpha)}$ …… ①

$0<\alpha<\pi$ より，$0<\pi-\alpha<\pi$ であるから，① は求める極形式である。

(2) 絶対値は　$\sqrt{(\sin\alpha)^2+(\cos\alpha)^2}=1$

また　$\sin\alpha+i\cos\alpha=\cos\left(\frac{\pi}{2}-\alpha\right)+i\sin\left(\frac{\pi}{2}-\alpha\right)$

ここで

$\boldsymbol{0\leqq\alpha\leqq\frac{\pi}{2}}$ **のとき**，$0\leqq\frac{\pi}{2}-\alpha\leqq\frac{\pi}{2}$ であるから，求める極形式は

$$\sin\alpha+i\cos\alpha=\boldsymbol{\cos\left(\frac{\pi}{2}-\alpha\right)+i\sin\left(\frac{\pi}{2}-\alpha\right)}$$

$\boldsymbol{\frac{\pi}{2}<\alpha<2\pi}$ **のとき**　$-\frac{3}{2}\pi<\frac{\pi}{2}-\alpha<0$

各辺に 2π を加えると，$\frac{\pi}{2}<\frac{5}{2}\pi-\alpha<2\pi$ であり

$$\cos\left(\frac{\pi}{2}-\alpha\right)=\cos\left(\frac{5}{2}\pi-\alpha\right),$$
$$\sin\left(\frac{\pi}{2}-\alpha\right)=\sin\left(\frac{5}{2}\pi-\alpha\right)$$

よって，求める極形式は

$$\sin\alpha+i\cos\alpha=\boldsymbol{\cos\left(\frac{5}{2}\pi-\alpha\right)+i\sin\left(\frac{5}{2}\pi-\alpha\right)}$$

◀ $\cos(\pi-\theta)=-\cos\theta$
$\sin(\pi-\theta)=\sin\theta$

◀ 偏角の条件を満たすかどうか確認する。

◀ $\cos\left(\frac{\pi}{2}-\theta\right)=\sin\theta$
$\sin\left(\frac{\pi}{2}-\theta\right)=\cos\theta$

◀ $0\leqq\alpha<2\pi$ から
$-\frac{3}{2}\pi<\frac{\pi}{2}-\alpha\leqq\frac{\pi}{2}$
ゆえに，α の値の範囲によって場合分け。

◀ $\frac{\pi}{2}<\alpha<2\pi$ のとき，偏角が 0 以上 2π 未満の範囲に含まれていないから，偏角に 2π を加えて調整する。
なお
$\cos(●+2n\pi)=\cos●$
$\sin(●+2n\pi)=\sin●$
[n は整数]

練習 ③ **96** 次の複素数を極形式で表せ。ただし，偏角 θ は $0\leqq\theta<2\pi$ とする。

(1) $-\cos\alpha-i\sin\alpha$ $(0<\alpha<\pi)$　(2) $\sin\alpha-i\cos\alpha$ $(0\leqq\alpha<2\pi)$

基本例題 97 複素数の乗法・除法と極形式 ①①①①①

$\alpha=2+2i$, $\beta=1-\sqrt{3}\,i$ のとき，$\alpha\beta$，$\dfrac{\alpha}{\beta}$ をそれぞれ極形式で表せ。ただし，偏角 θ は $0\leqq\theta<2\pi$ とする。

p.513 基本事項 2，基本 95

指針 ① **複素数 z_1，z_2 の積と商　まず z_1，z_2 を極形式で表す**

$z_1=r_1(\cos\theta_1+i\sin\theta_1)$，$z_2=r_2(\cos\theta_2+i\sin\theta_2)$　$[r_1>0,\ r_2>0]$　のとき

積 $\boldsymbol{z_1z_2=r_1r_2\{\cos(\theta_1+\theta_2)+i\sin(\theta_1+\theta_2)\}}$ ← 絶対値 は 掛ける，偏角 は 加える

商 $\boldsymbol{\dfrac{z_1}{z_2}=\dfrac{r_1}{r_2}\{\cos(\theta_1-\theta_2)+i\sin(\theta_1-\theta_2)\}}$ ← 絶対値 は 割る，偏角 は 引く

解答

$$\alpha=2\sqrt{2}\left(\frac{1}{\sqrt{2}}+\frac{1}{\sqrt{2}}i\right)=2\sqrt{2}\left(\cos\frac{\pi}{4}+i\sin\frac{\pi}{4}\right),$$

$$\beta=2\left(\frac{1}{2}-\frac{\sqrt{3}}{2}i\right)=2\left(\cos\frac{5}{3}\pi+i\sin\frac{5}{3}\pi\right)$$ と表される。

よって　$$\boldsymbol{\alpha\beta}=2\sqrt{2}\cdot2\left\{\cos\left(\frac{\pi}{4}+\frac{5}{3}\pi\right)+i\sin\left(\frac{\pi}{4}+\frac{5}{3}\pi\right)\right\}$$

$$\boldsymbol{=4\sqrt{2}\left(\cos\frac{23}{12}\pi+i\sin\frac{23}{12}\pi\right)}$$

$$\frac{\alpha}{\beta}=\frac{2\sqrt{2}}{2}\left\{\cos\left(\frac{\pi}{4}-\frac{5}{3}\pi\right)+i\sin\left(\frac{\pi}{4}-\frac{5}{3}\pi\right)\right\}$$

$$=\sqrt{2}\left\{\cos\left(-\frac{17}{12}\pi\right)+i\sin\left(-\frac{17}{12}\pi\right)\right\}$$

$-\dfrac{17}{12}\pi=\dfrac{7}{12}\pi+2\pi\times(-1)$ から

$$\boldsymbol{\frac{\alpha}{\beta}=\sqrt{2}\left(\cos\frac{7}{12}\pi+i\sin\frac{7}{12}\pi\right)}$$

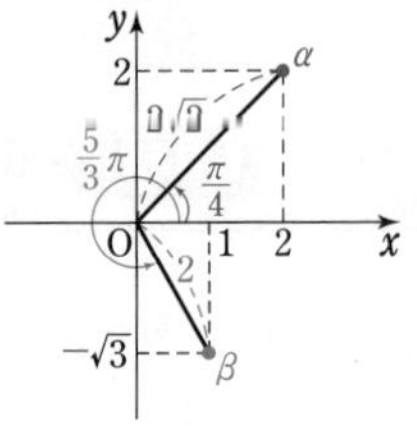

注意 「極形式で表せ」とあるから，$\dfrac{\alpha}{\beta}$ について $\sqrt{2}\left(\cos\dfrac{17}{12}\pi-i\sin\dfrac{17}{12}\pi\right)$ と答えてはいけない。極形式では，i の前の符号は＋である。

検討 **$p.513$ 基本事項 2 の証明**

① $z_1z_2=r_1(\cos\theta_1+i\sin\theta_1)\cdot r_2(\cos\theta_2+i\sin\theta_2)$
$=r_1r_2\{(\cos\theta_1\cos\theta_2-\sin\theta_1\sin\theta_2)+i(\cos\theta_1\sin\theta_2+\sin\theta_1\cos\theta_2)\}$
$=r_1r_2\{\cos(\theta_1+\theta_2)+i\sin(\theta_1+\theta_2)\}$　← 三角関数の加法定理

② $\dfrac{z_1}{z_2}=z_1\cdot\dfrac{1}{z_2}$ で　$\dfrac{1}{z_2}=\dfrac{1}{r_2(\cos\theta_2+i\sin\theta_2)}=\dfrac{\cos\theta_2-i\sin\theta_2}{r_2(\cos\theta_2+i\sin\theta_2)(\cos\theta_2-i\sin\theta_2)}$
$=\dfrac{\cos\theta_2-i\sin\theta_2}{r_2(\cos^2\theta_2+\sin^2\theta_2)}=\dfrac{1}{r_2}\cdot\{\cos(-\theta_2)+i\sin(-\theta_2)\}$
← $\sin(-\theta)=-\sin\theta$，$\cos(-\theta)=\cos\theta$

よって，① から　$\dfrac{z_1}{z_2}=\dfrac{r_1}{r_2}\{\cos(\theta_1-\theta_2)+i\sin(\theta_1-\theta_2)\}$

これから，絶対値や偏角についての等式が成り立つことがわかる。

練習 ① 97 次の 2 つの複素数 α，β について，積 $\alpha\beta$ と商 $\dfrac{\alpha}{\beta}$ を極形式で表せ。ただし，偏角 θ は $0\leqq\theta<2\pi$ とする。

(1) $\alpha=-1+i$，$\beta=3+\sqrt{3}\,i$　(2) $\alpha=-2+2i$，$\beta=-1-\sqrt{3}\,i$

p.524 EX 65, 66

基本例題 98 極形式の利用(1) … $\frac{\pi}{12}$ の正弦，余弦

$1+\sqrt{3}i$，$1+i$ を極形式で表すことにより，$\cos\frac{\pi}{12}$，$\sin\frac{\pi}{12}$ の値をそれぞれ求めよ。

基本 95, 97

指針 $\alpha=1+\sqrt{3}i$，$\beta=1+i$ とすると　$\arg\alpha=\frac{\pi}{3}$，$\arg\beta=\frac{\pi}{4}$ ← 解答の図参照。
arg● は ● の偏角のこと。

$\frac{\pi}{12}=\frac{\pi}{3}-\frac{\pi}{4}$ であるから　$\frac{\pi}{12}=\arg\alpha-\arg\beta=\arg\frac{\alpha}{\beta}$

よって，$\frac{\alpha}{\beta}$ を極形式で表すと　$\frac{\alpha}{\beta}=r\left(\cos\frac{\pi}{12}+i\sin\frac{\pi}{12}\right)$　$[r>0]$

また，$\frac{\alpha}{\beta}=\frac{1+\sqrt{3}i}{1+i}$ を変形して $a+bi$ の形にすると，$\frac{\alpha}{\beta}$ が **極形式と $a+bi$ の2通りの形で表されたことになる** から，それぞれの実部と虚部を **比較** する。

解答

$1+\sqrt{3}i$，$1+i$ をそれぞれ極形式で表すと

$$1+\sqrt{3}i=2\left(\frac{1}{2}+\frac{\sqrt{3}}{2}i\right)=2\left(\cos\frac{\pi}{3}+i\sin\frac{\pi}{3}\right)$$

$$1+i=\sqrt{2}\left(\frac{1}{\sqrt{2}}+\frac{1}{\sqrt{2}}i\right)=\sqrt{2}\left(\cos\frac{\pi}{4}+i\sin\frac{\pi}{4}\right)$$

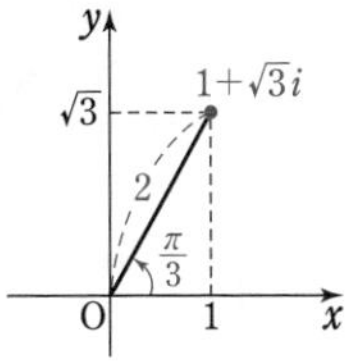

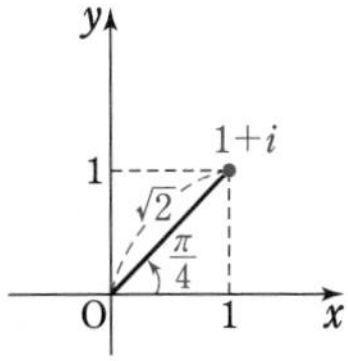

したがって

$$\frac{1+\sqrt{3}i}{1+i}=\frac{2}{\sqrt{2}}\left\{\cos\left(\frac{\pi}{3}-\frac{\pi}{4}\right)+i\sin\left(\frac{\pi}{3}-\frac{\pi}{4}\right)\right\}$$

$$=\sqrt{2}\left(\cos\frac{\pi}{12}+i\sin\frac{\pi}{12}\right)\ \cdots\cdots\ ①$$

また

$$\frac{1+\sqrt{3}i}{1+i}=\frac{(1+\sqrt{3}i)(1-i)}{(1+i)(1-i)}=\frac{1-i+\sqrt{3}i+\sqrt{3}}{1+1}$$

$$=\frac{\sqrt{3}+1}{2}+\frac{\sqrt{3}-1}{2}i\ \cdots\cdots\ ②$$

◀① は極形式の形。② は $a+bi$ の形。

よって，①，② から

$$\sqrt{2}\cos\frac{\pi}{12}=\frac{\sqrt{3}+1}{2},\quad \sqrt{2}\sin\frac{\pi}{12}=\frac{\sqrt{3}-1}{2}$$

◀①，② の実部どうし，虚部どうしがそれぞれ等しい。

したがって

$$\cos\frac{\pi}{12}=\frac{\sqrt{3}+1}{2\sqrt{2}}=\frac{\sqrt{6}+\sqrt{2}}{4},$$

$$\sin\frac{\pi}{12}=\frac{\sqrt{3}-1}{2\sqrt{2}}=\frac{\sqrt{6}-\sqrt{2}}{4}$$

◀この値は三角関数の加法定理から導くこともできる。覚えておくと便利である。

練習 ② 98 $1+i$，$\sqrt{3}+i$ を極形式で表すことにより，$\cos\frac{5}{12}\pi$，$\sin\frac{5}{12}\pi$ の値をそれぞれ求めよ。

重要例題 99 極形式の利用 (2) … 三角関数の公式が関連 ①①①①①

(1) $\alpha=\dfrac{1}{\sqrt{2}}(1+i)$ とするとき，$\alpha+i$ の偏角 $\theta\,(0\leqq\theta<2\pi)$ を求めよ。

(2) $\alpha+i$ の絶対値に注目することにより，$\cos\dfrac{\pi}{8}$ の値を求めよ。

基本 95

指針 (1) $\alpha+i=\dfrac{1}{\sqrt{2}}+\left(\dfrac{1}{\sqrt{2}}+1\right)i$ であるが，これを $p.514$ 基本例題 **95** と同じようにして極形式で表すことは難しい。そこで，$\alpha=\cos\dfrac{\pi}{4}+i\sin\dfrac{\pi}{4}$，$i=\cos\dfrac{\pi}{2}+i\sin\dfrac{\pi}{2}$ に注目すると

← α，i の絶対値はともに 1 である。

$$\alpha+i=\left(\cos\frac{\pi}{4}+\cos\frac{\pi}{2}\right)+i\left(\sin\frac{\pi}{4}+\sin\frac{\pi}{2}\right)$$

ここで，三角関数の **和 ⟶ 積の公式** を利用するとうまくいく。

$$\cos A+\cos B=2\cos\frac{A+B}{2}\cos\frac{A-B}{2},\quad \sin A+\sin B=2\sin\frac{A+B}{2}\cos\frac{A-B}{2}$$

別解　複素数平面上に 2 点 α，$\alpha+i$ を図示し，図で考えてもよい。

(2) $\alpha+i$ は極形式，$a+bi$ の形の 2 通りに表される。その絶対値を等しいとおく。

解答

(1) $\alpha=\cos\dfrac{\pi}{4}+i\sin\dfrac{\pi}{4}$，$i=\cos\dfrac{\pi}{2}+i\sin\dfrac{\pi}{2}$ から

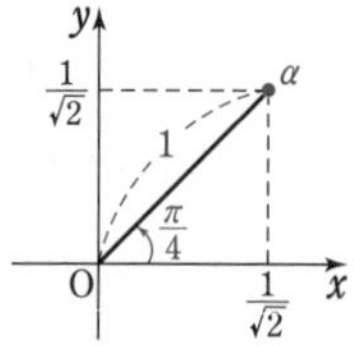

$$\alpha+i=\left(\cos\frac{\pi}{4}+i\sin\frac{\pi}{4}\right)+\left(\cos\frac{\pi}{2}+i\sin\frac{\pi}{2}\right)$$
$$=\left(\cos\frac{\pi}{2}+\cos\frac{\pi}{4}\right)+i\left(\sin\frac{\pi}{2}+\sin\frac{\pi}{4}\right)$$

$$\cos\frac{\pi}{2}+\cos\frac{\pi}{4}=2\cos\left\{\frac{1}{2}\left(\frac{\pi}{2}+\frac{\pi}{4}\right)\right\}\cos\left\{\frac{1}{2}\left(\frac{\pi}{2}-\frac{\pi}{4}\right)\right\}$$
$$=2\cos\frac{3}{8}\pi\cos\frac{\pi}{8}$$

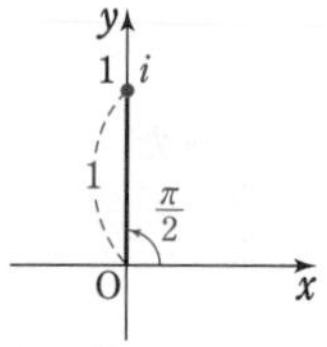

$$\sin\frac{\pi}{2}+\sin\frac{\pi}{4}=2\sin\left\{\frac{1}{2}\left(\frac{\pi}{2}+\frac{\pi}{4}\right)\right\}\cos\left\{\frac{1}{2}\left(\frac{\pi}{2}-\frac{\pi}{4}\right)\right\}$$
$$=2\sin\frac{3}{8}\pi\cos\frac{\pi}{8}\ \text{であるから}$$

$$\alpha+i=2\cos\frac{\pi}{8}\left(\cos\frac{3}{8}\pi+i\sin\frac{3}{8}\pi\right)\ \cdots\cdots ①$$

(＊) 極形式 $r(\cos\theta+i\sin\theta)$ では，$r>0$ となる必要がある。このことを確認している。

$2\cos\dfrac{\pi}{8}>0$ から(＊)，① が $\alpha+i$ の極形式で，偏角は　$\boldsymbol{\theta=\dfrac{3}{8}\pi}$

別解　図のように，$\mathrm{A}\left(\dfrac{1}{\sqrt{2}}\right)$，$\mathrm{B}(\alpha)$，$\mathrm{C}(\alpha+i)$ とすると

$$\mathrm{OB}=\mathrm{BC}=1,\ \angle\mathrm{BOA}=\frac{\pi}{4}$$

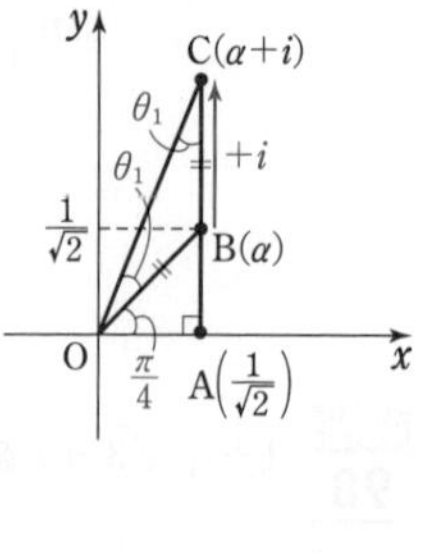

$\mathrm{BO}=\mathrm{BC}$ から $\angle\mathrm{BOC}=\angle\mathrm{BCO}$ で，これを θ_1 とすると，$2\theta_1+\dfrac{\pi}{4}=\dfrac{\pi}{2}$ から　$\theta_1=\dfrac{\pi}{8}$

よって，求める偏角は　$\boldsymbol{\theta=\dfrac{\pi}{4}+\theta_1=\dfrac{3}{8}\pi}$

(2)　$\alpha+i=\dfrac{1}{\sqrt{2}}(1+i)+i=\dfrac{1}{\sqrt{2}}\{1+(1+\sqrt{2})i\}$

ゆえに　$|\alpha+i|=\dfrac{1}{\sqrt{2}}\cdot\sqrt{1^2+(1+\sqrt{2})^2}=\sqrt{2+\sqrt{2}}$

(1)から　$|\alpha+i|=2\cos\dfrac{\pi}{8}$

よって，$2\cos\dfrac{\pi}{8}=\sqrt{2+\sqrt{2}}$ から　$\boldsymbol{\cos\dfrac{\pi}{8}=\dfrac{\sqrt{2+\sqrt{2}}}{2}}$

◀2重根号ははずすことができない。

検討 PLUS ONE

複素数の和の極形式

絶対値が等しい2つの複素数

$$z_1=r(\cos\alpha+i\sin\alpha),\ z_2=r(\cos\beta+i\sin\beta)\quad (r>0)$$

の和 z_1+z_2 の極形式を考えよう。ここでは，$0<\alpha<\pi$，$0<\beta<\pi$ とする。

三角関数の 和 ⟶ 積の公式 より，

$$\cos\alpha+\cos\beta=2\cos\frac{\alpha+\beta}{2}\cos\frac{\alpha-\beta}{2},\quad \sin\alpha+\sin\beta=2\sin\frac{\alpha+\beta}{2}\cos\frac{\alpha-\beta}{2}$$

であるから　$z_1+z_2=r\{\cos\alpha+\cos\beta+i(\sin\alpha+\sin\beta)\}$

$$=2r\cos\frac{\alpha-\beta}{2}\left(\cos\frac{\alpha+\beta}{2}+i\sin\frac{\alpha+\beta}{2}\right)\ \cdots\cdots\ ①$$

$0<\beta<\pi$ より $-\pi<-\beta<0$ で，$0<\alpha<\pi$ の辺々に加えると $-\pi<\alpha-\beta<\pi$ であるから

$$-\frac{\pi}{2}<\frac{\alpha-\beta}{2}<\frac{\pi}{2}$$

よって，$2r\cos\dfrac{\alpha-\beta}{2}>0$ であるから，① が z_1+z_2 の極形式である。

また，重要例題 **99** (1)の 別解 と同様に，図で考える方法もある。

ここで，$\alpha\geqq\beta$ としても一般性を失わない。

$z=z_1+z_2$ とし，図のように，$\mathrm{A}(z_1)$，$\mathrm{B}(z_2)$，$\mathrm{C}(z)$ とすると，

OA＝OB から，四角形 OACB はひし形である。

AB と OC の交点を D とすると，OC＝2OD で，

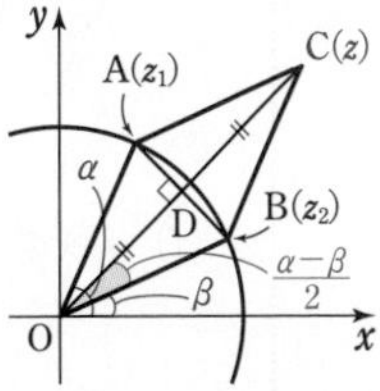

$\angle\mathrm{AOB}=\alpha-\beta$ から　$\angle\mathrm{DOB}=\dfrac{\alpha-\beta}{2}$

よって　$\mathrm{OC}=2\mathrm{OD}=2\mathrm{OB}\cos\dfrac{\alpha-\beta}{2}=2r\cos\dfrac{\alpha-\beta}{2}$

また，z の偏角は，図から　$\dfrac{\alpha-\beta}{2}+\beta=\dfrac{\alpha+\beta}{2}$

したがって，z の極形式は　$\boldsymbol{z=2r\cos\dfrac{\alpha-\beta}{2}\left(\cos\dfrac{\alpha+\beta}{2}+i\sin\dfrac{\alpha+\beta}{2}\right)}$

補足　$0<\alpha<\pi$，$0<\beta<\pi$ でないとき，$\cos\dfrac{\alpha-\beta}{2}<0$ となる場合がある。

そのようなときは，$\cos(\theta+\pi)=-\cos\theta$，$\sin(\theta+\pi)=-\sin\theta$ を用いて，

$$z_1+z_2=2r\left(-\cos\frac{\alpha-\beta}{2}\right)\left\{\cos\left(\frac{\alpha+\beta}{2}+\pi\right)+i\sin\left(\frac{\alpha+\beta}{2}+\pi\right)\right\}$$

などのように変形することで，$2r\left(-\cos\dfrac{\alpha-\beta}{2}\right)>0$ とすることができる。

練習 ③ **99**

(1)　$\alpha=\dfrac{1}{2}(\sqrt{3}+i)$ とするとき，$\alpha-1$ を極形式で表せ。

(2)　(1)の結果を利用して，$\cos\dfrac{5}{12}\pi$ の値を求めよ。

p.524 EX67

基本 例題 100 複素数の乗法と回転

(1) $z=2-6i$ とする。点 z を，原点を中心として次の角だけ回転した点を表す複素数を求めよ。

(ア) $\dfrac{\pi}{6}$　　(イ) $-\dfrac{\pi}{2}$

(2) 点 $(1-i)z$ は，点 z をどのように移動した点であるか。

p.513 基本事項 3

指針

$z'=r(\cos\theta+i\sin\theta)\cdot z$ のとき
点 z' は，**点 z を原点を中心として θ だけ回転し，原点からの距離を r 倍した点** である。
(特に，$r=1$ のときは回転移動のみである。)　(＊)

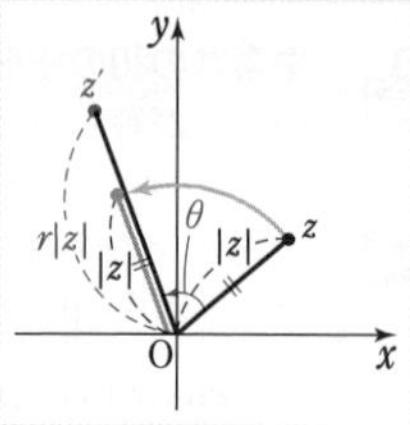

このことを利用する。

(1) 絶対値が1で，偏角が $\dfrac{\pi}{6}$ や $-\dfrac{\pi}{2}$ である複素数を z に掛ける。

(2) $1-i$ を極形式で表す。

CHART 原点を中心とする角 θ の回転　$r(\cos\theta+i\sin\theta)$ を掛ける
回転だけなら $r=1$

解答

(1) 求める点を表す複素数は

(ア) $\left(\cos\dfrac{\pi}{6}+i\sin\dfrac{\pi}{6}\right)z=\left(\dfrac{\sqrt{3}}{2}+\dfrac{1}{2}i\right)(2-6i)$

$=\sqrt{3}-3\sqrt{3}i+i+3$

$=\mathbf{3+\sqrt{3}+(1-3\sqrt{3})i}$

◀ $=(\sqrt{3}+i)(1-3i)$

(イ) $\left\{\cos\left(-\dfrac{\pi}{2}\right)+i\sin\left(-\dfrac{\pi}{2}\right)\right\}z=-i(2-6i)$

$=\mathbf{-6-2i}$

(2) $(1-i)z=\sqrt{2}\left(\dfrac{1}{\sqrt{2}}-\dfrac{1}{\sqrt{2}}i\right)z$

$=\sqrt{2}\left\{\cos\left(-\dfrac{\pi}{4}\right)+i\sin\left(-\dfrac{\pi}{4}\right)\right\}z$

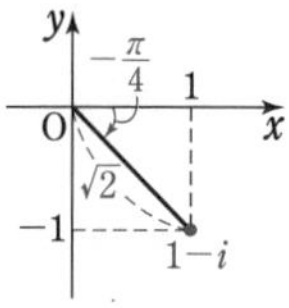

よって，点 $(1-i)z$ は，点 z を
原点を中心として $-\dfrac{\pi}{4}$ だけ回転し，原点からの距離を $\sqrt{2}$ 倍した点 である。

注意 (2)と同様に考えると
iz … 原点中心の $\dfrac{\pi}{2}$ 回転
$-iz$ … 原点中心の $-\dfrac{\pi}{2}$ 回転
$-z$ … 原点中心の π 回転
であることが導かれる。

練習 ① 100

(1) $z=2+4i$ とする。点 z を，原点を中心として $-\dfrac{2}{3}\pi$ だけ回転した点を表す複素数を求めよ。

(2) 次の複素数で表される点は，点 z をどのように移動した点であるか。

(ア) $\dfrac{-1+i}{\sqrt{2}}z$　　(イ) $\dfrac{z}{1-\sqrt{3}i}$　　(ウ) $-i\overline{z}$

p.524 EX 68, 69

ズームUP 複素数の計算は，点の移動に関連づける

● 複素数平面では，点の移動を計算で考える

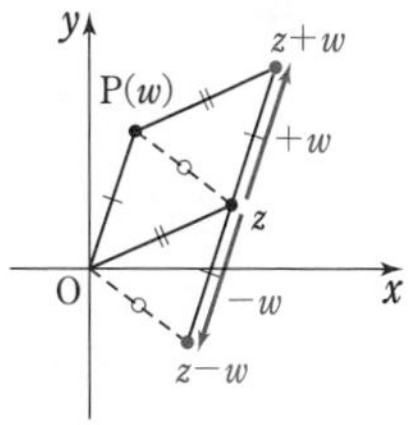

$p.505\sim507$ で学んだように，O(0)，P(w) とすると，
点 $z+w$ は点 z を $\overrightarrow{\mathrm{OP}}$ と同じ向きに $|w|$ だけ移動した点，
点 $z-w$ は点 z を $\overrightarrow{\mathrm{OP}}$ と反対向きに $|w|$ だけ移動した点
を表す。また，$w=r(\cos\theta+i\sin\theta)$ とすると

$$\frac{z}{w}=\frac{z}{r(\cos\theta+i\sin\theta)}=\frac{1}{r}\{\cos(-\theta)+i\sin(-\theta)\}\cdot z$$

$\dfrac{z}{w}$ は，点 z を原点を中心として $-\theta$ だけ回転し，原点からの距離を $\dfrac{1}{r}$ 倍した点を表す。以上のことと，前ページの指針の（$*$）などから，一般に次のようにまとめられる。

複素数の **和・差（±●）は 平行移動　積・商（×●，÷●）は 回転と拡大・縮小**
共役（$\pm\overline{●}$）は 軸（実軸・虚軸）に関する対称移動　← $p.505$ で説明。

すなわち，複素数平面ではさまざまな移動を計算によって考えることができ，移動後の点の位置は計算後の値として得られる。これが複素数平面の便利なところである。
例えば，点の回転は，複素数 $\cos$(回転角)$+i\sin$(回転角) を掛ける，という計算のみで求められるので，簡単である。
⟶ 座標平面上の点の回転も，複素数平面を利用すると簡単になる。
一般に，座標平面上の点 $(x,\ y)$ を原点の周りに角 θ だけ回転した点 $(x',\ y')$ を求める場合は　$x'+y'i=(x+yi)(\cos\theta+i\sin\theta)$　を計算することで
$x'=x\cos\theta-y\sin\theta,\ y'=x\sin\theta+y\cos\theta$　と求められる。

● 複素数の式は，図形的な意味を見極める

複素数の式を扱うときは，その式の図形的な意味（点の移動，線分の長さなど）を考える ことも大切である。例えば，$p.518$ の例題 **99** (1) では，別解 のように図形的に考えることによって，だいぶらくに解くことができる。
また，例題 **100** (2) の式 $(1-i)z$ は，積の形であるから，回転と拡大・縮小という移動になることがわかるが，$1-i$ を極形式に表すことで，移動に関しての回転角や拡大・縮小の比率を具体的に調べることができる。

参考　変　換

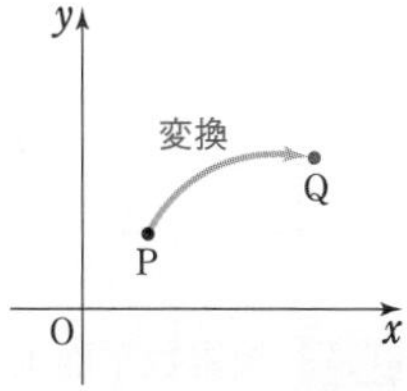

ある対応によって，座標平面上の各点 P に，同じ平面上の点 Q がちょうど 1 つ定まるとき，この対応を座標平面上の **変換** といい，点 Q をこの変換による点 P の **像** という。
例えば，点の平行移動，対称移動，回転はすべて 1 つの変換である。
また，実数倍 kz $(k>0)$ は，点 z を原点からの距離を k 倍にする移動を表すが，これも 1 つの変換であり，**相似変換** という。

基本例題 101 点 α を中心とする回転

①①①①①

複素数平面上の 3 点 A$(1+i)$, B$(3+4i)$, C について, △ABC が正三角形となるとき, 点 C を表す複素数 z を求めよ。

基本 100

指針 条件を満たす図をかいてみると, 右のようになり, AB=AC, $\angle BAC=\frac{\pi}{3}$ であるから, 点 A を中心として, 点 B を $\frac{\pi}{3}$ または $-\frac{\pi}{3}$ だけ回転すると z が求められることがわかる。

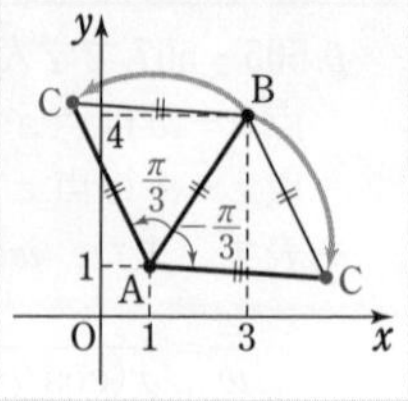

次のことを利用して, z を求める。

点 β を, 点 α を中心として θ だけ回転した点を表す複素数 γ は　$\gamma=(\cos\theta+i\sin\theta)(\beta-\alpha)+\alpha$ ……★

解答

点 C は, 点 A を中心として点 B を $\frac{\pi}{3}$ または $-\frac{\pi}{3}$ だけ回転した点である。回転角が $\frac{\pi}{3}$ のとき

$$z=\left(\cos\frac{\pi}{3}+i\sin\frac{\pi}{3}\right)\{(3+4i)-(1+i)\}+1+i$$
$$=\frac{1}{2}(1+\sqrt{3}\,i)(2+3i)+1+i$$
$$=\frac{4-3\sqrt{3}+(5+2\sqrt{3})i}{2}$$

回転角が $-\frac{\pi}{3}$ のとき

$$z=\left\{\cos\left(-\frac{\pi}{3}\right)+i\sin\left(-\frac{\pi}{3}\right)\right\}\{(3+4i)-(1+i)\}+1+i$$
$$=\frac{1}{2}(1-\sqrt{3}\,i)(2+3i)+1+i$$
$$=\frac{4+3\sqrt{3}+(5-2\sqrt{3})i}{2}$$

したがって　$z=\frac{4\pm3\sqrt{3}+(5\mp2\sqrt{3})i}{2}$　**(複号同順)**

◀ $-\frac{\pi}{3}$ の回転もあることに注意。

◀指針＿＿……★ の方針。次のように, 図形的な意味を考えながら公式に当てはめる。$\alpha=1+i$, $\beta=3+4i$ とするとき, 点 $\beta-\alpha$ を, 原点を中心として $\frac{\pi}{3}$ だけ回転し, α だけ平行移動している。

◀点 $\beta-\alpha$ を, 原点を中心として $-\frac{\pi}{3}$ だけ回転し, α だけ平行移動している。

検討

指針の ★ の証明

点 α が原点 O に移るような平行移動により, 点 β は点 $\beta-\alpha$ に, 点 γ は点 $\gamma-\alpha$ に移る。点 $\beta-\alpha$ を, 原点を中心として θ だけ回転した点が, 点 $\gamma-\alpha$ となるから

$$\gamma-\alpha=(\cos\theta+i\sin\theta)(\beta-\alpha)$$

よって　$\gamma=(\cos\theta+i\sin\theta)(\beta-\alpha)+\alpha$

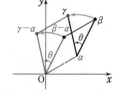

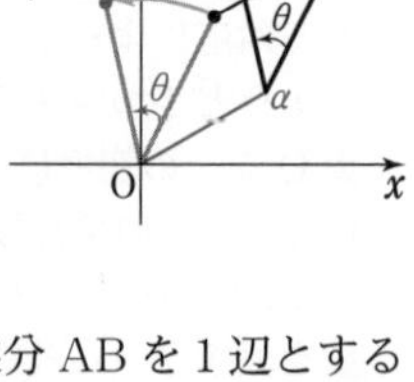

練習 ③101 複素数平面上の 2 点 A$(-1+i)$, B$(\sqrt{3}-1+2i)$ について, 線分 AB を 1 辺とする正三角形 ABC の頂点 C を表す複素数 z を求めよ。　〔類 慶応大〕

p.524 EX69

基本例題 102 図形の頂点を中心とする回転 ①①①①①

複素数平面上に 3 点 O(0), A($-1+3i$), B がある。△OAB が直角二等辺三角形となるとき，点 B を表す複素数 z を求めよ。

基本 100, 101

指針 直角となる角の指定がないから，∠O，∠A，∠B のどれが直角になるかで **場合分け** が必要。各場合について，解答のような図をかいてみて，前ページの基本例題 **101** と同じように，点の回転を利用して解決する。

なお，$\pm\frac{\pi}{2}$ の回転は $\pm i$ を掛ける ことであり，この計算は ●+▲i を掛ける計算よりもらくである。よって，**直角となる頂点を中心とする回転を考える** と，計算もらくになる。

解答

[1] ∠O が直角のとき，点 B は，点 O を中心として点 A を $\frac{\pi}{2}$ または $-\frac{\pi}{2}$ だけ回転した点であるから　$z=\pm i(-1+3i)$

よって　$z=-3-i,\ 3+i$

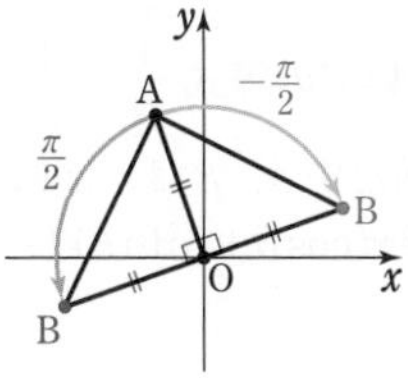

◀ $\angle AOB=\frac{\pi}{2}$，OA=OB

◀ $\cos\left(\pm\frac{\pi}{2}\right)+i\sin\left(\pm\frac{\pi}{2}\right)=\pm i$ (複号同順)

[2] ∠A が直角のとき，点 B は，点 A を中心として点 O を $\frac{\pi}{2}$ または $-\frac{\pi}{2}$ だけ回転した点であるから

$$z=\pm i\{0-(-1+3i)\}-1+3i$$

よって　$z=2+4i,\ -4+2i$

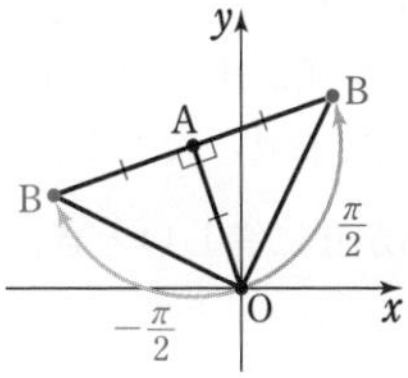

[2]　点 B を，点 O を中心として点 A を $\frac{\pi}{4}$ または $-\frac{\pi}{4}$ だけ回転し，O からの距離を $\sqrt{2}$ 倍した点と考えて

$z=\sqrt{2}\left\{\cos\left(\pm\frac{\pi}{4}\right)+i\sin\left(\pm\frac{\pi}{4}\right)\right\}\times(-1+3i)$ (複号同順)

として求めてもよい。

[3] ∠B が直角のとき，点 A は，点 B を中心として点 O を $\frac{\pi}{2}$ または $-\frac{\pi}{2}$ だけ回転した点であるから

$$-1+3i=\pm i(0-z)+z$$

z について整理すると

$$(1\pm i)z=-1+3i$$

これを解いて　$z=1+2i,\ -2+i$

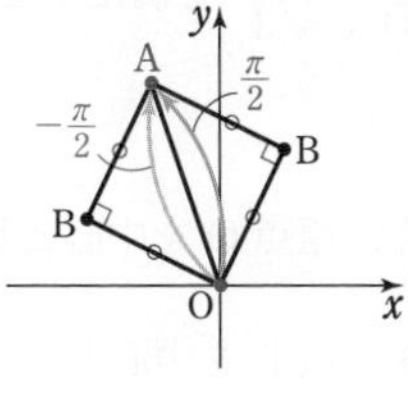

[3]　点 B を，点 O を中心として点 A を $\frac{\pi}{4}$ または $-\frac{\pi}{4}$ だけ回転し，O からの距離を $\frac{1}{\sqrt{2}}$ 倍した点と考えて

$z=\frac{1}{\sqrt{2}}\left\{\cos\left(\pm\frac{\pi}{4}\right)+i\sin\left(\pm\frac{\pi}{4}\right)\right\}\times(-1+3i)$ (複号同順)

として求めてもよい。

以上から

$$\boldsymbol{z=3+i,\ -3-i,\ 2+4i,\ -4+2i,\ 1+2i,\ -2+i}$$

練習 ③102 複素数平面上の正方形において，1 組の隣り合った 2 頂点が点 1 と点 $3+3i$ であるとき，他の 2 頂点を表す複素数を求めよ。

③64 (1) 複素数 $\dfrac{5-2i}{7+3i}$ の偏角 θ を求めよ。ただし，$0\leqq\theta<2\pi$ とする。〔類 神奈川大〕

(2) z を虚数とする。$z+\dfrac{1}{z}$ が実数となるとき，$|z|=1$ であることを示せ。また，$z+\dfrac{1}{z}$ が自然数となる z をすべて求めよ。 →95

②65 $\theta=\dfrac{\pi}{10}$ のとき，$\dfrac{(\cos 4\theta+i\sin 4\theta)(\cos 5\theta+i\sin 5\theta)}{\cos\theta-i\sin\theta}$ の値を求めよ。 →97

④66 複素数 α，β についての等式 $\dfrac{1}{\alpha}+\dfrac{1}{\beta}=\overline{\alpha}+\overline{\beta}$ を考える。

(1) この等式を満たす α，β は，$\alpha+\beta=0$ または $|\alpha\beta|=1$ を満たすことを示せ。

(2) 極形式で $\alpha=r(\cos\theta+i\sin\theta)$ $(r>0)$ と表されているとき，この等式を満たす β を求めよ。〔類 和歌山県医大〕 →97

③67 2つの複素数 $\alpha=\cos\theta_1+i\sin\theta_1$，$\beta=\cos\theta_2+i\sin\theta_2$ の偏角 θ_1，θ_2 は，$0<\theta_1<\pi<\theta_2<2\pi$ を満たすものとする。

(1) $\alpha+1$ を極形式で表せ。ただし，偏角 θ は $0\leqq\theta<2\pi$ とする。

(2) $\dfrac{\alpha+1}{\beta+1}$ の実部が0に等しいとき，$\beta=-\alpha$ が成り立つことを示せ。 →99

③68 複素数平面上で，3点 O(0)，A(α)，B(β) を頂点とする三角形 OAB が $\angle\text{AOB}=\dfrac{\pi}{6}$，$\dfrac{\text{OA}}{\text{OB}}=\dfrac{1}{\sqrt{3}}$ を満たすとき，ア□ α^2- イ□ $\alpha\beta+\beta^2=0$ が成り立つ。〔類 秋田大〕 →100

③69 (1) 点 A(2, 1) を，原点 O を中心として $\dfrac{\pi}{4}$ だけ回転した点 B の座標を求めよ。

(2) 点 A(2, 1) を，点 P を中心として $\dfrac{\pi}{4}$ だけ回転した点の座標は $(1-\sqrt{2},\ -2+2\sqrt{2})$ であった。点 P の座標を求めよ。 →100,101

HINT

64 (2) （前半） ● が実数 $\Longleftrightarrow$ $\overline{●}=●$ （後半） $z=\cos\theta+i\sin\theta$ $(0\leqq\theta<2\pi)$ とする。

66 (1) 等式の両辺に $\alpha\beta$ を掛け，両辺の絶対値をとる。

67 (1) 2倍角・半角の公式を利用。 (2) (1)の結果を利用。

68 点Bは，原点Oを中心として点Aを $\pm\dfrac{\pi}{6}$ だけ回転し，Oからの距離を $\sqrt{3}$ 倍した点。

69 座標平面上の点 $(a,\ b)$ $\Longleftrightarrow$ 複素数 $a+bi$ であるから，点 (2, 1) は複素数平面上では $2+i$ と表される。

(2) 公式 $\gamma=(\cos\theta+i\sin\theta)(\beta-\alpha)+\alpha$ に当てはめて計算。

14 ド・モアブルの定理

基本事項

1 ド・モアブルの定理

n が整数のとき　　$(\cos\theta+i\sin\theta)^n=\cos n\theta+i\sin n\theta$

2 1の n 乗根　n は自然数とする。

① **1の n 乗根**（すなわち，方程式 $z^n=1$ の解）は，次の n 個の複素数である。

$$z_k=\cos\frac{2k\pi}{n}+i\sin\frac{2k\pi}{n}\quad (k=0,\ 1,\ 2,\ \cdots\cdots,\ n-1)$$

② $n\geqq 3$ のとき，複素数平面上で，**z_k を表す点は，点1を1つの頂点として，単位円に内接する正 n 角形の各頂点である。**

解　説

■ド・モアブルの定理

$p.513$ 基本事項 2 ① から，0でない複素数に $z=\cos\theta+i\sin\theta$ を掛けると，絶対値は変わらずに，偏角は θ だけ増える。よって，

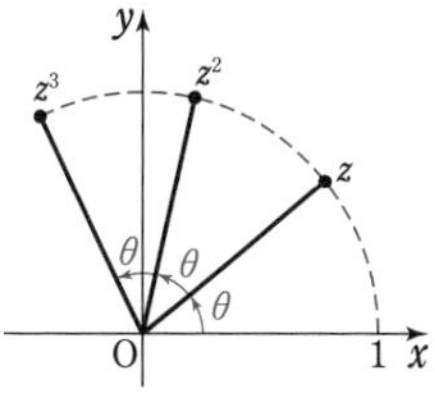

$$(\cos\theta+i\sin\theta)^2=\cos 2\theta+i\sin 2\theta$$
$$(\cos\theta+i\sin\theta)^3=\cos 3\theta+i\sin 3\theta$$

となり，一般に，自然数 n について次の等式が成り立つ。

$$(\cos\theta+i\sin\theta)^n=\cos n\theta+i\sin n\theta \quad\cdots\cdots ①$$

0でない複素数 z に対して，**$z^0=1$** と定めると，① は $n=0$ のときも成り立つ。

更に，$\boldsymbol{z^{-n}=\dfrac{1}{z^n}}$ と定めると

$$(\cos\theta+i\sin\theta)^{-n}=\frac{1}{(\cos\theta+i\sin\theta)^n}=\frac{1}{\cos n\theta+i\sin n\theta}=\cos(-n\theta)+i\sin(-n\theta)$$

（① を利用。）

以上により，ド・モアブルの定理が成り立つ。

■1の n 乗根

自然数 n と複素数 α に対して，$z^n=\alpha$ を満たす複素数 z を，α の **n 乗根** という。1の n 乗根を求めてみよう。

◀$\alpha\ (\neq 0)$ の n 乗根は n 個あることが知られている。

$z^n=1$ から　$|z|^n=1$　　よって　$|z|=1$　　ゆえに，$z=\cos\theta+i\sin\theta$ とおくと

$$z^n=(\cos\theta+i\sin\theta)^n=\cos n\theta+i\sin n\theta$$

したがって　　　　　$\cos n\theta+i\sin n\theta=1$

実部と虚部を比較して　　$\cos n\theta=1,\ \sin n\theta=0$

よって　　$n\theta=2\pi\times k$　すなわち　$\theta=\dfrac{2k\pi}{n}$　（k は整数）

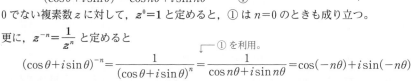

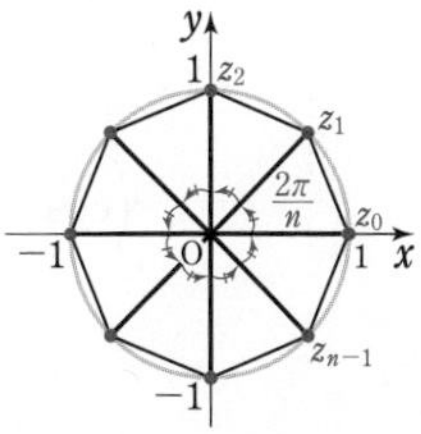

逆に，k を整数として　　$\boldsymbol{z_k=\cos\dfrac{2k\pi}{n}+i\sin\dfrac{2k\pi}{n}}$ …… Ⓐ

とおくと，$(z_k)^n=1$ が成り立つから，z_k は1の n 乗根である。また，

z_{n+k} と z_k の偏角は 2π だけ異なり，ともに絶対値は1であるから，$z_{n+k}=z_k$ が成り立つ。

よって，Ⓐ の **z_k のうち互いに異なるものは $z_0,\ z_1,\ z_2,\ \cdots\cdots,\ z_{n-1}$ の n 個** である。

なお，$z^n=a\ (a>0)$ の解は $\sqrt[n]{a}\,z_k$（z_k は $z^n=1$ の解）で表される。

基本例題 103 複素数の n 乗の計算 (1) … ド・モアブルの定理 ①①①①①

次の式を計算せよ。

(1) $\left(\cos\dfrac{\pi}{12}+i\sin\dfrac{\pi}{12}\right)^9$　　(2) $(1+\sqrt{3}\,i)^6$　　(3) $\dfrac{1}{(1-i)^{10}}$

〔(2) 京都産大〕 基本 95, p.525 基本事項 1

指針 複素数の累乗には，**ド・モアブルの定理** を利用。

$$\{r(\cos\theta+i\sin\theta)\}^n=r^n(\cos n\theta+i\sin n\theta)$$

まずは，(1)～(3) それぞれの（　）の中の複素数を極形式で表す。

CHART ド・モアブルの定理　絶対値は n 乗，偏角は n 倍

解答

(1) $\left(\cos\dfrac{\pi}{12}+i\sin\dfrac{\pi}{12}\right)^9=\cos\left(9\times\dfrac{\pi}{12}\right)+i\sin\left(9\times\dfrac{\pi}{12}\right)$

$=\cos\dfrac{3}{4}\pi+i\sin\dfrac{3}{4}\pi=\boldsymbol{-\dfrac{1}{\sqrt{2}}+\dfrac{1}{\sqrt{2}}i}$

◀既に極形式の累乗の形。

(2) $1+\sqrt{3}\,i=2\left(\dfrac{1}{2}+\dfrac{\sqrt{3}}{2}i\right)$

$=2\left(\cos\dfrac{\pi}{3}+i\sin\dfrac{\pi}{3}\right)$

◀$1+\sqrt{3}\,i$ を極形式で表す。

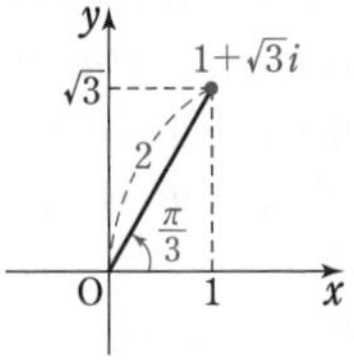

よって　$(1+\sqrt{3}\,i)^6$

$=\left\{2\left(\cos\dfrac{\pi}{3}+i\sin\dfrac{\pi}{3}\right)\right\}^6$

$=2^6\left\{\cos\left(6\times\dfrac{\pi}{3}\right)+i\sin\left(6\times\dfrac{\pi}{3}\right)\right\}$

$=2^6(\cos 2\pi+i\sin 2\pi)=2^6\cdot 1=\boldsymbol{64}$

◀$(ab)^n=a^nb^n$，ド・モアブルの定理。

(3) $1-i=\sqrt{2}\left(\dfrac{1}{\sqrt{2}}-\dfrac{1}{\sqrt{2}}i\right)$

$=\sqrt{2}\left\{\cos\left(-\dfrac{\pi}{4}\right)+i\sin\left(-\dfrac{\pi}{4}\right)\right\}$

◀$1-i$ を極形式で表す。偏角は $-\pi\leqq\theta<\pi$ の範囲にとるとよい。

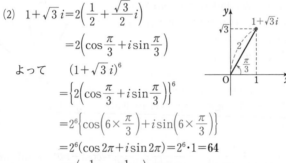

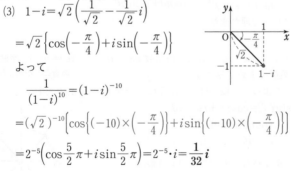

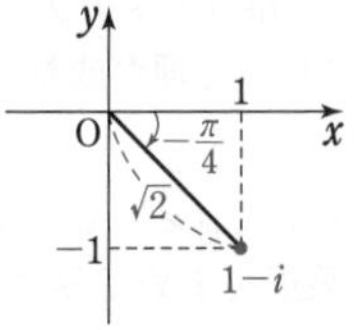

よって

$\dfrac{1}{(1-i)^{10}}=(1-i)^{-10}$

◀$\dfrac{1}{z^n}=z^{-n}$（n は自然数）

$=(\sqrt{2})^{-10}\left[\cos\left\{(-10)\times\left(-\dfrac{\pi}{4}\right)\right\}+i\sin\left\{(-10)\times\left(-\dfrac{\pi}{4}\right)\right\}\right]$

$=2^{-5}\left(\cos\dfrac{5}{2}\pi+i\sin\dfrac{5}{2}\pi\right)=2^{-5}\cdot i=\boldsymbol{\dfrac{1}{32}i}$

◀$(\sqrt{2})^{-10}=(2^{\frac{1}{2}})^{-10}=2^{-5}$

練習 ② 103 次の式を計算せよ。

(1) $\left\{2\left(\cos\dfrac{\pi}{3}+i\sin\dfrac{\pi}{3}\right)\right\}^5$　　(2) $(-\sqrt{3}+i)^6$　　(3) $\left(\dfrac{1+i}{2}\right)^{-14}$

p.535 EX 71

基本例題 104 複素数の n 乗の計算(2)

(1) $\left(\dfrac{1+i}{\sqrt{3}+i}\right)^n$ が実数となる最小の自然数 n の値を求めよ。〔類 日本女子大〕

(2) 複素数 z が $z+\dfrac{1}{z}=\sqrt{2}$ を満たすとき，$z^{20}+\dfrac{1}{z^{20}}$ の値を求めよ。〔類 中部大〕

基本 97, 103　重要 108

指針 (1) $1+i$, $\sqrt{3}+i$ をそれぞれ極形式で表し，その商を更に極形式で表す。
その後にド・モアブルの定理を適用。また **実数 $\Longleftrightarrow$ 虚部が 0**
(2) 条件式は，分母を払うと z の 2 次方程式になる。
$\longrightarrow$ 解 z を極形式で表してド・モアブルの定理を適用。

CHART 複素数の累乗には **ド・モアブルの定理**
$$(\cos\theta+i\sin\theta)^n=\cos n\theta+i\sin n\theta$$

解答

(1) $\dfrac{1+i}{\sqrt{3}+i}=\dfrac{\sqrt{2}\left(\cos\dfrac{\pi}{4}+i\sin\dfrac{\pi}{4}\right)}{2\left(\cos\dfrac{\pi}{6}+i\sin\dfrac{\pi}{6}\right)}$

$=\dfrac{1}{\sqrt{2}}\left(\cos\dfrac{\pi}{12}+i\sin\dfrac{\pi}{12}\right)^{(*)}$　よって

$\left(\dfrac{1+i}{\sqrt{3}+i}\right)^n=\left(\dfrac{1}{\sqrt{2}}\right)^n\left(\cos\dfrac{n}{12}\pi+i\sin\dfrac{n}{12}\pi\right)$ …… ①

① が実数となるための条件は　$\sin\dfrac{n}{12}\pi=0$

ゆえに　$\dfrac{n}{12}\pi=k\pi$ (k は整数)　よって　$n=12k$

ゆえに，求める最小の自然数 n は $k=1$ のときで　$\boldsymbol{n=12}$

(2) $z+\dfrac{1}{z}=\sqrt{2}$ の両辺に z を掛けて整理すると

$z^2-\sqrt{2}z+1=0$

これを解くと　$z=\dfrac{\sqrt{2}\pm\sqrt{(\sqrt{2})^2-4\cdot1\cdot1}}{2}=\dfrac{\sqrt{2}\pm\sqrt{2}i}{2}$

よって　$z=\cos\left(\pm\dfrac{\pi}{4}\right)+i\sin\left(\pm\dfrac{\pi}{4}\right)$ (複号同順)

ここで，$\theta=\pm\dfrac{\pi}{4}$ とおくと

$z^{20}+\dfrac{1}{z^{20}}=(\cos\theta+i\sin\theta)^{20}+(\cos\theta+i\sin\theta)^{-20}$

$=(\cos20\theta+i\sin20\theta)+\{\cos(-20\theta)+i\sin(-20\theta)\}$

$=2\cos20\theta=2\cos\left\{20\times\left(\pm\dfrac{\pi}{4}\right)\right\}=2\cos(\pm5\pi)=2\cos5\pi=\boldsymbol{-2}$

(1) $\dfrac{1+i}{\sqrt{3}+i}$ の分母を実数化するとうまくいかない。

(＊) $\dfrac{\sqrt{2}}{2}\left\{\cos\left(\dfrac{\pi}{4}-\dfrac{\pi}{6}\right)+i\sin\left(\dfrac{\pi}{4}-\dfrac{\pi}{6}\right)\right\}$

◀虚部が 0

◀$\sin\theta=0$ の解は $\theta=k\pi$ (k は整数)

◀$z=\dfrac{1}{\sqrt{2}}\pm\dfrac{1}{\sqrt{2}}i$

◀z を極形式で表す。

◀$\cos(-20\theta)=\cos20\theta$, $\sin(-20\theta)=-\sin20\theta$

練習 ③104
(1) $\left(\dfrac{\sqrt{3}+3i}{\sqrt{3}+i}\right)^n$ が実数となる最大の負の整数 n の値を求めよ。

(2) 複素数 z が $z+\dfrac{1}{z}=\sqrt{3}$ を満たすとき　$z^{12}+\dfrac{1}{z^{12}}=$ □

p.535 EX 72

基本例題 105 方程式 $z^n=1$ の解 ②②②②②

極形式を用いて，方程式 $z^6=1$ を解け。

p.525 基本事項 2　重要 107，演習 133

指針 次の手順で考えていくとよい。

1. 解を $z=r(\cos\theta+i\sin\theta)$ $[r>0]$ とする。
2. 方程式 $z^6=1$ の左辺と右辺を極形式で表す。
3. 両辺の 絶対値と偏角を比較 する。
4. z の絶対値 r と偏角 θ の値を求める。θ は $0\leqq\theta<2\pi$ の範囲にあるものを書き上げる。

CHART 複素数の累乗には　**ド・モアブルの定理**
$$(\cos\theta+i\sin\theta)^n=\cos n\theta+i\sin n\theta$$

解答

解を $z=r(\cos\theta+i\sin\theta)$ $[r>0]$ とすると
$$z^6=r^6(\cos 6\theta+i\sin 6\theta)$$
◀ド・モアブルの定理。

また　$1=\cos 0+i\sin 0$
◀1 を極形式で表す。

ゆえに　$r^6(\cos 6\theta+i\sin 6\theta)=\cos 0+i\sin 0$
◀$z^6=1$ の両辺を極形式で表した。

両辺の絶対値と偏角を比較すると
$$r^6=1,\quad 6\theta=2k\pi\quad (k \text{ は整数})$$
$r>0$ であるから　$r=1$　また　$\theta=\dfrac{k}{3}\pi$

よって　$z=\cos\dfrac{k}{3}\pi+i\sin\dfrac{k}{3}\pi$ …… ①

$0\leqq\theta<2\pi$ の範囲で考えると　$k=0,\ 1,\ 2,\ 3,\ 4,\ 5$

① で $k=l$ $(l=0,\ 1,\ 2,\ 3,\ 4,\ 5)$ としたときの z を z_l とすると

$$z_0=\cos 0+i\sin 0=1,$$
$$z_1=\cos\frac{\pi}{3}+i\sin\frac{\pi}{3}=\frac{1}{2}+\frac{\sqrt{3}}{2}i,$$
$$z_2=\cos\frac{2}{3}\pi+i\sin\frac{2}{3}\pi=-\frac{1}{2}+\frac{\sqrt{3}}{2}i,$$
$$z_3=\cos\pi+i\sin\pi=-1,$$
$$z_4=\cos\frac{4}{3}\pi+i\sin\frac{4}{3}\pi=-\frac{1}{2}-\frac{\sqrt{3}}{2}i,$$
$$z_5=\cos\frac{5}{3}\pi+i\sin\frac{5}{3}\pi=\frac{1}{2}-\frac{\sqrt{3}}{2}i$$

したがって，求める解は　$\boldsymbol{z=\pm 1,\ \pm\dfrac{1}{2}\pm\dfrac{\sqrt{3}}{2}i}$

検討

$z^6-1=0$ から
$(z+1)(z-1)(z^2+z+1)$
$\times(z^2-z+1)=0$
このように，因数分解を利用して解くこともできる。
なお，解を複素数平面上に図示すると，単位円に内接する正六角形の頂点となっている。また，$z_k={z_1}^k$ が成り立つ。
⟶ $p.532,\ 533$ の参考事項も参照。

練習 ② 105 極形式を用いて，次の方程式を解け。
(1) $z^3=1$　(2) $z^8=1$

基本例題 106 方程式 $z^n=\alpha$ の解 ⓘⓘⓘⓘⓘ

方程式 $z^4=-8+8\sqrt{3}\,i$ を解け。

基本 105 重要 108

指針 方針は前ページの基本例題 **105** とまったく同様である。
解を $z=r(\cos\theta+i\sin\theta)$ $[r>0]$ とすると　$z^4=r^4(\cos 4\theta+i\sin 4\theta)$
また，$-8+8\sqrt{3}\,i$ を極形式で表し，両者の **絶対値と偏角を比較** する。

CHART α の n 乗根は　絶対値と偏角を比べる

解答

解を $z=r(\cos\theta+i\sin\theta)$ $[r>0]$ とすると

$$z^4=r^4(\cos 4\theta+i\sin 4\theta)$$

◀ド・モアブルの定理。

また　$-8+8\sqrt{3}\,i=16\left(\cos\frac{2}{3}\pi+i\sin\frac{2}{3}\pi\right)$

◀$-8+8\sqrt{3}\,i$
$=16\left(-\frac{1}{2}+\frac{\sqrt{3}}{2}i\right)$

ゆえに　$r^4(\cos 4\theta+i\sin 4\theta)=16\left(\cos\frac{2}{3}\pi+i\sin\frac{2}{3}\pi\right)$

両辺の絶対値と偏角を比較すると

$$r^4=16,\quad 4\theta=\frac{2}{3}\pi+2k\pi\ (k\text{ は整数})$$

◀$+2k\pi$ を忘れないように。

$r>0$ であるから　$r=2$　　また　$\theta=\frac{\pi}{6}+\frac{k}{2}\pi$

◀$r^n=a$ $(a>0)$ の正の解は
$r=\sqrt[n]{a}$

よって

$$z=2\left\{\cos\left(\frac{\pi}{6}+\frac{k}{2}\pi\right)+i\sin\left(\frac{\pi}{6}+\frac{k}{2}\pi\right)\right\}\ \cdots\cdots\ ①$$

$0\leqq\theta<2\pi$ の範囲で考えると　$k=0,\ 1,\ 2,\ 3$
① で $k=0,\ 1,\ 2,\ 3$ としたときの z を，それぞれ $z_0,\ z_1,\ z_2,\ z_3$ とすると

$$z_0=2\left(\cos\frac{\pi}{6}+i\sin\frac{\pi}{6}\right)=\sqrt{3}+i,$$

$$z_1=2\left(\cos\frac{2}{3}\pi+i\sin\frac{2}{3}\pi\right)=-1+\sqrt{3}\,i,$$

$$z_2=2\left(\cos\frac{7}{6}\pi+i\sin\frac{7}{6}\pi\right)=-\sqrt{3}-i,$$

$$z_3=2\left(\cos\frac{5}{3}\pi+i\sin\frac{5}{3}\pi\right)=1-\sqrt{3}\,i$$

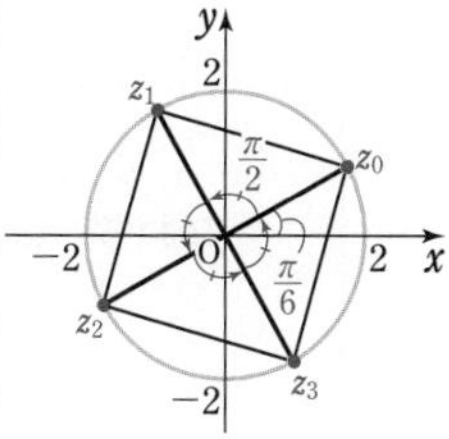

したがって，求める解は　$\boldsymbol{z=\pm(\sqrt{3}+i),\ \pm(1-\sqrt{3}\,i)}$

検討 **解の図形的な意味**

解を表す 4 点 $z_0,\ z_1,\ z_2,\ z_3$ は，複素数平面上で，原点 O を中心とする半径 2 の円に内接する正方形の頂点である。また，解 z_k において，$k=0,\ 1,\ 2,\ 3$ 以外の任意の整数 k に対して，z_k は $z_0,\ z_1,\ z_2,\ z_3$ のいずれかと一致する。

練習 ② **106** 次の方程式を解け。　［(1) 東北学院大］

(1) $z^3=8i$　　(2) $z^4=-2-2\sqrt{3}\,i$

p.535 EX73

重要例題 107 1の n 乗根の利用

複素数 α ($\alpha \neq 1$) を1の5乗根とする。 [(1)〜(3) 金沢大]

(1) $\alpha^2+\alpha+1+\dfrac{1}{\alpha}+\dfrac{1}{\alpha^2}=0$ であることを示せ。

(2) (1) を利用して，$t=\alpha+\overline{\alpha}$ は $t^2+t-1=0$ を満たすことを示せ。

(3) (2) を利用して，$\cos\dfrac{2}{5}\pi$ の値を求めよ。

(4) $\alpha=\cos\dfrac{2}{5}\pi+i\sin\dfrac{2}{5}\pi$ とするとき，$(1-\alpha)(1-\alpha^2)(1-\alpha^3)(1-\alpha^4)=5$ であることを示せ。

基本 105

指針

(1) α は1の5乗根 $\Longleftrightarrow \alpha^5=1 \Longleftrightarrow (\alpha-1)(\alpha^4+\alpha^3+\alpha^2+\alpha+1)=0$

(2) $\alpha^5=1$ より，$|\alpha|=1$ すなわち $\alpha\overline{\alpha}=1$ であるから，かくれた条件 $\overline{\alpha}=\dfrac{1}{\alpha}$ を利用。

(3) $\alpha=\cos\dfrac{2}{5}\pi+i\sin\dfrac{2}{5}\pi$ とすると，α は1の5乗根の1つ。$t=\alpha+\overline{\alpha}$ を考え，(2) の**結果を利用**する。

(4) $\alpha^5=1$ を利用して，α^k ($k=1,\ 2,\ 3,\ 4,\ 5$) が方程式 $z^5=1$ の異なる5個の解であることを示す。これが示されるとき，$z^5-1=(z-\alpha)(z-\alpha^2)(z-\alpha^3)(z-\alpha^4)(z-\alpha^5)$ が成り立つことを利用する。
（$(1-\alpha)(1-\alpha^2)(1-\alpha^3)(1-\alpha^4)$ に似た形。）

解答

(1) $\alpha^5=1$ から $\quad (\alpha-1)(\alpha^4+\alpha^3+\alpha^2+\alpha+1)=0$

$\alpha \neq 1$ であるから $\quad \alpha^4+\alpha^3+\alpha^2+\alpha+1=0$

両辺を α^2 ($\neq 0$) で割ると $\quad \alpha^2+\alpha+1+\dfrac{1}{\alpha}+\dfrac{1}{\alpha^2}=0$

◀ $\alpha^5-1=0$

一般に
z^n-1
$=(z-1)(z^{n-1}+z^{n-2}+\cdots+1)$
[n は自然数] が成り立つ。この恒等式は，初項1，公比 z，項数 n の等比数列の和を考えることで導かれる。

(2) $\alpha^5=1$ から $\quad |\alpha|^5=1$

よって $\quad |\alpha|=1 \quad$ ゆえに $\quad |\alpha|^2=1$

すなわち $\quad \alpha\overline{\alpha}=1 \quad$ よって $\quad \overline{\alpha}=\dfrac{1}{\alpha}$

ゆえに
$$\begin{aligned} t^2+t-1&=(\alpha+\overline{\alpha})^2+(\alpha+\overline{\alpha})-1\\ &=\alpha^2+\alpha+2\alpha\overline{\alpha}-1+(\overline{\alpha})^2+\overline{\alpha}\\ &=\alpha^2+\alpha+2-1+\frac{1}{\alpha^2}+\frac{1}{\alpha}=0 \end{aligned}$$

◀ $(\alpha+\overline{\alpha})^2=\alpha^2+2\alpha\overline{\alpha}+(\overline{\alpha})^2$

◀ (1) の結果を利用。

(3) $\alpha=\cos\dfrac{2}{5}\pi+i\sin\dfrac{2}{5}\pi$ とすると，α は $\alpha^5=1$，$\alpha\neq 1$ を満たす。このとき $\quad \overline{\alpha}=\cos\dfrac{2}{5}\pi-i\sin\dfrac{2}{5}\pi$

◀ $\alpha^5=\cos 2\pi+i\sin 2\pi=1$

よって，$t=\alpha+\overline{\alpha}$ とすると $t=2\cos\dfrac{2}{5}\pi$ であり，(2) から $t^2+t-1=0$ が満たされる。

◀ $\alpha+\overline{\alpha}=2\times$($\alpha$ の実部)

$t^2+t-1=0$ の解は $\quad t=\dfrac{-1\pm\sqrt{1^2-4\cdot 1\cdot(-1)}}{2}=\dfrac{-1\pm\sqrt{5}}{2}$

$t>0$ であるから $\quad t=2\cos\dfrac{2}{5}\pi=\dfrac{-1+\sqrt{5}}{2} \quad$ ゆえに $\quad \boldsymbol{\cos\dfrac{2}{5}\pi=\dfrac{\sqrt{5}-1}{4}}$

(4) $\alpha^5=1$ であるから，$k=1,\ 2,\ 3,\ 4,\ 5$ に対して

$$(\alpha^k)^5=(\alpha^5)^k=1^k=1 \quad \text{が成り立つ。}$$

よって，$\alpha^k\ (k=1,\ 2,\ 3,\ 4,\ 5)$ は方程式 $z^5=1$ の解である。

ここで，$\alpha,\ \alpha^2,\ \alpha^3,\ \alpha^4,\ \alpha^5\ (=1)$ は互いに異なるから，5 次方程式 $z^5-1=0$ の異なる 5 個の解である。

$z^5-1=(z-1)(z^4+z^3+z^2+z+1)$ から，$\alpha,\ \alpha^2,\ \alpha^3,\ \alpha^4$ は $z^4+z^3+z^2+z+1=0$ の解である。よって，

$$z^4+z^3+z^2+z+1=(z-\alpha)(z-\alpha^2)(z-\alpha^3)(z-\alpha^4)$$

と因数分解できる。

両辺に $z=1$ を代入して

$$(1-\alpha)(1-\alpha^2)(1-\alpha^3)(1-\alpha^4)=5$$

別解 (与式)$=(1-\alpha)(1-\alpha^4)\times(1-\alpha^2)(1-\alpha^3)$

$=(1-\alpha^4-\alpha+\alpha^5)(1-\alpha^3-\alpha^2+\alpha^5)$

$=\{2-(\alpha+\alpha^4)\}\{2-(\alpha^2+\alpha^3)\}$

$=2^2-(\alpha^4+\alpha^3+\alpha^2+\alpha)\cdot2+\alpha^3+\alpha^4+\alpha^6+\alpha^7$

$=4-(-1)\cdot2+\alpha^3+\alpha^4+\alpha+\alpha^2=6-1=5$

◀(3) の α と同じ値。$\alpha\neq1$

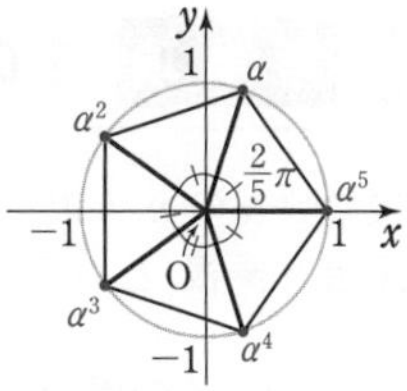

注意 一般に，n 次方程式は n 個の解をもつ。

◀$\alpha^5=1$ と (1) で導いた $\alpha^4+\alpha^3+\alpha^2+\alpha+1=0$ を利用する。

検討

重要例題 107 (4) に関する一般化

重要例題 107 (4) に関する考察は，一般の場合でも同様である。

1 の n 乗根の 1 つを $\alpha=\cos\dfrac{2\pi}{n}+i\sin\dfrac{2\pi}{n}$ とすると，$\alpha,\ \alpha^2,\ \cdots\cdots,\ \alpha^{n-1},\ \alpha^n\ (=1)$ は互いに異なり，$1\leqq k\leqq n$ である自然数 k に対して $(\alpha^k)^n=(\alpha^n)^k=1^k=1$ であるから，$1,\ \alpha,\ \alpha^2,\ \cdots\cdots,\ \alpha^{n-1}$ は n 次方程式 $z^n-1=0$ の解である。

$z^n-1=(z-1)(z^{n-1}+z^{n-2}+\cdots\cdots+z+1)$ から，$\alpha,\ \alpha^2,\ \cdots\cdots,\ \alpha^{n-1}$ は $z^{n-1}+z^{n-2}+\cdots\cdots+z+1=0$ の解である。

よって，恒等式

$$(z-\alpha)(z-\alpha^2)\cdot\cdots\cdots\cdot(z-\alpha^{n-1})=z^{n-1}+z^{n-2}+\cdots\cdots+z+1$$

が成り立つ。両辺に $z=1$ を代入すると

$$(1-\alpha)(1-\alpha^2)\cdot\cdots\cdots\cdot(1-\alpha^{n-1})=n$$

◀(右辺)$=1\times n$

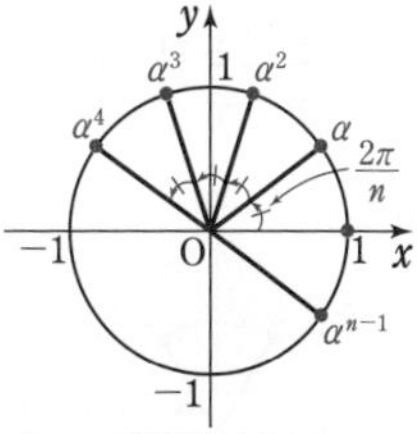

更に，両辺の絶対値をとると，$|z_1z_2|=|z_1||z_2|$ に注意して

$$|1-\alpha||1-\alpha^2|\cdot\cdots\cdots\cdot|1-\alpha^{n-1}|=n \quad \cdots\cdots ①$$

ここで，$P_k(\alpha^k)\ (k=0,\ 1,\ \cdots\cdots,\ n-1)$ とすると，$|1-\alpha^k|$ は線分 P_0P_k の長さに等しいから，① は

$$P_0P_1\times P_0P_2\times\cdots\cdots\times P_0P_{n-1}=n$$

したがって，① から次のことがわかる。

半径 1 の円に内接する正 n 角形の 1 つの頂点から他の頂点に引いた $(n-1)$ 本の線分の長さの積は n に等しい。

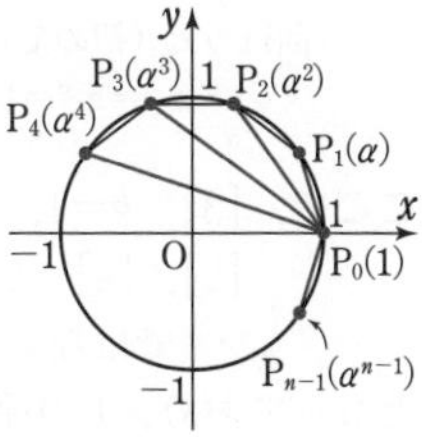

練習 ④ **107** 複素数 $\alpha=\cos\dfrac{2}{7}\pi+i\sin\dfrac{2}{7}\pi$ に対して

(1) (ア) $\alpha+\alpha^2+\alpha^3+\alpha^4+\alpha^5+\alpha^6$　　(イ) $\dfrac{1}{1-\alpha}+\dfrac{1}{1-\alpha^6}$

(ウ) $(1-\alpha)(1-\alpha^2)(1-\alpha^3)(1-\alpha^4)(1-\alpha^5)(1-\alpha^6)$　　の値を求めよ。

(2) $t=\alpha+\overline{\alpha}$ とするとき，t^3+t^2-2t の値を求めよ。

p.535 EX 74, 75

参考事項　1の原始 n 乗根

複素数 α の n 乗根，すなわち，$x^n=\alpha$ の解のうち，n 乗して初めて α になるものを，α の **原始 n 乗根** という。ここでは，1の原始 n 乗根について，考えてみることにしよう。

例　$n=6$ の場合。$z^6=1$ の解のうち，原始6乗根となるものを求める。

$z^6=1$ の解は，$p.528$ 基本例題 **105** の解答における，z_0，z_1，……，z_5 の6個である。

[1]　$z_0=1$ は，明らかに1の原始6乗根ではない。

[2]　$z_3=-1$ は，$z_3{}^2=1$ から，1の原始6乗根ではない。

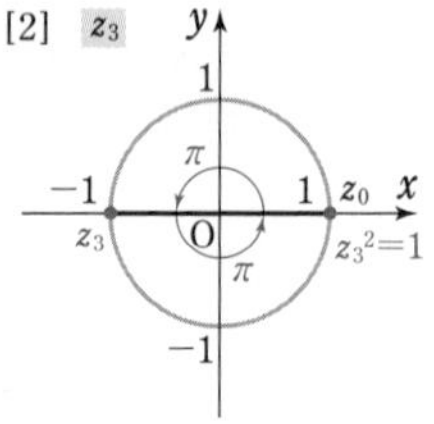

点 z_3 に π の回転を行うと点1に到達する。

$z_3\times z_3=z_3{}^2=1$

[3]　z_1，z_5 については

$$\frac{5}{3}\pi=-\frac{\pi}{3}+2\pi$$

$$z_1=\cos\frac{\pi}{3}+i\sin\frac{\pi}{3},\quad z_5=\cos\left(-\frac{\pi}{3}\right)+i\sin\left(-\frac{\pi}{3}\right)$$

と表され，図[3]より，z_1，z_5 はどちらも6乗したとき初めて1になる。つまり，z_1，z_5 は1の原始6乗根である。

[4]　z_2，z_4 については

$$\frac{4}{3}\pi=-\frac{2}{3}\pi+2\pi$$

$$z_2=\cos\frac{2}{3}\pi+i\sin\frac{2}{3}\pi,\quad z_4=\cos\left(-\frac{2}{3}\pi\right)+i\sin\left(-\frac{2}{3}\pi\right)$$

と表され，$z_2{}^3=1$，$z_4{}^3=1$ である（このことは，図[4]からもわかる）。

よって，z_2，z_4 はともに1の原始6乗根ではない。

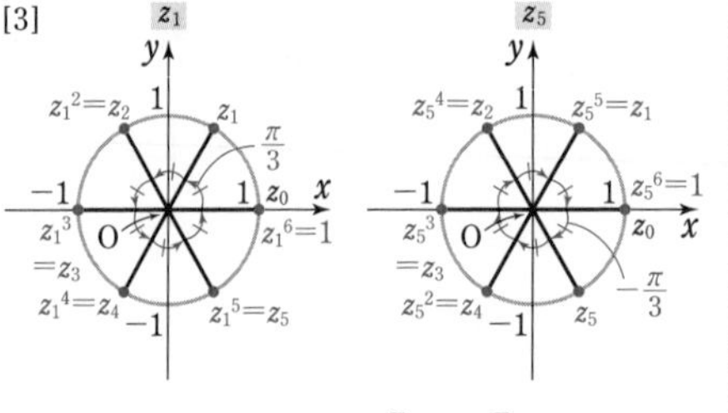

点 z_1，z_5 にそれぞれ $\dfrac{\pi}{3}$，$-\dfrac{\pi}{3}$ の回転を5回行うと（初めて）点1に到達する。

$z_1\times z_1{}^5=z_1{}^6=1,\quad z_5\times z_5{}^5=z_5{}^6=1$

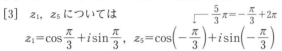

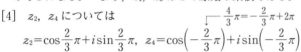

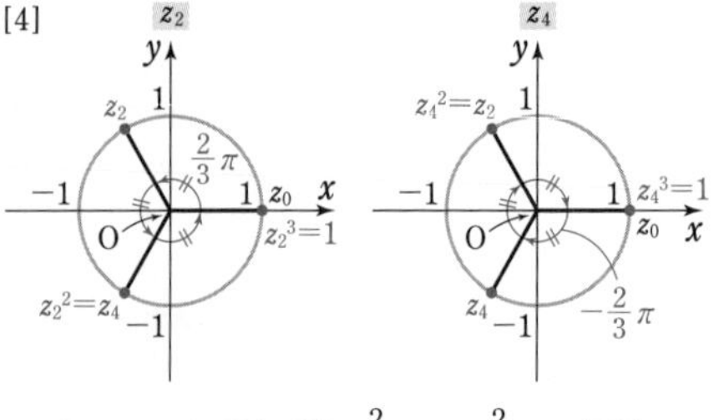

点 z_2，z_4 にそれぞれ $\dfrac{2}{3}\pi$，$-\dfrac{2}{3}\pi$ の回転を2回行うと点1に到達する。

$z_2\times z_2{}^2=z_2{}^3=1,\quad z_4\times z_4{}^2=z_4{}^3=1$

ここで，[3]　$k=1$，5のとき，z_k は1の原始6乗根であり，　◀k は6と互いに素である。

[2]，[4]　$k=2$，3，4のとき，z_k は1の原始6乗根ではない。　◀k は6と互いに素でない。

となっており，1の原始6乗根 $z=z_1$，z_5 については，図[3]から次のことがわかる。

点 z^l $(l=1,\ 2,\ 3,\ 4,\ 5,\ 6)$ は，点1を1つの頂点として，単位円に内接する正六角形の各頂点になる。

一般には，原始 n 乗根に関して，次のページで示したような性質がある。

1 の n 乗根，すなわち $z^n=1$ の解 $z_k=\cos\dfrac{2k\pi}{n}+i\sin\dfrac{2k\pi}{n}$ $(k=0,\ 1,\ \cdots\cdots,\ n-1)$ の
うち，$z_0=1$ は 1 の原始 n 乗根ではなく，$k\geqq 1$ の場合については次のことが成り立つ。
(i) **k が n と互いに素であるとき，z_k は 1 の原始 n 乗根である。**
また，このとき，$z_k{}^l$ $(l=1,\ 2,\ \cdots\cdots,\ n)$ は，点 1 を 1 つの頂点として，単位円に内接する正 n 角形の各頂点になる。
(ii) **k が n と互いに素でないとき，z_k は 1 の原始 n 乗根ではない。**

[(i) の前半と (ii) の証明]

偏角に注目。

自然数 m $(1\leqq m\leqq n)$ が $z_k{}^m=1$ を満たすための条件は，$\dfrac{2k\pi}{n}\times m=2\pi\times$(自然数)
すなわち，$km=(n$ の正の倍数$)$ …… ① が満たされることである。
(i) k が n と互いに素であるとき，① を満たす m は n の正の倍数である。$1\leqq m\leqq n$ であるから $m=n$
よって，z_k は n 乗して初めて 1 になるから，z_k は 1 の原始 n 乗根である。

◀ **a，b が互いに素で，ac が b の倍数ならば，c は b の倍数である。**
(a，b，c は整数)

(ii) k が n と互いに素でないとき，k と n の最大公約数を g $(g\geqq 2)$ とすると $k=gk'$，$n=gn'$ (k'，n' は互いに素な自然数) と表される。
これを ① に代入することにより，① は $k'm=(n'$ の正の倍数$)$ …… ② と同値である。
k' と n' は互いに素であるから，② を満たす m は n' の正の倍数である。
$m=n'$ とすると，$n'<n$ から $1\leqq m<n$ を満たし $km=kn'=gk'n'=nk'$
よって，① が満たされるから，$z_k{}^{n'}=1$ $(n'<n)$ である。
すなわち，z_k は 1 の原始 n 乗根ではない。

[(i) の後半の証明] 1 の原始 n 乗根 z_k について，z_k，$z_k{}^2$，$z_k{}^3$，……，$z_k{}^n$ の偏角は順に

$$\frac{k}{n}\cdot 2\pi,\ \frac{2k}{n}\cdot 2\pi,\ \frac{3k}{n}\cdot 2\pi,\ \cdots\cdots,\ \frac{nk}{n}\cdot 2\pi \quad \cdots\cdots ③$$

◀ $\dfrac{nk}{n}\cdot 2\pi=2\pi k$

③ の隣り合った 2 つの偏角の差はすべて $\left|\dfrac{k}{n}\cdot 2\pi\right|$ であり，③ の任意の 2 つの偏角の差は
$\dfrac{lk}{n}\cdot 2\pi$ $(1\leqq|l|\leqq n-1)$ と表される。
$\dfrac{lk}{n}=m$ (m は整数) と仮定すると $lk=nm$
k と n は互いに素であるから，l は n の倍数であるが，これは $1\leqq|l|\leqq n-1$ に反する。
ゆえに，$\dfrac{lk}{n}$ が整数になることはないから，③ の任意の 2 つの偏角の差が 2π の整数倍になることはない。よって，z_k，$z_k{}^2$，$z_k{}^3$，…，$z_k{}^n$ はすべて互いに異なるから，(i) の後半は示された。

また，**z_k が 1 の原始 n 乗根のときは，**(i) と $p.531$ の 検討 で示したことから，恒等式

$$(z-z_k)(z-z_k{}^2)\cdots\cdots(z-z_k{}^{n-1})=z^{n-1}+z^{n-2}+\cdots\cdots+z+1 \quad \cdots\cdots ④$$

が成り立つ。
特に，n が素数のときは，(i) により，解 z_k $(k=1,\ 2,\ \cdots\cdots,\ n-1)$ はどれも 1 の原始 n 乗根であるから，すべての解 z_k $(k=1,\ 2,\ \cdots\cdots,\ n-1)$ について ④ が成り立つ。

3章 ⑭ ド・モアブルの定理

重要例題 108 累乗の等式を満たす指数の最小値 ④

$\alpha=\dfrac{\sqrt{3}+i}{2}$, $\beta=\dfrac{1+i}{\sqrt{2}}$, $\gamma=-\alpha$ とするとき

(1) $\alpha^n=\gamma$ となるような最小の自然数 n の値を求めよ。

(2) $\alpha^n\beta^m=\gamma$ となるような自然数の組 (n, m) のうちで, $n+m$ が最小となるものを求めよ。

基本 104, 106

指針 方針は基本例題 **105**, **106** と同様。ド・モアブルの定理によって, $\alpha^n=\gamma$ や $\alpha^n\beta^m=\gamma$ を極形式の形に直し, 絶対値と偏角を比較 する。

⟶ 偏角についての比較により, (1) では, n の 1 次方程式, (2) では, n, m の 1 次不定方程式が導かれるから, その自然数解について考えていくことになる。

解答

(1) $\alpha=\cos\dfrac{\pi}{6}+i\sin\dfrac{\pi}{6}$, $\gamma=\cos\dfrac{7}{6}\pi+i\sin\dfrac{7}{6}\pi$ であるから,

$\alpha^n=\gamma$ より $\cos\dfrac{n\pi}{6}+i\sin\dfrac{n\pi}{6}=\cos\dfrac{7}{6}\pi+i\sin\dfrac{7}{6}\pi$

よって $\dfrac{n\pi}{6}=\dfrac{7}{6}\pi+2k\pi$ (k は整数) $\therefore$ $n=7+12k$

求める最小の自然数 n は, $k=0$ のときで **$n=7$**

(2) $\beta=\cos\dfrac{\pi}{4}+i\sin\dfrac{\pi}{4}$ であるから, $\alpha^n\beta^m=\gamma$ より

$$\left(\cos\frac{n\pi}{6}+i\sin\frac{n\pi}{6}\right)\left(\cos\frac{m\pi}{4}+i\sin\frac{m\pi}{4}\right)=\cos\frac{7}{6}\pi+i\sin\frac{7}{6}\pi$$

$$\therefore \cos\left(\frac{n}{6}+\frac{m}{4}\right)\pi+i\sin\left(\frac{n}{6}+\frac{m}{4}\right)\pi=\cos\frac{7}{6}\pi+i\sin\frac{7}{6}\pi$$

よって $\left(\dfrac{n}{6}+\dfrac{m}{4}\right)\pi=\dfrac{7}{6}\pi+2k\pi$ (k は整数)

ゆえに $2n+3m=14+24k$ …… ①

n, m は自然数であるから, ① より $k\geqq 0$ …… ②

① を変形すると $2(n-7)=-3(m-8k)$

2 と 3 は互いに素であるから, $n-7=-3l$, $m-8k=2l$ (l は整数) と表される。よって $n=7-3l$, $m=2l+8k$

n は自然数であるから $7-3l>0$ ゆえに $l\leqq 2$ …… ③

ここで $n+m=(7-3l)+(2l+8k)=7+8k-l$

$n+m$ が最小となるのは, ②, ③ から $k=0$ かつ $l=2$ のとき, すなわち **$(n, m)=(1, 4)$** のときである。

◀ $\gamma=-\alpha$ のとき $\arg\gamma=\arg\alpha+\pi$

◀ ド・モアブルの定理 $(\cos\theta+i\sin\theta)^n=\cos n\theta+i\sin n\theta$

◀ 偏角を比較。

◀ $(\cos\alpha+i\sin\alpha)\times(\cos\beta+i\sin\beta)=\cos(\alpha+\beta)+i\sin(\alpha+\beta)$

◀ 偏角を比較。

◀ $k\leqq -1$ のとき $14+24k<0$

◀ **a, b が互いに素で, ac が b の倍数ならば, c は b の倍数である。** (a, b, c は整数)

練習 ④108 (1) $\left(\dfrac{1-\sqrt{3}i}{2}\right)^n+1=0$ を満たす最小の自然数 n の値を求めよ。

(2) 正の整数 m, n で, $(1+i)^n=(1+\sqrt{3}i)^m$ かつ $m+n\leqq 100$ を満たす組 (m, n) をすべて求めよ。 [(2) 類 神戸大]

EXERCISES

②70 ド・モアブルの定理を用いて，次の等式を証明せよ。

(1) $\sin 2\theta=2\sin\theta\cos\theta$，$\cos 2\theta=\cos^2\theta-\sin^2\theta$

(2) $\sin 3\theta=3\sin\theta-4\sin^3\theta$，$\cos 3\theta=-3\cos\theta+4\cos^3\theta$ →p.525 基本事項 1

③71 次の式を計算せよ。

$\dfrac{2+\sqrt{3}-i}{2+\sqrt{3}+i}=$ ア□，$\left(\dfrac{2+\sqrt{3}-i}{2+\sqrt{3}+i}\right)^3=$ イ□，$\left(\dfrac{2+\sqrt{3}-i}{2+\sqrt{3}+i}\right)^{2023}=$ ウ□ →103

③72 z についての 2 次方程式 $z^2-2z\cos\theta+1=0$（ただし，$0<\theta<\pi$）の複素数解を α，β とする。

(1) α，β を求めよ。

(2) $\theta=\dfrac{2}{3}\pi$ のとき，$\alpha^n+\beta^n$ の値を求めよ。ただし，n は正の整数とする。 →104

③73 虚数単位を i とし，$\alpha=2+2\sqrt{3}\,i$ とする。

(1) $w^2=\alpha$ を満たす複素数 w の実部と虚部の値を求めよ。

(2) $z^2-\alpha z-4=0$ を満たす複素数 z の実部と虚部の値を求めよ。

(3) $z^2-\alpha z-2-2\sqrt{3}-(2-2\sqrt{3})i=0$ を満たす複素数 z の実部と虚部の値を求めよ。 〔類 岐阜大〕 →106

④74 (1) θ を $0\leqq\theta<2\pi$ を満たす実数，i を虚数単位とし，z を $z=\cos\theta+i\sin\theta$ で表される複素数とする。このとき，整数 n に対して次の式を証明せよ。

$$\cos n\theta=\frac{1}{2}\left(z^n+\frac{1}{z^n}\right),\ \sin n\theta=-\frac{i}{2}\left(z^n-\frac{1}{z^n}\right)$$

(2) $\sin^2 20°+\sin^2 40°+\sin^2 60°+\sin^2 80°=\dfrac{9}{4}$ を証明せよ。〔類 九州大〕 →104,107

④75 複素数 $\alpha=\cos\dfrac{2\pi}{7}+i\sin\dfrac{2\pi}{7}$ に対して，複素数 β，γ を $\beta=\alpha+\alpha^2+\alpha^4$，$\gamma=\alpha^3+\alpha^5+\alpha^6$ とする。 〔横浜国大〕

(1) $\beta+\gamma$，$\beta\gamma$ の値を求めよ。　(2) β，γ の値を求めよ。

(3) $\sin\dfrac{2\pi}{7}+\sin\dfrac{4\pi}{7}+\sin\dfrac{8\pi}{7}$ および $\sin\dfrac{\pi}{7}\sin\dfrac{2\pi}{7}\sin\dfrac{3\pi}{7}$ の値を求めよ。 →107

HINT

70 $(\cos\theta+i\sin\theta)^2$，$(\cos\theta+i\sin\theta)^3$ にド・モアブルの定理を適用。

71 (ア) 分母を実数化。 (イ)，(ウ) (ア)の結果を極形式で表し，ド・モアブルの定理を利用。

72 (2) n の値により場合分けして求めることになる。

73 (2) $z^2-\alpha z-4=0$ を平方完成の要領で式変形し，(1)の結果を利用する。

74 (1) z^n，$\dfrac{1}{z^n}$ をド・モアブルの定理を用いて計算。

(2) まず，半角の公式 $\sin^2 20°=\dfrac{1-\cos 40°}{2}$ などを用いて，与式を cos● の 1 次の式に直す。その式に注目して，(1)の $\cos n\theta$ の式の利用を考える。

75 (1) $\alpha^7=1$ と $\alpha\neq1$ であることを利用する。

(2) β，γ は x の 2 次方程式 $x^2-(\beta+\gamma)x+\beta\gamma=0$ の 2 解である。

15 複素数と図形

基本事項

1 線分の内分点，外分点

① 2点 A(α)，B(β) を結ぶ線分を $m:n$ に

内分する点を表す複素数は $\dfrac{n\alpha+m\beta}{m+n}$，外分する点を表す複素数は $\dfrac{-n\alpha+m\beta}{m-n}$

特に，中点を表す複素数は $\dfrac{\alpha+\beta}{2}$

② 3点 A(α)，B(β)，C(γ) を頂点とする △ABC の重心を表す複素数は $\dfrac{\alpha+\beta+\gamma}{3}$

2 方程式の表す図形

異なる2点 A(α)，B(β) に対して

① 方程式 $|z-\alpha|=|z-\beta|$ を満たす点 P(z)

全体は　**線分 AB の垂直二等分線**

② 方程式 $|z-\alpha|=r$ ($r>0$) を満たす点 P(z)

全体は　**点 α を中心とする半径 r の円**

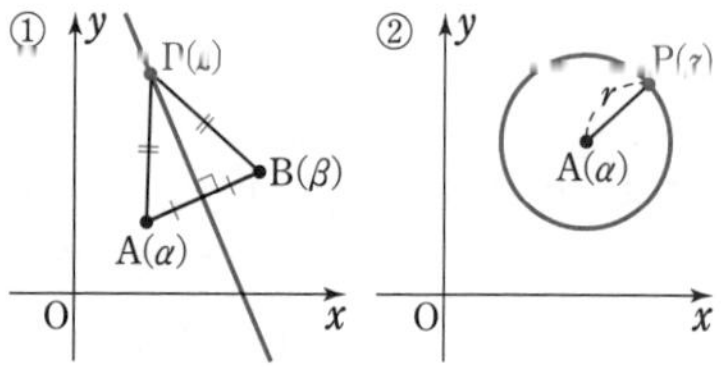

3 半直線のなす角，線分の平行・垂直などの条件

異なる4点を A(α)，B(β)，C(γ)，D(δ) とし，偏角 θ を $-\pi<\theta\leqq\pi$ で考えるとすると

① $\angle\beta\alpha\gamma=\arg\dfrac{\gamma-\alpha}{\beta-\alpha}$

② **3点 A，B，C が一直線上にある** $\Longleftrightarrow$ $\dfrac{\gamma-\alpha}{\beta-\alpha}$ **が実数**　[偏角が 0 または π]

③ **AB⊥AC** $\Longleftrightarrow$ $\dfrac{\gamma-\alpha}{\beta-\alpha}$ **が純虚数**　$\left[\text{偏角が }\pm\dfrac{\pi}{2}\right]$

④ **AB∥CD** $\Longleftrightarrow$ $\dfrac{\delta-\gamma}{\beta-\alpha}$ **が実数**，　**AB⊥CD** $\Longleftrightarrow$ $\dfrac{\delta-\gamma}{\beta-\alpha}$ **が純虚数**

解　説

■ **線分の内分点，外分点**

① 2点 A(α)，B(β) に対して，$\alpha=a+bi$，$\beta=c+di$ とすると，線分 AB を $m:n$ に内分する点 γ の実部は $\dfrac{na+mc}{m+n}$，虚部は $\dfrac{nb+md}{m+n}$　よって，$\gamma=\dfrac{n\alpha+m\beta}{m+n}$ となる。

外分の場合も同様にして導かれる。

中点については，内分の場合で $m=n=1$ とすると得られる。

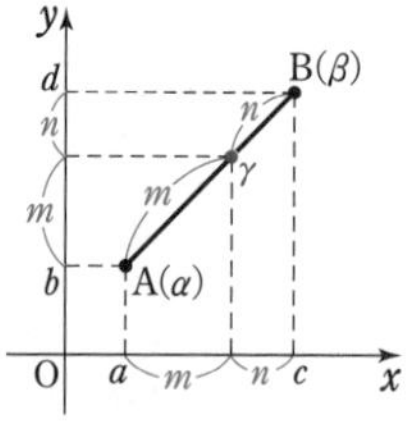

◀座標平面上の2点 $(x_1,\ y_1)$，$(x_2,\ y_2)$ を結ぶ線分を $m:n$ に内分する点の座標は $\left(\dfrac{nx_1+mx_2}{m+n},\ \dfrac{ny_1+my_2}{m+n}\right)$

② 3点 A(α)，B(β)，C(γ) を頂点とする △ABC について，辺 BC の中点 M を表す複素数は　$\dfrac{\beta+\gamma}{2}$

△ABC の重心 G は，線分 AM を 2：1 に内分する点であることから，基本事項の **1** ② が導かれる。

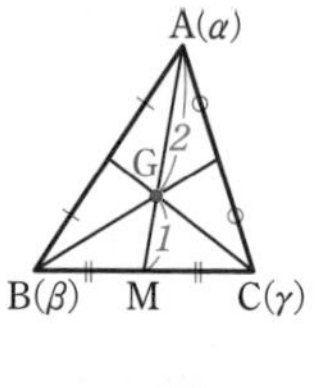

■ **方程式の表す図形**

異なる 2 定点 A(α), B(β) と動点 P(z), r ($r>0$) に対して

$|z-\alpha|=|z-\beta| \iff \mathrm{AP}=\mathrm{BP} \iff$ 点 P は 2 点 A, B から等距離にある

$|z-\alpha|=r \iff \mathrm{AP}=r \iff$ 点 P は点 A から r (一定) の距離にある

よって，基本事項 **2** が成り立つ。

◀A(α), B(β) に対し **AB**$=|\beta-\alpha|$

■ **アポロニウスの円の利用**

一般に，2 定点 A, B からの距離の比が $m:n$ ($m>0, n>0, m\neq n$) である点の軌跡は，線分 AB を $m:n$ に内分する点と外分する点を直径の両端とする円（アポロニウスの円）である。

◀「チャート式基礎からの数学II」の $p.175$ 参照。

このことを用いると，次のことが成り立つ。

異なる 2 点を A(α), B(β) とする。　$m>0$, $n>0$, $m\neq n$ のとき，方程式 $n|z-\alpha|=m|z-\beta|$ を満たす点 P(z) の全体は，**線分 AB を $m:n$ に内分する点と外分する点を直径の両端とする円** である。
なお，$m=n$ のとき，点 P 全体は線分 AB の垂直二等分線である。

◀$n\mathrm{AP}=m\mathrm{BP} \iff \mathrm{AP}:\mathrm{BP}=m:n$

◀基本事項 **2** ①。

■ **半直線のなす角**

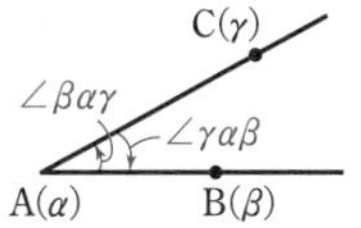

異なる 3 点 A(α), B(β), C(γ) に対し，半直線 AB から半直線 AC までの回転角を，本書では $\angle\boldsymbol{\beta\alpha\gamma}$ と表すことにする。
ここで，この $\angle\beta\alpha\gamma$ は向きを含めて考えた角である。
すなわち，半直線 AB から半直線 AC へ回転する角の向きが反時計回りのとき $\angle\beta\alpha\gamma$ は正の角，時計回りのとき $\angle\beta\alpha\gamma$ は負の角となる。
また，$\angle\boldsymbol{\gamma\alpha\beta}=-\angle\boldsymbol{\beta\alpha\gamma}$ が成り立つ。

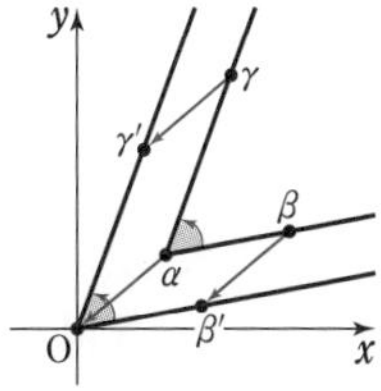

点 α が点 0 に移るような平行移動で，点 β が点 β' に，点 γ が点 γ' に移るとすると　$\beta'=\beta-\alpha$, $\gamma'=\gamma-\alpha$

よって　$\angle\beta\alpha\gamma=\angle\beta'0\gamma'=\arg\gamma'-\arg\beta'=\arg\dfrac{\gamma'}{\beta'}=\arg\dfrac{\gamma-\alpha}{\beta-\alpha}$

注意　$\angle\gamma\alpha\beta=-\angle\beta\alpha\gamma$ などの等式は，2π の整数倍の違いを除いて考えている。

■ **共線条件，線分の平行・垂直などの条件**

基本事項 **3** の ②～④ について，説明する。

②

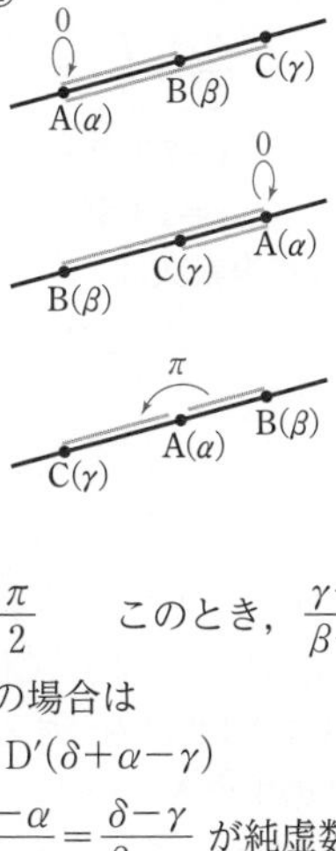

③

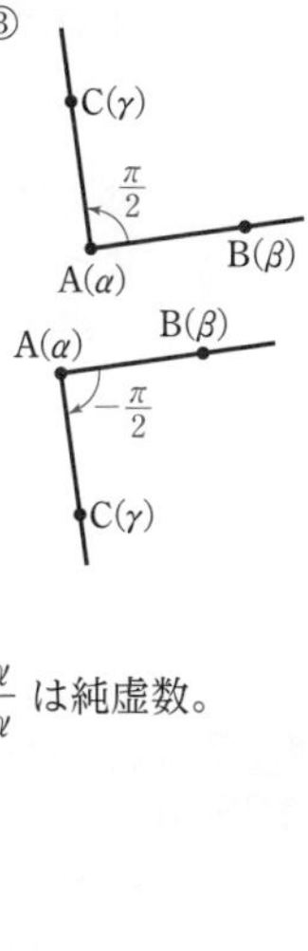

② 3 点 A, B, C が一直線上にあるとき

$$\angle\beta\alpha\gamma=\arg\frac{\gamma-\alpha}{\beta-\alpha}=0,\ \pi$$

偏角が 0 $\left(\dfrac{\gamma-\alpha}{\beta-\alpha}>0\right)$ なら，A, B, C または A, C, B の順に一直線上にあり，偏角が π $\left(\dfrac{\gamma-\alpha}{\beta-\alpha}<0\right)$ なら，B, A, C の順に一直線上にある。このとき，$\dfrac{\gamma-\alpha}{\beta-\alpha}$ は実数。

③ AB⊥AC であるとき　$\angle\beta\alpha\gamma=\arg\dfrac{\gamma-\alpha}{\beta-\alpha}=\pm\dfrac{\pi}{2}$　　このとき，$\dfrac{\gamma-\alpha}{\beta-\alpha}$ は純虚数。

④ 平行移動して ③ に帰着させる。例えば，垂直の場合は
C ⟶ A の平行移動により　D ⟶ D′ とすると　D′($\delta+\alpha-\gamma$)

$$\mathrm{AB}\perp\mathrm{CD} \iff \mathrm{AB}\perp\mathrm{AD'} \iff \frac{(\delta+\alpha-\gamma)-\alpha}{\beta-\alpha}=\frac{\delta-\gamma}{\beta-\alpha}\ \text{が純虚数}$$

基本 例題 109 内分点・外分点，重心を表す複素数

3点 A$(-1+4i)$，B$(2-i)$，C$(4+3i)$ について，次の点を表す複素数を求めよ。

(1) 線分 AB を 3：2 に内分する点 P　(2) 線分 AC を 2：1 に外分する点 Q

(3) 線分 AC の中点 M　(4) 平行四辺形 ABCD の頂点 D

(5) △ABC の重心 G

p.536 基本事項 1

指針 2点 A(α)，B(β) について，線分 AB を $m：n$ に

内分する点を表す複素数は $\dfrac{n\alpha+m\beta}{m+n}$

外分する点を表す複素数は $\dfrac{-n\alpha+m\beta}{m-n}$

（n を $-n$ におき換える）

線分 AB の **中点** を表す複素数は $\dfrac{\alpha+\beta}{2}$

(4) **平行四辺形 ABCD ⟺ 四角形 ABCD の対角線 AC，BD の中点が一致**
D(α) として，α の方程式を作る。

(5) 3点 A(α)，B(β)，C(γ) を頂点とする △ABC の **重心** は 点 $\dfrac{\alpha+\beta+\gamma}{3}$

解答

(1) 点 P を表す複素数は

$$\frac{2(-1+4i)+3(2-i)}{3+2}=\frac{4+5i}{5}=\boldsymbol{\frac{4}{5}+i}$$

(2) 点 Q を表す複素数は

$$\frac{-1\cdot(-1+4i)+2(4+3i)}{2-1}=\boldsymbol{9+2i}$$

◀2：1 に外分 ⟶ 2：(−1) に内分 と考えるとよい。

(3) 点 M を表す複素数は

$$\frac{(-1+4i)+(4+3i)}{2}=\boldsymbol{\frac{3}{2}+\frac{7}{2}i}$$

(4) 点 D(α) とすると，線分 AC の中点 M と線分 BD の中点が一致するから

◀2本の対角線が互いに他を2等分する。

$$\frac{3}{2}+\frac{7}{2}i=\frac{(2-i)+\alpha}{2}$$

ゆえに　$3+7i=2-i+\alpha$

よって　$\alpha=\boldsymbol{1+8i}$

(5) 点 G を表す複素数は

$$\frac{(-1+4i)+(2-i)+(4+3i)}{3}=\frac{5+6i}{3}=\boldsymbol{\frac{5}{3}+2i}$$

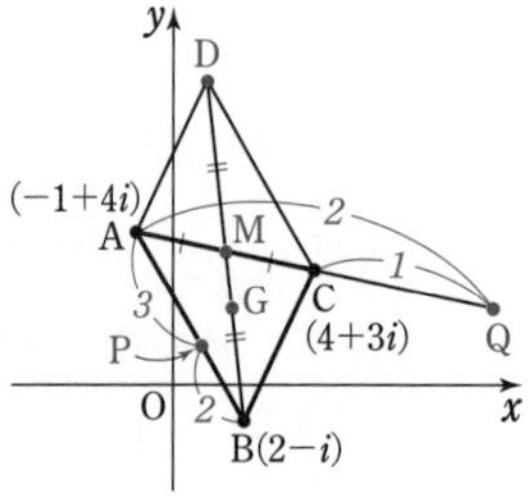

練習 109 ①
3点 A$(1+2i)$，B$(-3-2i)$，C$(6+i)$ について，次の点を表す複素数を求めよ。

(1) 線分 AB を 1：2 に内分する点 P　(2) 線分 CA を 2：3 に外分する点 Q

(3) 線分 BC の中点 M　(4) 平行四辺形 ADBC の頂点 D

(5) △ABQ の重心 G

p.578 EX76

基本例題 110 方程式の表す図形 (1) … 基本

次の方程式を満たす点 z の全体は，どのような図形か。 〔(2) 類 芝浦工大〕

(1) $|2z+1|=|2z-i|$　　(2) $|z+3-4i|=2$

(3) $(3z+2)(3\overline{z}+2)=9$　　(4) $(1+i)z+(1-i)\overline{z}+2=0$

p.536 基本事項 2　重要 117，演習 131

指針　① 方程式 $|z-\alpha|=|z-\beta|$ を満たす点 z 全体は
2 点 α，β を結ぶ線分の垂直二等分線

② 方程式 $|z-\alpha|=r$ $(r>0)$ を満たす点 z 全体は
点 α を中心とする半径 r の円

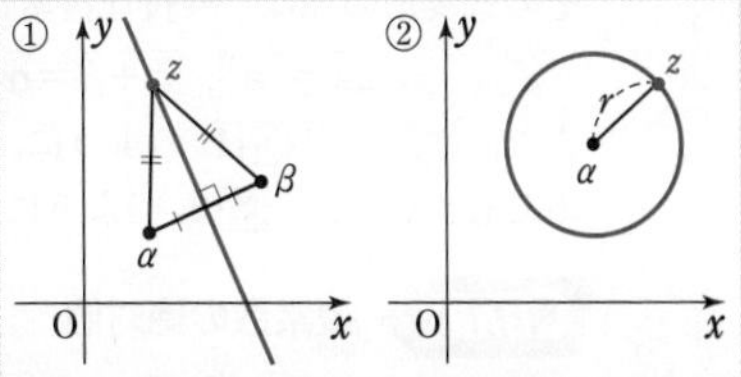

(1)～(3) 方程式を，上の ① または ② のような形に変形する。

(4) |　| の形を作り出すことはできないから，上の ①，② のような形に変形するのは無理。→ **$z=x+yi$** (x，y は実数) **とおき**，x，y の関係式を導く。

解答

(1) 方程式を変形すると　$\left|z+\dfrac{1}{2}\right|=\left|z-\dfrac{i}{2}\right|$

よって，点 z の全体は

2 点 $-\dfrac{1}{2}$，$\dfrac{i}{2}$ を結ぶ線分の垂直二等分線

(2) 方程式を変形すると
$|z-(-3+4i)|=2$

よって，点 z の全体は
点 $-3+4i$ を中心とする半径 2 の円

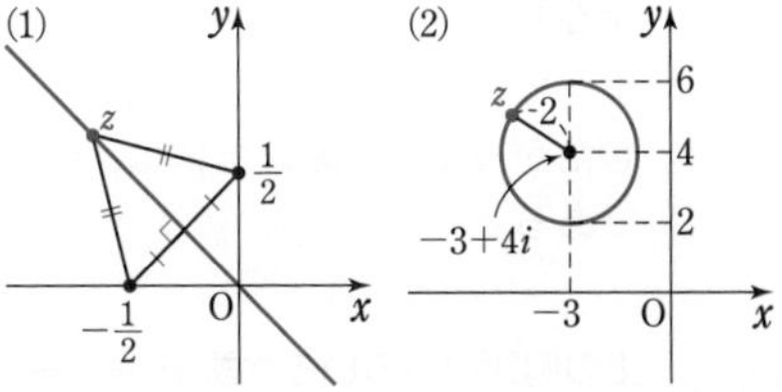

◀ $|z-\alpha|$ は 2 点 z，α 間の距離

(3) 方程式から　$(3z+2)(\overline{3z+2})=9$

よって　$|3z+2|^2=3^2$　　ゆえに　$|3z+2|=3$

◀ $z\overline{z}=|z|^2$

したがって　$\left|z-\left(-\dfrac{2}{3}\right)\right|=1$

◀ $|z-●|=r$ の形。

よって，点 z の全体は　**点 $-\dfrac{2}{3}$ を中心とする半径 1 の円**

(4) $z=x+yi$ (x，y は実数) とおくと　$\overline{z}=x-yi$

これらを方程式に代入して
$(1+i)(x+yi)+(1-i)(x-yi)+2=0$

よって　$2x-2y+2=0$　すなわち　$y=x+1$

座標平面上の直線 $y=x+1$ は 2 点 $(-1,\ 0)$，$(0,\ 1)$ を通るから，点 z の全体は　**2 点 -1，i を通る直線**

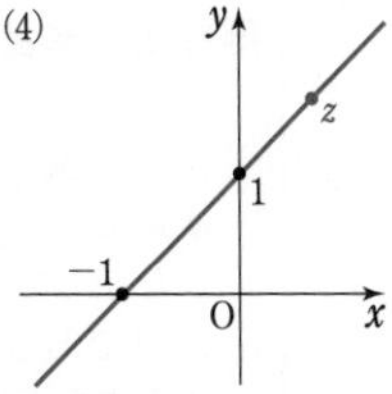

練習 ① 110　次の方程式を満たす点 z の全体は，どのような図形か。

(1) $|z-2i|=|z+3|$　　(2) $2|z-1+2i|=1$

(3) $(2z+1+i)(2\overline{z}+1-i)=4$　　(4) $2z+2\overline{z}=1$

(5) $(1+2i)z-(1-2i)\overline{z}=4i$

p.578 EX 77

基本例題 111 方程式の表す図形 (2) … アポロニウスの円

方程式 $2|z-i|=|z+2i|$ を満たす点 z の全体は，どのような図形か。

基本 110　重要 115, 118

指針 $n|z-\alpha|=m|z-\beta|$ $(m\neq n)$ の形の方程式は，両辺を平方して，$|z-\alpha|=r$ の形を導く。
その式変形の際は，共役な複素数の性質
$z\bar{z}=|z|^2$，$\overline{\alpha+\beta}=\bar{\alpha}+\bar{\beta}$，$\overline{\alpha-\beta}=\bar{\alpha}-\bar{\beta}$　を使う。
また，検討の 別解 1. のように，$z=x+yi$ (x，y は実数) として，x，y の方程式を求めてもよいし，別解 2. のように，**等式の図形的な意味をとらえる** 方法もある。

CHART 複素数の絶対値　$|z|$ は $|z|^2$ として扱う

解答
方程式の両辺を平方すると　$4|z-i|^2=|z+2i|^2$
ゆえに　$4(z-i)(\overline{z-i})=(z+2i)(\overline{z+2i})$　◀ $|z|^2=z\bar{z}$
よって　$4(z-i)(\bar{z}+i)=(z+2i)(\bar{z}-2i)$　◀ $\overline{z-i}=\bar{z}-\bar{i}=\bar{z}+i$
両辺を展開して整理すると　$z\bar{z}+2iz-2i\bar{z}=0$
ゆえに　$(z-2i)(\bar{z}+2i)-4=0$　◀ $z\bar{z}+aiz+bi\bar{z}=(z+bi)(\bar{z}+ai)+ab$ を利用して変形。
よって　$(z-2i)(\overline{z-2i})=4$
すなわち　$|z-2i|^2=2^2$　◀ $z\bar{z}=|z|^2$
よって　$|z-2i|=2$
したがって，点 z の全体は，**点 $2i$ を中心とする半径 2 の円** である。

検討
上の例題のいろいろな解法
別解 1.　$z=x+yi$ (x，y は実数) とおくと
$2|(x+yi)-i|=|(x+yi)+2i|$ から　$\{2|x+(y-1)i|\}^2=|x+(y+2)i|^2$
よって　$4\{x^2+(y-1)^2\}=x^2+(y+2)^2$　◀ $|a+bi|^2=a^2+b^2$
展開して整理すると　$x^2+y^2-4y=0$　ゆえに　$x^2+y^2-4y+4=4$
変形すると　$x^2+(y-2)^2=4$
よって，座標平面上で **点 (0, 2) を中心とする半径 2 の円** の方程式となるから，解答と同じ図形になる。

別解 2.　等式の図形的意味をとらえる ⟶ アポロニウスの円 ($p.537$)

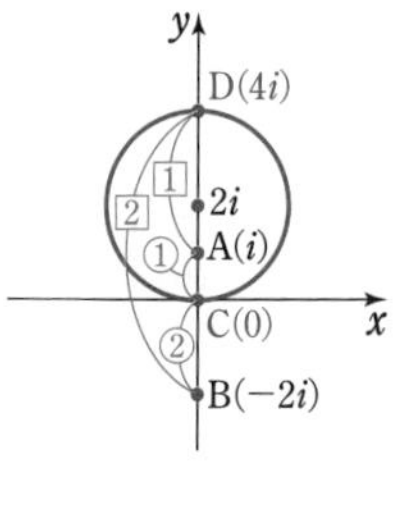

A(i)，B($-2i$)，P(z) とすると，方程式は　2AP＝BP
ゆえに　AP：BP＝1：2
したがって，点 P(z) の全体は，2 点 A，B からの距離が 1：2 である点の軌跡，すなわち，**線分 AB を 1：2 に内分する点を C(0)，外分する点を D($4i$) とすると，線分 CD を直径とする円** である。

練習 ② 111 次の方程式を満たす点 z の全体は，どのような図形か。
(1)　$3|z|=|z-8|$　　(2)　$2|z+4i|=3|z-i|$

p.578 EX 78

基本例題 112 複素数の絶対値の最大・最小 ①①①①①

複素数 z が $|z-1-3i|=2$ を満たすとき，$|z+2+i|$ の最大値と，そのときの z の値を求めよ。

基本 109, 110

指針 方程式 $|z-\alpha|=r$ $(r>0)$ を満たす点 z の全体は，**点 α を中心とする半径 r の円**であることから，まず，点 z がどのような円周上の点であるかを考える。また，$|z-\beta|$ は 2 点 z，β の距離を表す。その距離が最大となる点 z の位置を図形的に調べるとよい。

解答

方程式を変形すると

$$|z-(1+3i)|=2$$

◀ $|z-\alpha|=r$ の形にする。

よって，点 P(z) は点 C$(1+3i)$ を中心とする半径 2 の円周上の点である。

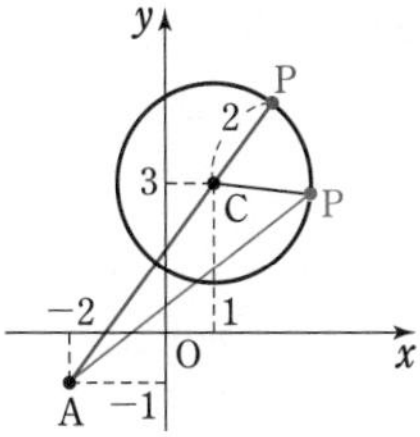

$|z+2+i|=|z-(-2-i)|$ から，点 A$(-2-i)$ とすると，$|z+2+i|$ が最大となるのは，右図から，3 点 A，C，P がこの順で一直線上にあるときである。

◀点 P を円周上の点とすると AC+CP≧AP 等号が成り立つとき，AP は最大となる。

よって，求める **最大値** は

$$\begin{aligned}AC+CP&=|(1+3i)-(-2-i)|+2\\&=|3+4i|+2=\sqrt{3^2+4^2}+2\\&=5+2=\mathbf{7}\end{aligned}$$

◀(線分 AC の長さ)+(円の半径)

また，このとき点 P は，線分 AC を 7：2 に外分する点であるから，求める z の値は

$$z=\frac{-2(-2-i)+7(1+3i)}{7-2}=\mathbf{\frac{11+23i}{5}}$$

◀2 点 A(α)，B(β) について，線分 AB を $m:n$ に外分する点を表す複素数は $\dfrac{-n\alpha+m\beta}{m-n}$

検討 **ベクトルを用いた解法**

$|z+2+i|$ が最大となるときの z の値は，ベクトルを用いて次のように求めることもできる。

3 点 A，C，P がこの順で一直線上にあるとき，$\overrightarrow{AP}$ と $\overrightarrow{AC}$ は同じ向きであり，AP：AC=7：5 であるから

$$\overrightarrow{AP}=\frac{AP}{AC}\overrightarrow{AC}=\frac{7}{5}\overrightarrow{AC}=\frac{7}{5}(\overrightarrow{OC}-\overrightarrow{OA})$$

ゆえに $\overrightarrow{OP}=\overrightarrow{OA}+\overrightarrow{AP}=\overrightarrow{OA}+\dfrac{7}{5}(\overrightarrow{OC}-\overrightarrow{OA})=\dfrac{7}{5}\overrightarrow{OC}-\dfrac{2}{5}\overrightarrow{OA}$

よって $z=\dfrac{7}{5}(1+3i)-\dfrac{2}{5}(-2-i)=\mathbf{\dfrac{11}{5}+\dfrac{23}{5}i}$

練習 ③112 複素数 z が $|z-1+3i|=\sqrt{5}$ を満たすとき，$|z+2-3i|$ の最大値および最小値と，そのときの z の値を求めよ。

p.578 EX79

基本 例題 113 $w=\alpha z+\beta$ の表す図形

①①①①① (難易度)

点 z が原点 O を中心とする半径 1 の円上を動くとき，$w=i(z-2)$ で表される点 w はどのような図形を描くか。

基本 110, 111　重要 115, 117

指針 $w=f(z)$ の表す図形を求めるときは，以下の手順で考えるとよい。

1. $w=f(z)$ の式を **$z=$(w の式) の形に変形** する。
2. 1 の式を **z の条件式に代入** する。
   ⟶ この問題では，点 z は単位円上を動くから，z の条件式は $|z|=1$ となる。

CHART **$w=f(z)$ の表す図形　$z=$(w の式) で表し，z の条件式に代入**

解答

点 z は単位円上を動くから　$|z|=1$ …… ①　◀ z の条件式。

$w=i(z-2)$ から　$z=\dfrac{w}{i}+2$　◀ z について解く。

これを ① に代入すると　$\left|\dfrac{w}{i}+2\right|=1$

ゆえに　$\dfrac{|w+2i|}{|i|}=1$　◀ $\left|\dfrac{\beta}{\alpha}\right|=\dfrac{|\beta|}{|\alpha|}$

$|i|=1$ であるから　$|w+2i|=1$

よって，点 w は **点 $-2i$ を中心とする半径 1 の円** を描く。

検討

上の例題の図形的考察

上の例題で，$w=i(z-2)=\left(\cos\dfrac{\pi}{2}+i\sin\dfrac{\pi}{2}\right)z-2i$ であるから，

求める図形は，円 $|z|=1$ を原点を中心として $\dfrac{\pi}{2}$ だけ回転移動し，(①)

更に虚軸方向に -2 だけ平行移動 (②) したものである。

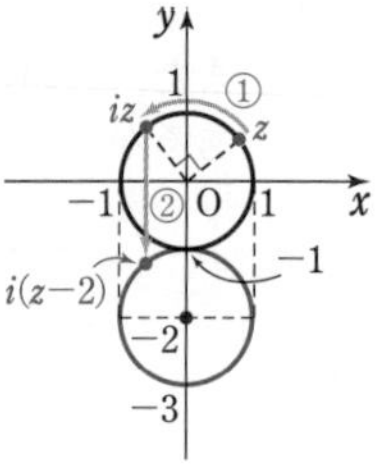

一般に，$w=\alpha z+\beta\ (\alpha\neq 0)$ で表される点 w の描く図形について，α の極形式を $\alpha=r(\cos\theta+i\sin\theta)\ [r>0]$ とすると，$w=r(\cos\theta+i\sin\theta)z+\beta$ であるから，$w=\alpha z+\beta$ の図形的な意味は，次の ❶，❷，❸ を順に行うことである。

❶ $z_1=(\cos\theta+i\sin\theta)z$ とすると，点 z_1 が描く図形は，点 z が描く図形を **原点を中心として角 θ だけ回転** したものである。

❷ $z_2=rz_1$ とすると，点 z_2 が描く図形は，点 z_1 に対し，**原点からの距離を r 倍に拡大または縮小** したものである。

❸ $z_3=z_2+\beta$ とし，$\beta=a+bi$ とすると，点 z_3 が描く図形は，点 z_2 が描く図形を **実軸方向に a，虚軸方向に b だけ平行移動** したものである。

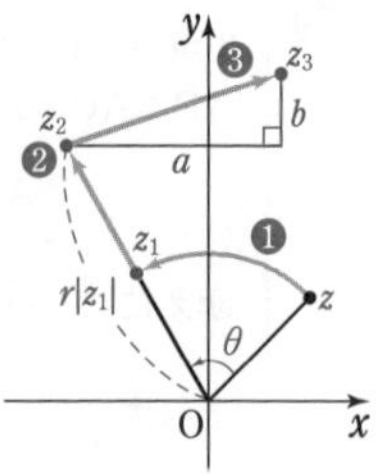

練習 ③ 113 点 z が原点 O を中心とする半径 1 の円上を動くとき，$w=(1-i)z-2i$ で表される点 w はどのような図形を描くか。〔琉球大〕

基本例題 114 $w=\dfrac{1}{z}$ の表す図形 ③

点 P(z) が点 $-\dfrac{1}{2}$ を通り実軸に垂直な直線上を動くとき，$w=\dfrac{1}{z}$ で表される点 Q(w) はどのような図形を描くか。

基本 113　重要 115

指針　点 z の条件を z の式で表し，$w=\dfrac{1}{z}$ を変形した $z=\dfrac{1}{w}$ を代入すればよい。
また，本問は，数学Ⅱの軌跡で扱った **反転**（「チャート式基礎からの数学Ⅱ」$p.185$）と関連がある内容である。下の 検討 や次ページ以後の参考事項も参照してほしい。

解答

点 P(z) は原点と点 -1 を結ぶ線分の垂直二等分線上を動くから　$|z|=|z+1|$ …… ①

$w=\dfrac{1}{z}$ から　$wz=1$

$w=0$ とすると $0=1$ となり，不合理。

よって，$w \neq 0$ であるから　$z=\dfrac{1}{w}$

これを ① に代入すると　$\left|\dfrac{1}{w}\right|=\left|\dfrac{1}{w}+1\right|$

両辺に $|w|$ を掛けて　$1=|1+w|$

すなわち　$|w+1|=1$

ゆえに，点 Q(w) は **点 -1 を中心とする半径 1 の円** を描く。**ただし**，$w \neq 0$ であるから，**原点を除く**。

別解　z の実部は $-\dfrac{1}{2}$ であるから　$\dfrac{z+\overline{z}}{2}=-\dfrac{1}{2}$

ゆえに
$z+\overline{z}=-1$ …… ②

$z=\dfrac{1}{w}$ を代入して

$\dfrac{1}{w}+\dfrac{1}{\overline{w}}=-1$

よって　$w\overline{w}+w+\overline{w}=0$

ゆえに　$|w+1|=1$

よって，**点 -1 を中心とする半径 1 の円。原点を除く。**

検討

複素数平面上における反転

中心 O，半径 r の円 O があり，O とは異なる点 P に対し，O を端点とする半直線 OP 上の点 P′ を $\mathbf{OP \cdot OP'=r^2}$ となるように定めるとき，点 P に点 P′ を対応させることを，円 O に関する **反転** という。
また，点 P が図形 F 上を動くとき，点 P′ が描く図形を **反形** という。

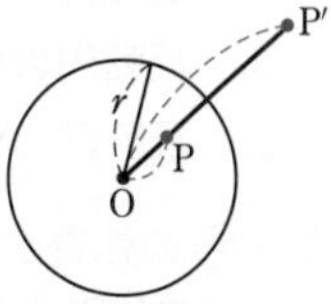

円の半径を $r=1$ とし，P(z)，P′(z') として，複素数平面上の反転について考えてみよう。

3 点 O(0)，z，z' は O を端点とする半直線上にあるから，$z'=kz$ $(k>0)$ が成り立ち，
OP・OP′$=1$ から　$|z||z'|=1$　　$z'=kz$ を代入すると　$|z||kz|=1$　すなわち　$k|z|^2=1$

よって　　$k=\dfrac{1}{|z|^2}$　　　ゆえに　　$z'=kz=\dfrac{1}{|z|^2}z=\dfrac{1}{z\overline{z}}z=\dfrac{1}{\overline{z}}$

よって，複素数平面上における，単位円に関する反転は　$z'=\dfrac{1}{\overline{z}}$

と表される。ゆえに，例題の点 Q(w) が描く図形は，$w=\overline{\left(\dfrac{1}{\overline{z}}\right)}$ から，点 P(z) が動く直線の **単位円に関する反形を，実軸に関して対称移動** したものである。

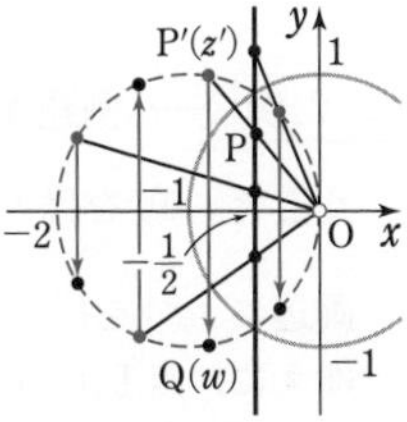

練習 ③114　点 P(z) が点 $-i$ を中心とする半径 1 の円から原点を除いた円周上を動くとき，$w=\dfrac{1}{z}$ で表される点 Q(w) はどのような図形を描くか。

参考事項 反転に関する性質の検証

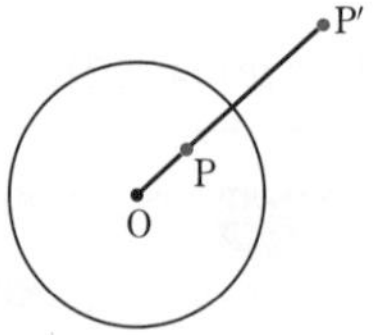

円Oに関する **反転**（この円Oを **反転円** という）により，点Pが点P′に移るとする。このとき，点Pと点P′は円Oに関して互いに**鏡像**，または，点P′は点Pの **鏡像** ともいう。
そして，右の図のように，円Oに関する反転により，

円Oの内部の点は外部の点に，円Oの外部の点は内部の点に移る。

また，**円O上の点は反転によって動かない。**

注意　反転の定義によると，中心Oの移動先が定義できないが，中心Oの移動先を **無限遠点** という仮想の点として考えることがある。なお，無限遠点については大学の数学で学ぶ。

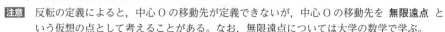

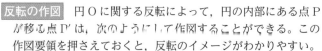

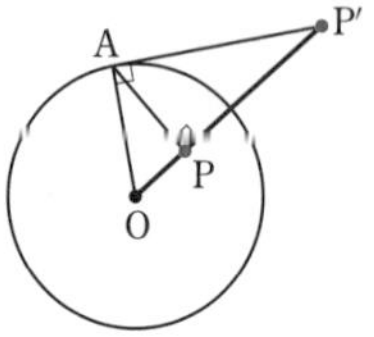

反転の作図　円Oに関する反転によって，円の内部にある点Pが移る点P′は，次のようにして作図することができる。この作図要領を押さえておくと，反転のイメージがわかりやすい。

[1]　点Pを通りOPに垂直な直線と円Oとの交点をAとする。

[2]　点Aにおける円Oの接線と直線OPの交点をP′とする。

証明　$\triangle OAP' \backsim \triangle OPA$ から　　$OA : OP = OP' : OA$

よって　　$OP \cdot OP' = OA^2 = r^2$　（円の半径）^{2}

注意　点Pが円の外部にあるときも，次のように点P′を作図することができる。
　　点Pから円に接線を引き，その接線の接点Aから直線OPに垂線AP′を下ろす。

円や直線の反形に関する性質　円Oに関する反転には，次の4つの性質がある。

① **反転円の中心Oを通る円は，Oを通らない直線に移る。**

② **反転円の中心Oを通らない直線は，Oを通る円に移る。**

③ **反転円の中心Oを通らない円は，Oを通らない円に移る。**

④ **反転円の中心Oを通る直線は，その直線自身に移る。**

①〜④の性質が成り立つことを，具体的な例をもとに確認してみよう。ここでは，円Oとして単位円をとることとする。また，このとき，前ページの 検討 で説明したように，点P(z)が単位円に関する反転によって点P′(z')に移るとき，$z'=\dfrac{1}{\overline{z}}$ …… Ⓐ が成り立つ。

ここで，Ⓐは　$z=\dfrac{1}{\overline{z'}}$ …… Ⓑ　と同値である。

②の例 ⟶ **例題 114**　点P(z)が直線$|z|=|z+1|$上を動くとき，Ⓑを代入すると　$\left|\dfrac{1}{\overline{z'}}\right|=\left|\dfrac{1}{\overline{z'}}+1\right|$

◀この直線は原点を通らない。

両辺に$|\overline{z'}|$を掛けて　$|\overline{z'}+1|=1$　　よって　$|z'+1|=1$

ゆえに，点P′(z')の描く図形は，円$|z'+1|=1$で，原点を通る円に移ることがわかる。

◀$|\alpha|=|\overline{\alpha}|$により
$|\overline{z'}+1|=|\overline{z'+1}|$
$=|z'+1|$

その後，この円を実軸に関して対称移動したものが，**例題 114**の点Q(w)の描く図形である(ただし,原点は除かれる)。

◀$w=\dfrac{1}{z}=\overline{\left(\dfrac{1}{\overline{z}}\right)}=\overline{z'}$

①の例 ⟶ 練習 **114**　点 $\mathrm{P}(z)$ が円 $|z+i|=1$ 上を動くとき，Ⓑ を代入すると　$\left|\dfrac{1}{\overline{z'}}+i\right|=1$

◀この円は原点を通る。

両辺に $|\overline{z'}|$ を掛けて変形すると　$|z'|=|z'+i|$

◀$|1+i\overline{z'}|=|\overline{z'}|$
$\iff |i(\overline{z'}-i)|=|z'|$
$\iff |\overline{z'}-i|=|z'|$
$\iff |\overline{\overline{z'}-i}|=|z'|$

ゆえに，点 $\mathrm{P}'(z')$ の描く図形は，2 点 0，$-i$ を結ぶ線分の垂直二等分線で，原点を通らない直線に移ることがわかる。
その後，この直線を実軸に関して対称移動したものが，練習 **114** の点 $\mathrm{Q}(w)$ の描く図形である。

例題114

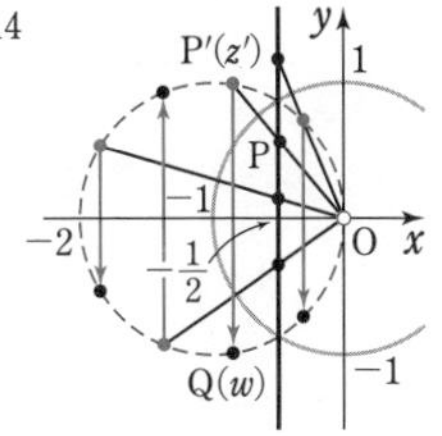

練習114

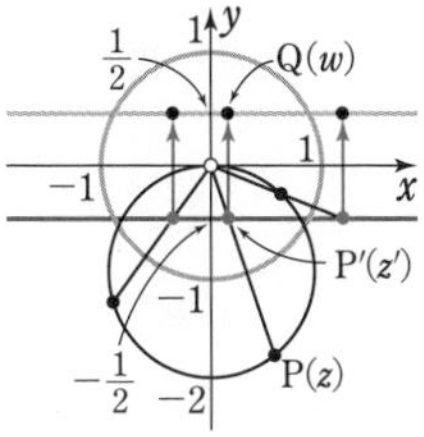

③の例　点 $\mathrm{P}(z)$ が円 $|z-2|=\dfrac{1}{2}$ 上を動く場合について考えてみよう。Ⓑ を代入して変形すると

◀この円は原点を通らない。

$$|z'|=2|2z'-1| \quad \text{すなわち} \quad |z'|=4\left|z'-\frac{1}{2}\right|$$

$\mathrm{A}\left(\dfrac{1}{2}\right)$ とすると，$\mathrm{OP'}=4\mathrm{AP'}$ から　$\mathrm{OP'}:\mathrm{AP'}=4:1$
ゆえに，点 $\mathrm{P}'(z')$ の描く図形は，線分 OA を 4：1 に内分する点 $\dfrac{2}{5}$，外分する点 $\dfrac{2}{3}$ を直径の両端とする円で，原点を通らない円に移ることがわかる。

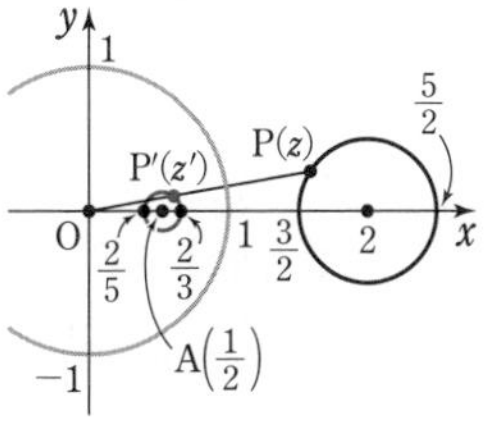

④の例　点 $\mathrm{P}(z)$ が原点と点 $1+i$ を通る直線 ℓ 上を動く場合について考えてみよう。
$z=(1+i)k$（k は実数）と表されるから，Ⓑ を代入して変形すると　$z'=(1+i)\cdot\dfrac{1}{2k}=(1+i)\times$(実数)
よって，点 $\mathrm{P}'(z')$ の描く図形は直線 ℓ 自身である。

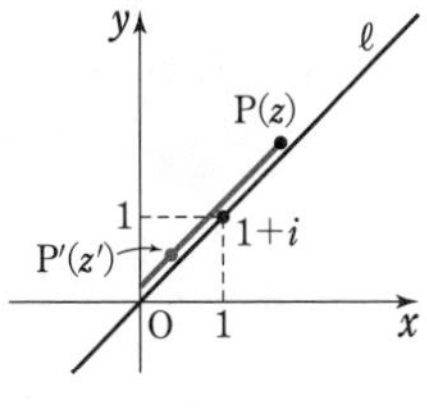

参考　複素数平面を用いた，①〜④ の性質の証明の方針は，次のようになる。
円 $|z|=r$ に関する反転とし，この反転により点 $\mathrm{P}(z)$ が点 $\mathrm{P}'(z')$ に移るならば，

$z'=\dfrac{r^2}{\overline{z}}$　すなわち　$z=\dfrac{r^2}{\overline{z'}}$ …… Ⓒ　が成り立つ（導き方は $p.543$ の 検討 と同様）。

①〜④ について，反転をする前の図形上に点 P があるとき，次の等式が成り立つ。各等式に Ⓒ を代入して導かれる z' の関係式に注目する。ここで，α，β は 0 でない複素数とする。

①：原点を通る円 $|z-\alpha|=|\alpha|$
②：原点を通らない直線 $|z|=|z-\alpha|$（原点と点 α を結ぶ線分の垂直二等分線）
③：原点を通らない円 $|z-\alpha|=|\beta|$ $(\alpha\neq\beta)$
④：原点を通る直線 $z=\alpha k$（k は実数）

重要例題 115 $w=\dfrac{\alpha z+\beta}{\gamma z+\delta}$ の表す図形

複素数平面上の点 $z\left(z \neq \dfrac{i}{2}\right)$ に対して，$w=\dfrac{z-2i}{2z-i}$ とする。点 z が次の図形上を動くとき，点 w が描く図形を求めよ。

(1) 点 i を中心とする半径 2 の円　　(2) 虚軸

基本 111, 113, 114

指針　方針は基本例題 **113**，**114** と同様である。$w=(z$ の式$)$ を $z=(w$ の式$)$ に変形し，これを z の満たす条件式に代入する。

(1) z の条件式は $|z-i|=2$ である。$z=(w$ の式$)$ を代入した後は，$p.540$ 基本例題 **111** の解答のように，$|\alpha|^2=\alpha\overline{\alpha}$ を用いて計算主体で進めてもよいが，**等式の図形的な意味をとらえる**（**アポロニウスの円** を利用する）考え方で進めると早い。

(2) 一般に，次のことが成り立つ。ここでは，下の(＊)を z の条件式として利用する。

複素数 z の実部は $\dfrac{z+\overline{z}}{2}$，虚部は $\dfrac{z-\overline{z}}{2i}$ であるから　　◀ $p.512$ EXERCISES 58 の (1)，(2)

点 z が **実軸上にある** $\Longleftrightarrow$ (z の虚部)$=0$ $\Longleftrightarrow$ $z-\overline{z}=0$

点 z が **虚軸上にある** $\Longleftrightarrow$ (z の実部)$=0$ $\Longleftrightarrow$ $z+\overline{z}=0$　…… (＊)

CHART　$w=f(z)$ の表す図形　$z=(w$ の式$)$ で表し，z の条件式に代入

解答

$w=\dfrac{z-2i}{2z-i}$ から　　$w(2z-i)=z-2i$

よって　　$(2w-1)z=(w-2)i$

◀ $2w-1=0$ の場合も考えられるから，直ちに $2w-1$ で割ってはダメ。

ここで，$w=\dfrac{1}{2}$ とすると，$0=-\dfrac{3}{2}i$ となり，不合理である。

ゆえに　　$w \neq \dfrac{1}{2}$　　よって　　$z=\dfrac{w-2}{2w-1}i$ …… ①

(1) ① を $|z-i|=2$ に代入すると

$$\left|\frac{w-2}{2w-1}i-i\right|=2$$

よって　　$\left|\left(\dfrac{w-2}{2w-1}-1\right)i\right|=2$　　◀ まず，| | 内を整理。

ゆえに　　$\left|\dfrac{-w-1}{2w-1}\right||i|=2$　　◀ $|\alpha\beta|=|\alpha||\beta|$

よって　　$\dfrac{|w+1|}{|2w-1|}=2$　　◀ $\left|\dfrac{\alpha}{\beta}\right|=\dfrac{|\alpha|}{|\beta|}$，$|i|=1$

ゆえに　　$|w+1|=2|2w-1|$

すなわち　　$|w+1|=4\left|w-\dfrac{1}{2}\right|$

$\mathrm{A}(-1)$，$\mathrm{B}\left(\dfrac{1}{2}\right)$，$\mathrm{P}(w)$ とすると　　$\mathrm{AP}=4\mathrm{BP}$　　◀ アポロニウスの円 ($p.537$ 参照)

すなわち，AP：BP＝4：1 であるから，点 P の描く図形は，線分 AB を 4：1 に内分する点 C と外分する点 D を直径の両端とする円である。

$C\left(\frac{1}{5}\right)$, D(1) であるから,

点 w が描く図形は

点 $\frac{3}{5}$ を中心とする半径 $\frac{2}{5}$ の円

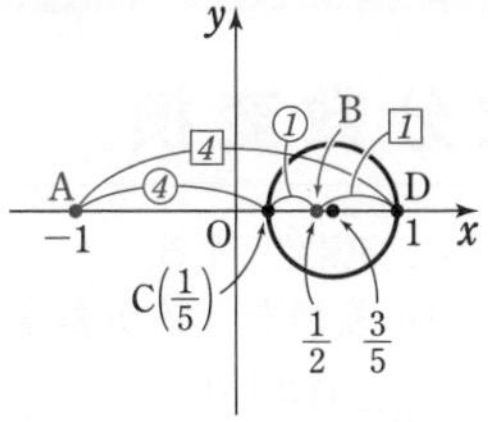

◀ $C\left(\dfrac{1\cdot(-1)+4\cdot\frac{1}{2}}{4+1}\right)$, $D\left(\dfrac{-1\cdot(-1)+4\cdot\frac{1}{2}}{4-1}\right)$

求める円の中心は線分CD の中点で,

点 $\frac{1}{2}\left(\frac{1}{5}+1\right)=\frac{3}{5}$,

半径は $\left|1-\frac{3}{5}\right|=\frac{2}{5}$

別解 $|w+1|=2|2w-1|$ を導くまでは同じ。

この等式の両辺を平方すると

$$4|2w-1|^2=|w+1|^2$$

ゆえに $4(2w-1)(\overline{2w-1})=(w+1)(\overline{w+1})$ ◀ $|\alpha|^2=\alpha\overline{\alpha}$

よって $4(2w-1)(2\overline{w}-1)=(w+1)(\overline{w}+1)$ ◀ $4(4w\overline{w}-2w-2\overline{w}+1)=w\overline{w}+w+\overline{w}+1$

展開して整理すると $5w\overline{w}-3w-3\overline{w}+1=0$

ゆえに $w\overline{w}-\frac{3}{5}w-\frac{3}{5}\overline{w}+\frac{1}{5}=0$ ◀ $w\overline{w}$ の係数を 1 にする。

よって $\left(w-\frac{3}{5}\right)\left(\overline{w}-\frac{3}{5}\right)-\left(\frac{3}{5}\right)^2+\frac{1}{5}=0$ ◀ $\boldsymbol{w\overline{w}+aw+b\overline{w}=(w+b)(\overline{w}+a)-ab}$

ゆえに $\left(w-\frac{3}{5}\right)\left(\overline{w-\frac{3}{5}}\right)=\frac{4}{25}$

すなわち $\left|w-\frac{3}{5}\right|^2=\left(\frac{2}{5}\right)^2$ よって $\left|w-\frac{3}{5}\right|=\frac{2}{5}$ ◀ $\alpha\overline{\alpha}=|\alpha|^2$

したがって,点 w が描く図形は

点 $\frac{3}{5}$ を中心とする半径 $\frac{2}{5}$ の円

◀この円は点 $\frac{1}{2}$ を通らない。つまり,$w\neq\frac{1}{2}$ を満たす。

(2) 点 z が虚軸上を動くとき $z+\overline{z}=0$

① を代入して $\dfrac{w-2}{2w-1}i+\overline{\dfrac{w-2}{2w-1}i}=0$

ゆえに $\dfrac{w-2}{2w-1}i+\dfrac{\overline{w}-2}{2\overline{w}-1}(-i)=0$ ◀両辺に $(2w-1)(2\overline{w}-1)$ を掛け,更に両辺を i で割る。

よって $(w-2)(2\overline{w}-1)-(\overline{w}-2)(2w-1)=0$

展開して整理すると $w-\overline{w}=0$ すなわち $w=\overline{w}$ ◀ w は実数。

したがって,点 w が描く図形は

実軸。ただし,点 $\frac{1}{2}$ を除く。 ◀ $w\neq\frac{1}{2}$,すなわち除外点が出ることに注意。

参考 (2) は,数学Ⅲの「分数関数」の知識を用いると,次のように考えることもできる。

$z=ki\left(k\text{ は実数, }k\neq\frac{1}{2}\right)$ として $w=\dfrac{z-2i}{2z-i}$ に代入すると $w=\dfrac{k-2}{2k-1}=\dfrac{1}{2}-\dfrac{3}{4k-2}$

この k の関数 w の値域に注目すると,w は $\frac{1}{2}$ 以外のすべての実数の値をとる。

練習 ④115 2 つの複素数 w, z $(z\neq 2)$ が $w=\dfrac{iz}{z-2}$ を満たしているとする。〔弘前大〕

(1) 点 z が原点を中心とする半径 2 の円周上を動くとき,点 w はどのような図形を描くか。

(2) 点 z が虚軸上を動くとき,点 w はどのような図形を描くか。

(3) 点 w が実軸上を動くとき,点 z はどのような図形を描くか。

p.578 EX 79

参考事項　1 次分数変換

注意　ここでは，文字はすべて複素数とする。

次の式で表される z から w の変換を **1 次分数変換**（または **メビウス変換**）という。

$$\boldsymbol{w=\frac{az+b}{cz+d}}\quad\cdots\cdots\ (*)$$

ただし，z は変数，a，b，c，d は定数，$ad-bc\neq0$

そして，1 次分数変換は，基本的な変換（平行移動，回転移動，相似変換，反転，実軸対称移動）を合成した（組み合わせた）もの であることが，次の [1]，[2] からわかる。

[1]　$c\neq0$ のとき

（＊）の右辺の分母，分子を c で割ると

$$w=\frac{\dfrac{a}{c}z+\dfrac{b}{c}}{z+\dfrac{d}{c}}=\frac{a}{c}+\frac{\dfrac{b}{c}-\dfrac{ad}{c^2}}{z+\dfrac{d}{c}}=\frac{a}{c}+\frac{\dfrac{bc-ad}{c^2}}{z+\dfrac{d}{c}}$$

よって，z から w を求めるには，次の ❶ ～ ❹ の基本的な変換を順に行えばよい。

❶　$\boldsymbol{z_1=z+\dfrac{d}{c}}$

……$\dfrac{d}{c}=\beta$ とおくと，

β だけ **平行移動**

❶
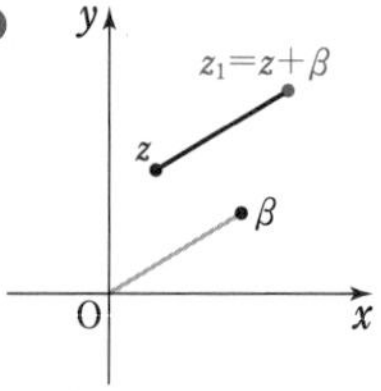

❷
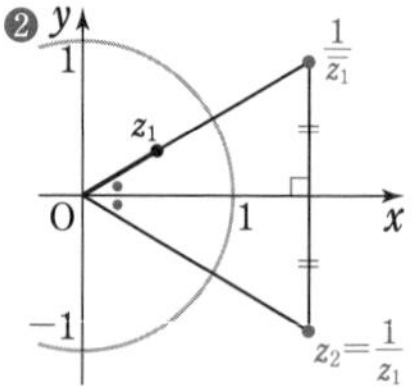

次に，z_1 から

❷　$\boldsymbol{z_2=\dfrac{1}{z_1}}\ \left[=\overline{\left(\dfrac{1}{\overline{z_1}}\right)}\right]$

……（単位円に関する）**反転と実軸に関する対称移動**（折り返し）

次に，z_2 から

❸　$\boldsymbol{z_3=\dfrac{bc-ad}{c^2}z_2}$

……$\dfrac{bc-ad}{c^2}=\gamma$ とおくと，原点を中心に $\arg\gamma=\theta$ だけ回転し，原点からの距離を $|\gamma|$ 倍に拡大または縮小。

つまり，**回転移動と相似変換** の組み合わせである。

❸
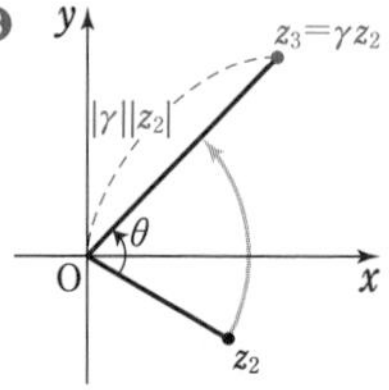

最後に z_3 から

❹　$\boldsymbol{w=z_3+\dfrac{a}{c}}$　$\left(\dfrac{a}{c}\text{ だけ }\textbf{平行移動}\right)$

[2]　$c=0$ のとき

$ad-bc\neq0$ であるから，$c=0$ なら　　$ad\neq0$　　　ゆえに　　$a\neq0$，$d\neq0$

したがって，（＊）は　　$w=\dfrac{a}{d}z+\dfrac{b}{d}=\dfrac{a}{d}\left(z+\dfrac{b}{a}\right)$　　となる。

すなわち，上の ❶ の型の平行移動，❸ の型の変換（回転移動＋相似変換）を順に行えばよい。

例　$p.546$ 重要例題 **115** の1次分数変換 $w=\dfrac{z-2i}{2z-i}$ は，$\dfrac{z-2i}{2z-i}=\dfrac{1}{2}-\dfrac{3}{2}i\cdot\dfrac{1}{2z-i}$ より

$w=\dfrac{1}{2}+\dfrac{3}{4}\left(\cos\dfrac{3}{2}\pi+i\sin\dfrac{3}{2}\pi\right)\cdot\dfrac{1}{z-\dfrac{i}{2}}$ であるから，次の ① ～ ④ を順に行う変換である。

① $z_1=z-\dfrac{i}{2}$ …… 虚軸方向に $-\dfrac{i}{2}$ だけ平行移動

② $z_2=\dfrac{1}{z_1}$ …… 反転と実軸に関する対称移動

③ $z_3=\dfrac{3}{4}\left(\cos\dfrac{3}{2}\pi+i\sin\dfrac{3}{2}\pi\right)z_2$ …… 原点を中心に $\dfrac{3}{2}\pi$ だけ回転移動し，$\dfrac{3}{4}$ 倍に縮小

④ $w=z_3+\dfrac{1}{2}$ …… 実軸方向に $\dfrac{1}{2}$ だけ平行移動

ところで，複素数平面上の直線を半径が無限大の円，すなわち直線を円に含めて考えることがある。このとき，次の定理が成り立つ。

定理　1次分数変換は，複素数平面上の円を円に変換する

1次分数変換は，4つの基本的な変換（前ページの ❶ ～ ❹）を合成したものである。
よって，❶ ～ ❹ それぞれの基本的な変換が円を円に移すならば，それらを合成した変換により円は円に移る。

説明　❶ 型と ❸ 型と ❹ 型，すなわち「平行移動」，「回転移動＋相似変換」により，円が円に移ることは明らかである。
残るは ❷ 型の「反転＋実軸に関する対称移動」であるが，実軸に関する対称移動により，円が円に移ることは明らかである。
ここで，直線を半径が無限大の円と考えると，$p.544$，545 の参考事項で説明したように，反転によって，円は円に移るといえる。したがって，❷ 型の変換で円は円に移る。
以上のことから，上の定理が成り立つわけである。

参考　次の性質（$p.573$ 参照）を利用しても説明できる。

4点 $\mathrm{A}(z_1)$, $\mathrm{B}(z_2)$, $\mathrm{C}(z_3)$, $\mathrm{D}(z_4)$ が1つの円周上にある $\iff$ $\dfrac{z_2-z_3}{z_1-z_3}\div\dfrac{z_2-z_4}{z_1-z_4}$ が実数

❶, ❹ 平行移動　$w_1=z_1+\beta$，$w_2=z_2+\beta$，$w_3=z_3+\beta$，$w_4=z_4+\beta$ のとき

$$\frac{w_2-w_3}{w_1-w_3}\div\frac{w_2-w_4}{w_1-w_4}=\frac{(z_2+\beta)-(z_3+\beta)}{(z_1+\beta)-(z_3+\beta)}\div\frac{(z_2+\beta)-(z_4+\beta)}{(z_1+\beta)-(z_4+\beta)}=\frac{z_2-z_3}{z_1-z_3}\div\frac{z_2-z_4}{z_1-z_4}$$

よって，$\dfrac{z_2-z_3}{z_1-z_3}\div\dfrac{z_2-z_4}{z_1-z_4}$ が実数ならば，$\dfrac{w_2-w_3}{w_1-w_3}\div\dfrac{w_2-w_4}{w_1-w_4}$ は実数である。 ……（★）

❸ 回転移動＋相似変換　$w_1=\gamma z_1$，$w_2=\gamma z_2$，$w_3=\gamma z_3$，$w_4=\gamma z_4$ のとき

$$\frac{w_2-w_3}{w_1-w_3}\div\frac{w_2-w_4}{w_1-w_4}=\frac{\gamma(z_2-z_3)}{\gamma(z_1-z_3)}\div\frac{\gamma(z_2-z_4)}{\gamma(z_1-z_4)}=\frac{z_2-z_3}{z_1-z_3}\div\frac{z_2-z_4}{z_1-z_4}$$

❷ 反転＋実軸に関する対称移動　$w_1=\dfrac{1}{z_1}$，$w_2=\dfrac{1}{z_2}$，$w_3=\dfrac{1}{z_3}$，$w_4=\dfrac{1}{z_4}$ のとき

$$\frac{w_2-w_3}{w_1-w_3}\div\frac{w_2-w_4}{w_1-w_4}=\left(\frac{z_3-z_2}{z_3-z_1}\cdot\frac{z_1z_3}{z_2z_3}\right)\div\left(\frac{z_4-z_2}{z_4-z_1}\cdot\frac{z_1z_4}{z_2z_4}\right)=\frac{z_2-z_3}{z_1-z_3}\div\frac{z_2-z_4}{z_1-z_4}$$

❷, ❸ も（★）が成り立ち，以上により，円周上の4点は円周上に移される。

重要例題 116 $w=z+\frac{a^2}{z}$ の表す図形 (1)

①①①①①

点 z が原点を中心とする半径 r の円上を動き，点 w が $w=z+\frac{4}{z}$ を満たす。

(1) $r=2$ のとき，点 w はどのような図形を描くか。

(2) $w=x+yi$（x，y は実数）とおく。$r=1$ のとき，点 w が描く図形の式を x，y を用いて表せ。

重要 115

指針 z と $\frac{●}{z}$ が同時に出てくる式には，極形式 $z=r(\cos\theta+i\sin\theta)$ を利用するとよい。

…… $\frac{1}{z}=\frac{1}{r}(\cos\theta-i\sin\theta)$ により，式が処理しやすくなることがある。

(2) z を極形式で表すことにより，x，y は θ を用いて表されるので，**つなぎの文字 θ を消去** して，x，y の関係式を導く。それには $\sin^2\theta+\cos^2\theta=1$ を利用。

解答

$z=r(\cos\theta+i\sin\theta)$ $(r>0,\ 0\leqq\theta<2\pi)$ とすると

$$w=z+\frac{4}{z}=r(\cos\theta+i\sin\theta)+\frac{4}{r}(\cos\theta-i\sin\theta)$$

$$=\left(r+\frac{4}{r}\right)\cos\theta+i\left(r-\frac{4}{r}\right)\sin\theta \quad \cdots\cdots ①$$

(1) $r=2$ のとき，① から　$w=4\cos\theta$

$0\leqq\theta<2\pi$ では $-1\leqq\cos\theta\leqq1$ であるから　$-4\leqq w\leqq4$

したがって，点 w は **2点 -4，4 を結ぶ線分** を描く。

(2) $r=1$ のとき，① から　$w=5\cos\theta-3i\sin\theta$

$w=x+yi$ とおくと　$x=5\cos\theta$，$y=-3\sin\theta$

$\cos\theta=\frac{x}{5}$，$\sin\theta=-\frac{y}{3}$ を $\sin^2\theta+\cos^2\theta=1$ に代入して θ を消去すると　$\left(-\frac{y}{3}\right)^2+\left(\frac{x}{5}\right)^2=1$

すなわち　$\boldsymbol{\frac{x^2}{25}+\frac{y^2}{9}=1}$

◀ $z\neq0$

◀ $\frac{1}{z}=\frac{1}{r}\{\cos(-\theta)+i\sin(-\theta)\}$

◀ 虚部がなくなるので，このとき w は実数である。

参考 (2) 点 w が描く図形は楕円（4章で学習）である。

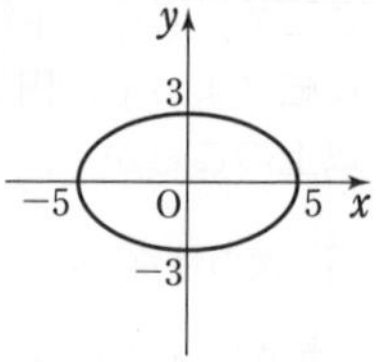

検討 PLUS ONE

$w=z+\frac{a^2}{z}$ $(a>0)$ で表される変換を **ジューコフスキー (Joukowski) 変換** という。

一般に，この変換により，複素数平面上の原点を中心とする半径 r の円は

$a=r$ のとき，2点 $-2a$，$2a$ を結ぶ **線分**（長さ $4a$ の線分），

$a\neq r$ のとき，長軸の長さ $2\left(r+\frac{a^2}{r}\right)$，短軸の長さ $2\left|r-\frac{a^2}{r}\right|$ の **楕円**（第4章参照）

に移される。なお，ジューコフスキー変換については，$p.580$ の参考事項も参照。

練習 ④116 2つの複素数 w，z $(z\neq0)$ の間に $w=z-\frac{7}{4z}$ という関係がある。点 z が原点を中心とする半径 $\frac{7}{2}$ の円周上を動くとき　〔類 早稲田大〕

(1) w が実数になるような z の値を求めよ。

(2) $w=x+yi$（x，y は実数）とおくとき，点 w が描く図形の式を x，y で表せ。

重要例題 117 不等式を満たす点の存在範囲 (1)

複素数 z が $|z|\leqq 1$ を満たすとする。$w=z+2i$ で表される複素数 w について

(1) 点 w の存在範囲を複素数平面上に図示せよ。

(2) w^2 の絶対値を r, 偏角を θ とするとき, r と θ の値の範囲をそれぞれ求めよ。ただし, $0\leqq\theta<2\pi$ とする。

基本 110, 113

指針
(1) $w=z+2i$ から $z=w-2i$ として, これを $|z|\leqq 1$ に代入。下の 検討 も参照。
(2) $w=R(\cos\alpha+i\sin\alpha)$ $[R>0]$ として, ド・モアブルの定理を利用。
→ r は R で, θ は α で表すことができるから, (1) で図示した図形をもとにして, まず R, α のとりうる値の範囲を調べる。

解答
(1) $w=z+2i$ から $z=w-2i$
これを $|z|\leqq 1$ に代入して
$$|w-2i|\leqq 1$$
ゆえに, 点 w の全体は, 点 $2i$ を中心とする半径 1 の円の周および内部である。よって, 点 w の存在範囲は **右図の斜線部分。ただし, 境界線を含む。**

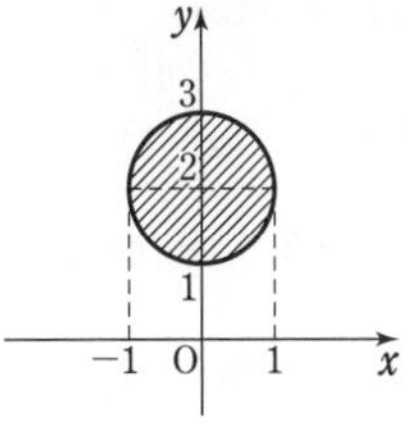

◀P(w), A($2i$) とすると, $|w-2i|\leqq 1$ を満たす点 w は, 点 A からの距離が 1 以下の点, という意味をもつ。

(2) $w=R(\cos\alpha+i\sin\alpha)$ $[R>0]$ とすると
$$w^2=R^2(\cos\alpha+i\sin\alpha)^2=R^2(\cos 2\alpha+i\sin 2\alpha)$$
よって, 条件から $r=R^2$, $\theta=2\alpha$

(1) の図から $|i|\leqq|w|\leqq|3i|$ ゆえに $1^2\leqq R^2\leqq 3^2$

◀(1) の図から, w の絶対値 $|w|$ は, $w=3i$ のとき最大, $w=i$ のとき最小となる。

◀$|w|=R$

したがって **$1\leqq r\leqq 9$**

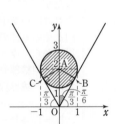

また, 右図において $\mathrm{OA}=2$, $\mathrm{AB}=1$, $\angle\mathrm{ABO}=\dfrac{\pi}{2}$

よって $\angle\mathrm{AOB}=\dfrac{\pi}{6}$ 同様にして $\angle\mathrm{AOC}=\dfrac{\pi}{6}$

ゆえに $\dfrac{\pi}{3}\leqq\alpha\leqq\dfrac{2}{3}\pi$ よって $\dfrac{2}{3}\pi\leqq 2\alpha\leqq\dfrac{4}{3}\pi$

ゆえに **$\dfrac{2}{3}\pi\leqq\theta\leqq\dfrac{4}{3}\pi$** これは $0\leqq\theta<2\pi$ を満たす。

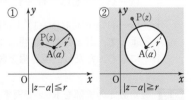

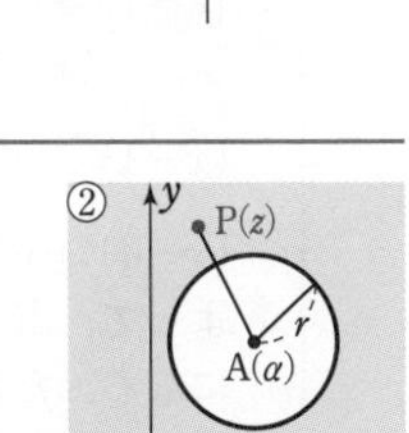

検討

不等式 $|z-\alpha|\leqq r$, $|z-\alpha|\geqq r$ の表す不等式

P(z), A(α) とすると, $\mathrm{AP}=|z-\alpha|$ であるから

① **$|z-\alpha|\leqq r$** ($r>0$) を満たす点 z 全体は
点 A を中心とする半径 r の円の周および内部

② **$|z-\alpha|\geqq r$** ($r>0$) を満たす点 z 全体は
点 A を中心とする半径 r の円の周および外部

である。

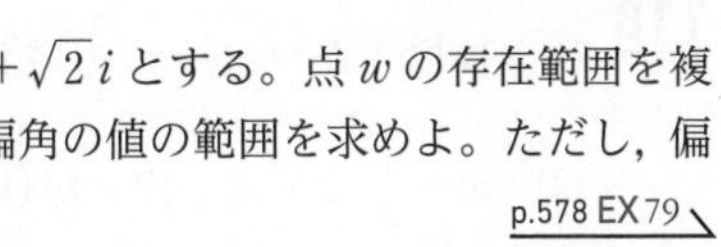

練習 ④117 $|z-\sqrt{2}|\leqq 1$ を満たす複素数 z に対し, $w=z+\sqrt{2}\,i$ とする。点 w の存在範囲を複素数平面上に図示せよ。また, w^4 の絶対値と偏角の値の範囲を求めよ。ただし, 偏角 θ は $0\leqq\theta<2\pi$ の範囲で考えよ。

p.578 EX 79

重要例題 118 不等式を満たす点の存在範囲 (2)

複素数 z が $|z-1|\leqq|z-4|\leqq2|z-1|$ を満たすとき，点 z が動く範囲を複素数平面上に図示せよ。

基本 111，重要 117

指針 $|z-1|\leqq|z-4|\leqq2|z-1| \iff \begin{cases}|z-1|\leqq|z-4| & \cdots\cdots ① \\ |z-4|\leqq2|z-1| & \cdots\cdots ②\end{cases}$ である。

①，② とも左辺，右辺は 0 以上であるから，それぞれ **両辺を平方** した式と同値である。平方した不等式を整理する方針で進める。

また，別解 のように，**$z=x+yi$ (x，y は実数)** として，x，y の不等式の表す領域として考えてもよい。 ⟶ 数学Ⅱで学んだ知識で解決できる。

解答

$|z-1|\leqq|z-4|\leqq2|z-1|$ から

$$|z-1|^2\leqq|z-4|^2\leqq2^2|z-1|^2$$

$|z-1|^2\leqq|z-4|^2$ から　$(z-1)(\overline{z}-1)\leqq(z-4)(\overline{z}-4)$

整理すると　$z+\overline{z}\leqq5$　ゆえに　$\dfrac{z+\overline{z}}{2}\leqq\dfrac{5}{2}$

これは点 $\dfrac{5}{2}$ を通り，実軸に垂直な直線とその左側の部分を表す。

また，$|z-4|^2\leqq4|z-1|^2$ から

$$(z-4)(\overline{z}-4)\leqq4(z-1)(\overline{z}-1)$$

整理すると　$z\overline{z}\geqq4$

すなわち　$|z|^2\geqq2^2$

したがって　$|z|\geqq2$

これは原点を中心とする半径 2 の円とその外部の領域を表す。

以上から，点 z の動く範囲は **右図の斜線部分** のようになる。**ただし，境界線を含む。**

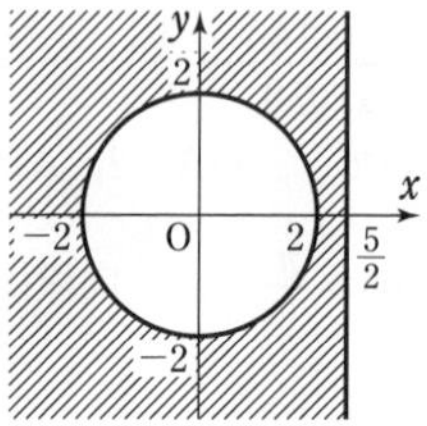

別解　$z=x+yi$ (x，y は実数) とすると，

$|z-1|^2\leqq|z-4|^2\leqq2^2|z-1|^2$ から

$$(x-1)^2+y^2\leqq(x-4)^2+y^2\leqq4\{(x-1)^2+y^2\}$$

$(x-1)^2+y^2\leqq(x-4)^2+y^2$ から　$x\leqq\dfrac{5}{2}$

$(x-4)^2+y^2\leqq4\{(x-1)^2+y^2\}$ から　$x^2+y^2\geqq4$

よって，点 z の動く範囲は **右上の図の斜線部分** のようになる。**ただし，境界線を含む。**

◀ $a\geqq0$，$b\geqq0$ のとき $a\leqq b \iff a^2\leqq b^2$

◀ $\dfrac{z+\overline{z}}{2}$ は z の実部。

検討

$|z-1|\leqq|z-4|$ については，P(z)，A(1)，B(4) とすると　AP≦BP

よって，点 P は 2 点 A，B を結ぶ線分の垂直二等分線およびその左側の部分にある。

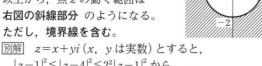

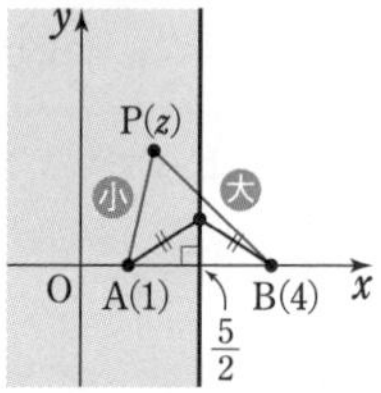

◀ $z-1=x-1+yi$，$z-4=x-4+yi$

◀ 直線 $x=\dfrac{5}{2}$ とその左側。

◀ 円 $x^2+y^2=4$ とその外部。

練習 ④118 複素数 z の実部を $\mathrm{Re}\,z$ で表す。このとき，次の領域を複素数平面上に図示せよ。

(1) $|z|>1$ かつ $\mathrm{Re}\,z<\dfrac{1}{2}$ を満たす点 z の領域

(2) $w=\dfrac{1}{z}$ とする。点 z が (1) で求めた領域を動くとき，点 w が動く領域

重要例題 119 不等式を満たす点の存在範囲 (3)

z を 0 でない複素数とする。z が不等式 $2 \leqq z+\dfrac{16}{z} \leqq 10$ を満たすとき，点 z が存在する範囲を複素数平面上に図示せよ。

重要 94

指針 $2 \leqq z+\dfrac{16}{z} \leqq 10$ と不等式で表されているから，$z+\dfrac{16}{z}$ は実数である。
そこで，まず **● が実数 ⟺ $\overline{●}$=●** を適用して導かれる条件式に注目。
なお，$z+\dfrac{■}{z}$ の式であるから，極形式を利用する方法も考えられる。 ⟶ 別解

解答

$z+\dfrac{16}{z}$ は実数であるから $\overline{z+\dfrac{16}{z}}=z+\dfrac{16}{z}$

よって $\overline{z}+\dfrac{16}{\overline{z}}=z+\dfrac{16}{z}$

ゆえに $\overline{z}|z|^2+16z=z|z|^2+16\overline{z}$

よって $(z-\overline{z})|z|^2-16(z-\overline{z})=0$

ゆえに $(z-\overline{z})(|z|^2-16)=0$

よって $(z-\overline{z})(|z|+4)(|z|-4)=0$

したがって $z=\overline{z}$ または $|z|=4$

◀ $|z|>0$ から，$|z|=-4$ は不適。

[1] $z=\overline{z}$ のとき，z は実数である。

$2 \leqq z+\dfrac{16}{z}$ が成り立つための条件は $z>0$ であり，このとき (相加平均)≧(相乗平均) により

$$z+\frac{16}{z} \geqq 2\sqrt{z\cdot\frac{16}{z}}=8$$

(等号は $z=4$ のとき成り立つ。)

すなわち，$2 \leqq z+\dfrac{16}{z}$ は常に成り立つ。

$z>0$ のとき，$z+\dfrac{16}{z} \leqq 10$ を解くと，$z^2+16 \leqq 10z$ から

$(z-2)(z-8) \leqq 0$ したがって $2 \leqq z \leqq 8$

[2] $|z|=4$ のとき，点 z は原点を中心とする半径 4 の円上にある。$z\overline{z}=4^2$ であるから $\dfrac{16}{z}=\overline{z}$

$2 \leqq z+\dfrac{16}{z} \leqq 10$ から $2 \leqq z+\overline{z} \leqq 10$

ゆえに $1 \leqq \dfrac{z+\overline{z}}{2} \leqq 5$

すなわち $1 \leqq (z$ の実部$) \leqq 5$

[1]，[2] から，点 z の存在する範囲は，**右図の太線部分**。

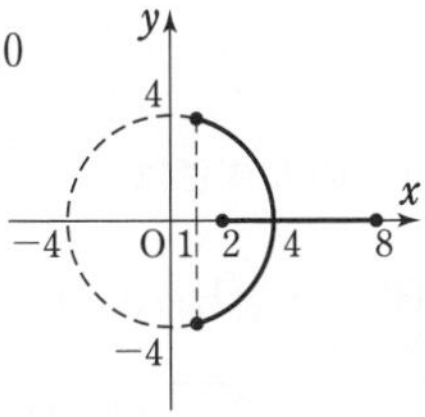

別解 $z=r(\cos\theta+i\sin\theta)$ $(r>0,\ 0 \leqq \theta<2\pi)$ とすると

$z+\dfrac{16}{z}$
$=\left(r+\dfrac{16}{r}\right)\cos\theta$
$\quad+i\left(r-\dfrac{16}{r}\right)\sin\theta$

$z+\dfrac{16}{z}$ は実数であるから

$r-\dfrac{16}{r}=0$

または $\sin\theta=0$

すなわち

$r=4$ または $\theta=0$

または $\theta=\pi$

[1] $r=4$ のとき

$z+\dfrac{16}{z}=8\cos\theta$

よって，$2 \leqq 8\cos\theta \leqq 10$ と $-1 \leqq \cos\theta \leqq 1$ から

$\dfrac{1}{4} \leqq \cos\theta \leqq 1$

[2] $\theta=0$ のとき

$z+\dfrac{16}{z}=r+\dfrac{16}{r}$

よって，$2 \leqq r+\dfrac{16}{r} \leqq 10$

から $2 \leqq r \leqq 8$

[3] $\theta=\pi$ のとき

$z+\dfrac{16}{z}=-\left(r+\dfrac{16}{r}\right)<0$

これは条件を満たさない。

以上から，**左図の太線部分**。

練習 ④119 z を 0 でない複素数とする。点 $z-\dfrac{1}{z}$ が 2 点 i，$\dfrac{10}{3}i$ を結ぶ線分上を動くとき，点 z の存在する範囲を複素数平面上に図示せよ。

基本例題 120 線分のなす角，平行・垂直条件 ①①①①①

複素数平面上の 3 点 A(α)，B(β)，C(γ) について

(1) $\alpha=1+2i$，$\beta=-2+4i$，$\gamma=2-ai$ とする。このとき，次のものを求めよ。

(ア) $a=3$ のとき，∠BAC の大きさと △ABC の面積

(イ) $a=16$ のとき，∠CBA の大きさ

(2) $\alpha=-1-i$，$\beta=i$，$\gamma=b-2i$（b は実数の定数）とする。

(ア) 3 点 A，B，C が一直線上にあるように，b の値を定めよ。

(イ) 2 直線 AB，AC が垂直であるように，b の値を定めよ。

p.536 基本事項 3　演習 132

指針 ∠BAC の偏角 $\angle\beta\alpha\gamma=\arg\dfrac{\gamma-\alpha}{\beta-\alpha}$ に注目する。

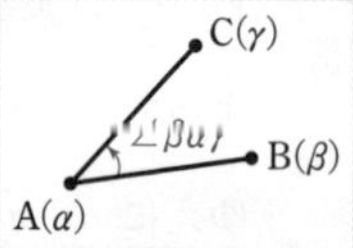

(1) (ア) $\dfrac{\gamma-\alpha}{\beta-\alpha}$ (イ) $\dfrac{\alpha-\beta}{\gamma-\beta}$ を計算し，極形式で表す。

(ア) △ABC の面積は $\dfrac{1}{2}\mathrm{AB}\cdot\mathrm{AC}\sin\angle\mathrm{BAC}$

ここで，$\mathrm{AB}=|\beta-\alpha|$，$\mathrm{AC}=|\gamma-\alpha|$ であるから，$\dfrac{\gamma-\alpha}{\beta-\alpha}$ の計算で出てくる $\beta-\alpha$，$\gamma-\alpha$ の値を使うとよい。

(2) $p.536$ の基本事項 3 ②，③ が適用できるように，まず $\dfrac{\gamma-\alpha}{\beta-\alpha}$ を計算し

(ア) $\dfrac{\gamma-\alpha}{\beta-\alpha}$ が 実数（$\angle\mathrm{BAC}=0$ または π）

(イ) $\dfrac{\gamma-\alpha}{\beta-\alpha}$ が 純虚数 $\left(\angle\mathrm{BAC}=\dfrac{\pi}{2}\right)$ となるように，b の値を定める。

CHART 線分のなす角，直線の平行・垂直　偏角 $\angle\beta\alpha\gamma=\arg\dfrac{\gamma-\alpha}{\beta-\alpha}$ が活躍

解答

(1) (ア) $a=3$ のとき，$\gamma=2-3i$ であるから

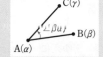

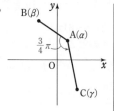

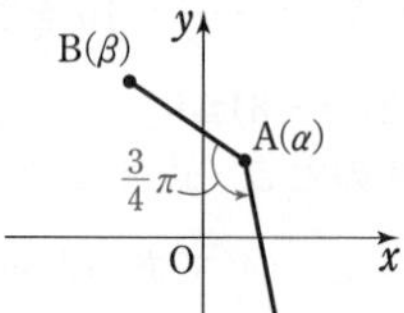

$$\frac{\gamma-\alpha}{\beta-\alpha}=\frac{2-3i-(1+2i)}{-2+4i-(1+2i)}=\frac{1-5i}{-3+2i}$$

$$=\frac{(1-5i)(-3-2i)}{(-3+2i)(-3-2i)}=-1+i$$

◀分母の実数化。

$$=\sqrt{2}\left(\cos\frac{3}{4}\pi+i\sin\frac{3}{4}\pi\right)$$

◀偏角を調べる。ここでは，偏角は $\dfrac{3}{4}\pi$ で $0<\dfrac{3}{4}\pi<\pi$

よって，∠BAC の大きさは　$\boldsymbol{\dfrac{3}{4}\pi}$

また　$\triangle\mathrm{ABC}=\dfrac{1}{2}\mathrm{AB}\cdot\mathrm{AC}\sin\angle\mathrm{BAC}$

$$=\frac{1}{2}\sqrt{(-3)^2+2^2}\sqrt{1^2+(-5)^2}\sin\frac{3}{4}\pi$$

$$=\frac{1}{2}\cdot\sqrt{13}\cdot\sqrt{26}\cdot\frac{1}{\sqrt{2}}=\boldsymbol{\frac{13}{2}}$$

◀$\mathrm{AB}=|\beta-\alpha|=|-3+2i|$
$\mathrm{AC}=|\gamma-\alpha|=|1-5i|$

(イ) $a=16$ のとき，$\gamma=2-16i$ であるから

$$\frac{\alpha-\beta}{\gamma-\beta}=\frac{1+2i-(-2+4i)}{2-16i-(-2+4i)}=\frac{3-2i}{4-20i}$$
$$=\frac{(3-2i)(1+5i)}{4(1-5i)(1+5i)}=\frac{1+i}{8}$$
$$=\frac{\sqrt{2}}{8}\left(\cos\frac{\pi}{4}+i\sin\frac{\pi}{4}\right)$$

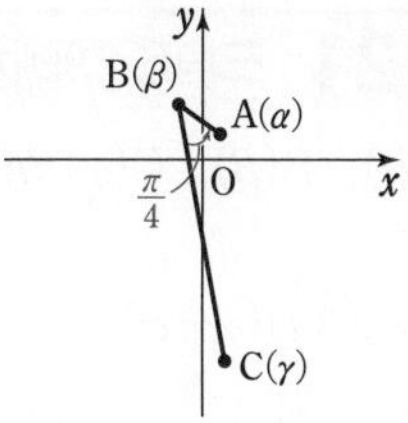

よって，∠CBA の大きさは　$\boldsymbol{\frac{\pi}{4}}$

◀∠▲●■ $=\arg\frac{■-●}{▲-●}$

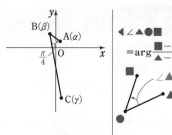

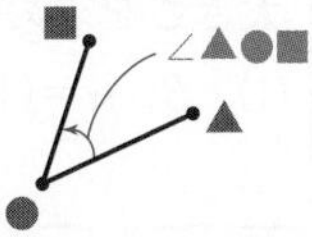

(2) $\frac{\gamma-\alpha}{\beta-\alpha}=\frac{(b-2i)-(-1-i)}{i-(-1-i)}=\frac{b+1-i}{1+2i}$

$$=\frac{(b+1-i)(1-2i)}{(1+2i)(1-2i)}=\frac{b-1-(2b+3)i}{5}\quad\cdots\cdots ①$$

(ア) 3 点 A，B，C が一直線上にあるための条件は，① が実数となることであるから　$2b+3=0$

よって　$\boldsymbol{b=-\frac{3}{2}}$

(イ) 2 直線 AB，AC が垂直であるための条件は，① が純虚数となることであるから　$b-1=0$ かつ $2b+3\neq0$

ゆえに　$\boldsymbol{b=1}$

◀(イ) にも利用できるように，∠BAC について調べる。

◀$z=x+yi$ において
$y=0$
$\Longrightarrow z$ は実数
$x=0$ かつ $y\neq0$
$\Longrightarrow z$ は純虚数

検討

ベクトルの問題として考える

複素数平面上の点 $p+qi$ を座標平面上の点 $(p,\ q)$ とみると，次のようにベクトルの知識を用いて解くこともできる。

(1) (イ) A(1, 2)，B(−2, 4)，C(2, −16) とすると

$\overrightarrow{BA}=(3,\ -2)$，$\overrightarrow{BC}=(4,\ -20)=4(1,\ -5)$

よって　$\cos\angle CBA=\frac{\overrightarrow{BA}\cdot\overrightarrow{BC}}{|\overrightarrow{BA}||\overrightarrow{BC}|}=\frac{4\{3\times1-2\times(-5)\}}{\sqrt{3^2+(-2)^2}\times4\sqrt{1^2+(-5)^2}}=\frac{1}{\sqrt{2}}$

$0\leqq\angle CBA\leqq\pi$ であるから　$\angle CBA=\boldsymbol{\frac{\pi}{4}}$

(ア) についても同様にして求められる。

(2) A(−1, −1)，B(0, 1)，C(b, −2) とすると　$\overrightarrow{AB}=(1,\ 2)$，$\overrightarrow{AC}=(b+1,\ -1)$

(ア) k を実数として，$\overrightarrow{AC}=k\overrightarrow{AB}$ とすると　$(b+1,\ -1)=k(1,\ 2)$

よって　$b+1=k$，$-1=2k$　これを解いて　$k=-\frac{1}{2}$，$\boldsymbol{b=-\frac{3}{2}}$

(イ) $\overrightarrow{AB}\cdot\overrightarrow{AC}=0$ とすると　$1\times(b+1)+2\times(-1)=0$　ゆえに　$\boldsymbol{b=1}$

練習 ②120 複素数平面上の 3 点 A(α)，B(β)，C(γ) について

(1) $\alpha=-i$，$\beta=-1-3i$，$\gamma=1-4i$ のとき，∠BAC の大きさを求めよ。

(2) $\alpha=2$，$\beta=1+i$，$\gamma=(3+\sqrt{3})i$ のとき，∠ABC の大きさと △ABC の面積を求めよ。

(3) $\alpha=1+i$，$\beta=3+4i$，$\gamma=ai$ (a は実数) のとき，$a=$ア□ ならば 3 点 A，B，C は一直線上にあり，$a=$イ□ ならば AB⊥AC となる。

p.578, 579 EX 81, 82

基本 例題 121 三角形の形状(1) … 基本

異なる3点 A(α), B(β), C(γ) が次の条件を満たすとき，△ABC の3つの角の大きさを求めよ。

(1) $\beta-\alpha=(1+\sqrt{3}i)(\gamma-\alpha)$　　(2) $\alpha+i\beta=(1+i)\gamma$

基本 120 演習 134

指針 まず，式を $\dfrac{▲-●}{■-●}=p+qi$ の形に直す。例えば，(1) では $\dfrac{\beta-\alpha}{\gamma-\alpha}=1+\sqrt{3}i$ と変形できるから，$1+\sqrt{3}i$ を極形式で表すと

・$\left|\dfrac{\beta-\alpha}{\gamma-\alpha}\right|=\dfrac{|\beta-\alpha|}{|\gamma-\alpha|}=\dfrac{AB}{AC}$ ⟶ **2辺 AB，AC の長さの比**

・$\arg\dfrac{\beta-\alpha}{\gamma-\alpha}$ から　∠CAB ⟶ **2辺 AB，AC の間の角**

この2つを調べることにより，△ABC の形状がわかる。

CHART 三角形の形状問題　**隣り合う2辺の絶対値と偏角を調べる**

解答

(1) $\dfrac{\beta-\alpha}{\gamma-\alpha}=1+\sqrt{3}i=2\left(\cos\dfrac{\pi}{3}+i\sin\dfrac{\pi}{3}\right)$

ゆえに　$\left|\dfrac{\beta-\alpha}{\gamma-\alpha}\right|=\dfrac{|\beta-\alpha|}{|\gamma-\alpha|}=\dfrac{AB}{AC}=2$

よって　AB：AC＝2：1

また，$\arg\dfrac{\beta-\alpha}{\gamma-\alpha}=\dfrac{\pi}{3}$ から

$\angle CAB=\dfrac{\pi}{3}$

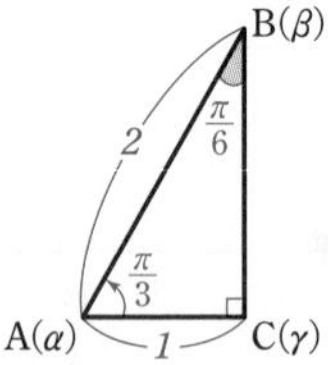

ゆえに，△ABC は AB：BC：CA＝2：$\sqrt{3}$：1 の直角三角形であり　$\angle \mathbf{A}=\boldsymbol{\dfrac{\pi}{3}}$，$\angle \mathbf{B}=\boldsymbol{\dfrac{\pi}{6}}$，$\angle \mathbf{C}=\boldsymbol{\dfrac{\pi}{2}}$

(2) $\alpha+i\beta=(1+i)\gamma$ から　$\alpha-\gamma=(\gamma-\beta)i$

よって　$\dfrac{\alpha-\gamma}{\beta-\gamma}=-i$　　◀ $\alpha=-i(\beta-\gamma)+\gamma$

ゆえに　$\left|\dfrac{\alpha-\gamma}{\beta-\gamma}\right|=\dfrac{|\alpha-\gamma|}{|\beta-\gamma|}=\dfrac{CA}{CB}=1$

よって　CA＝CB

また，$\dfrac{\alpha-\gamma}{\beta-\gamma}$ は純虚数であるから　CA⊥CB

ゆえに，△ABC は CA＝CB の直角二等辺三角形であるから　$\angle \mathbf{A}=\boldsymbol{\dfrac{\pi}{4}}$，$\angle \mathbf{B}=\boldsymbol{\dfrac{\pi}{4}}$，$\angle \mathbf{C}=\boldsymbol{\dfrac{\pi}{2}}$

◀ $1+\sqrt{3}i=2\left(\dfrac{1}{2}+\dfrac{\sqrt{3}}{2}i\right)$

(1) $\beta=2\left(\cos\dfrac{\pi}{3}+i\sin\dfrac{\pi}{3}\right)\times(\gamma-\alpha)+\alpha$

この形から，点Bは，点Aを中心として点Cを $\dfrac{\pi}{3}$ だけ回転し，点Aからの距離を2倍した点であることがわかる（$p.522$ 参照）。

このことから △ABC の形状を求めることもできる［(2) でも同じように考えてよい］。

(2)

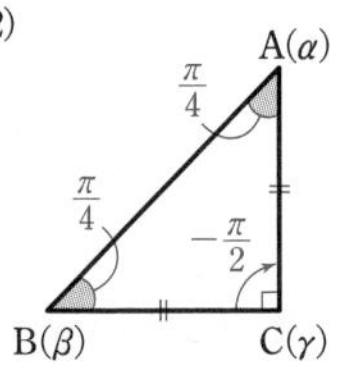

練習 ②121 異なる3点 A(α), B(β), C(γ) が次の条件を満たすとき，△ABC はどんな形の三角形か。

(1) $2(\alpha-\beta)=(1+\sqrt{3}i)(\gamma-\beta)$　　(2) $\beta(1-i)=\alpha-\gamma i$

基本例題 122 三角形の形状 (2) … (α, β の 2 次式)=0

異なる 3 点 O(0), A(α), B(β) に対し，等式 $2\alpha^2-2\alpha\beta+\beta^2=0$ が成り立つとき

(1) $\dfrac{\alpha}{\beta}$ の値を求めよ。　　(2) △OAB はどんな形の三角形か。

〔類 岡山理科大〕 基本 121

指針 (1) $\beta^2\neq0$ であるから，条件式の両辺を β^2 で割ると，$\dfrac{\alpha}{\beta}$ の 2 次方程式が得られる。

(2) (1) で求めた $\dfrac{\alpha}{\beta}$ を極形式で表し，$\left|\dfrac{\alpha}{\beta}\right|$ や $\arg\dfrac{\alpha}{\beta}$ の図形的な意味を考える。

CHART (α, β の 2 次式)=0 と三角形の形状問題　$\dfrac{\alpha}{\beta}$=(極形式) の形を導く

解答

(1) $\beta\neq0$ より，$\beta^2\neq0$ であるから，等式 $2\alpha^2-2\alpha\beta+\beta^2=0$ の両辺を β^2 で割ると　$2\left(\dfrac{\alpha}{\beta}\right)^2-2\cdot\dfrac{\alpha}{\beta}+1=0$

◀ $2\cdot\dfrac{\alpha^2}{\beta^2}-2\cdot\dfrac{\alpha}{\beta}+1=0$

したがって　$\dfrac{\alpha}{\beta}=\dfrac{-(-1)\pm\sqrt{(-1)^2-2\cdot1}}{2}=\boldsymbol{\dfrac{1\pm i}{2}}$

◀解の公式を利用。

(2) (1) から　$\dfrac{\alpha}{\beta}=\dfrac{1}{\sqrt{2}}\left(\dfrac{1}{\sqrt{2}}\pm\dfrac{1}{\sqrt{2}}i\right)$

$=\dfrac{1}{\sqrt{2}}\left\{\cos\left(\pm\dfrac{\pi}{4}\right)+i\sin\left(\pm\dfrac{\pi}{4}\right)\right\}$ (複号同順)

ゆえに　$\left|\dfrac{\alpha}{\beta}\right|=\dfrac{|\alpha|}{|\beta|}=\dfrac{\mathrm{OA}}{\mathrm{OB}}=\dfrac{1}{\sqrt{2}}$

よって　OA : OB $=1:\sqrt{2}$

また，$\arg\dfrac{\alpha}{\beta}=\pm\dfrac{\pi}{4}$ から

$\angle\mathrm{BOA}=\dfrac{\pi}{4}$

したがって，△OAB は $\boldsymbol{\angle\mathrm{A}=\dfrac{\pi}{2}}$ **の直角二等辺三角形** である。

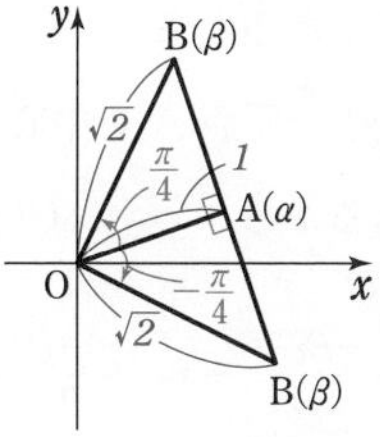

◀ $\beta=\sqrt{2}\left\{\cos\left(\pm\dfrac{\pi}{4}\right)+i\sin\left(\pm\dfrac{\pi}{4}\right)\right\}\alpha$ と書けるから，点 B は，原点を中心として点 A を $\pm\dfrac{\pi}{4}$ だけ回転し，原点からの距離を $\sqrt{2}$ 倍した点である。

◀ AB=AO の直角二等辺三角形 と答えてもよい。

別解　等式から　$(\alpha^2-2\alpha\beta+\beta^2)+\alpha^2=0$　　よって　$(\alpha-\beta)^2=-\alpha^2$

ゆえに　$\left(\dfrac{\alpha-\beta}{\alpha}\right)^2=-1$　　よって　$\dfrac{\alpha-\beta}{\alpha}=\pm i$

すなわち，$\dfrac{\beta-\alpha}{0-\alpha}=\pm i$ (純虚数) であるから，$\left|\dfrac{\beta-\alpha}{0-\alpha}\right|=1$ より　BA=OA

また　BA⊥OA　　したがって　$\boldsymbol{\angle\mathrm{A}=\dfrac{\pi}{2}}$ **の直角二等辺三角形**

練習 ③122 原点 O とは異なる 3 点 A(α), B(β), C(γ) がある。〔(1) 類 大分大, (2) 類 関西大〕

(1) $\alpha^2+\alpha\beta+\beta^2=0$ が成り立つとき，△OAB はどんな形の三角形か。

(2) $3\alpha^2+4\beta^2+\gamma^2-6\alpha\beta-2\beta\gamma=0$ が成り立つとき

(ア) γ を α, β で表せ。　　(イ) △ABC はどんな形の三角形か。

基本例題 123 図形の性質の証明

①①①①①

右の図のように，△ABC の外側に，正方形 ABDE および正方形 ACFG を作るとき，次の問いに答えよ。

(1) 複素数平面上で A(0)，B(β)，C(γ) とするとき，点 E，G を表す複素数を求めよ。

(2) 線分 EG の中点を M とするとき，2AM=BC，AM⊥BC であることを証明せよ。

p.536 基本事項 3

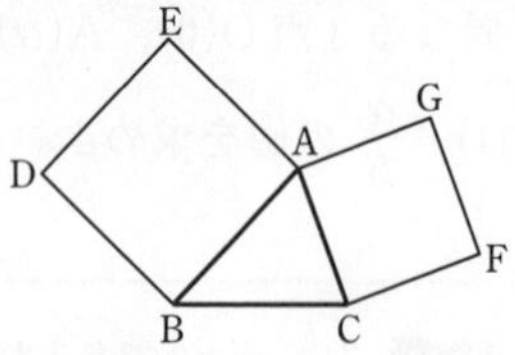

指針 (1) 点 A を原点とする複素数平面で考えているから，2 つの正方形に注目すると

点 E は，点 B を点 A（**原点**）を**中心として** $-\dfrac{\pi}{2}$ **回転** した点 ⟶ $-i$ **を掛ける**

点 G は，点 C を点 A（**原点**）を**中心として** $\dfrac{\pi}{2}$ **回転** した点 ⟶ i **を掛ける**

(2) 2AM=BC の証明には，**2 点** $\mathrm{P}(z_1)$，$\mathrm{Q}(z_2)$ **間の距離は** $|z_2-z_1|$ を利用。
AM⊥BC の証明には，異なる 4 点 $\mathrm{P}(z_1)$，$\mathrm{Q}(z_2)$，$\mathrm{R}(z_3)$，$\mathrm{S}(z_4)$ に対し

$$\mathrm{PQ}\perp\mathrm{RS} \iff \frac{z_4-z_3}{z_2-z_1} \text{ が純虚数}$$ を利用。

CHART 図形の条件 角の大きさがわかるなら，回転を利用
特に直角なら $\pm i$ **を掛ける** $\left(\pm\dfrac{\pi}{2}\text{ の回転}\right)$

解答

(1) 点 E は，点 B(β) を原点 A を中心として $-\dfrac{\pi}{2}$ だけ回転した点であるから　　**E($-\beta i$)**

点 G は，点 C(γ) を原点 A を中心として $\dfrac{\pi}{2}$ だけ回転した点であるから　　**G(γi)**

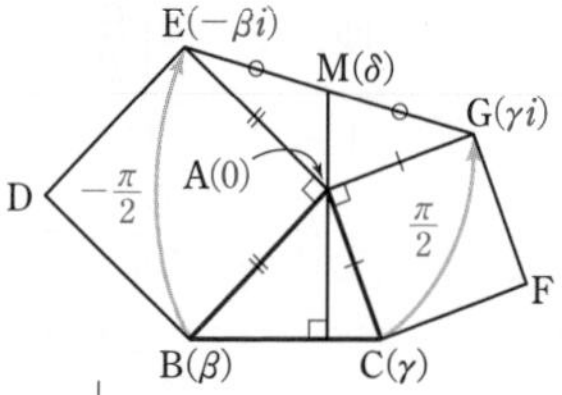

(2) M(δ) とすると

$$\delta=\frac{-\beta i+\gamma i}{2}=\frac{(\gamma-\beta)i}{2}$$

◀2 点 z_1，z_2 を結ぶ線分の中点を表す複素数は $\dfrac{z_1+z_2}{2}$

よって　　$2\mathrm{AM}=2\left|\dfrac{(\gamma-\beta)i}{2}-0\right|=|\gamma-\beta||i|=|\gamma-\beta|$

$\mathrm{BC}=|\gamma-\beta|$ であるから　　2AM=BC

また，$\dfrac{\gamma-\beta}{\dfrac{(\gamma-\beta)i}{2}-0}=\dfrac{2}{i}=-2i$（純虚数）であるから

◀$\gamma-\beta\neq0$

AM⊥BC

練習 ③123 上の例題において，BG=CE，BG⊥CE であることを証明せよ。

ズームUP 図形の性質と複素数

● 図形の性質の複素数による表現

図形に関する証明問題では，複素数平面の利用が有効なことが多い。まず，図形の条件ごとに，複素数による表現を確認しておこう。
以下，O を原点，複素数平面上の 3 点を $A(\alpha)$，$B(\beta)$，$C(\gamma)$，k を実数とする。

図形の条件	複素数による表現		(参考) ベクトルによる表現
1 **線分の長さ** ⟷ AB	**絶対値** $AB=\|\beta-\alpha\|$		**絶対値** $AB=\|\overrightarrow{AB}\|=\|\overrightarrow{OB}-\overrightarrow{OA}\|$
2 **角** ⟷ $\angle BAC$	**偏角** $\angle\beta\alpha\gamma=\arg\dfrac{\gamma-\alpha}{\beta-\alpha}$	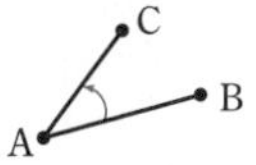	**内積利用** $\cos\angle BAC=\dfrac{\overrightarrow{AB}\cdot\overrightarrow{AC}}{\|\overrightarrow{AB}\|\|\overrightarrow{AC}\|}$
3 **共線条件** ⟷ 3 点 A，B，C が一直線上	**偏角が 0 か π** $\Longleftrightarrow$ $\dfrac{\gamma-\alpha}{\beta-\alpha}$ が実数 $\Longleftrightarrow$ $\gamma-\alpha=k(\beta-\alpha)$	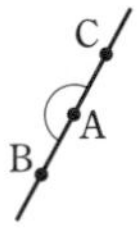	**実数倍** $\overrightarrow{AC}=k\overrightarrow{AB}$ $\Longleftrightarrow$ $\overrightarrow{OC}-\overrightarrow{OA}=k(\overrightarrow{OB}-\overrightarrow{OA})$
4 **垂直条件** ⟷ $AB\perp AC$	**偏角が $\pm\dfrac{\pi}{2}$** $\Longleftrightarrow$ $\dfrac{\gamma-\alpha}{\beta-\alpha}$ が純虚数	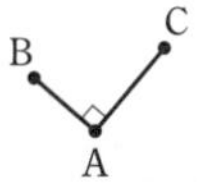	**(内積)=0** $\overrightarrow{AB}\cdot\overrightarrow{AC}=0$
5 **平行移動** ⟷ x 軸方向に a， y 軸方向に b	$+\alpha$ $(\alpha=a+bi)$ 点 z が点 z' に移るなら $z'=z+\alpha$	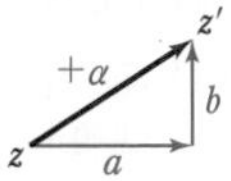	点 P が点 P′ に移るなら $\overrightarrow{OP'}=\overrightarrow{OP}+\overrightarrow{PP'}$ $[\overrightarrow{PP'}=(a,\ b)]$
6 **回転移動** ⟷ 原点を中心とする角 θ の回転	$\times(\cos\theta+i\sin\theta)$ 点 z が点 z' に移るなら $z'=z\times(\cos\theta+i\sin\theta)$	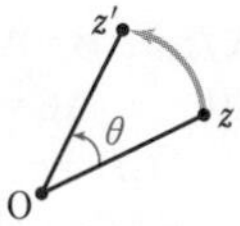	回転の中心が点 α なら $z'=(z-\alpha)(\cos\theta+i\sin\theta)+\alpha$

● 複素数を利用することの利点

複素数平面では，（ベクトルと比べると）簡潔に表現できる図形の条件も多い。
例えば，角の大きさは $\dfrac{\gamma-\alpha}{\beta-\alpha}$ から調べられるし，特に **回転移動については，移動後の点を積の計算によって求められる** ので大変便利である。この利点を活かしたのが，前ページの例題 **123** の解答である。回転移動を利用することで，点 E，G を表す複素数がすぐに求められる。また，線分の長さの関係式 $2AM=BC$ も，絶対値の性質 $|\alpha\beta|=|\alpha||\beta|$ を利用することにより，簡単に求められる。
なお，例題 **123** は，次ページのように，ベクトルや初等幾何（中学や数学 A の「図形の性質」で学んだ知識を使う）によって証明することもできるが，前ページの解答の方が簡潔であり，複素数平面の便利さがわかるだろう。

検討　基本例題 123 をさまざまな方法で解く

● 例題 123 のベクトルを用いた解法

……条件をベクトルの式に表して，**垂直 ⟺ 内積=0** などを利用することで証明できるが，$p.558$ の解答に比べると，全体的に計算は面倒になる。

$\overrightarrow{AB}=\vec{b}$, $\overrightarrow{AC}=\vec{c}$, $\overrightarrow{AE}=\vec{e}$, $\overrightarrow{AG}=\vec{g}$ とすると，条件から

$|\vec{b}|=|\vec{e}|$, $|\vec{c}|=|\vec{g}|$, $\vec{b}\cdot\vec{e}=0$, $\vec{c}\cdot\vec{g}=0$

また，$\angle BAC=\theta$ とすると　　$\angle EAG=\pi-\theta$

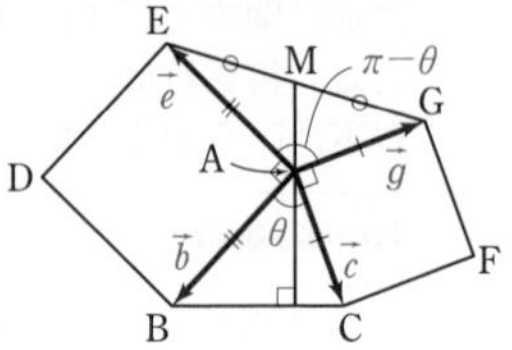

$\overrightarrow{AM}=\dfrac{\vec{e}+\vec{g}}{2}$ であるから

$$4|\overrightarrow{AM}|^2=(\vec{e}+\vec{g})\cdot(\vec{e}+\vec{g})$$
$$=|\vec{e}|^2+2\vec{e}\cdot\vec{g}+|\vec{g}|^2$$
$$=|\vec{b}|^2+2|\vec{e}||\vec{g}|\cos(\pi-\theta)+|\vec{c}|^2$$
$$=|\vec{b}|^2-2|\vec{b}||\vec{c}|\cos\theta+|\vec{c}|^2=|\vec{b}-\vec{c}|^2=|\overrightarrow{BC}|^2$$

◀ $|\vec{e}|=|\vec{b}|$, $|\vec{g}|=|\vec{c}|$

◀ $\cos(\pi-\theta)=-\cos\theta$, $|\vec{b}||\vec{c}|\cos\theta=\vec{b}\cdot\vec{c}$

よって　　$(2|\overrightarrow{AM}|)^2=|\overrightarrow{BC}|^2$　　　ゆえに　　$2AM=BC$

$$2\overrightarrow{AM}\cdot\overrightarrow{BC}=(\vec{e}+\vec{g})\cdot(\vec{c}-\vec{b})=\vec{e}\cdot\vec{c}-\vec{e}\cdot\vec{b}+\vec{g}\cdot\vec{c}-\vec{g}\cdot\vec{b}$$
$$=\vec{e}\cdot\vec{c}-\vec{g}\cdot\vec{b}=|\vec{e}||\vec{c}|\cos\left(\frac{\pi}{2}+\theta\right)-|\vec{g}||\vec{b}|\cos\left(\frac{\pi}{2}+\theta\right)$$
$$=|\vec{b}||\vec{c}|\cos\left(\frac{\pi}{2}+\theta\right)-|\vec{c}||\vec{b}|\cos\left(\frac{\pi}{2}+\theta\right)=0$$

◀ $\vec{e}\cdot\vec{b}=0$, $\vec{g}\cdot\vec{c}=0$

◀ $\vec{e}\cdot\vec{c}=|\vec{e}||\vec{c}|\cos\angle EAC$, $\vec{g}\cdot\vec{b}=|\vec{g}||\vec{b}|\cos\angle GAB$

$\overrightarrow{AM}\neq\vec{0}$, $\overrightarrow{BC}\neq\vec{0}$ から　　$\overrightarrow{AM}\perp\overrightarrow{BC}$　すなわち　$AM\perp BC$

● 例題 123 の初等幾何による解法

……**中線は 2 倍にのばして平行四辺形を作り出す**　の方針で証明することができるが，補助となる点や補助線が必要となるので，思いつきにくい。

線分 AM の点 M を越える延長上に，AM=MH となるように点 H をとると，EM=GM から，四角形 AGHE は平行四辺形である。

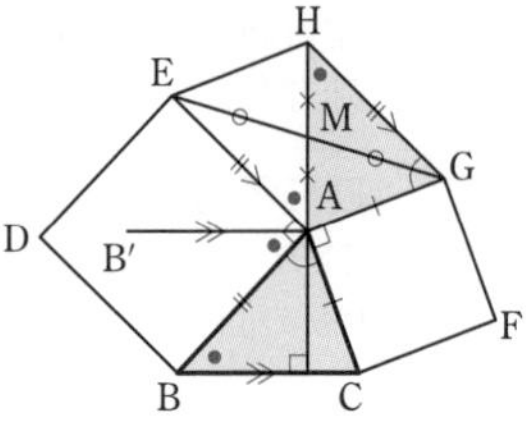

よって　　AE=GH　　　また，AB=AE から

　AB=GH …… ①　　更に　　AC=AG …… ②

AE∥GH から　　$\angle EAG+\angle AGH=\pi$

ゆえに　　　$\angle AGH=\pi-\angle EAG=\angle BAC$

すなわち　　　$\angle AGH=\angle BAC$ …… ③

①～③ から　　$\triangle ABC\equiv\triangle GHA$

◀ 2 辺とその間の角がそれぞれ等しい。

よって　　$BC=AH=2AM$

また，図のように，BC∥B′A となる点 B′ をとると

$\angle MAE=\angle GHA=\angle ABC=\angle BAB'$

ゆえに　　$\angle MAB'=\angle MAE+\angle EAB'=\angle BAB'+\angle EAB'=\dfrac{\pi}{2}$

◀ 順に AE∥GH, △ABC≡△GHA, BC∥B′A に注目。

よって　　$AM\perp B'A$　　　BC∥B′A から　　$AM\perp BC$

このように，図形の性質の証明には，**複素数平面**，**ベクトル**，**初等幾何** などによる方法が考えられる。例題 **123** では複素数平面を利用すると，証明が最も簡潔となるが，どの方法が最も便利であるかは問題によりさまざまである。

(この他にも **座標平面の利用**［数学Ⅱ］が考えられる。)

補足事項 複素数平面を利用した図形の性質の証明の例

中学や数学 A で学んだ，図形に関する定理や性質の中には，複素数平面の知識を利用して証明できるものもある。そのような例をいくつか示しておこう。

＜中線定理＞ △ABC において，辺 BC の中点を M とするとき，次の等式が成り立つ。

$$\mathbf{AB^2+AC^2=2(AM^2+BM^2)}$$

証明 M(0)，A(α)，B(β) とすると　C($-\beta$)

よって　$AB^2+AC^2=|\beta-\alpha|^2+|-\beta-\alpha|^2=|\beta-\alpha|^2+|\beta+\alpha|^2$

$=(\beta-\alpha)(\overline{\beta-\alpha})+(\beta+\alpha)(\overline{\beta+\alpha})$

$=(\beta-\alpha)(\overline{\beta}-\overline{\alpha})+(\beta+\alpha)(\overline{\beta}+\overline{\alpha})$

$=2(\alpha\overline{\alpha}+\beta\overline{\beta})=2(|\alpha|^2+|\beta|^2)$

一方　$2(AM^2+BM^2)=2(|0-\alpha|^2+|0-\beta|^2)=2(|\alpha|^2+|\beta|^2)$

したがって，$AB^2+AC^2=2(AM^2+BM^2)$ が成り立つ。

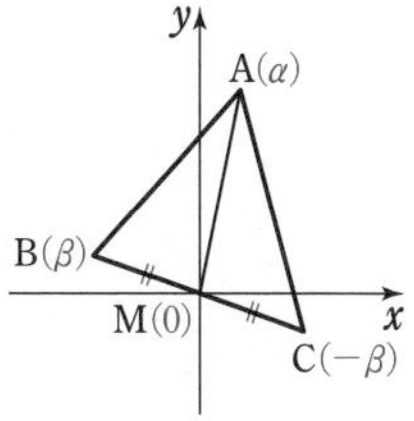

＜トレミーの定理＞ 円に内接する四角形 ABCD について，次の等式が成り立つ。

$$\mathbf{AB\cdot CD+AD\cdot BC=AC\cdot BD}$$

証明 A(0)，B(β)，C(γ)，D(δ) とすると，

$\angle CBA+\angle ADC=\pi$ から

$$\arg\frac{0-\beta}{\gamma-\beta}+\arg\frac{\gamma-\delta}{0-\delta}=\pm\pi$$

よって　$\arg\left(\dfrac{-\beta}{\gamma-\beta}\cdot\dfrac{\gamma-\delta}{-\delta}\right)=\pm\pi$

すなわち　$\arg\dfrac{(\gamma-\delta)\beta}{(\gamma-\beta)\delta}=\pm\pi$

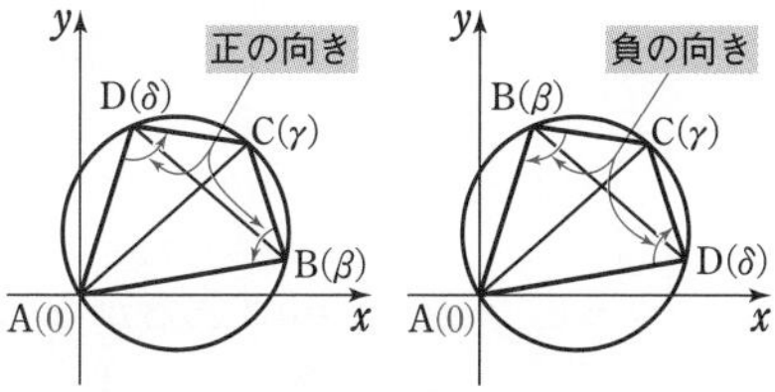

ここで，$(\gamma-\delta)\beta=z_1$，$(\gamma-\beta)\delta=z_2$ とおくと，$z_1\neq0$，$z_2\neq0$，$z_1\neq z_2$ で，

$\arg\dfrac{z_1}{z_2}=\pm\pi$ であるから，3 点 z_1，0，z_2 はこの順に一直線上にある。

ゆえに　$|z_1-z_2|=|z_1|+|z_2|$ …… ①

$z_1-z_2=(\gamma-\delta)\beta-(\gamma-\beta)\delta=(\beta-\delta)\gamma$ であるから，① より

$|(\beta-\delta)\gamma|=|(\gamma-\delta)\beta|+|(\gamma-\beta)\delta|$

よって　$|\beta-\delta||\gamma|=|\gamma-\delta||\beta|+|\gamma-\beta||\delta|$

したがって，$BD\cdot AC=DC\cdot AB+BC\cdot AD$ が成り立つ。

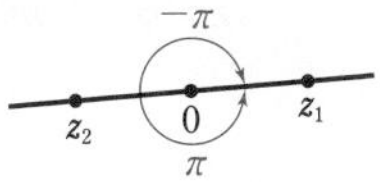

このような，複素数平面を利用した図形の性質の証明においては，**計算が簡単になるように原点を選ぶ** ことがポイントとなる。例えば，上の中線定理の証明では，A(0)，B(β)，C(γ) とおいて進めることもできるが，この場合は $M\left(\dfrac{\beta+\gamma}{2}\right)$ となり，分数が現れるため，計算が繁雑になってしまう。

問 △ABC の辺 AB，AC の中点をそれぞれ D，E とするとき，BC∥DE，BC＝2DE であること（**中点連結定理**）を証明せよ。

（＊） 問 の解答は *p*.721 にある。

基本 例題 124 三角形の垂心を表す複素数

単位円上の異なる 3 点 A(α), B(β), C(γ) と，この円上にない点 H(z) について，等式 $z=\alpha+\beta+\gamma$ が成り立つとき，H は △ABC の垂心であることを証明せよ。

〔類 九州大〕 基本 123 重要 125，基本 127

指針 △ABC の垂心が H ⟺ AH⊥BC，BH⊥CA

例えば，AH⊥BC を次のように，複素数を利用して示す。

$$\text{AH}\perp\text{BC} \iff \frac{\gamma-\beta}{z-\alpha} \text{ が純虚数} \iff \frac{\gamma-\beta}{z-\alpha}+\overline{\left(\frac{\gamma-\beta}{z-\alpha}\right)}=0 \quad \cdots\cdots ★$$

[w が純虚数 ⟺ $w\neq0$ かつ $w+\overline{w}=0$（p.504 参照）を利用している。]

また，3 点 A，B，C は単位円上にあるから

$$|\alpha|=|\beta|=|\gamma|=1 \iff \alpha\overline{\alpha}=\beta\overline{\beta}=\gamma\overline{\gamma}=1$$

これと $z=\alpha+\beta+\gamma$ から得られる $z-\alpha=\beta+\gamma$ を用いて，★ を β，γ だけの等式に直して証明する。

CHART 垂直であることの証明 $\text{AB}\perp\text{CD} \iff \dfrac{\delta-\gamma}{\beta-\alpha}$ が純虚数

解答

3 点 A(α), B(β), C(γ) は単位円上にあるから

$$|\alpha|=|\beta|=|\gamma|=1$$

すなわち $|\alpha|^2=|\beta|^2=|\gamma|^2=1$

よって $\alpha\overline{\alpha}=\beta\overline{\beta}=\gamma\overline{\gamma}=1$

$\alpha\neq0$，$\beta\neq0$，$\gamma\neq0$ であるから

$$\overline{\alpha}=\frac{1}{\alpha},\quad \overline{\beta}=\frac{1}{\beta},\quad \overline{\gamma}=\frac{1}{\gamma}$$

A，B，C，H はすべて異なる点であるから，$\dfrac{\gamma-\beta}{z-\alpha}\neq0$ で

$$\frac{\gamma-\beta}{z-\alpha}+\overline{\left(\frac{\gamma-\beta}{z-\alpha}\right)}=\frac{\gamma-\beta}{\beta+\gamma}+\overline{\left(\frac{\gamma-\beta}{\beta+\gamma}\right)}=\frac{\gamma-\beta}{\beta+\gamma}+\frac{\overline{\gamma}-\overline{\beta}}{\overline{\beta}+\overline{\gamma}}\ (*)$$

$$=\frac{\gamma-\beta}{\beta+\gamma}+\frac{\frac{1}{\gamma}-\frac{1}{\beta}}{\frac{1}{\beta}+\frac{1}{\gamma}}=\frac{\gamma-\beta}{\beta+\gamma}+\frac{\beta-\gamma}{\gamma+\beta}$$

$$=0$$

よって，$\dfrac{\gamma-\beta}{z-\alpha}$ は純虚数である。

ゆえに AH⊥BC

同様にして BH⊥CA

したがって，H は △ABC の垂心である。

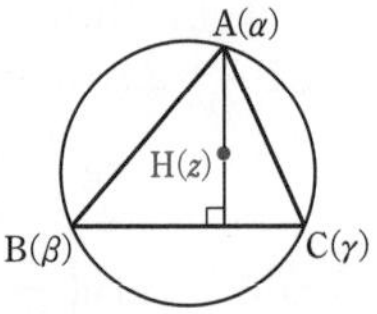

(＊) $\overline{\beta}=\dfrac{1}{\beta}$，$\overline{\gamma}=\dfrac{1}{\gamma}$

◀指針___……★ の方針。垂直であるという図形の条件を，純虚数であるという複素数の条件に言い換え，更に等式の条件に言い換えて示している。なお，bi が純虚数であるためには，$b\neq0$ であることに注意。

◀上の式で，α が β，β が γ，γ が α に入れ替わる。

練習 ③124 上の例題において，$w=-\overline{\alpha}\beta\gamma$ とおく。$w\neq\alpha$ のとき，点 D(w) は単位円上にあり，AD⊥BC であることを示せ。 〔類 九州大〕

重要例題 125 三角形の外心を表す複素数 ①①①①①

複素数平面上において，三角形の頂点をなす3点を O(0)，A(α)，B(β) とする。

(1) 線分 OA の垂直二等分線上の点を表す複素数 z は，$\overline{\alpha}z+\alpha\overline{z}-\alpha\overline{\alpha}=0$ を満たすことを示せ。

(2) △OAB の外心を表す複素数を z_1 とするとき，z_1 を α，$\overline{\alpha}$，β，$\overline{\beta}$ で表せ。

〔類 山形大〕 基本 124

指針 (1) 点 z は線分 OA の垂直二等分線上にあるから，2点 O(0)，A(α) より等距離にある。

(2) 三角形の外心は，3辺の垂直二等分線の交点である。

(1) は (2) のヒント △OAB の外心である点 z_1 は，辺 OA，OB の垂直二等分線の交点であるから，z_1 は (1) の式を満たす。

また，辺 OB の垂直二等分線上の点が満たす式も (1) よりすぐわかる。

解答

(1) 点 z は線分 OA の垂直二等分線上にあるから

$|z-0|=|z-\alpha|$ すなわち $|z|^2=|z-\alpha|^2$

よって $z\overline{z}=(z-\alpha)(\overline{z}-\overline{\alpha})$

ゆえに $\overline{\alpha}z+\alpha\overline{z}-\alpha\overline{\alpha}=0$

◀P(z) とすると OP=AP

◀$|z-\alpha|^2=(z-\alpha)(\overline{z-\alpha})=(z-\alpha)(\overline{z}-\overline{\alpha})$

(2) (1) と同様に考えて，線分 OB の垂直二等分線上の点を表す複素数 z は，$\overline{\beta}z+\beta\overline{z}-\beta\overline{\beta}=0$ を満たす。

◀(1) の等式から。

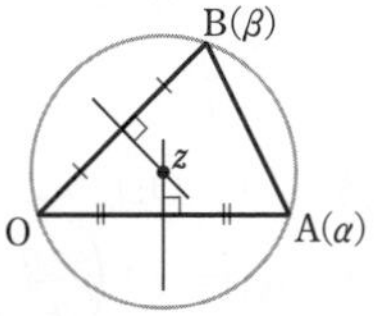

△OAB の外心は，線分 OA の垂直二等分線と線分 OB の垂直二等分線の交点であるから，z_1 は

$\overline{\alpha}z_1+\alpha\overline{z_1}-\alpha\overline{\alpha}=0$ …… ①,

$\overline{\beta}z_1+\beta\overline{z_1}-\beta\overline{\beta}=0$ …… ②

をともに満たす。

◀①，② を z_1 について解くことを目指す。

①×β－②×α から $(\overline{\alpha}\beta-\alpha\overline{\beta})z_1-\alpha\beta(\overline{\alpha}-\overline{\beta})=0$

◀$\overline{z_1}$ を消去する。

ここで，$\overline{\alpha}\beta-\alpha\overline{\beta}=0$ とすると

◀直ちに $\overline{\alpha}\beta-\alpha\overline{\beta}$ で割ってはいけない。

$$\frac{\overline{\beta}}{\overline{\alpha}}=\frac{\beta}{\alpha} \quad \text{すなわち} \quad \overline{\left(\frac{\beta}{\alpha}\right)}=\frac{\beta}{\alpha}$$

よって，$\dfrac{\beta}{\alpha}$ は実数となるから，3点 O，A，B が一直線上にあることになり，三角形をなさない。

◀3点 0，α，β が一直線上にある ⟺ $\beta=k\alpha$ となる実数 k がある

したがって，$\overline{\alpha}\beta-\alpha\overline{\beta}\neq0$ であるから

$$\boldsymbol{z_1=\frac{\alpha\beta(\overline{\alpha}-\overline{\beta})}{\overline{\alpha}\beta-\alpha\overline{\beta}}} \quad \left(z_1=\frac{\beta|\alpha|^2-\alpha|\beta|^2}{\overline{\alpha}\beta-\alpha\overline{\beta}} \text{ でもよい。}\right)$$

練習 ③125 複素数平面上に3点 O，A，B を頂点とする △OAB がある。ただし，O は原点とする。△OAB の外心を P とする。3点 A，B，P が表す複素数をそれぞれ α，β，z とするとき，$\alpha\beta=z$ が成り立つとする。このとき，α の満たすべき条件を求め，点 A(α) が描く図形を複素数平面上に図示せよ。 〔類 北海道大〕

重要例題 126 三角形の内心を表す複素数

異なる 3 点 O(0)，A(α)，B(β) を頂点とする △OAB の内心を P(z) とする。このとき，z は次の等式を満たすことを示せ。

$$z=\frac{|\beta|\alpha+|\alpha|\beta}{|\alpha|+|\beta|+|\beta-\alpha|}$$

基本 109

指針 三角形の内心は，3 つの内角の二等分線の交点である。
次の「角の二等分線の定理」……（＊）を利用し，∠O の二等分線と辺 AB の交点を D(w) として，w を α，β で表す。
（＊） 右の図で **OD が △OAB の ∠O の二等分線**
⟹ AD：DB＝OA：OB

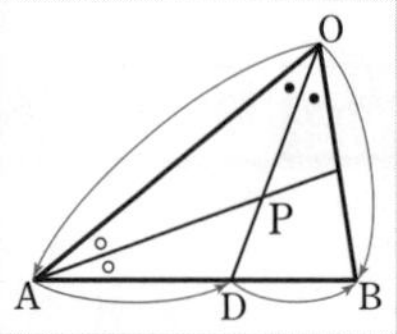

次に，△OAD において，∠A と二等分線 AP に注目する。
以上のことは，内心の位置ベクトルを求めるときの考え方とまったく同じである。

解答 OA＝$|\alpha|=a$，OB＝$|\beta|=b$，AB＝$|\beta-\alpha|=c$ とおく。

◀絶対値が付いたままでは扱いにくいので，a，b，c とおいた。

また，∠AOB の二等分線と辺 AB の交点を D(w) とする。

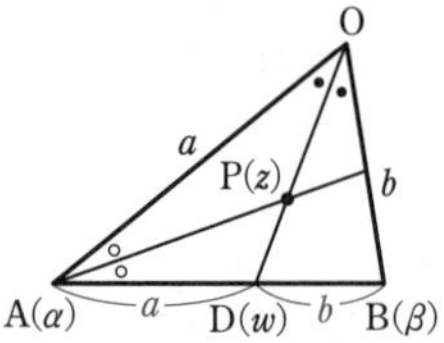

AD：DB＝OA：OB＝a：b

◀角の二等分線の定理。

であるから　$w=\dfrac{b\alpha+a\beta}{a+b}$

P は ∠OAB の二等分線と OD の交点であるから

$$\text{OP}:\text{PD}=\text{OA}:\text{AD}=a:\left(\frac{a}{a+b}\cdot c\right)=(a+b):c$$

◀これより，P は線分 OD を $(a+b):c$ に内分する点であるから $z=\dfrac{c\cdot 0+(a+b)w}{a+b+c}$ としてもよい。

ゆえに　OP：OD＝$(a+b):(a+b+c)$

よって

$$z=\frac{a+b}{a+b+c}w=\frac{a+b}{a+b+c}\cdot\frac{b\alpha+a\beta}{a+b}=\frac{b\alpha+a\beta}{a+b+c}$$

すなわち　$z=\dfrac{|\beta|\alpha+|\alpha|\beta}{|\alpha|+|\beta|+|\beta-\alpha|}$

検討 **△ABC の内心を表す複素数**

A(α)，B(β)，C(γ) を頂点とする △ABC の内心を P(z) とする。C(γ) を原点 O(0) にくるように平行移動すると，A(α) ⟶ A′($\alpha-\gamma$)，B(β) ⟶ B′($\beta-\gamma$) のように移動するから，

△OA′B′ の内心 z' は，$z'=\dfrac{|\beta-\gamma|(\alpha-\gamma)+|\alpha-\gamma|(\beta-\gamma)}{|\alpha-\gamma|+|\beta-\gamma|+|\beta-\alpha|}$ と表される。

これを γ だけ平行移動すると　$z=z'+\gamma=\dfrac{|\boldsymbol{\beta}-\boldsymbol{\gamma}|\boldsymbol{\alpha}+|\boldsymbol{\gamma}-\boldsymbol{\alpha}|\boldsymbol{\beta}+|\boldsymbol{\alpha}-\boldsymbol{\beta}|\boldsymbol{\gamma}}{|\boldsymbol{\alpha}-\boldsymbol{\gamma}|+|\boldsymbol{\beta}-\boldsymbol{\gamma}|+|\boldsymbol{\beta}-\boldsymbol{\alpha}|}$

練習 ③126 異なる 3 点 O(0)，A(α)，B(β) を頂点とする △OAB の頂角 O 内の傍心を P(z) とするとき，z は次の等式を満たすことを示せ。

$$z=\frac{|\beta|\alpha+|\alpha|\beta}{|\alpha|+|\beta|-|\beta-\alpha|}$$

振り返り　複素数の扱い方

これまで，複素数に関する問題を通じてさまざまな解法を学んだ。ここでは，以下の 3 つの考え方について長所・短所を整理しておこう。

① 複素数 z のまま扱う … 図形的に考える

この扱い方の長所として，計算が簡潔に済む場合が多い ことがあげられる。また，方程式の形から，その方程式が表す図形を判断できることも多い。

一方，次のような，複素数特有の式変形や条件の言い換えに慣れておく必要 がある。

- **複素数 α が実数　$\Longleftrightarrow$　$\overline{\alpha}=\alpha$**
  複素数 α が純虚数 $\Longleftrightarrow$ $\overline{\alpha}=-\alpha$ かつ $\alpha\neq 0$
- 方程式 $|z-\alpha|=|z-\beta|$ を満たす点 z 全体は，
  2 点 α，β を結ぶ線分の垂直二等分線 である。
- 方程式 $|z-\alpha|=r$ $(r>0)$ を満たす点 z 全体は，
  点 α を中心とする半径 r の円 である。
  $\longrightarrow$　$|z-\alpha|=r$ の形にするために，$(z-\alpha)(\overline{z-\alpha})=r^2$ の形を作る必要がある（基本例題 **110**，**111** を参照）。
- **3 点 $A(\alpha)$，$B(\beta)$，$C(\gamma)$ が一直線上にある**
  $\Longleftrightarrow$ **$\dfrac{\gamma-\alpha}{\beta-\alpha}$ が実数**（基本例題 **120**）
  $\longrightarrow$　図形の条件を，数式の条件に言い換える。

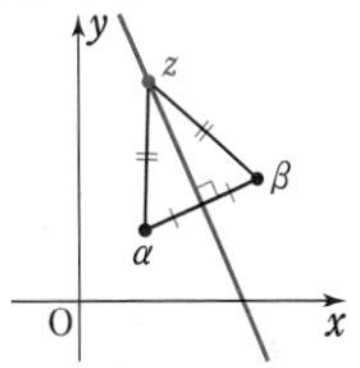

直線を「ある 2 点を結ぶ線分の垂直二等分線」と捉えることは，複素数の問題では頻出である（基本例題 **114** を参照）。

② $z=r(\cos\theta+i\sin\theta)$ とおく … 極形式を利用する

極形式を用いると，複素数の積・商や累乗の計算がしやすくなる ことがある。例えば，基本例題 **104** などでは，次の性質を利用している。

- $\{r_1(\cos\theta_1+i\sin\theta_1)\}\times\{r_2(\cos\theta_2+i\sin\theta_2)\}=r_1r_2\{\cos(\theta_1+\theta_2)+i\sin(\theta_1+\theta_2)\}$
- $\{r(\cos\theta+i\sin\theta)\}^n=r^n(\cos n\theta+i\sin n\theta)$　（ド・モアブルの定理）

一方，極形式は 三角関数を用いるためにその知識が必要 である。重要例題 **99** のように，和や差（図形においては平行移動）が入ってくると，計算は煩雑になりやすい。

③ $z=x+yi$（x，y は実数）とおく … x，y の関係式で扱う

この表し方の長所としては，扱いに慣れている実数の計算に持ち込むことにより，方針が定めやすくなる ことがあげられる。例えば，基本例題 **110** (4) における，方程式 $(1+i)z+(1-i)\overline{z}+2=0$ に対し「**$z=x+yi$ を代入して，x，y の関係式を導く**」は，とても簡潔で，考えやすい解法であろう。

方針が定めやすいという利点はあるが，その一方で 計算が煩雑になることが多い。基本例題 **110** (1)〜(3) も，$z=x+yi$ とおくことでどのような図形か調べることもできるが，① の複素数 z のまま扱う方法と比べて，計算量が格段に多くなる。

ここであげた性質や方法がすべてではないが，それぞれの方法の長所・短所を理解し，適切な複素数の扱い方を選択できるようになることが大切である。

基本例題 127 複素数平面上の直線の方程式 ◎◎◎◎◎

(1) 点 P(z) が，異なる 2 点 A(α)，B(β) を通る直線上にあるとき，$(\overline{\beta}-\overline{\alpha})z-(\beta-\alpha)\overline{z}=\alpha\overline{\beta}-\overline{\alpha}\beta$ が成り立つことを示せ。

(2) 点 P(z) が，原点 O を中心とする半径 r の円周上の点 A(α) における接線上にあるとき，$\overline{\alpha}z+\alpha\overline{z}=2r^2$ が成り立つことを示せ。

基本 124

指針 (1) **3 点 A(α)，B(β)，P(z) が一直線上にある**

$\iff \arg\dfrac{z-\alpha}{\beta-\alpha}=0,\ \pi \iff \dfrac{z-\alpha}{\beta-\alpha}$ **が実数** $\Big\}$ (＊)

ここで **● が実数 ⇔ $\overline{●}$=●** を適用。

(2) OA⊥AP であるか，点 P は点 A と一致する

$\iff \arg\dfrac{z-\alpha}{0-\alpha}=\pm\dfrac{\pi}{2}$ または $z=\alpha$

$\iff \dfrac{z-\alpha}{0-\alpha}$ が純虚数 または 0

ここで **● が純虚数 または 0 ⇔ ●+$\overline{●}$=0** を適用。

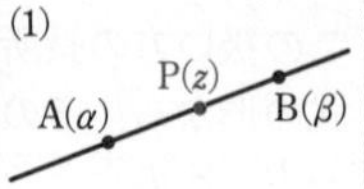

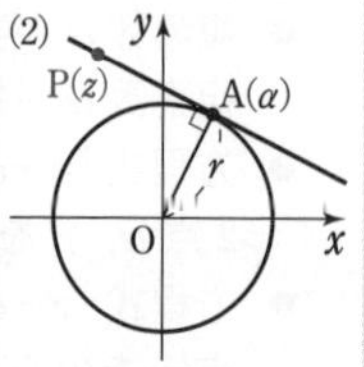

解答

(1) 3 点 α，β，z は一直線上にあるから，$\dfrac{z-\alpha}{\beta-\alpha}$ は実数である。

ゆえに $\overline{\left(\dfrac{z-\alpha}{\beta-\alpha}\right)}=\dfrac{z-\alpha}{\beta-\alpha}$ すなわち $\dfrac{\overline{z}-\overline{\alpha}}{\overline{\beta}-\overline{\alpha}}=\dfrac{z-\alpha}{\beta-\alpha}$

両辺に $(\beta-\alpha)(\overline{\beta}-\overline{\alpha})$ を掛けて

$$(\beta-\alpha)(\overline{z}-\overline{\alpha})=(\overline{\beta}-\overline{\alpha})(z-\alpha)$$

よって $\boldsymbol{(\overline{\beta}-\overline{\alpha})z-(\beta-\alpha)\overline{z}=\alpha\overline{\beta}-\overline{\alpha}\beta}$ …… ㋐

◀分母を払う。

(2) OA⊥AP であるか，点 P は点 A と一致するから，$\dfrac{z-\alpha}{0-\alpha}$ は純虚数または 0 である。

よって $\dfrac{z-\alpha}{-\alpha}+\overline{\left(\dfrac{z-\alpha}{-\alpha}\right)}=0$ すなわち $\dfrac{z-\alpha}{\alpha}+\dfrac{\overline{z}-\overline{\alpha}}{\overline{\alpha}}=0$

ゆえに $\overline{\alpha}(z-\alpha)+\alpha(\overline{z}-\overline{\alpha})=0$ よって $\overline{\alpha}z+\alpha\overline{z}=2|\alpha|^2$

$|\alpha|=\mathrm{OA}=r$ であるから $\overline{\alpha}z+\alpha\overline{z}=2r^2$

注意 $\overline{\beta}-\overline{\alpha}=\overline{\beta-\alpha}$，$\alpha\overline{\beta}-\overline{\alpha}\beta$ は純虚数または 0 であるから [p.508 基本例題 **91** (1)(イ) 参照]，㋐ は **$\overline{\beta}z-\beta\overline{z}+\gamma=0$** (**$\beta$ は 0 でない複素数，γ は純虚数または 0**) という形である。

検討 **平行条件・一直線上の条件は，ベクトルのイメージで**

指針の (＊) は，3 点 A(α)，B(β)，P(z) を，点 A が原点にくるように平行移動した 3 点 0，$\beta-\alpha$，$z-\alpha$ が一直線上にある条件を考え

$\boldsymbol{z-\alpha=k(\beta-\alpha)}$ (k は実数)

これから $\dfrac{z-\alpha}{\beta-\alpha}$ が実数 と導いてもよい。

← $\overrightarrow{\mathrm{AP}}=k\overrightarrow{\mathrm{AB}}$ (k は実数)
$\iff \overrightarrow{\mathrm{OP}}-\overrightarrow{\mathrm{OA}}=k(\overrightarrow{\mathrm{OB}}-\overrightarrow{\mathrm{OA}})$
のイメージ。

練習 ③**127** 点 P(z) が次の直線上にあるとき，z が満たす関係式を求めよ。 p.579 EX83

(1) 2 点 $2+i$，3 を通る直線

(2) 点 $-4+4i$ を中心とする半径 $\sqrt{13}$ の円上の点 $-2+i$ における接線

参考事項　複素数平面上の直線・円の方程式

1　直線の方程式

前ページの基本例題 **127** (1) で求めた，複素数平面上の（2 点 A，B を通る）直線の方程式は　$\overline{\beta}z-\beta\overline{z}+\gamma=0$（$\beta$ は 0 でない複素数，γ は純虚数または 0）…… Ⓐ　の形をしている。ここで，$\beta=a+bi$（a，b は実数）とすると，$\overline{\beta}i=b+ai$，$-\beta i=b-ai$，$\gamma i=$(実数) であるから，Ⓐ は　$\boldsymbol{\overline{\beta}z+\beta\overline{z}+c=0}$　（**β は 0 でない複素数，c は実数**）…… Ⓑ
と表される。この式を複素数平面における直線の方程式として扱うことも多い。

例　異なる 2 点 α，β を結ぶ線分の垂直二等分線の方程式 $|z-\alpha|=|z-\beta|$ も Ⓑ の形に変形できる。実際，$|z-\alpha|^2=|z-\beta|^2$ から　$(z-\alpha)(\overline{z}-\overline{\alpha})=(z-\beta)(\overline{z}-\overline{\beta})$
整理すると　$\boldsymbol{(\overline{\beta}-\overline{\alpha})z+(\beta-\alpha)\overline{z}+|\alpha|^2-|\beta|^2=0}$　◀$\beta-\alpha\neq0$，$|\alpha|^2-|\beta|^2$ は実数。
これは Ⓑ の形になっている。

2　円の方程式

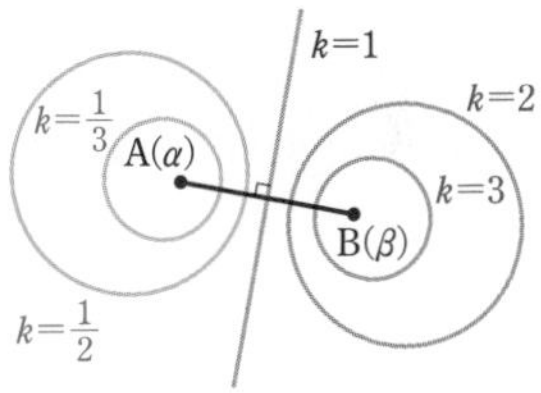

k は 1 でない正の実数とする。異なる 2 点 A(α)，B(β) からの距離の比が $k:1$ である点 P(z) の軌跡は，（アポロニウスの）円である。
このことを式で表すと　$\boldsymbol{|z-\alpha|=k|z-\beta|}$
両辺を平方して　$(z-\alpha)(\overline{z}-\overline{\alpha})=k^2(z-\beta)(\overline{z}-\overline{\beta})$
整理すると　$(1-k^2)z\overline{z}+(k^2\overline{\beta}-\overline{\alpha})z+(k^2\beta-\alpha)\overline{z}+|\alpha|^2-k^2|\beta|^2=0$ …… Ⓒ
$a=1-k^2$，$c=|\alpha|^2-k^2|\beta|^2$ とすると，a，c は実数で，$k^2\beta-\alpha$ を改めて β とおくと，
Ⓒ は　$\boldsymbol{az\overline{z}+\overline{\beta}z+\beta\overline{z}+c=0}$（**$a$，$c$ は実数，$a\neq0$，β は複素数**）と表される。
これが複素数平面における円の方程式である。

逆に，方程式 $\boldsymbol{az\overline{z}+\overline{\beta}z+\beta\overline{z}+c=0}$（$a$，$c$ は実数，β は複素数）…… ㋐ がどのような図形を表すか，ということを考えてみよう。

[1]　$a=0$ のとき，$\beta\neq0$ ならば，1 で考えたことから，㋐ は直線を表す。

[2]　$a\neq0$ のとき，㋐ の両辺を a で割ると　$z\overline{z}+\dfrac{\overline{\beta}}{a}z+\dfrac{\beta}{a}\overline{z}+\dfrac{c}{a}=0$

ゆえに　$\left(z+\dfrac{\beta}{a}\right)\left(\overline{z}+\dfrac{\overline{\beta}}{a}\right)-\dfrac{\beta\overline{\beta}}{a^2}+\dfrac{c}{a}=0$　　よって　$\left|z+\dfrac{\beta}{a}\right|^2=\dfrac{|\beta|^2-ac}{a^2}$

ゆえに，㋐ は $|\beta|^2>ac$ のとき，点 $-\dfrac{\beta}{a}$ を中心とする半径 $\dfrac{\sqrt{|\beta|^2-ac}}{|a|}$ の円を表し，

$|\beta|^2=ac$ のとき，点 $-\dfrac{\beta}{a}$ を表し，$|\beta|^2<ac$ のとき，何の図形も表さない。

以上をまとめると，次のようになる。ただし，a，c は実数，β は複素数とする。

$a\neq0$，$|\beta|^2>ac$ のとき，
方程式 $\boldsymbol{az\overline{z}+\overline{\beta}z+\beta\overline{z}+c=0}$ **は点** $\boldsymbol{-\dfrac{\beta}{a}}$ **を中心とする半径** $\boldsymbol{\dfrac{\sqrt{|\beta|^2-ac}}{|a|}}$ **の円，**
$a=0$，$\beta\neq0$ のとき，方程式 $\boldsymbol{\overline{\beta}z+\beta\overline{z}+c=0}$ **は直線**　を表す。

3章
15 複素数と図形

重要例題 128 直線に関する対称移動 ③③③③③

複素数平面上の原点をOとし，Oと異なる定点を$A(\alpha)$とする。異なる2点$P(z)$と$Q(w)$が直線OAに関して対称であるとき，$\overline{\alpha}w=\alpha\overline{z}$が成り立つことを証明せよ。

基本 100, 127

指針 **直線OAに関して点Pと点Qが対称**

$\Longleftrightarrow \begin{cases} \mathbf{PQ\perp OA} \\ \textbf{線分PQの中点が直線OA上} \end{cases}$ (＊)

が基本となる。(＊)の2つの条件を複素数で表す。

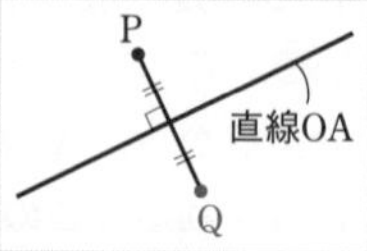

別解 複素数平面において，実軸に関する移動は，

点z ⟶ 点$\overline{z}$ のように，共役な複素数として表される。

このことを利用する。すなわち，**対称軸（直線OA）が実軸に重なるように移動してまた戻す**，という要領で，回転移動と実軸に関する対称移動の組み合わせで考える。

具体的には，次の順番で移動を考える。ただし，θはαの偏角である。

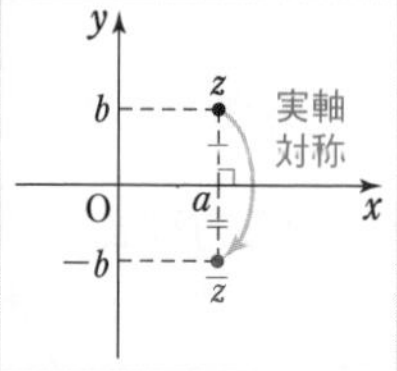

P $\xrightarrow[\text{OAに関して対称}]{}$ Q は

P $\xrightarrow[-\theta\text{回転}]{}$ P′ $\xrightarrow[\text{実軸対称}]{}$ Q′ $\xrightarrow[\theta\text{回転}]{}$ Q

解答

PQ⊥OAであるから，$\dfrac{z-w}{\alpha-0}$は純虚数である。

◀$z-w\neq0$

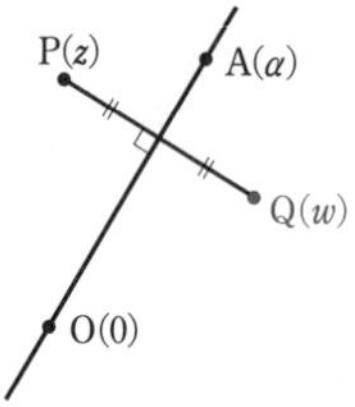

よって，$\dfrac{z-w}{\alpha}+\overline{\left(\dfrac{z-w}{\alpha}\right)}=0$ から

$$\frac{z-w}{\alpha}+\frac{\overline{z}-\overline{w}}{\overline{\alpha}}=0$$

◀●が純虚数 ⟺ ●$+\overline{●}=0$，●$\neq0$

ゆえに　$\overline{\alpha}(z-w)+\alpha(\overline{z}-\overline{w})=0$

◀分母を払う。

よって　$\overline{\alpha}z+\alpha\overline{z}-\overline{\alpha}w-\alpha\overline{w}=0$ …… ①

また，線分PQの中点$\dfrac{z+w}{2}$が直線OA上にあるから，

$$\frac{\frac{z+w}{2}-0}{\alpha-0}=\frac{z+w}{2\alpha}\ \text{は実数である。}$$

◀3点0，α，$\dfrac{z+w}{2}$が一直線上にある条件。
なお，直線OAの方程式は　$z=k\alpha$（kは実数）
よって，$\dfrac{z}{\alpha}$は実数であるから　$\overline{\left(\dfrac{z}{\alpha}\right)}=\dfrac{z}{\alpha}$
ゆえに　$\overline{\alpha}z-\alpha\overline{z}=0$
この式のzに$\dfrac{z+w}{2}$を代入して，②を導いてもよい。

ゆえに，$\overline{\left(\dfrac{z+w}{2\alpha}\right)}=\dfrac{z+w}{2\alpha}$ から　$\dfrac{\overline{z}+\overline{w}}{2\overline{\alpha}}=\dfrac{z+w}{2\alpha}$

よって　$\alpha(\overline{z}+\overline{w})=\overline{\alpha}(z+w)$

ゆえに　$\overline{\alpha}z-\alpha\overline{z}+\overline{\alpha}w-\alpha\overline{w}=0$ …… ②

①−②から　$2\alpha\overline{z}-2\overline{\alpha}w=0$　すなわち　$\overline{\alpha}w=\alpha\overline{z}$

参考 点zと点$\dfrac{\alpha}{\overline{\alpha}}\overline{z}$は，原点と点$\alpha$（$\alpha\neq0$）を通る直線に関して互いに対称であることがわかる。

別解　α の偏角を θ とすると

$\alpha=|\alpha|(\cos\theta+i\sin\theta)$ …… ③

右の図のように，原点を中心とする $-\theta$ の回転により $\mathrm{P}(z)$ が $\mathrm{P}'(z')$ に，実軸に関する対称移動により $\mathrm{P}'(z')$ が $\mathrm{Q}'(w')$ にそれぞれ移るとすると，原点を中心とする θ の回転により $\mathrm{Q}'(w')$ が $\mathrm{Q}(w)$ に移るから

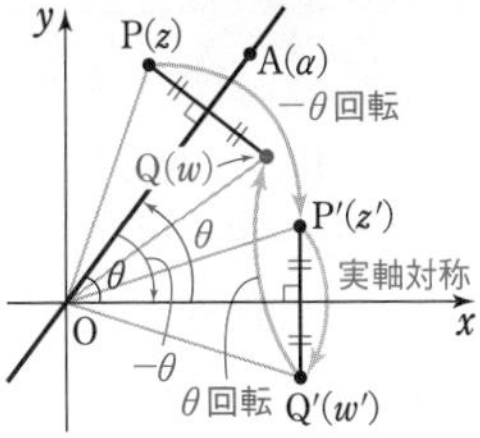

$z'=\{\cos(-\theta)+i\sin(-\theta)\}z=(\cos\theta-i\sin\theta)z$

$w'=\overline{z'}=\overline{(\cos\theta-i\sin\theta)z}=(\cos\theta+i\sin\theta)\overline{z}$

$w=(\cos\theta+i\sin\theta)w'=(\cos\theta+i\sin\theta)^2\overline{z}$

$w=(\cos\theta+i\sin\theta)^2\overline{z}$ の両辺に $|\alpha|^2$ を掛けると，③ から

$|\alpha|^2w=\alpha^2\overline{z}$　すなわち　$\alpha\overline{\alpha}w=\alpha^2\overline{z}$

◀ $|\alpha|(\cos\theta+i\sin\theta)=\alpha$

$\alpha\neq0$ であるから，両辺を α で割って　　$\overline{\alpha}w=\alpha\overline{z}$

検討

回転移動を利用した別の考え方

直線 OA に関して点 $\mathrm{P}(z)$ と対称な点 $\mathrm{Q}(w)$ は，次のように回転移動することによっても求められる（この求め方の場合，回転移動は 1 回ですむ）。

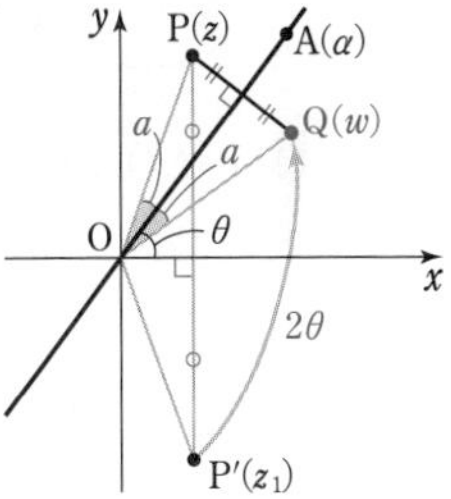

α の偏角を θ とすると

点 P を実軸に関して対称移動し，その後

原点を中心とする 2θ の回転を行う

（＿＿の理由）　点 P を実軸に関して対称移動した点を $\mathrm{P}'(z_1)$ とし，　図で $\angle\mathrm{POA}=\angle\mathrm{QOA}=a$ とすると

$\angle\mathrm{P'O}x=\angle\mathrm{PO}x=\theta+a$，$\angle\mathrm{QO}x=\theta-a$

よって　　$\angle\mathrm{P'OQ}=\angle\mathrm{P'O}x+\angle\mathrm{QO}x=(\theta+a)+(\theta-a)=2\theta$

この移動の場合は，$z_1=\overline{z}$ であり，$w=(\cos2\theta+i\sin2\theta)\overline{z}$ …… ④ となる。

④ の両辺に $\overline{\alpha}$ を掛けて

$\overline{\alpha}w=\overline{z}\,\overline{\alpha}(\cos2\theta+i\sin2\theta)$

$=\overline{z}|\alpha|(\cos\theta-i\sin\theta)(\cos2\theta+i\sin2\theta)$

$=\overline{z}|\alpha|\{\cos(-\theta)+i\sin(-\theta)\}(\cos2\theta+i\sin2\theta)$

$=\overline{z}|\alpha|(\cos\theta+i\sin\theta)=\alpha\overline{z}$

◀ $\alpha=|\alpha|(\cos\theta+i\sin\theta)$ から $\overline{\alpha}=|\alpha|(\cos\theta-i\sin\theta)$

このようにして，$\overline{\alpha}w=\alpha\overline{z}$ が示される。

参考　$\alpha=|\alpha|(\cos\theta+i\sin\theta)$ から　　$\cos2\theta+i\sin2\theta=\dfrac{\alpha^2}{|\alpha|^2}=\dfrac{\alpha^2}{\alpha\overline{\alpha}}=\dfrac{\alpha}{\overline{\alpha}}$

ゆえに，$w=\overline{z}\cdot\dfrac{\alpha}{\overline{\alpha}}$ であるから　　$\overline{\alpha}w=\alpha\overline{z}$　　このように示してもよい。

練習 ③**128**　α を絶対値が 1 の複素数とし，等式 $z=\alpha^2\overline{z}$ を満たす複素数 z の表す複素数平面上の図形を S とする。

(1)　$z=\alpha^2\overline{z}$ が成り立つことと，$\dfrac{z}{\alpha}$ が実数であることは同値であることを証明せよ。

また，このことを用いて，図形 S は原点を通る直線であることを示せ。

(2)　複素数平面上の点 $\mathrm{P}(w)$ を直線 S に関して対称移動した点を $\mathrm{Q}(w')$ とする。このとき，w' を w と α を用いて表せ。ただし，点 P は直線 S 上にないものとする。　　［類　静岡大］

基本例題 129 三角形の相似と複素数

①①①①①

3 点 O(0), A(1), B(i) を頂点とする △OAB は，∠O を直角の頂点とする直角二等辺三角形である。このことを用いて，3 点 P(α), Q(β), R(γ) によってできる △PQR が，∠P を直角の頂点とする直角二等辺三角形であるとき，等式 $2\alpha^2+\beta^2+\gamma^2-2\alpha\beta-2\alpha\gamma=0$ が成り立つことを示せ。

基本 121

指針 複素数平面での **三角形の相似** に関する，以下のことを利用するとよい。

P(z_1), Q(z_2), R(z_3), P′(w_1), Q′(w_2), R′(w_3) に対し

$$\triangle \mathbf{PQR} \backsim \triangle \mathbf{P'Q'R'} \text{（同じ向き）} \iff \frac{z_3-z_1}{z_2-z_1}=\frac{w_3-w_1}{w_2-w_1} \quad \cdots\cdots (*)$$

△OAB∽△PQR の場合と △OAB∽△PRQ の場合があるから，各場合について (＊) を用いる。計算は i を消す方針で進める。

注意 △PQR を平行移動，回転移動，拡大・縮小することによって △P′Q′R′ に重ねることができるとき，△PQR と △P′Q′R′ は **同じ向きに相似** であるという。

解答

[1] △OAB∽△PQR のとき

$$\frac{i-0}{1-0}=\frac{\gamma-\alpha}{\beta-\alpha}$$

ゆえに　$\gamma-\alpha=i(\beta-\alpha)$

両辺を平方すると

$(\gamma-\alpha)^2=-(\beta-\alpha)^2$

よって　$(\gamma-\alpha)^2+(\beta-\alpha)^2=0$ …… ①

展開して整理すると

$2\alpha^2+\beta^2+\gamma^2-2\alpha\beta-2\alpha\gamma=0$ …… ②

[2] △OAB∽△PRQ のとき　$\dfrac{i-0}{1-0}=\dfrac{\beta-\alpha}{\gamma-\alpha}$

ゆえに　$\beta-\alpha=i(\gamma-\alpha)$

両辺を平方すると　$(\beta-\alpha)^2=-(\gamma-\alpha)^2$

よって，① が成り立つから，② も成り立つ。

以上から，$2\alpha^2+\beta^2+\gamma^2-2\alpha\beta-2\alpha\gamma=0$ が成り立つ。

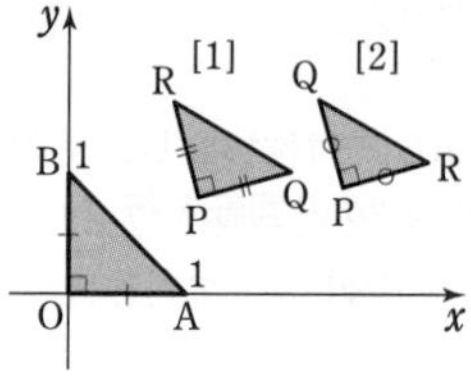

参考 **相似を利用しない解法**

点 Q を，点 P を中心として $\pm\dfrac{\pi}{2}$ だけ回転した点が R であるから

$\gamma=\pm i(\beta-\alpha)+\alpha$

よって

$\gamma-\alpha=\pm i(\beta-\alpha)$

両辺を平方すると

$(\gamma-\alpha)^2=-(\beta-\alpha)^2$

ゆえに，① が成り立つから，② が導かれる。

検討 **指針の (＊) の証明**

複素数平面上で，△PQR∽△P′Q′R′（同じ向き）とすると，$\dfrac{\mathrm{PR}}{\mathrm{PQ}}=\dfrac{\mathrm{P'R'}}{\mathrm{P'Q'}}$

から　$\dfrac{|z_3-z_1|}{|z_2-z_1|}=\dfrac{|w_3-w_1|}{|w_2-w_1|}$　∴ $\left|\dfrac{z_3-z_1}{z_2-z_1}\right|=\left|\dfrac{w_3-w_1}{w_2-w_1}\right|$ …… ①

∠QPR＝∠Q′P′R′ から　$\arg\dfrac{z_3-z_1}{z_2-z_1}=\arg\dfrac{w_3-w_1}{w_2-w_1}$ …… ②

ゆえに，①，② から　$\dfrac{z_3-z_1}{z_2-z_1}=\dfrac{w_3-w_1}{w_2-w_1}$　また，逆も成り立つ。

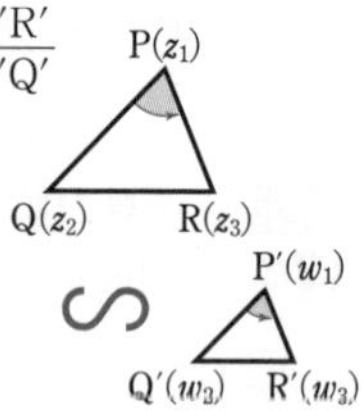

練習 ③ **129** 3 点 A(-1), B(1), C($\sqrt{3}\,i$) を頂点とする △ABC が正三角形であることを用いて，3 点 P(α), Q(β), R(γ) を頂点とする △PQR が正三角形であるとき，等式 $\alpha^2+\beta^2+\gamma^2-\alpha\beta-\beta\gamma-\gamma\alpha=0$ が成り立つことを証明せよ。

16 関連発展問題

演習 例題 130 方程式の解と複素数平面

$a>1$ のとき，x の方程式 $ax^2-2x+a=0$ …… ① の 2 つの解を α，β とし，x の方程式 $x^2-2ax+1=0$ …… ② の 2 つの解を γ，δ とする。A(α)，B(β)，C(γ)，D(δ) とするとき，4 点 A，B，C，D は 1 つの円周上にあることを証明せよ。

指針 ①，② の判別式をそれぞれ D_1，D_2 とすると，$a>1$ から $D_1<0$，$D_2>0$ となる。よって，α，β は互いに共役な複素数であり，γ，δ は実数である。

このことに注意して **図をかく** と右のようになり，2 点 A，B は実軸に関して対称である。よって，円の中心は実軸上にあると考えられ，2 点 C，D も実軸上にあるから，線分 CD の中点 M が円の中心ではないか，と予想できる。そこで，MA＝MB＝MC＝MD を示すことを目指す。

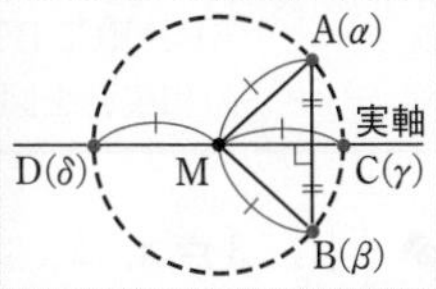

解答

①，② の判別式をそれぞれ D_1，D_2 とすると，$a>1$ から

$$\frac{D_1}{4}=(-1)^2-a\cdot a=1-a^2<0,\quad \frac{D_2}{4}=(-a)^2-1\cdot 1=a^2-1>0$$

◀① は異なる 2 つの虚数解，② は異なる 2 つの実数解をもつ。

よって，α，β は互いに共役な複素数であり，γ，δ は実数である。ゆえに，点 C，D は実軸上にあり，線分 CD の中点 M を表す複素数は $\dfrac{\gamma+\delta}{2}=\dfrac{2a}{2}=a$

◀② において，解と係数の関係。

$\beta=\overline{\alpha}$ とすると，解と係数の関係から $\alpha+\overline{\alpha}=\dfrac{2}{a}$，$\alpha\overline{\alpha}=1$

よって $\mathrm{MA}^2=|\alpha-a|^2=(\alpha-a)(\overline{\alpha}-a)=\alpha\overline{\alpha}-a(\alpha+\overline{\alpha})+a^2$

$=1-a\cdot\dfrac{2}{a}+a^2=a^2-1$

ゆえに $\mathrm{MA}=\sqrt{a^2-1}$ 　同様に $\mathrm{MB}=|\overline{\alpha}-a|=\sqrt{a^2-1}$

また $\mathrm{CD}^2=(\delta-\gamma)^2=(\gamma+\delta)^2-4\gamma\delta$

$=(2a)^2-4\cdot 1=4(a^2-1)$

◀② において，解と係数の関係。

よって $\mathrm{CD}=2\sqrt{a^2-1}$ 　ゆえに $\mathrm{MC}=\mathrm{MD}=\sqrt{a^2-1}$

したがって，4 点 A，B，C，D は点 a を中心とする半径 $\sqrt{a^2-1}$ の円周上にある。

◀点 M(a) が円の中心。

検討

①，② を解いて，$\dfrac{\beta-\gamma}{\alpha-\gamma}\div\dfrac{\beta-\delta}{\alpha-\delta}$ が実数になることを示してもよい（$p.573$ の（＊）を利用）。

練習 ④130 実数 a，b，c に対して，$F(x)=x^4+ax^3+bx^2+ax+1$，$f(x)=x^2+cx+1$ とおく。また，複素数平面内の単位円から 2 点 1，-1 を除いたものを T とする。

(1) $f(x)=0$ の解がすべて T 上にあるための必要十分条件を c を用いて表せ。

(2) $F(x)=0$ の解がすべて T 上にあるならば，$F(x)=(x^2+c_1x+1)(x^2+c_2x+1)$ を満たす実数 c_1，c_2 が存在することを示せ。 〔類 東京工大〕

演習 例題 131 図形の条件を満たす点の値 ④④④④④

(1) 複素数平面上の3点z, z^2, z^3が三角形の頂点となるための条件を求めよ。

(2) 複素数平面上の3点z, z^2, z^3が，二等辺三角形の頂点になるような点zの全体を複素数平面上に図示せよ。また，正三角形の頂点になるようなzの値を求めよ。

〔類 一橋大〕 基本 110

指針 (1) 3点が三角形の頂点となるための条件は，**3点がすべて互いに異なり，かつ 3点が一直線上にない** ことである。

(2) △ABC が二等辺三角形 ⟺ AB=BC または BC=CA または CA=AB
AB=BC, BC=CA, CA=AB からそれぞれ得られるzの方程式が表す3つの図形の和集合を図示する。(1)で求めた条件にも注意。

解答

(1) 3点z, z^2, z^3がすべて互いに異なるための条件は

$z\neq z^2$ から $z\neq 0$, $z\neq 1$　　$z^2\neq z^3$ から $z\neq 0$, $z\neq 1$

$z\neq z^3$ から $z\neq 0$, $z\neq \pm 1$　　∴ $z\neq 0$, $z\neq \pm 1$ … ①

◀$z\neq z^3$ から $z(z+1)(z-1)\neq 0$

また，①のとき $\dfrac{z^3-z}{z^2-z}=\dfrac{z(z+1)(z-1)}{z(z-1)}=z+1$ … ②

3点z, z^2, z^3が一直線上にないための条件は，②が実数とならないこと，すなわち，**zが虚数であること** である。

◀この条件は①を含む。

(2) (前半) zが虚数のとき，3点z, z^2, z^3が二等辺三角形の頂点になる場合には，次の[1], [2], [3]がある。

[1] $|z^2-z|=|z^3-z^2|$

[2] $|z^3-z^2|=|z-z^3|$

[3] $|z-z^3|=|z^2-z|$

◀A(z), B(z^2), C(z^3)とすると [1] AB=BC, [2] BC=CA, [3] CA=AB

$z\neq 0$, $z\pm 1\neq 0$ から，[1], [2], [3]はそれぞれ次の[1]′, [2]′, [3]′と同値である。

◀[1] $|z||z-1|=|z|^2|z-1|$ で，$|z|\neq 0$, $|z-1|\neq 0$ から $|z|=1$
[2], [3]も同様に変形。

[1]′ $|z|=1$

[2]′ $|z|=|z+1|$

[3]′ $|z+1|=1$

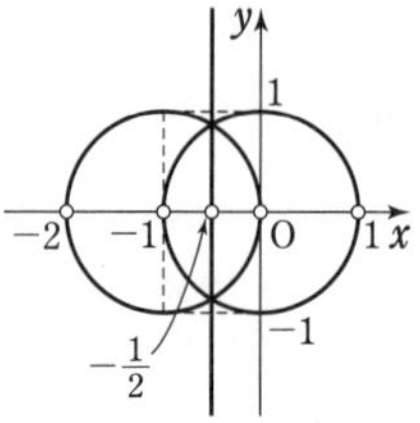

よって，点zの全体は，[1]′, [2]′, [3]′の方程式が表す図形の和集合から，実軸上の点を除いた図形であり，**右図** のようになる。

◀[1]′は単位円，[2]′は2点0, −1を結ぶ線分の垂直二等分線（すなわち直線$x=-\dfrac{1}{2}$），[3]′は点−1を中心とする半径1の円をそれぞれ表す。

(後半) 3点z, z^2, z^3が正三角形の頂点になるのは，(前半)の[1], [2]が同時に成り立つときである。
円$|z|=1$と直線$|z|=|z+1|$の交点を表す複素数を求めて　　$z=-\dfrac{1}{2}\pm\dfrac{\sqrt{3}}{2}i$

◀$x=-\dfrac{1}{2}$を$x^2+y^2=1$に代入したyの方程式を解くと $y=\pm\dfrac{\sqrt{3}}{2}$

練習 ④131 複素数平面上で，相異なる3点1, α, α^2は実軸上に中心をもつ1つの円周上にある。このような点αの存在する範囲を複素数平面上に図示せよ。更に，この円の半径を$|\alpha|$を用いて表せ。

〔東北大〕 p.579 EX85

演習 例題 132 四角形が円に内接する条件

(1) 4点 A(α), B(β), C(γ), D(δ) を頂点とする四角形 ABCD について，次のことを証明せよ。

$$\text{四角形 ABCD が円に内接する} \iff \frac{\beta-\gamma}{\alpha-\gamma} \div \frac{\beta-\delta}{\alpha-\delta} > 0$$

(2) 4点 A($7+i$), B($1+i$), C($-6i$), D(8) を頂点とする四角形 ABCD は，円に内接することを示せ。

基本 120

指針 (1) 四角形 ABCD が円に内接する $\iff \angle\text{ACB}=\angle\text{ADB}$ …… ①

(円周角の定理とその逆)

を利用。① から，偏角 arg の等式にもち込むが，解答の図からわかるように，頂点 A, B, C, D のとり方が時計回りか，反時計回りかに関係なく，

$\arg\dfrac{\beta-\gamma}{\alpha-\gamma}=\arg\dfrac{\beta-\delta}{\alpha-\delta}$ が成り立つことに注意。

解答

(1) 四角形 ABCD が円に内接する

$\iff \angle\text{ACB}=\angle\text{ADB}$

$\iff \arg\dfrac{\beta-\gamma}{\alpha-\gamma}=\arg\dfrac{\beta-\delta}{\alpha-\delta}$

$\iff \arg\dfrac{\beta-\gamma}{\alpha-\gamma}-\arg\dfrac{\beta-\delta}{\alpha-\delta}=0$

$\iff \arg\left(\dfrac{\beta-\gamma}{\alpha-\gamma}\div\dfrac{\beta-\delta}{\alpha-\delta}\right)=0$

$\iff \dfrac{\beta-\gamma}{\alpha-\gamma}\div\dfrac{\beta-\delta}{\alpha-\delta}>0$

したがって，題意は示された。

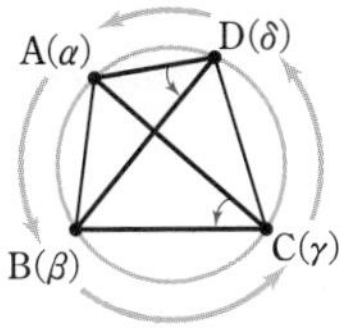

頂点は反時計回り

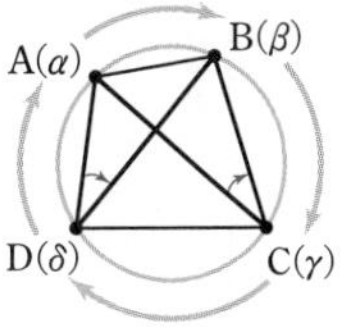

頂点は時計回り

◀ $\arg z=0 \iff z=r(\cos 0+i\sin 0)=r>0$

(2) $\alpha=7+i$, $\beta=1+i$, $\gamma=-6i$, $\delta=8$ とすると

$$\frac{\beta-\gamma}{\alpha-\gamma}\div\frac{\beta-\delta}{\alpha-\delta}=\frac{(1+i)-(-6i)}{(7+i)-(-6i)}\div\frac{(1+i)-8}{(7+i)-8}$$

$$=\frac{1+7i}{7+7i}\cdot\frac{-1+i}{-7+i}=\frac{-8-6i}{-56-42i}=\frac{-2(4+3i)}{-14(4+3i)}=\frac{1}{7}>0$$

したがって，(1) から，四角形 ABCD は円に内接する。

◀ (1), (2) の問題 結果を利用

◀ 正の実数。

検討 **4点 A, B, C, D が1つの円周上にあるための条件**

異なる4点 A(α), B(β), C(γ), D(δ) のうち，どの3点も一直線上にないとき，次のことが成り立つ。

(＊) **4点 A, B, C, D が1つの円周上にある $\iff \dfrac{\beta-\gamma}{\alpha-\gamma}\div\dfrac{\beta-\delta}{\alpha-\delta}$ が実数**

証明は解答編 $p.501$ を参照。上の解答 (1) は，4点 A, B, C, D がこの順序で1つの円周上にある場合の，(＊)の証明である。

練習 ④132 4点 O(0), A($4i$), B($5-i$), C($1-i$) は1つの円周上にあることを示せ。

演習 例題 133 1のn乗根と方程式

(1) $\dfrac{1+z}{1-z}=\cos\theta+i\sin\theta$ が成り立つとき，$z=i\tan\dfrac{\theta}{2}$ と表されることを示せ。

(2) 方程式 $(z+1)^7+(z-1)^7=0$ を解け。

基本 105

指針 (1) まず，与えられた式を z について解く。倍角・半角の公式を利用。

(2) (1), (2) の問題 (1) は (2) のヒント $(z+1)^7+(z-1)^7=0$ は $\left(\dfrac{1+z}{1-z}\right)^7=1$ と変形できるから，$\dfrac{1+z}{1-z}$ は1の7乗根として求められる。

解答

(1) $\dfrac{1+z}{1-z}=\cos\theta+i\sin\theta$ を z について解くと

$$z=\frac{(\cos\theta-1)+i\sin\theta}{(\cos\theta+1)+i\sin\theta}$$

ここで

$$(\cos\theta-1)+i\sin\theta=-2\sin^2\frac{\theta}{2}+i\cdot2\sin\frac{\theta}{2}\cos\frac{\theta}{2}$$
$$=2i\sin\frac{\theta}{2}\left(\cos\frac{\theta}{2}+i\sin\frac{\theta}{2}\right)$$
$$(\cos\theta+1)+i\sin\theta=2\cos^2\frac{\theta}{2}+i\cdot2\sin\frac{\theta}{2}\cos\frac{\theta}{2}$$
$$=2\cos\frac{\theta}{2}\left(\cos\frac{\theta}{2}+i\sin\frac{\theta}{2}\right)$$

したがって $z=\dfrac{i\sin\frac{\theta}{2}}{\cos\frac{\theta}{2}}=i\tan\dfrac{\theta}{2}$

(2) $(z+1)^7+(z-1)^7=0$ から $(1+z)^7=(1-z)^7$

$z=1$ は解ではないから $\left(\dfrac{1+z}{1-z}\right)^7=1$

ゆえに

$$\frac{1+z}{1-z}=\cos\frac{2k\pi}{7}+i\sin\frac{2k\pi}{7}\ (k=0,\ 1,\ \cdots\cdots,\ 6)$$

よって，(1) から $z=i\tan\dfrac{k\pi}{7}$ $(k=0,\ 1,\ \cdots\cdots,\ 6)$

$\tan(\pi-\theta)=-\tan\theta$ であるから

$$\boldsymbol{z=0,\ \pm i\tan\frac{\pi}{7},\ \pm i\tan\frac{2}{7}\pi,\ \pm i\tan\frac{3}{7}\pi}$$

◀ $\dfrac{1+z}{1-z}=w$ とおくと $1+z=w(1-z)$
よって $(w+1)z=w-1$
$w\neq-1$ から $z=\dfrac{w-1}{w+1}$

◀ $\sin^2\dfrac{\theta}{2}=\dfrac{1-\cos\theta}{2}$,
$\cos^2\dfrac{\theta}{2}=\dfrac{1+\cos\theta}{2}$,
$\sin\theta=2\sin\dfrac{\theta}{2}\cos\dfrac{\theta}{2}$
$-1=i^2$ にも注意。

◀ $\dfrac{1+z}{1-z}\neq-1$ から
$\cos\theta+i\sin\theta\neq-1$
よって $\theta\neq\pi+2k\pi$
ゆえに $\dfrac{\theta}{2}\neq\dfrac{\pi}{2}+k\pi$
(k は整数)

◀1の7乗根。

◀(1) の結果を利用。

◀ $\dfrac{4}{7}\pi=\pi-\dfrac{3}{7}\pi$,
$\dfrac{5}{7}\pi=\pi-\dfrac{2}{7}\pi$,
$\dfrac{6}{7}\pi=\pi-\dfrac{\pi}{7}$

練習 ④133 (1) n を自然数とするとき，$(1+z)^{2n}$，$(1-z)^{2n}$ をそれぞれ展開せよ。

(2) n は自然数とする。$f(z)={}_{2n}C_1z+{}_{2n}C_3z^3+\cdots\cdots+{}_{2n}C_{2n-1}z^{2n-1}$ とするとき，方程式 $f(z)=0$ の解は $z=\pm i\tan\dfrac{k\pi}{2n}$ $(k=0, 1, \cdots\cdots, n-1)$ と表されることを示せ。

演習 例題 134 複素数平面と数列（点列）の問題 (1)

$z_1=3$，$z_{n+1}=(1+i)z_n+i\ (n\geqq 1)$ によって定まる複素数の数列 $\{z_n\}$ について
(1) z_n を求めよ。
(2) z_n が表す複素数平面の点を P_n とする。P_n，P_{n+1}，P_{n+2} を 3 頂点とする三角形の面積を求めよ。 〔類 名古屋大〕 基本 121

指針 (1) 関係式は $z_{n+1}=pz_n+q$ の形
→ **特性方程式 $\alpha=p\alpha+q$ の解 α を用いて**，関係式を $z_{n+1}-\alpha=p(z_n-\alpha)$ と変形。
(2) $\triangle P_nP_{n+1}P_{n+2}$ について，2 辺 P_nP_{n+1}，$P_{n+1}P_{n+2}$ の長さと，$\angle P_{n+2}P_{n+1}P_n$ の大きさを求める。

$$\begin{array}{rl} & z_{n+1}=pz_n+q \\ -) & \alpha=p\alpha+q \\ \hline & z_{n+1}-\alpha=p(z_n-\alpha) \end{array}$$

解答
(1) $z_{n+1}=(1+i)z_n+i$ から $z_{n+1}+1=(1+i)(z_n+1)$
よって，数列 $\{z_n+1\}$ は初項 $z_1+1=4$，公比 $1+i$ の等比数列であるから $z_n+1=4\cdot(1+i)^{n-1}$
ゆえに $\boldsymbol{z_n=4(1+i)^{n-1}-1}$

(2) (1) から $z_{n+1}-z_n=4(1+i)^n-4(1+i)^{n-1}$
$=4(1+i)^{n-1}\{(1+i)-1\}=4i(1+i)^{n-1}$ ❶
よって $P_nP_{n+1}=|z_{n+1}-z_n|=|4i(1+i)^{n-1}|$
$=4|i||1+i|^{n-1}=4(\sqrt{2})^{n-1}$ ❷
ゆえに $P_{n+1}P_{n+2}=4(\sqrt{2})^{(n+1)-1}=4(\sqrt{2})^n$
また $\dfrac{z_n-z_{n+1}}{z_{n+2}-z_{n+1}}=\dfrac{-4i(1+i)^{n-1}}{4i(1+i)^n}=-\dfrac{1}{1+i}$
$=\dfrac{-1+i}{2}=\dfrac{1}{\sqrt{2}}\left(\cos\dfrac{3}{4}\pi+i\sin\dfrac{3}{4}\pi\right)$
よって，$\arg\dfrac{z_n-z_{n+1}}{z_{n+2}-z_{n+1}}=\dfrac{3}{4}\pi$ から
$\angle P_{n+2}P_{n+1}P_n=\dfrac{3}{4}\pi$
したがって，$\triangle P_nP_{n+1}P_{n+2}$ の面積は
$\dfrac{1}{2}\cdot 4(\sqrt{2})^{n-1}\cdot 4(\sqrt{2})^n\sin\dfrac{3}{4}\pi=8\cdot 2^{\frac{n-1}{2}}\cdot 2^{\frac{n}{2}}\cdot\dfrac{1}{\sqrt{2}}$
$=4\sqrt{2}\cdot 2^{n-\frac{1}{2}}=\boldsymbol{2^{n+2}}$

◀特性方程式 $\alpha=(1+i)\alpha+i$ の解は $\alpha=-1$

項に複素数を含む数列であっても，数学 B の数列，漸化式で学んだことと同様に考えることができる。

◀$|1+i|=\sqrt{1^2+1^2}=\sqrt{2}$

◀❷ を利用。

◀〰〰 は ❶ を利用。

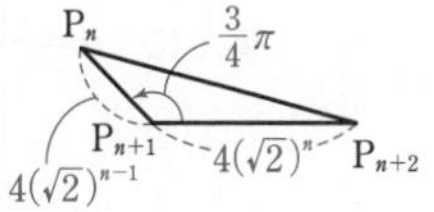

◀$\dfrac{1}{2}P_nP_{n+1}\cdot P_{n+1}P_{n+2}\times\sin\angle P_{n+2}P_{n+1}P_n$

練習 ④**134** 偏角 θ が 0 より大きく $\dfrac{\pi}{2}$ より小さい複素数 $\alpha=\cos\theta+i\sin\theta$ を考える。$z_0=0$，$z_1=1$ とし，$z_k-z_{k-1}=\alpha(z_{k-1}-z_{k-2})\ (k=2,\ 3,\ 4,\ \cdots)$ により数列 $\{z_k\}$ を定義するとき，複素数平面上で $z_k\ (k=0,\ 1,\ 2,\ \cdots)$ の表す点を P_k とする。
(1) z_k を α を用いて表せ。
(2) $A\left(\dfrac{1}{1-\alpha}\right)$ とするとき，点 $P_k\ (k=0,\ 1,\ 2,\ \cdots)$ は点 A を中心とする 1 つの円周上にあることを示せ。 〔類 名古屋市大〕 p.579 EX 86

演習 例題 135 複素数平面と数列（点列）の問題 (2)

数列 $\{a_n\}$ と $\{b_n\}$ は $a_1=b_1=2$，$a_{n+1}=\dfrac{\sqrt{2}}{4}a_n-\dfrac{\sqrt{6}}{4}b_n$，$b_{n+1}=\dfrac{\sqrt{6}}{4}a_n+\dfrac{\sqrt{2}}{4}b_n$ $(n=1, 2, \cdots\cdots)$ を満たすものとする。a_n を実部，b_n を虚部とする複素数を z_n で表すとき

(1) $z_{n+1}=wz_n$ を満たす複素数 w と，その絶対値 $|w|$ を求めよ。

(2) 複素数平面上で，点 z_{n+1} は点 z_n をどのように移動した点であるかを答えよ。

(3) 数列 $\{a_n\}$ と $\{b_n\}$ の一般項を求めよ。

(4) 複素数平面上の 3 点 0，z_n，z_{n+1} を頂点とする三角形の周と内部を塗りつぶしてできる図形を T_n とする。このとき，複素数平面上で T_1，T_2，……，T_n，…… によって塗りつぶされる領域の面積を求めよ。　〔金沢大〕 演習 134

指針

(1) $z_{n+1}=a_{n+1}+b_{n+1}i$ である。これに与えられた関係式を代入。

(2) (1) で求めた w を極形式で表す。

(3) 数列 $\{z_n\}$ は初項 z_1，公比 w の等比数列と考えられるから　$z_n=z_1w^{n-1}$
z_1 を極形式で表し，z_1w^{n-1} をド・モアブルの定理を用いて変形。

(4) (2) の結果を利用して，T_1，T_2，…… を図示してみると，規則性がみえてくる。

解答

(1) 自然数 n に対し，$z_n=a_n+b_ni$ であるから

$$z_{n+1}=a_{n+1}+b_{n+1}i=\left(\frac{\sqrt{2}}{4}a_n-\frac{\sqrt{6}}{4}b_n\right)+\left(\frac{\sqrt{6}}{4}a_n+\frac{\sqrt{2}}{4}b_n\right)i$$

$$=\left(\frac{\sqrt{2}}{4}+\frac{\sqrt{6}}{4}i\right)a_n+\left(\frac{\sqrt{2}}{4}+\frac{\sqrt{6}}{4}i\right)b_ni$$

$$=\left(\frac{\sqrt{2}}{4}+\frac{\sqrt{6}}{4}i\right)(a_n+b_ni)=\left(\frac{\sqrt{2}}{4}+\frac{\sqrt{6}}{4}i\right)z_n$$

◀ $a_{n+1}=\dfrac{\sqrt{2}}{4}a_n-\dfrac{\sqrt{6}}{4}b_n$，$b_{n+1}=\dfrac{\sqrt{6}}{4}a_n+\dfrac{\sqrt{2}}{4}b_n$ を代入。

ゆえに　$\boldsymbol{w=\dfrac{\sqrt{2}}{4}+\dfrac{\sqrt{6}}{4}i}$，$|\boldsymbol{w}|=\sqrt{\left(\dfrac{\sqrt{2}}{4}\right)^2+\left(\dfrac{\sqrt{6}}{4}\right)^2}=\boldsymbol{\dfrac{\sqrt{2}}{2}}$

◀ $|w|=\sqrt{\dfrac{2}{16}+\dfrac{6}{16}}=\sqrt{\dfrac{2}{4}}$

(2) (1) から

$$w=\frac{\sqrt{2}}{2}\left(\frac{1}{2}+\frac{\sqrt{3}}{2}i\right)=\frac{\sqrt{2}}{2}\left(\cos\frac{\pi}{3}+i\sin\frac{\pi}{3}\right)$$

◀ w を極形式で表す。

よって，点 z_{n+1} は **点 z_n を原点を中心として $\dfrac{\pi}{3}$ だけ回転し，原点からの距離を $\dfrac{\sqrt{2}}{2}$ 倍した点** である。

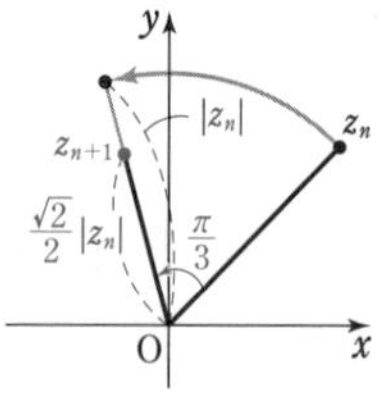

◀ $z_{n+1}=\dfrac{\sqrt{2}}{2}\left(\cos\dfrac{\pi}{3}+i\sin\dfrac{\pi}{3}\right)\times z_n$

(3) $z_{n+1}=wz_n$ から　$z_n=z_1w^{n-1}$

ここで　$z_1=2+2i=2\sqrt{2}\left(\cos\dfrac{\pi}{4}+i\sin\dfrac{\pi}{4}\right)$ …… ㋐

◀ $z_1=a_1+b_1i$

また，ド・モアブルの定理から

$$w^{n-1}=\left(\frac{\sqrt{2}}{2}\right)^{n-1}\left(\cos\frac{\pi}{3}+i\sin\frac{\pi}{3}\right)^{n-1}=\left(\frac{\sqrt{2}}{2}\right)^{n-1}\left\{\cos\frac{(n-1)\pi}{3}+i\sin\frac{(n-1)\pi}{3}\right\}$$

ゆえに　$z_n=2\sqrt{2}\left(\cos\dfrac{\pi}{4}+i\sin\dfrac{\pi}{4}\right)\cdot\left(\dfrac{\sqrt{2}}{2}\right)^{n-1}\left\{\cos\dfrac{(n-1)\pi}{3}+i\sin\dfrac{(n-1)\pi}{3}\right\}$

$=4\left(\dfrac{\sqrt{2}}{2}\right)^{n}\left\{\cos\left(\dfrac{n}{3}-\dfrac{1}{12}\right)\pi+i\sin\left(\dfrac{n}{3}-\dfrac{1}{12}\right)\pi\right\}$　◀$2\sqrt{2}=4\cdot\dfrac{\sqrt{2}}{2}$

よって　$\boldsymbol{a_n=4\left(\dfrac{\sqrt{2}}{2}\right)^{n}\cos\left(\dfrac{n}{3}-\dfrac{1}{12}\right)\pi}$，$\boldsymbol{b_n=4\left(\dfrac{\sqrt{2}}{2}\right)^{n}\sin\left(\dfrac{n}{3}-\dfrac{1}{12}\right)\pi}$

(4)　(2)の結果に注意して，T_1，T_2，……，T_6 を図示すると，右の図のようになり，T_7，T_8，…… は右の図の赤く塗った部分に含まれる。よって，求める面積は，T_1，T_2，……，T_6 の面積の総和である。

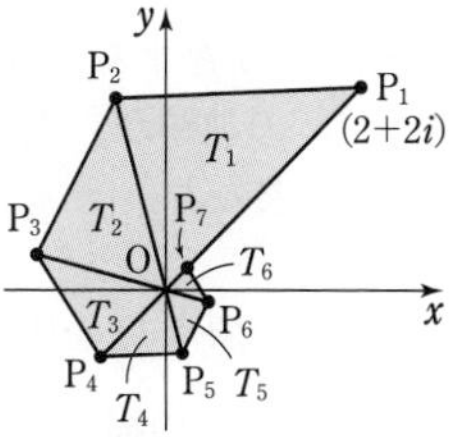

◀z_n の偏角 $\left(\dfrac{n}{3}-\dfrac{1}{12}\right)\pi$ について，
$\left(\dfrac{n+6k}{3}-\dfrac{1}{12}\right)\pi$
$=\left(\dfrac{n}{3}-\dfrac{1}{12}\right)\pi+2k\pi$
（k は整数）であるから，点 P_{n+6k} は線分 OP_n 上にある。
よって，T_{n+6k} は T_n に含まれる。

O を原点，$P_n(z_n)$ とすると，(2)から

$OP_n：OP_{n+1}=OP_{n+1}：OP_{n+2}=|z_n|：|z_{n+1}|=2：\sqrt{2}$，

$\angle P_nOP_{n+1}=\angle P_{n+1}OP_{n+2}=\dfrac{\pi}{3}$

ゆえに，$T_n \backsim T_{n+1}$ で，T_n と T_{n+1} の面積比は

$$2^2：(\sqrt{2})^2=2：1$$

◀ 面積比は（相似比）^{2}

T_1 の面積は $\dfrac{1}{2}|z_1||z_2|\sin\dfrac{\pi}{3}=\dfrac{1}{2}\cdot2\sqrt{2}\cdot2\cdot\dfrac{\sqrt{3}}{2}=\sqrt{6}$

◀㋐から　$|z_1|=2\sqrt{2}$
$|z_2|=\dfrac{\sqrt{2}}{2}|z_1|=2$

であるから，T_n の面積は　$\sqrt{6}\left(\dfrac{1}{2}\right)^{n-1}$

したがって，求める面積は

$$\sum_{k=1}^{6}\sqrt{6}\left(\frac{1}{2}\right)^{k-1}=\sqrt{6}\cdot\frac{1-\left(\frac{1}{2}\right)^6}{1-\frac{1}{2}}=\boldsymbol{\frac{63\sqrt{6}}{32}}$$

◀初項 $\sqrt{6}$，公比 $\dfrac{1}{2}$ の等比数列の初項から第6項までの和。

練習 ⑤135　複素数平面上を，点 P が次のように移動する。ただし，n は自然数である。

1.　時刻0では，P は原点にいる。時刻1まで，P は実軸の正の方向に速さ1で移動する。移動後の P の位置を $Q_1(z_1)$ とすると $z_1=1$ である。

2.　時刻1に P は $Q_1(z_1)$ において進行方向を $\dfrac{\pi}{4}$ 回転し，時刻2までその方向に速さ $\dfrac{1}{\sqrt{2}}$ で移動する。移動後の P の位置を $Q_2(z_2)$ とすると $z_2=\dfrac{3+i}{2}$ である。

3.　以下同様に，時刻 n に P は $Q_n(z_n)$ において進行方向を $\dfrac{\pi}{4}$ 回転し，時刻 $n+1$ までその方向に速さ $\left(\dfrac{1}{\sqrt{2}}\right)^n$ で移動する。移動後の P の位置を $Q_{n+1}(z_{n+1})$ とする。

$\alpha=\dfrac{1+i}{2}$ として，次の問いに答えよ。

(1)　z_3，z_4 を求めよ。　　(2)　z_n を α，n を用いて表せ。

(3)　z_n の実部が1より大きくなるようなすべての n を求めよ。　〔類 広島大〕

②76 c を実数とする。x についての 2 次方程式 $x^2+(3-2c)x+c^2+5=0$ が 2 つの解 α，β をもつとする。複素数平面上の 3 点 α, β, c^2 が三角形の 3 頂点になり，その三角形の重心が 0 であるとき，c の値を求めよ。〔京都大〕 →109

③77 k を実数とし，$\alpha=-1+i$ とする。点 w は複素数平面上で等式 $w\overline{\alpha}-\overline{w}\alpha+ki=0$ を満たしながら動く。w の軌跡が，点 $1+i$ を中心とする半径 1 の円と共有点をもつときの，k の最大値を求めよ。〔類 鳥取大〕 →110

④78 複素数平面上で，点 z が原点 O を中心とする半径 1 の円上を動くとき，$w=\dfrac{4z+5}{z+2}$ で表される点 w の描く図形を C とする。

(1) C を複素数平面上に図示せよ。

(2) $a=\dfrac{1+\sqrt{3}i}{2}$，$b=\dfrac{1+i}{\sqrt{2}}$ とする。$a^n=\dfrac{4b^n+5}{b^n+2}$ を満たす自然数 n のうち，最小のものを求めよ。〔類 群馬大〕 →111

④79 z を複素数とする。

(1) $\dfrac{1}{z+i}+\dfrac{1}{z-i}$ が実数となる点 z の描く図形 P を複素数平面上に図示せよ。

(2) 点 z が (1) で求めた図形 P 上を動くとき，点 $w=\dfrac{z+i}{z-i}$ の描く図形を複素数平面上に図示せよ。

(3) 点 z が (1) で求めた図形 P 上を動き，かつ $|z-1|\leqq 2$ であるとき，$|z-1-2i|$ の最大値を求めよ。〔(1)，(2) 北海道大〕 →112,115,117

④80 複素数平面上において，点 $\mathrm{P}(z)$ が原点 O と 2 点 $\mathrm{A}(1)$，$\mathrm{B}(i)$ を頂点とする三角形の周上を動くとき，$w=z^2$ を満たす点 $\mathrm{Q}(w)$ が描く図形を図示せよ。

②81 $z^6+27=0$ を満たす複素数 z を，偏角が小さい方から順に z_1，z_2，…… とするとき，z_1，z_2 と積 z_1z_2 を表す 3 点は複素数平面上で一直線上にあることを示せ。ただし，偏角は 0 以上 2π 未満とする。〔類 金沢大〕 →120

HINT

76　解と係数の関係を利用して，c の 2 次方程式を導く。

77　$w=x+yi$（x，y は実数）とおいて等式に代入し，x，y の関係式を導く。

78　(2) 点 a^n と点 b^n がどのような図形上の点かを調べる。

79　(2) まずは，$z=$(w の式) に直す。(1) の結果 (z の条件式) に応じた場合分けが必要。
(3) 点 z と点 $1+2i$ の距離が最大となる場合について，図をかいて調べる。

80　$z=x+yi$，$w=X+Yi$（x，y，X，Y は実数）とする。点 P が線分 OA 上，線分 OB 上，線分 AB 上のどこを動くかで場合分けし，X，Y の関係式を導く。

81　まず，$z^6+27=0$ を解く。
また，**3 点 α，β，γ が一直線上にある ⟺ $\dfrac{\gamma-\alpha}{\beta-\alpha}$ が実数** も利用。

③82 複素数平面上の5点O(0), A(α), B(β), C(γ), D($2-\sqrt{3}i$) は

$\dfrac{\beta}{\alpha}=\dfrac{2-\sqrt{3}i}{\gamma}=\dfrac{\overline{\alpha}}{2+\sqrt{3}i}$ を満たしている。ただし, $|\alpha|=\sqrt{3}$ であり, 3点O, A, Dは一直線上にない。

(1) 3点O, B, Dは一直線上にあることを示せ。

(2) $\dfrac{\mathrm{CD}}{\mathrm{AB}}$ の値を求めよ。

(3) $\angle\mathrm{AOB}=90^\circ$ のとき, $\dfrac{\alpha}{2-\sqrt{3}i}$ の実部を求めよ。　〔兵庫県大〕 →120

④83 α を実数でない複素数とし, β を正の実数とする。

(1) 複素数平面上で, 関係式 $\alpha\overline{z}+\overline{\alpha}z=|z|^2$ を満たす複素数 z の描く図形を C とする。このとき, C は原点を通る円であることを示せ。

(2) 複素数平面上で, $(z-\alpha)(\beta-\overline{\alpha})$ が純虚数となる複素数 z の描く図形を L とする。L は(1)で定めた C と2つの共有点をもつことを示せ。また, その2点をP, Qとするとき, 線分PQの長さを α と $\overline{\alpha}$ を用いて表せ。

(3) β の表す複素数平面上の点をRとする。(2)で定めた点P, Qと点Rを頂点とする三角形が正三角形であるとき, β を α と $\overline{\alpha}$ を用いて表せ。　〔筑波大〕

→124, 127

④84 z を複素数とする。0でない複素数 d に対して, 方程式 $dz(\overline{z}+1)=\overline{d}\,\overline{z}(z+1)$ を満たす点 z は, 複素数平面上でどのような図形を描くか。　〔類 九州大〕 →p.567

④85 z を複素数とする。複素数平面上の3点A(1), B(z), C(z^2) が鋭角三角形をなすような点 z の範囲を求め, 図示せよ。　〔東京大〕 →118, 131

⑤86 a を正の実数, $w=a\left(\cos\dfrac{\pi}{36}+i\sin\dfrac{\pi}{36}\right)$ とする。複素数の列 $\{z_n\}$ を

$z_1=w$, $z_{n+1}=z_nw^{2n+1}$ ($n=1, 2, \cdots\cdots$) で定めるとき

(1) z_n の偏角を1つ求めよ。

(2) 複素数平面で, 原点をOとし, z_n を表す点を P_n とする。$1\leqq n\leqq 17$ とするとき, $\triangle\mathrm{OP}_n\mathrm{P}_{n+1}$ が直角二等辺三角形となるような n と a の値を求めよ。

〔大阪大 改題〕 →134

HINT

82 (1) $\beta=k(2-\sqrt{3}i)$ となる実数 k が存在することを示す。

83 (2) まず, $(z-\alpha)(\beta-\overline{\alpha})$ が純虚数であることを, z, $\overline{z}$, α, $\overline{\alpha}$, β を用いた式で表す。

84 方程式を $(d-\overline{d})z\overline{z}+\cdots\cdots=0$ の形に変形。$d=\overline{d}$, $d\neq\overline{d}$ で場合分け。

85 $\triangle\mathrm{ABC}$ が鋭角三角形 $\Longleftrightarrow$ $\mathrm{AB}^2+\mathrm{BC}^2>\mathrm{CA}^2$, $\mathrm{BC}^2+\mathrm{CA}^2>\mathrm{AB}^2$, $\mathrm{CA}^2+\mathrm{AB}^2>\mathrm{BC}^2$

86 (1) 関係式から　$\arg z_{n+1}=\arg z_n+(2n+1)\arg w$

$\longrightarrow$ 数列 $\{\arg z_n\}$ の階差数列がわかる。

参考事項 ジューコフスキー変換の応用例

p.550 の 検討 で説明したように，$w=z+\dfrac{a^2}{z}$ $(a>0)$ で表される変換を **ジューコフスキー変換** という。

ここで，点 $(p,\ q)$ [$p,\ q$ は実数] を中心とし，点 $(1,\ 0)$ を通る円 C が，ジューコフスキー変換 $w=z+\dfrac{1}{z}$ によりどのような図形に移されるかを考えてみよう。

$\alpha=p+qi$，$r=\sqrt{(p-1)^2+q^2}$ とすると，円 C の方程式は $|z-\alpha|=r$ と表され，$z-\alpha=r(\cos\theta+i\sin\theta)$ と書ける。

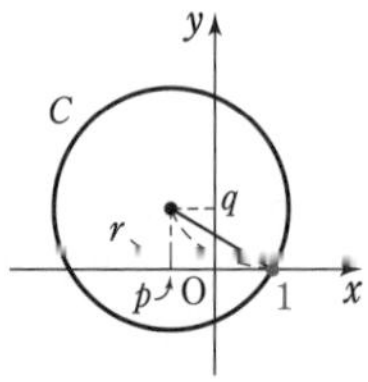

よって　$z=\alpha+r(\cos\theta+i\sin\theta)=p+r\cos\theta+(q+r\sin\theta)i$

ゆえに　$w=p+r\cos\theta+(q+r\sin\theta)i+\dfrac{1}{p+r\cos\theta+(q+r\sin\theta)i}$

$$=p+r\cos\theta+(q+r\sin\theta)i+\frac{p+r\cos\theta-(q+r\sin\theta)i}{(p+r\cos\theta)^2+(q+r\sin\theta)^2}$$

よって，$w=x+yi$ とすると，x，y は次のように表される。

$$x=p+r\cos\theta+\frac{p+r\cos\theta}{(p+r\cos\theta)^2+(q+r\sin\theta)^2},$$

◀複素数の相等。

$$y=q+r\sin\theta-\frac{q+r\sin\theta}{(p+r\cos\theta)^2+(q+r\sin\theta)^2}$$

$0\leqq\theta<2\pi$ の範囲における各 θ の値に対する x，y の値に応じて決まる点 w をとっていくと，円 C が移される図形も調べられる。

例えば，$p=-0.1$，$q=0.2$ のとき，円 C の移される図形は図 1 のようになり，これは飛行機の翼に近い形である。

また，円 C の周りの空気の流れは，ジューコフスキー変換によって，図 1 の図形の周りの空気の流れになる（図 2）。

図1

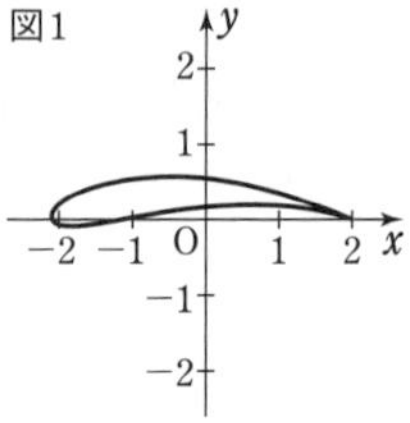

このことを用いて，飛行機の翼にかかる揚力（空気の流れに垂直な力）を流体力学の理論に基づいて計算することができる。

実際の揚力の計算には，追加すべき条件などがあるが，ジューコフスキー変換は，飛行機の翼の理論の最も基本的なものとなっている。

図2

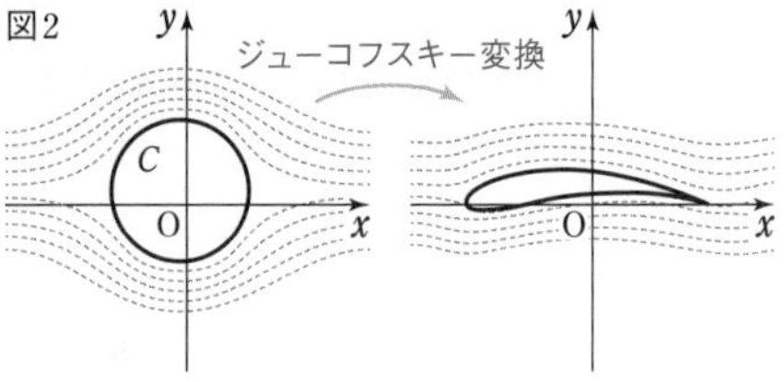

数学C 第4章

式と曲線

4

17 放物線，楕円，双曲線
18 ２次曲線と直線
19 ２次曲線の接線
20 ２次曲線の性質，２次曲線と領域
21 媒介変数表示
22 極座標，極方程式

SELECT STUDY

—●— **基本定着コース**……教科書の基本事項を確認したいきみに
—●— **精選速習コース**……入試の基礎を短期間で身につけたいきみに
—●— **実力練成コース**……入試に向け実力を高めたいきみに

START

	136	137	138	139	140	141	142	143	144	145	146	147	148	149	150	151	152	153	154	155	156	158	159	160	161	162	163
基本定着コース	●		●	●	●	●	●	●			●	●			●	●	●			●				●	●		
精選速習コース		●		●		●			●	●		●	●	●		●		●			●	●			●		●
実力練成コース		●							●	●			●	●					●		●	●	●			●	●

	164	165	166	167	168	169	170	171	172	173	174	175	176	177	178	179
基本定着コース		●	●		●				●	●	●	●				
精選速習コース			●	●	●	●		●		●		●	●	●	●	
実力練成コース	●			●		●	●	●						●	●	●

例題一覧

				難易度
17	基本	136	放物線とその概形	②
	基本	137	円の中心の軌跡	③
	基本	138	楕円とその概形	①
	基本	139	楕円の方程式の決定	②
	基本	140	円と楕円	①
	基本	141	軌跡と楕円	②
	基本	142	双曲線とその概形	①
	基本	143	双曲線の方程式の決定	②
	基本	144	双曲線と軌跡	③
	基本	145	放物線上の点と定点の距離の最小	③
	基本	146	２次曲線の平行移動	②
	基本	147	平行移動した２次曲線の方程式	②
	重要	148	２次曲線の回転移動	③
	重要	149	方程式の表す図形 (3)	③
18	基本	150	２次曲線と直線の共有点の座標	①
	基本	151	２次曲線と直線の共有点の個数	②
	基本	152	弦の中点・長さ	②
	基本	153	弦の中点の軌跡	③
	重要	154	楕円と放物線が４点を共有する条件	④
19	基本	155	楕円の外部から引いた接線	②
	基本	156	２次曲線の接線と証明	③
	基本	157	双曲線上の点と直線の距離の最大・最小	③
	重要	158	直交する２接線の交点の軌跡	④
	重要	159	楕円の２接点を通る直線	④
20	基本	160	２次曲線と軌跡	②
	基本	161	２次曲線の性質の証明	③
	重要	162	領域と x，y の１次式の最大・最小	④
	重要	163	領域と x，y の２次式の最大・最小	④
	重要	164	共有点をもつ点全体の領域図示	④
21	基本	165	曲線の媒介変数表示	①
	基本	166	放物線の頂点が描く曲線など	②
	基本	167	媒介変数表示と最大・最小	③
	基本	168	直線群と媒介変数表示	②
	重要	169	エピサイクロイドの媒介変数表示	④
	重要	170	半直線上の点の軌跡	④
	重要	171	$w=z+\dfrac{a^2}{z}$ の表す図形 (2)	④
22	基本	172	極座標と点，極座標と直交座標	①
	基本	173	２点間の距離，三角形の面積	②
	基本	174	円・直線の極方程式	②
	基本	175	極方程式と直交座標	②
	基本	176	極方程式と軌跡	③
	基本	177	２次曲線の極方程式	③
	基本	178	極座標の利用（２次曲線の性質の証明）	③
	基本	179	レムニスケートの極方程式	③

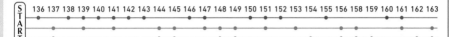

17 放物線，楕円，双曲線

基本事項

1 **放物線 $y^2=4px$** $(p \neq 0)$［標準形］

① 頂点は **原点**，
焦点は **点 $(p,\ 0)$**，
準線は **直線 $x=-p$**

② 軸は x 軸で，放物線は軸に関して対称。

③ 放物線上の任意の点から焦点，準線までの距離は等しい。

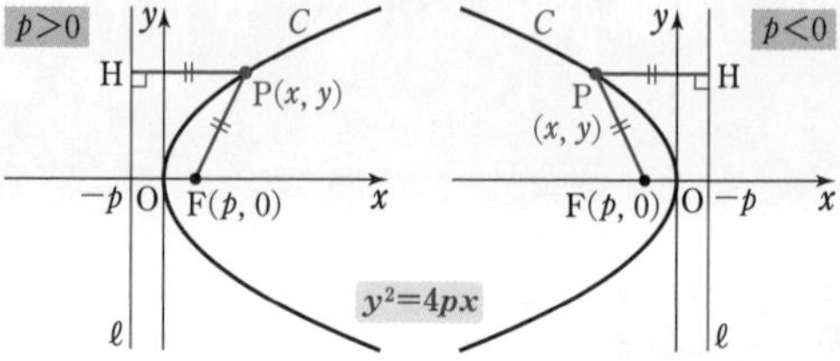

解　説

■ 放物線

定点Fと，Fを通らない定直線 ℓ からの距離が等しい点の軌跡を **放物線** といい，点Fをその **焦点**，直線 ℓ をその **準線** という。また，焦点を通り準線に垂直な直線を，放物線の **軸** といい，軸と放物線の交点を，放物線の **頂点** という。

点 $\mathrm{F}(p,\ 0)$ $[p \neq 0]$ を焦点とし，直線 $\ell : x=-p$ を準線とする放物線を C とする。

C 上の点を $\mathrm{P}(x,\ y)$，点Pから ℓ に下ろした垂線をPHとすると，

PF＝PH から　　$\sqrt{(x-p)^2+y^2}=|x-(-p)|$

両辺を平方して整理すると　$\boldsymbol{y^2=4px}$ …… Ⓐ　が導かれる。

逆に，Ⓐを満たす点 $\mathrm{P}(x,\ y)$ はPF＝PHを満たす。

Ⓐを放物線の方程式の **標準形** という。放物線Ⓐの軸は x 軸であり，これが x 軸に関して対称であることは，下の 参考 からわかる。

◀基本事項の図参照。

◀線分PHの長さは，2点P，Hの x 座標の差の絶対値である。

■ y 軸を軸とする放物線

点 $\mathrm{F}(0,\ p)$ $[p \neq 0]$ を焦点とし，直線 $\ell : y=-p$ を準線とする放物線の方程式は，上と同様にして

$$\boldsymbol{x^2=4py} \qquad \longleftarrow \text{Ⓐで } x \text{ と } y \text{ が入れ替わる。}$$

となる。これは数学Ⅰで学習した放物線 $y=ax^2$ と同様の形であり，放物線Ⓐを直線 $y=x$ に関して対称移動したものである。

また，軸は y 軸となる。なお，放物線 $y=ax^2$ $(a \neq 0)$ の焦点と準線は，$x^2=4\cdot\dfrac{1}{4a}y$ から，それぞれ 点 $\left(0,\ \dfrac{1}{4a}\right)$，直線 $y=-\dfrac{1}{4a}$ となる。

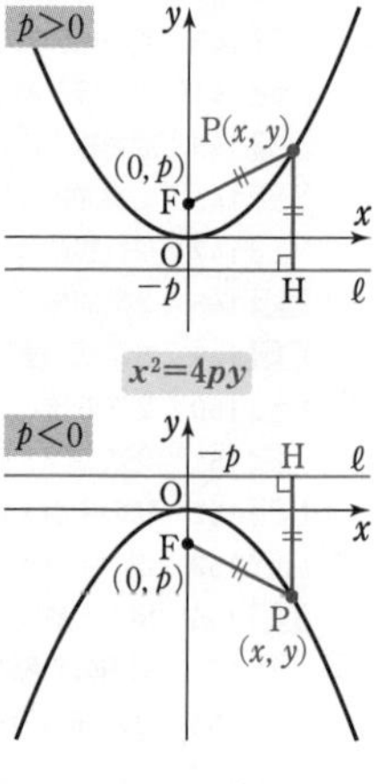

参考　曲線 $C : f(x,\ y)=0$ の対称性

$f(x,\ -y)=f(x,\ y)$　$\longrightarrow$　**C は x 軸 に関して対称。**

$f(-x,\ y)=f(x,\ y)$　$\longrightarrow$　**C は y 軸 に関して対称。**

$f(-x,\ -y)=f(x,\ y)$　$\longrightarrow$　**C は 原点 に関して対称。**

$f(y,\ x)=f(x,\ y)$　$\longrightarrow$　**C は 直線 $y=x$ に関して対称。**

基本例題 136 放物線とその概形

(1) 焦点が点 $(2,\ 0)$，準線が直線 $x=-2$ である放物線の方程式を求めよ。
また，その概形をかけ。

(2) 次の放物線の焦点と準線を求め，その概形をかけ。
(ア) $y^2=-3x$ (イ) $y=2x^2$

(3) 点 $\mathrm{F}(4,\ 0)$ を通り，直線 ℓ：$x=-4$ に接する円の中心 P の軌跡を求めよ。

p.582 基本事項 1

指針
(1) 焦点が点 $(p,\ 0)$，準線が直線 $x=-p$ である放物線の方程式は $y^2=4px$
(2) 方程式を **$y^2=4●x$ または $x^2=4●y$ の形** に直す。
(3) 円の中心は **定点 F と定直線 ℓ から等距離** にあるから，中心の **軌跡は放物線**。

解答

(1) $y^2=4\cdot2\cdot x$ すなわち $\boldsymbol{y^2=8x}$ 概形は **図(1)**

(2) (ア) $y^2=4\cdot\left(-\dfrac{3}{4}\right)x$ よって，**焦点** は **点 $\left(-\dfrac{3}{4},\ 0\right)$**

準線 は **直線 $x=\dfrac{3}{4}$** 概形は **図(2)(ア)**

(イ) $y=2x^2$ から $x^2=\dfrac{1}{2}y=4\cdot\dfrac{1}{8}y$

よって，**焦点** は **点 $\left(0,\ \dfrac{1}{8}\right)$**

準線 は **直線 $y=-\dfrac{1}{8}$** 概形は **図(2)(イ)**

◀放物線 $y^2=4px$ の焦点は 点 $(p,\ 0)$，準線は 直線 $x=-p$

◀放物線 $x^2=4py$ の焦点は 点 $(0,\ p)$，準線は 直線 $y=-p$

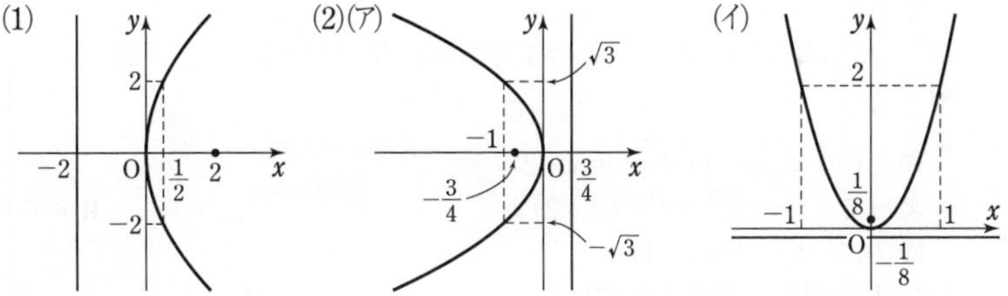

(3) 中心 P から直線 ℓ に垂線 PH を下ろすと
$$\mathrm{PH}=\mathrm{PF}$$
よって，点 P の軌跡は，点 F を焦点，直線 ℓ を準線とする **放物線** である。
その方程式は $y^2=4\cdot4x$ すなわち $\boldsymbol{y^2=16x}$

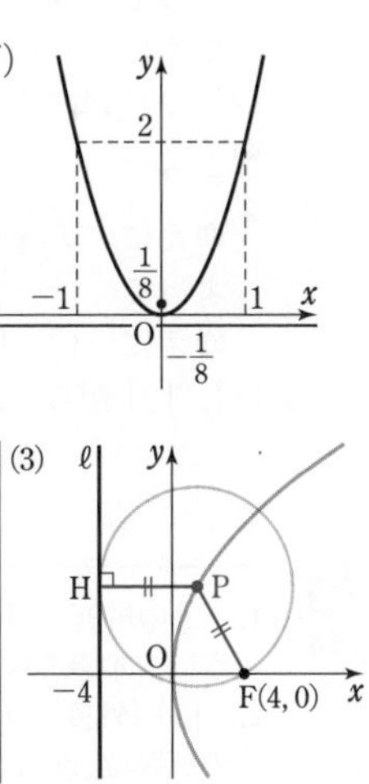

練習 ②136
(1) 放物線 $x^2=-8y$ の焦点と準線を求め，その概形をかけ。
(2) 点 $(3,\ 0)$ を通り，直線 $x=-3$ に接する円の中心の軌跡を求めよ。
(3) 頂点が原点で，焦点が x 軸上にあり，点 $(9,\ -6)$ を通る放物線の方程式を求めよ。

基本例題 137 円の中心の軌跡 ①①①①①

円 $(x-4)^2+y^2=1$ と直線 $x=-3$ の両方に接する円の中心 P の軌跡を求めよ。

基本 136

指針 2 円が接するには，**外接の場合と内接の場合がある** ことに注意。

> **半径が r，r' である 2 つの円の中心間の距離を d とすると**
> **2 円が外接する $\Longleftrightarrow d=r+r'$**
> **2 円が内接する $\Longleftrightarrow d=|r-r'|$，$r\neq r'$**　（数学A）

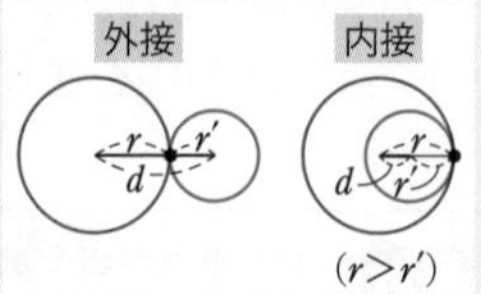

P(x, y) として，外接・内接の各場合について上のことを利用し，**x，y** の関係式を導く。

CHART 軌跡　軌跡上の動点 (x, y) の関係式を導く

解答

円 $(x-4)^2+y^2=1$ の半径は 1 であり，中心を A(4, 0) とする。

P(x, y) とし，点 P から直線 $x=-3$ に下ろした垂線を PH とする。

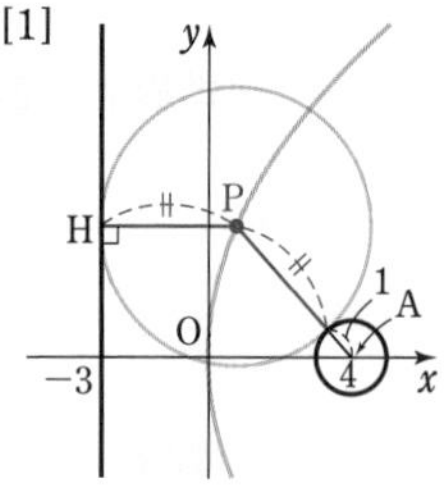

[1]　2 円が外接する場合　　PA＝PH＋1

よって　$\sqrt{(x-4)^2+y^2}=\{x-(-3)\}+1$　← 点 P は直線 $x=-3$ の右側にある。

ゆえに　$\sqrt{(x-4)^2+y^2}=x+4$

よって　$(x-4)^2+y^2=(x+4)^2$

ゆえに　$y^2=16x$

[2]　2 円が内接する場合，PH>1 であるから　PA＝PH−1

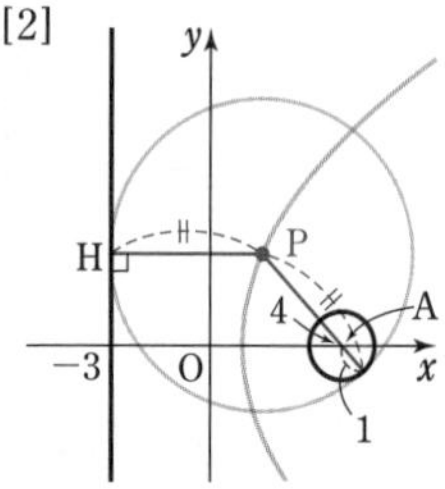

よって　$\sqrt{(x-4)^2+y^2}=\{x-(-3)\}-1$　← 点 P は直線 $x=-3$ の右側にある。

ゆえに　$\sqrt{(x-4)^2+y^2}=x+2$

よって　$(x-4)^2+y^2=(x+2)^2$

ゆえに　$y^2=12(x-1)$

[1]，[2] から，求める軌跡は

放物線 $y^2=16x$ および $y^2=12(x-1)$

検討

1.　上の解答では，逆の確認（軌跡上の点が条件を満たすことの確認）は省略した。このように，本書では軌跡の問題における逆の確認を省略することがある。

2.　[1]（外接）の場合の別解：点 P と直線 $x=-4$ の距離は長さ AP と一致するから，点 P の軌跡は **点 A を焦点とし，直線 $x=-4$ を準線とする放物線** であることがわかる。

3.　[2] の場合の軌跡は，放物線 $y^2=12x$ を x 軸方向に 1 だけ平行移動した放物線である（p.597 基本事項 **1** 参照）。

練習 ③137　半円 $x^2+y^2=36$，$x\geqq 0$ および y 軸の $-6\leqq y\leqq 6$ の部分の，両方に接する円の中心 P の軌跡を求めよ。

p.603 EX 87

基本事項

1 楕円 $\dfrac{x^2}{a^2}+\dfrac{y^2}{b^2}=1\ (a>b>0)$ [標準形]

① 中心は **原点**，長軸の長さ $2a$，短軸の長さ $2b$

② 焦点は $F(c,\ 0)$，$F'(-c,\ 0)$　$(c=\sqrt{a^2-b^2})$

③ 楕円は x 軸，y 軸，原点に関して対称。

④ 楕円上の任意の点から 2 つの焦点までの距離の和は $2a$（一定）

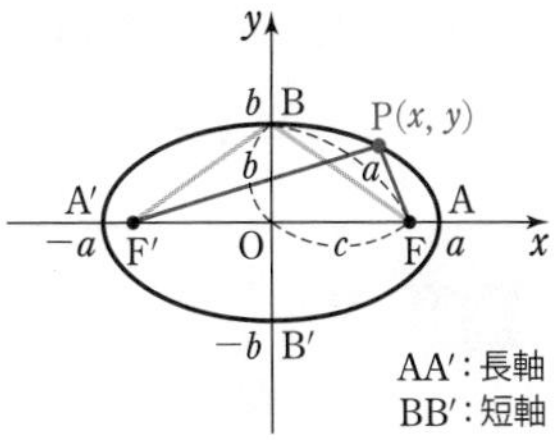

2 焦点が y 軸上にある楕円 $\dfrac{x^2}{a^2}+\dfrac{y^2}{b^2}=1\ (b>a>0)$

① 中心は **原点**，長軸の長さ $2b$，短軸の長さ $2a$

② 焦点は $F(0,\ c)$，$F'(0,\ -c)$　$(c=\sqrt{b^2-a^2})$

③ 楕円は x 軸，y 軸，原点に関して対称。

④ 楕円上の任意の点から 2 つの焦点までの距離の和は $2b$（一定）

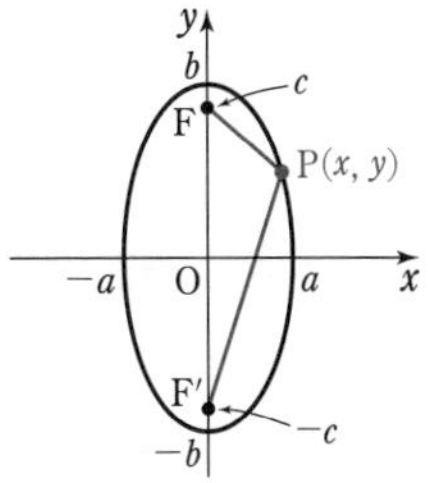

解　説

■ 楕円

2 定点 F，F′ からの距離の和が一定 $(2a)$ である点 P の軌跡を **楕円**(だえん) といい，点 F，F′ をその楕円の **焦点** という。

$P(x,\ y)$，$F(c,\ 0)$，$F'(-c,\ 0)\ [c>0]$ とすると，$PF+PF'=2a$ …… Ⓐ から

$\sqrt{(x-c)^2+y^2}+\sqrt{(x+c)^2+y^2}=2a$　　よって　$\sqrt{(x-c)^2+y^2}=2a-\sqrt{(x+c)^2+y^2}$

両辺を平方して整理すると　$a\sqrt{(x+c)^2+y^2}=a^2+cx$

更に，両辺を平方して整理すると　$(a^2-c^2)x^2+a^2y^2=a^2(a^2-c^2)$

$PF+PF'>FF'$ より $2a>2c$ すなわち $a>c$ であるから，$\sqrt{a^2-c^2}=b\ (b>0)$ とおき，両辺を a^2b^2 で割ると　$\dfrac{x^2}{a^2}+\dfrac{y^2}{b^2}=1$ …… Ⓑ　が導かれる（このとき $c=\sqrt{a^2-b^2}$）。

逆に，Ⓑ を満たす点 $P(x,\ y)$ は Ⓐ を満たす。

Ⓑ を楕円の方程式の **標準形** という。

また，楕円 Ⓑ と座標軸の交点は，基本事項 **1** の図のように，$A(a,\ 0)$，$A'(-a,\ 0)$，$B(0,\ b)$，$B'(0,\ -b)$ である。これらの点を楕円 Ⓑ の **頂点** という。

更に，$a>b$ から $AA'>BB'$ である。このことから，線分 AA′，BB′ をそれぞれ楕円の **長軸**，**短軸** といい，長軸と短軸の交点（原点）を楕円の **中心** という。

なお，基本事項 **1** ③ は，$p.582$ の 参考 からわかる。

■ 焦点が y 軸上にある楕円

$b>c>0$ のとき，2 定点 $F(0,\ c)$，$F'(0,\ -c)$ を焦点とし，この 2 点からの距離の和が一定 $(2b)$ である楕円の方程式は，上と同様に考えて $\sqrt{b^2-c^2}=a$ とおくと，$b>a>0$ で，

$\dfrac{x^2}{a^2}+\dfrac{y^2}{b^2}=1$ …… Ⓒ となる（このとき $c=\sqrt{b^2-a^2}$）。Ⓒ は Ⓑ で x と y，a と b を入れ替えたものであるから，楕円 Ⓒ は楕円 Ⓑ を直線 $y=x$ に関して対称移動したものである。

このことから基本事項 **2** ①～④ がわかる。

基本 例題 138 楕円とその概形

①①①①①

次の楕円の長軸・短軸の長さ，焦点を求めよ。また，その概形をかけ。

(1) $\dfrac{x^2}{16}+\dfrac{y^2}{9}=1$　　(2) $25x^2+16y^2=400$

p.585 基本事項 1，2

指針　楕円 $\dfrac{x^2}{a^2}+\dfrac{y^2}{b^2}=1$ は，$a>0$，$b>0$ の大小関係によって焦点が x 軸上，y 軸上のどちらにあるかが分かれる。

	$a>b$	$a<b$
概形	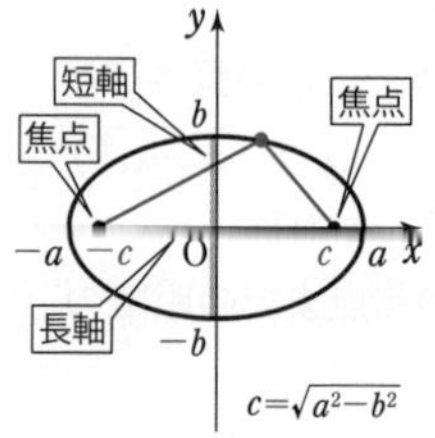	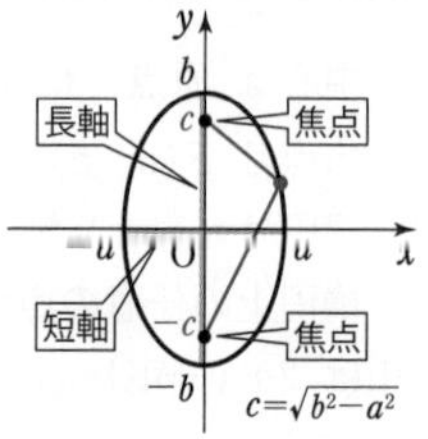
長軸，短軸の長さ	長軸：$2a$　短軸：$2b$	長軸：$2b$　短軸：$2a$
焦点	2 点 $(\sqrt{a^2-b^2},\ 0)$，$(-\sqrt{a^2-b^2},\ 0)$ … x 軸上	2 点 $(0,\ \sqrt{b^2-a^2})$，$(0,\ -\sqrt{b^2-a^2})$ … y 軸上

(2) 両辺を 400 で割って，$=1$ の形に直す。

解答

(1) $\dfrac{x^2}{4^2}+\dfrac{y^2}{3^2}=1$ から

長軸の長さ は　$2\cdot4=\mathbf{8}$　　**短軸の長さ** は　$2\cdot3=\mathbf{6}$

焦点 は，$\sqrt{16-9}=\sqrt{7}$ から

2 点 $(\sqrt{7},\ 0)$，$(-\sqrt{7},\ 0)$

また，概形は　**図 (1)**

◀ $\dfrac{x^2}{a^2}+\dfrac{y^2}{b^2}=1$ の形に表す。そして，$a>b$ か $a<b$ かで区別する。→ 指針参照。$a>b$ のときは横長の楕円，$a<b$ のときは縦長の楕円となる。

(2) $25x^2+16y^2=400$ から　$\dfrac{x^2}{4^2}+\dfrac{y^2}{5^2}=1$

長軸の長さ は　$2\cdot5=\mathbf{10}$　　**短軸の長さ** は　$2\cdot4=\mathbf{8}$

焦点 は，$\sqrt{5^2-4^2}=3$ から　**2 点 $(0,\ 3)$，$(0,\ -3)$**　また，概形は　**図 (2)**

(1)

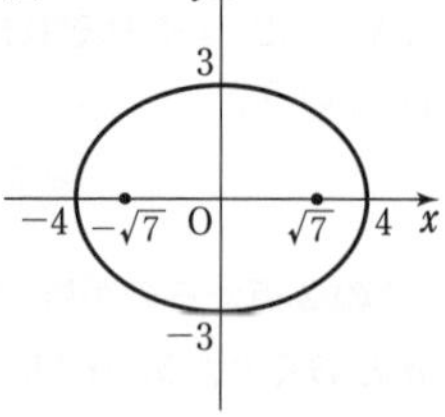

(2)

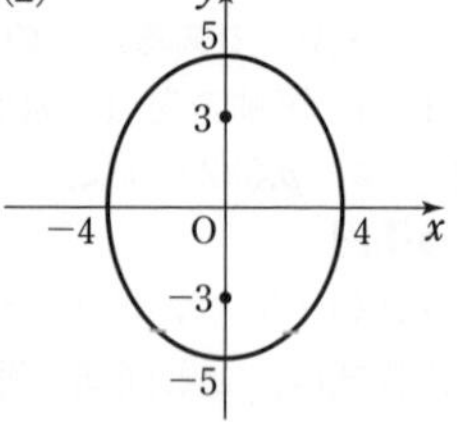

練習 ① 138　次の楕円の長軸・短軸の長さ，焦点を求めよ。また，その概形をかけ。

(1) $\dfrac{x^2}{25}+\dfrac{y^2}{18}=1$　　(2) $56x^2+49y^2=784$

基本例題 139 楕円の方程式の決定

焦点が F(3, 0), F′(−3, 0) で点 A(−4, 0) を通る楕円の方程式を求めよ。

p.585 基本事項 1　重要 149

指針 解法 1. 焦点の条件に注目。2 つの焦点は x 軸上にあり，かつ原点に関して対称であるから，**求める楕円の方程式は** $\dfrac{x^2}{a^2}+\dfrac{y^2}{b^2}=1$ $(a>b>0)$ **とおける**。

焦点や長軸・短軸についての条件 に注目し，a, b の方程式を解く。

解法 2. 楕円上の点を **P(x, y)** として，楕円の定義 [PF+PF′=(一定)] に従い，**点 P の軌跡を導く方針** で求める。

解答

解法 1. 2 点 F(3, 0), F′(−3, 0) が焦点であるから，求める楕円の方程式は $\dfrac{x^2}{a^2}+\dfrac{y^2}{b^2}=1$ $(a>b>0)$ とおける。

◀焦点は 2 点 $(\sqrt{a^2-b^2},\ 0)$, $(-\sqrt{a^2-b^2},\ 0)$

ここで　$a^2-b^2=3^2$

◀焦点の x 座標に注目。

A(−4, 0) は長軸の端点であるから　$a=|-4|=4$

◀y 座標が 0 であるから，楕円の頂点。

よって　$b^2=a^2-3^2=4^2-9=7$

◀ここでは b の値を求めなくても解決する。

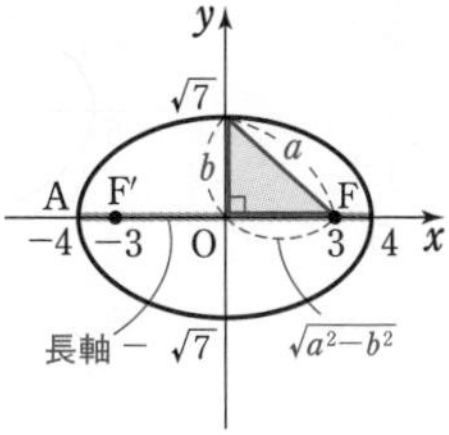

ゆえに，求める楕円の方程式は

$$\frac{x^2}{4^2}+\frac{y^2}{7}=1$$

すなわち　$\boldsymbol{\dfrac{x^2}{16}+\dfrac{y^2}{7}=1}$

解法 2. 楕円上の任意の点を P(x, y) とすると

$$PF+PF'=AF+AF'=|3-(-4)|+|-3-(-4)|=8$$

◀F, F′, A は x 軸上の点。

よって　$\sqrt{(x-3)^2+y^2}+\sqrt{(x+3)^2+y^2}=8$

◀PF+PF′=8

ゆえに　$\sqrt{(x-3)^2+y^2}=8-\sqrt{(x+3)^2+y^2}$

両辺を平方して整理すると

$$16\sqrt{(x+3)^2+y^2}=12x+64$$

両辺を 4 で割って，更に平方すると

$$16(x^2+6x+9+y^2)=9x^2+96x+256$$

◀ここで $\sqrt{\ }$ がなくなる。

整理して　$7x^2+16y^2=112$

よって，求める楕円の方程式は　$\boldsymbol{\dfrac{x^2}{16}+\dfrac{y^2}{7}=1}$

練習 ②**139** 次のような楕円の方程式を求めよ。

(1) 2 点 (2, 0), (−2, 0) を焦点とし，この 2 点からの距離の和が 6

(2) 楕円 $\dfrac{x^2}{3}+\dfrac{y^2}{5}=1$ と焦点が一致し，短軸の長さが 4

(3) 長軸が x 軸上，短軸が y 軸上にあり，2 点 (−2, 0), $\left(1,\ \dfrac{\sqrt{3}}{2}\right)$ を通る。

p.603 EX88

基本 例題 140 円と楕円

円 $x^2+y^2=25$ を x 軸をもとにして y 軸方向に $\frac{3}{5}$ 倍に縮小すると，どのような曲線になるか。

基本 139

指針 円を y 軸方向に $\frac{3}{5}$ 倍に縮小した図をかいてみると，解答の図のようになり，楕円らしい。このことを **軌跡についての問題を解く要領**（以下）で調べる。

1 円周上の点を $Q(s,\ t)$ とし，点 Q が移された点を $P(x,\ y)$ として，$s,\ t,\ x,\ y$ の関係式を作る。

2 **つなぎの文字 $s,\ t$ を消去して，$x,\ y$ の関係式を導く。**

解答

円周上の点 $Q(s,\ t)$ が移された点を $P(x,\ y)$ とすると

$$x=s,\ y=\frac{3}{5}t$$

よって　$s=x,\ t=\frac{5}{3}y$

$s^2+t^2=25$ であるから

$$x^2+\left(\frac{5}{3}y\right)^2=25$$

ゆえに　$\frac{x^2}{25}+\frac{y^2}{9}=1$　　すなわち，**楕円 $\frac{x^2}{25}+\frac{y^2}{9}=1$ になる。**

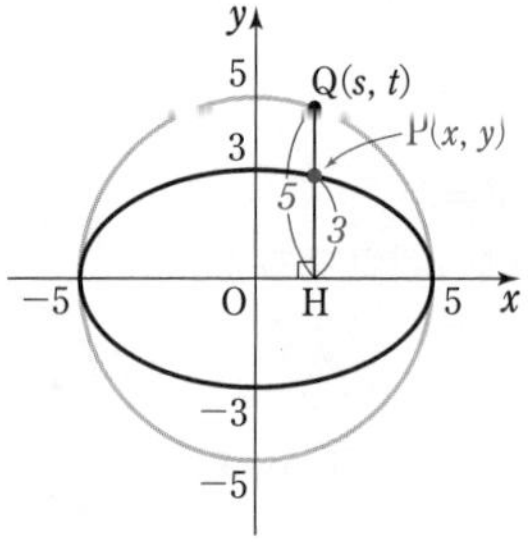

図で，点 H は点 P から x 軸に下ろした垂線の足。

◀点 P の条件。
$PH=\frac{3}{5}QH$

◀点 Q の条件。

検討

円と楕円の関係

円 $x^2+y^2=a^2$ …… ① と 楕円 $\frac{x^2}{a^2}+\frac{y^2}{b^2}=1$ …… ② $(a>0,\ b>0)$ について，

楕円 ② は円 ① を x 軸をもとにして y 軸方向に $\frac{b}{a}$ 倍に拡大または縮小したもの である。

これは　① から　$y=\pm\sqrt{a^2-x^2}$

② から　$y=\pm\frac{b}{a}\sqrt{a^2-x^2}$

となることからもわかる。右の図で

$$y_2=\frac{b}{a}y_1\ (AA':BB'=a:b)$$

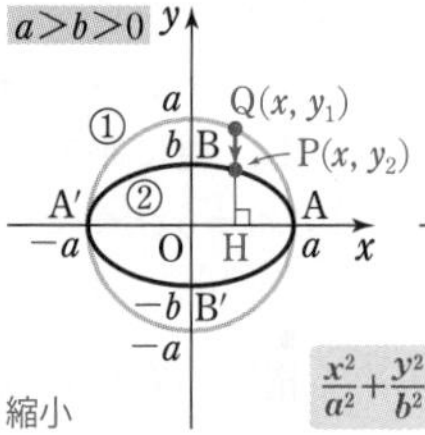

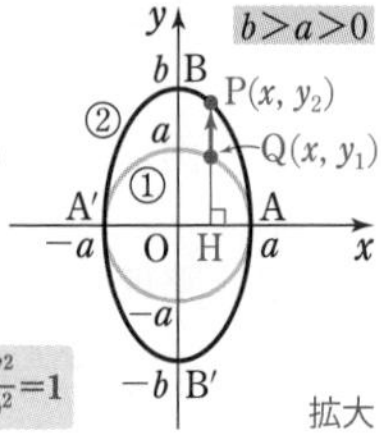

$\frac{x^2}{a^2}+\frac{y^2}{b^2}=1$

注意 円 ① を楕円 ② の **補助円** という。補助円を利用すると，楕円に関する問題の計算を簡潔にできる場合がある。⟶ $p.618$ 参考事項を参照。

練習 ① **140** 円 $x^2+y^2=9$ を次のように拡大または縮小した楕円の方程式と焦点を求めよ。

(1) x 軸をもとにして y 軸方向に 3 倍に拡大

(2) y 軸をもとにして x 軸方向に $\frac{2}{3}$ 倍に縮小

基本例題 141 軌跡と楕円

長さ 2 の線分の両端 A，B がそれぞれ x 軸および y 軸上を移動するとする。線分 AB の延長上に BP=1 となるように点 P をとるとき，点 P の軌跡を求めよ。 〔学習院大〕

基本 140

指針 点 P の位置は点 A，B の位置によって決まるから，**連動形** の軌跡の問題。

1 軌跡上の動点を P$(x,\ y)$，他の動点を A$(s,\ 0)$，B$(0,\ t)$ として，問題から読みとれる条件

[1] 「AB=2 ⟺ $AB^2=2^2$」 ←$\sqrt{\ }$ を避ける。

[2] 「点 B は線分 AP を 2：1 に内分」

を式(解答の ①，②)に表す。

2 ①，② から つなぎの文字 s，t を消去して，x，y の関係式を導く。……★

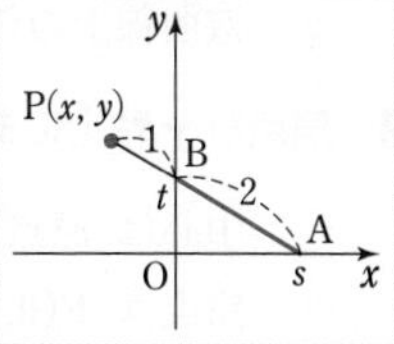

CHART 軌跡 1 **軌跡上の動点 $(x,\ y)$ の関係式を導く**
2 **連動形なら つなぎの文字を消去する**

解答

A$(s,\ 0)$，B$(0,\ t)$，P$(x,\ y)$ とする。

AB=2 であるから $AB^2=2^2$

ゆえに $s^2+t^2=4$ …… ①

点 B は線分 AP を 2：1 に内分するから

$$0=\frac{1\cdot s+2\cdot x}{2+1},\quad t=\frac{1\cdot 0+2\cdot y}{2+1} \quad \cdots\cdots ②$$

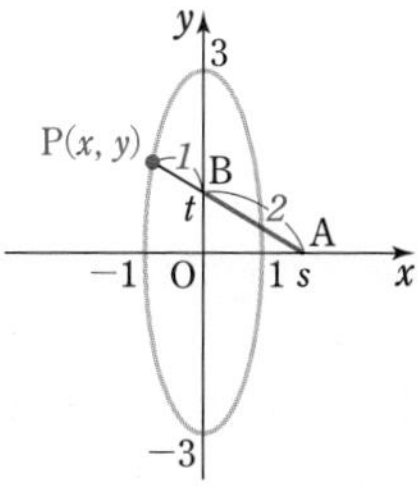

② から $s=-2x$，$t=\frac{2}{3}y$

これらを ① に代入して $4x^2+\frac{4}{9}y^2=4$

ゆえに $x^2+\frac{y^2}{9}=1$

よって，求める軌跡は **楕円 $x^2+\frac{y^2}{9}=1$**

◀指針____……★ の方針。数学Ⅱで学んだように，軌跡の問題では，軌跡上の点の座標を $(x,\ y)$ として，x，y だけの関係式を導く。ここでは，①，② の関係式をもとに，つなぎの文字 s，t を消去する。

◀両辺を 4 で割って，=1 **の形に直す。**

◀求めるのは軌跡 (図形) であるから，答えには “楕円” をつける。

練習 ② 141 x 軸上の動点 P$(a,\ 0)$，y 軸上の動点 Q$(0,\ b)$ が PQ=1 を満たしながら動くとき，線分 PQ を 1：2 に内分する点 T の軌跡の方程式を求め，その概形を図示せよ。

p.603 EX90

基本事項

1 双曲線 $\dfrac{x^2}{a^2}-\dfrac{y^2}{b^2}=1\ (a>0,\ b>0)$ [標準形]

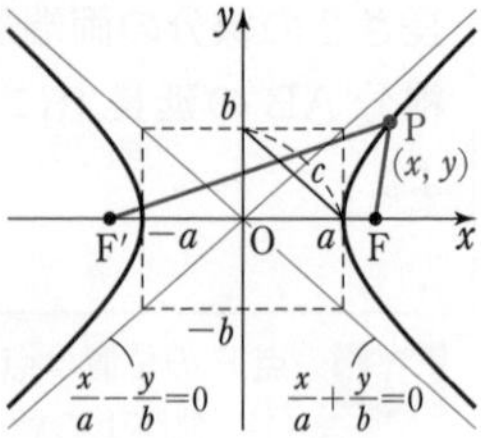

① 中心は **原点**，頂点は 2 点 $(a,\ 0)$，$(-a,\ 0)$

② 焦点は $\mathrm{F}(c,\ 0)$，$\mathrm{F}'(-c,\ 0)$　ただし $c=\sqrt{a^2+b^2}$

③ 双曲線は x 軸，y 軸，原点に関して対称。

④ 漸近線は 2 直線 $\dfrac{x}{a}-\dfrac{y}{b}=0$，$\dfrac{x}{a}+\dfrac{y}{b}=0$

⑤ 双曲線上の任意の点から 2 つの焦点までの距離の差は $2a$（一定）

2 **焦点が y 軸上にある双曲線** $\dfrac{x^2}{a^2}-\dfrac{y^2}{b^2}=-1\ (a>0,\ b>0)$

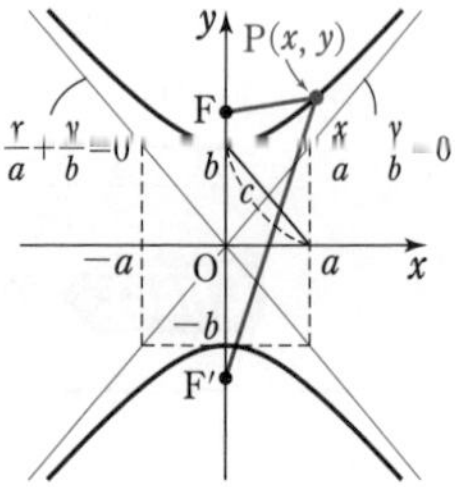

① 中心は **原点**，頂点は 2 点 $(0,\ b)$，$(0,\ -b)$

② 焦点は $\mathrm{F}(0,\ c)$，$\mathrm{F}'(0,\ -c)$　ただし $c=\sqrt{a^2+b^2}$

③ 双曲線は x 軸，y 軸，原点に関して対称。

④ 漸近線は 2 直線 $\dfrac{x}{a}-\dfrac{y}{b}=0$，$\dfrac{x}{a}+\dfrac{y}{b}=0$

⑤ 双曲線上の任意の点から 2 つの焦点までの距離の差は $2b$（一定）

注意　**漸近線** とは，曲線が一定の直線に限りなく近づくときのその直線のこと。

解　説

■ 双曲線

2 定点 F，F′ からの距離の差が一定 $(2a)$ である点 P の軌跡を **双曲線** といい，点 F，F′ をその双曲線の **焦点** という。

$\mathrm{P}(x,\ y)$，$\mathrm{F}(c,\ 0)$，$\mathrm{F}'(-c,\ 0)$ $[c>a>0]$ とする。

$|\mathrm{PF}-\mathrm{PF}'|=2a$ …… Ⓐ から　　$\sqrt{(x-c)^2+y^2}-\sqrt{(x+c)^2+y^2}=\pm 2a$

楕円の場合と同様に変形すると　　$(c^2-a^2)x^2-a^2y^2=a^2(c^2-a^2)$

$b=\sqrt{c^2-a^2}$ とおいて両辺を a^2b^2 で割ると　$\dfrac{x^2}{a^2}-\dfrac{y^2}{b^2}=1$ …… Ⓑ　が導かれる。

（このとき $c=\sqrt{a^2+b^2}$）　　逆に，Ⓑ を満たす点 $\mathrm{P}(x,\ y)$ は Ⓐ を満たす。

Ⓑ を双曲線の方程式の **標準形** という。

また，2 点 F，F′ を焦点とする双曲線において，直線 FF′ を **主軸**，主軸と双曲線の 2 つの交点を **頂点**，線分 FF′ の中点（標準形の場合は原点）を **中心** という。

なお，基本事項 **1** ③ は，$p.582$ の 参考 からわかる。

更に，双曲線 Ⓑ 上の点 $\mathrm{P}(u,\ v)$ と直線 Ⓒ：$y=\dfrac{b}{a}x$ 上の点 $\mathrm{Q}(u,\ v')$ について，$u>0$，

$v>0$ のとき　　$\mathrm{PQ}=v'-v=\dfrac{b}{a}(u-\sqrt{u^2-a^2})=\dfrac{b}{a}\cdot\dfrac{a^2}{u+\sqrt{u^2-a^2}}$

u を限りなく大きくすると，PQ は限りなく 0 に近づき，双曲線 Ⓑ の第 1 象限の部分は，点 P が原点から限りなく遠ざかるに従って，直線 Ⓒ に限りなく近づく。双曲線 Ⓑ の対称性から，第 2，3，4 象限の場合も同様に考えられ，**1** ④ が成り立つ。

焦点が y 軸上にある双曲線（基本事項 **2**）については，次ページの 検討 参照。

基本例題 142 双曲線とその概形

次の双曲線の焦点と漸近線を求めよ。また，その概形をかけ。

(1) $x^2-\dfrac{y^2}{4}=1$　　(2) $9x^2-25y^2=-225$

p.590 基本事項 1，2

指針 双曲線 $\dfrac{x^2}{a^2}-\dfrac{y^2}{b^2}=1$ …… ①，$\dfrac{x^2}{a^2}-\dfrac{y^2}{b^2}=-1$ …… ② $(a>0,\ b>0)$ の焦点，漸近線は次のようになる。また，双曲線 ① と双曲線 ② を **互いに共役な双曲線** といい，これらは漸近線を共有し，どの焦点も原点から等しい距離にある。 ⟵ 距離は $\sqrt{a^2+b^2}$

双曲線	焦　点	漸 近 線
①	2 点 $(\sqrt{a^2+b^2},\ 0)$，$(-\sqrt{a^2+b^2},\ 0)$ … x 軸上	2 直線 $\dfrac{x}{a}-\dfrac{y}{b}=0$，$\dfrac{x}{a}+\dfrac{y}{b}=0$
②	2 点 $(0,\ \sqrt{a^2+b^2})$，$(0,\ -\sqrt{a^2+b^2})$ … y 軸上	

①の $=1$，②の $=-1$ を $=0$ に替えたものと同値

また，概形をかくときは，解答の図のように，4 点 $(a,\ b)$，$(a,\ -b)$，$(-a,\ b)$，$(-a,\ -b)$ を頂点とする長方形を点線でかくと，かきやすくなる。

解答

(1) $x^2-\dfrac{y^2}{4}=1$ から　$\dfrac{x^2}{1^2}-\dfrac{y^2}{2^2}=1$　$\sqrt{1^2+2^2}=\sqrt{5}$

から，**焦点** は　**2 点 $(\sqrt{5},\ 0)$，$(-\sqrt{5},\ 0)$**

漸近線 は **2 直線 $x-\dfrac{y}{2}=0$，$x+\dfrac{y}{2}=0$　概形は 図(1)**

(2) $9x^2-25y^2=-225$ の両辺を 225 で割ると

$$\frac{x^2}{5^2}-\frac{y^2}{3^2}=-1$$ ⟵ $=-1$ の形に直す。

$\sqrt{5^2+3^2}=\sqrt{34}$ から，**焦点** は

2 点 $(0,\ \sqrt{34})$，$(0,\ -\sqrt{34})$

漸近線 は **2 直線 $\dfrac{x}{5}-\dfrac{y}{3}=0$，$\dfrac{x}{5}+\dfrac{y}{3}=0$　概形は 図(2)**

注意 漸近線を次のように答えてもよい。

(1) **2 直線 $x\pm\dfrac{y}{2}=0$**　(2) **2 直線 $\dfrac{x}{5}\pm\dfrac{y}{3}=0$**

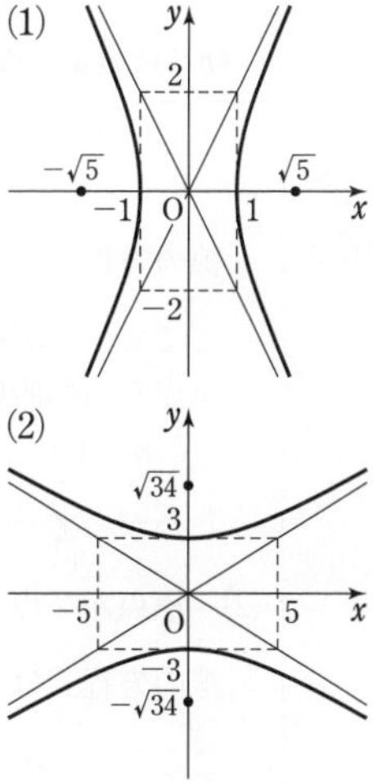

検討 **焦点が y 軸上にある双曲線の方程式**

$c>b>0$ のとき，2 定点 $F(0,\ c)$，$F'(0,\ -c)$ を焦点とし，この 2 定点からの距離の差が一定 $(2b)$ である双曲線の方程式は，前ページの解説と同様に考えて，$a=\sqrt{c^2-b^2}$ とおくと $a>0$ で，$\dfrac{x^2}{a^2}-\dfrac{y^2}{b^2}=-1$ となる（このとき $c=\sqrt{a^2+b^2}$）。

練習 ① 142 次の双曲線の焦点と漸近線を求めよ。また，その概形をかけ。

(1) $\dfrac{x^2}{6}-\dfrac{y^2}{6}=1$　　(2) $16x^2-9y^2+144=0$

基本例題 143 双曲線の方程式の決定

①①①①①

次のような双曲線の方程式を求めよ。

(1) 2 点 $(5,\ 0)$, $(-5,\ 0)$ を焦点とし，焦点からの距離の差が 8 である。

(2) 焦点が 2 点 $(0,\ 4)$, $(0,\ -4)$ で，漸近線が直線 $y=\pm\dfrac{1}{\sqrt{3}}x$ である。

p.590 基本事項 1，2

指針 焦点の位置に注目すると，求める方程式は次のようにおける。

2 つの **焦点が** 原点に関して対称で
- **x 軸上** にある ⟶ $\dfrac{\boldsymbol{x^2}}{\boldsymbol{a^2}}-\dfrac{\boldsymbol{y^2}}{\boldsymbol{b^2}}\boldsymbol{=1}$ $(a>0,\ b>0)$
- **y 軸上** にある ⟶ $\dfrac{\boldsymbol{x^2}}{\boldsymbol{a^2}}-\dfrac{\boldsymbol{y^2}}{\boldsymbol{b^2}}\boldsymbol{=-1}$ $(a>0,\ b>0)$

条件に注目して，a，b の値を決定する。まず，焦点の位置から，双曲線の方程式は

(1) 右辺が $=1$，(2) 右辺が $=-1$ の形である。

(1) 双曲線上の点と 2 つの焦点との距離の差は　$2a$

(2) 漸近線は　2 直線 $\dfrac{x}{a}\pm\dfrac{y}{b}=0$　⟵ $\dfrac{x^2}{a^2}-\dfrac{y^2}{b^2}=-1$ で $=-1$ を $=0$ に替えたものと同値。

すなわち　2 直線 $\boldsymbol{y=\pm\dfrac{b}{a}x}$

$p.594$ のまとめ [1] を通して，各曲線の性質を再度確認しておくようにしよう。

解答

(1) 2 点 $(5,\ 0)$, $(-5,\ 0)$ が焦点であるから，求める双曲線の方程式は $\dfrac{x^2}{a^2}-\dfrac{y^2}{b^2}=1$ $(a>0,\ b>0)$ とおける。

ここで　$a^2+b^2=5^2$

焦点からの距離の差が $2a$ であるから，$2a=8$ より

$a=4$　　よって　$b^2=5^2-a^2=25-4^2=9$

したがって　$\boldsymbol{\dfrac{x^2}{16}-\dfrac{y^2}{9}=1}$

(2) 焦点が 2 点 $(0,\ 4)$, $(0,\ -4)$ であるから，求める双曲線の方程式は $\dfrac{x^2}{a^2}-\dfrac{y^2}{b^2}=-1$ $(a>0,\ b>0)$ とおける。

ここで　$a^2+b^2=4^2$

漸近線は直線 $y=\pm\dfrac{b}{a}x$ であるから　$\dfrac{b}{a}=\dfrac{1}{\sqrt{3}}$

よって　$a=\sqrt{3}\,b$　　ゆえに　$(\sqrt{3}\,b)^2+b^2=4^2$

よって　$b^2=4$　　ゆえに　$a^2=4^2-b^2=12$

したがって　$\boldsymbol{\dfrac{x^2}{12}-\dfrac{y^2}{4}=-1}$

別解 (1) $\mathrm{F}(5,\ 0)$, $\mathrm{F'}(-5,\ 0)$ とする。求める双曲線上の点を $\mathrm{P}(x,\ y)$ とすると，$|\mathrm{PF}-\mathrm{PF'}|=8$ から

$\sqrt{(x-5)^2+y^2}-\sqrt{(x+5)^2+y^2}=\pm8$

この等式の両辺を平方して考えていく。

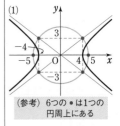

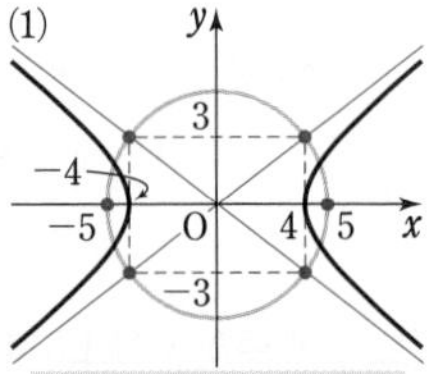

(参考) 6つの ● は1つの円周上にある

練習 ② 143 次のような双曲線の方程式を求めよ。

(1) 2 点 $(4,\ 0)$, $(-4,\ 0)$ を焦点とし，焦点からの距離の差が 6

(2) 漸近線が直線 $y=\pm2x$ で，点 $(3,\ 0)$ を通る。　〔(2) 類 愛知教育大〕

(3) 中心が原点で，漸近線が直交し，焦点の 1 つが点 $(3,\ 0)$

p.604 EX91

基本 例題 144 双曲線と軌跡

2つの円 $C_1:(x+5)^2+y^2=36$ と円 $C_2:(x-5)^2+y^2=4$ に外接する円 C の中心の軌跡を図示せよ。

基本 141，143

指針 円 C の中心を $\mathrm{P}(x,\ y)$ とし，C が C_1，C_2 に外接する条件を式に表してみる。

2円が外接する ⟺ (中心間の距離)＝(半径の和)

円 C の半径を r とし，円 C_1，C_2 の中心をそれぞれ F，F′ とすると，

C と C_1 が外接 ⟶ $\mathrm{PF}=r+6$，　C と C_2 が外接する ⟶ $\mathrm{PF'}=r+2$

よって　$\mathrm{PF}-\mathrm{PF'}=4$ ⟶ 2定点 F，F′ からの 距離の差が一定

したがって，P は2点 F，F′ を焦点とする 双曲線 上にあることがわかる。

解答

円 C の中心を P，半径を r とする。
円 C_1 の半径は6であり，中心 $(-5,\ 0)$ を F とする。
円 C_2 の半径は2であり，中心 $(5,\ 0)$ を F′ とする。
2円 C，C_1 が外接するから　　$\mathrm{PF}=r+6$ …… ①
2円 C，C_2 が外接するから　　$\mathrm{PF'}=r+2$ …… ②
よって，$\mathrm{PF}-\mathrm{PF'}=4$ であるから，点 P は2点 $\mathrm{F}(-5,\ 0)$，$\mathrm{F'}(5,\ 0)$ を焦点とし，焦点からの距離の差が4の双曲線上にある。

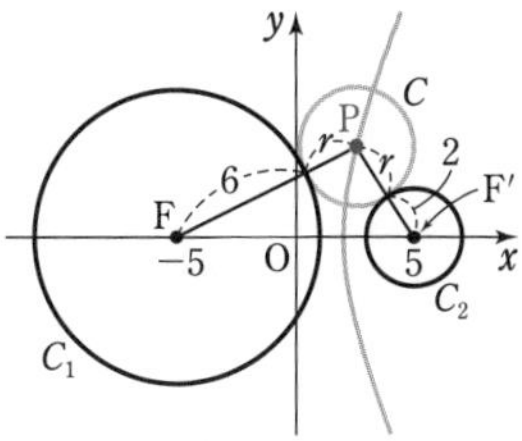

この双曲線の方程式を $\dfrac{x^2}{a^2}-\dfrac{y^2}{b^2}=1$ $(a>0,\ b>0)$ とする。
焦点の座標から　　$a^2+b^2=5^2$　　◀焦点 $(\sqrt{a^2+b^2},\ 0)$，$(-\sqrt{a^2+b^2},\ 0)$
焦点からの距離の差から　　$2a=4$
ゆえに　　$a=2$
よって　　$b^2=25-a^2=21$

したがって，点 P の軌跡は　　双曲線 $\dfrac{x^2}{4}-\dfrac{y^2}{21}=1$

ただし，$\mathrm{PF}>\mathrm{PF'}$ であるから　　$x>0$
これを図示すると，**右の図** のようになる。

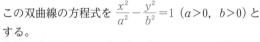

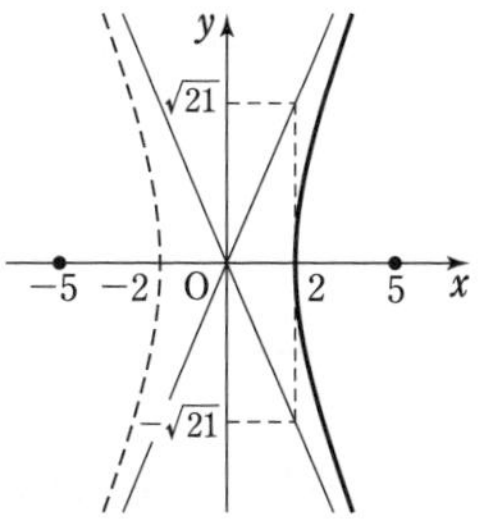

注意 $\mathrm{PF}>\mathrm{PF'}>0$ であるから　　$\mathrm{PF}^2>\mathrm{PF'}^2$
$\mathrm{P}(x,\ y)$ とすると　　$(x+5)^2+y^2>(x-5)^2+y^2$
よって，$x>0$ となることがわかる。

別解 $\mathrm{P}(x,\ y)$ とすると，①，② から　　$\mathrm{PF}^2=(r+6)^2$，$\mathrm{PF'}^2=(r+2)^2$
よって　　$(x+5)^2+y^2=(r+6)^2$，$(x-5)^2+y^2=(r+2)^2$ …… ③
辺々引いて　$r=\dfrac{5x-8}{2}$　　これを ③ に代入すると $\dfrac{x^2}{4}-\dfrac{y^2}{21}=1$ が得られる。
なお，$r>0$ から　　$5x-8>0$　　ゆえに　　$x>\dfrac{8}{5}$

練習 ③144 点 $(3,\ 0)$ を通り，円 $(x+3)^2+y^2=4$ と互いに外接する円 C の中心の軌跡を求めよ。

p.604 EX93

まとめ　2次曲線の基本

[1]　放物線・楕円・双曲線のまとめ

	方程式	焦点の座標	特　徴	対称性など	曲線上の点
放物線	$y^2=4px$ $(p\neq0)$	$(p,\ 0)$	頂点：原点 準線：$x=-p$ 軸：x 軸	x 軸に関して対称。	焦点と準線までの距離が等しい。
	$x^2=4py$ $(p\neq0)$	$(0,\ p)$	頂点：原点 準線：$y=-p$ 軸：y 軸	y 軸に関して対称。	
楕円	$\dfrac{x^2}{a^2}+\dfrac{y^2}{b^2}=1$ $(a>b>0)$	$(\sqrt{a^2-b^2},\ 0)$ $(-\sqrt{a^2-b^2},\ 0)$	中心：原点 長軸の長さ：$2a$ 短軸の長さ：$2b$	x 軸，y 軸，原点に関して対称。	2つの焦点までの距離の和が$2a$（一定）
	$\dfrac{x^2}{a^2}+\dfrac{y^2}{b^2}=1$ $(b>a>0)$	$(0,\ \sqrt{b^2-a^2})$ $(0,\ -\sqrt{b^2-a^2})$	中心：原点 長軸の長さ：$2b$ 短軸の長さ：$2a$		2つの焦点までの距離の和が$2b$（一定）
双曲線	$\dfrac{x^2}{a^2}-\dfrac{y^2}{b^2}=1$ $(a>0,\ b>0)$	$(\sqrt{a^2+b^2},\ 0)$ $(-\sqrt{a^2+b^2},\ 0)$	中心：原点 頂点：$(a,\ 0)$，$(-a,\ 0)$	x 軸，y 軸，原点に関して対称。 漸近線：2直線 $\dfrac{x}{a}-\dfrac{y}{b}=0$， $\dfrac{x}{a}+\dfrac{y}{b}=0$	2つの焦点までの距離の差が$2a$（一定）
	$\dfrac{x^2}{a^2}-\dfrac{y^2}{b^2}=-1$ $(a>0,\ b>0)$	$(0,\ \sqrt{a^2+b^2})$ $(0,\ -\sqrt{a^2+b^2})$	中心：原点 頂点：$(0,\ b)$，$(0,\ -b)$		2つの焦点までの距離の差が$2b$（一定）

[2]　2次曲線と円錐曲線

円，楕円，双曲線，放物線は，それぞれ x，y の2次方程式

$$x^2+y^2=r^2\ (r>0),$$

$$\frac{x^2}{a^2}+\frac{y^2}{b^2}=1\ (a>0,\ b>0,\ a\neq b),$$

$$\frac{x^2}{a^2}-\frac{y^2}{b^2}=\pm1\ (a>0,\ b>0),$$

$$y^2=4px\ (p\neq0),\quad x^2=4py\ (p\neq0)$$

などで表されるから，これらの曲線をまとめて **2次曲線** という。
また，2次曲線は，右の図のように円錐をその頂点を通らない平面で切った切り口の曲線として現れる。
このことから，2次曲線を **円錐曲線** ともいう。更に，円と楕円は，直円柱をその軸と交わる平面で切った切り口の曲線である。

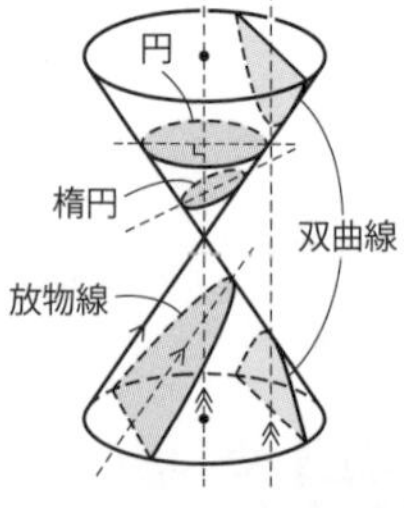

参考事項　円錐と 2 次曲線

前ページで述べたように，円錐を，その頂点を通らない平面 π で切った切り口は 2 次曲線になるが，円錐に内接し，平面 π にも接する球を考えると，その球と平面の接点が切り口の 2 次曲線の **焦点** になる。

❶　楕　円

図1

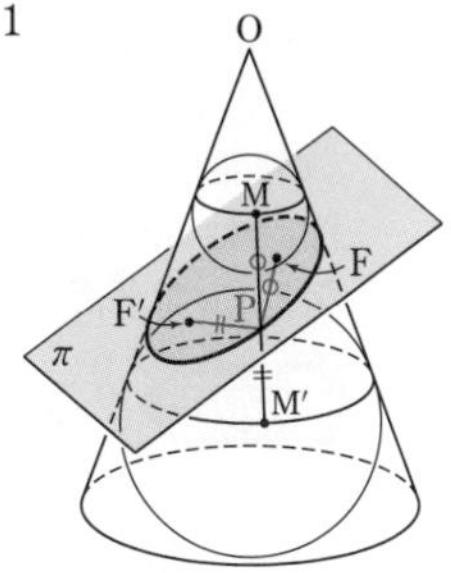

……円錐を，図 1 のように，円錐の母線と平行でないような平面 π で切ったときに現れる。

円錐と平面 π に接する 2 つの球を考えて，平面 π との接点を F，F′ とする。
また，切り口の曲線上の点を P とし，母線 OP と 2 つの球の接点をそれぞれ M，M′ とする。
PF，PM はともに球の接線であるから　PF＝PM
もう 1 つの球についても　PF′＝PM′
2 つの球は π に関して反対側にあるから

PF＋PF′＝PM＋PM′＝**MM′**（一定）

よって，P は F，F′ を焦点とする楕円上にある。

❷　双曲線

図2

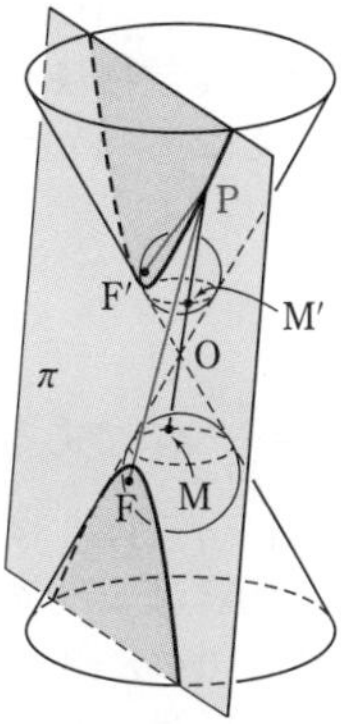

……上下 2 つの円錐を，図 2 のように，円錐の母線と平行でないような平面 π で切ったときに現れる。

楕円の場合と同じように考えると，2 つの球は平面 π に関して同じ側にあり

|PF−PF′|＝|PM−PM′|＝**MM′**（一定）

よって，P は F，F′ を焦点とする双曲線上にある。

❸　放物線

図3

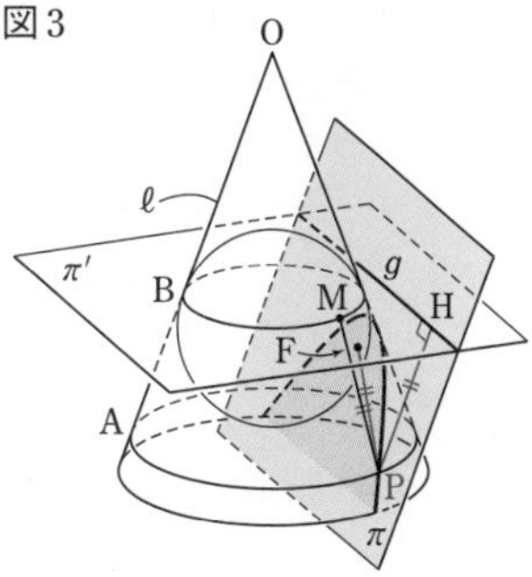

……円錐を，図 3 のように，円錐の 1 つの母線 ℓ に平行な平面 π で切ったときに現れる。

円錐に内接し，平面 π に接する球を考えて，平面 π との接点を F とし，また，その球と円錐との接点をすべて含む平面を π' とする。
切り口の曲線上の点を P とし，母線 OP と球の接点を M とする。
PF，PM はともに球の接線であるから　PF＝PM
平面 π' と π の交線を g とし，P から g に引いた垂線を PH とする。また，P を通り平面 π' に平行な平面と ℓ の交点を A，ℓ と平面 π' の交点を B とする。
PH は ℓ と平行になり　PH＝AB　　また　PM＝AB
よって，PM＝PH であるから　　**PF＝PH**
したがって，P は F を焦点，g を準線とする放物線上にある。

基本 例題 145 放物線上の点と定点の距離の最小

放物線 $y^2=6x$ 上の点Pと，定点 $A(a,\ 0)$ の距離の最小値を求めよ。ただし，a は実数の定数とする。

指針 距離は2乗して扱う に従い，$P(s,\ t)$ として PA^2 を計算。また，$t^2=6s$ …… ① より PA^2 は s の **2次式** で表されるから，**基本形に直す**。

⟶ ① からわかる，**かくれた条件 $s \geqq 0$** に注意。

s の範囲が $s \geqq 0$ であることから，軸の位置について

[1] 軸 $\leqq 0$ [2] 軸 >0 で場合分けして最小値を求める。

なお，a は任意の実数値をとりうる。

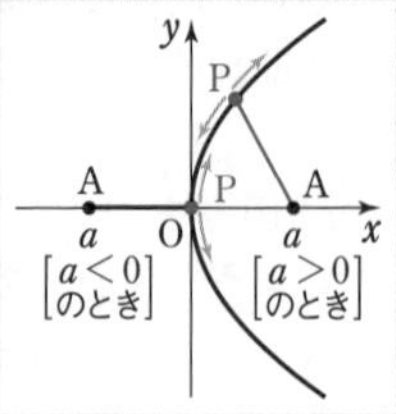

CHART 2次式は 基本形 $a(x-p)^2+q$ に直す

解答

$P(s,\ t)$ とすると

$$PA^2=(s-a)^2+t^2$$

点Pは放物線 $y^2=6x$ 上にあるから　$t^2=6s$

ゆえに

$$\begin{aligned} PA^2&=(s-a)^2+6s\\ &=s^2-2(a-3)s+a^2\\ &=\{s-(a-3)\}^2-(a-3)^2+a^2\\ &=\{s-(a-3)\}^2+6a-9 \end{aligned}$$

$s=\dfrac{t^2}{6} \geqq 0$ であるから　$s \geqq 0$

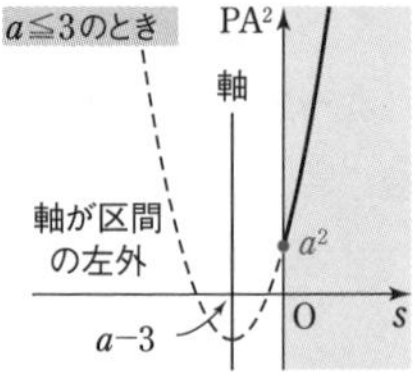

[1] $a-3 \leqq 0$ すなわち $a \leqq 3$ のとき

PA^2 は $s=0$ のとき最小となり，最小値は　a^2

[2] $0<a-3$ すなわち $a>3$ のとき

PA^2 は $s=a-3$ のとき最小となり，最小値は　$6a-9$

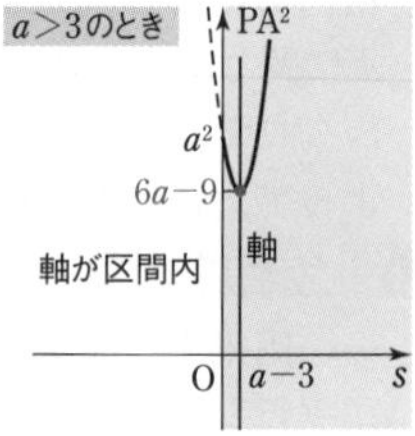

$PA>0$ であるから，PA^2 が最小となるとき PA も最小となる。

よって，[1]，[2] から

$a \leqq 3$ のとき最小値 $\sqrt{a^2}=|a|$　◀ $\sqrt{PA^2}$ の最小値

$a>3$ のとき最小値 $\sqrt{6a-9}$　◀ $6a-9>0$

練習 ③145 (1) 双曲線 $x^2-\dfrac{y^2}{2}=1$ 上の点Pと点 $A(0,\ 2)$ の距離を最小にするPの座標と，そのときの距離を求めよ。

(2) 楕円 $\dfrac{x^2}{4}+y^2=1$ 上の点Pと定点 $A(a,\ 0)$ の距離の最小値を求めよ。ただし，a は実数の定数とする。

基本事項

1 曲線 $F(x,\ y)=0$ の平行移動（数学Ⅰでも学習）

曲線 $F(x,\ y)=0$ を x 軸方向に p，y 軸方向に q だけ平行移動して得られる曲線の方程式は　$F(x-p,\ y-q)=0$

2 2次曲線の平行移動

方程式が標準形で表される2次曲線を平行移動したときの曲線の方程式は

$$ax^2+by^2+cx+dy+e=0$$　← xy の項がない。

解　説

■方程式 $F(x,\ y)=0$ の表す曲線

$x^2+y^2-1=0$ などのように，x，y の方程式 $F(x,\ y)=0$ が与えられたとき，この方程式が曲線を表すならば，この曲線を **方程式 $F(x,\ y)=0$ の表す曲線**，または **曲線 $F(x,\ y)=0$** という。また，方程式 $F(x,\ y)=0$ を，この **曲線の方程式** という。

これまでに学習した，関数 $y=f(x)$ のグラフは，方程式 $f(x)-y=0$ の表す曲線といいかえることができる。逆に，$F(x,\ y)=0$ を y について解いて，1つの等式 $y=f(x)$ が導かれるときは，曲線 $F(x,\ y)=0$ は関数 $y=f(x)$ のグラフに一致する。

しかし，一般には，方程式 $F(x,\ y)=0$ の表す曲線は，x についての1つの関数 $y=f(x)$ のグラフになるとは限らない。例えば，曲線が2つ以上の関数のグラフに分解される場合もある。

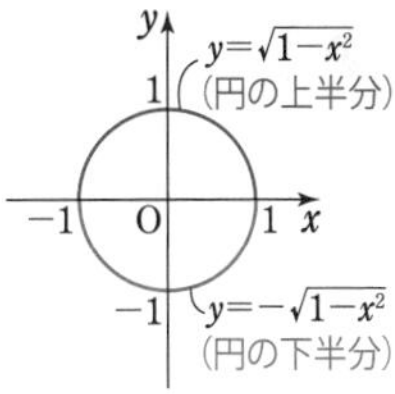

例　$x^2+y^2=1$ は，$y^2=1-x^2$ から　$y=\sqrt{1-x^2}$，$y=-\sqrt{1-x^2}$

■曲線 $F(x,\ y)=0$ の平行移動

曲線 C：$F(x,\ y)=0$ を，x 軸方向に p，y 軸方向に q だけ平行移動した曲線を C' とする。

C' 上の任意の点 P$(x,\ y)$ をとり，上の平行移動によって，点 P$(x,\ y)$ に移される C 上の点を Q$(s,\ t)$ とすると

$$s+p=x,\ t+q=y\qquad よって\qquad s=x-p,\ t=y-q$$

点 Q$(s,\ t)$ は C 上にあるから　$F(s,\ t)=0$

すなわち　$F(x-p,\ y-q)=0$ ……Ⓐ

よって，曲線 C' を表す方程式はⒶである。

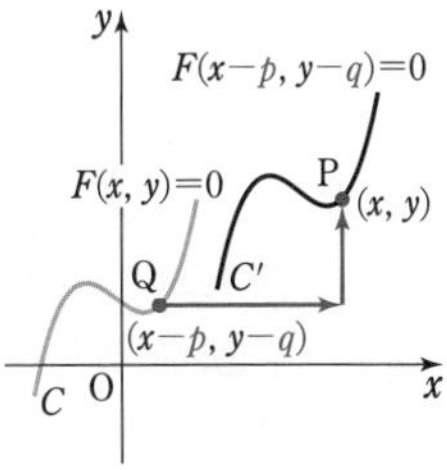

■方程式 $ax^2+by^2+cx+dy+e=0$ の表す図形

例　楕円 $\dfrac{x^2}{9}+\dfrac{y^2}{4}=1$ を x 軸方向に1，y 軸方向に2だけ平行移動した楕円の方程式は，基本事項 **1** から

$$\frac{(x-1)^2}{9}+\frac{(y-2)^2}{4}=1 \quad \cdots\cdots ①$$

◀x を $x-1$，y を $y-2$ とおく。

①の分母を払って整理すると　$4x^2+9y^2-8x-36y+4=0$ ……②　となる。

逆に，方程式②が与えられたとき，これを①の形に変形すると，②が表す図形について知ることができる。

参考　2次曲線は，一般には $ax^2+bxy+cy^2+dx+ey+f=0$ の形に表され，この方程式が2次曲線を表すとき，次のように分類されることが知られている。

$b^2-4ac<0 \Longleftrightarrow$ 楕円　　特に　$a=c$，$b=0 \Longleftrightarrow$ 円

$b^2-4ac>0 \Longleftrightarrow$ 双曲線　　$b^2-4ac=0 \Longleftrightarrow$ 放物線

基本例題 146 2次曲線の平行移動 ②②②②②

(1) 楕円 $4x^2+25y^2=100$ を x 軸方向に -2, y 軸方向に 3 だけ平行移動した楕円の方程式を求めよ。また，その焦点を求めよ。

(2) 曲線 $9x^2-4y^2-36x-24y-36=0$ の概形をかけ。

p.597 基本事項 1, 2

指針 (1) 曲線 $F(x,\ y)=0$ を x 軸方向に p, y 軸方向に q だけ平行移動して得られる曲線の方程式は　$F(x-p,\ y-q)=0$

ここでは，与式で **x を $x-(-2)$, y を $y-3$ におき換える。**

また，求める焦点は，もとの楕円の焦点を x 軸方向に -2, y 軸方向に 3 だけ平行移動したもの。

(2) 2次の項が $9x^2$, $-4y^2$ で，xy の項がないから，曲線は双曲線と考えられる。

それを確かめるには，$x^2+px=\left(x+\frac{p}{2}\right)^2-\left(\frac{p}{2}\right)^2$ などの変形を利用し，**平方完成の要領** で，曲線の方程式を $\frac{(x-p)^2}{A}-\frac{(y-q)^2}{B}=1$ の形に直す。

解答

(1) 求める楕円の方程式は

$4(x+2)^2+25(y-3)^2=100$

すなわち　$4x^2+25y^2+16x-150y+141=0$ [1)]

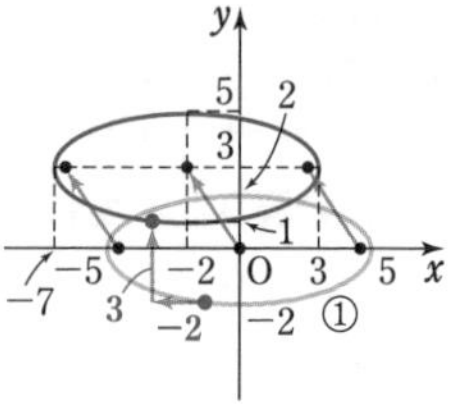

また，与えられた楕円の方程式は　$\frac{x^2}{5^2}+\frac{y^2}{2^2}=1$ …… ①

楕円 ① の焦点は，$\sqrt{5^2-2^2}=\sqrt{21}$ から

2点 $(\sqrt{21},\ 0)$, $(-\sqrt{21},\ 0)$

よって，求める **焦点** は

2点 $(\sqrt{21}-2,\ 3)$, $(-\sqrt{21}-2,\ 3)$ [2)]

(2) 与えられた曲線の方程式を変形すると

$9(x^2-4x+4)-9\cdot4$
$-4(y^2+6y+9)+4\cdot9=36$

よって

$\frac{(x-2)^2}{2^2}-\frac{(y+3)^2}{3^2}=1$

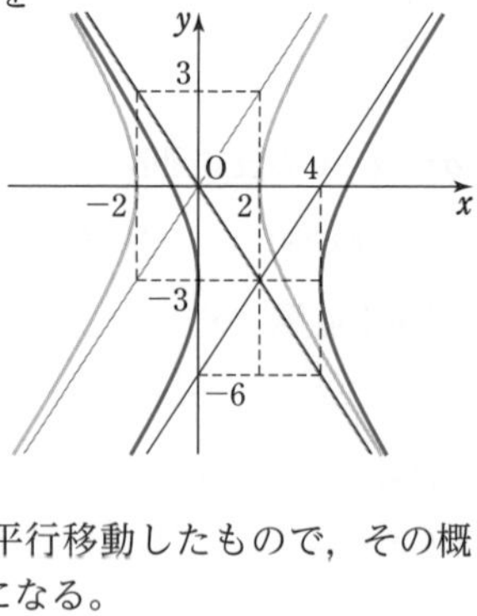

この曲線は，双曲線 $\frac{x^2}{2^2}-\frac{y^2}{3^2}=1$ を x 軸方向に 2, y 軸方向に -3 だけ平行移動したもので，その概形は **図の赤い実線** のようになる。

1) 標準形で表された2次曲線を平行移動した曲線の方程式には，xy の項は現れない。

2) まずもとの楕円の焦点を調べ，それを平行移動した点が求める焦点である。

◀ $5>2$ から，焦点は x 軸上。

x 軸方向に p, y 軸方向に q だけ平行移動すると，点 $(a,\ b)$ は 点 $(a+p,\ b+q)$, 曲線 $F(x,\ y)=0$ は 曲線 $F(x-p,\ y-q)=0$ に移る。

◀ 中心は点 $(0+2,\ 0-3)$, すなわち点 $(2,\ -3)$, 漸近線は 2直線 $\frac{x-2}{2}-\frac{y+3}{3}=0$, $\frac{x-2}{2}+\frac{y+3}{3}=0$ となる。

練習 ② 146 次の方程式で表される曲線はどのような図形を表すか。また，焦点を求めよ。

(1) $x^2+4y^2+4x-24y+36=0$　　(2) $2y^2-3x+8y+10=0$

(3) $2x^2-y^2+8x+2y+11=0$　　[(3) 類 慶応大]

p.604 EX94

基本 例題 147 平行移動した 2 次曲線の方程式 ①①①①①

次のような 2 次曲線の方程式を求めよ。

(1) 2 点 $(4,\ 2)$，$(-2,\ 2)$ を焦点とし，長軸の長さが 10 の楕円

(2) 2 点 $(5,\ 2)$，$(5,\ -8)$ を焦点とし，焦点からの距離の差が 6 の双曲線

基本 139，143，146

指針 (1)，(2) とも中心 (2 つの焦点を結ぶ線分の中点) が原点ではない。そこで，**中心が原点にくるような平行移動を考え**，移動後の焦点をもとに，(1) 長軸の長さが 10，(2) 焦点からの距離の差が 6 という条件を満たす楕円・双曲線の方程式を求める。そして，この楕円・双曲線を逆に平行移動したものが，求める 2 次曲線となる。

(1)

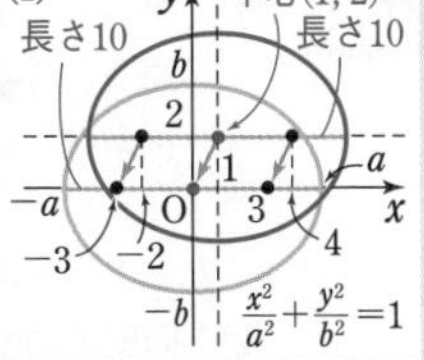

解答

(1) 2 点 $(4,\ 2)$，$(-2,\ 2)$ を結ぶ線分の中点は 点 $(1,\ 2)$

求める楕円を x 軸方向に -1，y 軸方向に -2 だけ平行移動すると，焦点は 2 点 $(3,\ 0)$，$(-3,\ 0)$ に移る。

この 2 点を焦点とし，長軸の長さが 10 の楕円の方程式を，$\frac{x^2}{a^2}+\frac{y^2}{b^2}=1$ $(a>b>0)$ とすると，$2a=10$ から $a=5$

$a^2-b^2=3^2$ から $b^2=a^2-9=5^2-9=16$

求める楕円は，楕円 $\frac{x^2}{25}+\frac{y^2}{16}=1$ を x 軸方向に 1，y 軸方向に 2 だけ平行移動したものであるから，その方程式は

$$\boldsymbol{\frac{(x-1)^2}{25}+\frac{(y-2)^2}{16}=1}$$

◀楕円の中心。

◀中心を原点に移す。

◀平行移動しても，「長軸の長さが 10」という条件は不変。$p.587$ や $p.594$ も参照。

◀逆の平行移動を考えてもとに戻す。

(2) 2 点 $(5,\ 2)$，$(5,\ -8)$ を結ぶ線分の中点は 点 $(5,\ -3)$

求める双曲線を x 軸方向に -5，y 軸方向に 3 だけ平行移動すると，焦点は 2 点 $(0,\ 5)$，$(0,\ -5)$ に移る。

この 2 点を焦点とし，焦点からの距離の差が 6 の双曲線の方程式を，$\frac{x^2}{a^2}-\frac{y^2}{b^2}=-1$ $(a>0,\ b>0)$ とすると，

$2b=6$ から $b=3$

$a^2+b^2=5^2$ から $a^2=25-b^2=25-3^2=16$

求める双曲線は，双曲線 $\frac{x^2}{16}-\frac{y^2}{9}=-1$ を x 軸方向に 5，y 軸方向に -3 だけ平行移動したものであるから，その方程式は $\boldsymbol{\frac{(x-5)^2}{16}-\frac{(y+3)^2}{9}=-1}$

◀双曲線の中心。

◀中心を原点に移す。

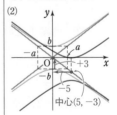

(2)

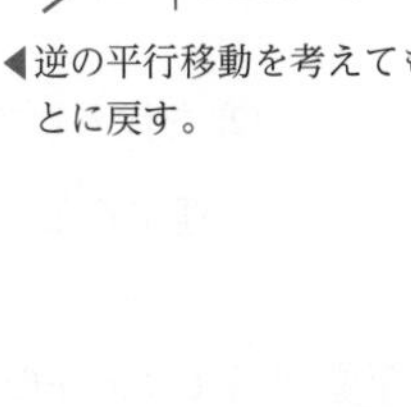

◀逆の平行移動を考えてもとに戻す。

練習 ② 147 次のような 2 次曲線の方程式を求めよ。

(1) 焦点が点 $(6,\ 3)$，準線が直線 $x=-2$ である放物線

(2) 漸近線が直線 $y=\frac{x}{\sqrt{2}}+3$，$y=-\frac{x}{\sqrt{2}}+3$ で，点 $(2,\ 4)$ を通る双曲線

重要例題 148 2次曲線の回転移動

(1) 点 $\mathrm{P}(X,\ Y)$ を，原点Oを中心として角 θ だけ回転した点を $\mathrm{Q}(x,\ y)$ とするとき，X，Y をそれぞれ x，y，θ で表せ。

(2) 曲線 $5x^2+2\sqrt{3}xy+7y^2=16$ …… ① を，原点Oを中心として $\dfrac{\pi}{6}$ だけ回転して得られる曲線の方程式を求めよ。

p.521 ズーム UP　p.601 参考事項

指針 (1) 座標平面上の点の回転移動については，次の2通りの方法がある。

方法1　**複素数平面** 上で考え，次のことを利用する。

複素数平面上で，点 z を原点を中心として角 θ だけ回転した点は

点 $(\cos\theta+i\sin\theta)z$

方法2　**三角関数の加法定理** を利用する（数学Ⅱ）。

(2) 回転前の曲線上の点を $\mathrm{P}(X,\ Y)$ とすると　$5X^2+2\sqrt{3}XY+7Y^2=16$

この X，Y に，(1) で求めた X，Y の式を代入し，x と y の関係式を導く。

解答

(1) 方法1　複素数平面上で，点 $\mathrm{Q}(x+yi)$ を，原点Oを中心として $-\theta$ だけ回転した点が $\mathrm{P}(X+Yi)$ であるから　$X+Yi=\{\cos(-\theta)+i\sin(-\theta)\}(x+yi)$

$=(\cos\theta-i\sin\theta)(x+yi)$

$=x\cos\theta+y\sin\theta+(-x\sin\theta+y\cos\theta)i$

よって　$\boldsymbol{X=x\cos\theta+y\sin\theta}$，$\boldsymbol{Y=-x\sin\theta+y\cos\theta}$

◀座標平面上の点（●，■）を，複素数平面上の点 ●＋■i とみる。

$(X,\ Y)\ \underset{-\theta\text{ 回転}}{\overset{\theta\text{ 回転}}{\rightleftarrows}}\ (x,\ y)$

方法2　動径 OQ が x 軸の正の向きとなす角を α とすると，動径 OP が x 軸の正の向きとなす角は $\alpha-\theta$ である。

また，$\mathrm{OP}=\mathrm{OQ}=r$ とすると　$x=r\cos\alpha$，$y=r\sin\alpha$

よって　$X=r\cos(\alpha-\theta)=r\cos\alpha\cos\theta+r\sin\alpha\sin\theta$

$\boldsymbol{=x\cos\theta+y\sin\theta}$

$Y=r\sin(\alpha-\theta)=r\sin\alpha\cos\theta-r\cos\alpha\sin\theta$

$\boldsymbol{=-x\sin\theta+y\cos\theta}$

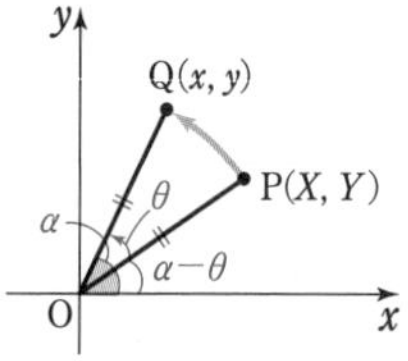

(2) 曲線①上の点 $\mathrm{P}(X,\ Y)$ を，原点Oを中心として $\dfrac{\pi}{6}$ だけ回転した点を $\mathrm{Q}(x,\ y)$ とすると，(1) の結果から　$X=x\cos\dfrac{\pi}{6}+y\sin\dfrac{\pi}{6}$，$Y=-x\sin\dfrac{\pi}{6}+y\cos\dfrac{\pi}{6}$

よって　$2X=\sqrt{3}x+y$，$2Y=-x+\sqrt{3}y$ …… ②

$5X^2+2\sqrt{3}XY+7Y^2=16$ であり，この等式の両辺に4を掛けると

$5(2X)^2+2\sqrt{3}\cdot 2X\cdot 2Y+7(2Y)^2=64$

② を代入して　$5(\sqrt{3}x+y)^2+2\sqrt{3}(\sqrt{3}x+y)(-x+\sqrt{3}y)+7(-x+\sqrt{3}y)^2=64$

整理すると　$16x^2+32y^2=64$　　よって，求める曲線の方程式は　$\boldsymbol{\dfrac{x^2}{4}+\dfrac{y^2}{2}=1}$

練習 ③148 曲線 $C：x^2+6xy+y^2=4$ を，原点を中心として $\dfrac{\pi}{4}$ だけ回転して得られる曲線の方程式を求めることにより，曲線 C が双曲線であることを示せ。〔類　秋田大〕

p.604 EX95

参考事項　2次曲線の方程式を標準形に直す

前ページの重要例題 **148** (2) の結果から，曲線 ①
$(5x^2+2\sqrt{3}\,xy+7y^2=16)$ は楕円であることがわかった。

一般に，方程式 $\boldsymbol{ax^2+bxy+cy^2+dx+ey+f=0}$ ……（＊）
が 2 次曲線を表すとき，(＊) は，平行移動，対称移動，原点を中心とする回転移動を組み合わせることにより，標準形で表される 2 次曲線に直すことができることが知られている。

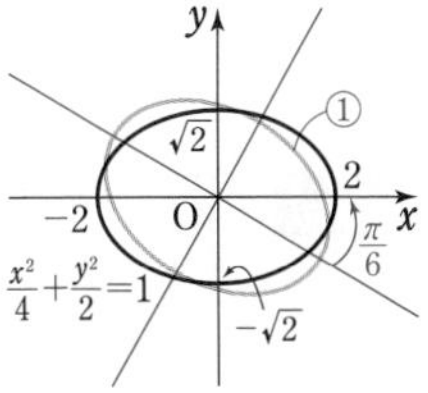

まず，(＊) で $b=0$ (xy の項が 0) の場合は，$a(x-●)^2+c(y-■)^2=▲$ の形に変形できるから，平行移動により標準形に直すことができる（$p.598$ の基本例題 **146** 参照）。

次に，(＊) で $b\neq0$ の場合のうち，$d=e=0$ (1 次の項が 0) のときについて考えてみよう。
曲線 $\boldsymbol{C}$：$\boldsymbol{ax^2+bxy+cy^2=h}$ $(b\neq0)$ を，原点を中心として θ だけ回転移動したとき，C 上の点 $\mathrm{P}(X,\ Y)$ が点 $\mathrm{Q}(x,\ y)$ に移るとすると，重要例題 **148** (1) から

$$X=x\cos\theta+y\sin\theta,\ Y=-x\sin\theta+y\cos\theta \quad\cdots\cdots \text{Ⓐ}$$

点 P は C 上にあるから　　$aX^2+bXY+cY^2=h$

これに Ⓐ を代入して

$$a(x\cos\theta+y\sin\theta)^2+b(x\cos\theta+y\sin\theta)(-x\sin\theta+y\cos\theta)+c(-x\sin\theta+y\cos\theta)^2=h$$

整理すると

$$(a\cos^2\theta-b\sin\theta\cos\theta+c\sin^2\theta)x^2$$
$$+\{2(a-c)\sin\theta\cos\theta+b(\cos^2\theta-\sin^2\theta)\}xy$$
$$+(a\sin^2\theta+b\sin\theta\cos\theta+c\cos^2\theta)y^2=h$$

xy の項の係数が 0 になるための条件は　　$2(a-c)\sin\theta\cos\theta+b(\cos^2\theta-\sin^2\theta)=0$

すなわち　　$(a-c)\sin2\theta+b\cos2\theta=0$　　⟵ 2 倍角の公式を利用。

$b\neq0$ から　$a=c$ のとき　$\cos2\theta=0$　　$-\pi<2\theta\leqq\pi$ とすると，$2\theta=\pm\dfrac{\pi}{2}$ から　$\theta=\pm\dfrac{\pi}{4}$

$a\neq c$ のとき　$\tan2\theta=\dfrac{b}{c-a}$

よって　　[1]　$a=c$，$b\neq0$ のとき　　$\theta=\pm\dfrac{\pi}{4}$

[2]　$a\neq c$，$b\neq0$ のとき　　$\tan2\theta=\dfrac{b}{c-a}$ を満たす角 θ

のように θ をとると，原点を中心とする角 θ の回転移動により，曲線 C の xy の項を消すことができる。

例えば，重要例題 **148** の $5x^2+2\sqrt{3}\,xy+7y^2=16$ については，上の [2] の場合であり

$$\tan2\theta=\frac{2\sqrt{3}}{7-5}=\sqrt{3}\qquad \text{ゆえに，}2\theta=\frac{\pi}{3},\ -\frac{2}{3}\pi \text{ とすると}\quad \theta=\frac{\pi}{6},\ -\frac{\pi}{3}$$

よって，原点を中心として $\dfrac{\pi}{6}$ だけ回転すると標準形 $\left(\dfrac{x^2}{4}+\dfrac{y^2}{2}=1\right)$ になることがわかる。

なお，$\theta=-\dfrac{\pi}{3}$ の回転の場合は，$\dfrac{x^2}{2}+\dfrac{y^2}{4}=1$ が得られる（各自確かめてみよ）。

重要例題 149 方程式の表す図形 (3) … 2 次曲線 ⊘⊘⊘⊘⊘

複素数平面上の点 $z=x+yi$ (x, y は実数, i は虚数単位) が次の条件を満たすとき, x, y が満たす関係式を求め, その関係式が表す図形の概形を図示せよ。

(1) $|z+3|+|z-3|=12$　　(2) $|2z|=|z+\overline{z}+4|$

基本 136, 139

指針 (1) P(z), A(-3), B(3) とすると　$|z+3|+|z-3|=12 \Longleftrightarrow \mathrm{PA}+\mathrm{PB}=12$
2 点 A, B からの距離の和が一定 であるから, 点 P の軌跡は 楕円 である。
更に, 焦点 A, B は実軸上にあって互いに原点対称であることから, **楕円の方程式 $\dfrac{x^2}{a^2}+\dfrac{y^2}{b^2}=1$ ($a>b>0$) を利用** して考えていく。

(2) (1) とは異なり, 条件式の図形的な意味はつかみにくいから, **$z=x+yi$ を利用** して $|2z|^2=|z+\overline{z}+4|^2$ から **x, y の関係式を導く** 方針で進めるとよい。

解答

(1) P(z), A(-3), B(3) とすると

$$|z+3|+|z-3|=12 \Longleftrightarrow \mathrm{PA}+\mathrm{PB}=12$$

よって, 点 P の軌跡は 2 点 A, B を焦点とする楕円である。ゆえに, xy 平面上では $\dfrac{x^2}{a^2}+\dfrac{y^2}{b^2}=1$ ($a>b>0$) と表され, PA+PB=12 から　$2a=12$　　よって　$a=6$
焦点の座標に注目して　　$a^2-b^2=3^2$
ゆえに　　$b^2=a^2-9=6^2-9=27$
よって, 求める関係式は　$\boldsymbol{\dfrac{x^2}{36}+\dfrac{y^2}{27}=1}$　　概形は **図 (1)**

(2) $z=x+yi$ から　　$\overline{z}=x-yi$
ゆえに　　$z+\overline{z}=2x$
$|2z|=|z+\overline{z}+4|$ の両辺を平方して

$$4|z|^2=|z+\overline{z}+4|^2$$

x, y で表すと　　$4(x^2+y^2)=(2x+4)^2$
よって, 求める関係式は　　$\boldsymbol{y^2=4(x+1)}$ …… Ⓐ
これは放物線を表し, 概形は **図 (2)**

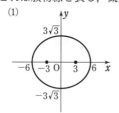

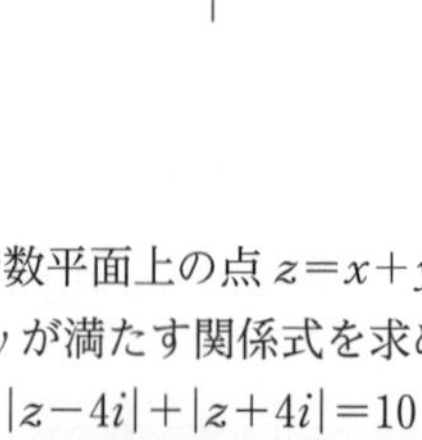

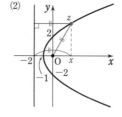

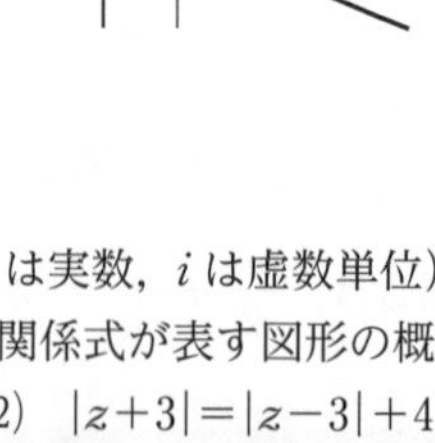

◀点 A, B を座標で表すと A(-3, 0), B(3, 0)

◀$\mathrm{PA}+\mathrm{PB}=2a$
焦点は 2 点
$(\sqrt{a^2-b^2},\ 0)$,
$(-\sqrt{a^2-b^2},\ 0)$

◀$|2z|=|2x+4|$ から
$|z|=|x+2|$　よって
(点 z と原点の距離)=
(点 z と直線 $x=-2$ の距離)
このことから, 点 z が放物線を描くことがわかる。

Ⓐ 放物線 $y^2=4x$ … Ⓑ を x 軸方向に -1 だけ平行移動したもの。ここで, 放物線 Ⓑ の焦点は点 (1, 0), 準線は直線 $x=-1$ であるから, 放物線 Ⓐ の焦点は点 (0, 0), 準線は直線 $x=-2$ である。

練習 ③149 複素数平面上の点 $z=x+yi$ (x, y は実数, i は虚数単位) が次の条件を満たすとき, x, y が満たす関係式を求め, その関係式が表す図形の概形を図示せよ。

(1) $|z-4i|+|z+4i|=10$　　(2) $|z+3|=|z-3|+4$　　[(1) 類 芝浦工大]

②**87** a，b を実数とし，$b<a$ とする。焦点が点 $(0,\ a)$，準線が直線 $y=b$ である放物線を P で表すことにする。すなわち，P は点 $(0,\ a)$ からの距離と直線 $y=b$ からの距離が等しい点の軌跡である。
(1) 放物線 P の方程式を求めよ。
(2) 焦点 $(0,\ a)$ を中心とする半径 $a-b$ の円を C とする。このとき，円 C と放物線 P の交点の座標を求めよ。　〔類 愛知教育大〕
→137

③**88** d を正の定数とする。2 点 $\mathrm{A}(-d,\ 0)$，$\mathrm{B}(d,\ 0)$ からの距離の和が $4d$ である点 P の軌跡として定まる楕円 E を考える。
(1) 楕円 E の長軸と短軸の長さを求めよ。
(2) $\mathrm{AP}^2+\mathrm{BP}^2$ および $\mathrm{AP}\cdot\mathrm{BP}$ を，OP と d を用いて表せ（O は原点）。
(3) 点 P が楕円 E 全体を動くとき，$\mathrm{AP}^3+\mathrm{BP}^3$ の最大値と最小値を d を用いて表せ。　〔筑波大〕
→139

③**89** 楕円 $\dfrac{x^2}{9}+\dfrac{y^2}{4}=1$ に内接する正方形の 1 辺の長さは ^{ア}□ である。また，この楕円に内接する長方形の面積の最大値は ^{イ}□ である。　〔成蹊大〕
→*p*.585 1

③**90** 2 つの直線 $y=x$，$y=-x$ 上にそれぞれ点 A，B がある。△OAB の面積が k（k は定数）のとき，線分 AB を 2：1 に内分する点 P の軌跡を求めよ。ただし，O は原点とする。
→141

HINT

88 (1) 長軸の長さを $2a$，短軸の長さを $2b$ とすると，楕円 E の方程式が決まる。
(2) $\mathrm{P}(x,\ y)$ として，$\mathrm{AP}^2+\mathrm{BP}^2$ を x，y，d で表してみる。
(3) $\mathrm{AP}^3+\mathrm{BP}^3$ を OP，d で表す。OP の値の範囲は長軸，短軸の長さで決まる。

89 楕円 $\dfrac{x^2}{9}+\dfrac{y^2}{4}=1$ に内接する長方形の 4 辺は，座標軸と平行である。
(イ) 第 1 象限にある長方形の頂点の座標を $(s,\ t)$ $(s>0,\ t>0)$ とすると，長方形の面積は $2s\times2t=4st$　(相加平均)≧(相乗平均) を利用。

90 $\mathrm{P}(x,\ y)$，$\mathrm{A}(s,\ s)$，$\mathrm{B}(t,\ -t)$ とする。まず，△OAB の面積についての条件から s，t の関係式を作る。

④91　xy 座標平面上に 4 点 $A_1(0,\ 5)$，$A_2(0,\ -5)$，$B_1(c,\ 0)$，$B_2(-c,\ 0)$ をとる。ただし，$c>0$ とする。このとき，次の問いに答えよ。

(1)　2 点 A_1，A_2 からの距離の差が 6 であるような点 $P(x,\ y)$ の軌跡を求め，その軌跡を xy 座標平面上に図示せよ。

(2)　2 点 B_1，B_2 からの距離の差が $2a$ であるような点が，(1) で求めた軌跡上に存在するための必要十分条件を a と c の関係式で表し，それを ac 座標平面上に図示せよ。ただし，$c>a>0$ とする。　〔大阪教育大〕 →143

④92　$t\neq1$，$t\neq2$ とする。方程式 $\dfrac{x^2}{2-t}+\dfrac{y^2}{1-t}=1$ で表される 2 次曲線について

(1)　2 次曲線 $\dfrac{x^2}{2-t}+\dfrac{y^2}{1-t}=1$ が点 $(1,\ 1)$ を通るとき，t の値を求めよ。また，そのときの焦点を求めよ。

(2)　定点 $(a,\ a)$ $(a\neq0)$ を通る 2 次曲線 $\dfrac{x^2}{2-t}+\dfrac{y^2}{1-t}=1$ は 2 つあり，1 つは楕円，もう 1 つは双曲線であることを示せ。　〔類　宇都宮大〕 →p.594

⑤93　座標空間において，xy 平面上にある双曲線 $x^2-y^2=1$ のうち $x\geqq1$ を満たす部分を C とする。また，z 軸上の点 $A(0,\ 0,\ 1)$ を考える。点 P が C 上を動くとき，直線 AP と平面 $x=d$ との交点の軌跡を求めよ。ただし，d は正の定数とする。
〔九州大〕 →144

②94　方程式 $2x^2-8x+y^2-6y+11=0$ が表す 2 次曲線を C_1 とする。また，a，b，c $(c>0)$ を定数とし，方程式 $(x-a)^2-\dfrac{(y-b)^2}{c^2}=1$ が表す双曲線を C_2 とする。C_1 の 2 つの焦点と C_2 の 2 つの焦点が正方形の 4 つの頂点となるとき，a，b，c の値を求めよ。　〔類　名城大〕 →146

③95　楕円 $\dfrac{x^2}{7}+\dfrac{y^2}{3}=1$ を，原点を中心として角 $\dfrac{\pi}{6}$ だけ回転して得られる曲線を C とする。　〔類　名古屋工大〕

(1)　曲線 C の方程式を求めよ。

(2)　直線 $y=t$ が C と共有点をもつような実数 t の値の範囲を求めよ。 →148

HINT

91　(1)　点 P の軌跡の方程式は $\dfrac{x^2}{m^2}-\dfrac{y^2}{n^2}=-1$ とおける。
(2)　2 点 B_1，B_2 からの距離の差が $2a$ であるような点を Q とし，点 P の軌跡と点 Q の軌跡が共有点をもつ条件を求める。

92　(1)　通る点の座標を曲線の方程式に代入。(2)　(1) と同様にして導かれる t の 2 次方程式 $f(t)=0$ について，放物線 $y=f(t)$ と t 軸の交点の座標に注目。

93　$P(s,\ t,\ 0)(s\geqq1)$ とする。直線 AP 上の任意の点を Q とすると
$\overrightarrow{OQ}=\overrightarrow{OA}+k\overrightarrow{AP}$　(O は原点，k は実数)

94　まず，2 曲線 C_1，C_2 の焦点をそれぞれ求める。

95　(2)　$y=t$ を曲線 C の方程式に代入し，判別式 $D\geqq0$ を利用。

18 2次曲線と直線

基本事項

1 2次曲線と直線の共有点

2次曲線 $F(x,\ y)=0$ …… Ⓐ と直線 $ax+by+c=0$ …… Ⓑ について，これらの**共有点の座標は，連立方程式 Ⓐ，Ⓑ の実数解で与えられる。**

[1] Ⓐ，Ⓑ から1変数を消去して得られる方程式が2次方程式の場合，その判別式を D とすると

① $D>0$（異なる2つの実数解をもつ） ⟺ **共有点は2つ**（2点で交わる）

② $D=0$（1つの実数解［重解］をもつ） ⟺ **共有点は1つ**（1点で接する）

③ $D<0$（実数解をもたない） ⟺ **共有点はない**

[2] Ⓐ，Ⓑ から1変数を消去して得られる方程式が1次方程式の場合

④ （1つの実数解［重解でない］をもつ） ⟺ **共有点は1つ**（1点で交わる）

解　説

■ 2次曲線と直線の共有点

数学Ⅱで，円と直線の共有点について学んだが，2次曲線と直線の場合も要領は同じである。上の[1]②において，2次方程式が重解をもつとき共有点はただ1つとなるが，このとき，直線は2次曲線に **接する** といい，その直線を2次曲線の **接線**，共有点を **接点** という。なお，上の[2]④の例としては，放物線 $y=x^2$ と直線 $x=1$ が考えられる（右図参照）。この場合，点 $(1,\ 1)$ は共有点（交点）であるが，接点ではない。

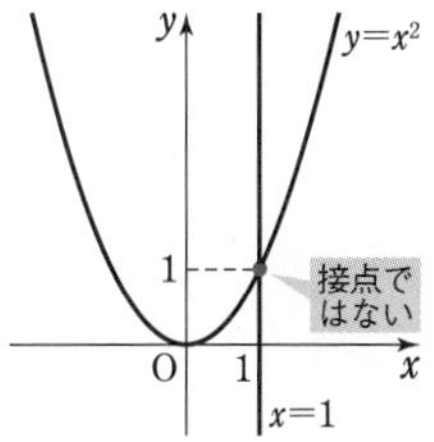

■ 2次曲線の弦に関する問題

直線が曲線によって切り取られる線分を **弦** という。

直線 $y=px+q$ …… Ⓐ′ と2次曲線 $F(x,\ y)=0$ …… Ⓑ′ について，Ⓐ′，Ⓑ′ から y を消去して得られる2次方程式を $ax^2+bx+c=0$ …… Ⓒ とする。直線 Ⓐ′ と2次曲線 Ⓑ′ が異なる2点で交わるとき，その交点の座標を $(\alpha,\ p\alpha+q)$，$(\beta,\ p\beta+q)$ とすると，この2点間の距離が弦の長さで，それは

$$\sqrt{(\beta-\alpha)^2+(p\beta-p\alpha)^2}=\sqrt{1+p^2}\,|\beta-\alpha| \quad \cdots\cdots \text{Ⓓ}$$

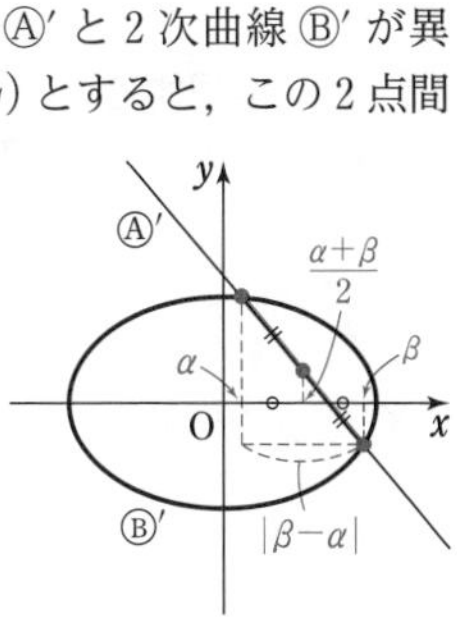

ここで，α，β は Ⓒ の実数解であるから，**解と係数の関係** により

$$\alpha+\beta=-\frac{b}{a},\quad \alpha\beta=\frac{c}{a}$$

よって
$$(\beta-\alpha)^2=(\alpha+\beta)^2-4\alpha\beta=\left(-\frac{b}{a}\right)^2-4\cdot\frac{c}{a}=\frac{b^2-4ac}{a^2}$$

$b^2-4ac>0$ であるから　$|\beta-\alpha|=\dfrac{\sqrt{b^2-4ac}}{|a|}$

したがって，弦の長さ Ⓓ は $\dfrac{\sqrt{(1+p^2)(b^2-4ac)}}{|a|}$ と表される。

基本 例題 150 2次曲線と直線の共有点の座標 ①①①①①

次の2次曲線と直線は共有点をもつか。共有点をもつ場合には，その点の座標を求めよ。

(1) $4x^2+9y^2=36$，$2x+3y=6$　　(2) $9x^2-4y^2=36$，$2x-y=1$

p.605 基本事項 1

指針 2次曲線と直線の共有点の座標を求めるには，次の手順による。

1 直線の式（1次式）を2次曲線の式に代入し，**1変数を消去** する。
2 1 の方程式を解き，x（または y）の値を求める。
3 直線の式を用いて，x に対応する y の値（または y に対応する x の値）を求める。

CHART 共有点 ⟺ 実数解

解答

(1) $\begin{cases} 4x^2+9y^2=36 & \cdots\cdots ① \\ 2x+3y=6 & \cdots\cdots ② \end{cases}$ とする。

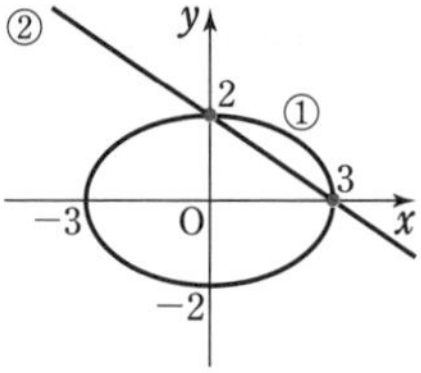

② から　$3y=2(3-x)$ …… ③

③ を ① に代入すると

$$4x^2+2^2(3-x)^2=36$$

整理すると　$x^2-3x=0$

よって　$x(x-3)=0$

ゆえに　$x=0,\ 3$

③ から　$x=0$ のとき $y=2$，
　　　　$x=3$ のとき $y=0$

したがって，**2つの共有点 (0, 2)，(3, 0) をもつ。**

(2) $\begin{cases} 9x^2-4y^2=36 & \cdots\cdots ① \\ 2x-y=1 & \cdots\cdots ② \end{cases}$ とする。

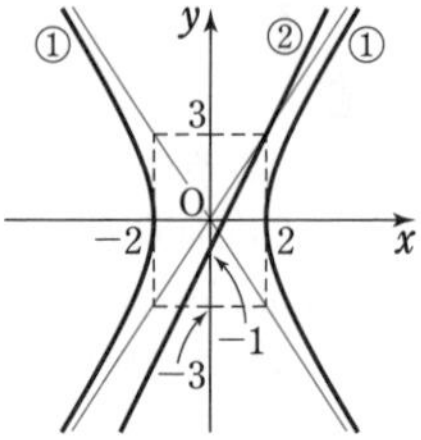

② から　$y=2x-1$ …… ③

③ を ① に代入すると

$$9x^2-4(2x-1)^2=36$$

整理すると　$7x^2-16x+40=0$

この2次方程式の判別式を D とすると　$\dfrac{D}{4}=(-8)^2-7\cdot 40=-216$

すなわち　$D<0$

したがって，**共有点をもたない。**

③ の代わりに，$2x=3(2-y)$ として，x を消去してもよい。

参考 (1) 楕円，直線の方程式を変形すると

$$\frac{x^2}{3^2}+\frac{y^2}{2^2}=1,$$

$$\frac{x}{3}+\frac{y}{2}=1$$

よって，楕円と直線はともに点 (3, 0)，(0, 2) を通る。

◀楕円 ① と直線 ② は異なる2点で交わる。

◀計算しやすいように，y を消去する。

◀$D<0$ であるから，実数解をもたない。

練習 ①150 次の2次曲線と直線は共有点をもつか。共有点をもつ場合には，交点・接点の別とその点の座標を求めよ。

(1) $4x^2-y^2=4$，$2x-3y+2=0$　　(2) $y^2=-4x$，$y=2x-3$

(3) $3x^2+y^2=12$，$x+2y=2\sqrt{13}$

基本例題 151 2次曲線と直線の共有点の個数

次の曲線と直線の共有点の個数を求めよ。ただし，k，m は定数とする。

(1) $x^2+4y^2=20$，$y=x+k$　　(2) $4x^2-y^2=4$，$y=mx$

p.605 基本事項 1

指針 (1) 2次曲線の方程式，直線の方程式から y を消去して得られる x の2次方程式について，その **判別式 D の符号** で場合を分ける。

共有点の個数は　$D>0$ のとき2個　$D=0$ のとき1個　$D<0$ のとき0個

(2) (1)の場合と異なり，y を消去して得られる x の方程式は x^2 の係数が0となる場合があることに注意。この場合，原点を通る直線 $y=mx$ は双曲線の漸近線となる。**図を利用する解法** も考えられる。

CHART 共有点 ⟺ 実数解　　接点 ⟺ 重解

解答

(1) $y=x+k$ を $x^2+4y^2=20$ に代入すると

$$x^2+4(x+k)^2=20$$

整理して　$5x^2+8kx+4k^2-20=0$

この2次方程式の判別式を D とすると

$$\frac{D}{4}=(4k)^2-5\cdot(4k^2-20)=-4(k+5)(k-5)$$

よって，求める共有点の個数は

$D>0$ すなわち **$-5<k<5$ のとき　2個**

$D=0$ すなわち **$k=\pm5$ のとき　1個**

$D<0$ すなわち **$k<-5$, $5<k$ のとき　0個**

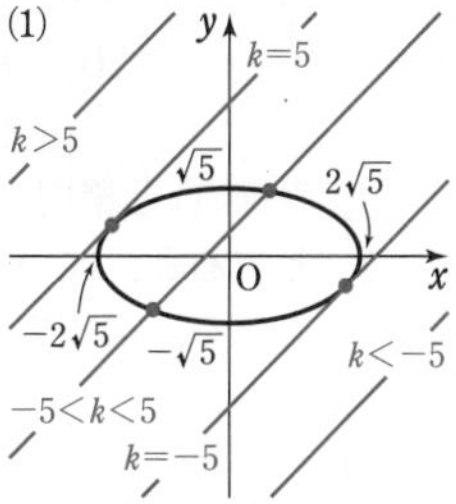

(2) $y=mx$ を $4x^2-y^2=4$ に代入して整理すると

$$(4-m^2)x^2=4 \cdots\cdots ①$$

$4-m^2>0$ ($\Longleftrightarrow -2<m<2$) のとき，①は異なる2つの実数解をもつ。

$4-m^2=0$ ($\Longleftrightarrow m=\pm2$) のとき，①は $0\cdot x^2=4$ となり，解をもたない。

$4-m^2<0$ ($\Longleftrightarrow m<-2$, $2<m$) のとき，①は実数解をもたない。

したがって，求める共有点の個数は

$-2<m<2$ のとき 2個；$m\leqq-2$, $2\leqq m$ のとき 0個

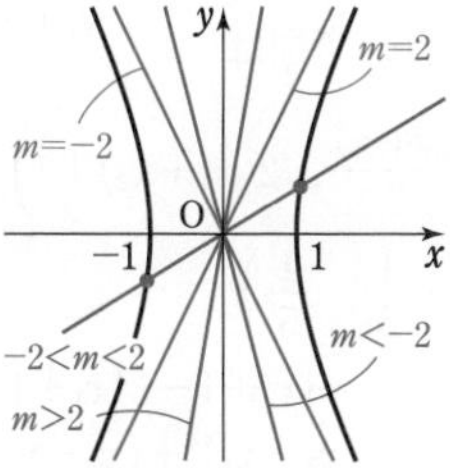

◀ $y=mx$ は原点を通る傾き m の直線を表す。この直線と双曲線の漸近線との位置関係から，グラフを利用して，共有点の個数を求めることもできる（左の図参照）。

◀虚数解をもつ。

練習 ② 151 (1) m を定数とする。放物線 $y^2=-8x$ と直線 $x+my=2$ の共有点の個数を求めよ。

(2) 双曲線 $\dfrac{x^2}{5}-\dfrac{y^2}{4}=1$ が直線 $y=kx+4$ とただ1つの共有点をもつとき，定数 k の値を求めよ。　〔(2) 東京電機大〕

p.620 EX96

基本例題 152 弦の中点・長さ

①①①①①

直線 $y=4x+1$ と楕円 $4x^2+y^2=4$ が交わってできる弦の中点の座標，および長さを求めよ。

p.605 基本事項

指針 連立方程式 $\begin{cases} y=4x+1 \\ 4x^2+y^2=4 \end{cases}$ を解いて，直線と楕円の2つの交点の座標を求める解法も考えられるが，計算が面倒になることが多い。よって，ここでは2式から y を消去して得られる x の2次方程式の 解と係数の関係 を用いて解く。……★

解と係数の関係
$ax^2+bx+c=0$ の2つの解を α，β とすると　$\alpha+\beta=-\dfrac{b}{a}$，$\alpha\beta=\dfrac{c}{a}$

CHART 弦の中点・長さ　**解と係数の関係が効く**

解答

$y=4x+1$ …… ①，$4x^2+y^2=4$ …… ② とする。
① を ② に代入して整理すると

$$20x^2+8x-3=0 \quad \cdots\cdots ③$$

直線 ① と楕円 ② の2つの交点を $\mathrm{P}(x_1,\ y_1)$，$\mathrm{Q}(x_2,\ y_2)$ とすると，x_1，x_2 は2次方程式 ③ の異なる2つの実数解である。よって，解と係数の関係から

$$x_1+x_2=-\frac{2}{5},\quad x_1x_2=-\frac{3}{20} \quad \cdots\cdots ④$$

ここで，弦PQの中点は線分PQの中点，弦PQの長さは線分PQの長さである。

線分PQの中点の座標は　$\left(\dfrac{x_1+x_2}{2},\ 4\cdot\dfrac{x_1+x_2}{2}+1\right)$

すなわち　$\left(\dfrac{x_1+x_2}{2},\ 2(x_1+x_2)+1\right)$

④ から　$\left(-\dfrac{\mathbf{1}}{\mathbf{5}},\ \dfrac{\mathbf{1}}{\mathbf{5}}\right)$

また　$y_2-y_1=4x_2+1-(4x_1+1)=4(x_2-x_1)$

よって

$$\begin{aligned}\mathrm{PQ}^2&=(x_2-x_1)^2+(y_2-y_1)^2\\&=(x_2-x_1)^2+\{4(x_2-x_1)\}^2\\&=17(x_2-x_1)^2=17\{(x_1+x_2)^2-4x_1x_2\}\\&=17\left\{\left(-\frac{2}{5}\right)^2-4\cdot\left(-\frac{3}{20}\right)\right\}=\frac{17\cdot19}{5^2}\end{aligned}$$

ゆえに　$\mathrm{PQ}=\sqrt{\dfrac{17\cdot19}{5^2}}=\dfrac{\sqrt{\mathbf{323}}}{\mathbf{5}}$

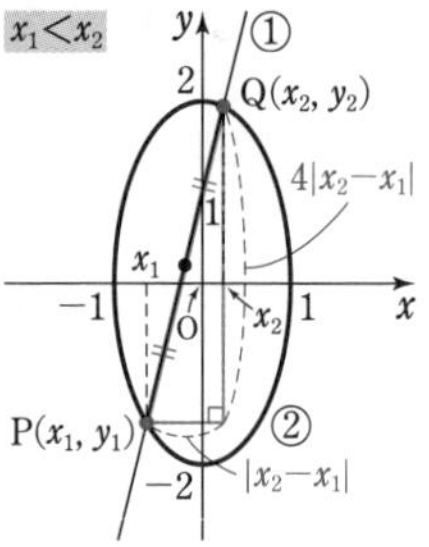

◀中点は直線 ① 上。

◀指針＿＿……★の方針。
方程式 ③ の解が複雑なときは，解と係数の関係の利用も有効。なお，連立方程式 ①，② を実際に解くと
$(x,\ y)$
$=\left(\dfrac{-2\pm\sqrt{19}}{10},\ \dfrac{1\pm2\sqrt{19}}{5}\right)$
（複号同順）
これから，弦の中点の座標，長さを求めることもできる。

練習 ② 152 次の直線と曲線が交わってできる弦の中点の座標と長さを求めよ。
(1) $y=3-2x$，$x^2+4y^2=4$　　(2) $x+2y=3$，$x^2-y^2=-1$

基本例題 153 弦の中点の軌跡

双曲線 $x^2-2y^2=4$ と直線 $y=-x+k$ が異なる2点P，Qで交わるとき
(1) 定数 k のとりうる値の範囲を求めよ。
(2) (1)の範囲で k を動かしたとき，線分PQの中点Mの軌跡を求めよ。

基本 151，152

指針 (1) **共有点 ⟺ 実数解**　双曲線と直線の方程式から導かれる x の2次方程式が異なる2つの実数解をもつ条件，つまり **判別式 $D>0$** から k の値の範囲を求める。
(2) 2点P，Qの x 座標を x_1，x_2 とすると，x_1，x_2 は(1)の2次方程式の実数解である。
M$(x,\ y)$ とすると　$x=\dfrac{x_1+x_2}{2}$，$y=-x+k$　← 点Mは直線 $y=-x+k$ 上。
解と係数の関係 を用いて x_1+x_2 を k の式で表し，**つなぎの文字 k を消去** することにより x，y の関係式を導く。
なお，(1)の結果により，**x の範囲に制限がつく** ことに注意。

CHART 弦の中点の軌跡　解と係数の関係が効く

解答
$x^2-2y^2=4$ …… ①，$y=-x+k$ …… ② とする。
② を ① に代入して整理すると　$x^2-4kx+2k^2+4=0$ …… ③
(1) 2次方程式 ③ の判別式を D とすると　$D>0$
ここで　$\dfrac{D}{4}=(-2k)^2-1\cdot(2k^2+4)=2(k^2-2)$
よって，$k^2-2>0$ から　$(k+\sqrt{2})(k-\sqrt{2})>0$
したがって　$\boldsymbol{k<-\sqrt{2},\ \sqrt{2}<k}$

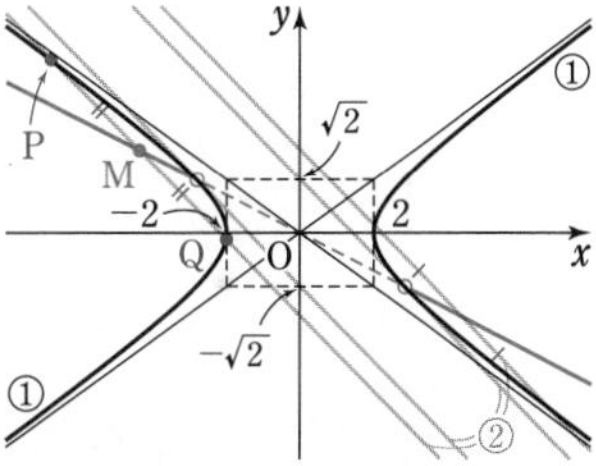

(2) 点P，Qの x 座標を x_1，x_2 とすると，これは2次方程式 ③ の解であるから，解と係数の関係より　$x_1+x_2=4k$
M$(x,\ y)$ とすると

$$x=\frac{x_1+x_2}{2}=\frac{4k}{2}=2k \quad \cdots\cdots ④$$

このとき　$y=-x+k=-2k+k=-k$ …… ⑤　◀点Mは直線 ② 上にある。
④，⑤ から k を消去すると　$y=-\dfrac{x}{2}$
また，(1)の結果と ④ から　$x<-2\sqrt{2}$，$2\sqrt{2}<x$ (＊)
よって，求める軌跡は

直線 $\boldsymbol{y=-\dfrac{x}{2}}$ の $\boldsymbol{x<-2\sqrt{2},\ 2\sqrt{2}<x}$ の部分

◀$k=\dfrac{x}{2}$ から $\dfrac{x}{2}<-\sqrt{2}$，$\sqrt{2}<\dfrac{x}{2}$
(＊)この条件を落とさないように。

練習 ③153 楕円 E：$\dfrac{x^2}{9}+\dfrac{y^2}{4}=1$ と直線 ℓ：$x-y=k$ が異なる2個の共有点をもつとき
(1) 定数 k のとりうる値の範囲を求めよ。
(2) k が(1)で求めた範囲を動くとき，直線 ℓ と楕円 E の2個の共有点を結ぶ線分の中点Pの軌跡を求めよ。

p.620 EX97

重要例題 154 楕円と放物線が 4 点を共有する条件 ④④④④④

楕円 $x^2+2y^2=1$ と放物線 $4y=2x^2+a$ が異なる 4 点を共有するための，定数 a の値の範囲を求めよ。

数学Ⅰ基本 128

指針 2 次曲線どうしの共有点の座標も，その 2 つの方程式を連立させて解いたときの実数解であることに，変わりはない。
楕円 $x^2+2y^2=1$，放物線 $4y=2x^2+a$ はどちらも y 軸に関して対称である。よって，2 つの曲線の方程式から x を消去して得られる y の 2 次方程式の実数解で，$-\frac{\sqrt{2}}{2}<y<\frac{\sqrt{2}}{2}$ の範囲にある **1 つの y の値に対して，x の値が 2 つ，すなわち 2 つの共有点が対応** することに注目。

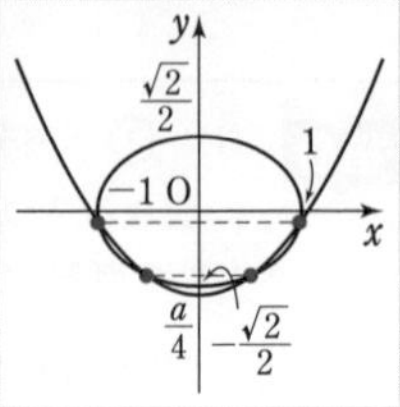

解答

$x^2+2y^2=1$，$4y=2x^2+a$ から x を消去して整理すると

$$4y^2+4y-(a+2)=0 \quad \cdots\cdots ①$$

$x^2=1-2y^2 \geqq 0$ から $\quad -\frac{\sqrt{2}}{2} \leqq y \leqq \frac{\sqrt{2}}{2}$

与えられた楕円と放物線は y 軸に関して対称であるから，2 つの曲線が異なる 4 つの共有点をもつための条件は，① が $-\frac{\sqrt{2}}{2}<y<\frac{\sqrt{2}}{2}$ で異なる 2 つの実数解をもつことである。

よって，① の判別式を D とし，$f(y)=4y^2+4y-(a+2)$ とすると，次の [1]～[4] が同時に成り立つ。

[1] $D>0$ [2] $f\left(-\frac{\sqrt{2}}{2}\right)>0$ [3] $f\left(\frac{\sqrt{2}}{2}\right)>0$

[4] 放物線 $Y=f(y)$ の軸について $-\frac{\sqrt{2}}{2}<$ 軸 $<\frac{\sqrt{2}}{2}$

[1] $\frac{D}{4}=2^2-4\cdot\{-(a+2)\}=4(a+3)$

$D>0$ から $\quad a+3>0 \quad$ よって $\quad a>-3 \quad \cdots\cdots ②$

[2] $f\left(-\frac{\sqrt{2}}{2}\right)>0$ から $\quad -a-2\sqrt{2}>0$

ゆえに $\quad a<-2\sqrt{2} \quad \cdots\cdots ③$

[3] $f\left(\frac{\sqrt{2}}{2}\right)>0$ から $\quad -a+2\sqrt{2}>0 \quad \therefore \quad a<2\sqrt{2} \quad \cdots ④$

[4] 軸 $y=-\frac{1}{2}$ は $-\frac{\sqrt{2}}{2}<-\frac{1}{2}<\frac{\sqrt{2}}{2}$ を満たす。

②～④ の共通範囲を求めて $\quad \boldsymbol{-3<a<-2\sqrt{2}}$

◀ $x^2=1-2y^2$ を $4y=2x^2+a$ に代入する。

◀ 左の解答では，＿＿を 2 次関数 $Y=f(y)$ のグラフが $-\frac{\sqrt{2}}{2}<y<\frac{\sqrt{2}}{2}$ で y 軸と，異なる 2 つの共有点をもつ条件と読み換えて解いている（このような考え方は数学Ⅰで学んだ）。

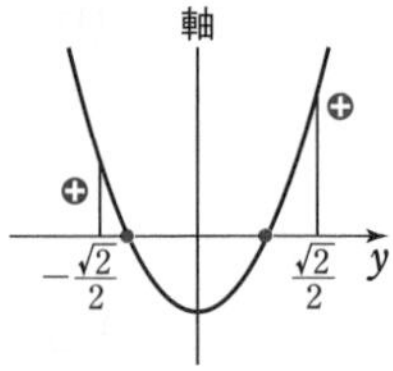

検討

① を $4y^2+4y-2=a$ と変形し，放物線 $Y=4y^2+4y-2$ と直線 $Y=a$ が異なる 2 つの共有点をもつ a の値の範囲を求めてもよい。

練習 ④154 2 つの曲線 C_1：$\left(x-\frac{3}{2}\right)^2+y^2=1$ と C_2：$x^2-y^2=k$ が少なくとも 3 点を共有するのは，正の定数 k がどんな値の範囲にあるときか。 〔浜松医大〕

p.620 EX 98

19 2次曲線の接線

基本事項

1 **2次曲線の接線**　$p \neq 0$, $a>0$, $b>0$ とする。
曲線上の点 $(x_1,\ y_1)$ における接線の方程式

[1]　放物線 $y^2=4px$ $\longrightarrow$ $y_1y=2p(x+x_1)$

[2]　楕　円 $\dfrac{x^2}{a^2}+\dfrac{y^2}{b^2}=1$ $\longrightarrow$ $\dfrac{x_1x}{a^2}+\dfrac{y_1y}{b^2}=1$

[3]　Ⓐ　双曲線 $\dfrac{x^2}{a^2}-\dfrac{y^2}{b^2}=1$ $\longrightarrow$ $\dfrac{x_1x}{a^2}-\dfrac{y_1y}{b^2}=1$

　　Ⓑ　双曲線 $\dfrac{x^2}{a^2}-\dfrac{y^2}{b^2}=-1$ $\longrightarrow$ $\dfrac{x_1x}{a^2}-\dfrac{y_1y}{b^2}=-1$

解　説

■ [1] の証明

放物線 $y^2=4px$ …… ① の傾き m の接線の方程式を $y=mx+n$ $(m \neq 0)$ …… ② とし，接点の座標を $(x_1,\ y_1)$ とする。② を ① に代入して，x について整理すると

$m^2x^2+2(mn-2p)x+n^2=0$ …… ③

② が ① に接するための条件 は，2次方程式 ③ の判別式を D とすると　$D=0$

◀ $m \neq 0$ であるから，③ の x^2 の係数は $m^2 \neq 0$

ゆえに　$\dfrac{D}{4}=(mn-2p)^2-m^2 \cdot n^2=0$　　よって　$n=\dfrac{p}{m}$

このとき，③ の重解は　$x_1=-\dfrac{mn-2p}{m^2}=\dfrac{p}{m^2}$

◀ 2次方程式 $ax^2+2b'x+c=0$ が重解をもつとき，その重解は $x=-\dfrac{b'}{a}$

ゆえに　$y_1=mx_1+n=\dfrac{p}{m}+\dfrac{p}{m}=\dfrac{2p}{m}$

$y_1 \neq 0$ のとき $m=\dfrac{2p}{y_1}$, $n=\dfrac{y_1}{2}$ を ② に代入して　$y=\dfrac{2p}{y_1}x+\dfrac{y_1}{2}$

したがって，$y_1y=2px+\dfrac{y_1^2}{2}$ であり，$y_1^2=4px_1$ であるから　$\boldsymbol{y_1y=2p(x+x_1)}$

これは $y_1=0$ のときも成り立つ（$x_1=0$ であり，接線の方程式は $x=0$）。

■ [2] の証明

楕円 $\dfrac{x^2}{a^2}+\dfrac{y^2}{b^2}=1$ …… ④ の傾き m の接線の方程式を $y=mx+n$ …… ⑤，接点の座標を $(x_1,\ y_1)$ とする。⑤ を ④ に代入して，x について整理すると

$(b^2+a^2m^2)x^2+2a^2mnx+a^2n^2-a^2b^2=0$ …… ⑥

ここで，$b>0$ であるから　$b^2+a^2m^2>0$

⑤ が ④ に接するための条件 は，2次方程式 ⑥ の判別式を D とすると　$D=0$

よって　$\dfrac{D}{4}=(a^2mn)^2-(b^2+a^2m^2)\cdot(a^2n^2-a^2b^2)=0$

ゆえに　$a^2b^4+a^4b^2m^2=a^2b^2n^2$

$a>0$, $b>0$ であるから　$b^2+a^2m^2=n^2$ …… ⑦

このとき，⑥ の重解は $x_1=-\dfrac{a^2mn}{b^2+a^2m^2}$ であり，⑦ から

$$x_1=-\frac{a^2mn}{n^2}=-\frac{a^2m}{n} \quad \cdots\cdots ⑧$$

$y_1=mx_1+n=-\dfrac{a^2m^2}{n}+n=\dfrac{n^2-a^2m^2}{n}$ となり，⑦ から　$y_1=\dfrac{b^2}{n}$

◀2 次方程式 $ax^2+2b'x+c=0$ が重解をもつとき，その重解は $x=-\dfrac{b'}{a}$

$y_1 \neq 0$ のとき　$n=\dfrac{b^2}{y_1}$

これを ⑧ に代入して　$x_1=-\dfrac{a^2my_1}{b^2}$　よって　$m=-\dfrac{b^2x_1}{a^2y_1}$

$m=-\dfrac{b^2x_1}{a^2y_1}$，$n=\dfrac{b^2}{y_1}$ を ⑤ に代入して　$y=-\dfrac{b^2x_1}{a^2y_1}x+\dfrac{b^2}{y_1}$

分母を払って整理すると $b^2x_1x+a^2y_1y=a^2b^2$ となり，接線の方程式は　$\boldsymbol{\dfrac{x_1x}{a^2}+\dfrac{y_1y}{b^2}=1}$

これは $y_1=0$ のときも成り立つ ($x_1=\pm a$ であり，接線の方程式は $x=\pm a$ [複号同順])。
[3] の場合も同様にして証明できる。

参考　接線の方程式は，各曲線の方程式において，次のようにおき換えた形になっている。

放物線：$2x \longrightarrow x+x_1$，$y^2 \longrightarrow y_1y$　楕円・双曲線：$x^2 \longrightarrow x_1x$，$y^2 \longrightarrow y_1y$

放物線 $y^2=2p\cdot 2x$　（$y^2 \to y_1y$，$2x \to x+x_1$）
↓
接線 $\boldsymbol{y_1y=2p(x+x_1)}$

楕円 $\dfrac{x^2}{a^2}+\dfrac{y^2}{b^2}=1$　（$x^2 \to x_1x$，$y^2 \to y_1y$）
↓
接線 $\boldsymbol{\dfrac{x_1x}{a^2}+\dfrac{y_1y}{b^2}=1}$

双曲線 $\dfrac{x^2}{a^2}-\dfrac{y^2}{b^2}=\pm 1$　（$x^2 \to x_1x$，$y^2 \to y_1y$）
↓
接線 $\boldsymbol{\dfrac{x_1x}{a^2}-\dfrac{y_1y}{b^2}=\pm 1}$

参考　接線の方程式の公式は，数学Ⅲで学ぶ微分法の知識を利用して証明することもできる。例えば，[3] の Ⓐ の場合は，次のようにして証明できる。

$\dfrac{x^2}{a^2}-\dfrac{y^2}{b^2}=1$ の両辺を x について微分すると　$\dfrac{2x}{a^2}-\dfrac{2y}{b^2}\cdot y'=0$

ゆえに，$y\neq 0$ のとき $y'=\dfrac{b^2x}{a^2y}$ であり，点 P$(x_1,\ y_1)$ $(y_1\neq 0)$ における接線の方程式は

$$y-y_1=\frac{b^2x_1}{a^2y_1}(x-x_1) \quad \text{すなわち} \quad \frac{x_1x}{a^2}-\frac{y_1y}{b^2}=\frac{{x_1}^2}{a^2}-\frac{{y_1}^2}{b^2}$$

点 P は双曲線上の点であるから　$\dfrac{{x_1}^2}{a^2}-\dfrac{{y_1}^2}{b^2}=1$

よって，接線の方程式は　$\dfrac{x_1x}{a^2}-\dfrac{y_1y}{b^2}=1$　これは $y_1=0$ のときも成り立つ。

問　前ページの基本事項の公式を利用して，次の 2 次曲線上の，与えられた点における接線の方程式を求めよ。

(1) $y^2=4x$，点 $(1,\ 2)$　(2) $\dfrac{x^2}{18}+\dfrac{y^2}{8}=1$，点 $(3,\ 2)$

(3) $\dfrac{x^2}{16}-\dfrac{y^2}{4}=1$，点 $(-2\sqrt{5},\ 1)$　[(2) 九州産大]

(＊) 問 の解答は $p.721$ にある。

基本例題 155 楕円の外部から引いた接線 ①①①①①

点 $(-1,\ 3)$ から楕円 $\dfrac{x^2}{12}+\dfrac{y^2}{4}=1$ に引いた接線の方程式を求めよ。

p.611 基本事項 1　重要 158

指針 点 $(-1,\ 3)$ は与えられた楕円上にない。その場合，次の 2 つの解法がある。

解法 1.　**楕円上の点 $(x_1,\ y_1)$ における接線 $\dfrac{x_1x}{12}+\dfrac{y_1y}{4}=1$ すなわち $x_1x+3y_1y=12$ が点 $(-1,\ 3)$ を通る** と考えて $x_1,\ y_1$ の値を求める。

解法 2.　点 $(-1,\ 3)$ を通る直線 $y=m\{x-(-1)\}+3$ が楕円に接する，と考える。

接点 ⟺ 重解 の方針で，直線，楕円の方程式から y を消去して得られる x の 2 次方程式について，**判別式 $D=0$** から m の値を決定する。

ここでは，解法 1. の方針で解いてみよう。

参考　$p.618$ では，楕円の補助円を利用する解法も紹介している。

CHART 2 次曲線の接線　1　**判別式の利用　接点 ⟺ 重解**　2　**公式利用　$Ax_1x+By_1y=1$**

解答

接点の座標を $(x_1,\ y_1)$ とすると，接線の方程式は

$x_1x+3y_1y=12$ …… ①

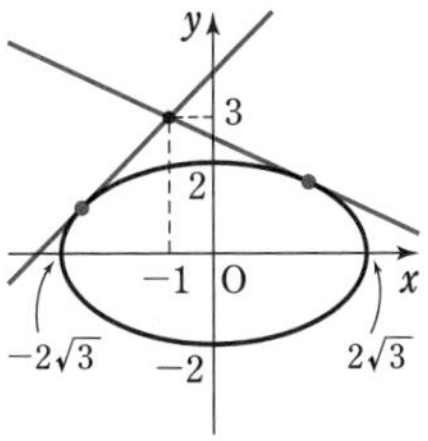

これが点 $(-1,\ 3)$ を通るから

$-x_1+9y_1=12$

よって　$x_1=9y_1-12$ …… ②

また，接点は楕円上にあるから

$x_1^2+3y_1^2=12$ …… ③

② を ③ に代入して整理すると　$7y_1^2-18y_1+11=0$

ゆえに　$(y_1-1)(7y_1-11)=0$

よって　$y_1=1,\ \dfrac{11}{7}$

② から　$y_1=1$ のとき　$x_1=-3$

$y_1=\dfrac{11}{7}$ のとき　$x_1=\dfrac{15}{7}$

求める接線の方程式は，$(x_1,\ y_1)=(-3,\ 1),\ \left(\dfrac{15}{7},\ \dfrac{11}{7}\right)$ を ① に代入して　$\boldsymbol{x-y=-4,\ 5x+11y=28}$

◀ $p.611$ で学んだ接線の公式に当てはめる。なお，$\dfrac{x^2}{12}+\dfrac{y^2}{4}=1$ は $x^2+3y^2=12$ とした方が扱いやすい。

◀ 接点の座標は $(-3,\ 1),\ \left(\dfrac{15}{7},\ \dfrac{11}{7}\right)$

◀ $-3x+3y=12$, $\dfrac{15}{7}x+\dfrac{33}{7}y=12$

練習 ② 155　(1)　上の例題を，指針の 解法 2. の方針で解け。

(2)　次の 2 次曲線の，与えられた点から引いた接線の方程式を求めよ。

(ア)　$x^2-4y^2=4$，点 $(2,\ 3)$　　(イ)　$y^2=8x$，点 $(3,\ 5)$

基本例題 156 2次曲線の接線と証明

放物線 $y^2=4px$ $(p>0)$ 上の点 $\mathrm{P}(x_1,\ y_1)$ における接線と x 軸との交点を T，放物線の焦点を F とすると，$\angle\mathrm{PTF}=\angle\mathrm{TPF}$ であることを証明せよ。ただし，$x_1>0$，$y_1>0$ とする。

p.611 基本事項 1

指針 放物線 $y^2=4px$ 上の点 $(x_1,\ y_1)$ における接線の方程式は，$p.611$ 基本事項から　　$\boldsymbol{y_1y=2p(x+x_1)}$ …… Ⓐ

点 T の x 座標は，Ⓐ で $y=0$ として求められる。

また　　$\boldsymbol{\angle\mathrm{PTF}=\angle\mathrm{TPF} \Longleftrightarrow \mathrm{FP}=\mathrm{FT}}$　に着目。

長さ FP，FT をそれぞれ x_1，y_1，p で表し，それらが一致することを示す。

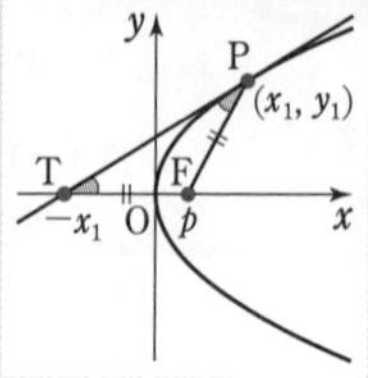

解答

$y^2=4px$ $(p>0)$ …… ① とする。

放物線 ① 上の点 $\mathrm{P}(x_1,\ y_1)$ における接線の方程式は

$$y_1y=2p(x+x_1) \quad \cdots\cdots ②$$

② で $y=0$ とすると　$x=-x_1$　　よって　$\mathrm{T}(-x_1,\ 0)$

また，$\mathrm{F}(p,\ 0)$ であるから　　$\mathrm{FP}=\sqrt{(x_1-p)^2+y_1{}^2}$

ここで，点 $\mathrm{P}(x_1,\ y_1)$ は放物線 ① 上にあるから　$y_1{}^2=4px_1$

$x_1>0$，$p>0$ であるから

$$\mathrm{FP}=\sqrt{(x_1-p)^2+4px_1}=\sqrt{(x_1+p)^2}=x_1+p$$

また，$\mathrm{FT}=p-(-x_1)=x_1+p$ であるから　　$\mathrm{FP}=\mathrm{FT}$

したがって　　$\angle\mathrm{PTF}=\angle\mathrm{TPF}$

◀3 点 F，P，T について，線分 FP，FT の長さをそれぞれ x_1，p で表す。そのために，まず点 F，T の座標を調べる。

◀$\sqrt{A^2}=|A|$

◀二等辺三角形の底角は等しい。

別解　直線の傾きに注目し，**正接** (tan) **を利用** する。

$\angle\mathrm{PTF}=\alpha$，$\angle\mathrm{TPF}=\beta$ とする。

接線の傾きに注目して　$\tan\alpha=\dfrac{2p}{y_1}$ …… Ⓐ

$x_1 \neq p$ のとき　$\tan(\alpha+\beta)=$(直線 PF の傾き)$=\dfrac{y_1}{x_1-p}$ …… Ⓑ

よって　　$\tan\beta=\tan\{(\alpha+\beta)-\alpha\}=\dfrac{\tan(\alpha+\beta)-\tan\alpha}{1+\tan(\alpha+\beta)\tan\alpha}$

Ⓐ，Ⓑ を代入し，更に $y_1{}^2=4px_1$ を利用して変形すると　$\tan\beta=\dfrac{2p}{y_1}$ …… Ⓒ

Ⓐ，Ⓒ から　　$\tan\alpha=\tan\beta$　　α，β は鋭角であるから　　$\alpha=\beta$

$x_1=p$ のとき，$\mathrm{P}(p,\ 2p)$ となり，$\mathrm{FP}=\mathrm{FT}$ から　　$\alpha=\beta$

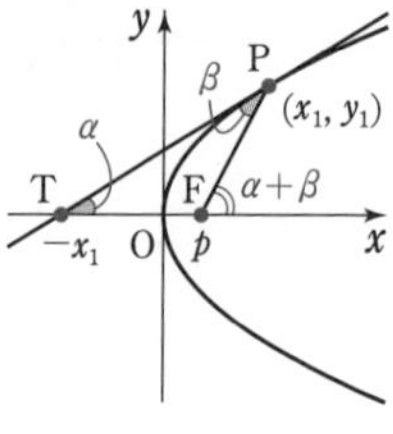

検討

放物線の焦点の性質

右の図で，点 P における接線を ST とし，点 P を通り x 軸に平行に半直線 PQ を引くと，上の例題の結果から

$$\angle\mathrm{SPQ}=\angle\mathrm{PTF}=\angle\mathrm{TPF}$$

すなわち，QP と FP は，P における接線 ST と等しい角をなす。

このことから，図のように，内側が放物線状の鏡に，軸に平行に進む光線が当たって反射すると，すべて放物線の焦点 F に集まることがわかる。

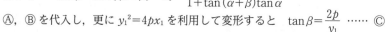

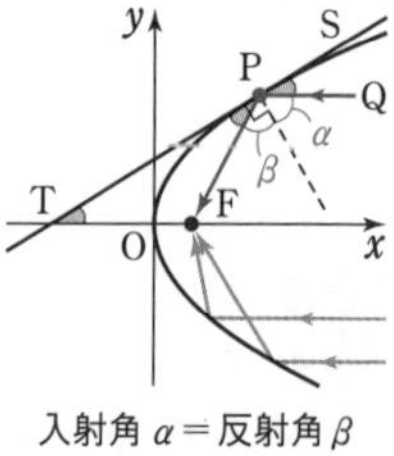

入射角 α＝反射角 β

検討

楕円・双曲線の焦点の性質

楕円・双曲線の焦点についても，前ページの 検討 と似た性質がある。

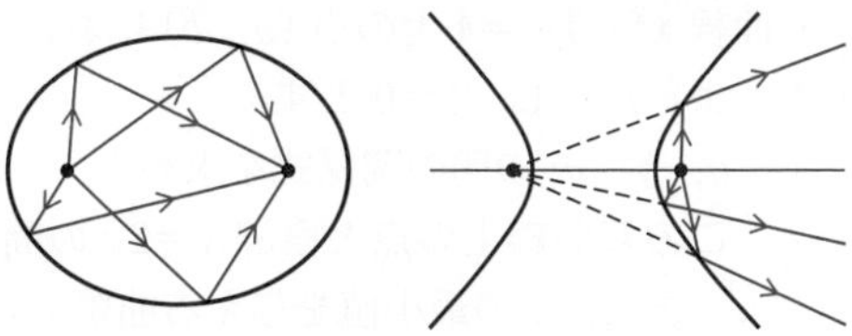

楕円：楕円の１つの焦点から発した光線が楕円に当たって反射すると，他の焦点に向かう。……（＊）

双曲線：双曲線の１つの焦点から発した光線が双曲線に当たって反射すると，他の焦点から発したように進む。

楕円 $\dfrac{x^2}{4}+y^2=1$ の場合について，上の性質（＊）が成り立つことを確かめてみよう。

ここでは，ベクトルの **内積（余弦）を利用** する方法で考えてみる。

楕円上の点 $P(x_1,\ y_1)$ $(x_1>0,\ y_1>0)$ をとり，点 P における接線を ℓ，焦点を $F(\sqrt{3},\ 0)$，$F'(-\sqrt{3},\ 0)$ とする。

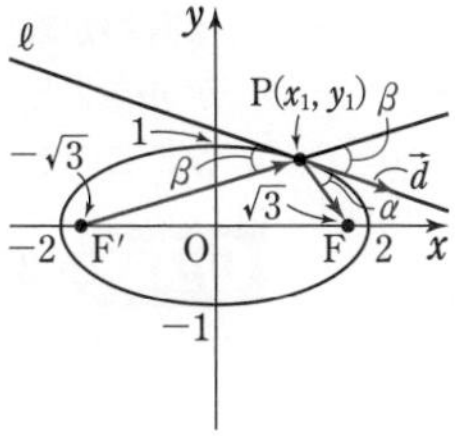

接線 ℓ の方程式は

$$\frac{x_1x}{4}+y_1y=1 \quad \text{すなわち} \quad x_1x+4y_1y=4$$

直線 ℓ の方向ベクトルとして，$\vec{d}=(4y_1,\ -x_1)$ をとると，図の角 α，β に対して

$$\cos\alpha=\frac{\overrightarrow{PF}\cdot\vec{d}}{|\overrightarrow{PF}||\vec{d}|},\quad \cos\beta=\frac{\overrightarrow{F'P}\cdot\vec{d}}{|\overrightarrow{F'P}||\vec{d}|}$$

$\overrightarrow{PF}=(\sqrt{3}-x_1,\ -y_1)$，$\overrightarrow{F'P}=(x_1+\sqrt{3},\ y_1)$ であることと，$\dfrac{{x_1}^2}{4}+{y_1}^2=1$ から

$$\overrightarrow{PF}\cdot\vec{d}=4y_1(\sqrt{3}-x_1)+x_1y_1=y_1(4\sqrt{3}-3x_1)=\sqrt{3}\,y_1(4-\sqrt{3}\,x_1)$$

$$|\overrightarrow{PF}|^2=(\sqrt{3}-x_1)^2+{y_1}^2={x_1}^2-2\sqrt{3}\,x_1+3+\left(1-\frac{{x_1}^2}{4}\right)=\left(\frac{4-\sqrt{3}\,x_1}{2}\right)^2$$

同様にして　$\overrightarrow{F'P}\cdot\vec{d}=\sqrt{3}\,y_1(4+\sqrt{3}\,x_1)$，$|\overrightarrow{F'P}|^2=\left(\dfrac{4+\sqrt{3}\,x_1}{2}\right)^2$

よって　$\cos\alpha=\dfrac{\sqrt{3}\,y_1(4-\sqrt{3}\,x_1)}{\dfrac{4-\sqrt{3}\,x_1}{2}\cdot|\vec{d}|}=\dfrac{2\sqrt{3}\,y_1}{|\vec{d}|}$，$\cos\beta=\dfrac{\sqrt{3}\,y_1(4+\sqrt{3}\,x_1)}{\dfrac{4+\sqrt{3}\,x_1}{2}\cdot|\vec{d}|}=\dfrac{2\sqrt{3}\,y_1}{|\vec{d}|}$

↑ $x_1<2$ から　$-\sqrt{3}\,x_1>-2\sqrt{3}$　よって　$4-\sqrt{3}\,x_1>4-2\sqrt{3}>0$

ゆえに　$\cos\alpha=\cos\beta$　　$0<\alpha<\pi$，$0<\beta<\pi$ であるから　　$\alpha=\beta$

したがって，楕円の焦点の性質（＊）が成り立つことがわかる。

双曲線で，焦点の性質が成り立つことについては，次の練習 156 で確かめてみよう。

POINT　角の一致 は　傾きに注目して正接 (tan) の一致　か
ベクトルを利用して余弦 (cos) の一致　を示す

練習 ③156　双曲線 $\dfrac{x^2}{9}-\dfrac{y^2}{16}=1$ 上の点 $P(x_1,\ y_1)$ における接線は，点 P と 2 つの焦点 F，F′ とを結んでできる ∠FPF′ を 2 等分することを証明せよ。ただし，$x_1>0$，$y_1>0$ とする。

p.620 EX100

基本例題 157 双曲線上の点と直線の距離の最大・最小

双曲線 $x^2-4y^2=4$ 上の点 $(a,\ b)$ における接線の傾きが m のとき，次の問いに答えよ。ただし，$b \neq 0$ とする。

(1) $a,\ b,\ m$ の間の関係式を求めよ。

(2) この双曲線上の点と直線 $y=2x$ の間の距離を d とする。d の最小値を求めよ。また，d の最小値を与える曲線上の点の座標を求めよ。 〔神奈川大〕

p.611 基本事項 1

指針

(1) **接線の公式** を利用して，点 $(a,\ b)$ における接線の傾きを調べる。

(2) 直線 $y=2x$ を上下に移動していくと，この直線と双曲線が初めて共有点をもつのは直線が双曲線と接するときである（解答の図参照)。つまり，(1) の接線の傾き m が $m=2$ となるような接点を $(x_1,\ y_1)$ とすると，$x=x_1$，$y=y_1$ のとき d は最小となる。このとき，最小値は接点と直線 $2x-y=0$ の距離である。

CHART 2 次曲線上の点と直線の距離　**直線と平行な接線に注目**

解答

(1) 点 $(a,\ b)$ における接線の方程式は　$ax-4by=4$

$b \neq 0$ であるから　$y=\dfrac{a}{4b}x-\dfrac{1}{b}$　　よって　$\boldsymbol{m=\dfrac{a}{4b}}$

◀ $y=px+q$ の形に直すと傾きがわかる。

(2) d を最小とする曲線上の点は，直線 $y=2x$ に平行な直線が双曲線と接するときの接点である。

(1) の結果の式で $m=2$ とすると　$\dfrac{a}{4b}=2$

ゆえに　$a=8b$ …… ①

また，点 $(a,\ b)$ は双曲線上にあるから　$a^2-4b^2=4$

① を代入して整理すると　$b^2=\dfrac{1}{15}$

よって　$b=\pm\dfrac{1}{\sqrt{15}}$

① から　$a=\pm\dfrac{8}{\sqrt{15}}$（複号同順）

したがって，d の最小値を与える双曲線上の点の座標は

$$\left(\frac{8}{\sqrt{15}},\ \frac{1}{\sqrt{15}}\right),\ \left(-\frac{8}{\sqrt{15}},\ -\frac{1}{\sqrt{15}}\right)$$

ゆえに，d の **最小値** は

$$d=\frac{\left|\pm\dfrac{2\cdot 8}{\sqrt{15}}\mp\dfrac{1}{\sqrt{15}}\right|}{\sqrt{2^2+(-1)^2}}=\sqrt{3}\ \text{（複号同順）}$$

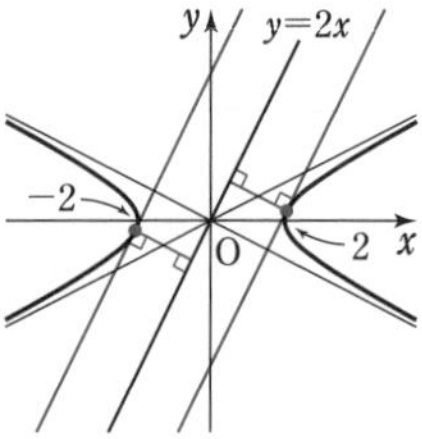

◀ 点 $(x_1,\ y_1)$ と直線 $px+qy+r=0$ の距離は $\dfrac{|px_1+qy_1+r|}{\sqrt{p^2+q^2}}$

練習 ③157 楕円 $C：\dfrac{x^2}{3}+y^2=1$ と 2 定点 A$(0,\ -1)$，P$\left(\dfrac{3}{2},\ \dfrac{1}{2}\right)$ がある。楕円 C 上を動く点 Q に対し，△APQ の面積が最大となるとき，点 Q の座標および △APQ の面積を求めよ。 〔類 筑波大〕 p.621 EX 101

重要例題 158 直交する 2 接線の交点の軌跡 ④④④④④

楕円 $x^2+4y^2=4$ について，楕円の外部の点 $P(a,\ b)$ から，この楕円に引いた 2 本の接線が直交するような点 P の軌跡を求めよ。　〔類 お茶の水大〕 基本 155

指針 点 P を通る直線 $y=m(x-a)+b$ が，楕円 $x^2+4y^2=4$ に接するための条件は，$x^2+4\{m(x-a)+b\}^2=4$ の判別式 D について，$D=0$ が成り立つことである。
また，$D=0$ の解が接線の傾きを与えるから，直交 ⟺ 傾きの積が -1 と **解と係数の関係** を利用する。　なお，接線が x 軸に垂直な場合は別に調べる。
参考 次ページでは，楕円の補助円を利用する解法も紹介している。

CHART 直交する接線　$D=0$，(傾きの積)$=-1$ の活用

解答

[1]　$a\neq\pm2$ のとき，点 P を通る接線の方程式は
　　$y=m(x-a)+b$　　とおける。
これを楕円の方程式に代入して整理すると
　　$(4m^2+1)x^2+8m(b-ma)x+4(b-ma)^2-4=0^{(*)}$
この x の 2 次方程式の判別式を D とすると　　$D=0$
ここで　$\dfrac{D}{4}=16m^2(b-ma)^2-(4m^2+1)\{4(b-ma)^2-4\}$
　　$=-4(b-ma)^2+4(4m^2+1)$
　　$=4\{(4-a^2)m^2+2abm-b^2+1\}$
ゆえに　　$(4-a^2)m^2+2abm-b^2+1=0$ …… ①
m の 2 次方程式 ① の 2 つの解を α，β とすると
　　$\alpha\beta=-1$
すなわち　　$\dfrac{-b^2+1}{4-a^2}=-1$
よって　　$a^2+b^2=5$，$a\neq\pm2$

[2]　$a=\pm2$ のとき，直交する 2 本の接線は
$x=\pm2$，$y=\pm1$（複号任意）の組で，その交点の座標は
　　$(2,\ 1)$，$(2,\ -1)$，$(-2,\ 1)$，$(-2,\ -1)$
これらの点は円 $x^2+y^2=5$ 上にある。
[1]，[2] から，求める軌跡は　　**円 $x^2+y^2=5$**

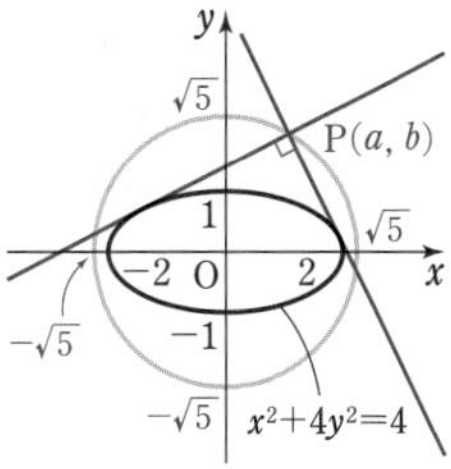

（＊）$(b-ma)$ のまま扱うと，計算がしやすい。

◀直交 ⟺ 傾きの積が -1

◀解と係数の関係
◀2 次方程式 $px^2+qx+r=0$ について，$\dfrac{r}{p}=-1$ が成り立つとき，判別式は
$q^2-4pr=q^2+4p^2>0$
となり，異なる 2 つの実数解をもつ。

参考 m の 2 次方程式 ① が異なる 2 つの実数解をもつことは，楕円の外部の点から 2 本の接線が引けることから明らかであるが（解答の図参照），これは次のようにして示される。
m の 2 次方程式 ① の判別式を D' とすると　$\dfrac{D'}{4}=(ab)^2-(4-a^2)(-b^2+1)=a^2+4b^2-4$
点 P は楕円の外部にあるから　$a^2+4b^2>4$（> が成り立つ理由は $p.625$ 参照。）　ゆえに　$D'>0$
なお，一般に楕円の直交する接線の交点の軌跡は円になる。この円を **準円** という。

練習 ④158　a は正の定数とする。点 $(1,\ a)$ を通り，双曲線 $x^2-4y^2=2$ に接する 2 本の直線が直交するとき，a の値を求めよ。　〔福島県医大〕 p.621 EX102~103

参考事項　楕円の補助円の利用

楕円は円を拡大または縮小したものと考えられ，楕円 $\frac{x^2}{a^2}+\frac{y^2}{b^2}=1\ (a>0,\ b>0)$ に対して円 $x^2+y^2=a^2$ を **補助円** という（$p.588$ 参照）。楕円に関する問題の中には，補助円を利用し，円の問題ととらえることが有効なものもある。そのような例を 2 つ紹介しておこう。

基本例題 155　与えられた楕円などを y 軸方向に $\sqrt{3}$ 倍に拡大すると，次のようになる。

楕円 $x^2+3y^2=12$ は円 $x^2+y^2=12$ に移り，点 $(-1,\ 3)$ は点 $(-1,\ 3\sqrt{3})$ に移る。

⟶「点 $(-1,\ 3)$ を通る楕円 $x^2+3y^2=12$ の接線」は，「点 $(-1,\ 3\sqrt{3})$ を通る円 $x^2+y^2=12$ の接線 …… ①」に移る。

接線 ① は x 軸に垂直でないから，その方程式は

$$y=m(x+1)+3\sqrt{3}$$

すなわち　$mx-y+m+3\sqrt{3}=0$ …… ①′

原点と直線 ① の距離が $2\sqrt{3}$ であるから

$$\frac{|m+3\sqrt{3}|}{\sqrt{m^2+(-1)^2}}=2\sqrt{3}$$

◀点と直線の距離の公式。

両辺とも 0 以上であるから，平方して整理すると

$$11m^2-6\sqrt{3}\,m-15=0$$

これを解くと　$m=\sqrt{3},\ -\frac{5\sqrt{3}}{11}$

m の値を ①′ に代入し，整理すると

$$\sqrt{3}\,x-y+4\sqrt{3}=0,\ 5\sqrt{3}\,x+11y-28\sqrt{3}=0 \ \cdots\cdots \text{Ⓐ}$$

これらにおいて，y に $\sqrt{3}\,y$ を代入して整理すると，求める接線の方程式は　$\boldsymbol{x-y+4=0,\ 5x+11y-28=0}$

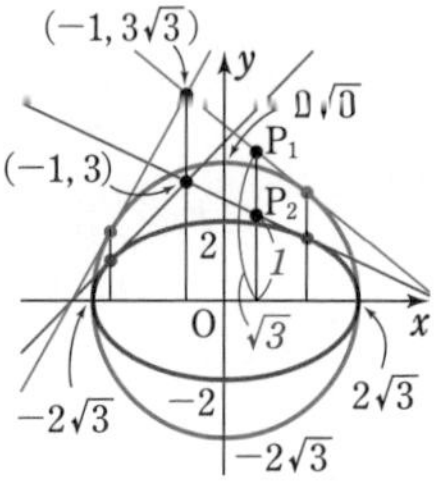

図の点 P_1，P_2 の y 座標をそれぞれ y_1，y_2 とすると

$$y_1=\sqrt{3}\,y_2$$

よって，Ⓐ で y に $\sqrt{3}\,y$ を代入すると，楕円の接線の方程式となる。

重要例題 158　$a=\pm 2$ のとき，求める軌跡上の点は前ページの解答 [2] のように求められる。ここでは，$a\neq\pm 2$ の場合について考える。

点 P を通る楕円の接線の方程式を $y=m(x-a)+b$ …… ② とする。

y 軸方向への 2 倍の拡大により，楕円 $x^2+4y^2=4$ は円 $x^2+y^2=4$ …… ③ に，点 $P(a,\ b)$ は点 $(a,\ 2b)$ に，接線 ② は

直線 $y=2m(x-a)+2b$　◀傾きは 2 倍。

すなわち　直線 $2mx-y+2(b-am)=0$ …… ④　に移る。

直線 ④ は円 ③ に接するから　$\frac{|2(b-am)|}{\sqrt{(2m)^2+(-1)^2}}=2$

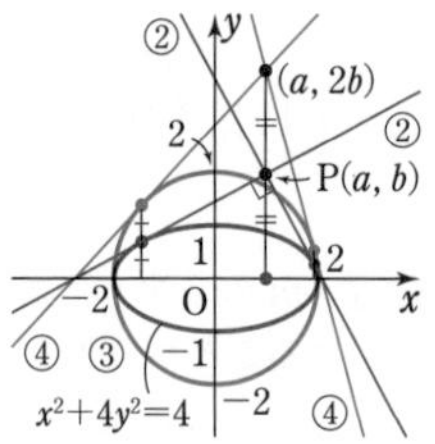

両辺とも 0 以上であるから，平方して整理すると

$$(a^2-4)m^2-2abm+b^2-1=0$$

この m の 2 次方程式の 2 つの解を α，β とすると，$\alpha\beta=-1$ から

$$\frac{b^2-1}{a^2-4}=-1 \quad \text{すなわち} \quad a^2+b^2=5,\ a\neq\pm 2$$

したがって，求める軌跡は　**円 $\boldsymbol{x^2+y^2=5}$**　◀$a=\pm 2$ のときも含めた。

重要例題 159 楕円の2接点を通る直線

楕円 $Ax^2+By^2=1$ に，この楕円の外部にある点 $P(x_0, y_0)$ から引いた2本の接線の2つの接点をQ，Rとする。次のことを示せ。

(1) 直線QRの方程式は $Ax_0x+By_0y=1$ である。

(2) 楕円 $Ax^2+By^2=1$ の外部にあって，直線QR上にある点Sからこの楕円に引いた2本の接線の2つの接点を通る直線 ℓ は，点Pを通る。

p.611 基本事項 1

指針 (1) $Ax_0x+By_0y=1$ は2次曲線の接線の公式に似ている。

似た問題 結果を利用 の方針で，$Q(x_1, y_1)$，$R(x_2, y_2)$ として，まず2本の接線の方程式を求める。

次に，これらが点Pを通ると考える。**異なる2点を通る直線はただ1つ** であることを利用する。

(2) (1)を利用。$S(x_3, y_3)$ として，$Ax_3x+By_3y=1$ が点Pを通ることを示す。

解答

(1) $Q(x_1, y_1)$，$R(x_2, y_2)$ とすると，点Q，Rにおける接線の方程式はそれぞれ

$$Ax_1x+By_1y=1,\quad Ax_2x+By_2y=1$$

これらの2本の接線が点 $P(x_0, y_0)$ を通るとすると

$$Ax_0x_1+By_0y_1=1,\quad Ax_0x_2+By_0y_2=1$$

これは直線 $Ax_0x+By_0y=1$ が2点 $Q(x_1, y_1)$，$R(x_2, y_2)$ を通ることを示している。

ここで，QとRは異なる2点であるから，2点Q，Rを通る直線の方程式は $Ax_0x+By_0y=1$ である。

(2) $S(x_3, y_3)$ とすると，(1)により直線 ℓ の方程式は

$$Ax_3x+By_3y=1$$

一方，点Sは直線QR上にあるから，(1)により

$$Ax_0x_3+By_0y_3=1 \quad すなわち \quad Ax_3x_0+By_3y_0=1$$

これは直線 ℓ が点Pを通ることを示している。

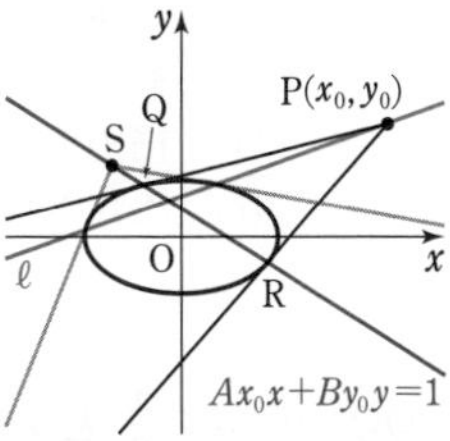

◀2点 $A(a_1, b_1)$，$B(a_2, b_2)$ を通る直線が $px+qy=r$
$\iff pa_1+qb_1=r$ かつ $pa_2+qb_2=r$

検討 極と極線

円・双曲線についても，上の例題の(1)と同じことが成り立つ。一般に，このような直線 $Ax_0x+By_0y=1$ を2次曲線 $Ax^2+By^2=1$ に関する **極線** といい，点 (x_0, y_0) を **極** という。なお，円の場合については，「チャート式基礎からの数学Ⅱ」の $p.163$ 重要例題 **103** 参照。

練習 ④159 双曲線 $x^2-y^2=1$ 上の1点 $P(x_0, y_0)$ から円 $x^2+y^2=1$ に引いた2本の接線の両接点を通る直線を ℓ とする。ただし，$y_0 \neq 0$ とする。

(1) 直線 ℓ は，方程式 $x_0x+y_0y=1$ で与えられることを示せ。

(2) 直線 ℓ は，双曲線 $x^2-y^2=1$ に接することを証明せよ。 〔名古屋市大〕

③**96**　x 軸を準線とし，直線 $y=x$ に点 $(3,\ 3)$ で接している放物線がある。この放物線の焦点の座標は ^{ア}□ であり，方程式は ^{イ}□ である。　〔順天堂大〕 **→151**

③**97**　p を実数とし，$C：4x^2-y^2=1$，$\ell：y=px+1$ によって与えられる双曲線 C と直線 ℓ を考える。C と ℓ が異なる2つの共有点をもつとき
(1)　p の値の範囲を求めよ。
C と ℓ の共有点を，その x 座標が小さい方から順に P_1，P_2 とし，C の2つの漸近線と ℓ の交点を，その x 座標が小さい方から順に Q_1，Q_2 とする。
(2)　線分 P_1P_2 の中点，線分 Q_1Q_2 の中点の座標をそれぞれ求めよ。
(3)　$P_1Q_1=P_2Q_2$ が成り立つことを示せ。　〔類 東京都立大〕 **→152,153**

④**98**　楕円 $E：\dfrac{x^2}{a}+y^2=1$ 上の点 $A(0,\ 1)$ を中心とする円 C が，次の2つの条件を満たしているとき，正の定数 a の値を求めよ。
(i)　楕円 E は円 C とその内部に含まれ，E と C は2点 P，Q で接する。
(ii)　△APQ は正三角形である。　〔早稲田大〕 **→154**

④**99**　$0<\theta<\dfrac{\pi}{2}$ とする。2つの曲線 $C_1：x^2+3y^2=3$，$C_2：\dfrac{x^2}{\cos^2\theta}-\dfrac{y^2}{\sin^2\theta}=2$ の交点のうち，x 座標と y 座標がともに正であるものを P とする。点 P における C_1，C_2 の接線をそれぞれ ℓ_1，ℓ_2 とし，y 軸と ℓ_1，ℓ_2 の交点をそれぞれ Q，R とする。
(1)　点 P，Q，R の座標を求めよ。
(2)　線分 QR の長さの最小値を求めよ。　〔大阪大 改題〕 **→p.611 1**

④**100**　双曲線 $C：\dfrac{x^2}{a^2}-\dfrac{y^2}{b^2}=1\ (a>0,\ b>0)$ の上に点 $P(x_1,\ y_1)$ をとる。ただし，$x_1>a$ とする。点 P における C の接線と2直線 $x=a$ および $x=-a$ の交点をそれぞれ Q，R とする。線分 QR を直径とする円は C の2つの焦点を通ることを示せ。　〔弘前大〕 **→156**

HINT

96　頂点の座標を $(q,\ p)$ とすると，準線の条件から，放物線の方程式は $(x-q)^2=4p(y-p)\ (p\neq 0)$ とおける。
97　(2)　点 P_1，P_2 の x 座標をそれぞれ x_1，x_2 として，解と係数の関係を利用。
(3)　(2)の結果を利用。
98　円 C の半径を r とすると，円 C の方程式は　$x^2+(y-1)^2=r^2$
楕円 E と円 C の方程式から x を消去して得られる y の2次方程式に注目。
99　(1)　まず，交点 P の座標を求める。(2)　(相加平均)≧(相乗平均) を利用。
100　まず，2点 Q，R の座標を x_1，y_1，a，b で表し，題意の円の方程式を求める。

③101　O を原点とする座標平面における曲線 $C:\dfrac{x^2}{4}+y^2=1$ 上に，点 $\mathrm{P}\left(1,\ \dfrac{\sqrt{3}}{2}\right)$ をとる。

(1)　C の接線で，直線 OP に平行なものの方程式を求めよ。

(2)　点 Q が C 上を動くとき，△OPQ の面積の最大値と，最大値を与える点 Q の座標をすべて求めよ。　〔岡山大〕　→157

④102　放物線 $y=\dfrac{3}{4}x^2$ と楕円 $x^2+\dfrac{y^2}{4}=1$ の共通接線の方程式を求めよ。　〔群馬大〕
→158

⑤103　C_1 は $3x^2+2\sqrt{3}xy+5y^2=24$ で表される曲線である。

(1)　C_1 を，原点を中心に反時計回りに $\dfrac{\pi}{6}$ だけ回転して得られる曲線 C_2 の方程式を求めよ。

(2)　C_2 の外部の点 P から引いた 2 本の接線が直交する場合の点 P の軌跡を求めよ。

(3)　C_1 の外部の点 Q から引いた 2 本の接線が直交する場合の点 Q の軌跡を求めよ。　→148, 158

④104　定数 k を $k>1$ として，楕円 $C:\dfrac{k^2}{2}x^2+\dfrac{1}{2k^2}y^2=1$ と C 上の点 $\mathrm{D}\left(\dfrac{1}{k},\ k\right)$ を考える。

(1)　点 D における楕円 C の接線が，x 軸および y 軸と交わる点をそれぞれ E，F とする。点 E，F の座標を k で表せ。

(2)　点 D における楕円 C の法線が，直線 $y=-x$ と交わる点を G とする。点 G の座標を k で表せ。更に，∠EGF の大きさを求めよ。　〔類 同志社大〕　→158

⑤105　直線 $x=4$ 上の点 $\mathrm{P}(4,\ t)\ (t\geqq 0)$ から楕円 $E:x^2+4y^2=4$ に引いた 2 本の接線のなす鋭角を θ とするとき

(1)　$\tan\theta$ を t を用いて表せ。

(2)　θ が最大となるときの t の値を求めよ。　〔類 東京理科大〕

HINT

101　(1)　接点の座標を $(a,\ b)$ として進める。 ! **平行 ⟺ 傾きが一致**

(2)　線分 OP を △OPQ の底辺として考える。

102　接点の座標を $(x_1,\ y_1)$ とし，楕円の接線の方程式を求める。そして，その接線が放物線に接するための条件について考える。

103　(3)　(2) の結果と曲線 C_1，C_2 の関係に注目。

104　(2)　点 D における法線とは，点 D を通り，点 D における接線と直交する直線のこと。∠EGF の大きさについては，直線 GE，GF の傾きに注目。

105　(1)　点 P を通る接線の方程式を $y=m(x-4)+t$ とおく。正接の加法定理を利用。

(2)　$0<\theta<\dfrac{\pi}{2}$ のとき　**θ が最大 ⟺ $\tan\theta$ が最大**

20 2次曲線の性質, 2次曲線と領域

基本事項

1 2次曲線の離心率と準線

楕円・双曲線も，放物線と同じように **定点 F と，F を通らない定直線 ℓ からの距離の比が一定である点の軌跡** として定義できる。すなわち，点 P から ℓ に引いた垂線を PH とするとき **PF：PH$=e$：1（e は正の定数）** を満足する点 P の軌跡は，F を1つの焦点とする2次曲線で，ℓ を **準線**，e を2次曲線の **離心率** という。

このとき，e の値によって，2次曲線は次のように分類される。

$0<e<1$ のとき　楕円，$e=1$ のとき　放物線，$e>1$ のとき　双曲線 ……（＊）

解　説

上の(＊)を確かめてみよう。座標平面上で，ℓ を y 軸 $(x=0)$，F$(c,\ 0)$ $(c>0)$，P$(x,\ y)$ とし，P から y 軸に引いた垂線を PH とすると　$\dfrac{\mathrm{PF}}{\mathrm{PH}}=\dfrac{\sqrt{(x-c)^2+y^2}}{|x|}=e$　　ゆえに　$\sqrt{(x-c)^2+y^2}=e|x|$

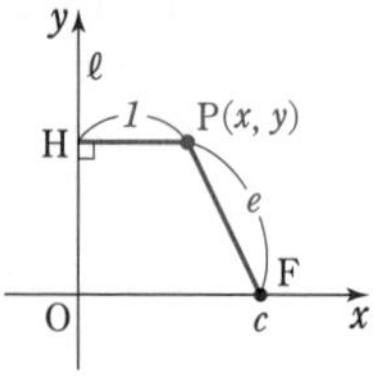

両辺を平方して整理すると　　$(1-e^2)x^2-2cx+y^2+c^2=0$ …… Ⓐ

[1]　**$e=1$ のとき**　Ⓐ から　　$y^2=2c\left(x-\dfrac{c}{2}\right)$ …… ①

曲線①，焦点 F$(c,\ 0)$，$\ell：x=0$ を x 軸方向にそれぞれ $-\dfrac{c}{2}$ だけ平行移動して $c=2p$ とおくと　$\boldsymbol{y^2=4px}$，**F$(p,\ 0)$**，$\boldsymbol{\ell：x=-p}$　となる。

[2]　**$e\neq1$ のとき**　Ⓐ から　　$(1-e^2)\left(x-\dfrac{c}{1-e^2}\right)^2+y^2=\dfrac{(ce)^2}{1-e^2}$ …… ②

曲線②，焦点 F$(c,\ 0)$，$\ell：x=0$ を x 軸方向にそれぞれ $-\dfrac{c}{1-e^2}$ だけ平行移動すると

$(1-e^2)x^2+y^2=\dfrac{(ce)^2}{1-e^2}$，F$\left(\dfrac{-ce^2}{1-e^2},\ 0\right)$，$\ell：x=-\dfrac{c}{1-e^2}$ …… ③

(i)　**$0<e<1$ のとき** $a=\dfrac{ce}{1-e^2}$ …… ④，$b=\dfrac{ce}{\sqrt{1-e^2}}$ …… ⑤ とおくと，③ から

$$\boldsymbol{\frac{x^2}{a^2}+\frac{y^2}{b^2}=1\ (a>b>0),\ \mathrm{F}(-ae,\ 0),\ \ell：x=-\frac{a}{e}}$$

このとき，④，⑤ から c を消去すると　$\boldsymbol{e=\dfrac{\sqrt{a^2-b^2}}{a}}$

(ii)　**$e>1$ のとき** $a=\dfrac{ce}{e^2-1}$，$b=\dfrac{ce}{\sqrt{e^2-1}}$ とおくと，③ から

$$\boldsymbol{\frac{x^2}{a^2}-\frac{y^2}{b^2}=1\ (a>0,\ b>0),\ \mathrm{F}(ae,\ 0),\ \ell：x=\frac{a}{e}}$$

また，このとき　$\boldsymbol{e=\dfrac{\sqrt{a^2+b^2}}{a}}$

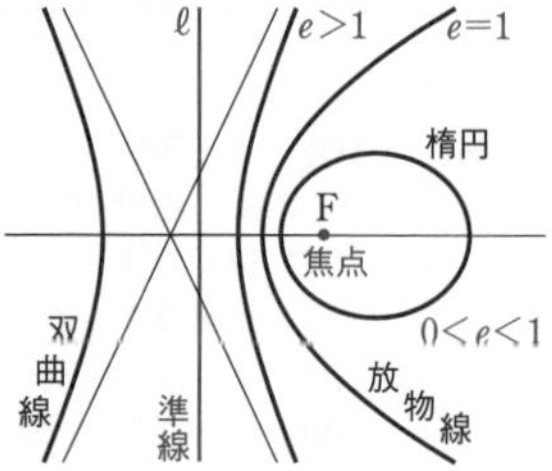

なお，円も2次曲線であるが，他の2次曲線のように，「定点と定直線からの距離の比が一定」という定め方はできない。しかし，例えば便宜上，円の離心率を0とすると，太陽系の惑星についての楕円軌道を考察するときなどに都合がいい。

基本例題 160 2次曲線と軌跡

$a>0$, $a \neq 1$ とする。点 $A(a,\ 0)$ からの距離と直線 $x=\dfrac{1}{a}$ からの距離の比が $a:1$ である点 P の軌跡を求めよ。〔類 慶応大〕

p.622 基本事項 1

指針 前ページの基本事項で，**離心率が a，準線が $x=\dfrac{1}{a}$** の場合にあたる。
点 $P(x,\ y)$ から直線 $x=\dfrac{1}{a}$ に垂線 PH を下ろすと，$PA:PH=a:1$ すなわち
$PA^2=a^2PH^2$ となり，これから **x，y の関係式を導く**。
なお，離心率 a と 1 の大小により，軌跡がどのような曲線になるかは異なる。

CHART 軌跡 **軌跡上の動点 $(x,\ y)$ の関係式を導く**

解答

点 $P(x,\ y)$ から直線 $x=\dfrac{1}{a}$ に下ろした垂線を PH とする。

$PA:PH=a:1$ から　　$PA^2=a^2PH^2$

よって　　$(x-a)^2+y^2=a^2\left(\dfrac{1}{a}-x\right)^2$

ゆえに　　$x^2-2ax+a^2+y^2=1-2ax+a^2x^2$

したがって　　$(1-a^2)x^2+y^2=1-a^2$ …… ①

よって，点 P の軌跡は

$0<a<1$ のとき，① から　　**楕円 $x^2+\dfrac{y^2}{1-a^2}=1$**

$1<a$ のとき，① から　　$(a^2-1)x^2-y^2=a^2-1$

すなわち　**双曲線 $x^2-\dfrac{y^2}{a^2-1}=1$**

◀$PH=\left|\dfrac{1}{a}-x\right|$

◀$PA=aPH$
$\sqrt{\ }$ や絶対値を避けるために，平方した形で扱う。

◀$1-a^2>0$，$1-a^2<0$ の場合に分けて答える。

◀$a^2-1>0$

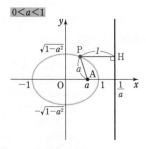

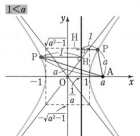

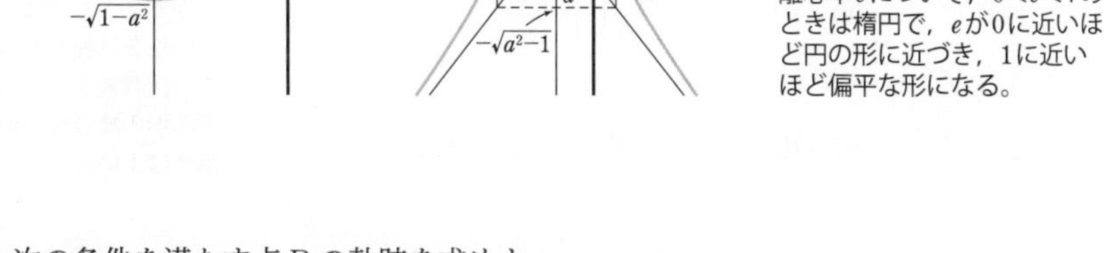

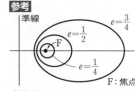

離心率 e について，$0<e<1$ のときは楕円で，e が0に近いほど円の形に近づき，1に近いほど偏平な形になる。

練習 ②160 次の条件を満たす点 P の軌跡を求めよ。
(1) 点 $F(1,\ 0)$ と直線 $x=3$ からの距離の比が $1:\sqrt{3}$ であるような点 P
(2) 点 $F(3,\ 1)$ と直線 $x=\dfrac{4}{3}$ からの距離の比が $3:2$ であるような点 P

p.629 EX106

基本例題 161　2次曲線の性質の証明　①①①①①

楕円上にあって長軸，短軸上にない点Pと短軸の両端を結ぶ2つの直線が，長軸またはその延長と交わる点をそれぞれQ，Rとする。楕円の中心をOとすると，線分OQ，ORの長さの積は一定であることを証明せよ。

指針　2次曲線に関する図形的な性質の証明は，**座標を利用** して計算で示すとよい。
その際，ポイントとなるのは [1] 0を多くとる [2] 対称性を利用する ということであるが，それには **標準形** $\boldsymbol{\frac{x^2}{a^2}+\frac{y^2}{b^2}=1\ (a>b>0)}$ を用いるとよい。
$P(x_1,\ y_1)$ として，点Q，Rの座標をそれぞれ a，b，x_1，y_1 で表す。次に，積 $OQ\cdot OR$ を計算し，その結果が x_1，y_1 を含まない a，b の式で表されることを導く。

CHART　座標の選定　標準形を利用し，計算をらくに

解答

楕円の方程式を $\frac{x^2}{a^2}+\frac{y^2}{b^2}=1$ $(a>b>0)$ とすると，短軸の両端は $B(0,\ b)$，$B'(0,\ -b)$ である。

◀原点が楕円の中心。

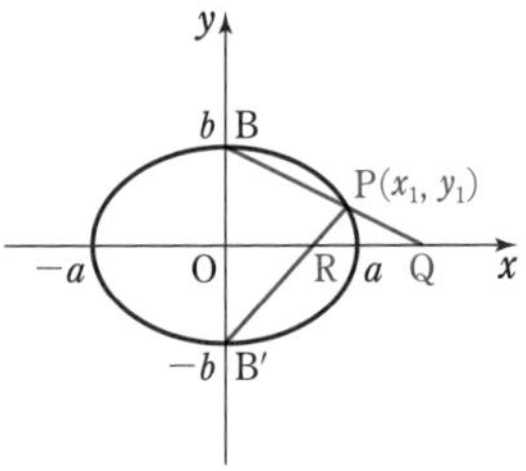

また，$P(x_1,\ y_1)$ とすると

$$\frac{x_1^2}{a^2}+\frac{y_1^2}{b^2}=1 \quad \cdots\cdots ①$$

◀点Pは楕円上にある。

直線BPの方程式は

$$(y_1-b)(x-0)-(x_1-0)(y-b)=0$$

◀2点 $(X_1,\ Y_1)$，$(X_2,\ Y_2)$ を通る直線の方程式は
$\boldsymbol{(Y_2-Y_1)(x-X_1)}$
$\boldsymbol{-(X_2-X_1)(y-Y_1)=0}$

$y=0$ とすると，$y_1 \neq b$ であるから　$x=-\frac{bx_1}{y_1-b}$

よって　$Q\left(-\frac{bx_1}{y_1-b},\ 0\right)$

また，直線B′Pと x 軸との交点Rの座標は，Qの座標で b の代わりに $-b$ とおくと得られるから，その座標は

$$R\left(\frac{bx_1}{y_1+b},\ 0\right)$$

ゆえに　$OQ\cdot OR=\left|-\frac{bx_1}{y_1-b}\right|\cdot\left|\frac{bx_1}{y_1+b}\right|=\left|\frac{b^2x_1^2}{b^2-y_1^2}\right|$

① から　$b^2x_1^2=a^2(b^2-y_1^2)$

よって　$OQ\cdot OR=\left|\frac{a^2(b^2-y_1^2)}{b^2-y_1^2}\right|=a^2$ (一定)

検討
p.601で示したように，2次曲線の方程式は回転移動などによって標準形に直すことができ，移動によって図形の性質は保たれるから，この例題のような問題では**標準形の場合についてのみ**示せばよい。

練習 ③161　双曲線上の任意の点Pから2つの漸近線に垂線PQ，PRを下ろすと，線分の長さの積 $PQ\cdot PR$ は一定であることを証明せよ。

p.629 EX107, 108

基本事項

1 2次曲線と領域

次の不等式で表される領域は，それぞれ図の赤く塗った部分である。ただし，境界線を含まない。 注意 不等式が等号を含む場合は，境界線を含む。

[1] $p>0$ とする。

① $y^2<4px$

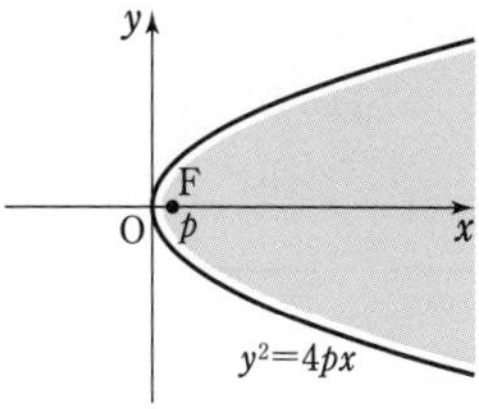

② $y^2>4px$

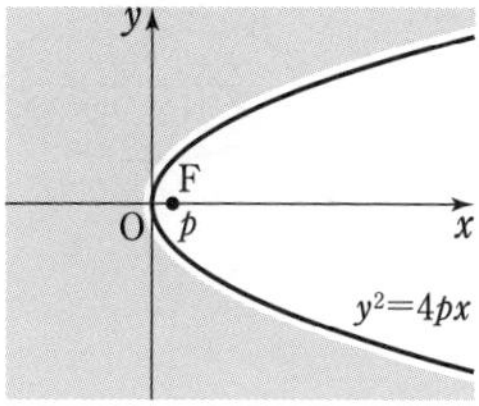

[2] $a>b>0$ とする。

① $\dfrac{x^2}{a^2}+\dfrac{y^2}{b^2}<1$

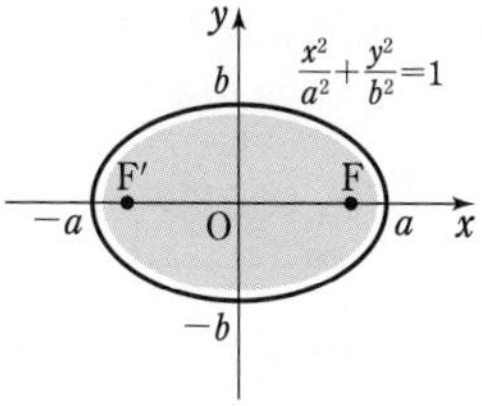

② $\dfrac{x^2}{a^2}+\dfrac{y^2}{b^2}>1$

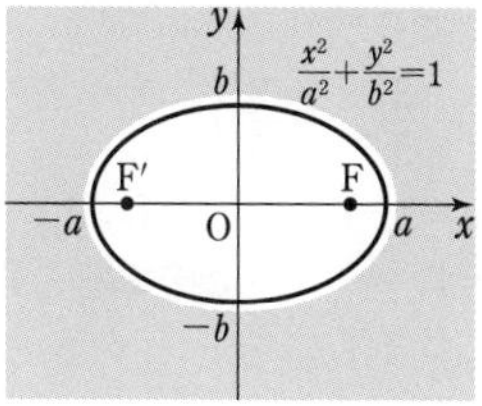

[3] $a>0$，$b>0$ とする。

① $\dfrac{x^2}{a^2}-\dfrac{y^2}{b^2}<1$

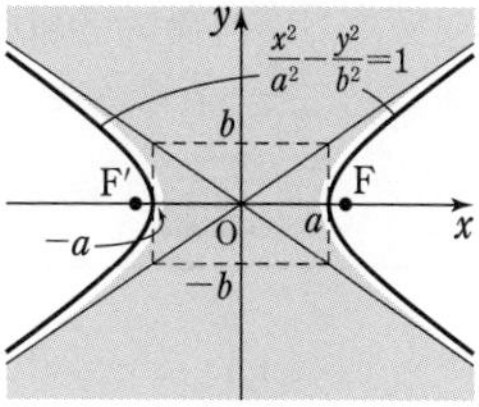

② $\dfrac{x^2}{a^2}-\dfrac{y^2}{b^2}>1$

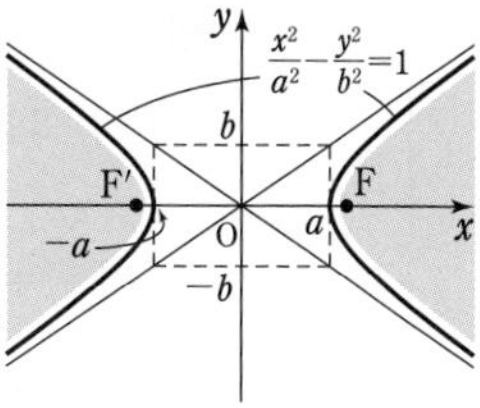

解　説

[1] は，数学Ⅱ(不等式の表す領域)で学習したことと同様。

[2] ① 楕円 $\dfrac{x^2}{a^2}+\dfrac{y^2}{b^2}=1\ (a>b>0)$ …… Ⓐ の内部にある点を $P(x_1,\ y_1)$，直線 $x=x_1$ と楕円 Ⓐ との交点を $Q(x_1,\ y_2)$ とすると，$|y_1|<|y_2|$ から　$\dfrac{{x_1}^2}{a^2}+\dfrac{{y_1}^2}{b^2}<\dfrac{{x_1}^2}{a^2}+\dfrac{{y_2}^2}{b^2}=1$

よって，楕円の内部にある点は不等式を満たす。
また，この逆も成り立つ。

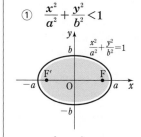

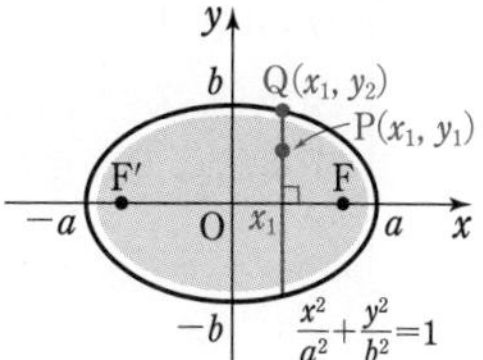

② 楕円 Ⓐ の外部にある点を $(x_1,\ y_1)$ とすると，$|x_1|\leqq a$ のときは上と同様に考えることで，$|x_1|>a$ のときは ${x_1}^2>a^2$ であることから，$\dfrac{{x_1}^2}{a^2}+\dfrac{{y_1}^2}{b^2}>1$ を満たすことがわかる。

[3] ① 双曲線 $\dfrac{x^2}{a^2}-\dfrac{y^2}{b^2}=1\ (a>0,\ b>0)$ …… Ⓑ に対し，上の基本事項 [3] ① の赤い部分にある点 $P(x_1,\ y_1)$ をとる。直線 $y=y_1$ と双曲線 Ⓑ との交点を $Q(x_2,\ y_1)$ とすると，$|x_1|<|x_2|$ から，上の [2] ① の場合と同様にしてわかる。

問　次の不等式の表す領域を図示せよ。

(1) $\dfrac{x^2}{9}+\dfrac{y^2}{4}<1$　　(2) $\dfrac{x^2}{9}-\dfrac{y^2}{4}\geqq 1$

(＊) 問 の解答は $p.721$ にある。

重要例題 162　領域と x，y の1次式の最大・最小

実数 x，y が2つの不等式 $y \leqq x+1$，$x^2+4y^2 \leqq 4$ を満たすとき，$y-2x$ の最大値，最小値を求めよ。

p.625 基本事項 1

指針　連立不等式を考えるときは，**図示が有効** である。まず，条件の不等式の表す領域 F を図示し，$\boldsymbol{f(x,\ y)=k}$ とおいて，図形的に考える。

1　$y-2x=k$ …… Ⓐ とおく。これは，傾き2，y 切片 k の直線。

2　直線 Ⓐ が領域 F と共有点をもつような k の値の範囲を調べる。

⟶ 直線 Ⓐ を平行移動させたときの y 切片の最大値・最小値を求める。

CHART　領域と最大・最小　図示して，$=k$ の直線（曲線）の動きを追う

解答

$y \leqq x+1$，$x^2+4y^2 \leqq 4$ を満たす領域 F は，右の図の斜線部分である。ただし，境界線を含む。

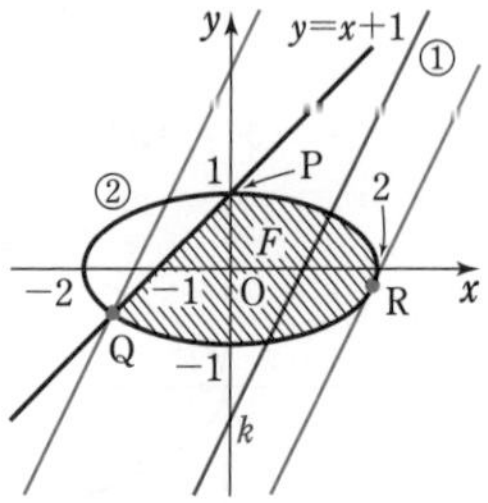

図の点P，Qの座標は，連立方程式 $y=x+1$，$x^2+4y^2=4$ を解くことにより

$$\mathrm{P}(0,\ 1),\ \mathrm{Q}\left(-\frac{8}{5},\ -\frac{3}{5}\right)$$

$y-2x=k$ とおくと　　$y=2x+k$ …… ①

直線①が楕円 $x^2+4y^2=4$ …… ② に接するとき，その接点のうち領域 F に含まれるものを R とする。

①，② から y を消去して整理すると

$$17x^2+16kx+4(k^2-1)=0 \quad \cdots\cdots ③$$

◀ $x^2+4(2x+k)^2=4$

③ の判別式を D とすると

$$\frac{D}{4}=(8k)^2-17\cdot4(k^2-1)=-4(k^2-17)$$

$D=0$ とすると，$k^2-17=0$ から　　$k=\pm\sqrt{17}$

図から，$k=-\sqrt{17}$ のとき，直線①は点Rで楕円②に接する。このとき，$\mathrm{R}(x_1,\ y_1)$ とすると

◀図から，(y 切片 k)<0 となるものが適する。

$$x_1=-\frac{8}{17}\cdot(-\sqrt{17})=\frac{8\sqrt{17}}{17}$$

よって　　$y_1=2\cdot\dfrac{8\sqrt{17}}{17}-\sqrt{17}=-\dfrac{\sqrt{17}}{17}$

◀ x_1 は ③ の重解で $x_1=-\dfrac{8}{17}k$　また $y_1=2x_1+k$ $(k=-\sqrt{17})$

2直線①，$y=x+1$ の傾きについて，$2>1$ であるから，図より k は直線①が，点Qを通るとき最大となり，点Rを通るとき最小となる。

よって　**$x=-\dfrac{8}{5}$，$y=-\dfrac{3}{5}$ のとき最大値 $\dfrac{13}{5}$，**

$x=\dfrac{8\sqrt{17}}{17}$，$y=-\dfrac{\sqrt{17}}{17}$ のとき最小値 $-\sqrt{17}$

◀ $-\dfrac{3}{5}-2\left(-\dfrac{8}{5}\right)=\dfrac{13}{5}$

練習 ④162　実数 x，y が2つの不等式 $x^2+9y^2 \leqq 9$，$y \geqq x$ を満たすとき，$x+3y$ の最大値，最小値を求めよ。

重要例題 163 領域と x, y の 2 次式の最大・最小

連立不等式 $x-2y+3 \geqq 0$, $2x-y \leqq 0$, $x+y \geqq 0$ の表す領域を A とする。
点 (x, y) が領域 A を動くとき, y^2-4x の最大値と最小値を求めよ。

重要 162

指針 領域と最大・最小　図示して, $=k$ の曲線の動きを追う

$y^2-4x=k$ とおくと　$x=\dfrac{y^2}{4}-\dfrac{k}{4}$

これは, 頂点が x 軸上にある放物線を表す。この放物線が領域 A と共有点をもつような頂点の x 座標 $-\dfrac{k}{4}$ のとりうる値の範囲を考える。

解答

領域 A は, 3 点 $(0, 0)$, $(1, 2)$, $(-1, 1)$ を頂点とする三角形の周および内部を表す。

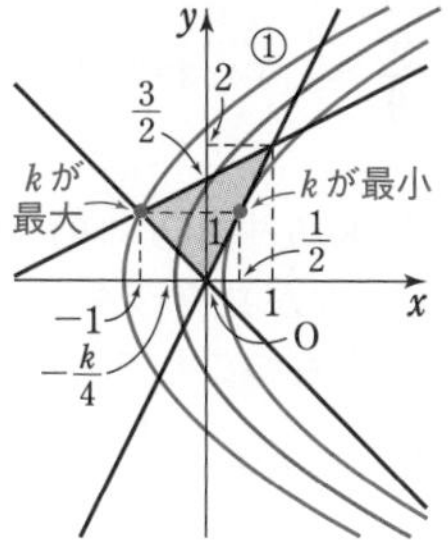

◀ $x-2y+3 \geqq 0$ から $y \leqq \dfrac{1}{2}x+\dfrac{3}{2}$
$2x-y \leqq 0$ から $y \geqq 2x$
$x+y \geqq 0$ から $y \geqq -x$

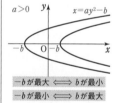

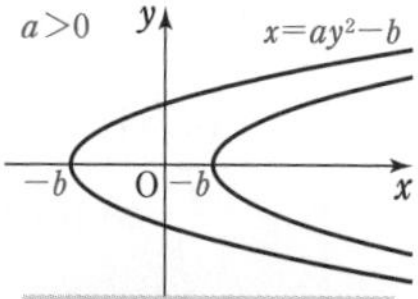

$y^2-4x=k$ とおくと

$$x=\frac{y^2}{4}-\frac{k}{4} \quad \cdots\cdots ①$$

k が最大となるのは $-\dfrac{k}{4}$ が最小となるときである。それは図から,
放物線 ① が点 $(-1, 1)$ を通るときである。
このとき　$k=1^2-4(-1)=5$

また, k が最小となるのは $-\dfrac{k}{4}$ が最大となるときである。
それは図から, 放物線 ① が直線 $y=2x$ と $0 \leqq x \leqq 1$ の範囲で接するときである。
$y=2x$ を ① に代入して整理すると

$$4x^2-4x-k=0 \quad \cdots\cdots ②$$

この 2 次方程式の判別式を D とすると

$$\frac{D}{4}=(-2)^2-4\cdot(-k)=4+4k$$

$D=0$ とすると, $4+4k=0$ から　$k=-1$
このとき, ② の重解は

$$x=-\frac{-2}{4}=\frac{1}{2} \ (0 \leqq x \leqq 1 \text{ を満たす。})$$

◀ 接点の x 座標が $0 \leqq x \leqq 1$ の範囲にあることを確認する。

これを $y=2x$ に代入して　$y=1$
したがって　**$x=-1$, $y=1$ のとき最大値 5 ;**
$x=\dfrac{1}{2}$, $y=1$ のとき最小値 -1

練習 ④163 連立不等式 $x+3y-5 \leqq 0$, $x+y-3 \geqq 0$, $y \geqq 0$ の表す領域を A とする。点 (x, y) が領域 A を動くとき, x^2-y^2 の最大値と最小値を求めよ。

重要例題 164 共有点をもつ点全体の領域図示 ④

双曲線 $\dfrac{x^2}{4}-\dfrac{y^2}{9}=1$ と直線 $y=ax+b$ が共有点をもつような点 $(a,\ b)$ 全体からなる領域 E を ab 平面上に図示せよ。　〔類　北海道大〕

p.625 基本事項 1

指針　双曲線 $\dfrac{x^2}{4}-\dfrac{y^2}{9}=1$ …… Ⓐ と直線 $y=ax+b$ …… Ⓑ が共有点をもつ

$\iff$ Ⓐ と Ⓑ から y を消去して得られる x の方程式が実数解をもつ

このように，実数解条件におき換えて考える。x^2 の項の係数が 0 か 0 でないかで場合分けが必要となる。

なお，2 次方程式の場合は，実数解 $\iff$ 判別式 $D\geqq 0$ を利用する。

解答

$y=ax+b$ を $\dfrac{x^2}{4}-\dfrac{y^2}{9}=1$ すなわち $9x^2-4y^2=36$ に代入して整理すると

$$(4a^2-9)x^2+8abx+4(b^2+9)=0 \quad \cdots\cdots ①$$

双曲線と直線 $y=ax+b$ が共有点をもつための条件は，x の方程式 ① が実数解をもつことである。

（◀ 共有点 $\iff$ 実数解）

[1]　$4a^2-9\neq 0$ すなわち $a\neq\pm\dfrac{3}{2}$ のとき

（◀ x^2 の係数が 0 でないとき。）

2 次方程式 ① の判別式を D とすると　　$D\geqq 0$

$$\frac{D}{4}=(4ab)^2-(4a^2-9)\cdot 4(b^2+9)=36(b^2-4a^2+9)$$

ゆえに，$b^2-4a^2+9\geqq 0$ から　　$4a^2-b^2\leqq 9$

すなわち　　$\dfrac{a^2}{\left(\dfrac{3}{2}\right)^2}-\dfrac{b^2}{3^2}\leqq 1$

（◀ この不等式は，双曲線 $\dfrac{a^2}{\left(\dfrac{3}{2}\right)^2}-\dfrac{b^2}{3^2}=1$ で分けられる 3 つの部分のうち，原点を含む部分を表す。）

[2]　$4a^2-9=0$ すなわち $a=\pm\dfrac{3}{2}$ のとき

① は　　$\pm 12bx+4(b^2+9)=0$

これが実数解をもつための条件は　　$b\neq 0$

（◀ $4(b^2+9)>0$　[2] の結果が表す図形は，2 直線 $a=\pm\dfrac{3}{2}$ から点 $\left(\dfrac{3}{2},\ 0\right)$，$\left(-\dfrac{3}{2},\ 0\right)$ を除いたもの。）

[1]，[2] から，求める領域 E は，**右の図の斜線部分。ただし，境界線は，2 点 $\left(\dfrac{3}{2},\ 0\right)$，$\left(-\dfrac{3}{2},\ 0\right)$ を除き，他はすべて含む。**

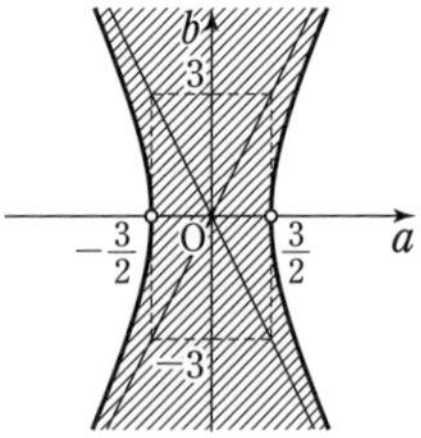

練習 ④164　xy 平面上に定点 A(0, 1) がある。x 軸上に点 P$(t,\ 0)$ をとり，P を中心とし，半径 $\dfrac{1}{2}$AP の円 C を考える。t が実数のとき，円 C の通過する領域を xy 平面上に図示せよ。　〔類　横浜国大〕

p.629 EX109，110

②106　点 $P(x,\ y)$ と定点 $(2,\ 0)$ の距離を a，点 P と y 軸との距離を b とする。点 P が $\dfrac{a}{b}=\sqrt{2}$ という関係を満たしつつ移動するとき，x，y は $\boxed{}=1$ を満たし，点 P の軌跡は双曲線となる。この双曲線の漸近線を求めよ。　〔北里大〕 →160

④107　楕円 $\dfrac{x^2}{a^2}+\dfrac{y^2}{b^2}=1\ (a>0,\ b>0)$ 上に 2 点 A，B がある。原点 O と直線 AB の距離を h とする。$\angle AOB=90^\circ$ のとき，次の問いに答えよ。

(1)　$\dfrac{1}{h^2}=\dfrac{1}{OA^2}+\dfrac{1}{OB^2}$ であることを示せ。

(2)　h は点 A のとり方に関係なく一定であることを示せ。　〔類　東京学芸大〕

→161

③108　p を正の実数とする。放物線 $y^2=4px$ 上の点 Q における接線 ℓ が準線 $x=-p$ と交わる点を A とし，点 Q から準線 $x=-p$ に下ろした垂線と準線 $x=-p$ との交点を H とする。ただし，点 Q の y 座標は正とする。

(1)　点 Q の x 座標を α とするとき，△AQH の面積を，α と p を用いて表せ。

(2)　点 Q における法線が準線 $x=-p$ と交わる点を B とするとき，△AQH の面積は線分 AB の長さの $\dfrac{p}{2}$ 倍に等しいことを示せ。　〔弘前大〕 →161

④109　実数 a に対して，曲線 C_a を方程式 $(x-a)^2+ay^2=a^2+3a+1$ によって定める。

(1)　C_a は a の値と無関係に 4 つの定点を通ることを示し，その 4 定点の座標を求めよ。

(2)　a が正の実数全体を動くとき，C_a が通過する範囲を図示せよ。　〔筑波大〕

→164

④110　a，b を実数とする。直線 $y=ax+b$ と楕円 $\dfrac{x^2}{9}+\dfrac{y^2}{4}=1$ が，y 座標が正の相異なる 2 点で交わるとする。このような点 $(a,\ b)$ 全体からなる領域 D を ab 平面上に図示せよ。　〔香川大〕 →164

HINT

106　距離の条件を式に表す。また　$a^2=2b^2$

107　(1)　△OAB の面積を 2 通りに表す。

(2)　$OA=r_1$，$OB=r_2$，動径 OA の表す角を θ とし，2 点 A，B の座標を r_1，r_2，θ で表す。

108　(1)　点 A，H の座標を求める。

(2)　法線の方程式は接線 ℓ との **(傾きの積)$=-1$** を利用して求める。

109　(1)　a の **恒等式** の問題として解く。

(2)　C_a の方程式から $a=f(x,\ y)$ の形を導き，$a>0$ とする。

110　$a=0$，$a\neq 0$ で場合分け。$a\neq 0$ のときについては，直線と楕円の方程式から x を消去して得られる y の 2 次方程式の解の条件に注目する。

21 媒介変数表示

基本事項

1 媒介変数表示

平面上の曲線が1つの変数，例えば t によって　$\boldsymbol{x=f(t),\ y=g(t)}$
の形に表されたとき，これをその曲線の **媒介変数表示** または **パラメータ表示** といい，t を **媒介変数** または **パラメータ** という。

2 2次曲線の媒介変数表示

円　$x^2+y^2=a^2$　$\begin{cases} \boldsymbol{x=a\cos\theta} \\ \boldsymbol{y=a\sin\theta} \end{cases}$　　放物線　$y^2=4px$　$\begin{cases} \boldsymbol{x=pt^2} \\ \boldsymbol{y=2pt} \end{cases}$

楕　円　$\dfrac{x^2}{a^2}+\dfrac{y^2}{b^2}=1$　$\begin{cases} \boldsymbol{x=a\cos\theta} \\ \boldsymbol{y=b\sin\theta} \end{cases}$　　双曲線　$\dfrac{x^2}{a^2}-\dfrac{y^2}{b^2}=1$　$\begin{cases} \boldsymbol{x=\dfrac{a}{\cos\theta}} \\ \boldsymbol{y=b\tan\theta} \end{cases}$

3 媒介変数表示された曲線の平行移動

曲線 $x=f(t),\ y=g(t)$ を，x 軸方向に p，y 軸方向に q だけ平行移動した曲線は
$\boldsymbol{x=f(t)+p,\ y=g(t)+q}$　で表される。

解　説

■ **媒介変数表示**

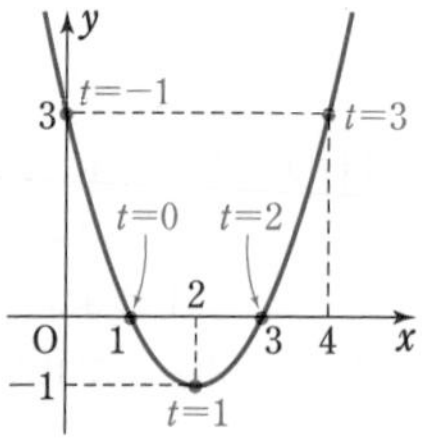

点Pの座標 $x,\ y$ が変数 t によって
$x=t+1,\ y=t^2-2t$ …… ①
と表されたとき，t の値に対する点Pの座標は，例えば
$t=-1 \longrightarrow (0,\ 3),\ t=0 \longrightarrow (1,\ 0),\ t=1 \longrightarrow (2,\ -1),$
$t=\ 2 \longrightarrow (3,\ 0),\ t=3 \longrightarrow (4,\ 3)$　のようになる。
このように，いろいろな t の値に対する点Pを座標平面上にとることによって，点Pの軌跡を描くことができる。
① から t を消去 すると，$t=x-1$ より　$y=(x-1)^2-2(x-1)=x^2-4x+3$
よって，上で描いた曲線は関数 $y=x^2-4x+3$ のグラフであることがわかる。
また，別の表現をすると，① は曲線 $y=x^2-4x+3$ の媒介変数表示である。
なお，媒介変数については，一般角 θ を用いるものもある。
例えば，**原点Oを中心とする半径 $\boldsymbol{a}$ の円** $x^2+y^2=a^2$ …… ②
上の点を $P(x,\ y)$ とし，動径OPの表す角を θ とすると
$\boldsymbol{x=a\cos\theta,\ y=a\sin\theta}$　これは円 ② の媒介変数表示である。

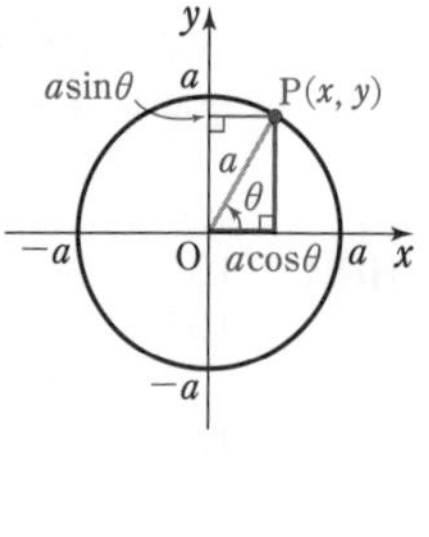

注意　媒介変数による曲線の表示の仕方は1通りではない。
例えば，$x=t,\ y=t^2$ と $x=t+1,\ y=t^2+2t+1$ はどちらも放物線 $y=x^2$ を表す。

問　次の式で表される点 $P(x,\ y)$ は，どのような曲線を描くか。
(1)　$x=t-1,\ y=3t-2$　　(2)　$x=t+2,\ y=t^2-4t+1$

(＊)　問 の解答は $p.721$ にある。

解説

■放物線・楕円・双曲線の媒介変数表示

[1] 放物線の媒介変数表示

[1]
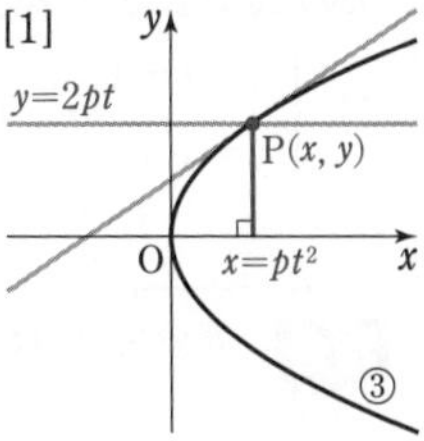

放物線 $y^2=4px$ …… ③ と，x 軸に平行な直線群$^{(*)}$ $y=2pt$ との交点を $P(x,\ y)$ とすると，$(2pt)^2=4px$ から

$x=pt^2$

よって　　$\boldsymbol{x=pt^2,\ y=2pt}$

(＊) $y=2pt$ で，t の値をいろいろ変えると，この方程式はそれに応じていろいろな直線を表す。それらをまとめて **直線群** という。なお，直線群との交点を考えることによる曲線の媒介変数表示は，$p.635$ でも扱っている。

[2] 楕円の媒介変数表示

[2]
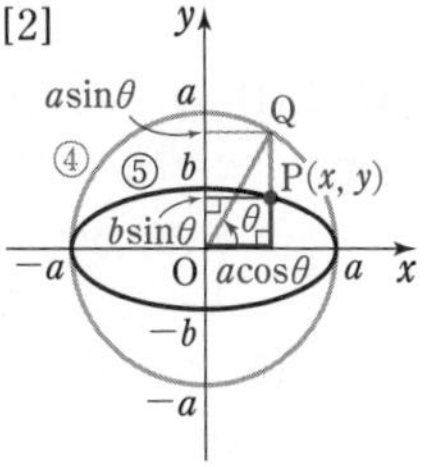

円 $x^2+y^2=a^2$ …… ④，楕円 $\dfrac{x^2}{a^2}+\dfrac{y^2}{b^2}=1$ …… ⑤ について，

楕円 ⑤ は円 ④ を x 軸をもとにして，y 軸方向に $\dfrac{b}{a}$ 倍に拡大または縮小したものである（$p.588$ 参照）。

よって，円 ④ の周上の点 $Q(a\cos\theta,\ a\sin\theta)$ に対し，それを x 軸をもとにして，y 軸方向に $\dfrac{b}{a}$ 倍した点を $P(x,\ y)$ とすると　　$\boldsymbol{x=a\cos\theta},\ \boldsymbol{y}=\dfrac{b}{a}\times a\sin\theta\boldsymbol{=b\sin\theta}$

なお，右の図で，$\angle POx=\theta$ ではないことに注意。

[3] 双曲線の媒介変数表示

[3]
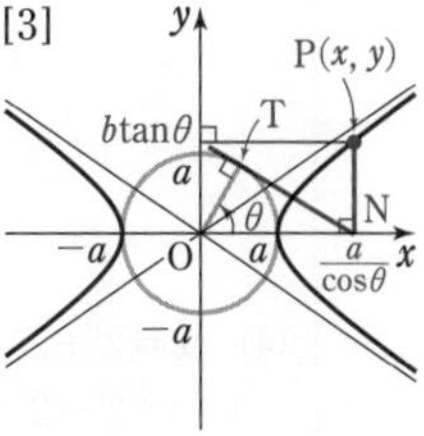

三角関数の相互関係から　　$\tan^2\theta+1=\dfrac{1}{\cos^2\theta}$

ゆえに，$\dfrac{1}{\cos^2\theta}-\tan^2\theta=1$ に注目して $\dfrac{x}{a}=\dfrac{1}{\cos\theta}$，$\dfrac{y}{b}=\tan\theta$ とおくと，点 $P\left(\dfrac{a}{\cos\theta},\ b\tan\theta\right)$ は双曲線 $\dfrac{x^2}{a^2}-\dfrac{y^2}{b^2}=1$ 上を動くことがわかる。

なお，図のように，双曲線上の点 $P(x,\ y)$ から x 軸に垂線 PN を下ろし，N から O を中心，半径を a とする円に接線を引く。このとき，接点を T とすると，θ は動径 OT の表す角である。

◀△NTO において $ON=\dfrac{a}{\cos\theta}$，$OT=a$ であるから $\angle TON=\theta$

注意　双曲線 $\dfrac{x^2}{a^2}-\dfrac{y^2}{b^2}=-1$ の媒介変数表示は

$$\boldsymbol{x=a\tan\theta,\ y=\frac{b}{\cos\theta}}$$

◀$\tan^2\theta-\dfrac{1}{\cos^2\theta}=-1$ に注目。

■曲線の平行移動

媒介変数 t で表された曲線 C：$x=f(t)$，$y=g(t)$ の方程式が $F(x,\ y)=0$ であるとき，$x=f(t)+p$，$y=g(t)+q$ で表される曲線を C' とする。

$f(t)=x-p$，$g(t)=y-q$ であるから　　$F(x-p,\ y-q)=0$

よって，C' は C を **x 軸方向に p，y 軸方向に q だけ平行移動した曲線** であることがわかる。

◀$p.597$ 基本事項 1 参照。

基本例題 165 曲線の媒介変数表示

次の式で表される点 P$(x,\ y)$ は，どのような曲線を描くか。

(1) $\begin{cases} x=t+1 \\ y=\sqrt{t} \end{cases}$　(2) $\begin{cases} x=\cos\theta \\ y=\sin^2\theta+1 \end{cases}$　(3) $\begin{cases} x=3\cos\theta+2 \\ y=4\sin\theta+1 \end{cases}$　(4) $\begin{cases} x=2^t+2^{-t} \\ y=2^t-2^{-t} \end{cases}$

p.630 基本事項 2

指針 媒介変数（t または θ）を消去して，x，y のみの関係式を導く。
└ 一般角 θ で表されたものについては，三角関数の相互関係 $\sin^2\theta+\cos^2\theta=1$ などを利用するとうまくいくことが多い。

(1)，(2)，(4)　**変数 x，y の変域** にも注意。$\sqrt{●}\geqq 0$，$-1\leqq\sin\theta\leqq 1$，$-1\leqq\cos\theta\leqq 1$，$2^●>0$ などの **かくれた条件** にも気をつける。

解答

(1)　$y=\sqrt{t}$ から　　$t=y^2$
$x=t+1$ に代入して　　$x=y^2+1$
また，$y=\sqrt{t}$ で $\sqrt{t}\geqq 0$ であるから　　$y\geqq 0$
よって　　**放物線 $x=y^2+1$ の $y\geqq 0$ の部分**

(2)　$\sin^2\theta=1-\cos^2\theta$ から　$y=(1-\cos^2\theta)+1=2-\cos^2\theta$
$\cos\theta=x$ を代入して　　$y=2-x^2$
また，$-1\leqq\cos\theta\leqq 1$ であるから　　$-1\leqq x\leqq 1$
よって　　**放物線 $y=2-x^2$ の $-1\leqq x\leqq 1$ の部分**

(3)　$x=3\cos\theta+2$，$y=4\sin\theta+1$ から

$$\cos\theta=\frac{x-2}{3},\quad \sin\theta=\frac{y-1}{4}$$

$\sin^2\theta+\cos^2\theta=1$ に代入して

$$\textbf{楕円}\ \frac{(x-2)^2}{9}+\frac{(y-1)^2}{16}=1$$

(4)　$x=2^t+2^{-t}$ から　　$x^2=2^{2t}+2+2^{-2t}$ …… ①
$y=2^t-2^{-t}$ から　　$y^2=2^{2t}-2+2^{-2t}$ …… ②
①−② から　　$x^2-y^2=4$
また，$2^t>0$，$2^{-t}>0$ から　　$2^t+2^{-t}\geqq 2\sqrt{2^t\cdot 2^{-t}}=2$
等号は，$2^t=2^{-t}$ すなわち $t=-t$ から $t=0$ のとき成り立つ。よって　　**双曲線 $\dfrac{x^2}{4}-\dfrac{y^2}{4}=1$ の $x\geqq 2$ の部分**

(2)
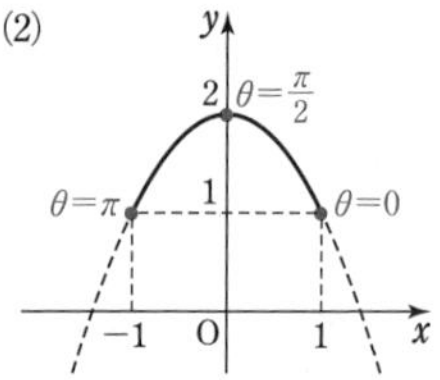

(3)　θ を消去しなくても，$p.630$ 基本事項で学んだことから結果はわかるが，答案では θ を消去する過程も述べておく。

◀ $(2^t)^2=2^{2t}$，$(2^{-t})^2=2^{-2t}$，$2^t\cdot 2^{-t}=2^0=1$

◀ **(相加平均)≧(相乗平均)**
正の式どうしの和については，この条件にも注意。

練習 ①165　次の式で表される点 P$(x,\ y)$ は，どのような曲線を描くか。　〔(6) 類 関西大〕

(1) $\begin{cases} x=2\sqrt{t}+1 \\ y=4t+2\sqrt{t}+3 \end{cases}$　(2) $\begin{cases} x=\sin\theta\cos\theta \\ y=1-\sin 2\theta \end{cases}$

(3) $\begin{cases} x=3t^2 \\ y=6t \end{cases}$　(4) $\begin{cases} x=5\cos\theta \\ y=2\sin\theta \end{cases}$

(5) $x=\dfrac{2}{\cos\theta}$，$y=\tan\theta$　(6) $\begin{cases} x=3^{t+1}+3^{-t+1}+1 \\ y=3^t-3^{-t} \end{cases}$

p.641 EX111

基本例題 166 放物線の頂点が描く曲線など ②②②②②

(1) 放物線 $y=x^2-2(t+1)x+2t^2-t$ の頂点は，t の値が変化するとき，どんな曲線を描くか。

(2) 定円 $x^2+y^2=r^2$ の周上を点 $P(x,\ y)$ が動くとき，座標が $(y^2-x^2,\ 2xy)$ で表される点 Q はある円の周上を動く。その円の中心の座標と半径を求めよ。

p.630 基本事項 2

指針 (1) まず，放物線の方程式を **基本形 $y=a(x-p)^2+q$** に直す。頂点の座標を $(x,\ y)$ とすると，$x=(t$ の式$)$，$y=(t$ の式$)$ と表される。$x=(t$ の式$)$，$y=(t$ の式$)$ から **変数 t を消去して，x，y の関係式を導く。**

(2) **円の媒介変数表示 $x=r\cos\theta$，$y=r\sin\theta$** を利用すると，点 Q の座標 $(X,\ Y)$ も θ で表される。この媒介変数表示から X，Y の関係式を導く。

CHART 媒介変数 消去して，x，y だけの式へ

解答

(1) $y=x^2-2(t+1)x+2t^2-t$

$=\{x^2-2(t+1)x+(t+1)^2\}-(t+1)^2+2t^2-t$

$=\{x-(t+1)\}^2+t^2-3t-1$

よって，放物線の頂点の座標を $(x,\ y)$ とすると

$x=t+1$ …… ①，$y=t^2-3t-1$ …… ②

① から　$t=x-1$

これを ② に代入して　$y=(x-1)^2-3(x-1)-1$

よって　$y=x^2-5x+3$

したがって，頂点は **放物線 $y=x^2-5x+3$** を描く。

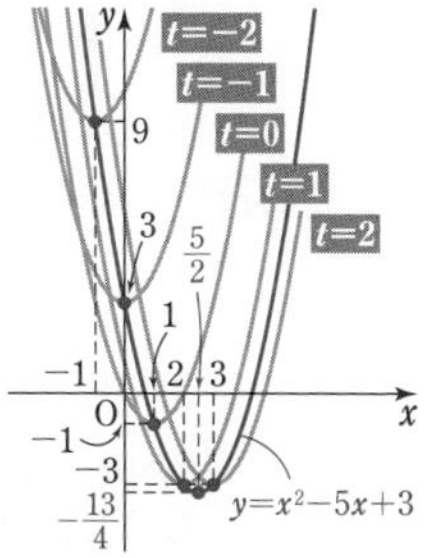

t の値がすべての実数値をとると，① の x の値もすべての実数値をとり，頂点は放物線 $y=x^2-5x+3$ 全体を動く。

(2) $x^2+y^2=r^2$ から，$P(x,\ y)$ とすると

$x=r\cos\theta$，$y=r\sin\theta$ と表される。$Q(X,\ Y)$ とすると

$X=y^2-x^2=r^2(\sin^2\theta-\cos^2\theta)$

$=-r^2(\cos^2\theta-\sin^2\theta)=-r^2\cos2\theta$

$Y=2xy=2r\cos\theta\cdot r\sin\theta=r^2\sin2\theta$

よって　$X^2+Y^2=r^4(\cos^2 2\theta+\sin^2 2\theta)=r^4=(r^2)^2$

ゆえに，点 Q は **点 $(0,\ 0)$ を中心** とする **半径 r^2** の円の周上を動く。

◀X，Y が $=○\cos\triangle$，$=□\sin\triangle$ の形 ⟶ **$\sin^2\triangle+\cos^2\triangle=1$** の活用を考えてみる。

参考 $0\leqq\theta\leqq\pi$ のとき，点 P は円 $x^2+y^2=r^2$ 上を半周，点 Q は円 $x^2+y^2=(r^2)^2$ 上を 1 周する。更に，$\pi\leqq\theta\leqq2\pi$ のとき，点 P は残りの半円上を動き，点 Q は円上をもう 1 周する。

練習 ② 166 (1) 放物線 $y^2-4x+2ty+5t^2-4t=0$ の焦点 F は，t の値が変化するとき，どんな曲線を描くか。

(2) 点 $P(x,\ y)$ が，原点を中心とする半径 1 の円周上を反時計回りに 1 周するとき，点 $Q_1(-y,\ x)$，点 $Q_2(x^2+y^2,\ 0)$ は，原点の周りを反時計回りに何周するか。

［(2) 類 鳥取大］

基本例題 167 媒介変数表示と最大・最小 ③③③③③

楕円 $\dfrac{x^2}{a^2}+\dfrac{y^2}{b^2}=1$ $(0<b<a)$ の第1象限の部分上にある点Pにおける楕円の法線が，x 軸，y 軸と交わる点をそれぞれQ，Rとする。このとき，△OQR（Oは原点）の面積 S のとりうる値の範囲を求めよ。　〔類　立命館大〕

p.630 基本事項 2

指針　点Pにおける法線は，点Pを通り，点Pにおける接線に垂直な直線である。そこで，まず **点Pの座標を媒介変数 θ** で表し，**点Pにおける接線の方程式** を求める。
また，点Pは第1象限の点であるから，**媒介変数 θ の値の範囲** に注意して△OQRの面積 S のとりうる値の範囲を考える。

解答

条件から，$P(a\cos\theta,\ b\sin\theta)$ $\left(0<\theta<\dfrac{\pi}{2}\right)$ と表される。

点Pにおける接線の方程式は　$\dfrac{a\cos\theta}{a^2}x+\dfrac{b\sin\theta}{b^2}y=1$

すなわち　$(b\cos\theta)x+(a\sin\theta)y=ab$ …… ①

① に垂直な直線は，$(a\sin\theta)x-(b\cos\theta)y=c$ （c は定数）と表される。(*) これが点Pを通るとき

$$c=a\sin\theta\cdot a\cos\theta-b\cos\theta\cdot b\sin\theta=(a^2-b^2)\sin\theta\cos\theta$$

よって，点Pにおける法線の方程式は

$$(a\sin\theta)x-(b\cos\theta)y=(a^2-b^2)\sin\theta\cos\theta \quad \cdots\cdots ②$$

② において，$y=0$，$x=0$ とそれぞれおくことにより

$$x=\frac{a^2-b^2}{a}\cos\theta,\quad y=-\frac{a^2-b^2}{b}\sin\theta$$

ゆえに　$Q\left(\dfrac{a^2-b^2}{a}\cos\theta,\ 0\right)$，$R\left(0,\ -\dfrac{a^2-b^2}{b}\sin\theta\right)$

ここで，$0<b<a$，$\sin\theta>0$，$\cos\theta>0$ より，

$\dfrac{a^2-b^2}{a}\cos\theta>0$，$-\dfrac{a^2-b^2}{b}\sin\theta<0$ であるから

$$S=\frac{1}{2}\cdot OQ\cdot OR=\frac{1}{2}\cdot\frac{a^2-b^2}{a}\cos\theta\cdot\frac{a^2-b^2}{b}\sin\theta$$
$$=\frac{(a^2-b^2)^2}{2ab}\sin\theta\cos\theta=\frac{(a^2-b^2)^2}{4ab}\sin 2\theta$$

$0<\theta<\dfrac{\pi}{2}$ より，$0<2\theta<\pi$ であるから　$0<\sin 2\theta\leqq 1$

したがって　$\boldsymbol{0<S\leqq\dfrac{(a^2-b^2)^2}{4ab}}$

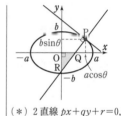

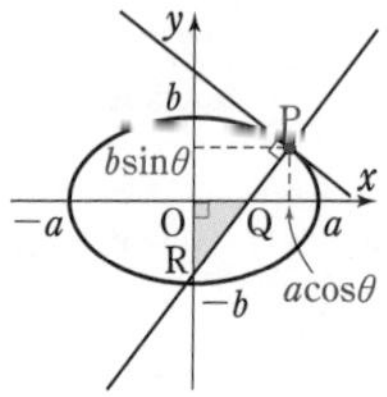

(*) 2直線 $px+qy+r=0$，$qx-py+r'=0$ は互いに垂直である。
なお，点 $(x_1,\ y_1)$ を通り，直線 $px+qy+r=0$ に垂直な直線の方程式は
$\boldsymbol{q(x-x_1)-p(y-y_1)=0}$
このことを用いて ② を導いてもよい。

◀ $b^2<a^2$

◀ $OR=\dfrac{a^2-b^2}{b}\sin\theta$

◀ $\boldsymbol{\sin\theta\cos\theta=\dfrac{\sin 2\theta}{2}}$

◀ $2\theta=\dfrac{\pi}{2}$ すなわち $\theta=\dfrac{\pi}{4}$ のとき S は最大となる。

練習 ③167　実数 x，y が $2x^2+3y^2=1$ を満たすとき，x^2-y^2+xy の最大値と最小値を求めよ。　〔類　早稲田大〕

基本事項

1 いろいろな媒介変数表示 [1]～[3] では点 $(-a,\ 0)$ を除く。

[1] **円** $x^2+y^2=a^2$ 　　$\boldsymbol{x=\dfrac{a(1-t^2)}{1+t^2}},\ \boldsymbol{y=\dfrac{2at}{1+t^2}}$

[2] **楕円** $\dfrac{x^2}{a^2}+\dfrac{y^2}{b^2}=1$ 　　$\boldsymbol{x=\dfrac{a(1-t^2)}{1+t^2}},\ \boldsymbol{y=\dfrac{2bt}{1+t^2}}$

[3] **双曲線** $\dfrac{x^2}{a^2}-\dfrac{y^2}{b^2}=1$ 　　$\boldsymbol{x=\dfrac{a(1+t^2)}{1-t^2}},\ \boldsymbol{y=\dfrac{2bt}{1-t^2}}$ 　$(\boldsymbol{t^2\neq 1})$

[4] **サイクロイド** 　　$\boldsymbol{x=a(\theta-\sin\theta)},\ \boldsymbol{y=a(1-\cos\theta)}$

解　説

円，楕円，双曲線の媒介変数表示には，$p.630$ で学んだもの以外にも，上のような表し方がある。

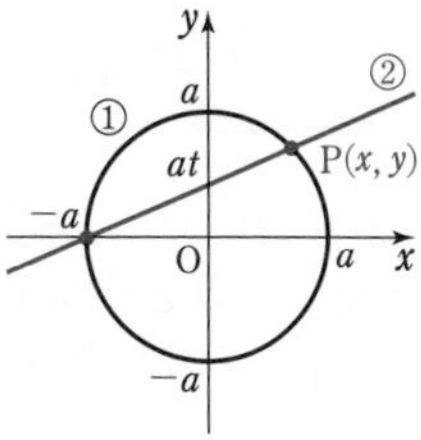

[1] 円 $x^2+y^2=a^2\ (a>0)$ …… ① と，点 $(-a,\ 0)$ を通る傾き t の直線群 $y=t(x+a)$ …… ② との交点を $\mathrm{P}(x,\ y)$ とする。

② を ① に代入すると 　$x^2-a^2+t^2(x+a)^2=0$

ゆえに 　$(x+a)\{(1+t^2)x-a(1-t^2)\}=0$

$x\neq -a$ であるから 　$x=\dfrac{a(1-t^2)}{1+t^2}$ 　　このとき 　$y=\dfrac{2at}{1+t^2}$

これは円 ① から点 $(-a,\ 0)$ を除いた部分の媒介変数表示である。

なお，このことは，三角関数の公式 　$\boldsymbol{\tan\dfrac{\theta}{2}=t}$ **のとき**

$$\sin\theta=\frac{2t}{1+t^2},\ \cos\theta=\frac{1-t^2}{1+t^2},\ \tan\theta=\frac{2t}{1-t^2}\quad (t\neq\pm 1)$$

を利用して，$p.630$ 基本事項の公式を変形することによっても導かれる。(各自，[1]～[3] の各場合について試してみよ。)

◀$\theta=2\cdot\dfrac{\theta}{2}$ として，2倍角の公式を利用。(「チャート式基礎からの数学Ⅱ」$p.248$ 基本例題 **154** (2))

■ サイクロイド

円(半径 a)が定直線(x 軸)に接しながら，滑ることなく回転するとき，円周上の定点 P が描く曲線を **サイクロイド** という。

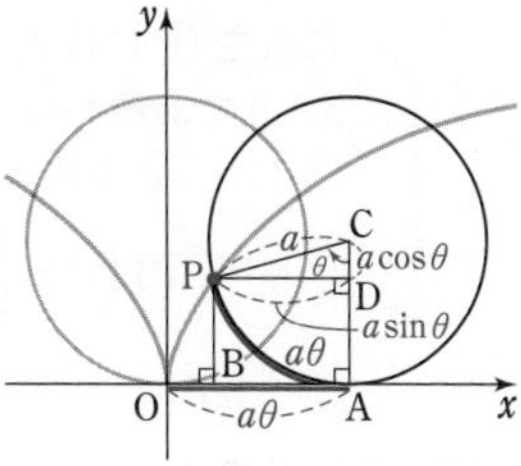

点 P の最初の位置を原点 O とし，原点 O で x 軸に接する半径 a の円 C が角 θ だけ回転して，右の図のように，x 軸に点 A で接する位置にきたとき，$\mathrm{P}(x,\ y)$ とすると

$\mathrm{OA}=\overset{\frown}{\mathrm{AP}}=a\theta$

$x=\mathrm{OB}=\mathrm{OA}-\mathrm{BA}=a\theta-a\sin\theta$

$y=\mathrm{BP}=\mathrm{AD}=\mathrm{AC}-\mathrm{DC}=a-a\cos\theta$

すなわち 　$\boldsymbol{x=a(\theta-\sin\theta)},\ \boldsymbol{y=a(1-\cos\theta)}$ 　←θ を消去することはできない。

これがサイクロイドの媒介変数表示である。

サイクロイドの概形は右図のようになり，

$0\leqq x\leqq 2\pi a,\ 2\pi a\leqq x\leqq 4\pi a,$ ……

で同じ形が繰り返される。

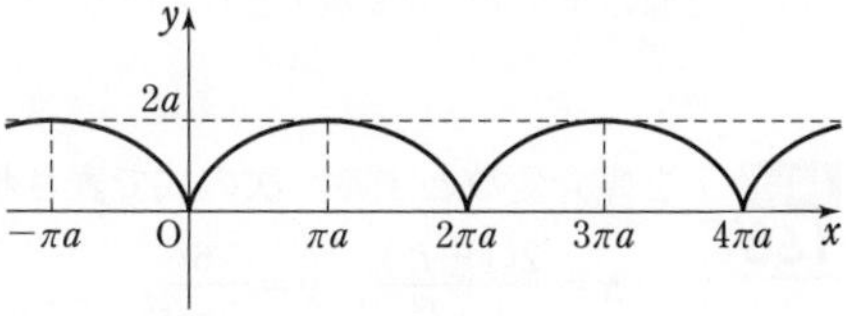

なお，例えば，自転車の車輪の一部に蛍光塗料を塗り，夜走っているのを見ると，サイクロイドが現れる。

基本 例題 168 直線群と媒介変数表示

(1) 双曲線 $x^2-y^2=1$ と直線 $y=-x+t$ との交点を考えて，この双曲線を媒介変数 t を用いて表せ。

(2) t を媒介変数とする。$x=\dfrac{3}{1+t^2}$，$y=\dfrac{3t}{1+t^2}$ で表された曲線はどのような図形を表すか。

p.635 基本事項 1

指針 (1) x，y を t で表すために，2つの方程式を x，y の連立方程式とみる。
ここで，交点が存在するためには，双曲線の漸近線の1つが直線 $y=-x$ であることから，直線 $y=-x+t$ で $t\neq0$ となることも必要。

(2) $x=\dfrac{3}{1+t^2}$ から t を x で表して，y の式に代入するのでは大変。ここでは，

$\boldsymbol{y}=\dfrac{3t}{1+t^2}=t\cdot\dfrac{3}{1+t^2}=\boldsymbol{tx}$ とみることがポイント。

解答

(1) $x^2-y^2=1$ …… ①，$y=-x+t$ …… ② とする。
② を ① に代入して整理すると　$2tx=t^2+1$
双曲線と直線の交点が存在するためには　$t\neq0$(*)
ゆえに　$x=\dfrac{t^2+1}{2t}$
これを ② に代入して　$y=-\dfrac{t^2+1}{2t}+t=\dfrac{t^2-1}{2t}$
したがって　$\boldsymbol{x=\dfrac{t^2+1}{2t}}$，$\boldsymbol{y=\dfrac{t^2-1}{2t}}$

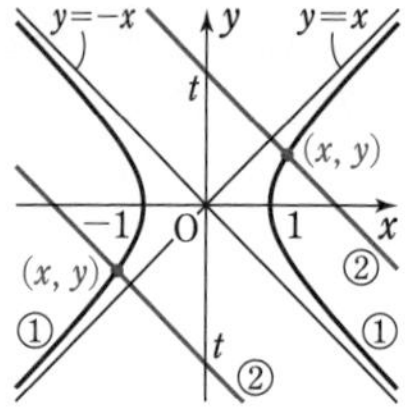

(＊) $2tx=t^2+1$ で $t=0$ とすると $0=1$ となり，矛盾が生じることから，$t\neq0$ を導いてもよい。

(2) $x=\dfrac{3}{1+t^2}$ …… ①，$y=\dfrac{3t}{1+t^2}$ …… ② とする。
① を ② に代入して　$y=tx$
① より，$x\neq0$ であるから　$t=\dfrac{y}{x}$
これを ① に代入して整理すると　$x(x^2+y^2-3x)=0$
$x\neq0$ であるから　$x^2+y^2-3x=0$ …… ③
③ に $x=0$ を代入すると　$y=0$
よって，**円 $\left(x-\dfrac{3}{2}\right)^2+y^2=\dfrac{9}{4}$ の点 (0, 0) を除いた部分。**

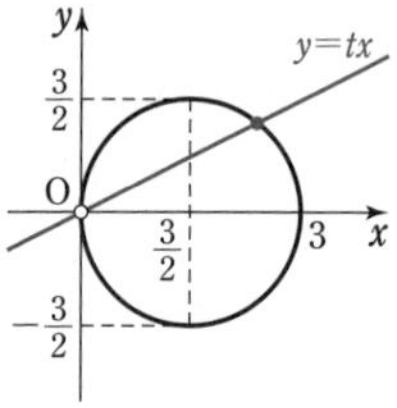

注意 例題(1)では，双曲線の漸近線に平行な直線 $y=-x+t$ ($t\neq0$) と双曲線は交点を1つだけもつ。この性質を利用し，直線の y 切片を媒介変数 t として，双曲線を表している。
例題(2)の ①，② は，円と原点を通る直線 $y=tx$ の交点に注目すると導かれる円の媒介変数表示で，直線の傾きを媒介変数 t としている。$t\neq0$ のとき，直線と円 ③ は交点を1つだけもつ。

練習 ② 168 t を媒介変数とする。次の式で表された曲線はどのような図形を表すか。

(1) $x=\dfrac{2(1+t^2)}{1-t^2}$，$y=\dfrac{6t}{1-t^2}$　　(2) $x\sin t=\sin^2t+1$，$y\sin^2t=\sin^4t+1$

p.641 EX 112, 113

重要例題 169 エピサイクロイドの媒介変数表示 ④

半径 b の円 C が，原点 O を中心とする半径 a の定円 O に外接しながら滑ることなく回転するとき，円 C 上の定点 $\mathrm{P}(x,\ y)$ が，初め定円 O の周上の定点 $\mathrm{A}(a,\ 0)$ にあったものとして，点 P が描く曲線を媒介変数 θ で表せ。ただし，円 C の中心 C と O を結ぶ線分の，x 軸の正方向からの回転角を θ とする。

p.638 参考事項

指針 まず，**図をかいてみる。ベクトルを利用** して，$\overrightarrow{\mathrm{OP}}=\overrightarrow{\mathrm{OC}}+\overrightarrow{\mathrm{CP}}$ と考えるとよい。
$\overrightarrow{\mathrm{CP}}$ の成分を求めるには，線分 CP の，**x 軸の正方向からの回転角を θ で表す** ことが必要となる。
与えられた条件から，2 円 O，C の接点を Q とすると $\overset{\frown}{\mathrm{AQ}}=\overset{\frown}{\mathrm{PQ}}$ であることに注目。

解答

定円 O と円 C の接点を Q とする。
与えられた条件より $\overset{\frown}{\mathrm{AQ}}=\overset{\frown}{\mathrm{PQ}}$ であるから

$$\overset{\frown}{\mathrm{PQ}}=a\theta \quad \cdots\cdots \text{①}$$

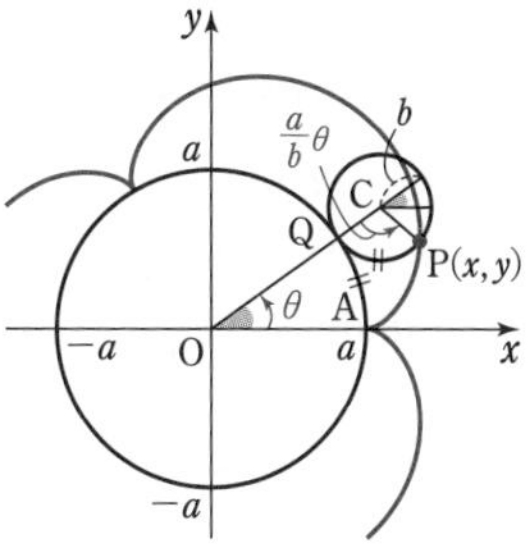

よって，線分 CP の，線分 CQ からの回転角を $\angle \mathrm{QCP}=\theta'$ とすると $\overset{\frown}{\mathrm{PQ}}=b\theta'$ …… ②

①，② から　$a\theta=b\theta'$

すなわち　$\theta'=\dfrac{a}{b}\theta$

よって，線分 CP の，x 軸の正方向からの回転角は

$$\theta+\pi+\frac{a}{b}\theta=\pi+\frac{a+b}{b}\theta$$

ゆえに　$\overrightarrow{\mathrm{OP}}=(x,\ y)$,

$$\overrightarrow{\mathrm{OC}}=((a+b)\cos\theta,\ (a+b)\sin\theta),$$

$$\overrightarrow{\mathrm{CP}}=\left(b\cos\left(\pi+\frac{a+b}{b}\theta\right),\ b\sin\left(\pi+\frac{a+b}{b}\theta\right)\right)$$

$$=\left(-b\cos\frac{a+b}{b}\theta,\ -b\sin\frac{a+b}{b}\theta\right)$$

$\overrightarrow{\mathrm{OP}}=\overrightarrow{\mathrm{OC}}+\overrightarrow{\mathrm{CP}}$ から

$$\begin{cases}\boldsymbol{x=(a+b)\cos\theta-b\cos\dfrac{a+b}{b}\theta}\\[2mm] \boldsymbol{y=(a+b)\sin\theta-b\sin\dfrac{a+b}{b}\theta}\end{cases}$$

◀半径 r の円の，中心角 θ（ラジアン）に対する弧の長さは　$\boldsymbol{r\theta}$

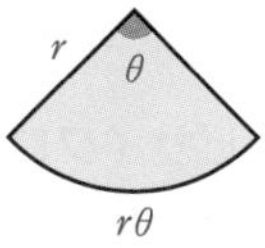

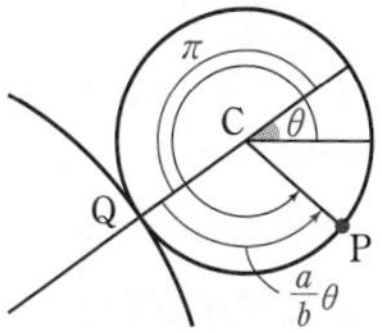

◀$\cos(\pi+\alpha)=-\cos\alpha$
$\sin(\pi+\alpha)=-\sin\alpha$

注意　この例題で，点 P が描く図形を **エピサイクロイド** という。また，下の練習 169 で点 P の描く図形を **ハイポサイクロイド** という。
なお，これらの曲線については，次ページも参照。

練習 ④169　$a>2b$ とする。半径 b の円 C が原点 O を中心とする半径 a の定円 O に内接しながら滑ることなく回転していく。円 C 上の定点 $\mathrm{P}(x,\ y)$ が，初め定円 O の周上の定点 $\mathrm{A}(a,\ 0)$ にあったものとして，円 C の中心 C と原点 O を結ぶ線分の，x 軸の正方向からの回転角を θ とするとき，点 P が描く曲線を媒介変数 θ で表せ。

p.641 EX114

参考事項 サイクロイドの拡張

サイクロイド($p.635$)に関連した曲線には，次のようなものがある。

●トロコイド

半径 a の円が定直線(x 軸)上を滑ることなく回転するとき，円の中心から距離 b の位置にある定点Pが描く曲線を **トロコイド** という。特に，$a=b$ のとき，点Pは円の周上にあり，Pが描く曲線はサイクロイドである。

トロコイドの媒介変数表示は　$\boldsymbol{x=a\theta-b\sin\theta}$，$\boldsymbol{y=a-b\cos\theta}$　……（＊）　となる。

$a \neq b$ のとき，トロコイドの概形は，図の曲線 C のようになる（周期はいずれも $2\pi a$）。

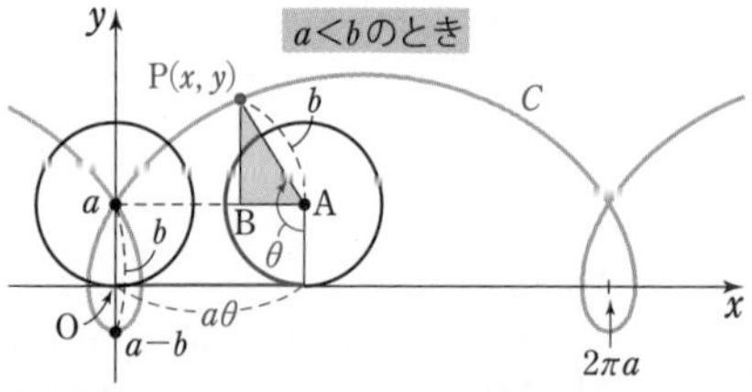

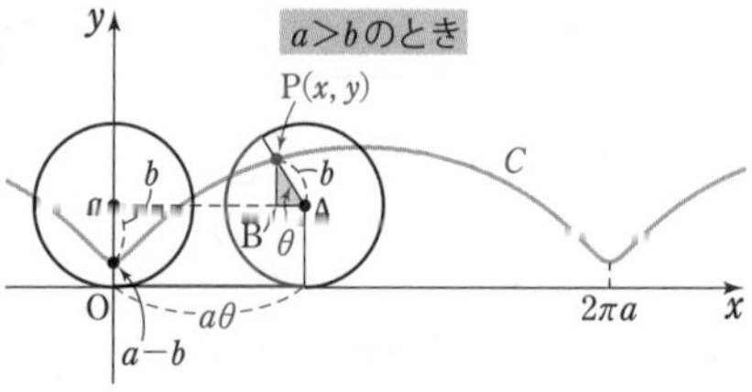

(＊)は，例えば上の図で，P(x, y) として直角三角形 APB に注目すると，

$x=a\theta-b\cos\left(\theta-\dfrac{\pi}{2}\right)$，$y=a+b\sin\left(\theta-\dfrac{\pi}{2}\right)$ であることから，導くことができる。

●エピサイクロイド，ハイポサイクロイド

← 前ページの重要例題 169，練習 169 で学習。

半径 b の円 C が，原点を中心とする半径 a の定円に外接しながら滑ることなく回転するとき，円 C 上の定点Pが描く曲線を **エピサイクロイド**（外サイクロイド）という。また，半径 b の円 C が，原点を中心とする半径 a の定円に内接しながら滑ることなく回転するとき，円 C 上の定点Pが描く曲線を **ハイポサイクロイド**（内サイクロイド）という。前ページで学んだように，これらの曲線の媒介変数表示は，次のようになる。

・エピサイクロイド

$$\begin{cases} \boldsymbol{x=(a+b)\cos\theta-b\cos\dfrac{a+b}{b}\theta} \\ \boldsymbol{y=(a+b)\sin\theta-b\sin\dfrac{a+b}{b}\theta} \end{cases}$$

例えば，$a=b$，$a=2b$ のときのエピサイクロイドの概形は次のようになる。

$a=b$ のとき

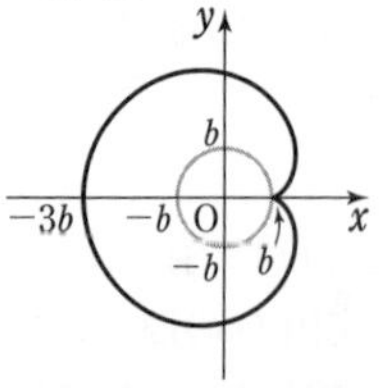

$a=2b$ のとき

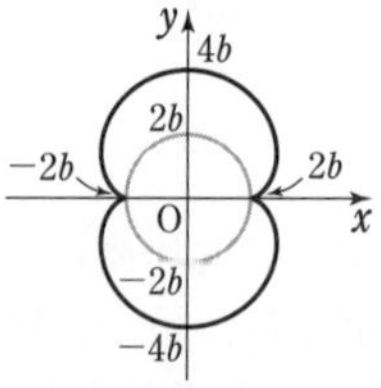

注意　$a=b$ の場合，この曲線を **カージオイド** または **心臓形** という。

・ハイポサイクロイド

$$\begin{cases} \boldsymbol{x=(a-b)\cos\theta+b\cos\dfrac{a-b}{b}\theta} \\ \boldsymbol{y=(a-b)\sin\theta-b\sin\dfrac{a-b}{b}\theta} \end{cases}$$

例えば，$a=3b$，$a=4b$ のときのハイポサイクロイドの概形は次のようになる。

$a=3b$ のとき

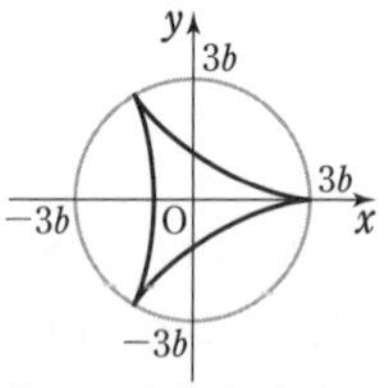

$a=4b$ のとき

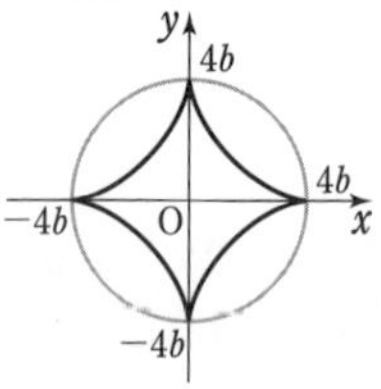

注意　$a=4b$ の場合，この曲線を **アステロイド** または **星芒形**（せいぼう）という。

重要例題 170 半直線上の点の軌跡 ④

O は原点とする。点 P が円 $x^2+y^2-2x+2y-2=0$ の周上を動くとき，半直線 OP 上にあって，OP・OQ=1 を満たす点 Q の軌跡を求めよ。

数学Ⅱ p.184，185

指針 2 点 P，Q は，原点 O を端点とする半直線上にあるから

$\angle \mathrm{PO}x=\angle \mathrm{QO}x$

そこで，OP$=p$，OQ$=q$ ($p>0$，$q>0$) とすると，1 つの媒介変数 θ を用いて　P$(p\cos\theta,\ p\sin\theta)$，Q$(q\cos\theta,\ q\sin\theta)$ と表される。また，条件 OP・OQ=1 は $pq=1$ と同値である。

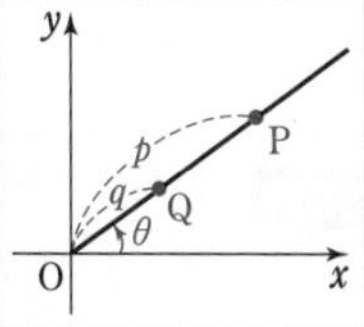

解答

OP$=p$，OQ$=q$ とし，半直線 OP が x 軸の正の向きとなす角を θ とすると　P$(p\cos\theta,\ p\sin\theta)$

また　Q$(q\cos\theta,\ q\sin\theta)$

OP・OQ=1 であるから　$pq=1$ …… ①

点 P は円 $x^2+y^2-2x+2y-2=0$ …… Ⓐ の周上にあるから　$p^2\cos^2\theta+p^2\sin^2\theta-2p\cos\theta+2p\sin\theta-2=0$

両辺に q^2 を掛けると

$p^2q^2\cos^2\theta+p^2q^2\sin^2\theta-2pq\cdot q\cos\theta+2pq\cdot q\sin\theta-2q^2=0$

① を代入して　$\cos^2\theta+\sin^2\theta-2q\cos\theta+2q\sin\theta-2q^2=0$

Q$(x,\ y)$ とすると，$q\cos\theta=x$，$q\sin\theta=y$，$q^2=x^2+y^2$ であるから　$1-2x+2y-2(x^2+y^2)=0$

ゆえに，点 Q の軌跡は

円 $2x^2+2y^2+2x-2y-1=0$ …… Ⓑ

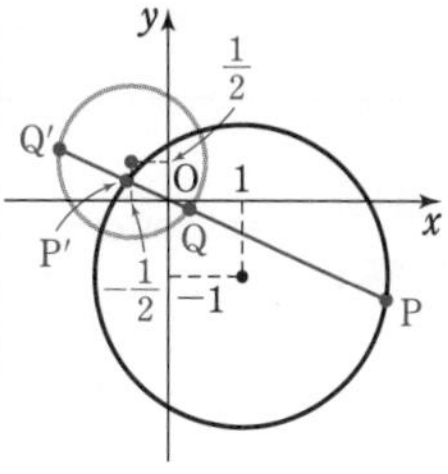

点 P が円 $(x-1)^2+(y+1)^2=4$ の周上を動くとき，点 Q は円 $\left(x+\frac{1}{2}\right)^2+\left(y-\frac{1}{2}\right)^2=1$ の周上を動く。

検討 **複素数平面の利用**

$p.543$ の 検討 で学んだ **反転** の考えを利用すると，上の例題は，単位円に関する反転による円 Ⓐ の反形を求める問題である，といえる。$p.543$ で学んだことを利用すると，次のような複素数平面を利用した解答も考えられる。

別解　複素数平面上で考え，P(z)，Q(w) とすると，

$w=\dfrac{1}{z}$　すなわち　$z=\dfrac{1}{w}$ …… ②　が成り立つ。　◀$p.543$ 検討 と同様。

Ⓐ は $(x-1)^2+(y+1)^2=2^2$ と表されるから，複素数平面上における円 Ⓐ の方程式は　$|z-(1-i)|=2$ …… ③

すなわち，z は ③ を満たすから，③ に ② を代入して　$\left|\dfrac{1}{w}-(1-i)\right|=2$

よって　$|1-(1-i)\overline{w}|=2|\overline{w}|$　ゆえに　$|(1+i)w-1|=2|w|$ …… ④

④ の両辺を平方したものに，$w=x+yi$ を代入して整理すると，Ⓑ が導かれる。

練習 ④170 xy 平面上に円 C_1：$x^2+y^2-2x=0$，C_2：$x^2+y^2-x=0$ がある。原点 O を除いた円 C_1 上を動く点 P に対して，直線 OP と円 C_2 の交点のうち O 以外の点を Q とし，点 Q と x 軸に関して対称な点を Q′ とする。このとき，線分 PQ′ の中点 M の軌跡を表す方程式を求め，その概形を図示せよ。　〔大阪府大〕

p.641 EX115

重要例題 171 $w=z+\frac{a^2}{z}$ の表す図形(2)

④④④④④

z を0でない複素数とし，x，y を $z+\frac{1}{z}=x+yi$ を満たす実数，α を $0<\alpha<\frac{\pi}{2}$ を満たす定数とする。z が偏角 α の複素数全体を動くとき，xy 平面上の点 $(x,\ y)$ の軌跡を求めよ。

〔類 京都大〕 重要 116

指針 偏角 α の範囲が条件であるから，**極形式 $z=r(\cos\alpha+i\sin\alpha)$** $(r>0)$ を利用。

1 $z+\frac{1}{z}$ を●+■i の形に表すことにより，x，y をそれぞれ r，α で表す。

2 **つなぎの文字 r を消去** して，x，y だけの関係式を導く。なお，$r>0$ や $0<\alpha<\frac{\pi}{2}$ により，x の値の範囲に制限がつくことに注意。

解答

$z=r(\cos\alpha+i\sin\alpha)$ $\left(r>0,\ 0<\alpha<\frac{\pi}{2}\right)$ とすると

$$z+\frac{1}{z}=r(\cos\alpha+i\sin\alpha)+\frac{1}{r}(\cos\alpha-i\sin\alpha)$$
$$=\left(r+\frac{1}{r}\right)\cos\alpha+i\left(r-\frac{1}{r}\right)\sin\alpha$$

ゆえに　$x=\left(r+\frac{1}{r}\right)\cos\alpha,\ y=\left(r-\frac{1}{r}\right)\sin\alpha$

$0<\alpha<\frac{\pi}{2}$ であるから　$\cos\alpha>0,\ \sin\alpha>0$

よって　$r+\frac{1}{r}=\frac{x}{\cos\alpha},\ r-\frac{1}{r}=\frac{y}{\sin\alpha}$

ゆえに　$r=\frac{1}{2}\left(\frac{x}{\cos\alpha}+\frac{y}{\sin\alpha}\right),\ \frac{1}{r}=\frac{1}{2}\left(\frac{x}{\cos\alpha}-\frac{y}{\sin\alpha}\right)$

$r\cdot\frac{1}{r}=1$ から　$\frac{1}{2}\left(\frac{x}{\cos\alpha}+\frac{y}{\sin\alpha}\right)\cdot\frac{1}{2}\left(\frac{x}{\cos\alpha}-\frac{y}{\sin\alpha}\right)=1$

したがって　$\frac{x^2}{4\cos^2\alpha}-\frac{y^2}{4\sin^2\alpha}=1$

ここで，$r>0$ であるから，(相加平均)≧(相乗平均) により

$$\frac{x}{\cos\alpha}=r+\frac{1}{r}\geqq2\sqrt{r\cdot\frac{1}{r}}=2$$

よって　$x\geqq2\cos\alpha$　　等号は $r=1$ のとき成り立つ。

また，$r>0$ から　$\frac{x}{\cos\alpha}+\frac{y}{\sin\alpha}>0,\ \frac{x}{\cos\alpha}-\frac{y}{\sin\alpha}>0$

ゆえに　$-(\tan\alpha)x<y<(\tan\alpha)x$

したがって，求める軌跡は

双曲線 $\frac{x^2}{4\cos^2\alpha}-\frac{y^2}{4\sin^2\alpha}=1$ の $x\geqq2\cos\alpha$ の部分

◀絶対値 r や偏角 α の範囲に注意。

◀$\frac{1}{z}=\frac{1}{r}\{\cos(-\alpha)+i\sin(-\alpha)\}$

◀$z+\frac{1}{z}=x+yi$

検討 数学Ⅲで学ぶ極限の知識を用いて，y が実数値全体をとりうることを調べることもできる。

$\lim_{r\to\infty}\left(r-\frac{1}{r}\right)=\infty$，

$\lim_{r\to+0}\left(r-\frac{1}{r}\right)=-\infty$ であり，

$\sin\alpha>0$ から

$\lim_{r\to+0}y=-\infty,\ \lim_{r\to\infty}y=\infty$

点 $(x,\ y)$ の軌跡は次の図の実線部分。

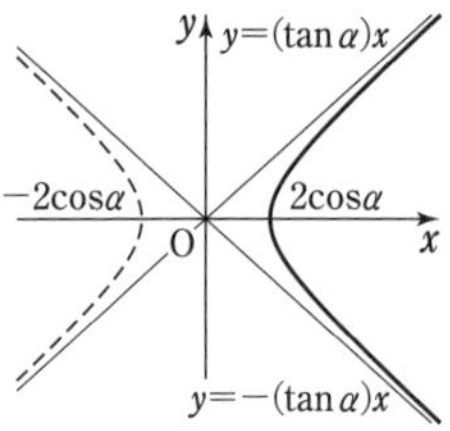

練習 ④171 0でない複素数 z が次の等式を満たしながら変化するとき，点 $z+\frac{1}{z}$ が複素数平面上で描く図形の概形をかけ。

(1) $|z|=3$　　(2) $|z-1|=|z-i|$

EXERCISES

②111 t を媒介変数として，$x=\dfrac{1}{\sqrt{1-t^2}}$，$y=\dfrac{t}{\sqrt{1-t^2}}$ $(-1<t<1)$ で表される曲線の概形をかけ。 〔類 滋賀医大〕 →165

③112 放物線 $y^2=4px$ 上の点 P（原点を除く）における接線とこの放物線の軸とのなす角を θ とするとき，この放物線の方程式を θ を媒介変数として表せ。 →168

③113 座標平面上に点 A$(-3,\ 1)$ をとる。実数 t に対して，直線 $y=x$ 上の 2 点 B，C を B$(t-1,\ t-1)$，C$(t,\ t)$ で定める。2 点 A，B を通る直線を ℓ とする。点 C を通り，傾き -1 の直線を m とする。

(1) 直線 ℓ と m が交点をもつための t の必要十分条件を求めよ。

(2) t が (1) の条件を満たしながら動くとき，直線 ℓ と m の交点の軌跡を求めよ。

〔大阪府大〕 →166,168

③114 半径 $2a$ の円板が x 軸上を正の方向に滑らずに回転するとき，円板上の点 P の描く曲線 C を考える。円板の中心の最初の位置を $(0,\ 2a)$，点 P の最初の位置を $(0,\ a)$ とし，円板がその中心の周りに回転した角を θ とするとき，点 P の座標を θ で表せ。 〔類 お茶の水大〕

→p.635,169

④115 円 $x^2+y^2=1$ の $y>0$ の部分を C とする。C 上の点 P と点 R$(-1,\ 0)$ を結ぶ直線 PR と y 軸の交点を Q とし，その座標を $(0,\ t)$ とする。

(1) 点 P の座標を $(\cos\theta,\ \sin\theta)$ とする。$\cos\theta$ と $\sin\theta$ を t を用いて表せ。

(2) 3 点 A，B，S の座標を A$(-3,\ 0)$，B$(3,\ 0)$，S$\left(0,\ \dfrac{1}{t}\right)$ とし，2 直線 AQ と BS の交点を T とする。点 P が C 上を動くとき，点 T の描く図形を求めよ。

〔弘前大〕 →170

③116 双曲線上の 1 点 P における接線が，2 つの漸近線と交わる点を Q，R とするとき

(1) 点 P は線分 QR の中点であることを示せ。

(2) △OQR（O は原点）の面積は点 P の位置にかかわらず一定であることを示せ。

HINT

112 接線の方程式を $y=(\tan\theta)x+k$ とおき，接点 $\Longleftrightarrow$ 重解 から k を θ で表す。

113 (1) 2 直線 ℓ と m が交点をもつ $\Longleftrightarrow$ ℓ と m が平行でない

(2) 直線 ℓ が x 軸に垂直な場合，垂直でない場合に分けて考える必要がある。

115 (1) 点 P から x 軸に垂線 PH を下ろすと，△QRO∽△PRH であることに注目。

(2) 2 直線 AQ，BS の方程式を求め，交点 T の座標を t で表す。

116 (2) **3 点 O(0, 0)，A$(x_1,\ y_1)$，B$(x_2,\ y_2)$ に対し △OAB$=\dfrac{1}{2}|x_1y_2-x_2y_1|$**

22 極座標，極方程式

基本事項

1 極座標

極 O，始線 OX に対し，OP$=r$，OX から半直線 OP へ測った角を θ とすると

点 P の **極座標** は $(r,\ \theta)$ で表される。

極 O の極座標は，θ を任意の実数として $(0,\ \theta)$ と定める。また，極 O 以外の点に対して，例えば $0\leqq\theta<2\pi$ と制限すると，点 P の極座標は 1 通りに定まる。

2 極座標と直交座標

点 P の直交座標を $(x,\ y)$，極座標を $(r,\ \theta)$ とすると

① $\begin{cases} x=r\cos\theta \\ y=r\sin\theta \end{cases}$　② $\begin{cases} r=\sqrt{x^2+y^2} \\ \cos\theta=\dfrac{x}{r},\ \sin\theta=\dfrac{y}{r}\ (r\neq0) \end{cases}$

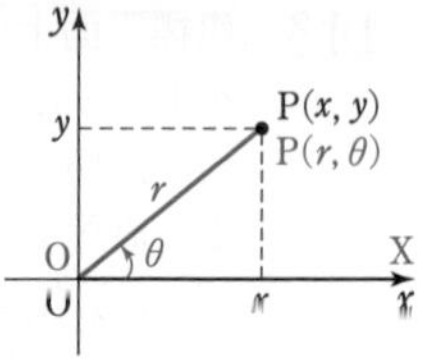

3 2 点間の距離，三角形の面積

O を極とする極座標に関して 2 点 $\mathrm{A}(r_1,\ \theta_1)$，$\mathrm{B}(r_2,\ \theta_2)$ があるとき

① 2 点 A，B 間の距離　$\mathbf{AB}=\sqrt{r_1^2+r_2^2-2r_1r_2\cos(\theta_2-\theta_1)}$

② △OAB の面積 S　$S=\dfrac{1}{2}r_1r_2|\sin(\theta_2-\theta_1)|$

解説

■ 極座標

平面上に点 O と半直線 OX を定めると，平面上の任意の点 P の位置は，OP の長さ r と，OX から半直線 OP へ測った角 θ で決まる。ただし，θ は弧度法で表した一般角である。

このとき，$(r,\ \theta)$ を点 P の **極座標** といい，角 θ を **偏角**，定点 O を **極**，半直線 OX を **始線** という。

極座標

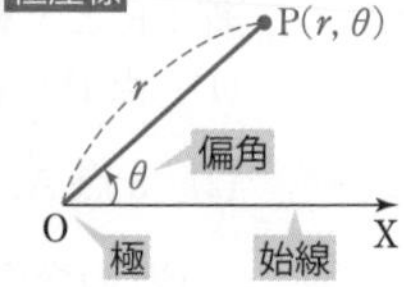

極座標では $(r,\ \theta)$ と $(r,\ \theta+2n\pi)$ [n は整数] は同じ点を表すが，極座標による点の表し方を 1 通りにするため，偏角 θ を例えば $0\leqq\theta<2\pi$ とすることがある。

◀例えば，$\left(2,\ \dfrac{\pi}{3}\right)$ と $\left(2,\ \dfrac{7}{3}\pi\right)$ は同じ点を表す。

極座標に対し，これまで用いてきた x 座標，y 座標の組 $(x,\ y)$ で表した座標を **直交座標** という。座標平面において極座標を考える場合，普通，原点 O を極，x 軸の正の部分を始線とする。

このような見方をすると，基本事項 2 ①，② が成り立つことは明らかである。これらの関係式は，極座標と直交座標を変換するのに利用される。

また，基本事項 3 ①，② については，$p.644$ 検討 参照。

注意 基本事項 1 のように極座標を定める場合，$r\geqq0$ となるが，後で学ぶ極方程式では $r<0$ の場合も考える。すなわち，$r>0$ のとき極座標が $(-r,\ \theta)$ である点は，極座標が $(r,\ \theta+\pi)$ である点と考えるのである。

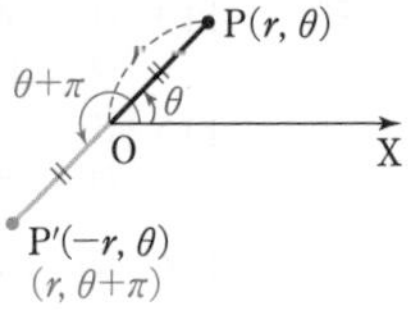

基本例題 172 極座標と点，極座標と直交座標

(1) 極座標が次のような点の位置を図示せよ。

$A\left(3,\ \frac{2}{3}\pi\right)$，　$B\left(2,\ -\frac{3}{2}\pi\right)$

(2) 極座標が次のような点Pの直交座標を求めよ。また，直交座標が次のような点Qの極座標 $(r,\ \theta)$ $(0 \leqq \theta < 2\pi)$ を求めよ。

$P\left(2,\ -\frac{\pi}{3}\right)$，　$Q(\sqrt{3},\ -1)$

p.642 基本事項 1，2

指針 (2) 極座標 $(r,\ \theta)$ → 直交座標 $(x,\ y)$：$\boldsymbol{x=r\cos\theta,\ y=r\sin\theta}$ で $(x,\ y)$ が定まる。

直交座標 $(x,\ y)$ → 極座標 $(r,\ \theta)$：$\boldsymbol{r=\sqrt{x^2+y^2}}$ で r が定まる。

$\boldsymbol{\cos\theta=\frac{x}{r},\ \sin\theta=\frac{y}{r}}$ で θ が定まる。（$r \neq 0$ のとき。）

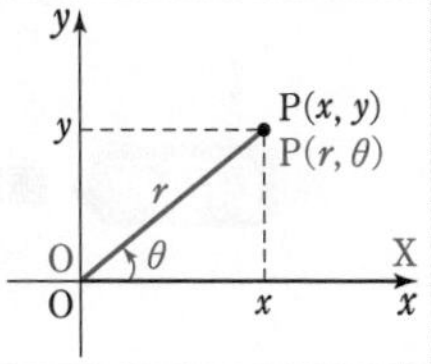

解答

(1)

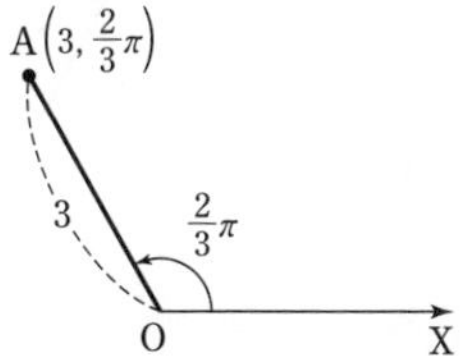

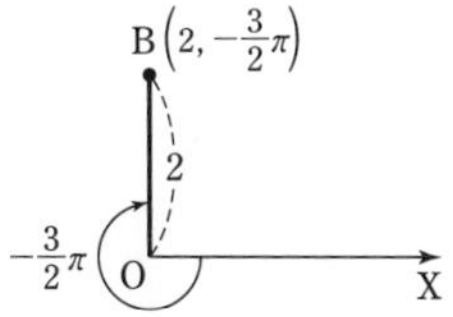

◀ $\theta>0$ なら反時計回りに θ，$\theta<0$ なら時計回りに $|\theta|$ だけそれぞれ回転。

◀ 例えば，極座標が $\left(3,\ \frac{8}{3}\pi\right)$，$\left(3,\ \frac{14}{3}\pi\right)$，$\left(3,\ -\frac{4}{3}\pi\right)$ である点は，Aと同じ位置にある。

(2) P：$x=2\cos\left(-\frac{\pi}{3}\right)=2\cdot\frac{1}{2}=1$，

$y=2\sin\left(-\frac{\pi}{3}\right)=2\cdot\left(-\frac{\sqrt{3}}{2}\right)$

$=-\sqrt{3}$

よって，点Pの直交座標は　$\boldsymbol{(1,\ -\sqrt{3})}$

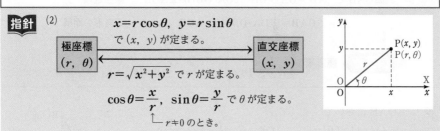

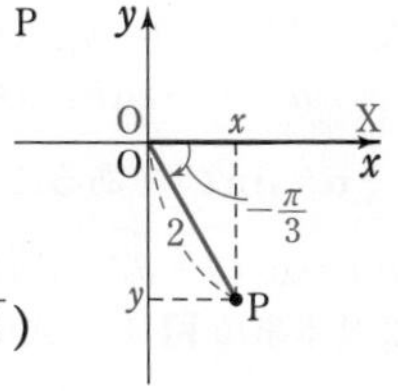

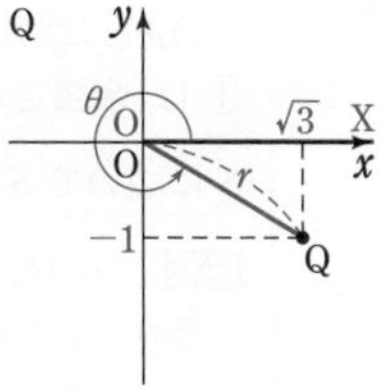

Q：$r=\sqrt{(\sqrt{3})^2+(-1)^2}=2$

よって　$\cos\theta=\frac{\sqrt{3}}{2}$，$\sin\theta=\frac{-1}{2}=-\frac{1}{2}$

$0 \leqq \theta < 2\pi$ であるから　$\theta=\frac{11}{6}\pi$　ゆえに，点Qの極座標は　$\boldsymbol{\left(2,\ \frac{11}{6}\pi\right)}$

練習 ① 172 (1) 極座標が次のような点の位置を図示せよ。また，直交座標を求めよ。

(ア) $\left(2,\ \frac{3}{4}\pi\right)$　(イ) $\left(3,\ -\frac{\pi}{2}\right)$　(ウ) $\left(2,\ \frac{17}{6}\pi\right)$　(エ) $\left(4,\ -\frac{10}{3}\pi\right)$

(2) 直交座標が次のような点の極座標 $(r,\ \theta)$ $(0 \leqq \theta < 2\pi)$ を求めよ。

(ア) $(1,\ \sqrt{3})$　(イ) $(-2,\ -2)$　(ウ) $(-3,\ \sqrt{3})$

基本例題 173 2点間の距離，三角形の面積 ①①①①①

Oを極とする極座標に関して，2点 $A\left(4,\ -\dfrac{\pi}{3}\right)$，$B\left(3,\ \dfrac{\pi}{3}\right)$ が与えられているとき，次のものを求めよ。

(1) 線分 AB の長さ　　(2) △OAB の面積

p.642 基本事項 3

指針 まず，2点 A，B を図示し，線分 OA，OB の長さ，∠AOB の大きさを求める。次に，数学Ⅰで学んだ以下の公式を利用する。

△OAB で　$\mathbf{AB^2=OA^2+OB^2-2OA\cdot OB\cos\angle AOB}$　余弦定理

$\mathbf{\triangle OAB=\dfrac{1}{2}OA\cdot OB\sin\angle AOB}$　三角形の面積

CHART 極座標　r，θ の特徴を活かす
極座標 $P(r,\ \theta) \iff OP=r,\ \angle POX=\theta$

解答

△OAB において

$OA=4,\ OB=3,\ \angle AOB=\dfrac{\pi}{3}-\left(-\dfrac{\pi}{3}\right)=\dfrac{2}{3}\pi$

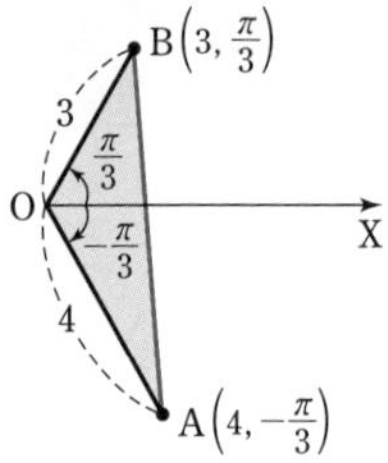

(1) 余弦定理から　$AB^2=4^2+3^2-2\cdot4\cdot3\cos\dfrac{2}{3}\pi=37$

よって　$AB=\mathbf{\sqrt{37}}$

(2) △OAB の面積 S は　$S=\dfrac{1}{2}\cdot4\cdot3\cdot\sin\dfrac{2}{3}\pi=\mathbf{3\sqrt{3}}$

検討

p.642 基本事項 3 について

p.642 基本事項 3 については，例えば右の図のような場合，△OAB において $\angle AOB=\theta_2-\theta_1$，$OA=r_1$，$OB=r_2$ となる。
① は 余弦定理 $c^2=a^2+b^2-2ab\cos C$ から，② は三角形の面積 S について $S=\dfrac{1}{2}ab\sin C$ であることからわかる。

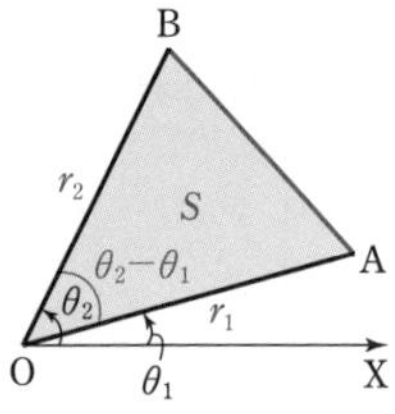

注意 $\cos(\theta_2-\theta_1)=\cos(\theta_1-\theta_2)$，$\sin(\theta_2-\theta_1)=-\sin(\theta_1-\theta_2)$ であるから，p.642 基本事項 3 ① の式には｜　｜がなく，② の式には｜　｜がある。

なお，線分 AB を 2：1 に内分する点 P のように，線分 OP の長さや ∠POX が A，B の極座標で表しにくいものについては，p.642 基本事項 3 のような公式はない。そのような場合，点 A, B の極座標を直交座標に直し，点 P の直交座標を求め，それを極座標に戻す方法が考えられる。

練習 ② 173 Oを極とする極座標に関して，3点 $A\left(6,\ \dfrac{\pi}{3}\right)$，$B\left(4,\ \dfrac{2}{3}\pi\right)$，$C\left(2,\ -\dfrac{3}{4}\pi\right)$ が与えられているとき，次のものを求めよ。

(1) 線分 AB の長さ　　(2) △OAB の面積　　(3) △ABC の面積

p.654 EX117

基本事項

1 円・直線の極方程式

① 中心が極 O，半径が a の円　$r=a$

② 中心が $(a,\ 0)$，半径が a の円　$r=2a\cos\theta$

③ 中心が $(r_0,\ \theta_0)$，半径が a の円　$r^2-2rr_0\cos(\theta-\theta_0)+r_0{}^2=a^2$

④ 極 O を通り，始線と α の角をなす直線　$\theta=\alpha$

⑤ 点 $A(a,\ \alpha)$ を通り，OA に垂直な直線　$r\cos(\theta-\alpha)=a$　$(a>0)$

解　説

ある曲線が極座標 $(r,\ \theta)$ に関する方程式 $r=f(\theta)$ や $F(r,\ \theta)=0$ で表されるとき，この方程式を曲線の **極方程式** という。

なお，$p.642$ の 注意 でも述べたように，極方程式では $r<0$ の場合も扱う。すなわち，$r>0$ のときの点 $(-r,\ \theta)$ は点 $(r,\ \theta+\pi)$ と同じものと考える。

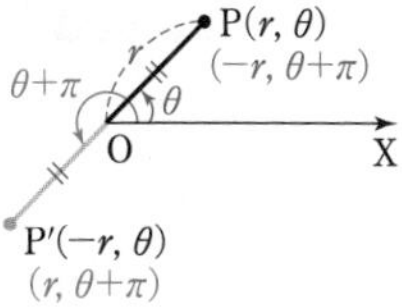

① **中心が極 O，半径が a の円** 周上の点 P の極座標を $(r,\ \theta)$ とすると　$r=a$，θ は任意の値

よって，この円の極方程式は　$\boldsymbol{r=a}$

② **中心 A の極座標が $(a,\ 0)$，半径が a の円** 周上の点 P の極座標を $(r,\ \theta)$ とすると　$OP=2OA\cos\angle AOP$　よって　$\boldsymbol{r=2a\cos\theta}$

◀下図 ② において，三角形 POB は直角三角形。

注意　この極方程式では，$\cos\theta$ は負の値もとりうるから，その場合 $r<0$ となる。

③ **中心 C の極座標が $(r_0,\ \theta_0)$，半径 a の円** 周上の点 P の極座標を $(r,\ \theta)$ とする。△OCP において，余弦定理により

$$PC^2=OP^2+OC^2-2OP\cdot OC\cos\angle COP$$

よって　$\boldsymbol{r^2-2rr_0\cos(\theta-\theta_0)+r_0{}^2=a^2}$

◀$OP=r$，$OC=r_0$，$CP=a$

④ **極 O を通り，始線と α の角をなす直線** 上の点 P の極座標を $(r,\ \theta)$ とすると　r は任意の値，$\theta=\alpha$

よって，この直線の極方程式は　$\boldsymbol{\theta=\alpha}$

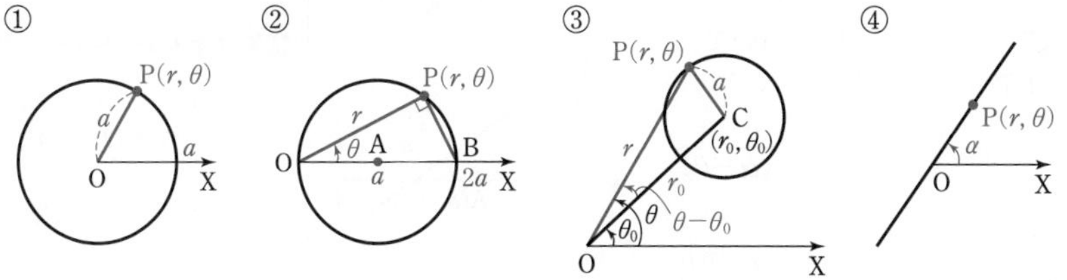

⑤ **点 $A(a,\ \alpha)$** $(a>0)$ **を通り，OA に垂直な直線** 上の点 P の極座標を $(r,\ \theta)$ とすると，極 O と直線との距離が a であるから

$$OA=OP\cos\angle POA$$

よって　$\boldsymbol{r\cos(\theta-\alpha)=a}$ $(a>0)$

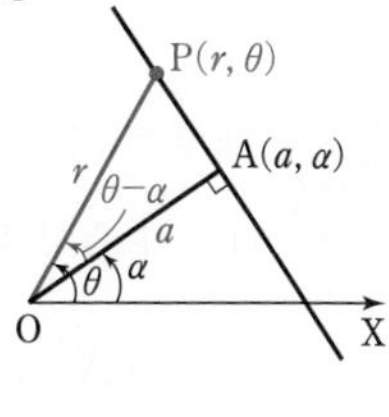

POINT　**極方程式では $r<0$ の場合も考える。**
点 $(r,\ \theta)$ と点 $(-r,\ \theta+\pi)$ は同じ点。

基本例題 174 円・直線の極方程式

極座標に関して，次の円・直線の極方程式を求めよ。ただし，$a>0$ とする。

(1) 中心が点 $(a,\ \alpha)$ $(0<\alpha<\pi)$ で，極 O を通る円

(2) 点 $\mathrm{A}(a,\ 0)$ を通り，始線 OX とのなす角が $\alpha\left(\dfrac{\pi}{2}<\alpha<\pi\right)$ である直線

p.645 基本事項 1

指針 図形上の点 P の極座標を $(r,\ \theta)$ として，r，θ の関係式を作る。
このとき，**三角形の辺や角の関係**，特に **直角三角形に注目** するとよい。
(2) 極 O から直線に垂線 OH を下ろす。点 H の極座標が $(p,\ \beta)$ ならば
$\mathrm{OP}\cos(\theta-\beta)=p$　ここで，p，β を a，α で表すことを考える。

CHART 極座標　**r，θ の特徴を活かす**
極座標 $\mathrm{P}(r,\ \theta) \iff \mathrm{OP}=r,\ \angle\mathrm{POX}=\theta$

解答

O を極とし，図形上の点 P の極座標を $(r,\ \theta)$ とする。[1)]

(1) $\mathrm{A}(2a,\ \alpha)$ とすると，直角三角形 OAP において

$\mathrm{OP}=\mathrm{OA}\cos(\theta-\alpha)$ [2)]

よって　$\boldsymbol{r=2a\cos(\theta-\alpha)}$

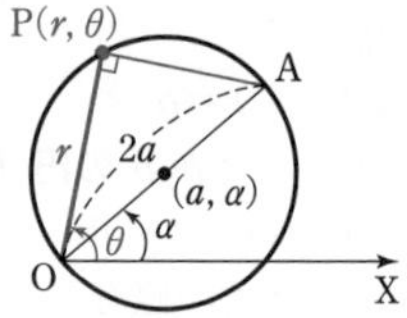

(2) 極 O から直線に垂線 OH を下ろし，$\mathrm{H}(p,\ \beta)$，$p>0$ とすると

$r\cos(\theta-\beta)=p$ …… ①

ここで，直角三角形 OHA において　$\beta=\alpha-\dfrac{\pi}{2}$ …… ②

また　$p=a\cos\beta$ …… ③

① に ②，③ を代入して

$\boldsymbol{r\sin(\theta-\alpha)=-a\sin\alpha}$ [3)]

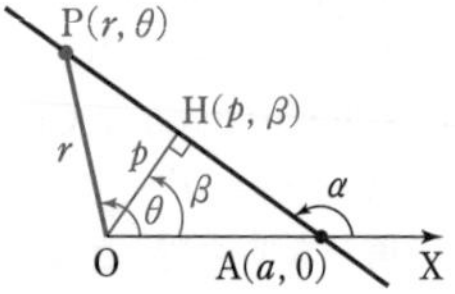

参考 (2) △OAP において，正弦定理により

$$\frac{r}{\sin(\pi-\alpha)}=\frac{a}{\sin(\alpha-\theta)}$$

よって

$r\sin(\theta-\alpha)=-a\sin\alpha$

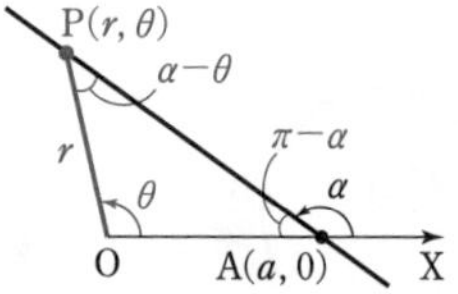

1) 極方程式を求める問題では，まず，**図形上の点 P の極座標を $(r,\ \theta)$ とおく**ことからスタート。

2) ∠POA の大きさは，$\theta-\alpha$ ではなく $\alpha-\theta$ や $2\pi+\alpha-\theta$ の場合もあるが，
$\cos(\theta-\alpha)=\cos(\alpha-\theta)$
$=\cos(2\pi+\alpha-\theta)$
であるから，このように書いている。

3) $\cos(\theta-\beta)$
$=\cos\left\{\dfrac{\pi}{2}+(\theta-\alpha)\right\}$
$=-\sin(\theta-\alpha)$
$\cos\beta=\cos\left(\alpha-\dfrac{\pi}{2}\right)=\sin\alpha$

注意 **参考** で，$\dfrac{3}{2}\pi<\theta<2\pi$ のときは，$\angle\mathrm{OAP}=\alpha$，
$\angle\mathrm{OPA}=\pi-(2\pi-\theta)-\alpha$
$=(\theta-\alpha)-\pi$
となるが，3) と同じ結果が得られる。

練習 ② 174 極座標に関して，次の円・直線の方程式を求めよ。

(1) 中心が点 $\mathrm{A}\left(3,\ \dfrac{\pi}{3}\right)$，半径が 2 の円

(2) 点 $\mathrm{A}\left(2,\ \dfrac{\pi}{4}\right)$ を通り，OA（O は極）に垂直な直線

基本例題 175 極方程式と直交座標 ①①①①①

(1) 円 $(x-1)^2+y^2=1$ を極方程式で表せ。〔防衛大〕

(2) 次の極方程式はどのような曲線を表すか。直交座標の方程式で答えよ。

(ア) $r=\sqrt{3}\cos\theta+\sin\theta$　　(イ) $r^2\sin 2\theta=4$

基本 172

指針 直交座標 $(x,\ y)$ ⇄ 極座標 $(r,\ \theta)$ の変換には，関係式

$\boldsymbol{r^2=x^2+y^2,\ x=r\cos\theta,\ y=r\sin\theta}$ を用いて考えていく。

(1) $x=r\cos\theta$, $y=r\sin\theta$ を円の方程式に代入し，r, θ だけの関係式を導く。

(2) (ア) $r^2(=x^2+y^2)$, $r\cos\theta(=x)$, $r\sin\theta(=y)$ の形を導き出すために，**両辺に r を掛ける。**

(イ) **2 倍角の公式 $\sin 2\theta=2\sin\theta\cos\theta$** を利用する。

解答

(1) $(x-1)^2+y^2=1$ に $x=r\cos\theta$, $y=r\sin\theta$ を代入すると　$(r\cos\theta-1)^2+r^2\sin^2\theta=1$

整理すると　$r^2-2r\cos\theta=0$　　◀$\sin^2\theta+\cos^2\theta=1$

ゆえに　$r(r-2\cos\theta)=0$

よって　$r=0$ または $r=2\cos\theta$

$r=0$ は極を表す。また，曲線 $r=2\cos\theta$ は極を通る。　◀$0=2\cos\dfrac{\pi}{2}$

したがって，求める極方程式は　$\boldsymbol{r=2\cos\theta}$

（$r=2\cos\theta$ は，p.645 基本事項 **1** ② の形の極方程式。）

(2) (ア) 両辺に r を掛けると

$$r^2=\sqrt{3}\cdot r\cos\theta+r\sin\theta$$

$r^2=x^2+y^2$, $r\cos\theta=x$, $r\sin\theta=y$ を代入すると

$$x^2+y^2=\sqrt{3}x+y$$

よって，**円 $\left(x-\dfrac{\sqrt{3}}{2}\right)^2+\left(y-\dfrac{1}{2}\right)^2=1$** を表す。

(2)(ア)

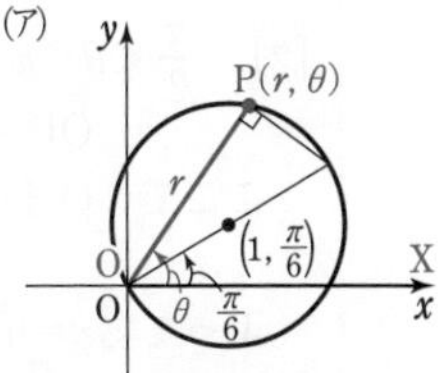

(イ) $r^2\sin 2\theta=4$ から　$r^2\cdot 2\sin\theta\cos\theta=4$

よって　$r\cos\theta\cdot r\sin\theta=2$

したがって，**双曲線 $xy=2$** を表す。

検討　**極方程式のままで考えてみる**

上の例題 (2)(ア) について，$r=\sqrt{3}\cos\theta+\sin\theta$ から　$r=2\left(\cos\theta\cos\dfrac{\pi}{6}+\sin\theta\sin\dfrac{\pi}{6}\right)$

ゆえに　$r=2\cdot 1\cos\left(\theta-\dfrac{\pi}{6}\right)$

よって，前ページの例題 (1) より，この極方程式が表す曲線は，極座標が $\left(1,\ \dfrac{\pi}{6}\right)$ である点を中心とし，極 O を通る円であることがわかる（半径は 1）。

練習 ② 175

(1) 楕円 $2x^2+3y^2=1$ を極方程式で表せ。

(2) 次の極方程式はどのような曲線を表すか。直交座標の方程式で答えよ。

(ア) $\dfrac{1}{r}=\dfrac{1}{2}\cos\theta+\dfrac{1}{3}\sin\theta$　(イ) $r=\cos\theta+\sin\theta$　(ウ) $r^2(1+3\cos^2\theta)=4$

(エ) $r^2\cos 2\theta=r\sin\theta(1-r\sin\theta)+1$

p.654 EX 118~120

基本 例題 176 極方程式と軌跡 ③③③③③

点Aの極座標を(10, 0)，極Oと点Aを結ぶ線分を直径とする円 C の周上の任意の点をQとする。点Qにおける円 C の接線に極Oから垂線OPを下ろし，点Pの極座標を $(r,\ \theta)$ とするとき，その軌跡の極方程式を求めよ。ただし，$0 \leqq \theta < \pi$ とする。

〔類 岡山理科大〕

基本 174

指針 点 $P(r,\ \theta)$ について，r，θ の関係式を導く ために，円 C の中心Cから直線OPに垂線CHを下ろし，OPとHP，OHの長さの関係に注目する。

まず，**$0<\theta<\dfrac{\pi}{2}$，$\dfrac{\pi}{2}<\theta<\pi$ で場合分け** をして r，θ の関係式を求め，次に，$\theta=0$，$\dfrac{\pi}{2}$ の各場合について吟味する。

CHART 軌跡 **軌跡上の動点 $(r,\ \theta)$ の関係式を導く**

解答

円 C の中心をCとし，Cから直線OPに垂線CHを下ろすと　OP$=r$，HP$=5$

[1]

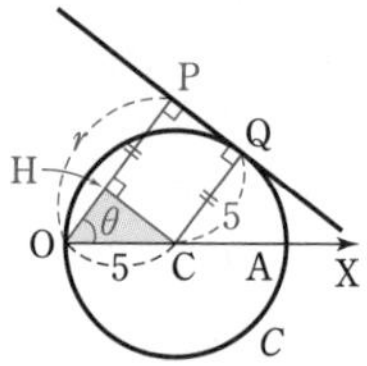

[1]　$0<\theta<\dfrac{\pi}{2}$ のとき

OP＝HP＋OH

OH$=5\cos\theta$ であるから

$r=5+5\cos\theta$

[2]

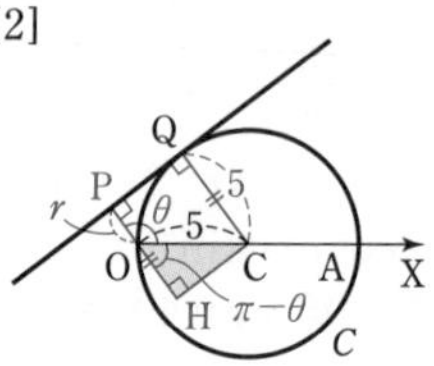

[2]　$\dfrac{\pi}{2}<\theta<\pi$ のとき

OP＝HP－OH

ここで　OH$=5\cos(\pi-\theta)$

$=-5\cos\theta$

よって　$r=5+5\cos\theta$

[3]　$\theta=0$ のとき，PはAに一致し，OP$=5+5\cos 0$ を満たす。(*)

[4]　$\theta=\dfrac{\pi}{2}$ のとき，OP$=5$ で，

OP$=5+5\cos\dfrac{\pi}{2}$ を満たす。(*)

以上から，求める軌跡の極方程式は　$\boldsymbol{r=5+5\cos\theta}$

◀$\theta=\dfrac{\pi}{2}$ を境目として，点Hが線分OP上にあるときと，線分OPの延長上にあるときに分かれる。

◀直角三角形COHに注目。

◀直角三角形COHに注目。

(＊)[1]，[2]で導かれた $r=5+5\cos\theta$ が $\theta=0$，$\dfrac{\pi}{2}$ のときも成り立つかどうかをチェックする。

参考　$r=5(1+\cos\theta)$ で表される曲線を **カージオイド** という（$p.653$ も参照）。

練習 ③176　点Cを中心とする半径 a の円 C の定直径をOAとする。点Pは円 C 上の動点で，点Pにおける接線にOから垂線OQを引き，OQの延長上に点RをとってQR$=a$ とする。Oを極，始線をOAとする極座標上において，点Rの極座標を $(r,\ \theta)$（ただし，$0 \leqq \theta < \pi$）とするとき

(1)　点Rの軌跡の極方程式を求めよ。

(2)　直線ORの点Rにおける垂線RQ′は，点Cを中心とする定円に接することを示せ。

p.654 EX121

基本 例題 177 2次曲線の極方程式

a, e を正の定数，点Aの極座標を $(a,\ 0)$ とし，Aを通り始線OXに垂直な直線を ℓ とする。点Pから ℓ に下ろした垂線をPHとするとき，$e=\dfrac{\mathrm{OP}}{\mathrm{PH}}$ であるような点Pの軌跡の極方程式を求めよ。ただし，極をOとする。

基本 174，176

指針 点Pの極座標を $(r,\ \theta)$ とする。点Pが直線 ℓ の右側にある場合と左側にある場合に分けて **図をかき**，長さPHを r, θ, a で表す。そして，$\mathrm{OP}=e\mathrm{PH}$ を利用して $r=(\theta$ の式$)$ を導くが，$r<0$ を考慮すると各場合の結果の式をまとめられる。

解答

点Pの極座標を $(r,\ \theta)$ とする。

点Pが直線 ℓ の左側にあるとき

$$\mathrm{PH}=a-r\cos\theta \quad \cdots\cdots (*)$$

点Pが直線 ℓ の右側にあるとき

$$\mathrm{PH}=r\cos\theta-a$$

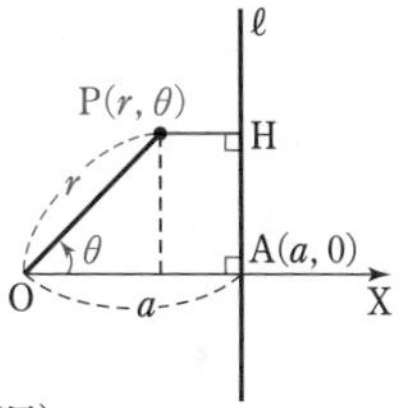

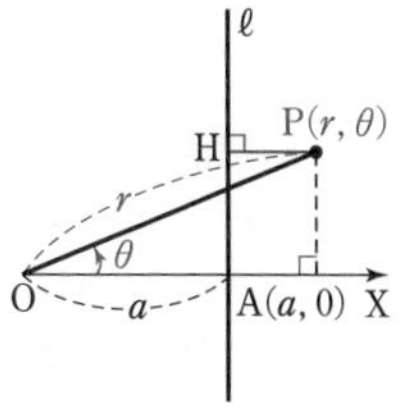

$\mathrm{OP}=e\mathrm{PH}$ から　$r=\pm e(a-r\cos\theta)$

よって　$r(1\pm e\cos\theta)=\pm ea$（複号同順）

$1\pm e\cos\theta\neq 0$ であるから

$$r=\frac{ea}{1+e\cos\theta} \quad \cdots\cdots ① \quad \text{または}$$

$$-r=\frac{ea}{1-e\cos\theta} \quad \cdots\cdots ②$$

② から　$-r=\dfrac{ea}{1+e\cos(\theta+\pi)}$ $\cdots\cdots$ ②′

点 $(r,\ \theta)$ と点 $(-r,\ \theta+\pi)$ は同じ点を表すから，① と ②′ は同値である。

よって，点Pの軌跡の極方程式は　$\boldsymbol{r=\dfrac{ea}{1+e\cos\theta}}$

◀ $\pm ea\neq 0$ から $r(1\pm e\cos\theta)\neq 0$

注意 $\dfrac{\pi}{2}<\theta<\dfrac{3}{2}\pi$ のとき，図は次のようになるが，$(*)$ は成り立つ。

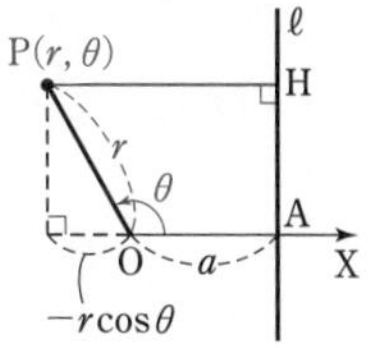

検討 **2次曲線と離心率**

1. 上の例題の点Pの軌跡は，$p.622$ 基本事項から，焦点O，準線 ℓ，離心率 e の2次曲線を表し，　**$0<e<1$ のとき楕円，　$e=1$ のとき放物線，　$1<e$ のとき双曲線**
である。このように，曲線の種類に関係なく1つの方程式で表されることが，2次曲線の極方程式の利点である。
2. 例題で，点Aの極座標を $(a,\ \pi)$［準線 ℓ が焦点Oの左側］とすると，上と同様にして，点Pの軌跡の極方程式は $\boldsymbol{r=\dfrac{ea}{1-e\cos\theta}}$ となる（各自確かめよ）。

練習 ③177

(1) 極座標において，点 $\mathrm{A}(3,\ \pi)$ を通り始線に垂直な直線を g とする。極Oと直線 g からの距離の比が次のように一定である点Pの軌跡の極方程式を求めよ。

(ア) 1：2　　　(イ) 1：1

(2) 次の極方程式の表す曲線を，直交座標の方程式で表せ。　〔(ウ) 類 琉球大〕

(ア) $r=\dfrac{4}{1-\cos\theta}$　　(イ) $r=\dfrac{\sqrt{6}}{2+\sqrt{6}\cos\theta}$　　(ウ) $r=\dfrac{1}{2+\sqrt{3}\cos\theta}$

基本例題 178 極座標の利用(2次曲線の性質の証明)

2次曲線の1つの焦点Fを通る弦の両端をP, Qとするとき, $\dfrac{1}{\mathrm{FP}}+\dfrac{1}{\mathrm{FQ}}$ は, 弦の方向に関係なく一定であることを証明せよ。

基本 177

指針 本問では, 2次曲線の種類がわからないから, 焦点Fを極とする 2次曲線の極方程式 $r(1+e\cos\theta)=l$ (検討 参照) を利用 するとよい。……★
点Pの極座標を $(r_1,\ \alpha)$ とすると, 点Qは極Fを通る線分PFの, 点Fを越える延長上にあるから, その極座標は $(r_2,\ \alpha+\pi)$ とおける。

CHART 座標の選定 2次曲線では極座標も有効

解答

焦点Fを極とし, 極に近い頂点を通る半直線FXを始線とする極座標を考えると, 2次曲線の極方程式は
$r(1+e\cos\theta)=l$ $(e>0,\ l>0)$
とおける。

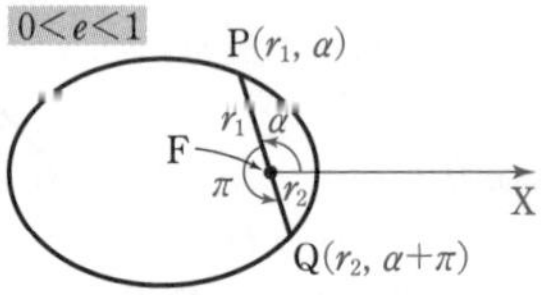

P, Qは極を通る直線上にあるから, $\mathrm{P}(r_1,\ \alpha)$ とすると, $\mathrm{Q}(r_2,\ \alpha+\pi)$ と表され $(r_1>0,\ r_2>0)$

$$\mathrm{FP}=r_1,\ \mathrm{FQ}=r_2$$

また $\cos(\alpha+\pi)=-\cos\alpha$

よって $r_1(1+e\cos\alpha)=l,\quad r_2(1-e\cos\alpha)=l$

ゆえに
$$\frac{1}{\mathrm{FP}}+\frac{1}{\mathrm{FQ}}=\frac{1}{r_1}+\frac{1}{r_2}=\frac{1+e\cos\alpha}{l}+\frac{1-e\cos\alpha}{l}$$
$$=\frac{2}{l}\ (\text{一定})$$

◀指針____……★の方針。種類がわからない2次曲線に関する証明問題では極座標の利用が有効。焦点を極にとることがポイントである。

◀弦PQ上に点Fがあるから, 点Pと点Qの偏角の差は π

◀l は r_1, r_2, θ に無関係。

検討 **焦点Fを極とする2次曲線の極方程式**

前ページで学んだように, 焦点Fを極とする2次曲線の極方程式は, $l>0$ として

$$\boldsymbol{r(1+e\cos\theta)=l} \quad \longleftarrow \text{放物線・楕円・双曲線が1つの式で表される。}$$

とおける。このとき, $e>0$ は離心率で, **$0<e<1$ のとき楕円, $e=1$ のとき放物線, $1<e$ のとき双曲線** を表す。一般に, **ある定点からの距離が問題になるときは, 定点を極とする極座標の利用** も便利である。

練習 ③178 放物線 $y^2=4px\ (p>0)$ を C とし, 原点をOとする。

(1) C の焦点Fを極とし, OFに平行でOを通らない半直線FXを始線とする極座標において, 曲線 C の極方程式を求めよ。

(2) C 上に4点があり, それらを y 座標が大きい順にA, B, C, Dとすると, 線分AC, BDは焦点Fで垂直に交わっている。ベクトル $\overrightarrow{\mathrm{FA}}$ が x 軸の正の方向となす角を α とするとき, $\dfrac{1}{\mathrm{AF}\cdot\mathrm{CF}}+\dfrac{1}{\mathrm{BF}\cdot\mathrm{DF}}$ は α によらず一定であることを示し, その値を p で表せ。 〔類 名古屋工大〕

振り返り 極座標と直交座標

この項目で学んできた極座標について振り返り，直交座標との違いについて考えよう。

まず，直交座標，極座標とも，平面上の点の位置を表す表現（座標系）の１つである。
平面上の点をＰとするとき，**直交座標** では原点Ｏから点Ｐまでの横方向（x 軸方向）の移動量 x と，縦方向（y 軸方向）の移動量 y を用いて座標 $(\boldsymbol{x},\ \boldsymbol{y})$ を表す。
一方，**極座標** では，極Ｏと始線（極から延びた半直線）があるとき，極Ｏと点Ｐの距離 r と，始線から半直線 OP へ測った角 θ を用いて座標 $(\boldsymbol{r},\ \boldsymbol{\theta})$ を表す。

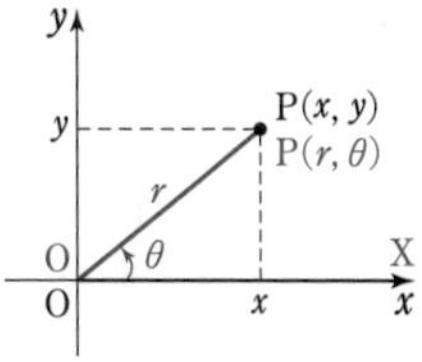

そして，極を原点に，始線を x 軸の正の部分にそれぞれ一致させると

$$\boldsymbol{x=r\cos\theta,\ \ y=r\sin\theta,\ \ r^2=x^2+y^2}$$

の関係式を利用することで，点の座標や方程式について，直交座標 ⇄ 極座標 の表現変更が可能となる（⟶ 基本例題 **172**，**175**）。

ここで，直交座標は「1つの点はただ1通りに表される（点と座標が1対1に対応）」ということが大きな特徴であるが，極座標については次のような特徴（メリット）がある。

① **距離と角を使った表現であるため，図形的な意味がつかみやすい。**
② **直交座標で表すより，表現が簡潔になることがある。**

② については，例えば，極Ｏを中心とする円が $r=a$ と表されたり，極Ｏを通る直線が $\theta=\alpha$ と表されることがその最たる例である（p.645 基本事項）。
また，p.653 参考事項の 2 の各種の曲線も，極方程式のままの方が扱いやすい。
他にも，極方程式では，2次曲線が放物線・楕円・双曲線の種類に関係なく1つの式で表される（基本例題 **177**，**178**）というのも，② の特徴の１つといえる。

更に，複素数平面も重ね合わせて考えてみよう。
例えば，右図の点Ａの座標などは，次のように表される。

直交座標 $(1,\ 1)$　　極座標 $\left(\sqrt{2},\ \dfrac{\pi}{4}\right)$

複素数平面　$z=1+i=\sqrt{2}\left(\cos\dfrac{\pi}{4}+i\sin\dfrac{\pi}{4}\right)$

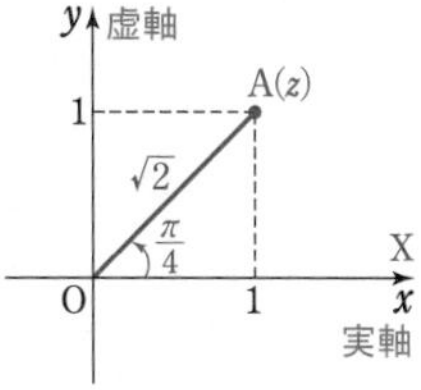

ここで，極座標における $r=\sqrt{2}$ と始線から測った角 $\theta=\dfrac{\pi}{4}$ が，複素数平面での $|z|=\sqrt{2}$ と偏角 $\arg z=\dfrac{\pi}{4}$ にそれぞれ一致している。
このように，複素数の極形式は，極座標と共通部分が多い。他にも，極座標における円 $r=a$ も複素数平面上の円 $|z|=a$ と似た表現になっている。

平面上の点や図形に関しては，座標系（直交座標，極座標）を変更したり，複素数平面を利用すると処理しやすくなることもある。さまざまな問題に取り組み，直交座標，極座標，複素数平面のうち，どれが有効であるかを判断できるようにしておきたい。

基本例題 179 レムニスケートの極方程式

曲線 $(x^2+y^2)^2=x^2-y^2$ の極方程式を求めよ。また，この曲線の概形をかけ。ただし，原点 O を極，x 軸の正の部分を始線とする。

基本 175

指針 x，y の方程式のままでは概形がつかみにくい。そこで，**極座標に直して** 考える。
…… 関係式 $x=r\cos\theta$，$y=r\sin\theta$，$x^2+y^2=r^2$ を使う。
また，概形をかくためには，図形の **対称性** に注目するとよい。……★
…… 対称性は，x，y の方程式のまま考えた方がわかりやすい（下の POINT 参照）。
極方程式をもとに，r を求めやすい θ の値をいくつか選んで下の解答のような表を作り，曲線の概形をつかむ。なお，この曲線を **レムニスケート** という。

解答
$x=r\cos\theta$，$y=r\sin\theta$，$x^2+y^2=r^2$ を方程式に代入すると

$$(r^2)^2=r^2(\cos^2\theta-\sin^2\theta)$$

◀ $r^2(r^2-\cos 2\theta)=0$

よって　$r=0$ または $r^2=\cos 2\theta$

曲線 $r^2=\cos 2\theta$ は極を通る。

◀ $\theta=\dfrac{\pi}{4}$ のとき　$r=0$

したがって，求める極方程式は　$\boldsymbol{r^2=\cos 2\theta}$

次に，$f(x, y)=(x^2+y^2)^2-(x^2-y^2)$ とすると，曲線の方程式は　$f(x, y)=0$ …… ①

$f(x, -y)=f(-x, y)=f(-x, -y)=f(x, y)$ であるから，曲線 ① は，x 軸，y 軸，原点に関してそれぞれ対称である。

◀ 指針 ___ …… ★ の方針。
$(-x)^2=x^2$，$(-y)^2=y^2$
2 次の項に注目すると，対称性が見えてくる。

まず，$r\geqq 0$，$0\leqq\theta\leqq\dfrac{\pi}{2}$ とすると，$r^2\geqq 0$ であるから

$$\cos 2\theta\geqq 0$$

この不等式を $0\leqq\theta\leqq\dfrac{\pi}{2}$ の範囲で解くと，$0\leqq 2\theta\leqq\dfrac{\pi}{2}$ から

$$0\leqq\theta\leqq\frac{\pi}{4}$$

ゆえに，いくつかの θ の値とそれに対応する r^2 の値を求めると，次のようになる。

θ	0	$\dfrac{\pi}{12}$	$\dfrac{\pi}{8}$	$\dfrac{\pi}{6}$	$\dfrac{\pi}{4}$
r^2	1	$\dfrac{\sqrt{3}}{2}$	$\dfrac{\sqrt{2}}{2}$	$\dfrac{1}{2}$	0

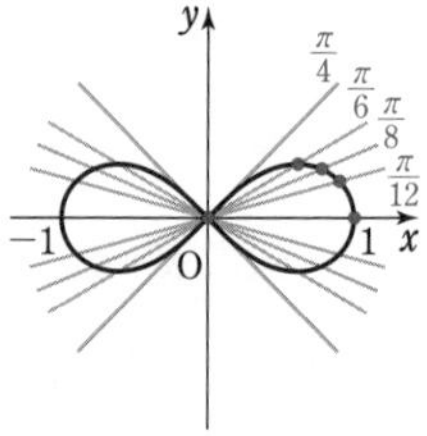

これをもとにして，第 1 象限における ① の曲線をかき，それと x 軸，y 軸，原点に関して対称な曲線もかき加えると，曲線の概形は **右図** のようになる。

POINT **座標平面上の曲線 $f(x, y)=0$ の対称性**
$f(x, -y)=f(x, y)$ ⟶ x 軸に関して対称
$f(-x, y)=f(x, y)$ ⟶ y 軸に関して対称
$f(-x, -y)=f(x, y)$ ⟶ 原点に関して対称

練習 ③179 曲線 $(x^2+y^2)^3=4x^2y^2$ の極方程式を求めよ。また，この曲線の概形をかけ。ただし，原点 O を極，x 軸の正の部分を始線とする。

参考事項 コンピュータといろいろな曲線

媒介変数や極方程式で表された曲線には，次のようなものもある。これらの曲線は，式の形から概形をつかむことは難しいが，グラフ機能をもった数式処理ソフトを用いると，概形を知ることができる。また，コンピュータを使うと，各方程式の定数を適当に変えることにより，概形の変化をみることも容易である。

1 媒介変数で表された曲線

① **リサージュ曲線**

$x=\sin at$, $y=\sin bt$ ←縦，横に単振動が行われたときに描かれる曲線。

（a, b は有理数）

例 $a=3$, $b=4$ のときの概形は右の①。

①
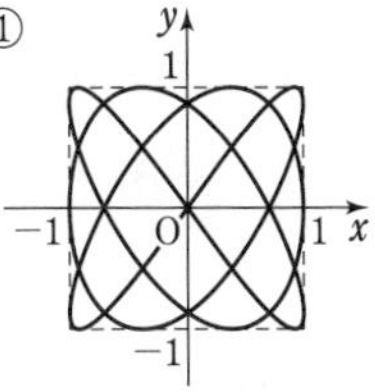

2 極方程式で表された曲線

② **アルキメデスの渦巻線（正渦線（せいかせん））**

$r=a\theta$ （$a>0$, $\theta\geqq 0$）

例 $a=2$ のときの概形は右の②。

③ **正葉曲線（バラ曲線）**

$r=\sin a\theta$ （a は有理数）

例 $a=6$ のときの概形は右の③。

②
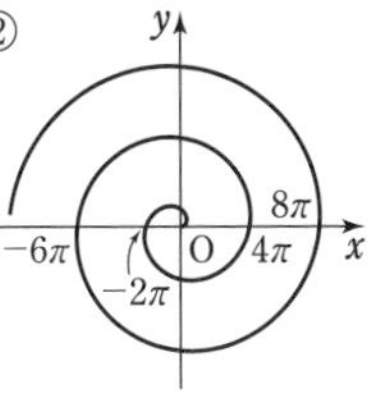

③
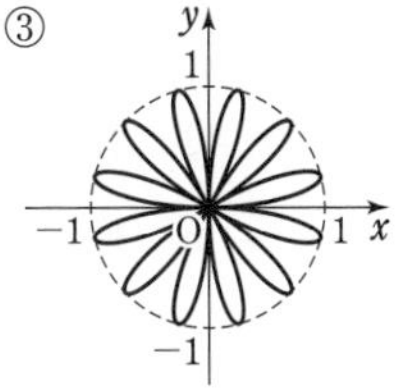

④ **リマソン（蝸牛形（かぎゅうけい））**

$r=a+b\cos\theta$ （$b>0$）

例 $a=2$, $b=4$ のときの概形は右の④。

⑤ **カージオイド（心臓形）**

$r=a(1+\cos\theta)$ （$a>0$）

└④で $a=b$ の場合。

例 $a=2$ のときの概形は右の⑤。

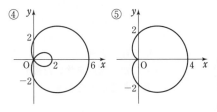

④
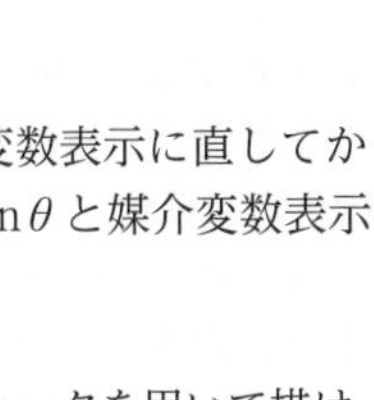

⑤
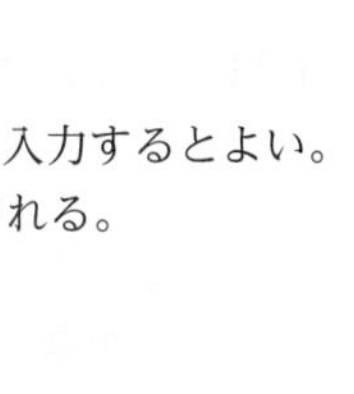

参考 極座標による入力が行えない場合は，媒介変数表示に直してから入力するとよい。極方程式 $r=f(\theta)$ は，$x=f(\theta)\cos\theta$, $y=f(\theta)\sin\theta$ と媒介変数表示される。

問 (1) 次の媒介変数で表された曲線を，コンピュータを用いて描け。

(ア) $\begin{cases} x=\sin 2t \\ y=\sin 5t \end{cases}$ (イ) $\begin{cases} x=t-\sin t \\ y=1-\cos t \end{cases}$

(2) 次の極方程式で表された曲線を，コンピュータを用いて描け。

(ア) $r=\sin 1.5\theta$ (イ) $r=3+2\cos\theta$

（＊）問の解答は $p.721$ にある。

EXERCISES

②**117** 直交座標の原点 O を極とし，x 軸の正の部分を始線とする極座標 $(r,\ \theta)$ を考える。この極座標で表された 3 点を $\mathrm{A}\left(1,\ \dfrac{\pi}{3}\right)$，$\mathrm{B}\left(2,\ \dfrac{2}{3}\pi\right)$，$\mathrm{C}\left(3,\ \dfrac{4}{3}\pi\right)$ とする。

(1) ∠OAB を求めよ。　(2) △OBC の面積を求めよ。

(3) △ABC の外接円の中心と半径を求めよ。ただし，中心は直交座標で表せ。

〔類 徳島大〕 →173

③**118** 極方程式 $r=\dfrac{2}{2+\cos\theta}$ で与えられる図形と，等式 $|z|+\left|z+\dfrac{4}{3}\right|=\dfrac{8}{3}$ を満たす複素数 z で与えられる図形は同じであることを示し，この図形の概形をかけ。

〔山形大〕 →149, 175

③**119** 直交座標で表された 2 つの方程式 $|x|+|y|=c_1$ …… ①，$\sqrt{x^2+y^2}=c_2$ …… ② を定義する。ただし c_1，c_2 は正の定数である。

(1) xy 平面上に ① を満たす点 $(x,\ y)$ を図示せよ。

(2) 極座標 $(r,\ \theta)$ を用いて，①，② をそれぞれ極方程式で表せ。

(3) 原点を除く点 $(x,\ y)$ に対して，$\dfrac{|x|+|y|}{\sqrt{x^2+y^2}}$ の最大値および最小値を求めよ。

〔九州大〕 →175

③**120** xy 平面において，2 点 $\mathrm{F_1}(a,\ a)$，$\mathrm{F_2}(-a,\ -a)$ からの距離の積が一定値 $2a^2$ となるような点 P の軌跡を C とする。ただし，$a>0$ である。

(1) 直交座標 $(x,\ y)$ に関しての C の方程式を求めよ。

(2) 原点を極とし，x 軸の正の部分を始線とする極座標 $(r,\ \theta)$ に関しての C の極方程式を求めよ。

(3) C から原点を除いた部分は，平面上の第 1 象限と第 3 象限を合わせた範囲に含まれることを示せ。

〔鹿児島大〕 →175

⑤**121** 半径 a の定円の周上に 2 つの動点 P，Q がある。P，Q はこの円周上の定点 A を同時に出発して時計の針と反対の向きに回っている。円の中心を O とするとき，動径 OP，OQ の回転角の速度(角速度という)の比が $1:k$ $(k>0,\ k\neq1)$ で一定であるとき，線分 PQ の中点 M の，軌跡の極方程式を求めよ。ただし，点 P と点 Q が重なるとき，点 M は点 P(Q) を表すものとする。 →176

HINT

117 (3) 3 点 O，A，C の位置関係に注目。

118 極方程式を直交座標の方程式に表してみる。また，等式については，式の図形的な意味に注目。

119 (1)，(3) 対称性を利用。

120 (1) $\mathrm{F_1P}\cdot\mathrm{F_2P}=2a^2$ から $\mathrm{F_1P^2}\cdot\mathrm{F_2P^2}=(2a^2)^2$

(3) 原点を除いた部分にある点は，$r\neq0$ を満たす。

121 $\mathrm{OM}=r$ と $\angle\mathrm{MOX}=\theta$ の関係を調べる。△OPQ は二等辺三角形であることに注目。

総合演習

学習の総仕上げのための問題を２部構成で掲載しています。数学Ⅲ，Cのひととおりの学習を終えた後に取り組んでください。

●**第１部**

第１部では，大学入学共通テスト対策に役立つもの（数学C）や，思考力を鍛えることができるテーマを取り上げ，それに関連する問題や解説を掲載しています。
各テーマは次のような流れで構成されています。

CHECK → 問題 → 指針 → 解答 → 検討

CHECK では，例題で学んだ問題の類題を取り上げています。その後に続く問題の準備となるような解説も書かれていますので，例題で学んだ内容を思い出しながら読み進めてみましょう。必要に応じて，例題の内容を復習するとよいでしょう。

問題 では，そのテーマで主となる問題を掲載しています。あまり解いたことのない形式のものや，思考力を要する問題も含まれています。CHECK で確認したことや，これまで学んできた内容を活用しながらチャレンジしてください。
解答の方針がつかみづらい場合は，指針も読んで考えてみましょう。

更に，解答と検討が続きますが，問題が解けた場合も解けなかった場合も，解答や検討の内容もきちんと確認してみてください。検討の内容まで理解することで，より思考力を高められます。

●**第２部**

第２部では，基本～標準レベルの入試問題を中心に取り上げました。中には難しい問題もあります（◇印をつけました）。解法の手がかりとなる HINT も設けていますから，難しい場合は HINT も参考にしながら挑戦してください。

テーマ 1 はさみうちの原理と無限級数

平方数の逆数和の極限を求める

数学Ⅲ

無限級数 $\sum_{n=1}^{\infty}\frac{1}{n^s}$ は，古くからさまざまな数学者によって研究されてきた級数です。$s=1$ のとき，すなわち $\sum_{n=1}^{\infty}\frac{1}{n}$ が発散することを，数学Ⅲ例題 **45** で学びました（調和級数の発散）。ここでは，$s=2$ のとき，すなわち $\sum_{n=1}^{\infty}\frac{1}{n^2}$ について考察します。

まず，次の問題で，はさみうちの原理を利用して極限を求める方法について，確認しましょう。

CHECK 1−A　n を自然数とする。7^n の桁数を d_n とするとき，極限 $\lim_{n\to\infty}\frac{d_n}{n}$ を求めよ。

$\frac{d_n}{n}$ の極限は，直接は求められませんから，**はさみうちの原理** を利用することを考えます。はさみうちの原理については，数学Ⅲ例題 **21**～**23** を確認しましょう。$a_n \leqq \frac{d_n}{n} \leqq b_n$ の形の不等式を作る必要がありますが，自然数 N の桁数が m であるとき，不等式 $10^{m-1} \leqq N < 10^m$ が成り立つことを利用しましょう。

解答

7^n は d_n 桁の自然数であるから　$10^{d_n-1} \leqq 7^n < 10^{d_n}$

各辺の常用対数をとると　$d_n-1 \leqq n\log_{10}7 < d_n$

ゆえに　$\log_{10}7 < \frac{d_n}{n} \leqq \log_{10}7+\frac{1}{n}$

$\lim_{n\to\infty}\left(\log_{10}7+\frac{1}{n}\right)=\log_{10}7$ であるから

$$\lim_{n\to\infty}\frac{d_n}{n}=\mathbf{\log_{10}7}$$

◀ $d_n-1 \leqq n\log_{10}7$ から $\frac{d_n}{n}-\frac{1}{n} \leqq \log_{10}7$　よって　$\frac{d_n}{n} \leqq \log_{10}7+\frac{1}{n}$

◀**はさみうちの原理。**

上の極限値について，d_n および n はともに自然数ですので $\frac{d_n}{n}$ は常に有理数ですが，その極限値は上で示したように無理数となります。有理数の数列は，有理数に収束することもあれば，無理数に収束することもあります。

次の CHECK 1−B は，極限に関する問題ではありませんが，後の問題 **1** を考察する上で役立つ内容です。数列の内容の復習として，取り組んでみましょう。

CHECK 1−B　n を自然数とする。

(1)　$n \geqq 2$ のとき，$\sum_{k=2}^{n}\frac{1}{(k-1)k}$ を求めよ。

(2)　$\sum_{k=1}^{n}\frac{1}{k^2} < 2$ が成り立つことを示せ。

分数の数列の和は，**部分分数に分解** し，差の形で表すことで，隣り合う項が消え計算することができます。必要に応じて，数学Ｂ例題 **25** を復習しておきましょう。

(2) では，$k \geqq 2$ のとき，$k^2>(k-1)k$ から，$\dfrac{1}{k^2}<\dfrac{1}{k(k-1)}$ が成り立ちます。これと，(1) の結果を利用します。

解答

(1) $\displaystyle\sum_{k=2}^{n}\frac{1}{(k-1)k}=\sum_{k=2}^{n}\left(\frac{1}{k-1}-\frac{1}{k}\right)$　◀部分分数に分解する。

$\displaystyle=\left(\frac{1}{1}-\frac{1}{2}\right)+\left(\frac{1}{2}-\frac{1}{3}\right)+\cdots\cdots+\left(\frac{1}{n-1}-\frac{1}{n}\right)$

$\displaystyle=\mathbf{1-\frac{1}{n}}$

(2) $k \geqq 2$ のとき，$k^2>(k-1)k>0$ から

$$\frac{1}{k^2}<\frac{1}{(k-1)k}$$

◀$a>b>0$ ならば $\dfrac{1}{a}<\dfrac{1}{b}$

よって，(1) から

$$\sum_{k=1}^{n}\frac{1}{k^2}=\frac{1}{1^2}+\sum_{k=2}^{n}\frac{1}{k^2}<1+\sum_{k=2}^{n}\frac{1}{(k-1)k}$$

$$=1+\left(1-\frac{1}{n}\right)=2-\frac{1}{n}<2$$

◀$\dfrac{1}{n}>0$

次ページの問題 **1** では，平方数の逆数の和の極限 $\left(\displaystyle\sum_{n=1}^{\infty}\frac{1}{n^2}\right)$ に関する内容がテーマになっています。問題 **1** に取り組む前に，関連する事柄を整理しておきましょう。

まず，数列 $\{a_n\}$ の極限について，次のことが知られています。

M を定数とし，すべての自然数 n について，

$a_n \leqq a_{n+1}$ かつ $a_n \leqq M$

が成り立つとき，数列 $\{a_n\}$ は M 以下の値に収束する

…… (＊)

($p.55$ 補足事項も参照。)

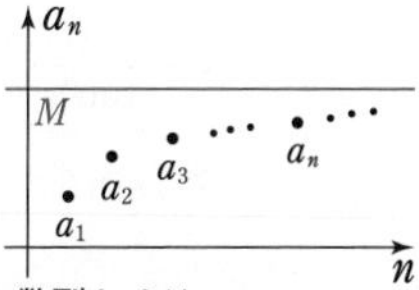

数列 $\{a_n\}$ は
$a_n \leqq a_{n+1}$ (単調増加)
$a_n \leqq M$ (Mは定数)
を満たす。

厳密な証明は大学で学ぶ知識が必要となりますが，直感的には自然な性質と思えるのではないでしょうか。

この性質を用いて，$\displaystyle\sum_{n=1}^{\infty}\frac{1}{n^2}=\lim_{n\to\infty}\sum_{k=1}^{n}\frac{1}{k^2}$ について考えてみます。

$\displaystyle S_n=\sum_{k=1}^{n}\frac{1}{k^2}$ とすると，数列 $\{S_n\}$ は

$$S_{n+1}=\sum_{k=1}^{n+1}\frac{1}{k^2}=\sum_{k=1}^{n}\frac{1}{k^2}+\frac{1}{(n+1)^2}>\sum_{k=1}^{n}\frac{1}{k^2}=S_n$$

◀$\dfrac{1}{(n+1)^2}>0$

から，$S_n<S_{n+1}$ を満たします。

また，CHECK 1−B の結果から，$S_n<2$ が成り立ちます。

よって，上の (＊) から，$\displaystyle\sum_{n=1}^{\infty}\frac{1}{n^2}=\lim_{n\to\infty}S_n$ は **2 以下の値に収束する** ことがわかります。

しかし，これだけでは，$\displaystyle\sum_{n=1}^{\infty}\frac{1}{n^2}$ の具体的な極限値まではわかりません。

次ページの問題 **1** では，$\displaystyle\sum_{n=1}^{\infty}\frac{1}{n^2}$ が具体的にどのような値に収束するかを考察します。

問題1　平方数の逆数和の極限

関数 $f(x)$, $g(x)$ を $f(x)=\dfrac{1}{\sin^2 x}$, $g(x)=\dfrac{1}{\tan^2 x}$ と定め，自然数 n に対して

$S_n=\displaystyle\sum_{k=1}^{2^n-1} f\left(\frac{k\pi}{2^{n+1}}\right)$, $T_n=\displaystyle\sum_{k=1}^{2^n-1} g\left(\frac{k\pi}{2^{n+1}}\right)$ とする。

(1) $0<x<\dfrac{\pi}{2}$ のとき，$f(x)+f\left(\dfrac{\pi}{2}-x\right)=4f(2x)$ が成り立つことを示せ。

(2) S_1，S_2，S_3 の値を求めよ。

(3) S_{n+1} と S_n の関係式を求め，S_n を求めよ。

(4) $\dfrac{1}{\tan^2 x}=\dfrac{1}{\sin^2 x}-1$ であることを利用して，T_n を求めよ。

(5) $\displaystyle\lim_{n\to\infty}\sum_{k=1}^{2^n-1}\frac{1}{k^2}$ を求めよ。ただし，$0<\theta<\dfrac{\pi}{2}$ に対して $\sin\theta<\theta<\tan\theta$ が成り立つことを用いてもよい。

〔類　慶応大〕

指針

(1) $\sin\left(\dfrac{\pi}{2}-x\right)=\cos x$ が成り立つことを利用する。

(2) S_2，S_3 の値は，(1) で示した関係式を用いて計算する。

(3) $k=1$，2，……，2^n-1 のとき，$f\left(\dfrac{2^{n+1}-k}{2^{n+2}}\pi\right)=f\left(\dfrac{\pi}{2}-\dfrac{k}{2^{n+2}}\pi\right)$ であるから，

$f\left(\dfrac{k\pi}{2^{n+2}}\right)+f\left(\dfrac{2^{n+1}-k}{2^{n+2}}\pi\right)$ に対して (1) の関係式を用いる。

(4) $\dfrac{1}{\tan^2 x}=\dfrac{1}{\sin^2 x}-1$ から，$g(x)=f(x)-1$ であることを利用する。

(5) $\sin\theta<\theta<\tan\theta$ を利用して $\displaystyle\sum_{k=1}^{2^n-1}\frac{1}{k^2}$ が満たす不等式を求め，**はさみうちの原理** を用いて極限を求める。そのために，$\theta=\dfrac{k\pi}{2^{n+1}}$ として，(3), (4) で求めた S_n，T_n を利用する。

CHART　求めにくい極限　**不等式利用で　はさみうち**

解答

(1) $\sin\left(\dfrac{\pi}{2}-x\right)=\cos x$ から

$$f(x)+f\left(\frac{\pi}{2}-x\right)=\frac{1}{\sin^2 x}+\frac{1}{\cos^2 x}$$
$$=\frac{\cos^2 x+\sin^2 x}{\sin^2 x\cos^2 x}=\frac{1}{(\sin x\cos x)^2}$$
$$=\frac{1}{\left(\frac{1}{2}\sin 2x\right)^2}=\frac{4}{\sin^2 2x}$$
$$=4f(2x)$$

◀ $f\left(\dfrac{\pi}{2}-x\right)=\dfrac{1}{\sin^2\left(\frac{\pi}{2}-x\right)}=\dfrac{1}{\cos^2 x}$

◀ $\sin 2x=2\sin x\cos x$ から $\sin x\cos x=\dfrac{1}{2}\sin 2x$

(2) $\boldsymbol{S_1}=\sum_{k=1}^{1}f\left(\frac{k\pi}{2^2}\right)=f\left(\frac{\pi}{4}\right)=\frac{1}{\sin^2\frac{\pi}{4}}=\mathbf{2}$

◀$2^1-1=1$

$S_2=\sum_{k=1}^{3}f\left(\frac{k\pi}{2^3}\right)=f\left(\frac{\pi}{8}\right)+f\left(\frac{2}{8}\pi\right)+f\left(\frac{3}{8}\pi\right)$

◀$2^2-1=3$

(1) より，$f(x)+f\left(\frac{\pi}{2}-x\right)=4f(2x)$ であるから

$$f\left(\frac{\pi}{8}\right)+f\left(\frac{3}{8}\pi\right)=4f\left(2\cdot\frac{\pi}{8}\right)=4f\left(\frac{\pi}{4}\right)$$

◀(1) の等式に，$x=\frac{\pi}{8}$ を代入。

よって　　$\boldsymbol{S_2}=4f\left(\frac{\pi}{4}\right)+f\left(\frac{\pi}{4}\right)=5f\left(\frac{\pi}{4}\right)=\mathbf{10}$

同様に，$f(x)+f\left(\frac{\pi}{2}-x\right)=4f(2x)$ を用いると

$$\begin{aligned}\boldsymbol{S_3}&=\sum_{k=1}^{7}f\left(\frac{k\pi}{2^4}\right)\\&=f\left(\frac{\pi}{16}\right)+f\left(\frac{2}{16}\pi\right)+f\left(\frac{3}{16}\pi\right)+f\left(\frac{4}{16}\pi\right)\\&\quad+f\left(\frac{5}{16}\pi\right)+f\left(\frac{6}{16}\pi\right)+f\left(\frac{7}{16}\pi\right)\\&=\left\{\underline{f\left(\frac{\pi}{16}\right)+f\left(\frac{7}{16}\pi\right)}\right\}+\left\{f\left(\frac{2}{16}\pi\right)+f\left(\frac{6}{16}\pi\right)\right\}\\&\quad+\left\{f\left(\frac{3}{16}\pi\right)+f\left(\frac{5}{16}\pi\right)\right\}+f\left(\frac{\pi}{4}\right)\\&=\underline{4f\left(\frac{\pi}{8}\right)}+4f\left(\frac{2}{8}\pi\right)+4f\left(\frac{3}{8}\pi\right)+f\left(\frac{\pi}{4}\right)\\&=4S_2+2=\mathbf{42}\end{aligned}$$

◀$2^3-1=7$

◀和が $\frac{\pi}{2}$ になるペアでまとめる。

◀$\underline{f\left(\frac{\pi}{16}\right)+f\left(\frac{7}{16}\pi\right)}$
$=f\left(\frac{\pi}{16}\right)+f\left(\frac{8\pi-\pi}{16}\right)$
$=f\left(\frac{\pi}{16}\right)+f\left(\frac{\pi}{2}-\frac{\pi}{16}\right)$
$=4f\left(2\cdot\frac{\pi}{16}\right)=\underline{4f\left(\frac{\pi}{8}\right)}$

(3) $f(x)+f\left(\frac{\pi}{2}-x\right)=4f(2x)$ を用いると

$$\begin{aligned}\boldsymbol{S_{n+1}}&=\sum_{k=1}^{2^{n+1}-1}f\left(\frac{k\pi}{2^{(n+1)+1}}\right)\\&=f\left(\frac{\pi}{2^{n+2}}\right)+f\left(\frac{2}{2^{n+2}}\pi\right)+\cdots\cdots+f\left(\frac{2^{n+1}-1}{2^{n+2}}\pi\right)\\&=\left\{f\left(\frac{\pi}{2^{n+2}}\right)+f\left(\frac{2^{n+1}-1}{2^{n+2}}\pi\right)\right\}\\&\quad+\left\{f\left(\frac{2}{2^{n+2}}\pi\right)+f\left(\frac{2^{n+1}-2}{2^{n+2}}\pi\right)\right\}+\cdots\cdots\\&\quad+\left\{f\left(\frac{2^n-1}{2^{n+2}}\pi\right)+f\left(\frac{2^n+1}{2^{n+2}}\pi\right)\right\}+f\left(\frac{2^n}{2^{n+2}}\pi\right)\\&=4\left\{f\left(\frac{\pi}{2^{n+1}}\right)+f\left(\frac{2}{2^{n+1}}\pi\right)+\cdots\cdots+f\left(\frac{2^n-1}{2^{n+1}}\pi\right)\right\}\\&\qquad+f\left(\frac{\pi}{4}\right)\\&=4\sum_{k=1}^{2^n-1}f\left(\frac{k\pi}{2^{n+1}}\right)+f\left(\frac{\pi}{4}\right)\\&=\mathbf{4S_n+2}\end{aligned}$$

◀(2) と同様にペアを作る。

◀$f\left(\frac{k\pi}{2^{n+2}}\right)+f\left(\frac{2^{n+1}-k}{2^{n+2}}\pi\right)$
$=f\left(\frac{k\pi}{2^{n+2}}\right)$
$\quad+f\left(\frac{\pi}{2}-\frac{k}{2^{n+2}}\pi\right)$
$=4f\left(2\cdot\frac{k\pi}{2^{n+2}}\right)$
$=4f\left(\frac{k\pi}{2^{n+1}}\right)$

$S_{n+1}=4S_n+2$ を変形すると

$$S_{n+1}+\frac{2}{3}=4\left(S_n+\frac{2}{3}\right)$$

◀特性方程式 $\alpha=4\alpha+2$ の解 $\alpha=-\frac{2}{3}$ を用いて漸化式を変形する。

また　$S_1+\frac{2}{3}=2+\frac{2}{3}=\frac{8}{3}$

よって，数列 $\left\{S_n+\frac{2}{3}\right\}$ は初項 $\frac{8}{3}$，公比 4 の等比数列であるから　$S_n+\frac{2}{3}=\frac{8}{3}\cdot 4^{n-1}=\frac{2}{3}\cdot 4^n$

したがって　$\boldsymbol{S_n=\frac{2}{3}\cdot 4^n-\frac{2}{3}}$

(4) $\frac{1}{\tan^2 x}=\frac{1}{\sin^2 x}-1$ から　$\underline{g(x)=f(x)-1}$

よって　$\boldsymbol{T_n}=\sum_{k=1}^{2^n-1}\underline{g\left(\frac{k\pi}{2^{n+1}}\right)}=\sum_{k=1}^{2^n-1}\underline{\left\{f\left(\frac{k\pi}{2^{n+1}}\right)-1\right\}}$

$=S_n-(2^n-1)=\frac{2}{3}\cdot 4^n-\frac{2}{3}-(2^n-1)$

$\boldsymbol{=\frac{2}{3}\cdot 4^n-2^n+\frac{1}{3}}$

参考

$\frac{1}{\tan^2 x}=\frac{1}{\sin^2 x}-1$

は，次のようにして導かれる。

$\sin^2 x+\cos^2 x=1$ の両辺を $\sin^2 x$ で割ると

$1+\frac{\cos^2 x}{\sin^2 x}=\frac{1}{\sin^2 x}$

よって

$\frac{1}{\tan^2 x}=\frac{1}{\sin^2 x}-1$

(5) $0<\theta<\frac{\pi}{2}$ のとき，$0<\sin\theta<\theta<\tan\theta$ であるから

$$0<\frac{1}{\tan\theta}<\frac{1}{\theta}<\frac{1}{\sin\theta}$$

よって　$\frac{1}{\tan^2\theta}<\frac{1}{\theta^2}<\frac{1}{\sin^2\theta}$

ゆえに　$g(\theta)<\frac{1}{\theta^2}<f(\theta)$ ……①

$1\leqq k\leqq 2^n-1$ のとき，$0<\frac{k\pi}{2^{n+1}}<\frac{\pi}{2}$ であるから，

$\theta=\frac{k\pi}{2^{n+1}}$ を①に代入して

$$g\left(\frac{k\pi}{2^{n+1}}\right)<\frac{4^{n+1}}{k^2\pi^2}<f\left(\frac{k\pi}{2^{n+1}}\right)$$

よって　$\sum_{k=1}^{2^n-1}g\left(\frac{k\pi}{2^{n+1}}\right)<\sum_{k=1}^{2^n-1}\frac{4^{n+1}}{k^2\pi^2}<\sum_{k=1}^{2^n-1}f\left(\frac{k\pi}{2^{n+1}}\right)$

ゆえに　$T_n<\frac{4^{n+1}}{\pi^2}\sum_{k=1}^{2^n-1}\frac{1}{k^2}<S_n$

◀n は k と無関係であるから，Σの前に出す。

よって　$\frac{\pi^2}{4^{n+1}}T_n<\sum_{k=1}^{2^n-1}\frac{1}{k^2}<\frac{\pi^2}{4^{n+1}}S_n$ ……②

ここで

$$\lim_{n\to\infty}\left(\frac{\pi^2}{4^{n+1}}T_n\right)=\lim_{n\to\infty}\left\{\frac{\pi^2}{4^{n+1}}\left(\frac{2}{3}\cdot 4^n-2^n+\frac{1}{3}\right)\right\}$$

$$=\lim_{n\to\infty}\frac{\pi^2}{4}\left\{\frac{2}{3}-\left(\frac{1}{2}\right)^n+\frac{1}{3}\cdot\left(\frac{1}{4}\right)^n\right\}$$

$$=\frac{\pi^2}{4}\cdot\frac{2}{3}=\frac{\pi^2}{6}\ \cdots\cdots ③$$

また　$\displaystyle\lim_{n\to\infty}\left(\frac{\pi^2}{4^{n+1}}S_n\right)=\lim_{n\to\infty}\left\{\frac{\pi^2}{4^{n+1}}\left(\frac{2}{3}\cdot 4^n-\frac{2}{3}\right)\right\}$

$$=\lim_{n\to\infty}\frac{\pi^2}{4}\left\{\frac{2}{3}-\frac{2}{3}\left(\frac{1}{4}\right)^n\right\}$$

$$=\frac{\pi^2}{4}\cdot\frac{2}{3}=\frac{\pi^2}{6}\quad\cdots\cdots ④$$

したがって，②，③，④ から　$\displaystyle\lim_{n\to\infty}\sum_{k=1}^{2^n-1}\frac{1}{k^2}=\boldsymbol{\frac{\pi^2}{6}}$

◀はさみうちの原理。

検討

無限級数 $\displaystyle\sum_{n=1}^{\infty}\frac{1}{n^2}$ について

$\displaystyle\sum_{n=1}^{\infty}\frac{1}{n^2}=\lim_{n\to\infty}\sum_{k=1}^{2^n-1}\frac{1}{k^2}$ …… Ⓐ であることを示す。

自然数 n に対して，$2^m-1\leqq n<2^{m+1}-1$ を満たす自然数 m をとる。

(関数 $y=2^x-1$ は単調増加関数であり，$\displaystyle\lim_{x\to\infty}(2^x-1)=\infty$ であるから，このような自然数 m がただ 1 つ存在する。)

このとき，$\displaystyle\sum_{k=1}^{2^m-1}\frac{1}{k^2}\leqq\sum_{k=1}^{n}\frac{1}{k^2}<\sum_{k=1}^{2^{m+1}-1}\frac{1}{k^2}$ が成り立つ。

$n\longrightarrow\infty$ のとき，$m\longrightarrow\infty$ で，問題 1 (5) の結果より $\displaystyle\lim_{n\to\infty}\sum_{k=1}^{2^n-1}\frac{1}{k^2}=\frac{\pi^2}{6}$ であるから

$$\lim_{m\to\infty}\sum_{k=1}^{2^m-1}\frac{1}{k^2}=\lim_{m\to\infty}\sum_{k=1}^{2^{m+1}-1}\frac{1}{k^2}=\frac{\pi^2}{6}$$

よって　$\displaystyle\lim_{n\to\infty}\sum_{k=1}^{n}\frac{1}{k^2}=\sum_{n=1}^{\infty}\frac{1}{n^2}=\frac{\pi^2}{6}$

◀はさみうちの原理。

したがって，$\displaystyle\sum_{n=1}^{\infty}\frac{1}{n^2}$ と $\displaystyle\lim_{n\to\infty}\sum_{k=1}^{2^n-1}\frac{1}{k^2}$ の値はいずれも $\dfrac{\pi^2}{6}$ であるから，Ⓐ が成り立つ。

注意　上の Ⓐ は明らかに見えるが，一般には，$\displaystyle\lim_{n\to\infty}\sum_{k=1}^{2^n-1}a_k=\alpha$ であったとしても $\displaystyle\sum_{n=1}^{\infty}a_n=\alpha$ となるとは限らない。例えば，$a_n=(-1)^{n-1}$ とすると

$$\lim_{n\to\infty}\sum_{k=1}^{2^n-1}a_k=\lim_{n\to\infty}\sum_{k=1}^{2^n-1}(-1)^{k-1}$$

$$=\lim_{n\to\infty}\{1+(-1)+\cdots\cdots+(-1)+1\}=\lim_{n\to\infty}1=1$$

◀2^n-1 は奇数。

一方で，$\displaystyle\sum_{n=1}^{\infty}(-1)^{n-1}$ は収束しない（振動する）。

$\dfrac{\pi^2}{6}=1.6449\cdots\cdots$ であるから，CHECK 1－B での考察の通り，$\displaystyle\sum_{n=1}^{\infty}\frac{1}{n^2}$ は 2 以下の値に収束することが具体的に確認できた。

この問題は「バーゼル問題」と呼ばれ，オイラーをはじめ，古くからさまざまな数学者によって研究されている問題である。また，**ゼータ関数** という整数に関する重要な話題につながる問題でもある。

$\left(\zeta(s)=\displaystyle\sum_{n=1}^{\infty}\frac{1}{n^s}\right.$ をリーマンのゼータ関数という。$p.77$ の 検討 や，$p.297$ の 検討 も参照。)

テーマ 2

定積分の定義とその性質

定積分の性質を定義から考察する

数学Ⅲ

定積分の計算を行うとき，さまざまな性質を使いながら計算していますが，それらの性質が成り立つ理由については，意識することはあまりないかもしれません。ここでは，定積分の定義をもとに，定積分の性質を示す問題を扱います。

まず，次の問題で，導関数の定義とその意味を確認しましょう。

CHECK 2−A　$x>0$ に対して $f(x)=\sqrt{x}$ とする。

(1)　導関数の定義に従って，$f'(x)$ を求めよ。

(2)　$0<a<b$ のとき，$\dfrac{f(b)-f(a)}{b-a}$，$f'(a)$，$f'(b)$ を大きい順に並べよ。

(1) は，導関数の定義 $f'(x)=\lim\limits_{h\to0}\dfrac{f(x+h)-f(x)}{h}$ に従って，$f(x)=\sqrt{x}$ の導関数を求めます。

(2) では，$\dfrac{f(b)-f(a)}{b-a}$ の式の形から，**平均値の定理** の利用を考えてみましょう。

$\dfrac{f(b)-f(a)}{b-a}=f'(c)$，$a<c<b$ を満たす実数 c が存在することから，$f'(a)$，$f'(b)$，$f'(c)$ の大きさを比較すればよいことがわかります。

解答

(1)　$f'(x)=\lim\limits_{h\to0}\dfrac{\sqrt{x+h}-\sqrt{x}}{h}=\lim\limits_{h\to0}\dfrac{(x+h)-x}{h(\sqrt{x+h}+\sqrt{x})}$

$=\lim\limits_{h\to0}\dfrac{1}{\sqrt{x+h}+\sqrt{x}}=\dfrac{1}{\sqrt{x}+\sqrt{x}}$

$=\boldsymbol{\dfrac{1}{2\sqrt{x}}}$

◀分母・分子に $\sqrt{x+h}+\sqrt{x}$ を掛けて，分子を有理化する。

(2)　関数 $f(x)=\sqrt{x}$ は $x>0$ で微分可能であるから，区間 $[a,\ b]$ において，平均値の定理を用いると

$$\frac{f(b)-f(a)}{b-a}=f'(c),\ a<c<b$$

を満たす c が存在する。

ここで，$f''(x)=-\dfrac{1}{4x\sqrt{x}}<0$ であるから，関数 $f'(x)$ は $x>0$ で単調に減少する。

◀$f'(x)$ の導関数 $f''(x)$ の符号を調べることで，$f'(x)$ の増減を調べる。ここでは，公式を用いて $\left(\dfrac{1}{\sqrt{x}}\right)'=-\dfrac{1}{2x\sqrt{x}}$ を計算した。

よって，$a<c<b$ から

$$f'(b)<f'(c)<f'(a)$$

したがって，$\dfrac{f(b)-f(a)}{b-a}$，$f'(a)$，$f'(b)$ を大きい順に並べると　$\boldsymbol{f'(a)}$，$\boldsymbol{\dfrac{f(b)-f(a)}{b-a}}$，$\boldsymbol{f'(b)}$

(2)の結果について，グラフを用いて考えてみましょう。
$f'(a)$，$f'(b)$ はそれぞれ $y=f(x)$ のグラフ上の点 $(a,\ f(a))$，点 $(b,\ f(b))$ における接線の傾きを表し，$\dfrac{f(b)-f(a)}{b-a}$ は2点 $(a,\ f(a))$，$(b,\ f(b))$ を通る直線の傾きを表します。
$y=\sqrt{x}$ のとき，$y''=-\dfrac{1}{4x\sqrt{x}}$ で，$x>0$ のとき $y''<0$ であることから，$y=\sqrt{x}$ のグラフは **上に凸** のグラフになります。
このことから，3つの値の大小関係は，グラフから判断することもできます。

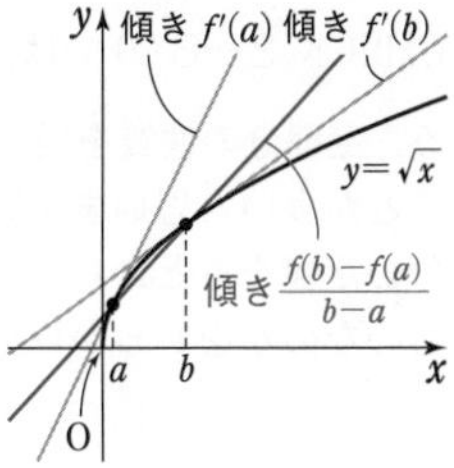

次に，定積分と不等式について，基本的な性質を確認しましょう。

CHECK 2−B (1) 定積分 $\displaystyle\int_0^{\frac{\sqrt{3}}{2}}\frac{x^2}{\sqrt{1-x^2}}dx$ を求めよ。

(2) n を3以上の整数とするとき，不等式 $\displaystyle\int_0^{\frac{\sqrt{3}}{2}}\frac{x^2}{\sqrt{1-x^n}}dx<\frac{\pi}{6}$ を証明せよ。

数学Ⅲ例題 **149** で学習したように，被積分関数に $\sqrt{a^2-x^2}$ の形の式を含む場合，定積分の計算には $\boldsymbol{x=a\sin\theta}$ とおく **置換積分法** の利用を考えてみましょう。また，(2)では，不等式の左辺の定積分は直接計算できません。そこで，$n\geqq3$ のとき，$0\leqq x\leqq\dfrac{\sqrt{3}}{2}$ において
$\dfrac{x^2}{\sqrt{1-x^n}}\leqq\dfrac{x^2}{\sqrt{1-x^2}}$ が成り立つことから，(1)の結果を利用することを考えます。

解答

(1) $x=\sin\theta$ とおくと

$$dx=\cos\theta d\theta$$

x と θ の対応は右のようになる。

x	$0\longrightarrow\dfrac{\sqrt{3}}{2}$
θ	$0\longrightarrow\dfrac{\pi}{3}$

よって

$$\int_0^{\frac{\sqrt{3}}{2}}\frac{x^2}{\sqrt{1-x^2}}dx$$
$$=\int_0^{\frac{\pi}{3}}\frac{\sin^2\theta}{\sqrt{1-\sin^2\theta}}\cdot\cos\theta d\theta=\int_0^{\frac{\pi}{3}}\sin^2\theta d\theta$$
$$=\int_0^{\frac{\pi}{3}}\frac{1-\cos2\theta}{2}d\theta=\frac{1}{2}\left[\theta-\frac{1}{2}\sin2\theta\right]_0^{\frac{\pi}{3}}=\boldsymbol{\frac{\pi}{6}-\frac{\sqrt{3}}{8}}$$

◀$0\leqq\theta\leqq\dfrac{\pi}{3}$ において $\cos\theta>0$ であるから $\sqrt{1-\sin^2\theta}=\sqrt{\cos^2\theta}=\cos\theta$

(2) $n\geqq3$ のとき，$0\leqq x\leqq\dfrac{\sqrt{3}}{2}\ (<1)$ において，$0\leqq x^n\leqq x^2$

であるから　$0\leqq\dfrac{x^2}{\sqrt{1-x^n}}\leqq\dfrac{x^2}{\sqrt{1-x^2}}$

◀$\sqrt{1-x^2}\leqq\sqrt{1-x^n}$ から $\dfrac{1}{\sqrt{1-x^n}}\leqq\dfrac{1}{\sqrt{1-x^2}}$

よって

$$\int_0^{\frac{\sqrt{3}}{2}}\frac{x^2}{\sqrt{1-x^n}}dx\leqq\int_0^{\frac{\sqrt{3}}{2}}\frac{x^2}{\sqrt{1-x^2}}dx=\frac{\pi}{6}-\frac{\sqrt{3}}{8}<\frac{\pi}{6}$$

◀(1)の結果を利用。

CHECK 2－B (2) では，区間 $[a,\ b]$ で $f(x) \leqq g(x)$ ならば $\int_a^b f(x)dx \leqq \int_a^b g(x)dx$ という，定積分の性質を用いました。このような定積分の性質は，特に意識することなく利用することが多いと思います。次の問題 **2** は，このような定積分の性質がなぜ成り立つのかを，定積分の定義をもとに考える問題となっています。何が仮定（用いてよい性質）で，何を示すべきものなのかをしっかり把握して取り組んでみましょう。

問題 2　定積分の定義とその性質

定積分について述べた次の文章を読んで，後の問いに答えよ。

> 区間 $a \leqq x \leqq b$ で連続な関数 $f(x)$ に対して，$F'(x)=f(x)$ となる関数 $F(x)$ を1つ選び，$f(x)$ の a から b までの定積分を
>
> $$\int_a^b f(x)dx=F(b)-F(a) \quad \cdots\cdots \text{①}$$
>
> で定義する。定積分の値は $F(x)$ の選び方によらずに定まる。定積分は次の性質 (A)，(B)，(C) をもつ。
>
> (A) $\int_a^b \{kf(x)+lg(x)\}dx=k\int_a^b f(x)dx+l\int_a^b g(x)dx$
>
> (B) $a \leqq c \leqq b$ のとき $\int_a^c f(x)dx+\int_c^b f(x)dx=\int_a^b f(x)dx$
>
> (C) 区間 $a \leqq x \leqq b$ において $g(x) \geqq h(x)$ ならば $\int_a^b g(x)dx \geqq \int_a^b h(x)dx$
>
> ただし，$f(x)$，$g(x)$，$h(x)$ は区間 $a \leqq x \leqq b$ で連続な関数，k，l は定数である。
>
> 以下，$f(x)$ を区間 $0 \leqq x \leqq 1$ で連続な増加関数とし，n を自然数とする。<u>定積分の性質 [ア] を用い，定数関数に対する定積分の計算を行うと，</u>
>
> $$\frac{1}{n}f\left(\frac{i-1}{n}\right) \leqq \int_{\frac{i-1}{n}}^{\frac{i}{n}} f(x)dx \leqq \frac{1}{n}f\left(\frac{i}{n}\right) \quad (i=1,\ 2,\ \cdots\cdots,\ n) \quad \cdots\cdots \text{②}$$
>
> が成り立つことがわかる。$S_n=\frac{1}{n}\sum_{i=1}^{n} f\left(\frac{i-1}{n}\right)$ とおくと，不等式 ② と定積分の性質 [イ] より次の不等式が成り立つ。
>
> $$0 \leqq \int_0^1 f(x)dx-S_n \leqq \frac{f(1)-f(0)}{n} \quad \cdots\cdots \text{③}$$

(1) 関数 $F(x)$，$G(x)$ が微分可能であるとき，

$$\{F(x)+G(x)\}'=F'(x)+G'(x)$$

が成り立つことを，導関数の定義に従って示せ。また，この等式と定積分の定義 ① を用いて，定積分の性質 (A) で $k=l=1$ とした場合の等式

$$\int_a^b \{f(x)+g(x)\}dx=\int_a^b f(x)dx+\int_a^b g(x)dx$$

を示せ。

(2) 定積分の定義 ① と平均値の定理を用いて，次を示せ。

$a<b$ のとき，区間 $a\leqq x\leqq b$ において $g(x)>0$ ならば $\displaystyle\int_a^b g(x)dx>0$

(3) $f(x)=x^2+1$ とするとき，$\displaystyle\lim_{n\to\infty}S_n$ および $\displaystyle\int_0^1 f(x)dx$ を，それぞれ計算せよ。

(4) (A), (B), (C) のうち，空欄 ア に入る記号として最もふさわしいものを 1 つ選び答えよ。また文章中の下線部の内容を詳しく説明することで，不等式 ② を示せ。

(5) (A), (B), (C) のうち，空欄 イ に入る記号として最もふさわしいものを 1 つ選び答えよ。また，不等式 ③ を示せ。

(6) 不等式 ③ を用いて，$\displaystyle\lim_{n\to\infty}S_n=\int_0^1 f(x)dx$ が成り立つことを示せ。

〔類 九州大〕

指針 設問に「～に従って」「～を用いて」などの，解答するにあたっての指定がある場合，何が仮定（解答で用いてよいもの）であるかを注意して解答する。

(1) （前半）導関数の定義から

$$\{F(x)+G(x)\}'=\lim_{h\to0}\frac{\{F(x+h)+G(x+h)\}-\{F(x)+G(x)\}}{h}$$

（後半）$F'(x)=f(x)$，$G'(x)=g(x)$ となる関数 $F(x)$，$G(x)$ をそれぞれ選ぶと，定積分の定義 ① から

$$\int_a^b\{f(x)+g(x)\}dx=\{F(b)+G(b)\}-\{F(a)+G(a)\}$$

(2) 平均値の定理（$p.155$ 参照）を $G(x)$ に対して用いると，

$$\frac{G(b)-G(a)}{b-a}=G'(c),\ a<c<b$$

を満たす実数 c が存在する。これと，定積分の定義 ① から $\displaystyle\int_a^b g(x)dx=G(b)-G(a)$ であることを用いる。

(3) $f(x)=x^2+1$ のとき，$\displaystyle S_n=\frac{1}{n}\sum_{i=1}^{n}f\left(\frac{i-1}{n}\right)=\frac{1}{n}\sum_{i=0}^{n-1}f\left(\frac{i}{n}\right)=\frac{1}{n}\sum_{i=0}^{n-1}\left\{\left(\frac{i}{n}\right)^2+1\right\}$ であるから，Σ の公式を用いて S_n を n の式で表し，$\displaystyle\lim_{n\to\infty}S_n$ を求める。

(4) 区間 $\dfrac{i-1}{n}\leqq x\leqq\dfrac{i}{n}$ において，$f(x)$ は増加関数であるから，

$f\left(\dfrac{i-1}{n}\right)\leqq f(x)\leqq f\left(\dfrac{i}{n}\right)$ が成り立つ。これに，定積分の性質のいずれかを用いることで ② を導く。

(5) ② から，$\displaystyle\sum_{i=1}^{n}\frac{1}{n}f\left(\frac{i-1}{n}\right)\leqq\sum_{i=1}^{n}\int_{\frac{i-1}{n}}^{\frac{i}{n}}f(x)dx\leqq\sum_{i=1}^{n}\frac{1}{n}f\left(\frac{i}{n}\right)$ が成り立つ。

$\displaystyle\sum_{i=1}^{n}\frac{1}{n}f\left(\frac{i-1}{n}\right)$，$\displaystyle\sum_{i=1}^{n}\frac{1}{n}f\left(\frac{i}{n}\right)$ を S_n を用いて表し，$\displaystyle\sum_{i=1}^{n}\int_{\frac{i-1}{n}}^{\frac{i}{n}}f(x)dx$ を $\displaystyle\int_0^1 f(x)dx$ で表すことを考える。

(6) **はさみうちの原理** を利用する。

解答

(1) $F(x)$, $G(x)$ は微分可能であるから

$$F'(x)=\lim_{h\to0}\frac{F(x+h)-F(x)}{h},$$

$$G'(x)=\lim_{h\to0}\frac{G(x+h)-G(x)}{h}$$

よって　$\{F(x)+G(x)\}'$

$$=\lim_{h\to0}\frac{\{F(x+h)+G(x+h)\}-\{F(x)+G(x)\}}{h}$$

◀導関数の定義。

$$=\lim_{h\to0}\left\{\frac{F(x+h)-F(x)}{h}+\frac{G(x+h)-G(x)}{h}\right\}$$

$$=F'(x)+G'(x)$$

また，$f(x)$，$g(x)$ を区間 $a\leqq x\leqq b$ で連続な関数とし，$F'(x)=f(x)$，$G'(x)=g(x)$ となる関数 $F(x)$，$G(x)$ をそれぞれ1つ選ぶ。このとき，

$$\{F(x)+G(x)\}'=F'(x)+G'(x)=f(x)+g(x)$$

◀1つ目の等号は，上で示した性質を利用している。

であるから，定積分の定義 ① より

$$\int_a^b\{f(x)+g(x)\}dx=\{F(b)+G(b)\}-\{F(a)+G(a)\}$$

$$=\{F(b)-F(a)\}+\{G(b)-G(a)\}$$

$$=\int_a^b f(x)dx+\int_a^b g(x)dx$$

◀再び定積分の定義 ① を用いた。

(2) 定積分の定義 ① から

$$\int_a^b g(x)dx=G(b)-G(a)\quad\cdots\cdots ④$$

また，区間 $[a,\ b]$ において，平均値の定理を用いると

$$\frac{G(b)-G(a)}{b-a}=G'(c),\quad a<c<b$$

を満たす実数 c が存在する。

仮定より，$a\leqq x\leqq b$ において $g(x)>0$ であるから

$$G'(c)=g(c)>0$$

また，$b-a>0$ であるから

$$G(b)-G(a)=(b-a)G'(c)>0\quad\cdots\cdots ⑤$$

したがって，④，⑤ から　$\displaystyle\int_a^b g(x)dx>0$

(3) $f(x)=x^2+1$ のとき

$$S_n=\frac{1}{n}\sum_{i=1}^{n}\left\{\left(\frac{i-1}{n}\right)^2+1\right\}=\frac{1}{n}\sum_{i=0}^{n-1}\left\{\left(\frac{i}{n}\right)^2+1\right\}$$

$$=\frac{1}{n}\left\{\frac{1}{n^2}\cdot\frac{1}{6}(n-1)n(2n-1)+n\right\}$$

$$=\frac{1}{6}\left(1-\frac{1}{n}\right)\cdot1\cdot\left(2-\frac{1}{n}\right)+1$$

◀$\displaystyle\sum_{k=1}^{n}k^2=\frac{1}{6}n(n+1)(2n+1)$

$\displaystyle\sum_{i=0}^{n-1}1=n$ に注意。

よって

$$\lim_{n\to\infty}S_n=\lim_{n\to\infty}\left\{\frac{1}{6}\left(1-\frac{1}{n}\right)\cdot1\cdot\left(2-\frac{1}{n}\right)+1\right\}$$

$$=\frac{1}{6}\cdot1\cdot1\cdot2+1=\mathbf{\frac{4}{3}}$$

また，$F(x)=\dfrac{x^3}{3}+x$ とすると，$F'(x)=x^2+1=f(x)$ であるから

$$\int_0^1 \boldsymbol{f(x)dx}=F(1)-F(0)=\left(\frac{1}{3}+1\right)-0=\boldsymbol{\frac{4}{3}}$$

◀この結果から，$f(x)=x^2+1$ のとき，$\lim_{n\to\infty}S_n=\int_0^1 f(x)dx$ が成り立っていることがわかる。(4)〜(6) で，

$$\lim_{n\to\infty}S_n=\int_0^1 f(x)dx$$

が一般に成り立つことを証明する。

(4) $f(x)$ は $0\leqq x\leqq 1$ において増加関数であるから，$f(x)$ は $\dfrac{i-1}{n}\leqq x\leqq \dfrac{i}{n}$ $(i=1,\ 2,\ \cdots\cdots,\ n)$ において増加関数である。

よって，$\dfrac{i-1}{n}\leqq x\leqq \dfrac{i}{n}$ において

$$f\left(\frac{i-1}{n}\right)\leqq f(x)\leqq f\left(\frac{i}{n}\right)$$

したがって，定積分の性質 (C) により

$$\int_{\frac{i-1}{n}}^{\frac{i}{n}} f\left(\frac{i-1}{n}\right)dx\leqq\int_{\frac{i-1}{n}}^{\frac{i}{n}} f(x)dx\leqq\int_{\frac{i-1}{n}}^{\frac{i}{n}} f\left(\frac{i}{n}\right)dx$$

◀性質 (C) を 2 回用いた。

ここで，定数関数 $h(x)=c$ に対して，$H(x)=cx$ とすると，$H'(x)=c=h(x)$ が成り立つから

◀定数関数を定め，下線部の内容を詳しく説明する。

$$\int_a^b h(x)dx=H(b)-H(a)=cb-ca=c(b-a) \quad \cdots\cdots ⑥$$

◀1 つ目の等号は，定積分の定義 ① から。

$f\left(\dfrac{i-1}{n}\right)$，$f\left(\dfrac{i}{n}\right)$ は定数関数であるから，⑥ より

$$\int_{\frac{i-1}{n}}^{\frac{i}{n}} f\left(\frac{i-1}{n}\right)dx=f\left(\frac{i-1}{n}\right)\left(\frac{i}{n}-\frac{i-1}{n}\right)=\frac{1}{n}f\left(\frac{i-1}{n}\right),$$

$$\int_{\frac{i-1}{n}}^{\frac{i}{n}} f\left(\frac{i}{n}\right)dx=f\left(\frac{i}{n}\right)\left(\frac{i}{n}-\frac{i-1}{n}\right)=\frac{1}{n}f\left(\frac{i}{n}\right)$$

ゆえに　$$\frac{1}{n}f\left(\frac{i-1}{n}\right)\leqq\int_{\frac{i-1}{n}}^{\frac{i}{n}} f(x)dx\leqq\frac{1}{n}f\left(\frac{i}{n}\right) \quad (i=1,\ 2,\ \cdots\cdots,\ n) \quad \cdots\cdots ②$$

が成り立つ。

したがって，[ア] に入るものは　(C)

(5) ② から

$$\sum_{i=1}^{n}\frac{1}{n}f\left(\frac{i-1}{n}\right)\leqq\sum_{i=1}^{n}\int_{\frac{i-1}{n}}^{\frac{i}{n}} f(x)dx\leqq\sum_{i=1}^{n}\frac{1}{n}f\left(\frac{i}{n}\right)$$

◀$i=1,\ 2,\ \cdots\cdots,\ n$ の和をとる。

ここで，性質 (B) から

$$\sum_{i=1}^{n}\int_{\frac{i-1}{n}}^{\frac{i}{n}} f(x)dx=\underline{\int_0^{\frac{1}{n}} f(x)dx+\int_{\frac{1}{n}}^{\frac{2}{n}} f(x)dx}+\cdots\cdots+\int_{\frac{n-1}{n}}^{\frac{n}{n}} f(x)dx$$

$$=\underline{\int_0^{\frac{2}{n}} f(x)dx}+\cdots\cdots+\int_{\frac{n-1}{n}}^{1} f(x)dx=\cdots\cdots=\int_0^1 f(x)dx$$

また $\displaystyle\sum_{i=1}^{n}\frac{1}{n}f\left(\frac{i-1}{n}\right)=\frac{1}{n}\sum_{i=1}^{n}f\left(\frac{i-1}{n}\right)=S_n,$

$$\sum_{i=1}^{n}\frac{1}{n}f\left(\frac{i}{n}\right)=\frac{1}{n}\sum_{i=2}^{n+1}f\left(\frac{i-1}{n}\right)$$
$$=\frac{1}{n}\left\{\sum_{i=1}^{n}f\left(\frac{i-1}{n}\right)-f\left(\frac{1-1}{n}\right)+f\left(\frac{n}{n}\right)\right\}$$
$$=S_n+\frac{f(1)-f(0)}{n}$$

◀n は i と無関係。

◀$\Sigma f\left(\frac{i-1}{n}\right)$ の形になるように調整する。

よって　$\displaystyle S_n\leqq\int_0^1 f(x)dx\leqq S_n+\frac{f(1)-f(0)}{n}$

ゆえに　$\displaystyle 0\leqq\int_0^1 f(x)dx-S_n\leqq\frac{f(1)-f(0)}{n}$　…… ③

◀各辺から S_n を引く。

したがって，［イ］に入るものは　(B)

(6)　$\displaystyle\lim_{n\to\infty}\frac{f(1)-f(0)}{n}=0$ であるから，③ より

$$\lim_{n\to\infty}\left\{\int_0^1 f(x)dx-S_n\right\}=0$$

◀はさみうちの原理。

すなわち，$\displaystyle\lim_{n\to\infty}S_n=\int_0^1 f(x)dx$ が成り立つ。

検討 PLUS ONE

定積分の性質 (A)，(B)，(C) の証明

(1) において，定積分の定義 ① に基づいて，性質 (A) の特別な場合（$k=l=1$ の場合）について証明したが，同様に性質 (A)～(C) の証明についても考えてみよう。
以下，$F(x)$，$G(x)$ は $F'(x)=f(x)$，$G'(x)=g(x)$ となる関数とする。

<性質 (A) について>

定数 k に対して，$\{kF(x)\}'=kF'(x)=kf(x)$ が成り立つから

$$\int_a^b kf(x)dx=kF(b)-kF(a)=k\{F(b)-F(a)\}=k\int_a^b f(x)dx$$

よって，問題 **2** (1) で証明したことと合わせると

$$\int_a^b\{kf(x)+lg(x)\}dx=\int_a^b kf(x)dx+\int_a^b lg(x)dx$$
$$=k\int_a^b f(x)dx+l\int_a^b g(x)dx$$

◀1 つ目の等号は関数 $kf(x)$ に対する定積分の定義 ① を，3 つ目の等号は関数 $f(x)$ に対する定積分の定義 ① を用いている。

<性質 (B) について>

$$\int_a^c f(x)dx+\int_c^b f(x)dx=\{F(c)-F(a)\}+\{F(b)-F(c)\}=F(b)-F(a)=\int_a^b f(x)dx$$

<性質 (C) について>

(2) と同様の証明により，次が成り立つ。

$a<b$ のとき，区間 $a\leqq x\leqq b$ において $f(x)\geqq 0$ ならば　$\displaystyle\int_a^b f(x)dx\geqq 0$

区間 $a\leqq x\leqq b$ において $g(x)\geqq h(x)$ であるとき，$f(x)=g(x)-h(x)$ とすると，区間 $a\leqq x\leqq b$ において $f(x)\geqq 0$ が成り立つ。

よって，$\displaystyle\int_a^b\{g(x)-h(x)\}dx\geqq 0$ が成り立つから，性質 (A) により

$\displaystyle\int_a^b g(x)dx-\int_a^b h(x)dx\geqq 0$　すなわち　$\displaystyle\int_a^b g(x)dx\geqq\int_a^b h(x)dx$ が成り立つ。

テーマ 3

非回転体の体積

平面による切断面の面積を考えて，非回転体の体積を求める

数学Ⅲ

立体の体積を求めるときは，断面積を求めて積分するという考え方が基本となりますが，回転体でない立体（非回転体）の体積を求めるときは，どのような平面で立体を切り，断面積を考えるかがポイントとなります。また，実際に体積を求める際の確かな計算力も必要です。ここでは，やや発展的な立体の体積を求める問題を扱います。

まず，次の問題で，やや複雑な積分の計算方法について確認しましょう。

CHECK 3−A　次の不定積分を求めよ。

(1) $\displaystyle\int\frac{\sin x}{\cos^3 x}dx$　　(2) $\displaystyle\int x\sin^2 x\cos x\,dx$

(1) は被積分関数が $f(\cos x)\sin x$ の形であるから，$\cos x=t$ とおく **置換積分法** を利用することで計算できます。(2) は，$\sin^2 x\cos x=\sin^2 x(\sin x)'=\left(\frac{1}{3}\sin^3 x\right)'$ に着目し，**部分積分法** を利用します。以下，C は積分定数とします。

解答

(1) $\cos x=t$ とおくと，$-\sin x\,dx=dt$ であるから

$$\int\frac{\sin x}{\cos^3 x}dx=-\int t^{-3}dt=-\frac{1}{-2}t^{-2}+C=\boldsymbol{\frac{1}{2\cos^2 x}+C}$$

別解　$\displaystyle\frac{\sin x}{\cos^3 x}=\frac{\sin x}{\cos x}\cdot\frac{1}{\cos^2 x}=\tan x(\tan x)'$

であるから

$$\int\frac{\sin x}{\cos^3 x}dx=\int\tan x(\tan x)'\,dx=\boldsymbol{\frac{1}{2}\tan^2 x+C}$$

◀ $\cos x=t$ と置換せず，
$\displaystyle\int\frac{\sin x}{\cos^3 x}dx$
$\displaystyle=-\int(\cos x)^{-3}(\cos x)'dx$
$\displaystyle=-\frac{1}{-2}(\cos x)^{-2}+C$
$\displaystyle=\frac{1}{2\cos^2 x}+C$
としてもよい。

(2)
$$\int x\sin^2 x\cos x\,dx=\int x\left(\frac{1}{3}\sin^3 x\right)'dx$$
$$=x\cdot\frac{1}{3}\sin^3 x-\int 1\cdot\frac{1}{3}\sin^3 x\,dx$$
$$=\frac{x}{3}\sin^3 x-\frac{1}{3}\int\sin^3 x\,dx \quad\cdots\cdots\ (*)$$

◀部分積分法を利用。
$f(x)=x$,
$g'(x)=\sin^2 x\cos x$
とすると
$f'(x)=1$,
$g(x)=\frac{1}{3}\sin^3 x$

ここで，$\sin^3 x=\dfrac{3\sin x-\sin 3x}{4}$ であるから

$$\int\sin^3 x\,dx=\int\frac{3\sin x-\sin 3x}{4}dx$$
$$=-\frac{3}{4}\cos x+\frac{1}{12}\cos 3x+C'\ （C' は積分定数）$$

◀3倍角の公式
$\sin 3x=3\sin x-4\sin^3 x$
数学Ⅲ例題 **142** も参照。

よって　$\displaystyle\int x\sin^2 x\cos x\,dx$

$$=\frac{x}{3}\sin^3 x-\frac{1}{3}\left(-\frac{3}{4}\cos x+\frac{1}{12}\cos 3x+C'\right)$$
$$=\boldsymbol{\frac{x}{3}\sin^3 x+\frac{1}{4}\cos x-\frac{1}{36}\cos 3x+C}$$

◀ $-\frac{1}{3}C'$ を C とおいた。

別解 （＊）までは同じ。

$$\sin^3 x=\sin^2 x\cdot\sin x=(1-\cos^2 x)\sin x$$

であるから，$\cos x=t$ とおくと　$-\sin x\,dx=dt$

◀ $f(\cos x)\sin x$ の形に変形し，置換積分法を利用。

よって　$\displaystyle\int\sin^3 x\,dx=\int(1-\cos^2 x)\sin x\,dx$

$$=-\int(1-t^2)dt=-\left(t-\frac{t^3}{3}\right)+C'$$

$$=-\left(\cos x-\frac{1}{3}\cos^3 x\right)+C'\quad(C'\text{ は積分定数})$$

ゆえに　$\displaystyle\int x\sin^2 x\cos x\,dx$

$$=\frac{x}{3}\sin^3 x+\frac{1}{3}\left(\cos x-\frac{1}{3}\cos^3 x-C'\right)$$

$$=\boldsymbol{\frac{x}{3}\sin^3 x+\frac{1}{3}\cos x-\frac{1}{9}\cos^3 x+C}$$

◀ $-\frac{1}{3}C'$ を C とおいた。

(1), (2) とも，解答と別解で答えが異なるように見えますが，次のように式変形すると一致していることが確かめられます。

(1) は，$1+\tan^2 x=\dfrac{1}{\cos^2 x}$ から

$$\frac{1}{2}\tan^2 x+C=\frac{1}{2}\left(\frac{1}{\cos^2 x}-1\right)+C=\frac{1}{2\cos^2 x}+\left(C-\frac{1}{2}\right)$$

$C-\dfrac{1}{2}$ を C におき換えることで，一致していることがわかります。

(2) は，3 倍角の公式 $\cos 3x=4\cos^3 x-3\cos x$ を解答の答えの式に代入すると，別解の答えと一致することがわかりますから，各自確認してみましょう。

次に，立体の体積を，定積分を用いて求める方法を確認しましょう。

CHECK 3－B　半径 1 の円柱を，底面の直径を含み底面と角 $\dfrac{\pi}{3}$ をなす平面で切ってできる小さい方の立体 A を考える。ただし，円柱の高さは $\sqrt{3}$ 以上であるとする。この立体 A の体積 V を求めよ。

数学Ⅲ例題 **193** で学習したように，**立体の体積　断面積をつかむ** の方針で進めます。底面の直径を座標軸にとり，座標軸に対して垂直な平面で切断したときの断面積を考えます。

解答

右の図のように，底面の中心を O とし，直径 MN に対し，直線 MN を x 軸にとる。
また，線分 MN 上に点 P をとる。
点 P を通り x 軸に垂直な平面による立体 A の切り口は，直角三角形 PQR となる。
点 P の座標を x とすると

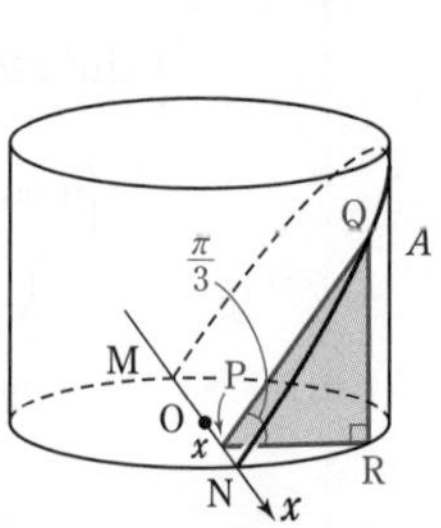

$$\mathrm{PR}=\sqrt{\mathrm{OR}^2-\mathrm{OP}^2}=\sqrt{1-x^2}$$

$$\mathrm{QR}=\mathrm{PR}\tan\frac{\pi}{3}=\sqrt{3}\sqrt{1-x^2}$$

よって，△PQR の面積を $S(x)$ とすると

$$S(x)=\frac{1}{2}\mathrm{PR}\cdot\mathrm{QR}=\frac{\sqrt{3}}{2}(1-x^2)$$

対称性から，求める体積 V は

$$V=2\int_0^1 S(x)dx=2\int_0^1 \frac{\sqrt{3}}{2}(1-x^2)dx=\sqrt{3}\left[x-\frac{x^3}{3}\right]_0^1=\boldsymbol{\frac{2\sqrt{3}}{3}}$$

解答では，直線 MN を x 軸として，直線 MN に垂直な平面で立体を切断したときの断面積を考えましたが，別の方向で切断したときの断面積を考えて体積を求めることもできます（$p.322$，323 参照）。

次の問題 **3** はやや難しい問題になっています。これまで学習した，積分の計算方法，体積の求め方の総まとめとして挑戦してみましょう。

問題 3　定積分の漸化式と非回転体の体積

xyz 空間において，xy 平面内の原点を中心とする半径 1 の円板を D とする。D を底面とし，点 $(0,\ 0,\ 1)$ を頂点とする円錐を C とする。C を平面 $x=\frac{1}{2}$ で 2 つの部分に切断したとき，小さい方を K とする。

(1)　正の整数 n に対し $I_n=\int_0^{\frac{\pi}{3}}\frac{d\theta}{\cos^n\theta}$ とするとき，I_1 を求めよ。

(2)　(1) の I_n について，$n\geqq 3$ のとき，I_n を I_{n-2} と n で表せ。

(3)　平面 $z=t$ $\left(0\leqq t\leqq\frac{1}{2}\right)$ による K の切り口の面積を $S(t)$ とし，θ を $\cos\theta=\frac{1}{2(1-t)}$ $\left(ただし，0\leqq\theta\leqq\frac{\pi}{3}\right)$ を満たすものとする。このとき，$S(t)$ を θ を用いて表せ。

(4)　K の体積を求めよ。　〔類　名古屋大〕

指針

(1)　$\frac{1}{\cos\theta}=\frac{\cos\theta}{\cos^2\theta}=\frac{\cos\theta}{1-\sin^2\theta}$ と変形すると，$f(\sin\theta)\cos\theta$ の形。
$\longrightarrow$ $\sin\theta=t$ とおく **置換積分法** を利用。

(2)　$\frac{1}{\cos^n\theta}=\frac{1}{\cos^2\theta}\cdot\frac{1}{\cos^{n-2}\theta}=(\tan\theta)'\cdot\frac{1}{\cos^{n-2}\theta}$ と変形し，**部分積分法** を利用。

(3)　円錐 C を平面 $z=t$ $\left(0\leqq t\leqq\frac{1}{2}\right)$ で切った断面は円であるから，その円の $x\geqq\frac{1}{2}$ を満たす部分が，平面 $z=t$ $\left(0\leqq t\leqq\frac{1}{2}\right)$ による K の切り口である。

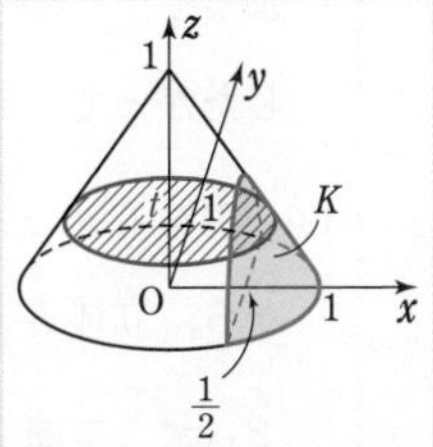

(4)　求める体積は $\int_0^{\frac{1}{2}}S(t)dt$ で求められる。(3) より，$S(t)$ は θ の式で表されているから，$\cos\theta=\frac{1}{2(1-t)}$ の **置換積分法** を利用して計算する。

解答

(1) $I_1=\int_0^{\frac{\pi}{3}}\frac{d\theta}{\cos\theta}=\int_0^{\frac{\pi}{3}}\frac{\cos\theta}{\cos^2\theta}d\theta=\int_0^{\frac{\pi}{3}}\frac{\cos\theta}{1-\sin^2\theta}d\theta$

◀分母・分子に $\cos\theta$ を掛ける。

$t=\sin\theta$ とおくと　$dt=\cos\theta d\theta$

θ と t の対応は右のようになる。

θ	$0 \longrightarrow \frac{\pi}{3}$
t	$0 \longrightarrow \frac{\sqrt{3}}{2}$

よって

$$I_1=\int_0^{\frac{\sqrt{3}}{2}}\frac{dt}{1-t^2}$$
$$=\int_0^{\frac{\sqrt{3}}{2}}\frac{dt}{(1-t)(1+t)}$$
$$=\int_0^{\frac{\sqrt{3}}{2}}\frac{1}{2}\left(\frac{1}{1-t}+\frac{1}{1+t}\right)dt$$

◀部分分数に分解。

$$=\frac{1}{2}\Big[-\log|1-t|+\log|1+t|\Big]_0^{\frac{\sqrt{3}}{2}}$$
$$=\frac{1}{2}\left\{-\log\left(1-\frac{\sqrt{3}}{2}\right)+\log\left(1+\frac{\sqrt{3}}{2}\right)\right\}\ \cdots\cdots\ (*)$$
$$=\mathbf{log(2+\sqrt{3})}$$

◀(＊)の式
$=\frac{1}{2}\log\frac{1+\frac{\sqrt{3}}{2}}{1-\frac{\sqrt{3}}{2}}$
$=\frac{1}{2}\log\frac{2+\sqrt{3}}{2-\sqrt{3}}$
$=\frac{1}{2}\log\frac{(2+\sqrt{3})^2}{2^2-(\sqrt{3})^2}$
$=\log(2+\sqrt{3})$

(2) $n\geqq3$ のとき

$$I_n=\int_0^{\frac{\pi}{3}}\frac{d\theta}{\cos^n\theta}$$
$$=\int_0^{\frac{\pi}{3}}\frac{1}{\cos^2\theta}\cdot\frac{1}{\cos^{n-2}\theta}d\theta$$
$$=\int_0^{\frac{\pi}{3}}(\tan\theta)'\left(\frac{1}{\cos^{n-2}\theta}\right)d\theta$$
$$=\left[\frac{\tan\theta}{\cos^{n-2}\theta}\right]_0^{\frac{\pi}{3}}-\int_0^{\frac{\pi}{3}}\tan\theta\cdot\frac{(n-2)\sin\theta}{\cos^{n-1}\theta}d\theta$$

◀部分積分法。
$\left(\frac{1}{\cos^{n-2}\theta}\right)'$
$=\{(\cos\theta)^{-(n-2)}\}'$
$=-(n-2)(\cos\theta)^{-(n-1)}\times(\cos\theta)'$
$=\frac{(n-2)\sin\theta}{\cos^{n-1}\theta}$

$$=\frac{\sqrt{3}}{\left(\frac{1}{2}\right)^{n-2}}-(n-2)\int_0^{\frac{\pi}{3}}\frac{\sin^2\theta}{\cos^n\theta}d\theta$$
$$=\sqrt{3}\cdot2^{n-2}-(n-2)\int_0^{\frac{\pi}{3}}\frac{1-\cos^2\theta}{\cos^n\theta}d\theta$$
$$=\sqrt{3}\cdot2^{n-2}-(n-2)\left(\int_0^{\frac{\pi}{3}}\frac{d\theta}{\cos^n\theta}-\int_0^{\frac{\pi}{3}}\frac{d\theta}{\cos^{n-2}\theta}\right)$$
$$=\sqrt{3}\cdot2^{n-2}-(n-2)(I_n-I_{n-2})$$

よって　$(n-1)I_n=(n-2)I_{n-2}+\sqrt{3}\cdot2^{n-2}$

◀$n\geqq3$ から　$n\neq1$

したがって　$\boldsymbol{I_n=\frac{n-2}{n-1}I_{n-2}+\frac{\sqrt{3}\cdot2^{n-2}}{n-1}}$

(3) 円錐 C の zx 平面による切り口は右の図のようになるから，立体 K は $0\leqq z\leqq\frac{1}{2}$ を満たす部分にある。

よって，平面 $z=t$ $\left(0\leqq t\leqq\frac{1}{2}\right)$ による切り口を考える。

円錐 C と平面 $z=t$ の共通部分は，中心が z 軸上にある半径 $1-t$ の円となる。

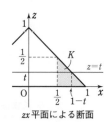

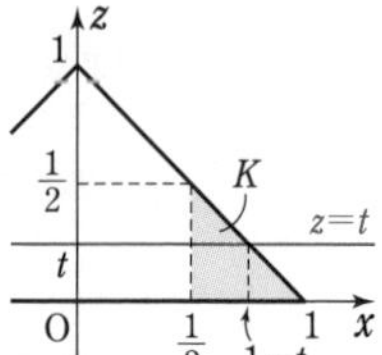

zx 平面による断面

よって，その円の方程式は

$x^2+y^2=(1-t)^2$，$z=t$　　◀$z=t$ を忘れない。

ゆえに，平面 $z=t$ $\left(0\leqq t\leqq\dfrac{1}{2}\right)$ による K の切り口は，右の図の斜線部分となる。

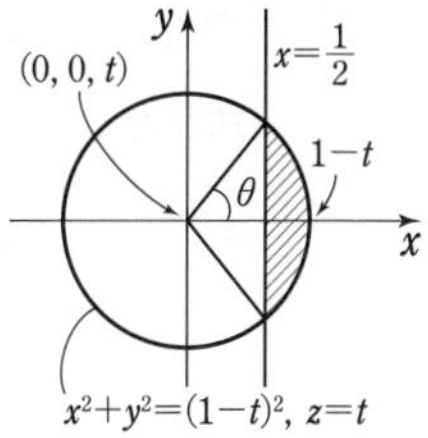

ここで，θ は $\cos\theta=\dfrac{1}{2(1-t)}$，$0\leqq\theta\leqq\dfrac{\pi}{3}$ を満たすものであるから，$S(t)$ は

$$\boldsymbol{S(t)}=\frac{1}{2}(1-t)^2\cdot 2\theta-\frac{1}{2}(1-t)^2\sin 2\theta$$

$$=\frac{1}{8\cos^2\theta}(2\theta-\sin 2\theta)$$

◀$1-t=\dfrac{1}{2\cos\theta}$ を代入。

$$=\boldsymbol{\frac{1}{4}\left(\frac{\theta}{\cos^2\theta}-\tan\theta\right)}$$

◀扇形から二等辺三角形を除いたものである。

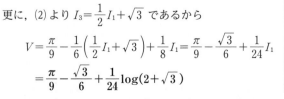

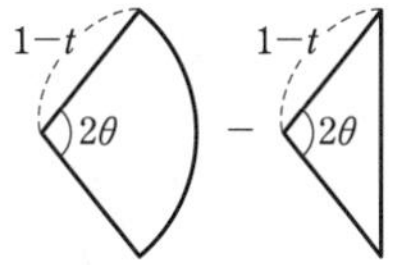

問題文の θ は，この扇形の中心角が 2θ になるように与えられている。

(4)　K の体積を V とすると

$$V=\int_0^{\frac{1}{2}}S(t)dt=\frac{1}{4}\int_0^{\frac{1}{2}}\left(\frac{\theta}{\cos^2\theta}-\tan\theta\right)dt$$

$\cos\theta=\dfrac{1}{2(1-t)}$ から，$t=1-\dfrac{1}{2\cos\theta}$ であり

$$dt=-\frac{\sin\theta}{2\cos^2\theta}d\theta$$

t と θ の対応は右のようになる。

t	$0\longrightarrow\dfrac{1}{2}$
θ	$\dfrac{\pi}{3}\longrightarrow 0$

よって

$$V=\frac{1}{4}\int_{\frac{\pi}{3}}^0\left(\frac{\theta}{\cos^2\theta}-\tan\theta\right)\cdot\left(-\frac{\sin\theta}{2\cos^2\theta}\right)d\theta$$

$$=\frac{1}{8}\int_0^{\frac{\pi}{3}}\left(\frac{\theta\sin\theta}{\cos^4\theta}-\frac{\sin^2\theta}{\cos^3\theta}\right)d\theta$$

ここで　$\displaystyle\int_0^{\frac{\pi}{3}}\frac{\theta\sin\theta}{\cos^4\theta}d\theta=\int_0^{\frac{\pi}{3}}\theta\cdot\left(\frac{1}{3\cos^3\theta}\right)'d\theta$

$$=\left[\frac{\theta}{3\cos^3\theta}\right]_0^{\frac{\pi}{3}}-\frac{1}{3}\int_0^{\frac{\pi}{3}}\frac{d\theta}{\cos^3\theta}=\frac{8}{9}\pi-\frac{1}{3}I_3,$$

◀被積分関数を $\theta\times\dfrac{\sin\theta}{\cos^4\theta}$ と分け，更に $\dfrac{\sin\theta}{\cos^4\theta}=\left(\dfrac{1}{3\cos^3\theta}\right)'$ であることに着目し，**部分積分法** を用いる。

$$\int_0^{\frac{\pi}{3}}\frac{\sin^2\theta}{\cos^3\theta}d\theta=\int_0^{\frac{\pi}{3}}\frac{1-\cos^2\theta}{\cos^3\theta}d\theta$$

$$=\int_0^{\frac{\pi}{3}}\frac{d\theta}{\cos^3\theta}-\int_0^{\frac{\pi}{3}}\frac{d\theta}{\cos\theta}=I_3-I_1$$

ゆえに　$V=\dfrac{1}{8}\left\{\dfrac{8}{9}\pi-\dfrac{1}{3}I_3-(I_3-I_1)\right\}$

$$=\frac{\pi}{9}-\frac{1}{6}I_3+\frac{1}{8}I_1$$

更に，(2) より $I_3=\dfrac{1}{2}I_1+\sqrt{3}$ であるから

◀できるだけ簡単な式になるように変形し，最後に $I_1=\log(2+\sqrt{3})$ を代入する。

$$V=\frac{\pi}{9}-\frac{1}{6}\left(\frac{1}{2}I_1+\sqrt{3}\right)+\frac{1}{8}I_1=\frac{\pi}{9}-\frac{\sqrt{3}}{6}+\frac{1}{24}I_1$$

$$=\boldsymbol{\frac{\pi}{9}-\frac{\sqrt{3}}{6}+\frac{1}{24}\log(2+\sqrt{3})}$$

検討

I_n の値について

問題3の $I_n=\int_0^{\frac{\pi}{3}}\frac{d\theta}{\cos^n\theta}$ について，I_3 の値は，(2) で求めた関係式

$I_n=\frac{n-2}{n-1}I_{n-2}+\frac{\sqrt{3}\cdot 2^{n-2}}{n-1}$ $(n\geqq 3)$ …… $(*)$，および $I_1=\log(2+\sqrt{3})$ を用いて，

$I_3=\frac{1}{2}I_1+\sqrt{3}=\frac{1}{2}\log(2+\sqrt{3})+\sqrt{3}$ と求めることができる。

n が奇数のときは，関係式 $(*)$ を繰り返し用いることで，

$$I_5=\frac{3}{4}I_3+\frac{\sqrt{3}\cdot 2^3}{4}=\frac{3}{4}\left\{\frac{1}{2}\log(2+\sqrt{3})+\sqrt{3}\right\}+\frac{\sqrt{3}\cdot 2^3}{4}=\frac{3}{8}\log(2+\sqrt{3})+\frac{11\sqrt{3}}{4},$$

$$I_7=\frac{5}{6}I_5+\frac{\sqrt{3}\cdot 2^5}{6}=\cdots\cdots$$

と順に求められる。

n が偶数のときは，$I_2=\int_0^{\frac{\pi}{3}}\frac{d\theta}{\cos^2\theta}=\Big[\tan\theta\Big]_0^{\frac{\pi}{3}}=\sqrt{3}$ であるから，これを用いると

$$I_4=\frac{2}{3}I_2+\frac{\sqrt{3}\cdot 2^2}{3}=\frac{2\sqrt{3}}{3}+\frac{4\sqrt{3}}{3}=2\sqrt{3},\quad I_6=\frac{4}{5}I_4+\frac{\sqrt{3}\cdot 2^4}{5}=\cdots\cdots$$

と順に求められる。

検討 PLUS ONE

円錐の側面の方程式とその切り口

円錐 C を平面 $x=\frac{1}{2}$ で切断したときの側面の切り口は，**双曲線** の一部となる。（$p.594$ の「まとめ　2次曲線の基本」も参照。）

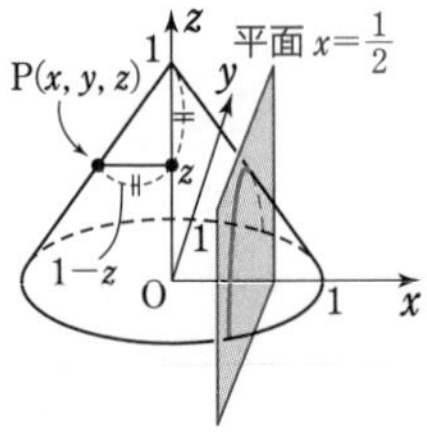

ここでは，その理由について考えてみよう。

円錐 C の側面上の点を $\mathrm{P}(x,\ y,\ z)$ とすると，$0\leqq z\leqq 1$ であり，点Pと点 $(0,\ 0,\ z)$ との距離は $1-z$ であるから，点Pが円錐 C の側面上を動くとき，$x^2+y^2=(1-z)^2$ を満たしながら動く。

よって，点Pが円錐 C の側面上かつ平面 $x=\frac{1}{2}$ 上を動くとき　$x^2+y^2=(1-z)^2$ かつ $x=\frac{1}{2}$

すなわち，平面 $x=\frac{1}{2}$ 上で $4y^2-4(z-1)^2=-1$ を満たしながら動くから，円錐 C を平面 $x=\frac{1}{2}$ で切断したときの側面の切り口は，双曲線の一部となることがわかる。

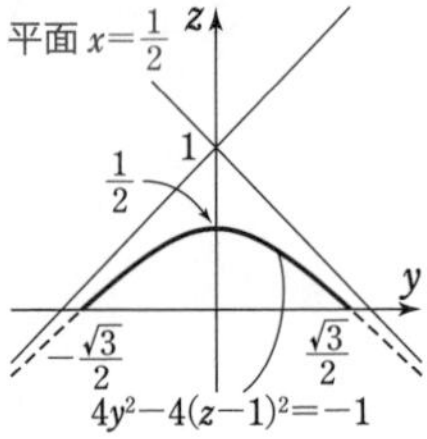

テーマ 1
ベクトルの終点の存在範囲
3つの文字が動くときの存在範囲を考察する
数学C

数学C例題**38〜40**では，$\overrightarrow{OP}=s\overrightarrow{OA}+t\overrightarrow{OB}$ と表された点Pの存在範囲について学習しました。ここでは，そのような「ベクトルの終点の存在範囲」の考え方を振り返り，図形の応用問題に取り組みます。

まず，ベクトルの終点の存在範囲について，次の問題を考えてみましょう。

CHECK 1－A 平面上に右の図のような四角形OABCがある。点Pが次の条件を満たしながら動くとき，点Pの存在範囲を求めよ。

(1) $\overrightarrow{OP}=s\overrightarrow{OA}+t\overrightarrow{OB}$, $0\leqq s\leqq 1$, $0\leqq t\leqq 1$

(2) $\overrightarrow{OP}=s\overrightarrow{OA}+t\overrightarrow{OB}+\overrightarrow{OC}$, $0\leqq s\leqq 1$, $0\leqq t\leqq 1$

(3) $\overrightarrow{OP}=s\overrightarrow{OA}+t\overrightarrow{OB}+u\overrightarrow{OC}$, $0\leqq s\leqq 1$, $0\leqq t\leqq 1$, $0\leqq u\leqq 1$

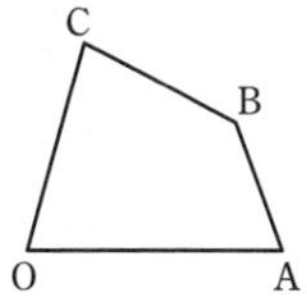

最初に，(1)について考えてみましょう。(1)の条件には文字 s, t がありますが，$s+t=1$ のような s と t についての関係式はなく，s と t は互いに無関係に動きます。よって，数学C例題**39**(2)で学習したように，**まず一方を固定し，もう一方だけを動かして考えます。**
t を固定して s だけを動かすと，点Pはある線分上を動くことがわかります。次に t を動かすと，その線分が動くことから，その線分の通過領域が求める点Pの存在範囲となります。

解答

(1) t $(0\leqq t\leqq 1)$ を固定して，$\overrightarrow{OB'}=t\overrightarrow{OB}$ とすると

$$\overrightarrow{OP}=s\overrightarrow{OA}+\overrightarrow{OB'}$$

ここで，s を $0\leqq s\leqq 1$ の範囲で変化させると，点Pは図1の線分A′B′上を動く。

ただし　$\overrightarrow{OA'}=\overrightarrow{OA}+\overrightarrow{OB'}$

次に，t を $0\leqq t\leqq 1$ の範囲で変化させると，線分A′B′は図2の線分OAからBDまで平行に動く。

ただし　$\overrightarrow{OD}=\overrightarrow{OA}+\overrightarrow{OB}$

よって，点Pの存在範囲は

$\overrightarrow{OD}=\overrightarrow{OA}+\overrightarrow{OB}$ とすると，

平行四辺形OADBの周および内部

である。

図1

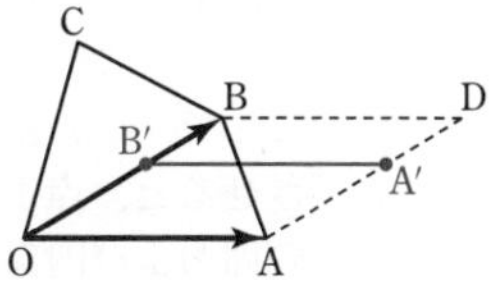

図2

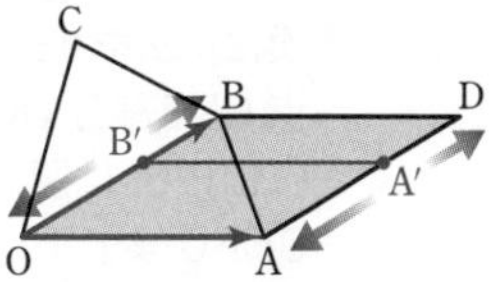

次に，(2)について考えてみましょう。(2)の条件式は，(1)の条件式に「$+\overrightarrow{OC}$」が加わった形になっています。s, t をともに固定して，$\overrightarrow{OP'}=s\overrightarrow{OA}+t\overrightarrow{OB}$ とすると，$\overrightarrow{OP}=\overrightarrow{OP'}+\overrightarrow{OC}$ となり，点Pは点P′を $\overrightarrow{OC}$ だけ平行移動した点となります。s, t を変化させると点P′が動くことから，点Pの存在範囲は点P′の存在範囲を $\overrightarrow{OC}$ だけ平行移動した範囲になります。

解答 (2) s, t $(0 \leqq s \leqq 1,\ 0 \leqq t \leqq 1)$ を固定して，$\overrightarrow{OP'}=s\overrightarrow{OA}+t\overrightarrow{OB}$ とすると，点 P′ は (1) で求めた存在範囲の点であり，$\overrightarrow{OP}=\overrightarrow{OP'}+\overrightarrow{OC}$ から，点 P は点 P′ を $\overrightarrow{OC}$ だけ平行移動した点である（図 3）。
次に，s, t を $0 \leqq s \leqq 1$, $0 \leqq t \leqq 1$ の範囲で変化させると，(1) から，点 P′ は平行四辺形 OADB の周および内部を動く。
よって，点 P の存在範囲は
　　$\overrightarrow{OE}=\overrightarrow{OA}+\overrightarrow{OC}$, $\overrightarrow{OF}=\overrightarrow{OD}+\overrightarrow{OC}$,
　　$\overrightarrow{OG}=\overrightarrow{OB}+\overrightarrow{OC}$ **とすると，**
　　平行四辺形 CEFG の周および内部
である（図 4）。

図 3

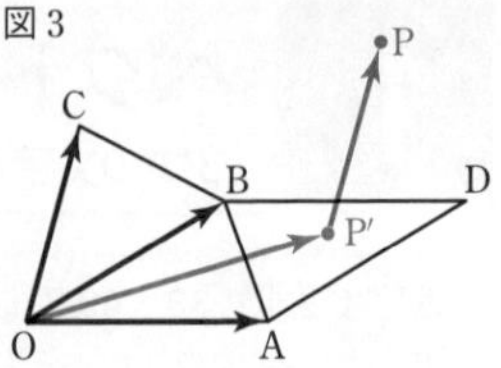

図 4

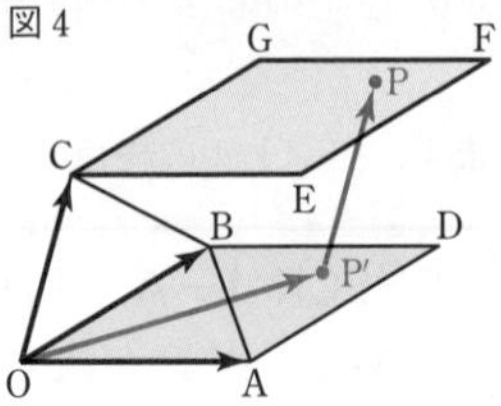

参考 (2) の条件式を変形すると $\overrightarrow{CP}=s\overrightarrow{OA}+t\overrightarrow{OB}$，$0 \leqq s \leqq 1$, $0 \leqq t \leqq 1$ となるから，点 C を始点としたときの終点 P の存在範囲に言い換えることができる。(1) の平行四辺形 OADB を，点 O が点 C に重なるように平行移動，すなわち $\overrightarrow{OC}$ だけ平行移動したものが，点 P の存在範囲である。このように考えてもよい。

最後に，(3) について考えます。(3) は，s, t, u の 3 つの文字が互いに無関係に動きます。ここでも，(1)，(2) と同様に文字を固定して考えてみましょう。u を固定して $\overrightarrow{OC'}=u\overrightarrow{OC}$ とすると，$\overrightarrow{OP}=s\overrightarrow{OA}+t\overrightarrow{OB}+\overrightarrow{OC'}$ となりますから，(2) と同じように考えることができます。その後 u を動かすと，u を固定したときの存在範囲が動くことから，点 P の存在範囲を求めることができます。

解答 (3) u $(0 \leqq u \leqq 1)$ を固定して，$\overrightarrow{OC'}=u\overrightarrow{OC}$ とすると　　$\overrightarrow{OP}=s\overrightarrow{OA}+t\overrightarrow{OB}+\overrightarrow{OC'}$
ここで，s, t を $0 \leqq s \leqq 1$, $0 \leqq t \leqq 1$ の範囲で変化させると，点 P は図 5 の平行四辺形 C′E′F′G′ の周および内部を動く。
ただし　$\overrightarrow{OE'}=\overrightarrow{OA}+\overrightarrow{OC'}$, $\overrightarrow{OF'}=\overrightarrow{OD}+\overrightarrow{OC'}$,
　　　　$\overrightarrow{OG'}=\overrightarrow{OB}+\overrightarrow{OC'}$
次に，u を $0 \leqq u \leqq 1$ の範囲で変化させると，点 C′ は線分 OC 上を動くから，平行四辺形 C′E′F′G′ は図 6 の平行四辺形 OADB から CEFG まで平行に動く。
よって，点 P の存在範囲は
　　六角形 OADFGC の周および内部
である。

図 5

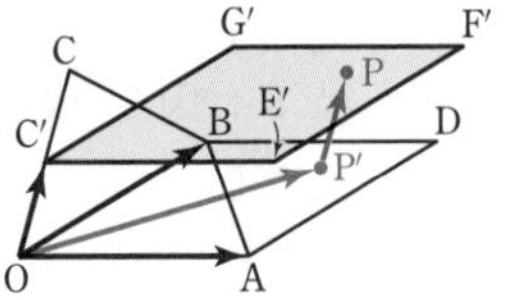

図 6

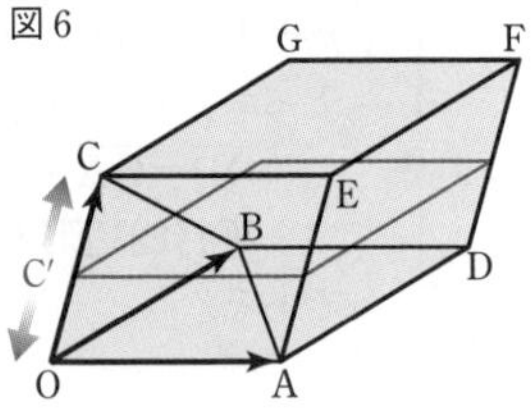

複数の文字が独立して動くとき，それらを同時に考えるのは難しい場合があります。そのようなときは，CHECK 1−A のように，まず動くものを固定し，1 つずつ動かす ことを試みるとよいでしょう。
このことを意識して，次の問題に挑戦してみましょう。

問題1 三角形の重心の存在範囲

△ABC に対し，辺 AB 上に点 P を，辺 BC 上に点 Q を，辺 CA 上に点 R を，頂点とは異なるようにとる。

(1) 2 点 P，R がそれぞれの辺上を動くとき，△APR の重心 K の動く範囲を図示せよ。

(2) 点 Q は辺 BC を 1：2 に内分する点であるとする。2 点 P，R がそれぞれの辺上を動くとき，△PQR の重心 G の動く範囲を図示せよ。

(3) 3 点 P，Q，R がそれぞれの辺上を動くとき，△PQR の重心 G の動く範囲を図示せよ。

〔類 京都大〕

指針

(1) 点 P，R の条件から，$\overrightarrow{\mathrm{AP}}=p\overrightarrow{\mathrm{AB}}$，$\overrightarrow{\mathrm{AR}}=r\overrightarrow{\mathrm{AC}}$ $(0<p<1,\ 0<r<1)$ とおける。これを用いて $\overrightarrow{\mathrm{AK}}$ を p，r で表し，p，r が $0<p<1$，$0<r<1$ の範囲を動くときに，点 K が動く範囲を調べる。

(2) $\overrightarrow{\mathrm{AG}}=p\vec{a}+r\vec{b}+\vec{c}$ と表されるとすると，点 G は $p\vec{a}+r\vec{b}$ によって表される範囲を $\vec{c}$ だけ平行移動した範囲を動く。……★

(3) まず，点 Q を固定したときに重心 G が動く範囲を考え，その後，点 Q を動かして，点 Q を固定したときに重心 G が動く範囲が，どのように動くかを考える。

解答

辺 AB，AC，BC をそれぞれ 3 等分する点を，図のように B_1，B_2，C_1，C_2，D_1，D_2 とする。

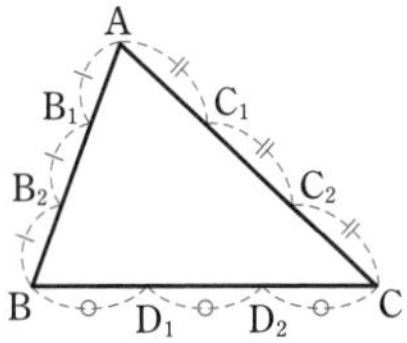

(1) 点 P，R はそれぞれ辺 AB，CA 上の点であるから，

$\overrightarrow{\mathrm{AP}}=p\overrightarrow{\mathrm{AB}}$，$\overrightarrow{\mathrm{AR}}=r\overrightarrow{\mathrm{AC}}$ $(0<p<1,\ 0<r<1)$

とおける。

$$\overrightarrow{\mathrm{AK}}=\frac{\overrightarrow{\mathrm{AA}}+\overrightarrow{\mathrm{AP}}+\overrightarrow{\mathrm{AR}}}{3}=\frac{p\overrightarrow{\mathrm{AB}}+r\overrightarrow{\mathrm{AC}}}{3}$$

$$=p\left(\frac{\overrightarrow{\mathrm{AB}}}{3}\right)+r\left(\frac{\overrightarrow{\mathrm{AC}}}{3}\right),$$

$$\overrightarrow{\mathrm{AB_1}}=\frac{\overrightarrow{\mathrm{AB}}}{3},\quad \overrightarrow{\mathrm{AC_1}}=\frac{\overrightarrow{\mathrm{AC}}}{3}$$

よって　$\overrightarrow{\mathrm{AK}}=p\overrightarrow{\mathrm{AB_1}}+r\overrightarrow{\mathrm{AC_1}}$

点 P，R がそれぞれ辺 AB，CA 上を動くとき，p，r は $0<p<1$，$0<r<1$ の範囲で変化するから，重心 K の動く範囲は

$\overrightarrow{\mathrm{AE}}=\overrightarrow{\mathrm{AB_1}}+\overrightarrow{\mathrm{AC_1}}$ とすると，

平行四辺形 $\mathrm{AB_1EC_1}$ の内部となる。それを図示すると，**図の斜線部分。ただし，境界線を含まない。**

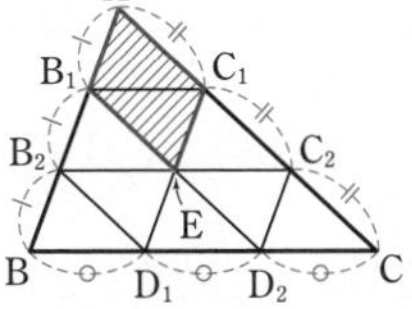

(1) の点 E の位置について，

$\overrightarrow{\mathrm{AB_2}}=\frac{2}{3}\overrightarrow{\mathrm{AB}}$,

$\overrightarrow{\mathrm{AC_2}}=\frac{2}{3}\overrightarrow{\mathrm{AC}}$ から

$\overrightarrow{\mathrm{AE}}=\overrightarrow{\mathrm{AB_1}}+\overrightarrow{\mathrm{AC_1}}$

$=\frac{1}{3}\overrightarrow{\mathrm{AB}}+\frac{1}{3}\overrightarrow{\mathrm{AC}}$

$=\frac{1}{2}\left(\frac{2}{3}\overrightarrow{\mathrm{AB}}+\frac{2}{3}\overrightarrow{\mathrm{AC}}\right)$

$=\frac{1}{2}(\overrightarrow{\mathrm{AB_2}}+\overrightarrow{\mathrm{AC_2}})$

よって，点 E は線分 $\mathrm{B_2C_2}$ の中点である。

(2) 点 Q は辺 BC を 1：2 に内分する点であるから

$$\overrightarrow{\mathrm{AQ}}=\frac{2\overrightarrow{\mathrm{AB}}+\overrightarrow{\mathrm{AC}}}{1+2}=\frac{2}{3}\overrightarrow{\mathrm{AB}}+\frac{1}{3}\overrightarrow{\mathrm{AC}},$$

$$\overrightarrow{AG}=\frac{\overrightarrow{AP}+\overrightarrow{AQ}+\overrightarrow{AR}}{3}$$
$$=\frac{1}{3}\left\{p\overrightarrow{AB}+\left(\frac{2}{3}\overrightarrow{AB}+\frac{1}{3}\overrightarrow{AC}\right)+r\overrightarrow{AC}\right\}$$
$$=p\left(\frac{\overrightarrow{AB}}{3}\right)+r\left(\frac{\overrightarrow{AC}}{3}\right)+\underline{\frac{2}{9}\overrightarrow{AB}+\frac{1}{9}\overrightarrow{AC}}$$

$\underline{\overrightarrow{AQ'}=\frac{2}{9}\overrightarrow{AB}+\frac{1}{9}\overrightarrow{AC}}$ とすると

$$\overrightarrow{AG}=p\overrightarrow{AB_1}+r\overrightarrow{AC_1}+\underline{\overrightarrow{AQ'}}$$

点P，R がそれぞれ辺 AB，CA 上を動くとき，p，r は $0<p<1$，$0<r<1$ の範囲で変化するから，重心 G は平行四辺形 AB_1EC_1 を $\overrightarrow{AQ'}$ だけ平行移動した範囲を動く。

よって，重心 G が動く範囲は，

$\overrightarrow{AB'}=\overrightarrow{AB_1}+\overrightarrow{AQ'}$,
$\overrightarrow{AC'}=\overrightarrow{AC_1}+\overrightarrow{AQ'}$,
$\overrightarrow{AE'}=\overrightarrow{AE}+\overrightarrow{AQ'}$

とすると，平行四辺形 $Q'B'E'C'$ の内部となる。

それを図示すると，**図の斜線部分。ただし，境界線を含まない。**

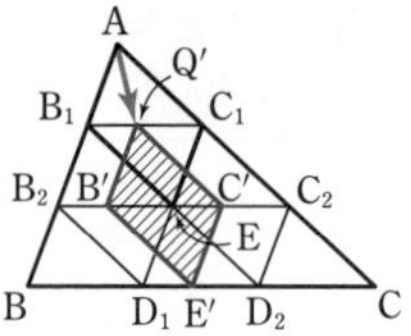

◀指針____……★の方針。$\overrightarrow{AB}$，$\overrightarrow{AC}$ でまとめるのではなく，p，r を含まない部分を $\overrightarrow{AQ'}$ としてまとめる。なお，

$$\overrightarrow{AQ'}=\frac{2}{9}\overrightarrow{AB}+\frac{1}{9}\overrightarrow{AC}=\frac{2}{3}\overrightarrow{AB_1}+\frac{1}{3}\overrightarrow{AC_1}=\frac{2\overrightarrow{AB_1}+\overrightarrow{AC_1}}{1+2}$$

であるから，点 Q′ は線分 B_1C_1 を 1：2 に内分する点である。

◀$\overrightarrow{AE'}=\overrightarrow{AE}+\overrightarrow{AQ'}$
$$=\left(\frac{1}{3}\overrightarrow{AB}+\frac{1}{3}\overrightarrow{AC}\right)+\left(\frac{2}{9}\overrightarrow{AB}+\frac{1}{9}\overrightarrow{AC}\right)=\frac{5}{9}\overrightarrow{AB}+\frac{4}{9}\overrightarrow{AC}=\frac{5\overrightarrow{AB}+4\overrightarrow{AC}}{4+5}$$

であるから，点 E′ は辺 BC を 4：5 に内分する点である。

(3) 点 Q は辺 BC 上の点であるから，

$$\overrightarrow{AQ}=(1-q)\overrightarrow{AB}+q\overrightarrow{AC}\ (0<q<1)$$

とおける。

ゆえに
$$\overrightarrow{AG}=\frac{\overrightarrow{AP}+\overrightarrow{AQ}+\overrightarrow{AR}}{3}$$
$$=\frac{1}{3}\{p\overrightarrow{AB}+(1-q)\overrightarrow{AB}+q\overrightarrow{AC}+r\overrightarrow{AC}\}$$
$$=p\overrightarrow{AB_1}+r\overrightarrow{AC_1}+\underline{(1-q)\overrightarrow{AB_1}+q\overrightarrow{AC_1}}$$

q を固定して，$\underline{\overrightarrow{AQ''}=(1-q)\overrightarrow{AB_1}+q\overrightarrow{AC_1}}$ とすると

$$\overrightarrow{AG}=p\overrightarrow{AB_1}+r\overrightarrow{AC_1}+\underline{\overrightarrow{AQ''}}$$

◀点 Q を固定すると，(2) と同じように考えることができる。

点P，R がそれぞれ辺 AB，CA 上を動くとき，p，r は $0<p<1$，$0<r<1$ の範囲で変化するから，重心 G が動く範囲は，

$\overrightarrow{AB''}=\overrightarrow{AB_1}+\overrightarrow{AQ''}$，$\overrightarrow{AC''}=\overrightarrow{AC_1}+\overrightarrow{AQ''}$,
$\overrightarrow{AE''}=\overrightarrow{AE}+\overrightarrow{AQ''}$

とすると，平行四辺形 $Q''B''E''C''$ の内部となる。

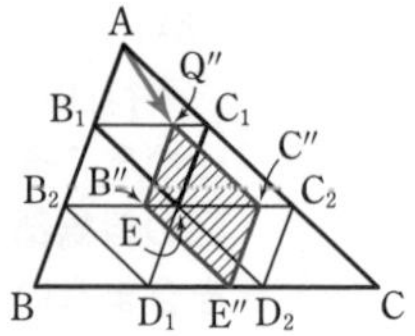

更に，点 Q が辺 BC 上を動くとき，q は $0<q<1$ の範囲で変化し，このとき点 Q″ は線分 B_1C_1 上を動くから，平行四辺形 $Q''B''E''C''$ は平行四辺形 $B_1B_2D_1E$ から $C_1ED_2C_2$ まで平行に動く。

よって，重心 G の動く範囲は，

　　六角形 $B_1B_2D_1D_2C_2C_1$ の内部

である。それを図示すると，**図の斜線部分。**
ただし，境界線を含まない。

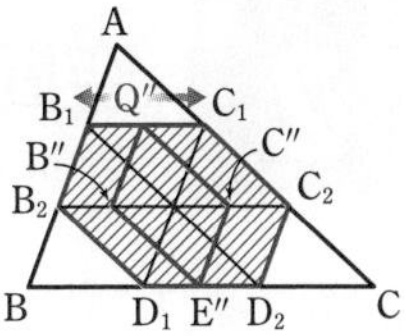

検討

△PQR の重心 G の動くようすをコンピュータソフトで確かめる

3 点 P，Q，R が △ABC のそれぞれの辺上を動くとき，連動して △PQR の重心 G も動くが，そのようすをコンピュータソフトを用いて考察してみよう。右の二次元コードから，問題 **1** の図形を動かすことのできる図形ソフトにアクセスできる。
なお，アクセスすると，問題 **1** の (2) の設定，すなわち，点 Q が辺 BC を 1：2 に内分する位置にあるが，点 Q も辺 BC 上を動かすことができる。また，点 G が動いた軌跡がソフト上で表示される。

図形描画
ソフト

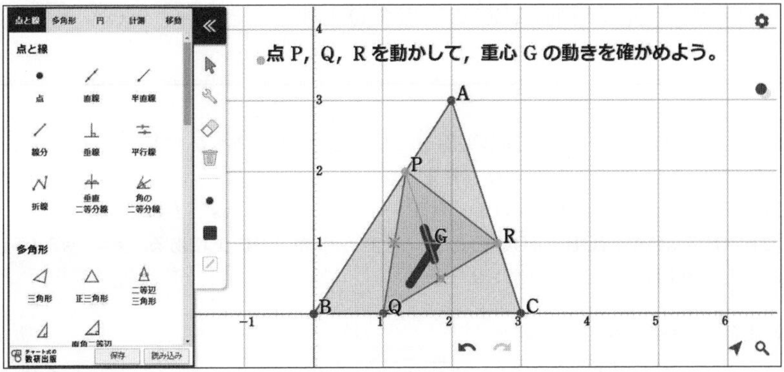

このソフトを用いることで，点 G の動きを確かめることができるが，点 G の位置を表す式と合わせて考えてみよう。
例えば，$\overrightarrow{AP}=p\overrightarrow{AB}$ $(0<p<1)$ であることから，点 P を辺 AB 上で動かすことは係数 p を変化させることに対応している。また，

$$\overrightarrow{AG}=\underline{p\left(\frac{1}{3}\overrightarrow{AB}\right)}+\underline{\frac{1}{3}\{(1-q)\overrightarrow{AB}+q\overrightarrow{AC}\}}+\underline{r\left(\frac{1}{3}\overrightarrow{AC}\right)}$$

であることから，点 P を辺 AB 上で動かすと点 G は辺 AB と平行に動く。
同様に，点 Q を辺 BC 上で動かすと点 G は辺 BC と平行に動き，点 R を辺 CA 上で動かすと点 G は辺 CA と平行に動くことがわかる。
このように，コンピュータソフトを用いることで，3 点 P，Q，R の動きが重心 G にどのように影響しているのかを，視覚的に確かめることができる。

テーマ 2 空間図形上にある点の位置ベクトル

空間における直線と平面の交点について考察する

数学C

空間における直線と平面の交点の位置ベクトルについては，数学C 例題 **69**，**70** で学習しました。ここでは，例題で学んだ内容を踏まえ，複数の方針で解くことのできる問題に取り組みます。

まずは，空間における2直線の交点や，直線と平面の交点の位置ベクトルについて，次の問題で復習しましょう。

CHECK 2−A 四面体OABCを考える。辺OAの中点をD，辺BCを1：2に内分する点をE，線分OEの中点をFとする。

(1) 線分AFと線分DEの交点をPとするとき，$\overrightarrow{OP}$ を $\overrightarrow{OA}$，$\overrightarrow{OB}$，$\overrightarrow{OC}$ を用いて表せ。

(2) 直線OPと平面ABCの交点をQとするとき，$\overrightarrow{OQ}$ を $\overrightarrow{OA}$，$\overrightarrow{OB}$，$\overrightarrow{OC}$ を用いて表せ。

空間内で4点O，A，B，Cが同じ平面上にないとき（3つのベクトル $\overrightarrow{OA}$，$\overrightarrow{OB}$，$\overrightarrow{OC}$ が**1次独立** であるとき），次のことが成り立ちます。

[1] $s\overrightarrow{OA}+t\overrightarrow{OB}+u\overrightarrow{OC}=s'\overrightarrow{OA}+t'\overrightarrow{OB}+u'\overrightarrow{OC} \iff s=s',\ t=t',\ u=u'$

[2] $\overrightarrow{OP}=s\overrightarrow{OA}+t\overrightarrow{OB}+u\overrightarrow{OC}$ **のとき，点Pが平面ABC上にある** $\iff s+t+u=1$

このことを利用して解いてみましょう。

解答

(1) 条件から

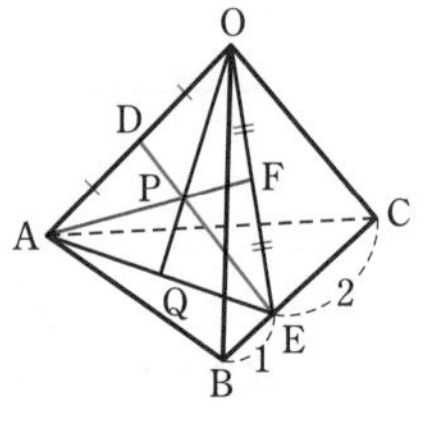

$$\overrightarrow{OD}=\frac{1}{2}\overrightarrow{OA},\ \overrightarrow{OE}=\frac{2\overrightarrow{OB}+\overrightarrow{OC}}{1+2}=\frac{2}{3}\overrightarrow{OB}+\frac{1}{3}\overrightarrow{OC},$$

$$\overrightarrow{OF}=\frac{1}{2}\overrightarrow{OE}=\frac{1}{3}\overrightarrow{OB}+\frac{1}{6}\overrightarrow{OC}$$

点Pは線分AF上の点であるから，s を実数として

$$\overrightarrow{OP}=(1-s)\overrightarrow{OA}+s\overrightarrow{OF}$$
$$=(1-s)\overrightarrow{OA}+s\left(\frac{1}{3}\overrightarrow{OB}+\frac{1}{6}\overrightarrow{OC}\right)$$
$$=(1-s)\overrightarrow{OA}+\frac{s}{3}\overrightarrow{OB}+\frac{s}{6}\overrightarrow{OC} \quad \cdots\cdots ①$$

と表される。

◀点Pが直線AB上にある $\iff$ $\overrightarrow{OP}=(1-t)\overrightarrow{OA}+t\overrightarrow{OB}$ となる実数 t がある（$p.454$ 基本事項参照）。

また，点Pは線分DE上の点でもあるから，t を実数として

$$\overrightarrow{OP}=(1-t)\overrightarrow{OD}+t\overrightarrow{OE}=\frac{1-t}{2}\overrightarrow{OA}+t\left(\frac{2}{3}\overrightarrow{OB}+\frac{1}{3}\overrightarrow{OC}\right)$$
$$=\frac{1-t}{2}\overrightarrow{OA}+\frac{2}{3}t\overrightarrow{OB}+\frac{t}{3}\overrightarrow{OC} \quad \cdots\cdots ②$$

と表される。

4 点 O，A，B，C は同じ平面上にないから，①，② より

$$1-s=\frac{1-t}{2},\ \frac{s}{3}=\frac{2}{3}t,\ \frac{s}{6}=\frac{t}{3}$$

第 1 式と第 2 式から　　$s=\frac{2}{3}$，$t=\frac{1}{3}$

これは第 3 式を満たす。

よって　　$\boldsymbol{\overrightarrow{OP}=\frac{1}{3}\overrightarrow{OA}+\frac{2}{9}\overrightarrow{OB}+\frac{1}{9}\overrightarrow{OC}}$

(2)　点 Q は直線 OP 上にあるから，k を実数として

$$\overrightarrow{OQ}=k\overrightarrow{OP}=k\left(\frac{1}{3}\overrightarrow{OA}+\frac{2}{9}\overrightarrow{OB}+\frac{1}{9}\overrightarrow{OC}\right)$$

$$=\frac{k}{3}\overrightarrow{OA}+\frac{2}{9}k\overrightarrow{OB}+\frac{k}{9}\overrightarrow{OC}$$

と表される。

4 点 O，A，B，C は同じ平面上になく，点 Q は 3 点 A，B，C を通る平面上にあるから　　$\frac{k}{3}+\frac{2}{9}k+\frac{k}{9}=1$

よって　　$k=\frac{3}{2}$

ゆえに　　$\boldsymbol{\overrightarrow{OQ}=\frac{1}{2}\overrightarrow{OA}+\frac{1}{3}\overrightarrow{OB}+\frac{1}{6}\overrightarrow{OC}}$

◀ ____ の断りは重要。
4 点 O，A，B，C が同じ平面上にないとき，①，② の $\overrightarrow{OA}$，$\overrightarrow{OB}$，$\overrightarrow{OC}$ の係数は等しい。
→ ____ と ____ の係数を比較。

◀（係数の和）=1

この内容を確認した上で，次の問題に挑戦してみましょう。

問題 2　空間図形における平面と直線の交点

正方形 ABCD を底面とする 正四角錐 O-ABCD において，$\overrightarrow{OA}=\vec{a}$，$\overrightarrow{OB}=\vec{b}$，$\overrightarrow{OC}=\vec{c}$，$\overrightarrow{OD}=\vec{d}$ とする。また，辺 OA の中点を P，辺 OB を $q:(1-q)$ $(0<q<1)$ に内分する点を Q，辺 OC を 1：2 に内分する点を R とする。

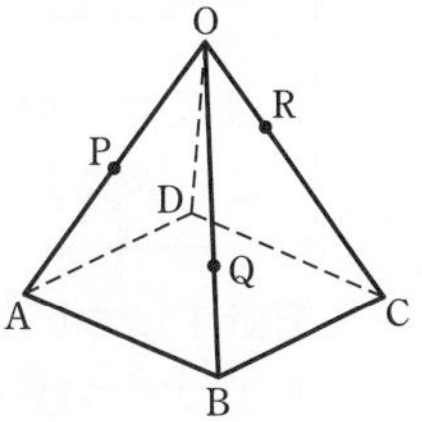

(1)　$\overrightarrow{OP}$，$\overrightarrow{OQ}$，$\overrightarrow{OR}$ はそれぞれ $\vec{a}$，$\vec{b}$，$\vec{c}$ を用いて

$\overrightarrow{OP}=\frac{\boxed{ア}}{\boxed{イ}}\vec{a}$，$\overrightarrow{OQ}=\boxed{ウ}\vec{b}$，$\overrightarrow{OR}=\frac{\boxed{エ}}{\boxed{オ}}\vec{c}$ と表される。

また，$\vec{d}$ を $\vec{a}$，$\vec{b}$，$\vec{c}$ を用いて表すと，$\vec{d}=\boxed{カ}$ となる。

$\boxed{ア}$，$\boxed{イ}$，$\boxed{エ}$，$\boxed{オ}$ に当てはまる数を求めよ。また，$\boxed{ウ}$，$\boxed{カ}$ に当てはまるものを，次の解答群から 1 つずつ選べ。

$\boxed{ウ}$ の解答群：

⓪ q　① $-q$　② $(1-q)$　③ $(q-1)$　④ $\frac{q}{1+q}$　⑤ $\frac{1-q}{1+q}$

$\boxed{カ}$ の解答群：

⓪ $\vec{a}+\vec{b}+\vec{c}$　① $\vec{a}+\vec{b}-\vec{c}$　② $\vec{a}-\vec{b}+\vec{c}$　③ $-\vec{a}+\vec{b}+\vec{c}$
④ $\vec{a}-\vec{b}-\vec{c}$　⑤ $-\vec{a}+\vec{b}-\vec{c}$　⑥ $-\vec{a}-\vec{b}+\vec{c}$　⑦ $-\vec{a}-\vec{b}-\vec{c}$

(2) 平面 PQR と直線 OD が交わるとき，その交点を X とする。

$q=\dfrac{2}{3}$ のとき，点 X が辺 OD に対してどのような位置にあるのかを調べよう。

(i) $\overrightarrow{\mathrm{OX}}=k\vec{d}$ (k は実数) とおき，次の **方針 1** または **方針 2** を用いて k の値を求める。

方針 1

点 X は平面 PQR 上にあることから，実数 α，β を用いて

$$\overrightarrow{\mathrm{PX}}=\alpha\overrightarrow{\mathrm{PQ}}+\beta\overrightarrow{\mathrm{PR}}$$

と表される。

よって，$\overrightarrow{\mathrm{OX}}$ を $\vec{a}$，$\vec{b}$，$\vec{c}$ と実数 α，β を用いて表すと，

$\overrightarrow{\mathrm{OX}}=$ [キ] $\vec{a}+$ [ク] $\vec{b}+$ [ケ] $\vec{c}$ となる。

また，$\overrightarrow{\mathrm{OX}}=k\vec{d}=k($ [カ] $)$ であることから，$\overrightarrow{\mathrm{OX}}$ は $\vec{a}$，$\vec{b}$，$\vec{c}$ と実数 k を用いて表すこともできる。

この 2 通りの表現を用いて，k の値を求める。

方針 2

$\overrightarrow{\mathrm{OX}}=k\vec{d}=k($ [カ] $)$ であることから，$\overrightarrow{\mathrm{OX}}$ を $\overrightarrow{\mathrm{OP}}$，$\overrightarrow{\mathrm{OQ}}$，$\overrightarrow{\mathrm{OR}}$ と実数 α'，β'，γ' を用いて $\overrightarrow{\mathrm{OX}}=\alpha'\overrightarrow{\mathrm{OP}}+\beta'\overrightarrow{\mathrm{OQ}}+\gamma'\overrightarrow{\mathrm{OR}}$ と表すと

$\alpha'=$ [コ] k，$\beta'=\dfrac{\text{[サシ]}}{\text{[ス]}}k$，$\gamma'=$ [セ] k となる。

点 X は平面 PQR 上にあるから，$\alpha'+\beta'+\gamma'=$ [ソ] が成り立つ。

この等式を用いて k の値を求める。

方針 1 について，[キ] ～ [ケ] に当てはまるものを，次の解答群から 1 つずつ選べ。ただし，同じものを繰り返し選んでもよい。

また，**方針 2** について，[コ] ～ [ソ] に当てはまる数を求めよ。

[キ] ～ [ケ] の解答群：

⓪ $\dfrac{1}{2}\alpha$　① $\dfrac{1}{3}\alpha$　② $\dfrac{2}{3}\alpha$　③ $\dfrac{1}{2}\beta$　④ $\dfrac{1}{3}\beta$　⑤ $\dfrac{2}{3}\beta$

⑥ $\dfrac{1-\alpha-\beta}{2}$　⑦ $\dfrac{1-\alpha-\beta}{3}$　⑧ $\dfrac{2(1-\alpha-\beta)}{3}$

(ii) **方針 1** または **方針 2** を用いて，k の値を求めると，$k=\dfrac{\text{[タ]}}{\text{[チ]}}$ である。

よって，点 X は辺 OD を [ツ] : [テ] に内分する位置にあることがわかる。

[タ] ～ [テ] に当てはまる数を求めよ。

(3) 平面PQRが直線ODと交わるとき，$\overrightarrow{OX}=x\vec{d}$（$x$ は実数）とおくと，x は q を用いて $x=\dfrac{q}{\boxed{\text{ト}}\,q-\boxed{\text{ナ}}}$ と表される。

$\boxed{\text{ト}}$，$\boxed{\text{ナ}}$ に当てはまる数を求めよ。

(4) 平面PQRと辺ODについて，次のようになる。

$q=\dfrac{1}{4}$ のとき，平面PQRは $\boxed{\text{ニ}}$。$q=\dfrac{1}{5}$ のとき，平面PQRは $\boxed{\text{ヌ}}$。

$q=\dfrac{1}{6}$ のとき，平面PQRは $\boxed{\text{ネ}}$。

$\boxed{\text{ニ}}$ ～ $\boxed{\text{ネ}}$ に当てはまるものを，次の⓪～⑤のうちから1つずつ選べ。ただし，同じものを繰り返し選んでもよい。

⓪　辺ODと点Oで交わる
①　辺ODと点Dで交わる
②　辺OD（両端を除く）と交わる
③　辺ODのOを越える延長と交わる
④　辺ODのDを越える延長と交わる
⑤　直線ODと平行である

指針

(1) (カ) 四角形ABCDは正方形であるから，$\overrightarrow{AD}=\overrightarrow{BC}$ が成り立つ。

(2) (ii) 4点O，A，B，Cが同じ平面上にないことから，**方針1**，**方針2**ではそれぞれ次のことが成り立つことを利用する。

方針1：$s\vec{a}+t\vec{b}+u\vec{c}=s'\vec{a}+t'\vec{b}+u'\vec{c} \iff s=s',\ t=t',\ u=u'$

方針2：$\overrightarrow{OP}=s\overrightarrow{OA}+t\overrightarrow{OB}+u\overrightarrow{OC}$ と表されるとき

点Pが平面ABC上にある $\iff s+t+u=1$

(3)，(4) 平面PQRと直線ODが交わるとき，$\overrightarrow{OX}=x\vec{d}$ を満たす実数 x が存在する。その x の値によって，直線ODのどの部分と交わるかを判断する。
平面PQRと直線ODが交わらない，すなわち平行であるとき，$\overrightarrow{OX}=x\vec{d}$ を満たす実数 x は存在しない。

解答

(1) 点Pは辺OAの中点，点Qは辺OBを $q:(1-q)$ $(0<q<1)$ に内分する点，点Rは辺OCを1：2に内分する点であるから

$\overrightarrow{OP}=\dfrac{{}^{ア}\mathbf{1}}{{}_{イ}\mathbf{2}}\vec{a}$，$\overrightarrow{OQ}=\dfrac{q}{q+(1-q)}\vec{b}=q\vec{b}$（^{ウ}⓪），

$\overrightarrow{OR}=\dfrac{{}^{エ}\mathbf{1}}{{}_{オ}\mathbf{3}}\vec{c}$

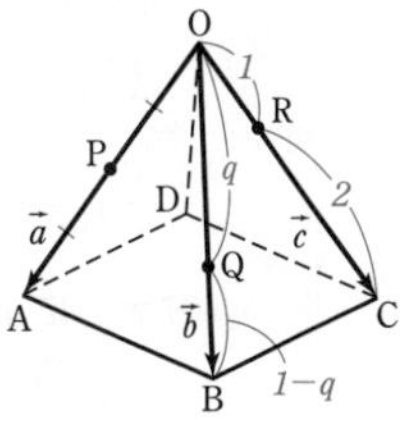

また，四角錐O-ABCDは正四角錐であるから，底面ABCDは正方形である。

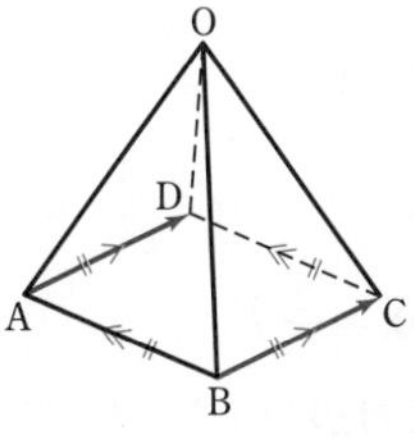

よって　$\overrightarrow{AD}=\overrightarrow{BC}$
ゆえに　$\vec{d}-\vec{a}=\vec{c}-\vec{b}$
したがって　$\vec{d}=\vec{a}-\vec{b}+\vec{c}$（^{カ}②）

◀四角形ABCDが平行四辺形 $\iff \overrightarrow{AD}=\overrightarrow{BC}$

(2) $q=\dfrac{2}{3}$ のとき　$\overrightarrow{\mathrm{OQ}}=\dfrac{2}{3}\vec{b}$

(i) 点 X は直線 OD 上にあるから，$\overrightarrow{\mathrm{OX}}=k\vec{d}$（$k$ は実数）とおく。

方針 1 について

点 X は平面 PQR 上にあることから，実数 α，β を用いて，$\overrightarrow{\mathrm{PX}}=\alpha\overrightarrow{\mathrm{PQ}}+\beta\overrightarrow{\mathrm{PR}}$ と表される。

よって　$\overrightarrow{\mathrm{OX}}-\overrightarrow{\mathrm{OP}}=\alpha(\overrightarrow{\mathrm{OQ}}-\overrightarrow{\mathrm{OP}})+\beta(\overrightarrow{\mathrm{OR}}-\overrightarrow{\mathrm{OP}})$

ゆえに

$$\begin{aligned}\overrightarrow{\mathrm{OX}}&=(1-\alpha-\beta)\overrightarrow{\mathrm{OP}}+\alpha\overrightarrow{\mathrm{OQ}}+\beta\overrightarrow{\mathrm{OR}}\\&=(1-\alpha-\beta)\cdot\frac{1}{2}\vec{a}+\alpha\cdot\frac{2}{3}\vec{b}+\beta\cdot\frac{1}{3}\vec{c}\\&=\frac{1-\alpha-\beta}{2}\vec{a}+\frac{2}{3}\alpha\vec{b}+\frac{1}{3}\beta\vec{c}\quad\cdots\cdots ①\end{aligned}$$

よって　(キ) ⑥　(ク) ②　(ケ) ④

方針 2 について

$\overrightarrow{\mathrm{OP}}=\dfrac{1}{2}\vec{a}$，$\overrightarrow{\mathrm{OQ}}=\dfrac{2}{3}\vec{b}$，$\overrightarrow{\mathrm{OR}}=\dfrac{1}{3}\vec{c}$ から

$$\vec{a}=2\overrightarrow{\mathrm{OP}},\ \vec{b}=\frac{3}{2}\overrightarrow{\mathrm{OQ}},\ \vec{c}=3\overrightarrow{\mathrm{OR}}$$

ゆえに　$\overrightarrow{\mathrm{OX}}=k\vec{d}=k(\vec{a}-\vec{b}+\vec{c})=k\vec{a}-k\vec{b}+k\vec{c}$

$$=2k\overrightarrow{\mathrm{OP}}-\frac{3}{2}k\overrightarrow{\mathrm{OQ}}+3k\overrightarrow{\mathrm{OR}}$$

よって　$\alpha'={}^{コ}\mathbf{2}k$，$\beta'={}^{サシ}_{ス}\dfrac{\mathbf{-3}}{\mathbf{2}}k$，$\gamma'={}^{セ}\mathbf{3}k$　$\cdots\cdots$ ②

点 X は平面 PQR 上にあるから，

$\overrightarrow{\mathrm{OX}}=\alpha'\overrightarrow{\mathrm{OP}}+\beta'\overrightarrow{\mathrm{OQ}}+\gamma'\overrightarrow{\mathrm{OR}}$ と表されるとき，

$\alpha'+\beta'+\gamma'={}^{ソ}\mathbf{1}$ $\cdots\cdots$ ③ が成り立つ。

(ii) **方針 1** による解法。

$$\overrightarrow{\mathrm{OX}}=k\vec{d}=k(\vec{a}-\vec{b}+\vec{c})=k\vec{a}-k\vec{b}+k\vec{c}\quad\cdots\cdots ④$$

4 点 O，A，B，C は同じ平面上にないから，①，④ より　$\dfrac{1-\alpha-\beta}{2}=k$，$\dfrac{2}{3}\alpha=-k$，$\dfrac{1}{3}\beta=k$

これを解くと　$k={}^{タ}_{チ}\dfrac{\mathbf{2}}{\mathbf{7}}$ $\left(\alpha=-\dfrac{3}{7},\ \beta=\dfrac{6}{7}\right)^{(*)}$

方針 2 による解法。② を ③ に代入して

$2k-\dfrac{3}{2}k+3k=1$　　よって　$k={}^{タ}_{チ}\dfrac{\mathbf{2}}{\mathbf{7}}$

$\left(\text{このとき，② から}\quad \alpha'=\dfrac{4}{7},\ \beta'=-\dfrac{3}{7},\ \gamma'=\dfrac{6}{7}\right)$

ゆえに　$\overrightarrow{\mathrm{OX}}=\dfrac{2}{7}\vec{d}$

よって，点 X は辺 OD を ${}^{ツ}\mathbf{2}:{}^{テ}\mathbf{5}$ に内分する位置にある。

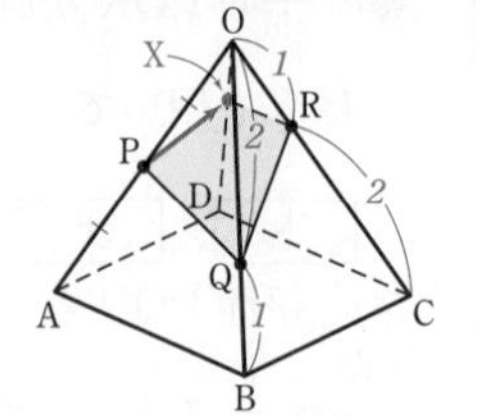

3 点 A，B，C が一直線上にないとき
点 P が平面 ABC 上にある
$\iff$ $\overrightarrow{\mathrm{CP}}=s\overrightarrow{\mathrm{CA}}+t\overrightarrow{\mathrm{CB}}$ となる実数 s，t がある
$\iff$ $\overrightarrow{\mathrm{OP}}=s\overrightarrow{\mathrm{OA}}+t\overrightarrow{\mathrm{OB}}+u\overrightarrow{\mathrm{OC}}$，$s+t+u=1$ となる実数 s，t，u がある
（$p.454$ 基本事項参照。）

◀(1) から $\vec{d}=\vec{a}-\vec{b}+\vec{c}$

◀(係数の和)=1

(＊) 問われているのは k の値だけであるが，求めた k の値に対して実数 α，β が確かに定まることも確認しておくとよい。

◀ここでは，**方針 1** より **方針 2** の方がらくに解ける。

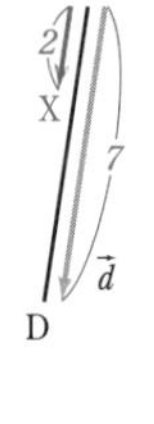

(3)　(2) と同様にして x を q で表す。

(2) の **方針 2** を用いると，$\overrightarrow{OP}=\frac{1}{2}\vec{a}$，$\overrightarrow{OQ}=q\vec{b}$，

$\overrightarrow{OR}=\frac{1}{3}\vec{c}$ より，$\vec{a}=2\overrightarrow{OP}$，$\vec{b}=\frac{1}{q}\overrightarrow{OQ}$，$\vec{c}=3\overrightarrow{OR}$ であるから

$$\begin{aligned}\overrightarrow{OX}&=x\vec{d}=x(\vec{a}-\vec{b}+\vec{c})\\&=x\vec{a}-x\vec{b}+x\vec{c}\\&=2x\overrightarrow{OP}-\frac{1}{q}x\overrightarrow{OQ}+3x\overrightarrow{OR}\end{aligned}$$

点 X は平面 PQR 上にあるから

$$2x-\frac{1}{q}x+3x=1$$

よって　$\frac{5q-1}{q}x=1$ …… ⑤

$q=\frac{1}{5}$ とすると，$0\cdot x=1$ となり，⑤ を満たす x は存在しない。

ゆえに，$q\neq\frac{1}{5}$ であるから

$$x=\frac{q}{{}^{ト}\mathbf{5}q-{}^{ナ}\mathbf{1}}\ \cdots\cdots\ ⑥$$

◀(2)(i) の **方針 2** とまったく同様。$q=\frac{2}{3}$ としていた部分を文字 q のまま進める。

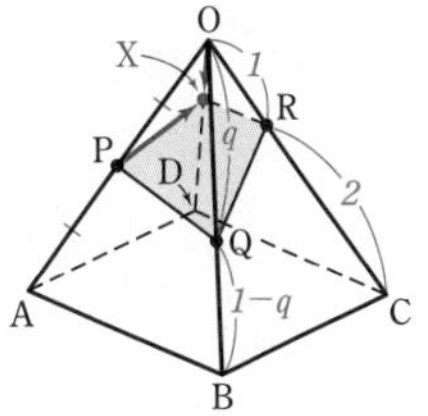

◀$q=\frac{1}{5}$ のときは，平面 PQR と直線 OD の交点が存在しないことになる。
⟶ (4) の ヌ に関連。

別解　(2) の **方針 1** を用いると，次のようになる。

点 X は平面 PQR 上にあることから，実数 α，β を用いて　$\overrightarrow{PX}=\alpha\overrightarrow{PQ}+\beta\overrightarrow{PR}$

と表される。

よって　$\overrightarrow{OX}-\overrightarrow{OP}=\alpha(\overrightarrow{OQ}-\overrightarrow{OP})+\beta(\overrightarrow{OR}-\overrightarrow{OP})$

ゆえに　$\overrightarrow{OX}=(1-\alpha-\beta)\overrightarrow{OP}+\alpha\overrightarrow{OQ}+\beta\overrightarrow{OR}$

$$\begin{aligned}&=(1-\alpha-\beta)\cdot\frac{1}{2}\vec{a}+\alpha q\vec{b}+\beta\cdot\frac{1}{3}\vec{c}\\&=\frac{1-\alpha-\beta}{2}\vec{a}+q\alpha\vec{b}+\frac{1}{3}\beta\vec{c}\end{aligned}$$

また　$\overrightarrow{OX}=x\vec{d}=x(\vec{a}-\vec{b}+\vec{c})=x\vec{a}-x\vec{b}+x\vec{c}$

4 点 O，A，B，C は同じ平面上にないから

$$\frac{1-\alpha-\beta}{2}=x,\ q\alpha=-x,\ \frac{1}{3}\beta=x$$

$q\alpha=-x$ から　$\alpha=-\frac{x}{q}$　　$\frac{1}{3}\beta=x$ から　$\beta=3x$

これらを $\frac{1-\alpha-\beta}{2}=x$ に代入して整理すると

$$\frac{5q-1}{q}x=1\ \cdots\cdots\ ⑦$$

$q=\frac{1}{5}$ とすると，$0\cdot x=1$ となり，⑦ を満たす x は存在しない。

◀(2)(i) の **方針 1** とまったく同様。$q=\frac{2}{3}$ としていた部分を文字 q のまま進める。

◀$\overrightarrow{OX}$ が $\vec{a}$，$\vec{b}$，$\vec{c}$ で 2 通りに表されたので，係数を比較。

◀$1+\frac{x}{q}-3x=2x$

ゆえに，$q \neq \frac{1}{5}$ であるから

$$x=\frac{q}{{}^{\text{ト}}5q-{}^{\text{ナ}}\mathbf{1}}$$

このとき　$\alpha=-\frac{1}{5q-1}$，$\beta=\frac{3q}{5q-1}$

(4)　$q=\frac{1}{4}$ のとき，⑥ から　$x=\frac{\frac{1}{4}}{5\cdot\frac{1}{4}-1}=1$

よって　$\overrightarrow{\mathrm{OX}}=\vec{d}$　すなわち　$\overrightarrow{\mathrm{OX}}=\overrightarrow{\mathrm{OD}}$

ゆえに，点 X は点 D と一致するから　（ニ）①

（平面 PQR は辺 OD と点 D で交わる。）

$q=\frac{1}{5}$ のとき，(3) より $2x-\frac{1}{q}x+3x=1$ を満たす x は存在しない。

よって，直線 OD と平面 PQR の交点 X は存在しない。

ゆえに，平面 PQR は直線 OD と平行である。(＊)

（ヌ）⑤

$q=\frac{1}{6}$ のとき，⑥ から　$x=\frac{\frac{1}{6}}{5\cdot\frac{1}{6}-1}=-1$

よって　$\overrightarrow{\mathrm{OX}}=-\vec{d}=-\overrightarrow{\mathrm{OD}}$

ゆえに，点 X は辺 OD の O を越える延長上にあるから　（ネ）③

（平面 PQR は辺 OD の O を越える延長と交わる。）

（＊）平面と直線の位置関係は，次の [1]～[3] のいずれかである。
[1]　直線が平面に含まれる
[2]　1 点で交わる
[3]　平行
（「チャート式基礎からの数学Ⅰ＋A」p.505 参照。）
[1]，[2] は起こらないから，[3] の関係となる。

点 X は辺 OD を 1：2 に外分する位置にある。

検討

平面 PQR と辺 OD が交わるような q の値の範囲

平面 PQR が辺 OD（両端を除く）と交わるような q の値の範囲を求めてみよう。

$\overrightarrow{\mathrm{OX}}=x\vec{d}$ とおくと，平面 PQR が両端を除く辺 OD と交わるとき，$0<x<1$ が成り立つ。

(3) より，$x=\frac{q}{5q-1}$ であるから，$0<x<1$ のとき　$0<\frac{q}{5q-1}<1$

$0<q<1$ から，$\frac{q}{5q-1}>0$ のとき　$5q-1>0$　よって　$q>\frac{1}{5}$

このとき，$\frac{q}{5q-1}<1$，$5q-1>0$ から　$q<5q-1$　よって　$q>\frac{1}{4}$

したがって，求める q の値の範囲は　$\boldsymbol{\frac{1}{4}<q<1}$

テーマ 3 複素数の方程式で表される2次曲線 数学C

複素数の方程式で表された2次曲線と回転移動を考察する

数学Cの第3章では複素数平面における図形について学習し，第4章では2次曲線の性質を学習しました。ここでは，複素数 z の方程式で表される図形が2次曲線となる場合を考察します。

まず，次の問題で2次曲線の基本事項を確認しましょう。

CHECK 3−A　2点 $\mathrm{F}(\sqrt{5},\ 0)$，$\mathrm{F}'(-\sqrt{5},\ 0)$ からの距離の和が6である点Pの軌跡の方程式を求めよ。

$p.585$ 基本事項で学習したように，2定点F，F′ からの距離の和が一定である点Pの軌跡を **楕円** といいます。楕円 $\dfrac{x^2}{a^2}+\dfrac{y^2}{b^2}=1\ (a>b>0)$ の2つの焦点F，F′ の座標は $\mathrm{F}(\sqrt{a^2-b^2},\ 0)$，$\mathrm{F}'(-\sqrt{a^2-b^2},\ 0)$ であり，$\mathrm{PF}+\mathrm{PF}'=2a$ が成り立ちます。

解答

2定点からの距離の和が一定である点の軌跡は楕円であり，2定点F，F′ は x 軸上にあって原点に関して対称であるから，求める楕円の方程式は

$$\frac{x^2}{a^2}+\frac{y^2}{b^2}=1\quad(a>b>0)$$

とおける。

◀2点F，F′ はこの楕円の焦点

ここで　$a^2-b^2=(\sqrt{5})^2$

また　$\mathrm{PF}+\mathrm{PF}'=2a$

よって　$2a=6$　ゆえに　$a=3$

よって　$b^2=a^2-(\sqrt{5})^2=3^2-5=4$

したがって，求める軌跡の方程式は　$\boldsymbol{\dfrac{x^2}{9}+\dfrac{y^2}{4}=1}$

◀2焦点の座標は $(\sqrt{a^2-b^2},\ 0)$，$(-\sqrt{a^2-b^2},\ 0)$ これが $(\sqrt{5},\ 0)$，$(-\sqrt{5},\ 0)$ と一致する。

上の解答では，楕円の性質に基づいて点Pの軌跡の方程式を求めましたが，次のように，一般的な軌跡の考え方で求めることもできます。

解答

別解　点 $\mathrm{P}(x,\ y)$ とすると，$\mathrm{PF}+\mathrm{PF}'=6$ から

$$\sqrt{(x-\sqrt{5})^2+y^2}+\sqrt{(x+\sqrt{5})^2+y^2}=6$$

◀「2点F，F′ からの距離の和が6」を式で表す。

よって　$\sqrt{(x-\sqrt{5})^2+y^2}=6-\sqrt{(x+\sqrt{5})^2+y^2}$

両辺を平方して整理すると

$$3\sqrt{(x+\sqrt{5})^2+y^2}=9+\sqrt{5}\,x$$

更に，両辺を平方して整理すると　$\boldsymbol{\dfrac{x^2}{9}+\dfrac{y^2}{4}=1}$

楕円については，数学C例題 **138**，**139** で学習しているので，復習しておきましょう。

次に，点の回転移動について確認しましょう。

CHECK 3－B　xy 平面上の点Pを，原点Oを中心として $\frac{2}{3}\pi$ だけ回転すると，点 $(-2,\ 4)$ に一致するという。点Pの座標を求めよ。

数学C 例題 **100** では，複素数平面上の点の回転移動について学習しました。xy 平面上の点の回転移動についても，複素数平面上の点と同一視することによって同じように考えることができます。

解答

xy 平面上の点 $(-2,\ 4)$ は，複素数平面上では，複素数 $-2+4i$ で表される点である。

点Pを，原点Oを中心として $\frac{2}{3}\pi$ だけ回転した点が点 $-2+4i$ であるから，点Pは点 $-2+4i$ を原点Oを中心として $-\frac{2}{3}\pi$ だけ回転した点である。(＊)

ゆえに，点Pを表す複素数は

$$\left\{\cos\left(-\frac{2}{3}\pi\right)+i\sin\left(-\frac{2}{3}\pi\right)\right\}(-2+4i)$$
$$=\left(-\frac{1}{2}-\frac{\sqrt{3}}{2}i\right)(-2+4i)$$
$$=(1+2\sqrt{3})+(-2+\sqrt{3})i$$

したがって，求める点Pの座標は

$$\boldsymbol{(1+2\sqrt{3},\ -2+\sqrt{3})}$$

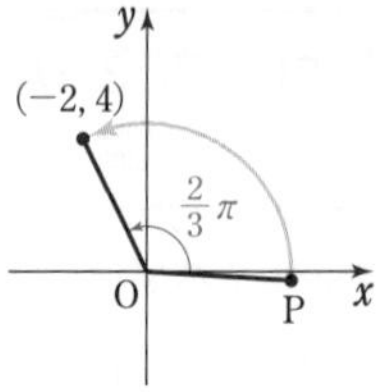

◀点 $a+bi$ を原点Oを中心として θ だけ回転した点は $(\cos\theta+i\sin\theta)(a+bi)$

(＊) $p.524$ EXERCISES 69 も参照。

CHECK 3－A では楕円の基本事項を，CHECK 3－B では回転移動についての基本事項を確認しました。次の問題は「複素数平面」と「式と曲線」の融合問題です。やや難しい内容ですが，確認した基本事項を踏まえ，挑戦してみましょう。

問題 3　複素数の方程式で表された２次曲線

(1)　楕円 $K:\frac{x^2}{4}+y^2=1$ の焦点の座標を求めよ。また，この楕円で囲まれた図形の面積を求めよ。ただし，長軸の長さが $2a$，短軸の長さが $2b$ である楕円の面積は πab であることを用いてもよい。

(2)　複素数平面上で，方程式 $\left|z-\frac{\sqrt{3}+3i}{2}\right|+\left|z+\frac{\sqrt{3}+3i}{2}\right|=4$ を満たす点 z 全体が表す図形を C とする。このとき，C で囲まれる部分の面積を求めよ。

(3)　(2) について，$z=x+yi$（x，y は実数）と表すとき，C の方程式を x，y の多項式で表せ。

指針 (1) 楕円 $\dfrac{x^2}{a^2}+\dfrac{y^2}{b^2}=1\ (a>b>0)$ について

焦点の座標は　$(\sqrt{a^2-b^2},\ 0),\ (-\sqrt{a^2-b^2},\ 0)$ …… 焦点は x 軸上にある
長軸の長さは　$2a$，　短軸の長さは　$2b$

(2) 点 z と 2 点 $\dfrac{\sqrt{3}+3i}{2}$，$-\dfrac{\sqrt{3}+3i}{2}$ までの距離の和は 4 で一定であることから，図形 C は 2 点 $\dfrac{\sqrt{3}+3i}{2}$，$-\dfrac{\sqrt{3}+3i}{2}$ を焦点とする楕円である。
この楕円の中心である原点から焦点までの距離を c とすると，この楕円は，xy 平面で焦点の座標が $(c,\ 0)$，$(-c,\ 0)$ で楕円上の点と 2 焦点までの距離の和が 4 である楕円と合同である。

(3) (2) の等式に $z=x+yi$ を代入し直接計算して求めることもできるが，計算が非常に煩雑になる（解答の後の 1 つ目の 検討 を参照）。
そこで，まず図形 C と合同な楕円で x 軸上に焦点をもつ楕円の方程式を考え，それを回転させて C の方程式を求めることを考える。

解答

(1) $K:\dfrac{x^2}{2^2}+\dfrac{y^2}{1^2}=1$

焦点の座標は，$\sqrt{2^2-1^2}=\sqrt{3}$ から
$$(\sqrt{3},\ 0),\ (-\sqrt{3},\ 0)$$
長軸の長さは $2\cdot2$，短軸の長さは $2\cdot1$ であるから，求める **面積は**　　$\pi\cdot2\cdot1=\mathbf{2\pi}$

(2) $\mathrm{P}(z)$，$\mathrm{F}\left(\dfrac{\sqrt{3}+3i}{2}\right)$，$\mathrm{F}'\left(-\dfrac{\sqrt{3}+3i}{2}\right)$ とすると，
$$\left|z-\frac{\sqrt{3}+3i}{2}\right|+\left|z-\left(-\frac{\sqrt{3}+3i}{2}\right)\right|=4 \text{ から}$$
$$\mathrm{PF}+\mathrm{PF}'=4$$
よって，点 P の軌跡である図形 C は 2 点 F，F′ を焦点とする楕円である。
$$\text{その中心は}\quad \frac{\left(\dfrac{\sqrt{3}+3i}{2}\right)+\left(-\dfrac{\sqrt{3}+3i}{2}\right)}{2}=0$$
すなわち，原点 O であり，中心から焦点 F までの距離は
$$\mathrm{OF}=\left|\frac{\sqrt{3}+3i}{2}\right|=\sqrt{\left(\frac{\sqrt{3}}{2}\right)^2+\left(\frac{3}{2}\right)^2}=\sqrt{3}$$
ここで，楕円 $K:\dfrac{x^2}{4}+y^2=1$ の中心は原点 O であり，中心 O から 2 焦点 $(\sqrt{3},\ 0)$，$(-\sqrt{3},\ 0)$ までの距離は
$\sqrt{3}$
また，K 上の点と 2 焦点までの距離の和は，長軸の長さと一致するから　4

◀楕円 $\dfrac{x^2}{a^2}+\dfrac{y^2}{b^2}=1$ $(a>b>0)$ の焦点の座標は $(\sqrt{a^2-b^2},\ 0)$，$(-\sqrt{a^2-b^2},\ 0)$
長軸の長さは $2a$，
短軸の長さは $2b$
面積は　πab
（問題文で与えられている）

◀2 定点 F，F′ からの距離の和が一定である点の軌跡は楕円である（$p.585$ 参照）。

◀2 つの焦点を結ぶ線分の中点が楕円の中心である。

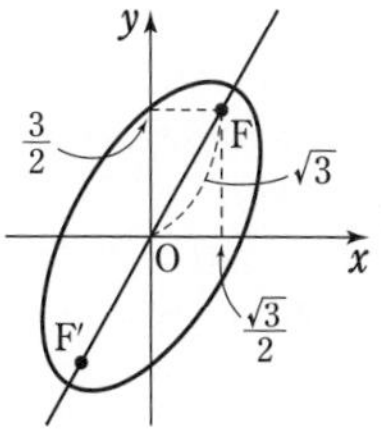

したがって，楕円 K と図形 C は，ともに中心から焦点までの距離が $\sqrt{3}$ で，2 焦点からの距離の和が 4 の楕円である。

よって，(1) から，求める面積は　　**2π**

◀すなわち，図形 C と楕円 K は合同である。
よって，図形 C で囲まれる部分の面積は楕円 K の面積に等しい。

(3)　図形 C を xy 平面上で考えると，2 焦点 F，F$'$ の座標はそれぞれ

$$\mathrm{F}\left(\frac{\sqrt{3}}{2},\ \frac{3}{2}\right),\ \mathrm{F}'\left(-\frac{\sqrt{3}}{2},\ -\frac{3}{2}\right)$$

である。

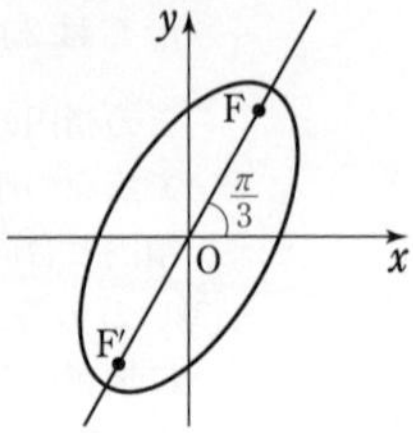

ここで，直線 OF と x 軸の正の方向となす角を θ とすると，$\tan\theta=\dfrac{\frac{3}{2}}{\frac{\sqrt{3}}{2}}=\sqrt{3}$ から　　$\theta=\dfrac{\pi}{3}$

ゆえに，図形 C は楕円 K を原点 O を中心として $\dfrac{\pi}{3}$ だけ回転した図形である。

点 $(X,\ Y)$ を原点 O を中心として $\dfrac{\pi}{3}$ だけ回転した点の座標を $(x,\ y)$ とすると，複素数平面上において，点 $x+yi$ を原点 O を中心として $-\dfrac{\pi}{3}$ だけ回転した点が $X+Yi$ であるから

$$\begin{aligned}X+Yi&=\left\{\cos\left(-\frac{\pi}{3}\right)+i\sin\left(-\frac{\pi}{3}\right)\right\}(x+yi)\\&=\left(\frac{1}{2}-\frac{\sqrt{3}}{2}i\right)(x+yi)\\&=\frac{x+\sqrt{3}y}{2}+\frac{-\sqrt{3}x+y}{2}i\end{aligned}$$

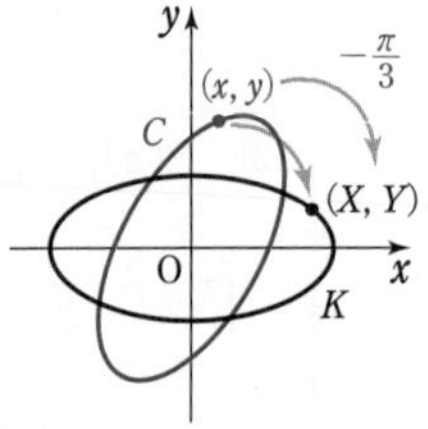

よって　　$X=\dfrac{x+\sqrt{3}y}{2},\ Y=\dfrac{-\sqrt{3}x+y}{2}$　…… ①

点 $(X,\ Y)$ が楕円 K 上を動くとき

$$\frac{X^2}{4}+Y^2=1 \quad \cdots\cdots ②$$

図形 C 上の点 $(x,\ y)$ が満たす方程式は，① を ② に代入して　　$\dfrac{1}{4}\left(\dfrac{x+\sqrt{3}y}{2}\right)^2+\left(\dfrac{-\sqrt{3}x+y}{2}\right)^2=1$

◀X，Y をつなぎの文字と考え，X，Y を消去する。

これを整理すると

$$\boldsymbol{13x^2-6\sqrt{3}xy+7y^2=16}$$

検討

問題3の図形 C の方程式を直接計算して求める

(3) の解答では，楕円 K を回転移動することにより図形 C の方程式を求めたが，ここでは (2) で与えられた方程式に $z=x+yi$（x，y は実数）を代入することで図形 C の方程式を求めてみよう。

$\left|z-\dfrac{\sqrt{3}+3i}{2}\right|+\left|z+\dfrac{\sqrt{3}+3i}{2}\right|=4$ において，$z=x+yi$ を代入すると

$$\left|(x+yi)-\frac{\sqrt{3}+3i}{2}\right|+\left|(x+yi)+\frac{\sqrt{3}+3i}{2}\right|=4$$

よって　$\left|\left(x-\dfrac{\sqrt{3}}{2}\right)+\left(y-\dfrac{3}{2}\right)i\right|+\left|\left(x+\dfrac{\sqrt{3}}{2}\right)+\left(y+\dfrac{3}{2}\right)i\right|=4$

ゆえに　$\sqrt{\left(x-\dfrac{\sqrt{3}}{2}\right)^2+\left(y-\dfrac{3}{2}\right)^2}+\sqrt{\left(x+\dfrac{\sqrt{3}}{2}\right)^2+\left(y+\dfrac{3}{2}\right)^2}=4$

よって　$\sqrt{\left(x-\dfrac{\sqrt{3}}{2}\right)^2+\left(y-\dfrac{3}{2}\right)^2}=4-\sqrt{\left(x+\dfrac{\sqrt{3}}{2}\right)^2+\left(y+\dfrac{3}{2}\right)^2}$

両辺を平方して整理すると　$4\sqrt{\left(x+\dfrac{\sqrt{3}}{2}\right)^2+\left(y+\dfrac{3}{2}\right)^2}=\sqrt{3}x+3y+8$

更に，両辺を平方して整理すると　$\boldsymbol{13x^2-6\sqrt{3}xy+7y^2=16}$

図形的解釈を用いず，直接代入して求めようとすると，$\sqrt{\ }$ を含む煩雑な計算をする必要がある。この問題に限らず，特に図形の問題は，式の図形的な意味を捉えることで，計算量を減らすことができる場合が多い。

検討 PLUS ONE

楕円の面積の公式（数学Ⅲの内容を含む）

問題文で与えられている

長軸の長さが $2a$，短軸の長さが $2b$ である楕円の面積は πab である

について考えてみよう。楕円 $\dfrac{x^2}{a^2}+\dfrac{y^2}{b^2}=1$ $(a>b>0)$ の長軸の長さは $2a$，短軸の長さは $2b$ であるから，この楕円の面積を考える。

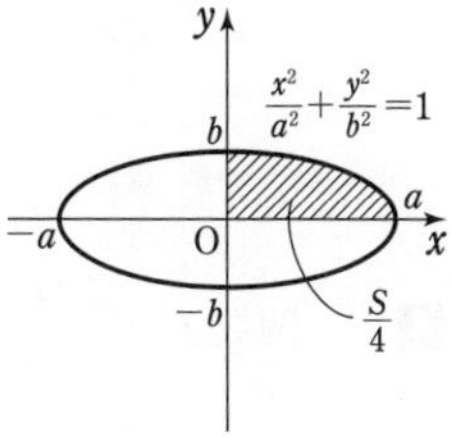

求める面積を S とする。楕円 $\dfrac{x^2}{a^2}+\dfrac{y^2}{b^2}=1$ は x 軸，y 軸に関して対称であるから，$x\geqq 0$，$y\geqq 0$ の部分の面積は $\dfrac{S}{4}$ である。

$x\geqq 0$，$y\geqq 0$ において，$y=b\sqrt{1-\dfrac{x^2}{a^2}}$ であるから

$$\frac{S}{4}=\int_0^a b\sqrt{1-\frac{x^2}{a^2}}\,dx$$

ここで，$\displaystyle\int_0^a b\sqrt{1-\frac{x^2}{a^2}}\,dx=\frac{b}{a}\int_0^a\sqrt{a^2-x^2}\,dx$ であり，

$\displaystyle\int_0^a\sqrt{a^2-x^2}\,dx$ は，半径 a の四分円の面積であるから，その値は

$$\frac{\pi a^2}{4}$$

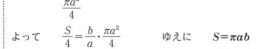

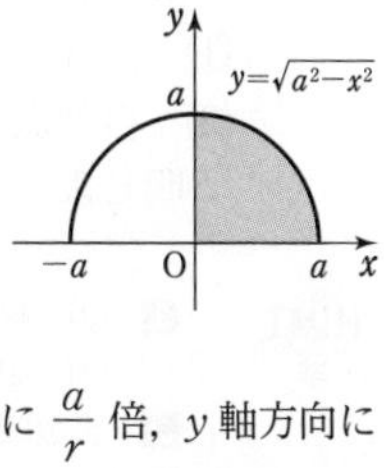

よって　$\dfrac{S}{4}=\dfrac{b}{a}\cdot\dfrac{\pi a^2}{4}$　　ゆえに　$\boldsymbol{S=\pi ab}$

補足　楕円 $\dfrac{x^2}{a^2}+\dfrac{y^2}{b^2}=1$ は，円 $x^2+y^2=r^2$ を原点に関して，x 軸方向に $\dfrac{a}{r}$ 倍，y 軸方向に $\dfrac{b}{r}$ 倍したものである（$p.588$ 検討も参照）。ここで，$\pi r^2\times\dfrac{a}{r}\times\dfrac{b}{r}=\pi ab$ である。すなわち，楕円の面積は円の面積を $\dfrac{a}{r}\times\dfrac{b}{r}$ 倍したものになっている。

総合演習 第2部　数学Ⅲ

第1章 関数

1 点 $(2,\ 2)$ を通り，傾きが $m\ (\neq 0)$ である直線 ℓ と曲線 $y=\dfrac{1}{x}$ との2つの交点を $\mathrm{P}\left(\alpha,\ \dfrac{1}{\alpha}\right)$, $\mathrm{Q}\left(\beta,\ \dfrac{1}{\beta}\right)$ とし，線分PQの中点を $\mathrm{R}(u,\ v)$ とする。m の値が変化するとき，点Rが動いてできる曲線を C とする。

(1) 直線 ℓ の方程式を求めよ。　(2) u および v をそれぞれ m の式で表せ。

(3) 曲線 C の方程式を求め，その概形をかけ。〔名城大〕

2 座標平面上の点 $(x,\ y)$ は，次の方程式を満たす。

$$\frac{1}{2}\log_2(6-x)-\log_2\sqrt{3-y}=\frac{1}{2}\log_2(10-2x)-\log_2\sqrt{4-y}\ \cdots\cdots\ (*)$$

方程式 $(*)$ の表す図形上の点 $(x,\ y)$ は，関数 $y=\dfrac{2}{x}$ のグラフを x 軸方向に p，y 軸方向に q だけ平行移動したグラフ上の点である。このとき，p，q を求めると，$(p,\ q)=$ ア□ である。点 $(x,\ y)$ が方程式 $(*)$ の表す図形上を動くとき，$x+2y$ の最大値は イ□ である。また，整数の組 $(x,\ y)$ が方程式 $(*)$ を満たすとき，x の値をすべて求めると，$x=$ ウ□ である。〔芝浦工大〕

3 定数 a に対して関数 $f(x)=\dfrac{1}{2}\sqrt{4x+a^2-6a-7}-\dfrac{3-a}{2}$ を考え，$y=f(x)$ の逆関数を $y=g(x)$ とする。

(1) 関数 $f(x)$ の定義域を求めよ。　(2) 関数 $g(x)$ を求めよ。

(3) $y=f(x)$ のグラフと $y=g(x)$ のグラフが接するとき，$a=$ ア□，イ□ であり，接点の座標は $a=$ ア□ のとき (ウ□，エ□)，$a=$ イ□ のとき (オ□，カ□) である。ただし，□ には整数値が入り，ア□ < イ□ とする。〔類 近畿大〕

4 関数 $f(x)=\dfrac{2x+1}{x+2}\ (x>0)$ に対して，

$$f_1(x)=f(x),\quad f_n(x)=(f\circ f_{n-1})(x)\quad (n=2,\ 3,\ \cdots\cdots)$$

とおく。

(1) $f_2(x)$，$f_3(x)$，$f_4(x)$ を求めよ。

(2) 自然数 n に対して $f_n(x)$ の式を推測し，その結果を数学的帰納法を用いて証明せよ。〔札幌医大〕

HINT

1 (2) 解と係数の関係を利用。
(3) (2)の結果を利用して m を消去し，v を u の式で表す。

2 真数条件に注意して，まず x，y それぞれの値の範囲を絞る。次に，$(*)$ から対数を含まない x，y の関係式を導き，それを y について解く。

3 (2) $g(x)$ の定義域に注意。
(3) 接点の座標を $(x,\ y)$ とすると　$y=g(x)$ かつ $x=g(y)$

4 (2) (1)の結果から，$f_n(x)$ の式の係数の規則性をつかむ。階差数列を利用するとよい。

第2章 極 限

5 点 $(2,\ 1)$ から放物線 $y=\dfrac{2}{3}x^2-1$ に引いた2つの接線のうち，傾きが小さい方を ℓ とする。

(1) ℓ の方程式を求めよ。

(2) n を自然数とする。ℓ 上の点で，x 座標と y 座標がともに n 以下の自然数であるものの個数を $A(n)$ とするとき，極限値 $\displaystyle\lim_{n\to\infty}\frac{A(n)}{n}$ を求めよ。 〔類 茨城大〕

6 焼きいも屋さんが京都・大阪・神戸の3都市を次のような確率で移動して店を出す（2日以上続けて同じ都市で出すこともありうる）。

・京都で出した翌日に，大阪・神戸で出す確率はそれぞれ $\dfrac{1}{3}$，$\dfrac{2}{3}$ である。

・大阪で出した翌日に，京都・大阪で出す確率はそれぞれ $\dfrac{1}{3}$，$\dfrac{2}{3}$ である。

・神戸で出した翌日に，京都・神戸で出す確率はそれぞれ $\dfrac{2}{3}$，$\dfrac{1}{3}$ である。

今日を1日目として，n 日目に京都で店を出す確率を p_n とする。$p_1=1$ であるとき

(1) $p_2=$ ア□，$p_3=$ イ□ である。

(2) 一般項 p_n は，n が奇数のとき $p_n=$ ウ□，n が偶数のとき $p_n=$ エ□ である。

(3) $\displaystyle\lim_{n\to\infty}p_n=$ オ□ である。 〔類 関西学院大〕

7 数列 $\{a_n\}$ を $a_1=\tan\dfrac{\pi}{3}$，$a_{n+1}=\dfrac{a_n}{\sqrt{a_n{}^2+1}+1}$ $(n=1,\ 2,\ 3,\ \cdots\cdots)$ により定める。

(1) $a_2=\tan\dfrac{\pi}{6}$，$a_3=\tan\dfrac{\pi}{12}$ であることを示せ。

(2) 一般項 a_n を求めよ。 (3) $\displaystyle\lim_{n\to\infty}2^n a_n$ を求めよ。 〔類 広島大〕

8 p を正の整数とする。α，β は x に関する方程式 $x^2-2px-1=0$ の2つの解で，$|\alpha|>1$ であるとする。

(1) すべての正の整数 n に対し，$\alpha^n+\beta^n$ は整数であり，更に偶数であることを証明せよ。

(2) 極限 $\displaystyle\lim_{n\to\infty}(-\alpha)^n\sin(\alpha^n\pi)$ を求めよ。 〔京都大〕

HINT

5 (2) まず，ℓ の方程式を1次不定方程式とみて整数解を求める。はさみうちの原理を利用するが，ガウス記号を用いるとよい。

6 (2) n 日目に大阪，神戸で店を出す確率をそれぞれ q_n，r_n として，p_{n+1}，q_{n+1}，r_{n+1} をそれぞれ p_n，q_n，r_n で表す。そして，p_{n+2} を考え，$p_n+q_n+r_n=1$ であることを利用することで，数列 $\{p_n\}$ のみの漸化式を導く。

7 (1) $0<\theta<\dfrac{\pi}{2}$ のとき，$\dfrac{\tan\theta}{\sqrt{\tan^2\theta+1}+1}$ を倍角・半角の公式などを用いて $\dfrac{\theta}{2}$ の式に直す。その結果を利用して a_2，a_3 を計算するとよい。

8 (1) $n=k$，$k+1$ のときを仮定する数学的帰納法により示す。

9 ◇ n を正の整数とする。右の連立不等式を満たす xyz 空間の点 P$(x,\ y,\ z)$ で，$x,\ y,\ z$ がすべて整数であるもの（格子点）の個数を $f(n)$ とする。極限 $\displaystyle\lim_{n\to\infty}\frac{f(n)}{n^3}$ を求めよ。〔東京大〕

$$\begin{cases} x+y+z\leqq n \\ -x+y-z\leqq n \\ x-y-z\leqq n \\ -x-y+z\leqq n \end{cases}$$

10 複素数 z に対して $f(z)=\alpha z+\beta$ とする。ただし，$\alpha,\ \beta$ は複素数の定数で，$\alpha\neq 1$ とする。また，$f^1(z)=f(z),\ f^n(z)=f(f^{n-1}(z))$ $(n=2,\ 3,\ \cdots\cdots)$ と定める。

(1) $f^n(z)$ を $\alpha,\ \beta,\ z,\ n$ を用いて表せ。

(2) $|\alpha|<1$ のとき，すべての複素数 z に対して $\displaystyle\lim_{n\to\infty}|f^n(z)-\delta|=0$ が成り立つような複素数の定数 δ を求めよ。

(3) $|\alpha|=1$ とする。複素数の列 $\{f^n(z)\}$ に少なくとも3つの異なる複素数が現れるとき，これらの $f^n(z)$ $(n=1,\ 2,\ \cdots\cdots)$ は複素数平面内のある円 C_z 上にある。円 C_z の中心と半径を求めよ。〔早稲田大〕

11 半径1の円 S_1 に正三角形 T_1 が内接している。T_1 に内接する円を S_2 とし，S_2 に内接する正方形を U_1 とする。更に，U_1 に円 S_3 を，S_3 に正三角形 T_2 を，T_2 に円 S_4 を，S_4 に正方形 U_2 を順次内接させていき，以下同様にして，円の列 $S_1,\ S_2,\ S_3,\ \cdots\cdots$，正三角形の列 $T_1,\ T_2,\ T_3,\ \cdots\cdots$，正方形の列 $U_1,\ U_2,\ U_3,\ \cdots\cdots$ を作る。

(1) 正三角形 T_1 の1辺の長さは ア□ であり，面積は イ□ である。

(2) 正方形 U_1 の1辺の長さは ウ□ であり，円 S_2 の面積は エ□ である。

(3) 円 S_n の面積を s_n とする。$s_{2n-1},\ s_{2n}$ $(n=1,\ 2,\ \cdots\cdots)$ を n で表すと，

$s_{2n-1}=$ オ□，$s_{2n}=$ カ□ であるから，$\displaystyle\sum_{n=1}^{\infty}s_n=$ キ□ となる。〔近畿大〕

12 実数の定数 $a,\ b$ に対して，関数 $f(x)$ を $f(x)=\dfrac{ax+b}{x^2+x+1}$ で定める。すべての実数 x で不等式 $f(x)\leqq\{f(x)\}^3-2\{f(x)\}^2+2$ が成り立つような点 $(a,\ b)$ の範囲を図示せよ。〔京都大〕

HINT

9 まず，$z=k$ として固定し，平面 $z=k$ 上の格子点の数を $k,\ n$ で表す。

10 (1) $f^n(z)=a_n$ とおくと　$a_{n+1}=\alpha a_n+\beta$

(2) (1)の結果を利用。$|\alpha|<1$ のとき　$\displaystyle\lim_{n\to\infty}\alpha^n=0$

11 (1)，(2) $S_1,\ T_1,\ S_2,\ U_1$ の図をかき，半径や辺の長さの関係をつかむ。

(3) 円 S_n の半径を r_n として，半径と正三角形や正方形の辺の長さの関係に注目しながら，まず r_{2n} と r_{2n-1} の関係式を作る。$\displaystyle\sum_{n=1}^{\infty}s_n$ は，2つの部分和 $\displaystyle\sum_{n=1}^{2N}s_n,\ \sum_{n=1}^{2N-1}s_n$ に分けて考えていく。

12 まず，不等式から $f(x)$ の範囲を求める。すべての実数 x で不等式が成り立たなければならないことと $\displaystyle\lim_{x\to\infty}f(x)$ の値に注意。

第3章 微分法

13 n を3以上の自然数，α，β を相異なる実数とするとき，次の問いに答えよ。

(1) 次を満たす実数 A，B，C と整式 $Q(x)$ が存在することを示せ。

$$x^n=(x-\alpha)(x-\beta)^2Q(x)+A(x-\alpha)(x-\beta)+B(x-\alpha)+C$$

(2) (1)の A，B，C を n，α，β を用いて表せ。

(3) (2)の A について，n と α を固定して，β を α に近づけたときの極限 $\lim_{\beta\to\alpha}A$ を求めよ。〔九州大〕

14 関数 $y=\log_3 x$ とその逆関数 $y=3^x$ のグラフが，直線 $y=-x+s$ と交わる点をそれぞれ $\mathrm{P}(t,\ \log_3 t)$，$\mathrm{Q}(u,\ 3^u)$ とする。〔金沢大〕

(1) 線分PQの中点の座標は $\left(\dfrac{s}{2},\ \dfrac{s}{2}\right)$ であることを示せ。

(2) s，t，u は $s=t+u$，$u=\log_3 t$ を満たすことを示せ。

(3) $\displaystyle\lim_{t\to3}\frac{su-k}{t-3}$ が有限な値となるように，定数 k の値を定め，その極限値を求めよ。

15 n は0以上の整数とする。関係式 $H_0(x)=1$，$H_{n+1}(x)=2xH_n(x)-H_n{}'(x)$ によって多項式 $H_0(x)$，$H_1(x)$，…… を定め，$f_n(x)=H_n(x)e^{-\frac{x^2}{2}}$ とおく。〔お茶の水大〕

(1) $-f_0{}''(x)+x^2f_0(x)=a_0f_0(x)$ が成り立つように定数 a_0 を定めよ。

(2) $f_{n+1}(x)=xf_n(x)-f_n{}'(x)$ を示せ。

(3) 2回微分可能な関数 $f(x)$ に対して，$g(x)=xf(x)-f'(x)$ とおく。定数 a に対して $-f''(x)+x^2f(x)=af(x)$ が成り立つとき，$-g''(x)+x^2g(x)=(a+2)g(x)$ を示せ。

(4) $-f_n{}''(x)+x^2f_n(x)=a_nf_n(x)$ が成り立つように定数 a_n を定めよ。

16 n を任意の正の整数とし，2つの関数 $f(x)$，$g(x)$ はともに n 回微分可能な関数とする。〔大分大〕

(1) 積 $f(x)g(x)$ の第4次導関数 $\dfrac{d^4}{dx^4}\{f(x)g(x)\}$ を求めよ。

(2) 積 $f(x)g(x)$ の第 n 次導関数 $\dfrac{d^n}{dx^n}\{f(x)g(x)\}$ における $f^{(n-r)}(x)g^{(r)}(x)$ の係数を類推し，その類推が正しいことを数学的帰納法を用いて証明せよ。ただし，r は負でない n 以下の整数とし，$f^{(0)}(x)=f(x)$，$g^{(0)}(x)=g(x)$ とする。

(3) 関数 $h(x)=x^3e^x$ の第 n 次導関数 $h^{(n)}(x)$ を求めよ。ただし，$n\geqq4$ とする。

HINT

13 (1) まず，x^n を $x-\alpha$ で割ったときの商を $Q_1(x)$ として，割り算の等式を利用。

14 (3) $\lim_{t\to3}(t-3)=0$ であるから，$\lim_{t\to3}(su-k)=0$ である必要がある。(1)，(2)の結果を利用して，su を t で表す。

15 (3) $g(x)=xf(x)-f'(x)$ の両辺を x で微分。(4) $g_n(x)=xf_n(x)-f_n{}'(x)$ として，(2)，(3)の結果を利用することで，a_n の漸化式を導く。

16 (1)，(2) 第1次導関数，第2次導関数，…… と順に求め，$f^{(●)}(x)g^{(■)}(x)$ の係数に注目。(2)では，${}_n\mathrm{C}_k=\dfrac{n!}{k!(n-k)!}$ にも注意。

総合演習 第2部 数学Ⅲ

第4章 微分法の応用

17 xy 平面における曲線 $y=\sin x$ の2つの接線が直交するとき，その交点の y 座標の値をすべて求めよ。〔東北大〕

18 $x>0$ とし，$f(x)=\log x^{100}$ とおく。

(1) 不等式 $\dfrac{100}{x+1}<f(x+1)-f(x)<\dfrac{100}{x}$ を証明せよ。

(2) 実数 a の整数部分（$k\leqq a<k+1$ となる整数 k）を $[a]$ で表す。整数 $[f(1)]$，$[f(2)]$，$[f(3)]$，……，$[f(1000)]$ のうちで異なるものの個数を求めよ。必要ならば，$\log 10=2.3026$ として計算せよ。〔名古屋大〕

19◇ n を正の整数とする。試行の結果に応じて k 点（$k=0$，1，2，……，n）が与えられるゲームがある。ここで，k 点を獲得する確率は，ある $t>0$ によって決まっており，これを $p_k(t)$ とする。このとき，確率 $p_k(t)$ は $a\geqq 0$ に対して，次の関係式を満たす。

$$p_0(t)=t^n,\quad p_k(t)=a\cdot\frac{n-k+1}{k}\cdot p_{k-1}(t)\quad (k=1,\ 2,\ \cdots\cdots,\ n)$$

(1) $\displaystyle\sum_{k=0}^{n}p_k(t)$ の値を求めよ。　(2) a を t を用いて表せ。

(3) 各 k に対して，$0\leqq t\leqq 1$ の範囲で $p_k(t)$ を最大にするような t の値 T_k を求めよ。ただし，$p_k(0)=0$（$k=0$，1，……，$n-1$），$p_n(0)=1$ と定める。

(4) $0<t<1$ なる t を与えたとき，(3) で求めた T_k に対して，$E=\displaystyle\sum_{k=0}^{n}T_k\cdot p_k(t)$ とする。E の値を求めよ。〔早稲田大〕

20 α，β を複素数とし，複素数平面上の点 O(0)，A(α)，B(β)，C($|\alpha|^2$)，D($\overline{\alpha}\beta$) を考える。3点 O，A，B は三角形をなすとする。また，複素数 z に対し，$\mathrm{Im}(z)$ によって，z の虚部を表すことにする。〔熊本大〕

(1) △OAB の面積を S_1，△OCD の面積を S_2 とするとき，$\dfrac{S_2}{S_1}$ を求めよ。

(2) △OAB の面積 S_1 は $\dfrac{1}{2}|\mathrm{Im}(\overline{\alpha}\beta)|$ で与えられることを示せ。

(3) 実数 a，b に対し，複素数 z を $z=a+bi$ で定める。$1\leqq a\leqq 2$，$1\leqq b\leqq 3$ のとき，3点 O(0)，P(z)，Q$\left(\dfrac{1}{z}\right)$ を頂点とする △OPQ の面積の最大値と最小値を求めよ。

HINT

18 (1) 平均値の定理を利用。(2) (1) の結果を利用。$x\leqq 99$ と $x\geqq 100$ で場合分けする。

19 (2) 関係式を繰り返し用いて，$p_k(t)$ を求める。二項係数の式が現れる。

(3) $k=0$，$1\leqq k\leqq n-1$，$k=n$ で場合分け。$1\leqq k\leqq n-1$ のときは，$p_k(t)$ を t で微分。

(4) ${}_n\mathrm{C}_k=\dfrac{n!}{k!(n-k)!}$ を利用することで，まず $T_k\cdot p_k(t)$ の式を簡単にする。

20 (1) 偏角に注目して ∠AOB＝∠COD を導き，△OAB∽△OCD を示す。

(3) (2) の結果を利用して，△OPQ の面積を a，b で表す。その式をおき換えで1変数の式として扱うことができるように変形。

総合演習 第2部

21 ◇ 座標平面において，原点Oを中心とする半径3の円を C，点 $(0,\ -1)$ を中心とする半径8の円を C' とする。C と C' に挟まれた領域を D とする。

(1) $0 \leqq k \leqq 3$ とする。直線 ℓ と原点Oとの距離が一定値 k であるように ℓ が動くとき，ℓ と D の共通部分の長さの最小値を求めよ。

(2) 直線 ℓ が C と共有点をもつように動くとき，ℓ と D の共通部分の長さの最小値を求めよ。〔弘前大〕

22 n を2以上の自然数とする。三角形ABCにおいて，辺ABの長さを c，辺CAの長さを b で表す。$\angle \mathrm{ACB} = n\angle \mathrm{ABC}$ であるとき，$c < nb$ を示せ。〔大阪大〕

23 xy 平面において，点 $(1,\ 2)$ を通る傾き t の直線を ℓ とする。また，ℓ に垂直で原点を通る直線と ℓ との交点をPとする。

(1) 点Pの座標を t を用いて表せ。

(2) 点Pの軌跡が2次曲線 $2x^2 - ay = 0\ (a \neq 0)$ と3点のみを共有するような a の値を求めよ。また，そのとき3つの共有点の座標を求めよ。〔岡山大〕

24 a を $0 < a < \dfrac{\pi}{2}$ を満たす定数とし，方程式 $x(1-\cos x) = \sin(x+a)$ を考える。

(1) n を正の整数とするとき，上の方程式は $2n\pi < x < 2n\pi + \dfrac{\pi}{2}$ の範囲でただ1つの解をもつことを示せ。

(2) (1)の解を x_n とおく。極限 $\displaystyle\lim_{n\to\infty}(x_n - 2n\pi)$ を求めよ。

(3) 極限 $\displaystyle\lim_{n\to\infty}\sqrt{n}\,(x_n - 2n\pi)$ を求めよ。〔類 滋賀医大〕

25 曲線 $y = e^x$ 上を動く点Pの時刻 t における座標を $(x(t),\ y(t))$ と表し，Pの速度ベクトルと加速度ベクトルをそれぞれ $\vec{v} = \left(\dfrac{dx}{dt},\ \dfrac{dy}{dt}\right)$，$\vec{\alpha} = \left(\dfrac{d^2x}{dt^2},\ \dfrac{d^2y}{dt^2}\right)$ とする。すべての時刻 t で $|\vec{v}| = 1$ かつ $\dfrac{dx}{dt} > 0$ であるとき

(1) Pが点 $(s,\ e^s)$ を通過する時刻における速度ベクトル $\vec{v}$ を s を用いて表せ。

(2) Pが点 $(s,\ e^s)$ を通過する時刻における加速度ベクトル $\vec{\alpha}$ を s を用いて表せ。

(3) Pが曲線全体を動くとき，$|\vec{\alpha}|$ の最大値を求めよ。〔九州大〕

HINT

21 (1) 直線 ℓ が円 C，C' によって切り取られる弦の長さをそれぞれ L_1，L_2 とすると，ℓ と D の共通部分の長さは $L_2 - L_1$

22 $\angle \mathrm{ABC} = \theta$ とする。まず，正弦定理により c を b，θ の式で表したものを $nb-c$ に代入してみる。

23 (2) 点Pの座標を2次曲線の式に代入。その t の方程式の実数解の個数に注目。

24 (2) $x_n - 2n\pi = y_n$ とおき，$\displaystyle\lim_{n\to\infty}(1-\cos y_n)$ を調べてみる。はさみうちの原理を利用。

25 (1) まず，$y = e^x$ の両辺を t で微分。条件 $|\vec{v}| = \sqrt{\left(\dfrac{dx}{dt}\right)^2 + \left(\dfrac{dy}{dt}\right)^2} = 1$，$\dfrac{dx}{dt} > 0$ を利用。

(3) $|\vec{\alpha}|^2$ を x で表し，$e^{2x} = z$ とおく。

第5章 積分法

26 (1) 不定積分 $\int e^{2x+e^x}dx$ を求めよ。 〔広島市大〕

(2) 定積分 $\int_0^1 \{x(1-x)\}^{\frac{3}{2}}dx$ を求めよ。 〔弘前大〕

27 実数 x に対して，$3n \leqq x < 3n+3$ を満たす整数 n により，

$$f(x)=\begin{cases} |3n+1-x| & (3n \leqq x < 3n+2 \text{ のとき}) \\ 1 & (3n+2 \leqq x < 3n+3 \text{ のとき}) \end{cases}$$

とする。関数 $f(x)$ について，次の問いに答えよ。

(1) $0 \leqq x \leqq 7$ のとき，$y=f(x)$ のグラフをかけ。

(2) 0 以上の整数 n に対して，$I_n=\int_{3n}^{3n+3} f(x)e^{-x}dx$ とする。I_n を求めよ。

(3) 自然数 n に対して，$J_n=\int_0^{3n} f(x)e^{-x}dx$ とする。$\lim_{n\to\infty} J_n$ を求めよ。 〔山口大〕

28 $t \geqq 0$ に対して，$f(t)=2\pi\int_0^{2t}|x-t|\cos(2\pi x)dx - t\sin(4\pi t)$ と定義する。このとき，$f(t)=0$ を満たす t のうち，閉区間 $[0,\ 1]$ に属する相異なるものはいくつあるか。 〔早稲田大〕

29 関数 $f(x)$ と $g(x)$ を $0 \leqq x \leqq 1$ の範囲で定義された連続関数とする。

(1) $f(x)=\int_0^1 e^{x+t}f(t)dt$ を満たす $f(x)$ は定数関数 $f(x)=0$ のみであることを示せ。

(2) $g(x)=\int_0^1 e^{x+t}g(t)dt+x$ を満たす $g(x)$ を求めよ。 〔北海道大〕

30 連続関数 $f(x)$ が次の関係式を満たしているとする。

$$f(x)=x^2+\int_0^x f(t)dt-\int_x^1 f(t)dt$$

(1) $f(0)+f(1)$ の値を求めよ。

(2) $g(x)=e^{-2x}f(x)$ とおくことにより，$f(x)$ を求めよ。 〔類 東京医歯大〕

HINT

26 (1) $(e^{e^x})'=e^x e^{e^x}$ (2) $x(1-x)=-x^2+x=-\left(x-\frac{1}{2}\right)^2+\left(\frac{1}{2}\right)^2$ に注目。

27 (1) $n=0,\ 1,\ 2$ の各場合の $f(x)$ を求める。
(2) 積分区間を $3n \leqq x \leqq 3n+1$，$3n+1 \leqq x \leqq 3n+2$，$3n+2 \leqq x \leqq 3n+3$ で分ける。

29 (1) $\int_0^1 e^{x+t}f(t)dt=e^x\int_0^1 e^t f(t)dt$ で，$\int_0^1 e^t f(t)dt$ は定数である。(2) も同様に考える。

30 (1) 関係式の両辺に $x=0,\ 1$ を代入。 (2) $g'(x)$ を計算してみる。

31 楕円 $\dfrac{x^2}{4}+\dfrac{y^2}{9}=1$ 上に点 P_k $(k=1,\ 2,\ \cdots\cdots,\ n)$ を $\angle P_kOA=\dfrac{k}{n}\pi$ を満たすようにとる。ただし，$O(0,\ 0)$，$A(2,\ 0)$ とする。
このとき，$\displaystyle\lim_{n\to\infty}\frac{1}{n}\left(\frac{1}{OP_1{}^2}+\frac{1}{OP_2{}^2}+\cdots\cdots+\frac{1}{OP_n{}^2}\right)$ を求めよ。〔東北大〕

32 自然数 n に対し，$S_n=\displaystyle\int_0^1\frac{1-(-x)^n}{1+x}dx$，$T_n=\displaystyle\sum_{k=1}^{n}\frac{(-1)^{k-1}}{k(k+1)}$ とおく。
(1) 不等式 $\left|S_n-\displaystyle\int_0^1\frac{1}{1+x}dx\right|\leqq\dfrac{1}{n+1}$ を示せ。
(2) T_n-2S_n を n で表せ。　(3) 極限値 $\displaystyle\lim_{n\to\infty}T_n$ を求めよ。〔東京医歯大〕

第6章 積分法の応用

33 方程式 $y=(\sqrt{x}-\sqrt{2})^2$ が定める曲線を C とする。
(1) 曲線 C と x 軸，y 軸で囲まれた図形の面積 S を求めよ。
(2) 曲線 C と直線 $y=2$ で囲まれた図形を，直線 $y=2$ の周りに1回転してできる立体の体積 V を求めよ。〔信州大〕

34 a と b を正の実数とする。$y=a\cos x\left(0\leqq x\leqq\dfrac{\pi}{2}\right)$ のグラフを C_1，$y=b\sin x\left(0\leqq x\leqq\dfrac{\pi}{2}\right)$ のグラフを C_2 とし，C_1 と C_2 の交点を P とする。
(1) P の x 座標を t とするとき，$\sin t$ および $\cos t$ を a と b で表せ。
(2) C_1，C_2 と y 軸で囲まれた領域の面積 S を a と b で表せ。
(3) C_1，C_2 と直線 $x=\dfrac{\pi}{2}$ で囲まれた領域の面積を T とするとき，$T=2S$ となるための条件を a と b で表せ。〔北海道大〕

35 n は2以上の自然数とする。関数 $y=e^x$ …… ①，$y=e^{nx}-1$ …… ② について
(1) ① と ② のグラフは第1象限においてただ1つの交点をもつことを示せ。
(2) (1)で得られた交点の座標を $(a_n,\ b_n)$ とする。$\displaystyle\lim_{n\to\infty}a_n$ と $\displaystyle\lim_{n\to\infty}na_n$ を求めよ。
(3) 第1象限内で ① と ② のグラフおよび y 軸で囲まれた部分の面積を S_n とする。このとき，$\displaystyle\lim_{n\to\infty}nS_n$ を求めよ。〔東京工大〕

HINT

31 $\displaystyle\lim_{n\to\infty}\frac{1}{n}\sum_{k=1}^{n}f\left(\frac{k}{n}\right)=\int_0^1 f(x)dx$ ［区分求積法］を利用。

32 (1) 左辺は，変形すると $\displaystyle\int_0^1 f(x)dx$ の形になる。 (2) まず，等比数列の和の公式を用いて，S_n を和の形で表す。T_n の式の変形には部分分数分解を利用。

33 (2) x 軸の周りの回転体となるように，曲線 C を平行移動して考えるとよい。

35 (1) まず，$x\leqq 0$ のとき ① と ② のグラフが交点をもたないことを示す。
(2) まず，$\displaystyle\lim_{n\to\infty}b_n$ を求める。二項定理，はさみうちの原理を利用。

総合演習　第2部

36　媒介変数表示 $x=\sin t$, $y=t^2$（ただし $-2\pi \leqq t \leqq 2\pi$）で表された曲線で囲まれた領域の面積を求めよ。なお，領域が複数ある場合は，その面積の総和を求めよ。

〔九州大〕

37　曲線 $y=-\dfrac{1}{2}x^2-\dfrac{1}{2}x+1$ $(0 \leqq x \leqq 1)$ を C とし，直線 $y=1-x$ を ℓ とする。

(1)　C 上の点 $(x,\ y)$ と ℓ の距離を $f(x)$ とするとき，$f(x)$ の最大値を求めよ。

(2)　C と ℓ で囲まれた部分を ℓ の周りに 1 回転してできる立体の体積を求めよ。

〔群馬大〕

38　座標空間内を，長さ 2 の線分 AB が次の 2 条件 (a), (b) を満たしながら動く。

(a)　点 A は平面 $z=0$ 上にある。

(b)　点 C(0, 0, 1) が線分 AB 上にある。

このとき，線分 AB が通過することのできる範囲を K とする。K と不等式 $z \geqq 1$ の表す範囲との共通部分の体積を求めよ。

〔東京大〕

39◇　原点を O とし，点 (0, 0, 1) を通り z 軸に垂直な平面を α とする。点 A は x 軸上，点 B は y 軸上，点 C は z 軸上の $x \geqq 0$, $y \geqq 0$, $z \geqq 0$ の領域を，AC=BC=8 を満たしつつ動く。平面 α と AC の交点を P とする。点 P の x 座標は $\angle$OCA=ア□π のときに最大となる。また，△ABC の辺および内部の点が動きうる領域を V とする。ただし，点 A, B がともに原点 O に重なるときは，△ABC は線分 OC とみなす。このとき，平面 α による V の断面積は イ□ であり，領域 V の体積に最も近い整数は ウ□ である。

〔早稲田大〕

40　曲線 $y=\log x$ 上の点 A$(t,\ \log t)$ における法線上に，点 B を AB=1 となるようにとる。ただし，点 B の x 座標は t より大きいとする。

(1)　点 B の座標 $(u(t),\ v(t))$ を求めよ。また，$\left(\dfrac{du}{dt},\ \dfrac{dv}{dt}\right)$ を求めよ。

(2)　実数 r は $0<r<1$ を満たすとし，t が r から 1 まで動くときに点 A と点 B が描く曲線の長さをそれぞれ $L_1(r)$, $L_2(r)$ とする。このとき，極限 $\displaystyle\lim_{r \to +0}\{L_1(r)-L_2(r)\}$ を求めよ。

〔京都大〕

HINT

36　まず，曲線の概形をかく。t の値の変化に応じた x, y の値の変化を調べる。対称性にも着目。

38　❶　**体積　断面積をつかむ**　K は z 軸を軸とする回転体である。K を平面 $z=k$ $(k \geqq 1)$ で切った切り口の円の半径を，相似を利用して求める。

39　(ア), (イ)　P$(p,\ 0,\ 1)$, $\angle$OCA$=\theta$ とし，p を θ の式で表す。⟶ 微分法を利用。

(ウ)　(ア), (イ) の考察と同様にして，AC と平面 $z=k$ $(0 \leqq k \leqq 8)$ との交点を R$(x_k,\ 0,\ k)$ として，x_k の最大値をつかむ。それをもとに断面積を調べる。

40　(1)　$\overrightarrow{\mathrm{OB}}=\overrightarrow{\mathrm{OA}}+\overrightarrow{\mathrm{AB}}$（O は原点）として考えると早い。$\overrightarrow{\mathrm{AB}}$ は単位ベクトルであるから，点 A における法線の傾きを利用することで，成分表示できる。

(2)　(1) の結果に注目して，$L_1(r)-L_2(r)$［定積分の式］を計算していく。

総合演習　第2部　数学C

第1章　平面上のベクトル

1　平面上に OA=2, OB=1, $\angle$AOB=θ となる $\triangle$OAB がある。辺 AB を 2：1 に内分する点を C とするとき

(1)　$\overrightarrow{\mathrm{OA}}=\vec{a}$, $\overrightarrow{\mathrm{OB}}=\vec{b}$ とする。このとき，$\overrightarrow{\mathrm{OC}}$ および $\overrightarrow{\mathrm{AC}}$ を $\vec{a}$, $\vec{b}$ を用いて表せ。

(2)　$f(\theta)=|\overrightarrow{\mathrm{AC}}|+\sqrt{2}\,|\overrightarrow{\mathrm{OC}}|$ とするとき，$f(\theta)$ を θ を用いて表せ。

(3)　$0<\theta<\pi$ における $f(\theta)$ の最大値，およびそのときの $\cos\theta$ の値を求めよ。

〔佐賀大〕

2　半径 1 の円周上に 3 点 A, B, C がある。内積 $\overrightarrow{\mathrm{AB}}\cdot\overrightarrow{\mathrm{AC}}$ の最大値と最小値を求めよ。

〔一橋大〕

3　s を正の実数とする。鋭角三角形 ABC において，辺 AB を s：1 に内分する点を D とし，辺 BC を s：3 に内分する点を E とする。線分 CD と線分 AE の交点を F とする。

(1)　$\overrightarrow{\mathrm{AF}}=\alpha\overrightarrow{\mathrm{AB}}+\beta\overrightarrow{\mathrm{AC}}$ とするとき，α と β を s を用いて表せ。

(2)　点 F から辺 AC に下ろした垂線を FG とする。線分 FG の長さが最大となるときの s の値を求めよ。

〔類　東北大〕

4　平面上に 3 点 A, B, C があり，$|2\overrightarrow{\mathrm{AB}}+3\overrightarrow{\mathrm{AC}}|=15$, $|2\overrightarrow{\mathrm{AB}}+\overrightarrow{\mathrm{AC}}|=7$, $|\overrightarrow{\mathrm{AB}}-2\overrightarrow{\mathrm{AC}}|=11$ を満たしている。

(1)　$|\overrightarrow{\mathrm{AB}}|$, $|\overrightarrow{\mathrm{AC}}|$, 内積 $\overrightarrow{\mathrm{AB}}\cdot\overrightarrow{\mathrm{AC}}$ の値を求めよ。

(2)　実数 s, t が $s\geqq0$, $t\geqq0$, $1\leqq s+t\leqq2$ を満たしながら動くとき，$\overrightarrow{\mathrm{AP}}=2s\overrightarrow{\mathrm{AB}}-t\overrightarrow{\mathrm{AC}}$ で定められた点 P の動く部分の面積を求めよ。

〔横浜国大〕

5　1 辺の長さが 1 の正六角形 ABCDEF が与えられている。点 P が辺 AB 上を，点 Q が辺 CD 上をそれぞれ独立に動くとき，線分 PQ を 2：1 に内分する点 R が通りうる範囲の面積を求めよ。

〔東京大〕

HINT

1　(2)　**$|\vec{p}|$ は $|\vec{p}|^2$ として扱う**　(3)　$f(\theta)\geqq0$ であるから，$\{f(\theta)\}^2$ の最大値を調べる。

2　O を始点とするベクトルで考えると　$\overrightarrow{\mathrm{AB}}\cdot\overrightarrow{\mathrm{AC}}=\underline{\overrightarrow{\mathrm{OB}}\cdot\overrightarrow{\mathrm{OC}}}-(\underline{\overrightarrow{\mathrm{OB}}+\overrightarrow{\mathrm{OC}}})\cdot\overrightarrow{\mathrm{OA}}+\cdots$ となる。

―― に注目して，$\overrightarrow{\mathrm{OD}}=\dfrac{\overrightarrow{\mathrm{OB}}+\overrightarrow{\mathrm{OC}}}{2}$ とし，$|\overrightarrow{\mathrm{OD}}|^2$ を考えてみる。

3　(2)　相加平均・相乗平均の大小関係を利用する。

4　(1)　**$|\vec{p}|$ は $|\vec{p}|^2$ として扱う**　(2)　三角形の面積の計算では (1) の結果を利用。

5　$\overrightarrow{\mathrm{AB}}=\vec{a}$, $\overrightarrow{\mathrm{AF}}=\vec{b}$ とすると，$\overrightarrow{\mathrm{AP}}=s\vec{a}$ $(0\leqq s\leqq1)$, $\overrightarrow{\mathrm{CQ}}=t\vec{b}$ $(0\leqq t\leqq1)$ と表される。

6 平面上に1辺の長さが $\sqrt{3}r$ である正三角形ABCとその平面上を動く点Pがある。正三角形ABCの重心を始点としPを終点とするベクトルを $\vec{p}$ とする。

(1) $s=\overrightarrow{PA}\cdot\overrightarrow{PA}+\overrightarrow{PB}\cdot\overrightarrow{PB}+\overrightarrow{PC}\cdot\overrightarrow{PC}$ とおくとき，s をベクトル $\vec{p}$ の大きさ $|\vec{p}|$ と r を用いて表せ。

(2) $t=\overrightarrow{PA}\cdot\overrightarrow{PB}+\overrightarrow{PB}\cdot\overrightarrow{PC}+\overrightarrow{PC}\cdot\overrightarrow{PA}$ とおくとき，t をベクトル $\vec{p}$ の大きさ $|\vec{p}|$ と r を用いて表せ。

(3) (1)の s と(2)の t に関して，点Pが2つの不等式 $s\geqq\dfrac{15}{4}r^2$，$t\leqq\dfrac{3}{2}r^2$ を同時に満たすとき，点Pが描く図形の領域を求めて正三角形ABCとともに図示せよ。

〔秋田大〕

第2章　空間のベクトル

7 1辺の長さが6の正四面体OABCを考える。頂点Oと頂点Aの座標をそれぞれO(0, 0, 0)，A(6, 0, 0)とする。頂点Bの z 座標は0，頂点Cの z 座標は正である。また，辺OC，ABの中点をそれぞれM，Nとする。

(1) 条件を満たすような正四面体はいくつあるか求めよ。

(2) $\overrightarrow{OB}$ および $\overrightarrow{OC}$ を成分で表せ。　　(3) $\overrightarrow{MN}$ を成分で表せ。

(4) OC⊥MN であることを示せ。

〔鳥取環境大〕

8 (1) 四面体ABCDと四面体ABCPの体積をそれぞれ V，V_P とする。

(ア) $\overrightarrow{AP}=t\overrightarrow{AD}$ が成り立つとき，体積比 $\dfrac{V_P}{V}$ を求めよ。

(イ) $\overrightarrow{AP}=b\overrightarrow{AB}+c\overrightarrow{AC}+d\overrightarrow{AD}$ が成り立つとき，体積比 $\dfrac{V_P}{V}$ を求めよ。

(2) 四面体ABCDについて，点A, B, C, Dの対面の面積をそれぞれ α，β，γ，δ とする。原点をOとして，$\overrightarrow{OI}=\dfrac{\alpha\overrightarrow{OA}+\beta\overrightarrow{OB}+\gamma\overrightarrow{OC}+\delta\overrightarrow{OD}}{\alpha+\beta+\gamma+\delta}$ となる点Iを考える。四面体ABCDの体積を V とするとき，3点A, B, Cを通る平面と点Iの距離 r を求めよ。

(3) (2)の点Iは四面体ABCDに内接する球の中心であることを示せ。〔早稲田大〕

HINT

6 (1), (2)　△ABCの重心をGとし，$\overrightarrow{GA}=\vec{a}$，$\overrightarrow{GB}=\vec{b}$，$\overrightarrow{GC}=\vec{c}$ とすると　$\vec{a}+\vec{b}+\vec{c}=\vec{0}$

(3)　$|\vec{p}|$ に関する不等式を求める。

7 (1)　3点O, A, Bが xy 平面上にあることと，△OABが正三角形であることに注目。

(2)　点Cから△ABCに垂線CGを下ろすと，点Gは△ABCの重心である。

8 (1)　底面を△ABCとして考える。

(2)　$\overrightarrow{OI}=\dfrac{\alpha\overrightarrow{OA}+\beta\overrightarrow{OB}+\gamma\overrightarrow{OC}+\delta\overrightarrow{OD}}{\alpha+\beta+\gamma+\delta}$ を点Aに関する位置ベクトルの式に直す。

総合演習 第2部 数学C

9 座標空間内の4点 $O(0,\ 0,\ 0)$, $A(1,\ 1,\ 0)$, $B(1,\ 0,\ p)$, $C(q,\ r,\ s)$ を頂点とする四面体が正四面体であるとする。ただし，$p>0$, $s>0$ とする。
(1) p, q, r, s の値を求めよ。
(2) z 軸に垂直な平面で正四面体 OABC を切ったときの断面積の最大値を求めよ。
〔九州大〕

10◇ 四面体 OABC において，4つの面はすべて合同であり，$OA=3$, $OB=\sqrt{7}$, $AB=2$ であるとする。また，3点 O, A, B を含む平面を L とする。
(1) 点Cから平面 L に下ろした垂線の足を H とおく。$\overrightarrow{OH}$ を $\overrightarrow{OA}$ と $\overrightarrow{OB}$ を用いて表せ。
(2) $0<t<1$ を満たす実数 t に対して，線分 OA, OB おのおのを $t:1-t$ に内分する点をそれぞれ P_t, Q_t とおく。2点 P_t, Q_t を通り，平面 L に垂直な平面を M とするとき，平面 M による四面体 OABC の切り口の面積 $S(t)$ を求めよ。
(3) t が $0<t<1$ の範囲を動くとき，$S(t)$ の最大値を求めよ。〔東京大〕

11 (1) xy 平面において，$O(0,\ 0)$, $A\left(\frac{1}{\sqrt{2}},\ \frac{1}{\sqrt{2}}\right)$ とする。このとき，
$$(\overrightarrow{OP}\cdot\overrightarrow{OA})^2+|\overrightarrow{OP}-(\overrightarrow{OP}\cdot\overrightarrow{OA})\overrightarrow{OA}|^2\leqq 1$$
を満たす点P全体のなす図形の面積を求めよ。
(2) xyz 空間において，$O(0,\ 0,\ 0)$, $A\left(\frac{1}{\sqrt{3}},\ \frac{1}{\sqrt{3}},\ \frac{1}{\sqrt{3}}\right)$ とする。このとき，
$$(\overrightarrow{OP}\cdot\overrightarrow{OA})^2+|\overrightarrow{OP}-(\overrightarrow{OP}\cdot\overrightarrow{OA})\overrightarrow{OA}|^2\leqq 1$$
を満たす点P全体のなす図形の体積を求めよ。〔神戸大〕

12 座標空間内の点 $A(x,\ y,\ z)$ は原点Oを中心とする半径1の球面上の点とする。点 $B(1,\ 1,\ 1)$ が直線 OA 上にないとき，点Bから直線 OA に下ろした垂線を BP とし，$\triangle$OBP を OP を軸として1回転させてできる立体の体積を V とする。
(1) V を x, y, z を用いて表せ。
(2) V の最大値と，そのときに x, y, z の満たす関係式を求めよ。〔東北大〕

HINT

9 (2) 平面 $z=t$ $(0<t<1)$ と辺 OB, AB, AC, OC との交点をそれぞれ D, E, F, G とし，$\overrightarrow{OD}$, $\overrightarrow{OE}$, $\overrightarrow{OF}$, $\overrightarrow{OG}$ を成分表示する。四角形 DEFG の形状に注目。

10 (1) $\overrightarrow{OH}=p\overrightarrow{OA}+q\overrightarrow{OB}$ (p, q は実数) として，$\overrightarrow{CH}\cdot\overrightarrow{OA}=0$, $\overrightarrow{CH}\cdot\overrightarrow{OB}=0$ を利用。
(2) (1)を利用。$0<t\leqq\frac{2}{9}$, $\frac{2}{9}<t<1$ で場合分け。

11 (1), (2) まず $|\overrightarrow{OA}|^2$ を求め，不等式の左辺に代入する。

12 (1) $\overrightarrow{OP}=k\overrightarrow{OA}$ となる実数 k がある。$\overrightarrow{OA}\perp\overrightarrow{BP}$ を利用。
(2) $x+y+z=t$ とおくと，V は t の関数となる。微分法（数学Ⅱ）を利用する。

第3章 複素数平面

13 p, q を実数とし，$p \neq 0$, $q \neq 0$ とする。2次方程式 $x^2+2px+q=0$ の2つの解を α, β とする。ただし，重解の場合は $\alpha=\beta$ とする。

(1) α, β がともに実数のとき，$\alpha(z+i)$ と $\beta(z-i)$ がともに実数となる複素数 z は存在しないことを示せ。

(2) α, β はともに虚数で，α の虚部が正であるとする。$\alpha(z+i)$ と $\beta(z-i)$ がともに実数となる複素数 z を p, q を用いて表せ。〔京都工繊大〕

14 複素数 z, w が $|z|=|w|$, $z \neq 0$, $w \neq 0$, $z+w \neq 0$ を満たすとき，次の(1)〜(3)を示せ。

(1) $\dfrac{w}{z}+\dfrac{z}{w}$ は実数である。　(2) $\dfrac{(z+w)^2}{zw}$ は正の数である。

(3) 複素数 $z+w$ の偏角を θ とするとき　$w=z(\cos 2\theta+i\sin 2\theta)$　〔静岡大〕

15 複素数 z が $z^6+z^5+z^4+z^3+z^2+z+1=0$ を満たすとする。このとき，z^7 の値は ア□ であり，$(1+z)(2+2z^2)(3+3z^3)(4+4z^4)(5+5z^5)(6+6z^6)$ の値は イ□ である。更に，$-\dfrac{\pi}{2} \leqq \arg z \leqq \pi$ であるとき，$|2-z+\overline{z}|$ を最大とする z の偏角 $\arg z$ は ウ□ である。〔北里大〕

16 $\alpha=\sin\dfrac{\pi}{10}+i\cos\dfrac{\pi}{10}$ とする。

(1) 複素数 α を極形式で表せ。ただし，偏角 θ の範囲は $0 \leqq \theta < 2\pi$ とする。

(2) 2個のさいころを同時に投げて出た目を k, l とするとき，$\alpha^{kl}=1$ となる確率を求めよ。

(3) 3個のさいころを同時に投げて出た目を k, l, m とするとき，α^k, α^l, α^m が異なる3つの複素数である確率を求めよ。〔山口大〕

17 絶対値が1で偏角が θ の複素数を z とし，n を正の整数とする。

(1) $|1-z^2|$ を θ で表せ。

(2) $\displaystyle\sum_{k=1}^{n} z^{2k}$ を考えることにより，$\displaystyle\sum_{k=1}^{n} \sin 2k\theta$ を計算せよ。

HINT

13 (1) 背理法を利用。複素数 z に対し　**z が実数 $\Longleftrightarrow z=\overline{z}$**

(2) $\beta=\overline{\alpha}$ となる。解と係数の関係を利用。

14 (1) **α が実数 $\Longleftrightarrow \overline{\alpha}=\alpha$**　(3) (2)の結果を利用して，$zw$ の偏角を θ で表す。

15 (ア) 条件式の両辺に $z-1$ を掛けて z^7 の値を求める。

(イ) 与式を［3つの(　)の積］×［3つの(　)の積］として変形。(ア)の結果を利用。

16 (2) 積 kl が満たす条件を求める。　(3) $\alpha^6=\alpha$ となることに注意。

確率の基本　N と a を求めて　$\dfrac{a}{N}$

17 (2) $\displaystyle\sum_{k=1}^{n} \sin 2k\theta$ は $\displaystyle\sum_{k=1}^{n} z^{2k}$ の虚部に等しい。$z=\pm1$, $z \neq \pm1$ で場合分け。

総合演習 第2部

18 3次方程式 $4z^3+4z^2+5z+26=0$ は1つの実数解 z_1 と2つの虚数解 z_2，z_3（z_2 の虚部は正，z_3 の虚部は負）をもつ。複素数平面上において，$A(z_1)$，$B(z_2)$，$C(z_3)$ とし，点B，Cを通る直線上に点Pをとる。点Aを中心に，点Pを反時計回りに $\dfrac{\pi}{3}$ だけ回転した点を $Q(x+yi)$（x，y は実数）とする。

(1) x を y の式で表せ。

2点P，Qを通る直線に関して点Aと対称な点をRとする。以下では，点Rを表す複素数の実部が1である場合を考える。

(2) x，y の値を求めよ。

(3) 点Qを中心とする半径 $\dfrac{3}{2}$ の円周上の点をSとする。$S(w)$ とするとき，w^{29} が実数となるような w の個数を求めよ。〔類 東京理科大〕

19 複素数 α は $|\alpha|=1$ を満たしている。

(1) 条件 (＊) $|z|=c$ かつ $|z-\alpha|=1$ を満たす複素数 z がちょうど2つ存在するような実数 c の値の範囲を求めよ。

(2) 実数 c は(1)で求めた範囲にあるとし，条件 (＊) を満たす2つの複素数を z_1，z_2 とする。このとき，$\dfrac{z_1-z_2}{\alpha}$ は純虚数であることを示せ。〔学習院大〕

20 (1) $z\overline{z}+(1-i+\overline{\alpha})z+(1+i+\alpha)\overline{z}=\alpha$ を満たす複素数 z が存在するような複素数 α の範囲を，複素数平面上に図示せよ。

(2) $|\alpha|\leqq 2$ とする。複素数 z が $z\overline{z}+(1-i+\overline{\alpha})z+(1+i+\alpha)\overline{z}=\alpha$ を満たすとき，$|z|$ の最大値を求めよ。また，そのときの α，z を求めよ。〔類 新潟大〕

21 z，w は相異なる複素数で，z の虚部は正，w の虚部は負とする。

(1) 点1，z，-1，w が複素数平面の同一円周上にあるための必要十分条件は，$\dfrac{(1+w)(1-z)}{(1-w)(1+z)}$ が負の実数となることであることを示せ。

(2) $z=x+yi$ が $x<0$ と $y>0$ を満たすとする。点1，z，-1，$\dfrac{1+z^2}{2}$ が複素数平面の同一円周上にあるとき，点 z の軌跡を求めよ。〔東北大〕

HINT

18 (1) まずは3次方程式を解く。 (2) 四角形QAPRはひし形。
(3) w の偏角の範囲に注目。$\arg w^{29}=29\arg w$ である。

19 (1) 円 $|z|=c$ の半径 c の値を変化させて，円 $|z-\alpha|=1$ との共有点が2つとなる条件を調べる。

20 (1) $1+i+\alpha=\beta$ とおき，左辺を z と β の式で表す。⟶ $|\quad|^2-|\quad|^2$ の形にできる。
(2) まず，α の範囲を調べる。

21 (1) 四角形の対角の和が π (2) (1)の結果を利用し，x，y の関係式を導く。

第4章　式と曲線

22　双曲線 $H: x^2-y^2=1$ 上の3点 A$(-1,\ 0)$，B$(1,\ 0)$，C$(s,\ t)$ $(t \neq 0)$ について，点Aにおける H の接線と直線BCの交点をP，点Bにおける H の接線と直線ACの交点をQ，点Cにおける H の接線と直線ABの交点をRとするとき，3点P，Q，Rは一直線上にあることを証明せよ。〔大阪大 改題〕

23　実数 a，r は $0<a<2$，$0<r$ を満たす。複素数平面上で，$|z-a|+|z+a|=4$ を満たす点 z の描く図形を C_a，$|z|=r$ を満たす点 z の描く図形を C とする。
(1)　C_a と C が共有点をもつような点 $(a,\ r)$ の存在範囲を，ar 平面上に図示せよ。
(2)　(1)の共有点が $z^4=-1$ を満たすとき，a，r の値を求めよ。〔類 静岡大〕

24　楕円 $C: 7x^2+10y^2=2800$ の有理点とは，C 上の点でその x 座標，y 座標がともに有理数であるものをいう。また，C の整数点とは，C 上の点でその x 座標，y 座標がともに整数であるものをいう。整数点はもちろん有理点でもある。点P$(-20,\ 0)$，Q$(20,\ 0)$ は C の整数点である。
(1)　実数 a を傾きとする直線 $\ell_a: y=a(x+20)$ と C の交点の座標を求めよ。
(2)　(1)を用いて，C の有理点は無数にあることを示せ。
(3)　C の整数点はPとQのみであることを示せ。〔中央大〕

25　3辺の長さが1，x，y であるような鈍角三角形が存在するような点 $(x,\ y)$ からなる領域を，座標平面上に図示せよ。〔類 学習院大〕

26　Oを原点とする xyz 空間に点A$(2,\ 0,\ -1)$，および，中心が点B$(0,\ 0,\ 1)$ である半径 $\sqrt{2}$ の球面 S がある。a，b を実数とし，平面 $z=0$ 上の点P$(a,\ b,\ 0)$ を考える。
(1)　直線AP上の点Qに対して $\overrightarrow{\mathrm{AQ}}=t\overrightarrow{\mathrm{AP}}$ と表すとき，$\overrightarrow{\mathrm{OQ}}$ を a，b，t を用いて表せ。ただし，t は実数とする。
(2)　直線APが球面 S と共有点をもつとき，点Pの存在範囲を ab 平面上に図示せよ。
(3)　球面 S と平面 $x=-1$ の共通部分を T とする。直線APが T と共有点をもつとき，点Pの存在範囲を ab 平面上に図示せよ。〔横浜国大〕

HINT
23　P(z)，A(a)，B$(-a)$ とすると　$|z-a|+|z+a|=4 \Longleftrightarrow \mathrm{PA}+\mathrm{PB}=4$（一定）
24　(2)　a が有理数のとき，(1)の交点が有理点であることを利用する。
25　a，b，c が三角形の3辺の長さ $\Longleftrightarrow |b-c|<a<b+c$　また，$\angle\mathrm{A}$ が鈍角 $\Longleftrightarrow \cos\angle\mathrm{A}<0$
26　(2)　点Qの座標を球面 S の方程式に代入し，t の方程式が実数解をもつ条件を考える。

総合演習 第2部 数学C

27 媒介変数 θ_1 および θ_2 で表される2つの曲線

$$C_1:\begin{cases}x=\cos\theta_1\\ y=\sin\theta_1\end{cases}\left(0<\theta_1<\frac{\pi}{2}\right)\qquad C_2:\begin{cases}x=\cos\theta_2\\ y=3\sin\theta_2\end{cases}\left(-\frac{\pi}{2}<\theta_2<0\right)$$ がある。

C_1 上の点 P_1 と C_2 上の点 P_2 が，$\theta_1=\theta_2+\dfrac{\pi}{2}$ の関係を保って移動する。
曲線 C_1 の点 P_1 における接線と，曲線 C_2 の点 P_2 における接線の交点をPとし，これら2つの接線のなす角 $\angle P_1PP_2$ を α とする。

(1) 直線 P_1P，P_2P が x 軸となす角をそれぞれ β，γ $\left(0<\beta<\dfrac{\pi}{2},\ 0<\gamma<\dfrac{\pi}{2}\right)$ とする。$\tan\beta$ および $\tan\gamma$ を θ_1 で表せ。

(2) $\tan\alpha$ を θ_1 で表せ。

(3) $\tan\alpha$ の最大値と，最大値を与える θ_1 の値を求めよ。〔名古屋大〕

28 α を複素数とする。複素数 z の方程式 $z^2-\alpha z+2i=0$ …… ① について，次の問いに答えよ。

(1) 方程式①が実数解をもつように α が動くとき，点 α が複素数平面上に描く図形を図示せよ。

(2) 方程式①が絶対値1の複素数を解にもつように α が動くとする。原点を中心に点 α を $\dfrac{\pi}{4}$ 回転させた点を表す複素数を β とするとき，点 β が複素数平面上に描く図形を図示せよ。〔東北大〕

29◇ 双曲線 $x^2-y^2=2$ の第4象限の部分を C とし，点 $(\sqrt{2},\ 0)$ をA，原点をOとする。曲線 C 上の点Qにおける接線 ℓ と，点Oを通り接線 ℓ に垂直な直線との交点をPとする。

(1) 点Qが曲線 C 上を動くとき，点Pの軌跡は，点Oを極とする極方程式 $r^2=2\cos2\theta$ $\left(r>0,\ 0<\theta<\dfrac{\pi}{4}\right)$ で表されることを示せ。

(2) (1)のとき，△OAPの面積を最大にする点Pの直交座標を求めよ。〔静岡大〕

30 座標平面上の点 $(x,\ y)$ が $(x^2+y^2)^2-(3x^2-y^2)y=0$，$x\geqq0$，$y\geqq0$ で定まる集合上を動くとき，x^2+y^2 の最大値，およびその最大値を与える x，y の値を求めよ。〔千葉大〕

HINT

27 (1) まず，C_1，C_2 はどのような曲線かを見極め，図をかいてみる。
(2) 正接の加法定理 (3) (相加平均)≧(相乗平均) を利用。

28 ①は $z=0$ を解にもたないから，①は $\alpha=z+\dfrac{2}{z}i$ と同値である。
(1) $z=t$ (t は0でない実数)，$\alpha=x+yi$ (x，y は実数) (2) $z=\cos\theta+i\sin\theta$ とする。

29 (1) $Q\left(\dfrac{\sqrt{2}}{\cos t},\ \sqrt{2}\tan t\right)$ $\left(-\dfrac{\pi}{2}<t<0\right)$ と表される。まず，点Pの直交座標を t で表す。
(2) △OAPの面積を S とすると $S=\dfrac{1}{2}\cdot OA\cdot OP\sin\theta$

30 条件式を極座標 $(r,\ \theta)$ の式に直す。$x^2+y^2=r^2$ であるから，r^2 の最大値を求めることになる。

答の部（数学Ⅲ）

練習，EXERCISES，総合演習第２部の答の数値のみをあげ，図・証明は省略した。
［問］については答に加え，略解等を［　］内に付した場合もある。

数学Ⅲ

● ［問］の解答

・$p.12$ の［問］ 図

(1)

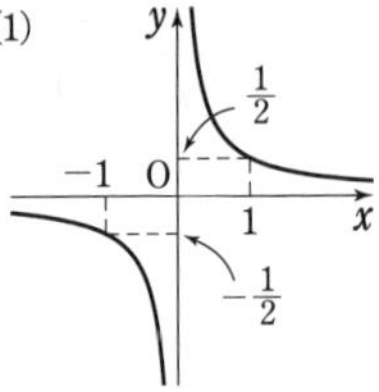

(2)

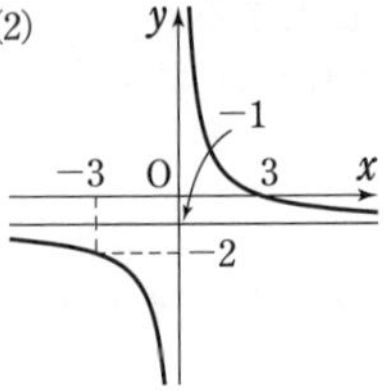

(3)

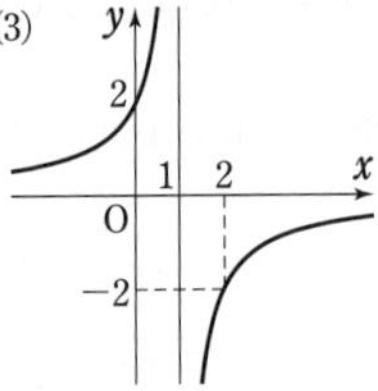

・$p.135$ の［問］ $\{x^2+2nx+n(n-1)\}e^x$
［$n \geqq 3$ のときは，$(x^2)^{(n)}=0$ であるから
$x^2(e^x)^{(n)}+n(x^2)'(e^x)^{(n-1)}+{}_n\mathrm{C}_2(x^2)''(e^x)^{(n-2)}$］

・$p.178$ の［問］ 点 $(-1,\ 27)$
［$y''=6x+6$　$y''=0$ から　$x=-1$］

・$p.218$ の［問］ (1) $\cos x=1-\dfrac{x^2}{2}+\dfrac{x^4}{24}-\cdots\cdots$

(2) $\log(1+x)=x-\dfrac{x^2}{2}+\dfrac{x^3}{3}-\dfrac{x^4}{4}+\dfrac{x^5}{5}-\cdots\cdots$

［(1) $f'(x)=-\sin x$，$f''(x)=-\cos x$，
$f'''(x)=\sin x$，$f^{(4)}(x)=\cos x$，$f^{(5)}(x)=-\sin x$

(2) $f'(x)=\dfrac{1}{1+x}$，$f''(x)=-\dfrac{1}{(1+x)^2}$，

$f'''(x)=\dfrac{2}{(1+x)^3}$，$f^{(4)}(x)=-\dfrac{6}{(1+x)^4}$，

$f^{(5)}(x)=\dfrac{24}{(1+x)^5}$］

・$p.273$ の［問］ (1) 0　(2) $e^{x^2}\cos 3x$
(3) $-(x+1)\log x$
$\left[(3)\ （与式）=-\displaystyle\int_2^x (t+1)\log t\,dt\right]$

・$p.330$ の［問］ 2π　$\left[2\pi\displaystyle\int_0^1 xe^x\,dx\right]$

・$p.331$ の［問］ $\dfrac{8}{3}\pi$　［曲線 $x=2y-y^2$ と y 軸で
囲まれる部分の面積は　$\displaystyle\int_0^2 (2y-y^2)\,dy=\frac{4}{3}$

よって，求める体積は　$2\pi\cdot 1\times\dfrac{4}{3}$］

<第１章>　関　数

● 練習 の解答

1 (1) 図略　(ア) 2直線 $x=-1$，$y=3$
(イ) 2直線 $x=3$，$y=-2$
(ウ) 2直線 $x=-\dfrac{1}{2}$，$y=\dfrac{1}{2}$

(2) (ア) $\dfrac{17}{5} \leqq y \leqq \dfrac{11}{3}$　(イ) $y \leqq -3$，$-1 \leqq y$

2 (1) x 軸方向に 2，y 軸方向に -7 だけ平行移動したもの　(2) $a=3$，$b=1$，$c=-5$

3 (1) $(1,\ -1)$，$(3,\ 9)$　(2) $x \leqq 1$，$2<x \leqq 3$

4 (1) $x=\dfrac{7}{2}$　(2) $x \leqq -2$，$1<x \leqq \dfrac{3}{2}$

5 $k<-\dfrac{2}{5}$，$\dfrac{18}{5}<k$ のとき2個；

$k=-\dfrac{2}{5}$，$\dfrac{18}{5}$ のとき1個；

$-\dfrac{2}{5}<k<\dfrac{18}{5}$ のとき0個

6 (1) 図略　(ア) $y \geqq 0$　(イ) $\sqrt{2} \leqq y \leqq 2\sqrt{2}$
(ウ) $y \geqq -1$　(2) $a=-\dfrac{3}{2}$，$b=\dfrac{5}{2}$

7 (1) $\left(\dfrac{5}{8},\ 3\right)$

(2) (ア) $x<2$　(イ) $-\dfrac{9}{4} \leqq x \leqq \sqrt{5}$　(ウ) $0 \leqq x<4$

8 (1) $x=1$，$-\dfrac{3}{4}$　(2) $\dfrac{8}{5} \leqq x \leqq 2$

(3) $\dfrac{5-\sqrt{7}}{2}<x \leqq 4$

9 $\dfrac{1}{2} \leqq k<1$ のとき2個；

$k<\dfrac{1}{2}$，$k=1$ のとき1個；$1<k$ のとき0個

10 図略　(1) $y=-\dfrac{x}{2}+\dfrac{1}{2}$
(2) $y=\dfrac{3x-2}{x-1}$　(3) $y=\sqrt{1-2x}\ \left(x \leqq \dfrac{1}{2}\right)$

(4) $y=\dfrac{x^2}{2}+\dfrac{5}{2}\ (x \leqq 0)$　(5) $y=3^x-2\ (1 \leqq x \leqq 2)$

11 (1) $a=-\dfrac{1}{2}$　(2) $a=-2$，$b=5$

12 $(-1-\sqrt{5},\ -1-\sqrt{5})$

13 $a>2+2\sqrt{3}$
14 (1) (ア) $-2x+2$ (イ) $-2x+5$ (ウ) $4x-3$
(エ) $8x^2-40x+51$ (オ) $-4x^2$
(2) 定義域は実数全体，値域は $y\leqq 4$
15 $c\neq 0$ のとき $g(x)=x$
$c=0$ のとき $g(x)=x$ または $g(x)=-x$
16 $f_n(x)=a^nx+\dfrac{1-a^n}{1-a}$

● EXERCISES の解答

1 $(-1,\ -3),\ (-2,\ -2)$
2 (1) $a=2,\ b=-2$ (2) $x<-\dfrac{1}{2},\ 0<x<\dfrac{5}{2}$
3 (1) $x=\dfrac{3}{2},\ \dfrac{3\pm\sqrt{5}}{2}$ (2) $\dfrac{1}{16}<x<\dfrac{1}{4},\ \dfrac{1}{2}<x$
4 (ア) 0 (イ) 1
5 (1) $x=\sqrt{2},\ \sqrt{3}$ (2) $2\leqq x\leqq 3$
6 (1) $a=\dfrac{1}{5}$
(2) $a<-\dfrac{4}{5},\ \dfrac{1}{5}<a$ のとき 0 個；
$-\dfrac{4}{5}\leqq a\leqq 0,\ a=\dfrac{1}{5}$ のとき 1 個；
$0<a<\dfrac{1}{5}$ のとき 2 個
7 (1) $\dfrac{3}{2}$ (2) $\dfrac{3+2x}{3-2x}$
8 (1) $a=-4,\ b=2$ (2) $a=6,\ b=3$
9 (1) $ad-bc\neq 0$ (2) $a+d=0$
10 $(1,\ 1),\ (-2,\ -2)$
11 (1) $f(g(x))=x^2-x+2$
(2) $a<\dfrac{7}{2}$ のとき 0 個；
$a=\dfrac{7}{2},\ 4<a$ のとき 2 個；
$a=4$ のとき 3 個；$\dfrac{7}{2}<a<4$ のとき 4 個
12 (1) $f(f(x))=-\dfrac{1}{x}+1\ (x\neq 1)$，図略
(2) 略

＜第2章＞ 極 限

● 練習 の解答

17 (1) 1 に収束
(2) (ア) ∞ (イ) 0 (ウ) ∞ (エ) -2
18 (1) $\sqrt{3}-1$ (2) 2 (3) $\dfrac{1}{2}$ (4) $\dfrac{2}{3}$
(5) $-\infty$ (6) 振動 (7) 0
19 (1) 7 (2) -2
20 (1) 順に (ア) $0,\ \dfrac{1}{2}$ (イ) $-\dfrac{5}{3},\ -\infty$
(2) $a=8$
21 (1) 0 (2) 0 (3) 1
22 (1) 略 (2) 1
23 (1) $\log_{10}m+1$ (2) $\log_{10}3$
24 (1) ∞ (2) ∞ (3) ∞ (4) 0
(5) $r<-1,\ 1<r$ のとき r；
$r=-1$ のとき -1；$r=1$ のとき 0；
$-1<r<1$ のとき -1
25 (1) $-\dfrac{3}{2}<x\leqq\dfrac{3}{2}$；極限値は
$-\dfrac{3}{2}<x<\dfrac{3}{2}$ のとき 0，$x=\dfrac{3}{2}$ のとき 1
(2) $2-\sqrt{5}\leqq x<2-\sqrt{3},\ 2+\sqrt{3}<x\leqq 2+\sqrt{5}$；
極限値は $2-\sqrt{5}<x<2-\sqrt{3}$，
$2+\sqrt{3}<x<2+\sqrt{5}$ のとき 0；
$x=2\pm\sqrt{5}$ のとき 1
(3) $x<-\dfrac{3}{2},\ 1<x\leqq\dfrac{7}{3}$；極限値は
$x<-\dfrac{3}{2},\ 1<x<\dfrac{7}{3}$ のとき 0；$x=\dfrac{7}{3}$ のとき 1
26 (1) ∞ (2) 2
27 $\dfrac{11}{3}$
28 (1) $b_{n+1}=\dfrac{b_n}{b_n+1}$ (2) $a_n=4+\dfrac{1}{n}$ (3) 4
29 (1) $a_n=\dfrac{3\cdot 5^{n-1}-(-3)^{n-1}}{2}$，
$b_n=\dfrac{3\cdot 5^{n-1}+(-3)^{n-1}}{4}$ (2) 1
30 (1) 略 (2) 1
31 (1) $x_{n+1}=a^4x_n+a-a^2+a^3-a^4$
(2) $x_n=\dfrac{a}{a+1}+\left(x_1-\dfrac{a}{a+1}\right)(a^4)^{n-1}$ (3) $\dfrac{a}{a+1}$
32 (1) $\dfrac{1}{2}$ (2) $a_{n+1}=-\dfrac{1}{2}a_n+1$ (3) $\dfrac{2}{3}$
33 (1) 収束して，和は $\dfrac{1}{3}$
(2) 収束して，和は $\dfrac{3}{4}$ (3) 発散する
(4) 収束して，和は 1
34 略
35 (1) (ア) 収束して，和は $\dfrac{3}{4}$ (イ) 発散する
(ウ) 収束して，和は $\dfrac{2+3\sqrt{2}}{2}$ (2) $\dfrac{49}{50}$
36 $0\leqq x<1$；$x=0$ のとき $S=0$，
$0<x<1$ のとき $S=\dfrac{1}{1-x}$
37 (1) $\dfrac{7}{11}$ (2) $\dfrac{7}{135}$ (3) $\dfrac{177}{55}$
38 12 m
39 $(2+\sqrt{2})\pi a$
40 $\dfrac{9\sqrt{3}}{4}$

41 (1) 初項 $\sqrt{5}-1$，公比 $\dfrac{3-\sqrt{5}}{2}$ (2) $\dfrac{4}{\sqrt{5}}$

42 (1) 収束して，和は $\dfrac{26}{5}$

(2) 収束して，和は $\dfrac{1}{2}$

43 (1) 収束して，和は $\dfrac{3}{2}$ (2) 発散する

44 (1) 証明略，0 (2) $\dfrac{1}{(1-x)^2}$

45 略

46 (1) $a_n{}^2+b_n{}^2=\left(\dfrac{1}{2}\right)^n$，$\lim_{n\to\infty}(a_n{}^2+b_n{}^2)=0$

(2) 証明略，$\sum_{n=1}^{\infty}a_n=0$，$\sum_{n=1}^{\infty}b_n=1$

47 (1) $\dfrac{1}{3}$ (2) 0 (3) -1 (4) 1 (5) $-\dfrac{4}{3}$

(6) $\dfrac{3\sqrt{2}}{4}$

48 (1) $a=8$，$b=-16$ (2) $a=5$，$b=-18$

(3) $a=1$，$b=-9$

49 (1) 右側極限，左側極限ともに ∞；
極限は存在する

(2) 右側極限は ∞，左側極限は $-\infty$；
極限は存在しない

(3) 右側極限，左側極限ともに ∞；
極限は存在する

(4) 右側極限は 0，左側極限は 1；
極限は存在しない

50 (1) $-\infty$ (2) 0 (3) ∞ (4) 1 (5) 1

(6) $\dfrac{1}{2}$ (7) -1

51 (1) $3-2\log_2 5$ (2) $-\dfrac{1}{2}$ (3) 1

52 (1) 3 (2) $\dfrac{3}{2}$

53 (1) 0 (2) $\dfrac{4}{3}$ (3) $\dfrac{2}{5}$ (4) 2 (5) 2

(6) 2 (7) $-\dfrac{1}{3}$

54 (1) 2 (2) $-\pi$ (3) $\dfrac{1}{2}$ (4) $\dfrac{2}{3}$ (5) 0

(6) 0

55 $\dfrac{9}{2}$

56 (1) 定義域は $x<-1$，$-1<x<1$，$1<x$；
定義域のすべての点で連続

(2) $-1\leqq x<0$，$0<x\leqq 2$ で連続；
$x=0$ で不連続

(3) $0<x<\dfrac{\pi}{2}$，$\dfrac{\pi}{2}<x<\dfrac{3}{2}\pi$，$\dfrac{3}{2}\pi<x<2\pi$ で連続；$x=0$，$\dfrac{\pi}{2}$，$\dfrac{3}{2}\pi$，2π で不連続

57 図略

(1) $x<0$，$0<x$ で連続；$x=0$ で不連続

(2) $0<x<\dfrac{2}{5}$ で連続，$x=0$ で不連続

58 $a=\dfrac{1}{2}$，図略

59 略

● EXERCISES の解答

13 (1) 1 (2) 3 (3) $\dfrac{8}{3}$

14 (1) $\dfrac{1}{3}$ (2) $0<r<1$ のとき $\dfrac{r}{1+r}$，
$r=1$ のとき 1，$r>1$ のとき ∞

15 (ア) $\left(\dfrac{1}{2}\right)^n-\left(\dfrac{1}{3}\right)^n$ (イ) $-\log_3 2$

16 (1) 略 (2) b

17 (1) (ア) -1 (イ) $0<r<3$ のとき 0，
$r=3$ のとき -2，$3<r$ のとき $\dfrac{1}{r}$

(2) $0<\theta\leqq\dfrac{\pi}{3}$，$\dfrac{\pi}{2}\leqq\theta<\dfrac{2}{3}\pi$

18 (1) $0\leqq x<\dfrac{\pi}{4}$，$\dfrac{3}{4}\pi<x\leqq\pi$ のとき 0；
$x=\dfrac{\pi}{4}$，$\dfrac{3}{4}\pi$ のとき $\dfrac{\sqrt{2}}{4}$；
$\dfrac{\pi}{4}<x<\dfrac{3}{4}\pi$ のとき $\sin x$ (2) 略

19 (ア) $1-\left(\dfrac{1}{3}\right)^n$ (イ) $\sqrt{3}$

20 (1) $a_n=n\cdot 3^{n-1}$ (2) $\dfrac{3}{2}$

21 (ア) $-\dfrac{1}{4}x_n+1$ (イ) $\dfrac{2}{5}$

22 (1) $a_n=\dfrac{2a_{n-1}{}^3}{3a_{n-1}{}^2+1}$ (2) 略

23 (1) $p_{n+1}=\dfrac{5}{8}p_n+\dfrac{1}{8}$ (2) $\dfrac{1}{3}$

24 (1) $\dfrac{1}{6}$ (2) $\left(\dfrac{\pi}{\pi-1}\right)^2$

25 $0<x<\dfrac{\pi}{2}$，$\pi<x<\dfrac{3}{2}\pi$；
$\lim_{n\to\infty}S_n=\dfrac{\cos x-\sin x}{1-\cos x+\sin x}$

26 (1) $x_n=1-\left(\dfrac{1}{2}\right)^n$，$y_n=\dfrac{\sqrt{3}}{3}\left\{1-\left(-\dfrac{1}{2}\right)^n\right\}$

(2) $l_n=\sqrt{3}\left(\dfrac{1}{4}\right)^n$ (3) $S=\dfrac{\sqrt{3}}{3}$

27 (1) $\theta_{n+1}=\dfrac{1}{4}\theta_n+\dfrac{1}{4}\pi$

(2) $\theta_n=\left(\dfrac{1}{4}\right)^n\left(\theta_0-\dfrac{\pi}{3}\right)+\dfrac{\pi}{3}$ (3) $\dfrac{4}{9}\pi$

28 $c=\dfrac{253}{16}$

29 $\frac{14+3\sqrt{3}}{6}$

30 (1) $\frac{1}{2}$ (2) 1

31 (1) $R_n=\frac{1-r^{n+1}}{1-r}$, $S_n=\frac{1-r^n}{(1-r)^2}-\frac{nr^n}{1-r}$

(2) $2\left\{\frac{1-r^{n-1}}{(1-r)^3}-\frac{(n-1)r^{n-1}}{(1-r)^2}\right\}-\frac{n(n-1)r^{n-1}}{1-r}$

(3) $\frac{r(r+1)}{(1-r)^3}$

32 (1) $x_n=\frac{1}{(2n-1)^2}$ (2) $\frac{1}{2}$ (3) 略

33 (1) $a=1$, $b=\sqrt{3}$ (2) $c_n=(-r)^{n+1}\cdot 2^{1-3n}$

(3) $r=4$

34 (1) $\frac{1}{2}$ (2) $a=2$, $b=\frac{5}{4}$

(3) (ア) 2 (イ) -1

35 $f(x)=2x^3+4x^2+3x+5$

36 証明略；$a=0$, $b=c=\frac{1}{2}$

37 (1) 1 (2) $\sqrt{2}$

38 (1) -2 (2) -2 (3) $\frac{b}{2a}$

39 (1) 略 (2) $S_n=\frac{a_1}{2}-\frac{1}{2a_1}+\frac{1}{2^n a_n}$

(3) $\frac{1}{\theta}-\frac{1}{\tan\theta}$

40 2

41 (1) $u=\frac{\cos\theta}{1+\cos\theta}$, $v=\frac{\sin\theta}{1+\cos\theta}$ (2) π

42 (1) $t=\frac{-1+\sqrt{1+m^2}}{m}$

(2) $\frac{b}{a}=(\sqrt{t^2+1}+t)^2$ (3) 1

43 $a=1$, $b=2$

44 (1) k が偶数 (2) 略

45 (1) $a=b$, $c=1$

(2) $0<a<2$ のとき　$x=\frac{a}{2}$ で最大値 $1+\frac{a^2}{4}$,

$2\leqq a$ のとき　$x=1$ で最大値 a

(3) $a=1$, $b=1$, $c=1$

46 略

47 略

<第3章> 微　分　法

● 練習 の解答

60 (1) $x=0$ で連続であり微分可能である

(2) $x=0$ で連続であるが微分可能ではない

61 (1) $-\frac{2}{x^3}$ (2) $\frac{2}{\sqrt{4x+3}}$ (3) $\frac{1}{4\sqrt[4]{x^3}}$

62 $a=\frac{\sqrt{2}-3}{4}$, $b=3$

63 (1) $15x^4-8x^3+8x$ (2) $4x^3+3x^2-2x+2$

(3) $5x^4+3x^2-6$ (4) $-4x^3-3x^2+14x+1$

(5) $-\frac{2x+1}{(x^2+x+1)^2}$ (6) $-\frac{4x}{(1+x^2)^2}$

(7) $\frac{x^2-1}{x^2}$ (8) $\frac{x^4+7x^2-2x+6}{(x^2+3)^2}$

64 (1) $3(x-3)^2$ (2) $4x(x^2-2)$

(3) $(x^2+1)(x-3)^2(7x^2-12x+3)$

(4) $-\frac{6x}{(x^2-2)^4}$ (5) $\frac{6(x-2)}{(x+1)^3}$

(6) $-\frac{2(x+1)(x-3)(2x-1)^2}{(x^2+1)^3}$

65 (1) $-\frac{1}{3}x^{-\frac{4}{3}}$ (2) $-\frac{4225}{48}$

(3) (ア) $-\frac{2}{3\sqrt[3]{x^5}}$ (イ) $-\frac{3x^2}{2\sqrt{2-x^3}}$

(ウ) $\frac{2}{3\sqrt[3]{(x-1)^2(x+1)^4}}$

66 (1) $2\cos 2x$ (2) $-2x\sin x^2$

(3) $\frac{2\tan x}{\cos^2 x}$ (4) $6\sin^2(2x+1)\cos(2x+1)$

(5) $-3\sin^3 x+2\sin x$ (6) $\frac{\cos x}{\cos^2(\sin x)}$

(7) $\frac{x-\sin x\cos x}{x^2\cos^2 x}$ (8) $-\frac{2x\sin x+\cos x}{2x\sqrt{x}}$

67 (1) $\frac{1}{x}$ (2) $\frac{1}{x\log 10}$ (3) $\frac{2x}{x^2-1}$

(4) $\frac{3(\log x)^2}{x}$ (5) $-\frac{\tan x}{\log 2}$ (6) $\frac{1}{x\log x}$

(7) $\frac{4\cos x}{4-\sin^2 x}$ (8) $6e^{6x}$ (9) $\frac{4}{(e^x+e^{-x})^2}$

(10) $(-2\log a)a^{-2x+1}$ (11) $e^x(\cos x-\sin x)$

68 (1) $2(\log x+1)x^{2x}$

(2) $2x^{\log x-1}\log x$

(3) $(x+2)(x+3)^2(x+4)^3(9x^2+52x+72)$

(4) $-\frac{4(x+1)^2(x^2-x+1)}{(x^2+1)^2(x-1)^2}$

(5) $\frac{3x+2}{3}\sqrt[3]{\frac{1}{x(x+1)^2}}$

(6) $\frac{3x^3+2x^2-7x+12}{2}\sqrt{\frac{x+3}{(x^2+1)^3}}$

69 (1) e^{-1} (2) e^{-2} (3) e^{-1}

70 (1) $2f'(x)$ (2) 6

71 (1) $2\log 3$ (2) 1 (3) $\log a+1$

(4) 2 (5) e^a

72 $f'(x)=a$, $f(x)=ax$

73 (1) (ア) $y''=6x-6$, $y'''=6$

(イ) $y''=-\frac{2}{9x\sqrt[3]{x^2}}$, $y'''=\frac{10}{27x^2\cdot\sqrt[3]{x^2}}$

(ウ) $y''=\frac{2(1-x^2)}{(x^2+1)^2}$, $y'''=\frac{4x(x^2-3)}{(x^2+1)^3}$

(エ) $y''=4(x+1)e^{2x}$, $y'''=4(2x+3)e^{2x}$

(オ) $y''=-2e^x\sin x$, $y'''=-2e^x(\sin x+\cos x)$

(2) $g'(x)=\dfrac{1}{\sqrt{1-x^2}}$, $g''(x)=\dfrac{x}{\sqrt{(1-x^2)^3}}$

74 (1) 略 (2) $a=-3$, $b=2$

75 (1) $y^{(n)}=(-1)^{n-1}\cdot\dfrac{(n-1)!}{x^n}$

(2) $y^{(n)}=\cos\left(x+\dfrac{n\pi}{2}\right)$

76 略

77 (1) $f'(x)=(6x+13)e^{2x}$

(2) $a_{n+1}=2a_n$, $b_{n+1}=a_n+2b_n$

(3) $f^{(n)}(x)=2^{n-1}(6x+3n+10)e^{2x}$

78 $\dfrac{dy}{dx}$, $\dfrac{d^2y}{dx^2}$ の順に

(1) $\dfrac{1}{2y}$, $-\dfrac{1}{4y^3}$ (2) $\dfrac{x}{y}$, $-\dfrac{4}{y^3}$

(3) $-\dfrac{x+1}{y}$, $-\dfrac{9}{y^3}$ (4) $\dfrac{2-3y}{3x+5}$, $\dfrac{6(3y-2)}{(3x+5)^2}$

79 (1) $\dfrac{2t+1}{6t^2}$ (2) $-2\sqrt{1-t^2}$ (3) $-\dfrac{3\cos\theta}{2\sin\theta}$

(4) $-\dfrac{2}{3}\tan\theta$

80 (1) $-\dfrac{1}{x^2+1}$ (2) $-\dfrac{b}{a^2\sin^3\theta}$

(3) $-\dfrac{2(t-1)(3t^2+8t+6)}{(2+t)^5}e^{4t}$

● EXERCISES の解答

48 (1) 微分係数 $\displaystyle\lim_{h\to0}\frac{f(a+h)-f(a)}{h}$

$\left[\displaystyle\lim_{x\to a}\frac{f(x)-f(a)}{x-a}\right]$ が存在するとき，$f(x)$ は $x=a$ で微分可能であるという

(2) 略

49 (1), (2) $f'(x)=\dfrac{1}{3}x^{-\frac{2}{3}}$

50 (1) $\dfrac{4}{\sqrt{(4+3x^2)^3}}$ (2) $\dfrac{3}{8}$

51 (1) 略 (2) $a=n$, $b=-n-1$

52 $g(2)=1$, $g'(2)=\dfrac{1}{2}$

53 (1) $x\neq1$ のとき $\dfrac{1-x^{n+1}}{1-x}$,

$x=1$ のとき $n+1$

(2) $x\neq1$ のとき $\dfrac{nx^{n+1}-(n+1)x^n+1}{(1-x)^2}$,

$x=1$ のとき $\dfrac{1}{2}n(n+1)$ (3) 2

54 (1) $\dfrac{1}{(\sin x+\cos x)^2}$

(2) $e^{\sin 2x}\left(2\cos 2x\tan x+\dfrac{1}{\cos^2 x}\right)$

(3) $\dfrac{2x\{1-\log(1+x^2)\}}{(1+x^2)^2}$ (4) $\dfrac{2\cos x}{\sin x}$

(5) $\dfrac{1}{\cos x}$

55 (1) $\dfrac{1}{\sqrt{x^2+1}}$

(2) $\dfrac{dx}{dy}=\sqrt{x^2+1}$, $\dfrac{dy}{dx}=\dfrac{1}{\sqrt{x^2+1}}$

56 (ア) 2 (イ) -1

57 (1) 略 (2) $F(x)=1$, $G(x)=1$

(3) $f(x)=\dfrac{e^x+e^{-x}}{2}$, $g(x)=\dfrac{e^x-e^{-x}}{2}$

58 (1) $\left(\dfrac{2}{x}\right)^x\left(\log\dfrac{2}{x}-1\right)$

(2) $\left(\cos x\log x+\dfrac{\sin x}{x}\right)x^{\sin x}$

(3) $(x+1-\log x)x^{\frac{1}{x}-1}$

59 (1) a (2) 2 (3) e^{-1}

60 (1) $a=-1$, $f'(0)=0$

(2) $\displaystyle\lim_{x\to+0}\frac{f'(x)}{x}=4$, 証明略

61 (1) $\dfrac{\pi}{2}$ (2) $-ae^a$

(3) $2a\sin a(a\cos a-\sin a)$

62 (1) 略 (2) 証明略, $f'(x)=\dfrac{1}{1-x^2}$

63 (1) $\sqrt{5-4\cos x}$ (2) $\dfrac{1}{R}$ (3) 1

64 $a=2$, $b=\dfrac{1}{4}$, $c=0$

65 $-\dfrac{3}{8}$

66 $\dfrac{1}{\cos^4 x}f''(\tan x)+\dfrac{2\sin x}{\cos^3 x}f'(\tan x)$

67 (ア) 7 (イ) 10

68 $f(x)=-\dfrac{1}{6}x^3+\dfrac{3}{2}x^2-3x+1$

69 (1) 略 (2) 証明略, 0

70 証明略, 係数は $(n-1)!n!$

71 (ア) 1 (イ) 1 (ウ) 2 (エ) 2 (オ) 2 (カ) 8 (キ) 6 (ク) 120 (ケ) 5040 (コ) 0 (サ) 272

72 (1) (ア) 8 (イ) 2 (ウ) 3

(2) $-\dfrac{8x+y}{x-3y}$ (3) $-\dfrac{1}{2}\log 2$

73 $\dfrac{4}{9}$

74 (1) $y=\dfrac{2}{3}\pi$

(2) $\dfrac{dy}{dx}=-\dfrac{1}{2\sqrt{x}(1+x)}$, $\dfrac{d^2y}{dx^2}=\dfrac{3x+1}{4x\sqrt{x}(1+x)^2}$

75 $s=-\dfrac{1}{4}\sin\theta\cos\theta$, $t=\dfrac{1}{4}\sin^2\theta$

<第4章>　微分法の応用

● 練習 の解答

81 (1) 接線，法線の方程式の順に

(ア) $y=-\frac{1}{2}x-1$，$y=2x-6$

(イ) $y=-ex-1$，$y=\frac{1}{e}x+e+\frac{1}{e}-1$

(ウ) $y=4x-\frac{\pi}{2}+1$，$y=-\frac{1}{4}x+\frac{\pi}{32}+1$

(2) $y=\frac{3}{2}x+\frac{1}{2}$

82 (1) 接線の方程式，接点の座標の順に

(ア) $y=(\log 2+1)x-2$，$(2,\ 2\log 2)$

(イ) $y=-x-1$，$(-1,\ 0)$；

$y=-9x+7$，$\left(\frac{1}{3},\ 4\right)$

(2) $a=e^{\frac{1}{e}}$，接点の座標は $(e,\ e)$

83 (1) $x_1x-y_1y=a^2$

(2) $y=\frac{1}{2}x+\frac{9}{4}$

84 $y=x+1$，$y=\frac{x}{e}+\frac{2}{e}$

85 順に $a=\frac{1}{2e}$，$y=e^{-\frac{1}{2}}x-\frac{1}{2}$

86 $k=\frac{e^{-a^2}}{2a}$ $(a>0)$

87 $a\leqq -4$，$0\leqq a$

88 略

89 (1) (ア) $c=e-1$　(イ) $c=1-\log(e-1)$

(2) $\theta=\frac{\sqrt{9a^2+9ah+3h^2}-3a}{3h}$，$\lim_{h\to+0}\theta=\frac{1}{2}$

90 略

91 (1) 0　(2) $-\pi$

92 (1) 2　(2) 0　(3) -2

93 (1) $0\leqq x\leqq 1$ で単調に減少し，
$1\leqq x$ で単調に増加する

(2) $x<2$，$2<x\leqq 3$ で単調に減少し，
$3\leqq x$ で単調に増加する

(3) $0<x\leqq\frac{1}{2}$ で単調に減少し，

$\frac{1}{2}\leqq x$ で単調に増加する

94 (1) $x=1$ で極大値 e^{-1}

(2) $x=1$ で極大値 1

(3) $x=-2$ で極小値 $-\frac{1}{3}$，$x=0$ で極大値 1

(4) $x=\frac{7}{6}\pi$ で極小値 $-\frac{3\sqrt{3}}{4}$，

$x=\frac{11}{6}\pi$ で極大値 $\frac{3\sqrt{3}}{4}$

(5) $x=\frac{8}{3}$ で極大値 $\frac{16\sqrt{3}}{9}$，$x=0$ で極小値 0

(6) $x=-\frac{4}{5}$ で極大値 $\frac{12\sqrt[3]{10}}{25}$，$x=0$ で極小値 0

95 (1) $k=-\frac{4}{5}$　(2) $-1<k<1$

96 $a\leqq 0$，$1\leqq a$

97 $a=1$，$b=2$，$c=3$

98 (1) $x=\frac{\pi}{3}$ で最大値 $\frac{3\sqrt{3}}{2}$，

$x=\frac{5}{3}\pi$ で最小値 $-\frac{3\sqrt{3}}{2}$

(2) $x=\pi$ で最大値 $\pi-1$，$x=2\pi$ で最小値 $1-2\pi$

(3) $x=\frac{\sqrt{5}}{10}$ で最大値 $\frac{\sqrt{5}}{2}$，

$x=-\frac{1}{2}$ で最小値 $-\frac{1}{2}$

(4) $x=2$ で最大値 $3e^2$，
$x=\sqrt{2}-1$ で最小値 $2(1-\sqrt{2})e^{\sqrt{2}-1}$

99 (1) $x=-3$ で最大値 $\frac{3}{2}$，$x=1$ で最小値 $-\frac{1}{2}$

(2) $x=0$ で最小値 0，最大値はない

100 (1) $\tan 3x=\frac{t^3-3t}{3t^2-1}$　(2) $17-12\sqrt{2}$

101 $a=3$

102 (1) $x=-a\pm\sqrt{a^2+1}$　(2) $\beta<1$

(3) $a=\frac{3}{4}$

103 (1) $\left(\frac{1}{4},\ \frac{2-\cos\theta}{4\sin\theta}\right)$

(2) $\theta=\frac{\pi}{3}$ のとき最小値 $\frac{\sqrt{3}}{4}$

104 底面の半径が 1，高さが $\sqrt{2}$ のとき最小値 $\sqrt{3}\pi$

105 (1) $x<-1$，$0<x$ で下に凸；$-1<x<0$ で上に凸；変曲点は点 $(-1,\ 1)$，$(0,\ 2)$

(2) $0<x<\frac{\pi}{4}$，$\frac{3}{4}\pi<x<\pi$ で上に凸；

$\frac{\pi}{4}<x<\frac{3}{4}\pi$ で下に凸；

変曲点は点 $\left(\frac{\pi}{4},\ \frac{\pi}{4}\right)$，$\left(\frac{3}{4}\pi,\ \frac{3}{4}\pi\right)$

(3) $x<-2$ で上に凸，$-2<x$ で下に凸；
変曲点は点 $(-2,\ -2e^{-2})$

(4) $x<-1$，$0<x$ で下に凸；
$-1<x<0$ で上に凸；変曲点は点 $(-1,\ 0)$

106 (1) $x=1$，$y=2x+2$　(2) $y=0$，$y=2x$

107 図略，変曲点は (1) ない

(2) 点 $(-2-\sqrt{3},\ 2(3+2\sqrt{3})e^{-2-\sqrt{3}})$，
$(-2+\sqrt{3},\ 2(3-2\sqrt{3})e^{-2+\sqrt{3}})$

(3) 点 $\left(\frac{\pi}{2},\ \frac{\pi}{2}\right)$，$\left(\frac{3}{2}\pi,\ \frac{3}{2}\pi\right)$　(4) 点 $\left(3,\ \frac{2}{9}\right)$

(5) 点 $(\pi,\ -e^{-\pi})$　(6) ない

108～111 略

112 (1) $x=-1$ で極小値 $-\frac{31}{12}$,

$x=1$ で極大値 $\frac{1}{12}$, $x=2$ で極小値 $-\frac{1}{3}$

(2) $x=\frac{\pi}{4}$ で極大値 $\frac{1}{\sqrt{2}}e^{\frac{\pi}{4}}$,

$x=\frac{5}{4}\pi$ で極小値 $-\frac{1}{\sqrt{2}}e^{\frac{5}{4}\pi}$

113～116 略

117 $a \geqq e^{\frac{1}{e}}$

118 (1) $k<0$, $\log 3<k$ のとき 0 個；
$k=0$, $\log 2$, $\log 3$ のとき 1 個；
$0<k<\log 2$, $\log 2<k<\log 3$ のとき 2 個

(2) $0 \leqq a<e$ のとき 0 個；
$a<0$, $a=e$ のとき 1 個；
$e<a$ のとき 2 個

119 $a<3$のとき1本, $a=3$のとき2本,
$a>3$のとき3本

120 (1) $y_n=-n\pi\left(-\frac{1}{e}\right)^n$ (2) $\frac{\pi}{e+1}$

121 証明略, $\sum_{n=1}^{\infty} f(x_n)=-\frac{e^{\frac{5}{4}\pi}}{\sqrt{2}(e^{2\pi}-1)}$

122 (1) 証明略, $\lim_{x\to\infty} x^2e^{-x}=0$ (2) 略

123 (1) $t=4$ のとき $v=-8$, $\alpha=4$；
$t=6$ のとき $v=12$, $\alpha=16$

(2) 速さ $\sqrt{13}$, 加速度の大きさ 4

124 (1) $r\omega^2$ (2) 略

125 速度$\left(\frac{6}{\sqrt{11}},\ -\frac{2\sqrt{2}}{\sqrt{11}}\right)$,

加速度$\left(-\frac{36\sqrt{3}}{121},\ -\frac{54\sqrt{6}}{121}\right)$

126 (1) $\frac{1}{20}\text{cm/s}$ (2) $20\pi\,\text{cm}^3/\text{s}$

127 (1) 1 次の近似式, 2 次の近似式の順に

(ア) x, $x-\frac{1}{2}x^2$ (イ) $1+\frac{1}{2}x$, $1+\frac{1}{2}x-\frac{1}{8}x^2$

(2) (ア) 0.48 (イ) 6.98 (ウ) 2.04

128 (1) 半径は約 $\frac{1}{3}$%, 表面積は約 $\frac{2}{3}$% 増加する

(2) 約 $0.10\,\text{cm}^2$ 増える

● EXERCISES の解答

76 $(2,\ \log 2)$

77 $\frac{3}{8}\pi$, $\frac{5}{8}\pi$

78 (1) $a=\frac{1-\sqrt{1-st}}{t}$, $b=\frac{1+\sqrt{1-st}}{t}$

(2) $\frac{2(1-u)\sqrt{1-u}}{u}$

79 $\left(\frac{1}{2}\right)^{n-1}$

80 $a=1$

81 (1) $y=\frac{x}{2\sqrt{a}}+\frac{\sqrt{a}}{2}$

(2) $y=-2\sqrt{a}\,x+2\sqrt[4]{4a}$

(3) $l=\sqrt[4]{\frac{4}{a}}+2\sqrt[4]{4a}$, $a=\frac{1}{4}$ のとき最小値 4

82 $(x-\sqrt{2})^2+(y+\sqrt{2})^2=4$,
$(x+\sqrt{2})^2+(y-\sqrt{2})^2=4$

83 $a \leqq -19$, $-1<a$

84 (1) $y=mx-m^3-2m$

(2) $a>2$ のとき 3 本；$a<0$, $0<a \leqq 2$ のとき 1 本

85 $\frac{1}{2}$

86 (1) $c=\sqrt{\frac{x+1}{2}}$

(2) $\lim_{x\to 1+0}\frac{c-1}{x-1}=\frac{1}{4}$, $\lim_{x\to\infty}\frac{c-1}{x-1}=0$

87 略

88 (1) 略 (2) 1 (3) e

89 略

90 (1) $x \leqq 0$, $2 \leqq x \leqq 4$ で単調に増加し, $0 \leqq x \leqq 2$, $4 \leqq x$ で単調に減少する；
$x=0$, 4 で極大値 1, $x=2$ で極小値 0

(2) $-\frac{9}{8}<a<2$

91 (1) 略

(2) 放物線 $y=2x^2+1$ の $-1<x<0$ の部分

92 (1) $f'(x)=\frac{1-\log(x+1)}{(x+1)^{\frac{2x+1}{x+1}}}$

(2) $x=e-1$ で最大値 $e^{\frac{1}{e}}$

93 6

94 (1) $S=\frac{x(1-x)^3}{4(1+x)}$ $(0 \leqq x \leqq 1)$

(2) $x=\frac{-2+\sqrt{7}}{3}$

95 (1) 0 (2) $a=\frac{1}{2}$, 図略

96 (1) 略 (2) 直線 $y=x$ (3) 略

97 (1) 0 (2) 0 (3) 略

98 (1) $y=\sqrt{1+2x}\,(1-x)$ (2) 略

99 略

100 (1) $x>0$ (2) $\frac{e^x-1}{x}>e^{\frac{x}{2}}$

101 $(\sqrt{5})^{\sqrt{7}}<(\sqrt{7})^{\sqrt{5}}$

102, 103 略

104 (1) $x<0$, $\frac{2}{\log 2}<x$ (2) 略 (3) $x=2$, 4

105 (1) $b<2a$, $b>e^a-e^{-a}$ のとき 1 個；
$b=2a$, e^a-e^{-a} のとき 2 個；
$2a<b<e^a-e^{-a}$ のとき 3 個

(2) $b<2a$, $b>e^a-e^{-a}$ のとき1本；
$b=2a$, e^a-e^{-a} のとき2本；
$2a<b<e^a-e^{-a}$ のとき3本

106 (1) 略 (2) 略 (3) $\dfrac{1}{e}$

107 $\dfrac{5}{4}$

108 略

109 $\dfrac{d\omega}{dt}=\dfrac{20+40\cos 14t}{13+5\cos 14t}$

110 (1) $-1+x$ (2) (ア) $a=\dfrac{1}{2}$

(イ) 順に $1+\dfrac{1}{2}x-\dfrac{1}{8}x^2$, 10.0995

<第5章> 積 分 法

注意 以後，C は積分定数とする。

● 練習 の解答

129 (1) $\dfrac{x^2}{2}-2\log|x|-\dfrac{1}{x}+C$

(2) $x-\dfrac{9}{2}\sqrt[3]{x^2}+9\sqrt[3]{x}-\log|x|+C$

(3) $-\cos x+2\sin x+C$ (4) $3\tan x-2x+C$

(5) $-\dfrac{1}{2}\cos x+C$ (6) $3e^t-\dfrac{10^t}{\log 10}+C$

130 (1) $F(x)=e^x+\dfrac{1}{\tan x}-e^{\frac{\pi}{4}}-1$

(2) $f(x)=\dfrac{1}{\log 3}(3^{-x}-1)$

131 $f(x)=\begin{cases}-\log x+x-2 & (1\leqq x)\\ \log x-x & (0<x<1)\end{cases}$

132 (1) $-\dfrac{1}{2(2x-3)}+C$

(2) $\dfrac{1}{4}(3x+2)\sqrt[3]{3x+2}+C$

(3) $-\dfrac{1}{2}e^{-2x+1}+C$ (4) $-\sqrt[3]{1-3x}+C$

(5) $-\dfrac{1}{3}\cos(3x-2)+C$ (6) $\dfrac{7^{2x-3}}{2\log 7}+C$

133 (1) $-\dfrac{2}{5}(x+4)(1-x)\sqrt{1-x}+C$

(2) $\log|x+3|+\dfrac{3}{x+3}+C$

(3) $\dfrac{2}{3}(x^2+x+1)\sqrt{x^2+x+1}+C$

(4) $e^x-2\log(e^x+2)+C$ (5) $\log|\tan x|+C$

(6) $\dfrac{1}{4}\{\log(1+x^2)\}^2+C$

134 (1) $2\sqrt{x^2+x}+C$ (2) $-\dfrac{1}{3}\cos^3 x+C$

(3) $\log|\log x|+C$

135 (1) $-xe^{-x}-e^{-x}+C$

(2) $-x\cos x+\sin x+C$

(3) $\dfrac{x^3}{3}\log x-\dfrac{x^3}{9}+C$

(4) $\dfrac{x\cdot 3^x}{\log 3}-\dfrac{3^x}{(\log 3)^2}+C$

(5) $\log x\{\log(\log x)-1\}+C$

136 (1) $x^2\sin x+2x\cos x-2\sin x+C$

(2) $-(x^2+2x+2)e^{-x}+C$

(3) $x\tan x+\log|\cos x|-\dfrac{x^2}{2}+C$

137 (1) $\dfrac{1}{2}e^{-x}(\sin x-\cos x)+C$

(2) $\dfrac{1}{2}x\{\sin(\log x)-\cos(\log x)\}+C$

138 略

139 (1) $\dfrac{x^2}{2}+\dfrac{1}{2}\log(x^2+1)+C$

(2) $x+\dfrac{1}{2}\log\left|\dfrac{x-1}{x+1}\right|+C$

(3) $\log(x-1)^2(x^2+x+1)+C$

(4) $2\log\left|\dfrac{x}{x+1}\right|-\dfrac{1}{x+1}+C$

140 (1) $\dfrac{1}{6}(2x+1)\sqrt{2x+1}+\dfrac{x}{2}+C$

(2) $\dfrac{2}{9}(x+3)(2x-3)\sqrt[4]{2x-3}+C$

(3) $\sqrt{2x+1}+\log\dfrac{|\sqrt{2x+1}-1|}{\sqrt{2x+1}+1}+C$

141 (1) $\log(x+\sqrt{x^2+a^2})+C$

(2) $\dfrac{1}{2}\{x\sqrt{x^2+a^2}+a^2\log(x+\sqrt{x^2+a^2})\}+C$

(3) $\dfrac{1}{2}\log|x+\sqrt{x^2-1}|+\dfrac{1}{4}(x-\sqrt{x^2-1})^2+C$

142 (1) $\dfrac{x}{2}-\dfrac{1}{4}\sin 2x+C$

(2) $\dfrac{1}{12}\cos 3x-\dfrac{3}{4}\cos x+C$

(3) $\dfrac{1}{16}\sin 8x+\dfrac{1}{4}\sin 2x+C$

143 (1) $\dfrac{1}{2}\log\dfrac{1+\sin x}{1-\sin x}+C$

(2) $-\dfrac{1}{\sin x}+2\log|\sin x|+C$

(3) $\dfrac{1}{2}\cos^2 x-\log|\cos x|+C$

144 (1) $\dfrac{2}{\tan\dfrac{x}{2}-1}+C$

(2) $-\dfrac{1}{3\tan^3 x}-\dfrac{1}{\tan x}+C$

145 (1) $\dfrac{80}{81}$ (2) $\dfrac{7}{10}$ (3) $2\log 3-3\log 2$

(4) $\dfrac{5}{2}\pi$ (5) $\dfrac{\pi}{4}-1$ (6) $2\log 2$

146 (1) $m\neq n$ のとき 0, $m=n$ のとき $\dfrac{\pi}{2}$

(2) $m \neq \pm 2$ のとき 0, $m=\pm 2$ のとき $\frac{\pi}{2}$

147 (1) 6 (2) $\sqrt{3}-1-\frac{\pi}{12}$ (3) $2\sqrt{3}-\frac{\pi}{3}$

148 (1) $\frac{16\sqrt{2}}{15}$ (2) $\frac{1}{2}-\log 2$ (3) $\frac{9}{8}$

(4) $\frac{1}{\sqrt{2}}\log(\sqrt{2}+1)$ (5) -2

(6) $\frac{1}{2}(\log 3-\log 2)$

149 (1) $\frac{9}{4}\pi$ (2) $\frac{\pi}{6}$ (3) $\frac{2}{3}\pi-\frac{\sqrt{3}}{2}$

150 (1) $\frac{\pi}{3}$ (2) $\frac{\sqrt{3}}{9}\pi$ (3) $\frac{\sqrt{2}}{4}$

151 (1) 13π (2) 0 (3) $\sqrt{3}$

152 (1) 略 (2) $\frac{\pi}{4}$

153 (1) 略 (2) $\pi\left(1-\frac{3}{4}\log 3\right)$

154 (1) $\frac{1}{9}$ (2) $\frac{2e^3+1}{9}$ (3) $e-2$

(4) $-\frac{1}{12}(b-a)^4$ (5) $(9-3\sqrt{3})\pi-\frac{9}{2}$

155 (1) $\frac{e^{-\pi}+1}{2}$ (2) $\frac{1}{2}\{(\pi+1)e^{-\pi}+1\}$

156 (1) 略 (2) $I_n=\frac{1}{n-1}-I_{n-2}$;

$I_3=\frac{1}{2}-\frac{1}{2}\log 2$, $I_4=\frac{\pi}{4}-\frac{2}{3}$

157 (1) 略 (2) (ア) $\frac{2}{63}$ (イ) $\frac{1}{120}$

158 $\left(\frac{\pi}{4}-\frac{1}{2}\log 2\right)a$

159 (1) $2e^x-2x-2$ (2) $-2\sin\pi x$

(3) $(4x-1)\log x$

160 (1) $f(x)=\cos x-\frac{2}{\pi-2}$

(2) $f(x)=(e^x+1)\log\frac{2e}{e+1}$

(3) $f(x)=\sin x-\frac{1}{2}x$

161 $x=2\pi$ のとき最大値 $\frac{1}{2}(e^{2\pi}-1)$

162 (1) $I=\frac{\pi}{2}a^2-4a+\frac{\pi^3}{3}$

(2) $a=\frac{4}{\pi}$ のとき最小値 $\frac{\pi^3}{3}-\frac{8}{\pi}$

163 $x=\frac{3}{2}$ のとき最小値 $\log\frac{32}{27}$

164 (1) $\frac{\pi}{2}$ (2) 1

165 (1) 9 (2) $\frac{3^{p+1}-1}{2^{p+1}}$

166 $\frac{64}{e^2}$

167 $\frac{28\sqrt{2}-17}{15}$

168 $\frac{1}{6}$

169, 170 略

171 (1) $I_1=1-\log 2$, $I_n+I_{n+1}=\frac{1}{n+1}$

(2), (3) 略

172 (1) (ア) 略 (イ) 0 (2) 0

173 略

174 (1) 0 (2) $\frac{\pi}{4}$

175 (1) $\frac{1}{2}n^2\log n-\frac{1}{4}n^2+\frac{1}{4}$ (2) 略

(3) $\frac{1}{2}$

● EXERCISES の解答

111 $f'(x)=-\frac{1}{x^3}$, $f(x)=\frac{1}{2x^2}+3$

112 $f(x)=3x^5-10x^3+15x$

113 (1) $\frac{4}{15}(3\sqrt{x}-2)(1+\sqrt{x})\sqrt{1+\sqrt{x}}+C$

(2) $\frac{1}{\sin x-1}+C$ (3) $\frac{1}{2}(x^2-1)e^{x^2}+C$

114 (1) $f(x)=x\sin x+\cos x-1$

(2) $x=\frac{\pi}{2}$ のとき最大値 $\frac{\pi}{2}-1$

115 順に $x\sin x+C$, $x(\sin x)\log x+\cos x+C$

116 (1) $(A+B)e^x\cos x+(-A+B)e^x\sin x$

(2) $f''(x)=2f'(x)-2f(x)$

(3) $\frac{1}{2}(A-B)e^x\cos x+\frac{1}{2}(A+B)e^x\sin x+C$

117 $\frac{n!(\log x)^k}{k!x}$

118 (1) $a=-\frac{1}{2}$, $b=\frac{1}{2}$, $c=0$, $d=-1$

(2) $\frac{1}{2}\log\left|\frac{x-2}{x}\right|+\frac{1}{x-1}+C$

119 $\log\left|\frac{2\tan\frac{x}{2}+1}{\tan\frac{x}{2}-2}\right|+C$

120 (1) $\log|\tan x|+C$

(2) $-\frac{1}{\sin^2 x\cos^n x}+\frac{n+1}{\cos^{n+2}x}$

(3) 略

121 (1) $f(1)=0$, $f\left(\frac{1}{x}\right)=-f(x)$

(2) $f\left(\frac{x}{y}\right)=f(x)-f(y)$ (3) $\frac{2}{x}$

(4) $f(x)=2\log x$

122 (1) $\frac{7}{6}$ (2) $n=150$

123 (1) $m=n=0$ のとき 2π，$m=\pm n\ (\neq 0)$ のとき π，$m\neq\pm n$ のとき 0
(2) $\dfrac{1}{2}$

124 $\dfrac{32\sqrt{2}}{3}$

125 $\dfrac{1}{3}$

126 (1) $4\sqrt{2}-4+\log(1+\sqrt{2})$
(2) $a\left(\log\dfrac{2\sqrt{3}+3}{3}+\dfrac{1-\sqrt{3}}{2}\right)$

127 $\dfrac{1}{3}\log 2+\dfrac{\sqrt{3}}{9}\pi$

128 (1) 略 (2) 1

129 (1) $1+\sin x=2X^2$ (2) $\tan\left(\dfrac{x}{2}-\dfrac{\pi}{4}\right)+C$
(3) $\log 2$

130 (1) 略 (2) $3\log 2-2\log 3$

131 (1) 順に $\dfrac{(b-a)^{m+1}}{m+1}$，$-\dfrac{(b-a)^3}{6}$
(2) $I(m,\ n)=-\dfrac{n}{m+1}I(m+1,\ n-1)$
(3) $-\dfrac{(b-a)^{11}}{2772}$

132 (1) 略 (2) $39\log 3-20\log 2-12$

133 (ア) $\cos x-\sin x$ (イ) 0
(ウ) $\sin x+\cos x-1$

134 $f(x)=e^{-x}-\dfrac{e^a+e^{-a}}{2}\sin a+\dfrac{e^a-e^{-a}}{2}\cos a$

135 $f(x)=(\pi-3)\sin x-\left(\dfrac{\pi}{2}-1\right)\cos x$，
$g(x)=x+\dfrac{\pi}{2}-2$

136 (1) $F(a)=-\dfrac{3}{56}a^{\frac{7}{3}}+\dfrac{3}{8}a^{\frac{4}{3}}$
(2) $a=4$ のとき最大値 $\dfrac{9\sqrt[3]{4}}{14}$

137 $\dfrac{1}{2}$

138 (1) 略 (2) $a=\dfrac{\sqrt{2}}{\pi}\sin\dfrac{\pi}{\sqrt{2}}$

139 (1) $\dfrac{\pi}{4}$ (2) $\log(1+\sqrt{2})-\sqrt{2}+1$
(3) $2(\sqrt{2}-1)$

140 (1) π (2) $2\log 3-3\log 2$

141 $\dfrac{\sqrt{2}}{48}\pi$

142 (1) 2^{a-1} (2) 略

143，144 略

145 (1) $I_0=1-\dfrac{1}{e}$，$I_1=1-\dfrac{2}{e}$
(2) $I_n-I_{n-1}=-\dfrac{1}{n!e}$ (3) 0 (4) e

146 (1) $f(a)=\dfrac{1}{2}e^{-2a}+\dfrac{a}{2}-\dfrac{1}{4}$
(2) $a=\dfrac{1}{2}\log 2$ で最小値 $\dfrac{1}{4}\log 2$

147 $\dfrac{\pi}{4}+\dfrac{1}{2}$

148 (1) 略 (2) $2-\dfrac{1}{\log 2}$ (3) 略

＜第6章＞ 積分法の応用

● 練習 の解答

176 (1) $\dfrac{8}{5}$ (2) $\dfrac{15}{2}-8\log 2$ (3) $20\log 3-16$

177 (1) $e-2$ (2) $4\log 3-4$
(3) $\dfrac{7-4\sqrt{3}}{2}$ (4) 4

178 (1) $\dfrac{9}{2}$ (2) 1
(3) $\left(\dfrac{\sqrt{3}}{3}-\dfrac{1}{4}\right)\pi-\dfrac{1}{2}\log 2$

179 (1) $a=\dfrac{1}{2e}$，$b=\dfrac{e}{2}$，$c=e$ (2) $\dfrac{2}{3}e^2-e$

180 (1) $\dfrac{\pi}{3}-\dfrac{\sqrt{3}}{2}\log 3$ (2) $\dfrac{2\sqrt{3}}{3}\pi$

181 (1) $\dfrac{8}{3}$ (2) $\dfrac{24\sqrt{3}}{5}$ (3) 4π

182 $\dfrac{3}{2}\pi$

183 4

184 $2a\sqrt{a^2-1}-2\log(a+\sqrt{a^2-1})$

185 $a=\dfrac{e}{2}$

186 (1) $(\log 3,\ 1)$
(2) $y=\dfrac{4(\log 3-1)}{(\log 3)^2}x-3+\dfrac{4}{\log 3}$

187 (1) $G(\theta)=\dfrac{1}{3}\cos^3\theta-\cos\theta+\dfrac{2}{3}$，
$H(\theta)=\dfrac{1}{3}\theta\sin^3\theta$ (2) $\dfrac{3}{4}$

188 (1) $\left(1-\dfrac{1}{e}\right)e^t-t+\dfrac{1}{2}$
(2) $t=1-\log(e-1)$ のとき最小値
$\log(e-1)+\dfrac{1}{2}$

189 (1) $a_1=\dfrac{1}{2}(1-2e^{-\frac{\pi}{2}}-e^{-\pi})$，
$a_n=\dfrac{1}{2}e^{-(n-1)\pi}(1-2e^{-\frac{\pi}{2}}-e^{-\pi})$
(2) $\dfrac{1-2e^{-\frac{\pi}{2}}-e^{-\pi}}{2(1-e^{-\pi})}$ $\left[\dfrac{e^{\pi}-2e^{\frac{\pi}{2}}-1}{2(e^{\pi}-1)}\right]$

190 (1) 略 (2) $\dfrac{17}{3}-\dfrac{8\sqrt{2}}{3}$

191 $\frac{3}{4}\pi+2$

192 $\frac{a^3}{3}$

193 $\frac{2}{3}a^2b$

194 (1) $\frac{1}{2}(e^2-1)\pi$ (2) $\pi\left(1-\frac{\pi}{4}\right)$

(3) $\left(\frac{91}{3}+2\log 2\right)\pi$

195 (1) $\frac{88}{15}\pi$ (2) $\frac{92}{15}\pi$

196 (1) 略 (2) $\frac{\pi(2\pi+3\sqrt{3})}{8}$

197 $h=1$, $\alpha=\frac{\pi}{6}$

198 (1) $\frac{3}{10}\pi$ (2) $\frac{4}{3}\pi$ (3) $\pi^3-4\pi$

199 $\frac{8}{3}\pi$

200 (1) 順に $a=\frac{1}{2e}$, $y=\frac{1}{\sqrt{e}}x-\frac{1}{2}$

(2) $\left(2-\frac{29}{24}\sqrt{e}\right)\pi$ (3) $\frac{e}{24}\pi$

201 (1) $\frac{3}{8}\pi$ (2) $\frac{4}{5}\pi$

202 (1) $\frac{\sqrt{2}}{60}\pi$ (2) $\frac{\sqrt{2}(\pi^2-9)\pi^2}{12}$

203 $\left(8\sqrt{2}-\frac{32}{3}\right)r^3$

204 $V(a)=\frac{1}{24}(7a^3-18a^2+12a)$, $a=\frac{6-2\sqrt{2}}{7}$

205 $\frac{4}{3}\pi$

206 $\pi\left\{\frac{1}{8}\left(a^2-\frac{1}{a^2}\right)-\left(a-\frac{1}{a}\right)+\frac{3}{2}\log a\right\}$

207 $\frac{\pi+2}{3}$

208 (1) $e-\frac{1}{e}$ (2) 4 (3) $\frac{59}{24}$ (4) $\frac{1}{2}\log 3$

209 $2\pi^2a$

210 (1) (ア) $\frac{2}{\pi}$ (イ) $\frac{6}{\pi}$

(ウ) 2 秒後, 道のりは $\frac{8}{\pi}$ (2) 2

211 (1) $\frac{13\sqrt{13}-8}{27}$ (2) 8

212 (1) $1-2y-\sqrt{1-4y}$

(2) $u=\frac{V}{2\pi}\cdot\frac{1-2h+\sqrt{1-4h}}{h^2}$ (3) $\frac{\pi}{96V}$

213 (1) $y''=-y-1$

(2) (ア) $(ax+C)y+1=0$ (C は任意定数), $y=0$

(イ) $y=1+\frac{1}{x-1}$

214 (1) $(x+y)^2=2x+A$ (A は任意定数)

(2) $y=x-\frac{Ae^{2x}-1}{Ae^{2x}+1}$ (A は任意定数), $y=x-1$

215 $y=x^2$ $(x>0)$ または $y=\frac{1}{x^2}$ $(x>0)$

● EXERCISES の解答

149 (1) $\frac{1}{5}$ (2) $-\log(1-a^2)$

150 (1) $x=\frac{1}{2}$ で極大値 $\frac{1}{2e}$,

変曲点の座標 $\left(1, \frac{1}{e^2}\right)$ (2) $\frac{3e^4-7}{4e^6}$

151 $\frac{8}{15}$

152 (1) 略

(2) $x=2$ で最大値 1, $x=\sqrt{3}$ で最小値 0

(3) $x=1$ で最大値 2, $x=2$ で最小値 1

(4) $\frac{2\sqrt{3}}{3}\pi$

153 (1) $y=x+2-\frac{\pi}{2}$ (2) $\frac{-\pi^2+2\pi+4}{8}$

154 (1) $\cos\alpha=\frac{1}{\sqrt{1+k^2}}$, $\sin\alpha=\frac{k}{\sqrt{1+k^2}}$,

$\cos\beta=-\frac{1}{\sqrt{1+k^2}}$, $\sin\beta=-\frac{k}{\sqrt{1+k^2}}$

(2) $S=2\sqrt{1+k^2}$ (3) $k=\frac{4+\sqrt{7}}{3}$

155 1

156 (1) $a=4$ (2) $a=\frac{16}{9}$ のとき最小値 $\frac{1}{3}$

157 (1) $f(x)=-\frac{1}{2te^t}x^2+e^t+\frac{t}{2e^t}$

(2) $S=\frac{2t^2}{3e^t}$, $t=2$ で最大値 $\frac{8}{3e^2}$

158 (1)

$$S(t)=\begin{cases}\dfrac{\sqrt{2(1-t^2)}}{2}-\dfrac{1}{4} & \left(0\leqq t<\dfrac{1}{\sqrt{2}}\text{ のとき}\right)\\[2ex] \dfrac{1}{2}(1-t^2) & \left(\dfrac{1}{\sqrt{2}}\leqq t\leqq 1\text{ のとき}\right)\end{cases}$$

(2) $\frac{\sqrt{2}}{8}\pi+\frac{2}{3}-\frac{5\sqrt{2}}{12}$

159 (1) $2\pi^2\left(a^2+\frac{1}{2}b^2-2b+\frac{\pi^2}{3}\right)$

(2) $a=0$, $b=2$

160 (1) $V(a)=\frac{\pi^2}{2}\left(4a+\frac{1}{a^2}\right)$ (2) $a=\frac{1}{\sqrt[3]{2}}$

161 (1) 1 (2) $\frac{\pi(2\pi+3\sqrt{3})}{16}$

162 (1) $\frac{(x-2)^2}{4}+y^2=1$ (2) $\frac{8}{3}\pi$ (3) $8\pi^2$

163 (1) $\left(\frac{1}{a}, e\right)$ (2) $a=\sqrt{\frac{3-e}{3}}$

164 (1) 略 (2) $\frac{32}{105}\pi$

165 (1) $\frac{\sqrt{2}(n-1)^2}{3(n+2)(2n+1)}\pi$ (2) $\frac{\sqrt{2}}{6}\pi$

166 (1) 順に $S(t)=4\sqrt{1-t^2}$, 2π

(2) $6\pi^2+\frac{28}{3}\pi$

167 (1) 点Pの x 座標を p_x とすると

$-\frac{\sqrt{3}}{2}\leqq p_x\leqq\frac{\sqrt{3}}{2}$, $\frac{\pi}{6}\leqq\theta\leqq\frac{5}{6}\pi$

(2) $\frac{2\sqrt{3}}{3}\pi$

168 略

169 4

170 $y=-\frac{1}{2}e^{2x}-\frac{1}{8}e^{-2x}+\frac{13}{8}$ $(x\geqq 0)$

171 (1) $9\pi^2(3-t^2)^2$ (2) $N=10$

(3) $s=12\sqrt{3}\pi$

172 (1) $\pi(-r^2\cos r+2r\sin r+2\cos r-2)$

(2) $\frac{1}{\pi r^2\sin r}$

173 $f(x)=e^{2x}$

174 (1), (2) 略 (3) $f(x)=e^{kx}$

175 順に $x=Ae^{-kt}$, およそ71%

176 (1) $y=f'(t)(x-t)+f(t)$ (2) 略

(3) $f'(x)=\frac{1}{x+2}$, $f(x)=\log\frac{x+2}{2}$

● 総合演習第2部 の解答

1 (1) $y=mx-2m+2$

(2) $u=\frac{m-1}{m}$, $v=1-m$

(3) $y=\frac{1}{x-1}+1$, 図略

2 (ア) (4, 2) (イ) 4 (ウ) 2, 3

3 (1) $x\geqq-\frac{1}{4}a^2+\frac{3}{2}a+\frac{7}{4}$

(2) $g(x)=x^2-(a-3)x+4$ $\left(x\geqq\frac{a-3}{2}\right)$

(3) (ア) -2 (イ) 6 (ウ) -2 (エ) -2

(オ) 2 (カ) 2

4 (1) $f_2(x)=\frac{5x+4}{4x+5}$, $f_3(x)=\frac{14x+13}{13x+14}$,

$f_4(x)=\frac{41x+40}{40x+41}$

(2) $f_n(x)=\frac{(3^n+1)x+3^n-1}{(3^n-1)x+3^n+1}$, 証明略

5 (1) $y=\frac{4}{3}x-\frac{5}{3}$ (2) $\frac{1}{4}$

6 (1) (ア) 0 (イ) $\frac{5}{9}$

(2) (ウ) $\frac{2}{3}\left(\frac{1}{3}\right)^{\frac{n-1}{2}}+\frac{1}{3}$ (エ) $-\left(\frac{1}{3}\right)^{\frac{n}{2}}+\frac{1}{3}$

(3) (オ) $\frac{1}{3}$

7 (1) 略 (2) $a_n=\tan\frac{\pi}{3\cdot 2^{n-1}}$ (3) $\frac{2}{3}\pi$

8 (1) 略 (2) $-\pi$

9 $\frac{8}{3}$

10 (1) $f^n(z)=\left(z-\frac{\beta}{1-\alpha}\right)\alpha^n+\frac{\beta}{1-\alpha}$

(2) $\delta=\frac{\beta}{1-\alpha}$

(3) 中心は点 $\frac{\beta}{1-\alpha}$, 半径は $\left|z-\frac{\beta}{1-\alpha}\right|$

11 (ア) $\sqrt{3}$ (イ) $\frac{3\sqrt{3}}{4}$ (ウ) $\frac{1}{\sqrt{2}}$ (エ) $\frac{\pi}{4}$

(オ) $\frac{\pi}{8^{n-1}}$ (カ) $\frac{\pi}{4\cdot 8^{n-1}}$ (キ) $\frac{10}{7}\pi$

12 略

13 (1) 略

(2) $A=\frac{n\beta^{n-1}}{\beta-\alpha}-\frac{\beta^n-\alpha^n}{(\beta-\alpha)^2}$, $B=\frac{\beta^n-\alpha^n}{\beta-\alpha}$, $C=\alpha^n$

(3) $\frac{1}{2}n(n-1)\alpha^{n-2}$

14 (1), (2) 略 (3) $k=4$, 極限値 $1+\frac{5}{3\log 3}$

15 (1) $a_0=1$ (2), (3) 略 (4) $a_n=2n+1$

16 (1) $f^{(4)}(x)g(x)+4f^{(3)}(x)g^{(1)}(x)$

$+6f^{(2)}(x)g^{(2)}(x)+4f^{(1)}(x)g^{(3)}(x)+f(x)g^{(4)}(x)$

(2) ${}_n\mathrm{C}_r$, 証明略

(3) $\{x^3+3nx^2+3n(n-1)x+n(n-1)(n-2)\}e^x$

17 $y=\frac{2k+1}{2}\pi$ (k は整数)

18 (1) 略 (2) 330

19 (1) 1 (2) $a=\frac{1}{t}-1$ $(0<t\leqq 1)$

(3) $T_k=\frac{n-k}{n}$ (4) $E=t$

20 (1) $|\alpha|^2$ (2) 略 (3) $a=b$ のとき最大値

$\frac{1}{2}$; $a=1$, $b=3$ のとき最小値 $\frac{3}{10}$

21 (1) $2\{\sqrt{64-(k+1)^2}-\sqrt{9-k^2}\}$ (2) $4\sqrt{6}$

22 略

23 (1) $\left(\frac{t^2-2t}{t^2+1}, \frac{-t+2}{t^2+1}\right)$ (2) $a=1$;

共有点の座標 (0, 0), $\left(-\frac{1}{2}, \frac{1}{2}\right)$, (1, 2)

24 (1) 略 (2) 0 (3) $\sqrt{\frac{\sin a}{\pi}}$

25 (1) $\left(\frac{1}{\sqrt{1+e^{2s}}}, \frac{e^s}{\sqrt{1+e^{2s}}}\right)$

(2) $\left(-\frac{e^{2s}}{(1+e^{2s})^2}, \frac{e^s}{(1+e^{2s})^2}\right)$ (3) $\frac{2\sqrt{3}}{9}$

26 (1) $e^{e^x}(e^x-1)+C$ (2) $\frac{3}{128}\pi$

27 (1) 略 (2) $I_n=(2e^2-e-1)e^{-3(n+1)}$

(3) $\frac{2e+1}{e^2+e+1}$

28 4つ

29 (1) 略 (2) $g(x)=\frac{2}{3-e^2}e^x+x$

30 (1) 1 (2) $f(x)=-\left(x+\frac{1}{2}\right)+\frac{3e^{2x}}{e^2+1}$

31 $\frac{13}{72}$

32 (1) 略 (2) $-1+\frac{(-1)^n}{n+1}$ (3) $2\log 2-1$

33 (1) $\frac{2}{3}$ (2) $\frac{256}{15}\pi$

34 (1) $\sin t=\frac{a}{\sqrt{a^2+b^2}}$, $\cos t=\frac{b}{\sqrt{a^2+b^2}}$

(2) $\sqrt{a^2+b^2}-b$ (3) $b=\frac{4}{3}a$

35 (1) 略 (2) $\lim_{n\to\infty}a_n=0$, $\lim_{n\to\infty}na_n=\log 2$

(3) $-1+2\log 2$

36 16π

37 (1) $\frac{\sqrt{2}}{16}$ (2) $\frac{\sqrt{2}}{240}\pi$

38 $\left(\frac{17}{3}-8\log 2\right)\pi$

39 (ア) $\frac{1}{3}$ (イ) $\frac{27}{2}$ (ウ) 39

40 (1) $(u(t),\ v(t))$

$=\left(t+\frac{1}{\sqrt{1+t^2}},\ \log t-\frac{t}{\sqrt{1+t^2}}\right)$

$\left(\frac{du}{dt},\ \frac{dv}{dt}\right)=\left(1-\frac{t}{(1+t^2)^{\frac{3}{2}}},\ \frac{1}{t}-\frac{1}{(1+t^2)^{\frac{3}{2}}}\right)$

(2) $\frac{\pi}{4}$

答の部（数学C）

問，練習，EXERCISES，総合演習第 2 部の答の数値のみをあげ，図・証明は省略した。
問については答に加え，略解等を［　］内に付した場合もある。

数学 C

● 問の解答

・$p.504$ の 問　図

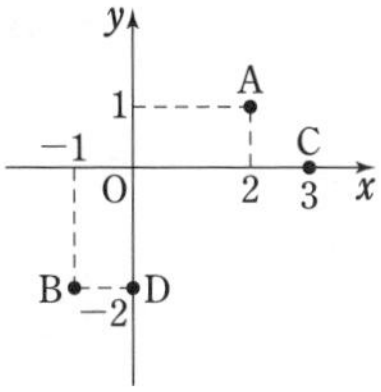

・$p.561$ の 問
［A(0)，B(β)，C(γ) とすると

$\mathrm{D}\left(\dfrac{\beta}{2}\right)$，$\mathrm{E}\left(\dfrac{\gamma}{2}\right)$

よって　$\dfrac{\dfrac{\gamma}{2}-\dfrac{\beta}{2}}{\gamma-\beta}=\dfrac{1}{2}$　ゆえに　BC∥DE

また　$\mathrm{DE}=\left|\dfrac{\gamma}{2}-\dfrac{\beta}{2}\right|=\dfrac{1}{2}|\gamma-\beta|$

よって　BC＝2DE］

・$p.612$ の 問　(1)　$y=x+1$　(2)　$2x+3y=12$
(3)　$\sqrt{5}\,x+2y+8=0$

・$p.625$ の 問　図
(1) は境界線を含まず，(2) は境界線を含む

(1)

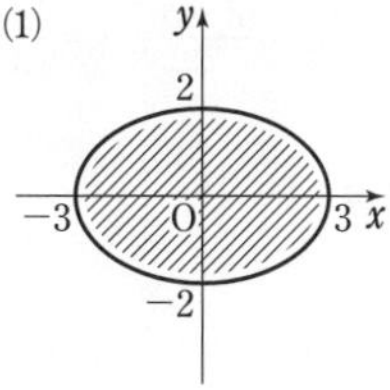

(2)

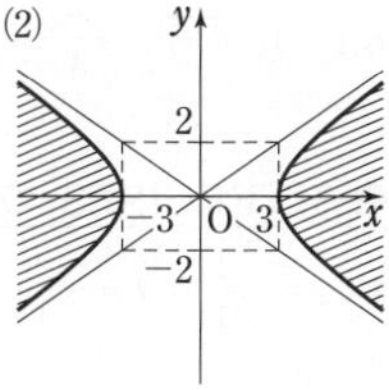

・$p.630$ の 問　(1)　直線 $y=3x+1$
(2)　放物線 $y=x^2-8x+13$

・$p.653$ の 問　図

(1)(ア)

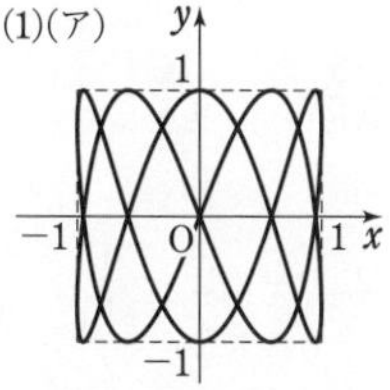

(イ)

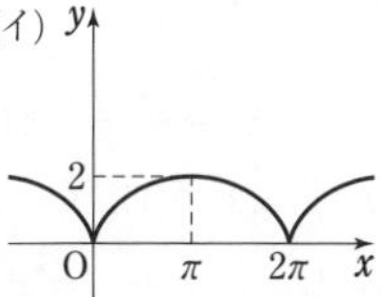

(2)(ア)

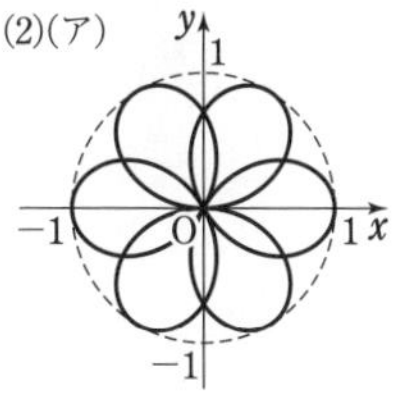

(イ)

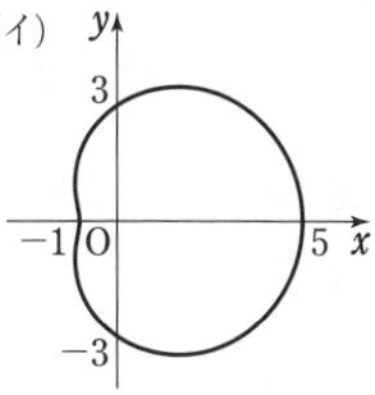

<第 1 章>　平面上のベクトル

● 練習 の解答

1　(1)　$\overrightarrow{\mathrm{OC}}$，$\overrightarrow{\mathrm{FO}}$，$\overrightarrow{\mathrm{ED}}$
(2)　$\overrightarrow{\mathrm{CB}}$，$\overrightarrow{\mathrm{DA}}$，$\overrightarrow{\mathrm{DO}}$，$\overrightarrow{\mathrm{EF}}$
(3)　$\overrightarrow{\mathrm{CA}}$，$\overrightarrow{\mathrm{DF}}$
(4)　$\overrightarrow{\mathrm{BE}}$，$\overrightarrow{\mathrm{EB}}$

2　略

3　(1)　略　(2)　$\vec{x}=\dfrac{1}{2}\vec{a}-\dfrac{7}{2}\vec{b}$
(3)　$\vec{x}=\dfrac{5}{34}\vec{a}+\dfrac{3}{34}\vec{b}$，$\vec{y}=\dfrac{3}{34}\vec{a}-\dfrac{5}{34}\vec{b}$

4　(1)　略
(2)　$\dfrac{1}{\sqrt{13}}\vec{b}+\dfrac{1}{2\sqrt{13}}\vec{d}$，$-\dfrac{1}{\sqrt{13}}\vec{b}-\dfrac{1}{2\sqrt{13}}\vec{d}$

5　(1)　$\overrightarrow{\mathrm{DF}}=-2\vec{a}-\vec{b}$，$\overrightarrow{\mathrm{OP}}=\vec{a}+\dfrac{2}{3}\vec{b}$，
$\overrightarrow{\mathrm{BQ}}=-\dfrac{1}{2}\vec{a}+\dfrac{3}{2}\vec{b}$
(2)　$\overrightarrow{\mathrm{AM}}=\dfrac{2}{5}\vec{b}+\dfrac{4}{5}\vec{d}$

6　(1)　順に　$(-5,\ 3)$，$\sqrt{34}$
(2)　$\vec{a}=(4,\ 0)$，$\vec{b}=(-3,\ -2)$
(3)　$a=\dfrac{22}{7}$，$b=\dfrac{17}{7}$

7　$\vec{p}=2\vec{a}+3\vec{b}$

8　(1)　$t=2$　(2)　$p=1,\ -4$

9　(1)　略　(2)　$(4,\ 3)$，$(2,\ -3)$，$(-4,\ 1)$

10　$t=7$ のとき最小値 $\sqrt{13}$

11　(1)　$1+\sqrt{3}$　(2)　$3+\sqrt{3}$　(3)　$-1-\sqrt{3}$
(4)　$-3-\sqrt{3}$

12　(1)　$\vec{a}\cdot\vec{b}=-2\sqrt{3}$，$\theta=150^\circ$　(2)　-3

13　(1)　$a=-7,\ \dfrac{1}{7}$
(2)　$(-2\sqrt{10},\ 0)$，$(\sqrt{10},\ \sqrt{30})$

14 (1) $x=0,\ \dfrac{1}{2}$

(2) $\left(\dfrac{3}{\sqrt{10}},\ \dfrac{1}{\sqrt{10}}\right)$, $\left(-\dfrac{3}{\sqrt{10}},\ -\dfrac{1}{\sqrt{10}}\right)$

15 (1) 略 (2) 60°

16 (1) $\theta=180^\circ$, $|\vec{a}-2\vec{b}|=5$

(2) $\dfrac{4\sqrt{2}}{3}$

17 (1) $|\vec{a}|=\sqrt{7}$, $|\vec{b}|=\sqrt{3}$, $\vec{a}\cdot\vec{b}=3$

(2) $k\leqq-\dfrac{\sqrt{7}}{2}$, $\dfrac{\sqrt{7}}{2}\leqq k$

18 (1) $S=5$ (2) $S=\dfrac{19}{2}$

19 略

20 $\dfrac{6}{13}$

21 (1) 最大値 $\sqrt{2}$，最小値 $-\sqrt{2}$

(2) 最大値 5，最小値 -5

22 (1) 点 D の位置ベクトルは $\dfrac{3}{5}\vec{b}+\dfrac{2}{5}\vec{c}$

点 E の位置ベクトルは $2\vec{b}-\vec{c}$

点 G′ の位置ベクトルは $\dfrac{1}{3}\vec{a}+\dfrac{13}{15}\vec{b}-\dfrac{1}{5}\vec{c}$

(2) $\dfrac{8}{15}\vec{b}-\dfrac{8}{15}\vec{c}$

23 (1) 辺 BC を 3：5 に内分する点を D とすると，点 P は線分 AD を 2：1 に内分する位置

(2) 3：4：5

24 略

25 証明略，PQ：QC=2：5

26 $\overrightarrow{OP}=\dfrac{1}{2}\overrightarrow{OA}+\dfrac{1}{4}\overrightarrow{OB}$, $\overrightarrow{ON}=\dfrac{2}{3}\overrightarrow{OA}+\dfrac{1}{3}\overrightarrow{OB}$

27 $\overrightarrow{OH}=(2\sqrt{2}-1)\vec{a}+\dfrac{\sqrt{2}-2}{2}\vec{b}$

28 (1) $\overrightarrow{AP}=\dfrac{3}{8}\vec{b}+\dfrac{1}{3}\vec{c}$ (2) $\overrightarrow{OC}=\dfrac{3}{5}\vec{a}+\dfrac{9}{10}\vec{b}$

29 $\overrightarrow{AO}=\dfrac{2}{9}\overrightarrow{AB}+\dfrac{5}{12}\overrightarrow{AC}$

30 略

31 略

32 (1) 略

(2) $\cos\alpha=-\dfrac{12}{13}$, $\cos\beta=-\dfrac{5}{13}$

33 $\angle C=90^\circ$ の直角三角形

34 (1) $\vec{p}=-t\vec{a}+\dfrac{t+1}{2}\vec{b}+\dfrac{t+1}{2}\vec{c}$ (t は媒介変数)

(2) (ア) $x=-4+3t$, $y=2-t$ (t は媒介変数)；$x+3y-2=0$

(イ) $x=t-3$, $y=-4t+5$ (t は媒介変数)；$4x+y+7=0$

35 (1) 順に $3x-5y+11=0$, $5x+3y+7=0$

(2) 45°

36 順に $\left(-\dfrac{22}{13},\ -\dfrac{7}{13}\right)$, $\dfrac{16\sqrt{13}}{13}$

37 (1) $\overrightarrow{AP}=\dfrac{19}{23}\vec{b}+\dfrac{13}{23}\vec{d}$

(2) $\overrightarrow{AQ}=\dfrac{19}{32}\vec{b}+\dfrac{13}{32}\vec{d}$

38 (1) $3\overrightarrow{OA}=\overrightarrow{OA'}$, $3\overrightarrow{OB}=\overrightarrow{OB'}$ とすると，直線 A′B′

(2) $\dfrac{1}{2}\overrightarrow{OA}=\overrightarrow{OA'}$, $\dfrac{1}{3}\overrightarrow{OB}=\overrightarrow{OB'}$ とすると，線分 A′B′

(3) $3\overrightarrow{OA}=\overrightarrow{OC}$, $2\overrightarrow{OB}=\overrightarrow{OD}$ とすると，△OCD の周および内部

39 (1) $2\overrightarrow{OA}=\overrightarrow{OC}$, $\dfrac{1}{2}\overrightarrow{OB}=\overrightarrow{OD}$ とすると，台形 ACBD の周および内部

(2) $-\overrightarrow{OA}+\dfrac{1}{3}\overrightarrow{OB}=\overrightarrow{OC}$, $-\overrightarrow{OA}=\overrightarrow{OD}$, $\dfrac{1}{2}\overrightarrow{OB}=\overrightarrow{OE}$ とすると，平行四辺形 ODCE の周および内部

(3) $-\overrightarrow{OA}=\overrightarrow{OE}$, $-\overrightarrow{OB}=\overrightarrow{OF}$, $2\overrightarrow{OA}=\overrightarrow{OG}$, $2\overrightarrow{OB}=\overrightarrow{OH}$ とすると，2 本の平行線 EF，GH で挟まれた部分。ただし，直線 EF，GH は除く

40 (1) $2\overrightarrow{OA}=\overrightarrow{OC}$, $\overrightarrow{OA}+\overrightarrow{OB}=\overrightarrow{OD}$ とすると，△OCD の周および内部

(2) $\overrightarrow{OA}+\overrightarrow{OB}=\overrightarrow{OC}$, $\overrightarrow{OB}-\overrightarrow{OA}=\overrightarrow{OD}$ とすると，線分 OC，OD を隣り合う 2 辺とする平行四辺形の周および内部

41 (1) 辺 BC の中点を中心とし，点 A を通る円

(2) 辺 BC を 3：2 に外分する点と点 A を直径の両端とする円

42 略

43 (1) $\overrightarrow{OG}=\dfrac{\vec{a}+\vec{b}}{3}$ (2) $\overrightarrow{OD}=\dfrac{\vec{a}+\vec{b}}{3}$, $r=\dfrac{|\vec{a}|}{3}$

● EXERCISES の解答

1 $s=-\dfrac{17}{11}$, $t=-\dfrac{8}{11}$

2 略

3 (ア) $\dfrac{1}{\sqrt{10}}$ (イ) $\dfrac{3}{\sqrt{10}}$

4 $\vec{b}=-4\vec{p}+3\vec{q}$, $\vec{d}=6\vec{p}-3\vec{q}$

5 平行四辺形

6 (1) 略 (2) $x=\dfrac{1+\sqrt{5}}{2}$

(3) $\overrightarrow{AC}=\dfrac{1+\sqrt{5}}{2}\overrightarrow{AB}+\overrightarrow{AE}$

7 $\vec{x}=(2,\ -1)$, $\vec{y}=(0,\ 1)$

8 (1) $\left(-\dfrac{1}{\sqrt{2}},\ \dfrac{1}{\sqrt{2}}\right)$ (2) $t=-1,\ -\dfrac{1}{5}$

(3) $t=-8$

9　$2\vec{a}-3\vec{b}$

10　(1)　$\tan\alpha=\frac{1}{2}$

(2)　$(x,\ y)=(2,\ 7),\ (-2,\ -7)$

11　(1)　$k=-2$ で最大値 5，$k=\frac{1}{2}$ で最小値 $\frac{5}{\sqrt{2}}$

(2)　P(3, 0) のとき最小値 9

12　$-\frac{3}{2}$

13　(1)　$-\frac{2}{3}\vec{a}+\frac{1}{2}\vec{c}$　(2)　$\theta=90^\circ$　(3)　略

14　$\frac{23}{77}$

15　(1)　$\theta=120^\circ$

(2)　$t=\frac{1}{\sqrt{2}}$ のとき最小値 $\frac{1}{\sqrt{2}}$

16　$\theta=30^\circ,\ 150^\circ$

17　(1)　$\overrightarrow{AE}=\frac{n}{m+n}\vec{b}+\frac{m}{m+n}\vec{c}$，

$\overrightarrow{DF}=\frac{n}{m+n}\vec{c}-\frac{m}{m+n}\vec{b}$

(2)　略

18　(1)　$\overrightarrow{AF}=(t-1)\vec{a}+\vec{c}$，

$\overrightarrow{OG}=\frac{st}{1+st}\vec{a}+\frac{s}{1+st}\vec{c}$

(2)　$\frac{S'}{S}=\frac{(1-t)(1+st)}{s^2t}$

(3)　$s=\frac{2}{3}$，$t=\frac{1}{2}$ のとき最大値 3

19　$\vec{i_A}=\frac{-a\vec{a}+b\vec{b}+c\vec{c}}{-a+b+c}$

20　$\frac{5}{12}\vec{a}+\frac{1}{4}\vec{b}$，$\frac{5}{4}\vec{a}+\frac{3}{4}\vec{b}$

21　(1)　$-\frac{1}{2}$　(2)　$s=\frac{8}{5}$，$t=\frac{6}{5}$　(3)　$\frac{2\sqrt{10}}{7}$

22　求める直線上の任意の点を $P(\vec{p})$ とする。

(1)　$\vec{p}=\frac{1}{2}\vec{a}+\left(\frac{1}{2}-t\right)\vec{b}+t\vec{c}$（$t$ は媒介変数）

(2)　$2\vec{p}\cdot(\vec{c}-\vec{b})=|\vec{c}|^2-|\vec{b}|^2$

23　$x=\frac{2}{3}$，$y=\frac{4}{3}$ で最小値 $\frac{8}{9}$

24　(1)　$m=2,\ n=1$　(2)　$s=-\frac{14}{5}$，$t=\frac{7}{2}$

25　(1)　点 $(-2,\ 3)$　(2)　略

26　(1)　$\sqrt{2}$　(2)　$\frac{8\sqrt{2}}{3}$

27　(1)　略　(2)　略

(3)　P(−2, 1) のとき最大値 3

28　(1)　$\frac{1}{3}\overrightarrow{OB}=\overrightarrow{OD}$ とすると，中心が D，半径が 2 の円

(2)　$x^2+y^2-\frac{5}{2}bx+b^2=0$

29　(1)　略　(2)　$\overrightarrow{OC}=\frac{1}{4}\overrightarrow{OA}-\frac{1}{2}\overrightarrow{OB}$

(3)　$s=\frac{1}{6}$，$t=-\frac{1}{3}$

<第2章>　空間のベクトル

● 練習 の解答

44　(1)　Q(3, 0, 0)　(2)　R(3, −2, −1)

(3)　S(−3, 2, −1)

45　(1)　(ア)　$\sqrt{69}$　(イ)　3　(ウ)　$\sqrt{23}$

(2)　∠A=90° の直角二等辺三角形

(3)　$a=3$

46　(1)　P(1, −2, 0)，Q(−13, 0, −18)

(2)　$M\left(\frac{2}{3},\ 1,\ \frac{4}{3}\right)$

47　(1)　$\overrightarrow{AL}=\frac{1}{2}\vec{a}+\frac{1}{2}\vec{b}$，$\overrightarrow{DL}=\frac{1}{2}\vec{a}+\frac{1}{2}\vec{b}-\vec{c}$，

$\overrightarrow{LM}=-\frac{1}{2}\vec{a}-\frac{1}{2}\vec{b}+\frac{1}{2}\vec{c}$

(2)　略

48　(1)　順に　(−5, 5, 8)，$\sqrt{114}$

(2)　$\vec{d}=2\vec{a}+\vec{b}-2\vec{c}$

(3)　$s=\frac{4l+2m+3n}{7}$，$t=\frac{2l+m-2n}{7}$，

$u=\frac{l+4m-n}{7}$

49　(1)　$x=\pm\frac{2\sqrt{3}}{3}$，$y=\pm2\sqrt{3}+\frac{1}{2}$（複号同順）

(2)　C(2, 2, −4)

50　(−2, 4, 0)，(0, 2, 4)，(4, −4, −2)

51　(1)　$t=\frac{1}{2}$ のとき最小値 3

(2)　7

52　(ア)　$\left(-\frac{4}{3},\ \frac{1}{3}\right)$　(イ)　$\frac{\sqrt{6}}{3}$

53　(1)　$\overrightarrow{MB}=\vec{b}-\frac{1}{2}\vec{a}$，$\overrightarrow{MC}=\vec{c}-\frac{1}{2}\vec{a}$

(2)　$\vec{b}\cdot\vec{c}=\frac{1}{2}$，$\overrightarrow{MB}\cdot\overrightarrow{MC}=\frac{1}{2}$

54　(1)　(ア)　$\vec{a}\cdot\vec{b}=3$，$\theta=45^\circ$

(イ)　$\vec{a}\cdot\vec{b}=-\sqrt{6}$，$\theta=120^\circ$

(2)　$S=\frac{7}{2}$

55　(1, −2, 1)，(−1, 2, −1)

56　(1)　略　(2)　$t=\frac{1}{3}$

57　(1)　$\vec{t}=\left(0,\ \frac{1}{\sqrt{2}},\ \frac{1}{\sqrt{2}}\right)$　(2)　$P\left(0,\ \frac{5}{2},\ \frac{5}{2}\right)$

58　略

59　(1)　$\overrightarrow{OG}=\frac{1}{6}\vec{a}+\frac{1}{6}\vec{b}+\frac{2}{15}\vec{c}$　(2)　$\frac{\sqrt{131}}{30}$

60　略

61 線分 BD を 3：2 に外分する点を E，線分 CE を 1：7 に内分する点を F とすると，点 P は線分 AF を 8：1 に外分する位置

62 (1) $\overrightarrow{PQ}=(1-a)\vec{x}+\vec{y}+a\vec{z}$，$\overrightarrow{PR}=-a\vec{x}+(1-a)\vec{y}+\vec{z}$
(2) 1：1 (3) 60°

63 (1) 略 (2) $x=0$，$y=\frac{1}{2}$

64 略

65 (1) $(-1,\ 5,\ -2)$
(2) $(-3,\ 5,\ 0)$

66 $\overrightarrow{ON}=\frac{1}{20}(9\vec{a}+3\vec{b}+8\vec{c})$，
$\overrightarrow{OP}=\frac{27}{68}\vec{a}+\frac{9}{68}\vec{b}+\frac{6}{17}\vec{c}$

67 $a=3\pm\sqrt{10}$

68 略

69 (1) $\overrightarrow{OQ}=\frac{2}{5}\vec{a}+\frac{1}{5}\vec{b}+\frac{2}{5}\vec{c}$
(2) $\overrightarrow{OR}=\frac{4}{23}\vec{a}+\frac{2}{23}\vec{b}+\frac{4}{23}\vec{c}$

70 6：1

71 略

72 (1) $\left(\frac{72}{61},\ \frac{36}{61},\ \frac{48}{61}\right)$ (2) $\sqrt{61}$

73 (1) $\vec{a}\cdot\vec{b}=\frac{1}{2}$，$\vec{a}\cdot\vec{c}=\frac{1}{2}$，$\vec{b}\cdot\vec{c}=\frac{1}{2}$
(2) $\overrightarrow{PH}=\frac{1}{3}\vec{b}+\frac{1}{3}\vec{c}$ (3) $\frac{\sqrt{2}}{12}$

74 (1) (ア) P$(-1,\ 3,\ 2)$ (イ) Q$(15,\ 19,\ -6)$
(ウ) R$(-35,\ -34,\ 22)$
(2) $a=-\frac{1}{4}$，$b=1$

75 (1) $x=-1$ (2) $y=-2$ (3) $z=-3$

76 (1) $(x-2)^2+(y+2)^2+(z-2)^2=6$
(2) $(x-3)^2+(y+3)^2+(z-3)^2=9$ または
$(x-5)^2+(y+5)^2+(z-5)^2=25$

77 $x^2+y^2+z^2-x+z-3=0$，
中心の座標は $\left(\frac{1}{2},\ 0,\ -\frac{1}{2}\right)$，半径は $\frac{\sqrt{14}}{2}$

78 (1) (ア) $(2,\ 3,\ 0)$ (イ) $2\sqrt{2}$
(2) (ウ) $(x+2)^2+(y-4)^2+(z+2)^2=4$
(エ) $-3,\ -1$

79 中心が A(5, 4, −2)，半径が 3 の球面；
方程式は $(x-5)^2+(y-4)^2+(z+2)^2=9$

80 (1) $3x+7y+2z-7=0$
(2) $3x+2y+6z-6=0$

81 (1) G$\left(\frac{4}{3},\ \frac{8}{3},\ \frac{4}{3}\right)$ (2) P$(1,\ 2,\ 1)$

82 (1) (ア) $\theta=90°$ (イ) $\theta=45°$
(2) $2x+2y+z-11=0$

83 t を実数とする。
(1) (ア) $(x,\ y,\ z)=(2,\ -1,\ 3)+t(5,\ 2,\ -2)$
(イ) $(x,\ y,\ z)=(1,\ 2,\ 1)+t(-2,\ 0,\ 3)$
(2) $\frac{x-4}{3}=\frac{y+3}{7}=\frac{z-1}{-2}$
(3) $x=3$，$z=1$

84 P$\left(\frac{1}{2},\ \frac{3}{2},\ 0\right)$，Q$(1,\ 2,\ 0)$ のとき
最小値 $\frac{1}{\sqrt{2}}$

85 (1) $(3,\ 2,\ -1)$ (2) $0\leqq b\leqq 4$

86 (1) $6-9\sqrt{5}\leqq a\leqq 6+9\sqrt{5}$
(2) $(x-2\sqrt{3})^2+(y-2\sqrt{3})^2+(z-6)^2=25$

87 (1) P$\left(\frac{11}{6},\ \frac{8}{3},\ \frac{8}{3}\right)$，$r=\frac{\sqrt{3}}{2}$
(2) $2x+4y+4z-25=0$

88 (1) 45° (2) $2x-2y+z-1=0$

89 (1) $\frac{x-1}{3}=y-1=\frac{z}{-1}$
(2) $y+z-1=0$

● EXERCISES の解答

30 (1) $PQ=\sqrt{p^2+q^2}$，$QR=\sqrt{q^2+1}$，
$RP=\sqrt{p^2+1}$
(2) $\frac{1}{3}$
(3) $p=q=\sqrt{\frac{2\sqrt{3}-3}{3}}$ のとき最大値 $\frac{2\sqrt{3}-3}{18}$

31 $\frac{\sqrt{10}}{2}$

32 $\overrightarrow{OA}=\frac{1}{2}(\vec{p}-\vec{q}+\vec{r})$

33 B(5, 4, 3)，C(−5, 4, 3)

34 (0, 0, 6)，(4, −1, 3)，(2, −2, 8)，
(1, −5, 4)

35 $\sqrt{7+4\sqrt{2}}$

36 $t=\frac{9}{14}$

37 $t=\frac{3}{4}$

38 (ア) $\frac{\sqrt{6}}{3}a$ (イ) $-\frac{a^2}{3}$ (ウ) $-\frac{1}{2}$ (エ) 120

39 $-2\sqrt{6}<s<2\sqrt{6}$

40 $-\frac{1}{15}$

41 略

42 略

43 (1) $\cos\theta=\frac{-t^2+t+1}{2(t^2-t+1)}$
(2) 最大値 $\frac{5}{6}$，最小値 $\frac{1}{2}$

44 (1) $\overrightarrow{DG}=\frac{1}{2t}\overrightarrow{DA}+\frac{1}{2t}\overrightarrow{DB}+\frac{t-2}{2t}\overrightarrow{DC}$

(2) 略 (3) 略

45 (1) $\vec{a}\cdot\vec{b}=\frac{1}{2}$, $\vec{b}\cdot\vec{c}=\frac{1}{2}$, $\vec{c}\cdot\vec{a}=\frac{1}{2}$

(2) $\overrightarrow{PR}=-\frac{3}{4}\vec{a}+\frac{2}{3}\vec{b}+\frac{1}{3}\vec{c}$,

$\overrightarrow{QS}=-\frac{1}{3}\vec{a}-\frac{2}{3}\vec{b}+\frac{2}{3}\vec{c}$

(3) θは鈍角 (4) 交点をもたない

46 略

47 (1) $90°$ (2) 3

48 (1) $\overrightarrow{CH}=\frac{3}{8}\overrightarrow{OA}+\frac{3}{10}\overrightarrow{OB}-\overrightarrow{OC}$ (2) $5\sqrt{2}$

49 (1) $\left(\frac{4(k+3)}{3},\ \frac{k+3}{3},\ \frac{k+3}{3}\right)$

(2) $-3\leqq k\leqq-\frac{3}{2}$

50 (ア) $-\frac{9}{4}$ (イ) $\left(1,\ \frac{1}{2},\ 1\right)$ (ウ) $\sqrt{t+\frac{9}{4}}$

51 (1) $S=\frac{1}{2lmn}$

(2) $l=\frac{\sqrt{6}}{4}$, $m=\frac{\sqrt{6}}{4}$ のとき最小値 $\frac{8}{3}$

52 $(2,\ -3,\ 4)$

53 (1) $(8,\ -8,\ 8)$ (2) 32

(3) $x+5y+7z-24=0$

(4) $\left(\frac{8}{25},\ \frac{8}{5},\ \frac{56}{25}\right)$

54 (1) $S\left(-\frac{1}{6},\ 1,\ 1\right)$, $T\left(0,\ \frac{2}{3},\ 1\right)$,

$U\left(0,\ 1,\ \frac{3}{5}\right)$

(2) $\frac{1}{270}$ (3) $\frac{761}{1080}$

55 (1) 略 (2) $P\left(0,\ \frac{55}{41},\ \frac{69}{41}\right)$,

$Q\left(\frac{6}{41},\ \frac{53}{41},\ \frac{70}{41}\right)$, $PQ=\frac{1}{\sqrt{41}}$

56 $\left(-\frac{3}{5},\ \frac{4}{5},\ -2\right)$

57 (1) 順に $(0,\ 0,\ 2)$, 2 (2) $(0,\ -1,\ 0)$

(3) $(2,\ 0,\ 2)$, $\left(\frac{2}{9},\ \frac{8}{9},\ \frac{34}{9}\right)$ (4) 略

<第3章> 複素数平面

● 練習 の解答

90 (1) $a=1$, $b=6$ (2) 略

91 略

92 (1) $\frac{1}{\sqrt{2}}$ (2) $AB=\sqrt{2}$, $C(0)$

93 (1) 略 (2) 0

94 $z=\pm1$, $\frac{\sqrt{2}\pm\sqrt{2}i}{2}$, $\frac{-\sqrt{2}\pm\sqrt{2}i}{2}$

95 (1) $2\sqrt{2}\left(\cos\frac{7}{4}\pi+i\sin\frac{7}{4}\pi\right)$

(2) $3(\cos\pi+i\sin\pi)$ (3) $\cos\frac{4}{3}\pi+i\sin\frac{4}{3}\pi$

96 (1) $\cos(\pi+\alpha)+i\sin(\pi+\alpha)$

(2) $0\leqq\alpha<\frac{\pi}{2}$ のとき

$\cos\left(\alpha+\frac{3}{2}\pi\right)+i\sin\left(\alpha+\frac{3}{2}\pi\right)$,

$\frac{\pi}{2}\leqq\alpha<2\pi$ のとき

$\cos\left(\alpha-\frac{\pi}{2}\right)+i\sin\left(\alpha-\frac{\pi}{2}\right)$

97 (1) $\alpha\beta=2\sqrt{6}\left(\cos\frac{11}{12}\pi+i\sin\frac{11}{12}\pi\right)$,

$\frac{\alpha}{\beta}=\frac{\sqrt{6}}{6}\left(\cos\frac{7}{12}\pi+i\sin\frac{7}{12}\pi\right)$

(2) $\alpha\beta=4\sqrt{2}\left(\cos\frac{\pi}{12}+i\sin\frac{\pi}{12}\right)$,

$\frac{\alpha}{\beta}=\sqrt{2}\left(\cos\frac{17}{12}\pi+i\sin\frac{17}{12}\pi\right)$

98 $\cos\frac{5}{12}\pi=\frac{\sqrt{6}-\sqrt{2}}{4}$, $\sin\frac{5}{12}\pi=\frac{\sqrt{6}+\sqrt{2}}{4}$

99 (1) $2\cos\frac{5}{12}\pi\left(\cos\frac{7}{12}\pi+i\sin\frac{7}{12}\pi\right)$

(2) $\frac{\sqrt{6}-\sqrt{2}}{4}$

100 (1) $-1+2\sqrt{3}-(2+\sqrt{3})i$

(2) (ア) 原点を中心として $\frac{3}{4}\pi$ だけ回転した点

(イ) 原点を中心として $\frac{\pi}{3}$ だけ回転し，原点からの距離を $\frac{1}{2}$ 倍した点

(ウ) 実軸に関して対称移動し，原点を中心として $-\frac{\pi}{2}$ だけ回転した点

101 $z=-1+3i$, $\sqrt{3}-1$

102 $4-2i$, $6+i$；または $-2+2i$, $5i$

103 (1) $16-16\sqrt{3}i$ (2) -64 (3) $128i$

104 (1) $n=-6$ (2) 2

105 (1) $z=1$, $-\frac{1}{2}+\frac{\sqrt{3}}{2}i$, $-\frac{1}{2}-\frac{\sqrt{3}}{2}i$

(2) $z=\pm1$, $\pm i$, $\pm\frac{1+i}{\sqrt{2}}$, $\pm\frac{1-i}{\sqrt{2}}$

106 (1) $z=\sqrt{3}+i$, $-\sqrt{3}+i$, $-2i$

(2) $z=\pm\left(\frac{\sqrt{2}}{2}+\frac{\sqrt{6}}{2}i\right)$, $\pm\left(\frac{\sqrt{6}}{2}-\frac{\sqrt{2}}{2}i\right)$

107 (1) (ア) -1 (イ) 1 (ウ) 7 (2) 1

108 (1) $n=3$

(2) $(m,\ n)=(12,\ 24)$, $(24,\ 48)$

109 (1) $-\frac{1}{3}+\frac{2}{3}i$ (2) $16-i$ (3) $\frac{3}{2}-\frac{1}{2}i$

(4) $-8-i$ (5) $\frac{14}{3}-\frac{i}{3}$

110 (1) 2点 $2i$, -3 を結ぶ線分の垂直二等分線

(2) 点 $1-2i$ を中心とする半径 $\frac{1}{2}$ の円

(3) 点 $-\frac{1}{2}-\frac{1}{2}i$ を中心とする半径1の円

(4) 点 $\frac{1}{4}$ を通り，実軸に垂直な直線

(5) 2点1, $2i$ を通る直線

111 (1) 点 -1 を中心とする半径3の円

(2) 点 $5i$ を中心とする半径6の円

112 $z=2-5i$ で最大値 $4\sqrt{5}$，$z=-i$ で最小値 $2\sqrt{5}$

113 点 $-2i$ を中心とする半径 $\sqrt{2}$ の円

114 2点0, i を結ぶ線分の垂直二等分線

115 (1) 2点0, i を結ぶ線分の垂直二等分線

(2) 点 $\frac{1}{2}i$ を中心とする半径 $\frac{1}{2}$ の円。ただし，点 i は除く

(3) 点1を中心とする半径1の円。ただし，点2は除く

116 (1) $z=\pm\frac{7}{2}$ (2) $\frac{x^2}{9}+\frac{y^2}{16}=1$

117 図略；$1\leqq|w^4|\leqq 81$, $\frac{\pi}{3}\leqq\arg w^4\leqq\frac{5}{3}\pi$

118 略

119 略

120 (1) $\frac{\pi}{4}$ (2) 順に $\frac{5}{6}\pi$, $\frac{\sqrt{3}+1}{2}$

(3) (ア) $-\frac{1}{2}$ (イ) $\frac{5}{3}$

121 (1) 正三角形

(2) BA=BC の直角二等辺三角形

122 (1) OA=OB, $\angle\mathrm{O}=\frac{2}{3}\pi$ の二等辺三角形

(2) (ア) $r=\beta\pm\sqrt{3}(\alpha-\beta)i$

(イ) $\angle\mathrm{A}=\frac{\pi}{3}, \angle\mathrm{B}=\frac{\pi}{2}, \angle\mathrm{C}=\frac{\pi}{6}$ の直角三角形

123 略

124 略

125 $|\alpha|=|\alpha-1|$, 図略

126 略

127 (1) $(1+i)z-(1-i)\overline{z}=6i$

(2) $(2+3i)z+(2-3i)\overline{z}+14=0$

128 (1) 略 (2) $w'=\alpha^2\overline{w}$

129 略

130 (1) $-2<c<2$ (2) 略

131 図略，半径は $\frac{|\alpha|^2+1}{2}$

132 略

133 (1) $(1+z)^{2n}={}_{2n}\mathrm{C}_0+{}_{2n}\mathrm{C}_1z+{}_{2n}\mathrm{C}_2z^2+\cdots+{}_{2n}\mathrm{C}_{2n}z^{2n}$

$(1-z)^{2n}={}_{2n}\mathrm{C}_0-{}_{2n}\mathrm{C}_1z+{}_{2n}\mathrm{C}_2z^2-\cdots+{}_{2n}\mathrm{C}_{2n}z^{2n}$

(2) 略

134 (1) $z_k=\frac{1-\alpha^k}{1-\alpha}$ (2) 略

135 (1) $z_3=\frac{3}{2}+i$, $z_4=\frac{5}{4}+\frac{5}{4}i$

(2) $z_n=\frac{1-\alpha^n}{1-\alpha}$

(3) 8で割った余りが2, 3, 4である自然数

● EXERCISES の解答

58 (1) $\frac{1}{2}z+\frac{1}{2}\overline{z}$ (2) $-\frac{1}{2}iz+\frac{1}{2}i\overline{z}$

(3) $\frac{1}{2}(1+i)z+\frac{1}{2}(1-i)\overline{z}$ (4) $\frac{1}{2}z^2+\frac{1}{2}(\overline{z})^2$

59 (1) $z=1+i$ (2) 略

60 証明略；$\beta=-\frac{1}{\alpha\overline{\alpha}}$, $a=\frac{1}{\alpha\overline{\alpha}}-(\alpha+\overline{\alpha})$,

$b=\alpha\overline{\alpha}-\frac{\alpha+\overline{\alpha}}{\alpha\overline{\alpha}}$

61 $|z|>1$ のとき $|z-\alpha|<|\overline{\alpha}z-1|$,

$|z|=1$ のとき $|z-\alpha|=|\overline{\alpha}z-1|$,

$|z|<1$ のとき $|z-\alpha|>|\overline{\alpha}z-1|$

62 $\sqrt{23}$

63 (1) $z=\frac{-r^3+ri}{\sqrt{r^4+1}}$ (2) $z=\frac{-1+i}{\sqrt{2}}$

64 (1) $\theta=\frac{7}{4}\pi$

(2) 証明略，$z=\frac{1\pm\sqrt{3}i}{2}$

65 -1

66 (1) 略

(2) $r=1$ のとき，β は $|\beta|=1$ を満たす任意の複素数；

$0<r<1$, $1<r$ のとき，

$\beta=r\{\cos(\theta+\pi)+i\sin(\theta+\pi)\}$

または $\beta=\frac{1}{r}(\cos\theta+i\sin\theta)$

67 (1) $2\cos\frac{\theta_1}{2}\left(\cos\frac{\theta_1}{2}+i\sin\frac{\theta_1}{2}\right)$ (2) 略

68 (ア) 3 (イ) 3

69 (1) $\left(\frac{1}{\sqrt{2}}, \frac{3}{\sqrt{2}}\right)$ (2) $(1, -2)$

70 略

71 (ア) $\frac{\sqrt{3}}{2}-\frac{1}{2}i$ (イ) $-i$ (ウ) $-\frac{\sqrt{3}}{2}+\frac{1}{2}i$

72 (1) $(\alpha, \beta)=(\cos\theta\pm i\sin\theta, \cos\theta\mp i\sin\theta)$ (複号同順)

(2) n が3の倍数のとき 2,

n が3の倍数でないとき -1

73 （実部，虚部）と表すと

(1) $(\sqrt{3},\ 1)$，$(-\sqrt{3},\ -1)$

(2) $(1+\sqrt{3},\ 1+\sqrt{3})$，$(1-\sqrt{3},\ -1+\sqrt{3})$

(3) $\left(\dfrac{2+\sqrt{2}+\sqrt{6}}{2},\ \dfrac{-\sqrt{2}+2\sqrt{3}+\sqrt{6}}{2}\right)$，
$\left(\dfrac{2-\sqrt{2}-\sqrt{6}}{2},\ \dfrac{\sqrt{2}+2\sqrt{3}-\sqrt{6}}{2}\right)$

74 略

75 (1) $\beta+\gamma=-1$，$\beta\gamma=2$

(2) $\beta=\dfrac{-1+\sqrt{7}\,i}{2}$，$\gamma=\dfrac{-1-\sqrt{7}\,i}{2}$

(3) $\sin\dfrac{2\pi}{7}+\sin\dfrac{4\pi}{7}+\sin\dfrac{8\pi}{7}=\dfrac{\sqrt{7}}{2}$，
$\sin\dfrac{\pi}{7}\sin\dfrac{2\pi}{7}\sin\dfrac{3\pi}{7}=\dfrac{\sqrt{7}}{8}$

76 $c=1$

77 $4+2\sqrt{2}$

78 (1) 略 (2) $n=12$

79 (1), (2) 略 (3) $1+\sqrt{5}$

80 略

81 略

82 (1) 略 (2) $\dfrac{7}{3}$ (3) 0

83 (1) 略 (2) 証明略，$\mathrm{PQ}=2\sqrt{\alpha\overline{\alpha}}$

(3) $\beta=\dfrac{\alpha+\overline{\alpha}+\sqrt{(\alpha+\overline{\alpha})^2+8\alpha\overline{\alpha}}}{2}$

84 d が実数のとき 実軸；d が虚数のとき
点 $\dfrac{\overline{d}}{d-\overline{d}}$ を中心とする半径 $\left|\dfrac{d}{d-\overline{d}}\right|$ の円

85 略

86 (1) $\dfrac{n^2}{36}\pi$ (2) $n=4$；$a=2^{\frac{1}{18}}$，$2^{-\frac{1}{18}}$

<第4章> 式と曲線

● 練習 の解答

136 (1) 焦点は点 $(0,\ -2)$，準線は直線 $y=2$，図略

(2) 放物線 $y^2=12x$ (3) $y^2=4x$

137 放物線 $y^2=-12(x-3)$ の $0<x\leqq 3$ の部分

138 (1) 長軸の長さは 10，短軸の長さは $6\sqrt{2}$，
焦点は 2 点 $(\sqrt{7},\ 0)$，$(-\sqrt{7},\ 0)$，図略

(2) 長軸の長さは 8，短軸の長さは $2\sqrt{14}$，
焦点は 2 点 $(0,\ \sqrt{2})$，$(0,\ -\sqrt{2})$，図略

139 (1) $\dfrac{x^2}{9}+\dfrac{y^2}{5}=1$ (2) $\dfrac{x^2}{4}+\dfrac{y^2}{6}=1$

(3) $\dfrac{x^2}{4}+y^2=1$

140 (1) $\dfrac{x^2}{9}+\dfrac{y^2}{81}=1$，
焦点は 2 点 $(0,\ 6\sqrt{2})$，$(0,\ -6\sqrt{2})$

(2) $\dfrac{x^2}{4}+\dfrac{y^2}{9}=1$，
焦点は 2 点 $(0,\ \sqrt{5})$，$(0,\ -\sqrt{5})$

141 $9x^2+36y^2=4$，図略

142 (1) 焦点は 2 点 $(2\sqrt{3},\ 0)$，$(-2\sqrt{3},\ 0)$，
漸近線は 2 直線 $x-y=0$，$x+y=0$，図略

(2) 焦点は 2 点 $(0,\ 5)$，$(0,\ -5)$，
漸近線は 2 直線 $\dfrac{x}{3}-\dfrac{y}{4}=0$，$\dfrac{x}{3}+\dfrac{y}{4}=0$，図略

143 (1) $\dfrac{x^2}{9}-\dfrac{y^2}{7}=1$ (2) $\dfrac{x^2}{9}-\dfrac{y^2}{36}=1$

(3) $\dfrac{2}{9}x^2-\dfrac{2}{9}y^2=1$

144 双曲線 $x^2-\dfrac{y^2}{8}=1$ の $x>0$ の部分

145 (1) $\mathrm{P}\left(\pm\dfrac{\sqrt{17}}{3},\ \dfrac{4}{3}\right)$ のとき最小値 $\dfrac{\sqrt{21}}{3}$

(2) $a<-\dfrac{3}{2}$ のとき最小値 $|a+2|$，
$-\dfrac{3}{2}\leqq a\leqq\dfrac{3}{2}$ のとき最小値 $\sqrt{-\dfrac{1}{3}a^2+1}$，
$\dfrac{3}{2}<a$ のとき最小値 $|a-2|$

146 (1) 楕円 $\dfrac{x^2}{4}+y^2=1$ を x 軸方向に -2，y 軸方向に 3 だけ平行移動した図形；
焦点は 2 点 $(\sqrt{3}-2,\ 3)$，$(-\sqrt{3}-2,\ 3)$

(2) 放物線 $y^2=\dfrac{3}{2}x$ を x 軸方向に $\dfrac{2}{3}$，y 軸方向に -2 だけ平行移動した図形；
焦点は点 $\left(\dfrac{25}{24},\ -2\right)$

(3) 双曲線 $\dfrac{x^2}{2}-\dfrac{y^2}{4}=-1$ を x 軸方向に -2，
y 軸方向に 1 だけ平行移動した図形；
焦点は 2 点 $(-2,\ \sqrt{6}+1)$，$(-2,\ -\sqrt{6}+1)$

147 (1) $(y-3)^2=16(x-2)$

(2) $\dfrac{x^2}{2}-(y-3)^2=1$

148 略

149 (1) $\dfrac{x^2}{9}+\dfrac{y^2}{25}=1$，図略

(2) $\dfrac{x^2}{4}-\dfrac{y^2}{5}=1$，$x>0$；図略

150 (1) 2 つの交点 $(-1,\ 0)$，$\left(\dfrac{5}{4},\ \dfrac{3}{2}\right)$ をもつ

(2) 共有点をもたない

(3) 接点 $\left(\dfrac{2}{\sqrt{13}},\ \dfrac{12}{\sqrt{13}}\right)$ をもつ

151 (1) $m<-1$，$1<m$ のとき 2 個；
$m=\pm 1$ のとき 1 個；$-1<m<1$ のとき 0 個

(2) $k=\pm 2$，$\pm\dfrac{2}{\sqrt{5}}$

152 中点の座標，長さの順に

(1) $\left(\frac{24}{17},\ \frac{3}{17}\right)$，$\frac{8\sqrt{10}}{17}$　(2) $(-1,\ 2)$，$\frac{2\sqrt{30}}{3}$

153 (1) $-\sqrt{13}<k<\sqrt{13}$

(2) 直線 $y=-\frac{4}{9}x$ の $-\frac{9\sqrt{13}}{13}<x<\frac{9\sqrt{13}}{13}$ の部分

154 $\frac{1}{8}<k\leqq\frac{1}{4}$

155 (1) $y=x+4$，$y=-\frac{5}{11}x+\frac{28}{11}$

(2) (ア) $x=2$，$5x-6y+8=0$

(イ) $y=x+2$，$y=\frac{2}{3}x+3$

156 略

157 $Q\left(-\frac{3}{2},\ \frac{1}{2}\right)$，面積は $\frac{9}{4}$

158 $a=\frac{1}{\sqrt{2}}$

159 略

160 (1) 楕円 $\frac{x^2}{3}+\frac{y^2}{2}=1$

(2) 双曲線 $\frac{x^2}{4}-\frac{(y-1)^2}{5}=1$

161 略

162 $x=\frac{3\sqrt{10}}{10}$，$y=\frac{3\sqrt{10}}{10}$ のとき

最大値 $\frac{6\sqrt{10}}{5}$；

$x=-\frac{3\sqrt{2}}{2}$，$y=-\frac{\sqrt{2}}{2}$ のとき

最小値 $-3\sqrt{2}$

163 $x=5$，$y=0$ のとき最大値 25；

$x=2$，$y=1$ のとき最小値 3

164 略

165 (1) 放物線 $y=x^2-x+3$ の $x\geqq1$ の部分

(2) 直線 $y=1-2x$ の $-\frac{1}{2}\leqq x\leqq\frac{1}{2}$ の部分

(3) 放物線 $y^2=12x$

(4) 楕円 $\frac{x^2}{25}+\frac{y^2}{4}=1$

(5) 双曲線 $\frac{x^2}{4}-y^2=1$

(6) 双曲線 $\frac{(x-1)^2}{36}-\frac{y^2}{4}=1$ の $x\geqq7$ の部分

166 (1) 放物線 $x=y^2+y+1$

(2) Q_1：1 周，Q_2：0 周

167 最大値 $\frac{1+\sqrt{31}}{12}$，最小値 $\frac{1-\sqrt{31}}{12}$

168 (1) 双曲線 $\frac{x^2}{4}-\frac{y^2}{9}=1$ の点 $(-2,\ 0)$ を除いた部分

(2) 放物線 $y=x^2-2$ の $x\leqq-2$，$2\leqq x$ の部分

169 $\begin{cases} x=(a-b)\cos\theta+b\cos\frac{a-b}{b}\theta \\ y=(a-b)\sin\theta-b\sin\frac{a-b}{b}\theta \end{cases}$

170 $\frac{\left(x-\frac{3}{4}\right)^2}{\left(\frac{3}{4}\right)^2}+\frac{y^2}{\left(\frac{1}{4}\right)^2}=1$，$x\neq0$；図略

171 略

172 (1) 図略 (ア) $(-\sqrt{2},\ \sqrt{2})$ (イ) $(0,\ -3)$

(ウ) $(-\sqrt{3},\ 1)$ (エ) $(-2,\ 2\sqrt{3})$

(2) (ア) $\left(2,\ \frac{\pi}{3}\right)$ (イ) $\left(2\sqrt{2},\ \frac{5}{4}\pi\right)$

(ウ) $\left(2\sqrt{3},\ \frac{5}{6}\pi\right)$

173 (1) $2\sqrt{7}$　(2) $6\sqrt{3}$

(3) $\frac{5\sqrt{2}+12\sqrt{3}-\sqrt{6}}{2}$

174 (1) $r^2-6r\cos\left(\theta-\frac{\pi}{3}\right)+5=0$

(2) $r\cos\left(\theta-\frac{\pi}{4}\right)=2$

175 (1) $r^2(2+\sin^2\theta)=1$

(2) (ア) 直線 $3x+2y=6$

(イ) 円 $\left(x-\frac{1}{2}\right)^2+\left(y-\frac{1}{2}\right)^2=\frac{1}{2}$

(ウ) 楕円 $x^2+\frac{y^2}{4}=1$ (エ) 放物線 $y=x^2-1$

176 (1) $r=a(2+\cos\theta)$

(2) 略

177 (1) (ア) $r=\frac{3}{2-\cos\theta}$ (イ) $r=\frac{3}{1-\cos\theta}$

(2) (ア) 放物線 $y^2=8(x+2)$

(イ) 双曲線 $\frac{(x-3)^2}{6}-\frac{y^2}{3}=1$

(ウ) 楕円 $\frac{(x+\sqrt{3})^2}{4}+y^2=1$

178 (1) $r(1-\cos\theta)=2p$　(2) 証明略，$\frac{1}{4p^2}$

179 $r=\sin2\theta$，図略

● EXERCISES の解答

87 (1) $y=\frac{1}{2(a-b)}x^2+\frac{a+b}{2}$

(2) $(a-b,\ a)$，$(b-a,\ a)$

88 (1) 長軸の長さ $4d$，短軸の長さ $2\sqrt{3}d$

(2) $AP^2+BP^2=2OP^2+2d^2$，$AP\cdot BP=7d^2-OP^2$

(3) $OP=2d$ のとき最大値 $28d^3$，

$OP=\sqrt{3}d$ のとき最小値 $16d^3$

89 (ア) $\frac{12}{\sqrt{13}}$ (イ) 12

90 双曲線 $x^2-y^2=\pm\frac{8}{9}k$

91 図略 (1) 双曲線 $\dfrac{x^2}{16}-\dfrac{y^2}{9}=-1$

(2) $c>\dfrac{5}{4}a$ かつ $a>0$

92 (1) $t=\dfrac{1\pm\sqrt{5}}{2}$；焦点は 2 点 $(1,\ 0)$，$(-1,\ 0)$

(2) 略

93 平面 $x=d$ 上の点 $(d,\ 0,\ 1)$ を中心とする半径 d の円の $z<1$ の部分

94 $a=2$，$b=3$，$c=\sqrt{2}$

95 (1) $4x^2-2\sqrt{3}\,xy+6y^2=21$ (2) $-2\leqq t\leqq 2$

96 (ア) $(0,\ 3)$ (イ) $x^2=6\left(y-\dfrac{3}{2}\right)$

97 (1) $-2\sqrt{2}<p<-2$，$-2<p<2$，$2<p<2\sqrt{2}$

(2) 線分 P_1P_2 の中点は $\left(-\dfrac{p}{p^2-4},\ -\dfrac{4}{p^2-4}\right)$，

線分 Q_1Q_2 の中点は $\left(-\dfrac{p}{p^2-4},\ -\dfrac{4}{p^2-4}\right)$

(3) 略

98 $a=\dfrac{7}{3}$

99 (1) $P(\sqrt{3}\cos\theta,\ \sin\theta)$，$Q\left(0,\ \dfrac{1}{\sin\theta}\right)$，

$R(0,\ -2\sin\theta)$

(2) $\theta=\dfrac{\pi}{4}$ のとき最小値 $2\sqrt{2}$

100 略

101 (1) $\sqrt{3}\,x-2y=4$，$-\sqrt{3}\,x+2y=4$

(2) $Q\left(\sqrt{3},\ -\dfrac{1}{2}\right)$ または $Q\left(-\sqrt{3},\ \dfrac{1}{2}\right)$ のとき最大値 1

102 $y=\pm 2\sqrt{3}\,x-4$

103 (1) $\dfrac{x^2}{12}+\dfrac{y^2}{4}=1$ (2) 円 $x^2+y^2=16$

(3) 円 $x^2+y^2=16$

104 (1) $E\left(\dfrac{2}{k},\ 0\right)$，$F(0,\ 2k)$

(2) $G\left(-\dfrac{k^2-1}{k},\ \dfrac{k^2-1}{k}\right)$，$\angle EGF=90^\circ$

105 (1) $\dfrac{4\sqrt{t^2+3}}{t^2+11}$ (2) $t=\sqrt{5}$

106 $\dfrac{(x+2)^2}{8}-\dfrac{y^2}{8}$，漸近線は 2 直線 $y=x+2$，$y=-x-2$

107 略

108 (1) $\dfrac{(p+\alpha)^2}{2}\sqrt{\dfrac{p}{\alpha}}$ (2) 略

109 (1) 証明略；$(1,\ \sqrt{5})$，$(1,\ -\sqrt{5})$，$(-1,\ 1)$，$(-1,\ -1)$ (2) 略

110 略

111 略

112 $x=\dfrac{p}{\tan^2\theta}$，$y=\dfrac{2p}{\tan\theta}$

113 (1) $t\neq 0$ (2) 双曲線 $\dfrac{x^2}{8}-\dfrac{y^2}{8}=1$

114 $(a(2\theta-\sin\theta),\ a(2-\cos\theta))$

115 (1) $\cos\theta=\dfrac{1-t^2}{1+t^2}$，$\sin\theta=\dfrac{2t}{1+t^2}$

(2) 楕円 $\dfrac{x^2}{9}+y^2=1\ (y>0)$

116 略

117 (1) $\dfrac{\pi}{2}$ (2) $\dfrac{3\sqrt{3}}{2}$

(3) 中心は点 $\left(-\dfrac{5}{4},\ -\dfrac{\sqrt{3}}{4}\right)$，半径は $\dfrac{\sqrt{19}}{2}$

118 略

119 (1) 略

(2) ①：$r=\dfrac{c_1}{|\cos\theta|+|\sin\theta|}$，②：$r=c_2$

(3) 最大値は $\sqrt{2}$，最小値は 1

120 (1) $(x^2+y^2)^2-8a^2xy=0$

(2) $r^2=4a^2\sin 2\theta$ (3) 略

121 $r=a\cos\dfrac{k-1}{k+1}\theta$

● 総合演習第 2 部 の解答

1 (1) $\overrightarrow{OC}=\dfrac{\vec{a}+2\vec{b}}{3}$，$\overrightarrow{AC}=\dfrac{-2\vec{a}+2\vec{b}}{3}$

(2) $f(\theta)=\dfrac{2}{3}\sqrt{5-4\cos\theta}+\dfrac{4}{3}\sqrt{1+\cos\theta}$

(3) $\cos\theta=\dfrac{1}{8}$ のとき最大値 $2\sqrt{2}$

2 最大値 4，最小値 $-\dfrac{1}{2}$

3 (1) $\alpha=\dfrac{3s}{s^2+3s+3}$，$\beta=\dfrac{s^2}{s^2+3s+3}$

(2) $s=\sqrt{3}$

4 (1) $|\overrightarrow{AB}|=3$，$|\overrightarrow{AC}|=5$，$\overrightarrow{AB}\cdot\overrightarrow{AC}=-3$

(2) $18\sqrt{6}$

5 $\dfrac{\sqrt{3}}{9}$

6 (1) $s=3|\vec{p}|^2+3r^2$ (2) $t=3|\vec{p}|^2-\dfrac{3}{2}r^2$

(3) 略

7 (1) 2 つ

(2) $\overrightarrow{OB}=(3,\ \pm 3\sqrt{3},\ 0)$，

$\overrightarrow{OC}=(3,\ \pm\sqrt{3},\ 2\sqrt{6})$ (複号同順)

(3) $\overrightarrow{MN}=(3,\ \pm\sqrt{3},\ -\sqrt{6})$

(4) 略

8 (1) (ア) $|t|$ (イ) $|d|$ (2) $r=\dfrac{3V}{\alpha+\beta+\gamma+\delta}$

(3) 略

9 (1) $p=1$，$q=0$，$r=1$，$s=1$

(2) 最大値 $\dfrac{1}{2}$

10 (1) $\overrightarrow{\mathrm{OH}}=\frac{5}{9}\overrightarrow{\mathrm{OA}}-\frac{1}{3}\overrightarrow{\mathrm{OB}}$

(2) $0<t\leqq\frac{2}{9}$ のとき $S(t)=3\sqrt{6}\,t^2$

$\frac{2}{9}<t<1$ のとき $S(t)=\frac{12\sqrt{6}}{49}(8t-1)(1-t)$

(3) $t=\frac{9}{16}$ で最大値 $\frac{3\sqrt{6}}{8}$

11 (1) π (2) $\frac{4}{3}\pi$

12 (1) $V=\frac{\pi}{3}|x+y+z|\{3-(x+y+z)^2\}$

(2) 最大値は $\frac{2}{3}\pi$, $x+y+z=\pm1$

13 (1) 略 (2) $z=\frac{p}{\sqrt{q-p^2}}$

14 略

15 (ア) 1 (イ) 720 (ウ) $\frac{4}{7}\pi$

16 (1) $\alpha=\cos\frac{2}{5}\pi+i\sin\frac{2}{5}\pi$ (2) $\frac{11}{36}$ (3) $\frac{4}{9}$

17 (1) $2|\sin\theta|$

(2) n を整数とすると, $\theta=n\pi$ のとき 0,

$\theta\neq n\pi$ のとき $\frac{\sin n\theta\sin(n+1)\theta}{\sin\theta}$

18 (1) $x=3-\sqrt{3}\,y$ (2) $x=-\frac{3}{2}$, $y=\frac{3\sqrt{3}}{2}$

(3) 20

19 (1) $0<c<2$ (2) 略

20 (1) 略

(2) $\alpha=2$, $z=-3-\frac{3\sqrt{30}}{5}-\left(1+\frac{\sqrt{30}}{5}\right)i$ で

最大値 $\sqrt{10}+2\sqrt{3}$

21 (1) 略 (2) 円 $(x-1)^2+y^2=4$ の $-1<x<0$, $y>0$ の部分

22 略

23 (1) 略 (2) $a=\frac{2\sqrt{42}}{7}$, $r=1$

24 (1) $(-20,\ 0)$, $\left(-\frac{200a^2-140}{10a^2+7},\ \frac{280a}{10a^2+7}\right)$

(2) 略 (3) 略

25 略

26 (1) $(at-2t+2,\ bt,\ t-1)$

(2) 略 (3) 略

27 (1) $\tan\beta=\frac{1}{\tan\theta_1}$, $\tan\gamma=3\tan\theta_1$

(2) $-\frac{1}{2}\left(3\tan\theta_1+\frac{1}{\tan\theta_1}\right)$

(3) $\theta_1=\frac{\pi}{6}$ のとき最大値 $-\sqrt{3}$

28 略

29 (1) 略 (2) $\left(\frac{\sqrt{3}}{2},\ \frac{1}{2}\right)$

30 $x=\frac{\sqrt{3}}{2}$, $y=\frac{1}{2}$ のとき最大値 1

以下の問題の出典・出題年度は, 次の通りである。
- p.272 EXERCISES 130　大阪大 2010 年 改題
- p.298 EXERCISES 147　大阪大 2000 年 改題
- p.319 EXERCISES 155　大阪大 2020 年 改題
- p.340 重要例題 206　大阪大 2013 年 改題
- p.444 EXERCISES 31　大阪大 2005 年 改題
- p.579 EXERCISES 86　大阪大 2003 年 改題
- p.620 EXERCISES 99　大阪大 2010 年 改題
- p.697 総合演習第 2 部 22　大阪大 2020 年
- p.706 総合演習第 2 部 22　大阪大 2017 年 改題

索　引（数学Ⅲ，数学C）

1. 用語の掲載ページ(右側の数字)を示した。
2. 主に初出のページを示したが，関連するページも合わせて示したところもある。

【あ行】

【か行】

【さ行】

【た行】

【な行】

【は行】

【ま行】

【や行】

【ら行】

<特別付録：数学C「行列」>
右の QR コードから，本書の姉妹本「チャート式数学Ⅲ＋C（赤チャート）」に掲載している「行列」の紙面を閲覧できます。
※ページ番号，問題番号等は「赤チャート」のものであり，本書のものとの関連はありませんのでご注意ください。

Windows ／ iPad ／ Chromebook 対応

学習者用デジタル副教材のご案内（一般販売用）

いつでも，どこでも学べる，「デジタル版 チャート式参考書」を発行しています。

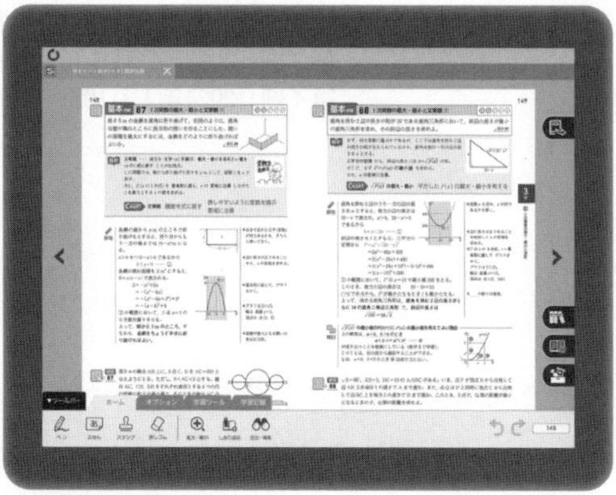

デジタル教材の特設ページはこちら➡

デジタル教材の発行ラインアップ，機能紹介などは，こちらのページでご確認いただけます。

デジタル教材のご購入も，こちらのページ内の「ご購入はこちら」より行うことができます。

▶おもな機能

※商品ごとに搭載されている機能は異なります。詳しくは数研 HP をご確認ください。

基本機能 …………… 書き込み機能（ペン・マーカー・ふせん・スタンプ），紙面の拡大縮小など。

スライドビュー …… ワンクリックで問題を拡大でき，**問題・解答・解説を簡単に表示**することができます。

学習記録 …………… 問題を解いて得た気づきを，ノートの写真やコメントとあわせて，**学びの記録として残す**ことができます。

コンテンツ ………… 例題の解説動画，理解を助けるアニメーションなど，多様なコンテンツを利用することができます。

▶ラインアップ

※その他の教科・科目の商品も発行中。詳しくは数研 HP をご覧ください。

教材	価格（税込）
チャート式　基礎からの数学Ⅰ＋A（青チャート数学Ⅰ＋A）	¥2,145
チャート式　解法と演習数学Ⅰ＋A（黄チャート数学Ⅰ＋A）	¥2,024
チャート式　基礎からの数学Ⅱ＋B（青チャート数学Ⅱ＋B）	¥2,321
チャート式　解法と演習数学Ⅱ＋B（黄チャート数学Ⅱ＋B）	¥2,200

青チャート，黄チャートの数学ⅢCのデジタル版も発行予定です。

●以下の教科書について，「学習者用デジタル教科書・教材」を発行しています。

『数学シリーズ』　『NEXT シリーズ』　『高等学校シリーズ』
『新編シリーズ』　『最新シリーズ』　『新 高校の数学シリーズ』

発行科目や価格については，数研 HP をご覧ください。

※ご利用にはネットワーク接続が必要です（ダウンロード済みコンテンツの利用はネットワークオフラインでも可能）。
※ネットワーク接続に際し発生する通信料は，使用される方の負担となりますのでご注意ください。
※商品に関する特約：商品に欠陥のある場合を除き，お客様のご都合による商品の返品・交換はお受けできません。
※ラインアップ，価格，画面写真など，本広告に記載の内容は予告なく変更になる場合があります。

●編著者
チャート研究所

●表紙・カバーデザイン
有限会社アーク・ビジュアル・ワークス

●本文デザイン
株式会社加藤文明社

改訂新版
第１刷　1999年11月１日　発行
新課程
第１刷　2004年９月１日　発行
改訂版
第１刷　2008年９月１日　発行
新課程
第１刷　2023年８月１日　発行
第２刷　2023年８月10日　発行
第３刷　2023年12月１日　発行
第４刷　2024年１月10日　発行

編集・制作　チャート研究所
発行者　星野 泰也

ISBN978-4-410-10595-1

※解答・解説は数研出版株式会社が作成したものです。

チャート式® 基礎からの 数学Ⅲ＋C

発行所　数研出版株式会社

〒101-0052 東京都千代田区神田小川町2丁目3番地3
〔振替〕00140-4-118431
〒604-0861 京都市中京区烏丸通竹屋町上る大倉町205番地
〔電話〕 代表 (075)231-0161
ホームページ https://www.chart.co.jp
印刷　株式会社　加藤文明社
乱丁本・落丁本はお取り替えいたします　231104

本書の一部または全部を許可なく複写・複製することおよび本書の解説書，問題集ならびにこれに類するものを無断で作成することを禁じます。

「チャート式」は，登録商標です。

1 平面上のベクトル

□ ベクトルの平行，分解

▶ベクトルの平行条件 ($\vec{a} \neq \vec{0}$, $\vec{b} \neq \vec{0}$ のとき)
$\vec{a} /\!/ \vec{b} \iff \vec{b} = k\vec{a}$ となる実数 k がある

▶ベクトルの分解
$\vec{a} \neq \vec{0}$, $\vec{b} \neq \vec{0}$, $\vec{a} \not\parallel \vec{b}$ のとき，任意のベクトル $\vec{p}$ は，実数 s, t を用いてただ1通りに $\vec{p} = s\vec{a} + t\vec{b}$ の形に表される。

□ ベクトルの相等，大きさ

$\vec{a} = (a_1,\ a_2)$, $\vec{b} = (b_1,\ b_2)$ とする。

▶相等 $\vec{a} = \vec{b} \iff a_1 = b_1,\ a_2 = b_2$

▶大きさ $|\vec{a}| = \sqrt{a_1{}^2 + a_2{}^2}$

□ 点の座標とベクトルの成分

$A(a_1,\ a_2)$, $B(b_1,\ b_2)$ のとき

$\overrightarrow{AB} = (b_1 - a_1,\ b_2 - a_2)$

$|\overrightarrow{AB}| = \sqrt{(b_1 - a_1)^2 + (b_2 - a_2)^2}$

□ 内積の定義，内積と成分

$\vec{a} \neq \vec{0}$, $\vec{b} \neq \vec{0}$ とする。

▶内積の定義
$\vec{a}$ と $\vec{b}$ のなす角を $\theta\ (0^\circ \leqq \theta \leqq 180^\circ)$ とすると

$\vec{a} \cdot \vec{b} = |\vec{a}||\vec{b}|\cos\theta$

▶内積と成分
$\vec{a} = (a_1,\ a_2)$, $\vec{b} = (b_1,\ b_2)$ のとき

$\vec{a} \cdot \vec{b} = a_1 b_1 + a_2 b_2$

また，$\vec{a}$ と $\vec{b}$ のなす角を θ とすると

$$\cos\theta = \frac{\vec{a} \cdot \vec{b}}{|\vec{a}||\vec{b}|} = \frac{a_1 b_1 + a_2 b_2}{\sqrt{a_1{}^2 + a_2{}^2}\sqrt{b_1{}^2 + b_2{}^2}}$$

▶垂直条件
$\vec{a} = (a_1,\ a_2) \neq \vec{0}$, $\vec{b} = (b_1,\ b_2) \neq \vec{0}$ とする。

$\vec{a} \perp \vec{b} \iff \vec{a} \cdot \vec{b} = 0 \iff a_1 b_1 + a_2 b_2 = 0$

□ 位置ベクトルと共線条件

▶分点の位置ベクトル
2点 $A(\vec{a})$, $B(\vec{b})$ に対して，線分 AB を $m : n$ に分ける点の位置ベクトル。

内分 …… $\dfrac{n\vec{a} + m\vec{b}}{m+n}$，外分 …… $\dfrac{-n\vec{a} + m\vec{b}}{m-n}$

▶共線条件
2点 A, B が異なるとき

点 P が直線 AB 上にある
$\iff \overrightarrow{AP} = k\overrightarrow{AB}$ となる実数 k がある

□ ベクトル方程式

▶直線のベクトル方程式 s, t を実数とする。

① 点 $A(\vec{a})$ を通り，$\vec{d}\,(\neq \vec{0})$ に平行な直線のベクトル方程式 $\vec{p} = \vec{a} + t\vec{d}$

② 異なる2点 $A(\vec{a})$, $B(\vec{b})$ を通る直線のベクトル方程式

$\vec{p} = (1-t)\vec{a} + t\vec{b}$ または

$\vec{p} = s\vec{a} + t\vec{b}$, $s + t = 1$

▶内積による直線のベクトル方程式
・点 $A(\vec{a})$ を通り，$\vec{n}\,(\neq \vec{0})$ に垂直な直線のベクトル方程式 $\vec{n} \cdot (\vec{p} - \vec{a}) = 0$

▶平面上の点の存在範囲 △OAB に対して，
$\overrightarrow{OP} = s\overrightarrow{OA} + t\overrightarrow{OB}$ のとき，点 P の存在範囲は

① 直線 AB $\iff s + t = 1$
特に 線分 AB $\iff s + t = 1,\ s \geqq 0,\ t \geqq 0$

② △OAB の周と内部
$\iff 0 \leqq s + t \leqq 1,\ s \geqq 0,\ t \geqq 0$

③ 平行四辺形 OACB の周と内部
$\iff 0 \leqq s \leqq 1,\ 0 \leqq t \leqq 1$

▶円のベクトル方程式 中心 $C(\vec{c})$，半径 r の円のベクトル方程式 $|\vec{p} - \vec{c}| = r$

▶ベクトルの応用
点 P が直線 AB 上にある
$\iff \overrightarrow{OP} = s\overrightarrow{OA} + t\overrightarrow{OB}$, $s + t = 1$ となる実数 s, t がある。

2 空間のベクトル

□ ベクトルの演算，相等，大きさ

▶ベクトルの分解
同じ平面上にない4点 O, A, B, C に対して
$\overrightarrow{OA} = \vec{a}$, $\overrightarrow{OB} = \vec{b}$, $\overrightarrow{OC} = \vec{c}$ とすると，
任意のベクトル $\vec{p}$ は実数 s, t, u を用いてただ1通りに $\vec{p} = s\vec{a} + t\vec{b} + u\vec{c}$ の形に表される。

▶相等，大きさ
$\vec{a} = (a_1,\ a_2,\ a_3)$, $\vec{b} = (b_1,\ b_2,\ b_3)$ とする。

$\vec{a} = \vec{b} \iff a_1 = b_1,\ a_2 = b_2,\ a_3 = b_3$

$|\vec{a}| = \sqrt{a_1{}^2 + a_2{}^2 + a_3{}^2}$

▶ $\overrightarrow{AB}$ の成分と大きさ
$A(a_1,\ a_2,\ a_3)$, $B(b_1,\ b_2,\ b_3)$ のとき

$\overrightarrow{AB} = (b_1 - a_1,\ b_2 - a_2,\ b_3 - a_3)$

$|\overrightarrow{AB}| = \sqrt{(b_1 - a_1)^2 + (b_2 - a_2)^2 + (b_3 - a_3)^2}$

□ ベクトルの内積

$\vec{a} = (a_1,\ a_2,\ a_3)$, $\vec{b} = (b_1,\ b_2,\ b_3)$ のとき

$\vec{a} \cdot \vec{b} = a_1 b_1 + a_2 b_2 + a_3 b_3$

□ ベクトルの応用

▶同じ平面上にある条件

s, t, u を実数とする。

点 $\mathrm{P}(\vec{p})$ が3点 $\mathrm{A}(\vec{a})$, $\mathrm{B}(\vec{b})$, $\mathrm{C}(\vec{c})$ の定める平面上にある

$\iff \overrightarrow{\mathrm{CP}}=s\overrightarrow{\mathrm{CA}}+t\overrightarrow{\mathrm{CB}}$

$\iff \vec{p}=s\vec{a}+t\vec{b}+u\vec{c}$, $s+t+u=1$

▶球面の方程式

・点 (a, b, c) を中心とする，半径 r の球面

$$(x-a)^2+(y-b)^2+(z-c)^2=r^2$$

特に，原点を中心とする，半径 r の球面

$$x^2+y^2+z^2=r^2$$

・一般形　$x^2+y^2+z^2+Ax+By+Cz+D=0$

ただし　$A^2+B^2+C^2-4D>0$

中心が $\mathrm{C}(\vec{c})$，半径が r の球面のベクトル方程式　　$|\vec{p}-\vec{c}|=r$

□ （参考）平面・直線の方程式

▶平面の方程式

・点 $\mathrm{A}(\vec{a})$ を通り，$\vec{n}\,(\neq\vec{0})$ に垂直な平面のベクトル方程式　$\vec{n}\cdot(\vec{p}-\vec{a})=0$

・$\mathrm{A}(x_1, y_1, z_1)$, $\vec{n}=(a, b, c)$ のとき，平面の方程式　$a(x-x_1)+b(y-y_1)+c(z-z_1)=0$

・平面の方程式の一般形

$$ax+by+cz+d=0$$

▶直線の方程式　t を実数とする。

・点 $\mathrm{A}(\vec{a})$ を通り，$\vec{d}\,(\neq\vec{0})$ に平行な直線のベクトル方程式　$\vec{p}=\vec{a}+t\vec{d}$

・$\mathrm{A}(x_1, y_1, z_1)$, $\vec{d}=(l, m, n)$ のとき，直線の方程式

① $x=x_1+lt$, $y=y_1+mt$, $z=z_1+nt$

② $\dfrac{x-x_1}{l}=\dfrac{y-y_1}{m}=\dfrac{z-z_1}{n}$　$(lmn\neq0)$

3 複素数平面

□ 複素数平面

▶絶対値と2点間の距離

① 定義　$z=a+bi$ に対し　$|z|=\sqrt{a^2+b^2}$

② 絶対値の性質　z, α, β は複素数とする。

$|z|=0 \iff z=0$

$|z|=|-z|=|\bar{z}|$,　$z\bar{z}=|z|^2$

$|\alpha\beta|=|\alpha||\beta|$

$\left|\dfrac{\alpha}{\beta}\right|=\dfrac{|\alpha|}{|\beta|}$　$(\beta\neq0)$

③ 2点 α, β 間の距離　$|\beta-\alpha|$

□ 複素数の極形式

複素数平面上で，$\mathrm{O}(0)$, $\mathrm{P}(z)$, $z=a+bi\ (\neq0)$, $\mathrm{OP}=r$, OP と実軸の正の部分とのなす角が θ のとき　　$z=r(\cos\theta+i\sin\theta)$　$(r>0)$

▶複素数の乗法，除法

$z_1=r_1(\cos\theta_1+i\sin\theta_1)$, $z_2=r_2(\cos\theta_2+i\sin\theta_2)$ とする。

① 複素数 z_1, z_2 の乗法

$z_1z_2=r_1r_2\{\cos(\theta_1+\theta_2)+i\sin(\theta_1+\theta_2)\}$

$|z_1z_2|=|z_1||z_2|$,　$\arg z_1z_2=\arg z_1+\arg z_2$

② 複素数 z_1, z_2 の除法（$z_2\neq0$ とする）

$\dfrac{z_1}{z_2}=\dfrac{r_1}{r_2}\{\cos(\theta_1-\theta_2)+i\sin(\theta_1-\theta_2)\}$

$\left|\dfrac{z_1}{z_2}\right|=\dfrac{|z_1|}{|z_2|}$,　$\arg\dfrac{z_1}{z_2}=\arg z_1-\arg z_2$

▶複素数の乗法と回転　$\mathrm{P}(z)$, $r>0$ とする。

点 $r(\cos\theta+i\sin\theta)\cdot z$ は，点Pを原点を中心として角 θ だけ回転し，原点からの距離を r 倍した点である。

□ ド・モアブルの定理

▶ド・モアブルの定理　n が整数のとき

$$(\cos\theta+i\sin\theta)^n=\cos n\theta+i\sin n\theta$$

▶1の n 乗根　1の n 乗根は n 個あり，それらを z_k $(k=0, 1, 2, \cdots\cdots, n-1)$ とすると

$$z_k=\cos\frac{2k\pi}{n}+i\sin\frac{2k\pi}{n}$$

$n\geqq3$ のとき，点 z_k $(k=0, 1, 2, \cdots\cdots, n-1)$ は点1を1つの頂点として，単位円に内接する正 n 角形の頂点である。

□ 複素数と図形

点 $\mathrm{A}(\alpha)$, $\mathrm{B}(\beta)$, $\mathrm{C}(\gamma)$, $\mathrm{D}(\delta)$ は互いに異なる点とする。

▶線分 AB の内分点，外分点

$m:n$ に内分する点　$\dfrac{n\alpha+m\beta}{m+n}$　　中点　$\dfrac{\alpha+\beta}{2}$

$m:n$ に外分する点　$\dfrac{-n\alpha+m\beta}{m-n}$

▶方程式の表す図形

・$|\boldsymbol{z}-\boldsymbol{\alpha}|=\boldsymbol{r}$　$(r>0)$ は　中心 A，半径 r の円

・$\boldsymbol{n}|\boldsymbol{z}-\boldsymbol{\alpha}|=\boldsymbol{m}|\boldsymbol{z}-\boldsymbol{\beta}|$, $n>0$, $m>0$ は

$m=n$ なら　線分 AB の垂直二等分線

$m\neq n$ なら　線分 AB を $m:n$ に内分する点と外分する点を直径の両端とする円（アポロニウスの円）

新課程

チャート式®

基礎からの

数学III＋C〔ベクトル 複素数平面 式と曲線〕

〈解答編〉

問題文＋解答

数研出版
https://www.chart.co.jp

練習，EXERCISES，総合演習の解答（数学Ⅲ）

注意　・章ごとに，練習，EXERCISES の解答をまとめて扱った。
・問題番号の左横の数字は，難易度を表したものである。

練習 ①1　(1) 次の関数のグラフをかけ。また，漸近線を求めよ。

(ア) $y=\dfrac{3x+5}{x+1}$　(イ) $y=\dfrac{-2x+5}{x-3}$　(ウ) $y=\dfrac{x-2}{2x+1}$

(2) (1)の(ア)，(イ)の各関数において，$2\leqq x\leqq 4$ のとき y のとりうる値の範囲を求めよ。

(1) (ア) $y=\dfrac{3x+5}{x+1}=\dfrac{3(x+1)+2}{x+1}=\dfrac{2}{x+1}+3$

この関数のグラフは $y=\dfrac{2}{x}$ のグラフを x 軸方向に -1，y 軸方向に 3 だけ平行移動したもので，図(ア)のようになる。

漸近線は　**2 直線 $x=-1$，$y=3$**

←$x+1\overline{)3x+5}$ の商は 3，$3x+3$ を引いて余り 2

(イ) $y=\dfrac{-2x+5}{x-3}=\dfrac{-2(x-3)-1}{x-3}=-\dfrac{1}{x-3}-2$

この関数のグラフは $y=-\dfrac{1}{x}$ のグラフを x 軸方向に 3，y 軸方向に -2 だけ平行移動したもので，図(イ)のようになる。

漸近線は　**2 直線 $x=3$，$y=-2$**

←$x-3\overline{)-2x+5}$ の商は -2，$-2x+6$ を引いて余り -1

(ウ) $y=\dfrac{x-2}{2x+1}=\dfrac{1}{2}\cdot\dfrac{(2x+1)-5}{2x+1}=-\dfrac{\frac{5}{4}}{x+\frac{1}{2}}+\dfrac{1}{2}$

この関数のグラフは $y=-\dfrac{5}{4x}$ のグラフを x 軸方向に $-\dfrac{1}{2}$，y 軸方向に $\dfrac{1}{2}$ だけ平行移動したもので，図(ウ)のようになる。

漸近線は　**2 直線 $x=-\dfrac{1}{2}$，$y=\dfrac{1}{2}$**

←$x-2=\dfrac{1}{2}(2x-4)$

←$2x+1\overline{)x-2}$ の商は $\dfrac{1}{2}$，$x+\dfrac{1}{2}$ を引いて余り $-\dfrac{5}{2}$

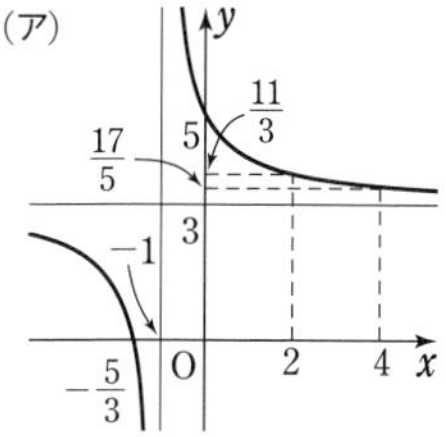

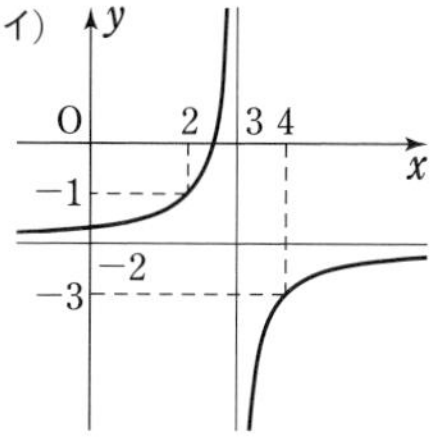

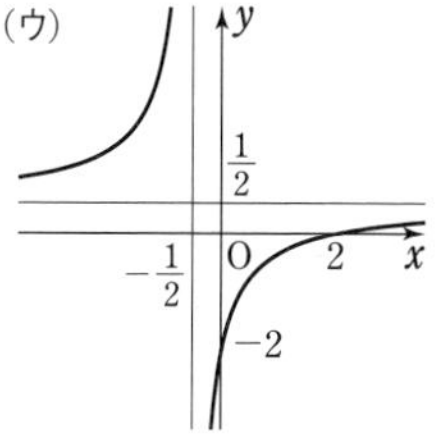

注意　グラフでは，グラフと座標軸との交点の座標もわかる範囲で示しておくこと。

(2) (ア) $x=2$ のとき　$y=\dfrac{11}{3}$，$x=4$ のとき　$y=\dfrac{17}{5}$

(1)の図(ア)のグラフから　　$\boldsymbol{\dfrac{17}{5}\leqq y\leqq \dfrac{11}{3}}$

(イ) $x=2$ のとき　$y=-1$，$x=4$ のとき　$y=-3$

(1)の図(イ)のグラフから　　$\boldsymbol{y\leqq -3,\ -1\leqq y}$

←端の値 $x=2$，4 に対応した y の値を求め，グラフから読みとる。

練習 ③2

(1) 関数 $y=\dfrac{-6x+21}{2x-5}$ のグラフは，関数 $y=\dfrac{8x+2}{2x-1}$ のグラフをどのように平行移動したものか。

(2) 関数 $y=\dfrac{2x+c}{ax+b}$ のグラフが点 $\left(-2,\ \dfrac{9}{5}\right)$ を通り，2 直線 $x=-\dfrac{1}{3}$，$y=\dfrac{2}{3}$ を漸近線にもつとき，定数 a，b，c の値を求めよ。

(1) $y=\dfrac{-6x+21}{2x-5}=\dfrac{-3(2x-5)+6}{2x-5}=\dfrac{6}{2x-5}-3=\dfrac{3}{x-\dfrac{5}{2}}-3$ …… ①

$y=\dfrac{8x+2}{2x-1}=\dfrac{4(2x-1)+6}{2x-1}=\dfrac{6}{2x-1}+4=\dfrac{3}{x-\dfrac{1}{2}}+4$ …… ②

←① は，分子に分母の $2x-5$，② は，分子に分母の $2x-1$ を作るようにして変形。

①，② のグラフは，$y=\dfrac{3}{x}$ のグラフを平行移動したものである。

② のグラフを x 軸方向に p，y 軸方向に q だけ平行移動したときに ① のグラフに重なるとすると，漸近線に着目して

$\dfrac{1}{2}+p=\dfrac{5}{2}$，$4+q=-3$　　ゆえに　　$p=2$，$q=-7$

よって　**x 軸方向に 2，y 軸方向に -7 だけ平行移動したもの**

←① の漸近線は，2 直線 $x=\dfrac{5}{2}$，$y=-3$　② の漸近線は，2 直線 $x=\dfrac{1}{2}$，$y=4$

(2) 2 直線 $x=-\dfrac{1}{3}$，$y=\dfrac{2}{3}$ が漸近線であるから，求める関数は

$y=\dfrac{k}{x+\dfrac{1}{3}}+\dfrac{2}{3}$ と表される。このグラフが点 $\left(-2,\ \dfrac{9}{5}\right)$ を通るから　　$\dfrac{9}{5}=\dfrac{k}{-2+\dfrac{1}{3}}+\dfrac{2}{3}$　すなわち　$\dfrac{9}{5}=-\dfrac{3}{5}k+\dfrac{2}{3}$

←$y=\dfrac{k}{x-p}+q$ の漸近線は，2 直線 $x=p$，$y=q$

これを解いて　　$k=-\dfrac{17}{9}$

よって　　$y=-\dfrac{17}{9}\cdot\dfrac{1}{x+\dfrac{1}{3}}+\dfrac{2}{3}$　すなわち　$y=\dfrac{2x-5}{3x+1}$

←$y=\dfrac{2x+c}{ax+b}$ と比較するために，分子の x の係数が 2 となるように変形。

$y=\dfrac{2x+c}{ax+b}$ と係数を比較して　　$\boldsymbol{a=3,\ b=1,\ c=-5}$

検討　(2) では，次の点に注意しておく。

$k\neq 0$ のとき，$y=\dfrac{ax+b}{cx+d}$ と $y=\dfrac{kax+kb}{kcx+kd}$ は同じ関数を表す。

ゆえに，$\boldsymbol{\dfrac{ax+b}{cx+d}=\dfrac{a'x+b'}{c'x+d'}}$ **が恒等式** であるからといって

$a=a'$，$b=b'$，$c=c'$，$d=d'$ が成り立つとは限らない。

一般に，$\boldsymbol{a'=ka,\ b'=kb,\ c'=kc,\ d'=kd\ (k\neq 0)}$ である。

練習 ②3

(1) 関数 $y=\dfrac{4x-3}{x-2}$ のグラフと直線 $y=5x-6$ の共有点の座標を求めよ。

(2) 不等式 $\dfrac{4x-3}{x-2}\geqq 5x-6$ を解け。

(1) $y=\dfrac{4x-3}{x-2}$ …… ①, $y=5x-6$ …… ②

①, ② から　$\dfrac{4x-3}{x-2}=5x-6$

両辺に $x-2$ を掛けて　$4x-3=(5x-6)(x-2)$

整理して　$x^2-4x+3=0$

ゆえに　$(x-1)(x-3)=0$

よって　$x=1,\ 3$

② に代入して　$x=1$ のとき　$y=-1$,

$x=3$ のとき　$y=9$

したがって，共有点の座標は

$(1,\ -1)$, $(3,\ 9)$

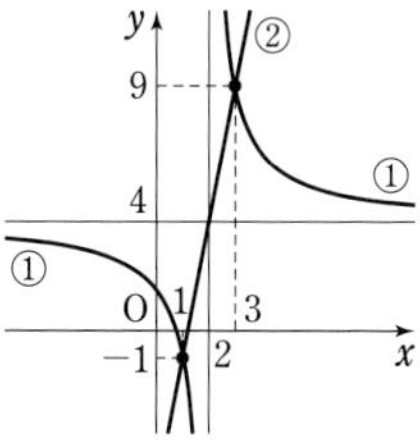

←$y=\dfrac{4x-3}{x-2}=\dfrac{4(x-2)+5}{x-2}=\dfrac{5}{x-2}+4$

←$4x-3=5x^2-16x+12$ から　$5x^2-20x+15=0$

←$x=1,3$ は $\dfrac{4x-3}{x-2}$ の分母を 0 としない。

(2) ① のグラフが直線 ② の上側にある，または直線 ② と共有点をもつような x の値の範囲は，右の図から

$x \leqq 1$, $2<x \leqq 3$

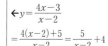

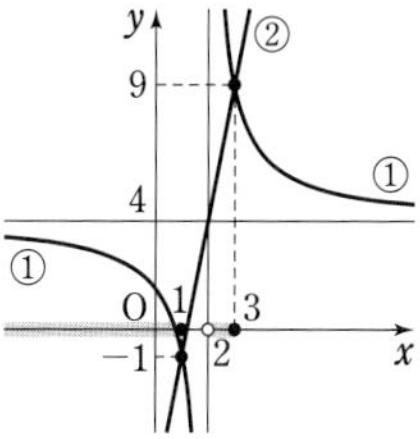

← 不等式 ⟺ 上下関係

別解　$\dfrac{4x-3}{x-2}=\dfrac{5}{x-2}+4$ であるから

不等式は　$\dfrac{5}{x-2}+4 \geqq 5x-6$

よって　$\dfrac{1}{x-2} \geqq x-2$　　これを解いてもよい。

←$\dfrac{5}{x-2} \geqq 5x-10$

練習 ②4

次の方程式，不等式を解け。

(1) $2-\dfrac{6}{x^2-9}=\dfrac{1}{x+3}$　　(2) $\dfrac{4x-7}{x-1} \leqq -2x+1$

(1) 方程式の両辺に x^2-9 を掛けて　$2(x^2-9)-6=x-3$

整理して　$2x^2-x-21=0$　　ゆえに　$(x+3)(2x-7)=0$

よって　$x=-3,\ \dfrac{7}{2}$

$x=-3$ は，もとの方程式の分母を 0 にするから解ではない。

したがって　**$x=\dfrac{7}{2}$**

HINT　分母を払って，多項式の方程式，不等式に直して解く。**(分母)$\neq 0$** に注意。

←この確認を忘れないように。

(2) 不等式から　$\dfrac{4x-7}{x-1}+2x-1 \leqq 0$

ゆえに　$\dfrac{2x^2+x-6}{x-1} \leqq 0$　　よって　$\dfrac{(x+2)(2x-3)}{x-1} \leqq 0$

←$\dfrac{4x-7+(2x-1)(x-1)}{x-1} \leqq 0$

左辺を P とし，P の符号を調べると，右の表のようになる。

したがって，解は

$x \leqq -2$, $1<x \leqq \dfrac{3}{2}$

x	…	-2	…	1	…	$\frac{3}{2}$	…
$x+2$	−	0	+	+	+	+	+
$x-1$	−	−	−	0	+	+	+
$2x-3$	−	−	−	−	−	0	+
P	−	0	+	／	−	0	+

←$x=1$ のとき，(分母)$=0$ となるから　$x \neq 1$

別解 **1.** [1]　$x-1>0$ すなわち $x>1$ のとき

$4x-7 \leqq (x-1)(-2x+1)$　　よって　　$2x^2+x-6 \leqq 0$

←不等号の向きは不変。

ゆえに　　$(x+2)(2x-3) \leqq 0$　　よって　　$-2 \leqq x \leqq \dfrac{3}{2}$

$x>1$ であるから　　$1<x \leqq \dfrac{3}{2}$

←$x>1$ との共通範囲。

[2]　$x-1<0$ すなわち $x<1$ のとき

$4x-7 \geqq (x-1)(-2x+1)$　　よって　　$2x^2+x-6 \geqq 0$

←両辺に負の数を掛けると，不等号の向きが変わる。

ゆえに　$(x+2)(2x-3) \geqq 0$　　よって　$x \leqq -2,\ \dfrac{3}{2} \leqq x$

$x<1$ であるから　　$x \leqq -2$

←$x<1$ との共通範囲。

[1]，[2] から，解は　　$\boldsymbol{x \leqq -2,\ 1<x \leqq \dfrac{3}{2}}$

←[1]，[2] の解を合わせる。

別解 **2.** 不等式の両辺に $(x-1)^2$ を掛けて

←$(x-1)^2 \geqq 0$ であるから，不等号の向きは変わらない。

$$(x-1)(4x-7) \leqq (x-1)^2(-2x+1)$$
$$(x-1)\{4x-7-(x-1)(-2x+1)\} \leqq 0$$
$$(x-1)(2x^2+x-6) \leqq 0$$

ゆえに　　$(x+2)(x-1)(2x-3) \leqq 0$

よって　　$x \leqq -2,\ 1 \leqq x \leqq \dfrac{3}{2}$

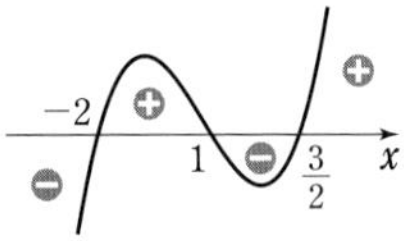

$x \neq 1$ であるから，求める解は　　$\boldsymbol{x \leqq -2,\ 1<x \leqq \dfrac{3}{2}}$

←$x=1$ のとき，(分母)$=0$ となるから　$x \neq 1$

練習 ③5　k は定数とする。方程式 $\dfrac{2x+9}{x+2}=-\dfrac{x}{5}+k$ の実数解の個数を調べよ。

$y=\dfrac{2x+9}{x+2}=\dfrac{5}{x+2}+2$ …… ①

←$\dfrac{2x+9}{x+2}=\dfrac{2(x+2)+5}{x+2}=\dfrac{5}{x+2}+2$

$y=-\dfrac{x}{5}+k$ …… ②

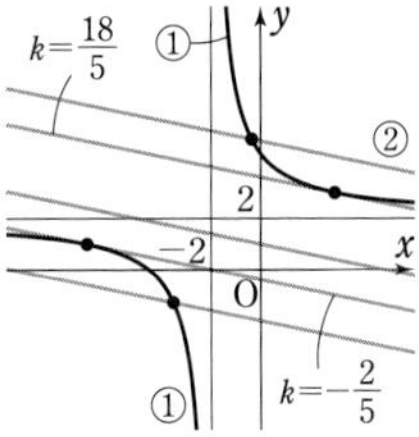

とすると，双曲線 ① と直線 ② の共有点の個数が，与えられた方程式の実数解の個数に一致する。

共有点 ⟺ 実数解

$\dfrac{2x+9}{x+2}=-\dfrac{x}{5}+k$ から

$$5(2x+9)=-x(x+2)+5k(x+2)$$

←両辺に $5(x+2)$ を掛ける。

整理して　　$x^2+(12-5k)x+5(9-2k)=0$

判別式を D とすると

$$D=(12-5k)^2-4\cdot1\cdot5(9-2k)$$
$$=25k^2-80k-36$$
$$=(5k+2)(5k-18)$$

←双曲線 ① と直線 ② が接するときの k の値を調べる。

$D=0$ とすると　　$k=-\dfrac{2}{5},\ \dfrac{18}{5}$

このとき，双曲線 ① と直線 ② は接する。

接点 ⟺ 重解

よって，求める実数解の個数は，図から

←y 切片 k の値に応じて，直線 ② を平行移動。

$k<-\dfrac{2}{5}$, $\dfrac{18}{5}<k$ のとき　2 個；

$k=-\dfrac{2}{5}$, $\dfrac{18}{5}$　　のとき　1 個；

$-\dfrac{2}{5}<k<\dfrac{18}{5}$　　のとき　0 個

練習 ②6　(1) 次の関数のグラフをかけ。また，値域を求めよ。
(ア) $y=\sqrt{3x-4}$　　(イ) $y=\sqrt{-2x+4}$ $(-2\leqq x\leqq 1)$　　(ウ) $y=\sqrt{2-x}-1$
(2) 関数 $y=\sqrt{2x+4}$ $(a\leqq x\leqq b)$ の値域が $1\leqq y\leqq 3$ であるとき，定数 a, b の値を求めよ。

(1) (ア)　$y=\sqrt{3x-4}$ から　　$y=\sqrt{3\left(x-\dfrac{4}{3}\right)}$

このグラフは $y=\sqrt{3x}$ のグラフを x 軸方向に $\dfrac{4}{3}$ だけ平行移動したもので，**図(ア)** のようになる。

また，**値域は**　　$\boldsymbol{y\geqq 0}$

(イ)　$y=\sqrt{-2x+4}$ から　　$y=\sqrt{-2(x-2)}$

このグラフは $y=\sqrt{-2x}$ のグラフを x 軸方向に 2 だけ平行移動したもので，$-2\leqq x\leqq 1$ のときのグラフは **図(イ) の実線部分** のようになる。

また，**値域は**　　$\boldsymbol{\sqrt{2}\leqq y\leqq 2\sqrt{2}}$

(ウ)　$y=\sqrt{2-x}-1$ から　　$y=\sqrt{-(x-2)}-1$

このグラフは $y=\sqrt{-x}$ のグラフを x 軸方向に 2，y 軸方向に -1 だけ平行移動したもので，**図(ウ)** のようになる。

また，**値域は**　　$\boldsymbol{y\geqq -1}$

HINT
(1) $y=\sqrt{a(x-p)}+q$ の形に変形する。

検討　無理関数の定義域は，**($\sqrt{\quad}$ の中)$\geqq 0$** となる x の値全体として求めるとよい。(ア), (ウ) について，定義域は次のようになる。
(ア)　$3x-4\geqq 0$ から
　　$x\geqq\dfrac{4}{3}$
(ウ)　$2-x\geqq 0$ から　$x\leqq 2$

(ア)
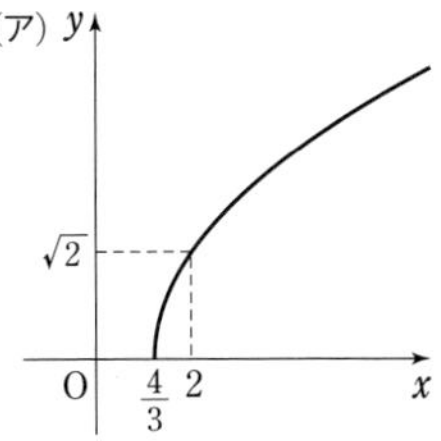

(イ)
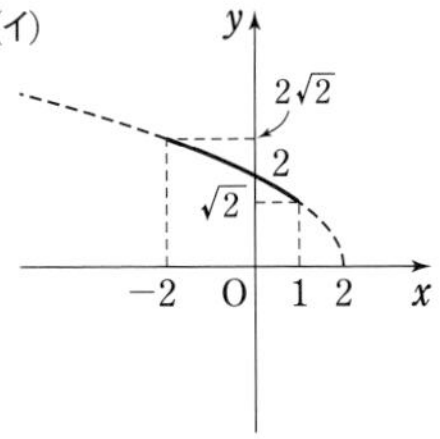

(ウ)
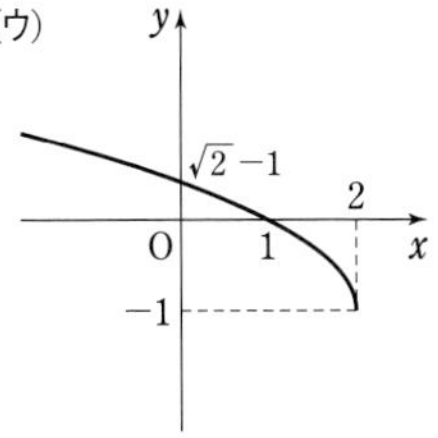

(2)　関数 $y=\sqrt{2x+4}$ $(a\leqq x\leqq b)$ は単調に増加するから，値域は

$$\sqrt{2a+4}\leqq y\leqq\sqrt{2b+4}$$

これが $1\leqq y\leqq 3$ であるための条件は

$$\sqrt{2a+4}=1,\ \sqrt{2b+4}=3$$

それぞれの両辺を平方して　　$2a+4=1$, $2b+4=9$

これを解いて　　$\boldsymbol{a=-\dfrac{3}{2}}$, $\boldsymbol{b=\dfrac{5}{2}}$

(2)
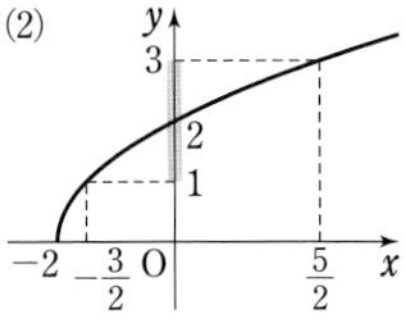

練習 ②7

(1) 直線 $y=8x-2$ と関数 $y=\sqrt{16x-1}$ のグラフの共有点の座標を求めよ。〔類 関東学院大〕
(2) 次の不等式を満たす x の値の範囲を求めよ。
(ア) $\sqrt{3-x}>x-1$　　(イ) $x+2\leqq\sqrt{4x+9}$　　(ウ) $\sqrt{x}+x<6$

(1) $8x-2=\sqrt{16x-1}$ …… ① とし，両辺を平方すると

$$(8x-2)^2=16x-1$$

整理して　$64x^2-48x+5=0$

よって　$(8x-1)(8x-5)=0$

ゆえに　$x=\frac{1}{8},\ \frac{5}{8}$

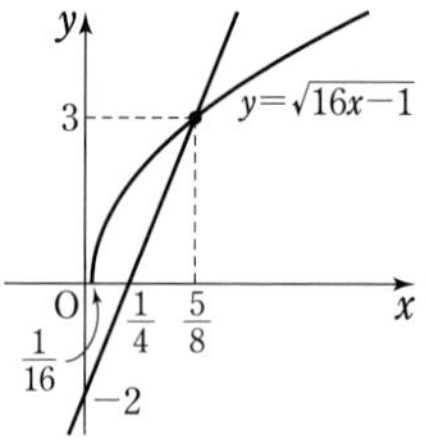

←y を消去した無理方程式を解く。平方して解いた後は，**解の確認** を忘れずに。

グラフから ① を満たすものは　$x=\frac{5}{8}$

このとき　$y=3$

したがって，共有点の座標は　$\left(\boldsymbol{\frac{5}{8},\ 3}\right)$

←① より，$8x-2\geqq0$ すなわち $x\geqq\frac{1}{4}$ であるから，$x=\frac{5}{8}$ のみが適する，としてもよい。

(2) (ア) $\sqrt{3-x}=x-1$ …… ① として，両辺を平方すると

$3-x=x^2-2x+1$　　整理して　$x^2-x-2=0$

よって　$x=-1,\ 2$　　① を満たすものは　$x=2$

グラフから，不等式の解は　$\boldsymbol{x<2}$

不等式 ⟺ 上下関係

←$y=\sqrt{3-x}$ のグラフが直線 $y=x-1$ より上側にある x の値の範囲。

(イ) $x+2=\sqrt{4x+9}$ …… ② として，両辺を平方すると

$x^2+4x+4=4x+9$　　整理して　$x^2-5=0$

よって　$x=\pm\sqrt{5}$　　② を満たすものは　$x=\sqrt{5}$

グラフから，不等式の解は　$\boldsymbol{-\frac{9}{4}\leqq x\leqq\sqrt{5}}$

←② は $x=-\sqrt{5}$ のとき
(左辺)$=2-\sqrt{5}<0$
(右辺)$=\sqrt{-4\sqrt{5}+9}>0$

(ウ) $\sqrt{x}+x=6$ とすると　$\sqrt{x}=6-x$ …… ③

両辺を平方して　$x=(6-x)^2$　　ゆえに　$x^2-13x+36=0$

よって　$x=4,\ 9$　　③ を満たすものは　$x=4$

グラフから，不等式の解は　$\boldsymbol{0\leqq x<4}$

←$(x-4)(x-9)=0$

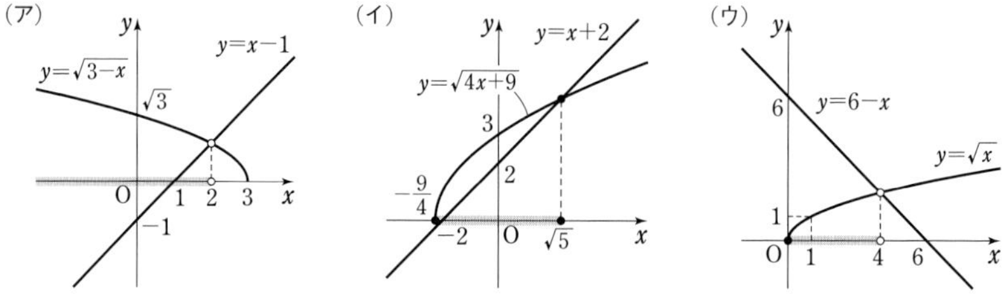

練習 ③8

次の方程式，不等式を解け。〔(1) 千葉工大，(3) 学習院大〕
(1) $\sqrt{x+3}=|2x|$　　(2) $\sqrt{4-x^2}\leqq2(x-1)$　　(3) $\sqrt{4x-x^2}>3-x$

(1) 方程式の両辺を平方して　$x+3=(2x)^2$

ゆえに　$4x^2-x-3=0$　　よって　$(x-1)(4x+3)=0$

したがって　$\boldsymbol{x=1,\ -\frac{3}{4}}$

これらは与えられた方程式を満たすから，解である。

←$A\geqq0,\ B\geqq0$ なら
$A=B\iff A^2=B^2$

(2) $4-x^2 \geqq 0$ であるから，$(x+2)(x-2) \leqq 0$ より

$$-2 \leqq x \leqq 2 \cdots\cdots ①$$

① のとき，$\sqrt{4-x^2} \geqq 0$ であるから，不等式より　$2(x-1) \geqq 0$

よって　$x \geqq 1$　① から　$1 \leqq x \leqq 2 \cdots\cdots ②$

② のとき，不等式の両辺は負でないから，平方すると

$4-x^2 \leqq 4(x-1)^2$　整理すると　$5x^2-8x \geqq 0$

ゆえに　$x(5x-8) \geqq 0$　よって　$x \leqq 0,\ \dfrac{8}{5} \leqq x \cdots\cdots ③$

②，③ の共通範囲を求めて，解は　$\boldsymbol{\dfrac{8}{5} \leqq x \leqq 2}$

←($\sqrt{\ }$ の中)$\geqq 0$

←② は ① と $x \geqq 1$ の共通範囲。

←$A \geqq 0$，$B \geqq 0$ のとき
$A \leqq B \Longleftrightarrow A^2 \leqq B^2$

(3) $4x-x^2 \geqq 0$ であるから　$x(x-4) \leqq 0$

ゆえに　$0 \leqq x \leqq 4 \cdots\cdots ①$

[1] $3-x<0$ すなわち $x>3$ のとき，① から　$3<x \leqq 4$

このとき，$\sqrt{4x-x^2} \geqq 0$ であるから，与えられた不等式は成り立つ。

[2] $3-x \geqq 0$ すなわち $x \leqq 3$ のとき，① から　$0 \leqq x \leqq 3 \cdots\cdots ②$

このとき，$\sqrt{4x-x^2} \geqq 0$，$3-x \geqq 0$ であるから，不等式の両辺を平方して　$4x-x^2>(3-x)^2$

整理して　$2x^2-10x+9<0$

これを解くと　$\dfrac{5-\sqrt{7}}{2}<x<\dfrac{5+\sqrt{7}}{2}$

$2<\sqrt{7}<3$ であるから，② より　$\dfrac{5-\sqrt{7}}{2}<x \leqq 3$

[1]，[2] から，解は　$\boldsymbol{\dfrac{5-\sqrt{7}}{2}<x \leqq 4}$

←不等式の解は ① を満たさなければならない。

←$2x^2-10x+9=0$ の解は
$x=\dfrac{5 \pm \sqrt{5^2-2 \cdot 9}}{2}=\dfrac{5 \pm \sqrt{7}}{2}$

←$1<\dfrac{5-\sqrt{7}}{2}<\dfrac{3}{2}$，
$\dfrac{7}{2}<\dfrac{5+\sqrt{7}}{2}<4$

参考 (2) $y=\sqrt{4-x^2} \cdots\cdots ①$ とすると，$y \geqq 0$ で，$y^2=4-x^2$ から　$x^2+y^2=4$

よって，① は円 $x^2+y^2=4$ の $y \geqq 0$ の部分を表す。

(3) $y=\sqrt{4x-x^2} \cdots\cdots ②$ とすると，$y \geqq 0$ で，$y^2=4x-x^2$ から　$(x-2)^2+y^2=4$

よって，② は円 $(x-2)^2+y^2=4$ の $y \geqq 0$ の部分を表す。

これらのことから，(2)，(3) は次のような図をかいて，グラフの上下関係に注目して解を求めることもできる。

←グラフを利用して解を求める方法について説明しておく。

(2)
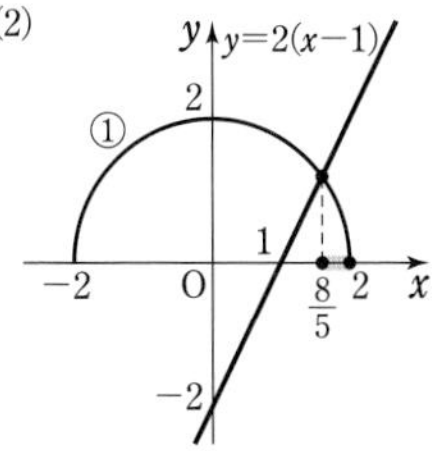

(3)
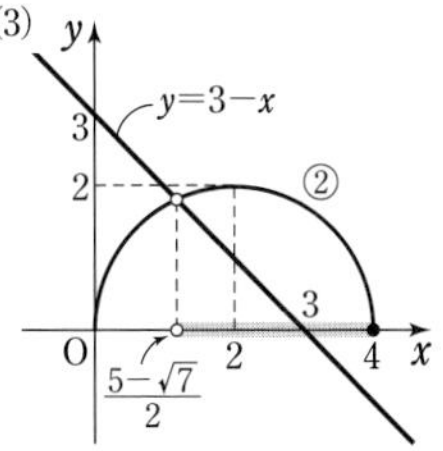

(1) について図をかくと，次のようになる。

(1)
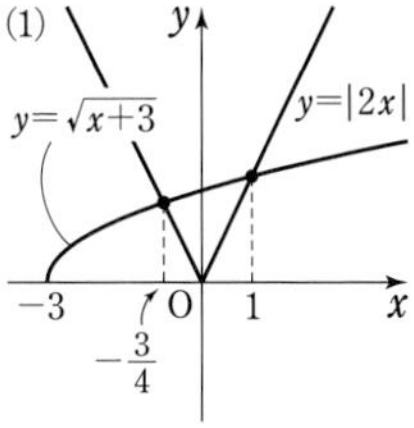

検討 一般に，次の同値関係が成り立つ。

[1] $\sqrt{A}=B \Leftrightarrow A=B^2,\ B\geqq 0$

[2] $\sqrt{A}<B \Leftrightarrow A<B^2,\ A\geqq 0,\ B>0$

[3] $\sqrt{A}>B \Leftrightarrow (B\geqq 0,\ A>B^2)$ または $(B<0,\ A\geqq 0)$

(1) では [1] を利用すると，$|2x|\geqq 0$ であることから，$(\sqrt{x+3})^2=(2x)^2$ を解いて導かれる解が方程式を満たすことを必ずしも調べなくてもよい。

また，(2)，(3) はそれぞれ [2]，[3] を利用すると，次のように解くことができる。

(2) $\sqrt{4-x^2}\leqq 2(x-1) \Leftrightarrow \begin{cases} 4-x^2\leqq 4(x-1)^2 & \cdots\cdots ① \\ 4-x^2\geqq 0 & \cdots\cdots ② \\ 2(x-1)\geqq 0 & \cdots\cdots ③ \end{cases}$

① から　$x\leqq 0,\ \frac{8}{5}\leqq x$ …… ④　　② から　$-2\leqq x\leqq 2$ …… ⑤

③ から　$x\geqq 1$ …… ⑥

④～⑥ の共通範囲を求めて，解は　$\boldsymbol{\frac{8}{5}\leqq x\leqq 2}$

(3) $\sqrt{4x-x^2}>3-x$

$\Leftrightarrow \begin{cases} 3-x\geqq 0 & \cdots\cdots ① \\ 4x-x^2>(3-x)^2 & \cdots\cdots ② \end{cases}$ または $\begin{cases} 3-x<0 & \cdots\cdots ③ \\ 4x-x^2\geqq 0 & \cdots\cdots ④ \end{cases}$

① から　$x\leqq 3$　　② から　$\frac{5-\sqrt{7}}{2}<x<\frac{5+\sqrt{7}}{2}$

よって　$\frac{5-\sqrt{7}}{2}<x\leqq 3$ …… ⑤

③ から　$x>3$　　④ から　$0\leqq x\leqq 4$

ゆえに　$3<x\leqq 4$ …… ⑥

求める解は，⑤，⑥ を合わせた範囲で　$\boldsymbol{\frac{5-\sqrt{7}}{2}<x\leqq 4}$

練習 ③9

方程式 $\sqrt{2x+1}=x+k$ の実数解の個数を，定数 k の値によって調べよ。〔類 九州共立大〕

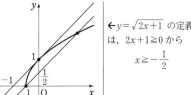

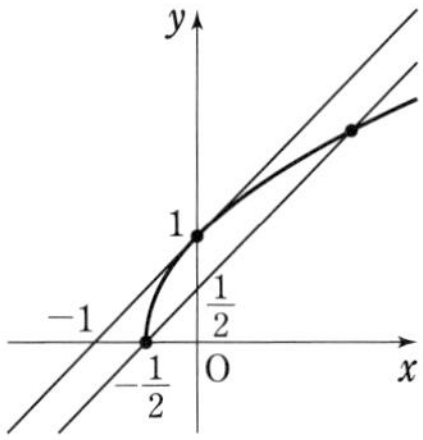

$y=\sqrt{2x+1}$ …… ①，$y=x+k$ …… ②

とすると，① のグラフと直線 ② の共有点の個数が，与えられた方程式の実数解の個数に一致する。

$\sqrt{2x+1}=x+k$ の両辺を平方すると

$$2x+1=x^2+2kx+k^2$$

整理して　$x^2+2(k-1)x+k^2-1=0$

判別式を D とすると

$$\frac{D}{4}=(k-1)^2-1\cdot(k^2-1)=-2k+2=-2(k-1)$$

$D=0$ とすると　$k-1=0$　　ゆえに　$k=1$

このとき，① のグラフと直線 ② は接する。

また，直線 ② が ① のグラフの端点 $\left(-\frac{1}{2},\ 0\right)$ を通るとき

←$y=\sqrt{2x+1}$ の定義域は，$2x+1\geqq 0$ から $x\geqq -\frac{1}{2}$

接点 ⇔ 重解

←このことを見落とさないように。

$0=-\frac{1}{2}+k$ すなわち $k=\frac{1}{2}$

したがって，求める実数解の個数は

$\frac{1}{2}\leqq k<1$ のとき　2 個；

$k<\frac{1}{2}$，$k=1$ のとき　1 個；

$1<k$ のとき　0 個

練習 ②10 次の関数の逆関数を求めよ。また，そのグラフをかけ。

(1) $y=-2x+1$　(2) $y=\frac{x-2}{x-3}$　(3) $y=-\frac{1}{2}(x^2-1)\ (x\geqq 0)$

(4) $y=-\sqrt{2x-5}$　(5) $y=\log_3(x+2)\ (1\leqq x\leqq 7)$　〔(2) 類　中部大〕

HINT　まず，与えられた関数の値域を求める。これが逆関数の定義域になる。次に，x について解き，x と y を入れ替える。

(1) $y=-2x+1$ …… ① の値域は，実数全体である。

① を x について解くと　$x=-\frac{y}{2}+\frac{1}{2}$

求める逆関数は，x と y を入れ替えて　$\boldsymbol{y=-\frac{x}{2}+\frac{1}{2}}$

グラフは，図 (1) の実線部分。

(2) $y=\frac{x-2}{x-3}$ …… ① から　$y=\frac{1}{x-3}+1$

← $\frac{x-2}{x-3}=\frac{(x-3)+1}{x-3}=\frac{1}{x-3}+1$

① の値域は　$y\neq 1$

① を x について解くと　$(y-1)x=3y-2$

$y\neq 1$ であるから　$x=\frac{3y-2}{y-1}$

求める逆関数は，x と y を入れ替えて　$\boldsymbol{y=\frac{3x-2}{x-1}}$

← 分数関数の式から，$x\neq 1$ は明らか。

$\frac{3x-2}{x-1}=\frac{1}{x-1}+3$ であるから，グラフは **図 (2) の実線部分。**

(3) $y=-\frac{1}{2}(x^2-1)\ (x\geqq 0)$ …… ① の値域は　$y\leqq\frac{1}{2}$

← $x=0$ のとき　$y=\frac{1}{2}$
$x\geqq 0$ の範囲で関数 ① は単調減少。

① を x について解くと　$x=\sqrt{1-2y}$

求める逆関数は，x と y を入れ替えて　$\boldsymbol{y=\sqrt{1-2x}\ \left(x\leqq\frac{1}{2}\right)}$

グラフは，図 (3) の実線部分。

(4) $y=-\sqrt{2x-5}$ …… ① の値域は　$y\leqq 0$

← $y=-\sqrt{2\left(x-\frac{5}{2}\right)}$

① を x について解くと　$x=\frac{y^2}{2}+\frac{5}{2}$

求める逆関数は，x と y を入れ替えて　$\boldsymbol{y=\frac{x^2}{2}+\frac{5}{2}\ (x\leqq 0)}$

グラフは，図 (4) の実線部分。

(5) $y=\log_3(x+2)\ (1\leqq x\leqq 7)$ …… ① の値域は　$1\leqq y\leqq 2$

← 底 3 は 1 より大きいから，関数 ① は単調増加。

① を x について解くと　$x=3^y-2$

求める逆関数は，x と y を入れ替えて　$\boldsymbol{y=3^x-2\ (1\leqq x\leqq 2)}$

グラフは，図 (5) の実線部分。

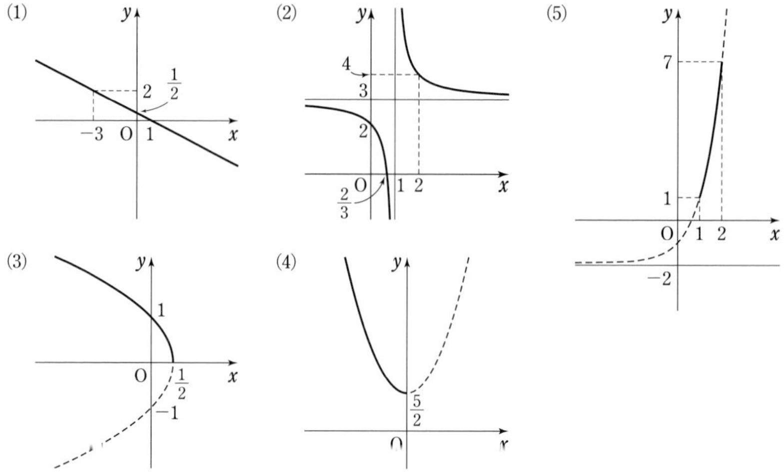

練習 ③11

(1) $a \neq 0$ とする。関数 $f(x)=2ax-5a^2$ について，$f^{-1}(x)$ と $f(x)$ が一致するような定数 a の値を求めよ。

(2) 関数 $y=\dfrac{ax+b}{x+2}$ $(b \neq 2a)$ のグラフは点 $(1,\ 1)$ を通り，また，この関数の逆関数はもとの関数と一致する。定数 a，b の値を求めよ。〔(2) 文化女子大〕

(1) $y=2ax-5a^2$ …… ① として，① を x について解くと，

$a \neq 0$ であるから　$x=\dfrac{y}{2a}+\dfrac{5}{2}a$

よって，$f(x)$ の逆関数は　$f^{-1}(x)=\dfrac{x}{2a}+\dfrac{5}{2}a$

$f^{-1}(x)$ と $f(x)$ が一致するための条件は，

$\dfrac{x}{2a}+\dfrac{5}{2}a=2ax-5a^2$ が x の恒等式となることである。

両辺の係数を比較して　$\dfrac{1}{2a}=2a$ … ②，$\dfrac{5}{2}a=-5a^2$ … ③

$a \neq 0$ であるから，③ より　$\boldsymbol{a=-\dfrac{1}{2}}$　これは ② を満たす。

(2) $y=\dfrac{ax+b}{x+2}$ …… ① とする。

① のグラフは点 $(1,\ 1)$ を通るから　$1=\dfrac{a\cdot 1+b}{1+2}$

ゆえに　$a+b=3$　よって　$b=3-a$ …… ②

$\dfrac{ax+b}{x+2}=\dfrac{b-2a}{x+2}+a$ であるから，① の値域は　$y \neq a$

① から　$y(x+2)=ax+b$　ゆえに　$x(y-a)=-2y+b$

$y \neq a$ であるから　$x=\dfrac{-2y+b}{y-a}$

よって，① の逆関数は　$y=\dfrac{-2x+b}{x-a}$ $(x \neq a)$ …… ③

HINT 逆関数を求め，(もとの関数)=(逆関数) が x の恒等式となる必要十分条件を求める。
(2) では，まずグラフが通る点の条件から，b を a で表す。

←係数比較法。

←$=\dfrac{a(x+2)+b-2a}{x+2}$

←② の $b=3-a$ を代入して $\dfrac{ax+3-a}{x+2}$ の形で計算を進めてもよいが，後々の計算を考えると，この段階では代入しない方が計算しやすい。

① と ③ が一致するための条件は，$\dfrac{ax+b}{x+2}=\dfrac{-2x+b}{x-a}$ …… ④

が x の恒等式となることである。

④ の分母を払って

$$(ax+b)(x-a)=(-2x+b)(x+2)$$

ゆえに　$ax^2+(-a^2+b)x-ab=-2x^2+(-4+b)x+2b$

両辺の係数を比較して

$$a=-2,\ -a^2+b=-4+b,\ -ab=2b$$

$a=-2$ は第 2 式，第 3 式を満たし，このとき，② から　$b=5$

したがって，求める a，b の値は　$\boldsymbol{a=-2,\ b=5}$

このとき，① と ③ の定義域はともに $x \neq -2$ となり一致する。

←この確認を忘れずに！

別解　$y=f(x)$ とする。$f(x)$ の値域は $y \neq a$ であるから，逆関数 $f^{-1}(x)$ の定義域は　$x \neq a$

←定義域が一致することに着目した解法。

$f^{-1}(x)=f(x)$ であるとき，$f(x)$ の定義域 $x \neq -2$ が $x \neq a$ に一致するから　$\boldsymbol{a=-2}$

←必要条件。

また，$y=f(x)$ のグラフは点 $(1,\ 1)$ を通るから　$f(1)=1$

ゆえに　$a+b=3$　　$a=-2$ を代入して　$\boldsymbol{b=5}$

$a=-2$，$b=5$ のとき，$f(x)=\dfrac{-2x+5}{x+2}$ とその逆関数は一致する。

←十分条件。

練習 ③12

$f(x)=-\dfrac{1}{2}x^2+2\ (x \leqq 0)$ の逆関数を $f^{-1}(x)$ とするとき，$y=f(x)$ のグラフと $y=f^{-1}(x)$ のグラフの共有点の座標を求めよ。

$y=-\dfrac{1}{2}x^2+2\ (x \leqq 0)$ …… ① とすると　$y \leqq 2$

←$f(x)$ の値域を調べる。$y \leqq 2$ で y を x に替えた $x \leqq 2$ が $f^{-1}(x)$ の定義域になる。

① から　$x^2=4-2y$

$x \leqq 0$ であるから　$x=-\sqrt{4-2y}$

x と y を入れ替えて　$y=-\sqrt{4-2x}\ (x \leqq 2)$

すなわち　$f^{-1}(x)=-\sqrt{4-2x}\ (x \leqq 2)$

$y=f(x)$ のグラフと $y=f^{-1}(x)$ のグラフは直線 $y=x$ に関して対称であり，図から，これらのグラフの共有点は直線 $y=x$ 上のみにある。…… (＊)

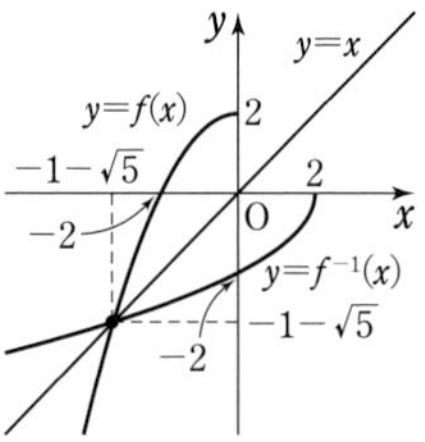

←$f^{-1}(x)=-\sqrt{-2(x-2)}$ から，$y=f^{-1}(x)$ のグラフは $y=-\sqrt{-2x}$ のグラフを x 軸方向に 2 だけ平行移動したもの。共有点が直線 $y=x$ 上のみにあることを確認してから，方程式 $f(x)=x$ を解く。

よって，$f(x)=x$ とすると

$$-\frac{1}{2}x^2+2=x$$

ゆえに　$x^2+2x-4=0$

これを解くと　$x=-1 \pm \sqrt{5}$

$x<0$ を満たすものは　$x=-1-\sqrt{5}$

←図から，共有点は $x<0$ の範囲にある。

よって，求める共有点の座標は　$\boldsymbol{(-1-\sqrt{5},\ -1-\sqrt{5})}$

別解 （＊）までは同じ。

$f(x)=f^{-1}(x)$ とすると　　$-\frac{1}{2}x^2+2=-\sqrt{4-2x}$

両辺を平方すると　　$\frac{1}{4}x^4-2x^2+4=4-2x$

よって　　$x(x^3-8x+8)=0$

ゆえに　　$x(x-2)(x^2+2x-4)=0$

よって　　$x=0,\ 2,\ -1\pm\sqrt{5}$　…… Ⓐ

図より，適する x の値は $x<0$ であるから

$x=-1-\sqrt{5}$

よって，求める共有点の座標は　　$\boldsymbol{(-1-\sqrt{5},\ -1-\sqrt{5})}$

←方程式 $f(x)=f^{-1}(x)$ を解く方針。

検討 別解 の方針の場合，$f(x)$，$f^{-1}(x)$ の定義のみに注目して，共有点は $x\leqq 0$ の範囲にあると考えてしまうと，Ⓐ から $x=0$ も適すると判断してしまうことになる。それを避けるために，$y=f(x)$，$y=f^{-1}(x)$ のグラフをかいて，共有点が $x<0$ の範囲にあることを確認するようにしておきたい。

練習 ④13 $a>0$ とし，$f(x)=\sqrt{ax-2}-1\ \left(x\geqq\frac{2}{a}\right)$ とする。関数 $y=f(x)$ のグラフとその逆関数 $y=f^{-1}(x)$ のグラフが異なる 2 点を共有するとき，a の値の範囲を求めよ。

$y=\sqrt{ax-2}-1$ …… Ⓐ とする。

値域は　　$y\geqq -1$

Ⓐ を x について解くと，$y+1=\sqrt{ax-2}$ の両辺を平方して

$(y+1)^2=ax-2$

$a>0$ であるから　　$x=\frac{1}{a}\{(y+1)^2+2\}$

よって，$y=f(x)$ の逆関数は

$y=\frac{1}{a}\{(x+1)^2+2\}\quad (x\geqq -1)$

共有点の座標を $(x,\ y)$ とすると　　$y=f(x)$ かつ $y=f^{-1}(x)$

$y=f(x)$ より $x=f^{-1}(y)$ であるから，次の連立方程式を考える。

$x=\frac{1}{a}\{(y+1)^2+2\}\ (y\geqq -1)$ …… ①,

$y=\frac{1}{a}\{(x+1)^2+2\}\ (x\geqq -1)$ …… ②

$a\times$(①−②) から　　$a(x-y)=(y+x)(y-x)+2(y-x)$

したがって　　$(y-x)(x+y+2+a)=0$

$x\geqq -1,\ y\geqq -1,\ a>0$ であるから　　$x+y+2+a>0$

ゆえに　　$y-x=0$　　よって　　$y=x$

求める条件は，$y=\frac{1}{a}\{(y+1)^2+2\}$ すなわち $y^2+(2-a)y+3=0$ が $y\geqq -1$ である異なる 2 つの実数解をもつことである。

すなわち，$g(y)=y^2+(2-a)y+3$ とし，$g(y)=0$ の判別式を D とすると，次のことが同時に成り立つ。

[1]　$D>0$　　[2]　$z=g(y)$ の軸が $y>-1$ の範囲にある

[3]　$g(-1)\geqq 0$

HINT
$\boldsymbol{y=f(x) \Longleftrightarrow x=f^{-1}(y)}$

←逆関数 $f^{-1}(x)$ の定義域は，関数 $f(x)$ の値域と一致するから $x\geqq -1$

←連立方程式 $y=f(x)$，$x=f(y)$ が異なる 2 つの実数解の組をもつ条件を考えてもよいが，無理式となるので処理が面倒。逆関数が 2 次関数であることに着目し，連立方程式 $x=f^{-1}(y)$，$y=f^{-1}(x)$ について考える。

←放物線 $z=g(y)$ と y 軸が $y\geqq -1$ の範囲の異なる 2 点で交わる条件と同じ。

[1]　$D>0$ から　$(2-a)^2-4\cdot1\cdot3>0$

よって　$a^2-4a-8>0$

これを解いて　$a<2-2\sqrt{3}$，$2+2\sqrt{3}<a$ …… ③

[2]　軸は直線 $y=-\dfrac{2-a}{2}$ で　$-\dfrac{2-a}{2}>-1$

これを解いて　$a>0$ …… ④

[3]　$g(-1)\geqq0$ から　$(-1)^2+(2-a)(-1)+3\geqq0$

よって　$a+2\geqq0$　ゆえに　$a\geqq-2$ …… ⑤

③，④，⑤ の共通範囲をとって　$\boldsymbol{a>2+2\sqrt{3}}$

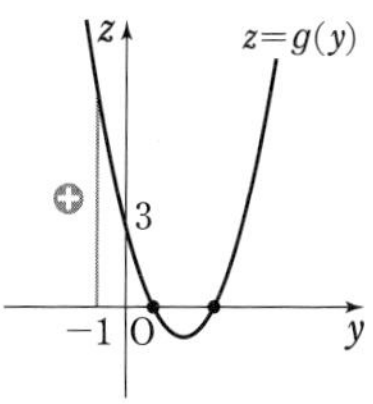

練習 ②14

(1)　$f(x)=x-1$，$g(x)=-2x+3$，$h(x)=2x^2+1$ について，次のものを求めよ。

(ア)　$(f\circ g)(x)$　(イ)　$(g\circ f)(x)$　(ウ)　$(g\circ g)(x)$

(エ)　$((h\circ g)\circ f)(x)$　(オ)　$(f\circ(g\circ h))(x)$

(2)　関数 $f(x)=x^2-2x$，$g(x)=-x^2+4x$ について，合成関数 $(g\circ f)(x)$ の定義域と値域を求めよ。

(1)　(ア)　$(f\circ g)(x)=f(g(x))=g(x)-1$

$=(-2x+3)-1=\boldsymbol{-2x+2}$

←$(f\circ g)(x)=f(g(x))$

(イ)　$(g\circ f)(x)=g(f(x))=-2f(x)+3$

$=-2(x-1)+3=\boldsymbol{-2x+5}$

(ウ)　$(g\circ g)(x)=g(g(x))=-2g(x)+3$

$=-2(-2x+3)+3=\boldsymbol{4x-3}$

(エ)　$(h\circ g)(x)=h(g(x))=2(-2x+3)^2+1$

$((h\circ g)\circ f)(x)=(h\circ g)(f(x))=2\{-2(x-1)+3\}^2+1$

$=2(-2x+5)^2+1=\boldsymbol{8x^2-40x+51}$

←$h\circ g$ を k とすると $((h\circ g)\circ f)(x)$ $=(k\circ f)(x)=k(f(x))$

(オ)　$(g\circ h)(x)=g(h(x))=-2(2x^2+1)+3=-4x^2+1$

$(f\circ(g\circ h))(x)=(-4x^2+1)-1=\boldsymbol{-4x^2}$

←$g\circ h$ を l とすると $(f\circ(g\circ h))(x)$ $=(f\circ l)(x)=f(l(x))$

←(エ)，(オ) はそれぞれ $(h\circ g)\circ f$ を $h\circ(g\circ f)$，$f\circ(g\circ h)$ を $(f\circ g)\circ h$ としてもよい。

検討　**一般に $(h\circ(g\circ f))(x)=((h\circ g)\circ f)(x)$ が成り立つことの証明。**

$f(x)=u$，$g(u)=v$，$h(v)=w$ とする。

$(g\circ f)(x)=g(f(x))=g(u)=v$ から

$(h\circ(g\circ f))(x)=h(v)=w$

また　$((h\circ g)\circ f)(x)=(h\circ g)(u)=h(v)=w$

よって　$(h\circ(g\circ f))(x)=((h\circ g)\circ f)(x)$

(2)　$(g\circ f)(x)=g(f(x))=-\{f(x)\}^2+4\{f(x)\}$

$=-\{f(x)-2\}^2+4$

また　$f(x)=x^2-2x=(x-1)^2-1\geqq-1$

$f(x)$ の定義域は実数全体であるから，$(g\circ f)(x)$ の定義域も実数全体である。

$f(x)=t$ とおくと　$t\geqq-1$

$u=(g\circ f)(x)$ とすると　$u=-(t-2)^2+4$

したがって　$u\leqq4$

よって，$(g\circ f)(x)$ の **定義域は実数全体，値域は $\boldsymbol{y\leqq4}$**

(2)
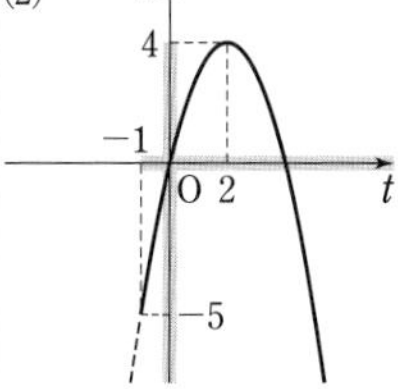

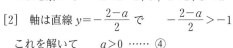

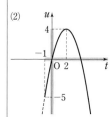

練習 ③15 3次関数 $f(x)=x^3+bx+c$ に対し，$g(f(x))=f(g(x))$ を満たすような1次関数 $g(x)$ をすべて求めよ。 〔城西大〕

$g(x)$ は1次関数であるから，$g(x)=px+q\ (p\neq 0)$ とする。

$$g(f(x))=pf(x)+q=p(x^3+bx+c)+q$$
$$=px^3+bpx+cp+q$$
$$f(g(x))=\{g(x)\}^3+bg(x)+c=(px+q)^3+b(px+q)+c$$
$$=p^3x^3+3p^2qx^2+(3pq^2+bp)x+q^3+bq+c$$

$g(f(x))=f(g(x))$ を満たすための条件は

$$px^3+bpx+cp+q=p^3x^3+3p^2qx^2+(3pq^2+bp)x+q^3+bq+c$$

が x についての恒等式となることである。

両辺の係数を比較して

$$p=p^3 \ \cdots\cdots\ ①,\quad 0=3p^2q \ \cdots\cdots\ ②,$$
$$bp=3pq^2+bp \ \cdots\cdots\ ③,\quad cp+q=q^3+bq+c \ \cdots\cdots\ ④$$

$p\neq 0$ であるから，② より　$q=0$

このとき，③ は常に成り立つ。

$q=0$ を ④ に代入して　$cp=c$

すなわち　$c(p-1)=0$ …… ⑤

ここで，$p\neq 0$ と ① から　$p^2=1$　ゆえに　$p=\pm 1$

$p=1$ のとき ⑤ は常に成り立つが，$p=-1$ のとき　$c=0$

よって　$c\neq 0$ のとき　$p=1$,

$c=0$ のとき　$p=\pm 1$

したがって　**$c\neq 0$ のとき　$g(x)=x$**

$c=0$ のとき　$g(x)=x$ または $g(x)=-x$

HINT　1次関数 $g(x)$ を $g(x)=px+q\ (p\neq 0)$ として，$g(f(x))=f(g(x))$ が x についての恒等式となるように p, q の値を定める。

←すべての x について成り立つ ⟶ x の恒等式。

←係数比較法。

←$bp=bp$ となる。

←⑤ は，$p=1$ のとき $c\cdot 0=0$
$p=-1$ のとき　$-2c=0$

練習 ④16 x の関数 $f(x)=ax+1\ (0<a<1)$ に対し，$f_1(x)=f(x)$, $f_2(x)=f(f_1(x))$, $f_3(x)=f(f_2(x))$, ……, $f_n(x)=f(f_{n-1}(x))\ [n\geqq 2]$ とするとき，$f_n(x)$ を求めよ。

$f_1(x)=ax+1$ から

$$f_2(x)=f(f_1(x))=a(ax+1)+1=a^2x+a+1$$
$$f_3(x)=f(f_2(x))=a(a^2x+a+1)+1=a^3x+a^2+a+1$$

したがって，自然数 n について

$$f_n(x)=a^nx+a^{n-1}+a^{n-2}+\cdots\cdots+a+1 \ \cdots\cdots\ ①$$

であると推測できる。これを数学的帰納法で証明する。

[1]　$n=1$ のとき　$f_1(x)=ax+1$ であるから，① は成り立つ。

[2]　$n=k$ のとき　① が成り立つ，すなわち

$f_k(x)=a^kx+a^{k-1}+a^{k-2}+\cdots\cdots+a+1$ であると仮定すると

$$f_{k+1}(x)=f(f_k(x))=af_k(x)+1$$
$$=a^{k+1}x+a^k+a^{k-1}+\cdots\cdots+a+1$$

よって，$n=k+1$ のときも ① は成り立つ。

[1]，[2] から，すべての自然数 n について ① は成り立つ。

したがって　$\boldsymbol{f_n(x)}=a^nx+\underline{a^{n-1}+a^{n-2}+\cdots\cdots+a+1}$

$$\boldsymbol{=a^nx+\frac{1-a^n}{1-a}}$$

HINT　$f_2(x)$, $f_3(x)$, …… と順に求めると，$f_n(x)$ の形が推測できる ⟶ その推測が正しいことを **数学的帰納法** で証明。

←＿＿は，初項1，公比 a $(a\neq 1)$ の等比数列の初項から第 n 項までの和。

EX ②1

座標平面上において，直線 $y=x$ に関して，曲線 $y=\dfrac{2}{x+1}$ と対称な曲線を C_1 とし，直線 $y=-1$ に関して，曲線 $y=\dfrac{2}{x+1}$ と対称な曲線を C_2 とする。曲線 C_2 の漸近線と曲線 C_1 との交点の座標をすべて求めよ。〔関西大〕

$y=\dfrac{2}{x+1}$ において，x と y を入れ替えると　$x=\dfrac{2}{y+1}$

これを y について解くと，$y+1=\dfrac{2}{x}$ から

$$y=\frac{2}{x}-1 \quad \cdots\cdots ①$$

これが曲線 C_1 の方程式である。

また，$y=\dfrac{2}{x+1}$ のグラフを y 軸方向に 1 だけ平行移動した曲線の方程式は　$y=\dfrac{2}{x+1}+1$

これを x 軸に関して対称移動した曲線の方程式は

$$-y=\frac{2}{x+1}+1 \quad すなわち \quad y=-\frac{2}{x+1}-1$$

これを y 軸方向に -1 だけ平行移動した曲線 C_2 の方程式は

$$y=-\frac{2}{x+1}-2$$

よって，曲線 C_2 の漸近線は直線 $x=-1$ と直線 $y=-2$ である。

① において　$x=-1$ とすると　$y=-3$

$y=-2$ とすると　$x=-2$

したがって，曲線 C_2 の漸近線と曲線 C_1 の交点の座標は

$(-1,\ -3)$，$(-2,\ -2)$

←曲線 $f(x,\ y)=0$ を直線 $y=x$ に関して対称移動した曲線の方程式は $f(y,\ x)=0$

←この平行移動により，直線 $y=-1$ は x 軸に移る。

←y を $-y$ におき換える。

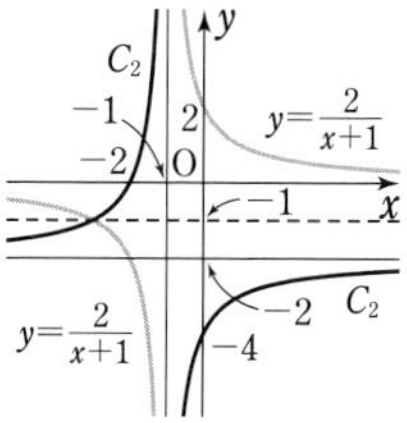

EX ③2

関数 $y=\dfrac{ax+b}{2x+1}$ …… ① のグラフは点 $(1,\ 0)$ を通り，直線 $y=1$ を漸近線にもつ。

(1) 定数 a，b の値を求めよ。

(2) a，b が(1)で求めた値をとるとき，不等式 $\dfrac{ax+b}{2x+1}>x-2$ を解け。〔成蹊大〕

(1) ① のグラフは点 $(1,\ 0)$ を通るから　$0=\dfrac{a+b}{3}$

よって　$b=-a$ …… ②

このとき，① は　$y=\dfrac{ax-a}{2x+1}=\dfrac{a}{2}-\dfrac{3a}{2(2x+1)}$

また，① は直線 $y=1$ を漸近線にもつから　$\dfrac{a}{2}=1$

したがって　$\boldsymbol{a=2}$

② に代入して　$\boldsymbol{b=-2}$

←
$$\begin{array}{r} \frac{a}{2} \\ 2x+1\,\big)\,\overline{ax-a} \\ \underline{ax+\frac{a}{2}} \\ -\frac{3}{2}a \end{array}$$

(2) (1)の結果から，不等式は

$$\frac{2x-2}{2x+1}>x-2 \quad \cdots\cdots (*)$$

ゆえに　$\dfrac{2x-2-(x-2)(2x+1)}{2x+1}>0$

よって　$\dfrac{-2x^2+5x}{2x+1}>0$　すなわち　$\dfrac{x(2x-5)}{2x+1}<0$

左辺を P とし，P の符号を調べると，右の表のようになる。

x	$\cdots$	$-\frac{1}{2}$	$\cdots$	0	$\cdots$	$\frac{5}{2}$	$\cdots$
$2x+1$	$-$	0	$+$	$+$	$+$	$+$	$+$
x	$-$	$-$	$-$	0	$+$	$+$	$+$
$2x-5$	$-$	$-$	$-$	$-$	$-$	0	$+$
P	$-$	／	$+$	0	$-$	0	$+$

したがって，解は

$\boldsymbol{x<-\frac{1}{2},\ 0<x<\frac{5}{2}}$

←関数 ① のグラフは下図のようになる。なお
$y=\dfrac{2x-2}{2x+1}=-\dfrac{3}{2x+1}+1$
双曲線 $y=-\dfrac{3}{2x+1}+1$
と直線 $y=x-2$ の上下関係から，不等式の解を求めてもよい。

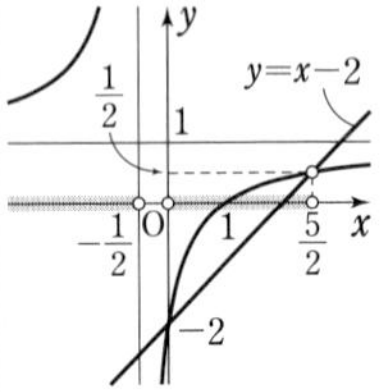

別解 **1.** [1]　$2x+1>0$ すなわち $x>-\dfrac{1}{2}$ のとき，$(*)$から　$2x-2>(x-2)(2x+1)$

よって　$x(2x-5)<0$　　ゆえに　$0<x<\dfrac{5}{2}$　　これは $x>-\dfrac{1}{2}$ を満たす。

[2]　$2x+1<0$ すなわち $x<-\dfrac{1}{2}$ のとき，$(*)$から　$2x-2<(x-2)(2x+1)$

よって　$x(2x-5)>0$　　ゆえに　$x<0,\ \dfrac{5}{2}<x$　　$x<-\dfrac{1}{2}$ から　$x<-\dfrac{1}{2}$

[1]，[2] から　　$\boldsymbol{x<-\frac{1}{2},\ 0<x<\frac{5}{2}}$

別解 **2.** $(*)$の両辺に $(2x+1)^2$ を掛けて

$$2(x-1)(2x+1)>(x-2)(2x+1)^2$$
$$(x-2)(2x+1)^2-2(x-1)(2x+1)<0$$
$$(2x+1)\{(x-2)(2x+1)-2(x-1)\}<0$$
$$(2x+1)(2x^2-5x)<0$$

ゆえに　$(2x+1)x(2x-5)<0$

よって　$\boldsymbol{x<-\frac{1}{2},\ 0<x<\frac{5}{2}}$

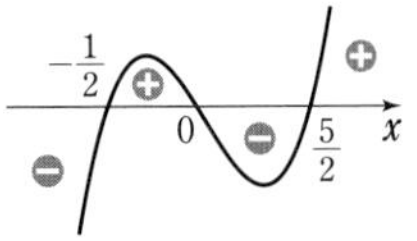

EX ③3

(1) 方程式 $\dfrac{1}{x}+\dfrac{1}{x-1}+\dfrac{1}{x-2}+\dfrac{1}{x-3}=0$ を解け。〔昭和女子大〕

(2) 不等式 $\log_2 256x>3\log_{2x}x$ を，$\log_2 x=a$ とおくことにより解け。〔類 法政大〕

(1) (左辺)

$$=\frac{1}{x}+\frac{1}{x-3}+\frac{1}{x-1}+\frac{1}{x-2}=\frac{x-3+x}{x(x-3)}+\frac{x-2+x-1}{(x-1)(x-2)}$$
$$=\frac{(x-1)(x-2)(2x-3)+x(x-3)(2x-3)}{x(x-3)(x-1)(x-2)}$$
$$=\frac{(2x-3)(x^2-3x+2+x^2-3x)}{x(x-1)(x-2)(x-3)}=\frac{2(2x-3)(x^2-3x+1)}{x(x-1)(x-2)(x-3)}$$

ゆえに，方程式は　$\dfrac{2(2x-3)(x^2-3x+1)}{x(x-1)(x-2)(x-3)}=0$

←1度に通分すると計算が大変。$x+x-3$，$x-1+x-2$ がともに $2x-3$ となることに着目し，第1項と第4項，第2項と第3項を通分する。

分母を払って　$(2x-3)(x^2-3x+1)=0$

よって　$2x-3=0,\ x^2-3x+1=0$

したがって　$\boldsymbol{x=\frac{3}{2},\ \frac{3\pm\sqrt{5}}{2}}$

これらは，方程式の分母を 0 としないから解である。

←$x^2-3x+1=0$ から $x=\frac{-(-3)\pm\sqrt{(-3)^2-4\cdot1}}{2}$

←この確認を忘れないように。

(2)　真数は正であるから　$x>0$

また，底 $2x$ について，$2x\neq1$ であるから　$x\neq\frac{1}{2}$

このとき　$\log_2 256x=\log_2 2^8+\log_2 x=8+\log_2 x$

$$\log_{2x} x=\frac{\log_2 x}{\log_2 2x}=\frac{\log_2 x}{\log_2 2+\log_2 x}=\frac{\log_2 x}{1+\log_2 x}$$

よって，$\log_2 x=a$ とおくと，$x\neq\frac{1}{2}$ から $a\neq-1$ であり，不等式は　$a+8>\frac{3a}{a+1}$ ...... ①

ここで，$b=a+8$ ...... ②，$b=\frac{3a}{a+1}$ ...... ③ とする。

②，③ から，b を消去すると　$a+8=\frac{3a}{a+1}$

両辺に $a+1$ を掛けて整理すると　$a^2+6a+8=0$

ゆえに　$(a+2)(a+4)=0$　　よって　$a=-2,\ -4$

② から　$a=-2$ のとき　$b=6$

$a=-4$ のとき　$b=4$

また，③ を変形すると

$$b=-\frac{3}{a+1}+3$$

ゆえに，ab 平面上に ②，③ のグラフをかくと，右図のようになる。

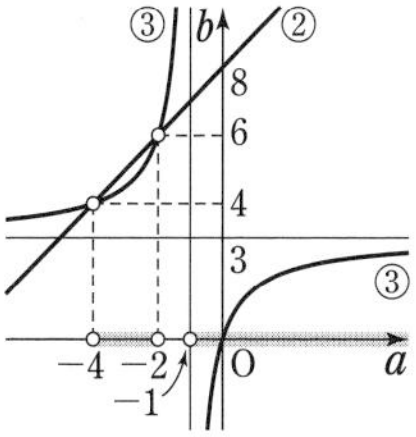

図から，不等式 ① の解は

$-4<a<-2,\ -1<a$

よって　$-4<\log_2 x<-2,\ -1<\log_2 x$

ゆえに　$2^{-4}<x<2^{-2},\ 2^{-1}<x$

すなわち　$\boldsymbol{\frac{1}{16}<x<\frac{1}{4},\ \frac{1}{2}<x}$

これは $x>0,\ x\neq\frac{1}{2}$ を満たす。

←対数については **(真数)>0，(底)>0，(底)≠1** に注意。

←底の変換公式。

←$\log_2\frac{1}{2}=-1$

←この a の分数不等式を解く。

←まず，②，③ のグラフの共有点の座標を調べる。

←$\frac{3(a+1)-3}{a+1}=3-\frac{3}{a+1}$

←② のグラフが ③ のグラフよりも上側にある値の範囲。

←(底)>1 から，不等号の向きは変わらない。

検討　不等式 ① の解法には，本冊 $p.16$ 基本例題 4 (2) の解答のように，他にもいくつかある。例えば，① の両辺に $a+1$ を掛ける解法は，次のようになる。

[1]　$a>-1$ のとき，① の両辺に $a+1$ を掛けて　$(a+8)(a+1)>3a$

これを解いて　$a<-4,\ -2<a$　　$a>-1$ との共通範囲は　$a>-1$

[2]　$a<-1$ のとき，① の両辺に $a+1$ を掛けて　$(a+8)(a+1)<3a$

これを解いて　$-4<a<-2$　　これは $a<-1$ を満たす。

[1]，[2] から，① の解は　$-4<a<-2,\ -1<a$

他にも，① を $\dfrac{(a+2)(a+4)}{a+1}>0$ と変形して，左辺の式の符号を調べる（表をかく）解法や，① の両辺に $(a+1)^2$ $(\geqq 0)$ を掛けて a の 3 次不等式を解く解法が考えられる。

EX ②4

$-4\leqq x\leqq a$ のとき，$y=\sqrt{9-4x}+b$ の最大値が 6，最小値が 4 であるとする。このとき，$a=$ ア□，$b=$ イ□ である。

$y=\sqrt{9-4x}+b$ は減少関数であるから

$x=-4$ のとき最大となり　$\sqrt{9+16}+b=6$ …… ①

$x=a$　のとき最小となり　$\sqrt{9-4a}+b=4$ …… ②

① から　$b=1$　　② に代入して　$\sqrt{9-4a}=3$

両辺を平方して　$9-4a=9$　　よって　$a=0$

したがって　$a=$ ア$\mathbf{0}$，$b=$ イ$\mathbf{1}$

←$y=\sqrt{9-4x}+b$
$=\sqrt{-4\left(x-\dfrac{9}{4}\right)}+b$
グラフは，$y=\sqrt{-4x}$ のグラフを平行移動したもの。

EX ③5

次の方程式・不等式を解け。

(1) $x=\sqrt{2+\sqrt{x^2-2}}$　〔福島大〕　(2) $\sqrt{9x-18}\leqq\sqrt{-x^2+6x}$　〔芝浦工大〕

(1) $x^2-2\geqq 0$ から　$(x+\sqrt{2})(x-\sqrt{2})\geqq 0$

ゆえに　$x\leqq-\sqrt{2}$，$\sqrt{2}\leqq x$ …… ①

また，$\sqrt{2+\sqrt{x^2-2}}\geqq 0$ であるから　$x\geqq 0$ …… ②

①，② から　$x\geqq\sqrt{2}$ …… ③

方程式の両辺を 2 乗すると　$x^2=2+\sqrt{x^2-2}$

よって　$x^2-2=\sqrt{x^2-2}$

③ より，$x^2-2\geqq 0$ であるから，両辺を 2 乗すると

$x^4-4x^2+4=x^2-2$

整理して因数分解すると　$(x^2-2)(x^2-3)=0$

ゆえに　$x^2=2,\ 3$　　よって　$x=\pm\sqrt{2},\ \pm\sqrt{3}$

③ を満たす x の値は　$\boldsymbol{x=\sqrt{2},\ \sqrt{3}}$

(2) 根号内は負でないから　$9x-18\geqq 0$，$-x^2+6x\geqq 0$

$9x-18\geqq 0$ から　$x\geqq 2$ …… ①

$-x^2+6x\geqq 0$ すなわち $x^2-6x\leqq 0$ から　$x(x-6)\leqq 0$

よって　$0\leqq x\leqq 6$ …… ②

また，不等式の両辺を平方して　$9x-18\leqq -x^2+6x$

整理して　$x^2+3x-18\leqq 0$

ゆえに　$(x-3)(x+6)\leqq 0$

よって　$-6\leqq x\leqq 3$ …… ③

①，②，③ の共通範囲を求めて　$\boldsymbol{2\leqq x\leqq 3}$

←（$\sqrt{\ }$ の中）$\geqq 0$

←方程式の右辺は 0 以上 ⟶ 左辺も 0 以上。

←外側の $\sqrt{\ }$ をはずす。

←内側の $\sqrt{\ }$ をはずす。

←$x^4-5x^2+6=0$

(2) $\sqrt{A}\leqq\sqrt{B}\iff$ $A\leqq B$，$A\geqq 0$，$B\geqq 0$

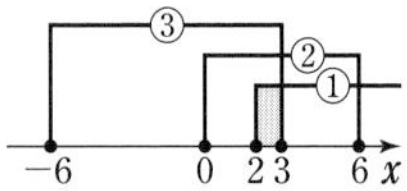

EX ③6

(1) 直線 $y=ax+1$ が曲線 $y=\sqrt{2x-5}-1$ に接するように，定数 a の値を定めよ。

(2) 方程式 $\sqrt{2x-5}-1=ax+1$ の実数解の個数を求めよ。ただし，重解は 1 個とみなす。

〔広島文教女子大〕

(1) $y=ax+1$ …… ①，$y=\sqrt{2x-5}-1$ …… ② とする。

$a=0$ のとき，① は直線 $y=1$ で，直線 $y=1$ は曲線 ② と 1 点で交わるが接しない。

←直線 ① は，常に点 $(0,\ 1)$ を通る。

また，直線 ① が曲線 ② に接するのは，図から $a>0$ のときである。

$ax+1=\sqrt{2x-5}-1$ とすると

$ax+2=\sqrt{2x-5}$

両辺を平方して整理すると

$a^2x^2+2(2a-1)x+9=0$

この 2 次方程式の判別式を D とすると

$$\frac{D}{4}=(2a-1)^2-9a^2$$
$$=(2a-1)^2-(3a)^2$$
$$=(2a-1+3a)(2a-1-3a)=-(a+1)(5a-1)$$

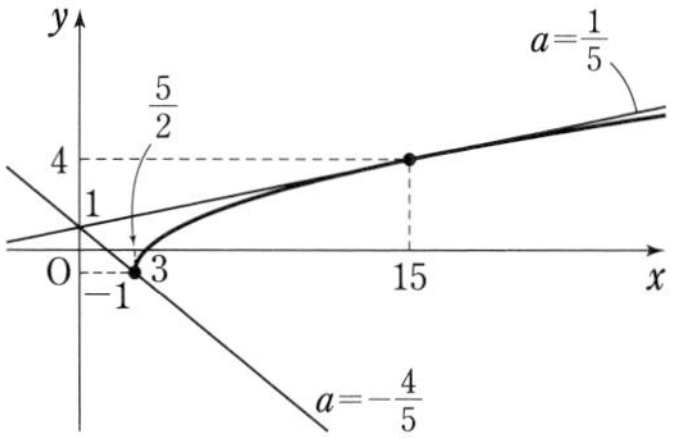

$D=0$ とすると，接するときは $a>0$ であるから　$\boldsymbol{a=\frac{1}{5}}$

① 接点 ⟺ 重解

(2)　直線 ① が曲線 ② の端点 $\left(\frac{5}{2},\ -1\right)$ を通るとき

$-1=\frac{5}{2}a+1$　すなわち　$a=-\frac{4}{5}$

したがって，図から，求める実数解の個数は

$\boldsymbol{a<-\frac{4}{5},\ \frac{1}{5}<a}$ **のとき　0 個；**

$\boldsymbol{-\frac{4}{5}\leqq a\leqq 0,\ a=\frac{1}{5}}$ **のとき　1 個；**

$\boldsymbol{0<a<\frac{1}{5}}$ **のとき　2 個**

←実数解の個数は，直線 ① と曲線 ② の共有点の個数に一致する。

EX ②7

x の関数 $f(x)=a-\frac{3}{2^x+1}$ を考える。ただし，a は実数の定数である。

(1)　$a=$□ のとき，$f(-x)=-f(x)$ が常に成り立つ。

(2)　a が (1) の値のとき，$f(x)$ の逆関数は $f^{-1}(x)=\log_2$□ である。　〔東京理科大〕

(1)　$f(-x)=a-\frac{3}{2^{-x}+1}=a-\frac{3\cdot 2^x}{2^x+1}$

$f(-x)=-f(x)$ とすると　$a-\frac{3\cdot 2^x}{2^x+1}=-a+\frac{3}{2^x+1}$

←このとき，$f(x)$ は奇関数。

よって　$2a=\frac{3(2^x+1)}{2^x+1}$　ゆえに，$2a=3$ から　$\boldsymbol{a=\frac{3}{2}}$

←2^x+1 で約分。

(2)　$a=\frac{3}{2}$ のとき　$f(x)=\frac{3}{2}-\frac{3}{2^x+1}$

$y=\frac{3}{2}-\frac{3}{2^x+1}$ とおくと　$\frac{3}{2^x+1}=\frac{3}{2}-y$

この式から，$y\neq\frac{3}{2}$ であり　$\frac{2^x+1}{3}=\frac{1}{\frac{3}{2}-y}$

よって　$2^x+1=\frac{3\cdot 2}{3-2y}$　ゆえに　$2^x=\frac{6}{3-2y}-1$

検討　(2)　y の変域は，$y=\frac{3}{2}-\frac{3}{x+1}$ で $x>0$ における値域を調べることにより　$-\frac{3}{2}<y<\frac{3}{2}$
よって，$f^{-1}(x)$ の定義域は　$-\frac{3}{2}<x<\frac{3}{2}$
ところが，$f^{-1}(x)$ の式の真数条件に注目すると

よって　$2^x=\dfrac{3+2y}{3-2y}$　ゆえに　$x=\log_2\dfrac{3+2y}{3-2y}$

したがって，$f(x)$ の逆関数は

$$f^{-1}(x)=\log_2\boldsymbol{\frac{3+2x}{3-2x}}$$

$\dfrac{3+2x}{3-2x}>0 \Leftrightarrow -\dfrac{3}{2}<x<\dfrac{3}{2}$ であるから，$f^{-1}(x)$ の式に定義域を書き添えておく必要はない。

EX ②8

(1) 関数 $f(x)=\dfrac{3x+a}{x+b}$ について，$f^{-1}(1)=3$，$f^{-1}(-7)=-1$ のとき，定数 a，b の値を求めよ。

(2) 関数 $y=\sqrt{ax+b}$ の逆関数が $y=\dfrac{1}{6}x^2-\dfrac{1}{2}$ $(x\geqq 0)$ となるとき，定数 a，b の値を求めよ。

［(2) 国士舘大］

(1) $f^{-1}(1)=3$ から　$f(3)=1$　ゆえに　$\dfrac{9+a}{3+b}=1$

よって　$9+a=3+b$　すなわち　$a-b=-6$ ……①

$f^{-1}(-7)=-1$ から　$f(-1)=-7$

ゆえに　$\dfrac{-3+a}{-1+b}=-7$

よって　$-3+a=-7(-1+b)$　すなわち　$a+7b=10$ …②

①，② を連立して解くと　$\boldsymbol{a=-4,\ b=2}$

←$f(x)=\dfrac{3x+a}{x+b}$ の逆関数 $f^{-1}(x)$ を求めてもよいが，

$\boldsymbol{b=f(a) \Leftrightarrow a=f^{-1}(b)}$

を利用した方が計算がらく。

(2) $y=\sqrt{ax+b}$ ……③ とする。

$a=0$ とすると，③ は $y=\sqrt{b}$ となり，逆関数は存在しない。

よって　$a\neq 0$　このとき，③ の値域は　$y\geqq 0$

③ の両辺を平方すると　$y^2=ax+b$

x について解くと　$x=\dfrac{1}{a}y^2-\dfrac{b}{a}$

よって，③ の逆関数は　$y=\dfrac{1}{a}x^2-\dfrac{b}{a}$ $(x\geqq 0)$

これが $y=\dfrac{1}{6}x^2-\dfrac{1}{2}$ $(x\geqq 0)$ となるから

$$\frac{1}{a}=\frac{1}{6} \text{ ……④}, \quad -\frac{b}{a}=-\frac{1}{2} \text{ ……⑤}$$

④ から　$\boldsymbol{a=6}$　ゆえに，⑤ から　$\boldsymbol{b=3}$

別解　$y=\dfrac{1}{6}x^2-\dfrac{1}{2}$ $(x\geqq 0)$ の逆関数を求めると　$y=\sqrt{6x+3}$

これが $y=\sqrt{ax+b}$ となるから　$\boldsymbol{a=6,\ b=3}$

←$y=\sqrt{ax+b}$ の逆関数を求める。$a\neq 0$ であることの確認が必要になる。

←$a\neq 0$

←x と y を入れ替える。$y=\sqrt{ax+b}$ の値域がその逆関数の定義域になる。

←$b=\dfrac{a}{2}$

EX ③9

関数 $f(x)=\dfrac{ax+b}{cx+d}$ (a，b，c，d は実数，$c\neq 0$) がある。

(1) $f(x)$ の逆関数 $f^{-1}(x)$ が存在するための条件を求めよ。

(2) (1) の条件が満たされるとき，常に $f^{-1}(x)=f(x)$ が成り立つための条件を求めよ。

(1) $y=\dfrac{ax+b}{cx+d}$ ……① とすると，$c\neq 0$ であるから

$$y=\frac{b-\dfrac{ad}{c}}{cx+d}+\frac{a}{c} \text{ ……②}$$

←$y=\dfrac{■}{cx+d}+▲$ の形に。

$f^{-1}(x)$ が存在するための条件は，y が定数関数にならないことであるから　$b-\dfrac{ad}{c}\neq 0$　すなわち　$\boldsymbol{ad-bc\neq 0}$

←1 対 1 の関数になることが条件。

(2)　$ad-bc\neq 0$ のとき，① から　$(cx+d)y=ax+b$

←① を x について解く。

ゆえに　$(cy-a)x=-dy+b$

ここで，② より，$y\neq\dfrac{a}{c}$ すなわち $cy-a\neq 0$ であるから

$$x=\frac{-dy+b}{cy-a}$$

x と y を入れ替えて　$y=\dfrac{-dx+b}{cx-a}$

すなわち　$f^{-1}(x)=\dfrac{-dx+b}{cx-a}$ …… ③

$f^{-1}(x)=f(x)$ とすると　$\dfrac{-dx+b}{cx-a}=\dfrac{ax+b}{cx+d}$

←この式が x の恒等式なら，分母を払った等式も x の恒等式である。

分母を払うと　$-(dx-b)(cx+d)=(ax+b)(cx-a)$

$\therefore$　$(ax+b)(cx-a)+(cx+d)(dx-b)=0$

$acx^2-a^2x+bcx-ab+cdx^2-bcx+d^2x-bd=0$

$(ac+cd)x^2-(a^2-d^2)x-ab-bd=0$

←x について整理。

$\therefore$　$c(a+d)x^2-(a+d)(a-d)x-b(a+d)=0$

よって　$(a+d)\{cx^2-(a-d)x-b\}=0$

これが x の恒等式となるための条件は，$c\neq 0$ から

$$\boldsymbol{a+d=0}$$

←$c\neq 0$ であるから，$cx^2-(a-d)x-b=0$ は恒等式にならない。

このとき，① と ③ の定義域はともに $x\neq\dfrac{a}{c}$ となり，一致する。

EX ③10

関数 $f(x)=\dfrac{1}{6}x^3+\dfrac{1}{2}x+\dfrac{1}{3}$ の逆関数を $f^{-1}(x)$ とする。$y=f(x)$ のグラフと $y=f^{-1}(x)$ のグラフの共有点の座標を求めよ。　〔類　関東学院大〕

HINT　$f^{-1}(x)$ は求めにくく，$y=f^{-1}(x)$ のグラフを直接かくことは難しい。
そこで，共有点の座標を $(x,\ y)$ として，$y=f(x)$ かつ $y=f^{-1}(x)$ であることを利用する。

求める共有点の座標を $(x,\ y)$ とすると

$$y=f(x) \text{ かつ } y=f^{-1}(x)$$

$y=f(x)$ から　$6y=x^3+3x+2$ …… ①

←$y=\dfrac{1}{6}x^3+\dfrac{1}{2}x+\dfrac{1}{3}$ の両辺に 6 を掛けた式。

$y=f^{-1}(x)$ から　$x=f(y)$

よって　$6x=y^3+3y+2$ …… ②

①−② から　$6(y-x)=(x-y)(x^2+xy+y^2)+3(x-y)$

←$x^3-y^3=(x-y)(x^2+xy+y^2)$

よって　$(x-y)(x^2+xy+y^2+9)=0$

ゆえに　$y=x$　または　$x^2+xy+y^2+9=0$

$y=x$ のとき，これを ① に代入して　　$6x=x^3+3x+2$

よって　　$x^3-3x+2=0$　　ゆえに　　$(x-1)^2(x+2)=0$

よって　　$x=1,\ -2$

$x=1$ のとき　　$y=1$,

$x=-2$ のとき　　$y=-2$

$x^2+xy+y^2+9=0$ のとき，これを変形すると

$$\left(x+\frac{y}{2}\right)^2+\frac{3}{4}y^2=-9$$

この等式を満たす実数の組 $(x,\ y)$ はない。

以上から，求める共有点の座標は　　**(1, 1), (−2, −2)**

←因数定理を利用。

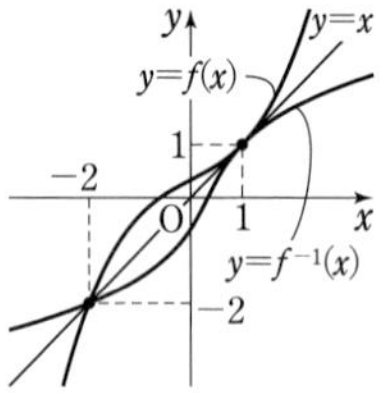

EX 11

(1) $f(x)=x^2+x+2$ および $g(x)=x-1$ のとき，合成関数 $f(g(x))$ を求めよ。

(2) a を実数とするとき，x の方程式 $f(g(x))+f(x)-|f(g(x))-f(x)|=a$ の実数解の個数を求めよ。〔中央大〕

(1) $\boldsymbol{f(g(x))}=\{g(x)\}^2+g(x)+2=(x-1)^2+(x-1)+2$

$\boldsymbol{=x^2-x+2}$

(2) $f(g(x))+f(x)=(x^2-x+2)+x^2+x+2=2x^2+4$

$f(g(x))-f(x)=(x^2-x+2)-(x^2+x+2)=-2x$

よって，方程式は　　$2x^2+4-|-2x|=a$

$x^2=|x|^2$ と考えて，左辺を変形すると

$$2\left(|x|-\frac{1}{2}\right)^2+\frac{7}{2}=a$$

方程式の実数解の個数は，$y=2\left(|x|-\frac{1}{2}\right)^2+\frac{7}{2}$ のグラフと直線 $y=a$ の共有点の個数に一致するから，

図より　$\boldsymbol{a<\frac{7}{2}}$ **のとき　0 個；**

$\boldsymbol{a=\frac{7}{2},\ 4<a}$ **のとき　2 個；**

$\boldsymbol{a=4}$ **のとき　3 個；**

$\boldsymbol{\frac{7}{2}<a<4}$ **のとき　4 個**

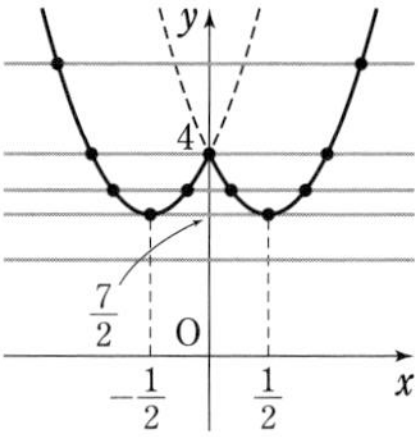

HINT　(2)　$x^2=|x|^2$ に着目して，与式の左辺を $|x|$ の 2 次関数として表し，そのグラフを利用。

←$2x^2+4-|-2x|$
$=2|x|^2-2|x|+4$
$=2\left(|x|^2-|x|+\frac{1}{4}\right)-\frac{1}{2}+4$
$=2\left(|x|-\frac{1}{2}\right)^2+\frac{7}{2}$

←グラフは y 軸に関して対称。

EX ④12

$f(x)=\dfrac{1}{1-x}$ $(x\neq 0)$ とする。

(1) $f(f(x))$ を求めよ。また，$y=f(f(x))$ のグラフの概形をかけ。

(2) 直線 $y=bx+a$ と曲線 $y=f(f(x))$ が共有点をもたないとき，点 $(a,\ b)$ の存在範囲を図示せよ。 〔類 中央大〕

HINT (2) 直線 $y=bx+a$ が，点 $(1,\ 0)$ を含めた (1) の曲線と共有点をもたない場合と，点 $(1,\ 0)$ を通って共有点をもたない場合があることに注意。

(1) $f(x)=\dfrac{1}{1-x}$ から　$x\neq 1$

$$\boldsymbol{f(f(x))}=\frac{1}{1-f(x)}=\frac{1}{1-\dfrac{1}{1-x}}$$

$$=\frac{1-x}{-x}=\boldsymbol{-\frac{1}{x}+1\ (x\neq 1)}$$

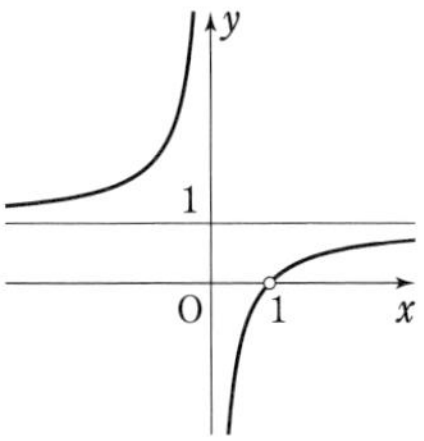

グラフは **右の図** のようになる。

←$\dfrac{1}{1-\dfrac{1}{1-x}}$ の分母・分子に $1-x$ を掛ける。

(2) 共有点をもたないのは，次の [1]～[3] の場合である。

[1] 直線 $y=bx+a$ と曲線 $y=-\dfrac{1}{x}+1$ が，共有点をもたない

←点 $(1,\ 0)$ を含む曲線。

[2] 直線 $y=bx+a$ が点 $(1,\ 0)$ を通り，y 軸に垂直である

←曲線 $y=f(f(x))$ が点 $(1,\ 0)$ を含まないことに注意。

[3] 直線 $y=bx+a$ が点 $(1,\ 0)$ において，曲線 $y=-\dfrac{1}{x}+1$ と接する

[1] のとき

直線と曲線は共有点をもたないから，$bx+a=-\dfrac{1}{x}+1$ すなわち $bx^2+(a-1)x+1=0$ が実数解をもたない。

このための条件は

(i) $b\neq 0$ のとき，2 次方程式 $bx^2+(a-1)x+1=0$ の判別式を D とすると　$D<0$

よって　$(a-1)^2-4\cdot b\cdot 1<0$　すなわち　$(a-1)^2<4b$

(ii) $b=0$ のとき　$a-1=0$　ゆえに　$a=1$

←$0\cdot x+1=0$ の形。

[2] のとき　$0=b\cdot 1+a$ かつ $b=0$

ゆえに　$a=0,\ b=0$

←直線は x 軸と一致。

[3] のとき　$0=b\cdot 1+a$ から　$a=-b$

←直線 $y=bx+a$ が点 $(1,\ 0)$ を通る。

$bx-b=-\dfrac{1}{x}+1$ とすると　$bx^2-(b+1)x+1=0$

$b\neq 0$ から，この 2 次方程式の判別式を D とすると　$D=0$

よって　$\{-(b+1)\}^2-4\cdot b\cdot 1=0$

ゆえに　$(b-1)^2=0$

よって　$b=1,\ a=-1$

[1]～[3] から，点 $(a,\ b)$ の存在範囲は **右の図の斜線部分（境界線上の点を含まない），および点 $(-1,\ 1)$，$(0,\ 0)$，$(1,\ 0)$**

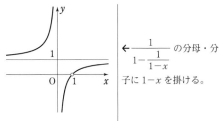

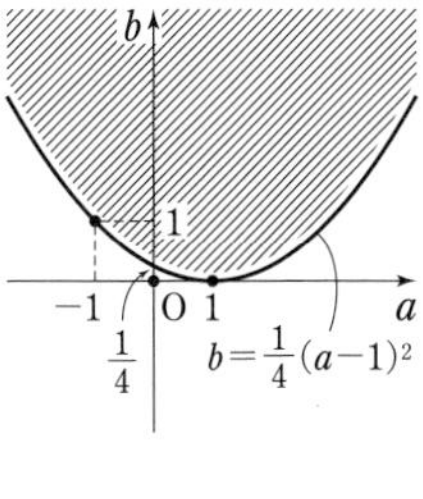

検討　有理数 p に対して $(x^p)'=px^{p-1}$ であること（本冊 $p.110$ 基本事項 **6** 参照）を使うと，解答の [3] の場合 $y'=\dfrac{1}{x^2}$ より点 $(1,\ 0)$ における接線の方程式は $y=x-1$ であるから　$a=-1,\ b=1$

練習 ②17

(1) 数列 $\frac{1}{2}$, $\frac{2}{3}$, $\frac{3}{4}$, $\frac{4}{5}$, …… の極限を調べよ。

(2) 第 n 項が次の式で表される数列の極限を求めよ。

(ア) $\sqrt{4n-2}$　(イ) $\frac{n}{1-n^2}$　(ウ) $n^4+(-n)^3$　(エ) $\frac{3n^2+n+1}{n+1}-3n$

(1) 第 n 項は $\frac{n}{n+1}$

よって $\lim_{n\to\infty}\frac{n}{n+1}=\lim_{n\to\infty}\frac{1}{1+\frac{1}{n}}=1$

つまり，**1 に収束** する。

(2) (ア) $\lim_{n\to\infty}\sqrt{4n-2}=\infty$

(イ) $\lim_{n\to\infty}\frac{n}{1-n^2}=\lim_{n\to\infty}\frac{\frac{1}{n}}{\frac{1}{n^2}-1}=\frac{0}{0-1}=\mathbf{0}$

(ウ) $\lim_{n\to\infty}\{n^4+(-n)^3\}=\lim_{n\to\infty}n^4\left(1-\frac{1}{n}\right)=\infty$

(エ) $\lim_{n\to\infty}\left(\frac{3n^2+n+1}{n+1}-3n\right)=\lim_{n\to\infty}\frac{3n^2+n+1-3n(n+1)}{n+1}$

$=\lim_{n\to\infty}\frac{-2n+1}{n+1}=\lim_{n\to\infty}\frac{-2+\frac{1}{n}}{1+\frac{1}{n}}$

$=\mathbf{-2}$

HINT (2) (エ) 第 n 項をまず通分。

←分母・分子を n で割る。

←$\lim_{n\to\infty}n^k=\infty$ $(k>0)$

←分母の最高次の項 n^2 で分母・分子を割る。

←n の最高次の項 n^4 でくくり出す。

←まず通分する。

←分母・分子を n で割る。

練習 ②18

第 n 項が次の式で表される数列の極限を求めよ。 〔(2) 京都産大〕

(1) $\frac{2n+3}{\sqrt{3n^2+n}+n}$　(2) $\frac{1}{\sqrt{n^2+n}-n}$　(3) $n(\sqrt{n^2+2}-\sqrt{n^2+1})$

(4) $\frac{\sqrt{n+1}-\sqrt{n-1}}{\sqrt{n+3}-\sqrt{n}}$　(5) $\log_3\frac{\sqrt[n]{7}}{5^n}$　(6) $\sin\frac{n\pi}{2}$　(7) $\tan n\pi$

(1) $\lim_{n\to\infty}\frac{2n+3}{\sqrt{3n^2+n}+n}=\lim_{n\to\infty}\frac{2+\frac{3}{n}}{\sqrt{3+\frac{1}{n}}+1}$

$=\frac{2}{\sqrt{3}+1}=\frac{2(\sqrt{3}-1)}{(\sqrt{3}+1)(\sqrt{3}-1)}$

$=\mathbf{\sqrt{3}-1}$

(2) $\lim_{n\to\infty}\frac{1}{\sqrt{n^2+n}-n}=\lim_{n\to\infty}\frac{\sqrt{n^2+n}+n}{(\sqrt{n^2+n}-n)(\sqrt{n^2+n}+n)}$

$=\lim_{n\to\infty}\frac{\sqrt{n^2+n}+n}{(n^2+n)-n^2}=\lim_{n\to\infty}\frac{\sqrt{n^2+n}+n}{n}$

$=\lim_{n\to\infty}\left(\sqrt{1+\frac{1}{n}}+1\right)$

$=\mathbf{2}$

←$\frac{\infty}{\infty}$ の不定形。分母・分子を n で割る。

←$\infty-\infty$ を含む不定形。分母を有理化。

(3) $\displaystyle\lim_{n\to\infty} n(\sqrt{n^2+2}-\sqrt{n^2+1})$

$\displaystyle=\lim_{n\to\infty}\frac{n(\sqrt{n^2+2}-\sqrt{n^2+1})(\sqrt{n^2+2}+\sqrt{n^2+1})}{\sqrt{n^2+2}+\sqrt{n^2+1}}$

$\displaystyle=\lim_{n\to\infty}\frac{n\{(n^2+2)-(n^2+1)\}}{\sqrt{n^2+2}+\sqrt{n^2+1}}=\lim_{n\to\infty}\frac{1}{\sqrt{1+\frac{2}{n^2}}+\sqrt{1+\frac{1}{n^2}}}=\boldsymbol{\frac{1}{2}}$

←∞−∞ を含む不定形。$\dfrac{n(\sqrt{n^2+2}-\sqrt{n^2+1})}{1}$ とみて，分子を有理化。

←分母・分子を n で割る。

(4) $\displaystyle\lim_{n\to\infty}\frac{\sqrt{n+1}-\sqrt{n-1}}{\sqrt{n+3}-\sqrt{n}}$

$\displaystyle=\lim_{n\to\infty}\frac{(\sqrt{n+1}-\sqrt{n-1})}{(\sqrt{n+3}-\sqrt{n})}\cdot\frac{(\sqrt{n+1}+\sqrt{n-1})(\sqrt{n+3}+\sqrt{n})}{(\sqrt{n+3}+\sqrt{n})(\sqrt{n+1}+\sqrt{n-1})}$

$\displaystyle=\lim_{n\to\infty}\frac{2(\sqrt{n+3}+\sqrt{n})}{3(\sqrt{n+1}+\sqrt{n-1})}=\lim_{n\to\infty}\frac{2\left(\sqrt{1+\frac{3}{n}}+1\right)}{3\left(\sqrt{1+\frac{1}{n}}+\sqrt{1-\frac{1}{n}}\right)}=\boldsymbol{\frac{2}{3}}$

←分母の有理化と分子の有理化を同時に行う。

←分母・分子を $\sqrt{n}$ で割る。

(5) $\displaystyle\lim_{n\to\infty}\log_3\frac{\sqrt[n]{7}}{5^n}=\lim_{n\to\infty}\left(\frac{1}{n}\log_3 7-n\log_3 5\right)=-\infty$

←$\log_a M^k=k\log_a M$，$\log_a\dfrac{M}{N}=\log_a M-\log_a N$
$\log_3 7$，$\log_3 5$ は定数で，$7>1$，$5>1$ であるから $\log_3 7>0$，$\log_3 5>0$

(6) 数列は 1，0，−1，0，1，0，−1，0，…… となり一定の値に収束せず，正の無限大にも負の無限大にも発散しない。
よって，**振動する（極限はない）**。

(7) すべての自然数 n に対して　$\tan n\pi=0$
よって，この数列のすべての項は 0 であるから　極限は **0**

練習 ③19 次の極限を求めよ。

(1) $\displaystyle\lim_{n\to\infty}\frac{(n+1)^2+(n+2)^2+\cdots\cdots+(2n)^2}{1^2+2^2+\cdots\cdots+n^2}$

(2) $\displaystyle\lim_{n\to\infty}\{\log_2(1^3+2^3+\cdots\cdots+n^3)-\log_2(n^4+1)\}$

(1) $(n+1)^2+(n+2)^2+\cdots\cdots+(2n)^2$

$\displaystyle=\sum_{k=1}^{n}(n+k)^2=\sum_{k=1}^{n}(n^2+2nk+k^2)$

$\displaystyle=n^2\cdot n+2n\cdot\frac{1}{2}n(n+1)+\frac{1}{6}n(n+1)(2n+1)$

$\displaystyle=\frac{1}{6}n(6n^2+6n^2+6n+2n^2+3n+1)$

$\displaystyle=\frac{1}{6}n(14n^2+9n+1)$

←$\displaystyle n^2\sum_{k=1}^{n}1+2n\sum_{k=1}^{n}k+\sum_{k=1}^{n}k^2$ とみて，$\sum k^{\bullet}$ の公式を利用。

よって　$\displaystyle(\text{与式})=\lim_{n\to\infty}\frac{\frac{1}{6}n(14n^2+9n+1)}{\frac{1}{6}n(n+1)(2n+1)}$

$\displaystyle=\lim_{n\to\infty}\frac{14n^2+9n+1}{2n^2+3n+1}=\lim_{n\to\infty}\frac{14+\frac{9}{n}+\frac{1}{n^2}}{2+\frac{3}{n}+\frac{1}{n^2}}$

$=\boldsymbol{7}$

検討 (1) 分子の和を $\displaystyle\sum_{k=1}^{2n}k^2-\sum_{k=1}^{n}k^2$ として求めると，分母が $\displaystyle\sum_{k=1}^{n}k^2$ であるから，極限を求める式は $\dfrac{2(2n+1)(4n+1)}{(n+1)(2n+1)}-1$ となる。この式で $n\longrightarrow\infty$ として求めてもよい。

(2) (与式)$=\lim_{n\to\infty}\left\{\log_2\frac{1}{4}n^2(n+1)^2-\log_2(n^4+1)\right\}$

$=\lim_{n\to\infty}\log_2\frac{n^2(n+1)^2}{4(n^4+1)}=\lim_{n\to\infty}\log_2\frac{\left(1+\frac{1}{n}\right)^2}{4\left(1+\frac{1}{n^4}\right)}$

$=\log_2\frac{1}{4}=\mathbf{-2}$

←$\sum_{k=1}^{n}k^3=\left\{\frac{1}{2}n(n+1)\right\}^2$

←分母・分子を n^4 で割る。

←$\log_2\frac{1}{4}=\log_2 2^{-2}$

練習 ③20

(1) 次の関係を満たす数列 $\{a_n\}$ について，$\lim_{n\to\infty}a_n$ と $\lim_{n\to\infty}na_n$ を求めよ。

(ア) $\lim_{n\to\infty}(2n-1)a_n=1$　　(イ) $\lim_{n\to\infty}\frac{a_n-3}{2a_n+1}=2$

(2) $\lim_{n\to\infty}(\sqrt{n^2+an+2}-\sqrt{n^2+2n+3})=3$ が成り立つとき，定数 a の値を求めよ。〔(2) 摂南大〕

(1) (ア) $a_n=(2n-1)a_n\times\frac{1}{2n-1}$ であり

$\lim_{n\to\infty}(2n-1)a_n=1,\ \lim_{n\to\infty}\frac{1}{2n-1}=0$

よって　$\lim_{n\to\infty}\boldsymbol{a_n}=\lim_{n\to\infty}(2n-1)a_n\times\lim_{n\to\infty}\frac{1}{2n-1}=1\times0=\mathbf{0}$

$na_n=(2n-1)a_n\times\frac{n}{2n-1},\ \lim_{n\to\infty}\frac{n}{2n-1}=\lim_{n\to\infty}\frac{1}{2-\frac{1}{n}}=\frac{1}{2}$

から　$\lim_{n\to\infty}\boldsymbol{na_n}=\lim_{n\to\infty}(2n-1)a_n\times\lim_{n\to\infty}\frac{n}{2n-1}=1\times\frac{1}{2}=\mathbf{\frac{1}{2}}$

←数列の極限値の性質
$\lim_{n\to\infty}a_n=\alpha,\ \lim_{n\to\infty}b_n=\beta$
$\Longrightarrow\lim_{n\to\infty}a_nb_n=\alpha\beta$
を利用。(α，β は定数)

(イ) $\frac{a_n-3}{2a_n+1}=b_n$ とおき，両辺に $2a_n+1$ を掛けると

$a_n-3=(2a_n+1)b_n$

ゆえに　$(2b_n-1)a_n=-(b_n+3)$

$b_n=\frac{1}{2}$ とすると $0\cdot a_n=-\frac{7}{2}$ となり，これは不合理である。

よって，$b_n\neq\frac{1}{2}$ であるから　$a_n=-\frac{b_n+3}{2b_n-1}$

$\lim_{n\to\infty}b_n=2$ であるから

$\lim_{n\to\infty}\boldsymbol{a_n}=\lim_{n\to\infty}\left(-\frac{b_n+3}{2b_n-1}\right)=-\frac{2+3}{2\cdot2-1}=\mathbf{-\frac{5}{3}}$

ゆえに　$\lim_{n\to\infty}\boldsymbol{na_n}=\mathbf{-\infty}$

←数列 $\{b_n\}$ は収束する数列である。

(2) $\lim_{n\to\infty}(\sqrt{n^2+an+2}-\sqrt{n^2+2n+3})$

$=\lim_{n\to\infty}\frac{(n^2+an+2)-(n^2+2n+3)}{\sqrt{n^2+an+2}+\sqrt{n^2+2n+3}}$

$=\lim_{n\to\infty}\frac{(a-2)-\frac{1}{n}}{\sqrt{1+\frac{a}{n}+\frac{2}{n^2}}+\sqrt{1+\frac{2}{n}+\frac{3}{n^2}}}=\frac{a-2}{2}$

←左辺の極限値を a で表す。
$\frac{\sqrt{n^2+an+2}-\sqrt{n^2+2n+3}}{1}$
とみて分子を有理化。

よって，条件から　$\dfrac{a-2}{2}=3$　ゆえに　$\boldsymbol{a=8}$

←a の方程式を解く。

練習 ③21 次の極限を求めよ。

(1) $\displaystyle\lim_{n\to\infty}\frac{1}{n+1}\sin\frac{n\pi}{2}$　(2) $\displaystyle\lim_{n\to\infty}\left\{\frac{1}{(n+1)^2}+\frac{1}{(n+2)^2}+\cdots\cdots+\frac{1}{(2n)^2}\right\}$

(3) $\displaystyle\lim_{n\to\infty}\left(\frac{1}{\sqrt{n^2+1}}+\frac{1}{\sqrt{n^2+2}}+\cdots\cdots+\frac{1}{\sqrt{n^2+n}}\right)$

HINT　はさみうちの原理を利用。(2), (3) については，$k=1,\ 2,\ \cdots\cdots,\ n$ に対して

(2) $\dfrac{1}{(n+k)^2}<\dfrac{1}{n^2}$　(3) $\dfrac{1}{\sqrt{n^2+n}}\leqq\dfrac{1}{\sqrt{n^2+k}}<\dfrac{1}{n}$　が成り立つことを利用。

(1) $-1\leqq\sin\dfrac{n\pi}{2}\leqq1$ であるから

$$-\frac{1}{n+1}\leqq\frac{1}{n+1}\sin\frac{n\pi}{2}\leqq\frac{1}{n+1}$$

←$-1\leqq\sin\dfrac{n\pi}{2}\leqq1$ の各辺を $n+1$ で割る。

$\displaystyle\lim_{n\to\infty}\left(-\frac{1}{n+1}\right)=0,\ \lim_{n\to\infty}\frac{1}{n+1}=0$ であるから

$$\lim_{n\to\infty}\frac{1}{n+1}\sin\frac{n\pi}{2}=\boldsymbol{0}$$

←はさみうちの原理。

(2) $\dfrac{1}{(n+k)^2}<\dfrac{1}{n^2}$ $(k=1,\ 2,\ \cdots\cdots,\ n)$ であるから，

←$0<n^2<(n+k)^2$

$a_n=\dfrac{1}{(n+1)^2}+\dfrac{1}{(n+2)^2}+\cdots\cdots+\dfrac{1}{(2n)^2}$ とおくと

$$a_n<\frac{1}{n^2}\cdot n=\frac{1}{n}$$

よって　$0<a_n<\dfrac{1}{n}$

$\displaystyle\lim_{n\to\infty}\frac{1}{n}=0$ であるから　$\displaystyle\lim_{n\to\infty}a_n=\boldsymbol{0}$

←はさみうちの原理。

(3) $\dfrac{1}{\sqrt{n^2+n}}\leqq\dfrac{1}{\sqrt{n^2+k}}<\dfrac{1}{n}$ $(k=1,\ 2,\ \cdots\cdots,\ n)$ であるから，

←$1\leqq k\leqq n$ から $n<\sqrt{n^2+k}\leqq\sqrt{n^2+n}$

$a_n=\dfrac{1}{\sqrt{n^2+1}}+\dfrac{1}{\sqrt{n^2+2}}+\cdots\cdots+\dfrac{1}{\sqrt{n^2+n}}$ とおくと

$$\frac{1}{\sqrt{n^2+n}}\cdot n\leqq a_n<\frac{1}{n}\cdot n\quad すなわち\quad \frac{n}{\sqrt{n^2+n}}\leqq a_n<1$$

←a_n の各項を最小の項でおき換えたものと $\dfrac{1}{n}$ でおき換えたものではさむ。

$\displaystyle\lim_{n\to\infty}\frac{n}{\sqrt{n^2+n}}=\lim_{n\to\infty}\frac{1}{\sqrt{1+\frac{1}{n}}}=1$ であるから

$$\lim_{n\to\infty}a_n=\boldsymbol{1}$$

←はさみうちの原理。

練習 ③22 n を正の整数とする。また，$x\geqq0$ とする。

(1) 不等式 $(1+x)^n\geqq1+nx+\dfrac{1}{2}n(n-1)x^2$ を用いて，$\left(1+\sqrt{\dfrac{2}{n}}\right)^n>n$ が成り立つことを示せ。

(2) (1) で示した不等式を用いて，$\displaystyle\lim_{n\to\infty}n^{\frac{1}{n}}$ の値を求めよ。　〔類 京都産大〕

(1) $(1+x)^n \geqq 1+nx+\frac{1}{2}n(n-1)x^2$ において，$x=\sqrt{\frac{2}{n}}$ とおくと

$$\left(1+\sqrt{\frac{2}{n}}\right)^n \geqq 1+n\sqrt{\frac{2}{n}}+\frac{1}{2}n(n-1)\cdot\frac{2}{n}$$
$$=1+\sqrt{2n}+n-1=n+\sqrt{2n}>n$$

したがって　$\left(1+\sqrt{\frac{2}{n}}\right)^n>n$ …… ①

←不等式＿＿は，二項定理 $(a+b)^n=a^n+{}_nC_1a^{n-1}b+{}_nC_2a^{n-2}b^2+\cdots\cdots+{}_nC_ra^{n-r}b^r+\cdots\cdots+b^n$ で $a=1$，$b=x$ $(x\geqq 0)$ とおくことにより導かれる。

(2) $1+\sqrt{\frac{2}{n}}>0$，$n>0$ であるから，① より　$1+\sqrt{\frac{2}{n}}>n^{\frac{1}{n}}$

←$a>0$，$b>0$，$n>0$ のとき　$a^n>b^n \Longleftrightarrow a>b$

$n\geqq 1$ であるから　$n^{\frac{1}{n}}\geqq 1^{\frac{1}{n}}=1$

よって　$1\leqq n^{\frac{1}{n}}<1+\sqrt{\frac{2}{n}}$

ここで，$\lim_{n\to\infty}\left(1+\sqrt{\frac{2}{n}}\right)=1$ であるから　$\lim_{n\to\infty} n^{\frac{1}{n}}=\mathbf{1}$

←はさみうちの原理。

練習 ③23 実数 α に対して α を超えない最大の整数を $[\alpha]$ と書く。[　] をガウス記号という。
(1) 自然数 m の桁数 k をガウス記号を用いて表すと，$k=[\boxed{}]$ である。
(2) 自然数 n に対して 3^n の桁数を k_n で表すと，$\lim_{n\to\infty}\frac{k_n}{n}=\boxed{}$ である。　〔慶応大〕

(1) 自然数 m の桁数が k であるとき

$$10^{k-1}\leqq m<10^k$$

←数学Ⅱで学習。

各辺の常用対数をとると　$k-1\leqq \log_{10}m<k$

よって　$k\leqq \log_{10}m+1<k+1$

ゆえに　$k=[\boldsymbol{\log_{10}m+1}]$

←$k\leqq x<k+1$（k は整数）$\Longleftrightarrow [x]=k$

(2) (1) の結果から　$k_n=[\log_{10}3^n+1]$

よって　$k_n\leqq \log_{10}3^n+1<k_n+1$

ゆえに　$\log_{10}3^n<k_n\leqq \log_{10}3^n+1$

←$\log_{10}3^n+1<k_n+1$ から　$\log_{10}3^n<k_n$

よって　$n\log_{10}3<k_n\leqq n\log_{10}3+1$

各辺を n で割ると

$$\log_{10}3<\frac{k_n}{n}\leqq \log_{10}3+\frac{1}{n}$$

$\lim_{n\to\infty}\left(\log_{10}3+\frac{1}{n}\right)=\log_{10}3$ であるから　$\lim_{n\to\infty}\frac{k_n}{n}=\boldsymbol{\log_{10}3}$

←はさみうちの原理。

練習 ②24 第 n 項が次の式で表される数列の極限を求めよ。
(1) $\left(\frac{3}{2}\right)^n$　(2) 3^n-2^n　(3) $\frac{3^n-1}{2^n+1}$
(4) $\frac{2^n+1}{(-3)^n-2^n}$　(5) $\frac{r^{2n+1}-1}{r^{2n}+1}$（$r$ は実数）

(1) $\frac{3}{2}>1$ であるから　$\lim_{n\to\infty}\left(\frac{3}{2}\right)^n=\infty$

(2) $\lim_{n\to\infty}(3^n-2^n)=\lim_{n\to\infty}3^n\left\{1-\left(\frac{2}{3}\right)^n\right\}=\infty$

HINT　$\{r^n\}$ の極限
$r>1$ のとき　∞，
$r=1$ のとき　1，
$|r|<1$ のとき　0
$r\leqq -1$ のとき　振動（極限はない）

(3) $\lim_{n\to\infty}\dfrac{3^n-1}{2^n+1}=\lim_{n\to\infty}\dfrac{\left(\frac{3}{2}\right)^n-\left(\frac{1}{2}\right)^n}{1+\left(\frac{1}{2}\right)^n}=\infty$

←分母・分子を 2^n で割る。

(4) $\lim_{n\to\infty}\dfrac{2^n+1}{(-3)^n-2^n}=\lim_{n\to\infty}\dfrac{\left(-\frac{2}{3}\right)^n+\left(-\frac{1}{3}\right)^n}{1-\left(-\frac{2}{3}\right)^n}=\dfrac{0+0}{1-0}=\mathbf{0}$

←分母・分子を $(-3)^n$ で割る。

(5) $a_n=\dfrac{r^{2n+1}-1}{r^{2n}+1}$ とおく。

$r<-1$, $1<r$ のとき $\lim_{n\to\infty}a_n=\lim_{n\to\infty}\dfrac{r-\frac{1}{r^{2n}}}{1+\frac{1}{r^{2n}}}=\boldsymbol{r}$

←$r<-1$, $1<r$ $\iff |r|>1 \iff r^2>1$
$\therefore\ r^{2n}=(r^2)^n\longrightarrow\infty$

$r=-1$ のとき $\lim_{n\to\infty}a_n=\lim_{n\to\infty}\dfrac{-1-1}{1+1}=\mathbf{-1}$

←$(-1)^{偶数}=1$, $(-1)^{奇数}=-1$

$r=1$ のとき $\lim_{n\to\infty}a_n=\lim_{n\to\infty}\dfrac{1-1}{1+1}=\mathbf{0}$

$-1<r<1$ のとき $\lim_{n\to\infty}a_n=\lim_{n\to\infty}\dfrac{(r^2)^n r-1}{(r^2)^n+1}=\dfrac{0-1}{0+1}=\mathbf{-1}$

←$-1<r<1 \iff |r|<1$
$\iff 0\leqq r^2<1$
$\therefore\ r^{2n}=(r^2)^n\longrightarrow 0$

検討 $r=-1$ と $-1<r<1$ の場合をまとめてもよい。

練習 ②25 次の数列が収束するように，実数 x の値の範囲を定めよ。また，そのときの数列の極限値を求めよ。

(1) $\left\{\left(\dfrac{2}{3}x\right)^n\right\}$　　(2) $\{(x^2-4x)^n\}$　　(3) $\left\{\left(\dfrac{x^2+2x-5}{x^2-x+2}\right)^n\right\}$

(1) 収束するための条件は　$-1<\dfrac{2}{3}x\leqq 1$ …… Ⓐ

これを解いて　$\boldsymbol{-\dfrac{3}{2}<x\leqq\dfrac{3}{2}}$

また，Ⓐ で $\dfrac{2}{3}x=1$ となるのは，$x=\dfrac{3}{2}$ のときであるから，

数列の **極限値は $-\dfrac{3}{2}<x<\dfrac{3}{2}$ のとき 0，$x=\dfrac{3}{2}$ のとき 1**

HINT 数列 $\{r^n\}$ の収束条件は **$-1<r\leqq 1$**
また，極限値は
$-1<r<1$ なら 0,
$r=1$ なら 1

←$-1<r<1$ のときと $r=1$ のときで数列 $\{r^n\}$ の極限値が異なることに注意。

(2) 収束するための条件は　$-1<x^2-4x\leqq 1$ …… Ⓐ

$-1<x^2-4x$ から　$x^2-4x+1>0$

$x^2-4x+1=0$ の解は　$x=2\pm\sqrt{3}$

よって　$x<2-\sqrt{3}$, $2+\sqrt{3}<x$ …… ①

$x^2-4x\leqq 1$ から　$x^2-4x-1\leqq 0$

$x^2-4x-1=0$ の解は　$x=2\pm\sqrt{5}$

よって　$2-\sqrt{5}\leqq x\leqq 2+\sqrt{5}$ …… ②

ゆえに，収束するときの実数 x の値の範囲は，① かつ ② から

$\boldsymbol{2-\sqrt{5}\leqq x<2-\sqrt{3},\ 2+\sqrt{3}<x\leqq 2+\sqrt{5}}$

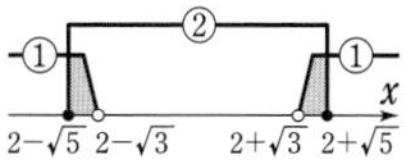

また，Ⓐ で $x^2-4x=1$ となるのは，$x=2\pm\sqrt{5}$ のときであるから，数列の **極限値は**

$2-\sqrt{5}<x<2-\sqrt{3}$，$2+\sqrt{3}<x<2+\sqrt{5}$ のとき 0；
$x=2\pm\sqrt{5}$ のとき 1

(3) 収束するための条件は　$-1<\dfrac{x^2+2x-5}{x^2-x+2}\leqq 1$ …… Ⓐ

$x^2-x+2=\left(x-\dfrac{1}{2}\right)^2+\dfrac{7}{4}>0$ であるから，各辺に x^2-x+2 を掛けて　$-(x^2-x+2)<x^2+2x-5\leqq x^2-x+2$

←各辺に正の数を掛けることになるから，不等号の向きは変わらない。

$-(x^2-x+2)<x^2+2x-5$ から　$2x^2+x-3>0$

ゆえに　$(2x+3)(x-1)>0$

よって　$x<-\dfrac{3}{2}$，$1<x$ …… ①

$x^2+2x-5\leqq x^2-x+2$ から　$3x\leqq 7$　よって　$x\leqq\dfrac{7}{3}$ … ②

ゆえに，収束するときの実数 x の値の範囲は，① かつ ② から

$$x<-\frac{3}{2},\ 1<x\leqq\frac{7}{3}$$

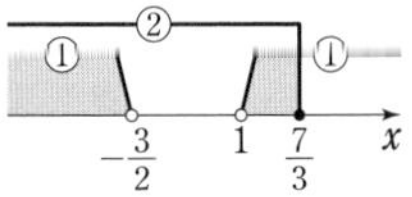

また，Ⓐ で $\dfrac{x^2+2x-5}{x^2-x+2}=1$ となるのは，$x=\dfrac{7}{3}$ のときであるから，数列の **極限値は**

$$x<-\frac{3}{2},\ 1<x<\frac{7}{3} \text{ のとき } 0;\ x=\frac{7}{3} \text{ のとき } 1$$

練習 ②26 次の条件によって定められる数列 $\{a_n\}$ の極限を求めよ。
(1) $a_1=2$，$a_{n+1}=3a_n+2$　(2) $a_1=1$，$2a_{n+1}=6-a_n$

(1) 与えられた漸化式を変形すると

$a_{n+1}+1=3(a_n+1)$　また　$a_1+1=2+1=3$

←$\alpha=3\alpha+2$ の解は $\alpha=-1$

よって，数列 $\{a_n+1\}$ は，初項 3，公比 3 の等比数列で

$a_n+1=3\cdot 3^{n-1}$　ゆえに　$a_n=3^n-1$

したがって　$\displaystyle\lim_{n\to\infty}a_n=\lim_{n\to\infty}(3^n-1)=\infty$

←$3^n\longrightarrow\infty$

(2) 与えられた漸化式を変形すると

←$2\alpha=6-\alpha$ の解は $\alpha=2$
（漸化式は $a_{n+1}=-\dfrac{1}{2}a_n+3$）

$a_{n+1}-2=-\dfrac{1}{2}(a_n-2)$　また　$a_1-2=1-2=-1$

よって，数列 $\{a_n-2\}$ は初項 -1，公比 $-\dfrac{1}{2}$ の等比数列で

$a_n-2=-1\cdot\left(-\dfrac{1}{2}\right)^{n-1}$　ゆえに　$a_n=2-\left(-\dfrac{1}{2}\right)^{n-1}$

したがって　$\displaystyle\lim_{n\to\infty}a_n=\lim_{n\to\infty}\left\{2-\left(-\frac{1}{2}\right)^{n-1}\right\}=\mathbf{2}$

←$\left(-\dfrac{1}{2}\right)^{n-1}\longrightarrow 0$

練習 ②27 次の条件によって定められる数列 $\{a_n\}$ の極限値を求めよ。
$a_1=1$，$a_2=3$，$4a_{n+2}=5a_{n+1}-a_n$

$4a_{n+2}=5a_{n+1}-a_n$ を変形すると

$$a_{n+2}-a_{n+1}=\frac{1}{4}(a_{n+1}-a_n)$$

また　$a_2-a_1=3-1=2$

←$4x^2=5x-1$ を解くと
$4x^2-5x+1=0$
$(x-1)(4x-1)=0$
よって　$x=1$，$\dfrac{1}{4}$

ゆえに，数列 $\{a_{n+1}-a_n\}$ は，初項 2，公比 $\frac{1}{4}$ の等比数列で

$$a_{n+1}-a_n=2\left(\frac{1}{4}\right)^{n-1}$$

←数列 $\{a_n\}$ の階差数列がわかった。

よって，$n \geqq 2$ のとき

$$a_n=1+\sum_{k=1}^{n-1}2\left(\frac{1}{4}\right)^{k-1}=1+2\cdot\frac{1-\left(\frac{1}{4}\right)^{n-1}}{1-\frac{1}{4}}=1+\frac{8}{3}\left\{1-\left(\frac{1}{4}\right)^{n-1}\right\}$$

←$n \longrightarrow \infty$ の場合を考えるから，$n=1$ のときの確認は必要ない。

したがって　$\displaystyle\lim_{n\to\infty}a_n=\lim_{n\to\infty}\left[1+\frac{8}{3}\left\{1-\left(\frac{1}{4}\right)^{n-1}\right\}\right]=1+\frac{8}{3}=\boldsymbol{\frac{11}{3}}$

別解　与えられた漸化式を変形すると

$$a_{n+2}-a_{n+1}=\frac{1}{4}(a_{n+1}-a_n),\ a_{n+2}-\frac{1}{4}a_{n+1}=a_{n+1}-\frac{1}{4}a_n$$

←$a_{n+2}-\alpha a_{n+1}=\beta(a_{n+1}-\alpha a_n)$ で $\alpha=1$，$\beta=\frac{1}{4}$ とした場合と $\alpha=\frac{1}{4}$，$\beta=1$ とした場合を考える。

また　$a_2-a_1=2$，$a_2-\frac{1}{4}a_1=\frac{11}{4}$

ゆえに　$a_{n+1}-a_n=2\left(\frac{1}{4}\right)^{n-1}$，$a_{n+1}-\frac{1}{4}a_n=\frac{11}{4}$

辺々を引いて　$a_n=\frac{11}{3}-\frac{8}{3}\left(\frac{1}{4}\right)^{n-1}$

←a_{n+1} を消去。

したがって　$\displaystyle\lim_{n\to\infty}a_n=\lim_{n\to\infty}\left\{\frac{11}{3}-\frac{8}{3}\left(\frac{1}{4}\right)^{n-1}\right\}=\frac{11}{3}-0=\boldsymbol{\frac{11}{3}}$

練習 ③28　$a_1=5$，$a_{n+1}=\frac{5a_n-16}{a_n-3}$ で定められる数列 $\{a_n\}$ について

(1)　$b_n=a_n-4$ とおくとき，b_{n+1} を b_n で表せ。

(2)　数列 $\{a_n\}$ の一般項を求めよ。　　(3)　$\displaystyle\lim_{n\to\infty}a_n$ を求めよ。　〔類　岐阜大〕

(1)　$a_{n+1}=\frac{5a_n-16}{a_n-3}$ …… ① とする。

$b_n=a_n-4$ から　$a_n=b_n+4$，$a_{n+1}=b_{n+1}+4$

① に代入して　$b_{n+1}+4=\frac{5(b_n+4)-16}{b_n+4-3}=\frac{5b_n+4}{b_n+1}$

よって　$b_{n+1}=\frac{5b_n+4-4(b_n+1)}{b_n+1}=\boldsymbol{\frac{b_n}{b_n+1}}$ …… ②

HINT　(1)　$a_n=b_n+4$ を与式に代入して整理。
(2)　まず，$b_n>0$ を示し，(1) の漸化式の逆数をとる。

←$b_{n+1}=\frac{5b_n+4}{b_n+1}-4$

(2)　$b_1=a_1-4=1>0$ であるから，② より，すべての n について $b_n>0$ である。

ゆえに，② の両辺の逆数をとると　$\frac{1}{b_{n+1}}=\frac{1}{b_n}+1$

よって，数列 $\left\{\frac{1}{b_n}\right\}$ は初項 $\frac{1}{b_1}=1$，公差 1 の等差数列で

$$\frac{1}{b_n}=1+(n-1)\cdot1=n\quad すなわち\quad b_n=\frac{1}{n}$$

ゆえに　$a_n-4=\frac{1}{n}$　　　よって　$\boldsymbol{a_n=4+\frac{1}{n}}$

←$b_k>0$ と仮定すると $b_{k+1}=\frac{b_k}{b_k+1}>0$
$b_1>0$ であるから，すべての n について　$b_n>0$

(3)　(2) から　$\displaystyle\lim_{n\to\infty}a_n=\lim_{n\to\infty}\left(4+\frac{1}{n}\right)=\boldsymbol{4}$

←$\frac{1}{n}\longrightarrow 0$

練習 ③29 数列 $\{a_n\}$，$\{b_n\}$ を $a_1=b_1=1$，$a_{n+1}=a_n+8b_n$，$b_{n+1}=2a_n+b_n$ で定めるとき

(1) 数列 $\{a_n\}$，$\{b_n\}$ の一般項を求めよ。　　(2) $\displaystyle\lim_{n\to\infty}\frac{a_n}{2b_n}$ を求めよ。

HINT (1) $a_{n+1}+\alpha b_{n+1}=\beta(a_n+\alpha b_n)$ として α，β の値を定め，2つ定まる等比数列 $\{a_n+\alpha b_n\}$ の一般項を n で表す。または，b_n を消去して，数列 $\{a_n\}$ の隣接3項間の漸化式を導く(別解)。

(1) $a_{n+1}+\alpha b_{n+1}=a_n+8b_n+\alpha(2a_n+b_n)=(1+2\alpha)a_n+(8+\alpha)b_n$

←$a_{n+1}=a_n+8b_n$，$b_{n+1}=2a_n+b_n$ を代入。

よって，$a_{n+1}+\alpha b_{n+1}=\beta(a_n+\alpha b_n)$ とすると

$$(1+2\alpha)a_n+(8+\alpha)b_n=\beta a_n+\alpha\beta b_n$$

これがすべての n について成り立つための条件は

$$1+2\alpha=\beta \ \cdots\cdots \text{①},\qquad 8+\alpha=\alpha\beta \ \cdots\cdots \text{②}$$

←係数を比較。

① を ② に代入して整理すると　$\alpha^2=4$　　ゆえに　$\alpha=\pm 2$

←$8+\alpha=\alpha+2\alpha^2$

① から　$(\alpha,\ \beta)=(2,\ 5),\ (-2,\ -3)$

←$\beta=1+2\alpha$

よって　$a_{n+1}+2b_{n+1}=5(a_n+2b_n)$，$a_1+2b_1=3$；

$a_{n+1}-2b_{n+1}=-3(a_n-2b_n)$，$a_1-2b_1=-1$

ゆえに　$a_n+2b_n=3\cdot5^{n-1}$ ……③，

$a_n-2b_n=-(-3)^{n-1}$ ……④

←$\{a_n+2b_n\}$ は初項3，公比5の等比数列；$\{a_n-2b_n\}$ は初項 -1，公比 -3 の等比数列。

(③＋④)÷2 から　$\boldsymbol{a_n=\dfrac{3\cdot5^{n-1}-(-3)^{n-1}}{2}}$

←a_n，b_n をそれぞれ消去。

(③－④)÷4 から　$\boldsymbol{b_n=\dfrac{3\cdot5^{n-1}+(-3)^{n-1}}{4}}$

別解 $a_{n+1}=a_n+8b_n$ から　$b_n=\dfrac{1}{8}(a_{n+1}-a_n)$

よって　$b_{n+1}=\dfrac{1}{8}(a_{n+2}-a_{n+1})$

これらを $b_{n+1}=2a_n+b_n$ に代入して整理すると

$$a_{n+2}-2a_{n+1}-15a_n=0$$

変形すると　$a_{n+2}-5a_{n+1}=-3(a_{n+1}-5a_n)$，

$a_{n+2}+3a_{n+1}=5(a_{n+1}+3a_n)$

←$x^2-2x-15=0$ を解くと，$(x-5)(x+3)=0$ から　$x=5,\ -3$

ここで　$a_2-5a_1=(a_1+8b_1)-5a_1=-4a_1+8b_1=4$，

$a_2+3a_1=(a_1+8b_1)+3a_1=4a_1+8b_1=12$

ゆえに　$a_{n+1}-5a_n=4(-3)^{n-1}$ ……⑤，

$a_{n+1}+3a_n=12\cdot5^{n-1}$ ……⑥

←$\{a_{n+1}-5a_n\}$ は初項4，公比 -3 の等比数列；$\{a_{n+1}+3a_n\}$ は初項12，公比5の等比数列。

(⑥－⑤)÷8 から　$\boldsymbol{a_n=\dfrac{3\cdot5^{n-1}-(-3)^{n-1}}{2}}$

よって　$\boldsymbol{b_n}=\dfrac{1}{8}(a_{n+1}-a_n)$

$$=\frac{1}{8}\left\{\frac{3\cdot5^n-(-3)^n}{2}-\frac{3\cdot5^{n-1}-(-3)^{n-1}}{2}\right\}$$

$$=\boldsymbol{\frac{3\cdot5^{n-1}+(-3)^{n-1}}{4}}$$

←$5^n=5\cdot5^{n-1}$，$(-3)^n=-3(-3)^{n-1}$

(2) $\displaystyle\lim_{n\to\infty}\frac{a_n}{2b_n}=\lim_{n\to\infty}\frac{3\cdot5^{n-1}-(-3)^{n-1}}{3\cdot5^{n-1}+(-3)^{n-1}}$

←分母・分子を 5^{n-1} で割る。

$$=\lim_{n\to\infty}\frac{3-\left(-\frac{3}{5}\right)^{n-1}}{3+\left(-\frac{3}{5}\right)^{n-1}}=\frac{3-0}{3+0}=\mathbf{1}$$

← $\left|-\frac{3}{5}\right|<1$

練習 ③30

$a_1=2$，$n\geqq 2$ のとき $a_n=\frac{3}{2}\sqrt{a_{n-1}}-\frac{1}{2}$ を満たす数列 $\{a_n\}$ について

(1) すべての自然数 n に対して $a_n>1$ であることを証明せよ。

(2) 数列 $\{a_n\}$ の極限値を求めよ。 〔類 関西大〕

(1) $a_n>1$ …… ① とする。

[1] $n=1$ のとき，$a_1=2>1$ であるから，① は成り立つ。

[2] $n=k$ のとき，① が成り立つと仮定すると $a_k>1$

$n=k+1$ のときを考えると，$\sqrt{a_k}>1$ であるから

$$a_{k+1}-1=\left(\frac{3}{2}\sqrt{a_k}-\frac{1}{2}\right)-1=\frac{3}{2}(\sqrt{a_k}-1)>0$$

よって，$n=k+1$ のときにも ① が成り立つ。

[1]，[2] から，すべての自然数 n について ① が成り立つ。

(2) $n\geqq 2$ のとき，(1) より $\sqrt{a_n}>1$ であるから

$$a_n-1=\frac{3}{2}(\sqrt{a_{n-1}}-1)=\frac{3}{2}\cdot\frac{a_{n-1}-1}{\sqrt{a_{n-1}}+1}$$

$$<\frac{3}{2}\cdot\frac{a_{n-1}-1}{1+1}=\frac{3}{4}(a_{n-1}-1)$$

これを繰り返すと，$a_n>1$ と $a_1-1=1$ から

$$0<a_n-1<\left(\frac{3}{4}\right)^{n-1}\cdot 1=\left(\frac{3}{4}\right)^{n-1}$$

$\lim_{n\to\infty}\left(\frac{3}{4}\right)^{n-1}=0$ であるから $\lim_{n\to\infty}(a_n-1)=0$

したがって $\lim_{n\to\infty}a_n=\mathbf{1}$

←数学的帰納法による。

← $a_k>1$ から $\sqrt{a_k}>1$

(2) 極限値が存在すると仮定して，それを α とおくと，$n\longrightarrow\infty$ のとき

$a_n\longrightarrow\alpha$，$a_{n-1}\longrightarrow\alpha$

ゆえに $\alpha=\frac{3}{2}\sqrt{\alpha}-\frac{1}{2}$

よって $3\sqrt{\alpha}=2\alpha+1$

平方して整理すると

$4\alpha^2-5\alpha+1=0$

$(\alpha-1)(4\alpha-1)=0$

ゆえに $\alpha=1$，$\frac{1}{4}$

$a_n>1$ により $\alpha=1$ であると予想できる。

練習 ③31

1 辺の長さが 1 の正方形 ABCD の辺 AB 上に点 B 以外の点 P_1 をとり，辺 AB 上に点列 P_2，P_3，…… を次のように定める。

$0^\circ<\theta<45^\circ$ とし，$n=1$，2，3，…… に対し，点 P_n から出発して，辺 BC 上に点 Q_n を $\angle BP_nQ_n=\theta$ となるようにとり，辺 CD 上に点 R_n を $\angle CQ_nR_n=\theta$ となるようにとり，辺 DA 上に点 S_n を $\angle DR_nS_n=\theta$ となるようにとり，辺 AB 上に点 P_{n+1} を $\angle AS_nP_{n+1}=\theta$ となるようにとる。また，$x_n=AP_n$，$a=\tan\theta$ とする。 〔類 和歌山県医大〕

(1) x_{n+1} を x_n，a で表せ。 (2) x_n を n，x_1，a で表せ。 (3) $\lim_{n\to\infty}x_n$ を求めよ。

HINT (1) 図をかき，$AP_n\longrightarrow BQ_n\longrightarrow CR_n\longrightarrow DS_n\longrightarrow AP_{n+1}$ と順に長さを求める。

(1) $AP_n=x_n$， $BQ_n=BP_n\tan\theta=a(1-x_n)$，

$CR_n=CQ_n\tan\theta=\{1-a(1-x_n)\}a=a-a^2+a^2x_n$，

$DS_n=DR_n\tan\theta=\{1-(a-a^2+a^2x_n)\}a=a-a^2+a^3-a^3x_n$

ゆえに $x_{n+1}=AP_{n+1}=AS_n\tan\theta$

$=\{1-(a-a^2+a^3-a^3x_n)\}a$

$=a-a^2+a^3-a^4+a^4x_n$

よって $\boldsymbol{x_{n+1}=a^4x_n+a-a^2+a^3-a^4}$

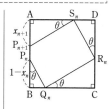

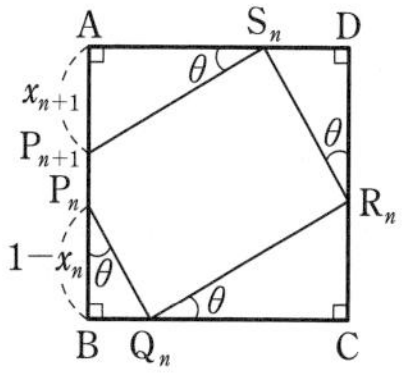

(2) (1) の漸化式において，$\alpha=a^4\alpha+a-a^2+a^3-a^4$ の解

$\alpha=\dfrac{a}{a+1}$ を両辺から引くと

$$x_{n+1}-\frac{a}{a+1}=a^4x_n-\frac{(a+1)(a^4-a^3+a^2-a)+a}{a+1}$$

よって　$x_{n+1}-\dfrac{a}{a+1}=a^4x_n-\dfrac{a^5}{a+1}$

ゆえに　$x_{n+1}-\dfrac{a}{a+1}=a^4\left(x_n-\dfrac{a}{a+1}\right)$

よって，数列 $\left\{x_n-\dfrac{a}{a+1}\right\}$ は，初項 $x_1-\dfrac{a}{a+1}$，公比 a^4 の等比数列であるから

$$x_n-\frac{a}{a+1}=\left(x_1-\frac{a}{a+1}\right)(a^4)^{n-1}$$

したがって　$\boldsymbol{x_n=\dfrac{a}{a+1}+\left(x_1-\dfrac{a}{a+1}\right)(a^4)^{n-1}}$

(3) $0°<\theta<45°$ であるから　$0<\tan\theta<1$

ゆえに　$0<a<1$　　よって　$0<a^4<1$

$\displaystyle\lim_{n\to\infty}(a^4)^{n-1}=0$ であるから　$\displaystyle\lim_{n\to\infty}x_n=\boldsymbol{\frac{a}{a+1}}$

←$(a^4-1)\alpha$
$=a^4-a^3+a^2-a$
(左辺)
$=(a^2-1)(a^2+1)\alpha$
$=(a+1)(a-1)(a^2+1)\alpha$
(右辺)
$=a^2(a^2+1)-a(a^2+1)$
$=a(a-1)(a^2+1)$
よって　α
$=\dfrac{a(a-1)(a^2+1)}{(a+1)(a-1)(a^2+1)}$
$=\dfrac{a}{a+1}$

練習 ③**32**

ある1面だけに印のついた立方体が水平な平面に置かれている。立方体の底面の4辺のうち1辺を等しい確率で選んで，この辺を軸にしてこの立方体を横に倒す操作を n 回続けて行ったとき，印のついた面が立方体の側面にくる確率を a_n，底面にくる確率を b_n とする。ただし，印のついた面は最初に上面にあるとする。〔類　東北大〕

(1) a_2 を求めよ。　(2) a_{n+1} を a_n で表せ。　(3) $\displaystyle\lim_{n\to\infty}a_n$ を求めよ。

HINT (1) 1回の操作で，印のついた面の移動先は4通りある。
(2) n 回後に，印のついた面が上面，側面，底面にくる各場合に分けて考える。

(1) 1回目の操作後，印のついた面は必ず側面にくるから，次の2回目の操作後に印のついた面が続けて側面にくる確率は

$$\frac{2}{4}=\boldsymbol{\frac{1}{2}}$$

(2) $(n+1)$ 回後に印のついた面が側面にくるには，印のついた面が　[1] n 回後に上面にあり，$(n+1)$ 回後に側面にくる
[2] n 回後に側面にあり，$(n+1)$ 回後も側面にくる
[3] n 回後に底面にあり，$(n+1)$ 回後に側面にくる
の3つの場合がある。[1]～[3] は互いに排反であるから

$$\boldsymbol{a_{n+1}}=(1-a_n-b_n)\cdot 1+a_n\cdot\frac{2}{4}+b_n\cdot 1 \cdots\cdots (*)$$
$$\boldsymbol{=-\frac{1}{2}a_n+1}$$

(3) (2) の結果の式から　$a_{n+1}-\dfrac{2}{3}=-\dfrac{1}{2}\left(a_n-\dfrac{2}{3}\right)$

よって，数列 $\left\{a_n-\dfrac{2}{3}\right\}$ は初項 $a_1-\dfrac{2}{3}=1-\dfrac{2}{3}=\dfrac{1}{3}$，公比 $-\dfrac{1}{2}$

←$a_1=1$

←4通りの移動のうち，2通りの移動で側面にくる。

(＊) 印のついた面が n 回後に上面にくる確率は
$1-a_n-b_n$
また，[1]，[3] に関し，$(n+1)$ 回後，印のついた面は必ず側面にくる。

←$\alpha=-\dfrac{1}{2}\alpha+1$ を解くと
$\alpha=\dfrac{2}{3}$

の等比数列であるから　$a_n-\frac{2}{3}=\frac{1}{3}\left(-\frac{1}{2}\right)^{n-1}$

ゆえに　$a_n=\frac{1}{3}\left(-\frac{1}{2}\right)^{n-1}+\frac{2}{3}$

よって　$\lim_{n\to\infty}a_n=\lim_{n\to\infty}\left\{\frac{1}{3}\left(-\frac{1}{2}\right)^{n-1}+\frac{2}{3}\right\}=\mathbf{\frac{2}{3}}$

←$-1<-\frac{1}{2}<1$

練習 ②33　次の無限級数の収束，発散について調べ，収束すればその和を求めよ。

(1) $\frac{1}{1\cdot4}+\frac{1}{4\cdot7}+\frac{1}{7\cdot10}+\frac{1}{10\cdot13}+\cdots\cdots$　(2) $\sum_{n=2}^{\infty}\frac{1}{n^2-1}$

(3) $\sum_{n=1}^{\infty}\frac{1}{\sqrt{2n-1}+\sqrt{2n+1}}$　(4) $\sum_{n=1}^{\infty}\frac{\sqrt{n+1}-\sqrt{n}}{\sqrt{n^2+n}}$

初項から第 n 項 a_n までの部分和を S_n とする。

(1) $a_n=\frac{1}{(3n-2)(3n+1)}=\frac{1}{3}\left(\frac{1}{3n-2}-\frac{1}{3n+1}\right)$ であるから

←$\frac{1}{3n-2}-\frac{1}{3n+1}=\frac{3}{(3n-2)(3n+1)}$ から。

$S_n=\frac{1}{3}\left(\frac{1}{1}-\frac{1}{4}\right)+\frac{1}{3}\left(\frac{1}{4}-\frac{1}{7}\right)+\cdots\cdots+\frac{1}{3}\left(\frac{1}{3n-2}-\frac{1}{3n+1}\right)$

$=\frac{1}{3}\left(1-\frac{1}{3n+1}\right)$　　よって　$\lim_{n\to\infty}S_n=\frac{1}{3}$

←$\frac{1}{3}(1-0)$

ゆえに，この無限級数は **収束して，その和は $\mathbf{\frac{1}{3}}$** である。

(2) $a_n=\frac{1}{n^2-1}=\frac{1}{(n+1)(n-1)}=\frac{1}{2}\left(\frac{1}{n-1}-\frac{1}{n+1}\right)\ (n\geqq2)$ であるから

$S_n=\frac{1}{2}\left(\frac{1}{1}-\frac{1}{3}\right)+\frac{1}{2}\left(\frac{1}{2}-\frac{1}{4}\right)+\cdots\cdots+\frac{1}{2}\left(\frac{1}{n-2}-\frac{1}{n}\right)$

←途中の分数が消える。

$+\frac{1}{2}\left(\frac{1}{n-1}-\frac{1}{n+1}\right)$

$=\frac{1}{2}\left(1+\frac{1}{2}-\frac{1}{n}-\frac{1}{n+1}\right)$

よって　$\lim_{n\to\infty}S_n=\frac{3}{4}$

←$\frac{1}{2}\left(1+\frac{1}{2}-0-0\right)$

ゆえに，この無限級数は **収束して，その和は $\mathbf{\frac{3}{4}}$** である。

(3) $a_n=\frac{1}{\sqrt{2n-1}+\sqrt{2n+1}}=\frac{\sqrt{2n-1}-\sqrt{2n+1}}{(2n-1)-(2n+1)}$

←分母の有理化。分母・分子に $\sqrt{2n-1}-\sqrt{2n+1}$ を掛ける。

$=-\frac{1}{2}(\sqrt{2n-1}-\sqrt{2n+1})$ であるから

$S_n=-\frac{1}{2}\{(\sqrt{1}-\sqrt{3})+(\sqrt{3}-\sqrt{5})+\cdots\cdots$

$+(\sqrt{2n-3}-\sqrt{2n-1})+(\sqrt{2n-1}-\sqrt{2n+1})\}$

←途中の $\sqrt{\ }$ が消える。

$=\frac{1}{2}(\sqrt{2n+1}-1)$

よって　$\lim_{n\to\infty}S_n=\infty$

ゆえに，この無限級数は **発散する**。

(4) $a_n=\dfrac{\sqrt{n+1}-\sqrt{n}}{\sqrt{n^2+n}}=\dfrac{1}{\sqrt{n}}-\dfrac{1}{\sqrt{n+1}}$ であるから

$$S_n=\left(1-\frac{1}{\sqrt{2}}\right)+\left(\frac{1}{\sqrt{2}}-\frac{1}{\sqrt{3}}\right)+\cdots\cdots+\left(\frac{1}{\sqrt{n-1}}-\frac{1}{\sqrt{n}}\right)+\left(\frac{1}{\sqrt{n}}-\frac{1}{\sqrt{n+1}}\right)$$

$$=1-\frac{1}{\sqrt{n+1}}$$ よって $\displaystyle\lim_{n\to\infty}S_n=1$

ゆえに，この無限級数は **収束して，その和は 1** である。

←$\dfrac{\sqrt{n+1}-\sqrt{n}}{\sqrt{n(n+1)}}=\dfrac{1}{\sqrt{n}}-\dfrac{1}{\sqrt{n+1}}$

練習 ②34 次の無限級数は発散することを示せ。

(1) $1-2+3-4+5-\cdots\cdots$　(2) $1+\dfrac{2}{3}+\dfrac{3}{5}+\dfrac{4}{7}+\cdots\cdots$

(3) $\sin^2\dfrac{\pi}{2}+\sin^2\pi+\sin^2\dfrac{3}{2}\pi+\sin^2 2\pi+\cdots\cdots$

第 n 項を a_n とする。

(1) $a_n=(-1)^{n+1}n$

数列 $\{a_n\}$ は振動して 0 に収束しないから，無限級数は発散する。

HINT 数列 $\{a_n\}$ が 0 に収束しない ⟹ 無限級数 $\displaystyle\sum_{n=1}^{\infty}a_n$ は発散 を利用。

(2) $a_n=\dfrac{n}{2n-1}$ であり $\displaystyle\lim_{n\to\infty}a_n=\lim_{n\to\infty}\frac{1}{2-\frac{1}{n}}=\frac{1}{2}$

←分母・分子を n で割る。

数列 $\{a_n\}$ は 0 に収束しないから，無限級数は発散する。

(3) $a_n=\sin^2\dfrac{n\pi}{2}$

k を自然数とすると，$n=2k-1$ のとき

$$\sin\frac{n\pi}{2}=\sin\left(k\pi-\frac{\pi}{2}\right)=-\cos k\pi=\begin{cases}1 & (k\text{ が奇数})\\ -1 & (k\text{ が偶数})\end{cases}$$

よって $\sin^2\dfrac{n\pi}{2}=(\pm1)^2=1$

$n=2k$ のとき $\sin^2\dfrac{n\pi}{2}=\sin^2 k\pi=0$

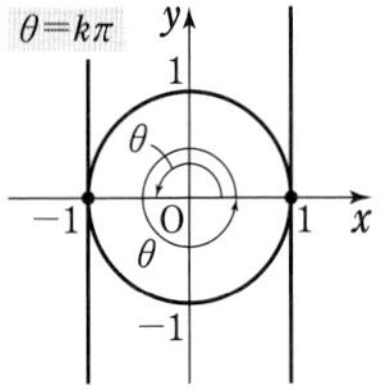

ゆえに，数列 $\{a_n\}$ は振動して 0 に収束しないから，無限級数は発散する。

←数列 $\{a_n\}$ は 1, 0, 1, 0, ……

練習 ②35 (1) 次の無限等比級数の収束，発散を調べ，収束すればその和を求めよ。

(ア) $1-\dfrac{1}{3}+\dfrac{1}{9}-\cdots\cdots$　(イ) $2+2\sqrt{2}+4+\cdots\cdots$

(ウ) $(3+\sqrt{2})+(1-2\sqrt{2})+(5-3\sqrt{2})+\cdots\cdots$

(2) 無限級数 $\displaystyle\sum_{n=0}^{\infty}\frac{1}{7^n}\cos\frac{n\pi}{2}$ の和を求めよ。

(1) (ア) 初項は 1，公比は $r=-\dfrac{1}{3}$ で，$|r|<1$ であるから，**収束する**。

←$r=\dfrac{a_2}{a_1}$

その **和は** $\dfrac{1}{1-\left(-\dfrac{1}{3}\right)}=\dfrac{3}{4}$

←$\dfrac{(\text{初項})}{1-(\text{公比})}$

(イ) 初項は2，公比は $r=\sqrt{2}$ で，$|r|>1$ であるから，**発散する**。

(ウ) 初項は $3+\sqrt{2}$，公比は

$$r=\frac{1-2\sqrt{2}}{3+\sqrt{2}}=\frac{(1-2\sqrt{2})(3-\sqrt{2})}{(3+\sqrt{2})(3-\sqrt{2})}$$
$$=\frac{7(1-\sqrt{2})}{7}=1-\sqrt{2}$$

$|r|=\sqrt{2}-1<1$ であるから，**収束する**。

← $1<\sqrt{2}<2$ であるから $0<\sqrt{2}-1<1$

その **和は** $\dfrac{3+\sqrt{2}}{1-(1-\sqrt{2})}=\dfrac{3+\sqrt{2}}{\sqrt{2}}=\mathbf{\dfrac{2+3\sqrt{2}}{2}}$

(2) k を0以上の整数とすると

$n=2k+1$ のとき $\cos\dfrac{n\pi}{2}=\cos\left(k\pi+\dfrac{\pi}{2}\right)=-\sin k\pi=0$

← $\cos\left(\dfrac{\pi}{2}+\theta\right)=-\sin\theta$

$n=2k$ のとき $\cos\dfrac{n\pi}{2}=\cos k\pi=(-1)^k$

← k が整数のとき $\cos k\pi=\begin{cases}1 & (k\text{ が偶数})\\ -1 & (k\text{ が奇数})\end{cases}$

よって，$\dfrac{1}{7^n}\cos\dfrac{n\pi}{2}$ で $n=0,\ 1,\ 2,\ \cdots\cdots$ とおいたものを順に並べると $1,\ 0,\ -\dfrac{1}{7^2},\ 0,\ \dfrac{1}{7^4},\ 0,\ \cdots\cdots$

ゆえに，$\displaystyle\sum_{n=0}^{\infty}\frac{1}{7^n}\cos\frac{n\pi}{2}$ は初項1，公比 $-\dfrac{1}{7^2}$ の無限等比級数であり，公比 r は $|r|<1$ であるから収束する。

← 無限等比級数 $1-\dfrac{1}{7^2}+\dfrac{1}{7^4}-\dfrac{1}{7^6}+\cdots\cdots$ とみる。

その和は $\dfrac{1}{1-\left(-\dfrac{1}{7^2}\right)}=\mathbf{\dfrac{49}{50}}$

練習 ②36 無限等比級数 $x+x(x^2-x+1)+x(x^2-x+1)^2+\cdots\cdots$ が収束するとき，実数 x の値の範囲を求めよ。また，この無限級数の和 S を求めよ。

与えられた無限級数は，初項 x，公比 x^2-x+1 の無限等比級数であるから，収束するための条件は

$$x=0 \quad \text{または} \quad |x^2-x+1|<1$$

← **(初項)=0 または |公比|<1**

$|x^2-x+1|<1$ から $-1<x^2-x+1<1$

$-1<x^2-x+1$ から $x^2-x+2>0$

ゆえに $\left(x-\dfrac{1}{2}\right)^2+\dfrac{7}{4}>0$

この不等式は常に成り立つ。

$x^2-x+1<1$ から $x^2-x<0$

ゆえに $x(x-1)<0$ よって $0<x<1$ …… ①

なお，公比 x^2-x+1 について $x^2-x+1=\left(x-\dfrac{1}{2}\right)^2+\dfrac{3}{4}>0$ であるから，収束するための条件を $x^2-x+1<1$ として考えてもよい。

求める x の値の範囲は，$x=0$ と ① を合わせた範囲で

$$\mathbf{0\leqq x<1}$$

また，和 S は **$x=0$ のとき $S=0$**

$0<x<1$ のとき $S=\dfrac{x}{1-(x^2-x+1)}=\dfrac{x}{x(1-x)}=\mathbf{\dfrac{1}{1-x}}$

← $\dfrac{(\text{初項})}{1-(\text{公比})}$

練習 ①37 次の循環小数を分数に直せ。

(1) $0.\dot{6}\dot{3}$ (2) $0.0\dot{5}1\dot{8}$ (3) $3.2\dot{1}\dot{8}$

(1) $0.\dot{6}\dot{3}=0.63+0.0063+0.000063+\cdots\cdots$

よって，初項 0.63，公比 0.01 の無限等比級数であるから

$$0.\dot{6}\dot{3}=\frac{0.63}{1-0.01}=\frac{0.63}{0.99}=\frac{63}{99}=\mathbf{\frac{7}{11}}$$

(2) $0.0\dot{5}1\dot{8}=0.0518+0.0000518+0.0000000518+\cdots\cdots$

よって，初項 0.0518，公比 0.001 の無限等比級数であり，

$518=2\cdot7\cdot37$ であるから

$$0.0\dot{5}1\dot{8}=\frac{0.0518}{1-0.001}=\frac{0.0518}{0.999}=\frac{518}{9990}=\mathbf{\frac{7}{135}}$$

(3) $3.2\dot{1}\dot{8}=3.2+0.018+0.00018+0.0000018+\cdots\cdots$

よって，第 2 項以降は初項 0.018，公比 0.01 の無限等比級数であるから

$$3.2\dot{1}\dot{8}=3.2+\frac{0.018}{1-0.01}=3.2+\frac{0.018}{0.99}=\frac{32}{10}+\frac{18}{990}=\frac{16}{5}+\frac{1}{55}$$

$$=\mathbf{\frac{177}{55}}$$

別解 (1) $x=0.\dot{6}\dot{3}$ とする。

$$\begin{array}{rr} & 100x=63.\dot{6}\dot{3} \\ -) & x=\ \ 0.\dot{6}\dot{3} \\ \hline & 99x=63 \end{array}$$

よって $x=\frac{63}{99}=\mathbf{\frac{7}{11}}$

(2) $x=0.0\dot{5}1\dot{8}$ とする。

$$\begin{array}{rr} & 10000x=518.\dot{5}1\dot{8} \\ -) & 10x=\ \ 0.\dot{5}1\dot{8} \\ \hline & 9990x=518 \end{array}$$

よって $x=\frac{518}{9990}=\mathbf{\frac{7}{135}}$

(3) $x=3.2\dot{1}\dot{8}$ とする。

$$\begin{array}{rr} & 1000x=3218.\dot{1}\dot{8} \\ -) & 10x=\ \ 32.\dot{1}\dot{8} \\ \hline & 990x=3186 \end{array}$$

よって $x=\frac{3186}{990}=\mathbf{\frac{177}{55}}$

練習 ②38 あるボールを床に落とすと，ボールは常に落ちる高さの $\frac{3}{5}$ まではね返るという。このボールを 3 m の高さから落としたとき，静止するまでにボールが上下する距離の総和を求めよ。

ボールが上下する距離の総和 S は

$$S=3+2\times\left(3\times\frac{3}{5}\right)+2\times\left\{3\times\left(\frac{3}{5}\right)^2\right\}+2\times\left\{3\times\left(\frac{3}{5}\right)^3\right\}+\cdots\cdots$$

$$=3+6\cdot\frac{3}{5}+6\left(\frac{3}{5}\right)^2+6\left(\frac{3}{5}\right)^3+\cdots\cdots$$

$6\cdot\frac{3}{5}+6\left(\frac{3}{5}\right)^2+6\left(\frac{3}{5}\right)^3+\cdots\cdots$ は初項 $6\cdot\frac{3}{5}$，公比 $\frac{3}{5}$ の無限等比級数で，$\left|\frac{3}{5}\right|<1$ であるから，収束する。

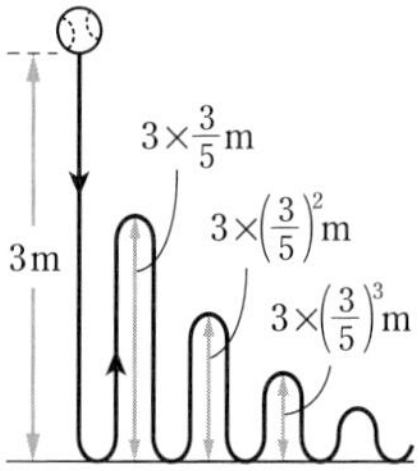

したがって　$S=3+6\cdot\frac{3}{5}\cdot\frac{1}{1-\frac{3}{5}}=\mathbf{12\ (m)}$

←$\frac{(初項)}{1-(公比)}$

練習 ③39 正方形 S_n，円 C_n ($n=1, 2, \cdots\cdots$) を次のように定める。C_n は S_n に内接し，S_{n+1} は C_n に内接する。S_1 の 1 辺の長さを a とするとき，円周の総和を求めよ。〔工学院大〕

正方形 S_n の 1 辺の長さを a_n，円 C_n の半径を r_n とすると

$$r_n=\frac{a_n}{2},\ \ a_{n+1}=\sqrt{2}\,r_n$$

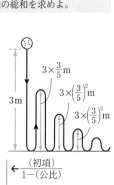

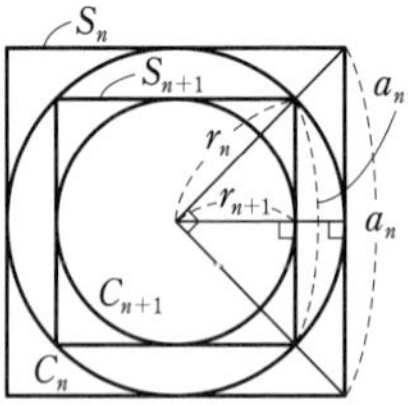

←(円の直径)＝(正方形の 1 辺の長さ)

よって　$r_{n+1}=\frac{r_n}{\sqrt{2}}$

←$r_{n+1}=\frac{a_{n+1}}{2}=\frac{\sqrt{2}\,r_n}{2}$

$a_1=a$ から　$r_1=\frac{a}{2}$

ゆえに，数列 $\{r_n\}$ は初項 $\frac{a}{2}$，公比 $\frac{1}{\sqrt{2}}$ の無限等比数列である。

したがって，円周の総和は

$$\sum_{n=1}^{\infty} 2\pi r_n = 2\pi\cdot\frac{\frac{a}{2}}{1-\frac{1}{\sqrt{2}}} = \frac{\sqrt{2}\,\pi a}{\sqrt{2}-1} = \boldsymbol{(2+\sqrt{2})\pi a}$$

←|公比|<1 から，円周の総和は収束する。

←$\frac{(初項)}{1-(公比)}$

練習 ③40

右図のような正六角形 $A_1B_1C_1D_1E_1F_1$ において，$\triangle A_1C_1E_1$ と $\triangle D_1F_1B_1$ の共通部分としてできる正六角形 $A_2B_2C_2D_2E_2F_2$ を考える。$A_1B_1=1$ とし，正六角形 $A_1B_1C_1D_1E_1F_1$ の面積を S_1，正六角形 $A_2B_2C_2D_2E_2F_2$ の面積を S_2 とする。同様の操作で順に正六角形を作り，それらの面積を S_3，S_4，……，S_n，…… とする。面積の総和 $\sum_{n=1}^{\infty} S_n$ を求めよ。

〔類 大阪工大〕

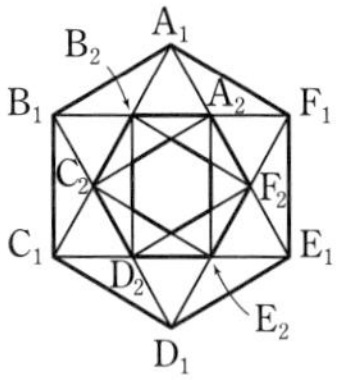

HINT まず S_1 を求める。次に，相似な 2 つの正六角形の面積比は相似比の平方であることから，$\frac{S_{n+1}}{S_n}=\left(\frac{A_{n+1}B_{n+1}}{A_nB_n}\right)^2$ を求める。

正六角形 $A_1B_1C_1D_1E_1F_1$ の中心を O とすると，$\triangle OA_1B_1$ において　$OA_1=OB_1=1$，$\angle A_1OB_1=60^\circ$

$$S_1=6\triangle OA_1B_1=6\times\frac{1}{2}\cdot1\cdot1\sin60^\circ=\frac{3\sqrt{3}}{2}$$

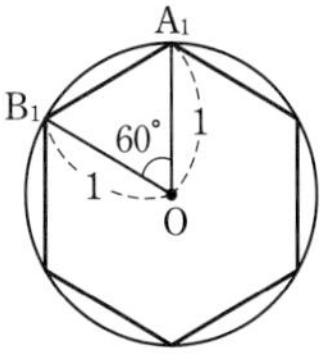

また，$\angle B_nA_nF_n=720^\circ\div6=120^\circ$ から

$$\angle A_nB_nA_{n+1}=\frac{180^\circ-120^\circ}{2}=30^\circ$$

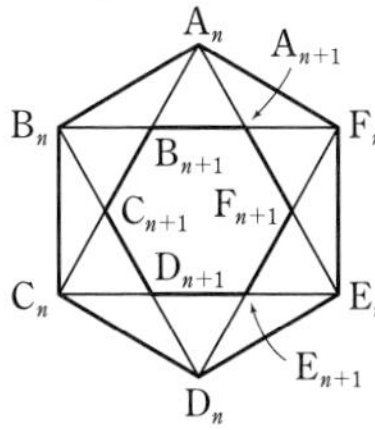

←六角形の内角の和は $180^\circ\times(6-2)=720^\circ$
また，$\triangle A_nB_{n+1}A_{n+1}$ は正三角形。

また，$\angle A_nA_{n+1}B_n=60^\circ$ より，
$\angle B_nA_nA_{n+1}=90^\circ$ であるから

$$A_nB_n=\sqrt{3}\,A_nA_{n+1}=\sqrt{3}\,A_{n+1}B_{n+1}$$

よって　$A_{n+1}B_{n+1}=\frac{1}{\sqrt{3}}A_nB_n$

ゆえに　$S_{n+1}=\left(\frac{1}{\sqrt{3}}\right)^2S_n=\frac{1}{3}S_n$

←(相似比)^2=(面積比)

したがって，数列 $\{S_n\}$ は初項 $S_1=\frac{3\sqrt{3}}{2}$，公比 $\frac{1}{3}$ の等比数列である。よって

$$\sum_{n=1}^{\infty} S_n=\frac{\frac{3\sqrt{3}}{2}}{1-\frac{1}{3}}=\boldsymbol{\frac{9\sqrt{3}}{4}}$$

←$-1<\frac{1}{3}<1$

←$\frac{(初項)}{1-(公比)}$

練習 ③41

無限等比数列 $\{a_n\}$ が $\sum_{n=1}^{\infty}a_n=\sum_{n=1}^{\infty}a_n{}^3=2$ を満たすとき

(1) 数列 $\{a_n\}$ の初項と公比を求めよ。　(2) $\sum_{n=1}^{\infty}a_n{}^2$ を求めよ。　〔(1) 学習院大〕

(1) 数列 $\{a_n\}$ の初項を a，公比を r とすると，$\sum_{n=1}^{\infty}a_n=2$ であるから，$a\neq0$ であり，$-1<r<1$ である。

←収束条件について確認。

条件から　$\frac{a}{1-r}=2$ …… ①，$\frac{a^3}{1-r^3}=2$ …… ②

←無限等比級数 $\sum_{n=1}^{\infty}a_n{}^3$ の初項は a^3，公比は r^3

① から　$a=2(1-r)$ …… ③　② から　$a^3=2(1-r^3)$

③ を代入して　$\{2(1-r)\}^3=2(1-r^3)$

ゆえに　$(1-r)\{4(1-r)^2-(1+r+r^2)\}=0$

整理すると　$(r-1)(r^2-3r+1)=0$

これを解くと　$r=1,\ \dfrac{3\pm\sqrt{5}}{2}$

$-1<r<1$ であるから　$r=\dfrac{3-\sqrt{5}}{2}$

③ から　$a=2\left(1-\dfrac{3-\sqrt{5}}{2}\right)=\sqrt{5}-1$

したがって　**初項は $\sqrt{5}-1$，公比は $\dfrac{3-\sqrt{5}}{2}$**

←$1-r^3=(1-r)(1+r+r^2)$

←{　}の中を整理すると　$3r^2-9r+3$

←$r^2-3r+1=0$ の解は $r=\dfrac{-(-3)\pm\sqrt{(-3)^2-4\cdot1\cdot1}}{2\cdot1}$

(2)　$\sum_{n=1}^{\infty}a_n{}^2$ は初項 $(\sqrt{5}-1)^2=6-2\sqrt{5}$，公比

$\left(\dfrac{3-\sqrt{5}}{2}\right)^2=\dfrac{7-3\sqrt{5}}{2}$ の無限等比級数であるから

$$\sum_{n=1}^{\infty}a_n{}^2=\frac{6-2\sqrt{5}}{1-\dfrac{7-3\sqrt{5}}{2}}=\frac{12-4\sqrt{5}}{3\sqrt{5}-5}=\frac{4(3-\sqrt{5})}{\sqrt{5}(3-\sqrt{5})}=\mathbf{\frac{4}{\sqrt{5}}}$$

←初項は a^2，公比は r^2

←$-1<\dfrac{3-\sqrt{5}}{2}<1$ から $-1<\left(\dfrac{3-\sqrt{5}}{2}\right)^2<1$

練習 ②42　次の無限級数の収束，発散について調べ，収束すればその和を求めよ。

(1)　$\sum_{n=1}^{\infty}\left\{2\left(-\dfrac{2}{3}\right)^{n-1}+3\left(\dfrac{1}{4}\right)^{n-1}\right\}$　　(2)　$(1-2)+\left(\dfrac{1}{2}+\dfrac{2}{3}\right)+\left(\dfrac{1}{2^2}-\dfrac{2}{3^2}\right)+\cdots\cdots$

(1)　$\sum_{n=1}^{\infty}2\left(-\dfrac{2}{3}\right)^{n-1}$ は初項 2，公比 $-\dfrac{2}{3}$ の無限等比級数

$\sum_{n=1}^{\infty}3\left(\dfrac{1}{4}\right)^{n-1}$ は初項 3，公比 $\dfrac{1}{4}$ の無限等比級数

で，公比の絶対値が 1 より小さいから，これらの無限等比級数はともに収束する。

ゆえに，与えられた無限級数は **収束して，その和は**

$$(\text{与式})=\frac{2}{1-\left(-\dfrac{2}{3}\right)}+\frac{3}{1-\dfrac{1}{4}}=\frac{6}{5}+4=\mathbf{\frac{26}{5}}$$

←無限等比級数 $\sum_{n=1}^{\infty}ar^{n-1}$ の収束条件は $a=0$ または $|r|<1$

また，$\sum_{n=1}^{\infty}a_n$，$\sum_{n=1}^{\infty}b_n$ がともに収束するとき

$\sum_{n=1}^{\infty}(a_n+b_n)=\sum_{n=1}^{\infty}a_n+\sum_{n=1}^{\infty}b_n$

(2)　初項から第 n 項までの部分和を S_n とすると

$$S_n=(1-2)+\left(\frac{1}{2}+\frac{2}{3}\right)+\left(\frac{1}{2^2}-\frac{2}{3^2}\right)+\cdots\cdots+\left\{\frac{1}{2^{n-1}}-\frac{2\cdot(-1)^{n-1}}{3^{n-1}}\right\}$$

$$=\left(1+\frac{1}{2}+\frac{1}{2^2}+\cdots\cdots+\frac{1}{2^{n-1}}\right)-2\left\{1-\frac{1}{3}+\frac{1}{3^2}+\cdots\cdots+\left(-\frac{1}{3}\right)^{n-1}\right\}$$

$$=\frac{1-\left(\dfrac{1}{2}\right)^n}{1-\dfrac{1}{2}}-2\cdot\frac{1-\left(-\dfrac{1}{3}\right)^n}{1-\left(-\dfrac{1}{3}\right)}=2\left\{1-\left(\frac{1}{2}\right)^n\right\}-\frac{3}{2}\left\{1-\left(-\frac{1}{3}\right)^n\right\}$$

よって　$\lim_{n\to\infty}S_n=2\cdot1-\dfrac{3}{2}\cdot1=\dfrac{1}{2}$

ゆえに，与えられた無限級数は **収束して，その和は $\dfrac{1}{2}$**

←S_n は有限個の項の和なので，左のように順序を変えて計算してよい。

←初項 a，公比 r の等比数列の初項から第 n 項までの和は，$r\neq1$ のとき $\dfrac{a(1-r^n)}{1-r}$

別解　$(与式)=\sum_{n=1}^{\infty}\left\{\frac{1}{2^{n-1}}-\frac{2\cdot(-1)^{n-1}}{3^{n-1}}\right\}=\sum_{n=1}^{\infty}\left\{\left(\frac{1}{2}\right)^{n-1}-2\left(-\frac{1}{3}\right)^{n-1}\right\}$

←(1)と同様に，無限級数の性質を利用する。

$\sum_{n=1}^{\infty}\left(\frac{1}{2}\right)^{n-1}$ は初項 1，公比 $\frac{1}{2}$ の無限等比級数

$\sum_{n=1}^{\infty}2\left(-\frac{1}{3}\right)^{n-1}$ は初項 2，公比 $-\frac{1}{3}$ の無限等比級数

で，公比の絶対値が 1 より小さいから，これらの無限等比級数はともに収束する。

ゆえに，与えられた無限級数は **収束して，その和は**

$$(与式)=\sum_{n=1}^{\infty}\left(\frac{1}{2}\right)^{n-1}-\sum_{n=1}^{\infty}2\left(-\frac{1}{3}\right)^{n-1}=\frac{1}{1-\frac{1}{2}}-\frac{2}{1-\left(-\frac{1}{3}\right)}=2-\frac{3}{2}=\boldsymbol{\frac{1}{2}}$$

練習 ③43

次の無限級数の収束，発散を調べ，収束すればその和を求めよ。

(1) $\frac{1}{2}+\frac{1}{3}+\frac{1}{2^2}+\frac{1}{3^2}+\frac{1}{2^3}+\frac{1}{3^3}+\cdots\cdots$

(2) $2-\frac{3}{2}+\frac{3}{2}-\frac{4}{3}+\frac{4}{3}-\cdots\cdots-\frac{n+1}{n}+\frac{n+1}{n}-\frac{n+2}{n+1}+\cdots\cdots$

初項から第 n 項までの部分和を S_n とする。

(1) $S_{2n}=\left\{\frac{1}{2}+\left(\frac{1}{2}\right)^2+\cdots\cdots+\left(\frac{1}{2}\right)^n\right\}+\left\{\frac{1}{3}+\left(\frac{1}{3}\right)^2+\cdots\cdots+\left(\frac{1}{3}\right)^n\right\}$

←部分和（有限個の和）なので，項の順序を変えてよい。

$$=\frac{1}{2}\cdot\frac{1-\left(\frac{1}{2}\right)^n}{1-\frac{1}{2}}+\frac{1}{3}\cdot\frac{1-\left(\frac{1}{3}\right)^n}{1-\frac{1}{3}}=\frac{3}{2}-\left(\frac{1}{2}\right)^n-\frac{1}{2}\left(\frac{1}{3}\right)^n$$

また　　$S_{2n-1}=S_{2n}-\frac{1}{3^n}$

←S_{2n-1} は，S_{2n} から S_{2n} の最後の項 $\frac{1}{3^n}$ を引いたもの。

よって　　$\lim_{n\to\infty}S_{2n}=\frac{3}{2}$，$\lim_{n\to\infty}S_{2n-1}=\lim_{n\to\infty}\left(S_{2n}-\frac{1}{3^n}\right)=\frac{3}{2}$

ゆえに，この無限級数は **収束して，和は $\frac{3}{2}$**

←本冊 $p.75$ の指針 [1]，[2] 参照。

(2) $S_{2n-1}=2+\left(-\frac{3}{2}+\frac{3}{2}\right)+\left(-\frac{4}{3}+\frac{4}{3}\right)+\cdots+\left(-\frac{n+1}{n}+\frac{n+1}{n}\right)$

←S_{2n-1} が求めやすい。

$=2$

$S_{2n}=S_{2n-1}-\frac{n+2}{n+1}=2-\frac{n+2}{n+1}=2-\left(1+\frac{1}{n+1}\right)=1-\frac{1}{n+1}$

←S_{2n} は $S_{2n}=S_{2n-1}+a_{2n}$ から求める。

$\lim_{n\to\infty}S_{2n-1}=2$，$\lim_{n\to\infty}S_{2n}=\lim_{n\to\infty}\left(1-\frac{1}{n+1}\right)=1$ で，

$\lim_{n\to\infty}S_{2n-1}\neq\lim_{n\to\infty}S_{2n}$ であるから，この無限級数は **発散する。**

検討　一般に，無限数列 $\{a_n\}$ が α に収束すれば，その任意の無限部分数列も α に収束する。この対偶を考えると，ある無限数列，例えば，数列 $\{a_{2n-1}\}$ と数列 $\{a_{2n}\}$ が α に収束しなければ数列 $\{a_n\}$ は α に収束しない。すなわち，発散する。

(2) で，数列 $\{S_n\}$ の部分数列 $\{S_{2n-1}\}$ と $\{S_{2n}\}$ は異なる値に収束するから，数列 $\{S_n\}$ は収束しない。したがって，(2) で与えられた無限級数は発散する。

(2)の 別解 数列 $\{a_n\}$ の部分数列 $\{a_{2n-1}\}$ で $\lim_{n\to\infty} a_{2n-1}=\lim_{n\to\infty}\frac{n+1}{n}=1$

よって，数列 $\{a_n\}$ は 0 に収束しないから，この無限級数は **発散する。**

練習 ③44

n を 2 以上の自然数，x を $0<x<1$ である実数とし，$\frac{1}{x}=1+h$ とおく。

(1) $\frac{1}{x^n}>\frac{n(n-1)}{2}h^2$ が成り立つことを示し，$\lim_{n\to\infty} nx^n$ を求めよ。

(2) $S_n=1+2x+\cdots\cdots+nx^{n-1}$ とするとき，$\lim_{n\to\infty} S_n$ を求めよ。 〔類 芝浦工大〕

(1) $0<x<1$ のとき，$\frac{1}{x}>1$ であるから，$h>0$ である。

二項定理により

$$\frac{1}{x^n}=(1+h)^n=1+{}_nC_1h+{}_nC_2h^2+\cdots\cdots+{}_nC_nh^n>{}_nC_2h^2$$

よって $\frac{1}{x^n}>\frac{n(n-1)}{2}h^2$ ゆえに $0<x^n<\frac{2}{n(n-1)h^2}$

したがって $0<nx^n<\frac{2}{(n-1)h^2}$

$\lim_{n\to\infty}\frac{2}{(n-1)h^2}=0$ であるから $\lim_{n\to\infty} nx^n=\mathbf{0}$

(2) $S_n=1+2x+3x^2+\cdots\cdots+nx^{n-1}$

$xS_n=\quad x+2x^2+\cdots\cdots+(n-1)x^{n-1}+nx^n$

よって $(1-x)S_n=\underline{1+x+\cdots\cdots+x^{n-1}}-nx^n$

$0<x<1$ であるから $(1-x)S_n=\frac{1\cdot(1-x^n)}{1-x}-nx^n$

ゆえに $S_n=\frac{1-x^n}{(1-x)^2}-\frac{nx^n}{1-x}$

$0<x<1$ のとき，$\lim_{n\to\infty} x^n=0$，$\lim_{n\to\infty} nx^n=0$ であるから

$$\lim_{n\to\infty} S_n=\frac{1-0}{(1-x)^2}-\frac{0}{1-x}=\boldsymbol{\frac{1}{(1-x)^2}}$$

HINT (2) 部分和 S_n は，S_n-xS_n を利用して求める。

←●C■>0，$h>0$

←はさみうちの原理。

←＿＿は初項 1，公比 x，項数 n の等比数列の和。

←$\lim_{n\to\infty} nx^n=0$ は (1) から。

練習 ④45

無限級数 $\sum_{n=1}^{\infty}\frac{1}{n}$ は発散することを用いて，無限級数 $\sum_{n=1}^{\infty}\frac{1}{\sqrt{n}}$ は発散することを示せ。

$n\geqq1$ のとき，n と $\sqrt{n}$ の大小関係は，

$n-\sqrt{n}=\sqrt{n}(\sqrt{n}-1)\geqq0$ から $n\geqq\sqrt{n}$

したがって $\frac{1}{\sqrt{n}}\geqq\frac{1}{n}$

ゆえに，$S_n=\sum_{k=1}^{n}\frac{1}{\sqrt{k}}$，$S_n'=\sum_{k=1}^{n}\frac{1}{k}$ とおくと $S_n\geqq S_n'$

無限級数 $\sum_{n=1}^{\infty}\frac{1}{n}$ は発散するから $\lim_{n\to\infty} S_n'=\lim_{n\to\infty}\sum_{k=1}^{n}\frac{1}{k}=\infty$

よって $\lim_{n\to\infty} S_n=\infty$

したがって，$\sum_{n=1}^{\infty}\frac{1}{\sqrt{n}}$ は発散する。

HINT まず，$n\geqq1$ のとき $\frac{1}{\sqrt{n}}\geqq\frac{1}{n}$ であることを示す。

検討 一般にすべての n について $0<p_n\leqq q_n$ が成り立つとき $\sum_{n=1}^{\infty}q_n$ が収束すれば $\sum_{n=1}^{\infty}p_n$ も収束し，$\sum_{n=1}^{\infty}p_n$ が発散すれば $\sum_{n=1}^{\infty}q_n$ も発散する。

練習 ④46

実数列 $\{a_n\}$, $\{b_n\}$ を, $\left(\frac{1+i}{2}\right)^n=a_n+ib_n$ $(n=1, 2, \cdots\cdots)$ により定める。

(1) 数列 $\{a_n{}^2+b_n{}^2\}$ の一般項を求めよ。また, $\lim_{n\to\infty}(a_n{}^2+b_n{}^2)$ を求めよ。

(2) $\lim_{n\to\infty}a_n=\lim_{n\to\infty}b_n=0$ であることを示せ。また, $\sum_{n=1}^{\infty}a_n$, $\sum_{n=1}^{\infty}b_n$ を求めよ。 〔類 中央大〕

(1) $\left(\frac{1+i}{2}\right)^{n+1}=a_{n+1}+ib_{n+1}$ …… ① である。

←まず, a_{n+1}, b_{n+1} をそれぞれ a_n, b_n で表す。

一方 $\left(\frac{1+i}{2}\right)^{n+1}=\frac{1+i}{2}\left(\frac{1+i}{2}\right)^n=\frac{1+i}{2}(a_n+ib_n)$

$=\frac{a_n-b_n}{2}+i\cdot\frac{a_n+b_n}{2}$ …… ②

a_{n+1}, b_{n+1}, $\frac{a_n-b_n}{2}$, $\frac{a_n+b_n}{2}$ は実数であるから, ①, ② より

$$a_{n+1}=\frac{a_n-b_n}{2},\quad b_{n+1}=\frac{a_n+b_n}{2}$$

←複素数の相等。

よって $a_{n+1}{}^2+b_{n+1}{}^2=\left(\frac{a_n-b_n}{2}\right)^2+\left(\frac{a_n+b_n}{2}\right)^2$

$=\frac{a_n{}^2+b_n{}^2}{2}$

ゆえに, 数列 $\{a_n{}^2+b_n{}^2\}$ は公比 $\frac{1}{2}$ の等比数列である。

$\frac{1+i}{2}=a_1+ib_1$ より, $a_1=\frac{1}{2}$, $b_1=\frac{1}{2}$ であるから

$$a_1{}^2+b_1{}^2=\left(\frac{1}{2}\right)^2+\left(\frac{1}{2}\right)^2=\frac{1}{2}$$

←初項は $\frac{1}{2}$

よって $\boldsymbol{a_n{}^2+b_n{}^2}=\frac{1}{2}\left(\frac{1}{2}\right)^{n-1}=\boldsymbol{\left(\frac{1}{2}\right)^n}$

$0<\frac{1}{2}<1$ であるから $\boldsymbol{\lim_{n\to\infty}(a_n{}^2+b_n{}^2)=0}$ …… ③

(2) $0\leqq a_n{}^2\leqq a_n{}^2+b_n{}^2$, $0\leqq b_n{}^2\leqq a_n{}^2+b_n{}^2$ であるから, ③ より

$$\lim_{n\to\infty}a_n{}^2=0,\quad \lim_{n\to\infty}b_n{}^2=0$$

←はさみうちの原理。

ゆえに $\lim_{n\to\infty}a_n=0$, $\lim_{n\to\infty}b_n=0$ …… ④

←$\lim_{n\to\infty}|a_n|^2=0$ から $\lim_{n\to\infty}|a_n|=0$

また, $c=\frac{1+i}{2}$ とすると, $a_n+ib_n=c^n$ から

$$\sum_{k=1}^{n}(a_k+ib_k)=\sum_{k=1}^{n}c^k$$

ゆえに $\sum_{k=1}^{n}a_k+i\sum_{k=1}^{n}b_k=\frac{c(1-c^n)}{1-c}$

ここで $\frac{c}{1-c}=\frac{\frac{1+i}{2}}{1-\frac{1+i}{2}}=\frac{1+i}{1-i}=\frac{(1+i)^2}{1-i^2}=i$

よって $\frac{c(1-c^n)}{1-c}=i\{1-(a_n+ib_n)\}=b_n+i(1-a_n)$

検討

$c=\frac{1}{\sqrt{2}}\left(\cos\frac{\pi}{4}+i\sin\frac{\pi}{4}\right)$ であるから, c は本冊 $p.78$ 重要例題 46 (1) において, $r=\frac{1}{\sqrt{2}}$, $\theta=\frac{\pi}{4}$ とした場合である。$0<r<1$ であるから, $\lim_{n\to\infty}a_n=\lim_{n\to\infty}b_n=0$ がわかる。

ゆえに　$\sum_{k=1}^{n} a_k + i\sum_{k=1}^{n} b_k = b_n + i(1-a_n)$

よって　$\sum_{k=1}^{n} a_k = b_n,\ \sum_{k=1}^{n} b_k = 1-a_n$　←複素数の相等。

④ から　$\sum_{n=1}^{\infty} \boldsymbol{a_n} = \lim_{n\to\infty}\sum_{k=1}^{n} a_k = \lim_{n\to\infty} b_n = \mathbf{0}$

$\sum_{n=1}^{\infty} \boldsymbol{b_n} = \lim_{n\to\infty}\sum_{k=1}^{n} b_k = \lim_{n\to\infty}(1-a_n) = \mathbf{1}$

練習 ②47　次の極限値を求めよ。　〔(1) 芝浦工大, (4) 北見工大, (6) 創価大〕

(1) $\lim_{x\to1}\frac{x^2-3x+2}{x^2-5x+4}$　(2) $\lim_{x\to-2}\frac{x^3+3x^2-4}{x^3+8}$　(3) $\lim_{x\to1}\frac{1}{x-1}\left(x+1+\frac{2}{x-2}\right)$

(4) $\lim_{x\to0}\frac{\sqrt{1+x}-\sqrt{1-x}}{x}$　(5) $\lim_{x\to2}\frac{\sqrt{2x+5}-\sqrt{4x+1}}{\sqrt{2x}-\sqrt{x+2}}$　(6) $\lim_{x\to3}\frac{\sqrt{(2x-3)^2-1}-\sqrt{x^2-1}}{x-3}$

(1) (与式)$=\lim_{x\to1}\frac{(x-1)(x-2)}{(x-1)(x-4)}=\lim_{x\to1}\frac{x-2}{x-4}=\frac{-1}{-3}=\mathbf{\frac{1}{3}}$

(2) (与式)$=\lim_{x\to-2}\frac{(x+2)^2(x-1)}{(x+2)(x^2-2x+4)}=\lim_{x\to-2}\frac{(x+2)(x-1)}{x^2-2x+4}=\frac{0}{12}$

$=\mathbf{0}$

←x^3+3x^2-4 の因数分解には因数定理を利用。

(3) (与式)$=\lim_{x\to1}\left\{\frac{1}{x-1}\cdot\frac{(x+1)(x-2)+2}{x-2}\right\}=\lim_{x\to1}\frac{x^2-x}{(x-1)(x-2)}$　←与式の（　）内を通分。

$=\lim_{x\to1}\frac{x(x-1)}{(x-1)(x-2)}=\lim_{x\to1}\frac{x}{x-2}=\frac{1}{-1}=\mathbf{-1}$

(4) (与式)$=\lim_{x\to0}\frac{(1+x)-(1-x)}{x(\sqrt{1+x}+\sqrt{1-x})}=\lim_{x\to0}\frac{2}{\sqrt{1+x}+\sqrt{1-x}}=\frac{2}{2}$　←分子の有理化。

$=\mathbf{1}$

(5) (与式)$=\lim_{x\to2}\left\{\frac{(2x+5)-(4x+1)}{2x-(x+2)}\cdot\frac{\sqrt{2x}+\sqrt{x+2}}{\sqrt{2x+5}+\sqrt{4x+1}}\right\}$　←分母と分子をともに有理化する。

$=\lim_{x\to2}\left\{\frac{-2x+4}{x-2}\cdot\frac{\sqrt{2x}+\sqrt{x+2}}{\sqrt{2x+5}+\sqrt{4x+1}}\right\}$

$=(-2)\cdot\frac{\sqrt{4}+\sqrt{4}}{\sqrt{9}+\sqrt{9}}=\mathbf{-\frac{4}{3}}$

(6) (与式)$=\lim_{x\to3}\frac{\{(2x-3)^2-1\}-(x^2-1)}{(x-3)\{\sqrt{(2x-3)^2-1}+\sqrt{x^2-1}\}}$　←分子の有理化。

$=\lim_{x\to3}\frac{3(x-1)(x-3)}{(x-3)\{\sqrt{(2x-3)^2-1}+\sqrt{x^2-1}\}}$

$=\lim_{x\to3}\frac{3(x-1)}{\sqrt{(2x-3)^2-1}+\sqrt{x^2-1}}=\frac{6}{4\sqrt{2}}=\mathbf{\frac{3\sqrt{2}}{4}}$

練習 ②48　次の等式が成り立つように，定数 a，b の値を定めよ。　〔(2) 近畿大, (3) 東北学院大〕

(1) $\lim_{x\to4}\frac{a\sqrt{x}+b}{x-4}=2$　(2) $\lim_{x\to2}\frac{x^3+ax+b}{x-2}=17$　(3) $\lim_{x\to8}\frac{ax^2+bx+8}{\sqrt[3]{x}-2}=84$

(1) $\lim_{x\to4}\frac{a\sqrt{x}+b}{x-4}=2$ …… ① が成り立つとする。

$\lim_{x\to4}(x-4)=0$ であるから　$\lim_{x\to4}(a\sqrt{x}+b)=0$

ゆえに　$a\cdot2+b=0$　よって　$b=-2a$ …… ②

このとき　$\lim_{x\to4}\dfrac{a\sqrt{x}+b}{x-4}=\lim_{x\to4}\dfrac{a(\sqrt{x}-2)}{x-4}$

$=\lim_{x\to4}\dfrac{a(x-4)}{(x-4)(\sqrt{x}+2)}=\lim_{x\to4}\dfrac{a}{\sqrt{x}+2}$

$=\dfrac{a}{4}$

←$b=-2a$ を代入。

←分子の有理化。
$x-4=(\sqrt{x})^2-2^2$
$=(\sqrt{x}+2)(\sqrt{x}-2)$
とみてもよい。

ゆえに，$\dfrac{a}{4}=2$ のとき ① が成り立つ。よって　$\boldsymbol{a=8}$

② から　$\boldsymbol{b=-16}$

(2) $\lim_{x\to2}\dfrac{x^3+ax+b}{x-2}=17$ …… ① が成り立つとする。

$\lim_{x\to2}(x-2)=0$ であるから　$\lim_{x\to2}(x^3+ax+b)=0$

ゆえに　$8+2a+b=0$　よって　$b=-2a-8$ …… ②

このとき　$\lim_{x\to2}\dfrac{x^3+ax+b}{x-2}=\lim_{x\to2}\dfrac{x^3+ax-2a-8}{x-2}$

$=\lim_{x\to2}\dfrac{(x-2)\{(x^2+2x+4)+a\}}{x-2}$

$=\lim_{x\to2}(x^2+2x+4+a)=12+a$

←$b=-2a-8$ を代入。

←$x^3+ax-2a-8$
$=x^3-8+a(x-2)$
$=(x-2)(x^2+2x+4)$
$+a(x-2)$

ゆえに，$12+a=17$ のとき ① が成り立つ。よって　$\boldsymbol{a=5}$

② から　$\boldsymbol{b=-18}$

(3) $\lim_{x\to8}\dfrac{ax^2+bx+8}{\sqrt[3]{x}-2}=84$ …… ① が成り立つとする。

$\lim_{x\to8}(\sqrt[3]{x}-2)=0$ であるから　$\lim_{x\to8}(ax^2+bx+8)=0$

ゆえに　$64a+8b+8=0$　よって　$b=-8a-1$ …… ②

このとき

$(\text{与式})=\lim_{x\to8}\dfrac{ax^2-(8a+1)x+8}{\sqrt[3]{x}-2}=\lim_{x\to8}\dfrac{(ax-1)(x-8)}{\sqrt[3]{x}-2}$

$=\lim_{x\to8}(ax-1)(\sqrt[3]{x^2}+2\cdot\sqrt[3]{x}+4)=12(8a-1)$

←分子を因数分解してから約分。
$x-8=(\sqrt[3]{x})^3-2^3$
$=(\sqrt[3]{x}-2)(\sqrt[3]{x^2}+2\cdot\sqrt[3]{x}+4)$

ゆえに，$12(8a-1)=84$ のとき ① が成り立つ。よって　$\boldsymbol{a=1}$

② から　$\boldsymbol{b=-9}$

練習 ②49　次の関数について，x が 1 に近づくときの右側極限，左側極限を求めよ。そして，$x\longrightarrow1$ のときの極限が存在するかどうかを調べよ。ただし，(4) の $[x]$ は x を超えない最大の整数を表す。

(1) $\dfrac{1}{(x-1)^2}$　(2) $\dfrac{1}{(x-1)^3}$　(3) $\dfrac{(x+1)^2}{|x^2-1|}$　(4) $x-[x]$

(1) $\lim_{x\to1+0}\dfrac{1}{(x-1)^2}=\infty$，$\lim_{x\to1-0}\dfrac{1}{(x-1)^2}=\infty$

よって，**右側極限，左側極限ともに ∞ であるから，極限は存在する。**

←極限 **値** はないが，極限 (∞) は存在する。

(2) $\displaystyle\lim_{x\to1+0}\frac{1}{(x-1)^3}=\infty$, $\displaystyle\lim_{x\to1-0}\frac{1}{(x-1)^3}=-\infty$

よって，**右側極限は** ∞，**左側極限は** $-\infty$ であるから，**極限は存在しない。**

←(右側極限)
≠(左側極限)

(3) $\displaystyle\lim_{x\to1+0}\frac{(x+1)^2}{|x^2-1|}=\lim_{x\to1+0}\frac{(x+1)^2}{|(x+1)(x-1)|}=\lim_{x\to1+0}\frac{x+1}{x-1}=\infty$,

←$x\longrightarrow1+0$ のとき
$x+1>0$, $x-1>0$

$\displaystyle\lim_{x\to1-0}\frac{(x+1)^2}{|x^2-1|}=\lim_{x\to1-0}\left\{-\frac{(x+1)^2}{(x+1)(x-1)}\right\}=\lim_{x\to1-0}\left(-\frac{x+1}{x-1}\right)=\infty$

←$x\longrightarrow1-0$ のとき
$x+1>0$, $x-1<0$

よって，**右側極限，左側極限ともに** ∞ であるから，**極限は存在する。**

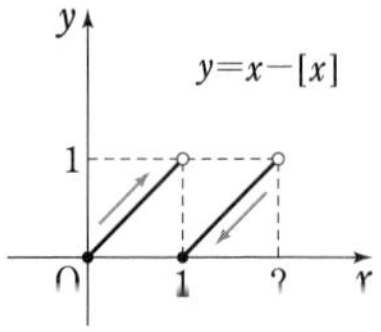

(4) $\displaystyle\lim_{x\to1+0}(x-[x])=1-1=0$, $\displaystyle\lim_{x\to1-0}(x-[x])=1-0=1$

よって，**右側極限は 0，左側極限は 1** であるから，**極限は存在しない。**

練習 ②50 次の極限を求めよ。

(1) $\displaystyle\lim_{x\to-\infty}(x^3-2x^2)$ (2) $\displaystyle\lim_{x\to\infty}\frac{2x^2+3}{x^3-2x}$ (3) $\displaystyle\lim_{x\to\infty}\frac{3x^3+1}{x+1}$ (4) $\displaystyle\lim_{x\to\infty}(\sqrt{x^2+2x}-x)$

(5) $\displaystyle\lim_{x\to\infty}\sqrt{x}(\sqrt{x+1}-\sqrt{x-1})$ (6) $\displaystyle\lim_{x\to\infty}\frac{2^{x-1}}{1+2^x}$ (7) $\displaystyle\lim_{x\to-\infty}\frac{7^x-5^x}{7^x+5^x}$

(1) (与式)$\displaystyle=\lim_{x\to-\infty}x^3\left(1-\frac{2}{x}\right)=-\infty$

←最高次の項 x^3 でくくり出すと，$-\infty\times1$ の形。

(2) (与式)$\displaystyle=\lim_{x\to\infty}\frac{\frac{2}{x}+\frac{3}{x^3}}{1-\frac{2}{x^2}}=\frac{0+0}{1-0}=\mathbf{0}$

←分母の最高次の項 x^3 で分母・分子を割る。

(3) (与式)$\displaystyle=\lim_{x\to\infty}\frac{3x^2+\frac{1}{x}}{1+\frac{1}{x}}=\infty$

←分母の最高次の項 x で分母・分子を割る。

(4) (与式)$\displaystyle=\lim_{x\to\infty}\frac{(x^2+2x)-x^2}{\sqrt{x^2+2x}+x}=\lim_{x\to\infty}\frac{2}{\sqrt{1+\frac{2}{x}}+1}=\frac{2}{1+1}=\mathbf{1}$

←分子を有理化し，分母・分子を $x(>0)$ で割る。

(5) (与式)$\displaystyle=\lim_{x\to\infty}\frac{\sqrt{x}\{(x+1)-(x-1)\}}{\sqrt{x+1}+\sqrt{x-1}}=\lim_{x\to\infty}\frac{2\sqrt{x}}{\sqrt{x+1}+\sqrt{x-1}}$

$\displaystyle=\lim_{x\to\infty}\frac{2}{\sqrt{1+\frac{1}{x}}+\sqrt{1-\frac{1}{x}}}=\frac{2}{1+1}=\mathbf{1}$

←$\sqrt{x+1}-\sqrt{x-1}$ を有理化する。

(6) (与式)$\displaystyle=\lim_{x\to\infty}\frac{\frac{1}{2}}{\frac{1}{2^x}+1}=\frac{\frac{1}{2}}{0+1}=\mathbf{\frac{1}{2}}$

←$2^{x-1}=\frac{1}{2}\cdot2^x$

(7) (与式)$\displaystyle=\lim_{x\to-\infty}\frac{\left(\frac{7}{5}\right)^x-1}{\left(\frac{7}{5}\right)^x+1}=\frac{0-1}{0+1}=\mathbf{-1}$

←$a>1$ のとき $\displaystyle\lim_{x\to-\infty}a^x=0$

練習 ②51 次の極限値を求めよ。

(1) $\lim_{x\to\infty}\{\log_2(8x^2+2)-2\log_2(5x+3)\}$　　(2) $\lim_{x\to-\infty}(\sqrt{x^2+x+1}+x)$

(3) $\lim_{x\to-\infty}(3x+1+\sqrt{9x^2+1})$　　[(1) 近畿大]

(1) $\log_2(8x^2+2)-2\log_2(5x+3)=\log_2(8x^2+2)-\log_2(5x+3)^2$

$$=\log_2\frac{8x^2+2}{(5x+3)^2}$$

←$\log_2 f(x)$ の形にまとめる。

$x\longrightarrow\infty$ のとき，$\dfrac{8x^2+2}{(5x+3)^2}=\dfrac{8+\frac{2}{x^2}}{\left(5+\frac{3}{x}\right)^2}\longrightarrow\dfrac{8}{25}$ であるから

←分母・分子を x^2 で割る。

$$(与式)=\log_2\frac{8}{25}=\log_2\frac{2^3}{5^2}=\mathbf{3-2\log_2 5}$$

←$\log_2 2^3-\log_2 5^2$

(2) $\lim_{x\to-\infty}(\sqrt{x^2+x+1}+x)=\lim_{x\to-\infty}\dfrac{(x^2+x+1)-x^2}{\sqrt{x^2+x+1}-x}$

←分子の有理化。

$$=\lim_{x\to-\infty}\frac{x+1}{\sqrt{x^2+x+1}-x}$$

$$=\lim_{x\to-\infty}\frac{1+\frac{1}{x}}{-\sqrt{1+\frac{1}{x}+\frac{1}{x^2}}-1}=-\frac{1}{2}$$

←$x\longrightarrow-\infty$ であるから，$x<0$ として変形する。
よって　$\sqrt{x^2+x+1}$
$=\sqrt{x^2\left(1+\frac{1}{x}+\frac{1}{x^2}\right)}$
$=-x\sqrt{1+\frac{1}{x}+\frac{1}{x^2}}$
└ $\sqrt{x^2}=-x$

別解　$x=-t$ とおくと，$x\longrightarrow-\infty$ のとき $t\longrightarrow\infty$

よって　$\lim_{x\to-\infty}(\sqrt{x^2+x+1}+x)=\lim_{t\to\infty}(\sqrt{t^2-t+1}-t)$

$$=\lim_{t\to\infty}\frac{(t^2-t+1)-t^2}{\sqrt{t^2-t+1}+t}=\lim_{t\to\infty}\frac{-t+1}{\sqrt{t^2-t+1}+t}$$

$$=\lim_{t\to\infty}\frac{-1+\frac{1}{t}}{\sqrt{1-\frac{1}{t}+\frac{1}{t^2}}+1}=-\frac{1}{2}$$

←$\dfrac{-1+0}{\sqrt{1-0+0}+1}$

(3) $\lim_{x\to-\infty}(3x+1+\sqrt{9x^2+1})=\lim_{x\to-\infty}\dfrac{(3x+1)^2-(9x^2+1)}{3x+1-\sqrt{9x^2+1}}$

$$=\lim_{x\to-\infty}\frac{6x}{3x+1-\sqrt{9x^2+1}}=\lim_{x\to-\infty}\frac{6}{3+\frac{1}{x}+\sqrt{9+\frac{1}{x^2}}}=\mathbf{1}$$

←$\sqrt{9x^2+1}$
$=-x\sqrt{9+\frac{1}{x^2}}$
($x<0$ のとき，$\sqrt{x^2}=-x$ に注意！)

別解　$x=-t$ とおくと，$x\longrightarrow-\infty$ のとき $t\longrightarrow\infty$

したがって

$$\lim_{x\to-\infty}(3x+1+\sqrt{9x^2+1})=\lim_{t\to\infty}(-3t+1+\sqrt{9t^2+1})$$

$$=\lim_{t\to\infty}\frac{(-3t+1)^2-(9t^2+1)}{-3t+1-\sqrt{9t^2+1}}=\lim_{t\to\infty}\frac{-6t}{-3t+1-\sqrt{9t^2+1}}$$

$$=\lim_{t\to\infty}\frac{-6}{-3+\frac{1}{t}-\sqrt{9+\frac{1}{t^2}}}=\mathbf{1}$$

←$\dfrac{-6}{-3+0-\sqrt{9+0}}$

練習 ③52 次の極限値を求めよ。ただし，[ ] はガウス記号を表す。

(1) $\displaystyle\lim_{x\to\infty}\frac{x+[2x]}{x+1}$　　(2) $\displaystyle\lim_{x\to\infty}\left\{\left(\frac{2}{3}\right)^x+\left(\frac{3}{2}\right)^x\right\}^{\frac{1}{x}}$

(1) 不等式 $[2x]\leqq 2x<[2x]+1$ が成り立つから，これより

$2x-1<[2x]\leqq 2x$　　ゆえに　$3x-1<x+[2x]\leqq 3x$

←各辺に x を加える。

よって，$x>0$ のとき　$\displaystyle\frac{3x-1}{x+1}<\frac{x+[2x]}{x+1}\leqq\frac{3x}{x+1}$

←各辺を $x+1$ (>0) で割る。

$\displaystyle\lim_{x\to\infty}\frac{3x-1}{x+1}=\lim_{x\to\infty}\frac{3-\frac{1}{x}}{1+\frac{1}{x}}=3,\ \lim_{x\to\infty}\frac{3x}{x+1}=\lim_{x\to\infty}\frac{3}{1+\frac{1}{x}}=3$ である

から　$\displaystyle\lim_{x\to\infty}\frac{x+[2x]}{x+1}=\mathbf{3}$

←はさみうちの原理。

(2) $\displaystyle\left\{\left(\frac{2}{3}\right)^x+\left(\frac{3}{2}\right)^x\right\}^{\frac{1}{x}}=\left[\left(\frac{3}{2}\right)^x\left\{\left(\frac{4}{9}\right)^x+1\right\}\right]^{\frac{1}{x}}=\frac{3}{2}\left\{\left(\frac{4}{9}\right)^x+1\right\}^{\frac{1}{x}}$

←底が最大の $\left(\frac{3}{2}\right)^x$ でくくり出す。

$x\longrightarrow\infty$ であるから，$x>1$，$0<\dfrac{1}{x}<1$ と考えてよい。

このとき　$\displaystyle\left\{\left(\frac{4}{9}\right)^x+1\right\}^0<\left\{\left(\frac{4}{9}\right)^x+1\right\}^{\frac{1}{x}}<\left\{\left(\frac{4}{9}\right)^x+1\right\}^1$

←$\left(\frac{4}{9}\right)^x+1>1$ から。

すなわち　$\displaystyle 1<\left\{\left(\frac{4}{9}\right)^x+1\right\}^{\frac{1}{x}}<\left(\frac{4}{9}\right)^x+1$

$\displaystyle\lim_{x\to\infty}\left\{\left(\frac{4}{9}\right)^x+1\right\}=1$ であるから　$\displaystyle\lim_{x\to\infty}\left\{\left(\frac{4}{9}\right)^x+1\right\}^{\frac{1}{x}}=1$

←はさみうちの原理。

よって　$\displaystyle\lim_{x\to\infty}\left\{\left(\frac{2}{3}\right)^x+\left(\frac{3}{2}\right)^x\right\}^{\frac{1}{x}}=\lim_{x\to\infty}\frac{3}{2}\left\{\left(\frac{4}{9}\right)^x+1\right\}^{\frac{1}{x}}=\mathbf{\frac{3}{2}}$

別解　$\displaystyle\left\{\left(\frac{2}{3}\right)^x+\left(\frac{3}{2}\right)^x\right\}^{\frac{1}{x}}=\left[\left(\frac{3}{2}\right)^x\left\{\left(\frac{4}{9}\right)^x+1\right\}\right]^{\frac{1}{x}}=\frac{3}{2}\left\{\left(\frac{4}{9}\right)^x+1\right\}^{\frac{1}{x}}$

←底が最大の $\left(\frac{3}{2}\right)^x$ でくくり出す。

$\displaystyle y=\left\{\left(\frac{4}{9}\right)^x+1\right\}^{\frac{1}{x}}$ とすると，$y>1$ であり

←$\left(\frac{4}{9}\right)^x+1>1$

$\displaystyle\log_{10}y=\log_{10}\left\{\left(\frac{4}{9}\right)^x+1\right\}^{\frac{1}{x}}=\frac{1}{x}\log_{10}\left\{\left(\frac{4}{9}\right)^x+1\right\}$

よって　$\displaystyle\lim_{x\to\infty}\log_{10}y=0\cdot\log_{10}(0+1)=0\cdot 0=0$

ゆえに　$\displaystyle\lim_{x\to\infty}y=10^0=1$

ゆえに　$\displaystyle\lim_{x\to\infty}\left\{\left(\frac{2}{3}\right)^x+\left(\frac{3}{2}\right)^x\right\}^{\frac{1}{x}}=\frac{3}{2}\cdot 1=\mathbf{\frac{3}{2}}$

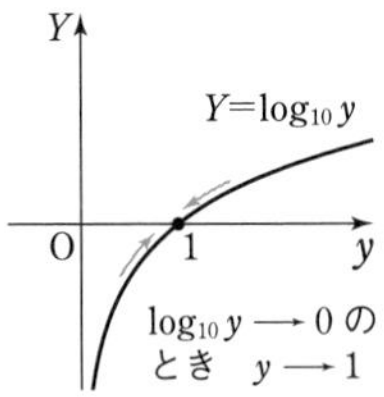

練習 ②53 次の極限値を求めよ。

(1) $\displaystyle\lim_{x\to\infty}\sin\frac{1}{x}$　(2) $\displaystyle\lim_{x\to 0}\frac{\sin 4x}{3x}$　(3) $\displaystyle\lim_{x\to 0}\frac{\sin 2x}{\sin 5x}$　(4) $\displaystyle\lim_{x\to 0}\frac{\tan 2x}{x}$

(5) $\displaystyle\lim_{x\to 0}\frac{x\sin x}{1-\cos x}$　(6) $\displaystyle\lim_{x\to 0}\frac{1-\cos 2x}{x^2}$　(7) $\displaystyle\lim_{x\to 0}\frac{x-\sin 2x}{\sin 3x}$　〔(6) 法政大〕

(1) $\displaystyle\lim_{x\to\infty}\sin\frac{1}{x}=\sin 0=\mathbf{0}$

←$\displaystyle\lim_{x\to\infty}\frac{1}{x}=0$

(2) $\displaystyle\lim_{x\to 0}\frac{\sin 4x}{3x}=\lim_{x\to 0}\frac{\sin 4x}{4x}\cdot\frac{4}{3}=1\cdot\frac{4}{3}=\boldsymbol{\frac{4}{3}}$

←$\displaystyle\lim_{\bigcirc\to 0}\frac{\sin\square}{\square}=1$
(○ → 0 のとき □ → 0)が使える形に変形。

別解　$4x=\theta$ とおくと，$x\longrightarrow 0$ のとき　$\theta\longrightarrow 0$

$\displaystyle\lim_{x\to 0}\frac{\sin 4x}{3x}=\lim_{\theta\to 0}\frac{\sin\theta}{\frac{3}{4}\theta}=\lim_{\theta\to 0}\frac{\sin\theta}{\theta}\cdot\frac{4}{3}=1\cdot\frac{4}{3}=\boldsymbol{\frac{4}{3}}$

(3) $\displaystyle\lim_{x\to 0}\frac{\sin 2x}{\sin 5x}=\lim_{x\to 0}\frac{\sin 2x}{2x}\cdot\frac{5x}{\sin 5x}\cdot\frac{2}{5}=1\cdot1\cdot\frac{2}{5}=\boldsymbol{\frac{2}{5}}$

←$\displaystyle\lim_{\square\to 0}\frac{\square}{\sin\square}=1$

(4) $\displaystyle\lim_{x\to 0}\frac{\tan 2x}{x}=\lim_{x\to 0}\frac{\sin 2x}{2x}\cdot 2\cdot\frac{1}{\cos 2x}=1\cdot 2\cdot\frac{1}{1}=\boldsymbol{2}$

(5) $\displaystyle\lim_{x\to 0}\frac{x\sin x}{1-\cos x}=\lim_{x\to 0}\frac{x\sin x(1+\cos x)}{1-\cos^2 x}$

$\displaystyle=\lim_{x\to 0}\frac{x}{\sin x}\cdot(1+\cos x)=1\cdot 2=\boldsymbol{2}$

←$1-\cos x$ と $1+\cos x$ はペアで扱う。
$1-\cos^2 x=\sin^2 x$

(6) $\displaystyle\lim_{x\to 0}\frac{1-\cos 2x}{x^2}=\lim_{x\to 0}\frac{2\sin^2 x}{x^2}=\lim_{x\to 0}2\left(\frac{\sin x}{x}\right)^2=2\cdot 1^2=\boldsymbol{2}$

←$\cos 2x=1-2\sin^2 x$ を代入して，sin の式に。

(7) $\displaystyle\lim_{x\to 0}\frac{x-\sin 2x}{\sin 3x}=\lim_{x\to 0}\left(\frac{x}{\sin 3x}-\frac{\sin 2x}{\sin 3x}\right)$

$\displaystyle=\lim_{x\to 0}\left(\frac{3x}{\sin 3x}\cdot\frac{1}{3}-\frac{\sin 2x}{2x}\cdot\frac{3x}{\sin 3x}\cdot\frac{2}{3}\right)$

$\displaystyle=1\cdot\frac{1}{3}-1\cdot 1\cdot\frac{2}{3}=\boldsymbol{-\frac{1}{3}}$

別解　$\displaystyle(\text{与式})=\lim_{x\to 0}\frac{x-2\sin x\cos x}{3\sin x-4\sin^3 x}=\lim_{x\to 0}\frac{\frac{x}{\sin x}-2\cos x}{3-4\sin^2 x}$

$\displaystyle=\frac{1-2}{3}=\boldsymbol{-\frac{1}{3}}$

←$\sin 3x$
$=3\sin x-4\sin^3 x$

練習
②**54**

次の極限値を求めよ。

(1) $\displaystyle\lim_{x\to\pi}\frac{(x-\pi)^2}{1+\cos x}$　(2) $\displaystyle\lim_{x\to 1}\frac{\sin\pi x}{x-1}$　(3) $\displaystyle\lim_{x\to\infty}x^2\left(1-\cos\frac{1}{x}\right)$

(4) $\displaystyle\lim_{x\to 0}\frac{\sin(2\sin x)}{3x(1+2x)}$　(5) $\displaystyle\lim_{x\to\infty}\frac{\cos x}{x}$　(6) $\displaystyle\lim_{x\to 0}x\sin^2\frac{1}{x}$

(1) $x-\pi=t$ とおくと　$x\longrightarrow\pi$ のとき　$t\longrightarrow 0$

また　$1+\cos x=1+\cos(t+\pi)=1-\cos t$

←$\cos(\theta+\pi)=-\cos\theta$

よって　$\displaystyle\lim_{x\to\pi}\frac{(x-\pi)^2}{1+\cos x}=\lim_{t\to 0}\frac{t^2}{1-\cos t}=\lim_{t\to 0}\frac{t^2(1+\cos t)}{1-\cos^2 t}$

$\displaystyle=\lim_{t\to 0}\left(\frac{t}{\sin t}\right)^2(1+\cos t)$

$=1^2\cdot 2=\boldsymbol{2}$

←$1-\cos t$ と $1+\cos t$ はペアで扱う。
$1-\cos^2 t=\sin^2 t$

←$\displaystyle\lim_{\square\to 0}\frac{\sin\square}{\square}=1$

(2) $x-1=t$ とおくと　$x\longrightarrow 1$ のとき　$t\longrightarrow 0$

また　$\sin\pi x=\sin\pi(t+1)=\sin(\pi t+\pi)=-\sin\pi t$

←$\sin(\theta+\pi)=-\sin\theta$

よって　$\displaystyle\lim_{x\to 1}\frac{\sin\pi x}{x-1}=\lim_{t\to 0}\frac{-\sin\pi t}{t}=\lim_{t\to 0}\left(-\frac{\sin\pi t}{\pi t}\right)\cdot\pi$

$=-1\cdot\pi=\boldsymbol{-\pi}$

(3) $\dfrac{1}{x}=t$ とおくと　$x \longrightarrow \infty$ のとき　$t \longrightarrow +0$

よって　$\displaystyle\lim_{x\to\infty} x^2\left(1-\cos\frac{1}{x}\right)=\lim_{t\to+0}\frac{1}{t^2}(1-\cos t)$

$$=\lim_{t\to+0}\frac{\sin^2 t}{t^2(1+\cos t)}$$

$$=\lim_{t\to+0}\left(\frac{\sin t}{t}\right)^2\cdot\frac{1}{1+\cos t}$$

$$=1^2\cdot\frac{1}{2}=\mathbf{\frac{1}{2}}$$

←$1-\cos t$ と $1+\cos t$ はペアで扱う。
$1-\cos^2 t=\sin^2 t$

(4) $\displaystyle\lim_{x\to0}\frac{\sin(2\sin x)}{3x(1+2x)}=\lim_{x\to0}\frac{\sin(2\sin x)}{2\sin x}\cdot\frac{\sin x}{x}\cdot\frac{2}{3(1+2x)}$

$$=1\cdot1\cdot\frac{2}{3}=\mathbf{\frac{2}{3}}$$

←$\dfrac{\sin\square}{\square}$ の形を作る。

(5) $x>0$ のとき，$-1\leqq\cos x\leqq1$ から

$$-\frac{1}{x}\leqq\frac{\cos x}{x}\leqq\frac{1}{x}$$

$\displaystyle\lim_{x\to\infty}\frac{1}{x}=0$，$\displaystyle\lim_{x\to\infty}\left(-\frac{1}{x}\right)=0$ であるから　$\displaystyle\lim_{x\to\infty}\frac{\cos x}{x}=\mathbf{0}$

←$x\longrightarrow\infty$ であるから，$x>0$ としてよい。

←はさみうちの原理。

(6) $0\leqq\sin^2\dfrac{1}{x}\leqq1$ であるから

$$0\leqq|x|\sin^2\frac{1}{x}\leqq|x|\quad すなわち\quad 0\leqq\left|x\sin^2\frac{1}{x}\right|\leqq|x|$$

$\displaystyle\lim_{x\to0}|x|=0$ であるから

$$\lim_{x\to0}\left|x\sin^2\frac{1}{x}\right|=0$$

よって　$\displaystyle\lim_{x\to0}x\sin^2\frac{1}{x}=\mathbf{0}$

←$-1\leqq\sin\dfrac{1}{x}\leqq1$

←$|A||B|=|AB|$
$\sin^2\dfrac{1}{x}=\left|\sin^2\dfrac{1}{x}\right|$

←はさみうちの原理。

←$\displaystyle\lim_{x\to a}|f(x)|=0$ ならば $\displaystyle\lim_{x\to a}f(x)=0$

練習 ③55

座標平面上に点 A(0, 3), B(b, 0), C(c, 0), O(0, 0) がある。ただし，$b<0$，$c>0$，∠BAO=2∠CAO である。∠BAC=θ，△ABC の面積を S とするとき，$\displaystyle\lim_{\theta\to0}\frac{S}{\theta}$ を求めよ。
〔防衛医大〕

条件から　$\angle\mathrm{BAO}=\dfrac{2}{3}\theta$，$\angle\mathrm{CAO}=\dfrac{\theta}{3}$

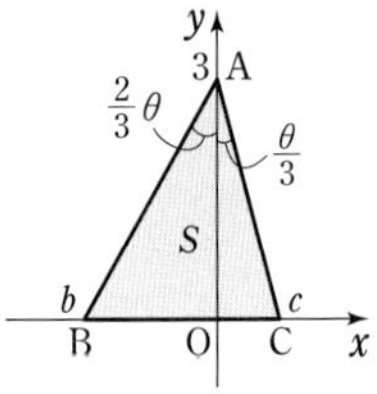

$\theta\longrightarrow0$ のときを考えるから，$0<\theta<\dfrac{\pi}{2}$ とする。

このとき，$\mathrm{OB}=3\tan\dfrac{2}{3}\theta$，$c=3\tan\dfrac{\theta}{3}$ であるから

$$S=\frac{1}{2}\cdot3\cdot\left(3\tan\frac{2}{3}\theta+3\tan\frac{\theta}{3}\right)=\frac{9}{2}\left(\tan\frac{2}{3}\theta+\tan\frac{\theta}{3}\right)$$

$\theta\longrightarrow0$ のとき，$\dfrac{2}{3}\theta\longrightarrow0$，$\dfrac{\theta}{3}\longrightarrow0$ であり，

$\displaystyle\lim_{\alpha\to0}\frac{\tan\alpha}{\alpha}=\lim_{\alpha\to0}\frac{\sin\alpha}{\alpha}\cdot\frac{1}{\cos\alpha}=1\cdot\frac{1}{1}=1$ であることから

$$\lim_{\theta\to 0}\frac{S}{\theta}=\lim_{\theta\to 0}\frac{9}{2}\left(\frac{\tan\frac{2}{3}\theta}{\theta}+\frac{\tan\frac{\theta}{3}}{\theta}\right)$$

$$=\lim_{\theta\to 0}\frac{9}{2}\left(\frac{2}{3}\cdot\frac{\tan\frac{2}{3}\theta}{\frac{2}{3}\theta}+\frac{1}{3}\cdot\frac{\tan\frac{\theta}{3}}{\frac{\theta}{3}}\right)$$

$$=\frac{9}{2}\left(\frac{2}{3}\cdot 1+\frac{1}{3}\cdot 1\right)=\mathbf{\frac{9}{2}}$$

検討　$\lim_{\theta\to 0}\frac{\tan\theta}{\theta}=1$ は公式として証明なしに用いてもよい。

練習 ②56　次の関数の連続性について調べよ。なお，(1)では関数の定義域もいえ。

(1) $f(x)=\dfrac{x+1}{x^2-1}$　　(2) $-1\leqq x\leqq 2$ で　$f(x)=\log_{10}\dfrac{1}{|x|}$ $(x\neq 0)$，$f(0)=0$

(3) $0\leqq x\leqq 2\pi$ で　$f(x)=[\cos x]$　　ただし，[　] はガウス記号。

(1)　定義域に属さない x の値は，$x^2-1=0$ から　　$x=\pm 1$

よって，**定義域は　$x<-1$，$-1<x<1$，$1<x$；**

定義域のすべての点で連続。

注意　定義域に属さない値に対する連続・不連続は考えないから，$x=\pm 1$ で不連続であるとはいわない。

←分数関数の定義域は，(分母)$\neq 0$ を満たす x の値全体である。

←$x+1$，x^2-1 $(x\neq\pm 1)$ は連続関数である。

(2)　$-1\leqq x<0$ のとき　　$f(x)=\log_{10}\dfrac{1}{-x}=-\log_{10}(-x)$

$0<x\leqq 2$ のとき　　$f(x)=\log_{10}\dfrac{1}{x}=-\log_{10}x$

よって　　$\lim_{x\to -0}f(x)=\lim_{x\to +0}f(x)=\infty$

すなわち，極限値 $\lim_{x\to 0}f(x)$ は存在しない。

ゆえに　　**$-1\leqq x<0$，$0<x\leqq 2$ で連続；$x=0$ で不連続。**

←$y=\log_{10}x$ $(x>0)$ は連続関数。

(3)　$0\leqq x\leqq 2\pi$ のとき，$y=\cos x$ のグラフは，右図のようになる。

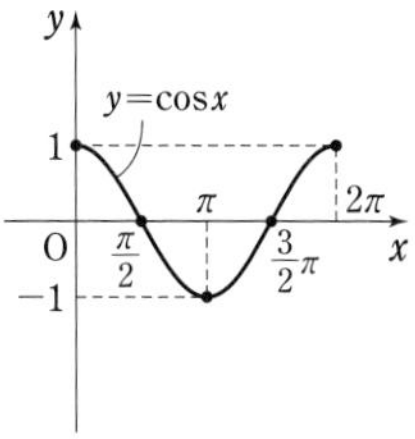

よって　　$x=0$ のとき　　$[\cos x]=1$

$0<x\leqq\dfrac{\pi}{2}$ のとき　　$[\cos x]=0$

$\dfrac{\pi}{2}<x<\dfrac{3}{2}\pi$ のとき　　$[\cos x]=-1$

$\dfrac{3}{2}\pi\leqq x<2\pi$ のとき　　$[\cos x]=0$

$x=2\pi$ のとき　　$[\cos x]=1$

ゆえに　　$\lim_{x\to +0}f(x)=0$，$\lim_{x\to 2\pi-0}f(x)=0$

よって　　$\lim_{x\to +0}f(x)\neq f(0)$，$\lim_{x\to 2\pi-0}f(x)\neq f(2\pi)$

また　　$\lim_{x\to\frac{\pi}{2}-0}f(x)=0$，$\lim_{x\to\frac{\pi}{2}+0}f(x)=-1$，$\lim_{x\to\frac{3}{2}\pi-0}f(x)=-1$，$\lim_{x\to\frac{3}{2}\pi+0}f(x)=0$

ゆえに，極限値 $\lim_{x\to\frac{\pi}{2}}f(x)$，$\lim_{x\to\frac{3}{2}\pi}f(x)$ は存在しない。よって

$0<x<\dfrac{\pi}{2}$，$\dfrac{\pi}{2}<x<\dfrac{3}{2}\pi$，$\dfrac{3}{2}\pi<x<2\pi$ で連続；$x=0$，$\dfrac{\pi}{2}$，$\dfrac{3}{2}\pi$，2π で不連続。

検討 関数 $y=f(x)$ のグラフは次の図の実線部分のようになる。(2), (3) については，このグラフをもとにして連続である区間，不連続である区間を判断してもよい。

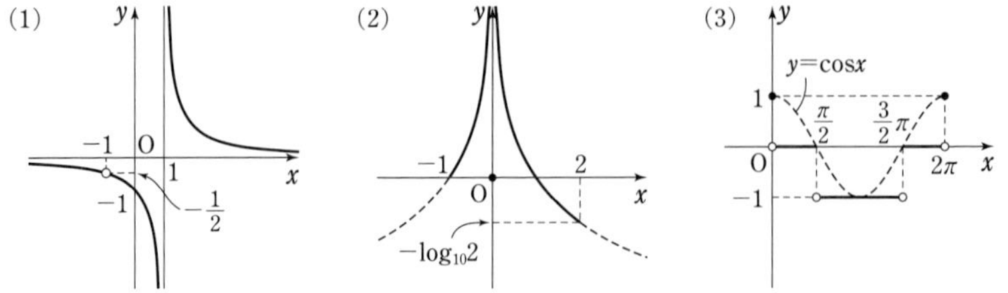

練習 ③57 次の無限級数が収束するとき，その和を $f(x)$ とする。関数 $y=f(x)$ のグラフをかき，その連続性について調べよ。

(1) $x^2+\dfrac{x^2}{1+2x^2}+\dfrac{x^2}{(1+2x^2)^2}+\cdots\cdots+\dfrac{x^2}{(1+2x^2)^{n-1}}+\cdots\cdots$

(2) $x+x\cdot\dfrac{1-3x}{1-2x}+x\left(\dfrac{1-3x}{1-2x}\right)^2+\cdots\cdots+x\left(\dfrac{1-3x}{1-2x}\right)^{n-1}+\cdots\cdots$ 〔(2) 類 金沢工大〕

(1) この無限級数は，初項 x^2，公比 $\dfrac{1}{1+2x^2}$ の無限等比級数である。収束するから

$$x=0 \quad または \quad -1<\frac{1}{1+2x^2}<1 \quad \cdots\cdots ①$$

←$\sum_{n=1}^{\infty}ar^{n-1}$ の収束条件は $a=0$ または $|r|<1$

不等式 ① の解は，各辺に $1+2x^2$ (>0) を掛けて

$$-(1+2x^2)<1<1+2x^2 \quad すなわち \quad \begin{cases} x^2>-1 \\ x^2>0 \end{cases}$$

この連立不等式を解いて　$x\neq 0$

←$x^2>-1$ は常に成り立つ。また，$x^2>0$ の解は $x\neq 0$ よって，連立不等式の解は，$x\neq 0$ である。

したがって，和は

$x=0$ のとき　$f(x)=0$

$x\neq 0$ のとき

$$f(x)=\frac{x^2}{1-\dfrac{1}{1+2x^2}}=\frac{1}{2}+x^2$$

←$\dfrac{(初項)}{1-(公比)}$

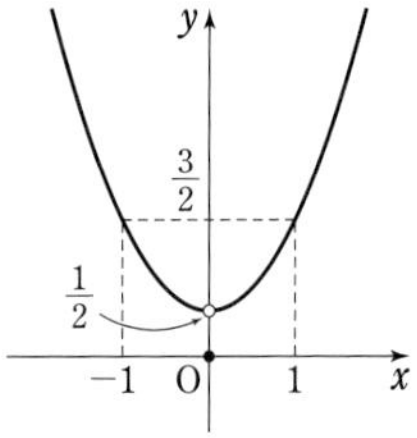

ゆえに，グラフは **右の図** のようになる。

よって　**$x<0$, $0<x$ で連続；$x=0$ で不連続**

(2) この無限級数は，初項 x，公比 $\dfrac{1-3x}{1-2x}$ の無限等比級数である。

収束するから

$$x=0 \quad または \quad -1<\frac{1-3x}{1-2x}<1 \quad \cdots\cdots ①$$

←(初項)$=0$　または　$-1<$(公比)<1

$\dfrac{1-3x}{1-2x}=\dfrac{1}{4\left(x-\dfrac{1}{2}\right)}+\dfrac{3}{2}$ であり，

←$1-3x$ を $1-2x$ で割ると，商は $\dfrac{3}{2}$，余りは $-\dfrac{1}{2}$ であるから $\dfrac{1-3x}{1-2x}=\dfrac{-\dfrac{1}{2}}{-2x+1}+\dfrac{3}{2}$

$\dfrac{1-3x}{1-2x}=1$ とすると　$x=0$　　$\dfrac{1-3x}{1-2x}=-1$ とすると　$x=\dfrac{2}{5}$

よって，不等式①の解は，右の図から　$0<x<\frac{2}{5}$

したがって，和は

$x=0$ のとき　$f(x)=0$

$0<x<\frac{2}{5}$ のとき

$$f(x)=\frac{x}{1-\frac{1-3x}{1-2x}}=1-2x$$

ゆえに，グラフは **右の図** のようになる。

よって　**$0<x<\frac{2}{5}$ で連続，**

$x=0$ で不連続

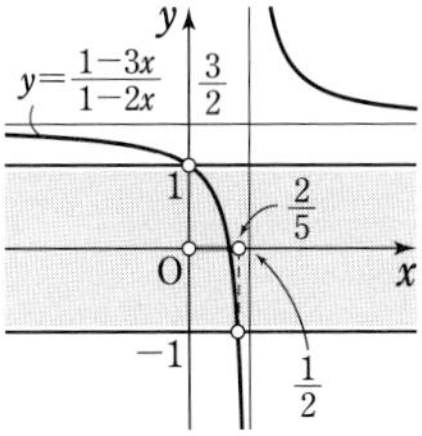

なお，①の各辺に $(1-2x)^2$ を掛けた不等式を解いてもよい。

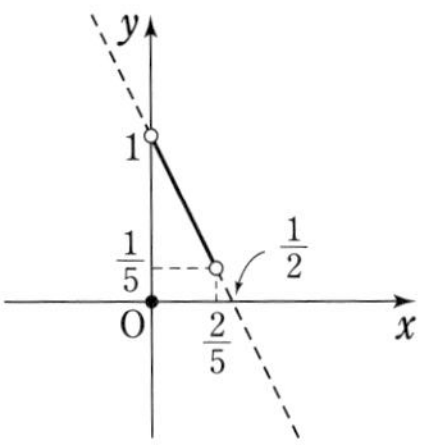

←$\frac{(初項)}{1-(公比)}$

←$f(x)$ の定義域は $0\leqq x<\frac{2}{5}$ である。連続性についてはこの定義域内で考える。

2章 練習〔極限〕

練習 ④58 a は0でない定数とする。関数 $f(x)=\lim_{n\to\infty}\frac{x^{2n+1}+(a-1)x^n-1}{x^{2n}-ax^n-1}$ が $x\geqq0$ において連続になるように a の値を定め，$y=f(x)$ のグラフをかけ。〔類 東北工大〕

$x>1$ のとき　$f(x)=\lim_{n\to\infty}\frac{x+\frac{a-1}{x^n}-\frac{1}{x^{2n}}}{1-\frac{a}{x^n}-\frac{1}{x^{2n}}}=\frac{x+0-0}{1-0-0}=x$

$x=1$ のとき　$f(x)=f(1)=\lim_{n\to\infty}\frac{1+(a-1)-1}{1-a-1}=\frac{1-a}{a}$

$0\leqq x<1$ のとき　$f(x)=\frac{0+0-1}{0-0-1}=1$

←分母の最高次の項 x^{2n} で分母・分子を割る。$0\leqq\alpha<1$ のとき $\lim_{n\to\infty}\alpha^n=0$

$f(x)$ は $0\leqq x<1$，$1<x$ において，それぞれ連続である。

ゆえに，$f(x)$ が $x\geqq0$ において連続になるための条件は，$x=1$ で連続であることである。

よって　$\lim_{x\to1-0}f(x)=\lim_{x\to1+0}f(x)=f(1)$

ここで　$\lim_{x\to1-0}f(x)=1$，$\lim_{x\to1+0}f(x)=1$

←$\lim_{x\to1-0}f(x)=\lim_{x\to1-0}1$，$\lim_{x\to1+0}f(x)=\lim_{x\to1+0}x$

ゆえに　$1=\frac{1-a}{a}$

これを解いて　**$a=\frac{1}{2}$**

このとき，$y=f(x)$ のグラフは **右図**。

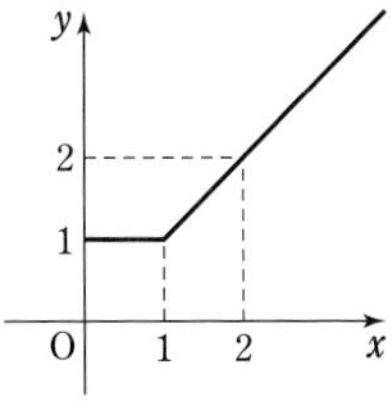

←$a=\frac{1}{2}$ のとき $f(1)=1$

練習 ③59

(1) 次の方程式は，与えられた範囲に少なくとも 1 つの実数解をもつことを示せ。

(ア) $x^3-2x^2-3x+1=0$ $(-2<x<-1,\ 0<x<1,\ 2<x<3)$

(イ) $\cos x=x$ $\left(0<x<\dfrac{\pi}{2}\right)$　　(ウ) $\dfrac{1}{2^x}=x$ $(0<x<1)$

(2) 関数 $f(x)$, $g(x)$ は区間 $[a,\ b]$ で連続で，$f(x)$ の最大値は $g(x)$ の最大値より大きく，$f(x)$ の最小値は $g(x)$ の最小値より小さい。このとき，方程式 $f(x)=g(x)$ は，$a\leqq x\leqq b$ の範囲に解をもつことを示せ。

(1) (ア) $f(x)=x^3-2x^2-3x+1$ とすると，関数 $f(x)$ は区間 $[-2,\ -1]$, $[0,\ 1]$, $[2,\ 3]$ で連続であり，かつ

$$f(-2)=-9<0,\ f(-1)=1>0,\ f(0)=1>0,$$
$$f(1)=-3<0,\ f(2)=-5<0,\ f(3)=1>0$$

よって，中間値の定理により，方程式 $f(x)=0$ は $-2<x<-1$, $0<x<1$, $2<x<3$ のそれぞれの範囲に少なくとも 1 つの実数解をもつ。

(イ) $g(x)=x-\cos x$ とすると，関数 $g(x)$ は区間 $\left[0,\ \dfrac{\pi}{2}\right]$ で連続であり，かつ　$g(0)=0-\cos 0=-1<0$,

$$g\left(\frac{\pi}{2}\right)=\frac{\pi}{2}-\cos\frac{\pi}{2}=\frac{\pi}{2}>0$$

よって，中間値の定理により，方程式 $g(x)=0$ は $0<x<\dfrac{\pi}{2}$ の範囲に少なくとも 1 つの実数解をもつ。

(ウ) $h(x)=x-\dfrac{1}{2^x}$ とすると，関数 $h(x)$ は区間 $[0,\ 1]$ で連続であり，かつ　$h(0)=0-\dfrac{1}{2^0}=-1<0$,

$$h(1)=1-\frac{1}{2^1}=\frac{1}{2}>0$$

よって，中間値の定理により，方程式 $h(x)=0$ は $0<x<1$ の範囲に少なくとも 1 つの実数解をもつ。

(2) $h(x)=f(x)-g(x)$ とする。

関数 $f(x)$, $g(x)$ は区間 $[a,\ b]$ で連続であるから，関数 $h(x)$ も区間 $[a,\ b]$ で連続である。

$f(x)$ が $x=x_1$ で最大，$x=x_2$ で最小であるとする。

また，$g(x)$ が $x=x_3$ で最大，$x=x_4$ で最小であるとする。

条件から　$f(x_1)>g(x_3)$, $f(x_2)<g(x_4)$

一方，$g(x_3)$ は最大値であるから　$g(x_3)\geqq g(x_1)$

$g(x_4)$ は最小値であるから　$g(x_4)\leqq g(x_2)$

以上から　$f(x_1)>g(x_3)\geqq g(x_1)$, $f(x_2)<g(x_4)\leqq g(x_2)$

よって　$h(x_1)=f(x_1)-g(x_1)>0$,

$h(x_2)=f(x_2)-g(x_2)<0$

したがって，方程式 $h(x)=0$ は x_1 と x_2 の間に解をもつ。

$a\leqq x_1\leqq b$, $a\leqq x_2\leqq b$ であるから，方程式 $h(x)=0$ すなわち $f(x)=g(x)$ は $a\leqq x\leqq b$ の範囲に解をもつ。

HINT （中間値の定理）
$f(x)$ が区間 $[a,\ b]$ で連続で，$f(a)$ と $f(b)$ が異符号ならば，$f(x)=0$ は区間 $(a,\ b)$ に少なくとも 1 つの実数解をもつ。

←3 次方程式であるから 2 つの開区間に 1 つずつ解をもつ。

(ウ) $h(x)=x-2^{-x}$ は単調に増加するから，区間 $0<x<1$ に 1 つだけ解をもつ。

←$x_1\neq x_2$

←中間値の定理。

EX ②13 次の極限を求めよ。 [(1) 福島大, (2) 東京電機大, (3) 類 芝浦工大]

(1) $\lim_{n\to\infty}\{\sqrt{(n+1)(n+3)}-\sqrt{n(n+2)}\}$　(2) $\lim_{n\to\infty}\dfrac{1}{\sqrt[3]{n^2}(\sqrt[3]{n+1}-\sqrt[3]{n})}$

(3) $\lim_{n\to\infty}\dfrac{1}{n}\left\{\dfrac{1^2}{n^2+1}+\dfrac{2^2}{n^2+1}+\dfrac{3^2}{n^2+1}+\cdots\cdots+\dfrac{(2n)^2}{n^2+1}\right\}$

(1) $(与式)=\lim_{n\to\infty}\dfrac{\{\sqrt{(n+1)(n+3)}\}^2-\{\sqrt{n(n+2)}\}^2}{\sqrt{(n+1)(n+3)}+\sqrt{n(n+2)}}$

$=\lim_{n\to\infty}\dfrac{2n+3}{\sqrt{(n+1)(n+3)}+\sqrt{n(n+2)}}$

$=\lim_{n\to\infty}\dfrac{2+\dfrac{3}{n}}{\sqrt{\left(1+\dfrac{1}{n}\right)\left(1+\dfrac{3}{n}\right)}+\sqrt{1+\dfrac{2}{n}}}=\dfrac{2}{1+1}=\mathbf{1}$

←分子の有理化。

←分母・分子を n で割る。

(2) $(与式)=\lim_{n\to\infty}\dfrac{(n+1)^{\frac{2}{3}}+(n+1)^{\frac{1}{3}}n^{\frac{1}{3}}+n^{\frac{2}{3}}}{n^{\frac{2}{3}}\{(n+1)^{\frac{1}{3}}-n^{\frac{1}{3}}\}\{(n+1)^{\frac{2}{3}}+(n+1)^{\frac{1}{3}}n^{\frac{1}{3}}+n^{\frac{2}{3}}\}}$

$=\lim_{n\to\infty}\dfrac{(n+1)^{\frac{2}{3}}+(n+1)^{\frac{1}{3}}n^{\frac{1}{3}}+n^{\frac{2}{3}}}{n^{\frac{2}{3}}\{(n+1)-n\}}$

$=\lim_{n\to\infty}\left\{\dfrac{(n+1)^{\frac{2}{3}}}{n^{\frac{2}{3}}}+\dfrac{(n+1)^{\frac{1}{3}}}{n^{\frac{1}{3}}}+1\right\}$

$=\lim_{n\to\infty}\left\{\left(1+\dfrac{1}{n}\right)^{\frac{2}{3}}+\left(1+\dfrac{1}{n}\right)^{\frac{1}{3}}+1\right\}=1+1+1=\mathbf{3}$

←$(a-b)(a^2+ab+b^2)=a^3-b^3$ を利用して分母を簡単な形にし，不定形でない形を導く。

(3) $\dfrac{1^2}{n^2+1}+\dfrac{2^2}{n^2+1}+\dfrac{3^2}{n^2+1}+\cdots\cdots+\dfrac{(2n)^2}{n^2+1}$

$=\dfrac{1}{n^2+1}\sum_{k=1}^{2n}k^2=\dfrac{1}{n^2+1}\cdot\dfrac{1}{6}\cdot 2n\cdot(2n+1)\cdot(2\cdot 2n+1)$

$=\dfrac{n(2n+1)(4n+1)}{3(n^2+1)}$

←$\sum_{k=1}^{●}k^2=\dfrac{1}{6}●(●+1)(2●+1)$

よって　$(与式)=\lim_{n\to\infty}\dfrac{1}{n}\cdot\dfrac{n(2n+1)(4n+1)}{3(n^2+1)}$

$=\lim_{n\to\infty}\dfrac{\left(2+\dfrac{1}{n}\right)\left(4+\dfrac{1}{n}\right)}{3\left(1+\dfrac{1}{n^2}\right)}=\dfrac{2\cdot 4}{3}=\mathbf{\dfrac{8}{3}}$

←分母・分子を n^2 で割る。

EX ③14 次の各数列 $\{a_n\}$ について，極限 $\lim_{n\to\infty}\dfrac{a_2+a_4+\cdots\cdots+a_{2n}}{a_1+a_2+\cdots\cdots+a_n}$ を調べよ。

(1) $a_n=\dfrac{1}{n^2+2n}$　(2) $a_n=cr^n$ $(c>0,\ r>0)$ [類 信州大]

(1) $a_n=\dfrac{1}{n(n+2)}=\dfrac{1}{2}\left(\dfrac{1}{n}-\dfrac{1}{n+2}\right)$ と変形できるから

$a_2+a_4+\cdots\cdots+a_{2n}=\dfrac{1}{2}\left(\dfrac{1}{2}-\dfrac{1}{4}\right)+\dfrac{1}{2}\left(\dfrac{1}{4}-\dfrac{1}{6}\right)+\cdots\cdots+\dfrac{1}{2}\left(\dfrac{1}{2n}-\dfrac{1}{2n+2}\right)$

$=\dfrac{1}{2}\left(\dfrac{1}{2}-\dfrac{1}{2n+2}\right)$

$a_1+a_2+\cdots\cdots+a_n$

$=\frac{1}{2}\left(\frac{1}{1}-\frac{1}{3}\right)+\frac{1}{2}\left(\frac{1}{2}-\frac{1}{4}\right)+\cdots\cdots+\frac{1}{2}\left(\frac{1}{n-1}-\frac{1}{n+1}\right)+\frac{1}{2}\left(\frac{1}{n}-\frac{1}{n+2}\right)$

$=\frac{1}{2}\left(1+\frac{1}{2}-\frac{1}{n+1}-\frac{1}{n+2}\right)$

←残る項に注意。

よって　(与式)$=\lim_{n\to\infty}\dfrac{\frac{1}{2}\left(\frac{1}{2}-\frac{1}{2n+2}\right)}{\frac{1}{2}\left(1+\frac{1}{2}-\frac{1}{n+1}-\frac{1}{n+2}\right)}=\dfrac{\frac{1}{2}}{1+\frac{1}{2}}=\mathbf{\frac{1}{3}}$

←$\dfrac{\frac{1}{2}\left(\frac{1}{2}-0\right)}{\frac{1}{2}\left(1+\frac{1}{2}-0-0\right)}$

(2)　[1]　$r=1$ のとき　$a_n=c$

よって　$\lim_{n\to\infty}\dfrac{a_2+a_4+\cdots\cdots+a_{2n}}{a_1+a_2+\cdots\cdots+a_n}=\lim_{n\to\infty}\dfrac{cn}{cn}=1$

←すべての項が c となる。

[2]　$r\neq1$ のとき

$a_2+a_4+\cdots\cdots+a_{2n}=\sum_{k=1}^{n}cr^{2k}=\dfrac{cr^2(1-r^{2n})}{1-r^2}$,

←初項 cr^2，公比 r^2，項数 n の等比数列の和。

$a_1+a_2+\cdots\cdots+a_n=\sum_{k=1}^{n}cr^k=\dfrac{cr(1-r^n)}{1-r}$

←初項 cr，公比 r，項数 n の等比数列の和。

よって　(与式)$=\lim_{n\to\infty}\left\{\dfrac{cr^2(1-r^{2n})}{1-r^2}\cdot\dfrac{1-r}{cr(1-r^n)}\right\}$

←$1-r^{2n}=(1+r^n)(1-r^n)$

$=\lim_{n\to\infty}\dfrac{r(1+r^n)}{1+r}=\lim_{n\to\infty}\left(\dfrac{r}{1+r}+\dfrac{r^{n+1}}{1+r}\right)$

ゆえに，$0<r<1$ のとき　$\lim_{n\to\infty}\dfrac{a_2+a_4+\cdots\cdots+a_{2n}}{a_1+a_2+\cdots\cdots+a_n}=\dfrac{r}{1+r}$

←$r^{n+1}\longrightarrow0$

$r>1$ のとき　$\lim_{n\to\infty}\dfrac{a_2+a_4+\cdots\cdots+a_{2n}}{a_1+a_2+\cdots\cdots+a_n}=\infty$

←$r^{n+1}\longrightarrow\infty$

以上から，求める極限は　**$0<r<1$ のとき $\frac{r}{1+r}$，**

$r=1$ のとき 1，$r>1$ のとき ∞

EX ③15

1 個のさいころを n 回投げるとき，出る目の最大値が 3 となる確率を P_n とおく。このとき，P_n は n を用いた式で $P_n=$ ア□ と表される。更に，極限 $\lim_{n\to\infty}\frac{1}{n}\log_3 P_n$ の値は イ□ である。
〔類　関西大〕

1 個のさいころを n 回投げるときの目の出方は　6^n 通り

出る目の最大値が 3 となるような出方は，出る目の最大値が 3 以下となるような出方から出る目の最大値が 2 以下となるような出方を除いたものであるから　3^n-2^n (通り)

確率の計算の基本
N (すべての数) と a (起こる数) を求めて $\frac{a}{N}$

よって　$P_n=\dfrac{3^n-2^n}{6^n}=$ ア$\left(\mathbf{\frac{1}{2}}\right)^n-\left(\mathbf{\frac{1}{3}}\right)^n$

ゆえに　$\lim_{n\to\infty}\frac{1}{n}\log_3 P_n=\lim_{n\to\infty}\frac{1}{n}\log_3\left\{\left(\frac{1}{2}\right)^n-\left(\frac{1}{3}\right)^n\right\}$

$=\lim_{n\to\infty}\frac{1}{n}\log_3\left[\left(\frac{1}{2}\right)^n\left\{1-\left(\frac{2}{3}\right)^n\right\}\right]$

←●^{n}(|●|<1) の形が出るように，$\left(\frac{1}{2}\right)^n-\left(\frac{1}{3}\right)^n$ を $\left(\frac{1}{2}\right)^n$ でくくる。

$=\lim_{n\to\infty}\frac{1}{n}\left[-n\log_3 2+\log_3\left\{1-\left(\frac{2}{3}\right)^n\right\}\right]$

$$=\lim_{n\to\infty}\left[-\log_3 2+\frac{1}{n}\log_3\left\{1-\left(\frac{2}{3}\right)^n\right\}\right]$$

$\lim\limits_{n\to\infty}\dfrac{1}{n}=0$, $\lim\limits_{n\to\infty}\log_3\left\{1-\left(\dfrac{2}{3}\right)^n\right\}=\log_3 1=0$ であるから

$$\lim_{n\to\infty}\frac{1}{n}\log_3 P_n={}^{イ}\,\boldsymbol{-\log_3 2}$$

EX ④16

$0<a<b$ である定数 a, b がある。$x_n=\left(\dfrac{a^n}{b}+\dfrac{b^n}{a}\right)^{\frac{1}{n}}$ とおくとき

(1) 不等式 $b^n<a(x_n)^n<2b^n$ を証明せよ。　(2) $\lim\limits_{n\to\infty}x_n$ を求めよ。　〔立命館大〕

HINT (1) 不等式の証明 …… ❼ **大小比較は差を作る** の方針で。
(2) (1)で示した不等式の各辺の常用対数をとり，はさみうちの原理を用いる。

(1) $a(x_n)^n-b^n=a\left(\dfrac{a^n}{b}+\dfrac{b^n}{a}\right)-b^n=\dfrac{a^{n+1}}{b}>0$

$2b^n-a(x_n)^n=2b^n-a\left(\dfrac{a^n}{b}+\dfrac{b^n}{a}\right)=\dfrac{b^{n+1}-a^{n+1}}{b}>0$

←$0<a<b$ $\Longrightarrow a^{n+1}<b^{n+1}$

よって　$b^n<a(x_n)^n<2b^n$

(2) $0<a<b$, $x_n>0$ であるから，(1)の不等式の各辺の常用対数をとって　$n\log_{10}b<\log_{10}a+n\log_{10}x_n<\log_{10}2+n\log_{10}b$

←常用対数でなくて，底 a の対数をとってもよいが，$0<a<1$ のときは不等号の向きが逆になることに注意が必要。

よって　$\log_{10}b-\dfrac{\log_{10}a}{n}<\log_{10}x_n<\log_{10}b+\dfrac{\log_{10}2-\log_{10}a}{n}$

ここで，$\lim\limits_{n\to\infty}\left(\log_{10}b-\dfrac{\log_{10}a}{n}\right)=\log_{10}b$,

$\lim\limits_{n\to\infty}\left(\log_{10}b+\dfrac{\log_{10}2-\log_{10}a}{n}\right)=\log_{10}b$ であるから

$\lim\limits_{n\to\infty}\log_{10}x_n=\log_{10}b$　　よって　$\boldsymbol{\lim\limits_{n\to\infty}x_n=b}$

←はさみうちの原理。

EX ②17

(1) 次の極限値を求めよ。　〔(ア) 類 公立はこだて未来大，(イ) 弘前大〕

(ア) $\lim\limits_{n\to\infty}\dfrac{\sin^n\theta-\cos^n\theta}{\sin^n\theta+\cos^n\theta}$ $\left(0<\theta<\dfrac{\pi}{4}\right)$　(イ) $\lim\limits_{n\to\infty}\dfrac{r^{n-1}-3^{n+1}}{r^n+3^{n-1}}$ (r は正の定数)

(2) $0\leqq\theta\leqq\pi$ とする。$a_n=(4\sin^2\theta+2\cos\theta-3)^n$ とするとき，数列 $\{a_n\}$ が収束するような θ の値の範囲を求めよ。　〔関西大〕

HINT (1) (イ) $0<r<3$, $r=3$, $r>3$ で場合分け。

(1) (ア) $0<\theta<\dfrac{\pi}{4}$ のとき

$$\frac{\sin^n\theta-\cos^n\theta}{\sin^n\theta+\cos^n\theta}=\frac{\left(\dfrac{\sin\theta}{\cos\theta}\right)^n-1}{\left(\dfrac{\sin\theta}{\cos\theta}\right)^n+1}=\frac{\tan^n\theta-1}{\tan^n\theta+1}$$

←分母・分子を $\cos^n\theta$ で割る。

このとき，$0<\tan\theta<1$ であるから　(与式)$=\dfrac{0-1}{0+1}=\boldsymbol{-1}$

(イ) [1] **$0<r<3$ のとき**　$0<\dfrac{r}{3}<1$

$$\lim_{n\to\infty}\frac{r^{n-1}-3^{n+1}}{r^n+3^{n-1}}=\lim_{n\to\infty}\frac{\dfrac{1}{3}\left(\dfrac{r}{3}\right)^{n-1}-3}{\left(\dfrac{r}{3}\right)^n+\dfrac{1}{3}}=\frac{\dfrac{1}{3}\cdot 0-3}{0+\dfrac{1}{3}}=\boldsymbol{-9}$$

←分母・分子を 3^n で割る。

[2] **$r=3$ のとき**

$$\lim_{n\to\infty}\frac{r^{n-1}-3^{n+1}}{r^n+3^{n-1}}=\lim_{n\to\infty}\frac{3^{n-1}-3^{n+1}}{3^n+3^{n-1}}=\lim_{n\to\infty}\frac{-8\cdot 3^{n-1}}{4\cdot 3^{n-1}}=\boldsymbol{-2}$$

←$3^{n+1}=3^2\cdot 3^{n-1}$，$3^n=3\cdot 3^{n-1}$

[3] **$3<r$ のとき**　　$0<\dfrac{3}{r}<1$

$$\lim_{n\to\infty}\frac{r^{n-1}-3^{n+1}}{r^n+3^{n-1}}=\lim_{n\to\infty}\frac{1-9\left(\frac{3}{r}\right)^{n-1}}{r+\left(\frac{3}{r}\right)^{n-1}}=\frac{1-9\cdot 0}{r+0}=\boldsymbol{\frac{1}{r}}$$

←分母・分子を r^{n-1} で割る。

(2) 収束するための条件は

$$-1<4\sin^2\theta+2\cos\theta-3\leqq 1$$

←$-1<$(公比)$\leqq 1$

$\cos\theta=x$ とおくと，$0\leqq\theta\leqq\pi$ であるから　$-1\leqq x\leqq 1$　…… ①

$\sin^2\theta=1-\cos^2\theta$ であるから

←$\sin^2\theta+\cos^2\theta=1$

$$-1<4(1-x^2)+2x-3\leqq 1$$

整理して　　$-1<-4x^2+2x+1\leqq 1$

$-1<-4x^2+2x+1$ から　　$2x^2-x-1<0$

ゆえに　$(2x+1)(x-1)<0$　　よって　$-\dfrac{1}{2}<x<1$ …… ②

$-4x^2+2x+1\leqq 1$ から　　$2x^2-x\geqq 0$

ゆえに　$x(2x-1)\geqq 0$　　よって　$x\leqq 0,\ \dfrac{1}{2}\leqq x$　…… ③

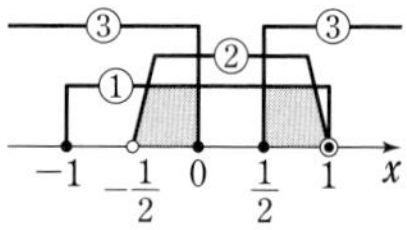

①，②，③ の共通範囲をとって　　$-\dfrac{1}{2}<x\leqq 0,\ \dfrac{1}{2}\leqq x<1$

すなわち　　$-\dfrac{1}{2}<\cos\theta\leqq 0,\ \dfrac{1}{2}\leqq\cos\theta<1$

$0\leqq\theta\leqq\pi$ であるから，$-\dfrac{1}{2}<\cos\theta\leqq 0$ より　　$\dfrac{\pi}{2}\leqq\theta<\dfrac{2}{3}\pi$

$\dfrac{1}{2}\leqq\cos\theta<1$ より　　$0<\theta\leqq\dfrac{\pi}{3}$

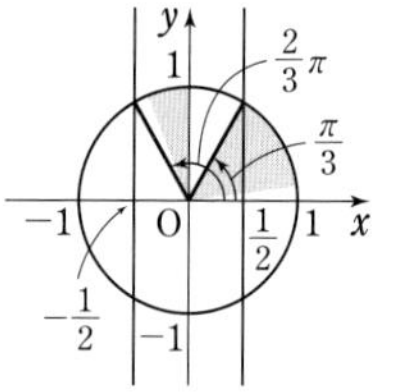

よって，求める θ の値の範囲は

$$\boldsymbol{0<\theta\leqq\frac{\pi}{3},\ \frac{\pi}{2}\leqq\theta<\frac{2}{3}\pi}$$

EX ③18

数列 $\{a_n(x)\}$ は $a_n(x)=\dfrac{\sin^{2n+1}x}{\sin^{2n}x+\cos^{2n}x}$ $(0\leqq x\leqq\pi)$ で定められたものとする。

(1) この数列の極限値 $\lim\limits_{n\to\infty}a_n(x)$ を求めよ。

(2) $\lim\limits_{n\to\infty}a_n(x)$ を $A(x)$ とするとき，関数 $y=A(x)$ のグラフをかけ。　〔名城大〕

(1) $x=\dfrac{\pi}{2}$ のとき　　$\lim\limits_{n\to\infty}a_n(x)=\dfrac{1}{1+0}=1$ …… ①

←$0\leqq x\leqq\pi$ で $\cos x=0$ となるのは，$x=\dfrac{\pi}{2}$ のときである。

$x\neq\dfrac{\pi}{2}$ のとき，$\cos^{2n}x\neq 0$ であるから

$$a_n(x)=\frac{\sin x\cdot\dfrac{\sin^{2n}x}{\cos^{2n}x}}{\dfrac{\sin^{2n}x}{\cos^{2n}x}+1}=\frac{\sin x\tan^{2n}x}{\tan^{2n}x+1}$$

←$\dfrac{\sin x}{\cos x}=\tan x$

$\tan^2 x=1$ とすると　$\tan x=\pm1$

$0\leqq x\leqq\pi$ であるから　$x=\dfrac{\pi}{4},\ \dfrac{3}{4}\pi$

このxの値で区切って考える。

←$a_n(x)=\sin x\cdot\dfrac{(\tan^2 x)^n}{(\tan^2 x)^n+1}$ で　$\tan^2 x\geqq0$

[1] **$0\leqq x<\dfrac{\pi}{4},\ \dfrac{3}{4}\pi<x\leqq\pi$ のとき**　$\tan^2 x<1$

よって　$\displaystyle\lim_{n\to\infty}a_n(x)=\lim_{n\to\infty}\frac{\sin x\tan^{2n}x}{\tan^{2n}x+1}=\frac{\sin x\cdot 0}{0+1}=\mathbf{0}$

←$0\leqq x<\dfrac{\pi}{4},\ \dfrac{3}{4}\pi<x\leqq\pi$ では $|\tan x|<1$

[2] **$x=\dfrac{\pi}{4},\ \dfrac{3}{4}\pi$ のとき**　$\tan^2 x=1$

よって　$\displaystyle\lim_{n\to\infty}a_n(x)=\lim_{n\to\infty}\frac{\frac{\sqrt{2}}{2}\cdot1}{1+1}=\boldsymbol{\frac{\sqrt{2}}{4}}$

←$\sin\dfrac{\pi}{4}=\sin\dfrac{3}{4}\pi=\dfrac{\sqrt{2}}{2}$

[3] $\dfrac{\pi}{4}<x<\dfrac{3}{4}\pi\ \left(x\neq\dfrac{\pi}{2}\right)$ のとき　$\tan^2 x>1$

よって　$\displaystyle\lim_{n\to\infty}a_n(x)=\lim_{n\to\infty}\frac{\sin x}{1+\frac{1}{\tan^{2n}x}}=\frac{\sin x}{1+0}=\sin x$

←$\tan^2 x>1$ であるから $0<\dfrac{1}{\tan^2 x}<1$

$\sin\dfrac{\pi}{2}=1$ であり，① と一致している。

したがって，**$\dfrac{\pi}{4}<x<\dfrac{3}{4}\pi$ のとき**　$\displaystyle\lim_{n\to\infty}a_n(x)=\mathbf{\sin x}$

←$x=\dfrac{\pi}{2}$ の場合も含めてよい。

(2) $A(x)=\begin{cases}0 & \left(0\leqq x<\dfrac{\pi}{4},\ \dfrac{3}{4}\pi<x\leqq\pi\right)\\ \dfrac{\sqrt{2}}{4} & \left(x=\dfrac{\pi}{4},\ \dfrac{3}{4}\pi\right)\\ \sin x & \left(\dfrac{\pi}{4}<x<\dfrac{3}{4}\pi\right)\end{cases}$

グラフは **右図の実線部分と点$\left(\dfrac{\pi}{4},\ \dfrac{\sqrt{2}}{4}\right),\ \left(\dfrac{3}{4}\pi,\ \dfrac{\sqrt{2}}{4}\right)$**

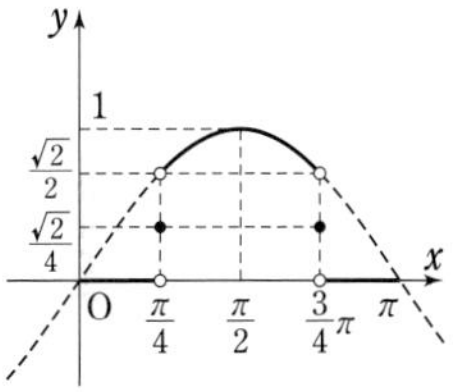

EX ②19

数列 $\{a_n\}$ を $a_1=\sqrt[3]{3}$，$a_2=\sqrt[3]{3\sqrt[3]{3}}$，$a_3=\sqrt[3]{3\sqrt[3]{3\sqrt[3]{3}}}$，$a_4=\sqrt[3]{3\sqrt[3]{3\sqrt[3]{3\sqrt[3]{3}}}}$，…… で定めると，$a_n=3^{\frac{1}{2}(ア\square)}$，$\displaystyle\lim_{n\to\infty}a_n=$イ$\square$ である。　［関西大］

$a_{n+1}=\sqrt[3]{3a_n}$ …… ① と表される。

←$a_1>0$ と ① から，すべての n に対して　$a_n>0$

① の両辺の 3 を底とする対数をとると

$$\log_3 a_{n+1}=\log_3\sqrt[3]{3a_n}$$

よって　$\log_3 a_{n+1}=\dfrac{1}{3}(1+\log_3 a_n)$

←対数をとることで，$b_{n+1}=pb_n+q$ 型の漸化式を導く。

$\log_3 a_n=b_n$ とおくと　$b_{n+1}=\dfrac{1}{3}b_n+\dfrac{1}{3}$

←$\alpha=\dfrac{1}{3}\alpha+\dfrac{1}{3}$ を解くと $\alpha=\dfrac{1}{2}$

変形すると　$b_{n+1}-\dfrac{1}{2}=\dfrac{1}{3}\left(b_n-\dfrac{1}{2}\right)$

ここで　$b_1-\dfrac{1}{2}=\log_3 a_1-\dfrac{1}{2}=\dfrac{1}{3}-\dfrac{1}{2}=-\dfrac{1}{6}$

←$\log_3\sqrt[3]{3}=\log_3 3^{\frac{1}{3}}=\dfrac{1}{3}$

ゆえに，数列 $\left\{b_n-\frac{1}{2}\right\}$ は初項 $-\frac{1}{6}$，公比 $\frac{1}{3}$ の等比数列であるから　$b_n-\frac{1}{2}=-\frac{1}{6}\left(\frac{1}{3}\right)^{n-1}$　よって　$b_n=\frac{1}{2}\left\{1-\left(\frac{1}{3}\right)^n\right\}$

したがって　$a_n=3^{b_n}=3^{\frac{1}{2}\left\{{}^{ア}1-\left(\frac{1}{3}\right)^n\right\}}$

また　$\lim_{n\to\infty}a_n=\lim_{n\to\infty}3^{\frac{1}{2}\left\{1-\left(\frac{1}{3}\right)^n\right\}}=3^{\frac{1}{2}}={}^{イ}\sqrt{3}$

←$\frac{1}{6}\left(\frac{1}{3}\right)^{n-1}=\frac{1}{2}\cdot\frac{1}{3}\cdot\left(\frac{1}{3}\right)^{n-1}=\frac{1}{2}\left(\frac{1}{3}\right)^n$

←$\lim_{n\to\infty}\left(\frac{1}{3}\right)^n=0$

EX ③20

数列 $\{a_n\}$ とその初項から第 n 項までの和 S_n について
$a_1=1$，$4S_n=3a_n+9a_{n-1}+1$ $(n=2,\ 3,\ 4,\ \cdots\cdots)$　が成り立つとする。
(1) 一般項 a_n を求めよ。　(2) $\lim_{n\to\infty}\frac{S_n}{a_n}$ を求めよ。　〔福井大〕

(1) $4S_n=3a_n+9a_{n-1}+1\ (n\geqq 2)$ …… ①

$4S_{n+1}=3a_{n+1}+9a_n+1\ (n\geqq 1)$ …… ②

②−① から　$4(S_{n+1}-S_n)=3a_{n+1}+6a_n-9a_{n-1}\ (n\geqq 2)$

$S_{n+1}-S_n=a_{n+1}$ であるから

$$4a_{n+1}=3a_{n+1}+6a_n-9a_{n-1}$$

よって　$a_{n+1}-3a_n=3(a_n-3a_{n-1})$

ゆえに，数列 $\{a_{n+1}-3a_n\}$ は初項 a_2-3a_1，公比 3 の等比数列であるから　$a_{n+1}-3a_n=3^{n-1}(a_2-3a_1)$

① に $n=2$ を代入すると　$4S_2=3a_2+9a_1+1$

$a_1=1$，$S_2=a_1+a_2=1+a_2$ であるから　$4(1+a_2)=3a_2+9+1$

よって　$a_2=6$　ゆえに　$a_{n+1}-3a_n=3^n$

両辺を 3^{n+1} で割ると　$\frac{a_{n+1}}{3^{n+1}}-\frac{a_n}{3^n}=\frac{1}{3}$

よって，数列 $\left\{\frac{a_n}{3^n}\right\}$ は，初項 $\frac{1}{3}$，公差 $\frac{1}{3}$ の等差数列であるから　$\frac{a_n}{3^n}=\frac{1}{3}+(n-1)\cdot\frac{1}{3}=\frac{1}{3}n$

ゆえに　$\boldsymbol{a_n=n\cdot 3^{n-1}}$

HINT (1) $S_{n+1}-S_n=a_{n+1}$ を用いて，隣接 3 項間の漸化式を導く。

←$4x^2=3x^2+6x-9$ を解くと　$x^2-6x+9=0$　$(x-3)^2=0$　ゆえに　$x=3$

←$a_2-3a_1=6-3\cdot1=3$

←$a_{n+1}=pa_n+p^n$ 型の漸化式は，両辺を p^{n+1} で割る。

(2) $\frac{S_n}{a_n}=\frac{1}{4}\left(3+9\cdot\frac{a_{n-1}}{a_n}+\frac{1}{a_n}\right)$

ここで　$\frac{a_{n-1}}{a_n}=\frac{(n-1)\cdot 3^{n-2}}{n\cdot 3^{n-1}}=\frac{1}{3}\left(1-\frac{1}{n}\right)$

ゆえに　$\lim_{n\to\infty}\frac{a_{n-1}}{a_n}=\frac{1}{3}\lim_{n\to\infty}\left(1-\frac{1}{n}\right)=\frac{1}{3}$

また　$\lim_{n\to\infty}\frac{1}{a_n}=\lim_{n\to\infty}\frac{1}{n\cdot 3^{n-1}}=0$

よって　$\lim_{n\to\infty}\frac{S_n}{a_n}=\frac{1}{4}\left(3+9\cdot\frac{1}{3}+0\right)=\boldsymbol{\frac{3}{2}}$

←$S_n=\frac{1}{4}(3a_n+9a_{n-1}+1)$ の両辺を a_n で割る。

EX ③21

$z_1=1+i$，$z_{n+1}=\frac{i}{2}z_n+1$ $(n=1,\ 2,\ 3,\ \cdots\cdots)$ で定義される複素数の数列 $\{z_n\}$ を考える。z_n は実数 x_n，y_n を用いて $z_n=x_n+y_ni$ で表される。このとき，x_{n+2} を x_n で表すと $x_{n+2}=$ア□であり，$\lim_{n\to\infty}y_n=$イ□である。　〔南山大〕

(ア) $z_{n+1}=x_{n+1}+y_{n+1}i$ …… ① である。

また　$z_{n+1}=\dfrac{i}{2}z_n+1=\dfrac{i}{2}(x_n+y_ni)+1$

$=-\dfrac{1}{2}y_n+1+\dfrac{1}{2}x_ni$ …… ②

x_{n+1}，y_{n+1}，$-\dfrac{1}{2}y_n+1$，$\dfrac{1}{2}x_n$ は実数であるから，①，② より　$x_{n+1}=-\dfrac{1}{2}y_n+1$，$y_{n+1}=\dfrac{1}{2}x_n$

←複素数の相等。

ゆえに　$x_{n+2}=-\dfrac{1}{2}y_{n+1}+1=\boldsymbol{-\dfrac{1}{4}x_n+1}$

(イ) $y_{n+2}=\dfrac{1}{2}x_{n+1}=-\dfrac{1}{4}y_n+\dfrac{1}{2}$ から

$y_{n+2}-\dfrac{2}{5}=-\dfrac{1}{4}\left(y_n-\dfrac{2}{5}\right)$ ……（＊）

←$\alpha=-\dfrac{1}{4}\alpha+\dfrac{1}{2}$ の解は　$\alpha=\dfrac{2}{5}$

←（＊）は y_{n+2} と y_n（1項おき）の関係式であるから，n が偶数，奇数の場合に分けて一般項を求める。

k を自然数とすると，$n=2k$ のとき

$y_n-\dfrac{2}{5}=-\dfrac{1}{4}\left(y_{2k-2}-\dfrac{2}{5}\right)=\left(-\dfrac{1}{4}\right)^2\left(y_{2k-4}-\dfrac{2}{5}\right)=\cdots\cdots$

$=\left(-\dfrac{1}{4}\right)^{k-1}\left(y_2-\dfrac{2}{5}\right)$

←（＊）を繰り返し $k-1$ 回使う。

$n=2k-1$ のとき

$y_n-\dfrac{2}{5}=-\dfrac{1}{4}\left(y_{2k-3}-\dfrac{2}{5}\right)=\left(-\dfrac{1}{4}\right)^2\left(y_{2k-5}-\dfrac{2}{5}\right)=\cdots\cdots$

$=\left(-\dfrac{1}{4}\right)^{k-1}\left(y_1-\dfrac{2}{5}\right)$

←（＊）を繰り返し $k-1$ 回使う。

$n\longrightarrow\infty$ のとき $k\longrightarrow\infty$ であり　$\displaystyle\lim_{k\to\infty}\left(-\frac{1}{4}\right)^{k-1}=0$

よって　$\displaystyle\lim_{n\to\infty}\left(y_n-\frac{2}{5}\right)=0$　　ゆえに　$\displaystyle\lim_{n\to\infty}y_n=\boldsymbol{\frac{2}{5}}$

EX ④22

$f(x)=x(x^2+1)$ とする。数列 $\{a_n\}$ を次のように定める。
$a_1=1$ とする。また，$n\geqq2$ のとき，曲線 $y=f(x)$ 上の点 $(a_{n-1},\ f(a_{n-1}))$ における接線と x 軸との交点の x 座標を a_n とする。
(1) a_n を a_{n-1} を用いて表せ。　(2) $\displaystyle\lim_{n\to\infty}a_n=0$ を示せ。　〔類 千葉大〕

HINT (1) 曲線 $y=f(x)$ 上の点 $(a,\ f(a))$ における接線の方程式は
$y-f(a)=f'(a)(x-a)$　（数学Ⅱ）
まず，点 $(a_{n-1},\ f(a_{n-1}))$ における接線の方程式を求め，その直線が点 $(a_n,\ 0)$ を通ることから a_n と a_{n-1} の関係式を導く。

(1) $f(x)=x^3+x$ であるから　$f'(x)=3x^2+1$

$n\geqq2$ のとき，曲線 $y=f(x)$ 上の点 $(a_{n-1},\ f(a_{n-1}))$ における接線の方程式は　$y-f(a_{n-1})=(3a_{n-1}{}^2+1)(x-a_{n-1})$

すなわち　$y-(a_{n-1}{}^3+a_{n-1})=(3a_{n-1}{}^2+1)(x-a_{n-1})$

この直線が点 $(a_n,\ 0)$ を通るから

$-(a_{n-1}{}^3+a_{n-1})=(3a_{n-1}{}^2+1)(a_n-a_{n-1})$

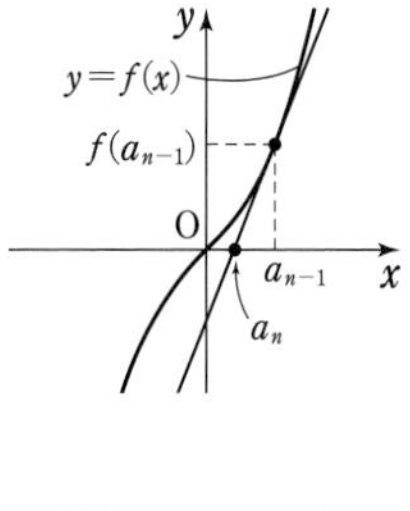

変形すると　$(3a_{n-1}{}^2+1)a_n=2a_{n-1}{}^3$

$3a_{n-1}{}^2+1\neq 0$ であるから　$\boldsymbol{a_n=\dfrac{2a_{n-1}{}^3}{3a_{n-1}{}^2+1}}$ …… ①

(2)　$a_1=1>0$ であることと ① から，すべての自然数 n について $a_n>0$ である。$n\geqq 2$ のとき，① から

$$a_n=\frac{2a_{n-1}{}^3}{3a_{n-1}{}^2+1}<\frac{2a_{n-1}{}^3}{3a_{n-1}{}^2}=\frac{2}{3}a_{n-1}$$

←本冊 $p.54$ 補足事項参照。$\lim\limits_{n\to\infty}a_n=0$ を示すから，$a_n<ka_{n-1}$ を満たす k $(0<k<1)$ を見つける方針で進める。

すなわち　$a_n<\dfrac{2}{3}a_{n-1}$　　ゆえに

$$a_n<\frac{2}{3}a_{n-1}<\left(\frac{2}{3}\right)^2a_{n-2}<\cdots\cdots<\left(\frac{2}{3}\right)^{n-1}a_1=\left(\frac{2}{3}\right)^{n-1}$$

よって　$0<a_n<\left(\dfrac{2}{3}\right)^{n-1}$

$\lim\limits_{n\to\infty}\left(\dfrac{2}{3}\right)^{n-1}=0$ であるから　$\lim\limits_{n\to\infty}a_n=0$

←はさみうちの原理。

EX 23 ④

投げたときに表と裏の出る確率がそれぞれ $\dfrac{1}{2}$ の硬貨が 3 枚ある。その硬貨 3 枚を同時に投げる試行を繰り返す。持ち点 0 から始めて，1 回の試行で表が 3 枚出れば持ち点に 1 が加えられ，裏が 3 枚出れば持ち点から 1 が引かれ，それ以外は持ち点が変わらないとする。n 回の試行後に持ち点が 3 の倍数である確率を p_n とする。

(1)　p_{n+1} を p_n で表せ。　　(2)　$\lim\limits_{n\to\infty}p_n$ を求めよ。　〔類 芝浦工大〕

(1)　1 回の試行で，持ち点に 1 が加えられる確率は　$\left(\dfrac{1}{2}\right)^3=\dfrac{1}{8}$

←表が 3 枚。

1 回の試行で，持ち点から 1 が引かれる確率は　$\left(\dfrac{1}{2}\right)^3=\dfrac{1}{8}$

←裏が 3 枚。

よって，1 回の試行で，持ち点が変わらない確率は

$$1-2\cdot\frac{1}{8}=\frac{3}{4}$$

←余事象の確率を利用。

$n+1$ 回の試行後に持ち点が 3 の倍数となるのには，次の [1]～[3] の場合がある。

←3 で割った余りには 0，1，2 の 3 通りがある。

[1]　n 回の試行後の持ち点が 3 の倍数で，$n+1$ 回目の試行で持ち点が変わらない。

[2]　n 回の試行後の持ち点を 3 で割ったときの余りが 1 で，$n+1$ 回目の試行で持ち点から 1 が引かれる。

[3]　n 回の試行後の持ち点を 3 で割ったときの余りが 2 で，$n+1$ 回目の試行で持ち点に 1 が加えられる。

[1]，[2]，[3] は互いに排反であり，n 回の試行後に，持ち点を 3 で割ったときの余りが 1 となる確率を q_n とすると

←n 回の試行後に，持ち点を 3 で割った余りが 2 である確率は　$1-p_n-q_n$

$$\boldsymbol{p_{n+1}}=p_n\cdot\frac{3}{4}+q_n\cdot\frac{1}{8}+(1-p_n-q_n)\cdot\frac{1}{8}=\boldsymbol{\frac{5}{8}p_n+\frac{1}{8}}$$

(2)　(1) の結果の式から　$p_{n+1}-\dfrac{1}{3}=\dfrac{5}{8}\left(p_n-\dfrac{1}{3}\right)$

←$\alpha=\dfrac{5}{8}\alpha+\dfrac{1}{8}$ の解は　$\alpha=\dfrac{1}{3}$

よって，数列 $\left\{p_n-\dfrac{1}{3}\right\}$ は，初項 $p_1-\dfrac{1}{3}=\dfrac{3}{4}-\dfrac{1}{3}=\dfrac{5}{12}$，公比

$\frac{5}{8}$ の等比数列であるから　　$p_n-\frac{1}{3}=\frac{5}{12}\left(\frac{5}{8}\right)^{n-1}$

ゆえに　　$p_n=\frac{5}{12}\left(\frac{5}{8}\right)^{n-1}+\frac{1}{3}$

よって　　$\lim_{n\to\infty}p_n=\lim_{n\to\infty}\left\{\frac{5}{12}\left(\frac{5}{8}\right)^{n-1}+\frac{1}{3}\right\}=\mathbf{\frac{1}{3}}$

←p_1 は 1 回の試行後に持ち点が変わらない確率に等しい。

EX ②24

次の無限級数の和を求めよ。

(1)　数列 $\{a_n\}$ が初項 2，公比 2 の等比数列であるとき　$\sum_{n=1}^{\infty}\frac{1}{a_na_{n+1}}$　〔類　愛知工大〕

(2)　π を円周率とするとき　$1+\frac{2}{\pi}+\frac{3}{\pi^2}+\frac{4}{\pi^3}+\cdots\cdots+\frac{n+1}{\pi^n}+\cdots\cdots$

　ただし，$\lim_{n\to\infty}nx^n=0$ $(|x|<1)$ を用いてもよい。　〔類　慶応大〕

(1)　$a_n=2\cdot2^{n-1}=2^n$ であるから

$$\frac{1}{a_na_{n+1}}=\frac{1}{2^n\cdot2^{n+1}}=\frac{1}{2^{2n+1}}=\frac{1}{2\cdot4^n}=\frac{1}{8}\left(\frac{1}{4}\right)^{n-1}$$

←ar^{n-1} の形に。

よって，$\sum_{n=1}^{\infty}\frac{1}{a_na_{n+1}}$ は初項 $\frac{1}{8}$，公比 $\frac{1}{4}$ の無限等比級数である。

$\left|\frac{1}{4}\right|<1$ であるから収束し

$$\sum_{n=1}^{\infty}\frac{1}{a_na_{n+1}}=\frac{\frac{1}{8}}{1-\frac{1}{4}}=\mathbf{\frac{1}{6}}$$

←$\frac{(初項)}{1-(公比)}$

(2)　初項から第 n 項までの部分和を S_n とすると

$$S_n=1+\frac{2}{\pi}+\frac{3}{\pi^2}+\cdots\cdots+\frac{n}{\pi^{n-1}}$$

$$\frac{1}{\pi}S_n=\frac{1}{\pi}+\frac{2}{\pi^2}+\cdots\cdots+\frac{n-1}{\pi^{n-1}}+\frac{n}{\pi^n}$$

←部分和を S_n として，S_n-rS_n を計算（r は数列 $\left\{\frac{k}{\pi^{k-1}}\right\}$ の公比部分）。

辺々を引くと

$$\left(1-\frac{1}{\pi}\right)S_n=\underline{1+\frac{1}{\pi}+\frac{1}{\pi^2}+\cdots\cdots+\frac{1}{\pi^{n-1}}}-\frac{n}{\pi^n}$$

$$=\frac{1-\left(\frac{1}{\pi}\right)^n}{1-\frac{1}{\pi}}-\frac{n}{\pi^n}$$

←----は初項 1，公比 $\frac{1}{\pi}$，項数 n の等比数列の和。

よって　　$S_n=\left(\frac{\pi}{\pi-1}\right)^2\left\{1-\left(\frac{1}{\pi}\right)^n\right\}-\frac{\pi}{\pi-1}\cdot\frac{n}{\pi^n}$

$0<\frac{1}{\pi}<1$ であるから　　$\lim_{n\to\infty}\left(\frac{1}{\pi}\right)^n=0$，$\lim_{n\to\infty}\frac{n}{\pi^n}=0$

ゆえに，求める級数の和は

$$\lim_{n\to\infty}S_n=\left(\frac{\pi}{\pi-1}\right)^2(1-0)-0=\left(\boldsymbol{\frac{\pi}{\pi-1}}\right)^2$$

EX ②25

$0\leqq x\leqq2\pi$ を満たす実数 x と自然数 n に対して，$S_n=\sum_{k=1}^{n}(\cos x-\sin x)^k$ と定める。数列 $\{S_n\}$ が収束する x の値の範囲を求め，x がその範囲にあるときの極限値 $\lim_{n\to\infty}S_n$ を求めよ。〔名古屋工大〕

$\cos x-\sin x=r$ とおくと，$\lim\limits_{n\to\infty}S_n$ は初項 r，公比 r の無限等比級数である。数列 $\{S_n\}$ が収束するための条件は

$$r=0 \text{ または } -1<r<1 \quad \text{すなわち} \quad -1<r<1 \quad \cdots\cdots ①$$

←初項の条件 $r=0$ は，公比の条件 $-1<r<1$ に含まれる。

ここで，$r=\sqrt{2}\sin\left(x+\dfrac{3}{4}\pi\right)$ であるから，① より

$$-1<\sqrt{2}\sin\left(x+\frac{3}{4}\pi\right)<1$$

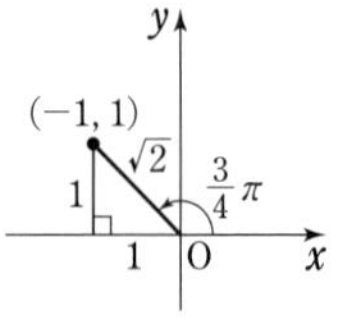

よって　$-\dfrac{1}{\sqrt{2}}<\sin\left(x+\dfrac{3}{4}\pi\right)<\dfrac{1}{\sqrt{2}}$

$0\leqq x\leqq 2\pi$ より，$\dfrac{3}{4}\pi\leqq x+\dfrac{3}{4}\pi\leqq\dfrac{11}{4}\pi$ であるから

$$\frac{3}{4}\pi<x+\frac{3}{4}\pi<\frac{5}{4}\pi,\quad \frac{7}{4}\pi<x+\frac{3}{4}\pi<\frac{9}{4}\pi$$

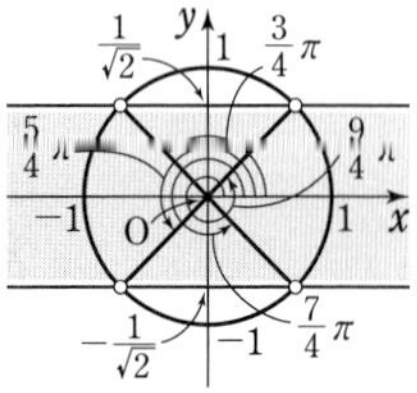

ゆえに　$\boldsymbol{0<x<\dfrac{\pi}{2}}$，$\boldsymbol{\pi<x<\dfrac{3}{2}\pi}$

このとき　$\lim\limits_{n\to\infty}S_n=\dfrac{r}{1-r}=\boldsymbol{\dfrac{\cos x-\sin x}{1-\cos x+\sin x}}$

EX ③26

座標平面上の原点を $\mathrm{P}_0(0,\ 0)$ と書く。点 P_1，P_2，P_3，…… を

$$\overrightarrow{\mathrm{P}_n\mathrm{P}_{n+1}}=\left(\frac{1}{2^n}\cos\frac{(-1)^n\pi}{3},\ \frac{1}{2^n}\sin\frac{(-1)^n\pi}{3}\right)\quad(n=0,\ 1,\ 2,\ \cdots\cdots)$$

を満たすように定め，点 P_n の座標を $(x_n,\ y_n)$ $(n=0,\ 1,\ 2,\ \cdots\cdots)$ とする。

(1) x_n，y_n をそれぞれ n を用いて表せ。

(2) ベクトル $\overrightarrow{\mathrm{P}_{2n-1}\mathrm{P}_{2n+1}}$ の大きさを l_n $(n=1,\ 2,\ 3,\ \cdots\cdots)$ とするとき，l_n を n を用いて表せ。

(3) (2) の l_n について，無限級数 $\sum\limits_{n=1}^{\infty}l_n$ の和 S を求めよ。〔類　立教大〕

(1) O を原点とすると

$$\begin{aligned}\overrightarrow{\mathrm{OP}_n}&=\overrightarrow{\mathrm{OP}_1}+\overrightarrow{\mathrm{P}_1\mathrm{P}_2}+\cdots\cdots+\overrightarrow{\mathrm{P}_{n-1}\mathrm{P}_n}\\&=\overrightarrow{\mathrm{P}_0\mathrm{P}_1}+\overrightarrow{\mathrm{P}_1\mathrm{P}_2}+\cdots\cdots+\overrightarrow{\mathrm{P}_{n-1}\mathrm{P}_n}\\&=\left(\sum_{k=0}^{n-1}\frac{1}{2^k}\cos\frac{(-1)^k\pi}{3},\ \sum_{k=0}^{n-1}\frac{1}{2^k}\sin\frac{(-1)^k\pi}{3}\right)\end{aligned}$$

←$\mathrm{O}=\mathrm{P}_0$

←$\overrightarrow{\mathrm{P}_n\mathrm{P}_{n+1}}$ の定義から。

よって　$x_n=\sum\limits_{k=0}^{n-1}\dfrac{1}{2^k}\cos\dfrac{(-1)^k\pi}{3}$，$y_n=\sum\limits_{k=0}^{n-1}\dfrac{1}{2^k}\sin\dfrac{(-1)^k\pi}{3}$

←$\mathrm{P}_n(x_n,\ y_n)$

ここで，すべての整数 k に対して

$$\cos\frac{(-1)^k\pi}{3}=\cos\frac{\pi}{3}=\frac{1}{2},$$

$$\sin\frac{(-1)^k\pi}{3}=(-1)^k\sin\frac{\pi}{3}=(-1)^k\cdot\frac{\sqrt{3}}{2}$$

←$\cos(-\theta)=\cos\theta$，$\sin(-\theta)=-\sin\theta$

ゆえに　$\boldsymbol{x_n}=\sum\limits_{k=0}^{n-1}\dfrac{1}{2^{k+1}}=\dfrac{\dfrac{1}{2}\left\{1-\left(\dfrac{1}{2}\right)^n\right\}}{1-\dfrac{1}{2}}=\boldsymbol{1-\left(\dfrac{1}{2}\right)^n}$

←$\dfrac{(初項)\{1-(公比)^{(項数)}\}}{1-(公比)}$

$$\boldsymbol{y_n}=\frac{\sqrt{3}}{2}\sum_{k=0}^{n-1}\left(-\frac{1}{2}\right)^k=\frac{\sqrt{3}}{2}\cdot\frac{1-\left(-\frac{1}{2}\right)^n}{1-\left(-\frac{1}{2}\right)}$$

$$=\boldsymbol{\frac{\sqrt{3}}{3}\left\{1-\left(-\frac{1}{2}\right)^n\right\}}$$

(2) $\overrightarrow{P_{2n-1}P_{2n+1}}=(x_{2n+1}-x_{2n-1},\ y_{2n+1}-y_{2n-1})$ であり

$$x_{2n+1}-x_{2n-1}=1-\left(\frac{1}{2}\right)^{2n+1}-\left\{1-\left(\frac{1}{2}\right)^{2n-1}\right\}$$

←(1) の結果を利用。

$$=-\left(\frac{1}{2}\right)^{2n+1}+\left(\frac{1}{2}\right)^{2n-1}=\left(-\frac{1}{4}+1\right)\left(\frac{1}{2}\right)^{2n-1}$$

←$\left(\frac{1}{2}\right)^{2n+1}=\left(\frac{1}{2}\right)^2\left(\frac{1}{2}\right)^{2n-1}$

$$=\frac{3}{4}\left(\frac{1}{2}\right)^{2n-1}$$

$$y_{2n+1}-y_{2n-1}=\frac{\sqrt{3}}{3}\left\{1-\left(-\frac{1}{2}\right)^{2n+1}\right\}-\frac{\sqrt{3}}{3}\left\{1-\left(-\frac{1}{2}\right)^{2n-1}\right\}$$

$$=\frac{\sqrt{3}}{3}\left(-\frac{1}{4}+1\right)\left(-\frac{1}{2}\right)^{2n-1}=-\frac{\sqrt{3}}{4}\left(\frac{1}{2}\right)^{2n-1}$$

←$\left(-\frac{1}{2}\right)^{2n-1}=-\left(\frac{1}{2}\right)^{2n-1}$

よって　$l_n{}^2=\left(\frac{9}{16}+\frac{3}{16}\right)\left(\frac{1}{2}\right)^{2(2n-1)}=\frac{3}{4}\cdot4\left(\frac{1}{4}\right)^{2n}=3\left(\frac{1}{4}\right)^{2n}$

したがって　$\boldsymbol{l_n}=\sqrt{3\left(\frac{1}{4}\right)^{2n}}=\boldsymbol{\sqrt{3}\left(\frac{1}{4}\right)^n}$ …… ①

(3) ① から　$\boldsymbol{S}=\sum_{n=1}^{\infty}l_n=\dfrac{\frac{\sqrt{3}}{4}}{1-\frac{1}{4}}=\boldsymbol{\frac{\sqrt{3}}{3}}$

←初項 $\frac{\sqrt{3}}{4}$，公比 $\frac{1}{4}$ の無限等比級数の和。

EX ④27

$\triangle A_0B_0C_0$ の内心を I_0 とし，その内接円と線分 A_0I_0，B_0I_0，C_0I_0 との交点をそれぞれ A_1，B_1，C_1 とする。次に，$\triangle A_1B_1C_1$ の内心を I_1 とし，その内接円と線分 A_1I_1，B_1I_1，C_1I_1 との交点をそれぞれ A_2，B_2，C_2 とする。これを繰り返して $\triangle A_nB_nC_n$ を作り，その内心を I_n，$\angle B_nA_nC_n=\theta_n$ $(n=0,\ 1,\ 2,\ \cdots\cdots)$ とする。
(1) θ_{n+1} を θ_n で表せ。
(2) θ_n を n，θ_0 で表せ。
(3) $\theta_0=\frac{2}{3}\pi$ のとき，$\sum_{n=0}^{\infty}\left(\theta_n-\frac{\pi}{3}\right)$ を求めよ。　〔南山大〕

(1) I_n は $\triangle A_nB_nC_n$ の内心であり，かつ $\triangle A_{n+1}B_{n+1}C_{n+1}$ の外心であるから

$$\angle B_nI_nC_n=\angle B_{n+1}I_nC_{n+1}=2\angle B_{n+1}A_{n+1}C_{n+1}=2\theta_{n+1}$$

←円の同じ弧に対する中心角は円周角の 2 倍。

また　$\angle B_nI_nC_n=\pi-(\angle I_nB_nC_n+\angle I_nC_nB_n)$

$$=\pi-\left(\frac{1}{2}\angle A_nB_nC_n+\frac{1}{2}\angle A_nC_nB_n\right)$$

$$=\pi-\frac{1}{2}(\angle A_nB_nC_n+\angle A_nC_nB_n)$$

$$=\pi-\frac{1}{2}(\pi-\theta_n)=\frac{1}{2}\theta_n+\frac{1}{2}\pi$$

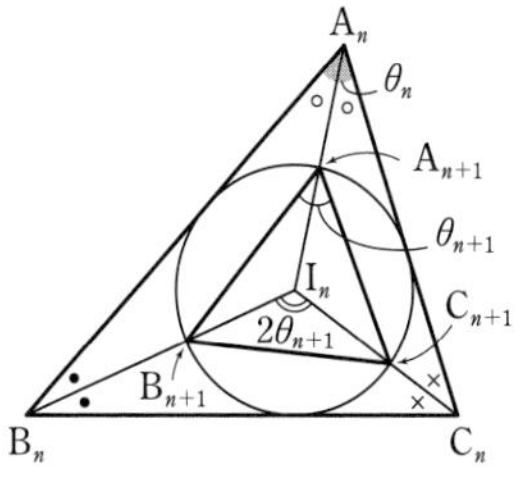

よって，$2\theta_{n+1}=\frac{1}{2}\theta_n+\frac{1}{2}\pi$ から　$\boldsymbol{\theta_{n+1}=\frac{1}{4}\theta_n+\frac{1}{4}\pi}$

(2) (1) の式を変形すると　　$\theta_{n+1}-\dfrac{\pi}{3}=\dfrac{1}{4}\left(\theta_n-\dfrac{\pi}{3}\right)$

よって　　$\theta_n-\dfrac{\pi}{3}=\left(\theta_0-\dfrac{\pi}{3}\right)\left(\dfrac{1}{4}\right)^n$ …… ①

ゆえに　　$\boldsymbol{\theta_n=\left(\dfrac{1}{4}\right)^n\left(\theta_0-\dfrac{\pi}{3}\right)+\dfrac{\pi}{3}}$

(3) $\theta_0=\dfrac{2}{3}\pi$ であるとき，① から

$$\theta_n-\frac{\pi}{3}=\frac{\pi}{3}\left(\frac{1}{4}\right)^n$$

よって　　$\displaystyle\sum_{n=0}^{\infty}\left(\theta_n-\frac{\pi}{3}\right)=\sum_{n=0}^{\infty}\frac{\pi}{3}\left(\frac{1}{4}\right)^n=\frac{\pi}{3}\cdot\frac{1}{1-\frac{1}{4}}=\boldsymbol{\frac{4}{9}\pi}$

←(1) の結果で θ_{n+1} と θ_n を α とおくと
$\alpha=\dfrac{1}{4}\alpha+\dfrac{1}{4}\pi$
これを解いて　$\alpha=\dfrac{\pi}{3}$

←$n=0$ から始まることに注意。

EX ③28　2次方程式 $x^2+8x+c=0$ の2つの解を α, β とする。$\displaystyle\sum_{k=1}^{\infty}(\alpha-\beta)^{2k}=3$ のとき，定数 c の値を求めよ。　〔九州歯大〕

解と係数の関係により　　$\alpha+\beta=-8$, $\alpha\beta=c$

よって　　$(\alpha-\beta)^2=(\alpha+\beta)^2-4\alpha\beta=(-8)^2-4c$
$=64-4c$

ゆえに　　$\displaystyle\sum_{k=1}^{\infty}(\alpha-\beta)^{2k}=\sum_{k=1}^{\infty}\{(\alpha-\beta)^2\}^k=\sum_{k=1}^{\infty}(64-4c)^k$

この無限等比級数が収束して，その和が 0 でないから

$|64-4c|<1$　　よって　　$-1<4c-64<1$

ゆえに　　$\dfrac{63}{4}<c<\dfrac{65}{4}$ …… ①

このとき　　$\displaystyle\sum_{k=1}^{\infty}(64-4c)^k=\frac{64-4c}{1-(64-4c)}=\frac{64-4c}{4c-63}$

よって　　$\dfrac{64-4c}{4c-63}=3$

これを解いて　　$\boldsymbol{c=\dfrac{253}{16}}$

これは ① を満たす。

HINT　解と係数の関係を利用して，無限級数を $\displaystyle\sum_{k=1}^{\infty}$($c$ の式) に変形。

←|公比|<1

←$\dfrac{(\text{初項})}{1-(\text{公比})}$

←$64-4c=3(4c-63)$

←この確認を忘れずに。

EX ②29　無限級数 $\displaystyle\sum_{n=0}^{\infty}\left(\frac{1}{5^n}\cos n\pi+\frac{1}{3^{\frac{n}{2}}}\right)$ の和を求めよ。

$$\sum_{n=0}^{\infty}\frac{1}{5^n}\cos n\pi=\sum_{n=0}^{\infty}\frac{1}{5^n}\cdot(-1)^n=\sum_{n=0}^{\infty}\left(-\frac{1}{5}\right)^n=\frac{1}{1+\frac{1}{5}}=\frac{5}{6}$$

$$\sum_{n=0}^{\infty}\frac{1}{3^{\frac{n}{2}}}=\sum_{n=0}^{\infty}\left(\frac{1}{\sqrt{3}}\right)^n=\frac{1}{1-\frac{1}{\sqrt{3}}}=\frac{\sqrt{3}}{\sqrt{3}-1}=\frac{3+\sqrt{3}}{2}$$

よって，$\displaystyle\sum_{n=0}^{\infty}\left(\frac{1}{5^n}\cos n\pi+\frac{1}{3^{\frac{n}{2}}}\right)$ は収束して，求める和は

$$\frac{5}{6}+\frac{3+\sqrt{3}}{2}=\boldsymbol{\frac{14+3\sqrt{3}}{6}}$$

HINT　無限級数 $\sum a_n$, $\sum b_n$ が収束するとき $\sum(a_n+b_n)=\sum a_n+\sum b_n$ を利用。無限級数 $\displaystyle\sum_{n=0}^{\infty}\frac{1}{5^n}\cos n\pi$, $\displaystyle\sum_{n=0}^{\infty}\frac{1}{3^{\frac{n}{2}}}$ の和をそれぞれ求める。

EX ④30

(1) 無限級数 $\frac{1}{2}-\frac{1}{3}+\frac{1}{2^2}-\frac{1}{3^2}+\frac{1}{2^3}-\frac{1}{3^3}+\cdots\cdots$ の和を求めよ。

(2) $b_n=(-1)^{n-1}\log_2\frac{n+2}{n}$ $(n=1,\ 2,\ 3,\ \cdots\cdots)$ で定められる数列 $\{b_n\}$ に対して，$S_n=b_1+b_2+\cdots\cdots+b_n$ とする。このとき，$\lim_{n\to\infty}S_n$ を求めよ。 〔(2) 類 岡山大〕

(1) 初項から第 n 項までの部分和を S_n とする。

$$S_{2n}=\frac{1}{2}-\frac{1}{3}+\frac{1}{2^2}-\frac{1}{3^2}+\cdots\cdots+\frac{1}{2^n}-\frac{1}{3^n}$$
$$=\left\{\frac{1}{2}+\left(\frac{1}{2}\right)^2+\cdots\cdots+\left(\frac{1}{2}\right)^n\right\}-\left\{\frac{1}{3}+\left(\frac{1}{3}\right)^2+\cdots\cdots+\left(\frac{1}{3}\right)^n\right\}$$
$$=\frac{1}{2}\cdot\frac{1-\left(\frac{1}{2}\right)^n}{1-\frac{1}{2}}-\frac{1}{3}\cdot\frac{1-\left(\frac{1}{3}\right)^n}{1-\frac{1}{3}}$$
$$=\left(1-\frac{1}{2^n}\right)-\frac{1}{2}\left(1-\frac{1}{3^n}\right)$$
$$=\frac{1}{2}-\frac{1}{2^n}+\frac{1}{2\cdot3^n}$$

また　$S_{2n-1}=S_{2n}+\frac{1}{3^n}$

よって　$\lim_{n\to\infty}S_{2n}=\frac{1}{2}$，$\lim_{n\to\infty}S_{2n-1}=\lim_{n\to\infty}\left(S_{2n}+\frac{1}{3^n}\right)=\frac{1}{2}$

ゆえに，この無限級数は収束して，その和は　$\boldsymbol{\frac{1}{2}}$

(2) $S_{2n}=(b_1+b_2)+(b_3+b_4)+\cdots\cdots+(b_{2n-1}+b_{2n})$
$$=\sum_{k=1}^{n}(b_{2k-1}+b_{2k})$$
$$=\sum_{k=1}^{n}\left(\log_2\frac{2k+1}{2k-1}-\log_2\frac{2k+2}{2k}\right)$$

ここで

$$\sum_{k=1}^{n}\log_2\frac{2k+1}{2k-1}=\sum_{k=1}^{n}\{\log_2(2k+1)-\log_2(2k-1)\}$$
$$=(\log_2 3-\log_2 1)+(\log_2 5-\log_2 3)+\cdots\cdots+\{\log_2(2n-1)-\log_2(2n-3)\}+\{\log_2(2n+1)-\log_2(2n-1)\}$$
$$=\log_2(2n+1)-\log_2 1$$
$$=\log_2(2n+1)$$

$$\sum_{k=1}^{n}\log_2\frac{2k+2}{2k}=\sum_{k=1}^{n}\log_2\frac{k+1}{k}=\sum_{k=1}^{n}\{\log_2(k+1)-\log_2 k\}$$
$$=(\log_2 2-\log_2 1)+(\log_2 3-\log_2 2)+\cdots\cdots+\{\log_2 n-\log_2(n-1)\}+\{\log_2(n+1)-\log_2 n\}$$
$$=\log_2(n+1)-\log_2 1$$
$$=\log_2(n+1)$$

HINT　$\lim_{n\to\infty}S_{2n}$ と $\lim_{n\to\infty}S_{2n-1}$ に分けて考える。

←初項 $\frac{1}{2}$，公比 $\frac{1}{2}$ の等比数列。

←初項 $\frac{1}{3}$，公比 $\frac{1}{3}$ の等比数列。

検討　(1)の無限級数を $\sum_{n=1}^{\infty}\left(\frac{1}{2}\right)^n-\sum_{n=1}^{\infty}\left(\frac{1}{3}\right)^n$ とするのは，答えが同じでも正しい解法ではない（無限級数では，無条件で項の順序は変えられない）。
問題が $\left(\frac{1}{2}-\frac{1}{3}\right)+\left(\frac{1}{2^2}-\frac{1}{3^2}\right)+\left(\frac{1}{2^3}-\frac{1}{3^3}\right)+\cdots\cdots$ すなわち $\sum_{n=1}^{\infty}\left(\frac{1}{2^n}-\frac{1}{3^n}\right)$ と与えられていれば，$\sum_{n=1}^{\infty}\left(\frac{1}{2}\right)^n$，$\sum_{n=1}^{\infty}\left(\frac{1}{3}\right)^n$ が収束することを示してから（前者の和）−（後者の和）を答えとするのは正しい。

←$=\log_2 3+\log_2\frac{5}{3}+\cdots\cdots+\log_2\frac{2n-1}{2n-3}+\log_2\frac{2n+1}{2n-1}$
$=\log_2\left(3\cdot\frac{5}{3}\cdot\cdots\cdots\cdot\frac{2n-1}{2n-3}\cdot\frac{2n+1}{2n-1}\right)$
$=\log_2(2n+1)$ としてもよい。
$\sum_{k=1}^{n}\log_2\frac{k+1}{k}$ についても同様。

よって　$S_{2n}=\log_2(2n+1)-\log_2(n+1)=\log_2\dfrac{2n+1}{n+1}$

また　$S_{2n-1}=S_{2n}-b_{2n}=S_{2n}+\log_2\dfrac{2n+2}{2n}$

ゆえに　$\displaystyle\lim_{n\to\infty}S_{2n}=\lim_{n\to\infty}\log_2\frac{2+\frac{1}{n}}{1+\frac{1}{n}}=\log_2 2=1,$

$\displaystyle\lim_{n\to\infty}S_{2n-1}=\lim_{n\to\infty}\left\{S_{2n}+\log_2\left(1+\frac{1}{n}\right)\right\}=1+0=1$

したがって　$\displaystyle\lim_{n\to\infty}S_n=\mathbf{1}$

←分母・分子を n で割って極限を求める。

EX ④**31**

0 でない実数 r が $|r|<1$ を満たすとき，次のものを求めよ。ただし，自然数 n に対して $\displaystyle\lim_{n\to\infty}nr^n=0$, $\displaystyle\lim_{n\to\infty}n(n-1)r^n=0$ である。〔大分大〕

(1) $R_n=\displaystyle\sum_{k=0}^{n}r^k$ と $S_n=\displaystyle\sum_{k=0}^{n}kr^{k-1}$　(2) $T_n=\displaystyle\sum_{k=0}^{n}k(k-1)r^{k-2}$　(3) $\displaystyle\sum_{k=0}^{\infty}k^2r^k$

(1) $\boldsymbol{R_n}=\displaystyle\sum_{k=0}^{n}r^k=\frac{1\cdot(1-r^{n+1})}{1-r}=\boldsymbol{\frac{1-r^{n+1}}{1-r}}$

←初項 $r^0=1$, 公比 r, 項数 $n+1$ の等比数列の和。

また　$S_n=1+2r+3r^2+\cdots\cdots+nr^{n-1}$

$rS_n=r+2r^2+\cdots\cdots+(n-1)r^{n-1}+nr^n$

←(等差)×(等比) 型の数列の和 $S \longrightarrow S-rS$ を計算（r は等比数列部分の公比）。

辺々を引くと

$(1-r)S_n=1+r+r^2+\cdots\cdots+r^{n-1}-nr^n$

$=\dfrac{1-r^n}{1-r}-nr^n$

$r\neq1$ であるから　$\boldsymbol{S_n=\dfrac{1-r^n}{(1-r)^2}-\dfrac{nr^n}{1-r}}$

←$1-r\neq0$

(2) $n\geqq2$ のとき

$T_n=2\cdot1+3\cdot2r+\cdots\cdots+n(n-1)r^{n-2}$

$rT_n=2\cdot1\cdot r+\cdots\cdots+(n-1)(n-2)r^{n-2}+n(n-1)r^{n-1}$

←S_n を求めるのと同様の方針。

辺々を引くと，$(k+1)k-k(k-1)=2k$ $(k=1,\ 2,\ \cdots\cdots,\ n-1)$ であるから

$(1-r)T_n=\displaystyle\sum_{k=1}^{n-1}2kr^{k-1}-n(n-1)r^{n-1}$

$=2S_{n-1}-n(n-1)r^{n-1}$

$=2\left\{\dfrac{1-r^{n-1}}{(1-r)^2}-\dfrac{(n-1)r^{n-1}}{1-r}\right\}-n(n-1)r^{n-1}$

←$(1-r)T_n$
$=2\cdot1+2\cdot2r+\cdots\cdots$
$+2(n-1)r^{n-2}$
$-n(n-1)r^{n-1}$

←(1) の S_n の結果の式を利用。

よって，$n\geqq2$ のとき

$T_n=2\left\{\dfrac{1-r^{n-1}}{(1-r)^3}-\dfrac{(n-1)r^{n-1}}{(1-r)^2}\right\}-\dfrac{n(n-1)r^{n-1}}{1-r}$ …… ①

←$1-r\neq0$

$T_1=0$ であるから，① は $n=1$ のときも成り立つ。

ゆえに　$\boldsymbol{T_n=2\left\{\dfrac{1-r^{n-1}}{(1-r)^3}-\dfrac{(n-1)r^{n-1}}{(1-r)^2}\right\}-\dfrac{n(n-1)r^{n-1}}{1-r}}$

(3) 数列 $\{n^2r^n\}$ の初項から第 n 項までの和を U_n とすると

←まず，部分和を求める。

$$U_n=\sum_{k=0}^{n}k^2r^k=\sum_{k=0}^{n}\{k(k-1)+k\}r^k$$
$$=r^2\sum_{k=0}^{n}k(k-1)r^{k-2}+r\sum_{k=0}^{n}kr^{k-1}$$
$$=r^2T_n+rS_n$$

ここで，$|r|<1$ より，$\lim_{n\to\infty}r^n=0$，$\lim_{n\to\infty}nr^n=0$ であるから

$$\lim_{n\to\infty}S_n=\frac{1}{(1-r)^2}$$

また，$\lim_{n\to\infty}n(n-1)r^n=0$ であるから

$$\lim_{n\to\infty}T_n=\lim_{n\to\infty}\left[2\left\{\frac{1-r^{n-1}}{(1-r)^3}-\frac{(n-1)r^{n-1}}{(1-r)^2}\right\}-\frac{n(n-1)r^n}{r(1-r)}\right]$$
$$=\frac{2}{(1-r)^3}$$

よって　$\lim_{n\to\infty}U_n=\lim_{n\to\infty}(r^2T_n+rS_n)=r^2\cdot\frac{2}{(1-r)^3}+r\cdot\frac{1}{(1-r)^2}$

$$=\frac{2r^2+r(1-r)}{(1-r)^3}=\frac{r(r+1)}{(1-r)^3}$$

すなわち　$\sum_{k=1}^{\infty}k^2r^k=\boldsymbol{\frac{r(r+1)}{(1-r)^3}}$

❶ **(1)，(2) は (3) のヒント**
(1)，(2) の結果を利用するために，
$k^2=k(k-1)+k$ と変形する。

EX ④32

$\cos\frac{\pi}{\sqrt{x}}=-1$ の解を x_1，x_2，……，x_n，…… とする。ただし，$x_1>x_2>\cdots\cdots>x_n>\cdots\cdots$ である。

(1) x_n を n を用いて表せ。

(2) $a_n=\sqrt{x_nx_{n+1}}$ $(n=1,\ 2,\ 3,\ \cdots\cdots)$ とおくとき，$\sum_{n=1}^{\infty}a_n$ を求めよ。

(3) 不等式 $\frac{7}{6}\leqq\sum_{n=1}^{\infty}x_n\leqq\frac{3}{2}$ を証明せよ。ただし，$\sum_{n=1}^{\infty}x_n$ は収束するとしてよい。　〔名城大〕

(1) $\frac{\pi}{\sqrt{x}}>0$ であるから，$\cos\frac{\pi}{\sqrt{x}}=-1$ より

$$\frac{\pi}{\sqrt{x}}=\pi+2(k-1)\pi\ \ (k\text{ は自然数})$$

よって　$\frac{1}{\sqrt{x}}=2k-1$　　ゆえに　$x=\frac{1}{(2k-1)^2}$

$\frac{1}{(2k-1)^2}$ は $k\geqq1$ において単調に減少するから，

$x_n=\frac{1}{(2n-1)^2}$ とすると $x_1>x_2>\cdots\cdots>x_n>\cdots\cdots$ を満たす。

したがって　$\boldsymbol{x_n=\frac{1}{(2n-1)^2}}$

(2) $a_n=\sqrt{x_nx_{n+1}}=\sqrt{\frac{1}{(2n-1)^2}\cdot\frac{1}{(2n+1)^2}}=\frac{1}{(2n-1)(2n+1)}$

$$=\frac{1}{2}\left(\frac{1}{2n-1}-\frac{1}{2n+1}\right)$$

←$\cos\frac{\pi}{\sqrt{x}}=-1$ を解く。

←部分分数に分解することで，部分和を求める。

よって　$\displaystyle\sum_{m=1}^{n} a_m=\sum_{m=1}^{n}\frac{1}{2}\left(\frac{1}{2m-1}-\frac{1}{2m+1}\right)$

$\displaystyle=\frac{1}{2}\left\{\left(1-\frac{1}{3}\right)+\left(\frac{1}{3}-\frac{1}{5}\right)+\left(\frac{1}{5}-\frac{1}{7}\right)+\cdots\cdots+\left(\frac{1}{2n-1}-\frac{1}{2n+1}\right)\right\}$

$\displaystyle=\frac{1}{2}\left(1-\frac{1}{2n+1}\right)$

したがって　$\displaystyle\sum_{n=1}^{\infty} a_n=\lim_{n\to\infty}\frac{1}{2}\left(1-\frac{1}{2n+1}\right)=\boldsymbol{\frac{1}{2}}$

(3) $k\geqq 2$ のとき　$x_{k-1}>x_k>x_{k+1}>0$

よって　$\sqrt{x_{k-1}}>\sqrt{x_k}>\sqrt{x_{k+1}}$

ゆえに　$\sqrt{x_{k-1}x_k}>\sqrt{x_k{}^2}>\sqrt{x_kx_{k+1}}$

すなわち　$a_k<x_k<a_{k-1}$ ……Ⓐ

よって　$\displaystyle\sum_{k=2}^{n} a_k<\sum_{k=2}^{n} x_k<\sum_{k=2}^{n} a_{k-1}$

ゆえに　$\displaystyle 1+\sum_{k=2}^{n} a_k<1+\sum_{k=2}^{n} x_k<1+\sum_{k=2}^{n} a_{k-1}$ ……①

ここで　$\displaystyle 1+\sum_{k=2}^{n} a_k=1+\sum_{k=2}^{n}\frac{1}{2}\left(\frac{1}{2k-1}-\frac{1}{2k+1}\right)$

$\displaystyle=1+\frac{1}{2}\left\{\left(\frac{1}{3}-\frac{1}{5}\right)+\left(\frac{1}{5}-\frac{1}{7}\right)+\cdots\cdots+\left(\frac{1}{2n-1}-\frac{1}{2n+1}\right)\right\}$

$\displaystyle=1+\frac{1}{2}\left(\frac{1}{3}-\frac{1}{2n+1}\right)=\frac{7}{6}-\frac{1}{2(2n+1)}$

よって　$\displaystyle\lim_{n\to\infty}\left(1+\sum_{k=2}^{n} a_k\right)=\frac{7}{6}$ ……②

また　$\displaystyle\lim_{n\to\infty}\left(1+\sum_{k=2}^{n} x_k\right)=\lim_{n\to\infty}\sum_{k=1}^{n} x_k=\sum_{n=1}^{\infty} x_n$ ……③

$\displaystyle 1+\sum_{k=2}^{n} a_{k-1}=1+\sum_{k=2}^{n}\left(\frac{1}{2k-3}-\frac{1}{2k-1}\right)$

$\displaystyle=1+\frac{1}{2}\left\{\left(1-\frac{1}{3}\right)+\left(\frac{1}{3}-\frac{1}{5}\right)+\cdots\cdots+\left(\frac{1}{2n-3}-\frac{1}{2n-1}\right)\right\}$

$\displaystyle=1+\frac{1}{2}\left(1-\frac{1}{2n-1}\right)=\frac{3}{2}-\frac{1}{2(2n-1)}$

ゆえに　$\displaystyle\lim_{n\to\infty}\left(1+\sum_{k=2}^{n} a_{k-1}\right)=\frac{3}{2}$ ……④

①, ②, ③, ④ から　$\displaystyle\frac{7}{6}\leqq\sum_{n=1}^{\infty} x_n\leqq\frac{3}{2}$ ……Ⓑ

←各辺に $\sqrt{x_k}$ を掛ける。

←$a_n=\sqrt{x_nx_{n+1}}$

←Ⓐで $k=2, 3, \cdots\cdots, n$ としたときの和をとる。

←$x_1=1$ に注目し，各辺に 1 を加えた。

←極限値 $\displaystyle\sum_{n=1}^{\infty} x_n$ は存在する。

Ⓑ すべての n について $a_n<b_n$ のとき $\displaystyle\lim_{n\to\infty}a_n=\alpha$, $\displaystyle\lim_{n\to\infty}b_n=\beta$ ならば　$\alpha\leqq\beta$

EX ④33

n を自然数とし，a, b, r は実数で $b>0$, $r>0$ とする。複素数 $w=a+bi$ は $w^2=2\overline{w}$ を満たすとする。$\alpha_n=r^{n+1}w^{2-3n}$ $(n=1, 2, 3, \cdots\cdots)$ とするとき

(1) a と b の値を求めよ。

(2) α_n の実部を c_n $(n=1, 2, 3, \cdots\cdots)$ とする。c_n を n と r を用いて表せ。

(3) (2) で求めた c_n を第 n 項とする数列 $\{c_n\}$ について，無限級数 $\displaystyle\sum_{n=1}^{\infty} c_n$ が収束し，その和が $\displaystyle\frac{8}{3}$ となるような r の値を求めよ。　〔類 東京農工大〕

(1) $w^2=(a+bi)^2=a^2-b^2+2abi$,
$-2\overline{w}=-2(a-bi)=-2a+2bi$
$w^2=-2\overline{w}$ から　$a^2-b^2+2abi=-2a+2bi$
よって　$a^2-b^2=-2a$ …… ①,　$2ab=2b$ …… ②
② において，$b>0$ であることから　$\boldsymbol{a=1}$
$a=1$ を ① に代入して　$b^2=3$　$b>0$ から　$\boldsymbol{b=\sqrt{3}}$

←w^2，$-2\overline{w}$ をそれぞれ a，b の式に直す。
←複素数の相等。

(2) (1) から　$w=1+\sqrt{3}\,i=2\left(\dfrac{1}{2}+\dfrac{\sqrt{3}}{2}i\right)=2\left(\cos\dfrac{\pi}{3}+i\sin\dfrac{\pi}{3}\right)$

ゆえに　$\alpha_n=r^{n+1}\left\{2\left(\cos\dfrac{\pi}{3}+i\sin\dfrac{\pi}{3}\right)\right\}^{2-3n}$

$=r^{n+1}\cdot 2^{2-3n}\left\{\cos\left(\dfrac{2}{3}\pi-n\pi\right)+i\sin\left(\dfrac{2}{3}\pi-n\pi\right)\right\}$

よって　$\boldsymbol{c_n}=r^{n+1}\cdot 2^{2-3n}\cos\left(\dfrac{2}{3}\pi-n\pi\right)$

$=r^{n+1}\cdot 2^{2-3n}\cdot(-1)^n\cos\dfrac{2}{3}\pi=\boldsymbol{(-r)^{n+1}\cdot 2^{1-3n}}$

←w を極形式で表す。
←ド・モアブルの定理 $(\cos\theta+i\sin\theta)^n=\cos n\theta+i\sin n\theta$
←c_n は α_n の実部。
←$\cos n\pi=(-1)^n$

(3) $c_1=\dfrac{r^2}{4}$，$\dfrac{c_{n+1}}{c_n}=-\dfrac{r}{8}$ であるから，数列 $\{c_n\}$ は初項 $\dfrac{r^2}{4}$，公比 $-\dfrac{r}{8}$ の等比数列である。
ゆえに，無限等比級数 $\displaystyle\sum_{n=1}^{\infty}c_n$ が収束し，その和が $\dfrac{8}{3}$ であるための条件は

$$\left|-\frac{r}{8}\right|<1 \ \cdots\cdots ③ \quad かつ \quad \frac{\frac{r^2}{4}}{1-\left(-\frac{r}{8}\right)}=\frac{8}{3} \ \cdots\cdots ④$$

③ から　$-8<r<8$　$r>0$ から　$0<r<8$ …… ⑤
④ から　$3r^2-4r-32=0$　よって　$(r-4)(3r+8)=0$
⑤ から　$\boldsymbol{r=4}$

←$\dfrac{c_{n+1}}{c_n}=\dfrac{(-r)^{n+2}}{(-r)^{n+1}}\cdot\dfrac{2^{1-3(n+1)}}{2^{1-3n}}$
(初項)$\neq 0$
←|公比|<1 かつ $\dfrac{(初項)}{1-(公比)}=\dfrac{8}{3}$
←$|r|<8$

EX ②34

(1) $\displaystyle\lim_{x\to 0}\frac{1}{x^3}\left\{\sqrt{1+2x}-\left(1+x-\frac{x^2}{2}\right)\right\}$ を求めよ。〔摂南大〕

(2) 等式 $\displaystyle\lim_{x\to\infty}\{\sqrt{4x^2+5x+6}-(ax+b)\}=0$ が成り立つとき，定数 a，b の値を求めよ。〔関西大〕

(3) 等式 $\displaystyle\lim_{x\to\infty}\frac{2^x a-2^{-x}}{2^{x+1}-2^{-x-1}}=1$ が成り立つとき，定数 a の値は $a=$ ア□ である。また，このとき，$\displaystyle\lim_{x\to\infty}\{\log_a x-\log_a(2x+3)\}$ の値は イ□ である。

(1) $\dfrac{1}{x^3}\left\{\sqrt{1+2x}-\left(1+x-\dfrac{x^2}{2}\right)\right\}$

$=\dfrac{1}{x^3}\left\{1+2x-\left(1+x-\dfrac{x^2}{2}\right)^2\right\}\cdot\dfrac{1}{\sqrt{1+2x}+\left(1+x-\dfrac{x^2}{2}\right)}$

$=\dfrac{1}{x^3}\left\{1+2x-\left(1+2x-x^3+\dfrac{x^4}{4}\right)\right\}\cdot\dfrac{1}{\sqrt{1+2x}+\left(1+x-\dfrac{x^2}{2}\right)}$

←分母・分子に $\sqrt{1+2x}+\left(1+x-\dfrac{x^2}{2}\right)$ を掛ける。
←$\left(1+x-\dfrac{x^2}{2}\right)^2=1+x^2+\dfrac{x^4}{4}+2x-x^3-x^2$

$$=\left(-\frac{x}{4}+1\right)\cdot\frac{1}{\sqrt{1+2x}+\left(1+x-\frac{x^2}{2}\right)}$$

よって　$\displaystyle\lim_{x\to 0}\frac{1}{x^3}\left\{\sqrt{1+2x}-\left(1+x-\frac{x^2}{2}\right)\right\}=1\cdot\frac{1}{1+1}=\mathbf{\frac{1}{2}}$

(2)　$a\leqq 0$ であるとすると，$\displaystyle\lim_{x\to\infty}\{\sqrt{4x^2+5x+6}-(ax+b)\}=\infty$ となり，不適。よって　$a>0$　このとき

←まずこのことを確認。

$$\lim_{x\to\infty}\{\sqrt{4x^2+5x+6}-(ax+b)\}=\lim_{x\to\infty}\frac{4x^2+5x+6-(ax+b)^2}{\sqrt{4x^2+5x+6}+(ax+b)}$$

←有理化。

$$=\lim_{x\to\infty}\frac{(4-a^2)x^2+(5-2ab)x+6-b^2}{\sqrt{4x^2+5x+6}+ax+b}$$

←分母・分子を x で割る。

$$=\lim_{x\to\infty}\frac{(4-a^2)x+(5-2ab)+\frac{6-b^2}{x}}{\sqrt{4+\frac{5}{x}+\frac{6}{x^2}}+a+\frac{b}{x}}\quad\cdots\cdots(*)$$

$\displaystyle\lim_{x\to\infty}\left(\sqrt{4+\frac{5}{x}+\frac{6}{x^2}}+a+\frac{b}{x}\right)=2+a>0$，$\displaystyle\lim_{x\to\infty}\frac{6-b^2}{x}=0$ であるから，$\displaystyle\lim_{x\to\infty}\{\sqrt{4x^2+5x+6}-(ax+b)\}=0$ より

←（＊）について，極限値が存在するから，分子の x の係数は 0 である。

$$4-a^2=0\ \cdots\cdots\ ①,\quad 5-2ab=0\ \cdots\cdots\ ②$$

① から　$a=\pm 2$　$a>0$ であるから　$\mathbf{a=2}$

$a=2$ を ② に代入して　$\mathbf{b=\frac{5}{4}}$

←$5-4b=0$

(3)　(ア)　$\displaystyle\lim_{x\to\infty}\frac{2^xa-2^{-x}}{2^{x+1}-2^{-x-1}}=\lim_{x\to\infty}\frac{a-\frac{1}{2^{2x}}}{2-\frac{1}{2^{2x+1}}}=\frac{a}{2}$

←分母・分子を 2^x で割る。

よって　$\dfrac{a}{2}=1$　ゆえに　$a=\mathbf{2}$

(イ)　$\displaystyle\lim_{x\to\infty}\{\log_2 x-\log_2(2x+3)\}=\lim_{x\to\infty}\log_2\frac{x}{2x+3}$

$$=\lim_{x\to\infty}\log_2\frac{1}{2+\frac{3}{x}}=\log_2\frac{1}{2}=\mathbf{-1}$$

←$\dfrac{1}{2}=2^{-1}$

EX ②35

3 次関数 $f(x)$ が $\displaystyle\lim_{x\to\infty}\frac{f(x)-2x^3+3}{x^2}=4$，$\displaystyle\lim_{x\to 0}\frac{f(x)-5}{x}=3$ を満たすとき，$f(x)$ を求めよ。

［愛知工大］

極限値 $\displaystyle\lim_{x\to\infty}\frac{f(x)-2x^3+3}{x^2}$ が存在するから，$f(x)-2x^3$ は 2 次以下の多項式である。

したがって　$f(x)-2x^3=ax^2+bx+c$

すなわち　$f(x)=2x^3+ax^2+bx+c$　とおける。

このとき　$\displaystyle\lim_{x\to\infty}\frac{f(x)-2x^3+3}{x^2}=\lim_{x\to\infty}\left(a+\frac{b}{x}+\frac{c+3}{x^2}\right)=a$

←$\displaystyle\lim_{x\to\infty}\frac{1}{x}=\lim_{x\to\infty}\frac{1}{x^2}=0$

よって，条件から　$a=4$

$\leftarrow \lim_{x\to\infty}\dfrac{f(x)-2x^3+3}{x^2}=4$ から。

ゆえに　$f(x)=2x^3+4x^2+bx+c$

条件 $\lim_{x\to 0}\dfrac{f(x)-5}{x}=3$ から　$\lim_{x\to 0}\{f(x)-5\}=0$

$\leftarrow \lim_{x\to 0}$ (分子)$=0$

よって　$c-5=0$　したがって　$c=5$

$\leftarrow \lim_{x\to 0}\{f(x)-5\}=f(0)-5$

ゆえに　$f(x)=2x^3+4x^2+bx+5$

このとき　$\lim_{x\to 0}\dfrac{f(x)-5}{x}=\lim_{x\to 0}(2x^2+4x+b)=b$

条件から　$b=3$

$\leftarrow \lim_{x\to 0}\dfrac{f(x)-5}{x}=3$ から。

以上により　$\boldsymbol{f(x)=2x^3+4x^2+3x+5}$

EX ③36

関数 $f(x)=x^{2n}$ (n は正の整数) を考える。$t>0$ に対して，曲線 $y=f(x)$ 上の 3 点 $\mathrm{A}(-t,\ f(-t))$, $\mathrm{O}(0,\ 0)$, $\mathrm{B}(t,\ f(t))$ を通る円の中心の座標を $(p(t),\ q(t))$, 半径を $r(t)$ とする。極限 $\lim_{t\to+0}p(t)$, $\lim_{t\to+0}q(t)$, $\lim_{t\to+0}r(t)$ がすべて収束するとき，$n=1$ であることを示せ。また，このとき $a=\lim_{t\to+0}p(t)$, $b=\lim_{t\to+0}q(t)$, $c=\lim_{t\to+0}r(t)$ の値を求めよ。　［類　岡山大］

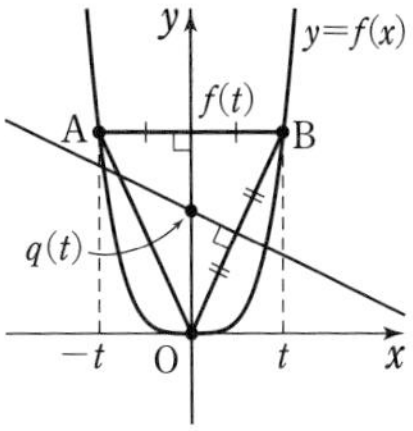

$f(-t)=f(t)$ から，線分 AB の垂直二等分線は y 軸である。

また，線分 OB の傾きは $\dfrac{f(t)}{t}$，中点の座標は $\left(\dfrac{t}{2},\ \dfrac{f(t)}{2}\right)$ であるから，線分 OB の垂直二等分線の方程式は

$$y=-\frac{t}{f(t)}\left(x-\frac{t}{2}\right)+\frac{f(t)}{2}$$

$x=0$ とすると

$$y=\frac{t^2}{2f(t)}+\frac{f(t)}{2}=\frac{1}{2}\left(\frac{t^2}{t^{2n}}+t^{2n}\right)=\frac{1}{2}(t^{2-2n}+t^{2n})$$

よって，円の中心の座標 $(p(t),\ q(t))$ について

$$p(t)=0,\ q(t)=\frac{1}{2}(t^{2-2n}+t^{2n})$$

$\leftarrow$図を参照。

半径 $r(t)$ について　$r(t)=q(t)$

$p(t)=0$ であるから，任意の正の整数 n に対して $\lim_{t\to+0}p(t)$ は収束する。また，$\lim_{t\to+0}q(t)$ について

$n=1$ のとき　$\lim_{t\to+0}q(t)=\lim_{t\to+0}\dfrac{1}{2}(1+t^2)=\dfrac{1}{2}$

$n\geqq 2$ のとき，$2n-2\geqq 2$ であるから

$$\lim_{t\to+0}t^{2-2n}=\lim_{t\to+0}\left(\frac{1}{t}\right)^{2n-2}=\infty$$

$\leftarrow t\longrightarrow +0$ のとき $\dfrac{1}{t}\longrightarrow\infty$

これと $\lim_{t\to+0}t^{2n}=0$ から　$\lim_{t\to+0}q(t)=\infty$

ゆえに，$\lim_{t\to+0}p(t)$, $\lim_{t\to+0}q(t)$, $\lim_{t\to+0}r(t)$ がすべて収束するとき

$n=1$ であり，このとき　$\boldsymbol{a=0,\ b=c=\dfrac{1}{2}}$

EX ②37

次の極限値を求めよ。ただし，$[x]$ は x を超えない最大の整数を表すとする。

(1) $\lim_{x\to k-0}([2x]-2[x])$ (k は整数)　［類　摂南大］　(2) $\lim_{x\to\infty}\dfrac{[\sqrt{2x^2+x}]-2\sqrt{x}}{x}$

(1) $k-\dfrac{1}{2}<x<k$ のとき　$[x]=k-1$

また，このとき $2k-1<2x<2k$ であるから　$[2x]=2k-1$

よって　$\displaystyle\lim_{x\to k-0}([2x]-2[x])=2k-1-2(k-1)=\mathbf{1}$

←$x\longrightarrow k-0$ を考えるから $k-\dfrac{1}{2}<x<k$ とする。

(2) 不等式 $[\sqrt{2x^2+x}]\leqq\sqrt{2x^2+x}<[\sqrt{2x^2+x}]+1$ が成り立つ。

よって　$\sqrt{2x^2+x}-1<[\sqrt{2x^2+x}]\leqq\sqrt{2x^2+x}$ …… ①

$x>0$ のとき，① から

$$\frac{\sqrt{2x^2+x}-2\sqrt{x}}{x}-\frac{1}{x}<\frac{[\sqrt{2x^2+x}]-2\sqrt{x}}{x}\leqq\frac{\sqrt{2x^2+x}-2\sqrt{x}}{x}$$

ここで　$\displaystyle\lim_{x\to\infty}\frac{\sqrt{2x^2+x}-2\sqrt{x}}{x}=\lim_{x\to\infty}\left(\sqrt{2+\frac{1}{x}}-2\sqrt{\frac{1}{x}}\right)=\sqrt{2}$

よって　$\displaystyle\lim_{x\to\infty}\left(\frac{\sqrt{2x^2+x}-2\sqrt{x}}{x}-\frac{1}{x}\right)$

$\displaystyle=\lim_{x\to\infty}\frac{\sqrt{2x^2+x}-2\sqrt{x}}{x}-\lim_{x\to\infty}\frac{1}{x}=\sqrt{2}$

ゆえに　$\displaystyle\lim_{x\to\infty}\frac{[\sqrt{2x^2+x}]-2\sqrt{x}}{x}=\sqrt{\mathbf{2}}$

←一般に，$[a]\leqq a<[a]+1$ が成り立つ。

←① の各辺に $-2\sqrt{x}$ を加え，各辺を x (>0) で割った式。

←$\displaystyle\lim_{x\to\infty}\frac{1}{x}=0$

←はさみうちの原理。

EX ③38

次の極限値を求めよ。ただし，a，b は正の実数とする。

(1) $\displaystyle\lim_{x\to0}\frac{x\tan x}{\sqrt{\cos 2x}-\cos x}$　(2) $\displaystyle\lim_{x\to\frac{\pi}{2}}\frac{\sin(2\cos x)}{x-\frac{\pi}{2}}$　(3) $\displaystyle\lim_{x\to\infty}x\sin(\sqrt{a^2x^2+b}-ax)$

〔(1) 類 岩手大，(2) 関西大，(3) 学習院大〕

(1) $\displaystyle\lim_{x\to0}\frac{x\tan x}{\sqrt{\cos 2x}-\cos x}=\lim_{x\to0}\frac{x\cdot\frac{\sin x}{\cos x}\cdot(\sqrt{\cos 2x}+\cos x)}{\cos 2x-\cos^2 x}$

$\displaystyle=\lim_{x\to0}\frac{x\cdot\frac{\sin x}{\cos x}\cdot(\sqrt{\cos 2x}+\cos x)}{(2\cos^2 x-1)-\cos^2 x}$

$\displaystyle=\lim_{x\to0}\frac{x\sin x(\sqrt{\cos 2x}+\cos x)}{-\cos x(1-\cos^2 x)}$

$\displaystyle=\lim_{x\to0}\frac{x\sin x(\sqrt{\cos 2x}+\cos x)}{-\cos x\sin^2 x}$

$\displaystyle=\lim_{x\to0}\left(-\frac{x}{\sin x}\cdot\frac{\sqrt{\cos 2x}+\cos x}{\cos x}\right)=-1\cdot\frac{1+1}{1}=\mathbf{-2}$

←分母の有理化。

←分母に 2 倍角の公式。$\cos 2x=2\cos^2 x-1$

←$1-\cos^2 x=\sin^2 x$

←$\displaystyle\lim_{x\to0}\frac{x}{\sin x}=1$

(2) $x-\dfrac{\pi}{2}=t$ とおくと　$x\longrightarrow\dfrac{\pi}{2}$ のとき　$t\longrightarrow0$

よって　$\displaystyle\lim_{x\to\frac{\pi}{2}}\frac{\sin(2\cos x)}{x-\frac{\pi}{2}}=\lim_{t\to0}\frac{\sin\left(2\cos\left(\frac{\pi}{2}+t\right)\right)}{t}$

$\displaystyle=\lim_{t\to0}\frac{\sin(-2\sin t)}{t}=-\lim_{t\to0}\frac{\sin(2\sin t)}{t}$

$\displaystyle=-\lim_{t\to0}\frac{\sin(2\sin t)}{2\sin t}\cdot\frac{2\sin t}{2t}\cdot2=-1\cdot1\cdot2=\mathbf{-2}$

←$x=\dfrac{\pi}{2}+t$

←$\cos\left(\dfrac{\pi}{2}+t\right)=-\sin t$

←$t\longrightarrow0$ のとき $\sin t\longrightarrow0$

(3) $\sqrt{a^2x^2+b}-ax=t$ …… ① とおくと

$$t=\frac{(\sqrt{a^2x^2+b}-ax)(\sqrt{a^2x^2+b}+ax)}{\sqrt{a^2x^2+b}+ax}=\frac{b}{\sqrt{a^2x^2+b}+ax}$$ …… ②

←分子の有理化を行うと，$x\longrightarrow\infty$ のときの t の極限がわかる。

よって，$x\longrightarrow\infty$ のとき　$t\longrightarrow 0$

また，① から　$t+ax=\sqrt{a^2x^2+b}$

←① から x を t で表す。

両辺を平方すると　$t^2+2atx+a^2x^2=a^2x^2+b$

ゆえに　$2atx=b-t^2$

② において，$x>0$ とすると，$b>0$ から $t\neq 0$ で　$x=\dfrac{b-t^2}{2at}$

よって　$\displaystyle\lim_{x\to\infty}x\sin(\sqrt{a^2x^2+b}-ax)$

$$=\lim_{t\to 0}\frac{b-t^2}{2at}\cdot\sin t=\lim_{t\to 0}\frac{b-t^2}{2a}\cdot\frac{\sin t}{t}$$

←t の式に。

$$=\frac{b}{2a}\cdot 1=\boldsymbol{\frac{b}{2a}}$$

2章 EX〔極限〕

EX ③39

θ を $0<\theta<\dfrac{\pi}{4}$ を満たす定数とし，自然数 n に対して $a_n=\tan\dfrac{\theta}{2^n}$ とおく。

(1) $n\geqq 2$ のとき，$\dfrac{1}{a_n}-\dfrac{2}{a_{n-1}}=a_n$ が成り立つことを示せ。

(2) $S_n=\displaystyle\sum_{k=1}^{n}\frac{a_k}{2^k}$ とおく。$n\geqq 2$ のとき，S_n を a_1 と a_n で表せ。

(3) 無限級数 $\displaystyle\sum_{n=1}^{\infty}\frac{a_n}{2^n}$ の和を求めよ。　〔類　名古屋工大〕

(1) $n\geqq 2$ のとき

$$a_{n-1}=\tan\frac{\theta}{2^{n-1}}=\tan 2\cdot\frac{\theta}{2^n}=\frac{2\tan\frac{\theta}{2^n}}{1-\tan^2\frac{\theta}{2^n}}$$

←2 倍角の公式。

$$=\frac{2a_n}{1-{a_n}^2}$$

よって　$\dfrac{2}{a_{n-1}}=\dfrac{1-{a_n}^2}{a_n}=\dfrac{1}{a_n}-a_n$

←$0<\dfrac{\theta}{2^n}<\dfrac{\pi}{4}$ であるから　$0<a_n<1$

ゆえに，$n\geqq 2$ のとき，$\dfrac{1}{a_n}-\dfrac{2}{a_{n-1}}=a_n$ が成り立つ。

(2) (1) から　$\dfrac{a_k}{2^k}=\dfrac{1}{2^ka_k}-\dfrac{1}{2^{k-1}a_{k-1}}$　$(n\geqq 2)$

←(1) の結果を利用する。

よって，$n\geqq 2$ のとき

$$S_n=\sum_{k=1}^{n}\frac{a_k}{2^k}=\frac{a_1}{2}+\sum_{k=2}^{n}\left(\frac{1}{2^ka_k}-\frac{1}{2^{k-1}a_{k-1}}\right)$$

←$k=1$ の場合は別扱い。

$$=\frac{a_1}{2}+\left(\frac{1}{2^2a_2}-\frac{1}{2a_1}\right)+\left(\frac{1}{2^3a_3}-\frac{1}{2^2a_2}\right)$$

←項が消し合う。

$$+\cdots\cdots+\left(\frac{1}{2^na_n}-\frac{1}{2^{n-1}a_{n-1}}\right)$$

$$=\boldsymbol{\frac{a_1}{2}-\frac{1}{2a_1}+\frac{1}{2^na_n}}$$

(3) (2)から　$\displaystyle\sum_{n=1}^{\infty}\frac{a_n}{2^n}=\lim_{n\to\infty}S_n=\lim_{n\to\infty}\left(\frac{a_1}{2}-\frac{1}{2a_1}+\frac{1}{2^na_n}\right)$

$\displaystyle=\frac{1}{2}\left(a_1-\frac{1}{a_1}\right)+\lim_{n\to\infty}\frac{1}{2^na_n}$

ここで　$\displaystyle 2^na_n=2^n\cdot\frac{\sin\frac{\theta}{2^n}}{\cos\frac{\theta}{2^n}}=\frac{\sin\frac{\theta}{2^n}}{\frac{\theta}{2^n}}\cdot\frac{\theta}{\cos\frac{\theta}{2^n}}$

$\displaystyle\lim_{n\to\infty}\frac{\theta}{2^n}=0$ であるから　$\displaystyle\lim_{n\to\infty}2^na_n=1\cdot\frac{\theta}{1}=\theta$　　←$\displaystyle\lim_{\square\to0}\frac{\sin\square}{\square}=1$

よって　$\displaystyle\sum_{n=1}^{\infty}\frac{a_n}{2^n}=\frac{a_1{}^2-1}{2a_1}+\frac{1}{\theta}$

$\displaystyle=\frac{\tan^2\frac{\theta}{2}-1}{2\tan\frac{\theta}{2}}+\frac{1}{\theta}$　　←$\displaystyle\tan2\alpha=\frac{2\tan\alpha}{1-\tan^2\alpha}$

$\displaystyle=\boldsymbol{\frac{1}{\theta}-\frac{1}{\tan\theta}}$

EX ③40 点Oを中心とし，長さ $2r$ の線分ABを直径とする円の周上を動く点Pがある。△ABPの面積を S_1，扇形OPBの面積を S_2 とする。点Pが点Bに限りなく近づくとき，$\dfrac{S_1}{S_2}$ の極限値を求めよ。　〔類　日本女子大〕

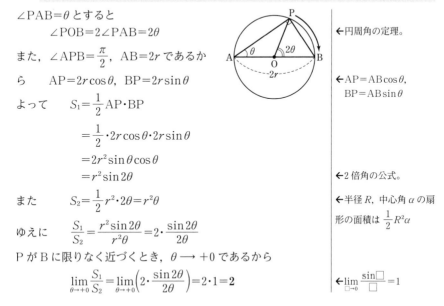

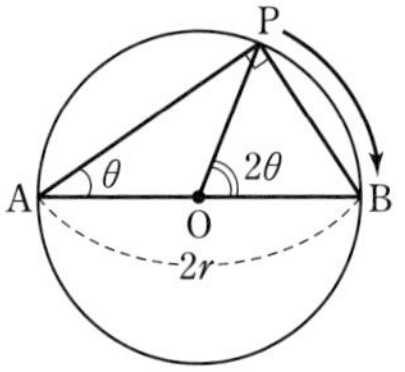

∠PAB$=\theta$ とすると

∠POB$=2$∠PAB$=2\theta$　　←円周角の定理。

また，∠APB$=\dfrac{\pi}{2}$，AB$=2r$ であるから　AP$=2r\cos\theta$，BP$=2r\sin\theta$　　←AP=AB$\cos\theta$，BP=AB$\sin\theta$

よって　$\displaystyle S_1=\frac{1}{2}\text{AP}\cdot\text{BP}$

$\displaystyle=\frac{1}{2}\cdot2r\cos\theta\cdot2r\sin\theta$

$=2r^2\sin\theta\cos\theta$

$=r^2\sin2\theta$　　←2倍角の公式。

また　$\displaystyle S_2=\frac{1}{2}r^2\cdot2\theta=r^2\theta$　　←半径 R，中心角 α の扇形の面積は $\dfrac{1}{2}R^2\alpha$

ゆえに　$\displaystyle\frac{S_1}{S_2}=\frac{r^2\sin2\theta}{r^2\theta}=2\cdot\frac{\sin2\theta}{2\theta}$

PがBに限りなく近づくとき，$\theta\longrightarrow+0$ であるから

$\displaystyle\lim_{\theta\to+0}\frac{S_1}{S_2}=\lim_{\theta\to+0}\left(2\cdot\frac{\sin2\theta}{2\theta}\right)=2\cdot1=\boldsymbol{2}$　　←$\displaystyle\lim_{\square\to0}\frac{\sin\square}{\square}=1$

EX ③41

xy 平面上の原点を中心として半径 1 の円 C を考える。$0\leqq\theta<\dfrac{\pi}{2}$ とし，C 上の点 $(\cos\theta,\ \sin\theta)$ を P とする。点 P で C に接し，更に，y 軸と接する円でその中心が円 C の内部にあるものを S とし，その中心 Q の座標を $(u,\ v)$ とする。

(1) u と v をそれぞれ $\cos\theta$ と $\sin\theta$ を用いて表せ。

(2) 円 S の面積を $D(\theta)$ とするとき，$\displaystyle\lim_{\theta\to\frac{\pi}{2}-0}\frac{D(\theta)}{\left(\frac{\pi}{2}-\theta\right)^2}$ を求めよ。 〔類 高知大〕

(1) 円 S は円 C，y 軸の両方に接し，円 C の内部にあるから，3 点 O，Q，P は一直線上にあり，円 S の半径は点 Q の x 座標に等しい。

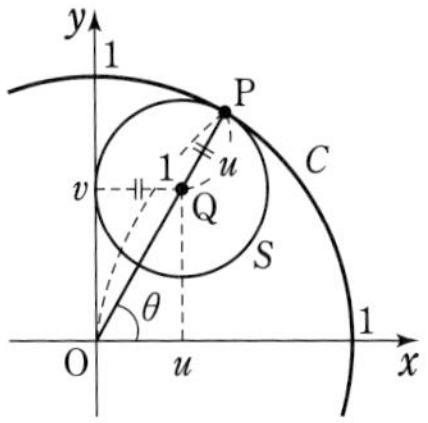

←このことに気づくことがポイント。

よって　$OQ=1-u$ …… ①

←$OQ=OP-PQ$

また　$u=OQ\cos\theta,\ v=OQ\sin\theta$

←線分 OP と x 軸の正の向きとのなす角は θ

① を代入して

$u=(1-u)\cos\theta$ …… ②，

$v=(1-u)\sin\theta$ …… ③

② から　$(1+\cos\theta)u=\cos\theta$

←u と $\cos\theta$ のみの式 ② を，u について解く。

$0\leqq\theta<\dfrac{\pi}{2}$ より，$\cos\theta\neq-1$ であるから

$$\boldsymbol{u=\frac{\cos\theta}{1+\cos\theta}}$$

ゆえに，③ から　$v=\left(1-\dfrac{\cos\theta}{1+\cos\theta}\right)\sin\theta=\boldsymbol{\dfrac{\sin\theta}{1+\cos\theta}}$

←$1-\dfrac{\cos\theta}{1+\cos\theta}=\dfrac{1}{1+\cos\theta}$

(2) $D(\theta)=\pi u^2=\dfrac{\pi\cos^2\theta}{(1+\cos\theta)^2}$

よって　$\dfrac{D(\theta)}{\left(\frac{\pi}{2}-\theta\right)^2}=\dfrac{\pi\cos^2\theta}{(1+\cos\theta)^2\left(\frac{\pi}{2}-\theta\right)^2}$

$$=\frac{\pi}{(1+\cos\theta)^2}\cdot\left\{\frac{\sin\left(\frac{\pi}{2}-\theta\right)}{\frac{\pi}{2}-\theta}\right\}^2$$

←$\sin\left(\dfrac{\pi}{2}-\alpha\right)=\cos\alpha$

$\theta\longrightarrow\dfrac{\pi}{2}-0$ のとき，$\dfrac{\pi}{2}-\theta\longrightarrow+0$ であるから

$$\lim_{\theta\to\frac{\pi}{2}-0}\frac{D(\theta)}{\left(\frac{\pi}{2}-\theta\right)^2}=\frac{\pi}{1^2}\cdot1^2=\boldsymbol{\pi}$$

←$\displaystyle\lim_{\square\to0}\frac{\sin\square}{\square}=1$

EX ③42 xy 平面の第1象限内において，直線 ℓ：$y=mx\ (m>0)$ と x 軸の両方に接している半径 a の円を C とし，円 C の中心を通る直線 $y=tx\ (t>0)$ を考える。また，直線 ℓ と x 軸，および，円 C のすべてにそれぞれ1点で接する円の半径を b とする。ただし，$b>a$ とする。

(1) t を m を用いて表せ。　(2) $\dfrac{b}{a}$ を t を用いて表せ。

(3) 極限値 $\displaystyle\lim_{m\to+0}\frac{1}{m}\left(\frac{b}{a}-1\right)$ を求めよ。〔東北大〕

(1) 直線 $y=tx$ と x 軸の正の向きがなす角を θ とすると，直線 ℓ と x 軸の正の向きがなす角は 2θ である。

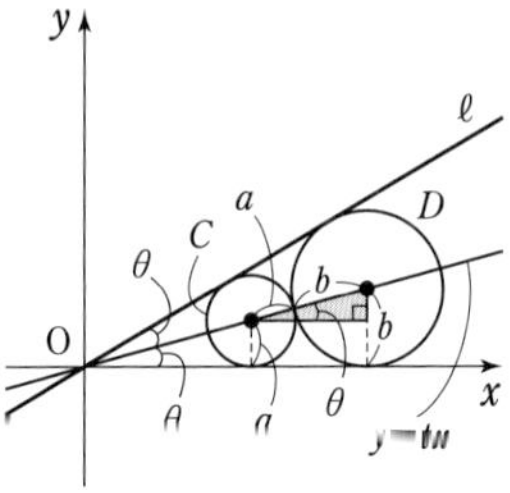

←直線 $y=tx$ は，直線 ℓ と x 軸の正の向きとのなす角の二等分線である

よって　$m=\tan 2\theta=\dfrac{2\tan\theta}{1-\tan^2\theta}$　←2倍角の公式。

ゆえに　$m=\dfrac{2t}{1-t^2}$ …… ①　←$\tan\theta=t$

よって　$mt^2+2t-m=0$　←t の2次方程式とみて，解の公式を利用。

ゆえに　$t=\dfrac{-1\pm\sqrt{1+m^2}}{m}$

$t>0$，$m>0$ であるから　$\boldsymbol{t=\dfrac{-1+\sqrt{1+m^2}}{m}}$

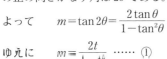

(2) 半径が b である円を D とする。D の中心から x 軸に下ろした垂線に C の中心から垂線を下ろすと，$\sin\theta$ について

(1)の図の黒く塗った直角三角形

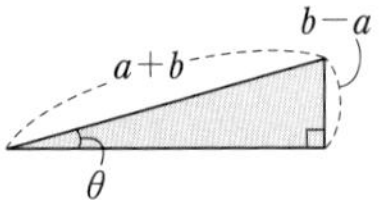

$$\frac{b-a}{a+b}=\frac{t}{\sqrt{t^2+1}}\quad すなわち\quad \frac{\frac{b}{a}-1}{1+\frac{b}{a}}=\frac{t}{\sqrt{t^2+1}}$$

$\tan\theta=t$ から得られる直角三角形

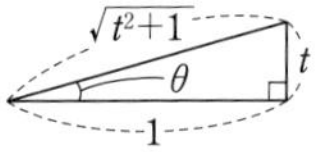

$\dfrac{b}{a}=A$ とおくと　$\dfrac{A-1}{1+A}=\dfrac{t}{\sqrt{t^2+1}}$

分母を払い，変形すると　$(\sqrt{t^2+1}-t)A=\sqrt{t^2+1}+t$

$\sqrt{t^2+1}-t>0$ であるから

$$A=\frac{\sqrt{t^2+1}+t}{\sqrt{t^2+1}-t}=\frac{(\sqrt{t^2+1}+t)^2}{(\sqrt{t^2+1})^2-t^2}=(\sqrt{t^2+1}+t)^2$$

←分母の有理化。

したがって　$\boldsymbol{\dfrac{b}{a}=(\sqrt{t^2+1}+t)^2}$ …… ②

(3) ①，② および，$m\longrightarrow+0$ のとき $t\longrightarrow+0$ であることから

$$\lim_{m\to+0}\frac{1}{m}\left(\frac{b}{a}-1\right)=\lim_{t\to+0}\frac{1-t^2}{2t}(2t^2+2t\sqrt{t^2+1})$$
$$=\lim_{t\to+0}(1-t^2)(t+\sqrt{t^2+1})=\mathbf{1}$$

←$(\sqrt{t^2+1}+t)^2=2t^2+1+2t\sqrt{t^2+1}$，$2t$ で約分。

EX ②43 実数 x に対して $[x]$ は $n\leqq x<n+1$ を満たす整数 n を表すとき，関数 $f(x)=([x]+a)(bx-[x])$ が $x=1$ と $x=2$ で連続となるように定数 a，b の値を定めよ。〔類 神戸商船大〕

$0\leqq x<1$ のとき　$f(x)=abx$　←$[x]=0$

$1\leqq x<2$ のとき　$f(x)=(1+a)(bx-1)$　←$[x]=1$

$2\leqq x<3$ のとき　$f(x)=(2+a)(bx-2)$　←$[x]=2$

$f(x)$ が $x=1$, $x=2$ で連続となるための条件は

$$\lim_{x\to 1-0} f(x)=f(1),\quad \lim_{x\to 2-0} f(x)=f(2)$$

←左側極限についてのみ検討。

ここで　$\lim_{x\to 1-0} f(x)=ab$, $\lim_{x\to 2-0} f(x)=(1+a)(2b-1)$

$f(1)=(1+a)(b-1)$, $f(2)=(2+a)(2b-2)$

ゆえに　$ab=(1+a)(b-1)$, $(1+a)(2b-1)=(2+a)(2b-2)$

整理して　$a-b=-1$, $a-2b=-3$

これを解いて　$\boldsymbol{a=1,\ b=2}$

EX ④44

k を自然数とする。級数 $\sum_{n=1}^{\infty}\{(\cos x)^{n-1}-(\cos x)^{n+k-1}\}$ が $\cos x\neq 0$ を満たすすべての実数 x に対して収束するとき，級数の和を $f(x)$ とする。
(1) k の条件を求めよ。
(2) 関数 $f(x)$ は $x=0$ で連続でないことを示せ。　〔東京学芸大〕

(1) $\sum_{n=1}^{\infty}\{(\cos x)^{n-1}-(\cos x)^{n+k-1}\}=\sum_{n=1}^{\infty}\{1-(\cos x)^k\}(\cos x)^{n-1}$

ゆえに，この級数は，初項 $1-(\cos x)^k=1-\cos^k x$，公比 $\cos x$ の無限等比級数である。

よって，級数が収束するための条件は

$1-\cos^k x=0$ …… ①　または　$-1<\cos x<1$ …… ②

←(初項)=0　または $-1<$(公比)<1

n は整数とする。

[1] $x\neq n\pi$ のとき，② が満たされるから，この級数は k の値に関係なく収束する。

←和は $\dfrac{1-\cos^k x}{1-\cos x}$

[2] $x=n\pi$ のとき　$\cos x=\pm 1$

このとき，② を満たさないから，級数が収束するためには，① を満たさなければならない。

←つまり，初項が 0 となる。

(i) $x=2m\pi$ (m は整数) のとき　$\cos x=1$

このとき，k の値に関係なく ① は成り立つから，和は 0 となって級数は収束する。

(ii) $x=(2m+1)\pi$ (m は整数) のとき　$\cos x=-1$

$(-1)^k=1$ となるのは，k が偶数のときである。

←k が奇数のときは $\cos^k x=(-1)^k=-1$ よって，① は成り立たない。

以上から，求める条件は，**k が偶数** であることである。

(2) (1) から，k が偶数であるとき，n を整数として

$$f(x)=\begin{cases}0 & (x=n\pi \text{ のとき})\\ \dfrac{1-\cos^k x}{1-\cos x} & (x\neq n\pi \text{ のとき})\end{cases}$$ と表される。

←$\dfrac{(\text{初項})}{1-(\text{公比})}$

$x=0$ のとき　$f(0)=0$

$x\neq 0$ のとき，$x=0$ の近くでは　$0<\cos x<1$

$$f(x)=\frac{1-\cos^k x}{1-\cos x}=1+\cos x+\cos^2 x+\cdots\cdots+\cos^{k-1}x$$

←$1-\cos^k x=(1-\cos x)(1+\cos x+\cos^2 x+\cdots+\cos^{k-1}x)$

ゆえに　$\lim_{x\to 0} f(x)=1+1+1+\cdots\cdots+1=k>0$

よって　$\lim_{x\to 0} f(x)\neq f(0)$

したがって，$f(x)$ は $x=0$ で連続でない。

EX ④45

関数 $f(x)=\lim_{n\to\infty}\frac{ax^{2n-1}-x^2+bx+c}{x^{2n}+1}$ について，次の問いに答えよ。ただし，a，b，c は定数で，$a>0$ とする。

(1) 関数 $f(x)$ が x の連続関数となるための定数 a，b，c の条件を求めよ。

(2) 定数 a，b，c が(1)で求めた条件を満たすとき，関数 $f(x)$ の最大値とそれを与える x の値を a を用いて表せ。

(3) 定数 a，b，c が(1)で求めた条件を満たし，関数 $f(x)$ の最大値が $\frac{5}{4}$ であるとき，定数 a，b，c の値を求めよ。〔鳥取大〕

HINT (1) x^{2n} の極限を考えることになるから，$x=\pm1$ で区切って考える。

(1) [1] $-1<x<1$ のとき

$\lim_{n\to\infty}x^n=0$ であるから　$f(x)=-x^2+bx+c$

[2] $x=-1$ のとき　$f(x)=f(-1)=\frac{-a-1-b+c}{2}$

←$(-1)^{2n}=1$，$(-1)^{2n-1}=-1$

[3] $x=1$ のとき　$f(x)=f(1)=\frac{a-1+b+c}{2}$

[4] $x<-1$，$1<x$ のとき

$$f(x)=\lim_{n\to\infty}\frac{\frac{a}{x}-\frac{1}{x^{2n-2}}+\frac{b}{x^{2n-1}}+\frac{c}{x^{2n}}}{1+\frac{1}{x^{2n}}}=\frac{a}{x}$$

←$|x|>1$ のとき，$n\longrightarrow\infty$ とすると $\frac{1}{x^{2n}}\longrightarrow0$，$\frac{1}{x^{2n-1}}\longrightarrow0$，$\frac{1}{x^{2n-2}}\longrightarrow0$

$f(x)$ は $x<-1$，$-1<x<1$，$1<x$ において，それぞれ連続である。したがって，$f(x)$ が x の連続関数となるための条件は，$x=-1$ および $x=1$ で連続であることである。

よって　$\lim_{x\to-1-0}f(x)=\lim_{x\to-1+0}f(x)=f(-1)$

かつ　$\lim_{x\to1-0}f(x)=\lim_{x\to1+0}f(x)=f(1)$

ゆえに　$-a=-1-b+c=\frac{-a-1-b+c}{2}$，

←$a-b+c=1$

$-1+b+c=a=\frac{a-1+b+c}{2}$

←$a-b-c=-1$

したがって　$\boldsymbol{a=b}$，$\boldsymbol{c=1}$

(2) (1)の結果により

$-1<x<1$ のとき　$f(x)=-x^2+ax+1$

$$=-\left(x-\frac{a}{2}\right)^2+1+\frac{a^2}{4}$$

←軸は直線 $x=\frac{a}{2}$

$x=-1$ のとき　$f(-1)=-a$

$x=1$ のとき　$f(1)=a$

$x<-1$，$1<x$ のとき　$f(x)=\frac{a}{x}$

←直角双曲線。

[1] $0<\frac{a}{2}<1$ すなわち $0<a<2$ のとき　グラフは図[1]のようになる。

←$a>0$ であるから，軸 $x=\frac{a}{2}$ は x 軸の正の部分にある。そこで，$0<$ 軸 <1，$1\leqq$ 軸 の場合に分けて考える。

よって　$x=\frac{a}{2}$ で最大値 $1+\frac{a^2}{4}$

[2]　$1 \leqq \frac{a}{2}$ すなわち $2 \leqq a$ のとき　グラフは図 [2] のようになる。

よって　　$x=1$ で最大値 a

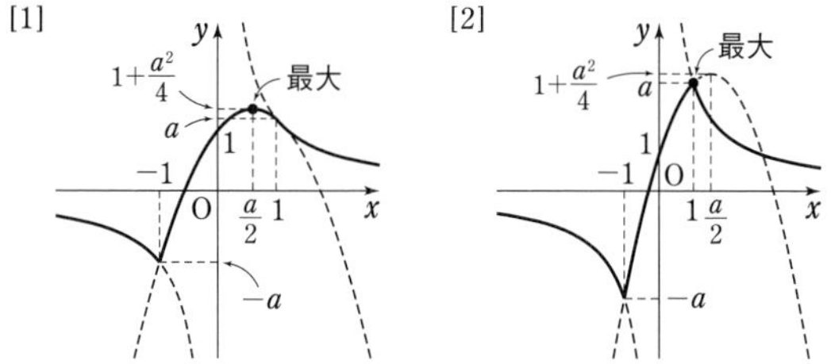

以上から　　**$0<a<2$ のとき　$x=\frac{a}{2}$ で最大値 $1+\frac{a^2}{4}$**

$2 \leqq a$ のとき　　$x=1$ で最大値 a

(3)　[1]　$0<a<2$ のとき

最大値が $\frac{5}{4}$ となる条件は　　$1+\frac{a^2}{4}=\frac{5}{4}$

ゆえに　　$a^2=1$

$0<a<2$ であるから　　$a=1$

これと (1) の結果により　　$a=1$, $b=1$, $c=1$

[2]　$2 \leqq a$ のとき

最大値が $\frac{5}{4}$ となる条件は　　$a=\frac{5}{4}$

これは $2 \leqq a$ を満たさないから不適。

以上から　　**$a=1$, $b=1$, $c=1$**

←(2) の結果を利用。

←場合分けの条件を忘れないように注意。

EX ②46

関数 $f(x)$ が連続で $f(0)=-1$, $f(1)=2$, $f(2)=3$ のとき，方程式 $f(x)=x^2$ は $0<x<2$ の範囲に少なくとも 2 つの実数解をもつことを示せ。

$g(x)=f(x)-x^2$ とすると，関数 $f(x)$ と x^2 はともに連続であるから，関数 $g(x)$ も連続である。

$g(0)=f(0)-0^2=-1<0$,　$g(1)=f(1)-1^2=2-1=1>0$,

$g(2)=f(2)-2^2=3-4=-1<0$

よって，方程式 $g(x)=0$ すなわち $f(x)=x^2$ は，中間値の定理により，区間 $(0,\ 1)$, $(1,\ 2)$ それぞれで少なくとも 1 つの実数解をもつ。

したがって，方程式 $f(x)=x^2$ は $0<x<2$ の範囲に少なくとも 2 つの実数解をもつ。

HINT　**(中間値の定理)**
$f(x)$ が区間 $[a,\ b]$ で連続で，$f(a)$ と $f(b)$ が異符号ならば，$f(x)=0$ は区間 $(a,\ b)$ に少なくとも 1 つの実数解をもつ。

EX ④47 関数 $y=f(x)$ は連続とし，a を実数の定数とする。すべての実数 x に対して，不等式 $|f(x)-f(a)|\leqq\frac{2}{3}|x-a|$ が成り立つなら，曲線 $y=f(x)$ は直線 $y=x$ と必ず交わることを中間値の定理を用いて証明せよ。

$g(x)=f(x)-x$ とおくと，関数 $g(x)$ は連続であり，

$$f(x)=g(x)+x$$

不等式から　$|g(x)-g(a)+x-a|\leqq\frac{2}{3}|x-a|$

したがって　$-\frac{2}{3}|x-a|\leqq g(x)-g(a)+x-a\leqq\frac{2}{3}|x-a|$

各辺に $-x+a+g(a)$ を加えて

$$-\frac{2}{3}|x-a|-x+a+g(a)\leqq g(x)\leqq\frac{2}{3}|x-a|-x+a+g(a)$$

ここで，$h(x)=-\frac{2}{3}|x-a|-x+a+g(a)$,

$k(x)=\frac{2}{3}|x-a|-x+a+g(a)$

のように $h(x)$，$k(x)$ を定めると　$h(x)\leqq g(x)\leqq k(x)$

$x\longrightarrow-\infty$ のとき，$x=-t$ とおくと　$t\longrightarrow\infty$

このとき　$-\frac{2}{3}|x-a|-x=-\frac{2}{3}|t+a|+t$

$$=t\left(-\frac{2}{3}\left|1+\frac{a}{t}\right|+1\right)\longrightarrow\infty$$

ゆえに，$\lim_{x\to-\infty}h(x)=\infty$ であるから　$\lim_{x\to-\infty}g(x)=\infty$

また，$x\longrightarrow\infty$ のとき

$$\frac{2}{3}|x-a|-x=x\left(\frac{2}{3}\left|1-\frac{a}{x}\right|-1\right)\longrightarrow-\infty$$

よって，$\lim_{x\to\infty}k(x)=-\infty$ であるから　$\lim_{x\to\infty}g(x)=-\infty$

すなわち　$\lim_{x\to-\infty}g(x)=\infty$，$\lim_{x\to\infty}g(x)=-\infty$

ゆえに，中間値の定理により $g(c)=0$ すなわち $f(c)=c$ となる c が存在し，曲線 $y=f(x)$ は直線 $y=x$ と必ず交わる。

HINT　$g(x)=f(x)-x$ とおいて，条件から $\lim_{x\to-\infty}g(x)=\infty$，$\lim_{x\to\infty}g(x)=-\infty$ を導く。

←$|A|\leqq|B|$ $\Longleftrightarrow -|B|\leqq A\leqq|B|$

←(　)内 $\longrightarrow\frac{1}{3}$

←$h(x)\leqq g(x)$ から。

←(　)内 $\longrightarrow-\frac{1}{3}$

←$g(x)\leqq k(x)$ から。

←ある実数 a (<0)，b (>0) が存在して $g(a)>0$，$g(b)<0$

練習 ②60 次の関数は，$x=0$ において連続であるか，微分可能であるかを調べよ。

(1) $f(x)=|x|\sin x$ 〔類 島根大〕 (2) $f(x)=\begin{cases}0 & (x=0)\\ \dfrac{x}{1+2^{\frac{1}{x}}} & (x\neq 0)\end{cases}$

(1) $\displaystyle\lim_{x\to+0}f(x)=\lim_{x\to+0}x\sin x=0,$

$\displaystyle\lim_{x\to-0}f(x)=\lim_{x\to-0}(-x\sin x)=0$

ゆえに $\displaystyle\lim_{x\to0}f(x)=0$

また $f(0)=0$ よって $\displaystyle\lim_{x\to0}f(x)=f(0)$

したがって，$f(x)$ は **$x=0$ で連続である。**

また $\displaystyle\lim_{h\to+0}\frac{f(0+h)-f(0)}{h}=\lim_{h\to+0}\frac{h\sin h-0}{h}=\lim_{h\to+0}\sin h=0$

$\displaystyle\lim_{h\to-0}\frac{f(0+h)-f(0)}{h}=\lim_{h\to-0}\frac{-h\sin h-0}{h}=\lim_{h\to-0}(-\sin h)=0$

$h\longrightarrow+0$ と $h\longrightarrow-0$ のときの極限値が一致し，$f'(0)=0$ となるから，$f(x)$ は **$x=0$ で微分可能である。**

←$|x|=\begin{cases}x & (x\geqq0 のとき)\\ -x & (x<0 のとき)\end{cases}$

検討 微分可能 ⟹ 連続 であるから，まず $x=0$ で微分可能であることを調べ，その結果を利用して，「$x=0$ で連続である」と答える解答でもよい。

(2) $\dfrac{1}{x}=t$ とおくと

$\displaystyle\lim_{x\to+0}2^{\frac{1}{x}}=\lim_{t\to\infty}2^t=\infty,\quad \lim_{x\to-0}2^{\frac{1}{x}}=\lim_{t\to-\infty}2^t=0$

よって $\displaystyle\lim_{x\to+0}f(x)=\lim_{x\to+0}\frac{x}{1+2^{\frac{1}{x}}}=0,$

$\displaystyle\lim_{x\to-0}f(x)=\lim_{x\to-0}\frac{x}{1+2^{\frac{1}{x}}}=0$

ゆえに $\displaystyle\lim_{x\to0}f(x)=0$

また $f(0)=0$ よって $\displaystyle\lim_{x\to0}f(x)=f(0)$

したがって，$f(x)$ は **$x=0$ で連続である。**

次に，$h\neq0$ のとき $\dfrac{f(0+h)-f(0)}{h}=\dfrac{1}{h}\cdot\dfrac{h}{1+2^{\frac{1}{h}}}=\dfrac{1}{1+2^{\frac{1}{h}}}$

$\displaystyle\lim_{h\to+0}\frac{f(0+h)-f(0)}{h}=\lim_{h\to+0}\frac{1}{1+2^{\frac{1}{h}}}=0$

$\displaystyle\lim_{h\to-0}\frac{f(0+h)-f(0)}{h}=\lim_{h\to-0}\frac{1}{1+2^{\frac{1}{h}}}=1$

$h\longrightarrow+0$ と $h\longrightarrow-0$ のときの極限値が異なるから，$f'(0)$ は存在しない。

すなわち，$f(x)$ は **$x=0$ で微分可能ではない。**

←底 $2>1$ である。

←$\dfrac{0}{\infty}$ の形。

←$\dfrac{0}{1+0}$

←$h\longrightarrow+0$ のとき $\dfrac{1}{h}\longrightarrow\infty$
よって $2^{\frac{1}{h}}\longrightarrow\infty$
また，$h\longrightarrow-0$ のとき $\dfrac{1}{h}\longrightarrow-\infty$
よって $2^{\frac{1}{h}}\longrightarrow0$

練習 ②61 次の関数を，導関数の定義に従って微分せよ。

(1) $y=\dfrac{1}{x^2}$ (2) $y=\sqrt{4x+3}$ (3) $y=\sqrt[4]{x}$

HINT (3) $\left(a^{\frac{1}{4}}+b^{\frac{1}{4}}\right)\left(a^{\frac{1}{4}}-b^{\frac{1}{4}}\right)\left(a^{\frac{1}{2}}+b^{\frac{1}{2}}\right)=a-b$ を利用して有理化する。

(1) $y'=\lim_{h\to 0}\frac{1}{h}\left\{\frac{1}{(x+h)^2}-\frac{1}{x^2}\right\}=\lim_{h\to 0}\frac{x^2-(x+h)^2}{h(x+h)^2x^2}$　←$\lim_{h\to 0}\frac{f(x+h)-f(x)}{h}$

$=\lim_{h\to 0}\frac{-h(2x+h)}{h(x+h)^2x^2}=\lim_{h\to 0}\frac{-(2x+h)}{(x+h)^2x^2}=\frac{-2x}{x^4}=\boldsymbol{-\frac{2}{x^3}}$　←h で約分。

(2) $y'=\lim_{h\to 0}\frac{\sqrt{4(x+h)+3}-\sqrt{4x+3}}{h}$　←$\lim_{h\to 0}\frac{f(x+h)-f(x)}{h}$

$=\lim_{h\to 0}\frac{\{4(x+h)+3\}-(4x+3)}{h\{\sqrt{4(x+h)+3}+\sqrt{4x+3}\}}$　←分母・分子に $\sqrt{4(x+h)+3}+\sqrt{4x+3}$ を掛ける。

$=\lim_{h\to 0}\frac{4}{\sqrt{4(x+h)+3}+\sqrt{4x+3}}$

$=\boldsymbol{\frac{2}{\sqrt{4x+3}}}$

(3) $y'=\lim_{h\to 0}\frac{\sqrt[4]{x+h}-\sqrt[4]{x}}{h}=\lim_{h\to 0}\frac{\sqrt{x+h}-\sqrt{x}}{h(\sqrt[4]{x+h}+\sqrt[4]{x})}$　←分母・分子に $\sqrt[4]{x+h}+\sqrt[4]{x}$ を掛ける。

$=\lim_{h\to 0}\frac{(x+h)-x}{h(\sqrt[4]{x+h}+\sqrt[4]{x})(\sqrt{x+h}+\sqrt{x})}$　←分母・分子に $\sqrt{x+h}+\sqrt{x}$ を掛ける。

$=\lim_{h\to 0}\frac{1}{(\sqrt[4]{x+h}+\sqrt[4]{x})(\sqrt{x+h}+\sqrt{x})}$　←h で約分。

$=\frac{1}{2\sqrt[4]{x}\cdot 2\sqrt{x}}=\boldsymbol{\frac{1}{4\sqrt[4]{x^3}}}$　←$\sqrt{x}=\sqrt[4]{x^2}$

練習 ④62　$f(x)=\begin{cases}\sqrt{x^2-2}+3 & (x\geqq 2)\\ ax^2+bx & (x<2)\end{cases}$ で定義される関数 $f(x)$ が $x=2$ で微分可能となるように，定数 a，b の値を定めよ。〔類 関西大〕

関数 $f(x)$ が $x=2$ で微分可能であるとき，$f(x)$ は $x=2$ で連続であるから　$\lim_{x\to 2}f(x)=f(2)$　←**微分可能 ⟹ 連続**

すなわち　$\lim_{x\to 2-0}f(x)=\lim_{x\to 2+0}f(x)=f(2)$　←$x\longrightarrow 2-0$ のときは $x<2$，$x\longrightarrow 2+0$ のときは $x>2$ として考える。

よって　$a\cdot 2^2+b\cdot 2=\sqrt{2^2-2}+3$

ゆえに　$4a+2b=\sqrt{2}+3$ …… ①

したがって，① から

$\lim_{h\to +0}\frac{f(2+h)-f(2)}{h}=\lim_{h\to +0}\frac{\sqrt{(2+h)^2-2}+3-(\sqrt{2}+3)}{h}$

$=\lim_{h\to +0}\frac{\sqrt{h^2+4h+2}-\sqrt{2}}{h}=\lim_{h\to +0}\frac{(h^2+4h+2)-2}{h(\sqrt{h^2+4h+2}+\sqrt{2})}$　←分子を有理化する。更に，分母・分子を h で約分。

$=\lim_{h\to +0}\frac{h+4}{\sqrt{h^2+4h+2}+\sqrt{2}}=\frac{4}{2\sqrt{2}}=\sqrt{2}$

$\lim_{h\to -0}\frac{f(2+h)-f(2)}{h}=\lim_{h\to -0}\frac{a(2+h)^2+b(2+h)-(\sqrt{2}+3)}{h}$

$=\lim_{h\to -0}\frac{4a+4ah+ah^2+2b+bh-\sqrt{2}-3}{h}$　←① から $4a+2b-\sqrt{2}-3=0$

$=\lim_{h\to -0}\frac{4ah+ah^2+bh}{h}=\lim_{h\to -0}(4a+b+ah)=4a+b$　←h で約分。

よって，$f'(2)$ が存在するための条件は　$4a+b=\sqrt{2}$ …… ②

①−② から　　$\boldsymbol{b=3}$

ゆえに，② から　　$\boldsymbol{a=\dfrac{\sqrt{2}-3}{4}}$

←$a=\dfrac{\sqrt{2}-b}{4}$

練習 ②63 次の関数を微分せよ。

(1) $y=3x^5-2x^4+4x^2-2$　(2) $y=(x^2+2x)(x^2-x+1)$　(3) $y=(x^3+3x)(x^2-2)$

(4) $y=(x+3)(x^2-1)(-x+2)$　(5) $y=\dfrac{1}{x^2+x+1}$　(6) $y=\dfrac{1-x^2}{1+x^2}$

(7) $y=\dfrac{x^3-3x^2+x}{x^2}$　(8) $y=\dfrac{(x-1)(x^2+2)}{x^2+3}$

［(6) 宮崎大］

(1) $y'=3\cdot5x^4-2\cdot4x^3+4\cdot2x=\boldsymbol{15x^4-8x^3+8x}$

←$\boldsymbol{(x^n)'=nx^{n-1}}$

(2) $y'=(2x+2)(x^2-x+1)+(x^2+2x)(2x-1)$

$=2(x^3+1)+2x^3+3x^2-2x$

$=\boldsymbol{4x^3+3x^2-2x+2}$

←$\boldsymbol{(uv)'=u'v+uv'}$

←$(x+1)(x^2-x+1)$
$=x^3+1$

(3) $y'=(3x^2+3)(x^2-2)+(x^3+3x)\cdot2x$

$=(3x^4-3x^2-6)+(2x^4+6x^2)$

$=\boldsymbol{5x^4+3x^2-6}$

←$\boldsymbol{(uv)'=u'v+uv'}$

(4) $y'=1\cdot(x^2-1)(-x+2)+(x+3)\cdot2x(-x+2)$
$+(x+3)(x^2-1)(-1)$

$=(-x^3+2x^2+x-2)+(-2x^3-2x^2+12x)$
$+(-x^3-3x^2+x+3)$

$=\boldsymbol{-4x^3-3x^2+14x+1}$

←$\boldsymbol{(uvw)'}$
$\boldsymbol{=u'vw+uv'w+uvw'}$

(5) $y'=-\dfrac{(x^2+x+1)'}{(x^2+x+1)^2}=\boldsymbol{-\dfrac{2x+1}{(x^2+x+1)^2}}$

←$\boldsymbol{\left(\dfrac{1}{v}\right)'=-\dfrac{v'}{v^2}}$

(6) $y'=\dfrac{-2x(1+x^2)-(1-x^2)\cdot2x}{(1+x^2)^2}=\boldsymbol{-\dfrac{4x}{(1+x^2)^2}}$

←$\boldsymbol{\left(\dfrac{u}{v}\right)'=\dfrac{u'v-uv'}{v^2}}$

別解　$y=-1+\dfrac{2}{1+x^2}$　であるから

$y'=0-\dfrac{2\cdot2x}{(1+x^2)^2}=\boldsymbol{-\dfrac{4x}{(1+x^2)^2}}$

←$y=\dfrac{-(1+x^2)+2}{1+x^2}$

←$\boldsymbol{\left(\dfrac{1}{v}\right)'=-\dfrac{v'}{v^2}}$

(7) $y'=\left(x-3+\dfrac{1}{x}\right)'=1-\dfrac{1}{x^2}=\boldsymbol{\dfrac{x^2-1}{x^2}}$

別解　$y'=\dfrac{(3x^2-6x+1)x^2-(x^3-3x^2+x)\cdot2x}{x^4}$

$=\dfrac{(3x^4-6x^3+x^2)-(2x^4-6x^3+2x^2)}{x^4}$

$=\dfrac{x^4-x^2}{x^4}=\boldsymbol{\dfrac{x^2-1}{x^2}}$

←$\left(\dfrac{u}{v}\right)'=\dfrac{u'v-uv'}{v^2}$ を利用して微分してもよいが（別解），(分母の次数)＞(分子の次数) の形に変形してから微分する方が計算がらく。

(8) $y'=\dfrac{\{(x-1)(x^2+2)\}'(x^2+3)-(x-1)(x^2+2)(x^2+3)'}{(x^2+3)^2}$

$=\dfrac{\{1\cdot(x^2+2)+(x-1)\cdot2x\}(x^2+3)-(x-1)(x^2+2)\cdot2x}{(x^2+3)^2}$

←分子を x^3-x^2+2x-2 と展開して，(6) と同様に微分してもよい。
また，$(x-1)(x^2+2)$
$=(x-1)\{(x^2+3)-1\}$

$$=\frac{(3x^4-2x^3+11x^2-6x+6)-(2x^4-2x^3+4x^2-4x)}{(x^2+3)^2}$$

$$=\boldsymbol{\frac{x^4+7x^2-2x+6}{(x^2+3)^2}}$$

別解　$y=(x-1)\cdot\dfrac{x^2+3-1}{x^2+3}=(x-1)\left(1-\dfrac{1}{x^2+3}\right)$ であるから

$$y'=1\cdot\left(1-\frac{1}{x^2+3}\right)+(x-1)\cdot\frac{2x}{(x^2+3)^2}$$

$$=\frac{(x^2+3)^2-(x^2+3)+2x(x-1)}{(x^2+3)^2}=\boldsymbol{\frac{x^4+7x^2-2x+6}{(x^2+3)^2}}$$

であるから
$y=(x-1)\left(1-\dfrac{1}{x^2+3}\right)$
として微分してもよい（別解参照）。

←$(uv)'=u'v+uv'$

練習 ①64

次の関数を微分せよ。

(1) $y=(x-3)^3$　(2) $y=(x^2-2)^2$　(3) $y=(x^2+1)^2(x-3)^3$

(4) $y=\dfrac{1}{(x^2-2)^3}$　(5) $y=\left(\dfrac{x-2}{x+1}\right)^2$　(6) $y=\dfrac{(2x-1)^3}{(x^2+1)^2}$

(1) $y'=3(x-3)^2(x-3)'=3(x-3)^2\cdot 1=\boldsymbol{3(x-3)^2}$

(2) $y'=2(x^2-2)(x^2-2)'=2(x^2-2)\cdot 2x=\boldsymbol{4x(x^2-2)}$

←$y=f(u)$ ならば $y'=f'(u)u'$

(3) $y'=\{(x^2+1)^2\}'(x-3)^3+(x^2+1)^2\{(x-3)^3\}'$

$=2(x^2+1)\cdot 2x(x-3)^3+(x^2+1)^2\cdot 3(x-3)^2\cdot 1$

$=(x^2+1)(x-3)^2\{4x(x-3)+3(x^2+1)\}$

$=\boldsymbol{(x^2+1)(x-3)^2(7x^2-12x+3)}$

←$\{(x^2+1)^2\}'=2(x^2+1)(x^2+1)'$

(4) $y=(x^2-2)^{-3}$ であるから

$$y'=-3(x^2-2)^{-4}(x^2-2)'=-\frac{3}{(x^2-2)^4}\cdot 2x=\boldsymbol{-\frac{6x}{(x^2-2)^4}}$$

←n が負の整数のときも $(x^n)'=nx^{n-1}$

別解　$y'=-\dfrac{\{(x^2-2)^3\}'}{\{(x^2-2)^3\}^2}=-\dfrac{3(x^2-2)^2\cdot 2x}{(x^2-2)^6}=\boldsymbol{-\dfrac{6x}{(x^2-2)^4}}$

←$\left(\dfrac{1}{v}\right)'=-\dfrac{v'}{v^2}$

(5) $y'=2\left(\dfrac{x-2}{x+1}\right)\left(\dfrac{x-2}{x+1}\right)'=2\left(\dfrac{x-2}{x+1}\right)\cdot\dfrac{x+1-(x-2)}{(x+1)^2}$

$$=\frac{2(x-2)\cdot 3}{(x+1)^3}=\boldsymbol{\frac{6(x-2)}{(x+1)^3}}$$

別解　$y'=\left\{\dfrac{(x-2)^2}{(x+1)^2}\right\}'=\dfrac{2(x-2)(x+1)^2-(x-2)^2\cdot 2(x+1)}{(x+1)^4}$

$$=2\cdot\frac{(x-2)(x+1-x+2)}{(x+1)^3}=\boldsymbol{\frac{6(x-2)}{(x+1)^3}}$$

←$u=\dfrac{x-2}{x+1}$ とおくと
$y=u^2$ で　$y'=2u\cdot u'$
なお，$\dfrac{x-2}{x+1}=1-\dfrac{3}{x+1}$
と変形してから微分する方法もあるが，左の解答の方が早い。

(6) $y'=\dfrac{\{(2x-1)^3\}'(x^2+1)^2-(2x-1)^3\{(x^2+1)^2\}'}{(x^2+1)^4}$

$$=\frac{3(2x-1)^2\cdot 2(x^2+1)^2-(2x-1)^3\cdot 2(x^2+1)\cdot 2x}{(x^2+1)^4}$$

$$=\frac{2(2x-1)^2\{3(x^2+1)-(2x-1)\cdot 2x\}}{(x^2+1)^3}$$

$$=\boldsymbol{-\frac{2(x+1)(x-3)(2x-1)^2}{(x^2+1)^3}}$$

検討　(6)
$y=(2x-1)^3(x^2+1)^{-2}$
とみて，公式 $(uv)'=u'v+uv'$ の利用により微分する方法も考えられる。

←分子の｛　｝の中は
$-x^2+2x+3$
$=-(x+1)(x-3)$

練習 ②65

(1) $y=\dfrac{1}{x^3}$ の逆関数の導関数を求めよ。

(2) $f(x)=\dfrac{1}{x^3+1}$ の逆関数 $f^{-1}(x)$ の $x=\dfrac{1}{65}$ における微分係数を求めよ。

(3) 次の関数を微分せよ。　［(イ) 広島市大］

(ア) $y=\dfrac{1}{\sqrt[3]{x^2}}$　(イ) $y=\sqrt{2-x^3}$　(ウ) $y=\sqrt[3]{\dfrac{x-1}{x+1}}$

(1) $y=\dfrac{1}{x^3}$ の逆関数は $x=\dfrac{1}{y^3}$ を満たす。

よって　$\dfrac{dx}{dy}=-\dfrac{3}{y^4}$

ゆえに　$\dfrac{dy}{dx}=\dfrac{1}{\dfrac{dx}{dy}}=-\dfrac{y^4}{3}=-\dfrac{1}{3}(y^3)^{\frac{4}{3}}=-\dfrac{1}{3}(x^{-1})^{\frac{4}{3}}$

$=-\boldsymbol{\dfrac{1}{3}x^{-\frac{4}{3}}}$

←$\left(\dfrac{1}{y^3}\right)'=(y^{-3})'=-3y^{-4}$

←$y^3=\dfrac{1}{x}=x^{-1}$

(2) $y=f^{-1}(x)$ とすると　$x=f(y)=\dfrac{1}{y^3+1}$

よって　$\dfrac{dx}{dy}=-\dfrac{(y^3+1)'}{(y^3+1)^2}=-\dfrac{3y^2}{(y^3+1)^2}$

ゆえに　$\dfrac{dy}{dx}=\dfrac{1}{\dfrac{dx}{dy}}=-\dfrac{(y^3+1)^2}{3y^2}$

$x=\dfrac{1}{65}$ のとき　$\dfrac{1}{y^3+1}=\dfrac{1}{65}$

ゆえに　$y^3=64$　したがって　$y=4$

このとき　$\dfrac{dy}{dx}=-\dfrac{(4^3+1)^2}{3\cdot4^2}=-\boldsymbol{\dfrac{4225}{48}}$

←$y^3+1=65$

←$(y-4)(y^2+4y+16)=0$
y は実数であるから
$y=4$

(3) (ア) $y'=\left(x^{-\frac{2}{3}}\right)'=-\dfrac{2}{3}x^{-\frac{5}{3}}=-\boldsymbol{\dfrac{2}{3\sqrt[3]{x^5}}}$

(イ) $y'=\left\{(2-x^3)^{\frac{1}{2}}\right\}'=\dfrac{1}{2}(2-x^3)^{-\frac{1}{2}}\cdot(2-x^3)'=-\boldsymbol{\dfrac{3x^2}{2\sqrt{2-x^3}}}$

(ウ) $y'=\left\{\left(\dfrac{x-1}{x+1}\right)^{\frac{1}{3}}\right\}'=\dfrac{1}{3}\left(\dfrac{x-1}{x+1}\right)^{-\frac{2}{3}}\left(\dfrac{x-1}{x+1}\right)'$

$=\dfrac{1}{3}\cdot\dfrac{\sqrt[3]{(x+1)^2}}{\sqrt[3]{(x-1)^2}}\cdot\dfrac{x+1-(x-1)}{(x+1)^2}=\boldsymbol{\dfrac{2}{3\sqrt[3]{(x-1)^2(x+1)^4}}}$

←p が有理数のとき
$(x^p)'=px^{p-1}$

←$y=\sqrt{u}$ を $y=u^{\frac{1}{2}}$ とみて　$y'=\dfrac{1}{2}u^{-\frac{1}{2}}\cdot u'$

←$\left(\dfrac{x-1}{x+1}\right)^{-\frac{2}{3}}=\dfrac{1}{\left(\dfrac{x-1}{x+1}\right)^{\frac{2}{3}}}=\dfrac{\sqrt[3]{(x+1)^2}}{\sqrt[3]{(x-1)^2}}$

検討　(イ), (ウ) の結果からわかるように，(イ) では $x=\sqrt[3]{2}$ における微分係数，(ウ) では $x=\pm1$ における微分係数が，それぞれ存在しない。

←y' の分母を 0 にする x の値と考えればよい。

練習 ②66　次の関数を微分せよ。　［(4) 宮崎大，(6) 会津大，(8) 東京理科大］

(1) $y=\sin 2x$　(2) $y=\cos x^2$　(3) $y=\tan^2 x$　(4) $y=\sin^3(2x+1)$

(5) $y=\cos x\sin^2 x$　(6) $y=\tan(\sin x)$　(7) $y=\dfrac{\tan x}{x}$　(8) $y=\dfrac{\cos x}{\sqrt{x}}$

HINT (4) $y=u^3$, $u=\sin v$, $v=2x+1$ という合成関数になっている。

(1) $y'=\cos 2x\cdot(2x)'=\mathbf{2\cos 2x}$

(2) $y'=-\sin x^2\cdot(x^2)'=\mathbf{-2x\sin x^2}$

(3) $y'=2\tan x\cdot(\tan x)'=2\tan x\cdot\dfrac{1}{\cos^2 x}=\dfrac{\mathbf{2\tan x}}{\mathbf{\cos^2 x}}$

(4) $y'=3\sin^2(2x+1)\cdot\{\sin(2x+1)\}'$
$=3\sin^2(2x+1)\cos(2x+1)\cdot(2x+1)'$
$=\mathbf{6\sin^2(2x+1)\cos(2x+1)}$

(5) $y'=(\cos x)'\sin^2 x+\cos x(\sin^2 x)'$
$=-\sin x\cdot\sin^2 x+\cos x\cdot 2\sin x\cos x$
$=\sin x(-\sin^2 x+2\cos^2 x)=\sin x(-3\sin^2 x+2)$
$=\mathbf{-3\sin^3 x+2\sin x}$

(6) $y'=\dfrac{1}{\cos^2(\sin x)}\cdot\cos x=\dfrac{\mathbf{\cos x}}{\mathbf{\cos^2(\sin x)}}$

(7) $y'=\dfrac{\dfrac{1}{\cos^2 x}\cdot x-\tan x\cdot 1}{x^2}=\dfrac{\mathbf{x-\sin x\cos x}}{\mathbf{x^2\cos^2 x}}$

(8) $y'=\dfrac{-\sin x\cdot\sqrt{x}-\cos x\cdot\dfrac{1}{2\sqrt{x}}}{x}=-\dfrac{\mathbf{2x\sin x+\cos x}}{\mathbf{2x\sqrt{x}}}$

←$u=2x$ とおくと
$y=\sin u$ であるから
$y'=\cos u\cdot u'$

←$u=\sin(2x+1)$ とおくと $y=u^3$ で　$y'=3u^2\cdot u'$
更に，$v=2x+1$ とおくと $u=\sin v$ で
$u'=\cos v\cdot v'$

(5) 別解
$\sin^2 x=1-\cos^2 x$ から
$y=\cos x-\cos^3 x$
$y'=-\sin x+3\sin x\cos^2 x$
$=\mathbf{-3\sin^3 x+2\sin x}$

(6) $y=\tan u$ とみて
$y'=\dfrac{1}{\cos^2 u}\cdot u'$

(7)，(8)
$\left(\dfrac{u}{v}\right)'=\dfrac{u'v-uv'}{v^2}$

練習 ②67 次の関数を微分せよ。ただし，$a>0$，$a\neq 1$ とする。

(1) $y=\log 3x$　(2) $y=\log_{10}(-4x)$　(3) $y=\log|x^2-1|$　(4) $y=(\log x)^3$

(5) $y=\log_2|\cos x|$　(6) $y=\log(\log x)$　(7) $y=\log\dfrac{2+\sin x}{2-\sin x}$　(8) $y=e^{6x}$

(9) $y=\dfrac{e^x-e^{-x}}{e^x+e^{-x}}$　(10) $y=a^{-2x+1}$　(11) $y=e^x\cos x$　［(7)，(9) 宮崎大］

(1) $y'=\dfrac{3}{3x}=\dfrac{\mathbf{1}}{\mathbf{x}}$　(2) $y'=\dfrac{-4}{-4x\log 10}=\dfrac{\mathbf{1}}{\mathbf{x\log 10}}$

(3) $y'=\dfrac{\mathbf{2x}}{\mathbf{x^2-1}}$　(4) $y'=3(\log x)^2\cdot\dfrac{1}{x}=\dfrac{\mathbf{3(\log x)^2}}{\mathbf{x}}$

(5) $y'=\dfrac{-\sin x}{\cos x\log 2}=-\dfrac{\mathbf{\tan x}}{\mathbf{\log 2}}$　(6) $y'=\dfrac{(\log x)'}{\log x}=\dfrac{\mathbf{1}}{\mathbf{x\log x}}$

(7) $y=\log(2+\sin x)-\log(2-\sin x)$ であるから

$y'=\dfrac{\cos x}{2+\sin x}-\dfrac{-\cos x}{2-\sin x}=\dfrac{4\cos x}{(2+\sin x)(2-\sin x)}$
$=\dfrac{\mathbf{4\cos x}}{\mathbf{4-\sin^2 x}}$

別解 $y'=\dfrac{2-\sin x}{2+\sin x}\cdot\dfrac{\cos x(2-\sin x)-(2+\sin x)(-\cos x)}{(2-\sin x)^2}$
$=\dfrac{4\cos x}{(2+\sin x)(2-\sin x)}=\dfrac{\mathbf{4\cos x}}{\mathbf{4-\sin^2 x}}$

(8) $y'=e^{6x}\cdot 6=\mathbf{6e^{6x}}$

(2) $u=-4x$ とおくと
$y=\log_{10}u$ であるから
$y'=\dfrac{u'}{u\log 10}=\dfrac{-4}{-4x\log 10}$
$=\dfrac{1}{x\log 10}$

(4) $u=\log x$ とおくと
$y=u^3$ で　$y'=3u^2\cdot u'$

←$\dfrac{1}{\dfrac{2+\sin x}{2-\sin x}}\cdot\left(\dfrac{2+\sin x}{2-\sin x}\right)'$

(9) $y'=\dfrac{(e^x+e^{-x})^2-(e^x-e^{-x})^2}{(e^x+e^{-x})^2}=\dfrac{4e^xe^{-x}}{(e^x+e^{-x})^2}=\boldsymbol{\dfrac{4}{(e^x+e^{-x})^2}}$

別解 $y=1-\dfrac{2e^{-x}}{e^x+e^{-x}}=1-\dfrac{2}{e^{2x}+1}$ であるから

$y'=-2\left\{-\dfrac{2e^{2x}}{(e^{2x}+1)^2}\right\}=\boldsymbol{\dfrac{4e^{2x}}{(e^{2x}+1)^2}}$

(10) $y'=a^{-2x+1}\cdot(-2)\log a$

$=\boldsymbol{(-2\log a)a^{-2x+1}}$

(11) $y'=e^x\cos x+e^x(-\sin x)$

$=\boldsymbol{e^x(\cos x-\sin x)}$

←$(e^x)'=e^x$, $(e^{-x})'=-e^{-x}$

←$\left(\dfrac{1}{v}\right)'=-\dfrac{v'}{v^2}$

←$u=-2x+1$ とおくと $y=a^u$ であるから $y'=a^u\log a\cdot u'$ $=(-2\log a)a^{-2x+1}$

3章 練習 [微分法]

練習 ②68 次の関数を微分せよ。 [(2) 関西大]

(1) $y=x^{2x}$ $(x>0)$ (2) $y=x^{\log x}$ (3) $y=(x+2)^2(x+3)^3(x+4)^4$

(4) $y=\dfrac{(x+1)^3}{(x^2+1)(x-1)}$ (5) $y=\sqrt[3]{x^2(x+1)}$ (6) $y=(x+2)\sqrt{\dfrac{(x+3)^3}{x^2+1}}$

(1) $x>0$ であるから $y>0$

両辺の自然対数をとって $\log y=2x\log x$

両辺を x で微分して $\dfrac{y'}{y}=2(\log x+1)$

よって $y'=\boldsymbol{2(\log x+1)x^{2x}}$

(2) $x>0$ であるから $y>0$

両辺の自然対数をとって $\log y=(\log x)^2$

両辺を x で微分して $\dfrac{y'}{y}=(2\log x)\cdot\dfrac{1}{x}$

よって $y'=(2\log x)\cdot\dfrac{1}{x}\cdot x^{\log x}=\boldsymbol{2x^{\log x-1}\log x}$

←両辺>0 を確認。

←(右辺)$=2\left(\log x+x\cdot\dfrac{1}{x}\right)$

←$y'=2(\log x+1)y$

←$\log x$ の x は真数であるから $x>0$
また $\log x^{\log x}=(\log x)^2$

←$\dfrac{1}{x}\cdot x^{\log x}=x^{-1}\cdot x^{\log x}$

(3) 両辺の絶対値の自然対数をとって

$\log|y|=2\log|x+2|+3\log|x+3|+4\log|x+4|$

両辺を x で微分して

$\dfrac{y'}{y}=\dfrac{2}{x+2}+\dfrac{3}{x+3}+\dfrac{4}{x+4}=\dfrac{9x^2+52x+72}{(x+2)(x+3)(x+4)}$ ❶

よって $y'=\dfrac{9x^2+52x+72}{(x+2)(x+3)(x+4)}\cdot(x+2)^2(x+3)^3(x+4)^4$

$=\boldsymbol{(x+2)(x+3)^2(x+4)^3(9x^2+52x+72)}$

(3) ❶(分子)の計算
$2(x+3)(x+4)$
$+3(x+2)(x+4)$
$+4(x+2)(x+3)$
$=(2+3+4)x^2$
$+(2\cdot7+3\cdot6+4\cdot5)x$
$+2\cdot12+3\cdot8+4\cdot6$
$=9x^2+52x+72$

(4) 両辺の絶対値の自然対数をとって

$\log|y|=3\log|x+1|-\log(x^2+1)-\log|x-1|$

両辺を x で微分して

$\dfrac{y'}{y}=\dfrac{3}{x+1}-\dfrac{2x}{x^2+1}-\dfrac{1}{x-1}=\dfrac{-4(x^2-x+1)}{(x+1)(x^2+1)(x-1)}$ ❷

よって $y'=\dfrac{-4(x^2-x+1)}{(x+1)(x^2+1)(x-1)}\cdot\dfrac{(x+1)^3}{(x^2+1)(x-1)}$

$=\boldsymbol{-\dfrac{4(x+1)^2(x^2-x+1)}{(x^2+1)^2(x-1)^2}}$

(4) ❷(分子)の計算
$3(x^2+1)(x-1)$
$-2x(x+1)(x-1)$
$-(x+1)(x^2+1)$
$=(3-2-1)x^3$
$-(3+1)x^2$
$+(3+2-1)x$
$-(3+1)$
$=-4(x^2-x+1)$

(5) 両辺の絶対値の自然対数をとって

$$\log|y|=\frac{1}{3}(2\log|x|+\log|x+1|)$$

両辺を x で微分して

$$\frac{y'}{y}=\frac{1}{3}\left(\frac{2}{x}+\frac{1}{x+1}\right)=\frac{3x+2}{3x(x+1)}$$

よって $y'=\dfrac{3x+2}{3x(x+1)}\sqrt[3]{x^2(x+1)}=\dfrac{3x+2}{3}\cdot\dfrac{x^{\frac{2}{3}}(x+1)^{\frac{1}{3}}}{x(x+1)}$

$$=\frac{3x+2}{3}\cdot x^{-\frac{1}{3}}(x+1)^{-\frac{2}{3}}=\boldsymbol{\frac{3x+2}{3}\sqrt[3]{\frac{1}{x(x+1)^2}}}$$

(6) 両辺の絶対値の自然対数をとって

$$\log|y|=\log|x+2|+\frac{1}{2}\{3\log|x+3|-\log(x^2+1)\}$$

両辺を x で微分して

$$\frac{y'}{y}=\frac{1}{x+2}+\frac{1}{2}\left(\frac{3}{x+3}-\frac{2x}{x^2+1}\right)=\frac{3x^3+2x^2-7x+12}{2(x+2)(x+3)(x^2+1)}$$ ❸

よって $y'=\dfrac{3x^3+2x^2-7x+12}{2(x+2)(x+3)(x^2+1)}\cdot(x+2)\sqrt{\dfrac{(x+3)^3}{x^2+1}}$

$$=\frac{3x^3+2x^2-7x+12}{2}\cdot\frac{(x+3)^{-1+\frac{3}{2}}}{(x^2+1)^{1+\frac{1}{2}}}$$

$$=\boldsymbol{\frac{3x^3+2x^2-7x+12}{2}\sqrt{\frac{x+3}{(x^2+1)^3}}}$$

(6) ❸(分子)の計算
$2(x+3)(x^2+1)$
$+3(x+2)(x^2+1)$
$-2x(x+2)(x+3)$
$=(2+3-2)x^3$
$+(2\cdot3+3\cdot2-2\cdot5)x^2$
$+(2\cdot1+3\cdot1-2\cdot6)x$
$+2\cdot3+3\cdot2$
$=3x^3+2x^2-7x+12$

練習 ③69

$\displaystyle\lim_{h\to0}(1+h)^{\frac{1}{h}}=e$ を用いて，次の極限値を求めよ。 〔(3) 防衛大〕

(1) $\displaystyle\lim_{x\to0}(1-x)^{\frac{1}{x}}$ (2) $\displaystyle\lim_{x\to\infty}\left(1-\frac{1}{x}\right)^{2x}$ (3) $\displaystyle\lim_{x\to\infty}\left(\frac{x}{x+1}\right)^{x}$

(1) $-x=h$ とおくと，$x\longrightarrow0$ のとき $h\longrightarrow0$

よって $\displaystyle\lim_{x\to0}(1-x)^{\frac{1}{x}}=\lim_{h\to0}(1+h)^{-\frac{1}{h}}=\lim_{h\to0}\left\{(1+h)^{\frac{1}{h}}\right\}^{-1}=\boldsymbol{e^{-1}}$

(2) $-\dfrac{1}{x}=h$ とおくと，$x\longrightarrow\infty$ のとき $h\longrightarrow-0$

よって $\displaystyle\lim_{x\to\infty}\left(1-\frac{1}{x}\right)^{2x}=\lim_{h\to-0}(1+h)^{-\frac{2}{h}}=\lim_{h\to-0}\left\{(1+h)^{\frac{1}{h}}\right\}^{-2}$

$=\boldsymbol{e^{-2}}$

(3) $\left(\dfrac{x}{x+1}\right)^{x}=\left(\dfrac{x+1}{x}\right)^{-x}=\left(1+\dfrac{1}{x}\right)^{-x}$

$\dfrac{1}{x}=h$ とおくと，$x\longrightarrow\infty$ のとき $h\longrightarrow+0$

よって $\displaystyle\lim_{x\to\infty}\left(\frac{x}{x+1}\right)^{x}=\lim_{h\to+0}(1+h)^{-\frac{1}{h}}=\lim_{h\to+0}\left\{(1+h)^{\frac{1}{h}}\right\}^{-1}=\boldsymbol{e^{-1}}$

注意 「$0<\dfrac{x}{x+1}<1$ であるから $\displaystyle\lim_{x\to\infty}\left(\frac{x}{x+1}\right)^{x}=0$」とするのは誤りである。

HINT $\displaystyle\lim_{h\to0}(1+h)^{\frac{1}{h}}=e$ が利用できるように変数をおき換える。
$\displaystyle\lim_{\square\to0}(1+\square)^{\frac{1}{\square}}=e$ のように，□が一致するように変形するのがコツ。

←(1)は $\dfrac{1}{e}$，(2)は $\dfrac{1}{e^2}$，(3)は $\dfrac{1}{e}$ と答えてもよい。

←$h=\dfrac{1}{x}$

「c を正の定数とするとき $\lim_{x\to\infty}\left(\dfrac{c}{c+1}\right)^x=0$」は正しい。2 つを混同しないようにしよう。

←c は x に無関係。

練習 ③70 関数 $f(x)$ は微分可能であるとする。

(1) 極限値 $\lim_{h\to 0}\dfrac{f(x+2h)-f(x)}{\sin h}$ を $f'(x)$ を用いて表せ。〔東京電機大〕

(2) $f'(0)=2$ であるとき，極限値 $\lim_{x\to 0}\dfrac{f(2x)-f(-x)}{x}$ を求めよ。

(1) $\lim_{h\to 0}\dfrac{f(x+2h)-f(x)}{\sin h}=\lim_{h\to 0}\left\{2\cdot\dfrac{f(x+2h)-f(x)}{2h}\cdot\dfrac{h}{\sin h}\right\}$

$=2\cdot f'(x)\cdot 1=\boldsymbol{2f'(x)}$

(2) $\lim_{x\to 0}\dfrac{f(2x)-f(-x)}{x}=\lim_{x\to 0}\dfrac{f(2x)-f(0)-\{f(-x)-f(0)\}}{x}$

$=\lim_{x\to 0}\left\{\dfrac{f(2x)-f(0)}{2x-0}\cdot 2+\dfrac{f(-x)-f(0)}{-x-0}\right\}$

$=f'(0)\cdot 2+f'(0)=3f'(0)=3\cdot 2=\boldsymbol{6}$

←$\lim_{h\to 0}\dfrac{f(x+\square)-f(x)}{\square}$
$=f'(x)$ （□ は同じ式，$h\longrightarrow 0$ のとき □ $\longrightarrow 0$）
(2) では
$\lim_{\square\to a}\dfrac{f(\square)-f(a)}{\square-a}=f'(a)$
が使える形に変形する。

練習 ③71 次の極限値を求めよ。ただし，a は定数とする。

(1) $\lim_{x\to 0}\dfrac{3^{2x}-1}{x}$　(2) $\lim_{x\to 1}\dfrac{\log x}{x-1}$　(3) $\lim_{x\to a}\dfrac{1}{x-a}\log\dfrac{x^x}{a^a}$ $(a>0)$

(4) $\lim_{x\to 0}\dfrac{e^x-e^{-x}}{x}$　(5) $\lim_{x\to 0}\dfrac{e^{a+x}-e^a}{x}$　〔(2) 類 東京理科大〕

(1) $f(x)=3^{2x}$ とすると　(与式)$=\lim_{x\to 0}\dfrac{3^{2x}-3^0}{x-0}=f'(0)$

$f'(x)=3^{2x}\cdot 2\log 3$ であるから　$f'(0)=2\log 3$

よって　(与式)$=\boldsymbol{2\log 3}$

←$f'(0)=\lim_{x\to 0}\dfrac{f(x)-f(0)}{x-0}$

(2) $f(x)=\log x$ とすると

(与式)$=\lim_{x\to 1}\dfrac{\log x-\log 1}{x-1}=f'(1)$

$f'(x)=\dfrac{1}{x}$ であるから　$f'(1)=1$

よって　(与式)$=\boldsymbol{1}$

別解　$x-1=t$ とおく。
(与式)$=\lim_{t\to 0}\dfrac{\log(1+t)}{t}$
$=\lim_{t\to 0}\log(1+t)^{\frac{1}{t}}$
$=\log e=\boldsymbol{1}$

参考　$\lim_{x\to 0}\dfrac{\log(1+x)}{x}=1$ も覚えておくと便利。

(3) $f(x)=\log x^x$ とすると

(与式)$=\lim_{x\to a}\dfrac{\log x^x-\log a^a}{x-a}=f'(a)$

$f'(x)=(x\log x)'=\log x+1$ であるから　$f'(a)=\log a+1$

よって　(与式)$=\boldsymbol{\log a+1}$

←$(x\log x)'$
$=1\cdot\log x+x\cdot\dfrac{1}{x}$

(4) $f(x)=e^x$ とすると，$f'(x)=e^x$ であるから

(与式)$=\lim_{x\to 0}\dfrac{e^x-1-(e^{-x}-1)}{x}=\lim_{x\to 0}\left(\dfrac{e^x-1}{x}+\dfrac{e^{-x}-1}{-x}\right)$

$=\lim_{x\to 0}\left(\dfrac{e^x-e^0}{x-0}+\dfrac{e^{-x}-e^0}{-x-0}\right)=f'(0)+f'(0)$

$=1+1=\boldsymbol{2}$

←$\lim_{x\to 0}\dfrac{e^x-1}{x}=1$ を利用してもよい。

(5) (与式)$=\lim_{x\to 0}\frac{e^a(e^x-1)}{x}=\lim_{x\to 0}\left(e^a\cdot\frac{e^x-1}{x}\right)$

$f(x)=e^x$ とすると，$f'(x)=e^x$ であるから

$$\lim_{x\to 0}\frac{e^x-1}{x}=\lim_{x\to 0}\frac{e^x-e^0}{x-0}=f'(0)=1$$

よって　(与式)$=e^a\cdot 1=\boldsymbol{e^a}$

←$\lim_{x\to 0}\frac{e^x-1}{x}=1$ を直ちに使ってもよいが，ここでは微分係数の定義を利用した解法を示しておく。

参考　$\lim_{x\to 0}\frac{\sin x}{x}=1$，$\lim_{x\to 0}\frac{e^x-1}{x}=1\left[\lim_{x\to 0}\frac{\log(1+x)}{x}=1\right]$ は，$x\fallingdotseq 0$ のとき

$\sin x\fallingdotseq x$，$e^x-1\fallingdotseq x\left[\log(1+x)\fallingdotseq x\right]$ であることを示している。

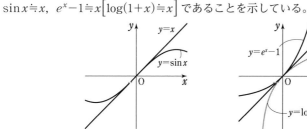

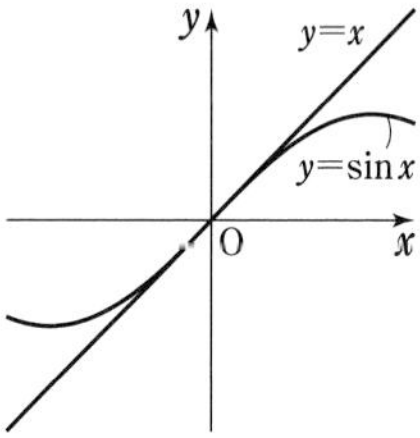

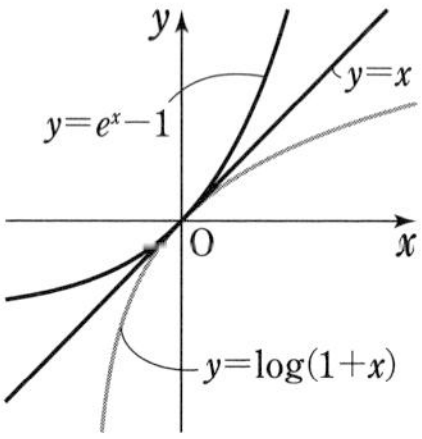

練習 ④72

関数 $f(x)$ は微分可能で，$f'(0)=a$ とする。任意の実数 x，y，p $(p\neq 0)$ に対して，等式 $f(x+py)=f(x)+pf(y)$ が成り立つとき，$f'(x)$，$f(x)$ を順に求めよ。

$f(x+py)=f(x)+pf(y)$ …… ① とする。

① に $y=h$ を代入して　$f(x+ph)=f(x)+pf(h)$

また，① に $y=0$ を代入して　$f(x)=f(x)+pf(0)$

$p\neq 0$ であるから　$f(0)=0$

よって　$\boldsymbol{f'(x)}=\lim_{h\to 0}\frac{f(x+ph)-f(x)}{ph}=\lim_{h\to 0}\frac{pf(h)}{ph}$

$=\lim_{h\to 0}\frac{f(h)}{h}=\lim_{h\to 0}\frac{f(0+h)-f(0)}{h}$

$=f'(0)=\boldsymbol{a}$

ゆえに　$f(x)=\int f'(x)dx=\int a\,dx=ax+C$ (C は積分定数)

$f(0)=0$ であるから　$C=0$

よって　$\boldsymbol{f(x)=ax}$

HINT　$f'(x)$ は導関数の定義式，$f(x)$ は積分法(数学Ⅱ)を利用して求める。

←$\lim_{h\to 0}\frac{f(a+\square)-f(a)}{\square}=f'(a)$ （□ は同じ式，$h\longrightarrow 0$ のとき □ $\longrightarrow 0$）

←C の値を決定。

練習 ③73

(1) 次の関数の第 2 次導関数，第 3 次導関数を求めよ。

(ア) $y=x^3-3x^2+2x-1$　(イ) $y=\sqrt[3]{x}$　(ウ) $y=\log(x^2+1)$

(エ) $y=xe^{2x}$　(オ) $y=e^x\cos x$

(2) $y=\cos x$ $(\pi<x<2\pi)$ の逆関数を $y=g(x)$ とするとき，$g'(x)$，$g''(x)$ をそれぞれ x の式で表せ。

(1) (ア) $y'=3x^2-6x+2$ であるから　$\boldsymbol{y''=6x-6,\ y'''=6}$

(イ) $y'=\left(x^{\frac{1}{3}}\right)'=\frac{1}{3}x^{-\frac{2}{3}}$ であるから

$$\boldsymbol{y''}=\frac{1}{3}\cdot\left(-\frac{2}{3}x^{-\frac{5}{3}}\right)=-\frac{2}{9}x^{-\frac{5}{3}}=\boldsymbol{-\frac{2}{9x\sqrt[3]{x^2}}}$$

←$x^{-\frac{5}{3}}=x^{-1-\frac{2}{3}}=x^{-1}\cdot x^{-\frac{2}{3}}$

$\boldsymbol{y'''}=-\dfrac{2}{9}\cdot\left(-\dfrac{5}{3}x^{-\frac{8}{3}}\right)=\dfrac{10}{27}x^{-\frac{8}{3}}=\boldsymbol{\dfrac{10}{27x^2\sqrt[3]{x^2}}}$

←$y''=-\dfrac{2}{9}x^{-\frac{5}{3}}$ から y''' を計算。
$x^{-\frac{8}{3}}=x^{-2-\frac{2}{3}}=x^{-2}\cdot x^{-\frac{2}{3}}$

(ウ) $y'=\dfrac{2x}{x^2+1}$ であるから

$\boldsymbol{y''}=\dfrac{2(x^2+1-x\cdot 2x)}{(x^2+1)^2}=\boldsymbol{\dfrac{2(1-x^2)}{(x^2+1)^2}}$

$\boldsymbol{y'''}=\{2(1-x^2)(x^2+1)^{-2}\}'$
$=2(-2x)(x^2+1)^{-2}+2(1-x^2)(-2)(x^2+1)^{-3}\cdot 2x$
$=-4x(x^2+1)^{-2}-8x(1-x^2)(x^2+1)^{-3}$
$=-4x(x^2+1)^{-3}\{x^2+1+2(1-x^2)\}$
$=\boldsymbol{\dfrac{4x(x^2-3)}{(x^2+1)^3}}$

←この形で y''' を計算すると，商の微分を使うより少しらく。

(エ) $y'=e^{2x}+2xe^{2x}=(2x+1)e^{2x}$ であるから

←整理してから微分。

$\boldsymbol{y''}=2e^{2x}+2(2x+1)e^{2x}=\boldsymbol{4(x+1)e^{2x}}$
$\boldsymbol{y'''}=4e^{2x}+8(x+1)e^{2x}=\boldsymbol{4(2x+3)e^{2x}}$

(オ) $y'=e^x\cos x-e^x\sin x=e^x(\cos x-\sin x)$ であるから
$\boldsymbol{y''}=e^x(\cos x-\sin x)+e^x(-\sin x-\cos x)=\boldsymbol{-2e^x\sin x}$
$\boldsymbol{y'''}=-2e^x\sin x-2e^x\cos x=\boldsymbol{-2e^x(\sin x+\cos x)}$

(2) 条件より，$y=g(x)$ に対して $x=\cos y$ が成り立つから

$$\frac{dy}{dx}=\frac{1}{\dfrac{dx}{dy}}=-\frac{1}{\sin y}$$

←$\dfrac{dx}{dy}=\dfrac{d}{dy}(\cos y)$
$=-\sin y$

$\pi<y<2\pi$ であるから　$\sin y<0$

ゆえに　$\sin y=-\sqrt{1-\cos^2 y}=-\sqrt{1-x^2}$

よって　$\boldsymbol{g'(x)}=\dfrac{dy}{dx}=-\dfrac{1}{\sin y}=\boldsymbol{\dfrac{1}{\sqrt{1-x^2}}}$

また　$\boldsymbol{g''(x)}=\left\{(1-x^2)^{-\frac{1}{2}}\right\}'=-\dfrac{1}{2}(1-x^2)^{-\frac{3}{2}}(-2x)$

$=\boldsymbol{\dfrac{x}{\sqrt{(1-x^2)^3}}}$

←$\dfrac{d}{dx}\left(\dfrac{1}{\sqrt{1-x^2}}\right)$

練習 ③74
(1) $y=\log(x+\sqrt{x^2+1})$ のとき，等式 $(x^2+1)y''+xy'=0$ を証明せよ。［首都大東京］
(2) $y=e^{2x}+e^x$ が $y''+ay'+by=0$ を満たすとき，定数 a，b の値を求めよ。［大阪工大］

(1) $y'=\dfrac{1}{x+\sqrt{x^2+1}}\left(1+\dfrac{2x}{2\sqrt{x^2+1}}\right)=\dfrac{1}{x+\sqrt{x^2+1}}\cdot\dfrac{x+\sqrt{x^2+1}}{\sqrt{x^2+1}}$

$=\dfrac{1}{\sqrt{x^2+1}}$

HINT (1) y'，y'' を求め，証明すべき等式の左辺に代入する。
(2) 与式を e^{2x}，e^x について整理する。

$y''=\left\{(x^2+1)^{-\frac{1}{2}}\right\}'=-\dfrac{1}{2}(x^2+1)^{-\frac{3}{2}}\cdot 2x=-\dfrac{x}{(x^2+1)\sqrt{x^2+1}}$

よって　$(x^2+1)y''+xy'=-\dfrac{x}{\sqrt{x^2+1}}+\dfrac{x}{\sqrt{x^2+1}}=0$

ゆえに，等式 $(x^2+1)y''+xy'=0$ は成り立つ。

3章 練習 [微分法]

(2) $y'=2e^{2x}+e^x$，$y''=4e^{2x}+e^x$ であるから

$$y''+ay'+by=(4e^{2x}+e^x)+a(2e^{2x}+e^x)+b(e^{2x}+e^x)$$
$$=(2a+b+4)e^{2x}+(a+b+1)e^x$$

$y''+ay'+by=0$ から　$(2a+b+4)e^{2x}+(a+b+1)e^x=0$

これがすべての x に対して成り立つから

$2a+b+4=0$ …… ①，$a+b+1=0$ …… ②

①，② を解いて　$\boldsymbol{a=-3,\ b=2}$

←$e^x=X$ とおくと，左辺は X の 2 次式となる。恒等式の性質から，各項の係数が 0 である。

検討　a，b，c，d を実数の定数とすると，次のことが成り立つ。

1．すべての実数 x について $a\sin x+b\cos x=0 \iff a=0,\ b=0$

2．すべての実数 x について $a\sin x+b\cos x=c\sin x+d\cos x \iff a=c,\ b=d$

[1. の証明]　($\Longleftarrow$)　明らかに成り立つ。

($\Longrightarrow$)　$a\sin x+b\cos x=\sqrt{a^2+b^2}\sin(x+\alpha)$

$\left(\text{ただし，}\cos\alpha=\dfrac{a}{\sqrt{a^2+b^2}},\ \sin\alpha=\dfrac{b}{\sqrt{a^2+b^2}}\right)$

であるから　$a\sin x+b\cos x=0 \iff \sqrt{a^2+b^2}\sin(x+\alpha)=0$

$\sqrt{a^2+b^2}\sin(x+\alpha)=0$ がすべての実数 x について成り立つとき　$\sqrt{a^2+b^2}=0$

すなわち　$a^2+b^2=0$　　a，b は実数であるから　$a=b=0$　終

[2. の証明]　1. において，a を $a-c$，b を $b-d$ とすると

$$(a-c)\sin x+(b-d)\cos x=0 \iff a-c=0,\ b-d=0$$

すなわち　$a\sin x+b\cos x=c\sin x+d\cos x \iff a=c,\ b=d$　終

この性質を用いると，本冊 $p.131$ の基本例題 74 (2) は，③ の式から

$3=a+2b$，$4=b$　　←③ の両辺の係数を比較。

よって，$a=-5$，$b=4$ が得られる。

練習 ③75

n を自然数とする。次の関数の第 n 次導関数を求めよ。

(1) $y=\log x$　　(2) $y=\cos x$

HINT　y'，y''，y'''，… を求めて $y^{(n)}$ を推測し，数学的帰納法で証明する。

(1) $y=\log x$，$y'=\dfrac{1}{x}=x^{-1}$，$y''=-x^{-2}$，

$y'''=(-1)^2\cdot 2x^{-3}$，$y^{(4)}=(-1)^3\cdot 2\cdot 3x^{-4}$

ゆえに，$y^{(n)}=(-1)^{n-1}\cdot\dfrac{(n-1)!}{x^n}$ …… ①　と推測できる。

[1] $n=1$ のとき　$y'=\dfrac{1}{x}=(-1)^0\cdot\dfrac{0!}{x}$ から，① は成り立つ。　←$(-1)^0=1$，$0!=1$

[2] $n=k$ のとき，① が成り立つと仮定すると

$$y^{(k)}=(-1)^{k-1}\cdot\frac{(k-1)!}{x^k} \quad \cdots\cdots ②$$

←$y^{(k)}=(-1)^{k-1}\cdot(k-1)!\times x^{-k}$ とすると，$y^{(k+1)}$ を求めやすい。

$n=k+1$ のときを考えると，② の両辺を x で微分して

$$y^{(k+1)}=(-1)^{k-1}\cdot\frac{(k-1)!(-k)}{x^{k+1}}=(-1)^k\cdot\frac{k!}{x^{k+1}}$$

←$(k-1)!\times k=k!$

よって，$n=k+1$ のときも ① は成り立つ。

[1]，[2] から，すべての自然数 n について ① は成り立つ。

したがって　$\boldsymbol{y^{(n)}=(-1)^{n-1}\cdot\dfrac{(n-1)!}{x^n}}$

(2) $y=\cos x$, $y'=-\sin x=\cos\left(x+\dfrac{\pi}{2}\right)$ …… Ⓐ,

$$y''=-\sin\left(x+\frac{\pi}{2}\right)=\cos\left(x+\frac{\pi}{2}+\frac{\pi}{2}\right)=\cos\left(x+2\cdot\frac{\pi}{2}\right)$$

ゆえに，$y^{(n)}=\cos\left(x+\dfrac{n\pi}{2}\right)$ …… ① と推測できる。

[1] $n=1$ のとき Ⓐ から，① は成り立つ。

[2] $n=k$ のとき，① が成り立つと仮定すると

$$y^{(k)}=\cos\left(x+\frac{k\pi}{2}\right) \quad \cdots\cdots ②$$

$n=k+1$ のときを考えると，② の両辺を x で微分して

$$y^{(k+1)}=-\sin\left(x+\frac{k\pi}{2}\right)=\cos\left(x+\frac{k\pi}{2}+\frac{\pi}{2}\right)$$
$$=\cos\left\{x+\frac{(k+1)\pi}{2}\right\}$$

よって，$n=k+1$ のときも ① は成り立つ。

[1]，[2] から，すべての自然数 n について ① は成り立つ。

したがって　$\boldsymbol{y^{(n)}=\cos\left(x+\dfrac{n\pi}{2}\right)}$

←$(\cos x)'=-\sin x$ であるが，関数の種類が混在すると，規則性がわかりにくい。よって，$\cos\left(\theta+\dfrac{\pi}{2}\right)=-\sin\theta$ を利用して cos の式に変形。

←$\cos\left(\theta+\dfrac{\pi}{2}\right)=-\sin\theta$ で $\theta=x+\dfrac{k\pi}{2}$ の場合。

3章 練習 [微分法]

練習 ④76

関数 $f(x)=\dfrac{1}{1+x^2}$ について，等式

$$(1+x^2)f^{(n)}(x)+2nxf^{(n-1)}(x)+n(n-1)f^{(n-2)}(x)=0 \quad (n\geqq 2)$$

が成り立つことを証明せよ。ただし，$f^{(0)}(x)=f(x)$ とする。 〔類 横浜市大〕

証明したい等式を ① とする。

[1] $f(x)=f^{(0)}(x)=(1+x^2)^{-1}$，　$f'(x)=-(1+x^2)^{-2}\cdot 2x$，

$f''(x)=(1+x^2)^{-3}\cdot 8x^2-(1+x^2)^{-2}\cdot 2$

よって，$n=2$ のとき

$$(\text{① の左辺})=(1+x^2)f''(x)+4xf'(x)+2f(x)$$
$$=(1+x^2)^{-2}\cdot 8x^2-(1+x^2)^{-1}\cdot 2-(1+x^2)^{-2}\cdot 8x^2+(1+x^2)^{-1}\cdot 2$$
$$=0$$

したがって，① は成り立つ。

[2] $n=k\ (k\geqq 2)$ のとき，① が成り立つと仮定すると

$$(1+x^2)f^{(k)}(x)+2kxf^{(k-1)}(x)+k(k-1)f^{(k-2)}(x)=0$$

$n=k+1$ のときを考えると，この両辺を x で微分して

$$2xf^{(k)}(x)+(1+x^2)f^{(k+1)}(x)+2kf^{(k-1)}(x)+2kxf^{(k)}(x)+k(k-1)f^{(k-1)}(x)=0$$

整理すると

$$(1+x^2)f^{(k+1)}(x)+2(k+1)xf^{(k)}(x)+(k+1)kf^{(k-1)}(x)=0$$

よって，$n=k+1$ のときも ① は成り立つ。

[1]，[2] から，$n\geqq 2$ のすべての自然数 n について ① は成り立つ。

←$f'(x)=\{(1+x^2)^{-1}\}'=-(1+x^2)^{-2}\cdot 2x$
$f''(x)=\{(1+x^2)^{-2}(-2x)\}'=-2(1+x^2)^{-3}(2x)\cdot(-2x)+(1+x^2)^{-2}\cdot(-2)$

←$\{f^{(k)}(x)\}'=f^{(k+1)}(x)$
$\{f^{(k-1)}(x)\}'=f^{(k)}(x)$
$\{f^{(k-2)}(x)\}'=f^{(k-1)}(x)$

練習 ③77 $f(x)=(3x+5)e^{2x}$ とする。
(1) $f'(x)$ を求めよ。
(2) 定数 a_n, b_n を用いて，$f^{(n)}(x)=(a_nx+b_n)e^{2x}$ $(n=1,\ 2,\ 3,\ \cdots\cdots)$ と表すとき，a_{n+1}，b_{n+1} をそれぞれ a_n，b_n を用いて表せ。
(3) $f^{(n)}(x)$ を求めよ。 〔類 金沢工大〕

(1) $\boldsymbol{f'(x)}=3e^{2x}+(3x+5)\cdot 2e^{2x}\boldsymbol{=(6x+13)e^{2x}}$

(2) $f^{(n)}(x)=(a_nx+b_n)e^{2x}$ …… ① とする。

① の両辺を x で微分すると

$$f^{(n+1)}(x)=a_ne^{2x}+(a_nx+b_n)\cdot 2e^{2x}$$
$$=(2a_nx+a_n+2b_n)e^{2x} \quad \cdots\cdots ②$$

←$\{f^{(n)}(x)\}'=(a_nx+b_n)'e^{2x}+(a_nx+b_n)(e^{2x})'$

また，① から

$$f^{(n+1)}(x)=(a_{n+1}x+b_{n+1})e^{2x} \quad \cdots\cdots ③$$

←① の n を $n+1$ におき換える。

②，③ の右辺の係数をそれぞれ比較して

$$\boldsymbol{a_{n+1}=2a_n,\ b_{n+1}=a_n+2b_n}$$

(3) (1) から $a_1=6$，$b_1=13$

数列 $\{a_n\}$ は初項 6，公比 2 の等比数列であるから

$$a_n=6\cdot 2^{n-1}=3\cdot 2^n$$

←初項を a，公比を r とすると $a_n=ar^{n-1}$

ゆえに $b_{n+1}=2b_n+3\cdot 2^n$

←$b_{n+1}=2b_n+a_n$

両辺を 2^{n+1} で割ると $\dfrac{b_{n+1}}{2^{n+1}}=\dfrac{b_n}{2^n}+\dfrac{3}{2}$

←$\dfrac{b_{n+1}}{2^{n+1}}=\dfrac{2}{2}\cdot\dfrac{b_n}{2^n}+\dfrac{3}{2}\cdot\dfrac{2^n}{2^n}$

$\dfrac{b_n}{2^n}=c_n$ とおくと $c_{n+1}=c_n+\dfrac{3}{2}$ また $c_1=\dfrac{b_1}{2}=\dfrac{13}{2}$

←等差数列型。

よって，数列 $\{c_n\}$ は初項 $\dfrac{13}{2}$，公差 $\dfrac{3}{2}$ の等差数列であるから

$$c_n=\frac{13}{2}+(n-1)\cdot\frac{3}{2}=\frac{3}{2}n+5$$

ゆえに $b_n=2^nc_n=2^n\left(\dfrac{3}{2}n+5\right)=2^{n-1}(3n+10)$

←$\dfrac{b_n}{2^n}=c_n$ から。

したがって $\boldsymbol{f^{(n)}(x)}=\{3\cdot 2^nx+2^{n-1}(3n+10)\}e^{2x}$

$$\boldsymbol{=2^{n-1}(6x+3n+10)e^{2x}}$$

練習 ②78 次の方程式で定められる x の関数 y について，$\dfrac{dy}{dx}$ と $\dfrac{d^2y}{dx^2}$ をそれぞれ x と y を用いて表せ。
(1) $y^2=x$ (2) $x^2-y^2=4$ (3) $(x+1)^2+y^2=9$ (4) $3xy-2x+5y=0$

(1) $y^2=x$ の両辺を x で微分すると

$$2y\frac{dy}{dx}=1 \qquad \text{よって，} y\neq 0 \text{ のとき} \qquad \boldsymbol{\frac{dy}{dx}=\frac{1}{2y}}$$

←$\dfrac{d}{dx}y^2=2y\dfrac{dy}{dx}$

また，この両辺を x で微分すると

$$\boldsymbol{\frac{d^2y}{dx^2}}=-\frac{y'}{2y^2}=-\frac{1}{2y^2}\cdot\frac{1}{2y}\boldsymbol{=-\frac{1}{4y^3}}$$

←$\dfrac{d^2y}{dx^2}=\dfrac{d}{dx}\left(\dfrac{dy}{dx}\right)=\dfrac{d}{dy}\left(\dfrac{1}{2y}\right)\dfrac{dy}{dx}$

(2) $x^2-y^2=4$ の両辺を x で微分すると

$$2x-2y\frac{dy}{dx}=0 \qquad \text{よって，} y\neq 0 \text{ のとき} \qquad \boldsymbol{\frac{dy}{dx}=\frac{x}{y}}$$

また，この両辺を x で微分すると

$$\frac{d^2y}{dx^2}=\frac{1\cdot y-xy'}{y^2}=\frac{y-\frac{x^2}{y}}{y^2}=\frac{y^2-x^2}{y^3}=\boldsymbol{-\frac{4}{y^3}}$$

(3) $(x+1)^2+y^2=9$ の両辺を x で微分すると

$2(x+1)+2y\dfrac{dy}{dx}=0$ 　よって，$y\neq 0$ のとき $\boldsymbol{\dfrac{dy}{dx}=-\dfrac{x+1}{y}}$

また，この両辺を x で微分すると

$$\frac{d^2y}{dx^2}=-\frac{1\cdot y-(x+1)y'}{y^2}=-\frac{y+\frac{(x+1)^2}{y}}{y^2}$$

$$=-\frac{y^2+(x+1)^2}{y^3}=\boldsymbol{-\frac{9}{y^3}}$$

(4) $3xy-2x+5y=0$ の両辺を x で微分すると

$$3\left(y+x\frac{dy}{dx}\right)-2+5\frac{dy}{dx}=0$$

よって　$(3x+5)\dfrac{dy}{dx}=2-3y$ 　ゆえに　$\boldsymbol{\dfrac{dy}{dx}=\dfrac{2-3y}{3x+5}}$

また，この両辺を x で微分すると

$$\frac{d^2y}{dx^2}=\frac{-3y'(3x+5)-(2-3y)\cdot 3}{(3x+5)^2}$$

$$=\frac{-3\cdot\frac{2-3y}{3x+5}\cdot(3x+5)-3(2-3y)}{(3x+5)^2}=\boldsymbol{\frac{6(3y-2)}{(3x+5)^2}}$$

← $\dfrac{d^2y}{dx^2}=\dfrac{d}{dx}\left(\dfrac{dy}{dx}\right)$
$=\dfrac{d}{dx}\left(\dfrac{x}{y}\right)$
商の微分の公式を利用。

参考 (4)
$3x+5=0$ とすると，$3xy-2x+5y=0$ から $y(3x+5)-2x=0$
よって，$y\cdot 0-2x=0$ から　$x=0$ 　これは $3x+5=0$ に反する。
ゆえに　$3x+5\neq 0$

3章 練習 [微分法]

練習 ①79 x の関数 y が，t，θ を媒介変数として，次の式で表されるとき，導関数 $\dfrac{dy}{dx}$ を t，θ の関数として表せ。

(1) $\begin{cases}x=2t^3+1\\y=t^2+t\end{cases}$ 　(2) $\begin{cases}x=\sqrt{1-t^2}\\y=t^2+2\end{cases}$ 　(3) $\begin{cases}x=2\cos\theta\\y=3\sin\theta\end{cases}$ 　(4) $\begin{cases}x=3\cos^3\theta\\y=2\sin^3\theta\end{cases}$

(1) $\dfrac{dx}{dt}=6t^2$，$\dfrac{dy}{dt}=2t+1$

よって，$t\neq 0$ のとき　$\dfrac{dy}{dx}=\boldsymbol{\dfrac{2t+1}{6t^2}}$

(2) $t\neq\pm 1$ のとき　$\dfrac{dx}{dt}=\dfrac{-2t}{2\sqrt{1-t^2}}=-\dfrac{t}{\sqrt{1-t^2}}$，$\dfrac{dy}{dt}=2t$

よって，$t\neq 0$，$t\neq\pm 1$ のとき　$\dfrac{dy}{dx}=\dfrac{2t}{-\frac{t}{\sqrt{1-t^2}}}=\boldsymbol{-2\sqrt{1-t^2}}$

(3) $\dfrac{dx}{d\theta}=-2\sin\theta$，$\dfrac{dy}{d\theta}=3\cos\theta$

よって，$\sin\theta\neq 0$ のとき　$\dfrac{dy}{dx}=\boldsymbol{-\dfrac{3\cos\theta}{2\sin\theta}}$

(4) $\dfrac{dx}{d\theta}=3\cdot 3\cos^2\theta\cdot(-\sin\theta)$，$\dfrac{dy}{d\theta}=2\cdot 3\sin^2\theta\cdot\cos\theta$

$\sin\theta\cos\theta\neq 0$ のとき　$\dfrac{dy}{dx}=\dfrac{2\cdot 3\sin^2\theta\cos\theta}{-3\cdot 3\cos^2\theta\sin\theta}=\boldsymbol{-\dfrac{2}{3}\tan\theta}$

← $\boldsymbol{\dfrac{dy}{dx}=\dfrac{\frac{dy}{dt}}{\frac{dx}{dt}}}$

(4) グラフは 4 点 (3, 0), (0, 2), (−3, 0), (0, −2) を通り，点 (3, 0) に戻る。図形は x 軸，y 軸に関して対称である。

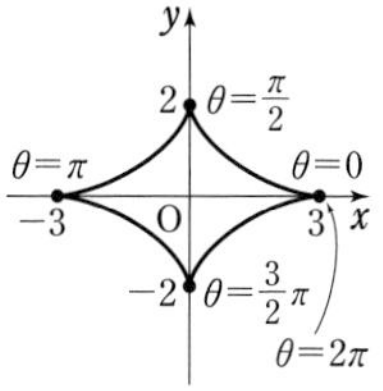

練習 ③80

(1) $x\tan y=1\ \left(x>0,\ 0<y<\dfrac{\pi}{2}\right)$ が成り立つとき，$\dfrac{dy}{dx}$ を x の式で表せ。〔広島市大〕

(2) $x=a\cos\theta$，$y=b\sin\theta$ $(a>0,\ b>0)$ のとき，$\dfrac{d^2y}{dx^2}$ を θ の式で表せ。

(3) $x=3-(3+t)e^{-t}$，$y=\dfrac{2-t}{2+t}e^{2t}$ $(t>-2)$ について，$\dfrac{d^2y}{dx^2}$ を t の式で表せ。

(1) $x\tan y=1$ の両辺を x で微分すると

$$\tan y+x\cdot\frac{1}{\cos^2 y}\cdot\frac{dy}{dx}=0 \quad \cdots\cdots \text{①}$$

←積の微分と $\dfrac{d}{dx}\tan y=\dfrac{d}{dy}\tan y\cdot\dfrac{dy}{dx}$

条件から　$x>0,\ \cos y>0$

よって　$\tan y=\dfrac{1}{x}$，$\dfrac{1}{\cos^2 y}=1+\tan^2 y=1+\left(\dfrac{1}{x}\right)^2=\dfrac{x^2+1}{x^2}$

① に代入して　$\dfrac{1}{x}+x\cdot\dfrac{x^2+1}{x^2}\cdot\dfrac{dy}{dx}=0$

ゆえに　$\dfrac{dy}{dx}=-\boldsymbol{\dfrac{1}{x^2+1}}$

←$\dfrac{x^2+1}{x}\cdot\dfrac{dy}{dx}=-\dfrac{1}{x}$

(2) $\dfrac{dx}{d\theta}=-a\sin\theta$，$\dfrac{dy}{d\theta}=b\cos\theta$

←まず，$\dfrac{dy}{dx}$ を求める。

よって，$\sin\theta\neq 0$ のとき　$\dfrac{dy}{dx}=-\dfrac{b\cos\theta}{a\sin\theta}$

したがって

$$\frac{d^2y}{dx^2}=\frac{d}{dx}\left(\frac{dy}{dx}\right)=\frac{d}{dx}\left(-\frac{b\cos\theta}{a\sin\theta}\right)=\frac{d}{d\theta}\left(-\frac{b\cos\theta}{a\sin\theta}\right)\cdot\frac{d\theta}{dx}$$

$$=-\frac{b(-\sin\theta\sin\theta-\cos\theta\cos\theta)}{a\sin^2\theta}\cdot\frac{1}{-a\sin\theta}$$

$$=-\frac{b(\sin^2\theta+\cos^2\theta)}{a^2\sin^3\theta}=-\boldsymbol{\frac{b}{a^2\sin^3\theta}}$$

←合成関数の微分。
$\dfrac{d^2y}{dx^2}=\dfrac{d}{dx}\left(\dfrac{dy}{dx}\right)=\dfrac{d}{d\theta}\left(\dfrac{dy}{dx}\right)\cdot\dfrac{d\theta}{dx}$

(3) $\dfrac{dx}{dt}=-e^{-t}+(3+t)e^{-t}=(2+t)e^{-t}$

←積の微分。

$$\frac{dy}{dt}=\frac{-(2+t)-(2-t)}{(2+t)^2}e^{2t}+\frac{2-t}{2+t}\cdot 2e^{2t}$$

$$=\frac{-4+2(2-t)(2+t)}{(2+t)^2}e^{2t}=\frac{4-2t^2}{(2+t)^2}e^{2t}$$

←積の微分，商の微分。

よって　$\dfrac{dy}{dx}=\dfrac{4-2t^2}{(2+t)^2}e^{2t}\cdot\dfrac{1}{(2+t)e^{-t}}=\dfrac{4-2t^2}{(2+t)^3}e^{3t}$

←$\dfrac{dy}{dx}=\dfrac{dy}{dt}\Big/\dfrac{dx}{dt}$

したがって

$$\frac{d^2y}{dx^2}=\frac{d}{dx}\left(\frac{dy}{dx}\right)=\frac{d}{dx}\left\{\frac{4-2t^2}{(2+t)^3}e^{3t}\right\}=\frac{d}{dt}\left\{\frac{4-2t^2}{(2+t)^3}e^{3t}\right\}\cdot\frac{dt}{dx}$$

$$=\left\{\frac{-4t(2+t)^3-(4-2t^2)\cdot 3(2+t)^2}{(2+t)^6}e^{3t}+\frac{4-2t^2}{(2+t)^3}\cdot 3e^{3t}\right\}\cdot\frac{e^t}{2+t}$$

$$=\frac{-4t(2+t)-3(4-2t^2)+3(4-2t^2)(2+t)}{(2+t)^4}\cdot\frac{e^{4t}}{2+t}$$

$$=-\frac{2(3t^3+5t^2-2t-6)}{(2+t)^5}e^{4t}=-\boldsymbol{\frac{2(t-1)(3t^2+8t+6)}{(2+t)^5}}e^{4t}$$

←合成関数の微分。
$\dfrac{d^2y}{dx^2}\neq\dfrac{d^2y}{dt^2}\Big/\dfrac{d^2x}{dt^2}$ に注意。

EX ②48

(1) 関数 $f(x)$ が $x=a$ で微分可能であることの定義を述べよ。
(2) 関数 $f(x)=|x^2-1|\cdot 3^{-x}$ は $x=1$ で微分可能でないことを示せ。 〔類 神戸大〕

(1) **微分係数 $\lim_{h\to 0}\dfrac{f(a+h)-f(a)}{h}$ が存在するとき，$f(x)$ は $x=a$ で微分可能であるという。**

←下線部は $\lim_{x\to a}\dfrac{f(x)-f(a)}{x-a}$ としてもよい。

(2) $f(x)=\begin{cases}(x^2-1)\cdot 3^{-x} & (x\leqq -1,\ 1\leqq x)\\ -(x^2-1)\cdot 3^{-x} & (-1<x<1)\end{cases}$ であるから

$$\lim_{h\to+0}\frac{f(1+h)-f(1)}{h}=\lim_{h\to+0}\frac{(h^2+2h)\cdot 3^{-(1+h)}-0}{h}$$
$$=\lim_{h\to+0}(h+2)\cdot 3^{-1-h}=\frac{2}{3}$$

←$h\longrightarrow +0$ のとき $f(1+h)=\{(1+h)^2-1\}\cdot 3^{-(1+h)}$

$$\lim_{h\to-0}\frac{f(1+h)-f(1)}{h}=\lim_{h\to-0}\frac{-(h^2+2h)\cdot 3^{-(1+h)}-0}{h}$$
$$=\lim_{h\to-0}\{-(h+2)\cdot 3^{-1-h}\}=-\frac{2}{3}$$

←$h\longrightarrow -0$ のとき $f(1+h)=-\{(1+h)^2-1\}\cdot 3^{-(1+h)}$

$h\longrightarrow +0$ と $h\longrightarrow -0$ のときの極限値が異なるから，$f'(1)$ は存在しない。すなわち，$f(x)$ は $x=1$ で微分可能でない。

別解

$$\lim_{x\to1+0}\frac{f(x)-f(1)}{x-1}=\lim_{x\to1+0}\frac{(x^2-1)\cdot 3^{-x}-0}{x-1}$$
$$=\lim_{x\to1+0}(x+1)\cdot 3^{-x}=\frac{2}{3}$$
$$\lim_{x\to1-0}\frac{f(x)-f(1)}{x-1}=\lim_{x\to1-0}\frac{-(x^2-1)\cdot 3^{-x}-0}{x-1}$$
$$=\lim_{x\to1-0}\{-(x+1)\cdot 3^{-x}\}=-\frac{2}{3}$$

←$\lim_{x\to a}\dfrac{f(x)-f(a)}{x-a}$ を用いた場合。
$x^2-1=(x+1)(x-1)$ から，$x-1$ で約分ができる。

$x\longrightarrow 1+0$ と $x\longrightarrow 1-0$ のときの極限値が異なるから，$f'(1)$ は存在しない。すなわち，$f(x)$ は $x=1$ で微分可能でない。

EX ②49

$f(x)=x^{\frac{1}{3}}\ (x>0)$ とする。次の (1)，(2) それぞれの方法で，導関数 $f'(x)$ を求めよ。
(1) 導関数の定義に従って求める。
(2) $f(x)\cdot f(x)\cdot f(x)=x$ となっている。これに積の導関数の公式を適用する。 〔類 関西大〕

(1) $$\boldsymbol{f'(x)}=\lim_{h\to0}\frac{(x+h)^{\frac{1}{3}}-x^{\frac{1}{3}}}{h}$$

←$f'(x)=\lim_{h\to0}\dfrac{f(x+h)-f(x)}{h}$

$$=\lim_{h\to0}\frac{\left\{(x+h)^{\frac{1}{3}}-x^{\frac{1}{3}}\right\}\left\{(x+h)^{\frac{2}{3}}+(x+h)^{\frac{1}{3}}x^{\frac{1}{3}}+x^{\frac{2}{3}}\right\}}{h\left\{(x+h)^{\frac{2}{3}}+(x+h)^{\frac{1}{3}}x^{\frac{1}{3}}+x^{\frac{2}{3}}\right\}}$$

←$\left(a^{\frac{1}{3}}-b^{\frac{1}{3}}\right)\left(a^{\frac{2}{3}}+a^{\frac{1}{3}}b^{\frac{1}{3}}+b^{\frac{2}{3}}\right)=a-b$ であることを利用して変形。

$$=\lim_{h\to0}\frac{x+h-x}{h\left\{(x+h)^{\frac{2}{3}}+(x+h)^{\frac{1}{3}}x^{\frac{1}{3}}+x^{\frac{2}{3}}\right\}}$$

←h で約分できる。

$$=\lim_{h\to0}\frac{1}{(x+h)^{\frac{2}{3}}+(x+h)^{\frac{1}{3}}x^{\frac{1}{3}}+x^{\frac{2}{3}}}=\frac{1}{3x^{\frac{2}{3}}}=\boldsymbol{\frac{1}{3}x^{-\frac{2}{3}}}$$

(2) $f(x)\cdot\{f(x)\cdot f(x)\}=x$ の両辺を x で微分すると

$$f'(x)\{f(x)\cdot f(x)\}+f(x)\{f(x)\cdot f(x)\}'=1$$

よって $$f'(x)\{f(x)\}^2+f(x)\{f'(x)\cdot f(x)+f(x)\cdot f'(x)\}=1$$

←左辺の微分については $(uvw)'=u'vw+uv'w+uvw'$ を利用してもよい。

ゆえに　$3f'(x)\{f(x)\}^2=1$

$f(x)\neq 0$ であるから　$\boldsymbol{f'(x)=\dfrac{1}{3\{f(x)\}^2}=\dfrac{1}{3}x^{-\frac{2}{3}}}$

←$\dfrac{1}{\{f(x)\}^2}=\left(\dfrac{1}{x^{\frac{1}{3}}}\right)^2=x^{-\frac{2}{3}}$

EX ②50

(1)　関数 $y=\dfrac{x}{\sqrt{4+3x^2}}$ の導関数を求めよ。　〔宮崎大〕

(2)　関数 $f(x)=\sqrt{x+\sqrt{x^2-9}}$ の $x=5$ における微分係数を求めよ。　〔藤田医大〕

(1)　$y'=\dfrac{1\cdot\sqrt{4+3x^2}-x\cdot\dfrac{6x}{2\sqrt{4+3x^2}}}{4+3x^2}=\dfrac{4+3x^2-3x^2}{(4+3x^2)\sqrt{4+3x^2}}$

$=\boldsymbol{\dfrac{4}{\sqrt{(4+3x^2)^3}}}$

(2)　$f'(x)=\dfrac{1}{2\sqrt{x+\sqrt{x^2-9}}}\cdot(x+\sqrt{x^2-9})'$

$=\dfrac{1}{2\sqrt{x+\sqrt{x^2-9}}}\cdot\left(1+\dfrac{2x}{2\sqrt{x^2-9}}\right)$

よって

$f'(5)=\dfrac{1}{2\sqrt{5+\sqrt{5^2-9}}}\cdot\left(1+\dfrac{5}{\sqrt{5^2-9}}\right)=\dfrac{1}{2\cdot3}\cdot\left(1+\dfrac{5}{4}\right)=\boldsymbol{\dfrac{3}{8}}$

←$(\sqrt{4+3x^2})'$
$=\left\{(4+3x^2)^{\frac{1}{2}}\right\}'$
$=\dfrac{1}{2}(4+3x^2)^{-\frac{1}{2}}$
$\times(4+3x^2)'$

←$f'(x)=$
$\left\{(x+\sqrt{x^2-9})^{\frac{1}{2}}\right\}'$
$=\dfrac{1}{2}(x+\sqrt{x^2-9})^{-\frac{1}{2}}$
$\times(x+\sqrt{x^2-9})'$

EX ③51

(1)　$f(x)=(x-1)^2Q(x)$（$Q(x)$ は多項式）のとき，$f'(x)$ は $x-1$ で割り切れることを示せ。

(2)　$g(x)=ax^{n+1}+bx^n+1$（n は 2 以上の自然数）が $(x-1)^2$ で割り切れるとき，a，b を n で表せ。ただし，a，b は x に無関係とする。　〔岡山理科大〕

(1)　$f'(x)=2(x-1)Q(x)+(x-1)^2Q'(x)$

$=(x-1)\{2Q(x)+(x-1)Q'(x)\}$

よって，$f'(x)$ は $x-1$ で割り切れる。

(2)　$g(x)$ が $(x-1)^2$ で割り切れるから，

$g(x)=(x-1)^2P(x)$（$P(x)$ は多項式）…… ①

と表される。

よって，(1) の結果より，$g'(x)$ は $x-1$ で割り切れるから

$g'(1)=0$

$g(x)=ax^{n+1}+bx^n+1$ から　$g'(x)=a(n+1)x^n+bnx^{n-1}$

ゆえに　$a(n+1)+bn=0$ …… ②

① より，$g(x)$ は $x-1$ で割り切れるから　$g(1)=0$

よって　$a+b+1=0$ …… ③

②$-$③$\times n$ から　$a-n=0$　ゆえに　$\boldsymbol{a=n}$

このとき，③ から　$\boldsymbol{b}=-a-1=\boldsymbol{-n-1}$

←$(uv)'=u'v+uv'$

←$2Q(x)+(x-1)Q'(x)$ は多項式。

←(1) の条件の式と同様の形。

←剰余の定理
多項式 $h(x)$ を $x-\alpha$ で割ったときの余りは
$h(\alpha)$

検討　**多項式 $f(x)$ が $(x-\alpha)^2$ で割り切れる**
$\Longleftrightarrow f(\alpha)=f'(\alpha)=0$
（数学Ⅱ本冊 $p.323$ 参照）

EX ②52

関数 $f(x)$ は微分可能で，その逆関数を $g(x)$ とする。$f(1)=2$，$f'(1)=2$ のとき，$g(2)$，$g'(2)$ の値をそれぞれ求めよ。

$y=g(x)$ とすると，$f(x)$ は $g(x)$ の逆関数でもあるから

$$x=f(y) \qquad よって \qquad \frac{dx}{dy}=f'(y)$$

また $\quad g'(x)=\frac{d}{dx}g(x)=\frac{dy}{dx}=\frac{1}{f'(y)}$ …… ①

$f(1)=2$ から $\quad \boldsymbol{g(2)=1} \quad$ ① から $\quad \boldsymbol{g'(2)}=\frac{1}{f'(1)}=\boldsymbol{\frac{1}{2}}$

←$f(x)$ の逆関数が $g(x)$
$\Longleftrightarrow f(x)$ は $g(x)$ の逆関数。
$y=g(x) \Longleftrightarrow x=g^{-1}(y)$
$\Longleftrightarrow x=f(y)$

←$\frac{dy}{dx}=\frac{1}{\frac{dx}{dy}}$

EX ④53

(1) 和 $1+x+x^2+\cdots\cdots+x^n$ を求めよ。
(2) (1)で求めた結果を x で微分することにより，和 $1+2x+3x^2+\cdots\cdots+nx^{n-1}$ を求めよ。
(3) (2)の結果を用いて，無限級数の和 $\sum_{n=1}^{\infty}\frac{n}{2^n}$ を求めよ。ただし，$\lim_{n\to\infty}\frac{n}{2^n}=0$ であることを用いてよい。 〔類 東北学院大〕

(1) **$x\neq1$ のとき**，求める和は初項 1，公比 x の等比数列の初項から第 $n+1$ 項までの和であるから

$$1+x+x^2+\cdots\cdots+x^n=\boldsymbol{\frac{1-x^{n+1}}{1-x}} \quad \cdots\cdots ①$$

$x=1$ のとき $\quad 1+x+x^2+\cdots\cdots+x^n=\boldsymbol{n+1}$

(2) **$x\neq1$ のとき**，① の両辺を x で微分すると

$$1+2x+3x^2+\cdots\cdots+nx^{n-1}$$
$$=\frac{-(n+1)x^n(1-x)-(1-x^{n+1})\cdot(-1)}{(1-x)^2} \quad \cdots\cdots (*)$$

よって

$$1+2x+3x^2+\cdots\cdots+nx^{n-1}=\boldsymbol{\frac{nx^{n+1}-(n+1)x^n+1}{(1-x)^2}} \quad \cdots\cdots ②$$

$x=1$ のとき $\quad 1+2x+3x^2+\cdots\cdots+nx^{n-1}$

$$=1+2+3+\cdots\cdots+n=\boldsymbol{\frac{1}{2}n(n+1)}$$

(3) $x=\frac{1}{2}$ を ② の両辺に代入すると

$$1+\frac{2}{2}+\frac{3}{2^2}+\cdots\cdots+\frac{n}{2^{n-1}}=4\left(\frac{n}{2^{n+1}}-\frac{n+1}{2^n}+1\right)$$

両辺を 2 で割ると

$$\frac{1}{2}+\frac{2}{2^2}+\frac{3}{2^3}+\cdots\cdots+\frac{n}{2^n}=2\left(\frac{n}{2^{n+1}}-\frac{n+1}{2^n}+1\right)$$

すなわち $\quad \sum_{k=1}^{n}\frac{k}{2^k}=2\left(\frac{n}{2^{n+1}}-\frac{n+1}{2^n}+1\right)$

ゆえに $\quad \sum_{k=1}^{n}\frac{k}{2^k}=2\left(\frac{1}{2}\cdot\frac{n}{2^n}-\frac{n}{2^n}-\frac{1}{2^n}+1\right)$

よって $\quad \sum_{n=1}^{\infty}\frac{n}{2^n}=\lim_{n\to\infty}\sum_{k=1}^{n}\frac{k}{2^k}=\lim_{n\to\infty}2\left(\frac{1}{2}\cdot\frac{n}{2^n}-\frac{n}{2^n}-\frac{1}{2^n}+1\right)=\boldsymbol{2}$

←公比 $\neq1$，公比 $=1$ で場合分け。

←$\frac{(初項)\{1-(公比)^{項数}\}}{1-(公比)}$

←$1\times(n+1)$

←$(x^●)'=●x^{●-1}$

←$\left(\frac{u}{v}\right)'=\frac{u'v-uv'}{v^2}$

←$(*)$の右辺の分子を整理。

←$\sum_{n=1}^{\infty}\frac{n}{2^n}$ の公比部分は $\frac{1}{2}$ であることに注目し，$x=\frac{1}{2}$ を代入。

←部分和 $\sum_{k=1}^{n}\frac{k}{2^k}$ を求めたことになる。

←$2\left(\frac{1}{2}\cdot0-0-0+1\right)$

EX ②54

次の関数を微分せよ。 〔(1) 広島市大，(2) 岡山理科大，(3) 青山学院大，(4) 類 横浜市大，(5) 弘前大〕

(1) $y=\frac{\sin x}{\sin x+\cos x}$ (2) $y=e^{\sin 2x}\tan x$ (3) $y=\frac{\log(1+x^2)}{1+x^2}$

(4) $y=\log(\sin^2 x)$ (5) $y=\log\frac{\cos x}{1-\sin x}$

(1) $y'=\dfrac{(\sin x)'(\sin x+\cos x)-\sin x(\sin x+\cos x)'}{(\sin x+\cos x)^2}$

$=\dfrac{\cos x(\sin x+\cos x)-\sin x(\cos x-\sin x)}{(\sin x+\cos x)^2}$

$=\dfrac{\cos^2 x+\sin^2 x}{(\sin x+\cos x)^2}=\boldsymbol{\dfrac{1}{(\sin x+\cos x)^2}}$

←$\left(\dfrac{u}{v}\right)'=\dfrac{u'v-uv'}{v^2}$，$(\sin x)'=\cos x$，$(\cos x)'=-\sin x$

←$\sin^2 x+\cos^2 x=1$

(2) $y'=(e^{\sin 2x})'\tan x+e^{\sin 2x}(\tan x)'$

$=e^{\sin 2x}\cdot 2\cos 2x\cdot\tan x+e^{\sin 2x}\cdot\dfrac{1}{\cos^2 x}$

$=\boldsymbol{e^{\sin 2x}\left(2\cos 2x\tan x+\dfrac{1}{\cos^2 x}\right)}$

←$(uv)'=u'v+uv'$

←$(e^{\sin 2x})'$ は合成関数の微分を利用。

(3) $y'=\dfrac{\{\log(1+x^2)\}'(1+x^2)-\log(1+x^2)\cdot(1+x^2)'}{(1+x^2)^2}$

$=\dfrac{\dfrac{2x}{1+x^2}\cdot(1+x^2)-\log(1+x^2)\cdot 2x}{(1+x^2)^2}$

$=\dfrac{2x-2x\log(1+x^2)}{(1+x^2)^2}=\boldsymbol{\dfrac{2x\{1-\log(1+x^2)\}}{(1+x^2)^2}}$

←$\left(\dfrac{u}{v}\right)'=\dfrac{u'v-uv'}{v^2}$

←$\{\log(1+x^2)\}'$ は合成関数の微分を利用。

(4) $y'=\dfrac{1}{\sin^2 x}\cdot 2\sin x\cos x=\boldsymbol{\dfrac{2\cos x}{\sin x}}$

←$(\sin^2 x)'=2\sin x\cos x$

(5) $y'=(\log|\cos x|-\log|1-\sin x|)'=\dfrac{-\sin x}{\cos x}-\dfrac{-\cos x}{1-\sin x}$

$=\dfrac{-\sin x}{\cos x}+\dfrac{\cos x(1+\sin x)}{1-\sin^2 x}=\dfrac{-\sin x}{\cos x}+\dfrac{1+\sin x}{\cos x}$

$=\boldsymbol{\dfrac{1}{\cos x}}$

←$1-\sin^2 x=\cos^2 x$ であるから，$\cos x$ で約分。

EX ③55

関数 $y=\log(x+\sqrt{x^2+1})$ について，次の問いに答えよ。

(1) この関数を微分せよ。　(2) x を y で表して $\dfrac{dx}{dy}$ を求め，それを利用して $\dfrac{dy}{dx}$ を求めよ。

(1) $y'=\dfrac{(x+\sqrt{x^2+1})'}{x+\sqrt{x^2+1}}=\dfrac{1}{x+\sqrt{x^2+1}}\left\{1+\dfrac{1}{2}(x^2+1)^{-\frac{1}{2}}(x^2+1)'\right\}$

$=\dfrac{1}{x+\sqrt{x^2+1}}\left(1+\dfrac{x}{\sqrt{x^2+1}}\right)=\dfrac{1}{x+\sqrt{x^2+1}}\cdot\dfrac{x+\sqrt{x^2+1}}{\sqrt{x^2+1}}$

$=\boldsymbol{\dfrac{1}{\sqrt{x^2+1}}}$

←$\{\log f(x)\}'=\dfrac{f'(x)}{f(x)}$

(2) $y=\log(x+\sqrt{x^2+1})$ から　$e^y=x+\sqrt{x^2+1}$ …… ①

よって　$e^{-y}=\dfrac{1}{x+\sqrt{x^2+1}}=-x+\sqrt{x^2+1}$ …… ②

①－② から　$e^y-e^{-y}=2x$　ゆえに　$x=\dfrac{e^y-e^{-y}}{2}$

したがって　$\boldsymbol{\dfrac{dx}{dy}}=\dfrac{e^y+e^{-y}}{2}=\dfrac{2\sqrt{x^2+1}}{2}=\boldsymbol{\sqrt{x^2+1}}$

←$p=\log_a M \Longleftrightarrow a^p=M$

参考

$y=\log(x+\sqrt{x^2+1})$ は $y=\dfrac{1}{2}(e^x-e^{-x})$ の逆関数である（本冊 $p.128$ 参考事項参照）。

ゆえに　$\dfrac{dy}{dx}=\dfrac{1}{\dfrac{dx}{dy}}=\dfrac{1}{\sqrt{x^2+1}}$

←(1) と一致する。

EX ③56

関数 $f(x)$ は微分可能な関数 $g(x)$ を用いて $f(x)=2-x\cos x+g(x)$ と表され，$\lim_{x\to 0}\dfrac{g(x)}{x^2}=1$ であるとする。このとき，$f(0)=$ア□，$f'(0)=$イ□ である。〔愛知工大〕

HINT　(ア)　$x\longrightarrow 0$ のとき　$g(x)\longrightarrow 0$　　また，$g(x)$ は $x=0$ で連続であるから　$\lim_{x\to 0}g(x)=g(0)$

(イ)　微分係数の定義に従って，$g'(0)$ を求めてみる。

$\lim_{x\to 0}\dfrac{g(x)}{x^2}=1$ において，$\lim_{x\to 0}x^2=0$ であるから　$\lim_{x\to 0}g(x)=0$

←基本例題 48 参照。

$g(x)$ は微分可能な関数であるから，連続な関数である。

←**微分可能 ⟹ 連続**

ゆえに　$\lim_{x\to 0}g(x)=g(0)$　　よって　$g(0)=0$

←$g(x)$ が $x=0$ で連続 $\iff \lim_{x\to 0}g(x)=g(0)$

したがって　$f(0)=2+g(0)=$ア**2**

また　$f'(x)=-\cos x+x\sin x+g'(x)$

ゆえに　$f'(0)=-1+g'(0)$

←$x=0$ を代入。

$g'(0)=\lim_{x\to 0}\dfrac{g(0+x)-g(0)}{x}=\lim_{x\to 0}\dfrac{g(x)}{x}=\lim_{x\to 0}\dfrac{g(x)}{x^2}\cdot x$

$=1\cdot 0=0$

←微分係数の定義式。なお，$g(0)=0$ である。

よって　$f'(0)=-1+0=$イ$\boldsymbol{-1}$

EX ③57

実数全体で定義された 2 つの微分可能な関数 $f(x)$，$g(x)$ は次の条件を満たす。

(A)　$f'(x)=g(x)$，$g'(x)=f(x)$　　(B)　$f(0)=1$，$g(0)=0$

(1)　すべての実数 x に対し，$\{f(x)\}^2-\{g(x)\}^2=1$ が成り立つことを示せ。

(2)　$F(x)=e^{-x}\{f(x)+g(x)\}$，$G(x)=e^x\{f(x)-g(x)\}$ とするとき，$F(x)$，$G(x)$ を求めよ。

(3)　$f(x)$，$g(x)$ を求めよ。〔鳥取大〕

(1)　$H(x)=\{f(x)\}^2-\{g(x)\}^2$ とする。

$H'(x)=2f(x)f'(x)-2g(x)g'(x)=2f(x)g(x)-2g(x)f(x)=0$

ゆえに，$H(x)$ は定数である。

←$H(x)=H(0)=c$（定数）

ここで　$H(0)=\{f(0)\}^2-\{g(0)\}^2=1^2-0^2=1$

よって　$H(x)=1$　　すなわち　$\{f(x)\}^2-\{g(x)\}^2=1$

(2)　$F'(x)=-e^{-x}\{f(x)+g(x)\}+e^{-x}\{f'(x)+g'(x)\}$

$=-e^{-x}\{f(x)+g(x)\}+e^{-x}\{g(x)+f(x)\}=0$

←条件 (A) から。

ゆえに，$F(x)$ は定数である。

ここで　$F(0)=1\cdot\{f(0)+g(0)\}=1$　　よって　$\boldsymbol{F(x)=1}$

←$F(x)=F(0)$

また　$G'(x)=e^x\{f(x)-g(x)\}+e^x\{f'(x)-g'(x)\}$

$=e^x\{f(x)-g(x)\}+e^x\{g(x)-f(x)\}=0$

ゆえに，$G(x)$ は定数である。

ここで　$G(0)=1\cdot\{f(0)-g(0)\}=1$　　よって　$\boldsymbol{G(x)=1}$

←$G(x)=G(0)$

(3)　$F(x)=1$ であるから　$e^{-x}\{f(x)+g(x)\}=1$

←(2) の結果を利用。

すなわち　$f(x)+g(x)=e^x$　…… ①

$G(x)=1$ であるから　$e^x\{f(x)-g(x)\}=1$

←(2) の結果を利用。

すなわち　$f(x)-g(x)=e^{-x}$　…… ②

3章 EX〔微分法〕

①, ② から　　$\boldsymbol{f(x)=\frac{e^x+e^{-x}}{2}}$, $\boldsymbol{g(x)=\frac{e^x-e^{-x}}{2}}$

参考　この $f(x)$, $g(x)$ を **双曲線関数** という(本冊 $p.128$ 参照)。

EX ②58 次の関数を微分せよ。ただし，$x>0$ とする。

(1) $y=\left(\frac{2}{x}\right)^x$　〔産業医大〕　(2) $y=x^{\sin x}$　〔信州大〕　(3) $y=x^{1+\frac{1}{x}}$　〔広島市大〕

(1) 両辺の自然対数をとって　$\log y=x\log\frac{2}{x}$

←$x>0$ のとき　$y>0$

よって　$\log y=x(\log 2-\log x)$　両辺を x で微分して

$$\frac{y'}{y}=(\log 2-\log x)+x\cdot\left(-\frac{1}{x}\right)=\log\frac{2}{x}-1$$

←右辺の計算には $(uv)'=u'v+uv'$ を利用。

ゆえに　$\boldsymbol{y'=\left(\frac{2}{x}\right)^x\left(\log\frac{2}{x}-1\right)}$

←$y'=y\left(\log\frac{2}{x}-1\right)$

(2) 両辺の自然対数をとって　$\log y=\sin x\log x$

←$x>0$ のとき　$y>0$

両辺を x で微分して　$\frac{y'}{y}=\cos x\log x+\frac{\sin x}{x}$

よって　$\boldsymbol{y'=\left(\cos x\log x+\frac{\sin x}{x}\right)x^{\sin x}}$

注意 $y'=(\sin x)x^{\sin x-1}$ などとしないように。

(3) 両辺の自然対数をとって　$\log y=\left(1+\frac{1}{x}\right)\log x$

←$x>0$ のとき　$y>0$

両辺を x で微分して

$$\frac{y'}{y}=-\frac{1}{x^2}\log x+\left(1+\frac{1}{x}\right)\cdot\frac{1}{x}=\frac{1}{x}+\frac{1}{x^2}(1-\log x)$$

よって　$y'=\left\{\frac{1}{x}+\frac{1}{x^2}(1-\log x)\right\}y=\frac{x+1-\log x}{x^2}x^{1+\frac{1}{x}}$

$$=\boldsymbol{(x+1-\log x)x^{\frac{1}{x}-1}}$$

←$\frac{x^{1+\frac{1}{x}}}{x^2}=x^{\left(1+\frac{1}{x}\right)-2}$

EX ③59 次の極限値を求めよ。ただし，a は 0 でない定数とする。

(1) $\displaystyle\lim_{x\to 0}\frac{\log(1+ax)}{x}$　(2) $\displaystyle\lim_{x\to 0}\frac{1-\cos 2x}{x\log(1+x)}$　(3) $\displaystyle\lim_{x\to 0}(\cos^2 x)^{\frac{1}{x^2}}$

(1) $\displaystyle\lim_{x\to 0}\frac{\log(1+ax)}{x}=\lim_{x\to 0}\log(1+ax)^{\frac{1}{x}}=\lim_{x\to 0}\log\{(1+ax)^{\frac{1}{ax}}\}^a$

$$=\lim_{x\to 0}a\log(1+ax)^{\frac{1}{ax}}=a\log e=\boldsymbol{a}$$

←$\displaystyle\lim_{x\to 0}(1+ax)^{\frac{1}{ax}}=e$

(2) $\displaystyle\lim_{x\to 0}\frac{1-\cos 2x}{x\log(1+x)}=\lim_{x\to 0}\frac{2\sin^2 x}{x\log(1+x)}$

←$\cos 2x=1-2\sin^2 x$ から。

$$=\lim_{x\to 0}\left\{2\left(\frac{\sin x}{x}\right)^2\cdot\frac{1}{\frac{1}{x}\log(1+x)}\right\}$$

$$=2\lim_{x\to 0}\left\{\left(\frac{\sin x}{x}\right)^2\cdot\frac{1}{\log(1+x)^{\frac{1}{x}}}\right\}=2\cdot 1^2\cdot\frac{1}{\log e}=\boldsymbol{2}$$

←$\displaystyle\lim_{x\to 0}\frac{\sin x}{x}=1$, $\displaystyle\lim_{x\to 0}(1+x)^{\frac{1}{x}}=e$

(3) $\displaystyle\lim_{x\to 0}(\cos^2 x)^{\frac{1}{x^2}}=\lim_{x\to 0}(1-\sin^2 x)^{\frac{1}{x^2}}$

$$=\lim_{x\to 0}\{1+(-\sin^2 x)\}^{\frac{1}{-\sin^2 x}\cdot\left(\frac{\sin x}{x}\right)^2\cdot(-1)}$$

$x \longrightarrow 0$ のとき，$-\sin^2 x \longrightarrow 0$ であるから　　$\displaystyle\lim_{x\to 0}(\cos^2 x)^{\frac{1}{x^2}}=e^{1^2\cdot(-1)}=\boldsymbol{e^{-1}}$

EX ④60

a を実数とする。すべての実数 x で定義された関数 $f(x)=|x|(e^{2x}+a)$ は $x=0$ で微分可能であるとする。〔類 京都工繊大〕

(1) a および $f'(0)$ の値を求めよ。

(2) 右側極限 $\displaystyle\lim_{x\to+0}\frac{f'(x)}{x}$ を求めよ。更に，$f'(x)$ は $x=0$ で微分可能でないことを示せ。

(1) $f(0)=|0|(e^0+a)=0$ である。

$x>0$ のとき，$f(x)=x(e^{2x}+a)$ であるから

$$\lim_{h\to+0}\frac{f(0+h)-f(0)}{h}=\lim_{h\to+0}\frac{h(e^{2h}+a)}{h}=\lim_{h\to+0}(e^{2h}+a)=1+a$$

$x<0$ のとき，$f(x)=-x(e^{2x}+a)$ であるから

$$\lim_{h\to-0}\frac{f(0+h)-f(0)}{h}=\lim_{h\to-0}\frac{-h(e^{2h}+a)}{h}=\lim_{h\to-0}\{-(e^{2h}+a)\}$$
$$=-(1+a)$$

$f(x)$ は $x=0$ で微分可能であるから，$f'(0)$ が存在し

$$f'(0)=\lim_{h\to+0}\frac{f(0+h)-f(0)}{h}=\lim_{h\to-0}\frac{f(0+h)-f(0)}{h}$$

よって　　$1+a=-(1+a)$　　　これを解いて　　$\boldsymbol{a=-1}$

このとき　　$\boldsymbol{f'(0)=0}$

(2) $x>0$ のとき，$f(x)=x(e^{2x}-1)$ であり

$$f'(x)=1\cdot(e^{2x}-1)+x\cdot 2e^{2x}=(2x+1)e^{2x}-1 \quad \cdots\cdots (*)$$

よって　　$\displaystyle\frac{f'(x)}{x}=\frac{(2x+1)e^{2x}-1}{x}=2e^{2x}+2\cdot\frac{e^{2x}-1}{2x}$

ゆえに　　$\displaystyle\boldsymbol{\lim_{x\to+0}\frac{f'(x)}{x}}=\lim_{x\to+0}\left(2e^{2x}+2\cdot\frac{e^{2x}-1}{2x}\right)=2\cdot1+2\cdot1=\boldsymbol{4}$

よって　　$\displaystyle\lim_{h\to+0}\frac{f'(0+h)-f'(0)}{h}=\lim_{h\to+0}\frac{f'(h)}{h}=4$

また，$x<0$ のとき，$f(x)=-x(e^{2x}-1)$ であり

$$\frac{f'(x)}{x}=\frac{-(2x+1)e^{2x}+1}{x}=-2e^{2x}-2\cdot\frac{e^{2x}-1}{2x}$$

ゆえに　　$\displaystyle\lim_{x\to-0}\frac{f'(x)}{x}=\lim_{x\to-0}\left(-2e^{2x}-2\cdot\frac{e^{2x}-1}{2x}\right)$
$$=-2\cdot1-2\cdot1=-4$$

よって　　$\displaystyle\lim_{h\to-0}\frac{f'(0+h)-f'(0)}{h}=\lim_{h\to-0}\frac{f'(h)}{h}=-4$

$\displaystyle\lim_{h\to+0}\frac{f'(0+h)-f'(0)}{h}\neq\lim_{h\to-0}\frac{f'(0+h)-f'(0)}{h}$ であるから，

$f''(0)$ は存在しない。つまり，$f'(x)$ は $x=0$ で微分可能でない。

⑦ 絶対値 場合に分ける

←$f(0)=0$

←$x=0$ における右側微分係数と左側微分係数が等しい。

←$f'(0)=1+a$

←$\displaystyle\lim_{\square\to0}\frac{e^{\square}-1}{\square}=1$

←$f'(x)$ の，$x=0$ における右側微分係数は 4

←$(*)$ を利用。

←$\displaystyle\lim_{\square\to0}\frac{e^{\square}-1}{\square}=1$

←$f'(x)$ の，$x=0$ における左側微分係数は -4

EX ③61

次の極限値を求めよ。ただし，a は正の定数とする。〔(1), (3) 立教大〕

(1) $\displaystyle\lim_{x\to\frac{1}{4}}\frac{\tan(\pi x)-1}{4x-1}$　　(2) $\displaystyle\lim_{h\to0}\frac{e^{a+h}-e^a}{\log(a-h)-\log a}$　　(3) $\displaystyle\lim_{x\to a}\frac{a^2\sin^2 x-x^2\sin^2 a}{x-a}$

(1) $f(x)=\tan(\pi x)$ とすると

HINT 微分係数の定義式を利用する。

$$\lim_{x\to\frac{1}{4}}\frac{\tan(\pi x)-1}{4x-1}=\lim_{x\to\frac{1}{4}}\frac{1}{4}\cdot\frac{f(x)-f\left(\frac{1}{4}\right)}{x-\frac{1}{4}}=\frac{1}{4}f'\left(\frac{1}{4}\right)$$

←$\displaystyle\lim_{x\to a}\frac{f(x)-f(a)}{x-a}=f'(a)$

$f'(x)=\dfrac{\pi}{\cos^2(\pi x)}$ であるから　$f'\left(\dfrac{1}{4}\right)=\dfrac{\pi}{\cos^2\frac{\pi}{4}}=2\pi$

したがって　$\displaystyle\lim_{x\to\frac{1}{4}}\frac{\tan(\pi x)-1}{4x-1}=\frac{1}{4}\cdot2\pi=\boldsymbol{\frac{\pi}{2}}$

(2)　$f(x)=e^x$，$g(x)=\log x$ とすると，$f'(x)=e^x$，$g'(x)=\dfrac{1}{x}$ であるから

←分子を $f(x)=e^x$，分母を $g(x)=\log x$ の関数値の差と考える。

$$(与式)=\lim_{h\to0}\frac{\dfrac{e^{a+h}-e^a}{h}}{-\dfrac{\log(a-h)-\log a}{-h}}=-\frac{f'(a)}{g'(a)}=-\frac{e^a}{\frac{1}{a}}=\boldsymbol{-ae^a}$$

(3)　$f(x)=\sin^2x$ とすると，$f'(x)=2\sin x\cos x$ であるから

←$f'(x)=\sin2x$ としてもよい。

$$(与式)=\lim_{x\to a}\frac{a^2(\sin^2x-\sin^2a)-(x^2-a^2)\sin^2a}{x-a}$$
$$=\lim_{x\to a}\left\{a^2\cdot\frac{\sin^2x-\sin^2a}{x-a}-(x+a)\sin^2a\right\}$$
$$=a^2f'(a)-2a\sin^2a=\boldsymbol{2a\sin a(a\cos a-\sin a)}$$

←$\displaystyle\lim_{x\to a}\frac{\sin^2x-\sin^2a}{x-a}=f'(a)=2\sin a\cos a$

別解　微分係数の定義式を使わずに，極限に関する公式を利用して解くこともできる。

←微分係数の定義式を使う方が解答はらく。

(1)　$x-\dfrac{1}{4}=t$ とおくと　$x\longrightarrow\dfrac{1}{4}$ のとき $t\longrightarrow0$

$$(与式)=\lim_{t\to0}\frac{\tan\left(\pi t+\frac{\pi}{4}\right)-1}{4t}=\lim_{t\to0}\frac{\dfrac{\tan\pi t+1}{1-\tan\pi t}-1}{4t}$$

←正接の加法定理。

$$=\lim_{t\to0}\frac{\tan\pi t}{2t(1-\tan\pi t)}=\lim_{t\to0}\frac{\pi\cdot\dfrac{\tan\pi t}{\pi t}}{2(1-\tan\pi t)}=\boldsymbol{\frac{\pi}{2}}$$

←$\displaystyle\lim_{x\to0}\frac{\tan x}{x}=1$

(2)　$$\frac{e^{a+h}-e^a}{\log(a-h)-\log a}=\frac{e^a(e^h-1)}{\log\left(1-\frac{h}{a}\right)}=\frac{e^a\cdot\dfrac{e^h-1}{h}}{\log\left(1-\frac{h}{a}\right)^{\frac{1}{h}}}$$

$-\dfrac{h}{a}=t$ とおくと　$h\longrightarrow0$ のとき $t\longrightarrow0$

$$(与式)=\lim_{t\to0}\frac{e^a\cdot\dfrac{e^{-at}-1}{-at}}{\log(1+t)^{-\frac{1}{at}}}=\lim_{t\to0}\frac{e^a\cdot\dfrac{e^{-at}-1}{-at}}{-\dfrac{1}{a}\log(1+t)^{\frac{1}{t}}}$$

$$=\frac{e^a\cdot1}{-\dfrac{1}{a}\log e}=\boldsymbol{-ae^a}$$

←$\displaystyle\lim_{x\to0}\frac{e^x-1}{x}=1$，$\displaystyle\lim_{x\to0}(1+x)^{\frac{1}{x}}=e$

(3) $x-a=t$ とおくと　$x \longrightarrow a$ のとき $t \longrightarrow 0$

$a^2\sin^2 x - x^2\sin^2 a = a^2\sin^2(t+a) - (t+a)^2\sin^2 a$

$= a^2(\sin t\cos a + \cos t\sin a)^2 - (t^2+2at+a^2)\sin^2 a$

$= -t^2\sin^2 a - 2at\sin^2 a + a^2\cos 2a\sin^2 t$

$+2a^2\sin a\cos a\sin t\cos t$　であるから

$$(与式) = \lim_{t\to 0}\left(-t\sin^2 a - 2a\sin^2 a + a^2\cos 2a\sin t\cdot\frac{\sin t}{t} + 2a^2\sin a\cos a\cdot\frac{\sin t}{t}\cdot\cos t\right)$$

$= 0 - 2a\sin^2 a + 0 + 2a^2\sin a\cos a$

$= \boldsymbol{2a\sin a(a\cos a - \sin a)}$

←正弦の加法定理。

←$\sin^2\theta + \cos^2\theta = 1$, $\cos^2\theta - \sin^2\theta = \cos 2\theta$ を利用して式を変形。

←$\displaystyle\lim_{x\to 0}\frac{\sin x}{x} = 1$

EX ④62

$-1<x<1$ の範囲で定義された関数 $f(x)$ で，次の 2 つの条件を満たすものを考える。

$f(x)+f(y)=f\left(\dfrac{x+y}{1+xy}\right)$　$(-1<x<1,\ -1<y<1)$

$f(x)$ は $x=0$ で微分可能で，そこでの微分係数は 1 である

(1) $-1<x<1$ に対し $f(x)=-f(-x)$ が成り立つことを示せ。

(2) $f(x)$ は $-1<x<1$ の範囲で微分可能であることを示し，導関数 $f'(x)$ を求めよ。

〔類　東北大〕

$f(x)+f(y)=f\left(\dfrac{x+y}{1+xy}\right)$ ⋯⋯ ①　とする。

(1) $-1<x<1$ のとき　$-1<-x<1$

① において，$y=-x$ とすると　$f(x)+f(-x)=f\left(\dfrac{x-x}{1-x^2}\right)$

←$-1<y<1$ を満たす。

よって　$f(x)+f(-x)=f(0)$ ⋯⋯ ②

また，① において，$x=y=0$ とすると　$f(0)+f(0)=f(0)$

よって　$f(0)=0$ ⋯⋯ ③

②，③ から　$f(x)+f(-x)=0$

したがって　$f(x)=-f(-x)$

←$f(x)$ は奇関数。

(2) $f'(0)=1$ から　$\displaystyle\lim_{h\to 0}\frac{f(0+h)-f(0)}{h}=1$

③ から　$\displaystyle\lim_{h\to 0}\frac{f(h)}{h}=1$ ⋯⋯ ④

よって，$-1<x<1$ で h が十分に小さいとき

$$\lim_{h\to 0}\frac{f(x+h)-f(x)}{h} = \lim_{h\to 0}\frac{f(x+h)+f(-x)}{h}$$

←(1) から。

$$= \lim_{h\to 0}\frac{f\left(\dfrac{x+h-x}{1+(x+h)(-x)}\right)}{h} = \lim_{h\to 0}\frac{f\left(\dfrac{h}{1-x^2-hx}\right)}{h}$$

←① から。

$$= \lim_{h\to 0}\frac{f\left(\dfrac{h}{1-x^2-hx}\right)}{\dfrac{h}{1-x^2-hx}}\cdot\frac{1}{1-x^2-hx}$$

←④ が使える形に変形。
$\displaystyle\lim_{h\to 0}\frac{f(\square)}{\square}=1$
($\square$ は同じ式，$h \longrightarrow 0$ のとき $\square \longrightarrow 0$)

$h \longrightarrow 0$ のとき，$\dfrac{h}{1-x^2-hx} \longrightarrow 0$ であるから，④ より

$$\lim_{h\to 0}\frac{f\left(\dfrac{h}{1-x^2-hx}\right)}{\dfrac{h}{1-x^2-hx}}=1$$

よって　$\displaystyle\lim_{h\to 0}\frac{f(x+h)-f(x)}{h}=1\cdot\frac{1}{1-x^2}=\frac{1}{1-x^2}$

したがって，$f(x)$ は $-1<x<1$ の範囲で微分可能で

$$\boldsymbol{f'(x)=\frac{1}{1-x^2}}$$

検討　$-1<x<1$ に対して，$f(x)=\displaystyle\int\frac{dx}{1-x^2}=\frac{1}{2}\log\frac{1+x}{1-x}+C$ となる（詳しくは第5章で学習する）。$g(x)=\dfrac{1}{2}\log\dfrac{1+x}{1-x}$ は，$y=\tanh x=\dfrac{e^x-e^{-x}}{e^x+e^{-x}}$ の逆関数である（本冊 $p.128$ 参考事項参照）。

EX ④63

△ABC において，AB=2，AC=1，∠A=x とし，$f(x)$=BC とする。
(1)　$f(x)$ を x の式として表せ。
(2)　△ABC の外接円の半径を R とするとき，$\dfrac{d}{dx}f(x)$ を R で表せ。
(3)　$\dfrac{d}{dx}f(x)$ の最大値を求めよ。　〔長岡技科大〕

(1)　余弦定理により

$\{f(x)\}^2=2^2+1^2-2\cdot 2\cdot 1\cdot\cos x=5-4\cos x$

$f(x)>0$ であるから　$\boldsymbol{f(x)=\sqrt{5-4\cos x}}$ …… ①

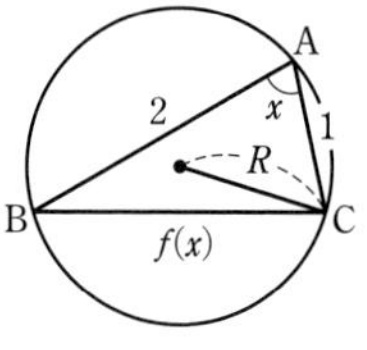

(2)　$\dfrac{d}{dx}f(x)=\dfrac{1}{2}(5-4\cos x)^{-\frac{1}{2}}\cdot\{-4(-\sin x)\}=\dfrac{2\sin x}{\sqrt{5-4\cos x}}$

ここで，正弦定理により　$\dfrac{f(x)}{\sin x}=2R$

よって，① から　$\sqrt{5-4\cos x}=2R\sin x$

ゆえに　$\boldsymbol{\dfrac{d}{dx}f(x)}=\dfrac{2\sin x}{2R\sin x}=\boldsymbol{\dfrac{1}{R}}$ …… ②

(3)　正弦定理により　$\dfrac{2}{\sin C}=2R$　すなわち　$\dfrac{1}{R}=\sin C$

よって，② から　$\dfrac{d}{dx}f(x)=\sin C$

ゆえに，$0<C<\pi$ のとき $\dfrac{d}{dx}f(x)$ は $C=\dfrac{\pi}{2}$ で最大値 **1** をとる。

このとき $A=\dfrac{\pi}{3}$，$B=\dfrac{\pi}{6}$ で，確かに △ABC が存在する。

$C=\frac{\pi}{2}$ の場合

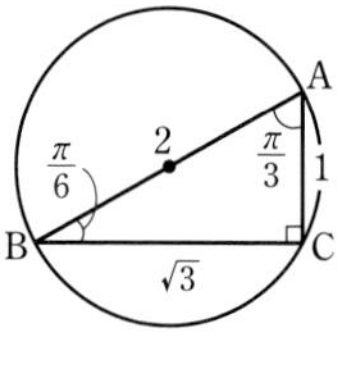

EX ②64

$f(x)=\cos x+1$，$g(x)=\dfrac{a}{bx^2+cx+1}$ とする。$f(0)=g(0)$，$f'(0)=g'(0)$，$f''(0)=g''(0)$ であるとき，定数 a，b，c の値を求めよ。

$f(0)=g(0)$ から　$2=a$

よって，$f'(x)=-\sin x$，$g'(x)=\dfrac{-2(2bx+c)}{(bx^2+cx+1)^2}$ である。

←$g(x)$ に $a=2$ を代入して微分。

ゆえに，$f'(0)=g'(0)$ から　$0=-2c$　すなわち　$c=0$

よって，$g'(x)=\dfrac{-4bx}{(bx^2+1)^2}$ であるから

$$g''(x)=\frac{-4b\{(bx^2+1)^2-x\cdot 2(bx^2+1)\cdot 2bx\}}{(bx^2+1)^4}$$

$$=\frac{-4b(bx^2+1-4bx^2)}{(bx^2+1)^3}=\frac{4b(3bx^2-1)}{(bx^2+1)^3}$$

また，$f''(x)=-\cos x$ である。

よって，$f''(0)=g''(0)$ から

$$-1=-4b \qquad すなわち \qquad b=\frac{1}{4}$$

したがって　$\boldsymbol{a=2,\ b=\frac{1}{4},\ c=0}$

←$g'(x)$ に $c=0$ を代入。

←$f'(x)=-\sin x$ から。

EX ③65 2 回微分可能な関数 $f(x)$ の逆関数を $g(x)$ とする。$f(1)=2$，$f'(1)=2$，$f''(1)=3$ のとき，$g''(2)$ の値を求めよ。　〔防衛医大〕

$y=g(x)$ とすると，$f(x)$ は $g(x)$ の逆関数でもあるから

$$x=f(y) \qquad ゆえに \qquad \frac{dx}{dy}=f'(y)$$

よって　$g'(x)=\dfrac{dy}{dx}=\dfrac{1}{\dfrac{dx}{dy}}=\dfrac{1}{f'(y)}$

$$g''(x)=\frac{d}{dx}g'(x)=\frac{d}{dy}\left\{\frac{1}{f'(y)}\right\}\frac{dy}{dx}$$

$$=-\frac{f''(y)}{\{f'(y)\}^2}\cdot\frac{1}{f'(y)}=-\frac{f''(y)}{\{f'(y)\}^3}$$

$f(1)=2$ から $g(2)=1$，すなわち $x=2$ のとき $y=1$ であるから

$$g''(2)=-\frac{f''(1)}{\{f'(1)\}^3}=-\frac{3}{2^3}=\boldsymbol{-\frac{3}{8}}$$

HINT　$y=g(x)$ とすると　$x=f(y)$

←逆関数の微分。

←合成関数の微分。

EX ③66 $f(x)$ が 2 回微分可能な関数のとき，$\dfrac{d^2}{dx^2}f(\tan x)$ を $f'(\tan x)$，$f''(\tan x)$ を用いて表せ。　〔富山大〕

$\tan x=u$ とおくと　$\dfrac{du}{dx}=\dfrac{1}{\cos^2 x}$

ゆえに　$\dfrac{d}{dx}f(\tan x)=\dfrac{d}{du}f(u)\dfrac{du}{dx}=f'(u)\cdot\dfrac{1}{\cos^2 x}$

よって　$\dfrac{d^2}{dx^2}f(\tan x)=\dfrac{d}{dx}\left\{f'(u)\cdot\dfrac{1}{\cos^2 x}\right\}$

$$=f''(u)\frac{du}{dx}\cdot\frac{1}{\cos^2 x}+f'(u)\cdot\frac{-2\cos x(-\sin x)}{\cos^4 x}$$

$$=f''(\tan x)\cdot\frac{1}{\cos^2 x}\cdot\frac{1}{\cos^2 x}+f'(\tan x)\cdot\frac{2\sin x}{\cos^3 x}$$

$$=\boldsymbol{\frac{1}{\cos^4 x}f''(\tan x)+\frac{2\sin x}{\cos^3 x}f'(\tan x)}$$

HINT　$\tan x=u$ とおくと　$\dfrac{du}{dx}=\dfrac{1}{\cos^2 x}$

←合成関数の微分。

←合成関数の微分と積の微分。

注意　$f'(\tan x)$ と $\dfrac{d}{dx}f(\tan x)$ は異なる。例えば，$f(u)=u^2$ とすると，$f'(u)=2u$ から　　$f'(\tan x)=2\tan x$

ところが，$f(u)=u^2$ のとき　　$f(\tan x)=\tan^2 x$

よって　　$\dfrac{d}{dx}f(\tan x)=2\tan x(\tan x)'=\dfrac{2\tan x}{\cos^2 x}$

←$f'(\tan x)\neq\dfrac{d}{dx}f(\tan x)$

EX ③67　どのような実数 c_1，c_2 に対しても関数 $f(x)=c_1e^{2x}+c_2e^{5x}$ は関係式 $f''(x)-{}^{ア}\square f'(x)+{}^{イ}\square f(x)=0$ を満たす。　〔慶応大〕

$f(x)=c_1e^{2x}+c_2e^{5x}$ から

$$f'(x)=2c_1e^{2x}+5c_2e^{5x},\quad f''(x)=4c_1e^{2x}+25c_2e^{5x}$$

よって，a，b を実数の定数とすると

$$f''(x)+af'(x)+bf(x)$$
$$=(4c_1e^{2x}+25c_2e^{5x})+a(2c_1e^{2x}+5c_2e^{5x})+b(c_1e^{2x}+c_2e^{5x})$$
$$=(4+2a+b)e^{2x}c_1+(25+5a+b)e^{5x}c_2$$

HINT　まず，a，b を実数の定数として，$f''(x)+af'(x)+bf(x)$ を a，b，c_1，c_2 で表す。c_1，c_2 についての恒等式の問題と考える。

$f''(x)+af'(x)+bf(x)=0$ とすると

$$(4+2a+b)e^{2x}c_1+(25+5a+b)e^{5x}c_2=0 \quad\cdots\cdots ①$$

① において，$c_1=1$，$c_2=0$ とすると　　$(4+2a+b)e^{2x}=0$

←数値代入法。

$e^{2x}\neq0$ であるから　　$4+2a+b=0$　……②

① において，$c_1=0$，$c_2=1$ とすると　　$(25+5a+b)e^{5x}=0$

$e^{5x}\neq0$ であるから　　$25+5a+b=0$　……③

②，③ を解いて　　$a=-7$，$b=10$

←③－② から　$21+3a=0$　よって　$a=-7$

逆に，$a=-7$，$b=10$ のとき，$4+2a+b=0$，$25+5a+b=0$ であるから，どのような実数 c_1，c_2 に対しても $f''(x)+af'(x)+bf(x)=0$ が満たされる。

したがって，$f(x)$ は $f''(x)-{}^{ア}\mathbf{7}f'(x)+{}^{イ}\mathbf{10}f(x)=0$ を満たす。

EX ③68　x の多項式 $f(x)$ が $xf''(x)+(1-x)f'(x)+3f(x)=0$，$f(0)=1$ を満たすとき，$f(x)$ を求めよ。　〔類 神戸大〕

$f(x)$ の次数を n (n は 0 以上の整数) とする。

HINT　$f(x)$ の最高次の項に着目して，まず $f(x)$ の次数を求める。

$n=0$ すなわち $f(x)$ が定数のとき，$f(0)=1$ から　　$f(x)=1$

このとき　　$f'(x)=0$，$f''(x)=0$

条件式に代入すると，$3f(x)=0$ となり　　$f(x)=0$

これは $f(x)=1$ に反するから，不適。

$n\geqq1$ のとき，$f(x)$ の最高次の項を ax^n $(a\neq0)$ とする。

$xf''(x)+(1-x)f'(x)+3f(x)=0$ の左辺を変形して

$$\{3f(x)-xf'(x)\}+\{f'(x)+xf''(x)\}=0$$

$3f(x)$ と $xf'(x)$ の次数は n であり，$3f(x)-xf'(x)$ の n 次の項について　　$3ax^n-x\cdot nax^{n-1}=(3-n)ax^n$

←$3f(x)-xf'(x)$ の次数は n 以下，$f'(x)+xf''(x)$ の次数は $(n-1)$ 以下。

条件から　　$(3-n)ax^n=0$　　$a\neq0$ であるから　　$n=3$

したがって，$f(x)$ の次数は 3 であることが必要条件である。

このとき，$f(0)=1$ から，$f(x)=ax^3+bx^2+cx+1$ $(a\neq0)$ とおけて　　$f'(x)=3ax^2+2bx+c$，$f''(x)=6ax+2b$

$xf''(x)+(1-x)f'(x)+3f(x)=0$ に代入して

$x(6ax+2b)+(1-x)(3ax^2+2bx+c)+3(ax^3+bx^2+cx+1)=0$

整理して　$(9a+b)x^2+(4b+2c)x+c+3=0$

よって　$9a+b=0,\ 4b+2c=0,\ c+3=0$

ゆえに　$a=-\dfrac{1}{6},\ b=\dfrac{3}{2},\ c=-3$

したがって　$\boldsymbol{f(x)=-\dfrac{1}{6}x^3+\dfrac{3}{2}x^2-3x+1}$

←$Ax^2+Bx+C=0$ が x の恒等式 $\Longleftrightarrow A=B=C=0$

EX ④69

実数全体で定義された関数 $y=f(x)$ が 2 回微分可能で，常に $f''(x)=-2f'(x)-2f(x)$ を満たすとき，次の問いに答えよ。

(1) 関数 $F(x)$ を $F(x)=e^xf(x)$ と定めるとき，$F(x)$ は $F''(x)=-F(x)$ を満たすことを示せ。

(2) $F''(x)=-F(x)$ を満たす関数 $F(x)$ は，$\{F'(x)\}^2+\{F(x)\}^2$ が定数になることを示し，$\lim\limits_{x\to\infty}f(x)$ を求めよ。　〔高知女子大〕

(1)　$F'(x)=e^xf(x)+e^xf'(x)$,

$F''(x)=e^xf(x)+e^xf'(x)+e^xf'(x)+e^xf''(x)$

$=e^xf(x)+2e^xf'(x)+e^xf''(x)$

ここで，$f''(x)=-2f'(x)-2f(x)$ であるから

$F''(x)=e^xf(x)+2e^xf'(x)+e^x\{-2f'(x)-2f(x)\}$

$=-e^xf(x)=-F(x)$

(2)　$F''(x)=-F(x)$ を満たす関数 $F(x)$ は

$[\{F'(x)\}^2+\{F(x)\}^2]'=2F'(x)F''(x)+2F(x)F'(x)$

$=2F'(x)\{F''(x)+F(x)\}=0$

ゆえに，$\{F'(x)\}^2+\{F(x)\}^2=C$ (C は負でない定数) と表される。

このとき，$C\geqq\{F(x)\}^2$ から　$\sqrt{C}\geqq|F(x)|$

$f(x)=\dfrac{F(x)}{e^x}$ から　$0\leqq|f(x)|\leqq\dfrac{\sqrt{C}}{e^x}$

ここで，$\lim\limits_{x\to\infty}\dfrac{\sqrt{C}}{e^x}=0$ であるから　$\lim\limits_{x\to\infty}|f(x)|=0$

よって　$\lim\limits_{x\to\infty}f(x)=\boldsymbol{0}$

HINT (1) $F''(x)$ の式に $f''(x)$ を代入。
(2) $[\{F'(x)\}^2+\{F(x)\}^2]'=0$ を示す。$\lim\limits_{x\to\infty}f(x)$ は，はさみうちの原理を利用。

←$F''(x)+F(x)=0$

←$|f(x)|=\dfrac{|F(x)|}{e^x}$

←はさみうちの原理。

EX ④70

n を自然数とする。関数 $f_n(x)$ ($n=1,\ 2,\ \cdots\cdots$) を漸化式 $f_1(x)=x^2$, $f_{n+1}(x)=f_n(x)+x^3f_n''(x)$ により定めるとき，$f_n(x)$ は $(n+1)$ 次多項式であることを示し，x^{n+1} の係数を求めよ。　〔類 東京工大〕

[1]　$n=1$ のとき　$f_1(x)=x^2$

よって，$f_1(x)$ は 2 次多項式である。

[2]　$n=k$ のとき，$f_k(x)$ が $(k+1)$ 次多項式であると仮定すると　$f_k(x)=a_kx^{k+1}+g_k(x)$ …… ①

($a_k\neq0$, $g_k(x)$ は k 次以下の多項式)　と表される。

$n=k+1$ のときを考えると，① の両辺を x で微分して

$f_k'(x)=(k+1)a_kx^k+g_k'(x)$

更に，両辺を x で微分して

$f_k''(x)=k(k+1)a_kx^{k-1}+g_k''(x)$

HINT (前半) 数学的帰納法で証明。
(後半) a_{n+1}, a_n に関する漸化式を導く。

ゆえに　$f_{k+1}(x)=f_k(x)+x^3f_k''(x)$

$=f_k(x)+x^3\{k(k+1)a_kx^{k-1}+g_k''(x)\}$

$=k(k+1)a_kx^{k+2}+f_k(x)+x^3g_k''(x)$

←与えられた漸化式。

ここで，$k(k+1)a_k\neq 0$，$f_k(x)$ は $(k+1)$ 次式，$x^3g_k''(x)$ は $(k+1)$ 次以下の多項式である。

←$g_k''(x)$ は $(k-2)$ 次以下。

よって，$f_{k+1}(x)$ は $(k+2)$ 次式である。

[1]，[2] から，すべての自然数 n について $f_n(x)$ は $(n+1)$ 次多項式である。

次に，[2] の過程から $f_n(x)$ の x^{n+1} の係数を a_n とすると

$$a_{n+1}=n(n+1)a_n,\ a_1=1$$

←$f_1(x)=x^2$ から　$a_1=1$

$a_{n+1}=n(n+1)a_n$ の両辺を $n!(n+1)!$ で割ると

$$\frac{a_{n+1}}{n!(n+1)!}=\frac{a_n}{(n-1)!n!}$$

よって　$\dfrac{a_n}{(n-1)!n!}=\dfrac{a_1}{0!1!}=1$

したがって　$a_n=\boldsymbol{(n-1)!n!}$

←$a_n=n(n-1)a_{n-1}$
$=n(n-1)\{(n-1)(n-2)a_{n-2}\}$
$=\cdots\cdots$
$=n(n-1)^2(n-2)^2\cdots\cdots(2\cdot1\cdot a_1)$
$=n(n-1)^2(n-2)^2\cdots\cdots2^2\cdot1^2$
$=\dfrac{(n!)^2}{n}$ と同じである。

EX
③**71**

関数 $y=\tan x$ の第 n 次導関数を $y^{(n)}$ とすると，$y^{(1)}=$ア□$+$イ□y^2，$y^{(2)}=$ウ□$y+$エ□y^3，$y^{(3)}=$オ□$+$カ□y^2+キ□y^4 である。同様に，各 $y^{(n)}$ を y に着目して多項式とみなしたとき，最も次数の高い項の係数を a_n，定数項を b_n とすると，$a_5=$ク□，$a_7=$ケ□，$b_6=$コ□，$b_7=$サ□ である。　〔類 東京理科大〕

$$y^{(1)}=\frac{1}{\cos^2x}=1+\tan^2x={}^{ア}\mathbf{1}+{}^{イ}\mathbf{1}\cdot y^2$$

$$y^{(2)}=\frac{d}{dx}(1+y^2)=2yy'=2y(1+y^2)={}^{ウ}\mathbf{2}y+{}^{エ}\mathbf{2}y^3$$

←合成関数の微分を利用。$y^{(1)}$ の結果を利用して，y だけの式で表す。

$$y^{(3)}=\frac{d}{dx}(2y+2y^3)=(2+6y^2)y'=(2+6y^2)(1+y^2)$$

$$={}^{オ}\mathbf{2}+{}^{カ}\mathbf{8}y^2+{}^{キ}\mathbf{6}y^4$$

←最高次の係数は 6

また，$y^{(n)}$ の最も次数の高い項は a_ny^{n+1} と表されるから，$y^{(n+1)}$ の最も次数の高い項の係数は，

$$\frac{d}{dx}(a_ny^{n+1})=a_n\cdot(n+1)y^ny'=(n+1)a_ny^n(1+y^2)$$

←最高次の項は $(n+1)a_ny^{n+2}$

から　$a_{n+1}=(n+1)a_n$

←この関係式と $a_1=1$ から，$a_n=n!$ を導くこともできる。

ゆえに　$a_5=5a_4=5\cdot4a_3=5\cdot4\cdot6={}^{ク}\mathbf{120}$

$a_7=7a_6=7\cdot6a_5=7\cdot6\cdot120={}^{ケ}\mathbf{5040}$

更に　$y^{(4)}=\dfrac{d}{dx}(2+8y^2+6y^4)=(16y+24y^3)y'$

$=(16y+24y^3)(1+y^2)=16y+40y^3+24y^5$

←以下，$y^{(5)}$，$y^{(6)}$，$y^{(7)}$ を計算して b_6，b_7 を求めてもよいが，項を取り出して考える方法で進める。

ここで，$y^{(n+1)}=\dfrac{d}{dx}y^{(n)}=\dfrac{d}{dy}y^{(n)}\cdot(1+y^2)$ であるから

$$y^{(5)}=\frac{d}{dy}y^{(4)}\cdot(1+y^2),\quad y^{(6)}=\frac{d}{dy}y^{(5)}\cdot(1+y^2)$$

よって，$y^{(6)}$ の定数項は $y^{(5)}$ の 1 次の項の係数と等しい。
また，$y^{(5)}$ の 1 次の項の係数は $y^{(4)}$ の 2 次の項の係数の 2 倍に等しいから　$b_6=0\cdot2=$ $^{コ}\mathbf{0}$
同様に，$y^{(7)}$ の定数項は $y^{(6)}$ の 1 次の項の係数と等しく，$y^{(6)}$ の 1 次の項の係数は $y^{(5)}$ の 2 次の項の係数の 2 倍に等しい。

ここで　$y^{(5)}=\dfrac{d}{dy}(16y+40y^3+24y^5)\cdot(1+y^2)$

$=(16+120y^2+120y^4)(1+y^2)$

ゆえに，$y^{(5)}$ の 2 次の項の係数は　$16+120=136$
したがって　$b_7=2\cdot136=$ $^{サ}\mathbf{272}$

EX ②72

曲線 C : $x=\dfrac{e^t+3e^{-t}}{2}$，$y=e^t-2e^{-t}$ について

(1) 曲線 C の方程式は ^{ア}☐x^2+ ^{イ}☐$xy-$ ^{ウ}☐$y^2=25$ である。

(2) $\dfrac{dy}{dx}$ を x，y を用いて表せ。

(3) 曲線 C 上の $t=$☐ に対応する点において，$\dfrac{dy}{dx}=-2$ となる。　〔類 慶応大〕

(1) $x=\dfrac{e^t+3e^{-t}}{2}$ から　$e^t+3e^{-t}=2x$ …… ①

←まず，e^t，e^{-t} をそれぞれ x，y で表す。

また　$e^t-2e^{-t}=y$ …… ②

①×2+②×3 から　$5e^t=4x+3y$ …… ③

①−② から　$5e^{-t}=2x-y$ …… ④

③，④ の辺々を掛けると

$25e^t\cdot e^{-t}=(4x+3y)(2x-y)$

←$e^t\cdot e^{-t}=1$ を利用して t を消去。

したがって　$^{ア}\mathbf{8}x^2+$ $^{イ}\mathbf{2}xy-$ $^{ウ}\mathbf{3}y^2=25$ …… ⑤

(2) ⑤ の両辺を x で微分すると

$$16x+2\left(1\cdot y+x\frac{dy}{dx}\right)-6y\frac{dy}{dx}=0$$

←$\dfrac{d}{dx}y^2=2y\dfrac{dy}{dx}$

よって　$(x-3y)\dfrac{dy}{dx}=-(8x+y)$

ゆえに，$x\neq3y$ のとき　$\boldsymbol{\dfrac{dy}{dx}=-\dfrac{8x+y}{x-3y}}$ …… (＊)

(3) $\dfrac{dx}{dt}=\dfrac{e^t-3e^{-t}}{2}$，$\dfrac{dy}{dt}=e^t+2e^{-t}$

よって　$\dfrac{dy}{dx}=\dfrac{e^t+2e^{-t}}{\dfrac{e^t-3e^{-t}}{2}}=\dfrac{2(e^{2t}+2)}{e^{2t}-3}$

←$\dfrac{dy}{dx}=\dfrac{dy}{dt}\Big/\dfrac{dx}{dt}$

$\dfrac{dy}{dx}=-2$ とすると　$\dfrac{2(e^{2t}+2)}{e^{2t}-3}=-2$

←両辺に $e^{2t}-3$ を掛けて，e^{2t} について解く。

ゆえに　$e^{2t}+2=-(e^{2t}-3)$　よって　$e^{2t}=\dfrac{1}{2}$

ゆえに　$2t=\log\dfrac{1}{2}$　したがって　$t=\boldsymbol{-\dfrac{1}{2}\log2}$

←$\log\dfrac{1}{2}=-\log2$

別解 $\dfrac{dy}{dx}=-2$ とすると，(＊) から $\quad -\dfrac{8x+y}{x-3y}=-2$

よって $\quad 6x+7y=0$ …… ⑥

⑥ に $x=\dfrac{e^t+3e^{-t}}{2}$，$y=e^t-2e^{-t}$ を代入して整理すると

$$2e^t-e^{-t}=0 \qquad \text{ゆえに} \qquad e^{-t}(2e^{2t}-1)=0$$

$e^{-t}>0$ であるから $\quad e^{2t}=\dfrac{1}{2} \qquad$ よって $\quad 2t=\log\dfrac{1}{2}$

したがって $\quad \boldsymbol{t=-\dfrac{1}{2}\log 2}$

EX ③73

関数 $y(x)$ が第 2 次導関数 $y''(x)$ をもち，$x^3+(x+1)\{y(x)\}^3=1$ を満たすとき，$y''(0)$ を求めよ。〔立教大〕

$x^3+(x+1)\{y(x)\}^3=1$ …… ① とする。

HINT $y''(0)$ を求めるには，$y(0)$，$y'(0)$ の値が必要になる。

① に $x=0$ を代入すると $\quad \{y(0)\}^3=1$

よって $\quad y(0)=1$

① の両辺を x で微分すると

$$3x^2+\{y(x)\}^3+3(x+1)y'(x)\{y(x)\}^2=0 \quad \cdots\cdots ②$$

←$[\{y(x)\}^3]'=3\{y(x)\}^2y'(x)$

② に $x=0$ を代入すると

$$\{y(0)\}^3+3y'(0)\{y(0)\}^2=0$$

$y(0)=1$ であるから

$$1+3y'(0)=0 \qquad \text{すなわち} \qquad y'(0)=-\frac{1}{3}$$

② の両辺を x で微分すると

$$6x+\underline{3y'(x)\{y(x)\}^2+3y'(x)\{y(x)\}^2}$$
$$+3(x+1)y''(x)\{y(x)\}^2+6(x+1)\{y'(x)\}^2y(x)=0$$

←$(uvw)'=u'vw+uv'w+uvw'$

これに $x=0$ を代入すると

$$6y'(0)\{y(0)\}^2+3y''(0)\{y(0)\}^2+6\{y'(0)\}^2y(0)=0$$

←$\underline{\quad}=6y'(x)\{y(x)\}^2$

$y(0)=1$，$y'(0)=-\dfrac{1}{3}$ であるから

$$6\cdot\left(-\frac{1}{3}\right)\cdot1^2+3y''(0)\cdot1^2+6\cdot\left(-\frac{1}{3}\right)^2\cdot1=0$$

ゆえに $\quad -2+3y''(0)+\dfrac{2}{3}=0 \qquad$ よって $\quad \boldsymbol{y''(0)=\dfrac{4}{9}}$

EX ③74

条件 $x=\tan^2 y$ を満たす，実数 x について微分可能な x の関数 y を考える。ただし，$\dfrac{\pi}{2}<y<\pi$ とする。〔東京理科大〕

(1) $x=3$ のとき，y の値を求めよ。 (2) $\dfrac{dy}{dx}$ および $\dfrac{d^2y}{dx^2}$ を x の式で表せ。

(1) $x=3$ のとき $\quad \tan^2 y=3$

$\dfrac{\pi}{2}<y<\pi$ であるから $\quad \tan y<0$

←y は第 2 象限にある。

よって $\quad \tan y=-\sqrt{3} \qquad$ ゆえに $\quad \boldsymbol{y=\dfrac{2}{3}\pi}$

(2) $x=\tan^2 y$ の両辺を x で微分すると

$$1=2\tan y\cdot\frac{1}{\cos^2 y}\cdot\frac{dy}{dx}$$

すなわち　$1=2\tan y(1+\tan^2 y)\dfrac{dy}{dx}$

$x=\tan^2 y$，$\tan y<0$ から　$\tan y=-\sqrt{x}$　$(x>0)$

よって　$1=-2\sqrt{x}(1+x)\dfrac{dy}{dx}$

$x>0$ であるから　$\boldsymbol{\dfrac{dy}{dx}=-\dfrac{1}{2\sqrt{x}(1+x)}}$ …… ①

また，① の両辺を x で微分すると

$$\boldsymbol{\frac{d^2y}{dx^2}}=-\frac{1}{2}\cdot\frac{-\frac{1}{2\sqrt{x}}(1+x)-\sqrt{x}}{\{\sqrt{x}(1+x)\}^2}=\frac{1}{2}\cdot\frac{\frac{1}{2\sqrt{x}}(1+x)+\sqrt{x}}{\{\sqrt{x}(1+x)\}^2}$$

$$=\frac{1}{2}\cdot\frac{(1+x)+2x}{2\sqrt{x}\{\sqrt{x}(1+x)\}^2}=\boldsymbol{\frac{3x+1}{4x\sqrt{x}(1+x)^2}}$$

←$\dfrac{d}{dx}(\tan^2 y)=\dfrac{d}{dy}(\tan^2 y)\dfrac{dy}{dx}$
また $\dfrac{1}{\cos^2 y}=1+\tan^2 y$

←$\sqrt{x}(1+x)\neq 0$

←$\{\sqrt{x}(1+x)\}'=\dfrac{1}{2}x^{-\frac{1}{2}}(1+x)+\sqrt{x}\cdot 1$

別解　$\dfrac{dy}{dx}$ の求め方

$x=\tan^2 y$ の両辺を y で微分すると

$$\frac{dx}{dy}=2\tan y\cdot\frac{1}{\cos^2 y}=2\tan y(1+\tan^2 y)$$

$x=\tan^2 y$，$\tan y<0$ から　$\tan y=-\sqrt{x}$　$(x>0)$

よって　$\dfrac{dx}{dy}=-2\sqrt{x}(1+x)$

ゆえに　$\boldsymbol{\dfrac{dy}{dx}=-\dfrac{1}{2\sqrt{x}(1+x)}}$

←逆関数の考え方。

←$\dfrac{dy}{dx}=\dfrac{1}{\frac{dx}{dy}}$

EX ⑤75

原点を通る曲線 C 上の任意の点 $(x,\ y)$ は，直線 $x\cos\theta+y\sin\theta+p=0$ (p，θ は定数，$\sin\theta\neq 0$) および点 $\mathrm{A}(s,\ t)$ から等距離にあるものとする。また，$f(x)=e^{-x}\sin x+2x^2-x$ とする。曲線 C の方程式で定められる x の関数 y について，導関数 $\dfrac{dy}{dx}$ と第 2 次導関数 $\dfrac{d^2y}{dx^2}$ の原点における値がそれぞれ，$f'(0)$，$f''(0)$ に等しいとき，s，t を θ で表せ。　〔類　島根医大〕

HINT　等距離にある条件から x，y の関係式を導き，その式の両辺を x で 2 回微分する。そして，各式において，$x=y=0$ としたときを考える。

曲線 C 上の任意の点の座標を $(x,\ y)$ とすると

$$\sqrt{(x-s)^2+(y-t)^2}=\frac{|x\cos\theta+y\sin\theta+p|}{\sqrt{\cos^2\theta+\sin^2\theta}}$$

両辺は負でないから，両辺を平方して

$$(x-s)^2+(y-t)^2=(x\cos\theta+y\sin\theta+p)^2 \quad\cdots\cdots\ ①$$

① の両辺を x で微分すると

$$2(x-s)+2(y-t)\frac{dy}{dx}=2(x\cos\theta+y\sin\theta+p)\left(\cos\theta+\frac{dy}{dx}\sin\theta\right)$$

←点 $(x_1,\ y_1)$ と直線 $ax+by+c=0$ の距離は $\dfrac{|ax_1+by_1+c|}{\sqrt{a^2+b^2}}$ (数学Ⅱ)
また　$\sin^2\theta+\cos^2\theta=1$

よって

$$x-s+(y-t)\frac{dy}{dx}=(x\cos\theta+y\sin\theta+p)\left(\cos\theta+\frac{dy}{dx}\sin\theta\right) \quad \cdots\cdots ②$$

←両辺を 2 で割った。

更に ② の両辺を x で微分すると

$$1+\left(\frac{dy}{dx}\right)^2+(y-t)\frac{d^2y}{dx^2}=\left(\cos\theta+\frac{dy}{dx}\sin\theta\right)\left(\cos\theta+\frac{dy}{dx}\sin\theta\right)$$
$$+(x\cos\theta+y\sin\theta+p)\frac{d^2y}{dx^2}\sin\theta \cdots ③$$

←$\frac{d}{dx}\left\{(y-t)\frac{dy}{dx}\right\}=\frac{dy}{dx}\cdot\frac{dy}{dx}+(y-t)\frac{d^2y}{dx^2}$

曲線 C は原点を通るから，① より　$s^2+t^2=p^2$ …… ④

←① において $x=y=0$ とおく。

一方　$f'(x)=-e^{-x}\sin x+e^{-x}\cos x+4x-1$，$f'(0)=0$，

$f''(x)=e^{-x}\sin x-e^{-x}\cos x-e^{-x}\cos x-e^{-x}\sin x+4$

$=-2e^{-x}\cos x+4$，$f''(0)=2$

条件から，$x=0$，$y=0$ のとき　$\frac{dy}{dx}=0$，$\frac{d^2y}{dx^2}=2$

ゆえに，② から　$-s=p\cos\theta$，

③ から　$1-2t=\cos^2\theta+2p\sin\theta$ ……（＊）

←②，③ に，$x=y=0$，$\frac{dy}{dx}=0$，$\frac{d^2y}{dx^2}=2$ を代入する。

（＊）から　$2t=1-\cos^2\theta-2p\sin\theta=\sin^2\theta-2p\sin\theta$

よって　$s=-p\cos\theta$，$t=\frac{1}{2}\sin\theta(\sin\theta-2p)$ …… ⑤

④，⑤ から　$p^2=p^2\cos^2\theta+\frac{1}{4}(\sin^4\theta-4p\sin^3\theta+4p^2\sin^2\theta)$

$=p^2(\cos^2\theta+\sin^2\theta)+\frac{1}{4}(\sin^4\theta-4p\sin^3\theta)$

$=p^2+\frac{1}{4}\sin^3\theta(\sin\theta-4p)$

ゆえに　$\frac{1}{4}\sin^3\theta(\sin\theta-4p)=0$

$\sin\theta\neq0$ であるから　$p=\frac{1}{4}\sin\theta$

よって　$\boldsymbol{s=-\frac{1}{4}\sin\theta\cos\theta}$，$\boldsymbol{t=\frac{1}{4}\sin^2\theta}$

←$p=\frac{1}{4}\sin\theta$ を ⑤ に代入する。

検討　点 A が与えられた直線（ℓ とする）上にないから，曲線 C は，点 A を焦点，ℓ を準線とする放物線である。

例えば，$\theta=\frac{\pi}{2}$ のとき，$p=\frac{1}{4}$，$s=0$，$t=\frac{1}{4}$ であるから，①より　$x^2+\left(y-\frac{1}{4}\right)^2=\left(y+\frac{1}{4}\right)^2$　　ゆえに　$y=x^2$

このとき，焦点は点 $\left(0,\ \frac{1}{4}\right)$，準線は直線 $y=-\frac{1}{4}$ となる。

←$x^2=4\cdot\frac{1}{4}\cdot y$

練習 ②81

(1) 次の曲線上の点 A における接線と法線の方程式を求めよ。

(ア) $y=-\sqrt{2x}$，A$(2,\ -2)$　(イ) $y=e^{-x}-1$，A$(-1,\ e-1)$　(ウ) $y=\tan 2x$，A$\left(\dfrac{\pi}{8},\ 1\right)$

(2) 曲線 $y=x+\sqrt{x}$ に接し，傾きが $\dfrac{3}{2}$ である直線の方程式を求めよ。

(1) (ア) $f(x)=-\sqrt{2x}$ とすると　$f'(x)=-\dfrac{1}{\sqrt{2x}}$

よって　$f'(2)=-\dfrac{1}{2}$，$-\dfrac{1}{f'(2)}=2$

ゆえに，**接線の方程式は**

$y+2=-\dfrac{1}{2}(x-2)$　すなわち　$\boldsymbol{y=-\dfrac{1}{2}x-1}$

法線の方程式は　$y+2=2(x-2)$　すなわち　$\boldsymbol{y=2x-6}$

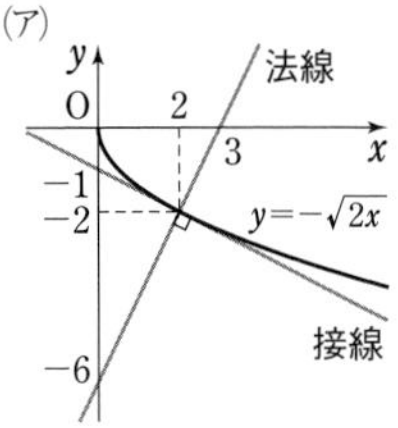

(イ) $f(x)=e^{-x}-1$ とすると　$f'(x)=-e^{-x}$

よって　$f'(-1)=-e$，$-\dfrac{1}{f'(-1)}=\dfrac{1}{e}$

ゆえに，**接線の方程式は**

$y-(e-1)=-e(x+1)$　すなわち　$\boldsymbol{y=-ex-1}$

法線の方程式は

$y-(e-1)=\dfrac{1}{e}(x+1)$　すなわち　$\boldsymbol{y=\dfrac{1}{e}x+e+\dfrac{1}{e}-1}$

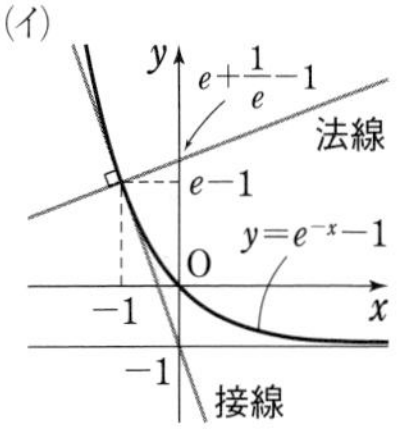

(ウ) $f(x)=\tan 2x$ とすると　$f'(x)=\dfrac{2}{\cos^2 2x}$

←合成関数の微分。

よって　$f'\left(\dfrac{\pi}{8}\right)=4$，$-\dfrac{1}{f'\left(\dfrac{\pi}{8}\right)}=-\dfrac{1}{4}$

←$\cos^2\left(2\cdot\dfrac{\pi}{8}\right)=\cos^2\dfrac{\pi}{4}$
$=\left(\dfrac{1}{\sqrt{2}}\right)^2=\dfrac{1}{2}$

ゆえに，**接線の方程式は**

$y-1=4\left(x-\dfrac{\pi}{8}\right)$　すなわち　$\boldsymbol{y=4x-\dfrac{\pi}{2}+1}$

法線の方程式は

$y-1=-\dfrac{1}{4}\left(x-\dfrac{\pi}{8}\right)$　すなわち　$\boldsymbol{y=-\dfrac{1}{4}x+\dfrac{\pi}{32}+1}$

(2) $y=x+\sqrt{x}$ から　$y'=1+\dfrac{1}{2\sqrt{x}}$

点 $(a,\ a+\sqrt{a})$ における接線の方程式は

$y-(a+\sqrt{a})=\left(1+\dfrac{1}{2\sqrt{a}}\right)(x-a)$ …… ①

この直線の傾きが $\dfrac{3}{2}$ であるとすると　$1+\dfrac{1}{2\sqrt{a}}=\dfrac{3}{2}$

ゆえに　$\dfrac{1}{\sqrt{a}}=1$　　よって　$a=1$

求める直線の方程式は，$a=1$ を ① に代入して

$y-2=\dfrac{3}{2}(x-1)$　すなわち　$\boldsymbol{y=\dfrac{3}{2}x+\dfrac{1}{2}}$

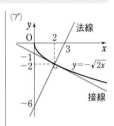

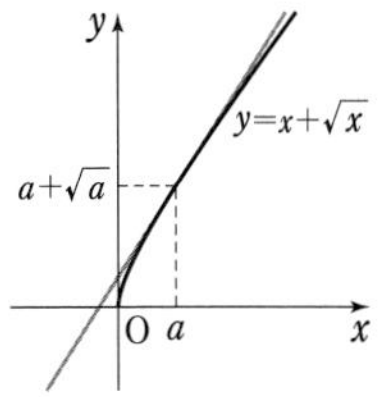

練習 ②82

(1) 次の曲線に，与えられた点Pから引いた接線の方程式と，そのときの接点の座標を求めよ。

(ア) $y=x\log x$，P$(0,\ -2)$　　(イ) $y=\dfrac{1}{x}+1$，P$(1,\ -2)$

(2) 直線 $y=x$ が曲線 $y=a^x$ の接線となるとき，a の値と接点の座標を求めよ。ただし，$a>0$，$a\neq1$ とする。 ［(2) 類 東京理科大］

(1) (ア) $y=x\log x$ から　$y'=\log x+x\cdot\dfrac{1}{x}=\log x+1$

←$(uv)'=u'v+uv'$

接点の座標を $(a,\ a\log a)$ $(a>0)$ とすると，接線の方程式は　$y-a\log a=(\log a+1)(x-a)$

←傾きは $\log a+1$
曲線 $y=f(x)$ 上の点 $(\alpha,\ f(\alpha))$ における接線の方程式は
$y-f(\alpha)=f'(\alpha)(x-\alpha)$

すなわち　$y=(\log a+1)x-a$

この直線が点 $(0,\ -2)$ を通るから　$-2=-a$

したがって　$a=2$

よって，求める接線の方程式は　$\boldsymbol{y=(\log 2+1)x-2}$

また，接点の座標は　$\boldsymbol{(2,\ 2\log 2)}$

(ア)
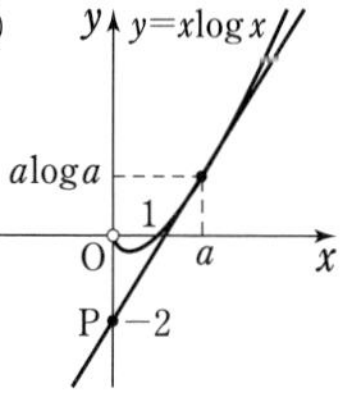

(イ) $y=\dfrac{1}{x}+1$ から　$y'=-\dfrac{1}{x^2}$

接点の座標を $\left(a,\ \dfrac{1}{a}+1\right)$ $(a\neq0)$ とすると，接線の方程式は

$$y-\left(\frac{1}{a}+1\right)=-\frac{1}{a^2}(x-a)$$

すなわち　$y=-\dfrac{1}{a^2}x+\dfrac{2}{a}+1$ …… ①

この直線が点 $(1,\ -2)$ を通るから　$-2=-\dfrac{1}{a^2}+\dfrac{2}{a}+1$

両辺に a^2 を掛けて整理すると　$3a^2+2a-1=0$

ゆえに　$(a+1)(3a-1)=0$　　よって　$a=-1,\ \dfrac{1}{3}$

よって，求める接線の方程式と接点の座標は，① から

$a=-1$ のとき　$\boldsymbol{y=-x-1,\ (-1,\ 0)}$

$a=\dfrac{1}{3}$ のとき　$\boldsymbol{y=-9x+7,\ \left(\dfrac{1}{3},\ 4\right)}$

(イ)
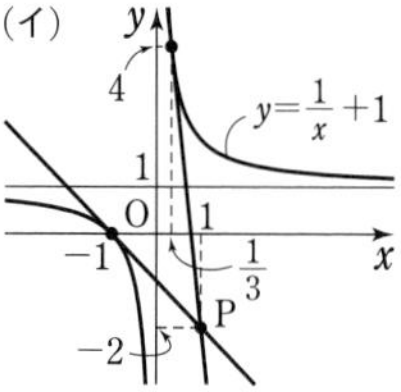

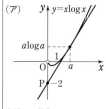

(2) $y=a^x$ から　$y'=a^x\log a$

接点の座標を $(t,\ a^t)$ とすると，接線の方程式は

$$y-a^t=(a^t\log a)(x-t)$$

すなわち　$y=(a^t\log a)x+a^t(1-t\log a)$

これが $y=x$ と一致するための条件は

$a^t\log a=1$ …… ①　かつ　$a^t(1-t\log a)=0$ …… ②

←2 直線が一致 $\Longleftrightarrow$ 傾きと y 切片が一致。

$a^t>0$ であるから，② より　$1-t\log a=0$

$t\neq0$ であるから　$\log a=\dfrac{1}{t}$　　ゆえに　$a=e^{\frac{1}{t}}$

←$t=0$ のとき，② は成り立たない。

① に代入して　$e\cdot\dfrac{1}{t}=1$　　よって　$t=e$

←$a^t=e$

以上から　$\boldsymbol{a=e^{\frac{1}{e}}}$，**接点の座標は**　$\boldsymbol{(e,\ e)}$

練習 ②83 次の曲線上の点P，Qにおける接線の方程式をそれぞれ求めよ。
(1) 双曲線 $x^2-y^2=a^2$ 上の点 $P(x_1,\ y_1)$ ただし，$a>0$
(2) 曲線 $x=1-\cos 2t$，$y=\sin t+2$ 上の $t=\frac{5}{6}\pi$ に対応する点Q

(1) $x^2-y^2=a^2$ の両辺を x について微分すると

$$2x-2yy'=0$$

ゆえに，$y\neq 0$ のとき　$y'=\frac{x}{y}$

←y' を求める。

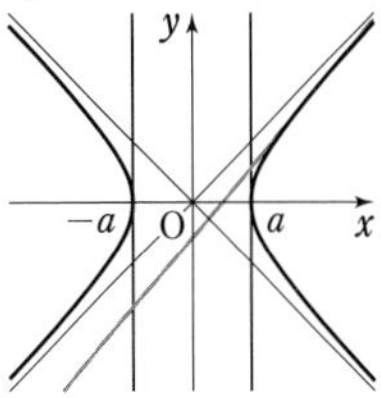

よって，点Pにおける接線の方程式は，$y_1\neq 0$ のとき

$$y-y_1=\frac{x_1}{y_1}(x-x_1)\quad すなわち\quad x_1x-y_1y=x_1{}^2-y_1{}^2$$

点Pは双曲線上の点であるから　$x_1{}^2-y_1{}^2=a^2$
$y_1\neq 0$ のとき，接線の方程式は　$x_1x-y_1y=a^2$ …… ①
$y_1=0$ のとき，$x_1=\pm a$ であり，接線の方程式は　$x=\pm a$
これは ① で $x_1=\pm a$，$y_1=0$ とすると得られる。
したがって，求める接線の方程式は

$$\boldsymbol{x_1x-y_1y=a^2}$$

(2) $\frac{dx}{dt}=2\sin 2t=4\sin t\cos t$，$\frac{dy}{dt}=\cos t$

よって，$\sin t\cos t\neq 0$ のとき

$$\frac{dy}{dx}=\cos t\cdot\frac{1}{4\sin t\cos t}=\frac{1}{4\sin t}$$

←$\frac{dy}{dx}=\frac{dy}{dt}\Big/\frac{dx}{dt}$

$t=\frac{5}{6}\pi$ のとき　$x=1-\frac{1}{2}=\frac{1}{2}$，$y=\frac{1}{2}+2=\frac{5}{2}$

←$\cos\frac{5}{3}\pi=\frac{1}{2}$
$\sin\frac{5}{6}\pi=\frac{1}{2}$

すなわち　$Q\left(\frac{1}{2},\ \frac{5}{2}\right)$　また　$\frac{dy}{dx}=\frac{1}{4}\cdot 2=\frac{1}{2}$

したがって，求める接線の方程式は

$$y-\frac{5}{2}=\frac{1}{2}\left(x-\frac{1}{2}\right)\quad すなわち\quad \boldsymbol{y=\frac{1}{2}x+\frac{9}{4}}$$

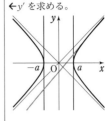

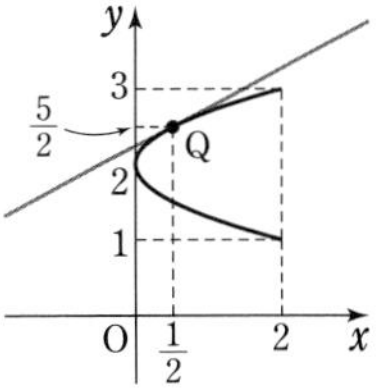

検討 $x=1-\cos 2t=1-(1-2\sin^2 t)=2\sin^2 t$ …… ①
$y=\sin t+2$ から　$\sin t=y-2$ …… ②
② を ① に代入して t を消去すると　$x=2(y-2)^2$
また，$-1\leqq\cos 2t\leqq 1$ であるから　$0\leqq 1-\cos 2t\leqq 2$
すなわち　$0\leqq x\leqq 2$
よって，曲線は，放物線 $x=2(y-2)^2$ の $0\leqq x\leqq 2$ の部分。

←$-1\leqq -\cos 2t\leqq 1$

練習 ③84 2つの曲線 $y=e^x$，$y=\log(x+2)$ の共通接線の方程式を求めよ。

$y=e^x$ から　$y'=e^x$
よって，曲線 $y=e^x$ 上の点 $(s,\ e^s)$ における接線の方程式は

$$y-e^s=e^s(x-s)\quad すなわち\quad y=e^sx-(s-1)e^s\ \cdots\cdots ①$$

←曲線 $y=f(x)$ 上の点 $(a,\ f(a))$ における接線の方程式は
$\boldsymbol{y-f(a)=f'(a)(x-a)}$

また，$y=\log(x+2)$ から　$y'=\frac{1}{x+2}$

4章 練習 [微分法の応用]

よって，曲線 $y=\log(x+2)$ 上の点 $(t,\ \log(t+2))$ における接線の方程式は　$y-\log(t+2)=\dfrac{1}{t+2}(x-t)$

すなわち　$y=\dfrac{1}{t+2}x+\log(t+2)-\dfrac{t}{t+2}$ ……②

2 接線 ①，② が一致するための条件は

←①，② の傾きと y 切片がそれぞれ一致。

$$e^s=\frac{1}{t+2}\ \cdots\ ③\quad かつ\quad -(s-1)e^s=\log(t+2)-\frac{t}{t+2}\ \cdots\ ④$$

③ から　$t+2=\dfrac{1}{e^s}$　よって　$t=\dfrac{1}{e^s}-2$

これらを ④ に代入して　$-(s-1)e^s=-s-e^s\cdot\left(\dfrac{1}{e^s}-2\right)$

ゆえに　$(s+1)-(s+1)e^s=0$

よって　$(s+1)(1-e^s)=0$

ゆえに　$s=-1,\ e^s=1$

すなわち　$s=0,\ -1$

これらを ① に代入して，求める接線の方程式は

$s=0$ のとき　$\boldsymbol{y=x+1}$

$s=-1$ のとき　$\boldsymbol{y=\dfrac{x}{e}+\dfrac{2}{e}}$

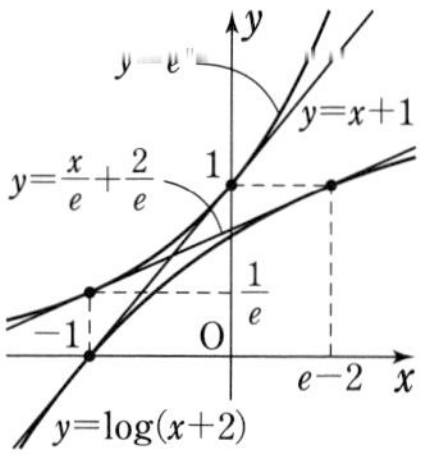

練習 ③85　2 つの曲線 $y=ax^2$，$y=\log x$ が接するとき，定数 a の値を求めよ。このとき，接点での接線の方程式を求めよ。〔類 東京電機大〕

$y=ax^2$ から　$y'=2ax$

$y=\log x$ から　$y'=\dfrac{1}{x}$

2 つの曲線 $y=ax^2$，$y=\log x$ が x 座標 $t\ (t>0)$ の点で接するための条件は

$$at^2=\log t\ \cdots\cdots\ ①\quad かつ\quad 2at=\frac{1}{t}\ \cdots\cdots\ ②$$

HINT　2 曲線 $y=f(x)$ と $y=g(x)$ が共有点（x 座標 t）で接する（共通な接線をもつ）ための条件は
$\boldsymbol{f(t)=g(t)}$　かつ
$\boldsymbol{f'(t)=g'(t)}$

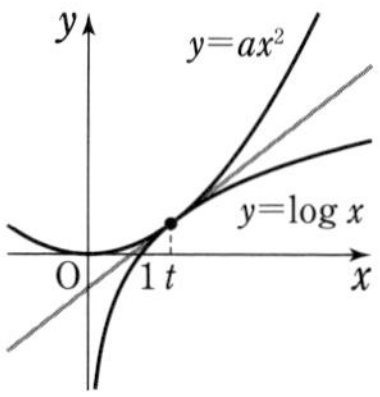

② から　$at^2=\dfrac{1}{2}$ ……③

③ を ① に代入して　$\dfrac{1}{2}=\log t$　よって　$t=e^{\frac{1}{2}}$

ゆえに，③ から　$\boldsymbol{a}=\dfrac{1}{2(e^{\frac{1}{2}})^2}=\boldsymbol{\dfrac{1}{2e}}$

このとき，接点の座標は $\left(e^{\frac{1}{2}},\ \dfrac{1}{2}\right)$ であるから，求める接線の方程式は

$$y-\frac{1}{2}=\frac{1}{e^{\frac{1}{2}}}(x-e^{\frac{1}{2}})\quad すなわち\quad \boldsymbol{y=e^{-\frac{1}{2}}x-\frac{1}{2}}$$

練習 ②86 $k>0$ とする。$f(x)=-(x-a)^2$，$g(x)=\log kx$ のとき，曲線 $y=f(x)$ と曲線 $y=g(x)$ の共有点をPとする。この点Pにおいて曲線 $y=f(x)$ の接線と曲線 $y=g(x)$ の接線が直交するとき，a と k の関係式を求めよ。 〔弘前大〕

$g(x)$ の定義域は　$x>0$

点Pの x 座標を $t\ (t>0)$ とすると，2曲線 $y=f(x)$，$y=g(x)$ は点Pを通るから　$f(t)=g(t)$

すなわち　$-(t-a)^2=\log kt$ …… ①

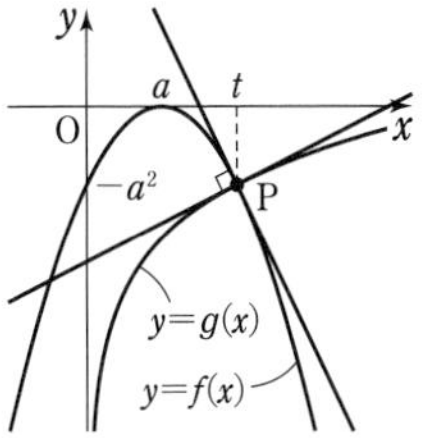

また　$f'(x)=-2(x-a)$，$g'(x)=\dfrac{1}{x}$

点Pにおいて，2曲線 $y=f(x)$，$y=g(x)$ の接線は座標軸に平行でなく，互いに直交するから

$$t\neq a \quad かつ \quad f'(t)g'(t)=-1 \ \cdots\cdots\ ②$$

② から　$-2(t-a)\cdot\dfrac{1}{t}=-1$　ゆえに　$2t-2a=t$

よって　$t=2a$　これを ① に代入すると　$-a^2=\log 2ka$

ゆえに　$2ka=e^{-a^2}$　$t>0$ で，$t=2a$ から　$a>0$

よって　$\boldsymbol{k=\dfrac{e^{-a^2}}{2a}\ (a>0)}$

←真数条件 $kx>0$ で，$k>0$ から。

←y 座標の一致。

←$g'(x)=\dfrac{1}{kx}\cdot k=\dfrac{1}{x}$

←2直線が **直交** ⟺ **傾きの積が -1**

練習 ③87 曲線 $y=xe^x$ に，点 $(a,\ 0)$ から接線が引けるような定数 a の値の範囲を求めよ。

$y=xe^x$ から　$y'=e^x+xe^x=(x+1)e^x$

接点の座標を $(t,\ te^t)$ とすると，接線の方程式は

$$y-te^t=(t+1)e^t(x-t)$$

この直線が点 $(a,\ 0)$ を通るとすると　$-te^t=(t+1)e^t(a-t)$

$e^t\neq 0$ であるから　$-t=(t+1)(a-t)$

整理して　$t^2-at-a=0$ …… ①

接線が引けるための条件は，t の2次方程式 ① が実数解をもつことである。よって，① の判別式を D とすると　$D\geqq 0$

$$D=(-a)^2-4\cdot 1\cdot(-a)=a(a+4)$$

ゆえに　$a(a+4)\geqq 0$　したがって　$\boldsymbol{a\leqq -4,\ 0\leqq a}$

HINT　接線が引ける ⟺ 接点が存在する。

←2次方程式が実数解をもつ ⟺ 判別式 $D\geqq 0$

練習 ③88 曲線 $\sqrt{x}+\sqrt{y}=\sqrt{a}\ (a>0)$ 上の点P（座標軸上にはない）における接線が，x 軸，y 軸と交わる点をそれぞれA，Bとするとき，原点Oからの距離の和 OA+OB は一定であることを示せ。

根号内は負でないから　$x\geqq 0$，$y\geqq 0$

よって，座標軸上にはない点Pの座標を $(s,\ t)$ とすると，$s>0$ かつ $t>0$ である。

$x>0$，$y>0$ のとき，$\sqrt{x}+\sqrt{y}=\sqrt{a}$ の両辺を x で微分して

$$\frac{1}{2\sqrt{x}}+\frac{y'}{2\sqrt{y}}=0$$

よって　$y'=-\sqrt{\dfrac{y}{x}}$

HINT　$P(s,\ t)\ (s>0,\ t>0)$ として進める。

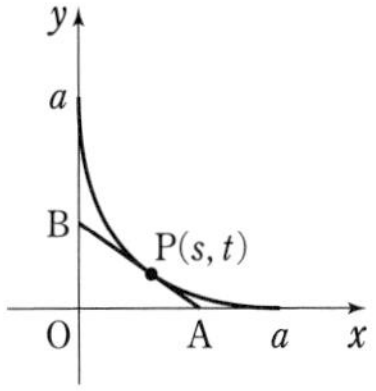

ゆえに，点Pにおける接線の方程式は

$$y-t=-\sqrt{\frac{t}{s}}(x-s) \quad すなわち \quad y=-\sqrt{\frac{t}{s}}x+\sqrt{st}+t$$

$y=0$ とすると　　$x=s+\sqrt{st}$

$x=0$ とすると　　$y=\sqrt{st}+t$

よって　　$OA+OB=(s+\sqrt{st})+(\sqrt{st}+t)=(\sqrt{s}+\sqrt{t})^2$

$=(\sqrt{a})^2=a$

したがって，OA+OB は一定である。

←$\sqrt{\frac{t}{s}}x=\sqrt{st}+t$ の両辺に $\sqrt{\frac{s}{t}}$ を掛ける。

練習 ②89

(1) 次の関数 $f(x)$ と区間について，平均値の定理の式 $\frac{f(b)-f(a)}{b-a}=f'(c)$，$a<c<b$ を満たす c の値を求めよ。

(ア) $f(x)=\log x$　$[1,\ e]$　　　(イ) $f(x)=e^{-x}$　$[0,\ 1]$

(2) $f(x)=x^3$ のとき，$f(a+h)-f(a)=hf'(a+\theta h)$，$0<\theta<1$ を満たす θ を正の数 a，h で表し，$\lim_{h\to+0}\theta$ を求めよ。

(1) (ア) $f(x)$ は $x>0$ で微分可能で　　$f'(x)=\frac{1}{x}$

平均値の定理の式 $\frac{f(e)-f(1)}{e-1}=f'(c)$ を満たす c の値は，

$\frac{1-0}{e-1}=\frac{1}{c}$ から　　$\boldsymbol{c=e-1}$

これは $1<c<e$ を満たすから，求める c の値である。

←$f(x)$ は $[1,\ e]$ で連続，$(1,\ e)$ で微分可能。

←$e=2.71828\cdots$

(イ) $f(x)$ は微分可能で　　$f'(x)=-e^{-x}$

平均値の定理の式 $\frac{f(1)-f(0)}{1-0}=f'(c)$ を満たす c の値は，

$\frac{1}{e}-1=-e^{-c}$ から　　$e^{-c}=\frac{e-1}{e}$

ゆえに　　$-c=\log\frac{e-1}{e}$　　　よって　　$\boldsymbol{c=1-\log(e-1)}$

これは $0<c<1$ を満たすから，求める c の値である。

←$f(x)$ は $[0,\ 1]$ で連続，$(0,\ 1)$ で微分可能。

←$1<e-1<e$ であるから　$0<\log(e-1)<1$

(2) $f'(x)=3x^2$ で，等式から　　$(a+h)^3-a^3=h\cdot 3(a+\theta h)^2$

よって　　$h(3a^2+3ah+h^2)=3h(a+\theta h)^2$

$a>0$，$h>0$，$\theta>0$ であるから　$\sqrt{3a^2+3ah+h^2}=\sqrt{3}(a+\theta h)$

ゆえに　　$\boldsymbol{\theta}=\frac{\sqrt{3a^2+3ah+h^2}-\sqrt{3}a}{\sqrt{3}h}$

$$=\boldsymbol{\frac{\sqrt{9a^2+9ah+3h^2}-3a}{3h}}$$

←$f(a+h)-f(a)=hf'(a+\theta h)$

←$0<\theta<1$ である。

また，$h>0$ のとき

$$\theta=\frac{(9a^2+9ah+3h^2)-(3a)^2}{3h(\sqrt{9a^2+9ah+3h^2}+3a)}=\frac{9ah+3h^2}{3h(\sqrt{9a^2+9ah+3h^2}+3a)}$$

$$=\frac{3a+h}{\sqrt{9a^2+9ah+3h^2}+3a}$$

よって　　$\lim_{h\to+0}\boldsymbol{\theta}=\frac{3a}{3a+3a}=\boldsymbol{\frac{1}{2}}$

←分子の有理化。

練習 ②90 平均値の定理を利用して，次のことを証明せよ。

(1) $a<b$ のとき　$e^a<\dfrac{e^b-e^a}{b-a}<e^b$　　(2) $t>0$ のとき　$0<\log\dfrac{e^t-1}{t}<t$

(3) $0<a<b$ のとき　$1-\dfrac{a}{b}<\log b-\log a<\dfrac{b}{a}-1$

(1) 関数 $f(x)=e^x$ は微分可能で　$f'(x)=e^x$

よって，区間 $[a,\ b]$ において，平均値の定理を用いると

$$\frac{e^b-e^a}{b-a}=e^c,\ a<c<b$$

を満たす c が存在する。$a<c<b$ から　$e^a<e^c<e^b$

したがって　$e^a<\dfrac{e^b-e^a}{b-a}<e^b$

(2) (1)の不等式において，$a=0$，$b=t$ とすると

$$e^0<\frac{e^t-e^0}{t-0}<e^t \quad すなわち \quad 1<\frac{e^t-1}{t}<e^t$$

各辺は正の数であるから，各辺の自然対数をとると

$$0<\log\frac{e^t-1}{t}<t$$

(3) 関数 $f(x)=\log x$ は $x>0$ で微分可能で　$f'(x)=\dfrac{1}{x}$

よって，区間 $[a,\ b]$ において，平均値の定理を用いると

$$\frac{\log b-\log a}{b-a}=\frac{1}{c},\ a<c<b$$

を満たす c が存在する。$0<a<b$ と $a<c<b$ から

$0<a<c<b$

ゆえに　$\dfrac{1}{b}<\dfrac{1}{c}<\dfrac{1}{a}$　　よって　$\dfrac{1}{b}<\dfrac{\log b-\log a}{b-a}<\dfrac{1}{a}$

この不等式の各辺に $b-a\ (>0)$ を掛けて

$$\frac{b-a}{b}<\log b-\log a<\frac{b-a}{a} \quad すなわち \quad 1-\frac{a}{b}<\log b-\log a<\frac{b}{a}-1$$

HINT 平均値の定理の式 $\dfrac{f(b)-f(a)}{b-a}=f'(c)$，$a<c<b$ を利用。このa<c<bと証明すべき不等式を結びつける。
(2) (1)の結果を利用。

別解 (2) (1)の不等式を利用しない証明。
関数 $f(x)=e^x$ に区間 $[0,\ t]$ において，平均値の定理を用いると
$\dfrac{e^t-e^0}{t-0}=e^c$，$0<c<t$ を満たす c が存在する。
$0<c<t$ から
$e^0<e^c<e^t$
∴ $1<\dfrac{e^t-1}{t}<e^t$
各辺の自然対数をとって
$0<\log\dfrac{e^t-1}{t}<t$

練習 ④91 平均値の定理を利用して，次の極限値を求めよ。

(1) $\displaystyle\lim_{x\to0}\log\frac{e^x-1}{x}$　〔類 富山医薬大〕　(2) $\displaystyle\lim_{x\to1}\frac{\sin\pi x}{x-1}$

(1) $f(x)=e^x$ とすると，$f(x)$ は常に微分可能で　$f'(x)=e^x$

[1] $x<0$ のとき，区間 $[x,\ 0]$ において，平均値の定理を用いると　$\dfrac{e^0-e^x}{0-x}=e^{c_1}$，$x<c_1<0$　を満たす c_1 が存在する。

$\displaystyle\lim_{x\to-0}x=0$ であるから　$\displaystyle\lim_{x\to-0}c_1=0$

よって　$\displaystyle\lim_{x\to-0}\log\frac{e^x-1}{x}=\lim_{x\to-0}\log e^{c_1}=\lim_{x\to-0}c_1=0$

[2] $x>0$ のとき，区間 $[0,\ x]$ において，平均値の定理を用いると　$\dfrac{e^x-e^0}{x-0}=e^{c_2}$，$0<c_2<x$

HINT (1) $f(x)=e^x$，(2) $f(x)=\sin\pi x$ について，平均値の定理を適用。

←はさみうちの原理。

← $\dfrac{e^x-1}{x}=\dfrac{e^0-e^x}{0-x}$

を満たす c_2 が存在する。

$\lim_{x\to+0} x=0$ であるから　$\lim_{x\to+0} c_2=0$

←はさみうちの原理。

よって　$\lim_{x\to+0}\log\frac{e^x-1}{x}=\lim_{x\to+0}\log e^{c_2}=\lim_{x\to+0} c_2=0$

←$\frac{e^x-1}{x}=\frac{e^x-e^0}{x-0}$

以上から　$\lim_{x\to0}\log\frac{e^x-1}{x}=\mathbf{0}$

参考　$\lim_{x\to0}\log\frac{f(x)-f(0)}{x}=\log f'(0)=\log e^0=\mathbf{0}$

←微分係数の定義式利用。

(2)　$f(x)=\sin\pi x$ とすると，$f(x)$ は常に微分可能で

$$f'(x)=\pi\cos\pi x$$

[1]　$x<1$ のとき，区間 $[x,\ 1]$ において，平均値の定理を用いると　$\frac{\sin\pi-\sin\pi x}{1-x}=\pi\cos\pi\theta_1$，$x<\theta_1<1$

を満たす θ_1 が存在する。

$\lim_{x\to1-0} x=1$ であるから　$\lim_{x\to1-0}\theta_1=1$

←はさみうちの原理。

よって　$\lim_{x\to1-0}\frac{\sin\pi x}{x-1}=\lim_{x\to1-0}\pi\cos\pi\theta_1=\pi\cos\pi=-\pi$

←$\frac{\sin\pi x}{x-1}=\frac{\sin\pi-\sin\pi x}{1-x}$

[2]　$1<x$ のとき，区間 $[1,\ x]$ において，平均値の定理を用いると　$\frac{\sin\pi x-\sin\pi}{x-1}=\pi\cos\pi\theta_2$，$1<\theta_2<x$

を満たす θ_2 が存在する。

$\lim_{x\to1+0} x=1$ であるから　$\lim_{x\to1+0}\theta_2=1$

←はさみうちの原理。

よって　$\lim_{x\to1+0}\frac{\sin\pi x}{x-1}=\lim_{x\to1+0}\pi\cos\pi\theta_2=\pi\cos\pi=-\pi$

以上から　$\lim_{x\to1}\frac{\sin\pi x}{x-1}=\boldsymbol{-\pi}$

参考　練習 54 (2) 参照。

練習 ④92　ロピタルの定理を用いて，次の極限値を求めよ。

(1) $\lim_{x\to0}\frac{e^x-e^{-x}}{x}$　(2) $\lim_{x\to0}\frac{x-\sin x}{x^2}$　(3) $\lim_{x\to\infty}x\log\frac{x-1}{x+1}$

(1)　$f(x)=e^x-e^{-x}$，$g(x)=x$ とすると

$$f'(x)=e^x+e^{-x},\quad g'(x)=1$$

←$\lim_{x\to0}(e^x-e^{-x})=0$，$\lim_{x\to0}x=0$

また　$\lim_{x\to0}\frac{f'(x)}{g'(x)}=\lim_{x\to0}\frac{e^x+e^{-x}}{1}=2$

←分母・分子を微分して極限値を求める。

よって　$\lim_{x\to0}\frac{e^x-e^{-x}}{x}=\mathbf{2}$

(2)　$f(x)=x-\sin x$，$g(x)=x^2$ とすると

$f'(x)=1-\cos x$，$g'(x)=2x$，$f''(x)=\sin x$，$g''(x)=2$

←1 回微分しても，$\lim_{x\to0}(1-\cos x)=0$，$\lim_{x\to0}2x=0$ より $\frac{0}{0}$ の不定形となるから，更に微分する。

また　$\lim_{x\to0}\frac{f''(x)}{g''(x)}=\lim_{x\to0}\frac{\sin x}{2}=0$

よって　$\lim_{x\to0}\frac{x-\sin x}{x^2}=\mathbf{0}$

(3) $f(x)=\log\dfrac{x-1}{x+1}=\log|x-1|-\log|x+1|$, $g(x)=\dfrac{1}{x}$ とすると

$$f'(x)=\frac{1}{x-1}-\frac{1}{x+1},\quad g'(x)=-\frac{1}{x^2}$$

また
$$\lim_{x\to\infty}\frac{f'(x)}{g'(x)}=\lim_{x\to\infty}\frac{\dfrac{1}{x-1}-\dfrac{1}{x+1}}{-\dfrac{1}{x^2}}$$
$$=\lim_{x\to\infty}\frac{-2x^2}{(x-1)(x+1)}$$
$$=\lim_{x\to\infty}\frac{-2}{\left(1-\dfrac{1}{x}\right)\left(1+\dfrac{1}{x}\right)}=-2$$

よって　$\displaystyle\lim_{x\to\infty}x\log\frac{x-1}{x+1}=\mathbf{-2}$

←与式は $\dfrac{\infty-\infty}{0}$ の形。

←分母・分子を x^2 で割る。

練習 ②93
次の関数の増減を調べよ。
(1) $y=x-2\sqrt{x}$　(2) $y=\dfrac{x^3}{x-2}$　(3) $y=2x-\log x$

(1) 定義域は $x\geqq 0$ である。

$$y'=1-2\cdot\frac{1}{2\sqrt{x}}=\frac{\sqrt{x}-1}{\sqrt{x}}$$

$y'=0$ とすると　$x=1$

よって，y の増減表は右のようになる。したがって，

x	0	…	1	…
y'	／	$-$	0	$+$
y	0	↘	-1	↗

$0\leqq x\leqq 1$ で単調に減少し，
$1\leqq x$ で単調に増加する。

検討　関数 $y=f(x)$ の定義域は $x\geqq 0$ であるが，$x=0$ で y' は存在しない。しかし，$0<u<1$ を満たす任意の u に対し，平均値の定理から，$\dfrac{f(u)-f(0)}{u}=f'(c)$，$0<c<u$ を満たす実数 c が存在し，$f'(c)<0$，$u>0$ から　$f(0)>f(u)$
したがって，$x=0$ を含めて y は単調に減少する。

←$\sqrt{\ \ }$ 内 $\geqq 0$ から。

←$\sqrt{x}-1=0$ から
$\sqrt{x}=1$
平方して　$x=1$

←区間の端点を含める（解答の後の 検討 参照）。

(2) 定義域は $x\neq 2$ である。

$$y'=\frac{3x^2(x-2)-x^3\cdot 1}{(x-2)^2}=\frac{2x^2(x-3)}{(x-2)^2}$$

$y'=0$ とすると　$x=0,\ 3$

よって，y の増減表は右のようになる。

x	…	0	…	2	…	3	…
y'	$-$	0	$-$	／	$-$	0	$+$
y	↘	0	↘	／	↘	27	↗

したがって，
$x<2$，$2<x\leqq 3$ で単調に減少し，
$3\leqq x$ で単調に増加する。

←分母 $\neq 0$ から。

←$\displaystyle\lim_{x\to 2-0}y=-\infty$，
$\displaystyle\lim_{x\to 2+0}y=\infty$

(3) 定義域は $x>0$ である。

$$y'=2-\frac{1}{x}=\frac{2x-1}{x}$$

$y'=0$ とすると　$x=\frac{1}{2}$

よって，y の増減表は右のようになる。したがって，

x	0	$\cdots$	$\frac{1}{2}$	$\cdots$
y'		$-$	0	$+$
y		↘	$1+\log 2$	↗

$0<x\leqq\frac{1}{2}$ で単調に減少し，
$\frac{1}{2}\leqq x$ で単調に増加する。

←真数>0 から。

←$\lim_{x\to+0} y=\infty$

練習 ②94 次の関数の極値を求めよ。

(1) $y=xe^{-x}$　(2) $y=\frac{3x-1}{x^3+1}$　(3) $y=\frac{x+1}{x^2+x+1}$
(4) $y=(1-\sin x)\cos x\ (0\leqq x\leqq 2\pi)$　(5) $y=|x|\sqrt{4-x}$　(6) $y=(x+2)\cdot\sqrt[3]{x^2}$

(1) $y'=e^{-x}-xe^{-x}=e^{-x}(1-x)$

$y'=0$ とすると　$x=1$

増減表は右のようになる。

x	$\cdots$	1	$\cdots$
y'	$+$	0	$-$
y	↗	極大	↘

よって　**$x=1$ で極大値 e^{-1}**

←$e^{-x}>0$ であるから $1-x=0$

←$\frac{1}{e}$ でもよい。

(2) $x^3+1=(x+1)(x^2-x+1)$ であるから，定義域は　$x\neq-1$

$$y'=\frac{3(x^3+1)-(3x-1)\cdot 3x^2}{(x^3+1)^2}=\frac{-3(2x^3-x^2-1)}{(x^3+1)^2}$$

$$=\frac{-3(x-1)(2x^2+x+1)}{(x^3+1)^2}$$

$y'=0$ とすると　$x=1$

増減表は右のようになる。

x	$\cdots$	-1	$\cdots$	1	$\cdots$
y'	$+$	／	$+$	0	$-$
y	↗	／	↗	極大	↘

よって　**$x=1$ で極大値 1**

←$x^2-x+1=\left(x-\frac{1}{2}\right)^2+\frac{3}{4}>0$

←$2x^2+x+1=2\left(x+\frac{1}{4}\right)^2+\frac{7}{8}>0$

(3) $$y'=\frac{x^2+x+1-(x+1)(2x+1)}{(x^2+x+1)^2}$$

$$=-\frac{x(x+2)}{(x^2+x+1)^2}$$

$y'=0$ とすると　$x=-2,\ 0$

増減表は右のようになる。

よって

x	$\cdots$	-2	$\cdots$	0	$\cdots$
y'	$-$	0	$+$	0	$-$
y	↘	極小	↗	極大	↘

$x=-2$ で極小値 $-\frac{1}{3}$，$x=0$ で極大値 1

←$x^2+x+1=\left(x+\frac{1}{2}\right)^2+\frac{3}{4}>0$
定義域は，すべての実数である。

(4) $y'=-\cos x\cdot\cos x+(1-\sin x)(-\sin x)$

$=-1+\sin^2 x-\sin x+\sin^2 x$

$=2\sin^2 x-\sin x-1$

$=(\sin x-1)(2\sin x+1)$

$0\leqq x\leqq 2\pi$ の範囲で $y'=0$ を解くと

$\sin x-1=0$ から $x=\frac{\pi}{2}$，$2\sin x+1=0$ から $x=\frac{7}{6}\pi,\ \frac{11}{6}\pi$

増減表は次のようになる。

x	0	…	$\frac{\pi}{2}$	…	$\frac{7}{6}\pi$	…	$\frac{11}{6}\pi$	…	2π
y'		$-$	0	$-$	0	$+$	0	$-$	
y	1	↘	0	↘	極小	↗	極大	↘	1

$x=\frac{7}{6}\pi$ で極小値 $-\frac{3\sqrt{3}}{4}$，$x=\frac{11}{6}\pi$ で極大値 $\frac{3\sqrt{3}}{4}$

←$\sin x-1\leqq 0$ であるから，y' の符号は
$2\sin x+1\leqq 0$　すなわち
$\frac{7}{6}\pi\leqq x\leqq\frac{11}{6}\pi$ のとき
$y'\geqq 0$
$2\sin x+1\geqq 0$　すなわち
$0\leqq x\leqq\frac{7}{6}\pi$,
$\frac{11}{6}\pi\leqq x\leqq 2\pi$ のとき
$y'\leqq 0$

(5)　定義域は，$4-x\geqq 0$ から　　$x\leqq 4$

$0\leqq x\leqq 4$ のとき，$y=x\sqrt{4-x}$ であるから，$0<x<4$ では

$$y'=\sqrt{4-x}-\frac{x}{2\sqrt{4-x}}=\frac{8-3x}{2\sqrt{4-x}}$$

この範囲で $y'=0$ となる x の値は　　$x=\frac{8}{3}$

$x<0$ のとき　　$y=-x\sqrt{4-x}$

ゆえに，$x<0$ では　　$y'=-\frac{8-3x}{2\sqrt{4-x}}<0$

関数 $y=|x|\sqrt{4-x}$ は $x=0$，4 で微分可能ではない。
増減表は右のようになる。

x	…	0	…	$\frac{8}{3}$	…	4
y'	$-$	／	$+$	0	$-$	／
y	↘	極小	↗	極大	↘	0

よって

$x=\frac{8}{3}$ で極大値 $\frac{8}{3}\sqrt{\frac{4}{3}}=\frac{16\sqrt{3}}{9}$，$x=0$ で極小値 0

←y' が存在しない x についても，その前後の x に対する y' の符号に注目。ここでは，$x=0$ で y' は存在しないが，関数は連続で極小となる。

(6)　$y'=\sqrt[3]{x^2}+(x+2)\cdot\frac{2}{3}x^{-\frac{1}{3}}=\frac{1}{3\sqrt[3]{x}}(3x+2x+4)=\frac{5x+4}{3\sqrt[3]{x}}$

←y'
$=x^{\frac{2}{3}}+\frac{2}{3}x^{-\frac{1}{3}}(x+2)$
$=\frac{1}{3}x^{-\frac{1}{3}}\{3x+2(x+2)\}$

$y'=0$ とすると　$x=-\frac{4}{5}$

関数 $y=(x+2)\cdot\sqrt[3]{x^2}$ は $x=0$ で微分可能ではない。
増減表は右のようになる。

x	…	$-\frac{4}{5}$	…	0	…
y'	$+$	0	$-$	／	$+$
y	↗	極大	↘	極小	↗

よって

$x=-\frac{4}{5}$ で極大値 $\frac{6}{5}\cdot\sqrt[3]{\frac{16}{25}}=\frac{12\sqrt[3]{10}}{25}$，$x=0$ で極小値 0

←$x=0$ で y' は存在しないが，関数は連続で極小となる。

←$\sqrt[3]{\frac{16}{25}}=\frac{\sqrt[3]{2^3\cdot 2}}{\sqrt[3]{5^2}}$
$=\frac{2\cdot\sqrt[3]{2}\cdot\sqrt[3]{5}}{5}$

練習 ②95

関数 $f(x)=\frac{e^{kx}}{x^2+1}$ （k は定数）について

(1)　$f(x)$ が $x=-2$ で極値をとるとき，k の値を求めよ。

(2)　$f(x)$ が極値をもつとき，k のとりうる値の範囲を求めよ。　〔類　名城大〕

$$f'(x)=\frac{ke^{kx}(x^2+1)-e^{kx}\cdot 2x}{(x^2+1)^2}=\frac{e^{kx}(kx^2-2x+k)}{(x^2+1)^2}$$

$f'(x)=0$ とすると，$e^{kx}>0$，$x^2+1>0$ から　$kx^2-2x+k=0$

HINT　(2)　$k=0$，$k\neq 0$ で場合分けをする。

$g(x)=kx^2-2x+k$ とする。

(1) $f(x)$ は $x=-2$ で微分可能であり，$f(x)$ が $x=-2$ で極値をとるとき　$g(-2)=0$

←必要条件。

ここで　$g(-2)=4k+4+k=5k+4$

よって，$5k+4=0$ から　$k=-\dfrac{4}{5}$

←このとき $f'(-2)=0$

このとき　$g(x)=-\dfrac{4}{5}x^2-2x-\dfrac{4}{5}=-\dfrac{2}{5}(x+2)(2x+1)$

←$-\dfrac{4}{5}x^2-2x-\dfrac{4}{5}$ $=-\dfrac{2}{5}(2x^2+5x+2)$

$g(x)=0$ すなわち $f'(x)=0$ を満たす x の値は

$x=-2,\ -\dfrac{1}{2}$

$\dfrac{e^{kx}}{(x^2+1)^2}>0$ であるから，$f(x)$ の増減表は右のようになり，$f(x)$ は $x=-2$ で極小となる。

x	$\cdots$	-2	$\cdots$	$-\dfrac{1}{2}$	$\cdots$
$f'(x)$	$-$	0	$+$	0	$-$
$f(x)$	↘	極小	↗	極大	↘

←十分条件であることを示す。つまり，$x=-2$ の前後で $f'(x)$ の符号が変わることを示す。

よって　$\boldsymbol{k=-\dfrac{4}{5}}$

(2) $f(x)$ は実数全体で微分可能である。$f(x)$ が極値をもつとき，$f'(x)=0$ すなわち $g(x)=0$ となる x の値 c があり，$x=c$ の前後で $g(x)$ の符号が変わる。

[1] $k=0$ のとき　$g(x)=0$ とすると，$-2x=0$ から　$x=0$

$g(x)$ の符号は $x=0$ の前後で正から負に変わるから，$f(x)$ は極値をもつ。

←$g(x)=-2x$

[2] $k\neq0$ のとき　2次方程式 $g(x)=0$ の判別式 D について

$D>0$

$\dfrac{D}{4}=(-1)^2-k\cdot k=-(k+1)(k-1)$ であるから

$(k+1)(k-1)<0$

$k\neq0$ であるから　$-1<k<0,\ 0<k<1$

←必要条件。

このとき，$g(x)$ の符号は $x=c$ の前後で変わるから，$f(x)$ は極値をもつ。

←十分条件であることを示す。

以上から，求める k の値の範囲は　$\boldsymbol{-1<k<1}$

練習 ③96　関数 $y=\log(x+\sqrt{x^2+1})-ax$ が極値をもたないように，定数 a の値の範囲を定めよ。

HINT　微分可能な関数 $f(x)$ が極値をもたないための条件は，
$f'(x)=0$ を満たす実数 x が存在しない　あるいは　常に $f'(x)\geqq0$ または $f'(x)\leqq0$ が成り立つことである。

$f(x)=\log(x+\sqrt{x^2+1})-ax$ とすると

$$f'(x)=\frac{1+\dfrac{x}{\sqrt{x^2+1}}}{x+\sqrt{x^2+1}}-a=\frac{\dfrac{\sqrt{x^2+1}+x}{\sqrt{x^2+1}}}{x+\sqrt{x^2+1}}-a=\frac{1}{\sqrt{x^2+1}}-a$$

←$\{\log|h(x)|\}'=\dfrac{h'(x)}{h(x)}$

$g(x)=\dfrac{1}{\sqrt{x^2+1}}-a$ とすると

$$g'(x)=\left\{(x^2+1)^{-\frac{1}{2}}\right\}'=-\frac{1}{2}(x^2+1)^{-\frac{3}{2}}\cdot 2x=-\frac{x}{\sqrt{(x^2+1)^3}}$$

←$f'(x)$ の増減を調べるため，$f'(x)$ の式を $g(x)$ とする。

$g'(x)=0$ とすると　　$x=0$

よって，$g(x)$ の増減表は右のようになる。

x	$\cdots$	0	$\cdots$
$g'(x)$	$+$	0	$-$
$g(x)$	↗	極大 $1-a$	↘

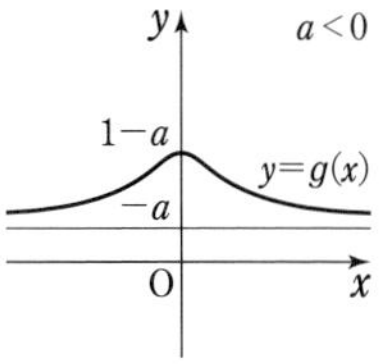

また　　$\displaystyle\lim_{x\to\pm\infty} g(x)=-a$

ゆえに　　$-a<g(x)\leqq 1-a$

$f(x)$ が極値をもたないための条件は

$-a\geqq 0$　または　$1-a\leqq 0$

←常に $g(x)\geqq 0$ または常に $g(x)\leqq 0$ となる条件。不等号に等号を含めることに注意。

したがって，求める a の値の範囲は

$\boldsymbol{a\leqq 0,\ 1\leqq a}$

練習 ②97　関数 $f(x)=\dfrac{ax^2+bx+c}{x^2+2}$ は $x=-2$ で極小値 $\dfrac{1}{2}$，$x=1$ で極大値 2 をとる。このとき，定数 a，b，c の値を求めよ。　〔横浜市大〕

$f(x)$ は実数全体で微分可能である。

←定義域は実数全体。

$$f'(x)=\frac{(2ax+b)(x^2+2)-(ax^2+bx+c)\cdot 2x}{(x^2+2)^2}$$
$$=\frac{-bx^2+(4a-2c)x+2b}{(x^2+2)^2}$$

$x=-2$ で極小値 $\dfrac{1}{2}$ をとるから　　$f(-2)=\dfrac{1}{2}$，$f'(-2)=0$

$x=1$ で極大値 2 をとるから　　$f(1)=2$，$f'(1)=0$

$f(-2)=\dfrac{1}{2}$ から　　$4a-2b+c=3$ …… ①

$f(1)=2$ から　　$a+b+c=6$ …… ②

$f'(-2)=0$，$f'(1)=0$ から　　$4a+b-2c=0$ …… ③

←$f(-2)=\dfrac{4a-2b+c}{6}=\dfrac{1}{2}$，$f(1)=\dfrac{a+b+c}{3}=2$，$f'(-2)=\dfrac{-8a-2b+4c}{36}=0$，$f'(1)=\dfrac{4a+b-2c}{9}=0$

①～③ を解いて　　$a=1$，$b=2$，$c=3$

逆に，$a=1$，$b=2$，$c=3$ のとき

←この確認を忘れずに！

$$f(x)=\frac{x^2+2x+3}{x^2+2} \quad \cdots\cdots ④$$

$$f'(x)=\frac{-2x^2-2x+4}{(x^2+2)^2}=\frac{-2(x+2)(x-1)}{(x^2+2)^2}$$

$f'(x)=0$ とすると　　$x=-2,\ 1$

関数 ④ の増減表は右のようになり，条件を満たす。

x	$\cdots$	-2	$\cdots$	1	$\cdots$
$f'(x)$	$-$	0	$+$	0	$-$
$f(x)$	↘	極小 $\frac{1}{2}$	↗	極大 2	↘

よって　　$\boldsymbol{a=1,\ b=2,\ c=3}$

練習 ②98　次の関数の最大値，最小値を求めよ。(1)，(2) では $0\leqq x\leqq 2\pi$ とする。

(1)　$y=\sin 2x+2\sin x$　　(2)　$y=\sin x+(1-x)\cos x$

(3)　$y=x+\sqrt{1-4x^2}$　　(4)　$y=(x^2-1)e^x$ $(-1\leqq x\leqq 2)$

(1)　$y'=2\cos 2x+2\cos x=2(2\cos^2 x-1)+2\cos x$
　　$=2(2\cos^2 x+\cos x-1)$
　　$=2(\cos x+1)(2\cos x-1)$

$0\leqq x\leqq 2\pi$ の範囲で $y'=0$ となる x の値は

$\cos x=-1$ から　$x=\pi$,　　$\cos x=\dfrac{1}{2}$ から　$x=\dfrac{\pi}{3}$, $\dfrac{5}{3}\pi$

$0\leqq x\leqq 2\pi$ における y の増減表は次のようになる。

x	0	$\cdots$	$\dfrac{\pi}{3}$	$\cdots$	π	$\cdots$	$\dfrac{5}{3}\pi$	$\cdots$	2π
y'		+	0	−	0	−	0	+	
y	0	↗	極大 $\dfrac{3\sqrt{3}}{2}$	↘	0	↘	極小 $-\dfrac{3\sqrt{3}}{2}$	↗	0

よって　**$x=\dfrac{\pi}{3}$ で最大値 $\dfrac{3\sqrt{3}}{2}$，$x=\dfrac{5}{3}\pi$ で最小値 $-\dfrac{3\sqrt{3}}{2}$**

(2)　$y'=\cos x-\cos x+(1-x)(-\sin x)$
　　$=(x-1)\sin x$

$0\leqq x\leqq 2\pi$ の範囲で $y'=0$ となる x の値は

$x-1=0$ から　$x=1$,　　$\sin x=0$ から　$x=0$, π, 2π

$0\leqq x\leqq 2\pi$ における y の増減表は次のようになる。

x	0	$\cdots$	1	$\cdots$	π	$\cdots$	2π
y'		−	0	+	0	−	
y	1	↘	極小 $\sin 1$	↗	極大 $\pi-1$	↘	$1-2\pi$

ここで　　$1<\pi-1$, $\sin 1>0>1-2\pi$

よって　　**$x=\pi$ で最大値 $\pi-1$，$x=2\pi$ で最小値 $1-2\pi$**

(3)　定義域は，$1-4x^2\geqq 0$ から　　$-\dfrac{1}{2}\leqq x\leqq \dfrac{1}{2}$ …… ①

$-\dfrac{1}{2}<x<\dfrac{1}{2}$ のとき　$y'=1+\dfrac{-8x}{2\sqrt{1-4x^2}}=\dfrac{\sqrt{1-4x^2}-4x}{\sqrt{1-4x^2}}$

$y'=0$ とすると　　$\sqrt{1-4x^2}=4x$ …… ②

両辺を平方して整理すると　　$20x^2=1$

これを解いて　　$x=\pm\dfrac{1}{2\sqrt{5}}=\pm\dfrac{\sqrt{5}}{10}$

② より，$x\geqq 0$ であるから　　$x=\dfrac{\sqrt{5}}{10}$

① における y の増減表は右のようになる。よって

$x=\dfrac{\sqrt{5}}{10}$ で最大値 $\dfrac{\sqrt{5}}{2}$，

$x=-\dfrac{1}{2}$ で最小値 $-\dfrac{1}{2}$

x	$-\dfrac{1}{2}$	$\cdots$	$\dfrac{\sqrt{5}}{10}$	$\cdots$	$\dfrac{1}{2}$
y'		+	0	−	
y	$-\dfrac{1}{2}$	↗	極大 $\dfrac{\sqrt{5}}{2}$	↘	$\dfrac{1}{2}$

HINT　y' を求め，増減表を作る。区間の端における関数の値と極値の大小を比較する。

←$x\neq\pi$ のとき
　$\cos x+1>0$
よって，$2\cos x-1$ の符号に着目する。

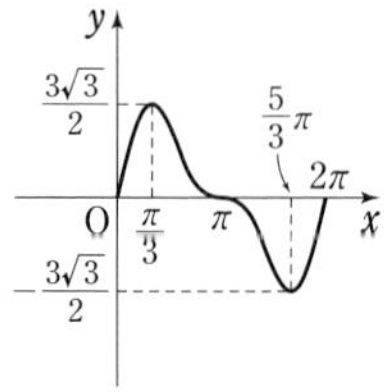

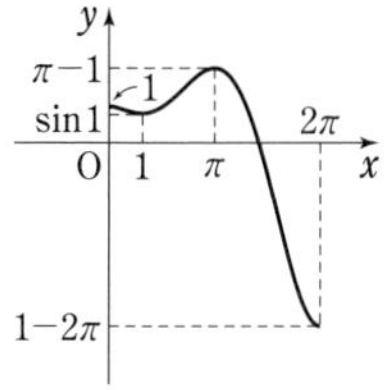

←関数 $y=x+\sqrt{1-4x^2}$ は $x=\pm\dfrac{1}{2}$ で微分可能ではない。

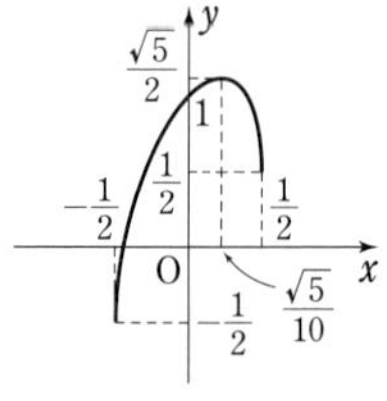

(4)　$y'=2xe^x+(x^2-1)e^x=(x^2+2x-1)e^x$

$y'=0$ とすると，$e^x>0$ であるから　　$x^2+2x-1=0$

これを解いて　　$x=-1\pm\sqrt{2}$

$-1\leqq x\leqq 2$ であるから　　$x=-1+\sqrt{2}$

このとき　　$x^2-1=-2x=-2(-1+\sqrt{2})=2(1-\sqrt{2})$

←$x^2+2x-1=0$ から。

$-1\leqq x\leqq 2$ における y の増減表は次のようになる。

x	-1	$\cdots$	$\sqrt{2}-1$	$\cdots$	2
y'		$-$	0	$+$	
y	0	↘	極小 $2(1-\sqrt{2})e^{\sqrt{2}-1}$	↗	$3e^2$

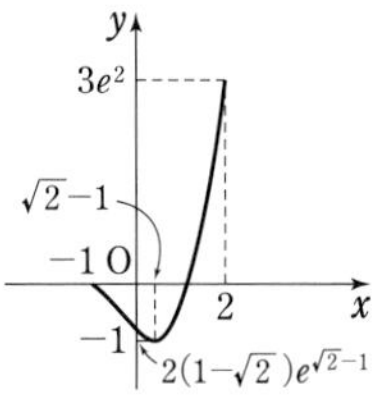

よって　　**$x=2$ で最大値 $3e^2$,**

$x=\sqrt{2}-1$ で最小値 $2(1-\sqrt{2})e^{\sqrt{2}-1}$

練習
②**99**

次の関数に最大値，最小値があれば，それを求めよ。

(1)　$y=\dfrac{x^2-3x}{x^2+3}$　　〔類　関西大〕　(2)　$y=e^{-x}+x-1$　　〔類　名古屋市大〕

(1)　$y'=\dfrac{(2x-3)(x^2+3)-(x^2-3x)\cdot 2x}{(x^2+3)^2}=\dfrac{3x^2+6x-9}{(x^2+3)^2}$

←定義域は実数全体。

$=\dfrac{3(x+3)(x-1)}{(x^2+3)^2}$

$y'=0$ とすると　$x=-3,\ 1$

y の増減表は右のようになる。

x	$\cdots$	-3	$\cdots$	1	$\cdots$
y'	$+$	0	$-$	0	$+$
y	↗	極大 $\dfrac{3}{2}$	↘	極小 $-\dfrac{1}{2}$	↗

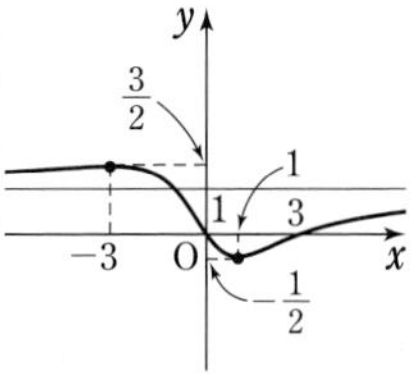

また　$\displaystyle\lim_{x\to\infty}y=\lim_{x\to\infty}\frac{1-\dfrac{3}{x}}{1+\dfrac{3}{x^2}}=1$

同様にして　　$\displaystyle\lim_{x\to-\infty}y=1$

ゆえに　　**$x=-3$ で最大値 $\dfrac{3}{2}$,**

$x=1$ で最小値 $-\dfrac{1}{2}$

(2)　$y'=-e^{-x}+1$

←定義域は実数全体。

$y'=0$ とすると　　$e^{-x}=1$　　よって　　$x=0$

y の増減表は右のようになる。

x	$\cdots$	0	$\cdots$
y'	$-$	0	$+$
y	↘	極小 0	↗

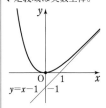

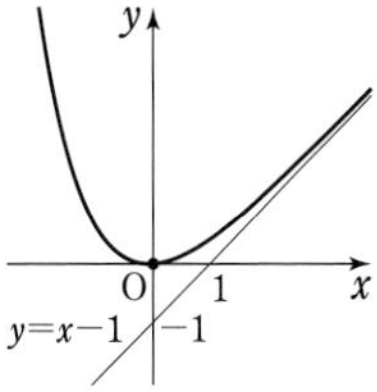

また　　$\displaystyle\lim_{x\to\infty}y=\lim_{x\to\infty}\left(\frac{1}{e^x}+x-1\right)=\infty$

ゆえに　　**$x=0$ で最小値 0,**

最大値はない

検討　$\displaystyle\lim_{x\to-\infty}y$ を調べなくても，$\displaystyle\lim_{x\to\infty}y=\infty$ であることだけから最大値はないことがわかる。

なお　　$\displaystyle\lim_{x\to-\infty}y=\lim_{x\to-\infty}e^{-x}\left(1+\frac{x}{e^{-x}}-\frac{1}{e^{-x}}\right)=\infty$

←$\displaystyle\lim_{t\to\infty}\frac{t}{e^t}=0$ を利用。

練習 ③100

$0<x<\frac{\pi}{6}$ を満たす実数 x に対して，$t=\tan x$ とおく。

(1) $\tan 3x$ を t で表せ。

(2) x が $0<x<\frac{\pi}{6}$ の範囲を動くとき，$\frac{\tan^3 x}{\tan 3x}$ の最大値を求めよ。 〔学習院大〕

(1) $\boldsymbol{\tan 3x}=\tan(2x+x)=\frac{\tan 2x+\tan x}{1-\tan 2x\tan x}$

$$=\frac{\frac{2\tan x}{1-\tan^2 x}+\tan x}{1-\frac{2\tan x}{1-\tan^2 x}\cdot\tan x}$$

$$=\frac{2\tan x+\tan x(1-\tan^2 x)}{(1-\tan^2 x)-2\tan^2 x}$$

$$=\frac{3\tan x-\tan^3 x}{1-3\tan^2 x}=\frac{3t-t^3}{1-3t^2}=\boldsymbol{\frac{t^3-3t}{3t^2-1}}$$

←加法定理 $\tan(\alpha+\beta)=\frac{\tan\alpha+\tan\beta}{1-\tan\alpha\tan\beta}$

←2 倍角の公式 $\tan 2\alpha=\frac{2\tan\alpha}{1-\tan^2\alpha}$

←分子，分母に $1-\tan^2 x$ を掛ける。

(2) $\tan x=t$ とおくと，$0<x<\frac{\pi}{6}$ から $0<t<\frac{1}{\sqrt{3}}$

(1) から $\frac{\tan^3 x}{\tan 3x}=t^3\cdot\frac{3t^2-1}{t^3-3t}=\frac{3t^4-t^2}{t^2-3}$

$t^2=s$ とおくと，$\frac{3t^4-t^2}{t^2-3}=\frac{3s^2-s}{s-3}$ で，$0<t<\frac{1}{\sqrt{3}}$ から

$$0<s<\frac{1}{3}$$

←$t^2=s$ とおくことで，分母・分子の次数を下げることができる。

$f(s)=\frac{3s^2-s}{s-3}$ とすると

$$f'(s)=\frac{(6s-1)(s-3)-(3s^2-s)\cdot 1}{(s-3)^2}=\frac{3s^2-18s+3}{(s-3)^2}$$

$$=\frac{3(s^2-6s+1)}{(s-3)^2}$$

←$\left(\frac{u}{v}\right)'=\frac{u'v-uv'}{v^2}$

$f'(s)=0$ とすると $s^2-6s+1=0$

よって $s=3\pm 2\sqrt{2}$

$0<s<\frac{1}{3}$ であるから

$s=3-2\sqrt{2}$

$0<s<\frac{1}{3}$ における $f(s)$ の増減表は右のようになる。

s	0	$\cdots$	$3-2\sqrt{2}$	$\cdots$	$\frac{1}{3}$
$f'(s)$		$+$	0	$-$	
$f(s)$		↗	極大	↘	

ここで，$f(s)=3s+8+\frac{24}{s-3}$ であるから，$f(s)$ の最大値は

$$f(3-2\sqrt{2})=3(3-2\sqrt{2})+8+\frac{24}{-2\sqrt{2}}$$

$$=9-6\sqrt{2}+8-6\sqrt{2}=17-12\sqrt{2}$$

←$3s^2-s$ を $s-3$ で割ると，商は $3s+8$，余りは 24 であることを利用して，$f(s)$ の分子の次数を下げる。

したがって，求める最大値は $\boldsymbol{17-12\sqrt{2}}$

検討 $f(s)$ が最大となるとき　　$s=3-2\sqrt{2}$

すなわち　　$t^2=3-2\sqrt{2}$

$0<t<\dfrac{1}{\sqrt{3}}$ から　　$t=\sqrt{3-2\sqrt{2}}=\sqrt{2}-1$

←$\sqrt{3-2\sqrt{2}}$
$=\sqrt{(2+1)-2\sqrt{2\cdot1}}$

よって，$\tan x=\sqrt{2}-1$ であるから

$$\tan 2x=\frac{2\tan x}{1-\tan^2 x}=\frac{2(\sqrt{2}-1)}{1-(\sqrt{2}-1)^2}=\frac{2(\sqrt{2}-1)}{-2+2\sqrt{2}}=1$$

$0<x<\dfrac{\pi}{6}$ より，$0<2x<\dfrac{\pi}{3}$ であるから　　$2x=\dfrac{\pi}{4}$

したがって　　$x=\dfrac{\pi}{8}$

練習 ③101 関数 $f(x)=\dfrac{a\sin x}{\cos x+2}$ $(0\leqq x\leqq\pi)$ の最大値が $\sqrt{3}$ となるように定数 a の値を定めよ。〔信州大〕

$$f'(x)=\frac{a\{\cos x(\cos x+2)-\sin x(-\sin x)\}}{(\cos x+2)^2}$$

$$=\frac{a(2\cos x+1)}{(\cos x+2)^2}$$

←$\left(\dfrac{u}{v}\right)'=\dfrac{u'v-uv'}{v^2}$

←$\sin^2 x+\cos^2 x=1$

[1]　$a=0$ のとき

常に $f(x)=0$ であるから，最大値が $\sqrt{3}$ になることはない。
よって，不適。

←この場合を落とさないように！

[2]　$a>0$ のとき　$f'(x)=0$ とすると　　$\cos x=-\dfrac{1}{2}$

$0\leqq x\leqq\pi$ であるから　　$x=\dfrac{2}{3}\pi$

$0\leqq x\leqq\pi$ における $f(x)$ の増減表は右のようになり，$x=\dfrac{2}{3}\pi$ で極大かつ最大となる。ゆえに，最大値は

x	0	$\cdots$	$\dfrac{2}{3}\pi$	$\cdots$	π
$f'(x)$		$+$	0	$-$	
$f(x)$	0	↗	極大	↘	0

$$f\left(\frac{2}{3}\pi\right)=\frac{\frac{\sqrt{3}}{2}a}{-\frac{1}{2}+2}=\frac{\sqrt{3}}{3}a$$

よって　　$\dfrac{\sqrt{3}}{3}a=\sqrt{3}$　　　したがって　　$a=3$

これは $a>0$ を満たす。

←場合分けの条件を満たすかどうか確認する。

[3]　$a<0$ のとき

$0\leqq x\leqq\pi$ における $f(x)$ の増減表は右のようになる。
ゆえに，最大値は
$f(0)=f(\pi)=0$
よって，不適。

x	0	$\cdots$	$\dfrac{2}{3}\pi$	$\cdots$	π
$f'(x)$		$-$	0	$+$	
$f(x)$	0	↘	極小	↗	0

←最大になるのは $x=0$ または $x=\pi$ のとき。

[1]～[3] から　　$\boldsymbol{a=3}$

練習 ③102

関数 $f(x)=\dfrac{x+a}{x^2+1}$ $(a>0)$ について，次のものを求めよ。

(1) $f'(x)=0$ となる x の値

(2) (1)で求めた x の値を α，β $(\alpha<\beta)$ とするとき，β と 1 の大小関係

(3) $0\leqq x\leqq 1$ における $f(x)$ の最大値が 1 であるとき，a の値 ［大阪電通大］

HINT (2) $\beta-1$ の符号を調べる。
(3) 増減表をかいて，$x=\beta$ の前後における $f'(x)$ の符号を調べる。

(1) $f'(x)=\dfrac{x^2+1-(x+a)\cdot 2x}{(x^2+1)^2}=-\dfrac{x^2+2ax-1}{(x^2+1)^2}$

$f'(x)=0$ とすると　$x^2+2ax-1=0$

これを解いて　$\boldsymbol{x=-a\pm\sqrt{a^2+1}}$

(2) $\alpha<\beta$ であるから　$\beta=-a+\sqrt{a^2+1}$

よって　$\beta-1=-a-1+\sqrt{a^2+1}$

$$=\frac{(a^2+1)-(a+1)^2}{\sqrt{a^2+1}+a+1}=\frac{-2a}{\sqrt{a^2+1}+a+1}$$

←大小比較は差を作る

$a>0$ であるから　$\beta-1<0$

したがって　$\boldsymbol{\beta<1}$

(3) $f'(x)=-\dfrac{(x-\alpha)(x-\beta)}{(x^2+1)^2}$ であり

$\alpha=-a-\sqrt{a^2+1}<0$

←α は区間 $0\leqq x\leqq 1$ に含まれない。

また，(2) より $0<\beta<1$ であるから，$0\leqq x\leqq 1$ における $f(x)$ の増減表は右のようになる。

x	0	$\cdots$	β	$\cdots$	1
$f'(x)$		$+$	0	$-$	
$f(x)$	a	↗	極大 $f(\beta)$	↘	$\dfrac{a+1}{2}$

ゆえに，$0\leqq x\leqq 1$ の範囲において，$f(x)$ は $x=\beta$ のとき極大かつ最大となり，その値は　$f(\beta)=\dfrac{\beta+a}{\beta^2+1}$

最大値は 1 であるから　$\dfrac{\beta+a}{\beta^2+1}=1$

分母を払って　$\beta+a=\beta^2+1$

よって　$a=\beta^2-\beta+1$ …… ①

β は $x^2+2ax-1=0$ の解であるから　$\beta^2+2a\beta-1=0$

これに ① を代入して整理すると　$2\beta^3-\beta^2+2\beta-1=0$

←$2\beta^3-\beta^2+2\beta-1$
$=\beta^2(2\beta-1)+2\beta-1$
$=(\beta^2+1)(2\beta-1)$

ゆえに　$(\beta^2+1)(2\beta-1)=0$

$\beta^2+1>0$ であるから　$\beta=\dfrac{1}{2}$

① に代入して　$\boldsymbol{a}=\left(\dfrac{1}{2}\right)^2-\dfrac{1}{2}+1=\boldsymbol{\dfrac{3}{4}}$

練習 ②103

3 点 O(0, 0)，$\mathrm{A}\left(\dfrac{1}{2},\ 0\right)$，$\mathrm{P}(\cos\theta,\ \sin\theta)$ と点 Q が，条件 OQ=AQ=PQ を満たす。ただし，$0<\theta<\pi$ とする。 ［類 北海道大］

(1) 点 Q の座標を求めよ。　(2) 点 Q の y 座標の最小値とそのときの θ の値を求めよ。

HINT (1) 条件 OQ=AQ から，点 Q の x 座標が決まる。条件 OQ=PQ すなわち $\mathrm{OQ}^2=\mathrm{PQ}^2$ を利用することで，点 Q の y 座標も決まる。

(1)　OQ＝AQ より，点 Q は線分 OA の垂直二等分線上にあるから，$Q\left(\frac{1}{4},\ y\right)$ とおける。

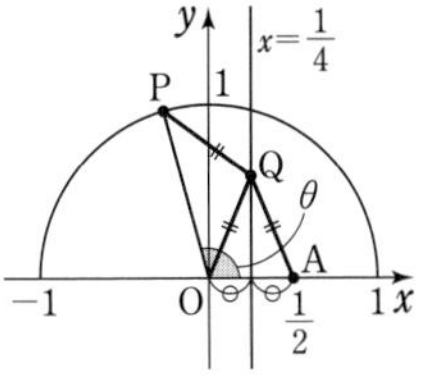

OQ＝PQ より $OQ^2=PQ^2$ であるから

$$\left(\frac{1}{4}\right)^2+y^2=\left(\frac{1}{4}-\cos\theta\right)^2+(y-\sin\theta)^2$$

整理して　$2y\sin\theta=1-\frac{1}{2}\cos\theta$　　$0<\theta<\pi$ から　$\sin\theta\neq 0$

よって　$y=\frac{2-\cos\theta}{4\sin\theta}$ …… ①　　ゆえに　$\boldsymbol{Q\left(\frac{1}{4},\ \frac{2-\cos\theta}{4\sin\theta}\right)}$

←O，A は定点。

←距離の条件は平方して扱う。

(2)　① から

$$\frac{dy}{d\theta}=\frac{1}{4}\cdot\frac{\sin\theta\cdot\sin\theta-(2-\cos\theta)\cdot\cos\theta}{\sin^2\theta}=\frac{1-2\cos\theta}{4\sin^2\theta}$$

←$\left(\frac{u}{v}\right)'=\frac{u'v-uv'}{v^2}$

$\frac{dy}{d\theta}=0$ とすると　　$\cos\theta=\frac{1}{2}$

$0<\theta<\pi$ から　　$\theta=\frac{\pi}{3}$

$0<\theta<\pi$ における y の増減表は右のようになるから，y は

$\theta=\frac{\pi}{3}$ のとき最小値 $\frac{\sqrt{3}}{4}$

をとる。

θ	0	…	$\frac{\pi}{3}$	…	π
$\frac{dy}{d\theta}$		$-$	0	$+$	
y		↘	極小 $\frac{\sqrt{3}}{4}$	↗	

←$0<\theta<\pi$ のとき，$\sin\theta>0$ であるから，$1-2\cos\theta$ の符号を調べる。

練習 ③104

体積が $\frac{\sqrt{2}}{3}\pi$ の直円錐において，直円錐の側面積の最小値を求めよ。また，最小となるときの直円錐の底面の円の半径と高さを求めよ。　〔類　札幌医大〕

直円錐の底面の円の半径を r，高さを h，母線の長さを l とすると　　$l=\sqrt{r^2+h^2}$

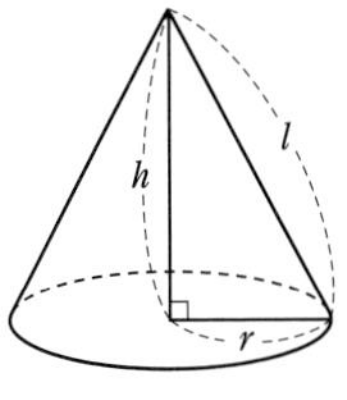

この直円錐の体積が $\frac{\sqrt{2}}{3}\pi$ であるから　　$\frac{1}{3}\pi r^2h=\frac{\sqrt{2}}{3}\pi$

よって　　$h=\frac{\sqrt{2}}{r^2}$

また，この直円錐の側面は，半径 l，弧の長さ $2\pi r$ の扇形であるから，その面積を S とすると

$$S=\frac{1}{2}\cdot l\cdot 2\pi r=\pi lr=\pi r\sqrt{r^2+h^2}$$

$$=\pi r\sqrt{r^2+\frac{2}{r^4}}=\pi\sqrt{r^4+\frac{2}{r^2}}$$

←半径 R，弧の長さ L の扇形の面積 S は　$S=\frac{1}{2}RL$

$r^2=x$ とおくと　　$S=\pi\sqrt{x^2+\frac{2}{x}}$，$x>0$

←$r^4=(r^2)^2$ とみて，おき換えを利用。

$f(x)=x^2+\frac{2}{x}$ とすると

$$f'(x)=2x-\frac{2}{x^2}=\frac{2(x^3-1)}{x^2}=\frac{2(x-1)(x^2+x+1)}{x^2}$$

$f'(x)=0$ とすると　　$x=1$

$x>0$ における $f(x)$ の増減表は右のようになり，$f(x)$ は $x=1$ で最小値 3 をとる。

x	0	$\cdots$	1	$\cdots$
$f'(x)$		$-$	0	$+$
$f(x)$		↘	極小 3	↗

このとき，$r^2=1$ から　　$r=1$

よって　　$h=\sqrt{2}$

$f(x)>0$ であるから，$f(x)$ が最小となるとき，S も最小となる。

したがって，S は直円錐の**底面の半径が 1，高さが $\sqrt{2}$ のとき最小値 $\sqrt{3}\pi$** をとる。

←$x^2+x+1=\left(x+\frac{1}{2}\right)^2+\frac{3}{4}>0$

←$r^2=x$，$h=\frac{\sqrt{2}}{r^2}$

練習 ①105

次の曲線の凹凸を調べ，変曲点を求めよ。

(1)　$y=x^4+2x^3+2$　　(2)　$y=x+\cos 2x$ $(0\leqq x\leqq\pi)$　　(3)　$y=xe^x$　　(4)　$y=x^2+\frac{1}{x}$

(1)　$y'=4x^3+6x^2$，　$y''=12x^2+12x=12x(x+1)$

$y''=0$ とすると　　$x=-1,\ 0$

y'' の符号を調べると，この曲線の凹凸は次の表のようになる（ただし，表の ∪ は下に凸，∩ は上に凸を表す。以下同じ）。

x	$\cdots$	-1	$\cdots$	0	$\cdots$
y''	$+$	0	$-$	0	$+$
y	∪	変曲点	∩	変曲点	∪

よって　　**$x<-1$，$0<x$ で下に凸，$-1<x<0$ で上に凸；**

変曲点は　点 $(-1,\ 1)$，$(0,\ 2)$

HINT　$y''=0$ を満たす x の値の前後の y'' の符号を調べる。y'' の符号が変われば，その点が変曲点。

(2)　$y'=1-2\sin 2x$，　$y''=-4\cos 2x$

$y''=0$ とすると，$0\leqq x\leqq\pi$ より $0\leqq 2x\leqq 2\pi$ であるから

$$2x=\frac{\pi}{2},\ \frac{3}{2}\pi\quad すなわち\quad x=\frac{\pi}{4},\ \frac{3}{4}\pi$$

y'' の符号を調べると，この曲線の凹凸は次の表のようになる。

x	0	$\cdots$	$\frac{\pi}{4}$	$\cdots$	$\frac{3}{4}\pi$	$\cdots$	π
y''		$-$	0	$+$	0	$-$	
y	1	∩	変曲点	∪	変曲点	∩	$\pi+1$

よって　　**$0<x<\frac{\pi}{4}$，$\frac{3}{4}\pi<x<\pi$ で上に凸，$\frac{\pi}{4}<x<\frac{3}{4}\pi$ で下に凸；**

変曲点は　点 $\left(\frac{\pi}{4},\ \frac{\pi}{4}\right)$，$\left(\frac{3}{4}\pi,\ \frac{3}{4}\pi\right)$

(3)　$y'=e^x+xe^x=(x+1)e^x$，　$y''=e^x+(x+1)e^x=(x+2)e^x$

$y''=0$ とすると，$e^x>0$ であるから　　$x=-2$

y'' の符号を調べると，この曲線の凹凸は右の表のようになる。よって　　**$x<-2$ で上に凸，$-2<x$ で下に凸；**

変曲点は　点 $(-2,\ -2e^{-2})$

x	$\cdots$	-2	$\cdots$
y''	$-$	0	$+$
y	∩	変曲点	∪

(4)　定義域は $x \neq 0$ である。

$$y'=2x-\frac{1}{x^2},\quad y''=2\left(1+\frac{1}{x^3}\right)=\frac{2(x+1)(x^2-x+1)}{x^3}$$

←$x^2-x+1=\left(x-\frac{1}{2}\right)^2+\frac{3}{4}>0$

$y''=0$ とすると　$x=-1$

y'' の符号を調べると，この曲線の凹凸は右の表のようになる。

x	$\cdots$	-1	$\cdots$	0	$\cdots$
y''	$+$	0	$-$	／	$+$
y	$\cup$	変曲点	$\cap$	／	$\cup$

←y'' の符号には，分母 x^3 の符号も関係することに注意。

よって　**$x<-1$，$0<x$ で下に凸，$-1<x<0$ で上に凸；変曲点は　点 $(-1,\ 0)$**

練習 ②106

次の曲線の漸近線の方程式を求めよ。

(1)　$y=\dfrac{2x^2+3}{x-1}$　　(2)　$y=x-\sqrt{x^2-9}$

(1)　$y=\dfrac{2x^2+3}{x-1}=2x+2+\dfrac{5}{x-1}$

←漸近線(つまり極限)を調べやすくするために，**分母の次数＞分子の次数**の形に変形する。

定義域は，$x-1 \neq 0$ から　$x \neq 1$

$\lim\limits_{x\to 1-0} y=-\infty$，$\lim\limits_{x\to 1+0} y=\infty$ であるから，直線 $x=1$ は漸近線。

また　$\lim\limits_{x\to\pm\infty}\{y-(2x+2)\}=\lim\limits_{x\to\pm\infty}\dfrac{5}{x-1}=0$

よって，直線 $y=2x+2$ は漸近線である。

以上から，漸近線の方程式は　**$x=1$，$y=2x+2$**

参考　$\lim\limits_{x\to\pm\infty} y=\pm\infty$（複号同順）であるから，$x$ 軸に平行な漸近線はない。

(2)　定義域は，$x^2-9 \geqq 0$ から　$x \leqq -3$，$3 \leqq x$

$\lim\limits_{x\to p} y=\pm\infty$ となる定数 p の値はないから，x 軸に垂直な漸近線はない。

また　$\lim\limits_{x\to\infty} y=\lim\limits_{x\to\infty}\dfrac{9}{x+\sqrt{x^2-9}}=0$，

$\lim\limits_{x\to-\infty} y=\lim\limits_{x\to-\infty}(x-\sqrt{x^2-9})=-\infty$

ゆえに，y 軸に平行な漸近線は，直線 $y=0$（x 軸）のみである。

(2)　x 軸にも y 軸にも平行でない直線 $y=ax+b$ も調べる。a の値は $\lim\limits_{x\to\pm\infty}\dfrac{y}{x}$，$b$ の値は $\lim\limits_{x\to\pm\infty}(y-ax)$ から求める。

$\lim\limits_{x\to-\infty}\dfrac{y}{x}=\lim\limits_{x\to-\infty}\left(1-\dfrac{\sqrt{x^2-9}}{x}\right)=\lim\limits_{x\to-\infty}\left(1+\sqrt{1-\dfrac{9}{x^2}}\right)=2$ から

$\lim\limits_{x\to-\infty}(y-2x)=\lim\limits_{x\to-\infty}(-x-\sqrt{x^2-9})=\lim\limits_{x\to-\infty}\dfrac{9}{-x+\sqrt{x^2-9}}=0$

←$x \longrightarrow -\infty$ であるから，$x<0$ として考えることに注意する。つまり　$\sqrt{x^2}=-x$

よって，直線 $y=2x$ は漸近線である。

以上から，漸近線の方程式は　**$y=0$，$y=2x$**

(1)

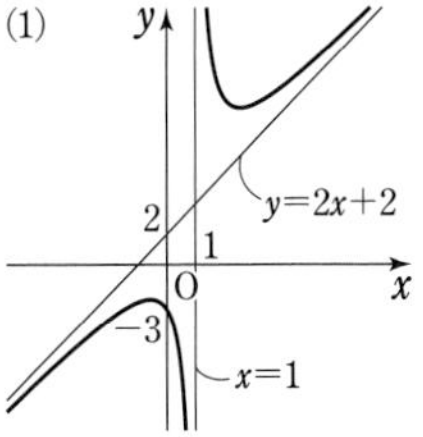

(2)

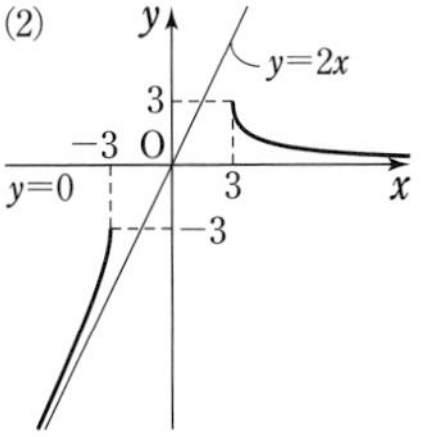

練習 ②107 次の関数のグラフの概形をかけ。また，変曲点があればそれを求めよ。ただし，(3)，(5)では $0 \leqq x \leqq 2\pi$ とする。また，(2)では $\displaystyle\lim_{x\to-\infty} x^2e^x=0$ を用いてよい。

(1) $y=x-2\sqrt{x}$　(2) $y=(x^2-1)e^x$　(3) $y=x+2\cos x$

(4) $y=\dfrac{x-1}{x^2}$　(5) $y=e^{-x}\cos x$　(6) $y=\dfrac{x^2-x+2}{x+1}$

(1) 定義域は　$x \geqq 0$

また，関数 y は $x=0$ で微分可能ではない。

$x>0$ のとき

$$y'=1-\frac{1}{\sqrt{x}}=\frac{\sqrt{x}-1}{\sqrt{x}}$$

$$y''=\frac{1}{2\sqrt{x^3}}$$

$y'=0$ とすると　$x=1$

y の増減，グラフの凹凸は右の表のようになる。

x	0	$\cdots$	1	$\cdots$
y'	／	$-$	0	$+$
y''	／	$+$	$+$	$+$
y	0	↘(下に凸)	極小 -1	↗(下に凸)

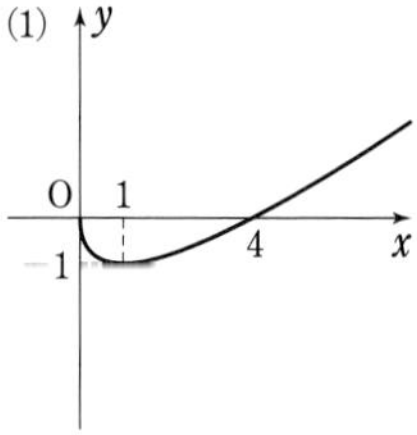

よって，**グラフは** 右の **図**(1)，**変曲点はない。**

(2) $y'=2xe^x+(x^2-1)e^x=(x^2+2x-1)e^x$　←定義域は実数全体。

$y''=(2x+2)e^x+(x^2+2x-1)e^x=(x^2+4x+1)e^x$

$y'=0$ とすると　$x=-1\pm\sqrt{2}$

$y''=0$ とすると　$x=-2\pm\sqrt{3}$

y の増減，グラフの凹凸は次の表のようになる。

x	$\cdots$	$-2-\sqrt{3}$	$\cdots$	$-1-\sqrt{2}$	$\cdots$	$-2+\sqrt{3}$	$\cdots$	$-1+\sqrt{2}$	$\cdots$
y'	$+$	$+$	$+$	0	$-$	$-$	$-$	0	$+$
y''	$+$	0	$-$	$-$	$-$	0	$+$	$+$	$+$
y	⤴	変曲点	↱	極大	↴	変曲点	↳	極小	⤴

$x=-1\pm\sqrt{2}$ のとき，$x^2+2x-1=0$ から

$x^2-1=-2x=-2(-1\pm\sqrt{2})=2(1\mp\sqrt{2})$　(複号同順)　←練習 98 (4) と同じ要領。

ゆえに　極大値は　$2(1+\sqrt{2})e^{-1-\sqrt{2}}$，

極小値は　$2(1-\sqrt{2})e^{-1+\sqrt{2}}$

また，$\displaystyle\lim_{x\to-\infty}(x^2-1)e^x=\lim_{x\to-\infty}(x^2e^x-e^x)=0$ であるから，x 軸は漸近線である。

更に，$x=-2\pm\sqrt{3}$ のとき，$x^2+4x+1=0$ から

$x^2-1=-4x-2=-4(-2\pm\sqrt{3})-2=2(3\mp2\sqrt{3})$　(複号同順)

よって，**グラフは図**(2)，

変曲点は 点 $(-2-\sqrt{3},\ 2(3+2\sqrt{3})e^{-2-\sqrt{3}})$，$(-2+\sqrt{3},\ 2(3-2\sqrt{3})e^{-2+\sqrt{3}})$

(3) $y'=1-2\sin x$，　$y''=-2\cos x$

$0 \leqq x \leqq 2\pi$ の範囲で $y'=0$ となる x の値は，$\sin x=\dfrac{1}{2}$ から

$$x=\frac{\pi}{6},\ \frac{5}{6}\pi$$

$y''=0$ となる x の値は，$\cos x=0$ から　$x=\dfrac{\pi}{2}$，$\dfrac{3}{2}\pi$

y の増減，グラフの凹凸は次の表のようになる。

x	0	$\cdots$	$\frac{\pi}{6}$	$\cdots$	$\frac{\pi}{2}$	$\cdots$	$\frac{5}{6}\pi$	$\cdots$	$\frac{3}{2}\pi$	$\cdots$	2π
y'		$+$	0	$-$	$-$	$-$	0	$+$	$+$	$+$	
y''		$-$	$-$	$-$	0	$+$	$+$	$+$	0	$-$	
y	2	↗	極大 $\frac{\pi}{6}+\sqrt{3}$	↘	変曲点 $\frac{\pi}{2}$	↘	極小 $\frac{5}{6}\pi-\sqrt{3}$	↗	変曲点 $\frac{3}{2}\pi$	↗	$2\pi+2$

よって，**グラフは図 (3)，変曲点は　点 $\left(\frac{\pi}{2},\ \frac{\pi}{2}\right)$，$\left(\frac{3}{2}\pi,\ \frac{3}{2}\pi\right)$**

(2)

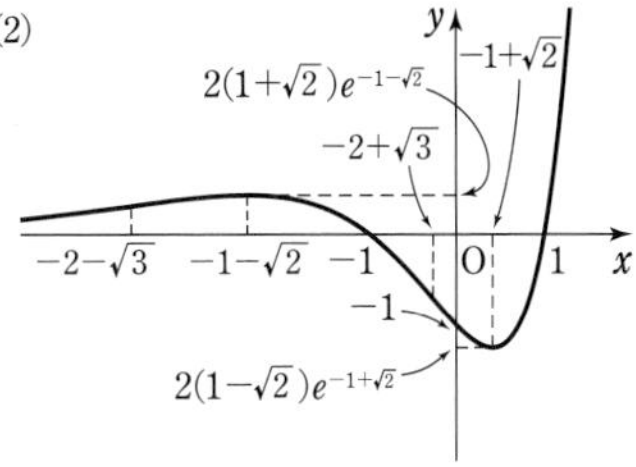

(3)

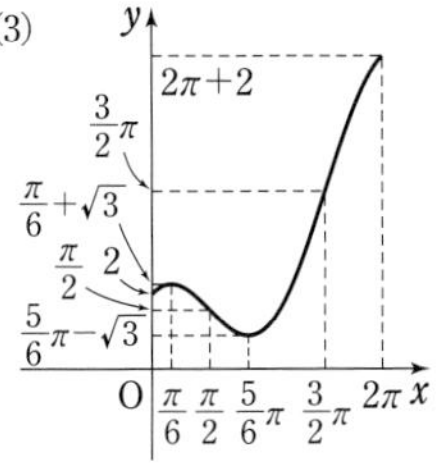

(4)　定義域は　　$x \neq 0$

$y=\frac{1}{x}-\frac{1}{x^2}$ であるから

$$y'=-\frac{1}{x^2}+\frac{2}{x^3}=\frac{2-x}{x^3}$$

$$y''=\frac{2}{x^3}+2\cdot(-3)\cdot\frac{1}{x^4}=\frac{2(x-3)}{x^4}$$

$y'=0$ とすると　　$x=2$

$y''=0$ とすると　　$x=3$

y の増減，グラフの凹凸は右の表のようになる。

x	$\cdots$	0	$\cdots$	2	$\cdots$	3	$\cdots$
y'	$-$	／	$+$	0	$-$	$-$	$-$
y''	$-$	／	$-$	$-$	$-$	0	$+$
y	↘	／	↗	極大 $\frac{1}{4}$	↘	変曲点 $\frac{2}{9}$	↘

また　　$\lim_{x\to 0} y=\lim_{x\to 0}\left\{\frac{1}{x^2}\cdot(x-1)\right\}=-\infty$，

$\lim_{x\to\pm\infty} y=\lim_{x\to\pm\infty}\left(\frac{1}{x}-\frac{1}{x^2}\right)=0$　　　ゆえに，x 軸，y 軸は漸近線である。

よって，**グラフは図 (4)，変曲点は　点 $\left(3,\ \frac{2}{9}\right)$**

(5)　$y'=-e^{-x}\cos x-e^{-x}\sin x=-e^{-x}(\sin x+\cos x)=-\sqrt{2}\,e^{-x}\sin\left(x+\frac{\pi}{4}\right)$

$$y''=e^{-x}(\sin x+\cos x)-e^{-x}(\cos x-\sin x)=2e^{-x}\sin x$$

$0 \leqq x \leqq 2\pi$ の範囲で $y'=0$ となる x の値は，$\sin\left(x+\frac{\pi}{4}\right)=0$ から

$$x=\frac{3}{4}\pi,\ \frac{7}{4}\pi$$

$y''=0$ となる x の値は，$\sin x=0$ から　　$x=0,\ \pi,\ 2\pi$

y の増減，グラフの凹凸は次の表のようになる。

x	0	$\cdots$	$\frac{3}{4}\pi$	$\cdots$	π	$\cdots$	$\frac{7}{4}\pi$	$\cdots$	2π
y'		$-$	0	$+$	$+$	$+$	0	$-$	
y''		$+$	$+$	$+$	0	$-$	$-$	$-$	
y	1	↘	極小 $-\frac{1}{\sqrt{2}}e^{-\frac{3}{4}\pi}$	↗	変曲点 $-e^{-\pi}$	↗	極大 $\frac{1}{\sqrt{2}}e^{-\frac{7}{4}\pi}$	↘	$e^{-2\pi}$

よって，**グラフは図(5)，変曲点は　点 $(\pi,\ -e^{-\pi})$**

(6)　定義域は　　$x \neq -1$

$y=\dfrac{(x+1)(x-2)+4}{x+1}=x-2+\dfrac{4}{x+1}$ であるから

$$y'=1-\frac{4}{(x+1)^2}=\frac{(x+1)^2-4}{(x+1)^2}=\frac{(x+3)(x-1)}{(x+1)^2}$$

$$y''=\left\{1-\frac{4}{(x+1)^2}\right\}'=\frac{4}{(x+1)^4}\cdot 2(x+1)=\frac{8}{(x+1)^3}$$

$y'=0$ とすると　　$x=-3,\ 1$

定義域では，$y'' \neq 0$ である。

y の増減，グラフの凹凸は右の表のようになる。また

x	$\cdots$	-3	$\cdots$	-1	$\cdots$	1	$\cdots$
y'	$+$	0	$-$	／	$-$	0	$+$
y''	$-$	$-$	$-$	／	$+$	$+$	$+$
y	↗	極大 -7	↘	／	↘	極小 1	↗

$$\lim_{x\to -1+0} y=\lim_{x\to -1+0}\left(x-2+\frac{4}{x+1}\right)=\infty,$$

$$\lim_{x\to -1-0} y=-\infty$$

ゆえに，直線 $x=-1$ は漸近線である。

更に　　$\displaystyle\lim_{x\to\pm\infty}\{y-(x-2)\}=\lim_{x\to\pm\infty}\frac{4}{x+1}=0$　　よって，直線 $y=x-2$ も漸近線である。

グラフは図(6)，変曲点はない。

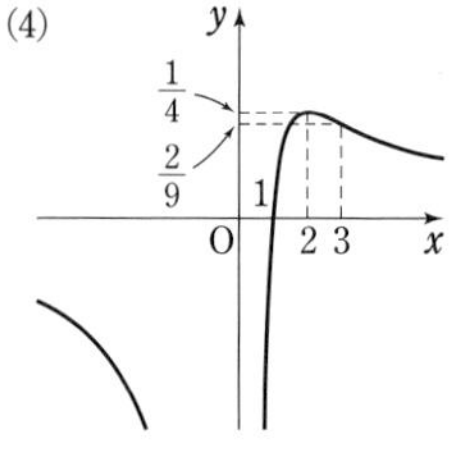

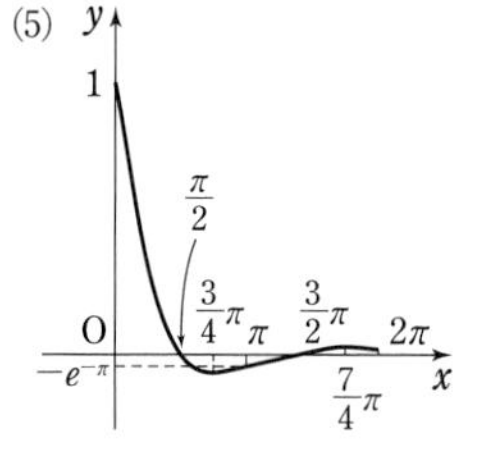

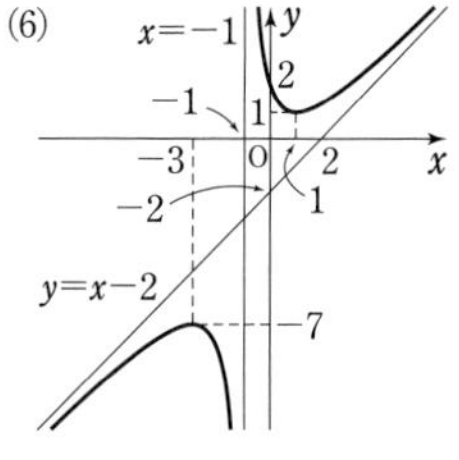

練習 ③108　次の関数のグラフの概形をかけ。ただし，(2) ではグラフの凹凸は調べなくてよい。

(1)　$y=e^{\frac{1}{x^2-1}}\ (-1<x<1)$　　(2)　$y=\dfrac{1}{3}\sin 3x-2\sin 2x+\sin x\ (-\pi \leqq x \leqq \pi)$　　[(1) 横浜国大]

(1)　$y=f(x)$ とすると，$f(-x)=f(x)$ であるから，グラフは y 軸に関して対称である。

$$y'=e^{\frac{1}{x^2-1}}\cdot\left\{-\frac{2x}{(x^2-1)^2}\right\}=-\frac{2x}{(x^2-1)^2}e^{\frac{1}{x^2-1}}$$

$$y''=-2\left[\frac{(x^2-1)^2-x\cdot 2(x^2-1)\cdot 2x}{(x^2-1)^4}e^{\frac{1}{x^2-1}}+\frac{x}{(x^2-1)^2}\left\{-\frac{2x}{(x^2-1)^2}e^{\frac{1}{x^2-1}}\right\}\right]$$

$$=\frac{-2}{(x^2-1)^4}e^{\frac{1}{x^2-1}}(x^4-2x^2+1-4x^4+4x^2-2x^2)=\frac{2(3x^4-1)}{(x^2-1)^4}e^{\frac{1}{x^2-1}}$$

$y'=0$ とすると　　$x=0$

$y''=0$ とすると　　$x^4=\dfrac{1}{3}$　　　よって　　$x=\pm\dfrac{1}{\sqrt[4]{3}}$

$0\leqq x<1$ における y の増減，グラフの凹凸は右の表のようになる。

x	0	$\cdots$	$\dfrac{1}{\sqrt[4]{3}}$	$\cdots$	1
y'	0	$-$	$-$	$-$	
y''	$-$	$-$	0	$+$	
y	$\dfrac{1}{e}$	↘	変曲点 $e^{-\frac{3+\sqrt{3}}{2}}$	↘	

また，$\displaystyle\lim_{x\to1-0}\frac{1}{x^2-1}=-\infty$ であるから

$$\lim_{x\to1-0}f(x)=\lim_{x\to1-0}e^{\frac{1}{x^2-1}}=0$$

グラフの対称性を考慮すると，求めるグラフは **図** (1)。

(2)　$y=f(x)$ とすると，$f(-x)=-f(x)$ であるから，グラフは原点に関して対称である。

$y'=\cos3x-4\cos2x+\cos x=(\cos3x+\cos x)-4\cos2x$
$\quad=2\cos2x\cos x-4\cos2x$
$\quad=2\cos2x(\cos x-2)$

←和 ⟶ 積の公式。
$\cos\alpha+\cos\beta=2\cos\dfrac{\alpha+\beta}{2}\cos\dfrac{\alpha-\beta}{2}$

$y'=0$ とすると，$\cos x-2<0$ であるから　　$\cos2x=0$

$0<x<\pi$ とすると，$0<2x<2\pi$ から　　$2x=\dfrac{\pi}{2},\ \dfrac{3}{2}\pi$

ゆえに　　$x=\dfrac{\pi}{4},\ \dfrac{3}{4}\pi$

$0\leqq x\leqq\pi$ における y の増減表は次のようになる。

x	0	$\cdots$	$\dfrac{\pi}{4}$	$\cdots$	$\dfrac{3}{4}\pi$	$\cdots$	π
y'		$-$	0	$+$	0	$-$	
y	0	↘	極小 $\dfrac{2\sqrt{2}}{3}-2$	↗	極大 $\dfrac{2\sqrt{2}}{3}+2$	↘	0

よって，グラフの対称性により，求めるグラフは **図** (2)。

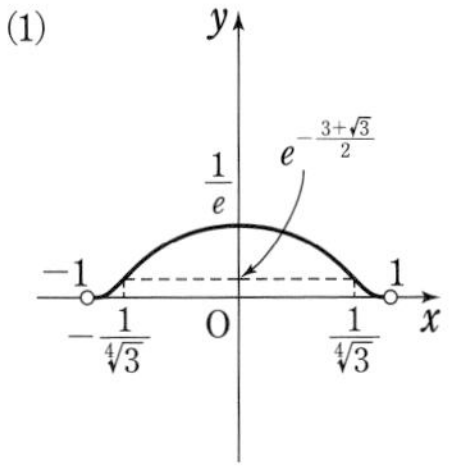

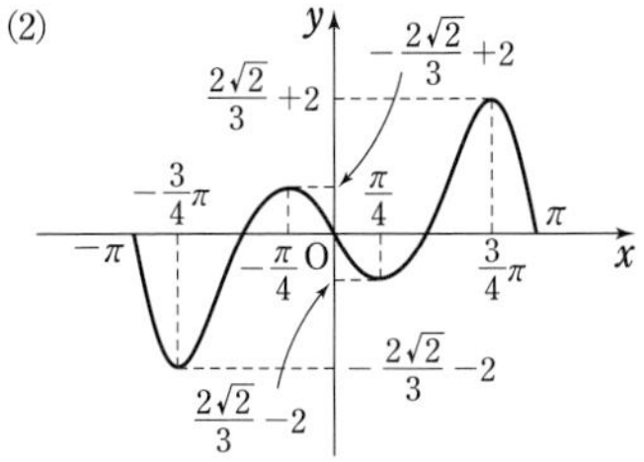

練習 ④109　次の方程式が定める x の関数 y のグラフの概形をかけ。
(1)　$y^2=x^2(x+1)$　　　(2)　$x^2y^2=x^2-y^2$

(1)　$y^2\geqq0$ であるから　　$x^2(x+1)\geqq0$

したがって　　$x\geqq-1$　　←定義域

このとき，$y=\pm x\sqrt{x+1}$ であるから，求めるグラフは $y=x\sqrt{x+1}$ と $y=-x\sqrt{x+1}$ のグラフを合わせたものである。

まず，$y=x\sqrt{x+1}$ …… ① のグラフについて考える。

(1)　方程式で y を $-y$ におき換えても $y^2=x^2(x+1)$ は成り立つから，グラフは x 軸に関して対称である。

4章 練習 [微分法の応用]

$y=0$ のとき　　$x=-1,\ 0$

よって，グラフは原点 $(0,\ 0)$ と点 $(-1,\ 0)$ を通る。

$x>-1$ のとき，① から

$$y'=1\cdot\sqrt{x+1}+x\cdot\frac{1}{2\sqrt{x+1}}=\sqrt{x+1}+\frac{x}{2\sqrt{x+1}}=\frac{3x+2}{2\sqrt{x+1}}$$

$$y''=\frac{1}{4(x+1)}\left(3\cdot2\sqrt{x+1}-\frac{3x+2}{\sqrt{x+1}}\right)=\frac{3x+4}{4(x+1)\sqrt{x+1}}$$

$y'=0$ とすると　$x=-\dfrac{2}{3}$

また，$x>-1$ では　　$y''>0$

関数 ① について，y の増減とグラフの凹凸は次の表のようになる。ただし，$\displaystyle\lim_{x\to-1+0}y'=-\infty$ である。

x	-1	$\cdots$	$-\dfrac{2}{3}$	$\cdots$
y'		$-$	0	$+$
y''		$+$	$+$	$+$
y	0	↘	極小 $-\dfrac{2\sqrt{3}}{9}$	↗

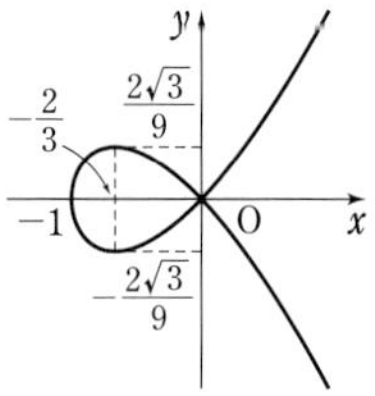

$y=-x\sqrt{x+1}$ のグラフは，x 軸に関して ① のグラフと対称である。

よって，求めるグラフは **右上の図** のようになる。

(2)　方程式で x を $-x$ に，y を $-y$ におき換えても $x^2y^2=x^2-y^2$ は成り立つから，グラフは x 軸，y 軸，原点に関して対称である。ゆえに，$x\geqq0$，$y\geqq0$ の範囲で考える。

$x^2y^2=x^2-y^2$ から　　$y^2=\dfrac{x^2}{x^2+1}$

よって　　$y=\dfrac{x}{\sqrt{x^2+1}}$　$(x\geqq0,\ y\geqq0)$

$$y'=\frac{1}{x^2+1}\left(1\cdot\sqrt{x^2+1}-x\cdot\frac{2x}{2\sqrt{x^2+1}}\right)$$

$$=\frac{1}{(x^2+1)\sqrt{x^2+1}}$$

$$y''=-\frac{3}{2}(x^2+1)^{-\frac{5}{2}}\cdot2x$$

$$=-\frac{3x}{(x^2+1)^2\sqrt{x^2+1}}$$

y の増減とグラフの凹凸は右の表のようになる。

x	0	$\cdots$
y'		$+$
y''		$-$
y	0	↗

また　$\displaystyle\lim_{x\to\infty}y=\lim_{x\to\infty}\frac{1}{\sqrt{1+\frac{1}{x^2}}}=1$

←座標軸との共有点

←関数 $y=x\sqrt{x+1}$ は，$x=-1$ で微分可能ではない。

←増減と極値，凹凸と変曲点

←$x=0$ とすると $y=0$ であるから，原点を通るグラフ。

←対称性

(2)　求めるグラフは $y=\dfrac{x}{\sqrt{x^2+1}}$ と $y=-\dfrac{x}{\sqrt{x^2+1}}$ のグラフを合わせたものと考えることもできる。

←$y'=(x^2+1)^{-\frac{3}{2}}$

←増減と極値，凹凸

←漸近線

よって，直線 $y=1$ は漸近線である。
ゆえに，対称性により，求めるグラフは **右の図** のようになる。

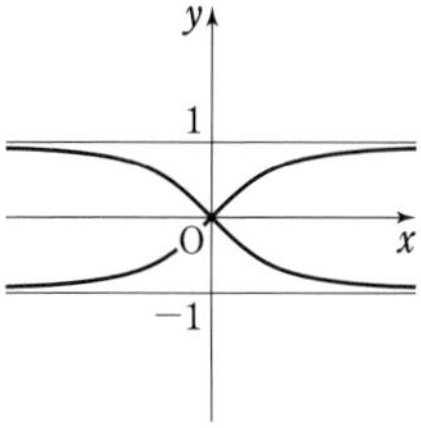

←$x\geqq 0$，$y\geqq 0$ の範囲では

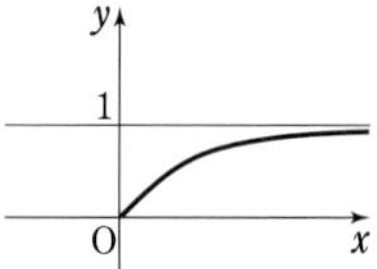

練習 ④110

$-\pi\leqq\theta\leqq\pi$ とする。次の式で表された曲線の概形をかけ (凹凸は調べなくてよい)。
(1) $x=\sin\theta$，$y=\cos 3\theta$
(2) $x=(1+\cos\theta)\cos\theta$，$y=(1+\cos\theta)\sin\theta$

$x=f(\theta)$，$y=g(\theta)$ とする。

(1) $\sin\theta$，$\cos 3\theta$ の周期はそれぞれ 2π，$\dfrac{2\pi}{3}$ である。

$f(-\theta)=-f(\theta)$，$g(-\theta)=g(\theta)$ であるから，曲線は y 軸に関して対称である。
したがって，$0\leqq\theta\leqq\pi$ …… ① の範囲で考える。
また　　　$f'(\theta)=\cos\theta$，$g'(\theta)=-3\sin 3\theta$
① の範囲で $f'(\theta)=0$ を満たす θ の値は　　$\theta=\dfrac{\pi}{2}$
$g'(\theta)=0$ を満たす θ の値は，$\sin 3\theta=0$ $(0\leqq 3\theta\leqq 3\pi)$ から

$3\theta=0,\ \pi,\ 2\pi,\ 3\pi$　すなわち　$\theta=0,\ \dfrac{\pi}{3},\ \dfrac{2}{3}\pi,\ \pi$

① の範囲における θ の値の変化に対応した x，y の値の変化は次の表のようになる。

←$\theta=\alpha$ に対応した点を $(x,\ y)$ とすると，$\theta=-\alpha$ に対応した点は
$(-x,\ y)$
よって，曲線は y 軸に関して対称である。ゆえに，$0\leqq\theta\leqq\pi$ に対応した部分と $-\pi\leqq\theta\leqq 0$ に対応した部分は，y 軸に関して対称である。

θ	0	$\cdots$	$\dfrac{\pi}{3}$	$\cdots$	$\dfrac{\pi}{2}$	$\cdots$	$\dfrac{2}{3}\pi$	$\cdots$	π
$f'(\theta)$	$+$	$+$	$+$	$+$	0	$-$	$-$	$-$	$-$
x	0	$\rightarrow$	$\dfrac{\sqrt{3}}{2}$	$\rightarrow$	1	$\leftarrow$	$\dfrac{\sqrt{3}}{2}$	$\leftarrow$	0
$g'(\theta)$	0	$-$	0	$+$	$+$	$+$	0	$-$	0
y	1	$\downarrow$	-1	$\uparrow$	0	$\uparrow$	1	$\downarrow$	-1
(グラフ)		(↘)		(↗)		(↖)		(↙)	

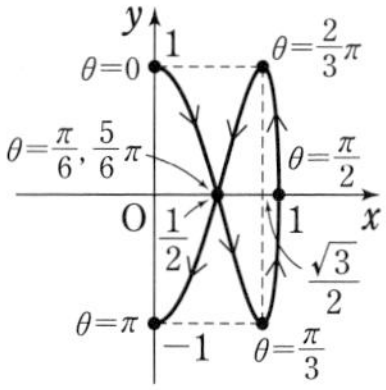

また，① の範囲で $y=0$ となるのは，
$\theta=\dfrac{\pi}{2}$ の他に $\theta=\dfrac{\pi}{6}$，$\dfrac{5}{6}\pi$ の場合があり

$\theta=\dfrac{\pi}{6}$，$\dfrac{5}{6}\pi$ のとき　　$(x,\ y)=\left(\dfrac{1}{2},\ 0\right)$

よって，対称性を考えると，曲線の概形は **右の図** のようになる。

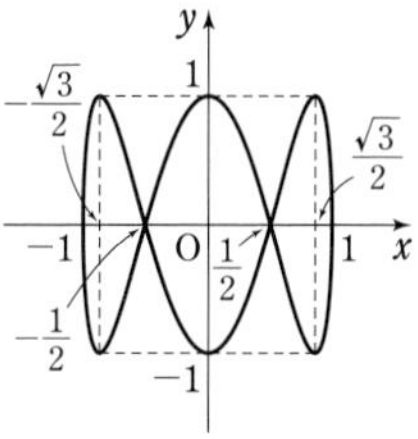

(2) $f(\theta)$，$g(\theta)$ の周期はともに 2π である。
$f(-\theta)=f(\theta)$，$g(-\theta)=-g(\theta)$ であるから，曲線は x 軸に関して対称である。
よって，$0\leqq\theta\leqq\pi$ …… ① の範囲で考える。

←$\theta=\alpha$ に対応した点を $(x,\ y)$ とすると，$\theta=-\alpha$ に対応した点は
$(x,\ -y)$

$f'(\theta)=-\sin\theta\cos\theta-(1+\cos\theta)\sin\theta=-\sin\theta(1+2\cos\theta)$

$g'(\theta)=-\sin^2\theta+(1+\cos\theta)\cos\theta$

$\quad=-(1-\cos^2\theta)+(1+\cos\theta)\cos\theta$

$\quad=2\cos^2\theta+\cos\theta-1=(\cos\theta+1)(2\cos\theta-1)$

① の範囲で $f'(\theta)=0$ を満たす θ の値は　$\theta=0,\ \dfrac{2}{3}\pi,\ \pi$

$g'(\theta)=0$ を満たす θ の値は　$\theta=\dfrac{\pi}{3},\ \pi$

① の範囲における θ の値の変化に対応した x, y の値の変化は次の表のようになる。

θ	0	$\cdots$	$\frac{\pi}{3}$	$\cdots$	$\frac{\pi}{2}$	$\cdots$	$\frac{2}{3}\pi$	$\cdots$	π
$f'(\theta)$	0	$-$	$-$	$-$	$-$	$-$	0	$+$	0
x	2	$\leftarrow$	$\frac{3}{4}$	$\leftarrow$	0	$\leftarrow$	$-\frac{1}{4}$	$\rightarrow$	0
$g'(\theta)$	$+$	$+$	0	$-$	$-$	$-$	$-$	$-$	0
y	0	$\uparrow$	$\frac{3\sqrt{3}}{4}$	$\downarrow$	1	$\downarrow$	$\frac{\sqrt{3}}{4}$	$\downarrow$	0
(グラフ)		(↖)		(↙)		(↙)		(↘)	

よって，曲線は x 軸に関して対称である。ゆえに，$0\leqq\theta\leqq\pi$ に対応した部分と $-\pi\leqq\theta\leqq0$ に対応した部分は，x 軸に関して対称である。

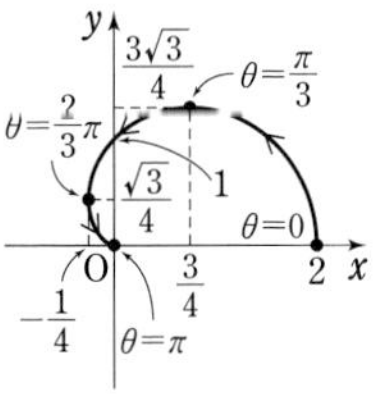

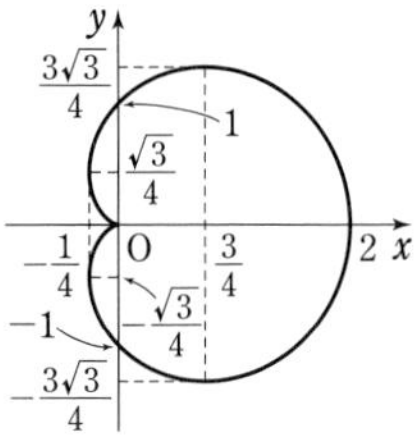

よって，対称性を考えると，曲線の概形は **右の図** のようになる。

注意　この問題の解答における増減表の →，←，↑，↓ は，次のことを表す。

→：x の値が増加する　　←：x の値が減少する

↑：y の値が増加する　　↓：y の値が減少する

検討　(2) の曲線はカージオイドである。本冊 $p.151$ 参照。

練習 ③111

$a>0$, $b>0$ とし，$f(x)=\log\dfrac{x+a}{b-x}$ とする。曲線 $y=f(x)$ はその変曲点に関して対称であることを示せ。

HINT　$y''=0$ から変曲点を求め，変曲点が原点にくるように曲線を平行移動する。

対数の真数は正の数であるから　$\dfrac{x+a}{b-x}>0$

これと $a>0$, $b>0$ から　$-a<x<b$

← $\dfrac{x+a}{b-x}>0$
$\iff \dfrac{x+a}{x-b}<0$
$\iff (x+a)(x-b)<0$

このとき　$y=\log(x+a)-\log(b-x)$

よって　$y'=\dfrac{1}{x+a}+\dfrac{1}{b-x}=\dfrac{a+b}{(x+a)(b-x)}>0$

また　$y''=-\dfrac{1}{(x+a)^2}+\dfrac{1}{(b-x)^2}$

$\quad=\dfrac{-(b^2-2bx+x^2)+x^2+2ax+a^2}{(x+a)^2(b-x)^2}$

$\quad=\dfrac{2(a+b)x+a^2-b^2}{(x+a)^2(b-x)^2}=\dfrac{(a+b)(2x+a-b)}{(x+a)^2(b-x)^2}$

$p=\dfrac{b-a}{2}$ とする。$y''=0$ とすると，$x=p$ であり

$-a<x<p$ で　$y''<0$，$p<x<b$ で　$y''>0$

$x=p$ のとき $y=0$ であり，点 $(p,\ 0)$ が変曲点である。

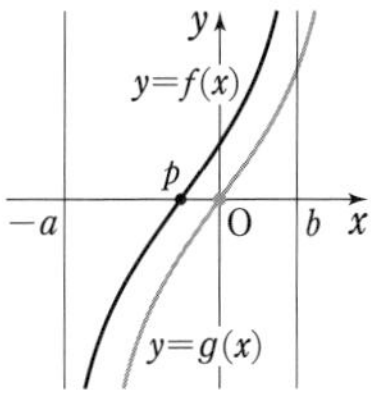

点 $(p,\ 0)$ が原点にくるように，曲線 $y=f(x)$ を x 軸方向に $-p$ だけ平行移動すると

$$y=\log(x+p+a)-\log(b-x-p)$$
$$=\log\left(x+\frac{a+b}{2}\right)-\log\left(-x+\frac{a+b}{2}\right)$$

←$a+p=\dfrac{a+b}{2}$

この曲線の方程式を $y=g(x)$ とすると，$g(-x)=-g(x)$ が成り立つから，曲線 $y=g(x)$ は原点に関して対称である。

←$g(x)$ は奇関数。

したがって，曲線 $y=f(x)$ はその変曲点 $(p,\ 0)$ に関して対称である。

検討　$f(p-x)+f(p+x)=f\left(\dfrac{b-a}{2}-x\right)+f\left(\dfrac{b-a}{2}+x\right)$

$$=\log\frac{a+b-2x}{a+b+2x}+\log\frac{a+b+2x}{a+b-2x}=\log 1=0$$

すなわち，$f(p-x)+f(p+x)=0$ が成り立つから，曲線 $y=f(x)$ は変曲点 $(p,\ 0)$ に関して対称である。

←曲線 $y=f(x)$ が
点 $(p,\ q)$ に関して対称
$\iff f(p-x)+f(p+x)=2q$

練習 ①112

第2次導関数を利用して，次の関数の極値を求めよ。

(1)　$y=\dfrac{x^4}{4}-\dfrac{2}{3}x^3-\dfrac{x^2}{2}+2x-1$　　(2)　$y=e^x\cos x\ (0\leqq x\leqq 2\pi)$

与えられた関数を $f(x)$ とする。

(1)　$f'(x)=x^3-2x^2-x+2=x^2(x-2)-(x-2)$
$=(x^2-1)(x-2)=(x+1)(x-1)(x-2)$

$f''(x)=3x^2-4x-1$

$f'(x)=0$ とすると　　$x=-1,\ 1,\ 2$

$f''(-1)=6>0$，$f''(1)=-2<0$，$f''(2)=3>0$ であるから，

$f(x)$ は　**$x=-1$ で　極小値**　$\dfrac{1}{4}+\dfrac{2}{3}-\dfrac{1}{2}-2-1=\boldsymbol{-\dfrac{31}{12}}$，

$x=1$ で　　極大値　$\dfrac{1}{4}-\dfrac{2}{3}-\dfrac{1}{2}+2-1=\boldsymbol{\dfrac{1}{12}}$，

$x=2$ で　　極小値　$4-\dfrac{16}{3}-2+4-1=\boldsymbol{-\dfrac{1}{3}}$　をとる。

HINT　**$f'(a)=0$ のとき**
$f''(a)<0$
$\Longrightarrow x=a$ で極大，
$f''(a)>0$
$\Longrightarrow x=a$ で極小。

(2)　$f'(x)=e^x\cos x-e^x\sin x=e^x(\cos x-\sin x)$

$f''(x)=e^x(\cos x-\sin x)+e^x(-\sin x-\cos x)=-2e^x\sin x$

$f'(x)=0$ とすると　　$\sin x-\cos x=0$

したがって　　$\sqrt{2}\sin\left(x-\dfrac{\pi}{4}\right)=0$

←$\sin x=\cos x$ から，$\tan x=1$ の解を考えてもよい。

$0\leqq x\leqq 2\pi$ より，$-\dfrac{\pi}{4}\leqq x-\dfrac{\pi}{4}\leqq\dfrac{7}{4}\pi$ であるから

$x-\dfrac{\pi}{4}=0,\ \pi$　すなわち　$x=\dfrac{\pi}{4},\ \dfrac{5}{4}\pi$

$f''\left(\dfrac{\pi}{4}\right)=-\dfrac{2}{\sqrt{2}}e^{\frac{\pi}{4}}<0$, $f''\left(\dfrac{5}{4}\pi\right)=\dfrac{2}{\sqrt{2}}e^{\frac{5}{4}\pi}>0$ であるから，

←$e^{\frac{\pi}{4}}>0$, $e^{\frac{5}{4}\pi}>0$ である。

$f(x)$ は **$x=\dfrac{\pi}{4}$ で極大値 $\dfrac{1}{\sqrt{2}}e^{\frac{\pi}{4}}$，$x=\dfrac{5}{4}\pi$ で極小値 $-\dfrac{1}{\sqrt{2}}e^{\frac{5}{4}\pi}$**

をとる。

検討　**$y=e^x\cos x$ のグラフ**

$-1\leqq\cos x\leqq 1$ から　$-e^x\leqq e^x\cos x\leqq e^x$

よって，$y=e^x\cos x$ のグラフは，右の図のように $y=e^x$ と $y=-e^x$ のグラフに挟まれるような形になる。

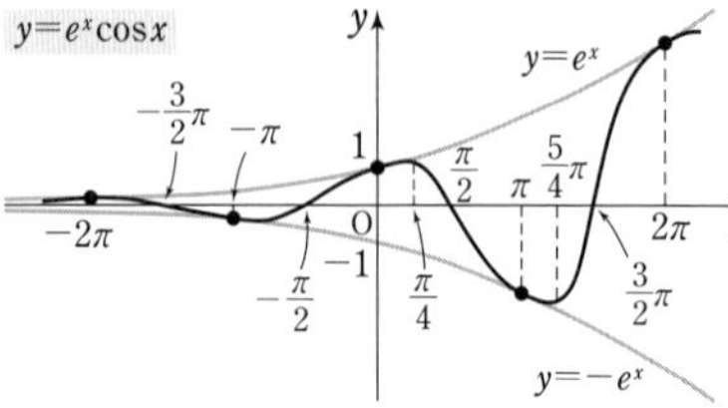

練習 113

次の不等式が成り立つことを証明せよ。

(1) $\sqrt{1+x}<1+\dfrac{x}{2}$ $(x>0)$　　(2) $e^x<1+x+\dfrac{e}{2}x^2$ $(0<x<1)$

(3) $e^x>x^2$ $(x>0)$　　(4) $\sin x>x-\dfrac{x^3}{6}$ $(x>0)$

(1) $F(x)=1+\dfrac{x}{2}-\sqrt{1+x}$ とすると，$x>0$ のとき

① 大小比較は差を作る

$$F'(x)=\frac{1}{2}-\frac{1}{2\sqrt{1+x}}=\frac{\sqrt{1+x}-1}{2\sqrt{1+x}}>0$$

←$x>0$ のとき $\sqrt{x+1}-1>0$

ゆえに，$F(x)$ は $x\geqq 0$ で単調に増加する。

このことと，$F(0)=0$ から，$x>0$ のとき　　$F(x)>0$

よって　　$\sqrt{1+x}<1+\dfrac{x}{2}$ $(x>0)$

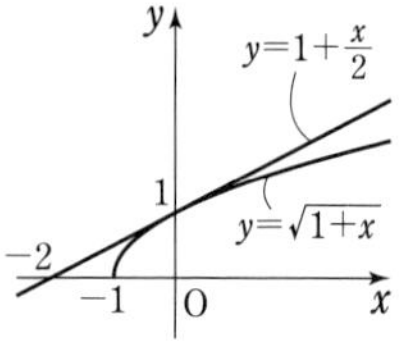

(2) $F(x)=\left(1+x+\dfrac{e}{2}x^2\right)-e^x$ とすると

$$F'(x)=1+ex-e^x,\ F''(x)=e-e^x$$

←$F'(x)>0$ を直ちに示すことができないから，$F''(x)$ を用いる。

$0<x<1$ のとき，$1<e^x<e$ であるから　　$F''(x)>0$

ゆえに，$F'(x)$ は $0\leqq x\leqq 1$ で単調に増加する。

このことと，$F'(0)=0$ から，$0<x<1$ のとき　　$F'(x)>0$

よって，$F(x)$ は $0\leqq x\leqq 1$ で単調に増加する。

このことと，$F(0)=0$ から，$0<x<1$ のとき　　$F(x)>0$

したがって　　$e^x<1+x+\dfrac{e}{2}x^2$ $(0<x<1)$

(3) $F(x)=e^x-x^2$ とすると　　$F'(x)=e^x-2x$, $F''(x)=e^x-2$

$F''(x)=0$ とすると，$e^x=2$ から

←まず，$F'(x)>0$ を示す。

$x=\log 2$

$x>0$ における $F'(x)$ の増減表は右のようになる。

x	0	$\cdots$	$\log 2$	$\cdots$
$F''(x)$		$-$	0	$+$
$F'(x)$		↘	極小	↗

$F'(\log 2)=2-2\log 2=2\log\dfrac{e}{2}>0$ であるから，$x>0$ のとき

←$e>2$ から　$\dfrac{e}{2}>1$　よって　$0=\log 1<\log\dfrac{e}{2}$

$$F'(x)\geqq F'(\log 2)>0$$

ゆえに，$F(x)$ は $x\geqq 0$ で単調に増加する。

このことと，$F(0)=1$ から，$x>0$ のとき

$$F(x)>1>0$$

したがって　$e^x>x^2$ $(x>0)$

(4)　$F(x)=\sin x-\left(x-\dfrac{x^3}{6}\right)$ とする。

$$F'(x)=\cos x-1+\frac{x^2}{2},\ F''(x)=-\sin x+x,$$

$$F'''(x)=-\cos x+1\geqq 0$$

ゆえに，$F''(x)$ は $x\geqq 0$ で単調に増加する。

このことと，$F''(0)=0$ から，$x>0$ のとき　$F''(x)>0$

よって，$F'(x)$ は $x\geqq 0$ で単調に増加する。

このことと，$F'(0)=0$ から，$x>0$ のとき　$F'(x)>0$

したがって，$F(x)$ は $x\geqq 0$ で単調に増加する。

このことと，$F(0)=0$ から，$x>0$ のとき　$F(x)>0$

よって　$\sin x>x-\dfrac{x^3}{6}$ $(x>0)$

(4)

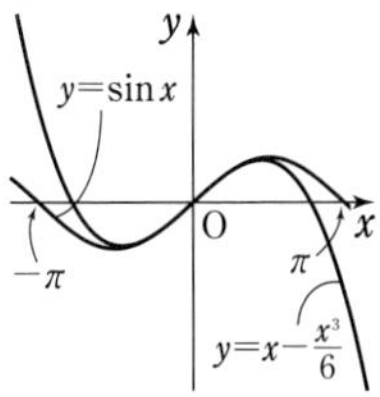

参考　下の図から，$x>0$ のとき　$\sin x<x$

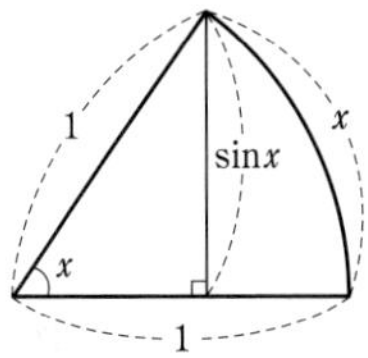

4章
練習
［微分法の応用］

練習 ③114　(1)　$x\geqq 1$ において，$x>2\log x$ が成り立つことを示せ。ただし，自然対数の底 e について，$2.7<e<2.8$ であることを用いてよい。
(2)　自然数 n に対して，$(2n\log n)^n<e^{2n\log n}$ が成り立つことを示せ。〔神戸大〕

(1)　$f(x)=x-2\log x$ とすると

$$f'(x)=1-\frac{2}{x}=\frac{x-2}{x}$$

$f'(x)=0$ とすると　$x=2$

$x\geqq 1$ における $f(x)$ の増減表は右のようになる。

x	1	$\cdots$	2	$\cdots$
$f'(x)$		$-$	0	$+$
$f(x)$	1	↘	$2-2\log 2$	↗

よって，$x\geqq 1$ において，$f(x)$ は $x=2$ で最小値 $2-2\log 2$ をとる。

$e>2$ であるから　$2-2\log 2>2-2\log e=0$

ゆえに，$x\geqq 1$ において $f(x)>0$ つまり $x>2\log x$ が成り立つ。

(2)　(1) の結果を用いると，$n\geqq 1$ から　$2\log n<n$

両辺に n を掛けると　$2n\log n<n^2$

両辺は 0 以上であるから，両辺を n 乗すると

$$(2n\log n)^n<n^{2n}$$

ここで　$n^{2n}=e^{\log n^{2n}}=e^{2n\log n}$

したがって　$(2n\log n)^n<e^{2n\log n}$

大小比較は差を作る

←$0<\log 2<\log e$ から $-\log 2>-\log e$

←$x=n$ を代入。

←$e^{\log a}=a$

練習 ③115　$e<a<b$ のとき，不等式 $a^b>b^a$ が成り立つことを証明せよ。〔類 長崎大〕

$$a^b>b^a \iff \log a^b>\log b^a$$
$$\iff b\log a>a\log b$$
$$\iff \frac{\log a}{a}>\frac{\log b}{b} \quad \cdots\cdots ①$$

HINT　$a^b>b^a$ は $F(a,\ b)>F(b,\ a)$ の形。これを $f(a)>f(b)$ の形に変形し，関数 $f(x)$ の増減を利用する。

ここで，$f(x)=\dfrac{\log x}{x}$ とすると

$$f'(x)=\frac{\frac{1}{x}\cdot x-\log x\cdot 1}{x^2}=\frac{1-\log x}{x^2}$$

$x>e$ のとき，$x^2>0$，$1-\log x<0$ であるから　　$f'(x)<0$

よって，$f(x)$ は $x\geqq e$ で単調に減少する。

ゆえに，$e<a<b$ のとき　　$\dfrac{\log a}{a}>\dfrac{\log b}{b}$

すなわち，不等式 ① が成り立つから　　$a^b>b^a$

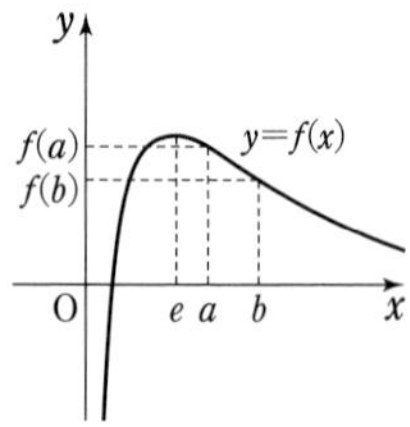

練習 ④116 $a>0$，$b>0$ のとき，不等式 $b\log\dfrac{a}{b}\leqq a-b\leqq a\log\dfrac{a}{b}$ が成り立つことを証明せよ。

〔類 北見工大〕

与えられた不等式の各辺を $b\ (>0)$ で割ると

$\log\dfrac{a}{b}\leqq\dfrac{a}{b}-1\leqq\dfrac{a}{b}\log\dfrac{a}{b}$ であり，$\dfrac{a}{b}=t$ とおくと　$t>0$

ゆえに，不等式は　　$\log t\leqq t-1\leqq t\log t\ (t>0)$ ……①

$f(t)=t-1-\log t$ とすると　　$f'(t)=1-\dfrac{1}{t}=\dfrac{t-1}{t}$

$f'(t)=0$ とすると　　$t=1$

$t>0$ における $f(t)$ の増減表は，右のようになる。

t	0	…	1	…
$f'(t)$		$-$	0	$+$
$f(t)$		↘	極小 0	↗

よって，$t>0$ のとき　　$f(t)\geqq 0$

次に，$g(t)=t\log t-t+1$ とすると　$g'(t)=\log t+t\cdot\dfrac{1}{t}-1=\log t$　　$g'(t)=0$ とすると　$t=1$

$f(t)$ と同様に，$g(t)$ は $t=1$ で極小かつ最小で　　$g(1)=0$

よって，$t>0$ のとき　　$g(t)\geqq 0$

以上から，① が成り立ち，与えられた不等式は成り立つ。

HINT　不等式の各辺を b で割ると，各辺は $\dfrac{a}{b}$ に関する式とみることができる。→ $\dfrac{a}{b}=t$ とおく。

t	0	…	1	…
$g'(t)$		$-$	0	$+$
$g(t)$		↘	極小	↗

別解 **1.** [1]　$b\log\dfrac{a}{b}\leqq a-b$ を示す。

b を定数とみて，$f(x)=(x-b)-b\log\dfrac{x}{b}\ (x>0)$ とすると

$$f'(x)=1-b\cdot\frac{1}{x}=\frac{x-b}{x}$$

$f'(x)=0$ とすると　　$x=b$

$b>0$ であるから，$x>0$ における $f(x)$ の増減表は右のようになる。

x	0	…	b	…
$f'(x)$		$-$	0	$+$
$f(x)$		↘	極小 0	↗

よって，$x>0$ のとき　$f(x)\geqq 0$

すなわち　　$b\log\dfrac{x}{b}\leqq x-b$

$x=a$ とすると　　$b\log\dfrac{a}{b}\leqq a-b$

←本冊 $p.200$ の [3]「一方の文字を定数とみる」の方針で証明する。

←$\left(\log\dfrac{x}{b}\right)'$
$=(\log x-\log b)'=\dfrac{1}{x}$

[2]　$a-b \leqq a\log\dfrac{a}{b}$ を示す。

a を定数とみて，$g(x)=a\log\dfrac{a}{x}-(a-x)$ $(x>0)$ とすると

$$g'(x)=a\cdot\left(-\frac{1}{x}\right)+1=\frac{x-a}{x}$$

$a>0$ であるから，$x>0$ における $g(x)$ の増減表をかくことにより，$x>0$ のとき　$g(x) \geqq 0$　すなわち　$a-x \leqq a\log\dfrac{a}{x}$

$x=b$ とすると　$a-b \leqq a\log\dfrac{a}{b}$

[1]，[2] から　$b\log\dfrac{a}{b} \leqq a-b \leqq a\log\dfrac{a}{b}$

←$g(x)$ の増減表は [1] の $f(x)$ の増減表で $b=a$ としたものに一致する。

別解 **2.** 示すべき不等式は，次の ① と同値である。① が成り立つことを示す。

$$b(\log a-\log b) \leqq a-b \leqq a(\log a-\log b) \quad \cdots\cdots ①$$

$f(x)=\log x$ は，$x>0$ で微分可能で　$f'(x)=\dfrac{1}{x}$

[1]　$a=b$ のとき，① の各辺は 0 となるから，① は成り立つ。

[2]　$a>b$ のとき，区間 $[b,\ a]$ において，平均値の定理を用いると，$\dfrac{\log a-\log b}{a-b}=\dfrac{1}{c}$，$b<c<a$ を満たす c が存在する。

$c=\dfrac{a-b}{\log a-\log b}$ であり　$b<\dfrac{a-b}{\log a-\log b}<a$

各辺に $\log a-\log b$ (>0) を掛けて

$$b(\log a-\log b)<a-b<a(\log a-\log b)$$

[3]　$a<b$ のとき，区間 $[a,\ b]$ において，平均値の定理を用いることにより，[2] と同様にして　$a<\dfrac{b-a}{\log b-\log a}<b$

各辺に $\log b-\log a$ (>0) を掛けて

$$a(\log b-\log a)<b-a<b(\log b-\log a)$$

よって　$b(\log a-\log b)<a-b<a(\log a-\log b)$

[1]～[3] から，① が成り立つことが示された。

←本冊 $p.200$ の [4]「**差に注目して平均値の定理の利用**」の方針で証明する。

←平均値の定理
関数 $f(x)$ が $[a,\ b]$ で連続，$(a,\ b)$ で微分可能ならば
$\dfrac{f(b)-f(a)}{b-a}=f'(c)$，$a<c<b$
を満たす実数 c が存在する。

←各辺に -1 を掛ける。

練習 ③117　a を正の定数とする。不等式 $a^x \geqq x$ が任意の正の実数 x に対して成り立つような a の値の範囲を求めよ。　〔神戸大〕

$a^x \geqq x$ …… ① とする。$a>0$ であり，$x>0$ の範囲で考えるから，① の両辺の自然対数をとると

$$x\log a \geqq \log x$$

ゆえに　$\log a \geqq \dfrac{\log x}{x}$ …… ②

$f(x)=\dfrac{\log x}{x}$ とすると　$f'(x)=\dfrac{1-\log x}{x^2}$

$f'(x)=0$ とすると，$1-\log x=0$ から　$x=e$

HINT　扱いやすくなるように，不等式を $f(x) \leqq (a$ の式$)$ の形に変形(定数 a を分離)する。

←$\log x=1$

$x>0$ における $f(x)$ の増減表は，右のようになる。

x	0	$\cdots$	e	$\cdots$
$f'(x)$		$+$	0	$-$
$f(x)$		↗	極大	↘

よって，$f(x)$ は $x=e$ で極大かつ最大となり，その値は $f(e)=\dfrac{1}{e}$

したがって，② が $x>0$ の範囲で常に成り立つための条件は

$$\log a \geqq \frac{1}{e} \quad \text{すなわち} \quad \boldsymbol{a \geqq e^{\frac{1}{e}}}$$

←$\log a \geqq$ 最大値

別解　$g(x)=\dfrac{x}{a^x}$ とし，$x>0$ のとき常に $g(x)\leqq 1$ が成り立つための条件を考える。

$$g'(x)=\frac{1\cdot a^x - x\cdot a^x\log a}{(a^x)^2}=\frac{1-x\log a}{a^x}$$

←$(a^x)'=a^x\log a$

$g'(x)=0$ とすると　$x=\dfrac{1}{\log a}=\log_a e$

←$\log_a b=\dfrac{1}{\log_b a}$

ゆえに，$x>0$ における $g(x)$ の増減表は右のようになる。

x	0	$\cdots$	$\log_a e$	$\cdots$
$g'(x)$		$+$	0	$-$
$g(x)$		↗	極大	↘

よって，$g(x)$ は $x=\log_a e$ で極大かつ最大となり，その値は　$g(\log_a e)=\dfrac{\log_a e}{e}$

←(分母)$=a^{\log_a e}=e$

したがって，求める条件は　$\dfrac{\log_a e}{e}\leqq 1$

ゆえに，$\log_a e\leqq e$ から　$\dfrac{1}{\log a}\leqq e$

よって　$\log a\geqq\dfrac{1}{e}$　　すなわち　$\boldsymbol{a\geqq e^{\frac{1}{e}}}$

検討　[本冊 $p.201$ 重要例題 117 の別解]

←**大小比較は差を作る**に従った場合の解法。

$f(x)=kx^2-\log x$ とし，$x>0$ のとき常に $f(x)\geqq 0$ が成り立つための条件を考える。

$$f'(x)=2kx-\frac{1}{x}=\frac{2kx^2-1}{x}$$

$f'(x)=0$ とすると　$2kx^2-1=0$ …… ①

[1]　$k\leqq 0$ のとき　$x>0$ で　$f'(x)<0$

ゆえに，$f(x)$ は $x>0$ で単調に減少する。

$f(1)=k\leqq 0$ であるから，常に $f(x)\geqq 0$ は成り立たない。

←$x\geqq 1$ のとき $f(x)\leqq 0$ となる。

[2]　$k>0$ のとき

$x>0$ の範囲で ① を解くと　$x=\dfrac{1}{\sqrt{2k}}$

$x>0$ における $f(x)$ の増減表は右のようになる。

x	0	$\cdots$	$\dfrac{1}{\sqrt{2k}}$	$\cdots$
$f'(x)$		$-$	0	$+$
$f(x)$		↘	極小	↗

よって，$f(x)$ は $x=\dfrac{1}{\sqrt{2k}}$ で極小かつ最小となり，そ

の値は

$$f\left(\frac{1}{\sqrt{2k}}\right)=k\cdot\frac{1}{2k}-\log\left(\frac{1}{2k}\right)^{\frac{1}{2}}=\frac{1}{2}+\frac{1}{2}\log 2k$$

←$\log\frac{1}{\sqrt{2k}}=\log\left(\frac{1}{2k}\right)^{\frac{1}{2}}$
$=\log(2k)^{-\frac{1}{2}}$

$x>0$ のとき常に $f(x)\geqq 0$ が成り立つための条件は

$$\frac{1}{2}+\frac{1}{2}\log 2k\geqq 0$$

ゆえに　$\log 2k\geqq -1$　　よって　$\log 2k\geqq \log e^{-1}$

底は 1 より大きいから　$2k\geqq\frac{1}{e}$　すなわち　$k\geqq\frac{1}{2e}$

←$2k\geqq e^{-1}$ など，$\frac{1}{e}$ を e^{-1} と書いてもよい。

以上から，求める k の最小値は　$\boldsymbol{\frac{1}{2e}}$

練習 ②118

(1) k を定数とするとき，$0<x<2\pi$ における方程式 $\log(\sin x+2)-k=0$ の実数解の個数を調べよ。〔類 関西大〕

(2) 方程式 $e^x=ax$ (a は定数) の実数解の個数を調べよ。ただし，$\lim_{x\to\infty}\frac{e^x}{x}=\infty$ を用いてもよい。

(1) $\log(\sin x+2)-k=0$ から　$\log(\sin x+2)=k$

←$f(x)=k$ の形に変形。

$f(x)=\log(\sin x+2)$ とすると

$$f'(x)=\frac{\cos x}{\sin x+2}$$

$f'(x)=0$ とすると　$\cos x=0$

$0<x<2\pi$ のとき　$x=\frac{\pi}{2},\ \frac{3}{2}\pi$

$0\leqq x\leqq 2\pi$ における $f(x)$ の増減表は次のようになる。

←$f(0)$，$f(2\pi)$ の値を調べるため，増減表は $0\leqq x\leqq 2\pi$ の範囲とした。

x	0	…	$\frac{\pi}{2}$	…	$\frac{3}{2}\pi$	…	2π
$f'(x)$		+	0	−	0	+	
$f(x)$	$\log 2$	↗	極大 $\log 3$	↘	極小 0	↗	$\log 2$

よって，$0<x<2\pi$ における $y=f(x)$ のグラフは右図のようになり，実数解の個数は，グラフと直線 $y=k$ との共有点の個数に一致するから

$k<0$，$\log 3<k$ のとき　0 個；
$k=0$，$\log 2$，$\log 3$ のとき　1 個；
$0<k<\log 2$，$\log 2<k<\log 3$ のとき　2 個

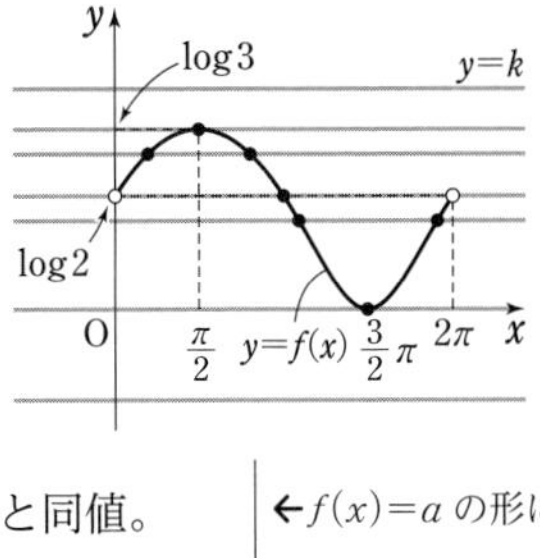

(2) $x=0$ は方程式の解でないから，方程式は $\frac{e^x}{x}=a$ と同値。

←$f(x)=a$ の形に変形。

$f(x)=\frac{e^x}{x}$ とすると，定義域は $x\neq 0$ で

$$f'(x)=\frac{e^x(x-1)}{x^2}$$

←$f'(x)=\frac{e^x\cdot x-e^x\cdot 1}{x^2}$

x	…	0	…	1	…
$f'(x)$	−	／	−	0	+
$f(x)$	↘	／	↘	極小 e	↗

$f'(x)=0$ とすると　$x=1$

増減表は右上のようになる。

また $\lim_{x\to-\infty} f(x)=0$, $\lim_{x\to-0} f(x)=-\infty$,
$\lim_{x\to+0} f(x)=\infty$, $\lim_{x\to\infty} f(x)=\infty$

以上より，$y=f(x)$ のグラフは右図のようになり，実数解の個数はグラフと直線 $y=a$ との共有点の個数に一致するから

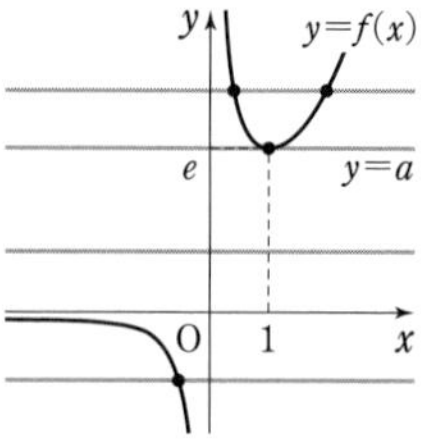

$0\leqq a<e$ のとき　0個；
$a<0$, $a=e$ のとき　1個；
$e<a$ のとき　2個

検討　$y=e^x$ と $y=ax$ のグラフは図のようになる。両者は $a=e$ のとき，点 $(1, e)$ で接する。これから上と同じ結果が得られる。

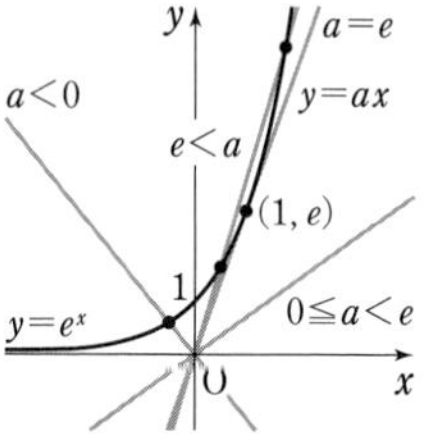

←$\lim_{x\to-\infty} f(x)=0$ から x 軸は漸近線。
$\lim_{x\to+0} f(x)=\infty$,
$\lim_{x\to-0} f(x)=-\infty$
から y 軸は漸近線。
参考　ロピタルの定理から　$\lim_{x\to\infty}\frac{e^x}{x}=\lim_{x\to\infty}\frac{e^x}{1}=\infty$

練習 ③119

$f(x)=\frac{1}{3}x^3+2\log|x|$ とする。実数 a に対して，曲線 $y=f(x)$ の接線のうちで傾きが a と等しくなるようなものの本数を求めよ。

定義域は，真数条件から　$|x|>0$
よって　$x\neq0$

$f(x)=\frac{1}{3}x^3+2\log|x|$ から　$f'(x)=x^2+\frac{2}{x}=\frac{x^3+2}{x}$

接点の x 座標を t $(t\neq0)$ とすると，接線の傾きは $f'(t)$ であるから，t についての方程式 $a=f'(t)$ すなわち $a=\frac{t^3+2}{t}$ の実数解の個数が題意の接線の本数に一致する。

$g(t)=\frac{t^3+2}{t}$ とすると

$$g'(t)=\frac{3t^2\cdot t-(t^3+2)\cdot1}{t^2}=\frac{2(t^3-1)}{t^2}$$

$g'(t)=0$ とすると　$t=1$

$g(t)$ の増減表は右のようになる。

t	$\cdots$	0	$\cdots$	1	$\cdots$
$g'(t)$	$-$	／	$-$	0	$+$
$g(t)$	↘	／	↘	3	↗

$\lim_{t\to\infty} g(t)=\infty$, $\lim_{t\to-\infty} g(t)=\infty$,
$\lim_{t\to+0} g(t)=\infty$, $\lim_{t\to-0} g(t)=-\infty$

であるから，$y=g(t)$ のグラフは右図のようになる。

求める接線の本数は，$y=g(t)$ のグラフと直線 $y=a$ との共有点の個数に一致するから

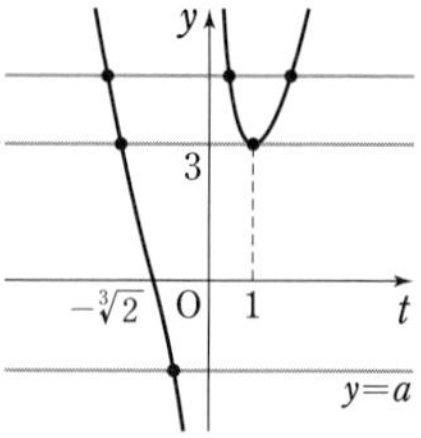

$a<3$ のとき 1本,
$a=3$ のとき 2本,
$a>3$ のとき 3本

HINT　$x=t$ における接線の傾きは $f'(t)$ である。$a=f'(t)$ の実数解の個数を調べる。

←t^3-1
$=(t-1)(t^2+t+1)$

検討　$y=f(x)$ のグラフは図のようになり，接点が異なれば接線も異なる。

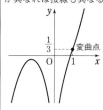

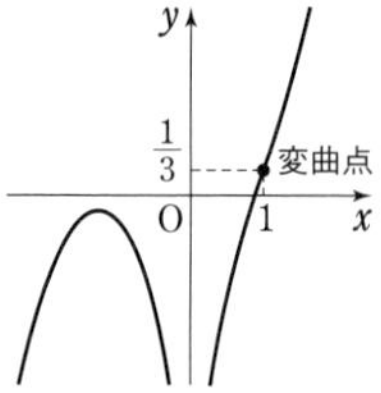

練習 ③**120** 関数 $f(x)=e^{-x}\sin\pi x\ (x>0)$ について，曲線 $y=f(x)$ と x 軸の交点の x 座標を，小さい方から順に x_1，x_2，x_3，…… とし，$x=x_n$ における曲線 $y=f(x)$ の接線の y 切片を y_n とする。

(1) y_n を n を用いて表せ。　(2) $\displaystyle\lim_{n\to\infty}\sum_{k=1}^{n}\frac{y_k}{k}$ の値を求めよ。〔類 芝浦工大〕

(1) $e^{-x}>0$ であるから，$f(x)=0$ とすると　$\sin\pi x=0$

$x>0$ であるから　$\pi x=n\pi\ (n=1,\ 2,\ 3,\ \cdots\cdots)$

ゆえに　$x=n$　すなわち　$x_n=n$

$f'(x)=-e^{-x}\sin\pi x+\pi e^{-x}\cos\pi x$ であるから

$$f'(n)=\pi e^{-n}\cos n\pi=\pi e^{-n}(-1)^n=\pi\left(-\frac{1}{e}\right)^n$$

$x=x_n$ における接線の方程式は　$y=\pi\left(-\frac{1}{e}\right)^n(x-n)$

よって，この接線の y 切片は　$\boldsymbol{y_n=-n\pi\left(-\frac{1}{e}\right)^n}$

(2) $\left|-\frac{1}{e}\right|<1$ であるから，(1) より

$$\lim_{n\to\infty}\sum_{k=1}^{n}\frac{y_k}{k}=\lim_{n\to\infty}\sum_{k=1}^{n}\left\{-\pi\left(-\frac{1}{e}\right)^k\right\}=\lim_{n\to\infty}\frac{\frac{\pi}{e}\left\{1-\left(-\frac{1}{e}\right)^n\right\}}{1-\left(-\frac{1}{e}\right)}$$

$$=\boldsymbol{\frac{\pi}{e+1}}$$

←まず，曲線 $y=f(x)$ と x 軸の交点の x 座標を求める。

←$\sin n\pi=0$
n が偶数のとき $\cos n\pi=1$,
n が奇数のとき $\cos n\pi=-1$

←$e>1$

←$\left(-\frac{1}{e}\right)^n\longrightarrow 0$

練習 ④**121** 関数 $f(x)=e^{-x}\cos x\ (x>0)$ について，$f(x)$ が極小値をとる x の値を小さい方から順に x_1，x_2，…… とすると，数列 $\{f(x_n)\}$ は等比数列であることを示せ。また，$\displaystyle\sum_{n=1}^{\infty}f(x_n)$ を求めよ。

$$f'(x)=-e^{-x}\cos x+e^{-x}(-\sin x)=\underline{-e^{-x}(\sin x+\cos x)}$$
$$=-\sqrt{2}\,e^{-x}\sin\left(x+\frac{\pi}{4}\right)$$
$$f''(x)=e^{-x}(\sin x+\cos x)-e^{-x}(\cos x-\sin x)$$
$$=2e^{-x}\sin x$$

$f'(x)=0$ とすると　$\sin\left(x+\frac{\pi}{4}\right)=0$

$x>0$ であるから　$x=\frac{3}{4}\pi+k\pi\ (k=0,\ 1,\ \cdots\cdots)$

以下では，n は自然数とする。

$k=2n-1$ のとき

$\sin\left(\frac{3}{4}\pi+k\pi\right)=\sin\frac{7}{4}\pi<0$　ゆえに　$f''\left(\frac{3}{4}\pi+k\pi\right)<0$

$k=2(n-1)$ のとき

$\sin\left(\frac{3}{4}\pi+k\pi\right)=\sin\frac{3}{4}\pi>0$　ゆえに　$f''\left(\frac{3}{4}\pi+k\pi\right)>0$

よって，$k=2(n-1)$ のとき極小値をとるから

$$x_n=\frac{3}{4}\pi+2(n-1)\pi$$

←三角関数の合成。

←___ を微分。

←$x+\frac{\pi}{4}=l\pi$（l は整数）から　$x=\frac{3}{4}\pi+(l-1)\pi$
この式で $l-1$ を k におき換える。

←$f'(x)=0$ を満たす x の値について，$f''(x)$ の符号を調べる。

←$\boldsymbol{f'(a)=0,\ f''(a)>0}$
$\boldsymbol{\Longrightarrow f(a)}$ **は極小値。**

ここで　$f(x_n)=e^{-\left\{\frac{3}{4}\pi+2(n-1)\pi\right\}}\cos\left\{\frac{3}{4}\pi+2(n-1)\pi\right\}$

$$=-\frac{1}{\sqrt{2}}e^{-\frac{3}{4}\pi}(e^{-2\pi})^{n-1}$$

よって，数列 $\{f(x_n)\}$ は初項 $-\frac{1}{\sqrt{2}}e^{-\frac{3}{4}\pi}$，公比 $e^{-2\pi}$ の等比数列である。

公比 $e^{-2\pi}$ は $0<e^{-2\pi}<1$ であるから，無限等比級数 $\sum_{n=1}^{\infty}f(x_n)$ は収束し，その和は

$$\sum_{n=1}^{\infty}f(x_n)=\frac{-\frac{1}{\sqrt{2}}e^{-\frac{3}{4}\pi}}{1-e^{-2\pi}}=-\frac{e^{\frac{5}{4}\pi}}{\sqrt{2}(e^{2\pi}-1)}$$

←$\cos\frac{3}{4}\pi=-\frac{1}{\sqrt{2}}$

←ar^{n-1} の形に変形。

←$a_n=ar^{n-1} \Longleftrightarrow \{a_n\}$ は初項 a，公比 r の等比数列。

←$\frac{(初項)}{1-(公比)}$

練習 ③122

(1)　$x\geqq3$ のとき，不等式 $x^3e^{-x}\leqq27e^{-3}$ が成り立つことを示せ。更に，$\lim_{x\to\infty}x^2e^{-x}$ を求めよ。〔類　九州大〕

(2)　(ア)　$x>0$ に対し，$\sqrt{x}\log x>-1$ であることを示せ。

(イ)　(ア) の結果を用いて，$\lim_{x\to+0}x\log x=0$ を示せ。〔慶応大〕

(1)　$F(x)=27e^{-3}-x^3e^{-x}$ とすると

$$F'(x)=-3x^2e^{-x}-x^3(-e^{-x})=x^2(x-3)e^{-x}$$

$x>3$ のとき $F'(x)>0$ であるから，$F(x)$ は $x\geqq3$ で単調に増加する。

更に，$F(3)=0$ であるから，$x\geqq3$ のとき　$F(x)\geqq0$

したがって，$x\geqq3$ のとき　$x^3e^{-x}\leqq27e^{-3}$ …… ①

① から，$x\geqq3$ のとき　$0<x^3e^{-x}\leqq27e^{-3}$

このとき，各辺を x で割ると　$0<x^2e^{-x}\leqq\frac{27e^{-3}}{x}$

$\lim_{x\to\infty}\frac{27e^{-3}}{x}=0$ であるから　$\lim_{x\to\infty}x^2e^{-x}=\mathbf{0}$

検討　ロピタルの定理から　$\lim_{x\to\infty}\frac{x^2}{e^x}=\lim_{x\to\infty}\frac{2x}{e^x}=\lim_{x\to\infty}\frac{2}{e^x}=0$

(2)　(ア)　$f(x)=\sqrt{x}\log x+1\ (x>0)$ とすると

$$f'(x)=\frac{1}{2\sqrt{x}}\cdot\log x+\sqrt{x}\cdot\frac{1}{x}=\frac{\log x+2}{2\sqrt{x}}$$

$f'(x)=0$ とすると，$\log x=-2$ から　$x=\frac{1}{e^2}$

$x>0$ における $f(x)$ の増減表は右のようになる。

x	0	…	$\frac{1}{e^2}$	…
$f'(x)$		$-$	0	$+$
$f(x)$		↘	極小	↗

また

$$f\left(\frac{1}{e^2}\right)=1-\frac{2}{e}=\frac{e-2}{e}>0$$

よって，$x>0$ のとき，$f(x)>0$ すなわち $\sqrt{x}\log x>-1$ が成り立つ。

① 大小比較は差を作る

←不等号の向きは不変。

←はさみうちの原理。

←ロピタルの定理を2回用いる。

① 大小比較は差を作る

←$x=e^{-2}$

(イ) $x \longrightarrow +0$ のときを考えるから，$0<x<1$ の範囲で考える。

$0<x<1$ のとき，$\sqrt{x}\log x<0$ であるから，(ア) より

$$-1<\sqrt{x}\log x<0$$

両辺に $\sqrt{x}$ を掛けると　$-\sqrt{x}<x\log x<0$

$\lim_{x\to+0}\sqrt{x}=0$ であるから　$\lim_{x\to+0}x\log x=0$

参考　本冊 $p.160$ 演習例題 92 (3) では，(イ) の極限をロピタルの定理を用いて求めた。

←$0<x<1$ のとき $\sqrt{x}>0$，$\log x<0$

←はさみうちの原理。

練習 ①123

(1) 原点を出発して数直線上を動く点 P の座標が，時刻 t の関数として，$x=t^3-10t^2+24t$ $(t>0)$ で表されるという。点 P が原点に戻ったときの速度 v と加速度 α を求めよ。

(2) 座標平面上を運動する点 P の，時刻 t における座標が $x=4\cos t$，$y=\sin 2t$ で表されるとき，$t=\dfrac{\pi}{3}$ における点 P の速さと加速度の大きさを求めよ。

(1) $v=\dfrac{dx}{dt}=3t^2-20t+24$ …… ①，$\alpha=\dfrac{dv}{dt}=6t-20$ …… ②

$x=0$ とすると　$t^3-10t^2+24t=0$

ゆえに　$t(t-4)(t-6)=0$

よって　$t=0,\ 4,\ 6$

$t>0$ で点 P が原点に戻るのは $t=4,\ 6$ のときである。

したがって，①，② から

$t=4$ のとき　$v=3\cdot4^2-20\cdot4+24=\mathbf{-8}$，$\alpha=6\cdot4-20=\mathbf{4}$

$t=6$ のとき　$v=3\cdot6^2-20\cdot6+24=\mathbf{12}$，$\alpha=6\cdot6-20=\mathbf{16}$

←位置 x を t で微分すると速度 v が，速度 v を t で微分すると加速度 α が得られる。つまり，$\alpha=\dfrac{d^2x}{dt^2}$ である。

(2) 点 P の時刻 t における速度ベクトルを $\vec{v}$，加速度ベクトルを $\vec{\alpha}$ とすると

$$\vec{v}=\left(\frac{dx}{dt},\ \frac{dy}{dt}\right)=(-4\sin t,\ 2\cos 2t)$$

$$\vec{\alpha}=\left(\frac{d^2x}{dt^2},\ \frac{d^2y}{dt^2}\right)=(-4\cos t,\ -4\sin 2t)$$

$t=\dfrac{\pi}{3}$ を代入すると

$$\vec{v}=\left(-4\sin\frac{\pi}{3},\ 2\cos\frac{2}{3}\pi\right)=(-2\sqrt{3},\ -1)$$

$$\vec{\alpha}=\left(-4\cos\frac{\pi}{3},\ -4\sin\frac{2}{3}\pi\right)=(-2,\ -2\sqrt{3})$$

←$\left(-4\cdot\dfrac{\sqrt{3}}{2},\ 2\cdot\left(-\dfrac{1}{2}\right)\right)$

←$\left(-4\cdot\dfrac{1}{2},\ -4\cdot\dfrac{\sqrt{3}}{2}\right)$

よって，**速さは**　$|\vec{v}|=\sqrt{(-2\sqrt{3})^2+(-1)^2}=\boldsymbol{\sqrt{13}}$

加速度の大きさは　$|\vec{\alpha}|=\sqrt{(-2)^2+(-2\sqrt{3})^2}=\sqrt{16}=\mathbf{4}$

練習 ②124

(1) 動点 P が，原点 O を中心とする半径 r の円周上を，定点 P_0 から出発して，OP が 1 秒間に角 ω の割合で回転するように等速円運動をしている。P の加速度の大きさを求めよ。

(2) $a>0$，$\omega>0$ とする。座標平面上を運動する点 P の，時刻 t における座標が $x=a(\omega t-\sin\omega t)$，$y=a(1-\cos\omega t)$ で表されるとき，加速度の大きさは一定であることを示せ。

(1) 加速度ベクトル $\vec{\alpha}$ は

$\vec{\alpha}=(-r\omega^2\cos(\omega t+\beta),\ -r\omega^2\sin(\omega t+\beta))$ であるから

$|\vec{\alpha}|=\sqrt{(-r\omega^2)^2\cos^2(\omega t+\beta)+(-r\omega^2)^2\sin^2(\omega t+\beta)}$

$=\sqrt{(r\omega^2)^2}$ ←$\cos^2\theta+\sin^2\theta=1$

$r>0$ であるから　$|\vec{\alpha}|=\boldsymbol{r\omega^2}$ ←$\omega^2>0$ である。

(2)　点Pの時刻 t における速度ベクトルを $\vec{v}$，加速度ベクトルを $\vec{\alpha}$ とすると

$$\vec{v}=\left(\frac{dx}{dt},\ \frac{dy}{dt}\right)=(a(\omega-\omega\cos\omega t),\ a\omega\sin\omega t)$$ ←a，ω は定数。

$$\vec{\alpha}=\left(\frac{d^2x}{dt^2},\ \frac{d^2y}{dt^2}\right)=(a\omega^2\sin\omega t,\ a\omega^2\cos\omega t)$$

よって，加速度の大きさは

$$|\vec{\alpha}|=\sqrt{(a\omega^2\sin\omega t)^2+(a\omega^2\cos\omega t)^2}=\sqrt{(a\omega^2)^2}$$ ←$\sin^2\omega t+\cos^2\omega t=1$

$a>0$，$\omega>0$ であるから，加速度の大きさは $a\omega^2$ で一定である。

練習 ③125　楕円 $\frac{x^2}{9}+\frac{y^2}{4}=1$ $(x>0,\ y>0)$ 上の動点Pが一定の速さ2で x 座標が増加する向きに移動している。$x=\sqrt{3}$ における速度と加速度を求めよ。

$\frac{x^2}{9}+\frac{y^2}{4}=1$ …… ① の両辺を t で微分して

$$\frac{2x}{9}\cdot\frac{dx}{dt}+\frac{y}{2}\cdot\frac{dy}{dt}=0 \quad\cdots\cdots ②$$

HINT　速さが2であるから $\sqrt{\left(\frac{dx}{dt}\right)^2+\left(\frac{dy}{dt}\right)^2}=2$

点Pの速さが2であるから　$\left(\frac{dx}{dt}\right)^2+\left(\frac{dy}{dt}\right)^2=2^2$ …… ③

x 座標が増加する向きに移動しているから　$\frac{dx}{dt}>0$

① から　$y^2=4\left(1-\frac{x^2}{9}\right)$　　$x=\sqrt{3}$ を代入して　$y^2=\frac{8}{3}$

$y>0$ であるから　$y=\frac{2\sqrt{6}}{3}$ ←$y=\frac{2\sqrt{2}}{\sqrt{3}}$

$x=\sqrt{3}$，$y=\frac{2\sqrt{6}}{3}$ を ② に代入して　$\frac{2\sqrt{3}}{9}\cdot\frac{dx}{dt}+\frac{\sqrt{6}}{3}\cdot\frac{dy}{dt}=0$

ゆえに　$\frac{dy}{dt}=-\frac{\sqrt{2}}{3}\cdot\frac{dx}{dt}$ …… ②′

②′ を ③ に代入して，$\left(1+\frac{2}{9}\right)\left(\frac{dx}{dt}\right)^2=4$ から　$\left(\frac{dx}{dt}\right)^2=\frac{36}{11}$ ←$\left(\frac{dx}{dt}\right)^2+\frac{2}{9}\left(\frac{dx}{dt}\right)^2=4$

$\frac{dx}{dt}>0$ であるから　$\frac{dx}{dt}=\frac{6}{\sqrt{11}}$

このとき，②′ から　$\frac{dy}{dt}=-\frac{2\sqrt{2}}{\sqrt{11}}$

よって，$x=\sqrt{3}$ における **速度は**　$\boldsymbol{\left(\frac{6}{\sqrt{11}},\ -\frac{2\sqrt{2}}{\sqrt{11}}\right)}$ ←平面上の速度は $\vec{v}=\left(\frac{dx}{dt},\ \frac{dy}{dt}\right)$

次に，② の両辺を t で微分して

$$\frac{2}{9}\left\{\left(\frac{dx}{dt}\right)^2+x\frac{d^2x}{dt^2}\right\}+\frac{1}{2}\left\{\left(\frac{dy}{dt}\right)^2+y\frac{d^2y}{dt^2}\right\}=0$$ ←積の微分。

$x=\sqrt{3}$，$y=\dfrac{2\sqrt{6}}{3}$，$\dfrac{dx}{dt}=\dfrac{6}{\sqrt{11}}$，$\dfrac{dy}{dt}=-\dfrac{2\sqrt{2}}{\sqrt{11}}$ を代入して整理すると　$2\dfrac{d^2x}{dt^2}+3\sqrt{2}\dfrac{d^2y}{dt^2}=-\dfrac{36\sqrt{3}}{11}$ …… ④

また，③ の両辺を t で微分して

$$2\frac{dx}{dt}\cdot\frac{d^2x}{dt^2}+2\frac{dy}{dt}\cdot\frac{d^2y}{dt^2}=0$$

$\dfrac{dx}{dt}=\dfrac{6}{\sqrt{11}}$，$\dfrac{dy}{dt}=-\dfrac{2\sqrt{2}}{\sqrt{11}}$ を代入して整理すると

$$3\frac{d^2x}{dt^2}-\sqrt{2}\frac{d^2y}{dt^2}=0 \quad \cdots\cdots ⑤$$

④，⑤ から　$\dfrac{d^2x}{dt^2}=-\dfrac{36\sqrt{3}}{121}$，$\dfrac{d^2y}{dt^2}=-\dfrac{54\sqrt{6}}{121}$

よって，$x=\sqrt{3}$ における **加速度は**　$\left(-\dfrac{36\sqrt{3}}{121},\ -\dfrac{54\sqrt{6}}{121}\right)$

←$\dfrac{2\sqrt{3}}{9}\cdot\dfrac{d^2x}{dt^2}+\dfrac{\sqrt{6}}{3}\cdot\dfrac{d^2y}{dt^2}=-\dfrac{12}{11}$

←$\dfrac{12}{\sqrt{11}}\cdot\dfrac{d^2x}{dt^2}-\dfrac{4\sqrt{2}}{\sqrt{11}}\cdot\dfrac{d^2y}{dt^2}=0$

←平面上の加速度は $\vec{\alpha}=\left(\dfrac{d^2x}{dt^2},\ \dfrac{d^2y}{dt^2}\right)$

練習 ②126

表面積が $4\pi\,\mathrm{cm^2/s}$ の一定の割合で増加している球がある。半径が 10cm になる瞬間において，以下のものを求めよ。

(1) 半径の増加する速度　(2) 体積の増加する速度　［工学院大］

t 秒後の表面積を $S\,\mathrm{cm^2}$ とすると　$\dfrac{dS}{dt}=4\pi\,(\mathrm{cm^2/s})$ …… ①

(1) t 秒後の球の半径を r cm とすると　$S=4\pi r^2$

両辺を t で微分して　$\dfrac{dS}{dt}=8\pi r\dfrac{dr}{dt}$

ゆえに　$\dfrac{dr}{dt}=\dfrac{dS}{dt}\cdot\dfrac{1}{8\pi r}$　① から　$\dfrac{dr}{dt}=4\pi\cdot\dfrac{1}{8\pi r}=\dfrac{1}{2r}$

求める速度は，$r=10$ を代入して　$\boldsymbol{\dfrac{1}{20}}$ **cm/s**

(1) $S=4\pi t$ と $S=4\pi r^2$ から　$t=r^2$
ゆえに　$1=2r\dfrac{dr}{dt}$
よって　$\dfrac{dr}{dt}=\dfrac{1}{2r}$
と考えてもよい。

(2) t 秒後の球の体積を $V\,\mathrm{cm^3}$ とすると　$V=\dfrac{4}{3}\pi r^3$

両辺を t で微分して　$\dfrac{dV}{dt}=4\pi r^2\dfrac{dr}{dt}$

$r=10$ のときの半径の増加する速度は，(1) より $\dfrac{dr}{dt}=\dfrac{1}{20}$ であるから　$\dfrac{dV}{dt}=4\pi\cdot 10^2\cdot\dfrac{1}{20}=20\pi$

よって，求める速度は　$\boldsymbol{20\pi}$ **cm³/s**

←(1) の結果を利用。

検討　本冊 p.215 の ■**2 次の近似式** の解説の中の

$f(a)=g(a)$，$f'(a)=g'(a)$，$f''(a)=g''(a)$ を満たす 2 次関数 $g(x)$ は

$$g(x)=f(a)+f'(a)(x-a)+\frac{f''(a)}{2}(x-a)^2 \quad \cdots\cdots ①$$ であることの証明。

(証明)　$g(x)=p(x-a)^2+q(x-a)+r$ とすると　$g'(x)=2p(x-a)+q$，$g''(x)=2p$

$f(a)=g(a)$ から　$r=f(a)$　$f'(a)=g'(a)$ から　$q=f'(a)$

$f''(a)=g''(a)$ から　$2p=f''(a)$　よって　$p=\dfrac{f''(a)}{2}$

したがって，① が成り立つ。

練習 ②127

(1) $|x|$ が十分小さいとき，次の関数の 1 次の近似式，2 次の近似式を作れ。

(ア) $f(x)=\log(1+x)$　　(イ) $f(x)=\sqrt{1+\sin x}$

(2) 1 次の近似式を用いて，次の数の近似値を求めよ。ただし，$\pi=3.14$，$\sqrt{3}=1.73$ として小数第 2 位まで求めよ。

(ア) $\cos 61^\circ$　　(イ) $\sqrt[3]{340}$　　(ウ) $\sqrt{1+\pi}$

(1) (ア) $f'(x)=\dfrac{1}{1+x}$，$f''(x)=-\dfrac{1}{(1+x)^2}$

← $f''(x)=\{(1+x)^{-1}\}'$

よって　$f(0)=0$，$f'(0)=1$，$f''(0)=-1$

$|x|$ が十分小さいとき　**1 次の近似式は**　$\boldsymbol{f(x)\fallingdotseq x}$

← $f(x)\fallingdotseq f(0)+f'(0)x$

2 次の近似式は　$\boldsymbol{f(x)\fallingdotseq x-\dfrac{1}{2}x^2}$

← $f(x)\fallingdotseq f(0)+f'(0)x+\dfrac{f''(0)}{2}x^2$

(イ) $f'(x)=\dfrac{1}{2}(1+\sin x)^{-\frac{1}{2}}\cdot(1+\sin x)'=\dfrac{\cos x}{2\sqrt{1+\sin x}}$

$$f''(x)=\frac{1}{2}\cdot\frac{-\sin x\sqrt{1+\sin x}-\cos x\cdot\dfrac{\cos x}{2\sqrt{1+\sin x}}}{1+\sin x}$$

← $\left(\dfrac{u}{v}\right)'=\dfrac{u'v-uv'}{v^2}$

$$=-\frac{1}{4}\cdot\frac{2\sin x+2\sin^2 x+\cos^2 x}{(1+\sin x)^{\frac{3}{2}}}$$

← 分母・分子に $2\sqrt{1+\sin x}$ を掛ける。

$$=-\frac{\sin^2 x+2\sin x+1}{4(1+\sin x)^{\frac{3}{2}}}$$

よって　$f(0)=1$，$f'(0)=\dfrac{1}{2}$，$f''(0)=-\dfrac{1}{4}$

$|x|$ が十分小さいとき

1 次の近似式は　$\boldsymbol{f(x)\fallingdotseq 1+\dfrac{1}{2}x}$

← $f(x)\fallingdotseq f(0)+f'(0)x$

2 次の近似式は　$\boldsymbol{f(x)\fallingdotseq 1+\dfrac{1}{2}x-\dfrac{1}{8}x^2}$

← $f(x)\fallingdotseq f(0)+f'(0)x+\dfrac{f''(0)}{2}x^2$

(2) (ア) $\cos 61^\circ=\cos(60^\circ+1^\circ)=\cos\left(\dfrac{\pi}{3}+\dfrac{\pi}{180}\right)$

← 角は弧度法で表す。

$(\cos x)'=-\sin x$ であるから，$|h|$ が十分小さいとき

$$\cos(a+h)\fallingdotseq\cos a-h\sin a$$

← $|h|$ が十分小さいとき $f(a+h)\fallingdotseq f(a)+f'(a)h$

よって　$\cos\left(\dfrac{\pi}{3}+\dfrac{\pi}{180}\right)\fallingdotseq\cos\dfrac{\pi}{3}-\dfrac{\pi}{180}\sin\dfrac{\pi}{3}$

$$=\frac{1}{2}-\frac{\pi}{180}\cdot\frac{\sqrt{3}}{2}$$

$$\fallingdotseq\frac{180-3.14\times1.73}{360}$$

← $3.14\times1.73=5.4322$

$=0.4849\cdots\cdots\fallingdotseq$ **0.48**

(イ) $\sqrt[3]{340}=\sqrt[3]{343-3}=\sqrt[3]{7^3\left(1-\dfrac{3}{7^3}\right)}=7\cdot\sqrt[3]{1-\dfrac{3}{7^3}}$

$f(x)=\sqrt[3]{1+x}$ とすると

$$f'(x)=\left\{(1+x)^{\frac{1}{3}}\right\}'=\frac{1}{3}(1+x)^{-\frac{2}{3}}=\frac{1}{3\cdot\sqrt[3]{(1+x)^2}}$$

ゆえに，$|x|$ が十分小さいとき　$f(x)\fallingdotseq 1+\dfrac{1}{3}x$

よって　$\sqrt[3]{340}\fallingdotseq 7\left(1-\dfrac{1}{3}\cdot\dfrac{3}{7^3}\right)=7-\dfrac{1}{49}=\dfrac{342}{49}$

$=6.979\cdots\cdots\fallingdotseq\mathbf{6.98}$

(ウ)　$\pi=3.14$ から，$1+\pi=4+x$ とする。

$\dfrac{x}{4}$ は十分小さいから

$\sqrt{4+x}=2\sqrt{1+\dfrac{x}{4}}\fallingdotseq 2\left(1+\dfrac{1}{2}\cdot\dfrac{x}{4}\right)=2+\dfrac{0.14}{4}=2.035\fallingdotseq\mathbf{2.04}$

参考　$\cos 61^\circ=0.48480\cdots\cdots$，$\sqrt[3]{340}=6.97953\cdots\cdots$，
$\sqrt{1+\pi}=2.03509\cdots\cdots$

←$f(x)\fallingdotseq f(0)+f'(0)x$
なお，$x\fallingdotseq 0$ のとき
$\mathbf{(1+x)^p\fallingdotseq 1+px}$
であるから，直ちに
$\sqrt[3]{1+x}\fallingdotseq 1+\dfrac{1}{3}x$
としてもよい。

←$\dfrac{x}{4}\fallingdotseq 0$ のとき
$\left(1+\dfrac{x}{4}\right)^p\fallingdotseq 1+\dfrac{px}{4}$

4章
練習
[微分法の応用]

練習 ②128　(1)　球の体積 V が 1 % 増加するとき，球の半径 r と球の表面積 S は，それぞれ約何 % 増加するか。
(2)　AD∥BC の等脚台形 ABCD において，AB=2cm，BC=4cm，∠B=60° とする。∠B が 1° だけ増えたとき，台形 ABCD の面積 S は，ほぼどれだけ増えるか。ただし，$\pi=3.14$ とする。

(1)　$V=\dfrac{4}{3}\pi r^3$，$S=4\pi r^2$ から　$\dfrac{dV}{dr}=4\pi r^2$，$\dfrac{dS}{dr}=8\pi r$

ゆえに　$\varDelta V\fallingdotseq 4\pi r^2\varDelta r$，　$\varDelta S\fallingdotseq 8\pi r\varDelta r$

よって　$\dfrac{\varDelta V}{V}\fallingdotseq 3\dfrac{\varDelta r}{r}$，　$\dfrac{\varDelta S}{S}\fallingdotseq 2\dfrac{\varDelta r}{r}$

球の体積が 1 % 増加するとき，$\dfrac{\varDelta V}{V}=\dfrac{1}{100}$ であるから

$\dfrac{\varDelta r}{r}\fallingdotseq\dfrac{1}{300}$，　$\dfrac{\varDelta S}{S}\fallingdotseq\dfrac{2}{300}$

ゆえに，**球の半径は約 $\dfrac{1}{3}$ % 増加，表面積は約 $\dfrac{2}{3}$ % 増加する。**

HINT　微小変化に対する公式 $\boldsymbol{\varDelta y\fallingdotseq y'\varDelta x}$ を利用する。

←微小変化 $\varDelta r$ に対して
$\varDelta V\fallingdotseq V'\varDelta r$
$\varDelta S\fallingdotseq S'\varDelta r$

(2)　∠B$=x$（ラジアン）とすると　$x=60^\circ=\dfrac{\pi}{3}$，$\varDelta x=1^\circ=\dfrac{\pi}{180}$

点 A から辺 BC に下ろした垂線の足を H とすると，
$\mathrm{BH}=2\cos x$ であるから　$\mathrm{AD}=\mathrm{BC}-2\mathrm{BH}=4-4\cos x$
台形 ABCD の面積を S とすると

$S=\dfrac{1}{2}(\mathrm{AD}+\mathrm{BC})\cdot\mathrm{AH}=\dfrac{1}{2}\{(4-4\cos x)+4\}\cdot 2\sin x$

$=4(2-\cos x)\sin x=8\sin x-4\sin x\cos x=8\sin x-2\sin 2x$

ゆえに　$S'=8\cos x-2\cos 2x\cdot(2x)'=4(2\cos x-\cos 2x)$

x の増分 $\varDelta x$ に対する S の増分を $\varDelta S$ とすると，$|\varDelta x|$ が十分小さいとき，次の式が成り立つ。

$\varDelta S\fallingdotseq S'\varDelta x=4(2\cos x-\cos 2x)\varDelta x$

$x=\dfrac{\pi}{3}$ のとき　$S'=4\left\{2\cdot\dfrac{1}{2}-\left(-\dfrac{1}{2}\right)\right\}=6$

よって　$\varDelta S\fallingdotseq 6\cdot\dfrac{\pi}{180}=\dfrac{\pi}{30}\fallingdotseq\dfrac{3.14}{30}=0.104\cdots\cdots\fallingdotseq 0.10$

したがって，**約 0.10 cm² 増える。**

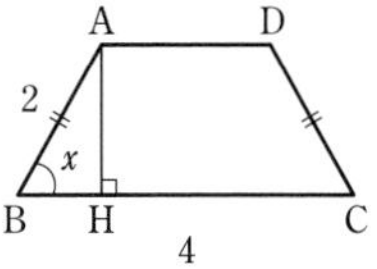

←$\cos\dfrac{\pi}{3}=\dfrac{1}{2}$，
$\cos\dfrac{2}{3}\pi=-\dfrac{1}{2}$

EX ②76

関数 $y=\log x$ $(x>0)$ 上の点 $\mathrm{P}(t,\ \log t)$ における接線を ℓ とする。また，点Pを通り，ℓ に垂直な直線を m とする。2本の直線 ℓ，m および y 軸とで囲まれる図形の面積を S とする。$S=5$ となるとき，点Pの座標を求めよ。〔長崎大〕

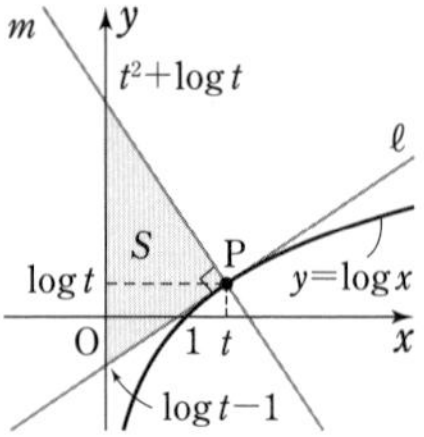

$y=\log x$ から　$y'=\dfrac{1}{x}$

よって，接線 ℓ の方程式は

$$y-\log t=\frac{1}{t}(x-t)$$

$x=0$ とすると　$y=\log t-1$

また，直線 m の傾きは $-t$ であるから，その方程式は

$$y-\log t=-t(x-t)$$

$x=0$ とすると　$y=t^2+\log t$

よって　$S=\dfrac{1}{2}\{(t^2+\log t)-(\log t-1)\}\cdot t=\dfrac{1}{2}t(t^2+1)$

$S=5$ とすると　$\dfrac{1}{2}t(t^2+1)=5$

ゆえに　$t^3+t-10=0$

よって　$(t-2)(t^2+2t+5)=0$

$t^2+2t+5=(t+1)^2+4>0$ であるから　$t=2$

したがって，点Pの座標は　$\mathbf{(2,\ \log 2)}$

←$y-f(t)=f'(t)(x-t)$

←**垂直** ⟺ **(傾きの積)＝−1** から。m は点Pにおける法線。

←$t^2+\log t>\log t-1$

1	0	1	−10	2
	2	4	10	
1	2	5	0	

EX ②77

曲線 $y=\sin x$ 上の点 $\mathrm{P}\left(\dfrac{\pi}{4},\ \dfrac{1}{\sqrt{2}}\right)$ における接線と，曲線 $y=\sin 2x$ $(0\leqq x\leqq\pi)$ 上の点Qにおける接線が垂直であるとき，点Qの x 座標を求めよ。〔愛知工大〕

$f(x)=\sin x$，$g(x)=\sin 2x$ とすると

$$f'(x)=\cos x,\ g'(x)=2\cos 2x$$

ゆえに，曲線 $y=f(x)$ 上の点Pにおける接線の傾きは

$$f'\left(\frac{\pi}{4}\right)=\cos\frac{\pi}{4}=\frac{1}{\sqrt{2}}\ \cdots\cdots ①$$

点Qの x 座標を t $(0\leqq t\leqq\pi)$ とすると，点Qにおける接線の傾きは　$g'(t)=2\cos 2t$　$\cdots\cdots$ ②

条件から　$f'\left(\dfrac{\pi}{4}\right)g'(t)=-1$

①，② から

$$\frac{1}{\sqrt{2}}\cdot 2\cos 2t=-1\quad すなわち\quad \cos 2t=-\frac{1}{\sqrt{2}}$$

$0\leqq t\leqq\pi$ より $0\leqq 2t\leqq 2\pi$ であるから　$2t=\dfrac{3}{4}\pi,\ \dfrac{5}{4}\pi$

したがって，点Qの x 座標は　$\boldsymbol{\dfrac{3}{8}\pi,\ \dfrac{5}{8}\pi}$

HINT　点Qの x 座標を t として，両接線の傾きの積が -1 となるように t の値を決める。

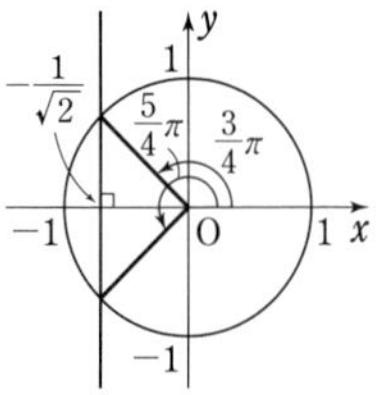

EX ③78 曲線 $C: y=\frac{1}{x}$ $(x>0)$ と点 $P(s,\ t)$ $(s>0,\ t>0,\ st<1)$ を考える。点 P を通る曲線 C の 2 本の接線を ℓ_1, ℓ_2 とし，これらの接線と曲線 C との接点をそれぞれ $A\left(a,\ \frac{1}{a}\right)$, $B\left(b,\ \frac{1}{b}\right)$ とする。ただし，$a<b$ とする。

(1) a, b をそれぞれ s, t を用いて表せ。

(2) $u=st$ とする。$\triangle PAB$ の面積を u を用いて表せ。〔類 九州工大〕

(1) $y=\frac{1}{x}$ から　$y'=-\frac{1}{x^2}$

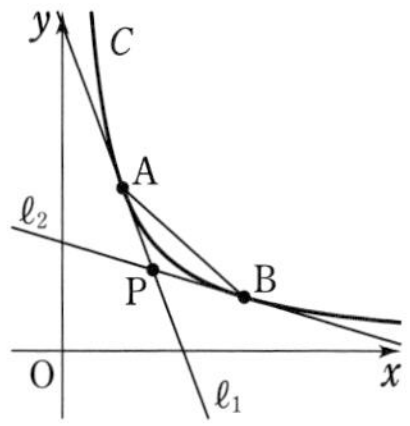

接点の座標を $\left(k,\ \frac{1}{k}\right)$ $(k\neq0)$ とすると，接線の方程式は

$$y-\frac{1}{k}=-\frac{1}{k^2}(x-k) \quad \text{すなわち} \quad y=-\frac{1}{k^2}x+\frac{2}{k}$$

この直線が点 $P(s,\ t)$ を通るから　$t=-\frac{1}{k^2}s+\frac{2}{k}$

両辺に k^2 を掛けて整理すると　$tk^2-2k+s=0$ …… (＊)

←$1-st>0$

よって　$k=\frac{1\pm\sqrt{1-st}}{t}$

$a<b$ であるから　$\boldsymbol{a=\frac{1-\sqrt{1-st}}{t}}$, $\boldsymbol{b=\frac{1+\sqrt{1-st}}{t}}$

(2) 右の図のように点 E, F, H をとると

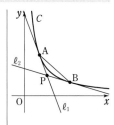

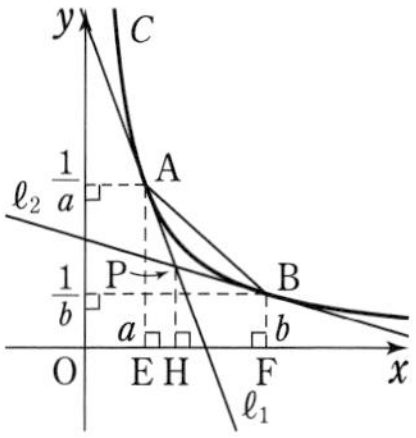

$\triangle PAB=$(台形 ABFE)$-$(台形 APHE)$-$(台形 PBFH)

ここで，

$$(\text{台形 ABFE})=\frac{1}{2}\left(\frac{1}{a}+\frac{1}{b}\right)(b-a)=\frac{1}{2}\cdot\frac{a+b}{ab}(b-a)$$

$$(\text{台形 APHE})=\frac{1}{2}\left(\frac{1}{a}+t\right)(s-a)$$

$$(\text{台形 PBFH})=\frac{1}{2}\left(t+\frac{1}{b}\right)(b-s)$$

であり，(1)の結果から

$$a+b=\frac{2}{t},\ ab=\frac{s}{t},\ b-a=\frac{2\sqrt{1-st}}{t}$$

←$a+b$, ab は，方程式(＊)の解と係数の関係から。

よって

$$\triangle PAB=\frac{1}{2}\cdot\frac{2}{s}\cdot\frac{2\sqrt{1-st}}{t}-\frac{1}{2}\left\{\left(\frac{1}{a}+t\right)(s-a)+\left(t+\frac{1}{b}\right)(b-s)\right\}$$

←{ } の中は $(b-a)t+\frac{b-a}{ab}s$

$$=\frac{2\sqrt{1-u}}{u}-\frac{1}{2}(b-a)\left(\frac{s}{ab}+t\right)$$

$$=\frac{2\sqrt{1-u}}{u}-2\sqrt{1-u}=\boldsymbol{\frac{2(1-u)\sqrt{1-u}}{u}}$$

←$\frac{s}{ab}=t$

別解　点 P が原点にくるように $\triangle PAB$ を平行移動したとき，A, B の移動した先の点をそれぞれ A′, B′ とすると

$$A'\left(a-s,\ \frac{1}{a}-t\right),\ B'\left(b-s,\ \frac{1}{b}-t\right)$$

←x 軸方向に $-s$, y 軸方向に $-t$ だけ平行移動する。

よって　$\triangle PAB=\triangle OA'B'$

$=\dfrac{1}{2}\left|(a-s)\left(\dfrac{1}{b}-t\right)-(b-s)\left(\dfrac{1}{a}-t\right)\right|$

$=\dfrac{1}{2}\left|t(b-a)+s\left(\dfrac{1}{a}-\dfrac{1}{b}\right)+\dfrac{a}{b}-\dfrac{b}{a}\right|$

$=\dfrac{1}{2}\left|t(b-a)+s\cdot\dfrac{b-a}{ab}-\dfrac{b^2-a^2}{ab}\right|$

$=\dfrac{b-a}{2}\left|t+\dfrac{s}{ab}-\dfrac{a+b}{ab}\right|$

$=\dfrac{\sqrt{1-st}}{t}\left|t+t-\dfrac{2}{s}\right|=\dfrac{2\sqrt{1-st}}{t}\left|\dfrac{st-1}{s}\right|$

$=\dfrac{2\sqrt{1-st}}{t}\cdot\dfrac{1-st}{s}=\boldsymbol{\dfrac{2(1-u)\sqrt{1-u}}{u}}$

←3 点 O(0, 0), $A(x_1,\ y_1)$, $B(x_2,\ y_2)$ を頂点とする △OAB の面積 S は
$S=\dfrac{1}{2}|x_1y_2-x_2y_1|$

←$st<1$ から $|st-1|=1-st$

EX ③79

n を 3 以上の自然数とする。曲線 C が媒介変数 θ を用いて $x=\cos^n\theta$, $y=\sin^n\theta\left(0<\theta<\dfrac{\pi}{2}\right)$ で表されている。原点を O とし，曲線 C 上の点 P における接線が x 軸，y 軸と交わる点をそれぞれ A，B とする。点 P が曲線 C 上を動くとき，△OAB の面積の最大値を求めよ。〔類　信州大〕

$\dfrac{dx}{d\theta}=n\cos^{n-1}\theta\cdot(-\sin\theta)=-n\sin\theta\cos^{n-1}\theta$

$\dfrac{dy}{d\theta}=n\sin^{n-1}\theta\cdot\cos\theta=n\cos\theta\sin^{n-1}\theta$

←$(u^n)'=nu^{n-1}\cdot u'$

よって　$\dfrac{dy}{dx}=\dfrac{\dfrac{dy}{d\theta}}{\dfrac{dx}{d\theta}}=\dfrac{n\cos\theta\sin^{n-1}\theta}{-n\sin\theta\cos^{n-1}\theta}=-\dfrac{\sin^{n-2}\theta}{\cos^{n-2}\theta}$

$=-\tan^{n-2}\theta$

ゆえに，$P(\cos^n\theta,\ \sin^n\theta)$ とすると，点 P における接線の方程式は　$y-\sin^n\theta=-\tan^{n-2}\theta(x-\cos^n\theta)$

よって　$y=-(\tan^{n-2}\theta)x+\cos^2\theta\sin^{n-2}\theta+\sin^n\theta$

ここで　$\cos^2\theta\sin^{n-2}\theta+\sin^n\theta=(\cos^2\theta+\sin^2\theta)\sin^{n-2}\theta$

$=\sin^{n-2}\theta$

ゆえに　$y=-(\tan^{n-2}\theta)x+\sin^{n-2}\theta$ ……①

←$\cos\theta>0$，$\sin\theta>0$ から，点 P は第 1 象限にあり，$\dfrac{dy}{dx}<0$ である。
よって，点 A は x 軸の $x>0$ の部分，点 B は y 軸の $y>0$ の部分にある。

① において，$y=0$ とすると　$x=\cos^{n-2}\theta$

$x=0$ とすると　$y=\sin^{n-2}\theta$

よって　$A(\cos^{n-2}\theta,\ 0)$，$B(0,\ \sin^{n-2}\theta)$

ゆえに，△OAB の面積を S とすると

$S=\dfrac{1}{2}\cdot\cos^{n-2}\theta\cdot\sin^{n-2}\theta=\dfrac{1}{2}(\sin\theta\cos\theta)^{n-2}$

$=\dfrac{1}{2}\left(\dfrac{1}{2}\sin2\theta\right)^{n-2}=\left(\dfrac{1}{2}\right)^{n-1}\sin^{n-2}2\theta$

$0<\theta<\dfrac{\pi}{2}$ から　$0<2\theta<\pi$

よって　$0<\sin2\theta\leqq1$

したがって，S は $\sin 2\theta=1$ すなわち $2\theta=\frac{\pi}{2}$ から $\theta=\frac{\pi}{4}$ のとき最大値 $\left(\frac{1}{2}\right)^{n-1}$ をとる。

←$n-2\geqq 1$，$\sin 2\theta>0$ から，$\sin 2\theta$ が最大のとき $\sin^{n-2}\theta$ も最大となる。

EX ③80

2 次曲線 $x^2+\frac{y^2}{4}=1$ と $xy=a\ (a>0)$ が第 1 象限に共有点をもち，その点における 2 つの曲線の接線が一致するとき，定数 a の値を求めよ。

$x^2+\frac{y^2}{4}=1$ …… ①，$xy=a$ …… ② とする。

曲線 ① は楕円で，その媒介変数表示は　$x=\cos\theta$，$y=2\sin\theta$

ここで，第 1 象限の点について考えるから，$x>0$，$y>0$ としてよい。したがって，$0<\theta<\frac{\pi}{2}$ で考える。

$\frac{dx}{d\theta}=-\sin\theta$，$\frac{dy}{d\theta}=2\cos\theta$ から　　$\frac{dy}{dx}=-\frac{2\cos\theta}{\sin\theta}$

また，② の両辺を x で微分すると

$$y+x\frac{dy}{dx}=0 \qquad よって \qquad \frac{dy}{dx}=-\frac{y}{x}$$

2 曲線の共有点の座標を $(\cos\theta_1,\ 2\sin\theta_1)$ とすると，この点における接線の傾きが一致するから

$$-\frac{2\cos\theta_1}{\sin\theta_1}=-\frac{2\sin\theta_1}{\cos\theta_1} \qquad すなわち \qquad \frac{1}{\tan\theta_1}=\tan\theta_1$$

ゆえに　　$\tan^2\theta_1=1$

$0<\theta_1<\frac{\pi}{2}$ より $\tan\theta_1>0$ であるから

$$\tan\theta_1=1 \qquad よって \qquad \theta_1=\frac{\pi}{4}$$

このとき　$\cos\theta_1=\cos\frac{\pi}{4}=\frac{1}{\sqrt{2}}$，$2\sin\theta_1=2\sin\frac{\pi}{4}=\frac{2}{\sqrt{2}}=\sqrt{2}$

したがって　　$\boldsymbol{a}=xy=\cos\theta_1\cdot 2\sin\theta_1=\frac{1}{\sqrt{2}}\cdot\sqrt{2}=\mathbf{1}$

HINT　曲線 $x^2+\frac{y^2}{4}=1$ 上の点の座標は $(\cos\theta,\ 2\sin\theta)$ と表されることを利用。

←$\dfrac{dy}{dx}=\dfrac{\frac{dy}{d\theta}}{\frac{dx}{d\theta}}$

←陰関数の微分。

←$\frac{\sin\alpha}{\cos\alpha}=\tan\alpha$

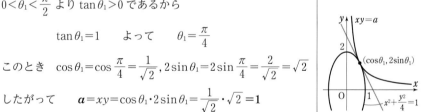

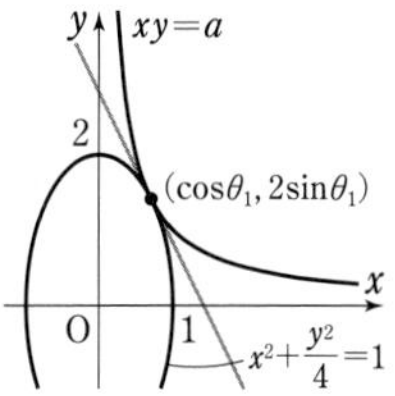

EX ④81

xy 平面上の第 1 象限内の 2 つの曲線 $C_1：y=\sqrt{x}\ (x>0)$ と $C_2：y=\frac{1}{x}\ (x>0)$ を考える。ただし，a は正の実数とする。

(1)　$x=a$ における C_1 の接線 L_1 の方程式を求めよ。

(2)　C_2 の接線 L_2 が (1) で求めた L_1 と直交するとき，接線 L_2 の方程式を求めよ。

(3)　(2) で求めた L_2 が x 軸，y 軸と交わる点をそれぞれ A，B とする。折れ線 AOB の長さ l を a の関数として求め，l の最小値を求めよ。ここで，O は原点である。　〔鳥取大〕

(1)　$y=\sqrt{x}$ より $y'=\frac{1}{2\sqrt{x}}$ であるから，接線 L_1 の方程式は

$$y-\sqrt{a}=\frac{1}{2\sqrt{a}}(x-a) \qquad すなわち \qquad \boldsymbol{y=\frac{x}{2\sqrt{a}}+\frac{\sqrt{a}}{2}}$$

(2)　接線 L_2 の接点の座標を $\left(b,\ \frac{1}{b}\right)$ とする。

$y=\frac{1}{x}$ より $y'=-\frac{1}{x^2}$ であるから，接線 L_2 の方程式は

$$y-\frac{1}{b}=-\frac{1}{b^2}(x-b)$$

すなわち　$y=-\frac{x}{b^2}+\frac{2}{b}$ …… ①

L_1 と L_2 は直交するから　$\frac{1}{2\sqrt{a}}\cdot\left(-\frac{1}{b^2}\right)=-1$

よって　$b^2=\frac{1}{\sqrt{4a}}$　　$b>0$ であるから　$b=\frac{1}{\sqrt[4]{4a}}$

ゆえに，① から，L_2 の方程式は　$\boldsymbol{y=-2\sqrt{a}\,x+2\sqrt[4]{4a}}$

←2 直線が
直交 ⟺ 傾きの積が −1

(3)　$y=-2\sqrt{a}\,x+2\sqrt[4]{4a}$ において

$x=0$ とすると　$y=2\sqrt[4]{4a}$

$y=0$ とすると　$x=\sqrt[4]{\frac{4}{a}}$

よって，点 A，B の座標はそれぞれ

$\left(\sqrt[4]{\frac{4}{a}},\ 0\right)$，$(0,\ 2\sqrt[4]{4a})$

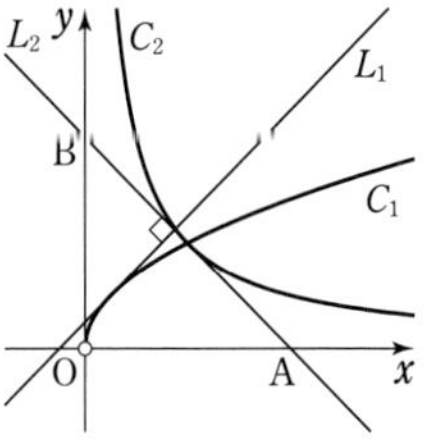

ゆえに　$\boldsymbol{l=\sqrt[4]{\frac{4}{a}}+2\sqrt[4]{4a}}$

←l=OA+OB

$\sqrt[4]{\frac{4}{a}}>0$，$\sqrt[4]{4a}>0$ より，(相加平均)≧(相乗平均) から

$$\sqrt[4]{\frac{4}{a}}+2\sqrt[4]{4a}\geqq 2\sqrt{\sqrt[4]{\frac{4}{a}}\cdot 2\sqrt[4]{4a}}$$
$$=2\sqrt{\frac{\sqrt{2}}{\sqrt[4]{a}}\cdot 2\cdot\sqrt{2}\cdot\sqrt[4]{a}}=4$$

←$x>0$，$y>0$ のとき
$\boldsymbol{x+y\geqq 2\sqrt{xy}}$
等号は $x=y$ のとき成り立つ。

←$\sqrt[4]{4}=(2^2)^{\frac{1}{4}}=2^{\frac{1}{2}}=\sqrt{2}$

等号は $\sqrt[4]{\frac{4}{a}}=2\sqrt[4]{4a}$ すなわち $a=\frac{1}{4}$ のとき成り立つ。

したがって，l は $\boldsymbol{a=\frac{1}{4}}$ **のとき最小値 4** をとる。

EX ④82　座標平面上の円 C は，点 $(0,\ 0)$ を通り，中心が直線 $x+y=0$ 上にあり，更に双曲線 $xy=1$ と接する。このとき，円 C の方程式を求めよ。ただし，円と双曲線がある点で接するとは，その点における円の接線と双曲線の接線が一致することをいう。〔類　千葉大〕

$xy=1$ から　$y=\frac{1}{x}$

$\left(\frac{1}{x}\right)'=-\frac{1}{x^2}$ であるから，双曲線 $xy=1$ 上の点 $\mathrm{A}\left(t,\ \frac{1}{t}\right)$ における接線の傾きは $-\frac{1}{t^2}$ である。

円 C が点 A で双曲線 $xy=1$ と接するための条件は，円 C が点 A を通り，かつ円 C の点 A における接線の傾きが $-\frac{1}{t^2}$ となることである。

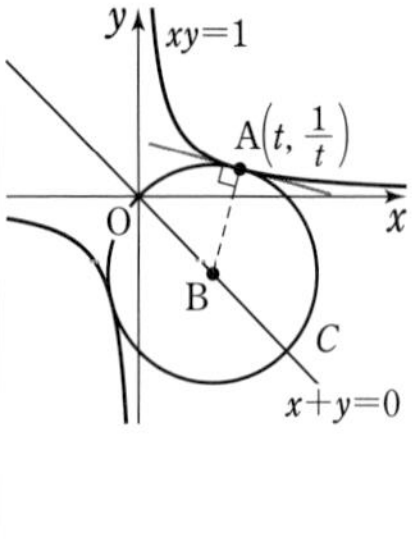

このとき，円 C の中心をBとすると，直線ABの傾きは t^2 である。
よって，直線ABの方程式は

$$y-\frac{1}{t}=t^2(x-t) \quad \text{すなわち} \quad y=t^2x-t^3+\frac{1}{t} \quad \cdots\cdots (*)$$

←AB⊥(点Aにおける双曲線の接線)から。

これを $x+y=0$ に代入して　$x+t^2x-t^3+\dfrac{1}{t}=0$

すなわち　$t(t^2+1)x-(t^2+1)(t^2-1)=0$

$t\neq0$，$t^2+1>0$ から　$x=\dfrac{1}{t}(t^2-1)$　すなわち　$x=t-\dfrac{1}{t}$

←円 C の中心の座標を求めるため，$(*)$と $x+y=0$ を連立させて解く。

$t-\dfrac{1}{t}=b$ とおくと　$\mathrm{B}(b,\ -b)$

←おき換えを利用して表記を簡潔に。

円 C は原点Oを通るから，半径は

$$\mathrm{BO}=\sqrt{b^2+(-b)^2}=\sqrt{2b^2}$$

よって，円 C の方程式は　$(x-b)^2+(y+b)^2=2b^2$

円 C は点Aを通るから　$(t-b)^2+\left(\dfrac{1}{t}+b\right)^2=2b^2$

整理すると　$t^2+\dfrac{1}{t^2}-2\left(t-\dfrac{1}{t}\right)b=0$

$t-\dfrac{1}{t}=b$，$t^2+\dfrac{1}{t^2}=\left(t-\dfrac{1}{t}\right)^2+2=b^2+2$ であるから

$$b^2+2-2b^2=0 \quad \text{すなわち} \quad b^2=2$$

よって　$b=\pm\sqrt{2}$

したがって，円 C の方程式は

$$\boldsymbol{(x-\sqrt{2})^2+(y+\sqrt{2})^2=4,}$$
$$\boldsymbol{(x+\sqrt{2})^2+(y-\sqrt{2})^2=4}$$

←$(x-b)^2+(y+b)^2=2b^2$

4章 EX［微分法の応用］

EX ④83

x 軸上の点 $(a,\ 0)$ から，関数 $y=\dfrac{x+3}{\sqrt{x+1}}$ のグラフに接線が引けるとき，定数 a の値の範囲を求めよ。

$$y'=\frac{1\cdot\sqrt{x+1}-(x+3)\cdot\dfrac{1}{2\sqrt{x+1}}}{x+1}=\frac{x-1}{2(x+1)\sqrt{x+1}}$$

HINT　関数 $y=\dfrac{x+3}{\sqrt{x+1}}$ の定義域は $x>-1$ であることに注意。

接点の座標を $\left(t,\ \dfrac{t+3}{\sqrt{t+1}}\right)$ $(t>-1)$ とすると，接線の方程式は

$$y-\frac{t+3}{\sqrt{t+1}}=\frac{t-1}{2(t+1)\sqrt{t+1}}(x-t)$$

この直線が点 $(a,\ 0)$ を通るとき

$$-\frac{t+3}{\sqrt{t+1}}=\frac{t-1}{2(t+1)\sqrt{t+1}}(a-t)$$

←両辺に $2(t+1)\sqrt{t+1}$ を掛ける。

ゆえに　$-2(t+1)(t+3)=(t-1)(a-t)$

よって　$-2t^2-8t-6=at-t^2-a+t$

整理して　$t^2+(9+a)t+6-a=0$ ……Ⓐ

接線が引けるための条件は，t についての 2 次方程式 Ⓐ が $t>-1$ の範囲に実数解をもつことである。

←接線が引ける ⟺ 接点が存在する。

したがって，$f(t)=t^2+(9+a)t+6-a$ とすると

[1]　2 つの解(重解を含む)がともに $t>-1$ の範囲にあるための条件は，$f(t)=0$ の判別式を D とすると

$D\geqq 0$ …… ①，軸 >-1 …… ②，$f(-1)>0$ …… ③

① から　$(9+a)^2-4\cdot 1\cdot(6-a)\geqq 0$

整理して　$a^2+22a+57\geqq 0$

よって　$(a+19)(a+3)\geqq 0$

ゆえに　$a\leqq -19,\ -3\leqq a$ …… ④

② から　$-\dfrac{9+a}{2}>-1$　よって　$a<-7$ …… ⑤

③ から　$-2-2a>0$　ゆえに　$a<-1$ …… ⑥

④～⑥ の共通範囲は　$a\leqq -19$ …… ⑦

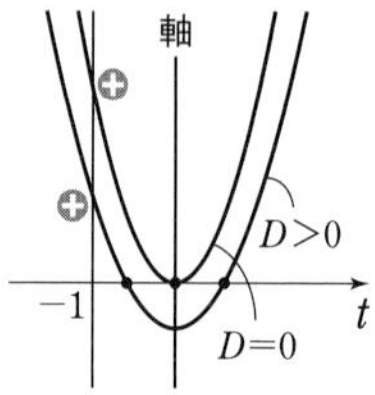

[2]　解の 1 つが $t<-1$，他の解が $-1<t$ の範囲にあるための条件は　$f(-1)<0$　ゆえに　$-2-2a<0$

よって　$a>-1$ …… ⑧

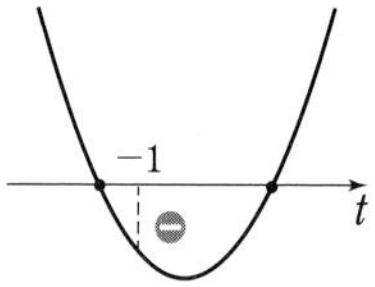

[3]　解の 1 つが $t=-1$ のときは　$f(-1)=0$

よって　$a=-1$

このとき　$f(t)=t^2+8t+7=(t+1)(t+7)$

ゆえに，$f(t)=0$ は $t>-1$ の範囲に解をもたず，不適。

以上から，⑦，⑧ を合わせた範囲をとって

$\boldsymbol{a\leqq -19,\ -1<a}$

EX ④84

放物線 $y^2=4x$ を C とする。
(1)　放物線 C の傾き m の法線の方程式を求めよ。
(2)　x 軸上の点 $(a,\ 0)$ から放物線 C に法線が何本引けるか。ただし，$a\neq 0$ とする。

(1)　$y^2=4x$ の両辺を x で微分すると　$2yy'=4$

よって，$y\neq 0$ のとき　$y'=\dfrac{2}{y}$

←$y=0$ のとき y' は存在しない。

放物線 C 上の点 $(x_1,\ y_1)$ $(x_1\neq 0,\ y_1\neq 0)$ における C の接線と法線は直交するから　$\dfrac{2}{y_1}\cdot m=-1$　すなわち　$y_1=-2m$

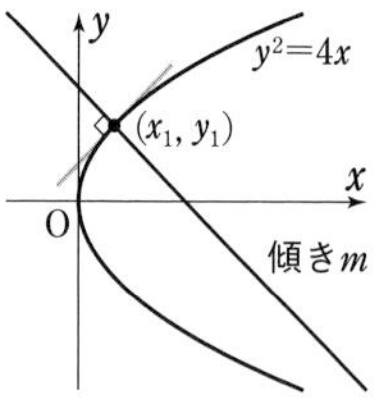

一方，$y_1{}^2=4x_1$ …… ① が成り立つ。

① に $y_1=-2m$ を代入すると　$(-2m)^2=4x_1$

ゆえに　$x_1=m^2$

よって，求める法線の方程式は　$y-(-2m)=m(x-m^2)$

すなわち　$y=mx-m^3-2m$ …… ②

一方，原点における放物線 C の法線の方程式は　$y=0$

←直線 $y=0$ の傾きは 0

② において，$m=0$ とすると　$y=0$

ゆえに，原点における法線も ② に含まれる。

←$y=0$ における y' は存在しないが，接線 $x=0$，法線 $y=0$ は存在する。

よって，求める法線の方程式は

$\boldsymbol{y=mx-m^3-2m}$

(2) 直線 ② が点 $(a,\ 0)$ を通るとき

$$0=ma-m^3-2m$$

よって　$m\{m^2-(a-2)\}=0$ …… ③

ここで，法線の本数は m についての方程式 ③ の異なる実数解の個数と一致する。

←C 上の異なる 2 点は，y 座標が異なる。よって，$y'=\dfrac{2}{y}$ から，その 2 点における法線(の傾き)は異なる。

③ から　$m=0,\ m^2=a-2$

[1] $a-2>0$ すなわち $a>2$ のとき，$m^2=a-2$ から

$$m=\pm\sqrt{a-2}$$

よって，m の方程式 ③ は異なる 3 個の実数解をもつから，法線は 3 本引ける。

←$0,\ \sqrt{a-2},\ -\sqrt{a-2}$ は，$a-2>0$ であるから，すべて異なる。

[2] $a-2\leqq 0$ かつ $a\neq 0$ すなわち $a<0,\ 0<a\leqq 2$ のとき

$m^2=a-2$ の実数解は　0 または なし

よって，m の方程式 ③ の実数解は 1 個であるから，法線は 1 本引ける。

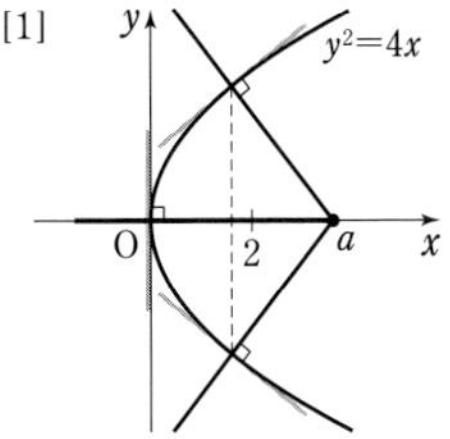

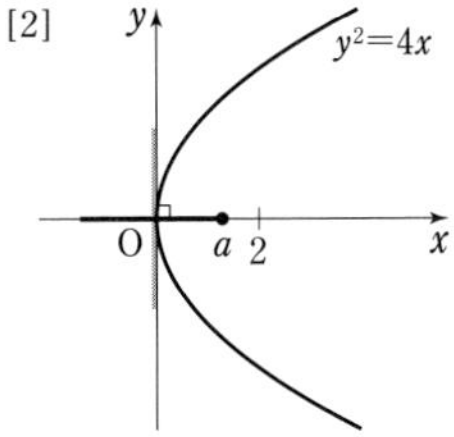

ゆえに　**$a>2$ のとき 3 本；**
$a<0,\ 0<a\leqq 2$ のとき 1 本

4章 EX [微分法の応用]

EX ④85　曲線 $\sqrt[3]{x}+\sqrt[3]{y}=1$ 上の，第 1 象限にある点 P における接線が x 軸，y 軸と交わる点をそれぞれ A，B とする。原点を O とするとき，OA+OB の最小値を求めよ。〔類 筑波大〕

題意より，$x>0,\ y>0$ で考えてよい。

$\sqrt[3]{x}+\sqrt[3]{y}=1$ の両辺を x で微分して

$$\frac{1}{3}x^{-\frac{2}{3}}+\frac{1}{3}y^{-\frac{2}{3}}y'=0\qquad ゆえに\qquad y'=-\left(\frac{y}{x}\right)^{\frac{2}{3}}$$

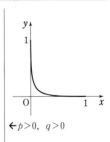

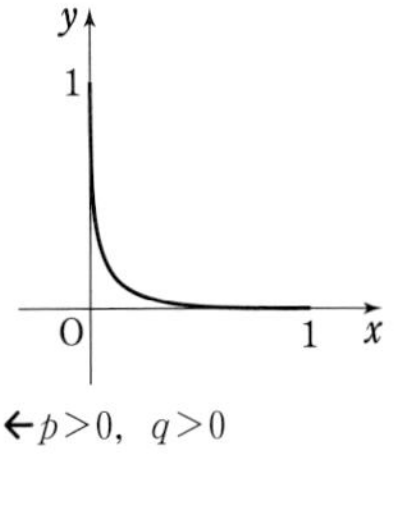

点 P は第 1 象限にあるから，その座標を $(s,\ t)$ $(0<s<1,\ 0<t<1)$ とすると　$s^{\frac{1}{3}}+t^{\frac{1}{3}}=1$

ここで，$s^{\frac{1}{3}}=p,\ t^{\frac{1}{3}}=q$ とおくと，$p+q=1$ から

$$0<p<1,\ 0<q<1\ \cdots\cdots ①$$

←$p>0,\ q>0$

点 P における接線の方程式は

$$y-q^3=-\frac{q^2}{p^2}(x-p^3)\ から\qquad y=-\frac{q^2}{p^2}x+pq^2+q^3$$

←$s^{\frac{1}{3}}=p,\ t^{\frac{1}{3}}=q$ $\Longleftrightarrow s=p^3,\ t=q^3$

すなわち　$y=-\dfrac{q^2}{p^2}x+q^2$

←$pq^2+q^3=(p+q)q^2$
$=1\cdot q^2$

$y=0$ とすると，$0=-\dfrac{q^2}{p^2}x+q^2$ から　$x=p^2$

$x=0$ とすると　$y=q^2$

よって　$OA+OB=p^2+q^2=p^2+(1-p)^2$
$=2p^2-2p+1$
$=2\left(p-\frac{1}{2}\right)^2+\frac{1}{2}$

←p の 2 次式
→ 基本形に直す。

① の範囲において，OA+OB は $p=q=\frac{1}{2}$ のとき最小値 $\frac{1}{2}$ をとる。

ゆえに　$s=t=\frac{1}{8}$ のとき最小値 $\mathbf{\frac{1}{2}}$

←$s=p^3=\frac{1}{8}$，$t=q^3=\frac{1}{8}$

EX ②86

$f(x)=\sqrt{x^2-1}$ について，次の問いに答えよ。ただし，$x>1$ とする。

(1) $\frac{f(x)-f(1)}{x-1}=f'(c)$，$1<c<x$ を満たす c を x の式で表せ。

(2) (1)のとき $\lim_{x\to1+0}\frac{c-1}{x-1}$ および $\lim_{x\to\infty}\frac{c-1}{x-1}$ を求めよ。　〔類 信州大〕

HINT (1) 区間 $[1,\ x]$ における平均値の定理を意味している。
(2) いずれも不定形の極限であるから，変形が必要。（前半） 分子の有理化
（後半） 分母・分子を $\sqrt{x}$ で割る。

(1) $f'(x)=\frac{1}{2}\cdot\frac{(x^2-1)'}{\sqrt{x^2-1}}=\frac{x}{\sqrt{x^2-1}}$

ゆえに，条件の等式は　$\frac{\sqrt{x^2-1}-0}{x-1}=\frac{c}{\sqrt{c^2-1}}$

←$f(x)$ は区間 $[1,\ x]$ で連続，区間 $(1,\ x)$ で微分可能であるから，平均値の定理が適用できる。

この等式の両辺を平方して

$\frac{x^2-1}{(x-1)^2}=\frac{c^2}{c^2-1}$　すなわち　$\frac{x+1}{x-1}=\frac{c^2}{c^2-1}$

分母を払って　$(c^2-1)(x+1)=c^2(x-1)$

ゆえに　$2c^2=x+1$　よって　$c^2=\frac{x+1}{2}$

$x>1$，$c>1$ であるから　$\boldsymbol{c=\sqrt{\frac{x+1}{2}}}$

←平均値の定理から $1<\sqrt{\frac{x+1}{2}}<x$ である。計算からも確認できる。

(2) $\lim_{x\to1+0}\frac{c-1}{x-1}=\lim_{x\to1+0}\frac{\sqrt{\frac{x+1}{2}}-1}{x-1}=\lim_{x\to1+0}\frac{\frac{x+1}{2}-1}{(x-1)\left(\sqrt{\frac{x+1}{2}}+1\right)}$

←分母・分子に 2 を掛けると，$x-1$ が約分できる。

$=\lim_{x\to1+0}\frac{1}{2\left(\sqrt{\frac{x+1}{2}}+1\right)}=\frac{1}{2(\sqrt{1}+1)}=\mathbf{\frac{1}{4}}$

$\lim_{x\to\infty}\frac{c-1}{x-1}=\lim_{x\to\infty}\frac{\sqrt{\frac{x+1}{2}}-1}{x-1}=\lim_{x\to\infty}\frac{\sqrt{\frac{1}{2x}\left(1+\frac{1}{x}\right)}-\frac{1}{x}}{1-\frac{1}{x}}=\mathbf{0}$

←分母・分子を $x\ (>0)$ で割る。

EX ③87

平均値の定理を用いて，次の不等式が成り立つことを示せ。

(1) $|\sin\alpha-\sin\beta|\leqq|\alpha-\beta|$

(2) a，b を異なる正の実数とするとき $\left(\frac{1+a}{1+b}\right)^{\frac{1}{a-b}}<e$　〔(2) 一橋大〕

(1) [1] $\alpha=\beta$ のとき

$\sin\alpha-\sin\beta=0$, $\alpha-\beta=0$ であるから

$$|\sin\alpha-\sin\beta|=|\alpha-\beta|$$

[2] $\alpha\neq\beta$ のとき

関数 $f(x)=\sin x$ は微分可能で　$f'(x)=\cos x$

区間 $[\alpha,\ \beta]$ または区間 $[\beta,\ \alpha]$ で平均値の定理を用いると

$$\left|\frac{\sin\beta-\sin\alpha}{\beta-\alpha}\right|=|\cos c|,\ \alpha<c<\beta \quad \text{または} \quad \beta<c<\alpha$$

を満たす c が存在する。

ここで，$|\cos c|\leqq 1$ であるから　$\left|\dfrac{\sin\beta-\sin\alpha}{\beta-\alpha}\right|\leqq 1$

よって　$|\sin\alpha-\sin\beta|\leqq|\alpha-\beta|$

[1]，[2] から　$|\sin\alpha-\sin\beta|\leqq|\alpha-\beta|$

HINT (1) $\alpha=\beta$, $\alpha\neq\beta$ に分けて考える。

←$\left|\dfrac{f(\beta)-f(\alpha)}{\beta-\alpha}\right|=|f'(c)|$

$\alpha\leqq x\leqq\beta$, $\beta\leqq x\leqq\alpha$ の両方の場合を同時に考えるために，絶対値をつけた。

(2) $a>0$, $b>0$ であるから　$\dfrac{1+a}{1+b}>0$　←(真数)>0 の確認。

与式の両辺の自然対数をとると　$\log\left(\dfrac{1+a}{1+b}\right)^{\frac{1}{a-b}}<\log e$

すなわち　$\dfrac{\log(1+a)-\log(1+b)}{a-b}<1$ …… ①

よって，① を示せばよい。

関数 $f(x)=\log(1+x)$ は，$x>-1$ において微分可能で

$$f'(x)=\frac{1}{1+x}$$

区間 $[a,\ b]$ または区間 $[b,\ a]$ で平均値の定理を用いると

$$\frac{\log(1+a)-\log(1+b)}{a-b}=\frac{1}{1+c},\ a<c<b \text{ または } b<c<a$$

を満たす c が存在する。

$a<c<b$, $b<c<a$ のいずれの場合も $c>0$ であるから

$$\frac{1}{1+c}<1$$

したがって，① が成り立つ。

よって　$\left(\dfrac{1+a}{1+b}\right)^{\frac{1}{a-b}}<e$

HINT (2) 与式の両辺の自然対数をとって $f(x)=\log(1+x)$ とする。

←$\log\left(\dfrac{M}{N}\right)^{a}=a\log\dfrac{M}{N}$ $=a(\log M-\log N)$

←$c>0$ より，$1+c>1$ であるから　$\dfrac{1}{1+c}<1$

EX ④88

関数 $f(x)=\log\dfrac{e^x}{x}$ を用いて，$a_1=2$, $a_{n+1}=f(a_n)$ によって数列 $\{a_n\}$ が与えられている。ただし，対数は自然対数である。〔大分大〕

(1) $1\leqq x\leqq 2$ のとき，$0\leqq f(x)-1\leqq\dfrac{1}{2}(x-1)$ が成立することを示せ。

(2) $\displaystyle\lim_{n\to\infty}a_n$ を求めよ。

(3) $b_1=a_1$, $b_{n+1}=a_{n+1}b_n$ によって与えられる数列 $\{b_n\}$ について，$\displaystyle\lim_{n\to\infty}b_n$ を求めよ。

(1) $f(x)=\log\dfrac{e^x}{x}=x-\log x$ は $x>0$ で微分可能で

$$f'(x)=1-\frac{1}{x}$$

←$\log\dfrac{B}{A}=\log B-\log A$ を利用して差の形に。

$1<x\leqq 2$ を満たす実数 x に対して，区間 $[1,\ x]$ で平均値の定理を用いると

$$\frac{f(x)-1}{x-1}=f'(c),\ 1<c<x$$

を満たす実数 c が存在する。

$1<c<2$ より，$0<1-\frac{1}{c}<\frac{1}{2}$ であるから　　$0<f'(c)<\frac{1}{2}$

←$\frac{1}{2}<\frac{1}{c}<1$ から
$-1<-\frac{1}{c}<-\frac{1}{2}$

よって　　$0<\frac{f(x)-1}{x-1}<\frac{1}{2}$

各辺に $x-1(>0)$ を掛けて　　$0<f(x)-1<\frac{1}{2}(x-1)$

$x=1$ のとき，$f(1)=1$ であるから　$0=f(x)-1=\frac{1}{2}(x-1)$

したがって，$1\leqq x\leqq 2$ のとき　　$0\leqq f(x)-1\leqq\frac{1}{2}(x-1)$

(2)　(1) から，$1\leqq x\leqq 2$ のとき　$1\leqq f(x)\leqq\frac{1}{2}(x+1)<2$ …… ①

$a_1=2,\ a_2=f(a_1)$ であるから，① より　　$1\leqq a_2\leqq 2$

これと $a_3=f(a_2)$，① より　　$1\leqq a_3\leqq 2$

以後同様にして，すべての自然数 n に対して　　$1\leqq a_n\leqq 2$

←厳密に示すには数学的帰納法。

よって，(1) から　　$0\leqq f(a_n)-1\leqq\frac{1}{2}(a_n-1)$

すなわち　　$0\leqq a_{n+1}-1\leqq\frac{1}{2}(a_n-1)$

これを繰り返し用いると

$$0\leqq a_n-1\leqq\frac{1}{2}(a_{n-1}-1)\leqq\left(\frac{1}{2}\right)^2(a_{n-2}-1)\leqq\cdots\cdots$$

$$\leqq\left(\frac{1}{2}\right)^{n-1}(a_1-1)=\left(\frac{1}{2}\right)^{n-1}$$

←$a_1=2$

$\lim_{n\to\infty}\left(\frac{1}{2}\right)^{n-1}=0$ であるから　　$\lim_{n\to\infty}(a_n-1)=0$

したがって　　$\lim_{n\to\infty}a_n=\mathbf{1}$

(3)　$b_1=a_1,\ b_{n+1}=a_{n+1}b_n$ から

$$b_n=a_nb_{n-1}=a_n\cdot a_{n-1}b_{n-2}=\cdots\cdots$$

$$=a_na_{n-1}\cdot\cdots\cdots\cdot a_2b_1=a_1\cdot a_2\cdot\cdots\cdots\cdot a_n$$

←$b_1=a_1$

よって　　$\log b_n=\log(a_1\cdot a_2\cdot\cdots\cdots\cdot a_n)=\sum_{k=1}^{n}\log a_k$

←対数をとる。

ここで，$a_{k+1}=f(a_k)=a_k-\log a_k$ から　　$\log a_k=a_k-a_{k+1}$

ゆえに　　$\log b_n=\sum_{k=1}^{n}(a_k-a_{k+1})=a_1-a_{n+1}$

$$=2-f(a_n)=2-(a_n-\log a_n)$$

←$\sum_{k=1}^{n}(a_k-a_{k+1})$
$=(a_1-\cancel{a_2})+(\cancel{a_2}-\cancel{a_3})+\cdots$
$+(\cancel{a_{n-1}}-\cancel{a_n})$
$+(\cancel{a_n}-a_{n+1})$

(2) から　　$\lim_{n\to\infty}\log b_n=\lim_{n\to\infty}(2-a_n+\log a_n)=2-1+\log 1=1$

したがって　　$\lim_{n\to\infty}b_n=\boldsymbol{e}$

EX ④89

(1) すべての実数で微分可能な関数 $f(x)$ が常に $f'(x)=0$ を満たすとする。このとき，$f(x)$ は定数であることを示せ。

(2) 実数全体で定義された関数 $g(x)$ が次の条件(＊)を満たすならば，$g(x)$ は定数であることを示せ。

(＊) 正の定数 C が存在して，すべての実数 x，y に対して $|g(x)-g(y)|\leqq C|x-y|^{\frac{3}{2}}$ が成り立つ。 〔富山大〕

HINT (2) $g(x)$ が (1) の条件を満たすことを示し，(1) の結果を利用する。

(1) x_1，x_2 は $x_1<x_2$ である任意の実数とする。

$f(x)$ はすべての実数で微分可能であるから，区間 $[x_1,\ x_2]$ において $f(x)$ に平均値の定理を用いると

$$\frac{f(x_2)-f(x_1)}{x_2-x_1}=f'(a),\quad x_1<a<x_2$$

を満たす実数 a が存在する。

$f'(a)=0$ であるから　　$f(x_2)-f(x_1)=0$　　←常に $f'(x)=0$

すなわち　　$f(x_1)=f(x_2)$

したがって，$f(x)$ は定数である。

(2) x，y は任意の異なる実数とする。

条件(＊)から，正の定数 C が存在して，

$0\leqq|g(x)-g(y)|\leqq C|x-y|^{\frac{3}{2}}$ が成り立つ。

この不等式の各辺を $|x-y|$ で割ると　　←$|x-y|>0$

$$0\leqq\left|\frac{g(x)-g(y)}{x-y}\right|\leqq C|x-y|^{\frac{1}{2}}$$

←$\dfrac{|A|}{|B|}=\left|\dfrac{A}{B}\right|$

$\lim_{x\to y}C|x-y|^{\frac{1}{2}}=0$ であるから　　$\lim_{x\to y}\left|\dfrac{g(x)-g(y)}{x-y}\right|=0$

よって　　$\lim_{x\to y}\dfrac{g(x)-g(y)}{x-y}=0$　すなわち　$g'(y)=0$

←$-|F(x)|\leqq F(x)\leqq|F(x)|$ であるから，$\lim_{x\to a}|F(x)|=0$ ならば　$\lim_{x\to a}F(x)=0$

ゆえに，関数 $g(x)$ はすべての実数で微分可能であり，常に $g'(x)=0$ を満たす。

したがって，(1) から，$g(x)$ は定数である。

EX ③90

(1) 関数 $y=\dfrac{4|x-2|}{x^2-4x+8}$ の増減を調べ，極値があればそれを求めよ。 〔類 国士舘大〕

(2) a を実数とする。関数 $f(x)=ax+\cos x+\dfrac{1}{2}\sin 2x\ \left(-\dfrac{\pi}{2}<x<\dfrac{\pi}{2}\right)$ が極値をもつように，a の値の範囲を定めよ。

HINT (1) $x\geqq2$，$x<2$ で場合分け。
(2) まず，$f'(x)$ を計算。2倍角の公式を用いて $\sin x$ の2次式で表す。

(1) [1] $x\geqq2$ のとき　　$y=\dfrac{4(x-2)}{x^2-4x+8}$

よって，$x>2$ では

$$y'=4\cdot\frac{(x^2-4x+8)-(x-2)(2x-4)}{(x^2-4x+8)^2}$$

$$=\frac{-4x(x-4)}{(x^2-4x+8)^2}$$

←$\left(\dfrac{u}{v}\right)'=\dfrac{u'v-uv'}{v^2}$

$y'=0$ とすると　　$x=4$

[2]　$x<2$ のとき　　$y=-\dfrac{4(x-2)}{x^2-4x+8}$

よって　　$y'=\dfrac{4x(x-4)}{(x^2-4x+8)^2}$

←[1] で求めた y' の式を利用。

$y'=0$ とすると　　$x=0$

[1]，[2] から，y の増減表は次のようになる。

x	$\cdots$	0	$\cdots$	2	$\cdots$	4	$\cdots$
y'	$+$	0	$-$	／	$+$	0	$-$
y	↗	極大 1	↘	極小 0	↗	極大 1	↘

←$x=2$ で極小値をとることに注意。

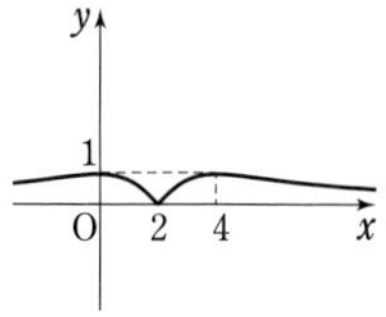

ゆえに　　**$x\leqq 0$，$2\leqq x\leqq 4$ で単調に増加し，**
$0\leqq x\leqq 2$，$4\leqq x$ で単調に減少する。

また　　**$x=0$，4 のとき極大値 1；$x=2$ のとき極小値 0**

(2)　$f'(x)=a-\sin x+\dfrac{1}{2}\cdot 2\cos 2x$
$=a-\sin x+(1-2\sin^2 x)$
$=-2\sin^2 x-\sin x+a+1$

←2 倍角の公式を利用して，$f'(x)$ を $\sin x$ の 2 次式へ。

$\sin x=t$ とおくと，$-\dfrac{\pi}{2}<x<\dfrac{\pi}{2}$ から $-1<t<1$ で

←おき換えを利用。

$f'(x)=-2t^2-t+a+1$

$g(t)=-2t^2-t+a+1$ とすると，$f(x)$ が極値をもつための条件は，t の 2 次方程式 $g(t)=0$ が $-1<t<1$ の範囲に少なくとも 1 つの実数解をもち，その前後で $g(t)$ の符号が変わることである。

曲線 $y=g(t)$ の軸は直線 $t=-\dfrac{1}{4}$ であり，直線 $t=1$ の方が直線 $t=-1$ よりも軸から離れているから，$g(t)=0$ の判別式を D とすると，求める条件は　　$D>0$ かつ $\underline{g(1)<0}$

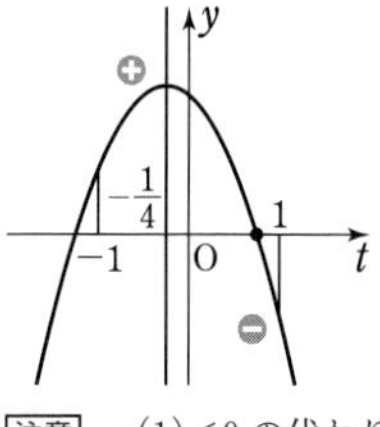

$D=(-1)^2-4\cdot(-2)(a+1)=8a+9$ であるから　　$8a+9>0$

よって　　$a>-\dfrac{9}{8}$ …… ①

また，$g(1)=a-2$ であるから，$a-2<0$ より　$a<2$ …… ②

①，② から，求める a の値の範囲は　　$-\dfrac{9}{8}<a<2$

注意　$\underline{g(1)<0}$ の代わりに「$g(-1)<0$ または $g(1)<0$」としてもよい。$g(-1)<0$ からは $a<0$ が導かれる。

EX ③91

t を $0<t<1$ を満たす実数とする。0，$\dfrac{1}{t}$ 以外のすべての実数 x で定義された関数 $f(x)=\dfrac{x+t}{x(1-tx)}$ を考える。

(1)　$f(x)$ は極大値と極小値を 1 つずつもつことを示せ。

(2)　$f(x)$ の極大値を与える x の値を α，極小値を与える x の値を β とし，座標平面上に 2 点 P$(\alpha,\ f(\alpha))$，Q$(\beta,\ f(\beta))$ をとる。t が $0<t<1$ を満たしながら変化するとき，線分 PQ の中点 M の軌跡を求めよ。〔北海道大〕

(1)　$f'(x)=\dfrac{1\cdot(x-tx^2)-(x+t)(1-2tx)}{(x-tx^2)^2}=\dfrac{t(x^2+2tx-1)}{(x-tx^2)^2}$

←$\left(\dfrac{u}{v}\right)'=\dfrac{u'v-uv'}{v^2}$

$f'(x)=0$ とすると　$x^2+2tx-1=0$

よって　$x=-t\pm\sqrt{t^2+1}$

ここで　$-t-\sqrt{t^2+1}<0$　←$0<t<1$

また，$-t+\sqrt{t^2+1}=\dfrac{(\sqrt{t^2+1}-t)(\sqrt{t^2+1}+t)}{\sqrt{t^2+1}+t}=\dfrac{1}{t+\sqrt{t^2+1}}$

から　$0<-t+\sqrt{t^2+1}<\dfrac{1}{t}$　←$0<t<t+\sqrt{t^2+1}$

ゆえに，$f(x)$ の増減表は次のようになる。

x	$\cdots$	$-t-\sqrt{t^2+1}$	$\cdots$	0	$\cdots$	$-t+\sqrt{t^2+1}$	$\cdots$	$\frac{1}{t}$	$\cdots$
$f'(x)$	$+$	0	$-$	／	$-$	0	$+$	／	$+$
$f(x)$	↗	極大	↘	／	↘	極小	↗	／	↗

したがって，$f(x)$ は極大値と極小値を 1 つずつもつ。

(2)　$\alpha,\ \beta$ は 2 次方程式 $x^2+2tx-1=0$ の 2 つの解であるから，解と係数の関係により　$\alpha+\beta=-2t,\ \alpha\beta=-1$

$\mathrm{M}(x,\ y)$ とすると　$x=\dfrac{\alpha+\beta}{2}=-t$

←2 点 $(a,\ b)$，$(c,\ d)$ を結ぶ線分の中点の座標は $\left(\dfrac{a+c}{2},\ \dfrac{b+d}{2}\right)$

$$y=\frac{f(\alpha)+f(\beta)}{2}=\frac{1}{2}\left\{\frac{\alpha+t}{\alpha(1-t\alpha)}+\frac{\beta+t}{\beta(1-t\beta)}\right\}$$
$$=\frac{\beta(1-t\beta)(\alpha+t)+\alpha(1-t\alpha)(\beta+t)}{2\alpha\beta(1-t\alpha)(1-t\beta)}$$
$$=\frac{2\alpha\beta+(\alpha+\beta)t-\alpha\beta(\alpha+\beta)t-(\alpha^2+\beta^2)t^2}{2\alpha\beta\{\alpha\beta t^2-(\alpha+\beta)t+1\}}$$

ここで，$\alpha^2+\beta^2=(\alpha+\beta)^2-2\alpha\beta=4t^2+2$ であるから

$$y=\frac{-2-2t^2-2t^2-4t^4-2t^2}{-2(-t^2+2t^2+1)}=\frac{2t^4+3t^2+1}{t^2+1}$$
$$=\frac{(t^2+1)(2t^2+1)}{t^2+1}=2t^2+1$$
$$=2x^2+1$$　←$t=-x$

$0<t<1$ であるから　$-1<-t<0$　すなわち　$-1<x<0$　←$x=-t$

したがって，求める軌跡は

放物線 $y=2x^2+1$ の $-1<x<0$ の部分

EX ②92

関数 $f(x)=(x+1)^{\frac{1}{x+1}}\ (x\geqq 0)$ について
(1)　$f'(x)$ を求めよ。　(2)　$f(x)$ の最大値を求めよ。

(1)　$x\geqq 0$ より，$f(x)=(x+1)^{\frac{1}{x+1}}$ の両辺は正であるから，　←対数微分法を利用。

自然対数をとると　$\log f(x)=\dfrac{\log(x+1)}{x+1}$

両辺を x で微分すると

$$\frac{f'(x)}{f(x)}=\frac{\frac{1}{x+1}\cdot(x+1)-\log(x+1)\cdot 1}{(x+1)^2}=\frac{1-\log(x+1)}{(x+1)^2}$$

←$\left(\dfrac{u}{v}\right)'=\dfrac{u'v-uv'}{v^2}$

よって　$f'(x)=\dfrac{1-\log(x+1)}{(x+1)^2}\cdot(x+1)^{\frac{1}{x+1}}$

$=\dfrac{\mathbf{1-\log(x+1)}}{\mathbf{(x+1)^{\frac{2x+1}{x+1}}}}$

←$=\dfrac{1-\log(x+1)}{(x+1)^{2-\frac{1}{x+1}}}$

(2)　$f'(x)=0$ とすると　$\log(x+1)=1$

ゆえに　$x+1=e$

すなわち　$x=e-1$

$x\geqq 0$ における $f(x)$ の増減表は右のようになる。

x	0	$\cdots$	$e-1$	$\cdots$
$f'(x)$		$+$	0	$-$
$f(x)$	1	↗	極大 $e^{\frac{1}{e}}$	↘

←$(x+1)^{\frac{2x+1}{x+1}}>0$

よって，$f(x)$ は $\boldsymbol{x=e-1}$ **で最大値** $\boldsymbol{e^{\frac{1}{e}}}$ をとる。

EX
③**93**

原点をOとする座標平面上において，円C：$(x-2)^2+y^2=1$ 上に点P（点Pの y 座標は正の実数），直線 ℓ：$x=0$ 上に点Q$(0,\ t)$（t は正の実数）を，$\overrightarrow{\mathrm{OP}}\cdot\overrightarrow{\mathrm{QP}}=0$ を満たすようにとる。$|\overrightarrow{\mathrm{OQ}}|$ が最小となるときの $\dfrac{5}{3}|\overrightarrow{\mathrm{OP}}||\overrightarrow{\mathrm{QP}}|$ の値を求めよ。　〔自治医大〕

$|\overrightarrow{\mathrm{OQ}}|=t\ (t>0)$ であるから，t が最小となるときを考える。

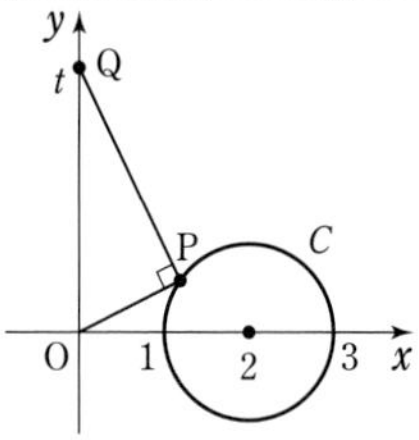

点Pの座標を $(\cos\theta+2,\ \sin\theta)$ とする。ただし，点Pの y 座標は正であるから，$0<\theta<\pi$ とする。

HINT　円 $(x-a)^2+(y-b)^2=r^2$ 上の点の座標は $(r\cos\theta+a,\ r\sin\theta+b)$ と表される $(r>0)$。

また，$\overrightarrow{\mathrm{OP}}=(\cos\theta+2,\ \sin\theta)$，

$\overrightarrow{\mathrm{QP}}=(\cos\theta+2,\ \sin\theta-t)$

であるから

$$\begin{aligned}\overrightarrow{\mathrm{OP}}\cdot\overrightarrow{\mathrm{QP}}&=(\cos\theta+2)^2+\sin\theta(\sin\theta-t)\\&=\cos^2\theta+4\cos\theta+4+\sin^2\theta-t\sin\theta\\&=4\cos\theta+5-t\sin\theta\end{aligned}$$

$\overrightarrow{\mathrm{OP}}\cdot\overrightarrow{\mathrm{QP}}=0$ から　$4\cos\theta+5-t\sin\theta=0$

よって　$t\sin\theta=4\cos\theta+5$

$\sin\theta>0$ であるから　$t=\dfrac{4\cos\theta+5}{\sin\theta}$

←$0<\theta<\pi$

ゆえに　$\dfrac{dt}{d\theta}=\dfrac{-4\sin\theta\cdot\sin\theta-(4\cos\theta+5)\cdot\cos\theta}{\sin^2\theta}$

$=-\dfrac{5\cos\theta+4}{\sin^2\theta}$

←$\left(\dfrac{u}{v}\right)'=\dfrac{u'v-uv'}{v^2}$

$\dfrac{dt}{d\theta}=0$ とすると　$\cos\theta=-\dfrac{4}{5}$

これを満たす θ を $\alpha\ (0<\alpha<\pi)$ とすると，$0<\theta<\pi$ における t の増減表は右のようになる。

θ	0	$\cdots$	α	$\cdots$	π
$\dfrac{dt}{d\theta}$		$-$	0	$+$	
t		↘	極小	↗	

$\cos\alpha=-\dfrac{4}{5}$，$0<\alpha<\pi$ から

$\sin\alpha=\sqrt{1-\cos^2\alpha}=\sqrt{1-\left(-\dfrac{4}{5}\right)^2}=\dfrac{3}{5}$

←$\sin\alpha>0$

よって，$\theta=\alpha$ のとき　$t=\dfrac{4\cos\alpha+5}{\sin\alpha}=\dfrac{4\cdot\left(-\dfrac{4}{5}\right)+5}{\dfrac{3}{5}}=3$

ゆえに，$|\overrightarrow{OQ}|$ は $\theta=\alpha$ で最小値 3 をとる。

このとき　$|\overrightarrow{OP}|^2=(\cos\alpha+2)^2+\sin^2\alpha$

$=\left(-\dfrac{4}{5}+2\right)^2+\left(\dfrac{3}{5}\right)^2=\dfrac{45}{25}=\dfrac{9}{5}$

$|\overrightarrow{QP}|^2=(\cos\alpha+2)^2+(\sin\alpha-3)^2$

$=\left(-\dfrac{4}{5}+2\right)^2+\left(\dfrac{3}{5}-3\right)^2=\dfrac{180}{25}=\dfrac{36}{5}$

←$\vec{a}=(a_1,\ a_2)$ のとき $|\vec{a}|^2=a_1{}^2+a_2{}^2$

$|\overrightarrow{OP}|\geqq 0$，$|\overrightarrow{QP}|\geqq 0$ であるから　$|\overrightarrow{OP}|=\dfrac{3}{\sqrt{5}}$，$|\overrightarrow{QP}|=\dfrac{6}{\sqrt{5}}$

したがって　$\dfrac{5}{3}|\overrightarrow{OP}||\overrightarrow{QP}|=\dfrac{5}{3}\cdot\dfrac{3}{\sqrt{5}}\cdot\dfrac{6}{\sqrt{5}}=\mathbf{6}$

4章 EX [微分法の応用]

EX ④94

1 辺の長さが 1 の正方形の折り紙 ABCD が机の上に置かれている。P を辺 AB 上の点とし，AP$=x$ とする。頂点 D を持ち上げて P と一致するように折り紙を 1 回折ったとき，右の図のようになった。点 C′，E，F，G，Q を図のようにとり，もとの正方形 ABCD からはみ出る部分の面積を S とする。

(1) S を x で表せ。

(2) 点 P が点 A から点 B まで動くとき，S を最大にするような x の値を求めよ。〔類 東京工大〕

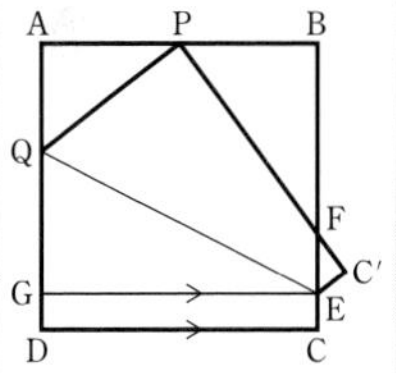

$0\leqq x\leqq 1$ である。

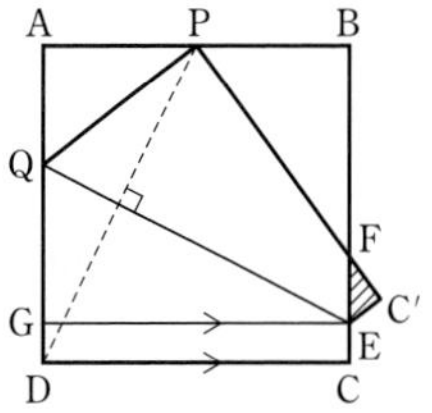

(1) △APQ と △C′FE において　$\angle PAQ=\angle FC'E=\dfrac{\pi}{2}$ … ①

また，$\angle QPF=\angle PBF=\dfrac{\pi}{2}$ から

$\angle QPA+\angle FPB=\dfrac{\pi}{2}$，$\angle BFP+\angle FPB=\dfrac{\pi}{2}$

よって　$\angle QPA=\angle BFP=\angle EFC'$ …… ②

←対頂角

①，② より，2 組の角がそれぞれ等しいから

△APQ∽△C′FE

AQ$=y$ とすると，PQ$=$QD$=1-y$ であるから，△APQ において，三平方の定理により

$(1-y)^2=y^2+x^2$　整理して　$1-2y=x^2$

←PQ^2=AQ^2+AP^2

よって　$y=\dfrac{1-x^2}{2}$　ゆえに　$PQ=1-\dfrac{1-x^2}{2}=\dfrac{1+x^2}{2}$

△APD と △GQE において

AD$=$GE$=1$，$\angle PAD=\angle QGE=\dfrac{\pi}{2}$

また，QE⊥DP から　$\angle ADP+\angle GQE=\dfrac{\pi}{2}$

←QE は DP の垂直二等分線。

$\angle GEQ+\angle GQE=\dfrac{\pi}{2}$ であるから　$\angle ADP=\angle GEQ$

よって，1辺とその両端の角がそれぞれ等しいから

$\triangle \mathrm{APD} \equiv \triangle \mathrm{GQE}$　　ゆえに　$\mathrm{QG}=x$

よって　$\mathrm{C'E}=\mathrm{CE}=\mathrm{DG}=\mathrm{QD}-\mathrm{QG}$

$$=\mathrm{PQ}-x=\frac{1+x^2}{2}-\frac{2x}{2}=\frac{(1-x)^2}{2}$$

したがって　$S=\triangle \mathrm{C'FE}=\triangle \mathrm{APQ}\times\left(\dfrac{\mathrm{C'E}}{\mathrm{AQ}}\right)^2$

$$=\frac{1}{2}\cdot\frac{1-x^2}{2}\cdot x\times\frac{(1-x)^4}{4}\cdot\frac{4}{(1-x^2)^2}$$

$$=\boldsymbol{\frac{x(1-x)^3}{4(1+x)}}\quad\boldsymbol{(0\leqq x\leqq 1)}$$

←△APQ と △C′FE の相似比は AQ：C′E であるから，△APQ と △C′FE の面積比は $\mathrm{AQ}^2:\mathrm{C'E}^2$

(2)　$$\frac{dS}{dx}=\frac{1}{4}\cdot\frac{\{(1-x)^3+x\cdot 3(1-x)^2\cdot(-1)\}(1+x)-x(1-x)^3\cdot 1}{(1+x)^2}$$

$$=\frac{1}{4}\cdot\frac{(1-x)^2\{(1-4x)(1+x)-x(1-x)\}}{(1+x)^2}$$

$$=\frac{1}{4}\cdot\frac{(1-x)^2(-3x^2-4x+1)}{(1+x)^2}$$

$\dfrac{dS}{dx}=0$ とすると，$x\geqq 0$ から　　$x=1,\ \dfrac{-2+\sqrt{7}}{3}$

よって，$0\leqq x\leqq 1$ における S の増減表は右のようになる。

ゆえに，$\boldsymbol{x=\dfrac{-2+\sqrt{7}}{3}}$ のとき S は最大となる。

x	0	…	$\frac{-2+\sqrt{7}}{3}$	…	1
$\frac{dS}{dx}$		+	0	−	0
S		↗	極大	↘	

EX
③**95**

$a>0$ を定数とし，$f(x)=x^a\log x$ とする。

(1)　$\displaystyle\lim_{x\to+0}f(x)$ を求めよ。必要ならば，$\displaystyle\lim_{s\to\infty}se^{-s}=0$ が成り立つことは証明なしに用いてよい。

(2)　曲線 $y=f(x)$ の変曲点が x 軸上に存在するときの a の値を求めよ。更に，そのときの $y=f(x)$ のグラフの概形をかけ。　〔類　早稲田大〕

(1)　$\log x=-s$ とすると　　$x=e^{-s}$

また，$s=-\log x$ から，$x\longrightarrow+0$ のとき $s\longrightarrow\infty$ である。

よって　$\displaystyle\lim_{x\to+0}f(x)=\lim_{s\to\infty}(e^{-s})^a\cdot(-s)=\lim_{s\to\infty}\{-(e^{-s})^{a-1}\cdot se^{-s}\}$

$$=0\cdot 0=\boldsymbol{0}$$

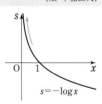

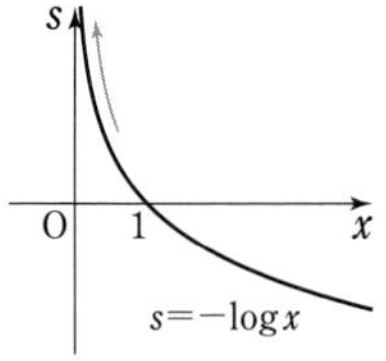

(2)　真数は正であるから　　$x>0$

また　$f'(x)=ax^{a-1}\cdot\log x+x^a\cdot\dfrac{1}{x}=x^{a-1}(a\log x+1)$

←$(uv)'=u'v+uv'$

$$f''(x)=(a-1)x^{a-2}\cdot(a\log x+1)+x^{a-1}\cdot\frac{a}{x}$$

$$=x^{a-2}\{\underline{a(a-1)\log x+2a-1}\}$$

$a=1$ のとき　　$f''(x)=\dfrac{1}{x}$

←＿＿の $\log x$ の係数が 0 となる場合。

このとき，$x>0$ において常に $f''(x)>0$ であるから，曲線 $y=f(x)$ は変曲点をもたない。

$a\neq 1$ のとき，$f''(x)=0$ とすると，$x>0$ で $x^{a-2}>0$ であり

$$\log x=\frac{2a-1}{a(1-a)} \quad よって \quad x=e^{\frac{2a-1}{a(1-a)}}$$

$f''(x)$ の符号は $x=e^{\frac{2a-1}{a(1-a)}}$ の前後で変わるから，変曲点は

$$点\left(e^{\frac{2a-1}{a(1-a)}},\ \frac{2a-1}{a(1-a)}e^{\frac{2a-1}{1-a}}\right)$$

← $f''(a)=0$ かつ $x=a$ の前後で $f''(x)$ の符号が変わるならば，点 $(a,\ f(a))$ は変曲点。

この点が x 軸上にあるとき　$\dfrac{2a-1}{a(1-a)}e^{\frac{2a-1}{1-a}}=0$

$e^{\frac{2a-1}{1-a}}>0$ であるから，$2a-1=0$ より　$\boldsymbol{a=\frac{1}{2}}$

これは $a\neq1$，$a>0$ を満たす。

このとき　$f(x)=\sqrt{x}\log x$，$f'(x)=\dfrac{1}{\sqrt{x}}\left(\dfrac{1}{2}\log x+1\right)$，

$$f''(x)=-\frac{\log x}{4x\sqrt{x}}$$

$f'(x)=0$ とすると，$\log x=-2$ から　$x=e^{-2}$

$f''(x)=0$ とすると，$\log x=0$ から　$x=1$

よって，$x>0$ における $f(x)$ の増減とグラフの凹凸は次の表のようになる。

x	0	$\cdots$	e^{-2}	$\cdots$	1	$\cdots$
$f'(x)$		$-$	0	$+$	$+$	$+$
$f''(x)$		$+$	$+$	$+$	0	$-$
$f(x)$		↘	極小 $-2e^{-1}$	↗	変曲点 0	↗

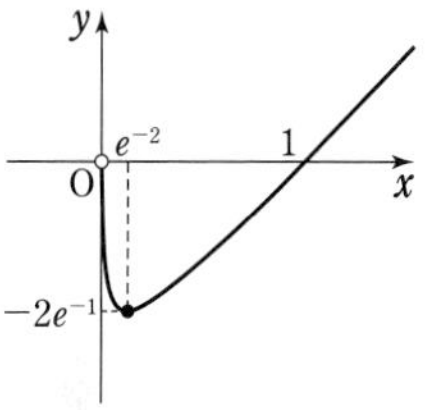

(1) から，$\displaystyle\lim_{x\to+0}f(x)=0$ であり，更に　$\displaystyle\lim_{x\to\infty}f(x)=\infty$

したがって，$y=f(x)$ のグラフの概形は，右の **図** のようになる。

EX ③96

$f(x)=x^3+x^2+7x+3$，$g(x)=\dfrac{x^3-3x+2}{x^2+1}$ とする。

(1) 方程式 $f(x)=0$ はただ1つの実数解をもち，その実数解 α は $-2<\alpha<0$ を満たすことを示せ。

(2) 曲線 $y=g(x)$ の漸近線を求めよ。

(3) α を用いて関数 $y=g(x)$ の増減を調べ，そのグラフをかけ。ただし，グラフの凹凸を調べる必要はない。　〔富山大〕

(1) $f'(x)=3x^2+2x+7=3\left(x^2+\dfrac{2}{3}x\right)+7$

$$=3\left(x+\frac{1}{3}\right)^2+\frac{20}{3}$$

よって，すべての実数 x について　$f'(x)>0$

ゆえに，$f(x)$ は単調に増加する。

また　$f(-2)=-15<0$，$f(0)=3>0$

したがって，方程式 $f(x)=0$ はただ1つの実数解をもち，その実数解 α は $-2<\alpha<0$ を満たす。

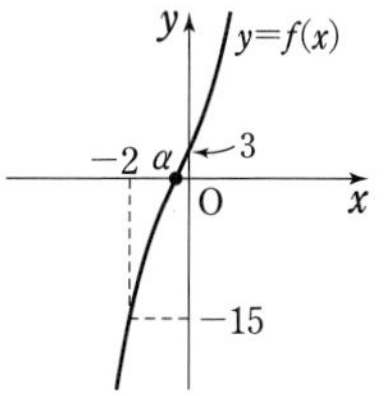

(2) $g(x)=\dfrac{(x^3+x)-4x+2}{x^2+1}=x+\dfrac{2-4x}{x^2+1}$

←分母の次数＞分子の次数の形に。

よって　$\displaystyle\lim_{x\to\infty}\{g(x)-x\}=\lim_{x\to\infty}\frac{2-4x}{x^2+1}=\lim_{x\to\infty}\frac{\frac{2}{x^2}-\frac{4}{x}}{1+\frac{1}{x^2}}=0$

同様にして　$\displaystyle\lim_{x\to-\infty}\{g(x)-x\}=0$

$\displaystyle\lim_{x\to p}g(x)=\pm\infty$ となる定数 p の値はないから，x 軸に垂直な漸近線はない。

また，$\displaystyle\lim_{x\to\infty}g(x)=\infty$，$\displaystyle\lim_{x\to-\infty}g(x)=-\infty$ であるから，x 軸に平行な漸近線もない。

ゆえに，曲線 $y=g(x)$ の漸近線は　**直線 $y=x$**

(3) $g'(x)=\dfrac{(3x^2-3)(x^2+1)-(x^3-3x+2)\cdot 2x}{(x^2+1)^2}$

$=\dfrac{x^4+6x^2-4x-3}{(x^2+1)^2}$

$=\dfrac{(x-1)(x^3+x^2+7x+3)}{(x^2+1)^2}=\dfrac{(x-1)f(x)}{(x^2+1)^2}$

←$\left(\dfrac{u}{v}\right)'=\dfrac{u'v-uv'}{v^2}$

1	0	6	−4	−3	1
	1	1	7	3	
1	1	7	3	0	

$g'(x)=0$ とすると，(1) から

$x=1,\ \alpha$

$-2<\alpha<0$ であるから，$g(x)$ の増減表は右のようになる。

x	$\cdots$	α	$\cdots$	1	$\cdots$
$g'(x)$	+	0	−	0	+
$g(x)$	↗	極大	↘	0	↗

←$x<\alpha$ のとき $f(x)<0$，$x>\alpha$ のとき $f(x)>0$

また　$g(x)=\dfrac{(x-1)^2(x+2)}{x^2+1}$

←分子の因数分解について

1	0	−3	2	1
	1	1	−2	
1	1	−2	0	

(2) の結果も考慮すると，$y=g(x)$ のグラフは **右図** のようになる。

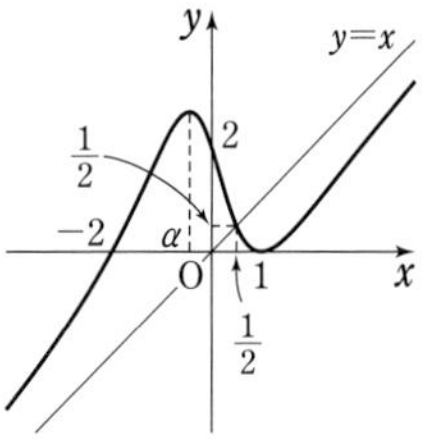

EX ③97

$f(x)=\sin(\pi\cos x)$ とする。

(1) $f(\pi+x)-f(\pi-x)$ の値を求めよ。　(2) $f\left(\dfrac{\pi}{2}+x\right)+f\left(\dfrac{\pi}{2}-x\right)$ の値を求めよ。

(3) $0\leqq x\leqq 2\pi$ の範囲で $y=f(x)$ のグラフをかけ（凹凸は調べなくてよい）。　〔類 東京理科大〕

(1) $f(\pi+x)-f(\pi-x)=\sin\{\pi\cos(\pi+x)\}-\sin\{\pi\cos(\pi-x)\}$

$=\sin(-\pi\cos x)-\sin(-\pi\cos x)$

$=-\sin(\pi\cos x)+\sin(\pi\cos x)=\mathbf{0}$

←$\cos(\pi\pm x)=-\cos x$
$\sin(-x)=-\sin x$

(2) $f\left(\dfrac{\pi}{2}+x\right)+f\left(\dfrac{\pi}{2}-x\right)$

$=\sin\left\{\pi\cos\left(\dfrac{\pi}{2}+x\right)\right\}+\sin\left\{\pi\cos\left(\dfrac{\pi}{2}-x\right)\right\}$

$=\sin\{\pi(-\sin x)\}+\sin(\pi\sin x)$

$=-\sin(\pi\sin x)+\sin(\pi\sin x)=\mathbf{0}$

←$\cos\left(\dfrac{\pi}{2}\pm x\right)=\mp\sin x$
（複号同順）

(3) (1) から　$f(\pi+x)=f(\pi-x)$

よって，$y=f(x)$ のグラフは直線 $x=\pi$ に関して対称である。

(2) から　$f\left(\dfrac{\pi}{2}+x\right)+f\left(\dfrac{\pi}{2}-x\right)=0$

ゆえに，$y=f(x)$ のグラフは点 $\left(\dfrac{\pi}{2},\ 0\right)$ に関して対称である。

したがって，$0\leqq x\leqq\dfrac{\pi}{2}$ …… ① の範囲で考える。

$f'(x)=\cos(\pi\cos x)\cdot(-\pi\sin x)=-\pi\sin x\cos(\pi\cos x)$

$f'(x)=0$ とすると　$\sin x=0,\ \cos(\pi\cos x)=0$

$\sin x=0$ から，① の範囲を満たす x は　$x=0$

$\cos(\pi\cos x)=0$ から，n を整数として

$$\pi\cos x=\frac{\pi}{2}+n\pi \quad \text{すなわち} \quad \cos x=\pm\frac{1}{2}$$

よって，① の範囲を満たす x は　$x=\dfrac{\pi}{3}$

ゆえに，① の範囲における増減表は次のようになり，対称性を考えると，グラフの概形は **図** のようになる。

←$f(a+x)=f(a-x)$ ⟺ 直線 $x=a$ に関して対称

←$f(a+x)+f(a-x)=2b$ ⟺ 点 $(a,\ b)$ に関して対称

←$\cos x=\dfrac{1}{2}+n$ で $-1\leqq\cos x\leqq 1$

x	0	$\cdots$	$\dfrac{\pi}{3}$	$\cdots$	$\dfrac{\pi}{2}$
$f'(x)$	0	$+$	0	$-$	
$f(x)$	0	↗	1	↘	0

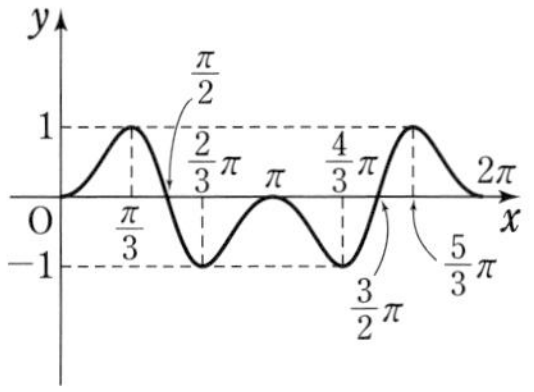

EX ④98

曲線 $C:\begin{cases}x=\sin\theta\cos\theta\\ y=\sin^3\theta+\cos^3\theta\end{cases}\left(-\dfrac{\pi}{4}\leqq\theta\leqq\dfrac{\pi}{4}\right)$ を考える。

(1) y を x の式で表せ。　(2) 曲線 C の概形をかけ(凹凸も調べよ)。

(1) $(\sin\theta+\cos\theta)^2=1+2\sin\theta\cos\theta$ であるから

$$(\sin\theta+\cos\theta)^2=1+2x \quad \cdots\cdots ①$$

$x=\dfrac{1}{2}\sin 2\theta$ と $-\dfrac{\pi}{2}\leqq 2\theta\leqq\dfrac{\pi}{2}$ から　$-1\leqq\sin 2\theta\leqq 1$

したがって　$-\dfrac{1}{2}\leqq x\leqq\dfrac{1}{2}$ …… ②

また，$-\dfrac{\pi}{4}\leqq\theta\leqq\dfrac{\pi}{4}$ では　$\sin\theta+\cos\theta=\sqrt{2}\sin\left(\theta+\dfrac{\pi}{4}\right)\geqq 0$

よって，① から　$\sin\theta+\cos\theta=\sqrt{1+2x}$ …… ③

$\sin^3\theta+\cos^3\theta=(\sin\theta+\cos\theta)(1-\sin\theta\cos\theta)$ であるから，

$x=\sin\theta\cos\theta$ と ③ を代入して

$$\boldsymbol{y=\sqrt{1+2x}\,(1-x)}$$

(2) 関数 y は $x=-\dfrac{1}{2}$ で微分可能ではない。

$$y'=\frac{2}{2\sqrt{1+2x}}\cdot(1-x)+\sqrt{1+2x}\cdot(-1)=-\frac{3x}{\sqrt{1+2x}}$$

←2 倍角の公式。

←x の変域に注意。

←$\sin^3\theta+\cos^3\theta$
$=(\sin\theta+\cos\theta)$
$\times(\sin^2\theta-\sin\theta\cos\theta+\cos^2\theta)$
$\sin^3\theta+\cos^3\theta$
$=(\sin\theta+\cos\theta)^3$
$-3\sin\theta\cos\theta(\sin\theta+\cos\theta)$
としてもよい。

$$y''=-\frac{3\sqrt{1+2x}-3x\cdot\dfrac{2}{2\sqrt{1+2x}}}{1+2x}=-\frac{3(x+1)}{(1+2x)\sqrt{1+2x}}$$

$y'=0$ とすると　　$x=0$

また，② の範囲では　　$y''<0$

よって，② の範囲における y の増減とグラフの凹凸は左下の表のようになり，曲線の概形は **右下の図** のようになる。

x	$-\frac{1}{2}$	$\cdots$	0	$\cdots$	$\frac{1}{2}$
y'		$+$	0	$-$	$-$
y''		$-$	$-$	$-$	$-$
y	0	↗	極大 1	↘	$\frac{\sqrt{2}}{2}$

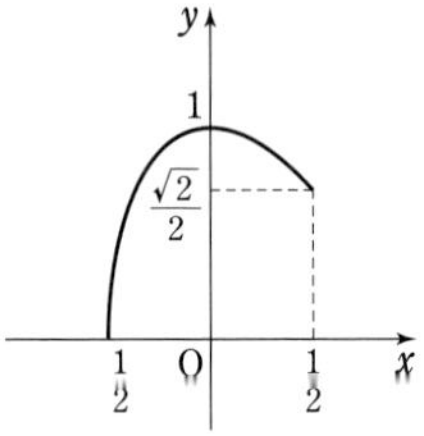

← $\lim_{x\to-\frac{1}{2}+0} y'=\infty$

EX ②99

関数 $f(x)=ax+x\cos x-2\sin x$ は $\frac{\pi}{2}$ と π との間で極値をただ1つもつことを示せ。ただし，$-1<a<1$ とする。　〔類 前橋工科大〕

$$f'(x)=a+1\cdot\cos x+x\cdot(-\sin x)-2\cos x$$
$$=a-\cos x-x\sin x$$
$$f''(x)=\sin x-(1\cdot\sin x+x\cdot\cos x)=-x\cos x$$

$\frac{\pi}{2}<x<\pi$ のとき常に $f''(x)>0$ であるから，このとき $f'(x)$ は単調に増加する。

また，$-1<a<1$ から

$$f'\left(\frac{\pi}{2}\right)=a-\frac{\pi}{2}<1-\frac{\pi}{2}<0,\qquad f'(\pi)=a+1>0$$

よって，$f'(c)=0$ となる c が $\frac{\pi}{2}<x<\pi$ の範囲にただ1つ存在して，この範囲における $f(x)$ の増減表は，右のようになる。

x	$\frac{\pi}{2}$	$\cdots$	c	$\cdots$	π
$f'(x)$		$-$	0	$+$	
$f(x)$		↘	極小	↗	

ゆえに，$f(x)$ は $\frac{\pi}{2}$ と π との間で極値をただ1つもつ。

← $\frac{\pi}{2}<x<\pi$ のとき $-1<\cos x<0$

← $f'(x)$ は単調に増加するから
$x<c$ のとき　$f'(x)<0$
$x=c$ のとき　$f'(x)=0$
$x>c$ のとき　$f'(x)>0$

EX ②100

(1)　$e^x-1-xe^{\frac{x}{2}}>0$ を満たす x の値の範囲を求めよ。

(2)　$x\neq0$ のとき，$\frac{e^x-1}{x}$ と $e^{\frac{x}{2}}$ の大小関係を求めよ。　〔類 山形大〕

(1)　$f(x)=e^x-1-xe^{\frac{x}{2}}$ とすると

$$f'(x)=e^x-\left(e^{\frac{x}{2}}+x\cdot\frac{1}{2}e^{\frac{x}{2}}\right)=e^{\frac{x}{2}}\left(e^{\frac{x}{2}}-1-\frac{x}{2}\right)$$

$g(x)=e^{\frac{x}{2}}-1-\frac{x}{2}$ とすると　　$g'(x)=\frac{1}{2}e^{\frac{x}{2}}-\frac{1}{2}=\frac{1}{2}\left(e^{\frac{x}{2}}-1\right)$

← $f'(x)=e^{\frac{x}{2}}g(x)$ の形。

← $f'(x)$ の符号を調べるために，$g(x)$ の増減を調べる。

$g'(x)=0$ とすると　　$x=0$

$g(x)$ の増減表は右のようになる。

よって　　$g(x) \geqq g(0)=0$

x	$\cdots$	0	$\cdots$
$g'(x)$	$-$	0	$+$
$g(x)$	↘	0	↗

$e^{\frac{x}{2}}>0$ であるから

$$f'(x)=e^{\frac{x}{2}}g(x) \geqq 0$$

ゆえに，$f(x)$ の増減表は右のようになる。

x	$\cdots$	0	$\cdots$
$f'(x)$	$+$	0	$+$
$f(x)$	↗	0	↗

←$f(x)$ は単調増加。

したがって，求める x の値の範囲は　　$\boldsymbol{x>0}$

(2)　(1) の $f(x)$ の増減表から　　←(1) の結果を利用。

$x>0$ のとき，$e^x-1>xe^{\frac{x}{2}}$ であるから　　$\dfrac{e^x-1}{x}>e^{\frac{x}{2}}$　　←$f(x)=e^x-1-xe^{\frac{x}{2}}>0$

$x<0$ のとき，$e^x-1<xe^{\frac{x}{2}}$ であるから　　$\dfrac{e^x-1}{x}>e^{\frac{x}{2}}$　　←$f(x)=e^x-1-xe^{\frac{x}{2}}<0$

したがって，$x \neq 0$ のとき　　$\boldsymbol{\dfrac{e^x-1}{x}>e^{\frac{x}{2}}}$

4章 EX〔微分法の応用〕

EX ③101

$(\sqrt{5})^{\sqrt{7}}$ と $(\sqrt{7})^{\sqrt{5}}$ の大小を比較せよ。必要ならば $2.7<e$ を用いてもよい。　〔類　京都府医大〕

$(\sqrt{5})^{\sqrt{7}}$，$(\sqrt{7})^{\sqrt{5}}$ をそれぞれ $\dfrac{1}{\sqrt{5}\sqrt{7}}$ 乗すると

$$\{(\sqrt{5})^{\sqrt{7}}\}^{\frac{1}{\sqrt{5}\sqrt{7}}}=(\sqrt{5})^{\frac{1}{\sqrt{5}}},\ \{(\sqrt{7})^{\sqrt{5}}\}^{\frac{1}{\sqrt{5}\sqrt{7}}}=(\sqrt{7})^{\frac{1}{\sqrt{7}}}$$

更にそれぞれの自然対数をとると

$$\log(\sqrt{5})^{\frac{1}{\sqrt{5}}}=\frac{\log\sqrt{5}}{\sqrt{5}},\ \log(\sqrt{7})^{\frac{1}{\sqrt{7}}}=\frac{\log\sqrt{7}}{\sqrt{7}}$$

HINT　$F(a,\ b)$ と $F(b,\ a)$ の比較であるから，変形によって $f(a)$ と $f(b)$ の比較にもちこむ。

よって，$(\sqrt{5})^{\sqrt{7}}$，$(\sqrt{7})^{\sqrt{5}}$ の大小は $\dfrac{\log\sqrt{5}}{\sqrt{5}}$ と $\dfrac{\log\sqrt{7}}{\sqrt{7}}$ の大小に一致する。ここで，$f(x)=\dfrac{\log x}{x}$ $(x>0)$ とすると

←$f(x)=\dfrac{\log x}{x}$ について $f(\sqrt{5})$ と $f(\sqrt{7})$ の大小を比較すればよい。

$$f'(x)=\frac{\frac{1}{x}\cdot x-\log x}{x^2}=\frac{1-\log x}{x^2}$$

$f'(x)=0$ とすると　　$x=e$

よって，$f(x)$ の増減表は次のようになる。

x	0	$\cdots$	e	$\cdots$
$f'(x)$		$+$	0	$-$
$f(x)$		↗	極大 $\dfrac{1}{e}$	↘

ゆえに，$f(x)$ は $0<x \leqq e$ の範囲で単調に増加する。

$2.7^2=7.29$ であり，$5<7<7.29$ から　　$\sqrt{5}<\sqrt{7}<2.7<e$

よって　　$f(\sqrt{5})<f(\sqrt{7})$　すなわち　$\dfrac{\log\sqrt{5}}{\sqrt{5}}<\dfrac{\log\sqrt{7}}{\sqrt{7}}$

したがって　　$\boldsymbol{(\sqrt{5})^{\sqrt{7}}<(\sqrt{7})^{\sqrt{5}}}$

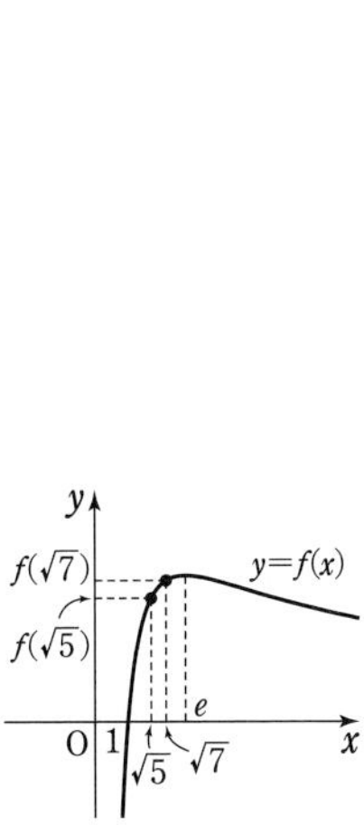

EX ④102 x, y は実数とする。すべての実数 t に対して $y \leqq e^t - xt$ が成立するような点 (x, y) 全体の集合を座標平面上に図示せよ。必要ならば，$\lim_{x \to +0} x\log x = 0$ を使ってよい。〔類 九州大〕

HINT $f(t) = e^t - xt - y$ とすると $f'(t) = e^t - x$
よって，$x \leqq 0$ のとき $f'(t) > 0$ となり，$f(t)$ は単調増加。
$\longrightarrow$ $x<0$, $x=0$, $x>0$ で分けることが思いつく。

$y \leqq e^t - xt$ から　　$e^t - xt - y \geqq 0$
$f(t) = e^t - xt - y$ として，すべての実数 t に対して $f(t) \geqq 0$ となる条件を求める。

[1]　$x<0$ のとき　　$\lim_{t \to -\infty} f(t) = -\infty$

よって，$f(t)<0$ となる実数 t が存在するから，不適

←$t \longrightarrow -\infty$ のとき $e^t \longrightarrow 0$, $-x>0$ から $-xt \longrightarrow -\infty$

[2]　$x=0$ のとき　　$f(t) = e^t - y$

$e^t > 0$, $\lim_{t \to -\infty} e^t = 0$ であるから，すべての実数 t に対して $f(t) \geqq 0$ となる条件は　　$-y \geqq 0$　すなわち　$y \leqq 0$

[3]　$x>0$ のとき　　$f'(t) = e^t - x$

←この場合は微分法を利用して，$f(t)$ の増減を調べる。

$f'(t)=0$ とすると　　$e^t - x = 0$
ゆえに　　$t = \log x$
よって，$f(t)$ の増減表は右のようになる。

t	$\cdots$	$\log x$	$\cdots$
$f'(t)$	$-$	0	$+$
$f(t)$	↘	$x - x\log x - y$	↗

ゆえに，すべての実数 t に対して $f(t) \geqq 0$ となる条件は

$x - x\log x - y \geqq 0$　すなわち　$y \leqq x - x\log x$

[1]~[3] から，求める (x, y) の条件は

$x=0$ かつ $y \leqq 0$　または　$x>0$ かつ $y \leqq x - x\log x$

ここで，$y = x - x\log x\ (x>0)$ について

←曲線 $y = x - x\log x$ の概形について調べる。

$y' = 1 - (\log x + 1) = -\log x$
$y'=0$ とすると　　$x=1$
よって，y の増減表は右のようになる。

x	0	$\cdots$	1	$\cdots$
y'		$+$	0	$-$
y		↗	1	↘

また，$y'' = -\dfrac{1}{x} < 0$ から，$y = x - x\log x$ のグラフは上に凸である。

更に　$\lim_{x \to +0}(x - x\log x) = 0$,

←$\lim_{x \to +0} x\log x = 0$

$\lim_{x \to \infty}(x - x\log x)$
$= \lim_{x \to \infty} x(1 - \log x) = -\infty$

←$\lim_{x \to \infty}(-\log x) = -\infty$

以上から，求める点 (x, y) 全体の集合は，**右の図の斜線部分。ただし，境界線を含む。**

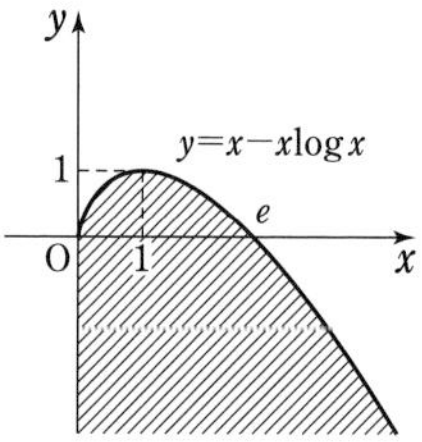

EX ③103 a, θ を $a>0$, $0<\theta<2\pi$ を満たす定数とする。このとき，方程式 $\dfrac{\sqrt{x^2 - 2x\cos\theta + 1}}{x^2-1} = a$ の区間 $x>1$ における実数解の個数は1個であることを証明せよ。〔山口大〕

$f(x)=\dfrac{\sqrt{x^2-2x\cos\theta+1}}{x^2-1}$ $(x>1)$ …… ① とする。

$x>1$ のとき $x^2-1>0$ また，$\cos\theta<1$ より，$-2x\cos\theta>-2x$

であるから $x^2-2x\cos\theta+1>x^2-2x+1=(x-1)^2>0$

よって，$f(x)>0$ であるから，① の両辺の自然対数をとると

$$\log f(x)=\frac{1}{2}\log(x^2-2x\cos\theta+1)-\log(x^2-1)$$

←$f(x)$ がやや複雑な式であるから，対数微分法を利用して $f'(x)$ を求める。

両辺を x で微分すると

$$\frac{f'(x)}{f(x)}=\frac{1}{2}\cdot\frac{2x-2\cos\theta}{x^2-2x\cos\theta+1}-\frac{2x}{x^2-1}$$
$$=\frac{(x-\cos\theta)(x^2-1)-2x(x^2-2x\cos\theta+1)}{(x^2-2x\cos\theta+1)(x^2-1)}$$
$$=\frac{-x^3+3x^2\cos\theta-3x+\cos\theta}{(x^2-2x\cos\theta+1)(x^2-1)}$$
$$=\frac{-x^3-3x+(3x^2+1)\cos\theta}{(x^2-2x\cos\theta+1)(x^2-1)}$$

←通分する。

←(分母)>0 であるから，$x>1$，$\cos\theta<1$ を利用して，分子の符号について調べる。

$\cos\theta<1$，$3x^2+1>0$ であるから $(3x^2+1)\cos\theta<3x^2+1$

よって $-x^3-3x+(3x^2+1)\cos\theta<-x^3-3x+(3x^2+1)$

$=-(x-1)^3<0$

←$x-1>0$

したがって $\dfrac{f'(x)}{f(x)}<0$

$f(x)>0$ であるから $f'(x)<0$

ゆえに，$f(x)$ は $x>1$ で単調に減少する。

また，$\cos\theta\neq1$ であるから

$$\lim_{x\to1+0}f(x)=\lim_{x\to1+0}\frac{1}{x-1}\cdot\frac{\sqrt{x^2-2x\cos\theta+1}}{x+1}=\infty$$

$$\lim_{x\to\infty}f(x)=\lim_{x\to\infty}\frac{\sqrt{1-\dfrac{2\cos\theta}{x}+\dfrac{1}{x^2}}}{x-\dfrac{1}{x}}=0$$

←このことが言えたから，$\displaystyle\lim_{x\to1+0}f(x)=\infty$，$\displaystyle\lim_{x\to\infty}f(x)\leqq0$ が示されれば題意は成り立つ。

よって，$f(x)=a$ の $x>1$ における実数解の個数は 1 個である。

EX ④104

(1) 関数 $f(x)=x^{-2}2^x$ $(x\neq0)$ について，$f'(x)>0$ となるための x に関する条件を求めよ。

(2) 方程式 $2^x=x^2$ は相異なる 3 個の実数解をもつことを示せ。

(3) 方程式 $2^x=x^2$ の解で有理数であるものをすべて求めよ。 〔名古屋大〕

(1) $f'(x)=-2x^{-3}2^x+x^{-2}2^x\log2=x^{-3}2^x(-2+x\log2)$

$=\dfrac{2^x(x\log2-2)}{x^3}$ …… ①

←分数の形 ① に変形すると，見やすく，考えやすい。

$x\neq0$ であり，$2^x>0$ であるから，$f'(x)>0$ となるための条件は

$$\frac{x\log2-2}{x^3}>0 \text{ …… }(*)$$

この不等式の両辺に x^4 (>0) を掛けて $x(x\log2-2)>0$

したがって，求める条件は $\boldsymbol{x<0,\ \dfrac{2}{\log2}<x}$

←$(*)$ $\begin{cases}(\text{分子})>0\\(\text{分母})>0\end{cases}$ または $\begin{cases}(\text{分子})<0\\(\text{分母})<0\end{cases}$ で分けてもよいが，正の数 x^4 を掛けると，左のように場合分けは不要。

(2)　$x=0$ は方程式の解ではないから，$2^x=x^2$ の両辺を x^2 で割ると　$x^{-2}2^x=1$

よって，$y=f(x)$ のグラフと直線 $y=1$ の共有点の個数について調べればよい。

$f'(x)=0$ とすると，(1)の ① と $x \neq 0$ から

$$x=\frac{2}{\log 2}$$

よって，$y=f(x)$ の増減表は右のようになる。

x	$\cdots$	0	$\cdots$	$\frac{2}{\log 2}$	$\cdots$
$f'(x)$	$+$	／	$-$	0	$+$
$f(x)$	↗	／	↘	極小	↗

また　$\lim_{x \to -\infty} f(x)=0$,

$\lim_{x \to -0} f(x)=\infty$,

$\lim_{x \to +0} f(x)=\infty$　であり

$2<\frac{2}{\log 2}<4$, $f(2)=1$,

$f(4)=1$

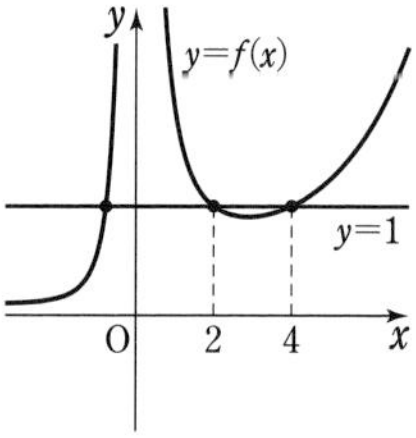

ゆえに，$y=f(x)$ のグラフと直線 $y=1$ は，右の図のように異なる 3 つの共有点をもつ。

したがって，方程式 $2^x=x^2$ は異なる 3 つの実数解をもつ。

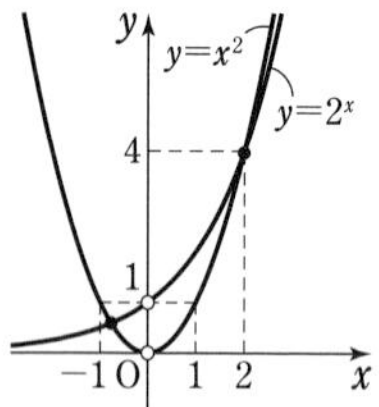

$y=2^x$ と $y=x^2$ のグラフをかくと図のようになるが，両者のグラフが接近しているので，図から 3 個の実数解をもつことを示すには説得力に欠ける。

参考　2^x は x^2 より増加の仕方が急激であるから
$\lim_{x \to \infty} x^{-2}2^x=\infty$

←$e \fallingdotseq 2.718$ から
$\log\sqrt{e}<\log 2<\log e$
よって　$1<\frac{1}{\log 2}<2$

(3)　(2)から，$x=2$，4 は方程式 $2^x=x^2$ の有理数の解である。

また，方程式 $2^x=x^2$ は $x<0$ の範囲にもう 1 つの実数解 α をもつ。

←(2)の側注の図を参照。

ここで，α が有理数であると仮定すると，α は，互いに素な自然数 m，n を用いて，$\alpha=-\frac{m}{n}$ と表される。

$x=\alpha$ を方程式 $2^x=x^2$ に代入すると

$$2^{\alpha}=\alpha^2 \qquad すなわち \qquad 2^{-\frac{m}{n}}=\left(-\frac{m}{n}\right)^2$$

よって　$2^{\frac{m}{n}}=\frac{n^2}{m^2}$　　ゆえに　$2^m=\left(\frac{n^2}{m^2}\right)^n$

←$a^{-t}=\frac{1}{a^t}$
更に，両辺を n 乗する。

したがって　$2^m=\left(\frac{n}{m}\right)^{2n}$ ……②

② の左辺は 2 の倍数であるから，等式が成り立つには，右辺も 2 の倍数でなければならない。

ところが，m と n は互いに素であるから，$\frac{n}{m}$ が 2 の倍数になるのは，$n=2k$（k は自然数）かつ $m=1$ のときである。

このとき，② は　$2^1=(2k)^{4k}$

←$k \geqq 1$ より
$2k \geqq 2$，$4k \geqq 4$
であるから
$(2k)^{4k} \geqq 2^4=16$

この等式を満たす自然数 k は存在しない。

ゆえに，α は有理数ではない。

したがって，α は無理数であるから，方程式 $2^x=x^2$ の有理数の解は　$\boldsymbol{x=2,\ 4}$

EX ③105

(1) $a>0$，b を定数とする。実数 t に関する方程式 $(a-t+1)e^t+(a-t-1)e^{-t}=b$ の実数解の個数を調べよ。ただし，$\lim_{t\to\infty} te^{-t}=\lim_{t\to-\infty} te^t=0$ は既知としてよい。

(2) 点 $(a,\ b)$ から曲線 $y=e^x-e^{-x}$ へ接線が何本引けるか調べよ。ただし，$a>0$ とする。

〔琉球大〕

HINT (1) 方程式の左辺を $f(t)$ とし，$y=f(t)$ と $y=b$ のグラフを利用。
(2) 曲線上の接線が点 $(a,\ b)$ を通ると考える。

(1) $f(t)=(a-t+1)e^t+(a-t-1)e^{-t}$ とすると

$$f'(t)=(a-t)(e^t-e^{-t})$$

$f'(t)=0$ とすると　$a-t=0$，
$e^t-e^{-t}=0$ すなわち $e^{2t}=1$

$a-t=0$ から　$t=a$　　$e^{2t}=1$ から　$t=0$

また，$\lim_{t\to\infty} te^{-t}=\lim_{t\to-\infty} te^t=0$ であるから

$$\lim_{t\to-\infty} f(t)=\infty,\ \lim_{t\to\infty} f(t)=-\infty$$

よって，$f(t)$ の増減表は次のようになり，$y=f(t)$ のグラフは図のようになる。

t	$\cdots$	0	$\cdots$	a	$\cdots$
$f'(t)$	$-$	0	$+$	0	$-$
$f(t)$	↘	極小 $2a$	↗	極大 e^a-e^{-a}	↘

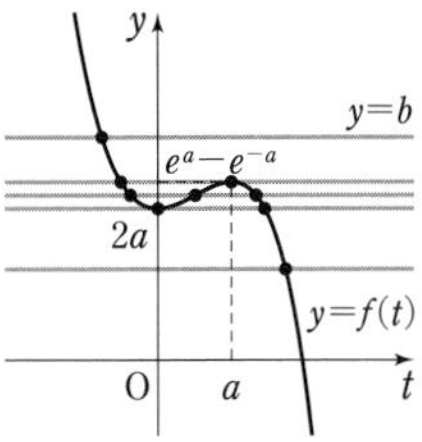

方程式 $f(t)=b$ の実数解の個数は，$y=f(t)$ のグラフと直線 $y=b$ の共有点の個数に一致するから

$b<2a$，$b>e^a-e^{-a}$ のとき 1 個；
$b=2a$，e^a-e^{-a} のとき 2 個；
$2a<b<e^a-e^{-a}$ のとき 3 個

←$f(t)=(a-t)(e^t+e^{-t})+(e^t-e^{-t})$ として微分すると $f'(t)=-(e^t+e^{-t})+(a-t)(e^t-e^{-t})+(e^t+e^{-t})$

←$f(t)$ が極大，極小となる点を直線 $y=b$ が通るときの b の値が，実数解の個数の境目。

(2) $g(x)=e^x-e^{-x}$ とし，曲線 $y=g(x)$ 上の接点の座標を $(t,\ e^t-e^{-t})$ とする。

$g'(x)=e^x+e^{-x}$ から，接線の方程式は

$$y-(e^t-e^{-t})=(e^t+e^{-t})(x-t)$$

この直線が点 $(a,\ b)$ を通るから

$$b=(a-t+1)e^t+(a-t-1)e^{-t}\ \cdots\cdots\ ①$$

ここで　$g(-x)=-g(x)$，$g'(x)=e^x+e^{-x}>0$，

$$g''(x)=e^x-e^{-x}=\frac{e^{2x}-1}{e^x}$$

←① は (1) と同じ方程式。

よって，曲線 $y=g(x)$ は，原点に関して対称で，単調に増加し，$x<0$ で $g''(x)<0$ より上に凸，$x>0$ で $g''(x)>0$ より下に凸であるから，曲線 $y=g(x)$ 上の接線について，接点が異なれば接線も異なる。

よって，t の方程式 ① の実数解の個数が接線の本数に一致するから，(1) より

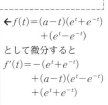

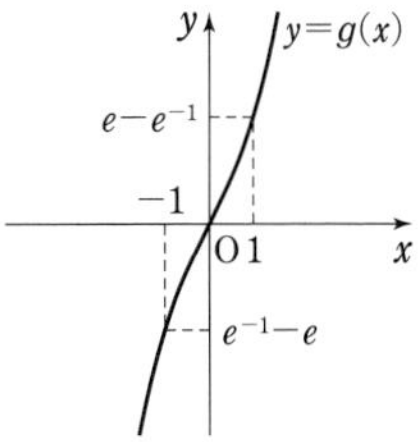

$b<2a$，$b>e^{a}-e^{-a}$ のとき 1 本；
$b=2a$，$e^{a}-e^{-a}$ のとき 2 本；
$2a<b<e^{a}-e^{-a}$ のとき 3 本

EX ④106

n を自然数とし，実数 x に対して $f_n(x)=(-1)^n\left\{e^{-x}-1-\sum_{k=1}^{n}\frac{(-1)^k}{k!}x^k\right\}$ とする。

(1) $f_{n+1}(x)$ の導関数 $f_{n+1}'(x)$ について，$f_{n+1}'(x)=f_n(x)$ が成り立つことを示せ。

(2) すべての自然数 n について，$x>0$ のとき $f_n(x)<0$ であることを示せ。

(3) $a_n=1+\sum_{k=1}^{n}\frac{(-1)^k}{k!}$ とする。$\lim_{n\to\infty}a_{2n}$ を求めよ。〔神戸大〕

(1) $f_{n+1}(x)=(-1)^{n+1}\left\{e^{-x}-1-\sum_{k=1}^{n+1}\frac{(-1)^k}{k!}x^k\right\}$ であるから

$$f_{n+1}'(x)=(-1)^{n+1}\left\{-e^{-x}-\sum_{k=1}^{n+1}\frac{(-1)^k}{(k-1)!}x^{k-1}\right\}$$

$$=(-1)^n\left\{e^{-x}-\sum_{k=1}^{n+1}\frac{(-1)^{k-1}}{(k-1)!}x^{k-1}\right\}$$

$$=(-1)^n\left\{e^{-x}-1-\sum_{k=2}^{n+1}\frac{(-1)^{k-1}}{(k-1)!}x^{k-1}\right\}$$

←$\frac{1}{k!}\times k=\frac{1}{(k-1)!}$

←$(-1)^{n+1}=-(-1)^n$，$(-1)^k=-(-1)^{k-1}$

$l=k-1$ とすると，$k=2,\ 3,\ \cdots\cdots,\ n+1$ のとき
$l=1,\ 2,\ \cdots\cdots,\ n$ で

$$f_{n+1}'(x)=(-1)^n\left\{e^{-x}-1-\sum_{l=1}^{n}\frac{(-1)^l}{l!}x^l\right\}=f_n(x)$$

(2) $f_n(x)<0$ …… ① とし，数学的帰納法で証明する。

[1] $n=1$ のとき

$$f_1(x)=(-1)(e^{-x}-1+x)=-e^{-x}-x+1$$

$x>0$ のとき　$f_1'(x)=e^{-x}-1<e^0-1=0$
ゆえに，$x>0$ において $f_1(x)$ は単調に減少する。
$f_1(0)=-e^0+1=0$ であるから，$x>0$ において　$f_1(x)<0$
すなわち，① は成り立つ。

←[1]，[2] とも，方針は，$x>0$ で $f_●'(x)<0$ と $f_●(0)=0$ を示すことにより $f_●(x)<0$ を導くことである。

[2] $n=i$ のとき，① が成り立つと仮定すると　$f_i(x)<0$
よって，(1) から　$f_{i+1}'(x)=f_i(x)<0$
ゆえに，$f_{i+1}(x)$ は単調に減少する。

←(1) の結果を利用すると，$f_{i+1}'(x)<0$ はすぐに示される。

$f_{i+1}(0)=(-1)^{i+1}\left\{e^0-1-\sum_{k=1}^{i+1}\frac{(-1)^k}{k!}\cdot 0\right\}=0$ であるから，
$x>0$ において　$f_{i+1}(x)<0$
ゆえに，$n=i+1$ のときも ① は成り立つ。

[1]，[2] から，すべての自然数 n について，$x>0$ のとき

$$f_n(x)<0$$

(3) $f_{2n}(1)=(-1)^{2n}\left\{e^{-1}-1-\sum_{k=1}^{2n}\frac{(-1)^k}{k!}\cdot 1\right\}=\frac{1}{e}-a_{2n}$

(2) より，$f_{2n}(1)<0$ であるから　$\frac{1}{e}<a_{2n}$ ……②

また　$f_{2n+1}(1)=(-1)^{2n+1}\left\{e^{-1}-1-\sum_{k=1}^{2n+1}\frac{(-1)^k}{k!}\cdot 1\right\}$

$$=-\frac{1}{e}+\left\{1+\sum_{k=1}^{2n}\frac{(-1)^k}{k!}\right\}+\frac{(-1)^{2n+1}}{(2n+1)!}$$

$$=-\frac{1}{e}+a_{2n}-\frac{1}{(2n+1)!}$$

(2) より，$f_{2n+1}(1)<0$ であるから

$$a_{2n}<\frac{1}{e}+\frac{1}{(2n+1)!} \quad \cdots\cdots ③$$

②，③ から　$\frac{1}{e}<a_{2n}<\frac{1}{e}+\frac{1}{(2n+1)!}$

$\lim_{n\to\infty}\left\{\frac{1}{e}+\frac{1}{(2n+1)!}\right\}=\frac{1}{e}$ であるから　$\lim_{n\to\infty}a_{2n}=\boldsymbol{\frac{1}{e}}$

←求めるのは $\lim_{n\to\infty}a_{2n}$ であることと，a_n の定義式の Σ の中の式に注目し，$f_{2n}(1)$ を考える。
$(-1)^{偶数}=1$,
$(-1)^{奇数}=-1$

←はさみうちの原理。

EX ②107

座標平面上の動点 P の時刻 t における座標 $(x,\ y)$ が $\begin{cases} x=\sin t \\ y=\frac{1}{2}\cos 2t \end{cases}$ で表されるとき，点 P の速度の大きさの最大値を求めよ。　〔類 立命館大〕

$\frac{dx}{dt}=\cos t$，$\frac{dy}{dt}=-\sin 2t$ であるから，時刻 t における速度ベクトルを $\vec{v}$ とすると

$$|\vec{v}|^2=\left(\frac{dx}{dt}\right)^2+\left(\frac{dy}{dt}\right)^2$$
$$=\cos^2 t+\sin^2 2t$$
$$=\cos^2 t+4\sin^2 t\cos^2 t$$
$$=\cos^2 t(1+4\sin^2 t) \quad \cdots\cdots (*)$$

ここで，$\sin^2 t=X$ とおくと　$0\leqq X\leqq 1$ ……①

$$|\vec{v}|^2=(1-X)(1+4X)$$
$$=-4X^2+3X+1$$
$$=-4\left(X-\frac{3}{8}\right)^2+\frac{25}{16}$$

ゆえに，① の範囲において，$|\vec{v}|^2$ は $X=\frac{3}{8}$ のとき最大値 $\frac{25}{16}$ をとる。

$|\vec{v}|\geqq 0$ であるから，$|\vec{v}|^2$ が最大のとき $|\vec{v}|$ も最大となる。

したがって，求める最大値は　$\sqrt{\frac{25}{16}}=\boldsymbol{\frac{5}{4}}$

HINT　速度 $\vec{v}$ の大きさ
$|\vec{v}|=\sqrt{\left(\frac{dx}{dt}\right)^2+\left(\frac{dy}{dt}\right)^2}$

←$\sin 2t=2\sin t\cos t$

←変数のおき換えは，その範囲に注意する。
なお，$(*)$ で $\cos^2 t=X$ とおくと
$|\vec{v}|^2=X\{1+4(1-X)\}$
$=-4X^2+5X$
$=-4\left(X-\frac{5}{8}\right)^2+\frac{25}{16}$
$0\leqq X\leqq 1$ の範囲で $|\vec{v}|^2$ は $X=\frac{5}{8}$ のとき最大値 $\frac{25}{16}$ をとる。

EX ③108 楕円 $Ax^2+By^2=1$ $(A>0,\ B>0)$ の周上を速さ 1 で運動する点 P$(x,\ y)$ について，次のことが成り立つことを示せ。
(1) 点 P の速度ベクトルと加速度ベクトルは垂直である。
(2) 点 P の速度ベクトルとベクトル $(Ax,\ By)$ は垂直である。

時刻 t における点 P の座標を $(x,\ y)$ とすると，$x,\ y$ はそれぞれ t の関数である。

点 P の速度ベクトル $\vec{v}$ は　　$\vec{v}=\left(\dfrac{dx}{dt},\ \dfrac{dy}{dt}\right)$

点 P の加速度ベクトル $\vec{\alpha}$ は　　$\vec{\alpha}=\left(\dfrac{d^2x}{dt^2},\ \dfrac{d^2y}{dt^2}\right)$

以下，$\dfrac{dx}{dt}=x'$，$\dfrac{dy}{dt}=y'$，$\dfrac{d^2x}{dt^2}=x''$，$\dfrac{d^2y}{dt^2}=y''$ と表す。

(1) 点 P$(x,\ y)$ の速さは 1 であるから
$$(x')^2+(y')^2=1$$
この両辺を t で微分すると
$$2(x'x''+y'y'')=0$$
したがって　$\vec{v}\cdot\vec{\alpha}=0$　すなわち　$\vec{v}\perp\vec{\alpha}$
よって，点 P の速度ベクトルと加速度ベクトルは垂直である。

(2) $Ax^2+By^2=1$ の両辺を t で微分すると
$$2(Axx'+Byy')=0$$
$\vec{p}=(Ax,\ By)$ とすると　$\vec{v}\cdot\vec{p}=0$
すなわち　$\vec{v}\perp\vec{p}$
よって，点 P の速度ベクトルとベクトル $(Ax,\ By)$ は垂直である。

HINT　$Ax^2+By^2=1$ の両辺を時刻 t で微分する。
速さ 1 $\Longleftrightarrow$ $\sqrt{\left(\dfrac{dx}{dt}\right)^2+\left(\dfrac{dy}{dt}\right)^2}=1$
ベクトルの垂直 $\Longleftrightarrow$ 内積$=0$

←$x'x''+y'y''=\vec{v}\cdot\vec{\alpha}$

←$\vec{v}\neq\vec{0}$，$\vec{\alpha}\neq\vec{0}$ のとき $\vec{v}\cdot\vec{\alpha}=0 \Longleftrightarrow \vec{v}\perp\vec{\alpha}$

←$\vec{p}\neq\vec{0}$ である。

EX ④109 原点 O を中心とし，半径 5 の円周上を点 Q が回転し，更に点 Q を中心とする半径 1 の円周上を点 P が回転する。時刻 t のとき，x 軸の正方向に対し OQ，QP のなす角はそれぞれ t，$15t$ とする。OP が x 軸の正方向となす角 ω について，$\dfrac{d\omega}{dt}$ を求めよ。　〔類 学習院大〕

HINT　まず，P$(x,\ y)$ として，$\overrightarrow{OP}=\overrightarrow{OQ}+\overrightarrow{QP}$ から $x,\ y$ を t で表す。$x=\mathrm{OP}\cos\omega$，$y=\mathrm{OP}\sin\omega$ であることにも注目。

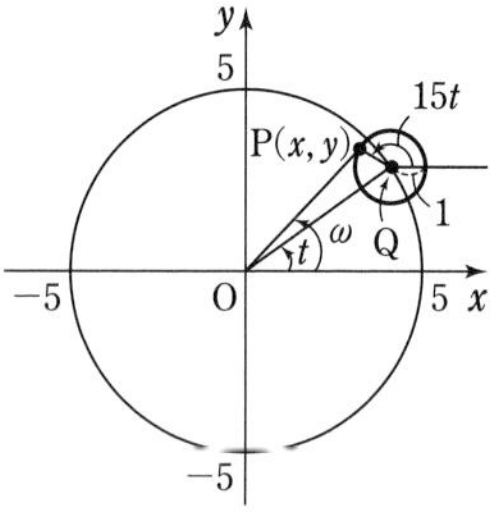

P$(x,\ y)$ とする。
条件から　$\overrightarrow{OP}=\overrightarrow{OQ}+\overrightarrow{QP}$
$=(5\cos t,\ 5\sin t)+(\cos 15t,\ \sin 15t)$
ゆえに　$x=5\cos t+\cos 15t,\ y=5\sin t+\sin 15t$　…①
一方　$x=\mathrm{OP}\cos\omega,\ y=\mathrm{OP}\sin\omega$　…②
よって　$x\sin\omega=y\cos\omega$
この両辺を t で微分して
$$x'\sin\omega+x\cos\omega\cdot\omega'=y'\cos\omega+y(-\sin\omega)\omega'$$
② から　$x'y+x^2\omega'=y'x-y^2\omega'$
ゆえに　$(x^2+y^2)\omega'=xy'-x'y$
これに ① と $x'=-5\sin t-15\sin 15t$，$y'=5\cos t+15\cos 15t$ を代入して

←上式の両辺に OP を掛けて ② を代入。

$$\{5^2(\cos^2 t+\sin^2 t)+2\cdot 5(\cos t\cos 15t+\sin t\sin 15t)$$
$$+(\cos^2 15t+\sin^2 15t)\}\omega'$$
$$=(5\cos t+\cos 15t)(5\cos t+15\cos 15t)$$
$$-(-5\sin t-15\sin 15t)(5\sin t+\sin 15t)$$

←$\cos\alpha\cos\beta+\sin\alpha\sin\beta=\cos(\alpha-\beta)$

←$25+80\cos(15t-t)+15=40+80\cos 14t$

よって　$(26+10\cos 14t)\omega'=40+80\cos 14t$

$26+10\cos 14t>0$ であるから

$$\boldsymbol{\frac{d\omega}{dt}=\omega'=\frac{20+40\cos 14t}{13+5\cos 14t}}$$

EX
②**110**

(1) $|x|$ が十分小さいとき，関数 $\tan\left(\dfrac{x}{2}-\dfrac{\pi}{4}\right)$ の近似式（1次）を作れ。〔信州大〕

(2) (ア) $\displaystyle\lim_{x\to 0}\frac{1+ax-\sqrt{1+x}}{x^2}=\frac{1}{8}$ が成り立つように定数 a の値を定めよ。

(イ) (ア)の結果を用いて，$|x|$ が十分小さいとき，$\sqrt{1+x}$ の近似式を作れ。また，その近似式を利用して $\sqrt{102}$ の近似値を求めよ。

(1) $f(x)=\tan\left(\dfrac{x}{2}-\dfrac{\pi}{4}\right)$ とすると

$$f'(x)=\frac{1}{2\cos^2\left(\dfrac{x}{2}-\dfrac{\pi}{4}\right)}$$

$f(0)=\tan\left(-\dfrac{\pi}{4}\right)=-1$，$f'(0)=\dfrac{1}{2\cos^2\left(-\dfrac{\pi}{4}\right)}=1$ であるから，

$|x|$ が十分小さいとき　$\boldsymbol{\tan\left(\dfrac{x}{2}-\dfrac{\pi}{4}\right)\fallingdotseq -1+x}$

←$|x|$ が十分小さいとき
$\boldsymbol{f(x)\fallingdotseq f(0)+f'(0)x}$

(2) (ア) $\displaystyle\lim_{x\to 0}\frac{1+ax-\sqrt{1+x}}{x^2}=\lim_{x\to 0}\frac{(1+ax)^2-(1+x)}{x^2(1+ax+\sqrt{1+x})}$

$$=\lim_{x\to 0}\frac{x(a^2x+2a-1)}{x^2(1+ax+\sqrt{1+x})}$$

$$=\lim_{x\to 0}\frac{a^2x+2a-1}{x(1+ax+\sqrt{1+x})}\quad\cdots\cdots ①$$

←分子の有理化。

$\displaystyle\lim_{x\to 0}x(1+ax+\sqrt{1+x})=0$ であるから　$\displaystyle\lim_{x\to 0}(a^2x+2a-1)=0$

←必要条件。

よって　$2a-1=0$　　これを解いて　$a=\dfrac{1}{2}$

このとき，① から

$$\lim_{x\to 0}\frac{\dfrac{x}{4}+2\cdot\dfrac{1}{2}-1}{x\left(1+\dfrac{x}{2}+\sqrt{1+x}\right)}=\lim_{x\to 0}\frac{1}{4\left(1+\dfrac{x}{2}+\sqrt{1+x}\right)}=\frac{1}{8}$$

←求めた $a=\dfrac{1}{2}$ が十分条件であることを確認。

ゆえに，与式は成り立つ。

したがって　$\boldsymbol{a=\dfrac{1}{2}}$

(イ) (ア)から，$|x|$ が十分小さいとき

$$\frac{1+\frac{1}{2}x-\sqrt{1+x}}{x^2} \fallingdotseq \frac{1}{8}$$

よって　$1+\frac{1}{2}x-\sqrt{1+x} \fallingdotseq \frac{1}{8}x^2$

ゆえに，$\sqrt{1+x}$ の近似式は

$$\sqrt{1+x} \fallingdotseq \mathbf{1+\frac{1}{2}x-\frac{1}{8}x^2} \quad \cdots\cdots \text{②}$$

←これは $\sqrt{1+x}$ の2次の近似式である。

また　$\sqrt{102}=\sqrt{100+2}=\sqrt{100\left(1+\frac{1}{50}\right)}$

$$=10\sqrt{1+\frac{1}{50}} \quad \cdots\cdots \text{③}$$

近似式②において，$x=\frac{1}{50}$ とすると

$$\sqrt{1+\frac{1}{50}} \fallingdotseq 1+\frac{1}{2}\cdot\frac{1}{50}-\frac{1}{8}\cdot\left(\frac{1}{50}\right)^2=\frac{20199}{20000}$$

←通分すると $\frac{20000+200-1}{20000}$

これを③に代入すると

$$\sqrt{102} \fallingdotseq 10\cdot\frac{20199}{20000}=\frac{20199}{2000}=\mathbf{10.0995}$$

練習 ①129 次の不定積分を求めよ。

(1) $\displaystyle\int\frac{x^3-2x+1}{x^2}dx$ (2) $\displaystyle\int\frac{(\sqrt[3]{x}-1)^3}{x}dx$ (3) $\displaystyle\int(\tan x+2)\cos x\,dx$

(4) $\displaystyle\int\frac{3-2\cos^2 x}{\cos^2 x}dx$ (5) $\displaystyle\int\sin\frac{x}{2}\cos\frac{x}{2}dx$ (6) $\displaystyle\int(3e^t-10^t)dt$

C は積分定数とする。

(1) (与式)$\displaystyle=\int\left(x-\frac{2}{x}+\frac{1}{x^2}\right)dx=\boldsymbol{\frac{x^2}{2}-2\log|x|-\frac{1}{x}+C}$

(2) (与式)$\displaystyle=\int\frac{x-3x^{\frac{2}{3}}+3x^{\frac{1}{3}}-1}{x}dx$

$\displaystyle=\int\left(1-3x^{-\frac{1}{3}}+3x^{-\frac{2}{3}}-\frac{1}{x}\right)dx$

$\displaystyle=x-3\cdot\frac{3}{2}x^{\frac{2}{3}}+3\cdot3x^{\frac{1}{3}}-\log|x|+C$

$\displaystyle=\boldsymbol{x-\frac{9}{2}\sqrt[3]{x^2}+9\sqrt[3]{x}-\log|x|+C}$

(3) (与式)$\displaystyle=\int(\tan x\cos x+2\cos x)dx=\int(\sin x+2\cos x)dx$

$=\boldsymbol{-\cos x+2\sin x+C}$

(4) (与式)$\displaystyle=\int\left(\frac{3}{\cos^2 x}-2\right)dx=\boldsymbol{3\tan x-2x+C}$

(5) (与式)$\displaystyle=\int\frac{1}{2}\sin x\,dx=\boldsymbol{-\frac{1}{2}\cos x+C}$

(6) (与式)$\displaystyle=\boldsymbol{3e^t-\frac{10^t}{\log 10}+C}$

注意 本書では，以後断りのない限り，C は積分定数を表すものとする。

←$\displaystyle\int\frac{1}{x}dx=\log|x|+C$

←$\alpha\neq-1$ のとき
$\displaystyle\int x^\alpha dx=\frac{x^{\alpha+1}}{\alpha+1}+C$

←$\displaystyle\int\sin x\,dx=-\cos x+C$
$\displaystyle\int\cos x\,dx=\sin x+C$

←$\displaystyle\int\frac{1}{\cos^2 x}dx=\tan x+C$

←2倍角の公式。

←$a>0$，$a\neq1$ のとき
$\displaystyle\int a^x dx=\frac{a^x}{\log a}+C$

練習 ②130 (1) 次の条件を満たす関数 $F(x)$ を求めよ。

$$F'(x)=e^x-\frac{1}{\sin^2 x},\ F\left(\frac{\pi}{4}\right)=0$$

(2) 曲線 $y=f(x)$ 上の点 $(x,\ y)$ における法線の傾きが 3^x であり，かつ，この曲線が原点を通るとき，微分可能な関数 $f(x)$ を求めよ。

(1) $\displaystyle F(x)=\int F'(x)dx=\int\left(e^x-\frac{1}{\sin^2 x}\right)dx=e^x+\frac{1}{\tan x}+C$

$F\left(\frac{\pi}{4}\right)=0$ であるから $e^{\frac{\pi}{4}}+1+C=0$

これを解いて $C=-e^{\frac{\pi}{4}}-1$

したがって $\displaystyle\boldsymbol{F(x)=e^x+\frac{1}{\tan x}-e^{\frac{\pi}{4}}-1}$

(2) 条件から $\displaystyle-\frac{1}{f'(x)}=3^x$

ゆえに $\displaystyle f'(x)=-\frac{1}{3^x}=-3^{-x}$

よって $\displaystyle f(x)=\int(-3^{-x})dx=\frac{3^{-x}}{\log 3}+C$

←$\displaystyle\int e^x dx=e^x+C$
$\displaystyle\int\frac{dx}{\sin^2 x}=-\frac{1}{\tan x}+C$

←(接線の傾き)×(法線の傾き)$=-1$

←$(3^{-x})'=-3^{-x}\log 3$

5章 練習 [積分法]

曲線 $y=f(x)$ は原点を通るから　　$0=f(0)$

ゆえに　　$0=\dfrac{1}{\log 3}+C$

よって　　$C=-\dfrac{1}{\log 3}$

したがって　　$\boldsymbol{f(x)=\dfrac{1}{\log 3}(3^{-x}-1)}$

練習 ④131

$x>0$ とする。微分可能な関数 $f(x)$ が $f'(x)=\left|\dfrac{1}{x}-1\right|$ を満たし，$f(2)=-\log 2$ であるとき，$f(x)$ を求めよ。

$x>1$ のとき，$\dfrac{1}{x}-1<0$ であるから　　$f'(x)=-\dfrac{1}{x}+1$

←$x>1$ のとき　$1>\dfrac{1}{x}$

よって　　$f(x)=\displaystyle\int\left(-\frac{1}{x}+1\right)dx$

$=-\log x+x+C$（C は積分定数）

$f(2)=-\log 2$ であるから　　$-\log 2=-\log 2+2+C$

ゆえに　　$C=-2$

したがって　　$f(x)=-\log x+x-2$ …… ①

$0<x<1$ のとき，$\dfrac{1}{x}-1>0$ であるから　　$f'(x)=\dfrac{1}{x}-1$

←$0<x<1$ のとき $\dfrac{1}{x}>1$

よって　　$f(x)=\displaystyle\int\left(\frac{1}{x}-1\right)dx$

$=\log x-x+D$（D は積分定数）…… ②

$f(x)$ は $x=1$ で微分可能であるから，$x=1$ で連続である。

←$f(x)$ は微分可能な関数。

ゆえに　　$\displaystyle\lim_{x\to 1+0}f(x)=\lim_{x\to 1-0}f(x)=f(1)$

① から　　$\displaystyle\lim_{x\to 1+0}f(x)=\lim_{x\to 1+0}(-\log x+x-2)=-1$

② から　　$\displaystyle\lim_{x\to 1-0}f(x)=\lim_{x\to 1-0}(\log x-x+D)=-1+D$

よって　　$-1=-1+D=f(1)$　　ゆえに　　$D=0$

したがって　　$f(x)=\log x-x$

←必要条件。

このとき，$\displaystyle\lim_{h\to 0}\frac{\log(1+h)}{h}=1$ から

←逆の確認。また，$\displaystyle\lim_{h\to 0}(1+h)^{\frac{1}{h}}=e$ であり（本冊 $p.121$ 参照），関数 $y=\log x$ は連続であるから
$\displaystyle\lim_{h\to 0}\frac{\log(1+h)}{h}$
$\displaystyle=\lim_{h\to 0}\log(1+h)^{\frac{1}{h}}$
$=\log e=1$

$$\lim_{h\to +0}\frac{f(1+h)-f(1)}{h}=\lim_{h\to +0}\frac{-\log(1+h)+(1+h)-2-(-1)}{h}$$

$$=\lim_{h\to +0}\left\{-\frac{\log(1+h)}{h}+1\right\}=-1+1=0$$

$$\lim_{h\to -0}\frac{f(1+h)-f(1)}{h}=\lim_{h\to -0}\frac{\log(1+h)-(1+h)-(-1)}{h}$$

$$=\lim_{h\to -0}\left\{\frac{\log(1+h)}{h}-1\right\}=1-1=0$$

よって，$f'(1)$ が存在し，$f(x)$ は $x=1$ で微分可能である。

以上から　　$\boldsymbol{f(x)=\begin{cases}-\log x+x-2 & (1\leqq x)\\ \log x-x & (0<x<1)\end{cases}}$

練習 ①132 次の不定積分を求めよ。

(1) $\int\frac{1}{4x^2-12x+9}dx$ (2) $\int\sqrt[3]{3x+2}\,dx$ (3) $\int e^{-2x+1}dx$

(4) $\int\frac{1}{\sqrt[3]{(1-3x)^2}}dx$ (5) $\int\sin(3x-2)dx$ (6) $\int 7^{2x-3}dx$

(1) $\int\frac{dx}{4x^2-12x+9}=\int\frac{dx}{(2x-3)^2}=\frac{1}{2}\left(-\frac{1}{2x-3}\right)+C$

$=-\frac{1}{2(2x-3)}+C$

← $\int f(ax+b)dx=\frac{1}{a}F(ax+b)+C$

(2) $\int\sqrt[3]{3x+2}\,dx=\int(3x+2)^{\frac{1}{3}}dx=\frac{1}{3}\cdot\frac{3}{4}(3x+2)^{\frac{4}{3}}+C$

$=\frac{1}{4}(3x+2)\sqrt[3]{3x+2}+C$

← $\int x^{\frac{1}{3}}dx=\frac{x^{\frac{1}{3}+1}}{\frac{1}{3}+1}+C$

(3) $\int e^{-2x+1}dx=-\frac{1}{2}e^{-2x+1}+C$

← $\int e^x dx=e^x+C$

(4) $\int\frac{1}{\sqrt[3]{(1-3x)^2}}dx=\int(1-3x)^{-\frac{2}{3}}dx=-\frac{1}{3}\cdot 3(1-3x)^{\frac{1}{3}}+C$

$=-\sqrt[3]{1-3x}+C$

← $\int x^{-\frac{2}{3}}dx=\frac{x^{-\frac{2}{3}+1}}{-\frac{2}{3}+1}+C$

(5) $\int\sin(3x-2)dx=\frac{1}{3}\{-\cos(3x-2)\}+C$

$=-\frac{1}{3}\cos(3x-2)+C$

← $\int\sin x\,dx=-\cos x+C$

(6) $\int 7^{2x-3}dx=\frac{1}{2}\cdot\frac{7^{2x-3}}{\log 7}+C=\frac{7^{2x-3}}{2\log 7}+C$

← $\int 7^x dx=\frac{7^x}{\log 7}+C$

練習 ②133 次の不定積分を求めよ。

(1) $\int(x+2)\sqrt{1-x}\,dx$ (2) $\int\frac{x}{(x+3)^2}dx$ (3) $\int(2x+1)\sqrt{x^2+x+1}\,dx$

(4) $\int\frac{e^{2x}}{e^x+2}dx$ (5) $\int\left(\tan x+\frac{1}{\tan x}\right)dx$ (6) $\int\frac{x}{1+x^2}\log(1+x^2)dx$

(1) $\sqrt{1-x}=t$ とおくと，$x=1-t^2$ から　$dx=-2t\,dt$

よって　$\int(x+2)\sqrt{1-x}\,dx=\int(3-t^2)t(-2t)dt$

$=2\int(t^4-3t^2)dt=2\left(\frac{t^5}{5}-t^3\right)+C$

$=-\frac{2}{5}t^3(5-t^2)+C=-\frac{2}{5}(x+4)(1-x)\sqrt{1-x}+C$

←置換積分法の利用。なお，(1)では $1-x=t$ とおくと，指数が分数になって，計算が面倒。

← $5-t^2=x+4$

(2) $x+3=t$ とおくと，$x=t-3$ から　$dx=dt$

よって　$\int\frac{x}{(x+3)^2}dx=\int\frac{t-3}{t^2}dt=\int\left(\frac{1}{t}-\frac{3}{t^2}\right)dt$

$=\log|t|+\frac{3}{t}+C=\log|x+3|+\frac{3}{x+3}+C$

← $(x+3)^2=t$（丸ごと置換）とおくと大変。

(3) $x^2+x+1=t$ とおくと　$(2x+1)dx=dt$

よって　$\int(2x+1)\sqrt{x^2+x+1}\,dx=\int\sqrt{t}\,dt=\frac{2}{3}t^{\frac{3}{2}}+C$

← $g'(x)\sqrt{g(x)}$ の形をしているときは，$g(x)=t$ または $\sqrt{g(x)}=t$ とおく。

5章 練習 [積分法]

$$=\boldsymbol{\frac{2}{3}(x^2+x+1)\sqrt{x^2+x+1}+C}$$

別解 $\sqrt{x^2+x+1}=t$ とおくと，$\dfrac{2x+1}{2\sqrt{x^2+x+1}}dx=dt$ から

$$(2x+1)dx=2\sqrt{x^2+x+1}\,dt$$

すなわち　$(2x+1)dx=2t\,dt$

よって　$\displaystyle\int(2x+1)\sqrt{x^2+x+1}\,dx=\int 2t^2dt=\frac{2}{3}t^3+C$

$$=\boldsymbol{\frac{2}{3}(x^2+x+1)\sqrt{x^2+x+1}+C}$$

(4)　$e^x+2=t$ とおくと　　$e^x=t-2$，$e^x dx=dt$

よって　$\displaystyle\int\frac{e^{2x}}{e^x+2}dx=\int\frac{e^x}{e^x+2}e^x dx=\int\frac{t-2}{t}dt$

$\displaystyle=\int\left(1-\frac{2}{t}\right)dt=t-2\log t+C'$

$=e^x+2-2\log(e^x+2)+C'$　（C' は積分定数）

$2+C'$ を C とおいて　$\displaystyle\int\frac{e^{2x}}{e^x+2}dx=\boldsymbol{e^x-2\log(e^x+2)+C}$

←$e^x+2=t>0$ であるから　$\log|t|=\log t$

(5)　$\tan x=t$ とおくと　　$\dfrac{1}{\cos^2 x}dx=dt$

よって　$\displaystyle\int\left(\tan x+\frac{1}{\tan x}\right)dx=\int\frac{\tan^2 x+1}{\tan x}dx$

$\displaystyle=\int\frac{1}{\tan x}\cdot\frac{1}{\cos^2 x}dx=\int\frac{dt}{t}$

$=\log|t|+C=\boldsymbol{\log|\tan x|+C}$

←(与式)$=\displaystyle\int\frac{\sin x}{\cos x}dx+\int\frac{\cos x}{\sin x}dx$ として，$\displaystyle\int\frac{g'(x)}{g(x)}dx=\log|g(x)|+C$ を利用してもよい。

(6)　$1+x^2=t$ とおくと　　$2x\,dx=dt$

$\displaystyle\int\frac{x}{1+x^2}\log(1+x^2)dx=\frac{1}{2}\int\frac{1}{1+x^2}\log(1+x^2)\cdot 2x\,dx$

$\displaystyle=\frac{1}{2}\int\frac{1}{t}\cdot\log t\,dt$

$\log t=u$ とおくと　　$\dfrac{1}{t}dt=du$

よって　$\displaystyle\int\frac{x}{1+x^2}\log(1+x^2)dx=\frac{1}{2}\int u\,du=\frac{1}{4}u^2+C$

$\displaystyle=\frac{1}{4}(\log t)^2+C=\boldsymbol{\frac{1}{4}\{\log(1+x^2)\}^2+C}$

(6)　別解　$\log(1+x^2)=t$ とおくと　$\dfrac{2x}{1+x^2}dx=dt$

よって　(与式)

$\displaystyle=\frac{1}{2}\int t\,dt=\frac{1}{4}t^2+C$

$\displaystyle=\boldsymbol{\frac{1}{4}\{\log(1+x^2)\}^2+C}$

練習 ②134　次の不定積分を求めよ。　［(1) 芝浦工大］

(1) $\displaystyle\int\frac{2x+1}{\sqrt{x^2+x}}dx$　　(2) $\displaystyle\int\sin x\cos^2 x\,dx$　　(3) $\displaystyle\int\frac{1}{x\log x}dx$

(1)　$x^2+x=u$ とおくと　　$(x^2+x)'=2x+1$

よって　$\displaystyle\int\frac{2x+1}{\sqrt{x^2+x}}dx=\int(x^2+x)^{-\frac{1}{2}}(x^2+x)'dx$

$\displaystyle=\int u^{-\frac{1}{2}}du=2u^{\frac{1}{2}}+C=\boldsymbol{2\sqrt{x^2+x}+C}$

←置換積分法の利用。

←$(x^2+x)'dx=du$

(2) $(\cos x)'=-\sin x$ であるから

$$\int \sin x\cos^2 x\,dx=-\int \cos^2 x(\cos x)'\,dx=-\frac{1}{3}\cos^3 x+C$$

←$\cos x=u$ とおくと $-\sin x\,dx=du$

(3) $(\log x)'=\dfrac{1}{x}$ であるから

$$\int \frac{1}{x\log x}dx=\int \frac{(\log x)'}{\log x}dx=\log|\log x|+C$$

←$\displaystyle\int \frac{g'(x)}{g(x)}dx=\log|g(x)|+C$

練習 ②135 次の不定積分を求めよ。 〔(5) 会津大〕

(1) $\displaystyle\int xe^{-x}dx$ (2) $\displaystyle\int x\sin x\,dx$ (3) $\displaystyle\int x^2\log x\,dx$ (4) $\displaystyle\int x\cdot 3^x dx$ (5) $\displaystyle\int \frac{\log(\log x)}{x}dx$

HINT 部分積分法 $\displaystyle\int f\cdot g'\,dx=f\cdot g-\int f'\cdot g\,dx$ を利用。$\displaystyle\int f'\cdot g\,dx$ の計算ができるように g を決めるのがコツ。(5) では，$\log x=y$ とおき，置換積分法を利用する。

(1) $\displaystyle\int xe^{-x}dx=\int x(-e^{-x})'dx=-xe^{-x}-\int 1\cdot(-e^{-x})dx$

$\displaystyle=-xe^{-x}+\int e^{-x}dx=-xe^{-x}-e^{-x}+C$

←$f=x$，$g'=e^{-x}$ とすると $f'=1$，$g=-e^{-x}$

(2) $\displaystyle\int x\sin x\,dx=\int x(-\cos x)'dx=-x\cos x-\int 1\cdot(-\cos x)dx$

$\displaystyle=-x\cos x+\int \cos x\,dx=-x\cos x+\sin x+C$

←$f=x$，$g'=\sin x$ とすると $f'=1$，$g=-\cos x$

(3) $\displaystyle\int x^2\log x\,dx=\int\left(\frac{x^3}{3}\right)'\log x\,dx=\frac{x^3}{3}\log x-\int \frac{x^3}{3}\cdot\frac{1}{x}dx$

$\displaystyle=\frac{x^3}{3}\log x-\frac{1}{3}\int x^2dx=\frac{x^3}{3}\log x-\frac{x^3}{9}+C$

←$f=\log x$，$g'=x^2$ とすると $f'=\dfrac{1}{x}$，$g=\dfrac{x^3}{3}$

(4) $\displaystyle\int x\cdot 3^x dx=\int x\left(\frac{3^x}{\log 3}\right)'dx=x\cdot\frac{3^x}{\log 3}-\int\frac{3^x}{\log 3}dx$

$\displaystyle=\frac{x\cdot 3^x}{\log 3}-\frac{3^x}{(\log 3)^2}+C$

←$(3^x)'=3^x\log 3$ であるから $\left(\dfrac{3^x}{\log 3}\right)'=3^x$

(5) $\log x=y$ とおくと，$\dfrac{1}{x}dx=dy$ であるから

←置換積分法。

$$\int\frac{\log(\log x)}{x}dx=\int \log y\,dy=\int (y)'\cdot\log y\,dy$$

$\displaystyle=y\log y-\int y\cdot\frac{1}{y}dy=y\log y-y+C$

$=y(\log y-1)+C=\log x\{\log(\log x)-1\}+C$

←部分積分法。今後，$\displaystyle\int \log x\,dx=x\log x-x+C$ は公式として扱う。

練習 ③136 次の不定積分を求めよ。

(1) $\displaystyle\int x^2\cos x\,dx$ (2) $\displaystyle\int x^2e^{-x}dx$ (3) $\displaystyle\int x\tan^2 x\,dx$

(1) $\displaystyle\int x^2\cos x\,dx=\int x^2(\sin x)'dx$

←$f=x^2$，$g'=\cos x$

$\displaystyle=x^2\sin x-2\int x\sin x\,dx$

←第 2 項の積分に再度部分積分法を適用する。$f=x$，$g'=\sin x$

$\displaystyle=x^2\sin x+2\int x(\cos x)'dx$

$=x^2\sin x+2\left(x\cos x-\int\cos x\,dx\right)$

$=\boldsymbol{x^2\sin x+2x\cos x-2\sin x+C}$

(2) $\int x^2e^{-x}dx=\int x^2(-e^{-x})'dx$

←$f=x^2$, $g'=e^{-x}$

$=-x^2e^{-x}+2\int xe^{-x}dx$

$=-x^2e^{-x}+2\int x(-e^{-x})'dx$

←再度，部分積分法を適用。$f=x$, $g'=e^{-x}$

$=-x^2e^{-x}+2\left(-xe^{-x}+\int e^{-x}dx\right)$

$=-x^2e^{-x}-2xe^{-x}-2e^{-x}+C$

$=\boldsymbol{-(x^2+2x+2)e^{-x}+C}$

(3) $\int x\tan^2 x\,dx=\int x\left(\frac{1}{\cos^2 x}-1\right)dx$

←$\tan^2 x=\frac{1}{\cos^2 x}-1$

$=\int x(\tan x-x)'dx$

$=x(\tan x-x)-\int(\tan x-x)dx$

←$-\int\tan x\,dx$
$=\int\frac{(\cos x)'}{\cos x}dx$
$=\log|\cos x|+C$

$=x\tan x-x^2+\log|\cos x|+\frac{1}{2}x^2+C$

$=\boldsymbol{x\tan x+\log|\cos x|-\frac{x^2}{2}+C}$

練習 ③137 次の不定積分を求めよ。
(1) $\int e^{-x}\cos x\,dx$　　(2) $\int\sin(\log x)dx$

(1) $I=\int e^{-x}\cos x\,dx$ とする。

$I=\int(-e^{-x})'\cos x\,dx=-e^{-x}\cos x-\int e^{-x}\sin x\,dx$

←$I=\int e^{-x}(\sin x)'dx$ と考えてもよい(結果は同じ)。

$=-e^{-x}\cos x+\int(e^{-x})'\sin x\,dx$

$=-e^{-x}\cos x+\left(e^{-x}\sin x-\int e^{-x}\cos x\,dx\right)$

←部分積分法を2回行うと **同形出現**。

$=-e^{-x}\cos x+e^{-x}\sin x-I$

よって，積分定数を考えて　$I=\boldsymbol{\frac{1}{2}e^{-x}(\sin x-\cos x)+C}$

←$2I$
$=-e^{-x}\cos x+e^{-x}\sin x$
積分定数 C を落とさないように。

別解 $I=\int e^{-x}\cos x\,dx$, $J=\int e^{-x}\sin x\,dx$ とする。

$(e^{-x}\cos x)'=-e^{-x}\cos x-e^{-x}\sin x$,
$(e^{-x}\sin x)'=-e^{-x}\sin x+e^{-x}\cos x$

であるから，2つの式の両辺を積分して

$e^{-x}\cos x=-I-J$, $e^{-x}\sin x=-J+I$

←I, J の連立方程式。

辺々を引き，積分定数を考えて

←$2I$
$=e^{-x}\sin x-e^{-x}\cos x$

$I=\boldsymbol{\frac{1}{2}e^{-x}(\sin x-\cos x)+C}$

(2) $I=\int\sin(\log x)dx$ とする。

$$I=\int(x)'\sin(\log x)dx=x\sin(\log x)-\int x\cos(\log x)\cdot\frac{1}{x}dx$$

←$\{\sin(\log x)\}'=\cos(\log x)\cdot(\log x)'$

$$=x\sin(\log x)-\int\cos(\log x)dx$$

$$=x\sin(\log x)-\int(x)'\cos(\log x)dx$$

$$=x\sin(\log x)-\left\{x\cos(\log x)+\int x\sin(\log x)\cdot\frac{1}{x}dx\right\}$$

←部分積分法を 2 回行うと **同形出現**。

$$=x\sin(\log x)-x\cos(\log x)-\int\sin(\log x)dx$$

$$=x\{\sin(\log x)-\cos(\log x)\}-I$$

よって，積分定数を考えて

←$2I=x\{\sin(\log x)-\cos(\log x)\}$

$$\boldsymbol{I=\frac{1}{2}x\{\sin(\log x)-\cos(\log x)\}+C}$$

←積分定数 C を落とさないように。

別解 $I=\int\sin(\log x)dx$，$J=\int\cos(\log x)dx$ とする。

$$\{\sin(\log x)\}'=\cos(\log x)\cdot\frac{1}{x},$$

$$\{\cos(\log x)\}'=-\sin(\log x)\cdot\frac{1}{x}$$

から　$\{x\sin(\log x)\}'=\sin(\log x)+\cos(\log x)$

$\{x\cos(\log x)\}'=\cos(\log x)-\sin(\log x)$

両辺を積分して　$x\sin(\log x)=I+J$，$x\cos(\log x)=J-I$

←I，J の連立方程式。

辺々を引き，積分定数を考えて

←$2I=x\sin(\log x)-x\cos(\log x)$

$$\boldsymbol{I=\frac{1}{2}x\{\sin(\log x)-\cos(\log x)\}+C}$$

5章 練習［積分法］

練習 ④138　n は整数とする。次の等式が成り立つことを証明せよ。ただし，$\cos^0x=1$，$(\log x)^0=1$ である。

(1) $\int\cos^n x\,dx=\frac{1}{n}\left\{\sin x\cos^{n-1}x+(n-1)\int\cos^{n-2}x\,dx\right\}$ $(n\geqq2)$

(2) $\int(\log x)^n dx=x(\log x)^n-n\int(\log x)^{n-1}dx$ $(n\geqq1)$

(3) $\int x^n\sin x\,dx=-x^n\cos x+n\int x^{n-1}\cos x\,dx$ $(n\geqq1)$

(1) $n\geqq2$ のとき

$$\int\cos^n x\,dx=\int\cos x\cos^{n-1}x\,dx=\int(\sin x)'\cos^{n-1}x\,dx$$

←部分積分法。

$$=\sin x\cos^{n-1}x-\int\sin x\cdot(n-1)\cos^{n-2}x\cdot(-\sin x)dx$$

$$=\sin x\cos^{n-1}x+(n-1)\int\sin^2x\cos^{n-2}x\,dx$$

$$=\sin x\cos^{n-1}x+(n-1)\int(1-\cos^2x)\cos^{n-2}x\,dx$$

←$\sin^2x=1-\cos^2x$

$$=\sin x\cos^{n-1}x+(n-1)\left(\int\cos^{n-2}x\,dx-\int\cos^n x\,dx\right)$$

よって，$I_n=\int\cos^n x\,dx$ とすると

$$I_n=\sin x\cos^{n-1}x+(n-1)(I_{n-2}-I_n)$$

整理すると　$nI_n=\sin x\cos^{n-1}x+(n-1)I_{n-2}$

したがって

$$\int\cos^n x\,dx=\frac{1}{n}\left\{\sin x\cos^{n-1}x+(n-1)\int\cos^{n-2}x\,dx\right\}$$

(2) $\int(\log x)^n dx=\int(x)'(\log x)^n dx$

$$=x(\log x)^n-\int x\cdot n(\log x)^{n-1}\cdot\frac{1}{x}dx$$

$$=x(\log x)^n-n\int(\log x)^{n-1}dx$$

(3) $\int x^n\sin x\,dx=\int x^n(-\cos x)'\,dx$

$$=-x^n\cos x-\int(-\cos x)nx^{n-1}dx$$

$$=-x^n\cos x+n\int x^{n-1}\cos x\,dx$$

検討　更に，$n\geqq 2$ のとき

$$\int x^{n-1}\cos x\,dx=\int x^{n-1}(\sin x)'\,dx$$

$$=x^{n-1}\sin x-(n-1)\int x^{n-2}\sin x\,dx$$

であるから，$I_n=\int x^n\sin x\,dx$ とすると

←$I_{n-2}=\int x^{n-2}\sin x\,dx$

$$I_n=-x^n\cos x+nx^{n-1}\sin x-n(n-1)I_{n-2}$$

練習 ②139　次の不定積分を求めよ。　〔(2) 茨城大，(3) 芝浦工大〕

(1) $\int\frac{x^3+2x}{x^2+1}dx$　(2) $\int\frac{x^2}{x^2-1}dx$　(3) $\int\frac{4x^2+x+1}{x^3-1}dx$　(4) $\int\frac{3x+2}{x(x+1)^2}dx$

(1) $\frac{x^3+2x}{x^2+1}=\frac{(x^2+1)x+x}{x^2+1}=x+\frac{x}{x^2+1}$

←分子の次数を下げる。
分子 x^3+2x を分母 x^2+1 で割ると　商 x，余り x

よって　$\int\frac{x^3+2x}{x^2+1}dx=\int\left(x+\frac{x}{x^2+1}\right)dx$

$$=\int\left\{x+\frac{1}{2}\cdot\frac{(x^2+1)'}{x^2+1}\right\}dx=\boldsymbol{\frac{x^2}{2}+\frac{1}{2}\log(x^2+1)+C}$$

←$\int\frac{f'(x)}{f(x)}dx=\log|f(x)|+C$

(2) $\frac{x^2}{x^2-1}=\frac{(x^2-1)+1}{x^2-1}=1+\frac{1}{x^2-1}=1+\frac{1}{2}\cdot\frac{(x+1)-(x-1)}{(x+1)(x-1)}$

←分子の次数を下げる。

$$=1+\frac{1}{2}\left(\frac{1}{x-1}-\frac{1}{x+1}\right)$$

←部分分数に分解する。

よって　$\int\frac{x^2}{x^2-1}dx=\int\left\{1+\frac{1}{2}\left(\frac{1}{x-1}-\frac{1}{x+1}\right)\right\}dx$

$$=x+\frac{1}{2}(\log|x-1|-\log|x+1|)+C$$

$$=\boldsymbol{x+\frac{1}{2}\log\left|\frac{x-1}{x+1}\right|+C}$$

←$\log M-\log N=\log\frac{M}{N}$

(3) $x^3-1=(x-1)(x^2+x+1)$ であるから，

$$\frac{4x^2+x+1}{(x-1)(x^2+x+1)}=\frac{a}{x-1}+\frac{bx+c}{x^2+x+1}$$

とおく。両辺に $(x-1)(x^2+x+1)$ を掛けて

$$4x^2+x+1=a(x^2+x+1)+(bx+c)(x-1)$$

ゆえに　$4x^2+x+1=(a+b)x^2+(a-b+c)x+a-c$

両辺の係数を比較して　$a+b=4,\ a-b+c=1,\ a-c=1$

これを解いて　$a=2,\ b=2,\ c=1$

よって
$$\int\frac{4x^2+x+1}{x^3-1}dx=\int\left(\frac{2}{x-1}+\frac{2x+1}{x^2+x+1}\right)dx$$
$$=2\int\frac{dx}{x-1}+\int\frac{(x^2+x+1)'}{x^2+x+1}dx$$
$$=2\log|x-1|+\log(x^2+x+1)+C$$
$$=\boldsymbol{\log(x-1)^2(x^2+x+1)+C}$$

←分母が因数分解できるから，部分分数に分解する。
(分子の次数)
<(分母の次数)
となるように。

←もしくは，$x=0$，$x=1$ を代入して $1=a-c$，$6=3a$ から a，c の値を求めてもよい。

←$x^2+x+1=\left(x+\frac{1}{2}\right)^2+\frac{3}{4}>0$

(4) $\dfrac{3x+2}{x(x+1)^2}=\dfrac{a}{x}+\dfrac{b}{x+1}+\dfrac{c}{(x+1)^2}$ とおく。

両辺に $x(x+1)^2$ を掛けて

$$3x+2=a(x+1)^2+bx(x+1)+cx$$

ゆえに　$3x+2=(a+b)x^2+(2a+b+c)x+a$

両辺の係数を比較して　$a+b=0,\ 2a+b+c=3,\ a=2$

これを解いて　$a=2,\ b=-2,\ c=1$

よって
$$\int\frac{3x+2}{x(x+1)^2}dx=\int\left\{\frac{2}{x}-\frac{2}{x+1}+\frac{1}{(x+1)^2}\right\}dx$$
$$=2\log|x|-2\log|x+1|-\frac{1}{x+1}+C$$
$$=\boldsymbol{2\log\left|\frac{x}{x+1}\right|-\frac{1}{x+1}+C}$$

←右辺を $\dfrac{a}{x}+\dfrac{b}{(x+1)^2}$ としてはダメ！

←数値代入法で解くと，$x=0$，-1，1 を代入することにより
$x=0\longrightarrow a=2$
$x=-1\longrightarrow -c=-1$
$x=1\longrightarrow 4a+2b+c=5$

←$\log M-\log N=\log\dfrac{M}{N}$

練習 ③140 次の不定積分を求めよ。

(1) $\displaystyle\int\frac{x}{\sqrt{2x+1}-1}dx$　(2) $\displaystyle\int(x+1)\sqrt[4]{2x-3}\,dx$　(3) $\displaystyle\int\frac{x+1}{x\sqrt{2x+1}}dx$

(1) $\dfrac{x}{\sqrt{2x+1}-1}=\dfrac{x(\sqrt{2x+1}+1)}{(2x+1)-1}=\dfrac{1}{2}(\sqrt{2x+1}+1)$

よって
$$(\text{与式})=\frac{1}{2}\int(\sqrt{2x+1}+1)dx$$
$$=\frac{1}{2}\left\{\frac{1}{3}(2x+1)^{\frac{3}{2}}+x\right\}+C$$
$$=\boldsymbol{\frac{1}{6}(2x+1)\sqrt{2x+1}+\frac{x}{2}+C}$$

←分母の有理化。

(2) $\sqrt[4]{2x-3}=t$ とおくと，$2x-3=t^4$ から　$dx=2t^3dt$

よって
$$(\text{与式})=\int\left(\frac{t^4+3}{2}+1\right)t\cdot2t^3dt=\int(t^8+5t^4)dt$$
$$=\frac{t^9}{9}+t^5+C=\frac{t^5}{9}(t^4+9)+C$$

←丸ごと置換。
$2x-3=t^4$ から
$x=\dfrac{t^4+3}{2}$

$=\dfrac{1}{9}(2x-3)\sqrt[4]{2x-3}\,(2x-3+9)+C$ ←$t^4=2x-3$

$=\boldsymbol{\dfrac{2}{9}(x+3)(2x-3)\sqrt[4]{2x-3}+C}$ ←$2x+6=2(x+3)$

(3) $\sqrt{2x+1}=t$ とおくと　$x=\dfrac{t^2-1}{2}$, $dx=t\,dt$ ←**丸ごと置換。**

よって　(与式)$=\displaystyle\int\frac{2x+2}{2x\sqrt{2x+1}}dx=\int\frac{t^2+1}{(t^2-1)t}\cdot t\,dt$ ←分母・分子に 2 を掛けると計算がらく。

$=\displaystyle\int\frac{t^2+1}{t^2-1}dt=\int\left(1+\frac{2}{t^2-1}\right)dt$ ←分子の次数を下げる。

$=\displaystyle\int\left(1+\frac{1}{t-1}-\frac{1}{t+1}\right)dt$ ←部分分数に分解する。

$=t+\log|t-1|-\log(t+1)+C$ ←$t\geqq 0$ から　$t+1>0$

$=t+\log\dfrac{|t-1|}{t+1}+C$

$=\boldsymbol{\sqrt{2x+1}+\log\dfrac{|\sqrt{2x+1}-1|}{\sqrt{2x+1}+1}+C}$

練習 ④141 $x+\sqrt{x^2+A}=t$ (A は定数) のおき換えを利用して，次の不定積分を求めよ。ただし，(1)，(2) では $a\neq 0$ とする。

(1) $\displaystyle\int\frac{1}{\sqrt{x^2+a^2}}dx$　(2) $\displaystyle\int\sqrt{x^2+a^2}\,dx$　(3) $\displaystyle\int\frac{dx}{x+\sqrt{x^2-1}}$

(1) $x+\sqrt{x^2+a^2}=t$ とおくと　$\left(1+\dfrac{x}{\sqrt{x^2+a^2}}\right)dx=dt$

←$(\sqrt{x^2+a^2})'=\dfrac{1}{2}(x^2+a^2)^{-\frac{1}{2}}\cdot(x^2+a^2)'=\dfrac{2x}{2\sqrt{x^2+a^2}}=\dfrac{x}{\sqrt{x^2+a^2}}$

ゆえに　$\dfrac{\sqrt{x^2+a^2}+x}{\sqrt{x^2+a^2}}dx=dt$

すなわち　$\dfrac{t}{\sqrt{x^2+a^2}}dx=dt$

よって　$\dfrac{1}{\sqrt{x^2+a^2}}dx=\dfrac{1}{t}dt$

したがって　$\displaystyle\int\frac{1}{\sqrt{x^2+a^2}}dx=\int\frac{1}{t}dt=\log|t|+C$

$=\boldsymbol{\log(x+\sqrt{x^2+a^2})+C}$ ←$x+\sqrt{x^2+a^2}>0$

(2) $\displaystyle\int\sqrt{x^2+a^2}\,dx=\int(x)'\sqrt{x^2+a^2}\,dx$ ←部分積分法。

$=x\sqrt{x^2+a^2}-\displaystyle\int\frac{x^2}{\sqrt{x^2+a^2}}dx$

$=x\sqrt{x^2+a^2}-\displaystyle\int\frac{x^2+a^2-a^2}{\sqrt{x^2+a^2}}dx$ ←分子の次数を下げる。

$=x\sqrt{x^2+a^2}-\displaystyle\int\left(\sqrt{x^2+a^2}-\frac{a^2}{\sqrt{x^2+a^2}}\right)dx$

$=x\sqrt{x^2+a^2}-\displaystyle\int\sqrt{x^2+a^2}\,dx+\int\frac{a^2}{\sqrt{x^2+a^2}}dx$ ←**同形出現。**

ゆえに　$2\int\sqrt{x^2+a^2}\,dx=x\sqrt{x^2+a^2}+\int\frac{a^2}{\sqrt{x^2+a^2}}dx$

よって　$\int\sqrt{x^2+a^2}\,dx=\frac{1}{2}\left(x\sqrt{x^2+a^2}+\int\frac{a^2}{\sqrt{x^2+a^2}}dx\right)$

(1)の結果から

$$\int\sqrt{x^2+a^2}\,dx=\boldsymbol{\frac{1}{2}\{x\sqrt{x^2+a^2}+a^2\log(x+\sqrt{x^2+a^2})\}+C}$$

別解　$x+\sqrt{x^2+a^2}=t$ とおくと　$x^2+a^2=(t-x)^2$

ゆえに　$x=\frac{t^2-a^2}{2t}=\frac{1}{2}\left(t-\frac{a^2}{t}\right)$,

←$x^2+a^2=(t-x)^2$ から $2tx=t^2-a^2$

$dx=\frac{1}{2}\left(1+\frac{a^2}{t^2}\right)dt=\frac{t^2+a^2}{2t^2}dt$, $\sqrt{x^2+a^2}=t-x=\frac{t^2+a^2}{2t}$

$$\int\sqrt{x^2+a^2}\,dx=\int\frac{t^2+a^2}{2t}\cdot\frac{t^2+a^2}{2t^2}dt=\frac{1}{4}\int\frac{t^4+2a^2t^2+a^4}{t^3}dt$$

$$=\frac{1}{4}\int\left(t+\frac{2a^2}{t}+\frac{a^4}{t^3}\right)dt$$

$$=\frac{1}{4}\left(\frac{t^2}{2}+2a^2\log|t|-\frac{a^4}{2}t^{-2}\right)+C$$

$$=\frac{1}{8}\left(t^2-\frac{a^4}{t^2}\right)+\frac{a^2}{2}\log|t|+C$$

ここで　$\frac{a^2}{t}=\frac{a^2}{x+\sqrt{x^2+a^2}}=\frac{a^2(x-\sqrt{x^2+a^2})}{x^2-(x^2+a^2)}=\sqrt{x^2+a^2}-x$

←分母の有理化。

よって　$t^2-\frac{a^4}{t^2}=(x+\sqrt{x^2+a^2})^2-(\sqrt{x^2+a^2}-x)^2$

$$=4x\sqrt{x^2+a^2}$$

したがって

$$\int\sqrt{x^2+a^2}\,dx=\boldsymbol{\frac{1}{2}\{x\sqrt{x^2+a^2}+a^2\log(x+\sqrt{x^2+a^2})\}+C}$$

←$\sqrt{x^2+a^2}>\sqrt{x^2}=|x|$ から　$x+\sqrt{x^2+a^2}>0$

(3)　$x+\sqrt{x^2-1}=t$ とおくと，$x^2-1=(t-x)^2$ から　$2tx=t^2+1$

よって　$x=\frac{t^2+1}{2t}=\frac{1}{2}\left(t+\frac{1}{t}\right)$,　$dx=\frac{1}{2}\left(1-\frac{1}{t^2}\right)dt$

ゆえに　$\int\frac{dx}{x+\sqrt{x^2-1}}=\int\frac{1}{t}\cdot\frac{1}{2}\left(1-\frac{1}{t^2}\right)dt=\frac{1}{2}\int\left(\frac{1}{t}-\frac{1}{t^3}\right)dt$

$$=\frac{1}{2}\left(\log|t|+\frac{1}{2t^2}\right)+C$$

$\frac{1}{t}=\frac{1}{x+\sqrt{x^2-1}}=\frac{x-\sqrt{x^2-1}}{x^2-(x^2-1)}=x-\sqrt{x^2-1}$ であるから

←分母の有理化。

$$\int\frac{dx}{x+\sqrt{x^2-1}}=\boldsymbol{\frac{1}{2}\log|x+\sqrt{x^2-1}|+\frac{1}{4}(x-\sqrt{x^2-1})^2+C}$$

参考　**$\int\frac{1}{\sqrt{x^2+1}}dx$ を $\log(x+\sqrt{x^2+1})=t$ とおいて求める方法**

←本冊 $p.240$ 参照。

$\log(x+\sqrt{x^2+1})=t$ とおくと

$$\frac{dt}{dx}=\frac{1}{x+\sqrt{x^2+1}}(x+\sqrt{x^2+1})'$$
$$=\frac{1}{x+\sqrt{x^2+1}}\left(1+\frac{x}{\sqrt{x^2+1}}\right)=\frac{1}{\sqrt{x^2+1}}$$

よって，$\frac{1}{\sqrt{x^2+1}}dx=dt$ であるから

$$\int\frac{1}{\sqrt{x^2+1}}dx=\int dt=t+C=\mathbf{\log(x+\sqrt{x^2+1})+C}$$

←$1+\frac{x}{\sqrt{x^2+1}}=\frac{x+\sqrt{x^2+1}}{\sqrt{x^2+1}}$

練習 ②142 次の不定積分を求めよ。

(1) $\int\sin^2 x\,dx$　(2) $\int\sin^3 x\,dx$　(3) $\int\cos 3x\cos 5x\,dx$

(1) (与式)$=\int\frac{1-\cos 2x}{2}dx=\frac{1}{2}\int(1-\cos 2x)dx$

$=\frac{1}{2}\left(x-\frac{1}{2}\sin 2x\right)+C=\mathbf{\frac{x}{2}-\frac{1}{4}\sin 2x+C}$

←$\cos 2x=1-2\sin^2 x$ から　$\sin^2 x=\frac{1-\cos 2x}{2}$

(2) $\sin 3x=3\sin x-4\sin^3 x$ から　$\sin^3 x=\frac{1}{4}(3\sin x-\sin 3x)$

よって　(与式)$=\frac{1}{4}\int(3\sin x-\sin 3x)dx$

$=\frac{1}{4}\left(-3\cos x+\frac{1}{3}\cos 3x\right)+C$

$=\mathbf{\frac{1}{12}\cos 3x-\frac{3}{4}\cos x+C}$

(3) $\cos 3x\cos 5x=\frac{1}{2}(\cos 8x+\cos 2x)$

よって　(与式)$=\frac{1}{2}\int(\cos 8x+\cos 2x)dx$

$=\frac{1}{2}\left(\frac{1}{8}\sin 8x+\frac{1}{2}\sin 2x\right)+C$

$=\mathbf{\frac{1}{16}\sin 8x+\frac{1}{4}\sin 2x+C}$

(2) 別解
$\cos x=t$ とおくと
　$-\sin x\,dx=dt$
よって　$\int\sin^3 x\,dx$
$=\int\sin^2 x\sin x\,dx$
$=\int(1-\cos^2 x)\sin x\,dx$
$=\int(1-t^2)\cdot(-1)dt$
$=\int(t^2-1)dt$
$=\frac{1}{3}t^3-t+C$
$=\frac{1}{3}\cos^3 x-\cos x+C$
$=\mathbf{\frac{1}{12}\cos 3x-\frac{3}{4}\cos x+C}$

練習 ②143 次の不定積分を求めよ。

(1) $\int\frac{dx}{\cos x}$　(2) $\int\frac{\cos x+\sin 2x}{\sin^2 x}dx$　(3) $\int\sin^2 x\tan x\,dx$

(1) $\sin x=t$ とおくと　$\cos x\,dx=dt$

$$\int\frac{dx}{\cos x}=\int\frac{\cos x}{\cos^2 x}dx=\int\frac{\cos x}{1-\sin^2 x}dx=\int\frac{1}{1-t^2}dt$$
$$=\frac{1}{2}\int\left(\frac{1}{1-t}+\frac{1}{1+t}\right)dt$$
$$=\frac{1}{2}(-\log|1-t|+\log|1+t|)+C$$
$$=\frac{1}{2}\log\left|\frac{1+t}{1-t}\right|+C=\mathbf{\frac{1}{2}\log\frac{1+\sin x}{1-\sin x}+C}$$

←$\sin^2 x+\cos^2 x=1$

←$\cos x\neq 0$ から　$-1<\sin x<1$

(2) $\dfrac{\cos x+\sin 2x}{\sin^2 x}=\dfrac{\cos x+2\sin x\cos x}{\sin^2 x}=\dfrac{1+2\sin x}{\sin^2 x}\cdot\cos x$

$\sin x=t$ とおくと　$\cos x\,dx=dt$

$$\int\frac{\cos x+\sin 2x}{\sin^2 x}dx=\int\frac{1+2\sin x}{\sin^2 x}\cdot\cos x\,dx=\int\frac{1+2t}{t^2}dt$$
$$=\int\left(\frac{1}{t^2}+\frac{2}{t}\right)dt=-\frac{1}{t}+2\log|t|+C$$
$$=-\boldsymbol{\frac{1}{\sin x}+2\log|\sin x|+C}$$

←被積分関数を $f(\sin x)\cos x$ の形に変形。

(3) $\cos x=t$ とおくと　$-\sin x\,dx=dt$

$$\int\sin^2 x\tan x\,dx=\int(1-\cos^2 x)\cdot\frac{\sin x}{\cos x}dx=\int(1-t^2)\cdot\frac{-1}{t}dt$$
$$=\int\left(t-\frac{1}{t}\right)dt=\frac{t^2}{2}-\log|t|+C$$
$$=\boldsymbol{\frac{1}{2}\cos^2 x-\log|\cos x|+C}$$

←被積分関数を $f(\cos x)\sin x$ の形に変形。

別解　$\tan x=t$ とおくと　$dx=\dfrac{dt}{1+t^2}$

←$\dfrac{1}{\cos^2 x}dx=dt$ から。

$$\int\sin^2 x\tan x\,dx=\int\frac{\sin^2 x}{\sin^2 x+\cos^2 x}\tan x\,dx$$
$$=\int\frac{\tan^2 x}{\tan^2 x+1}\tan x\,dx=\int\frac{t^2}{1+t^2}\cdot t\cdot\frac{dt}{1+t^2}$$
$$=\int\frac{t^3}{(t^2+1)^2}dt=\int\frac{(t^2+1)-1}{(t^2+1)^2}\cdot\frac{2t}{2}dt$$
$$=\frac{1}{2}\int\left\{\frac{2t}{t^2+1}-\frac{2t}{(t^2+1)^2}\right\}dt$$
$$=\frac{1}{2}\left\{\log(t^2+1)+\frac{1}{t^2+1}\right\}+C$$
$$=\frac{1}{2}\left(\log\frac{1}{\cos^2 x}+\cos^2 x\right)+C$$
$$=\frac{1}{2}\cos^2 x-\frac{1}{2}\log\cos^2 x+C$$
$$=\boldsymbol{\frac{1}{2}\cos^2 x-\log|\cos x|+C}$$

←$\dfrac{\sin^2 x}{\sin^2 x+\cos^2 x}$ の分母・分子を $\cos^2 x$ で割る。

←$1+\tan^2 x=\dfrac{1}{\cos^2 x}$

5章 練習 [積分法]

練習 ④144 次の不定積分を（　）内のおき換えによって求めよ。　[(2) 類 東京電機大]

(1) $\displaystyle\int\frac{dx}{\sin x-1}\left(\tan\frac{x}{2}=t\right)$　(2) $\displaystyle\int\frac{dx}{\sin^4 x}\ (\tan x=t)$

(1) $\tan\dfrac{x}{2}=t$ とおくと　$\sin x=\dfrac{2t}{1+t^2}$

また，$\dfrac{1}{\cos^2\frac{x}{2}}\cdot\dfrac{1}{2}dx=dt$ から

$$dx=2\cos^2\frac{x}{2}dt=\frac{2}{1+\tan^2\frac{x}{2}}dt=\frac{2}{1+t^2}dt$$

←$\sin x=2\sin\dfrac{x}{2}\cos\dfrac{x}{2}$
$=2\tan\dfrac{x}{2}\cos^2\dfrac{x}{2}$
$=2\tan\dfrac{x}{2}\cdot\dfrac{1}{1+\tan^2\frac{x}{2}}$
$=\dfrac{2t}{1+t^2}$

よって $\displaystyle\int\frac{dx}{\sin x-1}=\int\frac{1}{\frac{2t}{1+t^2}-1}\cdot\frac{2}{1+t^2}dt$

$$=\int\frac{2}{2t-(1+t^2)}dt=-\int\frac{2}{(t-1)^2}dt$$

$$=\frac{2}{t-1}+C=\boldsymbol{\frac{2}{\tan\frac{x}{2}-1}+C}$$

(2) $\tan x=t$ とおくと

$$\sin^2 x=1-\cos^2 x=1-\frac{1}{1+\tan^2 x}$$

$$=\frac{\tan^2 x}{1+\tan^2 x}=\frac{t^2}{1+t^2}$$

←$\sin^2 x=\frac{\sin^2 x}{\cos^2 x}\cos^2 x$ $=\tan^2 x\cdot\frac{1}{1+\tan^2 x}$ $=\frac{t^2}{1+t^2}$ でもよい。

また，$\dfrac{1}{\cos^2 x}dx=dt$ から

$$dx=\cos^2 x dt=\frac{1}{1+\tan^2 x}dt=\frac{1}{1+t^2}dt$$

よって $\displaystyle\int\frac{dx}{\sin^4 x}=\int\left(\frac{1+t^2}{t^2}\right)^2\cdot\frac{1}{1+t^2}dt$

$$=\int\frac{1+t^2}{t^4}dt$$

$$=\int\left(\frac{1}{t^4}+\frac{1}{t^2}\right)dt$$

$$=-\frac{1}{3t^3}-\frac{1}{t}+C$$

$$=\boldsymbol{-\frac{1}{3\tan^3 x}-\frac{1}{\tan x}+C}$$

練習 ②145 次の定積分を求めよ。

(1) $\displaystyle\int_1^3\frac{(x^2-1)^2}{x^4}dx$　(2) $\displaystyle\int_0^1(x+1-\sqrt{x})^2dx$　(3) $\displaystyle\int_0^1\frac{4x-1}{2x^2+5x+2}dx$

(4) $\displaystyle\int_0^{\pi}(2\sin x+\cos x)^2dx$　(5) $\displaystyle\int_{\frac{\pi}{4}}^{\frac{\pi}{2}}\frac{\sin 3x}{\sin x}dx$　(6) $\displaystyle\int_0^{\log 7}\frac{e^x}{1+e^x}dx$

(1) (与式)$\displaystyle=\int_1^3\left(1-\frac{2}{x^2}+\frac{1}{x^4}\right)dx=\left[x+\frac{2}{x}-\frac{1}{3x^3}\right]_1^3$

$$=\left(3+\frac{2}{3}-\frac{1}{81}\right)-\left(1+2-\frac{1}{3}\right)=\boldsymbol{\frac{80}{81}}$$

←$\displaystyle\int x^{\alpha}dx=\frac{x^{\alpha+1}}{\alpha+1}+C$ $(\alpha\neq-1)$

(2) (与式)$\displaystyle=\int_0^1(x^2+1+x+2x-2\sqrt{x}-2x\sqrt{x})dx$

$$=\left[\frac{x^3}{3}+x+\frac{3}{2}x^2-\frac{4}{3}x^{\frac{3}{2}}-\frac{4}{5}x^{\frac{5}{2}}\right]_0^1$$

$$=\left(\frac{1}{3}+1+\frac{3}{2}-\frac{4}{3}-\frac{4}{5}\right)-0$$

$$=\boldsymbol{\frac{7}{10}}$$

←$(a+b+c)^2$ $=a^2+b^2+c^2+2ab$ $+2bc+2ca$

(3) $\dfrac{4x-1}{2x^2+5x+2}=\dfrac{4x-1}{(x+2)(2x+1)}=\dfrac{3}{x+2}-\dfrac{2}{2x+1}$ であるから

$$\int_0^1\frac{4x-1}{2x^2+5x+2}dx=\int_0^1\left(\frac{3}{x+2}-\frac{2}{2x+1}\right)dx$$
$$=\left[3\log(x+2)-2\cdot\frac{1}{2}\log(2x+1)\right]_0^1$$
$$=\left[\log\frac{(x+2)^3}{2x+1}\right]_0^1$$
$$=\log 3^2-\log 2^3$$
$$=\mathbf{2\log 3-3\log 2}$$

←部分分数に分解する。
$4x-1$
$=a(2x+1)+b(x+2)$
とすると $a=3$, $b=-2$
$\left(x=-2,\ -\dfrac{1}{2}\right.$ を代入して，a, b の値を求めてもよい。)

(4) (与式)$=\displaystyle\int_0^\pi(4\sin^2x+4\sin x\cos x+\cos^2x)dx$

$$=\int_0^\pi(3\sin^2x+4\sin x\cos x+1)dx$$

←$\sin^2x+\cos^2x=1$

$$=\int_0^\pi\left(3\cdot\frac{1-\cos 2x}{2}+4\cdot\frac{\sin 2x}{2}+1\right)dx$$

←$\sin^2x=\dfrac{1}{2}(1-\cos 2x)$

$$=\int_0^\pi\left(\frac{5}{2}-\frac{3}{2}\cos 2x+2\sin 2x\right)dx=\left[\frac{5}{2}x-\frac{3}{4}\sin 2x-\cos 2x\right]_0^\pi$$
$$=\left(\frac{5}{2}\pi-1\right)-(-1)=\boldsymbol{\frac{5}{2}\pi}$$

(5) (与式)$=\displaystyle\int_{\frac{\pi}{4}}^{\frac{\pi}{2}}(3-4\sin^2x)dx=\int_{\frac{\pi}{4}}^{\frac{\pi}{2}}\left(3-4\cdot\frac{1-\cos 2x}{2}\right)dx$

←$\sin 3x$
$=3\sin x-4\sin^3x$

$$=\int_{\frac{\pi}{4}}^{\frac{\pi}{2}}(1+2\cos 2x)dx=\Big[x+\sin 2x\Big]_{\frac{\pi}{4}}^{\frac{\pi}{2}}$$
$$=\frac{\pi}{2}-\left(\frac{\pi}{4}+1\right)=\boldsymbol{\frac{\pi}{4}-1}$$

(6) $\displaystyle\int_0^{\log 7}\frac{e^x}{1+e^x}dx=\Big[\log(1+e^x)\Big]_0^{\log 7}=\log(1+e^{\log 7})-\log(1+e^0)$

$$=\log 8-\log 2=3\log 2-\log 2=\mathbf{2\log 2}$$

←$\dfrac{e^x}{1+e^x}=\dfrac{(1+e^x)'}{1+e^x}$
←$e^{\log 7}=e^{\log_e 7}=7$

練習 ③146 次の定積分を求めよ。 [(1) 大阪医大，(2) 類 愛媛大]
(1) $\displaystyle\int_0^\pi\sin mx\sin nx\,dx$ (m, n は自然数)　(2) $\displaystyle\int_0^\pi\cos mx\cos 2x\,dx$ (m は整数)

(1) $I=\displaystyle\int_0^\pi\sin mx\sin nx\,dx$ とする。

$\sin mx\sin nx=-\dfrac{1}{2}\{\cos(m+n)x-\cos(m-n)x\}$ であるから

←積 ⟶ 和の公式。なお，$m+n>0$ である。

[1] $m-n\neq 0$ すなわち $m\neq n$ のとき

$$I=-\frac{1}{2}\left[\frac{\sin(m+n)x}{m+n}-\frac{\sin(m-n)x}{m-n}\right]_0^\pi=0$$

←$\sin k\pi=0$ (k は整数)

[2] $m-n=0$ すなわち $m=n$ のとき

$$I=\frac{1}{2}\int_0^\pi(1-\cos 2nx)dx=\frac{1}{2}\left[x-\frac{\sin 2nx}{2n}\right]_0^\pi=\frac{\pi}{2}$$

←$\sin nx\sin nx$
$=-\dfrac{1}{2}(\cos 2nx-1)$

したがって　$\boldsymbol{m\neq n}$ **のとき**　$I=\mathbf{0}$，$\boldsymbol{m=n}$ **のとき**　$I=\boldsymbol{\frac{\pi}{2}}$

(2) $I=\int_0^{\pi}\cos mx\cos 2x\,dx$ とする。

$\cos mx\cos 2x=\frac{1}{2}\{\cos(m+2)x+\cos(m-2)x\}$ であるから

←積 ⟶ 和の公式。

[1] $m+2\neq 0$ かつ $m-2\neq 0$, すなわち $m\neq\pm 2$ のとき

←m は整数。

$$I=\frac{1}{2}\left[\frac{\sin(m+2)x}{m+2}+\frac{\sin(m-2)x}{m-2}\right]_0^{\pi}=0$$

←$\sin k\pi=0$ (k は整数)

[2] $m-2=0$ すなわち $m=2$ のとき

$$I=\frac{1}{2}\int_0^{\pi}(\cos 4x+1)dx=\frac{1}{2}\left[\frac{\sin 4x}{4}+x\right]_0^{\pi}=\frac{\pi}{2}$$

[3] $m+2=0$ すなわち $m=-2$ のとき

$$I=\frac{1}{2}\int_0^{\pi}\{1+\cos(-4x)\}dx=\frac{1}{2}\int_0^{\pi}(1+\cos 4x)dx=\frac{\pi}{2}$$

←[2] と同じ結果。

したがって　**$m\neq\pm 2$ のとき　$I=0$,**

$m=\pm 2$ のとき　$I=\frac{\pi}{2}$

練習 ②147 次の定積分を求めよ。 [(2) 琉球大, (3) 埼玉大]

(1) $\int_0^5\sqrt{|x-4|}\,dx$　(2) $\int_0^{\frac{\pi}{2}}\left|\cos x-\frac{1}{2}\right|dx$　(3) $\int_0^{\pi}|\sqrt{3}\sin x-\cos x-1|dx$

(1) $x\leqq 4$ のとき　$|x-4|=-(x-4)=4-x$

$x\geqq 4$ のとき　$|x-4|=x-4$

←$x-4=0$ となる x の値 4 が場合の分かれ目。

よって

$$\int_0^5\sqrt{|x-4|}\,dx=\int_0^4\sqrt{4-x}\,dx+\int_4^5\sqrt{x-4}\,dx$$

←$x=4$ で積分区間を分割する。

$$=\left[-\frac{2}{3}(4-x)^{\frac{3}{2}}\right]_0^4+\left[\frac{2}{3}(x-4)^{\frac{3}{2}}\right]_4^5$$

$$=\frac{2}{3}\cdot 8+\frac{2}{3}=\mathbf{6}$$

←$4^{\frac{3}{2}}=2^{2\cdot\frac{3}{2}}=2^3$

(2) $0\leqq x\leqq\frac{\pi}{3}$ のとき　$\left|\cos x-\frac{1}{2}\right|=\cos x-\frac{1}{2}$

←$\frac{\pi}{3}$ が場合の分かれ目。

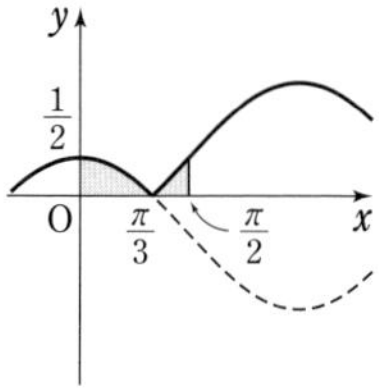

$\frac{\pi}{3}\leqq x\leqq\frac{\pi}{2}$ のとき　$\left|\cos x-\frac{1}{2}\right|=-\left(\cos x-\frac{1}{2}\right)$

よって

$$\int_0^{\frac{\pi}{2}}\left|\cos x-\frac{1}{2}\right|dx=\int_0^{\frac{\pi}{3}}\left(\cos x-\frac{1}{2}\right)dx-\int_{\frac{\pi}{3}}^{\frac{\pi}{2}}\left(\cos x-\frac{1}{2}\right)dx$$

$$=\left[\sin x-\frac{x}{2}\right]_0^{\frac{\pi}{3}}-\left[\sin x-\frac{x}{2}\right]_{\frac{\pi}{3}}^{\frac{\pi}{2}}$$

$$=2\left(\frac{\sqrt{3}}{2}-\frac{\pi}{6}\right)-0-\left(1-\frac{\pi}{4}\right)$$

←$\left[F(x)\right]_a^b-\left[F(x)\right]_b^c$ $=2F(b)-F(a)-F(c)$

$$=\boldsymbol{\sqrt{3}-1-\frac{\pi}{12}}$$

(3) $|\sqrt{3}\sin x-\cos x-1|=\left|2\sin\left(x-\frac{\pi}{6}\right)-1\right|$ であるから

$0 \leqq x \leqq \dfrac{\pi}{3}$ のとき　$\left|2\sin\left(x-\dfrac{\pi}{6}\right)-1\right|=-\left\{2\sin\left(x-\dfrac{\pi}{6}\right)-1\right\}$

$\dfrac{\pi}{3} \leqq x \leqq \pi$ のとき　$\left|2\sin\left(x-\dfrac{\pi}{6}\right)-1\right|=2\sin\left(x-\dfrac{\pi}{6}\right)-1$

よって

$$\int_0^{\pi}|\sqrt{3}\sin x-\cos x-1|dx=\int_0^{\pi}\left|2\sin\left(x-\frac{\pi}{6}\right)-1\right|dx$$

$$=-\int_0^{\frac{\pi}{3}}\left\{2\sin\left(x-\frac{\pi}{6}\right)-1\right\}dx+\int_{\frac{\pi}{3}}^{\pi}\left\{2\sin\left(x-\frac{\pi}{6}\right)-1\right\}dx$$

$$=-\left[-2\cos\left(x-\frac{\pi}{6}\right)-x\right]_0^{\frac{\pi}{3}}+\left[-2\cos\left(x-\frac{\pi}{6}\right)-x\right]_{\frac{\pi}{3}}^{\pi}$$

$$=\left[2\cos\left(x-\frac{\pi}{6}\right)+x\right]_0^{\frac{\pi}{3}}-\left[2\cos\left(x-\frac{\pi}{6}\right)+x\right]_{\frac{\pi}{3}}^{\pi}$$

$$=2\left(2\cdot\frac{\sqrt{3}}{2}+\frac{\pi}{3}\right)-2\cdot\frac{\sqrt{3}}{2}-\left\{2\cdot\left(-\frac{\sqrt{3}}{2}\right)+\pi\right\}=\mathbf{2\sqrt{3}-\frac{\pi}{3}}$$

←$2\sin\left(x-\dfrac{\pi}{6}\right)-1=0$ となる x の値 $\dfrac{\pi}{3}$ が場合の分かれ目。

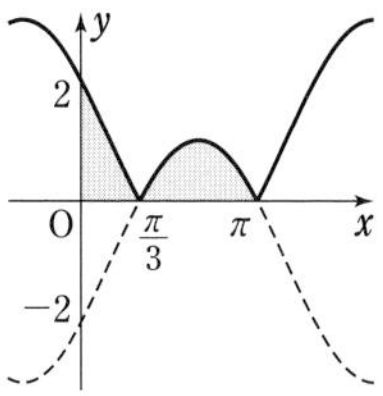

←$\left[F(x)\right]_a^b-\left[F(x)\right]_b^c=2F(b)-F(a)-F(c)$

練習 ②148　次の定積分を求めよ。　［(5) 宮崎大］

(1) $\displaystyle\int_0^2 x\sqrt{2-x}\,dx$　(2) $\displaystyle\int_0^1 \frac{x-1}{(2-x)^2}dx$　(3) $\displaystyle\int_0^{\frac{2}{3}\pi}\sin^3\theta\, d\theta$

(4) $\displaystyle\int_0^{\frac{\pi}{2}}\frac{\cos\theta}{2-\sin^2\theta}d\theta$　(5) $\displaystyle\int_{\log\pi}^{\log 2\pi}e^x\sin e^x\,dx$　(6) $\displaystyle\int_{\frac{\pi}{6}}^{\frac{\pi}{4}}\tan x\,dx$

(1) $\sqrt{2-x}=t$ とおくと
$2-x=t^2$, $dx=-2t\,dt$
x と t の対応は右のようになる。

x	$0 \longrightarrow 2$
t	$\sqrt{2} \longrightarrow 0$

よって　$\displaystyle\int_0^2 x\sqrt{2-x}\,dx=\int_{\sqrt{2}}^0(2-t^2)t(-2t)dt$

$$=2\int_0^{\sqrt{2}}(2t^2-t^4)dt=2\left[\frac{2}{3}t^3-\frac{t^5}{5}\right]_0^{\sqrt{2}}$$

$$=2\left(\frac{2}{3}\cdot 2\sqrt{2}-\frac{4\sqrt{2}}{5}\right)=\mathbf{\frac{16\sqrt{2}}{15}}$$

(2) $2-x=t$ とおくと
$x-1=-t+1$, $dx=-dt$
x と t の対応は右のようになる。

x	$0 \longrightarrow 1$
t	$2 \longrightarrow 1$

よって　$\displaystyle\int_0^1\frac{x-1}{(2-x)^2}dx=\int_2^1\frac{-t+1}{t^2}\cdot(-1)dt=\int_1^2\left(\frac{1}{t^2}-\frac{1}{t}\right)dt$

$$=\left[-\frac{1}{t}-\log t\right]_1^2=\left(-\frac{1}{2}-\log 2\right)-(-1)$$

$$=\mathbf{\frac{1}{2}-\log 2}$$

(3) $\cos\theta=t$ とおくと
$\sin\theta\, d\theta=-dt$
θ と t の対応は右のようになる。

θ	$0 \longrightarrow \dfrac{2}{3}\pi$
t	$1 \longrightarrow -\dfrac{1}{2}$

HINT　(1) $\sqrt{2-x}=t$,
(2) $2-x=t$,
(3) $\cos\theta=t$ とおく。
(4) $\sin\theta=t$ とおき，部分分数に分解する。
(5) $e^x=t$ とおく。

←$-\displaystyle\int_{\sqrt{2}}^0=\int_0^{\sqrt{2}}$

←$-\displaystyle\int_2^1=\int_1^2$

←積分区間が $1 \leqq t \leqq 2$ であるから，$\log|t|$ のように絶対値記号をつける必要はない。

よって　$\int_0^{\frac{2}{3}\pi}\sin^3\theta d\theta=\int_0^{\frac{2}{3}\pi}(1-\cos^2\theta)\sin\theta d\theta$

$=\int_1^{-\frac{1}{2}}(1-t^2)\cdot(-1)dt=\int_{-\frac{1}{2}}^1(1-t^2)dt=\left[t-\frac{t^3}{3}\right]_{-\frac{1}{2}}^1$

$=\left(1-\frac{1}{3}\right)-\left(-\frac{1}{2}+\frac{1}{24}\right)=\boldsymbol{\frac{9}{8}}$

←$\sin^2\theta=1-\cos^2\theta$

←$-\int_1^{-\frac{1}{2}}=\int_{-\frac{1}{2}}^1$

(4)　$\sin\theta=t$ とおくと　$\cos\theta d\theta=dt$
θ と t の対応は右のようになる。

θ	$0\longrightarrow\frac{\pi}{2}$
t	$0\longrightarrow 1$

よって　$\int_0^{\frac{\pi}{2}}\frac{\cos\theta}{2-\sin^2\theta}d\theta=\int_0^1\frac{dt}{2-t^2}$

$=\frac{1}{2\sqrt{2}}\int_0^1\left(\frac{1}{\sqrt{2}-t}+\frac{1}{\sqrt{2}+t}\right)dt$

$=\frac{1}{2\sqrt{2}}\Big[-\log(\sqrt{2}-t)+\log(\sqrt{2}+t)\Big]_0^1$

$=\frac{1}{2\sqrt{2}}\left[\log\frac{\sqrt{2}+t}{\sqrt{2}-t}\right]_0^1=\frac{1}{2\sqrt{2}}\log\frac{\sqrt{2}+1}{\sqrt{2}-1}$

$=\frac{1}{2\sqrt{2}}\log(\sqrt{2}+1)^2=\boldsymbol{\frac{1}{\sqrt{2}}\log(\sqrt{2}+1)}$

←$\frac{1}{2-t^2}=\frac{1}{(\sqrt{2})^2-t^2}$
$=\frac{1}{2\sqrt{2}}\cdot\frac{\sqrt{2}+t+\sqrt{2}-t}{(\sqrt{2}+t)(\sqrt{2}-t)}$
$=\frac{1}{2\sqrt{2}}\left(\frac{1}{\sqrt{2}-t}+\frac{1}{\sqrt{2}+t}\right)$

←$\frac{\sqrt{2}+1}{\sqrt{2}-1}$ の分母を有理化。

(5)　$e^x=t$ とおくと　$x=\log t$

←対数の定義から。

よって　$dx=\frac{1}{t}dt$
x と t の対応は右のようになる。

x	$\log\pi\longrightarrow\log 2\pi$
t	$\pi\longrightarrow 2\pi$

ゆえに　$\int_{\log\pi}^{\log 2\pi}e^x\sin e^x dx=\int_\pi^{2\pi}t\sin t\cdot\frac{1}{t}dt=\int_\pi^{2\pi}\sin t\,dt$

$=\Big[-\cos t\Big]_\pi^{2\pi}=\boldsymbol{-2}$

(6)　$\cos x=t$ とおくと　$\sin x\,dx=-dt$
x と t の対応は右のようになる。

x	$\frac{\pi}{6}\longrightarrow\frac{\pi}{4}$
t	$\frac{\sqrt{3}}{2}\longrightarrow\frac{\sqrt{2}}{2}$

よって　$\int_{\frac{\pi}{6}}^{\frac{\pi}{4}}\tan x\,dx=\int_{\frac{\pi}{6}}^{\frac{\pi}{4}}\frac{\sin x}{\cos x}dx$

$=\int_{\frac{\sqrt{3}}{2}}^{\frac{\sqrt{2}}{2}}\frac{1}{t}\cdot(-1)dt=\int_{\frac{\sqrt{2}}{2}}^{\frac{\sqrt{3}}{2}}\frac{1}{t}dt$

←$-\int_{\frac{\sqrt{3}}{2}}^{\frac{\sqrt{2}}{2}}=\int_{\frac{\sqrt{2}}{2}}^{\frac{\sqrt{3}}{2}}$

$=\Big[\log t\Big]_{\frac{\sqrt{2}}{2}}^{\frac{\sqrt{3}}{2}}=\log\frac{\sqrt{3}}{2}-\log\frac{\sqrt{2}}{2}=\boldsymbol{\frac{1}{2}(\log 3-\log 2)}$

別解　$\int_{\frac{\pi}{6}}^{\frac{\pi}{4}}\tan x\,dx=\int_{\frac{\pi}{6}}^{\frac{\pi}{4}}\left\{-\frac{(\cos x)'}{\cos x}\right\}dx=\Big[-\log(\cos x)\Big]_{\frac{\pi}{6}}^{\frac{\pi}{4}}$

$=\boldsymbol{\frac{1}{2}(\log 3-\log 2)}$

←$\frac{(分母)'}{(分母)}$ の形。

注意　$\boldsymbol{\int\tan x\,dx=-\log|\cos x|+C}$ を公式として利用してもよい。

練習 ②149 次の定積分を求めよ。

(1) $\int_0^3 \sqrt{9-x^2}\,dx$　(2) $\int_0^2 \frac{dx}{\sqrt{16-x^2}}$　(3) $\int_0^{\sqrt{3}} \frac{x^2}{\sqrt{4-x^2}}dx$

(1) $x=3\sin\theta$ とおくと　$dx=3\cos\theta d\theta$

x と θ の対応は右のようになる。

x	$0 \longrightarrow 3$
θ	$0 \longrightarrow \frac{\pi}{2}$

$0 \leqq \theta \leqq \frac{\pi}{2}$ のとき，$\cos\theta \geqq 0$ であるから

$$\sqrt{9-x^2}=\sqrt{9(1-\sin^2\theta)}=\sqrt{9\cos^2\theta}=3\cos\theta$$

よって　$\int_0^3 \sqrt{9-x^2}\,dx=\int_0^{\frac{\pi}{2}}(3\cos\theta)\cdot 3\cos\theta d\theta$

$$=9\int_0^{\frac{\pi}{2}}\cos^2\theta d\theta=9\int_0^{\frac{\pi}{2}}\frac{1+\cos 2\theta}{2}d\theta$$

$$=\frac{9}{2}\left[\theta+\frac{\sin 2\theta}{2}\right]_0^{\frac{\pi}{2}}=\boldsymbol{\frac{9}{4}\pi}$$

HINT　$\sqrt{a^2-x^2}$ の定積分は，$x=a\sin\theta$ とおく。

← $\int_0^3 \sqrt{9-x^2}\,dx$ は，半径3の四分円の面積を表すから，直ちに $\frac{\pi \cdot 3^2}{4}=\boldsymbol{\frac{9}{4}\pi}$ として求めてもよい。

(2) $x=4\sin\theta$ とおくと　$dx=4\cos\theta d\theta$

x と θ の対応は右のようになる。

x	$0 \longrightarrow 2$
θ	$0 \longrightarrow \frac{\pi}{6}$

$0 \leqq \theta \leqq \frac{\pi}{6}$ のとき，$\cos\theta > 0$ であるから

$$\sqrt{16-x^2}=\sqrt{16(1-\sin^2\theta)}=\sqrt{16\cos^2\theta}=4\cos\theta$$

よって　$\int_0^2 \frac{dx}{\sqrt{16-x^2}}=\int_0^{\frac{\pi}{6}}\frac{4\cos\theta}{4\cos\theta}d\theta=\int_0^{\frac{\pi}{6}}d\theta=\left[\theta\right]_0^{\frac{\pi}{6}}=\boldsymbol{\frac{\pi}{6}}$

(3) $x=2\sin\theta$ とおくと　$dx=2\cos\theta d\theta$

x と θ の対応は右のようになる。

x	$0 \longrightarrow \sqrt{3}$
θ	$0 \longrightarrow \frac{\pi}{3}$

$0 \leqq \theta \leqq \frac{\pi}{3}$ のとき，$\cos\theta > 0$ であるから

$$\sqrt{4-x^2}=\sqrt{4(1-\sin^2\theta)}=\sqrt{4\cos^2\theta}=2\cos\theta$$

よって　$\int_0^{\sqrt{3}} \frac{x^2}{\sqrt{4-x^2}}dx=\int_0^{\frac{\pi}{3}}\frac{4\sin^2\theta}{2\cos\theta}\cdot 2\cos\theta d\theta$

$$=4\int_0^{\frac{\pi}{3}}\sin^2\theta d\theta=4\int_0^{\frac{\pi}{3}}\frac{1-\cos 2\theta}{2}d\theta$$

$$=2\left[\theta-\frac{\sin 2\theta}{2}\right]_0^{\frac{\pi}{3}}=\boldsymbol{\frac{2}{3}\pi-\frac{\sqrt{3}}{2}}$$

← $\sin^2\theta=\frac{1-\cos 2\theta}{2}$

練習 ②150 次の定積分を求めよ。

(1) $\int_0^{\sqrt{3}} \frac{dx}{1+x^2}$　(2) $\int_1^4 \frac{dx}{x^2-2x+4}$　(3) $\int_0^{\sqrt{2}} \frac{dx}{(x^2+2)\sqrt{x^2+2}}$

(1) $x=\tan\theta$ とおくと　$dx=\frac{1}{\cos^2\theta}d\theta$

x と θ の対応は右のようになる。

x	$0 \longrightarrow \sqrt{3}$
θ	$0 \longrightarrow \frac{\pi}{3}$

よって

$$\int_0^{\sqrt{3}} \frac{dx}{1+x^2}=\int_0^{\frac{\pi}{3}}\frac{1}{1+\tan^2\theta}\cdot\frac{d\theta}{\cos^2\theta}=\int_0^{\frac{\pi}{3}}d\theta=\left[\theta\right]_0^{\frac{\pi}{3}}=\boldsymbol{\frac{\pi}{3}}$$

HINT　$\frac{1}{x^2+a^2}$ の定積分は，$x=a\tan\theta$ とおく。

← $\frac{1}{1+\tan^2\theta}=\cos^2\theta$

(2)　$x^2-2x+4=(x-1)^2+3$ と変形できる。

$x-1=\sqrt{3}\tan\theta$ とおくと　$dx=\dfrac{\sqrt{3}}{\cos^2\theta}d\theta$

x と θ の対応は右のようになる。

x	$1 \longrightarrow 4$
θ	$0 \longrightarrow \dfrac{\pi}{3}$

よって　$\displaystyle\int_1^4\frac{dx}{x^2-2x+4}=\int_1^4\frac{dx}{(x-1)^2+3}$

$\displaystyle=\int_0^{\frac{\pi}{3}}\frac{1}{3(\tan^2\theta+1)}\cdot\frac{\sqrt{3}}{\cos^2\theta}d\theta=\int_0^{\frac{\pi}{3}}\frac{\sqrt{3}}{3}d\theta$

$\displaystyle=\frac{\sqrt{3}}{3}\Big[\theta\Big]_0^{\frac{\pi}{3}}=\frac{\sqrt{3}}{3}\cdot\frac{\pi}{3}=\boldsymbol{\frac{\sqrt{3}}{9}\pi}$

←$\dfrac{1}{\tan^2\theta+1}=\cos^2\theta$

(3)　$x=\sqrt{2}\tan\theta$ とおくと　$dx=\dfrac{\sqrt{2}}{\cos^2\theta}d\theta$

x と θ の対応は右のようになる。

x	$0 \longrightarrow \sqrt{2}$
θ	$0 \longrightarrow \dfrac{\pi}{4}$

よって　$\displaystyle\int_0^{\sqrt{2}}\frac{dx}{(x^2+2)\sqrt{x^2+2}}=\int_0^{\sqrt{2}}\frac{dx}{(x^2+2)^{\frac{3}{2}}}$

$\displaystyle=\int_0^{\frac{\pi}{4}}\frac{1}{2^{\frac{3}{2}}(\tan^2\theta+1)^{\frac{3}{2}}}\cdot\frac{\sqrt{2}}{\cos^2\theta}d\theta=\frac{1}{2}\int_0^{\frac{\pi}{4}}\cos\theta\,d\theta$

$\displaystyle=\frac{1}{2}\Big[\sin\theta\Big]_0^{\frac{\pi}{4}}=\boldsymbol{\frac{\sqrt{2}}{4}}$

←$\dfrac{1}{\tan^2\theta+1}=\cos^2\theta$

練習 151 ②

次の定積分を求めよ。(2) では a は定数とする。

(1) $\displaystyle\int_{-\pi}^{\pi}(2\sin t+3\cos t)^2dt$　(2) $\displaystyle\int_{-a}^{a}x\sqrt{a^2-x^2}\,dx$　(3) $\displaystyle\int_{-\frac{\pi}{3}}^{\frac{\pi}{3}}(\cos x+x^2\sin x)dx$

(1)　(与式)$\displaystyle=\int_{-\pi}^{\pi}(4\sin^2t+12\sin t\cos t+9\cos^2t)dt$

$\sin^2t$, $\cos^2t$ は偶関数，$\sin t\cos t$ は奇関数であるから

(与式)$\displaystyle=2\int_0^{\pi}(4\sin^2t+9\cos^2t)dt$

$\displaystyle=2\int_0^{\pi}\left\{4(\sin^2t+\cos^2t)+5\cdot\frac{1+\cos 2t}{2}\right\}dt$

$\displaystyle=2\int_0^{\pi}\left\{4+\frac{5}{2}(1+\cos 2t)\right\}dt$

$\displaystyle=\int_0^{\pi}(13+5\cos 2t)dt$

$\displaystyle=\Big[13t+\frac{5}{2}\sin 2t\Big]_0^{\pi}=\boldsymbol{13\pi}$

(2)　$f(x)=x\sqrt{a^2-x^2}$ とすると

$f(-x)=-x\sqrt{a^2-x^2}=-f(x)$

よって，$f(x)$ は奇関数であるから　　(与式)$=\boldsymbol{0}$

(3)　$\cos x$ は偶関数であり，$(-x)^2\sin(-x)=-x^2\sin x$ であるから，$x^2\sin x$ は奇関数である。

よって　　(与式)$\displaystyle=2\int_0^{\frac{\pi}{3}}\cos x\,dx=2\Big[\sin x\Big]_0^{\frac{\pi}{3}}=2\cdot\frac{\sqrt{3}}{2}=\boldsymbol{\sqrt{3}}$

❶ $\displaystyle\int_{-a}^{a}$ の扱い

偶関数は $\displaystyle 2\int_0^a$，奇関数は 0

←$\displaystyle\int_{-\pi}^{\pi}\sin t\cos t\,dt=0$

$\cos^2t=\dfrac{1+\cos 2t}{2}$

←$f(x)$ が奇関数
$\iff f(-x)=-f(x)$

←$f(x)$ が偶関数
$\iff f(-x)=f(x)$

←$\displaystyle\int_{-\frac{\pi}{3}}^{\frac{\pi}{3}}x^2\sin x\,dx=0$

練習 ③152

(1) 連続な関数 $f(x)$ について，等式 $\int_0^{\frac{\pi}{2}} f(\sin x)dx=\int_0^{\frac{\pi}{2}} f(\cos x)dx$ を証明せよ。

(2) 定積分 $I=\int_0^{\frac{\pi}{2}} \frac{\sin x}{\sin x+\cos x}dx$ を求めよ。 〔類 愛媛大〕

(1) $x=\frac{\pi}{2}-t$ とおくと　$dx=-dt$,

$$\sin x=\sin\left(\frac{\pi}{2}-t\right)=\cos t$$

x	$0 \longrightarrow \frac{\pi}{2}$
t	$\frac{\pi}{2} \longrightarrow 0$

x と t の対応は右のようになるから

$$\int_0^{\frac{\pi}{2}} f(\sin x)dx=\int_{\frac{\pi}{2}}^0 f(\cos t)\cdot(-1)dt$$

$$=\int_0^{\frac{\pi}{2}} f(\cos t)dt=\int_0^{\frac{\pi}{2}} f(\cos x)dx$$

(2) $x=\frac{\pi}{2}-t$ とおくと　$dx=-dt$

x	$0 \longrightarrow \frac{\pi}{2}$
t	$\frac{\pi}{2} \longrightarrow 0$

x と t の対応は右のようになる。

$$I=\int_{\frac{\pi}{2}}^0 \frac{\sin\left(\frac{\pi}{2}-t\right)}{\sin\left(\frac{\pi}{2}-t\right)+\cos\left(\frac{\pi}{2}-t\right)}\cdot(-1)dt$$

$$=\int_{\frac{\pi}{2}}^0 \frac{\cos t}{\cos t+\sin t}\cdot(-1)dt=\int_0^{\frac{\pi}{2}} \frac{\cos t}{\cos t+\sin t}dt$$

$$=\int_0^{\frac{\pi}{2}} \frac{\cos x}{\sin x+\cos x}dx$$

最後の式を J とおくと

$$I+J=\int_0^{\frac{\pi}{2}} \frac{\sin x+\cos x}{\sin x+\cos x}dx=\int_0^{\frac{\pi}{2}} dx=\Big[x\Big]_0^{\frac{\pi}{2}}=\frac{\pi}{2}$$

$I=J$ であるから，$2I=\frac{\pi}{2}$ より　$I=\boldsymbol{\frac{\pi}{4}}$

HINT (1), (2) ともに $x=\frac{\pi}{2}-t$ とおき換える。

← $-\int_{\frac{\pi}{2}}^0=\int_0^{\frac{\pi}{2}}$

←定積分の値は積分変数の文字に無関係。

← $\sin\left(\frac{\pi}{2}-t\right)=\cos t$
$\cos\left(\frac{\pi}{2}-t\right)=\sin t$

← $-\int_{\frac{\pi}{2}}^0=\int_0^{\frac{\pi}{2}}$

←定積分の値は積分変数の文字に無関係。

5章 練習 〔積分法〕

練習 ④153

(1) 連続関数 $f(x)$ が，すべての実数 x について $f(\pi-x)=f(x)$ を満たすとき，$\int_0^{\pi}\left(x-\frac{\pi}{2}\right)f(x)dx=0$ が成り立つことを証明せよ。

(2) 定積分 $\int_0^{\pi} \frac{x\sin^3 x}{4-\cos^2 x}dx$ を求めよ。 〔名古屋大〕

HINT (1) $\pi-x=t$ とおく。

(2) (1) で証明した等式を用いるために，まず $f(x)=\frac{\sin^3 x}{4-\cos^2 x}$ として，$f(\pi-x)=f(x)$ であることを示す。

(1) $I=\int_0^{\pi}\left(x-\frac{\pi}{2}\right)f(x)dx$ とする。

$\pi-x=t$ とおくと　$x=\pi-t$, $dx=-dt$

x	$0 \longrightarrow \pi$
t	$\pi \longrightarrow 0$

x と t の対応は右のようになる。

したがって

$$I=\int_{\pi}^{0}\left(\pi-t-\frac{\pi}{2}\right)f(\pi-t)\cdot(-1)dt$$

$$=\int_{0}^{\pi}\left(\frac{\pi}{2}-t\right)f(\pi-t)dt=\int_{0}^{\pi}\left(\frac{\pi}{2}-t\right)f(t)dt$$

←$f(\pi-t)=f(t)$

$$=-\int_{0}^{\pi}\left(x-\frac{\pi}{2}\right)f(x)dx=-I$$

←同形出現。

よって　$I=0$　すなわち　$\int_{0}^{\pi}\left(x-\frac{\pi}{2}\right)f(x)dx=0$

(2)　$J=\int_{0}^{\pi}\frac{x\sin^3x}{4-\cos^2x}dx$ とし，$f(x)=\frac{\sin^3x}{4-\cos^2x}$ とすると

$$f(\pi-x)=\frac{\sin^3(\pi-x)}{4-\cos^2(\pi-x)}=\frac{\sin^3x}{4-\cos^2x}=f(x)$$

←まず，$f(\pi-x)=f(x)$ を示す。

よって，(1) から

$$J=\int_{0}^{\pi}xf(x)dx=\int_{0}^{\pi}\left\{\left(x-\frac{\pi}{2}\right)f(x)+\frac{\pi}{2}f(x)\right\}dx$$

$$=\int_{0}^{\pi}\left(x-\frac{\pi}{2}\right)f(x)dx+\frac{\pi}{2}\int_{0}^{\pi}f(x)dx=\frac{\pi}{2}\int_{0}^{\pi}f(x)dx$$

←$\int_{0}^{\pi}\left(x-\frac{\pi}{2}\right)f(x)dx=0$

$$=\frac{\pi}{2}\int_{0}^{\pi}\frac{\sin^3x}{4-\cos^2x}dx=\frac{\pi}{2}\int_{0}^{\pi}\frac{1-\cos^2x}{4-\cos^2x}\cdot\sin x\,dx$$

$\cos x=u$ とおくと　$-\sin x\,dx=du$

x と u の対応は右のようになる。

x	$0\longrightarrow\pi$
u	$1\longrightarrow-1$

ゆえに　$J=\frac{\pi}{2}\int_{1}^{-1}\frac{1-u^2}{4-u^2}\cdot(-1)du$

$$=\frac{\pi}{2}\int_{-1}^{1}\frac{u^2-1}{u^2-4}du=\frac{\pi}{2}\cdot2\int_{0}^{1}\frac{u^2-1}{u^2-4}du$$

←$\frac{u^2-1}{u^2-4}$ は偶関数。

$$=\pi\int_{0}^{1}\left(1+\frac{3}{u^2-4}\right)du$$

←分子の次数を下げる。

$$=\pi\int_{0}^{1}\left\{1+\frac{3}{4}\left(\frac{1}{u-2}-\frac{1}{u+2}\right)\right\}du$$

$$=\pi\left[u+\frac{3}{4}\{\log|u-2|-\log(u+2)\}\right]_{0}^{1}$$

$$=\pi\left[u+\frac{3}{4}\log\frac{|u-2|}{u+2}\right]_{0}^{1}=\boldsymbol{\pi\left(1-\frac{3}{4}\log3\right)}$$

←$\frac{1}{u^2-4}=\frac{1}{(u-2)(u+2)}=\frac{1}{4}\cdot\frac{(u+2)-(u-2)}{(u-2)(u+2)}=\frac{1}{4}\left(\frac{1}{u-2}-\frac{1}{u+2}\right)$

練習 ②154

次の定積分を求めよ。(4) では a，b は定数とする。

(1) $\int_{0}^{\frac{1}{3}}xe^{3x}dx$　(2) $\int_{1}^{e}x^2\log x\,dx$　(3) $\int_{1}^{e}(\log x)^2dx$

(4) $\int_{a}^{b}(x-a)^2(x-b)dx$　(5) $\int_{0}^{2\pi}\left|x\cos\frac{x}{3}\right|dx$　[(1) 宮崎大，(5) 愛媛大]

(1)　(与式)$=\int_{0}^{\frac{1}{3}}x\left(\frac{1}{3}e^{3x}\right)'dx=\left[\frac{1}{3}xe^{3x}\right]_{0}^{\frac{1}{3}}-\int_{0}^{\frac{1}{3}}\frac{1}{3}e^{3x}dx$

←部分積分法の利用。
$\boldsymbol{\int_{a}^{b}f(x)g'(x)dx=\Big[f(x)g(x)\Big]_{a}^{b}-\int_{a}^{b}f'(x)g(x)dx}$

$$=\frac{1}{9}e-\left[\frac{1}{9}e^{3x}\right]_{0}^{\frac{1}{3}}=\frac{1}{9}e-\frac{1}{9}(e-1)=\boldsymbol{\frac{1}{9}}$$

(2)　(与式)$=\int_{1}^{e}\left(\frac{x^3}{3}\right)'\log x\,dx=\left[\frac{x^3}{3}\log x\right]_{1}^{e}-\int_{1}^{e}\frac{x^2}{3}dx$

$$=\frac{e^3}{3}-\left[\frac{x^3}{9}\right]_1^e=\frac{e^3}{3}-\frac{e^3-1}{9}=\boldsymbol{\frac{2e^3+1}{9}}$$

(3) (与式)$=\int_1^e (x)'(\log x)^2 dx=\Big[x(\log x)^2\Big]_1^e-2\int_1^e \log x\,dx$

$=e-2\int_1^e (x)'\log x\,dx=e-2\left(\Big[x\log x\Big]_1^e-\Big[x\Big]_1^e\right)$

$=e-2\{e-(e-1)\}=\boldsymbol{e-2}$

←部分積分法。

←更に部分積分法。なお $\int \log x\,dx=x\log x-x+C$

(4) (与式) $=\int_a^b\left\{\frac{1}{3}(x-a)^3\right\}'(x-b)dx$

$=\frac{1}{3}\Big[(x-a)^3(x-b)\Big]_a^b-\frac{1}{3}\int_a^b (x-a)^3 dx$

$=-\frac{1}{12}\Big[(x-a)^4\Big]_a^b=\boldsymbol{-\frac{1}{12}(b-a)^4}$

←$\Big[(x-a)^3(x-b)\Big]_a^b=0$

(5) $0\leqq x\leqq\frac{3}{2}\pi$ のとき，$0\leqq\frac{x}{3}\leqq\frac{\pi}{2}$ から　$\left|\cos\frac{x}{3}\right|=\cos\frac{x}{3}$

←$\cos\frac{x}{3}\geqq 0$

$\frac{3}{2}\pi\leqq x\leqq 2\pi$ のとき，$\frac{\pi}{2}\leqq\frac{x}{3}\leqq\frac{2}{3}\pi$ から　$\left|\cos\frac{x}{3}\right|=-\cos\frac{x}{3}$

←$\cos\frac{x}{3}\leqq 0$

よって　$\int_0^{2\pi}\left|x\cos\frac{x}{3}\right|dx=\int_0^{\frac{3}{2}\pi}x\cos\frac{x}{3}dx-\int_{\frac{3}{2}\pi}^{2\pi}x\cos\frac{x}{3}dx$

ここで　$\int x\cos\frac{x}{3}dx=x\cdot 3\sin\frac{x}{3}-\int 3\sin\frac{x}{3}dx$

$=3x\sin\frac{x}{3}+9\cos\frac{x}{3}+C$

←$\int x\cos\frac{x}{3}dx$
$=\int x\left(3\sin\frac{x}{3}\right)'dx$

ゆえに　$\int_0^{2\pi}\left|x\cos\frac{x}{3}\right|dx$

$=\left[3x\sin\frac{x}{3}+9\cos\frac{x}{3}\right]_0^{\frac{3}{2}\pi}-\left[3x\sin\frac{x}{3}+9\cos\frac{x}{3}\right]_{\frac{3}{2}\pi}^{2\pi}$

$=2\cdot\frac{9}{2}\pi-9-\left(3\sqrt{3}\pi-\frac{9}{2}\right)=\boldsymbol{(9-3\sqrt{3})\pi-\frac{9}{2}}$

←$\Big[F(x)\Big]_a^b-\Big[F(x)\Big]_b^c$
$=2F(b)-F(a)-F(c)$

練習 ③155　(1) $\int_0^{\pi}e^{-x}\sin x\,dx$ を求めよ。　(2) (1)の結果を用いて，$\int_0^{\pi}xe^{-x}\sin x\,dx$ を求めよ。

$I=\int e^{-x}\sin x\,dx$，$J=\int e^{-x}\cos x\,dx$ とする。

$$(e^{-x}\sin x)'=-e^{-x}\sin x+e^{-x}\cos x$$
$$(e^{-x}\cos x)'=-e^{-x}\cos x-e^{-x}\sin x$$

であるから，それぞれの両辺を積分して

$e^{-x}\sin x=-I+J$ …… ①，$e^{-x}\cos x=-J-I$ …… ②

(①+②)÷(−2) から　$I=-\frac{1}{2}e^{-x}(\sin x+\cos x)+C$

(①−②)÷2 から　$J=\frac{1}{2}e^{-x}(\sin x-\cos x)+C$

←(2)の定積分の計算に部分積分法を適用すると，$e^{-x}\sin x$ と $e^{-x}\cos x$ の不定積分が必要になる。そこで，これらをペアとして本冊 p.264 重要例題 **155** の 別解 の方針で先に求めておく。

(1) $\int_0^{\pi}e^{-x}\sin x\,dx=\left[-\frac{1}{2}e^{-x}(\sin x+\cos x)\right]_0^{\pi}=\boldsymbol{\frac{e^{-\pi}+1}{2}}$

(2) $\displaystyle\int_0^{\pi} xe^{-x}\sin x\,dx=\int_0^{\pi} x\cdot\left\{-\frac{1}{2}e^{-x}(\sin x+\cos x)\right\}'dx$

$\displaystyle=\left[x\cdot\left\{-\frac{1}{2}e^{-x}(\sin x+\cos x)\right\}\right]_0^{\pi}$

$\displaystyle-\int_0^{\pi}1\cdot\left\{-\frac{1}{2}e^{-x}(\sin x+\cos x)\right\}dx$

$\displaystyle=\frac{\pi}{2}e^{-\pi}+\frac{1}{2}\left(\int_0^{\pi}e^{-x}\sin x\,dx+\int_0^{\pi}e^{-x}\cos x\,dx\right)$

←部分積分法。

ここで　$\displaystyle\int_0^{\pi}e^{-x}\cos x\,dx=\left[\frac{1}{2}e^{-x}(\sin x-\cos x)\right]_0^{\pi}=\frac{e^{-\pi}+1}{2}$

←② より，$I+J=-e^{-x}\cos x$ であるから（　）内の定積分 $=\left[-e^{-x}\cos x\right]_0^{\pi}=e^{-\pi}+1$ としてもよい。

これと(1)の結果を用いると

$\displaystyle\int_0^{\pi}xe^{-x}\sin x\,dx=\frac{\pi}{2}e^{-\pi}+\frac{1}{2}\left(\frac{e^{-\pi}+1}{2}+\frac{e^{-\pi}+1}{2}\right)$

$\displaystyle=\boldsymbol{\frac{1}{2}\{(\pi+1)e^{-\pi}+1\}}$

検討　**本冊 *p*.265 参考事項の「$\displaystyle\lim_{n\to\infty}\frac{r^n}{n!}=0$（$r$ は正の実数）」の証明**

証明　整数 k を $r<k$ となるようにとると　$\displaystyle 0<\frac{r}{k}<1$

n が十分大きいとき

$\displaystyle\frac{r^n}{n!}=\frac{r}{1}\cdot\frac{r}{2}\cdots\cdots\frac{r}{k-1}\cdot\frac{r}{k}\cdots\cdots\frac{r}{n}$

$\displaystyle<\frac{r}{1}\cdot\frac{r}{2}\cdots\cdots\frac{r}{k-1}\cdot\frac{r}{k}\cdots\cdots\frac{r}{k}$

$\displaystyle=\frac{r}{1}\cdot\frac{r}{2}\cdots\cdots\frac{r}{k-1}\cdot\left(\frac{r}{k}\right)^{n-k+1}$

よって，$\displaystyle 0<\frac{r^n}{n!}<\frac{r}{1}\cdot\frac{r}{2}\cdots\cdots\frac{r}{k-1}\cdot\left(\frac{r}{k}\right)^{n-k+1}$ であり

$\displaystyle\lim_{n\to\infty}\frac{r}{1}\cdot\frac{r}{2}\cdots\cdots\frac{r}{k-1}\cdot\left(\frac{r}{k}\right)^{n-k+1}=0$ ……（＊）

（＊）　$\displaystyle 0<\frac{r}{k}<1$ から $\displaystyle\lim_{n\to\infty}\left(\frac{r}{k}\right)^{n-k+1}=0$

したがって　$\displaystyle\boldsymbol{\lim_{n\to\infty}\frac{r^n}{n!}=0}$

←はさみうちの原理。

参考　r が負の実数のときも，絶対値をとることで同様に証明できる。

練習 ④156

(1) $\displaystyle I_n=\int_0^{\frac{\pi}{2}}\sin^n x\,dx$，$\displaystyle J_n=\int_0^{\frac{\pi}{2}}\cos^n x\,dx$（$n$ は 0 以上の整数）とすると，$I_n=J_n$（$n\geqq 0$）が成り立つことを示せ。ただし，$\sin^0 x=\cos^0 x=1$ である。〔類　日本女子大〕

(2) $\displaystyle I_n=\int_0^{\frac{\pi}{4}}\tan^n x\,dx$（$n$ は自然数）とする。$n\geqq 3$ のときの I_n を，n，I_{n-2} を用いて表せ。また，I_3，I_4 を求めよ。〔類　横浜国大〕

(1) $\displaystyle x=\frac{\pi}{2}-t$ とおくと　$dx=-dt$

x と t の対応は右のようになる。

x	$0\longrightarrow\frac{\pi}{2}$
t	$\frac{\pi}{2}\longrightarrow 0$

よって，$n\geqq 1$ のとき

←置換積分法を利用。

$$\int_0^{\frac{\pi}{2}}\sin^n x\,dx=\int_{\frac{\pi}{2}}^0 \sin^n\left(\frac{\pi}{2}-t\right)\cdot(-1)dt$$

$$=\int_0^{\frac{\pi}{2}}\cos^n t\,dt=\int_0^{\frac{\pi}{2}}\cos^n x\,dx$$

←$\sin\left(\frac{\pi}{2}-\theta\right)=\cos\theta$, $-\int_{\frac{\pi}{2}}^0=\int_0^{\frac{\pi}{2}}$

また　$I_0=J_0=\int_0^{\frac{\pi}{2}}dx$　　よって　$I_n=J_n$ $(n\geqq 0)$

←$\sin^0 x=\cos^0 x=1$

(2)　$n\geqq 3$ のとき

$$\boldsymbol{I_n}=\int_0^{\frac{\pi}{4}}\tan^{n-2}x\tan^2 x\,dx=\int_0^{\frac{\pi}{4}}\tan^{n-2}x\left(\frac{1}{\cos^2 x}-1\right)dx$$

←$1+\tan^2\theta=\frac{1}{\cos^2\theta}$

$$=\int_0^{\frac{\pi}{4}}\tan^{n-2}x(\tan x)'\,dx-\int_0^{\frac{\pi}{4}}\tan^{n-2}x\,dx$$

←$f(■)■'$ の形を作る。

$$=\left[\frac{1}{n-1}\tan^{n-1}x\right]_0^{\frac{\pi}{4}}-I_{n-2}=\boldsymbol{\frac{1}{n-1}-I_{n-2}}$$

←$\tan\frac{\pi}{4}=1$, $\tan 0=0$

また　$I_1=\int_0^{\frac{\pi}{4}}\frac{\sin x}{\cos x}dx=\Big[-\log(\cos x)\Big]_0^{\frac{\pi}{4}}$

$$=-\log\frac{1}{\sqrt{2}}=\frac{1}{2}\log 2$$

←$\frac{\sin x}{\cos x}=-\frac{(\cos x)'}{\cos x}$

$0\leqq x\leqq\frac{\pi}{4}$ において $\cos x>0$

よって　$\boldsymbol{I_3}=\frac{1}{2}-I_1=\boldsymbol{\frac{1}{2}-\frac{1}{2}\log 2}$

←$I_n=\frac{1}{n-1}-I_{n-2}$ で $n=3$ とおく。

更に　$I_2=\int_0^{\frac{\pi}{4}}\left(\frac{1}{\cos^2 x}-1\right)dx=\Big[\tan x-x\Big]_0^{\frac{\pi}{4}}=1-\frac{\pi}{4}$

ゆえに　$\boldsymbol{I_4}=\frac{1}{3}-I_2=\frac{1}{3}-\left(1-\frac{\pi}{4}\right)=\boldsymbol{\frac{\pi}{4}-\frac{2}{3}}$

←$I_n=\frac{1}{n-1}-I_{n-2}$ で $n=4$ とおく。

練習 ④157

m, n を 0 以上の整数として，$I_{m,n}=\int_0^{\frac{\pi}{2}}\sin^m x\cos^n x\,dx$ とする。ただし，$\sin^0 x=\cos^0 x=1$ である。

(1)　$I_{m,n}=I_{n,m}$ および $I_{m,n}=\frac{n-1}{m+n}I_{m,n-2}$ $(n\geqq 2)$ を示せ。

(2)　(1)の等式を利用して，次の定積分を求めよ。

(ア)　$\int_0^{\frac{\pi}{2}}\sin^6 x\cos^3 x\,dx$　　　(イ)　$\int_0^{\frac{\pi}{2}}\sin^5 x\cos^7 x\,dx$

(1)　$x=\frac{\pi}{2}-t$ とおくと　　$dx=-dt$

x と t の対応は右のようになる。

x	$0\longrightarrow\frac{\pi}{2}$
t	$\frac{\pi}{2}\longrightarrow 0$

よって　$I_{m,n}=\int_0^{\frac{\pi}{2}}\sin^m x\cos^n x\,dx$

$$=\int_{\frac{\pi}{2}}^0\sin^m\left(\frac{\pi}{2}-t\right)\cos^n\left(\frac{\pi}{2}-t\right)\cdot(-1)dt$$

$$=\int_0^{\frac{\pi}{2}}\sin^n x\cos^m x\,dx=I_{n,m}$$

←$\sin\left(\frac{\pi}{2}-t\right)=\cos t$, $\cos\left(\frac{\pi}{2}-t\right)=\sin t$

次に，$n\geqq 2$ のとき

$$\underline{\int\sin^m x\cos^n x\,dx}=\int(\sin^m x\cos x)\cos^{n-1}x\,dx$$

$=\int\left(\dfrac{\sin^{m+1}x}{m+1}\right)'\cos^{n-1}x\,dx$

$=\dfrac{\sin^{m+1}x\cos^{n-1}x}{m+1}-\int\dfrac{\sin^{m+1}x}{m+1}\cdot(n-1)\cos^{n-2}x(-\sin x)dx$

$=\dfrac{\sin^{m+1}x\cos^{n-1}x}{m+1}+\dfrac{n-1}{m+1}\int\sin^{m+2}x\cos^{n-2}x\,dx$ …… ①

また $\int\sin^{m+2}x\cos^{n-2}x\,dx=\int\sin^{m}x\cos^{n-2}x(1-\cos^2x)dx$

$=\int\sin^{m}x\cos^{n-2}x\,dx-\int\sin^{m}x\cos^{n}x\,dx$ …… ②

←同形出現。

①，② から

$$\int\sin^m x\cos^n x\,dx=\frac{\sin^{m+1}x\cos^{n-1}x}{m+n}+\frac{n-1}{m+n}\int\sin^m x\cos^{n-2}x\,dx$$

ゆえに $\displaystyle\int_0^{\frac{\pi}{2}}\sin^m x\cos^n x\,dx$

$=\left[\dfrac{\sin^{m+1}x\cos^{n-1}x}{m+n}\right]_0^{\frac{\pi}{2}}+\dfrac{n-1}{m+n}\displaystyle\int_0^{\frac{\pi}{2}}\sin^m x\cos^{n-2}x\,dx$

←$\left[\dfrac{\sin^{m+1}x\cos^{n-1}x}{m+n}\right]_0^{\frac{\pi}{2}}=0$

したがって $I_{m,n}=\dfrac{n-1}{m+n}I_{m,n-2}$

(2) (ア) $\displaystyle\int_0^{\frac{\pi}{2}}\sin^6x\cos^3x\,dx=I_{6,3}=\frac{2}{9}I_{6,1}$

←$I_{6,3}=\dfrac{3-1}{6+3}I_{6,3-2}$

また $I_{6,1}=\displaystyle\int_0^{\frac{\pi}{2}}\sin^6x\cos x\,dx=\left[\frac{1}{7}\sin^7x\right]_0^{\frac{\pi}{2}}=\frac{1}{7}$

←$\sin^6x\cos x$ $=\sin^6x(\sin x)'$

よって $\displaystyle\int_0^{\frac{\pi}{2}}\sin^6x\cos^3x\,dx=\frac{2}{9}\cdot\frac{1}{7}=\mathbf{\frac{2}{63}}$

(イ) $\displaystyle\int_0^{\frac{\pi}{2}}\sin^5x\cos^7x\,dx=I_{5,7}=\frac{6}{12}I_{5,5}=\frac{1}{2}\cdot\frac{4}{10}I_{5,3}$

$=\dfrac{1}{5}\cdot\dfrac{2}{8}I_{5,1}=\dfrac{1}{20}I_{5,1}$

←$I_{5,7}=\dfrac{7-1}{5+7}I_{5,7-2}$ など。

また $I_{5,1}=\displaystyle\int_0^{\frac{\pi}{2}}\sin^5x\cos x\,dx=\left[\frac{1}{6}\sin^6x\right]_0^{\frac{\pi}{2}}=\frac{1}{6}$

←$\sin^5x\cos x$ $=\sin^5x(\sin x)'$

よって $\displaystyle\int_0^{\frac{\pi}{2}}\sin^5x\cos^7x\,dx=\frac{1}{20}\cdot\frac{1}{6}=\mathbf{\frac{1}{120}}$

練習 ④158

a を正の定数とする。任意の実数 x に対して，$x=a\tan y$ を満たす y $\left(-\dfrac{\pi}{2}<y<\dfrac{\pi}{2}\right)$ を対応させる関数を $y=f(x)$ とするとき，$\displaystyle\int_0^a f(x)dx$ を求めよ。 〔信州大〕

$x=a\tan y$ $\left(-\dfrac{\pi}{2}<y<\dfrac{\pi}{2}\right)$，$y=f(x)$ …… ① とする。

$x=a\tan y$ の両辺を x で微分して $1=\dfrac{a}{\cos^2y}\cdot\dfrac{dy}{dx}$

ゆえに $\dfrac{dy}{dx}=\dfrac{\cos^2y}{a}=\dfrac{1}{a(1+\tan^2y)}=\dfrac{a}{a^2+x^2}$

① で $x=a$ とおくと $a=a\tan y$，$y=f(a)$

HINT $x=a\tan y$ から $f'(x)$ を求め，部分積分法による定積分の式に代入する。

$a=a\tan y$ から　　$\tan y=1$

$-\dfrac{\pi}{2}<y<\dfrac{\pi}{2}$ であるから　　$y=f(a)=\dfrac{\pi}{4}$

したがって

$$\int_0^a f(x)dx=\int_0^a (x)'f(x)dx=\Big[xf(x)\Big]_0^a-\int_0^a xf'(x)dx$$
$$=af(a)-\int_0^a \frac{ax}{x^2+a^2}dx$$
$$=a\cdot\frac{\pi}{4}-\frac{a}{2}\int_0^a \frac{(x^2+a^2)'}{x^2+a^2}dx$$
$$=\frac{\pi}{4}a-\frac{a}{2}\Big[\log(x^2+a^2)\Big]_0^a$$
$$=\frac{\pi}{4}a-\frac{a}{2}(\log 2a^2-\log a^2)$$
$$=\left(\boldsymbol{\frac{\pi}{4}-\frac{1}{2}\log 2}\right)\boldsymbol{a}$$

検討　$y=f(x)$ のグラフは次のようになる。

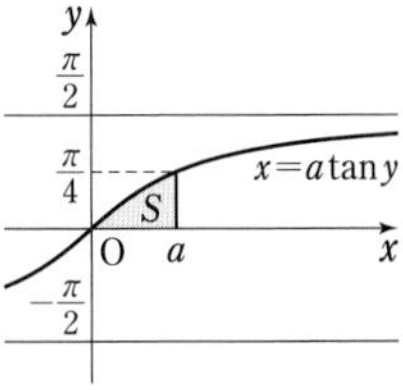

$\int_0^a f(x)dx=S$ とすると

$S=\dfrac{\pi}{4}\cdot a-a\int_0^{\frac{\pi}{4}}\tan y\,dy$

$=\dfrac{\pi}{4}a+a\Big[\log(\cos y)\Big]_0^{\frac{\pi}{4}}$

$=\left(\dfrac{\pi}{4}-\dfrac{1}{2}\log 2\right)a$

練習 ②159

次の関数を微分せよ。ただし，(3) では $x>0$ とする。

(1) $y=\int_0^x (x-t)^2e^t dt$　　(2) $y=\int_x^{x+1}\sin\pi t\,dt$　　(3) $y=\int_x^{x^2}\log t\,dt$

(1) $y=\int_0^x (x^2-2tx+t^2)e^t dt=x^2\int_0^x e^t dt-2x\int_0^x te^t dt+\int_0^x t^2e^t dt$

ゆえに　　$y'=2x\int_0^x e^t dt+x^2e^x-\left(2\int_0^x te^t dt+2x\cdot xe^x\right)+x^2e^x$

$\qquad=2x\int_0^x e^t dt-2\int_0^x te^t dt$

ここで　　$\int_0^x e^t dt=\Big[e^t\Big]_0^x=e^x-1$

$\qquad\int_0^x te^t dt=\Big[te^t\Big]_0^x-\int_0^x e^t dt=xe^x-\Big[e^t\Big]_0^x=xe^x-e^x+1$

よって　　$y'=2x(e^x-1)-2(xe^x-e^x+1)=\boldsymbol{2e^x-2x-2}$

←x は定数とみて，定積分の前に出す。

←$\boldsymbol{\dfrac{d}{dx}\int_a^x f(t)dt=f(x)}$ （a は定数）を利用。

$x^2\int_0^x e^t dt$ と $2x\int_0^x te^t dt$ の微分には，積の導関数の公式を利用。

(2) $\sin\pi t$ の原始関数を $F(t)$ とすると

$\qquad\int_x^{x+1}\sin\pi t\,dt=F(x+1)-F(x)$，$F'(t)=\sin\pi t$

よって　　$y'=F'(x+1)(x+1)'-F'(x)(x)'$

$\qquad=\sin\pi(x+1)-\sin\pi x=\sin(\pi x+\pi)-\sin\pi x$

$\qquad=-\sin\pi x-\sin\pi x=\boldsymbol{-2\sin\pi x}$

別解　$y'=\sin\pi(x+1)\cdot(x+1)'-\sin\pi x\cdot(x)'$

$\qquad=\sin\pi(x+1)-\sin\pi x=\boldsymbol{-2\sin\pi x}$

←合成関数の導関数。

←$\sin(\theta+\pi)=-\sin\theta$

←$\dfrac{d}{dx}\int_{h(x)}^{g(x)}f(t)dt$
$=f(g(x))g'(x)$
$\quad-f(h(x))h'(x)$
を利用して，直ちに答える。

(3) $\log t$ の原始関数を $F(t)$ とすると

$\qquad\int_x^{x^2}\log t\,dt=F(x^2)-F(x)$，$F'(t)=\log t$

よって　　$y'=F'(x^2)(x^2)'-F'(x)(x)'=\log x^2\cdot(2x)-\log x$

$\qquad=2x\cdot 2\log x-\log x=\boldsymbol{(4x-1)\log x}$

別解　$y'=\log x^2\cdot(x^2)'-\log x\cdot(x)'=2x\cdot 2\log x-\log x$

$\qquad=\boldsymbol{(4x-1)\log x}$

←合成関数の導関数。

練習 ②160 次の等式を満たす関数 $f(x)$ を求めよ。

(1) $f(x)=\cos x+\int_0^{\frac{\pi}{2}} f(t)dt$　　(2) $f(x)=e^x\int_0^1 \frac{1}{e^t+1}dt+\int_0^1 \frac{f(t)}{e^t+1}dt$

(3) $f(x)=\frac{1}{2}x+\int_0^x (t-x)\sin t\,dt$　　〔(1) 東京電機大，(2) 京都工繊大〕

(1) $\int_0^{\frac{\pi}{2}} f(t)dt=k$ とおくと　$f(x)=\cos x+k$

ゆえに　$k=\int_0^{\frac{\pi}{2}}(\cos t+k)dt=\Big[\sin t+kt\Big]_0^{\frac{\pi}{2}}=1+\frac{\pi}{2}k$

よって　$\frac{2-\pi}{2}k=1$　　ゆえに　$k=-\frac{2}{\pi-2}$

したがって　$\boldsymbol{f(x)=\cos x-\frac{2}{\pi-2}}$

←a，b が定数のとき，$\int_a^b f(t)dt$ は定数。

(2) $\int_0^1 \frac{1}{e^t+1}dt=a$，$\int_0^1 \frac{f(t)}{e^t+1}dt=b$ とおくと　$f(x)=ae^x+b$

ゆえに　$a=\int_0^1 \frac{1}{e^t+1}dt=\int_0^1 \frac{e^{-t}}{1+e^{-t}}dt=\int_0^1 (-1)\cdot\frac{(1+e^{-t})'}{1+e^{-t}}dt$

$=\Big[-\log(1+e^{-t})\Big]_0^1=\log\frac{2}{1+e^{-1}}=\log\frac{2e}{e+1}$，

$b=\int_0^1 \frac{ae^t+b}{e^t+1}dt=\int_0^1\left(a+\frac{b-a}{e^t+1}\right)dt$

$=\Big[at\Big]_0^1+(b-a)\int_0^1 \frac{1}{e^t+1}dt=a+(b-a)a$

よって　$b-a=(b-a)a$　　ゆえに　$(b-a)(1-a)=0$

$a=\log\frac{2e}{e+1}\neq 1$ であるから　$b-a=0$

よって　$b=a=\log\frac{2e}{e+1}$

したがって　$\boldsymbol{f(x)=(e^x+1)\log\frac{2e}{e+1}}$

←$\int_0^1 \frac{1}{e^t+1}dt$，$\int_0^1 \frac{f(t)}{e^t+1}dt$ は定数。

←$\int_0^1 \frac{1}{e^t+1}dt$ の値を求めてはいるが，ここでは a として計算を進める。

(3) 与えられた等式を ① とすると，① は

$f(x)=\frac{1}{2}x+\int_0^x t\sin t\,dt-x\int_0^x \sin t\,dt$

この両辺を x で微分すると

$f'(x)=\frac{1}{2}+x\sin x-\int_0^x \sin t\,dt-x\sin x$

$=\frac{1}{2}-\Big[-\cos t\Big]_0^x=\cos x-\frac{1}{2}$

よって　$f(x)=\int\left(\cos x-\frac{1}{2}\right)dx=\sin x-\frac{1}{2}x+C$ ……②

ここで，等式 ① の両辺に $x=0$ を代入して　$f(0)=0$

② から　$C=0$　　したがって　$\boldsymbol{f(x)=\sin x-\frac{1}{2}x}$

←x は定数とみて，定積分の前に出す。

←$\frac{d}{dx}\int_a^x F(t)dt=F(x)$

←$f(x)=\int f'(x)dx$

←② から　$f(0)=C$

練習 ②161 $f(x)=\int_0^x e^t\cos t\,dt\ (0\leqq x\leqq 2\pi)$ の最大値とそのときの x の値を求めよ。　〔北海道大〕

$f'(x)=e^x\cos x$

また，$\int_0^x e^t\cos t\,dt$ を求めると

$(e^t\sin t)'=e^t\sin t+e^t\cos t$，$(e^t\cos t)'=e^t\cos t-e^t\sin t$

の辺々を加えて

$$\{e^t(\sin t+\cos t)\}'=2e^t\cos t$$

よって　$\int_0^x e^t\cos t\,dt=\frac{1}{2}\Big[e^t(\sin t+\cos t)\Big]_0^x$

$$=\frac{1}{2}\{e^x(\sin x+\cos x)-1\}\ \cdots\cdots\ ①$$

$f'(x)=0$ とすると，$0\leqq x\leqq 2\pi$ であるから　$x=\frac{\pi}{2},\ \frac{3}{2}\pi$

$0\leqq x\leqq 2\pi$ における $f(x)$ の増減表は次のようになる。

x	0	$\cdots$	$\frac{\pi}{2}$	$\cdots$	$\frac{3}{2}\pi$	$\cdots$	2π
$f'(x)$		$+$	0	$-$	0	$+$	
$f(x)$	0	↗	極大	↘	極小	↗	

① から　$f\left(\frac{\pi}{2}\right)=\frac{1}{2}\left(e^{\frac{\pi}{2}}-1\right)$，$f(2\pi)=\frac{1}{2}(e^{2\pi}-1)$

$e^{2\pi}>e^{\frac{\pi}{2}}$ であるから　$f\left(\frac{\pi}{2}\right)<f(2\pi)$

したがって，$f(x)$ は $\boldsymbol{x=2\pi}$ **のとき最大値** $\boldsymbol{\frac{1}{2}(e^{2\pi}-1)}$ をとる。

←$\frac{d}{dx}\int_a^x f(t)dt=f(x)$

←極値や両端の値を調べなければならないから，定積分の計算が必要になる。なお，左のようにペアを作る方法については，本冊 $p.233$ 重要例題 **137** を参照。

←極大値 $f\left(\frac{\pi}{2}\right)$ と端の値 $f(2\pi)$ が最大値の候補。

練習 ③162

$I=\int_0^\pi (x+a\cos x)^2dx$ について，次の問いに答えよ。

(1) I を a の関数で表せ。

(2) I の最小値とそのときの a の値を求めよ。　〔岡山理科大〕

(1)　$I=\int_0^\pi (x^2+2ax\cos x+a^2\cos^2 x)dx$

$$=\int_0^\pi x^2dx+2a\int_0^\pi x\cos x\,dx+a^2\int_0^\pi \cos^2 x\,dx$$

ここで　$\int_0^\pi x^2dx=\left[\frac{x^3}{3}\right]_0^\pi=\frac{\pi^3}{3}$

$$\int_0^\pi x\cos x\,dx=\int_0^\pi x(\sin x)'dx=\Big[x\sin x\Big]_0^\pi-\int_0^\pi \sin x\,dx$$

$$=-\Big[-\cos x\Big]_0^\pi=-2$$

$$\int_0^\pi \cos^2 x\,dx=\int_0^\pi \frac{1+\cos 2x}{2}dx=\frac{1}{2}\left[x+\frac{\sin 2x}{2}\right]_0^\pi=\frac{\pi}{2}$$

よって　$I=\frac{\pi^3}{3}+2a(-2)+a^2\cdot\frac{\pi}{2}=\boldsymbol{\frac{\pi}{2}a^2-4a+\frac{\pi^3}{3}}$

(2)　(1) から　$I=\frac{\pi}{2}\left(a^2-\frac{8}{\pi}a\right)+\frac{\pi^3}{3}=\frac{\pi}{2}\left(a-\frac{4}{\pi}\right)^2+\frac{\pi^3}{3}-\frac{8}{\pi}$

したがって，I は $\boldsymbol{a=\frac{4}{\pi}}$ **のとき最小値** $\boldsymbol{\frac{\pi^3}{3}-\frac{8}{\pi}}$ をとる。

←(　)^2 を展開。

←a を定積分の前に出す。

←各定積分を計算。

←部分積分法。

←$I'=\pi a-4$ から $I'=0 \Longleftrightarrow a=\frac{4}{\pi}$ として最小値を求めてもよい。

練習 ③163 $x>0$ のとき，関数 $f(x)=\int_0^1\left|\log\frac{t+1}{x}\right|dt$ の最小値を求めよ。〔東京学芸大〕

$f(x)=\int_0^1|\log(t+1)-\log x|dt$

$\log(t+1)-\log x=0$ とすると

$t+1=x$ すなわち $t=x-1$

積分区間は $0\leqq t\leqq 1$ であるから，

$x-1\leqq 0,\quad 0<x-1<1,\quad 1\leqq x-1$

の場合に分けて考える。

[1] $x-1\leqq 0$ すなわち $0<x\leqq 1$ のとき $\log(t+1)-\log x\geqq 0$

よって
$$f(x)=\int_0^1\{\log(t+1)-\log x\}dt$$
$$=\int_0^1\log(t+1)dt-(\log x)\int_0^1 dt$$
$$=\Big[(t+1)\log(t+1)-t\Big]_0^1-\log x$$
$$=2\log 2-1-\log x$$

$f'(x)=-\frac{1}{x}<0$ であるから，$f(x)$ は単調に減少する。

[2] $0<x-1<1$ すなわち $1<x<2$ のとき

$t+1\leqq x$ すなわち $t\leqq x-1$ のとき $\log(t+1)-\log x\leqq 0$

$t+1\geqq x$ すなわち $t\geqq x-1$ のとき $\log(t+1)-\log x\geqq 0$

であるから
$$f(x)=-\int_0^{x-1}\{\log(t+1)-\log x\}dt+\int_{x-1}^1\{\log(t+1)-\log x\}dt$$
$$=-\int_0^{x-1}\log(t+1)dt+\int_{x-1}^1\log(t+1)dt+(\log x)\left(\int_0^{x-1}dt-\int_{x-1}^1 dt\right)$$
$$=-\Big[(t+1)\log(t+1)-t\Big]_0^{x-1}+\Big[(t+1)\log(t+1)-t\Big]_{x-1}^1+(\log x)\{(x-1)-(2-x)\}$$
$$=2x-3\log x+2\log 2-3\left(=2x-3+\log\frac{4}{x^3}\right)$$

$f'(x)=2-\frac{3}{x}=\frac{2x-3}{x}$

$f'(x)=0$ とすると $x=\frac{3}{2}$

$1<x<2$ のとき $f(x)$ の増減表は右のようになる。

x	1	$\cdots$	$\frac{3}{2}$	$\cdots$	2
$f'(x)$		$-$	0	$+$	
$f(x)$		↘	$\log\frac{32}{27}$	↗	

[3] $1\leqq x-1$ すなわち $2\leqq x$ のとき $\log(t+1)-\log x\leqq 0$

よって
$$f(x)=-\int_0^1\{\log(t+1)-\log x\}dt$$
$$=\log x+1-2\log 2$$

$f'(x)=\frac{1}{x}>0$ であるから，$f(x)$ は単調に増加する。

[1]～[3] により，$f(x)$ は $\boldsymbol{x=\frac{3}{2}}$ **のとき最小値** $\boldsymbol{\log\frac{32}{27}}$ をとる。

HINT ｜ ｜内の式$=0$ となる値が積分区間 $0\leqq t\leqq 1$ に含まれるかどうかがポイント。

←$0\leqq t\leqq 1$ であるから $1\leqq t+1\leqq 2$ ゆえに $t+1\geqq x$

←$\int_0^1 dt=\Big[t\Big]_0^1=1$

←$f(x)=$(定数)$-\log x$ であることからも単調に減少することはわかる。

←$1\leqq t+1\leqq 2$ であるから $t+1\leqq x$

←[1] の $f(x)\times(-1)$

練習 ②164 次の極限値を求めよ。

(1) $\lim_{n\to\infty}\sum_{k=1}^{n}\frac{\pi}{n}\sin^2\frac{k\pi}{n}$　　(2) $\lim_{n\to\infty}\frac{1}{n^2}\left(e^{\frac{1}{n}}+2e^{\frac{2}{n}}+3e^{\frac{3}{n}}+\cdots\cdots+ne^{\frac{n}{n}}\right)$　〔(2) 岩手大〕

HINT　$\lim_{n\to\infty}\frac{1}{n}\sum_{k=1}^{n}f\left(\frac{k}{n}\right)=\int_0^1 f(x)dx$ を利用して定積分にもち込む。

求める極限値を S とする。

(1) $S=\lim_{n\to\infty}\sum_{k=1}^{n}\frac{\pi}{n}\sin^2\frac{k\pi}{n}=\pi\lim_{n\to\infty}\frac{1}{n}\sum_{k=1}^{n}\sin^2\frac{k}{n}\pi$

$=\pi\int_0^1\sin^2\pi x\,dx=\pi\int_0^1\frac{1-\cos 2\pi x}{2}dx$

$=\frac{\pi}{2}\left[x-\frac{1}{2\pi}\sin 2\pi x\right]_0^1=\boldsymbol{\frac{\pi}{2}}$

← $\frac{1}{n}$ をくくり出す。

← $f\left(\frac{k}{n}\right)$ の形となる $f(x)$ は　$f(x)=\sin^2\pi x$

(2) $S=\lim_{n\to\infty}\frac{1}{n^2}\sum_{k=1}^{n}ke^{\frac{k}{n}}=\lim_{n\to\infty}\frac{1}{n}\sum_{k=1}^{n}\frac{k}{n}e^{\frac{k}{n}}$

$=\int_0^1 xe^x dx=\int_0^1 x(e^x)'dx$

$=\left[xe^x\right]_0^1-\int_0^1 e^x dx=e-\left[e^x\right]_0^1$

$=e-(e-1)=\mathbf{1}$

← $\frac{1}{n^2}=\frac{1}{n}\cdot\frac{1}{n}$

$f\left(\frac{k}{n}\right)$ の形となる $f(x)$ は　$f(x)=xe^x$

練習 ③165 次の極限値を求めよ。(2) では $p>0$ とする。

(1) $\lim_{n\to\infty}\frac{1}{n}\left\{\left(\frac{1}{n}\right)^2+\left(\frac{2}{n}\right)^2+\left(\frac{3}{n}\right)^2+\cdots\cdots+\left(\frac{3n}{n}\right)^2\right\}$　〔摂南大〕

(2) $\lim_{n\to\infty}\frac{(n+1)^p+(n+2)^p+\cdots\cdots+(n+2n)^p}{1^p+2^p+\cdots\cdots+(2n)^p}$　〔日本女子大〕

求める極限値を S とする。

(1) $S=\lim_{n\to\infty}\frac{1}{n}\sum_{k=1}^{3n}\left(\frac{k}{n}\right)^2$

$S_n=\frac{1}{n}\sum_{k=1}^{3n}\left(\frac{k}{n}\right)^2$ とすると，S_n は図の長方形の面積の和を表すから

$S=\lim_{n\to\infty}S_n=\int_0^3 x^2dx=\left[\frac{x^3}{3}\right]_0^3=\mathbf{9}$

(1)

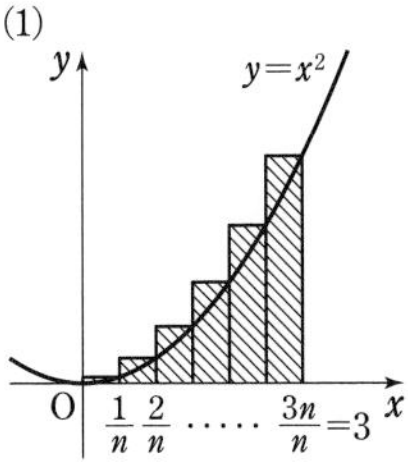

HINT　$\frac{1}{n}\sum_{k=l}^{m}f\left(\frac{k}{n}\right)$ の形になるように $f(x)$ を決める。積分区間は図から判断するとよい。

(2) $\frac{(n+1)^p+(n+2)^p+\cdots\cdots+(n+2n)^p}{1^p+2^p+\cdots\cdots+(2n)^p}$

$=\frac{\sum_{k=1}^{2n}(n+k)^p}{\sum_{k=1}^{2n}k^p}=\frac{\sum_{k=1}^{2n}\left(1+\frac{k}{n}\right)^p\cdot\frac{1}{n}}{\sum_{k=1}^{2n}\left(\frac{k}{n}\right)^p\cdot\frac{1}{n}}$ であり

$\lim_{n\to\infty}\sum_{k=1}^{2n}\left(1+\frac{k}{n}\right)^p\cdot\frac{1}{n}=\lim_{n\to\infty}\frac{1}{n}\sum_{k=1}^{2n}\left(1+\frac{k}{n}\right)^p$

$=\int_0^2(1+x)^p dx$　← [1] の図を参照。

$=\left[\frac{(1+x)^{p+1}}{p+1}\right]_0^2=\frac{3^{p+1}-1}{p+1}$

[1]

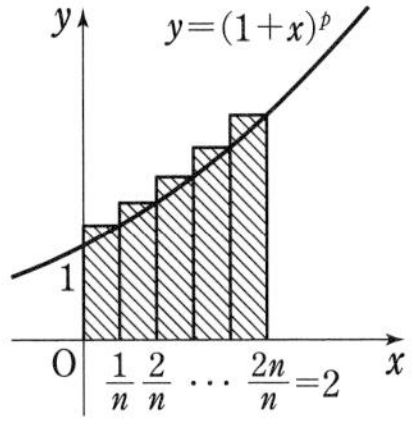

$$\lim_{n\to\infty}\sum_{k=1}^{2n}\left(\frac{k}{n}\right)^p\cdot\frac{1}{n}=\lim_{n\to\infty}\frac{1}{n}\sum_{k=1}^{2n}\left(\frac{k}{n}\right)^p$$

$$=\int_0^2 x^p\,dx$$ ←[2] の図を参照。

$$=\left[\frac{x^{p+1}}{p+1}\right]_0^2=\frac{2^{p+1}}{p+1}$$

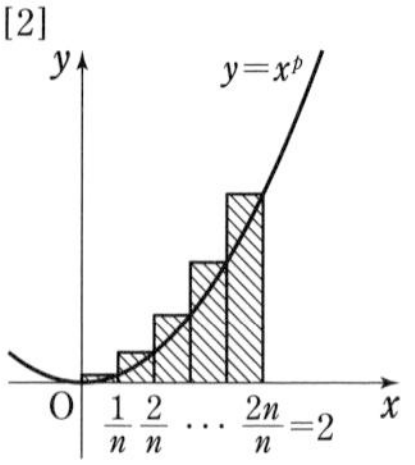

したがって　$S=\frac{3^{p+1}-1}{p+1}\cdot\frac{p+1}{2^{p+1}}=\boldsymbol{\frac{3^{p+1}-1}{2^{p+1}}}$

別解　$\frac{(n+1)^p+(n+2)^p+\cdots\cdots+(n+2n)^p}{1^p+2^p+\cdots\cdots+(2n)^p}$

$$=\frac{\sum_{k=n+1}^{3n}\left(\frac{k}{n}\right)^p\cdot\frac{1}{n}}{\sum_{k=1}^{2n}\left(\frac{k}{n}\right)^p\cdot\frac{1}{n}}$$ と考えると

$$\lim_{n\to\infty}\sum_{k=n+1}^{3n}\left(\frac{k}{n}\right)^p\cdot\frac{1}{n}=\lim_{n\to\infty}\frac{1}{n}\sum_{k=n+1}^{3n}\left(\frac{k}{n}\right)^p$$

$$=\int_1^3 x^p\,dx$$ ←[3] の図を参照。

$$=\left[\frac{x^{p+1}}{p+1}\right]_1^3=\frac{3^{p+1}-1}{p+1}$$

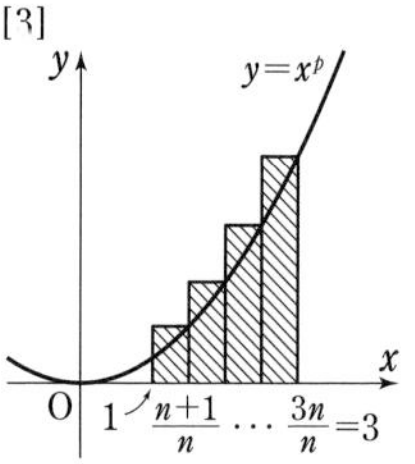

以後は，解答と同じ。

練習 ④166　数列 $a_n=\frac{1}{n^2}\sqrt[n]{{}_{4n}\mathrm{P}_{2n}}$ $(n=1,\ 2,\ 3,\ \cdots\cdots)$ の極限値 $\lim_{n\to\infty}a_n$ を求めよ。〔東京理科大〕

$$a_n=\frac{1}{n^2}\{(2n+1)(2n+2)\cdots\cdots(2n+2n)\}^{\frac{1}{n}}$$

←${}_{4n}\mathrm{P}_{2n}=\frac{(4n)!}{(4n-2n)!}=\underbrace{(2n+1)\cdots\cdots(2n+2n)}_{2n\text{ 個}}$

$$=\frac{1}{n^2}\left\{n^{2n}\left(2+\frac{1}{n}\right)\left(2+\frac{2}{n}\right)\cdots\cdots\left(2+\frac{2n}{n}\right)\right\}^{\frac{1}{n}}$$

$$=\left\{\left(2+\frac{1}{n}\right)\left(2+\frac{2}{n}\right)\cdots\cdots\left(2+\frac{2n}{n}\right)\right\}^{\frac{1}{n}}$$ ←$(n^{2n})^{\frac{1}{n}}=n^2$

よって，両辺の自然対数をとると

$$\log a_n=\frac{1}{n}\left\{\log\left(2+\frac{1}{n}\right)+\log\left(2+\frac{2}{n}\right)+\cdots\cdots+\log\left(2+\frac{2n}{n}\right)\right\}$$

$$=\frac{1}{n}\sum_{k=1}^{2n}\log\left(2+\frac{k}{n}\right)$$ ←積の形を和の形に表す。

ゆえに　$\lim_{n\to\infty}(\log a_n)=\lim_{n\to\infty}\frac{1}{n}\sum_{k=1}^{2n}\log\left(2+\frac{k}{n}\right)$

$$=\int_0^2\log(2+x)dx=\int_0^2(2+x)'\log(2+x)dx$$

$$=\Big[(2+x)\log(2+x)\Big]_0^2-\int_0^2(2+x)\cdot\frac{1}{2+x}dx$$

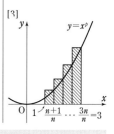

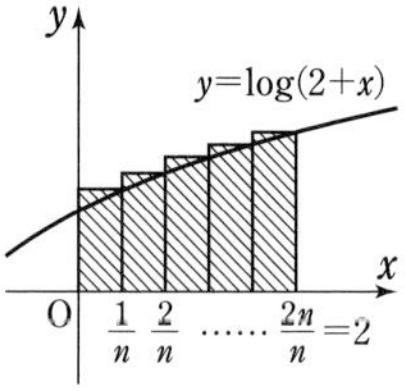

$$=4\log4-2\log2-2=\log\frac{4^4}{2^2e^2}=\log\frac{64}{e^2}$$ ←$\log4^4-\log2^2-\log e^2$

関数 $\log x$ は $x>0$ で連続であるから　$\boldsymbol{\lim_{n\to\infty}a_n=\frac{64}{e^2}}$

←$\boldsymbol{\lim_{n\to\infty}(\log a_n)=\log\left(\lim_{n\to\infty}a_n\right)}$

練習 ③167 曲線 $y=\sqrt{4-x}$ を C とする。$t\ (2\leqq t\leqq 3)$ に対して，曲線 C 上の点 $(t,\ \sqrt{4-t})$ と原点，点 $(t,\ 0)$ の 3 点を頂点とする三角形の面積を $S(t)$ とする。区間 $[2,\ 3]$ を n 等分し，その端点と分点を小さい方から順に $t_0=2,\ t_1,\ t_2,\ \cdots\cdots,\ t_{n-1},\ t_n=3$ とするとき，極限値 $\lim_{n\to\infty}\frac{1}{n}\sum_{k=1}^{n}S(t_k)$ を求めよ。 ［類 茨城大］

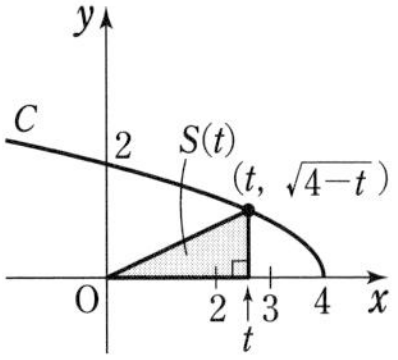

$$S(t)=\frac{1}{2}\cdot t\cdot\sqrt{4-t}=\frac{1}{2}t\sqrt{4-t}$$

$\frac{t_n-t_0}{n}=\frac{1}{n}$ より，$t_k=2+\frac{k}{n}\ (k=0,\ 1,\ 2,\ \cdots\cdots,\ n)$ と表すことができるから

$$S(t_k)=\frac{1}{2}t_k\sqrt{4-t_k}=\frac{1}{2}\left(2+\frac{k}{n}\right)\sqrt{4-\left(2+\frac{k}{n}\right)}$$
$$=\frac{1}{2}\left(2+\frac{k}{n}\right)\sqrt{2-\frac{k}{n}}\quad(k=0,\ 1,\ 2,\ \cdots\cdots,\ n)$$

よって $\lim_{n\to\infty}\frac{1}{n}\sum_{k=1}^{n}S(t_k)=\lim_{n\to\infty}\frac{1}{n}\sum_{k=1}^{n}\frac{1}{2}\left(2+\frac{k}{n}\right)\sqrt{2-\frac{k}{n}}$

$$=\frac{1}{2}\int_0^1(2+x)\sqrt{2-x}\,dx\ \cdots\cdots\ (*)$$

ここで，$\sqrt{2-x}=u$ とおくと

$x=2-u^2,\ dx=-2u\,du$

x と u の対応は右のようになる。

x	$0\ \longrightarrow 1$
u	$\sqrt{2}\ \longrightarrow 1$

ゆえに $\lim_{n\to\infty}\frac{1}{n}\sum_{k=1}^{n}S(t_k)=\frac{1}{2}\int_{\sqrt{2}}^{1}(4-u^2)u\cdot(-2u)du$

$$=\int_1^{\sqrt{2}}(4u^2-u^4)du=\left[\frac{4}{3}u^3-\frac{1}{5}u^5\right]_1^{\sqrt{2}}=\boldsymbol{\frac{28\sqrt{2}-17}{15}}$$

(*) $\lim_{n\to\infty}\frac{1}{n}\sum_{k=1}^{n}f\left(\frac{k}{n}\right)=\int_0^1 f(x)dx$
ここでは，
$f(x)=(2+x)\sqrt{2-x}$
とする。

$=\left[u^3\left(\frac{4}{3}-\frac{1}{5}u^2\right)\right]_1^{\sqrt{2}}$
$=2\sqrt{2}\left(\frac{4}{3}-\frac{2}{5}\right)-1\cdot\left(\frac{4}{3}-\frac{1}{5}\right)$

練習 ④168 n を 5 以上の自然数とする。1 から n までの異なる番号をつけた n 個の袋があり，番号 k の袋には黒玉 k 個と白玉 $n-k$ 個が入っている。まず，n 個の袋から無作為に 1 つ袋を選ぶ。次に，その選んだ袋から玉を 1 つ取り出してもとに戻すという試行を 5 回繰り返す。このとき，黒玉をちょうど 3 回取り出す確率を p_n とする。極限値 $\lim_{n\to\infty}p_n$ を求めよ。

$n\geqq 5$ のとき，n 個の袋から番号 $k\ (1\leqq k\leqq n)$ の袋を選ぶ確率は $\frac{1}{n}$ である。また，番号 k の袋から黒玉を取り出す確率は $\frac{k}{n}$，白玉を取り出す確率は $1-\frac{k}{n}$ である。

よって，番号 k の袋を選んだとき，5 回の試行で黒玉をちょうど 3 回取り出す確率を $p_n(k)$ とすると

$$p_n(k)={}_5C_3\left(\frac{k}{n}\right)^3\left(1-\frac{k}{n}\right)^2=10\left(\frac{k}{n}\right)^3\left(1-\frac{k}{n}\right)^2$$

ゆえに，確率 p_n は

$$p_n=\frac{1}{n}p_n(1)+\frac{1}{n}p_n(2)+\frac{1}{n}p_n(3)+\cdots\cdots+\frac{1}{n}p_n(n)$$
$$=\frac{1}{n}\sum_{k=1}^{n}p_n(k)$$

HINT $\lim_{n\to\infty}\frac{1}{n}\sum_{k=1}^{n}f\left(\frac{k}{n}\right)=\int_0^1 f(x)dx$ を利用。

←番号 k の袋には，黒玉 k 個と白玉 $n-k$ 個の，合わせて n 個の玉が入っている。

←反復試行の確率。

←確率の加法定理。それぞれの事象は互いに排反である。

5章 練習 ［積分法］

したがって，求める極限値は

$$\lim_{n\to\infty} p_n = \lim_{n\to\infty}\frac{1}{n}\sum_{k=1}^{n} p_n(k) = \lim_{n\to\infty}\frac{1}{n}\sum_{k=1}^{n} 10\left(\frac{k}{n}\right)^3\left(1-\frac{k}{n}\right)^2$$

$$=\int_0^1 10x^3(1-x)^2dx = 10\int_0^1 (x^3-2x^4+x^5)dx$$

$$=10\left[\frac{1}{4}x^4-\frac{2}{5}x^5+\frac{1}{6}x^6\right]_0^1 = \mathbf{\frac{1}{6}}$$

←$\displaystyle\lim_{n\to\infty}\frac{1}{n}\sum_{k=1}^{n} f\left(\frac{k}{n}\right) = \int_0^1 f(x)dx$

検討 $\int_0^1 x^3(1-x)^2dx$ はベータ関数の形（本冊 $p.269$ 参照）。

本冊 $p.268$ 重要例題 **157** (3) の結果を用いると，

$\displaystyle\int_0^1 x^3(1-x)^2dx = B(4,\ 3) = \frac{(4-1)!(3-1)!}{(4+3-1)!} = \frac{1}{60}$ であるから，

$\displaystyle\int_0^1 10x^3(1-x)^2dx = 10\cdot\frac{1}{60} = \mathbf{\frac{1}{6}}$ と求めることもできる。

←$\displaystyle B(m,\ n) = \int_0^1 x^{m-1}(1-x)^{n-1}dx$

練習 ②169
(1) 次の不等式を証明せよ。

(ア) $0<x<\dfrac{\pi}{4}$ のとき $1<\dfrac{1}{\sqrt{1-\sin x}}<\dfrac{1}{\sqrt{1-x}}$　　(イ) $\dfrac{\pi}{4}<\displaystyle\int_0^{\frac{\pi}{4}}\frac{dx}{\sqrt{1-\sin x}}<2-\sqrt{4-\pi}$

(2) $x>0$ のとき，不等式 $\displaystyle\int_0^x e^{-t^2}dt<x-\frac{x^3}{3}+\frac{x^5}{10}$ を証明せよ。

(1) (ア) $0<x<\dfrac{\pi}{4}<\dfrac{\pi}{2}$ のとき，$0<\sin x<x<1$ であるから

$1>1-\sin x>1-x>0$

よって　$1>\sqrt{1-\sin x}>\sqrt{1-x}>0$

ゆえに　$1<\dfrac{1}{\sqrt{1-\sin x}}<\dfrac{1}{\sqrt{1-x}}$

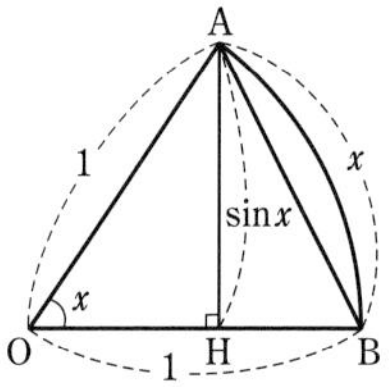

$0<x<\dfrac{\pi}{2}$ のとき，上の図で △OAB<(扇形OAB) から

$\dfrac{1}{2}\cdot1\cdot\sin x<\dfrac{1}{2}\cdot1^2\cdot x$

よって　$\sin x<x$

（本冊 $p.195$ の例も参照）

(イ) (ア)から　$\displaystyle\int_0^{\frac{\pi}{4}}dx<\int_0^{\frac{\pi}{4}}\frac{dx}{\sqrt{1-\sin x}}<\int_0^{\frac{\pi}{4}}\frac{dx}{\sqrt{1-x}}$

また　$\displaystyle\int_0^{\frac{\pi}{4}}dx=\Big[x\Big]_0^{\frac{\pi}{4}}=\frac{\pi}{4}$，

$$\int_0^{\frac{\pi}{4}}\frac{dx}{\sqrt{1-x}}=\int_0^{\frac{\pi}{4}}(1-x)^{-\frac{1}{2}}dx=\Big[-2\sqrt{1-x}\Big]_0^{\frac{\pi}{4}}$$

$$=-2\left(\sqrt{1-\frac{\pi}{4}}-1\right)=-\sqrt{4-\pi}+2$$

したがって　$\displaystyle\frac{\pi}{4}<\int_0^{\frac{\pi}{4}}\frac{dx}{\sqrt{1-\sin x}}<2-\sqrt{4-\pi}$

(2) $\displaystyle f(x)=x-\frac{x^3}{3}+\frac{x^5}{10}-\int_0^x e^{-t^2}dt$ とすると

←$f(x)=$(右辺)$-$(左辺)

$f'(x)=1-x^2+\dfrac{x^4}{2}-e^{-x^2}$，

←$\displaystyle\frac{d}{dx}\int_0^x e^{-t^2}dt=e^{-x^2}$

$f''(x)=-2x+2x^3+2xe^{-x^2}=2x(-1+x^2+e^{-x^2})$

$g(x)=-1+x^2+e^{-x^2}$ とすると　$g'(x)=2x(1-e^{-x^2})$

$x>0$ のとき $g'(x)>0$ であるから，$x\geqq0$ で $g(x)$ は単調に増加する。

←$x>0$ のときの $f''(x)$ の符号を調べるために，$g(x)$ の符号を調べる。

$g(0)=0$ であるから，$x>0$ のとき　$g(x)>0$
したがって，$x>0$ のとき　$f''(x)>0$
ゆえに，$x\geqq 0$ で $f'(x)$ は単調に増加する。
$f'(0)=0$ であるから，$x>0$ のとき　$f'(x)>0$
よって，$x\geqq 0$ で $f(x)$ は単調に増加する。
$f(0)=0$ であるから，$x>0$ のとき　$f(x)>0$
したがって　$x>0$ のとき $\displaystyle\int_0^x e^{-t^2}dt<x-\frac{x^3}{3}+\frac{x^5}{10}$

練習 ③170　次の不等式を証明せよ。ただし，n は自然数とする。

(1) $\displaystyle\frac{1}{1^2}+\frac{1}{2^2}+\frac{1}{3^2}+\cdots\cdots+\frac{1}{n^2}<2-\frac{1}{n}$ $(n\geqq 2)$

(2) $\displaystyle 2\sqrt{n+1}-2<1+\frac{1}{\sqrt{2}}+\frac{1}{\sqrt{3}}+\cdots\cdots+\frac{1}{\sqrt{n}}\leqq 2\sqrt{n}-1$　〔(2) お茶の水大〕

HINT　自然数 k に対して，$k\leqq x\leqq k+1$ のとき　(1) $\displaystyle\frac{1}{(k+1)^2}\leqq\frac{1}{x^2}$　(2) $\displaystyle\frac{1}{\sqrt{k+1}}\leqq\frac{1}{\sqrt{x}}\leqq\frac{1}{\sqrt{k}}$
これらの不等式を足掛かりとして進める。

(1) 自然数 k に対して，$k\leqq x\leqq k+1$ のとき　$\displaystyle\frac{1}{(k+1)^2}\leqq\frac{1}{x^2}$

常に $\displaystyle\frac{1}{k+1}=\frac{1}{x}$ ではないから　$\displaystyle\int_k^{k+1}\frac{dx}{(k+1)^2}<\int_k^{k+1}\frac{dx}{x^2}$

ゆえに　$\displaystyle\frac{1}{(k+1)^2}<\int_k^{k+1}\frac{dx}{x^2}$

よって，$n\geqq 2$ のとき　$\displaystyle\sum_{k=1}^{n-1}\frac{1}{(k+1)^2}<\sum_{k=1}^{n-1}\int_k^{k+1}\frac{dx}{x^2}$ ……①

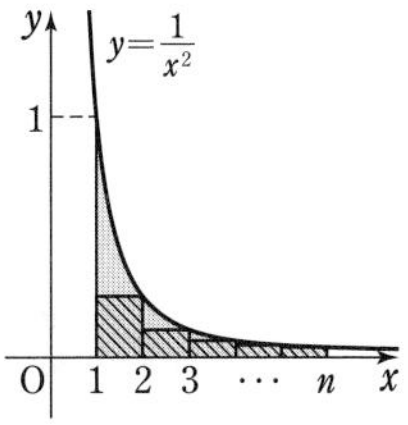

ここで　$\displaystyle\sum_{k=1}^{n-1}\int_k^{k+1}\frac{dx}{x^2}=\int_1^n\frac{dx}{x^2}=\left[-\frac{1}{x}\right]_1^n=1-\frac{1}{n}$

ゆえに，不等式①の両辺に1を加えて

$$\frac{1}{1^2}+\frac{1}{2^2}+\frac{1}{3^2}+\cdots\cdots+\frac{1}{n^2}<2-\frac{1}{n}$$

(2) 自然数 k に対して，$k\leqq x\leqq k+1$ のとき

$$\frac{1}{\sqrt{k+1}}\leqq\frac{1}{\sqrt{x}}\leqq\frac{1}{\sqrt{k}}$$

常に $\displaystyle\frac{1}{\sqrt{k+1}}=\frac{1}{\sqrt{x}}$ または $\displaystyle\frac{1}{\sqrt{x}}=\frac{1}{\sqrt{k}}$ ではないから

$$\int_k^{k+1}\frac{dx}{\sqrt{k+1}}<\int_k^{k+1}\frac{dx}{\sqrt{x}}<\int_k^{k+1}\frac{dx}{\sqrt{k}}$$

ゆえに　$\displaystyle\frac{1}{\sqrt{k+1}}<\int_k^{k+1}\frac{dx}{\sqrt{x}}<\frac{1}{\sqrt{k}}$

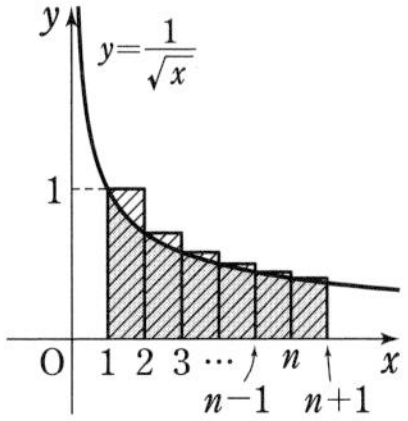

$\displaystyle\int_k^{k+1}\frac{dx}{\sqrt{x}}<\frac{1}{\sqrt{k}}$ から　$\displaystyle\sum_{k=1}^{n}\int_k^{k+1}\frac{dx}{\sqrt{x}}<\sum_{k=1}^{n}\frac{1}{\sqrt{k}}$

$\displaystyle\sum_{k=1}^{n}\int_k^{k+1}\frac{dx}{\sqrt{x}}=\int_1^{n+1}\frac{dx}{\sqrt{x}}=\Big[2\sqrt{x}\Big]_1^{n+1}=2\sqrt{n+1}-2$ であるから

$$2\sqrt{n+1}-2<1+\frac{1}{\sqrt{2}}+\frac{1}{\sqrt{3}}+\cdots\cdots+\frac{1}{\sqrt{n}} \quad \cdots\cdots ①$$

また，$n \geqq 2$ のとき，$\dfrac{1}{\sqrt{k+1}}<\displaystyle\int_k^{k+1}\frac{dx}{\sqrt{x}}$ から

$$\sum_{k=1}^{n-1}\frac{1}{\sqrt{k+1}}<\sum_{k=1}^{n-1}\int_k^{k+1}\frac{dx}{\sqrt{x}}$$

$\displaystyle\sum_{k=1}^{n-1}\int_k^{k+1}\frac{dx}{\sqrt{x}}=\int_1^n\frac{dx}{\sqrt{x}}=\Big[2\sqrt{x}\Big]_1^n=2\sqrt{n}-2$ であるから

$$\frac{1}{\sqrt{2}}+\frac{1}{\sqrt{3}}+\cdots\cdots+\frac{1}{\sqrt{n}}<2\sqrt{n}-2$$

この不等式の両辺に 1 を加えて

$$1+\frac{1}{\sqrt{2}}+\frac{1}{\sqrt{3}}+\cdots\cdots+\frac{1}{\sqrt{n}}<2\sqrt{n}-1$$

ここで，$n=1$ のとき　$\dfrac{1}{\sqrt{n}}=1$，$2\sqrt{n}-1=1$

よって，自然数 n について

$$1+\frac{1}{\sqrt{2}}+\frac{1}{\sqrt{3}}+\cdots\cdots+\frac{1}{\sqrt{n}} \leqq 2\sqrt{n}-1 \quad \cdots\cdots ②$$

①，② から

$$2\sqrt{n+1}-2<1+\frac{1}{\sqrt{2}}+\frac{1}{\sqrt{3}}+\cdots\cdots+\frac{1}{\sqrt{n}} \leqq 2\sqrt{n}-1$$

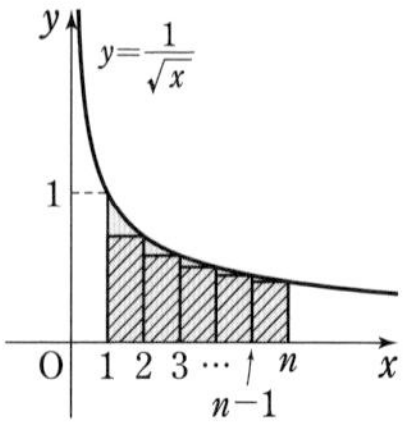

練習
④**171**

自然数 n に対して，$I_n=\displaystyle\int_0^1\frac{x^n}{1+x}dx$ とする。

(1) I_1 を求めよ。また，I_n+I_{n+1} を n で表せ。

(2) 不等式 $\dfrac{1}{2(n+1)} \leqq I_n \leqq \dfrac{1}{n+1}$ が成り立つことを示せ。

(3) $\displaystyle\lim_{n\to\infty}\sum_{k=1}^{n}\frac{(-1)^{k-1}}{k}=\log 2$ が成り立つことを示せ。　〔類　琉球大〕

HINT　(2)　$0 \leqq x \leqq 1$ のとき，$\dfrac{1}{2} \leqq \dfrac{1}{1+x} \leqq 1$ から　$\dfrac{x^n}{2} \leqq \dfrac{x^n}{1+x} \leqq x^n$

(3)　(1)，(2) の結果とはさみうちの原理を利用。

(1)　$\boldsymbol{I_1}=\displaystyle\int_0^1\frac{x}{1+x}dx=\int_0^1\Big(1-\frac{1}{1+x}\Big)dx=\Big[x-\log(1+x)\Big]_0^1=\boldsymbol{1-\log 2}$　←$\dfrac{x}{1+x}=\dfrac{(1+x)-1}{1+x}$

$\boldsymbol{I_n+I_{n+1}}=\displaystyle\int_0^1\Big(\frac{x^n}{1+x}+\frac{x^{n+1}}{1+x}\Big)dx=\int_0^1 x^n\,dx$　←$\dfrac{x^n(1+x)}{1+x}=x^n$

$=\Big[\dfrac{1}{n+1}x^{n+1}\Big]_0^1=\boldsymbol{\dfrac{1}{n+1}}$

(2)　$0 \leqq x \leqq 1$ のとき　$1 \leqq 1+x \leqq 2$

よって　$\dfrac{1}{2} \leqq \dfrac{1}{1+x} \leqq 1$　　ゆえに　$\dfrac{x^n}{2} \leqq \dfrac{x^n}{1+x} \leqq x^n$　←$x^n \geqq 0$

よって　$\displaystyle\int_0^1\frac{x^n}{2}dx \leqq \int_0^1\frac{x^n}{1+x}dx \leqq \int_0^1 x^n\,dx$

ここで　$\displaystyle\int_0^1\frac{x^n}{2}dx=\frac{1}{2(n+1)}$，$\displaystyle\int_0^1 x^n\,dx=\frac{1}{n+1}$　←(1) の結果を利用。

したがって　$\dfrac{1}{2(n+1)} \leqq I_n \leqq \dfrac{1}{n+1}$

(3) (1) より，$1=\log 2+I_1$，$\dfrac{1}{n+1}=I_n+I_{n+1}$ であるから

$$\sum_{k=1}^{n}\frac{(-1)^{k-1}}{k}=1-\frac{1}{2}+\frac{1}{3}-\frac{1}{4}+\cdots\cdots+\frac{(-1)^{n-1}}{n}$$
$$=(\log 2+I_1)-(I_1+I_2)+(I_2+I_3)-(I_3+I_4)+\cdots\cdots+(-1)^{n-1}(I_{n-1}+I_n)$$
$$=\log 2+(-1)^{n-1}I_n$$

←$\displaystyle\sum_{k=1}^{n}\frac{(-1)^{k-1}}{k}$ を I_n で表す。

(2) において　$\displaystyle\lim_{n\to\infty}\frac{1}{2(n+1)}=\lim_{n\to\infty}\frac{1}{n+1}=0$

よって，$\displaystyle\lim_{n\to\infty}I_n=0$ であるから　$\displaystyle\lim_{n\to\infty}\sum_{k=1}^{n}\frac{(-1)^{k-1}}{k}=\log 2$

←はさみうちの原理。

練習 ④172

(1) (ア) $1\leqq x\leqq e$ において，不等式 $\log x\leqq\dfrac{x}{e}$ が成り立つことを示せ。

(イ) 自然数 n に対し，$\displaystyle\lim_{n\to\infty}\int_1^e x^2(\log x)^n dx$ を求めよ。　〔類 東京電機大〕

(2) $\displaystyle\lim_{x\to 0}\frac{1}{2x}\int_0^x te^{t^2}dt$ を求めよ。

(1) (ア) $f(x)=\dfrac{x}{e}-\log x$ とおくと　$f'(x)=\dfrac{1}{e}-\dfrac{1}{x}=\dfrac{x-e}{ex}$

$1<x<e$ において　$f'(x)<0$

よって，$f(x)$ は $1\leqq x\leqq e$ において単調に減少する。

また　$f(e)=0$

ゆえに，$1\leqq x\leqq e$ において　$f(x)\geqq 0$　すなわち　$\log x\leqq\dfrac{x}{e}$

HINT (1) (イ) (ア)で示した不等式を利用して，$g(x)\leqq x^2(\log x)^n\leqq h(x)$ の形の不等式を作り，はさみうちの原理。

(イ) (ア)より，$1\leqq x\leqq e$ において　$0\leqq\log x\leqq\dfrac{x}{e}$

よって　$0\leqq(\log x)^n\leqq\left(\dfrac{x}{e}\right)^n$　←各辺を n 乗する。

ゆえに　$0\leqq x^2(\log x)^n\leqq x^2\left(\dfrac{x}{e}\right)^n$　←各辺に x^2 を掛ける。

よって　$\displaystyle 0\leqq\int_1^e x^2(\log x)^n dx\leqq\int_1^e x^2\left(\frac{x}{e}\right)^n dx$

ここで　$\displaystyle\int_1^e x^2\left(\frac{x}{e}\right)^n dx=\frac{1}{e^n}\int_1^e x^{n+2}dx=\frac{1}{e^n}\left[\frac{1}{n+3}x^{n+3}\right]_1^e$

$$=\frac{1}{e^n(n+3)}(e^{n+3}-1)=\frac{1}{n+3}\left(e^3-\frac{1}{e^n}\right)$$

←$\displaystyle\int x^\alpha dx=\frac{1}{\alpha+1}x^{\alpha+1}+C$ $(\alpha\neq -1)$

$\displaystyle\lim_{n\to\infty}\frac{1}{n+3}\left(e^3-\frac{1}{e^n}\right)=0$ であるから　$\displaystyle\lim_{n\to\infty}\int_1^e x^2(\log x)^n dx=\mathbf{0}$

←はさみうちの原理。

(2) $\displaystyle\int te^{t^2}dt=F(t)+C$ とすると　$F'(t)=te^{t^2}$

よって　$\displaystyle\lim_{x\to 0}\frac{1}{2x}\int_0^x te^{t^2}dt=\lim_{x\to 0}\left\{\frac{1}{2x}\cdot\Big[F(t)\Big]_0^x\right\}$

$$=\lim_{x\to 0}\left\{\frac{1}{2}\cdot\frac{F(x)-F(0)}{x-0}\right\}=\frac{1}{2}F'(0)=\mathbf{0}$$

←$\displaystyle\lim_{x\to a}\frac{F(x)-F(a)}{x-a}=F'(a)$
$F'(0)=0\cdot e^0=0$

5章 練習 〔積分法〕

練習 ④173 関数 $f(x)$ が区間 $[0,\ 1]$ で連続で常に正であるとき，次の不等式を証明せよ。

(1) $\left\{\int_0^1 f(x)dx\right\}\left\{\int_0^1 \frac{1}{f(x)}dx\right\} \geqq 1$　　(2) $\int_0^1 \frac{1}{1+x^2e^x}dx \geqq \frac{1}{e-1}$

(1) $f(x)>0$ であることと，シュワルツの不等式により

$$\left(\int_0^1 \{\sqrt{f(x)}\}^2 dx\right)\left(\int_0^1 \left\{\frac{1}{\sqrt{f(x)}}\right\}^2 dx\right) \geqq \left\{\int_0^1 \sqrt{f(x)}\cdot\frac{1}{\sqrt{f(x)}}dx\right\}^2$$

ゆえに　$\left\{\int_0^1 f(x)dx\right\}\left\{\int_0^1 \frac{1}{f(x)}dx\right\} \geqq \left(\int_0^1 dx\right)^2$

$\int_0^1 dx = \Big[x\Big]_0^1 = 1$ であるから　$\left\{\int_0^1 f(x)dx\right\}\left\{\int_0^1 \frac{1}{f(x)}dx\right\} \geqq 1$

等号は，$\sqrt{f(x)} = \frac{k}{\sqrt{f(x)}}$ すなわち $f(x)$ が定数のときに限り成り立つ。

(2) $f(x)=1+x^2e^x$ とすると，関数 $f(x)$ は区間 $[0,\ 1]$ で連続で常に正であるから，(1) で証明した不等式により

$$\left\{\int_0^1 (1+x^2e^x)dx\right\}\left\{\int_0^1 \frac{1}{1+x^2e^x}dx\right\} \geqq 1 \quad \cdots\cdots \text{①}$$

ここで　$\int_0^1 (1+x^2e^x)dx = \int_0^1 dx + \int_0^1 x^2e^x dx$

$$= \Big[x\Big]_0^1 + \Big[x^2e^x\Big]_0^1 - 2\int_0^1 xe^x dx$$

$$= 1+e-2\left(\Big[xe^x\Big]_0^1 - \int_0^1 e^x dx\right)$$

$$= 1+e-2\{e-(e-1)\} = e-1$$

$e-1>0$ であるから，① より　$\int_0^1 \frac{1}{1+x^2e^x}dx \geqq \frac{1}{e-1}$

HINT
シュワルツの不等式
$\left\{\int_a^b f(x)g(x)dx\right\}^2 \leqq \int_a^b \{f(x)\}^2dx \times \int_a^b \{g(x)\}^2dx$
を利用する。

←$f(x)=k$（定数）

←部分積分法。

←再度，部分積分法。

練習 ④174 自然数 n に対して，$R_n(x) = \frac{1}{1+x} - \{1-x+x^2-\cdots\cdots+(-1)^n x^n\}$ とする。〔札幌医大〕

(1) $\lim_{n\to\infty}\int_0^1 R_n(x^2)dx$ を求めよ。　(2) 無限級数 $1-\frac{1}{3}+\frac{1}{5}-\frac{1}{7}+\cdots\cdots$ の和を求めよ。

(1) $R_n(x)$ の第 1 項の分母は 0 でないから　$x \neq -1$

$R_n(x)$ の第 2 項の {　} の中は，初項 1，公比 $-x$，項数 $n+1$ の等比数列の和であるから

$$R_n(x) = \frac{1}{1+x} - \frac{1-(-1)^{n+1}x^{n+1}}{1+x} = \frac{(-1)^{n+1}x^{n+1}}{1+x}$$

ゆえに　$\left|\int_0^1 R_n(x^2)dx\right| \leqq \int_0^1 |R_n(x^2)|dx = \int_0^1 \frac{x^{2n+2}}{1+x^2}dx$

$\frac{x^{2n+2}}{1+x^2} \leqq x^{2n+2}$ であり，等号は常には成り立たないから

$$\int_0^1 \frac{x^{2n+2}}{1+x^2}dx < \int_0^1 x^{2n+2}dx = \left[\frac{x^{2n+3}}{2n+3}\right]_0^1 = \frac{1}{2n+3}$$

したがって　$\left|\int_0^1 R_n(x^2)dx\right| < \frac{1}{2n+3}$

$\lim_{n\to\infty}\frac{1}{2n+3} = 0$ であるから　$\lim_{n\to\infty}\int_0^1 R_n(x^2)dx = \mathbf{0}$

HINT (1) $a<b$ のとき $\left|\int_a^b f(x)dx\right| \leqq \int_a^b |f(x)|dx$
(2) $R_n(x^2)$ の両辺を 0 から 1 まで積分する。(1) の極限も利用。

←$\left|\int_0^1 f(x)dx\right| \leqq \int_0^1 |f(x)|dx$

←はさみうちの原理。

(2) 無限級数の初項から第 $n+1$ 項までの部分和を S_{n+1} とすると

$$S_{n+1}=1-\frac{1}{3}+\frac{1}{5}-\frac{1}{7}+\cdots\cdots+(-1)^n\frac{1}{2n+1}$$

$$\int_0^1 R_n(x^2)dx=\int_0^1\frac{dx}{1+x^2}-\int_0^1\{1-x^2+x^4-\cdots\cdots+(-1)^n x^{2n}\}dx$$

ここで，$I=\int_0^1\frac{dx}{1+x^2}$，$J=\int_0^1\{1-x^2+x^4-\cdots\cdots+(-1)^n x^{2n}\}dx$

とする。

$x=\tan\theta$ とおくと　$dx=\frac{d\theta}{\cos^2\theta}$

x と θ の対応は右のようになる。

x	$0 \longrightarrow 1$
θ	$0 \longrightarrow \frac{\pi}{4}$

$$I=\int_0^{\frac{\pi}{4}}\frac{1}{1+\tan^2\theta}\cdot\frac{d\theta}{\cos^2\theta}=\int_0^{\frac{\pi}{4}}d\theta=\Big[\theta\Big]_0^{\frac{\pi}{4}}=\frac{\pi}{4}$$

$$J=\left[x-\frac{x^3}{3}+\frac{x^5}{5}-\cdots\cdots+(-1)^n\frac{x^{2n+1}}{2n+1}\right]_0^1$$

$$=1-\frac{1}{3}+\frac{1}{5}-\cdots\cdots+(-1)^n\frac{1}{2n+1}$$

であるから

$$\int_0^1 R_n(x^2)dx=\frac{\pi}{4}-\left\{1-\frac{1}{3}+\frac{1}{5}-\cdots\cdots+(-1)^n\frac{1}{2n+1}\right\}$$

$$=\frac{\pi}{4}-S_{n+1}$$

(1) より，$\lim_{n\to\infty}\int_0^1 R_n(x^2)dx=0$ であるから　$\lim_{n\to\infty}\left(\frac{\pi}{4}-S_{n+1}\right)=0$

よって　$\lim_{n\to\infty}S_{n+1}=\frac{\pi}{4}$

したがって，求める和は　$\boldsymbol{\frac{\pi}{4}}$

←{ } の項数は $n+1$ であるから，それに合わせて S_{n+1} とする。

←$\frac{1}{a^2+x^2}$ の定積分は，$x=a\tan\theta$ とおく。

←$\frac{1}{1+\tan^2\theta}=\cos^2\theta$

5章 練習 [積分法]

練習 ⑤175

n を 2 以上の自然数とする。

(1) 定積分 $\int_1^n x\log x\,dx$ を求めよ。

(2) 次の不等式を証明せよ。

$$\frac{1}{2}n^2\log n-\frac{1}{4}(n^2-1)<\sum_{k=1}^{n}k\log k<\frac{1}{2}n^2\log n-\frac{1}{4}(n^2-1)+n\log n$$

(3) $\lim_{n\to\infty}\frac{\log(1^1\cdot 2^2\cdot 3^3\cdot\cdots\cdots\cdot n^n)}{n^2\log n}$ を求めよ。　〔類　琉球大〕

(1) $\int_1^n x\log x\,dx=\left[\frac{1}{2}x^2\log x\right]_1^n-\int_1^n\frac{1}{2}x^2\cdot\frac{1}{x}dx$

$$=\frac{1}{2}n^2\log n-\left[\frac{1}{4}x^2\right]_1^n$$

$$=\boldsymbol{\frac{1}{2}n^2\log n-\frac{1}{4}n^2+\frac{1}{4}}$$

(2) $f(x)=x\log x$ とすると

$$f'(x)=\log x+x\cdot\frac{1}{x}=\log x+1$$

HINT
(2) 関数 $y=x\log x$ は $x\geqq 1$ で単調に増加することを示し，曲線 $y=x\log x$ の下側の面積と階段状の図形の面積を比較する方針で進める。

←$x\geqq 1$ のとき　$\log x\geqq 0$

よって，$x \geqq 1$ で $f'(x)>0$ となり，$x \geqq 1$ において $f(x)$ は単調に増加する。

自然数 k に対して，$k \leqq x \leqq k+1$ のとき

$$k\log k \leqq x\log x \leqq (k+1)\log(k+1)$$

常に $k\log k = x\log x$ または $x\log x=(k+1)\log(k+1)$ ではないから

$$\int_k^{k+1} k\log k\,dx<\int_k^{k+1} x\log x\,dx<\int_k^{k+1}(k+1)\log(k+1)\,dx$$

ゆえに　$k\log k<\displaystyle\int_k^{k+1} x\log x\,dx<(k+1)\log(k+1)$

よって　$\displaystyle\sum_{k=1}^{n-1} k\log k<\sum_{k=1}^{n-1}\int_k^{k+1} x\log x\,dx<\sum_{k=1}^{n-1}(k+1)\log(k+1)$

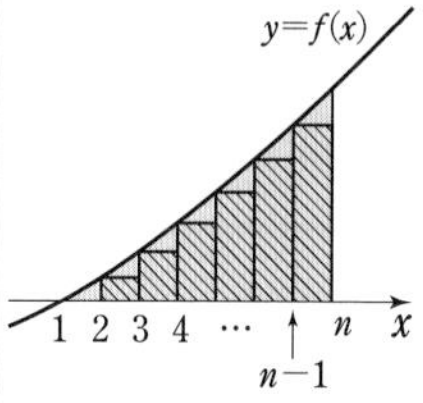

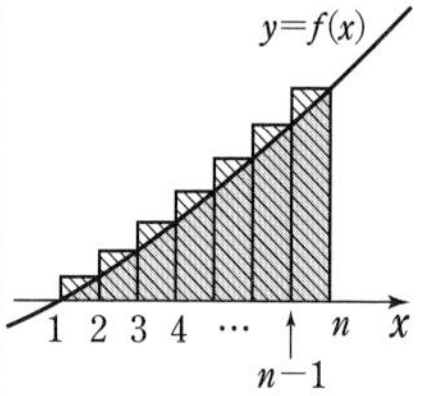

ここで，(1) の結果を利用すると

$$\sum_{k=1}^{n-1}\int_k^{k+1} x\log x\,dx=\int_1^n x\log x\,dx=\frac{1}{2}n^2\log n-\frac{1}{4}(n^2-1)$$

また　$\displaystyle\sum_{k=1}^{n-1}(k+1)\log(k+1)=\sum_{k=2}^{n} k\log k=\sum_{k=1}^{n} k\log k$

ゆえに　$\displaystyle\sum_{k=1}^{n-1} k\log k<\frac{1}{2}n^2\log n-\frac{1}{4}(n^2-1)<\sum_{k=1}^{n} k\log k$　…… ①

$\displaystyle\sum_{k=1}^{n-1} k\log k<\frac{1}{2}n^2\log n-\frac{1}{4}(n^2-1)$ の両辺に $n\log n$ を加えて

$$\sum_{k=1}^{n} k\log k<\frac{1}{2}n^2\log n-\frac{1}{4}(n^2-1)+n\log n \quad\text{……} ②$$

①，② から，$n \geqq 2$ のとき

$$\frac{1}{2}n^2\log n-\frac{1}{4}(n^2-1)<\sum_{k=1}^{n} k\log k<\frac{1}{2}n^2\log n-\frac{1}{4}(n^2-1)+n\log n$$

(3)　$a_n=\dfrac{\log(1^1\cdot 2^2\cdot 3^3\cdot\cdots\cdots\cdot n^n)}{n^2\log n}$ とすると

$$a_n=\frac{1}{n^2\log n}(\log 1+2\log 2+\cdots\cdots+n\log n)$$
$$=\frac{1}{n^2\log n}\sum_{k=1}^{n} k\log k$$

$n \geqq 2$ のとき　$n^2\log n>0$

よって，(2) で証明した不等式の各辺を $n^2\log n$ で割ると

$$\frac{1}{2}-\frac{1}{4\log n}\left(1-\frac{1}{n^2}\right)<a_n<\frac{1}{2}-\frac{1}{4\log n}\left(1-\frac{1}{n^2}\right)+\frac{1}{n}$$

ここで　$\displaystyle\lim_{n\to\infty}\left\{\frac{1}{2}-\frac{1}{4\log n}\left(1-\frac{1}{n^2}\right)\right\}=\frac{1}{2}$,

$\displaystyle\lim_{n\to\infty}\left\{\frac{1}{2}-\frac{1}{4\log n}\left(1-\frac{1}{n^2}\right)+\frac{1}{n}\right\}=\frac{1}{2}$

←$n \longrightarrow \infty$ のとき
$\dfrac{1}{n} \longrightarrow 0$,　$\dfrac{1}{n^2} \longrightarrow 0$,
$\dfrac{1}{\log n} \longrightarrow 0$

したがって　$\displaystyle\lim_{n\to\infty}a_n=\boldsymbol{\frac{1}{2}}$

←はさみうちの原理。

EX ②111 関数 $f(x)$ の原始関数を $F(x)$ とするとき，次の条件 [1]，[2] が成り立つ。このとき，$f'(x)$，$f(x)$ を求めよ。ただし，$x>0$ とする。

[1] $F(x)=xf(x)-\dfrac{1}{x}$　　[2] $F\left(\dfrac{1}{\sqrt{2}}\right)=\sqrt{2}$

[1] の両辺を x で微分すると　$f(x)=f(x)+xf'(x)+\dfrac{1}{x^2}$

ゆえに　$xf'(x)=-\dfrac{1}{x^2}$　よって　$\boldsymbol{f'(x)=-\dfrac{1}{x^3}}$

この両辺を x で積分すると　$f(x)=\displaystyle\int\left(-\frac{1}{x^3}\right)dx$

すなわち　$f(x)=\dfrac{1}{2x^2}+C$ …… ①

[1] で $x=\dfrac{1}{\sqrt{2}}$ とおくと　$F\left(\dfrac{1}{\sqrt{2}}\right)=\dfrac{1}{\sqrt{2}}f\left(\dfrac{1}{\sqrt{2}}\right)-\sqrt{2}$

[2] から　$\sqrt{2}=\dfrac{1}{\sqrt{2}}f\left(\dfrac{1}{\sqrt{2}}\right)-\sqrt{2}$　よって　$f\left(\dfrac{1}{\sqrt{2}}\right)=4$

① で $x=\dfrac{1}{\sqrt{2}}$ とおくと　$4=1+C$

ゆえに　$C=3$　よって　$\boldsymbol{f(x)=\dfrac{1}{2x^2}+3}$

HINT　$F'(x)=f(x)$ であるから，[1] の両辺を x で微分して $f'(x)$ を求める。

←$-\displaystyle\int x^{-3}dx=-\frac{x^{-2}}{-2}+C$

←$\dfrac{1}{\sqrt{2}}f\left(\dfrac{1}{\sqrt{2}}\right)=2\sqrt{2}$

EX ④112 次の条件 (A)，(B) を同時に満たす 5 次式 $f(x)$ を求めよ。〔埼玉大〕

(A)　$f(x)+8$ は $(x+1)^3$ で割り切れる。　(B)　$f(x)-8$ は $(x-1)^3$ で割り切れる。

$p(x)$，$q(x)$ を 2 次式とすると

　条件 (A) から　$f(x)+8=(x+1)^3p(x)$ …… ①

　条件 (B) から　$f(x)-8=(x-1)^3q(x)$ …… ②

と表される。

よって，それぞれの両辺を x で微分して

$$f'(x)=3(x+1)^2p(x)+(x+1)^3p'(x)$$
$$f'(x)=3(x-1)^2q(x)+(x-1)^3q'(x)$$

すなわち，$f'(x)$ は $(x+1)^2$ で割り切れ，かつ，$(x-1)^2$ で割り切れる 4 次式である。

ゆえに，$a\neq 0$ として

$$f'(x)=a(x+1)^2(x-1)^2=a(x^2-1)^2=a(x^4-2x^2+1)$$

と表される。

よって　$\dfrac{1}{a}f'(x)=x^4-2x^2+1$

この両辺を x で積分すると　$\dfrac{1}{a}f(x)=\displaystyle\int(x^4-2x^2+1)dx$

すなわち　$\dfrac{f(x)}{a}=\dfrac{1}{5}x^5-\dfrac{2}{3}x^3+x+C$ …… ③

次に，①，② から　$f(-1)=-8$，$f(1)=8$ …… ④

③ の両辺に $x=-1$，1 をそれぞれ代入すると，④ により

$$-\frac{8}{a}=-\frac{1}{5}+\frac{2}{3}-1+C,\quad \frac{8}{a}=\frac{1}{5}-\frac{2}{3}+1+C \quad\cdots\cdots ⑤$$

HINT　まず，条件 (A)，(B) から $f'(x)$ は $(x+1)^2$，$(x-1)^2$ で割り切れることを示す。

←$(uv)'=u'v+uv'$

←$f(x)$ は 5 次式であるから，$f'(x)$ は 4 次式である。

←$f(x)=(x+1)^3p(x)-8$
$=(x-1)^3q(x)+8$

2 式の辺々を加えて　　$C=0$

⑤ から　　$\dfrac{8}{a}=\dfrac{8}{15}$　　ゆえに　　$a=15$

したがって　　$f(x)=15\left(\dfrac{1}{5}x^5-\dfrac{2}{3}x^3+x\right)=\mathbf{3x^5-10x^3+15x}$

←$\dfrac{8}{a}=\dfrac{1}{5}-\dfrac{2}{3}+1=\dfrac{8}{15}$

EX ②113 次の不定積分を求めよ。　〔(1), (2) 広島市大, (3) 信州大〕

(1) $\displaystyle\int\sqrt{1+\sqrt{x}}\,dx$　　(2) $\displaystyle\int\frac{\cos x}{\cos^2 x+2\sin x-2}dx$　　(3) $\displaystyle\int x^3e^{x^2}dx$

(1) $\sqrt{1+\sqrt{x}}=t$ とおくと，$1+\sqrt{x}=t^2$ から

$x=(t^2-1)^2$，$dx=2(t^2-1)\cdot 2t\,dt$

よって

$$\int\sqrt{1+\sqrt{x}}\,dx=\int t\cdot 2(t^2-1)\cdot 2t\,dt=4\int(t^4-t^2)dt$$

$$=4\left(\frac{t^5}{5}-\frac{t^3}{3}\right)+C=\frac{4}{15}t^3(3t^2-5)+C$$

$$=\frac{4}{15}(1+\sqrt{x})\sqrt{1+\sqrt{x}}\,\{3(1+\sqrt{x})-5\}+C$$

$$=\boldsymbol{\frac{4}{15}(3\sqrt{x}-2)(1+\sqrt{x})\sqrt{1+\sqrt{x}}+C}$$

←丸ごと置換。

←$t^2=1+\sqrt{x}$ を利用して x の式に直す。$t^3=t^2t$ とみる。

(2) $$\frac{\cos x}{\cos^2 x+2\sin x-2}=\frac{\cos x}{(1-\sin^2 x)+2\sin x-2}$$

$$=\frac{\cos x}{-\sin^2 x+2\sin x-1}=-\frac{\cos x}{(\sin x-1)^2}$$

$\sin x-1=t$ とおくと　　$\cos x\,dx=dt$

よって　　$$\int\frac{\cos x}{\cos^2 x+2\sin x-2}dx=-\int\frac{dt}{t^2}=\frac{1}{t}+C$$

$$=\boldsymbol{\frac{1}{\sin x-1}+C}$$

←分母を $\sin x$ だけの式にする。

←$\sin x=t$ とおいてもよい。その場合

(与式)$=-\displaystyle\int\frac{dt}{(t-1)^2}$

$=\dfrac{1}{t-1}+C$

$=\boldsymbol{\dfrac{1}{\sin x-1}+C}$

別解　$(\sin x-1)'=\cos x$ であるから

$$\int\frac{\cos x}{\cos^2 x+2\sin x-2}dx=-\int\frac{\cos x}{(\sin x-1)^2}dx$$

$$=-\int\frac{(\sin x-1)'}{(\sin x-1)^2}dx$$

$$=\boldsymbol{\frac{1}{\sin x-1}+C}$$

←$(\sin x-1)'=\cos x$ に気づけば，この方が早い。

(3) $x^2=t$ とおくと，$2xdx=dt$ から　　$x\,dx=\dfrac{1}{2}dt$

よって　　$$\int x^3e^{x^2}dx=\int x^2e^{x^2}\cdot x\,dx=\int te^t\cdot\frac{1}{2}dt=\frac{1}{2}\int t(e^t)'\,dt$$

$$=\frac{1}{2}\left(te^t-\int e^t\,dt\right)=\frac{1}{2}(te^t-e^t)+C$$

$$=\frac{1}{2}(t-1)e^t+C=\boldsymbol{\frac{1}{2}(x^2-1)e^{x^2}+C}$$

←部分積分法を利用。

EX ②114 関数 $f(x)$ が $f(0)=0$, $f'(x)=x\cos x$ を満たすとき，次の問いに答えよ。
(1) $f(x)$ を求めよ。 (2) $f(x)$ の $0\leqq x\leqq\pi$ における最大値を求めよ。 〔工学院大〕

(1) $f(x)=\int f'(x)dx=\int x\cos x\,dx=\int x(\sin x)'\,dx$

$=x\sin x-\int\sin x\,dx=x\sin x+\cos x+C$ ←部分積分法。

このとき $f(0)=\cos 0+C$ すなわち $f(0)=1+C$

$f(0)=0$ から $1+C=0$ よって $C=-1$

ゆえに $\boldsymbol{f(x)=x\sin x+\cos x-1}$

(2) $0\leqq x\leqq\pi$ において，$f'(x)=0$ とすると $x=0,\ \dfrac{\pi}{2}$ ←$f'(x)=0$ の解に注目して，$f(x)$ の増減表をかく。

$0\leqq x\leqq\pi$ における $f(x)$ の増減表は右のようになる。

x	0	…	$\frac{\pi}{2}$	…	π
$f'(x)$	0	+	0	−	
$f(x)$	0	↗	極大	↘	−2

よって，$f(x)$ は $0\leqq x\leqq\pi$ において，

$\boldsymbol{x=\dfrac{\pi}{2}}$ で 極大かつ最大となり，**最大値** は $f\left(\dfrac{\pi}{2}\right)=\boldsymbol{\dfrac{\pi}{2}-1}$

EX ③115 不定積分 $\int(\sin x+x\cos x)dx$ を求めよ。また，この結果を用いて，不定積分 $\int(\sin x+x\cos x)\log x\,dx$ を求めよ。 〔立教大〕

$\boldsymbol{\int(\sin x+x\cos x)dx}=\int\sin x\,dx+\int x\cos x\,dx$ ←部分積分法を利用。 $\int x\cos x\,dx=\int x(\sin x)'\,dx=x\sin x-\int\sin x\,dx$

$=-\cos x+x\sin x-\int\sin x\,dx$

$=-\cos x+x\sin x+\cos x+C$

$\boldsymbol{=x\sin x+C}$

この結果を用いると

$\boldsymbol{\int(\sin x+x\cos x)\log x\,dx}=\int(x\sin x)'\log x\,dx$ ←前半の結果を利用。

$=(x\sin x)\log x-\int(x\sin x)\cdot\dfrac{1}{x}dx$

$=(x\sin x)\log x-\int\sin x\,dx$

$\boldsymbol{=x(\sin x)\log x+\cos x+C}$

EX ③116 関数 $f(x)=Ae^x\cos x+Be^x\sin x$ (A, B は定数) について，次の問いに答えよ。
(1) $f'(x)$ を求めよ。 (2) $f''(x)$ を $f(x)$ および $f'(x)$ を用いて表せ。
(3) $\int f(x)dx$ を求めよ。 〔東北学院大〕

(1) $f(x)=Ae^x\cos x+Be^x\sin x$ を微分すると

$f'(x)=A(e^x\cos x-e^x\sin x)+B(e^x\sin x+e^x\cos x)$ ←$(uv)'=u'v+uv'$

$\boldsymbol{=(A+B)e^x\cos x+(-A+B)e^x\sin x}$

(2) $f''(x)=(A+B)(e^x\cos x-e^x\sin x)$
$+(-A+B)(e^x\sin x+e^x\cos x)$

$=2(Be^x\cos x-Ae^x\sin x)$

ここで　$f'(x)-f(x)=Be^x\cos x-Ae^x\sin x$

よって　$\boldsymbol{f''(x)=2\{f'(x)-f(x)\}=2f'(x)-2f(x)}$

←$f(x)$，$f'(x)$，$f''(x)$ の式で，$e^x\cos x$，$e^x\sin x$ の係数に注目。

(3)　(2)の結果から　$f(x)=f'(x)-\dfrac{1}{2}f''(x)$

よって

$$\int f(x)dx=\int f'(x)dx-\frac{1}{2}\int f''(x)dx=f(x)-\frac{1}{2}f'(x)+C$$
$$=Ae^x\cos x+Be^x\sin x$$
$$-\frac{1}{2}\{(A+B)e^x\cos x+(-A+B)e^x\sin x\}+C$$
$$=\boldsymbol{\frac{1}{2}(A-B)e^x\cos x+\frac{1}{2}(A+B)e^x\sin x+C}$$

EX ④117

n を 0 以上の整数とする。次の不定積分を求めよ。

$$\int\left\{-\frac{(\log x)^n}{x^2}\right\}dx=\sum_{k=0}^{n}\boxed{}$$

ただし，積分定数は書かなくてよい。　〔横浜市大〕

$I_n=\displaystyle\int\left\{-\frac{(\log x)^n}{x^2}\right\}dx$ とおくと　$I_0=\displaystyle\int\left(-\frac{1}{x^2}\right)dx=\frac{1}{x}$

←本問においては，積分定数 C を省略している。

また，$n\geqq 1$ のとき

$$I_n=\int\left(\frac{1}{x}\right)'(\log x)^n dx=\frac{(\log x)^n}{x}-\int\frac{1}{x}\cdot n(\log x)^{n-1}\cdot\frac{1}{x}dx$$
$$=\frac{(\log x)^n}{x}+n\int\left\{-\frac{(\log x)^{n-1}}{x^2}\right\}dx$$

←部分積分法を利用。

よって　$I_n=\dfrac{(\log x)^n}{x}+nI_{n-1}$

←漸化式を作る。

両辺を $n!$ で割ると　$\dfrac{I_n}{n!}=\dfrac{I_{n-1}}{(n-1)!}+\dfrac{(\log x)^n}{n!x}$

←$\dfrac{n}{n!}=\dfrac{1}{(n-1)!}$

$J_n=\dfrac{I_n}{n!}$ とおくと　$J_n=J_{n-1}+\dfrac{(\log x)^n}{n!x}$

←階差数列型。

ゆえに，$n\geqq 1$ のとき

$$J_n=J_0+\sum_{k=1}^{n}\frac{(\log x)^k}{k!x}=\frac{1}{x}+\sum_{k=1}^{n}\frac{(\log x)^k}{k!x}=\sum_{k=0}^{n}\frac{(\log x)^k}{k!x}$$

これは $n=0$ のときも成り立つ。

←n は 0 以上の整数であるから，$n\geqq 1$ として $n=0$ を特別扱い。
$J_0=\dfrac{I_0}{0!}=\dfrac{1}{x}$　$(0!=1)$

したがって　$I_n=n!J_n=\displaystyle\sum_{k=0}^{n}\boldsymbol{\frac{n!(\log x)^k}{k!x}}$

EX ③118

$f(x)=x^4-4x^3+5x^2-2x$ とする。

(1)　次の等式が x についての恒等式となるような定数 a，b，c，d の値を求めよ。

$$\frac{1}{f(x)}=\frac{a}{x}+\frac{b}{x-2}+\frac{c}{x-1}+\frac{d}{(x-1)^2}$$

(2)　不定積分 $\displaystyle\int\frac{1}{f(x)}dx$ を求めよ。　〔類　高知大〕

(1) (右辺)$=\dfrac{1}{x(x-2)(x-1)^2}\{a(x-2)(x-1)^2+bx(x-1)^2$
$+cx(x-2)(x-1)+dx(x-2)\}$

$=\dfrac{1}{x(x-2)(x-1)^2}\{(a+b+c)x^3-(4a+2b+3c-d)x^2$
$+(5a+b+2c-2d)x-2a\}$

←右辺を通分する。

$x(x-2)(x-1)^2=f(x)$ であるから，等式の分母を払うと

$(a+b+c)x^3-(4a+2b+3c-d)x^2$
$+(5a+b+2c-2d)x-2a=1$

これが x についての恒等式であるから，両辺の係数を比較して

$a+b+c=0$ …… ①，$4a+2b+3c-d=0$ …… ②

$5a+b+2c-2d=0$ …… ③，$-2a=1$ …… ④

④ から　$a=-\dfrac{1}{2}$

① に $a=-\dfrac{1}{2}$ を代入して　$b+c-\dfrac{1}{2}=0$ …… ⑤

②，③ から d を消去し，$a=-\dfrac{1}{2}$ を代入すると

$3b+4c-\dfrac{3}{2}=0$ …… ⑥

⑤，⑥ から　$b=\dfrac{1}{2}$，$c=0$

よって，② から　$d=-1$

したがって　$\boldsymbol{a=-\dfrac{1}{2},\ b=\dfrac{1}{2},\ c=0,\ d=-1}$

(2) $\displaystyle\int\frac{1}{f(x)}dx=\int\left\{-\frac{1}{2x}+\frac{1}{2(x-2)}-\frac{1}{(x-1)^2}\right\}dx$

←(1) の結果を利用。

$=-\dfrac{1}{2}\log|x|+\dfrac{1}{2}\log|x-2|+\dfrac{1}{x-1}+C$

$\boldsymbol{=\dfrac{1}{2}\log\left|\dfrac{x-2}{x}\right|+\dfrac{1}{x-1}+C}$

EX
③**119**　$\tan\dfrac{x}{2}=t$ とおくことにより，不定積分 $\displaystyle\int\frac{5}{3\sin x+4\cos x}dx$ を求めよ。　〔類 埼玉大〕

$\tan\dfrac{x}{2}=t$ とおくと　$\sin x=\dfrac{2t}{1+t^2}$，$\cos x=\dfrac{1-t^2}{1+t^2}$

また，$\dfrac{1}{\cos^2\dfrac{x}{2}}\cdot\dfrac{1}{2}dx=dt$ から　$dx=\dfrac{2}{1+\tan^2\dfrac{x}{2}}dt$

すなわち　$dx=\dfrac{2}{1+t^2}dt$

$3\sin x+4\cos x=3\cdot\dfrac{2t}{1+t^2}+4\cdot\dfrac{1-t^2}{1+t^2}=-2\cdot\dfrac{2t^2-3t-2}{1+t^2}$

であるから

←$\sin x=2\sin\dfrac{x}{2}\cos\dfrac{x}{2}$
$=2\tan\dfrac{x}{2}\cos^2\dfrac{x}{2}$
$=2\tan\dfrac{x}{2}\cdot\dfrac{1}{1+\tan^2\dfrac{x}{2}}$
$=\dfrac{2t}{1+t^2}$，
$\cos x=2\cos^2\dfrac{x}{2}-1$
$=2\cdot\dfrac{1}{1+t^2}-1=\dfrac{1-t^2}{1+t^2}$

$$\int\frac{5}{3\sin x+4\cos x}dx=-\frac{5}{2}\int\frac{1+t^2}{2t^2-3t-2}\cdot\frac{2}{1+t^2}dt$$
$$=-5\int\frac{dt}{(t-2)(2t+1)}$$
$$=-5\cdot\frac{1}{5}\int\left(\frac{1}{t-2}-\frac{2}{2t+1}\right)dt$$
$$=-(\log|t-2|-\log|2t+1|)+C$$
$$=\log\left|\frac{2t+1}{t-2}\right|+C$$
$$=\log\left|\frac{2\tan\frac{x}{2}+1}{\tan\frac{x}{2}-2}\right|+C$$

←$\frac{1}{(t-2)(2t+1)}=\frac{a}{t-2}+\frac{b}{2t+1}$ とすると $a=\frac{1}{5}$，$b=-\frac{2}{5}$

EX ④120

n を自然数とする。

(1) $t=\tan x$ と置換することで，不定積分 $\int\frac{dx}{\sin x\cos x}$ を求めよ。

(2) 関数 $\frac{1}{\sin x\cos^{n+1}x}$ の導関数を求めよ。

(3) 部分積分法を用いて
$$\int\frac{dx}{\sin x\cos^n x}=-\frac{1}{(n+1)\cos^{n+1}x}+\int\frac{dx}{\sin x\cos^{n+2}x}$$
が成り立つことを証明せよ。 〔類 横浜市大〕

(1) $t=\tan x$ とすると　$dt=\frac{dx}{\cos^2 x}$

よって　$\int\frac{dx}{\sin x\cos x}=\int\frac{1}{\tan x}\cdot\frac{dx}{\cos^2 x}=\int\frac{dt}{t}=\log|t|+C$
$$=\boldsymbol{\log|\tan x|+C}$$

(2) $\left(\frac{1}{\sin x\cos^{n+1}x}\right)'$
$$=-\frac{\cos x\cdot\cos^{n+1}x+\sin x\cdot(n+1)\cos^n x(-\sin x)}{(\sin x\cos^{n+1}x)^2}$$
$$=-\frac{\cos^{n+2}x-(n+1)\sin^2 x\cos^n x}{\sin^2 x\cos^{2n+2}x}$$
$$=\boldsymbol{-\frac{1}{\sin^2 x\cos^n x}+\frac{n+1}{\cos^{n+2}x}}$$

←$\left(\frac{1}{v}\right)'=-\frac{v'}{v^2}$

(3) (2) から
$$\left(\frac{1}{\sin x\cos^n x}\right)'=-\frac{1}{\sin^2 x\cos^{n-1}x}+\frac{n}{\cos^{n+1}x}\quad\cdots\cdots ①$$
($n=1$ のときも成り立つ。ただし，$\cos^0 x=1$ とする。)

であることを利用して
$$\int\frac{dx}{\sin x\cos^{n+2}x}=\int(\tan x)'\frac{dx}{\sin x\cos^n x}$$
$$=\frac{\tan x}{\sin x\cos^n x}-\int\tan x\left(-\frac{1}{\sin^2 x\cos^{n-1}x}+\frac{n}{\cos^{n+1}x}\right)dx$$

←部分積分法を利用。

←① を利用。

$$=\frac{1}{\cos^{n+1}x}+\int\frac{dx}{\sin x\cos^n x}-n\int\frac{\sin x}{\cos^{n+2}x}dx$$

$$=\frac{1}{\cos^{n+1}x}+\int\frac{dx}{\sin x\cos^n x}-\frac{n}{n+1}\cdot\frac{1}{\cos^{n+1}x}$$

$$=\frac{1}{(n+1)\cos^{n+1}x}+\int\frac{dx}{\sin x\cos^n x}$$

したがって

$$\int\frac{dx}{\sin x\cos^n x}=-\frac{1}{(n+1)\cos^{n+1}x}+\int\frac{dx}{\sin x\cos^{n+2}x}$$

← ＿＿は置換積分法。$f(■)■'$ の形。

EX ④121

$f(x)$ は $x>0$ で定義された関数で，$x=1$ で微分可能で $f'(1)=2$ かつ任意の $x>0$，$y>0$ に対して $f(xy)=f(x)+f(y)$ を満たすものとする。

(1) $f(1)$ の値を求めよ。これを利用して，$f\left(\frac{1}{x}\right)$ を $f(x)$ で表せ。

(2) $f\left(\frac{x}{y}\right)$ を $f(x)$ と $f(y)$ で表せ。

(3) $f(1)$，$f'(1)$ の値に注意することにより，$\lim_{h\to 0}\frac{f(x+h)-f(x)}{h}$ を x で表せ。

(4) $f(x)$ を求めよ。 ［東京電機大］

(1) $f(xy)=f(x)+f(y)$ …… ① で $x=y=1$ とおくと

$$f(1)=f(1)+f(1)$$

よって $\boldsymbol{f(1)=0}$

① で $y=\frac{1}{x}$ とおくと $f(1)=f(x)+f\left(\frac{1}{x}\right)$

← $1=x\cdot\frac{1}{x}$

$f(1)=0$ であるから $\boldsymbol{f\left(\frac{1}{x}\right)=-f(x)}$

(2) $f\left(\frac{x}{y}\right)=f\left(x\cdot\frac{1}{y}\right)=f(x)+f\left(\frac{1}{y}\right)=\boldsymbol{f(x)-f(y)}$

←第 2 式から第 3 式への変形は ① を利用。第 3 式から第 4 式への変形は (1) の結果を利用。

(3) (2) から $f(x+h)-f(x)=f\left(\frac{x+h}{x}\right)=f\left(1+\frac{h}{x}\right)$

また $f(1)=0$

よって $\lim_{h\to 0}\frac{f(x+h)-f(x)}{h}=\lim_{h\to 0}\frac{f\left(1+\frac{h}{x}\right)-f(1)}{h}$

$$=\lim_{h\to 0}\frac{1}{x}\cdot\frac{f\left(1+\frac{h}{x}\right)-f(1)}{\frac{h}{x}}=\frac{1}{x}\cdot f'(1)=\boldsymbol{\frac{2}{x}}$$

← $h\longrightarrow 0$ のとき $\frac{h}{x}\longrightarrow 0$

(4) (3) より $f'(x)=\frac{2}{x}$ であるから $f(x)=\int\frac{2}{x}dx=2\log x+C$

←定義域は $x>0$ である。

$f(1)=0$ から $C=0$

したがって $\boldsymbol{f(x)=2\log x}$

EX ②122

(1) 定積分 $\int_0^{\frac{\pi}{4}}(\cos x-\sin x)(\sin x+\cos x)^5dx$ を求めよ。

(2) $n<\int_{10}^{100}\log_{10}x\,dx$ を満たす最大の自然数 n の値を求めよ。ただし，$0.434<\log_{10}e<0.435$ （e は自然対数の底）である。 ［(2) 京都大］

(1)　(与式)$=\int_0^{\frac{\pi}{4}}(\sin x+\cos x)^5(\sin x+\cos x)'\,dx$

$=\left[\frac{1}{6}(\sin x+\cos x)^6\right]_0^{\frac{\pi}{4}}$

$=\frac{1}{6}\left\{\left(\frac{1}{\sqrt{2}}+\frac{1}{\sqrt{2}}\right)^6-1^6\right\}=\frac{1}{6}\{(\sqrt{2})^6-1\}=\boldsymbol{\frac{7}{6}}$

←置換積分法
$\int f(g(x))g'(x)dx$
$=\int f(u)du$
$(g(x)=u)$

(2)　$\int_{10}^{100}\log_{10}x\,dx=\int_{10}^{100}\frac{\log_e x}{\log_e 10}dx=\frac{1}{\log_e 10}\left[x\log_e x-x\right]_{10}^{100}$

$=\left[x\log_{10}x-\frac{x}{\log_e 10}\right]_{10}^{100}$

$=\left(200-\frac{100}{\log_e 10}\right)-\left(10-\frac{10}{\log_e 10}\right)$

$=190-\frac{90}{\log_e 10}=190-90\log_{10}e$

←$\int\log_e x\,dx$
$=x\log_e x-x+C$
←$\frac{\log_e x}{\log_e 10}=\log_{10}x$

$0.434<\log_{10}e<0.435$ であるから　　$39.06<90\log_{10}e<39.15$

よって　　$150.85<\int_{10}^{100}\log_{10}x\,dx<150.94$

←$190-39.15$
$<190-90\log_{10}e$
$<190-39.06$

したがって，求める n の値は　　$\boldsymbol{n=150}$

EX ④123

N を 2 以上の自然数とし，関数 $f(x)$ を $f(x)=\sum_{k=1}^{N}\cos(2k\pi x)$ と定める。

(1)　m，n を整数とするとき，$\int_0^{2\pi}\cos(mx)\cos(nx)dx$ を求めよ。

(2)　$\int_0^1\cos(4\pi x)f(x)dx$ を求めよ。　　〔類　滋賀大〕

(1)　$I=\int_0^{2\pi}\cos(mx)\cos(nx)dx$ とすると

$I=\int_0^{2\pi}\frac{1}{2}\{\cos(m+n)x+\cos(m-n)x\}dx$

←積 ⟶ 和の公式。

$m+n=0$ のとき　$\int_0^{2\pi}\cos(m+n)x\,dx=\int_0^{2\pi}dx=2\pi$

$m+n\neq0$ のとき　$\int_0^{2\pi}\cos(m+n)x\,dx=\left[\frac{\sin(m+n)x}{m+n}\right]_0^{2\pi}=0$

$m-n=0$ のとき　$\int_0^{2\pi}\cos(m-n)x\,dx=\int_0^{2\pi}dx=2\pi$

$m-n\neq0$ のとき　$\int_0^{2\pi}\cos(m-n)x\,dx=\left[\frac{\sin(m-n)x}{m-n}\right]_0^{2\pi}=0$

←単純に
$\int\cos(m+n)x\,dx$
$=\frac{\sin(m+n)x}{m+n}+C$
などとしてはいけない。分母となる $m+n$，$m-n$ の値が 0 となるか，ならないかで場合分けして考える。

したがって

[1]　$m+n=0$ かつ $m-n=0$　すなわち　$m=n=0$ のとき

$I=\frac{1}{2}(2\pi+2\pi)=2\pi$

[2]　$m+n=0$ かつ $m-n\neq0$　すなわち　$m=-n\neq0$ のとき

$I=\frac{1}{2}(2\pi+0)=\pi$

[3]　$m+n\neq0$ かつ $m-n=0$　すなわち　$m=n\neq0$ のとき

$I=\frac{1}{2}(0+2\pi)=\pi$

[4]　$m+n \neq 0$ かつ $m-n \neq 0$ すなわち $m \neq \pm n$ のとき

$$I=\frac{1}{2}(0+0)=0$$

以上から　**$m=n=0$ のとき　$I=2\pi$**

$m=\pm n(\neq 0)$ のとき　$I=\pi$

$m \neq \pm n$ のとき　$I=0$

(2)　$\displaystyle\int_0^1 \cos(4\pi x)f(x)dx=\int_0^1 \cos(4\pi x)\sum_{k=1}^{N}\cos(2k\pi x)dx$

$2\pi x=t$ とおくと　$dx=\dfrac{1}{2\pi}dt$

x と t の対応は右のようになる。

x	$0 \longrightarrow 1$
t	$0 \longrightarrow 2\pi$

よって

$$\int_0^1 \cos(4\pi x)\sum_{k=1}^{N}\cos(2k\pi x)dx$$

$$=\int_0^{2\pi}\cos(2t)\sum_{k=1}^{N}\cos(kt)\cdot\frac{1}{2\pi}dt$$

$$=\frac{1}{2\pi}\int_0^{2\pi}\cos(2t)\{\cos t+\cos(2t)+\cos(3t)+\cdots\cdots+\cos(Nt)\}dt$$

ここで，(1) [3] から　$\displaystyle\int_0^{2\pi}\cos(2t)\cos(2t)dt=\pi$

また，(1) [4] から，$k \neq 2$ のとき　$\displaystyle\int_0^{2\pi}\cos(2t)\cos(kt)dt=0$

したがって　$\displaystyle\int_0^1 \cos(4\pi x)\sum_{k=1}^{N}\cos(2k\pi x)dx$

$$=\frac{1}{2\pi}(0+\pi+0+\cdots\cdots+0)=\boldsymbol{\frac{1}{2}}$$

←(1) の結果から

[3]　$m=n \neq 0$ のとき

$\displaystyle\int_0^{2\pi}\cos(mx)\cos(nx)dx=\pi$

[4]　$m \neq \pm n$ のとき

$\displaystyle\int_0^{2\pi}\cos(mx)\cos(nx)dx=0$

EX ③124

関数 $f(x)=3\cos 2x+7\cos x$ について，$\displaystyle\int_0^{\pi}|f(x)|dx$ を求めよ。

$$3\cos 2x+7\cos x=3(2\cos^2 x-1)+7\cos x$$

$$=6\cos^2 x+7\cos x-3$$

$\cos x=t$ とおくと，$0 \leqq x \leqq \pi$ では $-1 \leqq t \leqq 1$ であり

$$f(x)=6t^2+7t-3=(2t+3)(3t-1)$$

$-1 \leqq t \leqq 1$ では $2t+3>0$ であるから

$-1 \leqq t \leqq \dfrac{1}{3}$ のとき　$f(x) \leqq 0$，$\dfrac{1}{3} \leqq t \leqq 1$ のとき　$f(x) \geqq 0$

$\cos\alpha=\dfrac{1}{3}$ $(0 \leqq \alpha \leqq \pi)$ とおくと，$0<\alpha<\dfrac{\pi}{2}$ …… ① であり

$0 \leqq x \leqq \alpha$ のとき　$f(x) \geqq 0$，$\alpha \leqq x \leqq \pi$ のとき　$f(x) \leqq 0$

したがって　$\displaystyle\int_0^{\pi}|f(x)|dx=\int_0^{\alpha}f(x)dx+\int_{\alpha}^{\pi}\{-f(x)\}dx$

ここで　$\displaystyle\int f(x)dx=\int(3\cos 2x+7\cos x)dx$

$$=\frac{3}{2}\sin 2x+7\sin x+C$$

$$=3\sin x\cos x+7\sin x+C$$

HINT

① 絶対値　場合に分ける

$f(x)$ の符号が変わる $\cos x$ の値を求める。

←$\cos\alpha=\dfrac{1}{3}$ を満たす α の値は具体的に求められない。しかし，必要なのは，$\cos\alpha$ と $\sin\alpha$ の値のみなので，**α とおいたまま** で計算を進めていく。

また，① から　$\sin\alpha=\sqrt{1-\cos^2\alpha}=\sqrt{1-\frac{1}{9}}=\frac{2\sqrt{2}}{3}$

よって　$\int_0^{\pi}|f(x)|dx=\Big[3\sin x\cos x+7\sin x\Big]_0^{\alpha}$

$-\Big[3\sin x\cos x+7\sin x\Big]_{\alpha}^{\pi}$

$=2(3\sin\alpha\cos\alpha+7\sin\alpha)$

$=2\left(3\cdot\frac{2\sqrt{2}}{3}\cdot\frac{1}{3}+7\cdot\frac{2\sqrt{2}}{3}\right)$

$=\boldsymbol{\frac{32\sqrt{2}}{3}}$

←① から　$\sin\alpha>0$

←$\Big[F(x)\Big]_a^b-\Big[F(x)\Big]_b^c=2F(b)-F(a)-F(c)$

EX ③125　$t=\frac{1}{1+\sin x}$ とおくことにより，定積分 $I=\int_0^{\frac{\pi}{2}}\frac{1-\sin x}{(1+\sin x)^2}dx$ を求めよ。　〔類 福岡大〕

$t=\frac{1}{1+\sin x}$ とおくと　$dt=-\frac{\cos x}{(1+\sin x)^2}dx$ …… (＊)

←$\left(\frac{1}{v}\right)'=-\frac{v'}{v^2}$

x と t の対応は右のようになる。

x	$0\longrightarrow\frac{\pi}{2}$
t	$1\longrightarrow\frac{1}{2}$

ここで，$t=\frac{1}{1+\sin x}$ のとき

$\sin x=\frac{1}{t}-1=\frac{1-t}{t}$

よって　$\cos^2x=1-\sin^2x=1-\left(\frac{1-t}{t}\right)^2=\frac{2t-1}{t^2}$

$0\leqq x\leqq\frac{\pi}{2}$ のとき，$\frac{1}{2}\leqq t\leqq 1$ であるから　$2t-1\geqq 0$

←$0\leqq\sin x\leqq 1$ から
$1\leqq 1+\sin x\leqq 2$
よって
$\frac{1}{2}\leqq\frac{1}{1+\sin x}\leqq 1$

ゆえに　$\cos x=\frac{\sqrt{2t-1}}{t}$

よって　$I=\int_0^{\frac{\pi}{2}}\frac{1-\sin x}{(1+\sin x)^2}dx=\int_0^{\frac{\pi}{2}}\frac{(1-\sin x)(1+\sin x)}{(1+\sin x)^3}dx$

$=\int_0^{\frac{\pi}{2}}\frac{\cos^2x}{(1+\sin x)^3}dx=-\int_0^{\frac{\pi}{2}}\frac{\cos x}{1+\sin x}\cdot\frac{-\cos x}{(1+\sin x)^2}dx$

←(＊)から，
$\frac{-\cos x}{(1+\sin x)^2}dx$ を作り，
dt でおき換える。

$=-\int_1^{\frac{1}{2}}\frac{\sqrt{2t-1}}{t}\cdot tdt=\int_{\frac{1}{2}}^1(2t-1)^{\frac{1}{2}}dt$

$=\left[\frac{1}{2}\cdot\frac{2}{3}(2t-1)^{\frac{3}{2}}\right]_{\frac{1}{2}}^1=\frac{1}{3}(1^{\frac{3}{2}}-0^{\frac{3}{2}})=\boldsymbol{\frac{1}{3}}$

EX ③126　次の定積分を求めよ。

(1) $\int_0^2\frac{2x+1}{\sqrt{x^2+4}}dx$　〔京都大〕　(2) $\int_{\frac{1}{2}a}^{\frac{\sqrt{3}}{2}a}\frac{\sqrt{a^2-x^2}}{x}dx$　$(a>0)$　〔富山大〕

(1) $\int_0^2\frac{2x+1}{\sqrt{x^2+4}}dx=\int_0^2\frac{2x}{\sqrt{x^2+4}}dx+\int_0^2\frac{dx}{\sqrt{x^2+4}}$

$\int_0^2\frac{2x}{\sqrt{x^2+4}}dx=\int_0^2\frac{(x^2+4)'}{\sqrt{x^2+4}}dx=\Big[2\sqrt{x^2+4}\Big]_0^2=4\sqrt{2}-4$

←$f(■)■'$ の形。

次に，$x+\sqrt{x^2+4}=t$ とおくと　$\left(1+\dfrac{x}{\sqrt{x^2+4}}\right)dx=dt$

ゆえに　$\dfrac{\sqrt{x^2+4}+x}{\sqrt{x^2+4}}dx=dt$

よって　$\dfrac{1}{\sqrt{x^2+4}}dx=\dfrac{1}{t}dt$

x と t の対応は右のようになるから

x	$0 \longrightarrow 2$
t	$2 \longrightarrow 2+2\sqrt{2}$

$$\int_0^2\frac{dx}{\sqrt{x^2+4}}=\int_2^{2+2\sqrt{2}}\frac{dt}{t}=\Big[\log t\Big]_2^{2+2\sqrt{2}}=\log(2+2\sqrt{2})-\log 2$$
$$=\log\frac{2+2\sqrt{2}}{2}=\log(1+\sqrt{2})$$

したがって　$\displaystyle\int_0^2\frac{2x+1}{\sqrt{x^2+4}}dx=\boldsymbol{4\sqrt{2}-4+\log(1+\sqrt{2})}$

←$\sqrt{x^2+A}$ を含む積分 $\longrightarrow x+\sqrt{x^2+A}=t$ とおく。

注意　$\displaystyle\int_0^2\frac{dx}{\sqrt{x^2+4}}$ は，次のようにして求めることもできるが，置換積分法による計算が 2 回必要になる。

$x=2\tan\theta$ とおくと　$dx=\dfrac{2}{\cos^2\theta}d\theta$

x と θ の対応は右のようになる。

x	$0 \longrightarrow 2$
θ	$0 \longrightarrow \frac{\pi}{4}$

$$\int_0^2\frac{dx}{\sqrt{x^2+4}}=\int_0^{\frac{\pi}{4}}\frac{1}{\sqrt{4\tan^2\theta+4}}\cdot\frac{2}{\cos^2\theta}d\theta$$
$$=\int_0^{\frac{\pi}{4}}\frac{\cos\theta}{\cos^2\theta}d\theta=\int_0^{\frac{\pi}{4}}\frac{\cos\theta}{1-\sin^2\theta}d\theta \quad\cdots\cdots ①$$

ここで，$\sin\theta=u$ とおくと
$\cos\theta d\theta=du$

θ と u の対応は右のようになる。

θ	$0 \longrightarrow \frac{\pi}{4}$
u	$0 \longrightarrow \frac{1}{\sqrt{2}}$

よって，① は

$$\int_0^{\frac{1}{\sqrt{2}}}\frac{du}{1-u^2}=\int_0^{\frac{1}{\sqrt{2}}}\frac{du}{(1+u)(1-u)}=\frac{1}{2}\int_0^{\frac{1}{\sqrt{2}}}\left(\frac{1}{1-u}+\frac{1}{1+u}\right)du$$
$$=\frac{1}{2}\Big[-\log(1-u)+\log(1+u)\Big]_0^{\frac{1}{\sqrt{2}}}$$
$$=\frac{1}{2}\left[\log\frac{1+u}{1-u}\right]_0^{\frac{1}{\sqrt{2}}}=\frac{1}{2}\log\frac{\sqrt{2}+1}{\sqrt{2}-1}$$
$$=\frac{1}{2}\log(\sqrt{2}+1)^2=\log(\sqrt{2}+1)$$

←$\sqrt{\quad}$ 内が $x^2+4=x^2+2^2$ の形 $\longrightarrow$ $x=2\tan\theta$ とおく。

←$\dfrac{1}{\tan^2\theta+1}=\cos^2\theta$

←$0\leqq\theta\leqq\dfrac{\pi}{4}$ のとき $\cos\theta>0$

←部分分数に分解する。
$\dfrac{1}{(1+u)(1-u)}=\dfrac{1}{2}\cdot\dfrac{(1+u)+(1-u)}{(1+u)(1-u)}$
積分区間から $\log|1-u|$ などとしなくてよい。

(2)　$x=a\sin\theta$ とおくと
$dx=a\cos\theta d\theta$

x と θ の対応は右のようになる。

x	$\frac{1}{2}a \longrightarrow \frac{\sqrt{3}}{2}a$
θ	$\frac{\pi}{6} \longrightarrow \frac{\pi}{3}$

$a>0$ であり，$\dfrac{\pi}{6}\leqq\theta\leqq\dfrac{\pi}{3}$ のとき
$\cos\theta>0$

よって　$\sqrt{a^2-x^2}=\sqrt{a^2(1-\sin^2\theta)}=\sqrt{a^2\cos^2\theta}=a\cos\theta$

❶　$\boldsymbol{\sqrt{a^2-x^2}}$ の定積分 $\boldsymbol{x=a\sin\theta}$ とおく

←$a>0$，$\cos\theta>0$ から $|a\cos\theta|=a\cos\theta$

ゆえに　$\displaystyle\int_{\frac{1}{2}a}^{\frac{\sqrt{3}}{2}a}\frac{\sqrt{a^2-x^2}}{x}dx=\int_{\frac{\pi}{6}}^{\frac{\pi}{3}}\frac{a\cos\theta}{a\sin\theta}\cdot a\cos\theta d\theta$

$\displaystyle=a\int_{\frac{\pi}{6}}^{\frac{\pi}{3}}\frac{\cos^2\theta}{\sin\theta}d\theta$

$\displaystyle=a\int_{\frac{\pi}{6}}^{\frac{\pi}{3}}\frac{1-\sin^2\theta}{\sin\theta}d\theta$

$\displaystyle=a\int_{\frac{\pi}{6}}^{\frac{\pi}{3}}\left(\frac{1}{\sin\theta}-\sin\theta\right)d\theta$

ここで，$\displaystyle\int_{\frac{\pi}{6}}^{\frac{\pi}{3}}\frac{1}{\sin\theta}d\theta$ について

←基本例題 **143** (2) の別解で示した

$\displaystyle\int_{\frac{\pi}{6}}^{\frac{\pi}{3}}\frac{1}{\sin\theta}d\theta$

$\displaystyle=\left[\log\left|\tan\frac{\theta}{2}\right|\right]_{\frac{\pi}{6}}^{\frac{\pi}{3}}$

を用いた場合，$\tan\frac{\pi}{12}$ を求める必要がある。

$\displaystyle\frac{1}{\sin\theta}=\frac{\sin\theta}{\sin^2\theta}=\frac{\sin\theta}{1-\cos^2\theta}$

θ	$\frac{\pi}{6}\longrightarrow\frac{\pi}{3}$
t	$\frac{\sqrt{3}}{2}\longrightarrow\frac{1}{2}$

$\cos\theta=t$ とおくと　　$-\sin\theta d\theta=dt$

θ と t の対応は右のようになる。

よって　$\displaystyle\int_{\frac{\pi}{6}}^{\frac{\pi}{3}}\frac{1}{\sin\theta}d\theta=-\int_{\frac{\sqrt{3}}{2}}^{\frac{1}{2}}\frac{1}{1-t^2}dt$

$\displaystyle=\frac{1}{2}\int_{\frac{1}{2}}^{\frac{\sqrt{3}}{2}}\left(\frac{1}{1+t}+\frac{1}{1-t}\right)dt$

←積分区間

$\frac{1}{2}\leqq t\leqq\frac{\sqrt{3}}{2}$ において

$1+t>0$，$1-t>0$

$\displaystyle=\frac{1}{2}\Big[\log(1+t)-\log(1-t)\Big]_{\frac{1}{2}}^{\frac{\sqrt{3}}{2}}$

$\displaystyle=\frac{1}{2}\left[\log\frac{1+t}{1-t}\right]_{\frac{1}{2}}^{\frac{\sqrt{3}}{2}}=\frac{1}{2}\left(\log\frac{2+\sqrt{3}}{2-\sqrt{3}}-\log 3\right)$

$\displaystyle=\frac{1}{2}\{\log(2+\sqrt{3})^2-\log 3\}=\frac{1}{2}\log\left(\frac{2+\sqrt{3}}{\sqrt{3}}\right)^2$

$\displaystyle=\log\frac{2+\sqrt{3}}{\sqrt{3}}=\log\frac{2\sqrt{3}+3}{3}$ …… ①

また　$\displaystyle\int_{\frac{\pi}{6}}^{\frac{\pi}{3}}\sin\theta d\theta=\Big[-\cos\theta\Big]_{\frac{\pi}{6}}^{\frac{\pi}{3}}=\frac{-1+\sqrt{3}}{2}$ …… ②

①，② から

$\displaystyle a\int_{\frac{\pi}{6}}^{\frac{\pi}{3}}\left(\frac{1}{\sin\theta}-\sin\theta\right)d\theta=\boldsymbol{a\left(\log\frac{2\sqrt{3}+3}{3}+\frac{1-\sqrt{3}}{2}\right)}$

EX ③127　定積分 $\displaystyle\int_0^1\frac{1}{x^3+1}dx$ を求めよ。

$x^3+1=(x+1)(x^2-x+1)$ であるから，

HINT　まず，$\frac{1}{x^3+1}$ を部分分数に分解する。

$\displaystyle\frac{1}{x^3+1}=\frac{a}{x+1}+\frac{bx+c}{x^2-x+1}$ とおいて，分母を払うと

$1=a(x^2-x+1)+(bx+c)(x+1)$

整理して　$(a+b)x^2+(b+c-a)x+a+c=1$

これが x の恒等式であるから

$a+b=0$，$b+c-a=0$，$a+c=1$

←両辺の係数を比較する。

これを解いて　$a=\frac{1}{3}$，$b=-\frac{1}{3}$，$c=\frac{2}{3}$

よって　$\int_0^1 \frac{1}{x^3+1}dx=\frac{1}{3}\int_0^1 \frac{1}{x+1}dx-\frac{1}{3}\int_0^1 \frac{x-2}{x^2-x+1}dx$

ここで　$\int_0^1 \frac{1}{x+1}dx=\Big[\log(x+1)\Big]_0^1=\log 2$

次に，$I=\int_0^1 \frac{x-2}{x^2-x+1}dx$ とすると

$$I=\frac{1}{2}\int_0^1 \frac{2x-1}{x^2-x+1}dx-\frac{3}{2}\int_0^1 \frac{dx}{x^2-x+1}$$

←積分しやすい形に変形する。

I の第1項の積分について

$$\int_0^1 \frac{2x-1}{x^2-x+1}dx=\int_0^1 \frac{(x^2-x+1)'}{x^2-x+1}dx$$
$$=\Big[\log(x^2-x+1)\Big]_0^1=0$$

←$\int \frac{g'(x)}{g(x)}dx=\log|g(x)|+C$

I の第2項について，$J=\int_0^1 \frac{dx}{x^2-x+1}$ とする。

$x^2-x+1=\left(x-\frac{1}{2}\right)^2+\frac{3}{4}$ であるから，$x-\frac{1}{2}=\frac{\sqrt{3}}{2}\tan\theta$ とおくと　$dx=\frac{\sqrt{3}}{2}\cdot\frac{1}{\cos^2\theta}d\theta$

x と θ の対応は右のようになる。

x	$0 \longrightarrow 1$
θ	$-\frac{\pi}{6} \longrightarrow \frac{\pi}{6}$

←分母が $(x-p)^2+q^2$ の形となるから，$x-p=q\tan\theta$ とおいて置換積分法。

ゆえに　$J=\int_{-\frac{\pi}{6}}^{\frac{\pi}{6}} \frac{1}{\frac{3}{4}(\tan^2\theta+1)}\cdot\frac{\sqrt{3}}{2}\cdot\frac{1}{\cos^2\theta}d\theta$

$$=\frac{2}{\sqrt{3}}\int_{-\frac{\pi}{6}}^{\frac{\pi}{6}} d\theta=2\cdot\frac{2\sqrt{3}}{3}\Big[\theta\Big]_0^{\frac{\pi}{6}}=\frac{2\sqrt{3}}{9}\pi$$

←$\frac{1}{\tan^2\theta+1}=\cos^2\theta$

←$\int_{-\frac{\pi}{6}}^{\frac{\pi}{6}} d\theta=2\int_0^{\frac{\pi}{6}} d\theta$

よって　$\int_0^1 \frac{1}{x^3+1}dx=\frac{1}{3}\log 2-\frac{1}{3}\left(-\frac{3}{2}\cdot\frac{2\sqrt{3}}{9}\pi\right)$

$$=\boldsymbol{\frac{1}{3}\log 2+\frac{\sqrt{3}}{9}\pi}$$

EX ④128

連続な関数 $f(x)$ は常に $f(x)=f(-x)$ を満たすものとする。

(1) 等式 $\int_{-a}^a \frac{f(x)}{1+e^{-x}}dx=\int_0^a f(x)dx$ を証明せよ。　(2) 定積分 $\int_{-\frac{\pi}{2}}^{\frac{\pi}{2}} \frac{x\sin x}{1+e^{-x}}dx$ を求めよ。

(1) $x=-t$ とおくと　$dx=-dt$

x と t の対応は右のようになる。

x	$-a \longrightarrow 0$
t	$a \longrightarrow 0$

←条件 $f(x)=f(-x)$ に着目して，$x=-t$ とおく。

よって　$\int_{-a}^0 \frac{f(x)}{1+e^{-x}}dx$

$$=\int_a^0 \frac{f(-t)}{1+e^t}\cdot(-1)dt=\int_0^a \frac{f(t)}{1+e^t}dt=\int_0^a \frac{f(x)}{1+e^x}dx$$

←$-\int_a^0=\int_0^a$

また　$f(-t)=f(t)$

ゆえに　$\int_{-a}^a \frac{f(x)}{1+e^{-x}}dx=\int_{-a}^0 \frac{f(x)}{1+e^{-x}}dx+\int_0^a \frac{f(x)}{1+e^{-x}}dx$

$$=\int_0^a \frac{f(x)}{1+e^x}dx+\int_0^a \frac{f(x)}{1+e^{-x}}dx$$

$$=\int_0^a\left\{\frac{f(x)}{1+e^x}+\frac{f(x)}{1+e^{-x}}\right\}dx$$

$$=\int_0^a\frac{(1+e^x)f(x)}{1+e^x}dx=\int_0^a f(x)dx$$

(2) $f(x)=x\sin x$ とすると，$f(x)$ は連続で，常に $f(x)=f(-x)$ が成り立つ。

よって，(1) により

$$\int_{-\frac{\pi}{2}}^{\frac{\pi}{2}}\frac{x\sin x}{1+e^{-x}}dx=\int_0^{\frac{\pi}{2}}x\sin x\,dx=\int_0^{\frac{\pi}{2}}x\cdot(-\cos x)'\,dx$$

$$=\Big[x\cdot(-\cos x)\Big]_0^{\frac{\pi}{2}}-\int_0^{\frac{\pi}{2}}(-\cos x)dx$$

$$=0+\int_0^{\frac{\pi}{2}}\cos x\,dx=\Big[\sin x\Big]_0^{\frac{\pi}{2}}=\mathbf{1}$$

←$\dfrac{1}{1+e^{-x}}=\dfrac{e^x}{e^x+1}$ であるから，$\dfrac{1}{1+e^x}$ と $\dfrac{1}{1+e^{-x}}$ をペアと考える。

←部分積分法。

EX ③129

(1) $X=\cos\left(\dfrac{x}{2}-\dfrac{\pi}{4}\right)$ とおくとき，$1+\sin x$ を X を用いて表せ。

(2) 不定積分 $\displaystyle\int\frac{dx}{1+\sin x}$ を求めよ。　(3) 定積分 $\displaystyle\int_0^{\frac{\pi}{2}}\frac{x}{1+\sin x}dx$ を求めよ。　［類 横浜市大］

(1) $X^2=\cos^2\left(\dfrac{x}{2}-\dfrac{\pi}{4}\right)=\dfrac{1+\cos\left(x-\dfrac{\pi}{2}\right)}{2}=\dfrac{1+\sin x}{2}$

よって　　$\mathbf{1+\sin x=2X^2}$

←$\cos^2●=\dfrac{1+\cos 2●}{2}$

(2) 求める不定積分を I とすると，(1) から

$$I=\int\frac{dx}{1+\sin x}=\int\frac{dx}{2\cos^2\left(\dfrac{x}{2}-\dfrac{\pi}{4}\right)}$$

$$=\frac{1}{2}\cdot 2\tan\left(\frac{x}{2}-\frac{\pi}{4}\right)+C$$

$$=\boldsymbol{\tan\left(\frac{x}{2}-\frac{\pi}{4}\right)+C}$$

←$\dfrac{1}{1+\sin x}=\dfrac{1}{2X^2}=\dfrac{1}{2\cos^2\left(\dfrac{x}{2}-\dfrac{\pi}{4}\right)}$

←$\displaystyle\int\frac{dx}{\cos^2 x}=\tan x+C$

(3) 求める定積分を J とすると，(2) から

$$J=\int_0^{\frac{\pi}{2}}\frac{x}{1+\sin x}dx=\int_0^{\frac{\pi}{2}}x\left\{\tan\left(\frac{x}{2}-\frac{\pi}{4}\right)\right\}'dx$$

$$=\left[x\tan\left(\frac{x}{2}-\frac{\pi}{4}\right)\right]_0^{\frac{\pi}{2}}-\int_0^{\frac{\pi}{2}}\tan\left(\frac{x}{2}-\frac{\pi}{4}\right)dx$$

$$=-\int_0^{\frac{\pi}{2}}\tan\left(\frac{x}{2}-\frac{\pi}{4}\right)dx$$

←部分積分法。

ここで，$\displaystyle\int\tan x\,dx=\int\frac{\sin x}{\cos x}dx=\int\left\{-\frac{(\cos x)'}{\cos x}\right\}dx$

$$=-\log|\cos x|+C$$

であるから

←$\dfrac{(分母)'}{(分母)}$ の形。

$\displaystyle\int\boldsymbol{\tan x\,dx}$ $\boldsymbol{=-\log|\cos x|+C}$ は公式として覚えておくとよい。

$$J=-\left[2\left\{-\log\left|\cos\left(\frac{x}{2}-\frac{\pi}{4}\right)\right|\right\}\right]_0^{\frac{\pi}{2}}=2\left(\log 1-\log\frac{1}{\sqrt{2}}\right)$$

$$=-2\log\frac{1}{\sqrt{2}}=-2\cdot\left(-\frac{1}{2}\log 2\right)=\mathbf{\log 2}$$

←$\frac{1}{\sqrt{2}}=2^{-\frac{1}{2}}$

EX ③130

関数 $f(x)=2\log(1+e^x)-x-\log 2$ について

(1) 等式 $\log f''(x)=-f(x)$ が成り立つことを示せ。ただし，$f''(x)$ は関数 $f(x)$ の第 2 次導関数である。

(2) 定積分 $\int_0^{\log 2}(x-\log 2)e^{-f(x)}dx$ を求めよ。〔大阪大 改題〕

(1) $f'(x)=\frac{2e^x}{1+e^x}-1$，$f''(x)=2\cdot\frac{e^x(1+e^x)-e^x\cdot e^x}{(1+e^x)^2}=\frac{2e^x}{(1+e^x)^2}$

←$\left(\frac{u}{v}\right)'=\frac{u'v-uv'}{v^2}$

よって　$\log f''(x)=\log\frac{2e^x}{(1+e^x)^2}=\log 2+\log e^x-2\log(1+e^x)$

$$=-\{2\log(1+e^x)-x-\log 2\}=-f(x)$$

したがって，$\log f''(x)=-f(x)$ が成り立つ。

(2) (1)の結果から　$e^{-f(x)}=f''(x)$

←$\log a=b \Longleftrightarrow e^b=a$

よって

$$\int_0^{\log 2}(x-\log 2)e^{-f(x)}dx=\int_0^{\log 2}(x-\log 2)f''(x)dx$$

$$=\Big[(x-\log 2)f'(x)\Big]_0^{\log 2}-\int_0^{\log 2}f'(x)dx$$

←部分積分法。

$$=(\log 2)f'(0)-\Big[f(x)\Big]_0^{\log 2}=(\log 2)f'(0)-f(\log 2)+f(0)$$

ここで　$f(0)=2\log 2-\log 2=\log 2$,

$f(\log 2)=2\log(1+e^{\log 2})-\log 2-\log 2$

$=2\log 3-2\log 2$,

$f'(0)=\frac{2}{2}-1=0$

よって　$\int_0^{\log 2}(x-\log 2)e^{-f(x)}dx=-(2\log 3-2\log 2)+\log 2$

$$=\mathbf{3\log 2-2\log 3}$$

EX ④131

a，b は定数，m，n は 0 以上の整数とし，$I(m,\ n)=\int_a^b(x-a)^m(x-b)^n dx$ とする。

(1) $I(m,\ 0)$，$I(1,\ 1)$ の値を求めよ。

(2) $I(m,\ n)$ を $I(m+1,\ n-1)$，m，n で表せ。ただし，n は自然数とする。

(3) $I(5,\ 5)$ の値を求めよ。〔群馬大〕

(1) $\boldsymbol{I(m,\ 0)}=\int_a^b(x-a)^m dx=\left[\frac{(x-a)^{m+1}}{m+1}\right]_a^b=\boldsymbol{\frac{(b-a)^{m+1}}{m+1}}$

$\boldsymbol{I(1,\ 1)}=\int_a^b(x-a)(x-b)dx=\int_a^b\left\{\frac{(x-a)^2}{2}\right\}'(x-b)dx$

$$=\left[\frac{(x-a)^2}{2}\cdot(x-b)\right]_a^b-\int_a^b\frac{(x-a)^2}{2}dx$$

$$=-\left[\frac{(x-a)^3}{6}\right]_a^b=\boldsymbol{-\frac{(b-a)^3}{6}}$$

←数学Ⅱでも $\int_a^b(x-a)(x-b)dx=-\frac{(b-a)^3}{6}$ を学んだ（この結果は公式として覚えておく）。

(2) $\boldsymbol{I(m,\ n)}=\int_a^b (x-a)^m(x-b)^n dx=\int_a^b \left\{\frac{(x-a)^{m+1}}{m+1}\right\}'(x-b)^n dx$

$=\left[\frac{(x-a)^{m+1}}{m+1}\cdot(x-b)^n\right]_a^b-\frac{n}{m+1}\int_a^b (x-a)^{m+1}(x-b)^{n-1}dx$

$\boldsymbol{=-\frac{n}{m+1}I(m+1,\ n-1)}$

(3) $I(5,\ 5)=-\frac{5}{6}I(6,\ 4)=-\frac{5}{6}\cdot\left(-\frac{4}{7}\right)I(7,\ 3)$

$=\frac{5\cdot4}{6\cdot7}\cdot\left(-\frac{3}{8}\right)I(8,\ 2)$

$=-\frac{5\cdot4\cdot3}{6\cdot7\cdot8}\cdot\left(-\frac{2}{9}\right)I(9,\ 1)$

$=\frac{5\cdot4\cdot3\cdot2}{6\cdot7\cdot8\cdot9}\cdot\left(-\frac{1}{10}\right)I(10,\ 0)$

$=-\frac{5\cdot4\cdot3\cdot2\cdot1}{6\cdot7\cdot8\cdot9\cdot10}\cdot\frac{(b-a)^{11}}{11}=\boldsymbol{-\frac{(b-a)^{11}}{2772}}$

←(2) の結果を利用して $I(●,\ 0)$ の形を作ってから，(1) の結果を利用。

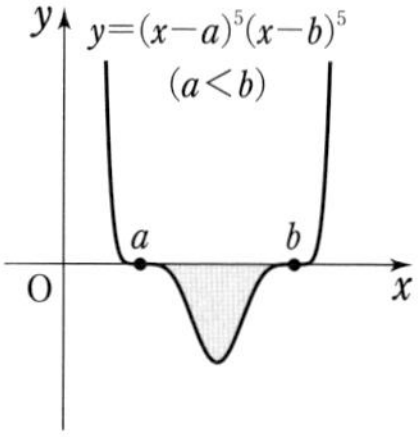

検討 $-I(5,\ 5)$ は，右の図の黒く塗った部分の面積を表している。

EX ⑤132

$x>0$ を定義域とする関数 $f(x)=\frac{12(e^{3x}-3e^x)}{e^{2x}-1}$ について

(1) 関数 $y=f(x)\ (x>0)$ は，実数全体を定義域とする逆関数をもつことを示せ。すなわち，任意の実数 a に対して，$f(x)=a$ となる $x>0$ がただ1つ存在することを示せ。

(2) (1) で定められた逆関数を $y=g(x)\ (-\infty<x<\infty)$ とする。このとき，定積分 $\int_8^{27} g(x)dx$ を求めよ。〔東京大〕

HINT (1) $f(x)$ が $x>0$ で単調増加であることを示す。
(2) $y=g(x)$ とおいて，置換積分法を利用。

(1) $f'(x)=\frac{12\{(3e^{3x}-3e^x)(e^{2x}-1)-(e^{3x}-3e^x)\cdot2e^{2x}\}}{(e^{2x}-1)^2}$

$=\frac{12(e^{5x}+3e^x)}{(e^{2x}-1)^2}=\frac{12e^x(e^{4x}+3)}{(e^{2x}-1)^2}$

ゆえに，$x>0$ のとき　　$f'(x)>0$

よって，$f(x)$ は，$x>0$ で単調に増加するから，逆関数が存在する。ここで，$\lim_{x\to+0}(e^{2x}-1)=+0$，$\lim_{x\to+0}(e^{3x}-3e^x)=-2$ であるから　　$\lim_{x\to+0}f(x)=-\infty$

←関数が逆関数をもつ条件は，本冊 $p.24$ で学んだ。

また　　$\lim_{x\to\infty}f(x)=\lim_{x\to\infty}\frac{12(e^x-3e^{-x})}{1-e^{-2x}}=\infty$

←$x\longrightarrow\infty$ のとき $e^{-x}\longrightarrow0$，$e^{-2x}\longrightarrow0$

ゆえに，任意の実数 a に対して，$f(x)=a$ となる $x>0$ がただ1つ存在する。

←実数全体を定義域とする逆関数が存在する。

(2) $y=f(x)$ の逆関数が $y=g(x)$ であるから

←$g(x)$ が直接求められないから，$f(x)$ の積分を利用することを考える。

$x=f(y)=\frac{12(e^{3y}-3e^y)}{e^{2y}-1}$

$f(y_1)=8$ を解くと，$\frac{12(e^{3y_1}-3e^{y_1})}{e^{2y_1}-1}=8$ から

$2(e^{2y_1}-1)=3(e^{3y_1}-3e^{y_1})$

整理して　$3e^{3y_1}-2e^{2y_1}-9e^{y_1}+2=0$

ゆえに　$(e^{y_1}-2)(3e^{2y_1}+4e^{y_1}-1)=0$

$y_1>0$ であるから　$e^{y_1}>1$

よって　$e^{y_1}=2$　すなわち　$y_1=\log 2$

$f(y_2)=27$ を解くと，$\dfrac{12(e^{3y_2}-3e^{y_2})}{e^{2y_2}-1}=27$ から

$$9(e^{2y_2}-1)=4(e^{3y_2}-3e^{y_2})$$

整理して　$4e^{3y_2}-9e^{2y_2}-12e^{y_2}+9=0$

ゆえに　$(e^{y_2}-3)(4e^{2y_2}+3e^{y_2}-3)=0$

$e^{y_2}>1$ であるから　$e^{y_2}=3$　　よって　$y_2=\log 3$

また，$x=f(y)$ より $dx=f'(y)dy$ であるから

$$\int_8^{27} g(x)dx=\int_{y_1}^{y_2} yf'(y)dy=\Big[yf(y)\Big]_{y_1}^{y_2}-\int_{y_1}^{y_2} f(y)dy$$
$$=y_2f(y_2)-y_1f(y_1)-\int_{y_1}^{y_2}\frac{12(e^{3y}-3e^y)}{e^{2y}-1}dy$$
$$=27\log 3-8\log 2-12\int_{\log 2}^{\log 3}\frac{e^{3y}-3e^y}{e^{2y}-1}dy$$

$e^y=t$ とおくと，$e^y dy=dt$ から

$$dy=\frac{1}{t}dt$$

y	$\log 2 \longrightarrow \log 3$
t	$2 \longrightarrow 3$

ゆえに　$$\int_{\log 2}^{\log 3}\frac{e^{3y}-3e^y}{e^{2y}-1}dy=\int_2^3\frac{t^3-3t}{t^2-1}\cdot\frac{1}{t}dt=\int_2^3\frac{t^2-3}{t^2-1}dt$$
$$=\int_2^3\left(1-\frac{2}{t^2-1}\right)dt$$
$$=\int_2^3\left(1-\frac{1}{t-1}+\frac{1}{t+1}\right)dt$$
$$=\Big[t-\log(t-1)+\log(t+1)\Big]_2^3$$
$$=3-\log 2+\log 4-2-\log 3$$
$$=1+\log 2-\log 3$$

よって　$$\int_8^{27} g(x)dx=27\log 3-8\log 2-12(1+\log 2-\log 3)$$
$$=\mathbf{39\log 3-20\log 2-12}$$

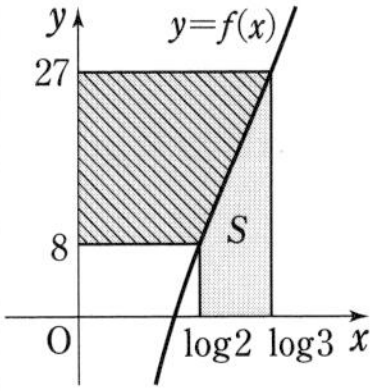

なお，求める定積分は，図の斜線部分の面積である。S の部分の面積は定積分を計算することにより求められるから，斜線部分の面積は，
$27\times\log 3-8\times\log 2$
$-$(S の部分の面積)
としても求められる。

←$y_2=\log 3$，$f(y_2)=27$
$y_1=\log 2$，$f(y_1)=8$

←$\dfrac{2}{t^2-1}=\dfrac{1}{t-1}-\dfrac{1}{t+1}$

←$\log 4=2\log 2$

EX ②133

関係式 $f(x)+\int_0^x f(t)e^{x-t}dt=\sin x$ を満たす微分可能な関数 $f(x)$ を考える。$f(x)$ の導関数 $f'(x)$ を求めると，$f'(x)=$ ア［　］である。また，$f(0)=$ イ［　］であるから，$f(x)=$ ウ［　］である。
［横浜市大］

与えられた関係式を変形すると

$$f(x)+e^x\int_0^x f(t)e^{-t}dt=\sin x \quad \cdots\cdots ①$$

この両辺を x で微分すると

$$f'(x)+e^x\int_0^x f(t)e^{-t}dt+e^x\cdot f(x)e^{-x}=\cos x$$

すなわち　$$f'(x)+f(x)+e^x\int_0^x f(t)e^{-t}dt=\cos x$$

←e^x を定数とみて，定積分の前に出す。

←$\dfrac{d}{dx}\displaystyle\int_a^x g(t)dt=g(x)$
公式 $(uv)'=u'v+uv'$ も利用。

① を代入すると　$f'(x)+\sin x=\cos x$

よって　$f'(x)=$ ア$\boldsymbol{\cos x-\sin x}$

また，① の両辺に $x=0$ を代入すると　$f(0)=$ イ$\mathbf{0}$

更に　$f(x)=\int(\cos x-\sin x)dx=\sin x+\cos x+C$

$f(0)=0$ であるから　$1+C=0$　ゆえに　$C=-1$

したがって　$f(x)=$ ウ$\boldsymbol{\sin x+\cos x-1}$

←$\int_0^0 g(t)dt=0$

←$f(x)=\int f'(x)dx$

←$f(0)=1+C$

EX ②134

$a>0$ に対し，関数 $f(x)$ が $f(x)=\int_{-a}^{a}\left\{\frac{e^{-x}}{2a}+f(t)\sin t\right\}dt$ を満たすとする。$f(x)$ を求めよ。

〔類　北海道大〕

$$f(x)=\frac{e^{-x}}{2a}\int_{-a}^{a}dt+\int_{-a}^{a}f(t)\sin t\,dt$$

$$=\frac{e^{-x}}{2u}\Big[t\Big]_{-a}^{a}+\int_{-a}^{a}f(t)\sin t\,dt=e^{-x}+\int_{-a}^{a}f(t)\sin t\,dt$$

$\int_{-a}^{a}f(t)\sin t\,dt=k$ とおくと　$f(x)=e^{-x}+k$

よって　$k=\int_{-a}^{a}(e^{-t}+k)\sin t\,dt$

$$=\int_{-a}^{a}e^{-t}\sin t\,dt+k\int_{-a}^{a}\sin t\,dt$$

$$=\int_{-a}^{a}e^{-t}\sin t\,dt$$

ここで　$(e^{-t}\sin t)'=-e^{-t}\sin t+e^{-t}\cos t$,

$(e^{-t}\cos t)'=-e^{-t}\cos t-e^{-t}\sin t$

辺々を加えて　$\{e^{-t}(\sin t+\cos t)\}'=-2e^{-t}\sin t$

よって　$\int_{-a}^{a}e^{-t}\sin t\,dt=-\frac{1}{2}\Big[e^{-t}(\sin t+\cos t)\Big]_{-a}^{a}$

$$=-\frac{1}{2}\{e^{-a}(\sin a+\cos a)-e^{a}(-\sin a+\cos a)\}$$

$$=-\frac{e^{a}+e^{-a}}{2}\sin a+\frac{e^{a}-e^{-a}}{2}\cos a$$

したがって　$\boldsymbol{f(x)=e^{-x}-\frac{e^{a}+e^{-a}}{2}\sin a+\frac{e^{a}-e^{-a}}{2}\cos a}$

←$\Big[t\Big]_{-a}^{a}=a-(-a)$
$=2a$

←$y=\sin x$ は奇関数であるから
$\int_{-a}^{a}\sin t\,dt=0$

←部分積分法を用いて $\int_{-a}^{a}e^{-t}\sin t\,dt$ を求めてもよい。

←k の値。

EX ③135

$f(x)=\int_0^{\frac{\pi}{2}}g(t)\sin(x-t)dt$，$g(x)=x+\int_0^{\frac{\pi}{2}}f(t)dt$ を満たす関数 $f(x)$，$g(x)$ を求めよ。

〔工学院大〕

$$f(x)=\int_0^{\frac{\pi}{2}}g(t)(\sin x\cos t-\cos x\sin t)dt$$

$$=\sin x\int_0^{\frac{\pi}{2}}g(t)\cos t\,dt-\cos x\int_0^{\frac{\pi}{2}}g(t)\sin t\,dt$$

$\int_0^{\frac{\pi}{2}}g(t)\cos t\,dt=a$，$\int_0^{\frac{\pi}{2}}g(t)\sin t\,dt=b$ とおくと

$$f(x)=a\sin x-b\cos x$$

また，$\int_0^{\frac{\pi}{2}}f(t)dt=c$ とおくと　$g(x)=x+c$

HINT
$f(x)=a\sin x-b\cos x$，
$g(x)=x+c$ とおける。

←積分変数 t に無関係な $\sin x$，$\cos x$ は定数とみなす。

ゆえに　$a=\int_0^{\frac{\pi}{2}}(t+c)\cos t\,dt$

$=\Big[(t+c)\sin t\Big]_0^{\frac{\pi}{2}}-\int_0^{\frac{\pi}{2}}\sin t\,dt$

$=\frac{\pi}{2}+c-\Big[-\cos t\Big]_0^{\frac{\pi}{2}}$

$=\frac{\pi}{2}+c-1$

よって　$a=c+\frac{\pi}{2}-1$ …… ①

また　$b=\int_0^{\frac{\pi}{2}}(t+c)\sin t\,dt$

$=\Big[-(t+c)\cos t\Big]_0^{\frac{\pi}{2}}+\int_0^{\frac{\pi}{2}}\cos t\,dt$

$=c+\Big[\sin t\Big]_0^{\frac{\pi}{2}}=c+1$

よって　$b=c+1$ …… ②

更に　$c=\int_0^{\frac{\pi}{2}}(a\sin t-b\cos t)dt$

$=\Big[-a\cos t-b\sin t\Big]_0^{\frac{\pi}{2}}$

$=-b+a$

よって　$c=a-b$ …… ③

①，②，③ から　$a=\pi-3$，$b=\frac{\pi}{2}-1$，$c=\frac{\pi}{2}-2$

したがって　$\boldsymbol{f(x)=(\pi-3)\sin x-\left(\frac{\pi}{2}-1\right)\cos x}$，

$\boldsymbol{g(x)=x+\frac{\pi}{2}-2}$

←$\int_0^{\frac{\pi}{2}}(t+c)(\sin t)'dt$

←$\int_0^{\frac{\pi}{2}}(t+c)(-\cos t)'dt$

←①，② を ③ に代入し，まず c の値を求めるとよい。

EX ③136

正の実数 a に対して，$F(a)=\int_0^a\left(x+\frac{1-a}{2}\right)\sqrt[3]{a-x}\,dx$ とする。

(1)　$F(a)$ を求めよ。

(2)　a が正の実数全体を動くとき，$F(a)$ の最大値と，最大値を与える a の値を求めよ。

〔学習院大〕

(1)　$\sqrt[3]{a-x}=t$ とおくと，$x=a-t^3$ から

$dx=-3t^2dt$

x と t の対応は右のようになる。

x	$0\longrightarrow a$
t	$\sqrt[3]{a}\longrightarrow 0$

よって　$\boldsymbol{F(a)}=\int_0^a\left(x+\frac{1-a}{2}\right)\sqrt[3]{a-x}\,dx$

$=\int_{\sqrt[3]{a}}^0\left\{(a-t^3)+\frac{1-a}{2}\right\}t\cdot(-3t^2)dt$

$=\int_{\sqrt[3]{a}}^0\left(-t^3+\frac{1+a}{2}\right)\cdot(-3t^3)dt$

←置換積分法を利用。

←t について整理。

$$=3\int_0^{\sqrt[3]{a}}\left(-t^6+\frac{1+a}{2}t^3\right)dt$$

$$=3\left[-\frac{1}{7}t^7+\frac{1+a}{8}t^4\right]_0^{\sqrt[3]{a}}$$

$$=-\frac{3}{7}a^{\frac{7}{3}}+\frac{3}{8}a^{\frac{4}{3}}+\frac{3}{8}a^{\frac{7}{3}}$$

$$=-\frac{3}{56}a^{\frac{7}{3}}+\frac{3}{8}a^{\frac{4}{3}}$$

←$-\int_{\sqrt[3]{a}}^{0}=\int_0^{\sqrt[3]{a}}$

←$(\sqrt[3]{a})^7=a^{\frac{7}{3}}$, $(\sqrt[3]{a})^4=a^{\frac{4}{3}}$, $a(\sqrt[3]{a})^4=a^{1+\frac{4}{3}}=a^{\frac{7}{3}}$

(2) $F'(a)=-\frac{1}{8}a^{\frac{4}{3}}+\frac{1}{2}a^{\frac{1}{3}}=-\frac{1}{8}a^{\frac{1}{3}}(a-4)$

←$F(a)=-\frac{3}{56}a^{\frac{7}{3}}+\frac{3}{8}a^{\frac{4}{3}}$ を a で微分。

$a>0$ のとき，$F'(a)=0$ とすると　$a=4$

$a>0$ における $F(a)$ の増減表は右のようになる。

a	0	…	4	…
$F'(a)$		+	0	−
$F(a)$		↗	極大	↘

よって，$F(a)$ は $\boldsymbol{a=4}$ **のとき最大となる。**

最大値 は　$F(4)=-\frac{3}{56}\cdot4^{\frac{7}{3}}+\frac{3}{8}\cdot4^{\frac{4}{3}}=-\frac{3}{56}\cdot4^{\frac{4}{3}}(4-7)=\boldsymbol{\frac{9\sqrt[3]{4}}{14}}$

←$4^{\frac{4}{3}}=4\sqrt[3]{4}$

EX ③137

n を自然数とする。x, y がすべての実数を動くとき，定積分 $\int_0^1\{\sin(2n\pi t)-xt-y\}^2dt$ の最小値を I_n とおく。極限 $\lim_{n\to\infty}I_n$ を求めよ。〔九州大〕

$$\int_0^1\{\sin(2n\pi t)-xt-y\}^2dt$$

$$=\int_0^1\{\sin^2(2n\pi t)-2(xt+y)\sin(2n\pi t)+(xt+y)^2\}dt$$

$$=\int_0^1\sin^2(2n\pi t)dt-2\int_0^1(xt+y)\sin(2n\pi t)dt+\int_0^1(xt+y)^2dt$$

$$=\int_0^1\sin^2(2n\pi t)dt-2x\int_0^1t\sin(2n\pi t)dt$$

$$-2y\int_0^1\sin(2n\pi t)dt+\int_0^1(xt+y)^2dt$$

←$\{\sin(2n\pi t)-(xt+y)\}^2$ として展開する。

←x, y は定数とみて，定積分の前に出す。

ここで，$\sin(2n\pi)=0$, $\cos(2n\pi)=1$ から

$$\int_0^1\sin^2(2n\pi t)dt=\int_0^1\frac{1-\cos(4n\pi t)}{2}dt$$

$$=\frac{1}{2}\left[t-\frac{1}{4n\pi}\sin(4n\pi t)\right]_0^1=\frac{1}{2}\quad\cdots\cdots ①$$

←$\sin^2●=\frac{1-\cos2●}{2}$

$$\int_0^1t\sin(2n\pi t)dt=\left[t\cdot\left\{-\frac{1}{2n\pi}\cos(2n\pi t)\right\}\right]_0^1$$

$$+\frac{1}{2n\pi}\int_0^1\cos(2n\pi t)dt$$

$$=-\frac{1}{2n\pi}+\frac{1}{2n\pi}\left[\frac{1}{2n\pi}\sin(2n\pi t)\right]_0^1$$

$$=-\frac{1}{2n\pi}\quad\cdots\cdots ②$$

←部分積分法。

$$\int_0^1\sin(2n\pi t)dt=\left[-\frac{1}{2n\pi}\cos(2n\pi t)\right]_0^1=0\quad\cdots\cdots ③$$

$$\int_0^1(xt+y)^2dt=\int_0^1(x^2t^2+2xyt+y^2)dt$$
$$=\left[\frac{1}{3}x^2t^3+xyt^2+y^2t\right]_0^1$$
$$=\frac{1}{3}x^2+xy+y^2 \quad \cdots\cdots ④$$

←x, y は定数扱い。

ゆえに，①～④から

$$\int_0^1\{\sin(2n\pi t)-xt-y\}^2dt$$
$$=\frac{1}{2}+\frac{x}{n\pi}+\left(\frac{1}{3}x^2+xy+y^2\right)=y^2+xy+\frac{1}{3}x^2+\frac{x}{n\pi}+\frac{1}{2}$$
$$=\left(y+\frac{1}{2}x\right)^2+\frac{1}{12}x^2+\frac{x}{n\pi}+\frac{1}{2}$$
$$=\left(y+\frac{1}{2}x\right)^2+\frac{1}{12}\left(x+\frac{6}{n\pi}\right)^2-\frac{3}{(n\pi)^2}+\frac{1}{2}$$

←y^2 の係数が1であるから，まず y について平方完成。

よって，定積分 $\int_0^1\{\sin(2n\pi t)-xt-y\}^2dt$ は，

$y+\frac{1}{2}x=0$ かつ $x+\frac{6}{n\pi}=0$，すなわち $x=-\frac{6}{n\pi}$，$y=\frac{3}{n\pi}$

のとき最小となり　　$I_n=-\frac{3}{(n\pi)^2}+\frac{1}{2}$

したがって　　$\lim_{n\to\infty}I_n=\boldsymbol{\frac{1}{2}}$

←$\lim_{n\to\infty}\frac{3}{(n\pi)^2}=0$

EX ④138

(1) $0<x<\pi$ のとき，$\sin x-x\cos x>0$ を示せ。

(2) 定積分 $I=\int_0^{\pi}|\sin x-ax|dx$ $(0<a<1)$ を最小にする a の値を求めよ。〔横浜国大〕

(1) $f(x)=\sin x-x\cos x$ とおくと

$$f'(x)=\cos x-\{\cos x+x(-\sin x)\}=x\sin x$$

$0<x<\pi$ のとき，$f'(x)>0$ であるから，このとき $f(x)$ は単調に増加する。また　　$f(0)=0$

よって，$0<x<\pi$ のとき　　$f(x)>0$

←$f(x)>f(0)$

すなわち　　$\sin x-x\cos x>0$

(2) $y=\sin x$ について　　$y'=\cos x$

$x=0$ のとき　　$y'=\cos 0=1$

←曲線 $y=\sin x$ の $x=0$ における接線の傾きは1

また　　$y''=-\sin x$

$0<x<\pi$ のとき，$y''<0$ であるから，曲線 $y=\sin x$ $(0<x<\pi)$ は上に凸である。

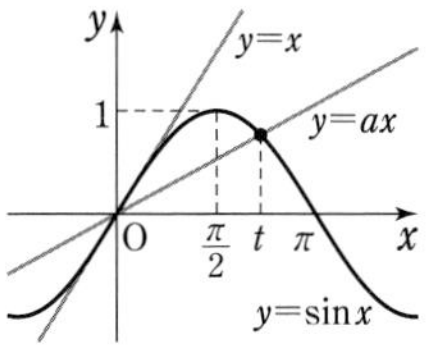

よって，$0<a<1$ のとき，曲線 $y=\sin x$ と直線 $y=ax$ は $0<x<\pi$ の範囲でただ1つの共有点をもつ。

←直線 $y=ax$ の傾きは a $(0<a<1)$

この共有点の x 座標を t $(0<t<\pi)$ とすると，$\sin t=at$ から

$$a=\frac{\sin t}{t} \quad \cdots\cdots ①$$

$0\leqq x\leqq t$ のとき $\sin x\geqq ax$，$t\leqq x\leqq\pi$ のとき，$\sin x\leqq ax$ である

から　$I=\int_0^t(\sin x-ax)dx-\int_t^{\pi}(\sin x-ax)dx$

$=\left[-\cos x-\frac{a}{2}x^2\right]_0^t-\left[-\cos x-\frac{a}{2}x^2\right]_t^{\pi}$

$=2\left(-\cos t-\frac{a}{2}t^2\right)-(-1)-\left(1-\frac{a}{2}\pi^2\right)$

$=-2\cos t-at^2+\frac{\pi^2}{2}a$

① を代入して　$I=-2\cos t-t\sin t+\frac{\pi^2\sin t}{2t}$

よって　$\frac{dI}{dt}=\underset{\sim\sim\sim}{2\sin t-(\sin t+t\cos t)}+\frac{\pi^2}{2}\cdot\frac{t\cos t-\sin t\cdot 1}{t^2}$

$=(\sin t-t\cos t)\left(1-\frac{\pi^2}{2t^2}\right)$

(1) より，$0<t<\pi$ において $\sin t-t\cos t>0$ であるから，

$\frac{dI}{dt}=0$ とすると　$1-\frac{\pi^2}{2t^2}=0$　ゆえに　$t^2=\frac{\pi^2}{2}$

$0<t<\pi$ であるから　$t=\frac{\pi}{\sqrt{2}}$

$0<t<\pi$ における I の増減表は右のようになる。

t	0	$\cdots$	$\frac{\pi}{\sqrt{2}}$	$\cdots$	π
$\frac{dI}{dt}$		$-$	0	$+$	
I		↘	極小	↗	

よって，I は $t=\frac{\pi}{\sqrt{2}}$ のとき最小となる。

このとき，a の値は

$$\boldsymbol{a}=\frac{\sin t}{t}=\boldsymbol{\frac{\sqrt{2}}{\pi}\sin\frac{\pi}{\sqrt{2}}}$$

←$x=t$ で場合分け。

←$\left[F(x)\right]_a^b-\left[F(x)\right]_b^c=2F(b)-F(a)-F(c)$

←$\left(\frac{u}{v}\right)'=\frac{u'v-uv'}{v^2}$

←$\sim\sim=\sin t-t\cos t$

←$\frac{dI}{dt}=(\sin t-t\cos t)\times\frac{1}{t^2}\left(t+\frac{\pi}{\sqrt{2}}\right)\left(t-\frac{\pi}{\sqrt{2}}\right)$

EX ②139

次の極限値を求めよ。　〔(1) 立教大，長崎大，(2) 静岡大〕

(1) $\lim_{n\to\infty}\left(\frac{n}{n^2+1^2}+\frac{n}{n^2+2^2}+\cdots\cdots+\frac{n}{n^2+n^2}\right)$　(2) $\lim_{n\to\infty}\left\{\frac{1}{n}\sum_{k=1}^{n}\log(k+\sqrt{k^2+n^2})-\log n\right\}$

(3) $\lim_{n\to\infty}\sqrt{n}\left(\sin\frac{1}{n}\right)\sum_{k=1}^{n}\frac{1}{\sqrt{n+k}}$

求める極限値を S とする。

(1)　$S=\lim_{n\to\infty}\sum_{k=1}^{n}\frac{n}{n^2+k^2}=\lim_{n\to\infty}\sum_{k=1}^{n}\frac{1}{n}\cdot\frac{n^2}{n^2+k^2}$

$=\lim_{n\to\infty}\frac{1}{n}\sum_{k=1}^{n}\frac{1}{1+\left(\frac{k}{n}\right)^2}=\int_0^1\frac{1}{1+x^2}dx$

$x=\tan\theta$ とおくと　$dx=\frac{1}{\cos^2\theta}d\theta$

x	$0\longrightarrow 1$
θ	$0\longrightarrow\frac{\pi}{4}$

よって　$S=\int_0^{\frac{\pi}{4}}\frac{1}{1+\tan^2\theta}\cdot\frac{1}{\cos^2\theta}d\theta$

$=\int_0^{\frac{\pi}{4}}d\theta=\left[\theta\right]_0^{\frac{\pi}{4}}=\boldsymbol{\frac{\pi}{4}}$

HINT　$\boldsymbol{\lim_{n\to\infty}\frac{1}{n}\sum_{k=1}^{n}f\left(\frac{k}{n}\right)=\int_0^1 f(x)dx}$ を利用。

←$\frac{1}{n}$ をくくり出す。

←$\frac{1}{a^2+x^2}$ の定積分は，$x=a\tan\theta$ とおく。

←$\frac{1}{1+\tan^2\theta}=\cos^2\theta$

(2) $S=\lim_{n\to\infty}\left\{\frac{1}{n}\sum_{k=1}^{n}\log(k+\sqrt{k^2+n^2})-\frac{1}{n}\cdot n\log n\right\}$

$=\lim_{n\to\infty}\frac{1}{n}\sum_{k=1}^{n}\{\log(k+\sqrt{k^2+n^2})-\log n\}$ ←$n\log n=\sum_{k=1}^{n}\log n$

$=\lim_{n\to\infty}\frac{1}{n}\sum_{k=1}^{n}\log\frac{k+\sqrt{k^2+n^2}}{n}$

$=\lim_{n\to\infty}\frac{1}{n}\sum_{k=1}^{n}\log\left\{\frac{k}{n}+\sqrt{\left(\frac{k}{n}\right)^2+1}\right\}$

$=\int_0^1\log(x+\sqrt{x^2+1})dx$

$=\int_0^1(x)'\log(x+\sqrt{x^2+1})dx$ ←部分積分法。

$=\left[x\log(x+\sqrt{x^2+1})\right]_0^1-\int_0^1\frac{x}{\sqrt{x^2+1}}dx$ ←$\{\log(x+\sqrt{x^2+1})\}'=\frac{1}{x+\sqrt{x^2+1}}\times\left(1+\frac{x}{\sqrt{x^2+1}}\right)=\frac{1}{\sqrt{x^2+1}}$ (EX 55)

$=\log(1+\sqrt{2})-\left[\sqrt{x^2+1}\right]_0^1$

$=\mathbf{\log(1+\sqrt{2})-\sqrt{2}+1}$

(3) $S=\lim_{n\to\infty}\left(\sin\frac{1}{n}\right)\sum_{k=1}^{n}\frac{\sqrt{n}}{\sqrt{n+k}}=\lim_{n\to\infty}\frac{\sin\frac{1}{n}}{\frac{1}{n}}\cdot\frac{1}{n}\sum_{k=1}^{n}\frac{1}{\sqrt{1+\frac{k}{n}}}$

$=1\cdot\int_0^1\frac{1}{\sqrt{1+x}}dx=\left[2\sqrt{1+x}\right]_0^1=\mathbf{2(\sqrt{2}-1)}$

←$\frac{1}{n}\longrightarrow 0$ であるから，$\lim_{\square\to0}\frac{\sin\square}{\square}$ の形を作るように変形。

EX ③140

次の極限値を求めよ。

(1) $\lim_{n\to\infty}\frac{1}{n^2}\{\sqrt{(2n)^2-1^2}+\sqrt{(2n)^2-2^2}+\sqrt{(2n)^2-3^2}+\cdots\cdots+\sqrt{(2n)^2-(2n-1)^2}\}$ 〔山口大〕

(2) $\lim_{n\to\infty}\sum_{k=n+1}^{2n}\frac{n}{k^2+3kn+2n^2}$ 〔電通大〕

HINT $\frac{1}{n}\sum_{k=l}^{m}f\left(\frac{k}{n}\right)$ の形になるように $f(x)$ を決める。このとき，積分区間に注意。

求める極限値を S とする。

(1) $S=\lim_{n\to\infty}\frac{1}{n^2}\sum_{k=1}^{2n-1}\sqrt{(2n)^2-k^2}=\lim_{n\to\infty}\frac{1}{n}\sum_{k=1}^{2n-1}\sqrt{\frac{4n^2-k^2}{n^2}}$

$=\lim_{n\to\infty}\frac{1}{n}\sum_{k=1}^{2n-1}\sqrt{4-\left(\frac{k}{n}\right)^2}=\int_0^2\sqrt{4-x^2}\,dx$

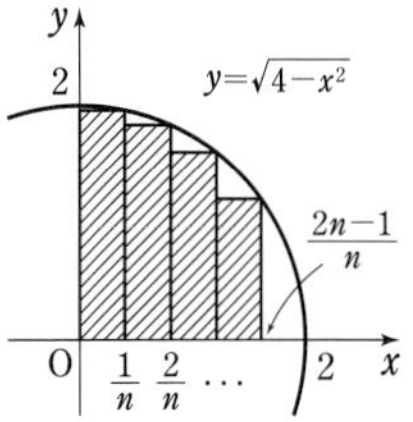

$\int_0^2\sqrt{4-x^2}\,dx$ は，半径 2 の四分円の面積を表すから

$S=\frac{\pi\cdot2^2}{4}=\boldsymbol{\pi}$

別解 $S=\lim_{n\to\infty}\frac{1}{n^2}\sum_{k=1}^{2n-1}\sqrt{(2n)^2-k^2}=\lim_{n\to\infty}\frac{2}{n}\sum_{k=1}^{2n-1}\frac{\sqrt{(2n)^2-k^2}}{2n}$ ←$\frac{1}{2n}$ をくくり出し，$\frac{k}{2n}$ を x とする。

$=\lim_{n\to\infty}\frac{2}{n}\sum_{k=1}^{2n-1}\sqrt{1-\left(\frac{k}{2n}\right)^2}=4\lim_{n\to\infty}\frac{1}{2n}\sum_{k=1}^{2n-1}\sqrt{1-\left(\frac{k}{2n}\right)^2}$

$=4\int_0^1\sqrt{1-x^2}\,dx=4\cdot\frac{\pi\cdot1^2}{4}=\boldsymbol{\pi}$ ←半径 1 の四分円の面積。

(2) $S=\lim_{n\to\infty}\frac{1}{n}\sum_{k=n+1}^{2n}\frac{n^2}{k^2+3kn+2n^2}$

$=\lim_{n\to\infty}\frac{1}{n}\sum_{k=n+1}^{2n}\frac{1}{\left(\frac{k}{n}\right)^2+3\cdot\frac{k}{n}+2}=\int_1^2\frac{1}{x^2+3x+2}dx$

$=\int_1^2\frac{1}{(x+1)(x+2)}dx=\int_1^2\left(\frac{1}{x+1}-\frac{1}{x+2}\right)dx$

$=\Big[\log(x+1)-\log(x+2)\Big]_1^2$

$=\log 3-\log 4-(\log 2-\log 3)=\mathbf{2\log 3-3\log 2}$

←$\frac{k}{n}$ を作るように，分子・分母を n^2 で割る。

←部分分数に分解。

←$\log 4=2\log 2$

EX ④141 Oを原点とする xyz 空間に点 $P_k\left(\frac{k}{n},\ 1-\frac{k}{n},\ 0\right)$，$k=0,\ 1,\ \cdots\cdots,\ n$ をとる。また，z 軸上の $z\geqq 0$ の部分に，点 Q_k を線分 P_kQ_k の長さが1になるようにとる。三角錐 $OP_kP_{k+1}Q_k$ の体積を V_k とするとき，極限 $\lim_{n\to\infty}\sum_{k=0}^{n-1}V_k$ を求めよ。〔東京大〕

HINT $Q_k(0,\ 0,\ q_k)$ として q_k を $\frac{k}{n}$ で表し，$V_k=\frac{1}{3}\triangle OP_kP_{k+1}\cdot q_k$ を n，$\frac{k}{n}$ を用いて表す。

$Q_k(0,\ 0,\ q_k)$ とする。

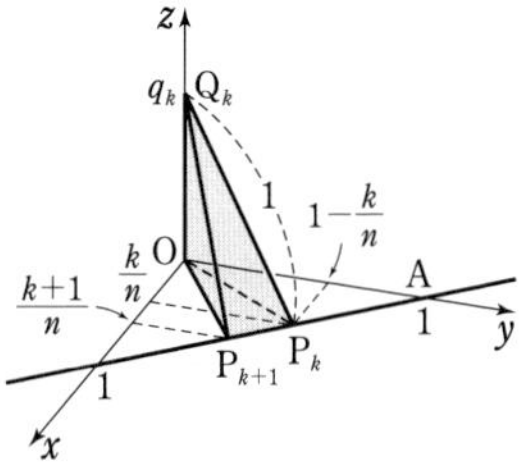

$P_kQ_k=1$ から　$\sqrt{\left(\frac{k}{n}\right)^2+\left(1-\frac{k}{n}\right)^2+q_k{}^2}=1$

$q_k\geqq 0$ であるから　$q_k=\sqrt{1-\left(\frac{k}{n}\right)^2-\left(1-\frac{k}{n}\right)^2}$

$=\sqrt{2\cdot\frac{k}{n}-2\left(\frac{k}{n}\right)^2}$

また，$P_{k+1}\left(\frac{k+1}{n},\ 1-\frac{k+1}{n},\ 0\right)$ であるから

$\triangle OP_kP_{k+1}=\frac{1}{2}\cdot 1\cdot\left(\frac{k+1}{n}-\frac{k}{n}\right)=\frac{1}{2n}$

←xy 平面上で，点 P_k，P_{k+1} は直線 $x+y=1$ 上にあるから，$A(0,\ 1,\ 0)$ とすると
$\triangle OP_kP_{k+1}$
$=\triangle OP_{k+1}A-\triangle OP_kA$

ゆえに　$V_k=\frac{1}{3}\triangle OP_kP_{k+1}\cdot q_k=\frac{1}{3}\cdot\frac{1}{2n}\sqrt{2\cdot\frac{k}{n}-2\left(\frac{k}{n}\right)^2}$

$=\frac{\sqrt{2}}{6n}\sqrt{\frac{k}{n}-\left(\frac{k}{n}\right)^2}$

よって　$\lim_{n\to\infty}\sum_{k=0}^{n-1}V_k=\lim_{n\to\infty}\frac{\sqrt{2}}{6n}\sum_{k=0}^{n-1}\sqrt{\frac{k}{n}-\left(\frac{k}{n}\right)^2}$

$=\frac{\sqrt{2}}{6}\int_0^1\sqrt{x-x^2}\,dx$

$=\frac{\sqrt{2}}{6}\int_0^1\sqrt{\left(\frac{1}{2}\right)^2-\left(x-\frac{1}{2}\right)^2}\,dx$

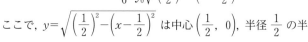

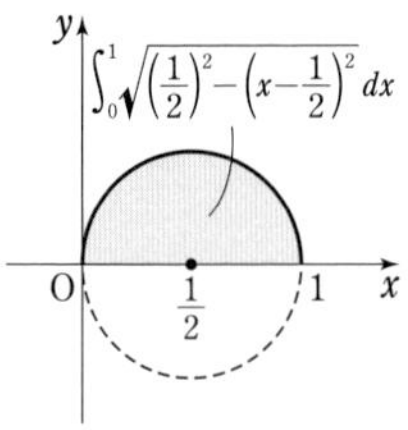

ここで，$y=\sqrt{\left(\frac{1}{2}\right)^2-\left(x-\frac{1}{2}\right)^2}$ は中心 $\left(\frac{1}{2},\ 0\right)$，半径 $\frac{1}{2}$ の半円を表すから，その面積を考えて

$\frac{\sqrt{2}}{6}\int_0^1\sqrt{\left(\frac{1}{2}\right)^2-\left(x-\frac{1}{2}\right)^2}\,dx=\frac{\sqrt{2}}{6}\cdot\frac{1}{2}\pi\left(\frac{1}{2}\right)^2=\boldsymbol{\frac{\sqrt{2}}{48}\pi}$

EX ④142

(1) $a>1$ とする。不等式 $(1+t)^a \leqq K(1+t^a)$ がすべての $t \geqq 0$ に対して成り立つような実数 K の最小値を求めよ。

(2) $\int_0^{\pi}(1+\sqrt[5]{1+\sin x})^{10}dx<6080$ を示せ。ただし，$\pi<3.15$ であることを用いてよい。

〔信州大〕

(1) $a>1$，$t \geqq 0$ のとき　$1+t^a>0$

よって，$(1+t)^a \leqq K(1+t^a)$ から　$\dfrac{(1+t)^a}{1+t^a} \leqq K$

ゆえに，t の関数 $f(t)=\dfrac{(1+t)^a}{1+t^a}$ $(t \geqq 0)$ の最大値が K の最小値である。

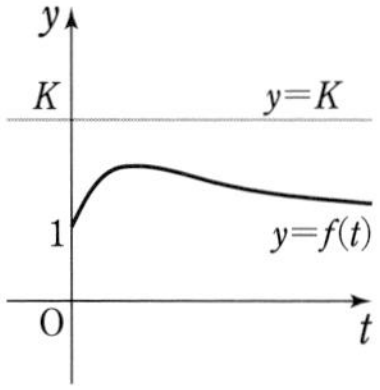

$$f'(t)=\frac{a(1+t)^{a-1}(1+t^a)-(1+t)^a\cdot at^{a-1}}{(1+t^a)^2}$$
$$=\frac{a(1+t)^{a-1}(1-t^{a-1})}{(1+t^a)^2}$$

←$\left(\dfrac{u}{v}\right)'=\dfrac{u'v-uv'}{v^2}$

$t \geqq 0$ のとき，$f'(t)=0$ とすると　$1-t^{a-1}=0$

t は実数であるから　$t=1$　←$a>1$

$t \geqq 0$ における $f(t)$ の増減表は右のようになる。

t	0	…	1	…
$f'(t)$		$+$	0	$-$
$f(t)$	1	↗	極大	↘

また　$f(1)=\dfrac{2^a}{2}=2^{a-1}$

したがって，$f(t)$ は $t=1$ で最大値 2^{a-1} をとるから，K の最小値は　$\mathbf{2^{a-1}}$

(2) (1) から　$(1+t)^a \leqq 2^{a-1}(1+t^a)$

ここで，$-1 \leqq \sin x \leqq 1$ より $\sqrt[5]{1+\sin x} \geqq 0$ であるから，$a=10$，$t=\sqrt[5]{1+\sin x}$ とすると

$$(1+\sqrt[5]{1+\sin x})^{10} \leqq 2^9\{1+(1+\sin x)^2\}$$

よって　$\displaystyle\int_0^{\pi}(1+\sqrt[5]{1+\sin x})^{10}dx \leqq 2^9\int_0^{\pi}(\sin^2 x+2\sin x+2)dx$

(1), (2) の問題
(1) は (2) のヒント

←示すべき不等式の左辺の被積分関数に着目し，$a=10$，$t=\sqrt[5]{1+\sin x}$ を代入する。

ここで　$\displaystyle\int_0^{\pi}(\sin^2 x+2\sin x+2)dx$

$$=\int_0^{\pi}\left(-\frac{1}{2}\cos 2x+2\sin x+\frac{5}{2}\right)dx$$
$$=\left[-\frac{1}{4}\sin 2x-2\cos x+\frac{5}{2}x\right]_0^{\pi}$$
$$=4+\frac{5}{2}\pi<4+\frac{5}{2}\cdot 3.15=11.875$$

←$\sin^2 x=\dfrac{1-\cos 2x}{2}$

←$\pi<3.15$

したがって　$\displaystyle\int_0^{\pi}(1+\sqrt[5]{1+\sin x})^{10}dx<2^9\cdot 11.875=6080$

EX ④143

次の不等式を証明せよ。ただし，n は自然数とする。〔東北大〕

(1) $\dfrac{1}{n+1}<\displaystyle\int_n^{n+1}\frac{1}{x}dx<\frac{1}{2}\left(\frac{1}{n}+\frac{1}{n+1}\right)$　　(2) $1+\dfrac{1}{2}+\dfrac{1}{3}+\cdots\cdots+\dfrac{1}{n}-\log n>\dfrac{1}{2}$

HINT (1) $n \leqq x \leqq n+1$ において，曲線 $y=\frac{1}{x}$ と x 軸の間の面積と台形・長方形の面積を比較。

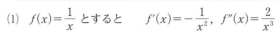

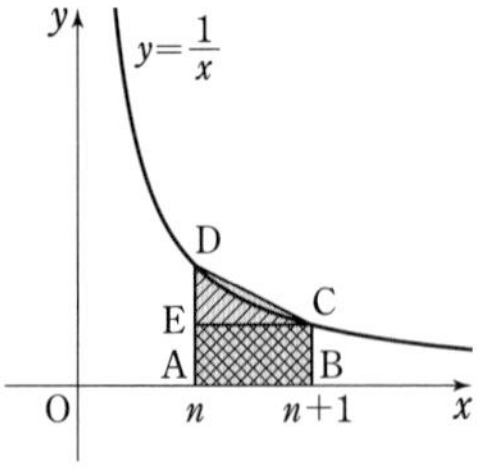

(1) $f(x)=\frac{1}{x}$ とすると　　$f'(x)=-\frac{1}{x^2}$，$f''(x)=\frac{2}{x^3}$

$f(x)$ は $x>0$ で単調に減少し，$y=f(x)$ のグラフは下に凸であるから，A$(n,\ 0)$，B$(n+1,\ 0)$ とすると，右の図において

$$(\text{長方形 ABCE の面積})<\int_n^{n+1}\frac{1}{x}dx<(\text{台形 ABCD の面積})$$

よって　　$\frac{1}{n+1}<\int_n^{n+1}\frac{1}{x}dx<\frac{1}{2}\left(\frac{1}{n}+\frac{1}{n+1}\right)$

(2) (1)から，k が自然数のとき　　$\int_k^{k+1}\frac{dx}{x}<\frac{1}{2}\left(\frac{1}{k}+\frac{1}{k+1}\right)$

ゆえに，$n \geqq 2$ のとき　　$\sum_{k=1}^{n-1}\int_k^{k+1}\frac{dx}{x}<\sum_{k=1}^{n-1}\frac{1}{2}\left(\frac{1}{k}+\frac{1}{k+1}\right)$

$\sum_{k=1}^{n-1}\int_k^{k+1}\frac{dx}{x}=\int_1^n\frac{dx}{x}=\Big[\log x\Big]_1^n=\log n$ であるから

$$\log n<\frac{1}{2}\left\{\left(1+\frac{1}{2}\right)+\left(\frac{1}{2}+\frac{1}{3}\right)+\cdots\cdots+\left(\frac{1}{n-1}+\frac{1}{n}\right)\right\}$$
$$=\frac{1}{2}\left\{1+2\left(\frac{1}{2}+\frac{1}{3}+\cdots\cdots+\frac{1}{n-1}\right)+\frac{1}{n}\right\}$$
$$=\frac{1}{2}+\frac{1}{2}+\frac{1}{3}+\cdots\cdots+\frac{1}{n-1}+\frac{1}{2n}$$
$$<\frac{1}{2}+\frac{1}{2}+\frac{1}{3}+\cdots\cdots+\frac{1}{n-1}+\frac{1}{n}$$

よって　　$\log n+\frac{1}{2}<\underline{\frac{1}{2}+\frac{1}{2}}+\frac{1}{2}+\frac{1}{3}+\cdots\cdots+\frac{1}{n}$

ゆえに　　$1+\frac{1}{2}+\frac{1}{3}+\cdots\cdots+\frac{1}{n}-\log n>\frac{1}{2}$

この不等式は，$n=1$ のときも成り立つ。

⓵ (1)，(2) の問題
(1) は (2) のヒント

← $\frac{1}{2n}<\frac{1}{n}$

← 下線部分は 1

← $1-\log 1=1>\frac{1}{2}$

EX ③144

関数 $f(x)$ が区間 $a \leqq x \leqq b\ (a<b)$ で連続であるとき

$$\int_a^b f(x)dx=(b-a)f(c),\ a<c<b$$

となる c が存在することを示せ。**(積分における平均値の定理)**

[1] $f(x)$ が区間 $a \leqq x \leqq b$ で常に定数 k に等しいとき

区間 $a<x<b$ の任意の値 c に対して，$f(c)=k$ であるから

$$\int_a^b f(x)dx=\int_a^b k\,dx=k\Big[x\Big]_a^b=k(b-a)$$
$$=(b-a)f(c)\ \ (a<c<b)$$

[2] $f(x)$ が区間 $a \leqq x \leqq b$ で定数でないとき

区間 $a \leqq x \leqq b$ における $f(x)$ の最小値を $m=f(x_1)$，最大値を $M=f(x_2)$ とすると，区間 $a \leqq x \leqq b$ で $m \leqq f(x) \leqq M$ かつ，等号は常には成り立たないから

HINT 区間 $[a,\ b]$ で $f(x)$ が定数であるときと定数でないときで場合を分ける。後者の場合，中間値の定理を用いる。

← $f(x)$ は区間 $[a,\ b]$ で定数ではないから　$m<M$

$$\int_a^b m\,dx<\int_a^b f(x)dx<\int_a^b M\,dx$$

すなわち　$m(b-a)<\int_a^b f(x)dx<M(b-a)$

よって　$m<\dfrac{1}{b-a}\int_a^b f(x)dx<M$

$f(x)$ は区間 $a\leqq x\leqq b$ で連続で $f(x_1)<f(x_2)$ であるから，m と M の間の値 $\dfrac{1}{b-a}\int_a^b f(x)dx$ に対して

$$f(c)=\frac{1}{b-a}\int_a^b f(x)dx,\ a<c<b$$

を満たす実数 c が x_1 と x_2 の間に少なくとも 1 つある。

したがって，$\int_a^b f(x)dx=(b-a)f(c)$，$a<c<b$ となる実数 c が存在する。

[1]，[2] から，題意は証明された。

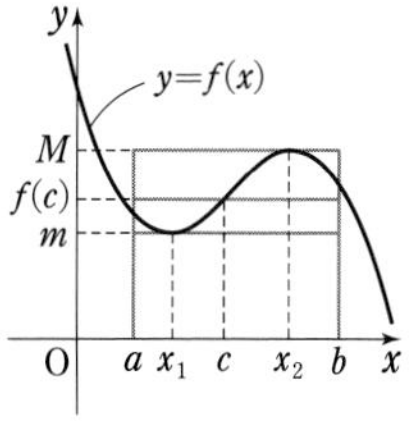

←（本冊 $p.97$ 基本事項 2 参照）**中間値の定理**
関数 $f(x)$ が $[a,\ b]$ で連続で，$f(a)\neq f(b)$ ならば，$f(a)$ と $f(b)$ の間の任意の値 k に対して $f(c)=k$，$a<c<b$ を満たす実数 c が少なくとも 1 つある。

5章 EX［積分法］

EX ④145

数列 $\{I_n\}$ を関係式 $I_0=\int_0^1 e^{-x}dx$，$I_n=\dfrac{1}{n!}\int_0^1 x^n e^{-x}dx$ $(n=1,\ 2,\ 3,\ \cdots\cdots)$ で定めるとき，次の問いに答えよ。〔類　岡山理科大〕

(1) I_0，I_1 を求めよ。　(2) $n\geqq 2$ のとき，I_n-I_{n-1} を n の式で表せ。

(3) $\lim\limits_{n\to\infty} I_n$ を求めよ。　(4) $S_n=\sum\limits_{k=0}^{n}\dfrac{1}{k!}$ とするとき，$\lim\limits_{n\to\infty} S_n$ を求めよ。

(1) $\boldsymbol{I_0}=\int_0^1 e^{-x}dx=\Big[-e^{-x}\Big]_0^1=-e^{-1}+1=\boldsymbol{1-\dfrac{1}{e}}$　←$1-e^{-1}$ でもよい。

$\boldsymbol{I_1}=\dfrac{1}{1!}\int_0^1 xe^{-x}dx=\int_0^1 x(-e^{-x})'\,dx$

$=\Big[-xe^{-x}\Big]_0^1+\int_0^1 e^{-x}dx=-e^{-1}+I_0$

$=-\dfrac{1}{e}+\left(1-\dfrac{1}{e}\right)=\boldsymbol{1-\dfrac{2}{e}}$　←既に求めた I_0 を利用する。

(2) $n\geqq 2$ のとき

$I_n=\dfrac{1}{n!}\int_0^1 x^n e^{-x}dx=\dfrac{1}{n!}\int_0^1 x^n(-e^{-x})'\,dx$　←(1) で I_1 を求めたのと同じ要領。

$=\dfrac{1}{n!}\Big[-x^n e^{-x}\Big]_0^1+\dfrac{1}{n!}\int_0^1 nx^{n-1}e^{-x}dx$　←$\dfrac{1}{n!}\cdot n=\dfrac{1}{(n-1)!}$

$=-\dfrac{e^{-1}}{n!}+\dfrac{1}{(n-1)!}\int_0^1 x^{n-1}e^{-x}dx$

$=-\dfrac{1}{n!e}+I_{n-1}$

よって　$\boldsymbol{I_n-I_{n-1}=-\dfrac{1}{n!e}}$ $\cdots\cdots$ ①

(3) $0\leqq x\leqq 1$ のとき　$0\leqq x^n\leqq 1$

各辺に e^{-x} を掛けると　$0\leqq x^n e^{-x}\leqq e^{-x}$　←$e^{-x}>0$

よって　$0\leqq\dfrac{1}{n!}\int_0^1 x^n e^{-x}dx\leqq\dfrac{1}{n!}\int_0^1 e^{-x}dx$

すなわち　$0 \leqq I_n \leqq \dfrac{1}{n!}\displaystyle\int_0^1 e^{-x}dx$

$\displaystyle\lim_{n\to\infty}\frac{1}{n!}\int_0^1 e^{-x}dx=0$ であるから　$\displaystyle\lim_{n\to\infty} I_n=\mathbf{0}$

←はさみうちの原理。$\displaystyle\int_0^1 e^{-x}dx$ は定数であるから，直ちに $\displaystyle\lim_{n\to\infty}\frac{1}{n!}\int_0^1 e^{-x}dx=0$ がわかる。

(4)　① について，$n=1$ とすると

$$I_1-I_0=\left(1-\frac{2}{e}\right)-\left(1-\frac{1}{e}\right)=-\frac{1}{e}=-\frac{1}{1!e}$$

よって，① は $n=1$ のときにも成り立つ。

ゆえに，$n \geqq 1$ のとき

$$I_n=I_0+\sum_{k=1}^{n}\left(-\frac{1}{k!e}\right)=1-\frac{1}{e}-\frac{1}{e}\sum_{k=1}^{n}\frac{1}{k!}$$

$$=1-\frac{1}{e}-\frac{1}{e}\left(\sum_{k=0}^{n}\frac{1}{k!}-1\right)=1-\frac{1}{e}S_n$$

←① は階差数列型。初項と項数に注意。$\displaystyle\sum_{k=1}^{n}\frac{1}{k!}=\sum_{k=0}^{n}\frac{1}{k!}-\frac{1}{0!}$，$0!=1$

したがって　$S_n=e-eI_n$

(3) より，$\displaystyle\lim_{n\to\infty} I_n=0$ であるから

$$\lim_{n\to\infty} S_n=\boldsymbol{e}$$

←本冊 $p.297$ 検討 ⑤ 参照。

EX ④146

$a>0$ に対し，$f(a)=\displaystyle\lim_{t\to+0}\int_t^1|ax+x\log x|dx$ とおくとき，次の問いに答えよ。必要ならば，$\displaystyle\lim_{t\to+0}t^n\log t=0$ $(n=1,\ 2,\ \cdots\cdots)$ を用いてよい。

(1)　$f(a)$ を求めよ。

(2)　a が正の実数全体を動くとき，$f(a)$ の最小値とそのときの a の値を求めよ。　〔埼玉大〕

(1)　$g(x)=ax+x\log x$ とすると　$g(x)=x(\log x+a)$

←$\log x+a=0$ とすると　$\log x=-a$　よって　$x=e^{-a}$

よって　$0<x\leqq e^{-a}$ のとき　$g(x)\leqq 0$

$x \geqq e^{-a}$ のとき　$g(x)\geqq 0$

また，$a>0$ のとき，$0<e^{-a}<1$ である。

$t \longrightarrow +0$ のときを考えるから，t を十分小さくとると

$$\int_t^1|g(x)|dx=\int_t^{e^{-a}}\{-g(x)\}dx+\int_{e^{-a}}^1 g(x)dx$$

ここで　$\displaystyle\int g(x)dx=\int(ax+x\log x)dx$

$$=\frac{a}{2}x^2+\frac{x^2}{2}\log x-\int\frac{x^2}{2}\cdot\frac{1}{x}dx$$

$$=\frac{1}{2}x^2(a+\log x)-\frac{1}{4}x^2+C$$

$$=\frac{1}{4}x^2(2\log x+2a-1)+C\ (C\text{ は積分定数})$$

←部分積分法。$\displaystyle\int x\log x\,dx=\int\left(\frac{x^2}{2}\right)'\log x\,dx$

よって，$G(x)=\dfrac{1}{4}x^2(2\log x+2a-1)$ とすると

$$\int_t^1|g(x)|dx=\Big[-G(x)\Big]_t^{e^{-a}}+\Big[G(x)\Big]_{e^{-a}}^1$$

$$=G(t)+G(1)-2G(e^{-a})$$

←$=-G(e^{-a})+G(t)+G(1)-G(e^{-a})$

ここで，$\displaystyle\lim_{t\to+0}t^2\log t=0$ であるから　$\displaystyle\lim_{t\to+0}G(t)=0$

←$G(t)=\dfrac{1}{2}t^2\log t+\dfrac{1}{4}t^2(2a-1)$

したがって

$$\boldsymbol{f(a)}=\lim_{t\to+0}\{G(t)+G(1)-2G(e^{-a})\}=G(1)-2G(e^{-a})$$
$$=\frac{1}{4}(2a-1)-2\cdot\frac{1}{4}e^{-2a}\cdot(-1)=\boldsymbol{\frac{1}{2}e^{-2a}+\frac{a}{2}-\frac{1}{4}}$$

←$f(a)=\int_0^1|ax+x\log x|dx$（広義の定積分）

(2) (1) から　$f'(a)=\frac{1}{2}\cdot(-2e^{-2a})+\frac{1}{2}=-e^{-2a}+\frac{1}{2}$

$f'(a)=0$ とすると　$e^{-2a}=\frac{1}{2}$　よって　$a=\frac{1}{2}\log 2$

←$-2a=\log\frac{1}{2}$

ゆえに，$a>0$ における $f(a)$ の増減表は右のようになる。

a	0	$\cdots$	$\frac{1}{2}\log 2$	$\cdots$
$f'(a)$		$-$	0	$+$
$f(a)$		↘	極小	↗

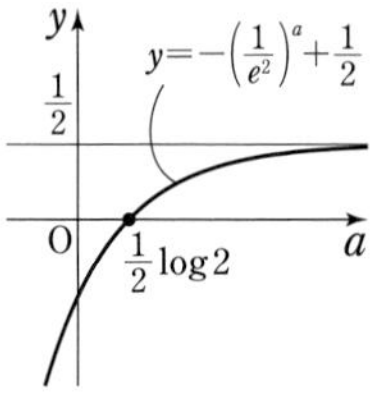

したがって，$f(a)$ は $\boldsymbol{a=\frac{1}{2}\log 2}$ で **最小** となる。

最小値 は　$f\left(\frac{1}{2}\log 2\right)=\frac{1}{2}e^{-\log 2}+\frac{1}{4}\log 2-\frac{1}{4}$

$$=\frac{1}{2}\cdot\frac{1}{2}+\frac{1}{4}\log 2-\frac{1}{4}=\boldsymbol{\frac{1}{4}\log 2}$$

←$e^{-\log 2}=e^{\log\frac{1}{2}}=\frac{1}{2}$

EX ④147

実数 x に対して，x を超えない最大の整数を $[x]$ で表す。n を正の整数とし $a_n=\sum_{k=1}^{n}\frac{[\sqrt{2n^2-k^2}]}{n^2}$ とする。このとき，$\lim_{n\to\infty}a_n$ を求めよ。　〔大阪大 改題〕

[ ] の定義から　$\sqrt{2n^2-k^2}-1<[\sqrt{2n^2-k^2}]\leqq\sqrt{2n^2-k^2}$

←$[x]=n$ とすると，$n\leqq x<n+1$ から $x-1<[x]\leqq x$ この不等式を利用。

よって　$\sqrt{2-\left(\frac{k}{n}\right)^2}-\frac{1}{n}<\frac{[\sqrt{2n^2-k^2}]}{n}\leqq\sqrt{2-\left(\frac{k}{n}\right)^2}$

ゆえに　$\sum_{k=1}^{n}\frac{1}{n}\sqrt{2-\left(\frac{k}{n}\right)^2}-\sum_{k=1}^{n}\frac{1}{n^2}<a_n\leqq\sum_{k=1}^{n}\frac{1}{n}\sqrt{2-\left(\frac{k}{n}\right)^2}$　…… ①

ここで　$\lim_{n\to\infty}\sum_{k=1}^{n}\frac{1}{n}\sqrt{2-\left(\frac{k}{n}\right)^2}=\int_0^1\sqrt{2-x^2}\,dx$

$\int_0^1\sqrt{2-x^2}\,dx$ は図の黒く塗ってある部分の面積に等しいから

←図を利用して，定積分を求める。

$\int_0^1\sqrt{2-x^2}\,dx=\frac{1}{2}\cdot(\sqrt{2})^2\cdot\frac{\pi}{4}+\frac{1}{2}\cdot1\cdot1$
$=\frac{\pi}{4}+\frac{1}{2}$

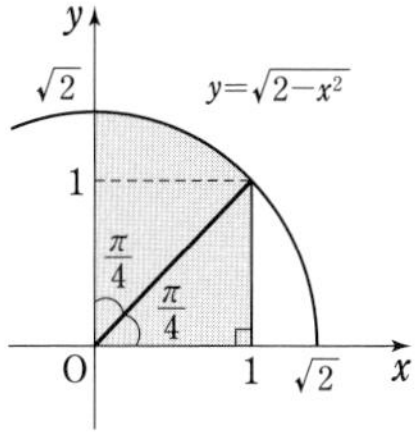

また　$\sum_{k=1}^{n}\frac{1}{n^2}=\frac{1}{n^2}\cdot n=\frac{1}{n}$

よって，① において

$$\lim_{n\to\infty}\sum_{k=1}^{n}\frac{1}{n}\sqrt{2-\left(\frac{k}{n}\right)^2}=\frac{\pi}{4}+\frac{1}{2},$$
$$\lim_{n\to\infty}\left\{\sum_{k=1}^{n}\frac{1}{n}\sqrt{2-\left(\frac{k}{n}\right)^2}-\sum_{k=1}^{n}\frac{1}{n^2}\right\}=\frac{\pi}{4}+\frac{1}{2}$$

したがって　$\lim_{n\to\infty}a_n=\boldsymbol{\frac{\pi}{4}+\frac{1}{2}}$

←はさみうちの原理。

EX ⑤148 xy 平面において，x，y がともに整数であるとき，点 $(x,\ y)$ を格子点という。2 以上の整数 n に対し，$0<x<n$，$1<2^y<\left(1+\dfrac{x}{n}\right)^n$ を満たす格子点 $(x,\ y)$ の個数を $P(n)$ で表すとき

(1) 不等式 $\displaystyle\sum_{k=1}^{n-1}\left\{n\log_2\left(1+\frac{k}{n}\right)-1\right\}\leqq P(n)<\sum_{k=1}^{n-1}n\log_2\left(1+\frac{k}{n}\right)$ を示せ。

(2) 極限値 $\displaystyle\lim_{n\to\infty}\frac{P(n)}{n^2}$ を求めよ。

(3) (2) で求めた極限値を L とするとき，不等式 $L-\dfrac{P(n)}{n^2}>\dfrac{1}{2n}$ を示せ。 〔熊本大〕

(1) $1<2^y<\left(1+\dfrac{x}{n}\right)^n$ から　　$0<y<n\log_2\left(1+\dfrac{x}{n}\right)$

←各辺は正であるから，2 を底とする対数をとる。

$y=n\log_2\left(1+\dfrac{x}{n}\right)$ $(0<x<n)$ のグラフの概形は右の図のようになる。

←$x=0$ のとき　$y=n\log_2 1=0$
$x=n$ のとき　$y=n\log_2 2=n$

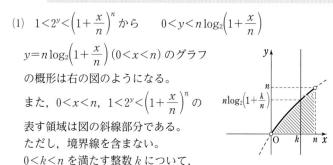

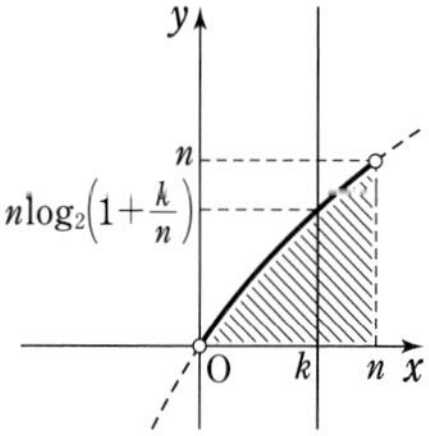

また，$0<x<n$，$1<2^y<\left(1+\dfrac{x}{n}\right)^n$ の表す領域は図の斜線部分である。
ただし，境界線を含まない。
$0<k<n$ を満たす整数 k について，
$n\log_2\left(1+\dfrac{k}{n}\right)$ より小さい整数のうち，最大のものを $p(k)$ とすると，直線 $x=k$ $(0<k<n)$ 上の条件を満たす格子点の数は $p(k)$ 個であるから

$$n\log_2\left(1+\frac{k}{n}\right)-1\leqq p(k)<n\log_2\left(1+\frac{k}{n}\right)$$

よって　$\displaystyle\sum_{k=1}^{n-1}\left\{n\log_2\left(1+\frac{k}{n}\right)-1\right\}\leqq\sum_{k=1}^{n-1}p(k)<\sum_{k=1}^{n-1}n\log_2\left(1+\frac{k}{n}\right)$

すなわち　$\displaystyle\sum_{k=1}^{n-1}\left\{n\log_2\left(1+\frac{k}{n}\right)-1\right\}\leqq P(n)<\sum_{k=1}^{n-1}n\log_2\left(1+\frac{k}{n}\right)$

←$\displaystyle\sum_{k=1}^{n-1}p(k)=P(n)$

(2) (1) から

$$\frac{1}{n}\sum_{k=1}^{n-1}\left\{\log_2\left(1+\frac{k}{n}\right)-\frac{1}{n}\right\}\leqq\frac{P(n)}{n^2}<\frac{1}{n}\sum_{k=1}^{n-1}\log_2\left(1+\frac{k}{n}\right)\quad\cdots\cdots①$$

←(1) の不等式の各辺を n^2 で割る。

ここで　$\displaystyle\lim_{n\to\infty}\frac{1}{n}\sum_{k=1}^{n-1}\log_2\left(1+\frac{k}{n}\right)=\lim_{n\to\infty}\frac{1}{n}\sum_{k=0}^{n-1}\log_2\left(1+\frac{k}{n}\right)$

$$=\int_0^1\log_2(1+x)dx=\int_0^1(1+x)'\log_2(1+x)dx$$

$$=\Big[(1+x)\log_2(1+x)\Big]_0^1-\int_0^1(1+x)\cdot\frac{1}{(1+x)\log 2}dx$$

$$=2-\left[\frac{1}{\log 2}x\right]_0^1=2-\frac{1}{\log 2}\quad\cdots\cdots(*)$$

←$k=0$ のとき　$\log_2\left(1+\dfrac{k}{n}\right)=\log_2 1=0$
であるから　$\displaystyle\sum_{k=1}^{n-1}=\sum_{k=0}^{n-1}$

←部分積分法。
真数に合わせて
$1=(1+x)'$
とすると計算がらく。

同様にして　$\displaystyle\lim_{n\to\infty}\frac{1}{n}\sum_{k=1}^{n-1}\left\{\log_2\left(1+\frac{k}{n}\right)-\frac{1}{n}\right\}$

$$=\lim_{n\to\infty}\left\{\frac{1}{n}\sum_{k=0}^{n-1}\log_2\left(1+\frac{k}{n}\right)-\sum_{k=1}^{n-1}\frac{1}{n^2}\right\}$$

←$\displaystyle\sum_{k=1}^{n}c=nc$（$c$ は定数）

$$=\lim_{n\to\infty}\left\{\frac{1}{n}\sum_{k=0}^{n-1}\log_2\left(1+\frac{k}{n}\right)-\frac{n-1}{n^2}\right\}$$

$$=\left(2-\frac{1}{\log 2}\right)-0=2-\frac{1}{\log 2}$$

←(＊)を利用。

したがって　$\displaystyle\lim_{n\to\infty}\frac{P(n)}{n^2}=\mathbf{2-\frac{1}{\log 2}}$

←はさみうちの原理。

(3)　(2) から　$L=\displaystyle\int_0^1\log_2(1+x)dx$

←(2) で $L=2-\dfrac{1}{\log 2}$ と求めたが，面積で値を比較するために，このように書いておく。

ここで，$y=\log_2(1+x)$ のグラフは上に凸であるから，$\dfrac{k}{n}\leqq x\leqq\dfrac{k+1}{n}$ における面積を考えると

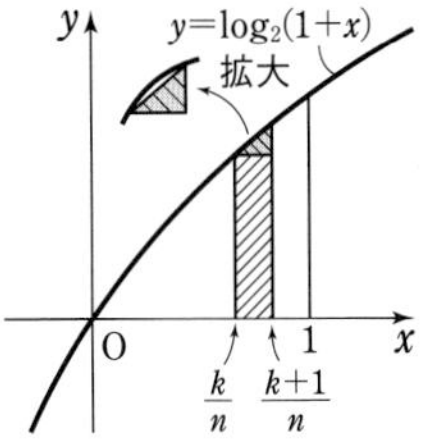

$$\int_{\frac{k}{n}}^{\frac{k+1}{n}}\log_2(1+x)dx$$

$$>\frac{1}{n}\log_2\left(1+\frac{k}{n}\right)+\frac{1}{2}\cdot\frac{1}{n}\left\{\log_2\left(1+\frac{k+1}{n}\right)-\log_2\left(1+\frac{k}{n}\right)\right\}$$

←(長方形)＋(直角三角形)

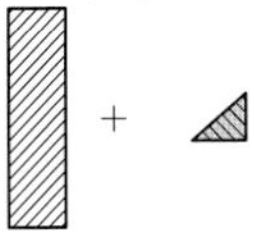

よって，$k=0,\ 1,\ 2,\ \cdots\cdots,\ n-1$ の和をとると

$$\int_0^1\log_2(1+x)dx$$

$$>\frac{1}{n}\sum_{k=0}^{n-1}\log_2\left(1+\frac{k}{n}\right)+\frac{1}{2n}\sum_{k=0}^{n-1}\left\{\log_2\left(1+\frac{k+1}{n}\right)-\log_2\left(1+\frac{k}{n}\right)\right\}$$

$$=\frac{1}{n}\sum_{k=0}^{n-1}\log_2\left(1+\frac{k}{n}\right)+\frac{1}{2n}\left[\left\{\log_2\left(1+\frac{1}{n}\right)-\log_2\left(1+\frac{0}{n}\right)\right\}\right.$$
$$+\left\{\log_2\left(1+\frac{2}{n}\right)-\log_2\left(1+\frac{1}{n}\right)\right\}$$
$$\left.+\cdots\cdots+\left\{\log_2\left(1+\frac{n}{n}\right)-\log_2\left(1+\frac{n-1}{n}\right)\right\}\right]$$

←〔　〕内において，------は消し合い，＿＿＿のみが残る。

$$=\frac{1}{n}\sum_{k=0}^{n-1}\log_2\left(1+\frac{k}{n}\right)+\frac{1}{2n}(\log_2 2-\log_2 1)$$

$$=\frac{1}{n}\sum_{k=0}^{n-1}\log_2\left(1+\frac{k}{n}\right)+\frac{1}{2n}$$

←$\log_2\left(1+\dfrac{0}{n}\right)=\log_2 1=0$，$\log_2\left(1+\dfrac{n}{n}\right)=\log_2 2=1$

よって，① から

$$L>\frac{1}{n}\sum_{k=0}^{n-1}\log_2\left(1+\frac{k}{n}\right)+\frac{1}{2n}>\frac{P(n)}{n^2}+\frac{1}{2n}$$

←$L=\displaystyle\int_0^1\log_2(1+x)dx$

したがって　$L-\dfrac{P(n)}{n^2}>\dfrac{1}{2n}$

練習 ①176 次の曲線と x 軸で囲まれた部分の面積 S を求めよ。

(1) $y=-x^4+2x^3$　　(2) $y=x+\dfrac{4}{x}-5$　　(3) $y=10-9e^{-x}-e^x$

(1) $y=0$ とすると　$x^4-2x^3=0$

ゆえに　$x^3(x-2)=0$　　よって　$x=0,\ 2$

$0\leqq x\leqq 2$ で $y\geqq 0$ であるから

$$S=\int_0^2(-x^4+2x^3)dx=\left[-\frac{x^5}{5}+\frac{x^4}{2}\right]_0^2=-\frac{32}{5}+8=\mathbf{\frac{8}{5}}$$

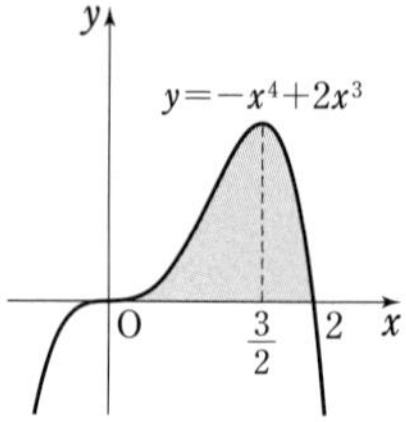

(2) $y'=1-\dfrac{4}{x^2}$　　$y'=0$ とすると　$x=\pm 2$

増減表は右のようになる。

x	$\cdots$	-2	$\cdots$	0	$\cdots$	2	$\cdots$
y'	$+$	0	$-$	／	$-$	0	$+$
y	↗	極大	↘	／	↘	極小	↗

曲線と x 軸の交点の x 座標は，

$x+\dfrac{4}{x}-5=0$ から　$x^2-5x+4=0$

ゆえに　$(x-1)(x-4)=0$　　よって　$x=1,\ 4$

$1\leqq x\leqq 4$ で $y\leqq 0$ であるから

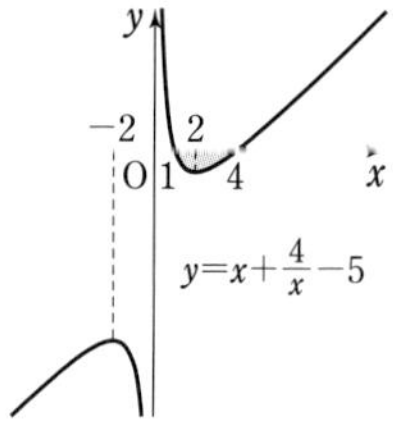

$$S=-\int_1^4\left(x+\frac{4}{x}-5\right)dx=-\left[\frac{x^2}{2}+4\log x-5x\right]_1^4$$

$$=-(8+4\log 4-20)+\left(\frac{1}{2}-5\right)=\mathbf{\frac{15}{2}-8\log 2}$$

(3) $y'=9e^{-x}-e^x=-e^{-x}(e^{2x}-9)$

$=-e^{-x}(e^x+3)(e^x-3)$

$y'=0$ とすると，$e^x-3=0$ から

$x=\log 3$

←$e^{-x}>0$，$e^x+3>0$

x	$\cdots$	$\log 3$	$\cdots$
y'	$+$	0	$-$
y	↗	極大	↘

増減表は右のようになる。

曲線と x 軸の交点の x 座標は，$10-9e^{-x}-e^x=0$ の両辺に e^x を掛けて整理すると　$(e^x)^2-10e^x+9=0$

ゆえに　$(e^x-1)(e^x-9)=0$　　よって　$e^x=1,\ 9$

$e^x=1$ から　$x=0$　　$e^x=9$ から　$x=\log 9=2\log 3$

$0\leqq x\leqq 2\log 3$ で $y\geqq 0$ であるから

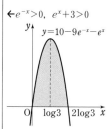

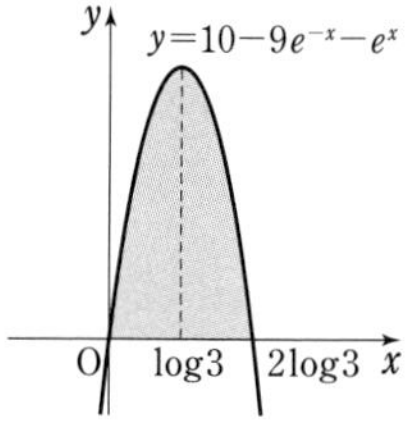

$$S=\int_0^{2\log 3}(10-9e^{-x}-e^x)dx=\left[10x+9e^{-x}-e^x\right]_0^{2\log 3}$$

$$=20\log 3+9\cdot\frac{1}{9}-9-(9-1)=\mathbf{20\log 3-16}$$

←$e^{\log p}=p$ であるから

$e^{-2\log 3}=e^{\log 3^{-2}}=3^{-2}=\dfrac{1}{9}$

$e^{2\log 3}=e^{\log 3^2}=3^2=9$

練習 ②177 次の曲線または直線で囲まれた部分の面積 S を求めよ。

(1) $y=xe^x$，$y=e^x$ $(0\leqq x\leqq 1)$，$x=0$　　(2) $y=\log\dfrac{3}{4-x}$，$y=\log x$

(3) $y=\sqrt{3}\cos x$，$y=\sin 2x$ $(0\leqq x\leqq \pi)$　　(4) $y=(\log x)^2$，$y=\log x^2$ $(x>0)$

［(2) 東京電機大，(3) 類 大阪産大］

(1) $xe^x=e^x$ とすると　$(x-1)e^x=0$

$e^x>0$ であるから，$x-1=0$ より　$x=1$

HINT　グラフをかいて 2 曲線の上下関係を調べる。

2 曲線の概形は右の図のようになり，$0 \leqq x \leqq 1$ で $xe^x \leqq e^x$ であるから

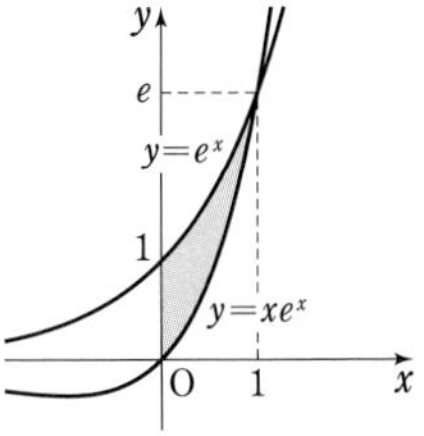

$$S=\int_0^1 (e^x-xe^x)dx=\int_0^1 (1-x)e^x dx$$
$$=\int_0^1 (1-x)(e^x)'dx=\Big[(1-x)e^x\Big]_0^1-\int_0^1(-e^x)dx$$
$$=-1+\Big[e^x\Big]_0^1=-1+(e-1)=\boldsymbol{e-2}$$

(2)　$y=\log\dfrac{3}{4-x}=\log 3-\log(4-x)$ の定義域は　$x<4$

←真数>0 から。

$y=\log x$ の定義域は　　$x>0$

$\log\dfrac{3}{4-x}=\log x$ $(0<x<4)$ とすると　　$\dfrac{3}{4-x}=x$

よって　　$3=(4-x)x$　　　整理すると　　$x^2-4x+3=0$

これを解くと　　$x=1,\ 3$ ($0<x<4$ を満たす)

2 曲線の概形は右の図のようになる。

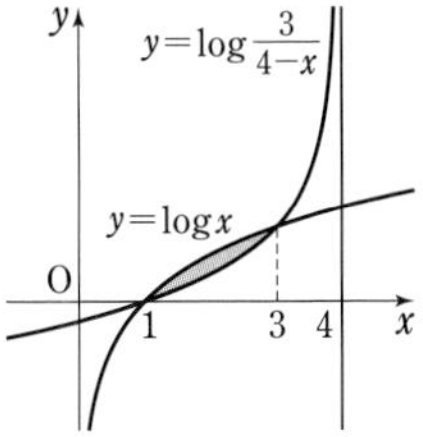

したがって

$$S=\int_1^3 [\log x-\{\log 3-\log(4-x)\}]dx$$
$$=\int_1^3 \{\log x-\log 3+\log(4-x)\}dx$$
$$=\Big[x\log x-x\Big]_1^3-(\log 3)\Big[x\Big]_1^3+\Big[(x-4)\log(4-x)-x\Big]_1^3$$
$$=(3\log 3-2)-2\log 3+(3\log 3-2)$$
$$=\boldsymbol{4\log 3-4}$$

←$4-x=t$ とおくと
　$dx=-dt$
よって　$\int\log(4-x)dx$
$=-\int\log t\,dt$
$=-(t\log t-t+C')$
$=-t\log t+t-C'$
$=(x-4)\log(4-x)-x+C$
　($4-C'=C$ とおいた)

(3)　$\sqrt{3}\cos x=\sin 2x$ とすると　　$\sqrt{3}\cos x=2\sin x\cos x$

よって　　$\cos x(2\sin x-\sqrt{3})=0$

ゆえに　　$\cos x=0$　または　$\sin x=\dfrac{\sqrt{3}}{2}$

$0 \leqq x \leqq \pi$ であるから　　$x=\dfrac{\pi}{3},\ \dfrac{\pi}{2},\ \dfrac{2}{3}\pi$

2 曲線の概形は右の図のようになり，面積を求める図形は点 $\left(\dfrac{\pi}{2},\ 0\right)$ に関して対称。

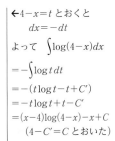

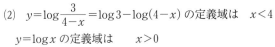

したがって

$$\frac{1}{2}S=\int_{\frac{\pi}{3}}^{\frac{\pi}{2}}(\sin 2x-\sqrt{3}\cos x)dx$$
$$=\left[-\frac{1}{2}\cos 2x-\sqrt{3}\sin x\right]_{\frac{\pi}{3}}^{\frac{\pi}{2}}$$
$$=-\frac{1}{2}\left\{-1-\left(-\frac{1}{2}\right)\right\}-\sqrt{3}\left(1-\frac{\sqrt{3}}{2}\right)=\frac{7-4\sqrt{3}}{4}$$

よって　　$S=\boldsymbol{\dfrac{7-4\sqrt{3}}{2}}$

(4)　$y=(\log x)^2$ …… ①，$y=\log x^2$ …… ②　とする。

① について，$y=0$ とすると　　$x=1$

$y'=2(\log x)\cdot\dfrac{1}{x}$

$y'=0$ とすると　　$x=1$

増減表は右のようになる。

x	0	$\cdots$	1	$\cdots$
y'		$-$	0	$+$
y		↘	0	↗

$x>0$ であるから，② は　$y=2\log x$

$y=0$ とすると　　$x=1$

また，$x>0$ のとき，関数 ② は単調に増加する。

2 曲線 ①，② の交点の x 座標は，$(\log x)^2=2\log x$ から

$$\log x(\log x-2)=0$$

ゆえに　　$\log x=0,\ 2$　　　　よって　　$x=1,\ e^2$

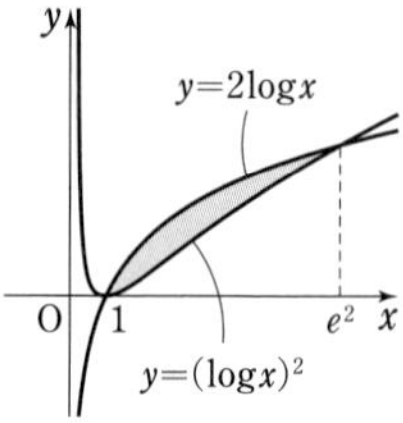

2 曲線の概形は右の図のようになり，$1\leqq x\leqq e^2$ で

$2\log x\geqq(\log x)^2$ であるから

$$S=\int_1^{e^2}\{2\log x-(\log x)^2\}dx$$

$$=\int_1^{e^2}(x)'\{2\log x-(\log x)^2\}dx$$

←部分積分法。

$$=\Big[x\{2\log x-(\log x)^2\}\Big]_1^{e^2}-\int_1^{e^2}x\left(\frac{2}{x}-\frac{2\log x}{x}\right)dx$$

$$=2\int_1^{e^2}(\log x-1)dx=2\Big[(x\log x-x)-x\Big]_1^{e^2}=\mathbf{4}$$

←$\int\log x\,dx$
$=x\log x-x+C$

練習 ③178　次の曲線と直線で囲まれた部分の面積 S を求めよ。

(1)　$x=y^2-2y-3,\ y=-x-1$　　　(2)　$y=\dfrac{1}{\sqrt{x}},\ y=1,\ y=\dfrac{1}{2},\ y$ 軸

(3)　$y=\tan x\ \left(0\leqq x<\dfrac{\pi}{2}\right),\ y=\sqrt{3},\ y=1,\ y$ 軸

(1)　$y=-x-1$ から　　$x=-y-1$

曲線と直線の交点の y 座標は，$y^2-2y-3=-y-1$ から

$$y^2-y-2=0$$

←$(y+1)(y-2)=0$

よって　　$y=-1,\ 2$

図から

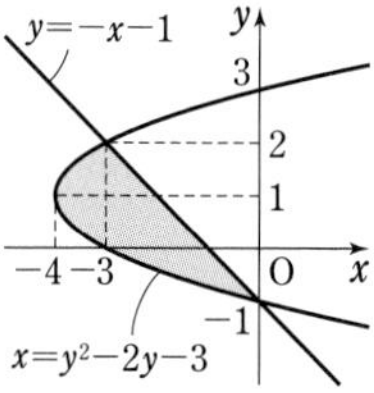

$$S=\int_{-1}^{2}\{(-y-1)-(y^2-2y-3)\}dy$$

$$=-\int_{-1}^{2}(y^2-y-2)dy$$

$$=-\int_{-1}^{2}(y+1)(y-2)dy$$

$$=-\left(-\frac{1}{6}\right)\{2-(-1)\}^3=\mathbf{\frac{9}{2}}$$

←$\displaystyle\int_\alpha^\beta(y-\alpha)(y-\beta)dy$
$=-\dfrac{(\beta-\alpha)^3}{6}$（数学Ⅱ）

(2)　$y=\dfrac{1}{\sqrt{x}}$ から　　$x=\dfrac{1}{y^2}$

$\dfrac{1}{2}\leqq y\leqq 1$ で $x>0$ であるから

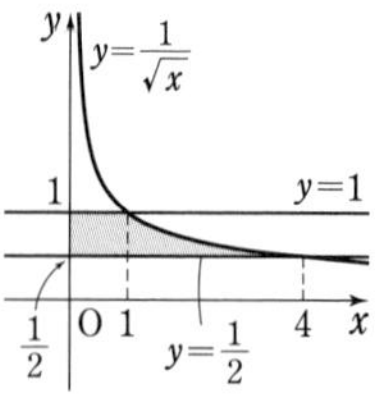

$$S=\int_{\frac{1}{2}}^{1}\frac{dy}{y^2}=\left[-\frac{1}{y}\right]_{\frac{1}{2}}^{1}$$

$$=-1+2=\mathbf{1}$$

(3)　$y=\tan x$ から　　$dy=\dfrac{1}{\cos^2 x}dx$

y と x の対応は右のようになる。

y	$1 \longrightarrow \sqrt{3}$
x	$\dfrac{\pi}{4} \longrightarrow \dfrac{\pi}{3}$

←$y=\tan x$ を x について解くことはできないから，置換積分法を利用する。

したがって

$$S=\int_1^{\sqrt{3}} x\,dy=\int_{\frac{\pi}{4}}^{\frac{\pi}{3}}\frac{x}{\cos^2 x}dx$$

←$=\int_{\frac{\pi}{4}}^{\frac{\pi}{3}} x(\tan x)'\,dx$

$$=\Big[x\tan x\Big]_{\frac{\pi}{4}}^{\frac{\pi}{3}}-\int_{\frac{\pi}{4}}^{\frac{\pi}{3}}\tan x\,dx$$

$$=\frac{\sqrt{3}}{3}\pi-\frac{\pi}{4}+\Big[\log(\cos x)\Big]_{\frac{\pi}{4}}^{\frac{\pi}{3}}$$

$$=\left(\frac{\sqrt{3}}{3}-\frac{1}{4}\right)\pi-\frac{1}{2}\log 2$$

←$\int\tan x\,dx=\int\dfrac{\sin x}{\cos x}dx=\int\left\{-\dfrac{(\cos x)'}{\cos x}\right\}dx=-\log|\cos x|+C$

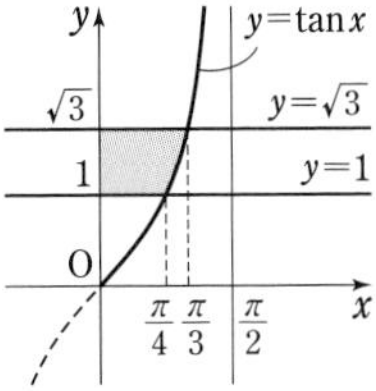

別解　$S=\dfrac{\pi}{3}(\sqrt{3}-1)-\displaystyle\int_{\frac{\pi}{4}}^{\frac{\pi}{3}}(\tan x-1)dx$

$$=\left(\frac{\sqrt{3}}{3}-\frac{1}{4}\right)\pi-\frac{1}{2}\log 2$$

←(長方形)−(斜線部分)

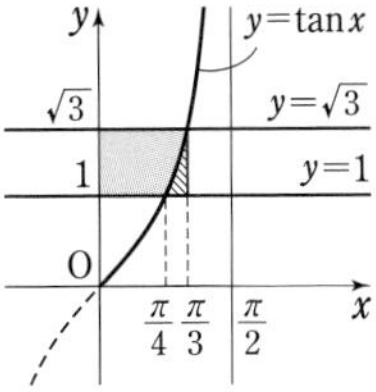

練習 ③179　e は自然対数の底，a，b，c は実数である。放物線 $y=ax^2+b$ を C_1 とし，曲線 $y=c\log x$ を C_2 とする。C_1 と C_2 が点 P$(e,\ e)$ で接しているとき
(1)　a，b，c の値を求めよ。
(2)　C_1，C_2 および x 軸，y 軸で囲まれた図形の面積を求めよ。　〔佐賀大〕

HINT　(2)　(1) の結果を利用して，2 曲線の概形をかく。

(1)　$y=ax^2+b$ から　$y'=2ax$　　$y=c\log x$ から　$y'=\dfrac{c}{x}$

2 曲線 C_1，C_2 の点 P$(e,\ e)$ における接線の傾きが等しいから

$$2ae=\frac{c}{e}\quad\cdots\cdots ①$$

2 曲線 C_1，C_2 はともに点 P$(e,\ e)$ を通るから

$$e=ae^2+b\ \cdots\cdots ②,\quad e=c\ \cdots\cdots ③$$

←2 曲線 $y=f(x)$，$y=g(x)$ が $x=t$ で接するための条件は
$f(t)=g(t)$ かつ $f'(t)=g'(t)$

③ を ① に代入して　　$2ae=1$　　よって　$a=\dfrac{1}{2e}$

ゆえに，② から　　$b=e-\dfrac{1}{2e}\cdot e^2=\dfrac{e}{2}$

←$b=e-ae^2$

すなわち　　$\boldsymbol{a=\dfrac{1}{2e}}$，$\boldsymbol{b=\dfrac{e}{2}}$，$\boldsymbol{c=e}$

(2)　$C_1：y=\dfrac{1}{2e}x^2+\dfrac{e}{2}$，

$C_2：y=e\log x$　となるから，

求める面積 S は

$$S=\int_0^e\left(\frac{1}{2e}x^2+\frac{e}{2}\right)dx-\int_1^e e\log x\,dx$$

$$=\left[\frac{x^3}{6e}+\frac{e}{2}x\right]_0^e-e\Big[x\log x-x\Big]_1^e$$

$$=\frac{e^2}{6}+\frac{e^2}{2}-e(e-e+1)=\frac{2}{3}e^2-e$$

←$\int\log x\,dx=x\log x-x+C$

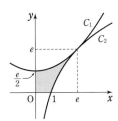

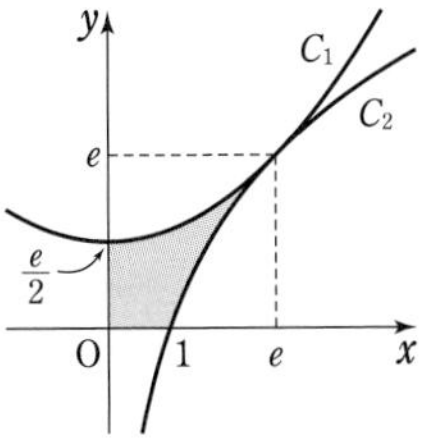

練習 ③180 次の面積を求めよ。

(1) 連立不等式 $x^2+y^2\leqq 4$, $xy\geqq\sqrt{3}$, $x>0$, $y>0$ で表される領域の面積

(2) 2つの楕円 $x^2+\dfrac{y^2}{3}=1$, $\dfrac{x^2}{3}+y^2=1$ の内部の重なった部分の面積 〔(2) 新潟大〕

(1) 2曲線 $x^2+y^2=4$, $xy=\sqrt{3}$ $(x>0, y>0)$ の交点の x 座標は，y を消去して $\quad x^2+\dfrac{3}{x^2}=4$

←$xy\geqq\sqrt{3}$ から，$x>0$ のとき $y\geqq\dfrac{\sqrt{3}}{x}$

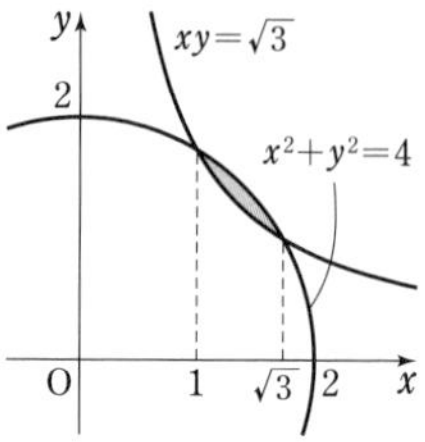

分母を払って整理すると

$x^4-4x^2+3=0$

←$(x^2-1)(x^2-3)=0$ から $x^2=1, 3$

$x>0$, $y>0$ を満たすものは

$x=1, \sqrt{3}$

連立不等式の表す領域は，右の図の赤く塗った部分であるから，求める面積を S とすると

$$S=\int_1^{\sqrt{3}}\left(\sqrt{4-x^2}-\frac{\sqrt{3}}{x}\right)dx=\int_1^{\sqrt{3}}\sqrt{4-x^2}\,dx-\sqrt{3}\int_1^{\sqrt{3}}\frac{dx}{x}$$

$x=2\sin\theta$ とおくと $\quad dx=2\cos\theta d\theta$

x と θ の対応は右のようになる。

x	$1 \longrightarrow \sqrt{3}$
θ	$\dfrac{\pi}{6} \longrightarrow \dfrac{\pi}{3}$

←$\sqrt{a^2-x^2}$ の定積分は，$x=a\sin\theta$ とおく。

よって $\quad S=\displaystyle\int_{\frac{\pi}{6}}^{\frac{\pi}{3}}4\cos^2\theta d\theta-\sqrt{3}\Big[\log x\Big]_1^{\sqrt{3}}$

$$=\int_{\frac{\pi}{6}}^{\frac{\pi}{3}}(2+2\cos 2\theta)d\theta-\sqrt{3}\log\sqrt{3}$$

←$\cos^2\theta=\dfrac{1+\cos 2\theta}{2}$

$$=\Big[2\theta+\sin 2\theta\Big]_{\frac{\pi}{6}}^{\frac{\pi}{3}}-\sqrt{3}\log\sqrt{3}=\boldsymbol{\frac{\pi}{3}-\frac{\sqrt{3}}{2}\log 3}$$

(2) 楕円の内部が重なった部分の図形を D とすると，図形 D は x 軸，y 軸，および直線 $y=x$ に関して対称である。

よって，図の斜線部分の面積を S とすると，求める面積は $8S$ である。

←図をかいて，対称性を調べる。この問題における対称性は，図から直観的に認めてよい。

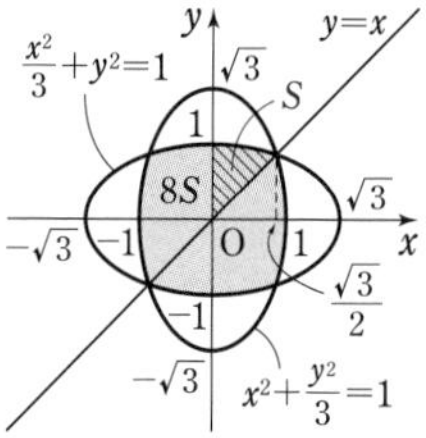

$x^2+\dfrac{y^2}{3}=1$ から $\quad y^2=3-3x^2$ …… ①

① を $\dfrac{x^2}{3}+y^2=1$ に代入して $\quad x^2=\dfrac{3}{4}$ …… ②

←$x=\pm\dfrac{\sqrt{3}}{2}$

② を ① に代入すると $\quad y^2=\dfrac{3}{4}$ …… ③

←$y=\pm\dfrac{\sqrt{3}}{2}$

②, ③ から，2つの楕円の交点のうち，第1象限にあるものの座標は $\quad\left(\dfrac{\sqrt{3}}{2}, \dfrac{\sqrt{3}}{2}\right)$

また，$\dfrac{x^2}{3}+y^2=1$ から $\quad y=\pm\sqrt{1-\dfrac{x^2}{3}}$

ゆえに，面積 S について

$$S=\int_0^{\frac{\sqrt{3}}{2}}\sqrt{1-\frac{x^2}{3}}\,dx-\frac{1}{2}\left(\frac{\sqrt{3}}{2}\right)^2=\frac{1}{\sqrt{3}}\int_0^{\frac{\sqrt{3}}{2}}\sqrt{3-x^2}\,dx-\frac{3}{8}$$

←～～は，直角二等辺三角形の面積を考えている。

$\int_0^{\frac{\sqrt{3}}{2}}\sqrt{3-x^2}\,dx$ は図の赤く塗った部分の面積に等しいから，これを求めて

$$\frac{1}{2}\cdot(\sqrt{3})^2\cdot\frac{\pi}{6}+\frac{1}{2}\cdot\frac{\sqrt{3}}{2}\cdot\frac{3}{2}$$
$$=\frac{\pi}{4}+\frac{3\sqrt{3}}{8}$$

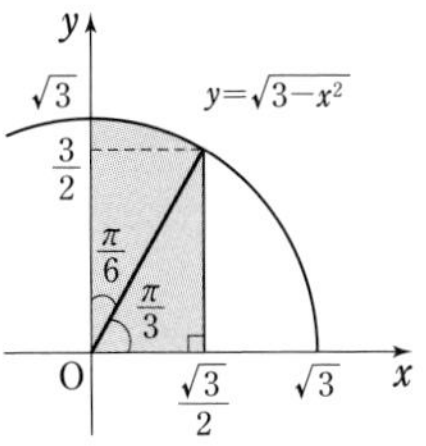

←$x=\sqrt{3}\sin\theta$ とおいて定積分を計算してもよいが，ここでは図を利用する方が早い。

ゆえに　$S=\frac{1}{\sqrt{3}}\left(\frac{\pi}{4}+\frac{3\sqrt{3}}{8}\right)-\frac{3}{8}=\frac{\sqrt{3}}{12}\pi$

したがって，求める面積は　$8S=8\cdot\frac{\sqrt{3}}{12}\pi=\boldsymbol{\frac{2\sqrt{3}}{3}\pi}$

練習 ③181

次の図形の面積 S を求めよ。
(1) 曲線 $\sqrt{x}+\sqrt{y}=2$ と x 軸および y 軸で囲まれた図形
(2) 曲線 $y^2=(x+3)x^2$ で囲まれた図形　(3) 曲線 $2x^2-2xy+y^2=4$ で囲まれた図形

HINT (1) $\sqrt{●}$ に対して，$\sqrt{●}\geqq 0$，$●\geqq 0$ であることに注意。
(3) まず，曲線の方程式を y の 2 次方程式とみて，y について解く。

(1) $\sqrt{x}+\sqrt{y}=2$ から

$y=(2-\sqrt{x})^2\geqq 0$

また，$\sqrt{y}=2-\sqrt{x}\geqq 0$ から　$0\leqq x\leqq 4$

曲線の概形は，右の図のようになるから

$$S=\int_0^4(2-\sqrt{x})^2dx=\int_0^4(4-4\sqrt{x}+x)dx$$
$$=\left[4x-\frac{8}{3}x\sqrt{x}+\frac{x^2}{2}\right]_0^4=\boldsymbol{\frac{8}{3}}$$

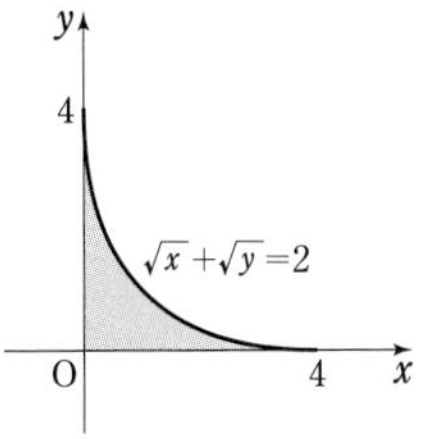

←$0<x<4$ で $y'=-\sqrt{\frac{y}{x}}<0$ よって，y は単調減少。

(2) 曲線の式で $(x,\ y)$ を $(x,\ -y)$ におき換えても $y^2=(x+3)x^2$ は成り立つから，この曲線は x 軸に関して対称である。

←対称性についての確認。

$y^2=(x+3)x^2\geqq 0$ から　$x\geqq -3$

このとき　$y=\pm x\sqrt{x+3}$

$f(x)=x\sqrt{x+3}$ とすると

$$f'(x)=\sqrt{x+3}+\frac{x}{2\sqrt{x+3}}=\frac{3(x+2)}{2\sqrt{x+3}}$$

←$f(x)=0$ とすると $x=0,\ -3$ また $\lim_{x\to\infty}f(x)=\infty$

$f'(x)=0$ とすると

$x=-2$

$f(x)$ の増減表は右のようになる。

x	-3	$\cdots$	-2	$\cdots$
$f'(x)$		$-$	0	$+$
$f(x)$	0	↘	-2	↗

$y=f(x)$ に $y=-f(x)$ をつけ加えて，曲線 $y^2=(x+3)x^2$ の概形は右の図のようになる。

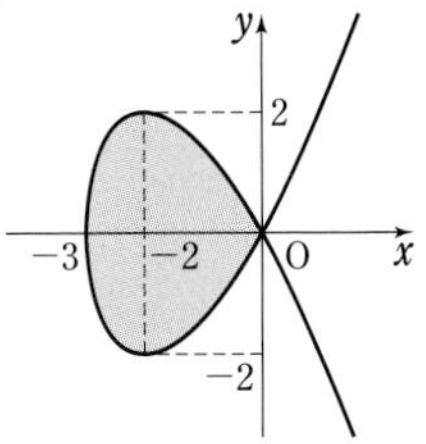

よって，求める面積 S は　$S=2\int_{-3}^{0}(-x\sqrt{x+3})dx$

←対称性を利用。

$\sqrt{x+3}=t$ とおくと　$x=t^2-3$，$dx=2t\,dt$

x と t の対応は右のようになる。

←置換積分法。

x	$-3\longrightarrow 0$
t	$0\longrightarrow\sqrt{3}$

ゆえに　$S=2\int_0^{\sqrt{3}}(3-t^2)t\cdot 2t\,dt=4\int_0^{\sqrt{3}}(3t^2-t^4)dt$

$=4\left[t^3-\dfrac{t^5}{5}\right]_0^{\sqrt{3}}=\dfrac{\mathbf{24\sqrt{3}}}{\mathbf{5}}$

←$=4\cdot 3\sqrt{3}\left(1-\dfrac{3}{5}\right)$

(3)　$2x^2-2xy+y^2=4$ から

$y^2-2xy+2x^2-4=0$

ゆえに　$y=x\pm\sqrt{4-x^2}$　$(-2\leqq x\leqq 2)$

図から，面積は

$S=\int_{-2}^{2}\{x+\sqrt{4-x^2}$

$-(x-\sqrt{4-x^2})\}dx$

$=2\int_{-2}^{2}\sqrt{4-x^2}\,dx=2\cdot\dfrac{\pi\cdot 2^2}{2}$

$=\mathbf{4\pi}$

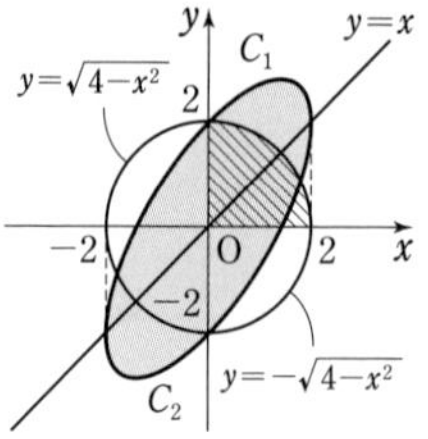

$C_1:y=x+\sqrt{4-x^2}$
$C_2:y=x-\sqrt{4-x^2}$

←C_1 は各 x 座標に対して，半円 $y=\sqrt{4-x^2}$ と直線 $y=x$ の y 座標の和を考えてかく。C_2 も同様に，面積が求められる程度の図で十分。

←$\int_{-2}^{2}\sqrt{4-x^2}\,dx$ は半径 2 の半円の面積。

練習 ②182

曲線 $\begin{cases}x=t-\sin t\\ y=1-\cos t\end{cases}$ $(0\leqq t\leqq\pi)$ と x 軸および直線 $x=\pi$ で囲まれる部分の面積 S を求めよ。 〔筑波大〕

$0\leqq t\leqq\pi$ …… ① の範囲で $y=0$ となる t の値は　$t=0$

また，① の範囲においては，常に $y\geqq 0$ である。

$x=t-\sin t$ から

$dx=(1-\cos t)dt$

x と t の対応は右のようになる。

x	$0\longrightarrow\pi$
t	$0\longrightarrow\pi$

よって　$S=\int_0^{\pi}y\,dx=\int_0^{\pi}y\dfrac{dx}{dt}dt$

$=\int_0^{\pi}(1-\cos t)^2dt$

$=\int_0^{\pi}(1-2\cos t+\cos^2 t)dt$

$=\int_0^{\pi}\left(1-2\cos t+\dfrac{1+\cos 2t}{2}\right)dt$

$=\left[\dfrac{3}{2}t-2\sin t+\dfrac{1}{4}\sin 2t\right]_0^{\pi}=\dfrac{\mathbf{3}}{\mathbf{2}}\boldsymbol{\pi}$

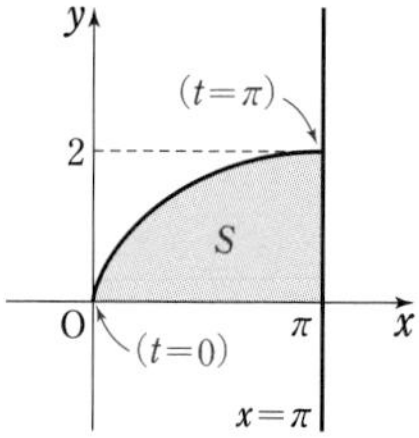

←$\cos t=1$

t	0	…	π
$\dfrac{dx}{dt}$	0	+	
x	0	↗	π
$\dfrac{dy}{dt}$	0	+	
y	0	↗	2

$\dfrac{dx}{dt}=1-\cos t$

$\dfrac{dy}{dt}=\sin t$

検討　この問題の曲線はサイクロイド(の一部)である(サイクロイドについては，本冊 $p.137$ 参照)。

練習 ④183

媒介変数 t によって，$x=2t+t^2$，$y=t+2t^2$ $(-2\leqq t\leqq 0)$ と表される曲線と，y 軸で囲まれた図形の面積 S を求めよ。

$\dfrac{dx}{dt}=2+2t$，$\dfrac{dy}{dt}=1+4t$

$\dfrac{dx}{dt}=0$ とすると　$t=-1$

$\dfrac{dy}{dt}=0$ とすると　$t=-\dfrac{1}{4}$

よって，右のような表が得られる。

t	-2	…	-1	…	$-\dfrac{1}{4}$	…	0
$\dfrac{dx}{dt}$	−	−	0	+	+	+	+
x	0	↘	-1	↗	$-\dfrac{7}{16}$	↗	0
$\dfrac{dy}{dt}$	−	−	−	−	0	+	+
y	6	↘	1	↘	$-\dfrac{1}{8}$	↗	0

←まず，$\dfrac{dx}{dt}=0$，$\dfrac{dy}{dt}=0$ となる t の値を求めて，$-2\leqq t\leqq 0$ における x，y の値の変化を調べることで，曲線の概形をつかむ。

なお，$-2\leqq t\leqq 0$ のとき

$x=t(2+t)\leqq 0$

よって，曲線は $x\leqq 0$ の部分にある。

ゆえに，$-2 \leqq t \leqq -\frac{1}{4}$ における x を x_1，$-\frac{1}{4} \leqq t \leqq 0$ における x を x_2 とすると

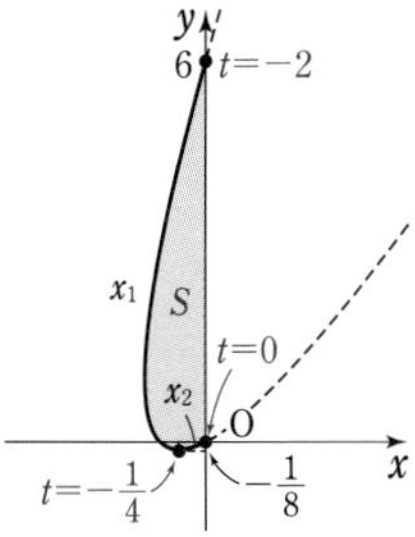

$$S=\int_{-\frac{1}{8}}^{6}(-x_1)dy-\int_{-\frac{1}{8}}^{0}(-x_2)dy$$

$$=-\int_{-\frac{1}{4}}^{-2}x\frac{dy}{dt}dt+\int_{-\frac{1}{4}}^{0}x\frac{dy}{dt}dt$$

$$=\int_{-2}^{0}x\frac{dy}{dt}dt=\int_{-2}^{0}(2t+t^2)(1+4t)dt=\int_{-2}^{0}(4t^3+9t^2+2t)dt$$

$$=\Big[t^4+3t^3+t^2\Big]_{-2}^{0}=-(16-24+4)=\mathbf{4}$$

←$t=-\frac{1}{4}$ を境目に，y の増減が変わる。

←$-\int_{-\frac{1}{4}}^{-2}=\int_{-2}^{-\frac{1}{4}}$

←$x=2t+t^2$，$\frac{dy}{dt}=1+4t$ を代入。

別解　$-2 \leqq t \leqq -1$ における y を y_1，$-1 \leqq t \leqq 0$ における y を y_2 とすると

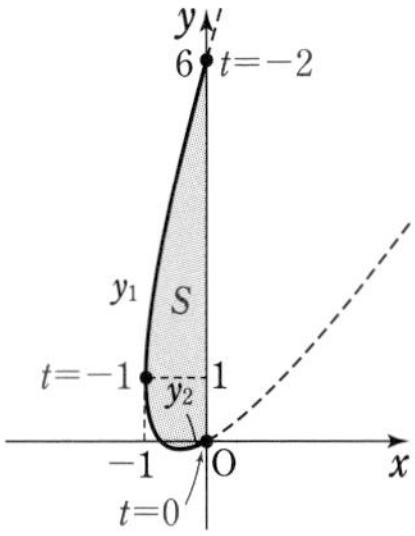

$$S=\int_{-1}^{0}(y_1-1)dx+\int_{-1}^{0}(1-y_2)dx$$

$$=\int_{-1}^{-2}(y-1)\frac{dx}{dt}dt-\int_{-1}^{0}(y-1)\frac{dx}{dt}dt$$

$$=\int_{0}^{-2}(y-1)\frac{dx}{dt}dt$$

$$=\int_{0}^{-2}(t+2t^2-1)(2+2t)dt$$

$$=2\int_{0}^{-2}(2t^3+3t^2-1)dt=2\Big[\frac{1}{2}t^4+t^3-t\Big]_{0}^{-2}=\mathbf{4}$$

←$t=-1$ を境目に，x の増減が変わる。
$t=-1$ のとき　$x=-1$

←$-\int_{-1}^{0}=\int_{0}^{-1}$
$\int_{-1}^{-2}+\int_{0}^{-1}=\int_{0}^{-2}$

練習 ④184　a は1より大きい定数とする。曲線 $x^2-y^2=2$ と直線 $x=\sqrt{2}a$ で囲まれた図形の面積 S を，原点を中心とする $\frac{\pi}{4}$ の回転移動を考えることにより求めよ。〔類 早稲田大〕

点 $(X,\ Y)$ を，原点を中心として $\frac{\pi}{4}$ だけ回転した点の座標を $(x,\ y)$ とすると，複素数平面上の点の回転移動を考えることにより　$X+Yi=\left\{\cos\left(-\frac{\pi}{4}\right)+i\sin\left(-\frac{\pi}{4}\right)\right\}(x+yi)$ …… ①
が成り立つ。

←$X+Yi \underset{-\frac{\pi}{4}\text{ 回転}}{\overset{\frac{\pi}{4}\text{ 回転}}{\rightleftarrows}} x+yi$

① から　　$X+Yi=\frac{1}{\sqrt{2}}(x+y)+\frac{1}{\sqrt{2}}(-x+y)i$

よって　　$X=\frac{1}{\sqrt{2}}(x+y)$，$Y=\frac{1}{\sqrt{2}}(-x+y)$ …… ②

←複素数の相等。

点 $(X,\ Y)$ が曲線 $x^2-y^2=2$ 上にあるとすると
$X^2-Y^2=2$　すなわち　$(X+Y)(X-Y)=2$

② を代入して　$\sqrt{2}y\cdot\sqrt{2}x=2$　　ゆえに　$y=\frac{1}{x}$ …… ③

③ は曲線 $x^2-y^2=2$ を原点を中心として $\frac{\pi}{4}$ だけ回転した曲線の方程式である。

←まず，曲線 $x^2-y^2=2$，直線 $x=\sqrt{2}a$ を，原点を中心として $\frac{\pi}{4}$ だけ回転した図形を求める（軌跡の考え方を利用）。

また，点 $(X,\ Y)$ が直線 $x=\sqrt{2}\,a$ 上にあるとすると

$$X=\sqrt{2}\,a$$

② を代入して　　$\frac{1}{\sqrt{2}}(x+y)=\sqrt{2}\,a$

よって　　$y=-x+2a$ …… ④

④ は直線 $x=\sqrt{2}\,a$ を原点を中心として $\frac{\pi}{4}$ だけ回転した直線の方程式である。

求める面積は，曲線 ③ と直線 ④ で囲まれた図形の面積 S に等しい。

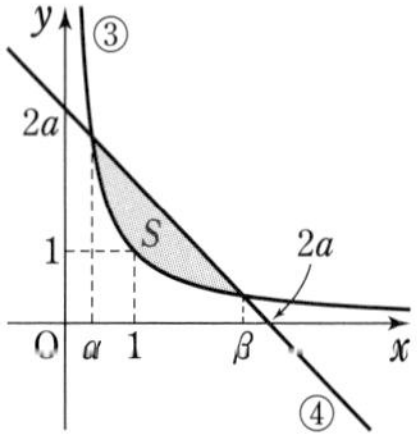

③，④ から y を消去すると

$$x^2-2ax+1=0$$

←$\frac{1}{x}=-x+2a$

よって　$x=-(-a)\pm\sqrt{(-a)^2-1\cdot 1}$

$$=a\pm\sqrt{a^2-1}$$

←解の公式を利用。

$\alpha=a-\sqrt{a^2-1}$，$\beta=a+\sqrt{a^2-1}$ とすると

←$a>1$ から $\sqrt{a^2-1}>0$　よって　$\alpha<\beta$

$$S=\int_\alpha^\beta\left(-x+2a-\frac{1}{x}\right)dx=\left[-\frac{x^2}{2}+2ax-\log x\right]_\alpha^\beta$$

$$=-\frac{1}{2}(\beta^2-\alpha^2)+2a(\beta-\alpha)-\log\frac{\beta}{\alpha}$$

←$\log\beta-\log\alpha=\log\frac{\beta}{\alpha}$

ここで，$\beta-\alpha=2\sqrt{a^2-1}$，$\beta+\alpha=2a$，$\frac{\beta}{\alpha}=(a+\sqrt{a^2-1})^2$ であるから

←$\frac{\beta}{\alpha}=\frac{a+\sqrt{a^2-1}}{a-\sqrt{a^2-1}}=\frac{(a+\sqrt{a^2-1})^2}{a^2-(a^2-1)}$

$$S=-\frac{1}{2}\cdot 2a\cdot 2\sqrt{a^2-1}^{(*)}+2a\cdot 2\sqrt{a^2-1}-2\log(a+\sqrt{a^2-1})$$

$$=\boldsymbol{2a\sqrt{a^2-1}-2\log(a+\sqrt{a^2-1})}$$

(＊) $\beta^2-\alpha^2=(\beta+\alpha)(\beta-\alpha)$

練習 ③185　$0\leqq x\leqq\frac{\pi}{2}$ の範囲で，2 曲線 $y=\tan x$，$y=a\sin 2x$ と x 軸で囲まれた図形の面積が 1 となるように，正の実数 a の値を定めよ。〔群馬大〕

2 曲線の交点の x 座標は，方程式 $\tan x=a\sin 2x$ …… ① の解である。

HINT　2 曲線の交点の x 座標を α として計算を進める。

$x=0$ は ① の解であり，$x=\frac{\pi}{2}$ は ① の解ではない。

$0<x<\frac{\pi}{2}$ のとき，① から　　$\frac{\sin x}{\cos x}=2a\sin x\cos x$

ゆえに　　$2a\cos^2 x=1$　　　よって　　$\cos^2 x=\frac{1}{2a}$

$0<x<\frac{\pi}{2}$ であるから　　$\cos x=\frac{1}{\sqrt{2a}}$ …… ②

等式 ② を満たす x の値を α $\left(0<\alpha<\frac{\pi}{2}\right)$ とする。

←与えられた条件から $\tan\alpha=a\sin 2\alpha$ の解 α は必ず存在する。

このとき，2 曲線と x 軸で囲まれた図形の面積 S は

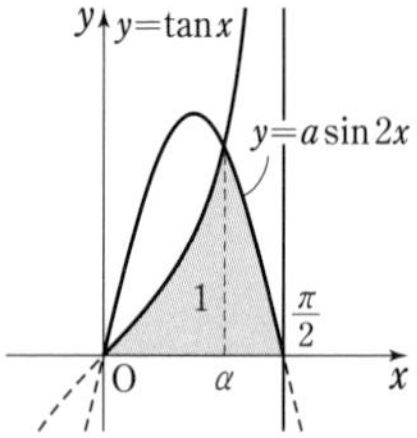

←2 曲線の性質から $x=\alpha$ で 2 曲線の上下関係が入れ替わる。

$$S=\int_0^{\alpha}\tan x\,dx+\int_{\alpha}^{\frac{\pi}{2}}a\sin 2x\,dx$$

$$=\Big[-\log(\cos x)\Big]_0^{\alpha}-\frac{a}{2}\Big[\cos 2x\Big]_{\alpha}^{\frac{\pi}{2}}$$

$$=-\log(\cos\alpha)-\frac{a}{2}\{-1-(2\cos^2\alpha-1)\}$$

←$\cos 2\alpha=2\cos^2\alpha-1$

$$=-\log\frac{1}{\sqrt{2a}}+a\left(\frac{1}{\sqrt{2a}}\right)^2=\frac{1}{2}\log 2a+\frac{1}{2}$$

←$\cos\alpha=\frac{1}{\sqrt{2a}}$ を代入。

$S=1$ となるための条件は　$\frac{1}{2}\log 2a+\frac{1}{2}=1$

整理して　$\log 2a=1$　　ゆえに　$2a=e$

したがって　$\boldsymbol{a=\frac{e}{2}}$

←$0<\frac{1}{\sqrt{2a}}=\frac{1}{\sqrt{e}}<1$
確かに $x=\alpha$ は存在する。

練習 ③186
xy 平面上に 2 曲線 $C_1：y=e^x-2$ と $C_2：y=3e^{-x}$ がある。
(1) C_1 と C_2 の共有点 P の座標を求めよ。
(2) 点 P を通る直線 ℓ が，C_1，C_2 および y 軸によって囲まれた部分の面積を 2 等分するとき，ℓ の方程式を求めよ。〔関西学院大〕

HINT (2) 直線 ℓ の傾きを m，点 P の x 座標を α とおいて，条件から m，α の等式を導く。

(1) $e^x-2=3e^{-x}$ とすると　$(e^x)^2-2e^x-3=0$

←両辺に e^x を掛けて
$(e^x)^2-2e^x=3$

ゆえに　$(e^x+1)(e^x-3)=0$

$e^x>0$ であるから　$e^x=3$　　よって　$x=\log 3$

このとき　$y=1$

←$y=e^x-2=3-2=1$

したがって，点 P の座標は　**$(\log 3,\ 1)$**

(2) 2 曲線 C_1, C_2 および y 軸によって囲まれた部分の図形を E とし，直線 ℓ の傾きを m とする。

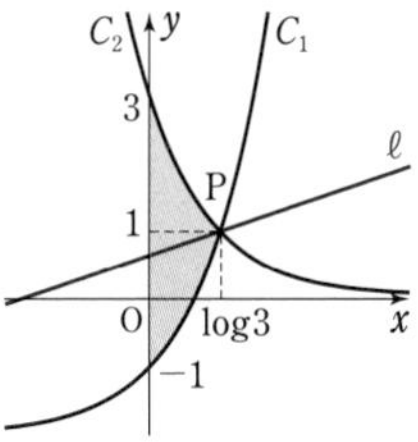

←図形 E は，図の赤く塗った部分である。

直線 ℓ が図形 E を 2 等分するためには
$m>0$

また，$\log 3=\alpha$ とおくと，直線 ℓ の方程式は $y=m(x-\alpha)+1$ と表される。

←$\log 3$ のままで計算を進めるより，α とおいて後で代入する方がらくである。

ここで，図形 E の面積を S，直線 ℓ が図形 E を分割するときの直線 ℓ より上の部分の面積を S_1 とする。

求める条件は，$S=2S_1$ であるから

$$\int_0^{\alpha}(3e^{-x}-e^x+2)dx=2\int_0^{\alpha}\{3e^{-x}-m(x-\alpha)-1\}dx$$

←(図形全体の面積)
=2×(上半分の面積)

ゆえに　$\Big[-3e^{-x}-e^x+2x\Big]_0^{\alpha}=2\Big[-3e^{-x}-\frac{1}{2}m(x-\alpha)^2-x\Big]_0^{\alpha}$

よって　$-3e^{-\alpha}-e^{\alpha}+2\alpha+3+1=2\left(-3e^{-\alpha}-\alpha+3+\frac{1}{2}m\alpha^2\right)$

ゆえに　$3e^{-\alpha}-e^{\alpha}-m\alpha^2+4\alpha-2=0$

ここで，$e^{\alpha}=3$ より $e^{-\alpha}=\frac{1}{3}$ であるから

←$e^{\log 3}=3$

$$m\alpha^2=4\alpha-4$$

よって　$m=\dfrac{4(\alpha-1)}{\alpha^2}=\dfrac{4(\log 3-1)}{(\log 3)^2}$

←$\log 3>\log e=1$ であるから　$m>0$

ゆえに，直線 ℓ の方程式は　$y=\dfrac{4(\log 3-1)}{(\log 3)^2}(x-\log 3)+1$

すなわち　$\boldsymbol{y=\dfrac{4(\log 3-1)}{(\log 3)^2}x-3+\dfrac{4}{\log 3}}$

練習 ③187　$g(x)=\sin^3 x$ とし，$0<\theta<\pi$ とする。x の 2 次関数 $y=h(x)$ のグラフは原点を頂点とし，$h(\theta)=g(\theta)$ を満たすとする。このとき，曲線 $y=g(x)$ $(0\leqq x\leqq\theta)$ と直線 $x=\theta$ および x 軸で囲まれた図形の面積を $G(\theta)$ とする。また，曲線 $y=h(x)$ と直線 $x=\theta$ および x 軸で囲まれた図形の面積を $H(\theta)$ とする。

(1)　$G(\theta)$，$H(\theta)$ を求めよ。　(2)　$\displaystyle\lim_{\theta\to+0}\frac{G(\theta)}{H(\theta)}$ を求めよ。　〔類　大阪府大〕

(1)　$0<\theta<\pi$ から，$0\leqq x\leqq\theta$ において　$\sin x\geqq 0$

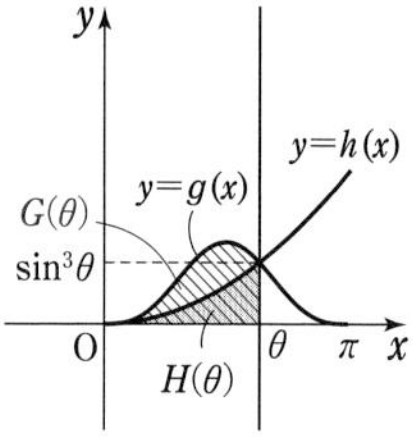

よって　$g(x)\geqq 0$

ゆえに　$\boldsymbol{G(\theta)}=\displaystyle\int_0^\theta \sin^3 x\,dx=\int_0^\theta(1-\cos^2 x)\sin x\,dx$

$=\displaystyle\int_0^\theta(\sin x-\cos^2 x\sin x)dx$

$=\left[-\cos x+\dfrac{1}{3}\cos^3 x\right]_0^\theta$

$\boldsymbol{=\dfrac{1}{3}\cos^3\theta-\cos\theta+\dfrac{2}{3}}$

また，2 次関数 $y=h(x)$ は，$h(x)=ax^2$ $(a\neq 0)$ と表される。

←原点が頂点。

$h(\theta)=g(\theta)$ から　$a\theta^2=\sin^3\theta$　$\theta\neq 0$ から　$a=\dfrac{\sin^3\theta}{\theta^2}$

←$a>0$

$0\leqq x\leqq\theta$ において，$h(x)\geqq 0$ であるから

$\boldsymbol{H(\theta)}=\displaystyle\int_0^\theta h(x)dx=\int_0^\theta ax^2\,dx=\frac{a}{3}\theta^3$

←$\left[\dfrac{a}{3}x^3\right]_0^\theta$

$=\dfrac{1}{3}\cdot\dfrac{\sin^3\theta}{\theta^2}\cdot\theta^3\boldsymbol{=\dfrac{1}{3}\theta\sin^3\theta}$

(2)　$G(\theta)=\dfrac{1}{3}(\cos^3\theta-3\cos\theta+2)$

$=\dfrac{1}{3}(\cos\theta-1)(\cos^2\theta+\cos\theta-2)$

$=\dfrac{1}{3}(\cos\theta-1)^2(\cos\theta+2)$

←t^3-3t+2
$=(t-1)(t^2+t-2)$
$=(t-1)^2(t+2)$

よって　$\dfrac{G(\theta)}{H(\theta)}=\dfrac{(\cos\theta-1)^2(\cos\theta+2)}{\theta\sin^3\theta}$

$=\dfrac{(1-\cos\theta)^2(1+\cos\theta)^2(\cos\theta+2)}{\theta\sin^3\theta(1+\cos\theta)^2}$

←分母・分子に $(1+\cos\theta)^2$ を掛ける。
$(1-\cos\theta)^2(1+\cos\theta)^2$
$=\{(1-\cos\theta)(1+\cos\theta)\}^2$
$=(1-\cos^2\theta)^2$

$=\dfrac{(1-\cos^2\theta)^2(\cos\theta+2)}{\theta\sin^3\theta(1+\cos\theta)^2}$

$=\dfrac{\sin^4\theta(\cos\theta+2)}{\theta\sin^3\theta(1+\cos\theta)^2}=\dfrac{\sin\theta}{\theta}\cdot\dfrac{\cos\theta+2}{(1+\cos\theta)^2}$

ゆえに　$\displaystyle\lim_{\theta\to+0}\frac{G(\theta)}{H(\theta)}=\lim_{\theta\to+0}\left\{\frac{\sin\theta}{\theta}\cdot\frac{\cos\theta+2}{(1+\cos\theta)^2}\right\}=1\cdot\frac{3}{2^2}=\frac{3}{4}$

練習 ③188　$f(x)=e^x-x$ について，次の問いに答えよ。
(1)　t は実数とする。このとき，曲線 $y=f(x)$ と 2 直線 $x=t$，$x=t-1$ および x 軸で囲まれた図形の面積 $S(t)$ を求めよ。
(2)　$S(t)$ を最小にする t の値とその最小値を求めよ。　〔神戸大〕

(1)　$f'(x)=e^x-1$
$f'(x)=0$ とすると　　$x=0$
$f(x)$ の増減表は右のようになる。
よって，曲線 $y=f(x)$ の概形は図のようになる。
ゆえに，求める面積 $S(t)$ は

x	$\cdots$	0	$\cdots$
$f'(x)$	$-$	0	$+$
$f(x)$	↘	1	↗

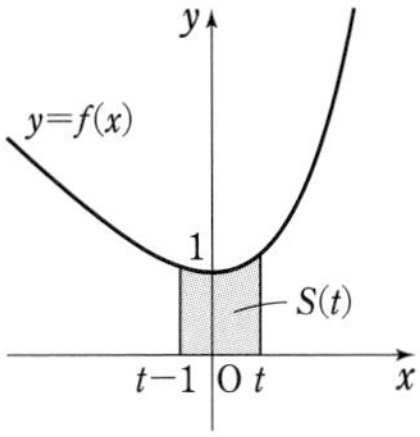

$$S(t)=\int_{t-1}^{t}(e^x-x)dx=\left[e^x-\frac{x^2}{2}\right]_{t-1}^{t}$$
$$=e^t-e^{t-1}-\frac{1}{2}\{t^2-(t-1)^2\}$$
$$=\boldsymbol{\left(1-\frac{1}{e}\right)e^t-t+\frac{1}{2}}$$

HINT　(1)　$f(x)$ の増減を調べ，曲線の概形をかく。(2)　微分法を利用。
←$f(x)$ は $x=0$ で極小かつ最小であるから，すべての実数について
$f(x)>0$
なお，グラフは必ずしも必要ではない。

(2)　$S'(t)=\left(1-\dfrac{1}{e}\right)e^t-1=\dfrac{e-1}{e}e^t-1$

$S'(t)=0$ とすると　　$e^t=\dfrac{e}{e-1}$

よって　　$t=\log\dfrac{e}{e-1}=1-\log(e-1)$

$S(t)$ の増減表は右のようになる。
ゆえに，$S(t)$ は
$t=1-\log(e-1)$ のとき
最小となり，**最小値** は

t	$\cdots$	$1-\log(e-1)$	$\cdots$
$S'(t)$	$-$	0	$+$
$S(t)$	↘	極小	↗

$$\frac{e-1}{e}\cdot\frac{e}{e-1}-1+\log(e-1)+\frac{1}{2}=\boldsymbol{\log(e-1)+\frac{1}{2}}$$

←$S(t)=\displaystyle\int_{t-1}^{t}f(x)dx$
であるから，これより
$S'(t)=f(t)-f(t-1)$
であることを用いてもよい。

←$e^t=\dfrac{e}{e-1}$ を代入。

6章
練習
［積分法の応用］

練習 ⑤189　曲線 $y=e^{-x}$ と $y=e^{-x}|\cos x|$ で囲まれた図形のうち，$(n-1)\pi\leqq x\leqq n\pi$ を満たす部分の面積を a_n とする（$n=1,\ 2,\ 3,\ \cdots\cdots$）。
(1)　a_1，a_n の値を求めよ。　(2)　$\displaystyle\lim_{n\to\infty}(a_1+a_2+\cdots\cdots+a_n)$ を求めよ。　〔類　早稲田大〕

HINT　$|\cos x|\leqq1$ であるから　$e^{-x}\geqq e^{-x}|\cos x|$　　よって，曲線 $y=e^{-x}$ は曲線 $y=e^{-x}|\cos x|$ の上側にある。

(1)　$\displaystyle\int e^{-x}\cos x\,dx=-e^{-x}\cos x-\int e^{-x}\sin x\,dx$
$$=-e^{-x}\cos x-\left(-e^{-x}\sin x+\int e^{-x}\cos x\,dx\right)$$
$$=-e^{-x}\cos x+e^{-x}\sin x-\int e^{-x}\cos x\,dx$$

←部分積分法。
←同形出現。

積分定数を考えて

$$\int e^{-x}\cos x\,dx=\frac{1}{2}e^{-x}(\sin x-\cos x)+C$$

←この不定積分は，a_1 を求めるときに必要になる。

$0\leqq|\cos x|\leqq 1$，$e^{-x}>0$ であるから　　$e^{-x}\geqq e^{-x}|\cos x|$

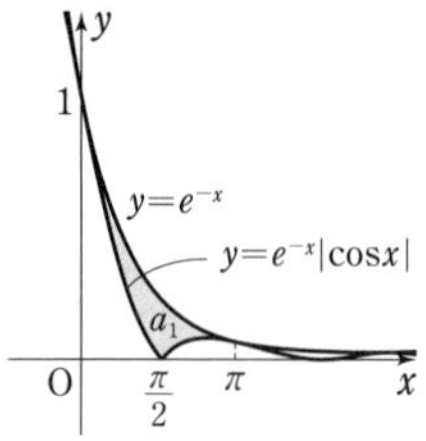

よって　　$\boldsymbol{a_1}=\int_0^{\pi}(e^{-x}-e^{-x}|\cos x|)dx$

$$=\Big[-e^{-x}\Big]_0^{\pi}-\int_0^{\frac{\pi}{2}}e^{-x}\cos x\,dx+\int_{\frac{\pi}{2}}^{\pi}e^{-x}\cos x\,dx$$

$$=1-e^{-\pi}-\frac{1}{2}\Big[e^{-x}(\sin x-\cos x)\Big]_0^{\frac{\pi}{2}}$$

$$+\frac{1}{2}\Big[e^{-x}(\sin x-\cos x)\Big]_{\frac{\pi}{2}}^{\pi}$$

$$=1-e^{-\pi}-\frac{1}{2}\left(e^{-\frac{\pi}{2}}+1\right)+\frac{1}{2}\left(e^{-\pi}-e^{-\frac{\pi}{2}}\right)$$

$$=\frac{1}{2}-e^{-\frac{\pi}{2}}-\frac{1}{2}e^{-\pi}=\boldsymbol{\frac{1}{2}\left(1-2e^{-\frac{\pi}{2}}-e^{-\pi}\right)}$$

また，$a_n=\int_{(n-1)\pi}^{n\pi}(e^{-x}-e^{-x}|\cos x|)dx$ において

←a_1 と同じようにして求めてもよいが，置換積分法を利用すると，a_1 の結果が利用できる。

$x=t+(n-1)\pi$ とおくと

$dx=dt$

x と t の対応は右のようになる。

x	$(n-1)\pi \longrightarrow n\pi$
t	$0 \longrightarrow \pi$

$e^{-t-(n-1)\pi}=e^{-(n-1)\pi}e^{-t}$，$|\cos\{t+(n-1)\pi\}|=|\cos t|$ に注意すると　　$\boldsymbol{a_n}=\int_0^{\pi}[e^{-t-(n-1)\pi}-e^{-t-(n-1)\pi}|\cos\{t+(n-1)\pi\}|]dt$

←$\cos\{t+(n-1)\pi\}=\pm\cos t$

$$=e^{-(n-1)\pi}\int_0^{\pi}(e^{-t}-e^{-t}|\cos t|)dt$$

$$=e^{-(n-1)\pi}a_1$$

$$=\boldsymbol{\frac{1}{2}e^{-(n-1)\pi}\left(1-2e^{-\frac{\pi}{2}}-e^{-\pi}\right)}$$

←a_1 の値を代入。

(2)　(1) より，数列 $\{a_n\}$ は初項 a_1，公比 $e^{-\pi}$ の等比数列であるから　　$\sum_{k=1}^{n}a_k=a_1\cdot\frac{1-e^{-n\pi}}{1-e^{-\pi}}$

←初項 a，公比 r の等比数列の初項から第 n 項までの和は $\frac{a(1-r^n)}{1-r}$ $(r\neq 1)$

$0<e^{-\pi}<1$ であるから　　$\lim_{n\to\infty}e^{-n\pi}=0$

したがって　　$\lim_{n\to\infty}\sum_{k=1}^{n}a_k=\frac{a_1}{1-e^{-\pi}}=\boldsymbol{\frac{1-2e^{-\frac{\pi}{2}}-e^{-\pi}}{2(1-e^{-\pi})}}$

$\left(\frac{e^{\pi}-2e^{\frac{\pi}{2}}-1}{2(e^{\pi}-1)}\ \text{でもよい}\right)$

←分母・分子に e^{π} を掛ける。

練習 ④190　$f(x)=\sqrt{2+x}$ $(x\geqq -2)$ とする。また，$f(x)$ の逆関数を $f^{-1}(x)$ とする。
(1)　2 つの曲線 $y=f(x)$，$y=f^{-1}(x)$ および直線 $y=\sqrt{2}-x$ で囲まれた図形を図示せよ。
(2)　(1) で図示した図形の面積を求めよ。

(1)　$y=f(x)$ の値域は　　$y\geqq 0$

←この範囲が $f^{-1}(x)$ の定義域と一致する。

$y=\sqrt{2+x}$ を x について解くと　　$x=y^2-2$

よって

$$f^{-1}(x)=x^2-2\ (x\geqq 0)$$

また，$x^2-2=x$ とすると

$$(x+1)(x-2)=0$$

$x>0$ とすると　　$x=2$

これが 2 つの曲線 $y=f(x)$,

$y=f^{-1}(x)$ の交点の x 座標である。

ゆえに，求める図形は，**右図の斜線部分。ただし，境界線を含む。**

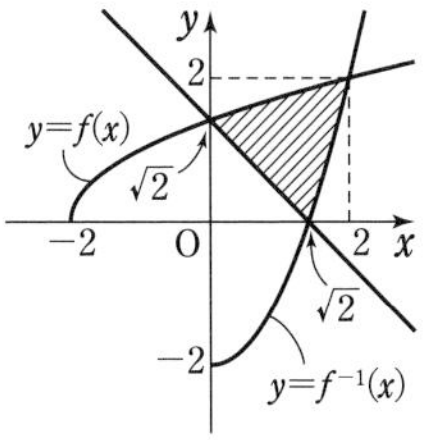

←2 曲線 $y=f(x)$, $y=f^{-1}(x)$ の交点の x 座標は，$f(x)=f^{-1}(x)$ を解くのではなく，直線 $y=x$ に関する対称性を利用し，$f^{-1}(x)=x$ を解いて求める。

(2)　(1) で図示した図形は，直線 $y=x$ に関して対称であるから，求める面積を S とすると

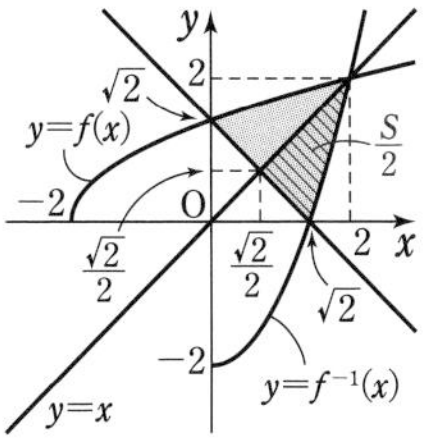

←逆関数の性質を利用。

$$\frac{S}{2}=\frac{1}{2}\cdot 2\cdot 2-\frac{1}{2}\cdot\sqrt{2}\cdot\frac{\sqrt{2}}{2}$$

$$-\int_{\sqrt{2}}^{2}(x^2-2)dx$$

$$=\frac{3}{2}-\left[\frac{x^3}{3}-2x\right]_{\sqrt{2}}^{2}$$

$$=\frac{3}{2}-\frac{8-2\sqrt{2}}{3}+2(2-\sqrt{2})=\frac{17}{6}-\frac{4\sqrt{2}}{3}$$

←無理関数である $f(x)=\sqrt{2+x}$ よりも，2 次関数である $f^{-1}(x)=x^2-2$ を利用する方が計算しやすい。

したがって　　$S=\boldsymbol{\frac{17}{3}-\frac{8\sqrt{2}}{3}}$

練習 ④191

極方程式 $r=1+2\cos\theta\left(0\leqq\theta\leqq\frac{\pi}{2}\right)$ で表される曲線上の点と極 O を結んだ線分が通過する領域の面積を求めよ。

曲線上の点を P とし，点 P の直交座標を $(x,\ y)$ とすると

$$x=r\cos\theta=(1+2\cos\theta)\cos\theta$$
$$y=r\sin\theta=(1+2\cos\theta)\sin\theta$$

←x, y を θ で表す。

$\theta=0$ のとき　　$(x,\ y)=(3,\ 0)$

$\theta=\frac{\pi}{2}$ のとき　　$(x,\ y)=(0,\ 1)$

$0\leqq\theta\leqq\frac{\pi}{2}$ において　　$y\geqq 0$

←曲線の概形をつかむために，$\theta=0$, $\frac{\pi}{2}$ における点 P の座標や，x の値の変化について調べる。

また　$\dfrac{dx}{d\theta}=-2\sin\theta\cdot\cos\theta$

$$-(1+2\cos\theta)\sin\theta$$
$$=-\sin\theta(1+4\cos\theta)$$

$0<\theta<\frac{\pi}{2}$ のとき，$\dfrac{dx}{d\theta}<0$ であるから，θ に対して x は単調に減少する。

よって，求める図形の面積は，右の図の赤く塗った部分である。

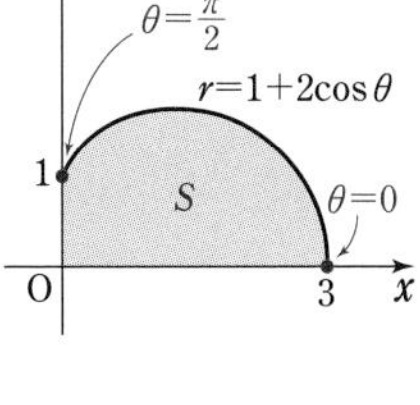

x と θ の対応は右のようになるから，
求める面積を S とすると

x	$0 \longrightarrow 3$
θ	$\frac{\pi}{2} \longrightarrow 0$

$$S=\int_0^3 y\,dx=\int_{\frac{\pi}{2}}^0 y\frac{dx}{d\theta}d\theta$$

←置換積分法を利用する。

$$=\int_{\frac{\pi}{2}}^0 (1+2\cos\theta)\sin\theta\cdot(-\sin\theta)(1+4\cos\theta)d\theta$$

$$=\int_0^{\frac{\pi}{2}}(\sin^2\theta+6\sin^2\theta\cos\theta+8\sin^2\theta\cos^2\theta)d\theta$$

ここで　$\displaystyle\int_0^{\frac{\pi}{2}}\sin^2\theta\,d\theta=\int_0^{\frac{\pi}{2}}\frac{1-\cos 2\theta}{2}d\theta=\frac{1}{2}\left[\theta-\frac{1}{2}\sin 2\theta\right]_0^{\frac{\pi}{2}}=\frac{\pi}{4}$

$$\int_0^{\frac{\pi}{2}}6\sin^2\theta\cos\theta\,d\theta=2\Big[\sin^3\theta\Big]_0^{\frac{\pi}{2}}=2$$

$$\int_0^{\frac{\pi}{2}}8\sin^2\theta\cos^2\theta\,d\theta=2\int_0^{\frac{\pi}{2}}\sin^2 2\theta\,d\theta=2\int_0^{\frac{\pi}{2}}\frac{1-\cos 4\theta}{2}d\theta=\left[\theta-\frac{1}{4}\sin 4\theta\right]_0^{\frac{\pi}{2}}=\frac{\pi}{2}$$

したがって　$S=\dfrac{\pi}{4}+2+\dfrac{\pi}{2}=\boldsymbol{\dfrac{3}{4}\pi+2}$

検討　本冊 $p.317$ **検討** の公式 $\boldsymbol{S=\dfrac{1}{2}\displaystyle\int_\alpha^\beta\{f(\theta)\}^2d\theta}$ $(r=f(\theta))$ を利用すると，次のように求められる。

$$\frac{1}{2}\int_0^{\frac{\pi}{2}}r^2d\theta=\frac{1}{2}\int_0^{\frac{\pi}{2}}(1+2\cos\theta)^2d\theta=\frac{1}{2}\int_0^{\frac{\pi}{2}}(1+4\cos\theta+4\cos^2\theta)d\theta$$

$$=\int_0^{\frac{\pi}{2}}\left(\frac{1}{2}+2\cos\theta+2\cos^2\theta\right)d\theta$$

$$=\int_0^{\frac{\pi}{2}}\left(\frac{1}{2}+2\cos\theta+1+\cos 2\theta\right)d\theta$$

←$\cos^2\theta=\dfrac{1+\cos 2\theta}{2}$

$$=\left[\frac{3}{2}\theta+2\sin\theta+\frac{1}{2}\sin 2\theta\right]_0^{\frac{\pi}{2}}=\boldsymbol{\frac{3}{4}\pi+2}$$

検討　本冊 $p.320$ の公式　(＊)　$\boldsymbol{V=\displaystyle\int_a^b S(x)dx}$　の区分求積法による証明。

(証明)　区間 $[a,\ b]$ を n 等分し，その分点の座標を，a に近い方から順に　$x_1,\ x_2,\ x_3,\ \cdots\cdots,\ x_{n-1}$　とする。

また，$a=x_0,\ b=x_n,\ \dfrac{b-a}{n}=\varDelta x$ とする。

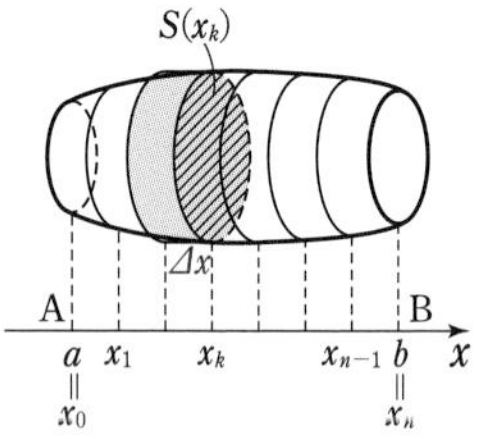

各分点を通り x 軸に垂直な平面でこの立体を分割し，分割した n 個の立体を，断面積が $S(x_k)$ で厚さが $\varDelta x$ の板状の立体であるとみなす。そのときの体積の和を V_n とすると

$$V_n=S(x_1)\varDelta x+S(x_2)\varDelta x+S(x_3)\varDelta x+\cdots\cdots+S(x_n)\varDelta x$$

$$=\sum_{k=1}^n S(x_k)\varDelta x$$

よって　$\displaystyle V=\lim_{n\to\infty}V_n=\lim_{n\to\infty}\sum_{k=1}^n S(x_k)\varDelta x=\int_a^b S(x)dx$

←本冊 $p.280$ **1** を利用。

練習 ②192 半径 a の半円の直径を AB，中心を O とする。半円周上の点 P から AB に垂線 PQ を下ろし，線分 PQ を底辺とし，高さが線分 OQ の長さに等しい二等辺三角形 PQR を半円と垂直な平面上に作り，P を $\overset{\frown}{AB}$ 上で動かす。この △PQR が描く立体の体積を求めよ。

半円の方程式を $y=\sqrt{a^2-x^2}$ とし，$Q(x,\ 0)$ とする。
立体の体積を V，△PQR の面積を $S(x)$ とすると，$-a \leqq x \leqq a$ であり

$S(x)=\dfrac{1}{2}\cdot PQ\cdot OQ=\dfrac{1}{2}\sqrt{a^2-x^2}\,|x|$

$S(-x)=S(x)$ であり，$0 \leqq x \leqq a$ で
$|x|=x$

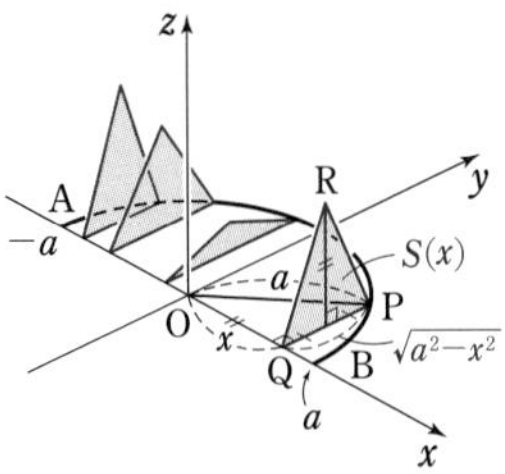

よって　$V=\displaystyle\int_{-a}^{a} S(x)dx=\int_0^a x\sqrt{a^2-x^2}\,dx$

ここで，$\sqrt{a^2-x^2}=t$ とおくと
$a^2-x^2=t^2$，$x\,dx=-t\,dt$
x と t の対応は右のようになる。

x	$0 \longrightarrow a$
t	$a \longrightarrow 0$

ゆえに　$V=\displaystyle\int_a^0 t(-t)dt=\int_0^a t^2\,dt=\left[\frac{t^3}{3}\right]_0^a=\boldsymbol{\frac{a^3}{3}}$

HINT　**立体の体積　断面積をつかむ**
半円の方程式を $y=\sqrt{a^2-x^2}$，$Q(x,\ 0)$ として，断面 △PQR の面積 $S(x)$ を求める。

←体積は，断面積の定積分。ここで，$S(x)$ は偶関数であるから　$\displaystyle\int_{-a}^{a}=2\int_0^a$

練習 ②193 xy 平面上の楕円 $\dfrac{x^2}{a^2}+\dfrac{y^2}{b^2}=1$ $(a>0,\ b>0)$ を底面とし，高さが十分にある直楕円柱を，y 軸を含み xy 平面と 45° の角をなす平面で 2 つの立体に切り分けるとき，小さい方の立体の体積を求めよ。

y 軸上の点 $(0,\ y)$ $(-b \leqq y \leqq b)$ を通り，y 軸に垂直な平面で題意の立体を切ったときの切り口は，直角二等辺三角形である。

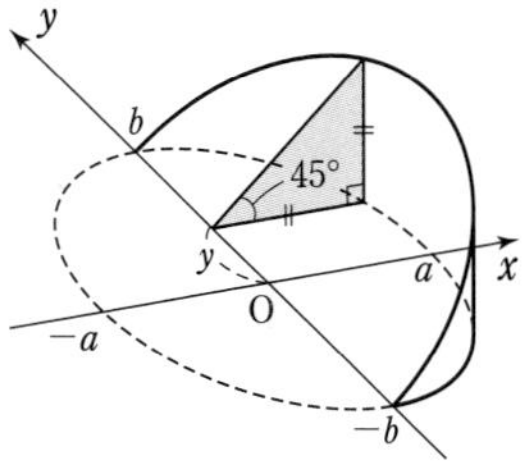

$\dfrac{x^2}{a^2}+\dfrac{y^2}{b^2}=1$ から　$x^2=a^2\left(1-\dfrac{y^2}{b^2}\right)$

よって，断面積を $S(y)$ とすると

$S(y)=\dfrac{1}{2}x^2=\dfrac{a^2}{2}\left(1-\dfrac{y^2}{b^2}\right)$

ゆえに，求める体積を V とすると

$V=\displaystyle\int_{-b}^{b} S(y)dy=2\int_0^b S(y)dy=a^2\int_0^b\left(1-\frac{y^2}{b^2}\right)dy$

$=a^2\left[y-\dfrac{y^3}{3b^2}\right]_0^b=\boldsymbol{\dfrac{2}{3}a^2b}$

←題意の立体は，x 軸に関して対称。

別解　**x 軸に垂直な平面で切った場合**
x 軸上の点 $(x,\ 0)$ $(0 \leqq x \leqq a)$ を通り，x 軸に垂直な平面で題意の立体を切ったときの切り口は，長方形である。

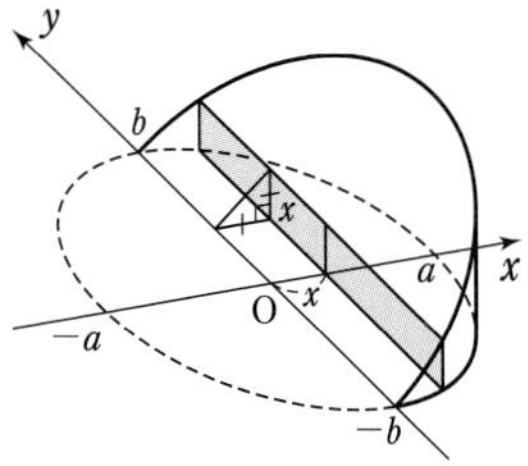

$\dfrac{x^2}{a^2}+\dfrac{y^2}{b^2}=1$ から　$y^2=b^2\left(1-\dfrac{x^2}{a^2}\right)$

よって，$y \geqq 0$ のとき　$y=b\sqrt{1-\dfrac{x^2}{a^2}}$

断面積を $S(x)$ とすると

$$S(x)=2y\cdot x=2bx\sqrt{1-\frac{x^2}{a^2}}=\frac{2b}{a}x\sqrt{a^2-x^2}$$

←$S(x)=2bx\sqrt{1-\frac{x^2}{a^2}}$ のまま進めてもよい。その場合，$\sqrt{1-\frac{x^2}{a^2}}=t$ とおく。

ゆえに，求める体積を V とすると

$$V=\int_0^a S(x)dx=\frac{2b}{a}\int_0^a x\sqrt{a^2-x^2}\,dx$$

$\sqrt{a^2-x^2}=t$ とおくと　$a^2-x^2=t^2$

$-2x\,dx=2t\,dt$ から　$x\,dx=-t\,dt$

x と t の対応は右のようになるから

x	$0\longrightarrow a$
t	$a\longrightarrow 0$

$$V=\frac{2b}{a}\int_a^0 t(-t)dt=\frac{2b}{a}\int_0^a t^2\,dt$$

←$-\int_a^0=\int_0^a$

$$=\frac{2b}{a}\left[\frac{t^3}{3}\right]_0^a=\boldsymbol{\frac{2}{3}a^2b}$$

検討　本問では，底面に平行な平面で切った場合，切り口は楕円の一部となるため，断面積は容易には求まらない。したがって，ここでは x 軸に垂直な平面，または y 軸に垂直な平面による切り口を考えるのが得策である。

練習 ②194

次の曲線や直線で囲まれた部分を x 軸の周りに1回転させてできる立体の体積 V を求めよ。

(1) $y=e^x$, $x=0$, $x=1$, x 軸　　(2) $y=\tan x$, $x=\frac{\pi}{4}$, x 軸

(3) $y=x+\frac{1}{\sqrt{x}}$, $x=1$, $x=4$, x 軸

(1) $V=\pi\int_0^1(e^x)^2dx$

$$=\pi\left[\frac{1}{2}e^{2x}\right]_0^1$$

$$=\boldsymbol{\frac{1}{2}(e^2-1)\pi}$$

←$\boldsymbol{V=\pi\int_a^b y^2dx\ (a<b)}$

（π を忘れないように注意！）

(1)

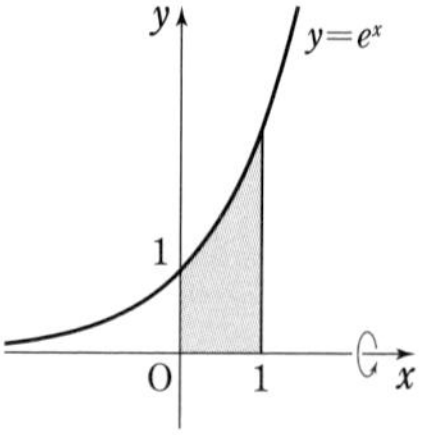

(2) $V=\pi\int_0^{\frac{\pi}{4}}\tan^2x\,dx$

$$=\pi\int_0^{\frac{\pi}{4}}\left(\frac{1}{\cos^2x}-1\right)dx$$

$$=\pi\Big[\tan x-x\Big]_0^{\frac{\pi}{4}}=\boldsymbol{\pi\left(1-\frac{\pi}{4}\right)}$$

←$1+\tan^2x=\frac{1}{\cos^2x}$ から。

←$(\tan x)'=\frac{1}{\cos^2x}$ から。

(2)

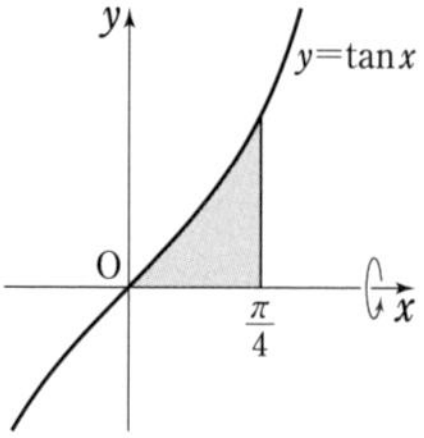

(3) $V=\pi\int_1^4\left(x+\frac{1}{\sqrt{x}}\right)^2dx$

$$=\pi\int_1^4\left(x^2+2\sqrt{x}+\frac{1}{x}\right)dx$$

$$=\pi\left[\frac{1}{3}x^3+\frac{4}{3}x^{\frac{3}{2}}+\log x\right]_1^4$$

$$=\pi\left\{\frac{64-1}{3}+\frac{4(2^3-1)}{3}+\log 4\right\}$$

$$=\boldsymbol{\left(\frac{91}{3}+2\log 2\right)\pi}$$

←定義域は　$x>0$

また，$x>0$ のとき　$y>0$

(3)

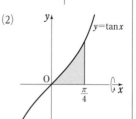

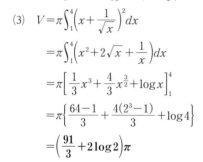

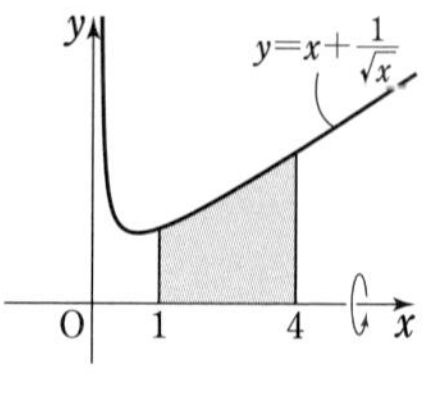

練習 ②195 次の 2 曲線で囲まれた部分を x 軸の周りに 1 回転させてできる立体の体積 V を求めよ。
(1) $y=x^2-2$, $y=2x^2-3$　　(2) $y=\sqrt{3}x^2$, $y=\sqrt{4-x^2}$

(1) $y=x^2-2$, $y=2x^2-3$ のグラフをかくと，右図のようになり，交点の x 座標は，$x^2-2=2x^2-3$ から

$$x^2=1$$

よって　$x=\pm1$

囲まれた部分は y 軸に関して対称であるから

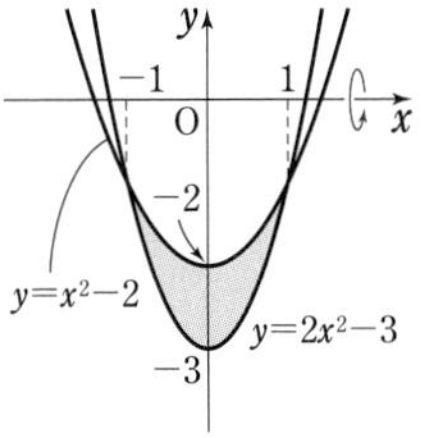

←$y=x^2-2$, $y=2x^2-3$ はともに y 軸を軸とする放物線を表す。

$$V=2\pi\int_0^1\{(2x^2-3)^2-(x^2-2)^2\}dx$$
$$=2\pi\int_0^1(3x^4-8x^2+5)dx=2\pi\left[\frac{3}{5}x^5-\frac{8}{3}x^3+5x\right]_0^1$$
$$=2\pi\left(\frac{3}{5}-\frac{8}{3}+5\right)=\mathbf{\frac{88}{15}\pi}$$

←外側の曲線の回転体の体積から，内側の曲線の回転体の体積を引く。

(2) $y=\sqrt{3}x^2$, $y=\sqrt{4-x^2}$ のグラフをかくと，右図のようになり，交点の x 座標は，$\sqrt{3}x^2=\sqrt{4-x^2}$ から

$$3x^4=4-x^2$$

ゆえに　$(x^2-1)(3x^2+4)=0$

$3x^2+4>0$ より $x^2-1=0$ であるから

$$x=\pm1$$

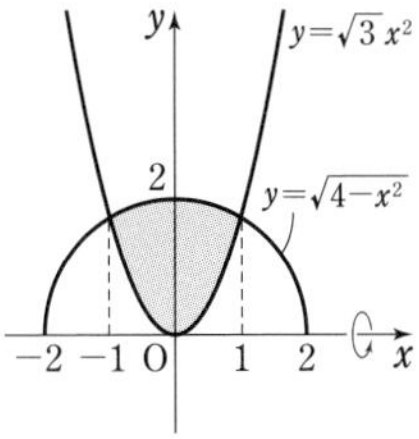

←$y=\sqrt{4-x^2}$ は円 $x^2+y^2=4$ の，$y\geqq0$ の部分を表す。

←$3x^4+x^2-4=0$

囲まれた部分は y 軸に関して対称であるから

$$V=2\pi\int_0^1\{(\sqrt{4-x^2})^2-(\sqrt{3}x^2)^2\}dx=2\pi\int_0^1(4-x^2-3x^4)dx$$
$$=2\pi\left[4x-\frac{x^3}{3}-\frac{3}{5}x^5\right]_0^1=2\pi\left(4-\frac{1}{3}-\frac{3}{5}\right)=\mathbf{\frac{92}{15}\pi}$$

←2 曲線とも y 軸に関して対称である。

練習 ③196 2 曲線 $y=\cos\frac{x}{2}$ $(0\leqq x\leqq\pi)$ と $y=\cos x$ $(0\leqq x\leqq\pi)$ を考える。〔岐阜大〕
(1) 上の 2 曲線と直線 $x=\pi$ を描き，これらで囲まれる領域を斜線で図示せよ。
(2) (1) で示した斜線部分の領域を x 軸の周りに 1 回転して得られる回転体の体積 V を求めよ。

HINT (2) (1) でかいた図を参照。囲まれた部分が回転軸（x 軸）の両側にあるから，**一方の側に集めて考える。**

(1) 曲線 $y=\cos\frac{x}{2}$ $(0\leqq x\leqq\pi)$ と曲線 $y=\cos x$ $(0\leqq x\leqq\pi)$ および，直線 $x=\pi$ は右の図の実線部分のようになる。
よって，これらの曲線と直線で囲まれる領域は，**右の図** の斜線部分である。

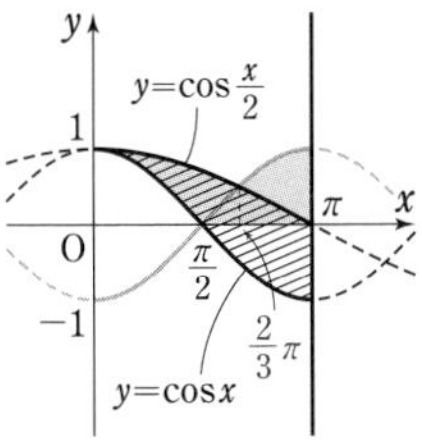

(2) 求める体積は，(1) の図の赤く塗った部分を x 軸の周りに 1 回転すると得られる。

←$\frac{\pi}{2}\leqq x\leqq\pi$ において，x 軸の下側にある曲線 $y=\cos x$ を x 軸に関して対称に折り返す。このとき，曲線の方程式は　$y=-\cos x$

$\cos\frac{x}{2}=-\cos x$ とすると　$\cos\frac{x}{2}=-2\cos^2\frac{x}{2}+1$

ゆえに，$\left(\cos\frac{x}{2}+1\right)\left(2\cos\frac{x}{2}-1\right)=0$ から　$\cos\frac{x}{2}=-1,\ \frac{1}{2}$

$0 \leqq x \leqq \pi$ より $0 \leqq \frac{x}{2} \leqq \frac{\pi}{2}$ であるから　$0 \leqq \cos\frac{x}{2} \leqq 1$

よって，$\cos\frac{x}{2}=\frac{1}{2}$ から　$\frac{x}{2}=\frac{\pi}{3}$　すなわち　$x=\frac{2}{3}\pi$

←曲線 $y=\cos\frac{x}{2}$ と曲線 $y=-\cos x$ の交点の x 座標である。

したがって，求める体積は

$$V=\pi\int_0^{\frac{2}{3}\pi}\cos^2\frac{x}{2}dx-\pi\int_0^{\frac{\pi}{2}}\cos^2 x\,dx+\pi\int_{\frac{2}{3}\pi}^{\pi}\cos^2 x\,dx$$

$$=\pi\int_0^{\frac{2}{3}\pi}\frac{\cos x+1}{2}dx-\pi\int_0^{\frac{\pi}{2}}\frac{\cos 2x+1}{2}dx+\pi\int_{\frac{2}{3}\pi}^{\pi}\frac{\cos 2x+1}{2}dx$$

$$=\frac{\pi}{2}\left(\Big[\sin x+x\Big]_0^{\frac{2}{3}\pi}-\left[\frac{\sin 2x}{2}+x\right]_0^{\frac{\pi}{2}}+\left[\frac{\sin 2x}{2}+x\right]_{\frac{2}{3}\pi}^{\pi}\right)$$

$$=\frac{\pi}{2}\left(\frac{\sqrt{3}}{2}+\frac{2}{3}\pi-\frac{\pi}{2}+\pi+\frac{\sqrt{3}}{4}-\frac{2}{3}\pi\right)$$

$$=\boldsymbol{\frac{\pi(2\pi+3\sqrt{3})}{8}}$$

練習 ②197　水を満たした半径 2 の半球形の容器がある。これを静かに角 α 傾けたとき，水面が h だけ下がり，こぼれ出た水の量と容器に残った水の量の比が 11：5 になった。h と α の値を求めよ。ただし，α は弧度法で答えよ。〔類 筑波大〕

図のように，座標軸をとる。
流れ出た水の量は，図の赤く塗った部分を x 軸の周りに 1 回転させてできる回転体の体積に等しい。

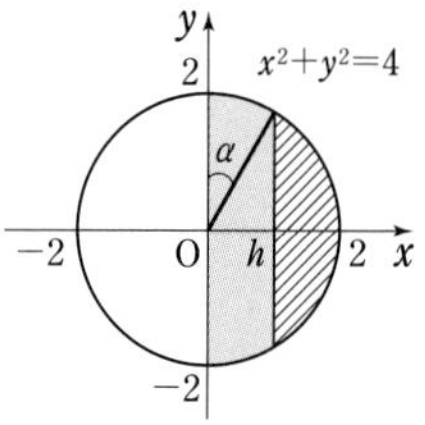

HINT　水がこぼれ出た直後の状態は

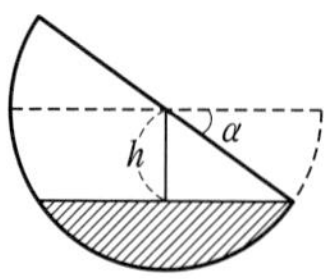

計算がしやすいように座標軸をとり，定積分によって流れ出た水の量を計算する。

その体積が全体の水の量の $\frac{11}{16}$ に等しいから

$$\pi\int_0^h(\sqrt{4-x^2})^2dx=\frac{11}{16}\cdot\frac{1}{2}\cdot\frac{4}{3}\pi\cdot 2^3$$

すなわち　$\int_0^h(4-x^2)dx=\frac{11}{3}$

ここで　$\int_0^h(4-x^2)dx=\left[4x-\frac{x^3}{3}\right]_0^h=4h-\frac{h^3}{3}$

したがって　$4h-\frac{h^3}{3}=\frac{11}{3}$

整理して　$h^3-12h+11=0$

ゆえに　$(h-1)(h^2+h-11)=0$

←

1	0	−12	11	1
	1	1	−11	
1	1	−11	0	

よって　$h=1,\ \frac{-1\pm 3\sqrt{5}}{2}$

$0<h<2$ であるから　$\boldsymbol{h=1}$　このとき　$\boldsymbol{\alpha=\frac{\pi}{6}}$

練習 ②198 次の曲線や直線で囲まれた部分を y 軸の周りに1回転させてできる回転体の体積 V を求めよ。
(1) $y=x^2$，$y=\sqrt{x}$　　(2) $y=-x^4+2x^2\ (x\geqq 0)$，x 軸
(3) $y=\cos x\ (0\leqq x\leqq \pi)$，$y=-1$，$y$ 軸

(1) $y=\sqrt{x}$ から　$x=y^2$

$y=x^2$ に代入して　$y=y^4$

よって　$y(y^3-1)=0$

ゆえに　$y=0,\ 1$

よって　$V=\pi\int_0^1 y\,dy-\pi\int_0^1 y^4\,dy$

$=\pi\int_0^1 (y-y^4)\,dy$

$=\pi\left[\frac{y^2}{2}-\frac{y^5}{5}\right]_0^1=\pi\left(\frac{1}{2}-\frac{1}{5}\right)=\boldsymbol{\frac{3}{10}\pi}$

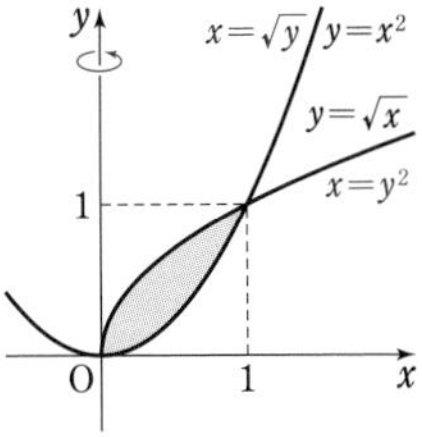

←交点の y 座標を求める。

←$\pi\int_0^1(\sqrt{y})^2dy-\pi\int_0^1(y^2)^2dy$

(2) $y'=-4x^3+4x=-4x(x^2-1)$

$=-4x(x+1)(x-1)$

$y'=0$ とすると，$x\geqq 0$ で　$x=0,\ 1$

$x\geqq 0$ における増減表は次のようになる。

x	0	…	1	…
y'	0	+	0	−
y	0	↗	1	↘

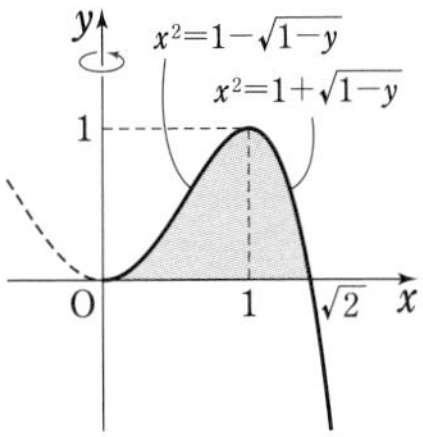

←$-x^4+2x^2=0$ とすると
$x^2(x^2-2)=0$
$x\geqq 0$ を満たす解は
$x=0,\ \sqrt{2}$

$x^4-2x^2+y=0$ から　$x^2=1\pm\sqrt{1-y}$

したがって，図から

$V=\pi\int_0^1(1+\sqrt{1-y})\,dy-\pi\int_0^1(1-\sqrt{1-y})\,dy$

$=\pi\int_0^1\{(1+\sqrt{1-y})-(1-\sqrt{1-y})\}\,dy$

$=2\pi\int_0^1\sqrt{1-y}\,dy=-2\pi\cdot\frac{2}{3}\left[(1-y)^{\frac{3}{2}}\right]_0^1=\boldsymbol{\frac{4}{3}\pi}$

←直線 $x=1$ の左側，右側でグラフの方程式はそれぞれ　$x=\sqrt{1-\sqrt{1-y}}$，$x=\sqrt{1+\sqrt{1-y}}$

(3) 右図から，体積は

$V=\pi\int_{-1}^1 x^2\,dy$

$y=\cos x$ から　$dy=-\sin x\,dx$

y と x の対応は次のようになる。

y	$-1\longrightarrow 1$
x	$\pi\ \longrightarrow 0$

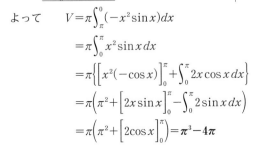

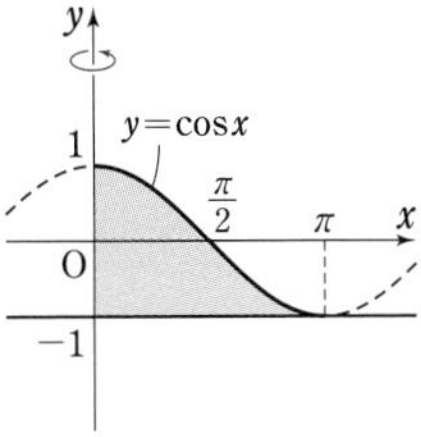

←高校数学の範囲では $y=\cos x$ から x を y で表せないが，定積分では左のように積分変数を x におき換えることにより，その値を求められる場合がある。

よって　$V=\pi\int_\pi^0(-x^2\sin x)\,dx$

$=\pi\int_0^\pi x^2\sin x\,dx$

$=\pi\left\{\left[x^2(-\cos x)\right]_0^\pi+\int_0^\pi 2x\cos x\,dx\right\}$

$=\pi\left(\pi^2+\left[2x\sin x\right]_0^\pi-\int_0^\pi 2\sin x\,dx\right)$

$=\pi\left(\pi^2+\left[2\cos x\right]_0^\pi\right)=\boldsymbol{\pi^3-4\pi}$

←部分積分法。

←更に部分積分法。

練習 ④199 放物線 $y=2x-x^2$ と x 軸で囲まれた部分を y 軸の周りに1回転させてできる立体の体積を求めよ。〔東京理科大〕

$y=2x-x^2$ のグラフは右図のようになる。
このグラフの $0\leqq x\leqq 1$ の部分の x 座標を x_1 とし，$1\leqq x\leqq 2$ の部分の x 座標を x_2 とすると，求める立体の体積 V は

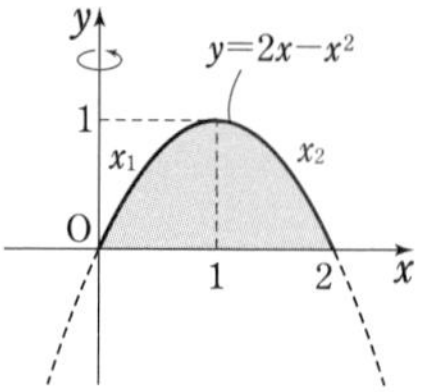

$$V=\pi\int_0^1 {x_2}^2dy-\pi\int_0^1 {x_1}^2dy$$

ここで，$y=2x-x^2$ から

$$dy=(2-2x)dx$$

積分区間の対応は
x_1 については[1]
x_2 については[2]
のようになる。

[1]

y	$0\longrightarrow 1$
x	$0\longrightarrow 1$

[2]

y	$0\longrightarrow 1$
x	$2\longrightarrow 1$

よって $V=\pi\int_2^1 x^2(2-2x)dx-\pi\int_0^1 x^2(2-2x)dx$

$$=-\pi\int_0^2 x^2(2-2x)dx=2\pi\int_0^2 (x^3-x^2)dx$$

$$=2\pi\left[\frac{x^4}{4}-\frac{x^3}{3}\right]_0^2=2\pi\left(4-\frac{8}{3}\right)=\boldsymbol{\frac{8}{3}\pi}$$

別解 求める立体の体積を V とすると

$$V=2\pi\int_0^2 x(2x-x^2)dx=2\pi\int_0^2(-x^3+2x^2)dx$$

$$=2\pi\left[-\frac{1}{4}x^4+\frac{2}{3}x^3\right]_0^2$$

$$=2\pi\left(-4+\frac{16}{3}\right)=\boldsymbol{\frac{8}{3}\pi}$$

←$y=-(x-1)^2+1$

←$x^2-2x+y=0$ から，$x_1=1-\sqrt{1-y}$，$x_2=1+\sqrt{1-y}$ として，y についての積分でも計算できる。

←$\int_2^1-\int_0^1=-\left(\int_1^2+\int_0^1\right)=-\int_0^2$

←本冊 $p.330$ で紹介した公式 $\boldsymbol{V=2\pi\int_a^b xf(x)dx}$ を，$a=0$，$b=2$，$f(x)=2x-x^2$ として利用する。

練習 ③200 a を正の定数とする。曲線 $C_1:y=\log x$ と曲線 $C_2:y=ax^2$ が共有点Tで共通の接線 ℓ をもつとする。また，C_1 と ℓ と x 軸によって囲まれる部分を S_1 とし，C_2 と ℓ と x 軸によって囲まれる部分を S_2 とする。次のものを求めよ。
(1) a の値，および直線 ℓ の方程式
(2) S_1 を x 軸の周りに1回転させて得られる回転体の体積
(3) S_2 を y 軸の周りに1回転させて得られる回転体の体積 〔類 電通大〕

(1) $y=\log x$ から $y'=\dfrac{1}{x}$

$y=ax^2$ から $y'=2ax$

共有点Tの x 座標を t $(t>0)$ とすると，点Tで共通の接線をもつための条件は

$$\log t=at^2 \cdots\cdots ① \quad かつ \quad \frac{1}{t}=2at \cdots\cdots ②$$

② から $2at^2=1$ このとき，① は $\log t=\dfrac{1}{2}$

よって $t=\sqrt{e}$ ゆえに $\boldsymbol{a}=\dfrac{1}{2t^2}=\boldsymbol{\dfrac{1}{2e}}$

HINT (2) 外側の図形の回転体から内側の図形の回転体を除く。
(3) ℓ は C_2 の外側(右側)にある。

←① は y 座標が等しい条件，② は接線の傾きが一致する条件。

点Tの座標は$\left(\sqrt{e},\ \frac{1}{2}\right)$，点Tにおける接線の傾きは$\frac{1}{\sqrt{e}}$であるから，**接線$\ell$の方程式は**

$$y-\frac{1}{2}=\frac{1}{\sqrt{e}}(x-\sqrt{e})\quad すなわち\quad \boldsymbol{y=\frac{1}{\sqrt{e}}x-\frac{1}{2}}$$

(2) ℓとx軸との交点のx座標は

$\frac{1}{\sqrt{e}}x-\frac{1}{2}=0$から　　$x=\frac{\sqrt{e}}{2}$

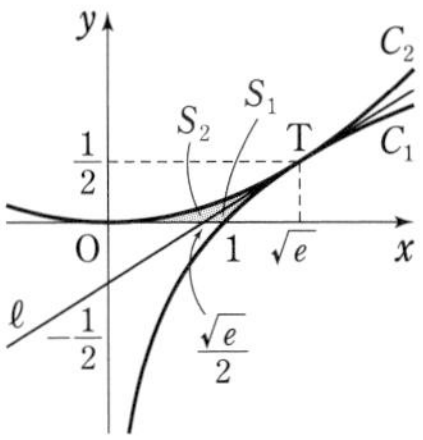

ℓの$\frac{\sqrt{e}}{2}\leqq x\leqq\sqrt{e}$の部分と$x$軸，直線$x=\sqrt{e}$で囲まれた図形を$x$軸の周りに1回転させてできる立体は，

←C_1は上に凸であるからℓの下側にある。

底面が半径$\frac{1}{2}$の円，高さが

$\sqrt{e}-\frac{\sqrt{e}}{2}=\frac{\sqrt{e}}{2}$の直円錐であるから，求める体積$V$は

$$V=\frac{1}{3}\pi\left(\frac{1}{2}\right)^2\cdot\frac{\sqrt{e}}{2}-\pi\int_1^{\sqrt{e}}(\log x)^2dx$$
$$=\frac{1}{24}\pi\sqrt{e}-\pi\left\{\left[x(\log x)^2\right]_1^{\sqrt{e}}-\int_1^{\sqrt{e}}x\cdot(2\log x)\cdot\frac{1}{x}dx\right\}$$
$$=\frac{1}{24}\pi\sqrt{e}-\frac{1}{4}\pi\sqrt{e}+2\pi\Big[x\log x-x\Big]_1^{\sqrt{e}}$$
$$=-\frac{5}{24}\pi\sqrt{e}+2\pi\left(-\frac{1}{2}\sqrt{e}+1\right)$$
$$=\boldsymbol{\left(2-\frac{29}{24}\sqrt{e}\right)\pi}$$

←(第3項)
$=2\pi\int_1^{\sqrt{e}}\log x\,dx$
$=2\pi\Big[x\log x-x\Big]_1^{\sqrt{e}}$

(3) $\ell:x=\sqrt{e}\left(y+\frac{1}{2}\right)$，$C_2:x=\sqrt{\frac{y}{a}}=\sqrt{2ey}$であるから，求める体積$V$は

←xについて解く。

$$V=\pi\int_0^{\frac{1}{2}}\left\{\sqrt{e}\left(y+\frac{1}{2}\right)\right\}^2dy-\pi\int_0^{\frac{1}{2}}(\sqrt{2ey})^2dy$$
$$=\pi e\int_0^{\frac{1}{2}}\left\{\left(y+\frac{1}{2}\right)^2-2y\right\}dy$$
$$=\pi e\left[\frac{1}{3}\left(y+\frac{1}{2}\right)^3-y^2\right]_0^{\frac{1}{2}}$$
$$=\pi e\left(\frac{1}{12}-\frac{1}{24}\right)=\boldsymbol{\frac{e}{24}\pi}$$

←$\pi e\int_0^{\frac{1}{2}}\left(y-\frac{1}{2}\right)^2dy$として計算してもよい。

練習 ②201

曲線 C：$x=\cos t$，$y=2\sin^3 t$ $\left(0\leqq t\leqq\frac{\pi}{2}\right)$ がある。

(1) 曲線 C と x 軸および y 軸で囲まれる図形の面積を求めよ。

(2) (1)で考えた図形を y 軸の周りに1回転させて得られる回転体の体積を求めよ。〔大阪工大〕

(1) $\dfrac{dx}{dt}=-\sin t$，$\dfrac{dy}{dt}=6\sin^2 t\cos t$

$y=0$ とすると　$\sin^3 t=0$

$0\leqq t\leqq\dfrac{\pi}{2}$ であるから　$t=0$　このとき　$x=1$

x，y の増減は左下の表のようになり，曲線 C の概形は右下の図のようになる。

t	0	$\cdots$	$\frac{\pi}{2}$
$\frac{dx}{dt}$	0	$-$	$-$
x	1	↘	0
$\frac{dy}{dt}$	0	$+$	0
y	0	↗	2

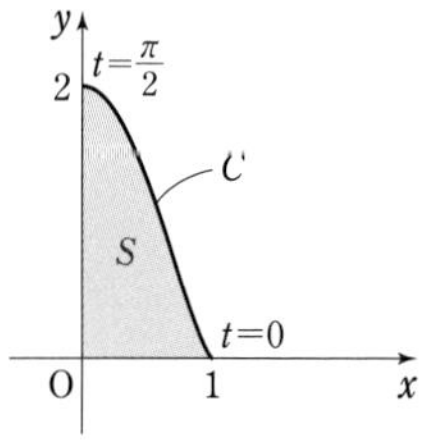

ゆえに，求める面積を S とすると

$$S=\int_0^1 y\,dx=\int_{\frac{\pi}{2}}^0 2\sin^3 t(-\sin t)dt=\int_0^{\frac{\pi}{2}}2\sin^4 t\,dt$$

$$=\int_0^{\frac{\pi}{2}}2\left(\frac{1-\cos 2t}{2}\right)^2 dt=\int_0^{\frac{\pi}{2}}\left(\frac{1}{2}-\cos 2t+\frac{1}{2}\cos^2 2t\right)dt$$

$$=\int_0^{\frac{\pi}{2}}\left(\frac{1}{2}-\cos 2t+\frac{1}{2}\cdot\frac{1+\cos 4t}{2}\right)dt$$

$$=\int_0^{\frac{\pi}{2}}\left(\frac{3}{4}-\cos 2t+\frac{1}{4}\cos 4t\right)dt$$

$$=\left[\frac{3}{4}t-\frac{1}{2}\sin 2t+\frac{1}{16}\sin 4t\right]_0^{\frac{\pi}{2}}$$

$$=\boldsymbol{\frac{3}{8}\pi}$$

(2) 求める体積を V とすると

$$V=\pi\int_0^2 x^2 dy=\pi\int_0^{\frac{\pi}{2}}\cos^2 t\cdot 6\sin^2 t\cos t\,dt$$

$$=6\pi\int_0^{\frac{\pi}{2}}(1-\sin^2 t)\cdot\sin^2 t\cos t\,dt$$

$$=6\pi\int_0^{\frac{\pi}{2}}(\sin^2 t-\sin^4 t)(\sin t)'dt$$

$$=6\pi\left[\frac{1}{3}\sin^3 t-\frac{1}{5}\sin^5 t\right]_0^{\frac{\pi}{2}}$$

$$=6\left(\frac{1}{3}-\frac{1}{5}\right)\pi=\boldsymbol{\frac{4}{5}\pi}$$

HINT (1) $S=\int_0^1 y\,dx$，(2) $V=\pi\int_0^2 x^2 dy$ を媒介変数 t で表す。

←図は，面積が求められる程度の簡単なものでよい。極値や変曲点は必要ない。

←$dx=-\sin t\,dt$
増減表から

x	$0\longrightarrow 1$
t	$\frac{\pi}{2}\longrightarrow 0$

参考　$I_n=\int_0^{\frac{\pi}{2}}\sin^n x\,dx$ とすると，$I_n=\dfrac{n-1}{n}I_{n-2}$ (本冊 $p.266$ 参照)から

$I_4=\dfrac{3}{4}I_2=\dfrac{3}{4}\cdot\dfrac{1}{2}I_0$

$=\dfrac{3}{4}\cdot\dfrac{1}{2}\cdot\dfrac{\pi}{2}=\dfrac{3}{16}\pi$

よって　$S=2I_4=\boldsymbol{\dfrac{3}{8}\pi}$

←$dy=6\sin^2 t\cos t\,dt$
増減表から

y	$0\longrightarrow 2$
t	$0\longrightarrow\frac{\pi}{2}$

練習 ④202

次の図形を直線 $y=x$ の周りに1回転させてできる回転体の体積 V を求めよ。
(1) 放物線 $y=x^2$ と直線 $y=x$ で囲まれた図形 〔類 名古屋市大〕
(2) 曲線 $y=\sin x$ $(0\leqq x\leqq\pi)$ と2直線 $y=x$, $x+y=\pi$ で囲まれた図形

(1) 与えられた放物線と直線で囲まれた部分は右の図のようになる。

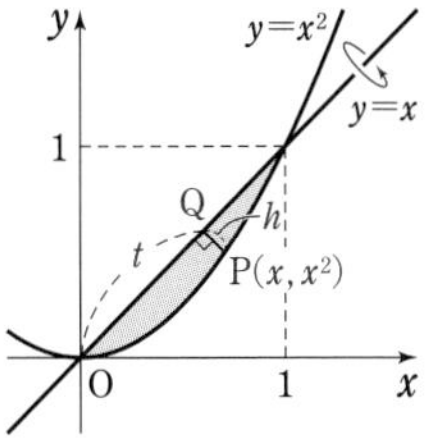

放物線上の点 $\mathrm{P}(x,\ x^2)$ $(0\leqq x\leqq 1)$ から直線 $y=x$ に垂線 PQ を引き，$\mathrm{PQ}=h$, $\mathrm{OQ}=t$ $(0\leqq t\leqq\sqrt{2})$ とする。このとき

$$h=\frac{|x-x^2|}{\sqrt{1^2+(-1)^2}}=\frac{x-x^2}{\sqrt{2}}\quad\cdots\cdots(*)$$

$$t=\sqrt{2}\,x-h=\sqrt{2}\,x-\frac{x-x^2}{\sqrt{2}}=\frac{x^2+x}{\sqrt{2}}$$

(＊) 点 (x_0, y_0) から直線 $ax+by+c=0$ に引いた垂線の長さは $\dfrac{|ax_0+by_0+c|}{\sqrt{a^2+b^2}}$
$0\leqq x\leqq 1$ のとき $x-x^2=x(1-x)\geqq 0$

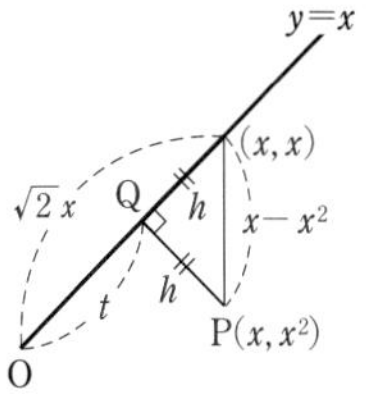

ゆえに $\quad dt=\dfrac{2x+1}{\sqrt{2}}dx$

t と x の対応は表のようになるから

t	$0\longrightarrow\sqrt{2}$
x	$0\longrightarrow 1$

$$V=\pi\int_0^{\sqrt{2}}h^2\,dt=\pi\int_0^1\left(\frac{x-x^2}{\sqrt{2}}\right)^2\cdot\frac{2x+1}{\sqrt{2}}dx$$

$$=\frac{\pi}{2\sqrt{2}}\int_0^1(x^2-2x^3+x^4)(2x+1)dx$$

$$=\frac{\pi}{2\sqrt{2}}\int_0^1(2x^5-3x^4+x^2)dx$$

$$=\frac{\pi}{2\sqrt{2}}\left[\frac{x^6}{3}-\frac{3}{5}x^5+\frac{x^3}{3}\right]_0^1$$

←$\dfrac{\pi}{2\sqrt{2}}\left(\dfrac{1}{3}-\dfrac{3}{5}+\dfrac{1}{3}\right)$

$$=\frac{\pi}{30\sqrt{2}}=\boldsymbol{\frac{\sqrt{2}}{60}\pi}$$

(2) 曲線 $y=\sin x$ $(0\leqq x\leqq\pi)$ 上の点 $\mathrm{P}(x,\ \sin x)$ から直線 $y=x$ に垂線 PQ を引き，$\mathrm{OQ}=X$ $\left(0\leqq X\leqq\dfrac{\pi}{\sqrt{2}}\right)$, $\mathrm{PQ}=Y$ とする。

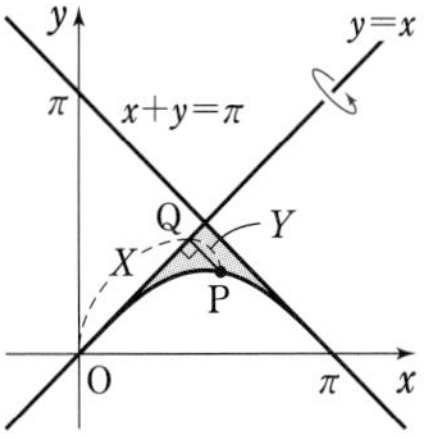

←$y=\sin x$ から
$y'=\cos x$
$x=0$ のとき $y'=1$
$x=\pi$ のとき $y'=-1$
よって，曲線 $y=\sin x$ は点 $(0,\ 0)$ で直線 $y=x$ に，点 $(\pi,\ 0)$ で直線 $x+y=\pi$ に接する。

このとき，右下の図から

$$X=\frac{x}{\sqrt{2}}+\frac{\sin x}{\sqrt{2}}=\frac{x+\sin x}{\sqrt{2}}$$

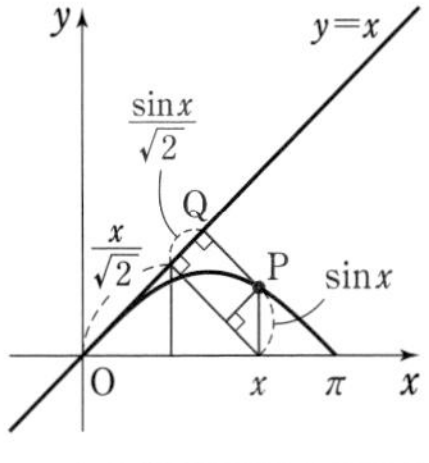

また，$\mathrm{P}(x,\ \sin x)$ と直線 $x-y=0$ の距離は Y であるから

$$Y=\frac{|x-\sin x|}{\sqrt{2}}$$

←点と直線の距離の公式。

求める体積 V は $\quad V=\pi\displaystyle\int_0^{\frac{\pi}{\sqrt{2}}}Y^2\,dX$

$$dX=\frac{1}{\sqrt{2}}(1+\cos x)dx$$

X と x の対応は右のようになる。

X	$0\longrightarrow\dfrac{\pi}{\sqrt{2}}$
x	$0\longrightarrow\pi$

よって

$$V=\pi\int_0^\pi \frac{(\sin x-x)^2}{2}\cdot\frac{1}{\sqrt{2}}(1+\cos x)dx$$

$$=\frac{\pi}{2\sqrt{2}}\int_0^\pi(\sin^2 x-2x\sin x+x^2)(1+\cos x)dx$$

$$=\frac{\pi}{2\sqrt{2}}\int_0^\pi(\sin^2 x-2x\sin x+x^2+\sin^2 x\cos x-2x\sin x\cos x+x^2\cos x)dx \quad \cdots\cdots ①$$

ここで

$$\int_0^\pi \sin^2 x\,dx=\frac{1}{2}\int_0^\pi(1-\cos 2x)dx=\frac{1}{2}\left[x-\frac{1}{2}\sin 2x\right]_0^\pi=\frac{\pi}{2},$$

$$\int_0^\pi 2x\sin x\,dx=\left[-2x\cos x\right]_0^\pi+\int_0^\pi 2\cos x\,dx=2\pi+2\left[\sin x\right]_0^\pi=2\pi,$$

$$\int_0^\pi x^2dx=\left[\frac{x^3}{3}\right]_0^\pi=\frac{\pi^3}{3},$$

$$\int_0^\pi \sin^2 x\cos x\,dx=\int_0^\pi \sin^2 x(\sin x)'dx=\left[\frac{1}{3}\sin^3 x\right]_0^\pi=0,$$

$$\int_0^\pi 2x\sin x\cos x\,dx=\int_0^\pi x\sin 2x\,dx=\int_0^\pi x\left(-\frac{1}{2}\cos 2x\right)'dx$$

$$=\left[-\frac{1}{2}x\cos 2x\right]_0^\pi+\frac{1}{2}\int_0^\pi \cos 2x\,dx$$

$$=-\frac{\pi}{2}+\frac{1}{4}\left[\sin 2x\right]_0^\pi=-\frac{\pi}{2},$$

$$\int_0^\pi x^2\cos x\,dx=\left[x^2\sin x\right]_0^\pi-\int_0^\pi 2x\sin x\,dx=-\int_0^\pi 2x\sin x\,dx=-2\pi$$ ←上で計算済み。

これらを ① に代入して

$$V=\frac{\pi}{2\sqrt{2}}\left\{\frac{\pi}{2}-2\pi+\frac{\pi^3}{3}+0-\left(-\frac{\pi}{2}\right)+(-2\pi)\right\}=\frac{(\pi^2-9)\pi^2}{6\sqrt{2}}=\boldsymbol{\frac{\sqrt{2}(\pi^2-9)\pi^2}{12}}$$

検討 $a\leqq x\leqq b$ のとき，$f(x)\geqq mx+n$，$\tan\theta=m$ $\left(0<\theta<\frac{\pi}{2}\right)$ とする。

曲線 $y=f(x)$ と直線 $y=mx+n$，$x=a$，$x=b$ で囲まれた部分を直線 $y=mx+n$ の周りに 1 回転させてできる立体の体積は

$$\boldsymbol{V=\pi\cos\theta\int_a^b\{f(x)-(mx+n)\}^2dx} \quad \cdots\cdots (*)$$

(つまり，曲線 $y=f(x)-(mx+n)$ と x 軸，直線 $x=a$，$x=b$ で囲まれた部分を x 軸の周りに 1 回転させてできる立体の体積の $\cos\theta$ 倍)

(証明) $a\leqq t\leqq b$ とする。曲線 $y=f(x)$ と直線 $y=mx+n$，$x=a$，$x=t$ で囲まれた部分を，直線 $y=mx+n$ の周りに 1 回転させてできる回転体の体積を $V(t)$ とし，$\varDelta V=V(t+\varDelta t)-V(t)$ とする。

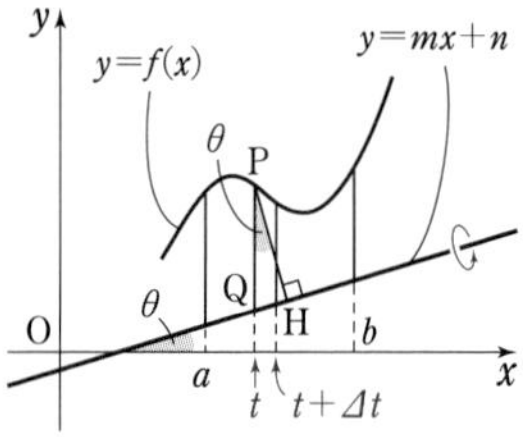

右の図のように点 P，Q，H をとると

$PQ=f(t)-(mt+n)$,

$PH=PQ\cos\theta=\{f(t)-(mt+n)\}\cos\theta$

$\varDelta t>0$ のとき，$\varDelta t$ が十分小さいとすると

$$\Delta V \fallingdotseq \frac{1}{2}\cdot \mathrm{PQ}\cdot 2\pi \mathrm{PH}\cdot \Delta t$$ ←(扇形の面積)×Δt

$$=\pi\cos\theta\{f(t)-(mt+n)\}^2\Delta t$$

ゆえに　$\dfrac{\Delta V}{\Delta t}\fallingdotseq\pi\cos\theta\{f(t)-(mt+n)\}^2$ …… ①

① は $\Delta t<0$ のときも成り立つ。

$\Delta t\longrightarrow 0$ のとき，① の両辺の差は 0 に近づくから

$$V'(t)=\lim_{\Delta t\to 0}\frac{\Delta V}{\Delta t}=\pi\cos\theta\{f(t)-(mt+n)\}^2$$

よって　$V=V(b)-0=V(b)-V(a)$

$$=\int_a^b \pi\cos\theta\{f(t)-(mt+n)\}^2dt$$

ゆえに，(＊)が成り立つ。

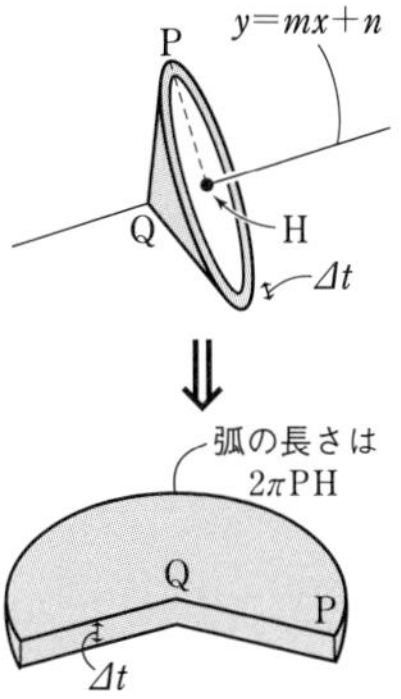

練習 ④203 r を正の実数とする。xyz 空間において，連立不等式

$$x^2+y^2\leqq r^2,\ y^2+z^2\geqq r^2,\ z^2+x^2\leqq r^2$$

を満たす点全体からなる立体の体積を，平面 $x=t$ $(0\leqq t\leqq r)$ による切り口を考えることにより求めよ。　〔類 東京大〕

$x\geqq 0,\ y\geqq 0,\ z\geqq 0$ において考える。

平面 $x=t$ $(0\leqq t\leqq r)$ による切り口は $\begin{cases} y^2\leqq r^2-t^2 & \cdots\cdots ① \\ z^2\leqq r^2-t^2 & \cdots\cdots ② \\ y^2+z^2\geqq r^2 & \cdots\cdots ③ \end{cases}$

で表される。①＋② と ③ から

$2r^2-2t^2\geqq r^2$　すなわち　$t^2\leqq\dfrac{r^2}{2}$

よって，切り口が存在するのは，

$0\leqq t\leqq\dfrac{r}{\sqrt{2}}$ のときである。

そのとき，切り口は右図の赤く塗った部分になる。この面積を $S(t)$ とする。

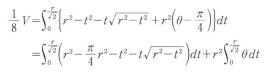

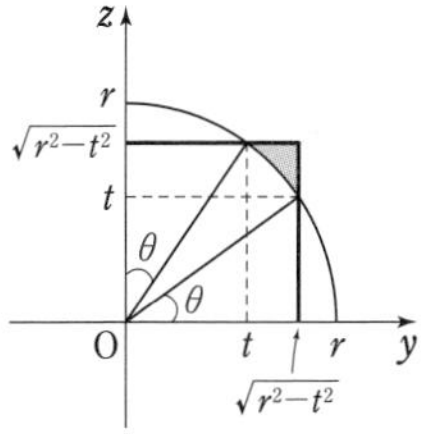

図のように θ をとると

$$S(t)=(\sqrt{r^2-t^2})^2-2\cdot\frac{1}{2}\sqrt{r^2-t^2}\cdot t-\frac{1}{2}r^2\left(\frac{\pi}{2}-2\theta\right)$$

$$=r^2-t^2-t\sqrt{r^2-t^2}+r^2\left(\theta-\frac{\pi}{4}\right)$$

また，$t=r\sin\theta$ であるから

$$dt=r\cos\theta\, d\theta$$

t と θ の対応は右のようになる。

t	$0\longrightarrow\dfrac{r}{\sqrt{2}}$
θ	$0\longrightarrow\dfrac{\pi}{4}$

よって，求める体積を V とすると

$$\frac{1}{8}V=\int_0^{\frac{r}{\sqrt{2}}}\left\{r^2-t^2-t\sqrt{r^2-t^2}+r^2\left(\theta-\frac{\pi}{4}\right)\right\}dt$$

$$=\int_0^{\frac{r}{\sqrt{2}}}\left(r^2-\frac{\pi}{4}r^2-t^2-t\sqrt{r^2-t^2}\right)dt+r^2\int_0^{\frac{r}{\sqrt{2}}}\theta\, dt$$

HINT　立体の体積　断面積をつかむ

←平面 $x=t$ は x 軸に垂直。

←$r^2\leqq y^2+z^2\leqq 2r^2-2t^2$

←① と ② で正方形の周とその内部。
③ は円弧の外側と考える。

←半径 r，中心角 θ の扇形の面積は　$\dfrac{1}{2}r^2\theta$

←$x\geqq 0,\ y\geqq 0,\ z\geqq 0$ の部分を考えて，最後に 8 倍する。

$=\left[r^2\left(1-\frac{\pi}{4}\right)t-\frac{t^3}{3}+\frac{1}{3}(r^2-t^2)^{\frac{3}{2}}\right]_0^{\frac{r}{\sqrt{2}}}+r^2\int_0^{\frac{\pi}{4}}\theta r\cos\theta d\theta$ ←後半は置換積分法。

$=\frac{1}{\sqrt{2}}\left(1-\frac{\pi}{4}\right)r^3-\frac{r^3}{6\sqrt{2}}+\frac{r^3}{6\sqrt{2}}-\frac{r^3}{3}+r^3\left(\left[\theta\sin\theta\right]_0^{\frac{\pi}{4}}-\int_0^{\frac{\pi}{4}}\sin\theta d\theta\right)$

$=\frac{1}{\sqrt{2}}\left(1-\frac{\pi}{4}\right)r^3-\frac{r^3}{3}+r^3\left(\frac{\pi}{4}\cdot\frac{1}{\sqrt{2}}+\left[\cos\theta\right]_0^{\frac{\pi}{4}}\right)=r^3\left(\sqrt{2}-\frac{4}{3}\right)$

したがって　$V=8\cdot\frac{1}{8}V=\left(\mathbf{8\sqrt{2}-\frac{32}{3}}\right)\boldsymbol{r^3}$

練習 ④204

4点 (0, 0, 0), (1, 0, 0), (0, 1, 0), (0, 0, 1) を頂点とする三角錐を C, 4点 (0, 0, 0), (−1, 0, 0), (0, 1, 0), (0, 0, 1) を頂点とする三角錐を x 軸の正の方向に a $(0<a<1)$ だけ平行移動したものを D とする。
このとき, C と D の共通部分の体積 $V(a)$ を求めよ。また, $V(a)$ が最大になるときの a の値を求めよ。〔類　千葉大〕

HINT　C と D の共通部分は, 平面 $x=\frac{a}{2}$ に関して対称であるから, 平面 $x=t$ $\left(\frac{a}{2}\leqq t\leqq a\right)$ で切ったときの断面積を考える。

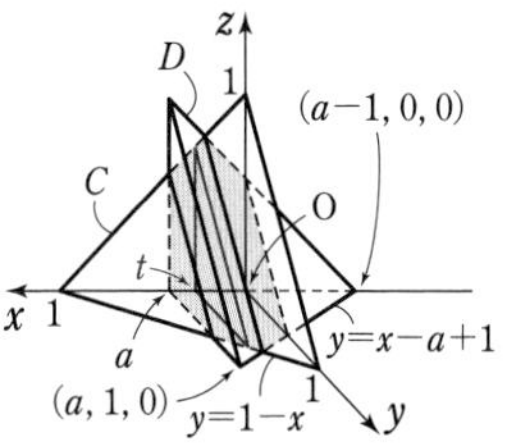

三角錐 C, D について, xy 平面上にある辺で座標軸に平行でないものは, それぞれ次の式で表される。

　C の辺：$y=1-x$　$(0\leqq x\leqq 1)$
　D の辺：$y=x-a+1$　$(a-1\leqq x\leqq a)$

$1-x=x-a+1$ とすると　$x=\frac{a}{2}$

C と D の共通部分は平面 $x=\frac{a}{2}$ に関して対称である。

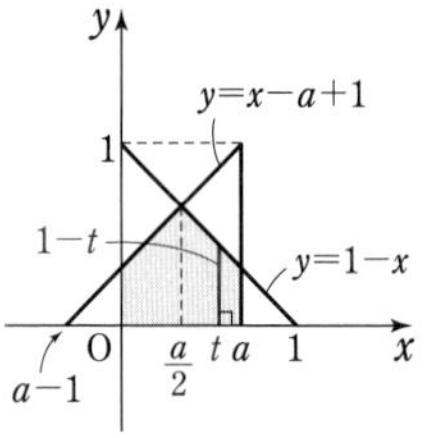

平面 $x=t$ $\left(\frac{a}{2}\leqq t\leqq a\right)$ による切り口は, 直角を挟む2辺の長さがともに $1-t$ の直角二等辺三角形であり, その面積は　$\frac{1}{2}(1-t)^2$

よって　$\boldsymbol{V(a)}=2\int_{\frac{a}{2}}^{a}\frac{1}{2}(1-t)^2dt=\int_{\frac{a}{2}}^{a}(t-1)^2dt$

$=\left[\frac{1}{3}(t-1)^3\right]_{\frac{a}{2}}^{a}=\frac{1}{3}\left\{(a-1)^3-\left(\frac{a}{2}-1\right)^3\right\}$

$=\mathbf{\frac{1}{24}(7a^3-18a^2+12a)}$

ゆえに　$V'(a)=\frac{1}{24}(21a^2-36a+12)=\frac{1}{8}(7a^2-12a+4)$

$V'(a)=0$ とすると, $0<a<1$ から　$a=\frac{6-2\sqrt{2}}{7}$　←$0<\frac{\sqrt{36}-\sqrt{8}}{7}<\frac{\sqrt{36}}{7}<1$

よって, $0<a<1$ における $V(a)$ の増減表は右のようになる。

a	0	…	$\frac{6-2\sqrt{2}}{7}$	…	1
$V'(a)$		+	0	−	
$V(a)$		↗	極大	↘	

したがって, $V(a)$ は $\boldsymbol{a=\frac{6-2\sqrt{2}}{7}}$ で最大となる。

練習 ④205 xyz 空間において，2 点 P(1, 0, 1)，Q(−1, 1, 0) を考える。線分 PQ を x 軸の周りに 1 回転して得られる立体を S とする。立体 S と，2 つの平面 $x=1$ および $x=-1$ で囲まれる立体の体積を求めよ。〔類 早稲田大〕

線分 PQ 上の点 A は，O を原点，s を実数として

$\overrightarrow{OA}=\overrightarrow{OP}+s\overrightarrow{PQ}\ (0\leqq s\leqq 1)$ と表され

$\overrightarrow{OA}=(1,\ 0,\ 1)+s(-2,\ 1,\ -1)=(1-2s,\ s,\ 1-s)$

←線分 PQ 上の点であるから $0\leqq s\leqq 1$
$\overrightarrow{PQ}=(-1-1,\ 1-0,\ 0-1)$
$=(-2,\ 1,\ -1)$

$1-2s=t$ とすると $s=\dfrac{1-t}{2}$

よって，線分 PQ 上の点で x 座標が $t\ (-1\leqq t\leqq 1)$ である点 R の座標は

$R\left(t,\ \dfrac{1-t}{2},\ \dfrac{1+t}{2}\right)$

←$1-s=\dfrac{1+t}{2}$

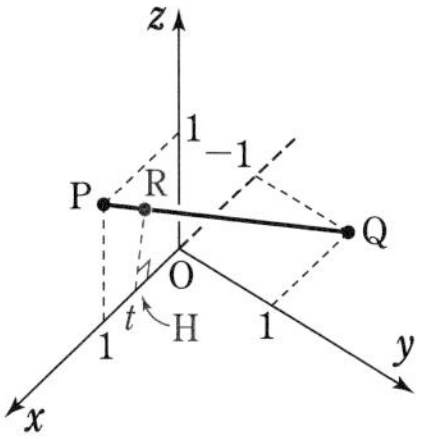

H$(t,\ 0,\ 0)$ とすると，立体 S を平面 $x=t\ (-1\leqq t\leqq 1)$ で切ったときの断面は，中心が H，半径が RH の円である。

←立体 S を平面 $x=t$ で切ったときの断面

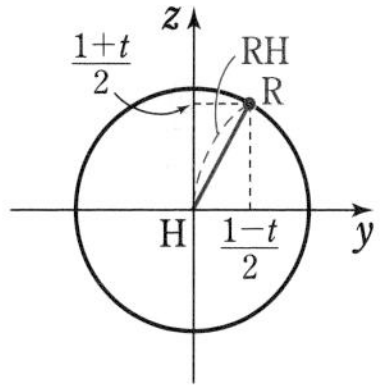

その断面積は

$$\pi RH^2=\pi\left\{\left(\frac{1-t}{2}\right)^2+\left(\frac{1+t}{2}\right)^2\right\}=\frac{\pi}{2}(t^2+1)$$

よって，求める体積は

$$\int_{-1}^{1}\frac{\pi}{2}(t^2+1)dt=\pi\int_0^1(t^2+1)dt=\pi\left[\frac{t^3}{3}+t\right]_0^1=\boldsymbol{\frac{4}{3}\pi}$$

練習 ⑤206 xyz 空間において，平面 $y=z$ の中で $|x|\leqq\dfrac{e^y+e^{-y}}{2}-1$，$0\leqq y\leqq\log a$ で与えられる図形 D を考える。ただし，a は 1 より大きい定数とする。
この図形 D を y 軸の周りに 1 回転させてできる立体の体積を求めよ。〔京都大〕

HINT 図形 D の y 軸に垂直な平面 $y=t$ による切り口は，平面 $y=z$ 上の線分であり，この線分を y 軸の周りに 1 回転した図形が題意の立体の断面である。

図形 D の y 軸に垂直な平面 $y=t\ (0\leqq t\leqq\log a)$ による切り口を考える。

また，A$(0,\ t,\ 0)$ とする。このとき，$z=t$，

$|x|\leqq\dfrac{e^t+e^{-t}}{2}-1$ であるから，切り口は 2 点

$P\left(\dfrac{e^t+e^{-t}}{2}-1,\ t,\ t\right)$，$Q\left(-\left(\dfrac{e^t+e^{-t}}{2}-1\right),\ t,\ t\right)$

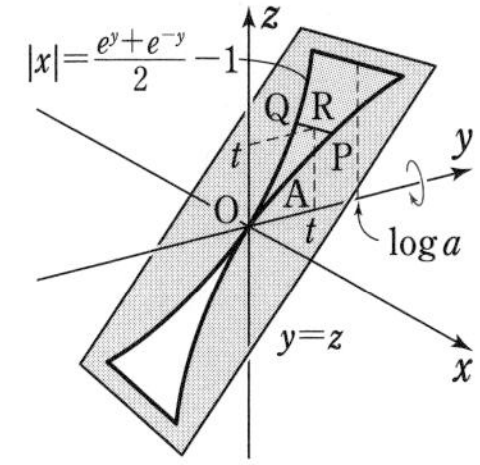

を結んだ線分 PQ になる（ただし，$t=0$ のときは点 O）。

R$(0,\ t,\ t)$ とする。 ←R は線分 PQ の中点。

この線分 PQ を y 軸の周りに 1 回転させてできる図形は右の図のようになり，赤い部分の面積を $S(t)$ とすると

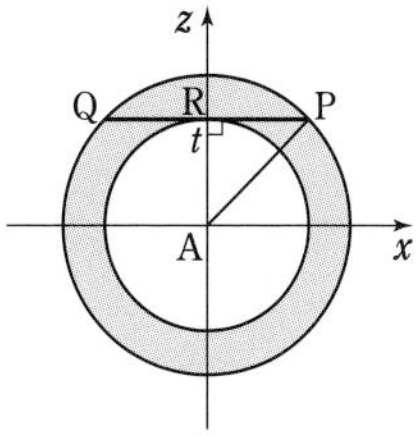

$$S(t)=\pi(AP^2-AR^2)=\pi PR^2=\pi\left(\frac{e^t+e^{-t}}{2}-1\right)^2$$

よって，求める体積を $V(a)$ とすると

$$V(a)=\int_0^{\log a}S(t)dt=\pi\int_0^{\log a}\left(\frac{e^t+e^{-t}}{2}-1\right)^2dt$$

$$=\pi\int_0^{\log a}\left\{\frac{1}{4}(e^{2t}+e^{-2t})-(e^t+e^{-t})+\frac{3}{2}\right\}dt$$

$$=\pi\left[\frac{1}{8}(e^{2t}-e^{-2t})-(e^t-e^{-t})+\frac{3}{2}t\right]_0^{\log a}$$

$$=\boldsymbol{\pi\left\{\frac{1}{8}\left(a^2-\frac{1}{a^2}\right)-\left(a-\frac{1}{a}\right)+\frac{3}{2}\log a\right\}}$$

←$e^{\log a}=a$, $e^{2\log a}=e^{\log a^2}=a^2$

練習 ④207 xy 平面上の原点を中心とする単位円を底面とし，点 P$(t,\ 0,\ 1)$ を頂点とする円錐を K とする。t が $-1\leqq t\leqq 1$ の範囲を動くとき，円錐 K の表面および内部が通過する部分の体積を求めよ。
〔早稲田大〕

HINT まず，t を固定して，円錐 K の平面 $z=k$ $(0\leqq k<1)$ による切り口の図形の方程式を求める。このとき，ベクトルを利用するとよい。

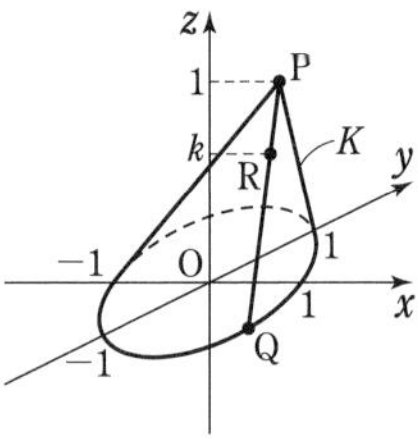

円錐 K の底面の円周上の点を Q$(x_0,\ y_0,\ 0)$ とし，K の平面 $z=k$ $(0\leqq k<1)$ による切り口と線分 PQ との交点を R$(x,\ y,\ k)$ とする。このとき，実数 l を用いて $\overrightarrow{PR}=l\overrightarrow{PQ}$ が成り立つ。よって，O を原点とすると

←Q$(\cos\theta,\ \sin\theta,\ 0)$ として進めてもよい。

←点 P，Q，R は一直線上にある。

$$\overrightarrow{OR}=\overrightarrow{OP}+\overrightarrow{PR}=\overrightarrow{OP}+l\overrightarrow{PQ}$$
$$=(t,\ 0,\ 1)+l(x_0-t,\ y_0,\ -1)$$
$$=(t+l(x_0-t),\ ly_0,\ 1-l)$$

すなわち　$x=t+l(x_0-t)$，$y=ly_0$，$k=1-l$

←$\overrightarrow{OR}=(x,\ y,\ k)$

ここで，$k=1-l$ より $l=1-k$ であるから

$$x=t+(1-k)(x_0-t),\quad y=(1-k)y_0$$

ゆえに　$x_0=\dfrac{x-t}{1-k}+t$，$y_0=\dfrac{y}{1-k}$ …… ①　また　$x_0{}^2+y_0{}^2=1$

←Q は xy 平面上で原点中心の単位円上の点。

① を代入して　$\left(\dfrac{x-t}{1-k}+t\right)^2+\left(\dfrac{y}{1-k}\right)^2=1$

整理すると　$(x-kt)^2+y^2=(1-k)^2$

←両辺に $(1-k)^2$ を掛ける。

よって，円錐 K の平面 $z=k$ による切り口は，中心 $(kt,\ 0,\ k)$，半径 $1-k$ の円である。

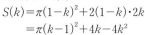

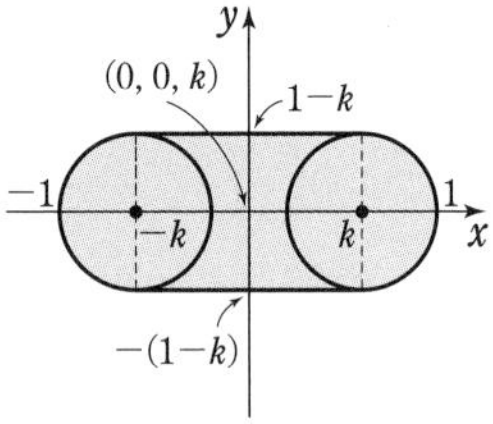

t が $-1\leqq t\leqq 1$ の範囲を動くとき，円錐 K の表面および内部が通過する部分を平面 $z=k$ で切った断面は，右の図のようになる。赤い部分の面積を $S(k)$ とすると

←半径 $1-k$ の円が，中心の x 座標が $-k$ から k まで動くときに通過する部分。

$$S(k)=\pi(1-k)^2+2(1-k)\cdot 2k$$
$$=\pi(k-1)^2+4k-4k^2$$

←(2 つの半円を合わせた 1 つの円)+(中央の長方形)

したがって，求める体積 V は

$$V=\int_0^1 S(k)dk=\int_0^1\{\pi(k-1)^2+4k-4k^2\}dk$$

$$=\left[\frac{\pi}{3}(k-1)^3+2k^2-\frac{4}{3}k^3\right]_0^1=\boldsymbol{\frac{\pi+2}{3}}$$

練習 ②208 次の曲線の長さを求めよ。
(1) $x=2t-1,\ y=e^t+e^{-t}\ (0\leqq t\leqq 1)$　(2) $x=t-\sin t,\ y=1-\cos t\ (0\leqq t\leqq \pi)$
(3) $y=\dfrac{x^3}{3}+\dfrac{1}{4x}\ (1\leqq x\leqq 2)$　(4) $y=\log(\sin x)\ \left(\dfrac{\pi}{3}\leqq x\leqq \dfrac{\pi}{2}\right)$　［(4) 類 信州大］

求める曲線の長さを L とする。

(1) $\dfrac{dx}{dt}=2,\ \dfrac{dy}{dt}=e^t-e^{-t}$

よって　$L=\displaystyle\int_0^1\sqrt{2^2+(e^t-e^{-t})^2}\,dt=\int_0^1(e^t+e^{-t})dt$

$=\Big[e^t-e^{-t}\Big]_0^1=\boldsymbol{e-\dfrac{1}{e}}$

← $\sqrt{\left(\dfrac{dx}{dt}\right)^2+\left(\dfrac{dy}{dt}\right)^2}=\sqrt{(e^t+e^{-t})^2}=e^t+e^{-t}$

(2) $\dfrac{dx}{dt}=1-\cos t,\ \dfrac{dy}{dt}=\sin t$

$(1-\cos t)^2+\sin^2 t=2(1-\cos t)=4\sin^2\dfrac{t}{2}$

← $\cos t=\cos 2\cdot\dfrac{t}{2}=1-2\sin^2\dfrac{t}{2}$

また，$0\leqq t\leqq\pi$ から　$\sin\dfrac{t}{2}\geqq 0$

よって　$L=\displaystyle\int_0^\pi\sqrt{4\sin^2\frac{t}{2}}\,dt=\int_0^\pi 2\sin\frac{t}{2}dt$

$=4\Big[-\cos\dfrac{t}{2}\Big]_0^\pi=\boldsymbol{4}$

(3) $\dfrac{dy}{dx}=x^2-\dfrac{1}{4x^2}$

よって　$L=\displaystyle\int_1^2\sqrt{1+\left(x^2-\frac{1}{4x^2}\right)^2}\,dx=\int_1^2\left(x^2+\frac{1}{4x^2}\right)dx$

$=\Big[\dfrac{x^3}{3}-\dfrac{1}{4x}\Big]_1^2=\dfrac{7}{3}+\dfrac{1}{8}=\boldsymbol{\dfrac{59}{24}}$

← $1+\left(x^2-\dfrac{1}{4x^2}\right)^2=1+x^4-\dfrac{1}{2}+\dfrac{1}{16x^4}=\left(x^2+\dfrac{1}{4x^2}\right)^2$

(4) $\dfrac{dy}{dx}=\dfrac{\cos x}{\sin x}$

よって　$L=\displaystyle\int_{\frac{\pi}{3}}^{\frac{\pi}{2}}\sqrt{1+\left(\frac{\cos x}{\sin x}\right)^2}\,dx=\int_{\frac{\pi}{3}}^{\frac{\pi}{2}}\sqrt{\frac{1}{\sin^2 x}}\,dx$

← $\sin^2 x+\cos^2 x=1$

$=\displaystyle\int_{\frac{\pi}{3}}^{\frac{\pi}{2}}\frac{1}{\sin x}dx=\int_{\frac{\pi}{3}}^{\frac{\pi}{2}}\frac{\sin x}{\sin^2 x}dx=\int_{\frac{\pi}{3}}^{\frac{\pi}{2}}\frac{\sin x}{1-\cos^2 x}dx$

$=\displaystyle\frac{1}{2}\int_{\frac{\pi}{3}}^{\frac{\pi}{2}}\left(\frac{\sin x}{1-\cos x}+\frac{\sin x}{1+\cos x}\right)dx$

$=\displaystyle\frac{1}{2}\int_{\frac{\pi}{3}}^{\frac{\pi}{2}}\left\{\frac{(1-\cos x)'}{1-\cos x}-\frac{(1+\cos x)'}{1+\cos x}\right\}dx$

$=\dfrac{1}{2}\Big[\log\dfrac{1-\cos x}{1+\cos x}\Big]_{\frac{\pi}{3}}^{\frac{\pi}{2}}=\dfrac{1}{2}\left(0-\log\dfrac{1}{3}\right)=\boldsymbol{\dfrac{1}{2}\log 3}$

← $\cos x=t$ とおくと
$-\sin x\,dx=dt$

x	$\dfrac{\pi}{3}\longrightarrow\dfrac{\pi}{2}$
t	$\dfrac{1}{2}\longrightarrow 0$

よって
$L=\displaystyle\int_{\frac{1}{2}}^{0}\frac{-1}{1-t^2}dt$ として求めてもよい。

練習 ④209 $a>0$ とする。長さ $2\pi a$ のひもが一方の端を半径 a の円周上の点 A に固定して，その円に巻きつけてある。このひもを引っ張りながら円からはずしていくとき，ひもの他方の端 P が描く曲線の長さを求めよ。

円の方程式を $x^2+y^2=a^2$, A$(a,\ 0)$, P$(x,\ y)$ とし，図のようにQをとる。

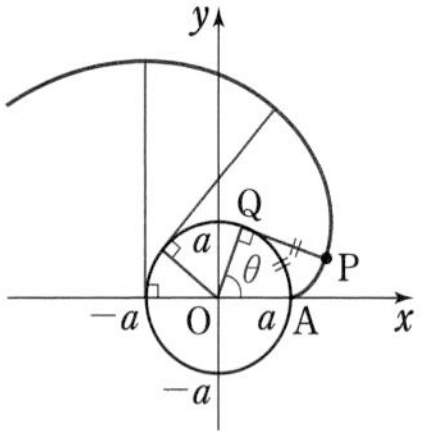

Oを原点とし，$\angle$QOA$=\theta$ $(0\leqq\theta\leqq2\pi)$ とすると

$$\mathrm{Q}(a\cos\theta,\ a\sin\theta),\ \mathrm{PQ}=\overset{\frown}{\mathrm{AQ}}=a\theta,$$

$$\overrightarrow{\mathrm{QP}}=\left(a\theta\cos\left(\theta-\frac{\pi}{2}\right),\ a\theta\sin\left(\theta-\frac{\pi}{2}\right)\right)$$

$$=(a\theta\sin\theta,\ -a\theta\cos\theta)$$

よって，$\overrightarrow{\mathrm{OP}}=\overrightarrow{\mathrm{OQ}}+\overrightarrow{\mathrm{QP}}$ から

$$x=a\cos\theta+a\theta\sin\theta,\ y=a\sin\theta-a\theta\cos\theta$$

ゆえに　$\dfrac{dx}{d\theta}=a(-\sin\theta)+a\sin\theta+a\theta\cos\theta=a\theta\cos\theta,$

$$\frac{dy}{d\theta}=a\cos\theta-a\cos\theta+a\theta\sin\theta=a\theta\sin\theta$$

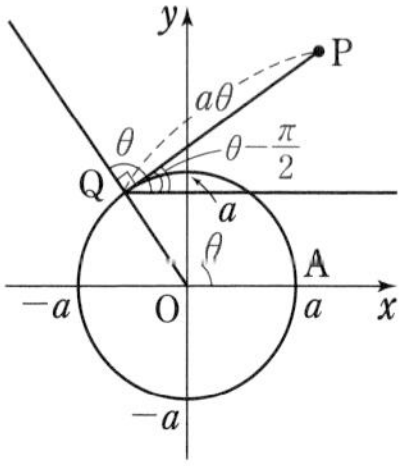

したがって，曲線の長さは

$$\int_0^{2\pi}\sqrt{(a\theta\cos\theta)^2+(a\theta\sin\theta)^2}\,d\theta=a\int_0^{2\pi}\theta\,d\theta=a\left[\frac{\theta^2}{2}\right]_0^{2\pi}$$

$$=\boldsymbol{2\pi^2a}$$

検討　この曲線を **円の伸開線(インボリュート)** という。

練習 ②210
(1) x 軸上を動く2点P，Qが同時に原点を出発して，t 秒後の速度はそれぞれ $\sin\pi t$, $2\sin\pi t$ (/s) である。
(ア) $t=3$ におけるPの座標を求めよ。
(イ) $t=0$ から $t=3$ までにPが動いた道のりを求めよ。
(ウ) 出発後初めて2点P，Qが重なるのは何秒後か。また，このときまでのQの道のりを求めよ。
(2) x 軸上を動く点の加速度が時刻 t の関数 $6(2t^2-2t+1)$ であり，$t=0$ のとき点1，速度 -1 である。$t=1$ のときの点の位置を求めよ。

(1) (ア) $0+\displaystyle\int_0^3\sin\pi t\,dt=\left[-\frac{1}{\pi}\cos\pi t\right]_0^3=-\frac{1}{\pi}(-1-1)=\boldsymbol{\frac{2}{\pi}}$

(イ) $0\leqq t\leqq1$, $2\leqq t\leqq3$ のとき　$\sin\pi t\geqq0$
$1\leqq t\leqq2$ のとき　$\sin\pi t\leqq0$

←Pの速度の符号を調べる。

したがって，求める道のりは

$$\int_0^3|\sin\pi t|dt$$

$$=\int_0^1\sin\pi t\,dt+\int_1^2(-\sin\pi t)dt+\int_2^3\sin\pi t\,dt$$

$$=\left[-\frac{1}{\pi}\cos\pi t\right]_0^1+\left[\frac{1}{\pi}\cos\pi t\right]_1^2+\left[-\frac{1}{\pi}\cos\pi t\right]_2^3$$

$$=-\frac{1}{\pi}(-1-1)+\frac{1}{\pi}(1+1)-\frac{1}{\pi}(-1-1)=\boldsymbol{\frac{6}{\pi}}$$

←$\sin\pi t$ の周期は $\dfrac{2\pi}{\pi}=2$ であり，この周期性を考えて
$\displaystyle\int_0^1\sin\pi t\,dt$
$=\displaystyle\int_1^2(-\sin\pi t)dt$
$=\displaystyle\int_2^3\sin\pi t\,dt$
としてもよい。

(ウ) t (>0) 秒後にP，Qが重なるとすると

$$\int_0^t\sin\pi t\,dt=\int_0^t2\sin\pi t\,dt\quad すなわち\quad \int_0^t\sin\pi t\,dt=0$$

←t 秒後に，P，Qが重なる ⟺ PとQの座標が一致する。

ゆえに　$\left[-\dfrac{1}{\pi}\cos\pi t\right]_0^t=0$　　よって　$\cos\pi t-1=0$

したがって　$\cos\pi t=1$　すなわち　$\pi t=2n\pi$ (n は整数)

$t>0$ の範囲で $\pi t=2n\pi$ を満たす最小のものは，$n=1$ とすると $\pi t=2\pi$ から　　$t=2$　すなわち　**2 秒後。**

また，Q の **道のりは**

$$\int_0^2|2\sin\pi t|dt=2\int_0^1\sin\pi t\,dt+2\int_1^2(-\sin\pi t)dt$$
$$=2\left[-\frac{1}{\pi}\cos\pi t\right]_0^1+2\left[\frac{1}{\pi}\cos\pi t\right]_1^2$$
$$=\boldsymbol{\frac{8}{\pi}}$$

(2)　速度：$v(t)=-1+\int_0^t 6(2t^2-2t+1)dt=4t^3-6t^2+6t-1$

←$v(t)=v(0)+\int_0^t\alpha(t)dt$

位置：$x(t)=1+\int_0^t(4t^3-6t^2+6t-1)dt=t^4-2t^3+3t^2-t+1$

←$x(t)=x(0)+\int_0^t v(t)dt$

よって，$t=1$ のときの点の位置は

$$x(1)=1-2+3-1+1=\mathbf{2}$$

練習 ②211　時刻 t における座標が次の式で与えられる点が動く道のりを求めよ。〔類　山形大〕

(1)　$x=t^2$，$y=t^3$ $(0\leqq t\leqq 1)$　　(2)　$x=t^2-\sin t^2$，$y=1-\cos t^2$ $(0\leqq t\leqq\sqrt{2\pi})$

(1)　$\dfrac{dx}{dt}=2t$，$\dfrac{dy}{dt}=3t^2$

道のりは，$t\geqq 0$ であるから

$$\int_0^1\sqrt{(2t)^2+(3t^2)^2}\,dt=\int_0^1\sqrt{t^2(9t^2+4)}\,dt$$
$$=\int_0^1 t\sqrt{9t^2+4}\,dt=\int_0^1\sqrt{9t^2+4}\cdot\frac{1}{18}(9t^2+4)'dt$$
$$=\frac{1}{18}\left[\frac{2}{3}(9t^2+4)^{\frac{3}{2}}\right]_0^1=\boldsymbol{\frac{13\sqrt{13}-8}{27}}$$

←$\sqrt{t^2(9t^2+4)}$
$=|t|\sqrt{9t^2+4}$
$=t\sqrt{9t^2+4}$

(2)　$\dfrac{dx}{dt}=2t-2t\cos t^2=2t(1-\cos t^2)$，$\dfrac{dy}{dt}=2t\sin t^2$

道のりは，$t\geqq 0$ であるから

$$\int_0^{\sqrt{2\pi}}\{4t^2(1-2\cos t^2+\cos^2 t^2)+4t^2\sin^2 t^2\}^{\frac{1}{2}}dt$$
$$=\int_0^{\sqrt{2\pi}}\{8t^2(1-\cos t^2)\}^{\frac{1}{2}}dt=2\sqrt{2}\int_0^{\sqrt{2\pi}}t\sqrt{1-\cos t^2}\,dt$$
$$=2\sqrt{2}\int_0^{\sqrt{2\pi}}t\sqrt{2\sin^2\frac{t^2}{2}}\,dt=4\int_0^{\sqrt{2\pi}}t\sin\frac{t^2}{2}dt$$
$$=4\left[-\cos\frac{t^2}{2}\right]_0^{\sqrt{2\pi}}=4\cdot 2=\mathbf{8}$$

←$1-\cos●=2\sin^2\dfrac{●}{2}$

←$0\leqq\dfrac{t^2}{2}\leqq\pi$ であるから
$\sin\dfrac{t^2}{2}\geqq 0$

練習 ③212　曲線 $y=x(1-x)$ $\left(0\leqq x\leqq\dfrac{1}{2}\right)$ を y 軸の周りに回転してできる容器に，単位時間あたり一定の割合 V で水を注ぐ。

(1)　水面の高さが h $\left(0\leqq h\leqq\dfrac{1}{4}\right)$ であるときの水の体積を $v(h)$ とすると，

$v(h)=\dfrac{\pi}{2}\int_0^h(\boxed{})dy$ と表される。ただし，$\boxed{}$ には y の関数を入れよ。

(2)　水面の上昇する速度 u を水面の高さ h の関数として表せ。

(3)　空の容器に水がいっぱいになるまでの時間を求めよ。〔類　筑波大〕

(1)　$v(h)=\pi\int_0^h x^2dy$ である。

ここで，$y=x(1-x)$ から　　$x^2-x+y=0$

よって　　$x=\dfrac{-(-1)\pm\sqrt{(-1)^2-4\cdot1\cdot y}}{2\cdot1}=\dfrac{1\pm\sqrt{1-4y}}{2}$

$0\leqq x\leqq\dfrac{1}{2}$ であるから　　$x=\dfrac{1-\sqrt{1-4y}}{2}$

ゆえに　　$x^2=\left(\dfrac{1-\sqrt{1-4y}}{2}\right)^2=\dfrac{1-2y-\sqrt{1-4y}}{2}$

よって　　$v(h)=\dfrac{\pi}{2}\int_0^h(\mathbf{1-2y-\sqrt{1-4y}})dy$

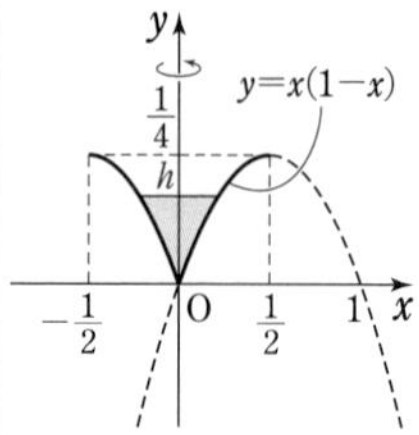

(2)　$V=\dfrac{dv}{dt}=\dfrac{dv}{dh}\cdot\dfrac{dh}{dt}=\dfrac{\pi}{2}(1-2h-\sqrt{1-4h})\cdot\dfrac{dh}{dt}$

←条件から，v の変化率が V（一定）。

ゆえに　　$\boldsymbol{u}=\dfrac{dh}{dt}=\dfrac{2V}{\pi}\cdot\dfrac{1}{1-2h-\sqrt{1-4h}}$

$=\dfrac{2V}{\pi}\cdot\dfrac{1-2h+\sqrt{1-4h}}{(1-2h)^2-(1-4h)}$

←分母を有理化した。

$=\boldsymbol{\dfrac{V}{2\pi}\cdot\dfrac{1-2h+\sqrt{1-4h}}{h^2}}$

(3)　水がいっぱいになったときの水の体積は

$v\left(\dfrac{1}{4}\right)=\dfrac{\pi}{2}\int_0^{\frac{1}{4}}(1-2y-\sqrt{1-4y})dy$

←定積分を計算。

$=\dfrac{\pi}{2}\left[y-y^2-\dfrac{1}{-4}\cdot\dfrac{2}{3}(1-4y)^{\frac{3}{2}}\right]_0^{\frac{1}{4}}$

←$\int(ay+b)^{\alpha}dy=\dfrac{1}{a}\cdot\dfrac{(ay+b)^{\alpha+1}}{\alpha+1}+C$

$=\dfrac{\pi}{2}\left(\dfrac{1}{4}-\dfrac{1}{16}-\dfrac{1}{6}\right)=\dfrac{\pi}{96}$

よって，いっぱいになるまでの時間は

$v\left(\dfrac{1}{4}\right)\div V=\boldsymbol{\dfrac{\pi}{96V}}$

←求める時間を t とすると　$Vt=v\left(\dfrac{1}{4}\right)$

練習 ③213

(1)　A, B を任意の定数とする方程式 $y=A\sin x+B\cos x-1$ から A, B を消去して微分方程式を作れ。

(2)　y は x の関数とする。次の微分方程式を解け。ただし，(イ) は［　］内の初期条件のもとで解け。

(ア)　$y'=ay^2$（a は定数）　　　　(イ)　$xy'+y=y'+1$［$x=2$ のとき $y=2$］

(1)　$y=A\sin x+B\cos x-1$ ……①

$y'=A\cos x-B\sin x$ ……②

$y''=-A\sin x-B\cos x$ ……③　とする。

←③ から　$A\sin x+B\cos x=-y''$
① から　$y=-y''-1$
としてもよい。

②×$\cos x$−③×$\sin x$ から　　$A=y'\cos x-y''\sin x$

←$\sin^2x+\cos^2x=1$

②×$\sin x$+③×$\cos x$ から　　$B=-(y'\sin x+y''\cos x)$

これらを ① に代入して

$y=\sin x(y'\cos x-y''\sin x)-\cos x(y'\sin x+y''\cos x)-1$

←$\sin^2x+\cos^2x=1$

$=-y''-1$

←これを答としてもよい。

したがって　　$\boldsymbol{y''=-y-1}$

(2) (ア) [1] 定数関数 $y=0$ は明らかに解である。

[2] $y\neq0$ のとき $\frac{1}{y^2}\cdot\frac{dy}{dx}=a$

ゆえに $\int\frac{1}{y^2}\cdot\frac{dy}{dx}dx=a\int dx$

よって $\int\frac{1}{y^2}dy=a\int dx$

ゆえに $-\frac{1}{y}=ax+C$ (C は任意定数)

よって $-1=(ax+C)y$ すなわち $(ax+C)y+1=0$

以上から，解は **$(ax+C)y+1=0$ (C は任意定数)，$y=0$**

(イ) $x\frac{dy}{dx}+y=\frac{dy}{dx}+1$ から $(x-1)\frac{dy}{dx}=-(y-1)$ …… ①

定数関数 $y=1$ は与えられた初期条件を満たさない。

$y\neq1$ のとき，① から $\frac{1}{y-1}\cdot\frac{dy}{dx}=-\frac{1}{x-1}$

ゆえに $\int\frac{1}{y-1}\cdot\frac{dy}{dx}dx=-\int\frac{1}{x-1}dx$

よって $\int\frac{dy}{y-1}=-\int\frac{dx}{x-1}$

ゆえに $\log|y-1|=-\log|x-1|+C$ (C は任意定数)

よって $|y-1|=\frac{e^C}{|x-1|}$ すなわち $y=1\pm\frac{e^C}{x-1}$

$\pm e^C=A$ とおくと，A は 0 以外の任意の値をとり

$y=1+\frac{A}{x-1}$

$x=2$ のとき $y=2$ であるから $2=1+A$

ゆえに $A=1$ したがって，解は **$y=1+\frac{1}{x-1}$**

←$y=0$ のとき $y'=0$

←変数分離形に変形。

←置換積分法の公式。
$\int f(y)\frac{dy}{dx}dx=\int f(y)dy$

←解を 1 つにまとめることはできない。

←関数 $y=1$ は，$x=2$ のとき $y=1$ である。

←置換積分法の公式。

←$-\log|x-1|=\log\frac{1}{|x-1|}$
$\log\frac{1}{|x-1|}+\log e^C$
$=\log\frac{e^C}{|x-1|}$

←$A\neq0$ を満たす。

6章 練習 [積分法の応用]

練習 ④214 y は x の関数とする。( ) 内のおき換えを利用して，次の微分方程式を解け。
(1) $\frac{dy}{dx}=\frac{1-x-y}{x+y}$ $(x+y=z)$　(2) $\frac{dy}{dx}=(x-y)^2$ $(x-y=z)$

(1) $x+y=z$ とおくと，方程式は $\frac{dy}{dx}=\frac{1-z}{z}$ …… ①

また，$z=x+y$ の両辺を x で微分して $\frac{dz}{dx}=1+\frac{dy}{dx}$

① を代入して $\frac{dz}{dx}=1+\frac{1-z}{z}$ すなわち $\frac{dz}{dx}=\frac{1}{z}$

ゆえに $z\frac{dz}{dx}=1$ よって $\int z\frac{dz}{dx}dx=\int dx$

ゆえに $\int zdz=\int dx$

よって $\frac{z^2}{2}=x+C$ (C は任意定数)

←$\frac{dy}{dx}=f(ax+by+c)$ の形は，$ax+by+c=z$ のおき換えにより，変数分離形にもち込む。

←変数分離形。

←置換積分法の公式。

ゆえに　$(x+y)^2=2x+2C$

$2C=A$ とおくと，解は　$\boldsymbol{(x+y)^2=2x+A}$（**$A$ は任意定数**）

(2)　$x-y=z$ とおくと，方程式は　$\dfrac{dy}{dx}=z^2$ …… ①

また，$z=x-y$ の両辺を x で微分して

$$\frac{dz}{dx}=1-\frac{dy}{dx}$$

① を代入して　$\dfrac{dz}{dx}=1-z^2$

[1]　$z=\pm1$ のとき　$x-y=\pm1$

よって　$y=x\mp1$（複号同順）

これは，与えられた方程式を満たすから，解である。

←方程式の左辺，右辺はともに 1 となる。

[2]　$z\neq\pm1$ のとき　$\dfrac{1}{1-z^2}\cdot\dfrac{dz}{dx}=1$

←変数分離形。

ゆえに　$\displaystyle\int\frac{1}{1-z^2}\cdot\frac{dz}{dx}dx=\int dx$

よって　$\displaystyle\int\frac{dz}{1-z^2}=\int dx$

←置換積分法の公式。

ここで　$\displaystyle\int\frac{dz}{1-z^2}=\frac{1}{2}\int\left(\frac{1}{1+z}+\frac{1}{1-z}\right)dz$

←部分分数に分解する。

$$=\frac{1}{2}(\log|1+z|-\log|1-z|)+C_1$$

$$=\frac{1}{2}\log\left|\frac{1+z}{1-z}\right|+C_1$$

したがって　$\dfrac{1}{2}\log\left|\dfrac{1+z}{1-z}\right|=x+C$（$C$ は任意定数）

ゆえに　$\left|\dfrac{1+z}{1-z}\right|=e^{2(x+C)}$

すなわち　$\dfrac{1+z}{1-z}=\pm e^{2C}e^{2x}$

$\pm e^{2C}=A$ とおくと，A は 0 以外の任意の値をとる。

よって，解は，$\dfrac{1+z}{1-z}=Ae^{2x}$ から

$$z=\frac{Ae^{2x}-1}{Ae^{2x}+1},\ A\neq0$$

[1] における解 $z=-1$ は，[2] で $A=0$ とおくと得られるから，

←[2] の解は，$z=1$ を表すことはできない。

$\dfrac{dz}{dx}=1-z^2$ の解は

$$z=\frac{Ae^{2x}-1}{Ae^{2x}+1},\ z=1$$

$x-y=z$ より $y=x-z$ であるから，求める解は

$$\boldsymbol{y=x-\frac{Ae^{2x}-1}{Ae^{2x}+1}}\ （\textbf{A は任意定数}），\boldsymbol{y=x-1}$$

練習 ③215 点 (1, 1) を通る曲線上の点 P における接線が x 軸，y 軸と交わる点をそれぞれ Q，R とし，O を原点とする。この曲線は第 1 象限にあるとして，常に △ORP=2△OPQ であるとき，曲線の方程式を求めよ。

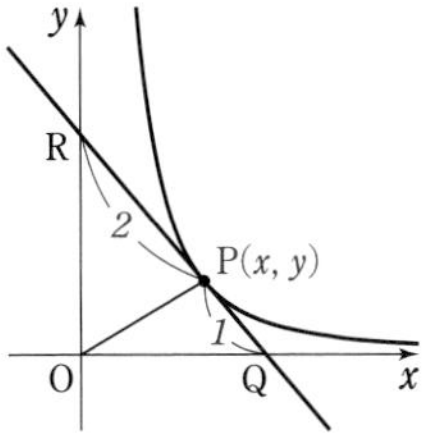

点 P の座標を $(x,\ y)$，接線上の任意の点を $(X,\ Y)$ とすると，接線の方程式は　$Y-y=y'(X-x)$

すなわち　$Y=y'X+y-xy'$ ……①

① に $Y=0$ を代入して X について解くと　$X=x-\dfrac{y}{y'}$

また，① に $X=0$ を代入すると

$Y=y-xy'$

よって　$Q\left(x-\dfrac{y}{y'},\ 0\right)$，$R(0,\ y-xy')$

条件より，△ORP：△OPQ=RP：PQ=2：1 であるから

RP=2PQ　すなわち　$RP^2=4PQ^2$

ゆえに　$x^2+(xy')^2=4\left\{\left(\dfrac{y}{y'}\right)^2+y^2\right\}$

よって　$x^2(y')^2+x^2(y')^4=4y^2\{1+(y')^2\}$

ゆえに　$\{1+(y')^2\}x^2(y')^2=4y^2\{1+(y')^2\}$

両辺を $1+(y')^2$ で割って　$x^2(y')^2=4y^2$ ……②

曲線は第 1 象限にあるから　$x>0$，$y>0$

よって，② から　$\dfrac{1}{y}\cdot\dfrac{dy}{dx}=\pm\dfrac{2}{x}$

ゆえに　$\displaystyle\int\frac{1}{y}\cdot\frac{dy}{dx}dx=\pm2\int\frac{dx}{x}$

よって　$\displaystyle\int\frac{dy}{y}=\pm2\int\frac{dx}{x}$

したがって　$\log y=\pm2\log x+C$（C は任意定数）

曲線は点 (1, 1) を通るから，$x=y=1$ を代入して　$C=0$

ゆえに　$\log y=\pm2\log x$

$\log y=2\log x$ から　$y=x^2$

$\log y=-2\log x$ から　$y=\dfrac{1}{x^2}$

したがって，求める曲線の方程式は

$\boldsymbol{y=x^2\ (x>0)}$　**または**　$\boldsymbol{y=\dfrac{1}{x^2}\ (x>0)}$

HINT　点 $P(x,\ y)$ として，微分方程式を導く。

←条件から　$y'\neq0$

←高さが同じ 2 つの三角形の面積の比は底辺の比に等しい。

←分母を払う。

←$1+(y')^2\neq0$

←変数分離形。

←置換積分法の公式。

←$y=$(x の式) の形に直してもよいが，この形のまま $x=y=1$（初期条件）を代入して C の値を求めた方がよい。

6章 練習 [積分法の応用]

EX ②149 次の曲線または直線で囲まれた部分の面積 S を求めよ。ただし，(2) の a は $0<a<1$ を満たす定数とする。

(1) $y=\sqrt[3]{x^2}$，$y=|x|$　　(2) $y=\left|\dfrac{x}{x+1}\right|$，$y=a$　　〔(2) 早稲田大〕

(1) $x \geqq 0$ のとき，2 曲線の共有点の x 座標は，$\sqrt[3]{x^2}=|x|$ から　$\sqrt[3]{x^2}=x$

ゆえに　$x^2=x^3$

よって　$x^2(x-1)=0$

したがって　$x=0,\ 1$

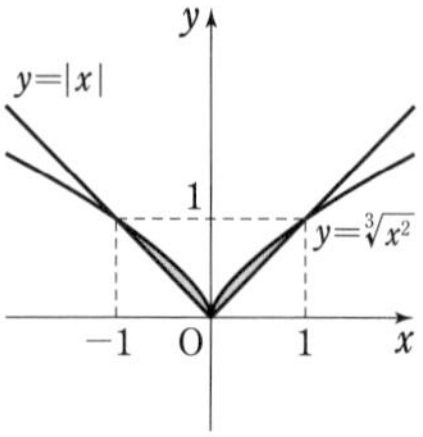

$\sqrt[3]{(-x)^2}=\sqrt[3]{x^2}$，$|-x|=|x|$ より，2 つの曲線はともに y 軸に関して対称であるから，右上の図のようになる。

よって　$S=2\displaystyle\int_0^1\left(x^{\frac{2}{3}}-x\right)dx=2\left[\frac{3}{5}x^{\frac{5}{3}}-\frac{x^2}{2}\right]_0^1$

$=2\left(\dfrac{3}{5}-\dfrac{1}{2}\right)=\mathbf{\dfrac{1}{5}}$

HINT　面積の問題では，まず，グラフをかいて，上下関係や積分区間をつかむ。

←$y=\sqrt[3]{x^2}$，$y=|x|$ はともに偶関数。

←対称性を利用して，面積を計算する。

(2) $y=\begin{cases}\dfrac{x}{x+1}=1-\dfrac{1}{x+1} \\ \quad (x<-1,\ x \geqq 0 \text{ のとき}) \\ -\dfrac{x}{x+1}=-1+\dfrac{1}{x+1} \\ \quad (-1<x<0 \text{ のとき})\end{cases}$

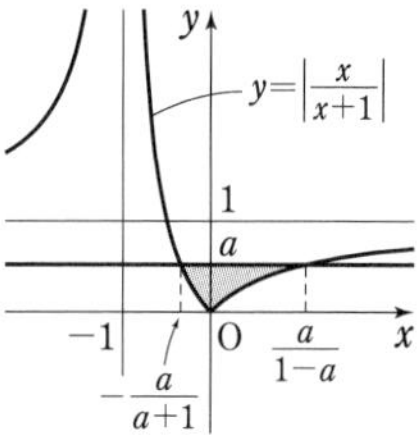

よって，$y=\left|\dfrac{x}{x+1}\right|$ のグラフは右の図のようになる。

$y=\dfrac{x}{x+1}$ から　$x=\dfrac{y}{1-y}=-1-\dfrac{1}{y-1}$

$y=-\dfrac{x}{x+1}$ から　$x=-\dfrac{y}{y+1}=-1+\dfrac{1}{y+1}$

したがって，求める面積は

$S=\displaystyle\int_0^a\left\{\left(-1-\frac{1}{y-1}\right)-\left(-1+\frac{1}{y+1}\right)\right\}dy$

$=\Big[-\log|y-1|-\log|y+1|\Big]_0^a=-\Big[\log|y^2-1|\Big]_0^a$

$=-\log|a^2-1|$

$0<a<1$ であるから　$|a^2-1|=-(a^2-1)=1-a^2$

よって　$S=\mathbf{-\log(1-a^2)}$

(2) $\left|\dfrac{x}{x+1}\right|=a$ とすると

$x=-\dfrac{a}{a+1}$，$\dfrac{a}{1-a}$

これから，面積は

$\displaystyle\int_{-\frac{a}{a+1}}^0\left\{a-\left(-\frac{x}{x+1}\right)\right\}dx$

$+\displaystyle\int_0^{\frac{a}{1-a}}\left(a-\frac{x}{x+1}\right)dx$

として求められるが，y 軸方向について積分した方が計算がらくである。

←$y(x+1)=x$ から

$(y-1)x=-y$

また　$\dfrac{y}{1-y}=\dfrac{1-(1-y)}{1-y}$

$=-1-\dfrac{1}{y-1}$

←$\log(|y-1||y+1|)$

EX ③150 (1) 関数 $f(x)=xe^{-2x}$ の極値と曲線 $y=f(x)$ の変曲点の座標を求めよ。

(2) 曲線 $y=f(x)$ 上の変曲点における接線，曲線 $y=f(x)$ および直線 $x=3$ で囲まれた部分の面積を求めよ。　〔日本女子大〕

(1) $f'(x)=e^{-2x}+x\cdot(-2e^{-2x})=(1-2x)e^{-2x}$

$f''(x)=-2e^{-2x}+(1-2x)\cdot(-2e^{-2x})=4(x-1)e^{-2x}$

$f'(x)=0$ とすると　　$x=\frac{1}{2}$

$f''(x)=0$ とすると　　$x=1$

$f(x)$ の増減，グラフの凹凸は右の表のようになる。

よって，$f(x)$ は **$x=\frac{1}{2}$ で極大値 $\frac{1}{2e}$** をとり，

曲線 $y=f(x)$ の **変曲点の座標** は $\left(\mathbf{1},\ \frac{\mathbf{1}}{\boldsymbol{e}^2}\right)$ である。

x	$\cdots$	$\frac{1}{2}$	$\cdots$	1	$\cdots$
$f'(x)$	$+$	0	$-$	$-$	$-$
$f''(x)$	$-$	$-$	$-$	0	$+$
$f(x)$	↗	$\frac{1}{2e}$	↘	$\frac{1}{e^2}$	↘

(2)　(1) から　　$f'(1)=-\frac{1}{e^2}$

よって，変曲点 $\left(1,\ \frac{1}{e^2}\right)$ における接線の方程式は

$$y-\frac{1}{e^2}=-\frac{1}{e^2}(x-1)$$

←曲線 $y=g(x)$ 上の点 $(t,\ g(t))$ における接線の方程式は
$y-g(t)=g'(t)(x-t)$

すなわち　$y=-\frac{1}{e^2}x+\frac{2}{e^2}$

(1) から，求める面積 S は右の図の赤く塗った部分の面積である。

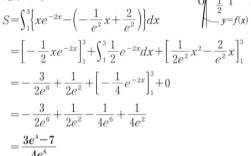

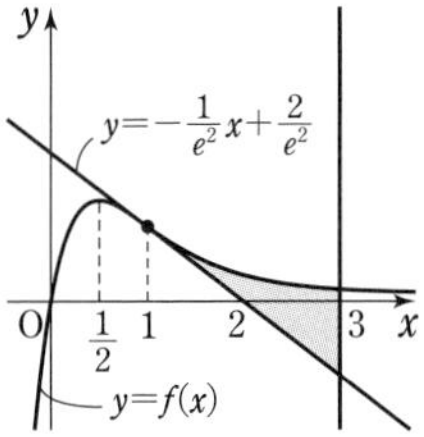

したがって

$$S=\int_1^3\left\{xe^{-2x}-\left(-\frac{1}{e^2}x+\frac{2}{e^2}\right)\right\}dx$$

$$=\left[-\frac{1}{2}xe^{-2x}\right]_1^3+\int_1^3\frac{1}{2}e^{-2x}dx+\left[\frac{1}{2e^2}x^2-\frac{2}{e^2}x\right]_1^3$$

$$=-\frac{3}{2e^6}+\frac{1}{2e^2}+\left[-\frac{1}{4}e^{-2x}\right]_1^3+0$$

$$=-\frac{3}{2e^6}+\frac{1}{2e^2}-\frac{1}{4e^6}+\frac{1}{4e^2}$$

$$=\boldsymbol{\frac{3e^4-7}{4e^6}}$$

←$1\leqq x\leqq 3$ のとき
$-\frac{1}{e^2}x+\frac{2}{e^2}\leqq xe^{-2x}$

←$\int xe^{-2x}dx$
$=\int x\left(-\frac{1}{2}e^{-2x}\right)'dx$
とみて，部分積分法。

6章
EX
［積分法の応用］

EX ③151

方程式 $y^2=x^6(1-x^2)$ が表す図形で囲まれた部分の面積を求めよ。　〔大分大〕

方程式 $y^2=x^6(1-x^2)$ が表す図形を C とする。

曲線の式で $(x,\ y)$ を $(x,\ -y)$，$(-x,\ y)$，$(-x,\ -y)$ におき換えても $y^2=x^6(1-x^2)$ は成り立つから，この曲線は x 軸，y 軸，原点に関して対称である。

◯ 計算はらくに
対称性の利用

$x\geqq 0$，$y\geqq 0$ のとき，$y^2=x^6(1-x^2)$ から　　$y=x^3\sqrt{1-x^2}$

ここで，$1-x^2\geqq 0$ であるから，$x\geqq 0$ と合わせて　　$0\leqq x\leqq 1$

←$1-x^2\geqq 0$ から
$-1\leqq x\leqq 1$
これと $x\geqq 0$ を合わせる。

$f(x)=x^3\sqrt{1-x^2}$ とすると，$0\leqq x<1$ のとき

$$f'(x)=3x^2\sqrt{1-x^2}+x^3\cdot\frac{-2x}{2\sqrt{1-x^2}}=\frac{x^2(3-4x^2)}{\sqrt{1-x^2}}$$

$f'(x)=0$ とすると，$0\leqq x<1$ のとき　　$x=0,\ \frac{\sqrt{3}}{2}$

$0 \leqq x \leqq 1$ における $f(x)$ の増減表は左下のようになり，対称性から曲線 C の概形は右下のようになる。

x	0	$\cdots$	$\dfrac{\sqrt{3}}{2}$	$\cdots$	1
$f'(x)$	0	$+$	0	$-$	
$f(x)$	0	↗	$\dfrac{3\sqrt{3}}{16}$	↘	0

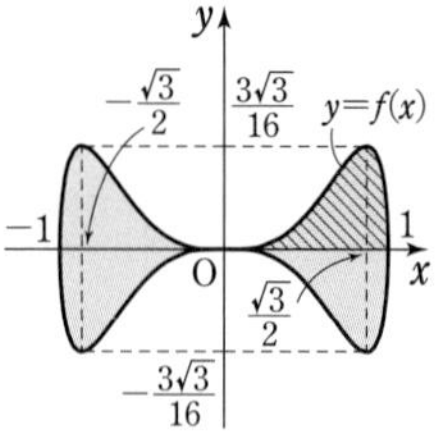

求める面積を S とすると　　$S=4\int_0^1 x^3\sqrt{1-x^2}\,dx$

$\sqrt{1-x^2}=t$ とおくと　　$x^2=1-t^2$

←両辺を平方して整理。

よって，$2x\,dx=-2t\,dt$ から　　$x\,dx=-t\,dt$

x	$0 \longrightarrow 1$
t	$1 \longrightarrow 0$

x と t の対応は右のようになる。

ゆえに　　$S=4\int_0^1 x^2\sqrt{1-x^2}\cdot x\,dx=4\int_1^0(1-t^2)t\cdot(-t)dt$

←$-\int_1^0=\int_0^1$

$$=4\int_0^1(t^2-t^4)dt=4\left[\frac{t^3}{3}-\frac{t^5}{5}\right]_0^1=\mathbf{\frac{8}{15}}$$

別解　$\int_0^1 x^3\sqrt{1-x^2}\,dx$ の計算

x	$0 \longrightarrow 1$
θ	$0 \longrightarrow \dfrac{\pi}{2}$

$\sqrt{a^2-x^2}$ の定積分 $x=a\sin\theta$ とおく

$x=\sin\theta$ とおくと　　$dx=\cos\theta\,d\theta$

よって　　$S=4\int_0^{\frac{\pi}{2}}\sin^3\theta\sqrt{1-\sin^2\theta}\cdot\cos\theta\,d\theta$

←$0 \leqq x \leqq \dfrac{\pi}{2}$ において $\sqrt{1-\sin^2\theta}=\cos\theta$

$$=4\int_0^{\frac{\pi}{2}}(1-\cos^2\theta)\cos^2\theta\cdot\sin\theta\,d\theta$$

$$=-4\int_0^{\frac{\pi}{2}}(\cos^2\theta-\cos^4\theta)\cdot(\cos\theta)'\,d\theta$$

$$=-4\left[\frac{1}{3}\cos^3\theta-\frac{1}{5}\cos^5\theta\right]_0^{\frac{\pi}{2}}=\mathbf{\frac{8}{15}}$$

EX ③152

方程式 $x^2-xy+y^2=3$ の表す座標平面上の曲線で囲まれた図形を D とする。

(1) この方程式を y について解くと，$y=\dfrac{1}{2}\{x\pm\sqrt{3(4-x^2)}\}$ となることを示せ。

(2) $\sqrt{3} \leqq x \leqq 2$ を満たす実数 x に対し，$f(x)=\dfrac{1}{2}\{x-\sqrt{3(4-x^2)}\}$ とする。$f(x)$ の最大値と最小値を求めよ。また，そのときの x の値を求めよ。

(3) $0 \leqq x \leqq 2$ を満たす実数 x に対し，$g(x)=\dfrac{1}{2}\{x+\sqrt{3(4-x^2)}\}$ とする。$g(x)$ の最大値と最小値を求めよ。また，そのときの x の値を求めよ。

(4) 図形 D の $x \geqq 0$，$y \geqq 0$ の部分の面積を求めよ。　　〔類　東京都立大〕

(1) $x^2-xy+y^2=3$ から　　$y^2-xy+(x^2-3)=0$

←y について整理。

よって　　$y=\dfrac{1}{2}\{-(-x)\pm\sqrt{(-x)^2-4\cdot1\cdot(x^2-3)}\}$

←解の公式。

$$=\frac{1}{2}\{x\pm\sqrt{3(4-x^2)}\}$$

(2) $f'(x)=\dfrac{1}{2}\left\{1-\dfrac{3(-2x)}{2\sqrt{3(4-x^2)}}\right\}=\dfrac{1}{2}\left\{1+\dfrac{3x}{\sqrt{3(4-x^2)}}\right\}$

←微分法を利用して，$f(x)$ の増減を調べる。

$\sqrt{3}<x<2$ において，$3x>0$，$4-x^2>0$ であるから

$$f'(x)>0$$

よって，$f(x)$ は単調に増加する。

また　$f(2)=\frac{1}{2}(2-0)=1$，$f(\sqrt{3})=\frac{1}{2}(\sqrt{3}-\sqrt{3})=0$

ゆえに，$f(x)$ は **$x=2$ で最大値 1，$x=\sqrt{3}$ で最小値 0** をとる。

$\{\sqrt{3(4-x^2)}\}'$
$=\left[\{3(4-x^2)\}^{\frac{1}{2}}\right]'$
$=\frac{1}{2}\{3(4-x^2)\}^{-\frac{1}{2}}\times\{3(4-x^2)\}'$
$=\frac{3(-2x)}{2\sqrt{3(4-x^2)}}$

(3)　$g'(x)=\frac{1}{2}\left\{1+\frac{3(-2x)}{2\sqrt{3(4-x^2)}}\right\}=\frac{\sqrt{3(4-x^2)}-3x}{2\sqrt{3(4-x^2)}}$

$g'(x)=0$ とすると　$\sqrt{3(4-x^2)}=3x$

両辺を 2 乗して　$3(4-x^2)=9x^2$

よって，$x^2=1$ から　$x=\pm1$

$0\leqq x\leqq 2$ における $g(x)$ の増減表は次のようになる。

x	0	$\cdots$	1	$\cdots$	2
$g'(x)$		$+$	0	$-$	／
$g(x)$	$\sqrt{3}$	↗	極大 2	↘	1

ゆえに，$g(x)$ は **$x=1$ で最大値 2，$x=2$ で最小値 1** をとる。

(4)　求める面積を S とすると，S は右の図の赤く塗った部分の面積である。

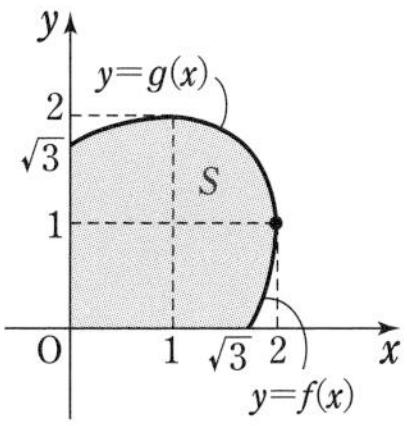

←(2)，(3) の結果から，左の図が得られる。

よって

$$S=\int_0^2 g(x)dx-\int_{\sqrt{3}}^2 f(x)dx$$

$$=\int_0^2\frac{1}{2}\{x+\sqrt{3(4-x^2)}\}dx-\int_{\sqrt{3}}^2\frac{1}{2}\{x-\sqrt{3(4-x^2)}\}dx$$

$$=\frac{1}{2}\int_0^{\sqrt{3}}x\,dx+\frac{\sqrt{3}}{2}\int_0^2\sqrt{4-x^2}\,dx+\frac{\sqrt{3}}{2}\int_{\sqrt{3}}^2\sqrt{4-x^2}\,dx$$

ここで，$\int_0^2\sqrt{4-x^2}\,dx$ は半径 2 の四分円の面積に等しいから

$$\int_0^2\sqrt{4-x^2}\,dx=\frac{1}{2}\cdot2^2\cdot\frac{\pi}{2}=\pi\ \cdots\cdots ①$$

←$x=2\sin\theta$ として置換積分法を利用することもできるが，円や扇形の面積を利用する方が早い。

また，$\int_{\sqrt{3}}^2\sqrt{4-x^2}\,dx$ は右の図の斜線部分の面積に等しいから

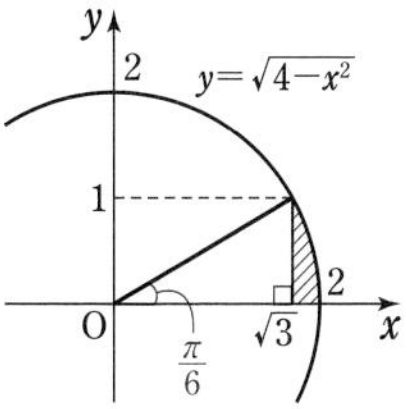

$$\int_{\sqrt{3}}^2\sqrt{4-x^2}\,dx=\frac{1}{2}\cdot2^2\cdot\frac{\pi}{6}-\frac{1}{2}\cdot\sqrt{3}\cdot1$$

$$=\frac{\pi}{3}-\frac{\sqrt{3}}{2}\ \cdots\cdots ②$$

①，② から

$$S=\frac{1}{2}\left[\frac{1}{2}x^2\right]_0^{\sqrt{3}}+\frac{\sqrt{3}}{2}\pi+\frac{\sqrt{3}}{2}\left(\frac{\pi}{3}-\frac{\sqrt{3}}{2}\right)=\boldsymbol{\frac{2\sqrt{3}}{3}\pi}$$

6章 EX [積分法の応用]

EX ③153

サイクロイド $x=\theta-\sin\theta,\ y=1-\cos\theta\ (0\leqq\theta\leqq 2\pi)$ を C とするとき

(1) C 上の点 $\left(\dfrac{\pi}{2}-1,\ 1\right)$ における接線 ℓ の方程式を求めよ。

(2) 接線 ℓ と y 軸および C で囲まれた部分の面積を求めよ。

HINT (2) (台形の面積) $-\displaystyle\int_0^{\frac{\pi}{2}-1} y\,dx$ と考えると計算がらく。

(1) $\dfrac{dx}{d\theta}=1-\cos\theta,\ \dfrac{dy}{d\theta}=\sin\theta$

よって，$\cos\theta\neq 1$ のとき $\quad \dfrac{dy}{dx}=\dfrac{\sin\theta}{1-\cos\theta}$

ここで，$\theta=\dfrac{\pi}{2}$ のとき，$x=\dfrac{\pi}{2}-1,\ y=1$ となる。

このとき $\quad \dfrac{dy}{dx}=\dfrac{\sin\frac{\pi}{2}}{1-\cos\frac{\pi}{2}}=1$

よって，接線の傾きは1であるから，接線 ℓ の方程式は

$$y-1=x-\left(\frac{\pi}{2}-1\right) \quad すなわち \quad \boldsymbol{y=x+2-\frac{\pi}{2}}$$

参考 $\dfrac{d^2y}{dx^2}=\dfrac{d}{dx}\left(\dfrac{dy}{dx}\right)$
$=\dfrac{d}{d\theta}\left(\dfrac{dy}{dx}\right)\Big/\dfrac{dx}{d\theta}$
$=-\dfrac{1}{(1-\cos\theta)^2}<0$
であるから，$0<x<2\pi$ で曲線は上に凸。

(2) C と ℓ のグラフは右図のようになる。よって，求める面積 S は

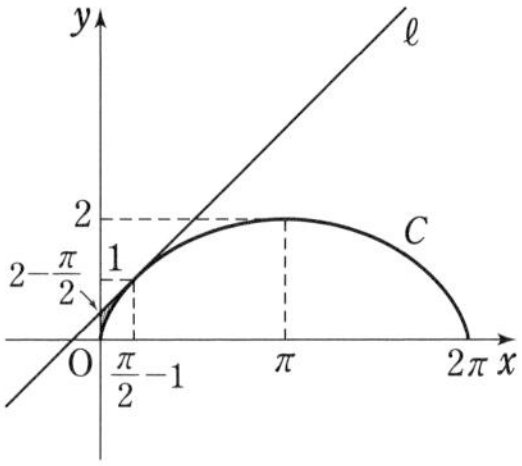

$$S=\frac{1}{2}\left(2-\frac{\pi}{2}+1\right)\left(\frac{\pi}{2}-1\right)-\int_0^{\frac{\pi}{2}-1} y\,dx$$
$$=\frac{(\pi-2)(6-\pi)}{8}-\int_0^{\frac{\pi}{2}-1} y\,dx$$

←サイクロイドについては，本冊 p.137 参照。

←$O(0,\ 0)$, $A\left(0,\ 2-\dfrac{\pi}{2}\right)$, $B\left(\dfrac{\pi}{2}-1,\ 1\right)$, $C\left(\dfrac{\pi}{2}-1,\ 0\right)$ とすると
$S=$(台形 OABC の面積) $-\displaystyle\int_0^{\frac{\pi}{2}-1} y\,dx$

$x=\theta-\sin\theta,\ \dfrac{dx}{d\theta}=1-\cos\theta$ で，
x と θ の対応は右のようになるから

x	$0 \longrightarrow \dfrac{\pi}{2}-1$
θ	$0 \longrightarrow \dfrac{\pi}{2}$

$$\int_0^{\frac{\pi}{2}-1} y\,dx=\int_0^{\frac{\pi}{2}} y\frac{dx}{d\theta}d\theta=\int_0^{\frac{\pi}{2}}(1-\cos\theta)^2 d\theta$$

ゆえに
$$S=\frac{-\pi^2+8\pi-12}{8}-\int_0^{\frac{\pi}{2}}(\cos^2\theta-2\cos\theta+1)d\theta$$
$$=\frac{-\pi^2+8\pi-12}{8}-\int_0^{\frac{\pi}{2}}\left(\frac{1}{2}\cos 2\theta-2\cos\theta+\frac{3}{2}\right)d\theta$$
$$=\frac{-\pi^2+8\pi-12}{8}-\left[\frac{1}{4}\sin 2\theta-2\sin\theta+\frac{3}{2}\theta\right]_0^{\frac{\pi}{2}}$$
$$=\frac{-\pi^2+8\pi-12}{8}-\left(-2+\frac{3}{4}\pi\right)$$
$$=\boldsymbol{\frac{-\pi^2+2\pi+4}{8}}$$

←$\cos^2\theta=\dfrac{1+\cos 2\theta}{2}$

EX ③154

k を正の数とする。2 つの曲線 $C_1: y=k\cos x$, $C_2: y=\sin x$ を考える。C_1 と C_2 は $0 \leqq x \leqq 2\pi$ の範囲に交点が 2 つあり，それらの x 座標をそれぞれ α, β $(\alpha<\beta)$ とする。
区間 $\alpha \leqq x \leqq \beta$ において，2 つの曲線 C_1, C_2 で囲まれた図形を D とし，その面積を S とする。更に D のうち，$y \geqq 0$ の部分の面積を S_1, $y \leqq 0$ の部分の面積を S_2 とする。
(1) $\cos\alpha$, $\sin\alpha$, $\cos\beta$, $\sin\beta$ をそれぞれ k を用いて表せ。
(2) S を k を用いて表せ。
(3) $3S_1=S_2$ となるように k の値を定めよ。 〔類 茨城大〕

(1) 曲線 C_1 と C_2 の交点の x 座標は $k\cos x=\sin x$ の解である。
$k\cos x=\sin x$ から　$\sin x-k\cos x=0$
よって　$\sqrt{1+k^2}\sin(x+\gamma)=0$　すなわち　$\sin(x+\gamma)=0$

←三角関数の合成。

ただし，$\sin\gamma=-\dfrac{k}{\sqrt{1+k^2}}$, $\cos\gamma=\dfrac{1}{\sqrt{1+k^2}}$, $-\dfrac{\pi}{2}<\gamma<0$ である。

←$k>0$ から $\sin\gamma<0$, $\cos\gamma>0$

$0 \leqq x \leqq 2\pi$ のとき　$\gamma \leqq x+\gamma \leqq 2\pi+\gamma$
よって　$x+\gamma=0, \pi$　ゆえに　$x=-\gamma, \pi-\gamma$
$\alpha<\beta$ であるから　$\alpha=-\gamma$, $\beta=\pi-\gamma$

←$-\dfrac{\pi}{2}<\gamma<0$ から $\dfrac{3}{2}\pi<2\pi+\gamma<2\pi$

したがって　$\boldsymbol{\cos\alpha}=\cos(-\gamma)=\cos\gamma=\boldsymbol{\dfrac{1}{\sqrt{1+k^2}}}$,

$\boldsymbol{\sin\alpha}=\sin(-\gamma)=-\sin\gamma=\boldsymbol{\dfrac{k}{\sqrt{1+k^2}}}$,

$\boldsymbol{\cos\beta}=\cos(\pi-\gamma)=-\cos\gamma=\boldsymbol{-\dfrac{1}{\sqrt{1+k^2}}}$,

$\boldsymbol{\sin\beta}=\sin(\pi-\gamma)=\sin\gamma=\boldsymbol{-\dfrac{k}{\sqrt{1+k^2}}}$

(2) S は右の図の赤く塗った部分の面積であるから

$$S=\int_\alpha^\beta(\sin x-k\cos x)dx=\Big[-\cos x-k\sin x\Big]_\alpha^\beta$$
$$=-\cos\beta-k\sin\beta+\cos\alpha+k\sin\alpha$$

(1) から　$\boldsymbol{S}=\dfrac{1}{\sqrt{1+k^2}}+\dfrac{k^2}{\sqrt{1+k^2}}+\dfrac{1}{\sqrt{1+k^2}}+\dfrac{k^2}{\sqrt{1+k^2}}$
$\boldsymbol{=2\sqrt{1+k^2}}$

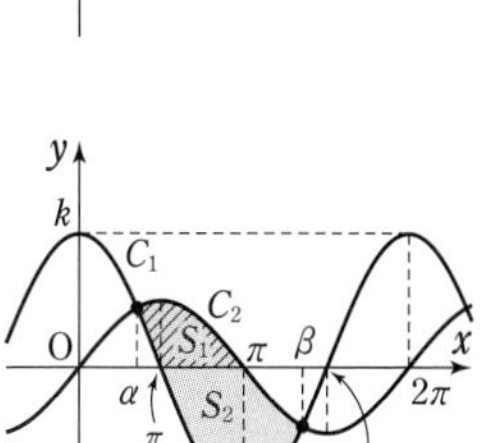

(3) $S_1+S_2=S$ であるから，$3S_1=S_2$ となるための条件は　$S=4S_1$

ここで　$S_1=\displaystyle\int_\alpha^\pi \sin x\,dx-\int_\alpha^{\frac{\pi}{2}} k\cos x\,dx$

$=\Big[-\cos x\Big]_\alpha^\pi-\Big[k\sin x\Big]_\alpha^{\frac{\pi}{2}}$

$=1+\cos\alpha-(k-k\sin\alpha)$

$=1+\dfrac{1}{\sqrt{1+k^2}}-k+\dfrac{k^2}{\sqrt{1+k^2}}$

$=1-k+\sqrt{1+k^2}$

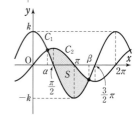

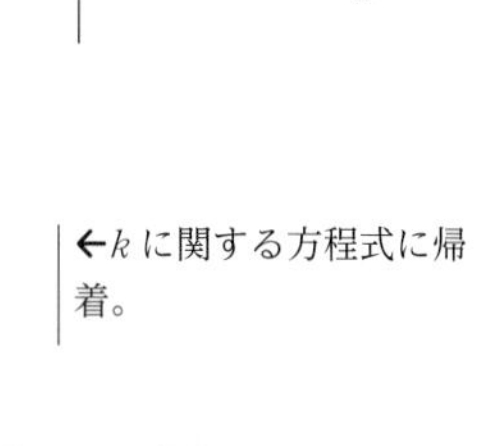

よって，$S=4S_1$ から　$2\sqrt{1+k^2}=4(1-k+\sqrt{1+k^2})$
すなわち　$2(k-1)=\sqrt{1+k^2}$　…… ①

←k に関する方程式に帰着。

右辺は正であるから，左辺も正である。

ゆえに　$k>1$

このとき，① の両辺を 2 乗すると　$4(k-1)^2=1+k^2$

←$4k^2-8k+4=1+k^2$

よって　$3k^2-8k+3=0$　　これを解いて　$k=\dfrac{4\pm\sqrt{7}}{3}$

$k>1$ であるから　$\boldsymbol{k=\dfrac{4+\sqrt{7}}{3}}$

EX ③155

t を正の実数とする。xy 平面において，連立不等式

$$x\geqq 0,\ y\geqq 0,\ xy\leqq 1,\ x+y\leqq t$$

の表す領域の面積を $S(t)$ とする。極限 $\lim\limits_{t\to\infty}\{S(t)-2\log t\}$ を求めよ。　〔大阪大 改題〕

$x+y=t$ …… ① と $xy=1$ …… ② から，t を消去すると，

$x(t-x)=1$ より　$x^2-tx+1=0$ …… ③

←領域の境界の直線と曲線の交点の x 座標について調べる。

この 2 次方程式の判別式を D とすると

$$D=(-t)^2-4\cdot1\cdot1=(t+2)(t-2)$$

よって，$t>2$ のとき $D>0$ であるから，直線 ① と曲線 ② は異なる 2 点で交わる。

←$t\longrightarrow\infty$ を考えるから，$t>2$ としてよい。

このとき，直線 ① と曲線 ② の交点の x 座標を α，β $(\alpha<\beta)$ とすると，③ から

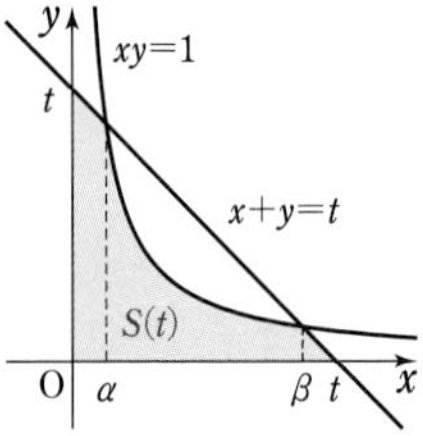

$$\alpha=\frac{t-\sqrt{t^2-4}}{2},\quad \beta=\frac{t+\sqrt{t^2-4}}{2}$$

←③ の解。

解と係数の関係から

$$\alpha+\beta=t,\quad \alpha\beta=1$$

ゆえに，$\beta-\alpha=\sqrt{t^2-4}$ で

$$S(t)=\frac{1}{2}\cdot t\cdot t-\int_\alpha^\beta\left(-x+t-\frac{1}{x}\right)dx$$

$$=\frac{1}{2}t^2+\left[\frac{x^2}{2}-tx+\log|x|\right]_\alpha^\beta$$

$$=\frac{1}{2}t^2+\frac{1}{2}(\beta^2-\alpha^2)-t(\beta-\alpha)+\log\frac{\beta}{\alpha}$$

←$\log\beta-\log\alpha=\log\dfrac{\beta}{\alpha}$

$$=\frac{1}{2}t^2+\frac{1}{2}t\sqrt{t^2-4}-t\sqrt{t^2-4}+\log\frac{\beta^2}{\alpha\beta}$$

←$\beta^2-\alpha^2=(\beta+\alpha)(\beta-\alpha)$

$$=\frac{1}{2}t(t-\sqrt{t^2-4})+2\log\beta$$

←$\alpha\beta=1$

$$=\frac{1}{2}t\cdot\frac{t^2-(t^2-4)}{t+\sqrt{t^2-4}}+2\log\frac{t+\sqrt{t^2-4}}{2}$$

←極限を考える場合のために，有理化しておく。

$$=\frac{2t}{t+\sqrt{t^2-4}}+2\log\frac{t+\sqrt{t^2-4}}{2}$$

よって　$\lim\limits_{t\to\infty}\{S(t)-2\log t\}$

$$=\lim_{t\to\infty}\left(\frac{2t}{t+\sqrt{t^2-4}}+2\log\frac{t+\sqrt{t^2-4}}{2t}\right)$$

←$-\log t=\log\dfrac{1}{t}$

$$=\lim_{t\to\infty}\left(\frac{2}{1+\sqrt{1-\frac{4}{t^2}}}+2\log\frac{1+\sqrt{1-\frac{4}{t^2}}}{2}\right)$$

$$=\frac{2}{1+1}+2\cdot 0=\mathbf{1}$$

←$\log 1=0$

EX ③156 2 曲線 $C_1: y=ae^x$, $C_2: y=e^{-x}$ を考える。定数 a が $1\leqq a\leqq 4$ の範囲で変化するとき，C_1, C_2 および y 軸で囲まれる部分を D_1 とし，C_1, C_2 および直線 $x=\log\frac{1}{2}$ で囲まれる部分を D_2 とする。

(1) D_1 の面積が 1 となるとき，a の値を求めよ。

(2) D_1 の面積と D_2 の面積の和の最小値とそのときの a の値を求めよ。

(1) 2 曲線の共有点の x 座標は，

$ae^x=e^{-x}$ とすると，

$a>0$ であるから　　$e^{2x}=\frac{1}{a}$

ゆえに　　$2x=-\log a$

よって　　$x=-\frac{1}{2}\log a$

このとき　　$y=\sqrt{a}$

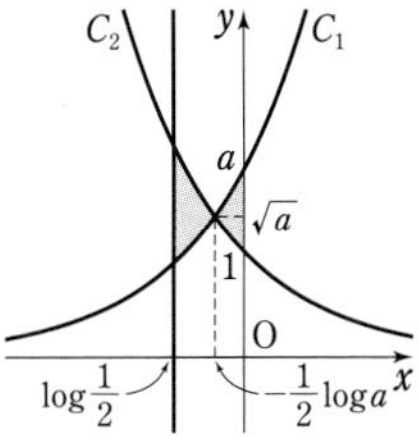

HINT　まず，C_1, C_2 の共有点の座標を求める。共有点の x 座標の前後で C_1, C_2 の上下関係が入れ替わることに注意。

←$e^{2x}=\frac{1}{a}$ から

$2x=\log\frac{1}{a}$

よって，2 曲線 C_1, C_2 の共有点の座標は　$\left(-\frac{1}{2}\log a,\ \sqrt{a}\right)$

$1\leqq a\leqq 4$ であるから　　$0\leqq\log a\leqq 2\log 2$

ゆえに　　$-\log 2\leqq-\frac{1}{2}\log a\leqq 0$

すなわち　$\log\frac{1}{2}\leqq-\frac{1}{2}\log a\leqq 0$

←直線 $x=\log\frac{1}{2}$ と曲線 C_2 の交点 $\left(\log\frac{1}{2},\ 2\right)$ を曲線 C_1 が通るとき

$a=4$,

曲線 C_2 と y 軸の交点 $(0,\ 1)$ を曲線 C_1 が通るとき　$a=1$

よって，D_1 の面積は

$$\int_{-\frac{1}{2}\log a}^{0}(ae^x-e^{-x})dx=\Big[ae^x+e^{-x}\Big]_{-\frac{1}{2}\log a}^{0}$$

$$=a\left(1-e^{-\frac{1}{2}\log a}\right)+1-e^{\frac{1}{2}\log a}=a-a\cdot\frac{1}{\sqrt{a}}+1-\sqrt{a}$$

$$=a-2\sqrt{a}+1=(\sqrt{a}-1)^2$$

←$e^{-\frac{1}{2}\log a}=e^{\log\frac{1}{\sqrt{a}}}=\frac{1}{\sqrt{a}}$,

$e^{\frac{1}{2}\log a}=e^{\log\sqrt{a}}=\sqrt{a}$

ゆえに，$(\sqrt{a}-1)^2=1$ とすると，$\sqrt{a}\geqq 1$ より $\sqrt{a}-1\geqq 0$ であるから　　$\sqrt{a}-1=1$　　　よって　　$\sqrt{a}=2$

したがって　　$\boldsymbol{a=4}$　　　これは $1\leqq a\leqq 4$ を満たす。

(2) D_2 の面積は

$$\int_{\log\frac{1}{2}}^{-\frac{1}{2}\log a}(e^{-x}-ae^x)dx=\Big[-e^{-x}-ae^x\Big]_{\log\frac{1}{2}}^{-\frac{1}{2}\log a}$$

$$=-\left(e^{\frac{1}{2}\log a}-e^{-\log\frac{1}{2}}\right)-a\left(e^{-\frac{1}{2}\log a}-e^{\log\frac{1}{2}}\right)$$

$$=-(\sqrt{a}-2)-a\left(\frac{1}{\sqrt{a}}-\frac{1}{2}\right)=\frac{1}{2}a-2\sqrt{a}+2$$

←$e^{-\log\frac{1}{2}}=e^{\log 2}=2$

よって，D_1 の面積と D_2 の面積の和を S とすると

6章 EX [積分法の応用]

$$S=(a-2\sqrt{a}+1)+\left(\frac{1}{2}a-2\sqrt{a}+2\right)$$
$$=\frac{3}{2}a-4\sqrt{a}+3=\frac{3}{2}\left(\sqrt{a}-\frac{4}{3}\right)^2+\frac{1}{3}$$

←$\sqrt{a}$ の **2 次式** とみて，**基本形に直す。**

$1\leqq a\leqq 4$ より $1\leqq\sqrt{a}\leqq 2$ であるから，この範囲において，S は $\sqrt{a}=\frac{4}{3}$ すなわち $\boldsymbol{a=\frac{16}{9}}$ **のとき最小値** $\boldsymbol{\frac{1}{3}}$ をとる。

←$\sqrt{a}$ の値の範囲を確認。

EX ③157

t を正の実数とする。$f(x)$ を x の 2 次関数とする。xy 平面上の曲線 C_1：$y=e^{|x|}$ と曲線 C_2：$y=f(x)$ が，点 $P_1(-t,\ e^t)$ で直交し，かつ点 $P_2(t,\ e^t)$ でも直交している。ただし，2 曲線 C_1 と C_2 が点 P で直交するとは，P が C_1 と C_2 の共有点であり，C_1 と C_2 は P においてそれぞれ接線をもち，C_1 の P における接線と C_2 の P における接線が垂直であることである。

(1) $f(x)$ を求めよ。

(2) 線分 P_1P_2 と曲線 C_2 とで囲まれた図形の面積を S とする。S を t を用いて表せ。また，t が $t>0$ の範囲を動くときの S の最大値を求めよ。〔京都工繊大〕

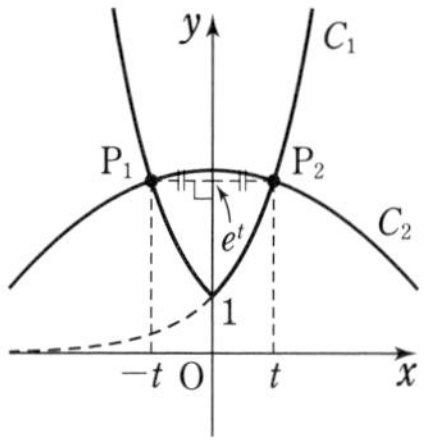

(1) 放物線 C_2 は y 軸に関して対称な 2 点 $P_1(-t,\ e^t)$，$P_2(t,\ e^t)$ を通るから，放物線 C_2 の軸は y 軸である。

←2 次関数のグラフは放物線。

よって，$f(x)=ax^2+b$ (a，b は実数，$a\neq 0$) と表される。

C_1 と C_2 はともに y 軸に関して対称であるから，$x>0$ の範囲で考える。

C_2 は点 P_2 を通るから　$e^t=at^2+b$

したがって　$b=e^t-at^2$ …… ①

また，$g(x)=e^{|x|}$ とすると，$x>0$ のとき　$g(x)=e^x$

2 曲線 C_1，C_2 は点 P_2 で直交するから

$$f'(t)\cdot g'(t)=-1$$

←曲線 $y=f(x)$ と $y=g(x)$ が $x=t$ の点で直交 $\Longleftrightarrow$ $f(t)=g(t)$，$f'(t)\cdot g'(t)=-1$

よって　$2at\cdot e^t=-1$

$te^t>0$ であるから　$a=-\frac{1}{2te^t}$ …… ②

② を ① に代入すると　$b=e^t+\frac{t}{2e^t}$

したがって　$\boldsymbol{f(x)=-\frac{1}{2te^t}x^2+e^t+\frac{t}{2e^t}}$

(2) 線分 P_1P_2 と曲線 C_2 とで囲まれた図形は，y 軸に関して対称であるから

$$\boldsymbol{S}=2\int_0^t\left\{\left(-\frac{1}{2te^t}x^2+e^t+\frac{t}{2e^t}\right)-e^t\right\}dx$$
$$=\frac{1}{e^t}\int_0^t\left(-\frac{1}{t}x^2+t\right)dx=\frac{1}{e^t}\left[-\frac{1}{3t}x^3+tx\right]_0^t$$
$$=\frac{1}{e^t}\left(-\frac{t^2}{3}+t^2\right)=\boldsymbol{\frac{2t^2}{3e^t}}$$

よって　$\frac{dS}{dt}=\frac{2}{3}\cdot\frac{2te^t-t^2e^t}{e^{2t}}=-\frac{2t(t-2)}{3e^t}$

←微分法を利用して，$S(t)$ の増減を調べる。

$\dfrac{dS}{dt}=0$ とすると　　$t=0,\ 2$

$t>0$ における S の増減表は右のようになる。

ゆえに，S は **$t=2$ で最大値 $\dfrac{8}{3e^2}$ をとる。**

t	0	$\cdots$	2	$\cdots$
$\dfrac{dS}{dt}$		$+$	0	$-$
S		↗	極大 $\dfrac{8}{3e^2}$	↘

EX
④**158**

半径 1 の円を底面とする高さ $\dfrac{1}{\sqrt{2}}$ の直円柱がある。底面の円の中心を O とし，直径を 1 つとり AB とおく。AB を含み底面と 45° の角度をなす平面でこの直円柱を 2 つの部分に分けるとき，体積の小さい方の部分を V とする。

(1) 直径 AB と直交し，O との距離が $t\ (0\leqq t\leqq 1)$ であるような平面で V を切ったときの断面積 $S(t)$ を求めよ。

(2) V の体積を求めよ。　〔東北大〕

(1) [1] 断面が台形のとき

$\sqrt{1-t^2}>\dfrac{1}{\sqrt{2}}$ から　　$0\leqq t<\dfrac{1}{\sqrt{2}}$

←$1-t^2>\dfrac{1}{2}$ から $-\dfrac{1}{\sqrt{2}}<t<\dfrac{1}{\sqrt{2}}$

このとき，断面積 $S(t)$ は

$$S(t)=\left\{\left(\sqrt{1-t^2}-\frac{1}{\sqrt{2}}\right)+\sqrt{1-t^2}\right\}\cdot\frac{1}{\sqrt{2}}\cdot\frac{1}{2}$$
$$=\frac{\sqrt{2(1-t^2)}}{2}-\frac{1}{4}$$

←台形の面積として求める。

[2] 断面が直角二等辺三角形のとき

$\sqrt{1-t^2}\leqq\dfrac{1}{\sqrt{2}}$ から　　$\dfrac{1}{\sqrt{2}}\leqq t\leqq 1$

←$1-t^2\leqq\dfrac{1}{2}$ から $t\leqq-\dfrac{1}{\sqrt{2}},\ \dfrac{1}{\sqrt{2}}\leqq t$

このとき，断面積 $S(t)$ は

$$S(t)=\frac{1}{2}(\sqrt{1-t^2})^2=\frac{1}{2}(1-t^2)$$

←二等辺三角形の面積として求める。

[1]

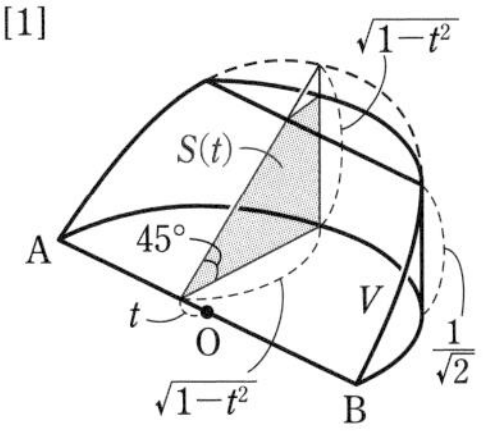

[2]

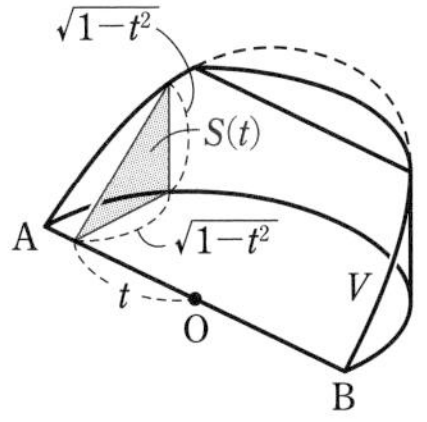

[1]，[2] から　$\boldsymbol{S(t)=\begin{cases}\dfrac{\sqrt{2(1-t^2)}}{2}-\dfrac{1}{4} & \left(0\leqq t<\dfrac{1}{\sqrt{2}}\ \text{のとき}\right)\\ \dfrac{1}{2}(1-t^2) & \left(\dfrac{1}{\sqrt{2}}\leqq t\leqq 1\ \text{のとき}\right)\end{cases}}$

6章
EX
[積分法の応用]

(2) 対称性を考えると，求める体積は

$$2\left[\int_0^{\frac{1}{\sqrt{2}}}\left\{\frac{\sqrt{2(1-t^2)}}{2}-\frac{1}{4}\right\}dt+\int_{\frac{1}{\sqrt{2}}}^1\frac{1}{2}(1-t^2)dt\right]$$

$$=\sqrt{2}\int_0^{\frac{1}{\sqrt{2}}}\sqrt{1-t^2}\,dt-\frac{1}{2}\Big[t\Big]_0^{\frac{1}{\sqrt{2}}}+\left[t-\frac{t^3}{3}\right]_{\frac{1}{\sqrt{2}}}^1$$

$$=\sqrt{2}\left\{\frac{1}{2}\cdot1^2\cdot\frac{\pi}{4}+\frac{1}{2}\left(\frac{1}{\sqrt{2}}\right)^2\right\}-\frac{1}{2\sqrt{2}}$$

$$+\left(1-\frac{1}{3}\right)-\left(\frac{1}{\sqrt{2}}-\frac{1}{6\sqrt{2}}\right)$$

$$=\boldsymbol{\frac{\sqrt{2}}{8}\pi+\frac{2}{3}-\frac{5\sqrt{2}}{12}}$$

←積分区間を分けて $\int_{●}^{■}S(t)dt$ を計算。

参考 $\int_0^{\frac{1}{\sqrt{2}}}\sqrt{1-t^2}\,dt$ の値は，右の図の黒く塗った部分の面積と等しい。

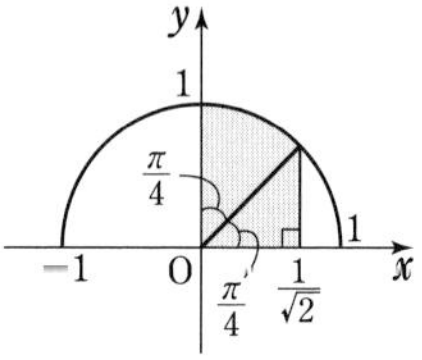

EX ②159

a，b を実数とする。曲線 $y=|x-a-b\sin x|$ と直線 $x=\pi$，$x=-\pi$ および x 軸で囲まれる部分を x 軸の周りに1回転して得られる回転体の体積を V とする。
(1) V を求めよ。
(2) a，b を動かしたとき，V の値が最小となるような a，b の値を求めよ。〔東京都立大〕

HINT (1) 曲線 $y=f(x)$ と x 軸の上下に関係なく $V=\pi\int_a^b\{f(x)\}^2dx$
(2) b について平方完成。

(1) $V=\pi\int_{-\pi}^{\pi}|x-a-b\sin x|^2dx$

$$=\pi\int_{-\pi}^{\pi}(x^2+a^2+b^2\sin^2x-2ax+2ab\sin x-2bx\sin x)dx$$

$$=2\pi\int_0^{\pi}(x^2+a^2+b^2\sin^2x-2bx\sin x)dx$$

$$=2\pi\int_0^{\pi}\left\{x^2+a^2+\frac{1-\cos2x}{2}b^2-2bx(-\cos x)'\right\}dx$$

$$=2\pi\left[\frac{x^3}{3}+a^2x+\frac{1}{2}b^2x-\frac{\sin2x}{4}b^2-2b(-x\cos x+\sin x)\right]_0^{\pi}$$

$$=2\pi\left(\frac{\pi^3}{3}+a^2\pi+\frac{1}{2}b^2\pi-2b\pi\right)$$

$$=\boldsymbol{2\pi^2\left(a^2+\frac{1}{2}b^2-2b+\frac{\pi^2}{3}\right)}$$

←$|A|^2=A^2$

←x，$\sin x$ は奇関数 ⟶ 定積分の値は0
x^2，a^2，$\sin^2x$，$x\sin x$ は偶関数 ⟶ $\int_{-\pi}^{\pi}=2\int_0^{\pi}$

←$\int x(-\cos x)'\,dx$
$=-x\cos x+\int\cos x\,dx$
$=-x\cos x+\sin x+C$

(2) (1)から $V=2\pi^2\left\{a^2+\frac{1}{2}(b-2)^2+\frac{\pi^2}{3}-2\right\}$

よって **$a=0$，$b=2$** のとき最小値 $\boldsymbol{\frac{2}{3}\pi^4-4\pi^2}$

←$a^2+\frac{1}{2}(b-2)^2\geqq0$
等号は $a=0$，$b-2=0$ のとき成立。

EX ③160

$a>0$ に対し，区間 $0\leqq x\leqq\pi$ において曲線 $y=a^2x+\frac{1}{a}\sin x$ と直線 $y=a^2x$ によって囲まれる部分を x 軸の周りに回転してできる立体の体積を $V(a)$ とする。
(1) $V(a)$ を a で表せ。　(2) $V(a)$ が最小になるように a の値を定めよ。〔奈良県医大〕

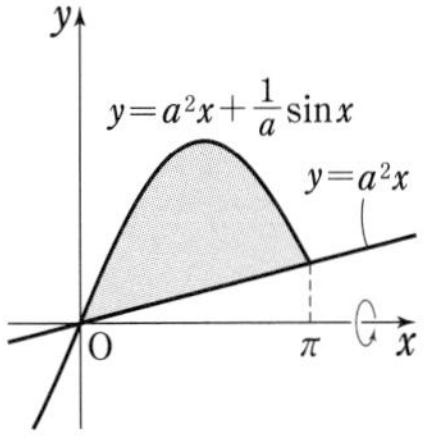

(1) $0\leqq x\leqq\pi$ のとき，$a^2x+\frac{1}{a}\sin x\geqq a^2x\geqq 0$ であるから

$$V(a)=\pi\int_0^{\pi}\left\{\left(a^2x+\frac{1}{a}\sin x\right)^2-(a^2x)^2\right\}dx$$

$$=\pi\int_0^{\pi}\left(2ax\sin x+\frac{1}{a^2}\sin^2 x\right)dx$$

ここで

$$\int_0^{\pi}x\sin x\,dx=\Big[-x\cos x\Big]_0^{\pi}+\int_0^{\pi}\cos x\,dx=\pi+\Big[\sin x\Big]_0^{\pi}=\pi$$

$$\int_0^{\pi}\sin^2 x\,dx=\int_0^{\pi}\frac{1-\cos 2x}{2}\,dx=\frac{1}{2}\left[x-\frac{1}{2}\sin 2x\right]_0^{\pi}=\frac{\pi}{2}$$

←項別に分けて定積分を計算。

よって　$V(a)=\pi\left(2a\pi+\frac{\pi}{2a^2}\right)=\boldsymbol{\frac{\pi^2}{2}\left(4a+\frac{1}{a^2}\right)}$

(2) $V'(a)=\frac{\pi^2}{2}\left(4-\frac{2}{a^3}\right)=\frac{\pi^2(2a^3-1)}{a^3}$

←微分法を利用して，$V(a)$ の値の増減を調べる。

$V'(a)=0$ とすると　$a=\frac{1}{\sqrt[3]{2}}$

←$a^3=\frac{1}{2}$

$V(a)$ の増減表は右のようになる。

a	0	$\cdots$	$\frac{1}{\sqrt[3]{2}}$	$\cdots$
$V'(a)$		$-$	0	$+$
$V(a)$		↘	極小	↗

←$V'(a)=\frac{2\pi^2}{a^3}\left(a-\frac{1}{\sqrt[3]{2}}\right)\times\left(a^2+\frac{a}{\sqrt[3]{2}}+\frac{1}{\sqrt[3]{4}}\right)$

よって，$V(a)$ が最小となる a の値は　$\boldsymbol{a=\frac{1}{\sqrt[3]{2}}}$

EX ③161

不等式 $-\sin x\leqq y\leqq\cos 2x$，$0\leqq x\leqq\frac{\pi}{2}$ で定義される領域を K とする。
(1) K の面積を求めよ。
(2) K を x 軸の周りに回転して得られる回転体の体積を求めよ。　〔神戸大〕

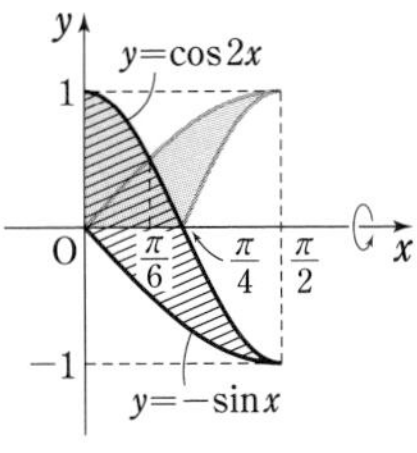

(1) 領域 K を図示すると，図の斜線部分のようになる。
ゆえに，K の面積を S とすると

HINT (1) まず，領域 K を図示。
(2) (1)の図を参照。囲まれた部分が回転軸の両側にあるから，一方の側に集める。

$$S=\int_0^{\frac{\pi}{2}}(\cos 2x+\sin x)dx$$

$$=\left[\frac{1}{2}\sin 2x-\cos x\right]_0^{\frac{\pi}{2}}$$

$$=0-(-1)=\boldsymbol{1}$$

←$0\leqq x\leqq\frac{\pi}{2}$ で $\cos 2x\geqq-\sin x$

(2) 求める体積は，(1)の図の赤く塗った部分を x 軸の周りに1回転すると得られる。

←x 軸の下側にある部分を x 軸に関して対称に折り返す。このとき，曲線 $y=-\sin x$ を折り返した曲線の方程式は　$y=\sin x$

$\cos 2x=\sin x$ とすると
　　$1-2\sin^2 x=\sin x$
ゆえに　$2\sin^2 x+\sin x-1=0$
よって　$(\sin x+1)(2\sin x-1)=0$

$0\leqq x\leqq\frac{\pi}{2}$ であるから，$2\sin x-1=0$ より　$x=\frac{\pi}{6}$

←曲線 $y=\cos 2x$ と曲線 $y=\sin x$ の交点の x 座標。

したがって，求める体積を V とすると

$$V=\pi\int_0^{\frac{\pi}{6}}\cos^2 2x\,dx+\pi\int_{\frac{\pi}{6}}^{\frac{\pi}{2}}\sin^2 x\,dx-\pi\int_{\frac{\pi}{4}}^{\frac{\pi}{2}}\cos^2 2x\,dx$$

$$=\frac{\pi}{2}\int_0^{\frac{\pi}{6}}(1+\cos 4x)dx+\frac{\pi}{2}\int_{\frac{\pi}{6}}^{\frac{\pi}{2}}(1-\cos 2x)dx-\frac{\pi}{2}\int_{\frac{\pi}{4}}^{\frac{\pi}{2}}(1+\cos 4x)dx$$

$$=\frac{\pi}{2}\left[x+\frac{1}{4}\sin 4x\right]_0^{\frac{\pi}{6}}+\frac{\pi}{2}\left[x-\frac{1}{2}\sin 2x\right]_{\frac{\pi}{6}}^{\frac{\pi}{2}}-\frac{\pi}{2}\left[x+\frac{1}{4}\sin 4x\right]_{\frac{\pi}{4}}^{\frac{\pi}{2}}$$

$$=\frac{\pi}{2}\left(\frac{\pi}{6}+\frac{\sqrt{3}}{8}\right)+\frac{\pi}{2}\left(\frac{\pi}{2}-\frac{\pi}{6}+\frac{\sqrt{3}}{4}\right)-\frac{\pi}{2}\left(\frac{\pi}{2}-\frac{\pi}{4}\right)$$

$$=\frac{\pi}{2}\left(\frac{\pi}{4}+\frac{3\sqrt{3}}{8}\right)=\boldsymbol{\frac{\pi(2\pi+3\sqrt{3})}{16}}$$

EX 162 ④

xy 平面上において，極方程式 $r=\dfrac{4\cos\theta}{4-3\cos^2\theta}\left(-\dfrac{\pi}{2}\leqq\theta\leqq\dfrac{\pi}{2}\right)$ で表される曲線を C とする。

(1) 曲線 C を直交座標に関する方程式で表せ。

(2) 曲線 C で囲まれた部分を x 軸の周りに 1 回転してできる立体の体積を求めよ。

(3) 曲線 C で囲まれた部分を y 軸の周りに 1 回転してできる立体の体積を求めよ。 〔鳥取大〕

(1) $r=\dfrac{4\cos\theta}{4-3\cos^2\theta}$ から　　$r(4-3\cos^2\theta)=4\cos\theta$

両辺に r を掛けて　　$4r^2-3(r\cos\theta)^2=4r\cos\theta$

$r^2=x^2+y^2$，$r\cos\theta=x$ を代入すると

$4(x^2+y^2)-3x^2=4x$　すなわち　$x^2-4x+4y^2=0$ …… ①

←$(x-2)^2+4y^2=4$

したがって　　$\boldsymbol{\dfrac{(x-2)^2}{4}+y^2=1}$ …… ②

(2) ② から，曲線 C の概形は右の図のようになる。

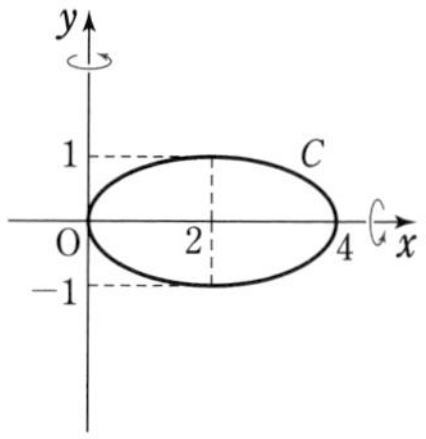

←② は楕円 $\dfrac{x^2}{4}+y^2=1$ を x 軸方向に 2 だけ平行移動した楕円を表す。

(1) より，$y^2=-\dfrac{(x-2)^2}{4}+1$ であるから，求める体積は

$$\pi\int_0^4\left\{-\frac{(x-2)^2}{4}+1\right\}dx$$

←$\pi\int_0^4 y^2\,dx$

$$=\pi\left[-\frac{(x-2)^3}{12}+x\right]_0^4=\pi\left(-\frac{8}{12}+4-\frac{8}{12}\right)=\boldsymbol{\frac{8}{3}\pi}$$

(3) ① から　　$x=2\pm\sqrt{4-4y^2}=2\pm 2\sqrt{1-y^2}$

←解の公式を利用。

$x_1=2+2\sqrt{1-y^2}$，$x_2=2-2\sqrt{1-y^2}$ とすると，求める体積は

←$y=x_1$ は C の $x\geqq 2$ の部分，$y=x_2$ は C の $x\leqq 2$ の部分を表す。

$$\pi\int_{-1}^1 x_1{}^2\,dy-\pi\int_{-1}^1 x_2{}^2\,dy$$

$$=\pi\int_{-1}^1(8-4y^2+8\sqrt{1-y^2})dy-\pi\int_{-1}^1(8-4y^2-8\sqrt{1-y^2})dy$$

←$x_1{}^2=4+4(1-y^2)+8\sqrt{1-y^2}$

$$=16\pi\int_{-1}^1\sqrt{1-y^2}\,dy$$

ここで，$\int_{-1}^1\sqrt{1-y^2}\,dy$ は半径 1 の半円の面積を表すから，求める体積は　　$16\pi\times\dfrac{1}{2}\cdot 1^2\cdot\pi=\boldsymbol{8\pi^2}$

検討 (3) パップス-ギュルダンの定理（本冊 $p.331$ 参照）と，長軸の長さが $2a$，短軸の長さが $2b$ の楕円の面積が πab であることを利用すると，次のようにも求められる。
曲線 C は長軸の長さが 4，短軸の長さが 2 の楕円であるから，面積は　2π
また，曲線 C の重心は点 $(2,\ 0)$ であるから，求める体積は

$$2\pi\cdot 2\times 2\pi=\boldsymbol{8\pi^2}$$

←楕円の中心が重心。

EX ③163

正の実数 a に対し，曲線 $y=e^{ax}$ を C とする。原点を通る直線 ℓ が曲線 C に点 P で接している。C，ℓ および y 軸で囲まれた図形を D とする。
(1) 点 P の座標を a を用いて表せ。
(2) D を y 軸の周りに 1 回転してできる回転体の体積が 2π のとき，a の値を求めよ。
〔類 東京電機大〕

(1) $y=e^{ax}$ から　$y'=ae^{ax}$
接点 P の座標を $(t,\ e^{at})$ とすると，接線 ℓ の方程式は

$$y-e^{at}=ae^{at}(x-t)\quad すなわち\quad y=ae^{at}x+e^{at}(1-at)$$

←$y-f(t)=f'(t)(x-t)$

ℓ は原点を通るから　$0=e^{at}(1-at)$　よって　$1-at=0$
$a>0$ であるから　$t=\dfrac{1}{a}$
このとき，$e^{at}=e$ であるから，点 P の座標は　$\left(\boldsymbol{\dfrac{1}{a}},\ \boldsymbol{e}\right)$

(2) D を y 軸の周りに 1 回転してできる立体の体積を V とすると

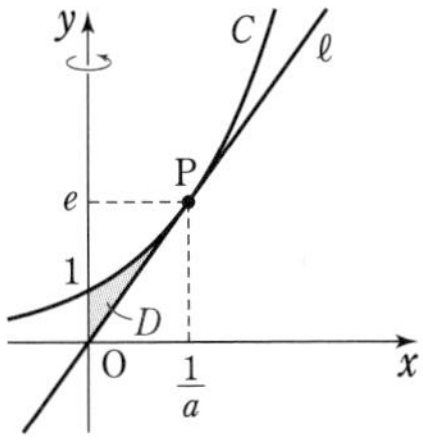

$$V=\underline{\frac{1}{3}\pi\cdot\left(\frac{1}{a}\right)^2\cdot e}-\pi\int_1^e x^2dy=\frac{e}{3a^2}\pi-\pi\int_1^e x^2dy$$

←＿＿は底面の半径が $\dfrac{1}{a}$，高さが e の円錐の体積。

ここで，$y=e^{ax}$ から

$$x=\frac{1}{a}\log y$$

よって

$$\int_1^e x^2dy=\int_1^e\left(\frac{1}{a}\log y\right)^2dy=\frac{1}{a^2}\int_1^e(\log y)^2dy$$

$$=\frac{1}{a^2}\left\{\Big[y(\log y)^2\Big]_1^e-\int_1^e y\cdot 2\log y\cdot\frac{1}{y}dy\right\}$$

←$(\log y)^2=y'(\log y)^2$ とみて，部分積分法。

$$=\frac{1}{a^2}\left(e-2\int_1^e\log y\,dy\right)$$

$$=\frac{1}{a^2}\left\{e-2\left(\Big[y\log y\Big]_1^e-\int_1^e y\cdot\frac{1}{y}dy\right)\right\}$$

←再び部分積分法。$\displaystyle\int\log y\,dy=y\log y-y+C$ を用いてもよい。

$$=\frac{1}{a^2}\left\{e-2\left(e-\Big[y\Big]_1^e\right)\right\}$$

$$=\frac{e-2}{a^2}$$

ゆえに

$$V=\frac{e}{3a^2}\pi-\pi\cdot\frac{e-2}{a^2}=\frac{2(3-e)}{3a^2}\pi$$

6章 EX［積分法の応用］

$V=2\pi$ とすると　$\dfrac{2(3-e)}{3a^2}\pi=2\pi$　よって　$a^2=\dfrac{3-e}{3}$

$a>0$ であるから　$\boldsymbol{a=\sqrt{\dfrac{3-e}{3}}}$

EX ③164

座標平面上の曲線 C を，媒介変数 $0\leqq t\leqq 1$ を用いて $\begin{cases}x=1-t^2\\y=t-t^3\end{cases}$ と定める。
(1) 曲線 C の概形をかけ。
(2) 曲線 C と x 軸で囲まれた部分が，y 軸の周りに1回転してできる回転体の体積を求めよ。
〔神戸大〕

HINT (2) t の値の変化に対して，y の値の変化は常に増加，または常に減少ではない。
⟶ y の増加・減少が変わる t の値（t_0 とする）に注目し，$0\leqq t\leqq t_0$ における x を x_1，$t_0\leqq t\leqq 1$ における x を x_2 として進める。

(1) $\dfrac{dx}{dt}=-2t$，$\dfrac{dy}{dt}=1-3t^2$

←まず，$\dfrac{dx}{dt}=0$，$\dfrac{dy}{dt}=0$ となる t の値を調べて，$0\leqq t\leqq 1$ のときの x，y の値の変化を調べる。

$0\leqq t\leqq 1$ のとき，$\dfrac{dx}{dt}=0$ とすると　$t=0$

$\dfrac{dy}{dt}=0$ とすると，$3t^2=1$ から　$t=\dfrac{1}{\sqrt{3}}$

x，y の増減は左下の表のようになるから，曲線 C の概形は右下の **図**(1)のようになる。

t	0	…	$\dfrac{1}{\sqrt{3}}$	…	1
$\dfrac{dx}{dt}$		−	−	−	
x	1	↘	$\dfrac{2}{3}$	↘	0
$\dfrac{dy}{dt}$		+	0	−	
y	0	↗	$\dfrac{2\sqrt{3}}{9}$	↘	0

(1)

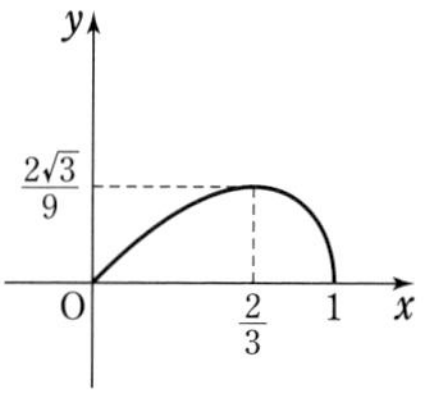

増減表は，次のように表してもよい。

t	0	…	$\dfrac{1}{\sqrt{3}}$	…	1
$\dfrac{dx}{dt}$		−	−	−	
x	1	←	$\dfrac{2}{3}$	←	0
$\dfrac{dy}{dt}$		+	0	−	
y	0	↑	$\dfrac{2\sqrt{3}}{9}$	↓	0

別解　$x=1-t^2$，$0\leqq t\leqq 1$ から，x の値の範囲は
$0\leqq x\leqq 1$

←t を消去して，$y=(x$ の式$)$ の形にする方針。

また　$t^2=1-x$

$t\geqq 0$ であるから　$t=\sqrt{1-x}$

よって　$y=\sqrt{1-x}-\sqrt{(1-x)^3}$

ゆえに　$y'=\dfrac{1}{2}\cdot\dfrac{-1}{\sqrt{1-x}}-\dfrac{3}{2}\sqrt{1-x}\cdot(-1)=-\dfrac{3x-2}{2\sqrt{1-x}}$

←$x\neq 1$ のとき。

$y'=0$ とすると　$x=\dfrac{2}{3}$

よって，y の増減表は右のようになる。
この増減表を利用して，曲線 C の概形をかく。

x	0	…	$\dfrac{2}{3}$	…	1
y'		+	0	−	
y	0	↗	$\dfrac{2\sqrt{3}}{9}$	↘	0

(2) $0 \leqq t \leqq \frac{1}{\sqrt{3}}$ における x を x_1，$\frac{1}{\sqrt{3}} \leqq t \leqq 1$ における x を x_2 とすると，求める体積 V は

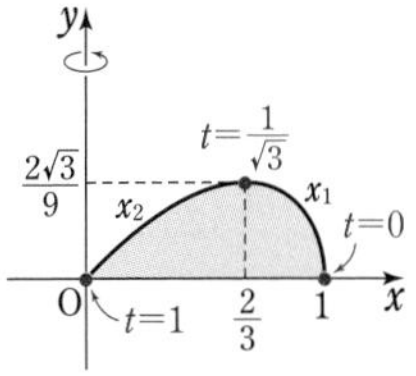

$$V=\pi\int_0^{\frac{2\sqrt{3}}{9}} {x_1}^2 dy-\pi\int_0^{\frac{2\sqrt{3}}{9}} {x_2}^2 dy$$

よって $\displaystyle \frac{V}{\pi}=\int_0^{\frac{1}{\sqrt{3}}} x^2\frac{dy}{dt}dt-\int_1^{\frac{1}{\sqrt{3}}} x^2\frac{dy}{dt}dt$

$$=\int_0^1 x^2\frac{dy}{dt}dt$$

$$=\int_0^1 (1-t^2)^2(1-3t^2)dt$$

$$=\int_0^1 (1-5t^2+7t^4-3t^6)dt$$

$$=\left[t-\frac{5}{3}t^3+\frac{7}{5}t^5-\frac{3}{7}t^7\right]_0^1$$

$$=\frac{32}{105}$$

←$\int_0^{\frac{1}{\sqrt{3}}}-\int_1^{\frac{1}{\sqrt{3}}}=\int_0^{\frac{1}{\sqrt{3}}}+\int_{\frac{1}{\sqrt{3}}}^1=\int_0^1$

したがって　$V=\boldsymbol{\frac{32}{105}\pi}$

参考　$V=2\pi\int_0^1 xy\,dx=2\pi\int_1^0 (1-t^2)(t-t^3)(-2t)dt$

$$=4\pi\int_0^1 (t^6-2t^4+t^2)dt$$

$$=4\pi\left[\frac{t^7}{7}-\frac{2}{5}t^5+\frac{t^3}{3}\right]_0^1=\boldsymbol{\frac{32}{105}\pi}$$

x	$0 \longrightarrow 1$
t	$1 \longrightarrow 0$

←本冊 $p.330$ の公式 $\boldsymbol{V=2\pi\int_a^b xf(x)dx}$ を利用した解答。

EX ④165

xy 平面上の $x \geqq 0$ の範囲で，直線 $y=x$ と曲線 $y=x^n$ $(n=2,\ 3,\ 4,\ \cdots\cdots)$ により囲まれる部分を D とする。D を直線 $y=x$ の周りに回転してできる回転体の体積を V_n とするとき

(1) V_n を求めよ。　　(2) $\lim_{n\to\infty} V_n$ を求めよ。　［横浜国大］

(1) 図のように，曲線 $y=x^n$ 上の点 $\mathrm{P}(x,\ x^n)$ $(0 \leqq x \leqq 1)$ から直線 $y=x$ に垂線 PH を引き，

$\mathrm{PH}=h$，$\mathrm{OH}=t$ $(0 \leqq t \leqq \sqrt{2})$

とする。

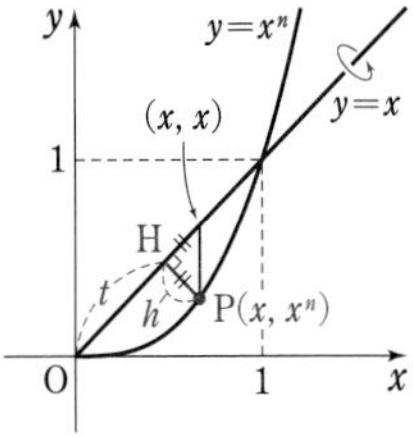

HINT　回転体の断面積や積分変数は，回転軸である直線 $y=x$ に対応させる。

このとき

$$h=\frac{|x-x^n|}{\sqrt{1^2+(-1)^2}}=\frac{x-x^n}{\sqrt{2}}$$

$$t=\sqrt{2}x-h=\sqrt{2}x-\frac{x-x^n}{\sqrt{2}}=\frac{x+x^n}{\sqrt{2}}$$

←点と直線の距離の公式。$0 \leqq x \leqq 1$ から $x-x^n \geqq 0$

t が回転軸上の変数である。

ゆえに　$\displaystyle dt=\frac{1+nx^{n-1}}{\sqrt{2}}dx$

t と x の対応は右のようになる。

よって，求める体積 V_n は

t	$0 \longrightarrow \sqrt{2}$
x	$0 \longrightarrow 1$

$$V_n=\pi\int_0^{\sqrt{2}} h^2\,dt=\pi\int_0^1\frac{(x-x^n)^2}{2}\cdot\frac{1+nx^{n-1}}{\sqrt{2}}\,dx$$
$$=\frac{\pi}{2\sqrt{2}}\int_0^1(x^2-2x^{n+1}+x^{2n})(1+nx^{n-1})\,dx$$
$$=\frac{\pi}{2\sqrt{2}}\int_0^1\{x^2+(n-2)x^{n+1}+(1-2n)x^{2n}+nx^{3n-1}\}\,dx$$
$$=\frac{\pi}{2\sqrt{2}}\left[\frac{x^3}{3}+\frac{n-2}{n+2}x^{n+2}+\frac{1-2n}{2n+1}x^{2n+1}+\frac{x^{3n}}{3}\right]_0^1$$
$$=\frac{\pi}{2\sqrt{2}}\left(\frac{1}{3}+\frac{n-2}{n+2}+\frac{1-2n}{2n+1}+\frac{1}{3}\right)$$
$$=\frac{\pi}{2\sqrt{2}}\left\{\frac{2}{3}-\frac{6n}{(n+2)(2n+1)}\right\}$$
$$=\frac{\pi}{2\sqrt{2}}\cdot\frac{4n^2-8n+4}{3(n+2)(2n+1)}=\boldsymbol{\frac{\sqrt{2}(n-1)^2}{3(n+2)(2n+1)}\pi}$$

←回転軸は x 軸でなく，直線 $y=x$ であるから，t について積分する。そして，変数のおき換えで x にする。

(2) $$\lim_{n\to\infty}V_n=\frac{\sqrt{2}}{3}\pi\lim_{n\to\infty}\frac{\left(1-\frac{1}{n}\right)^2}{\left(1+\frac{2}{n}\right)\left(2+\frac{1}{n}\right)}$$
$$=\frac{\sqrt{2}}{3}\pi\cdot\frac{1}{2}=\boldsymbol{\frac{\sqrt{2}}{6}\pi}$$

←分母の最高次の項 n^2 で分母・分子を割る。

EX ⑤166 座標空間において，中心 (0, 2, 0)，半径 1 で xy 平面内にある円を D とする。D を底面とし，$z\geqq0$ の部分にある高さ 3 の直円柱（内部を含む）を E とする。点 (0, 2, 2) と x 軸を含む平面で E を 2 つの立体に分け，D を含む方を T とする。
(1) $-1\leqq t\leqq1$ とする。平面 $x=t$ で T を切ったときの断面積 $S(t)$ を求めよ。また，T の体積を求めよ。
(2) T を x 軸の周りに 1 回転させてできる立体の体積を求めよ。〔九州大〕

(1) 点 (0, 2, 2) と x 軸を含む平面の方程式は $z=y$ であるから，T は図 1 のようになる。
平面 $x=t$ で T を切ったときの図形を考える。
直円柱 E は $x^2+(y-2)^2\leqq1$, $0\leqq z\leqq3$ で表される。
$x=t$ とすると
$$t^2+(y-2)^2\leqq1$$
よって
$$2-\sqrt{1-t^2}\leqq y\leqq2+\sqrt{1-t^2}\quad\cdots\cdots ①$$
また　$z\leqq y$ … ②，$z\geqq0$ … ③
平面 $x=t$ で T を切ったときの図形は，①～③ を満たす。
よって，図 2 から断面積 $S(t)$ は

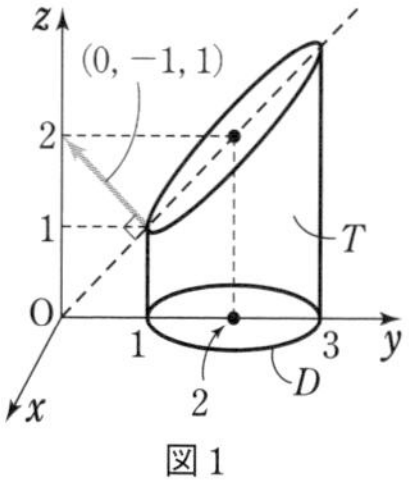

図 1

←この平面は，原点を通り，法線ベクトルが (0, −1, 1) であるから，その方程式は $0\cdot x-1\cdot y+1\cdot z=0$ より $z=y$

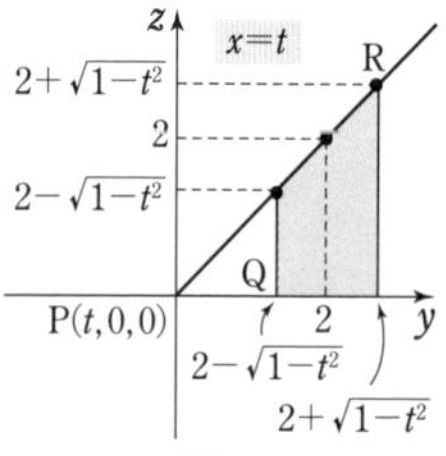

図 2

←$(y-2)^2\leqq1-t^2$ から $-\sqrt{1-t^2}\leqq y-2\leqq\sqrt{1-t^2}$

$S(t)$
$=\dfrac{1}{2}\{(2-\sqrt{1-t^2})+(2+\sqrt{1-t^2})\}\{(2+\sqrt{1-t^2})-(2-\sqrt{1-t^2})\}$
$=\boldsymbol{4\sqrt{1-t^2}}$

←台形の面積を計算。

T は平面 $x=0$ に関して対称であるから，T の体積を V_1 とすると　$V_1=2\displaystyle\int_0^1 S(t)dt=8\int_0^1\sqrt{1-t^2}\,dt$

$\displaystyle\int_0^1\sqrt{1-t^2}\,dt$ は半径 1 の四分円の面積であるから

$$V_1=8\times\frac{1}{2}\cdot1^2\cdot\frac{\pi}{2}=\boldsymbol{2\pi}$$

(2)　図 2 のように，3 点 P，Q，R を定める。
このとき，T を x 軸の周りに 1 回転させてできる立体を U とし，U を $x=t$ で切ったときの断面積を $f(t)$ とすると

$$f(t)=\pi(\mathrm{PR}^2-\mathrm{PQ}^2)=\pi[\{\sqrt{2}(2+\sqrt{1-t^2})\}^2-(2-\sqrt{1-t^2})^2]$$
$$=\pi\{(10-2t^2+8\sqrt{1-t^2})-(5-t^2-4\sqrt{1-t^2})\}$$
$$=\pi(5-t^2+12\sqrt{1-t^2})$$

←Q は点 P に最も近い点，R は点 P から最も離れた点である。

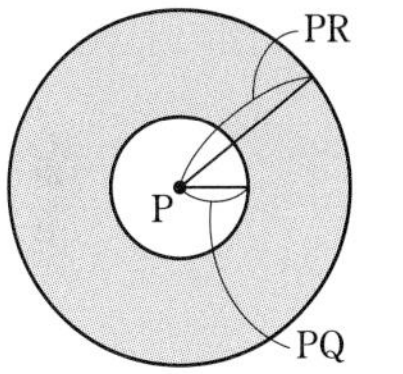

U は平面 $x=0$ に関して対称であるから，U の体積を V_2 とすると

$$V_2=2\int_0^1 f(t)dt=2\pi\int_0^1(5-t^2)dt+24\pi\int_0^1\sqrt{1-t^2}\,dt$$
$$=2\pi\left[5t-\frac{1}{3}t^3\right]_0^1+24\pi\times\frac{1}{2}\cdot1^2\cdot\frac{\pi}{2}=\boldsymbol{6\pi^2+\frac{28}{3}\pi}$$

EX ⑤167

点 O を原点とする座標空間内で，1 辺の長さが 1 の正三角形 OPQ を動かす。また，点 A(1, 0, 0) に対して，∠AOP を θ とおく。ただし，$0\leqq\theta\leqq\pi$ とする。
(1)　点 Q が (0, 0, 1) にあるとき，点 P の x 座標がとりうる値の範囲と，θ がとりうる値の範囲を求めよ。
(2)　点 Q が平面 $x=0$ 上を動くとき，辺 OP が通過しうる範囲を K とする。K の体積を求めよ。
〔類　東京大〕

(1)　点 P から線分 OQ へ垂線を下ろし，線分 OQ との交点を H とする。△OPQ は 1 辺の長さが 1 の正三角形であるから

$$\mathrm{OH}=\frac{1}{2},\ \mathrm{PH}=\frac{\sqrt{3}}{2}$$

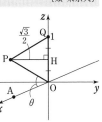

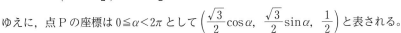

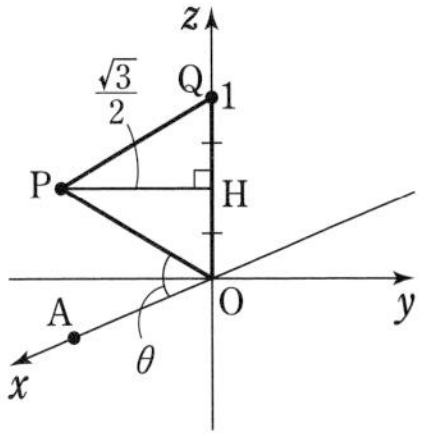

よって，点 Q が (0, 0, 1) にあるとき，点 P は平面 $z=\dfrac{1}{2}$ 上の，中心 $\left(0,\ 0,\ \dfrac{1}{2}\right)$，半径 $\dfrac{\sqrt{3}}{2}$ の円周上を動く。

ゆえに，点 P の座標は $0\leqq\alpha<2\pi$ として $\left(\dfrac{\sqrt{3}}{2}\cos\alpha,\ \dfrac{\sqrt{3}}{2}\sin\alpha,\ \dfrac{1}{2}\right)$ と表される。

よって，**点 P の x 座標を p_x とすると**，p_x のとりうる値の範囲は　$\boldsymbol{-\dfrac{\sqrt{3}}{2}\leqq p_x\leqq\dfrac{\sqrt{3}}{2}}$

←$0\leqq\alpha<2\pi$ から $-1\leqq\cos\alpha\leqq1$

また，$|\overrightarrow{\mathrm{OP}}|=|\overrightarrow{\mathrm{OA}}|=1$，$\angle\mathrm{AOP}=\theta$ であるから
$\overrightarrow{\mathrm{OP}}\cdot\overrightarrow{\mathrm{OA}}=|\overrightarrow{\mathrm{OP}}||\overrightarrow{\mathrm{OA}}|\cos\theta=\cos\theta$

←内積の定義。

一方，$\overrightarrow{\mathrm{OP}}=\left(\dfrac{\sqrt{3}}{2}\cos\alpha,\ \dfrac{\sqrt{3}}{2}\sin\alpha,\ \dfrac{1}{2}\right)$，$\overrightarrow{\mathrm{OA}}=(1,\ 0,\ 0)$ から

$$\overrightarrow{\mathrm{OP}}\cdot\overrightarrow{\mathrm{OA}}=\frac{\sqrt{3}}{2}\cos\alpha$$

← $\dfrac{\sqrt{3}}{2}\cos\alpha\cdot 1+\dfrac{\sqrt{3}}{2}\sin\alpha\cdot 0+\dfrac{1}{2}\cdot 0$
(成分による内積の計算)

よって　　$\cos\theta=\dfrac{\sqrt{3}}{2}\cos\alpha$

$0\leqq\alpha<2\pi$ より，$-1\leqq\cos\alpha\leqq 1$ であるから

$$-\frac{\sqrt{3}}{2}\leqq\cos\theta\leqq\frac{\sqrt{3}}{2}$$

したがって，$0\leqq\theta\leqq\pi$ から，θ のとりうる値の範囲は

$$\boldsymbol{\frac{\pi}{6}\leqq\theta\leqq\frac{5}{6}\pi}$$

(2)　点 Q の座標が $(0,\ 0,\ 1)$ のとき，辺 OP が通過しうるのは，右の図のような原点 O を頂点とし，底面の円の半径 $\dfrac{\sqrt{3}}{2}$，高さ $\dfrac{1}{2}$ の直円錐の側面である。この円錐を C とする。

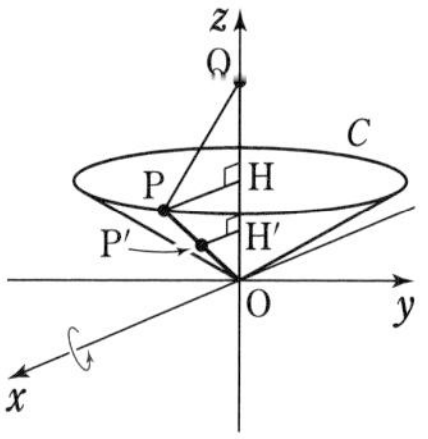

辺 OP 上に z 座標が t である点 P′ をとり，点 P′ から線分 OQ へ垂線を下ろし，線分 OQ との交点を H′ とする。

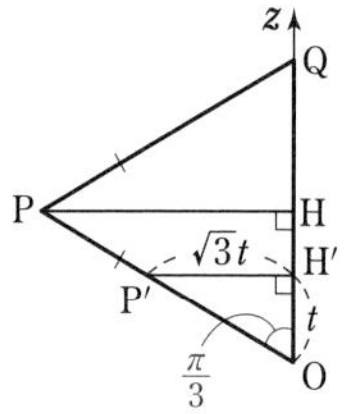

$\triangle\mathrm{P'OH'}$ は $\angle\mathrm{P'OH'}=\dfrac{\pi}{3}$，$\angle\mathrm{P'H'O}=\dfrac{\pi}{2}$ の直角三角形であるから　　$\mathrm{P'H'}=\mathrm{OH'}\tan\dfrac{\pi}{3}=\sqrt{3}\,t$

したがって，点 Q の座標が $(0,\ 0,\ 1)$ のとき，点 P′ は平面 $z=t$ 上の中心 H′，半径 $\sqrt{3}\,t$ の円周上を動く。
よって，点 P′ の座標を $(x,\ y,\ z)$ とすると

$$x^2+y^2=(\sqrt{3}\,z)^2\ \left(0\leqq z\leqq\frac{1}{2}\right)$$

すなわち　$x^2+y^2=3z^2\ \left(0\leqq z\leqq\dfrac{1}{2}\right)$ …… ①　が成り立つ。

OQ=1 であるから，点 Q は平面 $x=0$ 上を動くとき，この平面上の，中心 O，半径 1 の円周上を動く。
よって，K は円錐 C の側面を x 軸の周りに 1 回転させた立体である。

円錐 C の平面 $x=k\ \left(-\dfrac{\sqrt{3}}{2}\leqq k\leqq\dfrac{\sqrt{3}}{2}\right)$ による切り口は，

① に $x=k$ を代入して　　$k^2+y^2=3z^2\ \left(0\leqq z\leqq\dfrac{1}{2}\right)$

すなわち，右の図のような曲線の一部である。

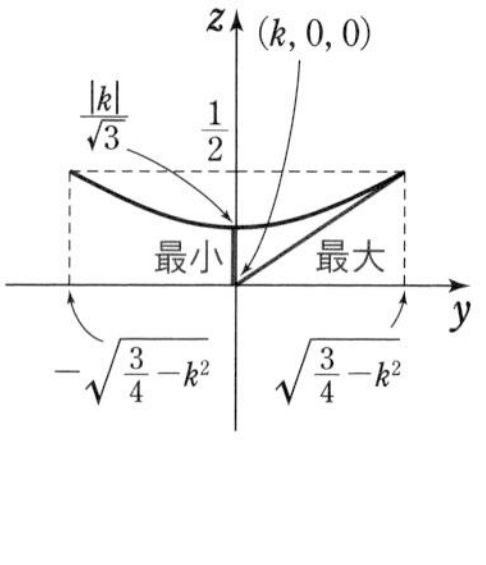

点 $(k,\ 0,\ 0)$ と，この曲線上の点との距離の最大値は

$$\sqrt{\left(\sqrt{\frac{3}{4}-k^2}\right)^2+\left(\frac{1}{2}\right)^2}=\sqrt{1-k^2}$$

最小値は　　$\dfrac{|k|}{\sqrt{3}}$

以上から，平面 $x=k$ による K の断面は，右の図の赤い部分である。この面積を $S(k)$ とすると

$$S(k)=\pi(\sqrt{1-k^2})^2-\pi\left(\frac{|k|}{\sqrt{3}}\right)^2=\pi\left(1-\frac{4}{3}k^2\right)$$

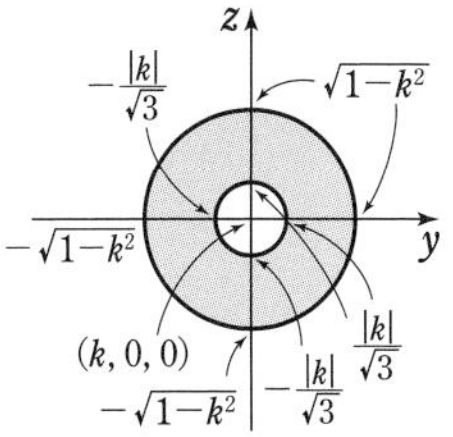

したがって，求める体積を V とすると

$$V=\int_{-\frac{\sqrt{3}}{2}}^{\frac{\sqrt{3}}{2}}S(k)dk=2\pi\int_0^{\frac{\sqrt{3}}{2}}\left(1-\frac{4}{3}k^2\right)dk$$

$$=2\pi\left[k-\frac{4}{9}k^3\right]_0^{\frac{\sqrt{3}}{2}}=\boldsymbol{\frac{2\sqrt{3}}{3}\pi}$$

EX ③168

$a>0$ とする。カテナリー $y=\frac{a}{2}\left(e^{\frac{x}{a}}+e^{-\frac{x}{a}}\right)$ 上の定点 $A(0, a)$ から点 $P(p, q)$ までの弧の長さを l とし，この曲線と x 軸，y 軸および直線 $x=p$ で囲まれる部分の面積を S とする。このとき，$S=al$ であることを示せ。

$f(x)=\frac{a}{2}\left(e^{\frac{x}{a}}+e^{-\frac{x}{a}}\right)$ とすると，$f(-x)=f(x)$ であるから，曲線は y 軸に関して対称であり，区間 $[0, p]$，$[-p, 0]$ $(p>0)$ における図形は y 軸に関して対称である。

$p>0$ のとき

$$\frac{dy}{dx}=\frac{a}{2}\left(\frac{1}{a}e^{\frac{x}{a}}-\frac{1}{a}e^{-\frac{x}{a}}\right)$$

$$=\frac{1}{2}\left(e^{\frac{x}{a}}-e^{-\frac{x}{a}}\right)$$

よって　$$\sqrt{1+\left(\frac{dy}{dx}\right)^2}=\sqrt{1+\frac{1}{4}\left(e^{\frac{x}{a}}-e^{-\frac{x}{a}}\right)^2}$$

$$=\sqrt{\frac{1}{4}\left(e^{\frac{x}{a}}+e^{-\frac{x}{a}}\right)^2}$$

$$=\frac{1}{2}\left(e^{\frac{x}{a}}+e^{-\frac{x}{a}}\right)$$

ゆえに　$$al=a\int_0^p\frac{1}{2}\left(e^{\frac{x}{a}}+e^{-\frac{x}{a}}\right)dx=\int_0^p\frac{a}{2}\left(e^{\frac{x}{a}}+e^{-\frac{x}{a}}\right)dx$$

$$=S$$

曲線の対称性から，$p<0$ のときも $al=S$ は成り立つ。

検討　カテナリーは，**懸垂線**（けんすいせん）ともいう。
$x>0$ のとき
　$f'(x)>0$，$f''(x)>0$
であるから，$x\geqq0$ では右上がりで下に凸の曲線である。

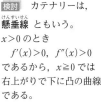

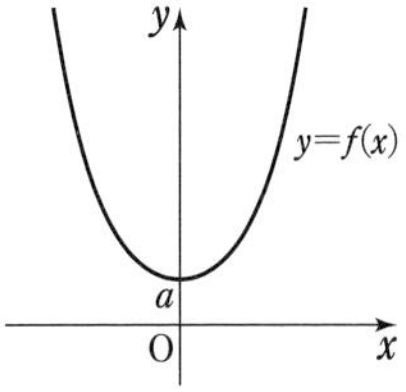

$\Leftarrow\int_0^p\frac{a}{2}\left(e^{\frac{x}{a}}+e^{-\frac{x}{a}}\right)dx$
$=\int_0^p ydx=S$

EX ③169

極方程式 $r=1+\cos\theta$ $(0\leqq\theta\leqq\pi)$ で表される曲線の長さを求めよ。　〔京都大〕

曲線上の点の直交座標を (x, y) とすると

$$x=r\cos\theta=(1+\cos\theta)\cos\theta=\cos\theta+\cos^2\theta$$

$$y=r\sin\theta=(1+\cos\theta)\sin\theta=\sin\theta+\frac{1}{2}\sin2\theta$$

よって　$$\frac{dx}{d\theta}=-\sin\theta-2\cos\theta\sin\theta=-\sin\theta-\sin2\theta$$

$$\frac{dy}{d\theta}=\cos\theta+\cos2\theta$$

HINT　曲線上の点の直交座標を (x, y) とすると
$\boldsymbol{x=r\cos\theta,\ y=r\sin\theta}$
→ x，y を θ の式で表す。

ゆえに　$\left(\dfrac{dx}{d\theta}\right)^2+\left(\dfrac{dy}{d\theta}\right)^2$

$=(-\sin\theta-\sin 2\theta)^2+(\cos\theta+\cos 2\theta)^2$

$=2+2\sin\theta\sin 2\theta+2\cos\theta\cos 2\theta=2+2\cos\theta$

$=2+2\left(2\cos^2\dfrac{\theta}{2}-1\right)=4\cos^2\dfrac{\theta}{2}$

←$\sin^2●+\cos^2●=1$,
$\sin 2\theta\sin\theta+\cos 2\theta\cos\theta$
$=\cos(2\theta-\theta)$

$0\leqq\theta\leqq\pi$ のとき $\cos\dfrac{\theta}{2}\geqq 0$ であるから，求める曲線の長さは

←$0\leqq\dfrac{\theta}{2}\leqq\dfrac{\pi}{2}$

$$\int_0^\pi\sqrt{\left(\frac{dx}{d\theta}\right)^2+\left(\frac{dy}{d\theta}\right)^2}\,d\theta=\int_0^\pi\sqrt{4\cos^2\frac{\theta}{2}}\,d\theta=2\int_0^\pi\cos\frac{\theta}{2}\,d\theta$$

$$=4\left[\sin\frac{\theta}{2}\right]_0^\pi=\mathbf{4}$$

←$\sqrt{4\cos^2\dfrac{\theta}{2}}=\left|2\cos\dfrac{\theta}{2}\right|$

EX ③170

次の条件 [1]，[2] を満たす曲線 C の方程式 $y=f(x)$ $(x\geqq 0)$ を求めよ。
[1]　点 $(0,\ 1)$ を通る。
[2]　点 $(0,\ 1)$ から曲線 C 上の任意の点 $(x,\ y)$ までの曲線の長さ L が $L=e^{2x}+y-2$ で与えられる。　〔北海道大〕

HINT　まず，条件 [2] から $f'(x)$ を e^{2x} で表し，不定積分を求める。

[2] から　$\displaystyle\int_0^x\sqrt{1+\{f'(t)\}^2}\,dt=e^{2x}+f(x)-2$

両辺を x で微分すると　$\sqrt{1+\{f'(x)\}^2}=2e^{2x}+f'(x)$

両辺を平方すると　$1+\{f'(x)\}^2=4e^{4x}+4e^{2x}f'(x)+\{f'(x)\}^2$

←$\dfrac{d}{dx}\displaystyle\int_a^x f(t)dt=f(x)$
（a は定数）

よって　$f'(x)=-e^{2x}+\dfrac{1}{4}e^{-2x}$

ゆえに　$f(x)=\displaystyle\int\left(-e^{2x}+\frac{1}{4}e^{-2x}\right)dx=-\frac{1}{2}e^{2x}-\frac{1}{8}e^{-2x}+D$

（D は積分定数）

←$f(x)=\displaystyle\int f'(x)dx$

また，[1] から　$f(0)=1$

よって　$1=-\dfrac{1}{2}-\dfrac{1}{8}+D$　　ゆえに　$D=\dfrac{13}{8}$

したがって，求める方程式 $y=f(x)$ は

$$\boldsymbol{y=-\frac{1}{2}e^{2x}-\frac{1}{8}e^{-2x}+\frac{13}{8}\ \ (x\geqq 0)}$$

EX ④171

$f(t)=\pi t(9-t^2)$ とするとき，次の問いに答えよ。
(1)　$x=\cos f(t)$，$y=\sin f(t)$ とするとき，$\left(\dfrac{dx}{dt}\right)^2+\left(\dfrac{dy}{dt}\right)^2$ を計算せよ。
(2)　座標平面上を運動する点Pの時刻 t における座標 $(x,\ y)$ が，$x=\cos f(t)$，$y=\sin f(t)$ で表されているとき，$t=0$ から $t=3$ までに点Pが点 $(-1,\ 0)$ を通過する回数 N を求めよ。
(3)　(2) における点Pが，$t=0$ から $t=3$ までに動く道のり s を求めよ。　〔類　大阪工大〕

(1)　$f'(t)=\pi\{1\cdot(9-t^2)+t(-2t)\}=3\pi(3-t^2)$

また　$\dfrac{dx}{dt}=-\sin f(t)\times f'(t)$，$\dfrac{dy}{dt}=\cos f(t)\times f'(t)$

←合成関数の微分法。

よって　$\left(\dfrac{dx}{dt}\right)^2+\left(\dfrac{dy}{dt}\right)^2=\{\sin^2 f(t)+\cos^2 f(t)\}\{f'(t)\}^2$

$=\boldsymbol{9\pi^2(3-t^2)^2}$

←$\sin^2 f(t)+\cos^2 f(t)$
$=1$

(2)　点Pが点 $(-1,\ 0)$ と一致するとき

$$\cos f(t)=-1,\ \sin f(t)=0$$

ゆえに，n を整数とすると，$f(t)=(2n+1)\pi$ を満たす。

$f'(t)=0$ とすると，$3-t^2=0$ から　　$t=\pm\sqrt{3}$

←$f(t)$ の増減を調べる。

$0\leqq t\leqq 3$ における $f(t)$ の増減表は，次のようになる。

t	0	…	$\sqrt{3}$	…	3
$f'(t)$		+	0	−	
$f(t)$	0	↗	極大 $6\sqrt{3}\pi$	↘	0

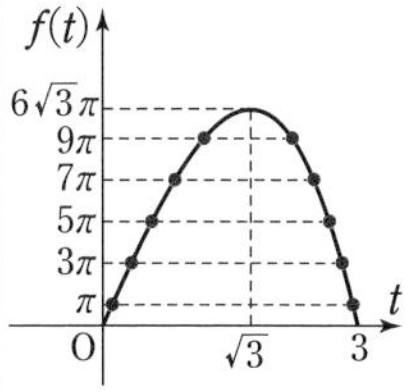

$f(t)=(2n+1)\pi$ となる回数を調べる。

$9\pi<6\sqrt{3}\pi<11\pi$ であることと，増減表より，$t=0$ から $t=\sqrt{3}$ までに点 $(-1,\ 0)$ を5回，$t=\sqrt{3}$ から $t=3$ までに点 $(-1,\ 0)$ を5回通過する。したがって　　$\boldsymbol{N=10}$

(3)　$\displaystyle s=\int_0^3\sqrt{\left(\frac{dx}{dt}\right)^2+\left(\frac{dy}{dt}\right)^2}\,dt=\int_0^3 3\pi|3-t^2|\,dt$

$$=3\pi\int_0^{\sqrt{3}}(3-t^2)\,dt+3\pi\int_{\sqrt{3}}^3(-3+t^2)\,dt$$

$$=3\pi\left[3t-\frac{t^3}{3}\right]_0^{\sqrt{3}}+3\pi\left[-3t+\frac{t^3}{3}\right]_{\sqrt{3}}^3$$

$$=3\pi(3\sqrt{3}-\sqrt{3})+3\pi\{-9+9-(-3\sqrt{3}+\sqrt{3})\}=\boldsymbol{12\sqrt{3}\pi}$$

←$0\leqq t\leqq\sqrt{3}$ のとき
　$3-t^2\geqq 0$
$\sqrt{3}\leqq t\leqq 3$ のとき
　$3-t^2\leqq 0$

別解　点Pは，$t=0$ から $t=\sqrt{3}$ の間に点 $(1,\ 0)$ から単位円上を反時計回りに $6\sqrt{3}\pi$ だけ回転し，$t=\sqrt{3}$ から $t=3$ の間に時計回りに $6\sqrt{3}\pi$ だけ回転し，点 $(1,\ 0)$ に戻る。

したがって，求める道のりは

$$s=6\sqrt{3}\pi+6\sqrt{3}\pi=\boldsymbol{12\sqrt{3}\pi}$$

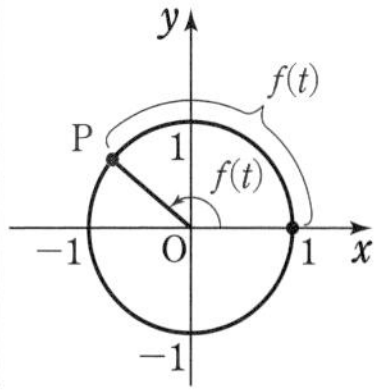

6章
EX
［積分法の応用］

EX ③172

曲線 $y=-\cos x\ (0\leqq x\leqq\pi)$ を y 軸の周りに1回転させてできる形をした容器がある。ただし，単位は cm とする。この容器に毎秒 1cm^3 ずつ水を入れたとき，t 秒後の水面の半径を r cm とし，水の体積を $V\text{cm}^3$ とする。水を入れ始めてからあふれるまでの時間内で考えるとき

(1)　水の体積 V を r の式で表せ。

(2)　水を入れ始めて t 秒後の r の増加する速度 $\dfrac{dr}{dt}$ を r の式で表せ。

(1)　条件から　$\displaystyle V=\int_{-1}^{-\cos r}\pi x^2\,dy$

←V は，図の赤く塗った部分を y 軸の周りに1回転してできる立体の体積である。

ここで　　$y=-\cos x$

$dy=\sin x\,dx$ であり，y と x の対応は次のようになる。

y	$-1\longrightarrow-\cos r$
x	$0\longrightarrow r$

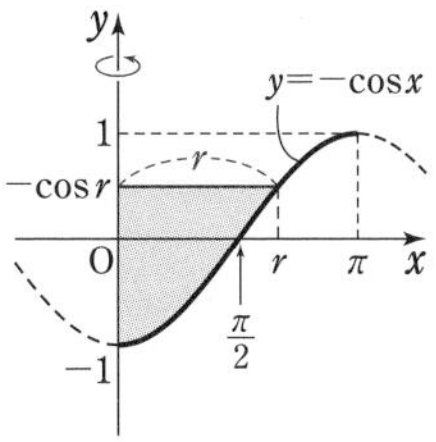

よって

$$V=\int_0^r\pi x^2\sin x\,dx$$

$$=\pi\int_0^r x^2\sin x\,dx$$

←$x^2\sin x=x^2(-\cos x)'$ とみて，部分積分法。

$$=\pi\left\{\left[x^2(-\cos x)\right]_0^r-\int_0^r 2x(-\cos x)dx\right\}$$

$$=\pi\left\{-r^2\cos r+2\left(\left[x\sin x\right]_0^r-\int_0^r \sin x\,dx\right)\right\}$$

$$=\pi\left(-r^2\cos r+2r\sin r+2\left[\cos x\right]_0^r\right)$$

$$=\boldsymbol{\pi(-r^2\cos r+2r\sin r+2\cos r-2)}$$

←$x\cos x=x(\sin x)'$ とみて，2回目の部分積分法。

(2) (1)で導いた $V=\pi\int_0^r x^2\sin x\,dx$ の両辺を r で微分すると

$$\frac{dV}{dr}=\pi r^2\sin r$$

←$\frac{d}{dr}\int_0^r f(x)dx=f(r)$

ここで　$\frac{dV}{dr}=\frac{dV}{dt}\cdot\frac{dt}{dr}$

←合成関数の微分。

$\frac{dV}{dt}=1$ であるから　$\frac{dV}{dr}=1\cdot\frac{dt}{dr}=\frac{dt}{dr}$

←〰は「毎秒 $1\,\text{cm}^3$ ずつ水を入れる」という条件。

よって　$\frac{dt}{dr}=\pi r^2\sin r$

ゆえに　$\frac{dr}{dt}=\frac{1}{\frac{dt}{dr}}=\boldsymbol{\frac{1}{\pi r^2\sin r}}$

←逆関数の微分。

EX ③173　$f(x)$ は実数全体で定義された連続関数であり，すべての実数 x に対して次の関係式を満たすとする。このとき，関数 $f(x)$ を求めよ。

$$\int_0^x e^t f(x-t)dt=f(x)-e^x$$

〔奈良県医大〕

HINT　まず，$x-t=s$ とおいて，左辺を置換積分法で変形。そして，両辺を x で微分して $f(x)$ の微分方程式を導く。

$x-t=s$ とおくと　$t=x-s$，$dt=-ds$

t と s の対応は右のようになる。

t	$0\longrightarrow x$
s	$x\longrightarrow 0$

よって　$\int_0^x e^t f(x-t)dt$

$$=\int_x^0 e^{x-s}f(s)(-1)ds=e^x\int_0^x e^{-s}f(s)ds$$

ゆえに，関係式は

$$e^x\int_0^x e^{-s}f(s)ds=f(x)-e^x \quad \cdots\cdots ①$$

① の両辺を x で微分すると

$$e^x\int_0^x e^{-s}f(s)ds+e^x\{e^{-x}f(x)\}=f'(x)-e^x$$

←$(uv)'=u'v+uv'$，$\frac{d}{dx}\int_a^x F(t)dt=F(x)$

よって　$e^x\int_0^x e^{-s}f(s)ds+f(x)=f'(x)-e^x$

① を代入して　$f(x)-e^x+f(x)=f'(x)-e^x$

ゆえに　$f'(x)=2f(x)$　…… ②

←微分方程式。

ここで，① の両辺に $x=0$ を代入すると

$$0=f(0)-1$$

←$\int_0^0 ● =0$

すなわち　$f(0)=1$

したがって，定数関数 $f(x)=0$ は ② の解ではない。

よって，② から　$\frac{f'(x)}{f(x)}=2$

←変数分離形。

ゆえに　$\int\frac{f'(x)}{f(x)}dx=\int 2dx$

←両辺を x で積分。

よって　$\log|f(x)|=2x+C$（C は任意定数）

←$|f(x)|=e^{2x+C}$

ゆえに　$f(x)=\pm e^{2x+C}$　すなわち　$f(x)=\pm e^{C}e^{2x}$

$\pm e^{C}=A$ とおくと　$f(x)=Ae^{2x}$（A は任意定数），$A\neq 0$

$f(0)=1$ であるから　$A=1$

←$A\neq 0$ を満たす。

したがって　$\boldsymbol{f(x)=e^{2x}}$

EX ③174

実数全体で微分可能な関数 $f(x)$ が次の条件(A)，(B)をともに満たす。
(A)：すべての実数 x，y について，$f(x+y)=f(x)f(y)$ が成り立つ。
(B)：すべての実数 x について，$f(x)\neq 0$ である。
(1) すべての実数 x について $f(x)>0$ であることを，背理法によって証明せよ。
(2) すべての実数 x について，$f'(x)=f(x)f'(0)$ であることを示せ。
(3) $f'(0)=k$ とするとき，$f(x)$ を k を用いて表せ。　〔類 東京慈恵医大〕

(1) ある実数 a について $f(a)<0$ であると仮定する。

←「すべての…」の証明には背理法が有効。条件(B)から，仮定は $f(a)<0$ とした。

条件(A)から　$f(a)=f(a+0)=f(a)f(0)$

よって　$f(a)\{1-f(0)\}=0$

$f(a)\neq 0$ であるから　$f(0)=1$

$f(x)$ は微分可能な関数であるから，連続である。

また，$f(0)=1>0$，$f(a)<0$ であるから，中間値の定理により，$f(b)=0$ となる b が $0<x<a$ または $a<x<0$ の範囲に存在する。これは条件(B)に矛盾する。

←$f(0)=1>0$ から，$a\neq 0$ であることがわかる。

したがって，すべての実数 x について $f(x)>0$ である。

←条件(B)

(2) $f'(x)=\lim_{h\to 0}\frac{f(x+h)-f(x)}{h}=\lim_{h\to 0}\frac{f(x)f(h)-f(x)}{h}$

←条件(A)

$=f(x)\lim_{h\to 0}\frac{f(h)-1}{h}=f(x)\lim_{h\to 0}\frac{f(0+h)-f(0)}{h}$

←$f(x)$ は h に無関係。また，(1)の過程から　$f(0)=1$

$=f(x)f'(0)$

(3) (2)の結果から　$f'(x)=kf(x)$

(1)より，$f(x)>0$ であるから　$\frac{f'(x)}{f(x)}=k$

←変数分離形。

ゆえに　$\int\frac{f'(x)}{f(x)}dx=k\int dx$

よって　$\log f(x)=kx+C$（C は任意定数）

←$\log|f(x)|=\log f(x)$

ゆえに　$f(x)=e^{kx+C}$　すなわち　$f(x)=e^{C}e^{kx}$

$e^{C}=A$ とおくと　$f(x)=Ae^{kx}$（A は任意定数），$A>0$

(1)より，$f(0)=1$ であるから　$A=1$

←$A>0$ を満たす。

したがって　$\boldsymbol{f(x)=e^{kx}}$

EX ④175 ラジウムなどの放射性物質は，各瞬間の質量に比例する速度で，質量が減少していく。その比例定数を $k\ (k>0)$，最初の質量を A として，質量 x を時間 t の関数で表せ。また，ラジウムでは，質量が半減するのに 1600 年かかるという。800 年では初めの量のおよそ何 % になるか。小数点以下を四捨五入せよ。

時間 t における質量の変化する速度は　$\dfrac{dx}{dt}$

条件から，$\dfrac{dx}{dt}=-kx$ と表される。　←x は時間 t の減少関数。

質量 x については $x>0$ であるから　$\dfrac{1}{x}\cdot\dfrac{dx}{dt}=-k$　←変数分離形。

ゆえに　$\displaystyle\int\frac{1}{x}\cdot\frac{dx}{dt}dt=-k\int dt$　←置換積分法の公式。

よって　$\displaystyle\int\frac{dx}{x}=-k\int dt$

ゆえに　$\log x=-kt+C$（C は任意定数）　←$x>0$

よって　$x=e^{-kt+C}$　すなわち　$x=e^Ce^{-kt}$

$t=0$ のとき，$x=A$ であるから　$e^C=A$　←最初の質量は A

したがって　$\boldsymbol{x=Ae^{-kt}}$

次に，$t=1600$（年）のとき，$x=\dfrac{A}{2}$ となるから　←この 1600 年は，半減期といわれる。

$$Ae^{-1600k}=\frac{A}{2}\quad すなわち\quad e^{-1600k}=\frac{1}{2}$$

よって，$t=800$ のとき

$$x=Ae^{-800k}=A(e^{-1600k})^{\frac{1}{2}}=A\sqrt{\frac{1}{2}}\fallingdotseq 0.707A$$

←$\sqrt{\dfrac{1}{2}}=\dfrac{\sqrt{2}}{2}\fallingdotseq\dfrac{1.414}{2}=0.707$

したがって，800 年では初めの量の **およそ 71 %** になる。

EX ④176 関数 $f(x)$ は，$x>-2$ で連続な第 2 次導関数 $f''(x)$ をもつ。また，$x>0$ において $f(x)>0$，$f'(x)>0$ を満たし，任意の正の数 t に対して点 $(t,\ f(t))$ における曲線 $y=f(x)$ の接線と x 軸との交点 P の x 座標が $\displaystyle -\int_0^t f(x)dx$ に等しい。

(1) $t>0$ のとき，点 $(t,\ f(t))$ における接線の方程式を求めよ。

(2) $t>0$ のとき，$f''(t)=-\{f'(t)\}^2$ を示せ。

(3) $f'(0)=\dfrac{1}{2}$，$f(0)=0$ のとき，$f'(x)$，$f(x)$ を求めよ。　〔類　鳥取大〕

(1) 任意の $t>0$ に対して $f'(t)$ が存在するから，求める接線の方程式は　$y-f(t)=f'(t)(x-t)$

すなわち　$\boldsymbol{y=f'(t)(x-t)+f(t)}$ …… ①

(2) ① において，$y=0$ とすると　$f'(t)(x-t)=-f(t)$　←(1) の接線と x 軸の交点 P の x 座標を求める。

$f'(t)>0$ であるから　$x=t-\dfrac{f(t)}{f'(t)}$

これが $\displaystyle -\int_0^t f(x)dx$ に等しいから

$$t-\frac{f(t)}{f'(t)}=-\int_0^t f(x)dx$$

両辺を t で微分して　$1-\dfrac{\{f'(t)\}^2-f(t)f''(t)}{\{f'(t)\}^2}=-f(t)$

←$\left(\dfrac{u}{v}\right)'=\dfrac{u'v-uv'}{v^2}$, $\dfrac{d}{dt}\displaystyle\int_a^t f(x)dx=f(t)$

すなわち　$\dfrac{f(t)f''(t)}{\{f'(t)\}^2}=-f(t)$

$t>0$ のとき，$f(t)>0$ であるから　$\dfrac{f''(t)}{\{f'(t)\}^2}=-1$

すなわち　$f''(t)=-\{f'(t)\}^2$

(3) $f'(t)=u$ とおくと　$\dfrac{du}{dt}=f''(t)=-\{f'(t)\}^2=-u^2$

すなわち　$-\dfrac{1}{u^2}\cdot\dfrac{du}{dt}=1$

←変数分離形。

両辺を t で積分すると　$\displaystyle\int\left(-\frac{1}{u^2}\right)\cdot\frac{du}{dt}dt=\int dt$

すなわち　$\displaystyle-\int\frac{du}{u^2}=\int dt$

←置換積分法の公式。

ゆえに　$\dfrac{1}{u}=t+C_1$　(C_1 は積分定数)

$t=0$ のとき，$u=f'(0)=\dfrac{1}{2}$ であるから　$C_1=2$

←初期条件 $f'(0)=\dfrac{1}{2}$ を利用。

よって　$f'(t)=\dfrac{1}{t+2}$　　ゆえに　$\boldsymbol{f'(x)=\dfrac{1}{x+2}}$

よって　$\displaystyle f(x)=\int\frac{1}{x+2}dx=\log(x+2)+C_2$　(C_2 は積分定数)

$f(0)=0$ であるから　$0=\log 2+C_2$

←初期条件 $f(0)=0$ を利用。

すなわち　$C_2=-\log 2$　　よって　$\boldsymbol{f(x)=\log\dfrac{x+2}{2}}$

総合 1

点 (2, 2) を通り，傾きが m ($\neq 0$) である直線 ℓ と曲線 $y=\dfrac{1}{x}$ との 2 つの交点を $\mathrm{P}\left(\alpha,\ \dfrac{1}{\alpha}\right)$, $\mathrm{Q}\left(\beta,\ \dfrac{1}{\beta}\right)$ とし，線分 PQ の中点を $\mathrm{R}(u,\ v)$ とする。m の値が変化するとき，点 R が動いてできる曲線を C とする。〔名城大〕

(1) 直線 ℓ の方程式を求めよ。 (2) u および v をそれぞれ m の式で表せ。

(3) 曲線 C の方程式を求め，その概形をかけ。

➡ 本冊 数学Ⅲ 例題 1

(1) $y-2=m(x-2)$ すなわち $\boldsymbol{y=mx-2m+2}$

(2) $mx-2m+2=\dfrac{1}{x}$ とすると

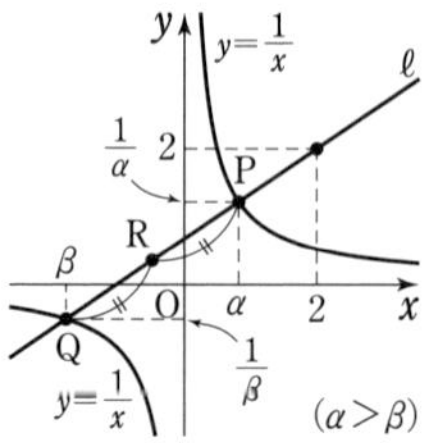

$mx^2-2(m-1)x-1=0$ …… ①

$m\neq 0$ であるから，① は x の 2 次方程式である。① の判別式を D とすると

$$\frac{D}{4}=\{-(m-1)\}^2-m\cdot(-1)$$

$$=m^2-m+1=\left(m-\frac{1}{2}\right)^2+\frac{3}{4}$$

ゆえに　$D>0$

よって，① は異なる 2 つの実数解をもつから，直線 ℓ と曲線 $y=\dfrac{1}{x}$ は異なる 2 点 P，Q で交わる。

α，β は ① の解であるから，解と係数の関係により

$$\alpha+\beta=\frac{2(m-1)}{m},\quad \alpha\beta=-\frac{1}{m}$$

R は線分 PQ の中点であるから

$$\boldsymbol{u}=\frac{\alpha+\beta}{2}=\boldsymbol{\frac{m-1}{m}}\ \cdots\cdots\ ②,$$

$$\boldsymbol{v}=\frac{\dfrac{1}{\alpha}+\dfrac{1}{\beta}}{2}=\frac{\alpha+\beta}{2\alpha\beta}=\frac{2(m-1)}{-2}=\boldsymbol{1-m}\ \cdots\cdots\ ③$$

(3) ② から　$(u-1)m=-1$ …… ④

ここで，$u=1-\dfrac{1}{m}$ であるから　$u\neq 1$

よって，④ から　$m=-\dfrac{1}{u-1}$

これを ③ に代入して　$v=\dfrac{1}{u-1}+1$

ゆえに，C の方程式は　$\boldsymbol{y=\dfrac{1}{x-1}+1}$

また，C の概形は **右図**。

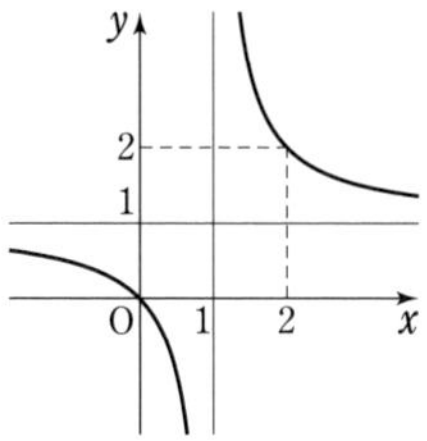

←直線 ℓ の方程式と $y=\dfrac{1}{x}$ から y を消去してできる 2 次方程式について考察。

←2 点 P，Q の存在を確認。

←2 次方程式 $ax^2+bx+c=0$ の解を α，β とすると $\alpha+\beta=-\dfrac{b}{a}$，$\alpha\beta=\dfrac{c}{a}$

検討　$\boldsymbol{v}=mu-2m+2=m\cdot\dfrac{m-1}{m}-2m+2=\boldsymbol{1-m}$ としてもよい。

←$mu=m-1$ から。

←② の式を変形し，u の変域を調べる。

←u，v の関係式。

←x，y の式に直す。

総合 2 座標平面上の点 $(x,\ y)$ は，次の方程式を満たす。

$$\frac{1}{2}\log_2(6-x)-\log_2\sqrt{3-y}=\frac{1}{2}\log_2(10-2x)-\log_2\sqrt{4-y}\ \cdots\cdots\ (*)$$

方程式$(*)$の表す図形上の点 $(x,\ y)$ は，関数 $y=\dfrac{2}{x}$ のグラフを x 軸方向に p，y 軸方向に q だけ平行移動したグラフ上の点である。このとき，p，q を求めると，$(p,\ q)=$ア□ である。点 $(x,\ y)$ が方程式$(*)$の表す図形上を動くとき，$x+2y$ の最大値は イ□ である。また，整数の組 $(x,\ y)$ が方程式$(*)$を満たすとき，x の値をすべて求めると，$x=$ウ□ である。〔芝浦工大〕

➡ 本冊 数学Ⅲ 例題 1，5

真数は正であるから

$$6-x>0,\ 3-y>0,\ 10-2x>0,\ 4-y>0$$

よって　$x<5$，$y<3$

このとき，$(*)$の両辺に 2 を掛けて整理すると

$$\log_2(6-x)(4-y)=\log_2(10-2x)(3-y)$$

ゆえに　$(6-x)(4-y)=(10-2x)(3-y)$

展開して整理すると　$xy-2x-4y+6=0\ \cdots\cdots$ ①

よって　$(x-4)y=2x-6$

$x=4$ とすると，$0\cdot y=2$ となり，等式は成り立たないから

$$x\neq 4$$

ゆえに　$y=\dfrac{2x-6}{x-4}=\dfrac{2}{x-4}+2\ \cdots\cdots$ ②

② のグラフは，$y=\dfrac{2}{x}$ のグラフを x 軸方向に 4，y 軸方向に 2 だけ平行移動したものであるから　$(p,\ q)=$ア**(4，2)**

② において，$y<3$ から　$\dfrac{2}{x-4}<1\ \cdots\cdots$ ③

$x>4$ とすると，③ から　$2<x-4$　すなわち　$x>6$

これは $x<5$ を満たさず，不適。

よって，$x<4$ であるから，③ より

$$2>x-4\quad すなわち\quad x<6$$

ゆえに，x の値の範囲は　$x<4$

以上から，方程式$(*)$の表す図形は，② のグラフの $x<4$ の部分である。

$x+2y=k\ \cdots\cdots$ ④ とおくと，④ は傾き $-\dfrac{1}{2}$，y 切片 $\dfrac{1}{2}k$ の直線を表す。

よって，直線 ④ が $x<4$ の部分で曲線 ② と接するとき，k の値は最大になる。

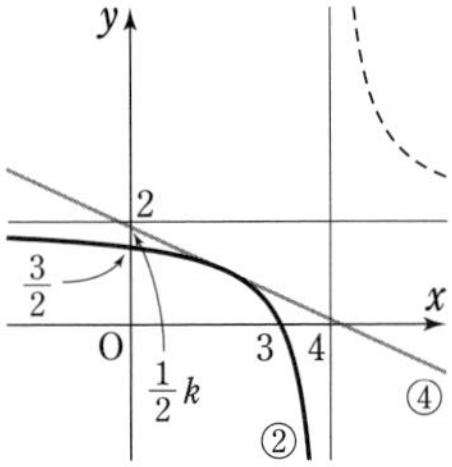

②，④ から

$$-\frac{1}{2}x+\frac{1}{2}k=2+\frac{2}{x-4}$$

両辺に $2(x-4)$ を掛けて整理すると

$$x^2-kx+4k-12=0\ \cdots\cdots\ ⑤$$

←まず，真数条件に注意。

←順に解くと　$x<6$，$y<3$，$x<5$，$y<4$

←$\log_2\sqrt{3-y}=\dfrac{1}{2}\log_2(3-y)$，$\log_2\sqrt{4-y}=\dfrac{1}{2}\log_2(4-y)$

←$y=f(x)$ の形にするために，y について解く。

←$y=\dfrac{2(x-4)+2}{x-4}=2+\dfrac{2}{x-4}$

←$\dfrac{2}{x-4}+2<3$

←グラフから考えると，$x<4$ のときは　$y<2$

←$y=-\dfrac{1}{2}x+\dfrac{1}{2}k$

総合

x の 2 次方程式 ⑤ の判別式を D とすると，直線 ④ と曲線 ② が接するのは $D=0$ のときである。

$$D=(-k)^2-4\cdot1\cdot(4k-12)=k^2-16k+48=(k-4)(k-12)$$

$D=0$ から　$(k-4)(k-12)=0$　ゆえに　$k=4,\ 12$

$k=4$ のとき，⑤ から　$x=\dfrac{k}{2}=2$　④ から　$y=1$

これは $x<4$，$y<2$ を満たす。

$k=12$ のとき，⑤ から　$x=\dfrac{k}{2}=6$

これは $x<4$ を満たさず，不適。

したがって　$k=4$　すなわち，$x+2y$ の最大値は　イ**4**

また，② から　$(x-4)(y-2)=2$ …… ⑥

x，y が整数のとき，$x-4$，$y-2$ も整数である。

また，$x<4$，$y<2$ であるから　$x-4<0$，$y-2<0$

よって，⑥ から　$(x-4,\ y-2)=(-2,\ -1),\ (-1,\ -2)$

よって　$(x,\ y)=(2,\ 1),\ (3,\ 0)$

したがって　$x=$ウ**2，3**

◐ 接する ⟺ 重解

←2 次方程式 $px^2+qx+r=0$ が重解をもつとき，重解は $x=-\dfrac{q}{2p}$

←$y-2=\dfrac{2}{x-4}$

総合 3

定数 a に対して関数 $f(x)=\dfrac{1}{2}\sqrt{4x+a^2-6a-7}-\dfrac{3-a}{2}$ を考え，$y=f(x)$ の逆関数を $y=g(x)$ とする。

(1) 関数 $f(x)$ の定義域を求めよ。　(2) 関数 $g(x)$ を求めよ。

(3) $y=f(x)$ のグラフと $y=g(x)$ のグラフが接するとき，$a=$ア□，イ□であり，接点の座標は $a=$ア□ のとき (ウ□，エ□)，$a=$イ□ のとき (オ□，カ□) である。ただし，□には整数値が入り，ア□<イ□とする。　〔類 近畿大〕

➡ 本冊 数学Ⅲ 例題 13

(1) 関数 $f(x)$ の定義域は，$4x+a^2-6a-7\geqq0$ から

$$\boldsymbol{x\geqq-\frac{1}{4}a^2+\frac{3}{2}a+\frac{7}{4}}$$

(2) 関数 $f(x)$ の値域は　$y\geqq-\dfrac{3-a}{2}$

また，$y=\dfrac{1}{2}\sqrt{4x+a^2-6a-7}-\dfrac{3-a}{2}$ とすると

$$2y+3-a=\sqrt{4x+a^2-6a-7}$$

両辺を平方して　$(2y+3-a)^2=4x+a^2-6a-7$

x について解くと　$x=y^2-(a-3)y+4$

よって　$\boldsymbol{g(x)=x^2-(a-3)x+4\ \left(x\geqq\dfrac{a-3}{2}\right)}$

(3) 接点の座標を $(x,\ y)$ とすると

$$y=f(x) \text{ かつ } y=g(x)$$

$y=f(x)$ より $x=g(y)$ であるから，次の連立方程式を考える。

$$x=y^2-(a-3)y+4\ \left(y\geqq\frac{a-3}{2}\right) \quad \cdots\cdots ①$$

$$y=x^2-(a-3)x+4\ \left(x\geqq\frac{a-3}{2}\right) \quad \cdots\cdots ②$$

←($\sqrt{\ }$ 内)$\geqq0$

←これから，$g(x)$ の定義域は　$x\geqq-\dfrac{3-a}{2}$

←左辺を展開して整理すると $4x=4y^2-4ay+12y+16$

←$y=f(x)\Longleftrightarrow x=f^{-1}(y)$

←$x=g(y)$

←$y=g(x)$

②−① から　$(x-y)(x+y-a+4)=0$ …… ③

ここで，$x+y \geqq a-3$ であるから　$x+y-a+3 \geqq 0$

よって　$x+y-a+4>0$　ゆえに，③ から　$x=y$

したがって，$y=g(x)$ のグラフと直線 $y=x$ が接するための条件を考える。

$x=x^2-(a-3)x+4$ とすると　$x^2-(a-2)x+4=0$ …… ④

④ が重解をもつことが条件であり，④ の判別式を D とすると

$$D=0$$

ここで　$D=\{-(a-2)\}^2-4\cdot1\cdot4=(a+2)(a-6)$

$D=0$ から　$(a+2)(a-6)=0$　よって　$a=$ ア$\mathbf{-2}$，イ$\mathbf{6}$

このとき，④ の重解は $x=-\dfrac{-(a-2)}{2\cdot1}=\dfrac{a-2}{2}$ で

$a=-2$ のとき　$x=-2$，　$a=6$ のとき　$x=2$

したがって，接点の座標は

$a=-2$ のとき　(ウ$\mathbf{-2}$，エ$\mathbf{-2}$)，$a=6$ のとき　(オ$\mathbf{2}$，カ$\mathbf{2}$)

←$y \geqq \dfrac{a-3}{2}$，$x \geqq \dfrac{a-3}{2}$ の辺々を加える。

←$D=\{(a-2)+4\}\times\{(a-2)-4\}$

←2 次方程式 $px^2+qx+r=0$ が重解をもつとき，重解は $x=-\dfrac{q}{2p}$

総合 4

関数 $f(x)=\dfrac{2x+1}{x+2}$ $(x>0)$ に対して，

$$f_1(x)=f(x),\ f_n(x)=(f\circ f_{n-1})(x)\quad (n=2,\ 3,\ \cdots\cdots)$$

とおく。

(1) $f_2(x)$，$f_3(x)$，$f_4(x)$ を求めよ。

(2) 自然数 n に対して $f_n(x)$ の式を推測し，その結果を数学的帰納法を用いて証明せよ。

〔札幌医大〕

➡ 本冊 数学Ⅲ 例題 16

(1) $\boldsymbol{f_2(x)}=(f\circ f_1)(x)=f(f_1(x))$

$$=\frac{2f_1(x)+1}{f_1(x)+2}=\frac{2\cdot\dfrac{2x+1}{x+2}+1}{\dfrac{2x+1}{x+2}+2}=\frac{2(2x+1)+x+2}{2x+1+2(x+2)}$$

$$=\boldsymbol{\frac{5x+4}{4x+5}}$$

同様にして　$\boldsymbol{f_3(x)}=f(f_2(x))=\dfrac{2f_2(x)+1}{f_2(x)+2}=\boldsymbol{\dfrac{14x+13}{13x+14}}$

$\boldsymbol{f_4(x)}=f(f_3(x))=\dfrac{2f_3(x)+1}{f_3(x)+2}=\boldsymbol{\dfrac{41x+40}{40x+41}}$

←〰〰 の分母・分子に $x+2$ を掛ける。

(2) 4 つの項からなる数列 $\{a_n\}$：2，5，14，41　を考える。

数列 $\{a_n\}$ の階差数列を $\{b_n\}$ とすると，$\{b_n\}$：3，9，27　であるから　$b_n=3^n$

よって，$2 \leqq n \leqq 4$ のとき

$$a_n=2+\sum_{k=1}^{n-1}3^k=2+\frac{3(3^{n-1}-1)}{3-1}=\frac{3^n+1}{2}$$

$n=1$ を代入すると $\dfrac{3^1+1}{2}=2$ となり，$n=1$ のときも成り立つ。

したがって　$a_n=\dfrac{3^n+1}{2}$

←(1) の結果から，$f_n(x)=\dfrac{a_nx+(a_n-1)}{(a_n-1)x+a_n}$ の形と推測できる。

←数列 $\{a_n\}$ の階差数列を $\{b_n\}$ とすると，$n \geqq 2$ のとき $a_n=a_1+\sum_{k=1}^{n-1}b_k$

ゆえに，$f_n(x)=\dfrac{\dfrac{3^n+1}{2}x+\dfrac{3^n-1}{2}}{\dfrac{3^n-1}{2}x+\dfrac{3^n+1}{2}}$ すなわち

$\boldsymbol{f_n(x)=\dfrac{(3^n+1)x+3^n-1}{(3^n-1)x+3^n+1}}$ …… ① と推測できる。

[1]　$n=1$ のとき，① で $n=1$ とすると

$$f_1(x)=\frac{4x+2}{2x+4}=\frac{2x+1}{x+2}$$

よって，① は成り立つ。

[2]　$n=k$ のとき，① が成り立つと仮定すると，

$f_k(x)=\dfrac{(3^k+1)x+3^k-1}{(3^k-1)x+3^k+1}$ であるから

$$f_{k+1}(x)=f(f_k(x))=\frac{2f_k(x)+1}{f_k(x)+2}=\frac{2\cdot\dfrac{(3^k+1)x+3^k-1}{(3^k-1)x+3^k+1}+1}{\dfrac{(3^k+1)x+3^k-1}{(3^k-1)x+3^k+1}+2}$$

$$=\frac{(3\cdot3^k+1)x+3\cdot3^k-1}{(3\cdot3^k-1)x+3\cdot3^k+1}=\frac{(3^{k+1}+1)x+3^{k+1}-1}{(3^{k+1}-1)x+3^{k+1}+1}$$

ゆえに，$n=k+1$ のときも，① は成り立つ。

[1]，[2] から，すべての自然数 n に対して，① が成り立つ。

←数学的帰納法で証明。

←〰〰の分母・分子に $(3^k-1)x+3^k+1$ を掛ける。

総合 5

点 (2，1) から放物線 $y=\dfrac{2}{3}x^2-1$ に引いた 2 つの接線のうち，傾きが小さい方を ℓ とする。

(1)　ℓ の方程式を求めよ。

(2)　n を自然数とする。ℓ 上の点で，x 座標と y 座標がともに n 以下の自然数であるものの個数を $A(n)$ とするとき，極限値 $\displaystyle\lim_{n\to\infty}\frac{A(n)}{n}$ を求めよ。　〔類　茨城大〕

➡ 本冊　数学Ⅲ　例題 23

(1)　点 (2，1) から引いた接線は，y 軸に平行ではないから，その傾きを m とすると，方程式は

$$y=m(x-2)+1$$

$\dfrac{2}{3}x^2-1=m(x-2)+1$ とすると

$$2x^2-3mx+6(m-1)=0 \quad\cdots\cdots ①$$

2 次方程式 ① が重解をもつから，① の判別式を D とすると

$D=0$

ここで　$D=(-3m)^2-4\cdot2\cdot6(m-1)=3(3m^2-16m+16)$
$=3(m-4)(3m-4)$

$D=0$ から　　$m=4,\ \dfrac{4}{3}$

$\dfrac{4}{3}<4$ であるから，直線 ℓ の方程式は

$y=\dfrac{4}{3}(x-2)+1$　すなわち　$\boldsymbol{y=\dfrac{4}{3}x-\dfrac{5}{3}}$ …… ②

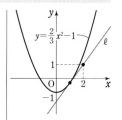

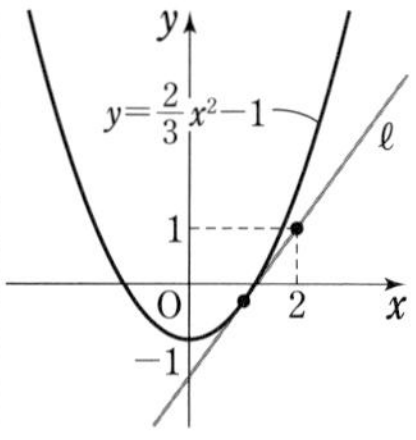

別解　(1)　$y'=\dfrac{4}{3}x$

放物線上の点 $\left(t,\ \dfrac{2}{3}t^2-1\right)$ における接線の方程式は

$$y=\frac{4}{3}tx-\frac{2}{3}t^2-1$$

点 (2，1) を通るとき

$t=1,\ 3$

$1<3$ から $t=1$ が適する。

(2) ② から　　$4x-3y=5$ …… ③

$x=2$, $y=1$ は ③ の整数解の 1 つである。

よって　　$4\cdot2-3\cdot1=5$ …… ④

③－④ から　　$4(x-2)-3(y-1)=0$

ゆえに　　$4(x-2)=3(y-1)$

4 と 3 は互いに素であるから，k を整数として

$$x-2=3k,\ y-1=4k$$

と表される。

よって，直線 ℓ 上の点で，x 座標と y 座標がともに自然数となるものの座標は　　$(3k+2,\ 4k+1)$　$(k\geqq0)$

$k\geqq1$ のとき，$3k+2\leqq4k+1$ であるから，$n\geqq5$ において x 座標と y 座標がともに n 以下となる条件は

$$4k+1\leqq n \quad すなわち \quad k\leqq\frac{n-1}{4}$$

ゆえに，実数 x の整数部分を $[x]$ と表すとすると

$$A(n)=\left[\frac{n-1}{4}\right]+1$$

$\left[\frac{n-1}{4}\right]\leqq\frac{n-1}{4}<\left[\frac{n-1}{4}\right]+1$ が成り立つから

$$\frac{n-1}{4}-1<\left[\frac{n-1}{4}\right]\leqq\frac{n-1}{4}$$

各辺に 1 を加えて

$$\frac{n-1}{4}<A(n)\leqq\frac{n-1}{4}+1$$

よって　　$\frac{n-1}{4n}<\frac{A(n)}{n}\leqq\frac{n-1}{4n}+\frac{1}{n}$

$\lim_{n\to\infty}\frac{n-1}{4n}=\lim_{n\to\infty}\frac{1-\frac{1}{n}}{4}=\frac{1}{4}$，$\lim_{n\to\infty}\left(\frac{n-1}{4n}+\frac{1}{n}\right)=\frac{1}{4}$ であるから　　$\lim_{n\to\infty}\frac{A(n)}{n}=\boldsymbol{\frac{1}{4}}$

←③ を 1 次不定方程式とみて，整数解を求める。

←a と b が互いに素であるとき，ac が b の倍数ならば，c は b の倍数である（a, b, c は整数）。

←$4k+1-(3k+2)=k-1\geqq0$

←$k=0,\ 1,\ 2,\ \cdots\cdots,\ \left[\frac{n-1}{4}\right]$ に対して条件を満たす点が 1 つずつ定まる。

←[ ] はガウス記号である。ガウス記号に関しては，$[x]\leqq x<[x]+1$ が成り立つ。これから
$x-1<[x]\leqq x$

←はさみうちの原理。

総合

総合 6

焼きいも屋さんが京都・大阪・神戸の 3 都市を次のような確率で移動して店を出す（2 日以上続けて同じ都市で出すこともありうる）。

・京都で出した翌日に，大阪・神戸で出す確率はそれぞれ $\frac{1}{3}$，$\frac{2}{3}$ である。

・大阪で出した翌日に，京都・大阪で出す確率はそれぞれ $\frac{1}{3}$，$\frac{2}{3}$ である。

・神戸で出した翌日に，京都・神戸で出す確率はそれぞれ $\frac{2}{3}$，$\frac{1}{3}$ である。

今日を 1 日目として，n 日目に京都で店を出す確率を p_n とする。$p_1=1$ であるとき

(1) $p_2=$ア□，$p_3=$イ□ である。

(2) 一般項 p_n は，n が奇数のとき $p_n=$ウ□，n が偶数のとき $p_n=$エ□ である。

(3) $\lim_{n\to\infty}p_n=$オ□ である。

〔類 関西学院大〕

➡ 本冊 数学Ⅲ 例題 32

(1) $p_1=1$ であるから，1日目は京都で店を出す。よって，2日目は大阪，神戸のどちらかで店を出すから　　$p_2=$ ア $\mathbf{0}$

3日目に京都で店を出すのは，「2日目に大阪で店を出し，3日目に京都で店を出す」または「2日目に神戸で店を出し，3日目に京都で店を出す」のどちらかの場合であるから

$$p_3=\frac{1}{3}\cdot\frac{1}{3}+\frac{2}{3}\cdot\frac{2}{3}=\text{イ}\ \mathbf{\frac{5}{9}}$$

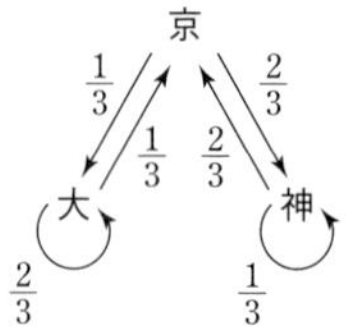

(2) n 日目に大阪，神戸で店を出す確率をそれぞれ q_n，r_n とする。
このとき　　$p_n+q_n+r_n=1$

←(確率の和)=1

$n+1$ 日目に京都で店を出すのは，「n 日目に大阪で店を出し，$n+1$ 日目に京都で店を出す」または「n 日目に神戸で店を出し，$n+1$ 日目に京都で店を出す」のどちらかの場合であるから

$$p_{n+1}=\frac{1}{3}q_n+\frac{2}{3}r_n$$

同様に考えて　　$q_{n+1}=\frac{1}{3}p_n+\frac{2}{3}q_n$

$$r_{n+1}=\frac{2}{3}p_n+\frac{1}{3}r_n$$

←「n 日目：京都で，$n+1$ 日目：大阪」または「n 日目：大阪で，$n+1$ 日目：大阪」

よって　　$p_{n+2}=\frac{1}{3}q_{n+1}+\frac{2}{3}r_{n+1}$

$$=\frac{1}{3}\left(\frac{1}{3}p_n+\frac{2}{3}q_n\right)+\frac{2}{3}\left(\frac{2}{3}p_n+\frac{1}{3}r_n\right)$$

$$=\frac{5}{9}p_n+\frac{2}{9}(q_n+r_n)$$

$$=\frac{5}{9}p_n+\frac{2}{9}(1-p_n)=\frac{1}{3}p_n+\frac{2}{9}$$

←p_{n+2} を考えると，$p_n+q_n+r_n=1$ すなわち $q_n+r_n=1-p_n$ を利用することで，数列 $\{p_n\}$ に関する漸化式を導くことができる。

ゆえに　　$p_{n+2}-\frac{1}{3}=\frac{1}{3}\left(p_n-\frac{1}{3}\right)$ ……（＊）

←$\alpha=\frac{1}{3}\alpha+\frac{2}{9}$ の解は $\alpha=\frac{1}{3}$

n が奇数のとき，$n=2k-1$（k は自然数）と表され

$$p_{2k-1}-\frac{1}{3}=\frac{1}{3}\left(p_{2k-3}-\frac{1}{3}\right)=\left(\frac{1}{3}\right)^2\left(p_{2k-5}-\frac{1}{3}\right)$$

$$=\cdots\cdots=\left(\frac{1}{3}\right)^{k-1}\left(p_1-\frac{1}{3}\right)=\frac{2}{3}\left(\frac{1}{3}\right)^{k-1}$$

←（＊）は1項おきの関係式であるから，n の偶奇に分けて考える。

$n=2k-1 \Longleftrightarrow k=\frac{n+1}{2}$

よって　　$p_n-\frac{1}{3}=\frac{2}{3}\left(\frac{1}{3}\right)^{\frac{n-1}{2}}$

ゆえに　　$p_n=$ ウ $\mathbf{\frac{2}{3}\left(\frac{1}{3}\right)^{\frac{n-1}{2}}+\frac{1}{3}}$

n が偶数のとき，$n=2k$（k は自然数）と表され

←$n=2k \Longleftrightarrow k=\frac{n}{2}$

$$p_{2k}-\frac{1}{3}=\frac{1}{3}\left(p_{2k-2}-\frac{1}{3}\right)=\left(\frac{1}{3}\right)^2\left(p_{2k-4}-\frac{1}{3}\right)$$

$$=\cdots\cdots=\left(\frac{1}{3}\right)^{k-1}\left(p_2-\frac{1}{3}\right)=-\frac{1}{3}\left(\frac{1}{3}\right)^{k-1}=-\left(\frac{1}{3}\right)^k$$

よって　　$p_n-\frac{1}{3}=-\left(\frac{1}{3}\right)^{\frac{n}{2}}$　　ゆえに　$p_n=$ エ $\mathbf{-\left(\frac{1}{3}\right)^{\frac{n}{2}}+\frac{1}{3}}$

(3) $n \longrightarrow \infty$ のとき $k \longrightarrow \infty$ であり

$$\lim_{k\to\infty} p_{2k-1} = \lim_{k\to\infty}\left\{\frac{2}{3}\left(\frac{1}{3}\right)^{k-1}+\frac{1}{3}\right\}=\frac{1}{3},$$

$$\lim_{k\to\infty} p_{2k} = \lim_{k\to\infty}\left\{-\left(\frac{1}{3}\right)^{k}+\frac{1}{3}\right\}=\frac{1}{3}$$

したがって　$\lim_{n\to\infty} p_n = {}^{\text{オ}}\boldsymbol{\frac{1}{3}}$

←$\lim_{k\to\infty} p_{2k-1}$ と $\lim_{k\to\infty} p_{2k}$ が一致する。

総合 7

数列 $\{a_n\}$ を $a_1=\tan\frac{\pi}{3}$, $a_{n+1}=\frac{a_n}{\sqrt{a_n{}^2+1}+1}$ $(n=1, 2, 3, \cdots\cdots)$ により定める。

(1) $a_2=\tan\frac{\pi}{6}$, $a_3=\tan\frac{\pi}{12}$ であることを示せ。

(2) 一般項 a_n を求めよ。　(3) $\lim_{n\to\infty} 2^n a_n$ を求めよ。　〔類 広島大〕

➡ 本冊 数学Ⅲ 例題 53

(1) $0<\theta<\frac{\pi}{2}$ のとき

$$\frac{\tan\theta}{\sqrt{\tan^2\theta+1}+1}=\frac{\frac{\sin\theta}{\cos\theta}}{\frac{1}{\cos\theta}+1}=\frac{\sin\theta}{1+\cos\theta}$$

$$=\frac{2\sin\frac{\theta}{2}\cos\frac{\theta}{2}}{2\cos^2\frac{\theta}{2}}=\frac{\sin\frac{\theta}{2}}{\cos\frac{\theta}{2}}=\tan\frac{\theta}{2}$$

←$\tan^2\theta+1=\frac{1}{\cos^2\theta}$

←$\frac{1+\cos\theta}{2}=\cos^2\frac{\theta}{2}$

よって，$a_1=\tan\frac{\pi}{3}$ から

$$a_2=\tan\left(\frac{1}{2}\cdot\frac{\pi}{3}\right)=\tan\frac{\pi}{6}$$

ゆえに　$a_3=\tan\left(\frac{1}{2}\cdot\frac{\pi}{6}\right)=\tan\frac{\pi}{12}$

←$a_2=\frac{\tan\frac{\pi}{3}}{\sqrt{\tan^2\frac{\pi}{3}+1}+1}$

←$a_3=\frac{\tan\frac{\pi}{6}}{\sqrt{\tan^2\frac{\pi}{6}+1}+1}$

(2) (1) から，$a_n=\tan\frac{\pi}{3\cdot 2^{n-1}}$ …… ① と推測できる。① がすべての自然数 n について成り立つことを数学的帰納法で示す。

[1] $n=1$ のとき，$a_1=\tan\frac{\pi}{3}$ であるから，① は成り立つ。

[2] $n=k$ のとき，① が成り立つ，すなわち $a_k=\tan\frac{\pi}{3\cdot 2^{k-1}}$ と仮定すると，$0<\frac{\pi}{3\cdot 2^{k-1}}<\frac{\pi}{2}$ であるから

$$a_{k+1}=\tan\left(\frac{1}{2}\cdot\frac{\pi}{3\cdot 2^{k-1}}\right)=\tan\frac{\pi}{3\cdot 2^k}$$

よって，$n=k+1$ のときも ① は成り立つ。

←$3\cdot 2^{k-1} \geqq 3\cdot 2^{1-1}=3>2$

[1]，[2] から，すべての自然数 n について ① は成り立つ。

したがって　$\boldsymbol{a_n=\tan\frac{\pi}{3\cdot 2^{n-1}}}$

(3) $2^n a_n=2^n\tan\dfrac{\pi}{3\cdot 2^{n-1}}=\dfrac{\sin\dfrac{\pi}{3\cdot 2^{n-1}}}{\dfrac{\pi}{3\cdot 2^{n-1}}}\cdot\dfrac{1}{\cos\dfrac{\pi}{3\cdot 2^{n-1}}}\cdot\dfrac{2}{3}\pi$

$\lim\limits_{n\to\infty}\dfrac{\pi}{3\cdot 2^{n-1}}=0$ であるから　　$\lim\limits_{n\to\infty}2^n a_n=1\cdot\dfrac{1}{1}\cdot\dfrac{2}{3}\pi=\boldsymbol{\dfrac{2}{3}\pi}$

←$\lim\limits_{\square\to 0}\dfrac{\sin\square}{\square}=1$

総合 8　p を正の整数とする。α, β は x に関する方程式 $x^2-2px-1=0$ の 2 つの解で，$|\alpha|>1$ であるとする。〔京都大〕

(1) すべての正の整数 n に対し，$\alpha^n+\beta^n$ は整数であり，更に偶数であることを証明せよ。

(2) 極限 $\lim\limits_{n\to\infty}(-\alpha)^n\sin(\alpha^n\pi)$ を求めよ。

➡ 本冊 数学Ⅲ 例題 53

(1) 解と係数の関係から　　$\alpha+\beta=2p$, $\alpha\beta=-1$ …… ①

「$\alpha^n+\beta^n$ は整数であり，更に偶数である」を ② とする。

[1] $n=1$ のとき

p は正の整数であるから，① より $\alpha+\beta$ は偶数である。

よって，② は成り立つ。

$n=2$ のとき

$$\alpha^2+\beta^2=(\alpha+\beta)^2-2\alpha\beta=4p^2+2=2(2p^2+1)$$

$2p^2+1$ は整数であるから，$\alpha^2+\beta^2$ は偶数である。

ゆえに，② は成り立つ。

[2] $n=k$, $k+1$ のとき，② が成り立つと仮定すると，

$$\alpha^k+\beta^k=2q\ (q \text{ は整数}),\ \alpha^{k+1}+\beta^{k+1}=2r\ (r \text{ は整数})$$

と表される。

$n=k+2$ のときを考えると

$$\begin{aligned}\alpha^{k+2}+\beta^{k+2}&=(\alpha^{k+1}+\beta^{k+1})(\alpha+\beta)-\alpha^{k+1}\beta-\alpha\beta^{k+1}\\&=(\alpha^{k+1}+\beta^{k+1})(\alpha+\beta)-\alpha\beta(\alpha^k+\beta^k)\\&=2r\cdot 2p-(-1)\cdot 2q=2(2pr+q)\end{aligned}$$

$2pr+q$ は整数であるから，$\alpha^{k+2}+\beta^{k+2}$ は偶数である。

よって，$n=k+2$ のときも ② は成り立つ。

[1], [2] から，すべての正の整数 n に対し，$\alpha^n+\beta^n$ は整数であり，更に偶数である。

←数学的帰納法

[1] $n=1$, 2 のとき成り立つ。

[2] $n=k$, $k+1$ のとき成り立つと仮定すると，$n=k+2$ のときも成り立つ。

⟹ すべての自然数 n について成り立つ。

(2) 正の整数 n に対し，$S_n=\alpha^n+\beta^n$ とすると，S_n は偶数である。

←(1) の結果。

また，$\alpha^n\pi=\pi(S_n-\beta^n)$, $\alpha\beta=-1$ より $-\alpha=\dfrac{1}{\beta}$ であるから

$$\begin{aligned}(-\alpha)^n\sin(\alpha^n\pi)&=\frac{\sin(S_n\pi-\beta^n\pi)}{\beta^n}=\frac{\sin(-\beta^n\pi)}{\beta^n}\\&=-\frac{\sin(\beta^n\pi)}{\beta^n}\end{aligned}$$

←$\sin(2k\pi-\theta)$
$=\sin(-\theta)=-\sin\theta$
(k は整数)

ここで，$|\alpha\beta|=1$ であるから　　$|\beta|=\dfrac{1}{|\alpha|}$

$|\alpha|>1$ であるから　　$0<|\beta|<1$　　よって　　$\lim\limits_{n\to\infty}\beta^n=0$

←$\lim\limits_{n\to\infty}|\beta|^n=0$

ゆえに　　$\lim\limits_{n\to\infty}(-\alpha)^n\sin(\alpha^n\pi)=\lim\limits_{n\to\infty}\left\{-\pi\cdot\dfrac{\sin(\beta^n\pi)}{\beta^n\pi}\right\}=\boldsymbol{-\pi}$

←$\lim\limits_{\square\to 0}\dfrac{\sin\square}{\square}=1$

総合 9 n を正の整数とする。右の連立不等式を満たす xyz 空間の点 $\mathrm{P}(x,\ y,\ z)$ で，$x,\ y,\ z$ がすべて整数であるもの(格子点)の個数を $f(n)$ とする。極限 $\displaystyle\lim_{n\to\infty}\frac{f(n)}{n^3}$ を求めよ。 〔東京大〕

$$\begin{cases} x+y+z\leqq n \\ -x+y-z\leqq n \\ x-y-z\leqq n \\ -x-y+z\leqq n \end{cases}$$

➡ 本冊 数学Ⅲ 例題 19

$z=k$ (k は整数) とすると，
連立不等式から
$k-n\leqq x+y\leqq n-k$ かつ
$-k-n\leqq x-y\leqq n+k$
$(x,\ y,\ z)$ が存在するためには
$k-n\leqq n-k$ かつ
$-k-n\leqq n+k$
から　$-n\leqq k\leqq n$

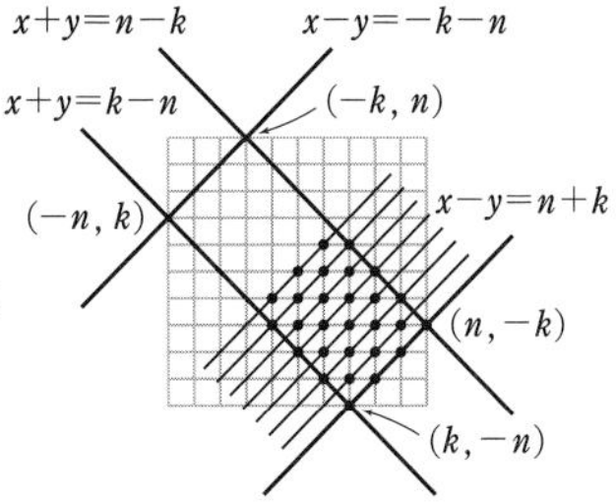

HINT　$z=k$ として k のとりうる値の範囲を求め，平面 $z=k$ 上の格子点の数を $k,\ n$ で表すことで，格子点の総数を求める。

←空間を平面 $z=k$ で切った切り口の図形を考える。

よって，点 $(x,\ y)$ の存在範囲は図から，4 つの頂点が $(-k,\ n)$，$(-n,\ k)$，$(k,\ -n)$，$(n,\ -k)$ である長方形である。
この長方形にある格子点の個数を N_k とする。
直線 $y=x$ に平行で，直線 $x+y=n-k$ 上の格子点を通る直線上には $(n-k+1)$ 個，また直線 $y=x$ に平行で，直線 $x+y=n-k$ 上の格子点を通らない直線上には $(n-k)$ 個の格子点があるから

←直線 $y=x$ に平行で $(n-k+1)$ 個の格子点をもつ直線は $(n+k+1)$ 本，$(n-k)$ 個の格子点をもつ直線は $(n+k)$ 本ある。

$$\begin{aligned} N_k&=(n-k+1)(n+k+1)+(n-k)(n+k)\\ &=-2k^2+(2n^2+2n+1)\end{aligned}$$

よって　$\displaystyle f(n)=\sum_{k=-n}^{n}(-2k^2+2n^2+2n+1)$

ここで　$\displaystyle\sum_{k=-n}^{n}k^2=0+2\sum_{k=1}^{n}k^2,\quad \sum_{k=-n}^{n}1=2n+1$　であるから

$$\begin{aligned} f(n)&=-4\sum_{k=1}^{n}k^2+(2n^2+2n+1)(2n+1)\\ &=-\frac{2}{3}n(n+1)(2n+1)+(2n^2+2n+1)(2n+1)\end{aligned}$$

←$\displaystyle\sum_{k=1}^{n}k^2=\frac{1}{6}n(n+1)(2n+1)$

ゆえに

$$\begin{aligned}\lim_{n\to\infty}\frac{f(n)}{n^3}&=\lim_{n\to\infty}\left\{-\frac{2}{3}\left(1+\frac{1}{n}\right)\left(2+\frac{1}{n}\right)+\left(2+\frac{2}{n}+\frac{1}{n^2}\right)\left(2+\frac{1}{n}\right)\right\}\\ &=-\frac{2}{3}\cdot1\cdot2+2\cdot2=\boldsymbol{\frac{8}{3}}\end{aligned}$$

別解　$-n\leqq x\leqq -k$，$k\leqq x\leqq n$ と $-k<x<k$ に分けて，直線 $x=i$ $(-n\leqq i\leqq n)$ 上にある格子点の数を求める。

←y 軸に平行な直線について格子点を数える。

$-n\leqq i\leqq -k$ のとき，格子点の数は
$$1+3+\cdots\cdots+\{2(n-k+1)-1\}=(n-k+1)^2$$
$-k<i<k$ のとき，直線 $x=i$ の本数は
$$k-1-(-k+1)+1=2k-1$$

←$-k+1\leqq i\leqq k-1$

各直線上の格子点の数は　$2(n-k+1)-1=2n-2k+1$
よって　$$\begin{aligned}N_k&=2(n-k+1)^2+(2n-2k+1)(2k-1)\\ &=-2k^2+(2n^2+2n+1)\end{aligned}$$

総合

総合 10 複素数 z に対して $f(z)=\alpha z+\beta$ とする。ただし，α，β は複素数の定数で，$\alpha \neq 1$ とする。また，$f^1(z)=f(z)$，$f^n(z)=f(f^{n-1}(z))$ $(n=2,\ 3,\ \cdots\cdots)$ と定める。

(1) $f^n(z)$ を α，β，z，n を用いて表せ。

(2) $|\alpha|<1$ のとき，すべての複素数 z に対して $\lim_{n\to\infty}|f^n(z)-\delta|=0$ が成り立つような複素数の定数 δ を求めよ。

(3) $|\alpha|=1$ とする。複素数の列 $\{f^n(z)\}$ に少なくとも 3 つの異なる複素数が現れるとき，これらの $f^n(z)$ $(n=1,\ 2,\ \cdots\cdots)$ は複素数平面内のある円 C_z 上にある。円 C_z の中心と半径を求めよ。

〔早稲田大〕

➡ 本冊 数学Ⅲ 例題 47

(1) $f^n(z)=a_n$ とおくと

$$a_{n+1}=f^{n+1}(z)=f(f^n(z))=f(a_n)=\alpha a_n+\beta$$

$\alpha \neq 1$ であるから　$a_{n+1}-\dfrac{\beta}{1-\alpha}=\alpha\left(a_n-\dfrac{\beta}{1-\alpha}\right)$

←$k=\alpha k+\beta$ の解は $k=\dfrac{\beta}{1-\alpha}$

ゆえに，数列 $\left\{a_n-\dfrac{\beta}{1-\alpha}\right\}$ は初項

$a_1-\dfrac{\beta}{1-\alpha}=f(z)-\dfrac{\beta}{1-\alpha}=\alpha z+\beta-\dfrac{\beta}{1-\alpha}$，公比 α の等比数列である。

よって　$a_n-\dfrac{\beta}{1-\alpha}=\left(\alpha z+\beta-\dfrac{\beta}{1-\alpha}\right)\alpha^{n-1}$

←$\beta-\dfrac{\beta}{1-\alpha}=-\dfrac{\alpha\beta}{1-\alpha}$

ゆえに　$\boldsymbol{f^n(z)}=a_n=\boldsymbol{\left(z-\dfrac{\beta}{1-\alpha}\right)\alpha^n+\dfrac{\beta}{1-\alpha}}$ …… ①

(2) $|\alpha|<1$ のとき，$\lim_{n\to\infty}|\alpha^n|=\lim_{n\to\infty}|\alpha|^n=0$ であるから

$$\lim_{n\to\infty}\alpha^n=0$$

よって，① から，すべての複素数 z に対して

$$\lim_{n\to\infty}f^n(z)=\frac{\beta}{1-\alpha}$$

←$\lim_{n\to\infty}\left(z-\dfrac{\beta}{1-\alpha}\right)\alpha^n=0$

ゆえに　$\lim_{n\to\infty}\left|f^n(z)-\dfrac{\beta}{1-\alpha}\right|=0$

したがって　$\boldsymbol{\delta=\dfrac{\beta}{1-\alpha}}$

(3) $|\alpha|=1$ のとき，① から，すべての自然数 n に対して

$$\left|f^n(z)-\frac{\beta}{1-\alpha}\right|=\left|z-\frac{\beta}{1-\alpha}\right||\alpha|^n=\left|z-\frac{\beta}{1-\alpha}\right|$$

←$|\alpha|=1$

$z=\dfrac{\beta}{1-\alpha}$ とすると，① から　$f^n(z)=\dfrac{\beta}{1-\alpha}$ (定数)

←$f^n(z)$ は定数関数。

これは複素数の列 $\{f^n(z)\}$ に少なくとも 3 つの異なる複素数が現れるという条件に反するから　$z \neq \dfrac{\beta}{1-\alpha}$

よって　$\left|z-\dfrac{\beta}{1-\alpha}\right|>0$

ゆえに，点 $f^n(z)$ $(n=1,\ 2,\ \cdots\cdots)$ は，**点 $\dfrac{\beta}{1-\alpha}$ を中心** とする，**半径 $\left|z-\dfrac{\beta}{1-\alpha}\right|$** の円 C_z 上にある。

総合 11 半径1の円 S_1 に正三角形 T_1 が内接している。T_1 に内接する円を S_2 とし，S_2 に内接する正方形を U_1 とする。更に，U_1 に円 S_3 を，S_3 に正三角形 T_2 を，T_2 に円 S_4 を，S_4 に正方形 U_2 を順次内接させていき，以下同様にして，円の列 S_1，S_2，S_3，……，正三角形の列 T_1，T_2，T_3，……，正方形の列 U_1，U_2，U_3，…… を作る。〔近畿大〕

(1) 正三角形 T_1 の1辺の長さは ア□ であり，面積は イ□ である。

(2) 正方形 U_1 の1辺の長さは ウ□ であり，円 S_2 の面積は エ□ である。

(3) 円 S_n の面積を s_n とする。s_{2n-1}，s_{2n} $(n=1,\ 2,\ \cdots\cdots)$ を n で表すと，$s_{2n-1}=$ オ□，$s_{2n}=$ カ□ であるから，$\displaystyle\sum_{n=1}^{\infty} s_n=$ キ□ となる。

➡ 本冊 数学Ⅲ 例題 40，43

HINT (1)，(2) 図をかき，半径や辺の長さの関係をつかむようにする。
(3) 正三角形 T_n は円 S_{2n-1} に内接し，円 S_{2n} に外接している。また，正方形 U_n は円 S_{2n} に内接し，円 S_{2n+1} に外接している。

円 S_n の半径を r_n，正三角形 T_n の1辺の長さを a_n，正方形 U_n の1辺の長さを b_n とする。

(1) $r_1=1$ であるから，正三角形 T_1 において，正弦定理により

$$\frac{a_1}{\sin 60^\circ}=2\cdot 1$$

よって　$a_1=2\sin 60^\circ=$ ア $\sqrt{3}$

ゆえに，正三角形 T_1 の面積は

$$\frac{1}{2}a_1{}^2\sin 60^\circ=\frac{1}{2}\cdot(\sqrt{3})^2\cdot\frac{\sqrt{3}}{2}=\text{イ }\frac{3\sqrt{3}}{4}$$

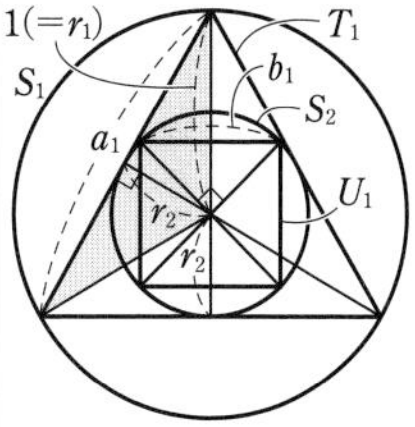

(2) 正三角形 T_1 の面積について　$\dfrac{3\sqrt{3}}{4}=3\cdot\dfrac{1}{2}\cdot a_1\cdot r_2$

ゆえに　$r_2=\dfrac{\sqrt{3}}{2a_1}=\dfrac{1}{2}$

正方形 U_1 の1辺の長さ b_1 は円 S_2 の直径の $\dfrac{1}{\sqrt{2}}$ 倍であるから

$$b_1=\frac{1}{\sqrt{2}}\cdot 2r_2=\text{ウ }\frac{1}{\sqrt{2}}$$

また，円 S_2 の面積は　$\pi r_2{}^2=$ エ $\dfrac{\pi}{4}$

←（T_1 の面積）=（(1) の図の黒く塗った三角形の面積の3倍）
なお，正三角形の外心と重心は一致することに注目すると，$r_1:r_2=2:1$ から　$r_2=\dfrac{1}{2}$

(3) 以下では $n=1,\ 2,\ \cdots\cdots$ とする。

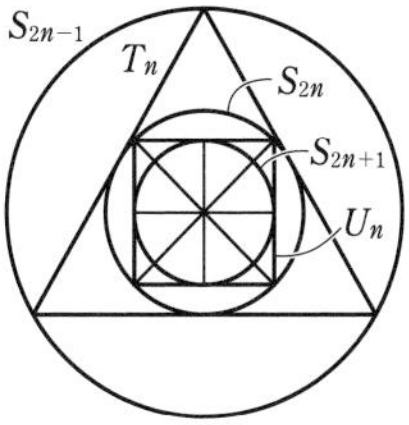

(1)，(2) と同様に考えると

$$r_{2n}=\frac{1}{2}r_{2n-1}\ \cdots\cdots\ ①$$

←r_1 と r_2 の関係と同様。

一方，正方形 U_n の1辺の長さは円 S_{2n} の直径の $\dfrac{1}{\sqrt{2}}$ 倍であるから

$$b_n=\frac{1}{\sqrt{2}}\cdot 2r_{2n}=\sqrt{2}\,r_{2n}\ \cdots\cdots\ ②$$

また，円 S_{2n+1} の半径は，正方形 U_n の1辺の長さの $\dfrac{1}{2}$ 倍であるから　$r_{2n+1}=\dfrac{1}{2}b_n$

② を代入して　$r_{2n+1}=\dfrac{\sqrt{2}}{2}r_{2n}$

① を代入して　　$r_{2n+1}=\dfrac{\sqrt{2}}{4}r_{2n-1}$

したがって　　$s_{2n+1}=\left(\dfrac{\sqrt{2}}{4}\right)^2 s_{2n-1}=\dfrac{1}{8}s_{2n-1}$

←(面積比)=(相似比)^2

$s_1=\pi$ であるから

←$s_1=\pi\cdot1^2$

$$s_{2n+1}=\frac{1}{8}s_{2n-1}=\left(\frac{1}{8}\right)^2 s_{2n-3}=\cdots\cdots=\left(\frac{1}{8}\right)^n s_1=\frac{\pi}{8^n}$$

この式は $n=0$ のときも成り立つ。

ゆえに　　$s_{2n-1}=$ ^{オ} $\boldsymbol{\dfrac{\pi}{8^{n-1}}}$

また，① より $s_{2n}=\dfrac{1}{4}s_{2n-1}$ であるから　$s_{2n}=$ ^{カ} $\boldsymbol{\dfrac{\pi}{4\cdot8^{n-1}}}$

←(面積比)=(相似比)^2

ここで，$N=1,\ 2,\ \cdots\cdots$ とすると

$$\sum_{n=1}^{2N}s_n=\sum_{n=1}^{N}\left(\frac{\pi}{8^{n-1}}+\frac{\pi}{4\cdot8^{n-1}}\right)$$

←$\displaystyle\sum_{n=1}^{2N}s_n=\sum_{n=1}^{N}(s_{2n-1}+s_{2n})$

$$=\frac{5\pi}{4}\sum_{n=1}^{N}\frac{1}{8^{n-1}}=\frac{5\pi}{4}\cdot\frac{1-\left(\frac{1}{8}\right)^N}{1-\frac{1}{8}}$$

←初項 $\dfrac{5}{4}\pi$，公比 $\dfrac{1}{8}$ の等比数列の和。

よって　　$\displaystyle\lim_{N\to\infty}\sum_{n=1}^{2N}s_n=\frac{5\pi}{4}\cdot\frac{8}{7}=\frac{10}{7}\pi$

また　　$\displaystyle\sum_{n=1}^{2N-1}s_n=\sum_{n=1}^{2N}s_n-s_{2N}$

←$\displaystyle\lim_{N\to\infty}\sum_{n=1}^{2N-1}s_n$ が $\displaystyle\lim_{N\to\infty}\sum_{n=1}^{2N}s_n$ と一致することを確認する。

$\displaystyle\lim_{N\to\infty}\sum_{n=1}^{2N}s_n=\frac{10}{7}\pi$，$\displaystyle\lim_{N\to\infty}s_{2N}=\lim_{N\to\infty}\frac{\pi}{4\cdot8^{N-1}}=0$ であるから

$$\lim_{N\to\infty}\sum_{n=1}^{2N-1}s_n=\frac{10}{7}\pi$$

したがって　　$\displaystyle\sum_{n=1}^{\infty}s_n=$ ^{キ} $\boldsymbol{\dfrac{10}{7}\pi}$

総合 12

実数の定数 $a,\ b$ に対して，関数 $f(x)$ を $f(x)=\dfrac{ax+b}{x^2+x+1}$ で定める。すべての実数 x で不等式 $f(x)\leqq\{f(x)\}^3-2\{f(x)\}^2+2$ が成り立つような点 $(a,\ b)$ の範囲を図示せよ。〔京都大〕

➡ 本冊 数学Ⅲ 例題 57

$f(x)\leqq\{f(x)\}^3-2\{f(x)\}^2+2$ から

$$\{f(x)\}^3-2\{f(x)\}^2-f(x)+2\geqq0$$

←$\{f(x)\}^2\{f(x)-2\}-\{f(x)-2\}\geqq0$

ゆえに　　$\{f(x)+1\}\{f(x)-1\}\{f(x)-2\}\geqq0$

よって　　$-1\leqq f(x)\leqq1$ または $2\leqq f(x)$

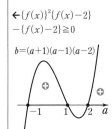

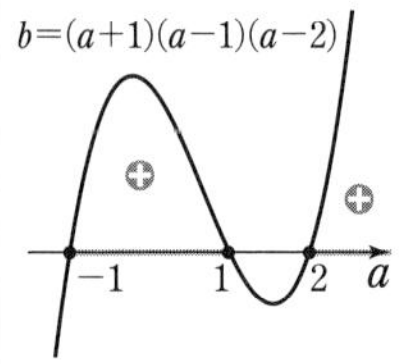

ここで，$x^2+x+1=\left(x+\dfrac{1}{2}\right)^2+\dfrac{3}{4}>0$ であるから，$f(x)$ はすべての実数 x で連続な関数であり

$$\lim_{x\to\infty}f(x)=\lim_{x\to\infty}\frac{\frac{a}{x}+\frac{b}{x^2}}{1+\frac{1}{x}+\frac{1}{x^2}}=0$$

ゆえに，$f(\alpha)\geqq 2$ を満たす実数 α が存在すると仮定すると，

$f(\beta)=\dfrac{3}{2}$ かつ $\alpha<\beta$ を満たす実数 β が存在することになり，

すべての実数 x で「$-1\leqq f(x)\leqq 1$ または $2\leqq f(x)$」とはならない。

よって，$f(\alpha)\geqq 2$ を満たす実数 α は存在しないから，すべての実数 x で $-1\leqq f(x)\leqq 1$ が成り立つ条件を求める。

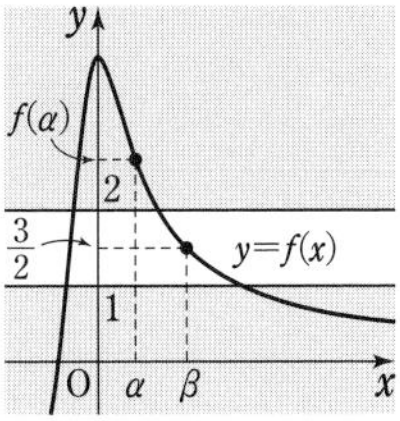

$x^2+x+1>0$ に注意すると，$-1\leqq\dfrac{ax+b}{x^2+x+1}\leqq 1$ から

$$-(x^2+x+1)\leqq ax+b\leqq x^2+x+1$$

よって　$x^2+(a+1)x+b+1\geqq 0$ …… ①

かつ　$x^2-(a-1)x-b+1\geqq 0$ …… ②

①, ② がすべての実数 x について成り立つから，①, ② の不等号を等号におき換えて得られる 2 次方程式の判別式をそれぞれ D_1, D_2 とすると　$D_1\leqq 0$ かつ $D_2\leqq 0$

←常に $x^2+px+q\geqq 0$
$\Longleftrightarrow p^2-4q\leqq 0$

よって　$(a+1)^2-4(b+1)\leqq 0$

かつ　$(a-1)^2-4(-b+1)\leqq 0$

ゆえに　$b\geqq\dfrac{1}{4}(a+1)^2-1$

かつ　$b\leqq-\dfrac{1}{4}(a-1)^2+1$

以上から，求める点 $(a,\ b)$ の範囲は，**右の図の斜線部分** のようになる。**ただし，境界線を含む。**

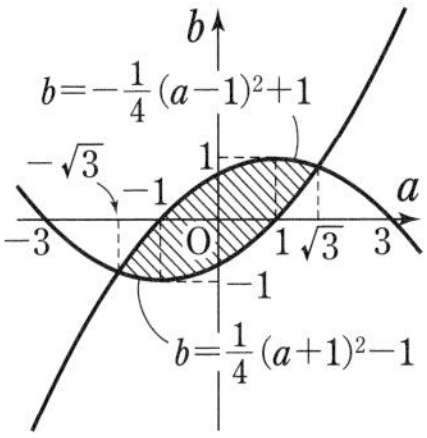

総合

総合 13　n を 3 以上の自然数，α, β を相異なる実数とするとき，次の問いに答えよ。

(1)　次を満たす実数 A, B, C と整式 $Q(x)$ が存在することを示せ。

$$x^n=(x-\alpha)(x-\beta)^2Q(x)+A(x-\alpha)(x-\beta)+B(x-\alpha)+C$$

(2)　(1) の A, B, C を n, α, β を用いて表せ。

(3)　(2) の A について，n と α を固定して，β を α に近づけたときの極限 $\lim\limits_{\beta\to\alpha}A$ を求めよ。

〔九州大〕

➡ 本冊 数学Ⅲ 例題 63, 70

(1)　x^n を $x-\alpha$ で割ったときの商を $Q_1(x)$ とすると

$$x^n=(x-\alpha)Q_1(x)+\alpha^n \ \cdots\cdots\ ①$$

←$P(x)=x^n$ とすると
$P(\alpha)=\alpha^n$
割り算の等式
$A=BQ+R$ を利用。

と表される。$Q_1(x)$ を $x-\beta$ で割ったときの商を $Q_2(x)$，余りを r_1 とすると，$Q_1(x)=(x-\beta)Q_2(x)+r_1$ と表され，これを ① に代入すると

$$x^n=(x-\alpha)\{(x-\beta)Q_2(x)+r_1\}+\alpha^n$$
$$=(x-\alpha)(x-\beta)Q_2(x)+r_1(x-\alpha)+\alpha^n \ \cdots\cdots\ ②$$

$Q_2(x)$ を $x-\beta$ で割ったときの商を $Q_3(x)$，余りを r_2 とすると，$Q_2(x)=(x-\beta)Q_3(x)+r_2$ と表され，これを ② に代入すると

$$x^n=(x-\alpha)(x-\beta)\{(x-\beta)Q_3(x)+r_2\}+r_1(x-\alpha)+\alpha^n$$
$$=(x-\alpha)(x-\beta)^2Q_3(x)+r_2(x-\alpha)(x-\beta)+r_1(x-\alpha)+\alpha^n$$

$A=r_2$, $B=r_1$, $C=\alpha^n$, $Q(x)=Q_3(x)$ とすると

$$x^n=(x-\alpha)(x-\beta)^2Q(x)+A(x-\alpha)(x-\beta)+B(x-\alpha)+C \quad \cdots\cdots ③$$

よって，題意を満たす定数 A, B, C と整式 $Q(x)$ が存在する。

(2) (1) から　$\boldsymbol{C=\alpha^n}$

③ に $x=\beta$ を代入すると　$B(\beta-\alpha)+C=\beta^n$

$\beta\neq\alpha$ であるから　$\boldsymbol{B=\dfrac{\beta^n-\alpha^n}{\beta-\alpha}}$

また，③ の両辺を x で微分すると

$$nx^{n-1}=\{(x-\alpha)(x-\beta)^2\}'Q(x)+(x-\alpha)(x-\beta)^2Q'(x)+A(x-\alpha)+A(x-\beta)+B$$
$$=\{(x-\beta)^2+2(x-\alpha)(x-\beta)\}Q(x)+(x-\alpha)(x-\beta)^2Q'(x)+A\{(x-\alpha)+(x-\beta)\}+B \quad \cdots\cdots ④$$

←$(uvw)'=(uv)'w+uvw'$

④ に $x=\beta$ を代入すると　$n\beta^{n-1}=A(\beta-\alpha)+B$

ゆえに　$A(\beta-\alpha)=n\beta^{n-1}-B$

$\beta\neq\alpha$ であるから

$$\boldsymbol{A}=\frac{n\beta^{n-1}}{\beta-\alpha}-\frac{B}{\beta-\alpha}=\boldsymbol{\frac{n\beta^{n-1}}{\beta-\alpha}-\frac{\beta^n-\alpha^n}{(\beta-\alpha)^2}}$$

(3) $A=\dfrac{n\beta^{n-1}}{\beta-\alpha}-\dfrac{\beta^n-\alpha^n}{(\beta-\alpha)^2}$

$$=\frac{n\beta^{n-1}-(\beta^{n-1}+\alpha\beta^{n-2}+\cdots\cdots+\alpha^{n-1})}{\beta-\alpha}$$

$f(\beta)=n\beta^{n-1}-(\beta^{n-1}+\alpha\beta^{n-2}+\cdots\cdots+\alpha^{n-1})$ とすると，$f(\alpha)=0$ であるから

←$f(\alpha)=n\alpha^{n-1}-\underbrace{(\alpha^{n-1}+\alpha^{n-1}+\cdots+\alpha^{n-1})}_{n個}$

$$\lim_{\beta\to\alpha}A=\lim_{\beta\to\alpha}\frac{f(\beta)-f(\alpha)}{\beta-\alpha}=f'(\alpha)$$

←$\displaystyle\lim_{x\to\alpha}\frac{f(x)-f(\alpha)}{x-\alpha}=f'(\alpha)$

ここで　$f'(\beta)=n(n-1)\beta^{n-2}-\{(n-1)\beta^{n-2}+(n-2)\alpha\beta^{n-3}+\cdots\cdots+\alpha^{n-2}\}$

したがって

$$\lim_{\beta\to\alpha}A=f'(\alpha)$$
$$=n(n-1)\alpha^{n-2}-\{(n-1)\alpha^{n-2}+(n-2)\alpha^{n-2}+\cdots\cdots+\alpha^{n-2}\}$$
$$=n(n-1)\alpha^{n-2}-\frac{1}{2}n(n-1)\alpha^{n-2}=\boldsymbol{\frac{1}{2}n(n-1)\alpha^{n-2}}$$

←$(n-1)+(n-2)+\cdots\cdots+1=\dfrac{1}{2}n(n-1)$

総合 14　関数 $y=\log_3 x$ とその逆関数 $y=3^x$ のグラフが，直線 $y=-x+s$ と交わる点をそれぞれ $\mathrm{P}(t,\ \log_3 t)$, $\mathrm{Q}(u,\ 3^u)$ とする。

(1) 線分 PQ の中点の座標は $\left(\dfrac{s}{2},\ \dfrac{s}{2}\right)$ であることを示せ。

(2) s, t, u は $s=t+u$, $u=\log_3 t$ を満たすことを示せ。

(3) $\displaystyle\lim_{t\to3}\frac{su-k}{t-3}$ が有限な値となるように，定数 k の値を定め，その極限値を求めよ。〔金沢大〕

➡ 本冊 数学Ⅲ 例題 48, 71

(1)　$y=\log_3 x$ のグラフと $y=3^x$ のグラフは直線 $y=x$ に関して対称であり，直線 $y=-x+s$ も直線 $y=x$ に関して対称であるから，2 点 P，Q も直線 $y=x$ に関して対称である。
よって，線分 PQ の中点は，2 直線 $y=x$ と $y=-x+s$ の交点である。
$x=-x+s$ とすると　$x=\dfrac{s}{2}$　ゆえに　$y=x=\dfrac{s}{2}$

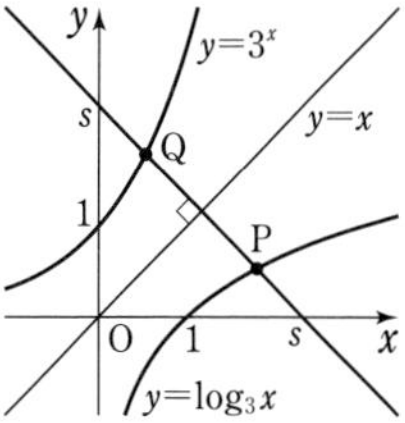

したがって，線分 PQ の中点の座標は　$\left(\dfrac{s}{2},\ \dfrac{s}{2}\right)$

(2)　$\dfrac{s}{2}=\dfrac{t+u}{2}$ が成り立つから　$s=t+u$ …… ①

←線分 PQ の中点の x 座標は $\dfrac{t+u}{2}$ とも表される。(1) の結果を利用。

点 P は直線 $y=-x+s$ 上にあるから　$\log_3 t=-t+s$
これと ① から　$u=\log_3 t$ …… ②

(3)　$P=\displaystyle\lim_{t\to 3}\frac{su-k}{t-3}$ とする。
$\displaystyle\lim_{t\to 3}(t-3)=0$ であるから，P が有限な値になるためには

$$\lim_{t\to 3}(su-k)=0 \text{ …… ③}$$

←$\displaystyle\lim_{x\to a}\frac{f(x)}{g(x)}=\alpha$ かつ $\displaystyle\lim_{x\to a}g(x)=0$ ならば $\displaystyle\lim_{x\to a}f(x)=0$

ここで，①，② から　$su=(t+u)\log_3 t=(t+\log_3 t)\log_3 t$
よって，③ から　$(3+1)\cdot 1-k=0$　ゆえに　$k=4$
このとき，$f(t)=(t+\log_3 t)\log_3 t$ とすると，$f(3)=4$ であるから

←$f(t)=su$

$$P=\lim_{t\to 3}\frac{f(t)-f(3)}{t-3}=f'(3)$$

←微分係数の定義。

$f'(t)=\left(1+\dfrac{1}{t\log 3}\right)\log_3 t+\dfrac{t+\log_3 t}{t\log 3}$ であるから

←$(\log_a t)'=\dfrac{1}{t\log a}$

$$P=\left(1+\frac{1}{3\log 3}\right)\cdot 1+\frac{3+1}{3\log 3}=1+\frac{5}{3\log 3}$$

したがって　$\boldsymbol{k=4}$，**極限値** $\boldsymbol{1+\dfrac{5}{3\log 3}}$

総合

総合 15　n は 0 以上の整数とする。関係式 $H_0(x)=1$，$H_{n+1}(x)=2xH_n(x)-H_n'(x)$ によって多項式 $H_0(x)$，$H_1(x)$，…… を定め，$f_n(x)=H_n(x)e^{-\frac{x^2}{2}}$ とおく。
(1)　$-f_0''(x)+x^2f_0(x)=a_0f_0(x)$ が成り立つように定数 a_0 を定めよ。
(2)　$f_{n+1}(x)=xf_n(x)-f_n'(x)$ を示せ。
(3)　2 回微分可能な関数 $f(x)$ に対して，$g(x)=xf(x)-f'(x)$ とおく。定数 a に対して $-f''(x)+x^2f(x)=af(x)$ が成り立つとき，$-g''(x)+x^2g(x)=(a+2)g(x)$ を示せ。
(4)　$-f_n''(x)+x^2f_n(x)=a_nf_n(x)$ が成り立つように定数 a_n を定めよ。〔お茶の水大〕
➡ 本冊 数学Ⅲ 例題 74，76，77

(1)　$f_0(x)=H_0(x)e^{-\frac{x^2}{2}}=1\cdot e^{-\frac{x^2}{2}}=e^{-\frac{x^2}{2}}$

←$H_0(x)=1$

よって　$f_0'(x)=-xe^{-\frac{x^2}{2}}$，

$$f_0''(x)=-e^{-\frac{x^2}{2}}-x\cdot(-x)e^{-\frac{x^2}{2}}=x^2e^{-\frac{x^2}{2}}-e^{-\frac{x^2}{2}}$$

ゆえに　$-f_0''(x)+x^2f_0(x)=-x^2e^{-\frac{x^2}{2}}+e^{-\frac{x^2}{2}}+x^2e^{-\frac{x^2}{2}}$

$$=e^{-\frac{x^2}{2}}=f_0(x)$$

したがって　$\boldsymbol{a_0=1}$

(2) $f_n'(x)=\{H_n(x)e^{-\frac{x^2}{2}}\}'=H_n'(x)e^{-\frac{x^2}{2}}-xH_n(x)e^{-\frac{x^2}{2}}$

よって　$f_{n+1}(x)=H_{n+1}(x)e^{-\frac{x^2}{2}}=\{2xH_n(x)-H_n'(x)\}e^{-\frac{x^2}{2}}$

$=xH_n(x)e^{-\frac{x^2}{2}}-\{H_n'(x)e^{-\frac{x^2}{2}}-xH_n(x)e^{-\frac{x^2}{2}}\}$

$=xf_n(x)-f_n'(x)$

←$H_{n+1}(x)=2xH_n(x)-H_n'(x)$

←$2xH_n(x)e^{-\frac{x^2}{2}}=xH_n(x)e^{-\frac{x^2}{2}}+xH_n(x)e^{-\frac{x^2}{2}}$

(3) $g'(x)=\{xf(x)-f'(x)\}'=f(x)+xf'(x)-f''(x)$

$-f''(x)+x^2f(x)=af(x)$ から　$-f''(x)=af(x)-x^2f(x)$

ゆえに　$g'(x)=(a+1)f(x)-x^2f(x)+xf'(x)$

よって　$g''(x)$

$=(a+1)f'(x)-2xf(x)-x^2f'(x)+f'(x)+xf''(x)$

$=(a+2)f'(x)-2xf(x)-x^2f'(x)+xf''(x)$

$=(a+2)f'(x)-2xf(x)-x^2f'(x)+x\{x^2f(x)-af(x)\}$　←$f''(x)=x^2f(x)-af(x)$

$=(a+2)\{f'(x)-xf(x)\}-x^2f'(x)+x^3f(x)$

$=-(a+2)g(x)+x^2\{xf(x)-f'(x)\}$　←$f'(x)-xf(x)=-g(x)$

$=-(a+2)g(x)+x^2g(x)$

ゆえに　$-g''(x)+x^2g(x)=(a+2)g(x)$

(4) $g_n(x)=xf_n(x)-f_n'(x)$ とすると，(2) から　←(2) の結果を利用。

$f_{n+1}(x)=g_n(x)$

また，$-f_n''(x)+x^2f_n(x)=a_nf_n(x)$ が成り立つとき，(3) から　←(3) の結果を利用。

$-g_n''(x)+x^2g_n(x)=(a_n+2)g_n(x)$

すなわち　$-f_{n+1}''(x)+x^2f_{n+1}(x)=(a_n+2)f_{n+1}(x)$

よって　$a_{n+1}f_{n+1}(x)=(a_n+2)f_{n+1}(x)$

ゆえに　$a_{n+1}=a_n+2$

数列 $\{a_n\}$ は $a_0=1$，公差 2 の等差数列であるから　$\boldsymbol{a_n=2n+1}$　←$a_0=1$ は (1) の結果。

総合 16　n を任意の正の整数とし，2 つの関数 $f(x)$，$g(x)$ はともに n 回微分可能な関数とする。

(1) 積 $f(x)g(x)$ の第 4 次導関数 $\dfrac{d^4}{dx^4}\{f(x)g(x)\}$ を求めよ。

(2) 積 $f(x)g(x)$ の第 n 次導関数 $\dfrac{d^n}{dx^n}\{f(x)g(x)\}$ における $f^{(n-r)}(x)g^{(r)}(x)$ の係数を類推し，その類推が正しいことを数学的帰納法を用いて証明せよ。ただし，r は負でない n 以下の整数とし，$f^{(0)}(x)=f(x)$，$g^{(0)}(x)=g(x)$ とする。

(3) 関数 $h(x)=x^3e^x$ の第 n 次導関数 $h^{(n)}(x)$ を求めよ。ただし，$n\geqq 4$ とする。　〔大分大〕

➡ **本冊 数学Ⅲ 例題 75，76，p.135 参考事項**

(1) $\dfrac{d}{dx}\{f(x)g(x)\}=f^{(1)}(x)g(x)+f(x)g^{(1)}(x)$ …… ①

$\dfrac{d^2}{dx^2}\{f(x)g(x)\}=\{f^{(2)}(x)g(x)+f^{(1)}(x)g^{(1)}(x)\}+\{f^{(1)}(x)g^{(1)}(x)+f(x)g^{(2)}(x)\}$

$=f^{(2)}(x)g(x)+2f^{(1)}(x)g^{(1)}(x)+f(x)g^{(2)}(x)$

$\dfrac{d^3}{dx^3}\{f(x)g(x)\}=\{f^{(3)}(x)g(x)+f^{(2)}(x)g^{(1)}(x)\}+2\{f^{(2)}(x)g^{(1)}(x)+f^{(1)}(x)g^{(2)}(x)\}$

$+\{f^{(1)}(x)g^{(2)}(x)+f(x)g^{(3)}(x)\}$

$=f^{(3)}(x)g(x)+3f^{(2)}(x)g^{(1)}(x)+3f^{(1)}(x)g^{(2)}(x)+f(x)g^{(3)}(x)$

$$\frac{d^4}{dx^4}\{f(x)g(x)\}=\{f^{(4)}(x)g(x)+f^{(3)}(x)g^{(1)}(x)\}+3\{f^{(3)}(x)g^{(1)}(x)+f^{(2)}(x)g^{(2)}(x)\}$$
$$+3\{f^{(2)}(x)g^{(2)}(x)+f^{(1)}(x)g^{(3)}(x)\}+\{f^{(1)}(x)g^{(3)}(x)+f(x)g^{(4)}(x)\}$$
$$=\boldsymbol{f^{(4)}(x)g(x)+4f^{(3)}(x)g^{(1)}(x)+6f^{(2)}(x)g^{(2)}(x)}$$
$$\boldsymbol{+4f^{(1)}(x)g^{(3)}(x)+f(x)g^{(4)}(x)}$$

(2) (1) から，$\dfrac{d^n}{dx^n}\{f(x)g(x)\}$ における $f^{(n-r)}(x)g^{(r)}(x)$ の係数は　　${}_n\mathrm{C}_r$ …… ②　　と類推できる。

[1]　$n=1$ のとき，${}_1\mathrm{C}_0=1$，${}_1\mathrm{C}_1=1$ であるから，① より ② は成り立つ。

[2]　$n=k$ のとき，$\dfrac{d^k}{dx^k}\{f(x)g(x)\}$ における $f^{(k-r)}(x)g^{(r)}(x)$ の係数が ${}_k\mathrm{C}_r$ であると仮定する。

このとき，$f^{(k-r+1)}(x)g^{(r-1)}(x)$ の係数は ${}_k\mathrm{C}_{r-1}$ であるから，$\dfrac{d^{k+1}}{dx^{k+1}}\{f(x)g(x)\}$ における $f^{(k-r+1)}(x)g^{(r)}(x)$ の係数は

$${}_k\mathrm{C}_{r-1}+{}_k\mathrm{C}_r=\frac{k!}{(r-1)!(k-r+1)!}+\frac{k!}{r!(k-r)!}$$
$$=\frac{k!r}{r!(k-r+1)!}+\frac{k!(k-r+1)}{r!(k-r+1)!}$$
$$=\frac{k!}{r!(k-r+1)!}\{r+(k-r+1)\}$$
$$=\frac{(k+1)!}{r!(k-r+1)!}={}_{k+1}\mathrm{C}_r$$

よって，$n=k+1$ のときも ② は成り立つ。

[1]，[2] から，すべての正の整数 n について ② は成り立つ。

←(1) の結果について，係数を取り出すと，パスカルの三角形が得られる。

1 1
1 2 1
1 3 3 1
1 4 6 4 1

このことから，求める係数は $(a+b)^n$ の展開式の一般項の係数に等しいと類推できる。

←$\{{}_k\mathrm{C}_{r-1}f^{(k-r+1)}(x)g^{(r-1)}(x)+{}_k\mathrm{C}_rf^{(k-r)}(x)g^{(r)}(x)\}'$
$={}_k\mathrm{C}_{r-1}\{f^{(k-r+2)}(x)g^{(r-1)}(x)+\underline{f^{(k-r+1)}(x)g^{(r)}(x)}\}$
$+{}_k\mathrm{C}_r\{\underline{f^{(k-r+1)}(x)g^{(r)}(x)}+f^{(k-r)}(x)g^{(r+1)}(x)\}$
から。

$${}_m\mathrm{C}_n=\frac{m!}{n!(m-n)!}$$

(3)　$f(x)=x^3$，$g(x)=e^x$ とする。

$f^{(1)}(x)=3x^2$，$f^{(2)}(x)=6x$，$f^{(3)}(x)=6$ であるから，$n\geqq4$ のとき　　$f^{(n)}(x)=0$

また，すべての n について　　$g^{(n)}(x)=e^x$

よって，第 n 次導関数 $h^{(n)}(x)$ における，$f^{(3)}(x)g^{(n-3)}(x)$，$f^{(2)}(x)g^{(n-2)}(x)$，$f^{(1)}(x)g^{(n-1)}(x)$，$f^{(0)}(x)g^{(n)}(x)$ 以外の係数は，すべて 0 となるから

$$h^{(n)}(x)={}_n\mathrm{C}_{n-3}f^{(3)}(x)g^{(n-3)}(x)+{}_n\mathrm{C}_{n-2}f^{(2)}(x)g^{(n-2)}(x)$$
$$+{}_n\mathrm{C}_{n-1}f^{(1)}(x)g^{(n-1)}(x)+{}_n\mathrm{C}_nf^{(0)}(x)g^{(n)}(x)$$
$$=\frac{n(n-1)(n-2)}{6}\cdot6\cdot e^x+\frac{n(n-1)}{2}\cdot6x\cdot e^x+n\cdot3x^2\cdot e^x$$
$$+1\cdot x^3\cdot e^x$$
$$=\boldsymbol{\{x^3+3nx^2+3n(n-1)x+n(n-1)(n-2)\}e^x}$$

←$\dfrac{d^n}{dx^n}\{f(x)g(x)\}=\displaystyle\sum_{r=0}^{n}{}_n\mathrm{C}_rf^{(n-r)}(x)g^{(r)}(x)$
において，
$f^{(n)}(x)$，$f^{(n-1)}(x)$，……，$f^{(5)}(x)$，$f^{(4)}(x)$ はすべて 0

←4 項のみが残る。

総合 17　xy 平面における曲線 $y=\sin x$ の 2 つの接線が直交するとき，その交点の y 座標の値をすべて求めよ。
〔東北大〕

➡ 本冊 数学Ⅲ 例題 86

総合

$y=\sin x$ から　　$y'=\cos x$

$y=\sin x$ 上の点 $(p,\ \sin p)$ における接線の方程式は

$$y-\sin p=\cos p(x-p)$$

すなわち　　$y=x\cos p-p\cos p+\sin p$ …… ①

同様に，点 $(q,\ \sin q)$ における接線の方程式は

$$y=x\cos q-q\cos q+\sin q \text{ …… ②}$$

直線 ①，② が直交するとき　　$\cos p\cdot\cos q=-1$

ここで，$-1<\cos p<1$ とすると　　$|\cos q|>1$

これは $-1\leqq\cos q\leqq1$ に矛盾する。よって　　$\cos p=\pm1$

[1]　$\cos p=1$ のとき　　$\cos q=-1$

ゆえに　　$p=2m\pi$，$q=(2n+1)\pi$（m，n は整数）

①，② から，2 つの接線の方程式は

$$y=x-2m\pi \text{ …… ③},\quad y=-x+(2n+1)\pi \text{ …… ④}$$

(③+④)÷2 から　　$y=\dfrac{2(n-m)+1}{2}\pi$

n，m は任意の整数であるから，任意の整数 k を用いて $n-m=k$ と表すことができる。

したがって，直線 ①，② の交点の y 座標は　　$y=\dfrac{2k+1}{2}\pi$

[2]　$\cos p=-1$ のとき

[1] と同様に，2 つの接線の交点の y 座標は，任意の整数 k を用いて　　$y=\dfrac{2k+1}{2}\pi$

[1]，[2] から，求める交点の y 座標の値は

$$\boldsymbol{y=\frac{2k+1}{2}\pi}\ \textbf{（}\boldsymbol{k}\ \textbf{は整数）}$$

←曲線 $y=f(x)$ 上の点 $(a,\ f(a))$ における接線の方程式は
$y-f(a)=f'(a)(x-a)$

←**(傾きの積)＝−1**

←$|a|\leqq1$，$|b|\leqq1$ のとき，$ab=-1$ となるのは，$(a=1,\ b=-1)$ または $(a=-1,\ b=1)$ のときに限る。

←$\sin k\pi=0$
（k は整数）

←これと $\cos q=1$ から
$p=(2m'+1)\pi$，$q=2n'\pi$
①：$y=-x+(2m'+1)\pi$，
②：$y=x-2n'\pi$
（m'，n' は整数）

総合 18

$x>0$ とし，$f(x)=\log x^{100}$ とおく。　〔名古屋大〕

(1)　不等式 $\dfrac{100}{x+1}<f(x+1)-f(x)<\dfrac{100}{x}$ を証明せよ。

(2)　実数 a の整数部分（$k\leqq a<k+1$ となる整数 k）を $[a]$ で表す。整数 $[f(1)]$，$[f(2)]$，$[f(3)]$，……，$[f(1000)]$ のうちで異なるものの個数を求めよ。必要ならば，$\log 10=2.3026$ として計算せよ。

➡ **本冊 数学Ⅲ 例題 90**

(1)　$f(x)=\log x^{100}=100\log x$ は $x>0$ で微分可能で　$f'(x)=\dfrac{100}{x}$

よって，区間 $[x,\ x+1]$ において平均値の定理を用いると

$$\frac{f(x+1)-f(x)}{(x+1)-x}=\frac{100}{c}\text{ …… ①},\quad x<c<x+1$$

を満たす c が存在する。

① から　　$f(x+1)-f(x)=\dfrac{100}{c}$ …… ②

また，$x<c<x+1$ から　　$\dfrac{100}{x+1}<\dfrac{100}{c}<\dfrac{100}{x}$

② を代入して　　$\dfrac{100}{x+1}<f(x+1)-f(x)<\dfrac{100}{x}$ …… ③

HINT　(1)　平均値の定理を利用。
(2)　(1) の結果を利用。$x\leqq99$ と $x\geqq100$ で場合分けして考える。

←$0<A<B$ のとき
$\dfrac{1}{B}<\dfrac{1}{A}$

(2)　$x=1,\ 2,\ \cdots\cdots,\ 99$ のとき，$\dfrac{100}{x+1}\geqq 1$ であるから，③ より

$$f(x+1)-f(x)>1$$

←$f(x)$ は単調に増加。

よって，$[f(x+1)]>[f(x)]$ であるから，整数 $[f(1)]$，$[f(2)]$，……，$[f(99)]$，$[f(100)]$ はすべて異なる。

←$[f(x)]=k$（k は整数）とすると，$f(x)\geqq k$ から $f(x+1)>f(x)+1\geqq k+1$ よって $[f(x+1)]\geqq k+1$

また，$x=100,\ 101,\ \cdots\cdots,\ 1000$ のとき，$\dfrac{100}{x}\leqq 1$ であるから，③ より　$f(x+1)-f(x)<1$

ゆえに，$[f(x+1)]=[f(x)]$ または $[f(x+1)]=[f(x)]+1$ である。

←$[f(x)]=k$（k は整数）とすると，$f(x)<k+1$ から $f(x+1)<f(x)+1<k+2$ よって $[f(x+1)]<k+2$ また，$[f(x)]\leqq[f(x+1)]$ であるから $k\leqq[f(x+1)]\leqq k+1$

よって，整数 $[f(100)]$，$[f(101)]$，……，$[f(1000)]$ は，$[f(100)]$ 以上 $[f(1000)]$ 以下のすべての整数値をとる。

ここで　$[f(100)]=[100\log 100]=[200\log 10]$
$=[200\times 2.3026]=[460.52]=460$,
$[f(1000)]=[100\log 1000]=[300\log 10]$
$=[300\times 2.3026]=[690.78]=690$

以上から，求める個数は

$$100+(690-460)=\mathbf{330}$$

←$[f(100)]$ を重複して数えないように注意。

総合 19　n を正の整数とする。試行の結果に応じて k 点（$k=0,\ 1,\ 2,\ \cdots\cdots,\ n$）が与えられるゲームがある。ここで，$k$ 点を獲得する確率は，ある $t>0$ によって決まっており，これを $p_k(t)$ とする。このとき，確率 $p_k(t)$ は $a\geqq 0$ に対して，次の関係式を満たす。

$$p_0(t)=t^n,\ p_k(t)=a\cdot\frac{n-k+1}{k}\cdot p_{k-1}(t)\ (k=1,\ 2,\ \cdots\cdots,\ n)$$

(1)　$\displaystyle\sum_{k=0}^{n}p_k(t)$ の値を求めよ。　(2)　a を t を用いて表せ。

(3)　各 k に対して，$0\leqq t\leqq 1$ の範囲で $p_k(t)$ を最大にするような t の値 T_k を求めよ。ただし，$p_k(0)=0$（$k=0,\ 1,\ \cdots\cdots,\ n-1$），$p_n(0)=1$ と定める。

(4)　$0<t<1$ なる t を与えたとき，(3) で求めた T_k に対して，$E=\displaystyle\sum_{k=0}^{n}T_k\cdot p_k(t)$ とする。E の値を求めよ。

〔早稲田大〕

➡ 本冊 数学Ⅲ 例題 98

(1)　$\displaystyle\sum_{k=0}^{n}p_k(t)$ はすべての事象の確率の和であるから

$$\sum_{k=0}^{n}p_k(t)=\mathbf{1}\ \cdots\cdots\ ①$$

←獲得する得点は 0，1，2，……，n
(確率の和)＝1

(2)　$k\geqq 1$ のとき

$$p_k(t)=a\cdot\frac{n-k+1}{k}p_{k-1}(t)$$
$$=a\cdot\frac{n-k+1}{k}\times a\cdot\frac{n-(k-1)+1}{k-1}p_{k-2}(t)$$
$$=\cdots\cdots$$
$$=a\cdot\frac{n-k+1}{k}\times a\cdot\frac{n-(k-1)+1}{k-1}\times\cdots\cdots$$
$$\times a\cdot\frac{n-1}{2}\times a\cdot\frac{n}{1}p_0(t)$$
$$=a^k\cdot\frac{n(n-1)\cdots\cdots(n-k+1)}{k(k-1)\cdots\cdots 1}t^n={}_n\mathrm{C}_k a^k t^n$$

←$p_k(t)=a\cdot\dfrac{n-k+1}{k}p_{k-1}(t)$ を繰り返し利用。

←${}_n\mathrm{C}_k=\dfrac{n(n-1)\cdots(n-k+1)}{k(k-1)\cdots 1}$

これは $k=0$ のときも成り立つ。

よって，二項定理により

$$\sum_{k=0}^{n} p_k(t)=\sum_{k=0}^{n} {}_n\mathrm{C}_k a^k t^n=\left(\sum_{k=0}^{n} {}_n\mathrm{C}_k\cdot 1^{n-k}\cdot a^k\right)t^n$$
$$=(1+a)^n t^n=\{(1+a)t\}^n$$

① から　$\{(1+a)t\}^n=1$

$t>0$, $a\geqq 0$ より，$(1+a)t>0$ であるから　$(1+a)t=1$ …… ②

ゆえに　$1+a=\dfrac{1}{t}$　　よって　$a=\dfrac{1}{t}-1$

ここで，$1+a\geqq 1$ であるから，② より　$0<t\leqq 1$

したがって　$\boldsymbol{a=\dfrac{1}{t}-1\ (0<t\leqq 1)}$

←${}_n\mathrm{C}_0 a^0 t^n=t^n=p_0(t)$

←$\displaystyle\sum_{k=0}^{n} {}_n\mathrm{C}_k x^{n-k} y^k=(x+y)^n$

←$x>0$, $\alpha>0$ のとき $x^n=\alpha$ の解は　$x=\sqrt[n]{\alpha}$

(3) [1] $k=0$ のとき，$p_0(t)=t^n$ であり，これは $0\leqq t\leqq 1$ の範囲で単調に増加するから　$T_0=1$

[2] $1\leqq k\leqq n-1$ のとき

$$p_k(t)={}_n\mathrm{C}_k a^k t^n={}_n\mathrm{C}_k\left(\frac{1}{t}-1\right)^k t^n$$
$$={}_n\mathrm{C}_k(1-t)^k t^{n-k} \quad \cdots\cdots ③$$

$1\leqq k\leqq n-1$ のとき，$p_k(0)=0$ であるから，③ は $t=0$ のときも成り立つ。

$$\frac{d}{dt}p_k(t)={}_n\mathrm{C}_k\{-k(1-t)^{k-1}t^{n-k}+(1-t)^k(n-k)t^{n-k-1}\}$$
$$={}_n\mathrm{C}_k(1-t)^{k-1}t^{n-k-1}\{-kt+(1-t)(n-k)\}$$
$$=-n\,{}_n\mathrm{C}_k(1-t)^{k-1}t^{n-k-1}\left(t-\frac{n-k}{n}\right)$$

$\dfrac{d}{dt}p_k(t)=0$ とすると　$t=0,\ \dfrac{n-k}{n},\ 1$

ゆえに，$0\leqq t\leqq 1$ の範囲における $p_k(t)$ の増減表は右のようになり，$p_k(t)$ は $t=\dfrac{n-k}{n}$ で最大となるから　$T_k=\dfrac{n-k}{n}$

t	0	…	$\dfrac{n-k}{n}$	…	1
$\dfrac{d}{dt}p_k(t)$	0	＋	0	−	0
$p_k(t)$	0	↗	極大	↘	0

[3] $k=n$ のとき，$0\leqq t\leqq 1$ において　$p_n(t)=(1-t)^n$

これは $0\leqq t\leqq 1$ の範囲で単調に減少するから　$T_n=0$

[1]〜[3] から，$0\leqq k\leqq n$ に対して　$\boldsymbol{T_k=\dfrac{n-k}{n}}$

←(2) の考察から，$k=0$ と $k\geqq 1$ で分ける必要がある。

←(2) から　$a=\dfrac{1}{t}-1$ $(0<t\leqq 1)$

←$p_k(t)$ を t で微分して，増減を調べる。

←$\dfrac{d}{dt}p_n(t)=-n(1-t)^{n-1}\leqq 0$

(4) (3) から，$n\geqq 2$ のとき

$$T_k\cdot p_k(t)=\frac{n-k}{n}\,{}_n\mathrm{C}_k(1-t)^k t^{n-k}$$
$$=\frac{n-k}{n}\cdot\frac{n!}{k!(n-k)!}(1-t)^k t^{n-k}$$

←${}_●\mathrm{C}_■=\dfrac{●!}{■!(●-■)!}$

$$=\frac{(n-1)!}{k!\{(n-1)-k\}!}(1-t)^k t^{n-k}$$
$$={}_{n-1}C_k(1-t)^k t^{n-k}$$

よって　$E=\sum_{k=0}^{n-1}{}_{n-1}C_k(1-t)^k t^{n-k}=t\sum_{k=0}^{n-1}{}_{n-1}C_k(1-t)^k t^{(n-1)-k}$

$$=t\{(1-t)+t\}^{n-1}=t$$

$n=1$ のとき　$E=T_0p_0(t)+T_1p_1(t)=1\cdot t+0\cdot p_1(t)=t$

したがって　$\boldsymbol{E=t}$

←$T_n=0$　また，二項定理 $\sum_{k=0}^{●}{}_{●}C_k x^{●-k}y^k=(x+y)^{●}$ [●は自然数]

総合 20　α，β を複素数とし，複素数平面上の点 O(0)，A(α)，B(β)，C($|\alpha|^2$)，D($\overline{\alpha}\beta$) を考える。3点 O，A，B は三角形をなすとする。また，複素数 z に対し，Im(z) によって，z の虚部を表すことにする。

(1)　△OAB の面積を S_1，△OCD の面積を S_2 とするとき，$\frac{S_2}{S_1}$ を求めよ。

(2)　△OAB の面積 S_1 は $\frac{1}{2}|\mathrm{Im}(\overline{\alpha}\beta)|$ で与えられることを示せ。

(3)　実数 a，b に対し，複素数 z を $z=a+bi$ で定める。$1\leqq a\leqq 2$，$1\leqq b\leqq 3$ のとき，3点 O(0)，P(z)，Q$\left(\frac{1}{z}\right)$ を頂点とする △OPQ の面積の最大値と最小値を求めよ。〔熊本大〕

➡ 本冊 数学Ⅲ 例題 100，103

(1)　$\arg\frac{\overline{\alpha}\beta-0}{|\alpha|^2-0}=\arg\frac{\overline{\alpha}\beta}{\alpha\overline{\alpha}}=\arg\frac{\beta}{\alpha}=\arg\frac{\beta-0}{\alpha-0}$

よって　$\angle\mathrm{COD}=\angle\mathrm{AOB}$

また　$\mathrm{OA}:\mathrm{OC}=|\alpha|:|\alpha|^2=1:|\alpha|$

$\mathrm{OB}:\mathrm{OD}=|\beta|:|\overline{\alpha}\beta|=|\beta|:(|\overline{\alpha}||\beta|)=1:|\alpha|$

ゆえに，△OAB∽△OCD であり，相似比は $1:|\alpha|$ であるから

$$\frac{S_2}{S_1}=\frac{|\alpha|^2}{1^2}=\boldsymbol{|\alpha|^2}$$

←3点 A(α)，B(β)，C(γ) に対して $\angle\beta\alpha\gamma=\frac{\gamma-\alpha}{\beta-\alpha}$

(2)　点 C は実軸上の点であるから　$S_2=\frac{1}{2}|\alpha|^2\cdot|\mathrm{Im}(\overline{\alpha}\beta)|$

よって，(1) から　$S_1=\frac{S_2}{|\alpha|^2}=\frac{1}{2}|\mathrm{Im}(\overline{\alpha}\beta)|$

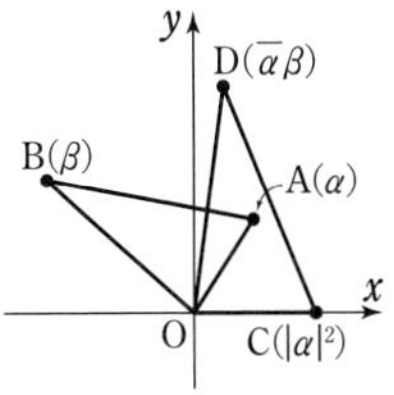

(3)　△OPQ の面積を S とすると，(2) から

$$S=\frac{1}{2}\left|\mathrm{Im}\left(\overline{z}\cdot\frac{1}{z}\right)\right|=\frac{1}{2}\left|\mathrm{Im}\left(\frac{a-bi}{a+bi}\right)\right|$$
$$=\frac{1}{2}\left|\mathrm{Im}\left(\frac{(a-bi)^2}{a^2+b^2}\right)\right|=\frac{1}{2}\left|\mathrm{Im}\left(\frac{a^2-2abi-b^2}{a^2+b^2}\right)\right|$$
$$=\frac{1}{2}\left|\mathrm{Im}\left(\frac{a^2-b^2}{a^2+b^2}-\frac{2ab}{a^2+b^2}i\right)\right|=\frac{1}{2}\left|-\frac{2ab}{a^2+b^2}\right|$$
$$=\frac{ab}{a^2+b^2}=\frac{\frac{b}{a}}{\left(\frac{b}{a}\right)^2+1}$$

←p，q が実数のとき $\mathrm{Im}(p+qi)=q$

←$1\leqq a$，$1\leqq b$ から $ab>0$

$1\leqq a\leqq 2$，$1\leqq b\leqq 3$ であるから　$\frac{1}{2}\leqq\frac{b}{a}\leqq 3$

←$\frac{1}{2}\leqq\frac{1}{a}\leqq 1$

$\dfrac{b}{a}=x$ とおくと　　$S=\dfrac{x}{x^2+1}$

$$\frac{dS}{dx}=\frac{1\cdot(x^2+1)-x\cdot 2x}{(x^2+1)^2}=-\frac{(x+1)(x-1)}{(x^2+1)^2}$$

←$\left(\dfrac{u}{v}\right)'=\dfrac{u'v-uv'}{v^2}$

$\dfrac{dS}{dx}=0$ とすると　　$x=\pm 1$

$\dfrac{1}{2}\leqq x\leqq 3$ における S の増減表は，右のようになる。

x	$\frac{1}{2}$	$\cdots$	1	$\cdots$	3
$\frac{dS}{dx}$		+	0	−	
S	$\frac{2}{5}$	↗	極大 $\frac{1}{2}$	↘	$\frac{3}{10}$

よって，S は $x=1$ すなわち **$a=b$ のとき最大値 $\dfrac{1}{2}$** をとり，$x=3^{(*)}$ すなわち **$a=1$, $b=3$ のとき最小値 $\dfrac{3}{10}$** をとる。

(＊) $x=3$ のとき
$b=3a$
$1\leqq a\leqq 2$，$1\leqq 3a\leqq 3$ から
$a=1$

←$\dfrac{3}{10}<\dfrac{2}{5}$

総合 21

座標平面において，原点 O を中心とする半径 3 の円を C，点 $(0,\ -1)$ を中心とする半径 8 の円を C' とする。C と C' に挟まれた領域を D とする。

(1)　$0\leqq k\leqq 3$ とする。直線 ℓ と原点 O との距離が一定値 k であるように ℓ が動くとき，ℓ と D の共通部分の長さの最小値を求めよ。

(2)　直線 ℓ が C と共有点をもつように動くとき，ℓ と D の共通部分の長さの最小値を求めよ。

〔弘前大〕　➡ 本冊 数学Ⅲ 例題 103

HINT　(2)　(1) で求めた最小値を $f(k)$ とし，$0\leqq k\leqq 3$ における $f(k)$ の増減を調べる。

(1)　$0\leqq k\leqq 3$ であるから，2 円 C，C' は直線 ℓ と共有点をもつ。

←図をかいてみると明らか。

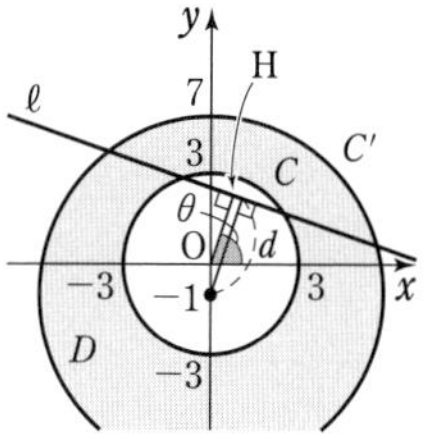

ℓ が C，C' によって切り取られる弦の長さをそれぞれ L_1, L_2 とすると，ℓ と D の共通部分の長さは　　L_2-L_1

O から ℓ に垂線 OH を下ろし，直線 OH と x 軸の正の向きとのなす角を θ $(0\leqq\theta<2\pi)$ とする。

←L_2 を求めるために，まず C' の中心 $(0,\ -1)$ と直線 ℓ の距離 d を求める。

$\mathrm{H}(k\cos\theta,\ k\sin\theta)$ と表され，$\vec{n}=(\cos\theta,\ \sin\theta)$ は ℓ の法線ベクトルであるから，ℓ 上の点を $\mathrm{P}(x,\ y)$ とすると　$\vec{n}\cdot\overrightarrow{\mathrm{HP}}=0$

よって　　$\cos\theta(x-k\cos\theta)+\sin\theta(y-k\sin\theta)=0$

←$\overrightarrow{\mathrm{HP}}=(x-k\cos\theta,\ y-k\sin\theta)$

ゆえに，直線 ℓ の方程式は　　$x\cos\theta+y\sin\theta-k=0$

点 $(0,\ -1)$ と直線 ℓ の距離を d とすると

$$d=\frac{|-\sin\theta-k|}{\sqrt{\cos^2\theta+\sin^2\theta}}=|k+\sin\theta|$$

←直線 $ax+by+c=0$ と点 $(p,\ q)$ の距離は $\dfrac{|ap+bq+c|}{\sqrt{a^2+b^2}}$

よって　　$L_2-L_1=2\sqrt{8^2-d^2}-2\sqrt{3^2-k^2}$

$$=2\{\sqrt{64-(k+\sin\theta)^2}-\sqrt{9-k^2}\}$$

$$\geqq 2\{\sqrt{64-(k+1)^2}-\sqrt{9-k^2}\}$$

$\left(\text{等号は } \sin\theta=1 \text{ すなわち } \theta=\dfrac{\pi}{2} \text{ のとき成り立つ。}\right)$

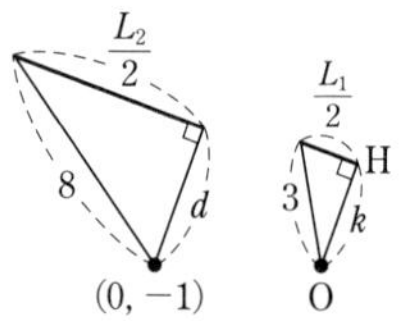

ゆえに，求める長さの最小値は

$$\mathbf{2\{\sqrt{64-(k+1)^2}-\sqrt{9-k^2}\}}$$

(2)　ℓ が C と共有点をもつとき，$0\leqq k\leqq 3$ であるから，(1) より $0\leqq k\leqq 3$ における $2\{\sqrt{64-(k+1)^2}-\sqrt{9-k^2}\}$ の最小値を求めればよい。

$f(k)=2\{\sqrt{64-(k+1)^2}-\sqrt{9-k^2}\}$ とすると，$0<k<3$ のとき

$$f'(k)=2\left\{\frac{k}{\sqrt{9-k^2}}-\frac{k+1}{\sqrt{64-(k+1)^2}}\right\}$$

$$=2\cdot\frac{k\sqrt{64-(k+1)^2}-(k+1)\sqrt{9-k^2}}{\sqrt{9-k^2}\sqrt{64-(k+1)^2}}\ \cdots\cdots\ (*)$$

←$f'(k)=2\left\{\dfrac{-2(k+1)}{2\sqrt{64-(k+1)^2}}-\dfrac{-2k}{2\sqrt{9-k^2}}\right\}$

$f'(k)=0$ とすると　　$k\sqrt{64-(k+1)^2}=(k+1)\sqrt{9-k^2}$

両辺を平方して整理すると　　$55k^2-18k-9=0$

←$64k^2-k^2(k+1)^2$
$=9(k+1)^2-k^2(k+1)^2$

すなわち　　$(5k-3)(11k+3)=0$

$0<k<3$ の範囲で解くと

$$k=\frac{3}{5}$$

$0\leqq k\leqq 3$ における $f(k)$ の増減表は右のようになる。

k	0	$\cdots$	$\frac{3}{5}$	$\cdots$	3
$f'(k)$		$-$	0	$+$	
$f(k)$	$f(0)$	↘	極小	↗	$f(3)$

←$(*)$の分母・分子に $k\sqrt{64-(k+1)^2}+(k+1)\sqrt{9-k^2}$ を掛けた式について
(分子)$=2(5k-3)(11k+3)$

ここで　　$f\left(\dfrac{3}{5}\right)=2\left\{\sqrt{8^2-\left(\dfrac{8}{5}\right)^2}-\sqrt{3^2-\left(\dfrac{3}{5}\right)^2}\right\}$

$$=2\left(8\cdot\frac{2\sqrt{6}}{5}-3\cdot\frac{2\sqrt{6}}{5}\right)=4\sqrt{6}$$

←$k=\dfrac{3}{5}$ のとき最小。

よって，求める長さの最小値は　$\mathbf{4\sqrt{6}}$

総合

総合 22

n を2以上の自然数とする。三角形ABCにおいて，辺ABの長さを c，辺CAの長さを b で表す。$\angle ACB=n\angle ABC$ であるとき，$c<nb$ を示せ。　〔大阪大〕

➡ 本冊 数学III 例題 113

$\angle ABC=\theta$ とすると　　$\angle ACB=n\theta$

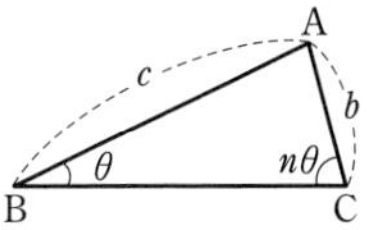

$\theta>0$ かつ $\theta+n\theta<\pi$ から　　$0<\theta<\dfrac{1}{n+1}\pi$

正弦定理により　　$\dfrac{b}{\sin\theta}=\dfrac{c}{\sin n\theta}$　すなわち　$c=\dfrac{\sin n\theta}{\sin\theta}b$

よって　　$nb-c=nb-\dfrac{\sin n\theta}{\sin\theta}b=\dfrac{n\sin\theta-\sin n\theta}{\sin\theta}b$

$0<\theta<\dfrac{1}{n+1}\pi$ のとき，$\sin\theta>0$ である。また，$b>0$ であるから，$n\sin\theta-\sin n\theta>0$ となることを示す。

←$c<nb$
$\Longleftrightarrow nb-c>0$

$f(\theta)=n\sin\theta-\sin n\theta$ とすると

$$f'(\theta)=n\cos\theta-n\cos n\theta=n(\cos\theta-\cos n\theta)$$

$0<\theta<\dfrac{1}{n+1}\pi$ より，$0<\theta<n\theta<\dfrac{n}{n+1}\pi<\pi$ であるから

$$\cos\theta-\cos n\theta>0\qquad すなわち\qquad f'(\theta)>0$$

←$0<\alpha<\beta<\pi$ のとき
$\cos\alpha>\cos\beta$

よって，$0<\theta<\frac{1}{n+1}\pi$ において $f(\theta)$ は単調に増加する。

また，$f(0)=0$ であるから，$0<\theta<\frac{1}{n+1}\pi$ のとき　$f(\theta)>0$

よって　　$nb-c>0$　　すなわち　　$c<nb$

総合 23 xy 平面において，点 $(1,\ 2)$ を通る傾き t の直線を ℓ とする。また，ℓ に垂直で原点を通る直線と ℓ との交点をPとする。

(1) 点Pの座標を t を用いて表せ。

(2) 点Pの軌跡が2次曲線 $2x^2-ay=0$ $(a\neq0)$ と3点のみを共有するような a の値を求めよ。また，そのとき3つの共有点の座標を求めよ。 〔岡山大〕

➡ 本冊 数学Ⅲ 例題 119

HINT (2) (1)で求めた点Pの座標を2次曲線の式に代入。その t の方程式が異なる3つの実数解をもつことが条件となる。

(1) 直線 ℓ の方程式は

$$y-2=t(x-1) \quad すなわち \quad tx-y-t+2=0 \quad \cdots\cdots ①$$

また，ℓ に垂直で原点を通る直線の方程式は　$x+ty=0$ ……②

①×t+② から　$(t^2+1)x-t^2+2t=0$　　よって　$x=\frac{t^2-2t}{t^2+1}$

②×t−① から　$(t^2+1)y+t-2=0$　　ゆえに　$y=\frac{-t+2}{t^2+1}$

したがって，点Pの座標は　$\boldsymbol{\left(\frac{t^2-2t}{t^2+1},\ \frac{-t+2}{t^2+1}\right)}$

(2) 点Pが2次曲線 $2x^2-ay=0$ 上にあるとすると

$$2\left(\frac{t^2-2t}{t^2+1}\right)^2-a\cdot\frac{-t+2}{t^2+1}=0$$

ゆえに　$\frac{t-2}{t^2+1}\left\{\frac{2t^2(t-2)}{t^2+1}+a\right\}=0$ ……③

tが異なると点Pの座標は異なるから，t の方程式 ③ が異なる3つの実数解をもつことが条件である。

③ から　$t=2$，$a=-\frac{2t^2(t-2)}{t^2+1}$ ……④

ここで，④ において $a=0$ とすると　$t=0,\ 2$

よって，④ が $t\neq0$，$t\neq2$ である異なる2つの実数解をもつための条件について考える。

$f(t)=-\frac{2t^2(t-2)}{t^2+1}$ とすると

$$f'(t)=-2\cdot\frac{(3t^2-4t)(t^2+1)-t^2(t-2)\cdot2t}{(t^2+1)^2}$$

$$=-\frac{2t(t^3+3t-4)}{(t^2+1)^2}$$

$$=-\frac{2t(t-1)(t^2+t+4)}{(t^2+1)^2}$$

←$y-y_1=m(x-x_1)$

←直線 $ax+by+c=0$ に垂直で点 $(x_1,\ y_1)$ を通る直線の方程式は
$\boldsymbol{b(x-x_1)-a(y-y_1)=0}$

検討 〰〰の厳密な証明。

$\frac{s^2-2s}{s^2+1}=\frac{t^2-2t}{t^2+1}$ …Ⓐ

かつ

$\frac{-s+2}{s^2+1}=\frac{-t+2}{t^2+1}$ …Ⓑ

となる実数 s，t $(s\neq t)$ があるとすると，Ⓑ から

$\frac{s^2-2s}{s^2+1}=\frac{st-2s}{t^2+1}$ …Ⓒ

Ⓐ，Ⓒ から

$t^2-2t=st-2s$

よって　$(t-2)(s-t)=0$

$s\neq t$ から　$t=2$

このとき，Ⓑ から　$s=2$

これは $s\neq t$ に反する。

ゆえに，Ⓐ，Ⓑ をともに満たす実数 s，t $(s\neq t)$ はない。

1	0	3	−4	|1
	1	1	4	
1	1	4	0	

ゆえに，$f(t)$ の増減表は右のようになる。

t	$\cdots$	0	$\cdots$	1	$\cdots$
$f'(t)$	$-$	0	$+$	0	$-$
$f(t)$	↘	0	↗	1	↘

←$t^2+t+4=\left(t+\frac{1}{2}\right)^2+\frac{15}{4}$

←$f(t)=\dfrac{-2t+4}{1+\frac{1}{t^2}}$

$\displaystyle\lim_{t\to\infty}f(t)=-\infty$，$\displaystyle\lim_{t\to-\infty}f(t)=\infty$

であるから，$y=f(t)$ のグラフは右図のようになる。

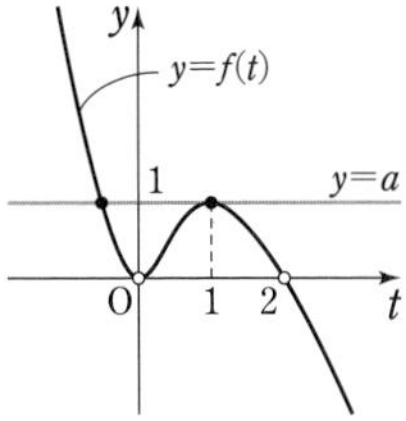

求める a の値は，$y=f(t)$ のグラフが $t\neq0$，$t\neq2$ で直線 $y=a$ と異なる 2 点で交わる場合を考えて　$\boldsymbol{a=1}$

このとき，④ から　$-\dfrac{2t^2(t-2)}{t^2+1}=1$

よって　　$2t^3-3t^2+1=0$

ゆえに　　$(t-1)^2(2t+1)=0$　　　よって　　$t=1,\ -\dfrac{1}{2}$

2	-3	0	1	|1
	2	-1	-1	
2	-1	-1	0	

求める共有点の座標は，$t=2,\ 1,\ -\dfrac{1}{2}$ のときの点Pの座標であり　　$\boldsymbol{(0,\ 0),\ \left(-\dfrac{1}{2},\ \dfrac{1}{2}\right),\ (1,\ 2)}$

←t の値を (1) の結果に代入。

別解　$x=\dfrac{t^2-2t}{t^2+1}$，$y=\dfrac{-t+2}{t^2+1}$ とすると　　$x=-ty$

←点Pの軌跡の方程式を具体的に求めて（t を消去して），x，y の式で扱っていく方針の解答。ただし，この解答は計算量がやや多くなる。

$y=0$ のとき　　$t=2$　　　このとき　　$x=0$

$y\neq0$ のとき，$t=-\dfrac{x}{y}$ を $y=\dfrac{-t+2}{t^2+1}$ に代入して整理することにより，点Pの軌跡は

円 $x^2+y^2-x-2y=0$ …… ㋐　ただし，点 $(1,\ 0)$ を除く。

$2x^2-ay=0$ から　　$y=\dfrac{2}{a}x^2$ …… ㋑

㋑ を ㋐ に代入して整理すると

$x\{4x^3+a(a-4)x-a^2\}=0$

よって　　$x=0$　または　$4x^3+a(a-4)x-a^2=0$

$f(x)=4x^3+a(a-4)x-a^2$ とすると，$f(0)=-a^2\neq0$ であるから，方程式 $f(x)=0$ が

$\dfrac{1-\sqrt{5}}{2}\leqq x\leqq\dfrac{1+\sqrt{5}}{2}$，$x\neq0$ …… ㋒ を満たす異なる 2 つの実数解をもつことが条件である。

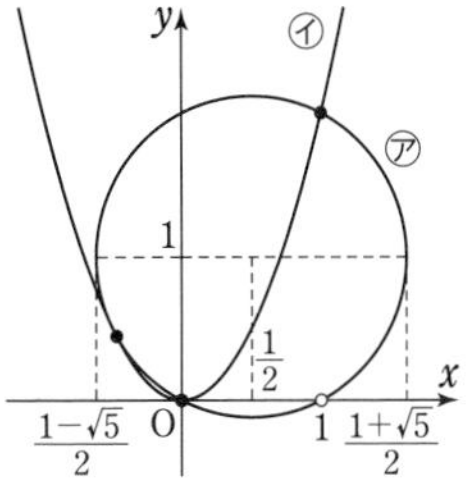

$f'(x)=12x^2+a(a-4)$

[1]　$a<0$ または $4\leqq a$ のとき，$a(a-4)\geqq0$ であるから　　$f'(x)\geqq0$

ゆえに，この場合は不適。

[2]　$0<a<4$ のとき，$f'(x)=0$ とすると　　$x=\pm\dfrac{\sqrt{a(4-a)}}{2\sqrt{3}}$

$f(x)=0$ が異なる 2 つの実数解をもつための条件は

$f\left(\dfrac{\sqrt{a(4-a)}}{2\sqrt{3}}\right)=0$　または　$f\left(-\dfrac{\sqrt{a(4-a)}}{2\sqrt{3}}\right)=0$

←(極値)$=0$ が条件。

総合

$f\left(\dfrac{\sqrt{a(4-a)}}{2\sqrt{3}}\right)=0$ から　　$a(4-a)\sqrt{a(4-a)}+3\sqrt{3}\,a^2=0$ …… ㊁

$0<a<4$ のとき，㊁ の左辺は正であるから，㊁ を満たす a $(0<a<4)$ はない。

$f\left(-\dfrac{\sqrt{a(4-a)}}{2\sqrt{3}}\right)=0$ から　　$a(4-a)\sqrt{a(4-a)}=3\sqrt{3}\,a^2$

$a>0$，$4-a>0$ から，両辺を平方し，a^3 で割ると　　$(4-a)^3=27a$

左辺を展開して整理すると　　$a^3-12a^2+75a-64=0$

よって　　$(a-1)(a^2-11a+64)=0$

したがって　　$a=1$ $(0<a<4$ を満たす)

[1]，[2] から，求める a の値は　　$\boldsymbol{a=1}$

←$a^2-11a+64=\left(a-\dfrac{11}{2}\right)^2+\dfrac{135}{4}>0$

$a=1$ のとき　　$f(x)=4x^3-3x-1=(x-1)(2x+1)^2$

$f(x)=0$ の解は　　$x=1,\ -\dfrac{1}{2}$　　　これらは ㋒ を満たす。

$x=0,\ 1,\ -\dfrac{1}{2}$ を ㋑ に代入することにより，求める共有点の座標は

$$\boldsymbol{(0,\ 0),\ (1,\ 2),\ \left(-\frac{1}{2},\ \frac{1}{2}\right)}$$

総合 24

a を $0<a<\dfrac{\pi}{2}$ を満たす定数とし，方程式 $x(1-\cos x)=\sin(x+a)$ を考える。

(1) n を正の整数とするとき，上の方程式は $2n\pi<x<2n\pi+\dfrac{\pi}{2}$ の範囲でただ1つの解をもつことを示せ。

(2) (1)の解を x_n とおく。極限 $\lim_{n\to\infty}(x_n-2n\pi)$ を求めよ。

(3) 極限 $\lim_{n\to\infty}\sqrt{n}\,(x_n-2n\pi)$ を求めよ。　　〔類　滋賀医大〕

➡ 本冊 数学Ⅲ 例題 113，120

HINT　(1) $f(x)=x(1-\cos x)-\sin(x+a)$ として，$f(x)$ の増減を調べる。$f'(x)$ の式からは $f'(x)$ の符号を調べにくいので，$f''(x)$ を利用する。

(2) $x_n-2n\pi=y_n$ とおき，$f(x_n)=0$ から導かれる式を利用して，$\lim_{n\to\infty}(1-\cos y_n)$ を調べてみる。はさみうちの原理を利用。

(3) 求める極限は $\lim_{n\to\infty}\sqrt{n}\,y_n$ である。$f(x_n)=0$ から導かれる式を n について解いたものを利用し，$\lim_{n\to\infty}ny_n{}^2$ を求めてみる。

(1) $f(x)=x(1-\cos x)-\sin(x+a)$ とすると

$f'(x)=1-\cos x+x\sin x-\cos(x+a)$

$f''(x)=\sin x+\sin x+x\cos x+\sin(x+a)$

$\quad=2\sin x+x\cos x+\sin(x+a)$

←方程式は ～$=a$ の形には変形できない。
⟶ $f(x)=0$ の形にして，$y=f(x)$ のグラフと x 軸の交点に着目する。

$2n\pi<x<2n\pi+\dfrac{\pi}{2}$ のとき　　$\sin x>0$，$x\cos x>0$

また，$0<a<\dfrac{\pi}{2}$ より $2n\pi<x+a<(2n+1)\pi$ であるから

$\sin(x+a)>0$　　　ゆえに　　$f''(x)>0$

よって，$2n\pi<x<2n\pi+\dfrac{\pi}{2}$ で $f'(x)$ は単調に増加する。

また　　$f'(2n\pi)=1-1+2n\pi\cdot 0-\cos a=-\cos a<0$

$$f'\left(2n\pi+\frac{\pi}{2}\right)=1-0+\left(2n\pi+\frac{\pi}{2}\right)\cdot 1-\cos\left(\frac{\pi}{2}+a\right)$$
$$=2n\pi+\frac{\pi}{2}+1+\sin a>0$$

ゆえに，$2n\pi<x<2n\pi+\dfrac{\pi}{2}$ において，$f'(x)=0$ を満たす x がただ 1 つ存在する。その値を α とすると，$f(x)$ の増減表は次のようになる。

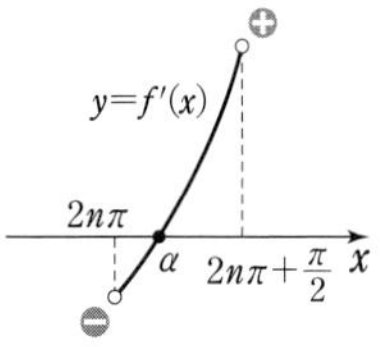

x	$2n\pi$	$\cdots$	α	$\cdots$	$2n\pi+\frac{\pi}{2}$
$f'(x)$		$-$	0	$+$	
$f(x)$	$f(2n\pi)$	↘	極小	↗	$f\left(2n\pi+\frac{\pi}{2}\right)$

ここで　$f(2n\pi)=2n\pi(1-1)-\sin a=-\sin a<0$,

$$f\left(2n\pi+\frac{\pi}{2}\right)=\left(2n\pi+\frac{\pi}{2}\right)(1-0)-\sin\left(\frac{\pi}{2}+a\right)$$
$$=2n\pi+\frac{\pi}{2}-\cos a>0$$

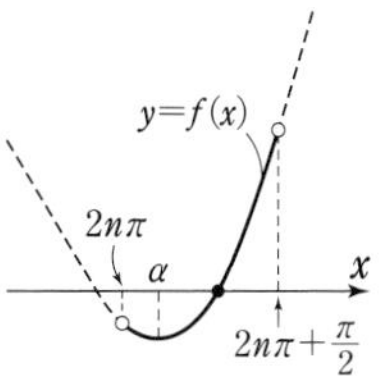

よって，$2n\pi<x<2n\pi+\dfrac{\pi}{2}$ において，$f(x)=0$ を満たす x がただ 1 つ存在するから，方程式 $x(1-\cos x)=\sin(x+a)$ … ① はこの範囲にただ 1 つの解をもつ。

(2)　$x_n-2n\pi=y_n$ とおくと　$x_n=y_n+2n\pi$ …… ②

x_n は ① の解であるから　$x_n(1-\cos x_n)=\sin(x_n+a)$

← 方程式の解 → 代入すると成り立つ。

② を代入して　$(y_n+2n\pi)(1-\cos y_n)=\sin(y_n+a)$ …… ③

ここで，$\sin(y_n+a)\leqq 1$ から　$(y_n+2n\pi)(1-\cos y_n)\leqq 1$

$0<y_n<\dfrac{\pi}{2}$ であるから　$2n\pi<y_n+2n\pi$，$1-\cos y_n>0$

ゆえに　$2n\pi(1-\cos y_n)<1$　よって　$0<1-\cos y_n<\dfrac{1}{2n\pi}$

$\displaystyle\lim_{n\to\infty}\frac{1}{2n\pi}=0$ であるから　$\displaystyle\lim_{n\to\infty}(1-\cos y_n)=0$

すなわち　$\displaystyle\lim_{n\to\infty}\cos y_n=1$

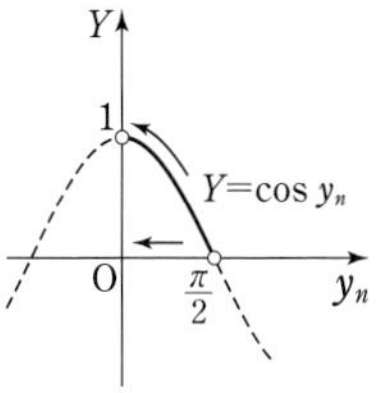

$\cos x$ は連続な関数であり，$0<y_n<\dfrac{\pi}{2}$ であるから　$\displaystyle\lim_{n\to\infty}y_n=0$

したがって　$\displaystyle\lim_{n\to\infty}(x_n-2n\pi)=\mathbf{0}$

(3)　③ の両辺を $1-\cos y_n$ で割ると　$y_n+2n\pi=\dfrac{\sin(y_n+a)}{1-\cos y_n}$

よって　$n=\dfrac{\sin(y_n+a)}{2\pi(1-\cos y_n)}-\dfrac{y_n}{2\pi}$

ゆえに　$ny_n{}^2=\dfrac{y_n{}^2\sin(y_n+a)}{2\pi(1-\cos y_n)}-\dfrac{y_n{}^3}{2\pi}$

$$=\frac{y_n{}^2(1+\cos y_n)\sin(y_n+a)}{2\pi\sin^2 y_n}-\frac{y_n{}^3}{2\pi}$$

← 〰〰 の分母・分子に $1+\cos y_n$ を掛ける。$1-\cos^2 y_n=\sin^2 y_n$

総合

$$=\frac{(1+\cos y_n)\sin(y_n+a)}{2\pi\left(\frac{\sin y_n}{y_n}\right)^2}-\frac{y_n{}^3}{2\pi}$$

(2) より，$\lim_{n\to\infty} y_n=0$ であるから　$\lim_{n\to\infty}\frac{\sin y_n}{y_n}=1$

←$\lim_{\square\to 0}\frac{\sin\square}{\square}=1$

よって　$\lim_{n\to\infty} ny_n{}^2=\frac{(1+1)\sin a}{2\pi\cdot 1^2}-\frac{0^3}{2\pi}=\frac{\sin a}{\pi}$

ゆえに　$\lim_{n\to\infty}\sqrt{n}\,(x_n-2n\pi)=\lim_{n\to\infty}\sqrt{ny_n{}^2}=\boldsymbol{\sqrt{\frac{\sin a}{\pi}}}$

総合 25　曲線 $y=e^x$ 上を動く点Pの時刻 t における座標を $(x(t),\ y(t))$ と表し，Pの速度ベクトルと加速度ベクトルをそれぞれ $\vec{v}=\left(\frac{dx}{dt},\ \frac{dy}{dt}\right)$，$\vec{\alpha}=\left(\frac{d^2x}{dt^2},\ \frac{d^2y}{dt^2}\right)$ とする。すべての時刻 t で $|\vec{v}|=1$ かつ $\frac{dx}{dt}>0$ であるとき　〔九州大〕

(1)　Pが点 $(s,\ e^s)$ を通過する時刻における速度ベクトル $\vec{v}$ を s を用いて表せ。

(2)　Pが点 $(s,\ e^s)$ を通過する時刻における加速度ベクトル $\vec{\alpha}$ を s を用いて表せ。

(3)　Pが曲線全体を動くとき，$|\vec{\alpha}|$ の最大値を求めよ。

➡ 本冊 数学Ⅲ 例題 100，123

HINT　(1)　まず，$y=e^x$ の両辺を t で微分する。条件 $|\vec{v}|=1$，$\frac{dx}{dt}>0$ を利用して，$\frac{dx}{dt}$ を x で表す。(3)　$|\vec{\alpha}|^2$ を x で表し，変数のおき換えを利用。

(1)　$y=e^x$ の両辺を t で微分すると　$\frac{dy}{dt}=e^x\frac{dx}{dt}$

←$\frac{d}{dt}e^x=\frac{d}{dx}e^x\cdot\frac{dx}{dt}$

よって　$|\vec{v}|^2=\left(\frac{dx}{dt}\right)^2+\left(\frac{dy}{dt}\right)^2=\left(\frac{dx}{dt}\right)^2+\left(e^x\frac{dx}{dt}\right)^2$

$$=(1+e^{2x})\left(\frac{dx}{dt}\right)^2$$

←$\vec{v}=\left(\frac{dx}{dt},\ \frac{dy}{dt}\right)$

$|\vec{v}|=1$ から　$(1+e^{2x})\left(\frac{dx}{dt}\right)^2=1$

←$\left(\frac{dx}{dt}\right)^2=\frac{1}{1+e^{2x}}$

$\frac{dx}{dt}>0$ から　$\frac{dx}{dt}=\frac{1}{\sqrt{1+e^{2x}}}$　…… ①

ゆえに　$\frac{dy}{dt}=\frac{e^x}{\sqrt{1+e^{2x}}}$

←$\frac{dy}{dt}=e^x\frac{dx}{dt}$

したがって，Pが点 $(s,\ e^s)$ を通過する時刻における速度ベクトルは　$\boldsymbol{\vec{v}=\left(\frac{1}{\sqrt{1+e^{2s}}},\ \frac{e^s}{\sqrt{1+e^{2s}}}\right)}$

(2)　① の両辺を t で微分すると

$$\frac{d^2x}{dt^2}=-\frac{1}{2}\cdot\frac{2e^{2x}}{(1+e^{2x})\sqrt{1+e^{2x}}}\cdot\frac{dx}{dt}$$

$$=-\frac{e^{2x}}{(1+e^{2x})\sqrt{1+e^{2x}}}\cdot\frac{1}{\sqrt{1+e^{2x}}}=-\frac{e^{2x}}{(1+e^{2x})^2}$$

←$\frac{dx}{dt}=\frac{1}{\sqrt{1+e^{2x}}}$

また　$\frac{d^2y}{dt^2}=\frac{d}{dt}\left(e^x\frac{dx}{dt}\right)=e^x\left(\frac{dx}{dt}\right)^2+e^x\frac{d^2x}{dt^2}$

$$=\frac{e^x}{1+e^{2x}}-\frac{e^{3x}}{(1+e^{2x})^2}=\frac{e^x}{(1+e^{2x})^2}$$

←$\frac{dy}{dt}=e^x\frac{dx}{dt}$ の両辺を t で微分。

したがって，P が点 $(s,\ e^s)$ を通過する時刻における加速度ベクトルは　$\vec{\alpha}=\left(-\dfrac{\boldsymbol{e^{2s}}}{\boldsymbol{(1+e^{2s})^2}},\ \dfrac{\boldsymbol{e^s}}{\boldsymbol{(1+e^{2s})^2}}\right)$

(3)　$|\vec{\alpha}|^2=\dfrac{e^{4x}}{(1+e^{2x})^4}+\dfrac{e^{2x}}{(1+e^{2x})^4}=\dfrac{e^{2x}(e^{2x}+1)}{(1+e^{2x})^4}=\dfrac{e^{2x}}{(1+e^{2x})^3}$

←$|\vec{\alpha}|^2=\left(\dfrac{d^2x}{dt^2}\right)^2+\left(\dfrac{d^2y}{dt^2}\right)^2$

ここで，$e^{2x}=z$ とおくと　$z>0$

① 変数のおき換え 変域が変わることに注意

また　$|\vec{\alpha}|^2=\dfrac{z}{(1+z)^3}$

$f(z)=\dfrac{z}{(1+z)^3}$ とすると

$$f'(z)=\frac{(1+z)^3-z\cdot3(1+z)^2}{(1+z)^6}=\frac{(1+z)^2(1+z-3z)}{(1+z)^6}=\frac{1-2z}{(1+z)^4}$$

←$\left(\dfrac{u}{v}\right)'=\dfrac{u'v-uv'}{v^2}$

$f'(z)=0$ とすると　$z=\dfrac{1}{2}$

←$1-2z=0$

$z>0$ における $f(z)$ の増減表は右のようになるから，$|\vec{\alpha}|$ の最大値は

z	0	$\cdots$	$\frac{1}{2}$	$\cdots$
$f'(z)$		$+$	0	$-$
$f(z)$		↗	極大	↘

←$z=\dfrac{1}{2}$ で最大。

$\sqrt{f\left(\dfrac{1}{2}\right)}=\sqrt{\dfrac{4}{27}}=\dfrac{\boldsymbol{2\sqrt{3}}}{\boldsymbol{9}}$

←$f\left(\dfrac{1}{2}\right)=\dfrac{\frac{1}{2}}{\left(\frac{3}{2}\right)^3}=\dfrac{4}{27}$

総合 26

(1)　不定積分 $\displaystyle\int e^{2x+e^x}dx$ を求めよ。　〔広島市大〕　➡ 本冊 数学III 例題 135

(2)　定積分 $\displaystyle\int_0^1\{x(1-x)\}^{\frac{3}{2}}dx$ を求めよ。　〔弘前大〕　➡ 本冊 数学III 例題 149

総合

(1)　$\displaystyle\int e^{2x+e^x}dx=\int e^x\cdot(e^x\cdot e^{e^x})dx=\int e^x\cdot(e^{e^x})'dx$

←$e^{2x+e^x}=e^{2x}\cdot e^{e^x}=e^x(e^x\cdot e^{e^x})$

$\displaystyle=e^x\cdot e^{e^x}-\int e^x\cdot e^{e^x}dx=e^x\cdot e^{e^x}-e^{e^x}+C$

←部分積分法。

$=\boldsymbol{e^{e^x}(e^x-1)+C}$　**（C は積分定数）**

(2)　$x(1-x)=-x^2+x=\left(\dfrac{1}{2}\right)^2-\left(x-\dfrac{1}{2}\right)^2$ と変形できるから，

$x-\dfrac{1}{2}=\dfrac{1}{2}\sin\theta$ とおくと　$dx=\dfrac{1}{2}\cos\theta\,d\theta$

x と θ の対応は右のようになるから，求める定積分を I とすると

x	$0\longrightarrow1$
θ	$-\frac{\pi}{2}\longrightarrow\frac{\pi}{2}$

① $\sqrt{a^2-x^2}$ の定積分 $x=a\sin\theta$ とおく

$$I=\int_{-\frac{\pi}{2}}^{\frac{\pi}{2}}\left\{\left(\frac{1}{2}\right)^2-\left(\frac{1}{2}\sin\theta\right)^2\right\}^{\frac{3}{2}}\cdot\frac{1}{2}\cos\theta\,d\theta$$

←$1-\sin^2\theta=\cos^2\theta$

$$=\int_{-\frac{\pi}{2}}^{\frac{\pi}{2}}\left\{\left(\frac{1}{2}\cos\theta\right)^2\right\}^{\frac{3}{2}}\cdot\frac{1}{2}\cos\theta\,d\theta=\frac{1}{16}\int_{-\frac{\pi}{2}}^{\frac{\pi}{2}}\cos^4\theta\,d\theta$$

←$-\dfrac{\pi}{2}\leqq\theta\leqq\dfrac{\pi}{2}$ のとき $\cos\theta\geqq0$

$y=\cos^4\theta$ は偶関数であるから　$I=\dfrac{1}{8}\displaystyle\int_0^{\frac{\pi}{2}}\cos^4\theta\,d\theta$

←$y=\cos\theta$ は偶関数。

$\cos^4\theta=\left(\dfrac{1+\cos2\theta}{2}\right)^2=\dfrac{1}{4}(1+2\cos2\theta+\cos^22\theta)$

←半角の公式を用いて 1 次の式に。

$$=\frac{1}{4}\left(1+2\cos 2\theta+\frac{1+\cos 4\theta}{2}\right)$$
$$=\frac{1}{8}(3+4\cos 2\theta+\cos 4\theta)$$

であるから

$$I=\frac{1}{8}\int_0^{\frac{\pi}{2}}\frac{1}{8}(3+4\cos 2\theta+\cos 4\theta)d\theta$$
$$=\frac{1}{64}\left[3\theta+2\sin 2\theta+\frac{1}{4}\sin 4\theta\right]_0^{\frac{\pi}{2}}=\frac{1}{64}\cdot\frac{3}{2}\pi=\boldsymbol{\frac{3}{128}\pi}$$

←$\sin k\pi=0$ （k は整数）

総合 27

実数 x に対して，$3n\leqq x<3n+3$ を満たす整数 n により，

$$f(x)=\begin{cases}|3n+1-x| & (3n\leqq x<3n+2 \text{ のとき})\\ 1 & (3n+2\leqq x<3n+3 \text{ のとき})\end{cases}$$

とする。関数 $f(x)$ について，次の問いに答えよ。

(1)　$0\leqq x\leqq 7$ のとき，$y=f(x)$ のグラフをかけ。

(2)　0 以上の整数 n に対して，$I_n=\int_{3n}^{3n+3}f(x)e^{-x}dx$ とする。I_n を求めよ。

(3)　自然数 n に対して，$J_n=\int_0^{3n}f(x)e^{-x}dx$ とする。$\lim_{n\to\infty}J_n$ を求めよ。　〔山口大〕

➡ 本冊 数学Ⅲ 例題 154

(1)　$n=0$ のとき　　$f(x)=\begin{cases}|1-x| & (0\leqq x<2)\\ 1 & (2\leqq x<3)\end{cases}$

←$n=0,\ 1,\ 2$ としてみる。

$n=1$ のとき　　$f(x)=\begin{cases}|4-x| & (3\leqq x<5)\\ 1 & (5\leqq x<6)\end{cases}$

$n=2$ のとき　　$f(x)=\begin{cases}|7-x| & (6\leqq x<8)\\ 1 & (8\leqq x<9)\end{cases}$

よって，$y=f(x)$ のグラフは次の **図** のようになる。

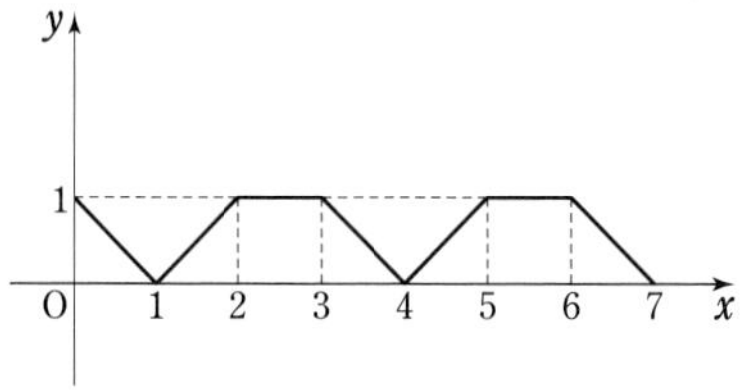

←$y=|a-x|=|x-a|$
$=\begin{cases}x-a & (x\geqq a)\\ -(x-a) & (x<a)\end{cases}$

(2)　$3n\leqq x<3n+1$ のとき　　$f(x)=3n+1-x$　　←$3n+1-x>0$

$3n+1\leqq x<3n+2$ のとき　　$f(x)=-(3n+1-x)$　　←$3n+1-x\leqq 0$

$3n+2\leqq x<3n+3$ のとき　　$f(x)=1$

よって

$$I_n=-\int_{3n}^{3n+1}(x-3n-1)e^{-x}dx+\int_{3n+1}^{3n+2}(x-3n-1)e^{-x}dx$$
$$+\int_{3n+2}^{3n+3}e^{-x}dx$$

ここで　$\int(x-3n-1)e^{-x}dx=-(x-3n-1)e^{-x}+\int e^{-x}dx$

$$=-(x-3n-1)e^{-x}-e^{-x}+C$$
$$=(3n-x)e^{-x}+C\ （C \text{ は積分定数}）$$

←$(x-3n-1)e^{-x}$
$=\{-(x-3n-1)\}(e^{-x})'$
とみて部分積分法を利用。

ゆえに $\boldsymbol{I_n}=\Big[(x-3n)e^{-x}\Big]_{3n}^{3n+1}+\Big[(3n-x)e^{-x}\Big]_{3n+1}^{3n+2}$

$+\Big[-e^{-x}\Big]_{3n+2}^{3n+3}$

$=e^{-3n-1}+(-2e^{-3n-2}+e^{-3n-1})+(-e^{-3n-3}+e^{-3n-2})$

$=2e^{-3n-1}-e^{-3n-2}-e^{-3n-3}$

> ←$e^{-3n-1}=e^{2-3(n+1)}$, $e^{-3n-2}=e^{1-3(n+1)}$

$\boldsymbol{=(2e^2-e-1)e^{-3(n+1)}}$

(3) $J_n=\sum_{k=0}^{n-1}\int_{3k}^{3(k+1)}f(x)e^{-x}dx=\sum_{k=0}^{n-1}I_k$

$=(2e^2-e-1)\sum_{k=0}^{n-1}e^{-3(k+1)}=(e-1)(2e+1)\cdot\dfrac{e^{-3}(1-e^{-3n})}{1-e^{-3}}$

> ←$\sum_{k=0}^{n-1}e^{-3(k+1)}$ は，初項 e^{-3}，公比 e^{-3}，項数 n の等比数列の和。

$0<e^{-3}<1$ より，$\lim_{n\to\infty}e^{-3n}=0$ であるから

$$\lim_{n\to\infty}J_n=\frac{e^{-3}(e-1)(2e+1)}{1-e^{-3}}=\frac{(e-1)(2e+1)}{e^3-1}=\boldsymbol{\frac{2e+1}{e^2+e+1}}$$

> ←$e^3-1=(e-1)(e^2+e+1)$

総合 28

$t\geqq 0$ に対して，$f(t)=2\pi\int_0^{2t}|x-t|\cos(2\pi x)dx-t\sin(4\pi t)$ と定義する。このとき，$f(t)=0$ を満たす t のうち，閉区間 [0, 1] に属する相異なるものはいくつあるか。 〔早稲田大〕

➡ 本冊 数学Ⅲ 例題 154

$0\leqq x\leqq t$ のとき　$|x-t|=-(x-t)$

$t\leqq x\leqq 2t$ のとき　$|x-t|=x-t$　であるから

> ←$|x-t|=\begin{cases}-(x-t) & (x<t)\\ x-t & (x\geqq t)\end{cases}$

$$f(t)=2\pi\int_0^t\{-(x-t)\}\cos(2\pi x)dx+2\pi\int_t^{2t}(x-t)\cos(2\pi x)dx-t\sin(4\pi t)$$

ここで　$2\pi\int(x-t)\cos(2\pi x)dx=\int(x-t)\{\sin(2\pi x)\}'dx$

> ←部分積分法

$=(x-t)\sin(2\pi x)-\int\sin(2\pi x)dx$

$=(x-t)\sin(2\pi x)+\dfrac{1}{2\pi}\cos(2\pi x)+C$ （C は積分定数）

よって

$$f(t)=-\Big[(x-t)\sin(2\pi x)+\frac{1}{2\pi}\cos(2\pi x)\Big]_0^t+\Big[(x-t)\sin(2\pi x)+\frac{1}{2\pi}\cos(2\pi x)\Big]_t^{2t}-t\sin(4\pi t)$$

$=-\dfrac{1}{2\pi}\cos(2\pi t)+\dfrac{1}{2\pi}+t\sin(4\pi t)$

$+\dfrac{1}{2\pi}\cos(4\pi t)-\dfrac{1}{2\pi}\cos(2\pi t)-t\sin(4\pi t)$

$=\dfrac{\cos(4\pi t)-2\cos(2\pi t)+1}{2\pi}$

$f(t)=0$ とすると　$\cos(4\pi t)-2\cos(2\pi t)+1=0$

ゆえに　$2\cos^2(2\pi t)-1-2\cos(2\pi t)+1=0$

> ←$\cos 2\theta=2\cos^2\theta-1$

よって　$2\cos(2\pi t)\{\cos(2\pi t)-1\}=0$

したがって　$\cos(2\pi t)=0,\ 1$

$0 \leqq t \leqq 1$ のとき，$0 \leqq 2\pi t \leqq 2\pi$ であるから

$$2\pi t = 0,\ \frac{\pi}{2},\ \frac{3}{2}\pi,\ 2\pi \quad \text{すなわち} \quad t = 0,\ \frac{1}{4},\ \frac{3}{4},\ 1$$

したがって，$0 \leqq t \leqq 1$ において $f(t)=0$ を満たす相異なる t は **4 つ** ある。

総合 29 関数 $f(x)$ と $g(x)$ を $0 \leqq x \leqq 1$ の範囲で定義された連続関数とする。〔北海道大〕

(1) $f(x)=\int_0^1 e^{x+t}f(t)\,dt$ を満たす $f(x)$ は定数関数 $f(x)=0$ のみであることを示せ。

(2) $g(x)=\int_0^1 e^{x+t}g(t)\,dt+x$ を満たす $g(x)$ を求めよ。

➡ 本冊 数学Ⅲ 例題 160

(1) $f(x)=e^x\int_0^1 e^t f(t)dt$

←$e^{x+t}f(t)=e^x\cdot e^t f(t)$ e^x は t に無関係。

$\int_0^1 e^t f(t)dt = A$ とおくと　$f(x)=Ae^x$

←$\int_0^1 e^t f(t)\,dt$ は定数。

したがって

$$A=\int_0^1 e^t(Ae^t)dt = A\int_0^1 e^{2t}dt = A\left[\frac{1}{2}e^{2t}\right]_0^1 = \frac{1}{2}A(e^2-1)$$

ゆえに　$A(3-e^2)=0$　　$3-e^2 \neq 0$ であるから　$A=0$

よって　$f(x)=0$

(2) $g(x)=e^x\int_0^1 e^t g(t)dt+x$

$\int_0^1 e^t g(t)dt = B$ とおくと　$g(x)=Be^x+x$

←(1) と同様に，$\int_0^1 e^t g(t)\,dt$ は定数である。

ゆえに　$B=\int_0^1 e^t(Be^t+t)dt$　すなわち　$B=\int_0^1 (Be^{2t}+te^t)dt$

ここで　$\int_0^1 Be^{2t}dt = B\left[\frac{1}{2}e^{2t}\right]_0^1 = \frac{1}{2}B(e^2-1)$

$$\int_0^1 te^t dt = \left[te^t\right]_0^1 - \int_0^1 e^t dt = e - \left[e^t\right]_0^1 = 1$$

←$\int_0^1 t(e^t)'dt$ とみて，部分積分法。

よって　$B=\frac{1}{2}B(e^2-1)+1$

$B(3-e^2)=2$ から　$B=\dfrac{2}{3-e^2}$

ゆえに　$\boldsymbol{g(x)=\dfrac{2}{3-e^2}e^x+x}$

←$g(x)=Be^x+x$

総合 30 連続関数 $f(x)$ が次の関係式を満たしているとする。

$$f(x)=x^2+\int_0^x f(t)dt-\int_x^1 f(t)dt$$

〔類 東京医歯大〕

(1) $f(0)+f(1)$ の値を求めよ。

(2) $g(x)=e^{-2x}f(x)$ とおくことにより，$f(x)$ を求めよ。

➡ 本冊 数学Ⅲ 例題 159

(1) $f(x)=x^2+\int_0^x f(t)dt-\int_x^1 f(t)dt$ …… ① とする。

① の両辺に $x=0,\ 1$ を代入すると

$$f(0)=-\int_0^1 f(t)dt,\quad f(1)=1+\int_0^1 f(t)dt$$

←$\int_0^0 f(t)dt=0$，$\int_1^1 f(t)dt=0$

よって　$f(0)+f(1)=\mathbf{1}$

(2)　$g'(x)=-2e^{-2x}f(x)+e^{-2x}f'(x)$

$=e^{-2x}\{-2f(x)+f'(x)\}$ …… ②

①の両辺を x で微分すると　$f'(x)=2x+f(x)-\{-f(x)\}$

ゆえに　$-2f(x)+f'(x)=2x$

したがって，②から　$g'(x)=2xe^{-2x}$

よって　$g(x)=\int g'(x)dx=\int 2xe^{-2x}dx$

$=-xe^{-2x}-\int(-1)e^{-2x}dx$

$=-\left(x+\dfrac{1}{2}\right)e^{-2x}+C$　（C は積分定数）

ゆえに　$f(x)=e^{2x}g(x)=-\left(x+\dfrac{1}{2}\right)+Ce^{2x}$

ここで　$f(0)+f(1)=-\dfrac{1}{2}+C-\dfrac{3}{2}+Ce^2=(e^2+1)C-2$

よって，(1)の結果から　$(e^2+1)C-2=1$

ゆえに　$C=\dfrac{3}{e^2+1}$　よって　$\boldsymbol{f(x)=-\left(x+\dfrac{1}{2}\right)+\dfrac{3e^{2x}}{e^2+1}}$

←$(uv)'=u'v+uv'$

←$\dfrac{d}{dx}\int_x^1 f(t)dt$
$=\dfrac{d}{dx}\left\{-\int_1^x f(t)dt\right\}$
$=-f(x)$

←$2xe^{-2x}=-x(e^{-2x})'$
とみて，部分積分法。

総合 31

楕円 $\dfrac{x^2}{4}+\dfrac{y^2}{9}=1$ 上に点 P_k ($k=1, 2, \cdots\cdots, n$) を $\angle P_kOA=\dfrac{k}{n}\pi$ を満たすようにとる。ただし，O(0, 0)，A(2, 0) とする。
このとき，$\displaystyle\lim_{n\to\infty}\frac{1}{n}\left(\frac{1}{OP_1{}^2}+\frac{1}{OP_2{}^2}+\cdots\cdots+\frac{1}{OP_n{}^2}\right)$ を求めよ。　〔東北大〕

➡ 本冊 数学Ⅲ 例題 167

点 P_k の座標は次のように表すことができる。

$$\left(OP_k\cos\frac{k}{n}\pi,\ OP_k\sin\frac{k}{n}\pi\right)$$

点 P_k は楕円 $\dfrac{x^2}{4}+\dfrac{y^2}{9}=1$ 上にあるから

$$OP_k{}^2\left(\frac{1}{4}\cos^2\frac{k}{n}\pi+\frac{1}{9}\sin^2\frac{k}{n}\pi\right)=1$$

よって　$\dfrac{1}{OP_k{}^2}=\dfrac{1}{4}\cos^2\dfrac{k}{n}\pi+\dfrac{1}{9}\sin^2\dfrac{k}{n}\pi$

ゆえに　$\displaystyle\lim_{n\to\infty}\frac{1}{n}\left(\frac{1}{OP_1{}^2}+\frac{1}{OP_2{}^2}+\cdots\cdots+\frac{1}{OP_n{}^2}\right)$

$\displaystyle=\lim_{n\to\infty}\frac{1}{n}\sum_{k=1}^{n}\frac{1}{OP_k{}^2}=\lim_{n\to\infty}\frac{1}{n}\sum_{k=1}^{n}\left(\frac{1}{4}\cos^2\frac{k}{n}\pi+\frac{1}{9}\sin^2\frac{k}{n}\pi\right)$

$\displaystyle=\lim_{n\to\infty}\left(\frac{1}{4}\cdot\frac{1}{n}\sum_{k=1}^{n}\cos^2\frac{k}{n}\pi+\frac{1}{9}\cdot\frac{1}{n}\sum_{k=1}^{n}\sin^2\frac{k}{n}\pi\right)$

$\displaystyle=\frac{1}{4}\int_0^1\cos^2\pi x\,dx+\frac{1}{9}\int_0^1\sin^2\pi x\,dx$

$\displaystyle=\frac{1}{8}\int_0^1(1+\cos2\pi x)dx+\frac{1}{18}\int_0^1(1-\cos2\pi x)dx$

$\displaystyle=\frac{1}{8}\left[x+\frac{1}{2\pi}\sin2\pi x\right]_0^1+\frac{1}{18}\left[x-\frac{1}{2\pi}\sin2\pi x\right]_0^1=\frac{1}{8}+\frac{1}{18}=\boldsymbol{\frac{13}{72}}$

←区分求積法
$\displaystyle\boldsymbol{\lim_{n\to\infty}\frac{1}{n}\sum_{k=1}^{n}f\left(\frac{k}{n}\right)}$
$\displaystyle\boldsymbol{=\int_0^1 f(x)dx}$

←$\sin^2\theta=\dfrac{1-\cos2\theta}{2}$
$\cos^2\theta=\dfrac{1+\cos2\theta}{2}$

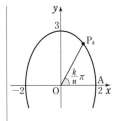

総合 32

自然数 n に対し，$S_n=\int_0^1\frac{1-(-x)^n}{1+x}dx$，$T_n=\sum_{k=1}^{n}\frac{(-1)^{k-1}}{k(k+1)}$ とおく。

(1) 不等式 $\left|S_n-\int_0^1\frac{1}{1+x}dx\right|\leqq\frac{1}{n+1}$ を示せ。

(2) T_n-2S_n を n で表せ。　　(3) 極限値 $\lim_{n\to\infty}T_n$ を求めよ。　〔東京医歯大〕

➡ 本冊 数学Ⅲ 例題 174

(1) $$\left|S_n-\int_0^1\frac{1}{1+x}dx\right|=\left|\int_0^1\frac{1-(-x)^n}{1+x}dx-\int_0^1\frac{1}{1+x}dx\right|$$
$$=\left|\int_0^1\frac{-(-x)^n}{1+x}dx\right|=\left|(-1)^{n+1}\int_0^1\frac{x^n}{1+x}dx\right|$$
$$=\int_0^1\frac{x^n}{1+x}dx$$

$0\leqq x\leqq 1$ のとき，$x^n\geqq 0$，$1+x\geqq 1$ であるから　$\frac{x^n}{1+x}\leqq x^n$

よって　$$\int_0^1\frac{x^n}{1+x}dx\leqq\int_0^1 x^n dx=\left[\frac{x^{n+1}}{n+1}\right]_0^1=\frac{1}{n+1}$$

ゆえに　$$\left|S_n-\int_0^1\frac{1}{1+x}dx\right|\leqq\frac{1}{n+1}$$

(2) $0\leqq x\leqq 1$ のとき

$$\frac{1-(-x)^n}{1+x}=\frac{1-(-x)^n}{1-(-x)}$$
$$=1+(-x)+(-x)^2+(-x)^3+\cdots\cdots+(-x)^{n-1}$$
$$=1-x+x^2-x^3+\cdots\cdots+(-1)^{n-1}x^{n-1}$$

よって　$$S_n=\int_0^1\{1-x+x^2-x^3+\cdots\cdots+(-1)^{n-1}x^{n-1}\}dx$$
$$=\left[x-\frac{1}{2}x^2+\frac{1}{3}x^3-\frac{1}{4}x^4+\cdots\cdots+\frac{(-1)^{n-1}}{n}x^n\right]_0^1$$
$$=1-\frac{1}{2}+\frac{1}{3}-\frac{1}{4}+\cdots\cdots+\frac{(-1)^{n-1}}{n}$$

また

$$T_n=\sum_{k=1}^{n}(-1)^{k-1}\left(\frac{1}{k}-\frac{1}{k+1}\right)$$
$$=\left(1-\frac{1}{2}\right)-\left(\frac{1}{2}-\frac{1}{3}\right)+\left(\frac{1}{3}-\frac{1}{4}\right)-\left(\frac{1}{4}-\frac{1}{5}\right)$$
$$+\cdots\cdots+(-1)^{n-2}\left(\frac{1}{n-1}-\frac{1}{n}\right)+(-1)^{n-1}\left(\frac{1}{n}-\frac{1}{n+1}\right)$$
$$=-1+2\left\{1-\frac{1}{2}+\frac{1}{3}-\frac{1}{4}+\cdots\cdots+\frac{(-1)^{n-1}}{n}\right\}$$
$$-(-1)^{n-1}\frac{1}{n+1}$$

ゆえに　$$T_n=-1+2S_n+\frac{(-1)^n}{n+1}$$

よって　$$T_n-2S_n=\boldsymbol{-1+\frac{(-1)^n}{n+1}}$$

HINT (1) 左辺を変形して，$\int_0^1 f(x)dx$ の形にする。
(2) 等比数列の和の公式を利用して，S_n を和の形で表す。
(3) (1), (2) の結果とはさみうちの原理を利用。

←$\sum_{k=1}^{n}r^{k-1}=\frac{1-r^n}{1-r}$ $(r\neq 1)$

←$\frac{1}{k(k+1)}$ を部分分数に分解。

←$1=-1+2\cdot 1$

(3) (1) から　$0 \leqq \left| S_n - \int_0^1 \frac{1}{1+x} dx \right| \leqq \frac{1}{n+1}$

ここで　$\int_0^1 \frac{1}{1+x} dx = \Big[\log(1+x)\Big]_0^1 = \log 2,\ \lim_{n\to\infty} \frac{1}{n+1} = 0$

よって　$\lim_{n\to\infty} |S_n - \log 2| = 0$

ゆえに　$\lim_{n\to\infty} S_n = \log 2$

したがって，(2) から

$$\lim_{n\to\infty} T_n = \lim_{n\to\infty}\left\{2S_n - 1 + \frac{(-1)^n}{n+1}\right\} = \mathbf{2\log 2 - 1}$$

←はさみうちの原理。

総合 33　方程式 $y=(\sqrt{x}-\sqrt{2})^2$ が定める曲線を C とする。

(1) 曲線 C と x 軸，y 軸で囲まれた図形の面積 S を求めよ。

(2) 曲線 C と直線 $y=2$ で囲まれた図形を，直線 $y=2$ の周りに 1 回転してできる立体の体積 V を求めよ。　〔信州大〕

➡ 本冊 数学Ⅲ 例題 176，194

(1) $y=(\sqrt{x}-\sqrt{2})^2$ …… ① とする。

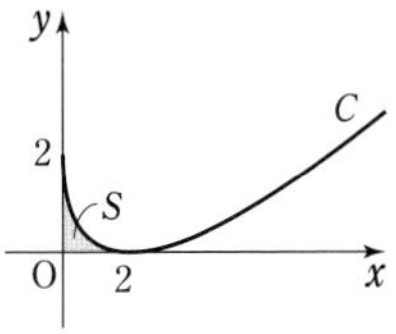

関数 ① の定義域は　$x \geqq 0$

値域は　$y \geqq 0$

① で $x=0$ とすると　$y=2$

$y=0$ とすると　$\sqrt{x}=\sqrt{2}$

よって　$x=2$

ゆえに，曲線 C の概形は右上の図のようになるから

$$S=\int_0^2 (\sqrt{x}-\sqrt{2})^2 dx = \int_0^2 (x-2\sqrt{2}\sqrt{x}+2)dx$$

$$= \left[\frac{x^2}{2} - 2\sqrt{2}\cdot\frac{2}{3}x^{\frac{3}{2}} + 2x\right]_0^2$$

$$= 2 - \frac{4\sqrt{2}}{3}\cdot 2\sqrt{2} + 4 = \mathbf{\frac{2}{3}}$$

(2) 曲線 C と直線 $y=2$ をそれぞれ y 軸方向に -2 だけ移動してできる図形の方程式は

$$y=x-2\sqrt{2}\sqrt{x},\ y=0\ (x \text{ 軸})$$

ここで，$x-2\sqrt{2}\sqrt{x}=0$ とすると　$\sqrt{x}=0,\ 2\sqrt{2}$

よって　$x=0,\ 8$

したがって

$$V=\pi\int_0^8 (x-2\sqrt{2}\sqrt{x})^2 dx = \pi\int_0^8 (x^2-4\sqrt{2}x^{\frac{3}{2}}+8x)dx$$

$$=\pi\left[\frac{x^3}{3} - 4\sqrt{2}\cdot\frac{2}{5}x^{\frac{5}{2}} + 4x^2\right]_0^8$$

$$=\pi\left[x^2\left(\frac{x}{3} - \frac{8}{5}\sqrt{2}x^{\frac{1}{2}} + 4\right)\right]_0^8$$

$$=\pi\cdot 64\left(\frac{8}{3} - \frac{32}{5} + 4\right) = \mathbf{\frac{256}{15}\pi}$$

HINT (1) C の概形をつかむため，まず定義域や値域，座標軸との交点の座標を調べる。

(2) 曲線 C を y 軸方向に -2 だけ平行移動し，x 軸の周りの回転体の体積として考えるとよい。

←y の増減表を作らなくても，面積や体積を求めるのに必要な曲線 C の概形をつかむことはできる。

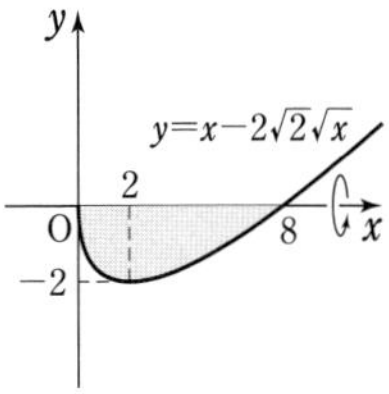

総合 34

a と b を正の実数とする。$y=a\cos x\ \left(0\leqq x\leqq\frac{\pi}{2}\right)$ のグラフを C_1，$y=b\sin x\ \left(0\leqq x\leqq\frac{\pi}{2}\right)$ のグラフを C_2 とし，C_1 と C_2 の交点をPとする。

(1) Pの x 座標を t とするとき，$\sin t$ および $\cos t$ を a と b で表せ。

(2) C_1，C_2 と y 軸で囲まれた領域の面積 S を a と b で表せ。

(3) C_1，C_2 と直線 $x=\frac{\pi}{2}$ で囲まれた領域の面積を T とするとき，$T=2S$ となるための条件を a と b で表せ。 〔北海道大〕

➡ 本冊 数学Ⅲ 例題 186

(1) 条件から，t は $0<t<\frac{\pi}{2}$ で，

$a\cos t=b\sin t$ を満たす。

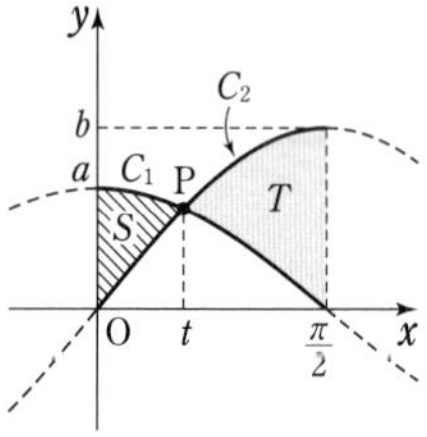

$a>0$ から　$\cos t=\frac{b}{a}\sin t$ …… ①

① を $\sin^2 t+\cos^2 t=1$ に代入すると

$$\sin^2 t+\frac{b^2}{a^2}\sin^2 t=1$$

よって　$\frac{a^2+b^2}{a^2}\sin^2 t=1$　　←$1+\frac{b^2}{a^2}=\frac{a^2+b^2}{a^2}$

$0<t<\frac{\pi}{2}$ より，$\sin t>0$ であるから　$\boldsymbol{\sin t=\frac{a}{\sqrt{a^2+b^2}}}$　　←$\sin^2 t=\frac{a^2}{a^2+b^2}$

ゆえに，① から　$\boldsymbol{\cos t=\frac{b}{\sqrt{a^2+b^2}}}$

(2) (1)の図から

$$S=\int_0^t(a\cos x-b\sin x)dx=\Big[a\sin x+b\cos x\Big]_0^t$$

$$=a\sin t+b\cos t-b=a\cdot\frac{a}{\sqrt{a^2+b^2}}+b\cdot\frac{b}{\sqrt{a^2+b^2}}-b$$

$$=\boldsymbol{\sqrt{a^2+b^2}-b}$$

←$0\leqq x\leqq t$ のとき $a\cos x\geqq b\sin x$ (1)の結果も利用。

(3) (1)の図から

$$T=\int_t^{\frac{\pi}{2}}(b\sin x-a\cos x)dx=\Big[-b\cos x-a\sin x\Big]_t^{\frac{\pi}{2}}$$

$$=-a+b\cos t+a\sin t=-a+b\cdot\frac{b}{\sqrt{a^2+b^2}}+a\cdot\frac{a}{\sqrt{a^2+b^2}}$$

$$=\sqrt{a^2+b^2}-a$$

←$t\leqq x\leqq\frac{\pi}{2}$ のとき $b\sin x\geqq a\cos x$ (1)の結果も利用。

$T=2S$ とすると　$\sqrt{a^2+b^2}-a=2(\sqrt{a^2+b^2}-b)$

よって　$2b-a=\sqrt{a^2+b^2}$ …… ②

$\sqrt{a^2+b^2}>0$ であるから　$2b-a>0$　ゆえに　$b>\frac{1}{2}a$ … ③　　←(② の右辺)>0

③ のとき，② の両辺を平方すると　$(2b-a)^2=a^2+b^2$

よって　$3b^2-4ab=0$　　←$b(3b-4a)=0$

$b\neq0$ であるから　$\boldsymbol{b=\frac{4}{3}a}$ …… ④

$a>0$ より，④ は ③ を満たすから，④ が求める条件である。　　←$\frac{4}{3}a>\frac{1}{2}a$

HINT (1) かくれた条件 $\sin^2 t+\cos^2 t=1$ を利用。
(2), (3) (1)の結果を用いて，S，T を a，b の式で表す。

総合 35 n は 2 以上の自然数とする。関数 $y=e^x$ …… ①，$y=e^{nx}-1$ …… ② について

(1) ① と ② のグラフは第 1 象限においてただ 1 つの交点をもつことを示せ。

(2) (1) で得られた交点の座標を $(a_n,\ b_n)$ とする。$\lim_{n\to\infty} a_n$ と $\lim_{n\to\infty} na_n$ を求めよ。

(3) 第 1 象限内で ① と ② のグラフおよび y 軸で囲まれた部分の面積を S_n とする。このとき，$\lim_{n\to\infty} nS_n$ を求めよ。 〔東京工大〕

➡ 本冊 数学Ⅲ 例題 22，187

HINT (1) $e^x=e^{nx}-1$ とすると $(e^x)^n-e^x-1=0$ よって，$f(t)=t^n-t-1$ とし，方程式 $f(t)=0$ が $t>1$ でただ 1 つの実数解をもつことを示す。

(2) まず，$\lim_{n\to\infty} b_n$ を求める。それには，二項定理を用いて $f\left(1+\frac{1}{n}\right)$ $(n\geqq 3)$ の符号を調べ，はさみうちの原理を利用。

(1) $x\leqq 0$ のとき $0<e^x\leqq e^0$ すなわち $0<e^x\leqq 1$

$e^{nx}-1\leqq e^0-1$ すなわち $e^{nx}-1\leqq 0$

ゆえに，$x\leqq 0$ の範囲で ① と ② のグラフは交点をもたない。

よって，$x>0$ として考える。

このとき $e^x>e^0=1$，$e^{nx}-1>e^0-1=0$

$e^x=e^{nx}-1$ とすると $(e^x)^n-e^x-1=0$ …… ③

ゆえに，$f(t)=t^n-t-1$ とすると $f'(t)=nt^{n-1}-1$

$t>1$ のとき，n は 2 以上の自然数であるから

$$f'(t)>0$$

したがって，$t\geqq 1$ で $f(t)$ は単調に増加する。

また $f(1)=-1<0$，$f(2)=2^n-3>0$

$f(t)$ は連続であるから，$1<t<2$ において $f(t)=0$ を満たす t がただ 1 つ存在する。

よって，方程式 ③ は $x>0$ でただ 1 つの実数解をもつから，① と ② のグラフは第 1 象限においてただ 1 つの交点をもつ。

←まず，$x\leqq 0$ のときについて考えてみる。関数 $y=e^x$，$y=e^{nx}$ $(n\geqq 2)$ はともに単調に増加する。

←$e^x=t$ のおき換えを利用し，方程式 $f(t)=0$ が $t>1$ でただ 1 つの実数解をもつことを示す。

←$n\geqq 2$ から $2^n-3\geqq 1$

共有点 ⟺ 実数解

(2) $f\left(1+\frac{1}{n}\right)=\left(1+\frac{1}{n}\right)^n-\left(1+\frac{1}{n}\right)-1$

$$\geqq {}_nC_0+{}_nC_1\frac{1}{n}+{}_nC_2\left(\frac{1}{n}\right)^2-2-\frac{1}{n}$$

ゆえに，$n\geqq 3$ のとき

$$f\left(1+\frac{1}{n}\right)\geqq 1+1+\frac{1}{2}\left(1-\frac{1}{n}\right)-2-\frac{1}{n}=\frac{1}{2}-\frac{3}{2n}=\frac{n-3}{2n}\geqq 0$$

$f(1)<0$，$f\left(1+\frac{1}{n}\right)\geqq 0$ であるから $1<b_n\leqq 1+\frac{1}{n}$

$\lim_{n\to\infty}\left(1+\frac{1}{n}\right)=1$ であるから $\lim_{n\to\infty} b_n=1$

また，$b_n=e^{a_n}$ であるから $a_n=\log b_n$

ゆえに $\boldsymbol{\lim_{n\to\infty} a_n}=\lim_{n\to\infty}\log b_n=\log 1=\boldsymbol{0}$

更に，$b_n=e^{na_n}-1$ であるから

$$na_n=\log(b_n+1)$$

よって $\boldsymbol{\lim_{n\to\infty} na_n}=\lim_{n\to\infty}\log(b_n+1)=\boldsymbol{\log 2}$

←$1<b_n<2$ であるから，$1+\frac{1}{n}$ と b_n を比べる。二項定理を利用。

←$n\longrightarrow\infty$ であるから $n\geqq 3$ としてよい。

←$f(y)$ は単調に増加し $f(b_n)=0$

←はさみうちの原理。

総合

(3) $S_n=\int_0^{a_n}(e^x-e^{nx}+1)dx$

$=\left[e^x-\frac{1}{n}e^{nx}+x\right]_0^{a_n}$

$=e^{a_n}-\frac{1}{n}e^{na_n}+a_n-1+\frac{1}{n}$

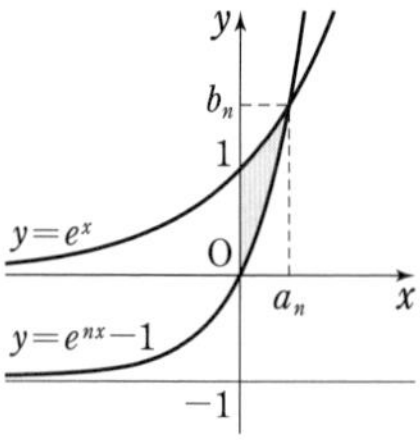

ゆえに

$nS_n=ne^{a_n}-e^{na_n}+na_n-n+1$

$=n(e^{a_n}-1)-e^{na_n}+na_n+1=na_n\cdot\frac{e^{a_n}-1}{a_n}-e^{na_n}+na_n+1$

(2) から　$\lim_{n\to\infty}a_n=0$ …… ④，$\lim_{n\to\infty}na_n=\log 2$

また，④ から　$\lim_{n\to\infty}\frac{e^{a_n}-1}{a_n}=\lim_{a_n\to 0}\frac{e^{a_n}-1}{a_n}=1$

よって　$\lim_{n\to\infty}nS_n=(\log 2)\cdot 1-e^{\log 2}+\log 2+1=\mathbf{-1+2\log 2}$

←(1) から，$f(y)$ は単調に増加し　$0\leqq x\leqq a_n \iff 1\leqq y\leqq b_n$
かつ $f(b_n)=0$ から
$1\leqq y\leqq b_n$ で
$f(y)=y^n-y-1\leqq 0$
よって，$0\leqq x\leqq a_n$ で
$e^x-e^{nx}+1\geqq 0$

←$\lim_{t\to 0}\frac{e^t-1}{t}=1$

←$e^{\log 2}=2$

総合 36

媒介変数表示 $x=\sin t$，$y=t^2$（ただし $-2\pi\leqq t\leqq 2\pi$）で表された曲線で囲まれた領域の面積を求めよ。なお，領域が複数ある場合は，その面積の総和を求めよ。　〔九州大〕

➡ 本冊 数学Ⅲ 例題 183

$x=\sin t$，$y=t^2$ から　$\frac{dx}{dt}=\cos t$，$\frac{dy}{dt}=2t$

$\sin(-t)=-\sin t$，$(-t)^2=t^2$ であるから，曲線の $-2\pi\leqq t\leqq 0$ に対応する部分は，曲線の $0\leqq t\leqq 2\pi$ に対応する部分を y 軸に関して対称移動したものと一致する。

$0\leqq t\leqq 2\pi$ のとき，$\frac{dx}{dt}=0$ とすると　$t=\frac{\pi}{2}$，$\frac{3}{2}\pi$

$0\leqq t\leqq 2\pi$ における x，y の値の変化は次のようになる。

t	0	…	$\frac{\pi}{2}$	…	$\frac{3}{2}\pi$	…	2π
$\frac{dx}{dt}$	+	+	0	−	0	+	+
x	0	↗	1	↘	−1	↗	0
$\frac{dy}{dt}$	0	+	+	+	+	+	+
y	0	↗	$\frac{\pi^2}{4}$	↗	$\frac{9}{4}\pi^2$	↗	$4\pi^2$

よって，求める面積は，右の図の斜線部分の面積の 2 倍である。

斜線部分の面積は

$$\int_0^{\pi^2}x\,dy+\int_{\pi^2}^{4\pi^2}(-x)dy=\int_0^{\pi}x\frac{dy}{dt}dt-\int_{\pi}^{2\pi}x\frac{dy}{dt}dt$$

$$=\int_0^{\pi}\sin t\cdot 2t\,dt-\int_{\pi}^{2\pi}\sin t\cdot 2t\,dt$$

$$=2\left(\int_0^{\pi}t\sin t\,dt-\int_{\pi}^{2\pi}t\sin t\,dt\right)$$

HINT　まず，曲線の概形をかく。t の値の変化に応じた x，y の値の変化を調べる。対称性にも着目。

←$0\leqq t\leqq 2\pi$ のとき
$\frac{dy}{dt}=2t\geqq 0$

←x の行では ↗ を →，↘ を ←，y の行では ↗ を ↑ と書いてもよい。
（本冊 $p.186$ 重要例題 110 参照。）

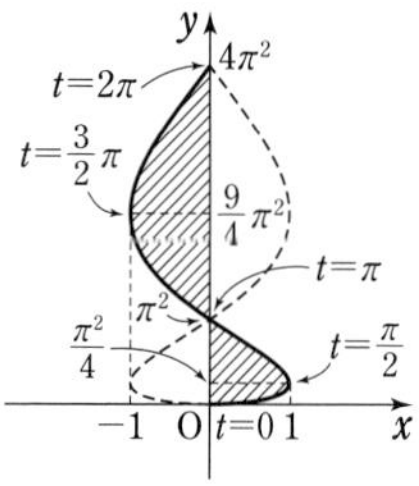

点線部分は $-2\pi\leqq t\leqq 0$ のときの曲線。

ここで　$\int t\sin t\,dt=t(-\cos t)-\int 1\cdot(-\cos t)dt$

$=-t\cos t+\sin t+C$　（C は積分定数）

ゆえに　$\int_0^{\pi} t\sin t\,dt=\Big[-t\cos t+\sin t\Big]_0^{\pi}=\pi$

$\int_{\pi}^{2\pi} t\sin t\,dt=\Big[-t\cos t+\sin t\Big]_{\pi}^{2\pi}=-3\pi$

よって，斜線部分の面積は　$2\{\pi-(-3\pi)\}=8\pi$

したがって，求める面積は　$2\cdot 8\pi=\boldsymbol{16\pi}$

総合 37

曲線 $y=-\frac{1}{2}x^2-\frac{1}{2}x+1\ (0\leqq x\leqq 1)$ を C とし，直線 $y=1-x$ を ℓ とする。

(1) C 上の点 $(x,\ y)$ と ℓ の距離を $f(x)$ とするとき，$f(x)$ の最大値を求めよ。

(2) C と ℓ で囲まれた部分を ℓ の周りに1回転してできる立体の体積を求めよ。　〔群馬大〕

➡ 本冊 数学Ⅲ 例題 202

(1)　$f(x)=\dfrac{|x+y-1|}{\sqrt{1^2+1^2}}=\dfrac{\sqrt{2}}{2}|x+y-1|$

$y=-\frac{1}{2}x^2-\frac{1}{2}x+1$ を代入すると

$f(x)=\dfrac{\sqrt{2}}{2}\left|-\frac{1}{2}x^2+\frac{1}{2}x\right|=\dfrac{\sqrt{2}}{4}|-x^2+x|$

$0\leqq x\leqq 1$ のとき，$-x^2+x=x(1-x)\geqq 0$ であるから

$f(x)=-\dfrac{\sqrt{2}}{4}(x^2-x)=-\dfrac{\sqrt{2}}{4}\left(x-\frac{1}{2}\right)^2+\dfrac{\sqrt{2}}{16}$

よって，$f(x)$ は $x=\frac{1}{2}$ のとき最大値 $\boldsymbol{\frac{\sqrt{2}}{16}}$ をとる。

←ℓ：$x+y-1=0$　また，点 $(x_1,\ y_1)$ と直線 $ax+by+c=0$ の距離は $\dfrac{|ax_1+by_1+c|}{\sqrt{a^2+b^2}}$

←$x^2-x=\left(x-\frac{1}{2}\right)^2-\frac{1}{4}$

(2) 右の図のように，曲線 C 上に点Pをとり，点Pの x 座標を p $(0\leqq p\leqq 1)$ とする。
点Pから直線 ℓ に垂線PHを下ろすと，(1)より

PH$=f(p)$

ここで，直線 ℓ と x 軸，y 軸との交点をそれぞれA，Bとし，BH$=t$ とする。

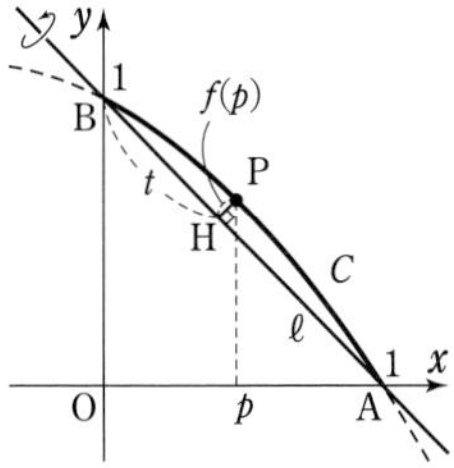

線分PHを直線 ℓ の周りに1回転させてできる円の面積は $\pi\{f(p)\}^2$ で表される。AB$=\sqrt{2}$ であるから，求める体積を V とすると　$V=\pi\int_0^{\sqrt{2}}\{f(p)\}^2dt$

$p=\dfrac{t}{\sqrt{2}}+\dfrac{f(p)}{\sqrt{2}}$ であるから

$t=\sqrt{2}p-f(p)=\sqrt{2}p-\left\{-\dfrac{\sqrt{2}}{4}(p^2-p)\right\}=\dfrac{\sqrt{2}}{4}(p^2+3p)$

よって　$dt=\dfrac{\sqrt{2}}{4}(2p+3)dp$

←本冊 $p.334$ 重要例題202と方針は同じ。回転軸が直線 $y=1-x$ であるため少しややこしいが，(1)で求めた $f(x)$ を利用するとよい。なお

$y=-\frac{1}{2}x^2-\frac{1}{2}x+1$

$=-\frac{1}{2}\left(x+\frac{1}{2}\right)^2+\frac{9}{8}$

←t を積分変数とした定積分で体積を求める。t と p についての関係式を作り，最終的には置換積分法を用いて p についての定積分を計算する。

←$p=$(点Hの x 座標)$+\dfrac{\text{PH}}{\sqrt{2}}$

総合

t と p の対応は右のようになるから

t	$0 \longrightarrow \sqrt{2}$
p	$0 \longrightarrow 1$

←p^2+3p は $p \geqq 0$ で単調増加。

$$V=\pi\int_0^1\left\{-\frac{\sqrt{2}}{4}(p^2-p)\right\}^2\cdot\frac{\sqrt{2}}{4}(2p+3)dp$$

$$=\frac{\sqrt{2}}{32}\pi\int_0^1(p^2-p)^2(2p+3)dp$$

$$=\frac{\sqrt{2}}{32}\pi\int_0^1(2p^5-p^4-4p^3+3p^2)dp$$

$$=\frac{\sqrt{2}}{32}\pi\left[\frac{1}{3}p^6-\frac{1}{5}p^5-p^4+p^3\right]_0^1$$

$$=\frac{\sqrt{2}}{32}\pi\left(\frac{1}{3}-\frac{1}{5}-1+1\right)=\boldsymbol{\frac{\sqrt{2}}{240}\pi}$$

←$(p^2-p)^2(2p+3)$
$=p^2(p-1)^2(2p+3)$
$=p^2(p^2-2p+1)(2p+3)$
$=p^2(2p^3-p^2-4p+3)$
$=2p^5-p^4-4p^3+3p^2$

総合 38

座標空間内を，長さ 2 の線分 AB が次の 2 条件 (a), (b) を満たしながら動く。
(a) 点 A は平面 $z=0$ 上にある。
(b) 点 C(0, 0, 1) が線分 AB 上にある。
このとき，線分 AB が通過することのできる範囲を K とする。K と不等式 $z \geqq 1$ の表す範囲との共通部分の体積を求めよ。 〔東京大〕

➡ 本冊 数学Ⅲ 例題 205

K は z 軸を軸とする回転体である。
K を平面 $z=k$ ($k \geqq 1$) で切った切り口が空集合でないような k の値の範囲は，点 A と点 O が一致するとき，点 B は点 (0, 0, 2) に一致することに注意すると

$$1 \leqq k \leqq 2$$

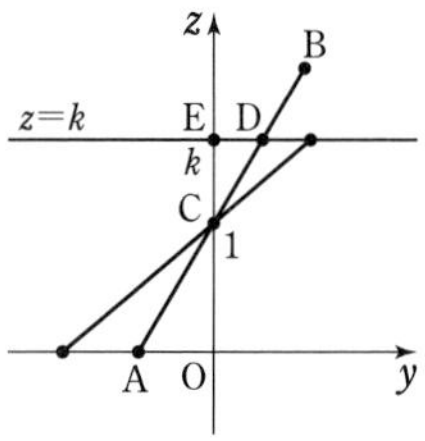

◆ 立体の体積
断面積をつかむ

特に，$k=1$, 2 のとき，切り口は 1 点のみである。
$1<k<2$ のときを考える。
線分 AB と平面 $z=k$ が共有点をもつとき，その共有点を D とし，E(0, 0, k) とする。

←$k=1$ のとき，切り口は点 (0, 0, 1), $k=2$ のとき，切り口は点 (0, 0, 2)

長さ DE が最大となるのは，点 D が点 B と一致するときである。
このときの点 D を D′ とすると，K を平面 $z=k$ で切った切り口は，点 E を中心とする半径 D′E の円である。

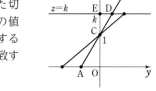

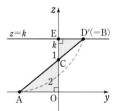

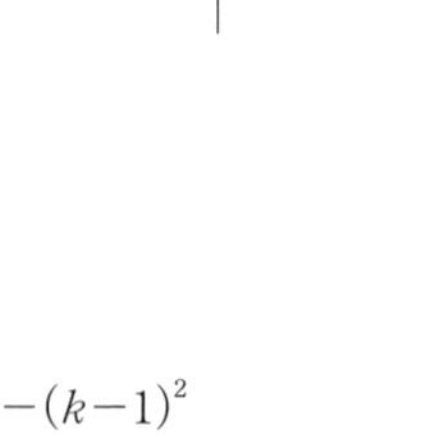

D′C : CA = EC : CO であるから

$$D'C:(2-D'C)=(k-1):1$$

←△CD′E∽△CAO

ゆえに　$D'C=(k-1)(2-D'C)$

←$D'C=2(k-1)-(k-1)D'C$

よって　$D'C=\dfrac{2(k-1)}{k}$

ゆえに　$D'E^2=D'C^2-EC^2=\dfrac{4(k-1)^2}{k^2}-(k-1)^2$

←三平方の定理。

よって，K を平面 $z=k$ で切った切り口の面積は

$$\pi \mathrm{D'E}^2=\pi\left\{\frac{4(k-1)^2}{k^2}-(k-1)^2\right\}$$

←半径 D′E の円の面積。

したがって，求める体積は

$$\int_1^2 \pi\left\{\frac{4(k-1)^2}{k^2}-(k-1)^2\right\}dk$$

$$=4\pi\int_1^2\left(1-\frac{2}{k}+\frac{1}{k^2}\right)dk-\pi\left[\frac{(k-1)^3}{3}\right]_1^2$$

$$=4\pi\left[k-2\log k-\frac{1}{k}\right]_1^2-\frac{1}{3}\pi$$

$$=\left(\frac{17}{3}-8\log 2\right)\pi$$

←$4\pi\left(1-2\log 2+\frac{1}{2}\right)-\frac{1}{3}\pi$

総合 39

原点を O とし，点 $(0,\ 0,\ 1)$ を通り z 軸に垂直な平面を α とする。点 A は x 軸上，点 B は y 軸上，点 C は z 軸上の $x\geqq 0$，$y\geqq 0$，$z\geqq 0$ の領域を，AC=BC=8 を満たしつつ動く。平面 α と AC の交点を P とする。点 P の x 座標は ∠OCA=ア□π のときに最大となる。また，△ABC の辺および内部の点が動きうる領域を V とする。ただし，点 A，B がともに原点 O に重なるときは，△ABC は線分 OC とみなす。このとき，平面 α による V の断面積は イ□ であり，領域 V の体積に最も近い整数は ウ□ である。 〔早稲田大〕

➡ 本冊 数学Ⅲ 例題 207

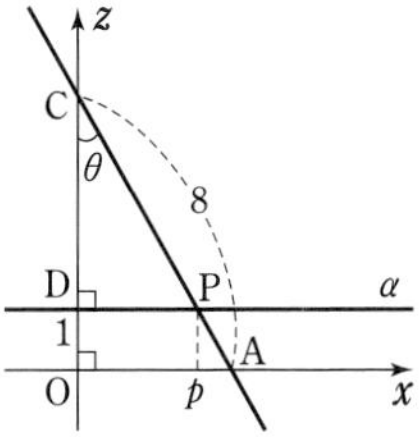

平面 α と AC の交点を $\mathrm{P}(p,\ 0,\ 1)$ とする。また，∠OCA$=\theta$ とすると，$0\leqq\theta<\frac{\pi}{2}$ である。

直角三角形 OCA に注目して

$$\mathrm{OC}=8\cos\theta,\ \mathrm{OA}=8\sin\theta$$

D$(0,\ 0,\ 1)$ とすると，直角三角形 CDP に注目して

←DP // OA

$$\mathrm{DP}=\mathrm{CD}\tan\theta$$

よって　$p=(8\cos\theta-1)\tan\theta=8\sin\theta-\tan\theta$

←点 C が線分 OD 上のときも，この等式は成り立つ。

ゆえに　$\frac{dp}{d\theta}=8\cos\theta-\frac{1}{\cos^2\theta}=\frac{8\cos^3\theta-1}{\cos^2\theta}$

$$=\frac{(2\cos\theta-1)(4\cos^2\theta+2\cos\theta+1)}{\cos^2\theta}$$

←$4\cos^2\theta+2\cos\theta+1=4\left(\cos\theta+\frac{1}{4}\right)^2+\frac{3}{4}>0$

$\frac{dp}{d\theta}=0$ とすると　$\cos\theta=\frac{1}{2}$

$0\leqq\theta<\frac{\pi}{2}$ であるから

$$\theta=\frac{\pi}{3}$$

よって，p の増減表は右のようになる。

θ	0	…	$\frac{\pi}{3}$	…	$\frac{\pi}{2}$
$\frac{dp}{d\theta}$		+	0	−	
p		↗	極大	↘	

ゆえに，点 P の x 座標は $\angle\mathrm{OCA}=$ ア $\boldsymbol{\frac{1}{3}}\pi$ のときに最大となる。

$\theta=\frac{\pi}{3}$ のとき　　$p=8\cdot\frac{\sqrt{3}}{2}-\sqrt{3}=3\sqrt{3}$

よって，点 P の x 座標が最大となる点を P_0 とすると

$$P_0(3\sqrt{3},\ 0,\ 1)$$

また，点 P の x 座標が最大となるとき，平面 α と BC の交点を Q_0 とすると　　$Q_0(0,\ 3\sqrt{3},\ 1)$

平面 α による V の断面は，$\angle P_0DQ_0=\frac{\pi}{2}$ の直角三角形 $\triangle P_0DQ_0$ であるから，その面積は

$$\frac{1}{2}P_0D^2=\frac{1}{2}(3\sqrt{3})^2=\ ^{イ}\boldsymbol{\frac{27}{2}}$$

AC と平面 $z=k$ $(0\leqq k\leqq 8)$ との交点を $R(x_k,\ 0,\ k)$ とすると，

$$x_k=(8\cos\theta-k)\tan\theta$$

すなわち　$x_k=8\sin\theta-k\tan\theta$

ゆえに　　$\frac{dx_k}{d\theta}=8\cos\theta-\frac{k}{\cos^2\theta}=\frac{8\cos^3\theta-k}{\cos^2\theta}$

$\frac{dx_k}{d\theta}=0$ とすると，$\cos^3\theta=\frac{k}{8}$ から　　$\cos\theta=\frac{k^{\frac{1}{3}}}{2}$ …… ①

① のとき　　$\sin\theta=\sqrt{1-\frac{k^{\frac{2}{3}}}{4}}$ …… ②

①，② を満たす θ を t $\left(0\leqq t<\frac{\pi}{2}\right)$ とすると，x_k は $\theta=t$ のとき最大となり，このとき

$$x_k=\sin t\left(8-k\cdot\frac{1}{\cos t}\right)=\frac{\sqrt{4-k^{\frac{2}{3}}}}{2}\left(8-k\cdot\frac{2}{k^{\frac{1}{3}}}\right)$$

$$=\sqrt{4-k^{\frac{2}{3}}}\,(4-k^{\frac{2}{3}})=(4-k^{\frac{2}{3}})^{\frac{3}{2}}$$

平面 $z=k$ による領域 V の断面積は

$$\frac{1}{2}\{(4-k^{\frac{2}{3}})^{\frac{3}{2}}\}^2=\frac{1}{2}(4-k^{\frac{2}{3}})^3$$

であるから，求める体積は

$$\int_0^8\frac{1}{2}(4-k^{\frac{2}{3}})^3dk=\frac{1}{2}\int_0^8(64-48k^{\frac{2}{3}}+12k^{\frac{4}{3}}-k^2)dk$$

$$=\frac{1}{2}\left[64k-\frac{144}{5}k^{\frac{5}{3}}+\frac{36}{7}k^{\frac{7}{3}}-\frac{1}{3}k^3\right]_0^8$$

$$=\frac{1}{2}\left(2^6\cdot 2^3-\frac{2^4\cdot 9}{5}\cdot 2^5+\frac{2^2\cdot 9}{7}\cdot 2^7-\frac{1}{3}\cdot 2^9\right)$$

$$=\frac{1}{2}\cdot 2^9\left(1-\frac{9}{5}+\frac{9}{7}-\frac{1}{3}\right)=2^8\cdot\frac{16}{105}=\frac{4096}{105}=39.0\cdots$$

したがって，領域 V の体積に最も近い整数は　　ウ $\boldsymbol{39}$

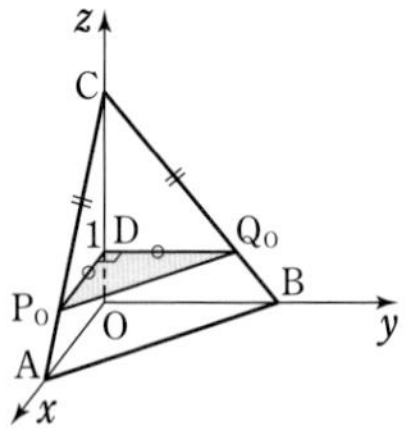

AC＝BC，CO は共通，$\angle\mathrm{COA}=\angle\mathrm{COB}=\frac{\pi}{2}$ から　$\triangle\mathrm{COA}\equiv\triangle\mathrm{COB}$
これから
(点 P_0 の x 座標)
＝(点 Q_0 の y 座標)

←これまでの議論と同様にして，領域 V の平面 $z=k$ による断面の面積を求める。

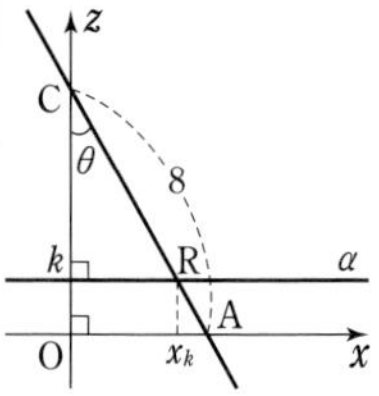

θ	0	…	t	…	$\frac{\pi}{2}$
$\frac{dx_k}{d\theta}$		＋	0	－	
x_k		↗	極大	↘	

←$(a-b)^3=a^3-3a^2b+3ab^2-b^3$

←2 の累乗の形を利用して，計算を工夫する。

総合 40

曲線 $y=\log x$ 上の点 $\mathrm{A}(t,\ \log t)$ における法線上に，点Bを $\mathrm{AB}=1$ となるようにとる。ただし，点Bの x 座標は t より大きいとする。

(1) 点Bの座標 $(u(t),\ v(t))$ を求めよ。また，$\left(\dfrac{du}{dt},\ \dfrac{dv}{dt}\right)$ を求めよ。

(2) 実数 r は $0<r<1$ を満たすとし，t が r から1まで動くときに点Aと点Bが描く曲線の長さをそれぞれ $L_1(r)$，$L_2(r)$ とする。このとき，極限 $\lim\limits_{r\to+0}\{L_1(r)-L_2(r)\}$ を求めよ。〔京都大〕

➡ 本冊 数学Ⅲ 例題 209

(1) $y'=\dfrac{1}{x}$ であるから，点Aにおける法線の傾きは　$-t$

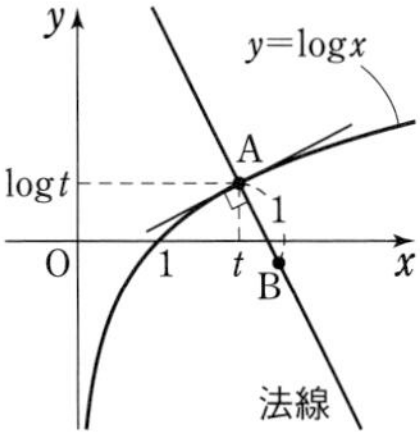

$\mathrm{AB}=1$ であるから

$$\overrightarrow{\mathrm{AB}}=\frac{1}{\sqrt{1+t^2}}(1,\ -t)$$

Oを原点とすると，$\overrightarrow{\mathrm{OB}}=\overrightarrow{\mathrm{OA}}+\overrightarrow{\mathrm{AB}}$ から

$$(u(t),\ v(t))=(t,\ \log t)+\frac{1}{\sqrt{1+t^2}}(1,\ -t)$$
$$=\left(t+\frac{1}{\sqrt{1+t^2}},\ \log t-\frac{t}{\sqrt{1+t^2}}\right)$$

また　$\dfrac{du}{dt}=1-\dfrac{1}{2}(1+t^2)^{-\frac{3}{2}}\cdot 2t=1-\dfrac{t}{(1+t^2)^{\frac{3}{2}}}$

$$\frac{dv}{dt}=\frac{1}{t}-\frac{1\cdot\sqrt{1+t^2}-t\times\frac{1}{2}\cdot\frac{2t}{\sqrt{1+t^2}}}{1+t^2}$$
$$=\frac{1}{t}-\frac{1+t^2-t^2}{(1+t^2)^{\frac{3}{2}}}=\frac{1}{t}-\frac{1}{(1+t^2)^{\frac{3}{2}}}$$

よって　$\left(\dfrac{du}{dt},\ \dfrac{dv}{dt}\right)=\left(1-\dfrac{t}{(1+t^2)^{\frac{3}{2}}},\ \dfrac{1}{t}-\dfrac{1}{(1+t^2)^{\frac{3}{2}}}\right)$

(2) $L_1(r)=\displaystyle\int_r^1\sqrt{1+\left(\frac{dy}{dx}\right)^2}\,dx=\int_r^1\sqrt{1+\left(\frac{1}{x}\right)^2}\,dx$

$L_2(r)=\displaystyle\int_r^1\sqrt{\left(\frac{du}{dt}\right)^2+\left(\frac{dv}{dt}\right)^2}\,dt$

(1)より，$\dfrac{dv}{dt}=\dfrac{1}{t}\cdot\dfrac{du}{dt}$ であるから

$$L_2(r)=\int_r^1\sqrt{\left(\frac{du}{dt}\right)^2+\frac{1}{t^2}\left(\frac{du}{dt}\right)^2}\,dt=\int_r^1\sqrt{\left(\frac{du}{dt}\right)^2\left\{1+\left(\frac{1}{t}\right)^2\right\}}\,dt$$

ここで，$r\leqq t\leqq 1$ のとき $\dfrac{du}{dt}>0$ であるから

$$L_2(r)=\int_r^1\frac{du}{dt}\sqrt{1+\left(\frac{1}{t}\right)^2}\,dt$$

よって

$$L_1(r)-L_2(r)=\int_r^1\sqrt{1+\left(\frac{1}{t}\right)^2}\,dt-\int_r^1\frac{du}{dt}\sqrt{1+\left(\frac{1}{t}\right)^2}\,dt$$

←点Aにおける接線の傾きは　$\dfrac{1}{t}$

←$(1,\ -t)$ は直線ABの方向ベクトルであり，$\overrightarrow{\mathrm{AB}}$ は $(1,\ -t)$ と同じ向きの単位ベクトル。

←$\dfrac{1}{\sqrt{1+t^2}}=(1+t^2)^{-\frac{1}{2}}$ とみて微分。

(2) $L_1(r)$，$L_2(r)$ はそれぞれ単独では計算できない。$L_1(r)-L_2(r)$ を考えると計算できる。

←$\dfrac{t}{(1+t^2)^{\frac{3}{2}}}=\dfrac{1}{(1+t^2)\left(\frac{1}{t^2}+1\right)^{\frac{1}{2}}}<1$ から　$1-\dfrac{t}{(1+t^2)^{\frac{3}{2}}}>0$

総合

$$=\int_r^1\left(1-\frac{du}{dt}\right)\sqrt{1+\left(\frac{1}{t}\right)^2}\,dt$$

$$=\int_r^1\frac{t}{(1+t^2)^{\frac{3}{2}}}\cdot\frac{1}{t}\sqrt{1+t^2}\,dt=\int_r^1\frac{1}{1+t^2}\,dt$$

$\tan\theta=t$ とおくと，$0<r<1$ から

$r=\tan\alpha$ となる α が $0<\alpha<\frac{\pi}{4}$ に存在し，

t と θ の対応は右のようになる。

t	$r \longrightarrow 1$
θ	$\alpha \longrightarrow \frac{\pi}{4}$

ゆえに　$L_1(r)-L_2(r)=\int_\alpha^{\frac{\pi}{4}}\frac{1}{1+\tan^2\theta}\cdot\frac{1}{\cos^2\theta}\,d\theta$

$$=\int_\alpha^{\frac{\pi}{4}}d\theta=\Big[\theta\Big]_\alpha^{\frac{\pi}{4}}=\frac{\pi}{4}-\alpha$$

←$\frac{1}{\cos^2\theta}d\theta=dt$

$r\longrightarrow +0$ のとき $\alpha\longrightarrow +0$ であるから

$$\lim_{r\to+0}\{L_1(r)-L_2(r)\}=\lim_{\alpha\to+0}\left(\frac{\pi}{4}-\alpha\right)=\boldsymbol{\frac{\pi}{4}}$$

練習，EXERCISES，総合演習の解答（数学C）

注意　・章ごとに，練習，EXERCISES の解答をまとめて扱った。
・問題番号の左横の数字は，難易度を表したものである。

練習 ①1　1 辺の長さが 1 である正六角形 ABCDEF の 6 頂点と，対角線 AD，BE の交点 O を使って表されるベクトルのうち，次のものをすべて求めよ。
(1) $\overrightarrow{AB}$ と等しいベクトル　(2) $\overrightarrow{OA}$ と向きが同じベクトル
(3) $\overrightarrow{AC}$ の逆ベクトル　(4) $\overrightarrow{AF}$ に平行で大きさが 2 のベクトル

(1) $\overrightarrow{\mathbf{OC}}$，$\overrightarrow{\mathbf{FO}}$，$\overrightarrow{\mathbf{ED}}$

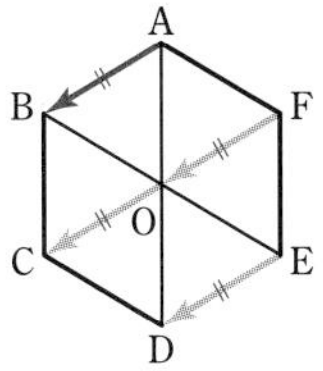

(2) $\overrightarrow{\mathbf{CB}}$，$\overrightarrow{\mathbf{DA}}$，$\overrightarrow{\mathbf{DO}}$，$\overrightarrow{\mathbf{EF}}$

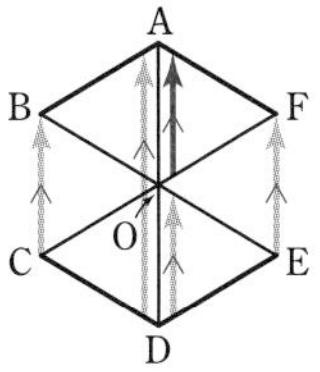

(1) AB∥FC∥ED に注意。
(2) BC∥AD∥FE に注意。大きさ 2 のベクトル $\overrightarrow{DA}$ を忘れずに。

(3) $\overrightarrow{\mathbf{CA}}$，$\overrightarrow{\mathbf{DF}}$

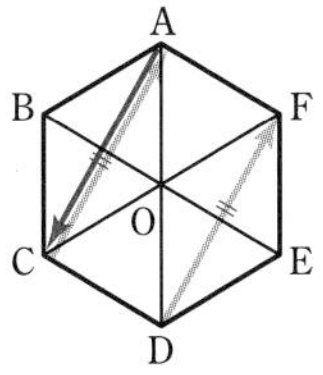

(4) $\overrightarrow{\mathbf{BE}}$，$\overrightarrow{\mathbf{EB}}$

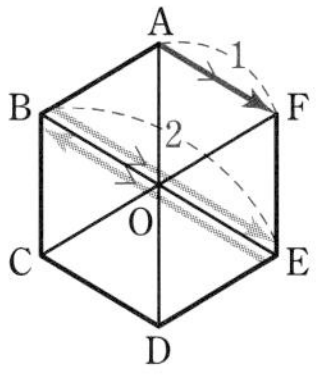

(3) OA＝OC＝OD＝OF から，四角形 ACDF は長方形である。$\overrightarrow{CA}$ を忘れずに。
(4) $\overrightarrow{AF}$ と反対向きの $\overrightarrow{EB}$ を忘れずに。

練習 ①2　右の図で与えられた 3 つのベクトル $\vec{a}$，$\vec{b}$，$\vec{c}$ について，ベクトル $\vec{a}+2\vec{b}$，$2\vec{a}-\vec{b}$，$2\vec{a}+\vec{b}-\vec{c}$ を図示せよ。

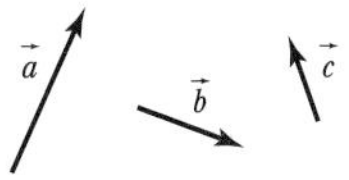

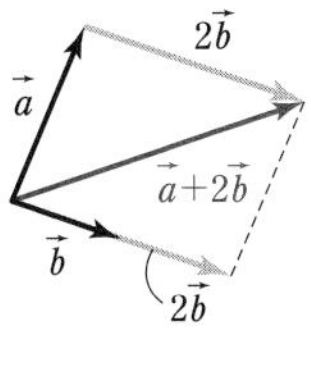

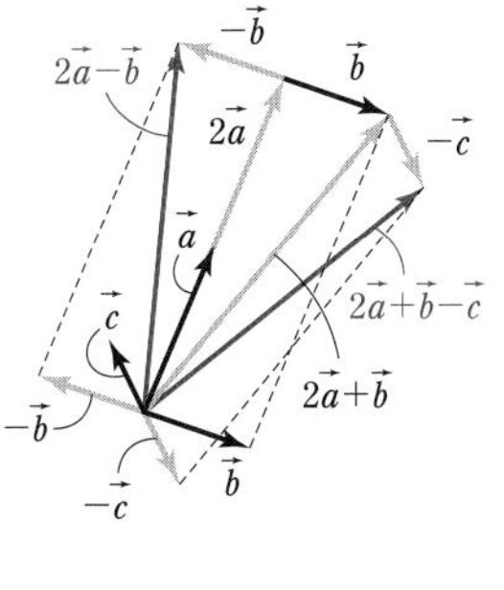

←$\vec{a}+2\vec{b}$ は $\vec{a}$ の終点と $2\vec{b}$ の始点を重ねる。
←$2\vec{a}-\vec{b}$ は $2\vec{a}$ と $-\vec{b}$ の和として扱う。
←$2\vec{a}+\vec{b}-\vec{c}$ $=(2\vec{a}+\vec{b})+(-\vec{c})$ とみて，$2\vec{a}+\vec{b}$ の終点と $-\vec{c}$ の始点を重ねる。

練習 ②3　(1) 次の等式が成り立つことを証明せよ。
$$\overrightarrow{AC}+\overrightarrow{BP}+\overrightarrow{CQ}+\overrightarrow{RA}=\overrightarrow{BC}+\overrightarrow{CP}+\overrightarrow{DQ}+\overrightarrow{RD}$$
(2) $3\vec{x}+\vec{a}-2\vec{b}=5(\vec{x}+\vec{b})$ を満たす $\vec{x}$ を $\vec{a}$，$\vec{b}$ で表せ。
(3) $5\vec{x}+3\vec{y}=\vec{a}$，$3\vec{x}-5\vec{y}=\vec{b}$ を満たす $\vec{x}$，$\vec{y}$ を $\vec{a}$，$\vec{b}$ で表せ。

(1) $\overrightarrow{AC}+\overrightarrow{BP}+\overrightarrow{CQ}+\overrightarrow{RA}-(\overrightarrow{BC}+\overrightarrow{CP}+\overrightarrow{DQ}+\overrightarrow{RD})$
$=(\overrightarrow{AC}+\overrightarrow{CB})+(\overrightarrow{BP}+\overrightarrow{PC})+(\overrightarrow{CQ}+\overrightarrow{QD})+(\overrightarrow{DR}+\overrightarrow{RA})$
$=(\overrightarrow{AB}+\overrightarrow{BC})+(\overrightarrow{CD}+\overrightarrow{DA})$
$=\overrightarrow{AC}+\overrightarrow{CA}$
$=\overrightarrow{AA}=\vec{0}$
ゆえに　$\overrightarrow{AC}+\overrightarrow{BP}+\overrightarrow{CQ}+\overrightarrow{RA}=\overrightarrow{BC}+\overrightarrow{CP}+\overrightarrow{DQ}+\overrightarrow{RD}$

(2) $3\vec{x}+\vec{a}-2\vec{b}=5(\vec{x}+\vec{b})$ から　$3\vec{x}+\vec{a}-2\vec{b}=5\vec{x}+5\vec{b}$
よって　$2\vec{x}=\vec{a}-7\vec{b}$
ゆえに　$\boldsymbol{\vec{x}=\frac{1}{2}\vec{a}-\frac{7}{2}\vec{b}}$

(3) $5\vec{x}+3\vec{y}=\vec{a}$ …… ①，$3\vec{x}-5\vec{y}=\vec{b}$ …… ② とする。
①×5+②×3 から　$\boldsymbol{\vec{x}=\frac{5}{34}\vec{a}+\frac{3}{34}\vec{b}}$
①×3−②×5 から　$\boldsymbol{\vec{y}=\frac{3}{34}\vec{a}-\frac{5}{34}\vec{b}}$

←(左辺)−(右辺)
←2つのベクトルを組み合わせる。
$\overrightarrow{AC}-\overrightarrow{BC}=\overrightarrow{AC}+\overrightarrow{CB}$
$=\overrightarrow{AB}$　他も同様。
←$\vec{0}$ を 0 と書き間違えないように！
←両辺を 2 で割る。

$$\begin{array}{rl} & 25\vec{x}+15\vec{y}=5\vec{a} \\ +) & 9\vec{x}-15\vec{y}=3\vec{b} \\ \hline & 34\vec{x}=5\vec{a}+3\vec{b} \end{array}$$

$$\begin{array}{rl} & 15\vec{x}+9\vec{y}=3\vec{a} \\ -) & 15\vec{x}-25\vec{y}=5\vec{b} \\ \hline & 34\vec{y}=3\vec{a}-5\vec{b} \end{array}$$

練習 ②4

(1) $\vec{a}\neq\vec{0}$，$\vec{b}\neq\vec{0}$，$\vec{a}\not\parallel\vec{b}$ のとき，$3\vec{p}=4\vec{a}-\vec{b}$，$5\vec{q}=-4\vec{a}+3\vec{b}$ とする。このとき，$(2\vec{a}+\vec{b})\parallel(\vec{p}+\vec{q})$ であることを示せ。
(2) AB=3，AD=4 の長方形 ABCD がある。$\overrightarrow{AB}=\vec{b}$，$\overrightarrow{AD}=\vec{d}$ とするとき，ベクトル $\overrightarrow{AB}+\overrightarrow{AC}$ と平行な単位ベクトルを $\vec{b}$，$\vec{d}$ で表せ。

(1) $\vec{p}+\vec{q}=\frac{1}{3}(4\vec{a}-\vec{b})+\frac{1}{5}(-4\vec{a}+3\vec{b})$
$=\frac{1}{15}\{5(4\vec{a}-\vec{b})+3(-4\vec{a}+3\vec{b})\}$　←通分する。
$=\frac{1}{15}(8\vec{a}+4\vec{b})=\frac{4}{15}(2\vec{a}+\vec{b})$　←$\vec{a}$，$\vec{b}$ について整理。
よって　$\vec{p}+\vec{q}=\frac{4}{15}(2\vec{a}+\vec{b})$　←$\overrightarrow{○}=k\overrightarrow{△}$ の形。
また，$\vec{a}\neq\vec{0}$，$\vec{b}\neq\vec{0}$，$\vec{a}\not\parallel\vec{b}$ のとき　$2\vec{a}+\vec{b}\neq\vec{0}$，$\vec{p}+\vec{q}\neq\vec{0}$　←この確認を忘れずに。
ゆえに　$(2\vec{a}+\vec{b})\parallel(\vec{p}+\vec{q})$

(2) $\overrightarrow{AB}+\overrightarrow{AC}=\vec{b}+(\vec{b}+\vec{d})$
$=2\vec{b}+\vec{d}$

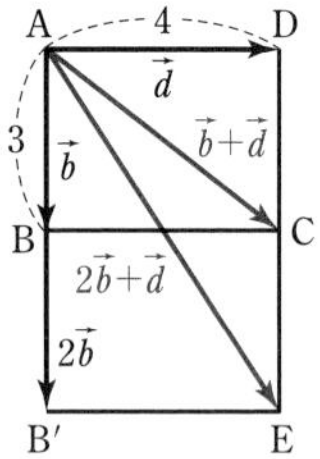

$\overrightarrow{AB'}=2\vec{b}$ とすると
$|\overrightarrow{AB'}|=2|\overrightarrow{AB}|=2\cdot3=6$
$\overrightarrow{AB}+\overrightarrow{AC}=\overrightarrow{AE}$ とすると，線分 AE は長方形 AB′ED の対角線であるから
$|\overrightarrow{AE}|=\sqrt{6^2+4^2}=2\sqrt{13}$　←三平方の定理。
よって，$\overrightarrow{AB}+\overrightarrow{AC}$ と平行な単位ベクトルは
$\frac{2\vec{b}+\vec{d}}{2\sqrt{13}}$ と $-\frac{2\vec{b}+\vec{d}}{2\sqrt{13}}$
すなわち　$\boldsymbol{\frac{1}{\sqrt{13}}\vec{b}+\frac{1}{2\sqrt{13}}\vec{d}}$ **と** $\boldsymbol{-\frac{1}{\sqrt{13}}\vec{b}-\frac{1}{2\sqrt{13}}\vec{d}}$

練習 ②5

(1) 正六角形ABCDEFにおいて，中心をO，辺CDを2：1に内分する点をP，辺EFの中点をQとする。$\overrightarrow{AB}=\vec{a}$，$\overrightarrow{AF}=\vec{b}$ とするとき，ベクトル $\overrightarrow{DF}$，$\overrightarrow{OP}$，$\overrightarrow{BQ}$ をそれぞれ $\vec{a}$，$\vec{b}$ で表せ。

(2) 平行四辺形ABCDにおいて，辺BCの中点をL，線分DLを2：3に内分する点をMとする。$\overrightarrow{AB}=\vec{b}$，$\overrightarrow{AD}=\vec{d}$ とするとき，$\overrightarrow{AM}$ を $\vec{b}$，$\vec{d}$ で表せ。

(1) $\overrightarrow{\mathbf{DF}}=\overrightarrow{DC}+\overrightarrow{CF}=-\vec{b}+(-2\vec{a})$

$=\boldsymbol{-2\vec{a}-\vec{b}}$

←$\overrightarrow{DC}=\overrightarrow{FA}$，$\overrightarrow{CF}=2\overrightarrow{BA}$

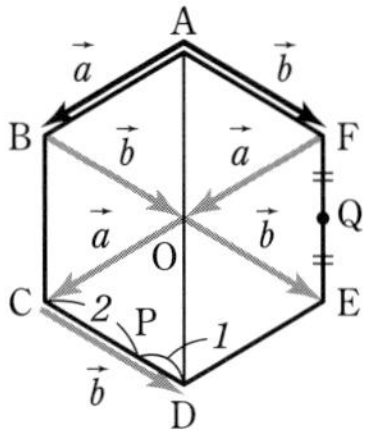

$\overrightarrow{\mathbf{OP}}=\overrightarrow{OC}+\overrightarrow{CP}=\vec{a}+\dfrac{2}{3}\overrightarrow{CD}$

$=\boldsymbol{\vec{a}+\dfrac{2}{3}\vec{b}}$

←CP：PD＝2：1

$\overrightarrow{\mathbf{BQ}}=\overrightarrow{BE}+\overrightarrow{EQ}=2\vec{b}+\dfrac{1}{2}\overrightarrow{EF}$

$=2\vec{b}-\dfrac{1}{2}(\vec{a}+\vec{b})=\boldsymbol{-\dfrac{1}{2}\vec{a}+\dfrac{3}{2}\vec{b}}$

←$\overrightarrow{EF}=-\overrightarrow{AO}$
$=-(\vec{a}+\vec{b})$

(2) $\overrightarrow{AM}=\overrightarrow{AD}+\overrightarrow{DM}$

$=\vec{d}+\dfrac{2}{5}\overrightarrow{DL}$ …… ①

←$\overrightarrow{AM}=\overrightarrow{AB}+\overrightarrow{BL}+\overrightarrow{LM}$ と分割してもよい。

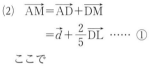

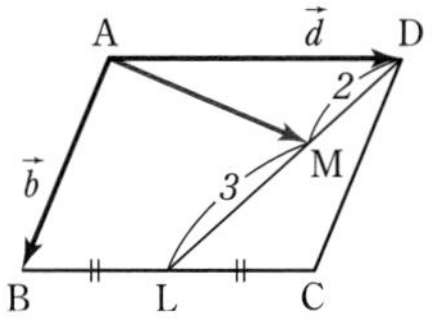

ここで

$\overrightarrow{DL}=\overrightarrow{DC}+\overrightarrow{CL}=\vec{b}+\dfrac{1}{2}\overrightarrow{CB}$

←$\overrightarrow{DC}=\overrightarrow{AB}$

$=\vec{b}-\dfrac{1}{2}\vec{d}$

←$\overrightarrow{CB}=-\overrightarrow{AD}$

これを ① に代入して

$\overrightarrow{\mathbf{AM}}=\vec{d}+\dfrac{2}{5}\left(\vec{b}-\dfrac{1}{2}\vec{d}\right)=\boldsymbol{\dfrac{2}{5}\vec{b}+\dfrac{4}{5}\vec{d}}$

練習 ①6

(1) $\vec{a}=(-3,\ 4)$，$\vec{b}=(1,\ -5)$ のとき，$2\vec{a}+\vec{b}$ の成分と大きさを求めよ。

(2) 2つのベクトル $\vec{a}$，$\vec{b}$ において，$\vec{a}+2\vec{b}=(-2,\ -4)$，$2\vec{a}+\vec{b}=(5,\ -2)$ のとき，$\vec{a}$ と $\vec{b}$ を求めよ。

(3) $\vec{x}=(a,\ 2)$，$\vec{y}=(3,\ b)$，$\vec{p}=(b+1,\ a-2)$ とする。等式 $\vec{p}=3\vec{x}-2\vec{y}$ が成り立つとき，a，b の値を求めよ。

(1) $2\vec{a}+\vec{b}=2(-3,\ 4)+(1,\ -5)$

$=(2\cdot(-3)+1,\ 2\cdot4+(-5))$

$=\boldsymbol{(-5,\ 3)}$

よって　$|2\vec{a}+\vec{b}|=\sqrt{(-5)^2+3^2}=\boldsymbol{\sqrt{34}}$

←$\sqrt{(x\text{成分})^2+(y\text{成分})^2}$

(2) $\vec{a}+2\vec{b}=(-2,\ -4)$ …… ①，$2\vec{a}+\vec{b}=(5,\ -2)$ …… ②

とする。②×2−① から

$3\vec{a}=2(5,\ -2)-(-2,\ -4)$

ゆえに　$3\vec{a}=(2\cdot5-(-2),\ 2\cdot(-2)-(-4))=(12,\ 0)$

よって　$\boldsymbol{\vec{a}=(4,\ 0)}$

ゆえに，② から

$\vec{b}=(5,\ -2)-2\vec{a}=(5,\ -2)-2(4,\ 0)$

$=(5-2\cdot4,\ -2-2\cdot0)$

$=\boldsymbol{(-3,\ -2)}$

別解
[$\vec{a}$，$\vec{b}$ を求める別解]
①＋② から
$3(\vec{a}+\vec{b})=(3,\ -6)$
よって
$\vec{a}+\vec{b}=(1,\ -2)$ … ③
②−③ から
$\boldsymbol{\vec{a}=(4,\ 0)}$
①−③ から
$\boldsymbol{\vec{b}=(-3,\ -2)}$

(3) $3\vec{x}-2\vec{y}=3(a,\ 2)-2(3,\ b)=(3a-6,\ 6-2b)$ であるから,
$\vec{p}=3\vec{x}-2\vec{y}$ より　$(b+1,\ a-2)=(3a-6,\ 6-2b)$
ゆえに　$b+1=3a-6,\ a-2=6-2b$
これを解いて　$\boldsymbol{a=\frac{22}{7},\ b=\frac{17}{7}}$

←両辺の x 成分, y 成分がそれぞれ等しい。

練習 ②7 $\vec{a}=(3,\ 2),\ \vec{b}=(0,\ -1)$ のとき, $\vec{p}=(6,\ 1)$ を $s\vec{a}+t\vec{b}$ の形に表せ。〔類 湘南工科大〕

$\vec{p}=s\vec{a}+t\vec{b}$ とおくと
$(6,\ 1)=s(3,\ 2)+t(0,\ -1)$
よって　$(6,\ 1)=(3s,\ 2s-t)$
ゆえに　$3s=6,\ 2s-t=1$
これを解いて　$s=2,\ t=3$
したがって　$\boldsymbol{\vec{p}=2\vec{a}+3\vec{b}}$

←両辺の x 成分, y 成分がそれぞれ等しい。

練習 ②8 (1) 2つのベクトル $\vec{a}=(14,\ -2),\ \vec{b}=(3t+1,\ -4t+7)$ が平行になるように, t の値を定めよ。
(2) 2つのベクトル $\vec{m}=(1,\ p),\ \vec{n}=(p+3,\ 4)$ が平行になるように, p の値を定めよ。
〔(1) 広島国際大, (2) 類 京都産大〕

(1) $\vec{a}\neq\vec{0},\ \vec{b}\neq\vec{0}$ であるから, $\vec{a}$ と $\vec{b}$ が平行になるための必要十分条件は, $\vec{b}=k\vec{a}$ を満たす実数 k が存在することである。
$\vec{a}=(14,\ -2),\ \vec{b}=(3t+1,\ -4t+7)$ から
$(3t+1,\ -4t+7)=k(14,\ -2)$
すなわち　$(3t+1,\ -4t+7)=(14k,\ -2k)$
ゆえに　$3t+1=14k$ …… ①, $-4t+7=-2k$ …… ②
①+②×7 から　$-25t+50=0$
これを解いて　$\boldsymbol{t=2}$　このとき　$k=\frac{1}{2}$

←$\vec{b}$ について, $3t+1=0$ かつ $-4t+7=0$ となる t はない。

←両辺の x 成分, y 成分がそれぞれ等しい。

別解 $\vec{a}\neq\vec{0},\ \vec{b}\neq\vec{0}$ であるから, $\vec{a}$ と $\vec{b}$ が平行になるための必要十分条件は　$14(-4t+7)-(-2)(3t+1)=0$
よって　$-50t+100=0$　これを解いて　$\boldsymbol{t=2}$

←$\vec{a}=(a_1,\ a_2)\neq\vec{0}$, $\vec{b}=(b_1,\ b_2)\neq\vec{0}$ のとき
$\boldsymbol{\vec{a}\,/\!/\,\vec{b}}$
$\Longleftrightarrow \boldsymbol{a_1b_2-a_2b_1=0}$

(2) $\vec{m}\neq\vec{0},\ \vec{n}\neq\vec{0}$ であるから, $\vec{m}$ と $\vec{n}$ が平行になるための必要十分条件は, $\vec{n}=k\vec{m}$ を満たす実数 k が存在することである。
$\vec{m}=(1,\ p),\ \vec{n}=(p+3,\ 4)$ から
$(p+3,\ 4)=k(1,\ p)$
すなわち　$(p+3,\ 4)=(k,\ kp)$
ゆえに　$p+3=k$ …… ①, $4=kp$ …… ②
① を ② に代入して　$4=(p+3)p$
よって　$p^2+3p-4=0$　ゆえに　$(p-1)(p+4)=0$
よって　$\boldsymbol{p=1,\ -4}$　このとき, それぞれ　$k=4,\ -1$

←両辺の x 成分, y 成分がそれぞれ等しい。

別解 $\vec{m}\neq\vec{0},\ \vec{n}\neq\vec{0}$ であるから, $\vec{m}$ と $\vec{n}$ が平行になるための必要十分条件は　$1\cdot4-p(p+3)=0$
よって　$p^2+3p-4=0$　ゆえに　$(p-1)(p+4)=0$
これを解いて　$\boldsymbol{p=1,\ -4}$

←(1) の 別解 参照。

練習 ②9
(1) 4点 A(2, 4), B(−3, 2), C(−1, −7), D(4, −5) を頂点とする四角形 ABCD は平行四辺形であることを証明せよ。
(2) 3点 A(0, 2), B(−1, −1), C(3, 0) と，もう1つの点 D を結んで平行四辺形を作る。第4の頂点 D の座標を求めよ。

HINT (1) $\overrightarrow{AB}=\overrightarrow{DC}$ を示す。 (2) 平行四辺形は3通り考えられる。

(1) $\overrightarrow{AB}=(-3-2,\ 2-4)=(-5,\ -2)$
$\overrightarrow{DC}=(-1-4,\ -7+5)=(-5,\ -2)$
よって $\overrightarrow{AB}=\overrightarrow{DC}$
AB, DC は一直線上にないから，四角形 ABCD は平行四辺形である。

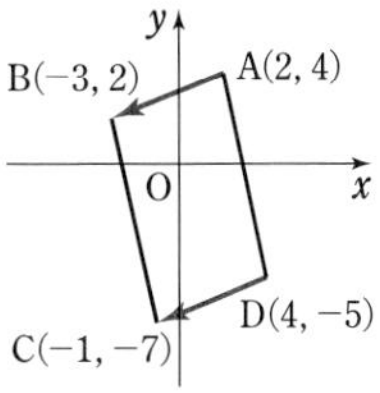

(2) 第4の頂点 D の座標を $(x,\ y)$ とする。
[1] 四角形 ABCD が平行四辺形となるとき
$\overrightarrow{AB}=\overrightarrow{DC}$ から $(-1,\ -3)=(3-x,\ -y)$
よって $x=4,\ y=3$ すなわち D(4, 3)
[2] 四角形 ABDC が平行四辺形となるとき
$\overrightarrow{AB}=\overrightarrow{CD}$ から $(-1,\ -3)=(x-3,\ y)$
よって $x=2,\ y=-3$ すなわち D(2, −3)
[3] 四角形 ADBC が平行四辺形となるとき
$\overrightarrow{AD}=\overrightarrow{CB}$ から $(x,\ y-2)=(-4,\ -1)$
よって $x=-4,\ y=1$ すなわち D(−4, 1)
したがって，求める点 D の座標は **(4, 3), (2, −3), (−4, 1)**

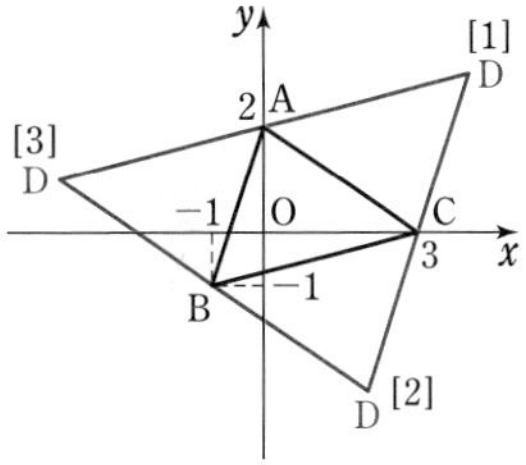

練習 ③10
$\vec{a}=(11,\ 23)$, $\vec{b}=(-2,\ -3)$ に対して，$|\vec{a}+t\vec{b}|$ を最小にする実数 t の値と $|\vec{a}+t\vec{b}|$ の最小値を求めよ。 〔類 防衛大〕

$\vec{a}+t\vec{b}=(11,\ 23)+t(-2,\ -3)=(11-2t,\ 23-3t)$
よって $|\vec{a}+t\vec{b}|^2=(11-2t)^2+(23-3t)^2$
$=13t^2-182t+650=13(t^2-14t+50)$
$=13(t-7)^2+13$
ゆえに，$|\vec{a}+t\vec{b}|^2$ は $t=7$ のとき最小値 13 をとる。
$|\vec{a}+t\vec{b}|\geqq 0$ であるから，このとき $|\vec{a}+t\vec{b}|$ も最小になる。
したがって，$|\vec{a}+t\vec{b}|$ は **$t=7$ のとき最小値 $\sqrt{13}$** をとる。

! $|\vec{p}|$ は $|\vec{p}|^2$ として扱う
←$13\{(t-7)^2-7^2+50\}$
$=13\{(t-7)^2+1\}$

練習 ①11
△ABC において，$AB=\sqrt{2}$，CA=2，∠B=45°，∠C=30° であるとき，次の内積を求めよ。
(1) $\overrightarrow{BA}\cdot\overrightarrow{BC}$ (2) $\overrightarrow{CA}\cdot\overrightarrow{CB}$ (3) $\overrightarrow{AB}\cdot\overrightarrow{BC}$ (4) $\overrightarrow{BC}\cdot\overrightarrow{CA}$

HINT まず，辺 BC の長さを求める。

頂点 A から辺 BC に下ろした垂線を AH とすると
$BC=BH+HC$
$=AB\cos B+AC\cos C$
$=\sqrt{2}\cos 45^\circ+2\cos 30^\circ=1+\sqrt{3}$

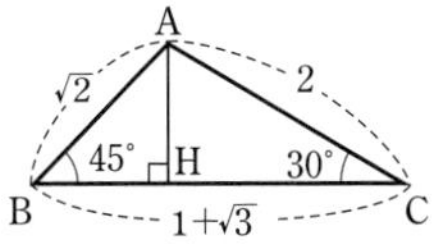

(1) $\overrightarrow{BA}$ と $\overrightarrow{BC}$ のなす角は 45° であるから
$\overrightarrow{BA}\cdot\overrightarrow{BC}=|\overrightarrow{BA}||\overrightarrow{BC}|\cos 45^\circ$

別解 BC$=x$ とすると余弦定理から
$2^2=(\sqrt{2})^2+x^2-2\sqrt{2}\,x\cos 45^\circ$
よって $x^2-2x-2=0$
ゆえに $x=1\pm\sqrt{3}$
$x>0$ であるから
$BC=x=1+\sqrt{3}$

$$=\sqrt{2}\times(1+\sqrt{3})\times\frac{1}{\sqrt{2}}=\mathbf{1+\sqrt{3}}$$

(2) $\overrightarrow{CA}$ と $\overrightarrow{CB}$ のなす角は 30° であるから

$$\overrightarrow{CA}\cdot\overrightarrow{CB}=|\overrightarrow{CA}||\overrightarrow{CB}|\cos 30^\circ$$

$$=2\times(1+\sqrt{3})\times\frac{\sqrt{3}}{2}=\mathbf{3+\sqrt{3}}$$

(3) $\overrightarrow{AB}$ と $\overrightarrow{BC}$ のなす角は，$180^\circ-45^\circ$ すなわち 135° である。

したがって　$\overrightarrow{AB}\cdot\overrightarrow{BC}=|\overrightarrow{AB}||\overrightarrow{BC}|\cos 135^\circ$

$$=\sqrt{2}\times(1+\sqrt{3})\times\left(-\frac{1}{\sqrt{2}}\right)$$

$$=\mathbf{-1-\sqrt{3}}$$

(3) 始点を B にそろえる。

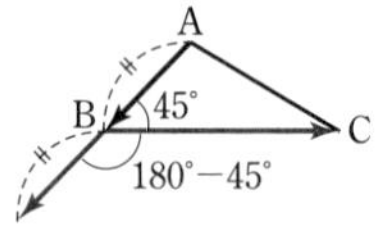

(4) $\overrightarrow{BC}$ と $\overrightarrow{CA}$ のなす角は，$180^\circ-30^\circ$ すなわち 150° である。

したがって　$\overrightarrow{BC}\cdot\overrightarrow{CA}=|\overrightarrow{BC}||\overrightarrow{CA}|\cos 150^\circ$

$$=(1+\sqrt{3})\times2\times\left(-\frac{\sqrt{3}}{2}\right)$$

$$=\mathbf{-3-\sqrt{3}}$$

(4) 始点を C にそろえる。

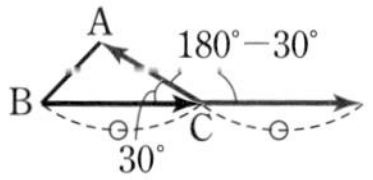

練習 ②12
(1) 2つのベクトル $\vec{a}=(\sqrt{3},\ 1)$，$\vec{b}=(-1,\ -\sqrt{3})$ に対して，その内積と，なす角 θ を求めよ。
(2) $\vec{a}$，$\vec{b}$ のなす角が 135°，$|\vec{a}|=\sqrt{6}$，$\vec{b}=(-1,\ \sqrt{2})$ のとき，内積 $\vec{a}\cdot\vec{b}$ を求めよ。

(1) $\boldsymbol{\vec{a}\cdot\vec{b}}=\sqrt{3}\times(-1)+1\times(-\sqrt{3})=\mathbf{-2\sqrt{3}}$

また　$|\vec{a}|=\sqrt{(\sqrt{3})^2+1^2}=2$，

$|\vec{b}|=\sqrt{(-1)^2+(-\sqrt{3})^2}=2$

よって　$\cos\theta=\dfrac{\vec{a}\cdot\vec{b}}{|\vec{a}||\vec{b}|}=\dfrac{-2\sqrt{3}}{2\cdot2}=-\dfrac{\sqrt{3}}{2}$

$0^\circ\leqq\theta\leqq180^\circ$ であるから　$\boldsymbol{\theta=150^\circ}$

(2) $|\vec{b}|=\sqrt{(-1)^2+(\sqrt{2})^2}=\sqrt{3}$

よって　$\vec{a}\cdot\vec{b}=|\vec{a}||\vec{b}|\cos 135^\circ=\sqrt{6}\times\sqrt{3}\times\left(-\dfrac{1}{\sqrt{2}}\right)=\mathbf{-3}$

←$\vec{a}=(a_1,\ a_2)$，$\vec{b}=(b_1,\ b_2)$ のとき $\boldsymbol{\vec{a}\cdot\vec{b}=a_1b_1+a_2b_2}$

←$-\dfrac{\sqrt{18}}{\sqrt{2}}=-\sqrt{9}=-3$

練習 ②13
(1) $\vec{p}=(-3,\ -4)$ と $\vec{q}=(a,\ -1)$ のなす角が 45° のとき，定数 a の値を求めよ。
(2) $\vec{a}=(1,\ -\sqrt{3})$ とのなす角が 120°，大きさが $2\sqrt{10}$ であるベクトル $\vec{b}$ を求めよ。

(1) $\vec{p}\cdot\vec{q}=(-3)\times a+(-4)\times(-1)=-3a+4$ …… ①

また　$|\vec{p}|=\sqrt{(-3)^2+(-4)^2}=5$，$|\vec{q}|=\sqrt{a^2+1}$

よって　$\vec{p}\cdot\vec{q}=|\vec{p}||\vec{q}|\cos 45^\circ=5\sqrt{a^2+1}\times\dfrac{1}{\sqrt{2}}$ …… ②

①，② から　$-3a+4=\dfrac{5}{\sqrt{2}}\sqrt{a^2+1}$ …… ③

ここで，$-3a+4>0$ であるから　$a<\dfrac{4}{3}$

③ の両辺を 2 乗して整理すると　$7a^2+48a-7=0$

ゆえに，$(a+7)(7a-1)=0$ から　$\boldsymbol{a=-7,\ \dfrac{1}{7}}$

これらは $a<\dfrac{4}{3}$ を満たす。

←成分による表現。

←定義による表現。

←③ の右辺において $\sqrt{a^2+1}>0$ であるから，左辺について $-3a+4>0$

(2) $\vec{b}=(x,\ y)$ とすると，$|\vec{b}|=2\sqrt{10}$ から　$|\vec{b}|^2=40$

ゆえに　$x^2+y^2=40$ …… ①

$|\vec{a}|=\sqrt{1^2+(-\sqrt{3})^2}=2$ であるから

$$\vec{a}\cdot\vec{b}=|\vec{a}||\vec{b}|\cos 120^\circ=2\cdot2\sqrt{10}\cdot\left(-\frac{1}{2}\right)=-2\sqrt{10}$$

また，$\vec{a}\cdot\vec{b}=1\cdot x+(-\sqrt{3})\cdot y=x-\sqrt{3}y$ であるから　←成分による表現。

$$x-\sqrt{3}y=-2\sqrt{10}$$

よって　$x=\sqrt{3}y-2\sqrt{10}$ …… ②

② を ① に代入して　$(\sqrt{3}y-2\sqrt{10})^2+y^2=40$　←x を消去。

ゆえに　$y^2-\sqrt{30}y=0$　←$4y^2-4\sqrt{30}y=0$

よって　$y(y-\sqrt{30})=0$　　ゆえに　$y=0,\ \sqrt{30}$

$y=0$ のとき，② から　$x=-2\sqrt{10}$

$y=\sqrt{30}$ のとき，② から　$x=\sqrt{10}$

したがって　$\boldsymbol{\vec{b}=(-2\sqrt{10},\ 0),\ (\sqrt{10},\ \sqrt{30})}$

練習 ②14

(1) 2つのベクトル $\vec{a}=(x+1,\ x)$, $\vec{b}=(x,\ x-2)$ が垂直になるような x の値を求めよ。

(2) ベクトル $\vec{a}=(1,\ -3)$ に垂直である単位ベクトルを求めよ。

(1) $\vec{a}\neq\vec{0}$, $\vec{b}\neq\vec{0}$ から，$\vec{a}\perp\vec{b}$ であるための条件は　$\vec{a}\cdot\vec{b}=0$

ここで　$\vec{a}\cdot\vec{b}=(x+1)\times x+x\times(x-2)=x(2x-1)$

よって　$x(2x-1)=0$　　ゆえに　$\boldsymbol{x=0,\ \frac{1}{2}}$

←$x+1$ と x が同時に 0 になることはないから $(x+1,\ x)\neq\vec{0}$ 同様に，$(x,\ x-2)\neq\vec{0}$ である。

(2) $\vec{a}$ に垂直な単位ベクトルを $\vec{v}=(s,\ t)$ とすると，$\vec{a}\perp\vec{v}$ であるから　$\vec{a}\cdot\vec{v}=0$　　よって　$s-3t=0$ …… ①

また，$|\vec{v}|=1$ であるから　$s^2+t^2=1$ …… ②

①, ② から　$10t^2=1$　←$(3t)^2+t^2=1$

よって　$t=\pm\frac{1}{\sqrt{10}}$, $s=\pm\frac{3}{\sqrt{10}}$ (複号同順)

したがって，$\vec{a}$ に垂直な単位ベクトルは

$$\boldsymbol{\left(\frac{3}{\sqrt{10}},\ \frac{1}{\sqrt{10}}\right),\ \left(-\frac{3}{\sqrt{10}},\ -\frac{1}{\sqrt{10}}\right)}$$

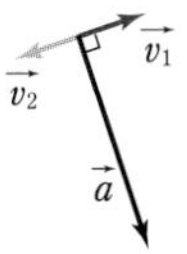

$\vec{v_1}=\left(\frac{3}{\sqrt{10}},\ \frac{1}{\sqrt{10}}\right)$

$\vec{v_2}=\left(-\frac{3}{\sqrt{10}},\ -\frac{1}{\sqrt{10}}\right)$

参考　$\vec{0}$ でない $\vec{a}=(a,\ b)$ に垂直なベクトルは

$\boldsymbol{k(-b,\ a)}$　ただし，$k\neq0$

これを用いると，$\vec{a}=(1,\ -3)$ に垂直な単位ベクトルは

$$\frac{1}{|\vec{a}|}(3,\ 1),\ -\frac{1}{|\vec{a}|}(3,\ 1)$$

すなわち　$\boldsymbol{\left(\frac{3}{\sqrt{10}},\ \frac{1}{\sqrt{10}}\right),\ \left(-\frac{3}{\sqrt{10}},\ -\frac{1}{\sqrt{10}}\right)}$

練習 ③15

(1) 次の等式を証明せよ。

(ア) $(\vec{p}-\vec{a})\cdot(\vec{p}+2\vec{b})=|\vec{p}|^2-(\vec{a}-2\vec{b})\cdot\vec{p}-2\vec{a}\cdot\vec{b}$

(イ) $|\vec{a}+\vec{b}+\vec{c}|^2+|\vec{a}|^2+|\vec{b}|^2+|\vec{c}|^2=|\vec{a}+\vec{b}|^2+|\vec{b}+\vec{c}|^2+|\vec{c}+\vec{a}|^2$

(2) $\vec{0}$ でない2つのベクトル $\vec{a}$, $\vec{b}$ がある。$2\vec{a}+\vec{b}$ と $2\vec{a}-\vec{b}$ が垂直で，かつ $\vec{a}$ と $\vec{a}-\vec{b}$ が垂直であるとき，$\vec{a}$ と $\vec{b}$ のなす角を求めよ。

(1) (ア) $(\vec{p}-\vec{a})\cdot(\vec{p}+2\vec{b})=\vec{p}\cdot\vec{p}+\vec{p}\cdot(2\vec{b})-\vec{a}\cdot\vec{p}-\vec{a}\cdot(2\vec{b})$
$=|\vec{p}|^2+2\vec{b}\cdot\vec{p}-\vec{a}\cdot\vec{p}-2\vec{a}\cdot\vec{b}$
$=|\vec{p}|^2-(\vec{a}-2\vec{b})\cdot\vec{p}-2\vec{a}\cdot\vec{b}$

←$(p-a)(p+2b)$ の展開と同じ要領。

(イ) $|\vec{a}+\vec{b}+\vec{c}|^2+|\vec{a}|^2+|\vec{b}|^2+|\vec{c}|^2$
$=(\vec{a}+\vec{b}+\vec{c})\cdot(\vec{a}+\vec{b}+\vec{c})+|\vec{a}|^2+|\vec{b}|^2+|\vec{c}|^2$
$=(|\vec{a}|^2+|\vec{b}|^2+|\vec{c}|^2+2\vec{a}\cdot\vec{b}+2\vec{b}\cdot\vec{c}+2\vec{c}\cdot\vec{a})$
$+|\vec{a}|^2+|\vec{b}|^2+|\vec{c}|^2$
$=2(|\vec{a}|^2+|\vec{b}|^2+|\vec{c}|^2+\vec{a}\cdot\vec{b}+\vec{b}\cdot\vec{c}+\vec{c}\cdot\vec{a})$ …… ①

←内積 $(\vec{a}+\vec{b}+\vec{c})\cdot(\vec{a}+\vec{b}+\vec{c})$ の計算は $(a+b+c)^2=a^2+b^2+c^2+2ab+2bc+2ca$ の展開と同じ要領。

また　$|\vec{a}+\vec{b}|^2+|\vec{b}+\vec{c}|^2+|\vec{c}+\vec{a}|^2$
$=(\vec{a}+\vec{b})\cdot(\vec{a}+\vec{b})+(\vec{b}+\vec{c})\cdot(\vec{b}+\vec{c})+(\vec{c}+\vec{a})\cdot(\vec{c}+\vec{a})$
$=|\vec{a}|^2+2\vec{a}\cdot\vec{b}+|\vec{b}|^2+|\vec{b}|^2+2\vec{b}\cdot\vec{c}+|\vec{c}|^2$
$+|\vec{c}|^2+2\vec{c}\cdot\vec{a}+|\vec{a}|^2$
$=2(|\vec{a}|^2+|\vec{b}|^2+|\vec{c}|^2+\vec{a}\cdot\vec{b}+\vec{b}\cdot\vec{c}+\vec{c}\cdot\vec{a})$ …… ②

①, ② から　$|\vec{a}+\vec{b}+\vec{c}|^2+|\vec{a}|^2+|\vec{b}|^2+|\vec{c}|^2$
$=|\vec{a}+\vec{b}|^2+|\vec{b}+\vec{c}|^2+|\vec{c}+\vec{a}|^2$

←①, ② は同じ式。

(2) $\vec{a}$ と $\vec{b}$ のなす角を $\theta\,(0°\leqq\theta\leqq180°)$ とする。
$(2\vec{a}+\vec{b})\perp(2\vec{a}-\vec{b})$ から　$(2\vec{a}+\vec{b})\cdot(2\vec{a}-\vec{b})=0$
ゆえに　$4|\vec{a}|^2-|\vec{b}|^2=0$
よって　$|\vec{b}|^2=4|\vec{a}|^2$
$|\vec{a}|>0$, $|\vec{b}|>0$ であるから　$|\vec{b}|=2|\vec{a}|$ …… ①
$\vec{a}\perp(\vec{a}-\vec{b})$ から　$\vec{a}\cdot(\vec{a}-\vec{b})=0$
ゆえに　$|\vec{a}|^2-\vec{a}\cdot\vec{b}=0$
よって　$\vec{a}\cdot\vec{b}=|\vec{a}|^2$ …… ②
①, ②, $|\vec{a}|\neq0$ から　$\cos\theta=\dfrac{\vec{a}\cdot\vec{b}}{|\vec{a}||\vec{b}|}=\dfrac{|\vec{a}|^2}{2|\vec{a}|^2}=\dfrac{1}{2}$
$0°\leqq\theta\leqq180°$ であるから　$\boldsymbol{\theta=60°}$

(2) $|\vec{a}|$, $|\vec{b}|$, $\vec{a}\cdot\vec{b}$ の値を求める必要はない。$|\vec{b}|$, $\vec{a}\cdot\vec{b}$ をそれぞれ $|\vec{a}|$ で表すと，$\cos\theta$ の値は求めることができる。
←$A>0$, $B>0$ のとき $A=B \Longleftrightarrow A^2=B^2$
←$|\vec{a}|>0$ である。

練習 ③16

(1) 2つのベクトル $\vec{a}$, $\vec{b}$ が, $|\vec{a}|=1$, $|\vec{b}|=2$, $|\vec{a}+2\vec{b}|=3$ を満たすとき, $\vec{a}$ と $\vec{b}$ のなす角 θ および $|\vec{a}-2\vec{b}|$ の値を求めよ。〔類 神奈川大〕
(2) ベクトル $\vec{a}$, $\vec{b}$ について, $|\vec{a}|=2$, $|\vec{b}|=1$, $|\vec{a}+3\vec{b}|=3$ とする。t が実数全体を動くとき, $|\vec{a}+t\vec{b}|$ の最小値は □ である。〔類 慶応大〕

(1) $|\vec{a}+2\vec{b}|=3$ から　$|\vec{a}+2\vec{b}|^2=3^2$
ゆえに　$|\vec{a}|^2+4\vec{a}\cdot\vec{b}+4|\vec{b}|^2=9$
$|\vec{a}|=1$, $|\vec{b}|=2$ を代入して
$1+4\vec{a}\cdot\vec{b}+16=9$
よって　$\vec{a}\cdot\vec{b}=-2$
ゆえに　$\cos\theta=\dfrac{\vec{a}\cdot\vec{b}}{|\vec{a}||\vec{b}|}=\dfrac{-2}{1\times2}=-1$
$0°\leqq\theta\leqq180°$ であるから　$\boldsymbol{\theta=180°}$
また　$|\vec{a}-2\vec{b}|^2=|\vec{a}|^2-4\vec{a}\cdot\vec{b}+4|\vec{b}|^2$
$=1-4\times(-2)+16=25$
$|\vec{a}-2\vec{b}|\geqq0$ であるから　$\boldsymbol{|\vec{a}-2\vec{b}|=5}$

① $|\vec{p}|$ は $|\vec{p}|^2$ として扱う
←$\vec{a}\cdot\vec{b}$ の方程式とみて解く。$4\vec{a}\cdot\vec{b}=-8$

(2) $|\vec{a}+3\vec{b}|=3$ から　$|\vec{a}+3\vec{b}|^2=3^2$

よって　$|\vec{a}|^2+6\vec{a}\cdot\vec{b}+9|\vec{b}|^2=9$

ゆえに　$2^2+6\vec{a}\cdot\vec{b}+9\times1^2=9$　よって　$\vec{a}\cdot\vec{b}=-\dfrac{2}{3}$

←$|\vec{a}|=2$, $|\vec{b}|=1$ を代入。

ゆえに　$|\vec{a}+t\vec{b}|^2=|\vec{a}|^2+2t\vec{a}\cdot\vec{b}+t^2|\vec{b}|^2$

$=2^2+2t\times\left(-\dfrac{2}{3}\right)+t^2\times1^2=t^2-\dfrac{4}{3}t+4$

$=\left(t-\dfrac{2}{3}\right)^2+\dfrac{32}{9}$

←$t^2-\dfrac{4}{3}t+4=\left(t-\dfrac{2}{3}\right)^2-\left(\dfrac{2}{3}\right)^2+4=\left(t-\dfrac{2}{3}\right)^2+\dfrac{32}{9}$

よって，$|\vec{a}+t\vec{b}|^2$ は $t=\dfrac{2}{3}$ のとき最小値 $\dfrac{32}{9}$ をとる。

$|\vec{a}+t\vec{b}|\geqq0$ であるから，このとき $|\vec{a}+t\vec{b}|$ も最小となる。

したがって，$|\vec{a}+t\vec{b}|$ は $t=\dfrac{2}{3}$ のとき最小値 $\boldsymbol{\dfrac{4\sqrt{2}}{3}}$ をとる。

←$\sqrt{\dfrac{32}{9}}=\dfrac{4\sqrt{2}}{3}$

練習 ③17

ベクトル $\vec{p}=\vec{a}+\vec{b}$, $\vec{q}=\vec{a}-\vec{b}$ は，$|\vec{p}|=4$, $|\vec{q}|=2$ を満たし，$\vec{p}$ と $\vec{q}$ のなす角は 60° である。

(1) 2つのベクトルの大きさ $|\vec{a}|$, $|\vec{b}|$，および内積 $\vec{a}\cdot\vec{b}$ を求めよ。

(2) k は実数の定数とする。すべての実数 t に対して $|t\vec{a}+k\vec{b}|\geqq|\vec{b}|$ が成り立つような k の値の範囲を求めよ。

(1) $|\vec{a}+\vec{b}|^2=|\vec{p}|^2=4^2$ から　$|\vec{a}|^2+2\vec{a}\cdot\vec{b}+|\vec{b}|^2=16$ …… ①

$|\vec{a}-\vec{b}|^2=|\vec{q}|^2=2^2$ から　$|\vec{a}|^2-2\vec{a}\cdot\vec{b}+|\vec{b}|^2=4$ …… ②

① − ② から　$4\vec{a}\cdot\vec{b}=12$　よって　$\boldsymbol{\vec{a}\cdot\vec{b}=3}$

① + ② から　$2|\vec{a}|^2+2|\vec{b}|^2=20$

ゆえに　$|\vec{a}|^2+|\vec{b}|^2=10$ …… ③

また　$\vec{p}\cdot\vec{q}=(\vec{a}+\vec{b})\cdot(\vec{a}-\vec{b})=|\vec{a}|^2-|\vec{b}|^2$,

$\vec{p}\cdot\vec{q}=|\vec{p}||\vec{q}|\cos60^\circ=4\times2\times\dfrac{1}{2}=4$

よって　$|\vec{a}|^2-|\vec{b}|^2=4$ …… ④

③, ④ から　$|\vec{a}|^2=7$, $|\vec{b}|^2=3$

$|\vec{a}|\geqq0$, $|\vec{b}|\geqq0$ であるから　$\boldsymbol{|\vec{a}|=\sqrt{7}}$, $\boldsymbol{|\vec{b}|=\sqrt{3}}$

(2) $|t\vec{a}+k\vec{b}|\geqq|\vec{b}|$ は $|t\vec{a}+k\vec{b}|^2\geqq|\vec{b}|^2$ …… ① と同値である。

① を変形すると　$t^2|\vec{a}|^2+2kt\vec{a}\cdot\vec{b}+(k^2-1)|\vec{b}|^2\geqq0$

(1) から　$7t^2+6kt+3(k^2-1)\geqq0$ …… ②

求める条件は，すべての実数 t に対して ② が成り立つための条件であり，t の2次方程式 $7t^2+6kt+3(k^2-1)=0$ の判別式を D とすると，t^2 の係数が正であるから　$D\leqq0$

ここで　$\dfrac{D}{4}=(3k)^2-7\times3(k^2-1)=-12k^2+21=-3(4k^2-7)$

$D\leqq0$ であるから　$4k^2-7\geqq0$

ゆえに　$\left(k+\dfrac{\sqrt{7}}{2}\right)\left(k-\dfrac{\sqrt{7}}{2}\right)\geqq0$

したがって　$\boldsymbol{k\leqq-\dfrac{\sqrt{7}}{2}}$, $\boldsymbol{\dfrac{\sqrt{7}}{2}\leqq k}$

◎ $|\vec{p}|$ は $|\vec{p}|^2$ として扱う

別解　まず，$\vec{p}\cdot\vec{q}$ の値を求める。次に，$\vec{a}$, $\vec{b}$ をそれぞれ $\vec{p}$, $\vec{q}$ で表し，それを利用してもよい。

←③+④：$2|\vec{a}|^2=14$
　③−④：$2|\vec{b}|^2=6$

←$A\geqq0$, $B\geqq0$ のとき
　$A\geqq B \Longleftrightarrow A^2\geqq B^2$

←(1) で求めた $|\vec{a}|$, $|\vec{b}|$, $\vec{a}\cdot\vec{b}$ の値を代入。

←$a>0$ のとき
　$at^2+bt+c\geqq0$
が常に成り立つための条件は　$D\leqq0$

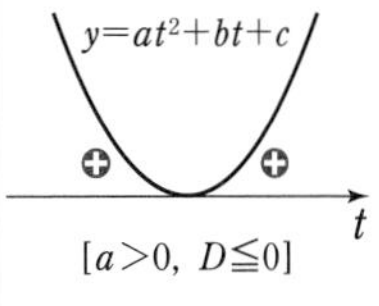

$[a>0,\ D\leqq0]$

練習 ②18 次の3点を頂点とする△ABCの面積 S を求めよ。
(1) A(0, 0), B(3, 1), C(2, 4)　　(2) A(−2, 1), B(3, 0), C(2, 4)

HINT (2) B(3, 0) ⟶ O(0, 0) となるように，3点を平行移動する。

(1) $S=\frac{1}{2}|3\cdot4-1\cdot2|=\frac{1}{2}\cdot10=\mathbf{5}$

(2) 3点 A(−2, 1), B(3, 0), C(2, 4) を，点Bが原点Oにくるように平行移動するとき，A, C がそれぞれ A′, C′ に移るとすると，A′(−5, 1), C′(−1, 4) となる。

$S=\triangle A'OC'$ であるから　$S=\frac{1}{2}|(-5)\cdot4-1\cdot(-1)|=\frac{\mathbf{19}}{\mathbf{2}}$

←本冊 *p*.387 基本例題 **18** (2)の結果を利用する。3点 O(0, 0), A(a_1, a_2), B(b_1, b_2) を頂点とする△OABの面積は $\frac{1}{2}|a_1b_2-a_2b_1|$

練習 ③19 次の不等式を証明せよ。
(1) $|\vec{a}|^2+|\vec{b}|^2+|\vec{c}|^2\geqq\vec{a}\cdot\vec{b}+\vec{b}\cdot\vec{c}+\vec{c}\cdot\vec{a}$　等号は $\vec{a}=\vec{b}=\vec{c}$ のときのみ成立。
(2) $|\vec{a}+\vec{b}+\vec{c}|^2\geqq3(\vec{a}\cdot\vec{b}+\vec{b}\cdot\vec{c}+\vec{c}\cdot\vec{a})$　等号は $\vec{a}=\vec{b}=\vec{c}$ のときのみ成立。

(1) $|\vec{a}|^2+|\vec{b}|^2+|\vec{c}|^2-(\vec{a}\cdot\vec{b}+\vec{b}\cdot\vec{c}+\vec{c}\cdot\vec{a})$

$=\frac{1}{2}\{2|\vec{a}|^2+2|\vec{b}|^2+2|\vec{c}|^2-2(\vec{a}\cdot\vec{b}+\vec{b}\cdot\vec{c}+\vec{c}\cdot\vec{a})\}$

$=\frac{1}{2}\{(|\vec{a}|^2-2\vec{a}\cdot\vec{b}+|\vec{b}|^2)+(|\vec{b}|^2-2\vec{b}\cdot\vec{c}+|\vec{c}|^2)$
$+(|\vec{c}|^2-2\vec{c}\cdot\vec{a}+|\vec{a}|^2)\}$

$=\frac{1}{2}(|\vec{a}-\vec{b}|^2+|\vec{b}-\vec{c}|^2+|\vec{c}-\vec{a}|^2)\geqq0$

よって　$|\vec{a}|^2+|\vec{b}|^2+|\vec{c}|^2\geqq\vec{a}\cdot\vec{b}+\vec{b}\cdot\vec{c}+\vec{c}\cdot\vec{a}$

等号は $\vec{a}-\vec{b}=\vec{0}$ かつ $\vec{b}-\vec{c}=\vec{0}$ かつ $\vec{c}-\vec{a}=\vec{0}$，すなわち $\vec{a}=\vec{b}=\vec{c}$ のときのみ成り立つ。

←$|\ \ |^2$ を作り出すために，工夫して計算。

←$|\vec{a}-\vec{b}|^2\geqq0$, $|\vec{b}-\vec{c}|^2\geqq0$, $|\vec{c}-\vec{a}|^2\geqq0$

←$|\vec{a}-\vec{b}|^2=0$ ならば $\vec{a}-\vec{b}=\vec{0}$

(2) (1)の結果から

$|\vec{a}+\vec{b}+\vec{c}|^2=|\vec{a}|^2+|\vec{b}|^2+|\vec{c}|^2+2\vec{a}\cdot\vec{b}+2\vec{b}\cdot\vec{c}+2\vec{c}\cdot\vec{a}$
$\geqq\vec{a}\cdot\vec{b}+\vec{b}\cdot\vec{c}+\vec{c}\cdot\vec{a}+2\vec{a}\cdot\vec{b}+2\vec{b}\cdot\vec{c}+2\vec{c}\cdot\vec{a}$
$=3(\vec{a}\cdot\vec{b}+\vec{b}\cdot\vec{c}+\vec{c}\cdot\vec{a})$

等号は(1)と同様に，$\vec{a}=\vec{b}=\vec{c}$ のときのみ成り立つ。

←$(a+b+c)^2=a^2+b^2+c^2+2ab+2bc+2ca$ と同じ要領。

練習 ④20 $\vec{a}$, $\vec{b}$ を平面上のベクトルとする。$3\vec{a}+2\vec{b}$ と $2\vec{a}-3\vec{b}$ がともに単位ベクトルであるとき，ベクトルの大きさ $|\vec{a}+\vec{b}|$ の最大値を求めよ。〔横浜市大〕

$3\vec{a}+2\vec{b}=\vec{e_1}$ …… ①，$2\vec{a}-3\vec{b}=\vec{e_2}$ …… ② とする。

(①×3+②×2)÷13，(①×2−②×3)÷13 から

$\vec{a}=\frac{3}{13}\vec{e_1}+\frac{2}{13}\vec{e_2}$，$\vec{b}=\frac{2}{13}\vec{e_1}-\frac{3}{13}\vec{e_2}$

よって　$\vec{a}+\vec{b}=\frac{5}{13}\vec{e_1}-\frac{1}{13}\vec{e_2}$

このとき　$|\vec{a}+\vec{b}|^2=\frac{1}{13^2}(5\vec{e_1}-\vec{e_2})\cdot(5\vec{e_1}-\vec{e_2})$

$=\frac{1}{13^2}(25|\vec{e_1}|^2-10\vec{e_1}\cdot\vec{e_2}+|\vec{e_2}|^2)$

←連立方程式 $\begin{cases}3a+2b=e_1\\2a-3b=e_2\end{cases}$ を解くのと同じ要領。

←$|\vec{a}+\vec{b}|^2=\left|\frac{1}{13}(5\vec{e_1}-\vec{e_2})\right|^2$

$|\vec{e_1}|=|\vec{e_2}|=1$ であるから　　$|\vec{a}+\vec{b}|^2=\dfrac{1}{13^2}(26-10\vec{e_1}\cdot\vec{e_2})$

ここで，$-|\vec{e_1}||\vec{e_2}|\leqq\vec{e_1}\cdot\vec{e_2}\leqq|\vec{e_1}||\vec{e_2}|$ すなわち $-1\leqq\vec{e_1}\cdot\vec{e_2}\leqq1$

であるから　　$26-10\cdot1\leqq26-10\vec{e_1}\cdot\vec{e_2}\leqq26+10\cdot1$

よって　　$16\leqq26-10\vec{e_1}\cdot\vec{e_2}\leqq36$

ゆえに　　$\left(\dfrac{4}{13}\right)^2\leqq|\vec{a}+\vec{b}|^2\leqq\left(\dfrac{6}{13}\right)^2$

よって　　$\dfrac{4}{13}\leqq|\vec{a}+\vec{b}|\leqq\dfrac{6}{13}$

$|\vec{a}+\vec{b}|=\dfrac{6}{13}$ となるのは，$\vec{e_1}\cdot\vec{e_2}=-1$ から $\vec{e_1}=-\vec{e_2}$ のとき。

したがって，$|\vec{a}+\vec{b}|$ の最大値は　　$\boldsymbol{\dfrac{6}{13}}$

←$\vec{e_1}$ と $\vec{e_2}$ のなす角を θ とすると $\vec{e_1}\cdot\vec{e_2}=|\vec{e_1}||\vec{e_2}|\cos\theta$，$-1\leqq\cos\theta\leqq1$ から $-|\vec{e_1}||\vec{e_2}|\leqq\vec{e_1}\cdot\vec{e_2}\leqq|\vec{e_1}||\vec{e_2}|$

←$\dfrac{16}{13^2}\leqq\dfrac{1}{13^2}(26-10\vec{e_1}\cdot\vec{e_2})\leqq\dfrac{36}{13^2}$

←このとき　$\theta=180°$

練習 ④21

(1) 実数 x，y，a，b が条件 $x^2+y^2=1$ および $a^2+b^2=2$ を満たすとき，$ax+by$ の最大値，最小値を求めよ。

(2) 実数 x，y，a，b が条件 $x^2+y^2=1$ および $(a-2)^2+(b-2\sqrt{3})^2=1$ を満たすとき，$ax+by$ の最大値，最小値を求めよ。〔愛知教育大〕

O(0，0)，P(x，y)，Q(a，b) とする。

(1) 点 P は円 $x^2+y^2=1$ の周上を動き，点 Q は円 $x^2+y^2=2$ の周上を動く。$\overrightarrow{\mathrm{OP}}$ と $\overrightarrow{\mathrm{OQ}}$ のなす角を α とすると

$$ax+by=\overrightarrow{\mathrm{OP}}\cdot\overrightarrow{\mathrm{OQ}}=|\overrightarrow{\mathrm{OP}}||\overrightarrow{\mathrm{OQ}}|\cos\alpha$$
$$=\sqrt{1}\sqrt{2}\cos\alpha=\sqrt{2}\cos\alpha$$

$0°\leqq\alpha\leqq180°$ より，$-1\leqq\cos\alpha\leqq1$ であるから

$$-\sqrt{2}\leqq ax+by\leqq\sqrt{2}$$

よって　　**最大値 $\sqrt{2}$，最小値 $-\sqrt{2}$**

検討 (1) シュワルツの不等式
$$(a^2+b^2)(x^2+y^2)\geqq(ax+by)^2$$
(数学Ⅱ)を用いると，$a^2+b^2=2$，$x^2+y^2=1$ から　$2\times1\geqq(ax+by)^2$

よって　$-\sqrt{2}\leqq ax+by\leqq\sqrt{2}$

ゆえに　**最大値 $\sqrt{2}$，最小値 $-\sqrt{2}$**

(2) 点 P は円 $x^2+y^2=1$ の周上を動き，点 Q は円 $(x-2)^2+(y-2\sqrt{3})^2=1$ …… ① の周上を動く。

$\overrightarrow{\mathrm{OP}}$ と $\overrightarrow{\mathrm{OQ}}$ のなす角を β とすると

$$ax+by=\overrightarrow{\mathrm{OP}}\cdot\overrightarrow{\mathrm{OQ}}=|\overrightarrow{\mathrm{OP}}||\overrightarrow{\mathrm{OQ}}|\cos\beta$$
$$=\sqrt{1}\times|\overrightarrow{\mathrm{OQ}}|\cos\beta=|\overrightarrow{\mathrm{OQ}}|\cos\beta$$

$0°\leqq\beta\leqq180°$ より，$-1\leqq\cos\beta\leqq1$ であるから，$ax+by$ が最大となるのは，$|\overrightarrow{\mathrm{OQ}}|$ が最大で $\cos\beta=1$ のときで，最小となるのは，$|\overrightarrow{\mathrm{OQ}}|$ が最大で $\cos\beta=-1$ のときである。

円 ① の中心は A(2，$2\sqrt{3}$) であり，直線 OA と円 ① の交点のうち原点から遠い距離にある点を $\mathrm{Q_1}$ とする。

$|\overrightarrow{\mathrm{OQ}}|$ の最大値は

$$\mathrm{OQ_1}=\mathrm{OA}+\mathrm{AQ_1}$$
$$=\sqrt{2^2+(2\sqrt{3})^2}+1=5$$

よって，$ax+by$ の

最大値は 5，最小値は -5

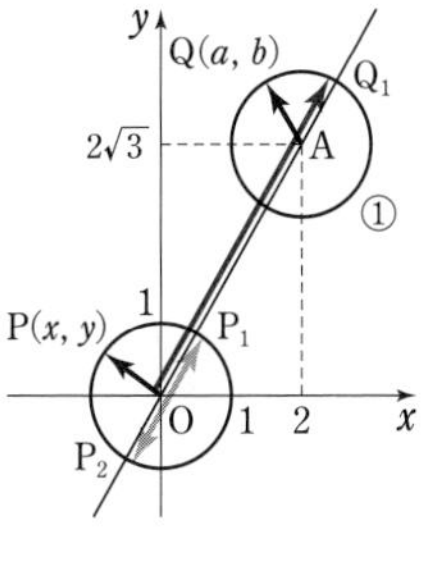

←座標平面上で図をかいて考えていくのが早い。

検討 点P，Qの座標を考えてみよう。

(1) $ax+by$ が最大値をとるとき，$\overrightarrow{OP}$ と $\overrightarrow{OQ}$ が同じ向き（$\alpha=0°$）であるから，$\overrightarrow{OP}=k\overrightarrow{OQ}$ $(k>0)$ より $x=ka$，$y=kb$ と表される。

$x^2+y^2=1$ から　$k^2(a^2+b^2)=1$　よって　$2k^2=1$

$k>0$ であるから　$k=\dfrac{1}{\sqrt{2}}$　よって　$x=\dfrac{a}{\sqrt{2}}$，$y=\dfrac{b}{\sqrt{2}}$

ゆえに　$\mathrm{P}\left(\dfrac{a}{\sqrt{2}},\ \dfrac{b}{\sqrt{2}}\right)$，$\mathrm{Q}(a,\ b)$

←点Pの座標は a，b で表され，点Qの座標に対応して定まる。例えば，Q(1, 1) のとき，$\mathrm{P}\left(\dfrac{1}{\sqrt{2}},\ \dfrac{1}{\sqrt{2}}\right)$ となる。

また，$ax+by$ が最小値をとるとき，$\overrightarrow{OP}$ と $\overrightarrow{OQ}$ が反対向き（$\alpha=180°$）であるから，$\overrightarrow{OP}=k\overrightarrow{OQ}$ $(k<0)$ と表され，同様にして　$k=-\dfrac{1}{\sqrt{2}}$　よって　$x=-\dfrac{a}{\sqrt{2}}$，$y=-\dfrac{b}{\sqrt{2}}$

ゆえに　$\mathrm{P}\left(-\dfrac{a}{\sqrt{2}},\ -\dfrac{b}{\sqrt{2}}\right)$，$\mathrm{Q}(a,\ b)$

(2) 解答(2)の図のように，点 $\mathrm{P_1}$，$\mathrm{P_2}$ をとる。$ax+by=|\overrightarrow{OQ}|\cos\beta$ により
$ax+by$ が最大になるのは，点P，Qがそれぞれ $\mathrm{P_1}$，$\mathrm{Q_1}$ の位置にくるときで，
最小になるのは，点P，Qがそれぞれ $\mathrm{P_2}$，$\mathrm{Q_1}$ の位置にくるときである。
ここで，$\angle \mathrm{AO}x=60°$ であるから

$\mathrm{P_1}(\cos 60°,\ \sin 60°)$　すなわち　$\mathrm{P_1}\left(\dfrac{1}{2},\ \dfrac{\sqrt{3}}{2}\right)$　また　$\mathrm{P_2}\left(-\dfrac{1}{2},\ -\dfrac{\sqrt{3}}{2}\right)$

$\mathrm{Q_1}(2+\cos 60°,\ 2\sqrt{3}+\sin 60°)$　すなわち　$\mathrm{Q_1}\left(\dfrac{5}{2},\ \dfrac{5\sqrt{3}}{2}\right)$

練習 ①22

3点 $\mathrm{A}(\vec{a})$，$\mathrm{B}(\vec{b})$，$\mathrm{C}(\vec{c})$ を頂点とする△ABCにおいて，辺BCを2：3に内分する点をD，辺BCを1：2に外分する点をE，△ABCの重心をG，△AEDの重心をG′とする。次のベクトルを $\vec{a}$，$\vec{b}$，$\vec{c}$ で表せ。
(1) 点D，E，G′の位置ベクトル　　(2) $\overrightarrow{GG'}$

$\mathrm{D}(\vec{d})$，$\mathrm{E}(\vec{e})$，$\mathrm{G}(\vec{g})$，$\mathrm{G'}(\vec{g'})$ とする。

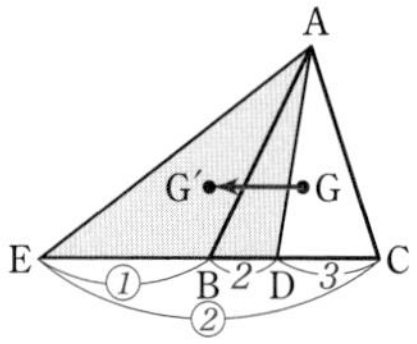

(1) $\vec{d}=\dfrac{3\vec{b}+2\vec{c}}{2+3}=\boldsymbol{\dfrac{3}{5}\vec{b}+\dfrac{2}{5}\vec{c}}$

$\vec{e}=\dfrac{2\vec{b}-\vec{c}}{-1+2}=\boldsymbol{2\vec{b}-\vec{c}}$

$\vec{g'}=\dfrac{\vec{a}+\vec{e}+\vec{d}}{3}$

$=\dfrac{1}{3}\left\{\vec{a}+(2\vec{b}-\vec{c})+\left(\dfrac{3}{5}\vec{b}+\dfrac{2}{5}\vec{c}\right)\right\}=\boldsymbol{\dfrac{1}{3}\vec{a}+\dfrac{13}{15}\vec{b}-\dfrac{1}{5}\vec{c}}$

(2) $\vec{g}=\dfrac{\vec{a}+\vec{b}+\vec{c}}{3}$ であるから

$\overrightarrow{GG'}=\vec{g'}-\vec{g}=\left(\dfrac{1}{3}\vec{a}+\dfrac{13}{15}\vec{b}-\dfrac{1}{5}\vec{c}\right)-\left(\dfrac{1}{3}\vec{a}+\dfrac{1}{3}\vec{b}+\dfrac{1}{3}\vec{c}\right)$

$=\boldsymbol{\dfrac{8}{15}\vec{b}-\dfrac{8}{15}\vec{c}}$

←内分点　$\dfrac{n\vec{a}+m\vec{b}}{m+n}$

←外分点　$\dfrac{-n\vec{a}+m\vec{b}}{m-n}=\dfrac{n\vec{a}-m\vec{b}}{-m+n}$

検討 (2)の結果から
$\overrightarrow{GG'}=\dfrac{8}{15}(\vec{b}-\vec{c})=\dfrac{8}{15}\overrightarrow{CB}$
よって，GG′∥BC，GG′：BC＝8：15 であることがわかる。

練習 ③23 △ABC の内部に点 P があり，$4\overrightarrow{PA}+5\overrightarrow{PB}+3\overrightarrow{PC}=\vec{0}$ を満たしている。
(1) 点 P はどのような位置にあるか。
(2) 面積比 △PAB：△PBC：△PCA を求めよ。 〔類 神戸薬大〕

(1) 等式を変形すると

$$-4\overrightarrow{AP}+5(\overrightarrow{AB}-\overrightarrow{AP})+3(\overrightarrow{AC}-\overrightarrow{AP})=\vec{0}$$

←差の形に **分割**。

よって $\overrightarrow{AP}=\dfrac{5\overrightarrow{AB}+3\overrightarrow{AC}}{12}$

$=\dfrac{2}{3}\cdot\dfrac{5\overrightarrow{AB}+3\overrightarrow{AC}}{3+5}$

←$\dfrac{8}{12}\cdot\dfrac{5\overrightarrow{AB}+3\overrightarrow{AC}}{8}$

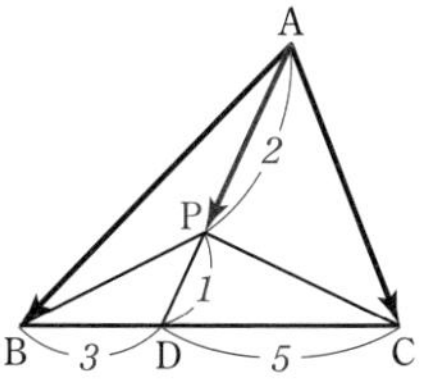

辺 BC を 3：5 に内分する点を D と

すると $\overrightarrow{AP}=\dfrac{2}{3}\overrightarrow{AD}$

参考 点 B に関する位置ベクトルで考えて，$\overrightarrow{BP}=\dfrac{7}{12}\cdot\dfrac{4\overrightarrow{BA}+3\overrightarrow{BC}}{7}$ として，点 B から見た点 P の位置を答えてもよい。

したがって，**辺 BC を 3：5 に内分する点を D とすると，点 P は線分 AD を 2：1 に内分する位置** にある。

(2) △ABC の面積を S とすると

$\triangle PAB=\dfrac{2}{3}\triangle ABD=\dfrac{2}{3}\cdot\dfrac{3}{8}S=\dfrac{S}{4}$，

$\triangle PBC=\dfrac{S}{3}$，

$\triangle PCA=\dfrac{2}{3}\triangle ADC=\dfrac{2}{3}\cdot\dfrac{5}{8}S=\dfrac{5}{12}S$

三角形の面積比
等高なら底辺の比
等底なら高さの比

したがって

$\triangle PAB：\triangle PBC：\triangle PCA=\dfrac{S}{4}：\dfrac{S}{3}：\dfrac{5}{12}S=$**3：4：5**

練習 ②24 △ABC の辺 BC，CA，AB をそれぞれ $m：n\,(m>0,\ n>0)$ に内分する点を P，Q，R とするとき，△ABC と △PQR の重心は一致することを示せ。

HINT **点が一致 ⟺ 位置ベクトルが等しい**

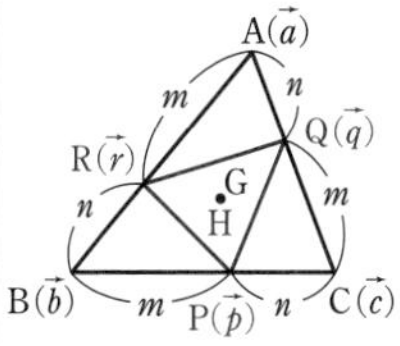

$A(\vec{a})$，$B(\vec{b})$，$C(\vec{c})$，$P(\vec{p})$，$Q(\vec{q})$，$R(\vec{r})$ とし，△ABC，△PQR の重心をそれぞれ $G(\vec{g})$，$H(\vec{h})$ とすると

$\vec{g}=\dfrac{\vec{a}+\vec{b}+\vec{c}}{3}$ …… ①

また $\vec{p}=\dfrac{n\vec{b}+m\vec{c}}{m+n}$，$\vec{q}=\dfrac{n\vec{c}+m\vec{a}}{m+n}$，$\vec{r}=\dfrac{n\vec{a}+m\vec{b}}{m+n}$

ゆえに $\vec{h}=\dfrac{\vec{p}+\vec{q}+\vec{r}}{3}$

$=\dfrac{1}{3}\left(\dfrac{n\vec{b}+m\vec{c}}{m+n}+\dfrac{n\vec{c}+m\vec{a}}{m+n}+\dfrac{n\vec{a}+m\vec{b}}{m+n}\right)$

$=\dfrac{1}{3}\cdot\dfrac{(m+n)(\vec{a}+\vec{b}+\vec{c})}{m+n}=\dfrac{\vec{a}+\vec{b}+\vec{c}}{3}$ …… ②

①，② から $\vec{g}=\vec{h}$

よって，点 G と点 H は一致するから，△ABC と △PQR の重心は一致する。

練習 ②25 平行四辺形 ABCD において，辺 AB を 3：2 に内分する点を P，対角線 BD を 2：5 に内分する点を Q とするとき，3 点 P，Q，C は一直線上にあることを証明せよ。また，PQ：QC を求めよ。

$\overrightarrow{AB}=\vec{b}$，$\overrightarrow{AD}=\vec{d}$ とすると

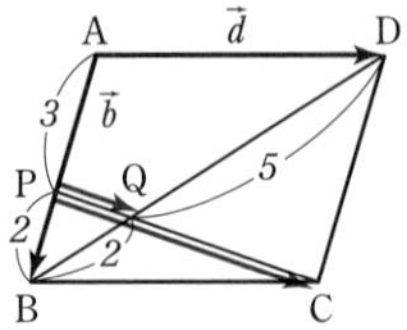

$$\overrightarrow{PQ}=\overrightarrow{AQ}-\overrightarrow{AP}$$

$$=\frac{5\overrightarrow{AB}+2\overrightarrow{AD}}{2+5}-\frac{3}{5}\overrightarrow{AB}$$

$$=\frac{5\vec{b}+2\vec{d}}{7}-\frac{3}{5}\vec{b}$$

$$=\frac{2}{35}(2\vec{b}+5\vec{d}) \cdots\cdots ①$$

$$\overrightarrow{PC}=\overrightarrow{PB}+\overrightarrow{BC}=\frac{2}{5}\overrightarrow{AB}+\overrightarrow{AD}=\frac{2}{5}\vec{b}+\vec{d}$$

$$=\frac{1}{5}(2\vec{b}+5\vec{d}) \cdots\cdots ②$$

①，② から　　$\overrightarrow{PC}=\frac{7}{2}\overrightarrow{PQ}$ …… ③

したがって，3 点 P，Q，C は一直線上にある。

また，③ から　　**PQ：QC=2：5**

←$\overrightarrow{PC}=k\overrightarrow{PQ}$ となる実数 k があることを示す。

←$\frac{5(5\vec{b}+2\vec{d})-7\cdot3\vec{b}}{35}$
$=\frac{4\vec{b}+10\vec{d}}{35}$

←$\overrightarrow{BC}=\overrightarrow{AD}$

←$\overrightarrow{PC}=\frac{7}{2}\cdot\frac{2}{35}(2\vec{b}+5\vec{d})$
$=\frac{7}{2}\overrightarrow{PQ}$

←$|\overrightarrow{PC}|=\frac{2+5}{2}|\overrightarrow{PQ}|$

練習 ②26 △OAB において，辺 OA を 2：1 に内分する点を L，辺 OB の中点を M，BL と AM の交点を P とし，直線 OP と辺 AB の交点を N とする。$\overrightarrow{OP}$，$\overrightarrow{ON}$ をそれぞれ $\overrightarrow{OA}$ と $\overrightarrow{OB}$ を用いて表せ。
〔類　神戸大〕

AP：PM$=s:(1-s)$，

BP：PL$=t:(1-t)$ とする。

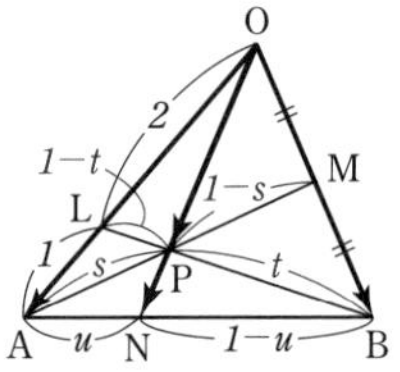

$$\overrightarrow{OP}=(1-s)\overrightarrow{OA}+s\overrightarrow{OM}$$

$$=(1-s)\overrightarrow{OA}+\frac{s}{2}\overrightarrow{OB}$$

$$\overrightarrow{OP}=(1-t)\overrightarrow{OB}+t\overrightarrow{OL}$$

$$=\frac{2}{3}t\overrightarrow{OA}+(1-t)\overrightarrow{OB}$$

よって　　$(1-s)\overrightarrow{OA}+\frac{s}{2}\overrightarrow{OB}=\frac{2}{3}t\overrightarrow{OA}+(1-t)\overrightarrow{OB}$

$\overrightarrow{OA}\neq\vec{0}$，$\overrightarrow{OB}\neq\vec{0}$，$\overrightarrow{OA}\not\parallel\overrightarrow{OB}$ であるから

$$1-s=\frac{2}{3}t,\quad \frac{s}{2}=1-t$$

これを解いて　　$s=\frac{1}{2}$，$t=\frac{3}{4}$

したがって　　$\mathbf{\overrightarrow{OP}=\frac{1}{2}\overrightarrow{OA}+\frac{1}{4}\overrightarrow{OB}}$

AN：NB$=u:(1-u)$ とすると　　$\overrightarrow{ON}=(1-u)\overrightarrow{OA}+u\overrightarrow{OB}$

点 N は直線 OP 上にあるから，$\overrightarrow{ON}=k\overrightarrow{OP}$（$k$ は実数）とすると

$$\overrightarrow{ON}=\frac{1}{2}k\overrightarrow{OA}+\frac{1}{4}k\overrightarrow{OB}$$

←$\overrightarrow{OP}$ を 2 通りに表す。

←＿＿ の断りは重要。

←$\overrightarrow{OA}$，$\overrightarrow{OB}$ の係数を比較。

←$\overrightarrow{OP}$ を表す式のどちらかに代入する。

←$\overrightarrow{ON}$ を 2 通りに表す。

←$\overrightarrow{OP}=\frac{1}{2}\overrightarrow{OA}+\frac{1}{4}\overrightarrow{OB}$

$\overrightarrow{OA} \neq \vec{0}$, $\overrightarrow{OB} \neq \vec{0}$, $\overrightarrow{OA} \nparallel \overrightarrow{OB}$ であるから

$$1-u=\frac{1}{2}k,\ u=\frac{1}{4}k$$

これを解いて　$k=\frac{4}{3}$, $u=\frac{1}{3}$

したがって　$\overrightarrow{\mathbf{ON}}=\frac{\mathbf{2}}{\mathbf{3}}\overrightarrow{\mathbf{OA}}+\frac{\mathbf{1}}{\mathbf{3}}\overrightarrow{\mathbf{OB}}$

←＿＿の断りは重要。

←$\overrightarrow{OA}$, $\overrightarrow{OB}$ の係数を比較。

←$\overrightarrow{ON}$ を表す式のどちらかに代入する。

別解 **1.**　△OAM と直線 BL について，メネラウスの定理により

$$\frac{OL}{LA}\cdot\frac{AP}{PM}\cdot\frac{MB}{BO}=1 \qquad よって \qquad \frac{2}{1}\cdot\frac{AP}{PM}\cdot\frac{1}{2}=1$$

ゆえに　$\frac{AP}{PM}=1$　すなわち　AP：PM＝1：1

したがって　$\overrightarrow{\mathbf{OP}}=\frac{\overrightarrow{OA}+\overrightarrow{OM}}{2}=\frac{1}{2}\left(\overrightarrow{OA}+\frac{1}{2}\overrightarrow{OB}\right)$

$$=\frac{\mathbf{1}}{\mathbf{2}}\overrightarrow{\mathbf{OA}}+\frac{\mathbf{1}}{\mathbf{4}}\overrightarrow{\mathbf{OB}}$$

△OAB において，チェバの定理により

$$\frac{OL}{LA}\cdot\frac{AN}{NB}\cdot\frac{BM}{MO}=1 \qquad よって \qquad \frac{2}{1}\cdot\frac{AN}{NB}\cdot\frac{1}{1}=1$$

ゆえに　$\frac{AN}{NB}=\frac{1}{2}$　すなわち　AN：NB＝1：2

したがって　$\overrightarrow{\mathbf{ON}}=\frac{2\overrightarrow{OA}+\overrightarrow{OB}}{1+2}=\frac{\mathbf{2}}{\mathbf{3}}\overrightarrow{\mathbf{OA}}+\frac{\mathbf{1}}{\mathbf{3}}\overrightarrow{\mathbf{OB}}$

別解 1. は，チェバ，メネラウスの定理を利用した解法。

←点 P は線分 AM の中点。

←$\overrightarrow{OM}=\frac{1}{2}\overrightarrow{OB}$

←点 N は辺 AB を 1：2 に内分する。

別解 **2.**　$\overrightarrow{OP}=x\overrightarrow{OA}+y\overrightarrow{OB}$ (x, y は実数) とする。

$\overrightarrow{OA}=\frac{3}{2}\overrightarrow{OL}$ であるから　　$\overrightarrow{OP}=\frac{3}{2}x\overrightarrow{OL}+y\overrightarrow{OB}$

P は直線 BL 上にあるから　　$\frac{3}{2}x+y=1$ …… ①

$\overrightarrow{OB}=2\overrightarrow{OM}$ であるから　　$\overrightarrow{OP}=x\overrightarrow{OA}+2y\overrightarrow{OM}$

P は直線 AM 上にあるから　　$x+2y=1$ …… ②

①, ② を解いて　$x=\frac{1}{2}$, $y=\frac{1}{4}$

したがって　$\overrightarrow{\mathbf{OP}}=\frac{\mathbf{1}}{\mathbf{2}}\overrightarrow{\mathbf{OA}}+\frac{\mathbf{1}}{\mathbf{4}}\overrightarrow{\mathbf{OB}}$

$\overrightarrow{ON}=k\overrightarrow{OP}$ (k は実数) とすると　$\overrightarrow{ON}=\frac{k}{2}\overrightarrow{OA}+\frac{k}{4}\overrightarrow{OB}$

N は直線 AB 上にあるから　$\frac{k}{2}+\frac{k}{4}=1$　　よって　$k=\frac{4}{3}$

したがって　$\overrightarrow{\mathbf{ON}}=\frac{\mathbf{2}}{\mathbf{3}}\overrightarrow{\mathbf{OA}}+\frac{\mathbf{1}}{\mathbf{3}}\overrightarrow{\mathbf{OB}}$

別解 2. は，直線のベクトル方程式（本冊 $p.415$ 参照）を利用した解法。

←(係数の和)＝1

←(係数の和)＝1

←(係数の和)＝1

練習 ③**27**　平面上に △OAB があり，OA＝1, OB＝2, ∠AOB＝45° とする。また，△OAB の垂心を H とする。$\overrightarrow{OA}=\vec{a}$, $\overrightarrow{OB}=\vec{b}$ とするとき，$\overrightarrow{OH}$ を $\vec{a}$, $\vec{b}$ を用いて表せ。

△OAB は直角三角形でないから，垂心 H が 2 点 A，B と一致することはない。

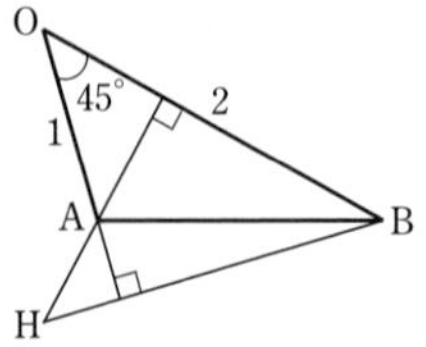

Hは垂心であるから

$$\overrightarrow{OA}\perp\overrightarrow{BH},\ \overrightarrow{OB}\perp\overrightarrow{AH}$$

$\overrightarrow{OH}=s\vec{a}+t\vec{b}$ (s, t は実数) とする。

$\overrightarrow{OA}\perp\overrightarrow{BH}$ から　　$\overrightarrow{OA}\cdot\overrightarrow{BH}=0$

よって　　$\vec{a}\cdot\{s\vec{a}+(t-1)\vec{b}\}=0$

ゆえに　　$s|\vec{a}|^2+(t-1)\vec{a}\cdot\vec{b}=0$ ……①

$\overrightarrow{OB}\perp\overrightarrow{AH}$ から　　$\overrightarrow{OB}\cdot\overrightarrow{AH}=0$

よって　　$\vec{b}\cdot\{(s-1)\vec{a}+t\vec{b}\}=0$

ゆえに　　$(s-1)\vec{a}\cdot\vec{b}+t|\vec{b}|^2=0$ ……②

ここで　　$|\vec{a}|=1$, $|\vec{b}|=2$,

$$\vec{a}\cdot\vec{b}=|\vec{a}||\vec{b}|\cos45°=1\cdot2\cdot\frac{1}{\sqrt{2}}=\sqrt{2}$$

これらを①，②にそれぞれ代入して整理すると

$$s+\sqrt{2}t=\sqrt{2},\ \sqrt{2}s+4t=\sqrt{2}$$

これを解いて　　$s=2\sqrt{2}-1$, $t=\dfrac{\sqrt{2}-2}{2}$

よって　　$\boldsymbol{\overrightarrow{OH}=(2\sqrt{2}-1)\vec{a}+\dfrac{\sqrt{2}-2}{2}\vec{b}}$

参考　三角形の垂心は，必ずしも三角形の内部にあるわけではない。

◀垂直 ⟶ (内積)＝0

◀垂直 ⟶ (内積)＝0

検討　本冊 $p.403$ 基本例題 27 は，本冊 $p.407$ で学ぶ **正射影ベクトル** を利用して，次のように解くこともできる。

$|\vec{a}|=5$, $|\vec{b}|=6$, $\vec{a}\cdot\vec{b}=6$ である。

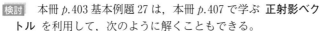

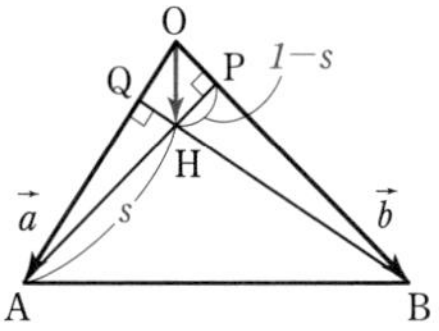

点Aから辺OBに垂線APを，点Bから辺OAに垂線BQを下ろすと

$$\overrightarrow{OP}=\frac{\vec{a}\cdot\vec{b}}{|\vec{b}|^2}\vec{b}=\frac{6}{6^2}\vec{b}=\underline{\frac{1}{6}}\vec{b},$$

$$\overrightarrow{OQ}=\frac{\vec{a}\cdot\vec{b}}{|\vec{a}|^2}\vec{a}=\frac{6}{5^2}\vec{a}=\frac{6}{25}\vec{a}$$

AH：HP$=s:(1-s)$ とすると

$$\overrightarrow{OH}=(1-s)\vec{a}+s\cdot\underline{\frac{1}{6}}\vec{b}=\frac{25}{6}(1-s)\cdot\frac{6}{25}\vec{a}+\frac{s}{6}\vec{b}$$

$$=\frac{25}{6}(1-s)\overrightarrow{OQ}+\frac{s}{6}\overrightarrow{OB}$$

点Hは直線QB上にあるから　　$\dfrac{25}{6}(1-s)+\dfrac{s}{6}=1$

よって　　$s=\dfrac{19}{24}$　　　したがって　　$\boldsymbol{\overrightarrow{OH}=\dfrac{5}{24}\vec{a}+\dfrac{19}{144}\vec{b}}$

$\overrightarrow{OA}=\vec{a}$, $\overrightarrow{OB}=\vec{b}$, $\vec{a}$ と $\vec{b}$ のなす角を θ とする。点Bから直線OAに垂線BB′を下ろしたとき

$$\overrightarrow{OB'}=\frac{|\vec{b}|\cos\theta}{|\vec{a}|}\vec{a}=\frac{\vec{a}\cdot\vec{b}}{|\vec{a}|^2}\vec{a}$$

(正射影ベクトル)

←(係数の和)＝1
(本冊 $p.415$ 参照)

練習 ③28

(1) △ABCの3辺の長さをAB=8，BC=7，CA=9とする。$\overrightarrow{AB}=\vec{b}$, $\overrightarrow{AC}=\vec{c}$ とし，△ABCの内心をPとするとき，$\overrightarrow{AP}$ を $\vec{b}$, $\vec{c}$ で表せ。

(2) △OABにおいて，$|\overrightarrow{OA}|=3$, $|\overrightarrow{OB}|=2$, $\overrightarrow{OA}\cdot\overrightarrow{OB}=4$ とする。点Aで直線OAに接する円の中心Cが∠AOBの二等分線 g 上にある。このとき，$\overrightarrow{OC}$ を $\overrightarrow{OA}=\vec{a}$, $\overrightarrow{OB}=\vec{b}$ で表せ。

〔(2) 類 神戸商大〕

(1) ∠A の二等分線と辺 BC の交点を D とすると

$BD:DC=AB:AC=8:9$

BC=7 であるから　$BD=7\times\dfrac{8}{17}=\dfrac{56}{17}$

BP は ∠B の二等分線であるから

$AP:PD=BA:BD=8:\dfrac{56}{17}=17:7$

よって　$\overrightarrow{AP}=\dfrac{17}{24}\overrightarrow{AD}=\dfrac{17}{24}\cdot\dfrac{9\vec{b}+8\vec{c}}{8+9}=\boldsymbol{\dfrac{3}{8}\vec{b}+\dfrac{1}{3}\vec{c}}$

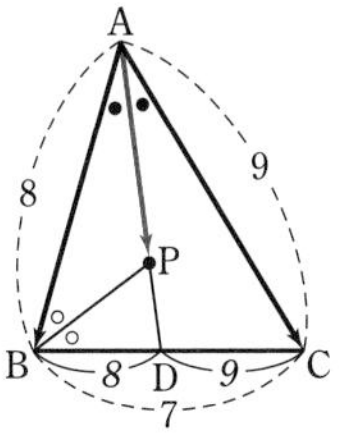

←∠C の二等分線と辺 AB の交点を E とすると
$AE:EB=CA:CB$
$=9:7$
$EP:PC=AE:AC$
$=\dfrac{9}{2}:9=1:2$
となる。このことを利用して考えてもよい。

(2) 点 C は ∠AOB の二等分線上にあるから

$\overrightarrow{OC}=k\left(\dfrac{\vec{a}}{|\vec{a}|}+\dfrac{\vec{b}}{|\vec{b}|}\right)=k\left(\dfrac{\vec{a}}{3}+\dfrac{\vec{b}}{2}\right)$，$k$ は実数

と表される。

また，中心 C の円が点 A で直線 OA に接するから　$CA\perp OA$

よって　$\overrightarrow{CA}\cdot\overrightarrow{OA}=0$ …… ①

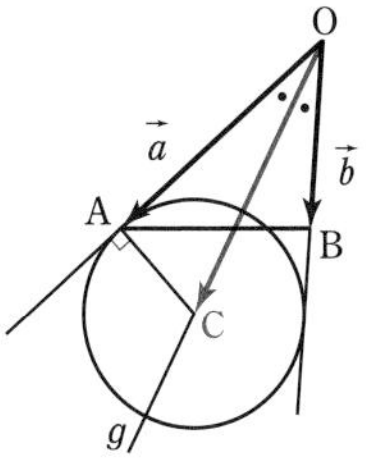

←本冊 $p.404$ 基本例題 **28** (2)(ア) の結果を利用。$k=0$ のとき，点 C は点 O に一致する。

垂直 ⟶ (内積)=0

ここで　$\overrightarrow{CA}\cdot\overrightarrow{OA}=(\overrightarrow{OA}-\overrightarrow{OC})\cdot\overrightarrow{OA}=\left\{\left(1-\dfrac{k}{3}\right)\vec{a}-\dfrac{k}{2}\vec{b}\right\}\cdot\vec{a}$

$=\left(1-\dfrac{k}{3}\right)|\vec{a}|^2-\dfrac{k}{2}\vec{a}\cdot\vec{b}$

$=\left(1-\dfrac{k}{3}\right)\times3^2-\dfrac{k}{2}\times4=9-5k$

←$\overrightarrow{OC}=k\left(\dfrac{\vec{a}}{3}+\dfrac{\vec{b}}{2}\right)$ を代入。

←$|\vec{a}|=3$，$\vec{a}\cdot\vec{b}=4$ を代入。

① から　$9-5k=0$　ゆえに　$k=\dfrac{9}{5}$

したがって　$\overrightarrow{OC}=\dfrac{9}{5}\left(\dfrac{\vec{a}}{3}+\dfrac{\vec{b}}{2}\right)=\boldsymbol{\dfrac{3}{5}\vec{a}+\dfrac{9}{10}\vec{b}}$

別解　直線 OC と辺 AB の交点を D とすると

$AD:DB=OA:OB=3:2$

よって　$\overrightarrow{OD}=\dfrac{2\vec{a}+3\vec{b}}{5}$

$\overrightarrow{OC}=k\overrightarrow{OD}$ (k は実数) と表されるから，

$\dfrac{k}{5}=t$ とおくと

$\overrightarrow{OC}=t(2\vec{a}+3\vec{b})$，$t$ は実数

と表される。

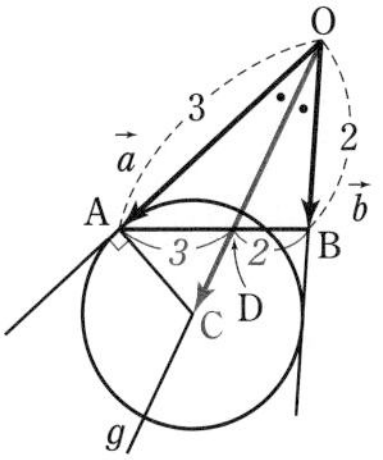

←△PQR の ∠P の二等分線と辺 QR の交点を X とすると
QX : XR=PQ : PR
(数学 A)

←計算をらくにするためのおき換え。k のままで計算してもよい。

また，中心 C の円が点 A で直線 OA に接するから

$CA\perp OA$

よって　$\overrightarrow{CA}\cdot\overrightarrow{OA}=0$ …… ①

ここで　$\overrightarrow{CA}\cdot\overrightarrow{OA}=(\overrightarrow{OA}-\overrightarrow{OC})\cdot\overrightarrow{OA}=\{(1-2t)\vec{a}-3t\vec{b}\}\cdot\vec{a}$

$=(1-2t)|\vec{a}|^2-3t\vec{a}\cdot\vec{b}$

$=(1-2t)\times3^2-3t\times4=9-30t$

垂直 ⟶ (内積)=0

←$\overrightarrow{OC}=t(2\vec{a}+3\vec{b})$ を代入。

←$|\vec{a}|=3$，$\vec{a}\cdot\vec{b}=4$ を代入。

①から　　$9-30t=0$　　　ゆえに　　$t=\frac{3}{10}$

したがって　　$\overrightarrow{\mathrm{OC}}=\frac{3}{5}\vec{a}+\frac{9}{10}\vec{b}$

練習 ③29　△ABC において，AB=3，AC=4，BC=$\sqrt{13}$ とし，外心をOとする。$\overrightarrow{\mathrm{AO}}$ を $\overrightarrow{\mathrm{AB}}$，$\overrightarrow{\mathrm{AC}}$ を用いて表せ。

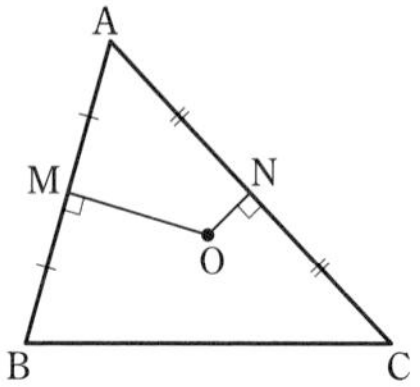

辺AB，辺ACの中点をそれぞれM，Nとする。ただし，△ABCは直角三角形ではないから，2点M，Nはともに点Oとは一致しない。

←最大辺はACであり $AC^2 \neq AB^2+BC^2$

点Oは△ABCの外心であるから

$AB\perp MO$，$AC\perp NO$

←三角形の外心は，3辺の垂直二等分線の交点である。

ゆえに

$\overrightarrow{\mathrm{AB}}\cdot\overrightarrow{\mathrm{MO}}=0$，$\overrightarrow{\mathrm{AC}}\cdot\overrightarrow{\mathrm{NO}}=0$

$\overrightarrow{\mathrm{AO}}=s\overrightarrow{\mathrm{AB}}+t\overrightarrow{\mathrm{AC}}$（$s$，$t$ は実数）とすると，$\overrightarrow{\mathrm{AB}}\cdot\overrightarrow{\mathrm{MO}}=0$ から

$\overrightarrow{\mathrm{AB}}\cdot(\overrightarrow{\mathrm{AO}}-\overrightarrow{\mathrm{AM}})=0$

よって　　$\overrightarrow{\mathrm{AB}}\cdot\left\{\left(s-\frac{1}{2}\right)\overrightarrow{\mathrm{AB}}+t\overrightarrow{\mathrm{AC}}\right\}=0$ …… ①

←$\overrightarrow{\mathrm{AM}}=\frac{1}{2}\overrightarrow{\mathrm{AB}}$

また，$\overrightarrow{\mathrm{AC}}\cdot\overrightarrow{\mathrm{NO}}=0$ から　　$\overrightarrow{\mathrm{AC}}\cdot(\overrightarrow{\mathrm{AO}}-\overrightarrow{\mathrm{AN}})=0$

ゆえに　　$\overrightarrow{\mathrm{AC}}\cdot\left\{s\overrightarrow{\mathrm{AB}}+\left(t-\frac{1}{2}\right)\overrightarrow{\mathrm{AC}}\right\}=0$ …… ②

←$\overrightarrow{\mathrm{AN}}=\frac{1}{2}\overrightarrow{\mathrm{AC}}$

ここで　　$|\overrightarrow{\mathrm{BC}}|^2=|\overrightarrow{\mathrm{AC}}-\overrightarrow{\mathrm{AB}}|^2=|\overrightarrow{\mathrm{AC}}|^2-2\overrightarrow{\mathrm{AB}}\cdot\overrightarrow{\mathrm{AC}}+|\overrightarrow{\mathrm{AB}}|^2$

よって　　$(\sqrt{13})^2=4^2-2\overrightarrow{\mathrm{AB}}\cdot\overrightarrow{\mathrm{AC}}+3^2$　　　ゆえに　　$\overrightarrow{\mathrm{AB}}\cdot\overrightarrow{\mathrm{AC}}=6$

よって，①から　　$\left(s-\frac{1}{2}\right)\times3^2+t\times6=0$　　すなわち　　$6s+4t=3$ …… ③

また，②から　　$s\times6+\left(t-\frac{1}{2}\right)\times4^2=0$　　すなわち　　$3s+8t=4$ …… ④

③，④から　　$s=\frac{2}{9}$，$t=\frac{5}{12}$

したがって　　$\overrightarrow{\mathrm{AO}}=\frac{2}{9}\overrightarrow{\mathrm{AB}}+\frac{5}{12}\overrightarrow{\mathrm{AC}}$

練習 ②30　次の等式が成り立つことを証明せよ。

(1)　△ABC において，辺BCの中点をMとするとき

$AB^2+AC^2=2(AM^2+BM^2)$（中線定理）

(2)　△ABC の重心をG，Oを任意の点とするとき

$AG^2+BG^2+CG^2=OA^2+OB^2+OC^2-3OG^2$

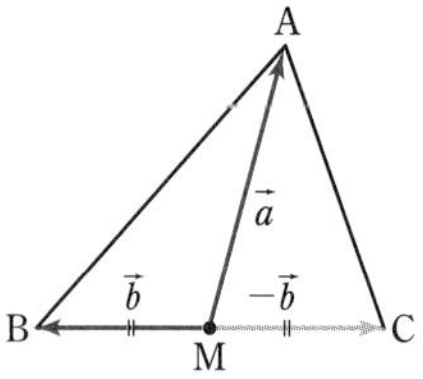

(1)　$\overrightarrow{\mathrm{MA}}=\vec{a}$，$\overrightarrow{\mathrm{MB}}=\vec{b}$ とすると，$\overrightarrow{\mathrm{MC}}=-\vec{b}$ であるから

←点Mに関する位置ベクトルを利用すると，計算がらく。なお，点Aに関する位置ベクトルを利用しても証明できる。

$$\begin{aligned}AB^2+AC^2&=|\overrightarrow{\mathrm{AB}}|^2+|\overrightarrow{\mathrm{AC}}|^2\\&=|\vec{b}-\vec{a}|^2+|-\vec{b}-\vec{a}|^2\\&=|\vec{b}|^2-2\vec{a}\cdot\vec{b}+|\vec{a}|^2\\&\quad+|\vec{b}|^2+2\vec{a}\cdot\vec{b}+|\vec{a}|^2\\&=2(|\vec{a}|^2+|\vec{b}|^2)\end{aligned}$$

$AM^2+BM^2=|\overrightarrow{AM}|^2+|\overrightarrow{BM}|^2=|\vec{a}|^2+|\vec{b}|^2$

ゆえに　$AB^2+AC^2=2(AM^2+BM^2)$

検討　$AB^2=|\vec{b}-\vec{a}|^2=|\vec{a}-\vec{b}|^2$，$AC^2=|-\vec{b}-\vec{a}|^2=|\vec{a}+\vec{b}|^2$
$AM^2=|\vec{a}|^2$，$BM^2=|\vec{b}|^2$

であるから，中線定理をベクトルで表すと

$$|\vec{a}+\vec{b}|^2+|\vec{a}-\vec{b}|^2=2(|\vec{a}|^2+|\vec{b}|^2)$$

これは，本冊 $p.384$ 基本例題 **15** (1) の等式そのものである。

(2)　$\overrightarrow{OA}=\vec{a}$，$\overrightarrow{OB}=\vec{b}$，$\overrightarrow{OC}=\vec{c}$，$\overrightarrow{OG}=\vec{g}$ とすると

$$3\vec{g}=\vec{a}+\vec{b}+\vec{c}$$

ゆえに　$AG^2+BG^2+CG^2-(OA^2+OB^2+OC^2-3OG^2)$

$=|\vec{g}-\vec{a}|^2+|\vec{g}-\vec{b}|^2+|\vec{g}-\vec{c}|^2-|\vec{a}|^2-|\vec{b}|^2-|\vec{c}|^2+3|\vec{g}|^2$

$=3|\vec{g}|^2-2(\vec{g}\cdot\vec{a}+\vec{g}\cdot\vec{b}+\vec{g}\cdot\vec{c})+3|\vec{g}|^2$

$=6|\vec{g}|^2-2\vec{g}\cdot(\vec{a}+\vec{b}+\vec{c})=6|\vec{g}|^2-2\vec{g}\cdot3\vec{g}=0$

よって　$AG^2+BG^2+CG^2=OA^2+OB^2+OC^2-3OG^2$

←$|\overrightarrow{AM}|=|\overrightarrow{MA}|=|\vec{a}|$

←$\vec{g}=\dfrac{\vec{a}+\vec{b}+\vec{c}}{3}$

←$AG=|\overrightarrow{AG}|=|\vec{g}-\vec{a}|$

←$6|\vec{g}|^2-6|\vec{g}|^2=0$

練習 ③31

右の図のように，△ABC の外側に

$AP=AB$，$AQ=AC$，$\angle PAB=\angle QAC=90°$

となるように，2 点 P，Q をとる。

更に，四角形 AQRP が平行四辺形になるように点 R をとると，

$AR\perp BC$ であることを証明せよ。

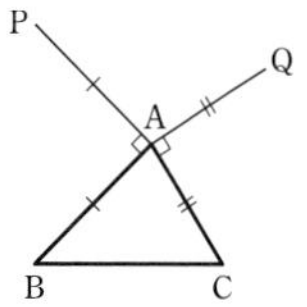

$\overrightarrow{AB}=\vec{b}$，$\overrightarrow{AC}=\vec{c}$，$\overrightarrow{AP}=\vec{p}$，$\overrightarrow{AQ}=\vec{q}$，

$\overrightarrow{AR}=\vec{r}$ とし，$\angle BAC=\theta$ とすると

$|\vec{p}|=|\vec{b}|$，$\vec{p}\cdot\vec{b}=0$，

$|\vec{q}|=|\vec{c}|$，$\vec{q}\cdot\vec{c}=0$

また　$\vec{r}=\vec{p}+\vec{q}$

よって　$\overrightarrow{AR}\cdot\overrightarrow{BC}=\vec{r}\cdot(\vec{c}-\vec{b})$

$=(\vec{p}+\vec{q})\cdot(\vec{c}-\vec{b})$

$=\vec{p}\cdot\vec{c}-\vec{p}\cdot\vec{b}+\vec{q}\cdot\vec{c}-\vec{q}\cdot\vec{b}$

$=\vec{p}\cdot\vec{c}-\vec{q}\cdot\vec{b}$

$=|\vec{p}||\vec{c}|\cos(90°+\theta)-|\vec{q}||\vec{b}|\cos(90°+\theta)=0$

$\overrightarrow{AR}\neq\vec{0}$，$\overrightarrow{BC}\neq\vec{0}$ であるから　$\overrightarrow{AR}\perp\overrightarrow{BC}$

したがって　$AR\perp BC$

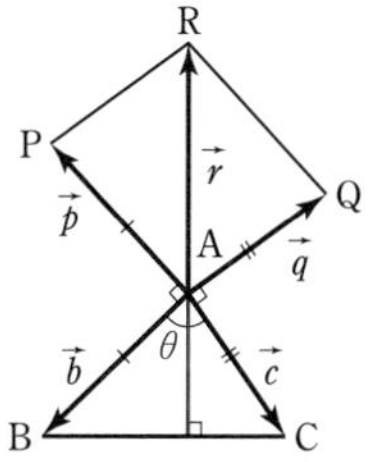

←点 A に関する位置ベクトルを利用。

←$\vec{a}\neq\vec{0}$，$\vec{b}\neq\vec{0}$ のとき
$\boldsymbol{a}\perp\boldsymbol{b}\iff\boldsymbol{a}\cdot\boldsymbol{b}=0$

←$\vec{p}\cdot\vec{b}=0$，$\vec{q}\cdot\vec{c}=0$

←$|\vec{p}||\vec{c}|=|\vec{q}||\vec{b}|$

練習 ③32

3 点 A，B，C が点 O を中心とする半径 1 の円周上にあり，$13\overrightarrow{OA}+12\overrightarrow{OB}+5\overrightarrow{OC}=\vec{0}$ を満たす。

$\angle AOB=\alpha$，$\angle AOC=\beta$ とするとき

(1)　$\overrightarrow{OB}\perp\overrightarrow{OC}$ であることを示せ。　(2)　$\cos\alpha$ および $\cos\beta$ を求めよ。　〔長崎大〕

(1)　$13\overrightarrow{OA}+12\overrightarrow{OB}+5\overrightarrow{OC}=\vec{0}$ から　$12\overrightarrow{OB}+5\overrightarrow{OC}=-13\overrightarrow{OA}$

ゆえに　$|12\overrightarrow{OB}+5\overrightarrow{OC}|=|13\overrightarrow{OA}|$

両辺を 2 乗して

$$144|\overrightarrow{OB}|^2+120\overrightarrow{OB}\cdot\overrightarrow{OC}+25|\overrightarrow{OC}|^2=169|\overrightarrow{OA}|^2$$

$|\overrightarrow{OA}|=|\overrightarrow{OB}|=|\overrightarrow{OC}|=1$ から　$144+120\overrightarrow{OB}\cdot\overrightarrow{OC}+25=169$

よって　$\overrightarrow{OB}\cdot\overrightarrow{OC}=0$

$\overrightarrow{OB}\neq\vec{0}$，$\overrightarrow{OC}\neq\vec{0}$ であるから　$\overrightarrow{OB}\perp\overrightarrow{OC}$

(1)　$\overrightarrow{OB}\cdot\overrightarrow{OC}=0$ を導きたい。$\overrightarrow{OB}\cdot\overrightarrow{OC}$ は $|k\overrightarrow{OB}+l\overrightarrow{OC}|^2$ から出てくる。

←A，B，C は単位円周上にあるから
$|\overrightarrow{OA}|=|\overrightarrow{OB}|=|\overrightarrow{OC}|=1$

(2)　$|13\overrightarrow{OA}+12\overrightarrow{OB}|^2=|-5\overrightarrow{OC}|^2$ を考えると，
$|\overrightarrow{OA}|=|\overrightarrow{OB}|=|\overrightarrow{OC}|=1$ であるから

$$169+2\times13\times12\overrightarrow{OA}\cdot\overrightarrow{OB}+144=25$$

よって　$\overrightarrow{OA}\cdot\overrightarrow{OB}=\dfrac{-288}{2\times13\times12}=-\dfrac{12}{13}$

ゆえに　$\boldsymbol{\cos\alpha}=\dfrac{\overrightarrow{OA}\cdot\overrightarrow{OB}}{|\overrightarrow{OA}||\overrightarrow{OB}|}\boldsymbol{=-\dfrac{12}{13}}$

同様に $|13\overrightarrow{OA}+5\overrightarrow{OC}|^2=|-12\overrightarrow{OB}|^2$ から　$\overrightarrow{OA}\cdot\overrightarrow{OC}=-\dfrac{5}{13}$

よって　$\boldsymbol{\cos\beta}=\dfrac{\overrightarrow{OA}\cdot\overrightarrow{OC}}{|\overrightarrow{OA}||\overrightarrow{OC}|}\boldsymbol{=-\dfrac{5}{13}}$

⊙ $|\vec{p}|$ は $|\vec{p}|^2$ として扱う

練習 ③33　次の等式を満たす △ABC は，どのような形の三角形か。

$$\overrightarrow{AB}\cdot\overrightarrow{AB}=\overrightarrow{AB}\cdot\overrightarrow{AC}+\overrightarrow{BA}\cdot\overrightarrow{BC}+\overrightarrow{CA}\cdot\overrightarrow{CB}$$

等式から　$\overrightarrow{AB}\cdot\overrightarrow{AB}=\overrightarrow{AB}\cdot\overrightarrow{AC}-\overrightarrow{AB}\cdot(\overrightarrow{AC}-\overrightarrow{AB})-\overrightarrow{AC}\cdot(-\overrightarrow{BC})$

ゆえに　$|\overrightarrow{AB}|^2=|\overrightarrow{AB}|^2+\overrightarrow{AC}\cdot\overrightarrow{BC}$

よって　$\overrightarrow{AC}\cdot\overrightarrow{BC}=0$

$\overrightarrow{AC}\neq\vec{0}$，$\overrightarrow{BC}\neq\vec{0}$ であるから　$\overrightarrow{AC}\perp\overrightarrow{BC}$

ゆえに　AC⊥BC

よって，△ABC は **∠C＝90° の直角三角形** である。

別解　$\overrightarrow{AB}\cdot\overrightarrow{AB}=\overrightarrow{AB}\cdot(\overrightarrow{AC}-\overrightarrow{BC})+\overrightarrow{CA}\cdot\overrightarrow{CB}$

$$=\overrightarrow{AB}\cdot\overrightarrow{AB}+\overrightarrow{CA}\cdot\overrightarrow{CB}$$

ゆえに，$\overrightarrow{CA}\cdot\overrightarrow{CB}=0$ で $\overrightarrow{CA}\neq\vec{0}$，$\overrightarrow{CB}\neq\vec{0}$ から　CA⊥CB

よって，△ABC は **∠C＝90° の直角三角形** である。

←等式の右辺を変形。

←$\overrightarrow{AC}-\overrightarrow{BC}=\overrightarrow{AC}+\overrightarrow{CB}=\overrightarrow{AB}$

練習 ②34　(1)　△ABC において，$A(\vec{a})$，$B(\vec{b})$，$C(\vec{c})$ とする。M を辺 BC の中点とするとき，直線 AM のベクトル方程式を求めよ。
(2)　次の直線の方程式を求めよ。ただし，媒介変数 t で表された式，t を消去した式の両方を答えよ。
(ア)　点 A(−4, 2) を通り，ベクトル $\vec{d}=(3,\ -1)$ に平行な直線
(イ)　2 点 A(−3, 5)，B(−2, 1) を通る直線

(1)　直線 AM 上の任意の点を $P(\vec{p})$ とする。

直線 AM は，辺 BC の中点 $M\left(\dfrac{\vec{b}+\vec{c}}{2}\right)$ を通り，$\overrightarrow{AM}$ に平行であるから，そのベクトル方程式は t を媒介変数とすると

$$\boldsymbol{\vec{p}}=\frac{\vec{b}+\vec{c}}{2}+t\overrightarrow{AM}=\frac{\vec{b}+\vec{c}}{2}+t\left(\frac{\vec{b}+\vec{c}}{2}-\vec{a}\right)$$

$$\boldsymbol{=-t\vec{a}+\frac{t+1}{2}\vec{b}+\frac{t+1}{2}\vec{c}}\ \textbf{（t は媒介変数）}$$

(2)　直線上の任意の点を $P(\vec{p})$ とする。

(ア)　点 $A(\vec{a})$ を通り，ベクトル $\vec{d}$ に平行な直線のベクトル方程式は　$\vec{p}=\vec{a}+t\vec{d}$

$\vec{p}=(x,\ y)$，$\vec{a}=(-4,\ 2)$，$\vec{d}=(3,\ -1)$ であるから

$$(x,\ y)=(-4,\ 2)+t(3,\ -1)=(-4+3t,\ 2-t)$$

HINT　(1)　直線 AM は，点 M を通り $\overrightarrow{AM}$ に平行。

別解　(1)　点 M を通る代わりに「点 A を通る」としてもよい。その場合

$\boldsymbol{\vec{p}}=\vec{a}+t\left(\dfrac{\vec{b}+\vec{c}}{2}-\vec{a}\right)$

$\boldsymbol{=(1-t)\vec{a}+\dfrac{t}{2}\vec{b}+\dfrac{t}{2}\vec{c}}$

←直線の方向ベクトルは $\vec{d}$ である。

ゆえに $\begin{cases} x=-4+3t & \cdots\cdots ① \\ y=2-t & \cdots\cdots ② \end{cases}$ (t は媒介変数)　←各成分を比較。

①+②×3 から　$x+3y-2=0$　←t を消去。

(イ)　2点 $A(\vec{a})$，$B(\vec{b})$ を通る直線のベクトル方程式は

$\vec{p}=(1-t)\vec{a}+t\vec{b}$

$\vec{p}=(x,\ y)$，$\vec{a}=(-3,\ 5)$，$\vec{b}=(-2,\ 1)$ であるから

$(x,\ y)=(1-t)(-3,\ 5)+t(-2,\ 1)=(t-3,\ -4t+5)$

ゆえに $\begin{cases} x=t-3 & \cdots\cdots ③ \\ y=-4t+5 & \cdots\cdots ④ \end{cases}$ (t は媒介変数)　←各成分を比較。

③×4+④ から　$4x+y+7=0$　←t を消去。

練習 ②35　(1)　点 $A(-2,\ 1)$ を通り，直線 $3x-5y+4=0$ に平行な直線，垂直な直線の方程式をそれぞれ求めよ。
(2)　2直線 $x-3y+5=0$，$2x+4y+3=0$ のなす鋭角を求めよ。

(1)　$3x-5y+4=0$ …… ① とする。

$\vec{n}=(3,\ -5)$ とすると，$\vec{n}$ は直線①の法線ベクトルであり，直線①の方向ベクトルを $\vec{m}=(a,\ b)$ とすると　$\vec{m}\cdot\vec{n}=0$　←$\vec{m}\perp\vec{n}$

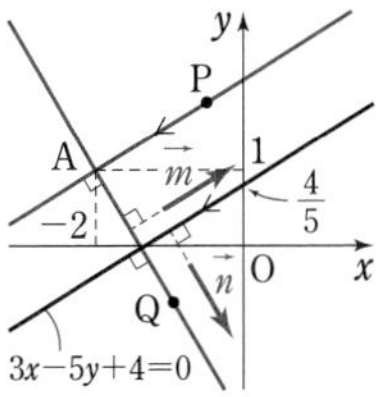

よって　$3a-5b=0$　ゆえに　$b=\dfrac{3}{5}a$

よって　$\vec{m}=\left(a,\ \dfrac{3}{5}a\right)=\dfrac{a}{5}(5,\ 3)$

ゆえに，$\vec{m}=(5,\ 3)$ ととることができる。

直線①に平行な直線の法線ベクトルは $\vec{n}$ であるから，

点 $A(-2,\ 1)$ を通り，直線①に平行な直線上の点を $P(x,\ y)$ とすると　$\vec{n}\cdot\overrightarrow{AP}=0$

$\overrightarrow{AP}=(x+2,\ y-1)$ であるから

$3(x+2)-5(y-1)=0$　すなわち　$3x-5y+11=0$

また，直線①に垂直な直線の法線ベクトルは $\vec{m}$ であるから，

点 $A(-2,\ 1)$ を通り，直線①に垂直な直線上の点を $Q(x,\ y)$ とすると　$\vec{m}\cdot\overrightarrow{AQ}=0$

$\overrightarrow{AQ}=(x+2,\ y-1)$ であるから

$5(x+2)+3(y-1)=0$　すなわち　$5x+3y+7=0$

検討　点 $A(x_1,\ y_1)$，直線 $\ell : ax+by+c=0$ について，

[1]　点Aを通り，直線 ℓ に平行な直線の方程式は　←法線ベクトルが $\vec{n}=(a,\ b)$ である直線。

$a(x-x_1)+b(y-y_1)=0$

[2]　点Aを通り，直線 ℓ に垂直な直線の方程式は　←法線ベクトルが ℓ の方向ベクトルである直線。

$b(x-x_1)-a(y-y_1)=0$

(2)　2直線 $x-3y+5=0$，$2x+4y+3=0$ をそれぞれ ℓ_1，ℓ_2 とすると，ℓ_1，ℓ_2 の法線ベクトルはそれぞれ $\overrightarrow{n_1}=(1,\ -3)$，$\overrightarrow{n_2}=(2,\ 4)$ とおける。

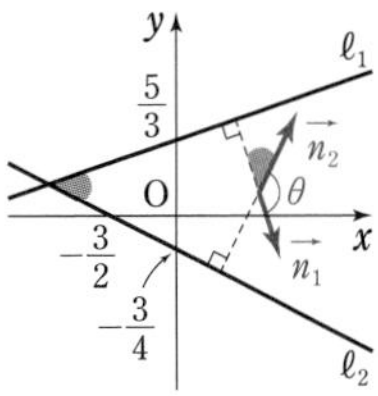

$\overrightarrow{n_1}\cdot\overrightarrow{n_2}=1\times2-3\times4=-10$，$|\overrightarrow{n_1}|=\sqrt{1^2+(-3)^2}=\sqrt{10}$，

$|\overrightarrow{n_2}|=\sqrt{2^2+4^2}=\sqrt{20}$ であるから，$\overrightarrow{n_1}$ と $\overrightarrow{n_2}$ のなす角を θ とす

ると　　$\cos\theta=\dfrac{\overrightarrow{n_1}\cdot\overrightarrow{n_2}}{|\overrightarrow{n_1}||\overrightarrow{n_2}|}=\dfrac{-10}{\sqrt{10}\sqrt{20}}=-\dfrac{1}{\sqrt{2}}$

$0^\circ\leqq\theta\leqq180^\circ$ であるから　　$\theta=135^\circ$

したがって，2 直線 ℓ_1，ℓ_2 のなす鋭角は　　$180^\circ-135^\circ=\mathbf{45^\circ}$

←$180^\circ-\theta$

練習 ②36　点 A(2, −3) から直線 ℓ：$3x-2y+4=0$ に下ろした垂線の足の座標を，ベクトルを用いて求めよ。また，点 A と直線 ℓ の距離を求めよ。

点 A から直線 ℓ に垂線 AH を下ろし，H$(s,\ t)$ とする。

$\vec{n}=(3,\ -2)$ とすると，$\vec{n}$ は直線 ℓ の法線ベクトルであり，

$\vec{n}\,/\!/\,\overrightarrow{\mathrm{AH}}$ であるから，$\overrightarrow{\mathrm{AH}}=k\vec{n}$ (k は実数) とおける。

よって　　$(s-2,\ t+3)=k(3,\ -2)$

ゆえに　　$s-2=3k$ …… ①，$t+3=-2k$ …… ②

H は直線 ℓ 上の点であるから　　$3s-2t+4=0$

①，② を代入して　　$3(3k+2)-2(-2k-3)+4=0$

よって　　$k=-\dfrac{16}{13}$

ゆえに，①，② から　　$s=-\dfrac{22}{13}$，$t=-\dfrac{7}{13}$

したがって，垂線の足 H の座標は　　$\left(-\dfrac{\mathbf{22}}{\mathbf{13}},\ -\dfrac{\mathbf{7}}{\mathbf{13}}\right)$

また，点 A と直線 ℓ の距離は

$$\mathrm{AH}=|\overrightarrow{\mathrm{AH}}|=\left|-\frac{16}{13}\vec{n}\right|=\frac{16}{13}|\vec{n}|$$

$$=\frac{16}{13}\sqrt{3^2+(-2)^2}=\frac{\mathbf{16\sqrt{13}}}{\mathbf{13}}$$

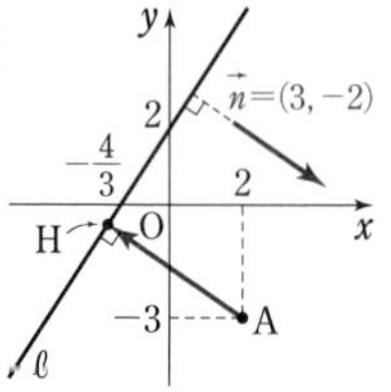

別解　H$\left(s,\ \dfrac{3}{2}s+2\right)$ とすると

$\overrightarrow{\mathrm{AH}}=\left(s-2,\ \dfrac{3}{2}s+5\right)$

$\vec{n}=(3,\ -2)$ とすると，

$\vec{n}\,/\!/\,\overrightarrow{\mathrm{AH}}$ であるから

$3\cdot\left(\dfrac{3}{2}s+5\right)-(-2)(s-2)$

$=0$　よって　$s=-\dfrac{22}{13}$

ゆえに　H$\left(-\dfrac{\mathbf{22}}{\mathbf{13}},\ -\dfrac{\mathbf{7}}{\mathbf{13}}\right)$

練習 ③37　平行四辺形 ABCD において，辺 AB を 3：2 に内分する点を E，辺 BC を 1：2 に内分する点を F，辺 CD の中点を M とし，$\overrightarrow{\mathrm{AB}}=\vec{b}$，$\overrightarrow{\mathrm{AD}}=\vec{d}$ とする。

(1) 線分 CE と FM の交点を P とするとき，$\overrightarrow{\mathrm{AP}}$ を $\vec{b}$，$\vec{d}$ で表せ。

(2) 直線 AP と対角線 BD の交点を Q とするとき，$\overrightarrow{\mathrm{AQ}}$ を $\vec{b}$，$\vec{d}$ で表せ。

(1)　CP：PE$=s:(1-s)$，MP：PF$=t:(1-t)$ とすると

$\overrightarrow{\mathrm{AP}}=s\overrightarrow{\mathrm{AE}}+(1-s)\overrightarrow{\mathrm{AC}}$

$=s\left(\dfrac{3}{5}\vec{b}\right)+(1-s)(\vec{b}+\vec{d})$

$=\left(1-\dfrac{2}{5}s\right)\vec{b}+(1-s)\vec{d}$

←$\overrightarrow{\mathrm{AP}}$ を 2 通りに表す。

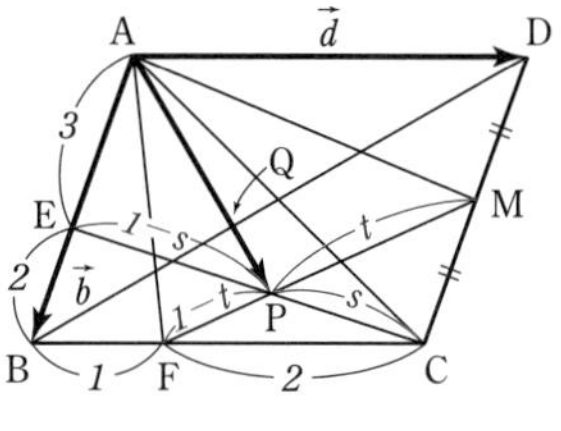

$\overrightarrow{\mathrm{AP}}=t\overrightarrow{\mathrm{AF}}+(1-t)\overrightarrow{\mathrm{AM}}$

$=t\left(\vec{b}+\dfrac{1}{3}\vec{d}\right)+(1-t)\left(\vec{d}+\dfrac{1}{2}\vec{b}\right)$

$=\dfrac{1+t}{2}\vec{b}+\dfrac{3-2t}{3}\vec{d}$

←$\overrightarrow{\mathrm{AF}}=\overrightarrow{\mathrm{AB}}+\overrightarrow{\mathrm{BF}}$，$\overrightarrow{\mathrm{AM}}=\overrightarrow{\mathrm{AD}}+\overrightarrow{\mathrm{DM}}$

$\vec{b}\neq\vec{0}$，$\vec{d}\neq\vec{0}$，$\vec{b}\not\parallel\vec{d}$ であるから

$1-\dfrac{2}{5}s=\dfrac{1+t}{2}$，$1-s=\dfrac{3-2t}{3}$

←$\vec{b}$，$\vec{d}$ の係数を比較。

これを解いて　　$s=\frac{10}{23}$，$t=\frac{15}{23}$

したがって　　$\overrightarrow{\mathbf{AP}}=\frac{\mathbf{19}}{\mathbf{23}}\vec{b}+\frac{\mathbf{13}}{\mathbf{23}}\vec{d}$

(2)　点 Q は直線 AP 上にあるから，$\overrightarrow{AQ}=k\overrightarrow{AP}$ (k は実数) とおける。

(1) から　　$\overrightarrow{AQ}=k\left(\frac{19}{23}\vec{b}+\frac{13}{23}\vec{d}\right)=\frac{19}{23}k\vec{b}+\frac{13}{23}k\vec{d}$

点 Q は直線 BD 上にあるから　　$\frac{19}{23}k+\frac{13}{23}k=1$

←(係数の和)=1

ゆえに　　$k=\frac{23}{32}$　　したがって　　$\overrightarrow{\mathbf{AQ}}=\frac{\mathbf{19}}{\mathbf{32}}\vec{b}+\frac{\mathbf{13}}{\mathbf{32}}\vec{d}$

←BQ：QD=13：19

練習 ③38

△OAB に対し，$\overrightarrow{OP}=s\overrightarrow{OA}+t\overrightarrow{OB}$ とする。実数 s，t が次の条件を満たしながら動くとき，点 P の存在範囲を求めよ。

(1)　$s+t=3$　　(2)　$2s+3t=1$，$s\geqq0$，$t\geqq0$　　(3)　$2s+3t\leqq6$，$s\geqq0$，$t\geqq0$

(1)　$s+t=3$ から　　$\frac{s}{3}+\frac{t}{3}=1$

←=1 の形を導く。

また　　$\overrightarrow{OP}=\frac{s}{3}(3\overrightarrow{OA})+\frac{t}{3}(3\overrightarrow{OB})$

←$\frac{s}{3}=s'$，$\frac{t}{3}=t'$ とおくと，$s'+t'=1$ で $\overrightarrow{OP}=s'\overrightarrow{OA'}+t'\overrightarrow{OB'}$

よって，点 P の存在範囲は，
$3\overrightarrow{OA}=\overrightarrow{OA'}$，$3\overrightarrow{OB}=\overrightarrow{OB'}$ とすると直線 A′B′ である。

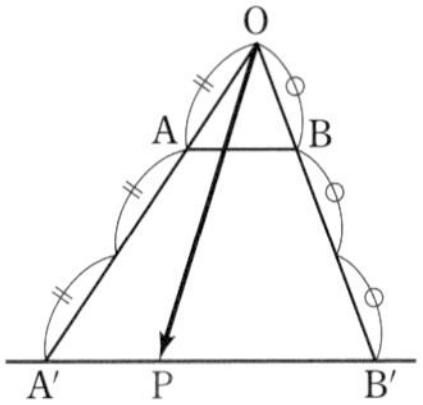

(2)　$2s+3t=1$

また　　$\overrightarrow{OP}=2s\left(\frac{1}{2}\overrightarrow{OA}\right)+3t\left(\frac{1}{3}\overrightarrow{OB}\right)$，
$2s\geqq0$，$3t\geqq0$

←$2s=s'$，$3t=t'$ とおくと，$s'+t'=1$，$s'\geqq0$，$t'\geqq0$ で $\overrightarrow{OP}=s'\overrightarrow{OA'}+t'\overrightarrow{OB'}$

よって，点 P の存在範囲は，
$\frac{1}{2}\overrightarrow{OA}=\overrightarrow{OA'}$，$\frac{1}{3}\overrightarrow{OB}=\overrightarrow{OB'}$ とすると線分 A′B′ である。

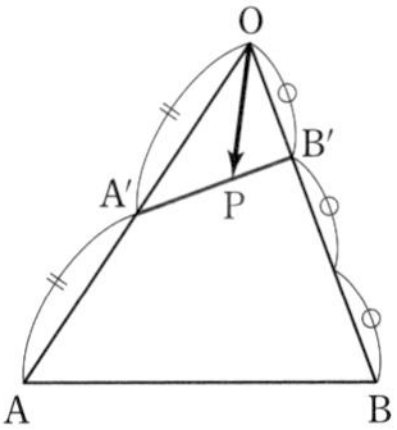

(3)　$2s+3t=k$ とおくと　　$0\leqq k\leqq6$

←$0\leqq2s+3t\leqq6$

$k=0$ のときは，$s=t=0$ であるから，点 P は点 O に一致する。

←$\overrightarrow{OP}=\vec{0}$

$0<k\leqq6$ のとき　　$\frac{2s}{k}+\frac{3t}{k}=1$，$\frac{2s}{k}\geqq0$，$\frac{3t}{k}\geqq0$

←$2s+3t=k$ の両辺を k で割る。

また　$\overrightarrow{OP}=\frac{2s}{k}\left(\frac{k}{2}\overrightarrow{OA}\right)+\frac{3t}{k}\left(\frac{k}{3}\overrightarrow{OB}\right)$

←$\frac{2s}{k}=s'$，$\frac{3t}{k}=t'$ とおくと，$s'+t'=1$，$s'\geqq0$，$t'\geqq0$ で $\overrightarrow{OP}=s'\overrightarrow{OA'}+t'\overrightarrow{OB'}$

$\frac{k}{2}\overrightarrow{OA}=\overrightarrow{OA'}$，$\frac{k}{3}\overrightarrow{OB}=\overrightarrow{OB'}$ とすると，
k が一定のとき点 P は線分 A′B′ 上を動く。
ここで，$0\leqq\frac{k}{2}\leqq3$，$0\leqq\frac{k}{3}\leqq2$ より，

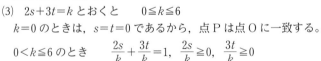

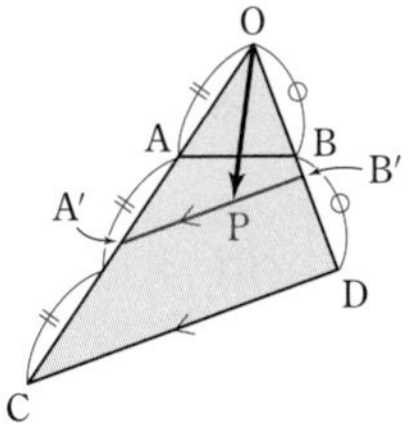

$3\overrightarrow{OA}=\overrightarrow{OC}$，$2\overrightarrow{OB}=\overrightarrow{OD}$ とすると，$0\leqq k\leqq6$ の範囲で k が変わるとき，点 P の存在範囲は **△OCD の周および内部** である。

←線分 A′B′ は線分 CD と平行に動く。

参考　斜交座標（本冊 $p.425$）の考えを利用する場合は，直交座標で O を原点，$\overrightarrow{OA}=(1,\ 0)$，$\overrightarrow{OB}=(0,\ 1)$，$\overrightarrow{OP}=(x,\ y)$ としたときの点 $(x,\ y)$ の存在範囲と比較するとよい。
ここで，$\overrightarrow{OP}=s\overrightarrow{OA}+t\overrightarrow{OB}$ から　　$(x,\ y)=s(1,\ 0)+t(0,\ 1)=(s,\ t)$
したがって，$x=s$，$y=t$ となる。

(1)　$x+y=3$

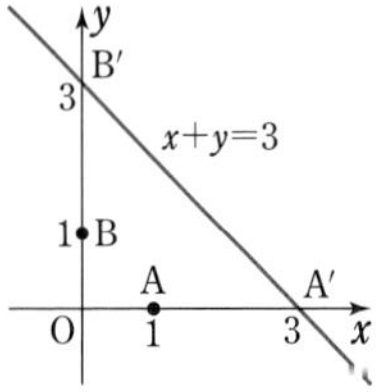

(2)　$2x+3y=1$，$x\geqq 0$，$y\geqq 0$

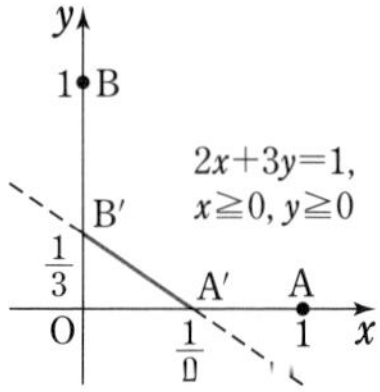

(3)　$2x+3y\leqq 6$，$x\geqq 0$，$y\geqq 0$

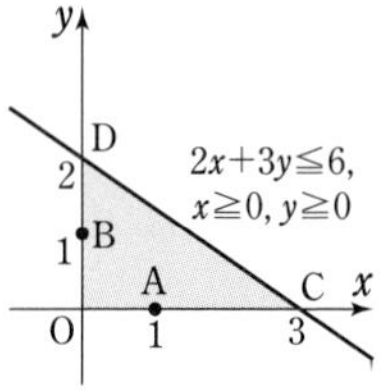

練習 ③39　△OAB に対し，$\overrightarrow{OP}=s\overrightarrow{OA}+t\overrightarrow{OB}$ とする。実数 s，t が次の条件を満たしながら動くとき，点 P の存在範囲を求めよ。
(1)　$1\leqq s+2t\leqq 2$，$s\geqq 0$，$t\geqq 0$　　(2)　$-1\leqq s\leqq 0$，$0\leqq 2t\leqq 1$　　(3)　$-1<s+t<2$

(1)　$s+2t=k\ (1\leqq k\leqq 2)$ とおくと

$$\frac{s}{k}+\frac{2t}{k}=1,\quad \frac{s}{k}\geqq 0,\quad \frac{2t}{k}\geqq 0$$

←$=1$ の形を導く。

また　　$\overrightarrow{OP}=\dfrac{s}{k}(k\overrightarrow{OA})+\dfrac{2t}{k}\left(\dfrac{k}{2}\overrightarrow{OB}\right)$

←$\dfrac{s}{k}=s'$，$\dfrac{2t}{k}=t'$ とおくと $s'+t'=1$，$s'\geqq 0$，$t'\geqq 0$ で
$\overrightarrow{OP}=s'\overrightarrow{OA'}+t'\overrightarrow{OB'}$

よって，$k\overrightarrow{OA}=\overrightarrow{OA'}$，$\dfrac{k}{2}\overrightarrow{OB}=\overrightarrow{OB'}$ とすると，k が一定のとき点 P は線分 A′B′ 上を動く。

ここで，$\mathbf{2\overrightarrow{OA}=\overrightarrow{OC}}$，$\mathbf{\dfrac{1}{2}\overrightarrow{OB}=\overrightarrow{OD}}$ **と**
すると，$1\leqq k\leqq 2$ の範囲で k が変わるとき，点 P の存在範囲は
台形 ACBD の周および内部
である。

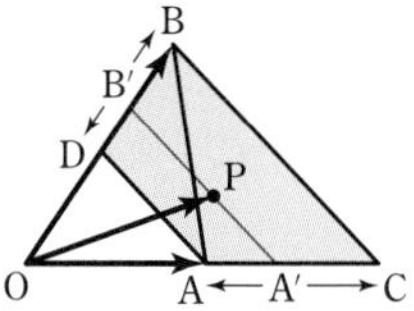

参考　斜交座標の考えを利用する場合は，次の直交座標の図と比較する。

(1)
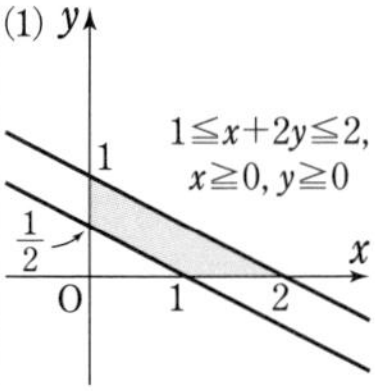

(2)　s を固定して，$\overrightarrow{OA'}=s\overrightarrow{OA}$ とすると
$$\overrightarrow{OP}=\overrightarrow{OA'}+t\overrightarrow{OB}$$
ここで，$0\leqq 2t\leqq 1$ すなわち $0\leqq t\leqq \dfrac{1}{2}$
の範囲で t を変化させると，点 P は右の図の線分 A′C′ 上を動く。

ただし　　$\overrightarrow{OC'}=\overrightarrow{OA'}+\dfrac{1}{2}\overrightarrow{OB}$

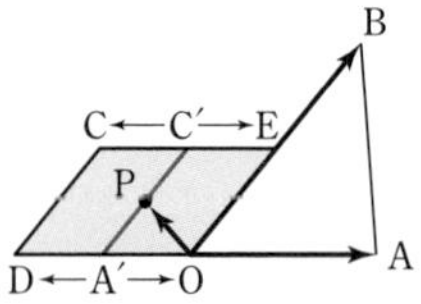

(2)
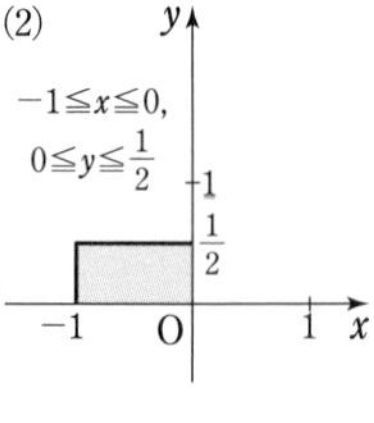

次に，$-1\leqq s\leqq 0$ の範囲で s を変化させると，線分 A′C′ は図の線分 DC から OE まで平行に動く。

ただし　　$\overrightarrow{OC}=-\overrightarrow{OA}+\dfrac{1}{2}\overrightarrow{OB}$，$\overrightarrow{OD}=-\overrightarrow{OA}$，$\overrightarrow{OE}=\dfrac{1}{2}\overrightarrow{OB}$

ゆえに，点Pの存在範囲は

$$-\overrightarrow{OA}+\frac{1}{2}\overrightarrow{OB}=\overrightarrow{OC},\ -\overrightarrow{OA}=\overrightarrow{OD},\ \frac{1}{2}\overrightarrow{OB}=\overrightarrow{OE}$$

とすると，平行四辺形 ODCE の周および内部

である。

別解　$0 \leqq -s \leqq 1$，$0 \leqq 2t \leqq 1$ から，$-s=s'$，$2t=t'$ とすると

$$\overrightarrow{OP}=s'(-\overrightarrow{OA})+t'\cdot\frac{1}{2}\overrightarrow{OB},\ 0 \leqq s' \leqq 1,\ 0 \leqq t' \leqq 1$$

よって，点Pの存在範囲は

$-\overrightarrow{OA}=\overrightarrow{OD}$，$\frac{1}{2}\overrightarrow{OB}=\overrightarrow{OE}$ とすると，線分 OD，OE を隣り合う 2 辺とする平行四辺形の周および内部

(3)　$s+t=k$ ($k \neq 0$，$-1<k<2$) とおくと

$$\frac{s}{k}+\frac{t}{k}=1,\ \overrightarrow{OP}=\frac{s}{k}(k\overrightarrow{OA})+\frac{t}{k}(k\overrightarrow{OB})$$

ゆえに，$k\overrightarrow{OA}=\overrightarrow{OC}$，$k\overrightarrow{OB}=\overrightarrow{OD}$，$\frac{s}{k}=s'$，$\frac{t}{k}=t'$ とおくと

$$\overrightarrow{OP}=s'\overrightarrow{OC}+t'\overrightarrow{OD},\ s'+t'=1$$

よって，点Pは辺 AB に平行な直線 CD 上を動く。

また，$k=0$ のとき，$\overrightarrow{OP}=s\overrightarrow{BA}(=t\overrightarrow{AB})$ となり，点Pは点Oを通り，AB に平行な直線上を動く。

ここで，**$-\overrightarrow{OA}=\overrightarrow{OE}$，$-\overrightarrow{OB}=\overrightarrow{OF}$，$2\overrightarrow{OA}=\overrightarrow{OG}$，$2\overrightarrow{OB}=\overrightarrow{OH}$ とすると，**

k が -1 から 2 まで変化すると，点Cは図の線分 EG 上を E から G まで，点Dは線分 FH 上を F から H まで動く。ゆえに，点Pの存在範囲は **2本の平行線 EF，GH で挟まれた部分。ただし，直線 EF，GH は除く。**

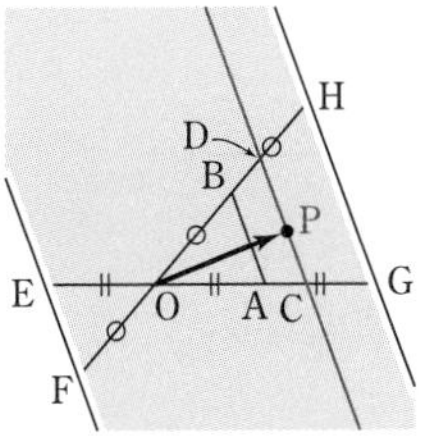

(3)

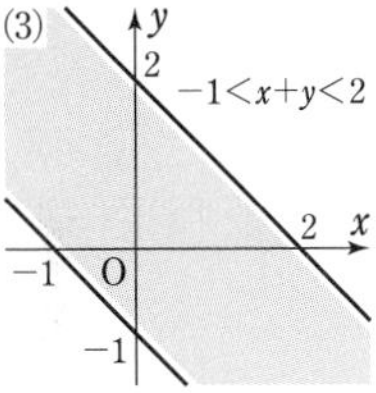

←$s+t=0$ から　$t=-s$，
$\overrightarrow{OP}=s\overrightarrow{OA}+(-s)\overrightarrow{OB}$
$=s(\overrightarrow{OA}-\overrightarrow{OB})$
$=s\overrightarrow{BA}$

練習 ③40

△OAB において，次の条件を満たす点Pの存在範囲を求めよ。
(1)　$\overrightarrow{OP}=(2s+t)\overrightarrow{OA}+t\overrightarrow{OB}$，$0 \leqq s+t \leqq 1$，$s \geqq 0$，$t \geqq 0$
(2)　$\overrightarrow{OP}=(s-t)\overrightarrow{OA}+(s+t)\overrightarrow{OB}$，$0 \leqq s \leqq 1$，$0 \leqq t \leqq 1$

(1)　$\overrightarrow{OP}=(2s+t)\overrightarrow{OA}+t\overrightarrow{OB}$
$=s(2\overrightarrow{OA})+t(\overrightarrow{OA}+\overrightarrow{OB})$

$2\overrightarrow{OA}=\overrightarrow{OC}$，$\overrightarrow{OA}+\overrightarrow{OB}=\overrightarrow{OD}$ とすると

$$\overrightarrow{OP}=s\overrightarrow{OC}+t\overrightarrow{OD},$$
$$0 \leqq s+t \leqq 1,\ s \geqq 0,\ t \geqq 0$$

よって，点Pの存在範囲は

△OCD の周および内部

である。

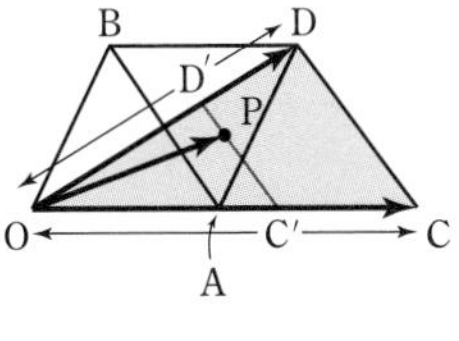

(1)　$s+t=k$ ($0 \leqq k \leqq 1$) とおくと，$k=0$ のとき，点Oに一致する。
$k \neq 0$ のとき
$\frac{s}{k}+\frac{t}{k}=1$，
$\overrightarrow{OP}=\frac{s}{k}(k\overrightarrow{OC})+\frac{t}{k}(k\overrightarrow{OD})$
$k\overrightarrow{OC}=\overrightarrow{OC'}$，$k\overrightarrow{OD}=\overrightarrow{OD'}$ とおいて k を固定すると，点Pは線分 C′D′ 上を動く。次に k を動かす。

(2) $\overrightarrow{\mathrm{OP}}=(s-t)\overrightarrow{\mathrm{OA}}+(s+t)\overrightarrow{\mathrm{OB}}$

$=s(\overrightarrow{\mathrm{OA}}+\overrightarrow{\mathrm{OB}})+t(\overrightarrow{\mathrm{OB}}-\overrightarrow{\mathrm{OA}})$

$\overrightarrow{\mathrm{OA}}+\overrightarrow{\mathrm{OB}}=\overrightarrow{\mathrm{OC}}$，$\overrightarrow{\mathrm{OB}}-\overrightarrow{\mathrm{OA}}=\overrightarrow{\mathrm{OD}}$ とすると

$\overrightarrow{\mathrm{OP}}=s\overrightarrow{\mathrm{OC}}+t\overrightarrow{\mathrm{OD}}$,

$0\leqq s\leqq 1$，$0\leqq t\leqq 1$

よって，点Pの存在範囲は

線分OC，ODを隣り合う2辺とする平行四辺形の周および内部

である。

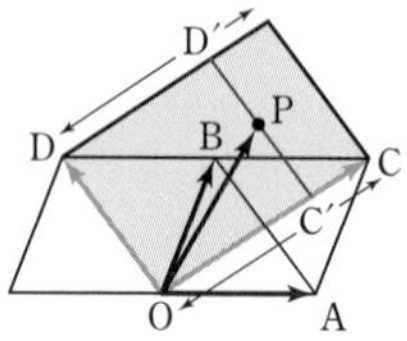

(2) $s(\overrightarrow{\mathrm{OA}}+\overrightarrow{\mathrm{OB}})=\overrightarrow{\mathrm{OC'}}$ とおいて s を固定すると
$\overrightarrow{\mathrm{OP}}=\overrightarrow{\mathrm{OC'}}+t\overrightarrow{\mathrm{OD}}$
t を $0\leqq t\leqq 1$ の範囲で動かすと点Pは図の線分C′D′上を動く（ただし $\overrightarrow{\mathrm{OD'}}=\overrightarrow{\mathrm{OC'}}+\overrightarrow{\mathrm{OD}}$）。
次に s を動かす。

練習 ③41 平面上の△ABCと任意の点Pに対し，次のベクトル方程式は円を表す。どのような円か。
(1) $|\overrightarrow{\mathrm{BP}}+\overrightarrow{\mathrm{CP}}|=|\overrightarrow{\mathrm{AB}}+\overrightarrow{\mathrm{AC}}|$　　(2) $2\overrightarrow{\mathrm{PA}}\cdot\overrightarrow{\mathrm{PB}}=3\overrightarrow{\mathrm{PA}}\cdot\overrightarrow{\mathrm{PC}}$

$\overrightarrow{\mathrm{AB}}=\vec{b}$，$\overrightarrow{\mathrm{AC}}=\vec{c}$，$\overrightarrow{\mathrm{AP}}=\vec{p}$ とする。

←点Aに関する位置ベクトル。

(1) $|\overrightarrow{\mathrm{BP}}+\overrightarrow{\mathrm{CP}}|=|(\vec{p}-\vec{b})+(\vec{p}-\vec{c})|$

←$\overrightarrow{\mathrm{BP}}=\overrightarrow{\mathrm{AP}}-\overrightarrow{\mathrm{AB}}$

$=2\left|\vec{p}-\dfrac{\vec{b}+\vec{c}}{2}\right|$

であるから，ベクトル方程式は

$$2\left|\vec{p}-\frac{\vec{b}+\vec{c}}{2}\right|=|\vec{b}+\vec{c}|$$

ゆえに　$\left|\vec{p}-\dfrac{\vec{b}+\vec{c}}{2}\right|=\left|\dfrac{\vec{b}+\vec{c}}{2}\right|$

よって，この方程式の表す図形は

辺BCの中点を中心とし，点Aを通る円

である。

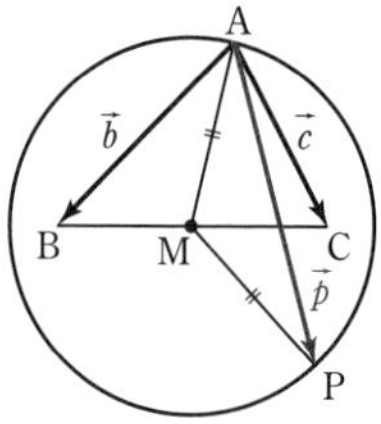

←辺BCの中点をMとすると
$|\overrightarrow{\mathrm{AP}}-\overrightarrow{\mathrm{AM}}|=|\overrightarrow{\mathrm{AM}}|$
すなわち
$|\overrightarrow{\mathrm{MP}}|=|\overrightarrow{\mathrm{AM}}|$

(2) ベクトル方程式は

$2(-\vec{p})\cdot(\vec{b}-\vec{p})=3(-\vec{p})\cdot(\vec{c}-\vec{p})$

←$\overrightarrow{\mathrm{PA}}=-\overrightarrow{\mathrm{AP}}$,
$\overrightarrow{\mathrm{PB}}=\overrightarrow{\mathrm{AB}}-\overrightarrow{\mathrm{AP}}$

ゆえに　$\vec{p}\cdot\{2(\vec{p}-\vec{b})-3(\vec{p}-\vec{c})\}=0$

よって　$-\vec{p}\cdot(\vec{p}+2\vec{b}-3\vec{c})=0$

したがって

$$\vec{p}\cdot\left(\vec{p}-\frac{-2\vec{b}+3\vec{c}}{3-2}\right)=0$$

←$\mathrm{D}\left(\dfrac{-2\vec{b}+3\vec{c}}{3-2}\right)$ とすると　$\overrightarrow{\mathrm{AP}}\cdot(\overrightarrow{\mathrm{AP}}-\overrightarrow{\mathrm{AD}})=0$
すなわち　$\overrightarrow{\mathrm{AP}}\cdot\overrightarrow{\mathrm{DP}}=0$

ゆえに，この方程式の表す図形は

辺BCを3：2に外分する点と点Aを直径の両端とする円

である。

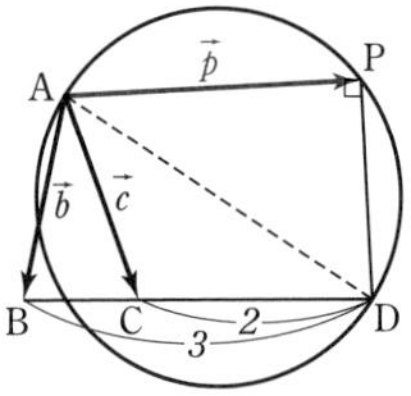

練習 ②42 円 $(x-a)^2+(y-b)^2=r^2\ (r>0)$ 上の点 $(x_0,\ y_0)$ における接線の方程式は $(x_0-a)(x-a)+(y_0-b)(y-b)=r^2$ であることを，ベクトルを用いて証明せよ。

円 $(x-a)^2+(y-b)^2=r^2\ (r>0)$ 上の点 $(x_0,\ y_0)$ における接線を ℓ とし，ℓ 上の任意の点の座標を $(x,\ y)$ とする。
$\vec{c}=(a,\ b)$，$\vec{p_0}=(x_0,\ y_0)$ とし，$\vec{p}=(x,\ y)$ とすると，接線のベクトル方程式は　$(\vec{p_0}-\vec{c})\cdot(\vec{p}-\vec{p_0})=0$
ゆえに　$(\vec{p_0}-\vec{c})\cdot\{\vec{p}-\vec{c}-(\vec{p_0}-\vec{c})\}=0$
よって　$(\vec{p_0}-\vec{c})\cdot(\vec{p}-\vec{c})=|\vec{p_0}-\vec{c}|^2$ ……①
ここで　$\vec{p_0}-\vec{c}=(x_0,\ y_0)-(a,\ b)=(x_0-a,\ y_0-b)$，
$\vec{p}-\vec{c}=(x,\ y)-(a,\ b)=(x-a,\ y-b)$
$|\vec{p_0}-\vec{c}|=r$ であるから，① より接線の方程式は
$$(x_0-a)(x-a)+(y_0-b)(y-b)=r^2$$

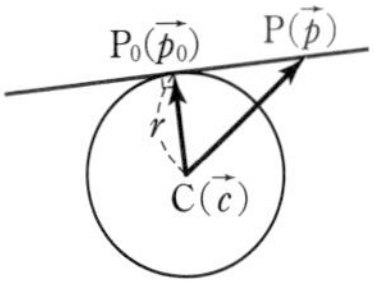

点 $P(\vec{p})$ が ℓ 上にあることは，$\overrightarrow{CP_0}\perp\overrightarrow{P_0P}$ または $\overrightarrow{P_0P}=\vec{0}$ が成り立つことと同値である。

練習 ④43 平面上に，異なる2定点O，Aと，線分OAを直径とする円 C を考える。円 C 上に点O，Aとは異なる点Bをとり，$\vec{a}=\overrightarrow{OA}$，$\vec{b}=\overrightarrow{OB}$ とする。
(1) △OABの重心をGとする。位置ベクトル $\overrightarrow{OG}$ を $\vec{a}$ と $\vec{b}$ で表せ。
(2) この平面上で，$\overrightarrow{OP}\cdot\overrightarrow{AP}+\overrightarrow{AP}\cdot\overrightarrow{BP}+\overrightarrow{BP}\cdot\overrightarrow{OP}=0$ を満たす点Pの全体からなる円の中心をD，半径を r とする。位置ベクトル $\overrightarrow{OD}$ および r を，$\vec{a}$ と $\vec{b}$ を用いて表せ。〔類 岡山大〕

(1) $\overrightarrow{\mathbf{OG}}=\dfrac{1}{3}(\overrightarrow{OO}+\overrightarrow{OA}+\overrightarrow{OB})=\dfrac{\vec{\boldsymbol{a}}+\vec{\boldsymbol{b}}}{3}$

(2) $\overrightarrow{OP}=\vec{p}$ とすると，等式から
$$\vec{p}\cdot(\vec{p}-\vec{a})+(\vec{p}-\vec{a})\cdot(\vec{p}-\vec{b})+(\vec{p}-\vec{b})\cdot\vec{p}=0$$
よって　$|\vec{p}|^2-\vec{p}\cdot\vec{a}+|\vec{p}|^2-\vec{p}\cdot\vec{b}-\vec{p}\cdot\vec{a}+\vec{a}\cdot\vec{b}+|\vec{p}|^2-\vec{b}\cdot\vec{p}=0$
整理すると　$3|\vec{p}|^2-2(\vec{a}+\vec{b})\cdot\vec{p}+\vec{a}\cdot\vec{b}=0$
変形して　$|\vec{p}|^2-\dfrac{2}{3}(\vec{a}+\vec{b})\cdot\vec{p}=-\dfrac{1}{3}\vec{a}\cdot\vec{b}$
両辺に $\dfrac{1}{9}|\vec{a}+\vec{b}|^2$ を加えて
$$\left|\vec{p}-\frac{\vec{a}+\vec{b}}{3}\right|^2=\frac{|\vec{a}|^2-\vec{a}\cdot\vec{b}+|\vec{b}|^2}{9}$$
ここで，∠OBA＝90° より $\overrightarrow{OB}\perp\overrightarrow{AB}$ であるから
$\vec{b}\cdot(\vec{b}-\vec{a})=0$　　よって　$|\vec{b}|^2-\vec{a}\cdot\vec{b}=0$
ゆえに　$\left|\vec{p}-\dfrac{\vec{a}+\vec{b}}{3}\right|^2=\dfrac{|\vec{a}|^2}{9}$
よって　$\left|\vec{p}-\dfrac{\vec{a}+\vec{b}}{3}\right|=\dfrac{|\vec{a}|}{3}$
これは，中心の位置ベクトルが $\dfrac{\vec{a}+\vec{b}}{3}$，半径が $\dfrac{|\vec{a}|}{3}$ の円のベクトル方程式であるから　$\overrightarrow{\mathbf{OD}}=\dfrac{\vec{\boldsymbol{a}}+\vec{\boldsymbol{b}}}{3}$，$\boldsymbol{r}=\dfrac{|\vec{\boldsymbol{a}}|}{3}$

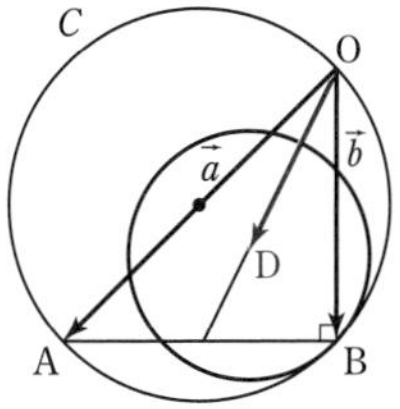

HINT (2) $\overrightarrow{OP}=\vec{p}$ として等式を整理し，$|\vec{p}-\vec{c}|=r$ の形に変形する。線分OAは直径であるから，$\overrightarrow{OB}\perp\overrightarrow{AB}$ ⟶ $\vec{b}\cdot(\vec{b}-\vec{a})=0$ に注意。

←平方完成の要領で。

←中心Dは△OABの重心Gと一致する。

EX ①1

$\vec{a}\neq\vec{0}$，$\vec{b}\neq\vec{0}$，$\vec{a}\nparallel\vec{b}$ のとき，等式 $3s\vec{a}+2(t+1)\vec{b}=(5t-1)\vec{a}-(s+1)\vec{b}$ を満たす実数 s，t の値を求めよ。

$\vec{a}\neq\vec{0}$，$\vec{b}\neq\vec{0}$，$\vec{a}\nparallel\vec{b}$ であるから，

$3s\vec{a}+2(t+1)\vec{b}=(5t-1)\vec{a}-(s+1)\vec{b}$ のとき

$$3s=5t-1 \quad\cdots\cdots\ ①,\quad 2(t+1)=-(s+1) \quad\cdots\cdots\ ②$$

①，② を解いて　$\boldsymbol{s=-\dfrac{17}{11}}$，$\boldsymbol{t=-\dfrac{8}{11}}$

HINT　$\vec{a}$，$\vec{b}$ が1次独立のとき
$s\vec{a}+t\vec{b}=s'\vec{a}+t'\vec{b}$
$\iff s=s'$，$t=t'$

EX ②2

$(2\vec{a}+3\vec{b})\parallel(\vec{a}-4\vec{b})$，$\vec{a}\neq\vec{0}$，$\vec{b}\neq\vec{0}$ のとき，$\vec{a}\parallel\vec{b}$ であることを示せ。

$(2\vec{a}+3\vec{b})\parallel(\vec{a}-4\vec{b})$ であるから，$2\vec{a}+3\vec{b}=k(\vec{a}-4\vec{b})$

(k は実数) と表される。

よって　$(k-2)\vec{a}=(4k+3)\vec{b}$

$k-2=0$ とすると，$11\vec{b}=\vec{0}$ となり，$\vec{b}\neq\vec{0}$ に反する。

ゆえに，$k-2\neq0$ から　$\vec{a}=\dfrac{4k+3}{k-2}\vec{b}$

$\vec{a}\neq\vec{0}$，$\vec{b}\neq\vec{0}$ であるから　$\vec{a}\parallel\vec{b}$

HINT　$\vec{p}\neq\vec{0}$，$\vec{q}\neq\vec{0}$ のとき　$\vec{p}\parallel\vec{q}$
$\iff \vec{p}=k\vec{q}$ (k は実数)

←同様に $4k+3\neq0$ であるから，$\vec{b}=\dfrac{k-2}{4k+3}\vec{a}$ としてもよい。

EX ③3

1辺の長さが1の正方形OACBにおいて，辺CBを2：1に内分する点をDとする。また，∠AODの二等分線に関して点Aと対称な点をPとする。このとき，$\overrightarrow{\mathrm{OP}}$ は $\overrightarrow{\mathrm{OA}}$，$\overrightarrow{\mathrm{OB}}$ を用いて $\overrightarrow{\mathrm{OP}}=$ ア□$\overrightarrow{\mathrm{OA}}+$ イ□$\overrightarrow{\mathrm{OB}}$ と表される。〔関西大〕

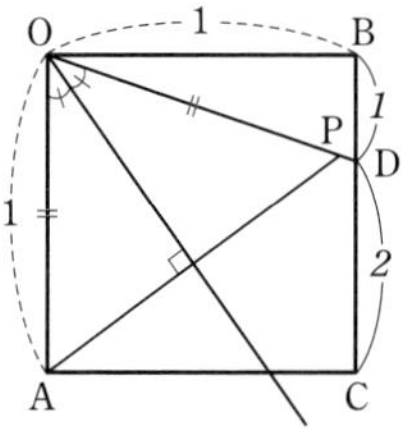

点Dは辺CBを2：1に内分するから

$$\overrightarrow{\mathrm{OD}}=\overrightarrow{\mathrm{OB}}+\overrightarrow{\mathrm{BD}}=\frac{1}{3}\overrightarrow{\mathrm{OA}}+\overrightarrow{\mathrm{OB}}$$

←$\overrightarrow{\mathrm{BD}}=\dfrac{1}{1+2}\overrightarrow{\mathrm{BC}}=\dfrac{1}{3}\overrightarrow{\mathrm{OA}}$

また，$\mathrm{BD}=\dfrac{1}{3}$ であるから

$$\mathrm{OD}=\sqrt{\mathrm{OB}^2+\mathrm{BD}^2}=\sqrt{1^2+\left(\frac{1}{3}\right)^2}=\frac{\sqrt{10}}{3}$$

←直角三角形OBDにおいて三平方の定理。

点Pは∠AODの二等分線に関して点Aと対称であるから

$$\mathrm{OP}=\mathrm{OA}=1$$

よって，$\overrightarrow{\mathrm{OP}}$ は $\overrightarrow{\mathrm{OD}}$ と同じ向きに平行な単位ベクトルであるから

$$\overrightarrow{\mathrm{OP}}=\frac{\overrightarrow{\mathrm{OD}}}{|\overrightarrow{\mathrm{OD}}|}=\frac{3}{\sqrt{10}}\overrightarrow{\mathrm{OD}}=\frac{3}{\sqrt{10}}\left(\frac{1}{3}\overrightarrow{\mathrm{OA}}+\overrightarrow{\mathrm{OB}}\right)$$

$$={}^{ア}\boldsymbol{\frac{1}{\sqrt{10}}}\overrightarrow{\mathrm{OA}}+{}^{イ}\boldsymbol{\frac{3}{\sqrt{10}}}\overrightarrow{\mathrm{OB}}$$

←$\vec{a}$ と平行な単位ベクトルは　$\pm\dfrac{\vec{a}}{|\vec{a}|}$

EX ②4

平行四辺形ABCDにおいて，対角線の交点をP，辺BCを2：1に内分する点をQとする。このとき，$\overrightarrow{\mathrm{AB}}=\vec{b}$，$\overrightarrow{\mathrm{AD}}=\vec{d}$ をそれぞれ $\overrightarrow{\mathrm{AP}}=\vec{p}$，$\overrightarrow{\mathrm{AQ}}=\vec{q}$ を用いて表せ。

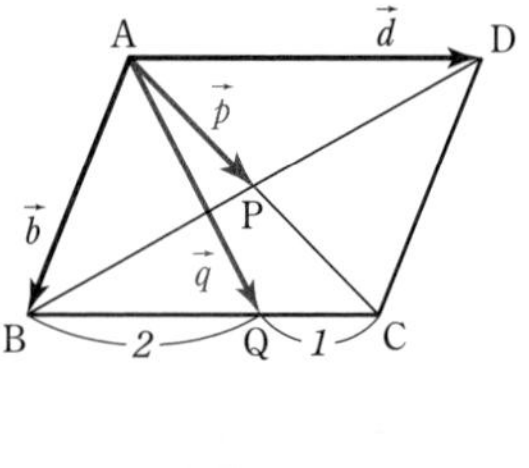

$$\overrightarrow{\mathrm{AP}}=\frac{1}{2}\overrightarrow{\mathrm{AC}}=\frac{1}{2}(\overrightarrow{\mathrm{AB}}+\overrightarrow{\mathrm{AD}})$$

$$\overrightarrow{\mathrm{AQ}}=\overrightarrow{\mathrm{AB}}+\overrightarrow{\mathrm{BQ}}=\overrightarrow{\mathrm{AB}}+\frac{2}{3}\overrightarrow{\mathrm{BC}}$$

$$=\overrightarrow{\mathrm{AB}}+\frac{2}{3}\overrightarrow{\mathrm{AD}}$$

←BQ：BC＝2：3

よって　$2\vec{p}=\vec{b}+\vec{d}$ …… ①

$3\vec{q}=3\vec{b}+2\vec{d}$ …… ②

②−①×2 から　$\boldsymbol{\vec{b}=-4\vec{p}+3\vec{q}}$

①×3−② から　$\boldsymbol{\vec{d}=6\vec{p}-3\vec{q}}$

←b, d の連立方程式 $\begin{cases}2p=b+d\\3q=3b+2d\end{cases}$ を解くのと同じ要領。

EX ②5

△ABC において，$2\overrightarrow{BP}=\overrightarrow{BC}$，$2\overrightarrow{AQ}+\overrightarrow{AB}=\overrightarrow{AC}$ であるとき，四角形 ABPQ はどのような形か。

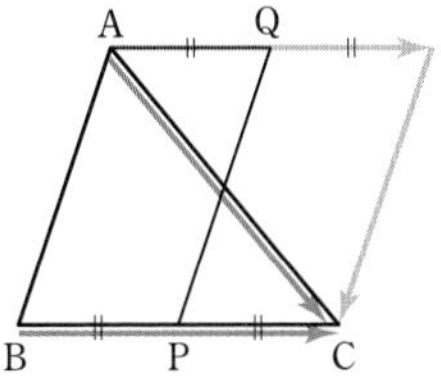

$2\overrightarrow{BP}=\overrightarrow{BC}$ から　$\overrightarrow{BP}=\dfrac{1}{2}\overrightarrow{BC}$ …… ①

$2\overrightarrow{AQ}+\overrightarrow{AB}=\overrightarrow{AC}$ から

$2\overrightarrow{AQ}=\overrightarrow{AC}-\overrightarrow{AB}$

よって　$2\overrightarrow{AQ}=\overrightarrow{BC}$

ゆえに　$\overrightarrow{AQ}=\dfrac{1}{2}\overrightarrow{BC}$ …… ②

①，② から　$\overrightarrow{BP}=\overrightarrow{AQ}$

よって　BP∥AQ，BP＝AQ

したがって，四角形 ABPQ は **平行四辺形** である。

HINT　条件式を変形して $\overrightarrow{BP}$ と $\overrightarrow{AQ}$ の関係式を導く。

←$\overrightarrow{AC}-\overrightarrow{AB}=\overrightarrow{BC}$

←1 組の対辺が平行で，その長さが等しい。

EX ③6

1 辺の長さが 1 の正五角形 ABCDE において，対角線 AC と BE の交点を F，AD と BE の交点を G とする。また，AC＝x とする。

(1)　FG＝$2-x$ であることを示せ。

(2)　x の値を求めよ。

(3)　$\overrightarrow{AC}$ を $\overrightarrow{AB}$ と $\overrightarrow{AE}$ を用いて表せ。

〔類　中央大〕

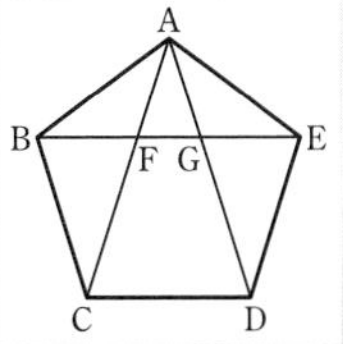

(1)　正五角形の 1 つの内角の大きさは 108° であることと，△ABC と △ABE と △AED は合同な二等辺三角形であることから　∠BAF＝∠ABF＝∠EAG＝∠AEG

＝(180°−108°)÷2＝36°

よって，∠BAG＝108°−36°＝72°，∠BGA＝2×36°＝72°

から　∠BAG＝∠BGA　ゆえに　BG＝AB＝1

同様に，∠EAF＝∠EFA から　FE＝AE＝1

また，BE＝AC＝x であるから　BF＝BE−FE＝$x-1$

よって　FG＝BG−BF＝$1-(x-1)=2-x$

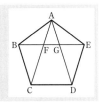

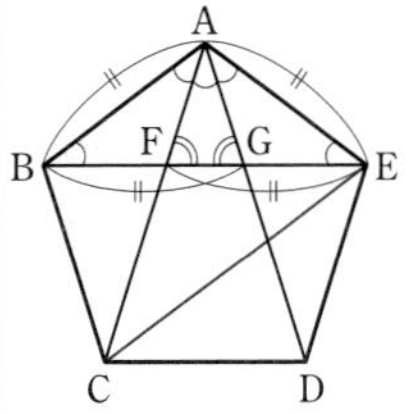

(2)　∠FAB＝∠FBA より，FA＝FB であるから

FA＝FB＝$x-1$

また，AC＝AD から　∠ADC＝(180°−36°)÷2＝72°

△ACD と △AFG において

∠CAD＝∠FAG（共通），∠ADC＝∠AGF＝72°

よって　△ACD∽△AFG

ゆえに，AC：AF＝CD：FG から　$x:(x-1)=1:(2-x)$

よって，$x(2-x)=x-1$ から　$x^2-x-1=0$

$x>0$ であるから　$\boldsymbol{x=\dfrac{1+\sqrt{5}}{2}}$

←∠FAG＝108°−2×36°＝36°

←∠AGF＝∠BGA

←2 組の角がそれぞれ等しい。

(3) $\overrightarrow{AC}=\overrightarrow{AE}+\overrightarrow{EC}$

$\angle ABE=\angle BEC=36^\circ$ であるから　AB∥EC

←錯角が等しい。

また，(2) より，$EC=AC=\dfrac{1+\sqrt{5}}{2}$ であるから

$\overrightarrow{EC}=\dfrac{1+\sqrt{5}}{2}\overrightarrow{AB}$　　よって　$\boldsymbol{\overrightarrow{AC}=\dfrac{1+\sqrt{5}}{2}\overrightarrow{AB}+\overrightarrow{AE}}$

←$\overrightarrow{EC}=\dfrac{EC}{AB}\overrightarrow{AB}$

EX ②7

2 つのベクトル $\vec{a}=(2,\ 1)$，$\vec{b}=(4,\ -3)$ に対して，$\vec{x}+2\vec{y}=\vec{a}$，$2\vec{x}-\vec{y}=\vec{b}$ を満たすベクトル $\vec{x}$，$\vec{y}$ の成分を求めよ。〔高知工科大〕

$\vec{x}+2\vec{y}=\vec{a}$ …… ①，$2\vec{x}-\vec{y}=\vec{b}$ …… ② とする。

①＋②×2 から　$5\vec{x}=\vec{a}+2\vec{b}$

よって　$\boldsymbol{\vec{x}}=\dfrac{1}{5}(\vec{a}+2\vec{b})=\dfrac{1}{5}\{(2,\ 1)+2(4,\ -3)\}=\boldsymbol{(2,\ -1)}$

①×2－② から　$5\vec{y}=2\vec{a}-\vec{b}$

よって　$\boldsymbol{\vec{y}}=\dfrac{1}{5}(2\vec{a}-\vec{b})=\dfrac{1}{5}\{2(2,\ 1)-(4,\ -3)\}=\boldsymbol{(0,\ 1)}$

←x，y の連立方程式 $\begin{cases} x+2y=a \\ 2x-y=b \end{cases}$ を解くのと同じ要領。

EX ②8

(1) $\vec{a}=(-3,\ 4)$，$\vec{b}=(1,\ -2)$ のとき，$\vec{a}+\vec{b}$ と同じ向きの単位ベクトルを求めよ。

(2) ベクトル $\vec{a}=(1,\ 2)$，$\vec{b}=(1,\ 1)$ に対し，ベクトル $t\vec{a}+\vec{b}$ の大きさが 1 となる t の値を求めよ。

(3) $\vec{a}=(-5,\ 4)$，$\vec{b}=(7,\ -5)$，$\vec{c}=(1,\ t)$ に対して $|\vec{a}-\vec{c}|=2|\vec{b}-\vec{c}|$ が成り立つとき，t の値を求めよ。〔(1) 湘南工科大　(2) 京都産大　(3) 千葉工大〕

HINT　(2)，(3)　⊘　$|\vec{p}|$ は $|\vec{p}|^2$ として扱う

(2) では $|t\vec{a}+\vec{b}|^2$，(3) では $|\vec{a}-\vec{c}|^2$，$|\vec{b}-\vec{c}|^2$ を t で表す。

(1) $\vec{a}+\vec{b}=(-3,\ 4)+(1,\ -2)=(-2,\ 2)$ であるから

←$=(-3+1,\ 4-2)$

$|\vec{a}+\vec{b}|=\sqrt{(-2)^2+2^2}=2\sqrt{2}$

よって，$\vec{a}+\vec{b}$ と同じ向きの単位ベクトルは

$\dfrac{1}{2\sqrt{2}}(\vec{a}+\vec{b})=\dfrac{1}{2\sqrt{2}}(-2,\ 2)=\boldsymbol{\left(-\dfrac{1}{\sqrt{2}},\ \dfrac{1}{\sqrt{2}}\right)}$

←$\vec{p}$ と同じ向きの単位ベクトルは　$\dfrac{\vec{p}}{|\vec{p}|}$

(2) $t\vec{a}+\vec{b}=t(1,\ 2)+(1,\ 1)=(t+1,\ 2t+1)$

$|t\vec{a}+\vec{b}|=1$ となるための条件は　$|t\vec{a}+\vec{b}|^2=1$

よって　$(t+1)^2+(2t+1)^2=1$　すなわち　$5t^2+6t+1=0$

ゆえに　$(t+1)(5t+1)=0$　　よって　$\boldsymbol{t=-1,\ -\dfrac{1}{5}}$

←$\vec{p}=(p_1,\ p_2)$ のとき $|\vec{p}|=1 \Longleftrightarrow |\vec{p}|^2=1 \Longleftrightarrow p_1{}^2+p_2{}^2=1$

(3) $\vec{a}-\vec{c}=(-6,\ 4-t)$，$\vec{b}-\vec{c}=(6,\ -(t+5))$

$|\vec{a}-\vec{c}|=2|\vec{b}-\vec{c}|$ であるから　$|\vec{a}-\vec{c}|^2=4|\vec{b}-\vec{c}|^2$

←両辺を 2 乗する。

ゆえに　$(-6)^2+(4-t)^2=4\{6^2+(t+5)^2\}$

よって　$t^2+16t+64=0$　　ゆえに　$(t+8)^2=0$

よって　$\boldsymbol{t=-8}$

EX ③9

座標平面上で，始点が原点であるベクトル $\vec{a}=\left(\dfrac{2}{\sqrt{5}},\ \dfrac{1}{\sqrt{5}}\right)$ を，原点を中心として反時計回りに 90° 回転したベクトルを $\vec{b}$ とする。このとき，ベクトル $\left(\dfrac{7}{\sqrt{5}},\ -\dfrac{4}{\sqrt{5}}\right)$ を $s\vec{a}+t\vec{b}$ の形に表せ。〔関西大〕

$\vec{a}$ の成分について，$\left(\dfrac{2}{\sqrt{5}}\right)^2+\left(\dfrac{1}{\sqrt{5}}\right)^2=1$

であるから，右の図より

$\vec{b}=\left(-\dfrac{1}{\sqrt{5}},\ \dfrac{2}{\sqrt{5}}\right)$

ゆえに，$\left(\dfrac{7}{\sqrt{5}},\ -\dfrac{4}{\sqrt{5}}\right)=s\vec{a}+t\vec{b}$ とすると $\left(\dfrac{7}{\sqrt{5}},\ -\dfrac{4}{\sqrt{5}}\right)=\left(\dfrac{2s-t}{\sqrt{5}},\ \dfrac{s+2t}{\sqrt{5}}\right)$

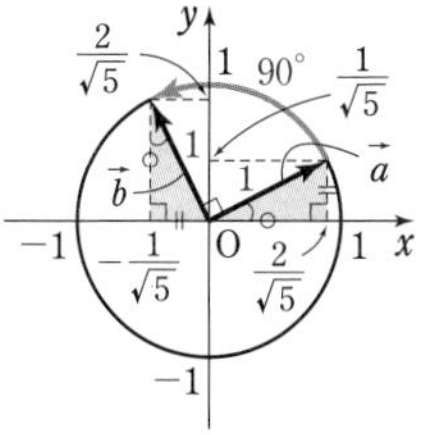

←$|\vec{a}|=1$

←合同な直角三角形に注目。

よって　$2s-t=7,\ s+2t=-4$

これを解いて　$s=2,\ t=-3$

したがって　$\left(\dfrac{7}{\sqrt{5}},\ -\dfrac{4}{\sqrt{5}}\right)=\boldsymbol{2\vec{a}-3\vec{b}}$

←$\dfrac{1}{\sqrt{5}}(7,\ -4)=\dfrac{1}{\sqrt{5}}(2s-t,\ s+2t)$

1章 EX 【平面上のベクトル】

EX ③10

(1) $s\neq0$ とする。相異なる3点 O(0, 0), P$(s,\ t)$, Q$(s+6t,\ s+2t)$ について，点P，Qが同じ象限にあり，$\overrightarrow{\mathrm{OP}}/\!/\overrightarrow{\mathrm{OQ}}$ であるとき，直線OPと x 軸の正の向きとのなす角を α とする。このとき，$\tan\alpha$ の値を求めよ。〔類 職能開発大〕

(2) ベクトル $\vec{a}=(1,\ 3)$, $\vec{b}=(2,\ 8)$, $\vec{c}=(x,\ y)$ がある。$\vec{c}$ は $2\vec{a}+\vec{b}$ に平行で，$|\vec{c}|=\sqrt{53}$ である。このとき，x, y の値を求めよ。〔岩手大〕

(1) 条件から，$\overrightarrow{\mathrm{OQ}}=k\overrightarrow{\mathrm{OP}}$ となる正の実数 k がある。

よって，$(s+6t,\ s+2t)=k(s,\ t)$ から

$s+6t=ks,\ s+2t=kt$

ゆえに　$(1-k)s+6t=0$ …… ①，$s=(k-2)t$ …… ②

② を ① に代入すると　$(1-k)(k-2)t+6t=0$

よって　$\{(1-k)(k-2)+6\}t=0$ …… ③

点Pは座標軸上にないから　$t\neq0$

ゆえに，③ から　$(1-k)(k-2)+6=0$

ゆえに　$k^2-3k-4=0$　　よって　$(k+1)(k-4)=0$

$k>0$ から　$k=4$　　これを ② に代入すると　$s=2t$

したがって　$\tan\alpha=\dfrac{t}{s}=\dfrac{t}{2t}=\boldsymbol{\dfrac{1}{2}}$

←点P，Qは同じ象限にあるから　$k>0$

←両辺の x 成分，y 成分がそれぞれ等しい。

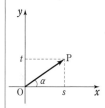

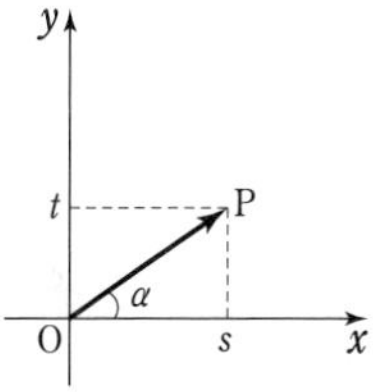

(2) $\vec{c}$ は $2\vec{a}+\vec{b}$ に平行であるから，$\vec{c}=k(2\vec{a}+\vec{b})$ …… ① となる実数 k がある。

$|\vec{c}|=\sqrt{53}$ であるから　$|k(2\vec{a}+\vec{b})|=\sqrt{53}$

よって　$|k||2\vec{a}+\vec{b}|=\sqrt{53}$

ここで，$2\vec{a}+\vec{b}=(2,\ 6)+(2,\ 8)=(4,\ 14)=2(2,\ 7)$ であるから　$|2\vec{a}+\vec{b}|=|2|\sqrt{2^2+7^2}=2\sqrt{53}$

ゆえに　$|k|\times2\sqrt{53}=\sqrt{53}$　　よって　$k=\pm\dfrac{1}{2}$

① から　$k=\dfrac{1}{2}$ のとき　$\vec{c}=\dfrac{1}{2}(4,\ 14)=(2,\ 7)$

$k=-\dfrac{1}{2}$ のとき　$\vec{c}=-\dfrac{1}{2}(4,\ 14)=(-2,\ -7)$

したがって　$\boldsymbol{(x,\ y)=(2,\ 7),\ (-2,\ -7)}$

←$\vec{p}=k(a_1,\ a_2)$ のとき $|\vec{p}|=|k|\sqrt{a_1{}^2+a_2{}^2}$

←$\vec{c}=k(2\vec{a}+\vec{b})$

EX ③11

(1) $\vec{a}=(2,\ 3)$，$\vec{b}=(1,\ -1)$，$\vec{t}=\vec{a}+k\vec{b}$ とする。$-2\leqq k\leqq 2$ のとき，$|\vec{t}|$ の最大値および最小値を求めよ。〔東京電機大〕

(2) 2 定点 A(5, 2)，B(−1, 5) と x 軸上の動点 P について，$2\overrightarrow{PA}+\overrightarrow{PB}$ の大きさの最小値とそのときの点 P の座標を求めよ。

HINT (2) $P(t,\ 0)$ として，$|2\overrightarrow{PA}+\overrightarrow{PB}|^2$ を t で表す。

(1) $\vec{t}=(2,\ 3)+k(1,\ -1)=(k+2,\ -k+3)$

よって $|\vec{t}|^2=(k+2)^2+(-k+3)^2$

$=2k^2-2k+13$

$=2\left(k-\frac{1}{2}\right)^2+\frac{25}{2}$

$|\vec{t}|\geqq 0$ であるから，$|\vec{t}|^2$ が最大のとき $|\vec{t}|$ も最大となり，$|\vec{t}|^2$ が最小のとき $|\vec{t}|$ も最小となる。

ゆえに，$-2\leqq k\leqq 2$ のとき，$|\vec{t}|$ は

$k=-2$ で最大値 $\sqrt{8+4+13}=\sqrt{25}=5$,

$k=\frac{1}{2}$ で最小値 $\sqrt{\frac{25}{2}}=\frac{5}{\sqrt{2}}$ をとる。

(2) $P(t,\ 0)$ とすると

$2\overrightarrow{PA}+\overrightarrow{PB}=2(5-t,\ 2)+(-1-t,\ 5)$

$=(9-3t,\ 9)$

よって $|2\overrightarrow{PA}+\overrightarrow{PB}|^2=(9-3t)^2+9^2$

$=9(t-3)^2+81$

ゆえに，$|2\overrightarrow{PA}+\overrightarrow{PB}|^2$ は $t=3$ のとき最小値 81 をとる。

$|2\overrightarrow{PA}+\overrightarrow{PB}|\geqq 0$ であるから，このとき $|2\overrightarrow{PA}+\overrightarrow{PB}|$ も最小となる。

したがって，$|2\overrightarrow{PA}+\overrightarrow{PB}|$ は **$P(3,\ 0)$ のとき最小値 9** をとる。

(1) $|\vec{t}|^2=y$ とすると，$y=2k^2-2k+13$ のグラフは，次の図のようになる。

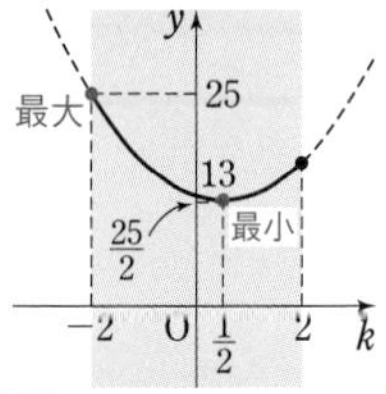

補足 最大値は $\sqrt{(-2+2)^2+(2+3)^2}$ から計算してもよい。

←P は x 軸上の点。

←$\overrightarrow{PA}=\overrightarrow{OA}-\overrightarrow{OP}$，$\overrightarrow{PB}=\overrightarrow{OB}-\overrightarrow{OP}$

←$\{3(3-t)\}^2+9^2$ $=9(3-t)^2+9^2$

←この断りは重要。

←$\sqrt{81}=9$

EX ②12

AD∥BC である等脚台形 ABCD において，辺 AB，CD，DA の長さは 1，辺 BC の長さは 2 である。このとき，ベクトル $\overrightarrow{AC}$，$\overrightarrow{DB}$ の内積の値を求めよ。〔防衛大〕

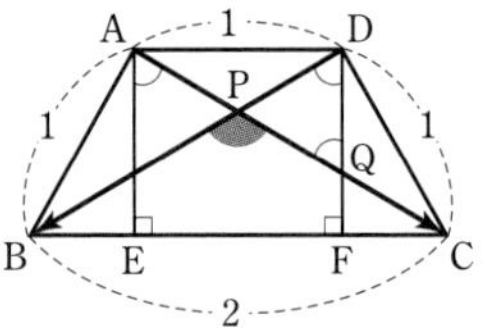

点 A と点 D から辺 BC にそれぞれ垂線 AE，DF をそれぞれ下ろすと

$BE=CF=\frac{1}{2}$

AB=CD=1 であるから，直角三角形 ABE，DCF について，辺の比から $AE=DF=\frac{\sqrt{3}}{2}$

また $EC=FB=1+\frac{1}{2}=\frac{3}{2}$

ゆえに，直角三角形 AEC，DFB について，辺の比から

$\angle EAC=\angle FDB=60^\circ$

対角線 AC と対角線 BD，線分 DF の交点をそれぞれ P，Q とすると，$\overrightarrow{AC}$ と $\overrightarrow{DB}$ のなす角は ∠BPC であり

等脚台形とは，1 つの底辺の両端の内角が等しい台形のこと。

←$BE=CF=\frac{2-1}{2}$

←辺の長さの比が $1:\sqrt{3}:2$ の直角三角形になる。

←この直角三角形も辺の長さの比が $1:\sqrt{3}:2$

$\angle BPC=\angle PDQ+\angle PQD=\angle FDB+\angle EAC=120^\circ$

←△PQD の外角とみる。

また　$AC=2AE=\sqrt{3}$，$DB=2DF=\sqrt{3}$

したがって　$\overrightarrow{AC}\cdot\overrightarrow{DB}=|\overrightarrow{AC}||\overrightarrow{DB}|\cos 120^\circ$

$=\sqrt{3}\times\sqrt{3}\times\left(-\dfrac{1}{2}\right)=-\dfrac{3}{2}$

EX ③13 平行四辺形 OABC において，OA=3，OC=2，$\angle AOC=60^\circ$ とし，また，辺 OA を 2：1 に内分する点を D，辺 OC の中点を E とする。$\overrightarrow{OA}=\vec{a}$，$\overrightarrow{OC}=\vec{c}$ とするとき，次の問いに答えよ。

(1) $\overrightarrow{DE}$ を $\vec{a}$ と $\vec{c}$ を用いて表せ。　(2) $\overrightarrow{AB}$ と $\overrightarrow{DE}$ のなす角 θ を求めよ。

(3) 辺 AB 上の任意の点 P に対し，内積 $\overrightarrow{DE}\cdot\overrightarrow{DP}$ の値は常に $-\dfrac{3}{2}$ であることを示せ。

〔富山県大〕

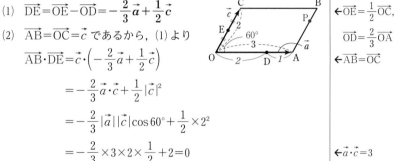

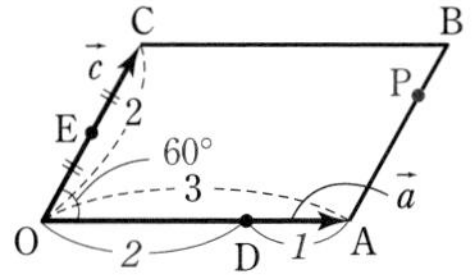

(1) $\overrightarrow{DE}=\overrightarrow{OE}-\overrightarrow{OD}=-\dfrac{2}{3}\vec{a}+\dfrac{1}{2}\vec{c}$

←$\overrightarrow{OE}=\dfrac{1}{2}\overrightarrow{OC}$，$\overrightarrow{OD}=\dfrac{2}{3}\overrightarrow{OA}$

(2) $\overrightarrow{AB}=\overrightarrow{OC}=\vec{c}$ であるから，(1) より

←$\overrightarrow{AB}=\overrightarrow{OC}$

$\overrightarrow{AB}\cdot\overrightarrow{DE}=\vec{c}\cdot\left(-\dfrac{2}{3}\vec{a}+\dfrac{1}{2}\vec{c}\right)$

$=-\dfrac{2}{3}\vec{a}\cdot\vec{c}+\dfrac{1}{2}|\vec{c}|^2$

$=-\dfrac{2}{3}|\vec{a}||\vec{c}|\cos 60^\circ+\dfrac{1}{2}\times 2^2$

$=-\dfrac{2}{3}\times 3\times 2\times\dfrac{1}{2}+2=0$

←$\vec{a}\cdot\vec{c}=3$

$\overrightarrow{AB}\neq\vec{0}$，$\overrightarrow{DE}\neq\vec{0}$ であるから　$\overrightarrow{AB}\perp\overrightarrow{DE}$　よって　$\boldsymbol{\theta=90^\circ}$

(3) 点 P は辺 AB 上にあるから，$\overrightarrow{AP}=k\overrightarrow{AB}=k\vec{c}$ となる実数 k がある。

←$\overrightarrow{AP}/\!/\overrightarrow{AB}$ となる。

このとき　$\overrightarrow{DP}=\overrightarrow{AP}-\overrightarrow{AD}=k\vec{c}-\left(-\dfrac{1}{3}\vec{a}\right)=\dfrac{1}{3}\vec{a}+k\vec{c}$

ゆえに，(1) から

$\overrightarrow{DE}\cdot\overrightarrow{DP}=\left(-\dfrac{2}{3}\vec{a}+\dfrac{1}{2}\vec{c}\right)\cdot\left(\dfrac{1}{3}\vec{a}+k\vec{c}\right)$

$=-\dfrac{2}{9}|\vec{a}|^2-\dfrac{2}{3}k\vec{a}\cdot\vec{c}+\dfrac{1}{6}\vec{a}\cdot\vec{c}+\dfrac{1}{2}k|\vec{c}|^2$

$=-\dfrac{2}{9}\times 3^2-\dfrac{2}{3}k\times 3+\dfrac{1}{6}\times 3+\dfrac{1}{2}k\times 2^2$

$=-\dfrac{3}{2}$

←k に無関係な定数。

したがって，$\overrightarrow{DE}\cdot\overrightarrow{DP}$ の値は常に $-\dfrac{3}{2}$ である。

EX ③14 ベクトル $\vec{a}$，$\vec{b}$ が $|\vec{a}|=5$，$|\vec{b}|=3$，$|\vec{a}-2\vec{b}|=7$ を満たしている。$\vec{a}-2\vec{b}$ と $2\vec{a}+\vec{b}$ のなす角を θ とするとき，$\cos\theta$ の値を求めよ。

〔類　関西学院大〕

$|\vec{a}-2\vec{b}|=7$ から　$|\vec{a}-2\vec{b}|^2=49$

よって　$|\vec{a}|^2-4\vec{a}\cdot\vec{b}+4|\vec{b}|^2=49$

$|\vec{a}|=5$，$|\vec{b}|=3$ であるから　$5^2-4\vec{a}\cdot\vec{b}+4\times 3^2=49$

ゆえに　$\vec{a}\cdot\vec{b}=3$

←まず，$\vec{a}\cdot\vec{b}$ の値を求めたい。そこで，$\vec{a}\cdot\vec{b}$ が現れる，$|\vec{a}-2\vec{b}|^2=49$ に注目する。

よって　$|2\vec{a}+\vec{b}|^2=4|\vec{a}|^2+4\vec{a}\cdot\vec{b}+|\vec{b}|^2$

$=4\times5^2+4\times3+3^2=121$

$|2\vec{a}+\vec{b}|\geqq0$ であるから　$|2\vec{a}+\vec{b}|=11$

したがって

$$\cos\theta=\frac{(\vec{a}-2\vec{b})\cdot(2\vec{a}+\vec{b})}{|\vec{a}-2\vec{b}||2\vec{a}+\vec{b}|}=\frac{2|\vec{a}|^2-3\vec{a}\cdot\vec{b}-2|\vec{b}|^2}{7\times11}$$

$$=\frac{2\times5^2-3\times3-2\times3^2}{77}=\mathbf{\frac{23}{77}}$$

←$\vec{p}$ と $\vec{q}$ のなす角 θ に対して　$\cos\theta=\frac{\vec{p}\cdot\vec{q}}{|\vec{p}||\vec{q}|}$

EX
③**15**

$\vec{0}$ でない2つのベクトル $\vec{a}$ と $\vec{b}$ について，$\vec{a}+2\vec{b}$ と $\vec{a}-2\vec{b}$ が垂直で，$|\vec{a}+2\vec{b}|=2|\vec{b}|$ とする。
(1) $\vec{a}$ と $\vec{b}$ のなす角 θ を求めよ。
(2) $|\vec{a}|=1$ のとき，$\left|t\vec{a}+\frac{1}{t}\vec{b}\right|$ $(t>0)$ の最小値を求めよ。　〔群馬大〕

(1) $(\vec{a}+2\vec{b})\perp(\vec{a}-2\vec{b})$ であるから　$(\vec{a}+2\vec{b})\cdot(\vec{a}-2\vec{b})=0$

よって　$|\vec{a}|^2-4|\vec{b}|^2=0$

$|\vec{a}|>0$，$|\vec{b}|>0$ であるから　$|\vec{a}|=2|\vec{b}|$ ……①

また，$|\vec{a}+2\vec{b}|=2|\vec{b}|$ から　$|\vec{a}+2\vec{b}|^2=4|\vec{b}|^2$

よって　$|\vec{a}|^2+4\vec{a}\cdot\vec{b}+4|\vec{b}|^2=4|\vec{b}|^2$

ゆえに　$\vec{a}\cdot\vec{b}=-\frac{1}{4}|\vec{a}|^2$ ……②

よって　$|\vec{a}||\vec{b}|\cos\theta=-\frac{1}{4}|\vec{a}|^2$

① を代入して　$2|\vec{b}|^2\cos\theta=-|\vec{b}|^2$

$|\vec{b}|>0$ であるから　$\cos\theta=-\frac{1}{2}$

$0^\circ\leqq\theta\leqq180^\circ$ であるから　$\boldsymbol{\theta=120^\circ}$

(2) $|\vec{a}|=1$ のとき，①，② から　$|\vec{b}|=\frac{1}{2}$，$\vec{a}\cdot\vec{b}=-\frac{1}{4}$

よって　$\left|t\vec{a}+\frac{1}{t}\vec{b}\right|^2=t^2|\vec{a}|^2+2\vec{a}\cdot\vec{b}+\frac{1}{t^2}|\vec{b}|^2$

$$=t^2\times1^2+2\times\left(-\frac{1}{4}\right)+\frac{1}{t^2}\left(\frac{1}{2}\right)^2$$

$$=\left(t^2+\frac{1}{4t^2}\right)-\frac{1}{2}$$

$$\geqq2\sqrt{t^2\times\frac{1}{4t^2}}-\frac{1}{2}=1-\frac{1}{2}=\frac{1}{2}$$

$t>0$ であるから，$\left|t\vec{a}+\frac{1}{t}\vec{b}\right|^2$ は $t^2=\frac{1}{4t^2}$ すなわち $t=\frac{1}{\sqrt{2}}$ のとき最小値 $\frac{1}{2}$ をとる。

$\left|t\vec{a}+\frac{1}{t}\vec{b}\right|\geqq0$ であるから，このとき $\left|t\vec{a}+\frac{1}{t}\vec{b}\right|$ も最小となる。

ゆえに，$\left|t\vec{a}+\frac{1}{t}\vec{b}\right|$ は $\boldsymbol{t=\frac{1}{\sqrt{2}}}$ **のとき最小値** $\boldsymbol{\frac{1}{\sqrt{2}}}$ をとる。

垂直 ⟶ (内積)=0

←$\vec{a}\neq\vec{0}$，$\vec{b}\neq\vec{0}$

←$(a+2b)^2=a^2+4ab+4b^2$ の展開と同じ要領。

←$\vec{b}\neq\vec{0}$

←$\boldsymbol{A>0}$，$\boldsymbol{B>0}$ **のとき** $\boldsymbol{\frac{A+B}{2}\geqq\sqrt{AB}}$
（等号が成り立つのは $A=B$ のとき。）

←この断りは重要。

EX ③16

零ベクトルでない2つのベクトル $\vec{a}$, $\vec{b}$ に対して, $\vec{a}+t\vec{b}$ と $\vec{a}+3t\vec{b}$ が垂直であるような実数 t がただ1つ存在するとき, $\vec{a}$ と $\vec{b}$ のなす角 θ を求めよ。〔関西大〕

HINT $\vec{p}\perp\vec{q} \Longrightarrow \vec{p}\cdot\vec{q}=0$ t の2次方程式が重解をもつ条件に注目。

$(\vec{a}+t\vec{b})\perp(\vec{a}+3t\vec{b})$ であるから

$$(\vec{a}+t\vec{b})\cdot(\vec{a}+3t\vec{b})=0$$

よって $3|\vec{b}|^2t^2+4\vec{a}\cdot\vec{b}t+|\vec{a}|^2=0$ …… ①

$|\vec{b}|\neq 0$ であるから, $(\vec{a}+t\vec{b})\perp(\vec{a}+3t\vec{b})$ であるような実数 t がただ1つ存在するための条件は, t についての2次方程式①の判別式を D とすると $D=0$

ここで $\dfrac{D}{4}=(2\vec{a}\cdot\vec{b})^2-3|\vec{b}|^2\cdot|\vec{a}|^2$

$=|\vec{a}|^2|\vec{b}|^2(4\cos^2\theta-3)$

よって, $D=0$ から $|\vec{a}|^2|\vec{b}|^2(4\cos^2\theta-3)=0$

$|\vec{a}|\neq 0$, $|\vec{b}|\neq 0$ であるから, $\cos^2\theta=\dfrac{3}{4}$ より $\cos\theta=\pm\dfrac{\sqrt{3}}{2}$

$0°\leqq\theta\leqq 180°$ であるから **$\theta=30°$, $150°$**

←$|\vec{b}|\neq 0$ から $3|\vec{b}|^2\neq 0$

←2次方程式が重解をもつ ⟺ (判別式)=0

EX ②17

m, n を正の定数とし, AB=AC である二等辺三角形 ABC の辺 AB, BC, CA をそれぞれ $m:n$ $(m\neq n)$ に内分する点を D, E, F とする。

(1) $\overrightarrow{AB}=\vec{b}$, $\overrightarrow{AC}=\vec{c}$ として, $\overrightarrow{AE}$, $\overrightarrow{DF}$ をそれぞれ $\vec{b}$, $\vec{c}$ で表せ。

(2) $\overrightarrow{AE}\perp\overrightarrow{DF}$ となるとき, $\overrightarrow{AB}\perp\overrightarrow{AC}$ であることを示せ。〔類 北海道教育大〕

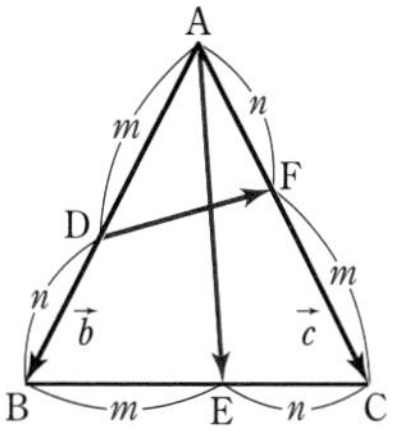

(1) $\overrightarrow{\mathbf{AE}}=\dfrac{n\vec{b}+m\vec{c}}{m+n}$

$=\boldsymbol{\dfrac{n}{m+n}\vec{b}+\dfrac{m}{m+n}\vec{c}}$

$\overrightarrow{\mathbf{DF}}=\overrightarrow{AF}-\overrightarrow{AD}$

$=\boldsymbol{\dfrac{n}{m+n}\vec{c}-\dfrac{m}{m+n}\vec{b}}$

(2) $\overrightarrow{AE}\perp\overrightarrow{DF}$ であるから $\overrightarrow{AE}\cdot\overrightarrow{DF}=0$

よって $(n\vec{b}+m\vec{c})\cdot(-m\vec{b}+n\vec{c})=0$

ゆえに $-mn|\vec{b}|^2-(m^2-n^2)\vec{b}\cdot\vec{c}+mn|\vec{c}|^2=0$

$|\vec{b}|=|\vec{c}|$ であるから $(m^2-n^2)\vec{b}\cdot\vec{c}=0$

$m>0$, $n>0$, $m\neq n$ であるから $\vec{b}\cdot\vec{c}=0$

$\vec{b}\neq\vec{0}$, $\vec{c}\neq\vec{0}$ であるから $\overrightarrow{AB}\perp\overrightarrow{AC}$

HINT (2) (1)の結果から $\overrightarrow{AE}\cdot\overrightarrow{DF}$ を m, n, $\vec{b}$, $\vec{c}$ で表し, $=0$ とおく。

←$\overrightarrow{AE}\cdot\overrightarrow{DF}=\dfrac{1}{(m+n)^2}(n\vec{b}+m\vec{c})\cdot(n\vec{c}-m\vec{b})$
$=0$ から $(n\vec{b}+m\vec{c})\cdot(-m\vec{b}+n\vec{c})=0$

EX ④18

$0<s<1$, $0<t<1$ とする。平行四辺形 OABC において, $\overrightarrow{OA}=\vec{a}$, $\overrightarrow{OC}=\vec{c}$ とし, 辺 OC を $s:(1-s)$ に内分する点を E, 辺 CB を $t:(1-t)$ に内分する点を F, OF と AE との交点を G とする。

(1) $\overrightarrow{AF}$, $\overrightarrow{OG}$ をそれぞれ $\vec{a}$, $\vec{c}$, s, t で表せ。

(2) △OGE と △ABF の面積をそれぞれ S, S' とするとき, $\dfrac{S'}{S}$ を s, t で表せ。

(3) s, t が $0<s<1$, $0<t<1$, $st=\dfrac{1}{3}$ を満たしながら動くとき, (2)で求めた $\dfrac{S'}{S}$ の最大値を求めよ。〔類 岐阜大〕

(1) $\overrightarrow{OF}=\overrightarrow{OC}+\overrightarrow{CF}=\vec{c}+t\vec{a}$ であるから

$\overrightarrow{AF}=\overrightarrow{OF}-\overrightarrow{OA}=\vec{c}+t\vec{a}-\vec{a}$

$\boldsymbol{=(t-1)\vec{a}+\vec{c}}$

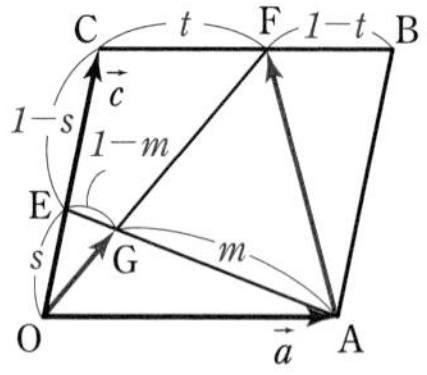

また，点 G は線分 OF 上にあるから，

$\overrightarrow{OG}=k\overrightarrow{OF}=kt\vec{a}+k\vec{c}$ …… ①

となる実数 k がある。

AG：GE$=m$：$(1-m)$ とすると

$\overrightarrow{OG}=(1-m)\overrightarrow{OA}+m\overrightarrow{OE}=(1-m)\vec{a}+ms\vec{c}$ …… ②

$\vec{a}\neq\vec{0}$，$\vec{c}\neq\vec{0}$，$\vec{a}\not\parallel\vec{c}$ であるから，①，② より

$kt=1-m$ …… ③，$k=ms$ …… ④

④ を ③ に代入して整理すると　$(1+st)m=1$

よって　$m=\dfrac{1}{1+st}$　ゆえに，④ から　$k=\dfrac{s}{1+st}$

したがって　$\boldsymbol{\overrightarrow{OG}=\dfrac{st}{1+st}\vec{a}+\dfrac{s}{1+st}\vec{c}}$

(2) (1) から　$\triangle OGE=(1-m)\triangle OAE=(1-m)\cdot s\triangle OAC$

$=\dfrac{s^2t}{1+st}\triangle OAC$

また　$\triangle ABF=(1-t)\triangle ABC=(1-t)\triangle OAC$

したがって　$\dfrac{S'}{S}=\dfrac{1-t}{\dfrac{s^2t}{1+st}}=\boldsymbol{\dfrac{(1-t)(1+st)}{s^2t}}$

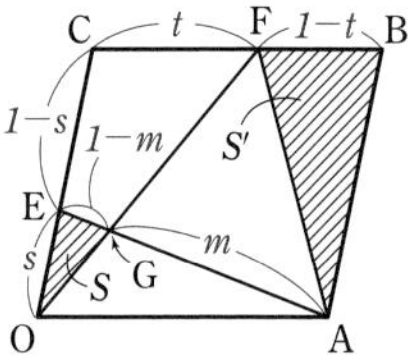

(3) $st=\dfrac{1}{3}$ から　$s=\dfrac{1}{3t}$　$0<s<1$ に代入して

$0<\dfrac{1}{3t}<1$　よって　$3t>1$　ゆえに　$t>\dfrac{1}{3}$

$0<t<1$ であるから　$\dfrac{1}{3}<t<1$ …… ⑤

このとき，(2) の結果から

$$\frac{S'}{S}=\frac{(1-t)(1+st)}{s^2t}=\frac{(1-t)\left(1+\frac{1}{3}\right)}{s\cdot\frac{1}{3}}$$

$$=\frac{4(1-t)\cdot t}{s\cdot t}=12(1-t)t=-12\left(t-\frac{1}{2}\right)^2+3$$

⑤ から，$\dfrac{S'}{S}$ は $\boldsymbol{t=\dfrac{1}{2}}$ **のとき最大値 3** をとる。

このとき $\boldsymbol{s=\dfrac{2}{3}}$ である。

←$\overrightarrow{CF}=t\overrightarrow{CB}$

←差の形に。

←$\overrightarrow{OG}$ を 2 通りに表す。

←係数を比較。

←③，④ を k，m の連立方程式とみて解く。
$1+st>0$

←① に代入。

←$\dfrac{1}{3t}<1$ の両辺に $3t(>0)$ を掛ける。

←$st=\dfrac{1}{3}$ を代入。

←t だけの 2 次式
⟶ $a(t-p)^2+q$ の形に。

←$0<s<1$

EX ③19 鋭角三角形 ABC において，A($\vec{a}$)，B($\vec{b}$)，C($\vec{c}$)，BC$=a$，CA$=b$，AB$=c$ とする。頂角 A 内の傍心を $I_A(\vec{i_A})$ とするとき，ベクトル $\vec{i_A}$ を $\vec{a}$，$\vec{b}$，$\vec{c}$ を用いて表せ。

AI_A は頂角 A の二等分線であるから，AI_A と辺 BC の交点を D とすると　BD：DC$=c$：b

HINT　A を始点とする位置ベクトルでまず考えてみる。

よって　$\overrightarrow{\mathrm{AD}}=\dfrac{b\overrightarrow{\mathrm{AB}}+c\overrightarrow{\mathrm{AC}}}{c+b}$

また　$\mathrm{BD}=\dfrac{c}{c+b}\mathrm{BC}=\dfrac{ac}{b+c}$

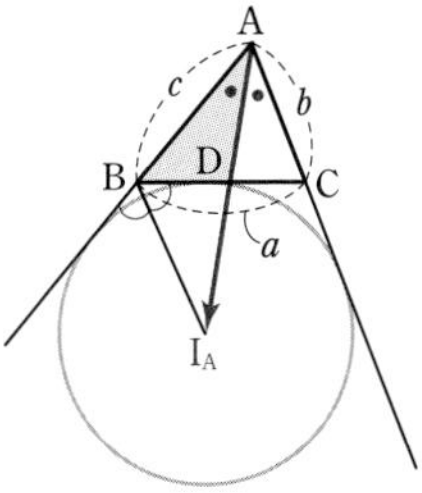

$\mathrm{BI_A}$ は頂角 B の外角の二等分線であるから

$$\mathrm{AI_A}:\mathrm{I_AD}=\mathrm{BA}:\mathrm{BD}=c:\frac{ac}{b+c}$$
$$=(b+c):a$$

←△ABD と $\mathrm{BI_A}$ に関し，外角の二等分線の定理。

ゆえに　$\overrightarrow{\mathrm{AI_A}}=\dfrac{b+c}{b+c-a}\overrightarrow{\mathrm{AD}}=\dfrac{b\overrightarrow{\mathrm{AB}}+c\overrightarrow{\mathrm{AC}}}{b+c-a}$

←$\mathrm{AD}:\mathrm{AI_A}=(b+c-a):(b+c)$

よって　$\vec{i}_\mathrm{A}-\vec{a}=\dfrac{b(\vec{b}-\vec{a})+c(\vec{c}-\vec{a})}{b+c-a}$

←$\overrightarrow{\mathrm{AI_A}}=\vec{i}_\mathrm{A}-\vec{a}$，$\overrightarrow{\mathrm{AB}}=\vec{b}-\vec{a}$，$\overrightarrow{\mathrm{AC}}=\vec{c}-\vec{a}$

したがって　$\boldsymbol{\vec{i}_\mathrm{A}=\dfrac{-a\vec{a}+b\vec{b}+c\vec{c}}{-a+b+c}}$

検討　頂角 B 内の傍心を $\mathrm{I_B}(\vec{i}_\mathrm{B})$，頂角 C 内の傍心を $\mathrm{I_C}(\vec{i}_\mathrm{C})$ とすると，同様に考えて

$$\vec{i}_\mathrm{B}=\frac{a\vec{a}-b\vec{b}+c\vec{c}}{a-b+c},\quad \vec{i}_\mathrm{C}=\frac{a\vec{a}+b\vec{b}-c\vec{c}}{a+b-c}$$

EX ④20

△OAB において，$\vec{a}=\overrightarrow{\mathrm{OA}}$，$\vec{b}=\overrightarrow{\mathrm{OB}}$ とし，$|\vec{a}|=3$，$|\vec{b}|=5$，$\cos\angle\mathrm{AOB}=\dfrac{3}{5}$ とする。このとき，∠AOB の二等分線と点 B を中心とする半径 $\sqrt{10}$ の円との交点の，O を原点とする位置ベクトルを，$\vec{a}$，$\vec{b}$ を用いて表せ。〔京都大〕

円との交点を P とすると，点 P は ∠AOB の二等分線上にあるから

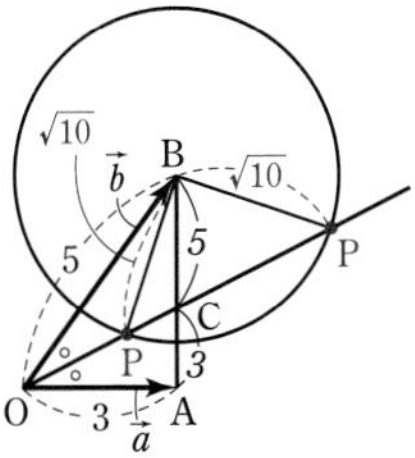

$$\overrightarrow{\mathrm{OP}}=k\left(\frac{\vec{a}}{|\vec{a}|}+\frac{\vec{b}}{|\vec{b}|}\right)$$
$$=k\left(\frac{\vec{a}}{3}+\frac{\vec{b}}{5}\right)\quad(k\text{ は実数})$$

と表される。

←本冊 p.404 基本例題 **28** (2)(ア) の結果を利用。

よって　$\overrightarrow{\mathrm{BP}}=\overrightarrow{\mathrm{OP}}-\overrightarrow{\mathrm{OB}}=\dfrac{k}{3}\vec{a}+\left(\dfrac{k}{5}-1\right)\vec{b}$

$\mathrm{BP}=\sqrt{10}$ より $|\overrightarrow{\mathrm{BP}}|^2=10$ であるから

$$\frac{k^2}{9}|\vec{a}|^2+2\times\frac{k}{3}\left(\frac{k}{5}-1\right)\vec{a}\cdot\vec{b}+\left(\frac{k}{5}-1\right)^2|\vec{b}|^2=10$$

$|\vec{a}|=3$，$|\vec{b}|=5$，$\vec{a}\cdot\vec{b}=3\times5\times\dfrac{3}{5}=9$ を代入して

$$k^2+6k\left(\frac{k}{5}-1\right)+(k-5)^2=10$$

整理して　$16k^2-80k+75=0$

よって　$(4k-5)(4k-15)=0$

ゆえに　$k=\dfrac{5}{4},\ \dfrac{15}{4}$

別解　∠AOB の二等分線と AB の交点を C とすると，

AC : CB = OA : OB = 3 : 5 であるから

$\overrightarrow{\mathrm{OP}}=k\overrightarrow{\mathrm{OC}}$

$=k\left(\dfrac{5\vec{a}+3\vec{b}}{3+5}\right)$

ただし，k は実数。

$\dfrac{k}{8}=t$ とおくと

$\overrightarrow{\mathrm{OP}}=t(5\vec{a}+3\vec{b})$

と表される。このとき

$\overrightarrow{\mathrm{BP}}=5t\vec{a}+(3t-1)\vec{b}$

そこで，$|\overrightarrow{\mathrm{BP}}|^2=10$ から

$|\vec{a}|=3$，$|\vec{b}|=5$，$\vec{a}\cdot\vec{b}=9$ を代入すると

$48t^2-16t+1=0$

これを解いて

$t=\dfrac{1}{4},\ \dfrac{1}{12}$

したがって，求める位置ベクトルは

$$\frac{5}{12}\vec{a}+\frac{1}{4}\vec{b},\ \frac{5}{4}\vec{a}+\frac{3}{4}\vec{b}$$

EX ③**21**

△ABC について，$|\overrightarrow{AB}|=1$，$|\overrightarrow{AC}|=2$，$|\overrightarrow{BC}|=\sqrt{6}$ が成立しているとする。△ABC の外接円の中心を O とし，直線 AO と外接円との A 以外の交点を P とする。

(1) $\overrightarrow{AB}$ と $\overrightarrow{AC}$ の内積を求めよ。

(2) $\overrightarrow{AP}=s\overrightarrow{AB}+t\overrightarrow{AC}$ が成り立つような実数 s，t の値を求めよ。

(3) 直線 AP と直線 BC の交点を D とするとき，線分 AD の長さを求めよ。〔北海道大〕

$\overrightarrow{AB}=\vec{b}$，$\overrightarrow{AC}=\vec{c}$ とする。

(1) $|\overrightarrow{AB}|=1$，$|\overrightarrow{AC}|=2$ から　$|\vec{b}|=1$，$|\vec{c}|=2$

$|\overrightarrow{BC}|=\sqrt{6}$ から　$|\vec{c}-\vec{b}|=\sqrt{6}$

両辺を 2 乗して　$|\vec{c}|^2-2\vec{c}\cdot\vec{b}+|\vec{b}|^2=6$

←2 乗して内積 $\vec{b}\cdot\vec{c}$ を作り出す。

よって　$2^2-2\vec{b}\cdot\vec{c}+1^2=6$

したがって，求める内積は　$\vec{b}\cdot\vec{c}=-\frac{1}{2}$

(2) 線分 AP は △ABC の外接円の直径であるから

$$\overrightarrow{BA}\perp\overrightarrow{BP},\ \overrightarrow{CA}\perp\overrightarrow{CP}$$

① 垂直 → (内積)=0

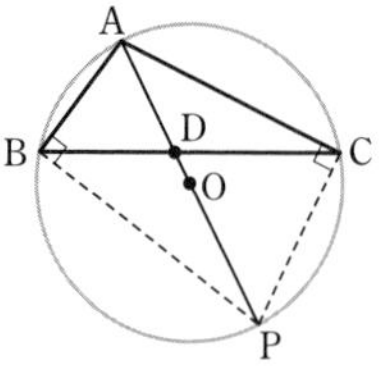

$\overrightarrow{BA}\perp\overrightarrow{BP}$ から　$(-\overrightarrow{AB})\cdot(\overrightarrow{AP}-\overrightarrow{AB})=0$

よって　$\vec{b}\cdot\{(s-1)\vec{b}+t\vec{c}\}=0$

ゆえに　$(s-1)|\vec{b}|^2+t\vec{b}\cdot\vec{c}=0$

(1) の結果から　$(s-1)\cdot1^2-\frac{1}{2}t=0$

よって　$2s-t=2$ …… ①

$\overrightarrow{CA}\perp\overrightarrow{CP}$ から　$(-\overrightarrow{AC})\cdot(\overrightarrow{AP}-\overrightarrow{AC})=0$

ゆえに　$\vec{c}\cdot\{s\vec{b}+(t-1)\vec{c}\}=0$

よって　$s\vec{b}\cdot\vec{c}+(t-1)|\vec{c}|^2=0$

(1) の結果から　$-\frac{1}{2}s+(t-1)\cdot2^2=0$

ゆえに　$s-8t=-8$ …… ②

①，② を解いて　$\boldsymbol{s=\frac{8}{5}}$，$\boldsymbol{t=\frac{6}{5}}$

(3) (2) から

$$\overrightarrow{AP}=\frac{8}{5}\overrightarrow{AB}+\frac{6}{5}\overrightarrow{AC}=\frac{2}{5}(4\overrightarrow{AB}+3\overrightarrow{AC})=\frac{14}{5}\cdot\frac{4\overrightarrow{AB}+3\overrightarrow{AC}}{7}$$

← $\dfrac{■\overrightarrow{AB}+●\overrightarrow{AC}}{●+■}$ の形を作り出す。

よって，辺 BC を 3：4 に内分する点を E とすると，

$\overrightarrow{AE}=\frac{4\overrightarrow{AB}+3\overrightarrow{AC}}{3+4}$ で　$\overrightarrow{AP}=\frac{14}{5}\overrightarrow{AE}$

ゆえに，点 E は直線 AP 上にあり，かつ直線 BC 上にもある。交わる 2 直線の交点はただ 1 つであるから，点 E は点 D に一致する。よって　$\overrightarrow{AD}=\frac{4}{7}\vec{b}+\frac{3}{7}\vec{c}$

ゆえに　$|\overrightarrow{AD}|^2=\left(\frac{1}{7}\right)^2|4\vec{b}+3\vec{c}|^2$

$$=\left(\frac{1}{7}\right)^2\{16|\vec{b}|^2+24\vec{b}\cdot\vec{c}+9|\vec{c}|^2\}$$

$$=\frac{1}{7^2}\left\{16\cdot1^2+24\left(-\frac{1}{2}\right)+9\cdot2^2\right\}=\frac{40}{7^2}$$

$|\overrightarrow{AD}|\geqq0$ であるから　$|\overrightarrow{AD}|=\sqrt{\frac{40}{7^2}}=\frac{2\sqrt{10}}{7}$

したがって，線分 AD の長さは　$\boldsymbol{\frac{2\sqrt{10}}{7}}$

EX ②22
△ABC において，$A(\vec{a})$，$B(\vec{b})$，$C(\vec{c})$ とする。次の直線のベクトル方程式を求めよ。
(1) 辺 AB の中点と辺 AC の中点を通る直線　(2) 辺 BC の垂直二等分線

求める直線上の任意の点を $P(\vec{p})$ とする。

(1) 辺 AB，AC の中点を通る直線は $\overrightarrow{BC}$ に平行であるから，辺 AB の中点を $D(\vec{d})$ とすると，求めるベクトル方程式は

$$\vec{p}=\vec{d}+t\overrightarrow{BC}$$

←$\vec{d}=\frac{\vec{a}+\vec{b}}{2}$

すなわち　$\vec{p}=\frac{\vec{a}+\vec{b}}{2}+t(\vec{c}-\vec{b})$

よって　$\boldsymbol{\vec{p}=\frac{1}{2}\vec{a}+\left(\frac{1}{2}-t\right)\vec{b}+t\vec{c}}$　**(t は媒介変数)**

(2) 辺 BC の中点を $E(\vec{e})$ とすると，BC の垂直二等分線は点 E を通り $\overrightarrow{BC}$ に垂直であるから，求めるベクトル方程式は

←$\vec{e}=\frac{\vec{b}+\vec{c}}{2}$

$$\overrightarrow{BC}\cdot(\vec{p}-\vec{e})=0$$

すなわち　$(\vec{c}-\vec{b})\cdot\left(\vec{p}-\frac{\vec{b}+\vec{c}}{2}\right)=0$

ゆえに　$(\vec{c}-\vec{b})\cdot\vec{p}-\frac{1}{2}(\vec{c}-\vec{b})\cdot(\vec{b}+\vec{c})=0$

←$(\vec{c}-\vec{b})\cdot(\vec{c}+\vec{b})=|\vec{c}|^2-|\vec{b}|^2$

よって　$\boldsymbol{2\vec{p}\cdot(\vec{c}-\vec{b})=|\vec{c}|^2-|\vec{b}|^2}$

EX ③23
座標平面上の $\vec{0}$ でないベクトル $\vec{a}$，$\vec{b}$ は平行でないとする。$\vec{a}$ と $\vec{b}$ を位置ベクトルとする点をそれぞれ A，B とする。また，正の実数 x，y に対して，$x\vec{a}$ と $y\vec{b}$ を位置ベクトルとする点をそれぞれ P，Q とする。線分 PQ が線分 AB を 2：1 に内分する点を通るとき，xy の最小値を求めよ。ただし，位置ベクトルはすべて原点 O を基準に考える。〔信州大〕

線分 AB を 2：1 に内分する点を C とすると

$$\overrightarrow{OC}=\frac{1\cdot\overrightarrow{OA}+2\overrightarrow{OB}}{2+1}=\frac{1}{3}\vec{a}+\frac{2}{3}\vec{b}\ \cdots\cdots\ ①$$

また，点 C が線分 PQ 上にあるとき

$$\overrightarrow{OC}=s\overrightarrow{OP}+t\overrightarrow{OQ}=sx\vec{a}+ty\vec{b}\ \cdots\cdots\ ②$$

$$(s+t=1,\ s\geqq0,\ t\geqq0)$$

←(係数の和)=1 に注意。

と表される。$\vec{a}\neq\vec{0}$，$\vec{b}\neq\vec{0}$，$\vec{a}\not\parallel\vec{b}$ であるから，①，② より

$$sx=\frac{1}{3},\ ty=\frac{2}{3}$$

$x>0$，$y>0$ であるから，$s>0$，$t>0$ で

$$x=\frac{1}{3s},\ y=\frac{2}{3t}\ \cdots\cdots\ ③$$

よって　　$xy=\dfrac{1}{3s}\cdot\dfrac{2}{3t}=\dfrac{2}{9st}$

$s>0$, $t>0$ であるから，(相加平均)≧(相乗平均) により

$$\frac{s+t}{2}\geqq\sqrt{st}$$

ゆえに　　$st\leqq\left(\dfrac{1}{2}\right)^2=\dfrac{1}{4}$

よって　　$\dfrac{1}{st}\geqq 4$　　　ゆえに　　$xy\geqq\dfrac{2}{9}\cdot 4=\dfrac{8}{9}$

等号が成り立つのは，$s=t$ のときである。このとき，

$s+t=1$ から　　$s=t=\dfrac{1}{2}$　　　③ から　　$x=\dfrac{2}{3}$，$y=\dfrac{4}{3}$

したがって，xy は $\boldsymbol{x=\dfrac{2}{3}}$，$\boldsymbol{y=\dfrac{4}{3}}$ **で最小値** $\boldsymbol{\dfrac{8}{9}}$ をとる。

←$s>0$, $t>0$, $s+t=1$ に注目して，相加平均と相乗平均の大小関係（数学Ⅱ）を利用。

←$s+t=1$

←$xy=\dfrac{2}{9st}$

EX ④24

平面上に1辺の長さが1の正三角形 OAB と，辺 AB 上の点 C があり，AC<BC とする。点 A を通り直線 AB に直交する直線 k と，直線 OC との交点を D とする。△OCA と △ACD の面積の比が 1：2 であるとき，次の問いに答えよ。

(1) $\overrightarrow{\mathrm{OD}}=m\overrightarrow{\mathrm{OA}}+n\overrightarrow{\mathrm{OB}}$ となる m, n の値を求めよ。

(2) 点 D を通り，直線 OD と直交する直線を ℓ とする。ℓ と直線 OA，OB との交点をそれぞれ E，F とするとき，$\overrightarrow{\mathrm{EF}}=s\overrightarrow{\mathrm{OA}}+t\overrightarrow{\mathrm{OB}}$ となる s, t の値を求めよ。　〔島根大〕

(1) 点 O から直線 k に垂線 OO′ を引く。

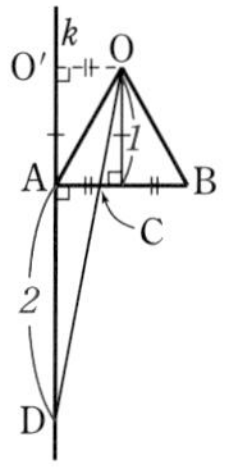

△OCA：△ACD＝1：2 であるから

$\mathrm{O'A}:\mathrm{O'D}=1:3$

また　$\overrightarrow{\mathrm{O'A}}=\overrightarrow{\mathrm{OA}}-\overrightarrow{\mathrm{OO'}}$

$=\overrightarrow{\mathrm{OA}}-\dfrac{1}{2}\overrightarrow{\mathrm{BA}}$

$=\dfrac{1}{2}\overrightarrow{\mathrm{OA}}+\dfrac{1}{2}\overrightarrow{\mathrm{OB}}$

よって　　$\overrightarrow{\mathrm{OD}}=\overrightarrow{\mathrm{OO'}}+\overrightarrow{\mathrm{O'D}}=\dfrac{1}{2}\overrightarrow{\mathrm{BA}}+3\overrightarrow{\mathrm{O'A}}$

$=\dfrac{1}{2}(\overrightarrow{\mathrm{OA}}-\overrightarrow{\mathrm{OB}})+\dfrac{3}{2}\overrightarrow{\mathrm{OA}}+\dfrac{3}{2}\overrightarrow{\mathrm{OB}}$

$=2\overrightarrow{\mathrm{OA}}+\overrightarrow{\mathrm{OB}}$

$\overrightarrow{\mathrm{OA}}\neq\vec{0}$，$\overrightarrow{\mathrm{OB}}\neq\vec{0}$，$\overrightarrow{\mathrm{OA}}\not\parallel\overrightarrow{\mathrm{OB}}$ であるから

$\boldsymbol{m=2}$，$\boldsymbol{n=1}$

HINT (1) △OCA と △ACD の底辺をともに辺 AC としたとき，高さの比は 1：2 になる。
(2) 点 D は直線 EF 上にあるから，$\overrightarrow{\mathrm{OD}}=p\overrightarrow{\mathrm{OE}}+q\overrightarrow{\mathrm{OF}}$，$p+q=1$ で表される。

(2) △OAB は，1辺の長さが1の正三角形であるから

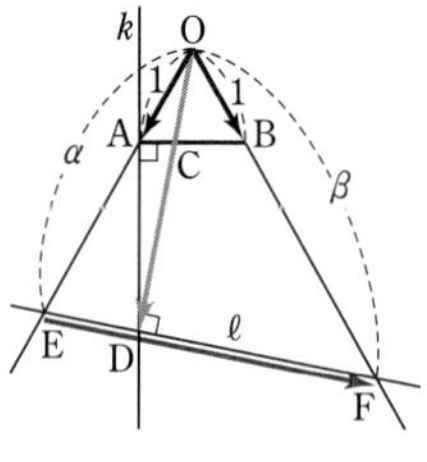

$|\overrightarrow{\mathrm{OA}}|=|\overrightarrow{\mathrm{OB}}|=1$,

$\overrightarrow{\mathrm{OA}}\cdot\overrightarrow{\mathrm{OB}}=|\overrightarrow{\mathrm{OA}}||\overrightarrow{\mathrm{OB}}|\cos 60^\circ=\dfrac{1}{2}$

$\overrightarrow{\mathrm{OE}}=\alpha\overrightarrow{\mathrm{OA}}$，$\overrightarrow{\mathrm{OF}}=\beta\overrightarrow{\mathrm{OB}}$

$(\alpha\neq 0,\ \beta\neq 0)$ とすると

$\overrightarrow{\mathrm{EF}}=\overrightarrow{\mathrm{OF}}-\overrightarrow{\mathrm{OE}}=\beta\overrightarrow{\mathrm{OB}}-\alpha\overrightarrow{\mathrm{OA}}$

$\overrightarrow{\mathrm{EF}}\perp\overrightarrow{\mathrm{OD}}$ から　　$\overrightarrow{\mathrm{EF}}\cdot\overrightarrow{\mathrm{OD}}=0$

ここで

$\overrightarrow{EF}\cdot\overrightarrow{OD}=(\beta\overrightarrow{OB}-\alpha\overrightarrow{OA})\cdot(2\overrightarrow{OA}+\overrightarrow{OB})$

$=-2\alpha|\overrightarrow{OA}|^2+(2\beta-\alpha)\overrightarrow{OA}\cdot\overrightarrow{OB}+\beta|\overrightarrow{OB}|^2$

$=-2\alpha\cdot1^2+(2\beta-\alpha)\cdot\dfrac{1}{2}+\beta\cdot1^2=-\dfrac{5}{2}\alpha+2\beta$

よって　$-\dfrac{5}{2}\alpha+2\beta=0$ …… ①

また　$\overrightarrow{OD}=2\overrightarrow{OA}+\overrightarrow{OB}=\dfrac{2}{\alpha}\overrightarrow{OE}+\dfrac{1}{\beta}\overrightarrow{OF}$

点Dは直線EF上にあるから　$\dfrac{2}{\alpha}+\dfrac{1}{\beta}=1$ …… ②

←(係数の和)=1

①から　$\beta=\dfrac{5}{4}\alpha$

これを②に代入して　$\dfrac{2}{\alpha}+\dfrac{4}{5\alpha}=1$

これを解くと　$\alpha=\dfrac{14}{5}$　このとき　$\beta=\dfrac{7}{2}$

ゆえに　$\overrightarrow{EF}=-\dfrac{14}{5}\overrightarrow{OA}+\dfrac{7}{2}\overrightarrow{OB}$

$\overrightarrow{OA}\neq\vec{0}$, $\overrightarrow{OB}\neq\vec{0}$, $\overrightarrow{OA}\not\parallel\overrightarrow{OB}$ であるから

$\boldsymbol{s=-\dfrac{14}{5},\ t=\dfrac{7}{2}}$

EX ③25

平面上に△ABCがある。実数 x, y に対して，点Pが $3\overrightarrow{PA}+4\overrightarrow{PB}+5\overrightarrow{PC}=x\overrightarrow{AB}+y\overrightarrow{AC}$ を満たすものとする。

(1) 点Pが△ABCの周または内部にあるとき，△PAB，△PBC，△PCAの面積比が1：2：3となる点 $(x,\ y)$ を求めよ。

(2) 線分BCを2：1に外分する点をDとする。点Pが線分CD上（両端を含む）にあるとき，点 $(x,\ y)$ が存在する範囲を xy 平面上に図示せよ。　〔類　静岡大〕

(1) 等式から

$-3\overrightarrow{AP}+4(\overrightarrow{AB}-\overrightarrow{AP})+5(\overrightarrow{AC}-\overrightarrow{AP})=x\overrightarrow{AB}+y\overrightarrow{AC}$

←等式から $\overrightarrow{AP}=●\overrightarrow{AB}+■\overrightarrow{AC}$ の式を導く。

よって　$-12\overrightarrow{AP}=(x-4)\overrightarrow{AB}+(y-5)\overrightarrow{AC}$

ゆえに　$\overrightarrow{AP}=\dfrac{(4-x)\overrightarrow{AB}+(5-y)\overrightarrow{AC}}{12}$ …… ①

直線APと辺BCの交点をEとすると，条件から

BE：EC＝△PAB：△PCA＝1：3

←面積比の条件から，線分の比がどうなるかを調べる。

また　PE：AE＝△PBC：△ABC＝2：(1+2+3)

＝1：3

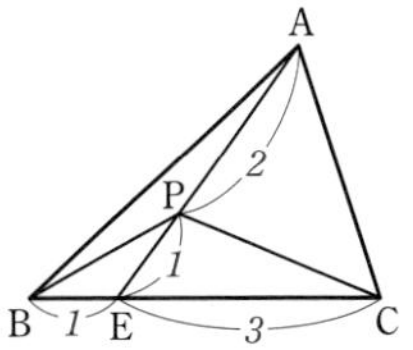

よって　$\overrightarrow{AP}=\dfrac{2}{3}\overrightarrow{AE}=\dfrac{2}{3}\cdot\dfrac{3\overrightarrow{AB}+1\cdot\overrightarrow{AC}}{1+3}$

$=\dfrac{1}{2}\overrightarrow{AB}+\dfrac{1}{6}\overrightarrow{AC}$ …… ②

$\overrightarrow{AB}\neq\vec{0}$, $\overrightarrow{AC}\neq\vec{0}$, $\overrightarrow{AB}\not\parallel\overrightarrow{AC}$ であるから，①，②より

$$\frac{4-x}{12}=\frac{1}{2},\quad \frac{5-y}{12}=\frac{1}{6}$$

これを解いて　　$x=-2,\ y=3$

したがって，求める点は　　**点 $(-2,\ 3)$**

(2)　$\overrightarrow{\mathrm{AD}}=\dfrac{-1\cdot\overrightarrow{\mathrm{AB}}+2\overrightarrow{\mathrm{AC}}}{2-1}=-\overrightarrow{\mathrm{AB}}+2\overrightarrow{\mathrm{AC}}$ …… ③

また，点 P が線分 CD 上（両端を含む）にあるとき，

$\overrightarrow{\mathrm{AP}}=(1-t)\overrightarrow{\mathrm{AC}}+t\overrightarrow{\mathrm{AD}}$ $(0\leqq t\leqq 1)$ と表される。

③ を代入して

$$\overrightarrow{\mathrm{AP}}=(1-t)\overrightarrow{\mathrm{AC}}+t(-\overrightarrow{\mathrm{AB}}+2\overrightarrow{\mathrm{AC}})$$
$$=-t\overrightarrow{\mathrm{AB}}+(t+1)\overrightarrow{\mathrm{AC}} \quad \cdots\cdots ④$$

$\overrightarrow{\mathrm{AB}}\neq\vec{0}$，$\overrightarrow{\mathrm{AC}}\neq\vec{0}$，$\overrightarrow{\mathrm{AB}}\not\parallel\overrightarrow{\mathrm{AC}}$ であるから，①，④ より

$$\frac{4-x}{12}=-t \quad \cdots\cdots ⑤,$$

$$\frac{5-y}{12}=t+1 \quad \cdots\cdots ⑥$$

⑤+⑥ から　　$y=-x-3$ …… ⑦

⑤ から　　$t=\dfrac{x-4}{12}$

これを $0\leqq t\leqq 1$ に代入することにより

$$4\leqq x\leqq 16 \quad \cdots\cdots ⑧$$

⑦，⑧ から，求める範囲は，**右の図の実線部分** のようになる。

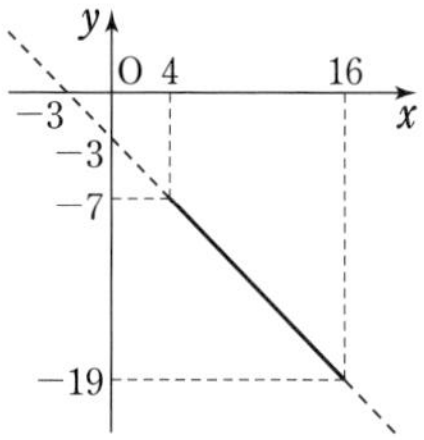

←$\overrightarrow{\mathrm{AP}}=s\overrightarrow{\mathrm{AC}}+t\overrightarrow{\mathrm{AD}}$, $s+t=1$, $s\geqq 0$, $t\geqq 0$ と表すこともできるが，この問題では変数 t だけの式にすると扱いやすくなる。

←t を消去して，x, y のみの式を導く。

←x の変域を調べる。

EX ③26　△OAB において，ベクトル $\overrightarrow{\mathrm{OA}}$，$\overrightarrow{\mathrm{OB}}$ は $|\overrightarrow{\mathrm{OA}}|=3$，$|\overrightarrow{\mathrm{OB}}|=2$，$\overrightarrow{\mathrm{OA}}\cdot\overrightarrow{\mathrm{OB}}=2$ を満たすとする。実数 s，t が次の条件を満たすとき，$\overrightarrow{\mathrm{OP}}=s\overrightarrow{\mathrm{OA}}+t\overrightarrow{\mathrm{OB}}$ と表されるような点 P の存在する範囲の面積を求めよ。　［(1) 立教大］

(1)　$s\geqq 0$，$t\geqq 0$，$2s+t\leqq 1$　　　(2)　$s\geqq 0$，$t\geqq 0$，$s+2t\leqq 2$，$2s+t\leqq 2$

(1)　$\overrightarrow{\mathrm{OP}}=s\overrightarrow{\mathrm{OA}}+t\overrightarrow{\mathrm{OB}}$ から　　$\overrightarrow{\mathrm{OP}}=2s\left(\dfrac{1}{2}\overrightarrow{\mathrm{OA}}\right)+t\overrightarrow{\mathrm{OB}}$

また　　$2s+t\leqq 1$，$2s\geqq 0$，$t\geqq 0$

よって，点 P の存在範囲は，$\dfrac{1}{2}\overrightarrow{\mathrm{OA}}=\overrightarrow{\mathrm{OC}}$ とすると，

△OCB の周および内部である。

ゆえに，求める面積は

$$\triangle\mathrm{OCB}=\frac{1}{2}\triangle\mathrm{OAB}=\frac{1}{2}\cdot\frac{1}{2}\sqrt{|\overrightarrow{\mathrm{OA}}|^2|\overrightarrow{\mathrm{OB}}|^2-(\overrightarrow{\mathrm{OA}}\cdot\overrightarrow{\mathrm{OB}})^2}$$
$$=\frac{1}{4}\sqrt{3^2\cdot 2^2-2^2}=\frac{1}{4}\cdot 2\sqrt{9-1}=\boldsymbol{\sqrt{2}}$$

←$2s=s'$ とおくと，$s'+t\leqq 1$，$s'\geqq 0$，$t\geqq 0$ で $\overrightarrow{\mathrm{OP}}=s'\overrightarrow{\mathrm{OC}}+t\overrightarrow{\mathrm{OB}}$

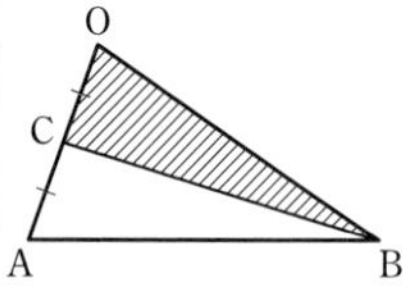

(2)　$s+2t\leqq 2$ から，$\dfrac{s}{2}+t\leqq 1$ で

$$\overrightarrow{\mathrm{OP}}=\frac{s}{2}(2\overrightarrow{\mathrm{OA}})+t\overrightarrow{\mathrm{OB}} \qquad また \quad \frac{s}{2}\geqq 0,\ t\geqq 0$$

←点 P の存在範囲は △ODB の周および内部 $(2\overrightarrow{\mathrm{OA}}=\overrightarrow{\mathrm{OD}})$。

$2s+t\leqq 2$ から, $s+\dfrac{t}{2}\leqq 1$ で

$$\overrightarrow{OP}=s\overrightarrow{OA}+\frac{t}{2}(2\overrightarrow{OB}) \quad また \quad s\geqq 0,\ \frac{t}{2}\geqq 0$$

←点Pの存在範囲は△OAEの周および内部 $(2\overrightarrow{OB}=\overrightarrow{OE})$。

よって, $2\overrightarrow{OA}=\overrightarrow{OD}$, $2\overrightarrow{OB}=\overrightarrow{OE}$ とすると, 点Pの存在範囲は, △ODBの周および内部と, △OAEの周および内部の共通部分, すなわち右の図の斜線部分である。

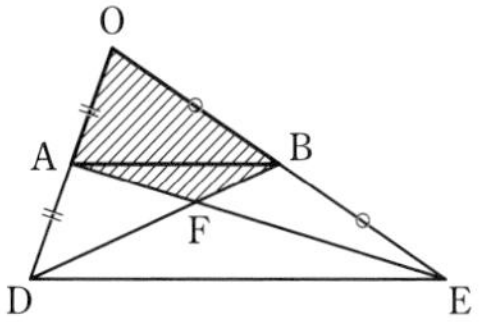

線分BDと線分AEの交点をFとする。

△ABF∽△EDF であるから

$$BF:DF=AB:ED=1:2$$

←中点連結定理により AB∥DE, AB：DE＝1：2

また, Aは線分ODの中点であるから

$$\triangle ADB=\triangle OAB$$

よって $\quad \triangle ABF=\dfrac{1}{3}\triangle ADB=\dfrac{1}{3}\triangle OAB$

したがって, 図の斜線部分の面積は

$$\triangle OAB+\triangle ABF=\triangle OAB+\frac{1}{3}\triangle OAB$$

$$=\frac{4}{3}\triangle OAB=\frac{4}{3}\cdot 2\sqrt{2}=\boldsymbol{\frac{8\sqrt{2}}{3}}$$

←(1) から △OAB＝$2\sqrt{2}$

EX ⑤27

平面上で原点Oと3点A(3, 1), B(1, 2), C(−1, 1)を考える。実数 s, t に対し, 点Pを $\overrightarrow{OP}=s\overrightarrow{OA}+t\overrightarrow{OB}$ により定める。

(1) s, t が条件 $-1\leqq s\leqq 1$, $-1\leqq t\leqq 1$ を満たすとき, 点P(x, y) が存在する範囲 D_1 を図示せよ。

(2) s, t が条件 $-1\leqq s\leqq 1$, $-1\leqq t\leqq 1$, $-1\leqq s+t\leqq 1$ を満たすとき, 点P(x, y) が存在する範囲 D_2 を図示せよ。

(3) 点Pが(2)で求めた範囲 D_2 を動くとき, 内積 $\overrightarrow{OP}\cdot\overrightarrow{OC}$ の最大値を求め, そのときの点Pの座標を求めよ。 〔類 東北大〕

(1) s を固定して, $\overrightarrow{OA'}=s\overrightarrow{OA}$ とすると

$$\overrightarrow{OP}=\overrightarrow{OA'}+t\overrightarrow{OB}$$

←まずは, s を固定して t だけを動かして考える。

よって, $-1\leqq t\leqq 1$ の範囲で t を動かすとき,

$$\overrightarrow{OP_1}=\overrightarrow{OA'}-\overrightarrow{OB},\ \overrightarrow{OP_2}=\overrightarrow{OA'}+\overrightarrow{OB}$$

とすると, 点Pは線分 P_1P_2 上を動く。

そして, s を $-1\leqq s\leqq 1$ の範囲で動かすと, 線分 P_1P_2 は図1の線分GHからEFまで平行に動く。ただし

←次に, s を動かす。

$\overrightarrow{OE}=\overrightarrow{OA}-\overrightarrow{OB}$, $\overrightarrow{OF}=\overrightarrow{OA}+\overrightarrow{OB}$,

$\overrightarrow{OG}=-\overrightarrow{OA}-\overrightarrow{OB}$,

$\overrightarrow{OH}=-\overrightarrow{OA}+\overrightarrow{OB}$

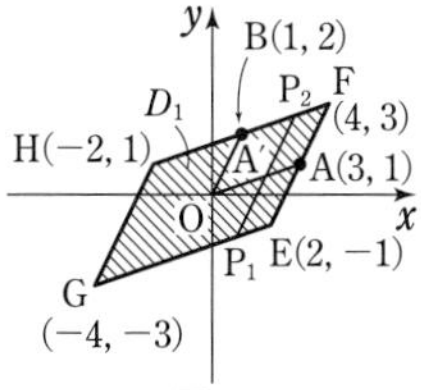

図1

ゆえに, 領域 D_1 は平行四辺形EFHGの周および内部である。すなわち **図1の斜線部分** である。**ただし, 境界線を含む。**

(2)　$-1 \leqq s+t \leqq 1$ を満たすとき，点 P の存在する範囲 D_1' を調べる。

$s+t=k\ (-1 \leqq k \leqq 1)$ とおくと，$k \neq 0$ のとき

←まずは，k を固定して考える。

$$\frac{s}{k}+\frac{t}{k}=1,\ \overrightarrow{\mathrm{OP}}=\frac{s}{k}(k\overrightarrow{\mathrm{OA}})+\frac{t}{k}(k\overrightarrow{\mathrm{OB}})$$

よって，$\overrightarrow{\mathrm{OA_1}}=k\overrightarrow{\mathrm{OA}}$，$\overrightarrow{\mathrm{OB_1}}=k\overrightarrow{\mathrm{OB}}$，

$s_1=\dfrac{s}{k}$，$t_1=\dfrac{t}{k}$ とすると

$$\overrightarrow{\mathrm{OP}}=s_1\overrightarrow{\mathrm{OA_1}}+t_1\overrightarrow{\mathrm{OB_1}},\ s_1+t_1=1$$

ゆえに，点 P は直線 $\mathrm{A_1B_1}$ 上を動く。

また，$k=0$ のとき，$\overrightarrow{\mathrm{OP}}=t\overrightarrow{\mathrm{AB}}$ となり，点 P は O を通り，直線 AB に平行な直線上を動く。

←$k=0$ のとき，$s=-t$ で　$\overrightarrow{\mathrm{OP}}=t(\overrightarrow{\mathrm{OB}}-\overrightarrow{\mathrm{OA}})$

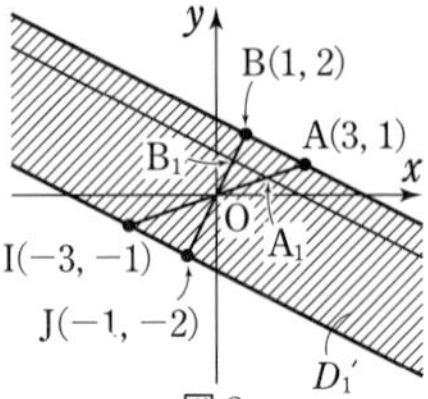

図 2

k を $-1 \leqq k \leqq 1$ の範囲で動かすと，直線 $\mathrm{A_1B_1}$ は図 2 の直線 AB と IJ に挟まれた部分を動く（直線 AB 上，IJ 上をともに含む）。

←次に，k を動かす。

ただし　$\overrightarrow{\mathrm{OI}}=-\overrightarrow{\mathrm{OA}}$，$\overrightarrow{\mathrm{OJ}}=-\overrightarrow{\mathrm{OB}}$

すなわち，領域 D_1' は図 2 の斜線部分（境界線を含む）である。

以上から，求める範囲 D_2 は領域 D_1 と D_1' の共通部分，すなわち **図 3 の斜線部分** である。

ただし，境界線を含む。

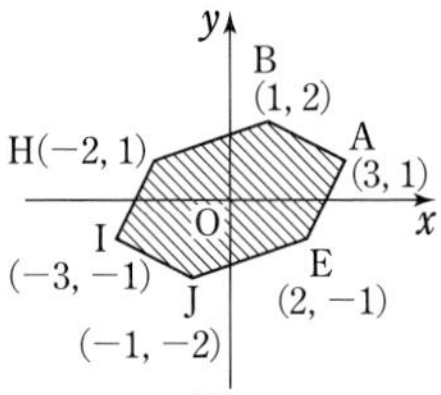

図 3

別解 **1.**　$-1 \leqq s \leqq 1$，$-1 \leqq t \leqq 1$，
$-1 \leqq s+t \leqq 1$ を満たす点 $\mathrm{P}(s,\ t)$ は，直交座標平面上において，領域
K：$-1 \leqq x \leqq 1$，$-1 \leqq y \leqq 1$，
$-1 \leqq x+y \leqq 1$ 上にある。

領域 K を図示すると，右の図の斜線部分のようになる。ただし，境界線を含む。

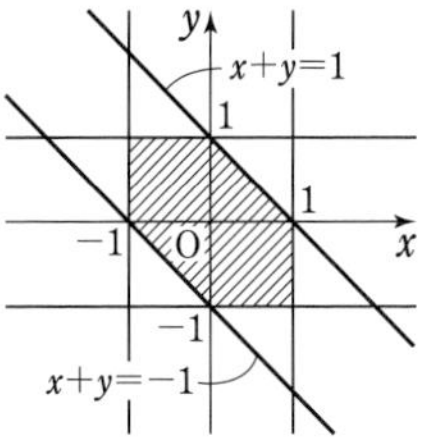

ここで，斜交座標平面上の点 $(1,\ 0)$，$(0,\ 1)$ に対し，直交座標平面上の点 $(3,\ 1)$，$(1,\ 2)$ をそれぞれ対応させる。

斜交座標平面上の 4 点 $(-1,\ 1)$，$(-1,\ 0)$，$(0,\ -1)$，$(1,\ -1)$ に対し，直交座標平面における座標はそれぞれ

←$\overrightarrow{\mathrm{OA}}$ の延長，$\overrightarrow{\mathrm{OB}}$ の延長をそれぞれ軸としてとらえる。

$(-3+1,\ -1+2)$，$(-3,\ -1)$，
$(-1,\ -2)$，$(3-1,\ 1-2)$

すなわち，$(-2,\ 1)$，$(-3,\ -1)$，$(-1,\ -2)$，$(2,\ -1)$ である。

よって，求める範囲 D_2 は **右の図の斜線部分** である。**ただし，境界線を含む。**

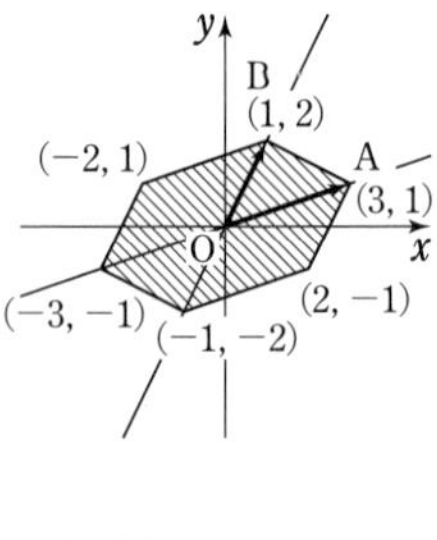

別解 **2.** $\overrightarrow{OP}=s\overrightarrow{OA}+t\overrightarrow{OB}$ から

$$(x,\ y)=s(3,\ 1)+t(1,\ 2)$$

よって　$x=3s+t,\ y=s+2t$

ゆえに　$s=\dfrac{2x-y}{5},\ t=\dfrac{-x+3y}{5}$

$-1\leqq s\leqq 1$ から　$-1\leqq\dfrac{2x-y}{5}\leqq 1$

よって　$2x-5\leqq y\leqq 2x+5$ …… Ⓐ

$-1\leqq t\leqq 1$ から　$-1\leqq\dfrac{-x+3y}{5}\leqq 1$

ゆえに　$\dfrac{1}{3}x-\dfrac{5}{3}\leqq y\leqq\dfrac{1}{3}x+\dfrac{5}{3}$ …… Ⓑ

また，$s+t=\dfrac{x+2y}{5}$，$-1\leqq s+t\leqq 1$ から

$$-1\leqq\frac{x+2y}{5}\leqq 1$$

よって　$-\dfrac{1}{2}x-\dfrac{5}{2}\leqq y\leqq -\dfrac{1}{2}x+\dfrac{5}{2}$ …… Ⓒ

不等式 Ⓐ，Ⓑ，Ⓒ それぞれの表す領域の共通部分を求めると，D_2 は **図 3 の斜線部分** のようになる。**ただし，境界線を含む。**

(3) $\mathrm{P}(x,\ y)$ とすると

$$\overrightarrow{OP}\cdot\overrightarrow{OC}=x\times(-1)+y\times 1$$
$$=-x+y$$

←$\overrightarrow{OP}=(x,\ y)$，$\overrightarrow{OC}=(-1,\ 1)$

$-x+y=l$ とすると　$y=x+l$ …… ①

直線 ① の傾きは 1 であり，(2) の図 3 において，直線 IH の傾きは 2，直線 HB の傾きは $\dfrac{1}{3}$ である。

←(2) の図 3 の D_2 と直線 ① が共有点をもつような l の最大値について考える。

よって，直線 ① が点 H$(-2,\ 1)$ を通るとき，l は最大となる。
ゆえに，内積 $\overrightarrow{OP}\cdot\overrightarrow{OC}$ は，**P$(-2,\ 1)$ のとき最大値** $-(-2)+1=$**3** をとる。

EX ③28

(1) 平面上に 4 点 O，A，B，C があり，$\overrightarrow{CA}+2\overrightarrow{CB}+3\overrightarrow{CO}=\vec{0}$ を満たす。点 A が点 O を中心とする半径 12 の円上を動くとき，点 C はどのような図形を描くか。ただし，点 O，B は定点とする。〔類　中央大〕

(2) xy 平面上の点 A$(0,\ 0)$，B$(b,\ 0)$ に対して，$(\overrightarrow{AP}+\overrightarrow{BP})\cdot(\overrightarrow{AP}-2\overrightarrow{BP})=0$ を満たす xy 平面上の点 P$(x,\ y)$ の描く図形の方程式を求めよ。〔東北学院大〕

(1) 点 O に関する位置ベクトルを考えて，A$(\vec{a})$，B$(\vec{b})$，C$(\vec{c})$ とすると，等式から　$\vec{a}-\vec{c}+2(\vec{b}-\vec{c})-3\vec{c}=\vec{0}$

HINT (1) A$(\vec{a})$，B$(\vec{b})$，C$(\vec{c})$ として，$\vec{c}$ を $\vec{a}$，$\vec{b}$ で表す。$|\vec{a}|=12$ に着目する。
(2) 条件を成分で表す。

ゆえに　$\vec{c}=\dfrac{1}{6}\vec{a}+\dfrac{1}{3}\vec{b}$

$\vec{c}-\dfrac{1}{3}\vec{b}=\dfrac{1}{6}\vec{a}$ であるから

$$\left|\vec{c}-\frac{1}{3}\vec{b}\right|=\frac{1}{6}|\vec{a}|=2$$

←$|\vec{a}|=12$

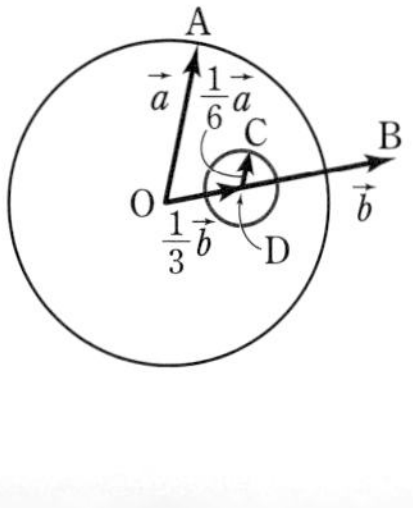

よって，$\dfrac{1}{3}\overrightarrow{\mathrm{OB}}=\overrightarrow{\mathrm{OD}}$ とすると $|\overrightarrow{\mathrm{DC}}|=2$ であり，

点Cは **中心がD，半径が2の円** を描く。

←O，Bは定点であるから，Dも定点である。

(2) $\overrightarrow{\mathrm{AP}}+\overrightarrow{\mathrm{BP}}=(x,\ y)+(x-b,\ y)=(2x-b,\ 2y)$

$\overrightarrow{\mathrm{AP}}-2\overrightarrow{\mathrm{BP}}=(x,\ y)-2(x-b,\ y)=(-x+2b,\ -y)$

$(\overrightarrow{\mathrm{AP}}+\overrightarrow{\mathrm{BP}})\cdot(\overrightarrow{\mathrm{AP}}-2\overrightarrow{\mathrm{BP}})=0$ であるから

$$(2x-b)(-x+2b)+2y(-y)=0$$

すなわち　$-2x^2+5bx-2b^2-2y^2=0$

したがって　$\boldsymbol{x^2+y^2-\dfrac{5}{2}bx+b^2=0}$ ……（＊）

検討　（＊）を変形すると $\left(x-\dfrac{5}{4}b\right)^2+y^2=\dfrac{9}{16}b^2$
よって，$b=0$ のときPはAに一致し，$b\neq0$ のときPは中心 $\left(\dfrac{5}{4}b,\ 0\right)$，半径 $\dfrac{3}{4}|b|$ の円を描く。

EX 29 ⑤

平面上の異なる3点O，A，Bは同一直線上にないものとする。
この平面上の点Pが

$$2|\overrightarrow{\mathrm{OP}}|^2-\overrightarrow{\mathrm{OA}}\cdot\overrightarrow{\mathrm{OP}}+2\overrightarrow{\mathrm{OB}}\cdot\overrightarrow{\mathrm{OP}}-\overrightarrow{\mathrm{OA}}\cdot\overrightarrow{\mathrm{OB}}=0$$

を満たすとき，次の問いに答えよ。

(1) 点Pの軌跡は円となることを示せ。

(2) (1)の円の中心をCとするとき，$\overrightarrow{\mathrm{OC}}$ を $\overrightarrow{\mathrm{OA}}$ と $\overrightarrow{\mathrm{OB}}$ で表せ。

(3) 点Oとの距離が最小となる(1)の円周上の点を $\mathrm{P_0}$ とする。2点A，Bが条件

$$|\overrightarrow{\mathrm{OA}}|^2+5\overrightarrow{\mathrm{OA}}\cdot\overrightarrow{\mathrm{OB}}+4|\overrightarrow{\mathrm{OB}}|^2=0$$

を満たすとき，$\overrightarrow{\mathrm{OP_0}}=s\overrightarrow{\mathrm{OA}}+t\overrightarrow{\mathrm{OB}}$ となる s，t の値を求めよ。〔岡山大〕

(1) $\overrightarrow{\mathrm{OP}}=\vec{p}$，$\overrightarrow{\mathrm{OA}}=\vec{a}$，$\overrightarrow{\mathrm{OB}}=\vec{b}$ とする。

与えられた等式から

$$2|\vec{p}|^2-(\vec{a}-2\vec{b})\cdot\vec{p}-\vec{a}\cdot\vec{b}=0$$

ゆえに　$|\vec{p}|^2-\left(\dfrac{\vec{a}-2\vec{b}}{2}\right)\cdot\vec{p}=\dfrac{\vec{a}\cdot\vec{b}}{2}$

$$\left|\vec{p}-\frac{\vec{a}-2\vec{b}}{4}\right|^2=\frac{\vec{a}\cdot\vec{b}}{2}+\left|\frac{\vec{a}-2\vec{b}}{4}\right|^2$$

$$\left|\vec{p}-\frac{\vec{a}-2\vec{b}}{4}\right|^2=\left|\frac{\vec{a}+2\vec{b}}{4}\right|^2$$

よって　$\left|\vec{p}-\dfrac{\vec{a}-2\vec{b}}{4}\right|=\left|\dfrac{\vec{a}+2\vec{b}}{4}\right|$

HINT　(1) 平方完成の要領で $|\vec{p}-\vec{c}|=r$ の形に変形する。
(3) 与えられた条件から，(1)の円の半径と線分OCの長さとを比較し，3点O，$\mathrm{P_0}$，Cの位置関係を調べる。

異なる3点O，A，Bは同一直線上にないから　$\left|\dfrac{\vec{a}+2\vec{b}}{4}\right|>0$

←$\vec{a}\neq-2\vec{b}$

ゆえに，点Cを $\overrightarrow{\mathrm{OC}}=\dfrac{\vec{a}-2\vec{b}}{4}$ で定めると，点Pの軌跡は点Cを中心とする半径 $\left|\dfrac{\vec{a}+2\vec{b}}{4}\right|$ の円となる。

参考　与えられた等式を変形すると

$$(2\overrightarrow{\mathrm{OP}}-\overrightarrow{\mathrm{OA}})\cdot(\overrightarrow{\mathrm{OP}}+\overrightarrow{\mathrm{OB}})=0$$

←$2x^2-ax+2bx-ab$ を x の2次式とみて因数分解するのと同じ要領。

よって　$\left(\overrightarrow{\mathrm{OP}}-\dfrac{1}{2}\overrightarrow{\mathrm{OA}}\right)\cdot(\overrightarrow{\mathrm{OP}}+\overrightarrow{\mathrm{OB}})=0$

ゆえに，線分OAの中点をM，$\overrightarrow{\mathrm{OQ}}=-\overrightarrow{\mathrm{OB}}$ を満たす点をQとすると，点Pの軌跡は，線分MQを直径とする円になる。

(2) (1)から $\quad \overrightarrow{\mathbf{OC}}=\dfrac{\vec{a}-2\vec{b}}{4}=\dfrac{\mathbf{1}}{\mathbf{4}}\overrightarrow{\mathbf{OA}}-\dfrac{\mathbf{1}}{\mathbf{2}}\overrightarrow{\mathbf{OB}}$

(3) $|\overrightarrow{OA}|^2+5\overrightarrow{OA}\cdot\overrightarrow{OB}+4|\overrightarrow{OB}|^2=0$ から

$$|\vec{a}|^2+4|\vec{b}|^2=-5\vec{a}\cdot\vec{b}$$

(1)の円の半径を r とすると

$$r^2=\left|\frac{\vec{a}+2\vec{b}}{4}\right|^2=\frac{1}{16}(|\vec{a}|^2+4\vec{a}\cdot\vec{b}+4|\vec{b}|^2)$$

$$=\frac{1}{16}(-5\vec{a}\cdot\vec{b}+4\vec{a}\cdot\vec{b})=-\frac{1}{16}\vec{a}\cdot\vec{b}$$

←r^2 を $\vec{a}\cdot\vec{b}$ で表す。

また $\quad |\overrightarrow{OC}|^2=\left|\dfrac{\vec{a}-2\vec{b}}{4}\right|^2=\dfrac{1}{16}(|\vec{a}|^2-4\vec{a}\cdot\vec{b}+4|\vec{b}|^2)$

$$=\frac{1}{16}(-5\vec{a}\cdot\vec{b}-4\vec{a}\cdot\vec{b})=-\frac{9}{16}\vec{a}\cdot\vec{b}$$

←$|\overrightarrow{OC}|^2$ を $\vec{a}\cdot\vec{b}$ で表す。

よって $\quad |\overrightarrow{OC}|^2=9r^2$

ゆえに $\quad |\overrightarrow{OC}|=3r$

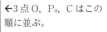

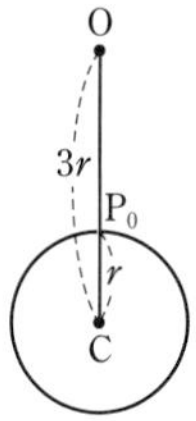

$|\overrightarrow{OC}|>r$ であるから，点Oは(1)の円の外部にある。

また，この円上の点 P_0 は，点Oとの距離が最小となる点であるから，円と線分OCの交点である。

よって $\quad OP_0:OC=(3r-r):3r=2:3$

←3点O，P_0，Cはこの順に並ぶ。

ゆえに $\quad \overrightarrow{OP_0}=\dfrac{2}{3}\overrightarrow{OC}=\dfrac{2}{3}\left(\dfrac{1}{4}\overrightarrow{OA}-\dfrac{1}{2}\overrightarrow{OB}\right)$

$$=\frac{1}{6}\overrightarrow{OA}-\frac{1}{3}\overrightarrow{OB}$$

3点O，A，Bは異なる点で同一直線上にないから，$\overrightarrow{OA}\neq\vec{0}$，$\overrightarrow{OB}\neq\vec{0}$，$\overrightarrow{OA}\not\parallel\overrightarrow{OB}$ である。

←3点O，A，Bは異なるから $\overrightarrow{OA}\neq\vec{0}$，$\overrightarrow{OB}\neq\vec{0}$

よって，$\overrightarrow{OP_0}=s\overrightarrow{OA}+t\overrightarrow{OB}$ となる s，t の値は

$$\boldsymbol{s=\frac{1}{6},\ t=-\frac{1}{3}}$$

練習 ①44 点P(3, −2, 1) に対して，次の点の座標を求めよ。
(1) 点Pから x 軸に下ろした垂線と x 軸の交点Q
(2) xy 平面に関して対称な点R
(3) 原点Oに関して対称な点S

図から
(1) **Q(3, 0, 0)**
(2) **R(3, −2, −1)**
(3) **S(−3, 2, −1)**

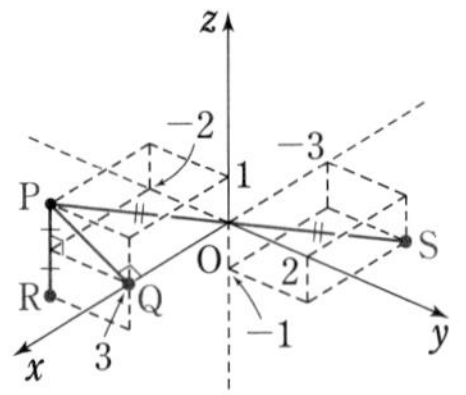

(2), (3) 本冊 $p.433$ の**検討**を利用すると，符号に注目するだけで求められる。

練習 ①45 (1) 次の2点間の距離を求めよ。
(ア) O(0, 0, 0), A(2, 7, −4)　　(イ) A(1, 2, 3), B(2, 4, 5)
(ウ) A(3, $-\sqrt{3}$, 2), B($\sqrt{3}$, 1, $-\sqrt{3}$)
(2) 3点A(−1, 0, 1), B(1, 1, 3), C(0, 2, −1) を頂点とする△ABCはどのような形か。
(3) a は定数とする。3点A(2, 2, 2), B(3, −1, 6), C(6, a, 5) を頂点とする三角形が正三角形であるとき，a の値を求めよ。

(1) (ア) $\mathrm{OA}=\sqrt{2^2+7^2+(-4)^2}=\boldsymbol{\sqrt{69}}$

(イ) $\mathrm{AB}=\sqrt{(2-1)^2+(4-2)^2+(5-3)^2}=\sqrt{1+4+4}=\mathbf{3}$

(ウ) $\mathrm{AB}=\sqrt{(\sqrt{3}-3)^2+\{1-(-\sqrt{3})\}^2+(-\sqrt{3}-2)^2}$
$=\sqrt{3-6\sqrt{3}+9+1+2\sqrt{3}+3+3+4\sqrt{3}+4}$
$=\boldsymbol{\sqrt{23}}$

2点 $\mathrm{P}(x_1,\ y_1,\ z_1)$, $\mathrm{Q}(x_2,\ y_2,\ z_2)$ に対し
$\mathrm{PQ}^2=(x_2-x_1)^2+(y_2-y_1)^2+(z_2-z_1)^2$

(2) $\mathrm{AB}^2=\{1-(-1)\}^2+(1-0)^2+(3-1)^2=9$
$\mathrm{BC}^2=(0-1)^2+(2-1)^2+(-1-3)^2=18$
$\mathrm{CA}^2=(-1-0)^2+(0-2)^2+\{1-(-1)\}^2=9$
よって　AB=CA, $\mathrm{CA}^2+\mathrm{AB}^2=\mathrm{BC}^2$
ゆえに，△ABCは **∠A=90° の直角二等辺三角形** である。

←3辺の長さの関係に注目する。
⊘ 距離の条件
2乗した形で扱う
←直角である角も記す。

(3) $\mathrm{AB}^2=(3-2)^2+(-1-2)^2+(6-2)^2=26$ …… ①
$\mathrm{BC}^2=(6-3)^2+\{a-(-1)\}^2+(5-6)^2=(a+1)^2+10$ …… ②
$\mathrm{CA}^2=(2-6)^2+(2-a)^2+(2-5)^2=(a-2)^2+25$ …… ③
AB=BC=CA であるから　$\mathrm{AB}^2=\mathrm{BC}^2=\mathrm{CA}^2$
① と ② から　$(a+1)^2+10=26$　よって　$a=-5,\ 3$
① と ③ から　$(a-2)^2+25=26$　よって　$a=1,\ 3$
ゆえに，求める a の値は　$\boldsymbol{a=3}$

←$\{a-(-1)\}^2=(a+1)^2$
←$(a+1)^2=16$ から $a+1=\pm4$

練習 ②46 (1) 3点A(2, 1, −2), B(−2, 0, 1), C(3, −1, −3) から等距離にある xy 平面上の点P, zx 平面上の点Qの座標をそれぞれ求めよ。〔類 武蔵大〕
(2) 4点O(0, 0, 0), A(0, 2, 0), B(−1, 1, 2), C(0, 1, 3) から等距離にある点Mの座標を求めよ。〔関西学院大〕

(1) AP=BP=CP から　$\mathrm{AP}^2=\mathrm{BP}^2=\mathrm{CP}^2$
P(x, y, 0) とすると，$\mathrm{AP}^2=\mathrm{BP}^2$ であるから
$(x-2)^2+(y-1)^2+4=(x+2)^2+y^2+1$

⊘ 距離の条件
2乗した形で扱う

よって　$4x+y=2$ …… ①

$BP^2=CP^2$ であるから

$$(x+2)^2+y^2+1=(x-3)^2+(y+1)^2+9$$

ゆえに　$5x-y=7$ …… ②

①+② から　$9x=9$　よって　$x=1$

このとき，① から　$y=-2$

したがって　**P(1, −2, 0)**

また，AQ=BQ=CQ から　$AQ^2=BQ^2=CQ^2$

Q$(x,\ 0,\ z)$ とすると，$AQ^2=BQ^2$ であるから

$$(x-2)^2+1+(z+2)^2=(x+2)^2+(z-1)^2$$

よって　$4x-3z=2$ …… ③

$BQ^2=CQ^2$ であるから

$$(x+2)^2+(z-1)^2=(x-3)^2+1+(z+3)^2$$

ゆえに　$5x-4z=7$ …… ④

③×4−④×3 から　$x=-13$　このとき，③ から　$z=-18$

したがって　**Q(−13, 0, −18)**

(2)　M$(x,\ y,\ z)$ とする。

OM=AM=BM=CM から　$OM^2=AM^2=BM^2=CM^2$

$OM^2=AM^2$ から　$x^2+y^2+z^2=x^2+(y-2)^2+z^2$

$OM^2=BM^2$ から　$x^2+y^2+z^2=(x+1)^2+(y-1)^2+(z-2)^2$

$OM^2=CM^2$ から　$x^2+y^2+z^2=x^2+(y-1)^2+(z-3)^2$

よって　$y=1,\ x-y-2z=-3,\ y+3z=5$

これを解いて　$x=\dfrac{2}{3},\ y=1,\ z=\dfrac{4}{3}$

したがって　$\mathbf{M}\left(\dfrac{2}{3},\ 1,\ \dfrac{4}{3}\right)$

←$BP^2=CP^2$ の代わりに $AP^2=CP^2$ を用いると
$(x-2)^2+(y-1)^2+4$
$=(x-3)^2+(y+1)^2+9$
から
$x-2y=5$ …… ②′
①，②′ を解いて
$x=1,\ y=-2$

←$BQ^2=CQ^2$ の代わりに $AQ^2=CQ^2$ を用いてもよい。$x-z=5$ と ③ から
$x=-13,\ z=-18$

←$x,\ y,\ z$ の1次の項が出てこない OM^2 を有効利用する。

練習 ①47　四面体 ABCD において，$\overrightarrow{AB}=\vec{a},\ \overrightarrow{AC}=\vec{b},\ \overrightarrow{AD}=\vec{c}$ とし，辺 BC，AD の中点をそれぞれ L，M とする。
(1)　$\overrightarrow{AL},\ \overrightarrow{DL},\ \overrightarrow{LM}$ をそれぞれ $\vec{a},\ \vec{b},\ \vec{c}$ で表せ。
(2)　線分 AL の中点を N とすると，$\overrightarrow{DL}=2\overrightarrow{MN}$ であることを示せ。

(1)　$\overrightarrow{\mathbf{AL}}=\overrightarrow{AB}+\overrightarrow{BL}=\overrightarrow{AB}+\dfrac{1}{2}\overrightarrow{BC}$

$=\vec{a}+\dfrac{1}{2}(\vec{b}-\vec{a})=\dfrac{1}{2}\vec{a}+\dfrac{1}{2}\vec{b}$

$\overrightarrow{\mathbf{DL}}=\overrightarrow{AL}-\overrightarrow{AD}=\dfrac{1}{2}\vec{a}+\dfrac{1}{2}\vec{b}-\vec{c}$

$\overrightarrow{\mathbf{LM}}=\overrightarrow{AM}-\overrightarrow{AL}=\dfrac{1}{2}\overrightarrow{AD}-\overrightarrow{AL}$

$=\dfrac{1}{2}\vec{c}-\left(\dfrac{1}{2}\vec{a}+\dfrac{1}{2}\vec{b}\right)=-\dfrac{1}{2}\vec{a}-\dfrac{1}{2}\vec{b}+\dfrac{1}{2}\vec{c}$

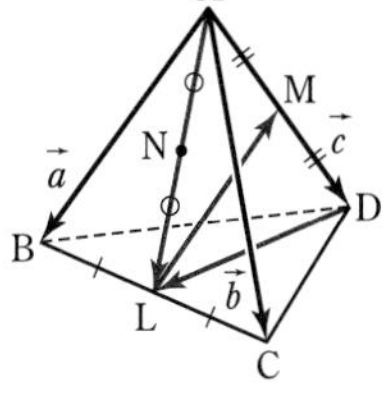

(2)　$\overrightarrow{DL}=\overrightarrow{AL}-\overrightarrow{AD}=2\overrightarrow{AN}-2\overrightarrow{AM}$

$=2(\overrightarrow{AN}-\overrightarrow{AM})=2\overrightarrow{MN}$

←分割（加法）

←分割（減法）

←分割（減法）

←$\overrightarrow{AL}=2\overrightarrow{AN}$，
$\overrightarrow{AD}=2\overrightarrow{AM}$

別解 (1)から　$\overrightarrow{DL}=\frac{1}{2}(\vec{a}+\vec{b}-2\vec{c})$ …… ①

また　$\overrightarrow{AN}=\frac{1}{2}\overrightarrow{AL}=\frac{1}{4}\vec{a}+\frac{1}{4}\vec{b}$

よって　$\overrightarrow{MN}=\overrightarrow{AN}-\overrightarrow{AM}=\frac{1}{4}\vec{a}+\frac{1}{4}\vec{b}-\frac{1}{2}\vec{c}$

$=\frac{1}{4}(\vec{a}+\vec{b}-2\vec{c})$ …… ②

①, ② から　$\overrightarrow{DL}=2\overrightarrow{MN}$

←$\overrightarrow{DL}$, $\overrightarrow{MN}$ をそれぞれ $\vec{a}$, $\vec{b}$, $\vec{c}$ で表して比較する。

←$\overrightarrow{AM}=\frac{1}{2}\vec{c}$

練習 ②48　$\vec{a}=(1,\ 0,\ 1)$, $\vec{b}=(2,\ -1,\ -2)$, $\vec{c}=(-1,\ 2,\ 0)$ とし, s, t, u は実数とする。
(1) $2\vec{a}-3\vec{b}+\vec{c}$ を成分で表せ。また, その大きさを求めよ。
(2) $\vec{d}=(6,\ -5,\ 0)$ を $s\vec{a}+t\vec{b}+u\vec{c}$ の形に表せ。
(3) l, m, n は実数とする。$\vec{d}=(l,\ m,\ n)$ を $s\vec{a}+t\vec{b}+u\vec{c}$ の形に表すとき, s, t, u をそれぞれ l, m, n で表せ。

(1) $2\vec{a}-3\vec{b}+\vec{c}=2(1,\ 0,\ 1)-3(2,\ -1,\ -2)+(-1,\ 2,\ 0)$
$=(2-6-1,\ 3+2,\ 2+6)=\mathbf{(-5,\ 5,\ 8)}$

よって　$|2\vec{a}-3\vec{b}+\vec{c}|=\sqrt{(-5)^2+5^2+8^2}=\mathbf{\sqrt{114}}$

(2) $s\vec{a}+t\vec{b}+u\vec{c}=(s+2t-u,\ -t+2u,\ s-2t)$

$\vec{d}=s\vec{a}+t\vec{b}+u\vec{c}$ とすると

$s+2t-u=6$ …… ①, $-t+2u=-5$ …… ②,
$s-2t=0$ …… ③

③ から　$s=2t$ …… ④

これを ① に代入して　$4t-u=6$ …… ⑤

②+⑤×2 から　$7t=7$　よって　$t=1$

②, ④ から　$u=-2$, $s=2$　ゆえに　$\boldsymbol{\vec{d}=2\vec{a}+\vec{b}-2\vec{c}}$

←ベクトルの相等

(3) $\vec{d}=s\vec{a}+t\vec{b}+u\vec{c}$ とすると

$l=s+2t-u$ …… ⑥, $m=-t+2u$ …… ⑦,
$n=s-2t$ …… ⑧

⑥×2+⑦ から　$2l+m=2s+3t$ …… ⑨

⑧×3+⑨×2 から　$7s=4l+2m+3n$

よって　$\boldsymbol{s=\frac{4l+2m+3n}{7}}$　⑧ から　$\boldsymbol{t=\frac{2l+m-2n}{7}}$

更に, ⑦ から　$\boldsymbol{u=\frac{l+4m-n}{7}}$

←ベクトルの相等

←$l=6$, $m=-5$, $n=0$ を代入すると, (2) で求めた値になり, 検算できる。

練習 ②49　(1) $\vec{a}=(2,\ -3x,\ 8)$, $\vec{b}=(3x,\ -6,\ 4y-2)$ とする。$\vec{a}$ と $\vec{b}$ が平行であるとき, x, y の値を求めよ。〔岩手大〕
(2) 4点 A(3, 3, 2), B(0, 4, 0), C, D(5, 1, −2) がある。四角形 ABCD が平行四辺形であるとき, 点 C の座標を求めよ。

(1) $\vec{a}/\!/\vec{b}$ であるから, $\vec{b}=k\vec{a}$ となる実数 k がある。

よって　$(3x,\ -6,\ 4y-2)=k(2,\ -3x,\ 8)$

ゆえに　$3x=2k$ …… ①, $-6=-3kx$ …… ②,
$4y-2=8k$ …… ③

←$\vec{a}$ の成分の方が文字が少ないから, $\vec{b}=k\vec{a}$ とおく。

① を ② に代入して　　$-6=-2k^2$

← $-6=-k\cdot 3x$

よって　　$k=\pm\sqrt{3}$

①，③ から

$k=\sqrt{3}$ のとき　　$x=\dfrac{2\sqrt{3}}{3}$，$y=2\sqrt{3}+\dfrac{1}{2}$

← $x=\dfrac{2}{3}k$，$y=2k+\dfrac{1}{2}$

$k=-\sqrt{3}$ のとき　　$x=-\dfrac{2\sqrt{3}}{3}$，$y=-2\sqrt{3}+\dfrac{1}{2}$

ゆえに　　$\boldsymbol{x=\pm\dfrac{2\sqrt{3}}{3}}$，$\boldsymbol{y=\pm 2\sqrt{3}+\dfrac{1}{2}}$ **（複号同順）**

(2)　点 C の座標を $(x,\ y,\ z)$ とする。

四角形 ABCD が平行四辺形であるから　　$\overrightarrow{AB}=\overrightarrow{DC}$

$\overrightarrow{AB}=(-3,\ 1,\ -2)$，$\overrightarrow{DC}=(x-5,\ y-1,\ z+2)$ であるから

$$(-3,\ 1,\ -2)=(x-5,\ y-1,\ z+2)$$

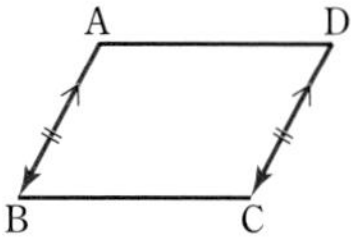

よって　　$-3=x-5$，$1=y-1$，$-2=z+2$

ゆえに　　$x=2$，$y=2$，$z=-4$

よって　　**C(2, 2, −4)**

別解　四角形 ABCD は平行四辺形であるから

$$\overrightarrow{AC}=\overrightarrow{AB}+\overrightarrow{AD}$$

よって　　$\overrightarrow{AC}=(-3,\ 1,\ -2)+(2,\ -2,\ -4)$

$$=(-1,\ -1,\ -6)$$

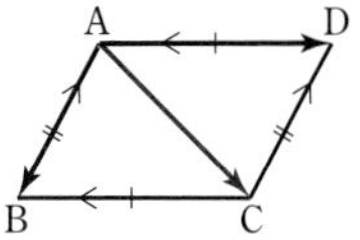

ゆえに，原点を O とすると

$$\overrightarrow{OC}=\overrightarrow{OA}+\overrightarrow{AC}=(3,\ 3,\ 2)+(-1,\ -1,\ -6)$$

$$=(2,\ 2,\ -4)$$

よって　　**C(2, 2, −4)**

練習 ②50

平行四辺形の 3 頂点が A(1, 0, −1)，B(2, −1, 1)，C(−1, 3, 2) であるとき，第 4 の頂点 D の座標を求めよ。

D$(x,\ y,\ z)$ とする。

[1]　四角形 ABCD が平行四辺形の場合　　$\overrightarrow{AB}=\overrightarrow{DC}$

← 4 頂点は同じ平面上にあるから，平面の場合と同じように考えてよい。

$\overrightarrow{AB}=(1,\ -1,\ 2)$，$\overrightarrow{DC}=(-1-x,\ 3-y,\ 2-z)$ であるから

$$1=-1-x,\ -1=3-y,\ 2=2-z$$

これを解くと　　$x=-2$，$y=4$，$z=0$

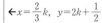

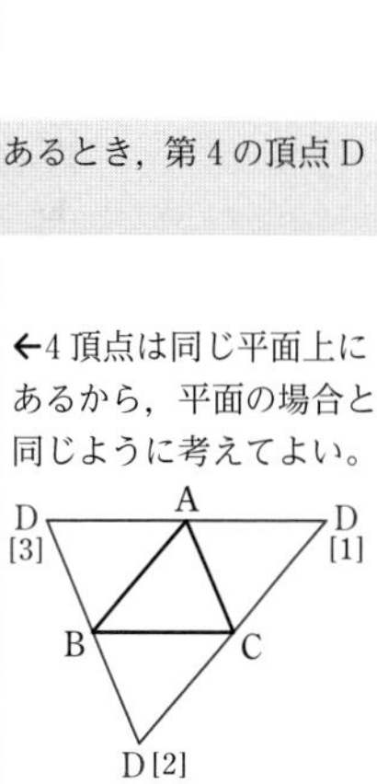

[2]　四角形 ABDC が平行四辺形の場合　　$\overrightarrow{AB}=\overrightarrow{CD}$

$\overrightarrow{AB}=(1,\ -1,\ 2)$，$\overrightarrow{CD}=(x+1,\ y-3,\ z-2)$ であるから

$$1=x+1,\ -1=y-3,\ 2=z-2$$

これを解くと　　$x=0$，$y=2$，$z=4$

[3]　四角形 ADBC が平行四辺形の場合　　$\overrightarrow{AC}=\overrightarrow{DB}$

$\overrightarrow{AC}=(-2,\ 3,\ 3)$，$\overrightarrow{DB}=(2-x,\ -1-y,\ 1-z)$ であるから

$$-2=2-x,\ 3=-1-y,\ 3=1-z$$

これを解くと　　$x=4$，$y=-4$，$z=-2$

以上から，点 D の座標は

(−2, 4, 0)，(0, 2, 4)，(4, −4, −2)

別解 D$(x,\ y,\ z)$とする。

[1] 四角形ABCDが平行四辺形の場合

対角線AC，BDの中点の座標はそれぞれ

$$\left(0,\ \frac{3}{2},\ \frac{1}{2}\right),\ \left(\frac{x+2}{2},\ \frac{y-1}{2},\ \frac{z+1}{2}\right)$$

これらが一致するから　$x=-2,\ y=4,\ z=0$

[2] 四角形ABDCが平行四辺形の場合

対角線BC，ADの中点の座標はそれぞれ

$$\left(\frac{1}{2},\ 1,\ \frac{3}{2}\right),\ \left(\frac{x+1}{2},\ \frac{y}{2},\ \frac{z-1}{2}\right)$$

これらが一致するから　$x=0,\ y=2,\ z=4$

[3] 四角形ADBCが平行四辺形の場合

対角線AB，CDの中点の座標はそれぞれ

$$\left(\frac{3}{2},\ -\frac{1}{2},\ 0\right),\ \left(\frac{x-1}{2},\ \frac{y+3}{2},\ \frac{z+2}{2}\right)$$

これらが一致するから　$x=4,\ y=-4,\ z=-2$

以上から，点Dの座標は

$$\boldsymbol{(-2,\ 4,\ 0),\ (0,\ 2,\ 4),\ (4,\ -4,\ -2)}$$

←四角形が平行四辺形であるための条件は，2本の対角線がそれぞれの中点で交わることである。2点を結ぶ線分の中点の座標は，平面上の場合と同様に求められる。

練習 ③51

(1) 原点Oと2点A$(-1,\ 2,\ -3)$，B$(-3,\ 2,\ 1)$に対して，$\vec{p}=(1-t)\overrightarrow{OA}+t\overrightarrow{OB}$とする。$|\vec{p}|$の最小値とそのときの実数$t$の値を求めよ。

(2) 定点A$(-1,\ -2,\ 1)$，B$(5,\ -1,\ 3)$と，zx平面上の動点Pに対し，AP+PBの最小値を求めよ。

(1) $\vec{p}=(1-t)(-1,\ 2,\ -3)+t(-3,\ 2,\ 1)$

$=(-2t-1,\ 2,\ 4t-3)$

ゆえに　$|\vec{p}|^2=(-2t-1)^2+2^2+(4t-3)^2$

$=20t^2-20t+14$

$=20\left(t-\dfrac{1}{2}\right)^2+9$

よって，$|\vec{p}|^2$は$t=\dfrac{1}{2}$のとき最小となり，$|\vec{p}|\geqq 0$であるから$|\vec{p}|$もこのとき最小になる。

したがって　**$t=\dfrac{1}{2}$のとき最小値** $\sqrt{9}=\boldsymbol{3}$

検討 (1) $\vec{p}=\overrightarrow{OP}$とすると，点Pは直線AB上の点であり(本冊p.486)，$|\vec{p}|$すなわち線分OPの長さが最小となるときOP⊥ABである。

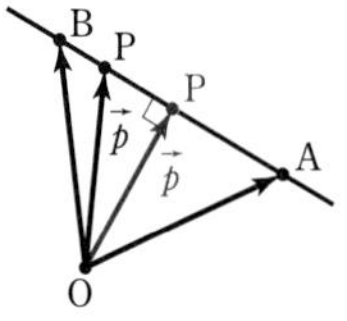

(2) 2点A，Bのy座標はともに負であるから，zx平面に関してAとBは同じ側にある。

zx平面に関して点Bと対称な点をB′とすると，B′$(5,\ 1,\ 3)$であり，PB=PB′であるから

$$AP+PB=AP+PB'\geqq AB'$$

よって，Pとして直線AB′とzx平面の交点P_0をとるとAP+PBは最小となり，最小値は

$$AB'=\sqrt{(5+1)^2+(1+2)^2+(3-1)^2}$$

$$=\sqrt{49}=\boldsymbol{7}$$

(2)

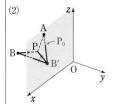

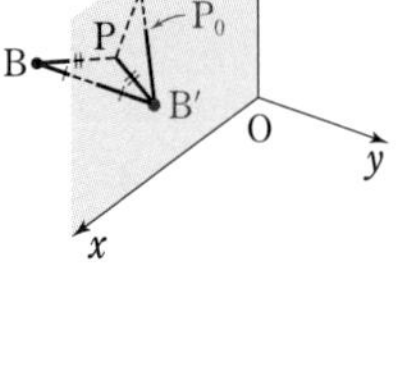

練習 ③52 $\vec{a}=(1,\ -1,\ 1)$, $\vec{b}=(1,\ 0,\ 1)$, $\vec{c}=(2,\ 1,\ 0)$ とする。このとき，$|\vec{a}+x\vec{b}+y\vec{c}|$ は実数の組 $(x,\ y)=$ ア□ に対して，最小値 イ□ をとる。〔成蹊大〕

$$\vec{a}+x\vec{b}+y\vec{c}=(1,\ -1,\ 1)+x(1,\ 0,\ 1)+y(2,\ 1,\ 0)$$
$$=(x+2y+1,\ y-1,\ x+1)$$

←まず，成分で表す。

よって $|\vec{a}+x\vec{b}+y\vec{c}|^2=(x+2y+1)^2+(y-1)^2+(x+1)^2$
$$=2x^2+4(y+1)x+5y^2+2y+3$$
$$=2\{x+(y+1)\}^2-2(y+1)^2+5y^2+2y+3$$
$$=2(x+y+1)^2+3y^2-2y+1$$
$$=2(x+y+1)^2+3\left(y-\frac{1}{3}\right)^2+\frac{2}{3}$$

←$|\vec{p}|=(x,\ y,\ z)$ のとき $|\vec{p}|^2=x^2+y^2+z^2$

←まず，x について平方完成。

←y について平方完成。

ゆえに，$|\vec{a}+x\vec{b}+y\vec{c}|^2$ は $x+y+1=0$ かつ $y-\dfrac{1}{3}=0$，すなわち $x=-\dfrac{4}{3}$，$y=\dfrac{1}{3}$ のとき最小値 $\dfrac{2}{3}$ をとる。

←**(実数)$^2\geqq 0$**

$|\vec{a}+x\vec{b}+y\vec{c}|\geqq 0$ であるから，$|\vec{a}+x\vec{b}+y\vec{c}|^2$ が最小のとき $|\vec{a}+x\vec{b}+y\vec{c}|$ も最小となる。

よって，$|\vec{a}+x\vec{b}+y\vec{c}|$ は $(x,\ y)=$ ア$\left(-\dfrac{4}{3},\ \dfrac{1}{3}\right)$ のとき最小値 $\sqrt{\dfrac{2}{3}}=$ イ$\dfrac{\sqrt{6}}{3}$ をとる。

練習 ②53 どの辺の長さも1である正四角錐 OABCD において，$\overrightarrow{OA}=\vec{a}$，$\overrightarrow{OB}=\vec{b}$，$\overrightarrow{OC}=\vec{c}$ とする。辺 OA の中点を M とするとき
(1) $\overrightarrow{MB}$，$\overrightarrow{MC}$ をそれぞれ $\vec{a}$，$\vec{b}$，$\vec{c}$ で表せ。
(2) 内積 $\vec{b}\cdot\vec{c}$，$\overrightarrow{MB}\cdot\overrightarrow{MC}$ をそれぞれ求めよ。〔類 宮崎大〕

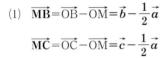

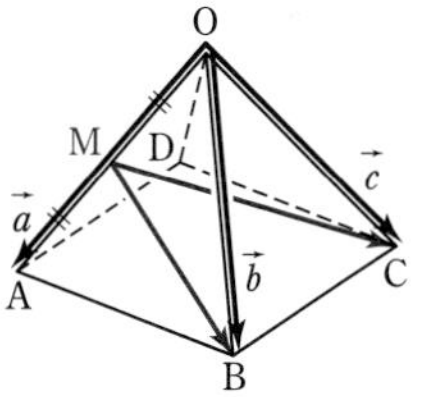

(1) $\overrightarrow{MB}=\overrightarrow{OB}-\overrightarrow{OM}=\boldsymbol{\vec{b}-\frac{1}{2}\vec{a}}$

$\overrightarrow{MC}=\overrightarrow{OC}-\overrightarrow{OM}=\boldsymbol{\vec{c}-\frac{1}{2}\vec{a}}$

←分割（減法）

(2) △OBC は1辺の長さが1の正三角形であるから

$$\vec{b}\cdot\vec{c}=|\vec{b}||\vec{c}|\cos 60^\circ=\boldsymbol{\frac{1}{2}}$$

←$|\vec{b}|=|\vec{c}|=1$

また $\overrightarrow{MB}\cdot\overrightarrow{MC}=\left(\vec{b}-\dfrac{1}{2}\vec{a}\right)\cdot\left(\vec{c}-\dfrac{1}{2}\vec{a}\right)$
$$=\vec{b}\cdot\vec{c}-\frac{1}{2}(\vec{a}\cdot\vec{b}+\vec{a}\cdot\vec{c})+\frac{1}{4}|\vec{a}|^2$$

←(1)の結果を利用。

ここで，$\vec{b}\cdot\vec{c}$ と同様にして $\vec{a}\cdot\vec{b}=\dfrac{1}{2}$

←$\vec{a}\cdot\vec{b}=1\times 1\times\cos 60^\circ$

更に，△OAC で OA=OC=1，AC=$\sqrt{2}$ であるから
∠AOC=90° よって $\vec{a}\cdot\vec{c}=0$
また $|\vec{a}|=1$

←線分 AC は正方形 ABCD の対角線。△OAC は直角二等辺三角形。

ゆえに $\overrightarrow{MB}\cdot\overrightarrow{MC}=\dfrac{1}{2}-\dfrac{1}{2}\times\dfrac{1}{2}+\dfrac{1}{4}\times 1^2=\boldsymbol{\dfrac{1}{2}}$

練習 ②54
(1) 次の2つのベクトル $\vec{a}$, $\vec{b}$ の内積とそのなす角 θ を，それぞれ求めよ。
(ア) $\vec{a}=(-2,\ 1,\ 2)$, $\vec{b}=(-1,\ 1,\ 0)$　　(イ) $\vec{a}=(1,\ -1,\ 1)$, $\vec{b}=(1,\ \sqrt{6},\ -1)$
(2) 3点 A(1, 0, 0), B(0, 3, 0), C(0, 0, 2) で定まる △ABC の面積 S を求めよ。
〔(2) 類 湘南工科大〕

(1) (ア) $\vec{a}\cdot\vec{b}=(-2)\times(-1)+1\times1+2\times0=\mathbf{3}$

また，$|\vec{a}|=\sqrt{(-2)^2+1^2+2^2}=3$,

$|\vec{b}|=\sqrt{(-1)^2+1^2+0^2}=\sqrt{2}$ であるから

$\cos\theta=\dfrac{3}{3\times\sqrt{2}}=\dfrac{1}{\sqrt{2}}$　　←$\cos\theta=\dfrac{\vec{a}\cdot\vec{b}}{|\vec{a}||\vec{b}|}$

$0°\leqq\theta\leqq180°$ であるから　　$\boldsymbol{\theta=45°}$

(イ) $\vec{a}\cdot\vec{b}=1\times1+(-1)\times\sqrt{6}+1\times(-1)=\mathbf{-\sqrt{6}}$

また，$|\vec{a}|=\sqrt{1^2+(-1)^2+1^2}=\sqrt{3}$,

$|\vec{b}|=\sqrt{1^2+(\sqrt{6})^2+(-1)^2}=2\sqrt{2}$ であるから

$\cos\theta=\dfrac{-\sqrt{6}}{\sqrt{3}\times2\sqrt{2}}=-\dfrac{1}{2}$　　←$\cos\theta=\dfrac{\vec{a}\cdot\vec{b}}{|\vec{a}||\vec{b}|}$

$0°\leqq\theta\leqq180°$ であるから　　$\boldsymbol{\theta=120°}$

(2) $\overrightarrow{AB}=(-1,\ 3,\ 0)$, $\overrightarrow{AC}=(-1,\ 0,\ 2)$ であるから

$\overrightarrow{AB}\cdot\overrightarrow{AC}=1$, $|\overrightarrow{AB}|=\sqrt{10}$, $|\overrightarrow{AC}|=\sqrt{5}$

よって，$\angle BAC=\theta\ (0°<\theta<180°)$ とすると

$\cos\theta=\dfrac{\overrightarrow{AB}\cdot\overrightarrow{AC}}{|\overrightarrow{AB}||\overrightarrow{AC}|}=\dfrac{1}{\sqrt{10}\sqrt{5}}=\dfrac{1}{\sqrt{50}}$

ゆえに　$\sin\theta=\sqrt{1-\cos^2\theta}=\sqrt{1-\left(\dfrac{1}{\sqrt{50}}\right)^2}=\dfrac{7}{\sqrt{50}}$　　←$\sin\theta>0$

よって　$\boldsymbol{S}=\dfrac{1}{2}|\overrightarrow{AB}||\overrightarrow{AC}|\sin\theta=\dfrac{1}{2}\sqrt{10}\sqrt{5}\times\dfrac{7}{\sqrt{50}}=\boldsymbol{\dfrac{7}{2}}$

(2) A, B, C は同じ平面上にあるから，△ABC の面積は平面の場合と同様に $S=\dfrac{1}{2}bc\sin A$ の公式を利用。

別解　$|\overrightarrow{AB}|^2=10$, $|\overrightarrow{AC}|^2=5$, $(\overrightarrow{AB}\cdot\overrightarrow{AC})^2=1$ であるから

$\boldsymbol{S}=\dfrac{1}{2}\sqrt{|\overrightarrow{AB}|^2|\overrightarrow{AC}|^2-(\overrightarrow{AB}\cdot\overrightarrow{AC})^2}=\dfrac{1}{2}\sqrt{10\times5-1}=\boldsymbol{\dfrac{7}{2}}$

←三角形の面積の公式（本冊 $p.447$ の **検討**）を用いる方法。

練習 ②55
4点 A(4, 1, 3), B(3, 0, 2), C(−3, 0, 14), D(7, −5, −6) について，$\overrightarrow{AB}$, $\overrightarrow{CD}$ のいずれにも垂直な大きさ $\sqrt{6}$ のベクトルを求めよ。
〔名古屋市大〕

求めるベクトルを $\vec{a}=(x,\ y,\ z)$ とする。

$\overrightarrow{AB}\perp\vec{a}$, $\overrightarrow{CD}\perp\vec{a}$ であるから

$\overrightarrow{AB}\cdot\vec{a}=0$, $\overrightarrow{CD}\cdot\vec{a}=0$

$\overrightarrow{AB}=(-1,\ -1,\ -1)$, $\overrightarrow{CD}=(10,\ -5,\ -20)$ であるから

$-x-y-z=0$ …… ①,　$2x-y-4z=0$ …… ②　　←$\overrightarrow{CD}\cdot\vec{a}=5(2x-y-4z)$

また，$|\vec{a}|=\sqrt{6}$ であるから　　$x^2+y^2+z^2=6$ …… ③　　←$|\vec{a}|^2=x^2+y^2+z^2$

②−① から　　$3x-3z=0$　すなわち　$z=x$ …… ④

④ を ① に代入して整理すると　　$y=-2x$ …… ⑤

④, ⑤ を ③ に代入して　　$6x^2=6$　　ゆえに　　$x=\pm1$

④, ⑤ から　　$y=\mp2$, $z=\pm1$（複号同順）

したがって，求めるベクトルは
$\vec{a}=(1,\ -2,\ 1),\ (-1,\ 2,\ -1)$

←互いに逆ベクトル。

練習 ③56
(1) 四面体OABCにおいて，$|\overrightarrow{OA}|=|\overrightarrow{OB}|$，$\overrightarrow{OC}\perp\overrightarrow{AB}$とする。このとき，$|\overrightarrow{AC}|=|\overrightarrow{BC}|$であることを証明せよ。
(2) 3点A(2, 3, 1), B(1, 5, −2), C(4, 4, 0)がある。$\overrightarrow{AB}=\vec{b}$，$\overrightarrow{AC}=\vec{c}$のとき，$\vec{b}+t\vec{c}$と$\vec{c}$のなす角が60°となるような$t$の値を求めよ。〔(2) 愛知教育大〕

(1) $|\overrightarrow{AC}|^2-|\overrightarrow{BC}|^2=|\overrightarrow{OC}-\overrightarrow{OA}|^2-|\overrightarrow{OC}-\overrightarrow{OB}|^2$
$=|\overrightarrow{OC}|^2-2\overrightarrow{OC}\cdot\overrightarrow{OA}+|\overrightarrow{OA}|^2-(|\overrightarrow{OC}|^2-2\overrightarrow{OC}\cdot\overrightarrow{OB}+|\overrightarrow{OB}|^2)$
$=2\overrightarrow{OC}\cdot(\overrightarrow{OB}-\overrightarrow{OA})+|\overrightarrow{OA}|^2-|\overrightarrow{OB}|^2$
$=2\overrightarrow{OC}\cdot\overrightarrow{AB}+|\overrightarrow{OA}|^2-|\overrightarrow{OB}|^2$
ここで，条件より$\overrightarrow{OC}\cdot\overrightarrow{AB}=0$，$|\overrightarrow{OA}|=|\overrightarrow{OB}|$であるから
$|\overrightarrow{AC}|^2-|\overrightarrow{BC}|^2=0$　　よって　　$|\overrightarrow{AC}|^2=|\overrightarrow{BC}|^2$
したがって　　$|\overrightarrow{AC}|=|\overrightarrow{BC}|$

←分割(減法)
←$\overrightarrow{OB}-\overrightarrow{OA}=\overrightarrow{AB}$
① 垂直 ⟶ (内積)=0

(2) $\vec{b}=(-1,\ 2,\ -3)$，$\vec{c}=(2,\ 1,\ -1)$であるから
$|\vec{b}|=\sqrt{(-1)^2+2^2+(-3)^2}=\sqrt{14}$，
$|\vec{c}|=\sqrt{2^2+1^2+(-1)^2}=\sqrt{6}$，
$\vec{b}\cdot\vec{c}=-1\times2+2\times1-3\times(-1)=3$
ゆえに　$|\vec{b}+t\vec{c}|^2=|\vec{b}|^2+2t\vec{b}\cdot\vec{c}+t^2|\vec{c}|^2$
$=14+6t+6t^2$
また　$(\vec{b}+t\vec{c})\cdot\vec{c}=\vec{b}\cdot\vec{c}+t|\vec{c}|^2=3+6t$
$\vec{b}+t\vec{c}$と$\vec{c}$のなす角が60°となるための条件は
$(\vec{b}+t\vec{c})\cdot\vec{c}=|\vec{b}+t\vec{c}||\vec{c}|\cos60°$
よって　$3+6t=\sqrt{14+6t+6t^2}\times\sqrt{6}\times\frac{1}{2}$ …… ①
① の右辺は正であるから　$3+6t>0$　すなわち　$t>-\frac{1}{2}$
① の両辺を2乗して整理すると　$9t^2+9t-4=0$
左辺を因数分解して　$(3t-1)(3t+4)=0$
$t>-\frac{1}{2}$であるから　$\boldsymbol{t=\frac{1}{3}}$

←$\vec{b}=\overrightarrow{AB}$，$\vec{c}=\overrightarrow{AC}$
←内積の定義。
←この条件に注意。
←$9+36t+36t^2=\frac{3}{2}(14+6t+6t^2)$

参考　[本冊 p.449 例題 **56** (2) について]
$\overrightarrow{OA}=\vec{a}$，$\overrightarrow{OB}=\vec{b}$，$\overrightarrow{OC}=\vec{c}$とすると，点Cは∠AOBの二等分線上にあり

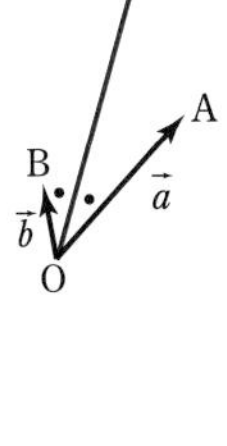

$\vec{c}=k\left(\frac{\vec{a}}{|\vec{a}|}+\frac{\vec{b}}{|\vec{b}|}\right)$ (kは実数)
$|\vec{a}|=13$，$|\vec{b}|=5$であるから
$\vec{c}=\frac{k}{13}\vec{a}+\frac{k}{5}\vec{b}$
$\vec{a}\neq\vec{0}$，$\vec{b}\neq\vec{0}$，$\vec{a}\nparallel\vec{b}$であるから　$1=\frac{k}{13}$，$t=\frac{k}{5}$
これを解いて　$k=13$，$\boldsymbol{t=\frac{13}{5}}$

参考　$\frac{\vec{a}}{|\vec{a}|}$，$\frac{\vec{b}}{|\vec{b}|}$は$\vec{a}$，$\vec{b}$とそれぞれ同じ向きの単位ベクトル。
←$|\vec{a}|=\sqrt{3^2+(-4)^2+12^2}$
$|\vec{b}|=\sqrt{(-3)^2+0^2+4^2}$
←$\vec{a}+t\vec{b}=\frac{k}{13}\vec{a}+\frac{k}{5}\vec{b}$

練習 ③57

(1) 空間において，x 軸と直交し，z 軸の正の向きとのなす角が 45° であり，y 成分が正である単位ベクトル $\vec{t}$ を求めよ。

(2) (1)の空間内に点 A(1, 2, 3) がある。O を原点とし，$\vec{t}=\overrightarrow{\mathrm{OT}}$ となるように点 T を定め，直線 OT 上に O と異なる点 P をとる。$\overrightarrow{\mathrm{OP}}\perp\overrightarrow{\mathrm{AP}}$ であるとき，点 P の座標を求めよ。

〔類 東北学院大〕

(1) $\vec{e_1}=(1,\ 0,\ 0)$，$\vec{e_3}=(0,\ 0,\ 1)$ とする。

$\vec{t}=(x,\ y,\ z)$ $(x^2+y^2+z^2=1,\ y>0)$ とすると

$\vec{t}\cdot\vec{e_1}=x$，$\vec{t}\cdot\vec{e_3}=z$

$\vec{t}$ は x 軸と直交するから　$\vec{t}\cdot\vec{e_1}=0$　よって　$x=0$

$\vec{t}$ と z 軸の正の向きとのなす角が 45° であるから

$\vec{t}\cdot\vec{e_3}=|\vec{t}||\vec{e_3}|\cos 45^\circ=\dfrac{1}{\sqrt{2}}$　ゆえに　$z=\dfrac{1}{\sqrt{2}}$

よって　$y^2=1-\left(\dfrac{1}{\sqrt{2}}\right)^2=\dfrac{1}{2}$　$y>0$ であるから　$y=\dfrac{1}{\sqrt{2}}$

したがって　$\boldsymbol{\vec{t}=\left(0,\ \dfrac{1}{\sqrt{2}},\ \dfrac{1}{\sqrt{2}}\right)}$

←$|\vec{e_1}|=1$，$|\vec{e_3}|=1$

←$|\vec{t}|=1$

⊘ 垂直 ⟶ (内積)=0

⊘ 座標軸となす角の条件　基本ベクトルを利用

←$y^2=1-x^2-z^2$

(2) 条件から，$\overrightarrow{\mathrm{OP}}=k\overrightarrow{\mathrm{OT}}=k\vec{t}$ (k は 0 でない実数) と表される。

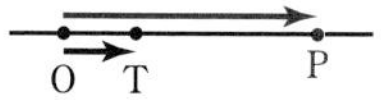

よって　$\overrightarrow{\mathrm{OP}}=\left(0,\ \dfrac{k}{\sqrt{2}},\ \dfrac{k}{\sqrt{2}}\right)$

また　$\overrightarrow{\mathrm{AP}}=\overrightarrow{\mathrm{OP}}-\overrightarrow{\mathrm{OA}}=\left(-1,\ \dfrac{k}{\sqrt{2}}-2,\ \dfrac{k}{\sqrt{2}}-3\right)$

$\overrightarrow{\mathrm{OP}}\perp\overrightarrow{\mathrm{AP}}$ であるから　$\overrightarrow{\mathrm{OP}}\cdot\overrightarrow{\mathrm{AP}}=0$

ゆえに　$\dfrac{k}{\sqrt{2}}\left(\dfrac{k}{\sqrt{2}}-2\right)+\dfrac{k}{\sqrt{2}}\left(\dfrac{k}{\sqrt{2}}-3\right)=0$

$k\neq 0$ であるから　$\dfrac{k}{\sqrt{2}}-2+\dfrac{k}{\sqrt{2}}-3=0$

よって　$k=\dfrac{5}{\sqrt{2}}$　したがって　$\boldsymbol{\mathrm{P}\left(0,\ \dfrac{5}{2},\ \dfrac{5}{2}\right)}$

←$\overrightarrow{\mathrm{OA}}=(1,\ 2,\ 3)$

⊘ 垂直 ⟶ (内積)=0

←両辺を $\dfrac{k}{\sqrt{2}}$ で割った。

←$\overrightarrow{\mathrm{OP}}=\left(0,\ \dfrac{5}{2},\ \dfrac{5}{2}\right)$

練習 ④58

$\vec{a}$，$\vec{b}$ を零ベクトルでない空間ベクトル，s，t を負でない実数とし，$\vec{c}=s\vec{a}+t\vec{b}$ とおく。このとき，次のことを示せ。

(1) $s(\vec{c}\cdot\vec{a})+t(\vec{c}\cdot\vec{b})\geqq 0$　　(2) $\vec{c}\cdot\vec{a}\geqq 0$ または $\vec{c}\cdot\vec{b}\geqq 0$

(3) $|\vec{c}|\geqq|\vec{a}|$ かつ $|\vec{c}|\geqq|\vec{b}|$ ならば $s+t\geqq 1$

〔神戸大〕

HINT (2) 背理法を利用。
(3) $\vec{a}$ と $\vec{b}$ のなす角を θ とし，$|\vec{c}|^2$ を考える。

(1) $s(\vec{c}\cdot\vec{a})+t(\vec{c}\cdot\vec{b})=\vec{c}\cdot(s\vec{a}+t\vec{b})=\vec{c}\cdot\vec{c}=|\vec{c}|^2\geqq 0$

したがって　$s(\vec{c}\cdot\vec{a})+t(\vec{c}\cdot\vec{b})\geqq 0$

(2) $\vec{c}\cdot\vec{a}<0$ かつ $\vec{c}\cdot\vec{b}<0$ であると仮定する。

$s\geqq 0$，$t\geqq 0$ であるから　$s(\vec{c}\cdot\vec{a})+t(\vec{c}\cdot\vec{b})\leqq 0$

これと(1)から　$s(\vec{c}\cdot\vec{a})+t(\vec{c}\cdot\vec{b})=0$

よって，$|\vec{c}|^2=0$ から　$\vec{c}=\vec{0}$

ゆえに　$\vec{c}\cdot\vec{a}=0$　これは $\vec{c}\cdot\vec{a}<0$ に反する。

したがって，$\vec{c}\cdot\vec{a}\geqq 0$ または $\vec{c}\cdot\vec{b}\geqq 0$ である。

←($A\geqq 0$ または $B\geqq 0$) の否定は $A<0$ かつ $B<0$

←$P\leqq 0$ かつ $P\geqq 0$ $\Longleftrightarrow P=0$

(3) $\vec{a}$ と $\vec{b}$ のなす角を θ とすると　$\cos\theta \leqq 1$

←$0° \leqq \theta \leqq 180°$

また，$s \geqq 0$，$t \geqq 0$ および $|\vec{a}| \leqq |\vec{c}|$，$|\vec{b}| \leqq |\vec{c}|$ から

$$|\vec{c}|^2 = |s\vec{a}+t\vec{b}|^2 = s^2|\vec{a}|^2 + 2st\vec{a}\cdot\vec{b} + t^2|\vec{b}|^2$$
$$= s^2|\vec{a}|^2 + 2st|\vec{a}||\vec{b}|\cos\theta + t^2|\vec{b}|^2$$
$$\leqq s^2|\vec{c}|^2 + 2st|\vec{c}|^2 + t^2|\vec{c}|^2 = (s+t)^2|\vec{c}|^2$$

←$\vec{a}\cdot\vec{b} = |\vec{a}||\vec{b}|\cos\theta \leqq |\vec{c}||\vec{c}|\cdot 1 = |\vec{c}|^2$

$|\vec{c}|^2 \geqq 0$ であるから　$1 \leqq (s+t)^2$

←$|\vec{c}|^2 \leqq (s+t)^2|\vec{c}|^2$ の両辺を $|\vec{c}|^2$ で割る。

$s \geqq 0$，$t \geqq 0$ より，$s+t \geqq 0$ であるから　$s+t \geqq 1$

別解　一般に，$|\vec{a}+\vec{b}| \leqq |\vec{a}|+|\vec{b}|$ が成り立つことを利用する。

←本冊 $p.388$，389 参照。

$s \geqq 0$，$t \geqq 0$ および $|\vec{a}| \leqq |\vec{c}|$，$|\vec{b}| \leqq |\vec{c}|$ から

$$|\vec{c}| = |s\vec{a}+t\vec{b}| \leqq s|\vec{a}| + t|\vec{b}|$$
$$\leqq s|\vec{c}| + t|\vec{c}| = (s+t)|\vec{c}|$$

$|s\vec{a}+t\vec{b}| \leqq |s\vec{a}|+|t\vec{b}| = |s||\vec{a}|+|t||\vec{b}| = s|\vec{a}|+t|\vec{b}|$

$0 < |\vec{a}| \leqq |\vec{c}|$ であるから，$|\vec{c}| \leqq (s+t)|\vec{c}|$ の両辺を $|\vec{c}|$ で割って　$s+t \geqq 1$

練習 ①59　1 辺の長さが 1 の正四面体 OABC を考える。辺 OA，OB の中点をそれぞれ P，Q とし，辺 OC を 2 : 3 に内分する点を R とする。また，△PQR の重心を G とする。
(1) $\overrightarrow{OA}=\vec{a}$，$\overrightarrow{OB}=\vec{b}$，$\overrightarrow{OC}=\vec{c}$ とするとき，$\overrightarrow{OG}$ を $\vec{a}$，$\vec{b}$，$\vec{c}$ を用いて表せ。
(2) $\overrightarrow{OG}$ の大きさ $|\overrightarrow{OG}|$ を求めよ。

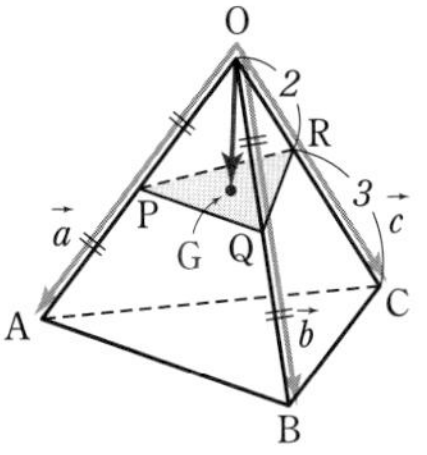

(1) $\overrightarrow{OP} = \dfrac{\vec{a}}{2}$，$\overrightarrow{OQ} = \dfrac{\vec{b}}{2}$，$\overrightarrow{OR} = \dfrac{2}{5}\vec{c}$

であるから

$$\overrightarrow{\mathbf{OG}} = \frac{1}{3}(\overrightarrow{OP}+\overrightarrow{OQ}+\overrightarrow{OR})$$
$$= \boldsymbol{\frac{1}{6}\vec{a} + \frac{1}{6}\vec{b} + \frac{2}{15}\vec{c}}$$

←$A(\vec{a})$，$B(\vec{b})$，$C(\vec{c})$ のとき，△ABC の重心の位置ベクトルは $\dfrac{\vec{a}+\vec{b}+\vec{c}}{3}$

(2) $|\vec{a}| = |\vec{b}| = |\vec{c}| = 1$,

$$\vec{a}\cdot\vec{b} = \vec{b}\cdot\vec{c} = \vec{c}\cdot\vec{a} = 1\times1\times\cos 60° = \frac{1}{2}$$

←△OAB，△OBC，△OCA は 1 辺の長さが 1 の正三角形。

よって

$$|\overrightarrow{OG}|^2 = \frac{1}{30^2}(5\vec{a}+5\vec{b}+4\vec{c})\cdot(5\vec{a}+5\vec{b}+4\vec{c})$$
$$= \frac{1}{30^2}(25|\vec{a}|^2 + 25|\vec{b}|^2 + 16|\vec{c}|^2 + 50\vec{a}\cdot\vec{b} + 40\vec{b}\cdot\vec{c} + 40\vec{c}\cdot\vec{a})$$
$$= \frac{1}{30^2}\left(25+25+16+50\times\frac{1}{2}+40\times\frac{1}{2}+40\times\frac{1}{2}\right)$$
$$= \frac{131}{30^2}$$

←$\overrightarrow{OG} = \dfrac{1}{30}(5\vec{a}+5\vec{b}+4\vec{c})$

←$(a+b+c)^2 = a^2+b^2+c^2+2ab+2bc+2ca$ の展開の要領。

ゆえに　$|\overrightarrow{OG}| = \boldsymbol{\dfrac{\sqrt{131}}{30}}$

練習 ②60　四面体 ABCD の重心を G とするとき，次のことを示せ。
(1) 四面体 ABCD の辺 AB，BC，CD，DA，AC，BD の中点をそれぞれ P，Q，R，S，T，U とすると，3 つの線分 PR，QS，TU の中点は 1 点 G で交わる。
(2) △BCD，△ACD，△ABD，△ABC の重心をそれぞれ G_A，G_B，G_C，G_D とすると，四面体 $G_AG_BG_CG_D$ の重心は点 G と一致する。

点A，B，C，D，Gの位置ベクトルをそれぞれ$\vec{a}$，$\vec{b}$，$\vec{c}$，$\vec{d}$，$\vec{g}$とすると　$\vec{g}=\dfrac{\vec{a}+\vec{b}+\vec{c}+\vec{d}}{4}$

←本冊 $p.456$ 基本例題 **60** の **検討** 参照。

(1) 点P，Q，R，S，T，Uの位置ベクトルをそれぞれ$\vec{p}$，$\vec{q}$，$\vec{r}$，$\vec{s}$，$\vec{t}$，$\vec{u}$とすると

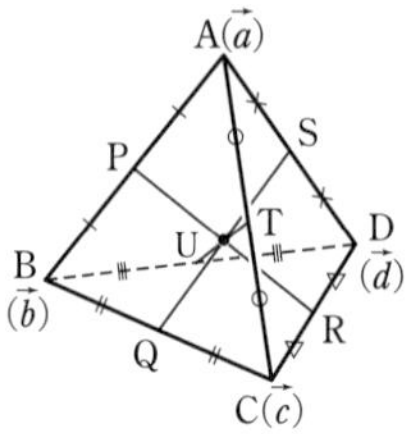

$$\vec{p}=\frac{\vec{a}+\vec{b}}{2},\ \vec{q}=\frac{\vec{b}+\vec{c}}{2},\ \vec{r}=\frac{\vec{c}+\vec{d}}{2},$$
$$\vec{s}=\frac{\vec{a}+\vec{d}}{2},\ \vec{t}=\frac{\vec{a}+\vec{c}}{2},\ \vec{u}=\frac{\vec{b}+\vec{d}}{2}$$

←A($\vec{a}$)，B($\vec{b}$)のとき，線分ABの中点の位置ベクトルは　$\dfrac{\vec{a}+\vec{b}}{2}$

線分PR，QS，TUの中点の位置ベクトルはそれぞれ

$$\frac{\vec{p}+\vec{r}}{2}=\frac{1}{2}\left(\frac{\vec{a}+\vec{b}}{2}+\frac{\vec{c}+\vec{d}}{2}\right)=\frac{\vec{a}+\vec{b}+\vec{c}+\vec{d}}{4},$$
$$\frac{\vec{q}+\vec{s}}{2}=\frac{1}{2}\left(\frac{\vec{b}+\vec{c}}{2}+\frac{\vec{a}+\vec{d}}{2}\right)=\frac{\vec{a}+\vec{b}+\vec{c}+\vec{d}}{4},$$
$$\frac{\vec{t}+\vec{u}}{2}=\frac{1}{2}\left(\frac{\vec{a}+\vec{c}}{2}+\frac{\vec{b}+\vec{d}}{2}\right)=\frac{\vec{a}+\vec{b}+\vec{c}+\vec{d}}{4}$$

となり，いずれも$\vec{g}$に一致する。

よって，線分PR，QS，TUの中点は1点Gで交わる。

(2) 点G_A，G_B，G_C，G_Dの位置ベクトルをそれぞれ$\overrightarrow{g_A}$，$\overrightarrow{g_B}$，$\overrightarrow{g_C}$，$\overrightarrow{g_D}$とすると

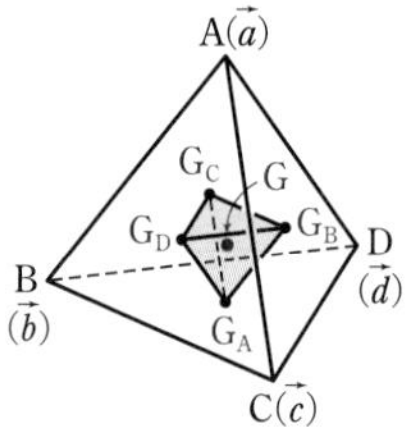

$$\overrightarrow{g_A}=\frac{\vec{b}+\vec{c}+\vec{d}}{3},\ \overrightarrow{g_B}=\frac{\vec{a}+\vec{c}+\vec{d}}{3},$$
$$\overrightarrow{g_C}=\frac{\vec{a}+\vec{b}+\vec{d}}{3},\ \overrightarrow{g_D}=\frac{\vec{a}+\vec{b}+\vec{c}}{3}$$

←三角形の重心の位置ベクトルの公式から。

四面体$G_AG_BG_CG_D$の重心の位置ベクトルを$\vec{g'}$とすると

$$\vec{g'}=\frac{\overrightarrow{g_A}+\overrightarrow{g_B}+\overrightarrow{g_C}+\overrightarrow{g_D}}{4}$$
$$=\frac{1}{4}\left(\frac{\vec{b}+\vec{c}+\vec{d}}{3}+\frac{\vec{a}+\vec{c}+\vec{d}}{3}+\frac{\vec{a}+\vec{b}+\vec{d}}{3}+\frac{\vec{a}+\vec{b}+\vec{c}}{3}\right)$$
$$=\frac{\vec{a}+\vec{b}+\vec{c}+\vec{d}}{4}=\vec{g}$$

よって，四面体$G_AG_BG_CG_D$の重心は点Gと一致する。

練習 ③**61**　四面体ABCDに関し，次の等式を満たす点Pはどのような位置にある点か。

$$\overrightarrow{AP}+2\overrightarrow{BP}-7\overrightarrow{CP}-3\overrightarrow{DP}=\vec{0}$$

点Aに関する位置ベクトルをB($\vec{b}$)，C($\vec{c}$)，D($\vec{d}$)，P($\vec{p}$)とすると，等式から

$$\vec{p}+2(\vec{p}-\vec{b})-7(\vec{p}-\vec{c})-3(\vec{p}-\vec{d})=\vec{0}$$

←分割（減法）

よって　$\vec{p}=\dfrac{-2\vec{b}+3\vec{d}+7\vec{c}}{7}=\dfrac{1}{7}\left(\dfrac{-2\vec{b}+3\vec{d}}{3-2}+7\vec{c}\right)$

ここで，$\dfrac{-2\vec{b}+3\vec{d}}{3-2}=\vec{e}$ とすると

$$\vec{p}=\frac{1}{7}(\vec{e}+7\vec{c})$$

$$=\frac{8}{7}\cdot\frac{7\vec{c}+\vec{e}}{1+7}$$

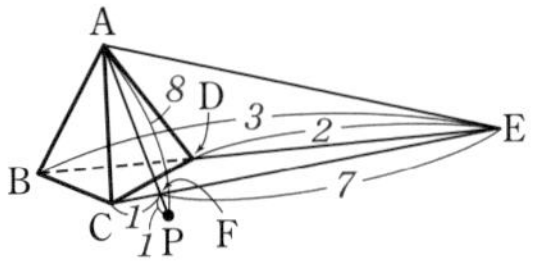

更に，$\dfrac{7\vec{c}+\vec{e}}{1+7}=\vec{f}$ とすると

$$\vec{p}=\frac{8}{7}\vec{f}$$

したがって，**線分 BD を 3：2 に外分する点を E，線分 CE を 1：7 に内分する点を F とすると，点 P は線分 AF を 8：1 に外分する位置** にある。

←点 E($\vec{e}$) は線分 BD を 3：2 に外分する。

←点 F($\vec{f}$) は線分 CE を 1：7 に内分する。

←点 P($\vec{p}$) は線分 AF を 8：1 に外分する。

練習 ③62 1辺の長さが1の立方体 ABCD-A′B′C′D′ において，辺 AB，CC′，D′A′ を $a:(1-a)$ に内分する点をそれぞれ P，Q，R とし，$\overrightarrow{\mathrm{AB}}=\vec{x}$，$\overrightarrow{\mathrm{AD}}=\vec{y}$，$\overrightarrow{\mathrm{AA'}}=\vec{z}$ とする。ただし，$0<a<1$ とする。
(1) $\overrightarrow{\mathrm{PQ}}$，$\overrightarrow{\mathrm{PR}}$ をそれぞれ $\vec{x}$，$\vec{y}$，$\vec{z}$ を用いて表せ。
(2) $|\overrightarrow{\mathrm{PQ}}|:|\overrightarrow{\mathrm{PR}}|$ を求めよ。
(3) $\overrightarrow{\mathrm{PQ}}$ と $\overrightarrow{\mathrm{PR}}$ のなす角を求めよ。

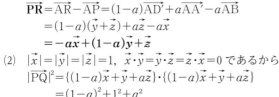

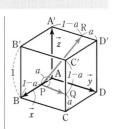

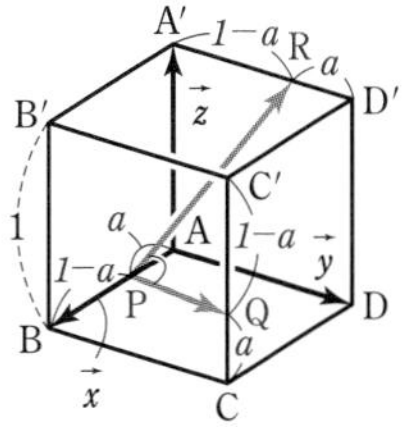

(1) $\overrightarrow{\mathbf{PQ}}=\overrightarrow{\mathrm{AQ}}-\overrightarrow{\mathrm{AP}}=(1-a)\overrightarrow{\mathrm{AC}}+a\overrightarrow{\mathrm{AC'}}-a\overrightarrow{\mathrm{AB}}$

$=(1-a)(\vec{x}+\vec{y})+a(\vec{x}+\vec{y}+\vec{z})-a\vec{x}$

$\boldsymbol{=(1-a)\vec{x}+\vec{y}+a\vec{z}}$

$\overrightarrow{\mathbf{PR}}=\overrightarrow{\mathrm{AR}}-\overrightarrow{\mathrm{AP}}=(1-a)\overrightarrow{\mathrm{AD'}}+a\overrightarrow{\mathrm{AA'}}-a\overrightarrow{\mathrm{AB}}$

$=(1-a)(\vec{y}+\vec{z})+a\vec{z}-a\vec{x}$

$\boldsymbol{=-a\vec{x}+(1-a)\vec{y}+\vec{z}}$

(2) $|\vec{x}|=|\vec{y}|=|\vec{z}|=1$，$\vec{x}\cdot\vec{y}=\vec{y}\cdot\vec{z}=\vec{z}\cdot\vec{x}=0$ であるから

$|\overrightarrow{\mathrm{PQ}}|^2=\{(1-a)\vec{x}+\vec{y}+a\vec{z}\}\cdot\{(1-a)\vec{x}+\vec{y}+a\vec{z}\}$

$=(1-a)^2+1^2+a^2$

$=2a^2-2a+2$

$|\overrightarrow{\mathrm{PR}}|^2=\{-a\vec{x}+(1-a)\vec{y}+\vec{z}\}\cdot\{-a\vec{x}+(1-a)\vec{y}+\vec{z}\}$

$=a^2+(1-a)^2+1^2$

$=2a^2-2a+2$

ゆえに　$|\overrightarrow{\mathrm{PQ}}|^2:|\overrightarrow{\mathrm{PR}}|^2=1:1$

よって　$|\overrightarrow{\mathrm{PQ}}|:|\overrightarrow{\mathrm{PR}}|=\mathbf{1:1}$

(3) (2) から　$|\overrightarrow{\mathrm{PQ}}|=|\overrightarrow{\mathrm{PR}}|=\sqrt{2(a^2-a+1)}$

また　$\overrightarrow{\mathrm{PQ}}\cdot\overrightarrow{\mathrm{PR}}=\{(1-a)\vec{x}+\vec{y}+a\vec{z}\}\cdot\{-a\vec{x}+(1-a)\vec{y}+\vec{z}\}$

$=(1-a)\times(-a)+1\times(1-a)+a\times1$

$=a^2-a+1$

よって，$\overrightarrow{\mathrm{PQ}}$ と $\overrightarrow{\mathrm{PR}}$ のなす角を θ とすると

$$\cos\theta=\frac{\overrightarrow{\mathrm{PQ}}\cdot\overrightarrow{\mathrm{PR}}}{|\overrightarrow{\mathrm{PQ}}||\overrightarrow{\mathrm{PR}}|}=\frac{a^2-a+1}{\{\sqrt{2(a^2-a+1)}\}^2}=\frac{1}{2}$$

$0^\circ\leqq\theta\leqq180^\circ$ であるから　$\theta=\mathbf{60^\circ}$

←$a^2-a+1=\left(a-\dfrac{1}{2}\right)^2+\dfrac{3}{4}>0$

←$|\vec{x}|=|\vec{y}|=|\vec{z}|=1$，$\vec{x}\cdot\vec{y}=\vec{y}\cdot\vec{z}=\vec{z}\cdot\vec{x}=0$

練習 ②**63**

(1) 四面体ABCDにおいて，△ABCの重心をE，△ABDの重心をFとするとき，EF∥CDであることを証明せよ。

(2) 3点A(−1, −1, −1)，B(1, 2, 3)，C(x, y, 1)が一直線上にあるとき，x，yの値を求めよ。 〔(2) 立教大〕

(1) $\overrightarrow{AB}=\vec{b}$，$\overrightarrow{AC}=\vec{c}$，$\overrightarrow{AD}=\vec{d}$ とする。

$\overrightarrow{AE}=\dfrac{1}{3}(\vec{b}+\vec{c})$，$\overrightarrow{AF}=\dfrac{1}{3}(\vec{b}+\vec{d})$ であるから

$$\overrightarrow{EF}=\overrightarrow{AF}-\overrightarrow{AE}$$
$$=\frac{1}{3}\{(\vec{b}+\vec{d})-(\vec{b}+\vec{c})\}$$
$$=\frac{1}{3}(\vec{d}-\vec{c})=\frac{1}{3}\overrightarrow{CD}$$

したがって　EF∥CD

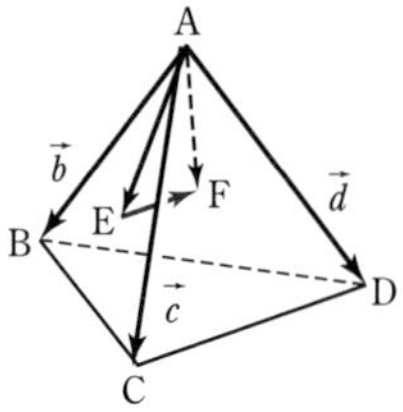

(1) 異なる4点C，D，E，Fに対し，**EF∥CD ⟺ $\overrightarrow{EF}=k\overrightarrow{CD}$ となる実数 k がある。**

←EF：CD＝1：3

(2) 3点A，B，Cが一直線上にあるから，$\overrightarrow{AC}=k\overrightarrow{AB}$ となる実数 k がある。

$\overrightarrow{AC}=(x+1,\ y+1,\ 2)$，$\overrightarrow{AB}=(2,\ 3,\ 4)$ であるから

$$(x+1,\ y+1,\ 2)=k(2,\ 3,\ 4)$$

よって　$x+1=2k$ … ①，$y+1=3k$ … ②，$2=4k$ … ③

③から　$k=\dfrac{1}{2}$

したがって，①，②から　$\boldsymbol{x=0,\ y=\dfrac{1}{2}}$

←ベクトルの相等

←$k=\dfrac{1}{2}$ であるから，点Cは線分ABの中点。

練習 ②**64**

平行六面体ABCD-EFGHで△BDE，△CHFの重心をそれぞれP，Qとするとき，4点A，P，Q，Gは一直線上にあることを証明せよ。

$\overrightarrow{AB}=\vec{b}$，$\overrightarrow{AD}=\vec{d}$，$\overrightarrow{AE}=\vec{e}$ とする。

点Pは△BDEの重心であるから

$$\overrightarrow{AP}=\frac{\overrightarrow{AB}+\overrightarrow{AD}+\overrightarrow{AE}}{3}=\frac{\vec{b}+\vec{d}+\vec{e}}{3}$$

また　$\overrightarrow{AC}=\overrightarrow{AB}+\overrightarrow{BC}=\vec{b}+\vec{d}$，
$\overrightarrow{AH}=\overrightarrow{AD}+\overrightarrow{DH}=\vec{d}+\vec{e}$，
$\overrightarrow{AF}=\overrightarrow{AB}+\overrightarrow{BF}=\vec{b}+\vec{e}$

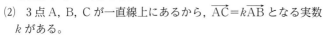

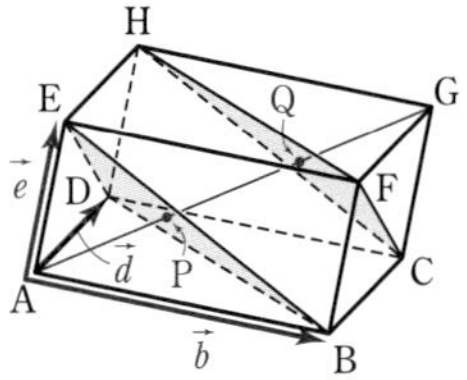

←$\vec{b}$，$\vec{d}$，$\vec{e}$ は1次独立。

点Qは△CHFの重心であるから

$$\overrightarrow{AQ}=\frac{\overrightarrow{AC}+\overrightarrow{AH}+\overrightarrow{AF}}{3}=\frac{2\vec{b}+2\vec{d}+2\vec{e}}{3}$$

更に　$\overrightarrow{AG}=\overrightarrow{AB}+\overrightarrow{BC}+\overrightarrow{CG}=\vec{b}+\vec{d}+\vec{e}$

よって　$\overrightarrow{AP}=\dfrac{1}{3}\overrightarrow{AG}$，$\overrightarrow{AQ}=\dfrac{2}{3}\overrightarrow{AG}$

したがって，4点A，P，Q，Gは一直線上にある。

←点P，Qは線分AG上にある。

練習 ③**65**

2点A(1, 3, 0)，B(0, 4, −1)を通る直線を ℓ とする。

(1) 点C(1, 5, −4)から直線 ℓ に下ろした垂線の足Hの座標を求めよ。

(2) 直線 ℓ に関して，点Cと対称な点Dの座標を求めよ。

(1) 点Hは直線AB上にあるから，$\overrightarrow{AH}=k\overrightarrow{AB}$ となる実数 k がある。

よって　$\overrightarrow{CH}=\overrightarrow{CA}+\overrightarrow{AH}=\overrightarrow{CA}+k\overrightarrow{AB}$

$=(0,\ -2,\ 4)+k(-1,\ 1,\ -1)$

$=(-k,\ k-2,\ -k+4)$

$\overrightarrow{AB}\perp\overrightarrow{CH}$ より $\overrightarrow{AB}\cdot\overrightarrow{CH}=0$ であるから

$$-1\cdot(-k)+1\cdot(k-2)-1\cdot(-k+4)=0$$

これを解いて　$k=2$

このとき，Oを原点とすると

$\overrightarrow{OH}=\overrightarrow{OC}+\overrightarrow{CH}=(1,\ 5,\ -4)+(-2,\ 0,\ 2)$

$=(-1,\ 5,\ -2)$

したがって，点Hの座標は　**$(-1,\ 5,\ -2)$**

(2) $\overrightarrow{OD}=\overrightarrow{OC}+\overrightarrow{CD}=\overrightarrow{OC}+2\overrightarrow{CH}$

$=(1,\ 5,\ -4)+2(-2,\ 0,\ 2)=(-3,\ 5,\ 0)$

したがって，点Dの座標は　**$(-3,\ 5,\ 0)$**

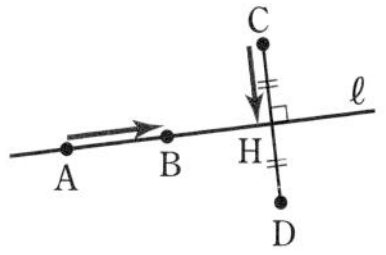

参考 (1) $\overrightarrow{AH}$ は，$\overrightarrow{AC}$ の $\overrightarrow{AB}$ への正射影ベクトルであるから

$\overrightarrow{AH}=\dfrac{\overrightarrow{AB}\cdot\overrightarrow{AC}}{|\overrightarrow{AB}|^2}\overrightarrow{AB}$

$=2\overrightarrow{AB}$

よって

$\overrightarrow{OH}=\overrightarrow{OA}+\overrightarrow{AH}$

$=(-1,\ 5,\ -2)$

←$\overrightarrow{OD}=\overrightarrow{OH}+\overrightarrow{HD}$

$=\overrightarrow{OH}+\overrightarrow{CH}$

から求めてもよい。

練習 ②66 四面体OABCにおいて，辺ABを1：3に内分する点をL，辺OCを3：1に内分する点をM，線分CLを3：2に内分する点をN，線分LM，ONの交点をPとし，$\overrightarrow{OA}=\vec{a}$，$\overrightarrow{OB}=\vec{b}$，$\overrightarrow{OC}=\vec{c}$ とするとき，$\overrightarrow{ON}$，$\overrightarrow{OP}$ をそれぞれ $\vec{a}$，$\vec{b}$，$\vec{c}$ で表せ。

条件から　$\overrightarrow{OL}=\dfrac{3\vec{a}+\vec{b}}{4}$，

$\overrightarrow{ON}=\dfrac{2\overrightarrow{OC}+3\overrightarrow{OL}}{5}=\dfrac{1}{5}\left(2\vec{c}+3\cdot\dfrac{3\vec{a}+\vec{b}}{4}\right)$

$=\boldsymbol{\dfrac{1}{20}(9\vec{a}+3\vec{b}+8\vec{c})}$

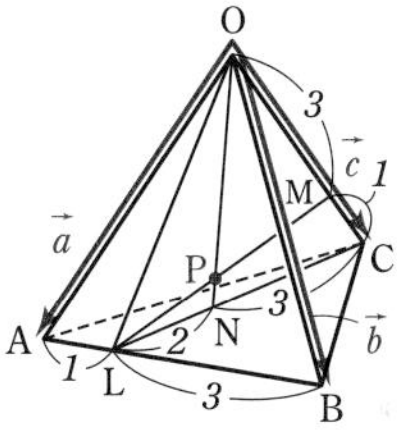

$\overrightarrow{OP}=s\overrightarrow{ON}$（$s$ は実数）とおけるから

$$\overrightarrow{OP}=\frac{s}{20}(9\vec{a}+3\vec{b}+8\vec{c})\ \cdots\cdots\ ①$$

また，LP：PM$=t:(1-t)$ とすると

$\overrightarrow{OP}=(1-t)\overrightarrow{OL}+t\overrightarrow{OM}=(1-t)\cdot\dfrac{3\vec{a}+\vec{b}}{4}+t\cdot\dfrac{3}{4}\vec{c}$

$=\dfrac{1}{4}\{3(1-t)\vec{a}+(1-t)\vec{b}+3t\vec{c}\}\ \cdots\cdots\ ②$

4点O，A，B，Cは同じ平面上にないから，①，②より

$$\frac{9}{20}s=\frac{3}{4}(1-t),\ \ \frac{3}{20}s=\frac{1}{4}(1-t),\ \ \frac{8}{20}s=\frac{3}{4}t$$

ゆえに　$3s=5-5t$，$8s=15t$

これを解いて　$s=\dfrac{15}{17}$，$t=\dfrac{8}{17}$

よって，① から

$\overrightarrow{OP}=\dfrac{1}{20}\cdot\dfrac{15}{17}(9\vec{a}+3\vec{b}+8\vec{c})$

$=\boldsymbol{\dfrac{27}{68}\vec{a}+\dfrac{9}{68}\vec{b}+\dfrac{6}{17}\vec{c}}$

別解 ($\overrightarrow{OP}$) △ONCと直線LMについて，メネラウスの定理により

$\dfrac{OP}{PN}\cdot\dfrac{NL}{LC}\cdot\dfrac{CM}{MO}=1$

すなわち

$\dfrac{OP}{PN}\cdot\dfrac{2}{5}\cdot\dfrac{1}{3}=1$

ゆえに

OP：PN$=15:2$

よって　$\overrightarrow{OP}=\dfrac{15}{17}\overrightarrow{ON}$

ゆえに

$\boldsymbol{\overrightarrow{OP}=\dfrac{3}{68}(9\vec{a}+3\vec{b}+8\vec{c})}$

←‥‥の断りは重要。

練習 ②67 4点A(0, 0, 2), B(2, −2, 3), C(a, −1, 4), D(1, a, 1)が同じ平面上にあるように, 定数aの値を定めよ。〔弘前大〕

$\overrightarrow{AD}=(1,\ a,\ -1)$, $\overrightarrow{AB}=(2,\ -2,\ 1)$, $\overrightarrow{AC}=(a,\ -1,\ 2)$

3点A, B, Cは一直線上にないから, 点Dが平面ABC上にあるための条件は, $\overrightarrow{AD}=s\overrightarrow{AB}+t\overrightarrow{AC}$となる実数$s$, tがあることである。

←$\overrightarrow{AB}=k\overrightarrow{AC}$を満たす実数$k$は存在しない。

ゆえに　$(1,\ a,\ -1)=s(2,\ -2,\ 1)+t(a,\ -1,\ 2)$

よって　$2s+ta=1$ …… ①,
$-2s-t=a$ …… ②,
$s+2t=-1$ …… ③

←ベクトルの相等

②×2+③から　$-3s=2a-1$

← $-4s-2t=2a$
+) $s+2t=-1$
$-3s\quad=2a-1$

ゆえに　$s=\dfrac{1-2a}{3}$ …… ④

②から　$t=-2s-a=-2\cdot\dfrac{1-2a}{3}-a=\dfrac{a-2}{3}$ …… ⑤

④, ⑤を①に代入すると　$\dfrac{2-4a}{3}+\dfrac{a^2-2a}{3}=1$

整理して　$a^2-6a-1=0$

これを解いて　$\boldsymbol{a=3\pm\sqrt{10}}$

別解 **1.** 3点A, B, Cは一直線上にないから, 点Dが平面ABC上にあるための条件は
$(1,\ a,\ 1)=s(0,\ 0,\ 2)+t(2,\ -2,\ 3)+u(a,\ -1,\ 4)$,
$s+t+u=1$となる実数s, t, uがあることである。

←原点をOとすると
$\overrightarrow{OD}=s\overrightarrow{OA}+t\overrightarrow{OB}+u\overrightarrow{OC}$,
$s+t+u=1$

よって　$1=2t+au$ …… ①,
$a=-2t-u$ …… ②,
$1=2s+3t+4u$ …… ③

また　$s+t+u=1$ …… ④

①+②から　$a+1=(a-1)u$

ここで, $a=1$とすると　$2=0\cdot u$

これを満たすuは存在しないから　$a\neq1$

←$a-1\neq0$であることを確認する。

よって　$u=\dfrac{a+1}{a-1}$ …… ⑤

また, ①+②×aから　$a^2+1=2(1-a)t$

ゆえに　$t=\dfrac{a^2+1}{2(1-a)}$ …… ⑥

また, ③, ④から　$t+2u=-1$ …… ⑦

←sを消去。

⑤, ⑥を⑦に代入して整理すると
$a^2-6a-1=0$

よって　$\boldsymbol{a=3\pm\sqrt{10}}$

これは$a\neq1$を満たす。

別解 **2.** まず, 3点A, B, Cを通る平面の方程式を求める。
平面ABCの法線ベクトルを$\vec{n}=(l,\ m,\ n)$とすると,

←本冊$p.487$演習例題**80**参照。

$\vec{n}\perp\overrightarrow{AB}$，$\vec{n}\perp\overrightarrow{AC}$ より，$\vec{n}\cdot\overrightarrow{AB}=0$，$\vec{n}\cdot\overrightarrow{AC}=0$ であるから

$$2l-2m+n=0,\ al-m+2n=0$$

これらから　　$m=\dfrac{4-a}{3}l$，$n=\dfrac{2}{3}(1-a)l$

よって，$\vec{n}=(3,\ 4-a,\ 2(1-a))$ とする。平面 ABC 上の点を $P(x,\ y,\ z)$ とすると，$\vec{n}\cdot\overrightarrow{AP}=0$ であるから

$$3x+(4-a)y+2(1-a)(z-2)=0$$

ゆえに，平面 ABC の方程式は

$$3x+(4-a)y+2(1-a)z=4(1-a)\ \cdots\cdots\ (*)$$

この平面上に点 D があるための条件は

$$3\times1+(4-a)a+2(1-a)\times1=4(1-a)$$

整理すると　　$a^2-6a-1=0$　　　よって　　$\boldsymbol{a=3\pm\sqrt{10}}$

検討　平面 ABC の方程式を $lx+my+nz+p=0$ とすると，3 点 A，B，C を通ることから
$2n+p=0$，
$2l-2m+3n+p=0$，
$al-m+4n+p=0$
よって　$m=\dfrac{4-a}{3}l$，
$n=\dfrac{2}{3}(1-a)l$，
$p=\dfrac{4}{3}(a-1)l$
これらから左の $(*)$ を導くこともできる。

練習 ③68　平行六面体 ABCD-EFGH において，辺 BF を 2：1 に内分する点を P，辺 FG を 2：1 に内分する点を Q，辺 DH の中点を R とする。4 点 A，P，Q，R は同じ平面上にあることを示せ。

点 R が 3 点 A，P，Q の定める平面上にあるための条件は，$\overrightarrow{AR}=s\overrightarrow{AP}+t\overrightarrow{AQ}$ となる実数 s，t が存在することである。

←3 点 A，P，Q は一直線上にはない。

$\overrightarrow{AB}=\vec{a}$，$\overrightarrow{AD}=\vec{b}$，$\overrightarrow{AE}=\vec{c}$ とすると

$$\overrightarrow{AP}=\overrightarrow{AB}+\overrightarrow{BP}=\vec{a}+\frac{2}{3}\vec{c},$$

$$\overrightarrow{AQ}=\overrightarrow{AB}+\overrightarrow{BF}+\overrightarrow{FQ}=\vec{a}+\vec{c}+\frac{2}{3}\vec{b},$$

$$\overrightarrow{AR}=\overrightarrow{AD}+\overrightarrow{DR}=\vec{b}+\frac{1}{2}\vec{c}$$

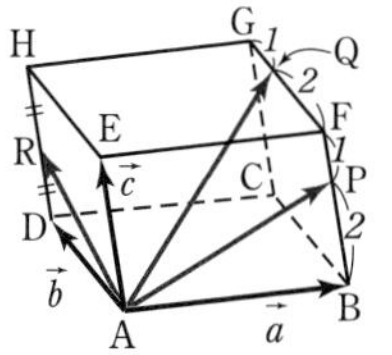

$\overrightarrow{AR}=s\overrightarrow{AP}+t\overrightarrow{AQ}$ とすると

$$\vec{b}+\frac{1}{2}\vec{c}=s\left(\vec{a}+\frac{2}{3}\vec{c}\right)+t\left(\vec{a}+\frac{2}{3}\vec{b}+\vec{c}\right)$$

よって　　$\vec{b}+\dfrac{1}{2}\vec{c}=(s+t)\vec{a}+\dfrac{2}{3}t\vec{b}+\left(\dfrac{2}{3}s+t\right)\vec{c}\ \cdots\cdots\ (*)$

4 点 A，B，D，E は同じ平面上にないから

$$0=s+t\ \cdots\ ①,\ 1=\frac{2}{3}t\ \cdots\ ②,\ \frac{1}{2}=\frac{2}{3}s+t\ \cdots\ ③$$

←$(*)$ の両辺の係数を比較する。

①，② から　　$s=-\dfrac{3}{2}$，$t=\dfrac{3}{2}$　　　これは ③ を満たす。

ゆえに，$\overrightarrow{AR}=s\overrightarrow{AP}+t\overrightarrow{AQ}$ となる実数 s，t が存在するから，4 点 A，P，Q，R は同じ平面上にある。

練習 ②69　四面体 OABC において，$\vec{a}=\overrightarrow{OA}$，$\vec{b}=\overrightarrow{OB}$，$\vec{c}=\overrightarrow{OC}$ とする。

(1)　線分 AB を 1：2 に内分する点を P とし，線分 PC を 2：3 に内分する点を Q とする。$\overrightarrow{OQ}$ を $\vec{a}$，$\vec{b}$，$\vec{c}$ を用いて表せ。

(2)　D，E，F はそれぞれ線分 OA，OB，OC 上の点で，$OD=\dfrac{1}{2}OA$，$OE=\dfrac{2}{3}OB$，$OF=\dfrac{1}{3}OC$ とする。3 点 D，E，F を含む平面と直線 OQ の交点を R とするとき，$\overrightarrow{OR}$ を $\vec{a}$，$\vec{b}$，$\vec{c}$ を用いて表せ。

〔大阪電通大〕

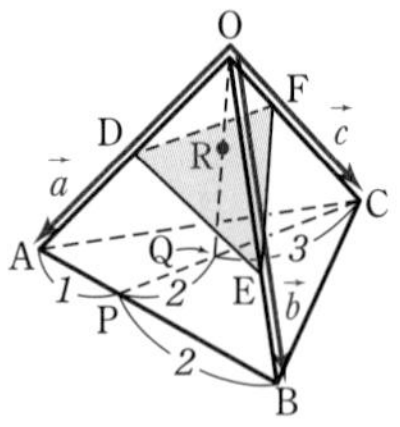

(1) $\boldsymbol{\overrightarrow{OQ}}=\dfrac{3\overrightarrow{OP}+2\overrightarrow{OC}}{2+3}=\dfrac{3}{5}\left(\dfrac{2\overrightarrow{OA}+\overrightarrow{OB}}{1+2}\right)+\dfrac{2}{5}\overrightarrow{OC}$

$\quad=\boldsymbol{\dfrac{2}{5}\vec{a}+\dfrac{1}{5}\vec{b}+\dfrac{2}{5}\vec{c}}$

(2) 点Rは3点D，E，Fを含む平面上にあるから，実数 s，t，u を用いて

$$\overrightarrow{OR}=s\overrightarrow{OD}+t\overrightarrow{OE}+u\overrightarrow{OF},\ s+t+u=1$$

と表される。

ここで，$\overrightarrow{OD}=\dfrac{1}{2}\vec{a}$，$\overrightarrow{OE}=\dfrac{2}{3}\vec{b}$，$\overrightarrow{OF}=\dfrac{1}{3}\vec{c}$ であるから

$$\overrightarrow{OR}=\frac{s}{2}\vec{a}+\frac{2}{3}t\vec{b}+\frac{u}{3}\vec{c}\ \cdots\cdots\ ①$$

←$\overrightarrow{OR}$ を $\vec{a}$，$\vec{b}$，$\vec{c}$ を用いて，①，② の2通りに表す。

また，点Rは直線OQ上にあるから，$\overrightarrow{OR}=k\overrightarrow{OQ}$（$k$ は実数）と表される。

よって，(1)から　$\overrightarrow{OR}=\dfrac{2}{5}k\vec{a}+\dfrac{k}{5}\vec{b}+\dfrac{2}{5}k\vec{c}\ \cdots\cdots\ ②$

4点O，A，B，Cは同じ平面上にないから，①，② より

$$\frac{s}{2}=\frac{2}{5}k,\ \frac{2}{3}t=\frac{k}{5},\ \frac{u}{3}=\frac{2}{5}k$$

←①，② の右辺について，係数比較をする。

ゆえに　$s=\dfrac{4}{5}k$，$t=\dfrac{3}{10}k$，$u=\dfrac{6}{5}k$

これらを $s+t+u=1$ に代入して　$\dfrac{4}{5}k+\dfrac{3}{10}k+\dfrac{6}{5}k=1$

よって　$k=\dfrac{10}{23}$

これを ② に代入して　$\boldsymbol{\overrightarrow{OR}=\dfrac{4}{23}\vec{a}+\dfrac{2}{23}\vec{b}+\dfrac{4}{23}\vec{c}}$

別解　点Rは直線OQ上にあるから，$\overrightarrow{OR}=k\overrightarrow{OQ}$（$k$ は実数）と表される。

ゆえに，(1)から

$$\overrightarrow{OR}=\frac{2}{5}k\vec{a}+\frac{k}{5}\vec{b}+\frac{2}{5}k\vec{c}\ \cdots\cdots\ (*)$$

←ここで，$\dfrac{2}{5}k+\dfrac{k}{5}+\dfrac{2}{5}k=1$ としたら，誤り。なぜなら，Rは平面ABC上にはないからである。

ここで，$\overrightarrow{OD}=\dfrac{1}{2}\vec{a}$，$\overrightarrow{OE}=\dfrac{2}{3}\vec{b}$，$\overrightarrow{OF}=\dfrac{1}{3}\vec{c}$ であるから

$$\vec{a}=2\overrightarrow{OD},\ \vec{b}=\frac{3}{2}\overrightarrow{OE},\ \vec{c}=3\overrightarrow{OF}$$

よって　$\overrightarrow{OR}=\dfrac{2}{5}k(2\overrightarrow{OD})+\dfrac{k}{5}\left(\dfrac{3}{2}\overrightarrow{OE}\right)+\dfrac{2}{5}k(3\overrightarrow{OF})$

$\quad=\dfrac{4}{5}k\overrightarrow{OD}+\dfrac{3}{10}k\overrightarrow{OE}+\dfrac{6}{5}k\overrightarrow{OF}$

←(*) を $\overrightarrow{OD}$，$\overrightarrow{OE}$，$\overrightarrow{OF}$ の条件に直す。

点Rは3点D，E，Fを含む平面上にあるから

$\dfrac{4}{5}k+\dfrac{3}{10}k+\dfrac{6}{5}k=1$　ゆえに　$k=\dfrac{10}{23}$

←(係数の和)=1

これを (*) に代入して　$\boldsymbol{\overrightarrow{OR}=\dfrac{4}{23}\vec{a}+\dfrac{2}{23}\vec{b}+\dfrac{4}{23}\vec{c}}$

練習 ③70 四面体 OABC において，線分 OA を 2：1 に内分する点を P，線分 OB を 3：1 に内分する点を Q，線分 BC を 4：1 に内分する点を R とする。この四面体を 3 点 P，Q，R を通る平面で切り，この平面が線分 AC と交わる点を S とするとき，線分の長さの比 AS：SC を求めよ。
〔類 早稲田大〕

AS：SC$=k:(1-k)$ とすると

$$\overrightarrow{OS}=(1-k)\overrightarrow{OA}+k\overrightarrow{OC} \cdots\cdots ①$$

また，点 S は 3 点 P，Q，R を通る平面上にあるから，実数 s，t，u を用いて，

$$\overrightarrow{OS}=s\overrightarrow{OP}+t\overrightarrow{OQ}+u\overrightarrow{OR},\ s+t+u=1 \cdots\cdots (*)$$

と表される。ここで，BR：RC=4：1 であるから

$$\overrightarrow{OR}=\frac{\overrightarrow{OB}+4\overrightarrow{OC}}{4+1}=\frac{1}{5}\overrightarrow{OB}+\frac{4}{5}\overrightarrow{OC}$$

また，$\overrightarrow{OP}=\frac{2}{3}\overrightarrow{OA}$，$\overrightarrow{OQ}=\frac{3}{4}\overrightarrow{OB}$ であるから

$$\overrightarrow{OS}=\frac{2}{3}s\overrightarrow{OA}+\frac{3}{4}t\overrightarrow{OB}+u\left(\frac{1}{5}\overrightarrow{OB}+\frac{4}{5}\overrightarrow{OC}\right)$$

$$=\frac{2}{3}s\overrightarrow{OA}+\left(\frac{3}{4}t+\frac{u}{5}\right)\overrightarrow{OB}+\frac{4}{5}u\overrightarrow{OC} \cdots\cdots ②$$

4 点 O，A，B，C は同じ平面上にないから，①，② より

$$1-k=\frac{2}{3}s,\ 0=\frac{3}{4}t+\frac{u}{5},\ k=\frac{4}{5}u$$

ゆえに　$s=\frac{3}{2}-\frac{3}{2}k,\ t=-\frac{k}{3},\ u=\frac{5}{4}k$

これらを $s+t+u=1$ に代入して

$$\frac{3}{2}-\frac{3}{2}k-\frac{k}{3}+\frac{5}{4}k=1 \qquad よって \qquad k=\frac{6}{7}$$

したがって　AS：SC$=\frac{6}{7}:\left(1-\frac{6}{7}\right)=$**6：1**

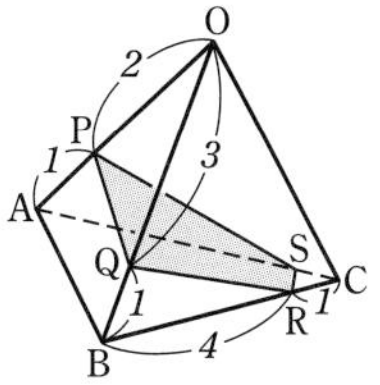

（＊）$\overrightarrow{PS}=l\overrightarrow{PQ}+m\overrightarrow{PR}$（$l$，$m$ は実数）として考えてもよい。

←$\overrightarrow{OS}=●\overrightarrow{OP}+■\overrightarrow{OQ}+▲\overrightarrow{OR}$ を $\overrightarrow{OA}$，$\overrightarrow{OB}$，$\overrightarrow{OC}$ の式に直す。

練習 ③71 四面体 ABCD を考える。△ABC と △ABD は正三角形であり，AC と BD とは垂直である。
(1) BC と AD も垂直であることを示せ。
(2) 四面体 ABCD は正四面体であることを示せ。
〔岩手大〕

$\overrightarrow{AB}=\vec{b}$，$\overrightarrow{AC}=\vec{c}$，$\overrightarrow{AD}=\vec{d}$ とする。

(1) △ABC と △ABD は正三角形であるから

$$|\vec{b}|=|\vec{c}|=|\vec{d}|,\ \vec{b}\cdot\vec{c}=\vec{b}\cdot\vec{d} \cdots\cdots ①$$

AC⊥BD から　$\overrightarrow{AC}\cdot\overrightarrow{BD}=0$

よって　$\vec{c}\cdot(\vec{d}-\vec{b})=0$

ゆえに　$\vec{c}\cdot\vec{d}=\vec{b}\cdot\vec{c} \cdots\cdots ②$

①，② より，$\vec{c}\cdot\vec{d}=\vec{b}\cdot\vec{d}$ であるから

$$\overrightarrow{BC}\cdot\overrightarrow{AD}=(\vec{c}-\vec{b})\cdot\vec{d}=\vec{c}\cdot\vec{d}-\vec{b}\cdot\vec{d}=0$$

$\overrightarrow{BC}\neq\vec{0}$，$\overrightarrow{AD}\neq\vec{0}$ であるから　BC⊥AD

(2) $|\overrightarrow{CD}|^2=|\vec{d}-\vec{c}|^2=|\vec{d}|^2-2\vec{c}\cdot\vec{d}+|\vec{c}|^2=|\vec{d}|^2-2\vec{b}\cdot\vec{c}+|\vec{c}|^2$

$=|\vec{d}|^2-2|\vec{b}||\vec{c}|\cos 60^\circ+|\vec{c}|^2=|\vec{c}|^2-|\vec{c}|^2+|\vec{c}|^2$

$=|\vec{c}|^2=|\overrightarrow{AC}|^2$

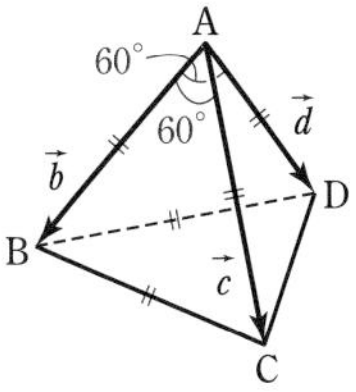

←$\vec{c}\cdot\vec{d}=\vec{b}\cdot\vec{c}$ [(1)の②]

←$|\vec{b}|=|\vec{c}|=|\vec{d}|$

よって　　CD=AC

ゆえに，四面体 ABCD のすべての辺の長さは等しいから，四面体 ABCD は正四面体である。

←すべての面が正三角形。

練習 ③72 原点をOとし，3点 A(2, 0, 0)，B(0, 4, 0)，C(0, 0, 3) をとる。原点Oから3点 A，B，C を含む平面に下ろした垂線の足をHとするとき

(1) 点Hの座標を求めよ。　　(2) △ABC の面積を求めよ。　〔類 宮城大〕

(1) 点Hは平面 ABC 上にあるから，s，t，u を実数として

$$\overrightarrow{\mathrm{OH}}=s\overrightarrow{\mathrm{OA}}+t\overrightarrow{\mathrm{OB}}+u\overrightarrow{\mathrm{OC}},\ s+t+u=1 \ \cdots\cdots \ ①$$

と表される。

←4点 O，A，B，C は同じ平面上にない。

よって　$\overrightarrow{\mathrm{OH}}=s(2,\ 0,\ 0)+t(0,\ 4,\ 0)+u(0,\ 0,\ 3)$

$=(2s,\ 4t,\ 3u)\ \cdots\cdots\ (*)$

また，OH⊥(平面 ABC) であるから

OH⊥AB，OH⊥AC

ゆえに　$\overrightarrow{\mathrm{OH}}\cdot\overrightarrow{\mathrm{AB}}=0,\ \overrightarrow{\mathrm{OH}}\cdot\overrightarrow{\mathrm{AC}}=0\ \cdots\cdots\ ②$

←OH は平面 ABC 上の交わる2直線 AB，AC に垂直である。

$\overrightarrow{\mathrm{AB}}=(-2,\ 4,\ 0)$，$\overrightarrow{\mathrm{AC}}=(-2,\ 0,\ 3)$ であるから，② より

$2s\times(-2)+4t\times4+3u\times0=0,$

$2s\times(-2)+4t\times0+3u\times3=0$

よって　$t=\dfrac{1}{4}s,\ u=\dfrac{4}{9}s\ \cdots\cdots\ ③$

③ を ① に代入して　$s+\dfrac{1}{4}s+\dfrac{4}{9}s=1$

←両辺に 36 を掛けて $36s+9s+16s=36$

これを解いて　$s=\dfrac{36}{61}$　　③ に代入して　$t=\dfrac{9}{61},\ u=\dfrac{16}{61}$

ゆえに　$\overrightarrow{\mathrm{OH}}=\left(\dfrac{72}{61},\ \dfrac{36}{61},\ \dfrac{48}{61}\right)$

したがって，点Hの座標は

$$\left(\boldsymbol{\frac{72}{61}},\ \boldsymbol{\frac{36}{61}},\ \boldsymbol{\frac{48}{61}}\right)$$

(2) 四面体 OABC の体積を V とすると

$$V=\frac{1}{3}\triangle\mathrm{OAB}\times\mathrm{OC}=\frac{1}{3}\cdot\frac{1}{2}\cdot2\cdot4\cdot3=4\ \cdots\cdots\ ④$$

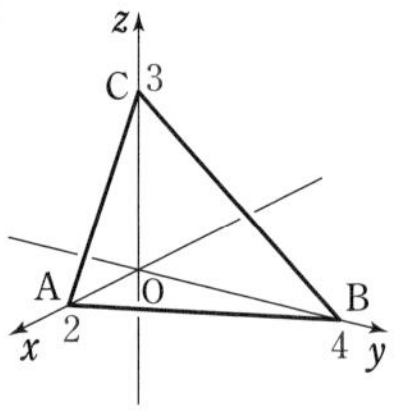

また　$V=\dfrac{1}{3}\triangle\mathrm{ABC}\times\mathrm{OH}\ \cdots\cdots\ ⑤$

ここで，(1) から

$$\mathrm{OH}=\frac{12}{61}\sqrt{6^2+3^2+4^2}=\frac{12}{\sqrt{61}}$$

←$\overrightarrow{\mathrm{OH}}=\dfrac{12}{61}(6,\ 3,\ 4)$

$\vec{a}=k(a_1,\ a_2,\ a_3)$ のとき $|\vec{a}|=|k|\sqrt{a_1{}^2+a_2{}^2+a_3{}^2}$

よって，④，⑤ から　$4=\dfrac{1}{3}\triangle\mathrm{ABC}\times\dfrac{12}{\sqrt{61}}$

したがって　$\triangle\mathrm{ABC}=\boldsymbol{\sqrt{61}}$

別解 (1) 平面 ABC の方程式は　$\dfrac{x}{2}+\dfrac{y}{4}+\dfrac{z}{3}=1$

←本冊 $p.485$ 以降で学ぶ，空間の平面の方程式を利用。

すなわち　$6x+3y+4z=12\ \cdots\cdots\ ①$

$\vec{n}=(6,\ 3,\ 4)$ は平面 ABC の法線ベクトルである。

$\overrightarrow{\mathrm{OH}} /\!/ \vec{n}$ であるから，$\overrightarrow{\mathrm{OH}}=k\vec{n}$ となる実数 k がある。

H$(x,\ y,\ z)$ とすると　$(x,\ y,\ z)=k(6,\ 3,\ 4)$

よって　$x=6k,\ y=3k,\ z=4k$ …… ②

これらを ① に代入して　$6\cdot 6k+3\cdot 3k+4\cdot 4k=12$

これを解くと　$k=\dfrac{12}{61}$

よって，② から，点 H の座標は　$\left(\boldsymbol{\dfrac{72}{61},\ \dfrac{36}{61},\ \dfrac{48}{61}}\right)$

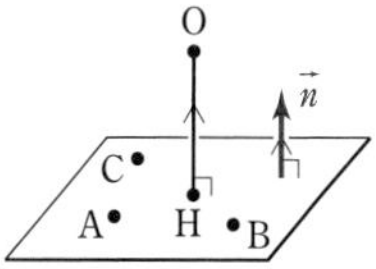

(2)　$\overrightarrow{\mathrm{AB}}=(-2,\ 4,\ 0)$，$\overrightarrow{\mathrm{AC}}=(-2,\ 0,\ 3)$ であるから

$$\overrightarrow{\mathrm{AB}}\cdot\overrightarrow{\mathrm{AC}}=(-2)\times(-2)+4\times 0+0\times 3=4$$
$$|\overrightarrow{\mathrm{AB}}|^2=(-2)^2+4^2+0^2=20$$
$$|\overrightarrow{\mathrm{AC}}|^2=(-2)^2+0^2+3^2=13$$

よって　$\triangle\mathrm{ABC}=\dfrac{1}{2}\sqrt{|\overrightarrow{\mathrm{AB}}|^2|\overrightarrow{\mathrm{AC}}|^2-(\overrightarrow{\mathrm{AB}}\cdot\overrightarrow{\mathrm{AC}})^2}$

$$=\frac{1}{2}\sqrt{20\cdot 13-4^2}$$
$$=\frac{1}{2}\sqrt{244}=\boldsymbol{\sqrt{61}}$$

参考　四面体 OABC の $\angle\mathrm{AOB}$，$\angle\mathrm{BOC}$，$\angle\mathrm{COA}$ がすべて直角であるとき，面積について

$$(\triangle\mathbf{OAB})^2+(\triangle\mathbf{OBC})^2+(\triangle\mathbf{OCA})^2=(\triangle\mathbf{ABC})^2 \quad \cdots\cdots \text{Ⓐ}$$

が成り立つ。

←本冊 $p.472$ の **検討** で紹介した等式。

証明　点 C から AB に垂線 CH を下ろすと

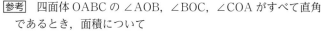

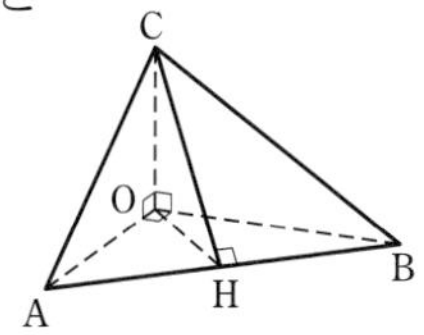

$$(\triangle\mathrm{ABC})^2=\left(\frac{1}{2}\mathrm{AB}\cdot\mathrm{CH}\right)^2$$
$$=\frac{1}{4}\mathrm{AB}^2\cdot\mathrm{CH}^2$$
$$=\frac{1}{4}\mathrm{AB}^2(\mathrm{OH}^2+\mathrm{OC}^2)$$

←直角三角形 COH で三平方の定理。

$$=\frac{1}{4}\mathrm{AB}^2\cdot\mathrm{OH}^2+\frac{1}{4}\mathrm{AB}^2\cdot\mathrm{OC}^2$$
$$=\left(\frac{1}{2}\mathrm{AB}\cdot\mathrm{OH}\right)^2+\frac{1}{4}\left(\mathrm{OA}^2+\mathrm{OB}^2\right)\mathrm{OC}^2$$

←直角三角形 OAB で三平方の定理。

$$=\left(\frac{1}{2}\mathrm{AB}\cdot\mathrm{OH}\right)^2+\left(\frac{1}{2}\mathrm{OB}\cdot\mathrm{OC}\right)^2+\left(\frac{1}{2}\mathrm{OA}\cdot\mathrm{OC}\right)^2$$
$$=(\triangle\mathrm{OAB})^2+(\triangle\mathrm{OBC})^2+(\triangle\mathrm{OCA})^2$$

したがって，Ⓐ が成り立つ。

練習 72 (2) を等式 Ⓐ を利用して解くと

$$(\triangle\mathrm{ABC})^2=\left(\frac{1}{2}\cdot 2\cdot 4\right)^2+\left(\frac{1}{2}\cdot 4\cdot 3\right)^2+\left(\frac{1}{2}\cdot 3\cdot 2\right)^2$$
$$=16+36+9=61$$

したがって　$\triangle\mathrm{ABC}=\boldsymbol{\sqrt{61}}$

練習 ③73 各辺の長さが1の正四面体PABCにおいて，点Aから平面PBCに下ろした垂線の足をHとし，$\overrightarrow{PA}=\vec{a}$，$\overrightarrow{PB}=\vec{b}$，$\overrightarrow{PC}=\vec{c}$ とする。
(1) 内積 $\vec{a}\cdot\vec{b}$，$\vec{a}\cdot\vec{c}$，$\vec{b}\cdot\vec{c}$ を求めよ。　(2) $\overrightarrow{PH}$ を $\vec{b}$ と $\vec{c}$ を用いて表せ。
(3) 正四面体PABCの体積を求めよ。〔佐賀大〕

HINT (2) $\overrightarrow{PH}=s\vec{b}+t\vec{c}$ (s，t は実数) と表される。(3) (正四面体PABC)$=\dfrac{1}{3}\times\triangle PBC\times|\overrightarrow{AH}|$

(1) $\boldsymbol{\vec{a}\cdot\vec{b}}=|\vec{a}||\vec{b}|\cos\angle APB=1\times1\times\cos60°=\boldsymbol{\dfrac{1}{2}}$

同様にして　$\boldsymbol{\vec{a}\cdot\vec{c}=\dfrac{1}{2}}$，$\boldsymbol{\vec{b}\cdot\vec{c}=\dfrac{1}{2}}$

(2) 平面PBCにおいて，$\vec{b}\neq\vec{0}$，$\vec{c}\neq\vec{0}$，$\vec{b}\not\parallel\vec{c}$ であるから，s，t を実数として，$\overrightarrow{PH}=s\vec{b}+t\vec{c}$ と表される。

ゆえに　$\overrightarrow{AH}=\overrightarrow{PH}-\overrightarrow{PA}=s\vec{b}+t\vec{c}-\vec{a}$

AH⊥(平面PBC)であるから　$\overrightarrow{AH}\perp\overrightarrow{PB}$，$\overrightarrow{AH}\perp\overrightarrow{PC}$

よって　$\overrightarrow{AH}\cdot\overrightarrow{PB}=0$，$\overrightarrow{AH}\cdot\overrightarrow{PC}=0$

ここで　$\overrightarrow{AH}\cdot\overrightarrow{PB}=(-\vec{a}+s\vec{b}+t\vec{c})\cdot\vec{b}$

$=-\vec{a}\cdot\vec{b}+s|\vec{b}|^2+t\vec{b}\cdot\vec{c}=-\dfrac{1}{2}+s+\dfrac{1}{2}t$

$\overrightarrow{AH}\cdot\overrightarrow{PC}=(-\vec{a}+s\vec{b}+t\vec{c})\cdot\vec{c}$

$=-\vec{a}\cdot\vec{c}+s\vec{b}\cdot\vec{c}+t|\vec{c}|^2=-\dfrac{1}{2}+\dfrac{1}{2}s+t$

ゆえに　$2s+t-1=0$，$s+2t-1=0$

これを解いて　$s=t=\dfrac{1}{3}$　　よって　$\boldsymbol{\overrightarrow{PH}=\dfrac{1}{3}\vec{b}+\dfrac{1}{3}\vec{c}}$

(3) 三平方の定理により

$$|\overrightarrow{AH}|^2=|\overrightarrow{PA}|^2-|\overrightarrow{PH}|^2=1^2-\left|\dfrac{1}{3}(\vec{b}+\vec{c})\right|^2$$

$$=1-\dfrac{1}{9}(|\vec{b}|^2+2\vec{b}\cdot\vec{c}+|\vec{c}|^2)$$

$$=1-\dfrac{1}{9}\left(1^2+2\times\dfrac{1}{2}+1^2\right)=\dfrac{2}{3}$$

ゆえに　$|\overrightarrow{AH}|=\dfrac{\sqrt{6}}{3}$

また　$\triangle PBC=\dfrac{1}{2}\times1\times1\times\sin60°=\dfrac{\sqrt{3}}{4}$

したがって，求める体積は

$$\dfrac{1}{3}\times\triangle PBC\times|\overrightarrow{AH}|=\dfrac{1}{3}\times\dfrac{\sqrt{3}}{4}\times\dfrac{\sqrt{6}}{3}=\boldsymbol{\dfrac{\sqrt{2}}{12}}$$

←△PAB，△PCA，△PBCは1辺の長さが1の正三角形。

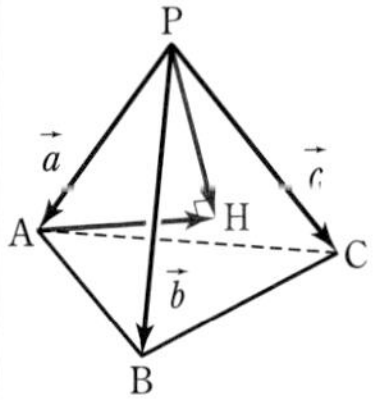

検討　$\overrightarrow{PH}=\dfrac{\overrightarrow{PB}+\overrightarrow{PC}}{3}$
よって，正四面体PABCにおいて，Hは正三角形PBCの重心である。

←$\overrightarrow{AH}=\overrightarrow{PH}-\overrightarrow{PA}$
$=-\dfrac{1}{3}(3\vec{a}-\vec{b}-\vec{c})$ から，
$|\overrightarrow{AH}|^2=\dfrac{1}{9}|3\vec{a}-\vec{b}-\vec{c}|^2$
として求めてもよい。

検討　$\overrightarrow{OA}=\vec{a}=(a_1,\ a_2,\ a_3)$，$\overrightarrow{OB}=\vec{b}=(b_1,\ b_2,\ b_3)$，$\vec{a}$ と $\vec{b}$ のなす角を θ，AからBに向かって右ねじを回すときのねじの進む方向を向きとする単位ベクトルを $\vec{e}$ とする。
このとき，**外積の定義** $\boldsymbol{\vec{a}\times\vec{b}=(|\vec{a}||\vec{b}|\sin\theta)\vec{e}}$ (本冊 $p.474$) から
外積の成分表示 $\boldsymbol{\vec{a}\times\vec{b}=(a_2b_3-a_3b_2,\ a_3b_1-a_1b_3,\ a_1b_2-a_2b_1)}$ (本冊 $p.448$) を導く。

$\vec{a}=(a_1,\ a_2,\ a_3)$, $\vec{b}=(b_1,\ b_2,\ b_3)$ とする。ただし，
$(a_2b_3-a_3b_2,\ a_3b_1-a_1b_3,\ a_1b_2-a_2b_1)\neq\vec{0}$ とする。
$\vec{a}\times\vec{b}=(p,\ q,\ r)$ とすると，定義から　$\vec{a}\perp(\vec{a}\times\vec{b})$, $\vec{b}\perp(\vec{a}\times\vec{b})$　←本冊 p.474 ①
よって　$\vec{a}\cdot(\vec{a}\times\vec{b})=0$, $\vec{b}\cdot(\vec{a}\times\vec{b})=0$
$\vec{a}\cdot(\vec{a}\times\vec{b})=0$ から　$a_1p+a_2q+a_3r=0$ …… ①
$\vec{b}\cdot(\vec{a}\times\vec{b})=0$ から　$b_1p+b_2q+b_3r=0$ …… ②
①$\times b_1-$②$\times a_1$ から　$(a_2b_1-a_1b_2)q+(a_3b_1-a_1b_3)r=0$
ゆえに　$q:r=(a_3b_1-a_1b_3):\{-(a_2b_1-a_1b_2)\}=(a_3b_1-a_1b_3):(a_1b_2-a_2b_1)$
同様に，①$\times b_2-$②$\times a_2$ から　$p:r=(a_2b_3-a_3b_2):(a_1b_2-a_2b_1)$
よって，実数 s に対して　$p=(a_2b_3-a_3b_2)s$, $q=(a_3b_1-a_1b_3)s$, $r=(a_1b_2-a_2b_1)s$
このとき　$|\vec{a}\times\vec{b}|^2=(a_2b_3-a_3b_2)^2s^2+(a_3b_1-a_1b_3)^2s^2+(a_1b_2-a_2b_1)^2s^2$ …… ③
また，定義から

$$\begin{aligned}|\vec{a}\times\vec{b}|^2&=|\vec{a}|^2|\vec{b}|^2\sin^2\theta=|\vec{a}|^2|\vec{b}|^2(1-\cos^2\theta)=|\vec{a}|^2|\vec{b}|^2-(\vec{a}\cdot\vec{b})^2\\&=(a_1{}^2+a_2{}^2+a_3{}^2)(b_1{}^2+b_2{}^2+b_3{}^2)-(a_1b_1+a_2b_2+a_3b_3)^2\\&=a_1{}^2b_2{}^2+a_1{}^2b_3{}^2+a_2{}^2b_1{}^2+a_2{}^2b_3{}^2+a_3{}^2b_1{}^2+a_3{}^2b_2{}^2\\&\quad-2(a_1b_1a_2b_2+a_2b_2a_3b_3+a_3b_3a_1b_1)\\&=(a_2b_3-a_3b_2)^2+(a_3b_1-a_1b_3)^2+(a_1b_2-a_2b_1)^2 \quad\cdots\cdots ④\end{aligned}$$

③−④ から　$\{(a_2b_3-a_3b_2)^2+(a_3b_1-a_1b_3)^2+(a_1b_2-a_2b_1)^2\}(s^2-1)=0$
ゆえに　$s^2-1=0$　よって　$s=\pm1$
ここで，$\vec{a}=(1,\ 0,\ 0)$, $\vec{b}=(0,\ 1,\ 0)$ としたとき，外積 $\vec{a}\times\vec{b}$ の向きは，z 軸の正の向きであり，$a_1b_2-a_2b_1=1$ であるから　$s=1$
したがって　$\vec{a}\times\vec{b}=(a_2b_3-a_3b_2,\ a_3b_1-a_1b_3,\ a_1b_2-a_2b_1)$

←$s=\pm1$ のうち，右ねじを回す向きは $s=1$ のとき。

練習 ①74

(1) 3点 A(3, 7, 0), B(−3, 1, 3), G(−7, −4, 6) について
　(ア) 線分 AB を 2：1 に内分する点 P の座標を求めよ。
　(イ) 線分 AB を 2：3 に外分する点 Q の座標を求めよ。
　(ウ) △PQR の重心が点 G となるような点 R の座標を求めよ。
(2) 点 A(0, 1, 2) と点 B(−1, 1, 6) を結ぶ線分 AB 上に点 C(a, b, 3) がある。このとき，a, b の値を求めよ。

(1) (ア) $\left(\dfrac{1\cdot3+2\cdot(-3)}{2+1},\ \dfrac{1\cdot7+2\cdot1}{2+1},\ \dfrac{1\cdot0+2\cdot3}{2+1}\right)$

　ゆえに　**P(−1, 3, 2)**

(イ) $\left(\dfrac{3\cdot3-2\cdot(-3)}{-2+3},\ \dfrac{3\cdot7-2\cdot1}{-2+3},\ \dfrac{3\cdot0-2\cdot3}{-2+3}\right)$

　ゆえに　**Q(15, 19, −6)**

←「2：3 に外分」は，内分の公式で，$m=-2$, $n=3$ とする［(分母)>0 となるように］。

(ウ) R(a, b, c) とすると，△PQR の重心の座標は

$$\left(\frac{-1+15+a}{3},\ \frac{3+19+b}{3},\ \frac{2-6+c}{3}\right)$$

　すなわち　$\left(\dfrac{a+14}{3},\ \dfrac{b+22}{3},\ \dfrac{c-4}{3}\right)$

　これが点 G(−7, −4, 6) と一致するから

$$\frac{a+14}{3}=-7,\quad \frac{b+22}{3}=-4,\quad \frac{c-4}{3}=6$$

←重心と点 G の座標を比較。

よって　$a=-35$，$b=-34$，$c=22$

ゆえに　$\mathbf{R(-35,\ -34,\ 22)}$

(2)　線分 AB を $t:(1-t)$ に内分する点の座標は

$$((1-t)\cdot0+t\cdot(-1),\ (1-t)\cdot1+t\cdot1,\ (1-t)\cdot2+t\cdot6)$$

すなわち　$(-t,\ 1,\ 4t+2)$

これが点 $C(a,\ b,\ 3)$ に一致するとき

$$-t=a,\ 1=b,\ 4t+2=3$$

これを解いて　$t=\dfrac{1}{4}$，$\boldsymbol{a=-\dfrac{1}{4}}$，$\boldsymbol{b=1}$

別解　$\overrightarrow{AC}=k\overrightarrow{AB}$ となる実数 k $(0\leqq k\leqq1)$ があるから

$$(a,\ b-1,\ 1)=k(-1,\ 0,\ 4)$$

ゆえに　$a=-k$，$b-1=0$，$1=4k$

これを解いて　$k=\dfrac{1}{4}$，$\boldsymbol{a=-\dfrac{1}{4}}$，$\boldsymbol{b=1}$

練習 ①75
(1)　A(−1, 2, 3) を通り，x 軸に垂直な平面の方程式を求めよ。
(2)　B(3, −2, 4) を通り，y 軸に垂直な平面の方程式を求めよ。
(3)　C(0, 2, −3) を通り，xy 平面に平行な平面の方程式を求めよ。

(1)　$\boldsymbol{x=-1}$

(2)　$\boldsymbol{y=-2}$

(3)　xy 平面に平行な平面は z 軸に垂直な平面であるから，求める平面の方程式は　$\boldsymbol{z=-3}$

練習 ②76　次の条件を満たす球面の方程式を求めよ。
(1)　直径の両端が 2 点 (1, −4, 3)，(3, 0, 1) である。
(2)　点 (1, −2, 5) を通り，3 つの座標平面に接する。

(1)　球面の中心は 2 点を結ぶ線分の中点であるから

$$\left(\frac{1+3}{2},\ \frac{-4+0}{2},\ \frac{3+1}{2}\right)\quad すなわち\quad (2,\ -2,\ 2)$$

また，球面の半径を r とすると

$$r^2=(2-1)^2+(-2+4)^2+(2-3)^2=6$$

←半径は　$r=\sqrt{6}$

よって　$\boldsymbol{(x-2)^2+(y+2)^2+(z-2)^2=6}$

←標準形

検討　求める球面の方程式は

$$(x-1)(x-3)+(y+4)(y-0)+(z-3)(z-1)=0$$

←本冊 $p.481$ 検討 参照。

整理して　$\boldsymbol{x^2+y^2+z^2-4x+4y-4z+6=0}$

←一般形

(2)　球面が 3 つの座標平面に接し，かつ点 (1, −2, 5) を通ることから，半径を r とすると，中心の座標は　$(r,\ -r,\ r)$

←$x>0$，$y<0$，$z>0$ の部分にある点を通ることから，中心も $x>0$，$y<0$，$z>0$ の部分にある。

ゆえに，球面の方程式は

$$(x-r)^2+(y+r)^2+(z-r)^2=r^2$$

点 (1, −2, 5) を通るから

$$(1-r)^2+(-2+r)^2+(5-r)^2=r^2$$

よって　$r^2-8r+15=0$

ゆえに　$(r-3)(r-5)=0$

したがって　$r=3,\ 5$

よって，求める球面の方程式は

$$(x-3)^2+(y+3)^2+(z-3)^2=9 \quad \text{または}$$
$$(x-5)^2+(y+5)^2+(z-5)^2=25$$

←答えは 2 通り。

練習 ②77 4 点 (1, 1, 1), (−1, 1, −1), (−1, −1, 0), (2, 1, 0) を通る球面の方程式を求めよ。また，その中心の座標と半径を求めよ。

球面の方程式を $x^2+y^2+z^2+Ax+By+Cz+D=0$ とすると，

←一般形

点 (1, 1, 1) を通るから

$$A+B+C+D+3=0 \quad \cdots\cdots \text{①}$$

←通る点の座標を代入。

点 (−1, 1, −1) を通るから

$$-A+B-C+D+3=0 \quad \cdots\cdots \text{②}$$

点 (−1, −1, 0) を通るから

$$-A-B+D+2=0 \quad \cdots\cdots \text{③}$$

点 (2, 1, 0) を通るから

$$2A+B+D+5=0 \quad \cdots\cdots \text{④}$$

①−② から　$A+C=0$

①+② から　$B+D+3=0$　…… ⑤

④ に代入して　$2A+2=0$　　よって　$A=-1$, $C=1$

←$C=-A$

③ から　$-B+D+3=0$　…… ⑥

⑤, ⑥ から　$B=0$, $D=-3$

←⑤+⑥：$2D+6=0$
　⑤−⑥：$2B=0$

求める方程式は　$\boldsymbol{x^2+y^2+z^2-x+z-3=0}$

これを変形すると　$\left(x-\dfrac{1}{2}\right)^2+y^2+\left(z+\dfrac{1}{2}\right)^2=\dfrac{7}{2}$

←中心の座標と半径が必要な場合は，標準形に変形して調べる。

よって，この球面の **中心の座標は** $\left(\boldsymbol{\dfrac{1}{2}},\ \boldsymbol{0},\ \boldsymbol{-\dfrac{1}{2}}\right)$,

半径は $\sqrt{\dfrac{7}{2}}=\boldsymbol{\dfrac{\sqrt{14}}{2}}$

別解　球面の中心の座標を $(a,\ b,\ c)$ とすると，中心と与えられた 4 点の距離がすべて等しいことから

←与えられた 4 点を A, B, C, D, 中心を P とすると，
　PA=PB=PC=PD
から
　$PA^2=PB^2=PC^2=PD^2$

$$(a-1)^2+(b-1)^2+(c-1)^2=(a+1)^2+(b-1)^2+(c+1)^2$$
$$=(a+1)^2+(b+1)^2+c^2=(a-2)^2+(b-1)^2+c^2$$

よって

$$-2a-2b-2c+3=2a-2b+2c+3$$
$$=2a+2b+2=-4a-2b+5$$

←各辺の a^2, b^2, c^2 を消去。

これから　$a+c=0$, $4a+4b+2c=1$, $a-c=1$

←$A=B=C=D$
　$\Longleftrightarrow A=B$ かつ $A=C$
　　かつ $A=D$

これを解いて　$a=\dfrac{1}{2}$, $b=0$, $c=-\dfrac{1}{2}$

よって，**中心の座標は**　$\left(\boldsymbol{\dfrac{1}{2}},\ \boldsymbol{0},\ \boldsymbol{-\dfrac{1}{2}}\right)$

また，半径を r とすると

$$r^2=\left(\frac{1}{2}-1\right)^2+(0-1)^2+\left(-\frac{1}{2}-1\right)^2=\frac{14}{4}=\frac{7}{2}$$

←中心と点 (1, 1, 1) の距離の 2 乗。

$r>0$ であるから，**半径は**　　$r=\dfrac{\sqrt{14}}{2}$

ゆえに，球面の方程式は　　$\left(\boldsymbol{x}-\dfrac{1}{2}\right)^2+\boldsymbol{y}^2+\left(\boldsymbol{z}+\dfrac{1}{2}\right)^2=\dfrac{7}{2}$

練習 ②78
(1) 球面 $x^2+y^2+z^2-4x-6y+2z+5=0$ と xy 平面の交わりは，中心が点 ア□，半径が イ□ の円である。
(2) 中心が点 $(-2,\ 4,\ -2)$ で，2 つの座標平面に接する球面 S の方程式は ウ□ である。また，S と平面 $x=k$ の交わりが半径 $\sqrt{3}$ の円であるとき，$k=$ エ□ である。

(1) $x^2+y^2+z^2-4x-6y+2z+5=0$ …… ① とする。
球面 ① と xy 平面の交わりの図形の方程式は

$$x^2+y^2+0^2-4x-6y+2\cdot0+5=0,\ z=0$$

←xy 平面は　$z=0$

よって　　$(x-2)^2+(y-3)^2=(2\sqrt{2})^2,\ z=0$

←標準形にする。

ゆえに，中心が点 ア$\boldsymbol{(2,\ 3,\ 0)}$，半径が イ$\boldsymbol{2\sqrt{2}}$ の円を表す。

(2) 中心が点 $(-2,\ 4,\ -2)$ であるから，球面 S は xy 平面および yz 平面に接し，その半径は 2 である。

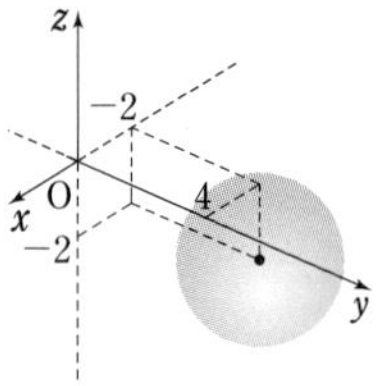

ゆえに，S の方程式は

$$ウ\ (\boldsymbol{x}+2)^2+(\boldsymbol{y}-4)^2+(\boldsymbol{z}+2)^2=4$$

また，球面 S と平面 $x=k$ の交わりの図形の方程式は

$$(k+2)^2+(y-4)^2+(z+2)^2=4,\ x=k$$

よって　　$(y-4)^2+(z+2)^2=4-(k+2)^2,\ x=k$

これは平面 $x=k$ 上で，中心 $(k,\ 4,\ -2)$，半径 $\sqrt{4-(k+2)^2}$ の円を表す。……（＊）

ゆえに，$4-(k+2)^2=(\sqrt{3})^2$ であるから　　$(k+2)^2=1$

よって　　$k+2=\pm1$　　　ゆえに　　$k=$ エ$\boldsymbol{-3,\ -1}$

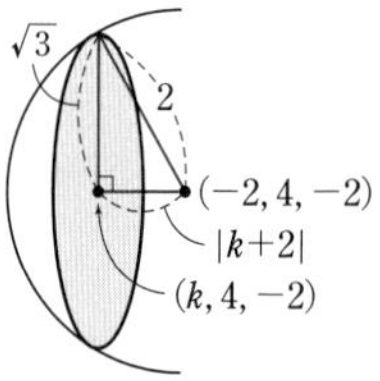

別解　(エ)（＊）までは同じ。
球面の中心と平面 $x=k$ の距離は $|k+2|$ である。
よって，三平方の定理から　　$|k+2|^2+(\sqrt{3})^2=2^2$

ゆえに　　$(k+2)^2=1$　　　したがって　　$k=$ エ$\boldsymbol{-3,\ -1}$

練習 ③79
点 O を原点とする座標空間において，A$(5,\ 4,\ -2)$ とする。$|\overrightarrow{\mathrm{OP}}|^2-2\overrightarrow{\mathrm{OA}}\cdot\overrightarrow{\mathrm{OP}}+36=0$ を満たす点 P$(x,\ y,\ z)$ の集合はどのような図形を表すか。また，その方程式を $x,\ y,\ z$ を用いて表せ。
〔類　静岡大〕

$|\overrightarrow{\mathrm{OP}}|^2-2\overrightarrow{\mathrm{OA}}\cdot\overrightarrow{\mathrm{OP}}+36=0$ から

$$|\overrightarrow{\mathrm{OP}}|^2-2\overrightarrow{\mathrm{OA}}\cdot\overrightarrow{\mathrm{OP}}+|\overrightarrow{\mathrm{OA}}|^2-|\overrightarrow{\mathrm{OA}}|^2+36=0$$

←$|\overrightarrow{\mathrm{OA}}|^2$ を加えて引く。

ゆえに　　$|\overrightarrow{\mathrm{OP}}-\overrightarrow{\mathrm{OA}}|^2=|\overrightarrow{\mathrm{OA}}|^2-36$

$|\overrightarrow{\mathrm{OA}}|^2=5^2+4^2+(-2)^2=45$ であるから

$$|\overrightarrow{\mathrm{OP}}-\overrightarrow{\mathrm{OA}}|^2=9$$

←$|\overrightarrow{\mathrm{OA}}|^2-36=45-36=9$

よって　　$|\overrightarrow{\mathrm{OP}}-\overrightarrow{\mathrm{OA}}|=3$　すなわち　$|\overrightarrow{\mathrm{AP}}|=3$

←$|\vec{p}-\vec{c}|=r$ の形を導く。

したがって，点 P の集合は

中心が A$(5,\ 4,\ -2)$，半径が 3 の球面

を表す。ゆえに，その **方程式は**

$$(\boldsymbol{x}-5)^2+(\boldsymbol{y}-4)^2+(\boldsymbol{z}+2)^2=9$$

別解 $P(x,\ y,\ z)$ とすると ←成分で表して考える。

$$|\overrightarrow{OP}|^2=x^2+y^2+z^2,\ \overrightarrow{OA}\cdot\overrightarrow{OP}=5x+4y-2z$$

よって，$|\overrightarrow{OP}|^2-2\overrightarrow{OA}\cdot\overrightarrow{OP}+36=0$ から

$$x^2+y^2+z^2-2(5x+4y-2z)+36=0$$

ゆえに　$x^2-2\times5x+5^2+y^2-2\times4y+4^2+z^2+2\times2z+2^2=-36+5^2+4^2+2^2$

変形して　$\boldsymbol{(x-5)^2+(y-4)^2+(z+2)^2=9}$

したがって，点Pの集合は **中心が A(5, 4, −2)，半径が 3 の球面** を表す。

練習 ③80 次の3点を通る平面の方程式を求めよ。
(1) A(1, 0, 2)，B(0, 1, 0)，C(2, 1, −3)　(2) A(2, 0, 0)，B(0, 3, 0)，C(0, 0, 1)

(1) **解答 1.** 平面の法線ベクトルを $\vec{n}=(a,\ b,\ c)\ (\vec{n}\neq\vec{0})$ とする。

$\overrightarrow{AB}=(-1,\ 1,\ -2)$，$\overrightarrow{AC}=(1,\ 1,\ -5)$ であるから，

$\vec{n}\perp\overrightarrow{AB}$ より　$\vec{n}\cdot\overrightarrow{AB}=0$

よって　$-a+b-2c=0$ …… ①

$\vec{n}\perp\overrightarrow{AC}$ より　$\vec{n}\cdot\overrightarrow{AC}=0$

よって　$a+b-5c=0$ …… ②

①，② から　$a=\dfrac{3}{2}c,\ b=\dfrac{7}{2}c$

ゆえに　$\vec{n}=\dfrac{c}{2}(3,\ 7,\ 2)$

$\vec{n}\neq\vec{0}$ より，$c\neq0$ であるから，$\vec{n}=(3,\ 7,\ 2)$ とする。 ←分数を避けるために，$c=2$ とした。

よって，求める平面は，点 A(1, 0, 2) を通り $\vec{n}=(3,\ 7,\ 2)$ に垂直であるから，その方程式は

$$3(x-1)+7y+2(z-2)=0$$

←平面上の点を $P(x,\ y,\ z)$ とすると $\boldsymbol{\vec{n}\cdot\overrightarrow{AP}=0}$

すなわち　$\boldsymbol{3x+7y+2z-7=0}$

解答 2. 求める平面の方程式を $ax+by+cz+d=0$ とすると，3点 A，B，C を通ることから

$$a+2c+d=0\ \cdots\cdots\ ①,\ b+d=0\ \cdots\cdots\ ②,$$
$$2a+b-3c+d=0\ \cdots\cdots\ ③$$

←② から　$b=-d$
③−② から
$2a-3c=0$ …… ④
①, ④ から, a, c を d で表す。

①～③ から　$a=-\dfrac{3}{7}d,\ b=-d,\ c=-\dfrac{2}{7}d$

よって，求める平面の方程式は

$$-\frac{3}{7}dx-dy-\frac{2}{7}dz+d=0$$

←$d\neq0$ であるから, 両辺に $-\dfrac{7}{d}$ を掛ける。

$d\neq0$ であるから　$\boldsymbol{3x+7y+2z-7=0}$

(2) 求める平面の方程式を $ax+by+cz+d=0$ とすると，3点 A，B，C を通ることから

←3点 A，B，C の座標には0が多いから，一般形を利用する解法の方がらく。

$$2a+d=0,\ 3b+d=0,\ c+d=0$$

ゆえに　$a=-\dfrac{d}{2},\ b=-\dfrac{d}{3},\ c=-d$

よって，求める平面の方程式は　$-\dfrac{d}{2}x-\dfrac{d}{3}y-dz+d=0$

←$d\neq0$ であるから, 両辺に $-\dfrac{6}{d}$ を掛ける。

$d\neq0$ であるから　$\boldsymbol{3x+2y+6z-6=0}$

検討　3点 A$(a,\ 0,\ 0)$, B$(0,\ b,\ 0)$, C$(0,\ 0,\ c)$ $(abc\neq 0)$ を通る平面の方程式は $\boldsymbol{\dfrac{x}{a}+\dfrac{y}{b}+\dfrac{z}{c}=1}$ である。

(2) は，この公式を用いて $\boldsymbol{\dfrac{x}{2}+\dfrac{y}{3}+z=1}$ と求めてもよい。

なお，これは $\boldsymbol{3x+2y+6z-6=0}$ と変形でき，(2) の答えと一致している。

←(2) の解答と同様にして証明できる。

練習 ④81　O を原点とする座標空間に，4点 A$(4,\ 0,\ 0)$, B$(0,\ 8,\ 0)$, C$(0,\ 0,\ 4)$, D$(0,\ 0,\ 2)$ がある。
(1)　△ABC の重心 G の座標を求めよ。
(2)　直線 OG と平面 ABD との交点 P の座標を求めよ。

(1)　$\left(\dfrac{4+0+0}{3},\ \dfrac{0+8+0}{3},\ \dfrac{0+0+4}{3}\right)$

すなわち　　$\mathbf{G}\left(\dfrac{4}{3},\ \dfrac{8}{3},\ \dfrac{4}{3}\right)$

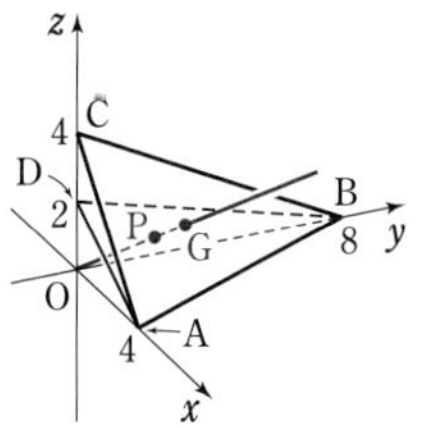

(2)　平面 ABD の方程式を $ax+by+cz+d=0$ とすると，3点 A, B, D を通ることから

$$4a+d=0,\ 8b+d=0,\ 2c+d=0$$

ゆえに　　$a=-\dfrac{d}{4},\ b=-\dfrac{d}{8},\ c=-\dfrac{d}{2}$

したがって，平面 ABD の方程式は

$$-\frac{d}{4}x-\frac{d}{8}y-\frac{d}{2}z+d=0$$

$d\neq 0$ であるから　　$2x+y+4z-8=0$ …… ①

また，P$(x,\ y,\ z)$ とすると，点 P は直線 OG 上にあるから，$\overrightarrow{\mathrm{OP}}=k\overrightarrow{\mathrm{OG}}$ (k は実数) と表される。

よって　　$(x,\ y,\ z)=k\left(\dfrac{4}{3},\ \dfrac{8}{3},\ \dfrac{4}{3}\right)$

ゆえに　　$x=\dfrac{4}{3}k,\ y=\dfrac{8}{3}k,\ z=\dfrac{4}{3}k$ …… ②

② を ① に代入して　　$2\cdot\dfrac{4}{3}k+\dfrac{8}{3}k+4\cdot\dfrac{4}{3}k-8=0$

これを解いて　　$k=\dfrac{3}{4}$

これを ② に代入して　　$x=1,\ y=2,\ z=1$

よって　　$\mathbf{P(1,\ 2,\ 1)}$

検討　平面 ABD の方程式を $\dfrac{x}{4}+\dfrac{y}{8}+\dfrac{z}{2}=1$ から，$2x+y+4z-8=0$ として求めてもよい。

←点 P の座標を平面 ABD の方程式 ① に代入。

別解　点 P は直線 OG 上にあるから，$\overrightarrow{\mathrm{OP}}=k\overrightarrow{\mathrm{OG}}$ (k は実数) と表され

$$\overrightarrow{\mathrm{OP}}=k\left(\frac{4}{3},\ \frac{8}{3},\ \frac{4}{3}\right)=\frac{k}{3}(4,\ 8,\ 4)$$

$$=\frac{k}{3}(4,\ 0,\ 0)+\frac{k}{3}(0,\ 8,\ 0)+\frac{2}{3}k(0,\ 0,\ 2)$$

$$=\frac{k}{3}\overrightarrow{\mathrm{OA}}+\frac{k}{3}\overrightarrow{\mathrm{OB}}+\frac{2}{3}k\overrightarrow{\mathrm{OD}}$$

←本冊 $p.454$ 基本事項 3 ①，③ を利用した解法。

点Pは平面ABD上にあるから　$\frac{k}{3}+\frac{k}{3}+\frac{2}{3}k=1$

←(係数の和)=1

これを解いて　$k=\frac{3}{4}$

したがって　**P(1, 2, 1)**

練習 ③82

(1) 平面 α, β が次のようなとき，2平面 α, β のなす角 θ を求めよ。ただし，$0°\leqq\theta\leqq 90°$ とする。
　(ア) $\alpha : 4x-3y+z=2$, $\beta : x+3y+5z=0$
　(イ) $\alpha : -2x+y+2z=3$, $\beta : x-y=5$
(2) (1)(イ)の2平面 α, β のどちらにも垂直で，点(4, 2, −1)を通る平面 γ の方程式を求めよ。

(1) (ア) 平面 $4x-3y+z=2$ の法線ベクトルを $\vec{m}=(4, -3, 1)$ とし，平面 $x+3y+5z=0$ の法線ベクトルを $\vec{n}=(1, 3, 5)$ とする。
$\vec{m}\cdot\vec{n}=4\times1-3\times3+1\times5=0$ であるから　$\vec{m}\perp\vec{n}$

←$\vec{m}\neq\vec{0}$, $\vec{n}\neq\vec{0}$

よって，2平面のなす角 θ は　$\boldsymbol{\theta=90°}$

(イ) 平面 $-2x+y+2z=3$ の法線ベクトルを $\vec{m}=(-2, 1, 2)$ とし，平面 $x-y=5$ の法線ベクトルを $\vec{n}=(1, -1, 0)$ とする。
$\vec{m}$, $\vec{n}$ のなす角を θ_1 $(0°\leqq\theta_1\leqq180°)$ とすると

$$\cos\theta_1=\frac{\vec{m}\cdot\vec{n}}{|\vec{m}||\vec{n}|}=\frac{-2\times1+1\times(-1)+2\times0}{\sqrt{(-2)^2+1^2+2^2}\sqrt{1^2+(-1)^2+0^2}}$$
$$=\frac{-3}{3\sqrt{2}}=-\frac{1}{\sqrt{2}}$$

$0°\leqq\theta_1\leqq180°$ であるから　$\theta_1=135°$
よって，2平面のなす角 θ は　$\theta=180°-135°=\boldsymbol{45°}$

←$0°\leqq\theta\leqq90°$ であるから，$\theta=180°-\theta_1$ が答えとなる。

(2) 平面 γ の法線ベクトルを $\vec{l}=(a, b, c)$ $(\vec{l}\neq\vec{0})$ とする。
$\vec{l}\perp\vec{m}$ であるから　$\vec{l}\cdot\vec{m}=0$
よって　$-2a+b+2c=0$ …… ①

←$\vec{m}=(-2, 1, 2)$

$\vec{l}\perp\vec{n}$ であるから　$\vec{l}\cdot\vec{n}=0$
ゆえに　$a-b=0$ …… ②

←$\vec{n}=(1, -1, 0)$

② から　$b=a$　　① から　$c=\frac{1}{2}(2a-a)=\frac{1}{2}a$

←$c=\frac{1}{2}(2a-b)$

よって　$\vec{l}=\left(a, a, \frac{1}{2}a\right)=\frac{1}{2}a(2, 2, 1)$

←$\vec{l}$ の1つとして，簡単な(2, 2, 1)を利用する。

平面 γ は点(4, 2, −1)を通るから，その方程式は
$$2\times(x-4)+2\times(y-2)+1\times(z+1)=0$$
すなわち　$\boldsymbol{2x+2y+z-11=0}$

練習 ③83

(1) 次の直線のベクトル方程式を求めよ。
　(ア) 点A(2, −1, 3)を通り，$\vec{d}=(5, 2, -2)$ に平行。
　(イ) 2点A(1, 2, 1), B(−1, 2, 4)を通る。
(2) 点(4, −3, 1)を通り，$\vec{d}=(3, 7, -2)$ に平行な直線の方程式を求めよ。
(3) 点A(3, −1, 1)を通り，y 軸に平行な直線の方程式を求めよ。

O を原点，$P(x,\ y,\ z)$ を直線上の点とする。

(1) (ア) $\overrightarrow{OP}=\overrightarrow{OA}+t\vec{d}$ であるから

$$\boldsymbol{(x,\ y,\ z)=(2,\ -1,\ 3)+t(5,\ 2,\ -2)}\ \ \textbf{(}t\ \textbf{は実数)}$$

(イ) $\overrightarrow{OP}=(1-t)\overrightarrow{OA}+t\overrightarrow{OB}$ であるから

$$(x,\ y,\ z)=(1-t)(1,\ 2,\ 1)+t(-1,\ 2,\ 4)$$
$$\boldsymbol{=(1,\ 2,\ 1)+t(-2,\ 0,\ 3)}\ \ \textbf{(}t\ \textbf{は実数)}$$

(2) 求める直線の方程式は

$$\boldsymbol{\frac{x-4}{3}=\frac{y+3}{7}=\frac{z-1}{-2}}$$

(3) 方向ベクトルの1つは $\vec{d}=(0,\ 1,\ 0)$ である。

$\overrightarrow{OP}=\overrightarrow{OA}+t\vec{d}$ であるから

$$(x,\ y,\ z)=(3,\ -1,\ 1)+t(0,\ 1,\ 0)\ \ (t\ は実数)$$

よって　$x=3,\ y=-1+t,\ z=1$

ゆえに　$\boldsymbol{x=3,\ z=1}$

←$\vec{d}$ は y 軸に平行なベクトル。

←y は任意の値をとる。

練習 ④84 2点 $A(1,\ 1,\ -1)$, $B(0,\ 2,\ 1)$ を通る直線を ℓ，2点 $C(2,\ 1,\ 1)$, $D(3,\ 0,\ 2)$ を通る直線を m とし，ℓ 上に点 P，m 上に点 Q をとる。距離 PQ の最小値と，そのときの2点 P，Q の座標を求めよ。〔類　東京理科大〕

s, t を実数とする。

ℓ の方程式は $(x,\ y,\ z)=(1-s)(1,\ 1,\ -1)+s(0,\ 2,\ 1)$ から

$$x=1-s,\ y=1+s,\ z=-1+2s$$

m の方程式は $(x,\ y,\ z)=(1-t)(2,\ 1,\ 1)+t(3,\ 0,\ 2)$ から

$$x=2+t,\ y=1-t,\ z=1+t$$

よって，$P(1-s,\ 1+s,\ -1+2s)$, $Q(2+t,\ 1-t,\ 1+t)$ とすると

$$PQ^2=(1+t+s)^2+(-t-s)^2+(2+t-2s)^2$$
$$=6s^2-6s+3t^2+6t+5$$
$$=6\left(s-\frac{1}{2}\right)^2+3(t+1)^2+\frac{1}{2}$$

よって，PQ^2 は $s=\frac{1}{2}$ かつ $t=-1$，すなわち $\boldsymbol{P\left(\frac{1}{2},\ \frac{3}{2},\ 0\right)}$,

$Q(1,\ 2,\ 0)$ のとき 最小値 $\frac{1}{2}$ をとる。

$PQ>0$ であるから，PQ はこのとき **最小値 $\boldsymbol{\frac{1}{\sqrt{2}}}$** をとる。

←$\vec{p}=(1-s)\overrightarrow{OA}+s\overrightarrow{OB}$ (O は原点)

←$\vec{q}=(1-t)\overrightarrow{OC}+t\overrightarrow{OD}$ (O は原点)

←$6(s^2-s)+3(t^2+2t)+5$
$=6\left\{s^2-s+\left(\frac{1}{2}\right)^2-\left(\frac{1}{2}\right)^2\right\}$
$+3(t^2+2t+1^2-1^2)+5$

別解　$P(1-s,\ 1+s,\ -1+2s)$, $Q(2+t,\ 1-t,\ 1+t)$ とするところまでは同じ。

$\overrightarrow{AB}=(-1,\ 1,\ 2)$, $\overrightarrow{CD}=(1,\ -1,\ 1)$ である。

長さ PQ が最小となるのは $\overrightarrow{AB}\perp\overrightarrow{PQ}$ かつ $\overrightarrow{CD}\perp\overrightarrow{PQ}$ のときであるから，$\overrightarrow{AB}\cdot\overrightarrow{PQ}=0$, $\overrightarrow{CD}\cdot\overrightarrow{PQ}=0$ より

$$-1\times(1+s+t)+1\times(-s-t)+2\times(2-2s+t)=0,$$
$$1\times(1+s+t)-1\times(-s-t)+1\times(2-2s+t)=0$$

ゆえに，$-6s+3=0$, $3t+3=0$ から　$s=\frac{1}{2},\ t=-1$

←長さが最小となるときの直線 PQ は，2直線 ℓ, m の両方に垂直。
$\overrightarrow{PQ}=(1+s+t,\ -s-t,\ 2-2s+t)$

このとき　$P\left(\frac{1}{2},\ \frac{3}{2},\ 0\right)$, $Q(1,\ 2,\ 0)$,

最小値 は　$\sqrt{\left(1-\frac{1}{2}\right)^2+\left(2-\frac{3}{2}\right)^2+0^2}=\frac{1}{\sqrt{2}}$

練習 ④85

(1) 点 $(1,\ 1,\ -4)$ を通り，ベクトル $(2,\ 1,\ 3)$ に平行な直線 ℓ と，平面 $\alpha：x+y+2z=3$ との交点の座標を求めよ。

(2) 2点 $A(1,\ 0,\ 0)$, $B(-1,\ b,\ b)$ に対し，直線 AB が球面 $x^2+(y-1)^2+z^2=1$ と共有点をもつような定数 b の値の範囲を求めよ。　[(2) 類 鹿児島大]

(1) ℓ の方程式は $(x,\ y,\ z)=(1,\ 1,\ -4)+t(2,\ 1,\ 3)$ から

$x=1+2t,\ y=1+t,\ z=-4+3t$　(t は実数)

←直線 ℓ 上の点を媒介変数 t を用いて表す。

これらを $x+y+2z=3$ に代入して

$(1+2t)+(1+t)+2(-4+3t)=3$

よって　$t=1$

ゆえに，求める交点の座標は　$\boldsymbol{(3,\ 2,\ -1)}$

←$x=1+2\cdot1,\ y=1+1,\ z=-4+3\cdot1$

(2) $\overrightarrow{AB}=(-1-1,\ b-0,\ b-0)$

$=(-2,\ b,\ b)$

←直線 AB の方向ベクトル。

よって，直線 AB の方程式は

$(x,\ y,\ z)=(1,\ 0,\ 0)+t(-2,\ b,\ b)$

$=(1-2t,\ bt,\ bt)$

←$\overrightarrow{OP}=\overrightarrow{OA}+t\overrightarrow{AB}$
(O は原点)

ゆえに　$x=1-2t,\ y=bt,\ z=bt$

これを球面の方程式に代入して　$(1-2t)^2+(bt-1)^2+(bt)^2=1$

よって　$(2b^2+4)t^2-2(b+2)t+1=0$ …… ①

←$2b^2+4>0$

直線 AB と球面が共有点をもつ条件は，t の2次方程式 ① の判別式 D について　$D\geqq0$

ここで　$\frac{D}{4}=\{-(b+2)\}^2-(2b^2+4)\cdot1=-b(b-4)$

$D\geqq0$ から　$b(b-4)\leqq0$　　したがって　$\boldsymbol{0\leqq b\leqq4}$

練習 ③86

(1) 球面 $S：x^2+y^2+z^2-2y-4z-40=0$ と平面 $\alpha：x+2y+2z=a$ がある。球面 S と平面 α が共有点をもつとき，定数 a の値の範囲を求めよ。

(2) 点 $A(2\sqrt{3},\ 2\sqrt{3},\ 6)$ を中心とする球面 S が平面 $x+y+z-6=0$ と交わってできる円の面積が 9π であるとき，S の方程式を求めよ。

(1) 球面 $S：x^2+(y-1)^2+(z-2)^2=(3\sqrt{5})^2$ の中心 $(0,\ 1,\ 2)$ と

平面 α との距離は　$\frac{|0+2\cdot1+2\cdot2-a|}{\sqrt{1^2+2^2+2^2}}=\frac{|a-6|}{3}$

←平面
$\alpha：x+2y+2z-a=0$

球面 S と平面 α が共有点をもつから　$\frac{|a-6|}{3}\leqq3\sqrt{5}$

←球面 S の半径を r とし，S の中心と平面 α の距離を d とすると，S と α が共有点をもつ条件は
$d\leqq r$

よって　$-9\sqrt{5}\leqq a-6\leqq9\sqrt{5}$

ゆえに，求める a の値の範囲は　$\boldsymbol{6-9\sqrt{5}\leqq a\leqq6+9\sqrt{5}}$

(2) 点 $A(2\sqrt{3},\ 2\sqrt{3},\ 6)$ と平面 $x+y+z-6=0$ の距離は

$\frac{|2\sqrt{3}+2\sqrt{3}+6-6|}{\sqrt{1^2+1^2+1^2}}=4$

円の面積が 9π であるから，円の半径は 3 である。

球面 S の半径を r とすると　　$r=\sqrt{4^2+3^2}=5$

よって，球面 S の方程式は

$$(x-2\sqrt{3})^2+(y-2\sqrt{3})^2+(z-6)^2=25$$

練習 ④87　2 つの球面 $S_1:(x-1)^2+(y-1)^2+(z-1)^2=7$，$S_2:(x-2)^2+(y-3)^2+(z-3)^2=1$ がある。球面 S_1，S_2 の交わりの円を C とするとき，次のものを求めよ。
(1) 円 C の中心 P の座標と半径 r　　(2) 円 C を含む平面 α の方程式

(1) S_1 の中心を $O_1(1,\ 1,\ 1)$，半径を $r_1=\sqrt{7}$，
S_2 の中心を $O_2(2,\ 3,\ 3)$，半径を $r_2=1$
とすると，中心間の距離は

$$O_1O_2=\sqrt{(2-1)^2+(3-1)^2+(3-1)^2}=3$$

$\sqrt{7}-1<3<\sqrt{7}+1$ すなわち $|r_1-r_2|<O_1O_2<r_1+r_2$ が成り立つから，2 つの球面 S_1，S_2 の交わりは円である。

←2 つの球面の半径を r，R とし，中心間の距離を d とすると
2 つの球面の交わりが円
$\Longleftrightarrow |r-R|<d<r+R$

点 P は円 C を含む平面 α と直線 O_1O_2 の交点に一致し，円 C 上の点を A とすると，半径 r について

$$r=AP$$

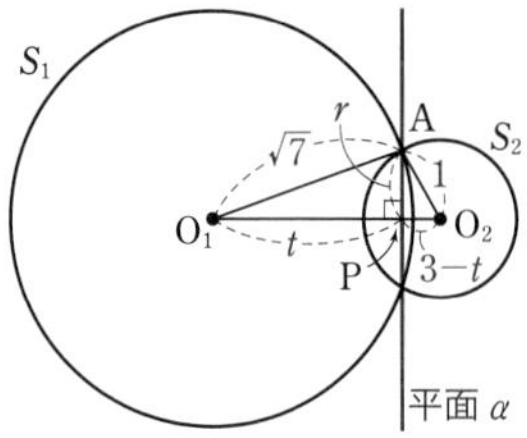

$O_1P=t$ とおくと　　$O_2P=O_1O_2-O_1P=3-t$

$\triangle O_1PA$，$\triangle O_2PA$ について，三平方の定理より

$$AP^2=O_1A^2-O_1P^2=(\sqrt{7})^2-t^2$$
$$AP^2=O_2A^2-O_2P^2=1^2-(3-t)^2$$

よって　　$7-t^2=-t^2+6t-8$

ゆえに　　$t=\dfrac{5}{2}$

よって，円 C の半径 r は　　$\boldsymbol{r}=AP=\sqrt{7-\left(\dfrac{5}{2}\right)^2}=\boldsymbol{\dfrac{\sqrt{3}}{2}}$

←$AP^2=(\sqrt{7})^2-t^2$

また，$O_1P:PO_2=\dfrac{5}{2}:\left(3-\dfrac{5}{2}\right)=5:1$ であるから，**中心 P の座標** は　$\left(\dfrac{1\cdot1+5\cdot2}{5+1},\ \dfrac{1\cdot1+5\cdot3}{5+1},\ \dfrac{1\cdot1+5\cdot3}{5+1}\right)$

←点 P は線分 O_1O_2 を 5：1 に内分する。

すなわち　$\boldsymbol{\left(\dfrac{11}{6},\ \dfrac{8}{3},\ \dfrac{8}{3}\right)}$

(2) 平面 α の法線ベクトルは

$$\overrightarrow{O_1O_2}=(2-1,\ 3-1,\ 3-1)=(1,\ 2,\ 2)$$

平面 α は点 P を通るから，平面 α の方程式は

$$1\cdot\left(x-\frac{11}{6}\right)+2\cdot\left(y-\frac{8}{3}\right)+2\cdot\left(z-\frac{8}{3}\right)=0$$

すなわち　　$\boldsymbol{2x+4y+4z-25=0}$

←平面 α 上の点を $Q(x,\ y,\ z)$ とすると
$\overrightarrow{PQ}=\left(x-\dfrac{11}{6},\ y-\dfrac{8}{3},\ z-\dfrac{8}{3}\right)$
$\overrightarrow{PQ}\perp\overrightarrow{O_1O_2}$ または $\overrightarrow{PQ}=\vec{0}$ から
$\overrightarrow{O_1O_2}\cdot\overrightarrow{PQ}=0$

別解　2 つの球面 S_1，S_2 の共通部分が円になることを確認することまでは同じ。

(2) 球面 S_1，S_2 の共有点は，k を定数として次の方程式を満たす。

←(2) → (1) の順に解く。

$$(x-1)^2+(y-1)^2+(z-1)^2-7$$
$$+k\{(x-2)^2+(y-3)^2+(z-3)^2-1\}=0 \quad \cdots\cdots ①$$

この方程式の表す図形が平面となるのは，$k=-1$ のときである。$k=-1$ を ① に代入して

$$(x-1)^2+(y-1)^2+(z-1)^2-7$$
$$-\{(x-2)^2+(y-3)^2+(z-3)^2-1\}=0$$

整理して　　$\boldsymbol{2x+4y+4z-25=0}$

これが求める平面 α の方程式である。

←$k=-1$ のとき，① は2次の項がなくなり，平面を表す。

(1)　円 C の中心 P は，直線 O_1O_2 と平面 α の交点である。

$\overrightarrow{O_1O_2}=(1,\ 2,\ 2)$ から，直線 O_1O_2 上の点 $(x,\ y,\ z)$ は，t を実数として

$$(x,\ y,\ z)=(1,\ 1,\ 1)+t(1,\ 2,\ 2)$$
$$=(t+1,\ 2t+1,\ 2t+1)$$

を満たす。この点は平面 α 上にあるから，平面 α の方程式に代入して　　$2(t+1)+4(2t+1)+4(2t+1)-25=0$

これを解いて　　$t=\dfrac{5}{6}$　　　よって　　$\mathbf{P}\left(\dfrac{\mathbf{11}}{\mathbf{6}},\ \dfrac{\mathbf{8}}{\mathbf{3}},\ \dfrac{\mathbf{8}}{\mathbf{3}}\right)$

円 C 上の点を A とすると，$PA\perp O_1O_2$ であるから

$$r^2=O_1A^2-O_1P^2$$
$$=(\sqrt{7})^2-\left\{\left(\frac{11}{6}-1\right)^2+\left(\frac{8}{3}-1\right)^2+\left(\frac{8}{3}-1\right)^2\right\}$$
$$=\frac{3}{4}$$

したがって　　$\boldsymbol{r}=\sqrt{\dfrac{3}{4}}=\dfrac{\sqrt{\mathbf{3}}}{\mathbf{2}}$

←直線 O_1O_2 の方程式を媒介変数 t を用いて表し，$x=(t$ の式$)$, $y=(t$ の式$)$, $z=(t$ の式$)$ を (2) で求めた平面 α の方程式に代入する方針。

←$x=t+1$，$y=2t+1$，$z=2t+1$ で　$t=\dfrac{5}{6}$

←直角三角形 O_1PA に注目し，**三平方の定理**。

練習 ③88

(1)　直線 $\ell：x+1=\dfrac{y+2}{4}=z-3$ と平面 $\alpha：2x+2y-z-5=0$ のなす角を求めよ。

(2)　点 $(1,\ 2,\ 3)$ を通り，直線 $\dfrac{x-1}{2}=\dfrac{y+2}{-2}=z+3$ に垂直な平面の方程式を求めよ。

(1)　直線 ℓ の方向ベクトル $\vec{d}$ を $\vec{d}=(1,\ 4,\ 1)$ とし，平面 α の法線ベクトル $\vec{n}$ を $\vec{n}=(2,\ 2,\ -1)$ とする。

$\vec{d}$ と $\vec{n}$ のなす角を θ_1 $(0^\circ\leqq\theta_1\leqq180^\circ)$ とすると

$$\cos\theta_1=\frac{\vec{d}\cdot\vec{n}}{|\vec{d}||\vec{n}|}=\frac{1\cdot2+4\cdot2+1\cdot(-1)}{\sqrt{1^2+4^2+1^2}\sqrt{2^2+2^2+(-1)^2}}=\frac{1}{\sqrt{2}}$$

$0^\circ\leqq\theta_1\leqq180^\circ$ であるから　　$\theta_1=45^\circ$

よって，直線 ℓ と平面 α のなす角は　　$90^\circ-45^\circ=\mathbf{45^\circ}$

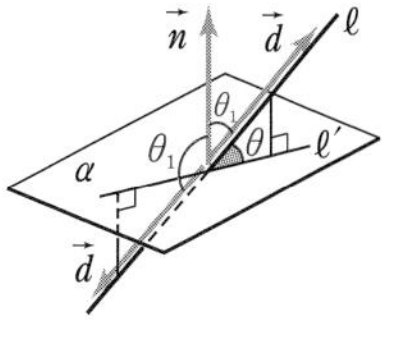

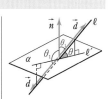

(2)　直線 $\dfrac{x-1}{2}=\dfrac{y+2}{-2}=z+3$ の方向ベクトル $\vec{d}$ を $\vec{d}=(2,\ -2,\ 1)$ とする。

求める平面は点 $(1,\ 2,\ 3)$ を通り，$\vec{d}$ を法線ベクトルとする平面であるから，その方程式は

$$2\cdot(x-1)+(-2)\cdot(y-2)+1\cdot(z-3)=0$$

ゆえに　　$\boldsymbol{2x-2y+z-1=0}$

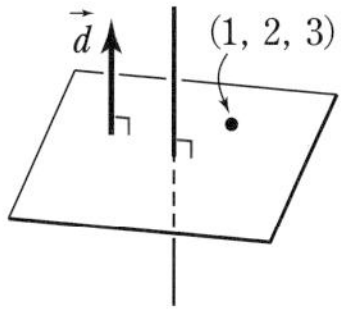

練習 ④**89** 2 平面 $\alpha: x-2y+z+1=0$ …… ①, $\beta: 3x-2y+7z-1=0$ …… ② の交線を ℓ とする。

(1) 交線 ℓ の方程式を $\dfrac{x-x_1}{l}=\dfrac{y-y_1}{m}=\dfrac{z-z_1}{n}$ の形で表せ。

(2) 交線 ℓ を含み，点 P(1, 2, −1) を通る平面 γ の方程式を求めよ。

(1) ② − ① から　　$2x+6z-2=0$ …… ③

②−①×3 から　　$4y+4z-4=0$ …… ④

③，④ から　　$z=\dfrac{-x+1}{3}$，$z=-y+1$

よって，交線 ℓ の方程式は　　$\boldsymbol{\dfrac{x-1}{3}=y-1=\dfrac{z}{-1}}$

←y を消去。

←x を消去。

(2) 交線 ℓ 上に 2 点 A(1, 1, 0), B(4, 2, −1) があるから，

γ は 3 点 A，B，P を通る平面である。

平面 γ の法線ベクトルを $\vec{n}=(a, b, c)$ $(\vec{n}\neq\vec{0})$ とする。

$\overrightarrow{AB}=(3, 1, -1)$，$\overrightarrow{AP}=(0, 1, -1)$ であるから，

$\vec{n}\perp\overrightarrow{AB}$ より　　$\vec{n}\cdot\overrightarrow{AB}=0$

よって　　$3a+b-c=0$ …… ⑤

$\vec{n}\perp\overrightarrow{AP}$ より　　$\vec{n}\cdot\overrightarrow{AP}=0$

よって　　$b-c=0$ …… ⑥

⑤，⑥ から　　$a=0$，$c=b$

ゆえに　　$\vec{n}=b(0, 1, 1)$

$\vec{n}\neq\vec{0}$ より，$b\neq0$ であるから，$\vec{n}=(0, 1, 1)$ とする。

よって，平面 γ は点 A(1, 1, 0) を通り，$\vec{n}=(0, 1, 1)$ に垂直であるから，その方程式は

$$1\cdot(y-1)+1\cdot z=0 \quad すなわち \quad \boldsymbol{y+z-1=0}$$

参考　交線 ℓ を含む平面の方程式は
$k(x-2y+z+1)$
$+3x-2y+7z-1=0$
で表され，この平面が点 (1, 2, −1) を通るとすると　$-3k-9=0$
すなわち　$k=-3$
よって，平面 γ の方程式は
$-3(x-2y+z+1)$
$+3x-2y+7z-1=0$
すなわち　$\boldsymbol{y+z-1=0}$

EX ③30

p, q を正の実数とする。O を原点とする座標空間内の 3 点 $P(p,\ 0,\ 0)$, $Q(0,\ q,\ 0)$, $R(0,\ 0,\ 1)$ が $\angle PRQ=\dfrac{\pi}{6}$ を満たすとき

(1) 線分 PQ, QR, RP の長さをそれぞれ p, q を用いて表せ。

(2) $p^2q^2+p^2+q^2$ の値を求めよ。

(3) 四面体 OPQR の体積 V の最大値を求めよ。　〔類 一橋大〕

(1) $\mathbf{PQ}=\sqrt{(0-p)^2+(q-0)^2+(0-0)^2}=\boldsymbol{\sqrt{p^2+q^2}}$

$\mathbf{QR}=\sqrt{(0-0)^2+(0-q)^2+(1-0)^2}=\boldsymbol{\sqrt{q^2+1}}$

$\mathbf{RP}=\sqrt{(p-0)^2+(0-0)^2+(0-1)^2}=\boldsymbol{\sqrt{p^2+1}}$

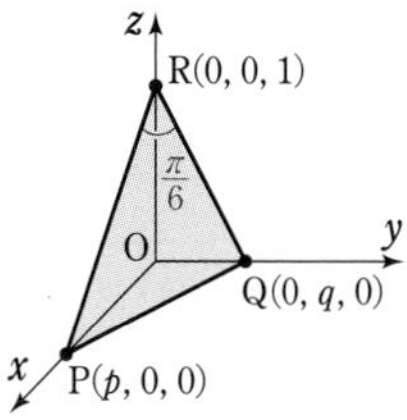

(2) △PQR において，余弦定理から

$$PQ^2=RP^2+RQ^2-2RP\cdot RQ\cos\frac{\pi}{6}$$

よって　$p^2+q^2=p^2+1+q^2+1-2\sqrt{p^2+1}\sqrt{q^2+1}\cdot\dfrac{\sqrt{3}}{2}$

←(1) の結果を代入。

ゆえに　$\sqrt{3(p^2+1)(q^2+1)}=2$

両辺を 2 乗して　$3(p^2+1)(q^2+1)=4$

←両辺を 3 で割り，その等式の左辺を展開すると $p^2q^2+p^2+q^2+1=\dfrac{4}{3}$

よって　$p^2q^2+p^2+q^2=\boldsymbol{\dfrac{1}{3}}$ …… ①

(3) 四面体 OPQR の体積 V は

$$V=\frac{1}{3}\triangle OPQ\cdot OR=\frac{1}{3}\cdot\frac{1}{2}pq\cdot1=\frac{1}{6}pq \quad \cdots\cdots ②$$

$p>0$, $q>0$ であるから　$p^2>0$, $q^2>0$

(相加平均)≧(相乗平均) から

$$p^2+q^2\geqq2\sqrt{p^2q^2}=2pq$$

←$a>0$, $b>0$ のとき $\dfrac{a+b}{2}\geqq\sqrt{ab}$

等号が成り立つのは，$p^2=q^2$ すなわち $p=q$ のときである。

ゆえに　$p^2q^2+p^2+q^2\geqq p^2q^2+2pq$

←$\dfrac{1}{3}\geqq p^2q^2+2pq$

よって，① から　$(pq)^2+2pq-\dfrac{1}{3}\leqq0$

すなわち　$3(pq)^2+6pq-1\leqq0$

ゆえに　$\dfrac{-3-2\sqrt{3}}{3}\leqq pq\leqq\dfrac{-3+2\sqrt{3}}{3}$

←pq の 2 次不等式を解く。$3x^2+6x-1=0$ の解は $x=\dfrac{-3\pm2\sqrt{3}}{3}$

$pq>0$ であるから　$0<pq\leqq\dfrac{-3+2\sqrt{3}}{3}$

よって，② から　$0<V\leqq\dfrac{2\sqrt{3}-3}{18}$

$pq=\dfrac{2\sqrt{3}-3}{3}$ かつ $p=q$ のとき　$p^2=\dfrac{2\sqrt{3}-3}{3}$

$p>0$, $q>0$ であるから　$p=q=\sqrt{\dfrac{2\sqrt{3}-3}{3}}$

←この 2 重根号は外すことができない。

したがって，V は

$\boldsymbol{p=q=\sqrt{\dfrac{2\sqrt{3}-3}{3}}}$ **のとき最大値** $\boldsymbol{\dfrac{2\sqrt{3}-3}{18}}$ をとる。

EX ④31 空間内の 4 点 A，B，C，D が AB=1，AC=2，AD=3，∠BAC=∠CAD=60°，∠DAB=90° を満たしている。この 4 点から等距離にある点を E とするとき，線分 AE の長さを求めよ。
〔大阪大 改題〕

HINT A を原点とする座標軸を導入し，まず条件から点 B，C，D の座標を定める。

AB=1，AD=3，∠DAB=90° であるから，A(0, 0, 0)，B(1, 0, 0)，D(0, 3, 0) となるように座標軸をとることができる。

←∠DAB=90° に着目する。

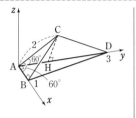

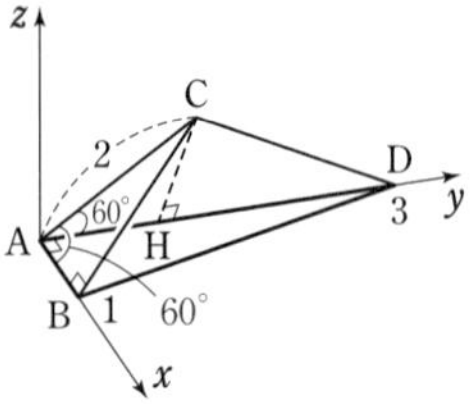

C(x, y, z) とすると，∠BAC=60°，AB=1，AC=2 から

∠ABC=90°

よって　$x=1$

←(点 C の x 座標)=(点 B の x 座標)

点 C から y 軸に垂線 CH を下ろすと，

∠CHA=90°，∠CAD=60°，AC=2 から　$y=1$

←AH=1

また，AC=2 であるから　$x^2+y^2+z^2=2^2$

よって　$1^2+1^2+z^2=4$

ゆえに　$z=\pm\sqrt{2}$

したがって　C(1, 1, $\sqrt{2}$)　または　C(1, 1, $-\sqrt{2}$)

[1] C(1, 1, $\sqrt{2}$) のとき

E(p, q, r) とすると，AE=BE=CE=DE から

$$AE^2=BE^2=CE^2=DE^2$$

$AE^2=BE^2$ から　$p^2+q^2+r^2=(p-1)^2+q^2+r^2$

$AE^2=CE^2$ から　$p^2+q^2+r^2=(p-1)^2+(q-1)^2+(r-\sqrt{2})^2$

$AE^2=DE^2$ から　$p^2+q^2+r^2=p^2+(q-3)^2+r^2$

整理すると　$-2p+1=0$，$-2p-2q-2\sqrt{2}r+4=0$，$-6q+9=0$

これを解いて　$p=\frac{1}{2}$，$q=\frac{3}{2}$，$r=0$

←第 1 式と第 3 式から得られる $p=\frac{1}{2}$，$q=\frac{3}{2}$ を第 2 式に代入する。

よって　$E\left(\frac{1}{2}, \frac{3}{2}, 0\right)$

[2] C(1, 1, $-\sqrt{2}$) のとき

E(p, q, r) とすると，[1] と同様にして

$$p=\frac{1}{2},\ q=\frac{3}{2},\ r=0$$

よって　$E\left(\frac{1}{2}, \frac{3}{2}, 0\right)$

したがって　$AE=\sqrt{\left(\frac{1}{2}\right)^2+\left(\frac{3}{2}\right)^2+0^2}=\boldsymbol{\frac{\sqrt{10}}{2}}$

EX ②32 立方体 OAPB-CRSQ において，$\vec{p}=\overrightarrow{OP}$，$\vec{q}=\overrightarrow{OQ}$，$\vec{r}=\overrightarrow{OR}$ とする。$\vec{p}$，$\vec{q}$，$\vec{r}$ を用いて $\overrightarrow{OA}$ を表せ。
〔類 立教大〕

$\vec{p}=\overrightarrow{OA}+\overrightarrow{OB}$ …… ①
$\vec{q}=\overrightarrow{OB}+\overrightarrow{OC}$ …… ②
$\vec{r}=\overrightarrow{OC}+\overrightarrow{OA}$ …… ③

①＋③－② から
$2\overrightarrow{OA}=\vec{p}-\vec{q}+\vec{r}$

ゆえに　$\overrightarrow{\mathbf{OA}}=\dfrac{1}{2}(\vec{p}-\vec{q}+\vec{r})$

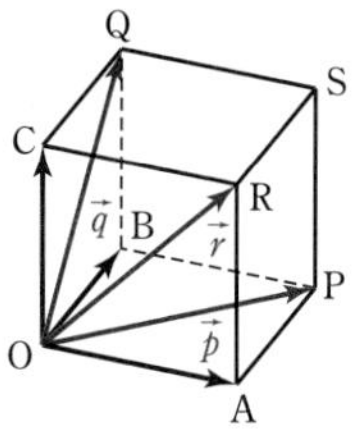

←①＋②＋③ から
$\vec{p}+\vec{q}+\vec{r}$
$=2(\overrightarrow{OA}+\overrightarrow{OB}+\overrightarrow{OC})$
これと ② から
$\overrightarrow{OA}=\dfrac{1}{2}(\vec{p}-\vec{q}+\vec{r})$
としてもよい。

EX ②33

空間における長方形 ABCD について，点 A の座標は (5, 0, 0)，点 D の座標は (−5, 0, 0) であり，辺 AB の長さは 5 であるとする。更に，点 B の y 座標と z 座標はいずれも正であり，点 B から xy 平面に下ろした垂線の長さは 3 であるとする。このとき，点 B および点 C の座標を求めよ。　〔類 法政大〕

HINT　簡単な図をかいて，点の位置関係をつかむ。

四角形 ABCD は長方形であり，辺 AD は x 軸上にあるから，点 B の x 座標は 5 である。
更に，点 B から xy 平面に下ろした垂線の長さは 3 であるから，点 B の z 座標は 3 である。
よって，B(5, a, 3) ($a>0$) と表される。
このとき　$AB^2=(5-5)^2+(a-0)^2+(3-0)^2$
$=a^2+9$
AB＝5 すなわち $AB^2=5^2$ から　$a^2+9=25$
よって　$a^2=16$　$a>0$ から　$a=4$
ゆえに　**B (5, 4, 3)**
また，$\overrightarrow{AB}=(5-5,\ 4-0,\ 3-0)=(0,\ 4,\ 3)$ であり，$\overrightarrow{DC}=\overrightarrow{AB}$ であるから，O を原点とすると
$\overrightarrow{OC}=\overrightarrow{OD}+\overrightarrow{DC}=(-5,\ 0,\ 0)+(0,\ 4,\ 3)$
$=(-5,\ 4,\ 3)$
よって　**C (−5, 4, 3)**

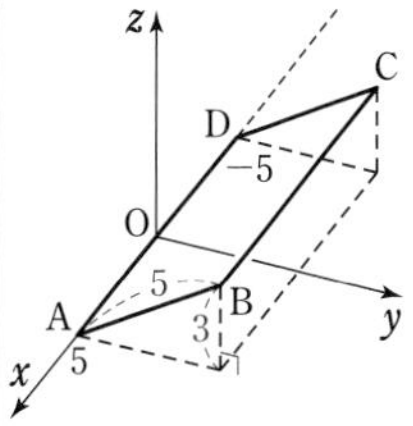

←点 C は点 B の yz 平面に関して対称な点であることから求めてもよい。

EX ②34

4 点 A(1, −2, −3)，B(2, 1, 1)，C(−1, −3, 2)，D(3, −4, −1) がある。線分 AB，AC，AD を 3 辺とする平行六面体の他の頂点の座標を求めよ。　〔類 防衛大〕

$\overrightarrow{AB}=(1,\ 3,\ 4)$，$\overrightarrow{AC}=(-2,\ -1,\ 5)$，$\overrightarrow{AD}=(2,\ -2,\ 2)$ であり，線分 AB，AC，AD を 3 辺とする平行六面体を，右の図のように ABFD-CEGH とすると，原点を O として
$\overrightarrow{OE}=\overrightarrow{OA}+\overrightarrow{AE}=\overrightarrow{OA}+\overrightarrow{AB}+\overrightarrow{AC}$
$=(1+1-2,\ -2+3-1,\ -3+4+5)$
$=(0,\ 0,\ 6)$
$\overrightarrow{OF}=\overrightarrow{OA}+\overrightarrow{AF}=\overrightarrow{OA}+\overrightarrow{AB}+\overrightarrow{AD}=(4,\ -1,\ 3)$
$\overrightarrow{OG}=\overrightarrow{OE}+\overrightarrow{EG}=\overrightarrow{OE}+\overrightarrow{AD}=(2,\ -2,\ 8)$
$\overrightarrow{OH}=\overrightarrow{OD}+\overrightarrow{DH}=\overrightarrow{OD}+\overrightarrow{AC}=(1,\ -5,\ 4)$

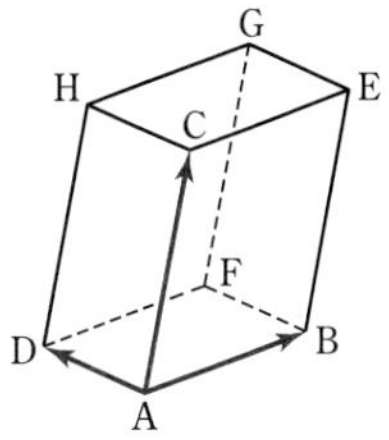

よって，他の頂点の座標は　**(0, 0, 6)，(4, −1, 3)，(2, −2, 8)，(1, −5, 4)**

EX
④**35**

座標空間において，点 A(1, 0, 2)，B(0, 1, 1) とする。点 P が x 軸上を動くとき，AP+PB の最小値を求めよ。〔早稲田大〕

HINT 折れ線が空間にあるため，考えにくい。点 A は zx 平面上にあり，点 P は x 軸上にあるから，点 B の代わりに PB=PC となる zx 平面上の点 C について考える。
→ x 軸と yz 平面の交点の原点 O を中心，点 B を通る円を底面とし，点 P を頂点とする円錐において，底面の円周上の動点を Q とすると　PB=PQ
zx 平面上にあるような点 Q を C とする。

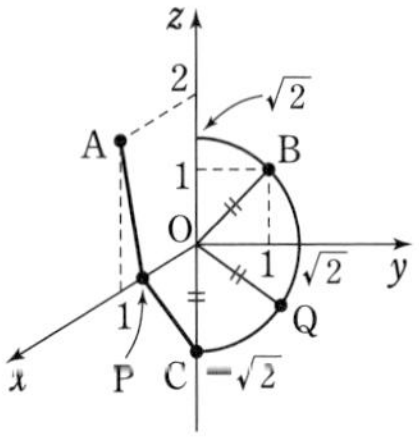

yz 平面上において，原点 O を中心とし半径 $\sqrt{2}$ の円上の動点を Q とすると

OB=OQ

$PB=\sqrt{PO^2+OB^2}$，$PQ=\sqrt{PO^2+OQ^2}$

であるから　PB=PQ

よって，$C(0,\ 0,\ -\sqrt{2})$ とすると

AP+PB=AP+PC≧AC

←動点 Q として，点 C をとると　PB=PC

3 点 A，P，C は zx 平面上にあるから，AP+PC が最小になるのは，点 P が直線 AC 上にあるときである。

したがって，AP+PB の最小値は

$$AC=\sqrt{(0-1)^2+(0-0)^2+(-\sqrt{2}-2)^2}$$
$$=\boldsymbol{\sqrt{7+4\sqrt{2}}}$$

④ 折れ線の最小
1 本の線分にのばす

別解　原点を O，点 C(1, 0, 0)，D(0, 0, 2)，E(1, 1, 1) とする。

ここで，2 点 A，P を含む長方形 OCAD，2 点 B，P を含む長方形 OCEB を考える。

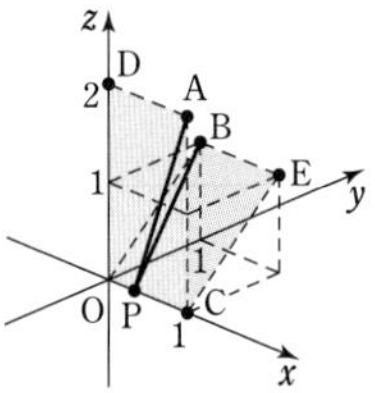

2 つの長方形を取り出して，右の図のように 3 点 D，O，B が一直線上になるように並べる。

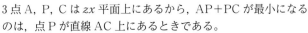

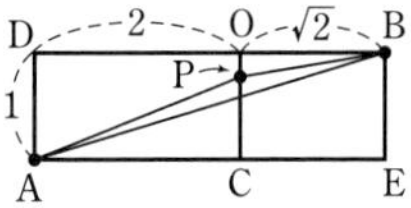

このとき，3 点 A，P，B は同じ平面上にあるから，AP+PB が最小になるのは，点 P が直線 AB 上にあるときである。

OB=$\sqrt{2}$ であるから，AP+PB の最小値は

$$AB=\sqrt{1^2+(2+\sqrt{2})^2}=\boldsymbol{\sqrt{7+4\sqrt{2}}}$$

EX
②**36**

O(0, 0, 0)，A(1, 2, −3)，B(3, 1, 0)，$\overrightarrow{OA}=\vec{a}$，$\overrightarrow{AB}=\vec{d}$ とするとき，$\vec{a}+t\vec{d}$ と $\vec{d}$ が垂直になるような t の値を求めよ。〔東京電機大〕

$\vec{a}=\overrightarrow{OA}=(1,\ 2,\ -3)$，$\vec{d}=\overrightarrow{AB}=(2,\ -1,\ 3)$ であるから

$$\vec{a}+t\vec{d}=(1+2t,\ 2-t,\ -3+3t)$$

$\vec{a}+t\vec{d}\neq\vec{0}$ であるから，$(\vec{a}+t\vec{d})\perp\vec{d}$ となるための条件は

$$(\vec{a}+t\vec{d})\cdot\vec{d}=0$$

よって　$(1+2t)\times2+(2-t)\times(-1)+(-3+3t)\times3=0$

整理すると　$14t=9$　ゆえに　$\boldsymbol{t=\dfrac{9}{14}}$

別解　$(\vec{a}+t\vec{d})\cdot\vec{d}=0$
から　$\vec{a}\cdot\vec{d}+t|\vec{d}|^2=0$
ここで　$\vec{a}\cdot\vec{d}=-9$，
$|\vec{d}|^2=14$
よって　$-9+14t=0$
ゆえに　$t=\dfrac{9}{14}$
このとき　$\vec{a}+t\vec{d}\neq\vec{0}$

EX ③37 Oを原点とする座標空間内において，定点A(1, 1, −1)，動点P(−2t+2, 2t−1, −2)がある。∠AOPの大きさが最小となるときのtの値を求めよ。

$|\overrightarrow{OA}|=\sqrt{1^2+1^2+(-1)^2}=\sqrt{3}$,

$|\overrightarrow{OP}|=\sqrt{(-2t+2)^2+(2t-1)^2+(-2)^2}=\sqrt{8t^2-12t+9}$,

$\overrightarrow{OA}\cdot\overrightarrow{OP}=1\times(-2t+2)+1\times(2t-1)-1\times(-2)=3$

よって　$\cos\angle AOP=\dfrac{\overrightarrow{OA}\cdot\overrightarrow{OP}}{|\overrightarrow{OA}||\overrightarrow{OP}|}=\dfrac{\sqrt{3}}{\sqrt{8t^2-12t+9}}$

ここで，$0°\leqq\angle AOP\leqq 180°$ であるから，$\cos\angle AOP$ が最大となるとき，∠AOPの大きさは最小となる。

←$0°\leqq\theta\leqq180°$ において，θの値が大きくなると，$\cos\theta$の値は小さくなる。($\cos\theta$は単調に減少する)

$f(t)=8t^2-12t+9$ とすると

$$f(t)=8\left(t-\frac{3}{4}\right)^2-8\times\left(\frac{3}{4}\right)^2+9=8\left(t-\frac{3}{4}\right)^2+\frac{9}{2}$$

$t=\dfrac{3}{4}$ のとき $f(t)$ は最小となり，$\dfrac{\sqrt{3}}{\sqrt{f(t)}}$ は最大となる。

ゆえに，∠AOPの大きさが最小となるtの値は　$\boldsymbol{t=\dfrac{3}{4}}$

EX ④38 図のような1辺の長さが$a>0$の立方体がある。この立方体をAGを軸として回転させる。静止(0°の回転)以外でもとの立方体に重なるときの正で最小の回転の角度を求めよう。この正で最小の角度の回転により，点D, E, Bがそれぞれ点E, B, Dの位置にきたとする。ここで，点Eと点DからAGに垂線を引くと，その足は一致する。その足をMとすると，線分EMの長さは^ア□である。また，$\overrightarrow{EM}\cdot\overrightarrow{DM}=^イ$□であるから，$\overrightarrow{EM}$と$\overrightarrow{DM}$のなす角度を$\alpha$とすると，$\cos\alpha=^ウ$□となり，求める角度は^エ□°であることがわかる。〔類　金沢医大〕

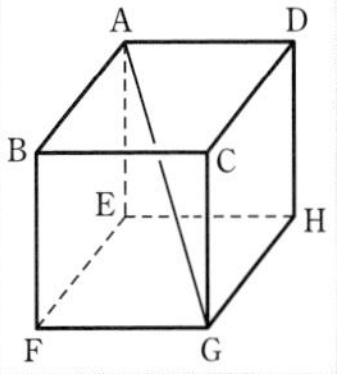

$EG=\sqrt{2}a$, $AG=\sqrt{a^2+(\sqrt{2}a)^2}=\sqrt{3}a$ であるから

$$EM=AE\sin\angle EAG=a\times\frac{\sqrt{2}a}{\sqrt{3}a}={}^{ア}\boldsymbol{\frac{\sqrt{6}}{3}a}$$

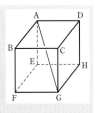

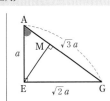

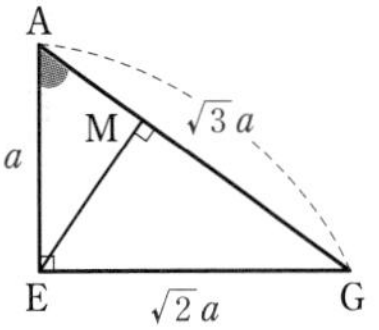

また，$\overrightarrow{EM}\cdot\overrightarrow{MA}=0$, $\overrightarrow{DM}\cdot\overrightarrow{MA}=0$ であるから

$$\overrightarrow{EA}\cdot\overrightarrow{DA}=(\overrightarrow{EM}+\overrightarrow{MA})\cdot(\overrightarrow{DM}+\overrightarrow{MA})$$
$$=\overrightarrow{EM}\cdot\overrightarrow{DM}+|\overrightarrow{MA}|^2$$

ここで　$\overrightarrow{EA}\cdot\overrightarrow{DA}=0$,

←$\overrightarrow{EA}\perp\overrightarrow{DA}$

$$MA=a\cos\angle EAG=a\times\frac{a}{\sqrt{3}a}=\frac{a}{\sqrt{3}}$$

ゆえに　$0=\overrightarrow{EM}\cdot\overrightarrow{DM}+\left(\dfrac{a}{\sqrt{3}}\right)^2$

よって　$\overrightarrow{EM}\cdot\overrightarrow{DM}={}^{イ}\boldsymbol{-\dfrac{a^2}{3}}$

また　$\cos\alpha=\dfrac{\overrightarrow{EM}\cdot\overrightarrow{DM}}{|\overrightarrow{EM}||\overrightarrow{DM}|}=\dfrac{\overrightarrow{EM}\cdot\overrightarrow{DM}}{|\overrightarrow{EM}|^2}=\dfrac{-\dfrac{a^2}{3}}{\dfrac{2}{3}a^2}={}^{ウ}\boldsymbol{-\dfrac{1}{2}}$

←$|\overrightarrow{EM}|=|\overrightarrow{DM}|=\dfrac{\sqrt{6}}{3}a$ [(ア)の結果を利用。]

$0°\leqq\alpha\leqq180°$ であるから　$\alpha={}^{エ}\boldsymbol{120°}$

EX ③39 s, t を実数とする。2つのベクトル $\vec{u}=(s,\ t,\ 3)$, $\vec{v}=(t,\ t,\ 2)$ のなす角が，どのような t に対しても鋭角となるための必要十分条件を s を用いて表せ。〔愛媛大〕

$\vec{u}$ と $\vec{v}$ のなす角を θ とすると　$\cos\theta=\dfrac{\vec{u}\cdot\vec{v}}{|\vec{u}||\vec{v}|}$

θ が鋭角，すなわち $0°<\theta<90°$ となるための条件は　$\cos\theta>0$

すなわち　$\dfrac{\vec{u}\cdot\vec{v}}{|\vec{u}||\vec{v}|}>0$

ここで，$\vec{u}\neq\vec{0}$, $\vec{v}\neq\vec{0}$ より $|\vec{u}|>0$, $|\vec{v}|>0$ であるから　$\vec{u}\cdot\vec{v}>0$

$\vec{u}\cdot\vec{v}=st+t^2+6$ であるから　$t^2+st+6>0$ …… ①

ゆえに，① がすべての実数 t に対して成り立つことが条件である。よって，t の2次方程式 ① の判別式を D とすると

$D<0$

ここで　$D=s^2-4\cdot1\cdot6=(s+2\sqrt{6})(s-2\sqrt{6})$

$D<0$ から　$(s+2\sqrt{6})(s-2\sqrt{6})<0$

よって，求める必要十分条件は　$\boldsymbol{-2\sqrt{6}<s<2\sqrt{6}}$

←$\vec{u}\neq\vec{0}$, $\vec{v}\neq\vec{0}$

←① が t についての絶対不等式。

EX ③40 四面体OABCにおいて，$\cos\angle\mathrm{AOB}=\dfrac{1}{5}$, $\cos\angle\mathrm{AOC}=-\dfrac{1}{3}$ であり，面OABと面OACのなす角は $\dfrac{\pi}{2}$ である。このとき，$\cos\angle\mathrm{BOC}$ の値を求めよ。〔早稲田大〕

面OABと面OACのなす角が $\dfrac{\pi}{2}$ であるから，原点をOとする座標空間において，点Aの座標を $(1,\ 0,\ 0)$，点Bの座標を $(p,\ q,\ 0)$，点Cの座標を $(s,\ 0,\ t)$ として考える。

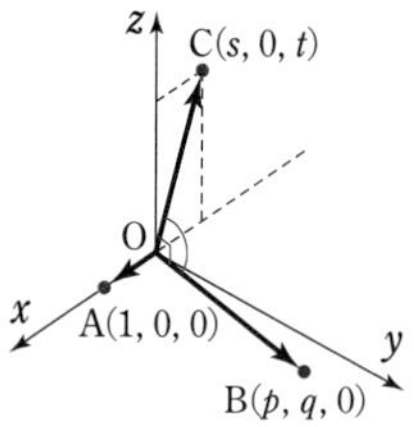

このとき，$\overrightarrow{\mathrm{OA}}=(1,\ 0,\ 0)$,

$\overrightarrow{\mathrm{OB}}=(p,\ q,\ 0)$, $\overrightarrow{\mathrm{OC}}=(s,\ 0,\ t)$ であるから

$|\overrightarrow{\mathrm{OA}}|=1$, $|\overrightarrow{\mathrm{OB}}|=\sqrt{p^2+q^2}$, $|\overrightarrow{\mathrm{OC}}|=\sqrt{s^2+t^2}$

$\overrightarrow{\mathrm{OA}}\cdot\overrightarrow{\mathrm{OB}}=p$, $\overrightarrow{\mathrm{OB}}\cdot\overrightarrow{\mathrm{OC}}=ps$, $\overrightarrow{\mathrm{OC}}\cdot\overrightarrow{\mathrm{OA}}=s$

また，$\cos\angle\mathrm{AOB}=\dfrac{1}{5}$, $\cos\angle\mathrm{AOC}=-\dfrac{1}{3}$ であるから

$\overrightarrow{\mathrm{OA}}\cdot\overrightarrow{\mathrm{OB}}=|\overrightarrow{\mathrm{OA}}||\overrightarrow{\mathrm{OB}}|\cos\angle\mathrm{AOB}=\dfrac{1}{5}\sqrt{p^2+q^2}$

$\overrightarrow{\mathrm{OC}}\cdot\overrightarrow{\mathrm{OA}}=|\overrightarrow{\mathrm{OC}}||\overrightarrow{\mathrm{OA}}|\cos\angle\mathrm{AOC}=-\dfrac{1}{3}\sqrt{s^2+t^2}$

ゆえに　$p-\dfrac{1}{5}\sqrt{p^2+q^2}$, $s=-\dfrac{1}{3}\sqrt{s^3+t^3}$

よって　$\sqrt{p^2+q^2}=5p$, $\sqrt{s^2+t^2}=-3s$

すなわち　$|\overrightarrow{\mathrm{OB}}|=5p$, $|\overrightarrow{\mathrm{OC}}|=-3s$

したがって　$\cos\angle\mathrm{BOC}=\dfrac{\overrightarrow{\mathrm{OB}}\cdot\overrightarrow{\mathrm{OC}}}{|\overrightarrow{\mathrm{OB}}||\overrightarrow{\mathrm{OC}}|}=\dfrac{ps}{-15ps}=\boldsymbol{-\dfrac{1}{15}}$

←(面OAB)⊥(面OAC)から，面OABを xy 平面，面OACを zx 平面として考える。

←点Aの座標をこのようにおくことがカギ。

←$\overrightarrow{\mathrm{OB}}\neq\vec{0}$, $\overrightarrow{\mathrm{OC}}\neq\vec{0}$ から $ps\neq0$

EX ①41

4点 $A(\vec{a})$, $B(\vec{b})$, $C(\vec{c})$, $D(\vec{d})$ を頂点とする四面体ABCDにおいて，辺AC，BDの中点をそれぞれM，Nとするとき，次の等式を証明せよ。

$$\overrightarrow{AB}-\overrightarrow{DA}-\overrightarrow{BC}+\overrightarrow{CD}=4\overrightarrow{MN}$$

$\overrightarrow{AB}-\overrightarrow{DA}-\overrightarrow{BC}+\overrightarrow{CD}=(\vec{b}-\vec{a})-(\vec{a}-\vec{d})-(\vec{c}-\vec{b})+(\vec{d}-\vec{c})$

$=2(-\vec{a}+\vec{b}-\vec{c}+\vec{d})$ …… ①

また，$M(\vec{m})$，$N(\vec{n})$ とすると　$\vec{m}=\dfrac{\vec{a}+\vec{c}}{2}$，$\vec{n}=\dfrac{\vec{b}+\vec{d}}{2}$

←$A(\vec{a})$，$B(\vec{b})$ のとき，線分ABの中点の位置ベクトルは　$\dfrac{\vec{a}+\vec{b}}{2}$

よって　$4\overrightarrow{MN}=4(\vec{n}-\vec{m})=4\left(\dfrac{\vec{b}+\vec{d}}{2}-\dfrac{\vec{a}+\vec{c}}{2}\right)$

$=2(-\vec{a}+\vec{b}-\vec{c}+\vec{d})$ …… ②

①，②から　$\overrightarrow{AB}-\overrightarrow{DA}-\overrightarrow{BC}+\overrightarrow{CD}=4\overrightarrow{MN}$

EX ③42

空間の3点A，B，Cは同一直線上にはないものとし，原点をOとする。空間の点Pの位置ベクトル $\overrightarrow{OP}$ が，$x+y+z=1$ を満たす正の実数 x，y，z を用いて，$\overrightarrow{OP}=x\overrightarrow{OA}+y\overrightarrow{OB}+z\overrightarrow{OC}$ と表されているとする。〔大阪府大〕

(1) 直線APと直線BCは交わり，その交点をDとすれば，点Dは線分BCを $z:y$ に内分し，点Pは線分ADを $(1-x):x$ に内分することを示せ。

(2) △PAB，△PBCの面積をそれぞれ S_1，S_2 とすれば，$\dfrac{S_1}{z}=\dfrac{S_2}{x}$ が成り立つことを示せ。

(1) $\overrightarrow{OP}=x\overrightarrow{OA}+y\overrightarrow{OB}+z\overrightarrow{OC}=x\overrightarrow{OA}+(y+z)\cdot\dfrac{y\overrightarrow{OB}+z\overrightarrow{OC}}{z+y}$

$\overrightarrow{OD}=\dfrac{y\overrightarrow{OB}+z\overrightarrow{OC}}{z+y}$ とすると，y，z は正の実数であるから，点Dは線分BCを $z:y$ に内分する点である。

また，$y+z=1-x$ であるから

$\overrightarrow{OP}=x\overrightarrow{OA}+(y+z)\overrightarrow{OD}=x\overrightarrow{OA}+(1-x)\overrightarrow{OD}$

$x>0$，$1-x=y+z>0$ であるから，点Pは線分ADを $(1-x):x$ に内分する。

以上から，直線APと直線BCは交わり，その交点をDとすれば，点Dは線分BCを $z:y$ に内分し，点Pは線分ADを $(1-x):x$ に内分する。

HINT (1) 分点の位置ベクトルの形が現れるように変形する。例えば，

$y\overrightarrow{OB}+z\overrightarrow{OC}$

$=(y+z)\cdot\dfrac{y\overrightarrow{OB}+z\overrightarrow{OC}}{z+y}$

などと変形する。

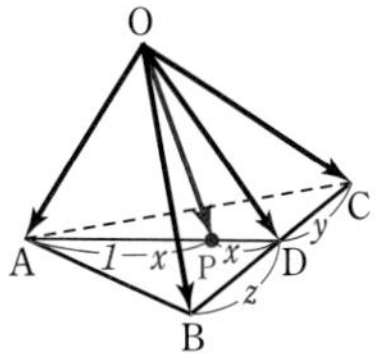

(2) △ABCの面積を S とすると $AD:PD=1:x$ であるから

$S:S_2=\triangle ABC:\triangle PBC=1:x$

←底辺BCが一致で高さの比が　$1:x$

よって　$S_2=xS$ …… ①

$BD:BC=z:(y+z)$ であるから，△ABDの面積は

$\dfrac{z}{y+z}S$　すなわち　$\dfrac{z}{1-x}S$

$AP:AD=(1-x):1$ であるから

$S_1=(1-x)\triangle ABD=(1-x)\cdot\dfrac{z}{1-x}S=zS$ …… ②

①，②から　$\dfrac{S_1}{z}=\dfrac{S_2}{x}$

参考 点Pの位置ベクトルを，点Pに関する位置ベクトルで表すと

$\overrightarrow{PP}=x\overrightarrow{PA}+y\overrightarrow{PB}+z\overrightarrow{PC}$

よって

$x\overrightarrow{PA}+y\overrightarrow{PB}+z\overrightarrow{PC}=\vec{0}$

点Pは平面ABC上にあるから，本冊 $p.397$ 参考より

$\triangle PBC:\triangle PCA:\triangle PAB$

$=x:y:z$

EX
④**43**

辺の長さが1である正四面体ABCDがある。線分ABを$t:(1-t)$に内分する点をEとし，線分ACを$(1-t):t$に内分する点をFとする（$0\leqq t\leqq 1$，ただし$t=0$のときE=A，F=C，$t=1$のときE=B，F=Aとする）。∠EDFをθとするとき

(1) $\cos\theta$をtで表せ。　　(2) $\cos\theta$の最大値と最小値を求めよ。　〔名古屋市大〕

HINT (1) まず，$|\overrightarrow{DE}|^2$，$|\overrightarrow{DF}|^2$，$\overrightarrow{DE}\cdot\overrightarrow{DF}$を$t$で表す。
(2) (1)で求めた$\cos\theta$［tの式］を変形。

(1) $\overrightarrow{DE}=\overrightarrow{AE}-\overrightarrow{AD}$，$\overrightarrow{DF}=\overrightarrow{AF}-\overrightarrow{AD}$

であるから

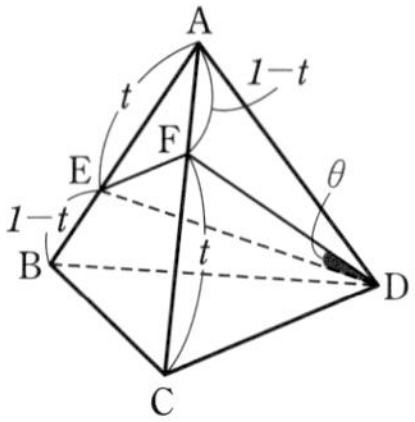

$|\overrightarrow{DE}|^2=|\overrightarrow{AE}|^2-2\overrightarrow{AE}\cdot\overrightarrow{AD}+|\overrightarrow{AD}|^2$

$=t^2-2\times t\times 1\times\cos 60°+1^2$

$=t^2-t+1$

←$|\overrightarrow{AB}|=1$から
$|\overrightarrow{AE}|=t|\overrightarrow{AB}|=t$

$|\overrightarrow{DF}|^2=|\overrightarrow{AF}|^2-2\overrightarrow{AF}\cdot\overrightarrow{AD}+|\overrightarrow{AD}|^2$

$=(1-t)^2-2(1-t)\times 1\times\cos 60°+1^2$

$=t^2-t+1$

←$|\overrightarrow{AC}|=1$から
$|\overrightarrow{AF}|=(1-t)|\overrightarrow{AC}|$
$=1-t$

$\overrightarrow{DE}\cdot\overrightarrow{DF}=(\overrightarrow{AE}-\overrightarrow{AD})\cdot(\overrightarrow{AF}-\overrightarrow{AD})$

$=\overrightarrow{AE}\cdot\overrightarrow{AF}-\overrightarrow{AE}\cdot\overrightarrow{AD}-\overrightarrow{AD}\cdot\overrightarrow{AF}+|\overrightarrow{AD}|^2$

$=t(1-t)\cos 60°-t\times 1\times\cos 60°-1\times(1-t)\cos 60°+1^2$

$=\dfrac{-t^2+t+1}{2}$

ゆえに　$\boldsymbol{\cos\theta}=\dfrac{\overrightarrow{DE}\cdot\overrightarrow{DF}}{|\overrightarrow{DE}||\overrightarrow{DF}|}=\boldsymbol{\dfrac{-t^2+t+1}{2(t^2-t+1)}}$

←$t^2-t+1>0$

別解　$DE^2=t^2+1-2t\cos 60°=t^2-t+1$

$DF^2=t^2+1-2t\cos 60°=t^2-t+1$

$EF^2=t^2+(1-t)^2-2t(1-t)\cos 60°=3t^2-3t+1$

←余弦定理（数学Ⅰ）を用いる。

ゆえに　$\boldsymbol{\cos\theta}=\dfrac{DE^2+DF^2-EF^2}{2DE\times DF}=\boldsymbol{\dfrac{-t^2+t+1}{2(t^2-t+1)}}$

←$2DE\times DF=2DE^2$

(2) (1)から　$\cos\theta=\dfrac{-t^2+t+1}{2(t^2-t+1)}=\dfrac{1}{2}\times\dfrac{-(t^2-t+1)+2}{t^2-t+1}$

$=\dfrac{1}{2}\left(-1+\dfrac{2}{t^2-t+1}\right)$

ここで，$f(t)=t^2-t+1$とすると

$f(t)=\left(t-\dfrac{1}{2}\right)^2+\dfrac{3}{4}$

$0\leqq t\leqq 1$のとき，$\dfrac{3}{4}\leqq f(t)\leqq 1$であり

$\cos\theta=\dfrac{1}{2}\left\{-1+\dfrac{2}{f(t)}\right\}$

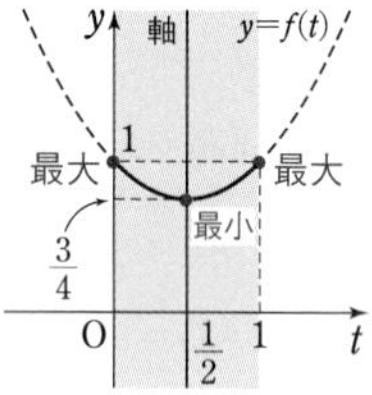

よって，$f(t)$が最小値$\dfrac{3}{4}$をとるとき$\cos\theta$は **最大値**

$\dfrac{1}{2}\left(-1+2\times\dfrac{4}{3}\right)=\boldsymbol{\dfrac{5}{6}}$をとり，$f(t)$が最大値1をとるとき

$\cos\theta$は **最小値** $\dfrac{1}{2}(-1+2)=\boldsymbol{\dfrac{1}{2}}$をとる。

$0\leqq t\leqq 1$において，$f(t)$は$t=\dfrac{1}{2}$で最小値$\dfrac{3}{4}$をとり，$t=0$，1で最大値1をとる。

EX ③44

空間内に四面体ABCDがある。辺ABの中点をM，辺CDの中点をNとする。tを0でない実数とし，点Gを$\overrightarrow{GA}+\overrightarrow{GB}+(t-2)\overrightarrow{GC}+t\overrightarrow{GD}=\vec{0}$を満たす点とする。
(1) $\overrightarrow{DG}$を$\overrightarrow{DA}$，$\overrightarrow{DB}$，$\overrightarrow{DC}$で表せ。
(2) 点Gは点Nと一致しないことを示せ。
(3) 直線NGと直線MCは平行であることを示せ。 〔東北大〕

(1) $\overrightarrow{GA}+\overrightarrow{GB}+(t-2)\overrightarrow{GC}+t\overrightarrow{GD}=\vec{0}$ から

$$(\overrightarrow{DA}-\overrightarrow{DG})+(\overrightarrow{DB}-\overrightarrow{DG})+(t-2)(\overrightarrow{DC}-\overrightarrow{DG})-t\overrightarrow{DG}=\vec{0}$$

←点Dを始点とする位置ベクトルで表す。

よって　$2t\overrightarrow{DG}=\overrightarrow{DA}+\overrightarrow{DB}+(t-2)\overrightarrow{DC}$

$t \neq 0$ であるから

$$\boldsymbol{\overrightarrow{DG}=\frac{1}{2t}\overrightarrow{DA}+\frac{1}{2t}\overrightarrow{DB}+\frac{t-2}{2t}\overrightarrow{DC}} \quad \cdots\cdots ①$$

(2) 辺CDの中点がNであるから

$$\overrightarrow{DN}=\frac{1}{2}\overrightarrow{DC} \quad \cdots\cdots ②$$

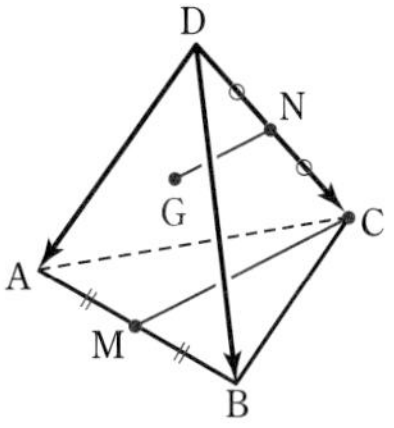

4点A，B，C，Dは同じ平面上にないから，点Gが点Nと一致するための条件は，①，②より

←2点G，Nが一致 $\Longleftrightarrow \overrightarrow{DG}=\overrightarrow{DN}$

$$\frac{1}{2t}=0,\quad \frac{t-2}{2t}=\frac{1}{2}$$

←各等式の両辺に$2t$を掛けると
$1=0$，$t-2=t$
どちらの等式も成り立たない。

これらを満たす実数tは存在しないから，点Gは点Nと一致しない。

(3) $\overrightarrow{NG}=\overrightarrow{DG}-\overrightarrow{DN}=\frac{1}{2t}\overrightarrow{DA}+\frac{1}{2t}\overrightarrow{DB}+\left(\frac{t-2}{2t}-\frac{1}{2}\right)\overrightarrow{DC}$

$$=\frac{1}{2t}\overrightarrow{DA}+\frac{1}{2t}\overrightarrow{DB}-\frac{1}{t}\overrightarrow{DC}$$

$\overrightarrow{MC}=\overrightarrow{DC}-\overrightarrow{DM}=\overrightarrow{DC}-\dfrac{\overrightarrow{DA}+\overrightarrow{DB}}{2}$

$$=-\frac{1}{2}\overrightarrow{DA}-\frac{1}{2}\overrightarrow{DB}+\overrightarrow{DC}$$

ゆえに　$\overrightarrow{MC}=-t\overrightarrow{NG}$

←$\vec{a}\neq\vec{0}$，$\vec{b}\neq\vec{0}$のとき
$\vec{a}\parallel\vec{b} \Longleftrightarrow \vec{b}=k\vec{a}$ を満たす実数kがある。

$\overrightarrow{MC}\neq\vec{0}$ であり，(2)より $\overrightarrow{NG}\neq\vec{0}$ であるから　$\overrightarrow{MC}\parallel\overrightarrow{NG}$

よって，直線NGと直線MCは平行である。

EX ③45

1辺の長さが1である正四面体OABCにおいて，OAを3：1に内分する点をP，ABを2：1に内分する点をQ，BCを1：2に内分する点をR，OCを2：1に内分する点をSとする。$\overrightarrow{OA}=\vec{a}$，$\overrightarrow{OB}=\vec{b}$，$\overrightarrow{OC}=\vec{c}$とおくとき，次の問いに答えよ。
(1) 内積$\vec{a}\cdot\vec{b}$，$\vec{b}\cdot\vec{c}$，$\vec{c}\cdot\vec{a}$をそれぞれ求めよ。
(2) $\overrightarrow{PR}$および$\overrightarrow{QS}$を$\vec{a}$，$\vec{b}$，$\vec{c}$を用いて表せ。
(3) $\overrightarrow{PR}$と$\overrightarrow{QS}$のなす角をθとするとき，θは鋭角，直角，鈍角のいずれであるかを調べよ。
(4) 線分PRと線分QSは交点をもつかどうかを調べよ。 〔広島市大〕

(1) 正四面体OABCのすべての面は1辺の長さが1の正三角形であるから

$$\boldsymbol{\vec{a}\cdot\vec{b}}=|\vec{a}||\vec{b}|\cos 60^\circ=1\times1\times\frac{1}{2}=\boldsymbol{\frac{1}{2}}$$

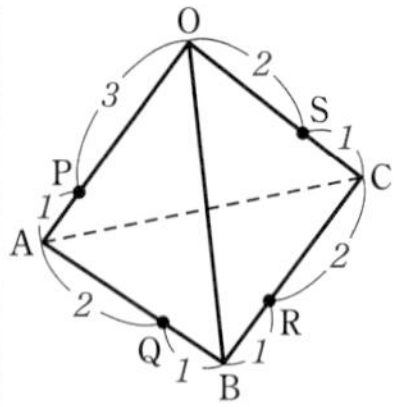

同様にして　　$\vec{\boldsymbol{b}}\cdot\vec{\boldsymbol{c}}=\vec{\boldsymbol{c}}\cdot\vec{\boldsymbol{a}}=\boldsymbol{\frac{1}{2}}$

(2)　$\overrightarrow{\mathbf{PR}}=\overrightarrow{\mathrm{OR}}-\overrightarrow{\mathrm{OP}}=\dfrac{2\vec{b}+\vec{c}}{1+2}-\dfrac{3}{4}\vec{a}=\boldsymbol{-\frac{3}{4}\vec{a}+\frac{2}{3}\vec{b}+\frac{1}{3}\vec{c}}$

$\overrightarrow{\mathbf{QS}}=\overrightarrow{\mathrm{OS}}-\overrightarrow{\mathrm{OQ}}=\dfrac{2}{3}\vec{c}-\dfrac{\vec{a}+2\vec{b}}{2+1}=\boldsymbol{-\frac{1}{3}\vec{a}-\frac{2}{3}\vec{b}+\frac{2}{3}\vec{c}}$

(3)　(2) から

$\overrightarrow{\mathrm{PR}}\cdot\overrightarrow{\mathrm{QS}}$

$=\left(-\dfrac{3}{4}\vec{a}+\dfrac{2}{3}\vec{b}+\dfrac{1}{3}\vec{c}\right)\cdot\left(-\dfrac{1}{3}\vec{a}-\dfrac{2}{3}\vec{b}+\dfrac{2}{3}\vec{c}\right)$

$=\dfrac{1}{4}|\vec{a}|^2+\dfrac{1}{2}\vec{a}\cdot\vec{b}-\dfrac{1}{2}\vec{a}\cdot\vec{c}-\dfrac{2}{9}\vec{a}\cdot\vec{b}-\dfrac{4}{9}|\vec{b}|^2+\dfrac{4}{9}\vec{b}\cdot\vec{c}$

$-\dfrac{1}{9}\vec{a}\cdot\vec{c}-\dfrac{2}{9}\vec{b}\cdot\vec{c}+\dfrac{2}{9}|\vec{c}|^2$

$|\vec{a}|^2=|\vec{b}|^2=|\vec{c}|^2=1$，$\vec{a}\cdot\vec{b}=\vec{b}\cdot\vec{c}=\vec{c}\cdot\vec{a}=\dfrac{1}{2}$ であるから

$\overrightarrow{\mathrm{PR}}\cdot\overrightarrow{\mathrm{QS}}=-\dfrac{1}{36}$

$|\overrightarrow{\mathrm{PR}}|>0$，$|\overrightarrow{\mathrm{QS}}|>0$ であるから　　$\cos\theta=\dfrac{\overrightarrow{\mathrm{PR}}\cdot\overrightarrow{\mathrm{QS}}}{|\overrightarrow{\mathrm{PR}}||\overrightarrow{\mathrm{QS}}|}<0$

よって，**$\boldsymbol{\theta}$ は鈍角** である。

(3)　$\cos\theta=\dfrac{\overrightarrow{\mathrm{PR}}\cdot\overrightarrow{\mathrm{QS}}}{|\overrightarrow{\mathrm{PR}}||\overrightarrow{\mathrm{QS}}|}$ であるから，$\overrightarrow{\mathrm{PR}}\cdot\overrightarrow{\mathrm{QS}}$ の符号について調べる。

(4)　線分 PR と線分 QS が交点 T をもつと仮定する。

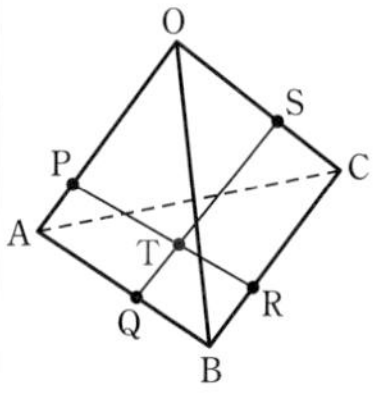

このとき，T は直線 PR 上にあるから

$\overrightarrow{\mathrm{PT}}=u\overrightarrow{\mathrm{PR}}$（$u$ は実数）

ゆえに，(2) から

$\overrightarrow{\mathrm{OT}}=\overrightarrow{\mathrm{OP}}+u\overrightarrow{\mathrm{PR}}$

$=\dfrac{3}{4}(1-u)\vec{a}+\dfrac{2}{3}u\vec{b}+\dfrac{u}{3}\vec{c}$ …… ①

また，T は直線 QS 上にあるから

$\overrightarrow{\mathrm{QT}}=v\overrightarrow{\mathrm{QS}}$（$v$ は実数）

よって，(2) から

$\overrightarrow{\mathrm{OT}}=\overrightarrow{\mathrm{OQ}}+v\overrightarrow{\mathrm{QS}}$

$=\dfrac{1}{3}(1-v)\vec{a}+\dfrac{2}{3}(1-v)\vec{b}+\dfrac{2}{3}v\vec{c}$ …… ②

4 点 O，A，B，C は同じ平面上にないから，①，② より

$\dfrac{3}{4}(1-u)=\dfrac{1}{3}(1-v)$ …… ③，

$\dfrac{2}{3}u=\dfrac{2}{3}(1-v)$ …… ④，$\dfrac{u}{3}=\dfrac{2}{3}v$ …… ⑤

④，⑤ から　　$u=\dfrac{2}{3}$，$v=\dfrac{1}{3}$

これは ③ を満たさない。

← $\dfrac{3}{4}\left(1-\dfrac{2}{3}\right)=\dfrac{1}{4}$，$\dfrac{1}{3}\left(1-\dfrac{1}{3}\right)=\dfrac{2}{9}$

ゆえに，③～⑤ を同時に満たす実数 u，v は存在しない。

したがって，線分 PR と線分 QS は **交点をもたない**。

EX ③46

四角形 ABCD を底面とする四角錐 OABCD は $\overrightarrow{OA}+\overrightarrow{OC}=\overrightarrow{OB}+\overrightarrow{OD}$ を満たしており，0 と異なる 4 つの実数 p，q，r，s に対して 4 点 P，Q，R，S を $\overrightarrow{OP}=p\overrightarrow{OA}$，$\overrightarrow{OQ}=q\overrightarrow{OB}$，$\overrightarrow{OR}=r\overrightarrow{OC}$，$\overrightarrow{OS}=s\overrightarrow{OD}$ によって定める。このとき，4 点 P，Q，R，S が同じ平面上にあれば，$\dfrac{1}{p}+\dfrac{1}{r}=\dfrac{1}{q}+\dfrac{1}{s}$ が成り立つことを示せ。〔京都大〕

HINT $\overrightarrow{OS}$ を $\overrightarrow{OP}$，$\overrightarrow{OQ}$，$\overrightarrow{OR}$ で表す。点 P，Q，R は同じ直線上にないから，4 点 P，Q，R，S が同じ平面上にある ⟺ $\overrightarrow{OS}=x\overrightarrow{OP}+y\overrightarrow{OQ}+z\overrightarrow{OR}$，$x+y+z=1$　これを利用。

p，q，r，s は 0 と異なるから，$\overrightarrow{OA}+\overrightarrow{OC}=\overrightarrow{OB}+\overrightarrow{OD}$ より

$$\frac{1}{p}\overrightarrow{OP}+\frac{1}{r}\overrightarrow{OR}=\frac{1}{q}\overrightarrow{OQ}+\frac{1}{s}\overrightarrow{OS}$$

ゆえに　$\overrightarrow{OS}=\dfrac{s}{p}\overrightarrow{OP}-\dfrac{s}{q}\overrightarrow{OQ}+\dfrac{s}{r}\overrightarrow{OR}$ …… ①

点 A，B，C は一直線上にないから，条件より点 P，Q，R も一直線上にない。

←点 P，Q，R はいずれも O と一致しない。

よって，4 点 P，Q，R，S が同じ平面上にあれば，① において

$\dfrac{s}{p}+\left(-\dfrac{s}{q}\right)+\dfrac{s}{r}=1$ が成り立つ。

すなわち　$\dfrac{s}{p}+\dfrac{s}{r}=\dfrac{s}{q}+1$

この両辺を s で割って　$\dfrac{1}{p}+\dfrac{1}{r}=\dfrac{1}{q}+\dfrac{1}{s}$

EX ③47

四面体 ABCD において，$AB^2+CD^2=BC^2+AD^2=AC^2+BD^2$，$\angle ADB=90°$ が成り立っている。三角形 ABC の重心を G とする。

(1) $\angle BDC$ を求めよ。　(2) $\dfrac{\sqrt{AB^2+CD^2}}{DG}$ の値を求めよ。〔千葉大〕

$\overrightarrow{DA}=\vec{a}$，$\overrightarrow{DB}=\vec{b}$，$\overrightarrow{DC}=\vec{c}$ とする。

←頂点 D を始点とするベクトルで表す。

(1) 条件から　$|\overrightarrow{AB}|^2+|\overrightarrow{CD}|^2=|\overrightarrow{BC}|^2+|\overrightarrow{AD}|^2=|\overrightarrow{AC}|^2+|\overrightarrow{BD}|^2$

すなわち　$|\vec{b}-\vec{a}|^2+|-\vec{c}|^2=|\vec{c}-\vec{b}|^2+|-\vec{a}|^2=|\vec{c}-\vec{a}|^2+|-\vec{b}|^2$

よって　$|\vec{b}|^2-2\vec{a}\cdot\vec{b}+|\vec{a}|^2+|\vec{c}|^2=|\vec{c}|^2-2\vec{b}\cdot\vec{c}+|\vec{b}|^2+|\vec{a}|^2$

$=|\vec{c}|^2-2\vec{c}\cdot\vec{a}+|\vec{a}|^2+|\vec{b}|^2$

←各辺から $|\vec{a}|^2$，$|\vec{b}|^2$，$|\vec{c}|^2$ を引くと
$-2\vec{a}\cdot\vec{b}=-2\vec{b}\cdot\vec{c}$
$=-2\vec{c}\cdot\vec{a}$

ゆえに　$\vec{a}\cdot\vec{b}=\vec{b}\cdot\vec{c}=\vec{c}\cdot\vec{a}$ …… ①

ここで，$\angle ADB=90°$ であるから　$\vec{a}\cdot\vec{b}=0$

よって　$\vec{b}\cdot\vec{c}=0$

$\vec{b}\neq\vec{0}$，$\vec{c}\neq\vec{0}$ であるから　$\angle BDC=$**90°**

(2) $\overrightarrow{DG}=\vec{g}$ とすると　$\vec{g}=\dfrac{\vec{a}+\vec{b}+\vec{c}}{3}$

① から　$|\vec{g}|^2=\left|\dfrac{\vec{a}+\vec{b}+\vec{c}}{3}\right|^2$

$$=\frac{1}{9}\{|\vec{a}|^2+|\vec{b}|^2+|\vec{c}|^2+2(\vec{a}\cdot\vec{b}+\vec{b}\cdot\vec{c}+\vec{c}\cdot\vec{a})\}$$

←$\vec{a}\cdot\vec{b}=\vec{b}\cdot\vec{c}=\vec{c}\cdot\vec{a}=0$

$$=\frac{|\vec{a}|^2+|\vec{b}|^2+|\vec{c}|^2}{9}$$

また，(1) から

$$|\overrightarrow{AB}|^2+|\overrightarrow{CD}|^2=|\vec{b}|^2-2\vec{a}\cdot\vec{b}+|\vec{a}|^2+|\vec{c}|^2$$

$$=|\vec{a}|^2+|\vec{b}|^2+|\vec{c}|^2$$

←$\vec{a}\cdot\vec{b}=0$

したがって

$$\frac{\sqrt{AB^2+CD^2}}{DG}=\frac{\sqrt{|\overrightarrow{AB}|^2+|\overrightarrow{CD}|^2}}{|\overrightarrow{DG}|}$$

$$=\sqrt{|\vec{a}|^2+|\vec{b}|^2+|\vec{c}|^2}\times\frac{3}{\sqrt{|\vec{a}|^2+|\vec{b}|^2+|\vec{c}|^2}}$$

$$=\mathbf{3}$$

EX ③48

四面体OABCは，OA=4，OB=5，OC=3，∠AOB=90°，∠AOC=∠BOC=60° を満たしている。

(1) 点Cから△OABに下ろした垂線と△OABとの交点をHとする。ベクトル $\overrightarrow{CH}$ を $\overrightarrow{OA}$，$\overrightarrow{OB}$，$\overrightarrow{OC}$ を用いて表せ。

(2) 四面体OABCの体積を求めよ。〔類 東京理科大〕

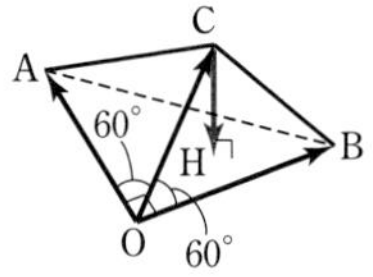

(1) ∠AOB=90° から　$\overrightarrow{OA}\cdot\overrightarrow{OB}=0$

また　$\overrightarrow{OB}\cdot\overrightarrow{OC}=5\cdot3\cos60°=\frac{15}{2}$，$\overrightarrow{OC}\cdot\overrightarrow{OA}=3\cdot4\cos60°=6$

点Hは平面OAB上にあるから，

$$\overrightarrow{OH}=s\overrightarrow{OA}+t\overrightarrow{OB}\quad(s,\ t \text{ は実数})$$

と表される。

よって　$\overrightarrow{CH}=\overrightarrow{OH}-\overrightarrow{OC}=s\overrightarrow{OA}+t\overrightarrow{OB}-\overrightarrow{OC}$

$\overrightarrow{CH}$ は平面OABに垂直であるから　$\overrightarrow{CH}\perp\overrightarrow{OA}$，$\overrightarrow{CH}\perp\overrightarrow{OB}$

ゆえに，$\overrightarrow{CH}\cdot\overrightarrow{OA}=0$，$\overrightarrow{CH}\cdot\overrightarrow{OB}=0$ であるから

← 垂直 ⟶ (内積)=0

$$(s\overrightarrow{OA}+t\overrightarrow{OB}-\overrightarrow{OC})\cdot\overrightarrow{OA}=0,\ (s\overrightarrow{OA}+t\overrightarrow{OB}-\overrightarrow{OC})\cdot\overrightarrow{OB}=0$$

よって　$s\cdot4^2+t\cdot0-6=0$，$s\cdot0+t\cdot5^2-\frac{15}{2}=0$

すなわち　$16s-6=0$，$25t-\frac{15}{2}=0$

これを解いて　$s=\frac{3}{8}$，$t=\frac{3}{10}$

したがって　$\boldsymbol{\overrightarrow{CH}=\frac{3}{8}\overrightarrow{OA}+\frac{3}{10}\overrightarrow{OB}-\overrightarrow{OC}}$

(2) $\triangle OAB=\frac{1}{2}OA\cdot OB=\frac{1}{2}\cdot4\cdot5=10$

←△OABは，∠AOB=90° の直角三角形である。

また　$|\overrightarrow{CH}|^2=\left|\frac{3}{8}\overrightarrow{OA}+\frac{3}{10}\overrightarrow{OB}-\overrightarrow{OC}\right|^2$

$$=\frac{9}{64}|\overrightarrow{OA}|^2+\frac{9}{100}|\overrightarrow{OB}|^2+|\overrightarrow{OC}|^2$$

$$+\frac{9}{40}\overrightarrow{OA}\cdot\overrightarrow{OB}-\frac{3}{5}\overrightarrow{OB}\cdot\overrightarrow{OC}-\frac{3}{4}\overrightarrow{OC}\cdot\overrightarrow{OA}$$

←$\left(\frac{3}{8}a+\frac{3}{10}b-c\right)^2$ を展開する要領。

$$=\frac{9}{64}\cdot16+\frac{9}{100}\cdot25+9+0-\frac{3}{5}\cdot\frac{15}{2}-\frac{3}{4}\cdot6$$

$$=\frac{9}{4}+\frac{9}{4}+9-\frac{9}{2}-\frac{9}{2}=\frac{9}{2}$$

$|\overrightarrow{CH}|>0$ であるから　　$|\overrightarrow{CH}|=\sqrt{\frac{9}{2}}=\frac{3\sqrt{2}}{2}$

よって，四面体 OABC の体積は

$$\frac{1}{3}\cdot\triangle OAB\cdot CH=\frac{1}{3}\cdot 10\cdot\frac{3\sqrt{2}}{2}=\mathbf{5\sqrt{2}}$$

EX ③49

O を原点とする座標空間において，3 点 A$(-2,\ 0,\ 0)$，B$(0,\ 1,\ 0)$，C$(0,\ 0,\ 1)$ を通る平面を α とする。2 点 P$(0,\ 5,\ 5)$，Q$(1,\ 1,\ 1)$ をとる。点 P を通り $\overrightarrow{OQ}$ に平行な直線を ℓ とする。直線 ℓ 上の点 R から平面 α に下ろした垂線と α の交点を S とする。$\overrightarrow{OR}=\overrightarrow{OP}+k\overrightarrow{OQ}$（ただし k は実数）とおくとき，次の問いに答えよ。
(1) k を用いて，$\overrightarrow{AS}$ を成分で表せ。
(2) 点 S が $\triangle ABC$ の内部または周にあるような k の値の範囲を求めよ。　〔筑波大〕

(1) $\overrightarrow{OR}=(0,\ 5,\ 5)+k(1,\ 1,\ 1)=(k,\ k+5,\ k+5)$

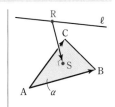

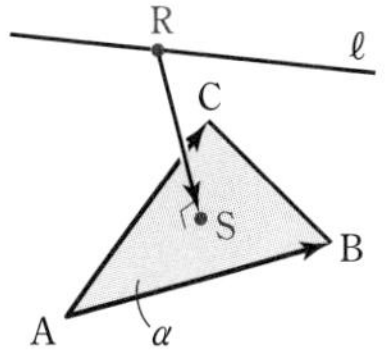

点 S は平面 α 上にあるから，

$\overrightarrow{AS}=p\overrightarrow{AB}+q\overrightarrow{AC}$（$p,\ q$ は実数）…… ①

と表される。

$\overrightarrow{AB}=(2,\ 1,\ 0)$，$\overrightarrow{AC}=(2,\ 0,\ 1)$ であるから

$\overrightarrow{AS}=p(2,\ 1,\ 0)+q(2,\ 0,\ 1)$
$=(2p+2q,\ p,\ q)$

また　$\overrightarrow{AR}=\overrightarrow{OR}-\overrightarrow{OA}=(k+2,\ k+5,\ k+5)$

よって　$\overrightarrow{RS}=\overrightarrow{AS}-\overrightarrow{AR}$
$=(2p+2q-k-2,\ p-k-5,\ q-k-5)$

$\overrightarrow{RS}$ は平面 α に垂直であるから

$\overrightarrow{RS}\cdot\overrightarrow{AB}=0$ かつ $\overrightarrow{RS}\cdot\overrightarrow{AC}=0$

←本冊 $p.471$ 補足事項を参照。

ここで　$\overrightarrow{RS}\cdot\overrightarrow{AB}=2(2p+2q-k-2)+(p-k-5)$
$\overrightarrow{RS}\cdot\overrightarrow{AC}=2(2p+2q-k-2)+(q-k-5)$

ゆえに　$2(2p+2q-k-2)+(p-k-5)=0$ …… ②
$2(2p+2q-k-2)+(q-k-5)=0$

辺々引いて　$p-q=0$　すなわち　$p=q$

これを ② に代入して　$9q-3k-9=0$

←$2(4q-k-2)+q-k-5=0$

これから　$p=q=\frac{k+3}{3}$ …… ③

したがって　$\overrightarrow{AS}=\left(\mathbf{\frac{4(k+3)}{3},\ \frac{k+3}{3},\ \frac{k+3}{3}}\right)$

←$2p+2q=4p=\frac{4(k+3)}{3}$

(2) 点 S が $\triangle ABC$ の周および内部にあるための条件は，① において　$p\geqq 0$ かつ $q\geqq 0$ かつ $p+q\leqq 1$
が成り立つことである。

←本冊 $p.416$ 基本事項 **2** の ② を参照。

③ から　$\frac{k+3}{3}\geqq 0$ …… ④　かつ　$\frac{k+3}{3}+\frac{k+3}{3}\leqq 1$ …… ⑤

④ から　$k\geqq -3$　　⑤ から　$k\leqq -\frac{3}{2}$

したがって　$\mathbf{-3\leqq k\leqq -\frac{3}{2}}$

参考 (1)で③を導くのに，平面の方程式を利用することもできる。

平面 α の方程式は　$\dfrac{x}{-2}+\dfrac{y}{1}+\dfrac{z}{1}=1$

すなわち　$x-2y-2z=-2$

よって，平面 α の法線ベクトルの1つは　$\vec{n}=(1,\ -2,\ -2)$

$\vec{n}$ と $\overrightarrow{\mathrm{RS}}$ が平行であるから，$\overrightarrow{\mathrm{RS}}=t\vec{n}$（$t$ は実数）が成り立つ。

ゆえに $(2p+2q-k-2,\ p-k-5,\ q-k-5)=t(1,\ -2,\ -2)$

よって　$2p+2q-k-2=t$ …… ①,

$p-k-5=-2t$ …… ②，$q-k-5=-2t$ …… ③

①×2+②から　$5p+4q-3k-9=0$ …… ④

②−③から　$p-q=0$　すなわち　$p=q$ …… ⑤

④，⑤から　$p=q=\dfrac{k+3}{3}$

←本冊 p.485，487，488 参照。3点 $(a,\ 0,\ 0)$，$(0,\ b,\ 0)$，$(0,\ 0,\ c)$ を通る平面の方程式は
$\dfrac{x}{a}+\dfrac{y}{b}+\dfrac{z}{c}=1$
$(abc\neq 0)$

←$\vec{n}\perp$（平面 α）

EX ②50

座標空間に点 O(0, 0, 0)，A(2, 0, 0)，B(0, 1, 2) がある。t を実数とし，動点Pが $\overrightarrow{\mathrm{AP}}\cdot\overrightarrow{\mathrm{BP}}=t$ を満たしながら動くとき，t のとりうる値の範囲は $t\geqq$ ア□ である。
特に，$t>$ ア□ のとき，点Pの軌跡は，中心の座標が イ□，半径が ウ□ の球面となる。
〔類 立命館大〕

$\mathrm{P}(x,\ y,\ z)$ とすると

$\overrightarrow{\mathrm{AP}}=(x-2,\ y,\ z)$，$\overrightarrow{\mathrm{BP}}=(x,\ y-1,\ z-2)$

$\overrightarrow{\mathrm{AP}}\cdot\overrightarrow{\mathrm{BP}}=t$ から　$(x-2)x+y(y-1)+z(z-2)=t$

変形すると　$(x-1)^2+\left(y-\dfrac{1}{2}\right)^2+(z-1)^2=t+\dfrac{9}{4}$

よって，t のとりうる値の範囲は，$t+\dfrac{9}{4}\geqq 0$ から　$t\geqq$ ア $\boldsymbol{-\dfrac{9}{4}}$

特に，$t>-\dfrac{9}{4}$ のとき，点Pの軌跡は，中心の座標が

イ $\boldsymbol{\left(1,\ \dfrac{1}{2},\ 1\right)}$，半径 ウ $\boldsymbol{\sqrt{t+\dfrac{9}{4}}}$ の球面となる。

←$(x-1)^2-1^2+\left(y-\dfrac{1}{2}\right)^2-\left(\dfrac{1}{2}\right)^2+(z-1)^2-1^2=t$

←(左辺)$\geqq 0$ から。

EX ④51

原点Oを中心とする半径1の球面を Q とする。Q 上の点 $\mathrm{P}(l,\ m,\ n)$ を通り $\overrightarrow{\mathrm{OP}}$ に垂直な平面が，x 軸，y 軸，z 軸と交わる点を順に $\mathrm{A}(a,\ 0,\ 0)$，$\mathrm{B}(0,\ b,\ 0)$，$\mathrm{C}(0,\ 0,\ c)$ とおく。ただし，$l>0$，$m>0$，$n>0$ とする。
〔名古屋市大〕

(1) △ABC の面積 S を l，m，n を用いて表せ。

(2) 点Pが $l>0$，$m>0$，$n=\dfrac{1}{2}$ の条件を満たしながら Q 上を動くとき，S の最小値を求めよ。

HINT (1) 四面体の体積に注目し，まず，S を a，b，c で表す。
(2) (1)の結果を利用。$S=\dfrac{1}{●}$（●>0）の形 ⟶ ●が最大のとき S は最小。

(1) 四面体OABCの体積について，

$$\frac{1}{3}|\overrightarrow{\mathrm{OP}}|S=\frac{1}{3}\times\frac{1}{2}ab\times c$$

が成り立つ。

点Pは球面 Q 上にあるから　$|\overrightarrow{\mathrm{OP}}|=1$

別解 (1) （①を導くまでは同じ。）
点 $\mathrm{P}(l,\ m,\ n)$ を通り，$\overrightarrow{\mathrm{OP}}=(l,\ m,\ n)$ に垂直な平面の方程式は

よって　　$S=\dfrac{abc}{2}$ …… ①

また，$\overrightarrow{\mathrm{OP}}=(l,\ m,\ n)$，$\overrightarrow{\mathrm{AP}}=(l-a,\ m,\ n)$ であるから

$$\overrightarrow{\mathrm{OP}}\cdot\overrightarrow{\mathrm{AP}}=l(l-a)+m^2+n^2=1-la$$

$\overrightarrow{\mathrm{OP}}\perp\overrightarrow{\mathrm{AP}}$ より，$\overrightarrow{\mathrm{OP}}\cdot\overrightarrow{\mathrm{AP}}=0$ であるから

$$1-la=0$$

ゆえに　　$a=\dfrac{1}{l}$

$\overrightarrow{\mathrm{OP}}\perp\overrightarrow{\mathrm{BP}}$，$\overrightarrow{\mathrm{OP}}\perp\overrightarrow{\mathrm{CP}}$ から，同様にして

$$b=\frac{1}{m},\ c=\frac{1}{n}$$

よって，① から　　$\boldsymbol{S=\dfrac{1}{2lmn}}$

$l(x-l)+m(y-m)+n(z-n)=0$
すなわち $lx+my+nz=l^2+m^2+n^2$
よって $lx+my+nz=1$
$y=z=0$ とすると $x=\dfrac{1}{l}$
ゆえに　$a=\dfrac{1}{l}$
同様にして
$b=\dfrac{1}{m}$，$c=\dfrac{1}{n}$
よって　$\boldsymbol{S=\dfrac{1}{2lmn}}$

2章
EX
［空間のベクトル］

(2)　$n=\dfrac{1}{2}$ のとき　　$S=\dfrac{1}{lm}$

$l>0$，$m>0$ であるから，lm が最大のとき，すなわち l^2m^2 が最大のとき S は最小となる。

$l^2+m^2+n^2=1$ であるから　　$l^2=\dfrac{3}{4}-m^2$ …… ②

←$n=\dfrac{1}{2}$

ゆえに　　$l^2m^2=\left(\dfrac{3}{4}-m^2\right)m^2=-m^4+\dfrac{3}{4}m^2$

$$=-\left(m^2-\frac{3}{8}\right)^2+\frac{9}{64}$$

←m^2 の 2 次式。

よって，$m^2=\dfrac{3}{8}$ のとき l^2m^2 は最大値 $\dfrac{9}{64}$ をとる。

←lm の最大値は $\sqrt{\dfrac{9}{64}}=\dfrac{3}{8}$

このとき，② から　　$l^2=\dfrac{3}{8}$

$l>0$，$m>0$ であるから　　$l=m=\dfrac{\sqrt{6}}{4}$

したがって，S は

$\boldsymbol{l=\dfrac{\sqrt{6}}{4}}$，$\boldsymbol{m=\dfrac{\sqrt{6}}{4}}$ **のとき最小値** $\sqrt{\dfrac{64}{9}}=\boldsymbol{\dfrac{8}{3}}$

をとる。

別解　$n=\dfrac{1}{2}$ のとき　　$S=\dfrac{1}{lm}$

$l>0$，$m>0$ であるから，lm が最大のとき S は最小となる。

(相加平均)≧(相乗平均) により

←$A>0$，$B>0$ のとき $\dfrac{A+B}{2}\geqq\sqrt{AB}$
等号は $A=B$ のとき成り立つ。

$$\frac{l^2+m^2}{2}\geqq\sqrt{l^2m^2}=lm$$

$l^2+m^2=\dfrac{3}{4}$ であるから　　$lm\leqq\dfrac{1}{2}\cdot\dfrac{3}{4}=\dfrac{3}{8}$

等号は $l^2=m^2$ すなわち $l=m=\sqrt{\dfrac{3}{8}}=\dfrac{\sqrt{6}}{4}$ のとき成り立つ。

よって，$\boldsymbol{l=m=\dfrac{\sqrt{6}}{4}}$ **のとき** S は **最小値** $\boldsymbol{\dfrac{8}{3}}$ をとる。

←lm の最大値は $\dfrac{3}{8}$

EX ③52 座標空間内に xy 平面と交わる半径5の球がある。その球の中心の z 座標が正であり，その球と xy 平面の交わりが作る円の方程式が $x^2+y^2-4x+6y+4=0$，$z=0$ であるとき，その球の中心の座標を求めよ。〔早稲田大〕

円の方程式を変形すると

$$(x-2)^2+(y+3)^2=9,\ z=0 \ \cdots\cdots \ ①$$

←x，y について平方完成する。

これは xy 平面上で中心 $(2,\ -3,\ 0)$ の円を表す。
ゆえに，球の中心の座標は $(2,\ -3,\ p)$ $(p>0)$ と表され，半径が5であるから，その方程式は

$$(x-2)^2+(y+3)^2+(z-p)^2=5^2$$

この球面と xy 平面の交わりの図形の方程式は

$$(x-2)^2+(y+3)^2+(0-p)^2=25,\ z=0$$

よって　$(x-2)^2+(y+3)^2=25-p^2,\ z=0$
条件より，この方程式が①と一致するから　$25-p^2=9$
ゆえに　$p^2=16$
$p>0$ であるから　$p=4$
したがって，求める球の中心の座標は　**(2, −3, 4)**

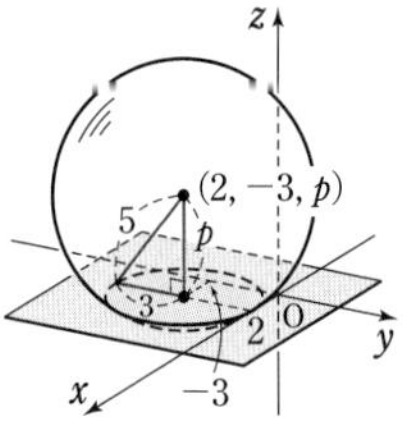

別解　球の中心の座標を $(2,\ -3,\ p)$ $(p>0)$ と表すまでは同じ。球の半径は5，円①の半径は3であるから，三平方の定理により　$p^2+3^2=5^2$　$p>0$ であるから　$p=4$
したがって，求める球の中心の座標は　**(2, −3, 4)**

←上の図の直角三角形に注目。

EX ③53 点Oを原点とする座標空間に，2点A(2, 3, 1)，B(−2, 1, 3) をとる。また，x 座標が正の点Cを，$\overrightarrow{OC}$ が $\overrightarrow{OA}$ と $\overrightarrow{OB}$ に垂直で，$|\overrightarrow{OC}|=8\sqrt{3}$ となるように定める。
(1) 点Cの座標を求めよ。　(2) 四面体OABCの体積を求めよ。
(3) 平面ABCの方程式を求めよ。
(4) 原点Oから平面ABCに垂線OHを下ろす。このとき，点Hの座標を求めよ。〔類 慶応大〕

(1) $C(a,\ b,\ c)$ $(a>0)$ とする。
$\overrightarrow{OA}\perp\overrightarrow{OC}$，$\overrightarrow{OB}\perp\overrightarrow{OC}$ から　$\overrightarrow{OA}\cdot\overrightarrow{OC}=0$，$\overrightarrow{OB}\cdot\overrightarrow{OC}=0$
よって　$2a+3b+c=0 \ \cdots\cdots \ ①$，$-2a+b+3c=0 \ \cdots\cdots \ ②$
①，② から　$b=-a,\ c=a \ \cdots\cdots \ ③$

←$\overrightarrow{OA}=(2,\ 3,\ 1)$，$\overrightarrow{OB}=(-2,\ 1,\ 3)$，$\overrightarrow{OC}=(a,\ b,\ c)$

$|\overrightarrow{OC}|=8\sqrt{3}$ から　$\sqrt{a^2+b^2+c^2}=8\sqrt{3}$
③ を代入して整理すると　$\sqrt{a^2}=8$

←$\sqrt{3a^2}=8\sqrt{3}$

$a>0$ であるから　$a=8$
③ から　$b=-8,\ c=8$
したがって，点Cの座標は　**(8, −8, 8)**

(2) $\overrightarrow{OA}=(2,\ 3,\ 1)$，$\overrightarrow{OB}=(-2,\ 1,\ 3)$ であるから

$$|\overrightarrow{OA}|^2=2^2+3^2+1^2=14,\ |\overrightarrow{OB}|^2=(-2)^2+1^2+3^2=14,$$
$$\overrightarrow{OA}\cdot\overrightarrow{OB}=2\times(-2)+3\times1+1\times3=2$$

ゆえに

$$\triangle OAB=\frac{1}{2}\sqrt{|\overrightarrow{OA}|^2|\overrightarrow{OB}|^2-(\overrightarrow{OA}\cdot\overrightarrow{OB})^2}$$
$$=\frac{1}{2}\sqrt{14\times14-2^2}=4\sqrt{3}$$

$\overrightarrow{OC}$ が $\overrightarrow{OA}$ と $\overrightarrow{OB}$ に垂直であるから，$\overrightarrow{OC}$ は平面 OAB に垂直である。したがって，四面体 OABC の体積は

$$\frac{1}{3}\times\triangle OAB\times|\overrightarrow{OC}|=\frac{1}{3}\times4\sqrt{3}\times8\sqrt{1^2+1^2+1^2}=\mathbf{32}$$

←直線 h が，平面 α 上の交わる 2 直線 ℓ，m に垂直ならば，直線 h は平面 α に垂直である。

(3)　平面 ABC の法線ベクトルを $\vec{n}=(l,\ m,\ n)$ $(\vec{n}\neq\vec{0})$ とする。

$\vec{n}\perp\overrightarrow{AB}$，$\vec{n}\perp\overrightarrow{AC}$ から　　$\vec{n}\cdot\overrightarrow{AB}=0$，$\vec{n}\cdot\overrightarrow{AC}=0$

$\overrightarrow{AB}=(-4,\ -2,\ 2)=-2(2,\ 1,\ -1)$，$\overrightarrow{AC}=(6,\ -11,\ 7)$ であるから　　$2l+m-n=0$，$6l-11m+7n=0$

これから　　$m=5l$，$n=7l$

よって　　$\vec{n}=(l,\ 5l,\ 7l)=l(1,\ 5,\ 7)$

$\vec{n}\neq\vec{0}$ より，$l\neq0$ であるから，$\vec{n}=(1,\ 5,\ 7)$ とする。

平面 ABC は，点 A を通り，$\vec{n}$ に垂直であるから，その方程式は　　$1\cdot(x-2)+5(y-3)+7(z-1)=0$

すなわち　　$\boldsymbol{x+5y+7z-24=0}$

別解　(3)　平面 ABC の方程式を $px+qy+rz+s=0$ とすると，3 点 A，B，C を通ることから

$2p+3q+r+s=0$，
$-2p+q+3r+s=0$，
$8p-8q+8r+s=0$

これから
$q=5p$，$r=7p$，$s=-24p$

よって，求める方程式は
$px+5py+7pz-24p=0$

$\therefore$　$x+5y+7z-24=0$

(4)　$\vec{n}\parallel\overrightarrow{OH}$ であるから，$\overrightarrow{OH}=k(1,\ 5,\ 7)$ (k は実数) とおける。

←$\vec{n}$，$\overrightarrow{OH}$ はともに平面 ABC に垂直。

よって，点 H の座標は　　$(k,\ 5k,\ 7k)$

点 H は平面 ABC 上にあるから　　$k+5\cdot5k+7\cdot7k-24=0$

これを解くと　　$k=\dfrac{8}{25}$

したがって，点 H の座標は　　$\boldsymbol{\left(\dfrac{8}{25},\ \dfrac{8}{5},\ \dfrac{56}{25}\right)}$

2章
EX［空間のベクトル］

EX ⑤54

座標空間内の 8 点 O(0, 0, 0)，A(1, 0, 0)，B(0, 1, 0)，C(0, 0, 1)，D(0, 1, 1)，E(1, 0, 1)，F(1, 1, 0)，G(1, 1, 1) を頂点とする立方体を考える。辺 OA を 3：1 に内分する点を P，辺 CE を 1：2 に内分する点を Q，辺 BF を 1：3 に内分する点を R とする。3 点 P，Q，R を通る平面を α とする。

(1)　平面 α が直線 DG，CD，BD と交わる点を，それぞれ S，T，U とする。点 S，T，U の座標を求めよ。

(2)　四面体 SDTU の体積を求めよ。

(3)　立方体を平面 α で切ってできる立体のうち，点 A を含む側の体積を求めよ。　〔日本女子大〕

HINT　(1)　まず，点 P，Q，R の座標を求める。平面 α の方程式を求め，それを利用。
(3)　(立方体の体積)−(点 A を含まない側の立体の体積) で計算。

(1)　$\mathrm{P}\left(\dfrac{3}{4},\ 0,\ 0\right)$，$\mathrm{Q}\left(\dfrac{1}{3},\ 0,\ 1\right)$，$\mathrm{R}\left(\dfrac{1}{4},\ 1,\ 0\right)$ である。

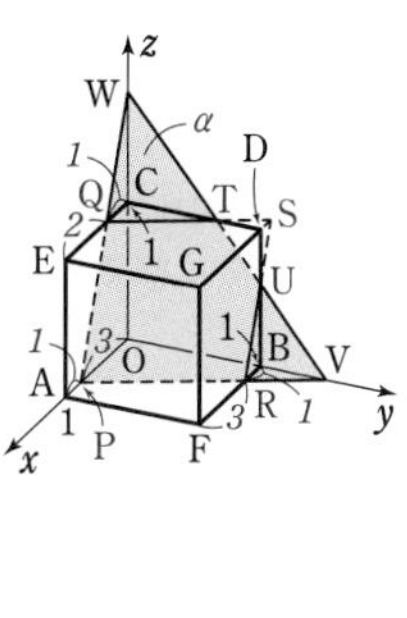

平面 α の方程式を $ax+by+cz+d=0$ とすると，3 点 P，Q，R を通ることから

$$\frac{3}{4}a+d=0\ \cdots\cdots\ ①,\quad \frac{1}{3}a+c+d=0\ \cdots\cdots\ ②,$$

$$\frac{1}{4}a+b+d=0\ \cdots\cdots\ ③$$

① から　　$a=-\dfrac{4}{3}d$

②，③ から　　$b=-\dfrac{2}{3}d$，$c=-\dfrac{5}{9}d$

よって，平面 α の方程式は　$-\frac{4}{3}dx-\frac{2}{3}dy-\frac{5}{9}dz+d=0$　←$d\neq 0$

すなわち　$12x+6y+5z-9=0$ …… ④

④ で $y=1$，$z=1$ とすると　$12x+6+5-9=0$　←S(●，1，1) の形。この点が平面 α 上にある。

ゆえに　$x=-\frac{1}{6}$　　よって　**$\mathrm{S}\left(-\frac{1}{6},\ 1,\ 1\right)$**

④ で $x=0$，$z=1$ とすると　$6y+5-9=0$　←T(0，●，1) の形。この点が平面 α 上にある。

ゆえに　$y=\frac{2}{3}$　　よって　**$\mathrm{T}\left(0,\ \frac{2}{3},\ 1\right)$**

④ で $x=0$，$y=1$ とすると　$6+5z-9=0$　←U(0，1，●) の形。この点が平面 α 上にある。

ゆえに　$z=\frac{3}{5}$　　よって　**$\mathrm{U}\left(0,\ 1,\ \frac{3}{5}\right)$**

(2)　求める体積は

$$\frac{1}{3}\triangle\mathrm{DTU}\times\mathrm{SD}=\frac{1}{3}\times\frac{1}{2}\cdot\left(1-\frac{2}{3}\right)\cdot\left(1-\frac{3}{5}\right)\times\frac{1}{6}$$

$$=\boldsymbol{\frac{1}{270}}$$

(3)　平面 α の y 軸，z 軸との交点をそれぞれ V，W とする。

④ で $x=z=0$ とすると　$y=\frac{3}{2}$　　よって　$\mathrm{V}\left(0,\ \frac{3}{2},\ 0\right)$　←V(0，●，0) の形。

④ で $x=y=0$ とすると　$z=\frac{9}{5}$　　よって　$\mathrm{W}\left(0,\ 0,\ \frac{9}{5}\right)$　←W(0，0，●) の形。

ゆえに，点 A を含まない側の立体の体積は

(四面体 WOPV の体積)－(四面体 UBRV の体積)

－(四面体 WCQT の体積)

$$=\frac{1}{3}\cdot\triangle\mathrm{OPV}\cdot\mathrm{WO}-\frac{1}{3}\cdot\triangle\mathrm{BRV}\cdot\mathrm{UB}-\frac{1}{3}\cdot\triangle\mathrm{CQT}\cdot\mathrm{WC}$$

$$=\frac{1}{3}\times\frac{1}{2}\cdot\frac{3}{4}\cdot\frac{3}{2}\times\frac{9}{5}-\frac{1}{3}\times\frac{1}{2}\cdot\frac{1}{4}\cdot\frac{1}{2}\times\frac{3}{5}$$

$$-\frac{1}{3}\times\frac{1}{2}\cdot\frac{1}{3}\cdot\frac{2}{3}\times\frac{4}{5}$$

$$=\frac{27}{80}-\frac{1}{80}-\frac{4}{135}=\frac{13}{40}-\frac{4}{135}=\frac{319}{1080}$$　←$=\frac{351-32}{1080}$

よって，点 A を含む側の立体の体積は　$1^3-\frac{319}{1080}=\boldsymbol{\frac{761}{1080}}$　←立方体の体積は 1^3

EX ④55

空間に 4 個の点 A(0，1，1)，B(0，2，3)，C(1，3，0)，D(0，1，2) をとる。点 A と点 B を通る直線を ℓ とし，点 C と点 D を通る直線を m とする。

(1)　直線 ℓ と直線 m は交わらないことを証明せよ。

(2)　直線 ℓ と直線 m のどちらに対しても直交する直線を n とし，直線 ℓ と直線 n の交点を P とし，直線 m と直線 n の交点を Q とする。このとき，点 P と点 Q の座標を求め，線分 PQ の長さを求めよ。　〔埼玉大〕

(1)　直線 ℓ の方程式は

$$(x,\ y,\ z)=(1-s)(0,\ 1,\ 1)+s(0,\ 2,\ 3)$$　←$(1-s)\overrightarrow{\mathrm{OA}}+s\overrightarrow{\mathrm{OB}}$ ［O は原点］

よって　$x=0$，$y=1+s$，$z=1+2s$ （s は実数）

直線 m の方程式は

$$(x,\ y,\ z)=(1-t)(1,\ 3,\ 0)+t(0,\ 1,\ 2)$$

←$(1-t)\overrightarrow{\mathrm{OC}}+t\overrightarrow{\mathrm{OD}}$ [O は原点]

ゆえに　$x=1-t,\ y=3-2t,\ z=2t$ (t は実数)

$0=1-t$ …… ①, $1+s=3-2t$ …… ②, $1+2s=2t$ …… ③

とすると, ① から　$t=1$　ゆえに, ② から　$s=0$

しかし, $s=0,\ t=1$ は ③ を満たさない。

←$s=0,\ t=1$ のとき, ③ は $1=2$ となる。

ゆえに, ①~③ を同時に満たす実数 $s,\ t$ は存在しない。

したがって, 直線 $\ell,\ m$ は交わらない。

(2) 点 P は直線 ℓ 上, 点 Q は直線 m 上にあるから, (1) より

$$\mathrm{P}(0,\ s+1,\ 2s+1),\ \mathrm{Q}(-t+1,\ -2t+3,\ 2t)$$

を満たす実数 $s,\ t$ が存在する。

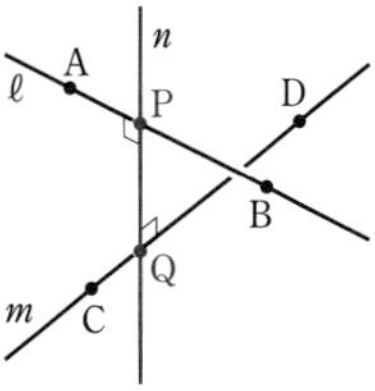

(1) より, 点 P, Q は異なるから, 条件より　$\overrightarrow{\mathrm{PQ}}\perp\ell,\ \overrightarrow{\mathrm{PQ}}\perp m$

ここで, 点 A, B は直線 ℓ 上, 点 C, D は直線 m 上にあるから

$\overrightarrow{\mathrm{PQ}}\perp\overrightarrow{\mathrm{AB}},\ \overrightarrow{\mathrm{PQ}}\perp\overrightarrow{\mathrm{CD}}$　すなわち　$\overrightarrow{\mathrm{PQ}}\cdot\overrightarrow{\mathrm{AB}}=0,\ \overrightarrow{\mathrm{PQ}}\cdot\overrightarrow{\mathrm{CD}}=0$

$\overrightarrow{\mathrm{PQ}}=(-t+1,\ -s-2t+2,\ -2s+2t-1),\ \overrightarrow{\mathrm{AB}}=(0,\ 1,\ 2)$,

$\overrightarrow{\mathrm{CD}}=(-1,\ -2,\ 2)$ であるから, $\overrightarrow{\mathrm{PQ}}\cdot\overrightarrow{\mathrm{AB}}=0$ より

$$(-t+1)\times0+(-s-2t+2)\times1+(-2s+2t-1)\times2=0$$

すなわち　$5s-2t=0$ …… ①

$\overrightarrow{\mathrm{PQ}}\cdot\overrightarrow{\mathrm{CD}}=0$ より

$$(-t+1)\times(-1)+(-s-2t+2)\times(-2)+(-2s+2t-1)\times2=0$$

すなわち　$2s-9t=-7$ …… ②

①, ② を解いて　$s=\dfrac{14}{41},\ t=\dfrac{35}{41}$

よって

$$\mathrm{P}\left(0,\ \frac{14}{41}+1,\ 2\cdot\frac{14}{41}+1\right),\ \mathrm{Q}\left(-\frac{35}{41}+1,\ -2\cdot\frac{35}{41}+3,\ 2\cdot\frac{35}{41}\right)$$

すなわち　$\mathbf{P}\left(\mathbf{0},\ \dfrac{\mathbf{55}}{\mathbf{41}},\ \dfrac{\mathbf{69}}{\mathbf{41}}\right),\ \mathbf{Q}\left(\dfrac{\mathbf{6}}{\mathbf{41}},\ \dfrac{\mathbf{53}}{\mathbf{41}},\ \dfrac{\mathbf{70}}{\mathbf{41}}\right)$

また　$\overrightarrow{\mathrm{PQ}}=\left(\dfrac{6}{41},\ -\dfrac{2}{41},\ \dfrac{1}{41}\right)=\dfrac{1}{41}(6,\ -2,\ 1)$

←$\vec{a}=k\vec{b}$ のとき $|\vec{a}|=|k||\vec{b}|$ (k は実数)

ゆえに　$\mathbf{PQ}=|\overrightarrow{\mathrm{PQ}}|=\dfrac{1}{41}\sqrt{6^2+(-2)^2+1^2}=\dfrac{\mathbf{1}}{\sqrt{\mathbf{41}}}$

EX ④56

座標空間において, 原点 O を中心とし半径が $\sqrt{5}$ の球面を S とする。点 A(1, 1, 1) からベクトル $\vec{u}=(0,\ 1,\ -1)$ と同じ向きに出た光線が球面 S に点 B で当たり, 反射して球面 S の点 C に到達したとする。ただし, 反射光は点 O, A, B が定める平面上を, 直線 OB が ∠ABC を二等分するように進むものとする。点 C の座標を求めよ。〔早稲田大〕

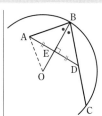

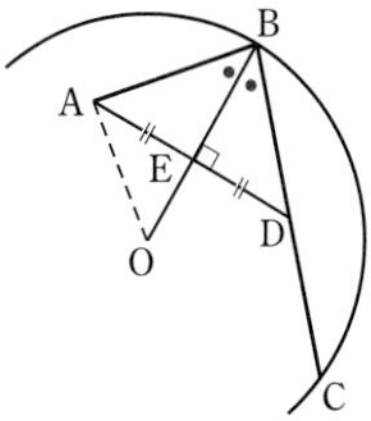

球面 S の方程式は　$x^2+y^2+z^2=5$

与えられた条件から, 正の実数 k を用いて,

$$\overrightarrow{\mathrm{OB}}=\overrightarrow{\mathrm{OA}}+\overrightarrow{\mathrm{AB}}=\overrightarrow{\mathrm{OA}}+k\vec{u}=(1,\ 1+k,\ 1-k)$$

と表される。

よって, 点 B の座標は　$(1,\ 1+k,\ 1-k)$

点 B は球面 S 上にあるから　$1^2+(1+k)^2+(1-k)^2=5$

整理して　$k^2=1$　　$k>0$ であるから　$k=1$

したがって，点Bの座標は　(1, 2, 0)

次に，線分ADと線分OBが直交するように，線分BC上に点Dをとる。また，線分ADと線分OBの交点をEとする。

このとき　$|\overrightarrow{BE}|=|\overrightarrow{BA}|\cos\angle ABO$

$$=|\overrightarrow{BA}|\times\frac{\overrightarrow{BA}\cdot\overrightarrow{BO}}{|\overrightarrow{BA}||\overrightarrow{BO}|}=\frac{\overrightarrow{BA}\cdot\overrightarrow{BO}}{|\overrightarrow{BO}|}$$

ゆえに　$\overrightarrow{BE}=\dfrac{|\overrightarrow{BE}|}{|\overrightarrow{BO}|}\overrightarrow{BO}=\dfrac{\overrightarrow{BA}\cdot\overrightarrow{BO}}{|\overrightarrow{BO}|^2}\overrightarrow{BO}$

$|\overrightarrow{BO}|=\sqrt{5}$，$\overrightarrow{BA}=(0,\ -1,\ 1)$，$\overrightarrow{BO}=(-1,\ -2,\ 0)$ より，$\overrightarrow{BA}\cdot\overrightarrow{BO}=2$ であるから

$$\overrightarrow{BE}=\frac{2}{5}\overrightarrow{BO}=\left(-\frac{2}{5},\ -\frac{4}{5},\ 0\right)$$

Dは線分AEを2：1に外分する点であるから

$$\overrightarrow{BD}=\frac{-\overrightarrow{BA}+2\overrightarrow{BE}}{2-1}=(0,\ 1,\ -1)+\left(-\frac{4}{5},\ -\frac{8}{5},\ 0\right)$$

$$=\left(-\frac{4}{5},\ -\frac{3}{5},\ -1\right)$$

よって，正の実数 m を用いて，

$$\overrightarrow{OC}=\overrightarrow{OB}+m\overrightarrow{BD}=\left(1-\frac{4}{5}m,\ 2-\frac{3}{5}m,\ -m\right)$$

と表される。

ゆえに，点Cの座標は　$\left(1-\dfrac{4}{5}m,\ 2-\dfrac{3}{5}m,\ -m\right)$

点Cは球面 S 上にあるから

$$\left(1-\frac{4}{5}m\right)^2+\left(2-\frac{3}{5}m\right)^2+(-m)^2=5$$

よって　$m(m-2)=0$　　$m>0$ であるから　$m=2$

したがって，点Cの座標は　$\left(\boldsymbol{-\dfrac{3}{5},\ \dfrac{4}{5},\ -2}\right)$

←$\overrightarrow{BE}$ は $\overrightarrow{BA}$ の $\overrightarrow{BO}$ 上への正射影ベクトルであるから

$\overrightarrow{BE}=\dfrac{\overrightarrow{BA}\cdot\overrightarrow{BO}}{|\overrightarrow{BO}|^2}\overrightarrow{BO}$

（本冊 $p.407$ 参考事項を参照。）

←$|\overrightarrow{BO}|$ =（球面 S の半径）

←球面 S の方程式に代入。

EX ⑤57　空間に球面 $S：x^2+y^2+z^2-4z=0$ と定点 A(0, 1, 4) がある。

(1)　球面 S の中心Cの座標と半径を求めよ。

(2)　直線ACと xy 平面との交点Pの座標を求めよ。

(3)　xy 平面上に点 B(4, −1, 0) をとるとき，直線ABと球面 S の共有点の座標を求めよ。

(4)　直線AQと球面 S が共有点をもつように点Qが xy 平面上を動く。このとき，点Qの動く範囲を求めて，それを xy 平面上に図示せよ。　〔立命館大〕

(1)　球面 S の方程式を変形すると

$$x^2+y^2+(z-2)^2=2^2\ \cdots\cdots\ ①$$

よって，球面 S の中心Cの座標は **(0, 0, 2)**，半径は **2** である。

(2)　原点をOとする。

点Pは直線AC上にあるから，k を実数として，次のように表される。

$\overrightarrow{OP}=(1-k)\overrightarrow{OA}+k\overrightarrow{OC}$
$=(0,\ 1-k,\ 4-2k)$

点 P は xy 平面上にあるから　$4-2k=0$

ゆえに　$k=2$

よって，点 P の座標は　**(0, −1, 0)**

←$\overrightarrow{OP}=\overrightarrow{OA}+k\overrightarrow{AC}$ でもよい。

←z 座標は 0 である。

参考 (2) 2 点 A，C は yz 平面にあるから，点 P も yz 平面にある。
よって　P(0, −1, 0)

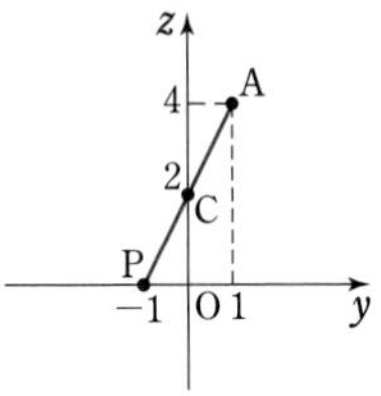

(3) 直線 AB 上の点を R とすると，l を実数として，次のように表される。

$\overrightarrow{OR}=(1-l)\overrightarrow{OA}+l\overrightarrow{OB}$
$=(4l,\ 1-2l,\ 4-4l)$

ゆえに　$R(4l,\ 1-2l,\ 4-4l)$

点 R の座標を ① に代入して

$(4l)^2+(1-2l)^2+(2-4l)^2=4$

よって　$36l^2-20l+1=0$

ゆえに　$(2l-1)(18l-1)=0$

よって　$l=\frac{1}{2},\ \frac{1}{18}$

ゆえに，求める共有点の座標は

$$\mathbf{(2,\ 0,\ 2),\ \left(\frac{2}{9},\ \frac{8}{9},\ \frac{34}{9}\right)}$$

(4) 点 Q は xy 平面上を動くから，$Q(X,\ Y,\ 0)$ とする。

←z 座標は 0 である。

直線 AQ 上の点を T とすると，t を実数として，次のように表される。

$\overrightarrow{OT}=(1-t)\overrightarrow{OA}+t\overrightarrow{OQ}$
$=(tX,\ 1-t+tY,\ 4-4t)$

よって　$T(tX,\ 1+t(Y-1),\ 4-4t)$

←y 成分は t について整理しておくと，以後の計算がらく。

点 T の座標を ① に代入して

$(tX)^2+\{1+t(Y-1)\}^2+(2-4t)^2=4$

t について整理すると

$\{X^2+(Y-1)^2+16\}t^2+2(Y-9)t+1=0$ …… ②

直線 AQ と球面 S が共有点をもつから，t の 2 次方程式 ② は実数解をもつ。

←$X^2+(Y-1)^2+16>0$ であるから，② は t の 2 次方程式である。

ゆえに，② の判別式を D とすると　$D\geqq 0$

ここで

$\frac{D}{4}=(Y-9)^2-\{X^2+(Y-1)^2+16\}\cdot 1$
$=-X^2-16Y+64$

$D\geqq 0$ から　$Y\leqq -\frac{1}{16}X^2+4$

よって，点 Q の動く範囲を xy 平面上に図示すると，**右の図の斜線部分。ただし，境界線を含む。**

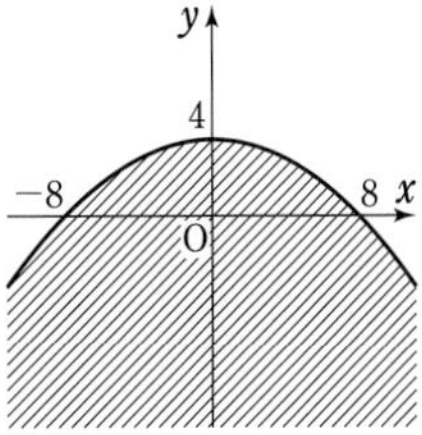

練習 ①90

(1) $\alpha=a+3i$, $\beta=2+bi$, $\gamma=3a+(b+3)i$ とする。4 点 0, α, β, γ が一直線上にあるとき，実数 a, b の値を求めよ。
(2) 右図の複素数平面上の点 α, β について，点 $\alpha+\beta$, $\alpha-\beta$, $3\alpha+2\beta$, $\frac{1}{2}(\alpha-4\beta)$ を図に示せ。

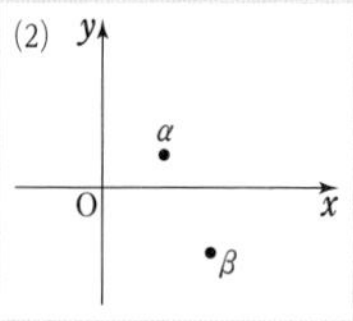

(1) $\alpha\neq 0$ であるから，条件より $\beta=k\alpha$ …… ①，$\gamma=l\alpha$ …… ② となる実数 k, l がある。

① から　$2+bi=ka+3ki$
よって　$2=ka$ …… ③，$b=3k$ …… ④
② から　$3a+(b+3)i=la+3li$
ゆえに　$3a=la$ …… ⑤，$b+3=3l$ …… ⑥
③ から　$a\neq 0$
よって，⑤ から　$l=3$
$l=3$ を ⑥ に代入して　$b+3=9$　ゆえに　$\boldsymbol{b=6}$
$b=6$ を ④ に代入して　$6=3k$　よって　$k=2$
$k=2$ を ③ に代入して　$2=2a$　ゆえに　$\boldsymbol{a=1}$

←3 点 0, ●, ▲ が一直線上にある (●$\neq$0) ⟺ ▲$=k$● となる実数 k がある

(2) 下の図で，線分で囲まれた四角形はすべて平行四辺形である。このとき，$\alpha+\beta$, $\alpha-\beta$, $3\alpha+2\beta$, $\frac{1}{2}(\alpha-4\beta)$ の各点は，**図** のようになる。

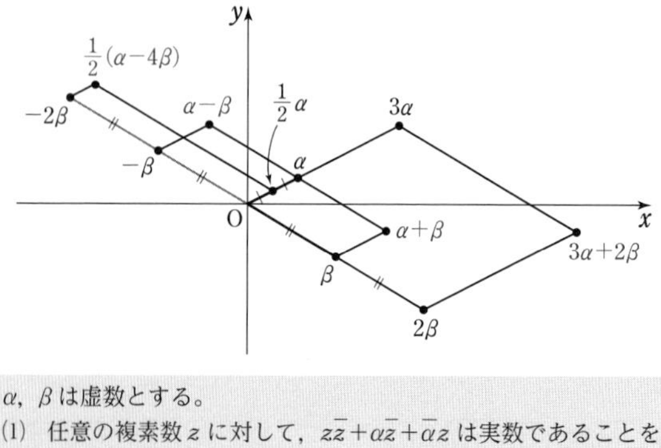

(2) **複素数の和・差は平行四辺形を作る**
ベクトルの図示と同じように考えればよい。
$\alpha-\beta=\alpha+(-\beta)$
$\frac{1}{2}(\alpha-4\beta)$
$=\frac{1}{2}\alpha+(-2\beta)$
と考えている。

練習 ②91

α, β は虚数とする。
(1) 任意の複素数 z に対して，$z\overline{z}+\alpha\overline{z}+\overline{\alpha}z$ は実数であることを示せ。
(2) $\alpha+\beta$, $\alpha\beta$ がともに実数ならば，$\alpha=\overline{\beta}$ であることを示せ。　[(1) 類 岡山大]

(1) $w=z\overline{z}+\alpha\overline{z}+\overline{\alpha}z$ とすると

$$\overline{w}=\overline{z\overline{z}+\alpha\overline{z}+\overline{\alpha}z}=\overline{z\overline{z}}+\overline{\alpha\overline{z}}+\overline{\overline{\alpha}z}=\overline{z}\,\overline{\overline{z}}+\overline{\alpha}\,\overline{\overline{z}}+\overline{\overline{\alpha}}\,\overline{z}$$
$$=\overline{z}z+\overline{\alpha}z+\alpha\overline{z}=w$$

したがって，w は実数である。

←$\overline{\alpha+\beta}=\overline{\alpha}+\overline{\beta}$, $\overline{\alpha\beta}=\overline{\alpha}\,\overline{\beta}$, $\overline{\overline{\alpha}}=\alpha$
←$\overline{w}=w \iff w$ は実数

(2) $\alpha+\beta$ は実数であるから　$\overline{\alpha+\beta}=\alpha+\beta$

よって　$\overline{\alpha}+\overline{\beta}=\alpha+\beta$　ゆえに　$\beta=\overline{\alpha}+\overline{\beta}-\alpha$ …… ①

また，$\alpha\beta$ も実数であるから　$\overline{\alpha\beta}=\alpha\beta$

① を代入すると　$\overline{\alpha}\,\overline{\beta}=\alpha(\overline{\alpha}+\overline{\beta}-\alpha)$

よって　$\overline{\alpha}\,\overline{\beta}-\alpha\overline{\alpha}-\alpha\overline{\beta}+\alpha^2=0$

$\overline{\beta}$ について整理すると　$(\overline{\alpha}-\alpha)\overline{\beta}-\alpha(\overline{\alpha}-\alpha)=0$

したがって　$(\overline{\alpha}-\alpha)(\overline{\beta}-\alpha)=0$

α は虚数であるから，$\overline{\alpha}\neq\alpha$ より　$\overline{\alpha}-\alpha\neq0$

ゆえに　$\overline{\beta}-\alpha=0$　すなわち　$\alpha=\overline{\beta}$

← $\overline{\alpha\beta}=\overline{\alpha}\,\overline{\beta}$

← 「$\overline{\alpha}=\alpha \Longrightarrow \alpha$ は実数」の対偶は「α は虚数 $\Longrightarrow \overline{\alpha}\neq\alpha$」

3章 練習 [複素数平面]

練習 ①92

(1) $z=1-i$ のとき，$\left|\overline{z}-\dfrac{1}{z}\right|$ の値を求めよ。

(2) 2点 A$(3-4i)$，B$(4-3i)$ 間の距離を求めよ。また，この2点から等距離にある実軸上の点 C を表す複素数を求めよ。

(1) $\left|\overline{z}-\dfrac{1}{z}\right|^2=\left(\overline{z}-\dfrac{1}{z}\right)\overline{\left(\overline{z}-\dfrac{1}{z}\right)}=\left(\overline{z}-\dfrac{1}{z}\right)\left(z-\dfrac{1}{\overline{z}}\right)$

$=\overline{z}z+\dfrac{1}{z\overline{z}}-2=|z|^2+\dfrac{1}{|z|^2}-2$

ここで，$|z|^2=|1-i|^2=1^2+(-1)^2=2$ であるから

$\left|\overline{z}-\dfrac{1}{z}\right|^2=2+\dfrac{1}{2}-2=\dfrac{1}{2}$　よって　$\left|\overline{z}-\dfrac{1}{z}\right|=\boldsymbol{\dfrac{1}{\sqrt{2}}}$

別解　$|z|^2=2$ であるから　$z\overline{z}=2$　よって　$\dfrac{1}{z}=\dfrac{\overline{z}}{2}$

ゆえに　$\left|\overline{z}-\dfrac{1}{z}\right|=\left|\overline{z}-\dfrac{\overline{z}}{2}\right|=\left|\dfrac{\overline{z}}{2}\right|=\dfrac{1}{2}|1+i|=\boldsymbol{\dfrac{\sqrt{2}}{2}}$

(2) $\mathrm{AB}^2=|(4-3i)-(3-4i)|^2=|1+i|^2=1^2+1^2=2$

AB>0 であるから　AB$=\boldsymbol{\sqrt{2}}$

また，求める実軸上の点を C(a) (a は実数) とすると，

AC$=$BC であるから　$\mathrm{AC}^2=\mathrm{BC}^2$

$\mathrm{AC}^2=|a-3+4i|^2=(a-3)^2+4^2=a^2-6a+25$

$\mathrm{BC}^2=|a-4+3i|^2=(a-4)^2+3^2=a^2-8a+25$

よって　$a^2-6a+25=a^2-8a+25$

これを解いて　$a=0$　ゆえに，点 C を表す複素数は　**0**

← $\overline{\overline{z}-\dfrac{1}{z}}=\overline{\overline{z}}-\overline{\left(\dfrac{1}{z}\right)}$ $=z-\dfrac{\overline{1}}{\overline{z}}=z-\dfrac{1}{\overline{z}}$

← $\alpha=a+bi$ に対し $|\alpha|=|a+bi|$ $=\sqrt{a^2+b^2}$

← $|z|^2=z\overline{z}$

← $|1+i|=\sqrt{1^2+1^2}=\sqrt{2}$

← 2点 A(α)，B(β) 間の距離は　$|\beta-\alpha|$

← 実軸上の点 $\Longleftrightarrow$ 虚部が 0

距離の条件　平方して扱う

練習 ③93

z，α，β を複素数とする。

(1) $|z-2i|=|1+2iz|$ のとき，$|z|=1$ であることを示せ。〔類 東北学院大〕

(2) $|\alpha|=|\beta|=|\alpha+\beta|=2$ のとき，$\alpha^2+\alpha\beta+\beta^2$ の値を求めよ。

(1) $|z-2i|=|1+2iz|$ から　$|z-2i|^2=|1+2iz|^2$

ゆえに　$(z-2i)(\overline{z-2i})=(1+2iz)(\overline{1+2iz})$

よって　$(z-2i)(\overline{z}+2i)=(1+2iz)(1-2i\overline{z})$

展開すると　$z\overline{z}+2iz-2i\overline{z}+4=1-2i\overline{z}+2iz+4z\overline{z}$

整理すると　$3z\overline{z}-3=0$　よって　$z\overline{z}=1$

したがって，$|z|^2=1$ であるから　$|z|=1$

HINT **$|\alpha|$ は $|\alpha|^2$ として扱う　$|\alpha|^2=\alpha\overline{\alpha}$**

← $\overline{z-2i}=\overline{z}+(\overline{-2i})$ $=\overline{z}+2i$ $\overline{1+2iz}=\overline{1}+\overline{2iz}$ $=1+\overline{2i}\,\overline{z}=1-2i\overline{z}$

(2) $|\alpha|=|\beta|=2$ から　$|\alpha|^2=|\beta|^2=4$　ゆえに　$\alpha\overline{\alpha}=\beta\overline{\beta}=4$

よって　$\overline{\alpha}=\dfrac{4}{\alpha}$，$\overline{\beta}=\dfrac{4}{\beta}$ …… ①

←$\alpha\neq0$，$\beta\neq0$

また，$|\alpha+\beta|=2$ から　$|\alpha+\beta|^2=4$

ゆえに　$(\alpha+\beta)(\overline{\alpha}+\overline{\beta})=4$

←$|\alpha+\beta|^2=(\alpha+\beta)(\overline{\alpha+\beta})$

① を代入して　$(\alpha+\beta)\left(\dfrac{4}{\alpha}+\dfrac{4}{\beta}\right)=4$

よって　$(\alpha+\beta)\cdot\dfrac{4(\alpha+\beta)}{\alpha\beta}=4$

ゆえに　$(\alpha+\beta)^2=\alpha\beta$　したがって　$\boldsymbol{\alpha^2+\alpha\beta+\beta^2=0}$

練習 ④94

絶対値が1で，z^3-z が実数であるような複素数 z を求めよ。〔類 関西大〕

$|z|=1$ から　$|z|^2=1$　ゆえに　$z\overline{z}=1$

また，z^3-z は実数であるから　$z^3-z=\overline{z^3-z}$

←**複素数 α が実数 $\Leftrightarrow \overline{\alpha}=\alpha$**

よって　$z^3-z-\{(\overline{z})^3-\overline{z}\}=0$

ゆえに　$z^3-(\overline{z})^3-(z-\overline{z})=0$

←$\alpha^3-\beta^3=(\alpha-\beta)(\alpha^2+\alpha\beta+\beta^2)$

よって　$(z-\overline{z})[\{z^2+z\overline{z}+(\overline{z})^2\}-1]=0$

したがって　$(z-\overline{z})\{z^2+(\overline{z})^2\}=0$

←$z\overline{z}=1$

ゆえに　$z-\overline{z}=0$ または $z^2+(\overline{z})^2=0$

←α，β が複素数のとき $\alpha\beta=0 \Leftrightarrow \alpha=0$ または $\beta=0$

[1] $z-\overline{z}=0$ のとき　$\overline{z}=z$　よって，z は実数である。

ゆえに，$|z|=1$ から　$z=\pm1$

[2] $z^2+(\overline{z})^2=0$ のとき　$(z+\overline{z})^2-2z\overline{z}=0$

←$a^2+b^2=(a+b)^2-2ab$

よって　$(z+\overline{z})^2=2$　ゆえに　$z+\overline{z}=\pm\sqrt{2}$

←$z\overline{z}=1$

$z+\overline{z}=\sqrt{2}$ のとき，$z\overline{z}=1$ から，和が $\sqrt{2}$，積が1である2数を，2次方程式 $x^2-\sqrt{2}x+1=0$ を解いて求めると

←$x^2-(\text{和})x+(\text{積})=0$

$$x=\frac{\sqrt{2}\pm\sqrt{(-\sqrt{2})^2-4\cdot1\cdot1}}{2\cdot1}=\frac{\sqrt{2}\pm\sqrt{2}i}{2}$$

この2数は互いに共役であるから，適する。

←2数は z と $\overline{z}$ であるから，求めた2数が互いに共役かどうか確認する。

$z+\overline{z}=-\sqrt{2}$ のとき，同様に，和が $-\sqrt{2}$，積が1である2数を，2次方程式 $x^2+\sqrt{2}x+1=0$ を解いて求めると

$$x=\frac{-\sqrt{2}\pm\sqrt{(\sqrt{2})^2-4\cdot1\cdot1}}{2\cdot1}=\frac{-\sqrt{2}\pm\sqrt{2}i}{2}$$

この2数は互いに共役であるから，適する。

[1]，[2] から　$\boldsymbol{z=\pm1,\ \dfrac{\sqrt{2}\pm\sqrt{2}i}{2},\ \dfrac{-\sqrt{2}\pm\sqrt{2}i}{2}}$

練習 ①95

次の複素数を極形式で表せ。ただし，偏角 θ は $0\leqq\theta<2\pi$ とする。

(1) $2-2i$　(2) -3　(3) $\cos\dfrac{2}{3}\pi-i\sin\dfrac{2}{3}\pi$

HINT (3) 既に極形式で表されていると勘違いしてはいけない（i の前の符号は + である必要がある）。まず，$\cos\dfrac{2}{3}\pi$，$\sin\dfrac{2}{3}\pi$ を数値に直して考える。

(1)　絶対値は　$\sqrt{2^2+(-2)^2}=\sqrt{8}=2\sqrt{2}$

偏角 θ は　$\cos\theta=\dfrac{2}{2\sqrt{2}}=\dfrac{1}{\sqrt{2}}$，$\sin\theta=\dfrac{-2}{2\sqrt{2}}=-\dfrac{1}{\sqrt{2}}$

$0\leqq\theta<2\pi$ であるから　$\theta=\dfrac{7}{4}\pi$

したがって　$2-2i=\boldsymbol{2\sqrt{2}\left(\cos\frac{7}{4}\pi+i\sin\frac{7}{4}\pi\right)}$

(1)

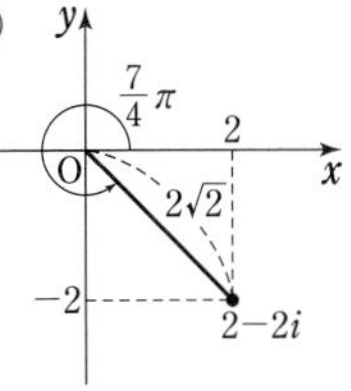

(2)　絶対値は　$\sqrt{(-3)^2}=3$

偏角 θ は　$\cos\theta=\dfrac{-3}{3}=-1$，$\sin\theta=\dfrac{0}{3}=0$

$0\leqq\theta<2\pi$ であるから　$\theta=\pi$

したがって　$-3=\boldsymbol{3(\cos\pi+i\sin\pi)}$

(2)

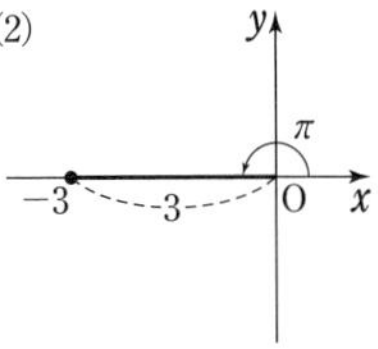

(3)　$\cos\dfrac{2}{3}\pi-i\sin\dfrac{2}{3}\pi=-\dfrac{1}{2}-\dfrac{\sqrt{3}}{2}i$

絶対値は　$\sqrt{\left(-\dfrac{1}{2}\right)^2+\left(-\dfrac{\sqrt{3}}{2}\right)^2}=1$

偏角 θ は　$\cos\theta=-\dfrac{1}{2}$，$\sin\theta=-\dfrac{\sqrt{3}}{2}$

$0\leqq\theta<2\pi$ であるから　$\theta=\dfrac{4}{3}\pi$

したがって　$\cos\dfrac{2}{3}\pi-i\sin\dfrac{2}{3}\pi=\boldsymbol{\cos\frac{4}{3}\pi+i\sin\frac{4}{3}\pi}$

(3)

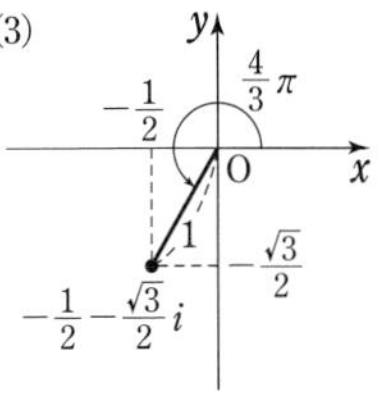

別解　等式 $\cos(\pi-\theta)=\cos(\pi+\theta)$，$\sin(\pi-\theta)=-\sin(\pi+\theta)$

において，$\theta=\dfrac{\pi}{3}$ とすると

$$\cos\frac{2}{3}\pi=\cos\frac{4}{3}\pi,\ \sin\frac{2}{3}\pi=-\sin\frac{4}{3}\pi$$

したがって　$\cos\dfrac{2}{3}\pi-i\sin\dfrac{2}{3}\pi=\boldsymbol{\cos\frac{4}{3}\pi+i\sin\frac{4}{3}\pi}$

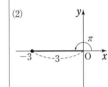

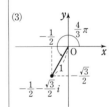

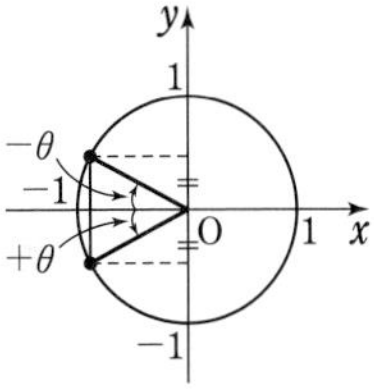

練習 ③96

次の複素数を極形式で表せ。ただし，偏角 θ は $0\leqq\theta<2\pi$ とする。

(1)　$-\cos\alpha-i\sin\alpha$ $(0<\alpha<\pi)$　　(2)　$\sin\alpha-i\cos\alpha$ $(0\leqq\alpha<2\pi)$

HINT　既に極形式で表されていると勘違いしてはいけない。次の式を利用して，$r(\cos●+i\sin●)$ の形に変形する。

(1)　$\cos(\pi+\theta)=-\cos\theta$，$\sin(\pi+\theta)=-\sin\theta$

(2)　$\cos\left(\theta-\dfrac{\pi}{2}\right)=\sin\theta$，$\sin\left(\theta-\dfrac{\pi}{2}\right)=-\cos\theta$

(1)　絶対値は　$\sqrt{(-\cos\alpha)^2+(-\sin\alpha)^2}=1$

また　$-\cos\alpha-i\sin\alpha=\boldsymbol{\cos(\pi+\alpha)+i\sin(\pi+\alpha)}$　…… ①

$0<\alpha<\pi$ より，$\pi<\pi+\alpha<2\pi$ であるから，① は求める極形式である。

←$\cos(\pi+\theta)=-\cos\theta$
$\sin(\pi+\theta)=-\sin\theta$

←偏角の条件を満たすかどうか確認する。

(2)　絶対値は　　$\sqrt{(\sin\alpha)^2+(-\cos\alpha)^2}=1$

また　　$\sin\alpha-i\cos\alpha=\cos\left(\alpha-\dfrac{\pi}{2}\right)+i\sin\left(\alpha-\dfrac{\pi}{2}\right)$

←$\cos\left(\theta-\dfrac{\pi}{2}\right)=\sin\theta$,
$\sin\left(\theta-\dfrac{\pi}{2}\right)=-\cos\theta$

ここで

$\dfrac{\pi}{2}\leqq\alpha<2\pi$ のとき，$0\leqq\alpha-\dfrac{\pi}{2}<\dfrac{3}{2}\pi$ であるから，求める極形式は

$$\sin\alpha-i\cos\alpha=\boldsymbol{\cos\left(\alpha-\dfrac{\pi}{2}\right)+i\sin\left(\alpha-\dfrac{\pi}{2}\right)}$$

←$0\leqq\alpha<2\pi$ から
$-\dfrac{\pi}{2}\leqq\alpha-\dfrac{\pi}{2}<\dfrac{3}{2}\pi$
最初に，式変形せずに偏角の条件を満たす場合を考えている。

$0\leqq\alpha<\dfrac{\pi}{2}$ のとき　　$-\dfrac{\pi}{2}\leqq\alpha-\dfrac{\pi}{2}<0$

各辺に 2π を加えると，$\dfrac{3}{2}\pi\leqq\alpha+\dfrac{3}{2}\pi<2\pi$ であり

$$\cos\left(\alpha-\dfrac{\pi}{2}\right)=\cos\left(\alpha+\dfrac{3}{2}\pi\right),\ \sin\left(\alpha-\dfrac{\pi}{2}\right)=\sin\left(\alpha+\dfrac{3}{2}\pi\right)$$

よって，求める極形式は

$$\sin\alpha-i\cos\alpha=\boldsymbol{\cos\left(\alpha+\dfrac{3}{2}\pi\right)+i\sin\left(\alpha+\dfrac{3}{2}\pi\right)}$$

←$0\leqq\alpha<\dfrac{\pi}{2}$ のとき，偏角が 0 以上 2π 未満の範囲に含まれていないから，偏角に 2π を加えて調整する。なお
$\cos(●+2n\pi)=\cos●$
$\sin(●+2n\pi)=\sin●$
[n は整数]

練習 ①97　次の 2 つの複素数 α，β について，積 $\alpha\beta$ と商 $\dfrac{\alpha}{\beta}$ を極形式で表せ。ただし，偏角 θ は $0\leqq\theta<2\pi$ とする。
(1)　$\alpha=-1+i$，$\beta=3+\sqrt{3}\,i$　　　(2)　$\alpha=-2+2i$，$\beta=-1-\sqrt{3}\,i$

(1)　α，β をそれぞれ極形式で表すと

$$\alpha=\sqrt{2}\left(-\dfrac{1}{\sqrt{2}}+\dfrac{1}{\sqrt{2}}i\right)=\sqrt{2}\left(\cos\dfrac{3}{4}\pi+i\sin\dfrac{3}{4}\pi\right),$$

$$\beta=2\sqrt{3}\left(\dfrac{\sqrt{3}}{2}+\dfrac{1}{2}i\right)=2\sqrt{3}\left(\cos\dfrac{\pi}{6}+i\sin\dfrac{\pi}{6}\right)$$

よって　　$\boldsymbol{\alpha\beta}=\sqrt{2}\cdot2\sqrt{3}\left\{\cos\left(\dfrac{3}{4}\pi+\dfrac{\pi}{6}\right)+i\sin\left(\dfrac{3}{4}\pi+\dfrac{\pi}{6}\right)\right\}$

$$=\boldsymbol{2\sqrt{6}\left(\cos\dfrac{11}{12}\pi+i\sin\dfrac{11}{12}\pi\right)}$$

$$\boldsymbol{\dfrac{\alpha}{\beta}}=\dfrac{\sqrt{2}}{2\sqrt{3}}\left\{\cos\left(\dfrac{3}{4}\pi-\dfrac{\pi}{6}\right)+i\sin\left(\dfrac{3}{4}\pi-\dfrac{\pi}{6}\right)\right\}$$

$$=\boldsymbol{\dfrac{\sqrt{6}}{6}\left(\cos\dfrac{7}{12}\pi+i\sin\dfrac{7}{12}\pi\right)}$$

(1)
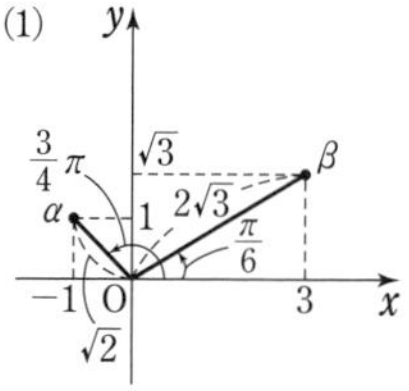

複素数の積と商
積の絶対値　は　掛ける
偏角　は　加える
商の絶対値　は　割る
偏角　は　引く

(2)　α，β をそれぞれ極形式で表すと

$$\alpha=2\sqrt{2}\left(-\dfrac{1}{\sqrt{2}}+\dfrac{1}{\sqrt{2}}i\right)=2\sqrt{2}\left(\cos\dfrac{3}{4}\pi+i\sin\dfrac{3}{4}\pi\right),$$

$$\beta=2\left(-\dfrac{1}{2}-\dfrac{\sqrt{3}}{2}i\right)=2\left(\cos\dfrac{4}{3}\pi+i\sin\dfrac{4}{3}\pi\right)$$

よって　　$\boldsymbol{\alpha\beta}=2\sqrt{2}\cdot2\left\{\cos\left(\dfrac{3}{4}\pi+\dfrac{4}{3}\pi\right)+i\sin\left(\dfrac{3}{4}\pi+\dfrac{4}{3}\pi\right)\right\}$

$$=4\sqrt{2}\left(\cos\dfrac{25}{12}\pi+i\sin\dfrac{25}{12}\pi\right)=\boldsymbol{4\sqrt{2}\left(\cos\dfrac{\pi}{12}+i\sin\dfrac{\pi}{12}\right)}$$

(2)
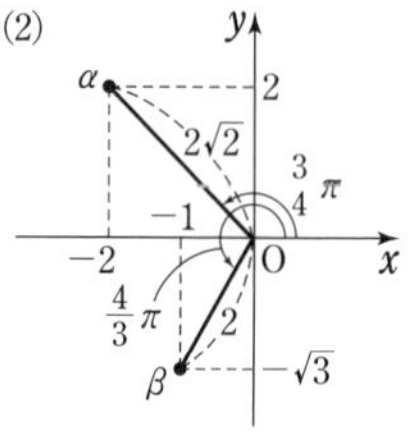

←$\dfrac{25}{12}\pi=\dfrac{\pi}{12}+2\pi$

$$\frac{\alpha}{\beta}=\frac{2\sqrt{2}}{2}\left\{\cos\left(\frac{3}{4}\pi-\frac{4}{3}\pi\right)+i\sin\left(\frac{3}{4}\pi-\frac{4}{3}\pi\right)\right\}$$

$$=\sqrt{2}\left\{\cos\left(-\frac{7}{12}\pi\right)+i\sin\left(-\frac{7}{12}\pi\right)\right\}$$

$$=\boldsymbol{\sqrt{2}\left(\cos\frac{17}{12}\pi+i\sin\frac{17}{12}\pi\right)}$$

←$-\frac{7}{12}\pi=\frac{17}{12}\pi+2\pi\times(-1)$
$\sqrt{2}\left(\cos\frac{7}{12}\pi-i\sin\frac{7}{12}\pi\right)$
を答としてはダメ。

練習 ②98 $1+i$，$\sqrt{3}+i$ を極形式で表すことにより，$\cos\frac{5}{12}\pi$，$\sin\frac{5}{12}\pi$ の値をそれぞれ求めよ。

$1+i$，$\sqrt{3}+i$ をそれぞれ極形式で表すと

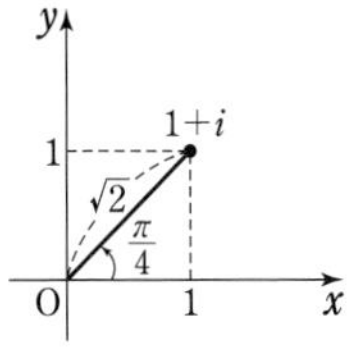

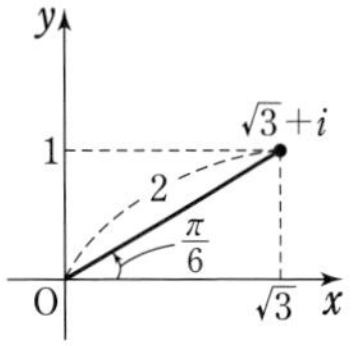

$$1+i=\sqrt{2}\left(\frac{1}{\sqrt{2}}+\frac{1}{\sqrt{2}}i\right)$$

$$=\sqrt{2}\left(\cos\frac{\pi}{4}+i\sin\frac{\pi}{4}\right)$$

$$\sqrt{3}+i=2\left(\frac{\sqrt{3}}{2}+\frac{1}{2}i\right)$$

$$=2\left(\cos\frac{\pi}{6}+i\sin\frac{\pi}{6}\right)$$

ゆえに　$(1+i)(\sqrt{3}+i)=\sqrt{2}\cdot2\left\{\cos\left(\frac{\pi}{4}+\frac{\pi}{6}\right)+i\sin\left(\frac{\pi}{4}+\frac{\pi}{6}\right)\right\}$

$$=2\sqrt{2}\left(\cos\frac{5}{12}\pi+i\sin\frac{5}{12}\pi\right)\ \cdots\cdots\ ①$$

←極形式の形。

また　$(1+i)(\sqrt{3}+i)=\sqrt{3}-1+(\sqrt{3}+1)i\ \cdots\cdots\ ②$

←$a+bi$ の形。

よって，①，② から

$$2\sqrt{2}\cos\frac{5}{12}\pi=\sqrt{3}-1,\quad 2\sqrt{2}\sin\frac{5}{12}\pi=\sqrt{3}+1$$

←①，② の実部どうし，虚部どうしがそれぞれ等しい。

したがって　$\boldsymbol{\cos\frac{5}{12}\pi}=\frac{\sqrt{3}-1}{2\sqrt{2}}=\boldsymbol{\frac{\sqrt{6}-\sqrt{2}}{4}}$，

$$\boldsymbol{\sin\frac{5}{12}\pi}=\frac{\sqrt{3}+1}{2\sqrt{2}}=\boldsymbol{\frac{\sqrt{6}+\sqrt{2}}{4}}$$

練習 ③99 (1) $\alpha=\frac{1}{2}(\sqrt{3}+i)$ とするとき，$\alpha-1$ を極形式で表せ。
(2) (1)の結果を利用して，$\cos\frac{5}{12}\pi$ の値を求めよ。

(1) $\alpha=\cos\frac{\pi}{6}+i\sin\frac{\pi}{6}$，$-1=\cos\pi+i\sin\pi$ であるから

←α，-1 をそれぞれ極形式で表す。

$$\alpha-1=\left(\cos\pi+\cos\frac{\pi}{6}\right)+i\left(\sin\pi+\sin\frac{\pi}{6}\right)$$

$$=2\cos\left\{\frac{1}{2}\left(\pi+\frac{\pi}{6}\right)\right\}\cos\left\{\frac{1}{2}\left(\pi-\frac{\pi}{6}\right)\right\}$$

$$+i\cdot2\sin\left\{\frac{1}{2}\left(\pi+\frac{\pi}{6}\right)\right\}\cos\left\{\frac{1}{2}\left(\pi-\frac{\pi}{6}\right)\right\}$$

$$=2\cos\frac{7}{12}\pi\cos\frac{5}{12}\pi+2i\sin\frac{7}{12}\pi\cos\frac{5}{12}\pi$$

←和 ⟶ 積の公式
$\cos A+\cos B=2\cos\frac{A+B}{2}\cos\frac{A-B}{2}$，
$\sin A+\sin B=2\sin\frac{A+B}{2}\cos\frac{A-B}{2}$

$$=2\cos\frac{5}{12}\pi\left(\cos\frac{7}{12}\pi+i\sin\frac{7}{12}\pi\right) \cdots\cdots ①$$

$2\cos\frac{5}{12}\pi>0$ であるから，① が $\alpha-1$ の極形式である。

別解　図のように，$A\left(\frac{\sqrt{3}}{2}\right)$，$B(\alpha)$，$C(\alpha-1)$ とすると　$BO=BC=1$，

←図を用いる解法。

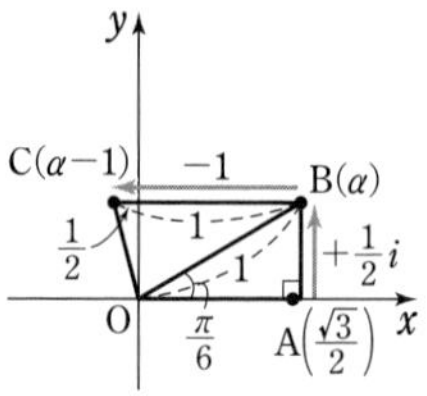

$$\angle OBC=\angle AOB=\frac{\pi}{6}$$

←OA∥BC

よって　$\angle BOC=\frac{1}{2}\left(\pi-\frac{\pi}{6}\right)$

$$=\frac{5}{12}\pi$$

←△BOC は二等辺三角形。

ゆえに　$\angle AOC=\frac{\pi}{6}+\frac{5}{12}\pi=\frac{7}{12}\pi$

また　$OC=2\cdot OB\cos\angle BOC=2\cos\frac{5}{12}\pi$

よって　$\alpha-1=2\cos\frac{5}{12}\pi\left(\cos\frac{7}{12}\pi+i\sin\frac{7}{12}\pi\right)$

←$OC(\cos\angle AOC+i\sin\angle AOC)$

(2)　$\alpha-1=\frac{1}{2}(\sqrt{3}+i)-1=\frac{\sqrt{3}-2}{2}+\frac{1}{2}i$

よって　$|\alpha-1|=\sqrt{\left(\frac{\sqrt{3}-2}{2}\right)^2+\left(\frac{1}{2}\right)^2}$

$$=\sqrt{\frac{8-4\sqrt{3}}{4}}$$

$$=\frac{\sqrt{(6+2)-2\sqrt{6\cdot 2}}}{2}=\frac{\sqrt{6}-\sqrt{2}}{2}$$

←2 重根号ははずせる。
$\sqrt{a+b-2\sqrt{ab}}$
$=\sqrt{a}-\sqrt{b}\ (a>b>0)$

(1) より，$|\alpha-1|=2\cos\frac{5}{12}\pi$ であるから

$$2\cos\frac{5}{12}\pi=\frac{\sqrt{6}-\sqrt{2}}{2}$$

したがって　$\cos\frac{5}{12}\pi=\frac{\sqrt{6}-\sqrt{2}}{4}$

練習 ①100

(1)　$z=2+4i$ とする。点 z を，原点を中心として $-\frac{2}{3}\pi$ だけ回転した点を表す複素数を求めよ。

(2)　次の複素数で表される点は，点 z をどのように移動した点であるか。

(ア)　$\frac{-1+i}{\sqrt{2}}z$　　(イ)　$\frac{z}{1-\sqrt{3}i}$　　(ウ)　$-i\bar{z}$

(1)　求める点を表す複素数は

$$\left\{\cos\left(-\frac{2}{3}\pi\right)+i\sin\left(-\frac{2}{3}\pi\right)\right\}z=-\frac{1+\sqrt{3}i}{2}\cdot(2+4i)$$

$$=-1+2\sqrt{3}-(2+\sqrt{3})i$$

①　原点を中心とする角 θ の回転
$r(\cos\theta+i\sin\theta)$ を掛ける
回転だけなら　$r=1$

(2) (ア) $\dfrac{-1+i}{\sqrt{2}}z=\left(\cos\dfrac{3}{4}\pi+i\sin\dfrac{3}{4}\pi\right)z$

よって，点 $\dfrac{-1+i}{\sqrt{2}}z$ は，点 z を **原点を中心として $\dfrac{3}{4}\pi$ だけ回転した点** である。

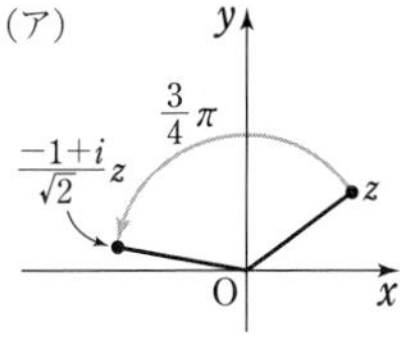

(イ) $\dfrac{z}{1-\sqrt{3}\,i}=\dfrac{1+\sqrt{3}\,i}{4}z=\dfrac{1}{2}\left(\dfrac{1}{2}+\dfrac{\sqrt{3}}{2}i\right)z$

$=\dfrac{1}{2}\left(\cos\dfrac{\pi}{3}+i\sin\dfrac{\pi}{3}\right)z$

よって，点 $\dfrac{z}{1-\sqrt{3}\,i}$ は，点 z を **原点を中心として $\dfrac{\pi}{3}$ だけ回転し，原点からの距離を $\dfrac{1}{2}$ 倍した点** である。

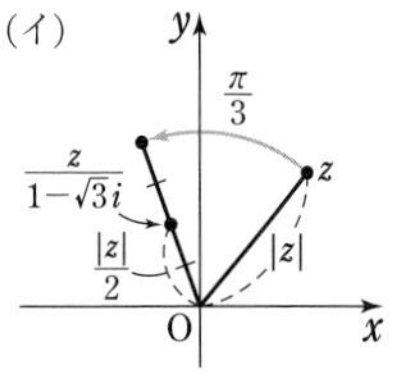

(ウ) 点 z と点 $\bar{z}$ は実軸に関して対称である。

また　$-i\bar{z}=(0-i)\bar{z}=\left\{\cos\left(-\dfrac{\pi}{2}\right)+i\sin\left(-\dfrac{\pi}{2}\right)\right\}\bar{z}$

よって，点 $-i\bar{z}$ は，点 z を **実軸に関して対称移動し，原点を中心として $-\dfrac{\pi}{2}$ だけ回転した点** である。

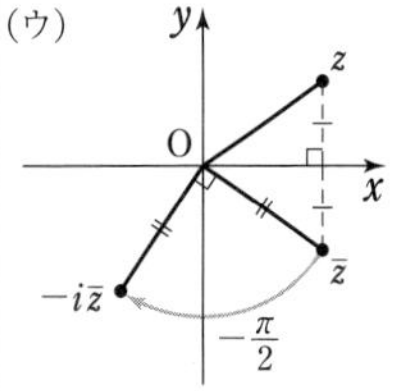

練習 ③101 複素数平面上の 2 点 A$(-1+i)$，B$(\sqrt{3}-1+2i)$ について，線分 AB を 1 辺とする正三角形 ABC の頂点 C を表す複素数 z を求めよ。〔類 慶応大〕

点 C は，点 A を中心として点 B を $\dfrac{\pi}{3}$ または $-\dfrac{\pi}{3}$ だけ回転した点である。

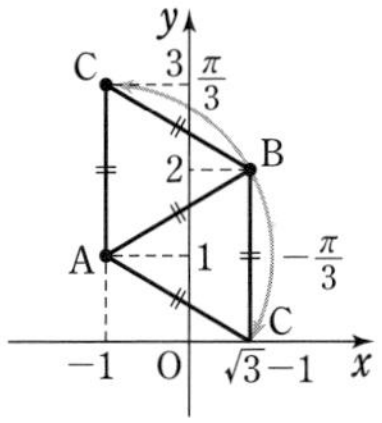

点 β を，点 α を中心として θ だけ回転した点を表す複素数 γ は
$\gamma=(\cos\theta+i\sin\theta)(\beta-\alpha)+\alpha$
このことを利用。図をかいて考えるとよい。

回転角が $\dfrac{\pi}{3}$ のとき

$z=\left(\cos\dfrac{\pi}{3}+i\sin\dfrac{\pi}{3}\right)$
$\times\{(\sqrt{3}-1+2i)-(-1+i)\}-1+i$
$=\dfrac{1}{2}(1+\sqrt{3}\,i)(\sqrt{3}+i)-1+i$
$=2i-1+i=-1+3i$

回転角が $-\dfrac{\pi}{3}$ のとき

←この場合もあることに注意。

$z=\left\{\cos\left(-\dfrac{\pi}{3}\right)+i\sin\left(-\dfrac{\pi}{3}\right)\right\}\{(\sqrt{3}-1+2i)-(-1+i)\}-1+i$
$=\dfrac{1}{2}(1-\sqrt{3}\,i)(\sqrt{3}+i)-1+i=\sqrt{3}-i-1+i=\sqrt{3}-1$

したがって　$\boldsymbol{z=-1+3i,\ \sqrt{3}-1}$

練習 ③102 複素数平面上の正方形において，1 組の隣り合った 2 頂点が点 1 と点 $3+3i$ であるとき，他の 2 頂点を表す複素数を求めよ。

A(1)，B(3+3i) とし，正方形を ABCD とすると，点 D は，点 A を中心として点 B を $\frac{\pi}{2}$ または $-\frac{\pi}{2}$ だけ回転した点である。

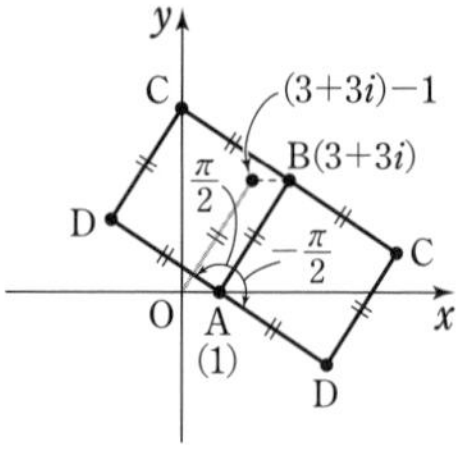

よって，点 D を表す複素数を z とすると　$z=\pm i\{(3+3i)-1\}+1$

ゆえに　$z=4-2i,\ -2+2i$

D(4−2i) のとき，点 C を表す複素数は

$(4-2i)+\{(3+3i)-1\}=6+i$

D(−2+2i) のとき，点 C を表す複素数は

$(-2+2i)+\{(3+3i)-1\}=5i$

したがって　**$4-2i$，$6+i$；または $-2+2i$，$5i$**

HINT　他の 2 頂点のうち，1 つは点 1 を中心とする $\pm\frac{\pi}{2}$ の回転を利用すると求められる。残りの 1 つは複素数の加法を利用して求めるとよい。

←$\pm\frac{\pi}{2}$ の回転は $\pm i$ を掛ける。

←辺 AB を，点 A が原点にくるように，平行移動すると，点 B は点 (3+3i)−1 に移る。

練習 ②103

次の式を計算せよ。

(1) $\left\{2\left(\cos\frac{\pi}{3}+i\sin\frac{\pi}{3}\right)\right\}^5$　(2) $(-\sqrt{3}+i)^6$　(3) $\left(\frac{1+i}{2}\right)^{-14}$

(1) $$\left\{2\left(\cos\frac{\pi}{3}+i\sin\frac{\pi}{3}\right)\right\}^5=2^5\left\{\cos\left(5\times\frac{\pi}{3}\right)+i\sin\left(5\times\frac{\pi}{3}\right)\right\}$$
$$=32\left(\cos\frac{5}{3}\pi+i\sin\frac{5}{3}\pi\right)$$
$$=32\left(\frac{1}{2}-\frac{\sqrt{3}}{2}i\right)=\mathbf{16-16\sqrt{3}\,i}$$

ド・モアブルの定理
$\{r(\cos\theta+i\sin\theta)\}^n=r^n(\cos n\theta+i\sin n\theta)$

(2) $$-\sqrt{3}+i=2\left(-\frac{\sqrt{3}}{2}+\frac{1}{2}i\right)=2\left(\cos\frac{5}{6}\pi+i\sin\frac{5}{6}\pi\right)$$

よって　$$(-\sqrt{3}+i)^6=\left\{2\left(\cos\frac{5}{6}\pi+i\sin\frac{5}{6}\pi\right)\right\}^6$$
$$=2^6\left\{\cos\left(6\times\frac{5}{6}\pi\right)+i\sin\left(6\times\frac{5}{6}\pi\right)\right\}$$
$$=64(\cos 5\pi+i\sin 5\pi)$$
$$=64(-1)=\mathbf{-64}$$

(2)
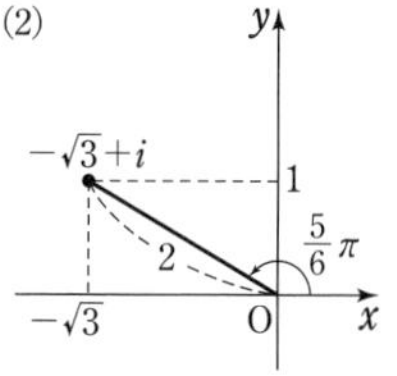

(3) $$\frac{1+i}{2}=\frac{1}{\sqrt{2}}\left(\frac{1}{\sqrt{2}}+\frac{1}{\sqrt{2}}i\right)=\frac{1}{\sqrt{2}}\left(\cos\frac{\pi}{4}+i\sin\frac{\pi}{4}\right)$$

よって
$$\left(\frac{1+i}{2}\right)^{-14}=\left\{\frac{1}{\sqrt{2}}\left(\cos\frac{\pi}{4}+i\sin\frac{\pi}{4}\right)\right\}^{-14}$$
$$=(\sqrt{2})^{14}\left[\cos\left\{(-14)\times\frac{\pi}{4}\right\}+i\sin\left\{(-14)\times\frac{\pi}{4}\right\}\right]$$
$$=2^7\left\{\cos\left(-\frac{7}{2}\pi\right)+i\sin\left(-\frac{7}{2}\pi\right)\right\}=\mathbf{128i}$$

(3)
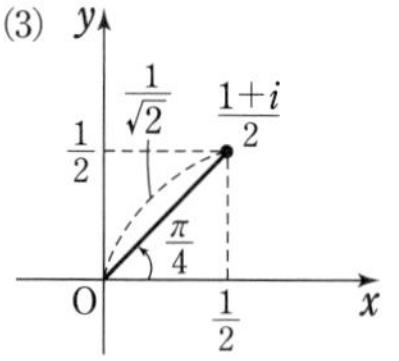

←$-\frac{7}{2}\pi=\frac{\pi}{2}-4\pi$

練習 ③104

(1) $\left(\frac{\sqrt{3}+3i}{\sqrt{3}+i}\right)^n$ が実数となる最大の負の整数 n の値を求めよ。

(2) 複素数 z が $z+\frac{1}{z}=\sqrt{3}$ を満たすとき　$z^{12}+\frac{1}{z^{12}}=$□

(1) $\dfrac{\sqrt{3}+3i}{\sqrt{3}+i}=\dfrac{2\sqrt{3}\left(\cos\frac{\pi}{3}+i\sin\frac{\pi}{3}\right)}{2\left(\cos\frac{\pi}{6}+i\sin\frac{\pi}{6}\right)}$

$=\sqrt{3}\left\{\cos\left(\frac{\pi}{3}-\frac{\pi}{6}\right)+i\sin\left(\frac{\pi}{3}-\frac{\pi}{6}\right)\right\}$

$=\sqrt{3}\left(\cos\frac{\pi}{6}+i\sin\frac{\pi}{6}\right)$

←分母を実数化すると $\dfrac{\sqrt{3}+3i}{\sqrt{3}+i}=\dfrac{3+\sqrt{3}i}{2}$ これを極形式に表してもよい。

よって　$\left(\dfrac{\sqrt{3}+3i}{\sqrt{3}+i}\right)^n=(\sqrt{3})^n\left(\cos\frac{\pi}{6}+i\sin\frac{\pi}{6}\right)^n$

$=(\sqrt{3})^n\left(\cos\frac{n\pi}{6}+i\sin\frac{n\pi}{6}\right)$

$\left(\dfrac{\sqrt{3}+3i}{\sqrt{3}+i}\right)^n$ が実数となるための条件は　$\sin\dfrac{n\pi}{6}=0$

←虚部が 0

ゆえに　$\dfrac{n\pi}{6}=k\pi$ (k は整数)

よって　$n=6k$

ゆえに，求める n の値は $k=-1$ のときで　$\boldsymbol{n=-6}$

(2) $z+\dfrac{1}{z}=\sqrt{3}$ の両辺に z を掛けて整理すると

$z^2-\sqrt{3}z+1=0$

←$z^2+1=\sqrt{3}z$

これを解くと

$z=\dfrac{-(-\sqrt{3})\pm\sqrt{(-\sqrt{3})^2-4\cdot1\cdot1}}{2\cdot1}=\dfrac{\sqrt{3}\pm i}{2}$

よって　$z=\cos\left(\pm\frac{\pi}{6}\right)+i\sin\left(\pm\frac{\pi}{6}\right)$ (複号同順，以下同様)

←極形式で表す。

$\theta=\pm\dfrac{\pi}{6}$ とおくと

$z^{12}+\dfrac{1}{z^{12}}=(\cos\theta+i\sin\theta)^{12}+(\cos\theta+i\sin\theta)^{-12}$

←ド・モアブルの定理。

$=(\cos12\theta+i\sin12\theta)+\{\cos(-12\theta)+i\sin(-12\theta)\}$

←$\cos(-12\theta)=\cos12\theta$, $\sin(-12\theta)=-\sin12\theta$

$=2\cos12\theta=2\cos\left\{12\times\left(\pm\frac{\pi}{6}\right)\right\}=2\cos(\pm2\pi)=2\cdot1=\boldsymbol{2}$

別解　$z^3+\dfrac{1}{z^3}=\left(z+\dfrac{1}{z}\right)^3-3z\cdot\dfrac{1}{z}\left(z+\dfrac{1}{z}\right)=(\sqrt{3})^3-3\sqrt{3}=0$

←$a^3+b^3=(a+b)^3-3ab(a+b)$, $a^2+b^2=(a+b)^2-2ab$

よって　$z^6+\dfrac{1}{z^6}=\left(z^3+\dfrac{1}{z^3}\right)^2-2=0^2-2=-2$

ゆえに　$z^{12}+\dfrac{1}{z^{12}}=\left(z^6+\dfrac{1}{z^6}\right)^2-2=(-2)^2-2=\boldsymbol{2}$

練習 ②105　極形式を用いて，次の方程式を解け。
(1) $z^3=1$　　(2) $z^8=1$

(1) 解を $z=r(\cos\theta+i\sin\theta)$ …… ① $[r>0]$ とすると

$z^3=r^3(\cos3\theta+i\sin3\theta)$

←ド・モアブルの定理。

また　$1=\cos0+i\sin0$

ゆえに　　$r^3(\cos 3\theta+i\sin 3\theta)=\cos 0+i\sin 0$

両辺の絶対値と偏角を比較すると

$r^3=1,\quad 3\theta=2k\pi$　（k は整数）

$r>0$ であるから　　$r=1$ …… ②　　　また　　$\theta=\frac{2}{3}k\pi$

$0\leqq\theta<2\pi$ の範囲で考えると，$k=0,\ 1,\ 2$ であるから

$\theta=0,\ \frac{2}{3}\pi,\ \frac{4}{3}\pi$ …… ③

②，③ を ① に代入すると，求める解は

$$\boldsymbol{z=1,\ -\frac{1}{2}+\frac{\sqrt{3}}{2}i,\ -\frac{1}{2}-\frac{\sqrt{3}}{2}i}$$

$k=0,\ 1,\ 2$ のときの z をそれぞれ $z_0,\ z_1,\ z_2$ とすると，点 $z_0,\ z_1,\ z_2$ は，単位円に内接する正三角形の頂点である。

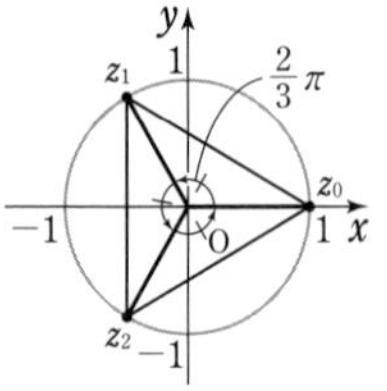

(2)　解を $z=r(\cos\theta+i\sin\theta)$ …… ① $[r>0]$ とすると

$z^8=r^8(\cos 8\theta+i\sin 8\theta)$

←ド・モアブルの定理。

また　　$1=\cos 0+i\sin 0$

ゆえに　　$r^8(\cos 8\theta+i\sin 8\theta)=\cos 0+i\sin 0$

両辺の絶対値と偏角を比較すると

$r^8=1,\quad 8\theta=2k\pi$　（k は整数）

$r>0$ であるから　　$r=1$ …… ②　　　また　　$\theta=\frac{k}{4}\pi$

$0\leqq\theta<2\pi$ の範囲で考えると，$k=0,\ 1,\ 2,\ 3,\ 4,\ 5,\ 6,\ 7$ であるから　　$\theta=0,\ \frac{\pi}{4},\ \frac{\pi}{2},\ \frac{3}{4}\pi,\ \pi,\ \frac{5}{4}\pi,\ \frac{3}{2}\pi,\ \frac{7}{4}\pi$ …… ③

②，③ を ① に代入すると，求める解は

$$\boldsymbol{z=\pm1,\ \pm i,\ \pm\frac{1+i}{\sqrt{2}},\ \pm\frac{1-i}{\sqrt{2}}}$$

$k=0,\ 1,\ \cdots\cdots,\ 7$ のときの z をそれぞれ $z_0,\ z_1,\ \cdots\cdots,\ z_7$ とすると，点 $z_0,\ z_1,\ \cdots\cdots,\ z_7$ は，単位円に内接する正八角形の頂点である。

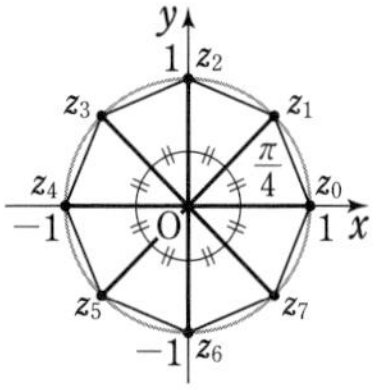

練習 ②106　次の方程式を解け。

(1)　$z^3=8i$　　　(2)　$z^4=-2-2\sqrt{3}\,i$　　　[(1) 東北学院大]

(1)　解を $z=r(\cos\theta+i\sin\theta)$ …… ① $[r>0]$ とすると

$z^3=r^3(\cos 3\theta+i\sin 3\theta)$

←ド・モアブルの定理。

また　　$8i=8\left(\cos\frac{\pi}{2}+i\sin\frac{\pi}{2}\right)$

←$i=\cos\frac{\pi}{2}+i\sin\frac{\pi}{2}$

ゆえに　　$r^3(\cos 3\theta+i\sin 3\theta)=8\left(\cos\frac{\pi}{2}+i\sin\frac{\pi}{2}\right)$

両辺の絶対値と偏角を比較すると

$r^3=8,\quad 3\theta=\frac{\pi}{2}+2k\pi$　（k は整数）

$r>0$ であるから　　$r=2$ …… ②　　　また　　$\theta=\frac{\pi}{6}+\frac{2}{3}k\pi$

$0\leqq\theta<2\pi$ の範囲で考えると，$k=0,\ 1,\ 2$ であるから

$\theta=\frac{\pi}{6},\ \frac{5}{6}\pi,\ \frac{3}{2}\pi$ …… ③

②，③ を ① に代入すると，求める解は

$$\boldsymbol{z=\sqrt{3}+i,\ -\sqrt{3}+i,\ -2i}$$

$k=0,\ 1,\ 2$ のときの z をそれぞれ $z_0,\ z_1,\ z_2$ とすると，点 $z_0,\ z_1,\ z_2$ は，原点Oを中心とする半径2の円に内接する正三角形の頂点である。

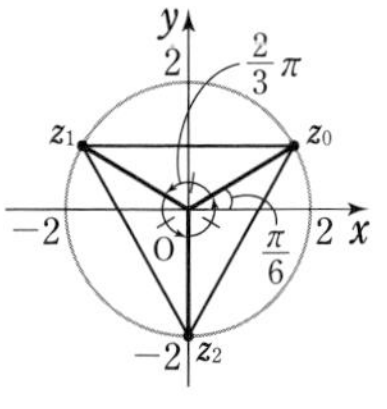

(2) 解を $z=r(\cos\theta+i\sin\theta)$ …… ① $[r>0]$ とすると

$$z^4=r^4(\cos 4\theta+i\sin 4\theta)$$

←ド・モアブルの定理。

また　$-2-2\sqrt{3}i=4\left(-\frac{1}{2}-\frac{\sqrt{3}}{2}i\right)=4\left(\cos\frac{4}{3}\pi+i\sin\frac{4}{3}\pi\right)$

ゆえに　$r^4(\cos 4\theta+i\sin 4\theta)=4\left(\cos\frac{4}{3}\pi+i\sin\frac{4}{3}\pi\right)$

両辺の絶対値と偏角を比較すると

$$r^4=4,\quad 4\theta=\frac{4}{3}\pi+2k\pi\quad (k\text{ は整数})$$

$r>0$ であるから　$r=\sqrt[4]{4}=\sqrt{2}$ … ②　また　$\theta=\frac{\pi}{3}+\frac{k}{2}\pi$

$0\leqq\theta<2\pi$ の範囲で考えると，$k=0$，1，2，3 であるから

$$\theta=\frac{\pi}{3},\ \frac{5}{6}\pi,\ \frac{4}{3}\pi,\ \frac{11}{6}\pi \text{ …… ③}$$

②，③ を ① に代入すると，求める解は

$$\boldsymbol{z=\pm\left(\frac{\sqrt{2}}{2}+\frac{\sqrt{6}}{2}i\right),\ \pm\left(\frac{\sqrt{6}}{2}-\frac{\sqrt{2}}{2}i\right)}$$

$k=0$, 1, 2, 3 のときの z をそれぞれ z_0，z_1，z_2，z_3 とすると，点 z_0，z_1，z_2，z_3 は，原点 O を中心とする半径 $\sqrt{2}$ の円に内接する正方形の頂点である。

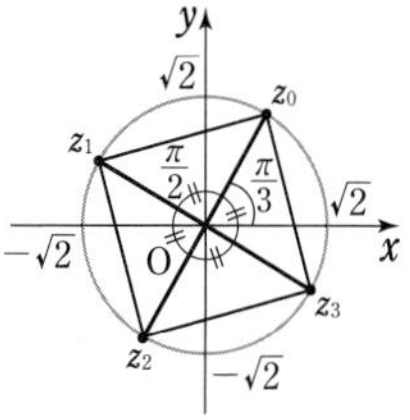

3章 練習 [複素数平面]

練習 ④107

複素数 $\alpha=\cos\frac{2}{7}\pi+i\sin\frac{2}{7}\pi$ に対して

(1) (ア) $\alpha+\alpha^2+\alpha^3+\alpha^4+\alpha^5+\alpha^6$　(イ) $\frac{1}{1-\alpha}+\frac{1}{1-\alpha^6}$

(ウ) $(1-\alpha)(1-\alpha^2)(1-\alpha^3)(1-\alpha^4)(1-\alpha^5)(1-\alpha^6)$　の値を求めよ。

(2) $t=\alpha+\overline{\alpha}$ とするとき，t^3+t^2-2t の値を求めよ。

(1) (ア) $\alpha^7=\left(\cos\frac{2}{7}\pi+i\sin\frac{2}{7}\pi\right)^7=\cos 2\pi+i\sin 2\pi=1$

←ド・モアブルの定理。

ゆえに　$\alpha^7-1=0$

よって　$(\alpha-1)(\alpha^6+\alpha^5+\alpha^4+\alpha^3+\alpha^2+\alpha+1)=0$

$\alpha\neq 1$ であるから　$\alpha^6+\alpha^5+\alpha^4+\alpha^3+\alpha^2+\alpha+1=0$ …… ①

したがって　$\alpha+\alpha^2+\alpha^3+\alpha^4+\alpha^5+\alpha^6=\boldsymbol{-1}$

←$\boldsymbol{\alpha^n-1=(\alpha-1)}$ $\times(\alpha^{n-1}+\alpha^{n-2}+\cdots\cdots+\alpha+1)$ $[n$ は自然数$]$

(イ) $\frac{1}{1-\alpha}+\frac{1}{1-\alpha^6}=\frac{1}{1-\alpha}+\frac{\alpha}{\alpha-\alpha^7}$

$$=\frac{1}{1-\alpha}+\frac{\alpha}{\alpha-1}=\frac{1-\alpha}{1-\alpha}=\boldsymbol{1}$$

←$\alpha^7=1$ を利用するために，$\frac{1}{1-\alpha^6}$ の分母・分子に α を掛ける。

(ウ) $\alpha^7=1$ であるから，$k=1$，2，……，7 に対して

$(\alpha^k)^7=(\alpha^7)^k=1^k=1$　が成り立つ。

よって，α^k $(k=1,\ 2,\ \cdots\cdots,\ 7)$ は方程式 $z^7=1$ の解である。

ここで，α，α^2，α^3，α^4，α^5，α^6，α^7 $(=1)$ は互いに異なるから，7 次方程式 $z^7-1=0$ の異なる 7 個の解である。

$z^7-1=(z-1)(z^6+z^5+z^4+z^3+z^2+z+1)$ から，α，α^2，α^3，α^4，α^5，α^6 は $z^6+z^5+z^4+z^3+z^2+z+1=0$ の解である。

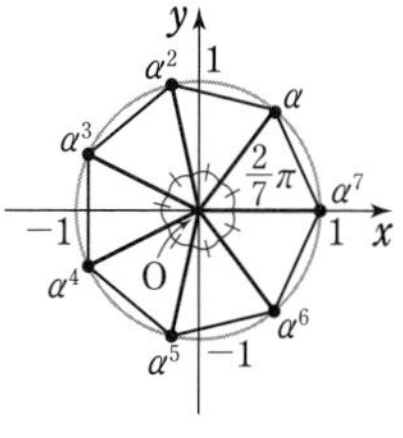

よって　$z^6+z^5+z^4+z^3+z^2+z+1$

$$=(z-\alpha)(z-\alpha^2)(z-\alpha^3)(z-\alpha^4)(z-\alpha^5)(z-\alpha^6)$$

と因数分解できる。両辺に $z=1$ を代入して

$(1-\alpha)(1-\alpha^2)(1-\alpha^3)(1-\alpha^4)(1-\alpha^5)(1-\alpha^6)=1\times7=\mathbf{7}$

(2) $|\alpha|=1$ であるから　$\alpha\overline{\alpha}=1$

よって　$\overline{\alpha}=\dfrac{1}{\alpha}$　ゆえに　$t=\alpha+\dfrac{1}{\alpha}$

← $t=\alpha+\overline{\alpha}$

① の両辺を α^3 $(\neq0)$ で割ると

$$\alpha^3+\alpha^2+\alpha+1+\frac{1}{\alpha}+\frac{1}{\alpha^2}+\frac{1}{\alpha^3}=0 \quad\cdots\cdots ②$$

ここで　$\alpha^3+\dfrac{1}{\alpha^3}=\left(\alpha+\dfrac{1}{\alpha}\right)^3-3\left(\alpha+\dfrac{1}{\alpha}\right)=t^3-3t$,

$\alpha^2+\dfrac{1}{\alpha^2}=\left(\alpha+\dfrac{1}{\alpha}\right)^2-2=t^2-2$

← $a^3+b^3=(a+b)^3-3ab(a+b)$, $a^2+b^2=(a+b)^2-2ab$

ゆえに，② から　$(t^3-3t)+(t^2-2)+t+1=0$

したがって　$t^3+t^2-2t=\mathbf{1}$

練習 ④108

(1) $\left(\dfrac{1-\sqrt{3}i}{2}\right)^n+1=0$ を満たす最小の自然数 n の値を求めよ。

(2) 正の整数 m, n で，$(1+i)^n=(1+\sqrt{3}i)^m$ かつ $m+n\leqq100$ を満たす組 $(m,\ n)$ をすべて求めよ。　[(2) 類 神戸大]

(1) $\dfrac{1-\sqrt{3}i}{2}=\cos\left(-\dfrac{\pi}{3}\right)+i\sin\left(-\dfrac{\pi}{3}\right)$ であるから，等式は

← 極形式で表す。

$$\left\{\cos\left(-\frac{\pi}{3}\right)+i\sin\left(-\frac{\pi}{3}\right)\right\}^n+1=0$$

ゆえに　$\cos\left(-\dfrac{n\pi}{3}\right)+i\sin\left(-\dfrac{n\pi}{3}\right)=-1$

← ド・モアブルの定理。

よって　$\cos\left(-\dfrac{n\pi}{3}\right)=-1$, $\sin\left(-\dfrac{n\pi}{3}\right)=0$

← 複素数の相等。

ゆえに　$-\dfrac{n\pi}{3}=-(2k+1)\pi$ （k は整数）

← $=(2k+1)\pi$ とおいてもよいが，$=-(2k+1)\pi$ とおくと答が求めやすい。

したがって　$n=3(2k+1)$

求める最小の自然数 n は，$k=0$ のときで　$\boldsymbol{n=3}$

(2) $1+i=\sqrt{2}\left(\dfrac{1}{\sqrt{2}}+\dfrac{1}{\sqrt{2}}i\right)=\sqrt{2}\left(\cos\dfrac{\pi}{4}+i\sin\dfrac{\pi}{4}\right)$,

← 極形式で表す。

$1+\sqrt{3}i=2\left(\dfrac{1}{2}+\dfrac{\sqrt{3}}{2}i\right)=2\left(\cos\dfrac{\pi}{3}+i\sin\dfrac{\pi}{3}\right)$ であるから，

等式は　$\left\{\sqrt{2}\left(\cos\dfrac{\pi}{4}+i\sin\dfrac{\pi}{4}\right)\right\}^n=\left\{2\left(\cos\dfrac{\pi}{3}+i\sin\dfrac{\pi}{3}\right)\right\}^m$

よって　$(\sqrt{2})^n\left(\cos\dfrac{n\pi}{4}+i\sin\dfrac{n\pi}{4}\right)=2^m\left(\cos\dfrac{m\pi}{3}+i\sin\dfrac{m\pi}{3}\right)$

← ド・モアブルの定理。

両辺の絶対値と偏角を比較すると

$$(\sqrt{2})^n=2^m \cdots\cdots ①,\quad \frac{n\pi}{4}=\frac{m\pi}{3}+2k\pi \text{（k は整数）} \cdots\cdots ②$$

① から　$2^{\frac{n}{2}}=2^m$　ゆえに，$\dfrac{n}{2}=m$ から　$n=2m$

← ① の底を 2 に統一。

$n=2m$ を ② に代入して整理すると　$m=12k$ ……③

← $\dfrac{m}{2}=\dfrac{m}{3}+2k$

よって　$n=24k$ ……④

← $n=2m$

$m>0$, $n>0$ であるから，③，④ より k は自然数である。
また，③，④ を $m+n\leqq 100$ に代入すると
$$12k+24k\leqq 100$$
ゆえに　　$k\leqq \dfrac{25}{9}=2.7\cdots$
この不等式を満たす自然数 k は　　$k=1, 2$
したがって　　$\boldsymbol{(m, n)=(12, 24), (24, 48)}$

練習 ①109　3点 $A(1+2i)$, $B(-3-2i)$, $C(6+i)$ について，次の点を表す複素数を求めよ。
(1) 線分 AB を 1：2 に内分する点 P　(2) 線分 CA を 2：3 に外分する点 Q
(3) 線分 BC の中点 M　(4) 平行四辺形 ADBC の頂点 D
(5) △ABQ の重心 G

(1) 点 P を表す複素数は　$\dfrac{2(1+2i)+1\cdot(-3-2i)}{1+2}=\boldsymbol{-\dfrac{1}{3}+\dfrac{2}{3}i}$

(2) 点 Q を表す複素数は　$\dfrac{-3(6+i)+2(1+2i)}{2-3}=\boldsymbol{16-i}$

←2：3 に外分 ⟶ 2：(−3) に内分 と考えるとよい。

(3) 点 M を表す複素数は　$\dfrac{(-3-2i)+(6+i)}{2}=\boldsymbol{\dfrac{3}{2}-\dfrac{1}{2}i}$

(4) 点 $D(\alpha)$ とすると，線分 AB の中点と線分 CD の中点は一致するから　$\dfrac{(1+2i)+(-3-2i)}{2}=\dfrac{(6+i)+\alpha}{2}$
ゆえに　$-2=6+i+\alpha$　　よって　$\alpha=\boldsymbol{-8-i}$

←2本の対角線が互いに他を2等分する。

(5) 点 G を表す複素数は
$$\frac{(1+2i)+(-3-2i)+(16-i)}{3}=\boldsymbol{\frac{14}{3}-\frac{i}{3}}$$

←3点 $A(\alpha)$, $B(\beta)$, $C(\gamma)$ を頂点とする △ABC の重心は　点 $\dfrac{\alpha+\beta+\gamma}{3}$

練習 ①110　次の方程式を満たす点 z の全体は，どのような図形か。
(1) $|z-2i|=|z+3|$　(2) $2|z-1+2i|=1$　(3) $(2z+1+i)(2\overline{z}+1-i)=4$
(4) $2z+2\overline{z}=1$　(5) $(1+2i)z-(1-2i)\overline{z}=4i$

(1) 方程式を変形すると　$|z-2i|=|z-(-3)|$
よって，点 z の全体は，**2点 $2i$, -3 を結ぶ線分の垂直二等分線**である。

←$|z-\alpha|$ は2点 z, α 間の距離を表す。

(1)
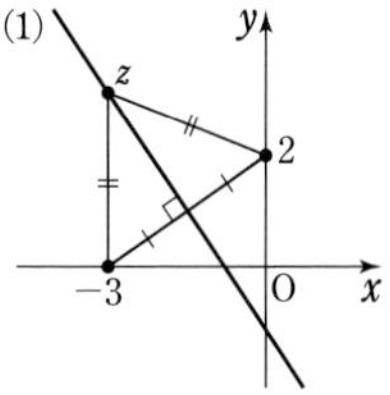

(2) 方程式を変形すると　$|z-(1-2i)|=\dfrac{1}{2}$
よって，点 z の全体は，**点 $1-2i$ を中心とする半径 $\dfrac{1}{2}$ の円** である。

(2)
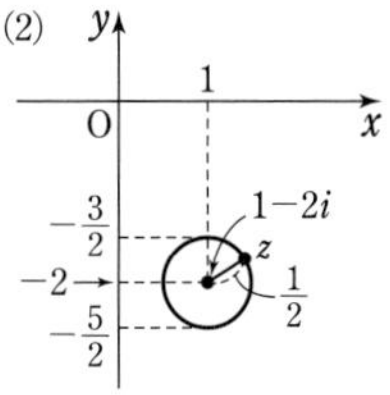

(3) 方程式から　$(2z+1+i)(\overline{2z+1+i})=4$
よって　$|2z+1+i|^2=4$
ゆえに　$|2z+1+i|=2$
したがって　$\left|z-\left(-\dfrac{1+i}{2}\right)\right|=1$
よって，点 z の全体は，**点 $-\dfrac{1}{2}-\dfrac{1}{2}i$ を中心とする半径1の円**である。

(4) $z=x+yi$ (x, y は実数) とおくと　$\overline{z}=x-yi$

これらを方程式に代入して　$2(x+yi)+2(x-yi)=1$

よって，$4x=1$ から　$x=\dfrac{1}{4}$　ゆえに　$z=\dfrac{1}{4}+yi$

z の実部は常に $\dfrac{1}{4}$ であるから，点 z の全体は，**点 $\dfrac{1}{4}$ を通り，実軸に垂直な直線** である。

別解　$2z+2\overline{z}=1$ から　$\dfrac{z+\overline{z}}{2}=\dfrac{1}{4}$

よって，z の実部は $\dfrac{1}{4}$ であるから，**点 $\dfrac{1}{4}$ を通り，実軸に垂直な直線** である。

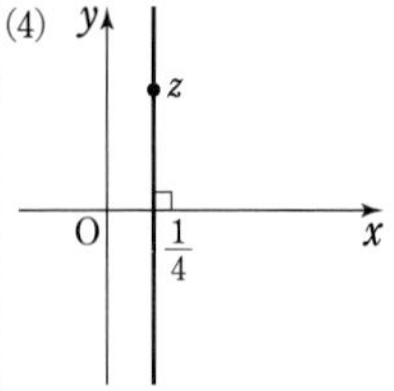

(5) $z=x+yi$ (x, y は実数) とおくと　$\overline{z}=x-yi$

これらを方程式に代入して

$$(1+2i)(x+yi)-(1-2i)(x-yi)=4i$$

よって　$(4x+2y)i=4i$

ゆえに　$2x+y=2$　すなわち　$y=-2x+2$

座標平面上の直線 $y=-2x+2$ は 2 点 $(1,\ 0)$, $(0,\ 2)$ を通るから，点 z の全体は，**2 点 1, $2i$ を通る直線** である。

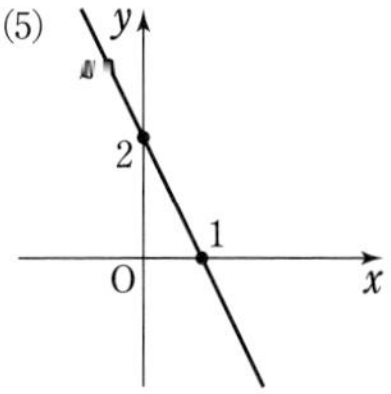

練習 ②111　次の方程式を満たす点 z の全体は，どのような図形か。

(1) $3|z|=|z-8|$　　(2) $2|z+4i|=3|z-i|$

(1) 方程式の両辺を平方すると　$9|z|^2=|z-8|^2$

ゆえに　$9z\overline{z}=(z-8)(\overline{z-8})$

よって　$9z\overline{z}=(z-8)(\overline{z}-8)$

両辺を展開して整理すると　$z\overline{z}+z+\overline{z}=8$

ゆえに　$(z+1)(\overline{z}+1)-1=8$　よって　$(z+1)(\overline{z+1})=9$

すなわち　$|z+1|^2=3^2$　よって　$|z+1|=3$

ゆえに，点 z の全体は，**点 -1 を中心とする半径 3 の円** である。

別解 **1.** A(0), B(8), P(z) とすると，方程式は　3AP=BP

ゆえに　AP : BP=1 : 3

線分 AB を 1 : 3 に内分する点を C(α)，外分する点を D(β) とすると　$\alpha=\dfrac{3\cdot0+1\cdot8}{1+3}=2$, $\beta=\dfrac{-3\cdot0+1\cdot8}{1-3}=-4$

よって，点 z の全体は，**2 点 2, -4 を直径の両端とする円**。

別解 **2.** $z=x+yi$ (x, y は実数) とおくと，$9|z|^2=|z-8|^2$ から

$$9(x^2+y^2)=(x-8)^2+y^2$$

展開して整理すると　$x^2+2x+y^2-8=0$

変形すると　$(x+1)^2+y^2=3^2$

よって，点 z の全体は，**点 -1 を中心とする半径 3 の円**。

(2) 方程式の両辺を平方すると　$4|z+4i|^2=9|z-i|^2$

ゆえに　$4(z+4i)(\overline{z+4i})=9(z-i)(\overline{z-i})$

$|z|$ は $|z|^2$ として扱う　$|z|^2=z\overline{z}$

←$z\overline{z}+z+\overline{z}=(z+1)(\overline{z}+1)-1$

←アポロニウスの円

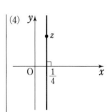

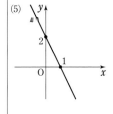

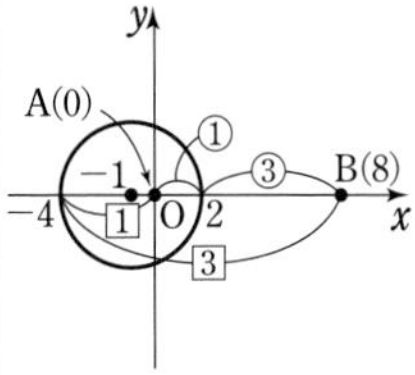

←$z-8=x-8+yi$

←点 $(-1,\ 0)$ を中心とする半径 3 の円。

よって　　$4(z+4i)(\overline{z}-4i)=9(z-i)(\overline{z}+i)$

両辺を展開して整理すると　　$z\overline{z}+5iz-5i\overline{z}=11$

ゆえに　　$(z-5i)(\overline{z}+5i)-25=11$

←$z\overline{z}+aiz+bi\overline{z}$
$=(z+bi)(\overline{z}+ai)+ab$

よって　　$(z-5i)(\overline{z-5i})=36$

すなわち　　$|z-5i|^2=6^2$　　よって　　$|z-5i|=6$

ゆえに，点 z の全体は，**点 $5i$ を中心とする半径 6 の円** である。

別解 **1.** $A(-4i)$, $B(i)$, $P(z)$ とすると，方程式は　$2AP=3BP$

←アポロニウスの円

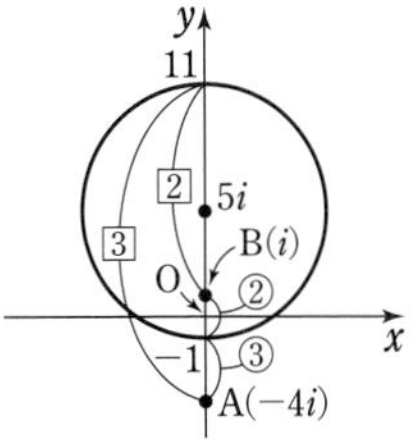

ゆえに　　$AP:BP=3:2$

線分 AB を 3：2 に内分する点を $C(\alpha)$，外分する点を $D(\beta)$ とすると

$$\alpha=\frac{2\cdot(-4i)+3\cdot i}{3+2}=-i,\quad \beta=\frac{-2\cdot(-4i)+3\cdot i}{3-2}=11i$$

よって，点 z の全体は，**2 点 $-i$, $11i$ を直径の両端とする円。**

別解 **2.** $z=x+yi$ (x, y は実数) とおくと，$4|z+4i|^2=9|z-i|^2$

から　　$4\{x^2+(y+4)^2\}=9\{x^2+(y-1)^2\}$

←$z+4i=x+(y+4)i$,
$z-i=x+(y-1)i$

展開して整理すると　　$x^2+y^2-10y-11=0$

変形すると　　$x^2+(y-5)^2=6^2$

←点 (0, 5) を中心とする半径 6 の円。

よって，点 z の全体は，**点 $5i$ を中心とする半径 6 の円。**

練習 ③112 複素数 z が $|z-1+3i|=\sqrt{5}$ を満たすとき，$|z+2-3i|$ の最大値および最小値と，そのときの z の値を求めよ。

方程式を変形すると　　$|z-(1-3i)|=\sqrt{5}$

←$|z-\alpha|=r$ の形にする。

よって，点 $P(z)$ は点 $C(1-3i)$ を中心とする半径 $\sqrt{5}$ の円周上の点である。

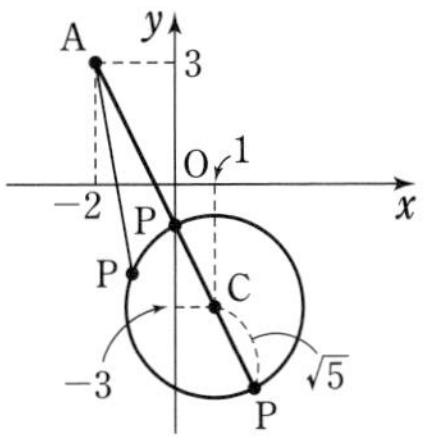

$|z+2-3i|=|z-(-2+3i)|$ から，

点 $A(-2+3i)$ とすると，

$|z+2-3i|$ が最大となるのは，

右図から，3 点 A, C, P がこの順で一直線上にあるときである。

←点 P を円周上の点とすると　$AC+CP\geqq AP$
等号が成り立つとき，AP は最大となる。

よって，求める最大値は

$$AC+CP=|(1-3i)-(-2+3i)|+\sqrt{5}=|3-6i|+\sqrt{5}$$
$$=\sqrt{3^2+(-6)^2}+\sqrt{5}=3\sqrt{5}+\sqrt{5}=4\sqrt{5}$$

←(線分 AC の長さ)
＋(円の半径)

また，このとき点 P は，線分 AC を $4\sqrt{5}:\sqrt{5}=4:1$ に外分する点であるから，最大となるときの z の値は

$$z=\frac{-1\cdot(-2+3i)+4(1-3i)}{4-1}=2-5i$$

←2 点 $A(\alpha)$, $B(\beta)$ について，線分 AB を $m:n$ に外分する点を表す複素数は　$\dfrac{-n\alpha+m\beta}{m-n}$

また，$|z+2-3i|$ が最小となるのは，図から，3 点 A, P, C がこの順で一直線上にあるときである。

よって，求める最小値は

$$AC-CP=|(1-3i)-(-2+3i)|-\sqrt{5}$$
$$=3\sqrt{5}-\sqrt{5}=2\sqrt{5}$$

←(線分 AC の長さ)
−(円の半径)

また，このとき点Pは，線分 AC を $2\sqrt{5}:\sqrt{5}=2:1$ に内分する点であるから，最小となるときの z の値は

$$z=\frac{1\cdot(-2+3i)+2(1-3i)}{2+1}=-i$$

以上から **$z=2-5i$ で最大値 $4\sqrt{5}$，$z=-i$ で最小値 $2\sqrt{5}$**

←2点 $A(\alpha)$，$B(\beta)$ について，線分 AB を $m:n$ に内分する点を表す複素数は $\dfrac{n\alpha+m\beta}{m+n}$

練習 ③113 点 z が原点Oを中心とする半径1の円上を動くとき，$w=(1-i)z-2i$ で表される点 w はどのような図形を描くか。〔琉球大〕

点 z は単位円上を動くから　$|z|=1$ …… ①

$w=(1-i)z-2i$ から　$z=\dfrac{w+2i}{1-i}$

これを①に代入すると

$$\left|\frac{w+2i}{1-i}\right|=1 \quad すなわち \quad \frac{|w+2i|}{|1-i|}=1$$

$|1-i|=\sqrt{2}$ であるから　$|w+2i|=\sqrt{2}$

よって，点 w は **点 $-2i$ を中心とする半径 $\sqrt{2}$ の円** を描く。

検討 $w=\sqrt{2}\left\{\cos\left(-\dfrac{\pi}{4}\right)+i\sin\left(-\dfrac{\pi}{4}\right)\right\}z-2i$ であるから，求める図形は，円 $|z|=1$ を，次の㋐，㋑，㋒の順に回転・拡大・平行移動したものである。

㋐　原点を中心として $-\dfrac{\pi}{4}$ 回転　⟶円 $|z|=1$ のまま。

㋑　原点を中心として $\sqrt{2}$ 倍に拡大　⟶円 $|z|=\sqrt{2}$ に移る。

㋒　虚軸方向に -2 だけ平行移動　⟶円 $|z+2i|=\sqrt{2}$ に移る。

① $w=f(z)$ の表す図形
$z=(w$ の式$)$ で表し，z の条件式に代入

←$|1-i|=\sqrt{1^2+(-1)^2}=\sqrt{2}$

←$1-i=\sqrt{2}\left(\dfrac{1}{\sqrt{2}}-\dfrac{1}{\sqrt{2}}i\right)=\sqrt{2}\left\{\cos\left(-\dfrac{\pi}{4}\right)+i\sin\left(-\dfrac{\pi}{4}\right)\right\}$

練習 ③114 点 $P(z)$ が点 $-i$ を中心とする半径1の円から原点を除いた円周上を動くとき，$w=\dfrac{1}{z}$ で表される点 $Q(w)$ はどのような図形を描くか。

点 z が満たす方程式は　$|z+i|=1$　$(z\neq 0)$

$w=\dfrac{1}{z}$ から，$w\neq 0$ で　$z=\dfrac{1}{w}$

$|z+i|=1$ に代入して　$\left|\dfrac{1}{w}+i\right|=1$

ゆえに　$|1+iw|=|w|$ …… ①

$|1+iw|=|-i^2+iw|=|i(w-i)|$
$=|i||w-i|=|w-i|$

であるから，①は

$$|w-i|=|w|$$

よって，点 $Q(w)$ は **2点 0，i を結ぶ線分の垂直二等分線** を描く。

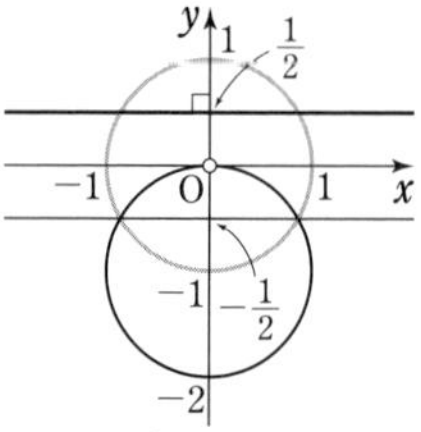

←円 $|z+i|=1$ は原点を通る。原点を除くから　$z\neq 0$

←図については，本冊 p.544, 545 の参考事項の解説を参照。

練習 ④115

2つの複素数 w, z $(z \neq 2)$ が $w=\dfrac{iz}{z-2}$ を満たしているとする。

(1) 点 z が原点を中心とする半径2の円周上を動くとき，点 w はどのような図形を描くか。

(2) 点 z が虚軸上を動くとき，点 w はどのような図形を描くか。

(3) 点 w が実軸上を動くとき，点 z はどのような図形を描くか。〔弘前大〕

$w=\dfrac{iz}{z-2}$ から　$w(z-2)=iz$　　よって　$(w-i)z=2w$

$w=i$ とすると，$0=2i$ となり，不合理。ゆえに　$w \neq i$

よって　$z=\dfrac{2w}{w-i}$ …… ①

(1) 点 z は $|z|=2$ を満たすから　$\left|\dfrac{2w}{w-i}\right|=2$

ゆえに　$|w|=|w-i|$

よって，点 w は **2点0，i を結ぶ線分の垂直二等分線** を描く。

(2) 点 z は虚軸上を動くから　$z+\overline{z}=0$

① を代入して　$\dfrac{2w}{w-i}+\overline{\left(\dfrac{2w}{w-i}\right)}=0$

ゆえに　$\dfrac{2w}{w-i}+\dfrac{2\overline{w}}{\overline{w}+i}=0$

よって　$w(\overline{w}+i)+\overline{w}(w-i)=0$

ゆえに　$w\overline{w}+\dfrac{1}{2}iw-\dfrac{1}{2}i\overline{w}=0$

よって　$\left(w-\dfrac{1}{2}i\right)\left(\overline{w}+\dfrac{1}{2}i\right)-\left(\dfrac{1}{2}\right)^2=0$

ゆえに　$\left(w-\dfrac{1}{2}i\right)\overline{\left(w-\dfrac{1}{2}i\right)}=\left(\dfrac{1}{2}\right)^2$

すなわち　$\left|w-\dfrac{1}{2}i\right|^2=\left(\dfrac{1}{2}\right)^2$　　よって　$\left|w-\dfrac{1}{2}i\right|=\dfrac{1}{2}$

ゆえに，点 w は **点 $\dfrac{1}{2}i$ を中心とする半径 $\dfrac{1}{2}$ の円** を描く。

ただし，点 i は除く。

(3) 点 w は実軸上を動くから　$w-\overline{w}=0$

$w=\dfrac{iz}{z-2}$ を代入して　$\dfrac{iz}{z-2}-\overline{\left(\dfrac{iz}{z-2}\right)}=0$

ゆえに　$\dfrac{iz}{z-2}+\dfrac{i\overline{z}}{\overline{z}-2}=0$

よって　$z(\overline{z}-2)+\overline{z}(z-2)=0$

ゆえに　$z\overline{z}-z-\overline{z}=0$

よって　$(z-1)(\overline{z}-1)-1=0$

ゆえに　$(z-1)\overline{(z-1)}=1$

すなわち　$|z-1|^2=1$　　よって　$|z-1|=1$

$z \neq 2$ であるから，点 z は **点1を中心とする半径1の円** を描く。

ただし，点2は除く。

←$w-i=0$ の場合も考えられるから，直ちに $w-i$ で割ってはダメ。

←$|2w|=2|w-i|$
ゆえに　$2|w|=2|w-i|$

←この直線は点 i を通らない。

←**点 z が虚軸上にある**
$\iff$ (z の実部)$=0$
$\iff$ $z+\overline{z}=0$

←$\overline{-i}=i$

←$2w\overline{w}+iw-i\overline{w}=0$

←$w\overline{w}+aw+b\overline{w}$
$=(w+b)(\overline{w}+a)-ab$

←$\alpha\overline{\alpha}=|\alpha|^2$

←この円は点 i を通るから点 i を除く必要がある。

←**点 w が実軸上にある**
$\iff$ (w の虚部)$=0$
$\iff$ $w-\overline{w}=0$

←$\overline{i}=-i$

←$z \neq 2$ は問題文で与えられた条件。

練習 ④116 2つの複素数 w, z $(z\neq 0)$ の間に $w=z-\dfrac{7}{4z}$ という関係がある。点 z が原点を中心とする半径 $\dfrac{7}{2}$ の円周上を動くとき　〔類 早稲田大〕

(1) w が実数になるような z の値を求めよ。

(2) $w=x+yi$ (x, y は実数) とおくとき，点 w が描く図形の式を x, y で表せ。

点 z が原点を中心とする半径 $\dfrac{7}{2}$ の円周上を動くから，

$$z=\frac{7}{2}(\cos\theta+i\sin\theta)\ (0\leqq\theta<2\pi)\quad \text{と表される。}$$

よって　$w=z-\dfrac{7}{4z}$

$$=\frac{7}{2}(\cos\theta+i\sin\theta)-\frac{7}{4}\cdot\frac{2}{7}(\cos\theta-i\sin\theta)$$

$$=3\cos\theta+4i\sin\theta$$

(1) w が実数になるための条件は　$4\sin\theta=0$

$0\leqq\theta<2\pi$ であるから　$\theta=0,\ \pi$

$\theta=0$ のとき　$z=\dfrac{7}{2}(1+i\cdot 0)=\dfrac{7}{2}$

$\theta=\pi$ のとき　$z=\dfrac{7}{2}(-1+i\cdot 0)=-\dfrac{7}{2}$

したがって　$\boldsymbol{z=\pm\dfrac{7}{2}}$

(2) $w=x+yi$ とおくと　$x+yi=3\cos\theta+4i\sin\theta$

x, y は実数であるから　$x=3\cos\theta,\ y=4\sin\theta$

ゆえに　$\cos\theta=\dfrac{x}{3},\ \sin\theta=\dfrac{y}{4}$

$\cos^2\theta+\sin^2\theta=1$ に代入して　$\left(\dfrac{x}{3}\right)^2+\left(\dfrac{y}{4}\right)^2=1$

したがって，点 w が描く図形の式は　$\boldsymbol{\dfrac{x^2}{9}+\dfrac{y^2}{16}=1}$

←$|z|=\dfrac{7}{2}$

←$\dfrac{1}{z}=\dfrac{2}{7}\{\cos(-\theta)+i\sin(-\theta)\}$

別解 (1) $\overline{w}=w$ から

$\overline{z}-\dfrac{7}{4\overline{z}}=z-\dfrac{7}{4z}$

よって　$4z(\overline{z})^2-7z=4z^2\overline{z}-7\overline{z}$

$\therefore\ (z-\overline{z})(4|z|^2+7)=0$

ゆえに　$z=\overline{z}$

よって，z は実数であるから，円 $|z|=\dfrac{7}{2}$ と実軸の交点を考えて

$\boldsymbol{z=\pm\dfrac{7}{2}}$

検討 (2) 点 w の描く図形は次の図のような楕円である。

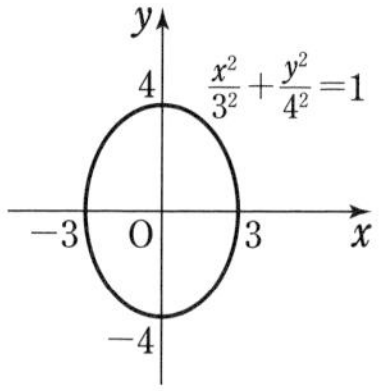

練習 ④117 $|z-\sqrt{2}|\leqq 1$ を満たす複素数 z に対し，$w=z+\sqrt{2}i$ とする。点 w の存在範囲を複素数平面上に図示せよ。また，w^4 の絶対値と偏角の値の範囲を求めよ。ただし，偏角 θ は $0\leqq\theta<2\pi$ の範囲で考えよ。

(前半)　$w=z+\sqrt{2}i$ から　$z=w-\sqrt{2}i$

これを $|z-\sqrt{2}|\leqq 1$ に代入して

$|w-(\sqrt{2}+\sqrt{2}i)|\leqq 1$

ゆえに，点 w の全体は，点 $\sqrt{2}+\sqrt{2}i$ を中心とする半径1の円の周および内部である。よって，点 w の存在範囲は**右図の斜線部分。ただし，境界線を含む。**

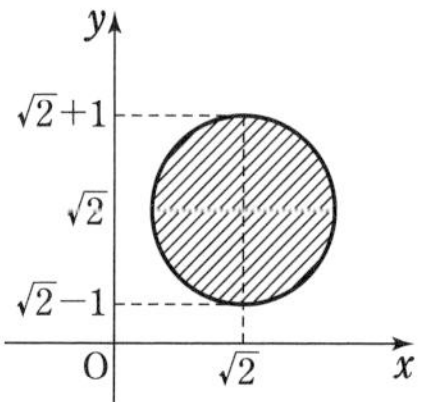

(後半)　まず，w の絶対値 $|w|$，偏角 $\arg w$ $(0\leqq\arg w<2\pi)$ のとりうる値の範囲を調べる。

不等式 $|\boldsymbol{z}-\boldsymbol{\alpha}|\leqq\boldsymbol{r}$ $(r>0)$ を満たす点 z の全体は，**点 A(α) を中心とする半径 r の円の周および内部** である。

右の図で　$OA=|\sqrt{2}+\sqrt{2}i|=2$
よって　$2-1\leqq|w|\leqq2+1$
すなわち　$1\leqq|w|\leqq3$ …… ①

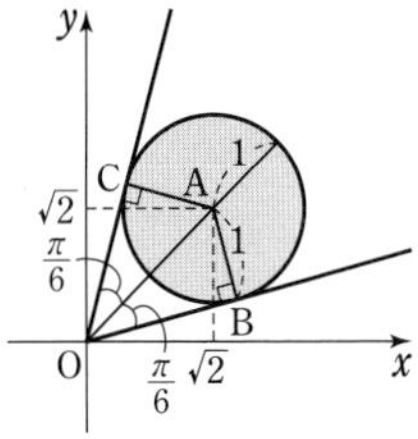

←$OA=\sqrt{(\sqrt{2})^2+(\sqrt{2})^2}=2$
←点 w が直線 OA 上にくるときの絶対値に注目。

また，$OA=2$，$AB=1$，$\angle ABO=\dfrac{\pi}{2}$

←△ABO は，3 つの内角が $\dfrac{\pi}{6}$，$\dfrac{\pi}{3}$，$\dfrac{\pi}{2}$ の直角三角形。

であるから　$\angle AOB=\dfrac{\pi}{6}$

同様にして　$\angle AOC=\dfrac{\pi}{6}$

$\angle AOx=\dfrac{\pi}{4}$ であるから　$\dfrac{\pi}{4}-\dfrac{\pi}{6}\leqq\arg w\leqq\dfrac{\pi}{4}+\dfrac{\pi}{6}$

←点 w が点 B，C の位置にくるときの偏角に注目。

すなわち　$\dfrac{\pi}{12}\leqq\arg w\leqq\dfrac{5}{12}\pi$ …… ②

w^4 の絶対値は $|w^4|$，偏角は $\arg w^4$ であり，

① から　$1^4\leqq|w|^4\leqq3^4$　ゆえに　$\boldsymbol{1\leqq|w^4|\leqq81}$

←$|z^n|=|z|^n$

② から　$4\cdot\dfrac{\pi}{12}\leqq4\arg w\leqq4\cdot\dfrac{5}{12}\pi$

すなわち　$\boldsymbol{\dfrac{\pi}{3}\leqq\arg w^4\leqq\dfrac{5}{3}\pi}$

←$\arg z^n=n\arg z$

これは $0\leqq\arg w^4<2\pi$ を満たす。

3章 練習 [複素数平面]

練習 ④118　複素数 z の実部を $\mathrm{Re}z$ で表す。このとき，次の領域を複素数平面上に図示せよ。

(1)　$|z|>1$ かつ $\mathrm{Re}z<\dfrac{1}{2}$ を満たす点 z の領域

(2)　$w=\dfrac{1}{z}$ とする。点 z が (1) で求めた領域を動くとき，点 w が動く領域

(1)　$|z|>1$ の表す領域は，原点を中心とする半径 1 の円の外部である。

また，$\mathrm{Re}z<\dfrac{1}{2}$ の表す領域は，点 $\dfrac{1}{2}$ を通り実軸に垂直な直線 ℓ の左側である。

←$\mathrm{Re}z=\dfrac{z+\overline{z}}{2}$

よって，求める領域は **右図の斜線部分** のようになる。
ただし，境界線を含まない。

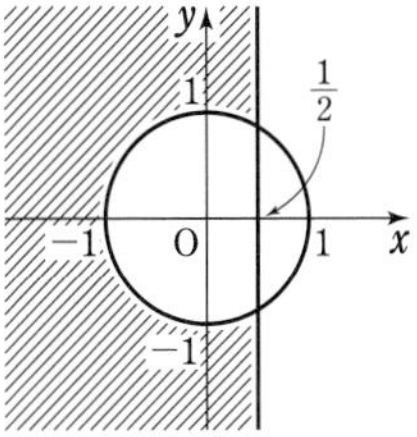

(2)　$w=\dfrac{1}{z}$ から，$w\neq0$ で　$z=\dfrac{1}{w}$

←$\dfrac{1}{z}\neq0$

直線 ℓ は 2 点 O(0)，A(1) を結ぶ線分の垂直二等分線であり，直線 ℓ の左側の部分にある点を P(z) とすると，$OP<AP$ すなわち $|z|<|z-1|$ が成り立つ。

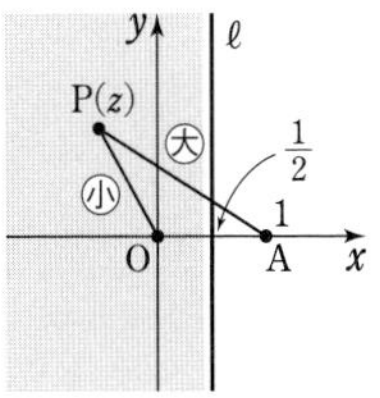

よって，(1) で求めた領域は，$|z|>1$ かつ $|z|<|z-1|$ と表される。

$z=\dfrac{1}{w}$ を $|z|>1$ に代入すると　$\left|\dfrac{1}{w}\right|>1$

ゆえに　$|w|<1$ …… ①

$z=\dfrac{1}{w}$ を $|z|<|z-1|$ に代入すると　$\left|\dfrac{1}{w}\right|<\left|\dfrac{1}{w}-1\right|$

よって　$\dfrac{1}{|w|}<\dfrac{|1-w|}{|w|}$

ゆえに　$|w-1|>1$ …… ②

よって，求める領域は ①，② それぞれが表す領域の共通部分で，**右図の斜線部分** のようになる。

ただし，境界線を含まない。

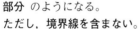

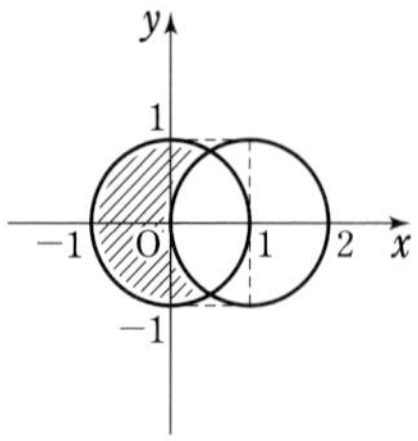

検討　② は次のように導くこともできる。

$\mathrm{Re}\,z<\dfrac{1}{2}$ から

$\dfrac{z+\overline{z}}{2}<\dfrac{1}{2}$

すなわち　$z+\overline{z}<1$

よって　$\dfrac{1}{w}+\dfrac{1}{\overline{w}}<1$

ゆえに　$\overline{w}+w<w\overline{w}$

よって　$w\overline{w}-w-\overline{w}>0$

これから　$|w-1|>1$

別解 (1)　$z=x+yi$（x，y は実数）とすると

$|z|^2>1^2$ から　$x^2+y^2>1$ …… ①

$\mathrm{Re}\,z<\dfrac{1}{2}$ から　$x<\dfrac{1}{2}$ …… ②

←$\mathrm{Re}\,z=x$

①，② それぞれが表す領域の共通部分を図示する。

(2)　$w=x+yi$（x，y は実数）とする。

$w=\dfrac{1}{z}$ から，$w\neq0$ で　$(x,\ y)\neq(0,\ 0)$

このとき　$z=\dfrac{1}{w}=\dfrac{1}{x+yi}=\dfrac{x-yi}{x^2+y^2}$

←分母の実数化。

$|z|^2>1^2$ から　$\dfrac{x^2+y^2}{(x^2+y^2)^2}>1$　ゆえに　$x^2+y^2<1$ …… ③

$\mathrm{Re}\,z<\dfrac{1}{2}$ から　$z+\overline{z}<1$

←$\dfrac{z+\overline{z}}{2}<\dfrac{1}{2}$

よって　$\dfrac{x-yi}{x^2+y^2}+\dfrac{x+yi}{x^2+y^2}<1$　すなわち　$\dfrac{2x}{x^2+y^2}<1$

ゆえに　$x^2+y^2>2x$　すなわち　$(x-1)^2+y^2>1$ …… ④

③，④ それぞれが表す領域の共通部分を図示する。

練習 ④119　z を 0 でない複素数とする。点 $z-\dfrac{1}{z}$ が 2 点 i，$\dfrac{10}{3}i$ を結ぶ線分上を動くとき，点 z の存在する範囲を複素数平面上に図示せよ。

点 $z-\dfrac{1}{z}$ が虚軸上にあるから　$z-\dfrac{1}{z}+\overline{\left(z-\dfrac{1}{z}\right)}=0$

←**点 α が虚軸上**
$\Longleftrightarrow$（α の実部）$=0$
$\Longleftrightarrow$ $\boldsymbol{\alpha+\overline{\alpha}=0}$

よって　$z-\dfrac{1}{z}+\overline{z}-\dfrac{1}{\overline{z}}=0$ ……（＊）

ゆえに　$z|z|^2-\overline{z}+\overline{z}\,|z|^2-z=0$

よって　$(z+\overline{z})|z|^2-(z+\overline{z})=0$

ゆえに　$(z+\overline{z})(|z|+1)(|z|-1)=0$

したがって　$z+\overline{z}=0$　または　$|z|=1$

（＊）から

$z+\overline{z}-\dfrac{z+\overline{z}}{z\overline{z}}=0$

よって

$(z+\overline{z})\left(1-\dfrac{1}{|z|^2}\right)=0$

ゆえに　$z+\overline{z}=0$

または　$|z|=1$

としてもよい。

[1]　$z+\overline{z}=0$ のとき，点 z は虚軸上にあり，$z\neq0$ であるから，

$z=yi$（y は実数，$y\neq0$）とすると

$z-\dfrac{1}{z}=yi-\dfrac{1}{yi}=\left(y+\dfrac{1}{y}\right)i$

このとき，条件から　　$1\leqq y+\dfrac{1}{y}\leqq\dfrac{10}{3}$

←点 $z-\dfrac{1}{z}$ が2点 i，$\dfrac{10}{3}i$ を結ぶ線分上にある。

$1\leqq y+\dfrac{1}{y}$ が成り立つための条件は $y>0$ であり，このとき

(相加平均)≧(相乗平均) により　　$y+\dfrac{1}{y}\geqq 2\sqrt{y\cdot\dfrac{1}{y}}=2$

(等号は $y=1$ のとき成り立つ。)

すなわち，$1\leqq y+\dfrac{1}{y}$ は常に成り立つ。

$y>0$ のとき，$y+\dfrac{1}{y}\leqq\dfrac{10}{3}$ を解くと，$3y^2-10y+3\leqq 0$ から

$(y-3)(3y-1)\leqq 0$　　　ゆえに　　$\dfrac{1}{3}\leqq y\leqq 3$

←$3y\,(>0)$ を $y+\dfrac{1}{y}\leqq\dfrac{10}{3}$ の両辺に掛けて　$3y^2+3\leqq 10y$

[2]　$|z|=1$ のとき，点 z は原点を中心とする半径1の円上にある。

$z\bar{z}=1$ であるから　　$\dfrac{1}{z}=\bar{z}$

よって，$z=x+yi$ (x，y は実数) とすると　　$z-\dfrac{1}{z}=z-\bar{z}=2yi$

←$z-\bar{z}$
$=x+yi-(x-yi)$
$=2yi$

条件から　　$1\leqq 2y\leqq\dfrac{10}{3}$

ゆえに　　$\dfrac{1}{2}\leqq y\leqq\dfrac{5}{3}$

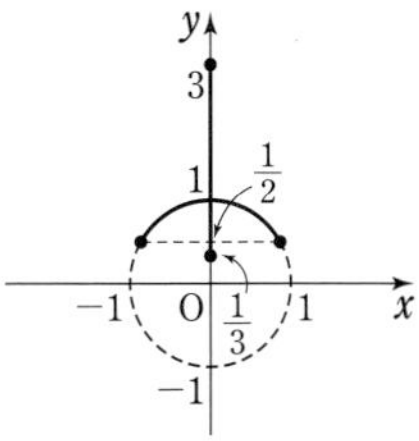

[1]，[2] から，点 z の存在する範囲は，**上の図の太線部分。**

別解　$z=r(\cos\theta+i\sin\theta)$ ($r>0$，$0\leqq\theta<2\pi$) とすると

←極形式を利用。

$$z-\frac{1}{z}=r(\cos\theta+i\sin\theta)-\frac{1}{r}(\cos\theta-i\sin\theta)$$

$$=\left(r-\frac{1}{r}\right)\cos\theta+i\left(r+\frac{1}{r}\right)\sin\theta$$

←$\dfrac{1}{z}$
$=\dfrac{1}{r}\{\cos(-\theta)+i\sin(-\theta)\}$

点 $z-\dfrac{1}{z}$ は虚軸上にあるから　　$\left(r-\dfrac{1}{r}\right)\cos\theta=0$

←実部が0

よって　　$r-\dfrac{1}{r}=0$　または　$\cos\theta=0$

←$r-\dfrac{1}{r}=0$ から　$r^2=1$

すなわち　　$r=1$　または　$\theta=\dfrac{\pi}{2}$　または　$\theta=\dfrac{3}{2}\pi$

←$r>0$，$0\leqq\theta<2\pi$

[1]　$r=1$ のとき　　$z-\dfrac{1}{z}=2i\sin\theta$

条件から　　$1\leqq 2\sin\theta\leqq\dfrac{10}{3}$

←$\dfrac{1}{2}\leqq\sin\theta\leqq\dfrac{5}{3}$

$-1\leqq\sin\theta\leqq 1$ であるから　　$\dfrac{1}{2}\leqq\sin\theta\leqq 1$

$0\leqq\theta<2\pi$ であるから　　$\dfrac{\pi}{6}\leqq\theta\leqq\dfrac{5}{6}\pi$

[2] $\theta=\dfrac{\pi}{2}$ のとき　　$z-\dfrac{1}{z}=\left(r+\dfrac{1}{r}\right)i$

条件から　　$1\leqq r+\dfrac{1}{r}\leqq\dfrac{10}{3}$

$r>0$ であるから，(相加平均)≧(相乗平均) により

$$r+\frac{1}{r}\geqq 2\quad(\text{等号は } r=1 \text{ のとき成り立つ。})$$

すなわち，$1\leqq r+\dfrac{1}{r}$ は常に成り立つ。

$r+\dfrac{1}{r}\leqq\dfrac{10}{3}$ から　　$3r^2-10r+3\leqq 0$

ゆえに，$(r-3)(3r-1)\leqq 0$ から　　$\dfrac{1}{3}\leqq r\leqq 3$

[3] $\theta=\dfrac{3}{2}\pi$ のとき　　$z-\dfrac{1}{z}=-\left(r+\dfrac{1}{r}\right)i$

$-\left(r+\dfrac{1}{r}\right)<0$ であるから，点 $z-\dfrac{1}{z}$ が 2 点 i，$\dfrac{10}{3}i$ を結ぶ線分上を動くことはない。

以上から，点 z の存在する範囲は，

右図の太線部分。

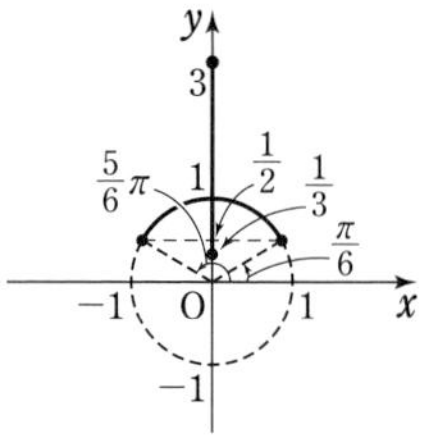

[1]　$r=1$ かつ $\dfrac{\pi}{6}\leqq\theta\leqq\dfrac{5}{6}\pi$
⟶ 単位円上の点で，$\dfrac{\pi}{6}\leqq$(偏角)$\leqq\dfrac{5}{6}\pi$ であるもの。

[2]　$\theta=\dfrac{\pi}{2}$ かつ $\dfrac{1}{3}\leqq r\leqq 3$
⟶ 原点より上側にある虚軸上の点で，原点からの距離が $\dfrac{1}{3}$ 以上 3 以下であるもの。

練習 ②120　複素数平面上の 3 点 A(α)，B(β)，C(γ) について
(1) $\alpha=-i$，$\beta=-1-3i$，$\gamma=1-4i$ のとき，∠BAC の大きさを求めよ。
(2) $\alpha=2$，$\beta=1+i$，$\gamma=(3+\sqrt{3})i$ のとき，∠ABC の大きさと △ABC の面積を求めよ。
(3) $\alpha=1+i$，$\beta=3+4i$，$\gamma=ai$ (a は実数) のとき，$a=$ ア□ ならば 3 点 A，B，C は一直線上にあり，$a=$ イ□ ならば AB⊥AC となる。

(1) $\dfrac{\gamma-\alpha}{\beta-\alpha}=\dfrac{1-4i-(-i)}{-1-3i-(-i)}=\dfrac{1-3i}{-1-2i}$

$=\dfrac{(1-3i)(-1+2i)}{(-1-2i)(-1+2i)}=\dfrac{5+5i}{5}$　　←分母の実数化。

$=1+i=\sqrt{2}\left(\cos\dfrac{\pi}{4}+i\sin\dfrac{\pi}{4}\right)$　　←偏角は $\dfrac{\pi}{4}$

したがって，∠BAC の大きさは　　$\boldsymbol{\dfrac{\pi}{4}}$　　←$\angle\beta\alpha\gamma=\arg\dfrac{\gamma-\alpha}{\beta-\alpha}$

(2) $\dfrac{\gamma-\beta}{\alpha-\beta}=\dfrac{(3+\sqrt{3})i-(1+i)}{2-(1+i)}=\dfrac{-1+(2+\sqrt{3})i}{1-i}$

$=\dfrac{\{-1+(2+\sqrt{3})i\}(1+i)}{(1-i)(1+i)}$　　←分母の実数化。

$=\dfrac{-3-\sqrt{3}+(1+\sqrt{3})i}{2}=(\sqrt{3}+1)\left(-\dfrac{\sqrt{3}}{2}+\dfrac{1}{2}i\right)$　　←$-3-\sqrt{3}=-\sqrt{3}(\sqrt{3}+1)$

$=(\sqrt{3}+1)\left(\cos\dfrac{5}{6}\pi+i\sin\dfrac{5}{6}\pi\right)$

したがって，∠ABC の大きさは　　$\boldsymbol{\dfrac{5}{6}\pi}$　　←$\angle\alpha\beta\gamma=\arg\dfrac{\gamma-\beta}{\alpha-\beta}$

また　$\triangle ABC=\frac{1}{2}BA\cdot BC\sin\angle ABC$

$=\frac{1}{2}\sqrt{1^2+(-1)^2}\sqrt{(-1)^2+(2+\sqrt{3})^2}\sin\frac{5}{6}\pi$

$=\frac{\sqrt{2}}{2}\sqrt{8+4\sqrt{3}}\cdot\frac{1}{2}=\frac{\sqrt{2}}{4}\sqrt{8+2\sqrt{12}}$

$=\frac{\sqrt{2}}{4}(\sqrt{6}+\sqrt{2})=\boldsymbol{\frac{\sqrt{3}+1}{2}}$

←$BA=|\alpha-\beta|=|1-i|$
$BC=|\gamma-\beta|$
$=|-1+(2+\sqrt{3})i|$

←2 重根号ははずせる。

(3)　$\frac{\gamma-\alpha}{\beta-\alpha}=\frac{ai-(1+i)}{(3+4i)-(1+i)}=\frac{-1+(a-1)i}{2+3i}$

$=\frac{\{-1+(a-1)i\}(2-3i)}{(2+3i)(2-3i)}$

$=\frac{3a-5+(2a+1)i}{13}$ ……①

←分母の実数化。

3 点 A，B，C が一直線上にあるための条件は，① が実数となることであるから　$2a+1=0$

よって　$a=$ ア $\boldsymbol{-\frac{1}{2}}$

←$z=x+yi$ において
$y=0\Longrightarrow z$ は実数
$x=0$ かつ $y\neq0$
$\Longrightarrow z$ は純虚数

また，$AB\perp AC$ となるための条件は，① が純虚数となることであるから　$3a-5=0$ かつ $2a+1\neq0$

よって　$a=$ イ $\boldsymbol{\frac{5}{3}}$

←$a\neq-\frac{1}{2}$ を満たす。

練習 ②121　異なる 3 点 $A(\alpha)$，$B(\beta)$，$C(\gamma)$ が次の条件を満たすとき，$\triangle ABC$ はどんな形の三角形か。
(1)　$2(\alpha-\beta)=(1+\sqrt{3}i)(\gamma-\beta)$　　(2)　$\beta(1-i)=\alpha-\gamma i$

(1)　等式から　$\frac{\alpha-\beta}{\gamma-\beta}=\frac{1+\sqrt{3}i}{2}=\cos\frac{\pi}{3}+i\sin\frac{\pi}{3}$

ゆえに　$\left|\frac{\alpha-\beta}{\gamma-\beta}\right|=\frac{|\alpha-\beta|}{|\gamma-\beta|}=\frac{BA}{BC}=1$

よって　$BA=BC$

また，$\arg\frac{\alpha-\beta}{\gamma-\beta}=\frac{\pi}{3}$ であるから

$\angle CBA=\frac{\pi}{3}$

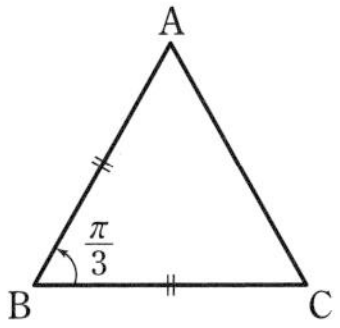

したがって，$\triangle ABC$ は **正三角形** である。

(2)　等式から　$\beta-\alpha=(\beta-\gamma)i$

よって　$\frac{\alpha-\beta}{\gamma-\beta}=i$

ゆえに　$\left|\frac{\alpha-\beta}{\gamma-\beta}\right|=\frac{|\alpha-\beta|}{|\gamma-\beta|}=\frac{BA}{BC}=1$

よって　$BA=BC$

$\frac{\alpha-\beta}{\gamma-\beta}$ は純虚数であるから　$BC\perp BA$

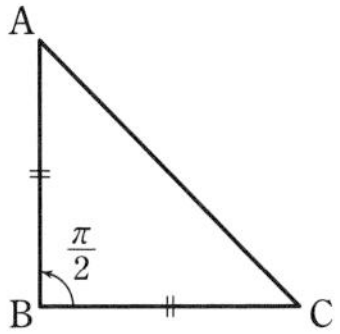

したがって，$\triangle ABC$ は **BA＝BC の直角二等辺三角形** である。

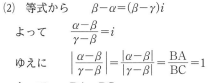

HINT　まず，等式を $\frac{\alpha-\beta}{\gamma-\beta}=a+bi$ の形に変形。

(1)　等式から
$\alpha=\left(\cos\frac{\pi}{3}+i\sin\frac{\pi}{3}\right)\times(\gamma-\beta)+\beta$
よって，点 A は，点 B を中心として点 C を $\frac{\pi}{3}$ だけ回転した点。

(2)　等式から
$\alpha=i(\gamma-\beta)+\beta$
よって，点 A は，点 B を中心として点 C を $\frac{\pi}{2}$ だけ回転した点。

3章 練習 [複素数平面]

練習 ③122　原点Oとは異なる3点 A(α)，B(β)，C(γ) がある。
(1)　$\alpha^2+\alpha\beta+\beta^2=0$ が成り立つとき，△OAB はどんな形の三角形か。　〔類　大分大〕
(2)　$3\alpha^2+4\beta^2+\gamma^2-6\alpha\beta-2\beta\gamma=0$ が成り立つとき
(ア)　γ を α，β で表せ。　(イ)　△ABC はどんな形の三角形か。　〔類　関西大〕

(1)　$\beta^2 \neq 0$ であるから，等式の両辺を β^2 で割ると

$$\left(\frac{\alpha}{\beta}\right)^2+\frac{\alpha}{\beta}+1=0$$

よって　$\dfrac{\alpha}{\beta}=\dfrac{-1\pm\sqrt{1^2-4\cdot1\cdot1}}{2}=\dfrac{-1\pm\sqrt{3}\,i}{2}$

$$=\cos\left(\pm\frac{2}{3}\pi\right)+i\sin\left(\pm\frac{2}{3}\pi\right)\ （複号同順）$$

ゆえに　$\left|\dfrac{\alpha}{\beta}\right|=\dfrac{|\alpha|}{|\beta|}=\dfrac{\text{OA}}{\text{OB}}=1$

よって　OA＝OB

また，$\arg\dfrac{\alpha}{\beta}=\pm\dfrac{2}{3}\pi$ であるから　$\angle\text{BOA}=\dfrac{2}{3}\pi$

したがって，△OAB は **OA＝OB，$\angle \text{O}=\dfrac{2}{3}\pi$ の二等辺三角形**である。

HINT　(1)　$\dfrac{\alpha}{\beta}$ を極形式で表し，$\left|\dfrac{\alpha}{\beta}\right|$，$\arg\dfrac{\alpha}{\beta}$ について考える。
←解の公式を利用。

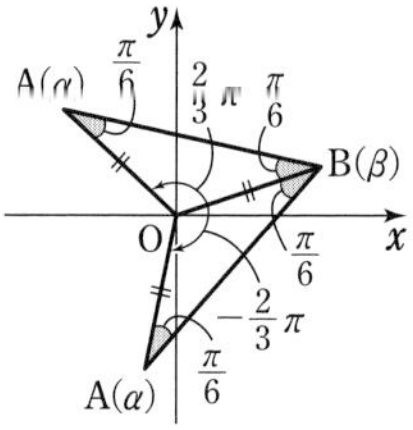

(2)　(ア)　$3\alpha^2+4\beta^2+\gamma^2-6\alpha\beta-2\beta\gamma=0$ から

$$3\alpha^2-6\alpha\beta+3\beta^2+\gamma^2-2\beta\gamma+\beta^2=0$$

よって　$3(\alpha-\beta)^2+(\gamma-\beta)^2=0$

$\alpha\neq\beta$ であるから　$\left(\dfrac{\gamma-\beta}{\alpha-\beta}\right)^2=-3$

ゆえに　$\dfrac{\gamma-\beta}{\alpha-\beta}=\pm\sqrt{3}\,i$ ……①

したがって　$\boldsymbol{\gamma=\beta\pm\sqrt{3}(\alpha-\beta)i}$

←$4\beta^2=3\beta^2+\beta^2$ とする。
←$(\gamma-\beta)^2=-3(\alpha-\beta)^2$
←$\gamma-\beta=\pm\sqrt{3}\,i(\alpha-\beta)$

(イ)　①から　$\dfrac{\gamma-\beta}{\alpha-\beta}=\sqrt{3}\left\{\cos\left(\pm\dfrac{\pi}{2}\right)+i\sin\left(\pm\dfrac{\pi}{2}\right)\right\}$
（複号同順）

ゆえに　$\left|\dfrac{\gamma-\beta}{\alpha-\beta}\right|=\dfrac{|\gamma-\beta|}{|\alpha-\beta|}=\dfrac{\text{BC}}{\text{BA}}=\sqrt{3}$

また，$\arg\dfrac{\gamma-\beta}{\alpha-\beta}=\pm\dfrac{\pi}{2}$ であるから　$\angle\text{ABC}=\dfrac{\pi}{2}$

したがって，△ABC は **$\angle \text{A}=\dfrac{\pi}{3}$，$\angle \text{B}=\dfrac{\pi}{2}$，$\angle \text{C}=\dfrac{\pi}{6}$ の直角三角形** である。

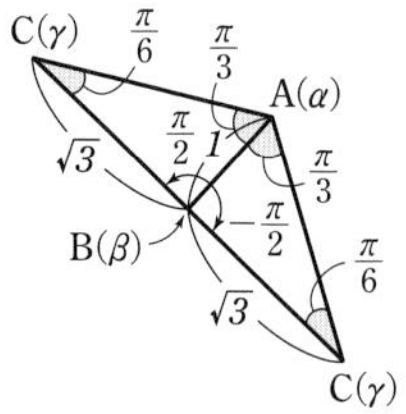

練習 ③123　右の図のように，△ABC の外側に，正方形 ABDE および正方形 ACFG を作るとき，BG＝CE，BG⊥CE であることを証明せよ。

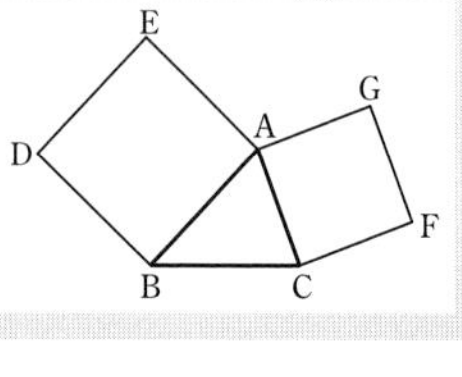

A(0), B(β), C(γ) とする。

点 E は，点 B を原点 A を中心として $-\frac{\pi}{2}$ だけ回転した点であるから　E($-\beta i$)

点 G は，点 C を原点 A を中心として $\frac{\pi}{2}$ だけ回転した点であるから　G(γi)

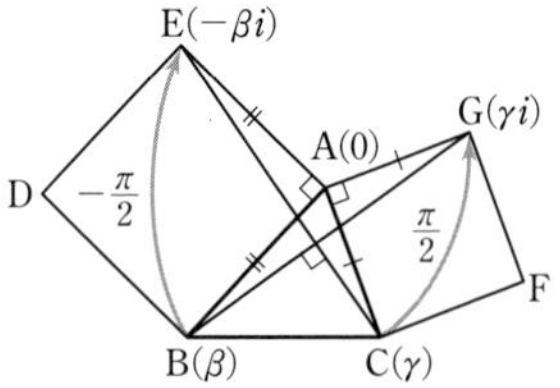

よって　BG$=|\gamma i-\beta|$, CE$=|-\beta i-\gamma|$

ここで　$-\beta i-\gamma=i(\gamma i-\beta)$ …… ①

ゆえに　$|-\beta i-\gamma|=|i(\gamma i-\beta)|=|i||\gamma i-\beta|=|\gamma i-\beta|$

したがって　BG=CE

また，① より，$\dfrac{-\beta i-\gamma}{\gamma i-\beta}=i$ (純虚数) であるから　BG⊥CE

① $-\beta i-\gamma=i^2\gamma-\beta i$
$=i(\gamma i-\beta)$

練習 ③124

単位円上に異なる 3 点 A(α), B(β), C(γ) がある。$w=-\overline{\alpha}\beta\gamma$ とおくと，$w\neq\alpha$ のとき，点 D(w) は単位円上にあり，AD⊥BC であることを示せ。　〔類 九州大〕

3 点 A(α), B(β), C(γ) は単位円上にあるから

$|\alpha|=|\beta|=|\gamma|=1$　すなわち　$\alpha\overline{\alpha}=\beta\overline{\beta}=\gamma\overline{\gamma}=1$

ゆえに　$\overline{\alpha}=\dfrac{1}{\alpha}$, $\overline{\beta}=\dfrac{1}{\beta}$, $\overline{\gamma}=\dfrac{1}{\gamma}$ …… ①

① から　$|w|=|-\overline{\alpha}\beta\gamma|=\left|-\dfrac{1}{\alpha}\beta\gamma\right|=\dfrac{|\beta||\gamma|}{|\alpha|}=\dfrac{1\cdot1}{1}=1$

よって，点 D(w) は単位円上にある。

また，$\beta\neq\gamma$, $w\neq\alpha$ であるから　$\dfrac{\gamma-\beta}{w-\alpha}\neq0$

ゆえに，① から

$$\frac{\gamma-\beta}{w-\alpha}+\overline{\left(\frac{\gamma-\beta}{w-\alpha}\right)}=\frac{\gamma-\beta}{-\overline{\alpha}\beta\gamma-\alpha}+\frac{\overline{\gamma}-\overline{\beta}}{-\alpha\overline{\beta}\,\overline{\gamma}-\overline{\alpha}}$$

$$=\frac{\gamma-\beta}{-\dfrac{\beta\gamma}{\alpha}-\alpha}+\frac{\dfrac{1}{\gamma}-\dfrac{1}{\beta}}{-\dfrac{\alpha}{\beta\gamma}-\dfrac{1}{\alpha}}$$

$$=\frac{\alpha(\gamma-\beta)}{-\beta\gamma-\alpha^2}+\frac{\alpha\beta-\alpha\gamma}{-\alpha^2-\beta\gamma}=0$$

よって，$\dfrac{\gamma-\beta}{w-\alpha}$ は純虚数である。　ゆえに　AD⊥BC

検討　$w=-\overline{\alpha}\times\beta\times\gamma$ とみると，点 w は，点 α を虚軸に関して対称移動し，更に原点の周りに $\arg\beta+\arg\gamma$ だけ回転移動した点である。3 点 α, β, γ が単位円上にあることから，点 w も単位円上にある。

HINT　A(α), B(β), C(γ), D(w) のとき
AD⊥BC
$\Longleftrightarrow z=\dfrac{\gamma-\beta}{w-\alpha}$ が純虚数
$\Longleftrightarrow z\neq0$ かつ $z+\overline{z}=0$

← $\overline{w}=\overline{-\overline{\alpha}\beta\gamma}=-\overline{\overline{\alpha}}\,\overline{\beta}\,\overline{\gamma}$
$=-\alpha\overline{\beta}\,\overline{\gamma}$

← 第 1 項の分母・分子に α を掛け，第 2 項の分母・分子に $\alpha\beta\gamma$ を掛ける。

← 単位円は虚軸に関して対称。

練習 ③125

複素数平面上に 3 点 O, A, B を頂点とする △OAB がある。ただし，O は原点とする。△OAB の外心を P とする。3 点 A, B, P が表す複素数をそれぞれ α, β, z とするとき，$\alpha\beta=z$ が成り立つとする。このとき，α の満たすべき条件を求め，点 A(α) が描く図形を複素数平面上に図示せよ。　〔類 北海道大〕

HINT　3点O，A，Bが三角形をなす
$\iff$ 3点O，A，Bは互いに異なり，かつ3点が一直線に並ばない　この前提条件に注意。

3点O，A，Bが三角形をなすから　$\alpha \neq 0$，$\beta \neq 0$，$\alpha \neq \beta$

←3点O，A，Bは異なる。

点Pが△OABの外心であるとき

$$\mathrm{OP}=\mathrm{AP}=\mathrm{BP}$$

すなわち　$|z|=|z-\alpha|=|z-\beta|$ …… ①　が成り立つ。

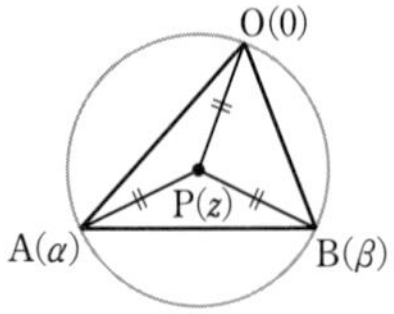

$\alpha\beta=z$ であるから　$|\alpha\beta|=|\alpha\beta-\alpha|=|\alpha\beta-\beta|$

$|\alpha\beta|=|\alpha\beta-\alpha|$ から　$|\alpha||\beta|=|\alpha||\beta-1|$

$\alpha \neq 0$ から　$|\beta|=|\beta-1|$　…… ②

$|\alpha\beta|=|\alpha\beta-\beta|$ から　$|\alpha||\beta|=|\beta||\alpha-1|$

$\beta \neq 0$ から　$|\alpha|=|\alpha-1|$　…… ③

②，③ は，2点A，Bが2点0，1を結ぶ線分の垂直二等分線 $|z|=|z-1|$ 上にあることを意味している。

←2点0，1から等距離にある点の軌跡。

このとき，3点O，A，Bが一直線上に並ぶことはないから，△OABが存在する。

←この条件の確認も大切。

逆に，②，③ が成り立つとき，$\alpha\beta=z$ より ① すなわち OP=AP=BP が成り立つから，点Pは△OABの外心である。

←②，③ の両辺にそれぞれ $|\alpha|$，$|\beta|$ を掛けることにより導かれる。

よって，求める条件は　$|\boldsymbol{\alpha}|=|\boldsymbol{\alpha}-\mathbf{1}|$

また，点Aが描く図形は，**右図** のようになる。

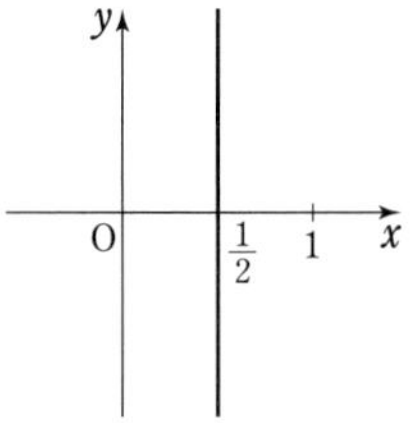

練習 ③126　異なる3点O(0)，A(α)，B(β)を頂点とする△OABの頂角O内の傍心をP(z)とするとき，z は次の等式を満たすことを示せ。

$$z=\frac{|\beta|\alpha+|\alpha|\beta}{|\alpha|+|\beta|-|\beta-\alpha|}$$

OA$=|\alpha|=a$，OB$=|\beta|=b$，AB$=|\beta-\alpha|=c$ とおく。

傍心は1つの頂点の内角の二等分線と，他の2つの頂点の外角の二等分線の交点である。

また，∠AOBの二等分線と辺ABの交点をD(w)とすると

$$\mathrm{AD}:\mathrm{DB}=\mathrm{OA}:\mathrm{OB}=a:b$$

←角の二等分線の定理。

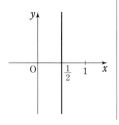

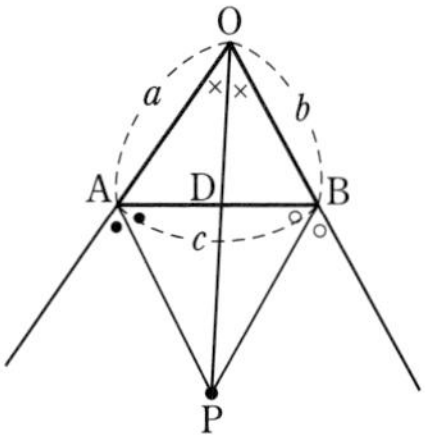

よって　$w=\dfrac{b\alpha+a\beta}{a+b}$

次に，Pは線分ODをOA：ADに外分する点であるから

$$\mathrm{OP}:\mathrm{PD}=\mathrm{OA}:\mathrm{AD}=a:\left(\frac{a}{a+b}\cdot c\right)=(a+b):c$$

←これより，Pは線分ODを $(a+b):c$ に外分する点であるから
$z=\dfrac{-c\cdot 0+(a+b)w}{a+b-c}$
としてもよい。

ゆえに　$\mathrm{OP}:\mathrm{OD}=(a+b):(a+b-c)$

よって　$z=\dfrac{a+b}{a+b-c}w=\dfrac{a+b}{a+b-c}\cdot\dfrac{b\alpha+a\beta}{a+b}=\dfrac{b\alpha+a\beta}{a+b-c}$

したがって　$z=\dfrac{|\beta|\alpha+|\alpha|\beta}{|\alpha|+|\beta|-|\beta-\alpha|}$

練習 ③127 点 P(z) が次の直線上にあるとき，z が満たす関係式を求めよ。

(1) 2点 $2+i$，3 を通る直線

(2) 点 $-4+4i$ を中心とする半径 $\sqrt{13}$ の円上の点 $-2+i$ における接線

(1) 3点 $2+i$，3，z は一直線上にあるから，$\dfrac{z-3}{(2+i)-3}=\dfrac{z-3}{-1+i}$ は実数である。

←$\arg\dfrac{z-3}{(2+i)-3}=0,\ \pi$

ゆえに　$\overline{\left(\dfrac{z-3}{-1+i}\right)}=\dfrac{z-3}{-1+i}$　すなわち　$\dfrac{\overline{z}-3}{-1-i}=\dfrac{z-3}{-1+i}$

←● が実数 ⟺ $\overline{●}$=●

よって　$(1-i)(\overline{z}-3)=(1+i)(z-3)$

←分母を払う。

整理して，求める関係式は　$\boldsymbol{(1+i)z-(1-i)\overline{z}=6i}$

(2) A$(-4+4i)$，B$(-2+i)$ とすると，AB⊥BP であるか，点 P は点 B と一致するから，$\dfrac{z-(-2+i)}{-4+4i-(-2+i)}=\dfrac{z+2-i}{-2+3i}$ は純虚数または 0 である。

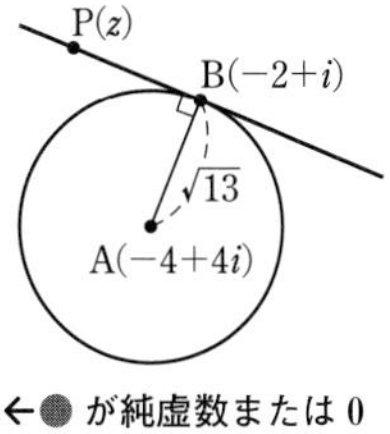

よって　$\dfrac{z+2-i}{-2+3i}+\overline{\left(\dfrac{z+2-i}{-2+3i}\right)}=0$

←● が純虚数または 0 ⟺ ●+$\overline{●}$=0

ゆえに　$\dfrac{z+2-i}{-2+3i}+\dfrac{\overline{z}+2+i}{-2-3i}=0$

よって　$(2+3i)(z+2-i)+(2-3i)(\overline{z}+2+i)=0$

整理して，求める関係式は　$\boldsymbol{(2+3i)z+(2-3i)\overline{z}+14=0}$

練習 ③128 α を絶対値が 1 の複素数とし，等式 $z=\alpha^2\overline{z}$ を満たす複素数 z の表す複素数平面上の図形を S とする。

(1) $z=\alpha^2\overline{z}$ が成り立つことと，$\dfrac{z}{\alpha}$ が実数であることは同値であることを証明せよ。また，このことを用いて，図形 S は原点を通る直線であることを示せ。

(2) 複素数平面上の点 P(w) を直線 S に関して対称移動した点を Q(w') とする。このとき，w' を w と α を用いて表せ。ただし，点 P は直線 S 上にないものとする。〔類 静岡大〕

(1) $|\alpha|=1$ であるから　$\alpha\overline{\alpha}=1$

$z=\alpha^2\overline{z}$ が成り立つとき　$\dfrac{z}{\alpha}=\alpha\overline{z}=\dfrac{\overline{z}}{\overline{\alpha}}=\overline{\left(\dfrac{z}{\alpha}\right)}$

←$\alpha\overline{\alpha}=1$ から　$\alpha=\dfrac{1}{\overline{\alpha}}$

よって，$\dfrac{z}{\alpha}$ は実数である。

逆に，$\dfrac{z}{\alpha}$ が実数であるとき，$\overline{\left(\dfrac{z}{\alpha}\right)}=\dfrac{z}{\alpha}$ から　$\alpha\overline{z}=\overline{\alpha}z$

両辺に α を掛けて　$\alpha^2\overline{z}=\alpha\overline{\alpha}z$　ゆえに　$z=\alpha^2\overline{z}$

←$\alpha\overline{\alpha}=1$

したがって，$z=\alpha^2\overline{z}$ が成り立つことと，$\dfrac{z}{\alpha}$ が実数であることは同値である。

よって，図形 S 上の点は実数 k を用いて $\dfrac{z}{\alpha}=k$ と表される。

ゆえに　$z=k\alpha$ …… ①

A(α) とすると，① は図形 S が原点と点 A を通る直線であることを示している。

(2)　PQ⊥OA（O は原点）であるから，$\dfrac{w-w'}{\alpha-0}$ は純虚数である。

よって　$\dfrac{w-w'}{\alpha}+\overline{\left(\dfrac{w-w'}{\alpha}\right)}=0$

$\dfrac{1}{\overline{\alpha}}=\alpha$ であるから　$w-w'+\alpha^2(\overline{w}-\overline{w'})=0$　…… ②

また，線分 PQ の中点 $\dfrac{w+w'}{2}$ が直線 S 上にあるから

$$\frac{w+w'}{2}=\alpha^2\overline{\left(\frac{w+w'}{2}\right)}$$

ゆえに　$w+w'-\alpha^2(\overline{w}+\overline{w'})=0$　…… ③

③－② から　$2w'-2\alpha^2\overline{w}=0$

したがって　$\boldsymbol{w'=\alpha^2\overline{w}}$

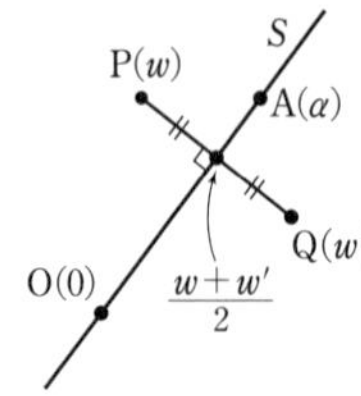

別解　α の偏角を θ とすると　$\alpha=\cos\theta+i\sin\theta$

原点を中心とする $-\theta$ の回転で P(w) が P$'(w_1)$ に，実軸に関する対称移動で P$'(w_1)$ が Q$'(w_2)$ に，原点を中心とする θ の回転で Q$'(w_2)$ が Q(w') にそれぞれ移る。

$\overline{\alpha}=\cos\theta-i\sin\theta=\cos(-\theta)+i\sin(-\theta)$ であるから

$$w_1=\{\cos(-\theta)+i\sin(-\theta)\}w=\overline{\alpha}w$$

よって　$w_2=\overline{w_1}=\overline{\overline{\alpha}w}=\alpha\overline{w}$

ゆえに　$\boldsymbol{w'}=(\cos\theta+i\sin\theta)w_2=\alpha\cdot\alpha\overline{w}=\boldsymbol{\alpha^2\overline{w}}$

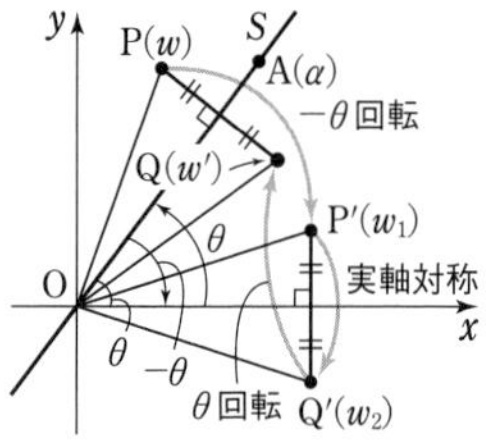

練習 ③129　3 点 A(-1)，B(1)，C$(\sqrt{3}i)$ を頂点とする △ABC が正三角形であることを用いて，3 点 P(α)，Q(β)，R(γ) を頂点とする △PQR が正三角形であるとき，等式 $\alpha^2+\beta^2+\gamma^2-\alpha\beta-\beta\gamma-\gamma\alpha=0$ が成り立つことを証明せよ。

[1]　△ABC∽△PQR のとき

$$\frac{\sqrt{3}i-(-1)}{1-(-1)}=\frac{\gamma-\alpha}{\beta-\alpha}\quad すなわち\quad \frac{\gamma-\alpha}{\beta-\alpha}=\frac{1+\sqrt{3}i}{2}$$

よって　$2(\gamma-\alpha)=(1+\sqrt{3}i)(\beta-\alpha)$

ゆえに　$2(\gamma-\alpha)-(\beta-\alpha)=\sqrt{3}(\beta-\alpha)i$

両辺を平方すると

$$4(\gamma-\alpha)^2-4(\gamma-\alpha)(\beta-\alpha)+(\beta-\alpha)^2=-3(\beta-\alpha)^2\ \cdots\ Ⓐ$$

よって　$(\gamma-\alpha)^2-(\gamma-\alpha)(\beta-\alpha)+(\beta-\alpha)^2=0$　…… ①

展開して整理すると

$$\alpha^2+\beta^2+\gamma^2-\alpha\beta-\beta\gamma-\gamma\alpha=0\ \cdots\cdots\ ②$$

P(z_1)，Q(z_2)，R(z_3)，P$'(w_1)$，Q$'(w_2)$，R$'(w_3)$ に対し
△PQR∽△P′Q′R′
（同じ向き）
$\Longleftrightarrow \dfrac{z_3-z_1}{z_2-z_1}=\dfrac{w_3-w_1}{w_2-w_1}$

[2]　△ABC∽△PRQ のとき

$$\frac{\sqrt{3}i-(-1)}{1-(-1)}=\frac{\beta-\alpha}{\gamma-\alpha}\quad すなわち\quad \frac{\beta-\alpha}{\gamma-\alpha}=\frac{1+\sqrt{3}i}{2}$$

←この場合もあることに注意。

これから　$2(\beta-\alpha)-(\gamma-\alpha)=\sqrt{3}(\gamma-\alpha)i$

両辺を平方すると

$$4(\beta-\alpha)^2-4(\beta-\alpha)(\gamma-\alpha)+(\gamma-\alpha)^2=-3(\gamma-\alpha)^2$$

これは ① と同値であり，② が導かれる。

[1]，[2] から，題意は示された。

検討 **相似を利用しない解法**

点Qを，点Pを中心として $\pm\frac{\pi}{3}$ だけ回転した点がRであるから $\gamma=\left\{\cos\left(\pm\frac{\pi}{3}\right)+i\sin\left(\pm\frac{\pi}{3}\right)\right\}(\beta-\alpha)+\alpha$ (複号同順)

よって　$\gamma-\alpha=\frac{1\pm\sqrt{3}\,i}{2}(\beta-\alpha)$

ゆえに　$2(\gamma-\alpha)-(\beta-\alpha)=\pm\sqrt{3}(\beta-\alpha)i$

両辺を平方すると Ⓐ が成り立つから，① が導かれる。

練習 ④130 実数 a，b，c に対して，$F(x)=x^4+ax^3+bx^2+ax+1$，$f(x)=x^2+cx+1$ とおく。また，複素数平面内の単位円から2点1，-1 を除いたものを T とする。

(1) $f(x)=0$ の解がすべて T 上にあるための必要十分条件を c を用いて表せ。

(2) $F(x)=0$ の解がすべて T 上にあるならば，$F(x)=(x^2+c_1x+1)(x^2+c_2x+1)$ を満たす実数 c_1，c_2 が存在することを示せ。 〔類 東京工大〕

HINT n 次方程式に関する次の性質に注意する。
① **n 次方程式は，ちょうど n 個の解をもつ。**
② **実数係数の n 次方程式が虚数解 α をもつとき，$\overline{\alpha}$ も解である。**

(1) $f(x)=0$ の解がすべて T 上にあるならば，$f(x)=0$ の解はすべて虚数である。c は実数であるから，$f(x)=0$ の判別式を D とすると　$D<0$

←T は実軸上の点1，-1 を含まないから，T 上の点を表す複素数は虚数である。

ここで，$D=c^2-4\cdot1\cdot1=(c+2)(c-2)$ であるから

$(c+2)(c-2)<0$　　よって　$-2<c<2$

逆に，$-2<c<2$ のとき，$D<0$ であるから，$f(x)=0$ は異なる2つの虚数解をもつ。

この2つの虚数解を α，$\overline{\alpha}$ とすると，解と係数の関係により

←n 次方程式の性質 ②

$\alpha\overline{\alpha}=1$　すなわち　$|\alpha|^2=1$　　ゆえに　$|\alpha|=|\overline{\alpha}|=1$

よって，$f(x)=0$ の解はすべて T 上にある。

以上から，求める条件は　**$-2<c<2$**

(2) $F(x)=0$ は実数係数の4次方程式であるから，解がすべて T 上にあるならば，解はすべて虚数である。よって，

$z_1=\cos\theta_1+i\sin\theta_1$，$z_2=\cos\theta_2+i\sin\theta_2$ $(0<\theta_1<\pi,\ 0<\theta_2<\pi)$

とすると，$F(x)=0$ の解は $x=z_1$，$\overline{z_1}$，z_2，$\overline{z_2}$ と表される。

←n 次方程式の性質 ①，②

ゆえに，$F(x)$ は $(x-z_1)(x-\overline{z_1})$，$(x-z_2)(x-\overline{z_2})$ を因数にもつ。

$(x-z_1)(x-\overline{z_1})=x^2-(z_1+\overline{z_1})x+z_1\overline{z_1}=x^2-2\cos\theta_1\cdot x+1$

←$\overline{z_1}=\cos\theta_1-i\sin\theta_1$

$(x-z_2)(x-\overline{z_2})=x^2-(z_2+\overline{z_2})x+z_2\overline{z_2}=x^2-2\cos\theta_2\cdot x+1$

←$\overline{z_2}=\cos\theta_2-i\sin\theta_2$

であり，$F(x)$ の x^4 の係数は1であるから

$F(x)=(x^2-2\cos\theta_1\cdot x+1)(x^2-2\cos\theta_2\cdot x+1)$

と表される。

$-2\cos\theta_1$，$-2\cos\theta_2$ は実数であるから，

$F(x)=(x^2+c_1x+1)(x^2+c_2x+1)$ を満たす実数 c_1，c_2 が存在する。

練習 ④**131** 複素数平面上で，相異なる3点1，α，α^2 は実軸上に中心をもつ1つの円周上にある。このような点 α の存在する範囲を複素数平面上に図示せよ。更に，この円の半径を $|\alpha|$ を用いて表せ。〔東北大〕

HINT 円の中心を表す実数を t とし，$|t-1|=|t-\alpha|=|t-\alpha^2|$ から導かれる α，t の関係式について，t を消去することを目指す。

3点1，α，α^2 はすべて互いに異なるから　$\alpha\neq1$，$\alpha\neq\alpha^2$，$\alpha^2\neq1$

よって　$\alpha\neq0$，$\alpha\neq\pm1$ …… ①

また，円の中心を表す実数を t とすると，

$|t-1|=|t-\alpha|=|t-\alpha^2|$　が成り立つ。

$|t-1|^2=|t-\alpha|^2$ から　$(t-1)^2=(t-\alpha)(t-\overline{\alpha})$

整理すると　$(\alpha+\overline{\alpha}-2)t=|\alpha|^2-1$ …… ②

$|t-1|^2=|t-\alpha^2|^2$ から　$(t-1)^2=(t-\alpha^2)(t-\overline{\alpha^2})$

整理すると　$(\alpha^2+\overline{\alpha^2}-2)t=|\alpha|^4-1$ …… ③

$\alpha+\overline{\alpha}-2=0$ …… ④ とすると，② から　$|\alpha|^2=1$

すなわち　$\alpha\overline{\alpha}=1$

④ から　$\overline{\alpha}=2-\alpha$　よって　$\alpha(2-\alpha)=1$

ゆえに　$(\alpha-1)^2=0$　よって　$\alpha=1$

これは $\alpha\neq1$ に反する。ゆえに　$\alpha+\overline{\alpha}-2\neq0$

よって，② から　$t=\dfrac{|\alpha|^2-1}{\alpha+\overline{\alpha}-2}$ …… ②′

②′ を ③ に代入して

$$(\alpha^2+\overline{\alpha^2}-2)\times\frac{|\alpha|^2-1}{\alpha+\overline{\alpha}-2}=|\alpha|^4-1$$

よって　$(|\alpha|^2-1)\{\alpha^2+\overline{\alpha^2}-2-(\alpha+\overline{\alpha}-2)(\alpha\overline{\alpha}+1)\}=0$

整理すると　$(|\alpha|+1)(|\alpha|-1)|\alpha-1|^2(\alpha+\overline{\alpha})=0$

$\alpha\neq1$ から　$|\alpha|=1$ または $\alpha+\overline{\alpha}=0$

すなわち　$|\alpha|=1$ または $(\alpha$ の実部$)=0$ …… ⑤

①，⑤ から，求める図形は **右図の実線部分** のようになる。

ただし，点 −1，0，1 を除く。

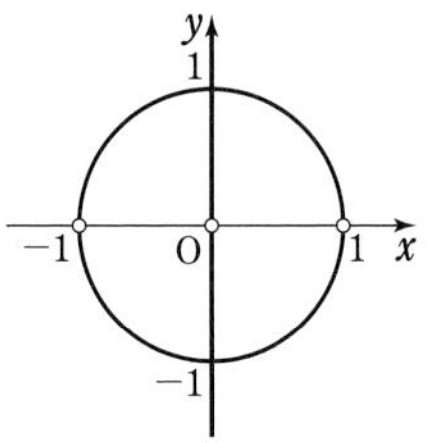

また，円の半径は $|t-1|$ に等しく

(i)　$|\alpha|=1$ のとき，②′ から　$t=0$

よって，半径は　1

(ii)　$\alpha+\overline{\alpha}=0$ のとき，②′ から　$t=-\dfrac{|\alpha|^2-1}{2}$

半径は　$\left|-\dfrac{|\alpha|^2-1}{2}-1\right|=\dfrac{|\alpha|^2+1}{2}$

(i)，(ii) をまとめて，**半径は**　$\boldsymbol{\dfrac{|\alpha|^2+1}{2}}$

←まず，この条件について調べる。

←t^2-2t+1
$=t^2-\overline{\alpha}t-\alpha t+\alpha\overline{\alpha}$

←② で α を α^2 におき換えた式。

←t を消去。

←$|\alpha|^4-1$
$=(|\alpha|^2+1)(|\alpha|^2-1)$

←{　}の中
$=\alpha^2+\overline{\alpha^2}-2-(\alpha+\overline{\alpha})\alpha\overline{\alpha}$
$\quad-(\alpha+\overline{\alpha})+2\alpha\overline{\alpha}+2$
$=\alpha^2+(\overline{\alpha})^2+2\alpha\overline{\alpha}$
$\quad-(\alpha+\overline{\alpha})\alpha\overline{\alpha}-(\alpha+\overline{\alpha})$
$=(\alpha+\overline{\alpha})^2-(\alpha+\overline{\alpha})\alpha\overline{\alpha}$
$\quad-(\alpha+\overline{\alpha})$
$=(\alpha+\overline{\alpha})(\alpha+\overline{\alpha}-\alpha\overline{\alpha}-1)$
$=-(\alpha+\overline{\alpha})(\alpha-1)(\overline{\alpha}-1)$

←$|\alpha|=1$ のとき
$\dfrac{|\alpha|^2+1}{2}=1$

練習 ④132 4点O(0)，A($4i$)，B($5-i$)，C($1-i$) は1つの円周上にあることを示せ。

$\alpha=4i,\ \beta=5-i,\ \gamma=1-i$ とすると

$$\frac{\alpha-\beta}{0-\beta}=\frac{4i-(5-i)}{-(5-i)}=\frac{5(1-i)}{5-i}$$
$$=\frac{5(1-i)(5+i)}{(5-i)(5+i)}=\frac{5(6-4i)}{26}=\frac{5}{13}(3-2i)$$
$$\frac{\alpha-\gamma}{0-\gamma}=\frac{4i-(1-i)}{-(1-i)}=\frac{1-5i}{1-i}$$
$$=\frac{(1-5i)(1+i)}{(1-i)(1+i)}=\frac{6-4i}{2}=3-2i$$

よって　　$\arg\dfrac{\alpha-\beta}{0-\beta}=\arg\dfrac{\alpha-\gamma}{0-\gamma}$

ゆえに，$\angle 0\beta\alpha=\angle 0\gamma\alpha$ から　　$\angle \mathrm{OBA}=\angle \mathrm{OCA}$

β，γ の実部は正であるから，2点B，Cは直線OAに関して同じ側にある。

したがって，4点O，A，B，Cは1つの円周上にある。

HINT 円周角の定理の逆を利用。
$\angle \mathrm{OBA}=\angle \mathrm{OCA}$ を示す。

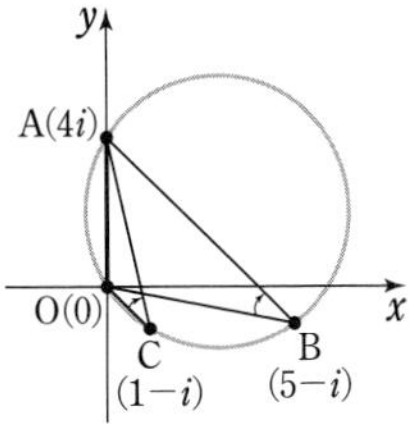

検討 $\dfrac{\alpha-\beta}{0-\beta}\div\dfrac{\alpha-\gamma}{0-\gamma}=\dfrac{5(3-2i)}{13}\div(3-2i)=\dfrac{5}{13}$ (実数)

よって，本冊 $p.573$ **検討** の (*) により，4点O，A，B，Cは1つの円周上にあることがわかる。

ここで，本冊 $p.573$ **検討** の (*) を証明しておこう。

[1] 4点A，B，C，Dがこの順序で1つの円周上にある場合と，4点A，B，D，Cがこの順序で1つの円周上にある場合は，本冊 $p.573$ の演習例題 **132** (1) と同様にして示される。

[2] 4点A，C，B，Dがこの順序で1つの円周上にある

$\Longleftrightarrow \angle \mathrm{ACB}+\angle \mathrm{BDA}=\pi$

$\Longleftrightarrow \arg\dfrac{\beta-\gamma}{\alpha-\gamma}+\arg\dfrac{\alpha-\delta}{\beta-\delta}=\pm\pi$

$\Longleftrightarrow \arg\left(\dfrac{\beta-\gamma}{\alpha-\gamma}\times\dfrac{\alpha-\delta}{\beta-\delta}\right)=\pm\pi$

$\Longleftrightarrow \arg\left(\dfrac{\beta-\gamma}{\alpha-\gamma}\div\dfrac{\beta-\delta}{\alpha-\delta}\right)=\pm\pi$

$\Longleftrightarrow \dfrac{\beta-\gamma}{\alpha-\gamma}\div\dfrac{\beta-\delta}{\alpha-\delta}$ は負の実数。

[2]

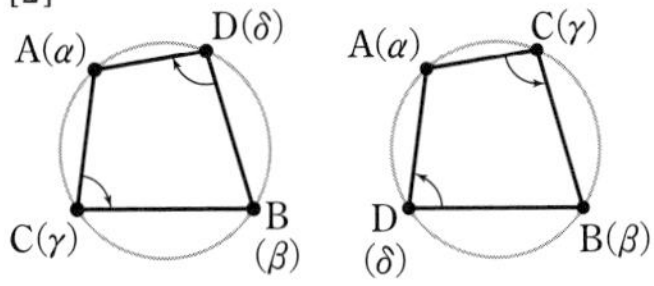

以上により，本冊 $p.573$ **検討** の (*) が示された。

練習 ④133
(1) n を自然数とするとき，$(1+z)^{2n}$，$(1-z)^{2n}$ をそれぞれ展開せよ。
(2) n は自然数とする。$f(z)={}_{2n}\mathrm{C}_1z+{}_{2n}\mathrm{C}_3z^3+\cdots\cdots+{}_{2n}\mathrm{C}_{2n-1}z^{2n-1}$ とするとき，方程式 $f(z)=0$ の解は $z=\pm i\tan\dfrac{k\pi}{2n}$ ($k=0,\ 1,\ \cdots\cdots,\ n-1$) と表されることを示せ。

(1) 二項定理により

$$(1+z)^{2n}={}_{2n}\mathrm{C}_0+{}_{2n}\mathrm{C}_1z+{}_{2n}\mathrm{C}_2z^2+\cdots\cdots+{}_{2n}\mathrm{C}_{2n}z^{2n}\ \cdots\cdots ①$$
$$(1-z)^{2n}={}_{2n}\mathrm{C}_0-{}_{2n}\mathrm{C}_1z+{}_{2n}\mathrm{C}_2z^2-\cdots\cdots+{}_{2n}\mathrm{C}_{2n}z^{2n}\ \cdots\cdots ②$$

← $(a+b)^n$
$={}_n\mathrm{C}_0a^n+{}_n\mathrm{C}_1a^{n-1}b+\cdots$
$\cdots+{}_n\mathrm{C}_ra^{n-r}b^r+\cdots$
$+{}_n\mathrm{C}_nb^n$

3章 練習 [複素数平面]

(2) ①−② から

$(1+z)^{2n}-(1-z)^{2n}=2({}_{2n}C_1z+{}_{2n}C_3z^3+\cdots\cdots+{}_{2n}C_{2n-1}z^{2n-1})$

よって　$f(z)=\frac{1}{2}\{(1+z)^{2n}-(1-z)^{2n}\}$

ゆえに，$f(z)=0$ は $(1+z)^{2n}=(1-z)^{2n}$ …… ③ と同値であり，$z=1$ は ③ の解ではないから，③ は $\left(\frac{1+z}{1-z}\right)^{2n}=1$ …… ④ と同値である。

④ から　$\frac{1+z}{1-z}=\cos\frac{k\pi}{n}+i\sin\frac{k\pi}{n}$ $(k=0,\ 1,\ \cdots\cdots,\ 2n-1)$

よって　$\left(\cos\frac{k\pi}{n}+1+i\sin\frac{k\pi}{n}\right)z=\cos\frac{k\pi}{n}-1+i\sin\frac{k\pi}{n}$ … ⑤

ここで

$$\cos\frac{k\pi}{n}+1+i\sin\frac{k\pi}{n}=2\cos^2\frac{k\pi}{2n}+i\cdot2\sin\frac{k\pi}{2n}\cos\frac{k\pi}{2n}$$
$$=2\cos\frac{k\pi}{2n}\left(\cos\frac{k\pi}{2n}+i\sin\frac{k\pi}{2n}\right)$$
$$\cos\frac{k\pi}{n}-1+i\sin\frac{k\pi}{n}=-2\sin^2\frac{k\pi}{2n}+i\cdot2\sin\frac{k\pi}{2n}\cos\frac{k\pi}{2n}$$
$$=2i\sin\frac{k\pi}{2n}\left(\cos\frac{k\pi}{2n}+i\sin\frac{k\pi}{2n}\right)$$

ゆえに，⑤ から　$z\cos\frac{k\pi}{2n}=i\sin\frac{k\pi}{2n}$

$k=n$ のときは，$z\cdot0=i$ となり，不合理が生じるから　$k\neq n$

$k\neq n$ のとき　$z=i\tan\frac{k\pi}{2n}$

また，$k=n+1,\ n+2,\ \cdots\cdots,\ 2n-1$ のとき，$l=2n-k$ とすると $l=1,\ 2,\ \cdots\cdots,\ n-1$ で

$$\tan\frac{k\pi}{2n}=\tan\frac{(2n-l)\pi}{2n}=\tan\left(\pi-\frac{l\pi}{2n}\right)=-\tan\frac{l\pi}{2n}$$

したがって，方程式 $f(z)=0$ の解は $z=\pm i\tan\frac{k\pi}{2n}$ $(k=0,\ 1,\ \cdots\cdots,\ n-1)$ と表される。

←(1) の結果の式に，$f(z)$ の式が現れることに注目。
①−② を計算すると，奇数次の項のみが残る。

←1 の N 乗根は
$\cos\frac{2k\pi}{N}+i\sin\frac{2k\pi}{N}$
$(k=0,\ 1,\ \cdots\cdots,\ N-1)$

←$\sin^2\frac{\theta}{2}=\frac{1-\cos\theta}{2}$，
$\cos^2\frac{\theta}{2}=\frac{1+\cos\theta}{2}$，
$\sin\theta=2\sin\frac{\theta}{2}\cos\frac{\theta}{2}$
$-1=i^2$　など。

←$\cos\frac{k\pi}{2n}+i\sin\frac{k\pi}{2n}\neq0$

←$\cos\frac{k\pi}{2n}\neq0$ から。

←$\tan(\pi-\theta)=-\tan\theta$

←$0\leqq\frac{k\pi}{2n}<\frac{\pi}{2}$

練習 ④134

偏角 θ が 0 より大きく $\frac{\pi}{2}$ より小さい複素数 $\alpha=\cos\theta+i\sin\theta$ を考える。

$z_0=0$，$z_1=1$ とし，$z_k-z_{k-1}=\alpha(z_{k-1}-z_{k-2})$ $(k=2,\ 3,\ 4,\ \cdots\cdots)$ により数列 $\{z_k\}$ を定義するとき，複素数平面上で z_k $(k=0,\ 1,\ 2,\ \cdots\cdots)$ の表す点を P_k とする。

(1) z_k を α を用いて表せ。

(2) $A\left(\frac{1}{1-\alpha}\right)$ とするとき，点 P_k $(k=0,\ 1,\ 2,\ \cdots\cdots)$ は点 A を中心とする 1 つの円周上にあることを示せ。　〔類　名古屋市大〕

HINT　(1)　まず，z_k-z_{k-1} を α で表す。数列 $\{z_k-z_{k-1}\}$ は数列 $\{z_k\}$ の階差数列であるから，$k\geqq1$ のとき，$z_k=z_0+\sum_{n=0}^{k-1}(z_{n+1}-z_n)$ として z_k が求められる。

(1) $z_k-z_{k-1}=\alpha(z_{k-1}-z_{k-2})$ から

$$z_k-z_{k-1}=\alpha(z_{k-1}-z_{k-2})=\alpha\cdot\alpha(z_{k-2}-z_{k-3})=\alpha^2(z_{k-2}-z_{k-3})$$
$$=\cdots\cdots=\alpha^{k-1}(z_1-z_0)=\alpha^{k-1}$$

←漸化式を繰り返し利用。

←$z_1-z_0=1-0=1$

よって，$k\geqq1$ のとき，$\alpha\neq1$ であるから

←$\theta\neq0$ から　$\alpha\neq1$

$$z_k=z_0+\sum_{n=0}^{k-1}(z_{n+1}-z_n)=z_0+\sum_{n=0}^{k-1}\alpha^n$$
$$=0+\frac{1\cdot(1-\alpha^k)}{1-\alpha}$$
$$=\frac{1-\alpha^k}{1-\alpha}\ \cdots\cdots\ ①$$

←$\sum_{n=0}^{k-1}\alpha^n$ は初項1，公比 α，項数 k の等比数列の和。

① は $k=0$ のときも成り立つ。

←$\frac{1-\alpha^0}{1-\alpha}=0$

したがって　$\boldsymbol{z_k=\frac{1-\alpha^k}{1-\alpha}}$

(2) $\mathrm{AP}_k=\left|z_k-\frac{1}{1-\alpha}\right|=\left|\frac{1-\alpha^k}{1-\alpha}-\frac{1}{1-\alpha}\right|$

←(1) の結果を代入。

$$=\frac{|-\alpha^k|}{|1-\alpha|}=\frac{|\alpha|^k}{|1-\alpha|}=\frac{1}{|1-\alpha|}\quad(k=0,\ 1,\ 2,\ \cdots\cdots)$$

←$|\alpha|=1$

ゆえに，点 P_k ($k=0$, 1, 2, ……) は点Aを中心とする半径 $\frac{1}{|1-\alpha|}$ の円周上にある。

練習 ⑤135

複素数平面上を，点Pが次のように移動する。ただし，n は自然数である。

1．時刻0では，Pは原点にいる。時刻1まで，Pは実軸の正の方向に速さ1で移動する。移動後のPの位置を $\mathrm{Q}_1(z_1)$ とすると $z_1=1$ である。

2．時刻1にPは $\mathrm{Q}_1(z_1)$ において進行方向を $\frac{\pi}{4}$ 回転し，時刻2までその方向に速さ $\frac{1}{\sqrt{2}}$ で移動する。移動後のPの位置を $\mathrm{Q}_2(z_2)$ とすると $z_2=\frac{3+i}{2}$ である。

3．以下同様に，時刻 n にPは $\mathrm{Q}_n(z_n)$ において進行方向を $\frac{\pi}{4}$ 回転し，時刻 $n+1$ までその方向に速さ $\left(\frac{1}{\sqrt{2}}\right)^n$ で移動する。移動後のPの位置を $\mathrm{Q}_{n+1}(z_{n+1})$ とする。

$\alpha=\frac{1+i}{2}$ として，次の問いに答えよ。

(1) z_3，z_4 を求めよ。　(2) z_n を α，n を用いて表せ。

(3) z_n の実部が1より大きくなるようなすべての n を求めよ。〔類　広島大〕

(1) Pは時刻2に $\mathrm{Q}_2(z_2)$ で実軸の正の方向から，$\frac{\pi}{4}\cdot2=\frac{\pi}{2}$ 回転して，時刻3まで速さ $\left(\frac{1}{\sqrt{2}}\right)^2$ で移動するから

←(1) を通して，z_n の規則性をつかむ。

$$\boldsymbol{z_3}=z_2+\left(\frac{1}{\sqrt{2}}\right)^2\left(\cos\frac{\pi}{2}+i\sin\frac{\pi}{2}\right)=\frac{3+i}{2}+\frac{i}{2}=\boldsymbol{\frac{3}{2}+i}$$

また，Pは時刻3に $\mathrm{Q}_3(z_3)$ で実軸の正の方向から，$\frac{\pi}{4}\cdot3=\frac{3}{4}\pi$ 回転して，時刻4まで速さ $\left(\frac{1}{\sqrt{2}}\right)^3$ で移動するから

$$z_4=z_3+\left(\frac{1}{\sqrt{2}}\right)^3\left(\cos\frac{3}{4}\pi+i\sin\frac{3}{4}\pi\right)$$

$$=\frac{3}{2}+i+\frac{1}{2\sqrt{2}}\cdot\frac{-1+i}{\sqrt{2}}=\boldsymbol{\frac{5}{4}+\frac{5}{4}i}$$

(2)　Pは時刻 n に $Q_n(z_n)$ で実軸の正の方向から，

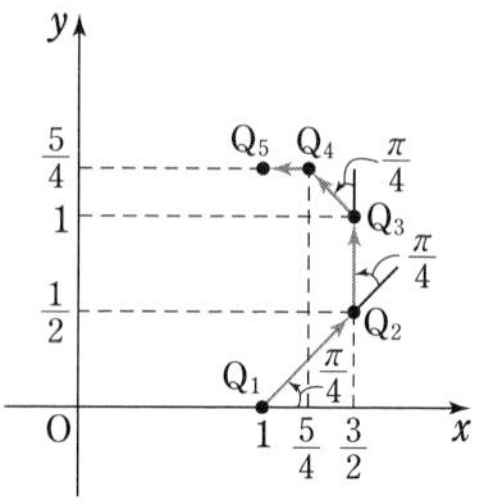

$\frac{\pi}{4}\cdot n=\frac{n}{4}\pi$ 回転して，時刻 $n+1$ まで速さ $\left(\frac{1}{\sqrt{2}}\right)^n$ で移動

するから　　$z_{n+1}=z_n+\left(\frac{1}{\sqrt{2}}\right)^n\left(\cos\frac{n}{4}\pi+i\sin\frac{n}{4}\pi\right)$

ここで　$\cos\frac{n}{4}\pi+i\sin\frac{n}{4}\pi=\left(\cos\frac{\pi}{4}+i\sin\frac{\pi}{4}\right)^n=\left(\frac{1+i}{\sqrt{2}}\right)^n$

よって　$z_{n+1}=z_n+\left(\frac{1}{\sqrt{2}}\cdot\frac{1+i}{\sqrt{2}}\right)^n=z_n+\left(\frac{1+i}{2}\right)^n=z_n+\alpha^n$

ゆえに，$n\geqq 2$ のとき，$\alpha\neq 1$ であるから

←数列 $\{z_n\}$ の階差数列が　$\{\alpha^n\}$

$$z_n=z_1+\sum_{k=1}^{n-1}\alpha^k=1+\frac{\alpha(1-\alpha^{n-1})}{1-\alpha}=\frac{1-\alpha^n}{1-\alpha}\quad\cdots\cdots\ ①$$

①は $n=1$ のときも成り立つ。

したがって　　$\boldsymbol{z_n=\frac{1-\alpha^n}{1-\alpha}}$

(3)　$\frac{1}{1-\alpha}=\frac{2}{1-i}=\frac{2(1+i)}{(1-i)(1+i)}=1+i$

←$1-\alpha=\frac{1-i}{2}$

また　　$\alpha^n=\left(\frac{1+i}{2}\right)^n=\left\{\frac{1}{\sqrt{2}}\left(\cos\frac{\pi}{4}+i\sin\frac{\pi}{4}\right)\right\}^n$

$$=\left(\frac{1}{\sqrt{2}}\right)^n\left(\cos\frac{n}{4}\pi+i\sin\frac{n}{4}\pi\right)$$

←ド・モアブルの定理。

よって　　$z_n=(1+i)\left\{1-\left(\frac{1}{\sqrt{2}}\right)^n\left(\cos\frac{n}{4}\pi+i\sin\frac{n}{4}\pi\right)\right\}$

←$z_n=\frac{1-\alpha^n}{1-\alpha}$

ゆえに，z_n の実部は　　$1-\left(\frac{1}{\sqrt{2}}\right)^n\cos\frac{n}{4}\pi+\left(\frac{1}{\sqrt{2}}\right)^n\sin\frac{n}{4}\pi$

$1-\left(\frac{1}{\sqrt{2}}\right)^n\cos\frac{n}{4}\pi+\left(\frac{1}{\sqrt{2}}\right)^n\sin\frac{n}{4}\pi>1$ とすると

$$\sin\frac{n}{4}\pi-\cos\frac{n}{4}\pi>0$$

よって　　$\sqrt{2}\sin\frac{n-1}{4}\pi>0$

←三角関数の合成。

n は自然数より，$\frac{n-1}{4}\pi\geqq 0$ であるから，m を0以上の整数と

して　　$2m\pi<\frac{n-1}{4}\pi<(2m+1)\pi$　と表される。

←$8m<n-1<4(2m+1)$

ゆえに　　$8m+1<n<8m+5$

よって，求める n は **8で割った余りが2，3，4である自然数**

である。

EX ②58 $z=a+bi$ (a, b は実数) とするとき，次の式を z と $\overline{z}$ を用いて表せ。
(1) a　　(2) b　　(3) $a-b$　　(4) a^2-b^2

$z=a+bi$ のとき　$\overline{z}=a-bi$

(1) $z+\overline{z}=2a$ であるから　$a=\boldsymbol{\frac{1}{2}z+\frac{1}{2}\overline{z}}$

(2) $z-\overline{z}=2bi$ であるから

$$b=\frac{z-\overline{z}}{2i}=-\frac{i(z-\overline{z})}{2}=\boldsymbol{-\frac{1}{2}iz+\frac{1}{2}i\overline{z}}$$

(3) (1), (2) から

$$a-b=\left(\frac{1}{2}z+\frac{1}{2}\overline{z}\right)-\left(-\frac{1}{2}iz+\frac{1}{2}i\overline{z}\right)$$
$$=\boldsymbol{\frac{1}{2}(1+i)z+\frac{1}{2}(1-i)\overline{z}}$$

(4) $z^2=a^2+2abi-b^2$ …… ①
$(\overline{z})^2=a^2-2abi-b^2$ …… ②
①+② から　$z^2+(\overline{z})^2=2(a^2-b^2)$
したがって　$a^2-b^2=\boldsymbol{\frac{1}{2}z^2+\frac{1}{2}(\overline{z})^2}$

HINT　$z=a+bi$, $\overline{z}=a-bi$ から，(1) では b を消去，(2) では a を消去。

←$\frac{1}{i}=\frac{i}{i^2}=-i$

(4) $a^2-b^2=(a+b)(a-b)$ としても導かれるが，計算が面倒である。

EX ③59 (1) 複素数平面上に 4 点 A$(2+4i)$, B(z), C$(\overline{z})$, D$(2z)$ がある。四角形 ABCD が平行四辺形であるとき，複素数 z の値を求めよ。
(2) 複素数平面上の平行四辺形の 4 つの頂点を O(0), A(z), B$(\overline{z})$, C(w) とするとき，w は実数または純虚数であることを示せ。

HINT (2) 頂点 C には，右図の C_1, C_2, C_3 のように，3 通りの場合がある。
⟶ 対角線が OC, OA, OB の各場合に分けて考える。
O(0), P(α), Q(β), R(γ) のとき，四角形 OPQR が平行四辺形 $\Longrightarrow \beta=\alpha+\gamma$ であることを利用。

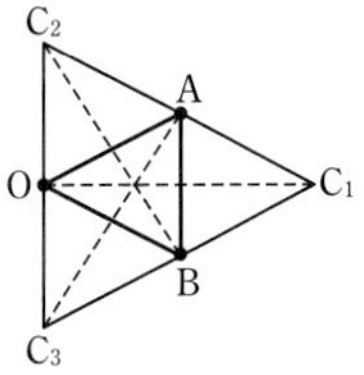

(1) 四角形 ABCD が平行四辺形であるとき

$$z-(2+4i)=\overline{z}-2z$$

よって　$\overline{z}=3z-2-4i$ …… ①
① の両辺の共役複素数をとると

$$z=3\overline{z}-2+4i \text{ …… ②}$$

① を ② に代入して

$$z=3(3z-2-4i)-2+4i$$

これを解いて　$\boldsymbol{z=1+i}$
このとき，4 点 A, B, C, D は四角形の頂点となるから，適する。

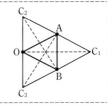

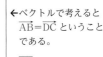

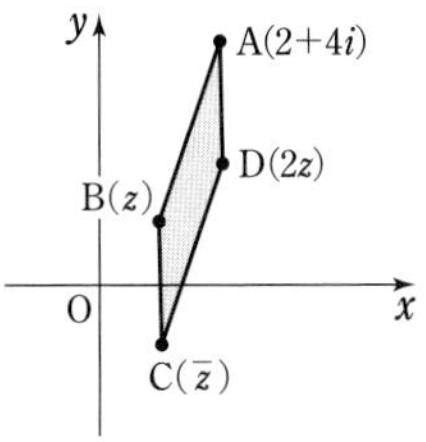

別解　① までは同じ。
$z=a+bi$ (a, b は実数) とすると，$\overline{z}=a-bi$ であるから，
① は　$a-bi=3(a+bi)-2-4i$
よって　$a-bi=3a-2+(3b-4)i$

←ベクトルで考えると $\overrightarrow{AB}=\overrightarrow{DC}$ ということである。

←$\overline{(\overline{z})}=z$

←① と ② を，z と $\overline{z}$ の連立方程式のように考えて，z を求める。

a, b は実数であるから, $-b$, $3a-2$, $3b-4$ も実数である。

ゆえに, 実部と虚部を比較すると　$a=3a-2$, $-b=3b-4$　←複素数の相等

これを解いて　$a=1$, $b=1$　よって　$\boldsymbol{z=1+i}$

(2)　$z=a+bi$ (a, b は実数) とする。

[1]　線分 OC が対角線となるとき　$w=z+\overline{z}$

よって　$w=2a$　ゆえに, w は実数である。　←$\overline{z}=a-bi$

[2]　線分 OA が対角線となるとき　$z=\overline{z}+w$

よって　$w=z-\overline{z}=2bi$

$b=0$ とすると, 2 点 A, B が一致してしまうから　$b\neq 0$　←$b\neq 0$ の確認が必要。

ゆえに, w は純虚数である。

[3]　線分 OB が対角線となるとき　$\overline{z}=z+w$

よって　$w=\overline{z}-z=-2bi$　←[2] から　$b\neq 0$

ゆえに, w は純虚数である。

以上により, w は実数または純虚数である。

別解　$z\neq\overline{z}$ であるから, z は虚数であり, 2 点 A, B は実軸に関して対称である。　←A と B は異なる点。 別解 は〰〰を利用した解法である。

[1]　平行四辺形 OABC, OBAC の場合 (線分 AB が 1 辺となる場合)

AB∥OC であり, 辺 AB は虚軸と平行であるから, 辺 OC は虚軸上にある。　←対辺が平行。

よって, 点 C は虚軸上にあり, O と異なるから, w は純虚数である。

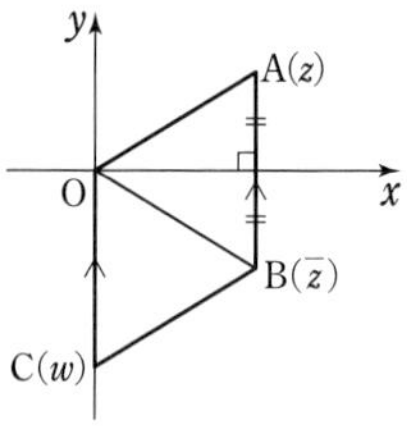

[2]　平行四辺形 OACB の場合

対角線 AB の中点 M は実軸上にある。また, 点 C は直線 OM 上にあるから, 点 C は実軸上にある。　←対角線 OC の中点は, 対角線 AB の中点 M と一致する。

ゆえに, w は実数である。

以上により, w は実数または純虚数である。

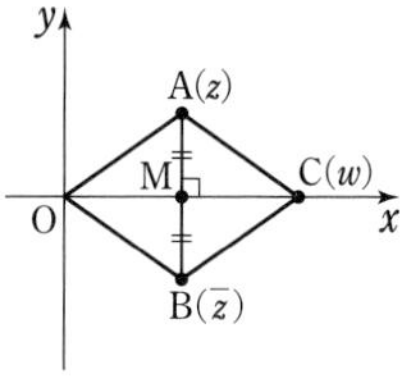

EX ②60　a, b を実数, 3 次方程式 $x^3+ax^2+bx+1=0$ が虚数解 α をもつとする。
このとき, α の共役複素数 $\overline{\alpha}$ もこの方程式の解になることを示せ。また, 3 つ目の解 β, および係数 a, b を α, $\overline{\alpha}$ を用いて表せ。　［類　防衛医大］

3 次方程式 $x^3+ax^2+bx+1=0$ …… ① が $x=\alpha$ を解にもつから　←**$x=\alpha$ が方程式 $f(x)=0$ の解 ⟺ $f(\alpha)=0$ が成り立つ**

$\alpha^3+a\alpha^2+b\alpha+1=0$　よって　$\overline{\alpha^3+a\alpha^2+b\alpha+1}=\overline{0}$

ゆえに　$\overline{\alpha^3}+a\overline{\alpha^2}+b\overline{\alpha}+1=0$

すなわち　$(\overline{\alpha})^3+a(\overline{\alpha})^2+b\overline{\alpha}+1=0$　←$(\overline{\alpha^n})=(\overline{\alpha})^n$ (n は自然数)

したがって, ① は $x=\overline{\alpha}$ を解にもつ。

また, ① の解は α, $\overline{\alpha}$, β であるから, 解と係数の関係より　←3 次方程式 $px^3+qx^2+rx+s=0$ の解を α, β, γ とすると

$\alpha+\overline{\alpha}+\beta=-a$ …… ②, $\alpha\overline{\alpha}+\overline{\alpha}\beta+\beta\alpha=b$ …… ③,

$\alpha\overline{\alpha}\beta=-1$ …… ④

$\alpha \neq 0$ であるから，④ より　$\boldsymbol{\beta = -\frac{1}{\alpha\overline{\alpha}}}$

② から　$\boldsymbol{a} = -\beta-(\alpha+\overline{\alpha}) = \boldsymbol{\frac{1}{\alpha\overline{\alpha}}-(\alpha+\overline{\alpha})}$

③ から　$\boldsymbol{b} = \alpha\overline{\alpha}+\beta(\alpha+\overline{\alpha}) = \boldsymbol{\alpha\overline{\alpha}-\frac{\alpha+\overline{\alpha}}{\alpha\overline{\alpha}}}$

$\alpha+\beta+\gamma=-\frac{q}{p}$,

$\alpha\beta+\beta\gamma+\gamma\alpha=\frac{r}{p}$

$\alpha\beta\gamma=-\frac{s}{p}$

EX ③61

α，z は複素数で，$|\alpha|>1$ であるとする。このとき，$|z-\alpha|$ と $|\overline{\alpha}z-1|$ の大小を比較せよ。

$$|z-\alpha|^2-|\overline{\alpha}z-1|^2$$
$$=(z-\alpha)(\overline{z-\alpha})-(\overline{\alpha}z-1)(\overline{\overline{\alpha}z-1})$$
$$=(z-\alpha)(\overline{z}-\overline{\alpha})-(\overline{\alpha}z-1)(\alpha\overline{z}-1)$$
$$=|z|^2-z\overline{\alpha}-\alpha\overline{z}+|\alpha|^2-(|\alpha|^2|z|^2-\overline{\alpha}z-\alpha\overline{z}+1)$$
$$=|z|^2+|\alpha|^2-|\alpha|^2|z|^2-1$$
$$=|z|^2(1-|\alpha|^2)-(1-|\alpha|^2)=(1-|\alpha|^2)(|z|^2-1)$$

$|\alpha|>1$ であるから　$|\alpha|^2>1$　ゆえに　$1-|\alpha|^2<0$

よって，**$|z|>1$ のとき**　$|z-\alpha|^2-|\overline{\alpha}z-1|^2<0$

すなわち　$\boldsymbol{|z-\alpha|<|\overline{\alpha}z-1|}$

$|z|=1$ のとき　$|z-\alpha|^2-|\overline{\alpha}z-1|^2=0$

すなわち　$\boldsymbol{|z-\alpha|=|\overline{\alpha}z-1|}$

$|z|<1$ のとき　$|z-\alpha|^2-|\overline{\alpha}z-1|^2>0$

すなわち　$\boldsymbol{|z-\alpha|>|\overline{\alpha}z-1|}$

$|\alpha|$ は $|\alpha|^2$ として扱う　$|\alpha|^2=\alpha\overline{\alpha}$

$|z-\alpha|^2$ と $|\overline{\alpha}z-1|^2$ の大小を比較するため，差を計算する。

← $|z|^2-1>0$

← $|z|^2-1=0$

← $|z|^2-1<0$

EX ③62

z，w を $|z|=2$，$|w|=5$ を満たす複素数とする。$z\overline{w}$ の実部が 3 であるとき，$|z-w|$ の値を求めよ。〔愛媛大〕

$$|z-w|^2=(z-w)(\overline{z-w})=(z-w)(\overline{z}-\overline{w})$$
$$=z\overline{z}-z\overline{w}-w\overline{z}+w\overline{w}$$
$$=|z|^2-(z\overline{w}+\overline{z}w)+|w|^2 \quad \cdots\cdots ①$$

一般に，複素数 u に対して $\frac{u+\overline{u}}{2}=(u$ の実部$)$ が成り立つから　$z\overline{w}+\overline{z}w=z\overline{w}+(\overline{z\overline{w}})=2\times(z\overline{w}$ の実部$)=2\times3=6$

よって，① から　$|z-w|^2=2^2-6+5^2=23$

$|z-w|\geqq0$ であるから　$|z-w|=\boldsymbol{\sqrt{23}}$

$|\alpha|$ は $|\alpha|^2$ として扱う　$|\alpha|^2=\alpha\overline{\alpha}$

← $\overline{z}w=\overline{z}\cdot(\overline{\overline{w}})=(\overline{z\overline{w}})$

EX ③63

次の条件 (A)，(B) をともに満たす複素数 z について考える。

(A)　$z+\frac{i}{z}$ は実数である　　(B)　z の虚部は正である

(1)　$|z|=r$ とおくとき，z を r を用いて表せ。

(2)　z の虚部が最大となるときの z を求めよ。〔富山大〕

(1)　$z+\frac{i}{z}$ が実数であるから　$\overline{z+\frac{i}{z}}=z+\frac{i}{z}$

よって　$\overline{z}-\frac{i}{\overline{z}}=z+\frac{i}{z} \quad \cdots\cdots ①$

$|z|=r$ であるから　$z\overline{z}=r^2$　ゆえに　$\overline{z}=\frac{r^2}{z}$

← 条件 (A) に注目。
●が実数 ⟺ $\overline{●}$ = ●

← $\overline{i}=-i$

← $|z|^2=z\overline{z}$

3章 EX〔複素数平面〕

①に代入して　$\dfrac{r^2}{z}-\dfrac{iz}{r^2}=z+\dfrac{i}{z}$

両辺に z を掛けて変形すると

$$\left(1+\frac{i}{r^2}\right)z^2-(r^2-i)=0$$

両辺に $\dfrac{r^2}{r^2+i}$ を掛けて　$z^2-\dfrac{r^2(r^2-i)}{r^2+i}=0$

ゆえに　$z^2-\dfrac{r^2(r^2-i)^2}{r^4+1}=0$

よって　$\left\{z+\dfrac{r(r^2-i)}{\sqrt{r^4+1}}\right\}\left\{z-\dfrac{r(r^2-i)}{\sqrt{r^4+1}}\right\}=0$

ゆえに　$z=\dfrac{r(r^2-i)}{\sqrt{r^4+1}},\ -\dfrac{r(r^2-i)}{\sqrt{r^4+1}}$

z の虚部は正であるから　$\boldsymbol{z=\dfrac{-r^3+ri}{\sqrt{r^4+1}}}$

別解　$z=x+yi$（x, y は実数, $y>0$）とおくと　$\bar{z}=x-yi$

$|z|=r$ であるから　$x^2+y^2=r^2$ ……②

$$z+\frac{i}{z}=z+\frac{i\bar{z}}{z\bar{z}}=z+\frac{i\bar{z}}{r^2}=x+yi+\frac{i(x-yi)}{r^2}$$

$$=x+\frac{y}{r^2}+\left(y+\frac{x}{r^2}\right)i$$

$z+\dfrac{i}{z}$ が実数であるための条件は　$y+\dfrac{x}{r^2}=0$

よって　$x=-r^2y$ ……③

③を②に代入して　$(-r^2y)^2+y^2=r^2$

ゆえに　$(r^4+1)y^2=r^2$

$r>0$, $y>0$ であるから　$y=\dfrac{r}{\sqrt{r^4+1}}$

これを③に代入して　$x=-\dfrac{r^3}{\sqrt{r^4+1}}$

したがって　$\boldsymbol{z=-\dfrac{r^3}{\sqrt{r^4+1}}+\dfrac{r}{\sqrt{r^4+1}}i}$

(2)　z の虚部は　$\dfrac{r}{\sqrt{r^4+1}}=\dfrac{1}{\sqrt{r^2+\dfrac{1}{r^2}}}$

$r^2>0$ であるから，(相加平均)≧(相乗平均) により

$$r^2+\frac{1}{r^2}\geqq 2\sqrt{r^2\cdot\frac{1}{r^2}}=2 \qquad \text{よって} \qquad \frac{r}{\sqrt{r^4+1}}\leqq\frac{1}{\sqrt{2}}$$

等号は $r^2=\dfrac{1}{r^2}$ かつ $r>0$ から，$r=1$ のとき成り立つ。

したがって，z の虚部は $r=1$ のとき最大となり，このとき

$$\boldsymbol{z=\frac{-1+i}{\sqrt{2}}}$$

←$r^2-\dfrac{i}{r^2}z^2=z^2+i$

←$1+\dfrac{i}{r^2}=\dfrac{r^2+i}{r^2}$

←z^2 の係数を1に。

←$\dfrac{r^2(r^2-i)}{r^2+i}$ の分母を実数化。

←$r>0$ に注意。

←条件(B)

←条件(B)から　$y>0$

←$|z|^2=r^2$

←$\dfrac{i}{z}=\dfrac{i}{x+yi}$
$=\dfrac{i(x-yi)}{(x+yi)(x-yi)}$
$=\dfrac{y+xi}{x^2+y^2}=\dfrac{y+xi}{r^2}$
としてもよい。

←分母・分子を r で割る。

←$a>0$, $b>0$ のとき
$\dfrac{a+b}{2}\geqq\sqrt{ab}$

←$r^4=1$

←(1)の答えに代入。

EX ③64

(1) 複素数 $\dfrac{5-2i}{7+3i}$ の偏角 θ を求めよ。ただし，$0\leqq\theta<2\pi$ とする。〔類 神奈川大〕

(2) z を虚数とする。$z+\dfrac{1}{z}$ が実数となるとき，$|z|=1$ であることを示せ。また，$z+\dfrac{1}{z}$ が自然数となる z をすべて求めよ。

(1) $\dfrac{5-2i}{7+3i}=\dfrac{(5-2i)(7-3i)}{(7+3i)(7-3i)}=\dfrac{35-15i-14i-6}{49+9}=\dfrac{29-29i}{58}$

$=\dfrac{1-i}{2}=\dfrac{\sqrt{2}}{2}\left(\cos\dfrac{7}{4}\pi+i\sin\dfrac{7}{4}\pi\right)$

←分母を実数化して整理する。

よって，偏角 $\theta\,(0\leqq\theta<2\pi)$ は　$\boldsymbol{\theta=\dfrac{7}{4}\pi}$

(2) $z+\dfrac{1}{z}$ が実数となるとき　$\overline{z+\dfrac{1}{z}}=z+\dfrac{1}{z}$

←●が実数 ⟺ $\overline{●}$＝●

すなわち　$\overline{z}+\dfrac{1}{\overline{z}}=z+\dfrac{1}{z}$

両辺に $z\overline{z}$ を掛けて　$z(\overline{z})^2+z=z^2\overline{z}+\overline{z}$

←$z\overline{z}(z-\overline{z})-(z-\overline{z})=0$

したがって　$(z-\overline{z})(|z|^2-1)=0$

←$z\overline{z}=|z|^2$

z は虚数であるから　$z\neq\overline{z}$

←z は実数でない ⟺ $z\neq\overline{z}$

よって，$|z|^2-1=0$ から　$|z|^2=1$

$|z|>0$ であるから　$|z|=1$

また，$z+\dfrac{1}{z}$ が自然数となるとき，$|z|=1$ から，

$z=\cos\theta+i\sin\theta\ (0\leqq\theta<2\pi)$　と表される。

ここで，z は虚数であるから　$\sin\theta\neq0$

←(虚部)$\neq0$

$\dfrac{1}{z}=\cos\theta-i\sin\theta$ であるから　$z+\dfrac{1}{z}=2\cos\theta$ …… ①

$-1\leqq\cos\theta\leqq1$ であるから，① が自然数となるための条件は，

←$-2\leqq2\cos\theta\leqq2$

$2\cos\theta=1,\ 2$ より　$\cos\theta=\dfrac{1}{2},\ 1$

$\cos\theta=\dfrac{1}{2}$ のとき　$\sin\theta=\pm\dfrac{\sqrt{3}}{2}$

←$\theta=\dfrac{\pi}{3},\ \dfrac{5}{3}\pi$

$\cos\theta=1$ のとき　$\sin\theta=0$　これは不適。

←$\theta=0$
このとき，$\sin\theta\neq0$ を満たさない。

したがって，求める z の値は　$\boldsymbol{z=\dfrac{1\pm\sqrt{3}\,i}{2}}$

EX ②65

$\theta=\dfrac{\pi}{10}$ のとき，$\dfrac{(\cos4\theta+i\sin4\theta)(\cos5\theta+i\sin5\theta)}{\cos\theta-i\sin\theta}$ の値を求めよ。

$\dfrac{(\cos4\theta+i\sin4\theta)(\cos5\theta+i\sin5\theta)}{\cos\theta-i\sin\theta}$

$=\dfrac{\cos(4\theta+5\theta)+i\sin(4\theta+5\theta)}{\cos(-\theta)+i\sin(-\theta)}=\dfrac{\cos9\theta+i\sin9\theta}{\cos(-\theta)+i\sin(-\theta)}$

$=\cos\{9\theta-(-\theta)\}+i\sin\{9\theta-(-\theta)\}=\cos10\theta+i\sin10\theta$

$\theta=\dfrac{\pi}{10}$ を代入して　(与式)$=\cos\pi+i\sin\pi=\boldsymbol{-1}$

Ⓘ 複素数の積と商
積の絶対値 は 掛ける
　偏角 は 加える
商の絶対値 は 割る
　偏角 は 引く

3章 EX 〔複素数平面〕

EX ④66

複素数 α, β についての等式 $\dfrac{1}{\alpha}+\dfrac{1}{\beta}=\overline{\alpha}+\overline{\beta}$ を考える。

(1) この等式を満たす α, β は，$\alpha+\beta=0$ または $|\alpha\beta|=1$ を満たすことを示せ。

(2) 極形式で $\alpha=r(\cos\theta+i\sin\theta)$ $(r>0)$ と表されているとき，この等式を満たす β を求めよ。

〔類 和歌山県医大〕

(1) $\dfrac{1}{\alpha}+\dfrac{1}{\beta}=\overline{\alpha}+\overline{\beta}$ …… ① とする。

① の両辺に $\alpha\beta$ を掛けて　$\alpha+\beta=\alpha\beta(\overline{\alpha+\beta})$

この等式の両辺の絶対値をとると　$|\alpha+\beta|=|\alpha\beta||\alpha+\beta|$

よって　$|\alpha+\beta|(|\alpha\beta|-1)=0$

ゆえに　$|\alpha+\beta|=0$ または $|\alpha\beta|=1$

すなわち　$\alpha+\beta=0$　または $|\alpha\beta|=1$

(2) (1) から，等式 ① を満たすための必要条件は，

$\alpha+\beta=0$ または $|\alpha\beta|=1$　である。

(i) $\alpha+\beta=0$ のとき

$\beta=-\alpha=-r(\cos\theta+i\sin\theta)$

$=r\{\cos(\theta+\pi)+i\sin(\theta+\pi)\}$

これは等式 ① を満たす。

(ii) $|\alpha\beta|=1$ のとき

$|\beta|=\dfrac{1}{|\alpha|}=\dfrac{1}{r}$ …… ②

よって，実数 θ' を用いて $\beta=\dfrac{1}{r}(\cos\theta'+i\sin\theta')$ と表される。

等式 ① を変形すると　$\dfrac{1}{\alpha}-\overline{\alpha}=\overline{\beta}-\dfrac{1}{\beta}$

この等式に代入して

$\left(\dfrac{1}{r}-r\right)\{\cos(-\theta)+i\sin(-\theta)\}$

$=\left(\dfrac{1}{r}-r\right)\{\cos(-\theta')+i\sin(-\theta')\}$ …… ③

$\dfrac{1}{r}-r=0$　すなわち　$r^2=1$ のとき

$r>0$ から $r=1$ であり，このとき ③ は成り立つ。

よって，② から　$|\beta|=1$

$\dfrac{1}{r}-r\neq0$　すなわち　$r^2\neq1$ のとき

$r>0$ から $0<r<1$, $1<r$ であり，③ より　$\theta'=\theta$

(i), (ii) から

$r=1$ のとき

β は $|\beta|=1$ を満たす任意の複素数

$0<r<1$, $1<r$ のとき

$\beta=r\{\cos(\theta+\pi)+i\sin(\theta+\pi)\}$ または $\beta=\dfrac{1}{r}(\cos\theta+i\sin\theta)$

←$|\overline{\alpha+\beta}|=|\alpha+\beta|$

←$|z|=0 \Longleftrightarrow z=0$

←等式 ① は
$\alpha+\beta=\alpha\beta(\overline{\alpha+\beta})$
と変形できるから，
$\alpha+\beta=0$ のときは明らかに成り立つ。

←$\dfrac{1}{\alpha}=\dfrac{1}{r}\{\cos(-\theta)+i\sin(-\theta)\}$
$\overline{\alpha}=r(\cos\theta-i\sin\theta)$
$=r\{\cos(-\theta)+i\sin(-\theta)\}$

←実際には
$\theta'=\theta+2n\pi$ (n は整数)
であるが，β の偏角として $\theta'=\theta$ としてよい。

EX ③67

2つの複素数 $\alpha=\cos\theta_1+i\sin\theta_1$, $\beta=\cos\theta_2+i\sin\theta_2$ の偏角 θ_1, θ_2 は, $0<\theta_1<\pi<\theta_2<2\pi$ を満たすものとする。

(1) $\alpha+1$ を極形式で表せ。ただし，偏角 θ は $0\leqq\theta<2\pi$ とする。

(2) $\dfrac{\alpha+1}{\beta+1}$ の実部が0に等しいとき，$\beta=-\alpha$ が成り立つことを示せ。

(1) $\alpha+1=(\cos\theta_1+i\sin\theta_1)+1$

$$=\left(2\cos^2\frac{\theta_1}{2}-1\right)+i\cdot2\sin\frac{\theta_1}{2}\cos\frac{\theta_1}{2}+1$$

$$=\boldsymbol{2\cos\frac{\theta_1}{2}\left(\cos\frac{\theta_1}{2}+i\sin\frac{\theta_1}{2}\right)}\ \cdots\cdots\ ①$$

←2倍角の公式を利用。

ここで，$0<\dfrac{\theta_1}{2}<\dfrac{\pi}{2}$ より $2\cos\dfrac{\theta_1}{2}>0$ であるから，① は求める極形式である。

←絶対値が正の条件と，偏角 θ の条件 $0\leqq\theta<2\pi$ をチェック。

(2) (1)と同様にして　$\beta+1=2\cos\dfrac{\theta_2}{2}\left(\cos\dfrac{\theta_2}{2}+i\sin\dfrac{\theta_2}{2}\right)$

←$\dfrac{\pi}{2}<\dfrac{\theta_2}{2}<\pi$ より $2\cos\dfrac{\theta_2}{2}<0$ であるから，～～は極形式とはいえない！

よって

$$\frac{\alpha+1}{\beta+1}=\frac{2\cos\frac{\theta_1}{2}\left(\cos\frac{\theta_1}{2}+i\sin\frac{\theta_1}{2}\right)}{2\cos\frac{\theta_2}{2}\left(\cos\frac{\theta_2}{2}+i\sin\frac{\theta_2}{2}\right)}$$

$$=\frac{\cos\frac{\theta_1}{2}}{\cos\frac{\theta_2}{2}}\left(\cos\frac{\theta_1-\theta_2}{2}+i\sin\frac{\theta_1-\theta_2}{2}\right)$$

$\cos\dfrac{\theta_1}{2}>0$ であるから，$\dfrac{\alpha+1}{\beta+1}$ の実部が0に等しいとき

$$\cos\frac{\theta_1-\theta_2}{2}=0$$

ここで，$0<\theta_1<\pi<\theta_2<2\pi$ であるから　$-\pi<\dfrac{\theta_1-\theta_2}{2}<0$

←$0<\theta_2-\theta_1<2\pi$ から $-2\pi<\theta_1-\theta_2<0$

ゆえに　$\dfrac{\theta_1-\theta_2}{2}=-\dfrac{\pi}{2}$　すなわち　$\theta_2=\pi+\theta_1$

このとき　$\beta=\cos(\pi+\theta_1)+i\sin(\pi+\theta_1)=-\cos\theta_1-i\sin\theta_1=-\alpha$

EX ③68

複素数平面上で, 3点 O(0), A(α), B(β) を頂点とする三角形 OAB が $\angle\mathrm{AOB}=\dfrac{\pi}{6}$, $\dfrac{\mathrm{OA}}{\mathrm{OB}}=\dfrac{1}{\sqrt{3}}$ を満たすとき, ア$\square\alpha^2-$イ$\square\alpha\beta+\beta^2=0$ が成り立つ。　〔類 秋田大〕

$\dfrac{\mathrm{OA}}{\mathrm{OB}}=\dfrac{1}{\sqrt{3}}$ から　$\mathrm{OB}=\sqrt{3}\,\mathrm{OA}$

また，$\angle\mathrm{AOB}=\dfrac{\pi}{6}$ から，点Bは，原点Oを中心として点Aを $\dfrac{\pi}{6}$ または $-\dfrac{\pi}{6}$ だけ回転し，Oからの距離を $\sqrt{3}$ 倍した点である。

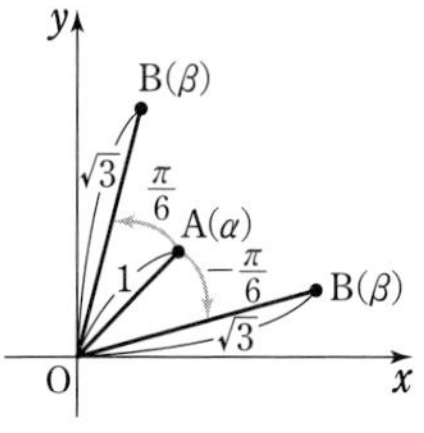

原点を中心とする角 θ の回転 $r(\cos\theta+i\sin\theta)$ を掛ける

図をかいて, 点Bは点Aに対してどのような位置にあるかを見極める。

よって　$\beta=\sqrt{3}\left\{\cos\left(\pm\dfrac{\pi}{6}\right)+i\sin\left(\pm\dfrac{\pi}{6}\right)\right\}\alpha=\dfrac{\sqrt{3}\,(\sqrt{3}\pm i)}{2}\alpha$　(複号同順)

ゆえに　$2\beta-3\alpha=\pm\sqrt{3}\,\alpha i$ ……（＊）　両辺を平方すると
$(2\beta-3\alpha)^2=(\sqrt{3}\,\alpha i)^2$　よって　$4\beta^2-12\alpha\beta+9\alpha^2=-3\alpha^2$
整理すると　${}^{ア}3\alpha^2-{}^{イ}3\alpha\beta+\beta^2=0$

←± や i を消すために，（＊）のような式に変形して扱う。

EX ③69

(1) 点 A(2, 1) を，原点 O を中心として $\frac{\pi}{4}$ だけ回転した点 B の座標を求めよ。

(2) 点 A(2, 1) を，点 P を中心として $\frac{\pi}{4}$ だけ回転した点の座標は $(1-\sqrt{2},\ -2+2\sqrt{2})$ であった。点 P の座標を求めよ。

(1) 座標平面上の点 A(2, 1) は，複素数平面上で $2+i$ と表される。点 $2+i$ を，原点 O を中心として $\frac{\pi}{4}$ だけ回転した点を表す複素数は　$\left(\cos\frac{\pi}{4}+i\sin\frac{\pi}{4}\right)(2+i)=\frac{1+i}{\sqrt{2}}(2+i)=\frac{1+3i}{\sqrt{2}}$

したがって　$\mathrm{B}\left(\boldsymbol{\frac{1}{\sqrt{2}}},\ \boldsymbol{\frac{3}{\sqrt{2}}}\right)$

HINT　座標平面上の点の回転を，複素数平面上で考える。
$(a,\ b) \Longleftrightarrow a+bi$
の関係がある。

検討　座標平面上の点の回転については，三角関数の加法定理を利用する考え方（数学Ⅱ）もあるが，上の EX69 (1) の解答のように，複素数平面上の点の回転を利用した考え方も有効である。複素数平面を利用した考え方では，〰〰 のように，1 つの式で回転を表すことができるという点が便利である。

(2) P$(x,\ y)$ として，複素数平面上で考えると，条件から
$$1-\sqrt{2}+(-2+2\sqrt{2})i=\frac{1+i}{\sqrt{2}}\{(2+i)-(x+yi)\}+(x+yi)$$
よって　$1-\sqrt{2}+(-2+2\sqrt{2})i=\frac{1+3i}{\sqrt{2}}+\left(1-\frac{1+i}{\sqrt{2}}\right)(x+yi)$
両辺に $\sqrt{2}$ を掛けて
$$\sqrt{2}-2+(4-2\sqrt{2})i=1+3i+(\sqrt{2}-1-i)(x+yi)$$
ゆえに　$(\sqrt{2}-1-i)(x+yi)=\sqrt{2}-3+(1-2\sqrt{2})i$
よって
$$x+yi=\frac{\sqrt{2}-3+(1-2\sqrt{2})i}{\sqrt{2}-1-i}=\frac{\{\sqrt{2}-3+(1-2\sqrt{2})i\}(\sqrt{2}-1+i)}{(\sqrt{2}-1-i)(\sqrt{2}-1+i)}$$
ここで
$$\begin{aligned}(\text{分子})&=(\sqrt{2}-3)(\sqrt{2}-1)\\&\quad+\{(\sqrt{2}-3)+(1-2\sqrt{2})(\sqrt{2}-1)\}i-(1-2\sqrt{2})\\&=4-2\sqrt{2}-2(4-2\sqrt{2})i=(4-2\sqrt{2})(1-2i)\end{aligned}$$
$$(\text{分母})=(\sqrt{2}-1)^2+1=4-2\sqrt{2}$$
ゆえに　$x+yi=\frac{(4-2\sqrt{2})(1-2i)}{4-2\sqrt{2}}=1-2i$
よって　$x=1,\ y=-2$　したがって　$\mathrm{P}(\boldsymbol{1,\ -2})$

←点 P は，複素数平面上で $x+yi$ と表され，点 $(1-\sqrt{2},\ -2+2\sqrt{2})$ は $1-\sqrt{2}+(-2+2\sqrt{2})i$ と表される。
〰〰 では，(1) の結果を利用。

←分母の実数化。

EX ②70

ド・モアブルの定理を用いて，次の等式を証明せよ。
(1) $\sin 2\theta=2\sin\theta\cos\theta,\ \cos 2\theta=\cos^2\theta-\sin^2\theta$
(2) $\sin 3\theta=3\sin\theta-4\sin^3\theta,\ \cos 3\theta=-3\cos\theta+4\cos^3\theta$

(1) ド・モアブルの定理により

$$(\cos\theta+i\sin\theta)^2=\cos 2\theta+i\sin 2\theta \quad\cdots\cdots ①$$

また $(\cos\theta+i\sin\theta)^2$

$$=\cos^2\theta+2i\sin\theta\cos\theta+i^2\sin^2\theta$$

$$=(\cos^2\theta-\sin^2\theta)+i\cdot 2\sin\theta\cos\theta \quad\cdots\cdots ②$$

①, ② から　$\sin 2\theta=2\sin\theta\cos\theta$, $\cos 2\theta=\cos^2\theta-\sin^2\theta$

(2) ド・モアブルの定理により

$$(\cos\theta+i\sin\theta)^3=\cos 3\theta+i\sin 3\theta \quad\cdots\cdots ③$$

また $(\cos\theta+i\sin\theta)^3$

$$=\cos^3\theta+3\cos^2\theta\cdot i\sin\theta+3\cos\theta\cdot i^2\sin^2\theta+i^3\sin^3\theta$$

$$=(\cos^3\theta-3\cos\theta\sin^2\theta)+i(3\cos^2\theta\sin\theta-\sin^3\theta)$$

$$=(-3\cos\theta+4\cos^3\theta)+i(3\sin\theta-4\sin^3\theta) \quad\cdots\cdots ④$$

③, ④ から　$\sin 3\theta=3\sin\theta-4\sin^3\theta$,

$\cos 3\theta=-3\cos\theta+4\cos^3\theta$

HINT　ド・モアブルの定理を利用した展開式と乗法公式による展開式を比較する。

←① と ② の実部と虚部をそれぞれ比較する。

←$(a+b)^3=a^3+3a^2b+3ab^2+b^3$

←$\sin^2\theta=1-\cos^2\theta$, $\cos^2\theta=1-\sin^2\theta$

←③ と ④ の実部と虚部をそれぞれ比較する。

EX ③71

次の式を計算せよ。

$\dfrac{2+\sqrt{3}-i}{2+\sqrt{3}+i}=$ ア□, $\left(\dfrac{2+\sqrt{3}-i}{2+\sqrt{3}+i}\right)^3=$ イ□, $\left(\dfrac{2+\sqrt{3}-i}{2+\sqrt{3}+i}\right)^{2023}=$ ウ□

(ア) $\dfrac{2+\sqrt{3}-i}{2+\sqrt{3}+i}=\dfrac{(2+\sqrt{3}-i)^2}{(2+\sqrt{3}+i)(2+\sqrt{3}-i)}$

$$=\frac{(2+\sqrt{3})^2-2(2+\sqrt{3})i-1}{(2+\sqrt{3})^2+1}=\frac{6+4\sqrt{3}-2(2+\sqrt{3})i}{8+4\sqrt{3}}$$

$$=\frac{2\sqrt{3}(\sqrt{3}+2)-2(2+\sqrt{3})i}{4(2+\sqrt{3})}=\boldsymbol{\frac{\sqrt{3}}{2}-\frac{1}{2}i}$$

(イ) $\dfrac{2+\sqrt{3}-i}{2+\sqrt{3}+i}=\alpha$ とおくと, (ア) から　$\alpha=\dfrac{\sqrt{3}}{2}-\dfrac{1}{2}i$

α を極形式で表すと　$\alpha=\cos\left(-\dfrac{\pi}{6}\right)+i\sin\left(-\dfrac{\pi}{6}\right)$

よって　$\alpha^3=\left\{\cos\left(-\dfrac{\pi}{6}\right)+i\sin\left(-\dfrac{\pi}{6}\right)\right\}^3$

$$=\cos\left(-\frac{\pi}{2}\right)+i\sin\left(-\frac{\pi}{2}\right)=\boldsymbol{-i}$$

(ウ) $\alpha^{12}=\left\{\cos\left(-\dfrac{\pi}{6}\right)+i\sin\left(-\dfrac{\pi}{6}\right)\right\}^{12}$

$$=\cos(-2\pi)+i\sin(-2\pi)=1$$

よって　$\alpha^{2023}=\alpha^{12\times 168+7}=(\alpha^{12})^{168}\cdot\alpha^7=\alpha^7$

$$=\left\{\cos\left(-\frac{\pi}{6}\right)+i\sin\left(-\frac{\pi}{6}\right)\right\}^7$$

$$=\cos\left(-\frac{7}{6}\pi\right)+i\sin\left(-\frac{7}{6}\pi\right)$$

$$=\cos\frac{5}{6}\pi+i\sin\frac{5}{6}\pi=\boldsymbol{-\frac{\sqrt{3}}{2}+\frac{1}{2}i}$$

HINT　(イ), (ウ) (ア) の結果を極形式で表し，ド・モアブルの定理を利用する。

←$3\times\left(-\dfrac{\pi}{6}\right)=-\dfrac{\pi}{2}$

←$12\times\left(-\dfrac{\pi}{6}\right)=-2\pi$

←$\alpha^{12}=1$ であるから $(\alpha^{12})^{168}=1$

←$7\times\left(-\dfrac{\pi}{6}\right)=-\dfrac{7}{6}\pi$

←$\cos(\theta+2\pi)=\cos\theta$, $\sin(\theta+2\pi)=\sin\theta$

EX ③72

z についての 2 次方程式 $z^2-2z\cos\theta+1=0$（ただし，$0<\theta<\pi$）の複素数解を α，β とする。
(1) α，β を求めよ。
(2) $\theta=\dfrac{2}{3}\pi$ のとき，$\alpha^n+\beta^n$ の値を求めよ。ただし，n は正の整数とする。

(1) $z=-(-\cos\theta)\pm\sqrt{(-\cos\theta)^2-1\cdot1}=\cos\theta\pm\sqrt{1-\cos^2\theta}\,i$
$=\cos\theta\pm\sqrt{\sin^2\theta}\,i=\cos\theta\pm i\sin\theta$
よって　$\boldsymbol{(\alpha,\ \beta)=(\cos\theta\pm i\sin\theta,\ \cos\theta\mp i\sin\theta)}$ **（複号同順）**

←$1-\cos^2\theta>0$ から $\sqrt{\cos^2\theta-1}=\sqrt{-(1-\cos^2\theta)}=\sqrt{1-\cos^2\theta}\,i$

(2) $\theta=\dfrac{2}{3}\pi$ のとき

$$\alpha^n+\beta^n=\left(\cos\frac{2}{3}\pi+i\sin\frac{2}{3}\pi\right)^n+\left(\cos\frac{2}{3}\pi-i\sin\frac{2}{3}\pi\right)^n$$
$$=\left(\cos\frac{2}{3}\pi+i\sin\frac{2}{3}\pi\right)^n+\left\{\cos\left(-\frac{2}{3}\pi\right)+i\sin\left(-\frac{2}{3}\pi\right)\right\}^n$$
$$=\cos\frac{2n\pi}{3}+i\sin\frac{2n\pi}{3}+\cos\left(-\frac{2n\pi}{3}\right)+i\sin\left(-\frac{2n\pi}{3}\right)$$
$$=2\cos\frac{2n\pi}{3}$$

←$(\alpha,\ \beta)$ の 2 通りの組に対して，$\alpha^n+\beta^n$ の値は同じ。
←ド・モアブルの定理。
←$\cos(-\theta)=\cos\theta$，$\sin(-\theta)=-\sin\theta$

m を正の整数とすると
[1]　$n=3m$ のとき　　$\alpha^n+\beta^n=2\cos 2m\pi=2\cdot1=2$
[2]　$n=3m-1$ のとき

$$\alpha^n+\beta^n=2\cos\frac{2(3m-1)\pi}{3}=2\cos\left(2m\pi-\frac{2}{3}\pi\right)$$
$$=2\cos\left(-\frac{2}{3}\pi\right)=2\cdot\left(-\frac{1}{2}\right)=-1$$

←$\cos(2k\pi+\theta)=\cos\theta$（$k$ は整数）

[3]　$n=3m-2$ のとき

$$\alpha^n+\beta^n=2\cos\frac{2(3m-2)\pi}{3}=2\cos\left(2m\pi-\frac{4}{3}\pi\right)$$
$$=2\cos\left(-\frac{4}{3}\pi\right)=2\cdot\left(-\frac{1}{2}\right)=-1$$

以上から，$\alpha^n+\beta^n$ の値は　**n が 3 の倍数のとき 2，　n が 3 の倍数でないとき -1**

EX ③73

虚数単位を i とし，$\alpha=2+2\sqrt{3}\,i$ とする。
(1) $w^2=\alpha$ を満たす複素数 w の実部と虚部の値を求めよ。
(2) $z^2-\alpha z-4=0$ を満たす複素数 z の実部と虚部の値を求めよ。
(3) $z^2-\alpha z-2-2\sqrt{3}-(2-2\sqrt{3})i=0$ を満たす複素数 z の実部と虚部の値を求めよ。
〔類　岐阜大〕

(1) w の極形式を $w=r(\cos\theta+i\sin\theta)$ $(r>0)$ とすると

$$w^2=r^2(\cos2\theta+i\sin2\theta)$$

←ド・モアブルの定理。

また，$\alpha=2+2\sqrt{3}\,i$ を極形式で表すと　$\alpha=4\left(\cos\dfrac{\pi}{3}+i\sin\dfrac{\pi}{3}\right)$

←$\alpha=4\left(\dfrac{1}{2}+\dfrac{\sqrt{3}}{2}i\right)$

$w^2=\alpha$ に代入すると

$$r^2(\cos2\theta+i\sin2\theta)=4\left(\cos\frac{\pi}{3}+i\sin\frac{\pi}{3}\right)$$

両辺の絶対値と偏角を比較すると

$$r^2=4,\ 2\theta=\frac{\pi}{3}+2k\pi\ (k \text{ は整数})$$

$r>0$ であるから　　$r=2$　　また　　$\theta=\dfrac{\pi}{6}+k\pi$

よって　　$w=2\left\{\cos\left(\dfrac{\pi}{6}+k\pi\right)+i\sin\left(\dfrac{\pi}{6}+k\pi\right)\right\}$ …… ①

$0\leqq\theta<2\pi$ の範囲で考えると　　$k=0,\ 1$

① で $k=0,\ 1$ のときの w をそれぞれ w_0，w_1 とすると

$$w_0=2\left(\cos\frac{\pi}{6}+i\sin\frac{\pi}{6}\right)=\sqrt{3}+i,$$

$$w_1=2\left(\cos\frac{7}{6}\pi+i\sin\frac{7}{6}\pi\right)=-\sqrt{3}-i$$

したがって，複素数 w の実部と虚部の値の組は，(実部，虚部) と表すと　　**$(\sqrt{3},\ 1)$，$(-\sqrt{3},\ -1)$**

←$+2k\pi$ を忘れないように。

(2)　$z^2-\alpha z-4=0$ を変形して　　$\left(z-\dfrac{\alpha}{2}\right)^2=\dfrac{\alpha^2}{4}+4$

よって　　$(z-1-\sqrt{3}\,i)^2=2+2\sqrt{3}\,i$

すなわち　$(z-1-\sqrt{3}\,i)^2=\alpha$

(1) から　　$z-1-\sqrt{3}\,i=\pm(\sqrt{3}+i)$

ゆえに　　$z=1+\sqrt{3}+(1+\sqrt{3})i,\ 1-\sqrt{3}+(-1+\sqrt{3})i$

したがって，複素数 z の実部と虚部の値の組は，(実部，虚部) と表すと　　**$(1+\sqrt{3},\ 1+\sqrt{3})$，$(1-\sqrt{3},\ -1+\sqrt{3})$**

←平方完成の要領で式変形する。

(3)　$z^2-\alpha z-2-2\sqrt{3}-(2-2\sqrt{3})i=0$ を変形して

$$\left(z-\frac{\alpha}{2}\right)^2=\frac{\alpha^2}{4}+2+2\sqrt{3}+(2-2\sqrt{3})i$$

よって　　$(z-1-\sqrt{3}\,i)^2=2\sqrt{3}+2i$

すなわち　$(z-1-\sqrt{3}\,i)^2=4\left(\cos\dfrac{\pi}{6}+i\sin\dfrac{\pi}{6}\right)$

$z-1-\sqrt{3}\,i$ の極形式を $r(\cos\theta+i\sin\theta)$ $(r>0)$ とすると

$$r^2(\cos 2\theta+i\sin 2\theta)=4\left(\cos\frac{\pi}{6}+i\sin\frac{\pi}{6}\right)$$

両辺の絶対値と偏角を比較すると

$$r^2=4,\ 2\theta=\frac{\pi}{6}+2k\pi\ (k \text{ は整数})$$

$r>0$ であるから　　$r=2$　　また　　$\theta=\dfrac{\pi}{12}+k\pi$

よって

$$z-1-\sqrt{3}\,i=2\left\{\cos\left(\frac{\pi}{12}+k\pi\right)+i\sin\left(\frac{\pi}{12}+k\pi\right)\right\}\ \cdots\cdots ②$$

$0\leqq\theta<2\pi$ の範囲で考えると　　$k=0,\ 1$

② で $k=0,\ 1$ のときの z をそれぞれ z_0，z_1 とすると

$$z_0-1-\sqrt{3}\,i=2\left(\cos\frac{\pi}{12}+i\sin\frac{\pi}{12}\right),$$

←(2) と同様に，平方完成の要領で式変形する。

←$2\sqrt{3}+2i$
$=4\left(\dfrac{\sqrt{3}}{2}+\dfrac{1}{2}i\right)$

←$+2k\pi$ を忘れないように。

$$z_1-1-\sqrt{3}i=2\left(\cos\frac{13}{12}\pi+i\sin\frac{13}{12}\pi\right)$$
$$=-2\left(\cos\frac{\pi}{12}+i\sin\frac{\pi}{12}\right)$$

ここで　$\cos\frac{\pi}{12}+i\sin\frac{\pi}{12}=\cos\left(\frac{\pi}{3}-\frac{\pi}{4}\right)+i\sin\left(\frac{\pi}{3}-\frac{\pi}{4}\right)$

$$=\left(\cos\frac{\pi}{3}+i\sin\frac{\pi}{3}\right)\left\{\cos\left(-\frac{\pi}{4}\right)+i\sin\left(-\frac{\pi}{4}\right)\right\}$$
$$=\left(\frac{1}{2}+\frac{\sqrt{3}}{2}i\right)\left(\frac{\sqrt{2}}{2}-\frac{\sqrt{2}}{2}i\right)$$
$$=\frac{\sqrt{2}+\sqrt{6}}{4}+\frac{-\sqrt{2}+\sqrt{6}}{4}i$$

←偏角を $\frac{\pi}{12}=\frac{\pi}{3}-\frac{\pi}{4}$ と変形し，極形式の性質を用いることで計算できる。

ゆえに　$z_0=1+\sqrt{3}i+2\left(\frac{\sqrt{2}+\sqrt{6}}{4}+\frac{-\sqrt{2}+\sqrt{6}}{4}i\right)$

$$=\frac{2+\sqrt{2}+\sqrt{6}}{2}+\frac{-\sqrt{2}+2\sqrt{3}+\sqrt{6}}{2}i,$$

$$z_1=1+\sqrt{3}i-2\left(\frac{\sqrt{2}+\sqrt{6}}{4}+\frac{-\sqrt{2}+\sqrt{6}}{4}i\right)$$
$$=\frac{2-\sqrt{2}-\sqrt{6}}{2}+\frac{\sqrt{2}+2\sqrt{3}-\sqrt{6}}{2}i$$

したがって，複素数 z の実部と虚部の値の組は，(実部，虚部) と表すと

$$\boldsymbol{\left(\frac{2+\sqrt{2}+\sqrt{6}}{2},\ \frac{-\sqrt{2}+2\sqrt{3}+\sqrt{6}}{2}\right),\ \left(\frac{2-\sqrt{2}-\sqrt{6}}{2},\ \frac{\sqrt{2}+2\sqrt{3}-\sqrt{6}}{2}\right)}$$

EX ④74

(1) θ を $0\leqq\theta<2\pi$ を満たす実数，i を虚数単位とし，z を $z=\cos\theta+i\sin\theta$ で表される複素数とする。このとき，整数 n に対して次の式を証明せよ。

$$\cos n\theta=\frac{1}{2}\left(z^n+\frac{1}{z^n}\right),\ \sin n\theta=-\frac{i}{2}\left(z^n-\frac{1}{z^n}\right)$$

(2) $\sin^2 20°+\sin^2 40°+\sin^2 60°+\sin^2 80°=\frac{9}{4}$ を証明せよ。　〔類 九州大〕

(1) ド・モアブルの定理から

$$z^n=\cos n\theta+i\sin n\theta \quad \cdots\cdots ①$$
$$z^{-n}=(\cos\theta+i\sin\theta)^{-n}$$
$$=\cos(-n\theta)+i\sin(-n\theta)$$

ゆえに　$\frac{1}{z^n}=\cos n\theta-i\sin n\theta$ ……②

①+② から　$2\cos n\theta=z^n+\frac{1}{z^n}$　　←$\sin n\theta$ を消去。

よって　$\cos n\theta=\frac{1}{2}\left(z^n+\frac{1}{z^n}\right)$ ……③

①−② から　$2i\sin n\theta=z^n-\frac{1}{z^n}$　　←$\cos n\theta$ を消去。

ゆえに　$\sin n\theta=\frac{1}{2i}\left(z^n-\frac{1}{z^n}\right)=-\frac{i}{2}\left(z^n-\frac{1}{z^n}\right)$

(2) $\sin^2 20^\circ=\dfrac{1-\cos 40^\circ}{2}$, $\sin^2 40^\circ=\dfrac{1-\cos 80^\circ}{2}$,

$\sin^2 60^\circ=\dfrac{1-\cos 120^\circ}{2}$, $\sin^2 80^\circ=\dfrac{1-\cos 160^\circ}{2}$

よって，③で $\theta=40^\circ$ とすることにより

$$\sin^2 20^\circ+\sin^2 40^\circ+\sin^2 60^\circ+\sin^2 80^\circ$$
$$=\frac{1}{2}\cdot 4-\frac{1}{2}(\cos 40^\circ+\cos 80^\circ+\cos 120^\circ+\cos 160^\circ)$$
$$=2-\frac{1}{2}\cdot\frac{1}{2}\left(z+\frac{1}{z}+z^2+\frac{1}{z^2}+z^3+\frac{1}{z^3}+z^4+\frac{1}{z^4}\right)$$

ここで，$\theta=40^\circ$ のとき，$z^9=\cos 360^\circ+i\sin 360^\circ=1$ であるから

$$\sin^2 20^\circ+\sin^2 40^\circ+\sin^2 60^\circ+\sin^2 80^\circ$$
$$=2-\frac{1}{4}\left(z+\frac{z^9}{z}+z^2+\frac{z^9}{z^2}+z^3+\frac{z^9}{z^3}+z^4+\frac{z^9}{z^4}\right)$$
$$=2-\frac{1}{4}(z+z^2+z^3+z^4+z^5+z^6+z^7+z^8)$$

$z^9=1$ より，$(z-1)(z^8+z^7+\cdots\cdots+z+1)=0$ であり，$z\neq 1$ であるから　$z^8+z^7+\cdots\cdots+z+1=0$

ゆえに　$z+z^2+z^3+z^4+z^5+z^6+z^7+z^8=-1$

よって　$\sin^2 20^\circ+\sin^2 40^\circ+\sin^2 60^\circ+\sin^2 80^\circ$

$$=2-\frac{1}{4}(-1)=\frac{9}{4}$$

←半角の公式
$\sin^2\dfrac{\theta}{2}=\dfrac{1-\cos\theta}{2}$

←$n=1$ のとき
$\cos 40^\circ=\dfrac{1}{2}\left(z+\dfrac{1}{z}\right)$
$n=2$ のとき
$\cos 80^\circ=\dfrac{1}{2}\left(z^2+\dfrac{1}{z^2}\right)$
など。

EX ④75

複素数 $\alpha=\cos\dfrac{2\pi}{7}+i\sin\dfrac{2\pi}{7}$ に対して，複素数 β，γ を $\beta=\alpha+\alpha^2+\alpha^4$，$\gamma=\alpha^3+\alpha^5+\alpha^6$ とする。

(1) $\beta+\gamma$，$\beta\gamma$ の値を求めよ。　(2) β，γ の値を求めよ。

(3) $\sin\dfrac{2\pi}{7}+\sin\dfrac{4\pi}{7}+\sin\dfrac{8\pi}{7}$ および $\sin\dfrac{\pi}{7}\sin\dfrac{2\pi}{7}\sin\dfrac{3\pi}{7}$ の値を求めよ。　〔横浜国大〕

(1) $\beta+\gamma=\alpha^6+\alpha^5+\alpha^4+\alpha^3+\alpha^2+\alpha$

$\alpha^7=1$ より $\alpha^7-1=0$ であるから，この左辺を因数分解すると

$$(\alpha-1)(\alpha^6+\alpha^5+\alpha^4+\alpha^3+\alpha^2+\alpha+1)=0$$

$\alpha\neq 1$ であるから　$\alpha^6+\alpha^5+\alpha^4+\alpha^3+\alpha^2+\alpha+1=0$

よって　$\boldsymbol{\beta+\gamma}=\alpha^6+\alpha^5+\alpha^4+\alpha^3+\alpha^2+\alpha\boldsymbol{=-1}$

また　$\boldsymbol{\beta\gamma}=\alpha^4+\alpha^5+\alpha^6+3\alpha^7+\alpha^8+\alpha^9+\alpha^{10}$

$$=\alpha+\alpha^2+\alpha^3+\alpha^4+\alpha^5+\alpha^6+3\boldsymbol{=2}$$

←$\alpha^7=1$ から
$\alpha^8=\alpha$，$\alpha^9=\alpha^2$，
$\alpha^{10}=\alpha^3$

(2) (1)より，β，γ は x の 2 次方程式 $x^2+x+2=0$ の 2 解である。

これを解くと　$x=\dfrac{-1\pm\sqrt{7}i}{2}$

ここで，$\alpha^2=\cos\dfrac{4\pi}{7}+i\sin\dfrac{4\pi}{7}$，$\alpha^4=\cos\dfrac{8\pi}{7}+i\sin\dfrac{8\pi}{7}$ であるから　$\beta=\left(\cos\dfrac{2\pi}{7}+\cos\dfrac{4\pi}{7}+\cos\dfrac{8\pi}{7}\right)$

$$+i\left(\sin\frac{2\pi}{7}+\sin\frac{4\pi}{7}+\sin\frac{8\pi}{7}\right)$$

←ド・モアブルの定理。

β の虚部について考えると，$\sin\frac{2\pi}{7}>0$ であり

$$\sin\frac{4\pi}{7}+\sin\frac{8\pi}{7}=2\sin\frac{6\pi}{7}\cos\frac{2\pi}{7}$$

←和 ⟶ 積の公式。

$\sin\frac{6\pi}{7}>0$，$\cos\frac{2\pi}{7}>0$ であるから，β の虚部は正の数である。

したがって　　$\boldsymbol{\beta=\frac{-1+\sqrt{7}\,i}{2}}$，$\boldsymbol{\gamma=\frac{-1-\sqrt{7}\,i}{2}}$

(3)　$\sin\frac{2\pi}{7}+\sin\frac{4\pi}{7}+\sin\frac{8\pi}{7}$ は β の虚部であるから

$$\boldsymbol{\sin\frac{2\pi}{7}+\sin\frac{4\pi}{7}+\sin\frac{8\pi}{7}=\frac{\sqrt{7}}{2}}$$

また　　$\boldsymbol{\sin\frac{\pi}{7}\sin\frac{2\pi}{7}\sin\frac{3\pi}{7}}=\frac{1}{2}\left(\cos\frac{\pi}{7}-\cos\frac{3\pi}{7}\right)\sin\frac{3\pi}{7}$

←積 ⟶ 和の公式。

$$=\frac{1}{2}\sin\frac{3\pi}{7}\cos\frac{\pi}{7}-\frac{1}{2}\sin\frac{3\pi}{7}\cos\frac{3\pi}{7}$$

$$=\frac{1}{4}\left(\sin\frac{4\pi}{7}+\sin\frac{2\pi}{7}\right)-\frac{1}{4}\sin\frac{6\pi}{7}$$

←積 ⟶ 和の公式。
〰〰 は 2 倍角の公式。

$$=\frac{1}{4}\left(\sin\frac{2\pi}{7}+\sin\frac{4\pi}{7}-\sin\frac{6\pi}{7}\right)$$

$$=\frac{1}{4}\left(\sin\frac{2\pi}{7}+\sin\frac{4\pi}{7}+\sin\frac{8\pi}{7}\right)=\frac{1}{4}\cdot\frac{\sqrt{7}}{2}=\boldsymbol{\frac{\sqrt{7}}{8}}$$

←$\sin(\pi-\theta)$
$=-\sin(\pi+\theta)$

EX
②**76**

c を実数とする。x についての 2 次方程式 $x^2+(3-2c)x+c^2+5=0$ が 2 つの解 α，β をもつとする。複素数平面上の 3 点 α，β，c^2 が三角形の 3 頂点になり，その三角形の重心が 0 であるとき，c の値を求めよ。　〔京都大〕

解と係数の関係から　　$\alpha+\beta=2c-3$ …… ①

また，条件から　　$\frac{\alpha+\beta+c^2}{3}=0$

←3 点 $\mathrm{A}(z_1)$，$\mathrm{B}(z_2)$，$\mathrm{C}(z_3)$ を頂点とする △ABC の重心は
点 $\frac{z_1+z_2+z_3}{3}$

① を代入して　　$2c-3+c^2=0$　　よって　$(c-1)(c+3)=0$

ゆえに　　$c=1$，-3

$c=1$ のとき，2 次方程式は　　$x^2+x+6=0$

←求めた c の値に対して，3 点 α，β，c^2 が三角形をなすかどうかを確認。

これを解いて　　$x=\frac{-1\pm\sqrt{1^2-4\cdot1\cdot6}}{2\cdot1}=\frac{-1\pm\sqrt{23}\,i}{2}$

よって，α，β は互いに共役な異なる複素数である。

ゆえに，3 点 α，β，c^2 は三角形をなすから，適する。

←c^2 は実軸上の点で，2 点 α，β を結ぶ直線上にない。

$c=-3$ のとき，2 次方程式は　　$x^2+9x+14=0$

よって　　$(x+2)(x+7)=0$　　ゆえに　　$x=-2$，-7

よって，3 点 α，β，c^2 は実軸上にあるから，不適。

←3 点 α，β，c^2 は一直線上。

以上から　　$\boldsymbol{c=1}$

EX
③**77**

k を実数とし，$\alpha=-1+i$ とする。点 w は複素数平面上で等式 $w\overline{\alpha}-\overline{w}\alpha+ki=0$ を満たしながら動く。w の軌跡が，点 $1+i$ を中心とする半径 1 の円と共有点をもつときの，k の最大値を求めよ。　〔類 鳥取大〕

$w=x+yi$ (x, y は実数) とおく。$w\overline{\alpha}-\overline{w}\alpha+ki=0$ に代入すると　$(x+yi)(-1-i)-(x-yi)(-1+i)+ki=0$

整理すると　$(2x+2y-k)i=0$　すなわち　$2x+2y-k=0$

←w の軌跡は直線である。

よって，xy 平面上で円 $(x-1)^2+(y-1)^2=1$ と直線 $2x+2y-k=0$ が共有点をもつような実数 k の最大値を求めればよい。

共有点をもつ条件は　$\dfrac{|2\cdot1+2\cdot1-k|}{\sqrt{2^2+2^2}}\leqq1$

←左辺は，点と直線の距離の公式。

直線 $2x+2y-k=0$ と円の中心 $(1,\ 1)$ との距離が半径以下，すなわち 1 以下であるとき，円と直線は共有点をもつ。

ゆえに　$|k-4|\leqq2\sqrt{2}$

すなわち　$-2\sqrt{2}\leqq k-4\leqq2\sqrt{2}$

よって　$4-2\sqrt{2}\leqq k\leqq4+2\sqrt{2}$

したがって，求める k の最大値は　$\mathbf{4+2\sqrt{2}}$

EX ④78

複素数平面上で，点 z が原点 O を中心とする半径 1 の円上を動くとき，$w=\dfrac{4z+5}{z+2}$ で表される点 w の描く図形を C とする。

(1) C を複素数平面上に図示せよ。

(2) $a=\dfrac{1+\sqrt{3}i}{2}$，$b=\dfrac{1+i}{\sqrt{2}}$ とする。$a^n=\dfrac{4b^n+5}{b^n+2}$ を満たす自然数 n のうち，最小のものを求めよ。　〔類 群馬大〕

(1) 点 z は原点を中心とする半径 1 の円上を動くから　$|z|=1$

$w=\dfrac{4z+5}{z+2}$ から　$(w-4)z=-2w+5$

$w=4$ はこの等式を満たさないから　$w\neq4$

←$w\neq4$ であることを確認してから，等式の両辺を $w-4$ で割る。

よって，$w-4\neq0$ であるから　$z=\dfrac{-2w+5}{w-4}$

これを $|z|=1$ に代入して　$\left|\dfrac{-2w+5}{w-4}\right|=1$

ゆえに　$|2w-5|=|w-4|$　すなわち　$2\left|w-\dfrac{5}{2}\right|=|w-4|$

$\mathrm{A}\left(\dfrac{5}{2}\right)$，B(4)，P($w$) とすると　$2\mathrm{AP}=\mathrm{BP}$

すなわち，AP：BP＝1：2 であるから，点 P の描く図形は，線分 AB を 1：2 に内分する点 C と外分する点 D を直径の両端とする円である。

←アポロニウスの円。

C(3)，D(1) であるから，点 w が描く図形 C は

←$\mathrm{C}\left(\dfrac{2\cdot\frac{5}{2}+1\cdot4}{1+2}\right)$，$\mathrm{D}\left(\dfrac{-2\cdot\frac{5}{2}+1\cdot4}{1-2}\right)$

求める円の中心は線分 CD の中点で，点 $\dfrac{1}{2}(1+3)=2$

半径は　$|2-1|=1$

点 2 を中心とする半径 1 の円であり，**右図** のようになる。

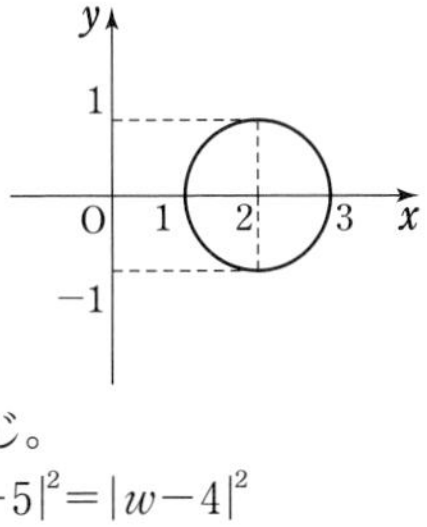

別解　$|2w-5|=|w-4|$ を導くまでは同じ。

この等式の両辺を平方すると　$|2w-5|^2=|w-4|^2$

よって　$(2w-5)(\overline{2w-5})=(w-4)(\overline{w-4})$

ゆえに　$(2w-5)(2\overline{w}-5)=(w-4)(\overline{w}-4)$

展開して整理すると　$w\overline{w}-2w-2\overline{w}+3=0$

よって　$(w-2)(\overline{w}-2)=1$

ゆえに　$(w-2)(\overline{w-2})=1$　　よって　$|w-2|^2=1$

$|w-2|\geqq 0$ であるから　$|w-2|=1$

したがって，点 w が描く図形 C は，点 2 を中心とする半径 1 の円であり，上の図のようになる。

(2) $a=\dfrac{1+\sqrt{3}\,i}{2}=\cos\dfrac{\pi}{3}+i\sin\dfrac{\pi}{3}$ であるから　$|a|=1$

よって　$|a^n|=|a|^n=1$

ゆえに，点 a^n は原点を中心とする半径 1 の円上にある。

また，$b=\dfrac{1+i}{\sqrt{2}}=\cos\dfrac{\pi}{4}+i\sin\dfrac{\pi}{4}$ であるから，同様に，

$|b^n|=1$ であり，点 b^n は原点を中心とする半径 1 の円上にある。

よって，(1) の結果により，点 $\dfrac{4b^n+5}{b^n+2}$ は円 C 上にあることがわかる。

この 2 つの円の共有点は点 1 のみであるから，$a^n=\dfrac{4b^n+5}{b^n+2}$ となるとき

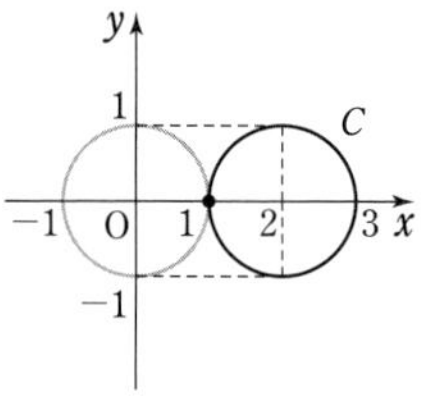

$$a^n=1 \text{ かつ } \frac{4b^n+5}{b^n+2}=1$$

$a^n=1$ から

$$\cos\frac{n\pi}{3}+i\sin\frac{n\pi}{3}=1$$

よって　$\dfrac{n\pi}{3}=2k\pi$　(k は整数)

すなわち　$n=6k$　(k は整数) …… ①

$\dfrac{4b^n+5}{b^n+2}=1$ から　$b^n=-1$

よって，$\cos\dfrac{n\pi}{4}+i\sin\dfrac{n\pi}{4}=-1$ から

$$\frac{n\pi}{4}=(2l+1)\pi \quad (l \text{ は整数})$$

すなわち　$n=8l+4$　(l は整数) …… ②

①, ② をともに満たす最小の自然数 n は，$k=2$, $l=1$ のときで

$n=12$

参考　①, ② をともに満たす自然数 n は，厳密には，①, ② から n を消去した　$6k=8l+4$
すなわち　$3k=2(2l+1)$
を満たす整数 k, l を求めることで求められる。
しかし，①, ② を満たす自然数 n はそれぞれ
①：6, 12, 18, ……
②：4, 12, 20, ……
であるから，求める最小の自然数が $n=12$ であることはすぐわかる。

EX ④79

z を複素数とする。

(1) $\dfrac{1}{z+i}+\dfrac{1}{z-i}$ が実数となる点 z の描く図形 P を複素数平面上に図示せよ。

(2) 点 z が (1) で求めた図形 P 上を動くとき，点 $w=\dfrac{z+i}{z-i}$ の描く図形を複素数平面上に図示せよ。

(3) 点 z が (1) で求めた図形 P 上を動き，かつ $|z-1|\leqq 2$ であるとき，$|z-1-2i|$ の最大値を求めよ。

〔(1), (2) 北海道大〕

(1) $z+i \neq 0$ かつ $z-i \neq 0$ から　　$z \neq \pm i$

また　　$\dfrac{1}{z+i}+\dfrac{1}{z-i}=\dfrac{(z-i)+(z+i)}{(z+i)(z-i)}=\dfrac{2z}{z^2+1}$

これが実数となるとき　　$\overline{\left(\dfrac{2z}{z^2+1}\right)}=\dfrac{2z}{z^2+1}$

よって　　$\dfrac{2\overline{z}}{(\overline{z})^2+1}=\dfrac{2z}{z^2+1}$

ゆえに　　$\overline{z}(z^2+1)=z\{(\overline{z})^2+1\}$

よって　　$z|z|^2+\overline{z}-\overline{z}|z|^2-z=0$

ゆえに　　$(z-\overline{z})(|z|^2-1)=0$

したがって　　$z=\overline{z}$　または　$|z|=1$

よって　　z は実数　または　$|z|=1$

　　　　(ただし，$z \neq \pm i$)

ゆえに，図形 P は **右図** のようになる。

ただし，点 i，$-i$ を除く。

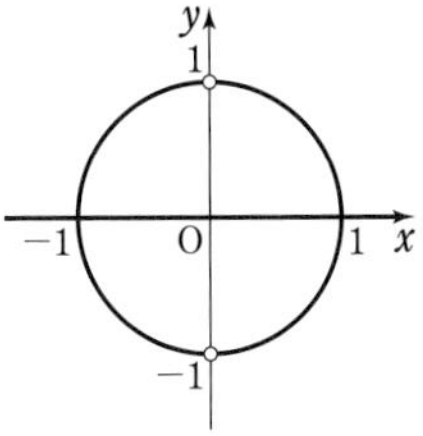

←(分母)$\neq 0$

←通分する。

←α が実数 $\Leftrightarrow$ $\overline{\alpha}=\alpha$

←$\overline{z^2}=(\overline{z})^2$

←$|z|^2(z-\overline{z})-(z-\overline{z})=0$

←$|z|^2-1$
$=(|z|+1)(|z|-1)$

(2) $w=\dfrac{z+i}{z-i}$ から　　$(w-1)z=(w+1)i$

ここで，$1=\dfrac{z+i}{z-i}$ を満たす z は存在しないから

　　$w \neq 1$ ……（＊）

よって　　$z=\dfrac{w+1}{w-1}i$

[1] $z=\overline{z}$ のとき

$\dfrac{w+1}{w-1}i=\overline{\left(\dfrac{w+1}{w-1}i\right)}$ から

$$\dfrac{w+1}{w-1}i=\dfrac{\overline{w}+1}{\overline{w}-1}(-i)$$

ゆえに　　$(w+1)(\overline{w}-1)+(\overline{w}+1)(w-1)=0$

よって　　$w\overline{w}-w+\overline{w}-1+w\overline{w}-\overline{w}+w-1=0$

ゆえに　　$|w|^2=1$

よって　　$|w|=1$ (ただし $w \neq 1$)

[2] $|z|=1$ のとき，$z \neq -i$ から　　$w \neq 0$

$\left|\dfrac{w+1}{w-1}i\right|=1$ から

　　$|w+1|=|w-1|$ (ただし $w \neq 0$)

ゆえに，点 w は2点 -1，1 を結ぶ線分の垂直二等分線，すなわち虚軸上にある。ただし，点0を除く。

[1]，[2] から，求める図形は **右図** のようになる。**ただし，点 0，1 を除く。**

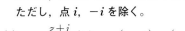

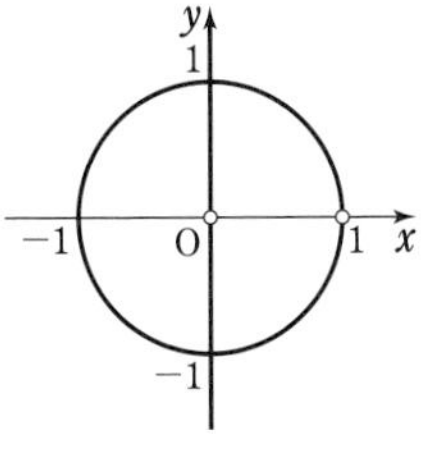

◎ $w=f(z)$ の表す図形
$z=(w$ の式$)$ で表し，
z の条件式に代入

(＊) $w=1$ とすると，$z-i=z+i$ で，不合理。

←(1) で求めた z の条件式ごとに，$z=(w$ の式$)$ を代入。

←点 w は点0を中心とする半径1の円上にある。(ただし，点1を除く。)

3章
EX
[複素数平面]

(3) $|z-1|\leqq 2$ を満たす点 z は，点1を中心とする半径2の円の周および内部にある。

A$(1+2i)$ とし，点 Q(z) は(1)で求めた図形 P 上にあり，$|z-1|\leqq 2$ を満たす点 z 全体を動くとする。

$|z-1-2i|=|z-(1+2i)|$ であるから，線分 AQ の長さの最大値を求める。

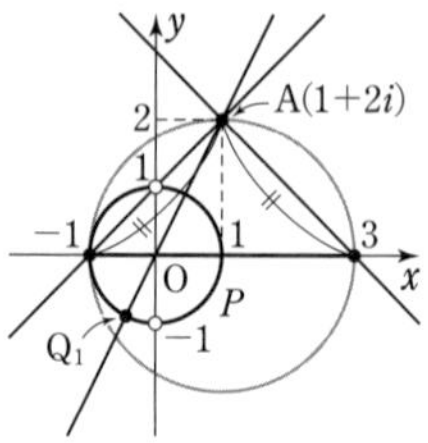

←$|z-\alpha|\leqq r$ を満たす点 z は，点 α を中心とする半径 r の円の周および内部にある。

←$|z-1-2i|=$AQ

[1] 点 Q が円 $|z|=1$ 上を動くとき

直線 OA と円 $|z|=1$ の交点のうち，点 A に近くない方の点を Q_1 とすると，右上の図から，点 Q が Q_1 と一致するとき，線分 AQ の長さは最大になる。

このとき　$AQ=AO+OQ_1=\sqrt{1^2+2^2}+1=1+\sqrt{5}$

←点 Q が円上を動く場合と，実軸上を動く場合に分けて最大値を調べる。

[2] 点 Q が実軸上を動くとき

点 Q が点 -1 または点3であるとき，線分 AQ の長さは最大になる。

このとき　$AQ=\sqrt{(-1-1)^2+(0-2)^2}=2\sqrt{2}$

$1+\sqrt{5}>2\sqrt{2}$ であるから，求める最大値は　$\mathbf{1+\sqrt{5}}$

EX
④**80**

複素数平面上において，点 P(z) が原点 O と2点 A(1)，B(i) を頂点とする三角形の周上を動くとき，$w=z^2$ を満たす点 Q(w) が描く図形を図示せよ。

HINT　$z=x+yi$，$w=X+Yi$ (x，y，X，Y は実数）とする。点 P が線分 OA 上，線分 OB 上，線分 AB 上のどこを動くかで場合分けし，X，Y の関係式を導く。例えば，点 P が線分 AB 上のときは，$x+y=1$，$0\leqq x\leqq 1$ が成り立つ。これを x，y の消去に利用する。

$z=x+yi$，$w=X+Yi$ (x，y，X，Y は実数）とする。

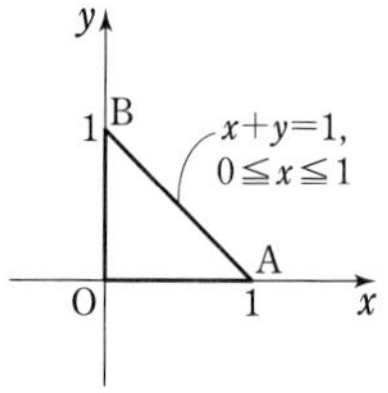

$w=z^2$ から　$X+Yi=(x+yi)^2$

よって　$X+Yi=x^2-y^2+2xyi$

ゆえに　$X=x^2-y^2$，$Y=2xy$ …… ①

←①から，x，y を消去し，X，Y のみの関係式を導くことが目標となる。

[1] 点 P が線分 OA 上を動くとき

$y=0$，$0\leqq x\leqq 1$

よって，①は　$X=x^2$，$Y=0$

ここで，$0\leqq x\leqq 1$ から　$0\leqq x^2\leqq 1$　すなわち　$0\leqq X\leqq 1$

ゆえに　$Y=0$，$0\leqq X\leqq 1$ …… (*)

←(*)が[1]の場合の，X，Y の関係式。

[2] 点 P が線分 OB 上を動くとき　$x=0$，$0\leqq y\leqq 1$

よって，①は　$X=-y^2$，$Y=0$

ここで，$0\leqq y\leqq 1$ から　$-1\leqq -y^2\leqq 0$

すなわち　$-1\leqq X\leqq 0$

ゆえに　$Y=0$，$-1\leqq X\leqq 0$ …… (*)

[3] 点 P が線分 AB 上を動くとき　$x+y=1$，$0\leqq x\leqq 1$

$x+y=1$ から　$y=1-x$

よって，①は　$X=x^2-(1-x)^2=2x-1$ …… ②

←座標平面上の，2点 $(1,\ 0)$，$(0,\ 1)$ を通る直線の方程式は　$x+y=1$

$$Y=2x(1-x) \cdots\cdots ③$$

② から　$x=\dfrac{X+1}{2}$ …… ④

④ を ③ に代入して整理すると

←x を消去。

$$Y=-\frac{X^2}{2}+\frac{1}{2} \cdots\cdots (*)$$

また，$0 \leqq x \leqq 1$ から　$-1 \leqq 2x-1 \leqq 1$

すなわち　$-1 \leqq X \leqq 1$ …… $(*)$

←X の変域にも注意。

[1]～[3] から，点Qの描く図形は **右図の実線部分** のようになる。

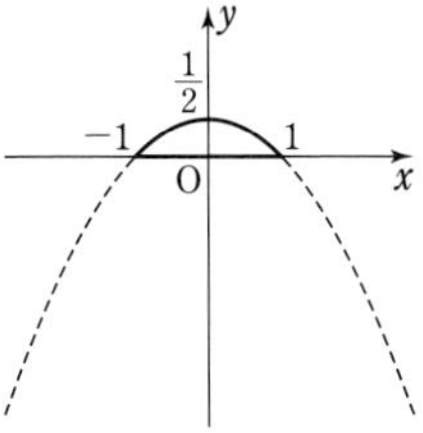

←[1]～[3] の $(*)$ で，X，Y を x，y にそれぞれおき換えた関係式の表す図形。

EX ②81

$z^6+27=0$ を満たす複素数 z を，偏角が小さい方から順に z_1，z_2，…… とするとき，z_1，z_2 と積 z_1z_2 を表す3点は複素数平面上で一直線上にあることを示せ。ただし，偏角は0以上 2π 未満とする。　〔類 金沢大〕

$z^6+27=0$ から　$z^6=-27$

$z=r(\cos\theta+i\sin\theta)$ $[r>0]$ とすると

←まず，極形式を利用して，$z^6=-27$ を解く。

$$z^6=r^6(\cos 6\theta+i\sin 6\theta)$$

また　$-27=27(\cos\pi+i\sin\pi)$

よって　$r^6(\cos 6\theta+i\sin 6\theta)=27(\cos\pi+i\sin\pi)$

両辺の絶対値と偏角を比較すると

$$r^6=27,\ 6\theta=\pi+2k\pi \quad (k \text{ は整数})$$

$r^6=27$ から　$r=\sqrt[6]{27}=(3^3)^{\frac{1}{6}}=3^{\frac{1}{2}}=\sqrt{3}$

←$(r^2)^3-3^3=0$ として $(r^2-3)(r^4+3r^2+9)=0$ よって，$r^2=3$ から $r=\sqrt{3}$ としてもよい。

また，$6\theta=\pi+2k\pi$ から　$\theta=\dfrac{2k+1}{6}\pi$

ゆえに　$z=\sqrt{3}\left(\cos\dfrac{2k+1}{6}\pi+i\sin\dfrac{2k+1}{6}\pi\right)$

$0 \leqq \theta < 2\pi$ の範囲で考えると　$k=0,\ 1,\ \cdots\cdots,\ 5$

よって　$z_1=\sqrt{3}\left(\cos\dfrac{\pi}{6}+i\sin\dfrac{\pi}{6}\right)=\dfrac{3+\sqrt{3}\,i}{2}$

←$k=0$ の場合。

$$z_2=\sqrt{3}\left(\cos\frac{\pi}{2}+i\sin\frac{\pi}{2}\right)=\sqrt{3}\,i$$

←$k=1$ の場合。

ゆえに　$z_1z_2=\dfrac{3+\sqrt{3}\,i}{2}\cdot\sqrt{3}\,i=\dfrac{-3+3\sqrt{3}\,i}{2}$

よって　$z_1-z_2=\dfrac{3+\sqrt{3}\,i}{2}-\sqrt{3}\,i=\dfrac{3-\sqrt{3}\,i}{2}$

$$z_1z_2-z_2=\frac{-3+3\sqrt{3}\,i}{2}-\sqrt{3}\,i=\frac{-3+\sqrt{3}\,i}{2}$$

ゆえに　$\dfrac{z_1-z_2}{z_1z_2-z_2}=-1$

←$\dfrac{\gamma-\alpha}{\beta-\alpha}$ が実数 $\Longleftrightarrow$ 3点 α，β，γ が一直線上

$\dfrac{z_1-z_2}{z_1z_2-z_2}$ が実数であるから，複素数 z_1，z_2，z_1z_2 が表す複素数平面上の3点は一直線上にある。

別解　$z_1z_2=(\sqrt{3})^2\left\{\cos\left(\dfrac{\pi}{6}+\dfrac{\pi}{2}\right)+i\sin\left(\dfrac{\pi}{6}+\dfrac{\pi}{2}\right)\right\}$

$=3\left(\cos\dfrac{2}{3}\pi+i\sin\dfrac{2}{3}\pi\right)$

O(0)，A(z_1)，B(z_2)，C(z_1z_2) とすると，

$\angle AOC=\dfrac{\pi}{2}$ であるから，△OAC は直角三角形である。

OA：OC$=\sqrt{3}$：3=1：$\sqrt{3}$ であるから　　$\angle OAC=\dfrac{\pi}{3}$

一方，OA=OB，$\angle AOB=\dfrac{\pi}{3}$ より，△OAB は正三角形であるから　　$\angle OAB=\dfrac{\pi}{3}$

したがって，3 点 A，B，C は一直線上にある。

←図形的な解法。

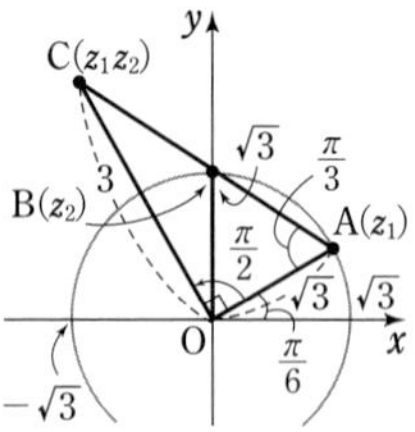

EX
③**82**

複素数平面上の 5 点 O(0)，A(α)，B(β)，C(γ)，D($2-\sqrt{3}i$) は $\dfrac{\beta}{\alpha}=\dfrac{2-\sqrt{3}i}{\gamma}=\dfrac{\overline{\alpha}}{2+\sqrt{3}i}$ を満たしている。ただし，$|\alpha|=\sqrt{3}$ であり，3 点 O，A，D は一直線上にない。

(1)　3 点 O，B，D は一直線上にあることを示せ。

(2)　$\dfrac{CD}{AB}$ の値を求めよ。

(3)　$\angle AOB=90^\circ$ のとき，$\dfrac{\alpha}{2-\sqrt{3}i}$ の実部を求めよ。　〔兵庫県大〕

(1)　$\dfrac{\beta}{\alpha}=\dfrac{\overline{\alpha}}{2+\sqrt{3}i}$ から　　$\beta=\dfrac{|\alpha|^2}{2+\sqrt{3}i}$

$|\alpha|^2=3$ であるから　　$\beta=\dfrac{3}{2+\sqrt{3}i}=\dfrac{3}{7}(2-\sqrt{3}i)$

$2-\sqrt{3}i$ は点 D を表す複素数であるから，3 点 O，B，D は一直線上にある。

←$\alpha\overline{\alpha}=|\alpha|^2$

←3 点 0，●，▲ が一直線上にある (●≠0) ⟺ ▲$=k$● となる実数 k がある

(2)　$\dfrac{CD}{AB}=\dfrac{|(2-\sqrt{3}i)-\gamma|}{|\beta-\alpha|}=\dfrac{\left|\dfrac{2-\sqrt{3}i}{\gamma}-1\right||\gamma|}{\left|\dfrac{\beta}{\alpha}-1\right||\alpha|}$

←AB$=|\beta-\alpha|$ など。

$\dfrac{\beta}{\alpha}=\dfrac{2-\sqrt{3}i}{\gamma}$ から　　$\left|\dfrac{\beta}{\alpha}-1\right|=\left|\dfrac{2-\sqrt{3}i}{\gamma}-1\right|$

よって　　$\dfrac{CD}{AB}=\dfrac{|\gamma|}{|\alpha|}$

また，$\dfrac{\beta}{\alpha}=\dfrac{2-\sqrt{3}i}{\gamma}$ から　　$\dfrac{\gamma}{\alpha}=\dfrac{2-\sqrt{3}i}{\beta}$

(1) より，$\beta=\dfrac{3}{7}(2-\sqrt{3}i)$ であるから

$$\frac{\gamma}{\alpha}=\frac{2-\sqrt{3}i}{\frac{3}{7}(2-\sqrt{3}i)}=\frac{7}{3}$$

したがって　　$\dfrac{CD}{AB}=\boldsymbol{\dfrac{7}{3}}$

(3) $\angle AOB=90^\circ$ のとき，$\dfrac{\beta}{\alpha}$ は純虚数である。

$\dfrac{\beta}{\alpha}=\dfrac{\overline{\alpha}}{2+\sqrt{3}\,i}=\overline{\left(\dfrac{\alpha}{2-\sqrt{3}\,i}\right)}$ であるから，$\overline{\left(\dfrac{\alpha}{2-\sqrt{3}\,i}\right)}$ は純虚数である。よって，$\dfrac{\alpha}{2-\sqrt{3}\,i}$ も純虚数である。

したがって，$\dfrac{\alpha}{2-\sqrt{3}\,i}$ の実部は　**0**

←AO⊥BO から $\dfrac{\beta-0}{\alpha-0}$ は純虚数。

EX ④83

α を実数でない複素数とし，β を正の実数とする。
(1) 複素数平面上で，関係式 $\alpha\overline{z}+\overline{\alpha}z=|z|^2$ を満たす複素数 z の描く図形を C とする。このとき，C は原点を通る円であることを示せ。
(2) 複素数平面上で，$(z-\alpha)(\beta-\overline{\alpha})$ が純虚数となる複素数 z の描く図形を L とする。L は(1)で定めた C と2つの共有点をもつことを示せ。また，その2点をP，Qとするとき，線分PQの長さを α と $\overline{\alpha}$ を用いて表せ。
(3) β の表す複素数平面上の点をRとする。(2)で定めた点P，Qと点Rを頂点とする三角形が正三角形であるとき，β を α と $\overline{\alpha}$ を用いて表せ。　〔筑波大〕

(1) $\alpha\overline{z}+\overline{\alpha}z=|z|^2$ から

$z\overline{z}-\overline{\alpha}z-\alpha\overline{z}=0$

ゆえに　$(z-\alpha)(\overline{z}-\overline{\alpha})=|\alpha|^2$

すなわち　$|z-\alpha|^2=|\alpha|^2$

よって　$|z-\alpha|=|\alpha|$

$\alpha\neq0$ であるから，C は点 α を中心とする半径 $|\alpha|$ の円を表す。

したがって，C は原点を通る円である。

←$z\overline{z}-\overline{\alpha}z-\alpha\overline{z}=0$ の両辺に $\alpha\overline{\alpha}\ (=|\alpha|^2)$ を加える。

←左辺に $z=0$ を代入すると　$|-\alpha|=|\alpha|$

(2) $(z-\alpha)(\beta-\overline{\alpha})$ は純虚数であるから

$(z-\alpha)(\beta-\overline{\alpha})+\overline{(z-\alpha)(\beta-\overline{\alpha})}=0$

かつ　$(z-\alpha)(\beta-\overline{\alpha})\neq0$

β は実数であるから　$\overline{\beta}=\beta$

よって　$(z-\alpha)(\beta-\overline{\alpha})+(\overline{z}-\overline{\alpha})(\beta-\alpha)=0$ ……①

α は実数でない複素数であるから　$\beta\neq\alpha$，$\beta\neq\overline{\alpha}$

ゆえに，① の両辺を $(\beta-\alpha)(\beta-\overline{\alpha})$ で割ると

$$\frac{z-\alpha}{\beta-\alpha}+\frac{\overline{z}-\overline{\alpha}}{\beta-\overline{\alpha}}=0$$

すなわち　$\dfrac{z-\alpha}{\beta-\alpha}+\overline{\left(\dfrac{z-\alpha}{\beta-\alpha}\right)}=0$

また，$z\neq\alpha$ であるから，$\dfrac{z-\alpha}{\beta-\alpha}$ は純虚数である。

よって，A(α)，R(β) とすると，点 z は点Aを通り直線ARに垂直な直線上にある。

この直線から点Aを除いたものが L であるから，L は C と2つの共有点をもつ。

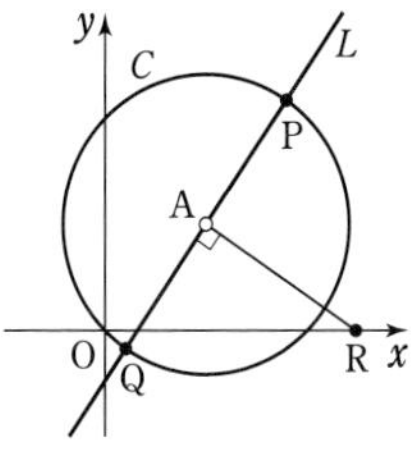

←$(\beta-\alpha)(\beta-\overline{\alpha})\neq0$

←$\overline{\beta}=\beta$

←$z-\alpha\neq0$ から $z\neq\alpha$

線分 PQ は円 C の直径であるから　　**PQ**$=2|\alpha|=\mathbf{2\sqrt{\alpha\overline{\alpha}}}$

←円 C の中心は点 A(α) で，L は A を通るから，円 C と 2 つの共有点 P，Q をもち，線分 PQ は円 C の直径となる。

(3)　直線 AR は線分 PQ の垂直二等分線であるから，△RPQ は RP=RQ の二等辺三角形である。

これが正三角形となるとき　　$\mathrm{AR}=\dfrac{\sqrt{3}}{2}\mathrm{PQ}$

すなわち　　$|\beta-\alpha|=\sqrt{3}\,|\alpha|$　　←$\mathrm{PQ}=2|\alpha|$

両辺を平方すると　　$(\beta-\alpha)(\beta-\overline{\alpha})=3\alpha\overline{\alpha}$　　←$\overline{\beta}=\beta$

すなわち　　$\beta^2-(\alpha+\overline{\alpha})\beta-2\alpha\overline{\alpha}=0$

$\alpha+\overline{\alpha}$，$\alpha\overline{\alpha}$ はともに実数であるから，解の公式より

$$\beta=\frac{\alpha+\overline{\alpha}\pm\sqrt{(\alpha+\overline{\alpha})^2-4\cdot1\cdot(-2\alpha\overline{\alpha})}}{2\cdot1}$$

$\beta>0$ であるから　　$\boldsymbol{\beta=\dfrac{\alpha+\overline{\alpha}+\sqrt{(\alpha+\overline{\alpha})^2+8\alpha\overline{\alpha}}}{2}}$

←$\alpha+\overline{\alpha}>0$ のとき $\alpha+\overline{\alpha}<\sqrt{(\alpha+\overline{\alpha})^2+8\alpha\overline{\alpha}}$

EX ④84　z を複素数とする。0 でない複素数 d に対して，方程式 $dz(\overline{z}+1)=\overline{d}\,\overline{z}(z+1)$ を満たす点 z は，複素数平面上でどのような図形を描くか。〔類　九州大〕

$dz(\overline{z}+1)=\overline{d}\,\overline{z}(z+1)$ から

$$(d-\overline{d})z\overline{z}+dz-\overline{d}\,\overline{z}=0 \quad\cdots\cdots ①$$

[1]　$d=\overline{d}$，すなわち d が実数のとき，① は

←① の $z\overline{z}$ の係数が 0 か 0 でないかで場合分け。

$$d(z-\overline{z})=0$$

$d\neq0$ であるから　$z=\overline{z}$　　よって，点 z は実軸上にある。

[2]　$d\neq\overline{d}$，すなわち d が虚数のとき，① の両辺を $d-\overline{d}$ で割ると

←「d が実数でない」ことと同じ。

$$z\overline{z}+\frac{d}{d-\overline{d}}z-\frac{\overline{d}}{d-\overline{d}}\overline{z}=0$$

ゆえに　$\left(z-\dfrac{\overline{d}}{d-\overline{d}}\right)\left(\overline{z}+\dfrac{d}{d-\overline{d}}\right)+\dfrac{d}{d-\overline{d}}\cdot\dfrac{\overline{d}}{d-\overline{d}}=0$

←$z\overline{z}+\alpha z-\beta\overline{z}=(z-\beta)(\overline{z}+\alpha)+\alpha\beta$

よって　$\left(z-\dfrac{\overline{d}}{d-\overline{d}}\right)\overline{\left(z-\dfrac{\overline{d}}{d-\overline{d}}\right)}=\dfrac{d}{d-\overline{d}}\cdot\overline{\left(\dfrac{d}{d-\overline{d}}\right)}$

←$d-\overline{d}=-\overline{(d-\overline{d})}$

ゆえに　$\left|z-\dfrac{\overline{d}}{d-\overline{d}}\right|^2=\left|\dfrac{d}{d-\overline{d}}\right|^2$　　←$z\overline{z}=|z|^2$

したがって　$\left|z-\dfrac{\overline{d}}{d-\overline{d}}\right|=\left|\dfrac{d}{d-\overline{d}}\right|$　　←円の方程式 $|z-\alpha|=r$ の形。

[1]，[2] から，点 z の描く図形は

d が実数のとき　実軸，

d が虚数のとき　点 $\dfrac{\overline{d}}{d-\overline{d}}$ を中心とする半径 $\left|\dfrac{d}{d-\overline{d}}\right|$ の円

EX ④85　z を複素数とする。複素数平面上の 3 点 A(1)，B(z)，C(z^2) が鋭角三角形をなすような点 z の範囲を求め，図示せよ。〔東京大〕

3 点 A，B，C が鋭角三角形をなすための条件は，次の (i)，(ii)，(iii) を同時に満たすことである。

(i)　3点A，B，Cがすべて互いに異なる。

(ii)　3点A，B，Cが一直線上にない。

(iii)　$AB^2+BC^2>CA^2$　かつ　$BC^2+CA^2>AB^2$　かつ
$CA^2+AB^2>BC^2$

←(i)，(ii)は3点A，B，Cが三角形をなすための条件。

(i)から　$z\neq1,\ z^2\neq1,\ z^2\neq z$　　ゆえに　$z\neq0,\ z\neq\pm1$　…　①

←$z^2=1$ から　$(z+1)(z-1)=0$
$z^2=z$ から　$z(z-1)=0$

また，$\dfrac{z^2-1}{z-1}=z+1$ であるから，(ii)より $z+1$ は実数ではない。

すなわち，z は虚数である。

ここで，z が虚数である，という条件は ① を含んでいる。

(iii)から　$\begin{cases}|z-1|^2+|z^2-z|^2>|1-z^2|^2\\ |z^2-z|^2+|1-z^2|^2>|z-1|^2\\ |1-z^2|^2+|z-1|^2>|z^2-z|^2\end{cases}$

ゆえに　$\begin{cases}|z-1|^2+|z|^2|z-1|^2>|z+1|^2|z-1|^2\\ |z|^2|z-1|^2+|z+1|^2|z-1|^2>|z-1|^2\\ |z+1|^2|z-1|^2+|z-1|^2>|z|^2|z-1|^2\end{cases}$

←$|\alpha\beta|=|\alpha||\beta|$

$z\neq1$ であるから，各不等式の両辺を $|z-1|^2$ (>0) で割ると

$\begin{cases}1+|z|^2>|z+1|^2 & \cdots\cdots ②\\ |z|^2+|z+1|^2>1 & \cdots\cdots ③\\ |z+1|^2+1>|z|^2 & \cdots\cdots ④\end{cases}$

② から　　$1+z\bar{z}>z\bar{z}+z+\bar{z}+1$

←$|z+1|^2=(z+1)(\bar{z}+1)$

よって　　$z+\bar{z}<0$　すなわち　(z の実部)<0　……　⑤

←虚軸より左側の部分。

③ から　　$z\bar{z}+z\bar{z}+z+\bar{z}+1>1$

よって　　$z\bar{z}+\dfrac{z}{2}+\dfrac{\bar{z}}{2}>0$

ゆえに　　$\left(z+\dfrac{1}{2}\right)\left(\bar{z}+\dfrac{1}{2}\right)-\left(\dfrac{1}{2}\right)^2>0$

よって　　$\left|z+\dfrac{1}{2}\right|^2>\left(\dfrac{1}{2}\right)^2$　すなわち　$\left|z+\dfrac{1}{2}\right|>\dfrac{1}{2}$　……　⑥

←点 $-\dfrac{1}{2}$ を中心とする半径 $\dfrac{1}{2}$ の円の外部。

④ から　　$z\bar{z}+z+\bar{z}+1+1>z\bar{z}$

ゆえに　　$z+\bar{z}>-2$

よって　　$\dfrac{z+\bar{z}}{2}>-1$

すなわち　(z の実部)>-1　……　⑦

←点 -1 を通り，実軸に垂直な直線より右側の部分。

求める z の範囲は，⑤，⑥，⑦ の表す図形の共通部分から実軸上の点を除いたもので，**右図の斜線部分** のようになる。**ただし，境界線を含まない。**

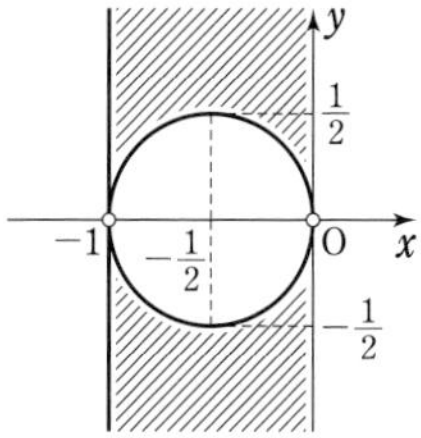

補足　⑤，⑥，⑦ から，条件(iii)は，条件(i)，(ii)を含んでいることがわかる。

参考　解答の(iii)は，次の(iii)′のように角の条件に着目してもよい。

(iii)′　$A(\alpha)$，$B(\beta)$，$C(\gamma)$ とし，$w_1=\dfrac{\beta-\alpha}{\gamma-\alpha}$，$w_2=\dfrac{\gamma-\beta}{\alpha-\beta}$，

$w_3=\dfrac{\alpha-\gamma}{\beta-\gamma}$ とすると

$-\dfrac{\pi}{2}<\arg w_i<\dfrac{\pi}{2}$ ……（＊）かつ $\arg w_i \neq 0$
$(i=1,\ 2,\ 3)$

ここで，(ii) が満たされるとき，$\arg w_i \neq 0\ (i=1,\ 2,\ 3)$ である。また，一般に複素数 w に対し，

$$-\frac{\pi}{2}<\arg w<\frac{\pi}{2} \iff w+\overline{w}>0$$

であり，$w_1=\dfrac{z-1}{z^2-1}=\dfrac{1}{z+1}$，$w_2=\dfrac{z^2-z}{1-z}=-z$，

$w_3=\dfrac{1-z^2}{z-z^2}=\dfrac{z+1}{z}$ であるから，（＊）は

$$\begin{cases}\dfrac{1}{z+1}+\overline{\left(\dfrac{1}{z+1}\right)}>0 \cdots\cdots \text{Ⓐ} \\ (-z)+\overline{(-z)}>0 \qquad \text{Ⓑ} \\ \dfrac{z+1}{z}+\overline{\left(\dfrac{z+1}{z}\right)}>0 \cdots\cdots \text{Ⓒ}\end{cases}$$ となる。

Ⓐ の不等式の両辺に $(z+1)(\overline{z+1})(=|z+1|^2>0)$ を掛けて

$$\overline{z+1}+z+1>0 \qquad \text{よって} \qquad \frac{z+\overline{z}}{2}>-1$$

Ⓑ から　$z+\overline{z}<0$

Ⓒ の不等式の両辺に $z\overline{z}(=|z|^2>0)$ を掛けて

$$|z|^2+\overline{z}+|z|^2+z>0$$

よって　$|z|^2+\dfrac{1}{2}z+\dfrac{1}{2}\overline{z}>0$

ゆえに　$\left|z+\dfrac{1}{2}\right|^2>\left(\dfrac{1}{2}\right)^2$　すなわち　$\left|z+\dfrac{1}{2}\right|>\dfrac{1}{2}$

以上から，解答の ⑤，⑥，⑦ が得られる。以後は解答と同じ。

←3 つの角がすべて鋭角であるための条件。なお，偏角は負の値をとる場合もあることに注意。

←「実部が正」ということである。

←解答と同様に，
$(z$ の実部$)>-1$
の形にする。

EX ⑤86

a を正の実数，$w=a\left(\cos\dfrac{\pi}{36}+i\sin\dfrac{\pi}{36}\right)$ とする。複素数の列 $\{z_n\}$ を $z_1=w$，$z_{n+1}=z_n w^{2n+1}$ $(n=1,\ 2,\ \cdots\cdots)$ で定めるとき

(1) z_n の偏角を 1 つ求めよ。

(2) 複素数平面で，原点を O とし，z_n を表す点を P_n とする。$1\leqq n\leqq 17$ とするとき，$\triangle OP_nP_{n+1}$ が直角二等辺三角形となるような n と a の値を求めよ。〔大阪大 改題〕

(1) $z_{n+1}=z_n w^{2n+1}$ から

$$\arg z_{n+1}=\arg z_n+(2n+1)\arg w$$

よって，$n\geqq 2$ のとき

$$\begin{aligned}\arg z_n&=\arg z_1+\sum_{k=1}^{n-1}(\arg z_{k+1}-\arg z_k)\\ &=\arg w+\left\{\sum_{k=1}^{n-1}(2k+1)\right\}\arg w\\ &=\left\{1+2\cdot\frac{1}{2}n(n-1)+(n-1)\right\}\arg w\\ &=n^2\arg w=n^2\cdot\frac{\pi}{36}=\frac{n^2}{36}\pi \cdots\cdots ①\end{aligned}$$

←$\arg\alpha\beta=\arg\alpha+\arg\beta$

←数列 $\{\arg z_n\}$ の階差数列の第 n 項は
$(2n+1)\arg w$

←$\displaystyle\sum_{k=1}^{n-1}k=\frac{1}{2}n(n-1)$，
$\displaystyle\sum_{k=1}^{n-1}1=n-1$

① は $n=1$ のときも成り立つ。

したがって　　$\arg z_n=\boldsymbol{\frac{n^2}{36}\pi}$

別解　$z_1=w$, $z_2=z_1w^3=w^4$, $z_3=z_2w^5=w^9$

よって, $z_n=w^{n^2}$ …… Ⓐ であると推測できる。

[1]　$n=1$ のとき, Ⓐ は成り立つ。

[2]　$n=k$ のとき, Ⓐ が成り立つと仮定すると　$z_k=w^{k^2}$

ゆえに　　$z_{k+1}=z_kw^{2k+1}=w^{k^2}w^{2k+1}=w^{(k+1)^2}$

よって, Ⓐ は $n=k+1$ のときも成り立つ。

[1], [2] から, Ⓐ はすべての自然数 n について成り立つ。

したがって　　$\arg z_n=\arg w^{n^2}=n^2\arg w=\boldsymbol{\frac{n^2}{36}\pi}$

←$\arg z_1=\arg w=\frac{\pi}{36}$

←$\arg z_n=\frac{n^2}{36}\pi+2k\pi$ (k は整数) であるが, $k=0$ の場合を答とした。

Ⓘ　n の問題
$n=1,\ 2,\ 3,$ …… で調べて, n の式で一般化

←$\arg\alpha^k=k\arg\alpha$

(2)　$\arg\frac{z_{n+1}-0}{z_n-0}=\arg w^{2n+1}=(2n+1)\arg w=\frac{(2n+1)\pi}{36}$

よって　　$\angle P_nOP_{n+1}=\frac{(2n+1)\pi}{36}$

←$P_n(z_n)$, $P_{n+1}(z_{n+1})$

ここで, $1\leqq n\leqq 17$ であるから　　$\frac{\pi}{12}\leqq\frac{(2n+1)\pi}{36}\leqq\frac{35}{36}\pi$

←$3\leqq 2n+1\leqq 35$

ゆえに, $\triangle OP_nP_{n+1}$ が直角二等辺三角形となるとき

$$\angle P_nOP_{n+1}=\frac{\pi}{4}\ \text{または}\ \angle P_nOP_{n+1}=\frac{\pi}{2}$$

$\frac{(2n+1)\pi}{36}=\frac{\pi}{4}$ を解くと　　$n=4$

$\frac{(2n+1)\pi}{36}=\frac{\pi}{2}$ を解くと　　$n=\frac{17}{2}$

n は整数であるから, $\boldsymbol{n=4}$ のみが適する。

このとき, $\angle P_nOP_{n+1}=\frac{\pi}{4}$ であるから

$$OP_5=\sqrt{2}\,OP_4\ \text{または}\ OP_5=\frac{1}{\sqrt{2}}OP_4$$

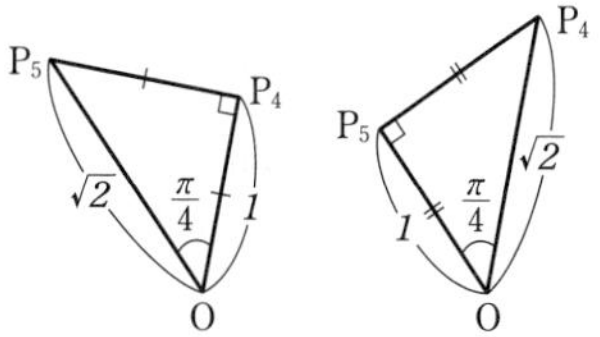

よって　$|z_5|=\sqrt{2}\,|z_4|$ または $|z_5|=\frac{1}{\sqrt{2}}|z_4|$ …… ②

$z_5=z_4w^9$ であるから, ② より　　$|w^9|=\sqrt{2}$, $\frac{1}{\sqrt{2}}$

←$|z_4||w^9|=\sqrt{2}\,|z_4|$, $|z_4||w^9|=\frac{1}{\sqrt{2}}|z_4|$

$|w|=a$ であるから　　$a^9=\sqrt{2}$, $\frac{1}{\sqrt{2}}$

したがって　　$\boldsymbol{a=2^{\frac{1}{18}},\ 2^{-\frac{1}{18}}}$

←$a^9=2^{\frac{1}{2}}$, $2^{-\frac{1}{2}}$

練習 ②136
(1) 放物線 $x^2=-8y$ の焦点と準線を求め，その概形をかけ。
(2) 点 (3, 0) を通り，直線 $x=-3$ に接する円の中心の軌跡を求めよ。
(3) 頂点が原点で，焦点が x 軸上にあり，点 (9, −6) を通る放物線の方程式を求めよ。

(1) $x^2=4\cdot(-2)y$
よって，**焦点** は　**点 (0, −2)**
　準線 は　**直線 $y=2$**
概形は **図 (1)**

(1)
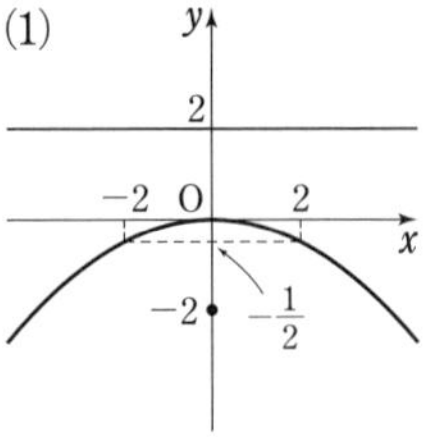

←放物線 $x^2=4py$ の焦点は 点 (0, p)，準線は 直線 $y=-p$

(2) F(3, 0) とする。
円の中心を P とし，点 P から直線 $x=-3$ に垂線 PH を下ろすと
PH=PF
よって，点 P の軌跡は，点 F を焦点，直線 $x=-3$ を準線とする **放物線** であるから，その方程式は　$y^2=4\cdot3x$
すなわち　$\boldsymbol{y^2=12x}$

(2)
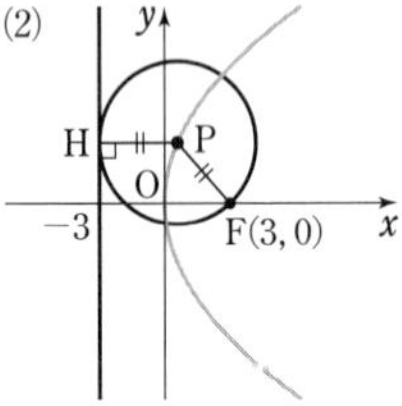

(3) 求める放物線の方程式は，$y^2=ax$ とおける。
点 (9, −6) を通るから　$(-6)^2=a\cdot9$
よって　$a=4$　　したがって　$\boldsymbol{y^2=4x}$

←**焦点が x 軸上** にあるから　$y^2=4px$
$4p=a$ とおく。

練習 ③137
半円 $x^2+y^2=36$，$x\geqq0$ および y 軸の $-6\leqq y\leqq6$ の部分の，両方に接する円の中心 P の軌跡を求めよ。

P(x, y) とすると，題意を満たす円は半円に内接し，y 軸の $-6\leqq y\leqq6$ の部分に接する。
$0\leqq x\leqq6$ であるから　OP=6−x
ゆえに　$\sqrt{x^2+y^2}=6-x$
よって　$x^2+y^2=(6-x)^2$
ゆえに　$y^2=-12(x-3)$
$x>0$ かつ $y^2=-12(x-3)\geqq0$ であるから
$0<x\leqq3$
したがって，求める軌跡は
放物線 $y^2=-12(x-3)$ の $0<x\leqq3$ の部分

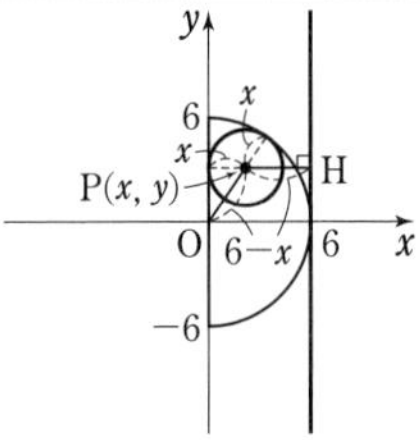

←$0\leqq x\leqq6$ のとき $6-x\geqq0$

検討　図で，点 P から直線 $x=6$ に下ろした垂線を PH とすると
OP=PH
よって，点 P は O を焦点，直線 $x=6$ を準線とする放物線上にある。

練習 ①138
次の楕円の長軸・短軸の長さ，焦点を求めよ。また，その概形をかけ。
(1) $\dfrac{x^2}{25}+\dfrac{y^2}{18}=1$　　(2) $56x^2+49y^2=784$

(1) $\dfrac{x^2}{5^2}+\dfrac{y^2}{(3\sqrt{2})^2}=1$ から
長軸の長さ は　$2\cdot5=\mathbf{10}$
短軸の長さ は　$2\cdot3\sqrt{2}=\boldsymbol{6\sqrt{2}}$
焦点 は，$\sqrt{25-18}=\sqrt{7}$ から
2 点 $(\sqrt{7},\ 0)$，$(-\sqrt{7},\ 0)$
また，概形は **図 (1)**

(1)
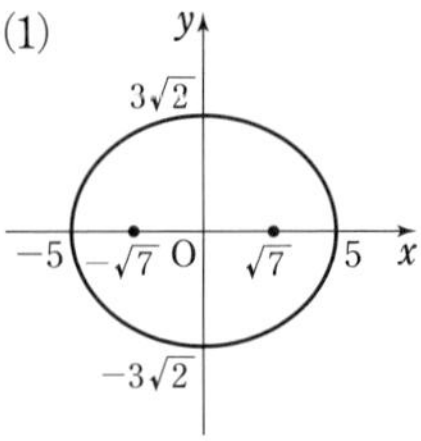

←$\dfrac{x^2}{a^2}+\dfrac{y^2}{b^2}=1$ で，$a>b>0$ の場合であるから，概形は横長。
⟶ 長軸の長さは $2a$，短軸の長さは $2b$，焦点は 2 点 $(\sqrt{a^2-b^2},\ 0)$，$(-\sqrt{a^2-b^2},\ 0)$

(2)　$56x^2+49y^2=784$ から

$$\frac{x^2}{(\sqrt{14})^2}+\frac{y^2}{4^2}=1$$

長軸の長さ は　　$2\cdot4=$**8**

短軸の長さ は　　$2\cdot\sqrt{14}=\boldsymbol{2\sqrt{14}}$

焦点 は，$\sqrt{16-14}=\sqrt{2}$ から

2 点 $(0,\ \sqrt{2})$，$(0,\ -\sqrt{2})$

また，概形は　**図** (2)

(2)

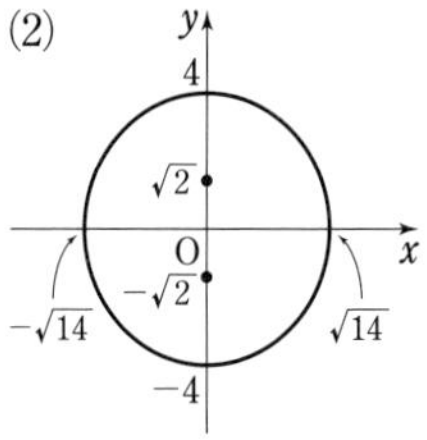

←両辺を 784 で割ると $\frac{x^2}{14}+\frac{y^2}{16}=1$
これは $\frac{x^2}{a^2}+\frac{y^2}{b^2}=1$ で，$b>a>0$ の場合であるから，概形は縦長。
⟶ 長軸の長さは $2b$，短軸の長さは $2a$，焦点は 2 点 $(0,\ \sqrt{b^2-a^2})$，$(0,\ -\sqrt{b^2-a^2})$

練習
②**139**

次のような楕円の方程式を求めよ。
(1)　2 点 $(2,\ 0)$，$(-2,\ 0)$ を焦点とし，この 2 点からの距離の和が 6
(2)　楕円 $\frac{x^2}{3}+\frac{y^2}{5}=1$ と焦点が一致し，短軸の長さが 4
(3)　長軸が x 軸上，短軸が y 軸上にあり，2 点 $(-2,\ 0)$，$\left(1,\ \frac{\sqrt{3}}{2}\right)$ を通る。

(1)　2 点 $\mathrm{F}(2,\ 0)$，$\mathrm{F}'(-2,\ 0)$ を焦点とするから，求める楕円の方程式は $\frac{x^2}{a^2}+\frac{y^2}{b^2}=1$ $(a>b>0)$ とおける。

←2 つの焦点は x 軸上にあり，原点に関して対称。

ここで　　$a^2-b^2=2^2$

←焦点は，2 点 $(\sqrt{a^2-b^2},\ 0)$，$(-\sqrt{a^2-b^2},\ 0)$

また，楕円上の任意の点 P について　　$\mathrm{PF}+\mathrm{PF}'=2a$

よって　　$2a=6$　　　ゆえに　　$a=3$

よって　　$b^2=a^2-2^2=3^2-4=5$

←ここでは b の値まで求める必要はない。

したがって　　$\boldsymbol{\frac{x^2}{9}+\frac{y^2}{5}=1}$

別解　楕円上の任意の点を $\mathrm{P}(x,\ y)$ とする。

$\mathrm{F}(2,\ 0)$，$\mathrm{F}'(-2,\ 0)$ とすると，$\mathrm{PF}+\mathrm{PF}'=6$ であるから

←楕円の定義。

$$\sqrt{(x-2)^2+y^2}+\sqrt{(x+2)^2+y^2}=6$$

よって　　$\sqrt{(x-2)^2+y^2}=6-\sqrt{(x+2)^2+y^2}$

両辺を平方して整理すると　　$12\sqrt{(x+2)^2+y^2}=8x+36$

両辺を 4 で割り，更に平方すると

$$9(x^2+4x+4+y^2)=4x^2+36x+81$$

←ここで $\sqrt{\ }$ がなくなる。

整理して　$5x^2+9y^2=45$　　　したがって　$\boldsymbol{\frac{x^2}{9}+\frac{y^2}{5}=1}$

(2)　楕円 $\frac{x^2}{3}+\frac{y^2}{5}=1$ の焦点は，$\sqrt{5-3}=\sqrt{2}$ であることから

←$\sqrt{3}<\sqrt{5}$ から，焦点は y 軸上にある。

2 点 $(0,\ \sqrt{2})$，$(0,\ -\sqrt{2})$

ゆえに，求める楕円の方程式を $\frac{x^2}{a^2}+\frac{y^2}{b^2}=1$ $(b>a>0)$ とおくと，$\sqrt{b^2-a^2}=\sqrt{2}$ であるから　　$b^2-a^2=2$

←2 つの焦点は y 軸上にあり，原点に関して対称。

また，短軸の長さは　$2a$　　よって，$2a=4$ から　$a=2$

ゆえに　　$b^2=a^2+2=2^2+2=6$

よって　　$\boldsymbol{\frac{x^2}{4}+\frac{y^2}{6}=1}$

(3)　長軸が x 軸上，短軸が y 軸上にあるから，求める楕円の中心は原点であり，その方程式は $\dfrac{x^2}{a^2}+\dfrac{y^2}{b^2}=1\ (a>b>0)$ とおける。

←長軸と短軸の交点(楕円の中心)は原点に一致するから，方程式は $\dfrac{x^2}{a^2}+\dfrac{y^2}{b^2}=1$ の形。

点 $(-2,\ 0)$ を通るから　$\dfrac{(-2)^2}{a^2}=1$　…… ①

点 $\left(1,\ \dfrac{\sqrt{3}}{2}\right)$ を通るから　$\dfrac{1}{a^2}+\dfrac{1}{b^2}\left(\dfrac{\sqrt{3}}{2}\right)^2=1$ …… ②

① から　$a^2=4$　　② に代入して　$\dfrac{1}{4}+\dfrac{3}{4b^2}=1$

ゆえに　$b^2=1$　　したがって　$\boldsymbol{\dfrac{x^2}{4}+y^2=1}$

練習
①**140**
円 $x^2+y^2=9$ を次のように拡大または縮小した楕円の方程式と焦点を求めよ。
(1)　x 軸をもとにして y 軸方向に 3 倍に拡大
(2)　y 軸をもとにして x 軸方向に $\dfrac{2}{3}$ 倍に縮小

円周上の点を $\mathrm{Q}(s,\ t)$ とすると　$s^2+t^2=9$ …… ①

(1)　点 Q が移された点を $\mathrm{P}(x,\ y)$ とすると

$$x=s,\ y=3t\qquad よって\qquad s=x,\ t=\frac{1}{3}y$$

これらを ① に代入して　$x^2+\dfrac{1}{9}y^2=9$

←つなぎの文字 $s,\ t$ を消去。

ゆえに，楕円 $\boldsymbol{\dfrac{x^2}{9}+\dfrac{y^2}{81}=1}$ になる。

また，この楕円の **焦点** は，$\sqrt{81-9}=6\sqrt{2}$ であることから

2 点 $(0,\ 6\sqrt{2}),\ (0,\ -6\sqrt{2})$

(2)　点 Q が移された点を $\mathrm{P}(x,\ y)$ とすると

$$x=\frac{2}{3}s,\ y=t\qquad よって\qquad s=\frac{3}{2}x,\ t=y$$

これらを ① に代入して　$\dfrac{9}{4}x^2+y^2=9$

ゆえに，楕円 $\boldsymbol{\dfrac{x^2}{4}+\dfrac{y^2}{9}=1}$ になる。

また，この楕円の **焦点** は，$\sqrt{9-4}=\sqrt{5}$ であることから

2 点 $(0,\ \sqrt{5}),\ (0,\ -\sqrt{5})$

(2)
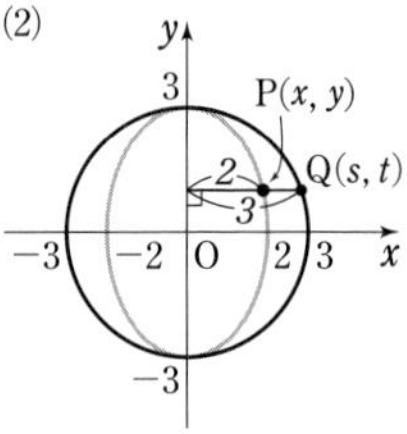

検討　円 $x^2+y^2=b^2$ を y 軸をもとにして x 軸方向に $\dfrac{a}{b}$ 倍に拡大または縮小すると，楕円 $\dfrac{x^2}{a^2}+\dfrac{y^2}{b^2}=1$ が得られる。

練習
②**141**
x 軸上の動点 $\mathrm{P}(a,\ 0)$，y 軸上の動点 $\mathrm{Q}(0,\ b)$ が $\mathrm{PQ}=1$ を満たしながら動くとき，線分 PQ を $1:2$ に内分する点 T の軌跡の方程式を求め，その概形を図示せよ。

$\mathrm{T}(x,\ y)$ とする。$\mathrm{PQ}=1$ であるから　$\mathrm{PQ}^2=1$

よって　$a^2+b^2=1$ …… ①

点 T は線分 PQ を 1：2 に内分するから

$$x=\frac{2\cdot a+1\cdot 0}{1+2},\ y=\frac{2\cdot 0+1\cdot b}{1+2}$$

ゆえに　$a=\frac{3}{2}x,\ b=3y$

これらを ① に代入して　$\frac{9}{4}x^2+9y^2=1$

よって　$9x^2+36y^2=4$

ゆえに，点 T の軌跡は 楕円

$9x^2+36y^2=4$ で，その概形は **右図**。

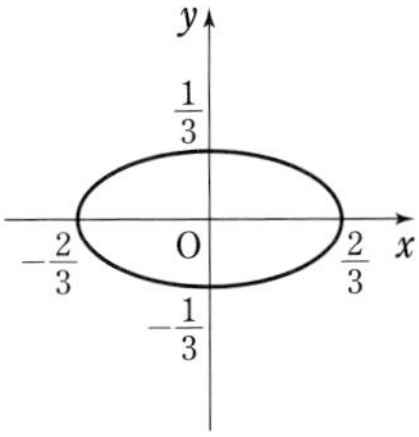

←A$(x_1,\ y_1)$，B$(x_2,\ y_2)$ とするとき，線分 AB を $m:n$ に内分する点の座標は $\left(\frac{nx_1+mx_2}{m+n},\ \frac{ny_1+my_2}{m+n}\right)$

←つなぎの文字 a，b を消去。

←$\frac{x^2}{\left(\frac{2}{3}\right)^2}+\frac{y^2}{\left(\frac{1}{3}\right)^2}=1$

練習 ①142

次の双曲線の焦点と漸近線を求めよ。また，その概形をかけ。

(1) $\frac{x^2}{6}-\frac{y^2}{6}=1$　　(2) $16x^2-9y^2+144=0$

(1) $\sqrt{6+6}=2\sqrt{3}$ から，**焦点** は

2 点 $(2\sqrt{3},\ 0)$，$(-2\sqrt{3},\ 0)$

漸近線 は　2 直線 $\frac{x}{\sqrt{6}}-\frac{y}{\sqrt{6}}=0$，

$$\frac{x}{\sqrt{6}}+\frac{y}{\sqrt{6}}=0$$

すなわち　**$x-y=0$，$x+y=0$**

また，概形は　**図 (1)**

(1)

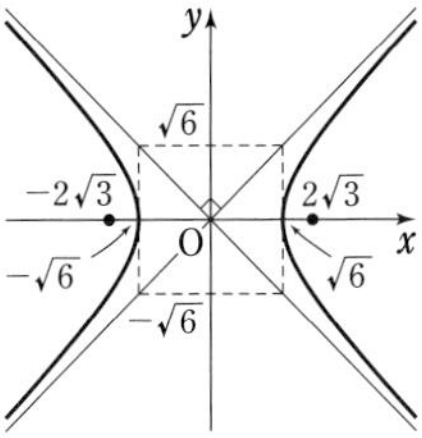

検討　双曲線 $\frac{x^2}{6}-\frac{y^2}{6}=1$ の漸近線 $y=x$，$y=-x$ は直交している。このように，直交する漸近線をもつ双曲線を **直角双曲線** という。

(2) $16x^2-9y^2=-144$ から

$$\frac{x^2}{9}-\frac{y^2}{16}=-1$$

$\sqrt{9+16}=5$ から，**焦点** は

2 点 $(0,\ 5)$，$(0,\ -5)$

漸近線 は

2 直線 $\frac{x}{3}-\frac{y}{4}=0$，$\frac{x}{3}+\frac{y}{4}=0$

また，概形は　**図 (2)**

(2)

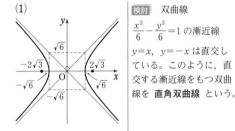

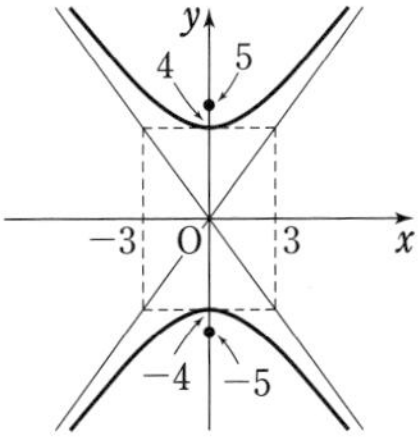

(2) まず，両辺を 144 で割って，**$=-1$ の形に直す**。

←2 直線 $\frac{x}{3}\pm\frac{y}{4}=0$ でもよい。

練習 ②143

次のような双曲線の方程式を求めよ。

(1) 2 点 $(4,\ 0)$，$(-4,\ 0)$ を焦点とし，焦点からの距離の差が 6

(2) 漸近線が直線 $y=\pm 2x$ で，点 $(3,\ 0)$ を通る。　[(2) 類 愛知教育大]

(3) 中心が原点で，漸近線が直交し，焦点の 1 つが点 $(3,\ 0)$

(1) 2 点 $(4,\ 0)$，$(-4,\ 0)$ を焦点とするから，求める双曲線の方程式は $\frac{x^2}{a^2}-\frac{y^2}{b^2}=1\ (a>0,\ b>0)$ とおける。

このとき，焦点からの距離の差は $2a$ であるから，$2a=6$ より

$a=3$

また　$a^2+b^2=4^2$　　よって　$b^2=4^2-a^2=16-3^2=7$

したがって　**$\frac{x^2}{9}-\frac{y^2}{7}=1$**

←2 つの焦点は x 軸上にあり，原点に関して対称。⟶ **$=1$ の形**。

←焦点は，2 点 $(\sqrt{a^2+b^2},\ 0)$，$(-\sqrt{a^2+b^2},\ 0)$

別解　F(4, 0), F′(−4, 0) とし，双曲線上の点を P(x, y) とする。|PF−PF′|=6 であるから

$$\sqrt{(x-4)^2+y^2}-\sqrt{(x+4)^2+y^2}=\pm 6$$

ゆえに　$\sqrt{(x-4)^2+y^2}=\sqrt{(x+4)^2+y^2}\pm 6$

両辺を平方して整理すると

$$16x+36=\pm 12\sqrt{(x+4)^2+y^2}$$

両辺を 4 で割り，更に平方すると

$$16x^2+72x+81=9(x^2+8x+16+y^2)$$

よって　$7x^2-9y^2=63$ …… ①

逆に，① を満たす点 P(x, y) は，|PF−PF′|=6 を満たす。

したがって　$\boldsymbol{\dfrac{x^2}{9}-\dfrac{y^2}{7}=1}$

←絶対値をはずす。
$|X|=a \Leftrightarrow X=\pm a$
(ただし　$a>0$)

(2) 与えられた条件から，求める双曲線の方程式は

$\dfrac{x^2}{a^2}-\dfrac{y^2}{b^2}=1$ $(a>0,\ b>0)$ とおける。

←原点で交わる漸近線をもち，x 軸上の点を通る。
⟶ $=1$ の形。

漸近線が直線 $y=\pm 2x$ であるから　$\dfrac{b}{a}=2$

ゆえに　$b=2a$ …… ①

また，点 (3, 0) を通るから　$\dfrac{9}{a^2}=1$

よって　$a^2=9$　　$a>0$ であるから　$a=3$

① から　$b=6$

したがって　$\boldsymbol{\dfrac{x^2}{9}-\dfrac{y^2}{36}=1}$

別解　漸近線が直線 $y=\pm 2x$ であるから，求める双曲線の方程式は $x^2-\dfrac{y^2}{2^2}=k$ $(k\neq 0)$ とおける。

点 (3, 0) を通るから　$k=9$

よって　$x^2-\dfrac{y^2}{4}=9$　　すなわち　$\boldsymbol{\dfrac{x^2}{9}-\dfrac{y^2}{36}=1}$

検討　直線 $y=\pm\dfrac{b}{a}x$ を漸近線にもつ双曲線の方程式は

$\boldsymbol{\dfrac{x^2}{a^2}-\dfrac{y^2}{b^2}=k}$ $(\boldsymbol{k\neq 0})$

とおける。

(3) 与えられた条件から，求める双曲線の方程式は

$\dfrac{x^2}{a^2}-\dfrac{y^2}{b^2}=1$ $(a>0,\ b>0)$ とおける。

←中心が原点，焦点の 1 つが x 軸上 ⟶ $=1$ の形。

漸近線が直交するから　$\dfrac{b}{a}\cdot\left(-\dfrac{b}{a}\right)=-1$

←漸近線は，2 直線
$y=\pm\dfrac{b}{a}x$

よって　$a^2=b^2$ …… ①

焦点の 1 つが点 (3, 0) であるから　$a^2+b^2=3^2$

① を代入して　$2a^2=9$　　ゆえに　$a^2=\dfrac{9}{2}$

また　$b^2=\dfrac{9}{2}$

したがって　$\boldsymbol{\dfrac{2}{9}x^2-\dfrac{2}{9}y^2=1}$ …… (∗)

←2 つの漸近線が直交するから，双曲線(∗)は直角双曲線である。

検討　① より，漸近線が原点で直交するならば
$(x^2$ の係数$)=(y^2$ の係数$)$ がわかるから，求める双曲線の方程式を $x^2-y^2=k\ (k\neq 0)$ とおいてもよい。
なお，この問題では焦点が x 軸上にあることから，更に $k>0$ としてもよい。

←$a>0$，$b>0$ から
$a=b$

練習 ③144　点 $(3,\ 0)$ を通り，円 $(x+3)^2+y^2=4$ と互いに外接する円 C の中心の軌跡を求めよ。

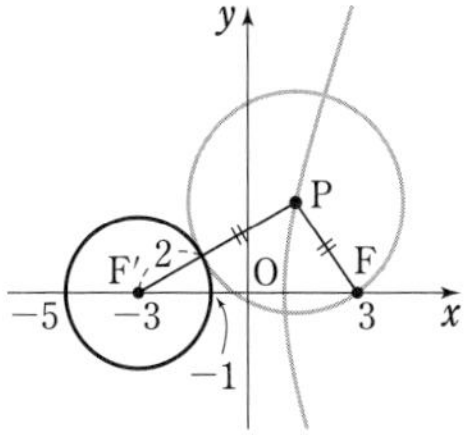

$\mathrm{F}(3,\ 0)$ とし，円 C の中心を P とする。
円 $(x+3)^2+y^2=4$ の半径は 2 であり，中心 $(-3,\ 0)$ を F′ とする。
円 C の半径は PF であるから，2 円が外接するとき

$$\mathrm{PF'}=\mathrm{PF}+2$$

←(中心間の距離)＝(半径の和)

よって，$\mathrm{PF'}-\mathrm{PF}=2$ であるから，
点 P は 2 点 $\mathrm{F'}(-3,\ 0)$，$\mathrm{F}(3,\ 0)$ を焦点とし，焦点からの距離の差が 2 の双曲線上にある。

この双曲線を $\dfrac{x^2}{a^2}-\dfrac{y^2}{b^2}=1\ (a>0,\ b>0)$ とする。

←2 つの焦点は x 軸上にあり，原点に関して対称。

焦点の座標から　　$a^2+b^2=3^2$
焦点からの距離の差から　　$2a=2$
ゆえに　　$a=1$　　　よって　　$b^2=9-a^2=8$
したがって，点 P は双曲線 $x^2-\dfrac{y^2}{8}=1$ 上を動く。
ただし，$\mathrm{PF'}>\mathrm{PF}$ であるから　　$x>0$

←点 P は y 軸より右側にある。

ゆえに，求める軌跡は　　**双曲線 $x^2-\dfrac{y^2}{8}=1$ の $x>0$ の部分**

練習 ③145　(1) 双曲線 $x^2-\dfrac{y^2}{2}=1$ 上の点 P と点 $\mathrm{A}(0,\ 2)$ の距離を最小にする P の座標と，そのときの距離を求めよ。
(2) 楕円 $\dfrac{x^2}{4}+y^2=1$ 上の点 P と定点 $\mathrm{A}(a,\ 0)$ の距離の最小値を求めよ。ただし，a は実数の定数とする。

(1) $\mathrm{P}(s,\ t)$ とすると　　$s\leqq -1,\ 1\leqq s$

←s の値の範囲に注意。
$\dfrac{t^2}{2}=s^2-1\geqq 0$

点 P は双曲線上にあるから，$s^2-\dfrac{t^2}{2}=1$ より

$$s^2=1+\frac{t^2}{2}\ \cdots\cdots\ ①$$

ゆえに　　$\mathrm{PA}^2=s^2+(t-2)^2=\left(1+\dfrac{t^2}{2}\right)+t^2-4t+4$

$$=\frac{3}{2}t^2-4t+5=\frac{3}{2}\left(t-\frac{4}{3}\right)^2+\frac{7}{3}$$

←**2 次式** であるから，**基本形に直す**。

よって，PA^2 は $t=\dfrac{4}{3}$ のとき最小値 $\dfrac{7}{3}$ をとる。

←t は任意の実数値をとる。

このとき，① から　$s^2=\frac{17}{9}$　ゆえに　$s=\pm\frac{\sqrt{17}}{3}$

これは $s\leqq -1$，$1\leqq s$ を満たす。

$PA>0$ であるから，PA^2 が最小となるとき PA も最小となる。

よって，PA は $\mathbf{P}\left(\pm\frac{\sqrt{17}}{3},\ \frac{4}{3}\right)$ **のとき最小値** $\frac{\sqrt{21}}{3}$ をとる。

←$\sqrt{\frac{7}{3}}=\frac{\sqrt{21}}{3}$

(2)　$P(s,\ t)$ とすると　$-2\leqq s\leqq 2$

←s の値の範囲に注意。
$t^2=1-\frac{s^2}{4}\geqq 0$

点 P は楕円上にあるから　$\frac{s^2}{4}+t^2=1$　よって　$t^2=1-\frac{s^2}{4}$

ゆえに　$PA^2=(s-a)^2+t^2=s^2-2as+a^2+\left(1-\frac{s^2}{4}\right)$

$=\frac{3}{4}s^2-2as+a^2+1$

$=\frac{3}{4}\left(s-\frac{4}{3}a\right)^2-\frac{1}{3}a^2+1\ (-2\leqq s\leqq 2)$

←グラフは下に凸。

[1]　$\frac{4}{3}a<-2$ すなわち $a<-\frac{3}{2}$ のとき

←軸は $-2\leqq s\leqq 2$ の左外。

PA^2 は $s=-2$ のとき最小値 $(a+2)^2$ をとる。

[2]　$-2\leqq\frac{4}{3}a\leqq 2$ すなわち $-\frac{3}{2}\leqq a\leqq\frac{3}{2}$ のとき

←軸は $-2\leqq s\leqq 2$ の内部。

PA^2 は $s=\frac{4}{3}a$ のとき最小値 $-\frac{1}{3}a^2+1$ をとる。

[3]　$2<\frac{4}{3}a$ すなわち $\frac{3}{2}<a$ のとき

←軸は $-2\leqq s\leqq 2$ の右外。

PA^2 は $s=2$ のとき最小値 $(a-2)^2$ をとる。

$PA\geqq 0$ より，PA^2 が最小となるとき PA は最小となるから

$\boldsymbol{a<-\frac{3}{2}}$ **のとき最小値** $\boldsymbol{|a+2|}$，

$\boldsymbol{-\frac{3}{2}\leqq a\leqq\frac{3}{2}}$ **のとき最小値** $\boldsymbol{\sqrt{-\frac{1}{3}a^2+1}}$，

$\boldsymbol{\frac{3}{2}<a}$ **のとき最小値** $\boldsymbol{|a-2|}$

←$\sqrt{A^2}=|A|$
この絶対値ははずさないでおく。

練習 ②146
次の方程式で表される曲線はどのような図形を表すか。また，焦点を求めよ。
(1)　$x^2+4y^2+4x-24y+36=0$　(2)　$2y^2-3x+8y+10=0$
(3)　$2x^2-y^2+8x+2y+11=0$　[(3) 類 慶応大]

(1)　$(x^2+4x+4)-4+4(y^2-6y+9)-4\cdot 9+36=0$

よって　$\frac{(x+2)^2}{4}+(y-3)^2=1$

ゆえに，**楕円** $\boldsymbol{\frac{x^2}{4}+y^2=1}$ **を** $\boldsymbol{x}$ **軸方向に** $\boldsymbol{-2}$，$\boldsymbol{y}$ **軸方向に 3 だけ平行移動した図形** を表す。

また，その **焦点** は

2 点 $\boldsymbol{(\sqrt{3}-2,\ 3)}$，$\boldsymbol{(-\sqrt{3}-2,\ 3)}$

←楕円 $\frac{x^2}{4}+y^2=1$ の焦点は，$\sqrt{4-1}=\sqrt{3}$ から 2 点
$(\sqrt{3},\ 0)$，$(-\sqrt{3},\ 0)$

(2)　$2(y^2+4y+4)-2\cdot4-3x+10=0$

よって　　$2(y+2)^2=3x-2$

ゆえに　　$(y+2)^2=\frac{3}{2}\left(x-\frac{2}{3}\right)$

よって，**放物線 $y^2=\frac{3}{2}x$ を x 軸方向に $\frac{2}{3}$，y 軸方向に -2 だけ平行移動した図形** を表す。

また，その **焦点** は　**点** $\left(\frac{3}{8}+\frac{2}{3},\ -2\right)$ すなわち $\left(\frac{25}{24},\ -2\right)$

←放物線 $y^2=\frac{3}{2}x$ $\left(=4\cdot\frac{3}{8}x\right)$ の焦点は点 $\left(\frac{3}{8},\ 0\right)$

(3)　$2(x^2+4x+4)-2\cdot4-(y^2-2y+1)+1+11=0$

よって　　$\frac{(x+2)^2}{2}-\frac{(y-1)^2}{4}=-1$

ゆえに，**双曲線 $\frac{x^2}{2}-\frac{y^2}{4}=-1$ を x 軸方向に -2，y 軸方向に 1 だけ平行移動した図形** を表す。

また，その **焦点** は　**2 点 $(-2,\ \sqrt{6}+1)$，$(-2,\ -\sqrt{6}+1)$**

←双曲線 $\frac{x^2}{2}-\frac{y^2}{4}=-1$ の焦点は，$\sqrt{2+4}=\sqrt{6}$ から 2 点 $(0,\ \sqrt{6})$，$(0,\ -\sqrt{6})$

4章

練習【式と曲線】

練習 ②147

次のような 2 次曲線の方程式を求めよ。

(1)　焦点が点 (6, 3)，準線が直線 $x=-2$ である放物線

(2)　漸近線が直線 $y=\frac{x}{\sqrt{2}}+3$，$y=-\frac{x}{\sqrt{2}}+3$ で，点 (2, 4) を通る双曲線

HINT　(1)　求める放物線の頂点が原点にくるような平行移動を利用する。放物線の頂点は，焦点から準線に下ろした垂線の足と焦点を結ぶ線分の中点である。

(1)　焦点を F(6, 3) とし，点 F から直線 $x=-2$ に垂線 FH を下ろすと，線分 FH の中点は点 (2, 3) であり，これが求める放物線の頂点である。

←H(−2, 3)

求める放物線を x 軸方向に -2，y 軸方向に -3 だけ平行移動すると，焦点 F は点 (4, 0) に，直線 $x=-2$ は直線 $x=-4$ に移る。

点 (4, 0) を焦点，直線 $x=-4$ を準線とする放物線の方程式は

$y^2=4\cdot4\cdot x$　すなわち　$y^2=16x$ …… ①

求める放物線は，放物線 ① を x 軸方向に 2，y 軸方向に 3 だけ平行移動したものであるから，その方程式は

$$(y-3)^2=16(x-2)$$

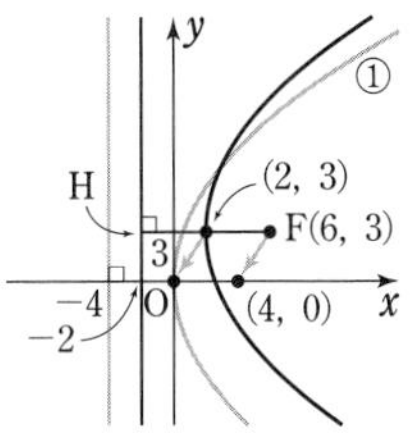

(2)　漸近線 $y=\frac{x}{\sqrt{2}}+3$，$y=-\frac{x}{\sqrt{2}}+3$ の交点は点 (0, 3) であり，この点が求める双曲線の中心である。

求める双曲線を y 軸方向に -3 だけ平行移動すると，直線 $y=\frac{x}{\sqrt{2}}+3$，$y=-\frac{x}{\sqrt{2}}+3$ はそれぞれ直線 $y=\frac{x}{\sqrt{2}}$，$y=-\frac{x}{\sqrt{2}}$ に移り，点 (2, 4) は点 (2, 1) に移る。

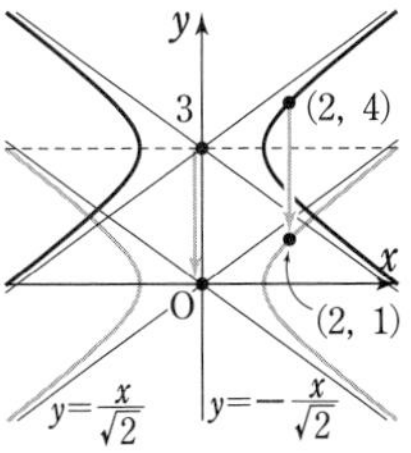

2 直線 $y=\dfrac{x}{\sqrt{2}}$，$y=-\dfrac{x}{\sqrt{2}}$ を漸近線とし，点 $(2,\ 1)$ を通る双曲線の方程式を $\dfrac{x^2}{a^2}-\dfrac{y^2}{b^2}=1$ $(a>0,\ b>0)$とすると，

$\dfrac{b}{a}=\dfrac{1}{\sqrt{2}}$ から　$a=\sqrt{2}\,b$ …… ②　　また　$\dfrac{2^2}{a^2}-\dfrac{1^2}{b^2}=1$ …… ③

② を ③ に代入して整理すると　$b^2=1$　　$b>0$ から　$b=1$

よって，② から　　$a=\sqrt{2}$

求める双曲線は，双曲線 $\dfrac{x^2}{2}-y^2=1$ を y 軸方向に 3 だけ平行移動したものであるから，その方程式は　　$\boldsymbol{\dfrac{x^2}{2}-(y-3)^2=1}$

←漸近線は 2 直線 $y=\pm\dfrac{b}{a}x$

←$\dfrac{4}{2b^2}-\dfrac{1}{b^2}=1$ から $\dfrac{1}{b^2}=1$

練習 ③148　曲線 $C: x^2+6xy+y^2=4$ を，原点を中心として $\dfrac{\pi}{4}$ だけ回転して得られる曲線の方程式を求めることにより，曲線 C が双曲線であることを示せ。　〔類　秋田大〕

曲線 C 上の点 $\mathrm{P}(X,\ Y)$ を，原点を中心として $\dfrac{\pi}{4}$ だけ回転した点を $\mathrm{Q}(x,\ y)$ とすると，複素数平面上の点の回転を考えることにより，次の等式が成り立つ。

$$X+Yi=\left\{\cos\left(-\frac{\pi}{4}\right)+i\sin\left(-\frac{\pi}{4}\right)\right\}(x+yi) \quad \cdots\cdots ①$$

① から　　$X+Yi=\dfrac{1}{\sqrt{2}}(1-i)(x+yi)=\dfrac{x+y}{\sqrt{2}}+\dfrac{-x+y}{\sqrt{2}}i$

ゆえに　　$X=\dfrac{x+y}{\sqrt{2}}$，$Y=\dfrac{-x+y}{\sqrt{2}}$

よって　　$\sqrt{2}\,X=x+y$，$\sqrt{2}\,Y=-x+y$ …… ②

$X^2+6XY+Y^2=4$ であるから　$2X^2+12XY+2Y^2=8$ …（＊）

② を代入して　$(x+y)^2+6(x+y)(-x+y)+(-x+y)^2=8$

整理すると　　$\dfrac{x^2}{2}-y^2=-1$ …… ③

ゆえに，曲線 C を原点を中心として $\dfrac{\pi}{4}$ だけ回転した図形は双曲線 ③ であるから，曲線 C は双曲線である。

$X+Yi \underset{-\frac{\pi}{4}\text{ 回転}}{\overset{\frac{\pi}{4}\text{ 回転}}{\rightleftarrows}} x+yi$

←座標平面上の点 $(x,\ y)$ と複素数 $x+yi$ を同一視する。

←（＊）を $(\sqrt{2}\,X)^2+6(\sqrt{2}\,X)\times(\sqrt{2}\,Y)+(\sqrt{2}\,Y)^2=8$ とみる。

←曲線 C は双曲線 ③ と合同である。

別解　動径 OQ が x 軸の正の向きとなす角を α とすると，動径 OP が x 軸の正の向きとなす角は $\alpha-\dfrac{\pi}{4}$ である。

また，$\mathrm{OP}=\mathrm{OQ}=r$ とすると　　$x=r\cos\alpha$，$y=r\sin\alpha$

よって　　$X=r\cos\left(\alpha-\dfrac{\pi}{4}\right)=r\cos\alpha\cos\dfrac{\pi}{4}+r\sin\alpha\sin\dfrac{\pi}{4}$

$\qquad=\dfrac{1}{\sqrt{2}}(x+y)$

$Y=r\sin\left(\alpha-\dfrac{\pi}{4}\right)=r\sin\alpha\cos\dfrac{\pi}{4}-r\cos\alpha\sin\dfrac{\pi}{4}=\dfrac{1}{\sqrt{2}}(-x+y)$

これから ② が導かれる。以後は同様。

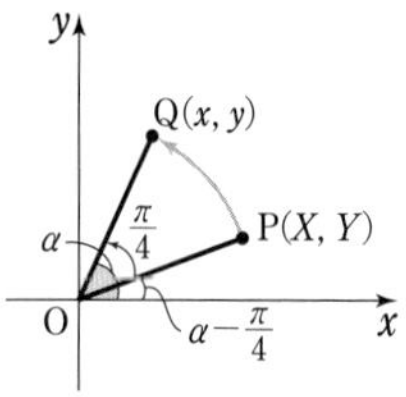

練習 ③149 複素数平面上の点 $z=x+yi$（x, y は実数, i は虚数単位）が次の条件を満たすとき, x, y が満たす関係式を求め, その関係式が表す図形の概形を図示せよ。

(1) $|z-4i|+|z+4i|=10$　　(2) $|z+3|=|z-3|+4$　　〔(1) 類 芝浦工大〕

(1) P(z), A$(4i)$, B$(-4i)$ とすると

$$|z-4i|+|z+4i|=10 \iff \text{PA}+\text{PB}=10$$

よって, 点Pの軌跡は2点A, Bを焦点とする楕円である。

ゆえに, xy 平面上では, $\dfrac{x^2}{a^2}+\dfrac{y^2}{b^2}=1$ $(b>a>0)$ と表され,

PA+PB=10 から　$2b=10$　よって　$b=5$

焦点の座標から　$b^2-a^2=4^2$　ゆえに　$a^2=5^2-4^2=9$

よって, 求める関係式は　$\boldsymbol{\dfrac{x^2}{9}+\dfrac{y^2}{25}=1}$　概形は　**図 (1)**

←点A, Bを座標で表すと A$(0,\ 4)$, B$(0,\ -4)$

←$\text{PA}+\text{PB}=2b$

(2) P(z), A(-3), B(3) とすると

$$|z+3|=|z-3|+4 \iff |z+3|-|z-3|=4$$
$$\iff \text{PA}-\text{PB}=4$$

PA>PB であるから, 点Pの軌跡は, 2点A, Bを焦点とする双曲線のうち, 虚軸より右側にある部分である。

ゆえに, xy 平面上では, $\dfrac{x^2}{a^2}-\dfrac{y^2}{b^2}=1$ $(a>0,\ b>0)$, $x>0$

と表され, PA−PB=4 から　$2a=4$　よって　$a=2$

焦点の座標から　$a^2+b^2=3^2$　ゆえに　$b^2=3^2-2^2=5$

よって, 求める関係式は　$\boldsymbol{\dfrac{x^2}{4}-\dfrac{y^2}{5}=1,\ x>0}$

概形は　**図 (2) の実線部分**

(1)

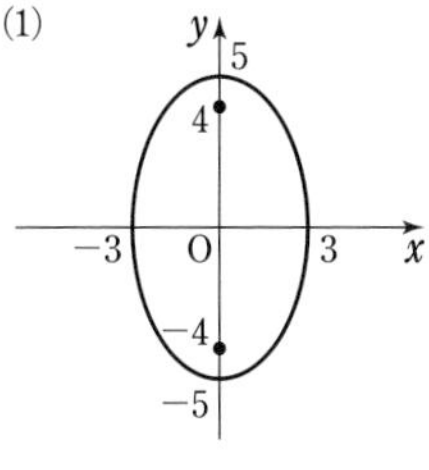

(2)

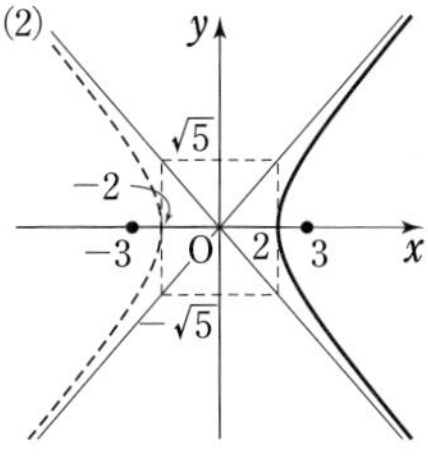

別解 (2)　条件式から

$\sqrt{(x+3)^2+y^2}$
$=\sqrt{(x-3)^2+y^2}+4$

両辺を平方して整理すると

$2\sqrt{(x-3)^2+y^2}=3x-4$　…… ①

ここで, $3x-4\geqq 0$ から

$x\geqq\dfrac{4}{3}$

このとき, ① の両辺を平方して整理すると

$5x^2-4y^2=20$

よって　$\boldsymbol{\dfrac{x^2}{4}-\dfrac{y^2}{5}=1,}$

$\boldsymbol{x\geqq\dfrac{4}{3}}$

(2) の双曲線の漸近線は, 2直線

$y=\dfrac{\sqrt{5}}{2}x,\ y=-\dfrac{\sqrt{5}}{2}x$

練習 ①150 次の2次曲線と直線は共有点をもつか。共有点をもつ場合には, 交点・接点の別とその点の座標を求めよ。

(1) $4x^2-y^2=4,\ 2x-3y+2=0$　　(2) $y^2=-4x,\ y=2x-3$

(3) $3x^2+y^2=12,\ x+2y=2\sqrt{13}$

(1) $\begin{cases} 4x^2-y^2=4 & \cdots\cdots ① \\ 2x-3y+2=0 & \cdots\cdots ② \end{cases}$ とする。

② から　$2x=3y-2$ …… ③

③ を ① に代入すると

$$(3y-2)^2-y^2=4$$

整理すると　$2y^2-3y=0$

よって　$y(2y-3)=0$

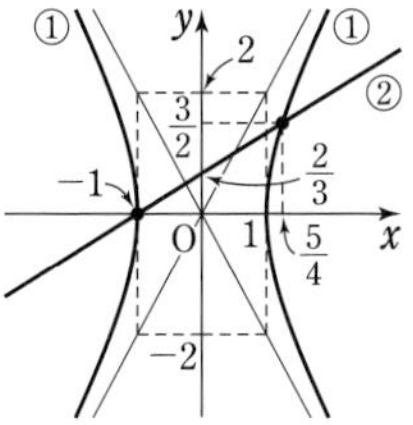

共有点 ⟺ 実数解

←1変数を消去。

←① は　$(2x)^2-y^2=4$

ゆえに　$y=0,\ \dfrac{3}{2}$

③ から　$y=0$ のとき　$x=-1$，$y=\dfrac{3}{2}$ のとき　$x=\dfrac{5}{4}$

←$x=\dfrac{3y-2}{2}$

したがって，**2 つの交点 $(-1,\ 0)$，$\left(\dfrac{5}{4},\ \dfrac{3}{2}\right)$ をもつ。**

(2) $\begin{cases} y^2=-4x & \cdots\cdots ① \\ y=2x-3 & \cdots\cdots ② \end{cases}$ とする。

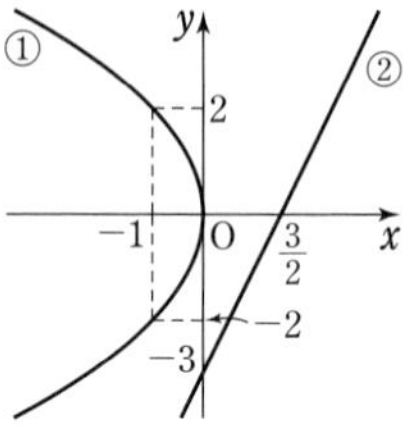

② を ① に代入すると　$(2x-3)^2=-4x$

整理すると　$4x^2-8x+9=0$

この 2 次方程式の判別式を D とすると

$$\frac{D}{4}=(-4)^2-4\cdot 9=-20 \quad すなわち \quad D<0$$

したがって，**共有点をもたない。**

(3) $\begin{cases} 3x^2+y^2=12 & \cdots\cdots ① \\ x+2y=2\sqrt{13} & \cdots\cdots ② \end{cases}$ とする。

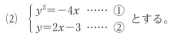

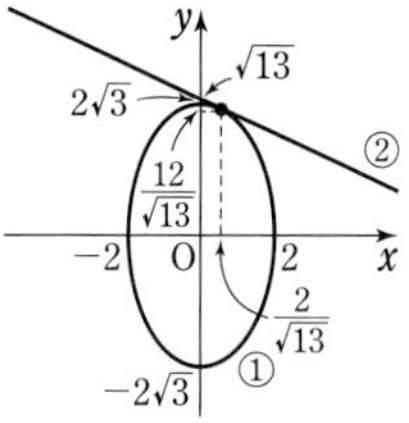

② から　$x=2(\sqrt{13}-y)$ ……③

③ を ① に代入すると　$3\cdot 4(\sqrt{13}-y)^2+y^2=12$

整理すると　$13y^2-24\sqrt{13}\,y+144=0$

よって　$(\sqrt{13}\,y-12)^2=0$　　ゆえに　$y=\dfrac{12}{\sqrt{13}}$

このとき，③ から　$x=\dfrac{2}{\sqrt{13}}$

したがって，**接点 $\left(\dfrac{2}{\sqrt{13}},\ \dfrac{12}{\sqrt{13}}\right)$ をもつ。**

←楕円 ① と直線 ② は接する。

練習 ②151
(1) m を定数とする。放物線 $y^2=-8x$ と直線 $x+my=2$ の共有点の個数を求めよ。
(2) 双曲線 $\dfrac{x^2}{5}-\dfrac{y^2}{4}=1$ が直線 $y=kx+4$ とただ 1 つの共有点をもつとき，定数 k の値を求めよ。
〔(2) 東京電機大〕

(1) $y^2=-8x$ ……①，$x+my=2$ ……② とする。

② から　$x=2-my$　① に代入して　$y^2=-8(2-my)$

←計算を簡単にするため，x を消去する。

整理して　$y^2-8my+16=0$

この 2 次方程式の判別式を D とすると

$$\frac{D}{4}=(-4m)^2-1\cdot 16=16(m+1)(m-1)$$

よって，共有点の個数は

$D>0$ すなわち **$m<-1$，$1<m$ のとき 2 個；**

$D=0$ すなわち **$m=\pm 1$ のとき　1 個；**

←このとき，接する。

$D<0$ すなわち **$-1<m<1$ のとき　0 個**

(2) $y=kx+4$ を $\dfrac{x^2}{5}-\dfrac{y^2}{4}=1$ に代入して　$\dfrac{x^2}{5}-\dfrac{(kx+4)^2}{4}=1$

←y を消去。

整理すると　$(5k^2-4)x^2+40kx+100=0$ ……③

双曲線と直線がただ 1 つの共有点をもつための条件は，③ がただ 1 つの実数解をもつことである。

←x^2 の係数に文字を含む。⟶ x^2 の係数が 0 か 0 でないかで場合分けが必要。

[1]　$5k^2-4 \neq 0$ すなわち $k \neq \pm\dfrac{2}{\sqrt{5}}$ のとき

　2次方程式 ③ の判別式を D とすると　　$D=0$

　ここで　　$\dfrac{D}{4}=(20k)^2-(5k^2-4)\cdot 100=-100(k^2-4)$

　よって，$D=0$ から　　$k^2=4$　　　ゆえに　　$k=\pm 2$

　この k の値は $k \neq \pm\dfrac{2}{\sqrt{5}}$ を満たす。

[2]　$5k^2-4=0$ すなわち $k=\pm\dfrac{2}{\sqrt{5}}$ のとき

　③ の解は $x=-\dfrac{5}{2k}$ となり，$k=\dfrac{2}{\sqrt{5}}$，$k=-\dfrac{2}{\sqrt{5}}$ それぞれに対して実数解 x がただ1つ定まる。

[1]，[2] から，求める k の値は　　$\boldsymbol{k=\pm 2,\ \pm\dfrac{2}{\sqrt{5}}}$

検討　直線 $y=kx+4$ は点 $(0,\ 4)$ を通る。
[1] は直線が双曲線と接するときで，[2] は直線が双曲線の漸近線と平行なときである。

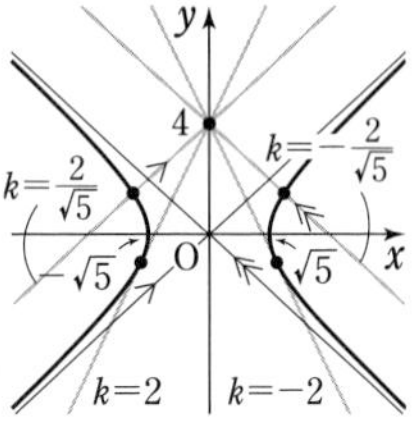

4章
練習【式と曲線】

練習 ②152　次の直線と曲線が交わってできる弦の中点の座標と長さを求めよ。
(1)　$y=3-2x$，$x^2+4y^2=4$　　　　(2)　$x+2y=3$，$x^2-y^2=-1$

(1)　$y=3-2x$ …… ①，$x^2+4y^2=4$ …… ② とする。

　① を ② に代入して整理すると

$$17x^2-48x+32=0 \ \cdots\cdots \ ③$$

　直線 ① と楕円 ② の2つの交点を $\mathrm{P}(x_1,\ y_1)$，$\mathrm{Q}(x_2,\ y_2)$ とすると，x_1，x_2 は2次方程式 ③ の異なる2つの実数解である。

　よって，解と係数の関係から

$$x_1+x_2=\frac{48}{17},\ x_1x_2=\frac{32}{17}$$

　線分PQの中点の座標は　$\left(\dfrac{x_1+x_2}{2},\ 3-2\cdot\dfrac{x_1+x_2}{2}\right)$

　すなわち，$\left(\dfrac{x_1+x_2}{2},\ 3-(x_1+x_2)\right)$ から　　$\boldsymbol{\left(\dfrac{24}{17},\ \dfrac{3}{17}\right)}$

　また，$y_2-y_1=3-2x_2-(3-2x_1)=-2(x_2-x_1)$ であるから

$$\begin{aligned}\mathrm{PQ}^2&=(x_2-x_1)^2+(y_2-y_1)^2=(x_2-x_1)^2+\{-2(x_2-x_1)\}^2\\&=5(x_2-x_1)^2=5\{(x_1+x_2)^2-4x_1x_2\}\\&=5\left\{\left(\frac{48}{17}\right)^2-4\cdot\frac{32}{17}\right\}=\frac{8^2\cdot 10}{17^2}\end{aligned}$$

　したがって　　$\mathrm{PQ}=\sqrt{\dfrac{8^2\cdot 10}{17^2}}=\boldsymbol{\dfrac{8\sqrt{10}}{17}}$

←判別式を D とすると
$D/4=(-24)^2-17\cdot 32$
$=32>0$
よって，直線 ① と楕円 ② は2点で交わる。

弦の中点・長さ 解と係数の関係が効く

←中点は直線 ① 上。

←$x_1+x_2=\dfrac{48}{17}$ を代入。

←点 P，Q は直線 ① 上。

(2)　$x+2y=3$ …… ①，$x^2-y^2=-1$ …… ② とする。

　①，② から x を消去すると

$$3y^2-12y+10=0 \ \cdots\cdots \ ③$$

　直線 ① と双曲線 ② の2つの交点を $\mathrm{P}(x_1,\ y_1)$，$\mathrm{Q}(x_2,\ y_2)$ とすると，y_1，y_2 は2次方程式 ③ の異なる2つの実数解である。

　よって，解と係数の関係から　　$y_1+y_2=4$，$y_1y_2=\dfrac{10}{3}$

←判別式を D とすると
$D/4=(-6)^2-3\cdot 10$
$=6>0$
よって，直線 ① と双曲線 ② は2点で交わる。

線分 PQ の中点の座標は　$\left(3-2\cdot\dfrac{y_1+y_2}{2},\ \dfrac{y_1+y_2}{2}\right)$

←中点は直線 ① $(x=3-2y)$ 上。

すなわち，$\left(3-(y_1+y_2),\ \dfrac{y_1+y_2}{2}\right)$ から　$\mathbf{(-1,\ 2)}$

←$y_1+y_2=4$ を代入。

また，$x_2-x_1=3-2y_2-(3-2y_1)=-2(y_2-y_1)$ であるから

←点 P，Q は直線 ① 上。

$$PQ^2=(x_2-x_1)^2+(y_2-y_1)^2=\{-2(y_2-y_1)\}^2+(y_2-y_1)^2$$
$$=5(y_2-y_1)^2=5\{(y_1+y_2)^2-4y_1y_2\}$$
$$=5\left(4^2-4\cdot\frac{10}{3}\right)=\frac{40}{3}$$

したがって　$PQ=\sqrt{\dfrac{40}{3}}=\dfrac{\mathbf{2\sqrt{30}}}{\mathbf{3}}$

練習 153 ③

楕円 $E:\dfrac{x^2}{9}+\dfrac{y^2}{4}=1$ と直線 $\ell:x-y=k$ が異なる 2 個の共有点をもつとき

(1) 定数 k のとりうる値の範囲を求めよ。

(2) k が (1) で求めた範囲を動くとき，直線 ℓ と楕円 E の 2 個の共有点を結ぶ線分の中点 P の軌跡を求めよ。

(1) $\dfrac{x^2}{9}+\dfrac{y^2}{4}=1$ から　$4x^2+9y^2=36$ …… ①

$x-y=k$ から　$y=x-k$ …… ②

② を ① に代入して整理すると

←y を消去。

$$13x^2-18kx+9k^2-36=0 \text{ …… ③}$$

2 次方程式 ③ の判別式を D とすると

$$\frac{D}{4}=(-9k)^2-13\cdot(9k^2-36)$$
$$=-36(k^2-13)$$

直線と楕円が異なる 2 個の共有点をもつための条件は　$D>0$

よって，$k^2-13<0$ から　$\boldsymbol{-\sqrt{13}<k<\sqrt{13}}$

←$(k+\sqrt{13})(k-\sqrt{13})<0$

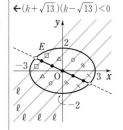

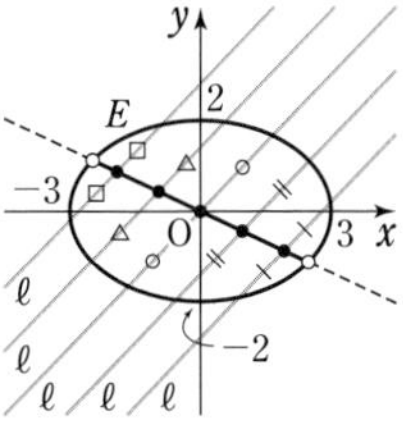

(2) ③ の 2 つの実数解を α，β とすると，α，β は直線と楕円の共有点の x 座標を表す。

解と係数の関係から　$\alpha+\beta=\dfrac{18}{13}k$

ゆえに，点 P の座標を $(x,\ y)$ とすると

$$x=\frac{\alpha+\beta}{2}=\frac{9}{13}k \text{ …… ④},\quad y=x-k=-\frac{4}{13}k \text{ …… ⑤}$$

④ から　$k=\dfrac{13}{9}x$

これを ⑤ に代入して　$y=-\dfrac{4}{9}x$

←k を消去。

(1) より，$-\sqrt{13}<k<\sqrt{13}$ であるから　$-\dfrac{9\sqrt{13}}{13}<x<\dfrac{9\sqrt{13}}{13}$

←$-\sqrt{13}<\dfrac{13}{9}x<\sqrt{13}$

よって，求める点 P の軌跡は

直線 $\boldsymbol{y=-\dfrac{4}{9}x}$ の $\boldsymbol{-\dfrac{9\sqrt{13}}{13}<x<\dfrac{9\sqrt{13}}{13}}$ の部分

練習 ④154 2つの曲線 $C_1:\left(x-\frac{3}{2}\right)^2+y^2=1$ と $C_2:x^2-y^2=k$ が少なくとも3点を共有するのは，正の定数 k がどんな値の範囲にあるときか。 ［浜松医大］

$\left(x-\frac{3}{2}\right)^2+y^2=1$，$x^2-y^2=k$ の辺々を加えて y を消去すると

$$2x^2-3x+\frac{5}{4}-k=0 \cdots\cdots ①$$

ここで，$y^2=1-\left(x-\frac{3}{2}\right)^2\geqq 0$ であるから　$\left(x-\frac{3}{2}\right)^2-1\leqq 0$

よって　$-1\leqq x-\frac{3}{2}\leqq 1$　ゆえに　$\frac{1}{2}\leqq x\leqq\frac{5}{2}$

また，① の2つの解が $x=\frac{1}{2}$ かつ $\frac{5}{2}$ となることはない。

更に，円 C_1 と双曲線 C_2 はともに x 軸に関して対称であるから，C_1 と C_2 が少なくとも3点を共有するための条件は，$\frac{1}{2}\leqq x\leqq\frac{5}{2}$ において ① が異なる2つの実数解をもつことである。よって，① の判別式を D とし，$f(x)=2x^2-3x+\frac{5}{4}-k$ とすると，次の [1]～[4] が同時に成り立つ。

[1]　$D>0$　[2]　$f\left(\frac{1}{2}\right)\geqq 0$　[3]　$f\left(\frac{5}{2}\right)\geqq 0$

[4]　放物線 $y=f(x)$ の軸について　$\frac{1}{2}<$軸$<\frac{5}{2}$

[1]　$D=(-3)^2-4\cdot 2\cdot\left(\frac{5}{4}-k\right)=8k-1$

$D>0$ から　$8k-1>0$　ゆえに　$k>\frac{1}{8}$ …… ②

[2]　$f\left(\frac{1}{2}\right)\geqq 0$ から　$\frac{1}{4}-k\geqq 0$　よって　$k\leqq\frac{1}{4}$ …… ③

[3]　$f\left(\frac{5}{2}\right)\geqq 0$ から　$\frac{25}{4}-k\geqq 0$　ゆえに　$k\leqq\frac{25}{4}$ …… ④

[4]　軸 $x=-\frac{-3}{2\cdot 2}$ は $\frac{1}{2}<\frac{3}{4}<\frac{5}{2}$ を満たす。

②～④ の共通範囲を求めて　$\boldsymbol{\frac{1}{8}<k\leqq\frac{1}{4}}$

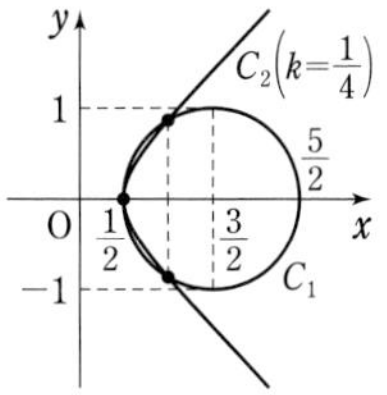

← $\frac{1}{2}<x<\frac{5}{2}$ における ① の実数解1つに対して，C_1 と C_2 の共有点が2つある。また，① の実数解が $x=\frac{1}{2}$ または $\frac{5}{2}$ となるとき，それぞれに対する共有点は1つある（上の図参照）。

練習
②**155**

(1) 点 $(-1,\ 3)$ から楕円 $\dfrac{x^2}{12}+\dfrac{y^2}{4}=1$ に引いた接線の方程式を，2 次方程式の判別式を利用して求めよ。

(2) 次の 2 次曲線の，与えられた点から引いた接線の方程式を求めよ。

(ア) $x^2-4y^2=4$，点 $(2,\ 3)$ (イ) $y^2=8x$，点 $(3,\ 5)$

(1) 直線 $x=-1$ は明らかに接線ではないから，求める接線の方程式を $y=m(x+1)+3$ …… ① とおく。

① を楕円の方程式 $x^2+3y^2=12$ …… ② に代入して整理すると

$$(3m^2+1)x^2+6m(m+3)x+3(m^2+6m+5)=0$$

←$3m^2+1\neq 0$

この 2 次方程式の判別式を D とすると

$$\frac{D}{4}=\{3m(m+3)\}^2-(3m^2+1)\cdot 3(m^2+6m+5)$$

$$=3(m-1)(11m+5)$$

←3 でくくって整理。

直線 ① が楕円 ② に接するから　$D=0$

接点 ⟺ 重解

よって　$3(m-1)(11m+5)=0$　ゆえに　$m=1,\ -\dfrac{5}{11}$

① に代入して，求める接線の方程式は

$$\boldsymbol{y=x+4,\ y=-\frac{5}{11}x+\frac{28}{11}}$$

←$y=(x+1)+3$，
$y=-\dfrac{5}{11}(x+1)+3$

(2) (ア) 接点の座標を $(x_1,\ y_1)$ とすると，接線の方程式は

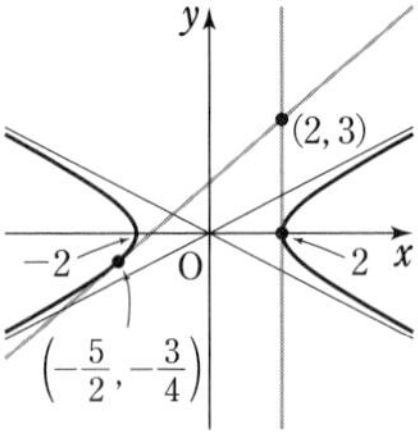

$$x_1x-4y_1y=4 \ \cdots\cdots \ ①$$

これが点 $(2,\ 3)$ を通るから

$$2x_1-12y_1=4$$

よって　$x_1=6y_1+2$

これを $x_1{}^2-4y_1{}^2=4$ に代入して整理

すると　$y_1(4y_1+3)=0$　ゆえに　$y_1=0,\ -\dfrac{3}{4}$

←接点 $(x_1,\ y_1)$ は双曲線 $x^2-4y^2=4$ 上にある。

$y_1=0$ のとき　$x_1=2$，$y_1=-\dfrac{3}{4}$ のとき　$x_1=-\dfrac{5}{2}$

よって，① から　$\boldsymbol{x=2,\ 5x-6y+8=0}$

別解　双曲線 $x^2-4y^2=4$ の頂点の 1 つは点 $(2,\ 0)$ であるから，直線 $x=2$ は接線の 1 つである。

←点 $(2,\ 3)$ を通り，x 軸に垂直な直線についてまず調べる。

もう 1 つの接線の方程式を $y=m(x-2)+3$ …… ① とおき，$x^2-4y^2=4$ …… ② に代入して整理すると

$$(1-4m^2)x^2+8(2m^2-3m)x-8(2m^2-6m+5)=0 \ \cdots\cdots \ ③$$

直線 ① が双曲線 ② に接するとき，$1-4m^2\neq 0$ で，このとき 2 次方程式 ③ の判別式を D とすると　$D=0$

←直線 ① は漸近線と平行ではないから
$m\neq \pm\dfrac{1}{2}$

ここで　$\dfrac{D}{4}=16(2m^2-3m)^2+8(1-4m^2)(2m^2-6m+5)$

$$=8(5-6m)$$

$D=0$ とすると　$m=\dfrac{5}{6}$

これは $1-4m^2\neq 0$ を満たす。

$m=\dfrac{5}{6}$ を ① に代入して　　$y=\dfrac{5}{6}(x-2)+3$

すなわち　$5x-6y+8=0$

以上から，求める接線の方程式は　$\boldsymbol{x=2,\ 5x-6y+8=0}$

(イ) 接点の座標を $(x_1,\ y_1)$ とすると，接線の方程式は

$y_1y=4(x+x_1)$ …… ①

これが点 $(3,\ 5)$ を通るから　　$5y_1=4(3+x_1)$

よって　　$4x_1=5y_1-12$

これを $y_1{}^2=8x_1$ に代入して整理すると　$(y_1-4)(y_1-6)=0$

←接点は放物線 $y^2=8x$ 上にある。

ゆえに　　$y_1=4,\ 6$

$y_1=4$ のとき　$x_1=2$，$y_1=6$ のとき　$x_1=\dfrac{9}{2}$

よって，① から　　$\boldsymbol{y=x+2,\ y=\dfrac{2}{3}x+3}$

別解　直線 $x=3$ は明らかに放物線 $y^2=8x$ の接線ではない。

求める接線の方程式を $y=m(x-3)+5$ …… ① とおき，

$y^2=8x$ …… ② に代入して整理すると

$m^2x^2-2(3m^2-5m+4)x+9m^2-30m+25=0$ …… ③

直線 ① が放物線 ② に接するとき，$m^2\neq0$ で，このとき 2 次方程式 ③ の判別式を D とすると　　$D=0$

←直線 $y=5$ は接線ではない。

ここで　$\dfrac{D}{4}=\{-(3m^2-5m+4)\}^2-m^2(9m^2-30m+25)$

$=8(3m^2-5m+2)=8(m-1)(3m-2)$

$D=0$ とすると　$m=1,\ \dfrac{2}{3}$　　これは $m^2\neq0$ を満たす。

この m の値を ① にそれぞれ代入して，求める接線の方程式は　　$y=(x-3)+5,\ y=\dfrac{2}{3}(x-3)+5$

すなわち　$\boldsymbol{y=x+2,\ y=\dfrac{2}{3}x+3}$

検討　② を変形した $x=\dfrac{y^2}{8}$ を ① に代入して考えてもよい。その場合，$\dfrac{m}{8}y^2-y-3m+5=0$ の判別式を D として $D=0$ から，$m=1,\ \dfrac{2}{3}$ が導かれる。

練習 ③156

双曲線 $\dfrac{x^2}{9}-\dfrac{y^2}{16}=1$ 上の点 $\mathrm{P}(x_1,\ y_1)$ における接線は，点 P と 2 つの焦点 F，F′ とを結んでできる ∠FPF′ を 2 等分することを証明せよ。ただし，$x_1>0$，$y_1>0$ とする。

$\sqrt{9+16}=5$ から，双曲線の焦点は　　$\mathrm{F}(5,\ 0)$，$\mathrm{F}'(-5,\ 0)$

点 $\mathrm{P}(x_1,\ y_1)$ における接線の方程式は　　$\dfrac{x_1x}{9}-\dfrac{y_1y}{16}=1$ … ①

① において，$y=0$ とすると，$x_1>0$ から　　$x=\dfrac{9}{x_1}$

よって，接線 ① と x 軸の交点を T とすると　　$\mathrm{T}\left(\dfrac{9}{x_1},\ 0\right)$

ゆえに　　$\mathrm{FT}:\mathrm{F'T}=\left(5-\dfrac{9}{x_1}\right):\left(\dfrac{9}{x_1}+5\right)=\dfrac{5x_1-9}{x_1}:\dfrac{5x_1+9}{x_1}$

$=(5x_1-9):(5x_1+9)$　　…… ②

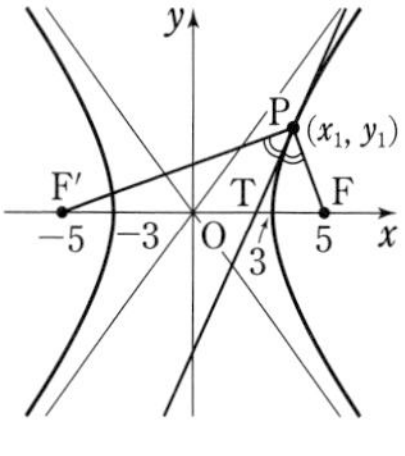

また，$\dfrac{x_1{}^2}{9}-\dfrac{y_1{}^2}{16}=1$ であるから　　$y_1{}^2=\dfrac{16(x_1{}^2-9)}{9}$

←点Pは双曲線上にある。

よって　　$\mathrm{PF}=\sqrt{(x_1-5)^2+y_1{}^2}=\sqrt{(x_1-5)^2+\dfrac{16(x_1{}^2-9)}{9}}$

$=\sqrt{\dfrac{(5x_1-9)^2}{9}}=\dfrac{5x_1-9}{3}$

←$x_1 \geqq 3$ から　$5x_1-9>0$

$\mathrm{PF'}=\sqrt{(x_1+5)^2+y_1{}^2}=\sqrt{(x_1+5)^2+\dfrac{16(x_1{}^2-9)}{9}}$

$=\sqrt{\dfrac{(5x_1+9)^2}{9}}=\dfrac{5x_1+9}{3}$

←$\mathrm{PF'}-\mathrm{PF}=2\cdot 3$ から
　$\mathrm{PF'}=\mathrm{PF}+6$
これを利用してもよい。

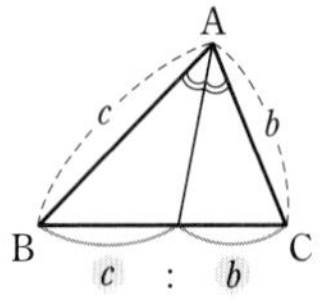

ゆえに　　$\mathrm{PF}:\mathrm{PF'}=(5x_1-9):(5x_1+9)$ …… ③

②，③ から　$\mathrm{PF}:\mathrm{PF'}=\mathrm{FT}:\mathrm{F'T}$

したがって，接線 PT は ∠FPF′ を 2 等分する。

検討　$\cos\angle\mathrm{FPT}=\dfrac{\overrightarrow{\mathrm{PF}}\cdot\overrightarrow{\mathrm{PT}}}{|\overrightarrow{\mathrm{PF}}||\overrightarrow{\mathrm{PT}}|}$，$\cos\angle\mathrm{F'PT}=\dfrac{\overrightarrow{\mathrm{PF'}}\cdot\overrightarrow{\mathrm{PT}}}{|\overrightarrow{\mathrm{PF'}}||\overrightarrow{\mathrm{PT}}|}$ を

それぞれ計算して，

$\cos\angle\mathrm{FPT}=\cos\angle\mathrm{F'PT}=\dfrac{5(x_1{}^2-9)}{3x_1|\overrightarrow{\mathrm{PT}}|}$ から

∠FPT＝∠F′PT を示す方法も考えられるが，計算は面倒。

←本冊 $p.615$ の **検討** と同様の方針。
$y_1{}^2=\dfrac{16}{9}x_1{}^2-16$ も利用する。

練習 ③157　楕円 C：$\dfrac{x^2}{3}+y^2=1$ と 2 定点 A$(0,\ -1)$，P$\left(\dfrac{3}{2},\ \dfrac{1}{2}\right)$ がある。楕円 C 上を動く点 Q に対し，△APQ の面積が最大となるとき，点 Q の座標および △APQ の面積を求めよ。　〔類 筑波大〕

2 点 A，P はともに楕円 C 上にあり
　　AP＝(一定)

よって，△APQ の面積が最大となるのは，点 Q と直線 AP の距離が最大となるとき，すなわち，点 Q が第 2 象限にあり，かつ点 Q における接線 ℓ が直線 AP に平行となるときである。

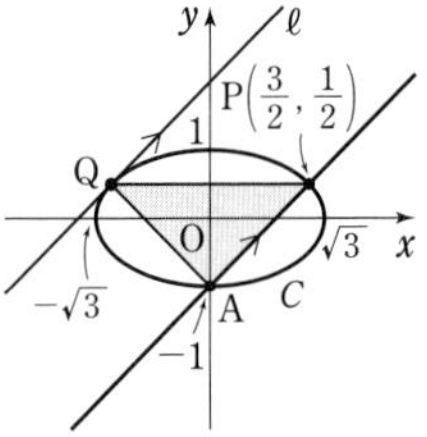

←$\dfrac{0^2}{3}+(-1)^2=1$，
$\dfrac{1}{3}\left(\dfrac{3}{2}\right)^2+\left(\dfrac{1}{2}\right)^2=1$

←△APQ において，線分 AP を底辺とみる。

このとき，楕円 C と直線 ℓ の接点の座標を $(p,\ q)$ $(p<0,\ q>0)$ とすると，直線 ℓ の方程式は

←接点は第 2 象限にあるから　$p<0,\ q>0$

$\dfrac{px}{3}+qy=1$　すなわち　$y=-\dfrac{p}{3q}x+\dfrac{1}{q}$

ここで，直線 AP の傾きは　　$\dfrac{\frac{1}{2}-(-1)}{\frac{3}{2}-0}=1$

よって，$-\dfrac{p}{3q}=1$ とすると　　$p=-3q$

これを $\dfrac{p^2}{3}+q^2=1$ に代入して整理すると　　$4q^2=1$

←点 $(p,\ q)$ は楕円 C 上。

$q>0$ であるから　　$q=\dfrac{1}{2}$　　ゆえに　　$p=-\dfrac{3}{2}$

←$p<0$ は満たされる。

よって，求める点 Q の座標は　　$\mathbf{Q}\left(-\dfrac{3}{2},\ \dfrac{1}{2}\right)$

また，このとき直線 PQ は x 軸に平行であるから，△APQ の

面積は　　$\dfrac{1}{2}\cdot\left\{\dfrac{3}{2}-\left(-\dfrac{3}{2}\right)\right\}\cdot\left\{\dfrac{1}{2}-(-1)\right\}=\dfrac{9}{4}$

←線分 PQ を底辺とみる。

別解　△APQ の面積が最大となるのは，点 Q と直線 AP の距離 d が最大となるときである。

$Q(\sqrt{3}\cos\theta,\ \sin\theta)$ $(0\leqq\theta<2\pi)$ ……（＊）とすると，直線 AP の方程式は $x-y-1=0$ であるから

$$d=\frac{|\sqrt{3}\cos\theta-\sin\theta-1|}{\sqrt{1^2+(-1)^2}}=\frac{1}{\sqrt{2}}\left|2\sin\left(\theta+\frac{2}{3}\pi\right)-1\right|$$

よって，$\sin\left(\theta+\dfrac{2}{3}\pi\right)=-1$ すなわち $\theta+\dfrac{2}{3}\pi=\dfrac{3}{2}\pi$ から

$\theta=\dfrac{5}{6}\pi$ のとき d は最大値 $\dfrac{3}{\sqrt{2}}$ をとる。

このとき　　$\mathbf{Q}\left(-\dfrac{3}{2},\ \dfrac{1}{2}\right)$，$\triangle APQ=\dfrac{1}{2}\cdot AP\cdot\dfrac{3}{\sqrt{2}}=\dfrac{1}{2}\cdot\dfrac{3}{\sqrt{2}}\cdot\dfrac{3}{\sqrt{2}}=\dfrac{9}{4}$

（＊）楕円の媒介変数表示（本冊 $p.630$）を利用。楕円 $\dfrac{x^2}{a^2}+\dfrac{y^2}{b^2}=1$ 上の点の座標は $(a\cos\theta,\ b\sin\theta)$ と表される。

←点と直線の距離の公式，三角関数の合成（いずれも数学Ⅱ）。

4章 練習 〔式と曲線〕

練習 ④158

a は正の定数とする。点 $(1,\ a)$ を通り，双曲線 $x^2-4y^2=2$ に接する 2 本の直線が直交するとき，a の値を求めよ。〔福島県医大〕

条件を満たす接線は x 軸に垂直でないから，その方程式を $y=mx+n$ とおく。これを $x^2-4y^2=2$ に代入して整理すると

$$(4m^2-1)x^2+8mnx+2(2n^2+1)=0$$

この方程式について，$4m^2-1\neq 0$ であり，直線 $y=mx+n$ が双曲線に接するための条件は，判別式を D とすると　$D=0$

ここで　$\dfrac{D}{4}=(4mn)^2-2(4m^2-1)(2n^2+1)=-2(4m^2-2n^2-1)$

よって，$-2(4m^2-2n^2-1)=0$ から　　$4m^2-2n^2=1$ ……①

また，直線 $y=mx+n$ は点 $(1,\ a)$ を通るから　　$a=m+n$

ゆえに　　$n=a-m$ ……②

② を ① に代入して整理すると

$$2m^2+4am-(2a^2+1)=0 \ \cdots\cdots ③$$

m の 2 次方程式 ③ の判別式を D' とすると

$$\frac{D'}{4}=(2a)^2+2(2a^2+1)=8a^2+2$$

よって，$D'>0$ であるから，③ は異なる 2 つの実数解をもち，接線は 2 本存在する。

この 2 本の接線の傾きを m_1，m_2 とすると，m_1，m_2 は ③ の解であるから，解と係数の関係により　　$m_1m_2=-\dfrac{2a^2+1}{2}$

2 本の接線が直交するから　　$m_1m_2=-1$

よって　　$-\dfrac{2a^2+1}{2}=-1$　　　ゆえに　　$a^2=\dfrac{1}{2}$

←双曲線の漸近線 $y=\pm\dfrac{1}{2}x$ に平行な直線は，接線にならない。

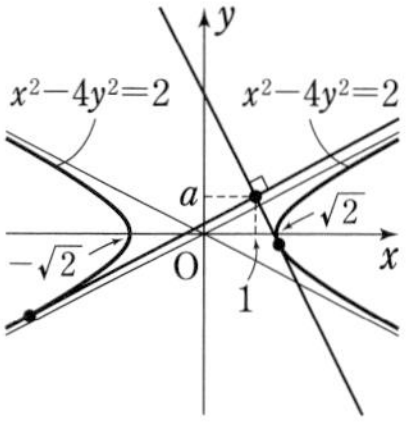

←点 $(1,\ a)$ を通る接線の傾きが 2 つあるから，接線は 2 本。

←2 直線が直交 ⟺（傾きの積）$=-1$

$a>0$ から　　$a=\dfrac{1}{\sqrt{2}}$　　このとき，③ は $m^2+\sqrt{2}\,m-1=0$

となるが，これを満たす m は $4m^2-1\neq 0$ を満たす。

←$m=\dfrac{-\sqrt{2}\pm\sqrt{6}}{2}$

練習 ④159 双曲線 $x^2-y^2=1$ 上の 1 点 $P(x_0,\ y_0)$ から円 $x^2+y^2=1$ に引いた 2 本の接線の両接点を通る直線を ℓ とする。ただし，$y_0\neq 0$ とする。
(1) 直線 ℓ は，方程式 $x_0x+y_0y=1$ で与えられることを示せ。
(2) 直線 ℓ は，双曲線 $x^2-y^2=1$ に接することを証明せよ。　〔名古屋市大〕

(1) 点 P から引いた 2 本の接線の両接点を $Q(x_1,\ y_1)$，$R(x_2,\ y_2)$ とすると，Q，R における円 $x^2+y^2=1$ の接線の方程式は，それぞれ　$x_1x+y_1y=1$，$x_2x+y_2y=1$
これら 2 本の接線は点 $P(x_0,\ y_0)$ を通るから
$$x_1x_0+y_1y_0=1,\ x_2x_0+y_2y_0=1 \ \cdots\cdots \ ①$$
また，$y_0\neq 0$ であるから，$x_0x+y_0y=1$ …… ② は直線を表し，① は直線 ② が 2 点 $Q(x_1,\ y_1)$，$R(x_2,\ y_2)$ を通ることを示している。Q と R は異なる 2 点であるから，直線 QR すなわち ℓ の方程式は ② である。

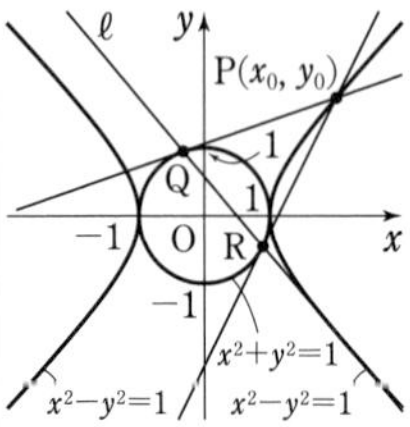

←直線 ℓ は円 $x^2+y^2=1$ に関する極線であり，点 P は極である。

(2) ② から　$y=\dfrac{1}{y_0}(1-x_0x)$　これを $x^2-y^2=1$ に代入して整理すると　$(x_0{}^2-y_0{}^2)x^2-2x_0x+y_0{}^2+1=0$
ここで，点 P は双曲線 $x^2-y^2=1$ 上にあるから　$x_0{}^2-y_0{}^2=1$
よって　$x^2-2x_0x+x_0{}^2=0$　ゆえに　$(x-x_0)^2=0$
よって　$x=x_0$（重解）
したがって，直線 ℓ は双曲線 $x^2-y^2=1$ に接する。

接点 ⟺ 重解

練習 ②160 次の条件を満たす点 P の軌跡を求めよ。
(1) 点 F(1, 0) と直線 $x=3$ からの距離の比が $1:\sqrt{3}$ であるような点 P
(2) 点 F(3, 1) と直線 $x=\dfrac{4}{3}$ からの距離の比が 3 : 2 であるような点 P

$P(x,\ y)$ とする。
(1) 点 P から直線 $x=3$ に垂線 PH を下ろすと
$$PF:PH=1:\sqrt{3}$$
よって　$\sqrt{3}\,PF=PH$　ゆえに　$3PF^2=PH^2$
よって　$3\{(x-1)^2+y^2\}=(x-3)^2$　整理して　$2x^2+3y^2=6$
したがって，求める軌跡は　**楕円 $\dfrac{x^2}{3}+\dfrac{y^2}{2}=1$**

(1)
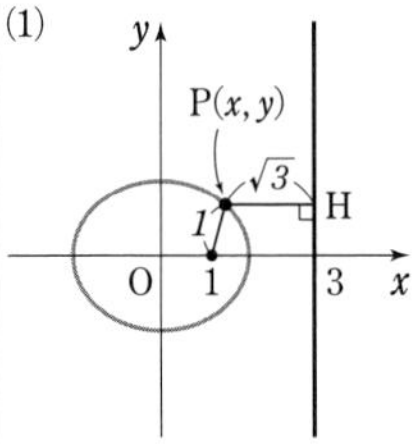

(2) 点 P から直線 $x=\dfrac{4}{3}$ に垂線 PH を下ろすと
$$PF:PH=3:2$$
よって　$2PF=3PH$　ゆえに　$4PF^2=9PH^2$
よって　$4\{(x-3)^2+(y-1)^2\}=9\left(x-\dfrac{4}{3}\right)^2$
整理して　$5x^2-4(y-1)^2=20$
したがって，求める軌跡は　**双曲線 $\dfrac{x^2}{4}-\dfrac{(y-1)^2}{5}=1$**

(2)
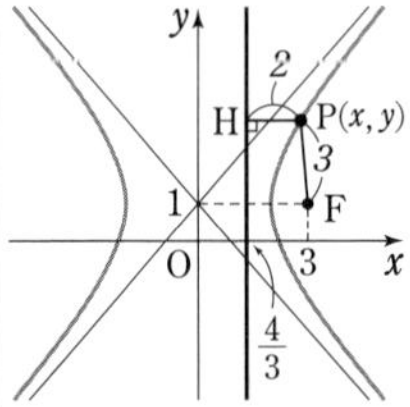

練習 ③161 双曲線上の任意の点Pから2つの漸近線に垂線PQ，PRを下ろすと，線分の長さの積PQ·PRは一定であることを証明せよ。

双曲線の方程式を $\frac{x^2}{a^2}-\frac{y^2}{b^2}=1$ $(a>0,\ b>0)$ とすると，漸近線の方程式は

$$\frac{x}{a}-\frac{y}{b}=0,\quad \frac{x}{a}+\frac{y}{b}=0$$

すなわち　$bx-ay=0,\ bx+ay=0$

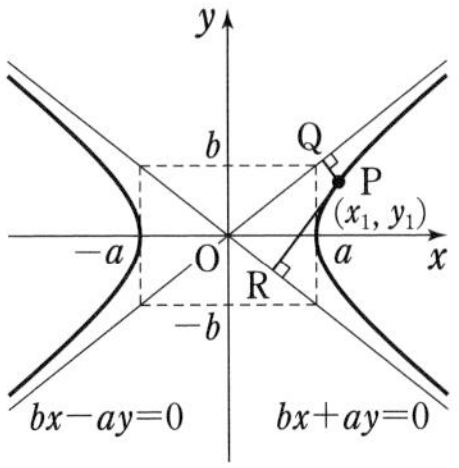

④ 座標の選定
標準形を利用し，計算をらくに

$P(x_1,\ y_1)$ とすると

$$PQ\cdot PR=\frac{|bx_1-ay_1|}{\sqrt{b^2+a^2}}\cdot\frac{|bx_1+ay_1|}{\sqrt{b^2+a^2}}=\frac{|b^2x_1{}^2-a^2y_1{}^2|}{a^2+b^2}\ \cdots\cdots\ ①$$

←$|A||B|=|AB|$

点 $P(x_1,\ y_1)$ は双曲線上にあるから　$\frac{x_1{}^2}{a^2}-\frac{y_1{}^2}{b^2}=1$

よって　$b^2x_1{}^2-a^2y_1{}^2=a^2b^2$

これを①に代入して　$PQ\cdot PR=\frac{a^2b^2}{a^2+b^2}$（一定）

←$a,\ b$ は $x_1,\ y_1$ に無関係。

検討　双曲線の方程式を $\frac{x^2}{a^2}-\frac{y^2}{b^2}=-1$ $(a>0,\ b>0)$ とおいた場合について示す必要はない。なぜなら，双曲線 $\frac{x^2}{a^2}-\frac{y^2}{b^2}=-1$ $(a>0,\ b>0)$ を直線 $y=x$ に関して対称移動する（対称移動によって図形の性質は保たれる）と，

$$\text{双曲線}\ \frac{y^2}{a^2}-\frac{x^2}{b^2}=-1\ \text{すなわち}\ \frac{x^2}{b^2}-\frac{y^2}{a^2}=1$$

となり，解答で証明したことに帰着させることができるからである。

練習 ④162 実数 $x,\ y$ が2つの不等式 $x^2+9y^2\leqq 9,\ y\geqq x$ を満たすとき，$x+3y$ の最大値，最小値を求めよ。

不等式 $x^2+9y^2\leqq 9,\ y\geqq x$ の表す領域 F は，右の図の黒く塗った部分である。ただし，境界線を含む。

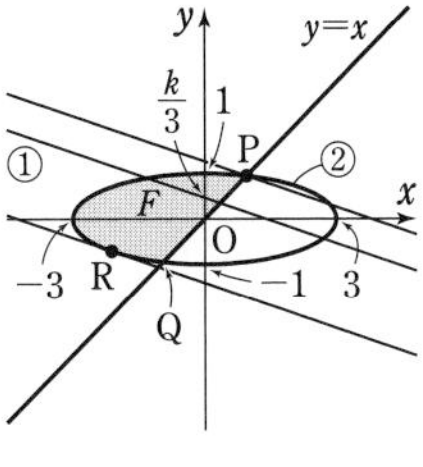

図の2点P，Qの座標は，連立方程式 $x^2+9y^2=9,\ y=x$ を解くことにより

$$P\left(\frac{3\sqrt{10}}{10},\ \frac{3\sqrt{10}}{10}\right),$$
$$Q\left(-\frac{3\sqrt{10}}{10},\ -\frac{3\sqrt{10}}{10}\right)$$

←$x^2+9x^2=9$ から
$x=\pm\frac{3\sqrt{10}}{10}$
このとき　$y=\pm\frac{3\sqrt{10}}{10}$
（複号同順）

$x+3y=k$ とおくと　$y=-\frac{1}{3}x+\frac{k}{3}\ \cdots\cdots\ ①$

直線①が楕円 $x^2+9y^2=9\ \cdots\cdots\ ②$ に接するとき，その接点のうち領域 F に含まれるものをRとする。

①を②に代入して整理すると　$2x^2-2kx+k^2-9=0\ \cdots\cdots\ ③$

③の判別式を D とすると　$\frac{D}{4}=(-k)^2-2(k^2-9)=18-k^2$

←①は，傾き $-\frac{1}{3}$，y 切片 $\frac{k}{3}$ の直線を表す。
k が最大 $\Longleftrightarrow$ $\frac{k}{3}$ が最大，
k が最小 $\Longleftrightarrow$ $\frac{k}{3}$ が最小である。

$D=0$ とすると　　$18-k^2=0$　　　ゆえに　　$k=\pm 3\sqrt{2}$

図から，$k=-3\sqrt{2}$ のとき直線 ① は点 R で楕円 ② に接する。

このとき，$R(x_1,\ y_1)$ とすると　　$x_1=\dfrac{k}{2}=-\dfrac{3\sqrt{2}}{2}$

よって　　$y_1=-\dfrac{1}{3}\left(-\dfrac{3\sqrt{2}}{2}\right)+\dfrac{-3\sqrt{2}}{3}=-\dfrac{\sqrt{2}}{2}$

図から，k は，直線 ① が点 P を通るとき最大，点 R を通るとき最小となる。

したがって　　**$x=\dfrac{3\sqrt{10}}{10}$，$y=\dfrac{3\sqrt{10}}{10}$ のとき最大値 $\dfrac{6\sqrt{10}}{5}$；**

$x=-\dfrac{3\sqrt{2}}{2}$，$y=-\dfrac{\sqrt{2}}{2}$ のとき最小値 $-3\sqrt{2}$

←図から (y 切片)<0 となるものが適する。
←x_1 は ③ の重解，y_1 は ① から。

←$\dfrac{3\sqrt{10}}{10}+3\cdot\dfrac{3\sqrt{10}}{10}=\dfrac{6\sqrt{10}}{5}$

練習 ④163　連立不等式 $x+3y-5\leqq 0$，$x+y-3\geqq 0$，$y\geqq 0$ の表す領域を A とする。点 $(x,\ y)$ が領域 A を動くとき，x^2-y^2 の最大値，最小値を求めよ。

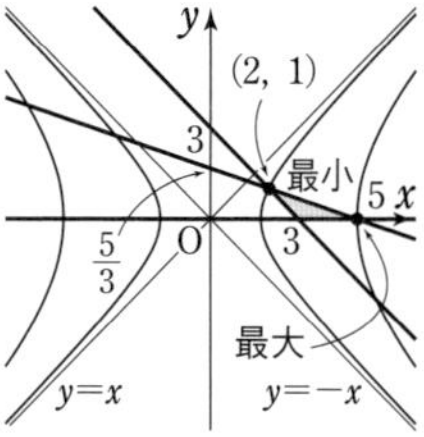

領域 A は，右の図の黒く塗った部分である。ただし，境界線を含む。

$x^2-y^2=k$ …… ① とおくと

$k\neq 0$ のとき，① は直線 $y=\pm x$ を漸近線とする双曲線を表し，$k=0$ のとき，① は 2 直線 $y=\pm x$ を表す。

k が最大となるのは，$k>0$ で，双曲線 ① が点 $(5,\ 0)$ を通るときである。

このとき　　$k=5^2-0^2=25$　　　これは $k>0$ を満たす。

k が最小となるのは，$k>0$ で，双曲線 ① が点 $(2,\ 1)$ を通るときである。

このとき　　$k=2^2-1^2=3$　　　これは $k>0$ を満たす。

したがって　　**$x=5$，$y=0$ のとき最大値 25；**

$x=2$，$y=1$ のとき最小値 3

←$x+3y-5\leqq 0$ から
　$y\leqq -\dfrac{1}{3}x+\dfrac{5}{3}$
$x+y-3\geqq 0$ から
　$y\geqq -x+3$
←$k=0$ のとき，① は
　$(x+y)(x-y)=0$

←$k>0$ のとき，左右に開いた双曲線になる。図をもとに，**曲線の動きを追う。**

練習 ④164　xy 平面上に定点 $A(0,\ 1)$ がある。x 軸上に点 $P(t,\ 0)$ をとり，P を中心とし，半径 $\dfrac{1}{2}AP$ の円 C を考える。t が実数のとき，円 C の通過する領域を xy 平面上に図示せよ。　〔類 横浜国大〕

$AP=\sqrt{t^2+1}$ から，円 C の方程式は

$$(x-t)^2+y^2=\left(\frac{\sqrt{t^2+1}}{2}\right)^2$$

よって　　$4x^2-8tx+3t^2+4y^2-1=0$

ゆえに　　$3t^2-8xt+4x^2+4y^2-1=0$ …… ①

円 C が点 $(x,\ y)$ を通るための条件は，t の 2 次方程式 ① が実数解をもつことである。

よって，2 次方程式 ① の判別式を D とすると　　$D\geqq 0$

ゆえに　　$(-4x)^2-3(4x^2+4y^2-1)\geqq 0$

よって　　$\dfrac{4}{3}x^2-4y^2\geqq -1$

HINT　円 C の方程式を求め，それを t について の方程式に直す。
⟶ それが実数解をもつことが条件となる。

すなわち　$\dfrac{x^2}{\left(\frac{\sqrt{3}}{2}\right)^2}-\dfrac{y^2}{\left(\frac{1}{2}\right)^2}\geqq -1$

ゆえに，求める領域は，**右の図の斜線部分。ただし，境界線を含む。**

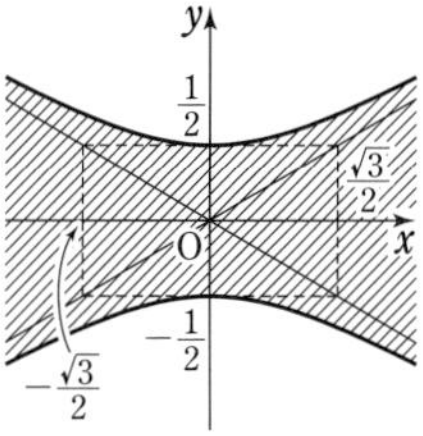

←この不等式は，双曲線 $\dfrac{x^2}{\left(\frac{\sqrt{3}}{2}\right)^2}-\dfrac{y^2}{\left(\frac{1}{2}\right)^2}=-1$ で分けられる 3 つの部分のうち原点を含む部分を表す。

検討　次の不等式で表される領域は，それぞれ図の黒く塗った部分である。ただし，境界線を含まない（不等式が等号を含む場合は，境界線を含む）。

① $\boldsymbol{\dfrac{x^2}{a^2}-\dfrac{y^2}{b^2}<-1}$　　② $\boldsymbol{\dfrac{x^2}{a^2}-\dfrac{y^2}{b^2}>-1}$

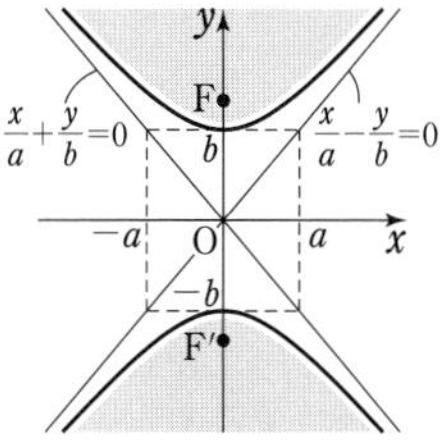

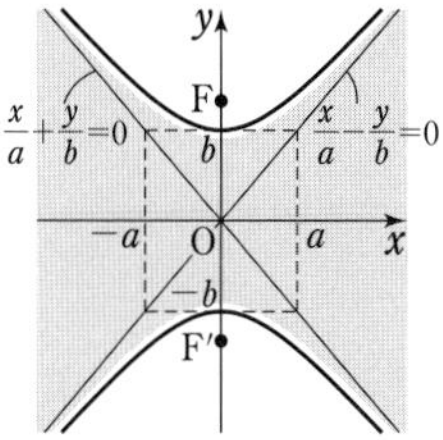

←1 点代入の方法，つまり $x=y=0$ を代入して不等式が成り立つかどうかを調べることで，該当する領域を判断するとよい。

4章 練習［式と曲線］

練習 ①165 次の式で表される点 P$(x,\ y)$ はどのような曲線を描くか。　〔(6) 類 関西大〕

(1) $\begin{cases} x=2\sqrt{t}+1 \\ y=4t+2\sqrt{t}+3 \end{cases}$　(2) $\begin{cases} x=\sin\theta\cos\theta \\ y=1-\sin 2\theta \end{cases}$　(3) $\begin{cases} x=3t^2 \\ y=6t \end{cases}$

(4) $\begin{cases} x=5\cos\theta \\ y=2\sin\theta \end{cases}$　(5) $x=\dfrac{2}{\cos\theta},\ y=\tan\theta$　(6) $\begin{cases} x=3^{t+1}+3^{-t+1}+1 \\ y=3^t-3^{-t} \end{cases}$

(1) $x=2\sqrt{t}+1$ …… ①，$y=4t+2\sqrt{t}+3$ …… ② とする。

① から　$2\sqrt{t}=x-1$ …… ③

これを ② に代入して　$y=(x-1)^2+(x-1)+3$

よって　$y=x^2-x+3$

また，③ で $\sqrt{t}\geqq 0$ であるから　$x-1\geqq 0$　ゆえに　$x\geqq 1$

したがって　**放物線 $\boldsymbol{y=x^2-x+3}$ の $\boldsymbol{x\geqq 1}$ の部分**

←$y=(2\sqrt{t})^2+2\sqrt{t}+3$

媒介変数　消去して $x,\ y$ だけの式へ

(2) $\sin 2\theta=2\sin\theta\cos\theta$ であるから　$y=1-2\sin\theta\cos\theta$

$\sin\theta\cos\theta=x$ を代入して　$y=1-2x$

また，$-1\leqq\sin 2\theta\leqq 1$ であるから

$$-\frac{1}{2}\leqq\sin\theta\cos\theta\leqq\frac{1}{2}$$

よって　$-\dfrac{1}{2}\leqq x\leqq\dfrac{1}{2}$

したがって　**直線 $\boldsymbol{y=1-2x}$ の $\boldsymbol{-\dfrac{1}{2}\leqq x\leqq\dfrac{1}{2}}$ の部分**

←2 倍角の公式。

←$-1\leqq 2\sin\theta\cos\theta\leqq 1$

(2)

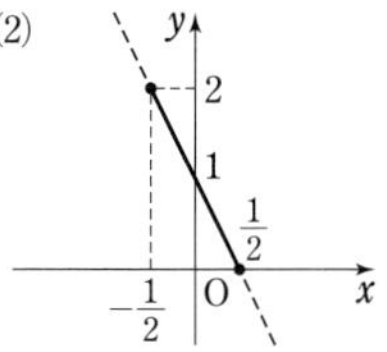

(3) $y=6t$ から　$y^2=36t^2$

$x=3t^2$ から　$12x=36t^2$

よって　**放物線 $\boldsymbol{y^2=12x}$**

←$x=3t^2\geqq 0$ は満たされる。

(4)　$x=5\cos\theta$，$y=2\sin\theta$ から　　$\cos\theta=\dfrac{x}{5}$，$\sin\theta=\dfrac{y}{2}$

これを $\sin^2\theta+\cos^2\theta=1$ に代入して　　**楕円** $\boldsymbol{\dfrac{x^2}{25}+\dfrac{y^2}{4}=1}$

←媒介変数が一般角 θ で表された場合，θ を消去するのに三角関数の相互関係が有効。

(5)　$x=\dfrac{2}{\cos\theta}$，$y=\tan\theta$ から　　$\dfrac{1}{\cos\theta}=\dfrac{x}{2}$，$\tan\theta=y$

これを $1+\tan^2\theta=\dfrac{1}{\cos^2\theta}$ に代入して　　$1+y^2=\left(\dfrac{x}{2}\right)^2$

よって　　**双曲線** $\boldsymbol{\dfrac{x^2}{4}-y^2=1}$

(6)　$x=3(3^t+3^{-t})+1$ であるから　　$\dfrac{x-1}{3}=3^t+3^{-t}$

よって　　$\left(\dfrac{x-1}{3}\right)^2=3^{2t}+2+3^{-2t}$ …… ①

また，$y=3^t-3^{-t}$ から　　$y^2=3^{2t}-2+3^{-2t}$ …… ②

←$(3^t)^2=3^{2t}$，$(3^{-t})^2=3^{-2t}$，$3^t\cdot3^{-t}=3^0=1$

①−② から　　$\left(\dfrac{x-1}{3}\right)^2-y^2=4$

←t を消去。

また，$3^t>0$，$3^{-t}>0$ であるから

$$x=3(3^t+3^{-t})+1\geqq3\cdot2\sqrt{3^t\cdot3^{-t}}+1=6\cdot1+1=7$$

←(相加平均)≧(相乗平均)を利用して，x の変域を調べる。

等号は，$3^t=3^{-t}$ すなわち $t=-t$ から $t=0$ のとき成り立つ。

したがって　　**双曲線** $\boldsymbol{\dfrac{(x-1)^2}{36}-\dfrac{y^2}{4}=1}$ **の** $\boldsymbol{x\geqq7}$ **の部分**

練習 ②166
(1)　放物線 $y^2-4x+2ty+5t^2-4t=0$ の焦点 F は，t の値が変化するとき，どんな曲線を描くか。
(2)　点 $P(x,\ y)$ が，原点を中心とする半径 1 の円周上を反時計回りに 1 周するとき，点 $Q_1(-y,\ x)$，点 $Q_2(x^2+y^2,\ 0)$ は，原点の周りを反時計回りに何周するか。　　[(2) 類　鳥取大]

(1)　放物線の方程式を変形すると　　$y^2+2ty+t^2=4x-4t^2+4t$

よって　　$(y+t)^2=4(x-t^2+t)$

これは放物線 $y^2=4x$ を x 軸方向に t^2-t，y 軸方向に $-t$ だけ平行移動した図形を表すから，その焦点 F の座標を $(x,\ y)$ とすると　　$x=1+t^2-t$ …… ①，$y=-t$ …… ②

←放物線 $y^2=4x$ の焦点は　点 $(1,\ 0)$

② から　　$t=-y$

これを ① に代入して　　$x=y^2+y+1$

したがって，焦点 F は **放物線** $\boldsymbol{x=y^2+y+1}$ を描く。

← **媒介変数　消去して** $\boldsymbol{x}$，$\boldsymbol{y}$ **だけの式へ**

注意　① から　　$x=\left(t-\dfrac{1}{2}\right)^2+\dfrac{3}{4}$　　よって　　$x\geqq\dfrac{3}{4}$

また，② から　　y の値は実数全体。

これらは $x=y^2+y+1$ で定まる点 $(x,\ y)$ がとりうる値の範囲と一致する。

(2)　条件から，点 $P(x,\ y)$ について　$x=\cos\theta$，$y=\sin\theta$ と表される。また，θ が 0 から 2π まで変化するとき，点 P は円 $x^2+y^2=1$ 上を点 $(1,\ 0)$ から反時計回りに 1 周する。

(点 Q_1)　$Q_1(X,\ Y)$ とすると　　$X=-y$，$Y=x$

よって　　$X^2+Y^2=x^2+y^2=\cos^2\theta+\sin^2\theta=1$

また　　$X=-\sin\theta=\cos\left(\theta+\frac{\pi}{2}\right)$,

$Y=\cos\theta=\sin\left(\theta+\frac{\pi}{2}\right)$

ここで，θ が 0 から 2π まで変化するとき，$\theta+\frac{\pi}{2}$ は $\frac{\pi}{2}$ から $\frac{5}{2}\pi$ まで変化する。

以上から，**点 Q_1** は円 $x^2+y^2=1$ 上を点 $(0,\ 1)$ から反時計回りに **1 周** する。

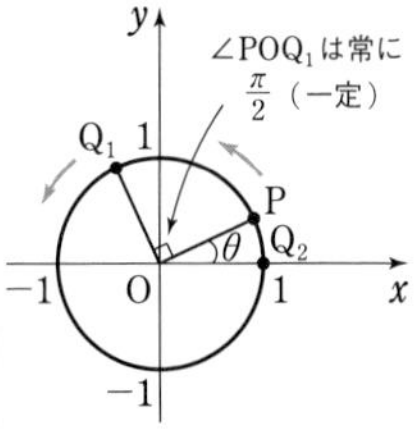

（点 Q_2）　$Q_2(X,\ Y)$ とすると

$X=x^2+y^2,\ \ Y=0$

ここで　　$X=\cos^2\theta+\sin^2\theta=1$

よって　　$Q_2(1,\ 0)$

すなわち，θ の値に関係なく **点 Q_2** は定点であるから **0 周**

練習 ③167

実数 x，y が $2x^2+3y^2=1$ を満たすとき，x^2-y^2+xy の最大値と最小値を求めよ。〔類 早稲田大〕

条件から　　$x=\frac{1}{\sqrt{2}}\cos\theta,\ \ y=\frac{1}{\sqrt{3}}\sin\theta\ \ (0\leqq\theta<2\pi)$

と表される。

$$x^2-y^2+xy=\frac{1}{2}\cos^2\theta-\frac{1}{3}\sin^2\theta+\frac{1}{\sqrt{6}}\sin\theta\cos\theta$$

$$=\frac{1}{2}\cdot\frac{1+\cos2\theta}{2}-\frac{1}{3}\cdot\frac{1-\cos2\theta}{2}+\frac{1}{\sqrt{6}}\cdot\frac{\sin2\theta}{2}$$

$$=\frac{1}{12}(\sqrt{6}\sin2\theta+5\cos2\theta)+\frac{1}{12}$$

$$=\frac{\sqrt{31}}{12}\sin(2\theta+\alpha)+\frac{1}{12}$$

ただし　$\sin\alpha=\frac{5}{\sqrt{31}}$，$\cos\alpha=\sqrt{\frac{6}{31}}$

ここで，$-1\leqq\sin(2\theta+\alpha)\leqq1$ であるから，x^2-y^2+xy の

最大値は $\frac{1+\sqrt{31}}{12}$，**最小値は** $\frac{1-\sqrt{31}}{12}$

←点 $(x,\ y)$ は楕円 $\frac{x^2}{\left(\frac{1}{\sqrt{2}}\right)^2}+\frac{y^2}{\left(\frac{1}{\sqrt{3}}\right)^2}=1$ 上。

←$\sin^2\theta=\frac{1-\cos2\theta}{2}$，
$\sin\theta\cos\theta=\frac{\sin2\theta}{2}$，
$\cos^2\theta=\frac{1+\cos2\theta}{2}$
$a\sin\theta+b\cos\theta$
$=\sqrt{a^2+b^2}\sin(\theta+\alpha)$
ただし $\sin\alpha=\frac{b}{\sqrt{a^2+b^2}}$，
$\cos\alpha=\frac{a}{\sqrt{a^2+b^2}}$

練習 ②168

t を媒介変数とする。次の式で表された曲線はどのような図形を表すか。

(1)　$x=\frac{2(1+t^2)}{1-t^2}$，$y=\frac{6t}{1-t^2}$　　(2)　$x\sin t=\sin^2t+1$，$y\sin^2t=\sin^4t+1$

(1)　$x=\frac{2(1+t^2)}{1-t^2}$ ……①，$y=\frac{6t}{1-t^2}$ ……② とする。

①から　　$x(1-t^2)=2(1+t^2)$

よって　　$(x+2)t^2=x-2$

$x=-2$ とすると，$0\cdot t^2=-4$ となり不合理。ゆえに　$x\neq-2$

よって　　$t^2=\frac{x-2}{x+2}$ ……③

(1)　まず，t^2 を x で表してみる。

③ を ② に代入して　　$y=6t\cdot\frac{x+2}{4}=\frac{3(x+2)}{2}t$

$x \neq -2$ であるから　　$t=\frac{2y}{3(x+2)}$

③ から　　$\frac{4y^2}{9(x+2)^2}=\frac{x-2}{x+2}$

よって　　$4y^2=9(x+2)(x-2)$

整理すると　　$9x^2-4y^2=36$ …… ④

④ に $x=-2$ を代入すると　$-4y^2=0$　　ゆえに　$y=0$

したがって，**双曲線 $\frac{x^2}{4}-\frac{y^2}{9}=1$ の点 $(-2,\ 0)$ を除いた部分** を表す。

←$1-t^2=1-\frac{x-2}{x+2}$
$=\frac{4}{x+2}$

検討　①，② で，$|t|$ を限りなく大きくすると，x は -2 に，y は 0 に限りなく近づく。すなわち，点 $(-2,\ 0)$ に限りなく近づく。

(2)　$x\sin t=\sin^2 t+1$ で $\sin t=0$ とすると，$x\cdot 0=1$ となり不合理。
よって，$\sin t \neq 0$ であり

$$x=\sin t+\frac{1}{\sin t},\quad y=\sin^2 t+\frac{1}{\sin^2 t}$$

$\sin^2 t+\frac{1}{\sin^2 t}=\left(\sin t+\frac{1}{\sin t}\right)^2-2$ であるから　　$y=x^2-2$

ここで，$\sin t=u$ とおくと

$$x=u+\frac{1}{u}\ (-1\leqq u\leqq 1,\ u\neq 0)$$

(相加平均)≧(相乗平均) により

$u>0$ のとき　　$u+\frac{1}{u}\geqq 2\sqrt{u\cdot\frac{1}{u}}=2$

（等号は $u=\frac{1}{u}$ かつ $u>0$，すなわち $u=1$ のとき成り立つ。）

$u<0$ のとき　　$(-u)+\left(-\frac{1}{u}\right)\geqq 2\sqrt{(-u)\cdot\left(-\frac{1}{u}\right)}=2$

すなわち　$u+\frac{1}{u}\leqq -2$

（等号は $-u=-\frac{1}{u}$ かつ $u<0$，すなわち $u=-1$ のとき成り立つ。）

よって　　$x\leqq -2,\ 2\leqq x$

ゆえに，**放物線 $y=x^2-2$ の $x\leqq -2,\ 2\leqq x$ の部分** を表す。

(2)　$\sin t \neq 0$ に着目して，x，y を $\sin t$ の式に直す。

←$-u>0,\ -\frac{1}{u}>0$

検討　(2)　x の変域は次のように求めてもよい。

$$y=\sin^2 t+\frac{1}{\sin^2 t}$$

(相加平均)≧(相乗平均) により　$y\geqq 2\sqrt{\sin^2 t\cdot\frac{1}{\sin^2 t}}=2$

よって　　$x^2-2\geqq 2$

ゆえに　　$(x+2)(x-2)\geqq 0$

したがって　　$x\leqq -2,\ 2\leqq x$

←$\sin t\neq 0$ から
$\sin^2 t>0,\ \frac{1}{\sin^2 t}>0$

←$y=x^2-2$

練習 ④169

$a>2b$ とする。半径 b の円 C が原点Oを中心とする半径 a の定円 O に内接しながら滑ることなく回転していく。円 C 上の定点 $\mathrm{P}(x,\ y)$ が，初め定円 O の周上の定点 $\mathrm{A}(a,\ 0)$ にあったものとして，円 C の中心Cと原点Oを結ぶ線分の，x 軸の正方向からの回転角を θ とするとき，点Pが描く曲線を媒介変数 θ で表せ。

円 O に内接する円 C 上の定点 $\mathrm{P}(x,\ y)$ が，最初は点 $\mathrm{A}(a,\ 0)$ にあり，$\angle\mathrm{COA}=\theta$ のとき，図の位置にあるとする。

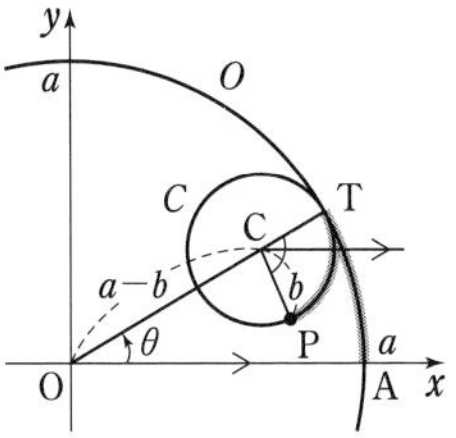

図のように2円 O, C の接点Tをとると，$\widehat{\mathrm{AT}}=\widehat{\mathrm{PT}}$ であるから

$$a\theta=b\angle\mathrm{PCT}$$

←半径 r，中心角 α（ラジアン）の扇形の弧の長さは　$r\alpha$

ゆえに　$\angle\mathrm{PCT}=\dfrac{a}{b}\theta$

よって，線分CPの x 軸の正方向からの回転角は

$$\theta-\angle\mathrm{PCT}=\frac{b-a}{b}\theta$$

ゆえに　$\overrightarrow{\mathrm{OP}}=(x,\ y)$，$\overrightarrow{\mathrm{OC}}=((a-b)\cos\theta,\ (a-b)\sin\theta)$，

$$\overrightarrow{\mathrm{CP}}=\left(b\cos\frac{b-a}{b}\theta,\ b\sin\frac{b-a}{b}\theta\right)$$

←点Cが原点にくるようにCPを平行移動して考える。

$\overrightarrow{\mathrm{OP}}=\overrightarrow{\mathrm{OC}}+\overrightarrow{\mathrm{CP}}$ から

$$\begin{cases} \boldsymbol{x=(a-b)\cos\theta+b\cos\dfrac{a-b}{b}\theta} \\ \boldsymbol{y=(a-b)\sin\theta-b\sin\dfrac{a-b}{b}\theta} \end{cases}$$

練習 ④170

xy 平面上に円 $C_1：x^2+y^2-2x=0$，$C_2：x^2+y^2-x=0$ がある。原点Oを除いた円 C_1 上を動く点Pに対して，直線OPと円 C_2 の交点のうちO以外の点をQとし，点Qと x 軸に関して対称な点をQ′とする。このとき，線分PQ′の中点Mの軌跡を表す方程式を求め，その概形を図示せよ。　〔大阪府大〕

$C_1：(x-1)^2+y^2=1$，$C_2：\left(x-\dfrac{1}{2}\right)^2+y^2=\dfrac{1}{4}$ であるから，C_1 は中心 $(1,\ 0)$，半径1の円，C_2 は中心 $\left(\dfrac{1}{2},\ 0\right)$，半径 $\dfrac{1}{2}$ の円である。

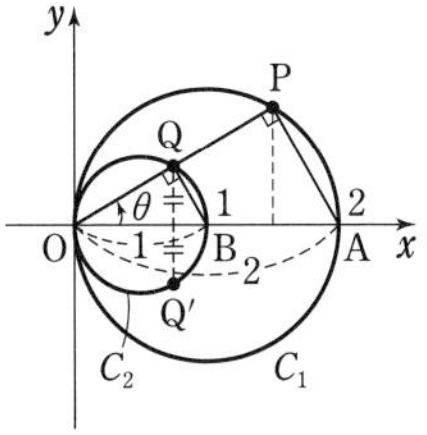

←円 C_2 は円 C_1 に原点で内接する。

$\mathrm{A}(2,\ 0)$, $\mathrm{B}(1,\ 0)$ とし，半直線OPが x 軸の正の向きとなす角を θ とすると $-\dfrac{\pi}{2}<\theta<\dfrac{\pi}{2}$ で

$$\mathrm{OP}=\mathrm{OA}\cos\theta=2\cos\theta,\ \mathrm{OQ}=\mathrm{OB}\cos\theta=\cos\theta$$

←直角三角形OAP, OBQに注目。
また　$\cos(-\theta)=\cos\theta$

よって　$\mathrm{P}(2\cos\theta\cdot\cos\theta,\ 2\cos\theta\cdot\sin\theta)$，
$\mathrm{Q}(\cos\theta\cdot\cos\theta,\ \cos\theta\cdot\sin\theta)$

←動径OP, OQとそれらが表す角 θ に注目。

ゆえに　$\mathrm{P}(1+\cos2\theta,\ \sin2\theta)$，$\mathrm{Q}\left(\dfrac{1+\cos2\theta}{2},\ \dfrac{\sin2\theta}{2}\right)$

←$\cos^2\theta=\dfrac{1+\cos2\theta}{2}$，$\sin\theta\cos\theta=\dfrac{\sin2\theta}{2}$

したがって　$\mathrm{Q}'\left(\dfrac{1+\cos2\theta}{2},\ -\dfrac{\sin2\theta}{2}\right)$

よって，線分 PQ′ の中点 M の座標を $(x,\ y)$ とすると

$$x=\frac{1}{2}\left\{(1+\cos 2\theta)+\frac{1+\cos 2\theta}{2}\right\}=\frac{3}{4}(1+\cos 2\theta) \quad \cdots\cdots ①$$

$$y=\frac{1}{2}\left(\sin 2\theta-\frac{\sin 2\theta}{2}\right)=\frac{1}{4}\sin 2\theta \quad \cdots\cdots ②$$

①，② から　　$\cos 2\theta=\frac{4}{3}x-1,\ \sin 2\theta=4y$

よって　　$\left(\frac{4}{3}x-1\right)^2+(4y)^2=1$　　　また，$-\pi<2\theta<\pi$ であるから　　$0<x\leqq\frac{3}{2}$

←$\sin^2 2\theta+\cos^2 2\theta=1$

←$-1<\cos 2\theta\leqq 1$ から $0<\frac{3}{4}(1+\cos 2\theta)\leqq\frac{3}{2}$

ゆえに，求める軌跡は，

楕円 $\dfrac{\left(x-\frac{3}{4}\right)^2}{\left(\frac{3}{4}\right)^2}+\dfrac{y^2}{\left(\frac{1}{4}\right)^2}=1,\ x\neq 0$

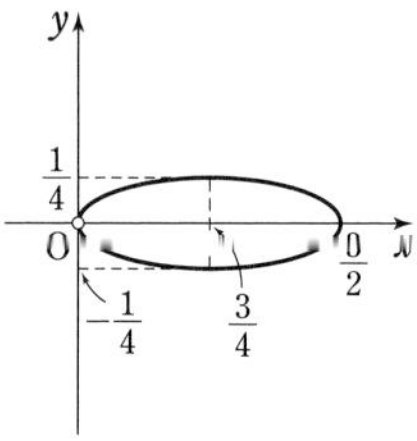

その概形は **右図** のようになる。

別解　複素数平面上で考える。△OAP∽△OBQ で，

OA：OB＝2：1 であるから　　OP：OQ＝2：1

よって，$P(z)$ とすると　　$Q\left(\frac{1}{2}z\right)$　　ゆえに　　$Q'\left(\frac{1}{2}\overline{z}\right)$

←3 点 O，P，Q は一直線上。また，点 α と実軸に関して対称な点は点 $\overline{\alpha}$

点 P は点 1 を中心とする半径 1 の円の原点 O を除いた部分を動くから　　$|z-1|=1,\ z\neq 0$ …… ③

また，$M(w)$ とすると　　$w=\frac{1}{2}\left(z+\frac{1}{2}\overline{z}\right)$

$z=X+Yi$ [$(X,\ Y)\neq(0,\ 0)$]，$w=x+yi$ とすると

←求めるのは点 w の軌跡であるから，$w=x+yi$ とする。

$$x+yi=\frac{1}{2}\left\{X+Yi+\frac{1}{2}(X-Yi)\right\}=\frac{3}{4}X+\frac{1}{4}Yi$$

よって　　$x=\frac{3}{4}X,\ y=\frac{1}{4}Y$

←この式と ③ から，X，Y を消去して，x，y の関係式を導く。

ゆえに　　$X=\frac{4}{3}x,\ Y=4y$

③ より，$(X-1)^2+Y^2=1$，$(X,\ Y)\neq(0,\ 0)$ であるから

$$\left(\frac{4}{3}x-1\right)^2+(4y)^2=1,\ (x,\ y)\neq(0,\ 0)$$

以後の解答は同じ。

練習 ④171

0 でない複素数 z が次の等式を満たしながら変化するとき，点 $z+\frac{1}{z}$ が複素数平面上で描く図形の概形をかけ。

(1) $|z|=3$　　　(2) $|z-1|=|z-i|$

(1) $|z|=3$ のとき，$z=3(\cos\theta+i\sin\theta)$ と表される。

←絶対値が一定であるから，極形式を利用する。

$$z+\frac{1}{z}=3(\cos\theta+i\sin\theta)+\frac{1}{3}(\cos\theta-i\sin\theta)$$

$$=\frac{10}{3}\cos\theta+\frac{8}{3}i\sin\theta$$

よって，$z+\dfrac{1}{z}=x+yi$（x，y は実数）とすると

$$x=\frac{10}{3}\cos\theta,\quad y=\frac{8}{3}\sin\theta$$

ゆえに　$\cos\theta=\dfrac{3}{10}x$，$\sin\theta=\dfrac{3}{8}y$

$\cos^2\theta+\sin^2\theta=1$ であるから

$$\left(\frac{3}{10}x\right)^2+\left(\frac{3}{8}y\right)^2=1$$

←θ を消去。

よって，点 $z+\dfrac{1}{z}$ が描く図形は，楕円 $\dfrac{x^2}{\left(\dfrac{10}{3}\right)^2}+\dfrac{y^2}{\left(\dfrac{8}{3}\right)^2}=1$ で，その概形は **右図** のようになる。

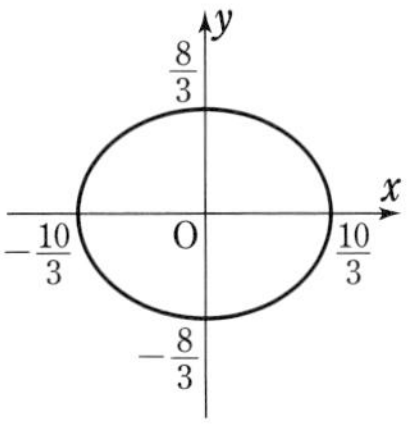

(2)　点 z は複素数平面上の 2 点 A(1)，B(i) を結ぶ線分の垂直二等分線上にあるから　$z=k(1+i)$（k は実数）と表される。
ただし，$z\neq0$ であるから　$k\neq0$

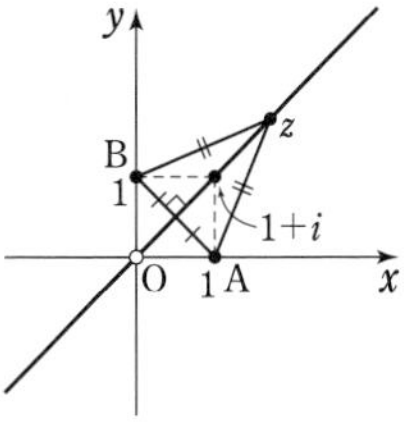

このとき　$z+\dfrac{1}{z}=k(1+i)+\dfrac{1}{k(1+i)}=k(1+i)+\dfrac{1}{2k}(1-i)$

$$=k+\frac{1}{2k}+\left(k-\frac{1}{2k}\right)i$$

よって，$z+\dfrac{1}{z}=x+yi$（x，y は実数）とすると

$$x=k+\frac{1}{2k},\quad y=k-\frac{1}{2k}$$

ゆえに，$x+y=2k$，$x-y=\dfrac{1}{k}$ であるから

$(x+y)(x-y)=2$　　すなわち　$x^2-y^2=2$

←k を消去。

ここで，(相加平均)≧(相乗平均) により

←x のとりうる値の範囲を調べる。

$k>0$ のとき　$x=k+\dfrac{1}{2k}\geqq2\sqrt{k\cdot\dfrac{1}{2k}}=\sqrt{2}$　　∴　$x\geqq\sqrt{2}$

$\left(\text{等号は } k=\dfrac{1}{2k} \text{ かつ } k>0\text{, すなわち } k=\dfrac{1}{\sqrt{2}} \text{ のとき成り立つ。}\right)$

$k<0$ のとき　$-x=-k-\dfrac{1}{2k}\geqq2\sqrt{(-k)\cdot\left(-\dfrac{1}{2k}\right)}=\sqrt{2}$　　∴　$x\leqq-\sqrt{2}$

$\left(\text{等号は } -k=-\dfrac{1}{2k} \text{ かつ } k<0\text{,}\right.$
$\left.\text{すなわち } k=-\dfrac{1}{\sqrt{2}} \text{ のとき成り立つ。}\right)$

ゆえに　$x\leqq-\sqrt{2}$，$\sqrt{2}\leqq x$

よって，点 $z+\dfrac{1}{z}$ が描く図形は，双曲線 $x^2-y^2=2$ で，その概形は **右図** のようになる。

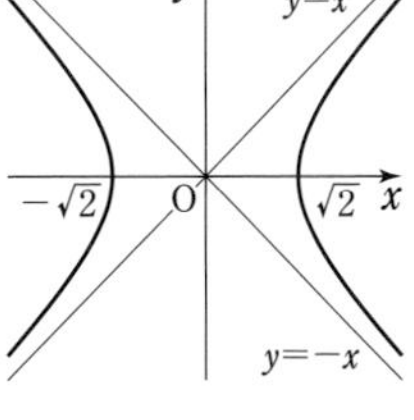

検討　$\displaystyle\lim_{k\to\infty}\left(k-\frac{1}{2k}\right)=\infty$，
$\displaystyle\lim_{k\to-\infty}\left(k-\frac{1}{2k}\right)=-\infty$，
$\displaystyle\lim_{k\to+0}\left(k-\frac{1}{2k}\right)=-\infty$，
$\displaystyle\lim_{k\to-0}\left(k-\frac{1}{2k}\right)=\infty$
であるから，y はすべての実数値をとりうる。

練習 ①172

(1) 極座標が次のような点の位置を図示せよ。また，直交座標を求めよ。

(ア) $\left(2,\ \frac{3}{4}\pi\right)$　(イ) $\left(3,\ -\frac{\pi}{2}\right)$　(ウ) $\left(2,\ \frac{17}{6}\pi\right)$　(エ) $\left(4,\ -\frac{10}{3}\pi\right)$

(2) 直交座標が次のような点の極座標 $(r,\ \theta)$ $(0\leqq\theta<2\pi)$ を求めよ。

(ア) $(1,\ \sqrt{3})$　(イ) $(-2,\ -2)$　(ウ) $(-3,\ \sqrt{3})$

(1) (ア) **図(ア)**　また　$x=2\cos\frac{3}{4}\pi=-\sqrt{2}$，$y=2\sin\frac{3}{4}\pi=\sqrt{2}$

よって，直交座標は　$\boldsymbol{(-\sqrt{2},\ \sqrt{2})}$

(イ) **図(イ)**　また　$x=3\cos\left(-\frac{\pi}{2}\right)=0$，$y=3\sin\left(-\frac{\pi}{2}\right)=-3$

よって，直交座標は　$\boldsymbol{(0,\ -3)}$

(ウ) **図(ウ)**　また　$x=2\cos\frac{17}{6}\pi=-\sqrt{3}$，$y=2\sin\frac{17}{6}\pi=1$

よって，直交座標は　$\boldsymbol{(-\sqrt{3},\ 1)}$

(エ) **図(エ)**

また　$x=4\cos\left(-\frac{10}{3}\pi\right)=-2$，$y=4\sin\left(-\frac{10}{3}\pi\right)=2\sqrt{3}$

よって，直交座標は　$\boldsymbol{(-2,\ 2\sqrt{3})}$

←左の計算をしなくても直交座標は図からわかる。

←$\frac{17}{6}\pi=\frac{5}{6}\pi+2\pi$

←$-\frac{10}{3}\pi=-\frac{4}{3}\pi-2\pi$

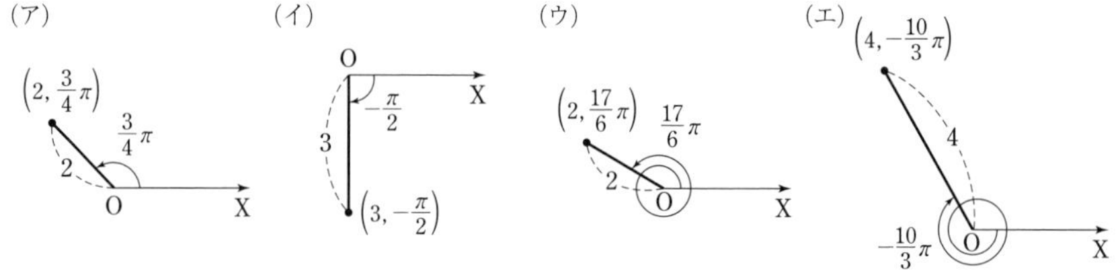

(2) (ア) $r=\sqrt{1^2+(\sqrt{3})^2}=2$　よって　$\cos\theta=\frac{1}{2}$，$\sin\theta=\frac{\sqrt{3}}{2}$

$0\leqq\theta<2\pi$ であるから　$\theta=\frac{\pi}{3}$　ゆえに　$\boldsymbol{\left(2,\ \frac{\pi}{3}\right)}$

(イ) $r=\sqrt{(-2)^2+(-2)^2}=2\sqrt{2}$

よって　$\cos\theta=\frac{-2}{2\sqrt{2}}=-\frac{1}{\sqrt{2}}$，$\sin\theta=\frac{-2}{2\sqrt{2}}=-\frac{1}{\sqrt{2}}$

$0\leqq\theta<2\pi$ であるから　$\theta=\frac{5}{4}\pi$　ゆえに　$\boldsymbol{\left(2\sqrt{2},\ \frac{5}{4}\pi\right)}$

(ウ) $r=\sqrt{(-3)^2+(\sqrt{3})^2}=2\sqrt{3}$

よって　$\cos\theta=\frac{-3}{2\sqrt{3}}=-\frac{\sqrt{3}}{2}$，$\sin\theta=\frac{\sqrt{3}}{2\sqrt{3}}=\frac{1}{2}$

$0\leqq\theta<2\pi$ であるから　$\theta=\frac{5}{6}\pi$　ゆえに　$\boldsymbol{\left(2\sqrt{3},\ \frac{5}{6}\pi\right)}$

(2) まず，$\boldsymbol{r=\sqrt{x^2+y^2}}$ から r を定め，次に，$\boldsymbol{\cos\theta=\frac{x}{r}}$，$\boldsymbol{\sin\theta=\frac{y}{r}}$ から θ を定める $(r\neq0)$。

練習 ②173

O を極とする極座標に関して，3 点 $\mathrm{A}\left(6,\ \frac{\pi}{3}\right)$，$\mathrm{B}\left(4,\ \frac{2}{3}\pi\right)$，$\mathrm{C}\left(2,\ -\frac{3}{4}\pi\right)$ が与えられているとき，次のものを求めよ。

(1) 線分 AB の長さ　(2) △OAB の面積　(3) △ABC の面積

(1)　△OABにおいて

　OA=6，OB=4，

　$\angle AOB=\frac{2}{3}\pi-\frac{\pi}{3}=\frac{\pi}{3}$

よって，余弦定理により

$$AB^2=6^2+4^2-2\cdot6\cdot4\cos\frac{\pi}{3}=28$$

ゆえに　　$AB=\sqrt{28}=\mathbf{2\sqrt{7}}$

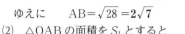

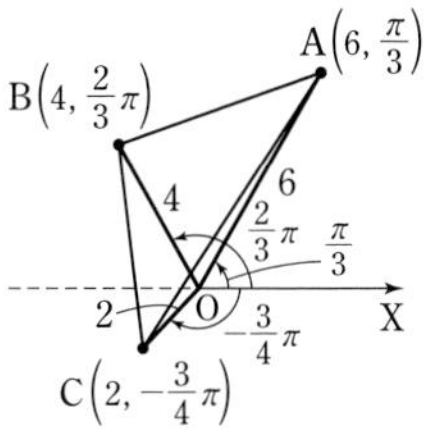

❶ 極座標
　r，θの特徴を活かす

←$AB^2=OA^2+OB^2-2OA\cdot OB\cos\angle AOB$

(2)　△OABの面積をS_1とすると

$$S_1=\frac{1}{2}\cdot6\cdot4\sin\frac{\pi}{3}=\mathbf{6\sqrt{3}}$$

←$S_1=\frac{1}{2}OA\cdot OB\sin\angle AOB$

(3)　$\angle BOC=\frac{\pi}{3}+\frac{\pi}{4}$，$\angle COA=\frac{2}{3}\pi+\frac{\pi}{4}$であるから，△OBC，△OACの面積をそれぞれ$S_2$，$S_3$とすると

←$\angle BOC=2\pi-\left(\frac{2}{3}\pi+\frac{3}{4}\pi\right)=\frac{\pi}{3}+\frac{\pi}{4}$

$$S_2=\frac{1}{2}\cdot4\cdot2\sin\left(\frac{\pi}{3}+\frac{\pi}{4}\right)$$
$$=4\left(\sin\frac{\pi}{3}\cos\frac{\pi}{4}+\cos\frac{\pi}{3}\sin\frac{\pi}{4}\right)=\sqrt{6}+\sqrt{2}$$

←OC=2

←加法定理 $\sin(\alpha+\beta)=\sin\alpha\cos\beta+\cos\alpha\sin\beta$

$$S_3=\frac{1}{2}\cdot6\cdot2\sin\left(\frac{2}{3}\pi+\frac{\pi}{4}\right)$$
$$=6\left(\sin\frac{2}{3}\pi\cos\frac{\pi}{4}+\cos\frac{2}{3}\pi\sin\frac{\pi}{4}\right)$$
$$=\frac{3(\sqrt{6}-\sqrt{2})}{2}$$

よって，△ABCの面積をSとすると

$$S=S_1+S_2-S_3=6\sqrt{3}+(\sqrt{6}+\sqrt{2})-\frac{3(\sqrt{6}-\sqrt{2})}{2}$$
$$=\mathbf{\frac{5\sqrt{2}+12\sqrt{3}-\sqrt{6}}{2}}$$

検討　(3)　直交座標を用いて解く。

3点A，B，Cを直交座標で表すと

$A(3,\ 3\sqrt{3})$，$B(-2,\ 2\sqrt{3})$，$C(-\sqrt{2},\ -\sqrt{2})$

ゆえに

$\overrightarrow{AB}=(-5,\ -\sqrt{3})$，$\overrightarrow{AC}=(-\sqrt{2}-3,\ -\sqrt{2}-3\sqrt{3})$

よって　　$S=\frac{1}{2}|-5(-\sqrt{2}-3\sqrt{3})-(-\sqrt{3})(-\sqrt{2}-3)|$

$$=\mathbf{\frac{5\sqrt{2}+12\sqrt{3}-\sqrt{6}}{2}}$$

←$\overrightarrow{AB}=(a_1,\ a_2)$，$\overrightarrow{AC}=(b_1,\ b_2)$のとき $\triangle ABC=\frac{1}{2}|a_1b_2-a_2b_1|$

練習 ②174　極座標に関して，次の円・直線の方程式を求めよ。

(1)　中心が点$A\left(3,\ \frac{\pi}{3}\right)$，半径が2の円

(2)　点$A\left(2,\ \frac{\pi}{4}\right)$を通り，OA（Oは極）に垂直な直線

Oを極とし，図形上の点Pの極座標を$(r,\ \theta)$とする。

(1) △OAP において，余弦定理から

$AP^2=OP^2+OA^2-2OP\cdot OA\cos\angle AOP$

ここで　$OP=r$，$OA=3$，$AP=2$，

$\angle AOP=\left|\theta-\dfrac{\pi}{3}\right|$

ゆえに　$r^2+9-2\cdot r\cdot 3\cdot\cos\left(\theta-\dfrac{\pi}{3}\right)=4$

よって　$\boldsymbol{r^2-6r\cos\left(\theta-\dfrac{\pi}{3}\right)+5=0}$

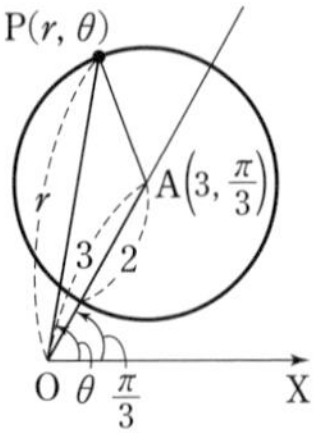

◎ 極座標
r，θ の特徴を活かす

(2) △OAP は直角三角形であるから

$OP\cos\angle AOP=OA$

ここで　$OP=r$，$OA=2$，

$\angle AOP=\left|\theta-\dfrac{\pi}{4}\right|$

よって　$\boldsymbol{r\cos\left(\theta-\dfrac{\pi}{4}\right)=2}$

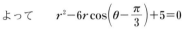

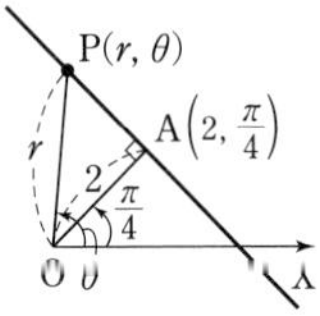

◎ 極座標
r，θ の特徴を活かす

練習 ②175

(1) 楕円 $2x^2+3y^2=1$ を極方程式で表せ。

(2) 次の極方程式はどのような曲線を表すか。直交座標の方程式で答えよ。

(ア) $\dfrac{1}{r}=\dfrac{1}{2}\cos\theta+\dfrac{1}{3}\sin\theta$　(イ) $r=\cos\theta+\sin\theta$

(ウ) $r^2(1+3\cos^2\theta)=4$　(エ) $r^2\cos 2\theta=r\sin\theta(1-r\sin\theta)+1$

(1) $2x^2+3y^2=1$ に $x=r\cos\theta$，$y=r\sin\theta$ を代入すると

$2r^2\cos^2\theta+3r^2\sin^2\theta=1$

よって　$2r^2(1-\sin^2\theta)+3r^2\sin^2\theta=1$

ゆえに　$\boldsymbol{r^2(2+\sin^2\theta)=1}$

←$\sin^2\theta=1-\cos^2\theta$ を代入して，$r^2(3-\cos^2\theta)=1$ としてもよい。

(2) (ア) 両辺に $6r$ を掛けて　$6=3r\cos\theta+2r\sin\theta$

ゆえに　$6=3x+2y$　よって，**直線 $\boldsymbol{3x+2y=6}$** を表す。

←$r\cos\theta=x$，$r\sin\theta=y$

(イ) 両辺に r を掛けて　$r^2=r\cos\theta+r\sin\theta$

ゆえに　$x^2+y^2=x+y$

←$r^2=x^2+y^2$

よって，**円 $\boldsymbol{\left(x-\dfrac{1}{2}\right)^2+\left(y-\dfrac{1}{2}\right)^2=\dfrac{1}{2}}$** を表す。

(ウ) 与式から　$r^2+3(r\cos\theta)^2=4$　ゆえに　$x^2+y^2+3x^2=4$

よって，**楕円 $\boldsymbol{x^2+\dfrac{y^2}{4}=1}$** を表す。

(エ) 与式から　$r^2(\cos^2\theta-\sin^2\theta)=r\sin\theta(1-r\sin\theta)+1$

←2 倍角の公式
$\cos 2\theta=\cos^2\theta-\sin^2\theta$

よって　$(r\cos\theta)^2-(r\sin\theta)^2=r\sin\theta(1-r\sin\theta)+1$

ゆえに　$x^2-y^2=y(1-y)+1$

よって，**放物線 $\boldsymbol{y=x^2-1}$** を表す。

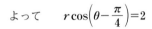

練習 ③176

点 C を中心とする半径 a の円 C の定直径を OA とする。点 P は円 C 上の動点で，点 P における接線に O から垂線 OQ を引き，OQ の延長上に点 R をとって $QR=a$ とする。O を極，始線を OA とする極座標上において，点 R の極座標を $(r,\ \theta)$ (ただし，$0\leqq\theta<\pi$) とするとき

(1) 点 R の軌跡の極方程式を求めよ。

(2) 直線 OR の点 R における垂線 RQ′ は，点 C を中心とする定円に接することを示せ。

(1) 点Kを $CK\perp OQ$ となるように直線OQ上にとると，四角形PQKCは長方形であるから　$KQ=CP=a$
また　$QR=a$

←線分CPは円 C の半径。

[1] $0<\theta<\dfrac{\pi}{2}$ のとき

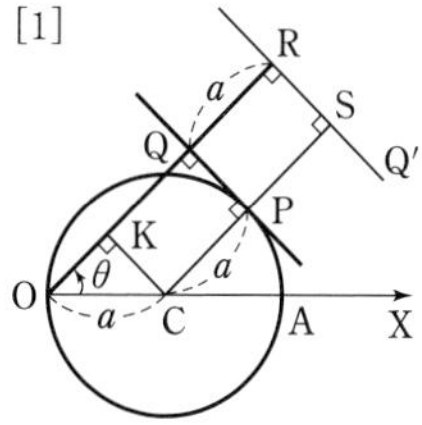

$OR=RQ+QK+KO$
よって　$r=a+a+a\cos\theta$
ゆえに　$r=a(2+\cos\theta)$

軌跡
軌跡上の動点 $(r,\ \theta)$ の関係式を導く
←直角三角形KOCに注目。

[2] $\dfrac{\pi}{2}<\theta<\pi$ のとき

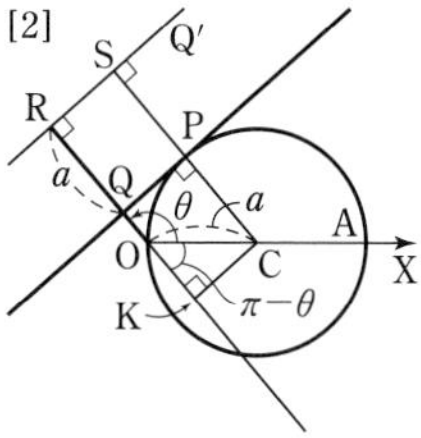

$OR=RQ+QK-KO$
よって　$r=a+a-a\cos(\pi-\theta)$
ゆえに　$r=a(2+\cos\theta)$

←直角三角形KOCに注目。

[3] $\theta=0$ のとき，点Pと点Qは一致し，$OR=3a=a(2+\cos 0)$ を満たす。

[4] $\theta=\dfrac{\pi}{2}$ のとき，$OR=2a$ で，

$OR=a\left(2+\cos\dfrac{\pi}{2}\right)$ を満たす。

[3]，[4] では，[1]，[2] で導かれた $r=a(2+\cos\theta)$ が $\theta=0,\ \dfrac{\pi}{2}$ のときも成り立つかどうかをチェックしている。

以上から，求める軌跡の極方程式は　$\boldsymbol{r=a(2+\cos\theta)}$

(2) $\theta\neq 0$ のとき，2直線CP，RQ′ の交点をSとすると，四角形RQPSは長方形であるから　$SP=RQ=a$
ゆえに　$CS=CP+PS=2a$　また　$CS\perp RQ'$
$\theta=0$ のとき，$R(3a,\ 0)$ で，直線RQ′ は点Rを通り始線OAに垂直な直線である。よって　$CS=2a$，$CS\perp RQ'$
したがって，直線RQ′ は，点 $C(a,\ 0)$ を中心とする半径 $2a$ の定円に接する。

←$\theta=0$ のとき，長方形PQRSはできない。

練習 ③177
(1) 極座標において，点 $A(3,\ \pi)$ を通り始線に垂直な直線を g とする。極Oと直線 g からの距離の比が次のように一定である点Pの軌跡の極方程式を求めよ。
(ア) 1：2　(イ) 1：1
(2) 次の極方程式の表す曲線を，直交座標の方程式で表せ。　[(ウ) 類 琉球大]
(ア) $r=\dfrac{4}{1-\cos\theta}$　(イ) $r=\dfrac{\sqrt{6}}{2+\sqrt{6}\cos\theta}$　(ウ) $r=\dfrac{1}{2+\sqrt{3}\cos\theta}$

(1) 点Pの極座標を $(r,\ \theta)$ とし，Pから直線 g に下ろした垂線をPHとすると

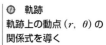

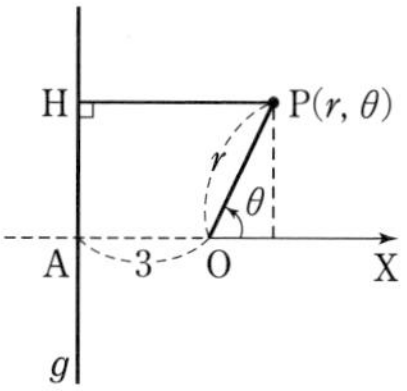

(ア) $PO:PH=1:2$
(イ) $PO:PH=1:1$

(ア)，(イ) を満たす点Pは直線 g の右側にあり　$PO=r$，$PH=3+r\cos\theta$

軌跡
軌跡上の動点 $(r,\ \theta)$ の関係式を導く

(ア) $\dfrac{PO}{PH}=\dfrac{1}{2}$ であるから　$\dfrac{r}{3+r\cos\theta}=\dfrac{1}{2}$

よって　$2r=3+r\cos\theta$　ゆえに　$\boldsymbol{r=\dfrac{3}{2-\cos\theta}}$

←$2-\cos\theta\neq 0$

(イ) $\dfrac{\mathrm{PO}}{\mathrm{PH}}=1$ であるから　$\dfrac{r}{3+r\cos\theta}=1$

よって　$r=3+r\cos\theta$　ゆえに　$\boldsymbol{r=\dfrac{3}{1-\cos\theta}}$

←$\theta\neq 2n\pi$（n は整数）

(2) (ア) 与式から　$r-r\cos\theta=4$　ゆえに　$r-x=4$

←$r\cos\theta=x$

よって　$r=x+4$　両辺を平方して　$r^2=(x+4)^2$

ゆえに　$x^2+y^2=(x+4)^2$

←$r^2=x^2+y^2$

したがって，**放物線 $\boldsymbol{y^2=8(x+2)}$** を表す。

(イ) 与式から　$2r+\sqrt{6}\,r\cos\theta=\sqrt{6}$

ゆえに　$2r+\sqrt{6}\,x=\sqrt{6}$　よって　$2r=\sqrt{6}\,(1-x)$

←$r\cos\theta=x$

両辺を平方して　$4r^2=6(1-x)^2$

ゆえに　$2(x^2+y^2)=3(1-x)^2$　∴　$x^2-6x-2y^2=-3$

←$r^2=x^2+y^2$

したがって，**双曲線 $\boldsymbol{\dfrac{(x-3)^2}{6}-\dfrac{y^2}{3}=1}$** を表す。

←$(x-3)^2-3^2-2y^2=-3$ などと変形。

(ウ) 与式から　$2r+\sqrt{3}\,r\cos\theta=1$　ゆえに　$2r+\sqrt{3}\,x=1$

←$r\cos\theta=x$

よって　$2r=1-\sqrt{3}\,x$　両辺を平方して　$4r^2=(1-\sqrt{3}\,x)^2$

ゆえに　$4(x^2+y^2)=(1-\sqrt{3}\,x)^2$

←$r^2=x^2+y^2$

よって　$x^2+2\sqrt{3}\,x+4y^2=1$

したがって，**楕円 $\boldsymbol{\dfrac{(x+\sqrt{3}\,)^2}{4}+y^2=1}$** を表す。

←$(x+\sqrt{3}\,)^2-(\sqrt{3}\,)^2+4y^2=1$ などと変形。

練習 ③178

放物線 $y^2=4px$ $(p>0)$ を C とし，原点を O とする。　〔類　名古屋工大〕

(1) C の焦点 F を極とし，OF に平行で O を通らない半直線 FX を始線とする極座標において，曲線 C の極方程式を求めよ。

(2) C 上に 4 点があり，それらを y 座標が大きい順に A，B，C，D とすると，線分 AC，BD は焦点 F で垂直に交わっている。ベクトル $\overrightarrow{\mathrm{FA}}$ が x 軸の正の方向となす角を α とするとき，$\dfrac{1}{\mathrm{AF}\cdot\mathrm{CF}}+\dfrac{1}{\mathrm{BF}\cdot\mathrm{DF}}$ は α によらず一定であることを示し，その値を p で表せ。

(1) 題意の極座標において，曲線 C 上の点 P の極座標を $(r,\ \theta)$ とする。

点 P から C の準線 $x=-p$ に垂線 PH を下ろすと　PH＝PF＝r　また

$\mathrm{PH}=2p+\mathrm{PF}\cos\theta=2p+r\cos\theta$

よって　$r=2p+r\cos\theta$

ゆえに　$\boldsymbol{r(1-\cos\theta)=2p}$ …… ①

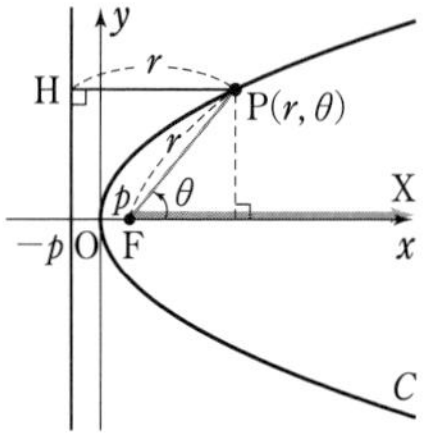

←放物線上の任意の点から焦点，準線までの距離は等しい。

(2) $r\neq 0$ であるから，① より

$$\frac{1}{r}=\frac{1-\cos\theta}{2p}$$

←焦点 F は C 上にないから　$r\neq 0$

条件から，4 点 A，B，C，D の位置関係は右図のようになり，各点の始線 FX からの角は，順に α，$\alpha+\dfrac{\pi}{2}$，$\alpha+\pi$，$\alpha+\dfrac{3}{2}\pi$ と表される。

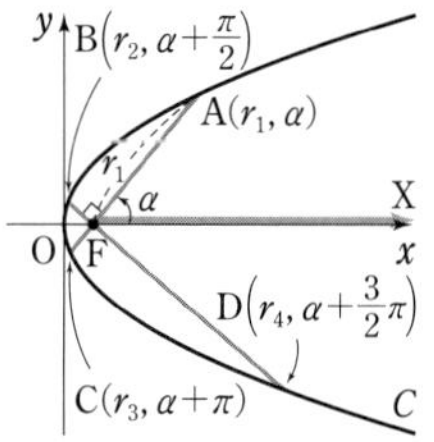

$$\frac{1}{\mathrm{AF}}=\frac{1-\cos\alpha}{2p},\quad \frac{1}{\mathrm{BF}}=\frac{1-\cos\left(\alpha+\dfrac{\pi}{2}\right)}{2p}=\frac{1+\sin\alpha}{2p},$$

←$\cos\left(\alpha+\dfrac{\pi}{2}\right)=-\sin\alpha$

$$\frac{1}{\mathrm{CF}}=\frac{1-\cos(\alpha+\pi)}{2p}=\frac{1+\cos\alpha}{2p},$$

←$\cos(\alpha+\pi)=-\cos\alpha$

$$\frac{1}{\mathrm{DF}}=\frac{1-\cos\left(\alpha+\dfrac{3}{2}\pi\right)}{2p}=\frac{1-\sin\alpha}{2p}$$

←$\cos\left(\alpha+\dfrac{3}{2}\pi\right)$
$=\cos\left(\pi+\left(\alpha+\dfrac{\pi}{2}\right)\right)$
$=-\cos\left(\alpha+\dfrac{\pi}{2}\right)=\sin\alpha$

よって　$\dfrac{1}{\mathrm{AF}\cdot\mathrm{CF}}=\dfrac{1-\cos^2\alpha}{4p^2}$，$\dfrac{1}{\mathrm{BF}\cdot\mathrm{DF}}=\dfrac{1-\sin^2\alpha}{4p^2}$

ゆえに　$\dfrac{1}{\mathrm{AF}\cdot\mathrm{CF}}+\dfrac{1}{\mathrm{BF}\cdot\mathrm{DF}}=\dfrac{2-(\cos^2\alpha+\sin^2\alpha)}{4p^2}=\boldsymbol{\dfrac{1}{4p^2}}$（一定）　←$\alpha$ に無関係。

練習 ③179　曲線 $(x^2+y^2)^3=4x^2y^2$ の極方程式を求めよ。また，この曲線の概形をかけ。ただし，原点Oを極，x 軸の正の部分を始線とする。

$x=r\cos\theta$，$y=r\sin\theta$，$x^2+y^2=r^2$ を方程式に代入すると

$$(r^2)^3=4(r\cos\theta)^2(r\sin\theta)^2$$

よって　$r^6-r^4\sin^2 2\theta=0$　←$2\sin\theta\cos\theta=\sin 2\theta$

ゆえに　$r^4(r+\sin 2\theta)(r-\sin 2\theta)=0$

よって　$r=0$ または $r=\sin 2\theta$ または $r=-\sin 2\theta$

ここで，$r=-\sin 2\theta$ から　$-r=\sin\{2(\theta+\pi)\}$

点 $(r,\ \theta)$ と点 $(-r,\ \theta+\pi)$ は同じ点を表すから，$r=\sin 2\theta$ と $r=-\sin 2\theta$ は同値である。

また，曲線 $r=\sin 2\theta$ は極を通る。

したがって，求める極方程式は　$\boldsymbol{r=\sin 2\theta}$

←$\theta=0$ のとき $\sin 2\theta=0$

次に，$f(x,\ y)=(x^2+y^2)^3-4x^2y^2$ とすると，曲線の方程式は

$$f(x,\ y)=0 \quad \cdots\cdots ①$$

$f(x,\ -y)=f(-x,\ y)=f(-x,\ -y)=f(x,\ y)$ であるから，曲線 ① は x 軸，y 軸，原点に関してそれぞれ対称である。

←$(-x)^2=x^2$，$(-y)^2=y^2$

$r\geqq 0$，$0\leqq\theta\leqq\dfrac{\pi}{2}$ として，いくつかの θ の値とそれに対応する r の値を求めると，次のようになる。

θ	0	$\frac{\pi}{12}$	$\frac{\pi}{8}$	$\frac{\pi}{6}$	$\frac{\pi}{4}$	$\frac{\pi}{3}$	$\frac{3}{8}\pi$	$\frac{5}{12}\pi$	$\frac{\pi}{2}$
r	0	$\frac{1}{2}$	$\frac{\sqrt{2}}{2}$	$\frac{\sqrt{3}}{2}$	1	$\frac{\sqrt{3}}{2}$	$\frac{\sqrt{2}}{2}$	$\frac{1}{2}$	0

←$y=\sin 2\theta$ のグラフは直線 $\theta=\dfrac{\pi}{4}$ に関して対称でもある。

これをもとにして，第1象限における ① の曲線をかき，それと x 軸，y 軸，原点に関して対称な曲線もかき加えると，曲線の概形は**右図**のようになる。

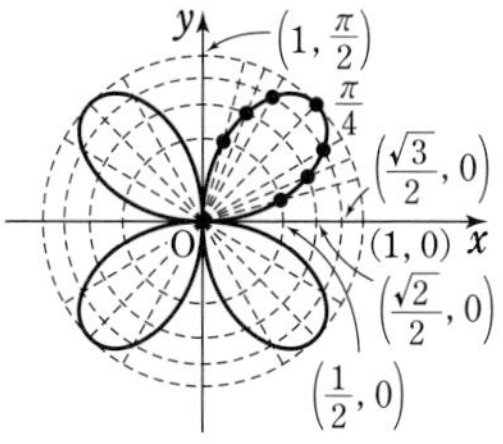

←図中の座標は，極座標である。

検討　a を有理数とするとき，極方程式 $r=\sin a\theta$ で表される曲線を**正葉曲線**（バラ曲線）という。

EX ②87

a, b を実数とし，$b<a$ とする。焦点が点 $(0,\ a)$，準線が直線 $y=b$ である放物線を P で表すことにする。すなわち，P は点 $(0,\ a)$ からの距離と直線 $y=b$ からの距離が等しい点の軌跡である。

(1) 放物線 P の方程式を求めよ。

(2) 焦点 $(0,\ a)$ を中心とする半径 $a-b$ の円を C とする。このとき，円 C と放物線 P の交点の座標を求めよ。 〔類 愛知教育大〕

(1) 放物線 P 上の点 $(x,\ y)$ は，焦点 $(0,\ a)$ からの距離と直線 $y=b$ からの距離が等しい。

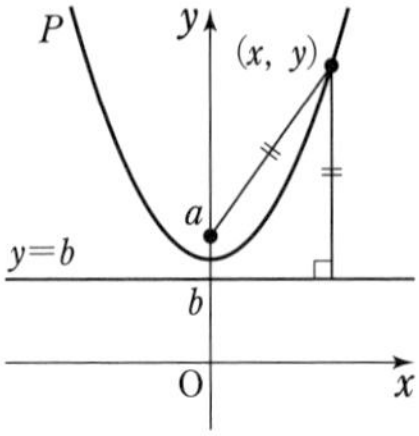

$a>b$ であるから

$y-b=\sqrt{x^2+(y-a)^2}$ …… ①

よって　$(y-b)^2=x^2+(y-a)^2$

整理すると　$2(a-b)y=x^2+a^2-b^2$

$a-b>0$ であるから，放物線 P の方程式は

$$\boldsymbol{y=\frac{1}{2(a-b)}x^2+\frac{a+b}{2}}$$

(2) 円 C の方程式は　$x^2+(y-a)^2=(a-b)^2$ …… ②

これを ① に代入すると，$a-b>0$ から　$y-b=a-b$

よって　$y=a$

このとき，② から　$x^2=(a-b)^2$　ゆえに　$x=\pm(a-b)$

よって，求める交点の座標は　$\boldsymbol{(a-b,\ a)}$，$\boldsymbol{(b-a,\ a)}$

←放物線の定義を式に表すことで，放物線 P の方程式を求める。

←図をかいてみると，放物線 P 上の点は直線 $y=b$ の上側にあることがわかる。

←$a^2-b^2=(a+b)(a-b)$

←(1) の答えの式と ② を連立して解くのは大変。① と ② を連立して解くとよい。

EX ③88

d を正の定数とする。2 点 $\mathrm{A}(-d,\ 0)$，$\mathrm{B}(d,\ 0)$ からの距離の和が $4d$ である点 P の軌跡として定まる楕円 E を考える。

(1) 楕円 E の長軸と短軸の長さを求めよ。

(2) $\mathrm{AP}^2+\mathrm{BP}^2$ および $\mathrm{AP}\cdot\mathrm{BP}$ を，OP と d を用いて表せ（O は原点）。

(3) 点 P が楕円 E 全体を動くとき，$\mathrm{AP}^3+\mathrm{BP}^3$ の最大値と最小値を d を用いて表せ。〔筑波大〕

(1) 長軸の長さを $2a$，短軸の長さを $2b$ とすると，$a>b>0$ であり，条件から楕円 E の方程式は　$\dfrac{x^2}{a^2}+\dfrac{y^2}{b^2}=1$　とおける。

点 A，B は楕円 E の焦点であるから　$\mathrm{AP}+\mathrm{BP}=2a$

よって　$2a=4d$　ゆえに　$a=2d$

また，$a^2-b^2=d^2$ から　$b^2=a^2-d^2=4d^2-d^2=3d^2$

$b>0$，$d>0$ から　$b=\sqrt{3}\,d$

したがって　**長軸の長さは $\boldsymbol{4d}$，短軸の長さは $\boldsymbol{2\sqrt{3}\,d}$**

(1)

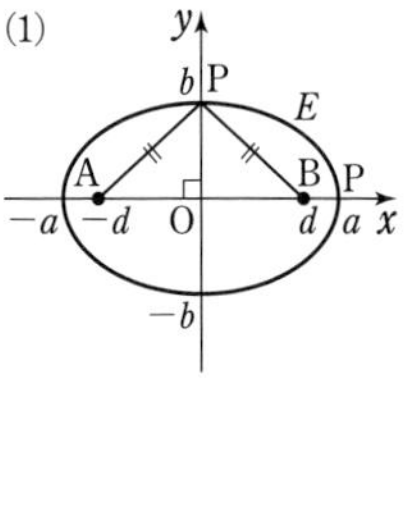

(2) $\mathrm{P}(x,\ y)$ とすると

$\mathrm{AP}^2=(x+d)^2+y^2$，$\mathrm{BP}^2=(x-d)^2+y^2$

よって　$\boldsymbol{\mathrm{AP}^2+\mathrm{BP}^2}=2(x^2+y^2)+2d^2\boldsymbol{=2\mathrm{OP}^2+2d^2}$

また，$\mathrm{AP}+\mathrm{BP}=4d$ であるから

$$\boldsymbol{\mathrm{AP}\cdot\mathrm{BP}}=\frac{1}{2}\{(\mathrm{AP}+\mathrm{BP})^2-(\mathrm{AP}^2+\mathrm{BP}^2)\} \cdots\cdots (*)$$

$$=\frac{1}{2}\{(4d)^2-(2\mathrm{OP}^2+2d^2)\}=\boldsymbol{7d^2-\mathrm{OP}^2}$$

(2)

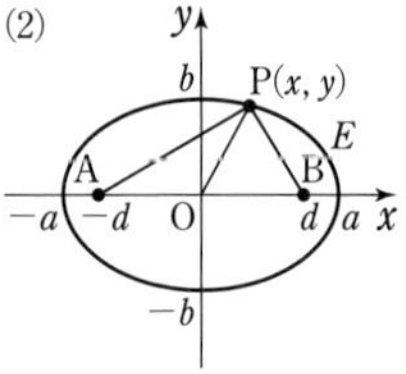

(＊)　ab

$=\dfrac{1}{2}\{(a+b)^2-(a^2+b^2)\}$

別解　AP^2+BP^2 の求め方。

原点 O は辺 AB の中点であるから，△PAB において中線定理により　　$\mathbf{AP^2+BP^2}=2(OP^2+OA^2)=\mathbf{2OP^2+2d^2}$

(3)　$AP^3+BP^3=(AP+BP)^3-3AP\cdot BP(AP+BP)$

$=(4d)^3-3(7d^2-OP^2)\cdot 4d$

$=12dOP^2-20d^3$　　←OP の 2 次関数。

(1) より，$b\leqq OP\leqq a$ すなわち $\sqrt{3}\,d\leqq OP\leqq 2d$ であるから

AP^3+BP^3 は **$OP=2d$ のとき最大値** $12d\cdot 4d^2-20d^3=\mathbf{28d^3}$，

$OP=\sqrt{3}\,d$ のとき最小値 $12d\cdot 3d^2-20d^3=\mathbf{16d^3}$ をとる。

中線定理

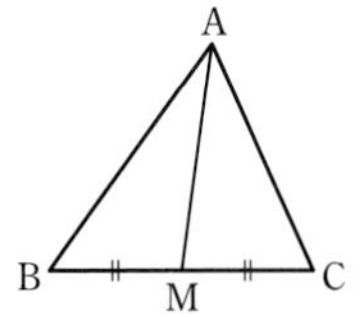

△ABC の辺 BC の中点を M とすると
$AB^2+AC^2=2(AM^2+BM^2)$

EX ③89

楕円 $\dfrac{x^2}{9}+\dfrac{y^2}{4}=1$ に内接する正方形の 1 辺の長さは ア□ である。また，この楕円に内接する長方形の面積の最大値は イ□ である。〔成蹊大〕

楕円に内接する正方形の 1 辺の長さを $2l$ とすると，第 1 象限にある正方形の頂点の座標は　　$(l,\ l)$

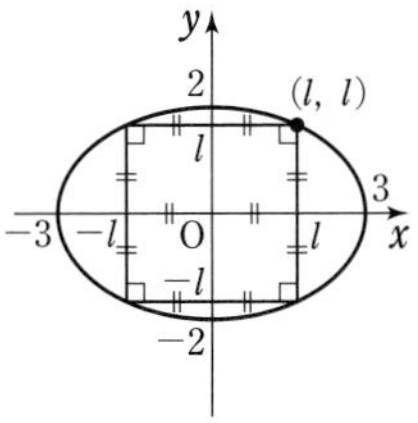

←楕円 $\dfrac{x^2}{a^2}+\dfrac{y^2}{b^2}=1$ は x 軸，y 軸に関して対称であるから，この楕円に内接する長方形の 4 辺は座標軸と平行である。

これが楕円 $\dfrac{x^2}{9}+\dfrac{y^2}{4}=1$ 上にあるから

$$\frac{l^2}{9}+\frac{l^2}{4}=1$$

よって　　$l^2=\dfrac{36}{13}$　　$l>0$ であるから　　$l=\dfrac{6}{\sqrt{13}}$

ゆえに，楕円に内接する正方形の 1 辺の長さは　　$2l=$ ア $\mathbf{\dfrac{12}{\sqrt{13}}}$

また，楕円に内接する長方形の第 1 象限にある頂点の座標を $(s,\ t)$ $(s>0,\ t>0)$ とすると，長方形の面積 S は

$$S=2s\cdot 2t=4st$$

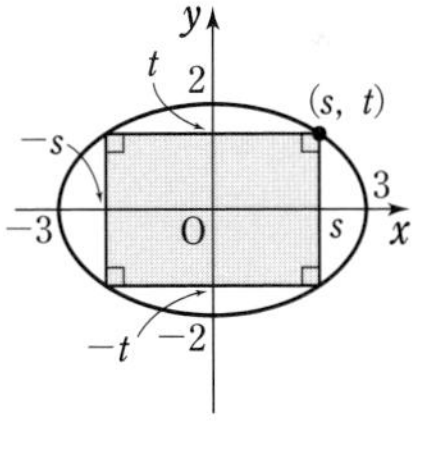

点 $(s,\ t)$ は楕円上にあるから

$$\frac{s^2}{9}+\frac{t^2}{4}=1 \quad \cdots\cdots ①$$

$\dfrac{s^2}{9}>0$，$\dfrac{t^2}{4}>0$ であるから，(相加平均)≧(相乗平均) により

$$\frac{s^2}{9}+\frac{t^2}{4}\geqq 2\sqrt{\frac{s^2}{9}\cdot\frac{t^2}{4}}=\frac{1}{3}st$$

←$a>0$，$b>0$ のとき
$\dfrac{a+b}{2}\geqq\sqrt{ab}$
($a=b$ のとき等号成立。)

よって，① から　　$1\geqq\dfrac{1}{3}st$

ゆえに　　$4st\leqq 12$　すなわち　$S\leqq 12$

等号は，$\dfrac{s^2}{9}=\dfrac{t^2}{4}=\dfrac{1}{2}$ のとき成り立つ。このとき，　←① から。

$s^2=\dfrac{9}{2}$，$t^2=2$ で，$s>0$，$t>0$ から　　$s=\dfrac{3}{\sqrt{2}}$，$t=\sqrt{2}$

したがって，面積 S の最大値は　　イ **12**

EX ③90 2つの直線 $y=x$, $y=-x$ 上にそれぞれ点A, Bがある。△OABの面積が k (k は定数) のとき, 線分ABを2:1に内分する点Pの軌跡を求めよ。ただし, Oは原点とする。

点A, Bは, それぞれ直線 $y=x$, $y=-x$ 上にあるから, $st\neq0$ として, A(s, s), B$(t, -t)$ とする。

△OABの面積を S とすると

$$S=\frac{1}{2}|s\cdot(-t)-s\cdot t|=|st|$$

$S=k$ であるから　$|st|=k$ …… ①

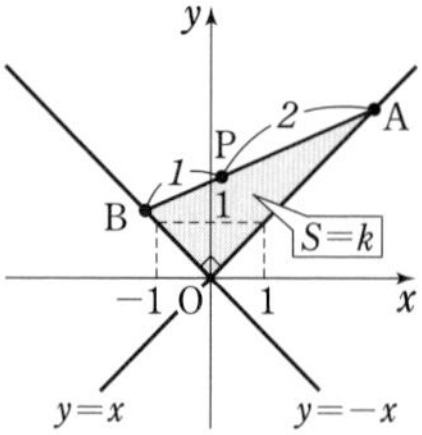

P(x, y) とすると, 点Pは線分ABを2:1に内分するから

$$x=\frac{1\cdot s+2\cdot t}{2+1},\ y=\frac{1\cdot s-2\cdot t}{2+1}$$

よって　$s=\frac{3}{2}(x+y)$, $t=\frac{3}{4}(x-y)$ …… ②

② を ① に代入して　$\frac{9}{8}|x^2-y^2|=k$

ゆえに, 求める軌跡は　**双曲線** $\boldsymbol{x^2-y^2=\pm\frac{8}{9}k}$

HINT P(x, y), A(s, s), B$(t, -t)$ とする。まず, △OABの面積に注目して s, t の関係式を作る。

←OA$=\sqrt{2}|s|$, OB$=\sqrt{2}|t|$, ∠AOB$=90^\circ$ に注目すると　$S=\frac{1}{2}$OA・OB$=|st|$

←$s+2t=3x$ …… Ⓐ, $s-2t=3y$ …… Ⓑ

(Ⓐ+Ⓑ)÷2 から　$s=\frac{3}{2}(x+y)$

(Ⓐ−Ⓑ)÷4 から　$t=\frac{3}{4}(x-y)$

EX ④91 xy 座標平面上に4点 $A_1(0, 5)$, $A_2(0, -5)$, $B_1(c, 0)$, $B_2(-c, 0)$ をとる。ただし, $c>0$ とする。このとき, 次の問いに答えよ。

(1) 2点 A_1, A_2 からの距離の差が6であるような点P(x, y) の軌跡を求め, その軌跡を xy 座標平面上に図示せよ。

(2) 2点 B_1, B_2 からの距離の差が $2a$ であるような点が, (1)で求めた軌跡上に存在するための必要十分条件を a と c の関係式で表し, それを ac 座標平面上に図示せよ。ただし, $c>a>0$ とする。　〔大阪教育大〕

HINT 焦点が x 軸上にあるか y 軸上にあるかに注意して, 軌跡の方程式を求める。

(1) 点Pの軌跡は, A_1, A_2 を焦点とする双曲線であるから

$$\frac{x^2}{m^2}-\frac{y^2}{n^2}=-1\quad(m>0,\ n>0)$$　とおける。

←中心が原点Oで, y 軸上に焦点がある双曲線。

焦点からの距離の差が6であるから　$2n=6$　ゆえに　$n=3$

焦点の y 座標について　$\sqrt{m^2+n^2}=5$

$n=3$ を代入すると　$\sqrt{m^2+3^2}=5$

両辺を平方すると　$m^2=16$

よって, 求める軌跡は,

双曲線 $\boldsymbol{\frac{x^2}{16}-\frac{y^2}{9}=-1}$ …… ①

で, その概形は **右図** のようになる。

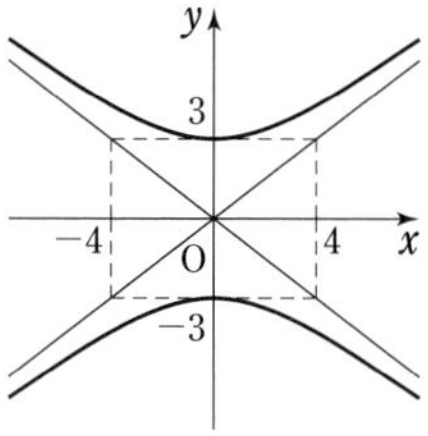

←漸近線は 2直線 $y=\pm\frac{3}{4}x$

(2) 2点 B_1, B_2 からの距離の差が $2a$ である点をQ(x, y) とすると, Qの軌跡は, B_1, B_2 を焦点とする双曲線であるから

$$\frac{x^2}{p^2}-\frac{y^2}{q^2}=1\quad(p>0,\ q>0)$$　とおける。

←中心が原点Oで, x 軸上に焦点がある双曲線。

焦点からの距離の差が $2a$ であるから　$2p=2a$

ゆえに　$p=a$

焦点の x 座標について　$\sqrt{p^2+q^2}=c$
$p=a$ を代入すると　$\sqrt{a^2+q^2}=c$
両辺を平方すると　$q^2=c^2-a^2$

ゆえに，Q の軌跡は，双曲線 $\dfrac{x^2}{a^2}-\dfrac{y^2}{c^2-a^2}=1$ …… ② である。

←$c>a>0$ であるから $c^2-a^2>0$

Q が ① 上に存在するための条件は，① と ② が共有点をもつことである。
①，② から y を消去して整理すると

$$(16c^2-25a^2)x^2=16a^2(c^2-a^2+9) \quad \cdots\cdots \text{③}$$

←① を変形した $y^2=\dfrac{9}{16}x^2+9$ を ② に代入して整理する。

$c>a>0$ であるから　$a^2(c^2-a^2+9)>0$
よって，③ が実数解をもつための条件は　$16c^2-25a^2>0$
ゆえに　$(4c+5a)(4c-5a)>0$

←$sx^2=t\ (t>0)$ が実数解をもつための条件は $s>0$

$4c+5a>0$ であるから　$c>\dfrac{5}{4}a$

よって，求める条件は

$$c>\frac{5}{4}a \text{ かつ } c>a>0$$

すなわち　$\boldsymbol{c>\dfrac{5}{4}a}$ **かつ** $\boldsymbol{a>0}$

←$c>\dfrac{5}{4}a$ かつ $a>0$ のとき，$c>a$ は常に成り立つ。

この不等式の表す領域は，**右図の斜線部分。ただし，境界線を含まない。**

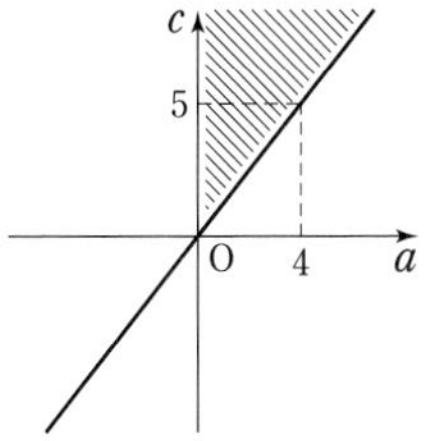

EX ④92

$t\neq 1$，$t\neq 2$ とする。方程式 $\dfrac{x^2}{2-t}+\dfrac{y^2}{1-t}=1$ で表される 2 次曲線について

(1) 2 次曲線 $\dfrac{x^2}{2-t}+\dfrac{y^2}{1-t}=1$ が点 $(1,\ 1)$ を通るとき，t の値を求めよ。また，そのときの焦点を求めよ。

(2) 定点 $(a,\ a)\ (a\neq 0)$ を通る 2 次曲線 $\dfrac{x^2}{2-t}+\dfrac{y^2}{1-t}=1$ は 2 つあり，1 つは楕円，もう 1 つは双曲線であることを示せ。〔類　宇都宮大〕

HINT (2) 通る点の座標を代入してできる t の 2 次方程式 $f(t)=0$ について，放物線 $y=f(t)$ と t 軸の交点の座標に注目。

$\dfrac{x^2}{2-t}+\dfrac{y^2}{1-t}=1$ …… ① とする。

(1) 2 次曲線 ① が点 $(1,\ 1)$ を通るから　$\dfrac{1^2}{2-t}+\dfrac{1^2}{1-t}=1$

←通る点の座標を方程式に代入。

よって　$(1-t)+(2-t)=(2-t)(1-t)$

整理すると　$t^2-t-1=0$　これを解くと　$t=\dfrac{1\pm\sqrt{5}}{2}$

←$t=\dfrac{-(-1)\pm\sqrt{(-1)^2-4\cdot(-1)}}{2}$

$t=\dfrac{1+\sqrt{5}}{2}$ のとき　$2-t=2-\dfrac{1+\sqrt{5}}{2}=\dfrac{3-\sqrt{5}}{2}>0,$

$$1-t=1-\frac{1+\sqrt{5}}{2}=\frac{1-\sqrt{5}}{2}<0$$

←$2<\sqrt{5}<3$
① の左辺の分母 $2-t$，$1-t$ の符号がわかれば 2 次曲線の種類が判別できる。

よって，このとき ① は双曲線を表す。

また，$\sqrt{(2-t)+\{-(1-t)\}}=1$ であるから，焦点は

$$2 \text{ 点 } (1,\ 0),\ (-1,\ 0)$$

←① は $\dfrac{x^2}{A}-\dfrac{y^2}{B}=1$ $(A>0,\ B>0)$ の形。このとき，焦点は 2 点 $(\sqrt{A+B},\ 0)$，$(-\sqrt{A+B},\ 0)$

$t=\dfrac{1-\sqrt{5}}{2}$ のとき

$$2-t=2-\frac{1-\sqrt{5}}{2}=\frac{3+\sqrt{5}}{2}>0,$$

$$1-t=1-\frac{1-\sqrt{5}}{2}=\frac{1+\sqrt{5}}{2}>0$$

よって，このとき ① は楕円を表す。

また，$\sqrt{(2-t)-(1-t)}=1$ であるから，焦点は

$$2 \text{ 点 } (1,\ 0),\ (-1,\ 0)$$

←① は $\dfrac{x^2}{A}+\dfrac{y^2}{B}=1$ $(A>B>0)$ の形。このとき，焦点は 2 点 $(\sqrt{A-B},\ 0)$，$(-\sqrt{A-B},\ 0)$

したがって　　$\boldsymbol{t=\dfrac{1\pm\sqrt{5}}{2}}$，**焦点は　2 点 (1，0)，(−1，0)**

(2)　2 次曲線 ① が点 $(a,\ a)$ を通るから

$$\frac{a^2}{2-t}+\frac{a^2}{1-t}=1$$

整理すると　　$t^2+(2a^2-3)t+2-3a^2=0$ …… ②

←② の解は簡単な形にならない。

ここで，$f(t)=t^2+(2a^2-3)t+2-3a^2$

とすると，$a\neq0$ であるから

$$f(1)=-a^2<0,\ f(2)=a^2>0$$

←欲しいのは，② の解と 1，2 との大小関係。グラフを利用して考える。

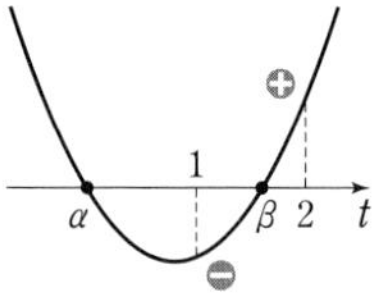

よって，放物線 $y=f(t)$ は t 軸と異なる 2 点で交わり，その t 座標を α，β $(\alpha<\beta)$ とすると

←α，β は ② の 2 解。

$$\alpha<1<\beta<2$$

ゆえに　　$2-\alpha>0,\ 1-\alpha>0,\ 2-\beta>0,\ 1-\beta<0$

よって，② の解が $t=\alpha$ のとき ① は楕円を表し，② の解が $t=\beta$ のとき ① は双曲線を表す。

EX
⑤**93**

座標空間において，xy 平面上にある双曲線 $x^2-y^2=1$ のうち $x\geqq1$ を満たす部分を C とする。また，z 軸上の点 $\mathrm{A}(0,\ 0,\ 1)$ を考える。点 P が C 上を動くとき，直線 AP と平面 $x=d$ との交点の軌跡を求めよ。ただし，d は正の定数とする。〔九州大〕

HINT　$\mathrm{P}(s,\ t,\ 0)\ (s\geqq1)$ とし，まず s，t の関係式を求める。
次に，直線 AP 上の任意の点を Q とすると，$\overrightarrow{\mathrm{OQ}}=\overrightarrow{\mathrm{OA}}+k\overrightarrow{\mathrm{AP}}$ (O は原点，k は実数) と表されることを利用して，直線 AP と平面 $x=d$ との交点の座標を s，t，d の式で表す。

$\mathrm{P}(s,\ t,\ 0)\ (s\geqq1)$ とすると　　$s^2-t^2=1$ …… ①

←点 P は xy 平面上の図形 C（双曲線の一部）上を動く。

直線 AP 上の任意の点を Q とすると

$$\overrightarrow{\mathrm{OQ}}=\overrightarrow{\mathrm{OA}}+k\overrightarrow{\mathrm{AP}}$$
$$=(0,\ 0,\ 1)+k(s,\ t,\ -1)$$
$$=(ks,\ kt,\ 1-k)$$

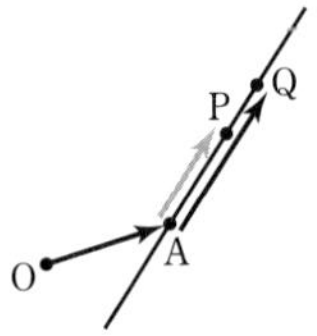

ここで，O は原点，k は実数である。

点 Q が平面 $x=d$ 上にあるとき　　$ks=d$

$s\neq0$ であるから　　$k=\dfrac{d}{s}$

このとき　$\overrightarrow{OQ}=\left(d,\ \dfrac{d}{s}t,\ 1-\dfrac{d}{s}\right)$

ゆえに，$Y=\dfrac{d}{s}t$ …… ②，$Z=1-\dfrac{d}{s}$ …… ③ とすると，

③ から　$s(1-Z)=d$

ここで，$d>0$，$s\geqq 1$ から　$0<\dfrac{d}{s}\leqq d$

よって　$1-d\leqq Z<1$　　ゆえに　$s=\dfrac{d}{1-Z}$ …… ④

また，② から　$t=\dfrac{s}{d}Y=\dfrac{1}{d}\cdot\dfrac{d}{1-Z}Y=\dfrac{Y}{1-Z}$ …… ⑤

④，⑤ を ① に代入して

$$\left(\frac{d}{1-Z}\right)^2-\left(\frac{Y}{1-Z}\right)^2=1$$

よって　$Y^2+(Z-1)^2=d^2$，

$1-d\leqq Z<1$

したがって，求める軌跡は，**平面 $x=d$ 上の点 $(d,\ 0,\ 1)$ を中心とする半径 d の円の $z<1$ の部分** である。

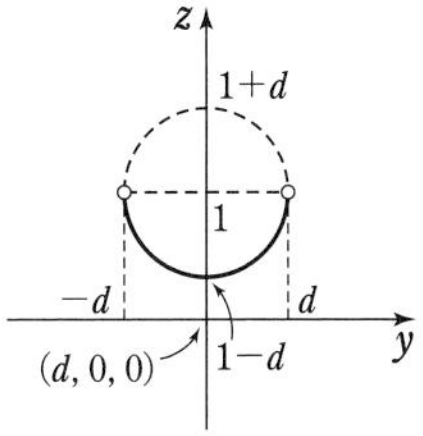

←〰〰が直線 AP と平面 $x=d$ の交点の座標。この交点は平面 $x=d$ 上を動くから，交点の y 座標を Y，z 座標を Z として，Y，Z の関係式を求めることを目指す。⟶ ①，②，③ から s，t を消去する。$d>0$，$s\geqq 1$ から，Z の値の範囲が制限されることにも注意。

←両辺に $(Z-1)^2$ を掛けて，分母を払う。

EX ②94　方程式 $2x^2-8x+y^2-6y+11=0$ が表す 2 次曲線を C_1 とする。また，a，b，$c\,(c>0)$ を定数とし，方程式 $(x-a)^2-\dfrac{(y-b)^2}{c^2}=1$ が表す双曲線を C_2 とする。C_1 の 2 つの焦点と C_2 の 2 つの焦点が正方形の 4 つの頂点となるとき，a，b，c の値を求めよ。　〔類 名城大〕

HINT　まず，2 曲線 C_1，C_2 の焦点をそれぞれ求める。

$2x^2-8x+y^2-6y+11=0$ から

$$2(x-2)^2+(y-3)^2=6$$

よって　$\dfrac{(x-2)^2}{3}+\dfrac{(y-3)^2}{6}=1$

ゆえに，C_1 は楕円 $\dfrac{x^2}{3}+\dfrac{y^2}{6}=1$ …… ① を x 軸方向に 2，y 軸方向に 3 だけ平行移動したものである。

楕円 ① の焦点は 2 点 $(0,\ \sqrt{3})$，$(0,\ -\sqrt{3})$ であるから，楕円 C_1 の焦点は 2 点 $(2,\ 3+\sqrt{3})$，$(2,\ 3-\sqrt{3})$ である。

←$(0,\ \sqrt{6-3})$，$(0,\ -\sqrt{6-3})$

また，C_2 は双曲線 $x^2-\dfrac{y^2}{c^2}=1$ …… ② を x 軸方向に a，y 軸方向に b だけ平行移動したものである。

双曲線 ② の焦点は 2 点 $(\sqrt{1+c^2},\ 0)$，$(-\sqrt{1+c^2},\ 0)$ であるから，双曲線 C_2 の焦点は

2 点 $(a+\sqrt{1+c^2},\ b)$，$(a-\sqrt{1+c^2},\ b)$

$F_1(2,\ 3+\sqrt{3})$，$F_2(2,\ 3-\sqrt{3})$，$G_1(a+\sqrt{1+c^2},\ b)$，$G_2(a-\sqrt{1+c^2},\ b)$ とすると，点 F_1，F_2 は直線 $x=2$ 上，点 G_1，G_2 は直線 $y=b$ 上にあるから　$F_1F_2\perp G_1G_2$

←直線 $x=2$，$y=b$ は直交。

よって，4 点 F_1，F_2，G_1，G_2 が正方形の 4 つの頂点となるとき，対角線 F_1F_2，G_1G_2 は長さが等しく，それぞれの中点で交わる。
対角線 F_1F_2 の中点は点 $(2,\ 3)$，対角線 G_1G_2 の中点は点 $(a,\ b)$ であるから　　$a=2$，$b=3$

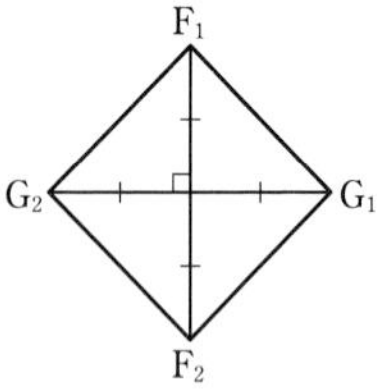

$F_1F_2=G_1G_2$ から　　$2\sqrt{3}=2\sqrt{1+c^2}$
ゆえに　　$\sqrt{1+c^2}=\sqrt{3}$　　両辺を平方して　　$c^2=2$
$c>0$ であるから　　$c=\sqrt{2}$
したがって　　$\boldsymbol{a=2,\ b=3,\ c=\sqrt{2}}$

EX ③95

楕円 $\dfrac{x^2}{7}+\dfrac{y^2}{3}=1$ を，原点を中心として角 $\dfrac{\pi}{6}$ だけ回転して得られる曲線を C とする。
(1) 曲線 C の方程式を求めよ。
(2) 直線 $y=t$ が C と共有点をもつような実数 t の値の範囲を求めよ。　〔類 名古屋工大〕

(1) 楕円 $\dfrac{x^2}{7}+\dfrac{y^2}{3}=1$ 上の点 $P(X,\ Y)$ を，原点を中心として角 $\dfrac{\pi}{6}$ だけ回転した点を $Q(x,\ y)$ とすると，複素数平面上の点の回転を考えることにより，次の等式が成り立つ。

$$X+Yi=\left\{\cos\left(-\frac{\pi}{6}\right)+i\sin\left(-\frac{\pi}{6}\right)\right\}(x+yi)\ \cdots\cdots\ ①$$

$X+Yi \underset{-\frac{\pi}{6}\text{ 回転}}{\overset{\frac{\pi}{6}\text{ 回転}}{\rightleftarrows}} x+yi$

① から　　$X+Yi=\dfrac{\sqrt{3}-i}{2}(x+yi)=\dfrac{\sqrt{3}x+y}{2}+\dfrac{-x+\sqrt{3}y}{2}i$
よって　　$X=\dfrac{\sqrt{3}x+y}{2}$，$Y=\dfrac{-x+\sqrt{3}y}{2}$
ゆえに　　$2X=\sqrt{3}x+y$，$2Y=-x+\sqrt{3}y\ \cdots\cdots\ ②$
また，$\dfrac{X^2}{7}+\dfrac{Y^2}{3}=1$ すなわち，$12X^2+28Y^2=84$ であるから，② を代入して整理すると　　$\boldsymbol{4x^2-2\sqrt{3}xy+6y^2=21}\ \cdots\cdots\ ③$
これが求める曲線 C の方程式である。

←$3(2X)^2+7(2Y)^2=84$ とみて，② を代入。

別解　動径 OQ が x 軸の正の向きとなす角を α とすると，動径 OP が x 軸の正の向きとなす角は $\alpha-\dfrac{\pi}{6}$ である。
また，$OP=OQ=r$ とすると

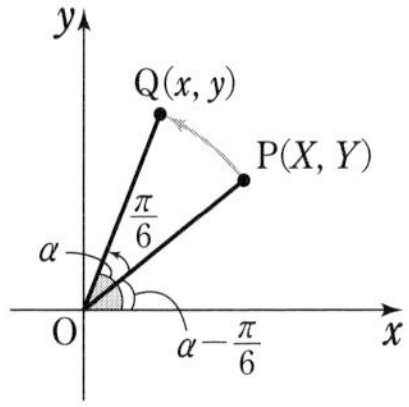

$$x=r\cos\alpha,\quad y=r\sin\alpha$$

よって　　$X=r\cos\left(\alpha-\dfrac{\pi}{6}\right)=r\cos\alpha\cos\dfrac{\pi}{6}+r\sin\alpha\sin\dfrac{\pi}{6}$
$=\dfrac{\sqrt{3}x+y}{2}$

$$Y=r\sin\left(\alpha-\frac{\pi}{6}\right)=r\sin\alpha\cos\frac{\pi}{6}-r\cos\alpha\sin\frac{\pi}{6}=\frac{-x+\sqrt{3}y}{2}$$

これから ② が導かれる。以後は同様。

(2) ③ に $y=t$ を代入すると　　$4x^2-2\sqrt{3}tx+6t^2-21=0\ \cdots\ ④$
直線 $y=t$ が C と共有点をもつための条件は，x の 2 次方程式 ④ が実数解をもつことである。すなわち，④ の判別式を D と

共有点 ⟺ 実数解

すると　$D \geqq 0$

$$\frac{D}{4}=(-\sqrt{3}\,t)^2-4(6t^2-21)=-21(t^2-4)=-21(t+2)(t-2)$$

であるから　$(t+2)(t-2)\leqq 0$　よって　$\boldsymbol{-2 \leqq t \leqq 2}$

EX ③96　x 軸を準線とし，直線 $y=x$ に点 $(3,\ 3)$ で接している放物線がある。この放物線の焦点の座標は ^{ア}□ であり，方程式は ^{イ}□ である。〔順天堂大〕

放物線の頂点の座標を $(q,\ p)$ とすると，準線が x 軸 $(y=0)$ であることから，放物線の焦点の座標は $(q,\ 2p)$ であり，方程式は　$(x-q)^2=4p(y-p)$ $(p \neq 0)$ …… ①　とおける。

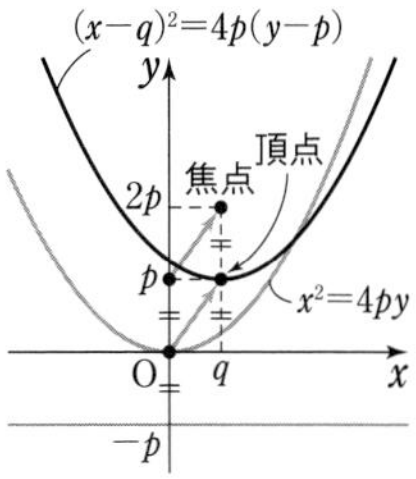

$y=x$ を ① に代入して　$(x-q)^2=4p(x-p)$

よって　$x^2-2(q+2p)x+q^2+4p^2=0$ …… ②

条件から，x の 2 次方程式 ② は $x=3$ を重解にもつ。

ゆえに，② の判別式を D とすると　$D=0$

ここで　$\dfrac{D}{4}=\{-(q+2p)\}^2-1\cdot(q^2+4p^2)=4pq$

ゆえに　$4pq=0$　$p \neq 0$ であるから　$q=0$

このとき，② の重解は　$x=-\{-(q+2p)\}=2p$

よって　$2p=3$　したがって　$p=\dfrac{3}{2}$

ゆえに，求める焦点の座標は $\left(0,\ 2\cdot\dfrac{3}{2}\right)$ すなわち ${}^{ア}\boldsymbol{(0,\ 3)}$

方程式は　$x^2=4\cdot\dfrac{3}{2}\left(y-\dfrac{3}{2}\right)$ すなわち ${}^{イ}\boldsymbol{x^2=6\left(y-\dfrac{3}{2}\right)}$

接点 ⟺ 重解
2 次方程式
$ax^2+2b'x+c=0$ が重解をもつとき，その重解は
$x=-\dfrac{b'}{a}$

EX ③97　p を実数とし，$C：4x^2-y^2=1$，$\ell：y=px+1$ によって与えられる双曲線 C と直線 ℓ を考える。C と ℓ が異なる 2 つの共有点をもつとき

(1) p の値の範囲を求めよ。

C と ℓ の共有点を，その x 座標が小さい方から順に P_1，P_2 とし，C の 2 つの漸近線と ℓ の交点を，その x 座標が小さい方から順に Q_1，Q_2 とする。

(2) 線分 P_1P_2 の中点，線分 Q_1Q_2 の中点の座標をそれぞれ求めよ。

(3) $P_1Q_1=P_2Q_2$ が成り立つことを示せ。〔類 東京都立大〕

(1)　$y=px+1$ を $4x^2-y^2=1$ に代入して整理すると

$$(p^2-4)x^2+2px+2=0 \quad \cdots\cdots ①$$

←y を消去。

C と ℓ が異なる 2 つの共有点をもつから，x の方程式 ① は異なる 2 つの実数解をもつ。

よって，$p^2-4 \neq 0$ から $p \neq \pm 2$ …… ② で，このとき 2 次方程式 ① の判別式を D とすると　$D>0$

←① が 2 次方程式となって，異なる 2 つの実数解をもつ。

ここで　$\dfrac{D}{4}=p^2-(p^2-4)\cdot 2=-(p^2-8)$

$D>0$ から　$p^2-8<0$

←$(p+2\sqrt{2})(p-2\sqrt{2})<0$

よって　$-2\sqrt{2}<p<2\sqrt{2}$ …… ③

②，③ の共通範囲を求めて

$$\boldsymbol{-2\sqrt{2}<p<-2,\ -2<p<2,\ 2<p<2\sqrt{2}}$$

(2) 点 P_1, P_2 の x 座標をそれぞれ x_1, x_2 $(x_1<x_2)$ とすると, x_1, x_2 は ① の異なる実数解であるから, 解と係数の関係により

$$x_1+x_2=-\frac{2p}{p^2-4}$$

よって, 線分 P_1P_2 の中点の x 座標は

$$\frac{x_1+x_2}{2}=-\frac{p}{p^2-4}$$

また, 点 P_1, P_2 は ℓ 上にあるから, 線分 P_1P_2 の中点の y 座標は

$$p\left(-\frac{p}{p^2-4}\right)+1=-\frac{4}{p^2-4} \quad \cdots\cdots (*)$$

←$y=px+1$ に $x=-\frac{p}{p^2-4}$ を代入。

よって, **線分 $\boldsymbol{P_1P_2}$ の中点** の座標は

$$\left(-\frac{p}{p^2-4},\ -\frac{4}{p^2-4}\right)$$

また, C の漸近線は直線 $2x\pm y=0$ すなわち直線 $y=\pm 2x$ であるから, それぞれの漸近線と ℓ との交点の x 座標は,

$\pm 2x=px+1$ を解いて $x=-\frac{1}{p\mp 2}$ (複号同順)

ゆえに, 線分 Q_1Q_2 の中点の x 座標は

$$\frac{1}{2}\left\{\left(-\frac{1}{p-2}\right)+\left(-\frac{1}{p+2}\right)\right\}=-\frac{p}{p^2-4}$$

←$(*)$と同じ結果。

また, 点 Q_1, Q_2 は ℓ 上にあるから, 線分 Q_1Q_2 の中点の y 座標は

$$p\left(-\frac{p}{p^2-4}\right)+1=-\frac{4}{p^2-4}$$

←$y=px+1$ に $x=-\frac{p}{p^2-4}$ を代入。

よって, **線分 $\boldsymbol{Q_1Q_2}$ の中点** の座標は

$$\left(-\frac{p}{p^2-4},\ -\frac{4}{p^2-4}\right)$$

(3) (2)の結果から, 線分 P_1P_2 の中点と線分 Q_1Q_2 の中点は一致する。この点を M とすると

$$P_1M=P_2M,\ Q_1M=Q_2M$$

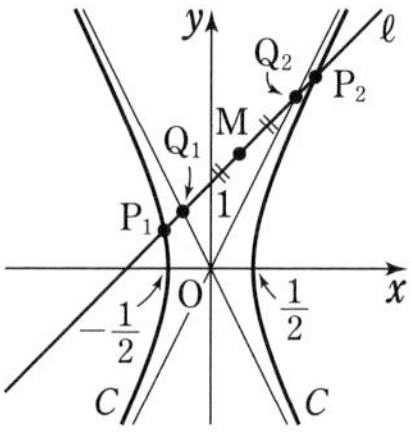

点 P_1, P_2, Q_1, Q_2, M はすべて ℓ 上にある。点 Q_1, Q_2 の x 座標をそれぞれ x_3, x_4 $(x_3<x_4)$ とすると

$$x_1<-\frac{p}{p^2-4}<x_2,\quad x_3<-\frac{p}{p^2-4}<x_4$$

であるから, 点 P_1 と点 Q_1, 点 P_2 と点 Q_2 は点 M に関して同じ側にある。

したがって $P_1Q_1=|P_1M-Q_1M|=|P_2M-Q_2M|=P_2Q_2$

EX ④98

楕円 E : $\frac{x^2}{a}+y^2=1$ 上の点 A(0, 1) を中心とする円 C が, 次の 2 つの条件を満たしているとき, 正の定数 a の値を求めよ。

(i) 楕円 E は円 C とその内部に含まれ, E と C は 2 点 P, Q で接する。

(ii) △APQ は正三角形である。 〔早稲田大〕

$a=1$ のとき，楕円 E は円 $x^2+y^2=1$ となり，条件 (ii) を満たす円 C は存在しないから，不適。よって，$a \neq 1$ である。
円 C の半径を r $(r>0)$ とすると，円 C の方程式は

$$x^2+(y-1)^2=r^2 \quad \cdots\cdots \text{①}$$

←E が C に含まれるための条件は
(円 C の半径)$\geqq 2$ であり，このとき E と C の共有点は 1 個以下。

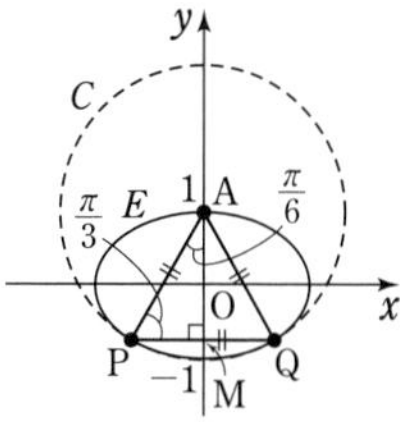

また，$\dfrac{x^2}{a}+y^2=1$ から　　$x^2=a(1-y^2)$ …… ②

② を ① に代入して整理すると

$$(a-1)y^2+2y+r^2-a-1=0 \quad \cdots\cdots \text{③}$$

楕円 E と円 C はどちらも y 軸に関して対称であるから，条件 (i) より，y についての 2 次方程式 ③ は $-1<y<0$ の範囲に重解をもつ。

←図で考えると，
$0<y<1$ のとき $\triangle$APQ は正三角形にならない。

ゆえに，③ の判別式を D とすると　　$D=0$

ここで　　$\dfrac{D}{4}=1^2-(a-1)\cdot(r^2-a-1)$

$\qquad\qquad =-(a-1)r^2+a^2$

$D=0$ から　　$r^2=\dfrac{a^2}{a-1}$ …… ④

← 接する ⟺ 重解

$r^2>0$ であるから　　$a-1>0$　すなわち　$a>1$

このとき，③ の重解は　　$y=-\dfrac{2}{2(a-1)}=-\dfrac{1}{a-1}$

ゆえに，$-1<-\dfrac{1}{a-1}<0$ から

$$0<\frac{1}{a-1}<1 \quad \cdots\cdots \text{⑤}$$

条件 (ii) より，2 点 P，Q の y 座標は $1-\dfrac{\sqrt{3}}{2}r$ と表されるから

$$1-\frac{\sqrt{3}}{2}r=-\frac{1}{a-1} \quad \text{すなわち} \quad r=\frac{2}{\sqrt{3}}\cdot\frac{a}{a-1}$$

←線分 PQ の中点を M とすると，$\triangle$APM は 3 辺の長さの比が
$1:2:\sqrt{3}$ の直角三角形であるから
$\mathrm{AM}=\dfrac{\sqrt{3}}{2}\mathrm{AP}=\dfrac{\sqrt{3}}{2}r$
よって　$\mathrm{OM}=\dfrac{\sqrt{3}}{2}r-1$

ゆえに　　$r^2=\dfrac{4a^2}{3(a-1)^2}$ …… ⑥

④，⑥ から　　$\dfrac{a^2}{a-1}=\dfrac{4a^2}{3(a-1)^2}$

両辺に $\dfrac{(a-1)^2}{a^2}$ を掛けて　　$a-1=\dfrac{4}{3}$

これは ⑤ を満たす。

←$\dfrac{1}{a-1}=\dfrac{3}{4}$

したがって　　$\boldsymbol{a=\dfrac{7}{3}}$

EX
④**99**

$0<\theta<\dfrac{\pi}{2}$ とする。2 つの曲線 $C_1: x^2+3y^2=3$，$C_2: \dfrac{x^2}{\cos^2\theta}-\dfrac{y^2}{\sin^2\theta}=2$ の交点のうち，x 座標と y 座標がともに正であるものを P とする。点 P における C_1，C_2 の接線をそれぞれ ℓ_1，ℓ_2 とし，y 軸と ℓ_1，ℓ_2 の交点をそれぞれ Q，R とする。
(1) 点 P，Q，R の座標を求めよ。
(2) 線分 QR の長さの最小値を求めよ。　　〔大阪大 改題〕

(1) $x^2+3y^2=3$ …… ①, $\dfrac{x^2}{\cos^2\theta}-\dfrac{y^2}{\sin^2\theta}=2$ …… ② とする。

① から　$x^2=3(1-y^2)$ …… ③

③ を ② に代入して　$\dfrac{3(1-y^2)}{\cos^2\theta}-\dfrac{y^2}{\sin^2\theta}=2$

分母を払って整理すると

$$(3\sin^2\theta+\cos^2\theta)y^2=(3-2\cos^2\theta)\sin^2\theta$$

$\cos^2\theta=1-\sin^2\theta$ を代入して，整理すると

$$(2\sin^2\theta+1)y^2=(2\sin^2\theta+1)\sin^2\theta$$

$2\sin^2\theta+1>0$ であるから　$y^2=\sin^2\theta$

また，$\sin\theta>0$ かつ点 P の y 座標は正であるから

$$y=\sin\theta$$

このとき，③ から　$x^2=3(1-\sin^2\theta)=3\cos^2\theta$

$\cos\theta>0$ で，点 P の x 座標は正であるから

$$x=\sqrt{3}\cos\theta$$

よって　**P($\sqrt{3}\cos\theta$, $\sin\theta$)**

ゆえに，点 P における楕円 C_1 の接線 ℓ_1 の方程式は

$$\sqrt{3}\cos\theta\cdot x+3\sin\theta\cdot y=3 \quad \cdots\cdots ④$$

④ で，$x=0$ として y について解くと　$y=\dfrac{1}{\sin\theta}$

点 P における双曲線 C_2 の接線 ℓ_2 の方程式は

$$\frac{\sqrt{3}\cos\theta\cdot x}{\cos^2\theta}-\frac{\sin\theta\cdot y}{\sin^2\theta}=2 \quad \cdots\cdots ⑤$$

⑤ で，$x=0$ として y について解くと　$y=-2\sin\theta$

よって　**Q$\left(0,\ \dfrac{1}{\sin\theta}\right)$, R($0$, $-2\sin\theta$)**

(2) (1) の結果から

$$QR=\frac{1}{\sin\theta}-(-2\sin\theta)=\frac{1}{\sin\theta}+2\sin\theta$$

$\dfrac{1}{\sin\theta}>0$, $2\sin\theta>0$ であるから，(相加平均)≧(相乗平均) により

$$QR\geqq 2\sqrt{\frac{1}{\sin\theta}\cdot 2\sin\theta}=2\sqrt{2}$$

等号は，$\dfrac{1}{\sin\theta}=2\sin\theta$ すなわち $\sin\theta=\dfrac{1}{\sqrt{2}}$ から $\theta=\dfrac{\pi}{4}$ のとき成り立つ。

よって　**$\theta=\dfrac{\pi}{4}$ のとき最小値 $2\sqrt{2}$**

共有点 ⟺ 実数解

←まず，点 P の座標を求める。

←両辺に $\sin^2\theta\cos^2\theta$ を掛ける。

←$0<\theta<\dfrac{\pi}{2}$ から $\sin\theta>0$

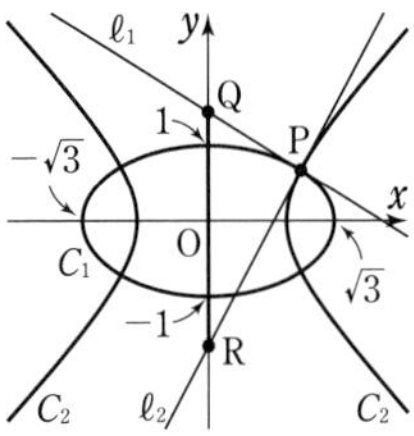

←$\dfrac{1}{\sin\theta}>0$, $-2\sin\theta<0$

←$a>0$, $b>0$ のとき $\dfrac{a+b}{2}\geqq\sqrt{ab}$ 等号は $a=b$ のとき成り立つ。

←$0<\theta<\dfrac{\pi}{2}$ から $\sin\theta>0$

EX ④100　双曲線 C：$\dfrac{x^2}{a^2}-\dfrac{y^2}{b^2}=1$ ($a>0$, $b>0$) の上に点 P(x_1, y_1) をとる。ただし，$x_1>a$ とする。点 P における C の接線と 2 直線 $x=a$ および $x=-a$ の交点をそれぞれ Q, R とする。線分 QR を直径とする円は C の 2 つの焦点を通ることを示せ。〔弘前大〕

点 $P(x_1,\ y_1)$ $(x_1>a)$ における双曲線 C の接線の方程式は

$$\frac{x_1x}{a^2}-\frac{y_1y}{b^2}=1 \quad \cdots\cdots \text{①}$$

① において $x=a$ とすると，$y_1 \neq 0$ から

$$y=\frac{b^2(x_1-a)}{ay_1}$$

ゆえに　$Q\left(a,\ \frac{b^2(x_1-a)}{ay_1}\right)$

同様にして　$R\left(-a,\ -\frac{b^2(x_1+a)}{ay_1}\right)$

ここで，線分 QR の中点の座標は　$\left(0,\ -\frac{b^2}{y_1}\right)$

また　$QR=\sqrt{(2a)^2+\left(\frac{2b^2x_1}{ay_1}\right)^2}=2\sqrt{a^2+\frac{b^4{x_1}^2}{a^2{y_1}^2}}$

よって，線分 QR を直径とする円 C_1 の方程式は

$$x^2+\left(y+\frac{b^2}{y_1}\right)^2=a^2+\frac{b^4{x_1}^2}{a^2{y_1}^2} \quad \cdots\cdots \text{②}$$

←(半径)$=\frac{1}{2}$QR

また，双曲線 C の焦点は　2 点 $(\sqrt{a^2+b^2},\ 0)$，$(-\sqrt{a^2+b^2},\ 0)$

② の左辺に $x=\pm\sqrt{a^2+b^2}$，$y=0$ を代入すると

←② が成り立つことを示す方針で進める。

$$(\text{左辺})=a^2+b^2+\frac{b^4}{{y_1}^2}=a^2+\frac{b^4}{{y_1}^2}\left(\frac{{y_1}^2}{b^2}+1\right)$$

ここで，$\frac{{x_1}^2}{a^2}-\frac{{y_1}^2}{b^2}=1$ であるから　$\frac{{y_1}^2}{b^2}+1=\frac{{x_1}^2}{a^2}$

←点 P は C 上にある。

よって　$(\text{左辺})=a^2+\frac{b^4}{{y_1}^2}\cdot\frac{{x_1}^2}{a^2}=a^2+\frac{b^4{x_1}^2}{a^2{y_1}^2}$

←② の右辺と一致。

ゆえに，双曲線 C の 2 つの焦点は円 C_1 上にある。
すなわち，題意は示された。

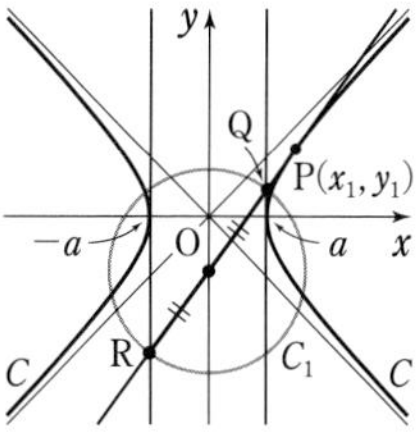

EX ③101

O を原点とする座標平面における曲線 C：$\frac{x^2}{4}+y^2=1$ 上に，点 $P\left(1,\ \frac{\sqrt{3}}{2}\right)$ をとる。

(1)　C の接線で，直線 OP に平行なものの方程式を求めよ。

(2)　点 Q が C 上を動くとき，△OPQ の面積の最大値と，最大値を与える点 Q の座標をすべて求めよ。　〔岡山大〕

(1)　求める接線と曲線 C の接点の座標を $(a,\ b)$ とすると，

←曲線 C は楕円。

接線の方程式は　$\frac{ax}{4}+by=1 \quad \cdots\cdots \text{①}$

直線 ① は y 軸に平行ではないから，その傾きは　$-\frac{a}{4b}$

←$y=-\frac{a}{4b}x+\frac{1}{b}$

一方，直線 OP の傾きは　$\frac{\sqrt{3}}{2}$

直線 ① と直線 OP が平行であるから　$-\frac{a}{4b}=\frac{\sqrt{3}}{2}$

平行 ⟺ 傾きが等しい

よって　$a=-2\sqrt{3}\,b \quad \cdots\cdots \text{②}$

また　$\frac{a^2}{4}+b^2=1 \quad \cdots\cdots \text{③}$

←接点は曲線 C 上。

② を ③ に代入して整理すると　$b^2=\frac{1}{4}$　　ゆえに　$b=\pm\frac{1}{2}$

② から　　$b=\frac{1}{2}$ のとき　　$a=-\sqrt{3}$,

$b=-\frac{1}{2}$ のとき　$a=\sqrt{3}$

←接点の座標は $\left(\sqrt{3},\ -\frac{1}{2}\right)$, $\left(-\sqrt{3},\ \frac{1}{2}\right)$

これらの値を ① に代入して，求める接線の方程式は

$$\boldsymbol{\sqrt{3}\,x-2y=4,\ \ -\sqrt{3}\,x+2y=4}$$

(2)　線分 OP を △OPQ の底辺と考えると，高さは点 Q と直線 OP の距離 d に等しい。

よって，△OPQ の面積が最大になるのは，d が最大のとき，すなわち，Q として(1)で求めた接線の接点をとったときである。

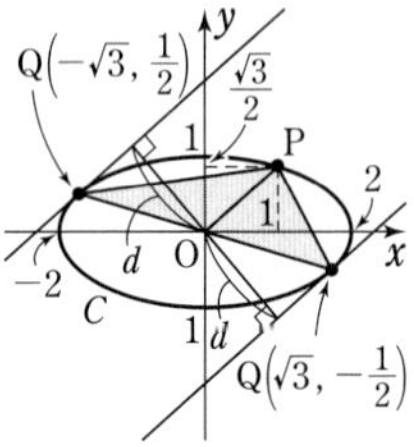

$Q\left(\sqrt{3},\ -\frac{1}{2}\right)$ のとき，△OPQ の面積は

$$\frac{1}{2}\left|1\cdot\left(-\frac{1}{2}\right)-\sqrt{3}\cdot\frac{\sqrt{3}}{2}\right|=1$$

←O(0, 0)，A$(x_1,\ y_1)$，B$(x_2,\ y_2)$ のとき，△OAB の面積は $\boldsymbol{\frac{1}{2}|x_1y_2-x_2y_1|}$

$Q\left(-\sqrt{3},\ \frac{1}{2}\right)$ のとき，△OPQ の面積は上で求めた面積と等しく　　1

よって，△OPQ の面積の **最大値は 1** である。

また，それを与える **点 Q の座標は**

$$\boldsymbol{\left(\sqrt{3},\ -\frac{1}{2}\right),\ \left(-\sqrt{3},\ \frac{1}{2}\right)}$$

EX ④102

放物線 $y=\frac{3}{4}x^2$ と楕円 $x^2+\frac{y^2}{4}=1$ の共通接線の方程式を求めよ。　〔群馬大〕

HINT　楕円上の点 $(x_1,\ y_1)$ における接線 $x_1x+\frac{y_1y}{4}=1$ が放物線にも接する，と考える。

共通接線と楕円の接点の座標を $(x_1,\ y_1)$ $(y_1\neq 0)$ とすると，共通接線の方程式は　　$x_1x+\frac{y_1y}{4}=1$

←点 (1, 0), (−1, 0) における楕円の接線は，x 軸に垂直であり，放物線に接することはない。

$y=\frac{3}{4}x^2$ を代入して　　$x_1x+\frac{3}{16}y_1x^2=1$

←接線の方程式を放物線の方程式と連立させる。

すなわち　$3y_1x^2+16x_1x-16=0$

この x の 2 次方程式の判別式を D とすると　　$D=0$

←放物線にも接する。

ここで　　$\frac{D}{4}=(8x_1)^2-3y_1(-16)=16(4x_1^2+3y_1)$

ゆえに，$4x_1^2+3y_1=0$ から　　$x_1^2=-\frac{3}{4}y_1$ …… ①

また　　$x_1^2+\frac{y_1^2}{4}=1$

←点 $(x_1,\ y_1)$ は楕円上。

① を代入して整理すると　　$y_1^2-3y_1-4=0$

これを解いて　　$y_1=-1,\ 4$

←$(y_1+1)(y_1-4)=0$

① から　$y_1=-1$ のとき　$x_1^2=\frac{3}{4}$　　よって　$x_1=\pm\frac{\sqrt{3}}{2}$

$y_1=4$ のとき　$x_1^2=-3$　これを満たす実数 x_1 は存在しない。
したがって，求める共通接線の方程式は

$$\pm\frac{\sqrt{3}}{2}x-\frac{y}{4}=1 \quad すなわち \quad \boldsymbol{y=\pm2\sqrt{3}x-4}$$

←$x_1^2<0$ となっている。

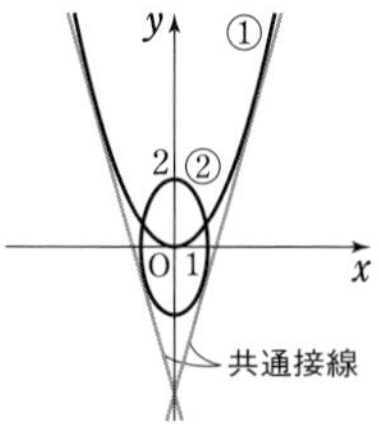

別解　$y=\frac{3}{4}x^2$ …… ①，$x^2+\frac{y^2}{4}=1$ …… ② とする。

放物線 ① と楕円 ② の共通接線は x 軸に垂直でないから，
その方程式は　$y=mx+n$ …… ③　とおける。
③ を ① に代入して整理すると　$3x^2-4mx-4n=0$
直線 ③ が放物線 ① に接するから，この 2 次方程式の判別式を D とすると　$D=0$

← 接点 ⟺ 重解

ここで　$\frac{D}{4}=(-2m)^2-3\cdot(-4n)=4(m^2+3n)$
よって　$m^2+3n=0$ …… ④
③ を ② に代入して整理すると

$$(m^2+4)x^2+2mnx+n^2-4=0$$

直線 ③ が楕円 ② に接するから，この 2 次方程式の判別式を D' とすると　$D'=0$

← 接点 ⟺ 重解

ここで　$\frac{D'}{4}=(mn)^2-(m^2+4)(n^2-4)=4(m^2-n^2+4)$
よって　$m^2-n^2+4=0$ …… ⑤
④−⑤ から　$n^2+3n-4=0$
よって　$(n-1)(n+4)=0$　ゆえに　$n=1,\ -4$
④ より，$n\leqq0$ であるから　$n=-4$

←$3n=-m^2\leqq0$

よって，④ から　$m^2=12$　ゆえに　$m=\pm2\sqrt{3}$
したがって，求める共通接線の方程式は　$\boldsymbol{y=\pm2\sqrt{3}x-4}$

4章 EX【式と曲線】

EX ⑤103

C_1 は $3x^2+2\sqrt{3}xy+5y^2=24$ で表される曲線である。
(1) C_1 を，原点を中心に反時計回りに $\frac{\pi}{6}$ だけ回転して得られる曲線 C_2 の方程式を求めよ。
(2) C_2 の外部の点 P から引いた 2 本の接線が直交する場合の点 P の軌跡を求めよ。
(3) C_1 の外部の点 Q から引いた 2 本の接線が直交する場合の点 Q の軌跡を求めよ。

HINT　(1) 複素数平面上の点の回転を利用する。
(2) $P(p,\ q)$ として，点 P を通る接線の方程式を C_2 の方程式に代入。
(3) (2) の結果と曲線 C_1，C_2 の関係に注目。

(1) 曲線 C_1 上の点 $P(X,\ Y)$ を，原点の周りに $\frac{\pi}{6}$ だけ回転した点を $Q(x,\ y)$ とすると，複素数平面上の点の回転を考えることにより，次の等式が成り立つ。

$$X+Yi=\left\{\cos\left(-\frac{\pi}{6}\right)+i\sin\left(-\frac{\pi}{6}\right)\right\}(x+yi) \quad \cdots\cdots ①$$

← $X+Yi \underset{-\frac{\pi}{6}\text{ 回転}}{\overset{\frac{\pi}{6}\text{ 回転}}{\rightleftarrows}} x+yi$

① から　$X+Yi=\frac{\sqrt{3}-i}{2}(x+yi)=\frac{\sqrt{3}x+y}{2}+\frac{-x+\sqrt{3}y}{2}i$

ゆえに　$X=\dfrac{\sqrt{3}x+y}{2}$，$Y=\dfrac{-x+\sqrt{3}y}{2}$

よって　$2X=\sqrt{3}x+y$，$2Y=-x+\sqrt{3}y$ …… ②

また　$3X^2+2\sqrt{3}XY+5Y^2=24$ …… ③

③ の両辺に 4 を掛けたものに ② を代入して

$3(\sqrt{3}x+y)^2+2\sqrt{3}(\sqrt{3}x+y)(-x+\sqrt{3}y)+5(-x+\sqrt{3}y)^2=96$

整理すると　$8x^2+24y^2=96$

よって，曲線 C_2 は楕円で，その方程式は　$\boldsymbol{\dfrac{x^2}{12}+\dfrac{y^2}{4}=1}$

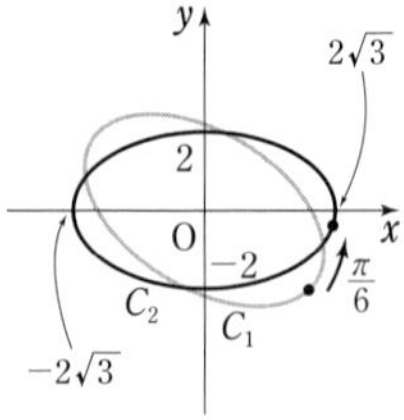

検討　X，Y を x，y で表すには，三角関数の加法定理を利用する方法も考えられる。

←本冊 $p.600$ 重要例題 148 参照。

(2)　P$(p,\ q)$ とする。曲線 C_2 と x 軸の交点の x 座標は　$\pm2\sqrt{3}$

[1]　$p\neq\pm2\sqrt{3}$ のとき，点 P$(p,\ q)$ を通る接線の方程式は

$y=m(x-p)+q$　とおける。

←y 軸に平行でない。

これを曲線 C_2 の方程式に代入して整理すると

$(1+3m^2)x^2+6m(q-mp)x+3\{(mp-q)^2-4\}=0$

←C_2 の方程式を $x^2+3y^2=12$ と変形したものに代入するとよい。

この x の 2 次方程式の判別式を D とすると

$\dfrac{D}{4}=\{3m(q-mp)\}^2-(1+3m^2)\cdot3\{(mp-q)^2-4\}$

$=3\{-(mp-q)^2+12m^2+4\}$

$=3\{(12-p^2)m^2+2pqm+4-q^2\}$

←$p\neq\pm2\sqrt{3}$ から $12-p^2\neq0$

$D=0$ とすると　$(12-p^2)m^2+2pqm+4-q^2=0$ …… ④

この m の 2 次方程式 ④ の 2 つの解を m_1，m_2 とすると，題意を満たすための条件は　$m_1m_2=-1$

←**垂直**
⟺ (傾きの積) = −1

ゆえに，解と係数の関係から　$\dfrac{4-q^2}{12-p^2}=-1$

←$m_1m_2=\dfrac{4-q^2}{12-p^2}$

よって　$p^2+q^2=16$，$p\neq\pm2\sqrt{3}$

[2]　$p=\pm2\sqrt{3}$ のとき，直交する 2 本の接線は $x=\pm2\sqrt{3}$，$y=\pm2$ (複号任意) の組で，その交点は

点 $(2\sqrt{3},\ 2)$，$(2\sqrt{3},\ -2)$，$(-2\sqrt{3},\ 2)$，$(-2\sqrt{3},\ -2)$

これらは円 $p^2+q^2=16$ 上にある。

[1]，[2] から，求める軌跡は　**円 $\boldsymbol{x^2+y^2=16}$**

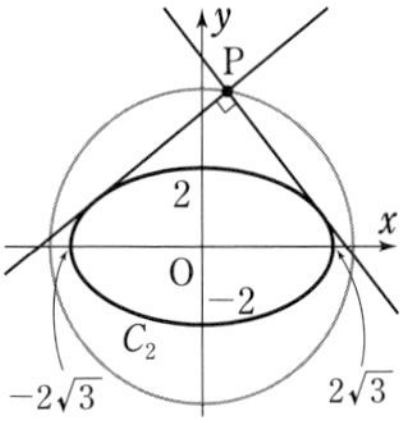

(3)　曲線 C_2 は曲線 C_1 を原点の周りに $\dfrac{\pi}{6}$ だけ回転したものであるから，求める軌跡は点 P の軌跡を，原点の周りに $-\dfrac{\pi}{6}$ だけ回転して得られる曲線である。

よって，点 Q の軌跡は　**円 $\boldsymbol{x^2+y^2=16}$**

EX ④104 定数 k を $k>1$ として，楕円 C：$\frac{k^2}{2}x^2+\frac{1}{2k^2}y^2=1$ と C 上の点 $\mathrm{D}\left(\frac{1}{k},\ k\right)$ を考える。

(1) 点Dにおける楕円 C の接線が，x 軸および y 軸と交わる点をそれぞれE，Fとする。点E，Fの座標を k で表せ。

(2) 点Dにおける楕円 C の法線が，直線 $y=-x$ と交わる点をGとする。点Gの座標を k で表せ。更に，∠EGFの大きさを求めよ。〔類 同志社大〕

(1) 点Dにおける楕円 C の接線の方程式は

$$\frac{k^2}{2}\cdot\frac{1}{k}x+\frac{1}{2k^2}\cdot ky=1 \quad すなわち \quad \frac{k}{2}x+\frac{1}{2k}y=1 \quad \cdots\cdots ①$$

① において，$y=0$ を代入することにより　$x=\frac{2}{k}$

$x=0$ を代入することにより　$y=2k$

よって　$\mathbf{E}\left(\frac{2}{k},\ 0\right)$，$\mathbf{F}(0,\ 2k)$

←楕円 $\frac{x^2}{a^2}+\frac{y^2}{b^2}=1$ 上の点 $(x_1,\ y_1)$ における接線の方程式は $\frac{x_1x}{a^2}+\frac{y_1y}{b^2}=1$

(2) 点Dにおける楕円 C の接線の傾きは，① より $-k^2$ であるから，点Dにおける法線の傾きは　$\frac{1}{k^2}$

←直交 ⟺ (傾きの積)$=-1$ から。

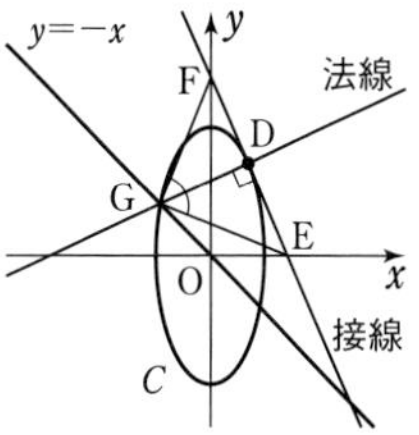

よって，法線の方程式は　$y-k=\frac{1}{k^2}\left(x-\frac{1}{k}\right)$

すなわち　$y=\frac{1}{k^2}x+k-\frac{1}{k^3}$

これと $y=-x$ から y を消去すると

$$-x=\frac{1}{k^2}x+k-\frac{1}{k^3}$$

整理すると　$k(k^2+1)x=-(k^4-1)$

よって　$x=-\frac{k^4-1}{k(k^2+1)}=-\frac{(k^2+1)(k^2-1)}{k(k^2+1)}=-\frac{k^2-1}{k}$

ゆえに　$y=-\left(-\frac{k^2-1}{k}\right)=\frac{k^2-1}{k}$

←$y=-x$ に $x=-\frac{k^2-1}{k}$ を代入。

したがって　$\mathbf{G}\left(-\frac{k^2-1}{k},\ \frac{k^2-1}{k}\right)$

また，直線GEの傾きは　$\dfrac{0-\frac{k^2-1}{k}}{\frac{2}{k}-\left(-\frac{k^2-1}{k}\right)}=-\frac{k^2-1}{k^2+1}$

直線GFの傾きは　$\dfrac{2k-\frac{k^2-1}{k}}{0-\left(-\frac{k^2-1}{k}\right)}=\frac{k^2+1}{k^2-1}$

$-\frac{k^2-1}{k^2+1}\times\frac{k^2+1}{k^2-1}=-1$ であるから，直線GEとGFは直交する。したがって　$\angle\mathbf{EGF=90°}$

別解 (2) $\overrightarrow{\mathrm{GE}}=\left(\frac{k^2+1}{k},\ -\frac{k^2-1}{k}\right)$，$\overrightarrow{\mathrm{GF}}=\left(\frac{k^2-1}{k},\ \frac{k^2+1}{k}\right)$ を求め，$\overrightarrow{\mathrm{GE}}\cdot\overrightarrow{\mathrm{GF}}=0$ となることから ∠EGF$=90°$ を示す。

EX ⑤105

直線 $x=4$ 上の点 $\mathrm{P}(4,\ t)\ (t\geqq 0)$ から楕円 $E:x^2+4y^2=4$ に引いた 2 本の接線のなす鋭角を θ とするとき

(1) $\tan\theta$ を t を用いて表せ。

(2) θ が最大となるときの t の値を求めよ。 〔類 東京理科大〕

HINT (1) 点Pを通る接線の方程式を $y=m(x-4)+t$ とおく。正接の加法定理を利用。

(2) $0<\theta<\dfrac{\pi}{2}$ のとき **θ が最大 $\Longleftrightarrow$ $\tan\theta$ が最大**

(1) 直線 $x=4$ は，楕円 E の接線でないから，点Pを通る接線の方程式は

$$y=m(x-4)+t \ \cdots\cdots \ ①$$

とおける。

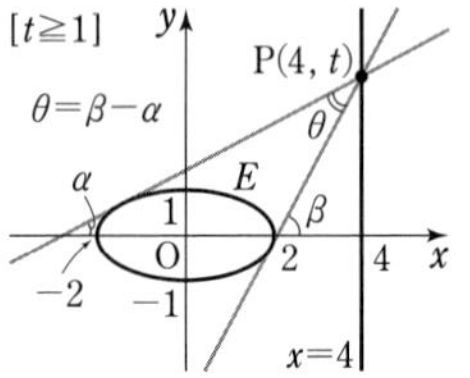

① を楕円 E の方程式に代入して整理すると

$$(4m^2+1)x^2+8m(t-4m)x+4\{(t-4m)^2-1\}=0$$

この x の 2 次方程式の判別式 D について　$D=0$

← 接点 $\Longleftrightarrow$ 重解

ここで

$$\frac{D}{4}=16m^2(t-4m)^2-4(4m^2+1)\{(t-4m)^2-1\}$$
$$=4[4m^2(t-4m)^2-(4m^2+1)\{(t-4m)^2-1\}]$$
$$=4\{-(t-4m)^2+(4m^2+1)\}$$
$$=-4(12m^2-8tm+t^2-1)$$

よって　$12m^2-8tm+t^2-1=0 \ \cdots\cdots \ ②$

m の 2 次方程式 ② の異なる 2 つの実数解を $m_1,\ m_2\ (m_1<m_2)$ とすると，解と係数の関係から　$m_1+m_2=\dfrac{2}{3}t,\ m_1m_2=\dfrac{t^2-1}{12}$

←図より，点Pから接線が 2 本引けることがわかる。

ここで

$$(m_2-m_1)^2=(m_1+m_2)^2-4m_1m_2$$
$$=\left(\frac{2}{3}t\right)^2-4\cdot\frac{t^2-1}{12}=\frac{t^2+3}{9}$$

よって　$m_2-m_1=\dfrac{\sqrt{t^2+3}}{3}$

ゆえに，点Pを通る 2 本の接線のなす鋭角を θ とすると

$$\tan\theta=\left|\frac{m_1-m_2}{1+m_1m_2}\right|=\frac{\dfrac{\sqrt{t^2+3}}{3}}{\left|1+\dfrac{t^2-1}{12}\right|}=\boldsymbol{\frac{4\sqrt{t^2+3}}{t^2+11}}$$

←垂直でなく，交点をもつ 2 直線 $y=m_1x+n_1$，$y=m_2x+n_2$ のなす鋭角を θ とすると

$$\tan\theta=\left|\frac{m_1-m_2}{1+m_1m_2}\right|$$

(2) $0<\theta<\dfrac{\pi}{2}$ であるから，θ が最大になるのは $\tan\theta$ が最大になるときである。 $t^2+11=u$ とおくと，$u\geqq 11$ で

←**おき換え** を利用。u の変域にも注意。

$$\tan\theta=\frac{4\sqrt{u-8}}{u}=4\sqrt{\frac{1}{u}-\frac{8}{u^2}}$$
$$=4\sqrt{-8\left\{\frac{1}{u^2}-\frac{1}{8u}+\left(-\frac{1}{16}\right)^2\right\}+\frac{8}{16^2}}$$
$$=4\sqrt{-8\left(\frac{1}{u}-\frac{1}{16}\right)^2+\frac{1}{32}}$$

←$\sqrt{\ }$ 内は $\dfrac{1}{u}$ の **2 次式**であるから，**基本形に直す**。

$0<\dfrac{1}{u}\leqq\dfrac{1}{11}$ であるから，$\dfrac{1}{u}=\dfrac{1}{16}$ すなわち $u=16$ のとき $\tan\theta$ は最大となる。

このとき　$t^2=16-11=5$　　$t\geqq0$ であるから　$\boldsymbol{t=\sqrt{5}}$

検討 微分法(数学Ⅲ)を利用して，$\dfrac{4\sqrt{u-8}}{u}$ の増減を調べることにより解くこともできる。

EX ②106

点 P$(x,\ y)$ と定点 $(2,\ 0)$ の距離を a，点 P と y 軸との距離を b とする。点 P が $\dfrac{a}{b}=\sqrt{2}$ という関係を満たしつつ移動するとき，x，y は $\boxed{}=1$ を満たし，点 P の軌跡は双曲線となる。この双曲線の漸近線を求めよ。〔北里大〕

点 P$(x,\ y)$ と点 $(2,\ 0)$ の距離が a であるから

$(x-2)^2+y^2=a^2$ …… ①

点 P$(x,\ y)$ と y 軸との距離が b であるから　$x^2=b^2$ …… ②

$\dfrac{a}{b}=\sqrt{2}$ から　　$a^2=2b^2$

①，② を代入すると　　$(x-2)^2+y^2=2x^2$

よって　　　$x^2+4x-y^2-4=0$

変形すると　　$(x+2)^2-y^2=8$

ゆえに，x，y は $\boldsymbol{\dfrac{(x+2)^2}{8}-\dfrac{y^2}{8}}=1$ を満たし，点 P の軌跡は双曲線となる。

また，この双曲線は，双曲線 $\dfrac{x^2}{8}-\dfrac{y^2}{8}=1$ を x 軸方向に -2 だけ平行移動したものであるから，求める **漸近線は**

2 直線 $y=x+2$，$y=-(x+2)$ ……（＊）

すなわち　　**2 直線 $\boldsymbol{y=x+2}$，$\boldsymbol{y=-x-2}$**

検討 $\dfrac{a}{b}=e$ とすると，e は 2 次曲線の離心率を表す。
$e=\sqrt{2}>1$ であるから，点 P の軌跡は双曲線となる。

（＊）双曲線 $\dfrac{x^2}{8}-\dfrac{y^2}{8}=1$ の漸近線は，2 直線 $x+y=0$，$x-y=0$

←**2 直線 $\boldsymbol{y=\pm(x+2)}$** でもよい。

EX ④107

楕円 $\dfrac{x^2}{a^2}+\dfrac{y^2}{b^2}=1\ (a>0,\ b>0)$ 上に 2 点 A，B がある。原点 O と直線 AB の距離を h とする。$\angle$AOB$=90^\circ$ のとき，次の問いに答えよ。

(1) $\dfrac{1}{h^2}=\dfrac{1}{\text{OA}^2}+\dfrac{1}{\text{OB}^2}$ であることを示せ。

(2) h は点 A のとり方に関係なく一定であることを示せ。〔類 東京学芸大〕

HINT (1) △OAB の面積を 2 通りに表す。
(2) OA$=r_1$，OB$=r_2$，動径 OA の表す角を θ とし，2 点 A，B の座標を r_1，r_2，θ で表す。

(1) △OAB の面積を S とする。

$\angle$AOB$=90^\circ$ であるから

$S=\dfrac{1}{2}$OA・OB …… ①

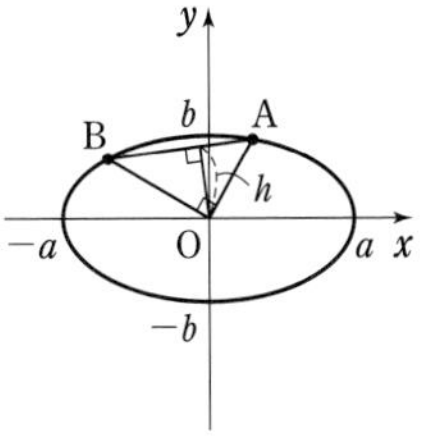

また，△OAB は直角三角形であるから　$S=\dfrac{1}{2}$AB・h

$=\dfrac{1}{2}\sqrt{\text{OA}^2+\text{OB}^2}\cdot h$ …… ②　　←三平方の定理

①，② から　　OA・OB$=\sqrt{\text{OA}^2+\text{OB}^2}\cdot h$　　←①，② の右辺に注目。

両辺を平方して　　$OA^2 \cdot OB^2 = h^2(OA^2 + OB^2)$

両辺を $h^2 \cdot OA^2 \cdot OB^2$ で割ると　　$\dfrac{1}{h^2} = \dfrac{1}{OA^2} + \dfrac{1}{OB^2}$

←$h>0$, $OA>0$, $OB>0$

別解　$A(x_1, y_1)$, $B(x_2, y_2)$ とすると，$\overrightarrow{OA} \perp \overrightarrow{OB}$ から

$x_1x_2 + y_1y_2 = 0$ …… ③

←ベクトルが垂直のとき（内積）$=0$ を利用。$\overrightarrow{OA} \cdot \overrightarrow{OB} = 0$

直線ABの方程式は　$(y_2 - y_1)(x - x_1) - (x_2 - x_1)(y - y_1) = 0$

すなわち　$(y_2 - y_1)x - (x_2 - x_1)y - x_1y_2 + x_2y_1 = 0$

よって　　$h = \dfrac{|-x_1y_2 + x_2y_1|}{\sqrt{(y_2 - y_1)^2 + (x_2 - x_1)^2}}$

←点と直線の距離の公式（数学Ⅱ）を利用。

ゆえに　　$\dfrac{1}{h^2} = \dfrac{(y_2 - y_1)^2 + (x_2 - x_1)^2}{(-x_1y_2 + x_2y_1)^2}$

$= \dfrac{x_1^2 + x_2^2 + y_1^2 + y_2^2 - 2(x_1x_2 + y_1y_2)}{x_1^2y_2^2 - 2x_1x_2y_1y_2 + x_2^2y_1^2}$

←$x_1x_2 + y_1y_2 = 0$

③から　　$\dfrac{1}{h^2} = \dfrac{x_1^2 + x_2^2 + y_1^2 + y_2^2}{x_1^2y_2^2 + 2x_1^2x_2^2 + x_2^2y_1^2}$　　　また

←$y_1y_2 = -x_1x_2$

$\dfrac{1}{OA^2} + \dfrac{1}{OB^2} = \dfrac{1}{x_1^2 + y_1^2} + \dfrac{1}{x_2^2 + y_2^2} = \dfrac{x_2^2 + y_2^2 + x_1^2 + y_1^2}{(x_1^2 + y_1^2)(x_2^2 + y_2^2)}$

$= \dfrac{x_1^2 + x_2^2 + y_1^2 + y_2^2}{x_1^2x_2^2 + x_1^2y_2^2 + x_2^2y_1^2 + y_1^2y_2^2}$

③から　　$\dfrac{1}{OA^2} + \dfrac{1}{OB^2} = \dfrac{x_1^2 + x_2^2 + y_1^2 + y_2^2}{x_1^2y_2^2 + 2x_1^2x_2^2 + x_2^2y_1^2}$

←$y_1y_2 = -x_1x_2$

したがって　　$\dfrac{1}{h^2} = \dfrac{1}{OA^2} + \dfrac{1}{OB^2}$

(2)　$OA = r_1$, $OB = r_2$ とし，動径OAの表す角を θ とすると

$A(r_1\cos\theta, r_1\sin\theta)$

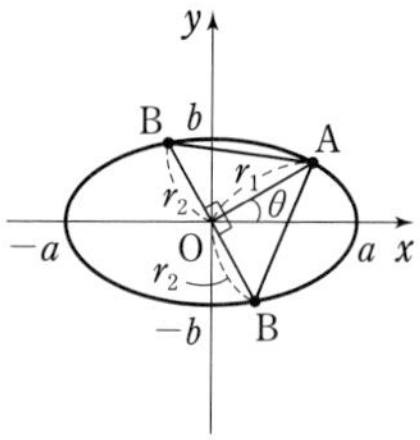

点Aは楕円上にあるから　　$\dfrac{(r_1\cos\theta)^2}{a^2} + \dfrac{(r_1\sin\theta)^2}{b^2} = 1$

ゆえに　　$r_1^2(a^2\sin^2\theta + b^2\cos^2\theta) = a^2b^2$

$a^2\sin^2\theta + b^2\cos^2\theta \neq 0$ から　$OA^2 = r_1^2 = \dfrac{a^2b^2}{a^2\sin^2\theta + b^2\cos^2\theta}$

また，このとき $B(r_2\cos(\theta \pm 90^\circ), r_2\sin(\theta \pm 90^\circ))$（複号同順）と表されるから，同様にして

$OB^2 = r_2^2 = \dfrac{a^2b^2}{a^2\sin^2(\theta \pm 90^\circ) + b^2\cos^2(\theta \pm 90^\circ)}$

$= \dfrac{a^2b^2}{a^2\cos^2\theta + b^2\sin^2\theta}$

←$\sin(\theta \pm 90^\circ) = \pm\cos\theta$
$\cos(\theta \pm 90^\circ) = \mp\sin\theta$
（複号同順）

ゆえに，(1)の結果により

$\dfrac{1}{h^2} = \dfrac{1}{r_1^2} + \dfrac{1}{r_2^2} = \dfrac{a^2(\sin^2\theta + \cos^2\theta) + b^2(\sin^2\theta + \cos^2\theta)}{a^2b^2} = \dfrac{a^2 + b^2}{a^2b^2}$

$a>0$, $b>0$, $h>0$ であるから　　$h = \dfrac{ab}{\sqrt{a^2 + b^2}}$

←h は θ, r_1, r_2 を含まない式で表された。

よって，h は点Aのとり方に関係なく一定である。

EX ③108 p を正の実数とする。放物線 $y^2=4px$ 上の点Qにおける接線 ℓ が準線 $x=-p$ と交わる点をAとし，点Qから準線 $x=-p$ に下ろした垂線と準線 $x=-p$ との交点をHとする。ただし，点Qの y 座標は正とする。
(1) 点Qの x 座標を α とするとき，△AQHの面積を，α と p を用いて表せ。
(2) 点Qにおける法線が準線 $x=-p$ と交わる点をBとするとき，△AQHの面積は線分ABの長さの $\dfrac{p}{2}$ 倍に等しいことを示せ。〔弘前大〕

(1) $y^2=4px$ に $x=\alpha\ (\alpha>0)$ を代入して　$y^2=4p\alpha$
$y>0$ であるから　$y=2\sqrt{p\alpha}$
よって，点Qの座標は　$(\alpha,\ 2\sqrt{p\alpha})$
また，接線 ℓ の方程式は　$2\sqrt{p\alpha}\,y=2p(x+\alpha)$
すなわち　$y=\sqrt{\dfrac{p}{\alpha}}(x+\alpha)$ …… ①
ゆえに，点Aの座標は　$\left(-p,\ \sqrt{\dfrac{p}{\alpha}}(-p+\alpha)\right)$
また，点Hの座標は $(-p,\ 2\sqrt{p\alpha})$ であるから

$$AH=2\sqrt{p\alpha}-\sqrt{\frac{p}{\alpha}}(-p+\alpha)=\sqrt{\frac{p}{\alpha}}\{2\alpha-(-p+\alpha)\}$$
$$=\sqrt{\frac{p}{\alpha}}(p+\alpha)$$
$$QH=\alpha-(-p)=p+\alpha$$

したがって，△AQHの面積は

$$\frac{1}{2}AH\cdot QH=\frac{1}{2}\sqrt{\frac{p}{\alpha}}(p+\alpha)\cdot(p+\alpha)=\boldsymbol{\frac{(p+\alpha)^2}{2}\sqrt{\frac{p}{\alpha}}}$$

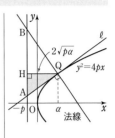

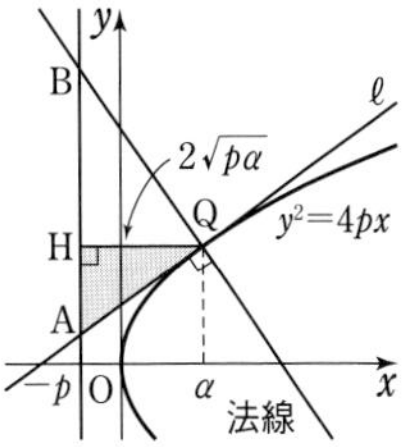

←$\sqrt{p\alpha}=\alpha\sqrt{\dfrac{p}{\alpha}}$

(2) ①から，点Qにおける法線の傾きは　$-\sqrt{\dfrac{\alpha}{p}}$
よって，点Qにおける法線の方程式は

$$y-2\sqrt{p\alpha}=-\sqrt{\frac{\alpha}{p}}(x-\alpha)$$

すなわち　$y=-\sqrt{\dfrac{\alpha}{p}}x+\dfrac{2p+\alpha}{p}\sqrt{p\alpha}$
$x=-p$ を代入すると

$$y=-\sqrt{\frac{\alpha}{p}}\cdot(-p)+\frac{2p+\alpha}{p}\sqrt{p\alpha}=\frac{3p+\alpha}{p}\sqrt{p\alpha}$$

ゆえに，点Bの座標は　$\left(-p,\ \dfrac{3p+\alpha}{p}\sqrt{p\alpha}\right)$

よって　$$AB\cdot\frac{p}{2}=\left\{\frac{3p+\alpha}{p}\sqrt{p\alpha}-\sqrt{\frac{p}{\alpha}}(-p+\alpha)\right\}\cdot\frac{p}{2}$$
$$=\frac{1}{2}\sqrt{\frac{p}{\alpha}}\{\alpha(3p+\alpha)-p(-p+\alpha)\}$$
$$=\frac{1}{2}\sqrt{\frac{p}{\alpha}}(p+\alpha)^2=\triangle AQH$$

したがって，△AQHの面積はABの長さの $\dfrac{p}{2}$ 倍である。

←点Pにおける **法線** とは，点Pを通り，点Pにおける接線と直交する直線のこと。ここで，接線 ℓ の傾きは $\sqrt{\dfrac{p}{\alpha}}$

←点Bの y 座標を求める。

←$AB\cdot\dfrac{p}{2}$ が(1)の結果と一致することを示す。

4章 EX〔式と曲線〕

EX ④109 実数 a に対して，曲線 C_a を方程式 $(x-a)^2+ay^2=a^2+3a+1$ によって定める。
(1) C_a は a の値と無関係に 4 つの定点を通ることを示し，その 4 定点の座標を求めよ。
(2) a が正の実数全体を動くとき，C_a が通過する範囲を図示せよ。 〔筑波大〕

(1) 与えられた方程式を a について整理すると

$$(y^2-2x-3)a+x^2-1=0 \quad \cdots\cdots ①$$

これが a の値と無関係に成り立つための条件は

$$y^2-2x-3=0 \quad \cdots\cdots ②,\quad x^2-1=0 \quad \cdots\cdots ③$$

③ から　$x=\pm 1$

② から　$x=1$ のとき　$y=\pm\sqrt{5}$，$x=-1$ のとき　$y=\pm 1$

よって，曲線 C_a は a の値と無関係に 4 定点 **$(1,\ \sqrt{5})$，$(1,\ -\sqrt{5})$，$(-1,\ 1)$，$(-1,\ -1)$** を通る。

(2) ① から　$(y^2-2x-3)a=-(x^2-1)$ …… ④

[1] $y^2-2x-3=0$ のとき，④ から　$x^2-1=0$

このとき，(1) と同様にして

$(x,\ y)=(1,\ \sqrt{5})$，$(1,\ -\sqrt{5})$，$(-1,\ 1)$，$(-1,\ -1)$

[2] $y^2-2x-3\neq 0$ のとき，④ から　$a=-\dfrac{x^2-1}{y^2-2x-3}$

$a>0$ であるから　$\dfrac{x^2-1}{y^2-2x-3}<0$

両辺に $(y^2-2x-3)^2>0$ を掛けて

$$(x^2-1)(y^2-2x-3)<0$$

ゆえに　$(x^2-1>0$ かつ $y^2<2x+3)$

または　$(x^2-1<0$ かつ $y^2>2x+3)$

[1]，[2] から，曲線 C_a の通過する範囲は **右図の斜線部分。ただし，境界線は，4 点 $(1,\ \sqrt{5})$，$(1,\ -\sqrt{5})$，$(-1,\ 1)$，$(-1,\ -1)$ を含み，他は含まない。**

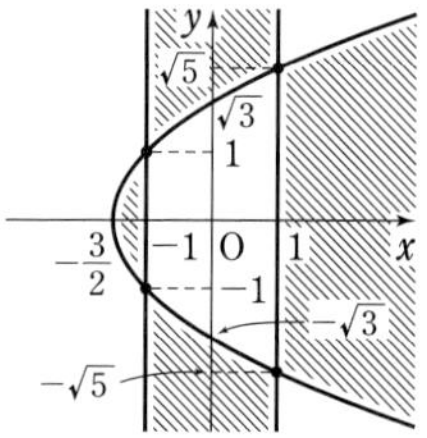

HINT (1) C_a の方程式を a の恒等式と考える。
(2) C_a の方程式から $a=f(x,\ y)$ の形を導き，$a>0$ とする。

←④ は $0\cdot a=-(x^2-1)$

←$a=f(x,\ y)$ の形。

←‐‐‐ は次の (i) または (ii) を満たすことと同値。
(i) $(x<-1$ または $1<x)$ かつ $y^2<4\cdot\dfrac{1}{2}\left(x+\dfrac{3}{2}\right)$
(ii) $-1<x<1$ かつ $y^2>4\cdot\dfrac{1}{2}\left(x+\dfrac{3}{2}\right)$

EX ④110 a，b を実数とする。直線 $y=ax+b$ と楕円 $\dfrac{x^2}{9}+\dfrac{y^2}{4}=1$ が，y 座標が正の相異なる 2 点で交わるとする。このような点 $(a,\ b)$ 全体からなる領域 D を ab 平面上に図示せよ。 〔香川大〕

[1] $a=0$ のとき

直線 $y=b$ と楕円 $\dfrac{x^2}{9}+\dfrac{y^2}{4}=1$ が，y 座標が正の相異なる 2 点で交わるための条件は　$0<b<2$

[2] $a\neq 0$ のとき

$y=ax+b$ から　$x=\dfrac{y-b}{a}$

これを $\dfrac{x^2}{9}+\dfrac{y^2}{4}=1$ に代入して　$\dfrac{(y-b)^2}{9a^2}+\dfrac{y^2}{4}=1$

両辺に $36a^2$ を掛けて整理すると

$$(9a^2+4)y^2-8by+4(b^2-9a^2)=0 \quad \cdots\cdots ①$$

[1]
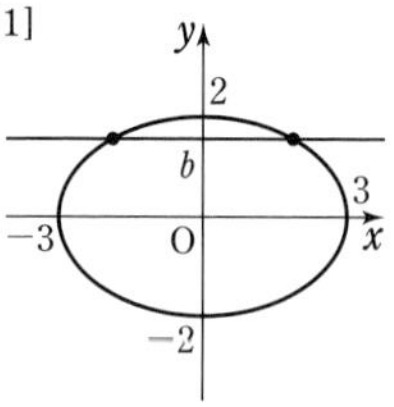

求める条件は，y の 2 次方程式 ① が $0<y\leqq 2$ の範囲に異なる 2 つの実数解をもつことである。

よって，① の判別式を D とし，① の左辺を $f(y)$ とすると，求める条件は次の (i)~(iv) を同時に満たすことである。

(i) $D>0$　(ii) $Y=f(y)$ の軸が $0<y<2$ の範囲にある

(iii) $f(0)>0$　(iv) $f(2)\geqq 0$

←この y の範囲に注意。

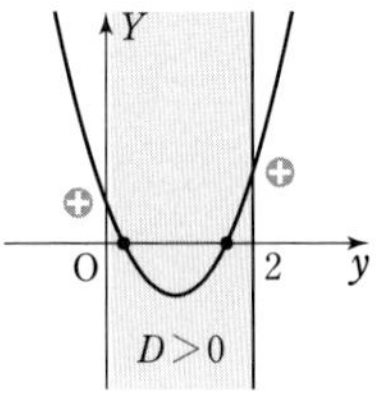

(i) $\dfrac{D}{4}=(-4b)^2-4(9a^2+4)(b^2-9a^2)=36a^2(9a^2-b^2+4)$

$D>0$ から　$a^2(9a^2-b^2+4)>0$

$a\neq 0$ より，$a^2>0$ であるから　$\dfrac{9}{4}a^2-\dfrac{b^2}{4}>-1$

すなわち　$\dfrac{a^2}{\left(\dfrac{2}{3}\right)^2}-\dfrac{b^2}{2^2}>-1$

(ii) $Y=f(y)$ の軸は $y=\dfrac{4b}{9a^2+4}$ であるから

$$0<\frac{4b}{9a^2+4}<2$$

よって　$0<b<\dfrac{9}{2}a^2+2$

←放物線 $Y=py^2+qy+r$ の軸は $y=-\dfrac{q}{2p}$

(iii) $f(0)=4(b^2-9a^2)$ から　$b^2-9a^2>0$

ゆえに　$(b+3a)(b-3a)>0$

よって　$\begin{cases} b>3a \\ b>-3a \end{cases}$

または　$\begin{cases} b<3a \\ b<-3a \end{cases}$

(iv) $f(2)=4(b-2)^2$ から

$(b-2)^2\geqq 0$

これは常に成り立つ。

←$f(2)=4(9a^2+4)-16b+4(b^2-9a^2)$

以上から，領域 D は **右の図の斜線部分** のようになる。**ただし，境界線は含まない。**

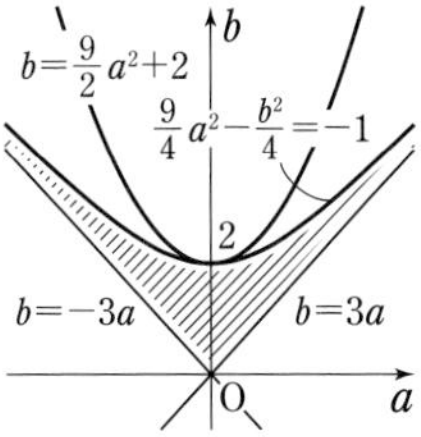

EX ②111

t を媒介変数として，$x=\dfrac{1}{\sqrt{1-t^2}}$，$y=\dfrac{t}{\sqrt{1-t^2}}$ $(-1<t<1)$ で表される曲線の概形をかけ。

〔類　滋賀医大〕

$x=\dfrac{1}{\sqrt{1-t^2}}$，$y=\dfrac{t}{\sqrt{1-t^2}}$ から　$x^2=\dfrac{1}{1-t^2}$，$y^2=\dfrac{t^2}{1-t^2}$

よって　$x^2-y^2=\dfrac{1}{1-t^2}-\dfrac{t^2}{1-t^2}=\dfrac{1-t^2}{1-t^2}=1$

←両辺を平方した式に注目すると，x^2-y^2 を考えることによる t の消去が思いつく。

また，$-1<t<1$ であるから　$0<1-t^2\leqq 1$

←$0\leqq t^2<1$

ゆえに　$0<\sqrt{1-t^2}\leqq 1$　よって　$\dfrac{1}{\sqrt{1-t^2}}\geqq 1$

すなわち　$x\geqq 1$

←x のとりうる値の範囲を調べる。

したがって，双曲線 $x^2-y^2=1$ の $x\geqq 1$ の部分を表す。
その概形は **右の図** のようになる。

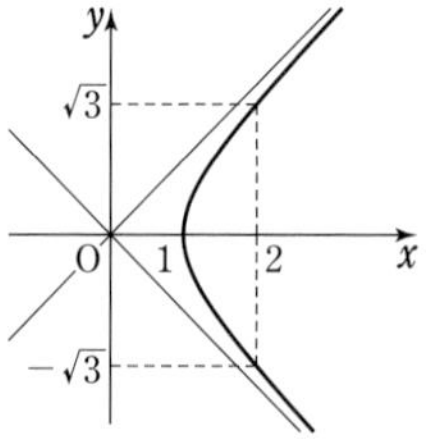

EX ③112 放物線 $y^2=4px$ 上の点P（原点を除く）における接線とこの放物線の軸とのなす角を θ とするとき，この放物線の方程式を θ を媒介変数として表せ。

放物線 $y^2=4px$（原点を除く）の接線は座標軸に垂直でないから，その方程式は　$y=(\tan\theta)x+k$ …… ①　とおける。

ただし　　$0<\theta<\pi,\ \theta\neq\dfrac{\pi}{2}$

① を $y^2=4px$ に代入して整理すると

$$(\tan^2\theta)x^2+2(k\tan\theta-2p)x+k^2=0 \quad \cdots\cdots \text{Ⓐ}$$

$\tan\theta\neq 0$ より，x の 2 次方程式 ② の判別式を D とすると，直線 ① が放物線 $y^2=4px$ に接するから　　$D=0$

ここで　　$\dfrac{D}{4}=(k\tan\theta-2p)^2-k^2\tan^2\theta=4p(p-k\tan\theta)$

ゆえに　　$4p(p-k\tan\theta)=0$

$p\neq 0,\ \tan\theta\neq 0$ であるから　　$k=\dfrac{p}{\tan\theta}$

このとき，接点の x 座標は

$$\boldsymbol{x}=-\frac{k\tan\theta-2p}{\tan^2\theta}=\boldsymbol{\frac{p}{\tan^2\theta}}$$

接点の y 座標は，① から

$$\boldsymbol{y}=\tan\theta\cdot\frac{p}{\tan^2\theta}+\frac{p}{\tan\theta}=\boldsymbol{\frac{2p}{\tan\theta}}$$

別解　放物線 $y^2=4px$（原点を除く）上の点 $\mathrm{P}(X,\ Y)$ における接線の方程式は　　$Yy=2p(x+X)$

この接線の傾きは $\dfrac{2p}{Y}$ であるから　　$\tan\theta=\dfrac{2p}{Y}$

ゆえに　　$Y=\dfrac{2p}{\tan\theta}$　　ただし　$0<\theta<\pi,\ \theta\neq\dfrac{\pi}{2}$

よって　　$X=\dfrac{Y^2}{4p}=\dfrac{1}{4p}\cdot\dfrac{4p^2}{\tan^2\theta}=\dfrac{p}{\tan^2\theta}$

したがって　　$\boldsymbol{x=\dfrac{p}{\tan^2\theta},\ y=\dfrac{2p}{\tan\theta}}$

検討　$x=\dfrac{p}{\tan^2\theta},\ y=\dfrac{2p}{\tan\theta}$ で，θ が $\dfrac{\pi}{2}$ に限りなく近づくとき，点 $(x,\ y)$ は点 $(0,\ 0)$ に限りなく近づく。

HINT　接線の方程式を $y=(\tan\theta)x+k$ とおき，**接点** $\Longleftrightarrow$ **重解** から k を θ で表す。

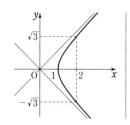

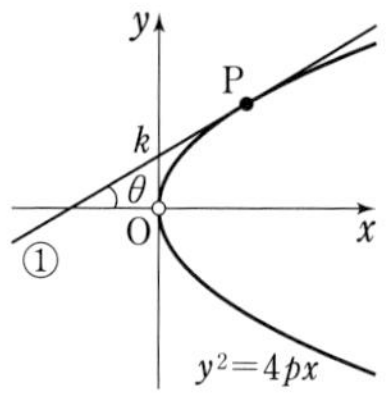

←Ⓐ の重解。

←$Y\neq 0$

←$Y^2=4pX$

EX ③113 座標平面上に点 A$(-3,\ 1)$ をとる。実数 t に対して，直線 $y=x$ 上の 2 点 B，C を B$(t-1,\ t-1)$，C$(t,\ t)$ で定める。2 点 A，B を通る直線を ℓ とする。点 C を通り，傾き -1 の直線を m とする。
(1) 直線 ℓ と m が交点をもつための t の必要十分条件を求めよ。
(2) t が(1)の条件を満たしながら動くとき，直線 ℓ と m の交点の軌跡を求めよ。〔大阪府大〕

(1) 直線 ℓ と m が交点をもつための条件は，直線 ℓ と m が平行にならないことである。

←点 B，C は一致しないから，ℓ と m が一致することはない。

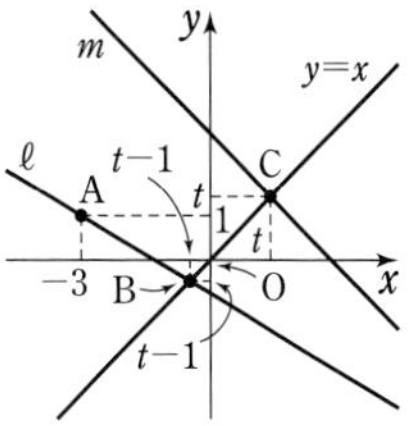

$t-1=-3$ すなわち $t=-2$ のとき，直線 ℓ の方程式は
$$x=-3$$
直線 m は x 軸に垂直な直線ではないから，このとき直線 ℓ と m は平行にならない。

$t\neq-2$ のとき，直線 ℓ の傾きは $\dfrac{t-1-1}{t-1-(-3)}=\dfrac{t-2}{t+2}$

直線 ℓ と m が平行にならないための条件は $\dfrac{t-2}{t+2}\neq-1$

すなわち $t\neq0$

以上から，求める必要十分条件は **$t\neq0$**

←$t=-2$ はこの条件に含まれる。

(2) 直線 m の方程式は $y-t=-(x-t)$

すなわち $y=-x+2t$ …… ①

[1] $t=-2$ のとき，直線 m の方程式は $y=-x-4$ となり，
$x=-3$ のとき $y=-1$
よって，直線 ℓ，m の交点は 点 $(-3,\ -1)$

←直線 ℓ が x 軸に垂直な場合。

[2] $t\neq-2$ のとき，直線 ℓ の方程式は
$$y-1=\frac{t-2}{t+2}(x+3)$$

←直線 ℓ が x 軸に垂直ではない場合。

すなわち $y=\dfrac{t-2}{t+2}x+\dfrac{4(t-1)}{t+2}$ …… ②

①，② から，$-x+2t=\dfrac{t-2}{t+2}x+\dfrac{4(t-1)}{t+2}$ として整理すると
$$tx=t^2+2$$

←①，② を連立して解く。

$t\neq0$ であるから $x=t+\dfrac{2}{t}$

←$t\neq0$ は ℓ と m が交点をもつための条件。

よって，① から $y=-\left(t+\dfrac{2}{t}\right)+2t=t-\dfrac{2}{t}$

$t=-2$ のとき，$x=t+\dfrac{2}{t}=-3$，$y=t-\dfrac{2}{t}=-1$ となる。

←$x=t+\dfrac{2}{t}$，$y=t-\dfrac{2}{t}$ は $t=-2$ の場合も成り立つ。

したがって，直線 ℓ と m の交点の座標を $(X,\ Y)$ とすると
$$X=t+\frac{2}{t},\quad Y=t-\frac{2}{t}$$

ゆえに $X^2-Y^2=\left(t+\dfrac{2}{t}\right)^2-\left(t-\dfrac{2}{t}\right)^2=8$

←t が消える。

ここで，t は $t\neq0$ の範囲を動くから，$X=t+\dfrac{2}{t}$ となる実数 $t(\neq0)$ が存在する。

よって，t についての2次方程式 $t^2-Xt+2=0$ は実数解をもつから，この2次方程式の判別式を D とすると　$D\geqq 0$

$D=(-X)^2-4\cdot 1\cdot 2=X^2-8$ であるから　$X^2-8\geqq 0$

ゆえに　$X\leqq -2\sqrt{2}$，$2\sqrt{2}\leqq X$

したがって，求める軌跡は

双曲線 $\boldsymbol{\dfrac{x^2}{8}-\dfrac{y^2}{8}=1}$

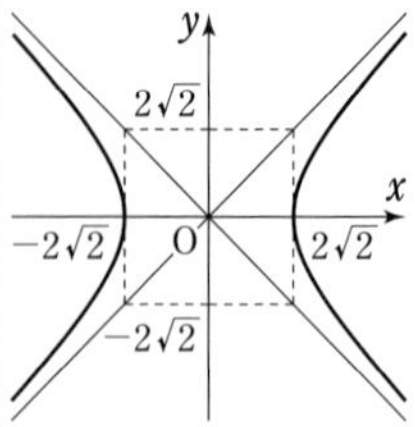

EX ③114　半径 $2a$ の円板が x 軸上を正の方向に滑らずに回転するとき，円板上の点Pの描く曲線 C を考える。円板の中心の最初の位置を $(0,\ 2a)$，点Pの最初の位置を $(0,\ a)$ とし，円板がその中心の周りに回転した角を θ とするとき，点Pの座標を θ で表せ。〔類　お茶の水大〕

HINT　ベクトルを利用。円板がその中心の周りに角 θ だけ回転したときの，円板の中心をAとすると　$\overrightarrow{\mathrm{OP}}=\overrightarrow{\mathrm{OA}}+\overrightarrow{\mathrm{AP}}$ (Oは原点)　図をかいて考える。

円板がその中心の周りに角 θ だけ回転したときの，円板の中心をAとする。

このとき，図のように点B，C，Dをとる。また，Oを原点とすると　$\mathrm{OB}=\overset{\frown}{\mathrm{BD}}=2a\theta$

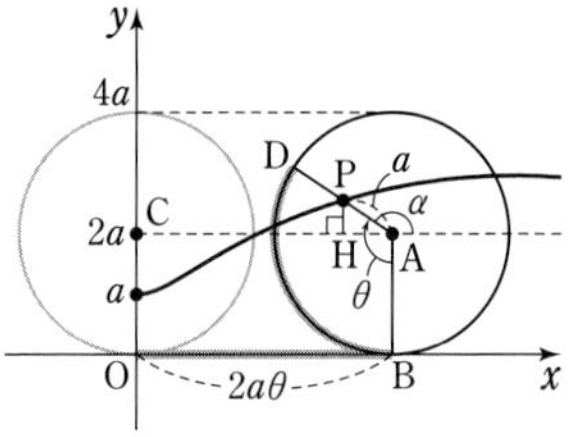

よって　$\mathrm{A}(2a\theta,\ 2a)$

$\overrightarrow{\mathrm{AP}}$ と x 軸の正の向きとのなす角を α とすると

$$\alpha=\frac{3}{2}\pi-\theta$$

$\mathrm{AP}=a$ であるから

$$\overrightarrow{\mathrm{AP}}=a\left(\cos\left(\frac{3}{2}\pi-\theta\right),\ \sin\left(\frac{3}{2}\pi-\theta\right)\right)$$
$$=(-a\sin\theta,\ -a\cos\theta)$$

ゆえに　$\overrightarrow{\mathrm{OP}}=\overrightarrow{\mathrm{OA}}+\overrightarrow{\mathrm{AP}}$

$$=(2a\theta,\ 2a)+(-a\sin\theta,\ -a\cos\theta)$$
$$=(a(2\theta-\sin\theta),\ a(2-\cos\theta))$$

したがって，点Pの座標は

$$\boldsymbol{(a(2\theta-\sin\theta),\ a(2-\cos\theta))}$$

注意　点Pの軌跡はトロコイドである (本冊 $p.638$ 参照)。

検討　$\mathrm{P}(x,\ y)$ とする。図の直角三角形APHで，$\angle\mathrm{PAH}=\theta-\dfrac{\pi}{2}$ であるから

$x=\mathrm{AC}-\mathrm{AH}$
$=2a\theta-a\cos\left(\theta-\dfrac{\pi}{2}\right)$
$=a(2\theta-\sin\theta)$，
$y=\mathrm{AB}+\mathrm{PH}$
$=2a+a\sin\left(\theta-\dfrac{\pi}{2}\right)$
$=a(2-\cos\theta)$

←$\cos\left(\dfrac{3}{2}\pi-\theta\right)$
$=\cos\left(\pi+\left(\dfrac{\pi}{2}-\theta\right)\right)$
$=-\cos\left(\dfrac{\pi}{2}-\theta\right)=-\sin\theta$

$\sin\left(\dfrac{3}{2}\pi-\theta\right)$
$=\sin\left(\pi+\left(\dfrac{\pi}{2}-\theta\right)\right)$
$=-\sin\left(\dfrac{\pi}{2}-\theta\right)=-\cos\theta$

EX ④115 円 $x^2+y^2=1$ の $y>0$ の部分を C とする。C 上の点Pと点R$(-1,\ 0)$ を結ぶ直線PRと y 軸の交点をQとし，その座標を $(0,\ t)$ とする。
(1) 点Pの座標を $(\cos\theta,\ \sin\theta)$ とする。$\cos\theta$ と $\sin\theta$ を t を用いて表せ。
(2) 3点A，B，Sの座標を A$(-3,\ 0)$，B$(3,\ 0)$，S$\left(0,\ \dfrac{1}{t}\right)$ とし，2直線AQとBSの交点をTとする。点Pが C 上を動くとき，点Tの描く図形を求めよ。〔弘前大〕

(1) 点Pは $y>0$ の範囲にあるから　$t>0$
また，$0<\theta<\pi$ として考える。
点Pから x 軸に垂線PHを下ろすと，
△QRO∽△PRH であるから

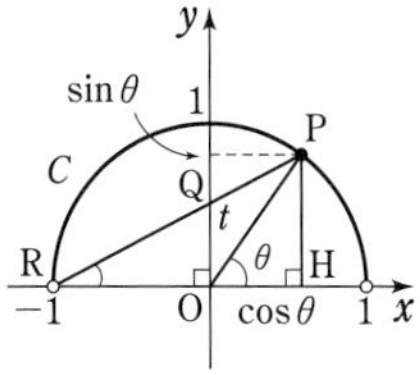

$$\frac{\mathrm{OQ}}{\mathrm{RO}}=\frac{\mathrm{HP}}{\mathrm{RH}}$$

←∠QRO＝∠PRH（共通），∠ROQ＝∠RHP＝$\dfrac{\pi}{2}$

ゆえに　$\dfrac{t}{1}=\dfrac{\sin\theta}{1+\cos\theta}$ …… ①

両辺を平方すると　$t^2=\dfrac{\sin^2\theta}{(1+\cos\theta)^2}$

$\sin^2\theta=1-\cos^2\theta$ から　$t^2=\dfrac{(1+\cos\theta)(1-\cos\theta)}{(1+\cos\theta)^2}$

よって　$t^2=\dfrac{1-\cos\theta}{1+\cos\theta}$

←$1+\cos\theta\neq 0$

これを $\cos\theta$ について解くと　$\boldsymbol{\cos\theta=\dfrac{1-t^2}{1+t^2}}$

←$t^2+t^2\cos\theta=1-\cos\theta$
よって
$(1+t^2)\cos\theta=1-t^2$

① から　$\boldsymbol{\sin\theta}=t(1+\cos\theta)=t\left(1+\dfrac{1-t^2}{1+t^2}\right)=\boldsymbol{\dfrac{2t}{1+t^2}}$

(2) 直線AQ，BSの方程式はそれぞれ
$tx-3y=-3t$ …… ②，
$x+3ty=3$ …… ③

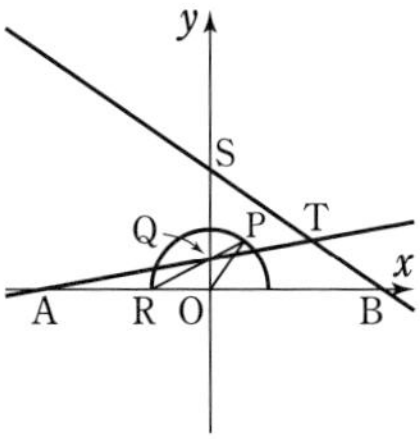

←$a\neq 0$，$b\neq 0$ のとき，2点 $(a,\ 0)$，$(0,\ b)$ を通る直線の方程式は
$\dfrac{x}{a}+\dfrac{y}{b}=1$
これを用いると
②：$\dfrac{x}{-3}+\dfrac{y}{t}=1$
③：$\dfrac{x}{3}+\dfrac{y}{\frac{1}{t}}=1$

③×t−② から　$(3t^2+3)y=6t$

よって　$y=\dfrac{2t}{1+t^2}$ …… ④

これを③に代入して　$x+\dfrac{6t^2}{1+t^2}=3$

ゆえに　$x=\dfrac{3(1-t^2)}{1+t^2}$ …… ⑤

(1) および④，⑤から

$$x=\frac{3(1-t^2)}{1+t^2}=3\cos\theta,\ \ y=\frac{2t}{1+t^2}=\sin\theta$$

よって　$\cos\theta=\dfrac{x}{3}$，$\sin\theta=y$

ゆえに　$\left(\dfrac{x}{3}\right)^2+y^2=1$

$0<\theta<\pi$ であるから　$y=\sin\theta>0$

したがって，点Tの描く図形は　**楕円 $\boldsymbol{\dfrac{x^2}{9}+y^2=1\ (y>0)}$**

検討　左の解答から，2点P，Tの位置関係は次のようになる。

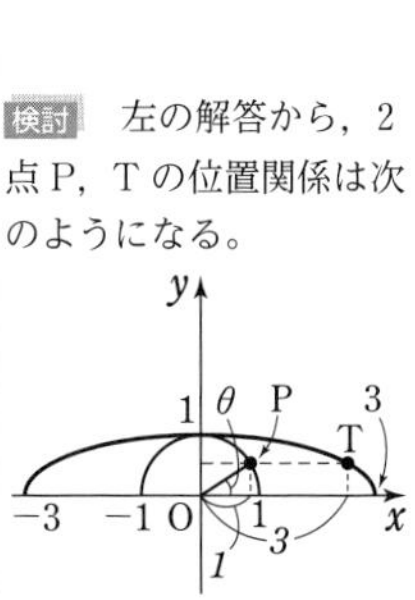

EX ③116 双曲線上の1点Pにおける接線が，2つの漸近線と交わる点をQ，Rとするとき
(1) 点Pは線分QRの中点であることを示せ。
(2) △OQR（Oは原点）の面積は点Pの位置にかかわらず一定であることを示せ。

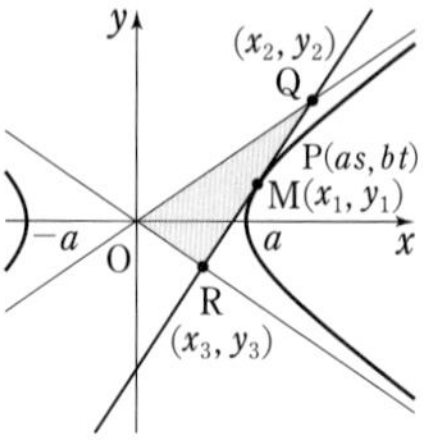

(1) 双曲線の方程式を $\dfrac{x^2}{a^2}-\dfrac{y^2}{b^2}=1$ $(a>0,\ b>0)$ とし，点Pの座標を $\left(\dfrac{a}{\cos\theta},\ b\tan\theta\right)$ とする。

① 座標の利用
標準形を利用し，計算をらくに

$\dfrac{1}{\cos\theta}=s$，$\tan\theta=t$ とおくと

P$(as,\ bt)$

←**おき換え** を利用して表記をらくに。

また　$s^2-t^2=1$ …… ①

←$\dfrac{1}{\cos^2\theta}=\tan^2\theta+1$

点Pにおける接線の方程式は　$\dfrac{as}{a^2}x-\dfrac{bt}{b^2}y=1$

←接線の公式を利用。

ゆえに　$\dfrac{s}{a}x-\dfrac{t}{b}y=1$ …… ②

また，双曲線 $\dfrac{x^2}{a^2}-\dfrac{y^2}{b^2}=1$ の漸近線は

2直線 $y=\dfrac{b}{a}x$ …… ③，$y=-\dfrac{b}{a}x$ …… ④

③ を ② に代入して整理すると　$\dfrac{s-t}{a}x=1$

よって　$x=\dfrac{a}{s-t}$　　このとき　$y=\dfrac{b}{a}\cdot\dfrac{a}{s-t}=\dfrac{b}{s-t}$

←① から　$s-t\neq0$

同様に，②，④ から　$x=\dfrac{a}{s+t}$，$y=-\dfrac{b}{s+t}$

←① から　$s+t\neq0$

ゆえに　$\mathrm{Q}\left(\dfrac{a}{s-t},\ \dfrac{b}{s-t}\right)$，$\mathrm{R}\left(\dfrac{a}{s+t},\ -\dfrac{b}{s+t}\right)$

よって，線分QRの中点Mの座標を $(x_1,\ y_1)$ とすると

$$x_1=\frac{1}{2}\left(\frac{a}{s-t}+\frac{a}{s+t}\right)=\frac{1}{2}\cdot\frac{2as}{s^2-t^2}=\frac{as}{s^2-t^2}$$

$$y_1=\frac{1}{2}\left(\frac{b}{s-t}-\frac{b}{s+t}\right)=\frac{1}{2}\cdot\frac{2bt}{s^2-t^2}=\frac{bt}{s^2-t^2}$$

① を代入して　$x_1=as$，$y_1=bt$

ゆえに　M$(as,\ bt)$

したがって，点Pは点Mに一致する。

(2) Q$(x_2,\ y_2)$，R$(x_3,\ y_3)$ とすると

$$\triangle\mathrm{OQR}=\frac{1}{2}|x_2y_3-x_3y_2|=\frac{1}{2}\left|-\frac{ab}{s^2-t^2}-\frac{ab}{s^2-t^2}\right|$$

$$=\frac{1}{2}\left|\frac{-2ab}{s^2-t^2}\right|=\left|\frac{ab}{s^2-t^2}\right|$$

←原点O，点A$(x_1,\ y_1)$，点B$(x_2,\ y_2)$ に対し，△OABの面積は

$\dfrac{1}{2}|x_1y_2-x_2y_1|$

$a>0$，$b>0$，① から

$\triangle\mathrm{OQR}=|ab|=ab$（一定）

別解 (1) [1] $y_1 \neq 0$ のとき，双曲線上の点 $P(x_1,\ y_1)$ における接線と漸近線の交点を $Q(x_2,\ y_2)$，$R(x_3,\ y_3)$ $(x_2 \neq x_3)$ とする。

$\dfrac{x_1x}{a^2}-\dfrac{y_1y}{b^2}=1$，$y=\pm\dfrac{b}{a}x$ から y を消去して

$$\frac{x_1x}{a^2}-\frac{y_1}{b^2}\left(\pm\frac{b}{a}x\right)=1$$

よって　$(bx_1 \mp ay_1)x=a^2b$ （上と複号同順。以下同じ）

ここで，点Pは漸近線上の点でないから　$y_1 \neq \pm\dfrac{b}{a}x_1$

ゆえに　$bx_1 \mp ay_1 \neq 0$　　よって　$x=\dfrac{a^2b}{bx_1 \mp ay_1}$

←点Q，Rの x 座標。

ゆえに，線分QRの中点の x 座標は

$$\frac{x_2+x_3}{2}=\frac{a^2b}{2}\left(\frac{1}{bx_1-ay_1}+\frac{1}{bx_1+ay_1}\right)=\frac{a^2b}{2}\cdot\frac{2bx_1}{b^2x_1{}^2-a^2y_1{}^2}=\frac{a^2b^2x_1}{b^2x_1{}^2-a^2y_1{}^2}$$

ここで，$\dfrac{x_1{}^2}{a^2}-\dfrac{y_1{}^2}{b^2}=1$ であるから　$b^2x_1{}^2-a^2y_1{}^2=a^2b^2$

←点Pは双曲線上にある。

よって　$\dfrac{x_2+x_3}{2}=\dfrac{a^2b^2x_1}{a^2b^2}=x_1$

同様にして　$\dfrac{y_2+y_3}{2}=y_1$

ゆえに，点Pは線分QRの中点である。

[2] $y_1=0$ のとき，接線は x 軸に垂直で，点Q，Rの y 座標は絶対値が等しく異符号である。よって，線分QRの中点の y 座標は0であり，点Pの y 座標と等しい。
すなわち，点Pは線分QRの中点である。

←$y_1=0$ のとき，2点Q，Rの x 座標は，点Pの x 座標 x_1 と等しい。

[1]，[2] から，線分QRの中点はPと一致する。

EX ②117

直交座標の原点Oを極とし，x 軸の正の部分を始線とする極座標 $(r,\ \theta)$ を考える。この極座標で表された3点を $A\left(1,\ \dfrac{\pi}{3}\right)$，$B\left(2,\ \dfrac{2}{3}\pi\right)$，$C\left(3,\ \dfrac{4}{3}\pi\right)$ とする。

(1) ∠OABを求めよ。　(2) △OBCの面積を求めよ。
(3) △ABCの外接円の中心と半径を求めよ。ただし，中心は直交座標で表せ。〔類 徳島大〕

(1) $\angle AOB=\dfrac{2}{3}\pi-\dfrac{\pi}{3}=\dfrac{\pi}{3}$

また，OA：OB＝1：2 であるから　$\angle OAB=\boldsymbol{\dfrac{\pi}{2}}$

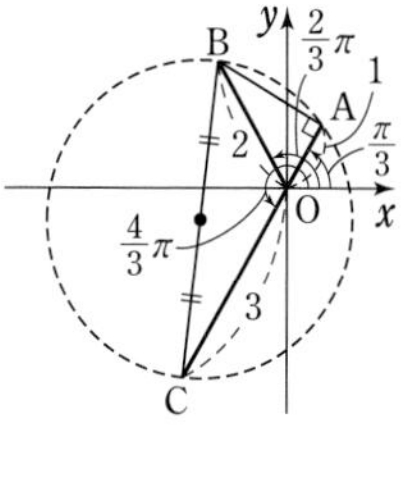

(2) $\angle BOC=\dfrac{4}{3}\pi-\dfrac{2}{3}\pi=\dfrac{2}{3}\pi$ であるから，△OBCの面積は

$$\frac{1}{2}OB\cdot OC\sin\angle BOC=\frac{1}{2}\cdot2\cdot3\sin\frac{2}{3}\pi=\boldsymbol{\frac{3\sqrt{3}}{2}}$$

(3) $\angle AOB+\angle BOC=\dfrac{\pi}{3}+\dfrac{2}{3}\pi=\pi$ であるから，3点A，O，C はこの順に一直線上にある。

また，(1)より，$\angle OAB=\dfrac{\pi}{2}$ であるから，△ABCは $\angle BAC=\dfrac{\pi}{2}$ の直角三角形であり，その外接円の中心は，線分BCの中点である。

点B，Cの直交座標は，それぞれ

$$B\left(2\cos\frac{2}{3}\pi,\ 2\sin\frac{2}{3}\pi\right),\quad C\left(3\cos\frac{4}{3}\pi,\ 3\sin\frac{4}{3}\pi\right)$$

←直交座標に直してから外接円の中心，半径を求める。

すなわち　$B(-1,\ \sqrt{3})$，$C\left(-\dfrac{3}{2},\ -\dfrac{3\sqrt{3}}{2}\right)$

よって，外接円の **中心は**

$$点\left(\frac{1}{2}\left(-1-\frac{3}{2}\right),\ \frac{1}{2}\left(\sqrt{3}-\frac{3\sqrt{3}}{2}\right)\right)$$

すなわち　**点** $\left(-\dfrac{5}{4},\ -\dfrac{\sqrt{3}}{4}\right)$　　また，外接円の **半径は**

$$\frac{1}{2}BC=\frac{1}{2}\sqrt{\left\{-1-\left(-\frac{3}{2}\right)\right\}^2+\left\{\sqrt{3}-\left(-\frac{3\sqrt{3}}{2}\right)\right\}^2}=\frac{\sqrt{19}}{2}$$

EX ③**118** 極方程式 $r=\dfrac{2}{2+\cos\theta}$ で与えられる図形と，等式 $|z|+\left|z+\dfrac{4}{3}\right|=\dfrac{8}{3}$ を満たす複素数 z で与えられる図形は同じであることを示し，この図形の概形をかけ。〔山形大〕

まず，$r=\dfrac{2}{2+\cos\theta}$ …… ① を直交座標の方程式で表す。

①から　$2r+r\cos\theta=2$　　ゆえに　$2r+x=2$

←$r\cos\theta=x$

よって　$2r=2-x$　　両辺を平方して　$4r^2=(2-x)^2$

ゆえに　$4(x^2+y^2)=(2-x)^2$

←$r^2=x^2+y^2$

よって　$3x^2+4x+4y^2-4=0$

←$3\left(x+\dfrac{2}{3}\right)^2-3\left(\dfrac{2}{3}\right)^2+4y^2-4=0$

変形すると　$3\left(x+\dfrac{2}{3}\right)^2+4y^2=\dfrac{16}{3}$

したがって　$\dfrac{\left(x+\dfrac{2}{3}\right)^2}{\left(\dfrac{4}{3}\right)^2}+\dfrac{y^2}{\left(\dfrac{2}{\sqrt{3}}\right)^2}=1$ …… ②

②は楕円 $\dfrac{x^2}{\left(\dfrac{4}{3}\right)^2}+\dfrac{y^2}{\left(\dfrac{2}{\sqrt{3}}\right)^2}=1$ を x 軸方向に $-\dfrac{2}{3}$ だけ平行移動した楕円を表す。

←楕円 $\dfrac{x^2}{a^2}+\dfrac{y^2}{b^2}=1$ $(a>b>0)$ の焦点は2点 $(\sqrt{a^2-b^2},\ 0)$，$(-\sqrt{a^2-b^2},\ 0)$
長軸の長さは $2a$，
短軸の長さは $2b$，
楕円上の点から焦点までの距離の和は $2a$

$\dfrac{4}{3}>\dfrac{2}{\sqrt{3}}$，$\sqrt{\left(\dfrac{4}{3}\right)^2-\left(\dfrac{2}{\sqrt{3}}\right)^2}=\dfrac{2}{3}$，$2\cdot\dfrac{4}{3}=\dfrac{8}{3}$ から，②は点 $\left(\dfrac{2}{3}-\dfrac{2}{3},\ 0\right)$，$\left(-\dfrac{2}{3}-\dfrac{2}{3},\ 0\right)$ すなわち点 $(0,\ 0)$，$\left(-\dfrac{4}{3},\ 0\right)$

を焦点とする楕円を表し，楕円上の各点について，焦点からの距離の和は $\frac{8}{3}$ である。…… ③

一方，$|z|+\left|z+\frac{4}{3}\right|=\frac{8}{3}$ …… ④ を変形すると

$$|z-0|+\left|z-\left(-\frac{4}{3}\right)\right|=\frac{8}{3}$$

よって，④ は複素数平面上で，点 0，$-\frac{4}{3}$ を焦点とする楕円を表し，楕円上の各点について，焦点からの距離の和は $\frac{8}{3}$ である。…… ⑤

③，⑤ から，①，④ は同じ図形を表す。また，図形の概形は **右図** のようになる。

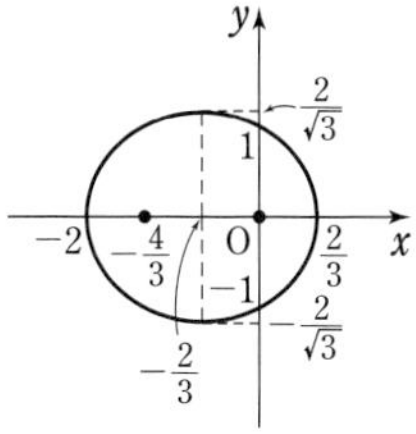

別解　$|z|+\left|z+\frac{4}{3}\right|=\frac{8}{3}$ …… Ⓐ とする。

複素数 z が Ⓐ を満たすとき，$z\neq0$ であるから，
$z=r(\cos\theta+i\sin\theta)$ $(r>0)$ とすると　$|z|=r$

また，$z+\frac{4}{3}=r\cos\theta+\frac{4}{3}+ir\sin\theta$ であるから

$$\left|z+\frac{4}{3}\right|=\sqrt{\left(r\cos\theta+\frac{4}{3}\right)^2+(r\sin\theta)^2}$$
$$=\sqrt{r^2+\frac{8}{3}r\cos\theta+\frac{16}{9}}$$

よって，Ⓐ から　$r+\sqrt{r^2+\frac{8}{3}r\cos\theta+\frac{16}{9}}=\frac{8}{3}$

ゆえに　$\sqrt{r^2+\frac{8}{3}r\cos\theta+\frac{16}{9}}=\frac{8}{3}-r$ …… Ⓑ

両辺を平方して整理すると　$r(2+\cos\theta)=2$

よって　$r=\frac{2}{2+\cos\theta}$

このとき，$2+\cos\theta\geqq1$ であるから　$\frac{2}{2+\cos\theta}\leqq2$

よって，$r<\frac{8}{3}$ となり，Ⓑ の右辺は正となる。

ゆえに，題意の 2 つの図形は同じである。

以後は，⑤ と同じように考えて，楕円 Ⓐ の概形をかく。

…… (＊)

←P(z)，A(0)，B$\left(-\frac{4}{3}\right)$ とすると
$\mathrm{AP}+\mathrm{BP}=\frac{8}{3}$ (一定)

←楕円 ② の概形。

(＊) 楕円 Ⓐ の長軸の長さを $2a$，短軸の長さを $2b$ とする。
$2a=\frac{8}{3}$ から　$a=\frac{4}{3}$
また 2 点 0，$-\frac{4}{3}$ を結ぶ線分の中点は点 $-\frac{2}{3}$
よって，楕円 Ⓐ を実軸方向に $\frac{2}{3}$ だけ平行移動した楕円の焦点が点 $\frac{2}{3}$，$-\frac{2}{3}$ であることから
$$a^2-b^2=\left(\frac{2}{3}\right)^2$$
よって　$b=\frac{2}{\sqrt{3}}$
ゆえに，楕円 Ⓐ の中心は点 $-\frac{2}{3}$，長軸の長さは $\frac{8}{3}$，短軸の長さは $\frac{4}{\sqrt{3}}$

4章
EX
[式と曲線]

EX ③119 直交座標で表された2つの方程式 $|x|+|y|=c_1$ …… ①, $\sqrt{x^2+y^2}=c_2$ …… ② を定義する。ただし c_1, c_2 は正の定数である。
(1) xy 平面上に ① を満たす点 (x, y) を図示せよ。
(2) 極座標 (r, θ) を用いて，①, ② をそれぞれ極方程式で表せ。
(3) 原点を除く点 (x, y) に対して，$\dfrac{|x|+|y|}{\sqrt{x^2+y^2}}$ の最大値および最小値を求めよ。〔九州大〕

(1) x, y が $|x|+|y|=c_1$ を満たすとき，$|x|+|-y|=c_1$, $|-x|+|y|=c_1$, $|-x|+|-y|=c_1$ がすべて成り立つから，① が表す図形は x 軸，y 軸，原点に関して対称である。

←対称性に注目。

よって，$x\geqq0$, $y\geqq0$ の範囲で考えると　$x+y=c_1$
すなわち　$y=-x+c_1$
これは $x\geqq0$, $y\geqq0$ の範囲で，2点 $(0, c_1)$, $(c_1, 0)$ を結ぶ線分を表すから，対称性を考えると方程式 ① が表す図形は **右の図** のようになる。

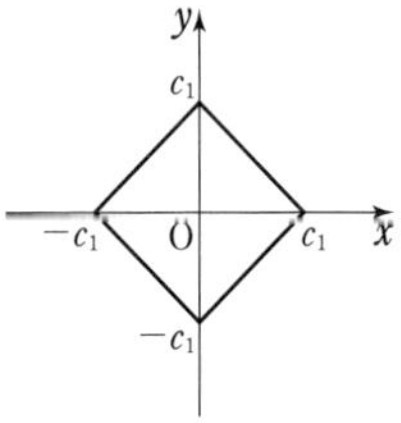

(2) $x=r\cos\theta$, $y=r\sin\theta$ $(r\geqq0)$ …… ③ とする。
③ を ① に代入すると　$|r\cos\theta|+|r\sin\theta|=c_1$
$r\geqq0$ から　$r(|\cos\theta|+|\sin\theta|)=c_1$

←$|\cos\theta|+|\sin\theta|>0$, $c_1>0$ から　$r>0$

よって，① を極方程式で表すと　$\boldsymbol{r=\dfrac{c_1}{|\cos\theta|+|\sin\theta|}}$

また，③ を ② に代入すると　$\sqrt{(r\cos\theta)^2+(r\sin\theta)^2}=c_2$
$r\geqq0$ から　$r\sqrt{\cos^2\theta+\sin^2\theta}=c_2$
ゆえに，② を極方程式で表すと　$\boldsymbol{r=c_2}$

←② から　$x^2+y^2=c_2{}^2$
これから ② は原点を中心とする半径 c_2 の円を表す。

(3) $f(x, y)=\dfrac{|x|+|y|}{\sqrt{x^2+y^2}}$ …… ④ とすると，
$f(x, y)=f(x, -y)=f(-x, y)=f(-x, -y)$ であるから，$x\geqq0$, $y\geqq0$ の範囲で考えてよい。
よって，$x=r\cos\theta$, $y=r\sin\theta$ $\left(r>0,\ 0\leqq\theta\leqq\dfrac{\pi}{2}\right)$ を ④ に代入すると，(2) から

$$f(x, y)=\frac{c_1}{c_2}=\frac{r(|\cos\theta|+|\sin\theta|)}{r}=\frac{r(\cos\theta+\sin\theta)}{r}$$

←(2) の結果を代入。

$$=\cos\theta+\sin\theta=\sqrt{2}\sin\left(\theta+\frac{\pi}{4}\right)$$

←三角関数の合成。

$0\leqq\theta\leqq\dfrac{\pi}{2}$ から　$\dfrac{\pi}{4}\leqq\theta+\dfrac{\pi}{4}\leqq\dfrac{3}{4}\pi$

ゆえに　$\dfrac{1}{\sqrt{2}}\leqq\sin\left(\theta+\dfrac{\pi}{4}\right)\leqq1$

よって　$1\leqq\sqrt{2}\sin\left(\theta+\dfrac{\pi}{4}\right)\leqq\sqrt{2}$

したがって，$f(x, y)$ の **最大値は $\sqrt{2}$，最小値は 1**

EX ③120

xy 平面において，2 点 $F_1(a,\ a)$，$F_2(-a,\ -a)$ からの距離の積が一定値 $2a^2$ となるような点 P の軌跡を C とする。ただし，$a>0$ である。

(1) 直交座標 $(x,\ y)$ に関しての C の方程式を求めよ。

(2) 原点を極とし，x 軸の正の部分を始線とする極座標 $(r,\ \theta)$ に関しての C の極方程式を求めよ。

(3) C から原点を除いた部分は，平面上の第 1 象限と第 3 象限を合わせた範囲に含まれることを示せ。 〔鹿児島大〕

HINT (1) $F_1P \cdot F_2P=2a^2$ の両辺を平方したものを利用。
(3) 原点を除いた部分にある点の極座標 $(r,\ \theta)$ について，$r \neq 0$ である。

(1) $F_1P \cdot F_2P=2a^2$ であるから $F_1P^2 \cdot F_2P^2=4a^4$

P$(x,\ y)$ とすると

$$\{(x-a)^2+(y-a)^2\}\{(x+a)^2+(y+a)^2\}=4a^4$$

よって

$$\{x^2+y^2+2a^2-2a(x+y)\}\{x^2+y^2+2a^2+2a(x+y)\}=4a^4$$

ゆえに $(x^2+y^2+2a^2)^2-4a^2(x+y)^2=4a^4$

したがって $\boldsymbol{(x^2+y^2)^2-8a^2xy=0}$ …… ①

←$(x^2+y^2)^2+4a^2(x^2+y^2)+4a^4-4a^2(x^2+y^2+2xy)=4a^4$

(2) $x^2+y^2=r^2$，$x=r\cos\theta$，$y=r\sin\theta$ を ① に代入して

$$(r^2)^2-8a^2r^2\cos\theta\sin\theta=0$$

ゆえに $r^2(r^2-4a^2\sin 2\theta)=0$

←$2\sin\theta\cos\theta=\sin 2\theta$

よって $r=0$ または $r^2=4a^2\sin 2\theta$

$r=0$ は極を表す。また，曲線 $r^2=4a^2\sin 2\theta$ は極を通る。

←$0^2=4a^2\sin 0$

ゆえに，求める極方程式は $\boldsymbol{r^2=4a^2\sin 2\theta}$ …… ②

(3) $r^2>0$ のとき，② から $4a^2\sin 2\theta>0$

$4a^2>0$ であるから $\sin 2\theta>0$

$0 \leqq \theta<2\pi$ において，この不等式を解くと

←$0 \leqq \theta<2\pi$ のとき $0 \leqq 2\theta<4\pi$

$$0<2\theta<\pi,\ 2\pi<2\theta<3\pi$$

ゆえに $0<\theta<\dfrac{\pi}{2}$，$\pi<\theta<\dfrac{3}{2}\pi$

よって，C から原点を除いた部分は，平面上の第 1 象限と第 3 象限を合わせた範囲に含まれる。

←$0<\theta<\dfrac{\pi}{2}$，$\pi<\theta<\dfrac{3}{2}\pi$ であるから，線分 OP は第 1 象限か第 3 象限に含まれる。

別解 $C:(x^2+y^2)^2-8a^2xy=0$ …… ③ とする。

③ で，$y=0$ とすると $x^4=0$ よって $x=0$

$x=0$ とすると $y^4=0$ よって $y=0$

ゆえに，C と x 軸，y 軸との交点は原点だけである。

←C から原点を除いた部分は，x 軸，y 軸と交わらない。

$xy \neq 0$ のとき，③ から $8a^2=\dfrac{(x^2+y^2)^2}{xy}$

$8a^2>0$ であるから $\dfrac{(x^2+y^2)^2}{xy}>0$

$(x^2+y^2)^2>0$ であるから $xy>0$

←$xy>0 \Longleftrightarrow$ $(x>0$ かつ $y>0)$ または $(x<0$ かつ $y<0)$

よって，C から原点を除いた部分は，平面上の第 1 象限と第 3 象限を合わせた範囲に含まれる。

EX ⑤121 半径 a の定円の周上に 2 つの動点 P, Q がある。P, Q はこの円周上の定点 A を同時に出発して時計の針と反対の向きに回っている。円の中心を O とするとき，動径 OP, OQ の回転角の速度（角速度という）の比が $1:k$ ($k>0$, $k\neq1$) で一定であるとき，線分 PQ の中点 M の，軌跡の極方程式を求めよ。ただし，点 P と点 Q が重なるとき，点 M は点 P(Q) を表すものとする。

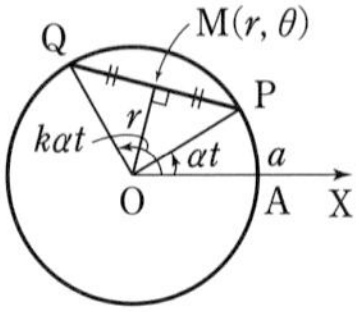

円の中心 O を極とし，半直線 OA を始線とする。

[1] P, Q が異なる 2 点のとき

円 O の弦 PQ の中点 M の極座標を $(r,\ \theta)$ とする。点 P の角速度を α とすると，点 Q の角速度は $k\alpha$ である。

よって，時刻 t において　$\angle\mathrm{AOP}=\alpha t$, $\angle\mathrm{AOQ}=k\alpha t$

また，△OPQ は二等辺三角形であるから，OM は ∠POQ を 2 等分する。

よって　$\angle\mathrm{AOM}=\dfrac{1}{2}(\alpha t+k\alpha t)=\dfrac{k+1}{2}\alpha t$

ゆえに　$\theta=\dfrac{k+1}{2}\alpha t$ …… ①

このとき　$\angle\mathrm{POM}=\angle\mathrm{AOM}-\angle\mathrm{AOP}=\dfrac{k-1}{2}\alpha t$

$\mathrm{OM}\perp\mathrm{PQ}$, $\mathrm{OP}=a$ であるから

$$r=\mathrm{OM}=\mathrm{OP}\cos\angle\mathrm{POM}=a\cos\frac{k-1}{2}\alpha t$$

ここで，① から　$\alpha t=\dfrac{2}{k+1}\theta$

よって　$r=a\cos\dfrac{k-1}{k+1}\theta$ …… ②

このとき，P, Q は異なる 2 点であるから

$k\alpha t-\alpha t\neq2n\pi$ (n は整数)

ゆえに　$t\neq\dfrac{2n\pi}{(k-1)\alpha}$　① から　$\theta\neq\dfrac{k+1}{k-1}\cdot n\pi$

[2] P, Q が一致するとき　$\theta=\dfrac{k+1}{k-1}\cdot n\pi$ (n は整数) …… ③

このとき　$|r|=a$　これは ② に ③ を代入したものである。

[1], [2] から，求める極方程式は　$\boldsymbol{r=a\cos\dfrac{k-1}{k+1}\theta}$

HINT　$\mathrm{OM}=r$ と $\angle\mathrm{MOX}=\theta$ の関係を調べる。△OPQ は二等辺三角形であることに注目。

←時刻 0 に定点 A を同時に出発する。

←下図のように，$\angle\mathrm{A'OQ}=\alpha t$ となる点 A′ をとると

$\angle\mathrm{AOM}$

$=\dfrac{1}{2}(\angle\mathrm{AOQ}+\angle\mathrm{A'OQ})$

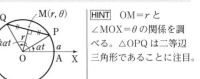

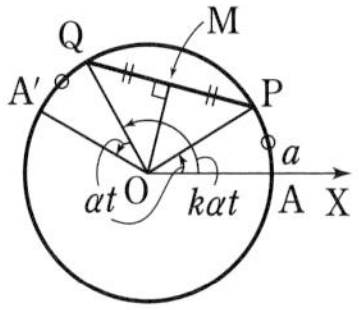

総合 1

平面上に OA=2，OB=1，∠AOB=θ となる △OAB がある。辺 AB を 2：1 に内分する点を C とするとき

(1) $\overrightarrow{OA}=\vec{a}$，$\overrightarrow{OB}=\vec{b}$ とする。このとき，$\overrightarrow{OC}$ および $\overrightarrow{AC}$ を $\vec{a}$，$\vec{b}$ を用いて表せ。

(2) $f(\theta)=|\overrightarrow{AC}|+\sqrt{2}\,|\overrightarrow{OC}|$ とするとき，$f(\theta)$ を θ を用いて表せ。

(3) $0<\theta<\pi$ における $f(\theta)$ の最大値，およびそのときの $\cos\theta$ の値を求めよ。 〔佐賀大〕

➡ 本冊 数学C 例題16

(1) $\overrightarrow{\mathbf{OC}}=\dfrac{1\cdot\vec{a}+2\vec{b}}{2+1}=\boldsymbol{\dfrac{\vec{a}+2\vec{b}}{3}}$

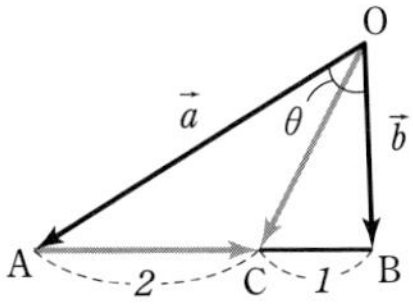

$\overrightarrow{\mathbf{AC}}=\overrightarrow{OC}-\overrightarrow{OA}=\dfrac{\vec{a}+2\vec{b}}{3}-\vec{a}$

$=\boldsymbol{\dfrac{-2\vec{a}+2\vec{b}}{3}}$

←$\overrightarrow{AC}=\dfrac{2}{3}\overrightarrow{AB}$
$=\dfrac{2}{3}(\vec{b}-\vec{a})$
でもよい。

(2) 条件から　$|\vec{a}|=2$，$|\vec{b}|=1$，$\vec{a}\cdot\vec{b}=|\vec{a}||\vec{b}|\cos\theta=2\cos\theta$

よって　$|\overrightarrow{AC}|^2=\left|\dfrac{-2\vec{a}+2\vec{b}}{3}\right|^2=\dfrac{4(|\vec{a}|^2-2\vec{a}\cdot\vec{b}+|\vec{b}|^2)}{9}$

$=\dfrac{4(2^2-2\cdot2\cos\theta+1^2)}{9}=\dfrac{4(5-4\cos\theta)}{9}$

$|\overrightarrow{OC}|^2=\left|\dfrac{\vec{a}+2\vec{b}}{3}\right|^2=\dfrac{|\vec{a}|^2+4\vec{a}\cdot\vec{b}+4|\vec{b}|^2}{9}$

$=\dfrac{2^2+4\cdot2\cos\theta+4\cdot1^2}{9}=\dfrac{8(1+\cos\theta)}{9}$

❶ $|\vec{p}|$ は $|\vec{p}|^2$ として扱う

$0<\theta<\pi$ より，$-1<\cos\theta<1$ であるから

$1+\cos\theta>0$，$5-4\cos\theta>0$

←θ は三角形の1つの内角であるから　$0<\theta<\pi$

ゆえに　$|\overrightarrow{AC}|=\dfrac{2}{3}\sqrt{5-4\cos\theta}$，$|\overrightarrow{OC}|=\dfrac{2\sqrt{2}}{3}\sqrt{1+\cos\theta}$

したがって　$\boldsymbol{f(\theta)=\dfrac{2}{3}\sqrt{5-4\cos\theta}+\dfrac{4}{3}\sqrt{1+\cos\theta}}$

(3) $\{f(\theta)\}^2=\dfrac{4}{9}(5-4\cos\theta)+\dfrac{16}{9}\sqrt{(5-4\cos\theta)(1+\cos\theta)}$

$+\dfrac{16}{9}(1+\cos\theta)$

←$A\geqq0$ のとき
A が最大 ⟺ A^2 が最大

$=4+\dfrac{16}{9}\sqrt{-4\cos^2\theta+\cos\theta+5}$

$=4+\dfrac{16}{9}\sqrt{-4\left(\cos\theta-\dfrac{1}{8}\right)^2+\dfrac{81}{16}}$

←$\sqrt{}$ 内は $\cos\theta$ の2次式 ⟶ 平方完成。

$-1<\dfrac{1}{8}<1$ であるから，$\cos\theta=\dfrac{1}{8}$ を満たす θ の値は存在する。

←$-1<\cos\theta<1$

よって，$\{f(\theta)\}^2$ は $\cos\theta=\dfrac{1}{8}$ を満たす θ で最大値

$4+\dfrac{16}{9}\sqrt{\dfrac{81}{16}}=8$ をとる。

$f(\theta)\geqq0$ であるから，このとき $f(\theta)$ も最大となる。

したがって，$f(\theta)$ は $\boldsymbol{\cos\theta=\dfrac{1}{8}}$ **のとき最大値 $\boldsymbol{2\sqrt{2}}$** をとる。

←$\sqrt{8}=2\sqrt{2}$

総合 2 半径1の円周上に3点A，B，Cがある。内積 $\overrightarrow{AB}\cdot\overrightarrow{AC}$ の最大値と最小値を求めよ。〔一橋大〕

➡ 本冊 数学C 例題20

3点A，B，Cが通る半径1の円の中心をOとすると

$$|\overrightarrow{OA}|=|\overrightarrow{OB}|=|\overrightarrow{OC}|=1$$

このとき $\overrightarrow{AB}\cdot\overrightarrow{AC}=(\overrightarrow{OB}-\overrightarrow{OA})\cdot(\overrightarrow{OC}-\overrightarrow{OA})$

$$=\overrightarrow{OB}\cdot\overrightarrow{OC}-(\overrightarrow{OB}+\overrightarrow{OC})\cdot\overrightarrow{OA}+|\overrightarrow{OA}|^2$$

$$=\overrightarrow{OB}\cdot\overrightarrow{OC}-(\overrightarrow{OB}+\overrightarrow{OC})\cdot\overrightarrow{OA}+1$$

←点Oを始点とするベクトルで考える。

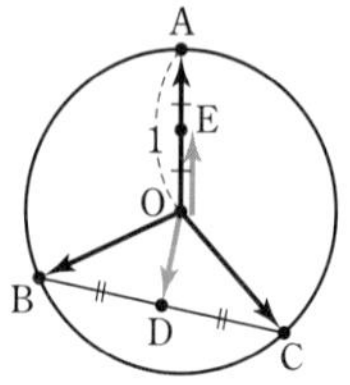

ここで，線分BCの中点をDとすると，$\overrightarrow{OD}=\dfrac{\overrightarrow{OB}+\overrightarrow{OC}}{2}$ で

$$|\overrightarrow{OD}|^2=\left|\frac{\overrightarrow{OB}+\overrightarrow{OC}}{2}\right|^2=\frac{1}{4}|\overrightarrow{OB}|^2+\frac{1}{2}\overrightarrow{OB}\cdot\overrightarrow{OC}+\frac{1}{4}|\overrightarrow{OC}|^2$$

$$=\frac{1}{4}+\frac{1}{2}\overrightarrow{OB}\cdot\overrightarrow{OC}+\frac{1}{4}=\frac{1}{2}\overrightarrow{OB}\cdot\overrightarrow{OC}+\frac{1}{2}$$

よって $\overrightarrow{OB}\cdot\overrightarrow{OC}=2|\overrightarrow{OD}|^2-1$

また，$\overrightarrow{OB}+\overrightarrow{OC}=2\overrightarrow{OD}$ であるから

←$\overrightarrow{OB}+\overrightarrow{OC}$ や $\overrightarrow{OB}\cdot\overrightarrow{OC}$ を $\overrightarrow{OD}$ に関する式に直すことができる。

$$\overrightarrow{AB}\cdot\overrightarrow{AC}=(2|\overrightarrow{OD}|^2-1)-2\overrightarrow{OD}\cdot\overrightarrow{OA}+1$$

$$=2|\overrightarrow{OD}|^2-2\overrightarrow{OA}\cdot\overrightarrow{OD}$$

$$=2\left|\overrightarrow{OD}-\frac{1}{2}\overrightarrow{OA}\right|^2-2\cdot\frac{1}{4}|\overrightarrow{OA}|^2$$

←平方完成の要領。

$$=2\left|\overrightarrow{OD}-\frac{1}{2}\overrightarrow{OA}\right|^2-\frac{1}{2}$$

更に，線分OAの中点をEとすると，$\overrightarrow{OE}=\dfrac{1}{2}\overrightarrow{OA}$ で

$$\overrightarrow{AB}\cdot\overrightarrow{AC}=2|\overrightarrow{OD}-\overrightarrow{OE}|^2-\frac{1}{2}=2|\overrightarrow{ED}|^2-\frac{1}{2}$$

ゆえに，$|\overrightarrow{ED}|$ が最大，最小になる点Dの位置について調べる。

$|\overrightarrow{ED}|$ が最大となるのは，$\overrightarrow{OD}=-\overrightarrow{OA}$ すなわち

$\dfrac{\overrightarrow{OB}+\overrightarrow{OC}}{2}=-\overrightarrow{OA}$ のときである。このとき $|\overrightarrow{ED}|=\dfrac{3}{2}$

$|\overrightarrow{ED}|$ が最大

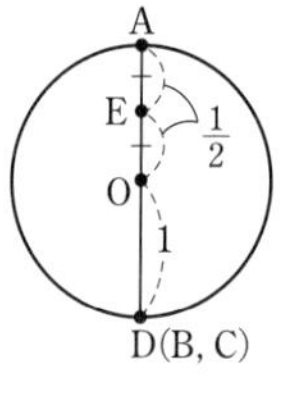

また，$|\overrightarrow{ED}|$ が最小となるのは，$\overrightarrow{OD}=\overrightarrow{OE}$ すなわち

$\dfrac{\overrightarrow{OB}+\overrightarrow{OC}}{2}=\dfrac{1}{2}\overrightarrow{OA}$ のときである。このとき $|\overrightarrow{ED}|=0$

$|\overrightarrow{ED}|$ が最小

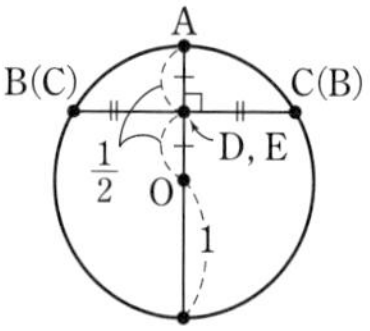

したがって，内積 $\overrightarrow{AB}\cdot\overrightarrow{AC}$ の

最大値は $2\left(\dfrac{3}{2}\right)^2-\dfrac{1}{2}=$**4**，**最小値は** $2\cdot0^2-\dfrac{1}{2}=$ $\boldsymbol{-\dfrac{1}{2}}$

総合 3 s を正の実数とする。鋭角三角形ABCにおいて，辺ABを $s:1$ に内分する点をDとし，辺BCを $s:3$ に内分する点をEとする。線分CDと線分AEの交点をFとする。

(1) $\overrightarrow{AF}=\alpha\overrightarrow{AB}+\beta\overrightarrow{AC}$ とするとき，α と β を s を用いて表せ。

(2) 点Fから辺ACに下ろした垂線をFGとする。線分FGの長さが最大となるときの s の値を求めよ。

〔類 東北大〕

➡ 本冊 数学C 例題37

(1)　AF：FE$=t:(1-t)$ とすると

$$\overrightarrow{\mathrm{AF}}=t\overrightarrow{\mathrm{AE}}=\frac{3t}{s+3}\overrightarrow{\mathrm{AB}}+\frac{st}{s+3}\overrightarrow{\mathrm{AC}}$$

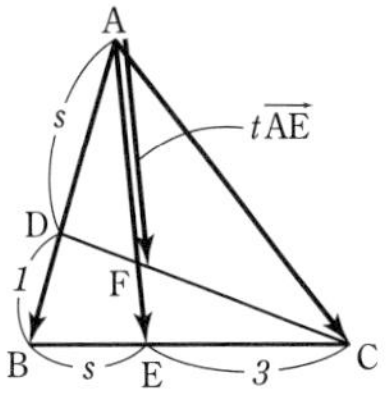

$\overrightarrow{\mathrm{AB}}=\dfrac{s+1}{s}\overrightarrow{\mathrm{AD}}$ であるから

$$\overrightarrow{\mathrm{AF}}=\frac{3t(s+1)}{s(s+3)}\overrightarrow{\mathrm{AD}}+\frac{st}{s+3}\overrightarrow{\mathrm{AC}}$$

点Fは直線CD上にあるから

$$\frac{3t(s+1)}{s(s+3)}+\frac{st}{s+3}=1$$

←(係数の和)$=1$

よって　$t(s^2+3s+3)=s(s+3)$

ゆえに　$t=\dfrac{s(s+3)}{s^2+3s+3}$

←$s^2+3s+3=\left(s+\dfrac{3}{2}\right)^2+\dfrac{3}{4}>0$

よって　$\overrightarrow{\mathrm{AF}}=\dfrac{3s}{s^2+3s+3}\overrightarrow{\mathrm{AB}}+\dfrac{s^2}{s^2+3s+3}\overrightarrow{\mathrm{AC}}$

ゆえに　$\boldsymbol{\alpha=\dfrac{3s}{s^2+3s+3},\ \beta=\dfrac{s^2}{s^2+3s+3}}$

(2)　(1)の t を用いると，AF：AE$=t:1$,
BC：EC$=(s+3):3$ であるから

$$\triangle\mathrm{AFC}=t\triangle\mathrm{AEC}=t\times\frac{3}{s+3}\triangle\mathrm{ABC}$$
$$=\frac{3s}{s^2+3s+3}\triangle\mathrm{ABC}$$

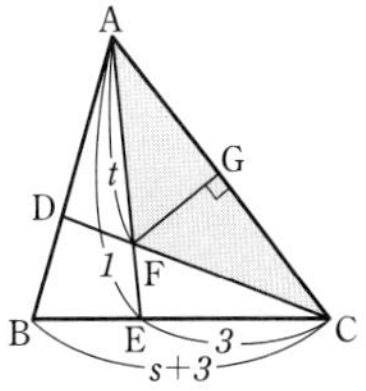

△ABCの面積は s に無関係であるから，$\dfrac{3s}{s^2+3s+3}$ が最大となるとき，△AFCの面積は最大となり，線分FGの長さも最大となる。

$s>0$ であるから　$\dfrac{3s}{s^2+3s+3}=\dfrac{3}{s+\dfrac{3}{s}+3}$

$s>0$，$\dfrac{3}{s}>0$ であるから，(相加平均)≧(相乗平均) により

$$s+\frac{3}{s}+3\geqq 2\sqrt{s\cdot\frac{3}{s}}+3=2\sqrt{3}+3$$

等号が成り立つのは，$s=\dfrac{3}{s}$ すなわち $s=\sqrt{3}$ のときである。

←$s^2=3$ かつ $s>0$ から $s=\sqrt{3}$

$s=\sqrt{3}$ のとき，$s+\dfrac{3}{s}+3$ が最小となり，$\dfrac{3}{s+\dfrac{3}{s}+3}$ すなわち $\dfrac{3s}{s^2+3s+3}$ が最大となる。

したがって，求める s の値は　$\boldsymbol{s=\sqrt{3}}$

総合

総合 4 平面上に3点A，B，Cがあり，$|2\overrightarrow{AB}+3\overrightarrow{AC}|=15$，$|2\overrightarrow{AB}+\overrightarrow{AC}|=7$，$|\overrightarrow{AB}-2\overrightarrow{AC}|=11$ を満たしている。

(1) $|\overrightarrow{AB}|$，$|\overrightarrow{AC}|$，内積 $\overrightarrow{AB}\cdot\overrightarrow{AC}$ の値を求めよ。

(2) 実数 s，t が $s\geqq 0$，$t\geqq 0$，$1\leqq s+t\leqq 2$ を満たしながら動くとき，$\overrightarrow{AP}=2s\overrightarrow{AB}-t\overrightarrow{AC}$ で定められた点Pの動く部分の面積を求めよ。 〔横浜国大〕

➡ 本冊 数学C 例題39

(1) $|2\overrightarrow{AB}+3\overrightarrow{AC}|^2=15^2$，$|2\overrightarrow{AB}+\overrightarrow{AC}|^2=7^2$，$|\overrightarrow{AB}-2\overrightarrow{AC}|^2=11^2$ から

$$\begin{cases}4|\overrightarrow{AB}|^2+12\overrightarrow{AB}\cdot\overrightarrow{AC}+9|\overrightarrow{AC}|^2=225 & \cdots\cdots ㋐\\ 4|\overrightarrow{AB}|^2+4\overrightarrow{AB}\cdot\overrightarrow{AC}+|\overrightarrow{AC}|^2=49 & \cdots\cdots ㋑\\ |\overrightarrow{AB}|^2-4\overrightarrow{AB}\cdot\overrightarrow{AC}+4|\overrightarrow{AC}|^2=121 & \cdots\cdots ㋒\end{cases}$$

これらを解いて　$|\overrightarrow{AB}|^2=9$，$\overrightarrow{AB}\cdot\overrightarrow{AC}=-3$，$|\overrightarrow{AC}|^2=25$

$|\overrightarrow{AB}|\geqq 0$，$|\overrightarrow{AC}|\geqq 0$ であるから

$$|\overrightarrow{AB}|=3,\ |\overrightarrow{AC}|=5$$

したがって　$|\overrightarrow{AB}|=3$，$|\overrightarrow{AC}|=5$，$\overrightarrow{AB}\cdot\overrightarrow{AC}=-3$

> ① $|\vec{p}|$ は $|\vec{p}|^2$ として扱う
>
> ←㋐$-3\times$㋑ から $-4|\overrightarrow{AB}|^2+3|\overrightarrow{AC}|^2=39$
> ㋑＋㋒ から $|\overrightarrow{AB}|^2+|\overrightarrow{AC}|^2=34$
> よって $|\overrightarrow{AB}|^2=9$，$|\overrightarrow{AC}|^2=25$

(2) $s+t=k$ とおくと　$1\leqq k\leqq 2$

このとき　$\dfrac{s}{k}+\dfrac{t}{k}=1$，$\dfrac{s}{k}\geqq 0$，$\dfrac{t}{k}\geqq 0$

また　$\overrightarrow{AP}=\dfrac{s}{k}(2k\overrightarrow{AB})+\dfrac{t}{k}(-k\overrightarrow{AC})$

$2k\overrightarrow{AB}=\overrightarrow{AB'}$，$-k\overrightarrow{AC}=\overrightarrow{AC'}$ とすると，k が一定のとき点Pは線分B′C′上を動く。

> ←$\dfrac{s}{k}=s'$，$\dfrac{t}{k}=t'$ とおくと $s'+t'=1$，$s'\geqq 0$，$t'\geqq 0$ で $\overrightarrow{AP}=s'\overrightarrow{AB'}+t'\overrightarrow{AC'}$

ここで，$2\overrightarrow{AB}=\overrightarrow{AD}$，$4\overrightarrow{AB}=\overrightarrow{AE}$，$-\overrightarrow{AC}=\overrightarrow{AF}$，$-2\overrightarrow{AC}=\overrightarrow{AG}$ とすると

$$\overrightarrow{B'C'}=-k\overrightarrow{AC}-2k\overrightarrow{AB}=k(-\overrightarrow{AC}-2\overrightarrow{AB})$$
$$=k(\overrightarrow{AF}-\overrightarrow{AD})=k\overrightarrow{DF}$$

ゆえに　B′C′∥DF

よって，$1\leqq k\leqq 2$ の範囲で k が変わるとき，点Pの動く部分は，台形DEGFの周および内部である。

求める面積を S，△ADFの面積を S_1，△AEGの面積を S_2 とすると

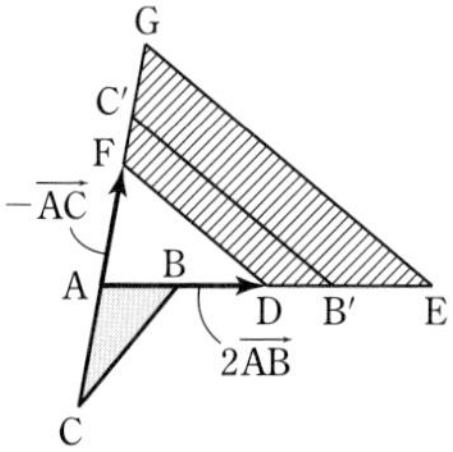

$$S_1=\frac{1}{2}\sqrt{|\overrightarrow{AD}|^2|\overrightarrow{AF}|^2-(\overrightarrow{AD}\cdot\overrightarrow{AF})^2}$$
$$=\frac{1}{2}\sqrt{|2\overrightarrow{AB}|^2|-\overrightarrow{AC}|^2-\{(2\overrightarrow{AB})\cdot(-\overrightarrow{AC})\}^2}$$
$$=\sqrt{|\overrightarrow{AB}|^2|\overrightarrow{AC}|^2-(\overrightarrow{AB}\cdot\overrightarrow{AC})^2}$$
$$=\sqrt{3^2\times 5^2-(-3)^2}=6\sqrt{6}$$

> ←△PQRの面積は $\dfrac{1}{2}\sqrt{|\overrightarrow{PQ}|^2|\overrightarrow{PR}|^2-(\overrightarrow{PQ}\cdot\overrightarrow{PR})^2}$
>
> ←$\sqrt{3^2(5^2-1)}=3\sqrt{24}$

また，△ADF∽△AEG，AD：AE＝1：2 から

$$S_2=2^2S_1=4S_1$$

> ←DF∥EG から。
>
> ① 面積比は (相似比)^2

したがって　$S=S_2-S_1=4S_1-S_1=3S_1$

$$=3\times 6\sqrt{6}=\mathbf{18\sqrt{6}}$$

総合 5 1辺の長さが1の正六角形 ABCDEF が与えられている。点Pが辺 AB 上を，点Qが辺 CD 上をそれぞれ独立に動くとき，線分 PQ を 2：1 に内分する点Rが通りうる範囲の面積を求めよ。〔東京大〕

➡ 本冊 数学C 例題 39, 40

$\overrightarrow{AB}=\vec{a}$，$\overrightarrow{AF}=\vec{b}$ とする。

点Pは辺 AB 上を動くから，$\overrightarrow{AP}=s\vec{a}$ $(0\leqq s\leqq 1)$ と表される。

点Qは辺 CD 上を動くから，$\overrightarrow{CQ}=t\overrightarrow{CD}$ すなわち

$\overrightarrow{CQ}=t\vec{b}$ $(0\leqq t\leqq 1)$ と表される。

よって　　$\overrightarrow{AQ}=\overrightarrow{AC}+\overrightarrow{CQ}=\overrightarrow{AC}+t\vec{b}$

点Rは線分 PQ を 2：1 に内分するから

$$\overrightarrow{AR}=\frac{1\cdot\overrightarrow{AP}+2\overrightarrow{AQ}}{2+1}=\frac{2}{3}\overrightarrow{AC}+\frac{s}{3}\vec{a}+\frac{2}{3}t\vec{b}$$

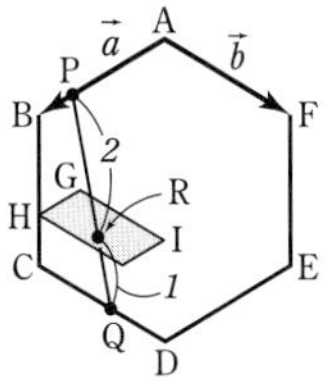

ここで，$\overrightarrow{AG}=\frac{2}{3}\overrightarrow{AC}$ とし，$\overrightarrow{GH}=\frac{\vec{a}}{3}$，$\overrightarrow{GI}=\frac{2}{3}\vec{b}$ とすると

$$\overrightarrow{AR}=\overrightarrow{AG}+s\overrightarrow{GH}+t\overrightarrow{GI}$$

←これを変形し，$\overrightarrow{AR}-\overrightarrow{AG}=s\overrightarrow{GH}+t\overrightarrow{GI}$ すなわち $\overrightarrow{GR}=s\overrightarrow{GH}+t\overrightarrow{GI}$ として考えてもよい。

$0\leqq s\leqq 1$，$0\leqq t\leqq 1$ であるから，点Rが通りうる範囲は，線分 GH，GI を隣り合う2辺とする平行四辺形の周および内部である。

$\angle IGH=\angle FAB=120°$ であるから，求める面積は

$$2\times\frac{1}{2}GH\times GI\sin 120°=\frac{1}{3}\times\frac{2}{3}\times\frac{\sqrt{3}}{2}=\boldsymbol{\frac{\sqrt{3}}{9}}$$

←$2\times\triangle GHI$

総合 6 平面上に1辺の長さが $\sqrt{3}r$ である正三角形 ABC とその平面上を動く点Pがある。正三角形 ABC の重心を始点としPを終点とするベクトルを $\vec{p}$ とする。

(1) $s=\overrightarrow{PA}\cdot\overrightarrow{PA}+\overrightarrow{PB}\cdot\overrightarrow{PB}+\overrightarrow{PC}\cdot\overrightarrow{PC}$ とおくとき，s をベクトル $\vec{p}$ の大きさ $|\vec{p}|$ と r を用いて表せ。

(2) $t=\overrightarrow{PA}\cdot\overrightarrow{PB}+\overrightarrow{PB}\cdot\overrightarrow{PC}+\overrightarrow{PC}\cdot\overrightarrow{PA}$ とおくとき，t をベクトル $\vec{p}$ の大きさ $|\vec{p}|$ と r を用いて表せ。

(3) (1)の s と(2)の t に関して，点Pが2つの不等式 $s\geqq\frac{15}{4}r^2$，$t\leqq\frac{3}{2}r^2$ を同時に満たすとき，点Pが描く図形の領域を求めて正三角形 ABC とともに図示せよ。〔秋田大〕

➡ 本冊 数学C 例題 41

(1) 正三角形 ABC の重心を G とすると

$$\overrightarrow{GP}=\vec{p}$$

$\overrightarrow{GA}=\vec{a}$，$\overrightarrow{GB}=\vec{b}$，$\overrightarrow{GC}=\vec{c}$ とする。

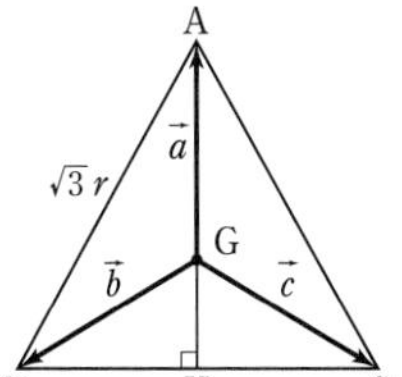

△ABC は正三角形であるから

$$|\vec{a}|=|\vec{b}|=|\vec{c}|$$
$$=\sqrt{3}r\sin 60°\times\frac{2}{3}$$
$$=\sqrt{3}r\times\frac{\sqrt{3}}{2}\times\frac{2}{3}=r$$

←直線 AG と辺 BC の交点を H とすると $AH=AB\sin\angle ABH$，$AG=\frac{2}{3}AH$

よって　　$s=|\vec{a}-\vec{p}|^2+|\vec{b}-\vec{p}|^2+|\vec{c}-\vec{p}|^2$

$$=|\vec{a}|^2-2\vec{a}\cdot\vec{p}+|\vec{p}|^2+|\vec{b}|^2-2\vec{b}\cdot\vec{p}+|\vec{p}|^2+|\vec{c}|^2-2\vec{c}\cdot\vec{p}+|\vec{p}|^2$$

$=3r^2-2(\vec{a}+\vec{b}+\vec{c})\cdot\vec{p}+3|\vec{p}|^2$

ここで，$\vec{a}+\vec{b}+\vec{c}=\vec{0}$ であるから　　$\boldsymbol{s=3|\vec{p}|^2+3r^2}$

← $\vec{b}+\vec{c}=2\overrightarrow{\mathrm{GH}}=-\vec{a}$

(2)　$\vec{a}\cdot\vec{b}=\vec{b}\cdot\vec{c}=\vec{c}\cdot\vec{a}=r^2\cos 120^\circ=-\dfrac{1}{2}r^2$

← ∠AGB＝∠BGC＝∠CGA＝120°

よって

$$\begin{aligned}\boldsymbol{t}&=(\vec{a}-\vec{p})\cdot(\vec{b}-\vec{p})+(\vec{b}-\vec{p})\cdot(\vec{c}-\vec{p})+(\vec{c}-\vec{p})\cdot(\vec{a}-\vec{p})\\&=\vec{a}\cdot\vec{b}-(\vec{a}+\vec{b})\cdot\vec{p}+|\vec{p}|^2+\vec{b}\cdot\vec{c}-(\vec{b}+\vec{c})\cdot\vec{p}+|\vec{p}|^2\\&\quad+\vec{c}\cdot\vec{a}-(\vec{c}+\vec{a})\cdot\vec{p}+|\vec{p}|^2\\&=\vec{a}\cdot\vec{b}+\vec{b}\cdot\vec{c}+\vec{c}\cdot\vec{a}-2(\vec{a}+\vec{b}+\vec{c})\cdot\vec{p}+3|\vec{p}|^2\\&=-\frac{1}{2}r^2\times 3+3|\vec{p}|^2=\boldsymbol{3|\vec{p}|^2-\frac{3}{2}r^2}\end{aligned}$$

← $\vec{a}+\vec{b}+\vec{c}=\vec{0}$

(3)　(1) の結果を $s\geqq\dfrac{15}{4}r^2$ に代入して　　$3|\vec{p}|^2+3r^2\geqq\dfrac{15}{4}r^2$

よって　　$|\vec{p}|^2\geqq\dfrac{1}{4}r^2$　　　ゆえに　　$|\vec{p}|\geqq\dfrac{1}{2}r$ ……①

← $|\vec{p}|\geqq 0$，$r>0$

(2) の結果を $t\leqq\dfrac{3}{2}r^2$ に代入して　　$3|\vec{p}|^2-\dfrac{3}{2}r^2\leqq\dfrac{3}{2}r^2$

よって　　$|\vec{p}|^2\leqq r^2$　　　ゆえに　　$|\vec{p}|\leqq r$ ……②

①，② から　　$\dfrac{1}{2}r\leqq|\vec{p}|\leqq r$

← $\dfrac{1}{2}r$＝GH は内接円の半径，r＝GA は外接円の半径。

よって，点 P が描く領域は，点 G を中心とする半径 $\dfrac{1}{2}r$ と r の同心円の間の部分で，**右の図の斜線部分** である。
ただし，境界線を含む。

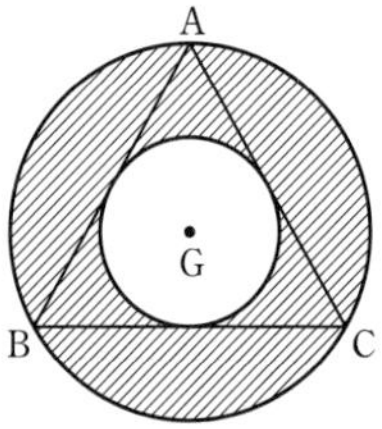

総合 7　1辺の長さが6の正四面体 OABC を考える。頂点 O と頂点 A の座標をそれぞれ O(0, 0, 0)，A(6, 0, 0) とする。頂点 B の z 座標は 0，頂点 C の z 座標は正である。また，辺 OC，AB の中点をそれぞれ M，N とする。
(1)　条件を満たすような正四面体はいくつあるか求めよ。
(2)　$\overrightarrow{\mathrm{OB}}$ および $\overrightarrow{\mathrm{OC}}$ を成分で表せ。　　(3)　$\overrightarrow{\mathrm{MN}}$ を成分で表せ。
(4)　OC⊥MN であることを示せ。　〔鳥取環境大〕

➡ 本冊 数学C 例題 53, 54

(1)　正四面体の各面は正三角形である。
△OAB の各頂点の z 座標は 0 であるから，頂点 B は xy 平面上にあり，その x 座標は正の1通り，y 座標は正，負の2通りある。
よって，△OAB は2つある。
次に，頂点 C の z 座標は正であるから，頂点 C は，△OAB 1つに対して1つ定まる。
したがって，条件を満たす正四面体は **2つ** ある。

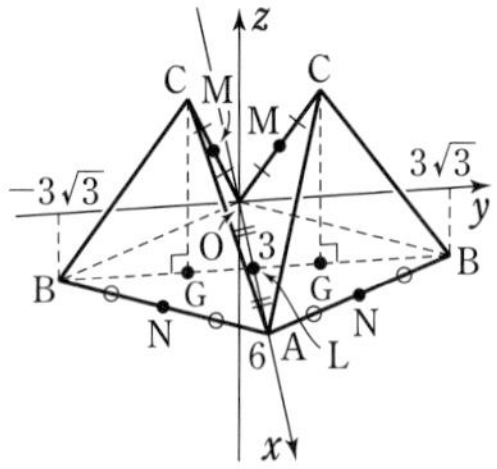

(2)　△OAB は1辺の長さが6の正三角形であるから，点 B の x 座標は3であり，y 座標は $\pm 3\sqrt{3}$ である。(以下，複号同順)
よって　　$\boldsymbol{\overrightarrow{\mathrm{OB}}=(3,\ \pm 3\sqrt{3},\ 0)}$

次に，辺OAの中点をL，頂点Cから△OABに下ろした垂線と△OABの交点をGとすると，Gは△OABの重心であり，線分BL上にある。

BLは△OABの中線であり　　$BL=3\sqrt{3}$

よって　　$BG=2\sqrt{3}$

△CBGは直角三角形であるから

$$CG=\sqrt{CB^2-BG^2}=\sqrt{6^2-(2\sqrt{3})^2}=2\sqrt{6}$$

したがって　　$\boldsymbol{\overrightarrow{OC}=(3,\ \pm\sqrt{3},\ 2\sqrt{6})}$

(3)　点M，Nはそれぞれ辺OC，ABの中点であるから

$$\overrightarrow{OM}=\frac{1}{2}\overrightarrow{OC}=\left(\frac{3}{2},\ \pm\frac{\sqrt{3}}{2},\ \sqrt{6}\right)$$

$$\overrightarrow{ON}=\frac{\overrightarrow{OA}+\overrightarrow{OB}}{2}=\left(\frac{9}{2},\ \pm\frac{3\sqrt{3}}{2},\ 0\right)$$

したがって　　$\boldsymbol{\overrightarrow{MN}}=\overrightarrow{ON}-\overrightarrow{OM}\boldsymbol{=(3,\ \pm\sqrt{3},\ -\sqrt{6})}$

(4)　$\overrightarrow{OC}\cdot\overrightarrow{MN}=3\times3+(\pm\sqrt{3})\times(\pm\sqrt{3})+2\sqrt{6}\times(-\sqrt{6})$
$=0$

$\overrightarrow{OC}\neq\vec{0}$，$\overrightarrow{MN}\neq\vec{0}$ であるから　　$\overrightarrow{OC}\perp\overrightarrow{MN}$

すなわち　　$OC\perp MN$

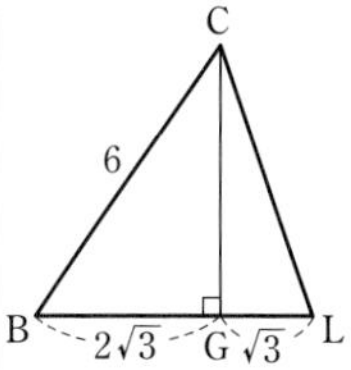

別解　(4)　$\overrightarrow{OA}=\vec{a}$，$\overrightarrow{OB}=\vec{b}$，$\overrightarrow{OC}=\vec{c}$ とすると　$\overrightarrow{OC}\cdot\overrightarrow{MN}$
$=\vec{c}\cdot\left(\frac{\vec{a}+\vec{b}}{2}-\frac{\vec{c}}{2}\right)$
$=\frac{1}{2}(\vec{c}\cdot\vec{a}+\vec{c}\cdot\vec{b}-|\vec{c}|^2)$
ここで，$\vec{c}\cdot\vec{a}=\vec{c}\cdot\vec{b}$
$=6\times6\times\cos60^\circ=18$，
$|\vec{c}|=6$ から
$\overrightarrow{OC}\cdot\overrightarrow{MN}$
$=\frac{1}{2}(18+18-6^2)=0$
$\overrightarrow{OC}\neq\vec{0}$，$\overrightarrow{MN}\neq\vec{0}$ であるから　　$OC\perp MN$

総合

総合 8

(1)　四面体ABCDと四面体ABCPの体積をそれぞれ V，V_P とする。

(ア)　$\overrightarrow{AP}=t\overrightarrow{AD}$ が成り立つとき，体積比 $\frac{V_P}{V}$ を求めよ。

(イ)　$\overrightarrow{AP}=b\overrightarrow{AB}+c\overrightarrow{AC}+d\overrightarrow{AD}$ が成り立つとき，体積比 $\frac{V_P}{V}$ を求めよ。

(2)　四面体ABCDについて，点A，B，C，Dの対面の面積をそれぞれ α，β，γ，δ とする。原点をOとして，$\overrightarrow{OI}=\frac{\alpha\overrightarrow{OA}+\beta\overrightarrow{OB}+\gamma\overrightarrow{OC}+\delta\overrightarrow{OD}}{\alpha+\beta+\gamma+\delta}$ となる点Iを考える。四面体ABCDの体積を V とするとき，3点A，B，Cを通る平面と点Iの距離 r を求めよ。

(3)　(2)の点Iは四面体ABCDに内接する球の中心であることを示せ。　〔早稲田大〕

➡ 本冊 数学C例題61

(1)　(ア)　$\overrightarrow{AP}=t\overrightarrow{AD}$ のとき　　$AP=|t|AD$

よって　　$\frac{V_P}{V}=\frac{AP}{AD}=\frac{|t|AD}{AD}=\boldsymbol{|t|}$

(イ)　Qを $\overrightarrow{AQ}=d\overrightarrow{AD}$ を満たす点とすると
$\overrightarrow{AP}-\overrightarrow{AQ}=b\overrightarrow{AB}+c\overrightarrow{AC}$

すなわち　$\overrightarrow{QP}=b\overrightarrow{AB}+c\overrightarrow{AC}$

ゆえに，直線PQは平面ABCと平行である。

よって，V_P は四面体ABCQの体積に等しい。

これと(ア)から　　$\frac{V_P}{V}=\boldsymbol{|d|}$

(2)　$\overrightarrow{AI}=\overrightarrow{OI}-\overrightarrow{OA}$

$=\frac{\alpha\overrightarrow{OA}+\beta\overrightarrow{OB}+\gamma\overrightarrow{OC}+\delta\overrightarrow{OD}}{\alpha+\beta+\gamma+\delta}-\overrightarrow{OA}$

(1)　V，V_P について，底面を△ABCとしたときの高さについて考える。

(イ)

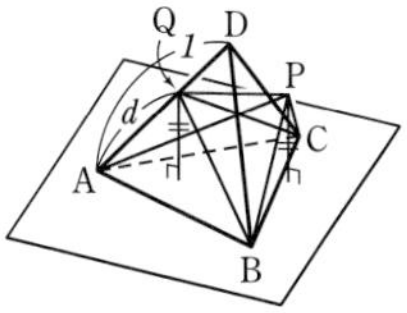

$$=\frac{\alpha(-\overrightarrow{AO})+\beta(\overrightarrow{AB}-\overrightarrow{AO})+\gamma(\overrightarrow{AC}-\overrightarrow{AO})+\delta(\overrightarrow{AD}-\overrightarrow{AO})}{\alpha+\beta+\gamma+\delta}+\overrightarrow{AO}$$

$$=\frac{\beta\overrightarrow{AB}+\gamma\overrightarrow{AC}+\delta\overrightarrow{AD}-(\alpha+\beta+\gamma+\delta)\overrightarrow{AO}}{\alpha+\beta+\gamma+\delta}+\overrightarrow{AO}$$

$$=\frac{\beta\overrightarrow{AB}+\gamma\overrightarrow{AC}+\delta\overrightarrow{AD}}{\alpha+\beta+\gamma+\delta}$$

ゆえに，(1)(イ)の結果から，四面体ABCIの体積は

$$\left|\frac{\delta}{\alpha+\beta+\gamma+\delta}\right|V \quad すなわち \quad \frac{\delta}{\alpha+\beta+\gamma+\delta}V$$

また，四面体ABCIについて，△ABCを底面と見ると，底面積はδ，高さはrであるから

$$\frac{1}{3}\delta r=\frac{\delta}{\alpha+\beta+\gamma+\delta}V$$

よって　$\boldsymbol{r=\frac{3V}{\alpha+\beta+\gamma+\delta}}$

(3)　(2)と同様にして考えると，平面ABD，平面ACD，平面BCDと点Iの距離は，いずれも$\frac{3V}{\alpha+\beta+\gamma+\delta}$となる。

ゆえに，点Iは平面ABC，ABD，ACD，BCDから等距離にある。…… ①

ここで，$\overrightarrow{AI}=\frac{\beta+\gamma+\delta}{\alpha+\beta+\gamma+\delta}\cdot\frac{\beta\overrightarrow{AB}+\gamma\overrightarrow{AC}+\delta\overrightarrow{AD}}{\beta+\gamma+\delta}$において，

$\overrightarrow{AE}=\frac{\beta\overrightarrow{AB}+\gamma\overrightarrow{AC}+\delta\overrightarrow{AD}}{\beta+\gamma+\delta}$とすると

$$\overrightarrow{AI}=\frac{\beta+\gamma+\delta}{\alpha+\beta+\gamma+\delta}\overrightarrow{AE}$$

また　$\overrightarrow{AE}=\frac{1}{\beta+\gamma+\delta}\left\{\beta\overrightarrow{AB}+(\gamma+\delta)\frac{\gamma\overrightarrow{AC}+\delta\overrightarrow{AD}}{\gamma+\delta}\right\}$

辺CDを$\delta:\gamma$に内分する点をFとすると

$$\overrightarrow{AE}=\frac{\beta\overrightarrow{AB}+(\gamma+\delta)\overrightarrow{AF}}{\beta+\gamma+\delta}$$

よって，点Eは線分BFを$(\gamma+\delta):\beta$に内分する点であるから，△BCDの内部にある。……（＊）

更に，$\overrightarrow{AI}=\frac{\beta+\gamma+\delta}{\alpha+\beta+\gamma+\delta}\overrightarrow{AE}$，$0<\frac{\beta+\gamma+\delta}{\alpha+\beta+\gamma+\delta}<1$であるから，点Iは四面体ABCDの内部に存在する。…… ②

①，②から，点Iは四面体ABCDに内接する球の中心である。

←点Aに関する位置ベクトルの式に直す。

←(1)(イ)が利用できるように，$\overrightarrow{AI}$を$\overrightarrow{AB}$，$\overrightarrow{AC}$，$\overrightarrow{AD}$を用いて表す。

←点Dの対面の面積はδである。

←$\beta\overrightarrow{AB}$，$\gamma\overrightarrow{AC}$，$\delta\overrightarrow{AD}$に注目して，
$\frac{\beta\overrightarrow{AB}+\gamma\overrightarrow{AC}+\delta\overrightarrow{AD}}{\beta+\gamma+\delta}$
の形が現れるように変形する。

（＊）一般に，一直線上にない3点A，B，Cに対して，
$\overrightarrow{OP}=s\overrightarrow{OA}+t\overrightarrow{OB}+u\overrightarrow{OC}$，
$s>0$，$t>0$，$u>0$，
$s+t+u=1$を満たす点Pは△ABCの内部にある。

総合 9　座標空間内の4点O(0, 0, 0)，A(1, 1, 0)，B(1, 0, p)，C(q, r, s)を頂点とする四面体が正四面体であるとする。ただし，$p>0$，$s>0$とする。

(1)　p，q，r，sの値を求めよ。

(2)　z軸に垂直な平面で正四面体OABCを切ったときの断面積の最大値を求めよ。〔九州大〕

➡ 本冊 数学C 例題 46, 63

(1) 四面体OABCが正四面体であるから，OA＝OBより

$OA^2=OB^2$

ゆえに　$1^2+1^2+0^2=1^2+0^2+p^2$

よって　$p^2=1$　　$p>0$ であるから　$\boldsymbol{p=1}$

同様に，$OA^2=OC^2$ であるから

$1^2+1^2+0^2=q^2+r^2+s^2$

すなわち　$q^2+r^2+s^2=2$ …… ①

また　$\overrightarrow{OA}\cdot\overrightarrow{OC}=1\times q+1\times r+0\times s=q+r$

$\overrightarrow{OB}\cdot\overrightarrow{OC}=1\times q+0\times r+1\times s=q+s$

更に，$|\overrightarrow{OA}|=|\overrightarrow{OB}|=|\overrightarrow{OC}|=\sqrt{2}$ であり，

$\angle AOC=\angle BOC=60^\circ$ であるから

$\overrightarrow{OA}\cdot\overrightarrow{OC}=\overrightarrow{OB}\cdot\overrightarrow{OC}=\sqrt{2}\times\sqrt{2}\times\cos 60^\circ=1$

ゆえに　$q+r=1,\ q+s=1$

よって　$r=1-q,\ s=1-q$ …… ②

② を ① に代入して整理すると　$3q^2-4q=0$

ゆえに　$q(3q-4)=0$　　よって　$q=0,\ \dfrac{4}{3}$

$s>0$ であるから，$1-q>0$ より　$q<1$

ゆえに　$\boldsymbol{q=0}$

よって，② から　$\boldsymbol{r=1,\ s=1}$

(2) (1)から，B(1, 0, 1)，C(0, 1, 1)であり，平面 $z=t\ (0<t<1)$ と辺OB，AB，AC，OCとの交点をそれぞれD，E，F，Gとすると

$\overrightarrow{OD}=t\overrightarrow{OB}=(t,\ 0,\ t)$

$\overrightarrow{OE}=(1-t)\overrightarrow{OA}+t\overrightarrow{OB}=(1,\ 1-t,\ t)$

$\overrightarrow{OF}=(1-t)\overrightarrow{OA}+t\overrightarrow{OC}=(1-t,\ 1,\ t)$

$\overrightarrow{OG}=t\overrightarrow{OC}=(0,\ t,\ t)$

よって　$\overrightarrow{DE}=\overrightarrow{OE}-\overrightarrow{OD}=(1-t,\ 1-t,\ 0)$

$\overrightarrow{DG}=\overrightarrow{OG}-\overrightarrow{OD}=(-t,\ t,\ 0)$

$\overrightarrow{GF}=\overrightarrow{OF}-\overrightarrow{OG}=(1-t,\ 1-t,\ 0)$

$0<t<1$ から，$\overrightarrow{DE}\neq\vec{0}$，$\overrightarrow{DG}\neq\vec{0}$，$\overrightarrow{GF}\neq\vec{0}$ であり

$\overrightarrow{DE}=\overrightarrow{GF}$

また，$\overrightarrow{DE}\cdot\overrightarrow{DG}=(1-t)\times(-t)+(1-t)\times t+0\times 0=0$ から

$\overrightarrow{DE}\perp\overrightarrow{DG}$

よって，四角形DEFGは長方形であり，その面積を S とすると　$S=|\overrightarrow{DE}||\overrightarrow{DG}|$

$=(1-t)\sqrt{1^2+1^2+0^2}\times t\sqrt{(-1)^2+1^2+0^2}$

$=2(-t^2+t)$

$=-2\left(t-\dfrac{1}{2}\right)^2+\dfrac{1}{2}$

$0<t<1$ であるから，S は $t=\dfrac{1}{2}$ で最大値 $\boldsymbol{\dfrac{1}{2}}$ をとる。

(1) 求めるのは p，q，r，s の4つの値であるから，方程式を4つ作り，連立する。
なお，点Cの座標は文字が多いから，辺の長さの関係については OA＝OB＝OC のみの利用とし，他に内積 $\overrightarrow{OA}\cdot\overrightarrow{OC}$，$\overrightarrow{OB}\cdot\overrightarrow{OC}$ を成分と定義の2通りで表すことによって，方程式を作る。

←$q^2+(1-q)^2+(1-q)^2=2$

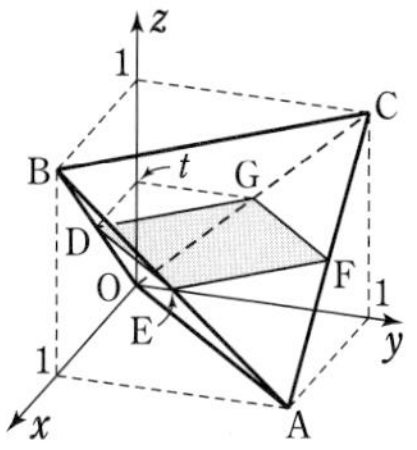

←DE∥GF，DE＝GF

←$\vec{p}=k(p,\ q,\ r)$ のとき $|\vec{p}|=|k|\sqrt{p^2+q^2+r^2}$

←t の2次式 ⟶ 基本形に直す。

総合

総合 10 四面体OABCにおいて，4つの面はすべて合同であり，OA=3，OB=$\sqrt{7}$，AB=2であるとする。また，3点O，A，Bを含む平面をLとする。

(1) 点Cから平面Lに下ろした垂線の足をHとおく。$\overrightarrow{OH}$を$\overrightarrow{OA}$と$\overrightarrow{OB}$を用いて表せ。

(2) $0<t<1$を満たす実数tに対して，線分OA，OBおのおのを$t:1-t$に内分する点をそれぞれP_t，Q_tとおく。2点P_t，Q_tを通り，平面Lに垂直な平面をMとするとき，平面Mによる四面体OABCの切り口の面積$S(t)$を求めよ。

(3) tが$0<t<1$の範囲を動くとき，$S(t)$の最大値を求めよ。〔東京大〕

➡ 本冊 数学C 例題61，73

(1) 4つの面がすべて合同であるから，BC=3，CA=$\sqrt{7}$，OC=2となる。

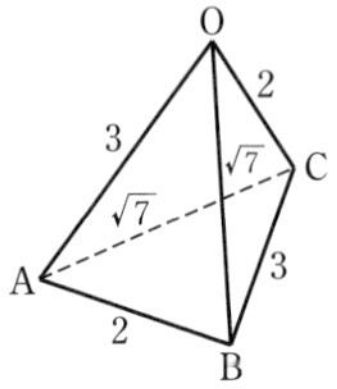

$\overrightarrow{OA}=\vec{a}$，$\overrightarrow{OB}=\vec{b}$，$\overrightarrow{OC}=\vec{c}$とおくと

$|\vec{a}|=3,\ |\vec{b}|=\sqrt{7},\ |\vec{c}|=2$

$|\vec{b}-\vec{a}|=2$であるから　$|\vec{b}-\vec{a}|^2=4$

よって　$7-2\vec{a}\cdot\vec{b}+9=4$

ゆえに　$\vec{a}\cdot\vec{b}=6$

同様にして，$|\vec{c}-\vec{b}|=3$から　$\vec{b}\cdot\vec{c}=1$

$|\vec{a}-\vec{c}|=\sqrt{7}$から　$\vec{c}\cdot\vec{a}=3$

←$4-2\vec{b}\cdot\vec{c}+7=9$

←$9-2\vec{a}\cdot\vec{c}+4=7$

$\overrightarrow{OH}=p\vec{a}+q\vec{b}$（$p$，$q$は実数）とすると　$\overrightarrow{CH}=p\vec{a}+q\vec{b}-\vec{c}$

CH⊥OAから　$(p\vec{a}+q\vec{b}-\vec{c})\cdot\vec{a}=0$

よって　$9p+6q-3=0$　すなわち　$3p+2q-1=0$ …… ①

CH⊥OBから　$(p\vec{a}+q\vec{b}-\vec{c})\cdot\vec{b}=0$

ゆえに　$6p+7q-1=0$ …… ②

①，②から　$p=\dfrac{5}{9}$，$q=-\dfrac{1}{3}$

したがって　$\boldsymbol{\overrightarrow{OH}=\dfrac{5}{9}\overrightarrow{OA}-\dfrac{1}{3}\overrightarrow{OB}}$

(2) (1)から　$\overrightarrow{OH}=\dfrac{2}{9}\left(\dfrac{5\overrightarrow{OA}-3\overrightarrow{OB}}{-3+5}\right)$

(2) △OBAを底面として考える。

←線分ABを$m:n$に外分する点の位置ベクトルは　$\dfrac{n\vec{a}-m\vec{b}}{-m+n}$

よって，線分ABを3：5に外分する点をDとすると，点Hは線分ODを2：7に内分する点である。

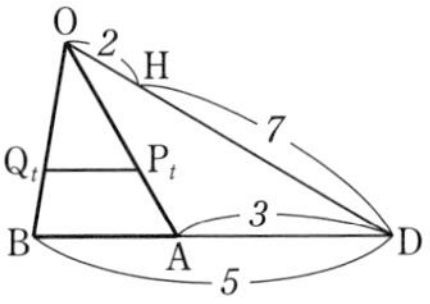

$OP_t:OA=OQ_t:OB=t:1$

$t>0$であるから，$S(t)$は次の[1]，[2]の場合に分けて考える。

[1] $0<t\leqq\dfrac{2}{9}$のとき

平面Mは辺OCと交わる。その交点をRとする。

[1]

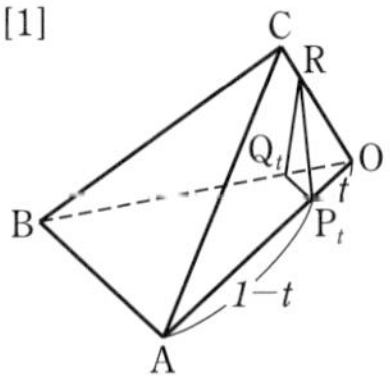

←このとき，平面Mによる四面体OABCの切り口は三角形になる。

ここで　$\overrightarrow{CH}=\dfrac{5}{9}\vec{a}-\dfrac{1}{3}\vec{b}-\vec{c}$

$=\dfrac{1}{9}(5\vec{a}-3\vec{b}-9\vec{c})$

よって

$$\mathrm{CH}=\frac{1}{9}\sqrt{25\cdot9+9\cdot7+81\cdot4-30\cdot6+54\cdot1-90\cdot3}$$

$$=\frac{1}{3}\sqrt{25+7+36-20+6-30}=\frac{\sqrt{24}}{3}=\frac{2\sqrt{6}}{3}$$

←$\sqrt{}$ の中は $|5\vec{a}-3\vec{b}-9\vec{c}|^2$ の計算の要領。

点 R と平面 L との距離を h とすると，右の図から　$h:\dfrac{2\sqrt{6}}{3}=t:\dfrac{2}{9}$

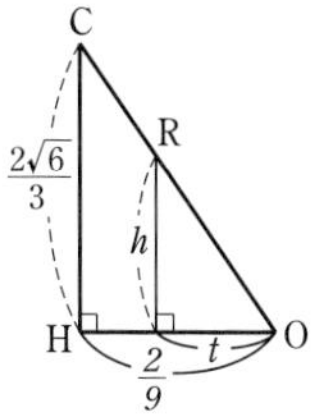

ゆえに　$h=3\sqrt{6}\,t$

←$\dfrac{2}{9}h=\dfrac{2\sqrt{6}}{3}t$

また　　$\mathrm{P}_t\mathrm{Q}_t=t\mathrm{AB}=2t$

よって

$$S(t)=\triangle \mathrm{RP}_t\mathrm{Q}_t$$

$$=\frac{1}{2}\cdot2t\cdot3\sqrt{6}\,t=3\sqrt{6}\,t^2$$

[2]　$\dfrac{2}{9}<t<1$ のとき

←このとき，平面 M による四面体 OABC の切り口は台形になる。

平面 M は辺 AC，辺 BC と交わり，その交点をそれぞれ P′，Q′ とする。このとき，右の図から

[2]

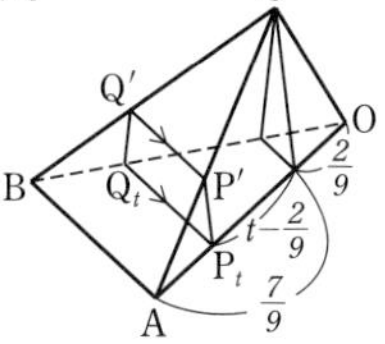

$$\mathrm{P'Q'}:\mathrm{AB}=\left(t-\frac{2}{9}\right):\frac{7}{9}$$

ゆえに

$$\mathrm{P'Q'}=\frac{2}{7}(9t-2)$$

←$\dfrac{7}{9}\mathrm{P'Q'}=\left(t-\dfrac{2}{9}\right)\mathrm{AB}$

点 P′ と平面 L との距離を m とすると，右の図から

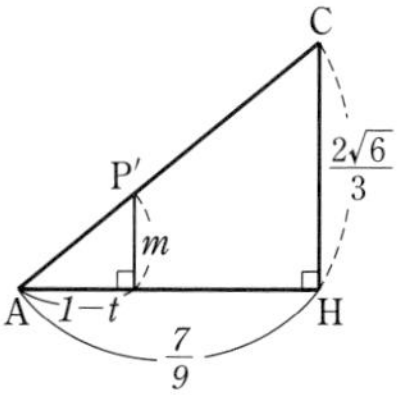

$$m:\frac{2\sqrt{6}}{3}=(1-t):\frac{7}{9}$$

よって　$m=\dfrac{6\sqrt{6}}{7}(1-t)$

←$\dfrac{7}{9}m=\dfrac{2\sqrt{6}}{3}(1-t)$

ゆえに

$$S(t)=\text{台形 }\mathrm{P'P}_t\mathrm{Q}_t\mathrm{Q'}$$

$$=\frac{1}{2}\left\{\frac{2}{7}(9t-2)+2t\right\}\cdot\frac{6\sqrt{6}}{7}(1-t)$$

$$=\frac{12\sqrt{6}}{49}(8t-1)(1-t)$$

[1]，[2] から

$0<t\leqq\dfrac{2}{9}$ のとき　　$S(t)=3\sqrt{6}\,t^2$

$\dfrac{2}{9}<t<1$ のとき　　$S(t)=\dfrac{12\sqrt{6}}{49}(8t-1)(1-t)$

(3)　(2) から，$0<t\leqq\dfrac{2}{9}$ のとき，$S(t)=3\sqrt{6}\,t^2$ は $t=\dfrac{2}{9}$ で最大となる。

また，$\frac{2}{9}<t<1$ のとき

$$S(t)=\frac{12\sqrt{6}}{49}(8t-1)(1-t)$$
$$=\frac{12\sqrt{6}}{49}(-8t^2+9t-1)$$
$$=\frac{12\sqrt{6}}{49}\left\{-8\left(t-\frac{9}{16}\right)^2+\frac{49}{32}\right\}$$

$\frac{2}{9}<\frac{9}{16}<1$ であるから，$\frac{2}{9}<t<1$ の範囲において，$S(t)$ は

$t=\frac{9}{16}$ で最大値 $\frac{12\sqrt{6}}{49}\cdot\frac{49}{32}=\frac{3\sqrt{6}}{8}$ をとる。

$S\left(\frac{2}{9}\right)<S\left(\frac{9}{16}\right)$ であるから，t が $0<t<1$ の範囲を動くとき，

$S(t)$ は $\boldsymbol{t=\frac{9}{16}}$ **で最大値** $\boldsymbol{\frac{3\sqrt{6}}{8}}$ をとる。

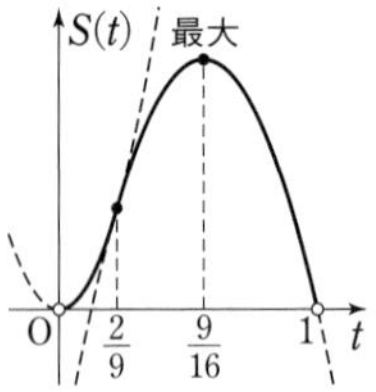

総合 11

(1) xy 平面において，O(0, 0)，$\mathrm{A}\left(\frac{1}{\sqrt{2}},\ \frac{1}{\sqrt{2}}\right)$ とする。このとき，

$(\overrightarrow{\mathrm{OP}}\cdot\overrightarrow{\mathrm{OA}})^2+|\overrightarrow{\mathrm{OP}}-(\overrightarrow{\mathrm{OP}}\cdot\overrightarrow{\mathrm{OA}})\overrightarrow{\mathrm{OA}}|^2\leqq1$ を満たす点P全体のなす図形の面積を求めよ。

(2) xyz 空間において，O(0, 0, 0)，$\mathrm{A}\left(\frac{1}{\sqrt{3}},\ \frac{1}{\sqrt{3}},\ \frac{1}{\sqrt{3}}\right)$ とする。このとき，

$(\overrightarrow{\mathrm{OP}}\cdot\overrightarrow{\mathrm{OA}})^2+|\overrightarrow{\mathrm{OP}}-(\overrightarrow{\mathrm{OP}}\cdot\overrightarrow{\mathrm{OA}})\overrightarrow{\mathrm{OA}}|^2\leqq1$ を満たす点P全体のなす図形の体積を求めよ。

〔神戸大〕

➡ 本冊 数学C 例題 41, 79

(1) $|\overrightarrow{\mathrm{OA}}|^2=\left(\frac{1}{\sqrt{2}}\right)^2+\left(\frac{1}{\sqrt{2}}\right)^2=1$ であるから

$$(\overrightarrow{\mathrm{OP}}\cdot\overrightarrow{\mathrm{OA}})^2+|\overrightarrow{\mathrm{OP}}-(\overrightarrow{\mathrm{OP}}\cdot\overrightarrow{\mathrm{OA}})\overrightarrow{\mathrm{OA}}|^2$$
$$=(\overrightarrow{\mathrm{OP}}\cdot\overrightarrow{\mathrm{OA}})^2+|\overrightarrow{\mathrm{OP}}|^2-2(\overrightarrow{\mathrm{OP}}\cdot\overrightarrow{\mathrm{OA}})^2+(\overrightarrow{\mathrm{OP}}\cdot\overrightarrow{\mathrm{OA}})^2|\overrightarrow{\mathrm{OA}}|^2$$
$$=(\overrightarrow{\mathrm{OP}}\cdot\overrightarrow{\mathrm{OA}})^2+|\overrightarrow{\mathrm{OP}}|^2-2(\overrightarrow{\mathrm{OP}}\cdot\overrightarrow{\mathrm{OA}})^2+(\overrightarrow{\mathrm{OP}}\cdot\overrightarrow{\mathrm{OA}})^2$$
$$=|\overrightarrow{\mathrm{OP}}|^2$$

←$\overrightarrow{\mathrm{OP}}\cdot\overrightarrow{\mathrm{OA}}=k$ とおくと $|\overrightarrow{\mathrm{OP}}-k\overrightarrow{\mathrm{OA}}|^2=|\overrightarrow{\mathrm{OP}}|^2-2k\overrightarrow{\mathrm{OP}}\cdot\overrightarrow{\mathrm{OA}}+k^2|\overrightarrow{\mathrm{OA}}|^2=|\overrightarrow{\mathrm{OP}}|^2-2k^2+k^2|\overrightarrow{\mathrm{OA}}|^2$

よって，与えられた不等式から

$|\overrightarrow{\mathrm{OP}}|^2\leqq1$　すなわち　$|\overrightarrow{\mathrm{OP}}|\leqq1$

したがって，点P全体のなす図形は，原点を中心とする半径1の円の周および内部であり，求める面積は　$\pi\times1^2=\boldsymbol{\pi}$

別解　P$(x,\ y)$ とすると

←x と y の条件式から領域を求める解法。

$$\overrightarrow{\mathrm{OP}}\cdot\overrightarrow{\mathrm{OA}}=\frac{1}{\sqrt{2}}x+\frac{1}{\sqrt{2}}y=\frac{1}{\sqrt{2}}(x+y)$$

また　$\overrightarrow{\mathrm{OP}}-(\overrightarrow{\mathrm{OP}}\cdot\overrightarrow{\mathrm{OA}})\overrightarrow{\mathrm{OA}}$

$$=(x,\ y)-\frac{1}{\sqrt{2}}(x+y)\left(\frac{1}{\sqrt{2}},\ \frac{1}{\sqrt{2}}\right)$$
$$=(x,\ y)-\left(\frac{x+y}{2},\ \frac{x+y}{2}\right)=\left(\frac{x-y}{2},\ -\frac{x-y}{2}\right)$$

ゆえに　$|\overrightarrow{\mathrm{OP}}-(\overrightarrow{\mathrm{OP}}\cdot\overrightarrow{\mathrm{OA}})\overrightarrow{\mathrm{OA}}|^2=\frac{(x-y)^2}{2}$

よって，与えられた不等式から

$$\left\{\frac{1}{\sqrt{2}}(x+y)\right\}^2+\frac{(x-y)^2}{2}\leqq 1$$

整理すると　　$x^2+y^2\leqq 1$

これは，原点を中心とする半径1の円の周および内部を表す。

ゆえに，求める面積は　　$\pi\times 1^2=\boldsymbol{\pi}$

(2)　$|\overrightarrow{OA}|^2=\left(\frac{1}{\sqrt{3}}\right)^2+\left(\frac{1}{\sqrt{3}}\right)^2+\left(\frac{1}{\sqrt{3}}\right)^2=1$ であるから，(1) と同様にして，与えられた不等式より　　$|\overrightarrow{OP}|\leqq 1$

したがって，点P全体のなす図形は，原点を中心とする半径1の球面および内部であり，求める体積は

$$\frac{4}{3}\pi\times 1^3=\boldsymbol{\frac{4}{3}\pi}$$

←(1) の 別解 と同じように，P$(x,\ y,\ z)$ として解いてもよいが，計算が面倒。

総合

総合 12　座標空間内の点A$(x,\ y,\ z)$ は原点Oを中心とする半径1の球面上の点とする。点B$(1,\ 1,\ 1)$ が直線OA上にないとき，点Bから直線OAに下ろした垂線をBPとし，△OBPをOPを軸として1回転させてできる立体の体積をVとする。

(1)　Vをx，y，zを用いて表せ。

(2)　Vの最大値と，そのときにx，y，zの満たす関係式を求めよ。　〔東北大〕

➡ 本冊 数学C 例題85

(1)　点Aは原点Oを中心とする半径1の球面上にあるから

$$x^2+y^2+z^2=1 \ \cdots\cdots \ ①$$

点Pは直線OA上にあるから，$\overrightarrow{OP}=k\overrightarrow{OA}$ となる実数kがある。よって　　$\overrightarrow{OP}=(kx,\ ky,\ kz)$

ゆえに　　$\overrightarrow{BP}=\overrightarrow{OP}-\overrightarrow{OB}=(kx-1,\ ky-1,\ kz-1)$

$\overrightarrow{OA}\perp\overrightarrow{BP}$ より，$\overrightarrow{OA}\cdot\overrightarrow{BP}=0$ であるから

$$x(kx-1)+y(ky-1)+z(kz-1)=0$$

よって　　$k(x^2+y^2+z^2)=x+y+z$

① を代入すると　　$k=x+y+z \ \cdots\cdots \ ②$

①，② から　　$|\overrightarrow{OP}|^2=k^2(x^2+y^2+z^2)=k^2=(x+y+z)^2$

したがって　　$|\overrightarrow{OP}|=|x+y+z|$

また　　$|\overrightarrow{BP}|^2=(kx-1)^2+(ky-1)^2+(kz-1)^2$

$=k^2(x^2+y^2+z^2)-2k(x+y+z)+3$

$=k^2-2k^2+3=3-k^2=3-(x+y+z)^2$

←$A^2=B^2$，$A\geqq 0$ のとき $A=|B|$

△OBPをOPを軸として1回転させてできる立体は，底面の円の半径がBP，高さがOPの円錐であるから

$$V=\frac{1}{3}\pi\cdot BP^2\cdot OP=\boldsymbol{\frac{\pi}{3}|x+y+z|\{3-(x+y+z)^2\}}$$

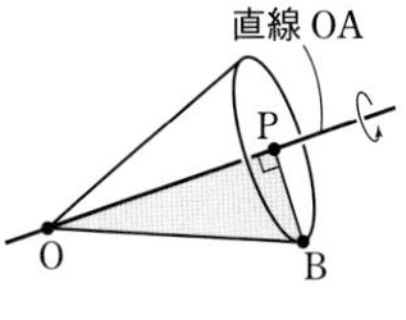

(2)　$x+y+z=t$ とおくと　　$V=\frac{\pi}{3}|t|(3-t^2)$

$f(t)=\frac{\pi}{3}|t|(3-t^2)$ とすると，$f(-t)=f(t)$ であるから，$t\geqq 0$ の範囲で考える。

←$y=f(t)$ は偶関数で，そのグラフはy軸に関して対称。

$t \geqq 0$ のとき　　$f(t)=\dfrac{\pi}{3}t(3-t^2)=\dfrac{\pi}{3}(3t-t^3)$

よって　　$f'(t)=\dfrac{\pi}{3}(3-3t^2)=-\pi(t+1)(t-1)$

$t \geqq 0$ において $f'(t)=0$ とすると

$t=1$

ゆえに，$t \geqq 0$ における $f(t)$ の増減表は右のようになる。

t	0	$\cdots$	1	$\cdots$
$f'(t)$		$+$	0	$-$
$f(t)$		↗	極大	↘

よって，$f(t)$ は $t=1$ で最大値 $f(1)=\dfrac{2}{3}\pi$ をとる。

ゆえに，t がすべての実数を動くとき，$f(t)$ は $t=\pm 1$ で最大値 $\dfrac{2}{3}\pi$ をとる。

$x=\pm 1$，$y=z=0$ とすると，① と $x+y+z=\pm 1$（複号同順）はともに成り立つ。

よって，V の **最大値は $\dfrac{2}{3}\pi$** で，このときに x，y，z が満たす関係式は　　$\boldsymbol{x+y+z=\pm 1}$

←t の 3 次式 ⟶ **微分法**（数学Ⅱ）を利用して増減を調べる。

検討　t のとりうる値の範囲は，球面 $x^2+y^2+z^2=1$ と平面 $x+y+z=t$ が共有点をもつような t の値の範囲である。
（球面の中心と平面の距離）≦（球面の半径）から
$\dfrac{|0+0+0-t|}{\sqrt{1^2+1^2+1^2}} \leqq 1$
よって，$|t| \leqq \sqrt{3}$ から
$-\sqrt{3} \leqq t \leqq \sqrt{3}$
この範囲に $t=\pm 1$ が含まれることを確認してもよい。

総合 13

p，q を実数とし，$p \neq 0$，$q \neq 0$ とする。2 次方程式 $x^2+2px+q=0$ の 2 つの解を α，β とする。ただし，重解の場合は $\alpha=\beta$ とする。

(1) α，β がともに実数のとき，$\alpha(z+i)$ と $\beta(z-i)$ がともに実数となる複素数 z は存在しないことを示せ。

(2) α，β はともに虚数で，α の虚部が正であるとする。$\alpha(z+i)$ と $\beta(z-i)$ がともに実数となる複素数 z を p，q を用いて表せ。〔京都工繊大〕

➡ 本冊 数学C 例題 94

(1) α，β がともに実数のとき，$\alpha(z+i)$ と $\beta(z-i)$ がともに実数となる複素数 z が存在すると仮定する。

このとき　　$\alpha(z+i)=\overline{\alpha(z+i)}$，$\beta(z-i)=\overline{\beta(z-i)}$

よって　　$\alpha(z+i)=\alpha(\overline{z}-i)$，$\beta(z-i)=\beta(\overline{z}+i)$

$q \neq 0$ であるから　　$\alpha \neq 0$，$\beta \neq 0$

ゆえに　　$z+i=\overline{z}-i$，$z-i=\overline{z}+i$

すなわち　　$z-\overline{z}=-2i$ …… ①，$z-\overline{z}=2i$ …… ②

①，② は互いに矛盾するから，$\alpha(z+i)$ と $\beta(z-i)$ がともに実数となる複素数 z は存在しない。

←背理法を利用。

←**z が実数 ⟺ $z=\overline{z}$**

←$\overline{\alpha\beta}=\overline{\alpha}\,\overline{\beta}$，$\overline{\alpha+\beta}=\overline{\alpha}+\overline{\beta}$

←$\alpha=0$ とすると，$0^2+2p\cdot 0+q=0$ から $q=0$ となり，不合理。$\beta=0$ としたときも同様。

(2) 2 次方程式 $x^2+2px+q=0$ の判別式を D とすると，α，β はともに虚数であるから　　$D<0$

ここで　　$\dfrac{D}{4}=p^2-1\cdot q$　　　よって　　$p^2-q<0$ …… ③

解と係数の関係により　　$\alpha+\beta=-2p$，$\alpha\beta=q$

また，β は α の共役な複素数であるから　　$\overline{\alpha}=\beta$ …… ④

$\alpha(z+i)$ と $\beta(z-i)$ がともに実数となるための条件は

$\alpha(z+i)=\overline{\alpha(z+i)}$，$\beta(z-i)=\overline{\beta(z-i)}$

④ から　　$\alpha(z+i)=\beta(\overline{z}-i)$，$\beta(z-i)=\alpha(\overline{z}+i)$

←実数係数の方程式が虚数解 α をもつならば，共役な複素数 $\overline{\alpha}$ も解である。

←$\overline{\alpha}=\beta$，$\overline{\beta}=\alpha$

ゆえに　$\alpha z-\beta\bar{z}=-(\alpha+\beta)i$ …… ⑤,
$\beta z-\alpha\bar{z}=(\alpha+\beta)i$ …… ⑥

⑤, ⑥ の辺々を加えて　$(\alpha+\beta)z-(\alpha+\beta)\bar{z}=0$

よって　$(\alpha+\beta)(z-\bar{z})=0$

$\alpha+\beta\neq 0$ であるから　$z=\bar{z}$

←$\alpha+\beta=-2p$ で, $p\neq 0$ から。

これを ⑤ に代入して　$(\alpha-\beta)z=-(\alpha+\beta)i$

ここで　$(\alpha-\beta)^2=(\alpha+\beta)^2-4\alpha\beta=(-2p)^2-4q=4(p^2-q)$

③ から　$(\alpha-\beta)^2<0$

また, α の虚部は正であるから, $\alpha-\beta$ すなわち $\alpha-\bar{\alpha}$ の虚部は正である。

←$\bar{\alpha}$ の虚部は負 ⟶ $-\bar{\alpha}$ の虚部は正。

よって　$\alpha-\beta=\sqrt{-4(q-p^2)}=2\sqrt{q-p^2}\,i$

←③ から　$q-p^2>0$

したがって　$z=-\dfrac{\alpha+\beta}{\alpha-\beta}i=-\dfrac{-2p}{2\sqrt{q-p^2}\,i}i=\boldsymbol{\dfrac{p}{\sqrt{q-p^2}}}$

総合 14

複素数 z, w が $|z|=|w|$, $z\neq 0$, $w\neq 0$, $z+w\neq 0$ を満たすとき, 次の (1)~(3) を示せ。

(1) $\dfrac{w}{z}+\dfrac{z}{w}$ は実数である。　(2) $\dfrac{(z+w)^2}{zw}$ は正の数である。

(3) 複素数 $z+w$ の偏角を θ とするとき　$w=\bar{z}(\cos 2\theta+i\sin 2\theta)$　〔静岡大〕

➡ 本冊 数学C 例題 91, 95

HINT (1) **α が実数 ⟺ $\bar{\alpha}=\alpha$** を利用。 (2) $\dfrac{w}{z}$ を極形式で表すことを考える。
(3) (2) の結果を利用して, zw の偏角を $z+w$ の偏角 θ で表す。

(1) $|z|^2=|w|^2$ から　$z\bar{z}=w\bar{w}$　よって　$\dfrac{\bar{w}}{\bar{z}}=\dfrac{z}{w}$, $\dfrac{\bar{z}}{\bar{w}}=\dfrac{w}{z}$

① $|\alpha|$ は $|\alpha|^2$ として扱う

ゆえに　$\overline{\dfrac{w}{z}+\dfrac{z}{w}}=\overline{\left(\dfrac{w}{z}\right)}+\overline{\left(\dfrac{z}{w}\right)}=\dfrac{\bar{w}}{\bar{z}}+\dfrac{\bar{z}}{\bar{w}}=\dfrac{z}{w}+\dfrac{w}{z}$

したがって, $\dfrac{w}{z}+\dfrac{z}{w}$ は実数である。

(2) $\dfrac{(z+w)^2}{zw}=\dfrac{z^2+2zw+w^2}{zw}=2+\dfrac{w}{z}+\dfrac{z}{w}$ …… (*)

←(*) と (1) の結果から, $\dfrac{(z+w)^2}{zw}$ は実数。

$|z|=|w|$ から　$\left|\dfrac{w}{z}\right|=1$　また, $z+w\neq 0$ から　$\dfrac{w}{z}\neq -1$

よって, $\dfrac{w}{z}=\cos\alpha+i\sin\alpha$ $(0\leqq\alpha<2\pi,\ \alpha\neq\pi)$ と表される。

←$\alpha\neq\pi$ に注意。

ゆえに　$\dfrac{w}{z}+\dfrac{z}{w}=\cos\alpha+i\sin\alpha+\dfrac{1}{\cos\alpha+i\sin\alpha}$
$=\cos\alpha+i\sin\alpha+(\cos\alpha-i\sin\alpha)$
$=2\cos\alpha$

←$w\neq 0$ から $\dfrac{w}{z}\neq 0$

←$(\cos\alpha+i\sin\alpha)^{-1}=\cos(-\alpha)+i\sin(-\alpha)$

$0\leqq\alpha<2\pi$, $\alpha\neq\pi$ から　$2\cos\alpha>-2$

←$-1<\cos\alpha\leqq 1$

すなわち　$\dfrac{w}{z}+\dfrac{z}{w}>-2$

よって, $2+\dfrac{w}{z}+\dfrac{z}{w}>0$ であるから, $\dfrac{(z+w)^2}{zw}$ は正の数である。

(3) (2)の結果から　$\arg\dfrac{(z+w)^2}{zw}=0$

よって　$2\arg(z+w)-\arg zw=0$

ゆえに　$\arg zw=2\arg(z+w)=2\theta$

よって，$zw=|zw|(\cos 2\theta+i\sin 2\theta)$ と表される。

$|w|=|z|$ から　$w=\dfrac{|z|^2}{z}(\cos 2\theta+i\sin 2\theta)$

$=\overline{z}(\cos 2\theta+i\sin 2\theta)$

←正の数の偏角は 0

←$\arg z_1z_2=\arg z_1+\arg z_2$,
$\arg\dfrac{z_1}{z_2}=\arg z_1-\arg z_2$

←$|zw|=|z||w|$
$=|z|^2=z\overline{z}$

総合 15 複素数 z が $z^6+z^5+z^4+z^3+z^2+z+1=0$ を満たすとする。このとき，z^7 の値は ア□ であり，$(1+z)(2+2z^2)(3+3z^3)(4+4z^4)(5+5z^5)(6+6z^6)$ の値は イ□ である。更に，$-\dfrac{\pi}{2}\leqq\arg z\leqq\pi$ であるとき，$|2-z+\overline{z}|$ を最大とする z の偏角 $\arg z$ は ウ□ である。
〔北里大〕

➡ 本冊 数学C 例題 107

$z^6+z^5+z^4+z^3+z^2+z+1=0$ …… ① の両辺に $z-1$ を掛けると　$z^7-1=0$　すなわち　$z^7=$ ア$\mathbf{1}$

$P=(1+z)(2+2z^2)(3+3z^3)(4+4z^4)(5+5z^5)(6+6z^6)$ とすると

$P=6!\{(1+z)(1+z^2)(1+z^4)\}\{(1+z^3)(1+z^5)(1+z^6)\}$

$=720(z^7+z^6+z^5+z^4+z^3+z^2+z+1)$

$\times(z^{14}+z^{11}+z^9+z^8+z^6+z^5+z^3+1)$

$z^7=1$ より，$z^{14}=1$，$z^{11}=z^4$，$z^9=z^2$，$z^8=z$ であるから

$P=720\{(z^6+z^5+z^4+z^3+z^2+z+1)+1\}$

$\times\{(z^6+z^5+z^4+z^3+z^2+z+1)+1\}$

① から　$P=720(0+1)(0+1)=$ イ$\mathbf{720}$

また，$z^7=1$ かつ $z\neq1$ であるから，方程式

$z^6+z^5+z^4+z^3+z^2+z+1=0$ の解は

$$z=\cos\frac{2k}{7}\pi+i\sin\frac{2k}{7}\pi\ (k=\pm1,\ \pm2,\ \pm3)$$

と表される。このとき

$$|2-z+\overline{z}|=|2-(z-\overline{z})|=\left|2-2i\sin\frac{2k}{7}\pi\right|$$

$$=2\left|1-i\sin\frac{2k}{7}\pi\right|=2\sqrt{1+\sin^2\frac{2k}{7}\pi}$$

ここで，$-\dfrac{\pi}{2}\leqq\arg z\leqq\pi$ から　$k=-1,\ 1,\ 2,\ 3$

更に　$\dfrac{\pi}{4}<\dfrac{2}{7}\pi<\dfrac{\pi}{3}<\dfrac{4}{7}\pi<\dfrac{2}{3}\pi<\dfrac{3}{4}\pi<\dfrac{6}{7}\pi<\pi$

よって　$0<\sin\dfrac{6}{7}\pi<\sin\dfrac{2}{7}\pi<\sin\dfrac{4}{7}\pi$

ゆえに　$\sin^2\dfrac{6}{7}\pi<\sin^2\dfrac{2}{7}\pi=\sin^2\left(-\dfrac{2}{7}\right)\pi<\sin^2\dfrac{4}{7}\pi$

したがって，$|2-z+\overline{z}|$ を最大にする z の偏角 $\arg z$ は

ウ$\boldsymbol{\dfrac{4}{7}\pi}$

←$(z-1)$
$\times(z^{n-1}+z^{n-2}+\cdots+1)$
$=z^n-1$ (n は自然数)

←P を
[3つの( )の積]×
[3つの( )の積] として変形。
組み合わせる3つの( )をどのようにとっても結果は同じになる。

←$z^7=1$ の解は点1を1つの頂点として，単位円に内接する正七角形の各頂点。

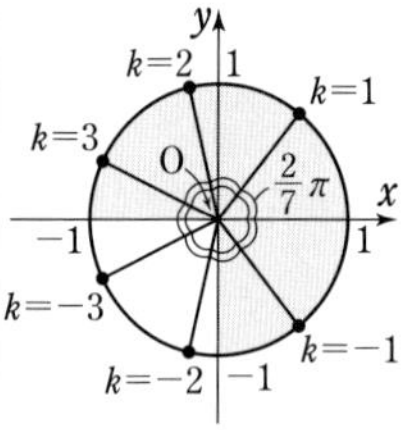

←$\sin\dfrac{\pi}{4}=\sin\dfrac{3}{4}\pi$
$<\sin\dfrac{\pi}{3}=\sin\dfrac{2}{3}\pi$

総合 16

$\alpha=\sin\frac{\pi}{10}+i\cos\frac{\pi}{10}$ とする。

(1) 複素数 α を極形式で表せ。ただし，偏角 θ の範囲は $0\leqq\theta<2\pi$ とする。

(2) 2個のさいころを同時に投げて出た目を k, l とするとき，$\alpha^{kl}=1$ となる確率を求めよ。

(3) 3個のさいころを同時に投げて出た目を k, l, m とするとき，α^k, α^l, α^m が異なる3つの複素数である確率を求めよ。　〔山口大〕

➡ 本冊 数学C 例題 107, 108

(1) $\frac{\pi}{2}-\frac{\pi}{10}=\frac{2}{5}\pi$ で，$0<\frac{2}{5}\pi<2\pi$ であるから

$$\alpha=\sin\left(\frac{\pi}{2}-\frac{2}{5}\pi\right)+i\cos\left(\frac{\pi}{2}-\frac{2}{5}\pi\right)=\boldsymbol{\cos\frac{2}{5}\pi+i\sin\frac{2}{5}\pi}$$

←一般に，$0<\beta<\frac{\pi}{2}$ のとき　$\sin\beta+i\cos\beta$ $=\cos\left(\frac{\pi}{2}-\beta\right)+i\sin\left(\frac{\pi}{2}-\beta\right)$

(2) kl は整数であるから

$$\alpha^{kl}=\left(\cos\frac{2}{5}\pi+i\sin\frac{2}{5}\pi\right)^{kl}=\cos\frac{2kl}{5}\pi+i\sin\frac{2kl}{5}\pi$$

←ド・モアブルの定理。

よって，$\alpha^{kl}=1$ となるのは，n を整数として $\frac{2kl}{5}\pi=2n\pi$ と表されるとき，つまり $kl=5n$ から，kl が5の倍数のときである。

←$1=\cos 2n\pi+i\sin 2n\pi$ （n は整数）

ここで，2個のさいころの目の出方の総数は　6^2 通り

kl が5の倍数にならないのは，k, l がともに5の倍数でないときであり，その目の出方は　5^2 通り

←余事象の確率を利用する。k, l のとりうる値は，どちらも1, 2, 3, 4, 5, 6のうちいずれか。この6つの目のうち，5の倍数は5のみ。

したがって，求める確率は　$1-\frac{5^2}{6^2}=\boldsymbol{\frac{11}{36}}$

(3) 3個のさいころの目の出方の総数は　6^3 通り

$$\alpha^6=\left(\cos\frac{2}{5}\pi+i\sin\frac{2}{5}\pi\right)^6=\cos\frac{12}{5}\pi+i\sin\frac{12}{5}\pi$$
$$=\cos\frac{2}{5}\pi+i\sin\frac{2}{5}\pi=\alpha$$

また，$\arg\alpha=\frac{2}{5}\pi$ であり，$\arg\alpha^m=\frac{2}{5}m\pi$ （m は整数）から

$$\arg\alpha^2=\frac{4}{5}\pi,\ \arg\alpha^3=\frac{6}{5}\pi,\ \arg\alpha^4=\frac{8}{5}\pi,\ \arg\alpha^5=2\pi$$

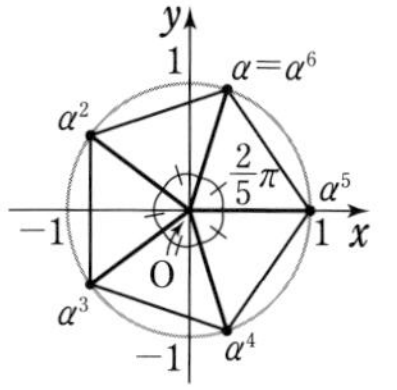

∴　$0<\arg\alpha=\arg\alpha^6<\arg\alpha^2<\arg\alpha^3<\arg\alpha^4<\arg\alpha^5=2\pi$

ゆえに，$\alpha^1(=\alpha^6)$, α^2, α^3, α^4, α^5 はすべて異なる値である。

よって，α^k, α^l, α^m が異なる3つの複素数となるのは，k, l, m がすべて異なり，かつ1と6を同時に含まない場合である。

それは次の[1], [2]の場合に分けられる。

[1] k, l, m に1も6も含まれない場合

k, l, m は2, 3, 4, 5のいずれかの値をとるから，この場合の数は　${}_4P_3=4\cdot3\cdot2=24$ （通り）

[2] k, l, m に1, 6のいずれか一方が含まれる場合

k, l, m のいずれか1つが1または6の値をとり，残りの2つは2, 3, 4, 5のいずれかの値をとるから，この場合の数は

$${}_3C_1\cdot2\cdot{}_4P_2{}^{(*)}=3\cdot2\cdot12=72 \text{（通り）}$$

(＊)（ア, イ, ウ）
1または6がア, イ, ウのどこにくるかで ${}_3C_1$ 通り，1または6のどちらかで2通り，残りの2か所に2, 3, 4, 5から2つを選んで並べるから ${}_4P_2$ 通り。

[1], [2] の事象は互いに排反であるから，求める確率は

$$\frac{24+72}{6^3}=\frac{96}{216}=\frac{4}{9}$$

←加法定理。

総合 17 絶対値が 1 で偏角が θ の複素数を z とし，n を正の整数とする。

(1) $|1-z^2|$ を θ で表せ。

(2) $\sum_{k=1}^{n} z^{2k}$ を考えることにより，$\sum_{k=1}^{n}\sin 2k\theta$ を計算せよ。

➡ 本冊 数学C 例題 108, 133

(1) $z=\cos\theta+i\sin\theta$ であるから

$$|1-z^2|=|1-(\cos 2\theta+i\sin 2\theta)|$$
$$=\sqrt{(1-\cos 2\theta)^2+\sin^2 2\theta}$$
$$=\sqrt{2-2\cos 2\theta}=\sqrt{2-2(1-2\sin^2\theta)}$$
$$=\sqrt{4\sin^2\theta}=\mathbf{2|\sin\theta|}$$

←ド・モアブルの定理。

←$\sin^2 2\theta+\cos^2 2\theta=1$, $\cos 2\theta=1-2\sin^2\theta$

(2) $\sum_{k=1}^{n} z^{2k}=\sum_{k=1}^{n}(\cos 2k\theta+i\sin 2k\theta)=\sum_{k=1}^{n}\cos 2k\theta+i\sum_{k=1}^{n}\sin 2k\theta$

←ド・モアブルの定理。$z^{2k}=(\cos\theta+i\sin\theta)^{2k}=\cos 2k\theta+i\sin 2k\theta$

よって，$\sum_{k=1}^{n}\sin 2k\theta$ は $\sum_{k=1}^{n} z^{2k}$ の虚部である。

[1] $z=\pm 1$ のとき，$\sum_{k=1}^{n} z^{2k}$ は実数であるから $\sum_{k=1}^{n}\sin 2k\theta=0$

←$z=\pm 1$ のとき $\theta=n\pi$ (n は整数)

[2] $z\neq\pm 1$ のとき，$z^2\neq 1$ であるから

$$\sum_{k=1}^{n} z^{2k}=\sum_{k=1}^{n} z^2(z^2)^{k-1}=\frac{z^2\{1-(z^2)^n\}}{1-z^2}=\frac{z^2-z^{2n+2}}{1-z^2}$$
$$=\frac{(z^2-z^{2n+2})(\overline{1-z^2})}{(1-z^2)(\overline{1-z^2})}=\frac{(z^2-z^{2n+2})\{1-(\overline{z})^2\}}{|1-z^2|^2}$$
$$=\frac{z^2-|z|^4-z^{2n+2}+|z|^4z^{2n}}{(2|\sin\theta|)^2}$$
$$=\frac{z^2+z^{2n}-z^{2n+2}-1}{4\sin^2\theta}$$

←等比数列の和の公式。

←(1) の結果を利用するために，分子・分母に $\overline{1-z^2}$ を掛ける。また，$z\overline{z}=|z|^2=1$ にも注意。

ここで，$z^2+z^{2n}-z^{2n+2}-1$ の虚部は

$$\sin 2\theta+\sin 2n\theta-\sin(2n+2)\theta$$
$$=2\sin(n+1)\theta\times\cos(n-1)\theta-2\sin(n+1)\theta\times\cos(n+1)\theta$$
$$=2\sin(n+1)\theta\{\cos(n-1)\theta-\cos(n+1)\theta\}$$
$$=2\sin(n+1)\theta\{-2\sin n\theta\sin(-\theta)\}$$
$$=4\sin\theta\sin n\theta\sin(n+1)\theta$$

←ド・モアブルの定理。

←$\sin\alpha+\sin\beta=2\sin\frac{\alpha+\beta}{2}\cos\frac{\alpha-\beta}{2}$

$\cos\alpha-\cos\beta=-2\sin\frac{\alpha+\beta}{2}\sin\frac{\alpha-\beta}{2}$

であるから

$$\sum_{k=1}^{n}\sin 2k\theta=\frac{4\sin\theta\sin n\theta\sin(n+1)\theta}{4\sin^2\theta}=\frac{\sin n\theta\sin(n+1)\theta}{\sin\theta}$$

←$\sum_{k=1}^{n} z^{2k}$ の虚部。

[1], [2] から，$\sum_{k=1}^{n}\sin 2k\theta$ の値は，**n を整数とすると**

$\theta=n\pi$ のとき 0，$\theta\neq n\pi$ のとき $\dfrac{\sin n\theta\sin(n+1)\theta}{\sin\theta}$

総合 18

3 次方程式 $4z^3+4z^2+5z+26=0$ は 1 つの実数解 z_1 と 2 つの虚数解 z_2，z_3（z_2 の虚部は正，z_3 の虚部は負）をもつ。複素数平面上において，A(z_1)，B(z_2)，C(z_3) とし，点 B，C を通る直線上に点 P をとる。点 A を中心に，点 P を反時計回りに $\dfrac{\pi}{3}$ だけ回転した点を Q$(x+yi)$（x，y は実数）とする。

(1) x を y の式で表せ。

2 点 P，Q を通る直線に関して点 A と対称な点を R とする。以下では，点 R を表す複素数の実部が 1 である場合を考える。

(2) x，y の値を求めよ。

(3) 点 Q を中心とする半径 $\dfrac{3}{2}$ の円周上の点を S とする。S(w) とするとき，w^{29} が実数となるような w の個数を求めよ。

〔類 東京理科大〕

➡ 本冊 数学 C 例題 101, 117

(1) $P(z)=4z^3+4z^2+5z+26$ とすると　　$P(-2)=0$

よって，$P(z)=0$ から

$$(z+2)(4z^2-4z+13)=0$$

ゆえに　　$z+2=0$ または $4z^2-4z+13=0$

$z+2=0$ から　　$z=-2$

$4z^2-4z+13=0$ から

$$z=\frac{-(-2)\pm\sqrt{(-2)^2-4\cdot 13}}{4}=\frac{1\pm 2\sqrt{3}\,i}{2}$$

よって　　$z_1=-2$，$z_2=\dfrac{1+2\sqrt{3}\,i}{2}$，$z_3=\dfrac{1-2\sqrt{3}\,i}{2}$

点 P は直線 BC 上にあるから，点 P を表す複素数の実部は $\dfrac{1}{2}$ である。

ゆえに，P$\left(\dfrac{1}{2}+pi\right)$（$p$ は実数）とすると，点 A を中心に，点 Q を $-\dfrac{\pi}{3}$ だけ回転した点が点 P であるから

$$\left(\frac{1}{2}+pi\right)-(-2)=\left\{\cos\left(-\frac{\pi}{3}\right)+i\sin\left(-\frac{\pi}{3}\right)\right\}\{x+yi-(-2)\}$$

ゆえに　　$\dfrac{5}{2}+pi=\dfrac{1-\sqrt{3}\,i}{2}(x+2+yi)$

よって　　$\dfrac{5}{2}+pi=\dfrac{x+\sqrt{3}\,y+2}{2}+\dfrac{-\sqrt{3}\,x+y-2\sqrt{3}}{2}i$

実部を比較して　　$\dfrac{5}{2}=\dfrac{x+\sqrt{3}\,y+2}{2}$

したがって　　$\boldsymbol{x=3-\sqrt{3}\,y}$ …… ①

4	4	5	26	-2
	-8	8	-26	
4	-4	13	0	

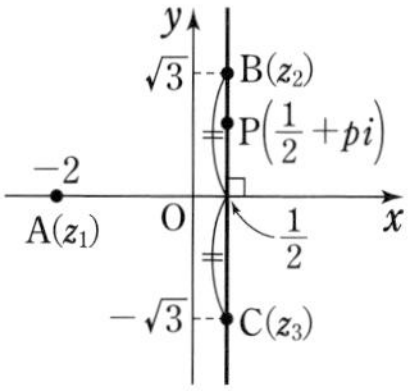

←点 β を，点 α を中心に，θ だけ回転した点を表す複素数を γ とすると
$\boldsymbol{\gamma-\alpha=(\cos\theta+i\sin\theta)\times(\beta-\alpha)}$

別解 (1) $x+yi-(-2)$
$=\left(\cos\dfrac{\pi}{3}+i\sin\dfrac{\pi}{3}\right)\times\left\{\dfrac{1}{2}+pi-(-2)\right\}$
から　$4x+8+4yi=5-2\sqrt{3}\,p+(2p+5\sqrt{3})i$
よって
$4x+8=5-2\sqrt{3}\,p$，
$4y=2p+5\sqrt{3}$
この 2 式から p を消去する。

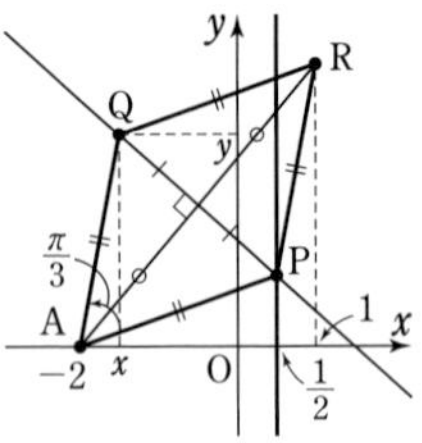

(2)　$\angle PAQ=\frac{\pi}{3}$，PA=QA で，R は直線 PQ に関して点 A と対称な点であるから，四角形 QAPR はひし形である。

線分 PQ の中点を表す複素数の実部は　$\frac{1}{2}\left(\frac{1}{2}+x\right)$ …… ②

←4 点 A，P，Q，R それぞれを表す複素数の実部はすべてわかっているから，実部のみに注目。

線分 AR の中点を表す複素数の実部は

$\frac{-2+1}{2}=-\frac{1}{2}$ …… ③

②，③ が一致するから，$\frac{1}{2}\left(\frac{1}{2}+x\right)=-\frac{1}{2}$ より　$\boldsymbol{x=-\frac{3}{2}}$

① に代入して　$-\frac{3}{2}=3-\sqrt{3}\,y$　　ゆえに　$\boldsymbol{y=\frac{3\sqrt{3}}{2}}$

(3)　点 Q を表す複素数は　$-\frac{3}{2}+\frac{3\sqrt{3}}{2}i=3\left(\cos\frac{2}{3}\pi+i\sin\frac{2}{3}\pi\right)$

←$3\left(-\frac{1}{2}+\frac{\sqrt{3}}{2}i\right)$

$\arg w=\theta$ $(0\leqq\theta<2\pi)$ とすると　$\arg w^{29}=29\arg w=29\theta$

よって，w^{29} が実数であるための条件は　$29\theta=n\pi$（n は整数）

←偏角が π の整数倍。

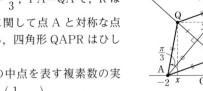

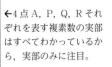

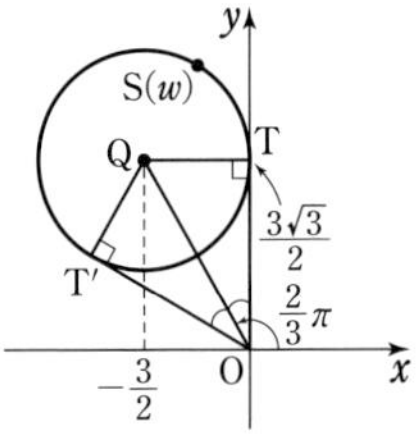

すなわち　$\theta=\frac{n}{29}\pi$ …… ④

ここで，右の図のように，点 Q を中心とする半径 $\frac{3}{2}$ の円と虚軸との接点を T とする。

また，原点 O からこの円に引いた接線のうち，虚軸以外の接線と円との接点を T′ とすると，△OTQ と △OT′Q は合同な直角三角形で　$\angle TOQ=\angle T'OQ=\frac{2}{3}\pi-\frac{\pi}{2}=\frac{\pi}{6}$

ゆえに　$\frac{\pi}{2}\leqq\theta\leqq\frac{5}{6}\pi$ …… ⑤

←$\frac{2}{3}\pi+\frac{\pi}{6}=\frac{5}{6}\pi$

ここで，$\theta=\frac{\pi}{2}$，$\frac{5}{6}\pi$ のとき w は 1 個；$\frac{\pi}{2}<\theta<\frac{5}{6}\pi$ のとき w は 2 個定まる。

④ を ⑤ に代入して　$\frac{\pi}{2}\leqq\frac{n}{29}\pi\leqq\frac{5}{6}\pi$

よって　$\frac{29}{2}\leqq n\leqq\frac{145}{6}$

←$\frac{29}{2}=14.5$，$\frac{145}{6}=24.1\cdots$

ゆえに，w^{29} が実数となるような整数 n の値は $n=15$，16，…，24 の 10 個ある。

この中に $\theta=\frac{\pi}{2}$，$\frac{5}{6}\pi$ となるような n は存在しないから，求める w の個数は　$2\cdot10=$**20**（個）

←＿＿に注意。各 n の値に対して，w は 2 つ定まる。

総合 19 複素数αは$|\alpha|=1$を満たしている。

(1) 条件 (＊) $|z|=c$ かつ $|z-\alpha|=1$ を満たす複素数zがちょうど2つ存在するような実数cの値の範囲を求めよ。

(2) 実数cは(1)で求めた範囲にあるとし，条件(＊)を満たす2つの複素数をz_1，z_2とする。このとき，$\dfrac{z_1-z_2}{\alpha}$は純虚数であることを示せ。 〔学習院大〕

➡ 本冊 数学C 例題124,128

(1) $|\alpha|=1$から，複素数平面上で点αは単位円上にある。

また，$|z|=c$が表す図形は，$c>0$のとき原点を中心とする半径cの円Dであり，$|z-\alpha|=1$が表す図形は，点αを中心とする半径1の円D'である。

よって，条件(＊)を満たす複素数が2つ存在するのは，2円D，D'が共有点を2個もつときである。

図から，求める値の範囲は

$0<c<2$

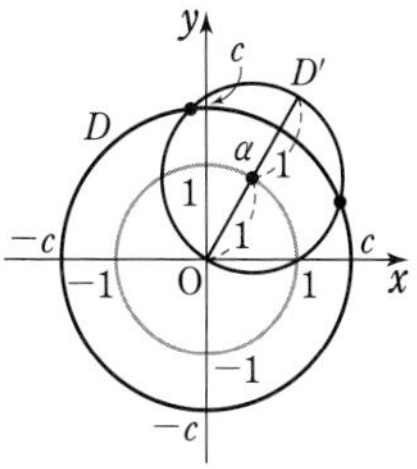

←$c=0$のとき原点を表し，$c<0$のとき何の図形も表さない。しかし，これらのときは条件を満たさない。

←円Dの半径（cの値）を大きくしていき，円Dと円D'の共有点の個数がどうなるかを考える。$c=2$のとき共有点は1個，$c>2$のとき共有点は0個となる。

(2) 原点と点αを通る直線をℓ，2点z_1，z_2を通る直線をmとする。

このとき，2円D，D'はいずれも直線ℓに関して対称である。

よって，2円D，D'の2つの共有点z_1，z_2も直線ℓに関して対称な位置にあるから $\ell\perp m$

したがって，$\dfrac{z_1-z_2}{\alpha-0}$ すなわち

$\dfrac{z_1-z_2}{\alpha}$は純虚数である。

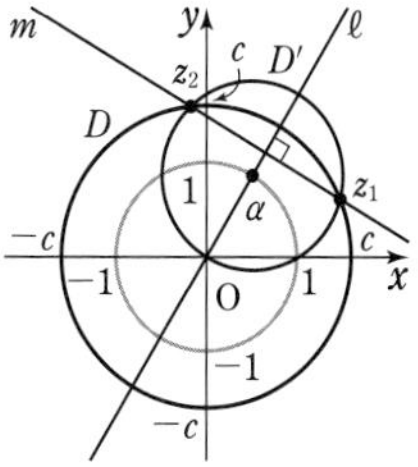

←2円の交点を通る直線は，2円の中心を通る直線に垂直。

←異なる4点A(α)，B(β)，C(γ)，D(δ)について

AB⊥CD

$\iff \dfrac{\delta-\gamma}{\beta-\alpha}$が純虚数

総合 20 (1) $z\overline{z}+(1-i+\overline{\alpha})z+(1+i+\alpha)\overline{z}=\alpha$ を満たす複素数zが存在するような複素数αの範囲を，複素数平面上に図示せよ。

(2) $|\alpha|\leqq 2$とする。複素数zが$z\overline{z}+(1-i+\overline{\alpha})z+(1+i+\alpha)\overline{z}=\alpha$を満たすとき，$|z|$の最大値を求めよ。また，そのときの$\alpha$，$z$を求めよ。 〔類 新潟大〕

➡ 本冊 数学C 例題111,112

(1) $1+i+\alpha=\beta$とおくと，$\overline{\beta}=1-i+\overline{\alpha}$であるから

$$z\overline{z}+(1-i+\overline{\alpha})z+(1+i+\alpha)\overline{z}=z\overline{z}+\overline{\beta}z+\beta\overline{z}$$
$$=(z+\beta)(\overline{z}+\overline{\beta})-\beta\overline{\beta}$$
$$=|z+\beta|^2-|\beta|^2$$

よって $|z+\beta|^2-|\beta|^2=\alpha$

すなわち $|z+\beta|^2=\alpha+|\beta|^2$ …… ①

←$\overline{\beta}=\overline{1+i+\alpha}$
$=1+\overline{i}+\overline{\alpha}$
$=1-i+\overline{\alpha}$

←$z\overline{z}=|z|^2$

$|z+\beta|^2$, $|\beta|^2$ はともに実数であるから，① を満たす複素数 z が存在するための条件は

α が実数 かつ $\alpha+|\beta|^2\geqq 0$

ゆえに　$\alpha+|1+i+\alpha|^2\geqq 0$

$\alpha+1$ は実数であるから

$\alpha+(1+\alpha)^2+1^2\geqq 0$

整理して　$\alpha^2+3\alpha+2\geqq 0$

すなわち　$(\alpha+1)(\alpha+2)\geqq 0$

よって　$\alpha\leqq -2$，$-1\leqq\alpha$

したがって，複素数 α の範囲を複素数平面上に図示すると，**右図の太線部分**のようになる。

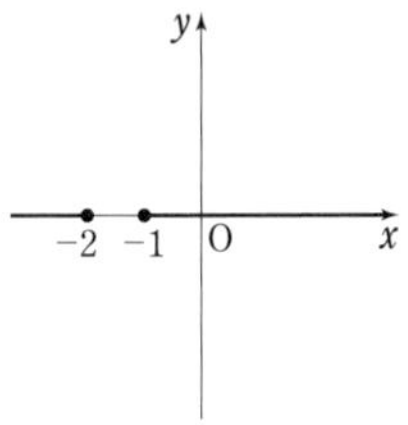

←$|z+\beta|^2\geqq 0$

←実数 α の 2 次不等式。

(2)　(1) から　$|z+1+\alpha+i|^2=\alpha^2+3\alpha+2$ …… ②

また，(1) の結果から，② を満たす複素数 z が存在するための条件は　$\alpha\leqq -2$，$-1\leqq\alpha$

ここで，$|\alpha|\leqq 2$ から　$\alpha=-2$，$-1\leqq\alpha\leqq 2$

[1]　$\alpha=-2$ のとき

② は　$|z-1+i|^2=0$　よって　$z=1-i$

このとき　$|z|=\sqrt{1^2+(-1)^2}=\sqrt{2}$

[2]　$\alpha=-1$ のとき

② は　$|z+i|^2=0$　よって　$z=-i$

このとき　$|z|=1$

[3]　$-1<\alpha\leqq 2$ のとき

② は　$|z+\alpha+1+i|^2$

$=\alpha^2+3\alpha+2$

よって，点 z は点 $-\alpha-1-i$ を中心とする半径 $\sqrt{\alpha^2+3\alpha+2}$ の円上を動く。

α の値を $-1<\alpha\leqq 2$ の範囲で 1 つ固定すると，図から，$|z|$ の最大値は

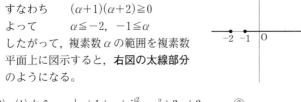

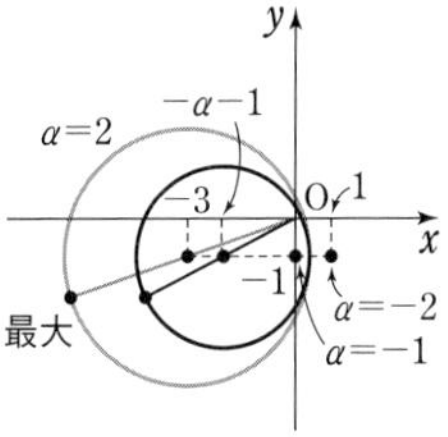

$|-\alpha-1-i|+\sqrt{\alpha^2+3\alpha+2}$

$=\sqrt{(\alpha+1)^2+1}+\sqrt{\left(\alpha+\dfrac{3}{2}\right)^2-\dfrac{1}{4}}$ …… ③

ここで，$(\alpha+1)^2+1$，$\left(\alpha+\dfrac{3}{2}\right)^2-\dfrac{1}{4}$ はともに $-1<\alpha\leqq 2$ において単調に増加する。

したがって，$-1<\alpha\leqq 2$ において，③ は

$\alpha=2$ で最大値 $\sqrt{10}+2\sqrt{3}$ をとる。

[1]～[3] の結果を合わせて考えると，$\sqrt{10}+2\sqrt{3}>\sqrt{2}>1$ であるから，$|z|$ は $\alpha=2$ で最大値 $\sqrt{10}+2\sqrt{3}$ をとる。

←$\alpha+|\beta|^2=\alpha^2+3\alpha+2$

←$|\alpha|\leqq 2$
$\iff -2\leqq\alpha\leqq 2$

←点 $1-i$ を表す。

←点 $-i$ を表す。

←$\alpha^2+3\alpha+2$
$=(\alpha+1)(\alpha+2)$
$-1<\alpha\leqq 2$ のとき
$\alpha+1>0$　$\alpha+2>0$

←$-3\leqq -\alpha-1<0$

←(原点と点 $-\alpha-1-i$ の距離)＋(円の半径)

←この 2 つの α の関数はどちらも $\alpha=2$ で最大となる。

このとき，点 z は点 $-3-i$ の原点からの距離を $\dfrac{\sqrt{10}+2\sqrt{3}}{\sqrt{10}}$ 倍した点であるから

$$z=\frac{\sqrt{10}+2\sqrt{3}}{\sqrt{10}}\cdot(-3-i)$$
$$=-3-\frac{3\sqrt{30}}{5}-\left(1+\frac{\sqrt{30}}{5}\right)i$$

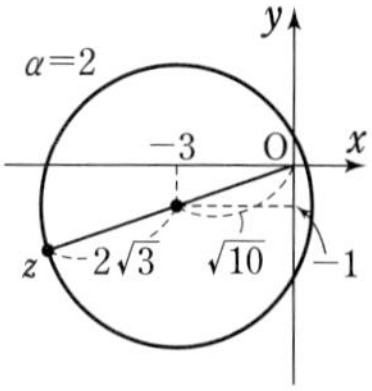

総合 21

z，w は相異なる複素数で，z の虚部は正，w の虚部は負とする。

(1) 点 1，z，-1，w が複素数平面の同一円周上にあるための必要十分条件は，$\dfrac{(1+w)(1-z)}{(1-w)(1+z)}$ が負の実数となることであることを示せ。

(2) $z=x+yi$ が $x<0$ と $y>0$ を満たすとする。点 1，z，-1，$\dfrac{1+z^2}{2}$ が複素数平面の同一円周上にあるとき，点 z の軌跡を求めよ。〔東北大〕

➡ 本冊 数学C 例題 132

(1) 相異なる 4 点 A(1)，B(−1)，P(z)，Q(w) が同一円周上にあるための必要十分条件は

$$\angle\mathrm{BPA}+\angle\mathrm{AQB}=\pi$$
$$\Longleftrightarrow \arg\frac{1-z}{-1-z}+\arg\frac{-1-w}{1-w}=\pi$$
$$\Longleftrightarrow \arg\frac{(1+w)(1-z)}{(1-w)(1+z)}=\pi$$
$$\Longleftrightarrow \frac{(1+w)(1-z)}{(1-w)(1+z)} \text{ が負の実数}$$

したがって，題意は示された。

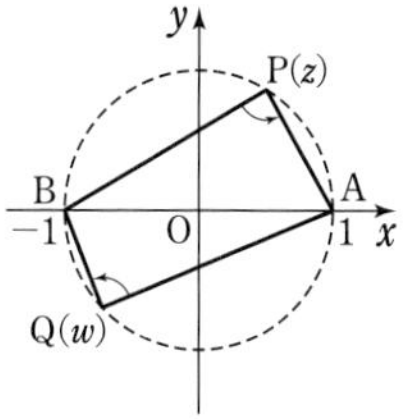

←$r(\cos\pi+i\sin\pi)=-r$

(2) $\dfrac{1+z^2}{2}=\dfrac{1+(x+yi)^2}{2}=\dfrac{1+x^2-y^2}{2}+xyi$

←$z=x+yi$ の形が与えられているから，x，y の関係式を導くことを目指す。

$x<0$，$y>0$ より $xy<0$ であるから，$\dfrac{1+z^2}{2}$ の虚部は負である。

よって，(1) の結果から，

$$\frac{\left(1+\dfrac{1+z^2}{2}\right)(1-z)}{\left(1-\dfrac{1+z^2}{2}\right)(1+z)}=\frac{(3+z^2)(1-z)}{(1-z^2)(1+z)}=\frac{3+z^2}{(1+z)^2}$$

←(1) で $w=\dfrac{1+z^2}{2}$ とする。

が負の実数となるような点 z の軌跡を求める。

$\dfrac{3+z^2}{(1+z)^2}=k\ (k<0)$ とおくと　$3+z^2=k(1+z)^2$

$z=x+yi$ を代入して

$$3+x^2-y^2+2xyi=k\{(x+1)^2-y^2+2(x+1)yi\}$$

←ここで，$z=x+yi$ を代入。

ゆえに　$x^2-y^2+3=k\{(x+1)^2-y^2\}$ …… ①，

$2xy=2k(x+1)y$ …… ②

←複素数の相等。

$y>0$ であるから，② より　$(x+1)k=x$ …… ③

$x=-1$ のとき，③ から $0\cdot k=-1$ となり，不合理。

よって，$x\neq-1$ であるから，③ より　$k=\dfrac{x}{x+1}$ …… ④

④ を ① に代入して　$(x+1)(x^2-y^2+3)=x\{(x+1)^2-y^2\}$

両辺を展開して整理すると　$x^2-2x+y^2-3=0$

ゆえに　$(x-1)^2+y^2=4$

また，④ から　$k=1-\dfrac{1}{x+1}$

$k<0$ から　$\dfrac{1}{x+1}>1$

これを解くと　$-1<x<0$

以上から，求める軌跡は **円 $(x-1)^2+y^2=4$ の $-1<x<0$，$y>0$ の部分** である。

参考　軌跡を図示すると，右の図の実線部分のようになる。

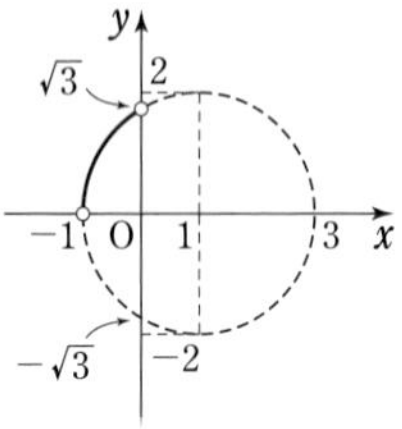

←k を消去。

←$x^3-xy^2+3x+x^2-y^2+3$
$=x^3+2x^2+x-xy^2$

←$\dfrac{1}{x+1}>1$ の両辺に $(x+1)^2$ $[>0]$ を掛けて
　$x+1>(x+1)^2$
よって　$x(x+1)<0$
ゆえに　$-1<x<0$

総合 22

双曲線 H：$x^2-y^2=1$ 上の 3 点 A$(-1,\ 0)$，B$(1,\ 0)$，C$(s,\ t)$ $(t \neq 0)$ について，点 A における H の接線と直線 BC の交点を P，点 B における H の接線と直線 AC の交点を Q，点 C における H の接線と直線 AB の交点を R とするとき，3 点 P，Q，R は一直線上にあることを証明せよ。

〔大阪大 改題〕

➡ 本冊 数学 C 例題 156

点 A における H の接線の方程式は　$x=-1$

$t \neq 0$ より $s \neq \pm 1$ であるから，直線 BC の方程式は

$$y=\frac{t}{s-1}(x-1)$$

$x=-1$ とすると　$y=-\dfrac{2t}{s-1}$　　よって　$\mathrm{P}\left(-1,\ -\dfrac{2t}{s-1}\right)$

点 B における H の接線の方程式は　$x=1$

直線 AC の方程式は　$y=\dfrac{t}{s+1}(x+1)$

$x=1$ とすると　$y=\dfrac{2t}{s+1}$　　ゆえに　$\mathrm{Q}\left(1,\ \dfrac{2t}{s+1}\right)$

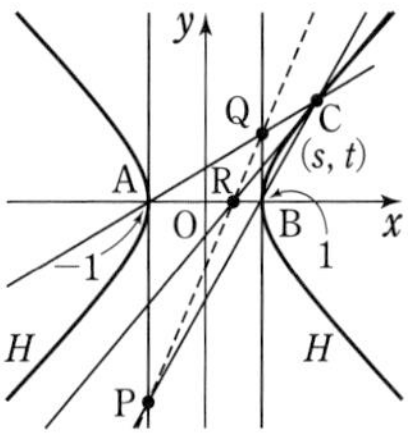

点 C における H の接線の方程式は　$sx-ty=1$

$y=0$ とすると　$sx=1$　　$s \neq 0$ であるから　$x=\dfrac{1}{s}$

←直線 AB の方程式は
　$y=0$（x 軸）

よって　$\mathrm{R}\left(\dfrac{1}{s},\ 0\right)$

ゆえに　$\overrightarrow{\mathrm{PR}}=\left(\dfrac{1}{s}+1,\ \dfrac{2t}{s-1}\right)=\left(\dfrac{1+s}{s},\ -\dfrac{2t}{1-s}\right)$

　　　　$\overrightarrow{\mathrm{QR}}=\left(\dfrac{1}{s}-1,\ -\dfrac{2t}{s+1}\right)=\left(\dfrac{1-s}{s},\ -\dfrac{2t}{1+s}\right)$

←ベクトルの共線条件を利用。

よって　$\overrightarrow{\mathrm{QR}}=\dfrac{1-s}{1+s}\overrightarrow{\mathrm{PR}}$

したがって，3 点 P，Q，R は一直線上にある。

総合 23 実数 a, r は $0<a<2$, $0<r$ を満たす。複素数平面上で，$|z-a|+|z+a|=4$ を満たす点 z の描く図形を C_a, $|z|=r$ を満たす点 z の描く図形を C とする。〔類 静岡大〕

(1) C_a と C が共有点をもつような点 $(a,\ r)$ の存在範囲を，ar 平面上に図示せよ。

(2) (1)の共有点が $z^4=-1$ を満たすとき，a, r の値を求めよ。 ➡ 本冊 数学C 例題 106, 149

(1) $\mathrm{P}(z)$, $\mathrm{A}(a)$, $\mathrm{B}(-a)$ とすると

$$|z-a|+|z+a|=4 \iff \mathrm{PA}+\mathrm{PB}=4$$

よって，C_a は2点A，Bを焦点とする楕円である。

$z=x+yi$ (x, y は実数) とすると，楕円 C_a の方程式は

$\dfrac{x^2}{p^2}+\dfrac{y^2}{q^2}=1$ $(p>q>0)$ とおける。

このとき　$\mathrm{PA}+\mathrm{PB}=2p$,

焦点は　2点 $(\sqrt{p^2-q^2},\ 0)$, $(-\sqrt{p^2-q^2},\ 0)$

ゆえに　$2p=4$ …… ①，$\sqrt{p^2-q^2}=a$ …… ②

① から　$p=2$

よって，② から　$q=\sqrt{p^2-a^2}=\sqrt{4-a^2}$

ゆえに，楕円 C_a の方程式は　$\dfrac{x^2}{4}+\dfrac{y^2}{4-a^2}=1$

また，C は原点を中心とする半径 r の円であるから，C_a と C が共有点をもつための条件は

$$\sqrt{4-a^2} \leqq r \leqq 2$$

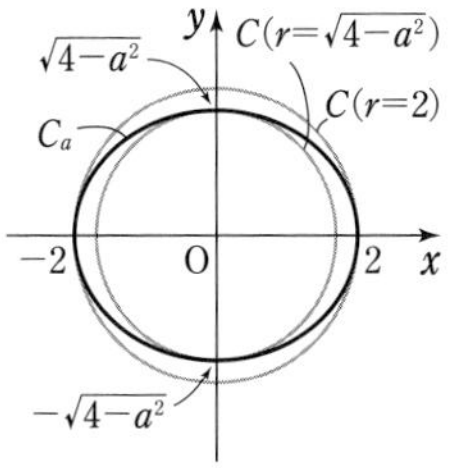

ここで　$\sqrt{4-a^2} \leqq r$

$\iff 4-a^2 \leqq r^2$

$\iff a^2+r^2 \geqq 4$ …… ③

また　$0<r\leqq 2$ …… ④

③，④ および $0<a<2$ を満たす点 $(a,\ r)$ の存在範囲は **右図の斜線部分** のようになる。

ただし，**境界線は，直線 $a=2$ と点 $(0,\ 2)$ を除き，他は含む。**

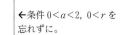

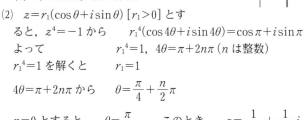

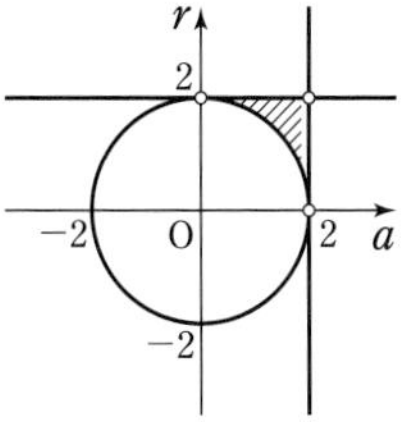

(2) $z=r_1(\cos\theta+i\sin\theta)$ $[r_1>0]$ とすると，$z^4=-1$ から　$r_1{}^4(\cos 4\theta+i\sin 4\theta)=\cos\pi+i\sin\pi$

よって　$r_1{}^4=1$, $4\theta=\pi+2n\pi$ (n は整数)

$r_1{}^4=1$ を解くと　$r_1=1$

$4\theta=\pi+2n\pi$ から　$\theta=\dfrac{\pi}{4}+\dfrac{n}{2}\pi$

$n=0$ とすると　$\theta=\dfrac{\pi}{4}$　このとき　$z=\dfrac{1}{\sqrt{2}}+\dfrac{1}{\sqrt{2}}i$

C_a と C の共有点が点 $\dfrac{1}{\sqrt{2}}+\dfrac{1}{\sqrt{2}}i$ であるとき，楕円

$\dfrac{x^2}{4}+\dfrac{y^2}{4-a^2}=1$ 上に点 $\left(\dfrac{1}{\sqrt{2}},\ \dfrac{1}{\sqrt{2}}\right)$ があるから

←点Pの軌跡は，2点A，Bからの距離の和が一定である点の軌跡 ⟶ 楕円。

←焦点は実軸(x 軸)上にあるから　$p>q>0$

←$p^2-q^2=a^2$ から。また　$q>0$

←$\mathrm{P}(z)$ とすると $|z-0|=r \iff \mathrm{OP}=r$

←条件 $0<a<2$, $0<r$ を忘れずに。

←まず，$z^4=-1$ の解を求める。
なお，$z^4=-1$ から $(z^4+2z^2+1)-2z^2=0$
よって　$(z^2+\sqrt{2}z+1)\times(z^2-\sqrt{2}z+1)=0$
このように因数分解して解いてもよい。

$$\frac{1}{8}+\frac{1}{2(4-a^2)}=1 \quad \cdots\cdots (*) \qquad よって \quad a^2=\frac{24}{7}$$

$0<a<2$ であるから　　$a=\frac{2\sqrt{6}}{\sqrt{7}}=\frac{2\sqrt{42}}{7}$

$n=1, 2, 3$ としても，同様にして，同じ a の値が得られる。

したがって　　$\boldsymbol{a=\frac{2\sqrt{42}}{7}}$，$\boldsymbol{r=1}$

$n=0, 1, 2, 3$ のとき
$z=\pm\frac{1}{\sqrt{2}}\pm\frac{1}{\sqrt{2}}i$
となる。
よって，$n=0, 1, 2, 3$ の各場合に対して，(＊)が導かれる。

総合 24

楕円 $C: 7x^2+10y^2=2800$ の有理点とは，C 上の点でその x 座標，y 座標がともに有理数であるものをいう。また，C の整数点とは，C 上の点でその x 座標，y 座標がともに整数であるものをいう。整数点はもちろん有理点でもある。点 $\mathrm{P}(-20, 0)$，$\mathrm{Q}(20, 0)$ は C の整数点である。

(1) 実数 a を傾きとする直線 $\ell_a: y=a(x+20)$ と C の交点の座標を求めよ。

(2) (1) を用いて，C の有理点は無数にあることを示せ。

(3) C の整数点は P と Q のみであることを示せ。　〔中央大〕

➡ 本冊 数学C 例題 150

(1) $y=a(x+20)$ を $7x^2+10y^2=2800$ に代入して

$$7x^2+10\{a(x+20)\}^2=2800$$

よって　　$(10a^2+7)x^2+400a^2x+4000a^2-2800=0$

ゆえに　　$(x+20)\{(10a^2+7)x+200a^2-140\}=0$

よって　　$x=-20,\ -\frac{200a^2-140}{10a^2+7}$

$y=a(x+20)$ から，$x=-20$ のとき　　$y=0$

$$x=-\frac{200a^2-140}{10a^2+7} のとき \qquad y=\frac{280a}{10a^2+7}$$

したがって，直線 ℓ_a と楕円 C の交点の座標は

$$\boldsymbol{(-20,\ 0),\ \left(-\frac{200a^2-140}{10a^2+7},\ \frac{280a}{10a^2+7}\right)}$$

←C と ℓ_a の方程式を連立して解く。

←楕円 C，直線 ℓ_a とも点 $\mathrm{P}(-20, 0)$ を通るから，$x+20$ を因数にもつ。

←$y=a\left(-\frac{200a^2-140}{10a^2+7}+20\right)$

(2) a が有理数のとき，(1) で求めた交点 $\left(-\frac{200a^2-140}{10a^2+7},\ \frac{280a}{10a^2+7}\right)$ の座標はともに有理数であるから，有理点であり，楕円 C 上および直線 ℓ_a 上にある。

また，有理数 a，b が $a\neq b$ を満たすとき，直線 ℓ_a，ℓ_b は異なるから，直線 ℓ_a，ℓ_b と楕円 C の点 $(-20, 0)$ 以外の交点 P_a，P_b の座標は異なる。

したがって，楕円 C の有理点は無数にある。

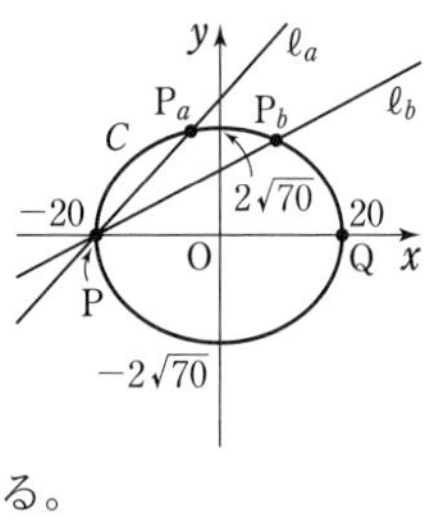

←$10a^2+7\ (>0)$，$200a^2-140$，$280a$ は有理数で，$\frac{有理数}{有理数}$ は有理数。

←$\ell_a: y=a(x+20)$ は定点 $(-20, 0)$ を通ることと，傾き a の変化を考えると，図からわかる。

(3) $7x^2+10y^2=2800$ ……① を満たす整数 x，y を求める。

① から　　$10y^2=7(400-x^2)$

10 と 7 は互いに素であるから，y^2 は 7 の倍数である。

よって，y も 7 の倍数である。

また，$7x^2=10(280-y^2)\geqq 0$ から　　$0\leqq y^2\leqq 280$

よって，y のとりうる値は　　$y=0,\ \pm7,\ \pm14$

←**a，b が互いに素で，an が b の倍数ならば，n は b の倍数である。**（a，b，n は整数）

←$14^2=196$，$21^2=441$

[1]　$y=0$ のとき　　$x=\pm 20$

このとき，C の整数点は P，Q である。

[2]　$y=\pm 7$ のとき　　$x^2=\dfrac{10(280-49)}{7}=330$

これを満たす整数 x は存在しない。

←$x^2=\dfrac{10(280-y^2)}{7}$

[3]　$y=\pm 14$ のとき　　$x^2=\dfrac{10(280-196)}{7}=120$

これを満たす整数 x は存在しない。

[1]～[3] から，C の整数点は P と Q のみである。

総合 25

3 辺の長さが 1，x，y であるような鈍角三角形が存在するような点 $(x,\ y)$ からなる領域を，座標平面上に図示せよ。　〔類　学習院大〕

➡ 本冊　数学 C 例題 164

3 辺の長さが 1，x，y であるような三角形が存在するための条件は　　$|x-1|<y<x+1$

すなわち　　$y>|x-1|$　かつ　$y<x+1$　…… ①

また，AB$=1$，BC$=x$，CA$=y$ である △ABC において，余弦定理により

$$\cos A=\frac{y^2+1-x^2}{2y},\quad \cos B=\frac{x^2+1-y^2}{2x},$$

$$\cos C=\frac{x^2+y^2-1}{2xy}$$

△ABC が鈍角三角形であるための条件は

$\cos A<0$　または　$\cos B<0$　または　$\cos C<0$

よって　　$y^2+1-x^2<0$　または　$x^2+1-y^2<0$

　　または　$x^2+y^2-1<0$

すなわち

$x^2-y^2>1$　または　$x^2-y^2<-1$

または　$x^2+y^2<1$　…… ②

よって，① の表す領域と ② の表す領域の共通部分が求める領域であるから，**右の図の斜線部分**。

ただし，**境界線は含まない**。

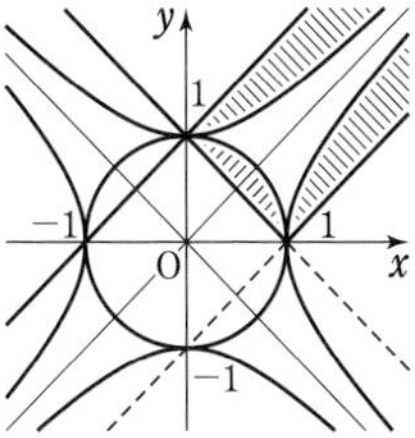

←三角形の成立条件

a，b，c を 3 辺の長さとする三角形が存在するための条件は

$|\boldsymbol{b}-\boldsymbol{c}|<\boldsymbol{a}<\boldsymbol{b}+\boldsymbol{c}$

(この不等式が成り立つとき $a>0$，$b>0$，$c>0$)

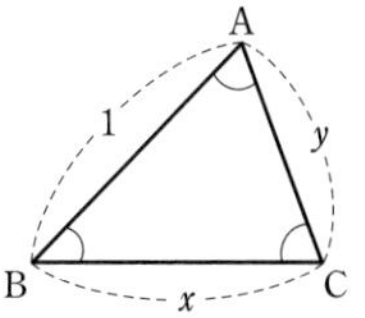

検討　鈍角三角形となる条件については，△PQR で　∠P$>90^\circ$ $\Longleftrightarrow$ QR$^2>$PQ$^2+$RP^2 を利用して，$1>x^2+y^2$ または $x^2>y^2+1$ または $y^2>1+x^2$　としてもよい。

総合 26

O を原点とする xyz 空間に点 A$(2,\ 0,\ -1)$，および，中心が点 B$(0,\ 0,\ 1)$ である半径 $\sqrt{2}$ の球面 S がある。a，b を実数とし，平面 $z=0$ 上の点 P$(a,\ b,\ 0)$ を考える。

(1)　直線 AP 上の点 Q に対して $\overrightarrow{\mathrm{AQ}}=t\overrightarrow{\mathrm{AP}}$ と表すとき，$\overrightarrow{\mathrm{OQ}}$ を a，b，t を用いて表せ。ただし，t は実数とする。

(2)　直線 AP が球面 S と共有点をもつとき，点 P の存在範囲を ab 平面上に図示せよ。

(3)　球面 S と平面 $x=-1$ の共通部分を T とする。直線 AP が T と共有点をもつとき，点 P の存在範囲を ab 平面上に図示せよ。　〔横浜国大〕

➡ 本冊　数学 C 例題 78, 85，$p.625$

(1)　$\overrightarrow{\mathrm{OQ}}=\overrightarrow{\mathrm{OA}}+\overrightarrow{\mathrm{AQ}}=\overrightarrow{\mathrm{OA}}+t\overrightarrow{\mathrm{AP}}=(2,\ 0,\ -1)+t(a-2,\ b,\ 1)$

$=\boldsymbol{(at-2t+2,\ bt,\ t-1)}$

総合

(2) 球面 S の方程式は　$x^2+y^2+(z-1)^2=2$

この式に $x=at-2t+2$，$y=bt$，$z=t-1$ を代入すると

$$(at-2t+2)^2+(bt)^2+(t-2)^2=2$$

←直線 AP 上の点 Q の座標を代入。

整理して　$\{(a-2)^2+b^2+1\}t^2+4(a-3)t+6=0$ …… ①

$(a-2)^2+b^2+1>0$ から，① は t の 2 次方程式である。

よって，直線 AP が球面 S と共有点をもつとき，① の判別式を D とすると　$D\geqq 0$

ここで　$\dfrac{D}{4}=\{2(a-3)\}^2-\{(a-2)^2+b^2+1\}\cdot 6$

$$=2(-a^2-3b^2+3)=-2(a^2+3b^2-3)$$

$D\geqq 0$ から　$a^2+3b^2-3\leqq 0$

すなわち　$\dfrac{a^2}{3}+b^2\leqq 1$

←楕円 $\dfrac{a^2}{3}+b^2=1$ の周および内部を表す。

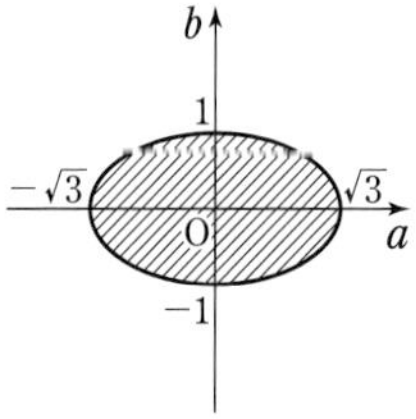

ゆえに，直線 AP が球面 S と共有点をもつとき，点 P の存在範囲は **右の図の斜線部分** である。ただし，**境界線を含む。**

(3) 球面 S の方程式に $x=-1$ を代入すると

$$(-1)^2+y^2+(z-1)^2=2$$

よって，図形 T の方程式は　$y^2+(z-1)^2=1$，$x=-1$

←T は平面 $x=-1$ 上の点 $(-1,\ 0,\ 1)$ を中心とする半径 1 の円。

直線 AP が T と共有点をもつとき，直線 AP 上の点 $\mathrm{Q}(at-2t+2,\ bt,\ t-1)$ が T 上にあるとすると

$$at-2t+2=-1 \quad すなわち \quad (a-2)t=-3 \ \cdots\cdots \ ②$$

$a=2$ とすると，② を満たす実数 t は存在しないから　$a\neq 2$

←$0\cdot t=-3$

ゆえに，② から　$t=-\dfrac{3}{a-2}$

このとき，点 Q の座標は　$\left(-1,\ -\dfrac{3b}{a-2},\ -\dfrac{3}{a-2}-1\right)$

←(1) の $\overrightarrow{\mathrm{OQ}}$ の結果を利用。なお，T 上にあることから，x 座標は -1

これが T 上にあるから

$$\left(-\frac{3b}{a-2}\right)^2+\left(-\frac{3}{a-2}-2\right)^2=1$$

よって　$\dfrac{9b^2}{(a-2)^2}+\dfrac{(-2a+1)^2}{(a-2)^2}=1$

←両辺に $(a-2)^2$ を掛けて，分母を払う。

ゆえに　$9b^2+(-2a+1)^2=(a-2)^2$

整理すると　$a^2+3b^2=1$

←$a^2+\dfrac{b^2}{\left(\frac{1}{\sqrt{3}}\right)^2}=1$

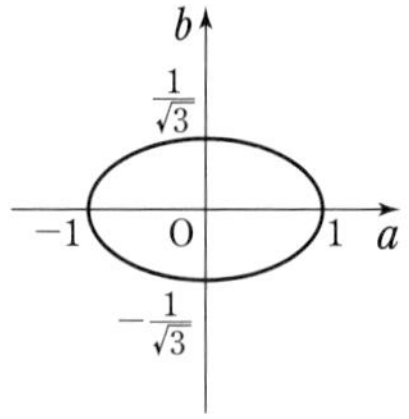

したがって，点 P の存在範囲は **右の図** のような楕円である。

総合 27

媒介変数 θ_1 および θ_2 で表される2つの曲線

$C_1:\begin{cases}x=\cos\theta_1\\y=\sin\theta_1\end{cases}\left(0<\theta_1<\frac{\pi}{2}\right)$ $C_2:\begin{cases}x=\cos\theta_2\\y=3\sin\theta_2\end{cases}\left(-\frac{\pi}{2}<\theta_2<0\right)$ がある。

C_1 上の点 P_1 と C_2 上の点 P_2 が，$\theta_1=\theta_2+\frac{\pi}{2}$ の関係を保って移動する。

曲線 C_1 の点 P_1 における接線と，曲線 C_2 の点 P_2 における接線の交点を P とし，これら2つの接線のなす角 $\angle P_1PP_2$ を α とする。〔名古屋大〕

(1) 直線 P_1P, P_2P が x 軸となす角をそれぞれ β, γ $\left(0<\beta<\frac{\pi}{2},\ 0<\gamma<\frac{\pi}{2}\right)$ とする。$\tan\beta$ および $\tan\gamma$ を θ_1 で表せ。

(2) $\tan\alpha$ を θ_1 で表せ。

(3) $\tan\alpha$ の最大値と，最大値を与える θ_1 の値を求めよ。

➡ 本冊 数学C 例題 165

HINT (1) まず，C_1，C_2 はどのような曲線かを見極め，図をかいてみる。
(2) 正接の加法定理を利用。 (3) (相加平均)≧(相乗平均) を利用。

(1) θ_1，θ_2 をそれぞれ消去することにより

$C_1:x^2+y^2=1$，$C_2:x^2+\frac{y^2}{9}=1$

←$\sin^2\theta_1+\cos^2\theta_1=1$，$\sin^2\theta_2+\cos^2\theta_2=1$

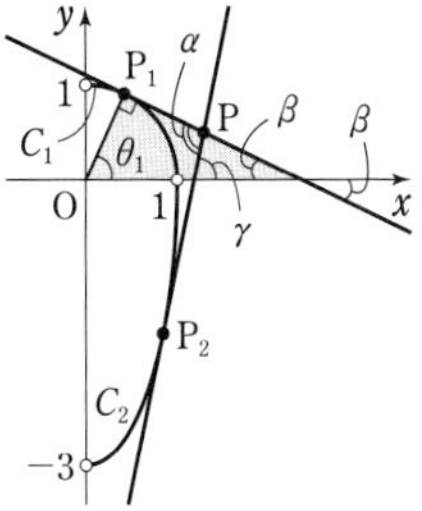

よって，曲線 C_1 は円 $x^2+y^2=1$ の第1象限の部分であるから，右の図より

←$0<\theta_1<\frac{\pi}{2}$

←$OP_1\perp$(P_1 を通る接線)

$$\boldsymbol{\tan\beta}=\tan\left(\frac{\pi}{2}-\theta_1\right)=\boldsymbol{\frac{1}{\tan\theta_1}}$$

←$\beta+\theta_1=\frac{\pi}{2}$

また，曲線 C_2 は楕円 $x^2+\frac{y^2}{9}=1$ の第4象限の部分であり，点 P_2 における接線の方程式は

←$-\frac{\pi}{2}<\theta_2<0$ から $0<x<1$，$-3<y<0$

$$x\cos\theta_2+\frac{y}{3}\sin\theta_2=1$$

←ここでは，P_2 における接線の傾きを具体的に求める。

ゆえに $y=-\frac{3\cos\theta_2}{\sin\theta_2}x+\frac{3}{\sin\theta_2}$

よって $\boldsymbol{\tan\gamma}=-\frac{3\cos\theta_2}{\sin\theta_2}=-\frac{3}{\tan\theta_2}=-\frac{3}{\tan\left(\theta_1-\frac{\pi}{2}\right)}$

←$\theta_2=\theta_1-\frac{\pi}{2}$

$$=\boldsymbol{3\tan\theta_1}$$

(2) 図から $\tan\alpha=\tan(\beta+\gamma)=\frac{\tan\beta+\tan\gamma}{1-\tan\beta\tan\gamma}$

←正接の加法定理。

$$=\frac{\frac{1}{\tan\theta_1}+3\tan\theta_1}{1-\frac{1}{\tan\theta_1}\cdot3\tan\theta_1}=\boldsymbol{-\frac{1}{2}\left(3\tan\theta_1+\frac{1}{\tan\theta_1}\right)}$$

(3) $\tan\theta_1>0$ であるから，(相加平均)≧(相乗平均) により

$$3\tan\theta_1+\frac{1}{\tan\theta_1}\geqq2\sqrt{3\tan\theta_1\cdot\frac{1}{\tan\theta_1}}=2\sqrt{3}\quad\cdots\cdots①$$

←$a>0$，$b>0$ のとき $\frac{a+b}{2}\geqq\sqrt{ab}$ 等号は $a=b$ のとき成り立つ。

等号が成り立つのは，$3\tan\theta_1=\frac{1}{\tan\theta_1}$ すなわち

$\tan\theta_1=\pm\frac{1}{\sqrt{3}}$ のとき。それは $0<\theta_1<\frac{\pi}{2}$ から $\theta_1=\frac{\pi}{6}$ のときである。

①から　　$\tan\alpha \leqq -\frac{1}{2}\cdot 2\sqrt{3}=-\sqrt{3}$

ゆえに，$\tan\alpha$ は $\boldsymbol{\theta_1=\frac{\pi}{6}}$ **のとき最大値** $\boldsymbol{-\sqrt{3}}$ をとる。

総合 28

α を複素数とする。複素数 z の方程式 $z^2-\alpha z+2i=0$ …… ① について，次の問いに答えよ。

(1)　方程式①が実数解をもつように α が動くとき，点 α が複素数平面上に描く図形を図示せよ。

(2)　方程式①が絶対値1の複素数を解にもつように α が動くとする。原点を中心に点 α を $\frac{\pi}{4}$ 回転させた点を表す複素数を β とするとき，点 β が複素数平面上に描く図形を図示せよ。

〔東北大〕

➡ 本冊 数学C 例題171

(1)　方程式①は $z=0$ を解にもたないから，①は

←①で，$z=0$ とすると，$2i=0$ となり，不合理。

$$\alpha=z+\frac{2}{z}i \text{ …… ②}$$　と同値である。

②が実数解をもつとき，$z=t$（t は0でない実数）とすると

$$\alpha=t+\frac{2}{t}i$$

ここで，$\alpha=x+yi$（x，y は実数）とすると

$$x+yi=t+\frac{2}{t}i$$

よって　　$x=t$，$y=\frac{2}{t}$

←複素数の相等。

ゆえに　　$y=\frac{2}{x}$

←t を消去。

t は0以外の任意の実数値をとるから，

←x の範囲も　$x\neq 0$

求める図形は **右図** のようになる。

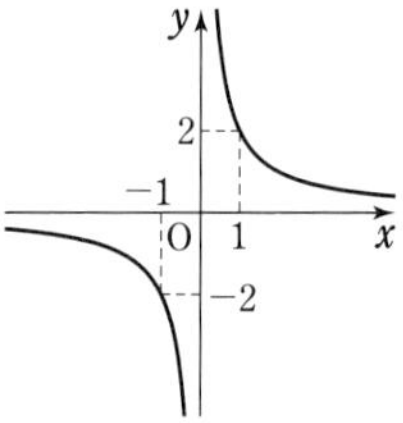

(2)　方程式①が絶対値1の複素数の解 $z=\cos\theta+i\sin\theta$ をもつとすると，②から

$$\alpha=z+2i\bar{z}$$
$$=\cos\theta+i\sin\theta+2i(\cos\theta-i\sin\theta)$$
$$=\cos\theta+2\sin\theta+(2\cos\theta+\sin\theta)i$$

←$|z|^2=1$ から　$z\bar{z}=1$
よって　$\bar{z}=\frac{1}{z}$

よって　　$\beta=\left(\cos\frac{\pi}{4}+i\sin\frac{\pi}{4}\right)\alpha$

$$=\frac{1}{\sqrt{2}}(1+i)\{\cos\theta+2\sin\theta+(2\cos\theta+\sin\theta)i\}$$

$$=\frac{1}{\sqrt{2}}\{\sin\theta-\cos\theta+3(\sin\theta+\cos\theta)i\} \text{ …… (*)}$$

←点 β は原点を中心に点 α を $\frac{\pi}{4}$ 回転させた点。

ここで，$\beta=x+yi$（x，y は実数）とすると

$$x=\frac{1}{\sqrt{2}}(\sin\theta-\cos\theta),\quad y=\frac{3}{\sqrt{2}}(\sin\theta+\cos\theta)$$

ゆえに　　$\sin\theta-\cos\theta=\sqrt{2}x$ …… ③，

$$\sin\theta+\cos\theta=\frac{\sqrt{2}}{3}y \text{ …… ④}$$

検討　(*)から

$\beta=\frac{1}{\sqrt{2}}\left\{\sqrt{2}\sin\left(\theta-\frac{\pi}{4}\right)+3\sqrt{2}i\sin\left(\theta+\frac{\pi}{4}\right)\right\}$

ここで，$\sin\left(\theta-\frac{\pi}{4}\right)$

$=\sin\left(\theta+\frac{\pi}{4}-\frac{\pi}{2}\right)$

$=-\cos\left(\theta+\frac{\pi}{4}\right)$ と変形すると

(③+④)÷2 から　　$\sin\theta=\dfrac{1}{\sqrt{2}}\left(x+\dfrac{y}{3}\right)$

(④−③)÷2 から　　$\cos\theta=\dfrac{1}{\sqrt{2}}\left(\dfrac{y}{3}-x\right)$

よって，$\sin^2\theta+\cos^2\theta=1$ から

$$\frac{1}{2}\left(x+\frac{y}{3}\right)^2+\frac{1}{2}\left(\frac{y}{3}-x\right)^2=1$$

整理すると　　$x^2+\dfrac{y^2}{9}=1$

ゆえに，求める図形は **右図** のようになる。

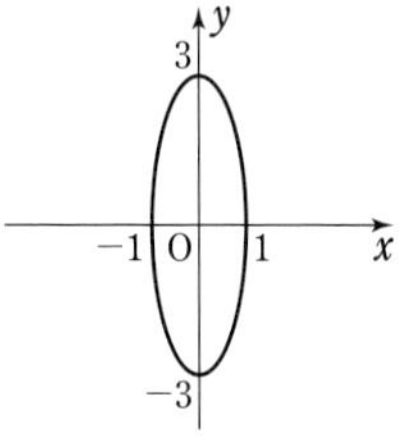

$\beta=-\cos\left(\theta+\dfrac{\pi}{4}\right)$
$\quad+3i\sin\left(\theta+\dfrac{\pi}{4}\right)$
これから
$x=-\cos\left(\theta+\dfrac{\pi}{4}\right)$,
$y=3\sin\left(\theta+\dfrac{\pi}{4}\right)$
とすると，$x^2+\dfrac{y^2}{9}=1$ を導きやすくなる。

総合 29　双曲線 $x^2-y^2=2$ の第4象限の部分を C とし，点 $(\sqrt{2},\ 0)$ を A，原点を O とする。曲線 C 上の点 Q における接線 ℓ と，点 O を通り接線 ℓ に垂直な直線との交点を P とする。

(1) 点 Q が曲線 C 上を動くとき，点 P の軌跡は，点 O を極とする極方程式 $r^2=2\cos2\theta\ \left(r>0,\ 0<\theta<\dfrac{\pi}{4}\right)$ で表されることを示せ。

(2) (1)のとき，△OAP の面積を最大にする点 P の直交座標を求めよ。　〔静岡大〕

➡ 本冊 数学C p.630, 例題 175

(1) $Q\left(\dfrac{\sqrt{2}}{\cos t},\ \sqrt{2}\tan t\right)\ \left(-\dfrac{\pi}{2}<t<0\right)$ と表される。

よって，接線 ℓ の方程式は

$$\frac{\sqrt{2}}{\cos t}x-\sqrt{2}(\tan t)y=2$$

すなわち

$$x-(\sin t)y=\sqrt{2}\cos t \quad \cdots\cdots ①$$

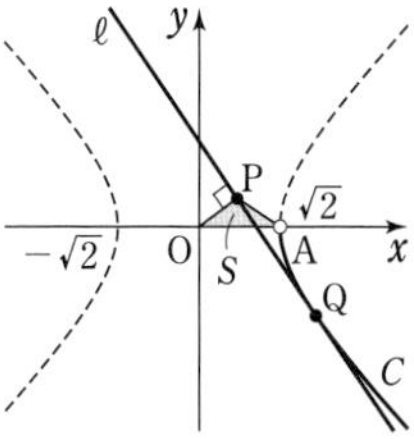

←双曲線 $\dfrac{x^2}{a^2}-\dfrac{y^2}{b^2}=1$ の媒介変数表示は
$\boldsymbol{x=\dfrac{a}{\cos\theta},\ y=b\tan\theta}$
(ここでは，点 Q が第4象限にあるから $-\dfrac{\pi}{2}<t<0$)

原点 O を通り，接線 ℓ に垂直な直線の方程式は

$$(\sin t)x+y=0 \quad \cdots\cdots ②$$

←直線 $ax+by+c=0$ と垂直な直線の方程式は
$\boldsymbol{bx-ay+c'=0}$
(ここでは，原点を通るから　$c'=0$)

①+②×$\sin t$ から　　$(1+\sin^2 t)x=\sqrt{2}\cos t$

ゆえに　　$x=\dfrac{\sqrt{2}\cos t}{1+\sin^2 t}$

よって，② から　　$y=-(\sin t)x=-\dfrac{\sqrt{2}\sin t\cos t}{1+\sin^2 t}$

ゆえに，点 P を直交座標で表すと

$$\left(\frac{\sqrt{2}\cos t}{1+\sin^2 t},\ -\frac{\sqrt{2}\sin t\cos t}{1+\sin^2 t}\right)$$

ここで，$-\dfrac{\pi}{2}<t<0$ であるから，点 P は第1象限にある。

←$\sin t<0,\ \cos t>0$

よって，点 P を点 O を極とする極座標 $(r,\ \theta)$ で表したとき，$r>0,\ 0<\theta<\dfrac{\pi}{2}$ としてよい。

←θ が $0<\theta<\dfrac{\pi}{2}$ に限られるため　$r>0$

このとき　$r=\mathrm{OP}=\dfrac{|-\sqrt{2}\cos t|}{\sqrt{1+\sin^2 t}}=\dfrac{\sqrt{2}\cos t}{\sqrt{1+\sin^2 t}}$,

←原点と直線 ℓ の距離。

$$\cos\theta=\frac{x}{r}=\frac{\sqrt{2}\cos t}{1+\sin^2 t}\cdot\frac{\sqrt{1+\sin^2 t}}{\sqrt{2}\cos t}=\frac{1}{\sqrt{1+\sin^2 t}}$$

←$x=\dfrac{\sqrt{2}\cos t}{1+\sin^2 t}$

よって　$r^2-2\cos 2\theta=r^2-2(2\cos^2\theta-1)$

←2倍角の公式。

$$=\frac{2\cos^2 t}{1+\sin^2 t}-2\left(2\cdot\frac{1}{1+\sin^2 t}-1\right)$$

$$=2\cdot\frac{\cos^2 t+\sin^2 t-1}{1+\sin^2 t}=0$$

また，$-\dfrac{\pi}{2}<t<0$ より，$0<\sin^2 t<1$ であるから

←$1<1+\sin^2 t<2$ から $1<\sqrt{1+\sin^2 t}<\sqrt{2}$

$$\frac{1}{\sqrt{2}}<\frac{1}{\sqrt{1+\sin^2 t}}<1 \quad \text{すなわち} \quad \frac{1}{\sqrt{2}}<\cos\theta<1$$

$0<\theta<\dfrac{\pi}{2}$ の範囲で，これを解くと　$0<\theta<\dfrac{\pi}{4}$

したがって，点Pの軌跡は，点Oを極とする極方程式

$r^2=2\cos 2\theta$ $\left(r>0,\ 0<\theta<\dfrac{\pi}{4}\right)$ で表される。

参考　極方程式

$r^2=2\cos 2\theta$ で表される曲線は，レムニスケートであり（本冊 $p.652$ 基本例題179参照），$r>0$, $0<\theta<\dfrac{\pi}{4}$ の範囲が表す部分は，次の図の実線部分である。

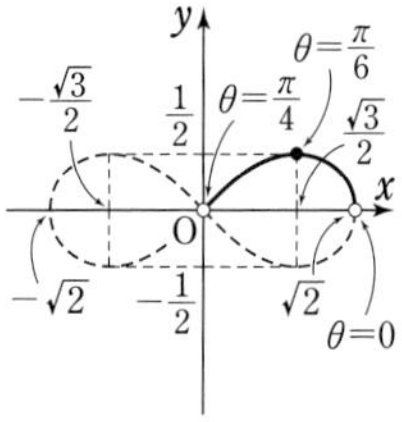

(2)　△OAPの面積を S とすると

$$S=\frac{1}{2}\cdot\mathrm{OA}\cdot\mathrm{OP}\sin\theta=\frac{1}{2}\cdot\sqrt{2}\cdot r\sin\theta=\frac{1}{\sqrt{2}}r\sin\theta$$

(1) より，$r^2=2\cos 2\theta$ であるから

$$S^2=\frac{1}{2}r^2\sin^2\theta=\frac{1}{2}\cdot 2\cos 2\theta\cdot\frac{1-\cos 2\theta}{2}$$

$$=\frac{1}{2}(-\cos^2 2\theta+\cos 2\theta)$$

$$=-\frac{1}{2}\left(\cos 2\theta-\frac{1}{2}\right)^2+\frac{1}{8}$$

また，$0<\theta<\dfrac{\pi}{4}$ より，$0<2\theta<\dfrac{\pi}{2}$ であるから　$0<\cos 2\theta<1$

よって，S^2 は $\cos 2\theta=\dfrac{1}{2}$ すなわち $\theta=\dfrac{\pi}{6}$ のとき最大となる。

←$2\theta=\dfrac{\pi}{3}$

$S>0$ であるから，$\theta=\dfrac{\pi}{6}$ のとき S も最大となる。

このとき，$r=\sqrt{2\cos 2\theta}=\sqrt{2\cos\dfrac{\pi}{3}}=1$ であるから

$$x=r\cos\theta=1\cdot\frac{\sqrt{3}}{2}=\frac{\sqrt{3}}{2},\quad y=r\sin\theta=1\cdot\frac{1}{2}=\frac{1}{2}$$

したがって，求める点Pの直交座標は　$\left(\boldsymbol{\dfrac{\sqrt{3}}{2}},\ \boldsymbol{\dfrac{1}{2}}\right)$

総合 30 座標平面上の点 $(x,\ y)$ が $(x^2+y^2)^2-(3x^2-y^2)y=0$, $x \geqq 0$, $y \geqq 0$ で定まる集合上を動くとき，x^2+y^2 の最大値，およびその最大値を与える x, y の値を求めよ。〔千葉大〕

➡ 本冊 数学C 例題 175

$(x^2+y^2)^2-(3x^2-y^2)y=0$ …… ① とする。

点 $(x,\ y)$ が題意の集合上を動くとき，$x \geqq 0$, $y \geqq 0$ であるから，

$x=r\cos\theta$, $y=r\sin\theta$ $\left(r \geqq 0,\ 0 \leqq \theta \leqq \dfrac{\pi}{2}\right)$ とすると

$$x^2+y^2=r^2(\cos^2\theta+\sin^2\theta)=r^2$$

したがって，r^2 の最大値を求める。

① に $x=r\cos\theta$, $y=r\sin\theta$ を代入すると

$$(r^2)^2-(3r^2\cos^2\theta-r^2\sin^2\theta)\cdot r\sin\theta=0$$

よって　$r^3\{r-(3\cos^2\theta-\sin^2\theta)\sin\theta\}=0$

ゆえに　$r=0$ …… ② または

$$r=(3\cos^2\theta-\sin^2\theta)\sin\theta \ \cdots\cdots \ ③$$

$\theta=0$ のとき，③ は $r=0$ となるから，② は ③ に含まれる。

③ を変形すると

$$r=\{3(1-\sin^2\theta)-\sin^2\theta\}\sin\theta=(3-4\sin^2\theta)\sin\theta$$
$$=3\sin\theta-4\sin^3\theta=\sin 3\theta$$

$0 \leqq 3\theta \leqq \pi$ であるから，$r=\sin 3\theta$ は $3\theta=\dfrac{\pi}{2}$ すなわち $\theta=\dfrac{\pi}{6}$ のとき最大値 1 をとる。

このとき　$x=1\cdot\cos\dfrac{\pi}{6}=\dfrac{\sqrt{3}}{2}$, $y=1\cdot\sin\dfrac{\pi}{6}=\dfrac{1}{2}$

よって，x^2+y^2 は $\boldsymbol{x=\dfrac{\sqrt{3}}{2}}$, $\boldsymbol{y=\dfrac{1}{2}}$ **のとき最大値** $1^2=\mathbf{1}$ をとる。

HINT　条件式を，極座標 $(r,\ \theta)$ の式で表す。

←条件式 ① を $(r,\ \theta)$ の式に直す。

←3 倍角の公式。

←$0 \leqq 3\theta \leqq \dfrac{3}{2}\pi$ であるが，$r=\sin 3\theta \geqq 0$ から $0 \leqq 3\theta \leqq \pi$

←$x=r\cos\theta$, $y=r\sin\theta$

←r^2 の最大値 $\Longleftrightarrow$ r の最大値

参考　$x \geqq 0$, $y \geqq 0$ の範囲で，$r=\sin 3\theta$ が表す曲線は，右の図の実線部分である。これは正葉曲線の一部である。

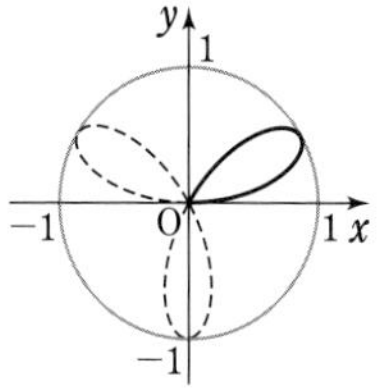

※解答・解説は数研出版株式会社が作成したものです。

発行所
数研出版株式会社

〒101-0052 東京都千代田区神田小川町2丁目3番地3
〔振替〕00140-4-118431
〒604-0861 京都市中京区烏丸通竹屋町上る
大倉町205番地
〔電話〕 代表 (075)231-0161
ホームページ https://www.chart.co.jp
印刷 株式会社 加藤文明社
乱丁本・落丁本はお取り替えします。 231104

本書の一部または全部を許可なく複写・複製すること，および本書の解説書ならびにこれに類するものを無断で作成することを禁じます。

「チャート式」は，登録商標です。

10595A
数研出版
https://www.chart.co.jp

Blue Chart Method Mathematics Ⅲ+C